मध्य प्रदेश कर्मचारी चयन मण्डल

मध्य प्रदेश

शासन, स्कूल शिक्षा विभाग के अन्तर्गत

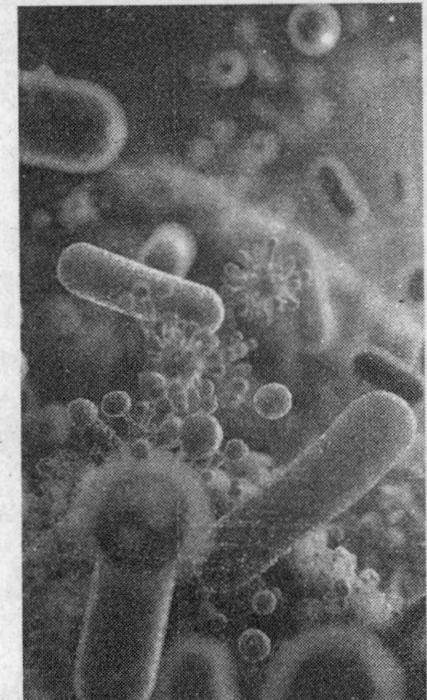

उच्च माध्यमिक शिक्षक

पात्रता परीक्षा (ऑनलाइन)

जीव विज्ञान

मध्य प्रदेश कर्मचारी चयन मण्डल

मध्य प्रदेश

शासन, स्कूल शिक्षा विभाग के अन्तर्गत

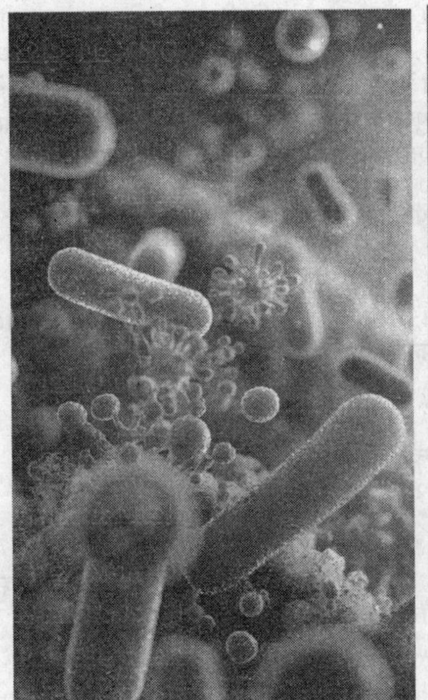

उच्च माध्यमिक शिक्षक

पात्रता परीक्षा (ऑनलाइन)

जीव विज्ञान

लेखक
डॉ. प्रताप सिंह

अरिहन्त पब्लिकेशन्स (इण्डिया) लिमिटेड

卐 **रजि. कार्यालय**

'रामछाया' 4577/15, अग्रवाल रोड, दरिया गंज, नई दिल्ली- 110002

फोन: 011-47630600, 43518550

卐 **मुख्य कार्यालय**

कालिन्दी, टी.पी. नगर, मेरठ (यूपी)– 250002

फोन: 0121-7156203, 7156204

卐 **शाखा कार्यालय**

आगरा, अहमदाबाद, बरेली, बेंगलुरु, चेन्नई, दिल्ली, गुवाहाटी, हैदराबाद, जयपुर, झाँसी, कोलकाता, लखनऊ, नागपुर तथा पुणे

卐 **मूल्य** ₹ 445.00

PO No. : TXT-59-T067439-10-25

PUBLISHED BY ARIHANT PUBLICATIONS (INDIA) LTD.

'अरिहन्त' की पुस्तकों के बारे में अधिक जानकारी के लिए हमारी वेबसाइट **www.arihantbooks.com** पर लॉग इन करें या **info@arihantbooks.com** पर सम्पर्क करें।

विषय-सूची

परीक्षा का प्रारूप व पाठ्यक्रम

परीक्षा योजना निर्देश

1. सभी प्रश्न अनिवार्य होंगे।
2. सभी प्रश्न बहुविकल्पीय (वस्तुनिष्ठ 4 विकल्प वाले) होंगे। प्रत्येक प्रश्न हेतु 1 अंक निर्धारित रहेगा।
3. परीक्षा समय 2:30 घण्टे का होगा।
4. इस परीक्षा हेतु एक प्रश्न-पत्र होगा। इसका कुल पूर्णांक 150 होगा। इसमें बहुविकल्पीय प्रश्नों की कुल संख्या 150 होगी। प्रत्येक सही प्रश्न हेतु 1 अंक निर्धारित रहेगा। ऋणात्मक मूल्यांकन होगा। प्रति 4 प्रश्नों के गलत उत्तर पर 1 अंक काटा जाएगा।
5. प्रश्न-पत्र के दो भाग होंगे- भाग अ एवं भाग ब। **भाग अ** सभी के लिए अनिवार्य होगा। **भाग ब** के अन्तर्गत शामिल विषयों में से एक विषय का चयन करना होगा।
6. **भाग अ** के चार खण्ड होंगे, जिनमें अंकों का अधिभार निम्नानुसार होगा

क्र.स.	विषय	प्रश्नों की संख्या	कुल अंक
1.	सामान्य हिन्दी	8	8
2.	सामान्य अंग्रेजी	5	5
3.	सामान्य ज्ञान व समसामयिक घटनाक्रम, तार्किक एवं आंकिक योग्यता	7	7
4.	पेडागोगी	10	10
	कुल	**30**	**30**

7. **भाग ब** 120 अंक का होगा एवं इस प्रश्न-पत्र में 120 बहुविकल्पीय प्रश्न पूछे जायेंगे। प्रश्न-पत्र के अन्तर्गत 16 विषय नीचे तालिका में दिए अनुसार होंगे, जिसमें से अभ्यर्थी अपने स्नातकोत्तर उपाधि के विषय में ही परीक्षा में सम्मिलित हो सकेगा।

क्र. स.	विषय	प्रश्नों की संख्या	कुल अंक	क्र. स.	विषय	प्रश्नों की संख्या	कुल अंक
1.	हिन्दी भाषा	120	120	9.	गृह विज्ञान	120	120
2.	अंग्रेजी भाषा	120	120	10.	वाणिज्य	120	120
3.	संस्कृत भाषा	120	120	11.	इतिहास	120	120
4.	उर्दू भाषा	120	120	12.	भूगोल	120	120
5.	गणित	120	120	13.	राजनीति शास्त्र	120	120
6.	भौतिक विज्ञान	120	120	14.	अर्थशास्त्र	120	120
7.	जीव विज्ञान	120	120	15.	कृषि	120	120
8.	रसायन विज्ञान	120	120	16.	समाजशास्त्र	120	120

विषय वस्तु का स्तर

- प्रश्न-पत्र के **भाग अ** में सामान्य ज्ञान व समसामयिक घटनाक्रम, तार्किक एवं आंकिक योग्यता, पेडागोगी की विषयवस्तु का स्तर स्नातक स्तर के छात्र के मानसिक स्तर के समकक्ष होगा। हिन्दी व अंग्रेजी की विषयवस्तु का स्तर हायरसेकेंडरी स्कूल परीक्षा के समकक्ष होगा।
- प्रश्न-पत्र के **भाग ब** की विषयवस्तु का स्तर स्नातकोत्तर स्तर के समकक्ष होगा।

परीक्षा का पाठ्यक्रम

1. सजीव जगत की विविधता

सजीव क्या है ?, जैव की विविधता, वर्गीकरण की आवश्यकता, जीवन के तीन डोमेन, वर्गिकी एवं वर्गीकरण विज्ञान, जातियों की संकल्पना एवं वर्गिकीय क्रमबद्धता, द्विनाम नामकरण पद्धति, वर्गिकी के अध्ययन हेतु साधन- म्यूजियम, प्राणि पार्क, हरबेरियम, पादप उद्यान।

पाँच जगत वर्गीकरण, मोनेरा की मुख्य विशेषताएँ और वर्गीकरण –प्रमुख समूहों में प्रोटिस्टा एवं कवक; लाइकेन; वाइरस एवं वाइरॉइड्स। पौधों के प्रमुख लक्षण एवं प्रमुख समूहों में वर्गीकरण-एल्गी, ब्रायोफाइटा, टेरिडोफाइटा, जिम्नोस्पर्म एवं एन्जियोस्पर्म (तीन से पाँच प्रमुख एवं विभेदीकारक लक्षण एवं प्रत्येक के कम से कम दो उदाहरण); एन्जियोस्पर्म-वर्ग तक वर्गीकरण, विशिष्ट लक्षण एवं उदाहरण। जन्तुओं के प्रमुख लक्षण एवं वर्गीकरण, नॉन-कॉर्डेट्स संघ स्तर तक एवं कॉर्डेट्स वर्ग स्तर तक ।

2. जन्तुओं और पौधों की संरचनात्मक संघटना

शारीरिकी एवं रूपान्तरण; ऊतक; पुष्पी पादपों के विभिन्न भागों की आन्तरिक संरचना एवं कार्य-जड़, तना, पत्ती, पुष्पक्रम-असीमाक्षी एवं ससीमाक्षी, पुष्प, फल और बीज; जन्तु ऊतक; एक कीट (कॉकरोच) की आकारिकी, शारीरिकी एवं विभिन्न तन्त्रों के कार्य (पाचन, परिसंचरण, श्वसन, तन्त्रिका एवं जनन)।

3. कोशिका संरचना एवं कार्य

कोशिका सिद्धान्त एवं कोशिका जीवन की आधारभूत इकाई, प्रोकैरियोटिक एवं यूकैरियोटिक कोशिका की संरचना, पादप एवं जन्तु कोशिका, कोशिका आवरण, कोशिका झिल्ली, कोशिका भित्ति, कोशिका अंगक (संरचना एवं कार्य); एन्डोमैम्ब्रेन सिस्टम-अन्तःप्रद्रव्यी जालिका, गॉल्जी काय, लाइसोसोम्स, रिक्तिका; माइटोकॉण्ड्रिया, राइबोसोम, लवक, माइक्रोबॉडीज; कोशिका कंकाल, सीलिया, फ्लैजिला, सैन्ट्रिओल्स (परासंरचना और कार्य); केन्द्रक-केन्द्रक कला, क्रोमैटिन, केन्द्रिका। सजीव कोशिकाओं का रासायनिक संगठन, जैविक अणु-प्रोटीन्स, कॉर्बोहाइड्रेट्स, वसा, न्यूक्लिक अम्ल की संरचना और कार्य; एन्जाइम-प्रकार, गुण एवं एन्जाइम क्रिया को प्रभावित करने वाले कारक। कोशिका चक्र, समसूत्री एवं अर्द्धसूत्री विभाजन एवं इनके महत्त्व।

4. पादप कार्यिकी

पौधों में परिवहन : जल, पोषक पदार्थ एवं गैसों का संवहन, कोशिकीय परिवहन-विसरण, सहज विसरण, सक्रिय परिवहन; पादप जल सम्बन्ध-अन्तःशोषण, जल विभव, परासरण, जीवद्रव्यकुंचन, लम्बी दूरी तक जल परिवहन-अवशोषण, एपोप्लास्ट, सिम्प्लास्ट, वाष्पोत्सर्जनाकर्षण, मूल दाब एवं बिन्दुस्त्रावण; वाष्पोत्सर्जन-स्टोमेटा का खुलना एवं बंद होना; खनिज पोषकों का अन्तर्ग्रहण एवं परिवहन-खनिज पदार्थों का स्थानान्तरण, फ्लोएम द्वारा परिवहन, सामूहिक प्रवाह परिकल्पना, गैसों का विसरण।

खनिज पोषण : आवश्यक खनिज तत्व, वृहद् एवं सूक्ष्म पोषक तत्व तथा उनका कार्य; अनिवार्य तत्वों की अपर्याप्तता के लक्षण, खनिज लवणीय विषाक्तता, खनिज पोषण का अध्ययन करने के लिए हाइड्रोपोनिक्स का सामान्य ज्ञान; नाइट्रोजन उपापचय-नाइट्रोजन चक्र, जैवीय नाइट्रोजन स्थिरीकरण।

प्रकाश-संश्लेषण : प्रकाश-संश्लेषण स्वपोषी पोषण का एक माध्यम, प्रकाश-संश्लेषण का क्षेत्र, प्रकाश-संश्लेषण (प्रारम्भिक ज्ञान) में कितने वर्णक शामिल है? प्रकाश-संश्लेषण की प्रकाश रासायनिक एवं जैव संश्लेषी प्रावस्था; चक्रीय एव अचक्रीय फोटोफॉस्फोराइलेशन; रसायनी परासण परिकल्पना; प्रकाशीय श्वसन, C_3 एवं C_4 पथ; प्रकाश-संश्लेषण को प्रभावित करने वाले कारक।

पौधों में श्वसन : गैसों का आदान-प्रदान; कोशिकीय श्वसन-ग्लाइकोलिसिस, किण्वन (अवायवीय), TCA चक्र एवं इलेक्ट्रॉनिक तन्त्र (वायवीय); ऊर्जा सम्बन्ध-उत्पादित ATP अणुओं की संख्या; एम्फीबोलिक पथ; श्वसन गुणांक।

पादप वृद्धि एवं परिवर्धन : बीजों का अंकुरण, पादप वृद्धि की प्रावस्थाएँ एवं पादप वृद्धि दर; वृद्धि की परिस्थितियाँ; विभेदीकरण, विविभेदीकरण एवं पुनर्विभेदीकरण; पादप कोशिका के विकास का वृद्धि क्रम; वृद्धि नियामक-ऑक्सिन, जिबरेलिन, साइटोकाइनिन, इथाइलीन, ABA; बीज प्रसुप्तावस्था, बसन्तीकरण, दीप्तिकालिता।

5. मानव कार्यिकी

पाचन एवं अवशोषण : आहारनाल एवं पाचक ग्रन्थियाँ; पाचक एन्जाइम एवं आहारनाल की श्लेष्मिका द्वारा स्त्रावित (गैस्ट्रोइन्टेस्टाइनल) हॉर्मोन्स का कार्य; क्रमाकुंचन, पाचन, अवशोषण एवं कार्बोहाइड्रेट, प्रोटीन एवं वसा का स्वांगीकरण; प्रोटीन, कार्बोहाइड्रेट एवं वसा का कैलोरिक महत्त्व, बहिःक्षेपण; पोषण एवं पाचन तन्त्र की विकृतियाँ–PEM, अपच, कब्ज, वमन, पीलिया एवं अतिसार (डायरिया)।

श्वसन एवं गैसों का विनिमय : जन्तुओं में श्वसनांग; मानव का श्वसन तन्त्र, श्वसन की क्रियाविधि एवं इसका नियन्त्रण, गैसों का विनिमय, गैसों का परिवहन एवं श्वसन का नियमन, श्वसनीय आयतन; श्वसन के विकार–दमा, एम्फाइसिमा, व्यावसायिक श्वसन रोग।

परिसंचरण एवं देह तरल : रुधिर की संरचना, रुधिर वर्ग, रुधिर का जमना, लसीका की संरचना एवं कार्य; मानव परिसंचरण तन्त्र–मानव हृदय की संरचना एवं रुधिर वाहिकाएँ; कार्डियक चक्र (हृद चक्र), कार्डियक आउटपुट, ECG; दोहरा परिसंचरण; हृद क्रिया का नियमन; परिसंचरण तन्त्र की विकृतियाँ–उच्च रक्त चाप, हृद धमनी रोग, एंजाइना पैक्टोरिस, हृदय फेल्योर।

उत्सर्जी उत्पाद एवं निष्कासन : उत्सर्जन की विधियाँ– अमीनोटेलिज्म, यूरियोटेलिज्म, यूरिकोटेलिज्म; मानव उत्सर्जी तन्त्र–संरचना और कार्य; मूत्र निर्माण, परासरण नियन्त्रण; वृक्क क्रियाओं का नियमन–रेनिन–एन्जियोटेन्सिन, अलिंदीय नेट्रीयूरेटिक कारक, ADH एवं डायबिटीज इंसिपिडस; उत्सर्जन में अन्य अंगों की भूमिका; विकृतियाँ–यूरिमिया, रीनल फेल्योर, रीनल केलकलाई, नेफ्राइटिस; डाइलिसिस एवं कृत्रिम वृक्क।

गमन एवं संचलन : गति के प्रकार–पक्ष्माभी, कशाभी, पेशी; कंकाल पेशियाँ–संकुचनशील प्रोटीन एवं पेशी संकुचन; कंकाल तन्त्र एवं इसके कार्य; पेशीय और कंकाल तन्त्र के विकार–माइस्थेनिया ग्रेविस, टिटेनी, पेशीय दुष्पोषण, सन्धि शोथ, अस्थिसुषिरता, गाउट।

तन्त्रिकीय नियन्त्रण एवं समन्वयन : तन्त्रिका कोशिका एवं तन्त्रिकाएँ; मानव में तन्त्रिका तन्त्र–केन्द्रीय तन्त्रिका तन्त्र, परिधीय तन्त्रिका तन्त्र एवं विसरल तन्त्रिका तन्त्र; तन्त्रिकीय प्रेरणाओं का उत्पादन एवं संवहन; प्रतिवर्ती क्रिया; संवेदिक अभिग्रहण (Perception); संवेदी अंग–आँख और कान की प्रारम्भिक संरचना और कार्य।

रासायनिक समन्वयन एवं एकीकरण : अन्तःस्त्रावी ग्रन्थियाँ और हॉर्मोन; मानव अन्तःस्त्रावी तन्त्र–हाइपोथैलेमस, पीयूष, पीनियल, थायरॉइड, पैराथायरॉइड, एड्रीनल, अग्न्याशय, जनद। हॉर्मोन की क्रियाविधि (प्रारम्भिक ज्ञान), दूतवाहक एवं नियन्त्रक के रूप में हॉर्मोन का कार्य; अल्प एवं अतिक्रियाशीलता एवं सम्बन्धित विकृतियाँ (मुख्य विकृतियाँ–बौनापन, एक्रोमिगेली, ग्वाइटर, एक्सोप्थैल्मिक ग्वाइटर, मधुमेह, एडीसन का रोग)।

6. जनन

जीवों में जनन : जनन, सभी जीवों का एक प्रमुख लक्षण जो जातियों की निरन्तरता बनाए रखने में सहायक; जनन की विधियाँ–अलैंगिक और लैंगिक जनन; अलैंगिक जनन–द्विविभाजन, बीजाणुजनन, मुकुलन, जेम्यूल, खण्डीभवन; पादपों में कायिक जनन।

पुष्पी पौधों में लैंगिक जनन : पुष्प की संरचना; नर एवं मादा युग्मकोद्‌भिद् का विकास; परागण–प्रकार, अभिकर्मक एवं उदाहरण; बहिःप्रजनन युक्तियाँ; पराग–स्त्रीकेसर संकर्षण; दोहरा निषेचन, पश्च निषेचन घटनाएँ–भ्रूणपोष एवं भ्रूण का परिवर्धन, बीज का विकास एवं फल का निर्माण; विशेष विधियाँ–एपोमिक्सिस (असंगजनता), अनिषेकफलन, बहुभ्रूणता; बीजों एवं फल निर्माण के महत्त्व।

मानव जनन : नर एवं मादा जनन तन्त्र; वृषण एवं अण्डाशय की सूक्ष्मदर्शीय शरीर रचना; युग्मकजनन–शुक्राणुजनन एवं अण्डजनन; मासिक चक्र; निषेचन, अन्तर्रोपण, भ्रूणीय परिवर्धन (ब्लास्टोसाइट निर्माण तक); गर्भावस्था एवं प्लेसेन्टा निर्माण (सामान्य ज्ञान); प्रसव एवं दुग्ध स्त्रावण (सामान्य परिचय)।

जनन स्वास्थ्य : जनन स्वास्थ्य की आवश्यकता एवं यौन संचारित रोगों की रोकथाम; परिवार नियोजन–आवश्यकता एवं विधियाँ; गर्भ निरोध एवं चिकित्सीय सगर्भता समापन (MTP); अमीनोसेन्टेसिस; बन्ध्यता एवं सहायक जनन प्रौद्योगिकियाँ–IVF, ZIFT, GIFT, IUT, TET, भ्रूण संस्कृति(सामान्य जागरुकता के लिए प्रारम्भिक ज्ञान), पुनरूत्पादन पर उम्र के शिथिल प्रभाव।

7. आनुवंशिकी और विकास

वंशागति और विविधता : मेण्डलीय वंशागति; मेण्डलीय विचलन–अपूर्ण प्रभाविता, सहप्रभाविता, गुणनात्मक विकल्पी एवं रुधिर वर्गों की वंशागति, प्लीओट्रोफी; बहुजीनी वंशागति का प्रारम्भिक ज्ञान; वंशागति का गुणसूत्रीय सिद्धान्त; गुणसूत्र और जीन; लिंग निर्धारण–मनुष्य, पक्षी, मधुमक्खी; सहलग्नता और जीन विनिमय; लिंग सहलग्न वंशागति–हीमोफीलिया, वर्णान्धता; मनुष्य में मेण्डलीय विकार– थैलेसेमिया; मनुष्य में गुणसूत्रीय विकार–डाउन सिण्ड्रोम, टर्नर एवं क्लाइनफैल्टर सिण्ड्रोम; वंशावली विश्लेषण।

वंशागति का आण्विक आधार : आनुवंशिक पदार्थ की खोज एवं DNA एक आनुवंशिक पदार्थ; DNA व RNA की संरचना; DNA पैकेजिंग; DNA प्रतिकृतियन; सेन्ट्रल डोग्मा; अनुलेखन; आनुवंशिक कूट; रूपान्तरण, जीन अभिव्यक्ति का नियमन–लैक ओपेरॉन; जीनोम एवं मानव जीनोम प्रोजेक्ट; DNA फिंगरप्रिंटिंग, जीन मैपिंग।

विकास : जीवन की उत्पत्ति; जैव विकास एवं जैव विकास के प्रमाण–पुराजीवी, तुलनात्मक शरीर रचना, भ्रौणिकी एवं आण्विक प्रमाण; डार्विन का योगदान, आधुनिक संश्लेषित सिद्धान्त; विकास की क्रियाविधि–विभिन्नताएँ (उत्परिवर्तन एवं पुनर्योजन) एवं प्राकृतिक चयन के उदाहरण; प्राकृतिक चयन के प्रकार; जीन प्रवाह एवं आनुवंशिक अपवाह; हार्डी–वीनबर्ग सिद्धान्त; अनुकूली विकिरण; मानव का विकास।

8. जीव विज्ञान और मानव कल्याण

मानव स्वास्थ्य और रोग : रोगजनक, मानव में रोग उत्पन्न करने वाले परजीवी (मलेरिया, फाइलेरिएसिस, एस्कैरिएसिस, टायफॉइड, जुकाम, न्यूमोनिया, अमीबिएसिस एवं रिंगवर्म) एवं उनकी रोकथाम; प्रतिरक्षा विज्ञान की मूलभूत संकल्पनाएँ–टीके, कैंसर, HIV और एड्स; यौवनावस्था–नशीले पदार्थ (ड्रग) और एल्कोहॉल का कुप्रयोग।

प्रतिरक्षा प्रणाली की कोशिकाएँ और उनका विभेदीकरण, एण्टीबॉडी की संरचना एवं कार्य, एण्टीजन–एण्टीबॉडी इन्टरैक्शन; स्वप्रतिरक्षण (Autoimmunity) एवं प्रत्युर्जता (Allergy)।

खाद्य उत्पादन में सुधार : पादप प्रजनन, ऊतक संवर्धन, एकल कोशिका प्रोटीन, जैव–सुदृढ़ीकरण, मौन (मधुमक्खी) पालन, पशुपालन।

मानव कल्याण में सूक्ष्मजीव : घरेलू खाद्य उत्पादों में, औद्योगिक उत्पादन, वाहित मल उपचार और गंगा–यमुना एक्शन प्लान, ऊर्जा उत्पादन, जैव नियन्त्रक कारक एवं जैव–उर्वरक के रूप में।

9. जैव–प्रौद्योगिकी और उसके अनुप्रयोग

जैव–प्रौद्योगिकी– सिद्धान्त एवं प्रक्रम : आनुवंशिक इन्जीनियरिंग (पुनर्योगज DNA तकनीक)।

जैव–प्रौद्योगिकी का स्वास्थ्य एवं कृषि में उपयोग : मानव इंसुलिन और वैक्सीन उत्पादन, जीन चिकित्सा; आण्विक निदान, सीरम और मूत्र विश्लेषण, PCR, ELISA; आनुवंशिकीय रूपान्तरित जीव–*बी.टी.* (*Bt*) फसलें; ट्रान्सजीनिक जीव; जैव सुरक्षा समस्याएँ–बायोपायरेसी एवं बायोपेटेंट।

10. पारिस्थितिकी एवं पर्यावरण

जीव और पर्यावरण : वास स्थान एवं कर्मता; समष्टि एवं पारिस्थितिकीय अनुकूलन; समष्टि पास्परिक क्रियाएँ–सहोपकारिता, स्पर्धा, परभक्षण, परजीविता; समष्टि गुण–वृद्धि, जन्म एवं मृत्यु दर, आयु वितरण, लोजेस्टिक वक्र; डार्विनियन फिटनेस।

पारितन्त्र : प्रकार, घटक, उत्पादकता एवं अपघटन; ऊर्जा प्रवाह; पारिस्थितिक पिरामिड, जीव संख्या, जैव भार एवं ऊर्जा का पिरामिड; पोषक चक्र (कार्बन एवं फॉस्फोरस); पारिस्थितिक अनुक्रमण; पारितन्त्र सेवाएँ– कार्बन स्थिरीकरण, परागण, ऑक्सीजन अवमुक्ति।

जैव विविधता एवं संरक्षण : जैव विविधता की संकल्पना; जैव विविधता के प्रतिरूप; जैव विविधता का महत्त्व, क्षति एवं जैव विविधता का संरक्षण–हॉट–स्पॉट, संकटग्रस्त जीव, विलुप्ति, रैड डाटा बुक, बायोस्फीयर रिजर्व, राष्ट्रीय उद्यान; सेन्चुरीज।

पर्यावरण के मुद्दे : वायु प्रदूषण एवं इसका नियन्त्रण; जल प्रदूषण एवं नियन्त्रण; कृषि रसायन एवं उनके प्रभाव; ठोस अपशिष्ट प्रबन्धन; रेडियोएक्टिव अपशिष्ट प्रबन्धन; ग्रीन हाउस प्रभाव एवं विश्वव्यापी उष्णता; ओजोन अवक्षय; वनोन्मूलन; पर्यावरणीय समस्याएँ।

सॉल्वड पेपर
2019

सॉल्वड पेपर

परीक्षा तिथि 03 फरवरी, 2019

मध्य प्रदेश उच्च माध्यमिक शिक्षक पात्रता परीक्षा

जीव विज्ञान

1. नर में, Y गुणसूत्र के छोटी भुजा पर स्थित Y (SRY) के लिंग क्षेत्र द्वारा TDF उत्पादित होता है। TDF क्या है?
(a) थॉट डिटरमाइनिंग फैक्टर
(b) टेस्टिस डिटरमाइनिंग फैक्टर
(c) टेस्टिस डैमेजिंग फैक्टर
(d) टाइम डिटेक्टिंग फैक्टर

2. अपघटन और खनिजीभवन के दौरान पर्यावरण में मुक्त सरल अकार्बनिक पदार्थों का पुन: उपयोग निम्न के द्वारा किया जाता है
(a) अपरदहारी (b) उत्पादक
(c) माँसाहारी (d) अपघटक

3. लिम्फोकाइन्स प्रोटीन वे पदार्थ होते हैं, जो लिम्फोसाइटों द्वारा अल्प मात्रा में उत्पादित होते हैं और प्रतिरक्षा तन्त्र के माध्यम से सूचना को एक कोशिका से दूसरी कोशिका में ले जाते हैं। सबसे सामान्य लिम्फोकाइन निम्न है
(a) टीका (b) प्रतिजन (एण्टीजन)
(c) प्रतिरक्षी (d) इण्टरफेरॉन

4. RNA हस्तक्षेप निम्न द्वारा आरम्भ किया जाता है
(a) *ds* RNA (b) *ds* DNA
(c) *ss* DNA (d) *ss* RNA

5. एक वैज्ञानिक जिन्होंने DNA की द्विहेलिकल संरचना को सुलझाया और *t*RNA नामक एक अडैप्टर (अनुकूलक) अणु के अस्तित्व को भी प्रस्तावित किया, वह .... थे।
(a) इरविन चारगाफ (b) मेसेल्सन
(c) फ्रांसिस क्रिक (d) एफ. ग्रिफिथ

6. ट्यूनिका कॉर्पस सिद्धान्त, शूट एपेक्स से सम्बन्धित है। इस अवधारणा को इनके द्वारा प्रतिपादित किया गया था
(a) श्मिट (b) जूलियन वॉन सैक्स
(c) हॉफमीस्टर (d) गॉटबेल हबेरलैण्ड

7. आतपन या सूर्यताप में PAR का अनुपात निम्न होता है
(a) $< 50\%$ (b) 80%
(c) 2% (d) $> 50\%$

8. उन पौधों और प्रजातियों की खोज करें, जिनसे औषधीय दवाएँ और अन्य वाणिज्यिक मूल्यवान यौगिक प्राप्त किए जा सकते हैं
(a) जैवोपचारण (b) जैवसंचयन
(c) जैवसंवेदक (d) जैवखोज

9. एक कौवे के घोंसले में अण्डे देने वाली एक कोयल निम्न का एक उदाहरण है
(a) बाह्यपरजीविता (b) शिशु परजीविता
(c) सहभोज (d) पारस्परण

10. यदि किसी जीव को वसा अम्लों को संश्लेषित करने की आवश्यकता है, तो श्वसन मार्ग से निम्नलिखित में से कौन-सा यौगिक निकाला जाएगा?
(a) पाइरुविक अम्ल (b) ऐसीटिल सहएन्जाइम-A
(c) सिट्रिक अम्ल (d) फ्यूमेरिक अम्ल

11. *m*RNA की खोज और परिमाणन के लिए उपयोग की जाने वाली तकनीकी है
(a) पूर्वी ब्लोटिंग (b) दक्षिणी ब्लोटिंग
(c) पश्चिमी ब्लोटिंग (d) उत्तरी ब्लोटिंग

12. वह तकनीकी जो किसी भी खनिज तत्व की अनिवार्यता और पौधों में खनिज तत्व से सम्बन्धित न्यूनता लक्षणों के अध्ययन में प्रयोग की जाती है, निम्न है

(a) श्रुतिमधुर (b) मत्स्यपालन
(c) जलकृषि (d) जल संवर्धन

13. सामूहिक विलोपन (Mass extinction) होने के अन्तिम पाँच प्रकरण निम्न के अन्त में हुए

(a) कैम्ब्रिअन, सिलुरियन, डेवोनियन, कार्बोनिफेरस और ट्रायेसिक
(b) कैम्ब्रिअन, ट्रायेसिक, जुरेसिक, क्रिटेशियस और तृतीयक
(c) ऑर्डोविशियन, डेवोनियन, पर्मियन, ट्रायेसिक और क्रिटेशियस
(d) ऑर्डोविशियन, सिल्यूरियन, कार्बोनिफेरस, जुरेसिक और क्वाटरनेरी (चतुर्भगात्मक)

14. क्लोरोफिल के अतिरिक्त एक फोटोरिसेप्टर अणु जो प्रकाश में पौधे की विभिन्न विकास और संरचना विकास प्रतिक्रिया (Morphogenetic responses) को मध्यस्थ करता है, निम्न है

(a) पर्णपीत (जैन्थोफिल) (b) फाइकोइरिथ्रिन
(c) फाइटोक्रोम (d) कैरोटीन

15. ग्रीसेवफुलविन (Griseofulvin) एक एण्टीबायोटिक है, जिसमें कोई जीवाणुरोधी गतिविधि नहीं है, लेकिन कवक के खिलाफ बहुत प्रभावी है। यह वाणिज्यिक रूप से निम्न में से उत्पन्न किया जाता है?

(a) *पेनिसिलियम क्राइसोजेनम*
(b) *पेनिसिलियम पेटुलम*
(c) *सेफलोस्पोरियम एक्क्रीमोनियम*
(d) *पेनिसिलियम नोटेटम*

16. निम्नलिखित में से किसमें पौधों की पहचान और वर्गीकरण के लिए केवल आकृति-विज्ञान लक्षणों का उपयोग किया जाता है?

(a) ओमेगा वर्गीकरण विज्ञान (b) अल्फा वर्गीकरण विज्ञान
(c) डेल्टा वर्गीकरण विज्ञान (d) बीटा वर्गीकरण विज्ञान

17. नलिकीय स्रावण के माध्यम से शरीर से चयापचय के जो उत्पाद हटाए जाते हैं, निम्न है

(a) कार्बन डाइऑक्साइड, सोडियम, मैग्नीशियम
(b) यूरिया, अमिनो अम्ल, क्लोराइड
(c) क्रिएटिनिन, यूरिक अम्ल, अमोनिया, दवाएँ
(d) ग्लूकोस, कैल्शियम, विटामिन

18. वे जातियाँ, जो विलुप्तप्राय: या संकटग्रस्त जातियों की श्रेणी में आएगी, यदि करणीय कारक (Causal factors) निरन्तर जारी रहे, निम्न हैं

(a) अनिश्चित (b) विलीपोन्मुखी
(c) असुरक्षित (d) दुर्लभ

19. कार्बन डाइऑक्साइड के परिवहन के दौरान प्लाज्मा और RBC के बीच आयनिक सन्तुलन निम्न द्वारा बनाए रखा जाता है

(a) रिवर्स क्लोराइड शिफ्ट (b) क्लोराइड शिफ्ट
(c) सोडियम पोटैशियम पम्प (d) ऑक्सीजन ऋण

20. कुछ ऐसे रसायन है जिनके पत्ती की सतह पर सीमित अनुप्रयोग से वाष्पोत्सर्जन कम या नियन्त्रित हो जाता है। निम्नलिखित में से कौन-सा एक प्रतिवाष्पोत्सर्जक है?

(a) फिनाइल मरक्यूरिक एसीटेट
(b) नैफ्थलीन एसीटिक एसिड
(c) ऐथिडियम ब्रोमाइड
(d) एथिलीन

21. वह सामान्य छिद्र, जिसके माध्यम से मस्तिष्क का पहला और दूसरा वेन्ट्रीकल तीसरे वेन्ट्रीकल में खुलता है, निम्न है

(a) अण्डाकार रन्ध्र (b) मैग्नम रन्ध्र
(c) मोनरो रन्ध्र (d) ऑब्टूरेटम रन्ध्र

22. प्रजातियों का एक समूह जो एकल समान पूर्वज और उस जीवित या विलुप्त पूर्वज के सभी वंशजों का सिद्धान्त बनाता है

(a) जीवशाखा (क्लेड) (b) जगत
(c) वंश (d) कुल या परिवार

23. सब्सट्रेट स्तर फॉस्फोरिलेशन और ऑक्सीडेटिव फॉस्फोरिलेशन द्वारा EMP मार्ग में संश्लेषित ATP अणुओं की कुल संख्या क्रमश: निम्न है

(a) 10 और 8 (b) 6 और 4
(c) 4 और 6 (d) 8 और 10

24. DNA की दोहरी हेलिकल संरचना इसके माध्यम से विकसित की गई

(a) स्कैनिंग इलेक्ट्रॉन माइक्रोस्कोपी
(b) एक्स-रे क्रिस्टलोग्राफी
(c) कम्पाउण्ड माइक्रोस्कोप
(d) अल्ट्रासेन्ट्रीफ्यूजन

25. सिट्रूलीन, ऑर्निथिन और गामा अमीनो ब्यूटीरिक अम्ल जैसे अमीनो अम्ल निम्न कहलाते हैं

(a) अप्रोटीन अमीनो अम्ल (b) आवश्यक अमीनो अम्ल
(c) प्रोटीन अमीनो अम्ल (d) अम्लीय अमीनो अम्ल

26. क्लोरोफिल एक वर्णक है, जो संरचनात्मक रूप से अन्य पोरफाइरिन वर्णक के समान चयापचय मार्ग के माध्यम से उत्पादित और संरचना में इसके ही समान होते हैं। क्लोरोफिल रिंग के केन्द्र में उपस्थित कोर धातु आयन है

(a) मैग्नीशियम (b) मैंगनीज
(c) आयरन (d) पोटैशियम

27. एक जीन-संग्रह जो एक ऊतक में *m*RNA की जनसंख्या को प्रदर्शित करता है, निम्न है

(a) cDNA संग्रह
(b) जीन भण्डार (जीन बैंक)
(c) पराग बैंक
(d) जीनोमिक संग्रह

28. एक एकान्तवासी केकड़े (Hermit crab) का सिलेन्ट्रेट (आन्तरगुही), समुद्रफूल (सी-एनीमोन) के साथ सम्बन्ध निम्न दिखाता है

(a) आद्य सहयोग (b) परजीविता
(c) शिकार (d) सहजीवन

29. असंगजनन और कायिक जनन के बारे में क्या समान है?

(a) दोनों विधियों से उत्पादित सन्तति जनकों के समान होती है
(b) दोनों अगुणित सन्तति उत्पन्न करते हैं
(c) दोनों प्रक्रियाएँ केवल एकबीजपत्री पौधों में ही घटित होती हैं
(d) दोनों प्रक्रियाएँ पुष्पित प्रावस्था का उपपथन (By pass) करती हैं

30. निम्नलिखित में से धनात्मक परस्पर क्रिया की पहचान करें

(a) सहजीविता (b) प्रतिस्पर्धा
(c) अपमार्जन (d) परभक्षण

31. डिम्बवाहिनियों की आन्तरिक गुहा, मस्तिष्क के वेन्ट्रीकल (Ventricle) और श्वसन मार्ग निम्न द्वारा ढके होते हैं

(a) स्तरित उपकला (b) संक्रमणकालीन उपकला
(c) शल्की उपकला (d) पक्ष्माभी उपकला

32. ऑक्सीजन की उपस्थिति में पाइरुविक अम्ल अणुओं के पूर्ण भंग होने पर उत्पादित ATP अणुओं की संख्या निम्न होती है

(a) 24 (b) 15
(c) 38 (d) 30

33. सेब के पेड़ में पत्तियों, फूलों और फलों के समय से पहले गिरने को पौधों पर निम्न के छिड़काव के द्वारा रोका जा सकता है

(a) जिबरेलिन
(b) एथिलीन
(c) बेन्जाइल अमीनो प्यूरीन
(d) इण्डोल एसीटिक अम्ल

34. क्लाइनफेलटर सिण्ड्रोम वाला एक मानव पुरुष .... ।

(a) सामान्य मर्दाना लक्षण दिखाता है
(b) जननक्षम होता है
(c) में केवल एक लिंग गुणसूत्र होता है
(d) में XXY के साथ 47 गुणसूत्र होते हैं

35. कुफर कोशिकाएँ यकृत में पाई जाती हैं, जो सिनुसॉइड (Sinusoids) की दीवारों से जुड़ी होती हैं। ये हैं

(a) ट्यूबलर ग्रन्थियाँ, जो क्षारीय तरल पदार्थ, थोड़ा एन्जाइम और श्लेष्म स्रावित करती हैं
(b) विशेष मैक्रोफेज जो पुरानी रक्त कोशिकाओं और कणिकीय तत्व का निपटान करते हैं
(c) उपकला कोशिकाएँ जो पित्ताशय से पित्त रस की मुक्ति को उत्तेजित करती हैं
(d) ग्रन्थिल कोशिकाएँ जो बाइकार्बोनेट आयनों और सोमेटोस्टैटिन का उत्पादन करती हैं

36. जानवरों और पौधे के प्रजनन, संरक्षण और अन्य शोध के उद्देश्य के लिए एकत्रित किए गए जीवित आनुवंशिक संसाधनों जैसे बीज या ऊतक का कुल संग्रह निम्न कहलाता है

(a) सीड बैंक (b) जीन बैंक
(c) हरबेरियम (d) जर्मप्लाज्म

37. सेमीसिन्थेटिक मानव इन्सुलिन को निम्न का उपयोग करते हुए तैयार किया जाता है

(a) सुअर का अग्न्याशय (b) खमीर कोशिकाएँ
(c) जैव रसायन (d) *इश्चेरिचिया कोलाई*

38. प्रोटीन की तृतीयक संरचना के बारे में निम्नलिखित में से कौन-सा सत्य है?

(a) सब-यूनिटों का संयोजन
(b) अल्फा हेलिक्स या बीटा प्लीटेड शीट
(c) अमिनो अम्ल की रूपरेखा
(d) पार्श्व शृंखला अभिविन्यास और स्थिति

39. निम्नलिखित प्रक्रिया में से कौन-सा खून के थक्का के गठन में शामिल नहीं है?

(a) थ्रोम्बोप्लास्टिन का स्रावण
(b) थ्रोम्बोकाइनेज की विकृतिकरण
(c) फाइब्रिन का गठन
(d) प्रोथोम्बिन का थोम्बिन में रूपान्तरण

40. धूमन (Fumigation) के लिए निम्नलिखित में से कौन-सा रासायनिक अभिकर्मक उपयोग किया जाता है?

(a) फिनोल (b) एल्कोहॉल
(c) आयोडीन (d) फॉर्मेल्डिहाइड

41. निम्नलिखित में से कौन-सा मेण्डेलियन डिसऑर्डर है?

(a) फिनाइल कीटोनूरिया (b) दृष्टीहीनता (ब्लाइण्डनेस)
(c) मोंगोलिस्म (d) टर्नर सिण्ड्रोम

42. बाल्टीमोर द्वारा विषाणुओं का वर्गीकरण इस पर आधारित है

(a) साइज कारक
(b) जीनोम की प्रकृति एवं उसकी प्रतिकृतियन युक्ति
(c) होस्ट का प्रकार जो वे संक्रमित करते हैं
(d) वायरस का आकार

43. अचक्रीय फोटोफॉस्फोरिलेशन का अन्तिम उत्पाद चुनिए

(a) 2 ATP, 2 NADH, O_2 (b) 8 ATP, 12 NADH, O_2
(c) 6 ATP, 2 NADH, $2O_2$ (d) 6 ATP, 3 NADH, $2O_2$

44. निम्नलिखित में से सही युग्म चुनें

(a) क्लोरैम्फेनिकोल-*स्ट्रेप्टोमाइसीज वेनेजुएली*
(b) साइक्लोस्पोरिन-*मोनास्कस परप्यूरियस*
(c) पाइरेथिन-*एजारिरेक्टा इण्डिका या नीम*
(d) प्रोटीएज-*एस्पर्जिलस नाइजर*

45. पृथ्वी पर बड़ी संख्या में ऐसी स्थानिक प्रजातियों द्वारा अवग्रहित स्थान जो आवासीय क्षति के खतरे का सामना करता है, निम्न कहलाते हैं
(a) पारिस्थितिक हॉटस्पॉट (b) विशाल विविध क्षेत्र
(c) सफारी पार्क (d) राष्ट्रीय उद्यान

46. वह हॉर्मोन जो उच्च सान्द्रता में उपस्थित होने पर दिल की धड़कन को बढ़ाता है, निम्न है
(a) इन्सुलिन (b) एड्रिनैलिन
(c) कैल्सीटोनिन (d) ग्लूकागोन

47. विषाणुओं को कभी-कभी भटकने वाले जीन कहा जाता है, क्योंकि
(a) वे संक्रामक होते हैं
(b) वे RNA और DNA दोनों का वहन करते हैं
(c) वे केवल एक प्रकार के न्यूक्लिक अम्ल का वहन करते हैं
(d) वायरस का सक्रिय हिस्सा केवल न्यूक्लिक अम्ल होता है

48. उच्चकोटि पादप की तरह, प्रकाशस्वपोषित बैक्टीरिया विकिरण ऊर्जा को रासायनिक ऊर्जा में परिवर्तित करने में सक्षम होते हैं, लेकिन यह प्रक्रिया 'एनोक्सीजेनिक' (Anoxygenic) होती है। इसका क्या तात्पर्य है?
(a) ये H_2O का विखण्डन नहीं कर सकते, इसलिए ऑक्सीजन का निर्माण नहीं होता
(b) इनकी अपनी अपचायक क्षमता होती है
(c) ये अन्य विधि द्वारा H_2O का विखण्डन कर सकते हैं
(d) ऑक्सीजन का निर्माण होता है, लेकिन इसका उपयोग नहीं हो सकता

49. गलत मिलान का चयन करें
(a) सर्टोली कोशिका-पोषकीय (b) ग्राफी पुटक-पीत पिण्ड
(c) अरीय किरीट-शुक्राणु (d) लीडिंग कोशिका-टेस्टोस्टेरोन

50. कैल्विन चक्र के ग्लाइकोलेटिक रिवर्सल चरण में निम्नलिखित में से कौन-सी अभिक्रियाएँ होती हैं?
(a) फॉस्फोग्लिसरिक अम्ल का डाइहाइड्रॉक्सी एसीटोन में ऑक्सीकरण
(b) फॉस्फोग्लिसरेल्डिहाइड का फॉस्फोग्लिसरिक अम्ल में ऑक्सीकरण
(c) फॉस्फोग्लिसरिक अम्ल का फॉस्फोग्लिसरेल्डिहाइड में रूपान्तरण
(d) फॉस्फोग्लिसरेल्डिहाइड का राइबुलोस फॉस्फेट में रूपान्तरण

51. डायटोमाइट (Diatomite) के बारे में निम्नलिखित में से कौन-सा कथन गलत है?
(a) ऊष्मा का कुचालक होता है
(b) अग्निसह ईंट (फायर ब्रिक) और डायनामाइट के निर्माण में प्रयोग किया जाता है
(c) छिद्रयुक्त, अघुलनशील और रासायनिक रूप से निष्क्रिय होता है
(d) लाइकेन की कठोर कोशिका भित्ति से प्राप्त हो जाता है

52. निम्नलिखित में से कौन-सा डिट्रिटस (Detritus) खाद्य श्रृंखला दर्शाता है?
(a) शाहबलूत (Oak) → कीट → गवैया (एक प्रकार का पक्षी)
(b) घास → चूहा → साँप → गरुड़
(c) पादपप्लवक → प्राणिप्लवक → छोटी मछली → बड़ी मछली
(d) मृत पत्तियाँ → दीमक → श्याम पक्षी

53. निम्नलिखित में से कौन शरीर के तापमान को बढ़ाने वाली क्रियाविधि नहीं है?
(a) चयापचय में वृद्धि (b) वाहिका प्रसरण
(c) कंपकंपी (d) रोंगटे खड़े होना

54. निम्नलिखित में से कौन फर्टीलाइजीन-एण्टीफर्टीलाइजीन अभिक्रिया में घटित होने वाला कार्य नहीं है?
(a) शुक्राणु अण्डे की पहचान करता है
(b) हायल्यूरॉनिडेज को मुक्त करता है
(c) विभिन्न प्रजातियों के बीच निषेचन को रोका जाता है
(d) बहुबीजता (Polyspermy) को रोकता है

55. निम्नलिखित में से कौन-सी गर्भ के आनुवंशिक दोष का पता लगाने के लिए प्रसवपूर्व तकनीक है?
(a) बायोप्सी
(b) क्रमवीक्षण (स्कैनिंग)
(c) लैप्रोस्कोपी
(d) उल्बवेधन (अमनिओसेंटेसिस)

56. निम्नलिखित में से कौन संयोजी ऊतक की एक विशेषता नहीं है?
(a) अन्य ऊतकों को जोड़ते एवं सहारा प्रदान करते हैं
(b) कोशिकाएँ एक-दूसरे के समीप होती हैं
(c) उत्पत्ति मूल रूप से मध्यजनस्तर होती हैं
(d) अन्तराकोशिकीय आधात्री की मात्रा अधिक होती है

57. काठियावारी भारतीय घोड़े की एक महत्त्वपूर्ण नस्ल है। यह सामान्यतः निम्न में पाई जाती है
(a) गुजरात और राजस्थान (b) हिमाचल प्रदेश
(c) पंजाब (d) मेघालय

58. ह्यूगो डी व्रीज के अनुसार विकास निम्न के कारण होता है
(a) एकल चरण वृहत् उत्परिवर्तन
(b) उपयोगी विविधताओं के क्रमागत वंशानुक्रम
(c) एक निरन्तर और क्रमागत प्रक्रिया
(d) प्राकृतिक चयन

59. मस्तिष्क का एक हिस्सा जो माँसपेशी गतिविधियों के नियमन और रख-रखाव में मदद करता है, निम्न कहलाता है
(a) मेरुशीर्ष (मेडुला ऑब्लोंगेटा)
(b) मध्यमस्तिष्क
(c) प्रमस्तिष्क
(d) अनुमस्तिष्क

60. द्वितीयक संकीर्णन से परे गुणसूत्र का भाग कहलाता .... है।
(a) क्रोमोनेमा (b) गुणसूत्रबिन्दु
(c) अनुषंगी (सेटेलाइट) (d) टीलोमर

61. प्रोजेस्टेरॉन, आरोपण के लिए गर्भाशय की भीतरी परत तैयार करता है। यह कहाँ से स्रावित होता है?
(a) भ्रूण (b) गर्भाशय की दीवार
(c) पिट्यूटरी (पीयूष) ग्रन्थि (d) पीत पिण्ड

62. इनमें से बेमेल को खोजें
(a) यूबैक्टीरिया-पेप्टाइडोग्लाइकेन
(b) सल्फर बैक्टीरिया-थर्मोएसिडोफाइल
(c) थर्मोफाइल-उष्ण जलधारा
(d) मृत सागर-मेथेनोजन्स

63. बलुआ मिट्टी में उगने वाले पौधे निम्न कहलाते हैं
(a) शैलोद्भिद् (b) बालुकोद्भिद्
(c) अम्लोद्भिद् (d) लवणमृदोद्भिद्

64. मानव हृदय में उपस्थित एक संरचना जो निलय दाब के कम होने पर ऑक्सीजनयुक्त रक्त के पीछे की ओर प्रवाह को रोकती है, निम्न है
(a) बाइकस्पिड वॉल्व (b) त्रिकपर्दी वॉल्व
(c) सेमील्यूनर वॉल्व (d) पल्मोनरी वॉल्व

65. ताजी पत्तियों और शीर्षस्थ कलियों का काला परिगलन (Necrosis) निम्न की कमी के कारण विकसित होता है
(a) सल्फर (b) मैग्नीशियम
(c) जस्ता (d) बोरॉन

66. उस क्षेत्र (Domain) का चयन करें जिसमें चरम पर्यावरण में रहने वाले सबसे प्राचीन बैक्टीरिया पाए जाते हैं
(a) यूकेरिया (b) प्रोटिस्टा
(c) यूबैक्टीरिया (d) आर्किया

67. केन्द्रक संलयन (Karyogamy) क्या है?
(a) युग्मक के नाभिकों का संलयन
(b) गैमिटोप्लाज्म का संलयन
(c) युग्मकों का संलयन
(d) कायिक कोशिकाओं का संलयन

68. निम्नलिखित में से कौन-सा एक स्टेरॉयड नहीं है?
(a) थाइरॉक्सिन (b) टेस्टोस्टेरॉन
(c) प्रोजेस्टेरॉन (d) एस्ट्रोजन

69. निम्नलिखित में से कौन-सा जरायुज है?
(a) घरेलू छिपकली (b) शुतुरमुर्ग
(c) कबूतर (d) कंगारू

70. बाह्य त्वचा से लगे रोम जैसे प्रक्षेपण निम्न है
(a) तना रोम (b) कंटक
(c) मूल रोम (d) ट्राइकोम

71. अगस्ति या गाछ मूँगा (*सेस्बानिया ग्रैण्डीफ्लोरा*) फूलों का रस आँखों की दृष्टि में सुधार करने के लिए फायदेमन्द माना जाता है। उस पादप के कुल की पहचान कीजिए, जिससे यह सम्बन्धित है।
(a) सोलेनेसी
(b) एस्टरेसी
(c) फैबेसी
(d) क्रूसीफेरी (ब्रैसिकेसी)

72. *जेलीडियम* से निकाला गया एक बहुशर्करा (पॉलीसैकेराइड) 'एगोरोज' निम्न के लिए माध्यम के रूप में उपयोग किया जाता है
(a) DNA का भण्डारण
(b) खनिजों का निष्कर्षण
(c) DNA खण्डों को अलग करना
(d) विटामिनों को अलग करना

73. एक गर्भनिरोधक विकल्प जो शुक्राणु की गतिशीलता को कम करता है और ब्लास्टोसिस्ट (बीजगुहा) के रोपण को रोकता है, निम्न है
(a) कॉपर-टी (b) डायाफ्राम
(c) गर्भनिरोधक गोलियाँ (d) कण्डोम

74. DNA प्रतिकृतिकरण के दौरान क्षारक समरूप (Base Analogues) गलत युग्म बनाते हैं और DNA में सम्मिलित हो जाते हैं। केवल प्राकृतिक क्षारक समरूपों को दर्शाता विकल्प चुनें
(a) 5-ब्रोमोयूरेसिल, 2-अमिनो प्यूरिन, 5-ब्रोमो डीऑक्सीयूरिडीन
(b) 5-ब्रोमोयूरेसिल, 5-हाइड्रोक्सी मिथाइल साइटोसिन, 2-अमिनो प्यूरिन
(c) 5-मिथाइल साइटोसिन, 5-हाइड्रोक्सी मिथाइल साइटोसिन, 6-मिथाइल प्यूरिन
(d) 5-मिथाइल साइटोसिन, 5-ब्रोमो डीऑक्सीयूरिडीन, 6-मिथाइल प्यूरिन

75. जब प्रोथैलस, निषेचन के बिना फर्न के पौधे को जन्म देता है, तो इस घटना को निम्न कहा जाता है
(a) एपोस्पोरी (b) एपोमिक्सीस
(c) एपोगैमी (d) पार्थीनोजेनेसिस

76. यदि नेत्रक लेन्स 10 गुना आवर्धित करता है, तो कौन-सा अभिदृश्य लेन्स 400 × आवर्धन देगा?
(a) 400 × (b) 4 ×
(c) 0.4 × (d) 40 ×

77. DNA के एक भाग में 250 थायमिन और 250 ग्वानीन क्षारक हैं। इस भाग में मौजूद न्यूक्लोटाइड्स की कुल संख्या निम्न है
(a) 250 (b) 500
(c) 750 (d) 1000

78. सामान्य लैंगिक जनन का प्रजनन के उस रूप द्वारा प्रतिस्थापन, जिसमें भ्रूण के गठन में अर्धसूत्री विभाजन और युग्मक संलयन शामिल नहीं होते हैं, निम्न है
(a) एपोमिक्टिक हैप्लॉइड
(b) एपोमिक्टिक डिप्लॉइड
(c) एम्फिमिक्टिक हैप्लॉइड
(d) एम्फिमिक्टिक डिप्लॉइड

79. निम्नलिखित में से कौन-सी विशेषता यूकैरियोट से प्रोकैरियोट को अलग कर सकती है?
(a) प्रोकैरियोट में छोटी रिक्तिका की उपस्थिति
(b) प्रोकैरियोट में कोशिका भित्ति की उपस्थिति
(c) प्रोकैरियोट में कोशिका झिल्ली की उपस्थिति
(d) प्रोकैरियोट में आरम्भी नाभिक की उपस्थिति

80. प्लाज्मा झिल्ली के द्रव मौजेक मॉडल के बारे में निम्नलिखित में से कौन-सा कथन गलत है?
1. प्लाज्मा झिल्ली फॉस्फोलिपिड के लिपिड द्विपरत से बनी होती है।
2. प्रत्येक फॉस्फोलिपिड अणु के दो सिरे होते हैं, बाह्य जलस्नेही शीर्ष और आन्तरिक जलविरोधी पुच्छ।
3. प्रोटीन अणुओं को दो अलग-अलग तरीकों में व्यवस्थित किया जाता है—
(i) परिधीय प्रोटीन या बाह्य प्रोटीन
(ii) अभिन्न प्रोटीन या आन्तरिक प्रोटीन
4. मॉडल रॉबर्टसन (1972) द्वारा प्रस्तावित किया गया था।
कूट
(a) केवल 4 (b) 1 और 2
(c) 3 और 4 (d) केवल 3

81. पहले दो शब्दों के बीच सम्बन्धों का निरीक्षण करें और चौथे स्थान पर शब्द भरें
क्लोरोप्लास्ट : प्रकाश संश्लेषण : : ल्यूकोप्लास्ट : …………
(a) फूलों का रंगीन होना
(b) क्षतिग्रस्त कोशिकाओं का पाचन
(c) ATP के रूप में ऊर्जा का संचय
(d) भोजन का संचय

82. F + (दाता) एवं F – (प्राप्तकर्ता) प्रभेद (Strain) के बीच संयुग्मन सदैव ………… पैदा होता है।
(a) F + प्रभेद (b) एक नया प्रभेद
(c) F + एवं F – दोनों (d) F – प्रभेद

83. एन्जाइमों का उपयोग उद्योगों में कई विशिष्ट उत्पादों के निर्माण में किया जाता है। ऊतक प्लाज्मिनोजन एन्जाइम का उपयोग किया जाता है
(a) कपड़ों से तेल के दाग को हटाने में
(b) दिल के दौरे के मरीजों में रक्त के थक्के को विघटित करने में
(c) सर्जरी के दौरान बह रहे खून को बन्द करने में
(d) मीट को नरम करने में

84. क्रायोप्रिजर्वेशन या निम्नताप परीक्षण में जैविक पदार्थों को पहले निम्न के साथ निर्जलित किया जाता है
(a) जाइलोल (b) इथाइल एल्कोहॉल
(c) फॉर्मेलिन-एसीटिक अम्ल (d) ग्लिसरॉल या DMS

85. एफिड्स के प्रति रोग प्रतिरोधकता के लिए प्रजनन द्वारा विकसित पूसा गौरव किस्म है
(a) रेपसीड मस्टर्ड की (b) फ्लैट बीन की
(c) लोबिया की (d) ओकरा (भिण्डी) की

86. अधिकांश स्तनधारियों में विकासशील भ्रूण के पोषण के अंग के रूप में ………… होते हैं।
(a) स्तन ग्रन्थि (b) थैली
(c) वसा (d) अपरा

87. मीसोडर्म, भ्रूण की मध्य परत निम्न जैसी संरचनाओं से विभेदित होती है
(a) नेत्रश्लेष्मकला, तन्त्रिका तन्त्र, बाल, नाखून
(b) आँत, श्वसन तन्त्र, मूत्राशय, पाचक ग्रन्थि
(c) संयोजी ऊतक, त्वचा, आइरिस, अधिवृक्क कॉर्टेक्स
(d) स्तन ग्रन्थियाँ, अश्रु ग्रन्थियाँ, थायरॉइड, पैराथायरॉइड

88. निम्नलिखित में से कौन-सा कथन विसरण के सम्बन्ध में गलत है?
(a) विसरित अणु यादृच्छिक रूप से गति करते हैं
(b) अणुओं के विसरण की दर उस माध्यम के घनत्व के समानुपाती होती है, जिस माध्यम में वे गति करते हैं
(c) एक पदार्थ के विसरण की दिशा किसी अन्य पदार्थ की गति पर निर्भर होती है
(d) अणुओं की गति उनकी गतिज ऊर्जा के कारण होती है

89. हाइलिन उपास्थि के सम्बन्ध में निम्नलिखित में से कौन-सा कथन गलत है?
(a) यह लचीला, लोचदार और सम्पीडित है
(b) यह पैर की हड्डियों के सिरों, लैरेन्जियल दीवार, नाक के सेप्टम और सुपरस्केपुला में मौजूद होती है
(c) इसमें एक विषमांगी (Heterogenous), पारदर्शी एवं डार्क मैट्रिक्स होता है
(d) स्टर्नम, हाइलिन कार्टिलेज द्वारा पसलियों से जुड़ा होता है

90. मृत्यु-दर पर जन्म-दर का प्रतिशत अनुपात जो जनसंख्या की वृद्धि को निर्धारित करता है, वह जाना जाता है
(a) लिंग अनुपात (b) जनसंख्या घनत्व
(c) महत्त्वपूर्ण सूचकांक (Vital Index)
(d) उम्र संरचना

91. जब तापमान कम होता है, तो त्वचा के बाल खड़े हो जाते हैं। कारण बताएँ
(a) मोटा फर कोट ऊष्मारोधी (कुचालक) के रूप में कार्य करता है
(b) यह एक व्यावहारिक परिवर्तन है
(c) यह अधस्त्वचीय वसा की वजह से होता है
(d) ठण्ड बाल को कठोर बनाता है

92. प्राक्विभज्योतक का हिस्सा जो तने और जड़ों के वल्कुट में विकसित होता है

(a) पेरिब्लम (नवजात प्रान्तस्था)
(b) डर्मेटोजन
(c) प्लीरोम
(d) डर्मेटोजन और प्लीरोम दोनों

93. एरिथ्रोमाइसिन एक एण्टीबायोटिक है, जो निम्न क्रिया द्वारा जीवाणु जनित रोगों से सुरक्षा प्रदान करता है

(a) कोशिका झिल्ली को नष्ट कर
(b) प्रोटीन संश्लेषण को रोककर
(c) कोशिका भित्ति संश्लेषण को बाधित कर
(d) सूक्ष्मनलिकाओं के साथ बँधकर

94. लाइसोसोम को कोशिका का आत्महत्यात्मक बैग कहा जाता है, क्योंकि

(a) वे बाहरी पदार्थों को पचाते हैं
(b) जब कोशिकाएँ क्षतिग्रस्त हो जाती हैं, तो लाइसोसोम फट जाते हैं और एन्जाइम अपनी ही कोशिका को पचाने लगते हैं
(c) लाइसोसोम में पाचक एन्जाइम होते हैं
(d) वे जीव को आत्महत्या के लिए बढ़ावा देते हैं

95. नीचे अर्धसूत्री विभाजन की कुछ घटनाएँ दी गई है

1. गुणसूत्रबिन्दु का विभाजन और बहन क्रोमैटिड्स का अलग होना
2. व्यत्यासिका (Chiasmata) का उपान्तीभवन
3. गुणसूत्रों का प्रोसेन्ट्रिक युग्मन
4. कोशिका की मध्य रेखा के तल में द्विसंयोजकों (Bivalents) का व्यवस्थित होना

निम्नलिखित में से कौन-सा विकल्प सही अनुक्रम देता है जिसमें वे घटित होते हैं?

कूट

(a) 3, 2, 4, 1 (b) 4, 1, 3, 2
(c) 2, 1, 4, 3 (d) 1, 4, 2, 3

96. *कुकुरबिटा* पौधों में पराग नलिका बीजाण्डवृन्त (Funicle) या अध्यावरण (Integument) के माध्यम से बीजाण्ड (Ovule) में प्रवेश करती है। इस प्रक्रिया को .... कहा जाता है।

(a) मध्य प्रवेश (b) स्वअनिषेच्य उभयलिंगिता
(c) अण्डद्वारी प्रवेश (d) निभागीयुग्मन

97. माँसभक्षी खाद्य श्रृंखला में इस स्तर को दर्शाते हैं

(a) उत्पादक (b) द्वितीयक उपभोक्ता
(c) अपघटक (d) प्राथमिक उपभोक्ता

98. छोटी आँत के एन्जाइम एक इष्टतम pH पर सक्रिय रहते हैं, जो निम्न है

(a) 7-8 (b) 6
(c) 2 (d) 4

99. हेट्रोक्राइन (विषमस्रावी) ग्रन्थियाँ क्या होती हैं?

(a) अन्तःस्रावी एवं बहिःस्रावी अंग वाली ग्रन्थियाँ
(b) फीरोमोन स्रावित करने वाली ग्रन्थियाँ
(c) 6 ग्रन्थियों का संग्रह
(d) नलिकाओं वाली ग्रन्थियाँ

100. जब सार्कोमियर संकुचित होता है, तो A-बैण्ड की लम्बाई

(a) ज्यों कि त्यों रहती है (b) तीन गुना बढ़ जाती है
(c) दोगुनी हो जाती है (d) कम हो जाती है

उत्तरमाला

1.	(b)	2.	(b)	3.	(d)	4.	(a)	5.	(c)	6.	(a)	7.	(a)	8.	(d)	9.	(b)	10.	(b)
11.	(d)	12.	(d)	13.	(c)	14.	(c)	15.	(b)	16.	(b)	17.	(c)	18.	(c)	19.	(b)	20.	(a)
21.	(c)	22.	(a)	23.	(c)	24.	(b)	25.	(a)	26.	(a)	27.	(a)	28.	(a)	29.	(a)	30.	(c)
31.	(d)	32.	(b)	33.	(d)	34.	(d)	35.	(b)	36.	(d)	37.	(a)	38.	(d)	39.	(b)	40.	(d)
41.	(a)	42.	(b)	43.	(a)	44.	(a)	45.	(a)	46.	(b)	47.	(d)	48.	(a)	49.	(c)	50.	(c)
51.	(d)	52.	(d)	53.	(b)	54.	(b)	55.	(d)	56.	(b)	57.	(a)	58.	(a)	59.	(d)	60.	(c)
61.	(d)	62.	(d)	63.	(b)	64.	(a)	65.	(d)	66.	(d)	67.	(a)	68.	(a)	69.	(d)	70.	(d)
71.	(c)	72.	(c)	73.	(a)	74.	(c)	75.	(c)	76.	(d)	77.	(d)	78.	(b)	79.	(d)	80.	(a)
81.	(d)	82.	(a)	83.	(b)	84.	(d)	85.	(a)	86.	(d)	87.	(c)	88.	(c)	89.	(c)	90.	(c)
91.	(*)	92.	(a)	93.	(b)	94.	(b)	95.	(a)	96.	(a)	97.	(b)	98.	(a)	99.	(a)	100.	(a)

संकेत एवं हल

1. (b) TDF का अर्थ है टेस्टिस डिटरमाइनिंग फैक्टर है, जो नर में Y गुणसूत्र के छोटी भुजा पर स्थित Y के लिंग क्षेत्र द्वारा उत्पादित होता है तथा नर लिंग की अभिव्यक्ति के लिए उत्तरदायी होता है।

2. (b) अपघटन और खनिज चक्रण के दौरान पर्यावरण में मुक्त सरल अकार्बनिक पदार्थों का पुनः उपयोग उत्पादक के द्वारा किया जाता है। सभी हरे पादप उत्पादकों की श्रेणी में आते हैं एवं सभी खाद्य शृंखलाएँ उत्पादकों से प्रारम्भ होती है। उत्पादक इन सरल अकार्बनिक पदार्थों को प्रकाश-संश्लेषण जैसी प्रक्रिया द्वारा पुनः जटिल कार्बनिक पदार्थों (भोजन) में परिवर्तित कर देते हैं।

3. (d) सबसे सामान्य लिम्फोकाइन्स इण्टरफेरॉन है। इण्टरफेरॉन का निर्माण शरीर में विषाणु (वायरस) के संक्रमण के पश्चात् संक्रमित कोशिका से होता है। ये वायरस के संक्रमण के विरुद्ध रक्षा की पहली पंक्ति का गठन करते हैं एवं अन्य सामान्य कोशिकाओं को संक्रमित होने से बचाते हैं।

4. (a) RNA हस्तक्षेप *ds*RNA द्वारा आरम्भ किया जाता है। RNA हस्तक्षेप में *ds*RNA लक्षित *m*RNA अणु को निष्क्रिय कर इसकी अभिव्यक्ति को रोका जाता है।

5. (c) फ्रांसिस क्रिक वह वैज्ञानिक थे, जिन्होंने DNA की द्विहेलिकल संरचना को सुलझाया और *t*RNA नामक एक अडैप्टर (अनुकूलक) अणु के अस्तित्व को भी प्रस्तावित किया।

6. (a) ट्यनिका कॉर्पस सिद्धान्त, शूट एपेक्स (प्ररोह शीर्ष) से सम्बन्धित है। इस अवधारणा को श्मिट ने प्रतिपादित किया। जिसके अनुसार, ट्यूनिका शीर्षस्थ भाग का बाहरी क्षेत्र है, जबकि कॉर्पस आंतरिक क्षेत्र है। इन दोनों स्तरों में कोशिका विभाजन द्वारा पादप शरीर का निर्माण होता है।

7. (a) आतपन या सूर्यताप में PAR का अनुपात 50% से कम (<50%) होता है। हरे पादपों में प्रकाश संश्लेषण की क्रिया में प्रभावी प्रकाश को प्रकाश-संश्लेषित सक्रिय विकिरण (PAR) कहते हैं। इसकी तरंगदैर्ध्य 400-700 mm होती है। इसे मापने के लिए MJ/m^2 या J/mm^2 प्रयुक्त होता है।

8. (d) जैवखोज (Bioprospecting) उन पौधों की खोज है, जिनसे औषधीय दवाएँ और अन्य वाणिज्यिक मूल्यवान यौगिक प्राप्त किए जाते हैं; जैसे–सर्पगन्धा, एलोवेरा, नीम, हल्दी आदि।

9. (b) एक कौवे के घोंसले में अण्डे देने वाली कोयल शिशु परजीविता का उदाहरण है। कोयल पक्षी के अण्डे मेजबान कौवे के अण्डे के समान रंग व आकार के होते हैं। किन्तु कोयल बच्चों के पालन-पोषण से बचने के लिए अपने अण्डों को स्वयं न ऊष्मयित करके कौवे के घोंसले में रख देती हैं। इसे शिशु परजीविता कहते हैं।

10. (b) यदि किसी जीव के वसा अम्लों को संश्लेषित करने की आवश्यकता है, तो श्वसन मार्ग से ऐसीटिल सहएन्जाइम-A यौगिक निकाला जाएगा। ऐसीटिल सहएन्जाइम वसा अम्ल संश्लेषण को विनियमित करने में महत्त्वपूर्ण एन्जाइम है, क्योंकि यह वसीय अम्ल की कार्बन शृंखला के विस्तार के लिए आवश्यक बिल्डिंग ब्लॉक प्रदान करता है।

11. (d) उत्तरी ब्लोटिंग *m*RNA की खोज और परिमाणन के लिए उपयोग की जाने वाली तकनीक है। यह जीन अभिव्यक्ति में प्रयोग होने वाली तकनीक है। यह प्रक्रिया विशिष्ट जीन के पहचान, संख्या, सक्रियता तथा आकार को व्यक्त करती है।

12. (d) जल संवर्धन वह तकनीक है, जो किसी भी खनिज तत्व की अनिवार्यता और पौधों में खनिज तत्व से सम्बन्धित न्यूनतम लक्षणों के अध्ययन में प्रयोग की जाती है। इस तकनीक में पौधों को बिना मृदा के जलीय संवर्धन माध्यम में उगाया जाता है।

13. (c) ऑर्डोविशियन, डेवोनियन, पर्मियन, ट्रायेसिक और क्रिटेशियस काल के अंत में पृथ्वी पर 5 बार सामूहिक विलोपन अर्थात् जीव जातियों का बहुत बड़े स्तर पर विनाश हुआ है। अत्यधिक तापमान, समुद्रतल का बढ़ना, बड़े स्तर पर ज्वालामुखी उद्‌गार, आदि इस विलुप्ति के कारण थे।

14. (c) फाइटोक्रोम क्लोरोफिल के अतिरिक्त एक फोटोरिसेप्टर अणु है, जो प्रकाश में पौधे की विभिन्न विकास और संरचना विकास प्रतिक्रिया को मध्यस्थ करता है। यह लाल प्रकाश के प्रति संवेदनशील फोटोरिसेप्टर है।

15. (b) ग्रीसेवफुलविन कवक *पेनिसिलियम पेटुलम* से वाणिज्यिक रूप से उत्पन्न किया जाता है। यह कवक प्रतिरोधी एन्टीबायोटिक है। यह एथिलीट फुट, रिंगवर्म, बालों, नाखूनों के कवकीय संक्रमण में उपयोग होती है।

16. (b) अल्फा वर्गीकरण विज्ञान में पौधों की पहचान और वर्गीकरण के लिए केवल आकृति-विज्ञान लक्षणों का उपयोग किया जाता है। अल्फा वर्गीकरण वर्तमान में प्रजातियों के वर्गीकरण, व्याख्या एवं पहचान के लिए उपयोग किया जाता है।

17. (c) क्रिएटिनिन, यूरिक अम्ल, अमोनिया एवं दवाएँ नलिकीय स्रावण द्वारा नेफ्रॉन में स्रावित होते हैं। नेफ्रॉन द्वारा ये मूत्र के रूप में शरीर के बाहर त्याग दिए जाते हैं।

18. (c) असुरक्षित वे जातियाँ हैं, जो विलुप्तप्रायः जातियों की श्रेणी में आएगी, यदि करणीय कारक निरन्तर जारी रहे।

यह जानकारी IUCN द्वारा रेड डाटा बुक में प्रकाशित होती है। संकटग्रस्त पौधों, कवकों, जानवरों आदि सभी इसमें वर्गीकृत किए जाते हैं।

19. (b) क्लोराइड शिफ्ट कार्बन डाइऑक्साइड के परिवहन के दौरान प्लाज्मा और RBC के बीच आयनिक सन्तुलन बनाए रखता है। यह हैमबर्गर प्रभाव के रूप में भी जाना जाता है।

20. (a) फिनाइल मरक्यूरिक एसीटेट एक प्रतिवाष्पोत्सर्जक रसायन है। इसका पत्तियों की सतह पर छिड़काव किया जाता है, जिससे वाष्पोत्सर्जन द्वारा होने वाली अत्यधिक जलहानि को कम किया जाता है।

21. (c) मोनरो रन्ध्र वह सामान्य छिद्र है, जिसके माध्यम से मस्तिष्क का पहला और दूसरा वेन्ट्रीकल तीसरे वेन्ट्रीकल में खुलता है, जो सेरिब्रोस्पाइनल द्रव के परिवहन में उपयोगी होता है।

22. (a) जीवशाखा (क्लेड) प्रजातियों का एक ऐसा समूह है, जो एकल समान पूर्वज और उस जीवित या विलुप्त पूर्वज के सभी वंशजों का सिद्धान्त बनाता है। मेमेलिया, एवीज, एन्जियोस्पर्म, कीट आदि क्लेड के उदाहरण हैं।

23. (c) 4 ATPs और 6 ATPs क्रमशः सब्सट्रेट स्तर फॉस्फोरिलेशन और ऑक्सीडेटिव फॉस्फोरिलेशन द्वारा EMP मार्ग में संश्लेषित ATP अणुओं की कुल संख्या है। EMP मार्ग में ग्लूकोस का कोशिकीय श्वसन या ऑक्सीकरण पूर्ण होता है।

24. (b) एक्स-रे क्रिस्टलोग्राफी से DNA की दोहरी हेलिकल संरचना ज्ञात की गई। यह रोसलिण्ड फ्रैंकलिन द्वारा विकसित की गई।

25. (a) सिट्रूलीन, ऑर्निथिन और गामा अमीनो ब्यूटीरिक अम्ल (GABA) अप्रोटीन अमीनो अम्ल कहलाते हैं क्योंकि ये प्रायः प्रोटीन निर्माण में प्रयुक्त नहीं होते हैं। सिट्रूलीन व ऑर्निथीन यूरिया चक्र में महत्त्वपूर्ण भूमिका निभाते हैं। GABA मस्तिष्क में रासायनिक सन्देशक है।

26. (a) मैग्नीशियम क्लोरोफिल रिंग के केन्द्र में उपस्थित कोर धातु आयन है। मैग्नीशियम एन्जाइम सक्रियण, श्वसन, प्रकाश-संश्लेषण व न्यूक्लिक एसिड संश्लेषण में महत्त्वपूर्ण भूमिका निभाते हैं।

27. (a) cDNA जीन-संग्रह है, जो ऊतक में *m*RNA की जनसंख्या को प्रदर्शित करती है। cDNA *m*RNA की प्रतिकृति होती है, जो रिवर्स ट्रान्सक्रिप्टेज द्वारा उत्पादित होते हैं।

28. (a) एकान्तवासी केकड़े एवं सी-एनीमोन के मध्य अन्तःसम्बन्ध आद्य सहयोग दिखाता है। इसमें सहयोगी प्रजातियाँ जीवित रहने के लिए अविकल्पी रूप से एक-दूसरे पर निर्भर होती है एवं एक-दूसरे को लाभ पहुँचाती है।

29. (a) असंगजनन और कायिक जनन दोनों विधियों में उत्पादित सन्तति जनकों के समान (क्लोन) होती है। यह अलैंगिक जनन की सामान्य विधियाँ हैं। इनमें युग्मकों के संलयन के बिना पौधे का निर्माण होता है।

30. (c) अपमार्जन धनात्मक परस्पर क्रिया है। अपमार्जक वह जीव है, जो मृत सड़े-गले जन्तुओं को खाकर इनके सरल पदार्थों में अपघटन का कार्य कर पर्यावरण की सफाई का कार्य करते हैं; उदाहरण–गिद्ध।

31. (d) डिम्बवाहिनियों की आन्तरिक गुहा, मस्तिष्क के वेन्ट्रीकल और श्वसन मार्ग पक्ष्माभी उपकला द्वारा ढके होते हैं। पक्ष्माभी उपकला पदार्थों के आवागमन में सहायक होती है। इसकी सतह पर स्वतन्त्र माइक्रोविली उपस्थित होती है।

32. (b) ऑक्सीजन की उपस्थिति में एक पाइरुविक अम्ल अणुओं के पूर्ण भंग होने पर उत्पादित ATP अणुओं की संख्या 15 होती है। पाइरुविक अम्ल जीवित कोशिकाओं को सिट्रिक अम्ल चक्र एवं ETS के माध्यम से ऊर्जा प्रदान करता है।

33. (d) इण्डोल एसीटिक अम्ल (ऑक्सिन) के छिड़काव से सेब के पेड़ में पत्तियों, फूलों और फलों के समय से पहले गिरने को रोका जा सकता है। यह पौधों से प्राप्त होने वाला प्राकृतिक वृद्धि नियन्त्रण हॉर्मोन है।

34. (d) क्लाइनफेलटर सिण्ड्रोम वाले एक मानव पुरुष में XXY के साथ 47 गुणसूत्र होते हैं। इस सिण्ड्रोम में वृषणों का अल्पविकसित, स्तनों का विकास, दाढ़ी-मूँछे न आना, आदि लक्षण दिखाई देते हैं।

35. (b) कुफर कोशिकाएँ यकृत में पाई जाती हैं, जो सिनुसॉइड की दीवारों से जुड़ी होती है। ये विशिष्ट मैक्रोफेज कोशिकाएँ पुरानी रुधिर कोशिकाओं और कणिकीय तत्त्वों का निपटान करते हैं।

36. (d) जानवरों और पौधों के प्रजनन, संरक्षण, और अन्य शोध के उद्देश्य के लिए एकत्रित किए गए जीवित आनुवंशिक संसाधनों जैसे बीज या ऊतक का कुल संग्रह जर्मप्लाज्म कहलाता है। जर्मप्लाज्म संग्रह जैव-विविधता के संरक्षण के लिए महत्त्वपूर्ण है।

37. (a) सेमीसिन्थेटिक मानव इन्सुलिन सुअर के अग्न्याशय का उपयोग करते हुए तैयार किया जाता है। इन्सुलिन रुधिर ग्लूकोस के स्तर को कम या नियन्त्रित करने का कार्य करता है, जो मधुमेह रोगियों के उपचार में प्रयुक्त होता है।

38. (d) पार्श्व श्रृंखला का अभिविन्यास और स्थिति प्रोटीन की तृतीयक संरचना का विशिष्ट लक्षण है। प्रोटीन एन्जाइम के निर्माण में स्वास्थ रहने के लिए आवश्यक है।

39. (b) थ्रोम्बोकाइनेज एन्जाइम का विकृतिकरण खून के थक्का के गठन में शामिल नहीं है। चोट लगने पर जब घाव पर रुधिर प्लेटलेट्स से मुक्त थ्रोम्बोकाइनेज प्रोथ्रोम्बिन को थ्रोम्बिन में बदल देता है, तब रुधिर का थक्का बनना शुरू होता है।

40. (d) धूमन के लिए फॉर्मेल्डिहाइड अभिकर्मक का उपयोग किया जाता है। यह 35 mL फॉर्मेलिन व 10g पोटैशियम परमैंगनेट से तैयार होता है। फॉर्मेलिन एक हानिकारक पदार्थ है। अतः धूमन के लिए उपयुक्त नहीं है।

41. (a) फिनाइल कीटोन्यूरिया मेण्डेलियन डिसऑर्डर है। जीन में उत्परिवर्तन के कारण होने वाले रोग मेण्डेलियन डिसऑर्डर की श्रेणी में आते हैं। सिकल-सेल एनीमिया भी मेडेलियन डिसऑर्डर है।

42. (b) बाल्टीमोर द्वारा विषाणुओं का वर्गीकरण जीनोम की प्रकृति एवं उसकी प्रतिकृतियन युक्ति पर आधारित है। इन्होंने विषाणुओं को सात समूहों में वर्गीकृत किया है। प्रथम समूह में द्विहेलिकल DNA विषाणु, एकल हेलिकल DNA विषाणु आदि आते हैं।

43. (a) 2ATP, 2NADH एवं O_2 अचक्रीय फोटो फॉस्फोरिलेशन के अन्तिम उत्पाद हैं। यह श्वसन क्रिया में इलेक्ट्रॉनों के उत्पादन से सम्पन्न होने वाली प्रक्रिया है।

44. (a) क्लोरैम्फेनिकोल-*स्ट्रेप्टोमाइसीज वेनेजुएली* सही मेल युग्म है। यह बैक्टीरियल संक्रमण जैसे टायफॉइड में प्रयुक्त होने वाली एण्टीबायोटिक है।

45. (a) पृथ्वी पर बड़ी संख्या में ऐसी स्थानिक प्रजातियों द्वारा अवग्रहित स्थान जो आवासीय क्षति के खतरे का सामना करते हैं, पारिस्थितिक हॉटस्पॉट कहलाते हैं। भारत में पश्चिमी घाट, पूर्वी हिमालय एवं इण्डो-बर्मा क्षेत्र हॉटस्पॉट क्षेत्र हैं।

46. (b) एड्रिनैलिन वह हॉर्मोन जो उच्च सान्द्रता में उपस्थित होने पर दिल की धड़कन को बढ़ाता है। यह एड्रिनल ग्रन्थि द्वारा स्रावित हॉर्मोन है। इसे 'करो या मरो' हॉर्मोन भी कहते है। यह संकट, डर, ठण्ड जैसी परिस्थितियों में उत्पन्न होता है।

47. (d) विषाणुओं को कभी-कभी भटकने वाले जीन कहा जाता है, क्योंकि वायरस का सक्रिय हिस्सा केवल न्यूक्लिक अम्ल है। वायरस अकोशिकीय अतिसूक्ष्म निर्जीव कण होते हैं, जो पोषद् शरीर के अन्दर जीवित हो जाते हैं।

48. (a) उच्चकोटि पादप की तरह, प्रकाशस्वपोषित बैक्टीरिया विकिरण ऊर्जा को रासायनिक ऊर्जा में परिवर्तित करने में सक्षम होते हैं, लेकिन यह प्रक्रिया 'एनोक्सीजेनिक' होती है। इसका तात्पर्य है कि ये जल (H_2O) का खंडन नहीं कर सकते हैं, इसलिए इनमें ऑक्सीजन का निर्माण नहीं होता।

49. (c) अरीय किरीट-शुक्राणु गलत मिलान है। कोरोना रेडिएटा या अरीय किरीट अण्डाणु का रक्षात्मक आवरण होता है।

50. (c) कैल्विन चक्र के ग्लाइकोलेटिक रिवर्सल चरण में फॉस्फोग्लिसरिक अम्ल का फॉस्फोग्लिसरेल्डिहाइड में रूपान्तरण होता है। कैल्विन चक्र में कार्बन स्थिरीकरण, अपचयन तथा पुनरुत्पादन (प्रथम अणु) तीन चरण होते हैं।

51. (d) डायटोमाइट लाइकेन की कठोर कोशिका भित्ति से प्राप्त नहीं किया जाता है। यह सिलिकायुक्त अवसादी चट्टान है, जो अशुद्धियों के फिल्टरेशन में प्रयुक्त होती है। यह डायटमों की भित्ति से प्राप्त होता है।

52. (d) मृत पत्तियाँ → दीमक → श्याम पक्षी डिट्रिटस या अपरद् खाद्य श्रृंखला दर्शाता है। अपरद् या डिट्रिटस खाद्य श्रृंखला में मृत कार्बनिक पदार्थों से प्रारम्भ होती है। इसमें अपघटक इन पदार्थों को अपघटित कर सरल पदार्थों में परिवर्तित कर देते हैं।

53. (b) वाहिका प्रसरण शरीर के तापमान को बढ़ाने वाली क्रियाविधि नहीं है। वाहिका प्रसरण रक्त वाहिनियों का चौड़ा होना है, जो रक्त प्रवाह को बढ़ाता है।

54. (b) अण्डाणु भित्ति पर शुक्राणु द्वारा हायल्यूरॉनिडेज एन्जाइम को मुक्त करना निषेचन की फर्टीलाइजीन-एण्टीफर्टीलाइजीन एन्जाइम अभिक्रिया में घटित होने वाला कार्य नहीं है। हायल्यूरॉनिडेज शुक्राणु के एक्रोसोम द्वारा मुक्त किया जाता है।

55. (d) उल्बवेधन गर्भ के आनुवंशिक दोष का पता लगाने के लिए प्रसवपूर्व तकनीक है। यह भ्रूण के एम्नियोटिक द्रव में पायी जाने वाली कोशिकाओं के गुणसूत्रीय पैटर्न की जाँच पर आधारित है।

56. (b) संयोजी ऊतक में कोशिकाएँ एक दूसरे के समीप स्थित हो, विशिष्ट गुण नहीं है। यह एक अंग को दूसरे अंग से जोड़ने का कार्य करती है। संयोजन करना, अंगों को आच्छादित करना तथा सही स्थान पर बनाए रखना संयोजी ऊतक के कार्य हैं।

57. (a) गुजरात और राजस्थान में सामान्यतः घोड़े की महत्त्वपूर्ण नस्ल काठियावारी पाई जाती है। यह काले रंग को छोड़कर सभी रंगों में पाई जाने वाली नस्ल है। इनके असामान्य घुमावदार कान होते हैं।

58. (a) ह्यूगो डी व्रीज के मुताबिक विकास एकल चरण में वृहत् उत्परिवर्तन के कारण होता है। ह्यूगो डी व्रीज के अनुसार उत्परिवर्तन अचानक प्रकट होता है और तुरन्त अपना प्रभाव उत्पन्न करता है।

59. (d) अनुमस्तिष्क मस्तिष्क का वह हिस्सा है, जो माँसपेशी गतिविधियों के नियमन और रख-रखाव में मदद करता है। इसके अतिरिक्त यह शरीर का सन्तुलन बनाए रखने का कार्य करता है।

60. (c) द्वितीयक संकीर्णन से परे गुणसूत्र का भाग अनुषंगी (सेटेलाइट) कहलाता है। यह DNA फिंगरप्रिन्टिंग पहचान का कार्य करते हैं। यह एक्रोसेण्ट्रिक गुणसूत्रों में देखें जाते हैं। इन्हें विशिष्ट गुणसूत्रों की पहचान के लिए मार्कर के रूप में उपयोग किया जाता है।

61. (d) प्रोजेस्टेरॉन अण्डाशय में पीत पिण्ड (कॉर्पस ल्यूटियम) से स्रावित होता है, जो आरोपण के लिए गर्भाशय की भीतरी परत तैयार करता है। यह गर्भधारण के लिए महत्त्वपूर्ण हॉर्मोन है। यह शरीर में विभिन्न कार्यों को उत्तेजित एवं नियन्त्रित करता है।

62. (d) मृत सागर-मेथेनोजन्स बेमेल है। मृत सागर में कोई भी पादप मछलियाँ और अन्य कोई जीव नहीं पाए जाते हैं, क्योंकि मृत सागर की लवणीयता बहुत अधिक है। मेथेनोजन मवेशियों के पेट व गोबर में पाए जाने वाले मेथेन उत्पादक आदिम जीवाणु हैं।

63. (b) बलुआ मिट्टी में उगने वाले पौधे बालुकोदभिद् कहलाते हैं। इनकी लम्बी जड़ों पर अनेक मूलरोम पाए जाते हैं। इनकी जल अवशोषण क्षमता अधिक होती है।

64. (a) मानव हृदय में बाएँ भाग में उपस्थित बाइकस्पिड वॉल्व एक संरचना है, जो निलय दाब के गिरने पर ऑक्सीजनयुक्त रुधिर के पीछे की ओर प्रवाह को रोकती है। मानव हृदय में दोहरा रक्त परिसंचरण पाया जाता है।

65. (d) ताजी पत्तियों और शीर्षस्थ कलियों का काला परिगलन बोरॉन की कमी के कारण विकसित होता है। बोरॉन की कमी से जनन क्षमता में भी कमी आ जाती है तथा मेरिस्टेम मृत हो जाती है।

66. (d) आर्किया चरम में पर्यावरण में रहने वाले सबसे प्राचीन बैक्टीरिया पाए जाते हैं। ये अकेन्द्रिक जीव हैं। ये अत्यधिक उच्च ताप, उच्च दाब, अम्लीय pH एवं उच्च लवणता की अवायवीय परिस्थितियों में भी पाए जातें हैं।

67. (a) युग्मक के नाभिकों का संलयन केन्द्रक संलयन कहलाता है। क्रार्योगैमी के लिए प्लाज्मोगैमी नामक प्रक्रिया का होना आवश्यक है।

68. (a) थाइरॉक्सिन स्टेरॉयड नहीं है। थाइरॉक्सिन थायरॉइड ग्रन्थि से स्रावित होने वाला अमीनो अम्लों द्वारा व्युत्पन्न हॉर्मोन है। यह ग्रन्थि गले में स्थित होती है। थायरॉइड हॉर्मोन की कमी से गलकण्ड रोग हो जाता है।

69. (d) कंगारू जरायुज प्राणी है। ये अण्डे नहीं देते, बल्कि शिशु को जन्म देते हैं। ये अपने अल्प विकसित नवजात बच्चों को पेट के पास बनी मार्सूपियल थैली में रखते हैं।

70. (d) बाह्य त्वचा से लगे रोम नुमा प्रक्षेपण ट्राइकोम होते हैं। ट्राइकोम एककोशिकीय, बहुकोशिकीय या ग्रेन्यूलर हो सकते हैं। यह प्रोटोडर्मल कोशिकाओं से विकसित होते हैं।

71. (c) अगस्ति या गाछ मूँगा (*सेस्बानिया ग्रैण्डीफ्लोरा*) फैबेसी कुल से सम्बन्धित है। इसके फूलों का रस आँखों की दृष्टि सुधार करने के लिए फायदेमन्द माना जाता है।

72. (c) *जेलीडियम* से निकाला गया पॉलीसैकेराइड 'एगोरोज' DNA खण्डों की अलग करने में जैल इलेक्टोफोरेसिस तकनीक में उपयोग किया जाता है। *जेलीडियम* एक समुद्री लाल शैवाल है।

73. (a) कॉपर-टी एक गर्भनिरोधक विकल्प है, जो शुक्राणु की गतिशीलता को कम करता है और ब्लास्टोसिस्ट (बीजगुहा) के गर्भाशय में रोपण को रोकता है। यह गर्भावस्था को लगभग 10 साल तक रोक सकने में सक्षम है। यह ताँबे द्वारा निर्मित होता है।

74. (c) 5-मिथाइल साइटोसिन, 5-हाइड्रोक्सी मिथाइल साइटोसिन एवं 6-मिथाइल प्यूरिन प्राकृतिक क्षारक समरूपों को दर्शाता है। यह DNA प्रतिकृतियन के दौरान क्षारीय न्यूक्लियोसाइडों के युग्मन को प्रभावित करता है, जो उत्परिवर्तन को जन्म देता है।

75. (c) जब प्रोथैलस, निषेचन के बिना फर्न के पौधे को जन्म देता है, इस घटना को एपोगैमी कहा जाता है।

76. (d) यदि नेत्रक लेन्स 10 गुना आवर्धित करता है, तो 40× अभिदृश्यक लेन्स वस्तु का 400 × आवर्धन देगा। एक लेन्स के आवर्धन को एक वस्तु के प्रतिबिम्ब की ऊँचाई और वस्तु की वास्तविक ऊँचाई के अनुपात के रूप में परिभाषित किया जाता है।

77. (d) DNA के भाग में 1000 न्यूक्लोटाइड्स होंगे, यदि इसमें 250 थायमिन और 250 ग्वानीन क्षारक हैं। DNA का एक अणु चार अलग-अलग क्षारकों एडीनिन, ग्वानीन, थायमिन और साइटोसिन से मिलकर बना होता है। इस DNA में 250 थायमिन, 250 एडीनीन से एवं 250 ग्वानीन 250 साइटोसीन से युग्म बनाएँगें।

78. (b) एपोमिक्टिक डिप्लॉइड में भ्रूण के गठन में अर्धसूत्री विभाजन और युग्मक संलयन शामिल नहीं होते हैं। यह सामान्यतः होने वाले लैंगिक प्रजनन के विकल्प के रूप में होने वाली प्रक्रिया है।

79. (d) प्रोकैरियोट में आरम्भी नाभिक की उपस्थिति यूकैरियोट से प्रोकैरियोट को अलग करती है। प्रोकैरियोटिक कोशिका सरल प्रकार की कोशिकाएँ हैं, जिनमें यूकैरियोट कोशिका में पाए जाने वाले विकसित कोशिकांग जैसे गॉल्जीकाय, माइट्रोकॉण्ड्रिया आदि भी नहीं पाए जाते हैं।

80. (a) प्लाज्मा झिल्ली के द्रव मौजेक मॉडल रॉबर्टसन (1972) द्वारा नहीं प्रस्तावित किया गया था। यह मॉडल सिंगर एवं निकोल्सन ने प्रतिपादित किया था।

81. (d) ल्यूकोप्लास्ट भोजन का संचय करते हैं। ये रंगहीन लवक हैं, जो स्टार्च, तेल एवं प्रोटीन का संचय करते हैं।

82. (a) F+ (दाता) एवं F– (प्राप्तकर्ता) जीवाणु प्रभेद के बीच संयुग्मन से सदैव F + जीवाणु प्रभेद पैदा होता है। यह संयुग्मन पाइलस द्वारा मध्यस्थ होता है। संयुग्मन द्वारा स्थानान्तरित DNA के प्राप्तकर्ता को ट्रासकॉन्जुगेंट कहा जाता है।

83. (b) ऊतक प्लाज्मिनोजन एन्जाइम का उपयोग दिल के दौरे के मरीजों में रक्त के थक्के को विघटित करने में उपयोग किया जाता है। प्लाज्मिनोजन एक बीटा-ग्लोबुलिन प्रोटीन है, जो रक्त वाहिकाओं, कोमल ऊतकों और एण्डोथीलियल कोशिकाओं के साथ शरीर के गुहा के फाइब्रिन थक्कों में पाया जाता है।

84. (d) क्रायोप्रिजर्वेशन या निम्नताप परीक्षण में जैविक पदार्थों को पहले ग्लिसरॉल या DMS (Dimethyl Sulfoxide) के साथ निर्जलित किया जाता है। इस प्रक्रिया में – 196°C ताप पर तरल नाइट्रोजन में जैविक नमूनों को संरक्षित किया जाता है।

85. (a) ऐफिडो के प्रति रोग प्रतिरोधकता के लिए प्रजनन द्वारा विकसित पूसा गौरव रेपसीड मस्टर्ड की किस्म है। एफिड्स छोटे रस चूसने वाले कीट होते हैं। ये एफिडोइडिया परिवार के सदस्य होते हैं। पूसा गौरव इन कीटों से फसल की सुरक्षा करने में सक्षम है।

86. (d) अधिकांश स्तनधारियों में विकासशील भ्रूण के पोषण के अंग के रूप में अपरा या प्लेसेण्टा होता है, जो माता के गर्भाशय में शिशु को पोषण प्रदान करता है। मनुष्य में डिस्कॉयड प्लेसेण्टा पाई जाती है।

87. (c) मीसोडर्म, भ्रूण की मध्य जनन परत होती है जो संयोजी ऊतक, त्वचा (Dermis), आइरिस, अधिवृक्क कॉर्टेक्स जैसी संरचनाओं में विभेदित होती है। यह परत गेस्टूलेशन के दौरान उत्पन्न होती है।

88. (c) एक पदार्थ के विसरण की दिशा किसी अन्य पदार्थ की गति पर निर्भर नहीं होती है विसरण विलेय के द्रव्यमान, तापमान, विलायक के घनत्व पर निर्भर करता है।

89. (c) हाइलिन उपास्थि में विषमांगी, श्वेत या हल्का नीला एवं पारदर्शी, मैट्रिक्स होता है। शरीर में आमतौर पर हाइलिन उपास्थि ही पाई जाती है। यह कोलेजन फाइबर की बनी होती है।

90. (c) महत्त्वपूर्ण सूचकांक मृत्यु-दर पर जन्म-दर का प्रतिशत अनुपात है, जो जनसंख्या की वृद्धि को निर्धारित करता है। यह सूचकांक जनसंख्या के भविष्य एवं गुणों बताता है।

91. (*) जब तापमान गिरता है, तो त्वचा के बाल खड़े हो जाते हैं, क्योंकि त्वचा में रोम पुटियों में रक्त प्रवाह की दर बढ़ जाती है एवं मोटा फर कोट ऊष्मारोधी के रूप में कार्य करता है। यह एक अनैच्छिक क्रिया है, जो एड्रिनेलीन हॉर्मोन के स्रावण के कारण रोम पुटियों की रक्त वाहिनियों के संकुचित होने से उत्पन्न होती है।

92. (a) पेरिब्लम प्राक्विभज्योतक ऊतक का हिस्सा है, जो तने और जड़ों के वल्कुट में विकसित होता है।

93. (b) एरिथ्रोमाइसिन एक एण्टीबायोटिक है, जो जीवाणु के प्रोटीन संश्लेषण को रोककर जीवाणु जनित रोगों से सुरक्षा प्रदान करता है। यह श्वसन नली सम्बन्धी संक्रमण, त्वचा संक्रमण, डिफ्थीरिया, अमीबीएसिस आदि रोगों में उपयोग की जाती है।

94. (b) लाइसोसोम को कोशिका का आत्महत्यात्मक बैग कहा जाता है, क्योंकि जब कोशिकाएँ क्षतिग्रस्त हो जाती है या किसी कारणवश लाइसोसोम क्षतिग्रस्त हो जाता है, तो लाइसोसोम फट जाता है और इसके जलअपघटनी एन्जाइम अपनी कोशिका को ही पचाने लगते हैं।

95. (a) अर्द्धसूत्री विभाजन में सर्वप्रथम गुणसूत्रों का प्रोसेण्ट्रिक युग्मन होता हैं। तत्पश्चात् व्यत्यासिका का उपान्तीभवन होता है एवं कौशिका के मध्य रेखा के तल में द्विसंयोजक गुणसूत्रों की व्यवस्था होती है। इसके पश्चात् गुणसूत्र बिन्दु का विभाजन और सिस्टर क्रोमैटिडों के अलग होने की प्रक्रिया होती है।

96. (a) *कुकुरबिटा* पौधों में पराग नलिका प्रायः केवल अध्यावरण को भेद कर (कभी-कभी बीजाण्डवृत का भेदन भी हो सकता है) बीजाण्ड में प्रवेश करती है। इस प्रक्रिया को मीसोगैमी (मध्य प्रवेश) कहा जाता है। यह प्रक्रिया निषेचन के लिए उत्तरदायी है।

97. (b) खाद्य श्रृंखला में द्वितीयक उपभोक्ता माँसभक्षी को दर्शाते हैं। खाद्य श्रृंखला पारिस्थितिक तन्त्र में जीवों के मध्य के पोषण सम्बन्धी जटिल सम्बन्धों को दर्शाती है।

98. (a) छोटी आँत के एन्जाइम 7-8 pH के क्षारीय माध्यम पर सक्रिय रहते हैं। ट्रिप्सिन एक पाचक एन्जाइम है, जो छोटी आँत में प्रोटीन को तोड़ता है। यह अग्न्याशय से ट्रिप्सिनोजन के रूप में छोटी आँत में प्रवेश करता है, एवं क्षारीय माध्यम में ट्रिप्सिन में परिवर्तित हो जाता है।

99. (a) अन्तःस्रावी एवं बहिःस्त्रावी अंग वाली ग्रन्थियाँ हेट्रोक्राइन (विषमस्रावी) ग्रन्थियाँ होती हैं। अग्न्याशय एक हेट्रोक्राइन ग्रन्थि है, क्योंकि इसमें अन्तःस्रावी व बहिःस्रावी दोनों ग्रन्थियों के भाग उपस्थित होते हैं।

100. (a) जब सार्कोमियर संकुचित होता है, तो A-बैण्ड की लम्बाई ज्यों कि त्यों अर्थात् अपरिवर्तित रहती है। सार्कोमियर माँसपेशियों की संकुचित इकाई है। यह दो महत्त्वपूर्ण प्रोटीन एक्टिन एवं मायोसिन से बना होता है।

अध्याय 01

जीव जगत में विविधता

Diversity in Living World

सजीव जगत Living World

किसी स्थान विशेष पर प्राकृतिक रूप से पाए जाने वाले जीव-जन्तु एवं पेड़-पौधों की भिन्न-भिन्न प्रजातियों में अनेक प्रकार की विभिन्नताएँ देखने को मिलती हैं; जैसे—स्वभाव, रंग, रूप, संख्या, आदि।

- **जीवन** (Life) जीवन की कोई सुनिश्चित परिभाषा नहीं दी जा सकती, यह **अमूर्त** (Abstraction) है। हम केवल यह कह सकते हैं, कि 'संगठित पदार्थ (जीवद्रव्य) की जैविक-दशा (Livingness) ही जीवन है' या जीवन वह शब्द है, जो सजीवों को निर्जीवों से पृथक् करता है।

सजीवों के लक्षण Characteristics of Living Beings

सजीवों के कुछ विशेष लक्षण होते हैं, जिनके आधार पर उन्हें निर्जीव से पृथक् किया जा सकता है। ये विशेष लक्षण निम्न प्रकार हैं

1. **जीवद्रव्य** (Protoplasm) जीवधारियों के जीवन का भौतिक आधार जीवद्रव्य है। इसमें सभी जैविक क्रियाएँ होती हैं तथा इसकी रासायनिक संरचना जटिल होती है। जीवद्रव्य निरन्तर परिवर्तन की स्थिति में रहता है और जिस गुण को हम जीवन कहते हैं, वह इसी निरन्तर परिवर्तन की स्थिति के ऊपर निर्भर है।
2. **कोशिका संरचना** (Cell structure) जीवधारी एक या अनेक कोशिका के बने होते हैं। पौधों व जन्तुओं में जीवद्रव्य कोशिका झिल्ली द्वारा घिरा रहता है। पौधों में कोशिका झिल्ली के बाहर एक निर्जीव कोशिका भित्ति भी होती है। कोशिका जीवों की संरचनात्मक तथा क्रियात्मक इकाई है।
3. **पोषण** (Nutrition) जीवों को वृद्धि तथा गति के लिए ऊर्जा की आवश्यकता होती है, उन्हें ऊर्जा भोज्य पदार्थों से मिलती है। पौधे जल, खनिज पदार्थ तथा कार्बन डाइऑक्साइड से सूर्य के प्रकाश की उपस्थिति में पर्णहरित की सहायता से भोजन का निर्माण करते हैं। जन्तु भोजन के लिए पौधों पर निर्भर हैं।
4. **उपापचय** (Metabolism) जीवों में भौतिक तथा रासायनिक परिवर्तन होते रहते हैं। इनमें उपचय (Anabolic) क्रियाएँ रचनात्मक होती हैं, जिससे सरल से जटिल पदार्थ बनते हैं, जो जीवद्रव्य के घटक होते हैं।

   इसके ठीक विपरीत अपचय (Catabolic) क्रियाएँ विनाशात्मक होती हैं, जिनमें जटिल पदार्थों का विघटन होता है।
5. **श्वसन** (Respiration) श्वसन जीवधारियों का प्रमुख लक्षण है। इस क्रिया में वे ऑक्सीजन लेकर कार्बन डाइऑक्साइड बाहर निकालते हैं। इस क्रिया से भोज्य पदार्थों में संचित ऊर्जा मुक्त होती है। इस ऊर्जा से जैविक क्रियाएँ संचालित होती हैं।

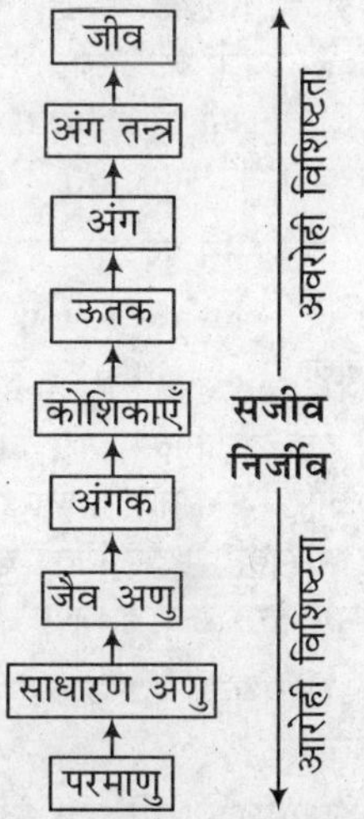

परमाणु → साधारण अणु → जैव अणु → अंगक → कोशिकाएँ → ऊतक → अंग → अंग तन्त्र → जीव

अवरोही विशिष्टता ↑ सजीव / निर्जीव ↓ आरोही विशिष्टता

सजीवों में संरचनात्मक क्रम

6. **गति** (Movement) सभी जीवधारी गति करते हैं। कोशिका के अन्दर जीवद्रव्य का या पौधे के स्वतन्त्र भाग; जैसे युग्मक (Gamete) या चलबीजाणु (Zoospore) का एक स्थान से दूसरे स्थान को गमन करना, **गति** कहलाता है। जन्तु भोजन या अनुकूल वातावरण की खोज में गमन करते हैं, परन्तु अधिकांश पौधे अपने स्थान पर रहते हुए, गुरुत्व, प्रकाश, आदि के कारण एक ओर मुड़ जाते हैं, इस क्रिया को भी गति कहते हैं।
7. **वृद्धि** (Growth) जीवों की आकृति, आयतन तथा शुष्कभार में अपरिवर्तनीय बढ़ोतरी को **वृद्धि** कहते हैं। पौधों में विभज्योतकी ऊतक द्वारा निरन्तर तथा अनिश्चितकाल तक वृद्धि होती है, परन्तु जन्तुओं में एक विशेष अवस्था आने पर वृद्धि रुक जाती है।

8. **प्रजनन** (Reproduction) जीवधारी अपने समान जीव प्रजनन द्वारा पैदा करते हैं, परन्तु निर्जीव ऐसा नहीं कर सकते हैं।

9. **संवेदनशीलता तथा अनुकूलन** (Sensitivity and adaptability) जीव अपने चारों ओर के वातावरण में होने वाले परिवर्तनों का अनुभव करते हैं इस कारण वे संवेदनशील होते हैं तथा उनके अनुसार अपनी संरचना, रहन-सहन व क्रियाओं में परिवर्तन कर लेते हैं, इसको अनुकूलन कहते हैं।

10. **उत्सर्जन** (Excretion) जीवधारियों में विभिन्न क्रियाओं के फलस्वरूप हानिकारक व अनावश्यक पदार्थ बनते हैं, जिन्हें वे अपने शरीर से निष्कासित करते रहते हैं। यह क्रिया जीवों में निरन्तर व जीवन-पर्यन्त चलती रहती है।

11. **जीवन चक्र** (Life cycle) सभी जीवों में एक निश्चित जीवन चक्र होता है। जीव जन्म लेते हैं, विकसित होकर प्रजनन करते हैं तथा अन्त में मर जाते हैं। अत: जीवधारियों में क्रमबद्ध रूप से विभिन्न क्रियाएँ होती रहती हैं।

जैव-विविधता Biodiversity

हमारे चारों ओर विभिन्न प्रकार के जीवों की उपस्थिति को **जैव-विविधता** कहते हैं। जैव-विविधता दो शब्दों अर्थात् **जैविक** (Biological) तथा **विविधता** (Diversity) से मिलकर बना है।

हमारे आस-पास पेड़-पौधे, कीट, पक्षी, जानवर तथा इसके अतिरिक्त आँखों से दिखाई न देने वाले सूक्ष्मजीव; जैसे–जीवाणु, विषाणु, आदि रहते हैं। जीवों की प्रत्येक किस्म, एक **जीव जाति** (Species) कहलाती है। इन जीवों की एक बहुत बड़ी संख्या के अध्ययन से जीव-जगत में विविधता का ज्ञान होता है।

कुछ जीव भूमि पर, कुछ समुद्र में, कुछ तालाबों, झीलों, आदि के लवणरहित जल (Freshwater) में तथा कुछ अन्य जन्तुओं तथा पादपों के शरीर पर परजीवी (Parasites) के रूप में रहते हैं।

अब तक वैज्ञानिकों द्वारा खोजी गई जातियों की संख्या लगभग 20 लाख (15 लाख जन्तु तथा 5 लाख वनस्पति) तक है और अनेक जातियाँ अभी तक ज्ञात भी नहीं हैं। वैज्ञानिकों का अनुमान है, कि वर्तमान में पृथ्वी पर जीवों की लगभग **तीन करोड़** जातियाँ उपस्थित हैं।

जैव-विविधता का अध्ययन निम्न तीन स्तरों के आधार पर किया जा सकता है

1. आनुवंशिक विविधता स्तर (Genetic Diversity Level)
2. जातीय विविधता स्तर (Species Diversity Level)
3. पारिस्थितिक तन्त्र का विविधता स्तर (Ecosystem Diversity Level)

जीवन के प्रभाग Domains of Life

समस्त जीवों को तीन समूहों (जगतों अथवा प्रभागों) में विभाजित किया जा सकता है। इन तीनों समूहों का विकास एक समान पूर्वज (Common ancestor) से हुआ है।

पूर्वकेन्द्रकी जीवों के दोनों समूहों को जैव-रासायनिक आधार पर विभाजित किया गया है; जैसे–आर्किबैक्टीरिया (Archaebacteria) एवं यूबैक्टीरिया (Eubacteria)। इन दोनों समूहों से यूकैरिया (Eukarya) को संरचनात्मक आधार (Structural grounds) पर बाँटा गया है।

यह तीनों प्रभागों का चित्रीय प्रदर्शन निम्नलिखित हैं

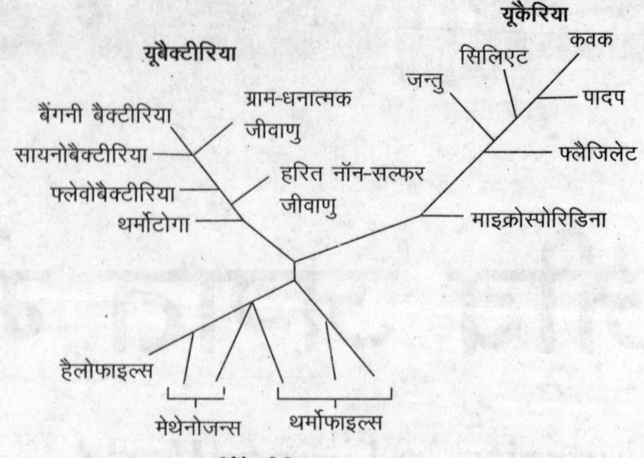

जीवन के तीन प्रभागों का जातिवृत्तीय चित्रण

इन तीनों प्रभागों के विशिष्ट अध्ययन हेतु इनका तुलनात्मक अध्ययन आवश्यक है, जो निम्नलिखित हैं

जीवन के तीन प्रभागों का तुलनात्मक अध्ययन
Comparative Study of Three Domains of Life

गुण	आर्किबैक्टीरिया	यूबैक्टीरिया	यूकैरिया
प्रोटीन-संश्लेषण का प्रथम अमीनो अम्ल	मेथियोनिन	फॉर्मिल मेथियोनिन	मेथियोनिन
इन्ट्रॉन्स	कुछ जीनों में	अनुपस्थित	उपस्थित
झिल्लीयुक्त कोशिकांग	अनुपस्थित	अनुपस्थित	उपस्थित
झिल्ली लिपिड संरचना	शाखित	अशाखित	अशाखित
केन्द्रक झिल्ली	अनुपस्थित	अनुपस्थित	उपस्थित
RNA पॉलीमरेज की संख्या	अनेक	एक	अनेक
कोशिका भित्ति में पेप्टाइडोग्लाइकेन	अनुपस्थित	उपस्थित	अनुपस्थित
प्रतिजैविक के प्रति संवदेनशीलता	वृद्धि अबाध्य	वृद्धि बाधित	वृद्धि अबाध्य

वर्गिकी या वर्गीकरण विज्ञान
Systematics or Taxonomy

विभिन्न जन्तुओं और पौधों को उनकी समानताओं एवं असमानताओं के अनुसार अलग-अलग छोटे-बड़े समूहों में बाँटना इनका वर्गीकरण (Classification) कहलाता है। संरचनात्मक समानता या समजातता वर्गीकरण का आधार है। जन्तु विज्ञान की वह शाखा, जिसमें जन्तुओं का वर्गीकरण एवं इसके सिद्धान्तों का अध्ययन किया जाता है, उसे वर्गिकी अथवा वर्गीकरण विज्ञान कहते हैं।

'टैक्सोनॉमी' शब्द यूनानी शब्दों *टैक्सिस* (*Taxis* = arrangement, व्यवस्था) और *नोमोस* (*nomos* = law, नियम) से मिलकर बना है। इसके अन्तर्गत जन्तुओं की पहचान करना, नामकरण करना तथा वर्गीकरण करना सम्मिलित है।

वर्गीकरण की आवश्यकता Need of Classification

मानव जाति के लिए विभिन्न जन्तुओं एवं पादपों की उपयोगिता जानने के लिए उनका वर्गीकरण करना अत्यन्त आवश्यक है। जीवधारियों का वर्गीकरण, इनके अध्ययन में निम्नलिखित रूप से सहायक होता है

(i) **अध्ययन की सुविधा** (Convenience in study) किसी वर्ग के एक जीवधारी के लक्षणों का अध्ययन करने से इसके अन्तर्गत आने वाले सभी जन्तुओं या पादपों के विषय में जानकारी मिल जाती है; जैसे–मेंढक का अध्ययन करने से एम्फीबिया (Amphibia) वर्ग के अन्य जन्तुओं के सामान्य लक्षणों का भी ज्ञान हो जाता है।

(ii) **विकास क्रम का ज्ञान** (Knowledge of evolutionary process) सभी समूहों के सामान्य लक्षणों का अध्ययन कर उन्हें जटिलता के आधार पर विकास के क्रम में रखा गया है; उदाहरण–प्रोटोजोआ, पोरीफेरा, सीलेन्ट्रेटा, ऐनेलिडा और आर्थ्रोपोडा को विकास के क्रम में नीचे से ऊपर की ओर रखा गया है तथा कॉर्डेटा (Chordata) संघ के अन्तर्गत मत्स्य, उभयचर, सरीसृप, पक्षी तथा स्तनधारी समूहों का क्रम उनके गुणों की जटिलता के आधार पर निश्चित किया गया है। अत: वर्गीकरण से जीवों के विकास क्रम का ज्ञान हो जाता है।

(iii) **नए जीवों की खोज** (Discovery of new organisms) जातिवृत्तीय तरीके से किए गए वर्गीकरण में कहीं-कहीं पर अज्ञात जीवों की कमी नजर आती है। अत: वर्गीकरण की सहायता से वैज्ञानिक आज भी नए जीवों की खोज में प्रयत्नशील रहते हैं।

(iv) **संयोजक कड़ियों का ज्ञान** (Knowledge of connective links) विभिन्न प्रकार के जन्तुओं का अध्ययन करने पर कुछ जन्तु ऐसे भी मिलते हैं, जिनमें दो अलग-अलग वर्गों के लक्षण उपस्थित होते हैं। ऐसे जन्तु इन दो वर्गों के गध्य संयोजक कड़ी कहलाते हैं; जैसे–*आर्किऑप्टेरिक्स* (*Archaeopteryx*) के जीवाश्म में सरीसृप एवं पक्षी वर्ग के लक्षण पाए जाते हैं तथा *पेरीपेटस* (*Peripatus*) में ऐनेलिडा एवं आर्थ्रोपोडा संघों के लक्षण पाए जाते हैं।

ये जन्तु इस बात को प्रमाणित करते हैं, कि सरीसृप वर्ग से पक्षियों का और ऐनेलिडा से आर्थ्रोपोडा संघ का क्रमिक विकास हुआ है।

(v) **अनुकूलन का ज्ञान** (Knowledge of adaptation) जीवों के वर्गीकरण से यह ज्ञात होता है, कि किस प्रकार सरल संरचना वाले एककोशिकीय (Unicellular) जलीय जीवों से विभिन्न वातावरणों में रहने वाले जटिल जीवों का विकास हुआ अर्थात् इन सरल जलीय जीवों में आवश्यकतानुसार परिवर्तन होने पर कालान्तर में अधिक जटिल संरचना वाले जीवों का विकास हुआ। इस प्रकार के तथ्यपरक निष्कर्ष वर्गीकरण के अध्ययन से ही सम्भव हैं।

(vi) **समानताओं एवं विभिन्नताओं के कारण** (Reasons of similarities and variations) वर्गीकरण के अध्ययन से जीवों में पायी जाने वाली आकारिकीय समानताओं एवं विभिन्नताओं के कारणों का पता चलता है। किसी एक प्रकार के वातावरण में निवास करने वाले विभिन्न समुदायों के जीवों में आकारिकी समानता पायी जाती है। इसी प्रकार अलग पर्यावरण में रहने वाले एक ही समुदाय के जीव एक-दूसरे से पृथक् नजर आते हैं; जैसे–व्हेल एक स्तनधारी जन्तु होते हुए भी जल में रहने के कारण मछलियों के समान दिखाई देती है तथा व्हेल, शेर तथा चमगादड़ एक ही संघ के प्राणी हैं, किन्तु अलग-अलग वातावरण में रहने के कारण ये एक-दूसरे से पूर्णतया अलग नजर आते हैं।

(vii) **संग्रहालयों में जीवों के रख-रखाव में सुविधा** (Helpful in preservation of organisms in museum) वर्गीकरण के आधार पर ही विभिन्न प्रकार के जन्तु तथा वानस्पतिक संग्रहालयों में दुर्लभ जन्तुओं या पादपों के प्रारूप (Specimens) सुव्यवस्थित तरीके से रखे जाते हैं, जिससे उनके अध्ययन में कोई कठिनाई नहीं होती।

जीवों का वर्गीकरण करने के लिए उन्हें विभिन्न स्तरों की श्रेणियों (Categories), कोटियों (Ranks) या समूहों (Groups) में विभाजित करते हैं, इन्हें **वर्गक** कहते हैं। वर्गीकरण के अन्तर्गत इन समूहों या वर्गकों का एक निश्चित क्रम में उल्लेख किया जाता है, जिसे पादानुक्रमिक वर्गीकरण (Hierarchical classification) कहा जाता है। प्रमुख वर्गक छ: हैं

(i) **संघ या प्रभाग** (Phylum or Division) यह कई वर्गों से मिलकर बना होता है; उदाहरण–स्पर्मेटोफाइटा।

(ii) **वर्ग** (Class) यह अनेक गणों से मिलकर बनता है; उदाहरण–डाइकोटिलिडॉनी।

(iii) **गण** (Order) ऐसे कुलों का समूह है, जो कुछ लक्षणों में एक-दूसरे से समानता दर्शाते हैं। ये लक्षण किसी कुल में सम्मिलित वंशों की तुलना में कम समान होते हैं; उदाहरण–रोजेल्स।

(iv) **कुल** (Family) इस प्रकार के वंशों का समूह है, जो आपस में एक-दूसरे से अन्य कुलों की तुलना में कई अधिक सम्भव लक्षण दर्शाते हैं; उदाहरण–मालवेसी।

(v) **वंश** (Genus) ऐसी जातियों का समूह है, जो आपस मे सम्बन्धित होती हैं तथा इनमें जातियों की तुलना में कम लक्षण समान होते हैं; उदाहरण–*मेन्जिफेरा*।

(vi) **जाति** (Species) ऐसे जीवों का समूह है, जो आकारिकी दृष्टि से समान लक्षणधारी होते हैं व आपस में प्रजनन कर अपने समान अन्य जीवों को उत्पन्न करते हैं; उदाहरण–*मेन्जिफेरा इण्डिका*।

वर्गिकी पदानुक्रम Taxonomic Hierarchy

विभिन्न वर्गिकीय श्रेणियों को एक उचित क्रम में व्यवस्थित करना वर्गिकी पदानुक्रम या लिनियन पदानुक्रम (Linnaean hierachy) कहलाती है।

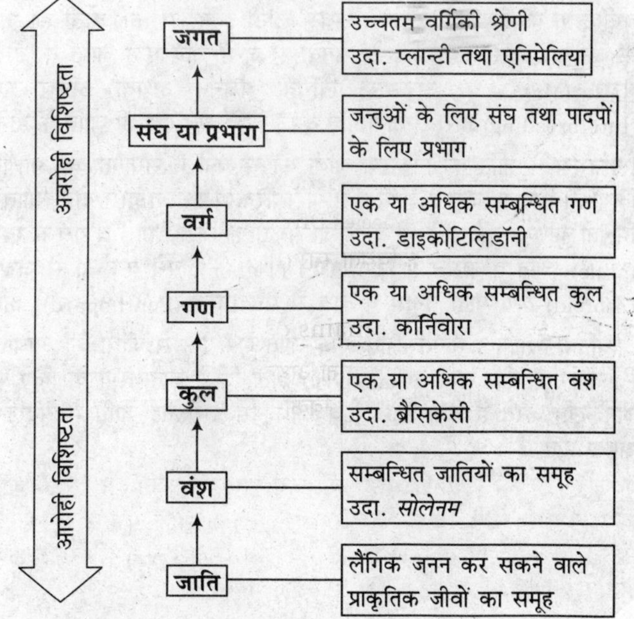

वर्गीकरण की पद्धतियाँ Systems of Classification

समय-समय पर अनेक वैज्ञानिकों द्वारा विभिन्न प्रकार की वर्गीकरण की पद्धतियाँ प्रस्तावित की गई। जिन्हें निम्न तीन पद्धतियों में रखा जा सकता है

(i) कृत्रिम पद्धति (Artificial system)

(ii) प्राकृतिक पद्धति (Natural system)

(iii) जातिवृत्तीय पद्धति (Phylogenetic system)

कृत्रिम पद्धति Artificial System

इस पद्धति में किसी एक या कुछ लक्षणों के आधार पर जन्तुओं व पौधों के समूह तथा उप-समूह बनाए जाते हैं, जैसे—थियोफ्रेस्टस ने अपनी पुस्तक '*हिस्टोरिया प्लाण्टेरम*' में 480 पौधों का वर्णन किया तथा स्वभाव व आकारिकी के आधार पर पौधों को शाक, झाड़ी तथा वृक्षों में विभाजित किया, जबकि लिनियस ने अपनी पुस्तक '*जेनेरा प्लाण्टेरम*' में पौधों को पुष्प के आधार पर 24 वर्गों (23 पुष्पीय, 24वाँ अपुष्पीय) में विभाजित किया। लिनियस के वर्गीकरण का मुख्य आधार पुंकेसरों की संख्या, लम्बाई तथा संघ था, इसलिए इस वर्गीकरण को लैंगिक प्रकार का वर्गीकरण भी कहते हैं।

प्राकृतिक पद्धति Natural System

इसमें पौधों के वर्गीकरण के लिए सभी महत्त्वपूर्ण लक्षणों को आधार बनाया जाता है। पौधों की कायिक संरचना तथा जनन क्रिया में समानता के आधार पर समूह व उप-समूह बनाए जाते हैं; जैसे यू. डब्ल्यू. आइकलर ने पादप जगत को उपजगत-क्रिप्टोगैम्स व फैनेरोगैम्स में विभाजित किया था।

जातिवृत्तीय पद्धति Phylogenetic System

इसमें पौधों को उनके विकास तथा उद्‌भव को ध्यान में रखकर वर्गीकृत किया जाता है अर्थात् विकास आनुवंशिक लक्षणों तथा जनन गुणों के आधार पर समूह तथा उप-समूह बनाए जाते हैं; जैसे-एंगलर एवं प्राण्टल, हचिन्सन, टिप्पो का वर्गीकरण।

जाति की संकल्पना Concept of Species

वर्गीकरण की प्रणाली में जाति सबसे छोटी इकाई (Unit) होती है। **जॉन रे** के अनुसार, एक ही प्रकार के जनक से जन्में जीव एक जाति के होते हैं। **मेयर** (Mayr) के अनुसार, लैंगिक प्रजनन अथवा अन्तरा-प्रजनन (Interbreeding) द्वारा सन्तानोत्पत्ति करने वाले जीव एक ही जाति के होते हैं।

लिनियस ने जाति का निर्धारण जीवों की संरचना में समानता के आधार पर किया है। मिलती-जुलती जातियों में पारस्परिक प्रसंकरण द्वारा दोनों जातियों से मिलती हुई एक नई जाति भी बनाई जा सकती है; जैसे—घोड़े व गधे से **खच्चर** (Mule), चीते व *रोशंन* से **टिगलियन** (Tiglion), गधे व जेब्रा से **जेब्रॉयड** (Zebroid) तथा मादा तेन्दुए व बाघ से **पेन्थोपार्ड** (Penthopard), आदि।

आधुनिक वैज्ञानिक मानते हैं कि एक जाति ऐसे एक से जीवों की आबादी है, जिनका एक जीन समूह (Gene pool) होता है, ये वातावरण के लिए समान अनुकूलन करते हैं तथा इनमें जैविक विकास द्वारा नई जाति में बदलने की क्षमता होती है।

जातियों के प्रकार Types of Species

जातियाँ विभिन्न प्रकार की हो सकती हैं, जिनका विवरण निम्न प्रकार है

(a) **सिम्पेट्रिक जाति** (Sympatric species) ऐसी दो या अधिक जातियाँ, जो समान आवास (Habitat) में रहती हैं, सिम्पेट्रिक जाति कहलाती हैं।

(b) **एलोपेट्रिक जाति** (Allopatric species) ऐसी दो अथवा अधिक जातियाँ, जो दो विभिन्न आवासों अथवा विभिन्न भौगोलिक परिस्थितियों (Geographical conditions) में रहती हैं, एलोपेट्रिक जाति कहलाती हैं।

(c) **सिबलिंग जाति** (Sibling species) ये ऐसी एलोपेट्रिक जाति हैं, जो रचनात्मक (Morphologically) रूप से समान हों तथा विभिन्न लेकिन पास-पास के आवास में पायी जाती हैं।

नामकरण Nomenclature

यह वर्गिकी के विभिन्न समूहों को नाम दिए जाने की प्रणाली है। जीवों के नामकरण की विभिन्न प्रणालियाँ प्रचलित हैं; जैसे

ICBN (इण्टरनेशनल कोड ऑफ बोटेनिकल नोमेनक्लेचर)

ICNB (इण्टरनेशनल कोड फोर नोमनक्लेचर ऑफ बैक्टीरिया)

ICZN (इण्टरनेशनल कोड ऑफ जूलोजिकल नोमेनक्लेचर) आदि।

"इण्टरनेशनल कोड ऑफ जूलोजिकल नोमेनक्लेचर" सन् 1901 में प्रारम्भ किया गया था तथा 1961 में इसका पुनः संशोधन हुआ।

यदि एक ही जाति के दो या अधिक नाम प्रयोग में हों, तब जो नाम पहली बार प्रकाशित हुआ होता है वैध नाम माना जाता है, इसे ही प्राथमिकता या अग्रता का नियम (Law of Priority) कहते हैं।

नामकरण की द्विनाम (द्विपदनाम) पद्धति Binomial Nomenclature

- **लिनियस** ने अपनी पुस्तक '*सिस्टेमा नैचुरी (Systema Naturae)*' के दसवें संस्करण (1758) में इसका वर्णन किया था। अपने महत्त्वपूर्ण योगदान के कारण, इन्हें वर्गीकरण विज्ञान का जनक (Father of Taxonomy) भी कहा जाता है। इस पद्धति के अनुसार, प्रत्येक जीव के नाम के दो भाग होते हैं।
- पहला भाग जीव के श्रेणी या वंश (Genus) को प्रदर्शित करता है। इसे जेनेरिक नाम (Generic name) कहते हैं तथा दूसरा भाग जीव की **जाति** (Species) को प्रकट करता है, इसे **स्पेसिफिक नाम** (Specific name) कहते हैं; जैसे—घरेलू चिड़िया का वैज्ञानिक नाम *पैसर डोमेस्टिकस* (*Passer domesticus*) है, जहाँ *पैसर* वंश को तथा *डोमेस्टिकस* जाति को निरूपित करता है।
- इसी प्रकार **सरसों** (Mustard) का इस पद्धति में वैज्ञानिक नाम *ब्रैसिका कैम्पेस्ट्रिस* (*Brassica campestris*) है, जिसमें *ब्रैसिका* वंश को तथा *कैम्पेस्ट्रिस* जाति को दर्शाता है।

वर्गिकी साधन Taxonomical Aids

- प्रत्येक भौगोलिक क्षेत्र में एक ही जाति की भिन्न-भिन्न किस्में या प्रजातियाँ पायी जाती हैं। अत: सम्पूर्ण विश्व में पायी जाने वाली विभिन्न जातियों का एक ही वर्गीकरण तथा नामकरण हो इस उद्देश्य हेतु **नमूने** (Specimens) या **नामप्रारूप** (Holotype) एकत्र किए जाते हैं।
- इन नाम प्रारूपों के अध्ययन, सुरक्षा तथा संग्रहण हेतु हरबेरियम तथा संग्रहालय बनाए जाते हैं। विभिन्न जीवित पादप प्रजातियों के अध्ययन तथा संरक्षण हेतु वानस्पतिक उद्यानों (Botanical gardens) की स्थापना की जाती है। ये दोनों प्रमुख **सहायक वर्गिकी साधन** (Taxonomical tools or Aids) कहलाते हैं।

हरबेरियम या पादपालय Herbarium

- हरबेरियम में पादपों को हरबेरियम शीट पर सूखाकर या परिरक्षक द्रव (फॉर्मेल्डिहाइड, FAA, फॉर्मेलिन या एथिल एल्कोहॉल) में परिरक्षित करके रखा जाता है। तत्पश्चात् इस पर इससे सम्बन्धित सभी सूचनाएँ लिखकर चिपका दी जाती हैं तथा आवश्यकतानुसार विभिन्न श्रेणियों के अन्तर्गत इन्हें संग्रहित करके सुरक्षित रखा जाता है।
  भारत के प्रमुख हरबेरियम निम्नलिखित हैं

हरबेरियम का नाम	स्थान	पादप नमूनों की संख्या
भारतीय राष्ट्रीय उद्यान का हरबेरियम	सिबपुर (हावड़ा), कोलकाता, पश्चिम बंगाल	2500000
राष्ट्रीय वनस्पति उद्यान का हरबेरियम	लखनऊ, उत्तर प्रदेश	85000
वन अनुसन्धान संस्थान (FRI) का हरबेरियम	देहरादून, उत्तराखण्ड	350000

वानस्पतिक उद्यान Botanical Gardens

- वानस्पतिक उद्यान में पादपों का संग्रहण तथा संरक्षण जीवित अवस्था में किया जाता है। इसी कारण, यह पादप संरक्षण की प्रमुख ***बर्हि स्थाने*** (*Ex situ*) विधि है। वानस्पतिक उद्यान में विदेशी, दुर्लभ, संकटग्रस्त तथा आर्थिक महत्त्व के पादप उगाए जाते हैं।
- हरबेरियम के विपरीत यहाँ मृत पादप का अध्ययन न करके जीवित पादप का अध्ययन किया जाता है। यहाँ भौगोलिक क्षेत्रवार या वर्गीकरण के अनुसार पादपों को समूहबद्ध करके उगाया जाता है।
  भारत के कुछ प्रमुख वानस्पतिक उद्यान
  1. भारतीय वानस्पतिक उद्यान, शिवपुर, कोलकाता
  2. राष्ट्रीय वानस्पतिक उद्यान, लखनऊ, उत्तर प्रदेश
  3. लालबाग उद्यान, बैंगलोर, कर्नाटक
  4. लॉयड वानस्पतिक उद्यान, दार्जिलिंग, पश्चिम बंगाल

जैविक संग्रहालय Biological Museums

- जैविक संग्रहालयों में मृत पादपों तथा जन्तुओं का परिरक्षण किया जाता है। संग्रहालय में बड़े पादपों (फर्न, मॉस, अनावृतबीजी तथा आवृतबीजी) के कुछ भागों; जैसे—फल, तना, मूल, पुष्प, आदि तथा तरुण पादपों को पृथक् जार में उचित परिरक्षक द्रव में डुबोकर वर्षों तक अध्ययन हेतु सुरक्षित रखा जाता है। यही प्रक्रिया जन्तुओं के नमूने निर्माण में दोहराई जाती है।
- इन नमूनों पर हरबेरियम शीट की भाँति सूचना सहित लेबल चिपका दिया जाता है। ये नमूने अंगों, पादप भागों, जीवों, आदि का वास्तविक एवं त्रिविम अध्ययन तथा अवलोकन करने की सुविधा प्रदान करते हैं।
- इसके अतिरिक्त जैविक संग्रहालय में जीवाश्म, कंकाल तन्त्र, प्राचीन शैल या चट्टानें, कोरल, जीवों तथा पादपों के चित्र, अण्डे, भ्रूण, आदि का भी संग्रहण किया जाता है।

भारत के प्रमुख शोध संस्थान

(i) बीरबल साहनी जीवाश्म विज्ञान संस्थान, लखनऊ, उत्तर प्रदेश
(ii) केन्द्रीय तम्बाकू शोध संस्थान, राजामुंद्री, आन्ध्र प्रदेश
(iii) केन्द्रीय चावल शोध संस्थान, कटक, ओडिशा
(iv) केन्द्रीय जूट तकनीकी शोध संस्थान, कोलकाता, पश्चिम बंगाल
(v) केन्द्रीय आम शोध संस्थान, लखनऊ, उत्तर प्रदेश

पाँच जगतीय वर्गीकरण Classification of Five Kingdom

- सर्वप्रथम अरस्तू (Aristotle) ने वैज्ञानिक आधार पर वर्गीकरण (Classification) किया। अत: इसे प्राणी विज्ञान का जनक (Father of zoology) कहते हैं।
- लिनियस (Linnaeus) के काल में सभी पादपों एवं जन्तुओं के वर्गीकरण के लिए एक द्विजगत पद्धति (Two kingdom) विकसित की गई, जिसमें उन्हें क्रमश: प्लाण्टी (पादप) एवं ऐनिमेलिया (जन्तु) जगत में वर्गीकृत किया गया। लेकिन यह पद्धति यूकैरियोटिक (Eukaryotic) और प्रोकैरियोटिक (Prokaryotic), एककोशिकीय और बहुकोशिकीय तथा प्रकाश-संश्लेषी (पादप)व अप्रकाश-संश्लेषी (कवक) जीवों के बीच विभेद नहीं कर पाई।
- सन् 1969 में आर. एच. व्हिटेकर (RH Whittaker) द्वारा एक पाँच जगत वर्गीकरण की पद्धति प्रस्तावित की गई थी। उन्होंने सभी सजीवों को मोनेरा, (Monera) प्रोटिस्टा (Protista), फन्जाई (Fungi), प्लाण्टी (Plantae) एवं ऐनिमैलिया (Animalia) में बाँटा।

नीचे दी गई तालिका में पाँचों जगत के विभिन्न लक्षणों को प्रदर्शित किया गया है

पाँच जगत एवं उनके लक्षण

लक्षण	जगत-मोनेरा	जगत-प्रोटिस्टा	जगत-फंजाई	जगत-प्लाण्टी	जगत-ऐनिमेलिया
कोशिका प्रकार	प्रोकैरियोटिक	यूकैरियोटिक	यूकैरियोटिक	यूकैरियोटिक	यूकैरियोटिक
शरीर की जटिलता	एककोशिकीय से बहुकोशिकीय	एककोशिकीय	एककोशिकीय से बहुकोशिकीय	बहुकोशिकीय	बहुकोशिकीय
पारिस्थितिक भूमिका	उत्पादक/अपघटक	उत्पादक/अपघटक /उपभोक्ता	अपघटक	उत्पादक	उपभोक्ता
कोशिका भित्ति	पेप्टाइडोग्लाइकेन एवं सेलुलोस रहित	उपस्थित या अनुपस्थित	काइटिन द्वारा निर्मित	सेलुलोस द्वारा निर्मित	अनुपस्थित
पोषण	स्वपोषी और परपोषी	स्वपोषी और परपोषी	परपोषी (मृतपोषी)/परजीवी	स्वपोषी (प्रकाश- संश्लेषी)	परपोषी (प्राणि समभोजी, परजीवी)
गमन	कशाभ उपस्थित या अनुपस्थित	उपस्थित (कशाभ 9 + 9)	उपस्थित (कशाभ 9+2)	उपस्थित (कशाभ 9 + 2)	उपस्थित (कशाभ 9+2)
जनन	▪ अलैंगिक (खण्डन) या संयोजन (Conjugation)	▪ अलैंगिक और लैंगिक युग्मकी या युग्मनजी	▪ अलैंगिक और लैंगिक युग्मनजी	अलैंगिक, कायिक प्रकार से, लैंगिक (बीजाणु या युग्मनज)	▪ अलैंगिक या लैंगिक (युग्मकी)
उदाहरण	▪ आर्किबैक्टीरिया (मीथेनोजन्स, हैलोफिल्स और थर्मोएसिडोफिल्स)	▪ क्राइसोफाइट्स (डायटम्स एवं डेसमिड्स)	▪ फाइकोमाइसिटीज (*म्यूकर, राइजोपस* और *एल्ब्यूगो*)	▪ शैवाल	▪ पोरीफेरा (स्पंज) ▪ सीलेन्ट्रेटा (जैली फिश) प्लेटीहैल्मिन्थीज (फीताकृमि) एस्कैहेल्मिन्थीज (गोलकृमि)
	▪ यूबैक्टीरिया (सायनोबैक्टीरिया, माइकोप्लाज्मा, आदि)	▪ डायनोफ्लैजिलेट्स ▪ *गोनियोलैक्स (Gonyaulax)* अवपंक कवक ▪ यूग्लीनॉइड (*यूग्लीना*) ▪ प्रोटोजोआ (*अमीबा*)	▪ ऐस्कोमाइसिटीज (*पेनीसिलियम सेकेरोमाइसीज, एस्पर्जिलस*, आदि) ▪ बैसिडियोमाइसिटीज (*एगैरिकस*) ▪ ड्यूटेरोमाइसिटीज (*अल्टर्नैरिया, ट्राइकोडर्मा*)	▪ ब्रायोफाइट्स (लिवरवर्ट्स) ▪ टेरिडोफाइट्स (फर्न) ▪ जिम्नोस्पर्म (*साइकस, पाइनस*, आदि) ▪ एन्जियोस्पर्म (*हैलिएन्थस* और *जिया मेज*)	▪ ऐनेलिडा (केंचुआ) ▪ आर्थ्रोपोडा (तिलचट्टा) ▪ मोलस्का (घोंघा) ▪ इकाइनोडर्मेटा (तारा मछली) ▪ कॉर्डेटा (कशेरुकी)

जगत-मोनेरा Kingdom-Monera

'मोनेरा' शब्द **स्टेनीर** व **वान नील** ने दिया। इसमें उपस्थित जीवों का शरीर, एककोशिकीय, प्रोकैरियोट तथा मुख्य कोशिकांग अनुपस्थित, कशाभिकाओं की सहायता से गमनशील, प्रकाश-संश्लेषण या अवशोषण द्वारा पोषण तथा जनन अलैंगिक विखण्डन विधि द्वारा होता है। विकासीय स्थिति के आधार पर जीवाणु दो प्रकार के होते हैं—आदिम आर्किबैक्टीरिया तथा वास्तविक यूबैक्टीरिया।

आर्किबैक्टीरिया Archaebacteria

यह आद्य प्रोकैरियोट का समूह है तथा इन्हें सजीव जीवाश्म (Living fossils) भी कहते हैं। इनकी खोज **वोसे** ने की। ये चरम वातावरणों; जैसे-नमक की उच्च सान्द्रता, उच्च तापक्रम, अम्लीय तथा क्षारीय माध्यम व गन्धक स्रोतों में जीवित रहते हैं। अवायवीय जीवन व्यतीत करते हैं। पशुओं के आमाशय में रहकर आहारनाल में सेलुलोज का पाचन करते हैं। CO_2 से CH_3 का निर्माण करते हैं। कोशिका भित्ति में प्रोटीन व असेलुलोस पॉलिसैकेराइड्स होते हैं। ये तीन प्रकार के होते हैं

(i) **मीथेनोजेन्स** (Methanogens) ये अनॉक्सी श्वसन करते हैं। दलदली क्षेत्रों व पशुओं के आमाशय में रहते हैं। *मेथेनोबैक्टीरियम* CO_2 व फॉर्मिक अम्ल से CH_3 बनाते हैं। यह बायोगैस प्लाण्ट्स या गोबर गैस में कार्बनिक पदार्थों का किण्वन करते हैं; उदाहरण-*मीथेनोकोकस* एवं *मीथेनोबैक्टीरियम*।

(ii) **हैलोफाइल्स** (Halophiles) ये सभी अनॉक्सी श्वसनकारी होते हैं, जो प्रचुर लवण स्रोतों में रहते हैं। ये बैंगनी वर्णक युक्त झिल्ली के द्वारा सूर्य ऊर्जा को ग्रहण कर ATP बनाते हैं इनकी प्रक्रिया प्रकाश-संश्लेषण से भिन्न है; उदाहरण-*हेलोकोकस, हेलोबैक्टीरियम*।

(iii) **थर्मोएसिडोफाइल्स** (Thermoacidophiles) अनॉक्सी श्वसनकारी होते हैं, जो गर्म गन्धक के झरनों (80°C, 2 pH) में मिलते हैं। ये रसायन संश्लेषण ($2H_2S \rightarrow S$) भी करते हैं; उदाहरण-*थर्मोप्रोटियस* एवं *थर्मोप्लाज्मा*।

यूबैक्टीरिया Eubacteria

इसको **ल्यूवेनहॉक** (1676) ने खोजा तथा **एहरेनबर्ग** (1928) ने इन्हें बैक्टीरिया नाम दिया। **लुईस पाश्चर** ने किण्वन पर कार्य किया तथा इन्हें सूक्ष्मजीव विज्ञान का जनक (Father of Microbiology) कहते हैं।

जीवाणु अतिसूक्ष्म, एककोशिकीय, सभी स्थलों पर विद्यमान, उच्च ताप से न्यून ताप तक पाए जाते हैं। सबसे छोटा जीवाणु *डायलिस्टर निमोसिन्टेस* (0.15 μm) व सबसे लम्बा जीवाणु *स्पाइरिलम लेडलो* (15 μm) होता है, परन्तु *बेजियाटोआ मिराबिलिस* जीवाणु की लम्बाई मिमी से मीटर तक होती है।

जीवाणु की विशेषताएँ Characteristics of Bacteria

(i) ये सबसे सरल तथा आद्य (Simple and primitive) जीव हैं।

(ii) यह प्राय: एककोशिकीय (Unicellular) होते हैं, जो स्वतन्त्र रूप से या समूहों में रहते हैं। ये अतिसूक्ष्म कोशिका के रूप में साधारणतया 2-10 μ तक व्यास वाले होते हैं।

जीवाणु कोशिका की कोशिका भित्ति मोटी तथा काइटिन की बनी होती है। इसका कोशिका पुष्प काणिकामय तथा रिक्तिका युक्त होता है।

(iii) कोशिकाद्रव्य में विभिन्न प्रकार के कोशिकांग (Cell organelle) जैसे; गॉल्जीकाय, माइटोकॉण्ड्रिया व अन्त:प्रद्रव्यी जालिका, आदि नहीं होते, किन्तु राइबोसोम कोशिकाद्रव्य में स्वतन्त्र रूप से पाए जाते हैं।

(iv) इनमें वास्तविक केन्द्रक नहीं होता क्योंकि इनमें केन्द्रकीय झिल्ली का अभाव होता है। इनमें केन्द्रिका (nucleolus) भी नहीं होती है अर्थात् यह एक असीम केन्द्रकीय या प्रोकैरियोटिक जीव है।

(v) इनका आकार मुख्यतया, गोल छड़ाकर या सर्पिलाकार होता है। कुछ जीवाणु शृंखलाओं या निवहों में रहते हैं।

(vi) इनमें सामान्यतया पर्णहरित (Chlorophyll) नहीं होता, अत: पोषण के लिए ये प्राय: परजीवी या मृतजीवी ही होते हैं। कुछ जीवाणुओं में भिन्न प्रकार के पर्णहरित; जैसे—बैक्टीरियोक्लोरोफिल, बैक्टीरियोविरिडिन, आदि पाए जाते हैं। ये जीवाणु स्वपोषी होते हैं। अन्य कुछ जीवाणु रसायन-संश्लेषी भी होते हैं।

(vii) इनमें जनन मुख्यतया अलैंगिक विखण्डन द्वारा होता है तथा वास्तविक लैंगिक जनन नहीं होता।

जीवाणुओं को पादप ही माना जाता है क्योंकि

(a) इनके शरीर (कोशिका) के चारों ओर कोशिका भित्ति होती है।

(b) यह अन्य पादपों के समान ही खाद्य पदार्थों को तरल रूप में प्राप्त करते हैं।

(c) इनकी संरचना व जनन विधियाँ थैलोफाइटा के ही समान होती हैं।

जीवाणुओं के रूप एवं आकृति
Shape and Forms of Bacteria

जीवों में ये सबसे छोटे और सरल जीव समझे जाते हैं। गोल जीवाणुओं का व्यास 0.5-2.5μ तक, लम्बे जीवाणुओं की चौड़ाई 0.2-2μ तक तथा लम्बाई 2-15μ तक हो सकती है। कुछ जीवाणु बड़े (30-40 μ तक) भी होते हैं। आकार के आधार पर जीवाणु पाँच प्रकार के माने जाते है

(i) **कोकाई** (Cocci) ये गोल (Spherical) जीवाणु हैं। अधिकतर ये बहुत छोटे (लगभग 1μ) होते हैं। यह एकल या समूह में रहते हैं। जब एकल या एककोशिकीय मोटी पर्त बनाते हैं, तो **माइक्रोकोकाई**, जब दो के समूह में होते हैं, तो **डिप्लोकोकाई,** जब शृंखला में होते हैं, तो **स्ट्रेप्टोकोकाई** कहलाते हैं, जब कोशिकाएँ चार-चार के समूह में होती है, तो **टेट्राकोकाई** (Tetracocci), जब घन के आकार के होते हैं तो **सारसीनी** तथा जब अनियमित गुच्छे या समूह में होते हैं, तब **स्टैफाइलोकोकाई** (Staphylococci) कहलाते हैं; उदाहरण—*सारसिना,* जो मनुष्य के आमाशय में रहते हैं, निमोनिया के जीवाणु, *डिप्लोकोकस न्यूमोनी*, आदि।

(ii) **बैसिलाई** (Bacilli) ये आकार में शलाका (Rod) की तरह होते हैं तथा काफी लम्बे या छोटे हो सकते हैं। ये सीलिया रहित या सीलियायुक्त हो सकते हैं। जब ये जोड़ों में होते हैं, तो **डिप्लोबैसिलाई**, जब लम्बी शृंखला के रूप में होते हैं, तो **स्ट्रैप्टोबैसिलाई** और जब अन्य किसी प्रकार के समूह में गुच्छा बनाते हैं तो स्टेफाइलोबैसीलाई कहलाते हैं; उदाहरण-*बैसिलस*।

(iii) **स्पाइरिलाई** (Spirilli) ये लम्बे किन्तु स्प्रिंग की तरह सर्पिल या पेंच की तरह होते हैं। ये सामान्यतया एकल मिलते हैं। इनके शरीर पर एक या अधिक रोमाभ (Cilia) पाए जाते हैं; उदाहरण-*स्पाइरिलम*।

(iv) **कॉमा** (Commas) ये कॉमा (,) की आकृति के होते हैं। उदाहरण-हैजा का जीवाणु, *विब्रियो कॉलेरी*।

(v) **एक्टिनोमाइसीट्स** (Actinomycetes) ये अत्यन्त पतले, शाखित, सूत्राकार जीवाणु हैं, कवक तन्तुओं की तरह दिखाई पड़ते हैं। अन्य जीवाणुओं से अत्यन्त भिन्न तथा अधिक विकसित मालूम होते हैं; उदाहरण-*स्ट्रेप्टोमाइसीज*।

जीवाणुओं में जनन Reproduction in Bacteria

जीवाणुओं में अधिकतर कायिक या अलैंगिक जनन ही होता है, फिर भी कुछ विशेष प्रकार के लैंगिक जनन भी अनेक जीवाणुओं में अब तक बताए जा चुके हैं।

(i) **कायिक जनन** (Vegetative reproduction) विखण्डन (Binary fission) व मुकुलन (Budding) द्वारा।

(ii) **अलैंगिक जनन** (Asexual reproduction) अन्त:बीजाणु (Endospore), कोनिडिया, चलबीजाणु तथा पुटी (Cyst) द्वारा।

(iii) **लैंगिक पुनर्योजन** (Sexual recombination) यह निम्न प्रकार से होती है

(a) **रूपान्तरण** (Transformation) ग्रिफिथ ने इसे खोजा तथा एवेरी, मैकलियोड व मैककॉर्टी (1944) ने अध्ययन किया। इसमें एक जीवाणु का DNA दूसरे जीवाणु की कोशिका में प्रवेश करता है।

(b) **पारक्रमण** (Transduction) जिन्डर व लेडरबर्ग ने *साल्मोनेला* जीवाणु में इस प्रक्रिया को खोजा। इस विधि में एक जीवाणु का DNA अन्य जीवाणु की कोशिका में जीवाणुभोजी के द्वारा पहुँचाया जाता है।

(c) **संयुग्मन** (Conjugation) ग्रिफिथ (1928) ने इसका आविष्कार *साल्मोनेला* में किया। *ई. कोलाई* में लेडरबर्ग (1946) ने यह विधि बताई। इस विधि में दाता व ग्राही जीवाणु के बीच शारीरिक सम्बन्ध होकर संयुग्मन नलिका द्वारा दाता से ग्राही में DNA स्थानान्तरित होता है।

जगत-प्रोटिस्टा Kingdom–Protista

- इस जगत के सदस्य सामान्यतया एककोशिकीय कभी-कभी बहुकोशिकीय होते हैं व प्राय: जलीय आवासों में रहते हैं। ये प्रभावी प्लवक लगभग 95% होते हैं। पादपप्लवक प्रकाश-संश्लेषी होते हैं, जो पृथ्वी पर 80% प्रकाश-संश्लेषण हेतु उत्तरदायी हैं। इनकी उत्पत्ति मोनेरा से हुई है तथा उच्च जीवों (कवक, प्लाण्टी, ऐनिमेलिया) की उत्पत्ति इनसे हुई मानते हैं।
- इनकी कोशिकाओं में यूकैरियोटिक संगठन होता है। कोशिका झिल्ली युक्त कोशिकांग पाए जाते हैं। सुविकसित केन्द्रक, 80 S व 70 S के राइबोसोम, कोशिकाद्रव्य प्रवाही गति (Cytoplasm streaming movement) में रहता है, सेलुलोज की कोशिका भित्ति होती है।
- इनमें गति अमीबीय या कशाभिकी/पक्ष्माभी प्रकार की होती है। पक्ष्माभ/कशाभिका में (9 + 2) सूक्ष्म नलिका व्यवस्था पायी जाती है। इनमें विभिन्न पोषण रीति मिलती हैं; जैसे–प्रकाश-संश्लेषी, परभक्षी, परजीवी या मृतजीवी। *यूग्लीना* मिश्रपोषी (Myxotrophic) होता है।
- जीवों में कायिक, अलैंगिक व लैंगिक प्रजनन विधियाँ तथा सभी प्रकार के सूत्री विभाजन मिलते हैं। इनका जीवन चक्र अगुणित प्रधान व द्विगुणित प्रधान दोनों पाए जाते हैं।
- प्रोटिस्टा के अन्तर्गत शैवाल, स्लाइम मोल्ड्स व प्रोटोजोआ आते हैं, जो निम्न प्रकार हैं

1. **प्रकाश-संश्लेषी प्रोटिस्टा** इन्हें प्रोटिस्ट्न शैवाल भी कहते हैं। ये निम्न प्रकार के होते हैं

   (i) **डायनोफ्लैजिलेट्स** (Dinoflagellates) ये एककोशिकीय व एककशाभिकीय शैवाल होती हैं। कोशिका भित्ति सेलुलोज की, दो कशाभिकाओं युक्त एक कशाभिका अनुदैर्ध्य दिशा में तथा दूसरी भित्ति की खाँच में, सचित खाद्य पदार्थ मण्ड व तेल के रूप में होता है।

   (ii) **डायटम्स** (Diatoms) ये समुद्री, सुनहरे रंग के शैवाल, पादप प्लवक के रूप में, कोशिका भित्ति सेलुलोज की, कोशिका भित्ति ढक्कन की भाँति अर्थात् इसमें दो एक-दूसरे को ढकने वाले अर्धांश (ऊपरी व निचला) बनाते हैं, अलैंगिक व लैंगिक जनन होता है। समुद्रों में जीवाश्मी डाएटम्स के जमाव डाएटमी मिट्टी बनाते हैं।

   (iii) ***यूग्लीना* समान फ्लैजिलेट्स** (*Euglena* like flagellates) एककोशिकीय, स्वतन्त्र अलवणीय जलाशयों या नम भूमि में, पादप व जन्तु दोनों, जैसे जीवनयापन करने वाले, दृढ़ कोशिका भित्ति का अभाव, प्रोटीनयुक्त लचीला पैलिकल, जिससे अपनी आकृति बदलते हैं।

2. **स्लाइम मोल्डस** (Slime moulds) ये अपघटक प्रोटिस्ट्स हैं। ये अकोशिकीय व कोशिकीय प्रकार के होते हैं अकोशिकीय, जैसे– (*फ्यूजेरियम*) भित्ति रहित, बहुकेन्द्रकीय, जीवद्रव्ययुक्त, जिसे *प्लाज्मोडियम* कहते हैं। ये गति कर भोजन कणों व जीवाणुओं को पकड़ते हैं।

   कोशिकीय (डिक्टियोस्टेलियम) रूपों में अनेक कोशिकाएँ समूहित रहकर जीवद्रव्य के खण्डों की भाँति व्यवस्थित रहती हैं। इसके एक खण्ड को आभासी-प्लाज्मोडियम (Pseudoplasmodium) कहते हैं।

3. **प्रोटोजोअन प्रोटिस्टा** (Protozoan Protists) होनोबर्ग आदि के अनुसार इन्हें चार समूहों में बाँटा गया है

   (i) **मैस्टिगोफोरा या फ्लेजिलेटा** (Mastigophora or Flagellata) प्रचलन उपांग कशाभिकाएँ, जिनकी संख्या एक या अधिक, शरीर पर पैलिकल का पतला आवरण, अनेक सदस्यों में पर्णहरितयुक्त हरितलवक पाए जाते हैं, जिससे पोषण पादपसम (Holophytic) हो सकता है। मुक्तजीवी या परजीवी, जैसे–*यूग्लीना, लीशमानिया, ट्रिपेनोसोमा*।

   (ii) **राइजोपोडा या सार्कोडिना** (Rhizopoda or Sarcodina) प्रचलन उपांग पादाभ (Pseudopodia), शरीर नग्न, अनिश्चित आकार, कभी-कभी कवच (Shell) उपस्थित, पोषण जन्तुमय (Holozoic); जैसे–*अमीबा, एण्टअमीबा*।

   (iii) **स्पोरोजोआ** (Sporozoa) अन्त:परजीवी, प्रचलन उपांग अनुपस्थित, संकुचनशील रिक्तिकाएँ अनुपस्थित, अलैंगिक जनन बीजाणुओं द्वारा; जैसे–*प्लाज्मोडियम, मोनोसिस्टिस*।

   (iv) **सिलियोफोरा** (Ciliophora) प्रचलन अंग पक्ष्माभ (Cilia), केन्द्रक दो प्रकार के—गुरुकेन्द्रक व लघुकेन्द्रक, लैंगिक जनन संयुग्मन (Conjugation) व अलैंगिक जनन द्विखण्डन द्वारा; जैसे–*पैरामीशियम, पोरफायरा*।

जगत-फन्जाई Kingdom–Fungi

- 'फंगस' लैटिन भाषा का शब्द है, जिसका अर्थ 'मशरूम' है। ये बहुकोशिकीय अपघटक, पर्णहरित रहित, बीजाणु धारण करने वाले यूकैरियोटिक जीव हैं।
- ये सर्वव्यापी, जल, थल, वायु, मृत, गले-सड़े पदार्थों पर मिलते हैं तथा मानव, जन्तु व पौधें को संक्रमित करते हैं। इनका शरीर शाखित, तन्तुमय कवक तन्तुओं से बना हुआ व सघन वृद्धि कर कवक जाल बनाता है। इनमें अन्त:कोशिका व अन्तरकोशिका कवकजाल होता है
- कवक तन्तु संकोशिका (फाइकोमाइसिटीज में) या पटयुक्त व एक, द्वि या बहुकेन्द्रकी (एस्कोमाइसिटीज, बेसीडियोमाइसिटीज व ड्यूटेरोमाइसिटीज) होते हैं।
- ये अन्धेरे या कम प्रकाश वाले स्थानों पर मिलते हैं। कोशिका भित्ति कवक सेलुलोज या काइटिन या दोनों की ही बनी होती है।
- कोशिकाओं के जीवद्रव्य में सभी कोशिकांग मिलते हैं। संचित खाद्य पदार्थ ग्लाइकोजन होता है। सभी कवक परपोषी होते हैं। ये परजीवी व मृतोपजीवी भी होते हैं।

- कवकों में अलैंगिक जनन (कोनिडिया या बीजाणु) द्वारा होता है। लैंगिक जनन में चलयुग्मकी संलयन होता है, जो समयुग्मकी (Isogamous), असमयुग्मकी (Anisogamous) व विषमयुग्मकी (Oogamous) प्रकार का होता है। अन्य में युग्मकधानीय सम्पर्क (Gametangial contact), युग्मकधानीय संयुग्मन (Gametangial copulation), अचल पुंमणु युग्मन (Spermatization) व कायिक युग्मन (Somatogamy) प्रकार का होता है।

वर्गीकरण Classification

कवक तन्तु के आकार, पोषण व जनन विधि के आधार पर कवकों को अनेक वर्गों में बाँटा गया है

(i) फाइकोमाइसिटीज Phycomycetes

- ये नमी वाले स्थानों या जल में क्षय हुई पत्तियों पर परजीवी के रूप में मिलते हैं। संकोशिकीय व पटहीन तथा शाखित कवकजाल वाले होते हैं।
- अलैंगिक जनन कशाभिकाधारी चल बीजाणुओं (Zoospores) तथा कशाभिकाविहीन बीजाणुओं (Aplanospore) द्वारा होता है। बीजाणुओं का निर्माण बीजाणुधानियों में होता है।
- लैंगिक जनन समयुग्मकी व असमयुग्मकी प्रकार का होता है; उदाहरण— *म्यूकर, एल्ब्यूगो*।

(ii) एस्कोमाइसिटीज Ascomycetes

- एककोशिकीय (यीस्ट) या बहुकोशिकीय, शाखित व पटयुक्त कवकजाल होता है। इसमें पट सरन्ध्र होते हैं।
- एककोशिकीय में कोशिका भित्ति ग्लुकेन्स व मेनैन्स से बनी होती है, किन्तु पटयुक्त में काइटिन व ग्लूकॉन से बनी होती है।
- अलैंगिक जनन अनेक प्रकार के अचल बीजाणुओं; जैसे—ऑइडिया, क्लैमाइडोबीजाणु या कोनिडिया द्वारा होता है। एककोशिकीय जातियों में विखण्डन, खण्डन व मुकुलन द्वारा होता है।
- जातियाँ समजालिक या विषमजालिक होती हैं। इनमें नर व मादा को + व – प्रभेद से इंगित करते हैं। लैंगिक जनन युग्मकधानीय संयुग्मन, युग्मकधानीय सम्पर्क व काययुग्मन या अचलपुंमणुयुग्मन द्वारा होता है।
- जननांग या फलन पिण्ड एस्कोकार्प होता है, जो एपोथीसियम (प्लेट सदृश्य), पेरीथीसियम (फ्लास्क सदृश्य) या क्लिस्टोथीसियम (गोल व पूर्ण बन्द) प्रकार का होता है। इनमें बीजाणुधारी संरचना एस्कस बनता है।
- युग्मकों के संलयन के पश्चात् एस्कस में अर्द्धसूत्री विभाजन होकर 8 (कुछ में 4) एस्कोबीजाणु बनते हैं, जो पुन: कायिक रचना का निर्माण करते हैं; उदाहरण-यीस्ट, *पेनिसिलियम, एस्पर्जिलस*।

(iii) बेसीडियोमाइसिटीज Basidiomycetes

- अधिकांश कवक स्थलीय, कवकजाल शाखित व पटयुक्त होते हैं। कायिक जनन खण्डन, मुकुलन द्वारा होता है। अलैंगिक जनन ऑइडिया, कोनिडिया या क्लैमाइडोबीजाणुओं द्वारा होता है।
- इनमें विशेष प्रकार के जननांग नहीं मिलते। लैंगिक जनन दो भिन्न प्रभेदों (+ व –) के केन्द्रकों के संयुग्मन से होता है। लैंगिक जनन में द्विकेन्द्रकीय कोशिका का निर्माण अचलपुंमणुयुग्मन (Spermatization), कायिक युग्मन (Somatogamy), बुलर प्रक्रिया (Buller phenomenon) या क्लैम्प बन्धन द्वारा होता है। दो भिन्न प्रभेदों का संलयन बेसीडियम जनन कोशिका में होकर द्विगुणित युग्मक केन्द्रक बनता है, जिसमें अर्द्धसूत्रण होकर चार अगुणित बर्हिजात बेसीडियोबीजाणु बनते हैं। फलनपिण्ड को बेसीडियोकार्प कहते हैं; उदाहरण-*एगेरिकस, लाइकोपर्डोन, पोलीपोरस* एवं *पक्सीनिया*।

(iv) ड्यूटेरोमाइसिटीज Deuteromycetes

इस समूह में वे कवक होते हैं, जिनमें केवल अलैंगिक या अपूर्ण अवस्था ही ज्ञात है, अत: इसे अपूर्ण कवक भी कहते हैं। सदस्य मृतोपजीवी या परजीवी होते हैं। कवक जाल शाखित व पटयुक्त होते हैं। अलैंगिक जनन कोनिडिया द्वारा होता है। इनमें सामान्य परजीवी हैं
अल्टरनेरिया सोलेनी, सर्कोस्पोरा परसोनेटा, कॉलेटोट्राइकम फ्लेक्टम, हेल्मिन्थोस्पोरियम ओराइजा, जिबरेला फ्यूजीकुरोई, **एथलीट फूट**—*टीनिया रबरम,* **रिंगवर्म**—*ट्राइकोफाइटॉन*।

लाइकेन Lichen

- ये शैवाल तथा कवक के साहचर्य से बने हुए पादप हैं। शैवालीय घटक को शैवालांश (Phycobiont) तथा कवकी घटक को कवकांश (Mycobiont) कहते हैं।
- शैवालांश द्वारा प्रकाश-संश्लेषण क्रिया से भोजन का निर्माण होता है तथा कवकांश जल अवशोषण करते हैं।
- आकारिकीय दृष्टिकोण से कवक पर्पटीमय (Crustose), पर्णिल (Foliose) तथा फलयुक्त या क्षुपिल (Fruticose) होते हैं।
- अलैंगिक जनन अलैंगिक बीजाणुओं (ऑइडियम बीजाणु, पिक्निडियम बीजाणु) द्वारा तथा लैंगिक जनन केवल इनके कवकी घटक द्वारा होता है। स्त्री जननांग कार्पोगोनियम होता है। नर जननांग फ्लास्क आकृति के स्पर्मोगोनियम होते हैं, इसमें से नर युग्मक अर्थात् पुंमणुओं का निर्माण होता है। फलनपिण्ड (Fruiting body) एपोथीसियम या पेरीथीसियम होते हैं। प्रत्येक एस्कस में 8 एस्कोबीजाणु बनते हैं।
- लाइकेन की वृद्धि धीमी, लम्बी अवधि तक उच्च तापमान व शुष्क परिस्थितियों में जीवित रहते हैं। इनमें लाइकेन अम्ल पाया जाता है। उदाहरण-*क्लेडोनिया, अस्निया, फायसिया, ग्रैफिस, हेमेटोमा*।

विषाणु Viruses

- विषाणु की खोज **इवानोवस्की** (1892) ने की, **स्टेनले** (1935) ने TMV को क्रिस्टलीकरण द्वारा पृथक् किया। इनमें जीव व निर्जीव दोनों के गुण होते हैं। ये अविकल्पी अन्तराकोशिकीय परजीवी होते हैं। इनमें एक ही प्रकार का न्यूक्लिक अम्ल (DNA व RNA) होता है। DNA एकल रज्जुक या द्विरज्जुक होता है। बाह्य चोल प्रोटीन का होता है। इनका संवर्धन कृत्रिम माध्यम में सम्भव नहीं है। कोशिका के बाहर निष्क्रिय होते हैं। इनमें पुनरावर्तन की क्षमता होती है। इनमें संक्रमण, रोगजनकता व प्रतिजीवी गुण होते हैं। इनमें कोशिका भित्ति, कोशिकांग, जीवद्रव्य व एन्जाइम्स का अभाव होता हैं। ये ताप, विकिरण, रासायनिक पदार्थों के प्रति अनुक्रिया दर्शाते हैं।
- सर्वप्रथम लैटिन शब्द वायरस (विषाणु = विषाक्त द्रव) का प्रयोग हॉलैण्ड के वैज्ञानिक **मारटिनी बीजेरिंक** (1998) ने किया, यद्यपि इनके अस्तित्त्व की खोज सर्वप्रथम रूसी वैज्ञानिक इवानोवस्की (1892) ने तम्बाकू की

पत्तियों पर चितरे रोग (Mosaic disease) के रूप में की थी। विषाणु की खोज का श्रेय इन्हीं को दिया जाता है। **लोएफ्लेर** एवं **फ्रॉश** (1898) ने अनेक पादप व जन्तु वायरस रोगों का अध्ययन किया और पशुओं के खुरपका एवं मुखपका (Foot and mouth disease) का पता लगाया।

- आधुनिक वैज्ञानिकों के अनुसार, विषाणु परासूक्ष्मदर्शी (Ultramicroscopic) जीव हैं, जो प्राणियों एवं पादपों की कोशिकाओं में गुणन करते है तथा अनेक रोग उत्पन्न करते हैं।
- **वेण्डैल एम. स्टैनले** (1935) ने तम्बाकू मोजैक वायरस (TMV = tobacco mosaic virus) को क्रिस्टेलिन रूप (Crystalline form) में प्राप्त किया। इसके लिए उन्हें सन् 1946 में नोबेल पुरस्कार से सम्मानित किया गया।
- वर्तमान में वायरस का अध्ययन जीव विज्ञान की एक महत्त्वपूर्ण शाखा विषाणु विज्ञान (Virology) में किया जाता है।

वायरॉइड्स Viroids

- **टी. ओ. डाइनर** (1971) ने आलू के एक रोग में इसका पता लगाया। उन्होंने बताया कि यह वायरस से भी छोटे कण होते हैं, जो स्वयं कन्द (Tuber) की कोशिकाओं में ही होते हैं। उन्होंने पता लगाया कि ये कण RNA के स्वतन्त्र, छोटे एवं वृत्ताकार एकसूत्री अणु होते हैं। इनमें लगभग 300 न्यूक्लियोटाइड मोनोमर होते हैं, जिन्हें वायरॉइड्स कहते हैं। ये कोशिकाओं में प्रचुरोद्भवन (Proliferation) द्वारा संख्या में बढ़कर कन्दों में रोग को फैलाते हैं। ये एक पौधे से दूसरे पौधे में स्पर्श द्वारा अथवा युग्मक कोशिकाओं (Gametes) द्वारा फैलते हैं।

अभ्यास प्रश्न

सजीव जगत एवं वर्गीकरण

1. 'जीव विज्ञान' शब्द दिया
(a) अरस्तू ने (b) लैमार्क तथा ट्रेविरेनस ने
(c) हक्सले ने (d) पुरकिन्जे तथा वान मॉल ने

2. वर्गीकरण की प्राथमिक इकाई है
(a) वर्ग (b) संघ
(c) वंश (d) जाति

3. द्विनाम नामकरण में होते हैं
(a) 2 नाम (b) 1 नाम
(c) 2 पद (d) 2 टैक्सॉन

4. होलोटाइप क्या है?
(a) नामकरण व प्रकाशन के लिए, लेखक द्वारा निर्धारित एक प्रारूपी नमूना
(b) अपूर्ण नमूना
(c) असंरक्षित नमूना
(d) मूल इलाके का नमूना

5. 'वर्गिकी' का प्रथम चरण है
(a) नामकरण (b) वर्गीकरण
(c) पहचान (d) विवरण

6. वर्गिकी की नवीनतम शाखा है
(a) कैरियोटैक्सोनॉमी (b) साइटोटैक्सोनॉमी
(c) जातियों का उद्भव (d) फाइलोजैनी

7. निम्न को आकार के हिसाब से बढ़ते क्रम में व्यवस्थित करें।
(i) कुल (ii) जगत (iii) संघ/विभाग
(iv) वंश (v) गण (vi) वर्ग (vii) जाति
(a) (vii), (iv), (i), (v), (vi), (iii), (ii)
(b) (i), (ii), (iii), (iv), (v), (vi), (vii)
(c) (v), (iv), (i), (vi), (ii), (iii), (vii)
(d) (vii), (vi), (i), (ii), (iii), (iv), (v)

8. सही कथन का चयन कीजिए।
I. छोटे टैक्सॉन के साथ रहने वाले टैक्सॉन के सदस्य अधिक लक्षण रखते हैं।
II. गण, वंशों का समूह होता है, जो कुछ समान लक्षण रखते हैं।
III. बिल्ली तथा कुत्ते को समान कुल–फेलिडी में सम्मिलित किया गया है।
IV. द्विनाम नामकरण पद्धति कैरोलस लिनियस द्वारा दी गई है।
(a) I, II तथा III (b) II, III तथा IV
(c) I, II तथा IV (d) III तथा IV

9. निम्न में से कौन-सा वर्गीकरण श्रेणियों का सही क्रम है?
(a) कुल, उपकुल, वंश, गण, प्रभाग, वर्ग
(b) वर्ग, गण, प्रभाग, उपकुल, कुल, वंश
(c) प्रभाग, वर्ग, गण, कुल, उपकुल, वंश
(d) वर्ग, प्रभाग, गण, वंश, उपकुल, कुल

10. हैक्सले किसके जनक हैं?
(a) जैव-विकास वर्गिकी के (b) कृत्रिम वर्गिकी के
(c) नियो-वर्गिकी के (d) जातिवृत्तीय वर्गिकी के

11. सभी सजीव एक-दूसरे से सम्बन्धित हैं, क्योंकि
(a) उनमें समान प्रकार का सामान्य आनुवंशिक पदार्थ पाया जाता है
(b) इनमें समान आनुवंशिक पदार्थ होता है, लेकिन अलग-अलग मात्रा में
(c) सभी में समान कोशिकीय संगठन होता है
(d) उपरोक्त सभी

12. द्विनाम नामकरण का अर्थ पौधे का नाम दो शब्दों में लिखना होता है, वे हैं
(a) जीनस और स्पीशीज (b) स्पीशीज और वैरायटी
(c) ऑर्डर और फैमिली (d) फैमिली और जीनस

13. पुस्तक *'स्पीशीज प्लाण्टेरम'* किसने लिखी?
(a) चार्ल्स डार्विन (b) रॉबर्ट हुक
(c) कैरोलस लिनियस (d) एण्टॉनी वान ल्यूवेनहॉक

14. निम्न में से कौन सुमेलित है?

(a)	*जेनेरा प्लाण्टेरम*	–	जॉन रे
(b)	*स्पीशीज प्लाण्टेरम*	–	लिनियस
(c)	*हिस्टोरिया जेनेरेलिस प्लाण्टेरम*	–	बैन्थम एवं हुकर
(d)	*स्केला नेचुरी*	–	लिनियस

15. टैक्सोनॉमी का पितामह किसे कहा जाता है?
(a) अरस्तू (b) लिनियस
(c) बेन्थम तथा हुकर (d) थियोफ्रेस्टस

16. वनस्पतिशास्त्र की शाखा, जो पादप वर्गीकरण, नामकरण और पहचान से सम्बन्धित है, कहलाती है
(a) सिस्टेमैटिक (b) इकोलॉजी
(c) सिरेण्डिविटी (d) डेमेकोलॉजी

17. जाति होती है
(a) विकास की विशिष्ट इकाई
(b) विकास की परिवर्तनशील इकाई
(c) विकास का विशिष्ट वर्ग
(d) उपरोक्त में से कोई नहीं

18. शेर तथा बाघ में समान है
(a) वंश (b) जाति
(c) कुल (d) इनमें से कोई नहीं

19. निम्नलिखित में से कौन-सा सामान्य गुण सजीव व निर्जीव जीवों की वृद्धि को दर्शाता है?
(a) भार में वृद्धि
(b) कोशिका विभाजन
(c) प्रतिलिपिकरण की दर में वृद्धि
(d) कोशिका विभेदन

20. एककोशिकीय जीवों में वृद्धि देखी जा सकती है
(a) संवर्धित कोशिकाओं का भार ज्ञात करके
(b) जीवित जीवों द्वारा अवशोषित पोषक पदार्थों की मात्रा के अध्ययन से
(c) वृद्धि नहीं देखी जा सकती है
(d) सरलता से *अन्तःपात्रे* (*In vitro*) संवर्धन में सूक्ष्मदर्शी से देखकर कोशिकाओं की संख्या को गिनकर

21. अधिकांश पादपों एवं उच्च जन्तुओं में जनन और वृद्धि होती है
(a) परस्पर विशिष्ट घटना (b) पर्यायवाची घटना
(c) *अन्तःपात्रे* (*In vitro*) संवर्धन में (d) इनमें से कोई नहीं

22. इनमें से कौन-सा जीव खण्डन (जनन का अलैंगिक प्रकार) विधि द्वारा जनन करता है?
(a) *अमीबा*, कवक एवं केंचुआ
(b) कवक, तन्तुमय शैवाल एवं मॉस की प्रोटोनीमा
(c) *हाइड्रा*, कवक, *अमीबा* एवं जीवाणु
(d) केंचुआ, जीवाणु एवं कवक

23. जनन इनमें से किन प्राणियों में वृद्धि का पर्यायवाची है?
(a) जीवाणु, एककोशिकीय शैवाल एवं *अमीबा*
(b) जीवाणु, *अमीबा* एवं कवक
(c) एककोशिकीय शैवाल एवं कवक
(d) एककोशिकीय शैवाल एवं तन्तुमय शैवाल

24. "कुछ भी हमेशा के लिए जीवित नहीं रहता है यद्यपि जीवन लगातार चलता रहता है।" (Nothing lives forever, yet life continues) वाक्य से क्या स्पष्ट होता है?
(a) उपापचय (b) भ्रूण परिवर्धन (c) जनन (d) प्रतिलिपिकरण

25. उपापचय को सर्वोत्तम परिभाषित किया जा सकता है
(a) प्रक्रिया, जिसमें एक रसायन शरीर के भीतर बनता है
(b) प्रक्रिया, जिसमें एक रसायन शरीर के भीतर विघटित होता है
(c) शरीर में होने वाली सभी रासायनिक क्रियाओं का योग होता है
(d) केवल एक जटिल निर्माण प्रक्रिया होती है

26. निम्नलिखित में से किसमें उपापचय क्रिया सम्पन्न होती है?
(a) केवल सजीवों में (b) सजीव व निर्जीव दोनों में
(c) बिना कोशिका वाले तन्त्र में (d) दोनों (a) तथा (c) में

27. उपापचय प्रक्रिया के कारण होता है
(a) वृद्धि (b) परिवर्द्धन
(c) जीवित शरीर के कार्य (d) ये सभी

28. सजीवों में जैविक संगठन शुरू होता है
(a) ऊतक स्तर (b) परमाणु स्तर
(c) कोशिका स्तर (d) मिश्रण स्तर

29. सजीवों के जैविक संगठन के स्तर को निरूपित किया जाता है
(a) उपकोशिकीय $\rightarrow$ कोशिकीय $\rightarrow$ व्यक्तिगत $\rightarrow$ जनसंख्या
(b) परमाणु $\rightarrow$ आण्विक $\rightarrow$ कोशिकीय $\rightarrow$ ऊतक $\rightarrow$ अंग $\rightarrow$ अंगतन्त्र $\rightarrow$ व्यक्तिगत
(c) अंग तन्त्र $\rightarrow$ ऊतक $\rightarrow$ कोशिकीय $\rightarrow$ आण्विक $\rightarrow$ परमाणु
(d) व्यक्तिगत $\rightarrow$ आण्विक $\rightarrow$ ऊतक $\rightarrow$ अंग तन्त्र $\rightarrow$ जनसंख्या

30. नीचे दिए गए कथनों में सत्य कथन पहचानिए।
(a) शरीर का कोशिकीय संगठन निर्जीवों का विशिष्ट लक्षण है
(b) चेतना सभी सजीवों द्वारा प्रदर्शित लक्षण है
(c) मृत मस्तिष्क वाले रोगी में स्वःचेतना नहीं होती, यद्यपि वह जीवित होता है
(d) मनुष्य ही एकमात्र ऐसा प्राणी है, जो अपने बारे में जानता है अर्थात् इसमें स्वःचेतना होती है

31. वानस्पतिक वर्गीकरण विज्ञान सम्बन्धित है
(a) तन्त्र के अध्ययन से
(b) पौधों के अंगों को सुव्यवस्थित रखना
(c) अंगों और ऊतकों का सुव्यवस्थित अध्ययन
(d) पौधों का गणितीय अध्ययन, जिसमें पहचानना, नामकरण और वर्गीकरण सम्मिलित हो

जातियों व वर्गक की संकल्पना

32. विकासशील वर्गीकरण पद्धति को कहते हैं
(a) कृत्रिम पद्धति (b) प्राकृतिक पद्धति
(c) जातिवृत्तीय पद्धति (d) इनमें से कोई नहीं

33. स्पीशीज शब्द किसके द्वारा दिया गया?
(a) अरस्तू (b) एंग्लर (c) जॉन रे (d) लिनियस

34. टैक्सॉन है
(a) वर्गिकी का छोटा शब्द
(b) जातियों का समूह
(c) किसी श्रेणी के लिए वर्गीकरण की एक इकाई
(d) नामकरण के अन्तर्राष्ट्रीय नियमों का समूह

35. जातिवृत्तीय वर्गीकरण पद्धति किस पर आधारित है?
(a) क्रमविकासीय सम्बन्धों पर (b) आकारिकीय लक्षणों पर
(c) रासायनिक रचकों पर (d) पुष्पीय लक्षणों पर

36. 'टैक्सा' टैक्सॉन से भिन्न होता है, क्योंकि
(a) यह टैक्सॉन की तुलना में उच्च वर्गीकरण की श्रेणी है
(b) यह टैक्सॉन की तुलना में निम्न वर्गीकरण की श्रेणी है
(c) यह टैक्सॉन का बहुवचन होता है
(d) यह टैक्सॉन का एकवचन होता है

37. वर्गक होता है
(a) सम्बन्धित जातियों का समूह
(b) सम्बन्धित कुलों का समूह
(c) सजीवों का प्रकार
(d) किसी श्रेणी का एक वर्गिकी समूह

38. *सोलेनम* और *पैन्थेरा* हैं
(a) वंश व जाति (b) वंश व वंश
(c) जाति व जाति (d) केवल जातियाँ

39. अकेली जाति वाले वंश को कहते हैं
(a) टिपिकल (Typical) (b) पॉलिटाइप (Polytype)
(c) मोनोटाइप (Monotype) (d) सिनटाइप (Syntype)

40. इनमें से कौन-सी श्रेणी नहीं है?
(a) एस्टेरेसी/फैबेसी (b) जाति
(c) संघ (d) वर्ग

41. समान लक्षण वालों को आरोही क्रम में व्यवस्थित कीजिए।
(i) कुल (ii) वंश (iii) वर्ग (iv) जाति
(a) वर्ग < कुल < वंश < जाति
(b) कुल < वर्ग < वंश < जाति
(c) जाति < गण < कुल < वर्ग
(d) वर्ग < वंश < जाति < कुल

42. निम्न में से कौन-सी एक श्रेणी है?
(a) प्रभाग (Division) (b) संघ (Phylum)
(c) विषाणु (Viruses) (d) दोनों (a) तथा (b)

43. निम्न में से किसका वास्तविकता में अस्तित्व है?
(a) वंश (b) जाति (c) कुल (d) गण

44. वर्गीकरण पदानुक्रम प्रणाली क्यों उपयोग में ली जाती है?
(a) इसमें प्रत्येक उच्च वर्गीकरण श्रेणी में समूह/श्रेणी आते हैं
(b) यह वर्गीकरण के निर्धारण में सहायक है
(c) सभी वर्गीकरण श्रेणियाँ समान आवास दर्शाती हैं
(d) वर्गीकृत समूह समान लक्षण दिखाते हैं और इसमें कोई जैव–विकासीय सम्बन्ध नहीं होते हैं

45. निम्न में से कौन-से एक लक्षण का सभी सजीवों द्वारा सभी पदानुक्रम स्तर पर साझा किया जाता है?
(a) पोषण की विधि (b) कोशिकीय संगठन
(c) जीवद्रव्य संरचना का प्रकार (d) कोशिका विभाजन द्वारा वृद्धि

46. दो विभिन्न वंशों को समान वर्गिकी श्रेणी कुल में वर्गीकृत किया है। इनमें से कौन-सा कथन इनके वर्गीकरण के बारे में सही है?
(a) समान वर्ग, लेकिन भिन्न जातियाँ
(b) भिन्न वर्ग तथा भिन्न गण
(c) समान संघ, परन्तु भिन्न वर्ग
(d) भिन्न जगत और भिन्न संघ

47. निम्न में से कौन-सी एक वर्गिकी श्रेणी शेष सभी का वर्गीकरण कर सकती है?
(a) कुल (b) वंश (c) वर्ग (d) गण

48. वर्गिकी अध्ययन का मुख्य स्रोत क्या है?
(a) प्राणी का वास्तविक नमूना एकत्रित करना
(b) प्राणी के वास्तविक नमूने को पहचानना
(c) दोनों (a) तथा (b)
(d) उपरोक्त में से कोई नहीं

49. जातिवृत्तीय पद्धति किसके द्वारा दी गई?
(a) एंग्लर तथा प्राण्टल (b) लिनियस
(c) जॉन रे (d) आर. एच. व्हिटेकर

द्विनाम पद्धति

50. जीवों को वैज्ञानिक नाम दिया जाता है, क्योंकि
(a) यह निर्धारित करता है कि प्रत्येक जीव का केवल एक ही नाम हो
(b) यह निर्धारित करता है कि कोई नाम दोबारा उपयोग में न आए
(c) यह निर्धारित करता है कि जीव को उपयुक्त (वाँछनीय) नाम दिया जाए
(d) दोनों (a) तथा (b)

51. वैज्ञानिक नाम....... छपते हैं और......भाषा से उत्पन्न होते हैं।
(a) मोटी छपाई और अंग्रेजी (b) तिरछे और लैटिन
(c) तिरछे और जर्मन (d) तिरछे और फ्रेंच

52. ICBN प्रदर्शित करता है
(a) इण्टरनेशनल काउन्सिल फॉर बॉटेनिकल नोमेनक्लेचर
(b) इण्टरनेशनल कोड ऑफ बॉटेनिकल नोमेनक्लेचर
(c) इण्डियन कोड ऑफ बॉटेनिकल नोमेनक्लेचर
(d) इण्टरनेशनल काउन्सिल फॉर बॉटेनिकल नोमेनक्लेचर

53. वर्गीकरण के सार्वभौमिक नियमों में असत्य कथन छाँटिए।
(a) जैविक नाम का पहला अक्षर वंश के नाम को दर्शाता है
(b) प्रथम शब्द, जो वंश को दर्शाता है, का पहला अक्षर बड़ा होता है
(c) जैविक नाम के दोनों शब्द जब हाथ से लिखते हैं, तो अलग-अलग अधोरेखांकित (Underlined) होते हैं
(d) जैविक नाम सामान्यतया अंग्रेजी में होते हैं और तिरछे छपे हुए होते हैं

54. *मैन्जिफेरा इण्डिका* L. के वैज्ञानिक नाम में
(a) अक्षर L. लैटिन भाषा को संकेत करता है
(b) नाम *इण्डिका* से उल्टा है और *मैन्जिफेरा* की ओर शुरू है
(c) अक्षर L. टैक्सोनॉमिस्ट लिनियस को संकेत करता है
(d) अक्षर L. अनावश्यक है

55. इनमें से कौन-सा वैज्ञानिक नाम असत्य लिखा गया है?
(a) *पैन्थेरा टिगरिस (Panthera tigris)*
(b) *मैन्जिफेरा इण्डिका (Mangifera indica)*
(c) *पैन्थेरा लिओ (Panthera leo)*
(d) *कोलम्बा लिविया (Columba LIVEA)*

56. एक जाति जीवों का समूह है, जोकि
(a) स्वतन्त्र रूप से अन्त:प्रजनन कर सकते हैं
(b) अन्तः प्रजनन नहीं कर सकते हैं
(c) साथ रह सकते हैं
(d) कभी-कभी अन्तः प्रजनन कर सकते हैं

57. दो समान होलोटाइप कहलाते हैं
(a) पैराटाइप (b) सिनटाइप
(c) लैक्टोटाइप (d) आइसोटाइप

58. पादपों के वर्गीकरण में, शब्द क्लेडिस्टिक किससे सम्बन्धित है?
(a) जातिवृत्तीय वर्गीकरण (b) द्विनाम वर्गीकरण
(c) कृत्रिम वर्गीकरण (d) प्राकृतिक वर्गीकरण

59. निम्न में से कौन-सा 'प्रत्यय' (*Suffixes*) पादपों के वर्गीकरण में वर्गिकी संवर्ग में 'कुल' को सूचित करता है?
(a) एल्स (–ales) (b) ऑनी (–onae)
(c) ऐसी (–aceae) (d) ई (–ae)

60. जन्तुओं के वर्गीकरण की वर्गिकी इकाई 'संघ' पादपों के वर्गीकरण के कौन-से वर्गिकी पदानुक्रम स्तर के समान होती है?
(a) वर्ग (b) गण (c) प्रभाग (d) कुल

61. जैसे ही हम वर्गिकी पदानुक्रम में जाति से जगत की ओर जाते हैं, समान लक्षणों की संख्या
(a) कम हो जाएगी (b) बढ़ जाएगी
(c) समान रहेगी (d) घट या बढ़ सकती है

62. द्विनाम पद्धति दी गई है
(a) अरस्तू (b) जॉन रे
(c) लिनियस (d) आर. एच. व्हिटेकर

वर्गिकी के साधन

63. हरबेरियम शीट की आमाप होती है
(a) 29 × 41 सेमी (b) 25 × 35 सेमी
(c) 30 × 40 सेमी (d) 25 × 40 सेमी

64. नेशनल बॉटेनिकल गार्डन (NBG) स्थित है
(a) दिल्ली में (b) लखनऊ में (c) देहरादून में (d) कोलकाता में

65. फॉरेस्ट रिसर्च इन्स्टीट्यूट (FRI) स्थित है
(a) दिल्ली में (b) लखनऊ में
(c) देहरादून में (d) कोलकाता में

66. एशिया का सबसे बड़ा वनस्पति उद्यान स्थित है
(a) जापान में (b) कोलकाता में (c) मनीला में (d) सिंगापुर में

67. बॉम्बे नेचुरल हिस्ट्री सोसाइटी (BNHS) है
(a) हरबेरियम (b) राष्ट्रीय शोध संस्थान
(c) वनस्पति उद्यान (d) संग्रहालय

68. विश्व का सबसे बड़ा चिड़ियाघर है
(a) सिंगापुर में (b) संयुक्त राज्य अमेरिका में
(c) कांगों में (d) दक्षिण अफ्रीका में

69. BSI (भारतीय वनस्पतिक सर्वेक्षण) का मुख्यालय कहाँ स्थित है?
(a) हावड़ा में (b) देहरादून में (c) सिबपुर में (d) लखनऊ में

70. वर्गिकी कुँजी (Taxonomic key) वर्गिकी सहायक साधनों में से एक है, जिससे पादपों और जन्तुओं को पहचानना और वर्गीकृत किया जाता है, यह निम्न में से किसके बनाने में प्रयोग की जाती है?
(a) मोनोग्राफ (b) फ्लोरा
(c) दोनों (a) तथा (b) (d) इनमें से कोई नहीं

71. भारत में सबसे विशाल हरबेरियम है
(a) मद्रास हरबेरियम, कोयम्बटूर (तमिलनाडु)
(b) केन्द्रीय राष्ट्रीय हरबेरियम (भारतीय वानस्पतिक उद्यान) सिबपुर, कोलकाता (प. बंगाल)
(c) राष्ट्रीय वानस्पतिक शोध संस्थान का हरबेरियम, लखनऊ (उत्तर प्रदेश)
(d) वानिकी शोध संस्थान, देहरादून (उत्तराखण्ड)

72. कवक आक्रमण से बचने के लिए हरबेरिया के नमूने को किस रसायन द्वारा उपचारित किया जाता है?
(a) 0.1% मरक्यूरिक क्लोराइड
(b) 0.1% मरक्यूरस क्लोराइड
(c) कार्बन डाइसल्फाइड
(d) एसीटिक अम्ल

73. इनमें से कौन-सा वानस्पतिक उद्यान का सबसे महत्त्वपूर्ण कार्य है?
(a) जननद्रव्यों के *बहिःस्थाने* (*Ex situ*) पर संरक्षण करना
(b) ये पुनर्निर्माण के स्थान होते हैं
(c) यहाँ पादप की विविधता देखी जा सकती है
(d) वन्यजीवों को प्राकृतिक आवास प्रदान करता है

74. निम्न में से कौन-सा कथन सही नहीं है?
(a) हरबेरियम संग्रहालय में पौधों के एकत्र नमूनों को सुखाकर एवं दबाकर परिरक्षित करते हैं
(b) वानस्पतिक उद्यान में जीवित पादपों को सन्दर्भ के लिए एकत्रित किया जाता है
(c) संग्रहालय में पादपों व जन्तुओं के चित्रों का संग्रह होता है
(d) कुँजी प्रादर्शों को पहचानने का वर्गिकी सहायता का साधन है

75. वानस्पतिक उद्यान और प्राणी उद्यान में होते हैं
(a) केवल स्थानिक (Endemic) जीवित जातियों का संग्रह
(b) केवल विदेशज (Exotic) जीवित जातियों का संग्रह
(c) स्थानिक और विदेशज जीवित जातियों का संग्रह
(d) केवल स्थानीय पादपों और जन्तुओं का संग्रह

76. विश्व का सबसे विशाल वानस्पतिक उद्यान है?
(a) कन्जर्वेटरी एण्ड बॉटेनिकल गार्डन, जेनेवा
(b) न्यूयॉर्क बॉटेनिकल गार्डन
(c) रॉयल बॉटेनिकल गार्डन, क्यू (लंदन)
(d) ब्रिटिश म्यूजियम ऑफ नैचुरल हिस्ट्री

77. निम्न में से कौन-सा प्रथम जैवमण्डल आरक्षित क्षेत्र है?
(a) नोरक्रेक जैवमण्डल आरक्षित क्षेत्र
(b) सिमलीपल जैवमण्डल आरक्षित क्षेत्र
(c) पंचमढ़ी जैवमण्डल आरक्षित क्षेत्र
(d) नीलगिरि जैवमण्डल आरक्षित क्षेत्र

78. एक पुस्तक, जिसमें विशिष्ट क्षेत्र के पादपों में आवास, जलवायु उसका विवरण और सूची की जानकारी होती है
(a) फ्लोरा (b) कुँजी
(c) नियम पुस्तिका (d) मोनोग्राफ

79. नियम पुस्तिका (Manual) के बारे में सत्य कथन है
(a) यह सभी जातियों की गणना सूची है
(b) इसमें विशेष क्षेत्र में पायी जाने वाली जातियों की उपलब्धता एवं इन्हें एकत्रित करने का निर्देश होते हैं
(c) यह समानता व असमानता पर आधारित होती है
(d) दोनों (a) तथा (b)

80. कौन–सा वर्गिकी सहायक साधन एक विशेष वर्गक; जैसे—गण या कुल की सभी सूचना देता है?
(a) हरबेरियम (b) सूची पत्र
(c) वर्गिकी कुँजी (d) मोनोग्राफ

पाँच जगतीय वर्गीकरण

81. अरस्तू ने पादपों को आकारिकी (Morphology) लक्षणों के आधार पर वर्गीकृत किया और इन्हें श्रेणीबद्ध (वर्गीकृत) किया
(a) वृक्ष, झाड़ी एवं शाक में
(b) शैवाल, ब्रायोफाइट्स, टेरिडोफाइट्स, जिम्नोस्पर्म एवं एन्जियोस्पर्म में
(c) एम्ब्रियोफाइट्स एवं ट्रेकियोफाइट्स में
(d) शैवाल एवं एम्ब्रियोफाइट्स में

82. वर्गीकरण की द्विजगत पद्धति किसने प्रतिपादित की और दोनों जगत को प्लाण्टी और ऐनिमैलिया नाम दिया?
(a) कैरोलस लिनियस (b) आर. एच. व्हिटेकर
(c) कार्ल वूज (d) हर्बर्ट कॉपलैण्ड

83. आर. एच. व्हिटेकर की वर्गीकरण की पाँच जगत पद्धति में, कितने जगतों में यूकैरियोट्स आते हैं?
(a) चार जगत (b) एक जगत
(c) दो जगत (d) तीन जगत

84. असत्य कथन छाँटिए।
(a) जीवाणु की कोशिका भित्ति पेप्टाइडोग्लाइकेन की बनी होती है
(b) पिलाई और फिम्ब्री जीवाणु कोशिका के चलन में मुख्य रूप से सम्मिलित होते हैं
(c) सायनोबैक्टीरिया में कशाभीय कोशिकाओं का अभाव होता है
(d) माइकोप्लाज्मा भित्तिरहित सूक्ष्मजीव है

85. असत्य कथन को चुनिए।
(a) ऐनिमेलिया में कोशिका भित्ति अनुपस्थित होती है
(b) प्रोटिस्टा में प्रकाश-संश्लेषी और परपोषी पोषण की विधि होती है
(c) कुछ कवक खाने योग्य होते हैं
(d) मोनेरा में केन्द्रक झिल्ली उपस्थित होती है

86. सजीवों को जीवन के तीन प्रभागों (जीवाणु, आर्किया और यूकैरिया) को हाल में ही वर्गीकृत किया गया है। इस सन्दर्भ में निम्न में से कौन–सा कथन आर्किया (Archea) के लिए सही है?
(a) आर्किया पूरी तरह यूकैरिया से मिलता है
(b) आर्किया में कुछ विशिष्ट (नोबेल) विशेषताएँ होती है, जो अन्य प्रोकैरियोट्स और यूकैरियोट्स में नहीं होती हैं
(c) आर्किया प्रोकैरियोट्स और यूकैरियोट्स दोनों से पूर्णतया भिन्न होता है
(d) आर्किया प्रोकैरियोट्स से पूर्णतया भिन्न होता है

87. निम्न में से कौन–सा कथन गलत है?
(a) सुनहरे (Golden) शैवालों को डेस्मिड्स (Desmids) कहते हैं
(b) यूबैक्टीरिया को आभासी (False) जीवाणु भी कहते हैं
(c) फाइकोमाइसिटीज को शैवालीय कवक भी कहते हैं
(d) सायनोबैक्टीरिया को नील-हरित शैवाल भी कहते हैं

88. कुछ जीवाणु (Bacteria) अत्यन्त कठिन पर्यावरणीय स्थितियाँ, जैसे—ऑक्सीजन की अनुपस्थिति, उच्च लवणीय सान्द्रता, उच्च तापमान और अम्लीय pH में पनपते हैं। इन जीवाणु (Bacteria) के प्रकार को पहचानिए।
(a) सायनोबैक्टीरिया (b) यूबैक्टीरिया
(c) आर्किबैक्टीरिया (d) माइकोबैक्टीरिया

89. *थर्मोकोकस, मीथेनोकोकस* और *मीथेनोबैक्टीरियम* हैं
(a) आर्किबैक्टीरिया, जिनमें यूकैरियोटिक हिस्टोन के समरूप होते हैं
(b) कोशिका कंकाल (Cytoskeleton) सहित जीवाणु होते हैं
(c) आर्किबैक्टीरिया, जिसमें यूकैरियोट्स जैसा ऋणात्मक वलित DNA होता है, लेकिन हिस्टोन नहीं होते हैं
(d) धनात्मक वलित DNA वाले जीवाणु, जिसमें कोशिका कंकाल (Cytoskeleton) व माइटोकॉण्ड्रिया भी होते हैं

मोनेरा

90. पाँच जगत वर्गीकरण में सम्मिलित किया गया है
(a) मोनेरा, प्रोटिस्टा, कवक, पादप जगत, ऐनीमेलिया
(b) शैवाल, कवक, ब्रायोफाइटा, टेरिडोफाइटा, जिम्नोस्पर्म
(c) कवक, प्रोकैरियोट्स, कवक, पादप जगत, ऐनीमेलिया
(d) मोनेरा, प्रोटिस्टा, ऐनीमेलिया, पादप जगत, शैवाल

91. सर्वाधिक विविधता किसमें पायी जाती है?
(a) मोनेरा (b) ऐनीमेलिया
(c) प्लाण्टी (d) प्रोटिस्टा

92. निम्न में से कौन न ही प्रोकैरियोट्स है और न ही यूकैरियोट्स?
(a) जीवाणुभोजी (b) जीवाणु
(c) मोनेरा (d) कवक

93. केन्द्रक झिल्ली अनुपस्थित होती है
(a) मोनेरा में (b) प्रोटिस्टा में (c) कवक में (d) प्लाण्टी में

94. शैवाल जिसमें कि प्रकाश-संश्लेषी वर्णक पाया जाता है, उनमें पोषण का प्रकार होता है
(a) होलोजॉइक (b) हैप्लोफाइटिक
(c) होलोफाइटिक (d) पैरासिटिक

95. वह एककोशिकीय जीव जो पौधों तथा जन्तुओं के मध्य सम्बन्धित कड़ी है, है
(a) जीवाणु (b) वायरस
(c) *पैरामीशियम* (d) *यूग्लीना*

96. आर. एच. व्हिटेकर के पाँच जगत वर्गीकरण में यूकैरियोट्स को रखा गया था
(a) पाँच में से दो जगतों में (b) पाँच में से तीन जगतों में
(c) पाँच में से चार जगतों में (d) पाँचों जगतों में

97. बैक्टीरिया का जीनोम होता है
(a) गोलाकार (b) तन्तुकीय
(c) RNA-DNA संकर (d) दोनों (a) तथा (b)

98. ग्राम पॉजिटिव व ग्राम निगेटिव में मुख्य अन्तर किसकी रचना में होता है?
(a) सीलिया में (b) कोशिका भित्ति में
(c) केन्द्रक में (d) प्लाज्मिड में

99. जीवाणु की सर्वप्रथम खोज किसने की?
(a) रॉबर्ट कोच ने (b) लुईस पाश्चर ने
(c) रॉबर्ट हुक ने (d) ए.वी. ल्यूवेनहॉक ने

100. जीवाणु की कोशिका भित्ति का प्रमुख तत्व होता है
(a) सेलुलोस व काइटिन
(b) सेलुलोस व पैक्टिन
(c) अमीनो अम्ल व पॉलीसैकेराइड
(d) सेलुलोस व कार्बोहाइड्रेट

101. बैक्टीरिया को निम्न में से किस जगत में सम्मिलित किया गया है?
(a) प्रोटिस्टा (b) प्लाण्टी
(c) मोनेरा (d) ऐनीमेलिया

102. सर्पिल रूप से कुण्डलित बैक्टीरिया कहलाता है
(a) स्पाइरिला (b) कोकाई
(c) बेसिलाई (d) विब्रियो

103. कोमाकार जीवाणु कहलाते हैं
(a) स्पाइरिला (b) कोकाई (c) बेसिलाई (d) विब्रियो

104. *ई. कोलाई* का DNA होता है
(a) सिंगल स्ट्रेण्डेड एवं रेखीय (b) सिंगल स्ट्रेण्डेड एवं गोलीय
(c) डबल स्ट्रेण्डेड एवं रेखीय (d) डबल स्ट्रेण्डेड एवं गोलीय

105. टिकोइक अम्ल किसमें पाया जाता है?
(a) ग्राम पॉजिटिव बैक्टीरिया (b) ग्राम निगेटिव बैक्टीरिया
(c) सायनोबैक्टीरिया (d) माइकोप्लाज्मा

106. जीनोफोर होते हैं
(a) प्रोकैरियोट्स में DNA
(b) प्रोकैरियोट्स में DNA तथा RNA
(c) प्रोकैरियोट्स में DNA तथा प्रोटीन
(d) प्रोकैरियोट्स में RNA

107. जीवाणु की कोशिका भित्ति बनी होती है
(a) जटिल मण्ड की (b) काइटीन की
(c) पेप्टाइडोग्लाइकेन की (d) सेलुलोस की

108. ग्राम पॉजिटिव जीवाणु को अभिरंजित करते हैं
(a) क्रिस्टल वॉयलेट से (b) सेफ्रेनीन से
(c) कॉटन ब्लू से (d) $CuCl_2$

109. कुछ सायनोबैक्टीरिया में वर्णकीय झिल्ली प्रवर्ध (Pigment membranous extensions) होते हैं
(a) हेटेरोसिस्ट (Heterocyst)
(b) आधारकाय (Basal body)
(c) न्यूमैटोफोर्स (Pneumatophores)
(d) क्रोमैटोफोर्स (Chromatophores)

110. सायनोबैक्टीरिया को यह भी कहा जाता हैं
(a) प्रोटिस्ट
(b) सुनहरे शैवाल
(c) अवपंक कवक (Slime moulds)
(d) नील-हरित शैवाल

111. निम्न में से कौन-सा वर्णक सायनोबैक्टीरिया में उपस्थित होता है?
(a) पर्णहरिम-c (b) पर्णहरिम-b
(c) पर्णहरिम-a (d) पर्णहरिम-c_1

112. .... नील-हरित शैवाल को सम्मिलित करता है, जिसमें हरे पादपों के समान पर्णहरिम-a होता है।
(a) रसायन-संश्लेषी स्वपोषी जीवाणु
(b) प्रकाश-संश्लेषी स्वपोषी जीवाणु
(c) प्रोटिस्टा
(d) मृतपोषी

113. विशिष्ट कोशिका जिसे हेटेरोसिस्ट कहते हैं, उपस्थित होती है
(a) डायनोफ्लैजिलेट्स में (b) क्राइसोफाइट्स में
(c) आर्किबैक्टीरिया में (d) सायनोबैक्टीरिया में

114. कुछ सायनोबैक्टीरिया पर्यावरणीय नाइट्रोजन को अपनी विशिष्ट कोशिकाओं में स्थिर कर सकते हैं, कहलाते हैं
(a) इकाइनेट्स (b) हेटेरोसिस्ट
(c) अन्तःबीजाणु (d) होमोसिस्ट

115. निम्न में से कौन-सा बैक्टीरिया पोषक तत्व, जैसे—नाइट्रोजन, फॉस्फोरस, आयरन और सल्फर के पुनःचक्रीकरण (Recycling) में महत्त्वपूर्ण कार्य करता है?
(a) रसायन-विषमपोषी जीवाणु
(b) रसायन-संश्लेषी स्वपोषी जीवाणु
(c) परजीवी-जीवाणु
(d) मृतपोषी-जीवाणु

116. सिट्रस केन्कर (Citrus canker) है
(a) विषाणु-जनित रोग (b) जीवाणु-जनित रोग
(c) कवक-जनित रोग (d) प्रोटोजोअन-जनित रोग

117. क्राइसोफाइटा-समूह के अन्दर निम्न में से कौन-से जीवों का समूह आता है?
(a) डायटम्स (b) सुनहरे शैवाल
(c) दोनों (a) तथा (b) (d) डेस्मिड और *पैरामीशियम*

118. पाँच जगत के वर्गीकरण में वह कौन-सा एकल जगत है, जिसमें नील-हरित शैवाल, नाइट्रोजन-स्थिरीकरण जीवाणु व मैथोजेनिक आर्किबैक्टीरिया को रखा गया है?
(a) मोनेरा (b) प्रोटिस्टा
(c) कवक (d) प्लाण्टी

119. व्हिटेकर वर्गीकरण में केन्द्रक रहित एककोशिकीय जीवों/प्रोकैरियोट्स को किसमें सम्मिलित किया गया है?
(a) मोनेरा में (b) प्रोटिस्टा में
(c) प्लाण्टी में (d) ऐनीमेलिया में

120. नील-हरित शैवाल को किस जगत में रखा गया है?
(a) मोनेरा में (b) प्रोटिस्टा में
(c) कवक में (d) प्लाण्टी में

121. सिलिका जैल प्राप्त होती है
(a) लाल शैवाल (b) डायटम्स
(c) *यूग्लीना* (d) माइकोप्लाज्मा

122. निम्न में से कौन-सा लक्षण समूह-क्राइसोफाइटा का विशिष्ट लक्षण है?
(a) ये परजीवी प्रकार के होते हैं, जो प्राणियों में रोग पैदा करता हैं
(b) ये प्रोटीन के आवरण से ढ़के रहते हैं, जिसे पेलिकल कहते हैं
(c) इनमें सिलिका के जमाव के कारण नष्ट नहीं होने वाली भित्ति होती है
(d) इन्हें सामान्यतया डाइनोफ्लैजिलेट कहा जाता है

123. डायटोमियस/डायटमी मृदा सभी के उपयोग में ली जाती है, केवल एक को छोड़कर
(a) तेलों के छानने (b) सिरप को छानने
(c) चमकाने (Polishing) (d) गोबर गैस के उत्पादन

124. क्राइसोफाइट्स हैं
(a) प्लवकीय (Planktons)
(b) तरणशील (Nektons)
(c) नितलीय जीव (Benthic organisms)
(d) सक्रिय जीव (Active organisms)

125. असत्य कथन को चुनिए।
(a) डायटम्स की भित्तियाँ आसानी से नष्ट हो जाती हैं
(b) डायटम्स मृदा डायटम्स की कोशिका भित्तियों द्वारा बनी होती है
(c) डायटम्स समुद्र में मुख्य उत्पादक हैं
(d) डायटम्स सूक्ष्मदर्शीय और जल में निश्चेष्ट रूप से बहने वाले होते हैं

126. निम्न समूहों में से किसमें कोशिका भित्ति पर सेलुलोस की कड़ी पट्टिकाएं होती हैं?
(a) डायटम्स (b) लाल शैवाल
(c) डायनोफ्लैजिलेट्स (d) अवपंक कवक

127. निम्न में से कौन-सा लाल डायनोफ्लैजिलेट है?
(a) *यूग्लीना* (b) डायटम्स
(c) *गोनियोलैक्स* (d) *प्लाज्मोडियम*

128. जीवधारी, जो जगत मोनेरा में सम्मिलित किए गए हैं, होते हैं
(a) संकोशिकीय (b) एककोशिकीय
(c) एककेन्द्रकीय (d) बिना एक निश्चित केन्द्रक के

129. प्रोकैरियोटिक में आनुवंशिक पदार्थ होता है
(a) रैखिक DNA + हिस्टोन्स
(b) वृत्ताकार + हिस्टोन्स
(c) रैखिक DNA + हिस्टोन्स का अभाव
(d) वृत्ताकार DNA + हिस्टोन्स का अभाव

प्रोटिस्टा

130. प्रोटिस्टा में सम्मिलित किए गए हैं
(a) एककोशिकीय प्रोकैरियोट्स (b) एककोशिकीय यूकैरियोट्स
(c) बैक्टीरियोफेज (d) नील-हरित शैवाल

131. प्रोटिस्टा जगत के जीव किसके मध्य की योजक कड़ी हैं?
(a) पादप एवं प्राणी जगत (b) कवक एवं पादप जगत
(c) मोनेरा एवं प्राणी जगत (d) कवक एवं प्राणी जगत

132. किस प्रोटिस्टा में प्रजनन, द्विविभाजन तथा कन्जुगेशन दोनों के द्वारा होता है?
(a) *अमीबा* (b) *पैरामीशियम* (c) *यूग्लीना* (d) *मोनोसिस्टिस*

133. प्रोटिस्ट्स होते हैं
I. एककोशिकीय तथा प्रोकैरियोट
II. एककोशिकीय तथा यूकैरियोट
III. बहुकोशिकीय तथा यूकैरियोट
IV. स्वपोषी तथा विषमपोषी
(a) I, II, III (b) II, III, IV
(c) III, IV (d) II, IV

134. लाल समुद्री ज्वार किसके कारण होता है?
(a) डायटम (b) डायनोफाइसी
(c) लाल शैवाल (d) नील-हरित शैवाल

135. किस वैज्ञानिक ने प्रोटिस्टा शब्द प्रस्तावित किया?
(a) जोसेफ लिस्टर (b) लुईस पाश्चर
(c) रॉबर्ट कोच (d) ई.एच. हेकेल

136. स्लाइम मोल्ड किससे सम्बन्धित है?
(a) कवक (b) प्रोटिस्टा
(c) मोनेरा (d) प्लाण्टी

137. स्लीपर जन्तु है
(a) *पैरामीशियम* (b) *ट्रिपैनोसोमा*
(c) *एण्टअमीबा* (d) *प्रोटोजोआ*

138. *अमीबा* में कौन-सा पोषण होता है?
(a) होलोफाइटिक (b) होलोजोइक
(c) सैप्रोफाइटिक (d) सैप्रोजोइक

139. *अमीबा* की खाद्य-रिक्तिका समरूप है
(a) स्तनियों की स्वेद ग्रन्थियों के
(b) मेंढक की वृक्क नलिकाओं के
(c) *हाइड्रा* की जठरवाहिनी गुहा के
(d) केंचुए के टिफ्लोसोल के

140. निम्न में से कौन-सा प्रोटिस्टा का लक्षण नहीं है?
(a) प्रोटिस्ट प्रोकैरियोटिक होते हैं
(b) कुछ प्रोटिस्ट पर कोशिका भित्ति होती है
(c) पोषण की विधि स्वपोषी व परपोषी दोनों होती है
(d) शारीरिक संगठन कोशिकीय होता है

141. निम्न में से कौन-से जगत की पूर्ण-निर्धारित सीमाएँ नहीं हैं?
(a) प्लाण्टी (b) प्रोटिस्टा
(c) मोनेरा (d) शैवाल

142. *अमीबा* के खोजकर्ता थे
(a) ल्यूवेनहॉक (b) रोसेनहॉफ
(c) लिनियस (d) लुईस पाश्चर

143. *एण्टअमीबा, अमीबा* से भिन्न है
(a) केन्द्रक की अनुपस्थिति के कारण
(b) संकुचनशील रिक्तिका की अनुपस्थिति के कारण
(c) स्यूडोपोडिया की अनुपस्थिति के कारण
(d) एक्टोप्लाज़्म की अनुपस्थिति के कारण

144. *अमीबा* में 'सॉल-जैल' मत को सर्वप्रथम प्रतिपादित करने वाले वैज्ञानिक हैं
(a) हाइमन (b) डिलर
(c) रोसेनहॉफ (d) ल्यूवेनहॉक

145. *पैरामीशियम* के लिए निम्न में से कौन-सा कथन सत्य नहीं है?
(a) प्रतिकूल परिस्थितियों में सिस्ट बनाते हैं
(b) पूरे शरीर पर अधिक संख्या में सीलिया की उपस्थिति
(c) परासरण-नियमन के लिए संकुचनशील रिक्तिका पायी जाती है
(d) शिकार पकड़ने के लिए स्यूडोपोडिया पाए जाते हैं

146. डायटम्स के स्पोर का विशिष्ट लक्षण है
(a) एस्कोस्पोर (b) बैसीडियोस्पोर
(c) ऑक्सोस्पोर (d) जूस्पोर

147. मलेरिया परजीवी को किसने खोजा था?
(a) सर रॉनाल्ड रोस ने (b) चार्ल्स लेवरॉन ने
(c) पेट्रिक मेंसन ने (d) ग्रासी ने

148. निम्न में से कौन-सा प्रोटिस्ट विष (Toxin) जो मछलियों और अन्य समुद्री जीवों को मार सकता है?
(a) *यूग्लीना* (b) *गोनियोलैक्स*
(c) *पैरामीशियम* (d) *प्लाज्मोडियम*

149. अवपंक कवक की स्वतंत्र रहने वाली थैलस काय (Thalloid body) कहलाती है
(a) प्रोटोनीमा (Protonenema) (b) *प्लाज्मोडियम (Plasmodium)*
(c) फलनकाय (Fruiting body) (d) कवकजाल (Mycelium)

150. निम्न में से कौन-सा कथन सत्य है?
(a) अवपंक कवक अगुणित होते हैं
(b) प्रोटोजोअन्स कोशिका भित्ति रहित होते हैं
(c) डायनोफ्लैजिलेट अचल होते हैं
(d) *यूग्लीना* में पेलिकल अनुपस्थित होती हैं

151. *ट्रिपैनोसोमा* कारण है
(a) निद्रालु व्याधि (Sleeping sickness) का
(b) हैजा (Cholera) का
(c) मलेरिया (Malaria) का
(d) भोजन विषाक्तता (Food poisoning) का

152. *पैरामीशियम* निम्न में से किसकी उपस्थिति के कारण एक जलीय और सक्रिय गमन करने वाला जीव है?
(a) कूटपाद (b) अवास्तविक पाद
(c) हजारों पक्ष्माभ (d) कशाभ

153. निम्न में से कौन-सा समूह अपने जीवनकाल में एक संक्रामक बीजाणु-सम अवस्था उत्पन्न करता है?
(a) अमीबीय प्रोटोजोअन्स (b) पक्ष्माभीय प्रोटोजोअन्स
(c) कशाभीय प्रोटोजोअन्स (d) स्पोरोजोअन्स

154. निम्न में से कौन-सा जीव वैज्ञानिक रूप से गलत नामित और गलत वर्णित है?
(a) *प्लाज्मोडियम फैल्सीपेरम*–एक रोगाणु प्रोटोजोअन, जो सबसे गम्भीर प्रकार का मलेरिया करता है
(b) *ट्रिपैनोसोमा गैम्बीएन्स*–निद्रालु व्याधि का परजीवी
(c) डायटम्स–बहुत अच्छा प्रदूषण संकेतक
(d) *नॉक्टील्यूका (Noctiluca)*–एक क्राइसोफाइट, जो जैव उद्दीपन (Bioluminescence) दर्शाते हैं

फंजाई (कवक)

155. एक कवक का शरीर अनेक लम्बे नलिका समान तन्तुओं से बना होता है, जिन्हें कहते हैं
(a) कवकतन्तु (Hyphae)
(b) वोरोनिन काय (Woronin bodies)
(c) माइसीलियम (Mycelium)
(d) सूकाय (Thallus)

156. निम्न में कौन-सा कथन कवक के लिए असत्य है?
(a) ये यूकैरियोटिक होते हैं
(b) इनमें शुद्ध सेलुलोस की बनी कोशिका भित्ति होती है
(c) ये विषमपोषी होते हैं
(d) ये एककोशिकीय और बहुकोशिकीय दोनों होते हैं

157. निम्न में कौन-सा एक कवक तन्तु रहित (Non-hyphal) एककोशिकीय कवक है?
(a) यीस्ट (Yeast) (b) *पक्सीनिया (Puccinia)*
(c) *अस्टिलेगो (Ustilago)* (d) *अल्टरनेरिया (Alternaria)*

158. निम्न में से कौन-सा विकल्प कवकों में संकेन्द्रकी स्थिति दर्शाता है?
(a) एककेन्द्रकी पट (Septum) रहित कवकतन्तु
(b) बहुकेन्द्रकी पट रहित कवकतन्तु
(c) बहुकोशिकीय कवकतन्तु
(d) बहुपक्ष्माभिकीय कवकतन्तु

159. कवक, जो जीवित पोषक (Host) के कोशिकाद्रव्य से सीधे पोषक तत्व अवशोषित करते हैं, कहलाते हैं
(a) मृतजीवी (b) परजीवी (c) सहजीवी (d) माइकोराइजा

160. लाइकेन, किसके बीच में पारस्परिक और सहजीवी सम्बन्ध है?
(a) माइकोबायोण्ट और विषाणु
(b) माइकोबायोण्ट और फाइकोबायोण्ट
(c) माइकोबायोण्ट और उच्च पादपों की मूल
(d) माइकोबायोण्ट और मॉस

161. माइकोराइजा पादप वृद्धि को प्रेरित करता है
(a) मृदा से अकार्बनिक आयनों के अवशोषण द्वारा
(b) वातावरणीय नाइट्रोजन को उपयोग में लेने के लिए पादप की सहायता
(c) पादप को संक्रमण से सुरक्षित रखना
(d) पादप वृद्धि नियामक की तरह कार्य करना

162. कवक निम्न में से किसके अतिरिक्त सभी प्रकार के बीजाणुओं (Spores) द्वारा अलैंगिक जनन दर्शाता है?
(a) कोनिडिया (b) ऊस्पोर
(c) स्पोरैन्जियोस्पोर (d) जूस्पोर

163. कवक में विभिन्न प्रकार के बीजाणु एक विशिष्ट संरचना बनाते हैं, यह कहलाती है
(a) फलनकाय (b) बीजाणु कोष
(c) पेरिस्टोम (d) परागकोष

164. कवक में, दो चल और अचल युग्मकों का जीवद्रव्य संलयन कहलाता है
(a) प्लाज्मोगैमी (जीवद्रव्य संलयन)
(b) प्लाज्मोकाइनेसिस (जीवद्रव्य विभाजन)
(c) कैरियोगैमी (केन्द्रक संलयन)
(d) साइटोकाइनेसिस (कोशिकाद्रव्य विभाजन)

165. निम्न में कौन-सा कवक के लैंगिक चक्र के तीन पदों का सही क्रम है?
(a) समसूत्री विभाजन → केन्द्रक संलयन → अर्द्धसूत्री विभाजन
(b) अर्द्धसूत्री विभाजन → केन्द्रक संलयन → जीवद्रव्य संलयन
(c) केन्द्रक संलयन → अर्द्धसूत्री विभाजन → जीवद्रव्य संलयन
(d) जीवद्रव्य संलयन → केन्द्रक संलयन → अर्द्धसूत्री विभाजन

166. कवकों को चार वर्गों में किस आधार पर विभाजित किया गया है?
(a) कवकजाल की आकारिकी (b) बीजाणुजनन की विधि
(c) फलनकाय (d) ये सभी

167. निम्न में से किस वर्ग में कोएनोसाइटिक (Coenocytic) बहुकेन्द्रकी और अपट्टीय कवकजाल होता है?
(a) बैसीडियोमाइसिटीज (b) एस्कोमाइसिटीज
(c) फाइकोमाइसिटीज (d) ड्यूटेरोमाइसिटीज

168. फाइकोमाइसिटीज में अलैंगिक जनन किसके द्वारा होता है?
(a) जूस्पोर (अलैंगिक चलबीजाणु)
(b) अप्लैनोस्पोर (अलैंगिक अचलबीजाणु)
(c) दोनों (a) तथा (b)
(d) कोनिडिया

169. निम्न में से कौन-सा सरसों पर परजीवी कवक है?
(a) *राइजोपस* (b) *एल्ब्यूगो* (c) *एगैरिकस* (d) *न्यूरोस्पोरा*

170. निम्न में से किसके अतिरिक्त सभी कवक फाइकोमाइसिटीज से सम्बन्धित हैं?
(a) *राइजोपस* (b) *म्यूकर* (c) *एल्ब्यूगो* (d) *एगैरिकस*

171. *राइजोपस* का कवकतन्तु होता है
(a) अशाखित, अपट्टीय और एककेन्द्रकी
(b) शाखित, अपट्टीय और बहुकेन्द्रकी
(c) शाखित पट्टीय और एककेन्द्रकी
(d) अशाखित, पट्टीय और संकेन्द्रकी

172. एस्कोमाइसिटीज सामान्यतया जाने जाते हैं
(a) टॉड स्टूल (Toad stool)
(b) सैक कवक (Sac fungi)
(c) अपूर्ण कवक (Imperfect fungi)
(d) ब्रैकेट कवक (Bracket fungi)

173. निम्न में से कौन-सा कवक जैव-रसायन और आनुवंशिक कार्यों के उपयोग में लिया जाता है?
(a) *न्यूरोस्पोरा* (b) *म्यूकर*
(c) *राइजोपस* (d) *एस्पर्जिलस*

174. खाने योग्य और कोमल एस्कोमाइसिटीज के सदस्यों को पहचानिए
(a) *एगैरिकस* तथा *पक्सीनिया* (b) मोरेल्स तथा ट्रफल्स
(c) पफबॉल तथा *एगैरिकस* (d) पफबॉल तथा मशरूम्स

175. निम्न में से कौन-से बैसीडियोमाइसिटीज वर्ग के सामान्य परजीवी हैं?
(a) *अस्टिलैगो* तथा *पक्सीनिया*
(b) *एगैरिकस* तथा *ट्राइकोडर्मा*
(c) *अल्टरनेरिया* तथा *कोलिटोट्राइकम*
(d) *कोलिटोट्राइकम* तथा *पक्सीनिया*

176. निम्न में से किसके अतिरिक्त सभी कवक बैसीडियोमाइसिटीज से सम्बन्धित हैं?
(a) *एगैरिकस* (b) *अस्टिलैगो*
(c) *पक्सीनिया* (d) *अल्टरनेरिया*

177. ड्यूटेरोमाइसिटीज में कवकजाल होता है
(a) पट्टीय व शाखित (b) पट्टीय व अशाखित
(c) कोएनोसाइटिक (d) बहुकेन्द्रकी

178. ड्यूटेरोमाइसिटीज केवल अलैंगिक बीजाणु द्वारा जनन करते हैं, जो कहलाता है
(a) कोनिडिया (b) अन्त:बीजाणु
(c) अलैंगिक चलबीजाणु (d) हेटेरोसिस्ट

179. निम्न में से कौन-सा युग्म सही है?

(a)	*अल्टरनेरिया*	लैंगिक जनन का अभाव	ड्यूटेरोमाइसिटीज
(b)	*म्यूकर*	संयुग्मन द्वारा जनन	एस्कोमाइसिटीज
(c)	*एगैरिकस*	परजीवी कवक	बैसीडियोमाइसिटीज
(d)	*फाइटोफ्थोरा*	अपट्टीय	बैसीडियोमाइसिटीज

180. *कस्कुटा* (*Cuscuta*) है
(a) परजीवी (b) रोगजनक
(c) मृतोपजीवी (d) स्वपोषी

181. जन्तुओं में संरक्षित खाद्य पदार्थ होता है
(a) ग्लाइकोजन व प्राणी वसा (b) ग्लूकोस
(c) सेलुलोस (d) काइटिन

182. लाइकेन में कवक की उपयोगिता है
(a) भोजन (b) आश्रय
(c) खनिज अवशोषण (d) दोनों (a) तथा (c)

183. माइकोलॉजी के अन्तर्गत अध्ययन करते हैं
(a) कवकों का (b) जीवाणुओं का
(c) विषाणुओं का (d) सूक्ष्मजीवों का

184. भारतीय कवक विज्ञान का जनक किसे कहते हैं?
(a) आर. स्वामीनाथन (b) डी. बेरी
(c) के. सी. मेहता (d) ई. जे. बटलर

185. ड्यूटेरोमाइसिटीज (अपूर्ण कवक) में कमी होती है
(a) बीजाणुओं की (b) लैंगिक प्रजनन की
(c) अलैंगिक प्रजनन की (d) कवक तन्तु की

186. *एगैरिकस* निम्न में से किस वर्ग का सदस्य है?
(a) ऐस्कोमाइसिटीज (b) बैसीडियोमाइसिटीज
(c) फाइकोमाइसिटीज (d) ड्यूटेरोमाइसिटीज

187. *राइजोपस* को सामान्यतया किस नाम से जानते हैं?
(a) काला फफूँद (b) नीला फफूँद
(c) हरा फफूँद (d) क्राउन गाल

188. प्लाज्मोगैमी का अर्थ है
(a) केन्द्रक संलयन के साथ दो अगुणित कवक तन्तुओं का संलयन
(b) केन्द्रक संलयन के बिना दो अगुणित कवक तन्तुओं का संलयन
(c) जीवद्रव्यों का केन्द्रक के साथ संलयन
(d) अगुणित लैंगिक तथा अलैंगिक कोशिका का संलयन

189. यीस्ट है
(a) *म्यूकर* (b) *सैकेरोमाइसीज*
(c) *ऐस्कोमाइसिटीज* (d) *राइजोपस*

190. खाने योग्य कवक है
(a) *एगैरिकस* (b) *म्यूकर*
(c) *राइजोपस* (d) *एस्पर्जिलस*

191. आलू के लेट ब्लाइट का कारण है
(a) *पक्सीनिया* (b) *सिनकाइट्रियम*
(c) *अल्टरनेरिया* (d) *फाइटोफ्थोरा*

192. गेहूँ के काले किट्ट रोग का कारण है
(a) *पक्सीनिया* (b) *अस्टिलैगो*
(c) *राइजोपस* (d) *एल्ब्यूगो*

193. *कॉल्यूमेला* नामक संरचना पायी जाती है
(a) *पक्सीनिया* (b) *राइजोपस*
(c) *एल्ब्यूगो* (d) *पेनिसिलिन*

194. शराब बनाने में प्रयुक्त कवक है
(a) *राइजोपस* (b) *सैकेरोमाइसीज*
(c) *अल्टरनेरिया* (d) *म्यूकर*

195. प्रथम प्रतिजैविक पृथक् किया गया
(a) स्ट्रेप्टोमाइसिन से (b) *न्यूरोस्पोरा* से
(c) पेनिसिलिन से (d) *एस्पर्जिलस* से

196. निम्नलिखित में से किसे लाल फफूँद कहते हैं?
(a) *राइजोपस* (b) *पेनिसिलियम*
(c) *म्यूकर* (d) *न्यूरोस्पोरा*

197. सन् 1943 के बंगाल अकाल का कारण था
(a) *राइजोपस* (b) *हेल्मिन्थोस्पोरियम*
(c) *एल्ब्यूगो कैन्डिडा* (d) *अल्टरनेरिया सोलेनी*

198. मानवों में कवक-जनित रोग है
(a) दाद (b) कुष्ठ
(c) प्लेग (d) तपेदिक

199. सरसों की श्वेत रस्ट रोग का कारण है
(a) *पक्सीनिया* (b) *सिनकाइट्रियम*
(c) *एल्ब्यूगो* (d) *अस्टिलैगो*

200. *सैकेरोमाइकोड्स लुडविगी* किस प्रकार का जीवन चक्र प्रदर्शित करता है?
(a) हैप्लो-डिप्लोबायोण्टिक (b) हैप्लोबायोण्टिक
(c) डिप्लोबायोण्टिक (d) इनमें से कोई नहीं

201. यीस्ट से कौन-सा विटामिन मिलता है?
(a) A (b) B
(c) C (d) D

202. औद्योगिक रूप से सिट्रिक अम्ल किससे बनता है?
(a) नींबू से (b) *एस्पर्जिलस* से
(c) जीवाणु द्वारा (d) यीस्ट से

203. मूँगफली के टिक्का रोग का कारक है
(a) *पक्सीनिया* (b) *अल्टरनेरिया*
(c) *सर्कोस्पोरा* (d) *एरिसिफी*

204. शकरकन्द में सॉफ्ट रॉट रोग का कारक है
(a) *अस्टिलैगो* (b) *म्यूकर*
(c) *कोलेटोट्राइकम* (d) *राइजोपस*

205. गन्ने के लाल रस्ट रोग का कारक है
(a) *कोलियोट्राइकम* (b) *सर्कोस्पोरा*
(c) *अस्टिलैगो* (d) *पाइथियम*

206. कवकों को अभिरंजित करते हैं
(a) कॉटन ब्लू से
(b) एथिल एल्कोहॉल से
(c) सेफ्रेनीन से
(d) आयोडीन विलयन से

207. कवकों द्वारा उत्पादित हॉर्मोन है
(a) ऑक्सिन (b) रैमाइसीन
(c) जिब्रेलिन (d) इन्सुलिन

208. *एल्ब्यूगो* का सम्बन्धित वर्ग है
(a) फाइकोमाइसिटीज (b) ऐस्कोमाइसिटीज
(c) जाइगोमाइसिटीज (d) बैसीडियोमाइसिटीज

209. कवकमूल है
(a) उच्च श्रेणी के पादप मूल व मृदा कवक का साहचर्य
(b) बीजधारी पादप मूल व कवक के मध्य परजीवी सम्बन्ध
(c) बीजधारी पादप मूल व कवक के मध्य मृतजीवी सम्बन्ध
(d) बीजधारी पादप मूल व शैवाल के मध्य सहजीवी सम्बन्ध

विषाणु (वाइरस)

210. इनमें से कौन-सा प्रक्रम यह सिद्ध करता है कि विषाणु सजीव हैं?
(a) इनमें उपापचयी क्रियाएँ होती हैं
(b) इनमें अवायवीय श्वसन होता है
(c) ये पोषक कोशिका में गुणित होते हैं
(d) ये संक्रमण करते हैं

211. तम्बाकू मोजैक विषाणु होता है
(a) गोलाकार (b) दण्डाकार
(c) घनाकार (d) अण्डाकार

212. विषाणुओं का आनुवंशिक पदार्थ होता है
(a) *ds* अथवा *ss*DNA केवल
(b) *ds* अथवा *ss*DNA केवल
(c) DNA अथवा RNA (दोनों *ds* अथवा *ss*)
(d) *ss* DNA अथवा *ss*RNA

213. विषाणु का आवरण कहलाता है
(a) कैप्सिड (b) विरियॉन
(c) न्यूक्लियोप्रोटीन (d) कोर

214. प्लाज्मिड्स किसका अतिरिक्त गुणसूत्रीय आनुवंशिक पदार्थ है?
(a) जीवाणु (b) वाइरस
(c) शैवाल (d) *अमीबा*

215. विषाणु इस नाम से भी जाने जाते हैं
(a) न्यूक्लियोप्रोटीन कण (b) विरियॉन
(c) लाइपोप्रोटीन कण (d) कोर

216. विषाणुओं के उद्भव का सबसे नवीन दृष्टिकोण है
(a) ये प्राथमिक सूप में न्यूक्लिक अम्ल और प्रोटीन से उत्पन्न हुए हैं
(b) ये जीवाणुओं द्वारा कोशिका भित्ति, राइबोसोम, आदि के खो जाने के कारण उत्पन्न हुए हैं
(c) ये कुछ जीवाणुओं से उत्पन्न हुए हैं, जिनमें केवल एक केन्द्रक विकसित हुए हैं
(d) ये रूपान्तरित प्लाज्मिड होते हैं, जो वास्तव में पोषक के न्यूक्लिक अम्ल के टुकड़े होते हैं

217. रैबीज विषाणु का आनुवंशिक पदार्थ होता है
(a) *ds*RNA (b) *ss*RNA
(c) *ds*DNA (d) *ss*DNA

218. विषाणुओं का निर्जीव लक्षण है
(a) केवल पोषक कोशिका में विभाजन करने की क्षमता है
(b) पोषक में रोग उत्पन्न करने की क्षमता
(c) उत्परिवर्तन (Mutation) करने की क्षमता
(d) क्रिस्टल बनाने की क्षमता

219. निम्न में से कौन–से रोगों का समूह विषाणुओं द्वारा होता है?

(a) मम्प्स, स्मॉल पॉक्स, हर्पीज, इन्फ्लूएन्जा

(b) एड्स, डाइबिटीज, हर्पीज, ट्यूबरकुलोसिस

(c) एन्थ्रेक्स, कॉलेरा, टिटैनस, ट्यूबरकुलोसिस

(d) कॉलेरा, टिटेनस, स्मॉल पॉक्स, इन्फ्लूएन्जा

220. जीवाणुभोजी होते हैं

(a) जीवाणु, जो विषाणुओं पर आक्रमण करते हैं

(b) विषाणु, जो जीवाणुओं पर आक्रमण करते हैं

(c) स्वतन्त्रजीवी विषाणु

(d) स्वतन्त्रजीवी जीवाणु

221. एक नया संक्रामक कारक, जो विषाणुओं से छोटा होता है

(a) प्रिऑन (b) वाइरॉइड (c) जीवाणु (d) माइकोप्लाज्मा

222. असत्य कथन चुनिए।

(a) वाइरॉइड्स की खोज डी.जे. इवानोवस्की द्वारा की गई थी

(b) डब्ल्यू. एम. स्टैनले ने दिखाया था कि विषाणुओं को क्रिस्टल में बदला जा सकता है

(c) *'Contagium vivum fluidum'* शब्द एम. डब्ल्यू बीजेरिन्क द्वारा दिया गया

(d) तम्बाकू में मोजैक रोग और मानव में AIDS रोग विषाणु द्वारा होता है

223. वाइरॉइड्स होते हैं

(a) *ds*DNA प्रोटीन आवरण से आच्छादित

(b) *ss*DNA प्रोटीन आवरण से आच्छादित

(c) *ss*RNA प्रोटीन आवरण से आच्छादित

(d) *ds*RNA प्रोटीन आवरण से आच्छादित

उत्तरमाला

1.	(b)	2.	(d)	3.	(c)	4.	(a)	5.	(c)	6.	(a)	7.	(a)	8.	(c)	9.	(c)	10.	(c)
11.	(b)	12.	(a)	13.	(c)	14.	(d)	15.	(b)	16.	(a)	17.	(a)	18.	(c)	19.	(a)	20.	(d)
21.	(a)	22.	(b)	23.	(a)	24.	(c)	25.	(c)	26.	(d)	27.	(d)	28.	(b)	29.	(b)	30.	(d)
31.	(d)	32.	(c)	33.	(c)	34.	(c)	35.	(a)	36	(c)	37.	(d)	38.	(b)	39.	(c)	40.	(a)
41.	(a)	42.	(d)	43.	(b)	44.	(a)	45.	(c)	46.	(a)	47.	(c)	48.	(c)	49.	(a)	50.	(d)
51.	(b)	52.	(b)	53.	(d)	54.	(c)	55.	(d)	56.	(a)	57.	(d)	58.	(a)	59.	(c)	60.	(c)
61.	(a)	62.	(c)	63.	(a)	64.	(b)	65.	(c)	66.	(b)	67.	(d)	68.	(d)	69.	(a)	70.	(c)
71.	(b)	72.	(a)	73.	(c)	74.	(c)	75.	(c)	76.	(c)	77.	(d)	78.	(a)	79.	(b)	80.	(d)
81.	(a)	82.	(a)	83.	(a)	84.	(b)	85.	(d)	86.	(b)	87.	(b)	88.	(c)	89.	(c)	90.	(a)
91.	(b)	92.	(a)	93.	(a)	94.	(c)	95.	(d)	96.	(c)	97.	(a)	98.	(b)	99.	(d)	100.	(c)
101.	(c)	102.	(a)	103.	(d)	104.	(d)	105.	(a)	106.	(b)	107.	(c)	108.	(a)	109.	(d)	110.	(d)
111.	(c)	112.	(b)	113.	(d)	114.	(b)	115.	(b)	116.	(b)	117.	(c)	118.	(a)	119.	(b)	120.	(a)
121.	(b)	122.	(c)	123.	(d)	124.	(a)	125.	(a)	126.	(c)	127.	(c)	128.	(d)	129.	(d)	130.	(b)
131.	(c)	132.	(b)	133.	(d)	134.	(b)	135.	(d)	136.	(b)	137.	(a)	138.	(b)	139.	(c)	140.	(d)
141.	(b)	142.	(b)	143.	(b)	144.	(a)	145.	(d)	146.	(c)	147.	(b)	148.	(b)	149.	(b)	150.	(b)
151.	(a)	152.	(c)	153.	(d)	154.	(c)	155.	(a)	156.	(b)	157.	(a)	158.	(b)	159.	(b)	160.	(b)
161.	(a)	162.	(b)	163.	(a)	164.	(a)	165.	(d)	166.	(d)	167.	(c)	168.	(c)	169.	(b)	170.	(d)
171.	(b)	172.	(b)	173.	(a)	174.	(b)	175.	(a)	176.	(d)	177.	(a)	178.	(a)	179.	(a)	180.	(a)
181.	(a)	182.	(d)	183.	(a)	184.	(d)	185.	(b)	186.	(b)	187.	(a)	188.	(b)	189.	(b)	190.	(a)
191.	(d)	192.	(a)	193.	(b)	194.	(b)	195.	(c)	196.	(d)	197.	(b)	198.	(a)	199.	(c)	200.	(c)
201.	(b)	202.	(b)	203.	(c)	204.	(d)	205.	(a)	206.	(a)	207.	(c)	208.	(a)	209.	(a)	210.	(c)
211.	(b)	212.	(c)	213.	(a)	214.	(b)	215.	(a)	216.	(d)	217.	(b)	218.	(d)	219.	(a)	220.	(b)
221.	(b)	222.	(a)	223.	(c)														

उत्तर व्याख्या सहित

2. (*d*) जाति किसी भी वर्गीकरण की सूक्ष्मतम तथा प्राथमिक इकाई है। जाति की पहचान के बाद ही वर्गिकी में जीव का स्थान ज्ञात करते हैं।

3. (*c*) द्विनाम पद्धति कैरोलस लिनियस ने दी, जिसके अनुसार प्रत्येक जीव का नाम दो पदों में लिखा जाता है, जो क्रमशः वंश तथा जाति हैं।

4. (*a*) होलोटाइप उस किसी भी सजीव प्रारूप को कहा जा सकता है, जिसमें लेखक या वैज्ञानिक ने जाति की पहचान करके नामकरण वाले विवरण के साथ सुरक्षित रखा हो।

6. (*a*) कैरियोटैक्सोनॉमी वर्गिकी की नवीनतम शाखा है जिसके अन्तर्गत सजीवों के गुणसूत्रीय अनुक्रमों की जाँच करके इनका निश्चित वर्ग या समूह ज्ञात किया जाता है।

9. (*c*) वर्गीकरण का सही क्रम है

जगत → प्रभाग → वर्ग → गण → कुल → वंश → जाति

11. (*b*) सभी सजीव विभिन्नताओं के साथ समान आनुवंशिक पदार्थ अर्थात् DNA को साझा करते हैं।

15. (*b*) कैरोलस लिनियस ने द्विनाम पद्धति अवधारणा को प्रस्तुत किया तथा अनेकों सजीवों का नामकरण अपनी पुस्तक *'जेनेरा प्लाण्टेरम'* में किया, इसलिए इन्हें वर्गिकी का पिता कहते हैं।

16. (*a*) जीवों को पहचानकर उन्हें उनके सम्बन्धित समूहों में रखना तथा इन समूहों को व्यवस्था पूर्व संगठित करना, जिससे निकटवर्ती समूहों में सम्बन्ध स्थापित हो, वर्गीकरण कहलाता है। वर्गीकरण विज्ञान शब्द की उत्पत्ति ग्रीक शब्द 'सिस्टेमा' से हुई है जिसका अर्थ समूह का व्यवस्थित तन्त्र है। इसके द्वारा जैव-विविधता तथा जैव-विकासीय विविधताओं के बारे में ज्ञात होता है।

19. (*a*) शरीर भार (Body mass) में वृद्धि सभी सजीव एवं निर्जीव जीवों का एक सामान्य लक्षण है, जो वृद्धि (Growth) को व्यक्त करते हैं। निर्जीव वस्तुओं में भी वृद्धि होती है, यदि हम भार में वृद्धि का मापदण्ड मानते हैं, जैसे कि पहाड़ और शिलाखण्ड भी अपनी सतह पर पदार्थों के जमाव के कारण वृद्धि करते हैं।

20. (*d*) एककोशिकीय (Unicellular) जीवों में भी वृद्धि कोशिका विभाजन से होती है। इसे *'अन्तः पात्रे* संवर्धन' (*In vitro* culture) में सूक्ष्मदर्शी के नीचे कोशिकाओं की संख्या गिनकर देखा जा सकता है।

21. (*a*) अधिकांश उच्च जीवों (पादपों और जन्तुओं) में जनन और वृद्धि परस्पर विशिष्ट घटनाएँ हैं, जैसे कि सजीव का आकार में बढ़ना जनन की गति को प्रभावित नहीं करता है।

22. (*b*) खण्डन (Fragmentation) द्वारा जनन सबसे अच्छा मॉस के प्रोटोनीमा (Protonema), तन्तुमय शैवाल (Filamentous algae) और कवक (Fungi) में दिखाई देता है।

23. (*a*) एककोशिकीय जीवों; जैसे-जीवाणु, एककोशिकीय शैवाल और *अमीबा* में जनन कोशिकाओं की संख्या में वृद्धि से होता है, जोकि वृद्धि का पर्याय है।

24. (c) जनन व्यक्तिगत उत्तरजीविता बनाए रखने के लिए आवश्यक नहीं है यद्यपि, यह समष्टि की उत्तरजीविता हेतु आवश्यक और आपेक्षिक है, क्योंकि इससे जीवन की हानि की क्षतिपूर्ति होती है।

25. (c) उपापचय शरीर में होने वाली सभी उपापचयी क्रियाओं का कुल योग है; जैसे-उपचय और अपचय। उपचय एक रचनात्मक प्रक्रिया है, जबकि अपचय (Catabolism) एक विनाशकारी प्रक्रिया है।

26. (*d*) उपापचयी क्रियाएँ सजीवों में होती हैं और शरीर के बाहर कोशिका मुक्त तन्त्र में प्रदर्शित की जा सकती हैं, जैसे-*अन्तः पात्रे* (*In vitro*) में पृथक् उपापचयी क्रियाएँ होती हैं।

27. (*d*) निर्माण प्रक्रिया या संश्लेषी प्रक्रिया जिसे उपचय कहते हैं, की विध्वंसात्मक प्रक्रिया जिसे अपचय कहते हैं, से अधिक होने पर वृद्धि होती है। वृद्धि शरीर का विकास और प्रक्रम सम्पन्न करती है।

28. (*b*) सजीवों का संगठन परमाणु स्तर से शुरू होता है। उप-सूक्ष्मदर्शिक (Sub-microscopic) स्तर से कोशिका तक (सूक्ष्मदर्शिक स्तर), फिर ये ऊतक और अंग के साथ दिखायी देते हैं और अन्त में वैचारिक स्तर (Conceptual level) तक पहुँचते हैं।

परमाणु → अणु → जैव-अणु → कोशिका → ऊतक → अंग → अंग तन्त्र → जीव → समष्टि

29. (*b*) संगठन स्तर उप-सूक्ष्मदर्शिक (Sub-microscopic) स्तर से शुरू होकर जनसंख्या स्तर तक जाता है। परमाणु → आण्विक → कोशिकीय → ऊतक → अंग → अंगतन्त्र → व्यक्तिगत (Individual)

30. (*d*) सभी सजीवों के पास अपने आस-पास के वातावरण को महसूस करने की और विभिन्न उद्दीपनों के प्रति अनुक्रिया प्रदर्शित करने की क्षमता होती है। इसलिए सभी जीव अपने आस-पास के वातावरण से अवगत रहते हैं, किन्तु मानव ही केवल एक मात्र ऐसा प्राणी है, जो स्वयं से अवगत या स्वःचेतन (Self-aware) होता है।

31. (*d*) वनस्पति विज्ञान वर्गीकरण पौधों की पहचान, नामकरण और वर्गीकरण से सम्बन्धित है। यह वर्गीकरण पद्धति (Systematics) की एक शाखा है।

35. (a) जातिवृत्तीय वर्गीकरण में पौधों को उनके विकास तथा उद्भव को ध्यान में रखकर वर्गीकृत किया जाता है अर्थात् विकास आनुवंशिक लक्षणों तथा जनन गुणों के आधार पर समूह तथा उपसमूह बनाए जाते हैं; जैसे- एंग्लर एवं प्राण्टल, हचिन्सन, टिप्पो का वर्गीकरण।

37. (*d*) वर्गक (Taxon) वर्गिकी पदानुक्रम के किसी पद को दर्शाता है; जैसे- जीवों के समूह का कोई स्तर, जो सुस्पष्ट लक्षणों पर आधारित है।

39. (c) एक प्राकृतिक वर्गक का अभिप्राय आनुवंशिक सामान्यतया समान समूह से है, जोकि दूसरे समूह से कुछ लक्षणों में भिन्न हो। एक वंश, जिसमें एक ही जाति के मोनोटाइपिक या एकलरूपी वंश कहलाता है।

40. (*a*) जाति, संघ और वर्ग सभी वर्गिकी के संवर्ग/सोपान हैं, जबकि ऐस्टेरेसी/फैबेसी कुल के नाम हैं।

42. (*d*) वर्गिकी संवर्ग में विभिन्न समूह स्तर जैसे- जगत (सबसे बड़ा पद) और जाति (सबसे छोटा संवर्ग) होते हैं। इसलिए यहाँ प्रभाग और संघ दोनों संवर्ग हैं।

43. (*b*) मेयर के जैविक, जाति धारणा के अनुसार, अन्तः प्रजनन करने वाली समष्टियों का समूह जाति होता है और नई जाति का उद्भव वर्तमान में उपस्थित जाति से होता है।

44. (a) वर्गिकी पदानुक्रम तन्त्र जीव वैज्ञानिकों के समूह द्वारा वर्गिकी वर्गीकरण में उपयोग में आता है, क्योंकि प्रत्येक उच्च वर्गिकी संवर्ग के नीचे अनेक समूह होते हैं, जोकि जन्तुओं और पादपों के सूचीपत्र (Catalogue) में विवरण की मात्रा को घटा देते हैं।

45. (c) सभी वर्गिकी संवर्गों (Taxonomic categories) पर सभी जीवों का जीवद्रव्य संगठन समान होता है। पोषण की विधि पंच जगतीय वर्गीकरण का विशेष गुण है।

46. (a) वर्गिकी संवर्ग में कुल, गण और जाति के मध्य आता है। कुल में विभिन्न वंश समायोजित होते हैं; जैसे- कुत्ता, गीदड़ एवं भेड़िया समान वंश-*केनिस* (*Cannis*) से सम्बन्धित हैं, लेकिन जाति भिन्न है यद्यपि ये एक ही वर्ग एवं गण से सम्बन्धित हैं।

47. (c) दिए गए चार संवर्गों में से, वर्ग सबसे बड़ा संवर्ग है। इसलिए, यह शेष तीन संवर्गों गण, कुल और वंश को वर्गीकृत कर सकता है

जगत → संघ प्रभाग → वर्ग → गण → कुल → वंश → जाति।

48. (c) वर्गिकी अध्ययन का मुख्य स्रोत वास्तविक नमूने की एकत्रीकरण एवं पहचान करना है। जीवों के नामकरण की वर्तमान वैज्ञानिक पद्धति तभी पूर्ण हो सकती है, जब वास्तविक नमूने को एकत्र किया जाए और पहचाना जाए।

53. (*d*) जैविक नाम या वैज्ञानिक नाम सामान्यतया इटेलिक्स शैली (तिरछे अक्षर) में छापे जाते हैं। ये ग्रीक अथवा लैटिन शब्द होते हैं। पहला शब्द वंश को बताता है और बड़े अक्षर (Capital letter) से शुरू होता है जबकि दूसरा शब्द जाति को बताता है और छोटे अक्षर (Small letter) से शुरू होता है।

55. (*d*) द्विनाम पद्धति में दो शब्द होते हैं, एक जातीय नाम और एक वंश का नाम। प्रथम शब्द वंश को निरूपित करता है और बड़े अक्षर से शुरू होता है, जबकि दूसरा शब्द जाति को निरूपित करता है और छोटे अक्षर से शुरू होता है।

56. (a) एक जाति वास्तविक या सक्षम अन्तःप्रजनन करने वाले समष्टि का समूह होती है, जो जननिक रूप से अन्य समूह से पृथक् रहती है, जो अन्य ऐसे समूह के साथ प्रजनन नहीं कर सकती है।

57. (d) दो समान होलोटाइप या होलोटाइप के प्रतिरूपी नमूने को आइसोटाइप कहते हैं।

59. (c) पादपों में कुल का नाम - ऐसी (–aceae) प्रत्यय पर खत्म होता है। उदाहरण–सोलेनेसी, केनेसी और पोएसी।

60. (c) प्रभाग (Division) कुछ समान लक्षणों वाले जीवों के समूह या वर्गों को सम्मिलित करता है। यह जन्तुओं के 'संघ' (Phylum) के समतुल्य है।

66. (b) कोलकाता के सिबपुर (हावड़ा) में स्थित भारतीय वनस्पति उद्यान एशिया का सबसे बड़ा वनस्पति उद्यान है, जो 273 एकड़ भूमि में फैला है।

68. (d) विश्व का सबसे बड़ा चिड़ियाघर क्रुगर, दक्षिण अफ्रीका में स्थित है।

70. (c) वर्गिकी कुँजी (Taxonomic keys) वह साधन है, जो जीवों को बाह्य लक्षणों के आधार पर पहचानने में सहायक हैं, जिनमें मोनोग्राफ और फ्लोरा दोनों सम्मिलित हैं।

71. (b) भारत में सबसे विशाल हरबेरियम केन्द्रीय राष्ट्रीय हरबेरियम (भारतीय वानस्पतिक उद्यान) सिबपुर, कोलकाता (प.बंगाल) में स्थित है।

72. (a) हरबेरियम पर कवक आक्रमण से बचाने के लिए 0.1% मरक्यूरिक क्लोराइड का घोल काम में लिया जाता है।

73. (स) वानस्पतिक उद्यान का सबसे महत्त्वपूर्ण कार्य पादपों का *बहिःस्थाने* (*Ex situ*) संरक्षण करना है। ये उद्यान प्रकृति के प्रति संवेदनशील लोगों के मध्य मनोरंजन स्थल की तरह कार्य करता है।

75. (c) वानस्पतिक उद्यान और चिड़ियाघर कम हो रही आबादी को पुनः स्थापित करते हैं एवं प्रजातियों को फिर से उपयोग में लाते हैं अर्थात् विदेशज (Exotic) और स्थानीय (Endemic) जीवित प्रजातियों के नष्ट हुए आवासों को पुनः स्थापित करते हैं। शेष सभी विकल्प असत्य हैं।

76. (स) विश्व का सबसे बड़ा हरबेरियम रॉयल बॉटेनिकल गार्डन, क्यू (लन्दन) है, जिसमें 6,00,0000 से अधिक नमूने हैं।

77. (d) नीलगिरि जैवमण्डल आरक्षित क्षेत्र (तमिलनाडु) भारत का पहला जैवमण्डल आरक्षित क्षेत्र है। नीलगिरि को सन् 1986 में जैवमण्डल आरक्षित क्षेत्र घोषित किया था।

78. (a) फ्लोरा एक पुस्तक है, जिसमें पादपों के आवास, जलवायु, विवरण, इत्यादि की सूचना होती है। यह पादपों की सही पहचान में सहायता प्रदान करती है।

79. (b) नियम-पुस्तिका (Manual) एक पुस्तक है, जो विशिष्ट क्षेत्र में जाति की उपस्थिति एवं संग्रहण विधि की जानकारी रखती है।

80. (d) वर्गिकी सहायता साधन मोनोग्राफ, वर्गिकी संवर्ग की एक विशेष पद की सम्पूर्ण जानकारी देता है।

81. (a) वृक्ष, झाड़ियाँ और शाक/अरस्तू ने जन्तुओं को दो भागों में बाँटा, जिनमें लाल रुधिर होता है और जिनमें नहीं होता।

82. (a) पहले विश्व के सभी जीवों को दो भागों में विभाजित किया गया था अर्थात् पादप जगत और जन्तु जगत। वर्गीकरण की यह पद्धति कैरोलस लिनियस द्वारा *'सिस्टेमा नेचुरी'* (1735) पुस्तक में दी गई।

83. (a) वर्गीकरण की पाँच जगत पद्धति व्हिटेकर द्वारा प्रतिपादित की गई। इन पाँच जगतों में, चार जगत अर्थात् प्रोटिस्ट्स, फंजाई, प्लाण्टी और ऐनिमैलिया में यूकैरियोट्स आते हैं।

84. (b) फिम्ब्री (Fimbriae) और पिलाई (Pili) महीन बाल के समान उपांग हैं जीवाणुओं द्वारा गमन के बजाय/बदले में चिपकने के लिए काम में लिए जाते हैं। ये पिलिन (Pilin) प्रोटीन द्वारा बनते हैं।

85. (d) मोनेरा एक जगत है, जिसमें प्रोकैरियोटिक कोशिका संगठन वाले एककोशिकीय जीव सम्मिलित होते हैं अर्थात् जो केन्द्रक झिल्ली और अन्य झिल्ली से आवरित कोशिकांग से रहित होते हैं।

86. (b) सभी आर्किबैक्टीरिया कुछ विशिष्ट लक्षण साझा करते हैं; जैसे

(i) इनकी कोशिका भित्ति पेप्टाइडोग्लाइकेन (यूबैक्टीरिया की कोशिका भित्ति का मुख्य तत्व) रहित होती है।

(ii) आर्किबैक्टीरिया में विशिष्ट rRNA क्रम होता है।

(iii) आर्किबैक्टीरिया के कुछ जीनों में अन्य जीवाणु के असमान इण्टरॉन्स (Introns) होते हैं।

87. (b) यूबैक्टीरिया वास्तविक जीवाणु हैं, जो यूबैक्टीरिया समूह के सभी वास्तविक लक्षण दर्शाते हैं।

88. (c) आर्किबैक्टीरिया जीवाणुओं का प्रकालीन समूह है। आर्किबैक्टीरिया के तीन मुख्य समूह मीथेनोजन (O_2 की अनुपस्थित में रह सकते हैं), हैलोफिल्स (उच्च ताप पर रह सकते हैं) और थर्मोएसिडोफिल्स (उच्च ताप और निम्न pH पर रह सकते हैं) हैं।

89. (c) *थर्मोकोकस*, *मीथेनोकोकस* और *मीथेनोबैक्टीरिया* यूकैरियोट; जैसे–नकारात्मक रूप से कुण्डलित DNA आर्किबैक्टीरिया है, लेकिन ये हिस्टोन प्रोटीन रहित होते हैं।

90. (a) आर. एच. व्हिटेकर ने पाँच जगत अवधारणा दी हैं, जिसके अनुसार मोनेरा, प्रोटिस्टा, कवक, पादप तथा जन्तु जगत में सजीवों को बाँटा गया है।

94. (c) शैवालों में पर्णहरित उपस्थित होता है। अतः यह प्रकाश-संश्लेषण द्वारा स्वयं का भोजन बनाते हैं। अतः यह स्वपोषी या होलोफाइटिक पोषी होते हैं।

95. (d) *यूग्लीना* प्रोटिस्टा संघ का सदस्य है। यह प्रकाश की उपस्थिति में स्वपोषी तथा अनुपस्थिति में परभक्षी होता है। अतः यह पादप तथा जन्तु दोनों के गुण प्रदर्शित करता है।

96. (c) आर.एच.व्हिटेकर ने पाँच जगत अवधारणा के अन्तर्गत सभी प्रोकैरियोटिक जीवों को मोनेरा जगत में रखा। अतः शेष 4 जगत में सभी यूकैरियोटिक जीव पाए जाते हैं।

98. (b) जीवाणुओं की बाह्य कोशिका भित्ति की संरचना के आधार पर ही इन्हें ग्राम पॉजिटिव तथा ग्राम नेगेटिव श्रेणी में बाँटा जाता है।

100. (c) जीवाणुओं की कोशिका भित्ति पेप्टाइडोग्लाइकेन नामक पदार्थ की बना होती है जो अमीनो अम्ल तथा पॉलीसैकेराइड से बना बहुलक है।

103. (d) जीवाणुओं को उनके आकार के आधार पर चार वर्गों में बाँटा गया है

(i) स्पाइरिला (सर्पिलाकार) (ii) कोकाई (गोलाकार)

(iii) बेसिलाई (दण्डाकार या छड़ाकार) (iv) विब्रियो (कोमाकार)

104. (d) *ई. कोलाई* में द्विरज्जुक हिस्टोन प्रोटीनरहित वर्तुल DNA पाया जाता है।

108. (a) ग्राम रंजन की खोज हैन्स क्रिश्चियन ग्राम (1884) ने की थी। यह एक विशिष्ट तकनीक है, जिसके द्वारा जीवाणुओं को ग्राम पॉजिटिव तथा ग्राम निगेटिव समूहों में बाँटा जाता है।

क्रिस्टल वॉयलेट अभिरंजक द्वारा बैंगनी रंग से अभिरंजित जीवाणु ग्राम पॉजिटिव जीवाणु कहलाते हैं।

109. *(d)* सायनोबैक्टीरिया में प्रकाश-संश्लेषी वर्णक, कोशिका झिल्ली के वलय क्रोमेटोफोर्स (Chromatophores) में होते हैं, जहाँ प्रकाश-संश्लेषण घटित होता है। हेटेरोसिस्ट विशिष्ट नाइट्रोजन-स्थिरीकरण करने वाली कोशिका है, जो कुछ तन्तुमय सायनोबैक्टीरिया जैसे *नॉस्टॉक* द्वारा बनाई जाती है। आधारकाय कोशिकांग एक तारक काय और एक सूक्ष्मनलिकीय पुंज से बना होता है। न्यूमैटोफोर पार्श्व मूल हैं, जो ऊपर की तरफ कुछ दूरी तक वृद्धि करती है और छुपे हुए मूल के लिए ऑक्सीजन अन्तर्ग्रहण करने के स्थान के रूप में कार्य करती है।

110. *(d)* सायनोबैक्टीरिया, जो नील-हरित शैवाल के रूप में भी जाने जाते हैं, सबसे आदिम प्रोकैरियोटिक जीव हैं। ये पृथ्वी पर सभी पर्णहरिम धारण करने वाले जीवों में सबसे प्राचीन हैं।

111. *(c)* सायनोबैक्टीरिया ग्राम धनात्मक (+ve) प्रकाश- संश्लेषी प्रोकैरियोट हैं, जो ऑक्सीजनीकृत प्रकाश-संश्लेषण करते हैं। पर्णहरिम-*a*, कैरोटिनॉइड और फाइकोबिलिन प्रकाश-संश्लेषी वर्णकों में सम्मिलित होते हैं।

112. *(b)* नील-हरित शैवाल प्रकाश-संश्लेषी स्वपोषी जीवाणुओं के अन्तर्गत आते हैं, जिनमें हरे पादपों के समान पर्णहरिम-*a* होता है।

113. *(d)* हेटेरोसिस्ट विशाल आकार की फीकी-रंगीन, कठोर भित्तिय कोशिका हैं, जो तन्तुमय सायनोबैक्टीरिया, उदाहरण- *नॉस्टॉक* में सीमावर्ती, मध्यस्थ और पार्श्वीय स्थानों पर होती है।

114. *(b)* कुछ सायनोबैक्टीरिया वातावरणीय नाइट्रोजन को अपनी विशिष्ट कोशिका के अन्दर संचित रखते हैं, हेटेरोसिस्ट कहलाती है। उदाहरण *नॉस्टॉक* और *एनाबीना*।

115. *(b)* रसायन-संश्लेषी स्वपोषी जीवाणु अनेक अकार्बनिक पदार्थ; जैसे–नाइट्रेट, नाइट्राइट और अमोनिया का ऑक्सीकरण करते हैं और इससे उत्पन्न ऊर्जा को ATP उत्पन्न करने में उपयोग में लेते हैं। ये पोषक पदार्थ; जैसे–नाइट्रोजन, फॉस्फोरस, आयरन और सल्फर के चक्रण में महत्त्वपूर्ण भूमिका निभाते हैं।

116. *(b)* सिट्रस केन्कर (Citrus canker) एक रोग है, जो सिट्रस (नींबू कुल) पादपों को प्रभावित करता है। यह *जैन्थोमोनास सिट्री* (*Xanthomonas citri*) बैक्टीरिया द्वारा होता है।

117. (c) क्राइसोफाइट में डायटम्स और डेस्मिड (सुनहरे शैवाल) सम्मिलित होते हैं। ये क्राइसोफाइटा/बेसिलैरियोफाइटा-भाग से सम्बन्धित हैं।

120. *(a)* सायनोबैक्टीरिया या नील-हरित जीवाणु प्रोकैरियोटिक होने के कारण मोनेरा जगत के सदस्य हैं।

121. *(b)* डायटम्स की सिलिका की बनी कोशिका भित्ति अनष्टकारी (आसानी से विघटित न होने वाली) होती है। ये अरबों साल तक समुद्र के तल पर एकत्रित होती गई, इस अवशेष को डायटमी मृदा या सिलिका जैल कहत हैं।

122. *(c)* क्राइसोफाइट में, कोशिका भित्ति साबुनदानी की तरह इसी के अनुरूप दो अतिछादित कवच बनाती है। इनकी भित्तियों में सिलिका होती हैं, इस कारण ये नष्ट नहीं होती हैं।

123. *(d)* डायटोमाइट या डायटमी मृदा धातुओं को पॉलिश, तेलों तथा सिरप के निस्यन्दन में उपयोग में लिए जाते हैं।

124. *(a)* क्राइसोफाइट्स सूक्ष्मजीवी होते हैं और जल धारा में निश्चेष्ट रूप से बहते हैं। क्राइसोफाइट (डायटम्स और डेस्मिड) जलीय पारिस्थितिक तन्त्र में पादप प्लवक के रूप में मुख्य उत्पादक (प्रथम ट्रॉपित स्तर) का कार्य करते हैं। ये जलीय जन्तुओं का मुख्य भोजन हैं।

125. *(a)* डायटम्स एककोशिकीय पादप सम प्रोटिस्ट है, जो जटिलता पूर्वक सिलिका (SiO_2) से बनी कोशिका भित्ति बनाते हैं। इसलिए भित्ति नष्ट नहीं हो सकती है। इस कारण से केवल (a) विकल्प असत्य है तथा शेष सभी सही हैं।

126. *(c)* डायनोफ्लैजिलेट्स में कोशिका सामान्यतया कठोर आवरण से आवरित होती है। सेलुलोस से बनी जुड़ी हुई और शिल्पी प्लेट थीका और लोरिका होती है। शिल्पी प्लेट की उपस्थिति के कारण ये प्रोटिस्ट कवची डायनोफ्लैजिलेट के रूप में भी जाने जाते हैं।

127. *(c)* कुछ डायनोफ्लैजिलेट; जैसे–*जिम्नोडियम* और *गोनियोलैक्स* समुद्र में अत्यधिक मात्रा में वृद्धि करते हैं और जल को लाल कर देते हैं, और लाल तरंगे पैदा करते हैं।

131. *(c)* प्रोटिस्टा जगत के जीव एककोशिकीय होने के कारण मोनेरा तथा सुकेन्द्रकीय तथा विषमपोषी होने के कारण जन्तु जगत से समानता दर्शाते हैं। अतः यह इन दोनों जगतों के मध्य की योजक कड़ी है।

134. *(b)* समुद्र में लाल ज्वार डायनोफ्लैजिलेट (प्रोटिस्टा जगत) के सदस्यों; जैसे- जिम्नोडाइनियम तथा गोनियालेक्स के समुद्री सतह पर फैल जाने के कारण उत्पन्न होता है। यह अपने लाल रंग के कारण समुद्र को लाल कर देते हैं।

136. *(b)* स्लाइम मोल्ड में जन्तुओं तथा कवक दोनों के लक्षण पाए जाते हैं। इस विशिष्टता के कारण सामान्य रूप से ये फंगस जन्तु कहलाते हैं। आधुनिक जीव वैज्ञानिकों द्वारा स्लाइम मोल्ड को प्रोटिस्टा जगत में रखा गया है तथा इन्हें प्रोटिस्टन कवक कहते हैं। यह पर्णहरिमरहित मृतपोषी हैं।

137. *(a)* *पैरामीशियम* का आकार चप्पल के जैसा होता है। इसी कारण इसे स्लीपर जन्तु कहते हैं।

140. *(d)* जगत-प्रोटिस्टा में सभी एककोशिकीय यूकैरियोटिक जीव; जैसे-डायटम्स, डाइनोफ्लैजिलेट, अपवंक कवक, सार्कोडाइन, आदि आते हैं।

141. *(b)* यद्यपि सभी एककोशिकीय यूकैरियोट को जगत-प्रोटिस्टा में स्थापित किया गया है, फिर भी इसकी सीमाए सुस्पष्ट नहीं हैं।

144. *(a)* *अमीबा* के प्रचलन को अमीबॉइड गति के नाम से जाना जाता है। इसके लिए सॉल जैल सिद्धान्त सर्वप्रथम हाइमन द्वारा दिया गया। इस सिद्धान्त के अनुसार अमीबॉइड गति जीवद्रव्य की श्यानता में परिवर्तन के कारण है।

147. *(b)* मलेरिया के कारक प्रोटोजोआ, *प्लाज्मोडियम वाइवैक्स* की खोज चार्ल्स लेवरॉन ने की।

148. *(b)* कुछ डायनोफ्लैजिलेट (उदाहरण–*गोनियोलैक्स केटीनिला*) कशेरुकियों के लिए जहरीले होते हैं। जब ये अत्यधिक मात्रा में होते हैं, ये महासागर के जल में सैक्सीटॉक्सिन (Saxitoxin) नामक विष उत्पन्न करते हैं, जो मछलियों और अन्य समुद्री जन्तुओं को मार देता है।

149. *(b)* अकोशिकीय अवपंक कवक की एक स्वतन्त्रजीवी थैलस काय *प्लाज्मोडियम* कहलाती है, *प्लाज्मोडियम* भित्ति-रहित बहुकोशिकीय जीवद्रव्य का ढेर हैं, जो स्लाइम (चिपचिपे पदार्थ) द्वारा आवरित रहता है।

150. *(b)* प्रोटोजोअन्स कोशिका भित्ति रहित होते हैं। कोशिका भित्ति पादपों का विशिष्ट लक्षण है। अवपंक कवक द्विगुणित होते हैं, उदाहरण- *फाइजेरम*। डायनोफ्लैजिलेट गमनीय होते हैं उदाहरण- *नॉक्टिल्यूका*, *पेरीडीनियम*, आदि। *यूग्लीना* का शरीर पेलिकिल से आवरित रहता है।

151. (a) *ट्रिपोसोमा गैम्बीयन्स* निद्रालु व्याधि उत्पन्न करता है। यहा फोर्ड (Forde) द्वारा सन् 1901 में प्रथम बार देखा गया। फ्रूस (Fruce) ने खोजा की निद्रालु व्याधि की परजीवी सी-सी मक्खी होती है।

152. (c) *पैरामीशियम* का सबसे विशिष्ट लक्षण सम्पूर्ण शरीर की सतह पर अधिक संख्या में पक्ष्माभ की उपस्थिति होता है। *पैरामीशियम* पक्ष्माभ को गमन और भोजन पकड़ने के कार्य में लेता है।

153. (d) स्पोरोजोआ में विभिन्न जीव आते हैं, जिनमें जीवनकाल के दौरान एक बीजाणु-सम संक्रमित अवस्था होती है।

154. (c) इसमें (c) को छोड़कर सभी सही हैं। *नॉक्टिल्यूका* रंगहीन डायनोफ्लैजिलेट है, जो जैव उद्दीप्ती के लिए प्रसिद्ध है और इसे समुद्री टिनकल (Sea tinkle) भी कहते हैं।

155. (a) एक कवक का शरीर (यीस्ट को छोड़कर) कई लम्बे, नलिकाकार, तन्तुओं से बना होता है, जिसे कवक तन्तु (हाइफी) कहते हैं। कवक तन्तु का जाल कवक जाल (माइसीलियम) कहलाता है।

156. (b) कवकों की कोशिका भित्ति में काइटिन और सेलुलोस के साथ अन्य पॉलीसैकेराइड, प्रोटीन और लिपिड भी होते हैं। केवल कुछ कवकों में उदाहरण–*फाइटोफ्थोरा* और अन्य ऊमाइसिटीज में शुद्ध/केवल सेलुलोस की बनी कोशिका भित्ति होती है। इसलिए केवल (b) विकल्प गलत है, शेष सभी विकल्प सही हैं।

157. (a) यीस्ट एककोशिकीय, अपघटित, कवक जाल रहित, मृतजीवी कवक है, जिसमें कवक तन्तु नहीं होते। लेकिन कभी-कभी, तीव्र वृद्धि के दौरान कलिकाओं की एक श्रृंखला बन जाती है, जो एक कवक जाल को कूट अनुभव देता है और कूट कवक जाल (Pseudomycelium) कहलाता है।

158. (b) निरन्तर केन्द्रक विभाजन कवक तन्तु (हाइफी) को बहुकेन्द्रकी बना देता है। यदि सम्पूर्ण कवक जाल पट रहित होता है, तो यही अवस्था सीनोसाइटिक (Coenocytic) कहलाती है।

159. (b) कवक, जो जीवित पोषक के कोशिकाद्रव्य से सीधे पोषक तत्व अवशोषित करते हैं, परजीवी कहलाते हैं।

160. (b) लाइकेन एक शारीरिक रूप से संगठित संरचना है, जिसमें एक कवक और एक शैवाल का हमेशा के लिए सम्बन्ध होता है। लाइकेन के शैवाल घटक को (फाइकोबायोन्ट) शैवालांश तथा कवक के घटक को कवकांश (माइकोबायोन्ट) कहते हैं।

161. (a) कवकमूल (माइकोराइजा) के कवक का कवक जाल मृदा में अकार्बनिक (मिनरल) आयनों मुख्यतया फॉस्फोरस और नाइट्रोजन के मृदा से अवशोषण और रूपान्तरण में एक मुख्य भूमिका निभाते हैं।

162. (b) कवकों में, अलैंगिक जनन बीजाणुओं के बनने; जैसे-अलैंगिक चलबीजाणु, स्पोरैन्जियोस्पोर्स (Sporangiospores), ओइडिया (Oidia), कोनिडिया, आदि द्वारा होता है। ऊस्पोर (Oospore) एक लैंगिक संरचना है।

163. (a) कवकों में, विशिष्ट संरचना जिसे फलनकाय कहते हैं, में विभिन्न प्रकार के बीजाणु उत्पन्न होते हैं।

164. (a) जीवद्रव्य संलयन लैंगिक जनन की प्रथम अवस्था है, जिसमें दो जनन कोशिकाओं (Sex cells) के जीवद्रव्य एक-दूसरे से संलयित हो जाते हैं।

166. (d) कवकजाल की आकारिकी, बीजाणु निर्माण के प्रकार व फलन काय के प्रकार के आधार पर जगत को चार वर्गों में बाँटा है

(i) फाइकोमाइसिटीज

(ii) एस्कोमाइसिटीज

(iii) बैसिडियोमाइसिटीज

(iv) ड्यूटेरोमाइसिटीज

167. (c) सीनोसाइटिक, बहुकेन्द्रकी व अपट्टीय कवकजाल वर्ग-फाइकोमाइसिटीज में पाए जाते हैं; जैसे-*एल्ब्यूगो*।

168. (c) फाइकोमाइसिटीज में अलैंगिक जनन अलैंगिक चल बीजाणुओं व अचल बीजाणुओं (Aplanaspores) द्वारा होता है।

169. (b) *एल्ब्यूगो कैण्डिडा* क्रूसीफर्स में सफेद रस्ट का कारण है। यह फाइकोमाइसिटीज का सदस्य है।

170. (d) *एगैरिकस* वर्ग-बैसीडियोमाइसिटीज का सदस्य है। *एगैरिकस* मशरूम्स का वंश हैं, जिसमें खाने योग्य व जहरीले दोनों तरह की जातियाँ होती हैं।

171. (b) *राइजोपस* का कवकजाल 3 तरह की हाइफी में बँटा होता हैं-राइजोइडल हाइफी, स्टोलनस व स्पोरैन्जियोफोर्स कवकजाल अपट्टीय, शाखित व बहुकेन्द्रकी (सीनोसाइटिक) होता है।

172. (b) एस्कोमाइसिटीज में कोष/थैलीनुमा उपांग, जिसमें बीजाणु होते हैं, जिसके कारण इन्हें थैलीसम कवक (Sac-fungi) कहते हैं।

173. (a) *न्यूरोस्पोरा* का उपयोग आनुवंशिकी प्रयोगों में नमूने जीव के रूप में किया जाता है; क्योंकि ये तेजी से जनन करता है, इसका संवर्धन आसान है और ये अल्पता माध्यम पर जीवित रह सकता है।

174. (b) मोरेल्स व ट्रफल्स अपने प्रकार व व्यवहार में भिन्न होते हैं। मोरेल्स मशरूम के इतने समान होते हैं कि, इनमें एक केन्द्रीय तने पर कैप होती है, जबकि ट्रफल्स कठोर व गोल गेंद बनाते हैं, जो भूमिगत वृद्धि करते हैं। ये एस्कोमाइसिटीज खाने योग्य सदस्य हैं। मोरेल्स व ट्रफल्स विश्व के सबसे अधिक महँगें, खाने योग्य मशरूम्स हैं।

175. (a) *अस्टिलैगो* व *पक्सीनिया* बैसीडियोमाइसिटीज में सम्मिलित सामान्य परजीवी हैं। *पक्सीनिया ग्रैमिनिस ट्रीटिसी* गेहूँ में ब्लैक रस्ट फैलाता है, जबकि *अस्टिलैगो* धान के-पादपों में स्मट रोग फैलाता है।

176. (d) *अल्टरनेरिया* जाति एक महत्त्वपूर्ण तन्तुमय कवक है, जो ड्यूटेरोमाइसिटीज में आते हैं।

177. (a) ड्यूटेरोमाइसिटीज में कवकजाल पट्टीय व शाखित होता है। बहुकेन्द्रीय प्रावस्थाएँ ज्ञात नहीं हैं।

178. (a) ड्यूटेरोमाइसिटीज केवल अलैंगिक बीजाणुओं, जिन्हें कोनिडिया कहते हैं, से जनन करते हैं। कोनिडिया अचल कवक माइटोस्पोर्स हैं, जो हाइफी के सिरों व किनारों से बाह्य रूप से उत्पन्न होते हैं।

179. (a)

(i) *फाइटोफ्थोरा* फाइकोमाइसिटीज (शैवालीय कवक) में आते हैं, जो या तो एककोशिकीय थैलस या अपट्टीय बहुकेन्द्रकी कवकजाल होते हैं। ये अधिकतर पादपों को हानि पहुँचाने वाले ऊमाइसिटीज (जल अवपंक) है।

(ii) *अल्टरनेरिया* ड्यूटेरोमाइसिटीज (अपूर्ण कवक) है, जिसमें लैंगिक जनन का अभाव होता है।

(iii) *म्यूकर* फाइकोमाइसिटीज में आता है। इनमें माइसीलियम/कवकजाल बहुकेन्द्रकीय व बहुत शाखित होता है। ये संयुग्मन द्वारा कायिक जनन करते हैं।

(iv) *एगैरिकस* बैसिडियोमाइसिटीज में आता है (जिसमें केन्द्रक संलयन और अर्द्धसूत्री विभाजन होता है), इनमें सुविकसित तन्तु, शाखित व पट्टीय कवकजाल होता है। ये मृतोपजीवी होते हैं, किन्तु परजीवी नहीं होते।

180. (a) *कस्कुटा (Cuscuta)* एक परजीवी पादप है। इसमें पर्णहरिम नहीं पाया जाता है और ये अपना भोजन प्रकाश-संश्लेषण द्वारा नहीं बना सकता है। इसके अतिरिक्त ये अपनी वृद्धि के लिए दूसरे पादपों के पोषक पदार्थ उपयोग में लेते हैं।

181. (*a*) ग्लाइकोजन मानवों व जन्तुओं में संग्रहित ग्लूकोस का एक रूप है। ग्लाइकोजन का संश्लेषण किया जाता है व शरीर की माँसपेशियों व मुख्यतया यकृत में संग्रहित किया जाता है। रुधिर में उपस्थित अतिरिक्त ग्लूकोस को वसा में परिवर्तित किया जाता है।

182. (*d*) कवक जल को अवशोषित करके शैवाल को बचाता है। यह खनिज पदार्थों के अवशोषण के लिए एक बड़ी अवशोषण सतह, प्रदान करता है। यह आधार प्राप्त करने में भी सहायता करता है।

185. (*b*) ड्यूटेरोमाइसिटीज को अपूर्ण कवक कहते हैं क्योंकि इनमें लैंगिक जनन अनुपस्थित होता है।

187. (*a*) *राइजोपस* तथा *एस्पर्जिलस* – काला कवक
पेनिसिलियम – नीला-हरा कवक
न्यूरोस्पोरा – लाल/गुलाबी कवक

188. (*b*) प्लाज्मोगैमी या जीवद्रव्य संलयन के अन्तर्गत केवल जीवद्रव्यों का संयुग्मन होता है किन्तु केन्द्रक पृथक्-पृथक् बने रहते हैं।

189. (*b*) यीस्ट को *सैकेरोमाइसीज* कहते हैं। इसे बेकरी कवक भी कहते हैं। इसका उपयोग शराब, ब्रेड, एन्जाइम तथा विटामिन प्राप्त करने में करते हैं।

193. (*b*) *राइजोपस* की बीजाणुधानियाँ (अलैंगिक जनन में) घुण्डीनुमा या गुम्बदाकार फूली हुई बंध्य संरचना पर पायी जाती है जिसे *कॉल्यूमेला* कहते हैं।

195. (*c*) सर्वप्रथम प्रतिजैविक सन् 1928 में एलेक्जेण्डर फ्लेमिंग ने कवक *पेनिसिलियम नोटेटम* से प्राप्त किया जिस कारण सन् 1945 में इन्हें नोबल पुरस्कार मिला।

197. (*b*) सन् 1943 में कवक *हेल्मिन्थोस्पोरियम ओराइजी* के कारण धान के पादपों में उत्पन्न ब्राउन लीफ स्पॉट के कारण बंगाल में अकाल पड़ा था।

200. (*c*) *सैकेरोमाइकोइड्स लुडविगी* के जीवनकाल में द्विगुणित (2M) ज्यादा समय तक पायी जाती है जबकि अगुणित (M) अवस्था अल्प समय ही पायी जाती है, इसी कारण इसके जीवनकाल को डिप्लोबायोण्टिक कहत हैं।

201. (*b*) यीस्ट (*सैकेरोमाइसीज*) द्वारा विटामिन- B_1 तथा B_{12} प्राप्त होते हैं।

206. (*a*) कवकों को कॉटन ब्लू अभिरंजक द्वारा अभिरंजित करते हैं।

207. (*c*) कवक *जिब्रेला फ्यूजिकुरॉई* द्वारा पादप हॉर्मोन जिब्रेलिन प्राप्त किया जाता है।

209. (*a*) कवकमूल शब्द का उपयोग सर्वप्रथम फ्रेंक (1885) ने किया। यह उच्च श्रेणी के पादपों; जैसे- *पाइनस, साइकस, यूकेलिप्टस,* आदि में जड़ों में कवक पाए जाते हैं, जो सहजीवन का उदाहरण हैं। यहाँ पादप कवक को आश्रय तथा भोजन प्रदान करते हैं तथा कवक पादप को खनिज लवण प्रदान करते हैं।

211. (*b*) तम्बाकू मोजैक विषाणु लम्बा, बेलनाकार व दण्डाकार होता है। यह एक जटिल संरचना वाला होता है, जो न्यूक्लियोप्रोटीन (प्रोटीन व न्यूक्लिक अम्ल) का बना होता है। RNA की केन्द्रीय कोर वाइरस प्रोटीन से आवरित होती है।

212. (*c*) विषाणु न्यूक्लियोप्रोटीन होते हैं, जिनमें एक या अनेक न्यूक्लिक अम्ल के अणु होते हैं ,जो या तो द्विरज्जुकी या एकलरज्जुकी जो प्रोटीन या लाइपोप्रोटीन के बने संरक्षक आवरण में होता है।

215. (*a*) विषाणुओं को न्यूक्लियोप्रोटीन कण भी कहते हैं। विषाणु का न्यूक्लिक अम्ल एक प्रोटीन आवरण से घिरा होता है, जिसे कैप्सिड कहते हैं।

216. (*d*) कई वैज्ञानिकों का मानना है, कि विषाणु रूपान्तरित प्लाज्मिड हैं, जो कि पोषक के न्यूक्लिक अम्ल के खण्ड होते हैं। इनके आनुवंशिक पदार्थों के टुकड़ें बाहर निकलकर पोषक कोशिका के अन्दर प्रवेश कर जाते हैं।

217. (*b*) रहैब्डोवाइरस (रैबीज विषाणु), (गेहूँ मोजैक विषाणु), पिकोर्ना वाइरस (पोलियो विषाणु) आर्थोमिक्सोवाइरस (इन्फ्लूएन्जा) (विषाणु), में आनुवंशिक पदार्थ एकरज्जुकी RNA (*ss*RNA) होता है।

218. (*d*) विषाणु सजीवों व निर्जीवों के मध्य की योजक कड़ी है, ये निर्जीव समझे जाते हैं; क्योंकि ये पोषद् कोशिका के बाहर जीवन का कोई लक्षण नहीं दर्शाते और इनको रवेदार बनाया जा सकता है।

219. (*a*) मानव में विषाणु अनेक प्रकार के रोग उत्पन्न करता है; जैसे-एड्स (HIV विषाणु), मम्प्स (पैरामिक्सो विषाणु), छोटी-माता (वैरियोला विषाणु), हर्पीज (HSVI) और इन्फ्लूएन्जा (वर्ग-आर्थोमिक्सो विरिडी के RNA विषाणु)।

220. (*b*) जीवाणुभोजी एक विषाणु है, जो जीवाणु को संक्रमित करता है और उसके अन्दर प्रतिकृति बनाता है।
जीवाणुभोजी प्रोटीन के बने होते हैं, जो आनुवंशिक पदार्थ DNA या RNA को आवतरित करते हैं और अपेक्षाकृत सरल या विस्तृत संरचना हो सकती है।

221. (*b*) वाइरॉइड्स टी. ओ. डाइनर द्वारा सन् 1971 में एक नए संक्रामक कारक के रूप में खोजे गए थे, जो विषाणु से भी छोटे थे। वाइरॉइड्स में कैप्सिड व उससे सम्बन्धित प्रोटीनों का अभाव होता है।

222. (*a*) सभी कथन सही हैं, इस कथन (a) के अतिरिक्त जो ठीक नहीं किया जा सकता-वाइरॉइड्स को टी.ओ डाइनर द्वारा सन् 1971 में एक नए संक्रामक कारक के रूप खोजा गया था, जो विषाणु से भी छोटे थे।

223. (*c*) वाइरॉइड्स में एक लड़ी RNA (लगभग 300 न्यूक्लियोटाइड लम्बा) होता है, जो प्रोटीन कवच से आवरित नहीं होता है।

अध्याय 02

पादप जगत

Plant Kingdom

- पादपों को विभिन्न वनस्पति विज्ञान के वैज्ञानिकों ने पादप-संरचना तथा विकास-क्रम, आदि को आधार बनाकर विभिन्न समूहों में वर्गीकृत किया है।
- पादप जगत के अन्तर्गत उन शैवालों; जैसे—डायटमों, डाइनोफ्लैजीलेट्स व कवकों को छोड़कर, जो मोनेरा, प्रोटिस्टा व कवक जगतों में रखे गए हैं, इसमें वे सभी जीव आते हैं, जिन्हें **पादप** कहते हैं।
- ये प्रकाश-संश्लेषी, बहुकोशिकीय होते हैं। इनमें लाल, भूरे व हरे शैवाल, ब्रायोफाइट्स, टेरिडोफाइट्स, अनावृतबीजी एवं आवृतबीजी पौधे आते हैं।
- पादप जगत का सर्वप्रथम विस्तृत वर्गीकरण **ए. डब्ल्यू. आइकलर** ने दिया। इन्होंने पादपों को दो वर्गों अपुष्पोद्‌भिद् (Cryptogams) तथा पुष्पोद्‌भिद् (Phanerogams) में विभाजित किया।

ओसवाल्ड टिप्पो द्वारा प्रस्तावित वर्गीकरण Classification Proposed by Oswald Tippo

ओसवाल्ड टिप्पो (Oswald Tippo; 1942) के द्वारा दिए गए आधुनिक वर्गीकरण की रूपरेखा निम्न प्रकार से है

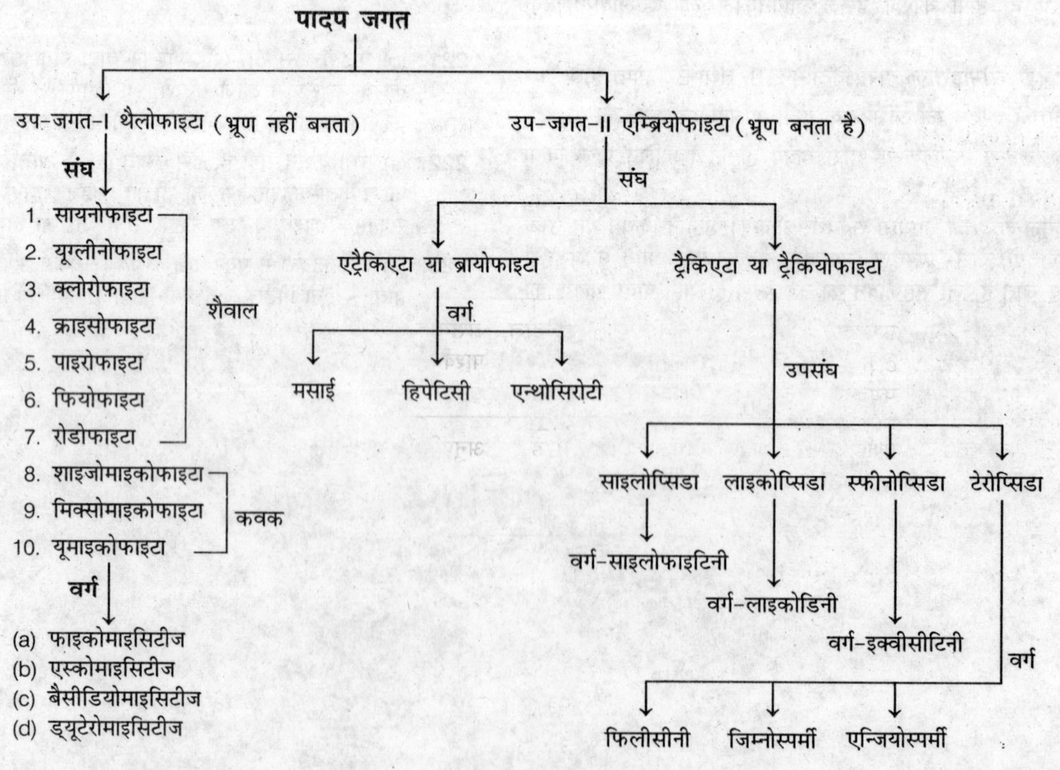

शैवाल Algae

- शैवाल के अध्ययन को शैवाल विज्ञान (Phycology) कहते हैं। शैवाल, थैलोफाइटा का एक समूह है। एम. ओ. पी. आयंगर को आधुनिक भारतीय शैवाल विज्ञान का पिता कहा जाता है।
- यह पर्णहरित युक्त थैलाभ पादपों का समूह है। थैलस की संरचना अधिक सरल होती है। इसमें प्रकाश-संश्लेषी वर्णक पर्णहरित होता है।
- अधिकांश शैवाल, स्वपोषित, किन्तु कुछ परपोषित, परजीवी या प्राणी समभोजी (Holozoic) भी होते हैं।
- सामान्यतया जलीय आवास में रहते हैं, ऊतक तन्त्र के विभेदन का अभाव, जननांग, एककोशिकीय, युग्मकी संलयन होता है, किन्तु भ्रूण का निर्माण नहीं होता है।

शैवालों का वर्गीकरण Classification of Algae

ब्रिटिश शैवालज्ञ एफ. ई. फ्रीश ने शैवालों को 11 वर्गों में विभाजित किया है यह वर्गीकरण, उपस्थित वर्णक, संचयित खाद्य पदार्थ तथा कशाभिकाओं के प्रकार पर आधारित है

(i) वर्ग — क्लोरोफाइसी
(ii) वर्ग — जैन्थोफाइसी
(iii) वर्ग — क्राइसोफाइसी
(iv) वर्ग — बैसीलेरियोफाइसी
(v) वर्ग — क्रिप्टोफाइसी
(vi) वर्ग — डाइनोफाइसी
(vii) वर्ग — क्लोरोमोनेडीनी
(viii) वर्ग — यूलीनिडी
(ix) वर्ग — फियोफाइसी
(x) वर्ग — रोडोफाइसी
(xi) वर्ग — मिक्सोफाइसी

शैवालों के कुछ प्रमुख वर्गों के तुलनात्मक लक्षण

वर्ग	रंग	वर्णक	संचित भोजन	कशाभिकाएँ	पायरीनॉइड	लैंगिक जनन	उदाहरण
मिक्सोफाइसी (प्रोकैरियोटिक कोशिकाएँ)	नीला-हरा	पर्णहरिम-*a*, β-कैरोटिन, *c*-फाइकोसायनिन, *c*-फाइकोइरिथ्रिन	ग्लाइकोजन	चल रचनाएँ अनुपस्थित	अनुपस्थित	अनुपस्थित	*नॉस्टॉक, एनाबीना, ऑसिलेटोरिया*, आदि।
क्लोरोफाइसी	हरा	पर्णहरिम-*a* तथा *b*, β-कैरोटिन, जैन्थोफिल	मण्ड	समान	उपस्थित	सम, असम और विषमयुग्मकी	*यूलोथ्रिक्स स्पाइरोगायरा, कारा*, आदि।
जैन्थोफाइसी	पीले-हरे	पर्णहरिम-*a* तथा *e*, β-कैरोटिन	तेल	असमान	उपस्थित	समयुग्मकी	*वाउचेरिया*
बैसीलेरियोफाइसी	पीला-भूरा	पर्णहरिम-*a* तथा *c*, β-कैरोटिन, डायटोजैन्थीन	वसा या वॉल्यूटिन	अनुपस्थित	उपस्थित	ऑक्सोस्पोर	डायटम; जैसे- *पिनुलेरिया*
फियोफाइसी	भूरा	पर्णहरिम-*a* तथा *c*, β-कैरोटिन, फ्यूकोजैन्थीन	मैनीटोल, सॉरबिटोल, लैमिनेरिन; जैसे पॉलीसैकेराइड	असमान तथा पार्श्व	अनावृत	सम, असम या विषमयुग्मकी	*सारगासम, लैमिनेरिया, फ्यूकस, मेक्रोसिस्टिस*, आदि।
रोडोफाइसी	लाल	पर्णहरिम-*a* तथा *d*, β-कैरोटिन, ल्यूटिन, *r*-फाइकोसायनिन	फ्लोरिडियन मण्ड	अनुपस्थित	अनुपस्थित	विषमयुग्मकी	*पॉलीसाइफोनिया, ग्रेसिलेरिया, जेलिडियम*, आदि।

यूलोथ्रिक्स *Ulothrix*

वर्गीकरण Classification

जगत	—	प्लाण्टी
उप-जगत	—	थैलोफाइटा
संघ	—	क्लोरोफाइटा
वर्ग	—	क्लोरोफाइसी
गण	—	यूलोट्राइकेल्स
कुल	—	यूलोट्राइकेसी
वंश	—	*यूलोथ्रिक्स*

संरचना व जीवन चक्र Structure and Life Cycle

- *यूलोथ्रिक्स* अशाखित, धागे के समान सूत्रवत (Filamentous) शैवाल है। सबसे नीचे की कोशिका लम्बी तथा रंगहीन (क्लोरोफिल की अनुपस्थिति के कारण) होती है, जबकि अन्य कोशिकाएँ एक समान व क्लोरोफिल युक्त होती हैं।
- कोशिका भित्ति का बाह्य स्तर पेक्टिन (Pectin) का तथा आन्तरिक स्तर सेलुलोस (Cellulose) का बना होता है।
- जीवद्रव्य में मेखलाकार (Girdle-shaped) हरितलवक, केन्द्रक तथा रिक्तिका होती हैं। हरितलवक में एक से तीन तक प्रोभुजक (Pyrenoids) पाए जाते हैं। प्रोभुजक प्रोटीन के कण हैं, जिन पर मण्ड संचित होता है।
- **कायिक जनन** (Vegetative reproduction) विखण्डन द्वारा होता है।
- **अलैंगिक जनन** (Asexual reproduction) निम्न विधियों द्वारा होता है
  - (i) **चलबीजाणु** (Zoospore) द्वारा स्थापनांग को छोड़कर कोई भी कोशिका चलबीजाणुधानी (Zoosporangium) में रूपान्तरित होकर 2, 4, 16 या कभी-कभी 32 द्विकशाभिक (Biflagellate) या चतुष्कशाभिक (Quadriflagellate) चलबीजाणु बनाती हैं। चलबीजाणु विभाजित होकर नया तन्तु बनाता है।
  - (ii) **अचलबीजाणु** (Aplanospore) द्वारा कभी-कभी प्रतिकूल परिस्थितियों में तन्तु की कोशिका पतली भित्तियुक्त, गोलाकार, अचलबीजाणु बनाती हैं, जो अनुकूल परिस्थिति में नए तन्तु को जन्म देता है।
  - (iii) **सुप्तबीजाणु** (Hypnospore) द्वारा प्रतिकूल परिस्थितियों में बनने वाले मोटी भित्ति युक्त अचल बीजाणु को सुप्तबीजाणु कहते हैं। ये लम्बी विश्राम अवस्था के बाद अनुकूल परिस्थिति में नए तन्तु को जन्म देता है।
  - (iv) **पामेला अवस्था** (Palmella stage) जल की कमी होने पर कोशिकाएँ एक चिकने पदार्थ श्लेष्मा (Mucilage) से घिर जाती हैं। अनुकूल परिस्थिति आने पर यह पदार्थ घुल जाता है और कोशिकाएँ चलबीजाणु बनाकर नए तन्तुओं को जन्म देती हैं।
- *यूलोथ्रिक्स* में समयुग्मकी (Isogamous) लैंगिक जनन (Sexual reproduction) होता है। द्विकशाभिक युग्मक संयोजन कर चतुष्कशाभिक युग्माणु (Quadriflagellate zygospore) बनाते हैं। विश्राम अवस्था के बाद युग्माणु में अर्धसूत्री विभाजन द्वारा अगुणित बीजाणु बनते हैं, जो नए तन्तु को जन्म देते हैं। ***यूलोथ्रिक्स*** (*Ulothrix*) का जीवन चक्र हैप्लोन्टिक (Haplontic) प्रकार का होता है।

शैवालों का आर्थिक महत्त्व

Economic Importance of Algae

शैवालों की निम्नलिखित क्रियाएँ होती हैं

(i) **लाभदायक क्रियाएँ** Useful Activities

(a) **भोजन के रूप में** (As food) *अल्वा* नामक हरित शैवाल को जापान में शाक के रूप में उपयोग में लाया जाता है। *क्लोरेला* एककोशिकीय हरित शैवाल है, जिसमें प्रोटीन, विटामिन-A तथा D प्रचुर मात्रा में पाए जाते हैं। *स्पाइरुलिना* एक नील-हरित शैवाल है, जिसमें प्रोटीन की मात्रा अधिक होती है तथा इसे खाने के काम में लाया जाता है। *पोरफाइरा* लाल शैवाल की जातियों में विटामिन-C और B_{12} पाए जाते हैं।

(b) **उद्योगों में शैवालों का महत्त्व** (Importance of algae in industries) उद्योगों में निम्न प्रकार से शैवालों का उपयोग होता है

- **अगार-अगार** (Agar-Agar) यह एक कोलॉइडी पदार्थ है, जो *ग्रेसिलेरिया* तथा *जेलिडियम* नामक लाल शैवाल की जातियों से प्राप्त किया जाता है। अगार-अगार सूक्ष्मजीवियों के संवर्धन माध्यम के रूप में उपयोग होता है।
- **एल्जिन** (Algin) यह *अलेरिया* तथा *लेमिनेरिया* नामक भूरे शैवालों से प्राप्त किया जाता है। यह आइसक्रीम में बड़े क्रिस्टलों को बनाने से रोकने के लिए प्रयोग किया जाता है। यह बेकिंग रबड़ तथा पेन्ट उद्योगों में पाइसीकरण तथा निलम्बन के लिए उपयोग होता है।
- **कैराजीनन** (Carrageenan) यह लाल शैवाल *कोन्ड्रस क्रिसपस* आइरिश मांस से प्राप्त किया जाता है। इसको पाइसीकरण (Emulsifying) तथा स्थायी कारक के रूप में आइसक्रीम, जैली, चॉकलेट तथा श्रृंगार प्रसाधन में प्रयोग करते हैं।
- **डायटम के उपयोग** (Uses of diatoms) डायटम बैसीलेरियोफाइसी का सदस्य की कोशिका भित्ति में सिलिका डाइऑक्साइड (SiO_2) प्रचुर मात्रा में होता है। डायटम की मृत्यु के बाद कोशिका भित्ति तथा सिलिका जलाशयों की तली पर एकत्रित होकर डायटमी मृत्तिका (Diatomaceous earth) या **किसेलघर** बनाते हैं।
- डायटम मृत्तिका का उपयोग बॉयलरों तथा भट्टियों में ऊष्मा रोधन के लिए किया जाता है। यह दाँतों के पेस्ट (Tooth paste) में तथा चाँदी के आभूषण चमकाने में प्रयोग किया जाता है। यह नाइट्रोग्लिसरीन का अवशोषण करके उन्हें सुरक्षित स्थानों पर ले जाने के लिए प्रयोग की जाती है। इसको चीनी मिलों में निस्यंदन (Filtration) के लिए प्रयोग करते हैं।

(ii) **हानिकारक क्रियाएँ** Harmful Activities

(a) **जल प्रस्फुटन** (Water bloom) कुछ नीले-हरे शैवाल अत्यधिक वृद्धि करके पानी की सतह पर झाग के रूप में फैल जाते हैं इसे जल प्रस्फुटन कहते हैं; उदाहरण-*माइक्रोसिस्टिस, फार्मिडियम* इन शैवालों के कारण जल में ऑक्सीजन कम हो जाती है तथा आविषाणु पदार्थ को जल में छोड़ने के कारण जानवर तथा जलीय जीवों की मृत्यु हो जाती है।

(b) **परजीवी शैवाल** (Parasitic algae) *सिफेल्यूरॉस वायरीसेन्स* एक हरा शैवाल है, जो चाय तथा कॉफी की पत्तियों पर परजीवी की तरह रहते हैं तथा उन्हें हानि पहुँचाते हैं।

ब्रायोफाइटा Bryophyta

ब्रायोफाइटा, एम्ब्रियोफाइटा वर्ग का सबसे सरल व आद्य सदस्यों का समूह है। इनके अध्ययन को **ब्रायोलॉजी** कहते हैं। ब्रायोलॉजी के जनक **एफ. केवर्स** तथा भारतीय ब्रायोलॉजी के जनक **एस. आर. कश्यप** कहे जाते हैं। ब्रायोफाइटा नाम का उपयोग सर्वप्रथम **ब्रॉन** (Braun) ने 1864 में किया था। **ओसवाल्ड टिप्पो** ने ब्रायोफाइटा को संवहन ऊतक न होने के कारण एट्रैकिएटा (Atracheata) कहा।

'आर्किगोनिएटी' शब्द का प्रयोग ब्रायोफाइटा, टेरिडोफाइटा व अनावृतबीजी के लिए किया जाता है।

ब्रायोफाइट्स प्रथम स्थलीय पादप हैं। इनमें निषेचन के लिए जल की उपस्थिति अनिवार्य है इसीलिए इन्हें 'वनस्पति जगत का उभयचर' कहते हैं।

यह पर्णहरित होने के कारण स्वयंपोषी है। इनमें संवहन ऊतकों का अभाव होता है। इसलिए इन्हें असंवहनी एम्ब्रियोफाइट भी कहते हैं। ब्रायोफाइट्स में वास्तविक संवहन ऊतक का अभाव होता है।

ब्रायोफाइटा का वर्गीकरण व इसके लक्षण
Classification of Bryophytes and their Characters

(i) **हिपेटीकॉप्सिडा** पादपकाय थैलस होता है, जो कभी-कभी तना, पत्ती एवं मूलांग (Rhizoids) में विभाजित होता है।
- मूलांग दो प्रकार के, सपाट भित्ति वाले (Smooth-walled) एवं गुलिकीय (Tuberculated) होते हैं।
- थैलस के अधरतल पर शल्क होते हैं।
- सम्पुट में स्तम्भिका (Columella) का अभाव होता है।
- प्रत्येक कोशिका में अनेक हरिम कणक होते हैं; उदाहरण—*रिक्सिया, मार्केन्शिया,* आदि।

(ii) **एन्थोसिरोटॉप्सिडा** मूलांग सपाट भित्ति वाले होते हैं। शल्क अनुपस्थित होते हैं।
- सम्पुट (Capsule) में स्तम्भिका पाई जाती है।
- प्रत्येक कोशा में एक या दो हरितलवक होते हैं; उदाहरण—*ऐन्थोसिरॉस*।

(iii) **ब्रायोप्सिडा** युग्मकोद्भिद (Gametophyte) प्रोटोनिमा एवं गैमीटोफोर में विभाजित होता है।
- मूलांग बहुकोशीय तथा शाखित होते हैं। इनमें तिरछे पट होते हैं।
- बीजाणुद्भिद् (Sporophyte) पाद (Foot), सीटा (Seta) एवं सम्पुट में विभाजित होता है।
- सम्पुट में स्तम्भिका उपस्थित होती है; उदाहरण—*स्फैग्नम*।

रिक्सिया Riccia

वर्गीकरण Classification

संघ	—	ब्रायोफाइटा
वर्ग	—	हिपेटीकॉप्सिडा
गण	—	मार्केन्शियेल्स
कुल	—	रिक्सिएसी
वंश	—	*रिक्सिया*

- **एफ. एफ. रिक्सी** (F F Ricci) ने सर्वप्रथम *रिक्सिया* (*Riccia*) की खोज की थी।
- यह प्राय: नम व गीली मिट्टी पर उगने वाला पौधा है। इसकी कुछ जलीय जातियाँ भी पायी जाती हैं; जैसे—*रिकोकार्पस नैटान्स* (*Riccocarpus natans*) व *रिक्सिया फ्लूटैन्स* (*Riccia flutans*)।

संरचना Structure

- *रिक्सिया* (*Riccia*) का मुख्य पादप युग्मकोद्भिद थैलॉइड (Thalloid) होता है। यह छोटा हरा, चपटा, द्विपृष्ठाधारी व द्विभाजीशाखित होता है।
- इसका सूकाय (Thallus) आधार से एककोशिकीय शाखा रहित मूलाभासों (Rhizoids) द्वारा चिपका रहता है। मूलाभास दो प्रकार के होते हैं
  (i) चिकनी भित्ति युक्त मूलाभास (Smooth walled rhizoids)
  (ii) गुलिकीय मूलाभास (Tuberculated rhizoids)
- ये जल तथा खनिज लवणों के अवशोषण में सहायक होते हैं।
- *रिक्सिया* की निचली सतह पर बहुकोशिकीय बैंगनी रंग के शल्क पाए जाते हैं। *रिक्सिया* के सूकाय (Thallus) की आन्तरिक संरचना में दो क्षेत्र स्पष्ट होते हैं
  (i) प्रकाश-संश्लेषणीय क्षेत्र (Photosynthetic region)
  (ii) संग्रह क्षेत्र (Storage region)

प्रजनन Reproduction

- *रिक्सिया* (*Riccia*) में कायिक (Vegetative) व लैंगिक (Sexual), दो प्रकार से प्रजनन होता है।
- इनके कायिक जनन (Vegetative reproduction), सूकाय की मृत्यु व क्षय अपस्थानिक शाखाओं (Adventitious branches) द्वारा होता है।

लैंगिक प्रजनन Sexual Reproduction

- *रिक्सिया* की अधिकांश जातियाँ उभयलिंगाश्रयी (Monoecious) होती है। इनमें लैंगिक जनन विषमयुग्मकी (Oogamous) प्रकार का होता है।
- इनके नर जनन अंग पुंधानी (Antheridium) तथा मादा जनन अंग स्त्रीधानी (Archegonium) होते हैं।
- पुंधानी द्विकशाभिक पुंमणु (Biflagellated antherozoid) उत्पन्न करती हैं।
- स्त्रीधानी फ्लास्क के समान होती है। यह ग्रीवा (Neck) व अण्डधा (Venter) की बनी होती है। ग्रीवा की सुरक्षात्मक जैकेट में छ: अनुदैर्ध्य पंक्तियों में ग्रीवा कोशिकाएँ (Neck cells) लगी होती हैं। ग्रीवा में चार ग्रीवा नाल कोशिकाएँ (Neck canal cells) पायी जाती हैं। अण्डधा (Venter) में एक अण्डधानाल कोशिका (Venter canal cell) तथा एक अण्डकोशिका (Egg cell) होती हैं।
- इनमें निषेचन (Fertilisation) जल की उपस्थिति में होता है। पुंमणु व अण्डकोशिका के संयोग से द्विगुणित युग्मनज का निर्माण होता है। इसके चारों ओर भित्ति बन जाने से यह संरचना निषिक्ताण्ड (Oospore) कहलाती है। युग्मनज से बीजाणुद्भिद अवस्था प्रारम्भ होती है।
- *रिक्सिया* में बीजाणुद्भिद केवल सम्पुटिका का बना होता है। सम्पुटिका की कोशिकाओं में परिनत विभाजन (Periclinal division) से बाह्य एम्फीथीसियम (Amphithecium) तथा आन्तरिक एण्डोथीसियम (Endothecium) का निर्माण होता है। एण्डोथीसियम की कोशिकाएँ

विभेदित होकर प्राप्रसूतक (Archesporium) का निर्माण करती हैं, जो बीजाणु मातृ कोशिकाओं को जन्म देते हैं।

- बीजाणु मातृ कोशिकाएँ (Spore mother cells) अर्द्धसूत्री विभाजन (Meiosis) द्वारा विभाजित होकर बीजाणुओं का निर्माण करती है। इनमें से कुछ कोशिकाएँ विकासशील बीजाणुओं को भोजन प्रदान करती हैं, जिन्हें नर्स कोशिकाएँ (Nurse cells) कहते हैं।
- *रिक्सिया* में सम्पुटिका का स्फुटन ऊतकों के नष्ट होने से होता है, जिससे बीजाणु स्वतन्त्र होकर नए सूकाय (Thallus) का निर्माण करते हैं।

ब्रायोफाइटा का आर्थिक महत्व
Economic Importance of Bryophyta

(i) ब्रायोफाइट्स घने गुच्छों के रूप में उगते हैं। अत: यह वर्षा के पानी से मिट्टी के कटाव (Soil erosion) को रोकते हैं।

(ii) मॉसेस पारिस्थितिक अनुक्रम (Ecological succession) में सहायक होते हैं।

(iii) *स्फेगनम* के कीटाणुनाशक गुणों के कारण इसको रूई की तरह घाव पर पट्टी बाँधने के काम में लाते हैं।

(iv) जल अवशोषण गुण के कारण मॉस ग्राफ्ट (Graft) पर बाँधने के काम में आता है।

टेरिडोफाइटा Pteridophyta

- टेरिडोफाइटा वर्ग के अन्तर्गत संवहन ऊतक युक्त, अपुष्पोद्भिद (Vascular cryptogams) पौधे रखे गए हैं। ये प्राय: शाकीय पौधे हैं, जो नम एवं छायादार स्थानों पर पाए जाते हैं।
- टेरिडोफाइटा शब्द का प्रतिपादन हेकल (Haeckel) द्वारा 1866 में किया गया।
- टेरिडोफाइट, प्रथम पौधे हैं, जिनमें बीजाणुद्भिद (Sporophyte) पीढ़ी प्रभावी है तथा पौधे जड़, तने व पत्ती में विभेदित होते हैं।
- ये प्राचीनतम पौधे हैं, जिनमें संवहन पूल (Vascular bundle) विकसित हुए। इनमें जीवाश्म (जैसे–*राइनिया*) एवं जीवित (जैसे–*लाइकोपोडियम, सिलेजिनेला*) दोनों प्रकार के पौधे सम्मिलित हैं।
- ये ऐसे अपुष्पोद्भिद (Cryptogams) (वे पौधे, जिनमें पुष्प नहीं बनते) हैं, जिनमें संवहन बण्डल (Vascular bundle) पाए जाते हैं। इसीलिए इन्हें संवहनीय अपुष्पोद्भिद (Vascular cryptogams) भी कहते हैं।
- बीजाणु अगुणित होते हैं तथा अंकुरित होकर युग्मकोद्भिद् बनाते हैं, जो **प्रोथैलस** कहलाता है। प्रोथैलस सरल, स्वतन्त्र तथा स्वपोषी होता है। समबीजाणुक टेरिडोफाइट्स में प्रोथैलस पूर्ण विकसित उभयलिंगाश्रयी तथा एक्सोस्पोरिक होता है परन्तु विषमबीजाणुक टेरिडोफाइट्स में प्रोथैलस कम विकसित एकलिंगाश्रयी तथा एण्डोस्पोरिक होता है।
- नर जनन अंग पुंधानी व मादा जनन अंग स्त्रीधानी होती है। पुंमणु द्विकशाभिक या बहुकशाभिक होते हैं। निषेचन के लिए जल की उपस्थिति आवश्यक है। निषेचन के बाद द्विगुणित युग्मनज या निषिक्ताण्ड बनता है, जो भ्रूण बनाता है। भ्रूण वृद्धि करके बीजाणुद्भिद् बनाता है। टेरिडोफाइट्स में विषमरूपी पीढ़ी-एकान्तरण पाया जाता है।
- टेरिडोफाइटा को चार उप-संघों में बाँटा गया है

टेरिडोफाइटा का वर्गीकरण व इसके लक्षण
Classification of Pteridophyta and their Characters

टेरिडोफाइटा को चार उपसंघों में बाँटा गया है

1. **साइलोफाइटा** (Psilophyta)
- संवहन ऊतक केवल तने में स्थित।
- मूलाभास द्वारा जल अवशोषण पत्तियाँ प्राय: अनुपस्थित।
- समबीजाणुक, बीजाणुधानी तने के अग्र भाग पर स्थित होती है;

उदाहरण—राइनिया, साइलोटम।

2. **लाइकोफाइटा** (Lycophyta)
- संवहन ऊतक सभी अंगों में स्थित पत्तियाँ पाई जाती हैं, इसे ग्रन्थिल मांस भी कहलाते हैं।
- कुछ जातियाँ समबीजाणुक एवं कुछ विषमबीजाणुक;

उदाहरण—सिलेजिनेला, लाइकोपोडियम।

3. **आर्थोफाइटा** (Arthrophyta)
- पत्तियाँ छोटी एवं वलय में स्थित तने में सिलिका पाया जाता है।
- तने पर खाँच एवं कंटक स्थित; उदाहरण—*इक्वीसीटम, हायनिया* ।

4. **फिलिकोफाइटा** (Filicophyta)

प्रपर्ण उपस्थित बीजाणुपर्ण की निचली सतह पर बीच में अथवा किनारे पर बहुत सी बीजाणुधानियाँ होती हैं;

उदाहरण—ड्रायोप्टेरिस, टैरिस, एडिएण्टम।

टेरिडियम *Pteridium*

वर्गीकरण Classification

जगत	—	प्लाण्टी
उप-जगत	—	एम्ब्रियोफाइटा
संघ	—	ट्रैकियोफाइटा
उप-संघ	—	टीरोप्सिडा
वर्ग	—	फिलीसिनी
गण	—	फिलिकेल्स
कुल	—	पोलीपोडिएसी
वंश	—	*टेरिडियम*

सामान्य लक्षण General Characters

- इसका मुख्य पौधा बीजाणुद्भिद होता है, जो जड़, तना तथा पत्तियों में विभेदित होता है।
- जड़ें अपस्थानिक तथा तना प्रकन्द के रूप में होता है।
- फर्न की युवा पत्तियाँ कुण्डलित किसलय विन्यास (Circinate vernation) दर्शाती हैं।
- जड़ की बाह्यत्वचा (Epiblema) पतली भित्ति वाली कोशिकाओं से बनी होती है।
- जड़ में संवहन पूल अरीय, बाह्य आदिदारुक (Exarch) तथा द्विआदिदारुक (Diarch) होते हैं।

- प्रकन्द के भरण ऊतक में जालरम्भ (Dictyostele) धँसा रहता है, जो अनेक मेरिस्टील का बना होता है।
- जनन बीजाणुओं के द्वारा होता हैं, जो बीजाणुधानियों में बनते हैं। बीजाणुधानियाँ गुच्छों में उत्पन्न होती हैं, जिन्हें बीजाणुधानी पुंज (Sori) कहते हैं।
- बीजाणुधानी पुंज पर्णकों की निचली सतह पर लगातार रेखीय क्रम में लगी रहती हैं।
- बीजाणुधानियाँ कूट सोरसछद (False indusium) से ढकी रहती हैं, जो पर्णकों के किनारों के मुड़ने से बनती हैं।
- प्रत्येक बीजाणुधानी वृत्त तथा सम्पुटिका की बनी होती है।
- सम्पुटिका में 12 या 16 बीजाणु मातृ कोशिकाएँ होती हैं, जो अर्द्धसूत्री विभाजन द्वारा 48 या 64 बीजाणु बनाती हैं।
- बीजाणु युग्मकोद्भिद पीढ़ी की प्रथम कोशिका है।
- प्रत्येक बीजाणु दो भित्ति परतों, मोटी बाह्य चोल (Exine) तथा पतली अन्त:चोल (Intine) से घिरा होता है।
- बीजाणु अंकुरण कर युग्मकोद्भिद का निर्माण करता है, जिसे प्रोथैलस कहते हैं।
- प्रोथैलस स्वतन्त्र, हृदयाकार, बहुकोशीकीय स्वयंपोषी, एक्सोस्पोरिक, उभयलिंगाश्रयी तथा पूंपूर्वी होते हैं।
- पुंधानियाँ (Antheridia) प्रोथैलस के नीचे वाले भाग में मूलाभास के बीच पायी जाती हैं। इनमें कुण्डलित तथा बहुपक्ष्माभी (Multiciliate) पुंमणु का निर्माण होता है।
- स्त्रीधानियाँ (Archegonia) प्रोथैलस के शीर्षस्थ खाँच के पास स्थित होती हैं। इसमें अण्ड का निर्माण होता है।
- जल की उपस्थिति में पुंमणु अण्ड से संयोग कर युग्मनज (Zygote) बनाता है।
- युग्मक अपने चारों ओर भित्ति का निर्माण करता है और कोशिका विभाजन द्वारा बीजाणुद्भिद बनाता है। युवा बीजाणुद्भिद प्रोथैलस से अपना भोजन पाद द्वारा लेता है।

आर्थिक महत्व Economic Importance

(i) *लाइकोपोडियम* के बीजाणुओं का उपयोग आतिशबाजी व विस्फोटकों (Explosives) के निर्माण में किया जाता है।

(ii) *लाइकोपोडियम* की कुछ प्रजातियों से तेल निकलता है। इनका उपयोग होम्योपैथिक औषधि के निर्माण में किया जाता है।

(iii) फर्न की अनेक जातियों का उपयोग आयुर्वेद तथा होम्योपैथी की दवाएँ बनाने में होता है; जैसे—*ओफियोग्लॉसम* (*Ophioglossum*), *ड्रायोप्टेरिस* (*Dryopteris*), *बोट्रिकियम* (*Botrychium*) की जातियाँ।

(iv) फर्न की कई जातियों का उपयोग सजावटी पौधों (Ornamental plants) के रूप में किया जाता है। इनको फर्न हाउस (Fern houses) तथा व्यक्तिगत बागों (Private gardens) में लगाया जाता है; जैसे—*एसप्लेनियम* (*Asplenium*), आदि की जातियाँ।

(v) इस वर्ग के कुछ पौधों का उपयोग शोध कार्यों के लिए भी किया जाता है; जैसे—*टेरिस लोंगीफोलिया* (*Pteris longifolia*), आदि।

(vi) *इक्वीसीटम* के तने की एपिडर्मिस की कोशिकाओं में सिलिका के कण मिलते हैं। अत: इसके तने के गुच्छे को बर्तन साफ करने में उपयोग किया जाता है।

अनावृतबीजी Gymnosperms

- अनावृतबीजी का अर्थ 'नग्न बीज धारण करने वाले पौधे' (Naked seed plants) है। इन पौधों में बीज या बीजाण्ड, फलभित्ति या अण्डाशय द्वारा घिरे हुए नहीं पाए जाते हैं। अनावृतबीजी पौधे बहुवर्षीय, काष्ठीय, सदाहरित वृक्ष, झाड़ियाँ अथवा आरोही लता होते हैं। अनावृतबीजी पौधों में शाकीय पौधे नहीं पाए जाते हैं।
- जिम्नोस्पर्म (Gymnosperm) शब्द का प्रतिपादन थियोफ्रेस्टस (Theophrastus) द्वारा किया गया था। यह सबसे प्राचीन बीजधारी पौधों (Seed plants) का समूह है।
- साइकेडोफिलिकेल्स (टेरिडोस्पर्मी) सबसे पहले बीजधारी पौधे थे।
- *साइकस* एवं *जिंगो* को 'जीवित जीवाश्म' (Living fossil) कहा जाता है।
- सबसे छोटा अनावृतबीजी पौधा *जैमिया पिग्मिया* है।
- सबसे बड़ा व प्राचीन अनावृतबीजी पौधा *सिकोआ सेम्परवाइरेन्स* है, इसे 'रेड वुड' (Red wood) भी कहते हैं।

वर्गीकरण Classification

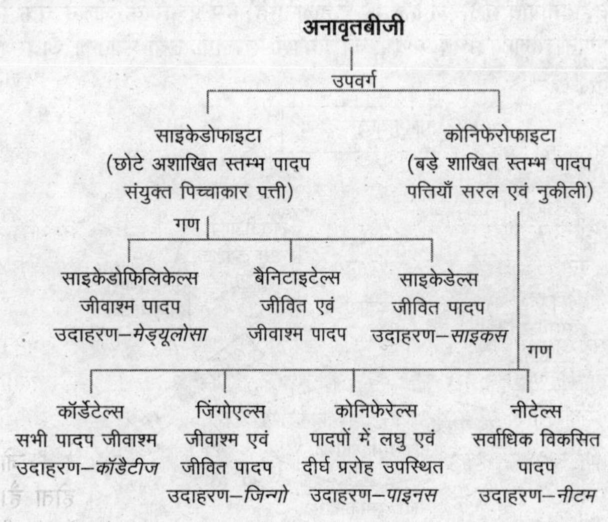

अनावृतबीजियों में जनन Reproduction in Gymnosperms

- अनावृतबीजियों में स्पष्ट रूप से पीढ़ियों का एकान्तरण पाया जाता है। इसमें दो भिन्न अवस्थाएँ होती हैं—बीजाणुद्भिद (Sporophyte) तथा युग्मकोद्भिद (Gametophyte)। ये दोनों ही अवस्थाएँ एक-दूसरे के एकान्तर में होती हैं, इस प्रक्रिया को पीढ़ियों का एकान्तरण (Alteration of generations) कहते हैं। इस पूर्ण जीवन चक्र में बीजाणुद्भिद प्रावस्था मुख्य होती है।

- बीजाणुद्भिद पादप जड़, स्तम्भ तथा पत्तियों में विभक्त होता है। पादप एकलिंगाश्रयी (उदाहरण—*साइकस*) या उभयलिंगाश्रयी (उदाहरण—*पाइनस*) होते हैं। सभी अनावृतबीजी विषमबीजाणुक (Heterospore) होते हैं; जिनके बीजाणुपर्णों से लघु तथा गुरुबीजाणु धानियों का निर्माण होता है। लघुबीजाणुपर्ण पर लघुबीजाणु धानियाँ स्थित होती हैं, जिनमें द्विगुणित लघुबीजाणु मातृ कोशिका (Diploid microspore mother cells) होते हैं।
- इनमें अर्द्धसूत्री विभाजन के फलस्वरूप अगुणित लघुबीजाणु या परागकण (Pollen grains) का निर्माण होता है। गुरुबीजाणुपर्ण पर बीजाण्ड (Ovule) या गुरुबीजाणुधानी (Megasporangium) स्थित होती है। प्रत्येक बीजाण्ड में द्विगुणित गुरुबीजाणु मातृ कोशिका (Megaspore mother cell) होती हैं, जिनमें अर्द्धसूत्री विभाजन से 4 अगुणित गुरुबीजाणु बनते हैं।
- लघुबीजाणु तथा गुरुबीजाणु युग्मकोद्भिद पीढ़ी की प्रथम कोशिकाएँ हैं, जो क्रमश: नर एवं मादा युग्मकोद्भिद निर्मित करते हैं। ये दोनों ही युग्मकोद्भिद सूक्ष्म, अनाकर्षक तथा अल्पकालिक होते हैं।
- प्रत्येक परागकण केवल दो नर युग्मक ही निर्मित करता है, जो कशाभिक या अकशाभिक होते हैं तथा प्रत्येक स्त्रीधानी में एक स्त्रीयुग्मक या अण्ड होता है। नर युग्मक वायु परागण के द्वारा मादा युग्मक तक पहुँचता है।
- नर तथा मादा युग्मकों के संलयन से द्विगुणित युग्मनज (Zygote) का निर्माण होता है। यह बीजाणुद्भिद पीढ़ी की प्रथम कोशिका होती है। युग्मनज में विभाजन के फलस्वरूप भ्रूण (Embryo) का निर्माण होता है, जो बीज (रूपान्तरित बीजाण्ड) में अवस्थित होता है।
- बीज के अंकुरण पर बीजाणुद्भिद बनते हैं। इस प्रकार पूर्ण जीवन चक्र अधि-द्विगुणित (Diplobiontic) कहलाता है। इस प्रकार के जीवन चक्र में द्विगुणित बीजाणुद्भिद पादप की प्रकाश-संश्लेषी तथा स्वतन्त्र अवस्था होती है।

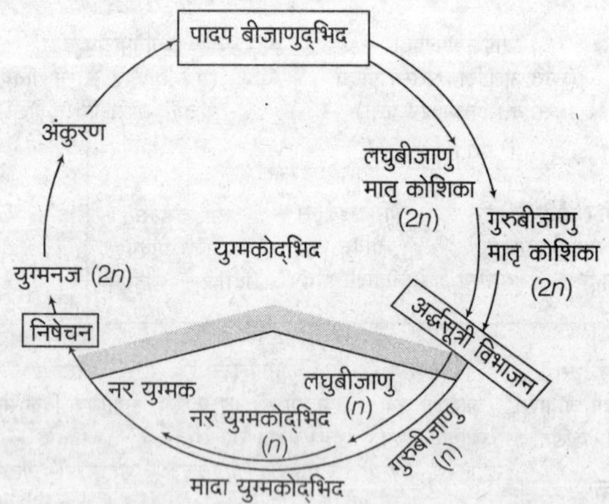

अनावृतबीजी के जीवन चक्र का आरेखी निरूपण

अनावृतबीजियों का आर्थिक महत्त्व
Economic Importance of Gymnosperms

(i) कुछ अनावृतबीजियों से भोज्य पदार्थ प्राप्त होते हैं; जैसे—*जैमिया* से स्टार्च, *साइकस* से सागो तथा *पाइनस जिरार्डियाना* से चिलगोजा (बीज)। कुछ पौधों; जैसे—*सिड्रस*, देवदार, *सिकोया*, आदि से लकड़ी प्राप्त होती है।

(ii) *साइकस, पाइनस, एरोकेसिया, थूजा* (मोरपंखी), आदि सजावट के लिए लगाए जाते हैं।

(iii) *एबीस बालसेमिया* से कनाडा बालसम, *पाइनस* से तारपीन का तेल तथा *इफेड्रा* से इफेड्रिन नामक औषधि प्राप्त होती है। *थूजा* या *हेमलॉक* से प्राप्त टेनिन, रोशनाई बनाने में प्रयोग होती है।

(iv) *साइकस* के तने के पिथ से स्टार्च निकलता है, जो साबूदाना बनाने के काम आता है। इस कारण इसको सागोपाम (Sago-palm) भी कहा जाता है।

(v) *साइकस* की कुछ प्रजातियों से चर्म रोग, सिर दर्द आदि की दवा बनाई जाती हैं।

आवृतबीजी Angiosperm

आवृतबीजी पादप प्राय: पुष्पीय पादपों के नाम से भी जाने जाते हैं। यह पादप जगत का सबसे बड़ा समूह है। आवृतबीजी पादपों का ऐसा समूह है, जिसमें बीजाण्ड या बीज, खोखले अण्डाशय के द्वारा घिरे रहते हैं। ये विभिन्न स्थानों पर पाए जाते हैं; जैसे-धरातल से लगभग 6000 मीटर ऊँचे हिमालय, अन्टार्कटिका तथा टुण्ड्रा। आवृतबीजी पादपों के लक्षण निम्नलिखित हैं

- मुख्य पादप बीजाणुद्भिद् (Sporophyte) होता है, जो जड़, तना व पत्ती में विभाजित होता है।
- ऊतक तन्त्र पूर्ण विकसित होता है।
- इनका सबसे प्रमुख लक्षण पुष्पों व फलों की उपस्थिति है।
- जनन हेतु इन पादपों पर पुष्प उत्पन्न होते हैं।
- नर जनन अंग पुंकेसर (Stamen) तथा मादा जनन अंग स्त्रीकेसर (Pistil/Carpel) कहलाता है।
- मादा युग्मकोद्भिद् 7-8 कोशिकीय होता है।
- इनमें द्विनिषेचन (Double fertilisation) होता है, जिसमें द्विगुणित युग्मनज (Diploid zygote) तथा त्रिगुणित भ्रूणपोष (Triploid endosperm) बनता है।
- इनमें संवहन ऊतक पाया जाता है।
- ये मृतोपजीवी, सहजीवी, स्वयंपोषी तथा परजीवी भी होते हैं।

वर्गीकरण Classification

आवृतबीजी पादप को निम्नलिखित दो वर्गों में विभाजित किया गया है

वर्ग-एकबीजपत्री Class–Monocotyledoneae

एकबीजपत्री पादपों के प्रमुख लक्षण निम्नलिखित हैं

- केवल अपस्थानिक जड़ें पायी जाती हैं।
- तने में संवहन पूल (Vascular bundle) बन्द तथा वल्कुट में बिखरे हुए होते हैं।
- संवहन पूल में कैम्बियम (एधा) अनुपस्थित होता है। अत: द्वितीयक वृद्धि नहीं होती है (अपवाद उपस्थित)।
- इनकी पत्तियों में समान्तर शिराविन्यास (Parallel venation) होता है।
- इनके पुष्प तृतीयक (Trimerous) होते हैं।
- इनके बीजों में केवल एकबीजपत्र (Cotyledon) होते हैं।
- इसका बीज भ्रूणपोषी होता है; उदाहरण-गन्ना, चावल, गेहूँ, मक्का।

वर्ग-द्विबीजपत्री Class-Dicotyledoneae

द्विबीजपत्री पादपों के प्रमुख लक्षण निम्नलिखित हैं

- पुष्पीय पादपों के इस वर्ग में दो बीजपत्र होते हैं।
- पत्तियों में जालिकावत् शिराविन्यास (Reticulate venation) पाया जाता है।
- पुष्पों के प्रत्येक चक्र में चार या पाँच बाह्यदल एवं दलपत्र होते हैं।
- पुष्प चतुष्टमयी (Tetramerous) या पंचतयी (Pentamerous) होते हैं।
- वर्धी संवहन पूल एक वलय में व्यवस्थित होते हैं।
- संवहन पूल में रन्ध्र की उपस्थिति के कारण ये द्वितीयक वृद्धि दर्शाते हैं; उदाहरण-चना, मटर, मूँगफली।

आवृतबीजी पादपों का जीवन चक्र Life Cycle of Angiospermic Plant

आवृतबीजी पादप विकसित तथा जटिल शरीर वाला बीजाणुद्भिद् होता है। यह द्विगुणित ($2n$) होता है। इसके जीवन चक्र में निम्न अवस्थाएँ होती हैं

- पादप में नर लैंगिक अंग पुंकेसर तथा मादा अंग स्त्रीकेसर होते हैं।
- पुंकेसर में द्विगुणित लघुबीजाणु मातृ कोशिकाएँ होती हैं, जो अर्द्धसूत्री विभाजन द्वारा परागकण बनाती है, जो अगुणित (n) होते हैं।

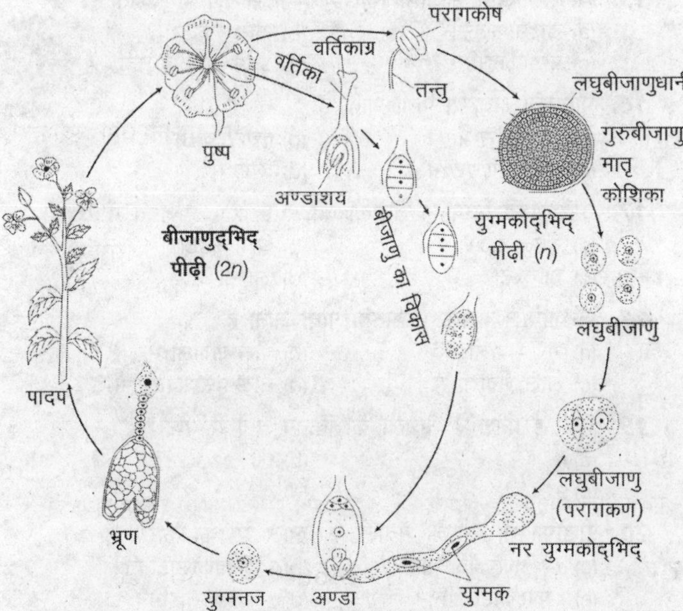

आवृतबीजी पादप का जीवन चक्र

- परागकण परागण द्वारा स्त्रीकेसर के वर्तिकाग्र पर पहुँचकर परागनलिका बनाते हैं, जो भ्रूणकोष में प्रवेश करती है।
- परागकण का केन्द्रक दो भागों में विभाजित होकर दो नर युग्मक बनाता है, जिसमें एक नर युग्मक अण्ड कोशिका से मिलकर भ्रूण का निर्माण करता है तथा दूसरा नर युग्मक द्वितीयक केन्द्रक से मिलकर भ्रूणपोष का निर्माण कर देता है। इस प्रकार दो बार निषेचन क्रिया होने से इस प्रकार का निषेचन **द्विनिषेचन** (Double fertilisation) कहलाता है।
- सम्पूर्ण बीजाण्ड भ्रूण और भ्रूणपोष के बनने से बीज में बदल जाता है, जबकि अण्डाशय फल बनाता है। बीज के अन्दर भ्रूण नया बीजाणुद्भिद् (Sporophyte) है, जो अंकुरित होकर नया पादप बनाता है।

आर्थिक महत्व Economic Importance

1. **इमारती लकड़ी** Timber
   - शीशम (*Dalbergia sissoo*) की लकड़ी फर्नीचर बनाने में प्रयोग होती है।
2. **बबूल की लकड़ी** Timber of *Acacia*
   - रेल के डिब्बे एवं फर्नीचर, आदि बनाने में प्रयुक्त करते हैं।
   - बड़ी घुमची (*Adenanthera pavonina*) वृक्ष की मजबूत एवं लाल रंग की लकड़ी का प्रयोग फोटो की फ्रेम बनाने में प्रयुक्त करते हैं।
3. **औषधिय पादप** Medicinal Plant
   (i) ***एट्रोपा बेलाडोना*** (*Atropa belladona*) के पादपों की जड़ों से प्राप्त एट्रोपिन नामक एल्केलॉइड बेलाडोना औषधि बनाने में प्रयुक्त होता है। यह शान्तिकार (Sedative) तथा दर्द निवारक होता है।
   (ii) **अश्वगन्धा** (*Withania somnifera*) के पादपों की जड़ों से औषधि बनाई जाती है। अश्व के समान इनकी जड़ों से गन्ध आने के कारण इसका नाम अश्वगन्धा पड़ा। इसका उपयोग गठिया, स्त्री रोग तथा खाँसी, आदि अनेक रोगों में किया जाता है।
   (iii) **हेनबैन** (*Hyoscyamus niger*) इससे हायोजाइमिन नामक एल्केलॉइड मिलता है इसकी पत्तियों एवं पुष्पों से हैनबेन (Henbane) नामक औषधि प्राप्त की जाती है, जो दमा व काली खाँसी (Asthma and whooping cough) के इलाज में प्रयुक्त होती है।
   (iv) **तम्बाकू** (*Nicotiana tabacum*) पादप से दो मुख्य एल्केलॉइड-एनाबैसिन (Anabasine) एवं निकोटिन (Nicotine) प्राप्त किए जाते हैं।
   (v) **धतूरा** (*Datura metel* and *D. stramonium*) पादपों की पत्तियों एवं पुष्पों से स्ट्रेमोनियम नामक औषधि प्राप्त होती है। इसमें प्रमुख रूप से तीन एल्केलॉइड्स; जैसे—एट्रोपिन (Atropene), हायोसायमिन (Hyocyamine) तथा हायोसिन (Hyocine) प्राप्त किए जाते हैं।
4. **रेशें प्रदान करने वाले पौधे**
   - कपास (*Gossipium indicum*)
   - पटसन (*Crotalaria juncea*)
   - भांग (*Cannabis sativa*)
   - सफेद कीकर (*Acacia leucophloea*)
5. **मसालें प्रदान करने वाले पौधे**
   - मेथी (*Trigonella foenum graecum*)
   - मिर्च (*Capsicum annuum*)

अभ्यास प्रश्न

शैवाल

1. निम्न में किस वर्गिकीविज्ञ के पादप जगत का वर्गीकरण *'फैमिलीज ऑफ फ्लोवरिंग प्लाण्ट्स'* नामक पुस्तक में किया था?
(a) क्रांक्विस्ट ने (b) तख्ताजन ने
(c) बेन्थम ने (d) हचिन्सन ने

2. लिनियस के द्वारा प्रस्तावित पादप वर्गीकरण कृत्रिम था क्योंकि
(a) केवल कुछ आकारिकी लक्षणों पर आधारित है
(b) लैंगिक लक्षणों का अभाव होता है
(c) पादपों के सभी वंशागत गुणों पर आधारित है
(d) सभी आकारिकी तथा कार्यिकी लक्षणों का अभाव है

3. पौधों के वर्गीकरण की कृत्रिम पद्धति को किसने प्रतिपादित किया था?
(a) एंग्लर ने (b) लिनियस ने
(c) बेन्थम एवं हुकर ने (d) टिप्पो ने

4. वर्गीकरण की कृत्रिम पद्धति के लिए सही कथन चुनिए।
(a) कृत्रिम पद्धति जीवों के बीच विद्यमान प्राकृतिक सम्बन्धों पर आधारित है
(b) यह एंग्लर (Engler) और प्रान्टल (Prantal) द्वारा प्रतिपादित की गई
(c) कृत्रिम पद्धति कायिक और लैंगिक लक्षणों को समान महत्त्व देती है
(d) इसमें बाह्य और आन्तरिक लक्षण; जैसे– शारीरिकी, भ्रौणिकी (Embryology), आदि को सम्मिलित किया जाता है

5. नीचे दिए गए युग्मों में से सही युग्म छाँटिए।
(a) वर्गीकरण की कृत्रिम पद्धति – एंग्लर एवं प्रान्टल
(b) वर्गीकरण की प्राकृतिक पद्धति – बेन्थम एवं हुकर
(c) वर्गीकरण की जातिवृत्तीय पद्धति – लिनियस
(d) जातिवृत्तीय वर्गीकरण – अरस्तू

6. शैवाल हैं
(a) पर्णहरिम धारण करने वाले स्वपोषी
(b) सरल और थैलॉइड
(c) दोनों (a) तथा (b)
(d) विषमपोषी

7. वर्गीकरण की जातिवृत्तीय पद्धति (Phylogenetic system) किसके द्वारा दी गई?
(a) एंग्लर एवं प्राण्टल (Engler and Prantl)
(b) अरस्तू (Aristotle)
(c) लिनियस (Linnaeus)
(d) बेन्थम एवं हुकर (Bentham and Hooker)

8. शैवालों से सम्बन्धित विज्ञान की शाखा है
(a) माइकोलॉजी (b) माइक्रोबायोलॉजी
(c) फाइकोलॉजी (d) सायनोलॉजी

9. पर्णहरित युक्त सूकाय का उदाहरण है
(a) *यूग्लीना* (b) *क्लोरैला*
(c) *एस्पर्जिलस* (d) *राइजोपस*

10. हाइड्रा में .... शैवाल पाया जाता है।
(a) *वूचेरेरिया* (b) *जूक्लोरैला*
(c) *क्लैमाइडोमोनास* (d) *नॉस्टॉक*

11. किस शैवाल के निवह को सीनोबियम कहते हैं?
(a) *ट्रेटास्पोरा* (b) *हाइड्रोडिक्टॉन*
(c) *क्लैमाइडोमोनास* (d) *वॉलवॉक्स*

12. जलीय रेशम कहते हैं
(a) *स्पाइरोगायरा* (b) *यूलोथ्रिक्स*
(c) *क्लैमाइडोमोनास* (d) *म्यूकर*

13. *स्पाइरोगायरा* के हरितलवक होते हैं
(a) सर्पिलाकार (b) प्यालेनुमा
(c) घोड़े की नालनुमा (d) त्रिभुजाकार

14. वृक्षनुमा या वृक्षाभ शैवाल है
(a) *कारा* (b) *यूलोथ्रिक्स*
(c) *वूचेरेरिया* (d) *एक्टोकार्पस*

15. धान के खेतों में प्रायः किस वर्ग के शैवाल पाए जाते हैं?
(a) डाइनोफाइसी (b) सायनोफाइसी
(c) रोडोफाइसी (d) इनमें से कोई नहीं

16. पाल्मेला अवस्था पायी जाती है
(a) *टेट्रास्पोरा* में (b) *वुचेरेरिया* में
(c) *स्पाइरोगायरा* में (d) *कारा* में

17. ऑसवाल्ड टिप्पो ने शैवालों को .... उपजगत में रखा।
(a) यूमेटाजोआ (b) थैलोफाइटा
(c) प्रोटिस्टा (d) प्लाण्टी

18. जैन्थोफिल वर्णक मुख्यतया पाया जाता है
(a) भूरे शैवालों में (b) पीले शैवालों में
(c) लाल शैवालों में (d) नीले-हरे शैवालों में

19. एफ. ई. फ्रीश ने शैवालों को कितने वर्गों में बाँटा?
(a) 4 (b) 11
(c) 9 (d) 7

20. रोडोफाइसी वर्ग के शैवालों का लाल रंग का कारण है
(a) α – फाइकोजैन्थीन (b) β –फाइकोसाइनिन
(c) *r*-फाइकोइरिथ्रीन (d) *r*-फाइकोसाइनिन

21. रोडोफाइसी में संचित भोज्य पदार्थ है
(a) ग्लाइकोजन (b) लेमेरिन मण्ड
(c) फ्लोरेडियन मण्ड (d) वसा

22. पाइरीनॉइड है
(a) स्टार्च के प्रोटीन से घिरे कण
(b) स्टार्च के तेल की बूँदों से घिरे कण
(c) प्रोटीन के तेल की बूँदों से घिरे कण
(d) प्रोटीन के स्टार्च से घिरे कण

23. भारतीय शैवाल विज्ञान के जनक हैं
(a) जे.ई. बटलर (b) एम. ओ. पी. आयंगर
(c) जे.एन. मिश्रा (d) आर. आर. मिश्रा

24. 'समुद्री सलाद' है
(a) *वॉलवॉक्स* (b) *अल्वा*
(c) *ग्रेसिलेरिया* (d) *क्लोरैला*

25. आयोडीन को प्राप्त करते हैं
(a) लाल शैवाल से (b) हरी शैवाल से
(c) भूरी शैवाल से (d) पीली शैवाल से

26. 'क्लोरेलीन' नामक प्रतिजैविक प्राप्त किया जाता है
(a) *वॉलवॉक्स* से (b) *क्लैमाइडोमोनास* से
(c) *एनाबीना* से (d) *क्लोरैला* से

27. मैनीटॉल के रूप में खाद्य संचय पाया जाता है
(a) लाल शैवालों में (b) पीले शैवालों में
(c) भूरे शैवालों में (d) नीले-हरे शैवालों में

28. चाय के लाल रस्ट रोग का कारक है
(a) *सिफेल्यूरोस* (b) *पक्सीनिया*
(c) *क्लोरैला* (d) *एल्ब्यूगो*

29. निम्न में से प्रोटीन का प्रमुख स्रोत है
(a) *स्पाइरोगायरा* (b) *स्पाइरुलिना*
(c) *क्लैमाइडोमोनास* (d) *सायटोनीमा*

30. गतिशील निवह पाया जाता है
(a) *वॉलवॉक्स* (b) *नॉस्टॉक*
(c) *स्पाइरोगायरा* (d) *क्लैमाइडोमोनास*

31. *स्पाइरोगायरा* का जीवन चक्र होता है
(a) हैप्लोण्टिक (b) डिप्लोण्टिक
(c) हैप्लोबायोण्टिक (d) डिप्लोबायोण्टिक

32. *यूलोथ्रिक्स* की एक कोशिका में होता है
(a) अनेक पाइरीनॉइड्स युक्त एक हरितलवक
(b) कुछ पाइरीनॉइड्स युक्त एक हरितलवक
(c) दो पाइरीनॉइड्स युक्त दो हरितलवक
(d) चार पाइरीनॉइड्स युक्त अनेक हरितलवक

33. *स्पाइरोगायरा* में कौन-सा लैंगिक जनन आकारिकीय रूप से पाया जाता है?
(a) विषमयुग्मकता (b) असमयुग्मकता
(c) समयुग्मकता (d) अनुपस्थित होता है

34. वर्ग—क्लोरोफाइसी की झिल्ली में कितने पाइरीनॉइड उपस्थित होते हैं?
(a) एक (b) दो
(c) एक से अधिक (d) पाइरीनॉइड अनुपस्थित होते हैं

35. पाइरीनॉइड बने होते हैं
(a) प्रोटीन के आवरण से घिरा स्टार्च से बना केन्द्रीय भाग
(b) वसीय आवरण से घिरा प्रोटीन से बना केन्द्रीय भाग
(c) प्रोटीन से बना केन्द्र और स्टार्च से बना आवरण
(d) प्रोटीन से घिरा न्यूक्लिक अम्ल से बना केन्द्रीय भाग

36. क्लोरोफाइसी के सदस्यों में सामान्यतया एक कठोर कोशिका भित्ति होती है, जो बनी होती है
(a) सेलुलोस (बाह्यआवरण) और एलजिन (अन्तःआवरण)
(b) पेक्टोज (अन्तःआवरण) और पेप्टाइडोग्लाइकेन (बाह्यआवरण)
(c) सेलुलोस (अन्तःआवरण) और पेक्टोज (बाह्यआवरण)
(d) काइटिन (अन्तःआवरण) और पेक्टोज (बाह्यआवरण)

37. निम्न में से कौन-सा कथन गलत है?
(a) एल्जिन और कैराजीनन शैवाल के उत्पाद हैं
(b) अगार-अगार *जेलीडियम* और *ग्रैसिलेरिया* से प्राप्त होता है
(c) *क्लोरेला* और *स्पाइरुलिना* को अन्तरिक्ष भोजन की तरह उपयोग में लिया जाता है
(d) रोडोफाइसी में मैनिटॉल संग्रहित खाद्य होता है

38. केल्प (शाखित अवस्था) और *सारगासम* (*Sargassum*) (तन्तुमय अवस्था) सम्बन्धित है
(a) हरे शैवाल (b) भूरे शैवाल
(c) लाल शैवाल (d) नील-हरित शैवाल

39. भूरे शैवालों में, खाद्य किस रूप में संग्रहित किया जाता है?
(a) मैनिटॉल (Mannitol)
(b) लैमिनेरियन (Laminarian) स्टार्च
(c) दोनों (a) तथा (b)
(d) एल्जिन

40. यदि आपको विभिन्न शैवालों को विशिष्ट समूहों में वर्गीकृत करने को कहा जाए, तो निम्न में से किन लक्षणों को आपको चुनना चाहिए?
(a) कोशिका में उपस्थित वर्णकों के प्रकार
(b) कोशिका में उपस्थित संग्रहित खाद्य पदार्थों के प्रकार
(c) थैलस का संरचनात्मक संगठन
(d) कोशिका भित्ति का रासायनिक संगठन

41. निम्न में से कौन-सा कथन गलत है?
(a) शैवाल निकटस्थ वातावरण में घुलित ऑक्सीजन का स्तर बढ़ाती है
(b) एल्जिन लाल शैवाल से और कैराजीनन भूरे शैवाल से प्राप्त होता है
(c) अगार-अगार *जेलीडियम* (*Gelidium*) और *ग्रैसिलेरिया* (*Gracilaria*) से प्राप्त होता है
(d) *लैमिनेरिया* और *सारगासम* को भोजन के रूप में प्रयोग करते हैं

42. भूरे शैवालों की कोशिकाओं में हरितलवक होता है, जो....*A*....और....*B*...में केन्द्रीकृत रहता है।
यहाँ *A* और *B* के लिए सही विकल्प चुनकर रिक्त स्थानों की पूर्ति कीजिए।
(a) *A*–रिक्तिका, *B*–केन्द्रक (b) *A*–गॉल्जीकाय, *B*–केन्द्रकाभ
(c) *A*–पाइरीनॉइड, *B*–कैराजीनन (d) *A*–पाइरीनॉइड, *B*–केन्द्रक

43. एक शैवाल, जो मानव के लिए खाद्य के रूप में प्रयुक्त होता है, वह है
(a) *यूलोथ्रिक्स* (b) *क्लोरेला*
(c) *स्पाइरोगायरा* (d) *पॉलीसिफोनिया*

44. आधारलग्न (Holdfast), कटाव और प्रपर्ण (Frond) किस पादप में बनते हैं?
(a) *वॉलवॉक्स* (b) *कारा*
(c) *लैमिनेरिया* (d) *क्लैमाइडोमोनास*

45. भूरे शैवाल में, अलैंगिक जनक किसके द्वारा होता है?
(a) ऐप्लैनोस्पोर सेब के आकार के और अचल
(b) द्विकशाभीय युग्मक (नाशपाती के आकार के और दो असमान कशाभ वाले)
(c) एण्डोस्पोर (गोल और एक कशाभ युक्त)
(d) बहुकशाभकीय युग्मक और हँसियाकार

46. उस कथन को पहचानिए, जो यह वर्णित करता है, कि रोडोफाइसी लाल रंग क्या दर्शाते हैं?
(a) अधिकांश रोडोफाइसी गहराई में रहते हैं, पर्णहरिम केवल स्पेक्ट्रम के लाल क्षेत्र में प्रकाश को अवशोषित कर सकती है
(b) प्रकाश की वह तरंगदैर्ध्य, जो पर्णहरिम द्वारा अवशोषित होती है वह शैवाल के अन्दर उपस्थित फाइकोइरिथ्रिन (एक लाल वर्णक) को स्थानान्तरित कर देती है
(c) फाइकोइरिथ्रिन सभी प्रकाश किरणों को अवशोषित करता है
(d) प्रकाश, जो जल में अत्यधिक गहराई तक जाता है वह स्पेक्ट्रम का नीला-हरा क्षेत्र होता है, जो फाइकोइरिथ्रिन द्वारा अवशोषित होता है

47. *कारा* के लिए निम्न में कौन-सा कथन असत्य है?
(a) ऊपरी ऊगोनियम और निचली गोल पुंधानी
(b) ग्लोब्यूल और न्यूक्यूल समान पादप में उपस्थित
(c) ऊपरी पुंधानी और निम्न अण्डधानी
(d) ग्लोब्यूल नर जनन संरचना है

48. फाइकोइरिथ्रिन किसमें उपस्थित होता है?
(a) *पॉलीसिफोनिया* (b) *लैमिनेरिया*
(c) केल्प (Kelps) (d) *क्लैमाइडोमोनास*

49. निम्न में से कौन-सा सही युग्मन नहीं है?
(a) *क्लैमाइडोमोनास*– एककोशिकीय कशाभिकीय
(b) *लैमिनेरिया* – चपटा पत्ती-समान थैलस
(c) *क्लोरेला* – एककाशिकीय अकशाभिकीय
(d) *वॉलवॉक्स* – कॉलोनियल प्रकार, अकशाभिकीय

ब्रायोफाइटा

50. ब्रायोफाइट को 'पादप जगत का उभयचर' (Amphibians) भी कहा जाता है, क्योंकि
(a) जल जनन के लिए आवश्यक है
(b) ये केवल जल में रहते हैं
(c) ये पादप मृदा में रहते हैं, लेकिन लैंगिक जनन के लिए जल पर निर्भर हैं
(d) जल बीजाणुओं के बनने के लिए आवश्यक है

51. मॉस नम स्थानों पर पायी जाती हैं, क्योंकि
(a) ये स्थल पर वृद्धि नहीं कर सकती
(b) इनके युग्मक जल में संलयित होते हैं
(c) ये संवहन ऊतक रहित होती है
(d) ये मूल और स्टोमेटा रहित होती है

52. ब्रायोफाइट्स का पादप शरीर सूकायनुमा, ऊर्ध्व या सीधे एवं आधार से जुड़े रहते हैं
(a) एककोशिकीय या बहुकोशिकीय मूल से
(b) एककोशिकीय या बहुकोशिकीय मूलाभास से
(c) बहुकोशिकीय मूल से
(d) एककोशिकीय मूल से

53. निम्न में से कौन-से पादप समूह में वास्तविक मूल, तना और पत्तियों का अभाव होता है?
(a) आवृतबीजी (b) अनावृतबीजी
(c) टेरिडोफाइट (d) ब्रायोफाइट

54. ब्रायोफाइट् में, एक वयस्क पादपकाय होता है
(a) बीजाणुद्भिद् (b) ऐपीफाइट
(c) बीजाणुजन (d) युग्मकोद्भिद्

55. भारतीय बायोलॉजी का जनक माना जाता है
(a) प्रो. के. सी. मेहता (b) प्रो. डी. डी. पन्त
(c) प्रो. एस.आर. कश्यप (d) प्रो. पी. एन. मेहरा

56. किसके बीजाणु में हरितलवक मिलते हैं?
(a) *राइजोपस* के (b) *एस्पर्जिलस* के
(c) *फ्यूनेरिया* के (d) *रिक्सिया* के

57. पादप समूह जो स्पोर्स और भ्रूण बनाते हैं, किन्तु जिसमें बीज और संवहन ऊतक अनुपस्थित होते हैं
(a) कवक (b) ब्रायोफाइट्स
(c) टेरिडोफाइट्स (d) जिम्नोस्पर्म

58. ब्रायोफाइट्स, टेरिडोफाइट्स से भिन्न है
(a) तैरने वाले एन्थ्रोजोइड्स में
(b) स्वतन्त्र गैमीटोफाइट्स में
(c) आर्किगोनिया में
(d) संवहन ऊतक की अनुपस्थिति में

59. सबसे बड़ा गैमीटोफाइट होता है
(a) *फ्यूनेरिया* का (b) *सिलेजिनेला* का
(c) *पाइनस* का (d) *साइकस* का

60. *फ्यूनेरिया* का सामान्य नाम है
(a) पीट मॉस (b) पौण्ड मॉस
(c) ग्रीन मॉस (d) रेनडियर मॉस

61. पीट मॉस का वानस्पतिक नाम है
(a) *स्फैगनम* (b) *फ्यूनेरिया*
(c) *एन्थोसिरोस* (d) *पॉलीट्राइकम*

62. हेयर कप मॉस का सामान्य नाम है
(a) *पॉलीट्राइकम* (b) *फ्यूनेरिया*
(c) *ग्रिमिया* (d) *स्फैगनम*

63. निम्न में से सबसे बड़ा ब्रायोफाइटा है
(a) *स्फैगनम* (b) *ड्रॉसोनिया*
(c) *फ्यूनेरिया* (d) *मार्केन्शिया*

64. स्पोरोगोनियम में इलेटर्स पाए जाते हैं
(a) *रिक्सिया* में (b) *मार्केन्शिया* में
(c) *सिलेजिनेला* में (d) *स्फैगनम* में

65. ब्रायोफाइटा के सन्दर्भ में सत्य है
I. यह सर्वप्रथम स्थल पर उगने वाले पादप समूह हैं।
II. इनमें जड़ तथा संवहन तन्त्र पाया जाता है।
III. यह आर्किगोनिया युक्त होते हैं।
IV. स्पोरोफाइट पीढ़ी प्रभावी होती है।
(a) I और II (b) I और III (c) II और IV (d) III और IV

66. मॉस कैप्सूल के पेरीस्टोम में कितने दाँत पाए जाते हैं?
(a) 8 (b) 16 (c) 32 (d) 64

67. *फ्यूनेरिया* में मादा जननांग कहलाता है
(a) पैराफाइसिस (b) ऊस्पोर
(c) आर्किगोनियम (d) एन्थ्रीडियम

68. *रिक्सिया* की आर्किगोनियम होती है
(a) घुमावदार (b) कपनुमा
(c) ताराकार (d) फ्लास्कनुमा

69. मॉस के किस भाग में स्टोमेटा (रन्ध्र) मिलते हैं?
(a) तना में (b) पत्ती में
(c) कैप्सूल में (d) राइजोइड में

70. *रिक्सिया* का थैलस होता है
(a) ट्रिप्लॉइड (b) डिप्लॉइड (c) हैप्लॉइड (d) ट्रेटाप्लॉइड

71. *फ्यूनेरिया* की आर्किगोनियम में कितनी ग्रीवा केनाल कोशिकाएँ होती हैं?
(a) 2 - 6 (b) 4 - 8 (c) 3 - 7 (d) 6 - 18

72. मॉस में अर्द्धसूत्री विभाजन होता है
(a) स्त्रीधानी में (b) मूलाभास में
(c) पुंधानी में (d) सम्पुटिका में

73. मॉस प्राय: नमी वाले क्षेत्रों में उगते हैं, क्योंकि
(a) इन्हें निषेचन हेतु जल की आवश्यकता होती है
(b) इसमें वाष्पोत्सर्जन की दर बहुत अधिक होती है
(c) इन्हें उपापचय में अधिक जल की आवश्यकता होती है
(d) उपरोक्त में से कोई नहीं

74. ब्रायोफाइट के जलीय पूर्वजों का सकारात्मक प्रमाण है
(a) तन्तु-समान प्रोटोनिमा (b) हरा रंग
(c) कुछ रूप अभी भी जलीय हैं (d) पक्ष्माभीय शुक्राणु

75. पादपों की जल अवशोषण की क्षमता रुई को प्रतिस्थापित करती है और ईंधन के रूप में उपयोग में ली जाती है
(a) *मार्केन्शिया* (b) *रिक्सिया* (c) *स्फैगनम* (d) *फ्यूनेरिया*

76. मॉस के साथ लाइकेन का भी अत्यधिक पारिस्थितिक महत्व है, क्योंकि
(a) ये नग्न चट्टानों पर कॉलोनी बनाते हैं और चट्टानों को अपघटित करते हैं
(b) मृदा अपरदन में इनके योगदान के लिए
(c) पारिस्थितिक अनुक्रमण में इनके योगदान के लिए
(d) उपरोक्त सभी

77. निम्न में से कौन, दिए गए चित्र में पादप के नामांकित अंगों का सही गुणित स्तर दर्शाता है?

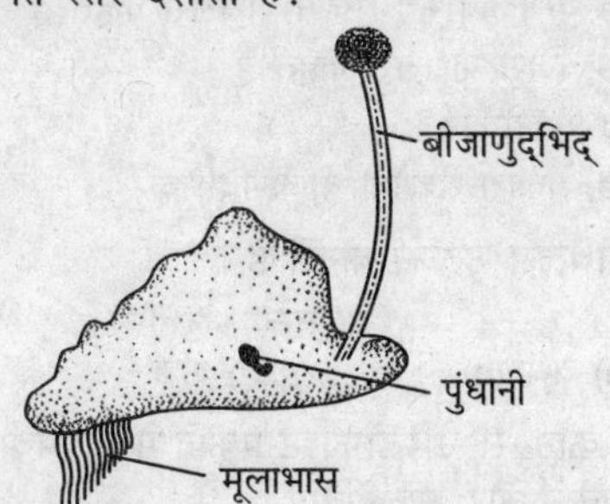

(a) बीजाणुद्भिद् द्विगुणित (2*n*) (b) पुंधानी अगुणित (*n*)
(c) मूलाभास अगुणित (*n*) (d) ये सभी

78. निम्न लिवरवर्ट्स में से किसमें सूकायी पादपकाय उपस्थित होती है?
(a) *मार्केन्शिया* (b) *फ्यूनेरिया*
(c) *स्फैगनम* (d) *पोगोनेटम*

79. लिवरवर्ट में, अलैंगिक जनन किसके द्वारा होता है?
(a) गेमी और सूकाय के विखण्डन से
(b) विखण्डन और जूस्पोर
(c) गेमी के बनने और बीजाणु के बनने
(d) समयुग्मकी और असमयुग्मकी

80. गेमी अलैंगिक कलिकाएँ हैं, जो सूक्ष्म पत्रधारक, जिन्हें गेमा कप कहते हैं पर उत्पन्न होती हैं। ये पायी जाती हैं
(a) *फ्यूनेरिया* में (b) *मार्केन्शिया* में
(c) फर्न में (d) *स्फैगनम* में

81. मॉस की युग्मकोद्भिद् (Gametophyte) होती है
(a) सीटा (b) सम्पुट (c) युग्मनज (d) प्रोटोनिमा

82. यदि *फ्यूनेरिया* के पर्ण में 5 गुणसूत्र हों, तो प्राथमिक प्रोटोनिमा में होगें
(a) 10 गुणसूत्र (b) 5 गुणसूत्र (c) 15 गुणसूत्र (d) 20 गुणसूत्र

83. मॉस पादप में, बीजाणु किसमें बनते हैं?
(a) पाद (b) सीटा
(c) सम्पुट (d) दोनों (b) तथा (c)

84. पीढ़ी एकान्तरण में, बीजाणुद्भिद् पीढ़ी.... *A* ....होती है और युग्मकोद्भिद् पीढ़ी..... *B* ....होती है। यहाँ *A* और *B* सम्बन्धित हैं।
(a) *A*–2*n*; *B*–*n* (b) *A*–*n*; *B*–2*n*
(c) *A*–*n*; *B*–*n* (d) *A*–2*n*, *B*–2*n*

85. मॉस पादप होते हैं
(a) कभी-कभी युग्मकोद्भिद् और कभी-कभी बीजाणुद्भिद्
(b) प्रमुखतया युग्मकोद्भिद्, जिससे बीजाणुद्भिद् जुड़े रहते हैं
(c) युग्मकोद्भिद्
(d) बीजाणुद्भिद्

86. *फ्यूनेरिया*, *पॉलीट्राइकम* और *स्फैगनम* उदाहरण हैं
(a) लिवरवर्ट्स (d) फर्न
(c) मॉस (d) टेरिडोफाइट्स

87. एक मॉस में, बीजाणुद्भिद् है
(a) युग्मकोद्भिद् पर आंशिक रूप से परजीवी
(b) युग्मक उत्पन्न करता है, जो युग्मकोद्भिद् को जन्म देता है
(c) एक बीजाणु से पैदा होती है और युग्मकोद्भिद् उत्पन्न करती है
(d) अपने और सभी युग्मकोद्भिद् के लिए भोजन निर्माण करती है

88. अन्य हरे पादप समूहों की तुलना में ब्रायोफाइट का विशिष्ट लक्षण है कि
(a) ये बीजाणु उत्पन्न करते हैं
(b) इनमें संवहनी ऊतक का अभाव होता है
(c) इनमें मूल का अभाव होता है
(d) इनके बीजाणुद्भिद् युग्मकोद्भिद् से जुड़े रहते हैं

89. ब्रायोफाइट के लिए कौन-सा कथन गलत है?
(a) लैंगिक जनन के लिए जल आवश्यक है
(b) पुंधानी की उपस्थिति
(c) पक्ष्माभीय शुक्राणुओं की उपस्थिति
(d) स्वपोषी, स्वतन्त्र बीजाणुद्भिद् की उपस्थिति

90. यदि *फ्यूनेरिया* के पर्ण में गुणसूत्रों की संख्या 20 हो तो, बीजाणुओं में गुणसूत्रों की संख्या कितनी होगी?
(a) 10 (b) 40 (c) 20 (d) 5

टेरिडोफाइटा

91. संवहनी क्रिप्टोगैम हैं
(a) ब्रायोफाइटा (b) टेरिडोफाइटा
(c) जिम्नोस्पर्म्स (d) एन्जियोस्पर्म्स

92. क्लब मॉस है
(a) शैवाल (b) टेरिडोफाइटा
(c) कवक (d) ब्रायोफाइटा

93. प्रथम संवहनीय पादप समूह है
(a) थैलोफाइटा (b) ब्रायोफाइटा
(c) टेरिडोफाइटा (d) स्पर्मेटोफाइटा

94. फर्न का युग्मकोद्भिद् होता है
(a) अण्डाकार (b) रन्ध्राकार
(c) हृदयाकार प्रोथैलस (d) दृढ़पर्णी

95. फर्न के बीजाणुधानी में बीजाणुओं की संख्या होती है
(a) 16-32 तक (b) 32-64 तक
(c) 2-4 तक (d) 8-16 तक

96. निम्न में जलीय टेरिडोफाइट्स है
(a) *साल्वीनिया* एवं *एजोला*
(b) *सिलेजिनेला* एवं *लाइकोपोडियम*
(c) *ड्रायोप्टेरिस* एवं *टैरिस*
(d) उपरोक्त में से कोई नहीं

97. सामान्यतया धान के खेतों में पायी जाने वाली फर्न है
(a) *एजोला* (b) *ड्रायोप्टेरिस*
(c) *एनाबीना* (d) *स्पाइरुलीना*

98. निम्नलिखित में से किस पौधे को 'स्पाइक मॉस' कहते हैं?
(a) *फ्यूनेरिया* (b) *स्फैगनम*
(c) *सिलेजिनेला* (d) *मार्सिलिया*

99. कौन-सा टेरिडोफाइटा 'हॉर्स टेल' कहलाता है?
(a) *इक्वीसिटम* (b) *लाइकोपोडियम*
(c) *मार्सिलिया* (d) *सिलेजिनेला*

100. *ड्रायोप्टेरिस* के रम्भ होते हैं
(a) ठोस रम्भ (b) अरीय रम्भ
(c) जाल रम्भ (d) दारु रम्भ

101. मोनोसियस अवस्था पायी जाती है
(a) *साइकस* में (b) *सिलेजिनेला* में
(c) *पाइनस* में (d) *टेरीडियम* में

102. फर्न के पुंमणु में गति होती है
(a) प्रकाश - अनुवर्ती (b) रसायन - अनुचलनी
(c) रसायन - अनुवर्ती (d) जल - अनुवर्ती

103. ब्रायोफाइट्स तथा टेरिडोफाइट्स के बीच समान लक्षण है
(a) संवहन तन्त्र (b) स्थलीय स्वभाव
(c) निषेचन के लिए जल (d) आत्मनिर्भर स्पोरोफाइट

104. फर्न्स का प्रमुख लक्षण है
(a) विषमबीजाणुकता (b) बीजधारण करना
(c) समबीजाणुकता (d) विकसित पोषवाह

105. फर्न की स्त्रीधानी में ग्रीवा नलिका कोशिकाएँ होती हैं
(a) एक, द्विकेन्द्रकीय (b) चार, प्रत्येक एककेन्द्रकीय
(c) छः, प्रत्येक एककेन्द्रकीय (d) दो, प्रत्येक द्विकेन्द्रकीय

106. बहुकशाभिकीय नर युग्मक पाए जाते हैं
(a) *क्लैमाइडोमोनास* में (b) *फ्यूनेरिया* में
(c) *ड्रायोप्टेरिस* में (d) *रिक्सिया* में

107. निम्न में से *फ्यूनेरिया* तथा *सिलेजिनेला* में समान नहीं है
(a) जड़ (b) आर्किगोनियम
(c) भ्रूण (d) गतिशील स्पर्म

108. *सिलेजिनेला* स्पी. का मुख्य पौधा होता है
(a) गैमीटोफाइट (b) स्पोरोफाइट
(c) दोनों (a) तथा (b) (d) इनमें से कोई नहीं

109. *सिलेजिनेला* का राइजोफोर है
(a) रूपान्तरित पर्ण (b) जड़
(c) प्ररोह (d) *स्यू जेनेरिस* अंग

110. निम्न में से कौन-सा पादप समूह संवहन ऊतक जाइलम और फ्लोएम रखने वाले प्रथम स्थलीय पादप समूह है?
(a) ब्रायोफाइट (b) टेरिडोफाइट
(c) अनावृतबीजी (d) आवृतबीजी

111. टेरिडोफाइटा को यह भी कहा जाता है
(a) क्रिप्टोगैम्स (b) संवहनी क्रिप्टोगैम्स
(c) उभयचर पादप (d) फैनेरोगैम्स

112. बीजाणुद्भिद् पीढ़ी किसके जीवन चक्र की मुख्य प्रावस्था होती है?
(a) *मार्केन्शिया* (b) फर्न
(c) मॉस (d) लिवरवर्ट

113. टेरिडोफाइटा में छोटी पत्तियाँ किसके समान होती हैं?
(a) *वॉलवॉक्स* (b) *मार्सिलिया* (c) *सिलैजिनेला* (d) *एजोला*

114. ब्रायोफाइट और टेरिडोफाइट में, नर युग्मक स्थानान्तरण के लिए आवश्यक है
(a) कीट (b) पक्षी
(c) जल (d) वायु

115. टेरिडोफाइट में, बीजाणु अंकुरित होकर जन्म देते हैं
(a) थैलॉइड युग्मकोद्भिद्, जिसे प्रोथैलस कहते हैं
(b) थैलॉइड, जिसे प्रोथैलस कहते हैं
(c) थैलॉइड स्पोरोकार्प
(d) थैलॉइड, प्रकाश-संश्लेषी बीजाणुद्भिद्

116. फर्न का प्रोथैलस उत्पन्न करता है
(a) बीजाणु (b) युग्मक
(c) दोनों (a) तथा (b) (d) शंकु

117. निम्न में से कौन-सा टेरिडोफाइट प्रकृति में विषमबीजाणुक होता है?
(a) *सिलैजिनेला* और *साल्वीनिया*
(b) *एडिएण्टम* और *इक्वीसीटम*
(c) *सिलोटम* और *लाइकोपोडियम*
(d) *एडिएण्टम* और *सिलोटम*

118. विषमबीजाणुकी टेरिडोफाइट्स में, युग्मकोद्भिद् होते हैं
(a) संवहनीय
(b) द्विलिंगाश्रयी
(c) एकलिंगाश्रयी
(d) या तो द्विलिंगाश्रयी या एकलिंगाश्रयी हो सकते हैं

119. निम्न में से कौन-सा कथन सत्य है?
(a) टेरिडोफाइट के युग्मकोद्भिद् में एक प्रोटोनीमल और पर्णिल अवस्था होती है
(b) अनावृतबीजी में, मादा युग्मकोद्भिद् स्वतन्त्र रहने वाली होती है
(c) टेरिडोफाइट में एन्थ्रीडियोफोर और आर्किगोनियोफोर उपस्थित होते हैं
(d) बीज प्रकृति के जन्म के अवशेष टेरिडोफाइट में मिलते हैं

120. निम्न में से कौन-सा टेरिडोफाइट वर्ग टेरोप्सिडा (Pteropsida) से सम्बन्ध रखता है?
(a) *इक्वीसिटम* और *सिलोटम* (b) *लाइकोपोडियम* और *एडिएण्टम*
(c) *सिलैजिनेला* और *टेरिस* (d) *टेरिस* और *एडिएण्टम*

121. दो सबसे अलग पीढ़ियाँ किसके जीवन चक्र में पायी जाती हैं?
(a) जीवाणु (b) *स्पाइरोगायरा*
(c) *वॉलवॉक्स* (d) फर्न

122. सबसे कम कोशिका संख्या के साथ नर युग्मकोद्भिद् उपस्थित होता है
(a) *टेरिस* (b) *फ्यूनेरिया*
(c) *लिलियम* (d) *पाइनस*

जिम्नोस्पर्म (अनावृतबीजी)

123. अनावृतबीजी तथा आवृतबीजी में अनावृतबीजी को नग्नबीजी पादप कहते हैं क्योंकि इनमें अनुपस्थित होता है
(a) अण्डाशय भित्ति (b) अध्यावरण
(c) परिदलपुंज (d) बीजाण्डकाय

124. वह पादप जो बीज बनाता है किन्तु उसमें पुष्प और फल अनुपस्थित होते हैं
(a) कवक (b) ब्रायोफाइटा
(c) टेरिडोफाइटा (d) जिम्नोस्पर्म

125. अनावृतबीजियों में भ्रूणपोष होता है
(a) द्विगुणित (b) त्रिगुणित
(c) अगुणित (d) दोनों (a) तथा (b)

126. *साइकस* के परागकण किस अवस्था पर गिरते हैं?
(a) एक कोशिकीय (b) दो कोशिकीय
(c) तीन कोशिकीय (d) चार कोशिकीय

127. प्रवालाभ जड़ें पायी जाती हैं
(a) *पाइनस* में (b) *साइकस* में
(c) आवृतबीजी में (d) *लाइकोपोडियम* में

128. संसार में सबसे लम्बा वृक्ष है
(a) *पाइनस* (b) *सिकोया*
(c) *इफेड्रा* (d) *यूकेलिप्टस*

129. संचरण ऊतक पाया जाता है
(a) *साइकस* के पर्णक में (b) *साइकस* की जड़ में
(c) *फ्यूनेरिया* की पत्ती में (d) *टैरिस* के पर्णक में

130. पादप जगत में सबसे बड़ा बीजाण्ड पाया जाता है
(a) *साइकस रिवोलुटा* में (b) *साइकस रम्फाई* में
(c) *साइकस सिर्सिनेलिस* में (d) *साइकस बेडोमियाई* में

131. निम्न में किसे जीवित जीवाश्म कहा जाता है?
(a) *साइकस* को (b) फर्न को
(c) *स्फैगनम* को (d) *पाइनस* को

132. अनावृतबीजी को किस विशिष्ट लक्षण द्वारा पहचाना जाता है?
(a) बहुकशाभीय शुक्राणु (b) नग्न बीज
(c) पंखयुक्त बीज (d) फल के अन्दर बीज

133. 'चिलगोजा' होता है
(a) *पाइनस जिरार्डियाना* का बीज
(b) *जिंगो* का बीज
(c) *साइकस रिवोल्यूटा* का बीज
(d) *पाइनस वालिचिआना* का बीज

134. *साइकस* के पुंमणु हैं
(a) अण्डाकार तथा बहुपक्ष्माभिक
(b) लट्टू के आकार के एवं बहुपक्ष्माभिक
(c) सर्पिलाकार तथा एकपक्ष्माभिक
(d) सर्पिलाकार तथा द्विपक्ष्माभिक

135. अनावृतबीजियों के पौधे में फल नहीं बनते, क्योंकि
(a) ये बीजरहित पौधे होते हैं
(b) इनमें स्त्रीधानी में पट पाए जाते हैं
(c) इनमें अण्डाशय नहीं होता है
(d) इनमें बाह्य निषेचन होता है

136. *साइकस रिवोल्यूटा* है
(a) डेट पाम (b) सी-पाम
(c) रॉयल पाम (d) सागो पाम

137. चिलगोजा में खाया जाने वाला भाग है
(a) द्विगुणित परिभ्रूणपोष (b) मादा युग्मकोद्भिद्
(c) फलभित्ति (d) बीजपत्र

138. पंखयुक्त बीज पाए जाते हैं
(a) *साइकस* में (b) *टैरिस* में
(c) *रिक्सिया* में (d) *पाइनस* में

139. निम्नलिखित में से तारपीन का तेल प्राप्त किया जाता है
(a) *साइकस* से (b) *रिक्सिया* से
(c) *मॉस* से (d) *पाइनस* से

140. ऐम्बर प्राप्त किया जाता है
(a) *पाइनस सक्सीनीफेरा* से (b) *पाइसिया* से
(c) *थूजा* से (d) *साइकस* से

141. निम्न में से कौन-सा जिम्नोस्पर्म का लक्षण नहीं है?
(a) समान्तर शिराविन्यास (b) बहुवर्षीय पौधा
(c) बीजाणुद्भिद् पादप (d) वाहिका युक्त दारु

142. पादप जगत में सबसे बड़े पुंमणु पाए जाते हैं
(a) *पाइनस* में (b) *सिक्यूआ* में
(c) *साइकस* में (d) फर्न में

143. कनाडा बालसम एक ओलियोरेसिन है, जोकि प्राप्त होता है
(a) *एबीस बालसेमिया* से (b) *इम्पेशिएन्स बालसेमिया* से
(c) *पाइनस जिरार्डियाना* से (d) *हेलीएन्थस एनस* से

144. अनावृतबीजी से सम्बन्धित गलत कथन को पहचानिए।
(a) अनावृतबीजी में, बीजाण्ड निषेचन से पहले और बाद में खुलते हैं
(b) दैत्याकार रेड वुड (लाल लकड़ी) वृक्ष *सिकोया (Sequoia)* सबसे लम्बा अनावृतबीजी वृक्ष है
(c) अनावृतबीजी समबीजाणुकी होते हैं
(d) अनावृतबीजी की पत्तियाँ कठिन पर्यावरणीय परिस्थितियों को सहन करने के लिए अनुकूलित होती है

145. शंकुधारी वृक्ष कठिन पर्यावरणीय परिस्थितियों को सहन करने के लिए अनुकूलित होते हैं, क्योंकि
(a) चौड़ी कठोर पत्तियाँ (b) ऊपरी रन्ध्र
(c) मोटी उपचर्म (d) वाहिकाओं की उपस्थिति

146. अनावृतबीजी में, पराग कक्ष प्रतिनिधित्व करता है
(a) परागकण में एक कोशिका, जिसमें शुक्राणु बनते हैं
(b) बीजाण्ड में एक गुहा, जिसमें परागकण निषेचन के पश्चात् संग्रहित होते हैं
(c) गुरुयुग्मकोद्भिद् में एक छिद्र, जिसमें से परागनली अण्ड तक जाती है
(d) लघुबीजाणुधानी, जिसमें परागकण विकसित होते हैं

147. निम्न में से कौन-सा युग्मकोद्भिद् स्वतन्त्रजीवी नहीं होता है?
(a) *फ्यूनेरिया* (b) *मार्केन्शिया* (c) *टेरिस* (d) *पाइनस*

148. सही कथन चुनिए।
(a) *साल्वीनियां, जिंगो और पाइनस* सभी अनावृतबीजी हैं
(b) *सिकोया* सबसे लम्बे पेड़ों में से एक है
(c) अनावृतबीजी की पत्तियाँ कठोर वातवारण के लिए ठीक से अनुकूलित नहीं होती
(d) अनावृतबीजी समबीजाणुकी और विषमबीजाणुकी दोनों होते हैं

149. निम्न में कौन अनावृतबीजी में मूसला जड़ें N_2-स्थिरीकरण करने वाले नील-हरित जीवाणु के साथ संयुक्त रहती है?
(a) *पाइनस* (b) *साइकस* (c) *सिड्रस* (d) *जिंगो*

150. इनमें से कौन-सा एक *साइकस* का लक्षण नहीं है?
(a) अशाखित तना (Unbranched stem)
(b) पिन्नेट पत्तियाँ (Pinnate leaves)
(c) नर और मादा शंकु भिन्न वृक्षों पर पैदा हो सकते हैं
(d) स्त्रीधानी अनुपस्थित होती है

151. अनावृतबीजी में पत्तियाँ अतिशय ताप, नमी और वायु को सहन करने के लिए अनुकूलित होती है। निम्न में से कौन-सा/कौन-से शंकु वृक्षों के मरुद्भिद् लक्षण है?
(a) सुईनुमा पत्तियाँ (b) मोटी उपचर्म
(c) सिकुड़ा हुआ रन्ध्र (d) ये सभी

152. गुरुबीजाणुपर्ण शब्द अनावृतबीजी में दर्शाता है
(a) कार्पल (b) पत्तियाँ (c) मादा शंकु (d) पुंकेसर

153. *साइकस* होते हैं
(a) समबीजाणुकी और लिंगाश्रयी
(b) समबीजाणुकी और द्विलिंगाश्रयी
(c) विषमबीजाणुकी और एकलिंगाश्रयी
(d) विषमबीजाणुकी और द्विलिंगाश्रयी

154. *पाइनस* में नर शंकु अधिक संख्या में रखते हैं
(a) लिग्यूलस (b) परागकोष
(c) लघुबीजाणुपर्ण (d) गुरुबीजाणुपर्ण

155. अनावृतबीजी में लघु बीजाणुधानी उत्पन्न होती है
(a) लघुबीजाणुपर्ण के मध्य क्षेत्र पर
(b) लघुबीजाणु पर्ण के मध्य स्थान पर
(c) गुरुबीजाणु पर्ण के मध्य स्थान पर
(d) लघुबीजाणु पर्ण के सबसे ऊपरी सिरे पर

156. अनावृतबीजी में लघुबीजाणु एक नर युग्मकोद्भिद् पीढ़ी के रूप में विकसित होते हैं, जो
(a) काफी अधिक ह्रासित और कोशिकाओं की सीमित संख्या तक रहती है
(b) अधिक विकसित होती है
(c) एक स्वतन्त्रजीवन होता है
(d) दोनों (a) तथा (c)

157. शंकु धारण करने वाले गुरुबीजाणु पर्ण, जो बीजाण्ड के साथ होते हैं, कहलाते हैं
(a) नर शलय (Male strobili) (b) मादा शलय (Female strobili)
(c) गुरु बीजाणुधानी (d) लघु बीजाणुधानी

158. अनावृतबीजी में, बीजाण्डकाय किस आवरण से सुरक्षित रहता है और यह संगठित संरचना क्या कहलाती है?
(a) अण्डप (b) अण्डाशय
(c) परागकोष (d) शलय

159. अनावृतबीजी में, बहुकोशिकीय मादा युग्मकोद्भिद् किसमें सुरक्षित रहती है?
(a) लघु बीजाणुधानी (b) गुरु बीजाणुधानी
(c) नर युग्मकोद्भिद् (d) स्त्रीधानी

160. आवृतबीजी पौधों के अधिक विकसित होने का कारण है
(a) सुविकसित संवहनी तन्त्र
(b) पुष्प की उपस्थिति
(c) अण्डाशय भित्ति की उपस्थिति
(d) उपरोक्त सभी

एन्जियोस्पर्म (आवृतबीजी)

161. वाहिकाएँ तथा सहकोशिकाएँ किसका विशिष्ट लक्षण हैं?
(a) एन्जियोस्पर्म का (b) जिम्नोस्पर्म का
(c) टेरिडोफाइटा का (d) फर्न का

162. आवृतबीजी और अनावृतबीजी में अन्तर है
(a) पुष्प तथा फल में (b) निषेचन की विधि में
(c) संवहन तन्त्र में (c) इन सभी में

163. द्विनिषेचन पाया जाता है
(a) टेरिडोफाइटा पौधों में (b) ब्रायोफाइटा पौधों में
(c) आवृतबीजी पौधों में (d) अनावृतबीजी पौधों में

164. अनावृतबीजी तथा आवृतबीजी में क्या समानता है?
(a) दोनों के पोषवाह में सहकोशिकाएँ पायी जाती हैं
(b) दोनों के भ्रूणपोष निषेचन से पूर्व बनते हैं
(c) बीजाण्ड एवं बीज की उत्पत्ति दोनों में समान होती है
(d) दोनों में भ्रूणपोष पाया जाता है

165. बीज पाए जाते हैं
(a) एन्जियोस्पर्म में (b) ब्रायोफाइटा में
(c) टेरिडोफाइटा में (d) शैवाल में

166. आवृतबीजियों में भ्रूणपोष होता है
(a) प्रायः त्रिगुणित (b) द्विगुणित
(c) अगुणित (d) बहुगुणित

167. आवृतबीजी पौधों में मादा युग्मकोद्भिद् प्रायः होता है
(a) 8-कोशिकीय तथा 7-केन्द्रकीय
(b) 7-कोशिकीय तथा 8-केन्द्रकीय
(c) 8-कोशिकीय तथा 8-केन्द्रकीय
(d) 8-कोशिकीय तथा 16-केन्द्रकीय

168. पुष्प है
(a) रूपान्तरित मूल (b) रूपान्तरित प्ररोह
(c) रूपान्तरित पत्ती (d) रूपान्तरित संवहनी ऊतक

169. आवृतबीजी को यह भी कहा जाता है
(a) बीजरहित पादप (b) फलरहित पादप
(c) पुष्पीय पादप (d) ये सभी

170. आवृतबीजी में, बीज किसके द्वारा आवरित रहते हैं?
(a) फूल (b) फल (c) अण्डप (d) परिदलपुंज

171. आवृतबीजी किसकी उपस्थिति के कारण अनावृतबीजी से भिन्न होते हैं?
(a) फल (b) बीजपत्र (c) वाहिका (d) चौड़ी पत्तियाँ

172. सबसे छोटा पुष्पीय पादप है
(a) *जिंगो* (b) *वॉल्फिया* (c) ट्यूलिप (d) स्वीट-बे

173. आवृतबीजी पादपों को विभेदित किया गया है
(a) द्विबीजपत्री (b) एकबीजपत्रीय
(c) दोनों (a) तथा (b)
(d) कठोर काष्ठीय पादप और रसकाष्ठीय पादप

174. एक आवृतबीजी पादप के जनन भाग हैं
(a) पुंकेसर (b) स्त्रीकेसर
(c) दोनों (a) तथा (b) (d) तना

175. आठ केन्द्रीय मादा युग्मकोद्भिद् किसमें मिलती है?
(a) ब्रायोफाइट (b) अनावृतबीजी
(c) आवृतबीजी (d) टेरिडोफाइट्स

176. भ्रूणकोष बना होता है
(a) एक अण्ड कोशिका
(b) दो सहायक कोशिकाओं
(c) तीन प्रतिव्यासांत कोशिकाओं और दो ध्रुवीय केन्द्रक
(d) उपरोक्त सभी

177 परागकणों का परागकोष से अण्डाशय की वर्तिकाग्र पर स्थानान्तरण कहलाता है
(a) स्वयुग्मन (Autogamy) (b) परागण (Pollination)
(c) युग्मक संलयन (Syngamy) (d) युग्मक विभेदन (Allogamy)

178. परागनली ले जाती है
(a) दो नर युग्मक (b) एक नर युग्मक
(c) तीन शुक्राणु (d) चार शुक्राणु

179. पुष्पी पादपों में अर्द्धसूत्री विभाजन किस समय पर होता है?
(a) कलिका के बनने
(b) बीज के अंकुरण
(c) मूल की प्राक् कलिका के बनने
(d) परागकणों के बनने

180. आवृतबीजी में त्रिक-संलयन (Triple-fusion) द्वितीय नर युग्मक का संलयन किसके साथ होता है?
(a) दो ध्रुवीय केन्द्रक (द्वितीयक केन्द्रक)
(b) दो प्रतिव्यासांत कोशिकाएँ
(c) एक प्रतिव्यासांत कोशिका
(d) प्रतिव्यासांत कोशिका और एक सहायक कोशिका

181. आवृतबीजी में भ्रूणपोष विकसित होता है
(a) युग्मनज से
(b) द्वितीयक केन्द्रक से
(c) निभागीय ध्रुवीय केन्द्रक से
(d) बीजाण्डद्वारीय ध्रुवीय केन्द्रक से

182. निषेचन के पश्चात्, अण्ड विकसित होता है
(a) फल में (b) बीज आवरण में
(c) बीज में (d) अध्यावरणों में

183. अगुणित-द्विगुणित (Haplo-diplontic) जीवन चक्र किसके द्वारा अनुसरित किया जाता है?
(a) ब्रायोफाइट एवं टेरिडोफाइट
(b) शैवाल एवं ब्रायोफाइट
(c) आवृतबीजी एवं अनावृतबीजी
(d) ब्रायोफाइट एवं अनावृतबीजी

184. निम्न में से कौन-सा विकल्प जीवन चक्र पैटर्नों को सही प्रकार से दर्शाता है?

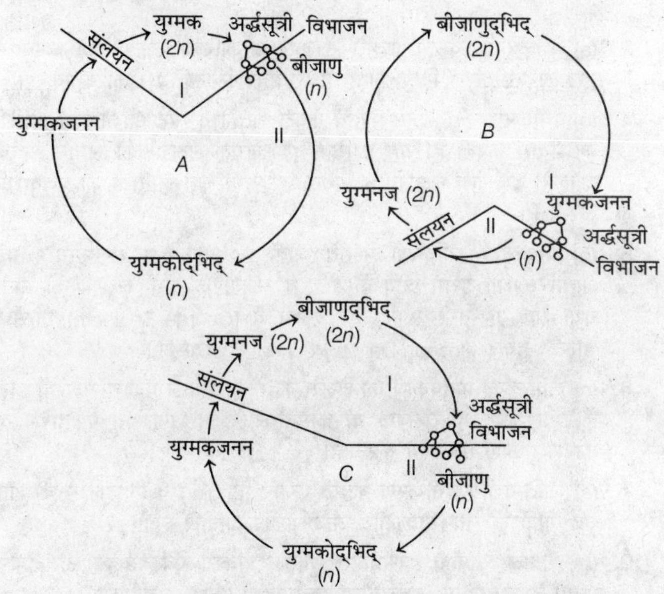

(a) *A*–अगुणितक, *B*–द्विगुणितक, *C*–अगुणितक-द्विगुणितक
(b) *A*–द्विगुणितक, *B*–अगुणितक, *C*–अगुणितक-द्विगुणितक
(c) *A*–अगुणितक-द्विगुणितक, *B*–द्विगुणितक, *C*–अगुणितक
(d) *A*–द्विगुणितक, *B*–अगुणितक-द्विगुणितक, *C*–अगुणितक

185. शैवाल के अगुणितक जीवन चक्र में प्रभावी पीढ़ी है
(a) बीजाणुद्भिद्
(b) युग्मकोद्भिद्
(c) दोनों (a) तथा (b)
(d) उपरोक्त में से कोई नहीं

उत्तरमाला

1.	(d)	2.	(a)	3.	(b)	4.	(c)	5.	(b)	6.	(c)	7.	(a)	8.	(c)	9.	(b)	10.	(b)
11.	(d)	12.	(a)	13.	(a)	14.	(a)	15.	(b)	16.	(a)	17.	(b)	18.	(b)	19.	(b)	20.	(c)
21.	(c)	22.	(d)	23.	(b)	24.	(b)	25.	(c)	26.	(d)	27.	(c)	28.	(a)	29.	(b)	30.	(a)
31.	(a)	32.	(b)	33.	(c)	34.	(c)	35.	(c)	36.	(c)	37.	(d)	38.	(b)	39.	(c)	40.	(a)
41.	(b)	42.	(a)	43.	(b)	44.	(c)	45.	(b)	46.	(b)	47.	(c)	48.	(a)	49.	(d)	50.	(c)
51.	(b)	52.	(b)	53.	(d)	54.	(d)	55.	(c)	56.	(c)	57.	(b)	58.	(d)	59.	(a)	60.	(c)
61.	(a)	62.	(a)	63.	(b)	64.	(b)	65.	(b)	66.	(c)	67.	(c)	68.	(d)	69.	(c)	70.	(c)
71.	(d)	72.	(d)	73.	(a)	74.	(d)	75.	(c)	76.	(d)	77.	(d)	78.	(a)	79.	(a)	80.	(b)
81.	(d)	82.	(b)	83.	(c)	84.	(a)	85.	(b)	86.	(c)	87.	(a)	88.	(d)	89.	(d)	90.	(c)
91.	(b)	92.	(b)	93.	(c)	94.	(c)	95.	(b)	96.	(a)	97.	(a)	98.	(c)	99.	(a)	100.	(c)
101.	(d)	102.	(b)	103.	(c)	104.	(c)	105.	(a)	106.	(c)	107.	(a)	108.	(c)	109.	(d)	110.	(b)
111.	(b)	112.	(b)	113.	(c)	114.	(c)	115.	(a)	116.	(b)	117.	(a)	118.	(b)	119.	(d)	120.	(d)
121.	(d)	122.	(c)	123.	(a)	124.	(d)	125.	(c)	126.	(c)	127.	(b)	128.	(b)	129.	(a)	130.	(a)
131.	(a)	132.	(b)	133.	(a)	134.	(b)	135.	(c)	136.	(d)	137.	(d)	138.	(d)	139.	(d)	140.	(a)
141.	(d)	142.	(c)	143.	(b)	144.	(c)	145.	(c)	146.	(b)	147.	(d)	148.	(b)	149.	(b)	150.	(d)
151.	(d)	152.	(a)	153.	(c)	154.	(c)	155.	(d)	156.	(a)	157.	(b)	158.	(a)	159.	(c)	160.	(d)
161.	(a)	162.	(d)	163.	(c)	164.	(d)	165.	(a)	166.	(a)	167.	(b)	168.	(b)	169.	(c)	170.	(b)
171.	(a)	172.	(b)	173.	(c)	174.	(c)	175.	(c)	176.	(b)	177.	(b)	178.	(a)	179.	(d)	180.	(a)
181.	(b)	182.	(c)	183.	(a)	184.	(a)	185.	(b)										

उत्तर व्याख्या सहित

2. (a) कृत्रिम वर्गीकरण पद्धति में कुछ आकारिकी लक्षणों को ध्यान में रखकर वर्गीकरण किया जाता है; उदाहरण–लिनियस का वर्गीकरण।

4. (c) वर्गीकरण की कृत्रिम पद्धति केवल सतही व मोटे आकारिकी लक्षणों का प्रयोग करती है। यह कायिक एवं लैंगिक लक्षणों को समान महत्त्व देती है। यह कुछ लक्षणों के आधार पर सम्बन्धित जातियों को पृथक् भी करती है।

5. (b) प्राकृतिक वर्गीकरण पद्धति जीवों की प्राकृतिक सजातीयता पर आधारित थी। इसमें जीव के बाह्य व आन्तरिक दोनों लक्षणों को माना गया था। यह वर्गीकरण जॉर्ज बेन्थम व (George Bentham) जोसेफ डाल्टन हुकर (Joseph Dalton Hooker) ने दिया था।

6. (c) शैवाल की पादपकाय को थैलस कहते हैं। शैवाल प्रकाश-संश्लेषी होते हैं तथा अपने हरितलवक या क्रोमैटोप्लास्ट में उपस्थित पर्णहरिम के कारण प्रकाश-संश्लेषण करते हैं।

7. (a) जाति-वृत्तीय वर्गीकरण पद्धति एंग्लर (Engler) व प्राण्टल ने दी थी। यह जीवों के जैव–विकासीय सम्बन्धों पर आधारित थी।

9. (b) शैवाल स्वपोषी (पर्णहरित युक्त), सुकाय एवं संवहन ऊतकहीन पादप हैं; उदाहरण– *क्लोरैला, क्लैमाइडोमोनास, वुचेरेरिया*।

11. (d) कुछ शैवालों में अनेक क्रोशिकाएँ समूह के रूप में व्यवस्थित होकर निवह बनाती हैं।

कुछ निवही शैवालों में कोशिकाओं की संख्या नियत होती है और इनकी आकृति एवं परिमाण निश्चित होता है। ये चल होते हैं, ऐसे निवह को सिनोबियम या चल निवह कहते हैं; उदाहरण–*वॉलवॉक्स, पेन्डोराइना*।

13. (a) *स्पाइरोगायरा* में फीतेनुमा सर्पिलाकार हरितलवक पाए जाते हैं। इसी कारण इसका नाम *स्पाइरोगायरा* पड़ा है।

16. (a) पामेलॉइड अवस्था में शैवालीय कोशिकाओं के समूह म्यूसिलेज नामक एक लसलसे पदार्थ में पायी जाती हैं, जैसे- *टेट्रास्पोरा*।

17. (b) ओसवाल्ड टिप्पो ने सूकाय कवक तथा शैवालों को एक ही उपजगत-थैलोफाइटा में रखा।

18. (b) जैन्थोफिल वर्णक मुख्यतया पीले शैवालों में पाया जाता है, जो इनके रंग का कारण भी है।

21. (c) रोडोफाइसी वर्ग (लाल शैवाल) में भोजन का संचय जटिल फ्लोरेडियन स्टार्च या मण्ड के रूप में होता है।

32. (b) *यूलोथ्रिक्स* की कोशिका के मध्य में एक केन्द्रक होता है तथा जीवद्रव्य में एक 'C' के आकार वाला (Girdle-shaped = मेखलाकार) हरितलवक होता है जिसके पास एक या अधिक पाइरीनॉइड पाए जाते हैं।

34. (c) क्लोरोफाइसी के अधिकतर सदस्यों में हरितलवक में एक से अनेक संग्रहण काय होती है, जिन्हें पाइरीनॉइड्स कहते हैं। पाइरीनॉइड्स में स्टार्च के अलावा प्रोटीन भी होता है।

35. (c) पाइरीनॉइड्स क्रोमैटोफोर्स में उपस्थित प्रोटीनमय काय है, जो हरितलवक से सम्बन्धित होती है। क्लोरोफाइसी के सदस्यों में पाइरीनॉइड्स में एक केन्द्रीय प्रोटीन होती है, जो स्टार्च के आवरण से घिरी होती है।

36. (c) क्लोरोफाइसी के सदस्यों में दोहरी मजबूत कोशिका भित्ति होती है, जो सेलुलोस व पेक्टोज की बनी होती है। आन्तरिक भित्ति सेलुलोस की, जबकि बाहरी भित्ति पेक्टोज की बनी होती है।

37. (d) फियोफाइसी में मैनिटॉल (Mannitol) संग्रहित भोज्य पदार्थ है (रोडोफाइसी में नहीं), लाल शैवाल (रोडोफाइटा) यूकेरियोटिक शैवाल का सबसे आदिम समूह है, जिसमें समुद्री शैवाल मुख्यतया समुद्री खरपतवार (Sea weeds) सम्मिलित हैं।

लाल शैवाल में हरितलवक के बाहर फ्लोरिडियन स्टार्च कार्बोहाइड्रेट के कणों के रूप में संग्रहित रहती है।

38. (*b*) भूरे शैवाल आकार व रूपों में अद्‌भुत विभिन्नता दर्शाते हैं। ये सरल शाखित, तन्तुमय रूप (*Ectocarpus*) से लेकर केल्प जैसे अधिक शाखित रूप, जो 100 मीटर से भी अधिक ऊँचाई तक पहुँच जाते हैं। सबसे बड़ी केल्प *नीरियोसिस्टिस* (20-30 मी) और *मैक्रोसिस्टिस* (40-100 मी) है।

39. (*c*) भूरे शैवालों में, भोजन जटिल कार्बोहाइड्रेट के रूप में संग्रहित होता है, जो लैमिनेरिन या मैनिटॉल के रूप में होता है।

40. (*a*) कोशिका में उपस्थित वर्णक कोशिकाओं को अलग रंग प्रदान करते हैं। इसलिए, ये वर्गीकरण के लिए सबसे महत्त्वपूर्ण लक्षण है; जैसे–*लैमिनेरिया*, आदि।

41. (*b*) एल्जिन भूरे शैवालों; जैसे-*लैमिनेरिया*, आदि से निकाला जाने वाला एक हाइड्रोकोलॉइड है, जिसका उपयोग शेविंग क्रीम, जेलियों फ्रेमवर्क प्लास्टिक, आदि बनाने में किया जाता है। कैराजीनन लाल शैवाल; जैसे–कोन्ड्रस से प्राप्त किया जाता है तथा इसका उपयोग पाइसीकारक (Emulsifier) व निकासी अभिकर्ता के रूप में होता है। अतः केवल विकल्प (b) असत्य है तथा बाकी सभी सही है।

42. (*a*) भूरे शैवालों की कोशिकाओं में हरितलवक, केन्द्र में उपस्थित रिक्तिका व केन्द्रक में होता है।

43. (*b*) *क्लोरैला* एक अच्छा भोज्य स्रोत है, क्योंकि इसमें प्रोटीन और अन्य आवश्यक पोषक तत्व अधिक मात्रा में होते हैं।
जब इसे सुखाया जाता है, तब इनमें लगभग 45% प्रोटीन, 20% वसा, 20% कार्बोहाइड्रेट, 5% रेशे और 10% खनिज तथा विटामिन्स होते हैं।

44. (*c*) *लैमिनेरिया* (*Laminaria*) वर्ग-फियोफाइसी (Phaeophyceae) का एक उदाहरण है।

इसमें पादपकाय सामान्यतया आधार से संलग्नक से जुड़ी होती है तथा इसमें एक तना, स्ट्राइप व पत्तीनुमा प्रकाश-संश्लेषी अंग प्रपर्ण होता है।

45. (*b*) भूरे शैवालों में, अलैंगिक जनन चल बीजाणुओं व अचल उदासीन बीजाणुओं द्वारा होता है। ये नाशरूपी (Pyriform), द्विकशाभीय होते हैं तथा क्रोमैटोफोर, संकुचनशील रिक्तिका व नेत्र-बिन्दु पर पाए जाते हैं। इनमें हेटेरोकॉन्ट कशाभ होते हैं अर्थात् दो असमान कशाभ, एक व्हीपलेस (Whiplash) व दूसरा टेन्सिल (Tinsel) होता है।

46. (*b*) फाइकोइरिथ्रिन (Phycoerythrin) हरा-प्रकाश अवशोषित करता है व लाल-प्रकाश को परावर्तित करता है।

47. (*c*) पुंधानी व अण्डधानी दोनों क्रमशः नर व मादा जनन तन्त्र हैं। इनकी सतह पर जैकेट होती है। वर्ग-क्लोरोफाइसी में लगभग सभी में एक ग्लोब्यूल/गोलाकार संरचना (नर जननांग) निचली सतह पर होता है, जबकि न्यूक्यूल (Nucule) (मादा जननांग) कायिक संरचना (पत्तीनुमा) के ऊपरी सतह पर होता है।

48. (*a*) *पॉलीसिफोनिया* (*Polysiphonia*) वर्ग-रोडोफाइसी का एक उदाहरण है। *r*-फाइकोइरिथ्रिन के बहुत अधिक मात्रा में होने के कारण ये लाल रंग के होते हैं।

49. (*d*) *वॉलवॉक्स* एक स्वच्छ जलीय हरा शैवाल है। ये कॉलोनी (समूह) या सीनोबियम (एक विशिष्ट संख्या का समूह) होता है, जो पेलिकल (Pellicle) (जिलेटिन्स ग्लाइकोप्रोटीन) से घिरा होता है।

50. (*c*) ब्रायोफाइटा जनन के लिए जल पर निर्भर होते हैं, क्योंकि शुक्राणु को तैरकर स्त्रीधानी तक जाना होता है। ये स्थल के लिए आंशिक रूप से अनुकूलित होते हैं, क्योंकि युग्मक रक्षक संरचनाओं में विकसित होते हैं अर्थात् पुंधानी व स्त्रीधानी। अतः ब्रायोफाइट्स को 'पादप जगत का उभयचर' (Amphibians of the plant kingdom) कहते हैं।

52. (*b*) ब्रायोफाइटा की पादपकाय बहुकोशिकीय, सूकायी, उर्ध्व (Prostate) व मृदा में बहुकोशिकीय या एककोशिकीय मूलाभासों द्वारा रुकी होती है।

53. (*d*) ब्रायोफाइट्स में वास्तविक मूलों, तना व पत्तियों में संवहन नहीं होता है, लेकिन जड़नुमा, असंवहनीय मूलाभास, पत्तीनुमा व तनानुमा संरचनाएँ उपस्थित होती हैं।

54. (*d*) ब्रायोफाइट के पादपकाय का वयस्क युग्मकोद्‌भिद् कहलाता है। युग्मकोद्‌भिद् अगुणित होता है व युग्मकों को उत्पन्न करता है।

57. (*b*) ब्रायोफाइटा भ्रूण बनाने वाले सबसे आद्य पादप हैं। यह बीजाणुओं द्वारा जनन करते हैं तथा इनमें बीज एवं संवहन ऊतक अनुपस्थित होते हैं।

60. (*c*) *फ्यूनेरिया* को ग्रीन मॉस या कॉर्ड मॉस कहते हैं।

65. (*b*) ब्रायोफाइटा सर्वप्रथम स्थल पर उगने वाले पादप हैं तथा इनमें मादा जननांग को आर्किगोनिया कहते हैं। इनमें जड़े तथा संवहन ऊतक अनुपस्थित होते हैं तथा युग्मकोद्‌भिद् पीढ़ी प्रभावी होती है।

67. (*c*) ब्रायोफाइटा में नर प्रजनन अंग ग्लोब्यूलर होता है जिसे एन्थ्रीडियम कहते हैं तथा मादा प्रजनन अंग को आर्किगोनियम कहते हैं जोकि फ्लास्क के आकार की होती है। ये हरे रंग के दिखाई देते हैं, क्योंकि इनमें हरितलवक पाए जाते हैं।

69. (*c*) मॉस में सम्पुटिका के अन्दर अर्द्धसूत्री विभाजन द्वारा बीजाणुओं का निर्माण होता है।

74. (*d*) ब्रायोफाइट्स की जलीय पूर्वजता का प्रमाण केवल पक्ष्माभीय शुक्राणु है। प्रत्येक शुक्राणु सामान्यतया सूक्ष्म, बेलनाकार, सर्पिलाकार होता है, जिसमें दो लम्बे व्हीप्लेस (Whiplash) कशाभ सिरे पर उपस्थित होते हैं।

75. (*c*) *स्फैगनम* (*Sphagnum*) एक मॉस है, जो लम्बे समय से ईंधन के रूप में उपयोग किया जाता है। ये जल को बाँधे रखने की अद्‌भुत क्षमता रखता है। अतः इसका उपयोग जीवित पदार्थों के नामान्तरण में पैंकिंग सामग्री के रूप में किया जाता है।

76. (*d*) ब्रायोफाइट्स का अर्थव्यवस्था में बहुत महत्व है। ये नग्न चट्टानों पर लाइकेन के साथ कॉलोनी/समूह बनाते हैं व चट्टानों को विघटित करते हैं।
जब ये चट्टानों पर वृद्धि करते हैं, ये मृदा निर्माण में सहायता करते हैं। कुछ ब्रायोफाइट्स मृदा बन्धक की तरह कार्य करते हैं, जब ये समूह में वृद्धि करते हैं।

77. (*d*) बीजाणुद्‌भिद् – द्विगुणित (2*n*)
पुंधानी – अगुणित (*n*)
मूलाभास – अगुणित (*n*)

78. (*a*) *मार्केन्शिया* की कायिक पादपकाय पृष्ठ आधारीय चलित थैलस (Lobed thallus) होता है।

79. (*a*) लिवरवर्ट्स में, अलैंगिक जनन विशिष्ट संरचना जिसे गेमी कहते हैं, के निर्माण या सूकाय (थैलस) के खण्डन से होता है। गेमी अलैंगिक कलिकाएँ हैं, जो एक छोटे गेमा कप से उत्पन्न होती हैं।

80. (*b*) *मार्केन्शिया* में अलैंगिक जनन गेमा निर्माण द्वारा होता है। ये गेमा बहुकोशिकीय, हरे व द्विउत्तल लेन्स के आकार के कार्य हैं, जो गेमा कप में बनते हैं। ये गेमाकप से पृथक् होते हैं तथा अंकुरित होकर नए पादप का निर्माण करते हैं।

81. (*d*) प्रोटोनिमा मॉस की एक युवा अवस्था है। यह मुरझाने वाले समबीजाणु से निकलता है। जब इसे पूरी तरह से विकसित किया जाता, तो इसमें प्रोटोनिमा नामक रेशा के एक पतले ग्रीन शार्फ्टिंग सिस्टम होते हैं।

82. (*b*) यदि *फ्यूनेरिया* की पत्तियों में 5 गुणसूत्र हैं, तो प्राथमिक प्रोटोनीमा (प्रथमतन्तु) में भी 5 गुणसूत्र होगें।

83. (*c*) सम्पुट में बीजाणु पाए जाते हैं। अर्द्धसूत्री विभाजन के बाद स्पोर्स (बीजाणु) का निर्माण करते हैं।

84. (*a*) पीढ़ी के एकान्तरण में, बीजाणुद्भिद् पीढ़ी द्विगुणित व युग्मकोद्भिद् पीढ़ी अगुणित होती है।

85. (*b*) मॉस में अगुणित युग्मकोद्भिद् दीर्घ जीवी, हरा व स्वतन्त्र प्रभावी होता है। जबकि द्विगुणित बीजाणुद्भिद् लघु जीवी व युग्मकोद्भिद् पर निर्भर करता है।

87. (*a*) मॉस में, भ्रूण से विकसित बीजाणुद्भिद् एक सरल संरचना है, जिसमें मूलाभास अनुपस्थित होते हैं तथा ये पाद, सीटा व सम्पुट में विभेदित होते हैं।

ये युग्मकोद्भिद् पर परजीवी (आंशिक या पूर्ण) होते हैं, ये पोषण के लिए युग्मकोद्भिद् पर आश्रित होते हैं।

88. (*d*) अगुणित युग्मकोद्भिद् प्रमुख, दीर्घ जीवी, हरा व स्वतन्त्र होता है, जबकि द्विगुणित बीजाणुद्भिद् लघु जीवी व युग्मकोद्भिद् पर आश्रित होता है।

89. (*d*) ब्रायोफाइट्स में द्विगुणित बीजाणुद्भिद् अल्पजीवी व युग्मकोद्भिद् पर आश्रित होता है।

90. (*c*) बीजाणुद्भिद् की कोशिकाएँ अर्द्धसूत्री विभाजन द्वारा अगुणित कोशिकाएँ बनाती हैं, जिन्हें बीजाणु कहते हैं, क्योंकि ये बीजाणु प्रकृति में अगुणित होते हैं। इसका अर्थ है कि प्रत्येक बीजाणु आगे चलकर पादप की बहुकोशिकीय अगुणित पीढ़ी बनाते हैं। इसलिए बीजाणुओं में गुणसूत्रों की संख्या समान होती है अर्थात् $n = 20$ ।

91. (*b*) टेरिडोफाइटा पादपों को संवहनी क्रिप्टोगैम कहते हैं क्योंकि इनमें संवहन ऊतक पाए जाते हैं तथा यह पुष्पहीन या अपुष्पोद्भिद् होते हैं। इन्हें वनस्पतिक सर्प भी कहते हैं।

93. (*c*) टेरिडोफाइट्स प्रथम संवहनी ऊतक युक्त पादप हैं किन्तु इनका संवहन तन्त्र पूर्ण विकसित नहीं होता है क्योंकि इनके दारु में वाहिकाओं तथा पोषवाह में सह-कोशिकाओं का अभाव होता है।

94. (*c*) फर्न का प्रोथैलस युग्मकोद्भिक पीढ़ी होता है तथा यह हृदयाकार होता है।

102. (*b*) फर्न में स्त्रीधानी की ग्रीवा पर मौलिक अम्ल युक्त रासायनिक पदार्थ का स्राव होता है जो जल में तैरते पुंमाणुओं को आकर्षित करता है। इसे ही पुंमाणु की रसायन-अनुचलनी गति कहते हैं।

103. (*c*) ब्रायोफाइटा तथा टेरिडोफाइटा दोनों में निषेचन हेतु जल की आवश्यकता होती है।

110. (*b*) टेरिडोफाइट्स को पहले स्थलीय पादप मानते हैं, जिसमें संवहनी ऊतक, जाइलम तथा फ्लोएम पाया जाता है। सभी कायिक भागों में संवहनी ऊतक (जाइलम एवं फ्लोएम) विशेष रूप से गठित होते हैं।

111. (*b*) टेडिरोफाइट्स को संवहनी अपुष्पोद्भिद् कहते हैं, क्योंकि संवहनी तन्तु अपुष्पोद्भिदों में से केवल टेरिडोफाइट में उपस्थित होता है।

112. (*b*) फर्न में प्रमुख अवस्था बीजाणुद्भिद् ($2n$) होती है, जो जड़, तना व पत्ती में विभेदित होती हैं।

113. (*c*) टेरिडोफाइट्स में पत्तियाँ छोटी लघुपर्ण (Microphylls); जैसे–*सिलैजिनेला* में या बड़ी दीर्घपर्ण (Macrophylls); जैसे- फर्न में होती है।

114. (*c*) कई आदिम सरल पादपों; जैसे-शैवाल, ब्रायोफाइटा व टेरिडोफाइटा में जल एक माध्यम की तरह कार्य करता है, जिसके द्वारा नर युग्मक मादा जननांगों तक या युग्मक को निषेचन के लिए स्थानान्तरित किया जाता है।

115. (*a*) अगुणित बीजाणु अंकुरित होकर एक प्रोथैलस (युग्मकोद्भिद्) बनाता है, जो द्विलिंगाश्रयी होता है अर्थात् जिसमें दोनों पुंधानी (♂) व स्त्रीधानी (♀) होती है।

116. (*b*) प्रोथैलस एक छोटी, चपटी, बहुकोशिकीय संरचना है, जो एक फर्न की स्वतन्त्र युग्मकोद्भिद् पीढ़ी को दर्शाती है। इस प्रोथैलाई (Prothalli) में पुंधानी (नर जननांग) व स्त्रीधानी (मादा जननांग) होते हैं, जो क्रमशः नर व मादा युग्मकों का निर्माण करते हैं।

117. (*a*) *सिलैजिनेला* व *साल्वीनिया* वंश दो प्रकार के बीजाणु उत्पन्न करता है, गुरु (बड़े) तथा लघु (छोटे) बीजाणु। अतः इन्हें विषमबीजी (Heterospory) कहते हैं।

118. (*b*) बीजाणु समबीजी होते हैं व अंकुरित होकर स्वतन्त्र, तकिएनुमा द्विलिंगाश्रयी युग्मकोद्भिद् बनाते हैं।

119. (*d*) टेरिडोफाइट्स में बीजों के आवास की उत्पत्ति का पता लगाया जा सकता है। कुछ टेरिडोफाइट्स; जैसे–*सिलैजिनेला* व *साल्वीनिया* विषमबीजी है, क्योंकि ये दो बीजाणु का निर्माण करते हैं लघु (छोटे) बीजाणु तथा गुरु (बड़े) बीजाणु, जो अंकुरित होकर क्रमशः नर व मादा युग्मकोद्भिद् बनाते हैं। युग्मनज से नवीन भ्रूण के विकास तक ये मादा युग्मकोद्भिद् में रहता है। ये घटना बीज आवास की पूर्ववर्ती है व उद्विकास की दृष्टि से महत्त्वपूर्ण चरण है।

121. (*d*) फर्न में प्रमुख बीजाणुद्भिद् पीढ़ी व एक अगोचर युग्मकोद्भिद् पीढ़ी (विषमरूपी) में एकान्तरण पाया जाता है।

122. (*c*) *लिलियम* (आवृतबीजी) में सबसे कम कोशिका संख्या का नर युग्मकोद्भिद् पाया जाता है। नर युग्मकोद्भिद् में कम सख्या में कोशिकाओं का पाया जाना, ब्रायोफाइट्स से आवृतबीजियों तक कमी के प्रकार को दर्शाता है। आवृतबीजियों में, ये सख्या 2-3 कोशिकाओं तक कम हो जाती है व परागकण कहलाती है। नर युग्मकोद्भिद् में कोशिकाओं की संख्या निम्न क्रम में घटती है।

फ्यूनेरिया > *टेरिस* > *पाइनस* > *लिलियम*

123. (*a*) अनावृतबीजी के अन्तर्गत वे पौधे आते हैं जिनमें बीज तो बनते हैं, परन्तु वे बीज नग्न रूप से पौधे पर लगे रहते हैं अर्थात् बीजाण्ड अथवा उनसे विकसित बीज किसी खोल, भित्ति या फल में बन्द नहीं होते हैं (Gr. *Gymnos* - naked; *sperma* - seed)। अण्डाशय का पूर्ण अभाव होता है। अतः फल का निर्माण भी नहीं होता। अतः इनमें अण्डाशय भित्ति अनुपस्थित होती है।

124. (*d*) अनावृतबीजी (Gymnosperm) पादपों में अण्डाशय का अभाव होता है। अतः न तो यहाँ पुष्प पाए जाते हैं तथा न ही निषेचन पश्चात् अण्डाशय द्वारा बने सन्य फल।

127. (*b*) *साइकस* में कुछ जड़ें भूमि की सतह पर आ जाती हैं तथा नीली-हरी शैवाल सहजीवी के रूप में पायी जाती हैं। इन जड़ों को कोरेलॉइड या प्रवालाभ जड़े कहते हैं। कभी-कभी शैवाल के अतिरिक्त इन वायवीय जड़ों में जीवाणु, कवक, आदि भी पाए जाते हैं।

128. (*b*) विश्व का सबसे अधिक ऊँचाई का पौधा *सिकोया सम्परवाइरेन्स* है, जो कैलिफोर्निया के रेड वुड पार्क में स्थित हैं।

131. (*a*) *साइकस*, *जिंगो बाइलोबा*, *सिकोया* नामक पौधों को 'जीवित जीवाश्म' कहा जाता है, क्योंकि ये पौधे कम संख्या में पाए जाते हैं और इनके जीवाश्म भी मिलते हैं।

132. (*b*) अनावृतबीजियों में अण्डाशय का अभाव होता है। इसलिए फल अनुपस्थित होते हैं। ये नग्न बीज रखते हैं, जो नग्न अण्डपों के कारण बनते हैं।

136. (*d*) *साइकस रिवोल्यूटा* के तने के मज्जा से विशेष प्रकार का मण्ड निकलता है जिसे सागो कहते हैं। इसी कारण इसे ''सागो पाम'' कहते हैं।

138. (*d*) *पाइनस* में जब बीज परिपक्व होता है, तो ओव्यूलीफेरस स्केल तथा टेस्टा संलयित होकर पंख बनाता है जो बीज के वायु प्रकीर्णन में सहायता करते हैं।

139. (*d*) रेजिन (तारपीन का तेल) *पाइनस* के जड़, तना, निडिल्स में रेजिन नलिकाएँ पाई जाती हैं जिनमें सुगन्धित तेल पाया जाता है। यह रेजिन प्रतिस्कन्दक पदार्थ है जो *पाइनस* के पौधे में उपस्थित पानी को - 30°C पर भी जमने नहीं देता है।

144. (*c*) अनावृतबीजी विषमबीजीय होते हैं, ये अगुणित लघुबीजाणु व गुरुबीजाणु बनाते हैं।

145. (*c*) शंकुधारी वृक्ष अनावृतबीजी होते हैं। इनकी पत्तियाँ मरुद्‌भिद् अनुकूलन दर्शाती हैं। ये पत्तियाँ सुई के आकार की, क्यूटिकल की मोटी परत द्वारा आवरित मोटी भित्ति की (बाह्यत्वचा) अधिचर्म कोशिकाओं के एक स्तर की बनी होती है। ये उन्हें अतिक्षय वातावरणीय परिस्थितियों को सहन करने योग्य बनाती हैं।

146. (*b*) अनावृतबीजियों में, अण्डप में एक खाँच उपस्थित होती है, जिसे परागकक्ष कहते हैं, जिसमें परागण के बाद परागकणों को संग्रहित किया जाता है।

147. (*d*) युग्मकोद्‌भिद् जीवन चक्र की वह अवस्था है, जिसमें युग्मक या अण्ड व शुक्राणुओं का निर्माण होता है। ब्रायोफाइट्स (*फ्यूनेरिया* या *मार्केन्शिया*) में निषेचन जल पर निर्भर होता है, जिससे शुक्राणु को अण्ड तक स्थानान्तरित किया जाता है, युग्मकोद्‌भिद् शरीर के बाहर निषेचित होते हैं, इसलिए इनमें स्वतन्त्र मुक्तजीवी युग्मकोद्‌भिद् होता है।

इस सन्दर्भ में, टेरिडोफाइटा (*टेरिस*) ब्रायोफाइटा के समान है अर्थात् इनमें अभी-भी मुक्तजीवी युग्मकोद्‌भिद् होता है। पाइनेसी (*पाइनस*) में सुविकसित युग्मकोद्‌भिद् होता है। जिसमें अण्डप में शुक्राणु कोशिका अण्ड कोशिका से निषेचित होती है।

148. (*b*) *सिकोया* सबसे लम्बी पादप जातियों में से एक है, जिसे रेडवुड वृक्ष कहते हैं। ये एक अनावृतबीजी वृक्ष है।

साल्वीनिया एक आवृतबीजी है, जबकि *जिंगो* व *पाइनस* अनावृतबीजी है। अनावृतबीजी अतिक्षय वातावरणीय परिस्थितियों के लिए अनुकूलित होते हैं व विषमबीजी होते हैं।

149. (*b*) प्रवाल मूल कोरेलॉइड जड़ें *साइकस* में विकसित होती हैं। इनमें कॉर्टेक्स में शैवालीय भाग होता है। इस शैवालीय भाग में नीले-हरे शैवाल (सायनोबैक्टीरिया); जैसे–*नॉस्टॉक, एनाबीना* पाए जाते हैं, जो प्रवाल मूलों के साथ सहजीवी सम्बन्ध रखते हैं।

150. (*d*) *साइकस* में तना अशाखित होता है। *साइकस* में पत्तियाँ ह्रासित व पिन्नेट (पंख-समान) होती हैं। नर व मादा शंकु या स्ट्रॉबिलाई अलग-अलग वृक्षों (*साइकस*) पर उत्पन्न होते हैं। *साइकस* में स्त्रीधानी मादा युग्मकोद्‌भिद् में धँसी होती है, तथा स्त्रीधानी कक्ष में खुलती है।

151. (*d*) अनावृतबीजियों के सन्दर्भ में पत्तियाँ उच्च/अतिक्षय तापमान, आर्द्रता व वायु के लिए अनुकूलित होती हैं। इनका आकार मरुरूपी अनुकूलित होता है, क्योंकि ये वाष्पीकरण के लिए उपलब्ध सतही भाग की मात्रा को कम कर देती हैं।

153. (*c*) *साइकेड्स* विषमबीजी तथा एकलिंगाश्रयी होते हैं। *साइकस* एक एकलिंगाश्रयी पादप है। एक लिंगाश्रयी पादप एकलिंगी होते हैं, जिनमें नर व मादा जनन अंग विभिन्न पादपों पर उपस्थित होते हैं।

154. (*c*) *पाइनस* में, प्रत्येक नर शंकु में लघुबीजाणु पर्ण एक लम्बी अक्ष पर सर्पिलाकार, क्रम में व्यवस्थित होते हैं। इसकी निचली सतह पर 2 लघुबीजाणुधानियाँ विकसित होती हैं तथा ये लघुबीजाणुओं (परागकणों) से भरी होती हैं।

155. (*d*) लघुबीजाणुपर्ण के सिरे पर लघुबीजाणुधानी बनती है। लघुबीजाणुधानी वह बीजाणुधानी है, जिसमें बीजाणु बनते हैं, जो नर युग्मकोद्‌भिद् का निर्माण करते हैं।

156. (*a*) अनावृतबीजियों में, नर युग्मकोद्‌भिद् पीढ़ी में लघुबीजाणु विकसित होते हैं, जो बहुत ह्रासित व केवल सीमित संख्या की कोशिकाओं में उपस्थित होते हैं। ये ह्रासित युग्मकोद्‌भिद् एक परागकण कहलाता है। इसका विकास लघुबीजाणुधानी में होता है।

157. (*b*) इन शंकुओं में गुरुबीजाणु पत्तों में अण्डप होते हैं, जिसे मादा स्ट्रॉबिलाई या गुरुबीजाणुधानी (Macrosporangium) कहते हैं।

158. (*a*) अनावृतबीजियों में बीजाण्डकाय एक आवरण द्वारा रक्षित होता है तथा इस संयोजित संरचना को अण्डप कहते हैं। प्रत्येक अण्डप मादा बीजाणु बनाने वाला अंग है, जो एक रक्षक आवरण से घिरा होता है, जिसे आवरण कहते हैं।

159. (*c*) अनावृतबीजियों में, गुरुबीजाणु बहुकोशिकीय रचना में विकसित होता है, जिसे बहुकोशिकीय मादा युग्मकोद्‌भिद्, जिसमें 2 या अधिक स्त्रीधानी या मादा जनन अंग होते हैं।

161. (*a*) वाहिकाएँ (जाइलम में) तथा सहकोशिकाएँ (फ्लोएम में) केवल आवृतबीजी पादपों में पायी जाती हैं।

163. (*c*) द्विनिषेचन की खोज नवाश्चिन ने की। आवृतबीजी पौधों के जीवन चक्र में द्विनिषेचन का होना एक विशेषता है। इस प्रक्रिया में एक नर युग्मक अण्डकोशिका से संयुक्त होकर युग्मनज बनाता है तथा दूसरा नर युग्मक, दो ध्रुवीय केन्द्रकों द्वितीयक केन्द्रक ($2n$) से संयुक्त होकर त्रिगुणित ($3n$) प्राथमिक भ्रूणपोष केन्द्रक बनाता है।

167. (*b*) आवृतबीजी के मादा युग्मकोद्‌भिद् या भ्रूणकोष के अन्दर साधारणतया सात कोशिकाएँ पायी जाती हैं। एक बड़ी कोशिका मध्य में, तीन बीजाण्डद्वार की तरफ एवं तीन निभाग की तरफ होती हैं। सभी कोशिकाएँ एक-दूसरे से जीवद्रव्य तन्तु द्वारा जुड़ी रहती हैं। इस प्रकार एक भ्रूणकोष में 7-कोशिका व 8-केन्द्रक होते हैं।

168. (*b*) पुष्प एक रूपान्तरित प्ररोह है क्योंकि यह प्ररोह या तने के शीर्षस्थ विभाज्योन्तकों द्वारा बनता है।

169. (c) भाग/संघ–आवृतबीजी (Angiospermae) का कभी-कभी भाग एन्थ्रोफाइटा (*Anthe*–पुष्प, *phyto*–पादप) कहते हैं, यह समूह सामान्यतया 'पुष्पी पादपों' के रूप में जाना जाता है।

170. (*b*) आवृतबीजियों को ये नाम इसलिए दिया गया है, क्योंकि ये कुछ रूप से एक फल में पाए जाते हैं।

171. (*a*) आवृतबीजियों में फलों का पाया जाना आवृतबीजी व अनावृतबीजियों में एक बड़ा अन्तर है।

172. (*b*) पादप जगत का सबसे छोटा पुष्पी पादप जलीय है। यह *वॉल्फिया* (*Wolffia*) है, जिसे सामान्यतया वाटरमील (Water meal) या डक वीड (Duck weed) कहते हैं।

173. (c) आवृतबीजियों को दो वर्गों–द्विबीजपत्री व एकबीजपत्री में विभाजित किया गया है। द्विबीजपत्रियों के बीज में दो बीजपत्र होते हैं तथा एकबीजपत्री के बीज में एक बीजपत्र होता है।

174. (c) आवृतबीजी में, पुष्प में नर व मादा जननांग होते हैं। नर जननांग पुंकेसर होते हैं। इनमें परागकोष व एक तन्तु होता है। परागकोष, परागकणों का निर्माण करता है।

मादा जननांग कार्पल है, जिसे स्त्रीकेसर/जायांग भी कहते हैं। इसके तीन भाग होते हैं–वर्तिकाग्र, वर्तिका व अण्डाशय।

175. (*c*) *पॉलीगोनम* (*Polygonum*) प्रकार के भ्रूणकोष में 7-कोशिकाएँ व 8-केन्द्रक होते हैं, जो आवृतबीजियों का एक सामान्य लक्षण है।

176. (*b*) एक आदर्श भ्रूणकोष में 7-कोशिकाएँ व 8-केन्द्रक होते हैं। 3-कोशिकाएँ माइक्रोपाइलर सिरे पर होती हैं व अण्ड उपकरण बनाती हैं, जिसमें बीच

में अण्ड कोशिका व शेष 2 सहायक कोशिकाएँ पार्श्व में होती हैं। एक कोशिका भ्रूणकोष के केन्द्र में उपस्थित होती हैं, जिसे केन्द्रीय कोशिका कहते हैं। इसमें 2-केन्द्रक होते हैं। शेष 3-कोशिकाएँ चैलेजल सिरे पर उपस्थित होती हैं, जिसे प्रतिव्यासांत कोशिका कहते हैं।

177. *(b)* परागकण (Pollen grains) परागकोष में बनते हैं व बनने के बाद अनेक वाहकों; जैसे- वायु या कीटों की मदद द्वारा अण्डाशय के वर्तिकाग्र तक पहुँचते हैं। इस प्रक्रिया को परागण कहते हैं।

178. *(a)* आवृतबीजियों में परागकण वर्तिकाग्र पर अंकुरण के पश्चात् परागनली की मदद से भ्रूणकोष में पहुँचते हैं। परागनली में दो नर युग्मक होते हैं, जो भ्रूणकोष में छोड़ दिए जाते हैं।

179. *(d)* जैसे ही आवृतबीजी में परागकोष वृद्धि करता है, इनकी प्रत्येक कोशिका अर्द्धसूत्री विभाजन करती हैं व एक चतुष्क बनाती है। ये कोशिकाएँ लघुबीजाणु कहलाती हैं। प्रत्येक लघुबीजाणु फिर एक परागकण बनाता है और कॉर्पल में गुरुबीजाणु मातृ कोशिका से गुरुबीजाणु बनते समय अर्द्धसूत्री विभाजन होता है।

180. *(a)* पादपों में निषेचन के समय एक नर युग्मक अण्ड कोशिका से संलयित होता है व युग्मनज बनाता है। ये प्रक्रिया संयुग्मकी कहलाती है। दूसरा नर युग्मक द्वितीयक केन्द्रक के साथ संलयन करता है। इसे त्रिसंलयन कहते हैं। संयुग्मन व त्रिसंलयन को दोहरा निषेचन भी कहते हैं।

181. *(b)* आवृतबीजियों में भ्रूणपोष, एक द्वितीयक केन्द्रक व नर युग्मक के संलयन से विकसित होता है। द्वितीयक केन्द्रक द्विगुणित संरचना है, जो अगुणित निभागीय ध्रुवी केन्द्रक व अगुणित बीजाण्डद्वार ध्रुवीय केन्द्रक के संलयन से बनती है। युग्मनज नर युग्मनज के अण्ड संलयन से बनता है।

182. *(c)* निषेचन के पश्चात् अण्डप बीजों में तथा अण्डाशय फलों में विकसित होता है।

183. *(a)* अगुणित-द्विगुणित जीवन चक्र ब्रायोफाइटा एवं टेरिडोफाइटा में होता है। बीजाणुद्भिद् साथ ही साथ युग्मकोद्भिद् अवस्था बहुकोशिकीय होती है।

184. *(a)* *A*–हैप्लोण्टिक/अगुणित → अगुणित या युग्मकोद्भिद् अवस्था प्रमुख व बहुकोशिकीय अवस्था है।

B–डिप्लोण्टिक/द्विगुणित → द्विगुणित या बीजाणुद्भिद् अवस्था प्रमुख बहुकोशिकीय अवस्था होती है।

C–हैप्लोडिप्लोण्टिक → युग्मकोद्भिद् (बहुकोशिकीय) तथा बीजाणुद्भिद् (बहुकोशिकीय) दोनों अवस्थाएँ प्रमुख होती हैं।

185. *(b)* हैप्लोण्टिक/अगुणित जीवन-चक्र में युग्मकोद्भिद् प्रमुख अवस्था है तथा बीजाणुद्भिद् केवल एक एककोशिकीय युग्मनज होता है।

अध्याय 03

जन्तु जगत

Animal Kingdom

वर्गीकरण का आधार Basis of Classification

- जन्तु जगत के सभी सदस्य बहुकोशिकीय (Multicellular), विषमपोषी (Heterotrophic) एवं यूकैरियोट्स (Eukaryotes) होते हैं, जो कोशिकाओं के संरचनात्मक संगठन में विभिन्नताएँ प्रदर्शित करते हैं।

संरचनात्मक संगठन के स्तर
(Level of structural organisation)

- **कोशिका स्तर** (Cellular level) कोशिका समूह पाए जाते हैं; उदाहरण-पोरीफेरा संघ या स्पंजों में पाया जाता है।
- **ऊतक स्तर** (Tissue level) एक समान कार्य करने वाली कोशिकाएँ परस्पर मिलकर ऊतकों का निर्माण करती हैं; उदाहरण-सीलेन्ट्रेट्स।
  - **अंग स्तर** (Organ level) ऊतक परस्पर मिलकर अंग बनाते हैं; उदाहरण- प्लैटीहेल्मिन्थीज और ऐस्कैहेल्मिन्थीज।
  - **अंग-तन्त्र स्तर** (Organ system level) अंगों का समूह, जो एक क्रियात्मक तन्त्र बनाते हैं; उदाहरण-ऐनेलिडा एवं शेष उच्च संघ।

- **सममिति** (Symmetry) के आधार पर प्राणी असममित; जैसे—स्पंज या अरीय-सममित; जैसे—सीलेन्ट्रेट्स (Coelenterates), टीनोफोर्स (Ctenophores) तथा इकाइनोडर्म्स (Echinoderms) तथा द्विपार्श्वीय (Bilateral) सममित; जैसे—ऐनेलिड्स, आर्थ्रोपोड्स, मोलस्कस एवं कॉर्डेट्स हो सकते हैं।
- **जनन स्तर** (Germ layer) के आधार पर जन्तु दो प्रकार के होते हैं
  (a) **द्विकोरकी जन्तु** (Diploblastic animal) इनमें कोशिकाएँ दो भ्रूणीय स्तर में व्यवस्थित होती हैं; उदाहरण—सीलेन्ट्रेटा।
  (b) **त्रिकोरकी जन्तु** (Triploblastic animal) इनमें कोशिकाएँ तीन भ्रूणीय स्तरों में व्यवस्थित होती हैं; उदाहरण— प्लेटीहैल्मिन्थीज से कॉर्डेटा।
- **देहगुहा** (Body cavity or Coelom) नली के अन्दर नली प्रणाली वाले जन्तुओं में देह भित्ति (Body wall) तथा पाचन नली के बीच द्रव से भरी एक देहगुहा होती है, जो मध्यजननस्तर (Mesoderm) से स्तरित होती है, इसे **वास्तविक देहगुहा** (True coelom) कहते हैं। इसमें अन्दर लगभग सभी आन्तरिक अंग स्थित होते हैं। यह मीसोडर्म से विकसित होती है। प्रगुहा की उपस्थिति तथा अनुपस्थिति के आधार पर वर्गीकरण निम्नलिखित हैं
  (i) **अगुहीय** (Acoelomates) इनमें देहगुहा अनुपस्थित होती है; जैसे—पोरीफेरा से प्लैटीहेल्मिन्थीज (Platyhelminthes)।
  (ii) **कूटगुहीय** (Pseudocoelomates) देहगुहा मीसोडर्म से विकसित नहीं होती है; जैसे—ऐस्कैहेल्मिन्थीज (Aschelminthes)।
  (iii) **प्रगुहीय** (Coelomates) वास्तविक देहगुहा उपस्थित होती है; जैसे—ऐनेलिडा, से शेष सभी उच्च संघो में।
- **खण्डीभवन** (Segmentation) कुछ जीवों का शरीर अनेक इकाइयों में बँटा रहता है। यह सभी इकाइयाँ बाहर तथा अन्दर से पूर्णतया एक-दूसरे से अलग, किन्तु संरचना एवं कार्यों में समान होती हैं। इन इकाइयों को खण्डों (Segments) तथा इस प्रकार शरीर के खण्डों में बँटने के गुण को विखण्डन या खण्डीभवन कहते हैं। ये खण्ड कुछ कार्य संयुक्त रूप से तथा कुछ अलग-अलग विशिष्ट रूप से करते हैं। इसके आधार पर जन्तुओं को निम्नलिखित समूहों में बाँटा जा सकता है
  (i) **अखण्डीय** (Unsegmented); उदाहरण—पोरीफेरा, सीलेन्ट्रेटा, टीनोफोर्स तथा ऐस्कैहेल्मिन्थीज।
  (ii) **अवास्तविक या नॉन-मेटामेरिक** (Non-metameric); उदाहरण—चपटे कृमि (प्लैटीहेल्मिन्थीज)
  (iii) **वास्तविक या मेटामेरिक विखण्डन** (Metameric segmentation); उदाहरण—ऐनेलिडा, आर्थ्रोपोडा तथा शेष उच्च जन्तु।

जन्तु-जगत का वर्गीकरण
Classification of Animal Kingdom

- जन्तु-जगत को कशेरुक दण्ड (Vertebral column) की उपस्थिति व अनुपस्थिति के आधार पर दो भागों में वर्गीकृत किया गया है
  (i) अकशेरुकी (Invertebrates) (कशेरुकदण्ड विहीन)
  (ii) कशेरुकी (Vertebrates) (कशेरुकदण्ड युक्त)
- भ्रूणीय परिवर्धन के समय मीसोडर्मल कोशिकाएँ (Mesodermal cells) पृष्ठ सतह पर ठोस एक श्लाका-रूपी (Rod-like) संरचना बनाती हैं, जिसे **पृष्ठरज्जु** (Notochord) कहते हैं। पृष्ठरज्जु युक्त प्राणी को कशेरुकी (Chordates) तथा पृष्ठरज्जु रहित प्राणी को **अकशेरुकी** (Non-chordates) कहते हैं।

अकशेरुकी Non-chordates or Invertebrates
अकशेरुकी में निम्न संघ सम्मिलित हैं

संघ-पोरीफेरा Phylum–Porifera
Gr. *Poros* – Pore (छिद्र); *ferre – to bear* (धारण करना)

इस संघ के जन्तुओं का सर्वप्रथम अध्ययन करने वाले वैज्ञानिक **अरस्तू** (Aristotle) थे। उन्होंने इन जीवों को **स्पंज** (Sponge) नाम दिया था।

सामान्य लक्षण General Characteristics

इस संघ के सामान्य लक्षण निम्नलिखित हैं

1. **आवास** (Habitat) सभी स्पंज जलीय होते हैं। इनमें से अधिकांश समुद्री जल में तथा कुछ स्वच्छ जल; उदाहरण–*स्पॉन्जिला* (*Spongilla*) में पाए जाते हैं। इन्हें गर्म जल पसन्द है। अत: सामान्य रूप से ठण्डे जल में अनुपस्थित होते हैं।
2. **शरीर प्रकार** (Body form) शरीर छिद्रयुक्त (Porous) होता है। ये छिद्र दो प्रकार के होते हैं—अन्दर खींचने वाले छिद्र, जिन्हें ऑस्टिया (Ostia) कहते हैं तथा बाहर निकालने वाले छिद्र, जिन्हें अपवाही रन्ध्र या छिद्र (Osculum) कहते हैं। इनमें **स्पंजगुहा** (Spongocoel) उपस्थित होती है।
3. **देह भित्ति** (Body wall) एक सामान्य स्पंज की देह भित्ति में निम्नलिखित तीन स्तर होते हैं
   (i) **पिनैकोडर्म या त्वचीय स्तर** (Pinacoderm or Dermal layer) ये बाहरी कोशिकीय स्तर है, जिसमें चपटी पिनैकोसाइट्स तथा अण्डाकार रन्ध्र कोशिकाएँ उपस्थित होती हैं।
   (ii) **जठर स्तर** (Gastral layer) यह आन्तरिक कोशिकीय स्तर है, जिसमें कशाभयुक्त कीप कोशिकाएँ (Collar cells or Choanocytes) पायी जाती हैं। त्वचीय स्तर तथा जठर स्तर दोनों में आधार झिल्ली नहीं पायी जाती है।
   (iii) **मध्य स्तर** (Mesenchyme or Meso layer) यह अकोशिकीय, जैली सदृश स्तर त्वचीय तथा जठर स्तर के मध्य में पाया जाता है। इसमें नाल प्रणाली तथा पूर्ण शरीर को साधे रखने हेतु कैल्शियम कार्बोनेट ($CaCO_3$) या सिलिका से बनी कंटिकाओं (Spicules) या कोलैजन समान स्पॉजिन (Spongin) नामक गन्धकयुक्त प्रोटीन के धागों का कंकाल होता है।
   - इस स्तर में अमीबोसाइट्स कोशिकाएँ (Amoebocytes cells) या आर्कियोसाइट्स (Archaeocytes) भी पायी जाती है। इनमें दूसरी तरह की कोशिकाओं में बदलने की क्षमता होती है। इन्हें **पूर्णशक्य** कोशिकाएँ (Totipotent cells) भी कहते हैं।
4. **नाल प्रणाली** (Canal system) इस संघ के जन्तुओं में नाल प्रणाली की उपस्थिति भी एक विशेषता है। इनकी देह भित्ति पर असंख्य सूक्ष्मछिद्र पाए जाते हैं, जिन्हें **ऑस्टिया** (Ostia) कहते हैं। इन सूक्ष्मछिद्रों से बाहरी जल नाल प्रणाली द्वारा शरीर की मुख्य देहगुहा, स्पंजगुहा (Spongocoel) में पहुँचकर, शरीर के स्वतन्त्र छोर पर स्थित एक बड़े अपवाही रन्ध्र द्वारा बाहर निकल जाता है।
   - शरीर के भीतर स्थित कोशिकाएँ जल की धारा से भोजन तथा ऑक्सीजन ग्रहण करती है तथा उत्सर्जी पदार्थ (CO_2 सहित अन्य) तथा जनन काय (Reproductive body) को बाहर निष्कासित करती है। अत: नाल प्रणाली पोषण, श्वसन, उत्सर्जन तथा जनन में सहायक है।

   स्पंजों में मुख्यतया तीन प्रकार की नाल प्रणालियाँ पायी जाती हैं

   (i) ***एस्कॉन*** (*Ascon*)

   समुद्री जल ⟶ ऑस्टिया ⟶ स्पंजगुहा ⟶ अपवाही रन्ध्र ⟶ जल शरीर के बाहर

   (ii) ***साइकॉन*** (*Sycon*)

   जल —(ऑस्टिया)⟶ अन्तर्वाही नाल —(प्रोसोपाइल)⟶ अरीय नाल ⟶ एपोपाइल ⟶ स्पंजगुहा ⟶ अपवाही रन्ध्र ⟶ जल शरीर के बाहर

   (iii) ***ल्यूकॉन*** (*Leucon*)

   जल —(ऑस्टिया)⟶ अन्तर्वाही नाल —(प्रोसोपाइल)⟶ अरीय नाल ⟶ एपोपाइल ⟶ स्पंजगुहा ⟶ अपवाही रन्ध्र ⟶ जल शरीर के बाहर
5. **पाचन** (Digestion) यह अन्त:कोशिकीय (Intracellular) तथा खाद्य धानियों (Food vacuoles) में होता है।
6. **श्वसन** (Respiration) इनमें गैसों का आदान-प्रदान कोशिका की जीवद्रव्य कला (Plasma membrane) की सहायता से विसरण (Diffusion) क्रिया द्वारा होता है।
7. **उत्सर्जन** (Excretion) उत्सर्जी पदार्थों का निष्कासन जीवद्रव्य कला की सहायता से विसरण क्रिया द्वारा होता है। अमोनिया इनका मुख्य उत्सर्जी पदार्थ है।
8. **जनन** (Reproduction) ये प्राणी नर व मादा में पृथक् नहीं होते हैं। वे उभयलिंगाश्रयी (Hermaphrodite) होते हैं। जनन अलैंगिक (Asexual) तथा लैंगिक (Sexual) दोनों प्रकार से होता है। अलैंगिक जनन मुकुलन (Budding) व जेम्यूल (Gemmules) निर्माण द्वारा होता है। लैंगिक जनन शुक्राणु व अण्डाणु के संलयन से होता है। आन्तरिक निषेचन होता है। युग्मनज (Zygote) पूर्णभंजी विदलन (Holoblastic cleavage) द्वारा विभाजित होता है। जीवन चक्र में एक रोमाभयुक्त एम्फीब्लास्टुला (Amphiblastula) या पैरेन्काइमुला (Parenchymula) लार्वा बनता है।

मुख्य सदस्य

साइकॉन *Sycon*

- ये छिछले समुद्र में पत्थरों, चट्टानों (एकल या झुण्ड में) पर चिपके रहते हैं।
- शरीर कटीला, भूरा-पीला, फूलदाननुमा, 2.5-10 सेमी लम्बा व द्विस्तरीय (Diploblastic) तथा कैल्शियम की कंटिकाओं का बना होता है।
- इसके मुख के चारों ओर ऑस्कुलम झालर (Osculum fringe) पायी जाती है।

संघ-निडेरिया या सीलेन्ट्रेटा

Phylum–Cnidaria or Coelenterata

(*Knide*–दंश कोशिका; *coel*–खोखला; *enteron*–आँत)

इसका पुराना नाम सीलेन्ट्रेटा (Coelenterata) है। निडेरिया नाम इनका दंश कोशिकाओं की उपस्थिति के कारण पड़ा है। **अरस्तू** (Aristotle) ने इन्हें निडी (Cnidae) कहा था।

सामान्य लक्षण General Characteristics

इस संघ के सामान्य लक्षण निम्नलिखित हैं

1. **आवास** (Habitat) सभी जलीय, जिनमें से मुख्यतया समुद्री (Marine) केवल कुछ स्वच्छ जलीय होते हैं; उदाहरण—*हाइड्रा* (*Hydra*)।
2. **शरीर प्रकार** (Body form) इनका शरीर आदर्श रूप से द्विरूपी (Dimorphic) होता है।
   (i) बेलनाकार पॉलिप (Polyp)
   (ii) तश्तरी, प्याली या छतरीनुमा मेड्यूसा (Medusa)
   कुछ के जीवन-चक्र में एक प्रकार के सदस्य होते हैं, कुछ में दोनों प्रकार के तथा कुछ में इनके भी प्रकार पाए जाते हैं अर्थात् वे **बहुरूपता** (Polymorphism) प्रदर्शित करते हैं।
3. **देह भित्ति** (Body wall) देह भित्ति में मुख्यतया दो स्तर होते हैं
   (i) **बाहरी** बाह्यत्वचा (Epidermis)
   (ii) **आन्तरिक** जठर स्तर या गैस्ट्रोडर्मिस (Gastrodermis)
   - इन दोनों स्तरों के मध्य में जैली-समान, लसदार, पारदर्शक अकोशिकीय मीसोग्लिया (Mesogloea) स्तर होता है।
   - बाह्य या आन्तरिक या दोनों जनन स्तरों में विशेष प्रकार की दंश कोशिकाएँ (Nematoblasts or Stinging cells) होती है, जो आत्मरक्षा, किसी वस्तु से चिपकने या शिकार करने का कार्य करती है।
4. **पाचन** (Digestion) इनमें मुख (Mouth) के साथ एक **मध्य जठरवाहिनी गुहा** (Central gastrovascular cavity) या **सीलेन्ट्रॉन गुहा** (Colenteron cavity) पायी जाती है, जो गुदा (Anus) की भाँति भी कार्य करती है। अत: इनमें अपूर्ण पाचन तन्त्र (Incomplete digestive system) पाया जाता है। इनमें दोनों प्रकार का आन्तरिक (Intra) तथा बाह्य कोशिकीय पाचन (Extracellular digestion) पाया जाता है।
5. **श्वसन व उत्सर्जन** (Respiration and excretion) इनमें श्वसन व उत्सर्जन दोनों ही शरीर सतह से विसरण (Diffusion) के माध्यम से होते हैं। अमोनिया मुख्य उत्सर्जी पदार्थ है।
6. **तन्त्रिका तन्त्र** (Nervous system) इनमें निम्न कोटि का जालिकावत् तन्त्रिका तन्त्र उपस्थित होता है। मस्तिष्क या केन्द्रीय तन्त्रिका तन्त्र अनुपस्थित होता है।
7. **जनन** (Reproduction) इनमें जनन लैंगिक व अलैंगिक प्रकार का होता है। जीवन-चक्र में अलैंगिक पॉलिप रूप तथा लैंगिक मेड्यूसा रूप का एकान्तरण होता है। यह क्रिया **मेटाजेनेसिस** (Metagenesis) कहलाती है। इनमें प्लेनुला (Planula) लार्वा अवस्था पायी जाती है।

मुख्य सदस्य

हाइड्रा *Hydra*

- यह एकल, गमनशील व पॉलिप पीढ़ी का जीव स्वच्छ जल में पाया जाता है।
- इसका शरीर **द्विस्तरीय** होता है। मुख के चारों ओर 6-10 स्पर्शक पाए जाते हैं।
- इसका शरीर कोमल व बेलनाकार होता है। दंश कोशिकाएँ स्पर्शकों पर ही पायी जाती हैं।
- यह **द्विलिंगी** होता है तथा इसमें अलैंगिक जनन मुकुलन द्वारा होता है। *हाइड्रा* में पुनरुद्भवन की अपार क्षमता होती है।

संघ-टीनोफोरा Phylum–Ctenophora

Gr. *Ktene* – comb (कंकत); *phors* – bearing (धारण)

सर्वप्रथम टीनोफोरा को संघ–सीलेन्ट्रेटा में रखा गया था। **एसशोल्ट्ज** (Eschseholtz) ने इसे अलग संवर्ग में रखा तथा **हैश्चेक** (Hatschek) ने टीनोफोरा नामक अलग संघ बनाया। अब तक इस संघ की लगभग 50 जातियाँ ज्ञात हैं।

सामान्य लक्षण General Characteristics

इस संघ के सामान्य लक्षण निम्नलिखित हैं

1. **आवास** (Habitat) ये एकल, समुद्री तथा स्वतन्त्र रूप से जल की सतह पर तैरने वाले प्राणी हैं। जैव-संदीप्ति (Bioluminescence) इस संघ के प्राणियों की विशेषता है। इसका अर्थ है कि ये जीव शरीर द्वारा प्रकाश उत्पन्न करते हैं।
2. **देह भित्ति** (Body wall) इनकी देह भित्ति में बाहरी बाह्यत्वचा (Epidermis), आन्तरिक गैस्ट्रोडर्मिस (Gastrodermis) तथा इन दोनों के मध्य में मीसोग्लिया या कोलेनकाइमा (Mesogloea or Collenchyma) उपस्थित होती है। मीसोग्लिया निडेरिया में उपस्थित मीसोग्लिया से भिन्न होती है, क्योंकि इसमें अमीबोसाइट्स (Amoebocytes), प्रत्यास्थ तन्तु (Elastic fibres) तथा पेशी कोशिकाएँ (Muscle cells) पायी जाती हैं।
3. **गमन** (Locomotion) इनके शरीर की बाह्य सतह पर **पक्ष्माभिकाओं** के जुड़ने से बनी 8 कंकत पट्टिकाएँ (Comb plates) होती हैं, जो गमन में सहायक होती हैं।

4. **पाचन तन्त्र** (Digestive system) इसके पाचन तन्त्र में मुख, ग्रसनी (Pharynx) या स्टोमोडियम (Stomodaeum), गुदा नाल (Anus canal), गुदा द्वार (Anus pores) तथा जटिलवाहिनी गुहा (Gastrovascular cavity) उपस्थित होती है। मुख तथा गुदा दोनों की उपस्थिति के कारण इसे पूर्ण पाचन तन्त्र (Complete digestive system) कहते हैं। पाचन अन्त:कोशिकीय (Intracellular) तथा बाह्य कोशिकीय (Extracellular) दोनों प्रकार का होता है।
5. **तन्त्रिका तन्त्र** (Nervous system) इनमें तन्त्रिका तन्त्र संघ–निडेरिया के समान होता है।
6. इसमें श्वसन, उत्सर्जन, परिसंचरण व कंकाल तन्त्र अनुपस्थित होते हैं।
7. **जनन** (Reproduction) ये जन्तु **उभयलिंगी** (Hermaphrodite) होते हैं। इनमें मुख्यतया **लैंगिक जनन** (Sexual reproduction) पाया जाता है एवं बाह्य निषेचन (External fertilisation) होता है। पुनरुद्भवन (Regeneration) तथा पीडोजेनेसिस (Pedogenesis) पाया जाता है। इनमें परोक्ष (Indirect) परिवर्धन होता है। जीवन-चक्र में सिडिपिड लार्वा (Cydippid larva) बनता है।

मुख्य सदस्य

टीनोप्लाना या प्लूरोब्रैकिया *Pleurobrachia*

- इसे समुद्री करौंदा (Sea gooseberry) भी कहा जाता है। यह छोटा समुद्री, रेंगने वाला जीव है।
- शरीर का मुख्य भाग मांसल होता है, जो अर्द्धवृत्ताकार पालियाँ बनाता है। इन पालियों के मिलन बिन्दु पर एक खाँच उपस्थित होती है, जिससे स्पर्शक जुड़े रहते हैं।
- इनमें केवल लैंगिक जनन पाया जाता है।

संघ-प्लैटीहेल्मिन्थीज Phylum–Platyhelminthes

Gr. *Platy*– broad or flat (चौड़ा या चपटा) *helmins*– worm (कृमि) **गेगेनबॉर** (Gegenbaur; 1858) ने इन्हें अन्य जन्तुओं से अलग कर एक पृथक् संघ – प्लैटीहेल्मिन्थीज में रखा।

सामान्य लक्षण General Characteristics

इस संघ के सामान्य लक्षण निम्नलिखित हैं

1. **आवास** (Habitat) इस संघ के अधिकांश प्राणी मुख्यतया **कशेरुकी** (Vertebrates) जन्तुओं के **परजीवी** (Parasites) होते हैं, जिनमें से कुछ रोगोत्पादक (Pathogenic) होते हैं तथा कुछ स्वतन्त्रजीवी (Free-living) भी होते हैं।
2. **शरीर प्रकार** (Body form) ये चपटे कृमि हैं, जिनमें वर्ग–सेस्टोडा को छोड़कर सभी का शरीर खण्डविहीन (Unsegmented) होता है।
3. **देह भित्ति** (Body wall) इनके शरीर का आवरण कोमल होता है। इस पर पक्ष्माभ (Cilia) उपस्थित या अनुपस्थित होते हैं। जीवित चपटे जन्तुओं की बाह्यत्वचीय कोशिकाओं (Epidermal cells) में दण्डाकार (Rod-shaped) रैब्डाइट्स (Rhabdites) नामक संरचनाएँ पायी जाती हैं। ये सुरक्षा तथा भोजन पकड़ने में उपयोगी हैं।
4. **पाचन तन्त्र** (Digestive system) इनमें पाचन तन्त्र सामान्य व अपूर्ण होता है, जबकि गुदा (Anus) अनुपस्थित होती है। फीताकृमि (Tapeworms) में पाचन तन्त्र अनुपस्थित होता है।
5. **श्वसन** (Respiration) इनमें श्वसन सामान्य शरीर पृष्ठ से विसरण (Diffusion) द्वारा होता है।
6. **उत्सर्जन** (Excretion) इनका उत्सर्जी तन्त्र नलिका सदृश ज्वाला या शिखा कोशिकाओं (Flame cells) से बना है। इन्हें आदिवृक्कक (Protonephridia) या **सोलेनोसाइट्स** (Solenocytes) भी कहते हैं। इनमें अमोनिया मुख्य उत्सर्जी पदार्थ होता है।
7. **तन्त्रिका तन्त्र** (Nervous system) इनमें तन्त्रिका तन्त्र सीढ़ीनुमा होता है, जिसमें मस्तिष्क (Brain) तथा दो तन्त्रिका रज्जु (Nerve cord) होते हैं।
8. **जनन** (Reproduction) ये जन्तु सामान्य रूप से उभयलिंगी होते हैं। जनन अंग सुविकसित होते हैं। निषेचन क्रिया आन्तरिक (Internal) होती है। इन जन्तुओं के शुक्राणुओं (Sperms) में दो पूँछ पायी जाती हैं। प्राय: इनमें **परानिषेचन** (Cross-fertilisation) देखने को मिलता है, परन्तु फीताकृमि **स्व:निषेचन** (Self-fertilisation) प्रदर्शित करते हैं।

   एक या अधिक लार्वा अवस्थाओं की उपस्थिति के कारण अधिकतर चपटे कृमियों का जीवन-चक्र जटिल होता है; उदाहरण—यकृत कृमि (Liver fluke) में मिरासिडियम (Miracidium), स्पोरोसिस्ट (Sporocyst), सर्केरिया (Cercaria) तथा मेटासर्केरिया लार्वा की उपस्थिति, फीताकृमि (Tapeworm) में ओन्कोस्फियर (Oncosphere), हेक्साकैन्थ (Hexacanth) तथा सिस्टीसर्कस (Cysticercus) लार्वा की उपस्थिति।

मुख्य सदस्य

टीनिया सोलियम *Taenia solium*

- यह एक **द्विपरपोषी** (Digenetic) प्रकार का अन्त:परजीवी (Endoparasite) है। इसका प्राथमिक पोषक **सूअर** व द्वितीयक पोषक **मानव** है।
- इसका शरीर खण्ड युक्त होता है, संख्या में 800-1000 तक हो सकते हैं। इसे चपटा कृमि भी कहते हैं।
- इनका शरीर लम्बा, चपटा, फीतानुमा व द्विलिंगी होता है। इसका शरीर तीन भागों में बँटा होता है
  - (i) **शीर्ष** या **स्कोलेक्स** (Scolex) यह घुण्डीनुमा व चूषकों युक्त होते हैं।
  - (ii) **ग्रीवा** (Neck) इसमें छोटे व अपरिपक्व खण्ड पाए जाते हैं।
  - (iii) **स्ट्रोबिला** (Strobila) यहाँ परिपक्व लैंगिक अंग युक्त खण्ड पाए जाते हैं।
- इसमें प्राय: आहारनाल अनुपस्थित होती है। यह त्वचा द्वारा अवायवीय श्वसन तथा भोजन का अवशोषण करता है। इसमें परिसंचरण तन्त्र, तन्त्रिका तन्त्र, पाचन तन्त्र, आदि का अभाव होता है।
- यह मानव में एनीमिया, अल्सर, पेचिस, दस्त, कुपोषण, आदि रोग उत्पन्न कर देता है।

संघ-निमैटोडा या ऐस्कैहेल्मिन्थीज

Phylum–Nematoda or Aschelminthes

Gr. *Nema*–thread धागा; *helmin*–worm (कीट)

सन् 1793 में **रुडोल्फी** (Rudolphi) ने इन्हें निमैटॉइडिया (Nematoidea) नामक समूह में स्थान दिया। सन् 1859 में **गेगेनबॉर** (Gegenbour) ने इन्हें वर्ग–ऐस्कैहेल्मिन्थीज में प्रवेश दिलाया।

सामान्य लक्षण General Charactersistics

इस संघ के सामान्य लक्षण निम्नलिखित हैं

1. **आवास** (Habitat) अधिकांश प्राणी जलीय तथा नम मिट्टी के वासी होते हैं। कुछ स्वतन्त्रजीवी (Free-living) तथा कुछ परजीवी (जैसे–*ऐस्कैरिस*) होते हैं।
2. **शरीर प्रकार** (Body form) इस संघ के जन्तुओं को गोलकृमि (Roundworms) कहते हैं, क्योंकि इनकी अनुप्रस्थ काट देखने पर ये वलयाकार दिखाई देते हैं। ये खण्डरहित होते हैं।
3. **देह भित्ति** (Body wall) इनका शरीर पर मोटा **उपचर्म** (Cuticle) का स्तर होता है। उपचर्म के नीचे बहुकेन्द्रीय (Syncytial), बाह्यत्वचा (Epidermis) तथा इसके नीचे विशेष प्रकार की अनुलम्ब पेशी कोशिकाओं का चार चतुर्थांशों (Quadrants) में बँटा पेशी स्तर होता है।
4. **पाचन तन्त्र** (Digestive system) इनमें सीधी आहारनाल होती है, जिसमें मुख तथा गुदा विरोधी सिरों पर स्थित होते हैं। आहारनाल में सुपरिवर्धित पेशीय ग्रसनी (Muscular pharynx) होती है।
5. **श्वसन** (Respiration) इनमें श्वसन शरीर सतह से विसरण के माध्यम से होता है।
6. **उत्सर्जन** (Excretion) उत्सर्जन के लिए इन जन्तुओं में एक जोड़ी ग्रन्थि कोशिकाएँ (Gland cells) या नलिकाएँ या दोनों उपस्थित होती हैं। *ऐस्कैरिस* (*Ascaris*) में 'H' आकार की रेनेट कोशिकाएँ (Renette cells) उत्सर्जन हेतु उपस्थित होती हैं। अमोनिया मुख्य उत्सर्जी पदार्थ है, जबकि *ऐस्कैरिस* यूरिया भी उत्सर्जित करता है।
7. **तन्त्रिका तन्त्र** (Nervous system) इस संघ के जन्तुओं में परिवेष्टक ग्रसनीय वलय (Circum pharyngeal ring) उपस्थित होती है, जिनसे आगे तथा पीछे की ओर तन्त्रिकाएँ निकली होती हैं।
8. **जनन** (Reproduction) इनमें जनन तन्त्र विकसित होता है। एकलिंगी अर्थात् नर तथा मादा अलग-अलग होते हैं। मादा की तुलना में नर छोटा होता है।

   इनमें आन्तरिक निषेचन पाया जाता है। इनका जीवन चक्र जटिल तथा परिवर्धन प्रत्यक्ष (शिशु वयस्क के समान दिखते हैं) या अप्रत्यक्ष (लार्वा अवस्था द्वारा) प्रकार का होता है। *एन्साइलोस्टोमा* (*Ancylostoma*) में फाइलैरीफॉर्म लार्वा (Filariform larva), *वूचेरेरिया* (*Wuchereria*) में माइक्रोफाइलेरिया लार्वा (Microfilaria larva) तथा *ऐस्कैरिस* (*Ascaris*) व *एन्टेरोबियस* (*Enterobius*) में रैहब्डीटीफॉर्म लार्वा (Rhabditiform larva) पाया जाता है।

मुख्य सदस्य

गोलकृमि या *ऐस्कैरिस* *Ascaris*

- इसका शरीर बेलनाकार व पतला होता है। मादा (7-10 सेमी) व नर (4-6 सेमी) तक का होते हैं। अत: मादा का आकार नर की तुलना ज्यादा होता है।
- नर का पश्च सिरा मुड़ा होता है।
- इसके शरीर पर लम्बाई में धारियाँ उपस्थित होती हैं।
- ये दूषित जल व कच्ची सब्जी के खाने से शरीर में प्रवेश कर जाते हैं। मानव शरीर में यह अन्त:परजीवी एनीमिया, बुखार, कब्ज, पेटदर्द, आदि रोग उत्पन्न कर देता है।

संघ-ऐनेलिडा Phylum–Annelida

(*Annelus*–वलय या छल्ले; *eidas*–रूप)

ऐनेलिडा का शाब्दिक अर्थ 'सूक्ष्म वलयकृमि' (Small ringworms) है अर्थात् इस संघ के जीवों के शरीर पर सूक्ष्म वलय (Small rings) पायी जाती हैं। **लैमार्क** (Lamarck) ने सर्वप्रथम 'ऐनेलिडा' शब्द का प्रयोग किया।

सामान्य लक्षण General Characteristics

इस संघ के सामान्य लक्षण निम्नलिखित हैं

1. **आवास** (Habitat) ये स्वच्छ जल, समुद्री जल या नम मिट्टी में पाए जाते हैं। कुछ स्वतन्त्रजीवी होते हैं। कुछ बिलों में रहते हैं तथा कुछ परजीवी (उदाहरण-जोंक) होते हैं।
2. **शरीर प्रकार** (Body form) इनके शरीर की सकल संरचना नली के भीतर नली (Tube within tube) के समान होती है, क्योंकि इनके नालवत् शरीर में नलिकाकार सीधी आहारनाल (Alimentary canal) उपस्थित होती है।
3. **देह भित्ति** (Body wall) इनकी देह भित्ति पतली तथा नम उपचर्म (Cuticle), इकहरी बाह्यत्वचा, अरीय (Radial) तथा अनुदैर्ध्य पेशियों (Longitudinal muscles) से मिलकर बनी होती है।
4. **गमन** (Locomotion) इनमें गमन देह भित्ति में उपचर्म से बनी सूक्ष्म छड़नुमा सीटी (Setae) द्वारा होता है।
5. **कंकाल तन्त्र** (Skeleton system) इनकी देहगुहीय द्रव कंकाल की भाँति कार्य करता है।
6. **पाचन तन्त्र** (Digestive system) इनमें पाचन तन्त्र सीधा तथा पूर्ण विकसित होता है। इनमें बाह्य कोशिकीय पाचन होता है, जो मुख से प्रारम्भ तथा गुदा (Anus) पर समाप्त होता है।
7. **श्वसन** (Respiration) इनमें सामान्यतया श्वसन त्वचा (Skin) के माध्यम से होता है, जिसे त्वचीय श्वसन (Cutaneous respiration) कहते हैं।

   कुछ सदस्यों; जैसे–*टेरेबेला* (*Terebella*) में क्लोम या गलफडों (Gills) के माध्यम से श्वसन होता है, जिसे **क्लोम श्वसन** (Branchial respiration) कहते हैं।

8. **परिसंचरण तन्त्र** (Circulatory system) ये स्पष्ट तथा बन्द प्रकार (Closed type) का होता है। श्वसन वर्णक (Respiratory pigment) हीमोग्लोबिन (Haemoglobin) रुधिर प्लाज्मा में घुलित अवस्था में पाया जाता है। इसके कारण ही केंचुएँ जैसे जीवधारियों में हमारे समान ही लाल रंग का रुधिर होता है।
9. **तन्त्रिका तन्त्र** (Nervous system) ये तन्त्रिका वलय (Nerve ring) एवं तन्त्रिका रज्जु (Nerve cord) से मिलकर बना होता है। ठोस तथा दोहरी तन्त्रिका रज्जु मध्य अधर सतह पर स्थित होती है।
10. **उत्सर्जन** (Excretion) इनमें उत्सर्जन भ्रूण के बाह्य जनन स्तर (Ectoderm) से निर्मित उत्सर्गिकाओं/ वृक्कक (Nephridia) के माध्यम से होता है, जो देह खण्डों में स्थित होते हैं।
11. **जनन** (Reproduction) ये **लैंगिक जनन** (Sexual reproduction) प्रदर्शित करते हैं। इस संघ के जन्तु एकलिंगी (Unisexual) उदाहरण—*नेरीस* (*Nereis*) तथा उभयलिंगी (Bisexual) उदाहरण—*फेरीटिमा* (*Pheretima*) होते हैं। इनमें परिवर्धन प्रत्यक्ष (उदाहरण—*फेरीटिमा* में) तथा अप्रत्यक्ष (उदाहरण—*नेरीस* में) प्रकार का होता है। अप्रत्यक्ष परिवर्धन में स्वतन्त्र ट्रोकोफोर लार्वा पाया जाता है।

मुख्य सदस्य

केंचुआ *Pheretima*

- यह 15-20 सेमी लम्बा, भूरा-सा खण्डयुक्त, बेलनाकार एवं बिल बनाकर रहने वाला प्राणी है।
- केंचुएँ में खण्डों की संख्या लगभग 100-120 तक होती है। इसके शरीर के 14वें, 15वें, 16वें खण्डों पर ग्रन्थिल कोशिकाओं की बनी **क्लाइटेलम** (Clitellum) नामक मोटी परत होती है। इनमें गमन हेतु प्रत्येक खण्ड पर (प्रथम, द्वितीय एवं अंतिम खण्ड को छोड़कर **सीटी** (Setae) पायी जाती है।
- यह भूमि में सुरंग बनाकर उसे खोखला करके पादपों को उचित वायु प्रदान कराता है, जिससे मिट्टी उपजाऊ बन जाती है। इसलिए केंचुएँ को **किसानों का मित्र** भी कहते हैं।

संघ-आर्थ्रोपोडा Phylum–Arthropoda

(Arthron–जोड़ या जोड़दार; poda–पाद)

यह जन्तु जगत का सबसे बड़ा संघ है। इसके लगभग 9 लाख जन्तु पाए जाते हैं। इस संघ की खोज **वॉन सीबोल्ड** (Von Siebold) ने की थी।

सामान्य लक्षण General Characteristics

इस संघ के सामान्य लक्षण निम्नलिखित हैं

1. **आवास** (Habitat) ये भूमि पर, हवा में, जल में अर्थात् सभी स्थानों पर पाए जाते हैं। कुछ सदस्य अन्य जन्तुओं और पादपों के शरीर पर परजीवी के रूप में भी पाए जाते हैं।
2. **शरीर प्रकार** (Body form) शरीर समखण्डों (Segmented) में बँटा होता है। शरीर सिर, वक्ष एवं उदर भागों में विभक्त रहता है। विखण्डन बाहर की ओर से स्पष्ट होते हैं। विखण्डन के फलस्वरूप बने खण्डों की संख्या स्थायी होती है। प्रत्येक खण्ड पर मूलतया एक जोड़ी पार्श्वीय एवं संधित उपांग (Lateral and jointed appendages) उपस्थित होते हैं। इस प्रक्रम को **सन्धित उपांगीभवन** (Arthopodisation) कहते हैं। ये उपांग कार्यों के अनुसार, मुख उपांगों, क्लोमों, चलनपादों, आदि में रूपान्तरित हो जाते हैं।
3. **देह भित्ति** (Body wall) खण्डों के चारों ओर मोटी व कठोर काइटिनयुक्त उपचर्म (Cuticle) का बाह्य कंकाल होता है।
4. **पाचन तन्त्र** (Digestive system) इनमें आहारनाल पूर्ण (Complete) व सुविकसित होती है, जो अग्रांत्र (Foregut), मध्यान्त्र (Midgut) तथा पश्चान्त्र (Hindgut) में विभक्त होती है।
5. **श्वसन** (Respiration) इनमें श्वसन के लिए जलीय सदस्यों में जल क्लोम (Gills), स्थलीय में वायु नलिकाएँ (Tracheae) या पुस्त फेफड़े (Book lungs) उपस्थित होते हैं। कुछ में श्वसन देह भित्ति से विसरण (Diffusion) द्वारा भी सम्पन्न होता है।
6. **परिसंचरण तन्त्र** (Circulatory system) इनमें परिसंचरण तन्त्र खुले प्रकार (Open type) का होता है अर्थात् रुधिर नलिकाओं (Blood vessels) में न बहकर हीमोसील (Haemocoel) में बहता है। रुधिर में हीमोसायनिन (Haemocyanin) नामक श्वसन रंगा उपस्थित होती है।
7. **उत्सर्जन** (Excretion) इनमें उत्सर्जन विशेष प्रकार की मैल्पीघी नलिकाओं या ग्रीन ग्रन्थियों (Malpighian tubules or Green glands) द्वारा होता है। कुछ जन्तुओं में श्रोणि ग्रन्थियाँ (Coxal glands) भी उत्सर्जी अंगों के रूप में उपस्थित होती हैं।
8. **तन्त्रिका तन्त्र** (Nervous system) इनमें तन्त्रिका तन्त्र संघ–ऐनेलिडा के समान होता है, जिसमें सिर में मस्तिष्क सहित एक तन्त्रिका मुद्रा होती है। यह दोहरी तन्त्रिका रज्जु (Nerve cord) से जुड़ी रहती है। रज्जु पर समखण्डीय जोड़ीदार गुच्छक (Segmental ganglia) होते हैं।

   इनमें विकसित संवेदी अंग; जैसे—शृंगिकाएँ (Antennae) व नेत्र (Eyes) उपस्थित होते हैं। कुछ जन्तुओं में संयुक्त नेत्र (Compound eyes) पायी जाती हैं। कुछ जन्तुओं में स्टेटोसिस्ट्स (Statocysts) नामक सन्तुलन अंग (Balancing organs) भी पाया जाता है।
9. **जनन** (Reproduction) इसकी अधिकांश जातियाँ एकलिंगी (Dioecious) होती हैं। नर व मादा में प्रायः लैंगिक द्विरूपता (Sexual dimorphism) पाया जाता है।

   इनमें आन्तरिक निषेचन पाया जाता है तथा परिवर्धन प्रत्यक्ष या अप्रत्यक्ष रूप से होता है। जीवन-चक्र में प्रायः एक या अधिक शिशु अवस्थाएँ होती हैं, जिनके कायान्तरण (Metamorphosis) से वयस्क बनता है।

मुख्य सदस्य

तिलचट्टा या *पेरीप्लेनेटा अमेरिकाना* *Periplaneta americana*

- यह रात्रिचर जन्तु होता है। यह अधिकांशतया सीवर, शौचालय, रसोईघर, किराने (दुकानों), आदि स्थानों पर पाया जाता है।
- कत्थई रंग के इस जन्तु का शरीर सिर, वक्ष तथा उदर में विभाजित होता है।
- शरीर पर मोटी व दृढ़ काइटिन का बाह्य कंकाल पाया जाता है।
- नर में 10वें खण्ड पर एक जोड़ी **गुदालूम** (Anal cerci) पायी जाती हैं, जिसकी अनुपस्थिति से मादा को पहचाना जा सकता है।

संघ-मोलस्का Phylum–Mollusca

L. *Molluscs*–soft (कोमल)

अरस्तू (Aristotle) ने इस संघ के कई सदस्यों के बारे में बताया, जबकि सन् 1650 में **जॉनस्टन** (Johnston) ने इस जन्तुओं को संघ—मोलस्का के अन्तर्गत रखा। इस संघ के अध्ययन को **कॉन्कोलॉजी** (Conchology) कहते हैं। यह जन्तु जगत का दूसरा सबसे बड़ा समूह है।

सामान्य लक्षण General Characteristics

इस संघ के सामान्य लक्षण निम्नलिखित हैं

1. **आवास** (Habitat) इस संघ के अधिकांश सदस्य समुद्र में, कुछ अलवणीय जल में तथा कुछ नम भूमि में पाए जाते हैं।
2. **शरीर प्रकार** (Body form) इनका शरीर सिर, पाद तथा आंतरांगों (Visceral organs) में बँटा होता है। देह भित्ति के चारों ओर वलन (Folding) से निर्मित प्रावार (Mantle) होता है, जो कैल्शियमयुक्त कवच (Calcified shell) का स्रावण करता है।
3. **देह भित्ति** (Body wall) इनमें पक्ष्माभयुक्त (Ciliated) एकस्तरीय बाह्यत्वचा होती है। पेशियाँ, अरेखित (Unstriped) तथा समूहों में पायी जाती है।
4. **गमन** (Locomotion) इनमें गमन हेतु मांसल तथा पेशीय पाद अधर सतह पर स्थित होते हैं, जो रेंगने, तैरने तथा बिल बनाने में सहायता करते हैं।
5. **पाचन तन्त्र** (Digestion) इनमें पाचन तन्त्र में आहारनाल सीधी, U के आकार की या कुण्डलित होती है। मुखगुहा में भोजन चबाने के लिए **रैडुला** (Radula) नामक एक विशिष्ट अंग होता है। पाचन ग्रन्थियाँ तथा एक यकृत भी उपस्थित होता है।
6. **श्वसन** (Respiration) इनमें श्वसन एक या अधिक क्लोम या टीनिडिया (Ctenidia) या फुफ्फुस (Lungs) द्वारा होता है।
7. **परिसंचरण तन्त्र** (Circulatory system) इनमें खुला रुधिर परिसंचरण तन्त्र (वर्ग—सिफैलोपोडा में बन्द परिसंचरण तन्त्र) उपस्थित होता है। रुधिर रंगहीन या हीमोसायनिन (Haemocyanin) श्वसन रंगा के कारण नीला या हरा होता है।
8. **उत्सर्जन** (Excretion) इनमें उत्सर्जन अंग वृक्क (Kidney) या मेटानेफ्रीडिया (Metanephridia) या बोजेनस के अंग (Organs of Bojanus) या केबर की ग्रन्थि (Keber's organ), आदि उपस्थित हैं। इनमें मुख्य उत्सर्जी पदार्थ अमोनिया होता है।
9. **तन्त्रिका तन्त्र** (Nervous system) इनका तन्त्रिका तन्त्र युग्मित गैंग्लिया (Paired ganglia), संयोजक तथा तन्त्रिकाओं से मिलकर निर्मित होता है। इनमें नेत्र, स्टेटोसिस्ट तथा ऑस्फ्रेडियम (Osphradium) उपस्थित होते हैं।
10. **जनन** (Reproduction) ये जन्तु एकलिंगी (Unisexual) होते हैं। इनमें निषेचन (Fertilisation) आन्तरिक या बाह्य होता है। इनमें विदलन सर्पिल (Spiral) प्रकार का होता है।

    परिवर्धन प्रत्यक्ष या अप्रत्यक्ष प्रकार का होता है। जीवन-चक्र में स्वतन्त्रजीवी लार्वा वेलीजर (Veliger), ट्रोकोफोर (Trochophore) या ग्लोकीडियम (Glochidium) होता है।

मुख्य सदस्य

सीप या *यूनियो* *Unio*

- ये तालाबों, झीलों, जोहड़ों, आदि के किनारे रेत में धँसी हुई पायी जाती हैं।
- पार्श्वों से चपटा शरीर द्विकपाटीय कवच में बन्द रहता है। कवच के दोनों कपाट कब्जा सन्धि द्वारा जुड़े तथा मध्य अधर रेखा पर पृथक् रहते हैं।
- कवच के अग्रपृष्ठ भाग में एक सफेद फूला भाग अम्बो (Umbo) होता है, जिसके नीचे अनेक समकेन्द्रीय (Concentric) वृद्धि रेखाएँ होती हैं।

संघ-इकाइनोडर्मेटा Phylum– Echinodermata

Gr. *Echinos*–spines (काँटें); *derma*–skin/covering (त्वचा)

सन् 1738 में इस संघ का नाम 'इकाइनोडर्मेटा' (Echinodermata) रखा गया।

सामान्य लक्षण General Characteristics

इस संघ के लक्षण निम्नलिखित हैं

1. **आवास** (Habitat) इस संघ के सभी जन्तु समुद्री (Marine) होते हैं, जिसमें से अधिकांश समुद्र तल के वासी होते हैं।
2. **शरीर प्रकार** (Body form) इनका शरीर तारे के आकार का, बेलनाकार, गोलाकार या अण्डाकार होता है। इनका शरीर अखण्डित (Unsegmented) तथा शीर्षरहित होता है।
3. **देह भित्ति** (Body wall) इनमें बाह्यत्वचा (Epidermis) एकल तथा पक्ष्माभयुक्त (Ciliated) होती है। त्वचा में कैल्शियम कार्बोनेट से बनी अस्थिकाओं का अन्त:कंकाल पाया जाता है, जिसकी उत्पत्ति मध्य जनन स्तर (Mesoderm) से होती है।
4. **जल परिवहन तन्त्र** (Water vascular system) इस संघ के जन्तुओं में विशिष्ट प्रकार का जल परिवहन तन्त्र पाया जाता है, जिसे **एम्बुलेक्रल तन्त्र** (Ambulacral system) भी कहते हैं। इस तन्त्र में प्रन्ध्रक (Madreporite) नामक छिद्रित तश्तरीनुमा (Perforated plate) संरचना होती है, जिसमें स्थित छिद्र तन्त्र के भीतर जल का प्रवेश कराते हैं। इसके नालपाद (Tube feet) गमन (Locomotion), भोजन पकड़ने व श्वसन (Respiration) में सहायक होते हैं।
5. **कंटिकाएँ एवं पेडिसिलेरी** (Spines and pedicellariae) इस संघ के कुछ जन्तुओं में कंटिकाएँ तथा पेडिसिलेरी नामक संरचनाएँ पायी जाती हैं। कंटिकाएँ सुरक्षा का कार्य करती हैं। पेडिसिलेरी शरीर पृष्ठ पर आए मलबे तथा सूक्ष्मजीवों को हटाकर सफाई रखने में सहायक है।
6. **पाचन** (Digestion) इनका पाचन तन्त्र सरल तथा पूर्ण होता है, किन्तु बिट्रिल तारा (Brittle stars) में अपूर्ण पाचन तन्त्र उपस्थित होता है।
7. **हीमल एवं पेरीहीमल तन्त्र** (Haemal and perihaemal system) यह इनमें रुधिर संचरण में सहायक तन्त्र है। रुधिर श्वसन रंगा (Respiratory pigment) रहित होता है। इनमें हृदय अनुपस्थित होता है।
8. **श्वसन** (Respiration) इनमें गैसो का आदान-प्रदान नालपाद के माध्यम से होता है। अनेक जन्तुओं में विशिष्ट श्वसन अंग उपस्थित होते हैं; उदाहरण—समुद्री अर्चिन में पेरिस्टोमिनल गलफड़े (Peristominal gills), ब्रिटिल तारों में जनन बुर्सी (Genital bursae),

होलोथूरियन्स (Holothurians) में क्लोकल श्वसन वृक्ष (Cloacal respiratory tree) तथा तारा मछली (Star fish) में डर्मल ब्रैन्की (Dermal branchae)।

9. **उत्सर्जन** (Excretion) इनमें विशिष्ट उत्सर्जी अंग अनुपस्थित होते हैं। उत्सर्जी पदार्थ गलफड़ों द्वारा विसरित हो जाते हैं एवं अमोनिया मुख्य उत्सर्जी पदार्थ है।
10. **तन्त्रिका तन्त्र** (Nervous system) इनमें तन्त्रिका वलय (Nerve ring) तथा अरीय तन्त्रिका तन्तु (Radial nerve cord) उपस्थित होते हैं, किन्तु मस्तिष्क अनुपस्थित होता है।
11. **जनन** (Reproduction) जीव प्राय: एकलिंगी होते हैं। जीव में जनन मुख्यतया लैंगिक (Sexual) होता है। इनमें बाह्य निषेचन होता है एवं परिवर्धन अप्रत्यक्ष होता है। जीवन चक्र में एक द्विपार्श्वीय, पक्ष्माभयुक्त लार्वा प्रावस्था (Larva stage) पायी जाती है।

मुख्य सदस्य

तारा मछली या *एस्टेरियास* *Asterias*

- यह समुद्र तल की चट्टानों पर रेंगती हुई पायी जाती हैं एवं तारा समान संरचना की होती है।
- यह नाल पादों की सहायता से गमन करती हैं।
- यह **माँसाहारी जन्तु** है, जो माँस को पचाने के लिए आमाशय को पलटा कर बाहर ले आती है व भोजन को घेर लेती है।
- इसमें पुनरुद्भवन की क्षमता होती है।

संघ–हेमीकॉर्डेटा Phylum–Hemichordata

हेमी (*Hemi*) का अर्थ 'आधा' तथा कॉर्डेटा (Chordata) शब्द नोटोकॉर्ड से लिया गया है। हेमीकॉर्डेटा को पहले उपसंघ के रूप में कॉर्डेटा संघ में रखा जाता था, परन्तु अब इसे एक अलग संघ के रूप में रखा गया है। इन्हें अर्द्ध कॉर्डेटा (Half chordata) भी कहते हैं।

सामान्य लक्षण General Characteristics

1. ये पूर्णतया समुद्री जीव होते हैं, जो बिलों में रहते हैं।
2. इनमें वास्तविक देहगुहा पायी जाती है।
3. इनमें पाचन तन्त्र पूर्ण होता है।
4. इनमें श्वसन क्लोम दरारों तथा शारीरिक सतह द्वारा होता है।
5. इनमें उपकला की तन्त्रिका कोशिका, ग्राही अंगों की भाँति कार्य करते हैं।
6. इनमें लैंगिक जनन होता है तथा लिंग अलग-अलग होते हैं। इनमें कृमि जैसे छोटे जीव आते हैं; उदाहरण—*बैलेनोग्लॉसस, सिफैलोडिस्कस,* आदि।

मुख्य सदस्य

बैलेनोग्लॉसस *Balanoglossus*

- ये समुद्री रेतीली भूमि में रहते हैं। ये कृमि समान संरचना वाले जन्तु हैं, जो बिलों में रहते हैं।
- इनका शरीर छोटी **शुण्ड** (Proboscis) तथा शक्वाकार कीप समान **कॉलर** (Collar) एवं बेलनाकार **धड़** में बँटा होता है।
- यह धड़ पुन: अग्र-**क्लोमजनन क्षेत्र** (Branchiogenital region), मध्य- **यकृत क्षेत्र** (Hepatic region) तथा पश्च-**आन्त्रीय क्षेत्र** (Intestinal region) में विभक्त रहता है।
- क्लोमजनन क्षेत्र में एक जोड़ी जनद पंख (Genital wings) तथा मध्य में क्लोम खाँच (Branchial groove) होती है। इन जनद पंखों के मध्य जनद (Gonads) पाए जाते हैं।

संघ–कॉर्डेटा Phylum–Chordata

(*Chord*–रस्सी; *ata*–धारण करना अर्थात् पृष्ठरज्जु अथवा नोटोकॉर्ड धारक जन्तु)

संघ-कॉर्डेटा की स्थापना **बैल्फोर** (Balfour) नामक वैज्ञानिक ने सन् 1880 में की थी। इस संघ के जन्तु बहुत विकसित होते हैं। इसमें लगभग 55000 जीवित एवं 25000 विलुप्त जातियाँ आती हैं। इन जन्तुओं में जीवन की किसी न किसी अवस्था में निम्न तीन लक्षण अवश्य ही पाए जाते हैं।

(i) **पृष्ठरज्जु या नोटोकॉर्ड** (Notochord) यह शरीर की मध्य पृष्ठ रेखा में फैली, ठोस, लम्बी, लचीली छड़नुमा रचना है, जो **तन्त्रिका रज्जु** (Nerve cord) तथा **आहारनाल** (Alimentary canal) के बीच पायी जाती है। वयस्क उच्च जीवों में इसके स्थान पर **कशेरुकदण्ड** (Vertebral column) बन जाता है।

(ii) **पृष्ठीय नाल तन्त्रिका रज्जु** (Dorsal tubular nerve cord) यह जन्तुओं में केन्द्रीय तन्त्रिका तन्त्र बनाती हैं तथा पृष्ठरज्जु या नोटोकॉर्ड के ऊपर स्थित होती है। मनुष्य में इसका अगला सिरा **मस्तिष्क** (Brain) और शेष भाग **मेरुरज्जु** या **रीढ़रज्जु** (Spinal cord) बनता है।

(iii) **ग्रसनी क्लोम दरारें** (Pharyngeal gill clefts) जीवन की किसी न किसी अवस्था में ग्रसनी की दीवार में जोड़ीदार एवं पार्श्वीय **क्लोम दरारें** (Gills slits) अवश्य पायी जाती हैं, जलीय कॉर्डेट्स में ये रचनाएँ जीवनपर्यन्त बनी रहती हैं और श्वसन में भाग लेती है, जबकि स्थलीय कॉर्डेट्स में श्वसन का कार्य फेफड़ों द्वारा होने के कारण ये जबड़े और उसके आस-पास की संरचनाओं में रूपान्तरित हो जाती हैं।

अन्य सामान्य लक्षण Other General Characteristics

1. इनमें परिवहन तन्त्र पूर्ण विकसित एवं बन्द प्रकार का होता है। रुधिर में **हीमोग्लोबिन** नामक श्वसन रंगा पायी जाती है।
2. इनमें पूर्ण विकसित तन्त्रिका तन्त्र, उत्सर्जी तन्त्र एवं प्रजनन तन्त्र पाया जाता है।
3. अन्त:स्त्रावी तन्त्र (Endocrine system) भी अत्यन्त विकसित होता है।
4. जन्तु **एकलिंगी** (Unisexual) होते हैं। निषेचन एवं परिवर्धन बाह्य या आन्तरिक होता है। इसी आधार पर ये जन्तु अण्डज अथवा जरायुज होते हैं।

इसे तीन उपसंघों में विभाजित किया जाता है

उपसंघ-ट्यूनीकेटा या यूरोकॉर्डेटा
Sub-phylum–Urochordata

सामान्य लक्षण General Characteristics

1. ये कोमल शरीर वाले जन्तु अपने विशेष बाह्यावरण के कारण पहचाने जाते हैं, जिसे **ट्यूनिक** (Tunic) कहते हैं, इसलिए इन्हें ट्यूनिकेट्स भी कहा जाता है।

2. इनमें पृष्ठरज्जु अथवा नोटोकॉर्ड जीव की पूँछ तक ही सीमित रहती है। इसी कारण ये **यूरोकॉर्डेट्स** कहलाते हैं।
3. इनमें U-आकार की आहारनाल होती है।
4. इन जीवो में संघ-कॉर्डेटा के लक्षण केवल लार्वा में पूर्णरूप से पाए जाते हैं, वयस्क में नहीं। लार्वा जल में मुक्त रूप से विचरण करता है, जबकि वयस्क जमीन में धँसा रहता है।

   अत: इन जीवों में **अद्योगामी कायान्तरण** (Retrogressive metamorphosis) पाया जाता है; उदाहरण—*हर्डमानिया, सियोना, साल्पा,* आदि।

मुख्य सदस्य

***हर्डमानिया** Herdmania*

इसका शरीर थैलीनुमा होता है। इसका आधारीय पाद रेत में धँसा होता है। इसके शरीर के अग्रभाग में एट्रियल और ब्रैंकियल साइफन पाए जाते हैं। इसकी देहभित्ति को **मेन्टल** कहते हैं। इनमें पृष्ठरज्जु पूँछ तक ही सीमित होती है।

उपसंघ-सिफैलोकॉर्डेटा Sub-phylum–Cephalochordata

सामान्य लक्षण General Characteristics

1. इनका शरीर मछली के समान होता है।
2. इसमें पृष्ठरज्जु सम्पूर्ण शरीर में एक सिरे से दूसरे सिरे तक फैली रहती है।
3. इसमें हृदय **अनुपस्थित** होता है।

मुख्य सदस्य

***एम्फिऑक्सस** Amphioxus*

यह लगभग 8 सेमी लम्बा बेलनाकार जन्तु है, जो समुद्र के तल पर बिल बनाकर रहता है। इसमें मुख के चारों ओर मुख छिद्र (Oral hood) होता है, जिस पर मुख सिराई का चक्र उपस्थित होता है। ग्रसनी में क्लोम छिद्र पाए जाते हैं।

उपसंघ-क्रैनिऐटा या वर्टीब्रेटा
Sub-phylum–Craniata or Vertebrata

सामान्य लक्षण General Characteristics

1. ये उच्च कशेरुक होते हैं। इस उपसंघ के जन्तुओं में कशेरुकदण्ड तथा अन्त:कंकाल पाया जाता है, जो पेशियों को चलन हेतु सहारा देता है।
2. इनका शरीर मुख्यतया चार भागों में बँटा होता है; जैसे—सिर, गर्दन, धड़ एवं पूँछ।
3. इनमें मस्तिष्क उपास्थि या अस्थि से बने एक मस्तिष्क खोल या कपाल (Cranium) में स्थित रहता है।
4. इनके शरीर पर दो जोड़ी उपांग पाए जाते हैं, जो पखने (Fins) के रूप में हो सकते हैं या फिर पादों (Legs) के रूप में।

उपसंघ—क्रेनिएटा अथवा वर्टीब्रेटा को निम्नलिखित दो समूहों में वर्गीकृत किया गया है

A. **प्रभाग–एग्नैथा** Agnatha

(i) ये सबसे निम्न कोटि के कशेरुकी जन्तु हैं।
(ii) इन जन्तुओं में पृष्ठरज्जु जीवनपर्यन्त पायी जाती है।
(iii) इनमें वास्तविक जबड़े अनुपस्थित होते हैं।
(iv) इनमें जोड़ीदार उपांग नहीं पाए जाते हैं।

उदाहरण—लैम्प्रेज (Lamprays); जैसे—*पेट्रोमाइजॉन (Petromyzon)* एवं हैग मछलियाँ (Hag fishes); जैसे—*मिक्सीन (Myxine)*।

मुख्य सदस्य

***पैट्रोमाइजॉन** Petromyzon*

- यह **साइक्लोस्टोमेटा** (Cyclostomata) वर्ग का सदस्य है।
- इनका शरीर ईल के समान, शरीर पर शल्क, जबड़ों एवं पार्श्व पखों का अभाव होता है।
- मुख गोलाकार एवं चूषक युक्त होता है।
- क्लोम के 5 से 16 जोड़े पाए जाते हैं।
- ये परजीवी एवं अपमार्जक होते हैं।

B. **प्रभाग—ग्नैथोस्टोमेटा** Gnathostomata

1. इनमें पूर्ण विकसित वास्तविक जबड़े पाए जाते हैं।
2. इनमें उपांग, पखों और पादों के रूप में पाए जाते हैं।
3. इनमें पृष्ठरज्जु पूर्ण विकसित होती है।

इस समूह को निम्नलिखित दो अधिवर्गों में बाँटा गया है

(a) मत्स्य (Pisces)　　(b) टेट्रापोडा (Tetrapoda)

महावर्ग-मत्स्य Super-class–Pisces

सामान्य लक्षण General Characteristics

1. ये पूर्णतया जलीय होते हैं, जो स्वच्छ व समुद्री दोनों जल में मिलते हैं। इस वर्ग के जन्तुओं को सत्य मछली (True fish) मानते हैं।
2. इनके शरीर के ऊपर **कण्टकों** एवं **शल्क** का बना बाह्य कंकाल पाया जाता है।
3. इनमें युग्मित उपांग (पखों के रूप में) पाए जाते हैं, जो चलन में सहायता करते हैं।
4. ये **क्लोमों** द्वारा श्वसन करते हैं, जो जल में घुलनशील ऑक्सीजन ग्रहण करते हैं।
5. इसमें हृदय **द्विवेश्मी** होता है अर्थात् उसमें एक अलिन्द (Auricle) तथा एक निलय (Ventricle) होता है। उसमें सदैव अनॉक्सीकृत (Deoxygenated) रुधिर बहता है। इसलिए इस हृदय को **वेनस हृदय** (Venous heart) भी कहते हैं।
6. ये अनियततापी (Cold-blooded) जन्तु होते हैं; उदाहरण—मेडेरियन मछली (*Synchirpus splendidus*), एंगलर मछली (*Caulophyryne jordant*), लायन मछली (*Pterois volitans*), विद्युत रे (*Torpedo*), स्टिंग रे (Sting ray), डॉग फिश (*Scoliodon*), रोहू (*Labeo rohita*), समुद्री घोड़ा (*Nale hippocampus*), *एनाबास* (Climbing perch), कैट मछली (*Mangur*)।

मुख्य सदस्य

कुत्ता मछली या *स्कोलियोडॉन* Dogfish or *Scoliodon*

- यह भारतीय समुद्रों में पायी जाने वाली माँसाहारी मछली है।
- इसका शरीर 30-15 सेमी तक लम्बा होता है। इसके अगले सिरे से एक नुकीला **तुण्ड** (Snout) निकला रहता है, जो इसकी मुख्य पहचान है।
- सिर के निचली सतह पर मुख होता है। त्वचा पर **प्लेकॉइड शल्क** होते हैं, जिनके कारण यह खुरदरी होती है।
- नेत्रों के पीछे 5 जोड़ी **क्लोम दरारें** (Gill slits) होती हैं।
- नर व मादा अलग-अलग होते हैं तथा मादा **जरायुज** (Viviparous) होती है अर्थात् बच्चों को जन्म देती है।

महावर्ग-चतुष्पादा या टेट्रापोडा Super-class–Tetrapoda

सामान्य लक्षण General Characteristics

1. इनमें गमन हेतु दो जोड़ी पाँचांगुलि पाद (Pentadactyl limbs) उपस्थित होते हैं, इसलिए इन्हें चतुष्पादा कहते हैं।
2. ये सामान्यतया स्थलचर होते हैं।
3. इनमें श्वसन मुख्यतया फेफड़ों द्वारा होता है तथा हृदय त्रि अथवा चतुवेश्मी होता है।
4. त्वचा पर परों, शल्कों या बालों का बाह्य कंकाल पाया जाता है।

महावर्ग–टेट्रापोडा को निम्नलिखित वर्गों में बाँटा गया है

1. वर्ग-उभयचर Class–Amphibia

(Gr. *Amphi*–दोनों (जल और थल); *bios*–जीवन)

उभयचर वर्ग के जन्तु जल एवं थल दोनों पर निवास करते हैं।

सामान्य लक्षण General Characteristics

1. इनका शरीर सिर, गर्दन, धड़ एवं पूँछ अथवा सिर व धड़ में विभाजित होता है।
2. इनकी त्वचा में शल्क नहीं पाए जाते हैं, अपितु श्लेष्मा ग्रन्थियाँ पायी जाती हैं।
3. इनमें अस्थियों का बना अन्तःकंकाल पाया जाता है। कशेरुकदण्ड में **एटलस** (Atlas) नामक प्रथम कशेरुक पायी जाती है, जो सिर की चलनशीलता के लिए उत्तरदाई होती है।
4. इनमें दाँत युक्त मुख तथा श्लेष्म युक्त जिह्वा पायी जाती है, जो पाचन में सहायता करती है। उभयचर वे प्रथम जन्तु हैं, जिनमें सत्य जिह्वा पायी जाती है।
5. इनमें श्वसन क्लोम द्वारा, फेफड़ों तथा अथवा त्वचा द्वारा होता है तथा हृदय **त्रिवेश्मी** (Three-chambered) होता है।
6. ये अमोनिया का उत्सर्जन करते हैं। अमोनिया का निर्माण **डीएमिनेशन** द्वारा यकृत होता है।
7. ये जनन हेतु अण्डों को जन्म देते हैं, जो बाह्य वातावरण में विकसित होते हैं। ये **अनियततापी** (Cold–blooded) होते हैं; उदाहरण—सेलामेण्डर (Salamander), टोड, मेंढक (*Rana tigrina*), *हाइला (Hyla)* तथा *इकोथोफिस (Ecothophis)*, आदि।

मुख्य सदस्य

मेंढक या *राना टिग्रीना* *Rana tigrina*

- यह एक कीटभक्षी उभयचर जन्तु है। इसका शरीर नौकाकार तथा लगभग 12-20 सेमी लम्बा होता है।
- शरीर में ग्रीवा का अभाव होता है।
- पश्चपाद की अँगुलियों के मध्य **पादजाल** (Web) पाया जाता है।
- यह **एकलिंगी** होता है तथा इसमें लैंगिक द्विरूपता उपस्थित होती है।
- नर में एक जोड़ी स्वर कोष्ठक (Vocal cords) पाए जाते हैं।

2. वर्ग-सरीसृप Class–Reptilia

Reptum = रेंगना

इस वर्ग में रेंगने वाले धरातलीय जन्तु आते हैं। ये प्रथम सत्य **स्थलचर** (True terrestrial) जन्तु भी कहे जाते हैं। पूर्णरूपेण स्थल पर पहुँचने के कारण इनमें पूर्णतया वायवीय श्वसन अर्थात् फेफड़ों द्वारा श्वसन होता है।

सामान्य लक्षण General Characteristics

1. इनका शरीर सिर, गर्दन, धड़ एवं पूँछ में विभाजित होता है।
2. इनकी त्वचा सूखी एवं श्लेष्मरहित होती है। इस पर काँटेदार शल्क का आवरण पाया जाता है, जो इनका बाह्य कंकाल बनाता है।
3. इनमें अस्थियों का अन्तःकंकाल पाया जाता है।
4. इनमें श्वसन फेफड़ों द्वारा होता है।
5. ये असमतापी होते हैं तथा इनका हृदय **त्रिवेश्मी** (Three-chambered) होता है, परन्तु उच्च सरीसृप जैसे मगरमच्छ का हृदय **चार वेश्मों** का बना होता है।
6. ये कैल्शियम कार्बोनेट के आवरणयुक्त अण्डों को देते हैं, जिनसे शिशुओं का जन्म होता है। इन अण्डों को **क्लेडॉइक** (Cleidoic) अण्डे कहते हैं; उदाहरण—सर्प, छिपकली, कछुआ, मगरमच्छ, घड़ियाल, गिरगिट, आदि।

मुख्य सदस्य

घेरलू छिपकली या *हेमीडेक्टाइलस* *Hemidactylus*

- यह सामान्यतया 8-12 सेमी लम्बी, दीवारों पर रेंगने वाली रात्रिचर और कीटभक्षी जन्तु है।
- शरीर सिर, धड़, गर्दन और पूँछ में विभक्त होता है। दबाव पड़ने पर इसकी पूँछ टूटकर शरीर से अलग हो जाती है। उसके स्थान पर कुछ दिनों बाद नई पूँछ आ जाती है।
- अँगुलियों के अधर तल पर चिपचिपी अनुप्रस्थ पटलिकाएँ पायी जाती हैं, जो दीवार पर रेंगने में सहायता करती हैं।

3. वर्ग-पक्षी Class–Aves

इस वर्ग के जन्तुओं में अग्रपाद पँखों में रूपान्तरित हो जाते हैं, उड़ने में सहायता करते हैं।

इनका विकास **सरीसृपों** से हुआ है। अतः इन्हें विशेषीकृत सरीसृप (Glorified reptiles) भी कहते हैं।

सामान्य लक्षण General Characteristics

1. इनका शरीर सिर, गर्दन, धड़ एवं पूँछ में विभाजित होता है।
2. इनमें पश्चपाद चलने, कूदने तथा अग्रपाद उड़ने हेतु रूपान्तरित होते हैं।
3. इनकी त्वचा पतली एवं रूखी होती है तथा इनका शरीर परों (Feathers) में ढ़का रहता है।
4. इनके मुख पर एक कठोर हॉर्नी चोंच पायी जाती है, जोकि दाँतों का रूपान्तरण मानी जाती है।
5. इनमें अस्थियों का बना हल्का अन्त:कंकाल पाया जाता है।
6. इनका हृदय **चार वेश्मों** का बना होता है। अत: ये **नियततापी** जीव होते हैं।
7. ये एकलिंगी एवं अण्डज होते हैं; उदाहरण—कबूतर, गौरेया, कौआ, कीवी (*Apteryx*), शुतुर्मुर्ग (*Ostrich*), नर टफ्ट बत्तख (*Aythya fuligula*), सफेद स्टार्क (*Ciconia ciconia*), आदि।

मुख्य सदस्य

कबूतर या *कोलम्बा* *Columba livia*

- यह लगभग 20-25 सेमी लम्बा, सलेटी रंग के परों में ढ़का, सर्वाहारी पक्षी है।
- इसका शरीर सिर, गर्दन, धड़ और छोटी-सी पूँछ में विभाजित होता है।
- इसकी चोंच छोटी, दाँत रहित और मुड़ी हुई होती है।
- इनमें अग्रपाद पंखों में रूपान्तरित हो जाते हैं एवं पश्चपादों में 4-4 पंजेदार अंगुलियाँ उपस्थित होती हैं।

4. वर्ग-स्तनधारी Class–Mammalia

(Gr. *Mammal*; स्तनी)

इस वर्ग के जन्तुओं में मादा में स्तन ग्रन्थियाँ पायी जाती हैं तथा इस वर्ग में उच्चतम श्रेणी के जन्तु भी आते हैं।

सामान्य लक्षण General Characteristics

1. इनकी त्वचा में स्वेद, दुग्ध, तेल एवं श्लेष्म ग्रन्थियाँ पायी जाती हैं। इनमें से दुग्ध या स्तन ग्रन्थियाँ इन जन्तुओं का विशिष्ट लक्षण हैं।
2. ये **नियततापी** होते हैं। इनके शरीर पर बाल पाए जाते हैं, जो शारीरिक तापमान को नियत रखने में सहायता करते हैं।
3. इनका शरीर सिर, गर्दन, धड़ एवं पूँछ में विभाजित तथा शारीरिक आकार अनेक प्रकार के हो सकते हैं।
4. इनमें बाह्य कर्णों में **कर्ण पल्लव** (Ear pinnae) पाए जाते हैं।
5. इनमें अग्रपाद व पश्चपाद पाए जाते हैं, जो चलने, उछलने एवं पकड़ने का कार्य करते हैं।
6. इनमें पूर्ण विकसित श्वसन तन्त्र पाया जाता है। श्वसन फेफड़ों द्वारा होता है, जोकि अस्थि पंजर से सुरक्षित होते हैं। फेफड़ों को उदर गुहा से अलग करने के लिए पेशीय डायाफ्राम (Muscular diaphragm) उपस्थित होता है।
7. ये एकलिंगी होते हैं तथा इनमें आन्तरिक निषेचन पाया जाता है। ये शिशु को जन्म देते हैं; उदाहरण—मनुष्य, कुत्ता, बिल्ली, चमगादड़, चूहा, प्लेटीपस, आदि।

मुख्य सदस्य

चमगादड़ या *टेरोपस* *Pteropus*

- यह एक रात्रिचर जन्तु है, जो दिन में वृक्षों की डालियों, खण्डहरों, आदि से उलटा लटका हुआ पाया जाता है।
- इसका शरीर लगभग 30 सेमी लम्बा एवं सिर, धड़, वक्ष, पूँछ में विभाजित होता है, शरीर छोटे-छोटे काले अथवा भूरे बालों से ढ़का रहता, जो लोमचर्म कहलाता है।
- इनमें नेत्र कम विकसित होते हैं, किन्तु कर्ण सुविकसित होते हैं। उड़ते समय चमगादड़ उच्च आवृत्ति, पराश्रव्य ध्वनि उत्पन्न करता है।
- इसमें पतली त्वचा के बने चर्म प्रसार होते हैं, जो पंखों का कार्य करते हैं।

अभ्यास प्रश्न

वर्गीकरण का आधार

1. अंग-तन्त्र स्तर का संगठन पाया जाता है
(a) कॉर्डेट्स (b) ऐनेलिड्स
(c) मोलस्क्स (d) ये सभी

2. ऊतक स्तर के संगठन में पाया जाता है
(a) कोशिकाएँ बिखरे हुए समूहों में व्यवस्थित होती हैं
(b) ऊतक संगठित होकर अंग का निर्माण करता है
(c) कोशिकाएँ समान कार्य करने के लिए समूह में व्यवस्थित होती हैं
(d) ऊतक संगठित होकर तन्त्रों का निर्माण करता है

3. गुहा, जो मध्यजननस्तर से आच्छादित होती है, कहलाती है
(a) सीलेन्ट्रॉन (Coelenteron) (b) कूटगुहा (Pseudocoel)
(c) देहगुहा (Coelom) (d) कोरकगुहा (Blastocoel)

4. जन्तु जिसमें लार्वा अवस्था में द्विपार्श्वीय सममिति तथा वयस्क अवस्था में अरीय पंचतीय सममिति पायी जाती है, किस संघ में आते हैं?
(a) ऐनेलिडा (b) मोलस्का
(c) निडेरिया (d) इकाइनोडर्मेटा

5. देहगुहा होता है
(a) गुहा, जो देह भित्ति व आहारनाल के मध्य पायी जाती है
(b) गुहा, जो मध्यत्वचा से आच्छादित होती है
(c) गुहा, जो मध्यत्वचा से आच्छादित नहीं होती है
(d) गुहा, जो अन्तःत्वचा से आच्छादित होती है

6. रिक्त स्थानों को भरने के लिए सही विकल्पों का चयन कीजिए।
I. ..... *A* .....में कोशिकीय स्तर का संगठन पाया जाता है।
II. .....*B*..... में सीलोम नहीं पायी जाती है।
III. अरीय सममिति संघ–सीलेन्ट्रेटा, टीनोफोरा व..... *C* ....में पायी जाती है।
IV. पृष्ठरज्जु का ...... *D* .....में अभाव होता है।
V. ..... *E* ..... में द्विपार्श्वीय सममिति होती है।
यहाँ *A* से *E* प्रदर्शित है
(a) *A*–प्लेटीहैल्मिन्थीज, *B*–इकाइनोडर्मेटा, *C*–आर्थ्रोपोडा *D*–मोलस्का *E*–पोरीफेरा
(b) *A*–पोरीफेरा, *B*–प्लेटीहैल्मिन्थीज, *C*–इकाइनोडर्मेटा, *D*–मोलस्का, *E*–आर्थ्रोपोडा
(c) *A*–पोरीफेरा, *B*–इकाइनोडर्मेटा, *C*–मोलस्का, *D*–आर्थ्रोपोडा, *E*– प्लेटीहैल्मिन्थीज
(d) *A*–इकाइनोडर्मेटा, *B*–आर्थ्रोपोडा, *C*–प्लेटीहैल्मिन्थीज, *D*–मोलस्का, *E*–पोरीफेरा

7. निम्न में से कूटगुहीय (Pseudocoelomate) है
(a) पोरीफेरा (b) ऐनेलिडा
(c) एस्कैहेल्मिन्थीज (d) मोलस्का

8. नलिका के अन्दर नलिका प्रणाली किन जन्तुओं में पायी जाती है?
(a) *यूस्पॉन्जिया* (b) *फैशिओला*
(c) *हाइड्रा* (d) इनमें से कोई नहीं

9. जब परिसंचरण तन्त्र में शिराओं, धमनियों व केशिकाओं का अभाव होता है, उसे कहते हैं
(a) बन्द प्रकार (b) मिश्रित प्रकार
(c) अपूर्ण जानकारी (d) खुला प्रकार

10. अरीय सममिति (Radial symmetry) देखी जाती है
(a) इकाइनोडर्मेटा, टीनोफोरा व निडेरिया में
(b) मोलस्का, पोरीफेरा व इकाइनोडर्मेटा में
(c) पोरीफेरा, ऐनेलिडा व आर्थ्रोपोडा में
(d) उपरोक्त में से कोई नहीं

11. शब्द 'द्विपार्श्वीय सममिति' है
(a) एक ही केन्द्रीय अक्ष से गुजरने वाली रेखा द्वारा शरीर दो समरूपों में नहीं बाँटा जा सकता है
(b) किसी अक्ष से गुजरने वाली रेखा इन्हें दो बराबर भागों में विभाजित नहीं करती है
(c) एक ही अक्ष से गुजरने वाली रेखा द्वारा शरीर को दो समान दाएँ व बाएँ भागों में बाँटा जा सकता है
(d) किसी भी केन्द्रीय अक्ष से गुजरने वाली रेखा शरीर को दो बराबर भागों में विभाजित करती है

12. नीचे दिए गए जीवों का उनके संगठन के स्तर के अनुसार सुमेलित युग्म है
(a) अंग स्तर – *फेरीटिमा*
(b) कोशिकीय पुंज स्तर – *फैशिओला*
(c) ऊतक स्तर – *ऑबेलिया*
(d) अंग तन्त्र स्तर – *स्पॉन्जिला*

13. द्विकोरकी (Diploblastic) जन्तु किस संघ में आते हैं?
(a) प्रोटिस्टा (b) प्रोटोजोआ
(c) सीलेन्ट्रेटा (d) प्लेटीहैल्मिन्थीज

14. उच्चतर संघ, जैसे–इकाइनोडर्मेटा में होते हैं
(a) त्रिकोरकी जन्तु (b) चतुष्कोरकी जन्तु
(c) द्विकोरकी जन्तु (d) एककोरकी जन्तु

15. निम्न में किस सममिति में बाह्य उद्दीपन के लिए प्रतिक्रिया अधिक तीव्र व विशिष्ट होती है?
(a) अरीय (b) द्विपार्श्वीय
(c) गोलीय (d) द्विअरीय

16. असत्य कथन का चयन कीजिए।
(a) *अमीबा* – असममित
(b) सीलेन्ट्रेट्स – द्विकोरकी, अरीय सममिति, अकशेरुकी
(c) कॉर्डेट्स – *पैट्रोमाइजॉन, ऑर्निथोरिंकस, इक्वस*
(d) ऐनेलिडा – कूटगुहीय

17. सत्य/वास्तविक खण्डीभवन को कहते हैं
(a) मेटाजेनेसिस (b) शाइजोसीलोम
(c) मेटामेरिज्म (d) मेटास्टेसिस

18. पृष्ठरज्जु निम्न में से किस स्तर से बनती है?
(a) बाह्यत्वचा (Ectoderm) (b) मध्यत्वचा (Mesoderm)
(c) अन्तःत्वचा (Endoderm) (d) प्लेकोडर्म (Placoderm)

19. निम्न में से कौन-सा/से कथन गलत हैं?
(a) पृष्ठ रज्जु बाह्यत्वचा से बनती है व कुछ जन्तुओं में पायी जाती हैं
(b) पृष्ठ रज्जु मध्यत्वचा से निर्मित श्लाकारूपी संरचना है, जो पृष्ठ सतह पर भ्रूणीय परिवर्धन के समय कुछ जन्तुओं में विकसित होती है
(c) आर्थ्रोपोडा अरज्जुकी है।
(d) दोनों (b) एवं (c)

20. त्रिकोरकी, अखण्डित, अगुहीय, जिनमें पार्श्वीय सममिति होती है व जो परजीवी रूप से अलैंगिक व लैंगिक जनन करते हैं। उपरोक्त लक्षण किस संघ के हैं?
(a) ऐनेलिडा (b) टीनोफोरा
(c) निडेरिया (d) प्लैटीहेल्मिन्थीज

संघ-पोरीफेरा, निडेरिया तथा टीनोफोरा

21. संगठन के आधार पर, जन्तुओं को किन समूहों में बाँटा गया है?
(a) मेटाजोआ एवं यूमेटाजोआ (b) प्रोटोजोआ एवं मेटाजोआ
(c) प्रोटोजोआ एवं पेराजोआ (d) पेराजोआ एवं मेटाजोआ

22. पोरीफेरा का नाल तन्त्र सम्बन्धित नहीं होता है
(a) श्वसन से (b) पोषण से
(c) लैंगिक प्रजनन से (d) इनमें से कोई नहीं

23. पोरीफेरा में कंकाल बनाने वाली कोशिकाएँ होती हैं
(a) स्क्लेरोसाइट्स (b) आर्कियोसाइट्स
(c) ट्रोफोसाइट्स (d) अमीबोसाइट्स

24. *ल्यूकोसोलेनिया* में स्पंजोसील गुहा पायी जाती है
(a) *एस्कॉन* प्रकार की (b) *ल्यूकॉन* प्रकार की
(c) *साइकॉन* प्रकार की (d) *रेगॉन* प्रकार की

25. ऑस्टिया उपस्थित होते हैं
(a) पोरीफेरा में (b) सीलेण्ट्रेटा में
(c) ऐनेलिडा में (d) मोलस्का में

26. कॉलर कोशिकाएँ पायी जाती हैं
(a) स्पंज में (b) *हाइड्रा* में
(c) सेण्डवर्म में (d) स्टार फिश में

27. स्पंज होते हैं
(a) डिप्लोब्लास्टिक (b) मोनोब्लास्टिक
(c) ट्रिप्लोब्लास्टिक (d) टेट्राब्लास्टिक

28. नर्स कोशिकाएँ हैं
(a) पिनेकोसाइट्स (b) कोएनोसाइट्स
(c) आर्कियोसाइट्स (d) ट्रोफोसाइट्स

29. स्पंजों के पुनरुद्भवन का कारण है
(a) आर्कियोसाइट्स (b) कोएनोसाइट्स
(c) थीसोसाइट्स (d) पिनेकोसाइट्स

30. एम्फीब्लास्टुला किसका लार्वा है?
(a) *हाइड्रा* का (b) *साइकॉन* का
(c) *प्लेनेरिया* का (d) *ल्यूकोसोलेनिया* का

31. स्पंजों में भोजन का अन्तर्ग्रहण होता है
(a) कोएनोसाइट द्वारा (b) नर्स कोशिका द्वारा
(c) ऑस्टिया द्वारा (d) ऑस्कुलम द्वारा

32. निम्न में से बोरिंग स्पंज है
(a) *क्लिओना* (b) *केलाइना* (c) *यूप्लेक्टेला* (d) *हायलोनीमा*

33. स्पंज का स्वतन्त्र तैरने वाला लार्वा है
(a) वेलीगर (b) ट्रोकोफोर
(c) पेरेन्काइमुला (d) बाइपिन्नेरिया

34. साधारण बाथ स्पंज है
(a) *स्पॉन्जिला* (b) *यूस्पॉन्जिला*
(c) *ल्यूकोसोलेनिया* (d) *साइकॉन*

35. ग्लास रोप स्पंज है
(a) *हायलोनीमा* (b) *यूप्लेक्टेला*
(c) *स्काइफा* (d) *स्पॉन्जिला*

36. 'वीनस फ्लॉवर बॉस्केट' किसका सूखा कंकाल है?
(a) *यूस्पॉन्जिला* (b) *यूप्लेक्टेला*
(c) *स्पॉन्जिला* (d) *ल्यूकोसोलेनिया*

37. स्पंजों के सभी प्रकार के नाल तन्त्रों में पाया जाने वाला कक्ष है
(a) पेरागैस्ट्रिक गुहा (b) रेडियल कक्ष
(c) एक्स-करेण्ट नाल (d) इनकरेण्ट नाल

38. प्रारम्भिक प्रकार का तन्त्रिका तन्त्र किसमें पाया जाता है?
(a) स्पंज (b) निडेरिया (सीलेण्ट्रेटा)
(c) इकाइनोडर्मेटा (d) ऐनेलिडा

39. सीलेण्ट्रेटा का विशिष्ट लक्षण है
(a) सभी समुद्री होते हैं
(b) मुख के चारों ओर टेण्टेकल्स उपस्थित
(c) पॉलिप
(d) गैस्ट्रोवैस्कुलर गुहा

40. सीलेण्ट्रेटा का लार्वा है
(a) प्लेनूला (b) पॉलिप
(c) मेड्यूसा (d) ब्लास्टुला

41. इफाइरा अवस्था किसके जीवन चक्र में पायी जाती है?
(a) मेंढक (b) *ओबेलिया*
(c) *ऑरेलिया* (d) सी-एनीमोन

42. सी-एनीमोन किस संघ से सम्बन्धित है?
(a) प्रोटोजोआ (b) पोरीफेरा
(c) सीलेण्ट्रेटा (d) इकाइनोडर्मेटा

43. *हाइड्रा* के शरीर की मुख्य गुहा कहलाती है
(a) गैस्ट्रोवैस्कुलर (b) शाइजोसील
(c) हीमोसील (d) स्यूडोसीलोम

44. *हाइड्रा* की ग्रेस्ट्रोवैस्कुलर गुहा कौन-सा कार्य सम्पन्न करती है?
(a) पाचन एवं संग्रह (b) संग्रह एवं परिसंचरण
(c) उत्सर्जन एवं संग्रह (d) पाचन एवं परिसंचरण

45. पुर्तगाल का युद्धपोत है
(a) *पिन्नेटुला* (b) कोरल
(c) *फाइसेलिया* (d) *ओबेलिया*

46. निम्न में से किसकी उपस्थिति सीलेण्ट्रेटा का लक्षण नहीं है?
(a) सीलेण्ट्रॉन (b) ज्वाला कोशिकाएँ
(c) पॉलीमॉर्फिज्म (d) निमेटोसिस्ट्स

47. ऑर्गन पाइप कोरल क्या है?
(a) *एस्ट्रिया* (b) *ट्यूबीपोरा*
(c) *फन्जिया* (d) *मीऐण्ड्राइना*

48. बहुमूल्य लाल मूँगा है
(a) *एस्ट्रिया* (b) *फन्जिया*
(c) *कोरेलियम* (d) *ट्यूबीपोरा*

49. निम्न में से कौन-सा लक्षण सीलेण्ट्रेटा का नहीं है?
(a) सीलेण्ट्रॉन (b) कोएनोसाइट्स
(c) निमेटोब्लास्ट (d) अरीय सममिति

50. संघ–सीलेन्ट्रेटा के लिए निम्न में से क्या सही नहीं है?
(a) ये द्विकोरकी जन्तु हैं
(b) इनमें कोशिकीय स्तर का संगठन होता है
(c) स्पर्शकों पर निमेटोसाइट्स/दंश कोशिकाएँ पायी जाती हैं
(d) गैस्ट्रोवैस्कुलर मुख को अधोमुख कहते हैं

51. निडेरिया को निम्न वर्गों में बाँटा है
(a) हाइड्रोजोआ, डेंस्मोस्पॉन्जिया व साइफोजोआ
(b) एक्टिनोजोआ, साइफोजोआ व एन्थोजोआ
(c) साइफोजोआ, एन्थोजोआ व हाइड्रोजोआ
(d) उपरोक्त में से कोई नहीं

52. निडेरियन्स में उपस्थित रूप होते हैं
(a) बेलनाकार व छातारूपी देह (b) कोरल व कोरल रीफ
(c) पॉलिप व मेड्यूसा (d) निडोब्लास्ट व दंश कोशिकाएँ

53. मेड्यूसा किसकी लैंगिक जनन संरचना है?
(a) *हाइड्रा* (b) *ऑबेलिया*
(c) सी-एनीमोन (d) इनमें से कोई नहीं

54. पीढ़ी एकान्तरण देखा जा सकता है
(a) *हाइड्रा* में (b) *ऑरेलिया* में
(c) *ऑबेलिया* में (d) *एडमसिया* में

55. पीढ़ी एकान्तरण को कहते हैं
(a) मेटामॉर्फोसिस (b) मेटास्टेसिस
(c) मेटाजोअन (d) मेटाजेनेसिस

56. ट्राइकोसिस्ट व दंश कोशिकाएँ किस कार्य के लिए होती हैं?
(a) रक्षा (b) पोषण
(c) श्वसन (d) उत्सर्जन

57. कॉम्ब जैली का संघ है
(a) मोलस्का (b) इकाइनोडर्मेटा
(c) सीलेण्ट्रेटा (d) टीनोफोरा

58. संघ–टीनोफोरा का विशेष लक्षण है
(a) कॉम्ब प्लेट्स की उपस्थिति व जैली-समान रूप
(b) केवल कॉम्ब प्लेट्स की उपस्थिति
(c) केवल स्पर्शकों की उपस्थिति
(d) केवल पीढ़ी एकान्तरण

59. संघ–टीनोफोरा किसके साथ समानता दर्शाता है?
(a) निडेरिया (b) एस्केहैल्मिन्थीज
(c) सिफैलोपोडा (d) टर्बीलेरिया

60. *प्लूरोब्रैकिया* के लिए कौन-सा कथन असत्य है?
(a) ये द्विकोरकी हैं
(b) इनमें ऊतक स्तर का संगठन पाया जाता है
(c) इनमें कॉम्ब प्लेट्स होती हैं
(d) ये अलैंगिक व लैंगिक जनन दर्शाते हैं

61. निम्नलिखित में से किस संघ की सबसे कम जातियाँ ज्ञात हैं?
(a) आर्थ्रोपोडा में (b) मोलस्का में
(c) पोरीफेरा में (d) टीनोफोरा में

62. संघ–टीनोफोरा के सदस्यों में गमन में सहायक रचनाएँ क्या होती हैं?
(a) कंकत पट्टिकाएँ (b) नालपाद
(c) पादाभ (d) दोनों (a) एवं (c)

63. निम्न में से कौन-से कथन सत्य/असत्य है
I. उच्च संघों में कोशिकीय स्तर का संगठन पाया जाता है।
II. संघ-प्लैटीहेल्मिन्थीज में कोशिकीय स्तर का संगठन होता है।
III. कोशिकीय स्तर का संगठन तब दिखाई देता है, जब कोशिकाएँ कोशिका समूहों में नहीं होती है।
IV. सीलेण्ट्रेट ऊतक स्तर का संगठन दर्शाते हैं।
निम्न में से सही विकल्प का चयन कीजिए।
(a) I तथा II सत्य है, लेकिन III तथा IV असत्य है
(b) केवल कथन IV सत्य है
(c) सभी कथन सत्य है
(d) III तथा IV सत्य है, लेकिन I तथा II असत्य हैं

संघ-प्लैटीहेल्मिन्थीज, ऐस्कैहेल्मिन्थीज तथा ऐनेलिडा

64. प्लेटीहैल्मिन्थीज में किस स्तर का संगठन पाया जाता है?
(a) कोशिकीय स्तर (b) ऊतक स्तर
(c) अंग स्तर (d) अंग-तन्त्र स्तर

65. संघ–प्लैटीहेल्मिन्थीज से निम्न में से कौन सम्बन्धित नहीं है?
(a) *फैशिओला* (b) *टीनिया* (c) *वुचेरेरिया* (d) *प्लेनेरिया*

66. संघ-प्लैटीहेल्मिन्थीज के बारे में निम्न में से कौन-सा कथन सत्य है?
(a) ये मुख्यतया बाह्यपरजीवी होते हैं
(b) ये मुख्यतया मुक्तजीवी होते हैं
(c) ये मुख्यतया सहजीवी होते हैं
(d) ये मुख्यतया अन्तःपरजीवी होते हैं

67. प्लैटीहेल्मिन्थीज सामान्यतया होते हैं
(a) एकलिंगाश्रयी (b) उभयलिंगी
(c) मेटामेरिक (d) सीलोमेट्स

68. ज्वाला कोशिकाएँ उत्सर्जी अंग हैं
(a) *प्लेनेरिया* के (b) *हाइड्रा* के
(c) *हाइड्रिला* के (d) कॉकरोच के

69. कूट विखण्डीभवन पाया जाता है
(a) इकाइनोडर्मेटा में (b) ऐनेलिडा में
(c) प्लैटीहेल्मिन्थीज में (d) स्पंजों में

70. फीताकृमि में पाचन तन्त्र नहीं पाया जाता है, क्योंकि
(a) इसे ठोस भोजन की आवश्यकता नहीं होती है
(b) भोजन का अन्तर्ग्रहण शारीरिक सतह द्वारा होता है
(c) इसे भोजन की आवश्यकता नहीं होती है
(d) यह आँत में रहता है

71. ओन्कोस्फियर लार्वा किस जीव के जीवनकाल में पाया जाता है?
(a) *ऐस्कैरिस* में (b) *फैशिओला* में
(c) *टीनिया* में (d) *प्लेनेरिया* में

72. टेपवर्म की मेहलिस ग्रन्थि सम्बन्धित है
(a) प्रजनन से (b) उत्सर्जन से
(c) श्वसन से (d) परिसंचरण से

73. लिवर फ्लूक का मध्यवर्ती पोषक होता है
(a) सूअर (b) मनुष्य (c) घोंघा (d) मच्छर

74. शिस्टोसोमा एक अन्त:परजीवी है, जो पाया जाता है
(a) रुधिर में (b) यकृत में
(c) फेफडों में (d) आँत में

75. *टीनिया* के सन्दर्भ में सत्य है
(a) नर अंग पश्च प्रोग्लोटिड्स में पाया जाता है
(b) नर अंग अग्र प्रोग्लोटिड्स में पाया जाता है
(c) मादा अंग अग्र प्रोग्लोटिड्स में पाया जाता है
(d) परिपक्व प्रोग्लोटिड्स में नर एवं मादा दोनों अंग पाए जाते हैं

76. *फैशिओला हिपेटिका* की सर्केरिया लार्वा अवस्था बदल जाती है
(a) स्पोरोसिस्ट में (b) रेडिया में
(c) मिरासीडियम में (d) मेटासर्केरिया में

77. *फैशिओला हिपेटिका* पाया जाता है
(a) भेड़ के यकृत में (b) भेड़ के रुधिर में
(c) भेड़ की आँत में (d) भेड़ के प्लीहा में

78. *टीनिया* का सिस्टिसर्कस लार्वा विकसित होता है
(a) मनुष्य में (b) बकरी में (c) भेड़ में (d) सूअर में

79. *ऐस्कैरिस* में तीन ओष्ठ होते हैं
(a) एक मध्य पृष्ठीय, दो अर्द्धपार्श्वीय
(b) सभी पृष्ठीय
(c) दो पार्श्वीय एवं एक अधरीय
(d) दो पृष्ठ पार्श्वीय एवं एक मध्यपार्श्वीय

80. *ऐस्कैरिस* की संक्रामक अवस्था कौन-सी है?
(a) एम्ब्रियोनेटेड अण्डा (b) स्पोरोजॉइट
(c) सिस्टिसर्कस लार्वा (d) रैहब्डीटॉइड लार्वा

81. कुछ कथन नीचे दिए गए है
I. पोरीफेरा से इकाइनोडर्मेटा तक नोटोकॉर्ड का अभाव होता है।
II. प्लैटीहेल्मिन्थीज में ऊतक स्तर का संगठन होता है।
III. सीलेण्ट्रेटा में विकास के समय मीसोग्लिया उपस्थित होता है।
IV. एस्कैहेल्मिन्थीज सीलोमेट्स/होते हैं।
सही विकल्प का चयन कीजिए।
(a) I, II, III तथा IV (b) I तथा III
(c) I, III तथा IV (d) II तथा III

82. *ऐस्कैरिस* का मांसल शरीर बना होता है
(a) वर्तुलाकार पेशियों का
(b) बाह्य अनुदैर्ध्य एवं आन्तरिक वर्तुल पेशियों का
(c) बाह्य वर्तुल पेशियों एवं आन्तरिक अनुदैर्ध्य का
(d) केवल अनुदैर्ध्य पेशियों का

83. वह प्रथम संघ, जिसमें एक पूर्ण आहारनाल पायी जाती है, वह है
(a) प्लैटीहेल्मिन्थीज (b) *ऐस्कैरिस*
(c) एस्कैहेल्मिन्थीज (d) ऐनेलिडा

84. निम्न में से कौन-सा एक मनुष्य का अन्त:परजीवी जरायुजता दर्शाता है?
(a) *एनसाइलोस्टोमा ड्यूडिनेल* (b) *एन्टीरोबियस स्पाइरैलस*
(c) *ट्राइकिनेला स्पाइरैलस* (d) *ऐस्कैरिस लुम्ब्रिकॉइड्स*

85. *वुचेरेरिया बैंक्रोफ्टाई* के बारे में कौन-सा कथन सत्य है?
(a) कोई मध्यवर्ती पोषद् नहीं होता है
(b) नर कृमि मादा कृमि से लम्बा होता है
(c) ये मनुष्य की पित्त वाहिनियों में रहते हैं
(d) मनुष्य के लिम्फ में रहते हैं

86. एक त्रिकोरकी, कूटगुहीय, द्विपार्श्वीय सममित मानव परजीवी है, जो अण्डप्रजक होते हैं एवं इनका स्थानान्तरण संक्रमित मृदा से होता है। ये निम्न में से कौन-से हैं?
(a) फाइलेरियल कृमि (b) अंकुशकृमि
(c) पेलेलो कृमि (d) फीताकृमि

87. किसके जीवन चक्र में रैहब्डिटीफॉर्म लार्वा अवस्था पायी जाती है?
(a) *ऐस्कैरिस* (b) फीताकृमि
(c) *हाइड्रा* (d) *ल्यूकोसोलेनिया*

88. माइक्रोफाइलेरी का संचरण होता है
(a) सेण्डफ्लाई द्वारा (b) *क्यूलैक्स* मच्छर द्वारा
(c) *एनॉफिलीज* मच्छर द्वारा (d) घरेलू मक्खी द्वारा

89. पिन वर्म कहलाता है
(a) *शिस्टोसोमा हीमेटोबियम*
(b) *वुचेरेरिया बैन्क्रोफ्टाई*
(c) *एनसाइलोस्टोमा ड्यूडिनेल*
(d) *एण्टेरोबियस वर्मीकुलेरिस*

90. *ऐस्कैरिस* का मुख्य लक्षण है
(a) लैंगिक द्विरूपता एवं रैहब्डिटीफॉर्म लार्वा
(b) एकलिंगी एवं डाइजेनेटिक परजीविता
(c) स्यूडोसीलोम एवं मेटामेरिक खण्डीभवन
(d) उभयलिंगी एवं स्यूडोसीलोम

91. एल्कोपार औषधि किसके लिए उपयोगी होती है?
(a) टीनिएसिस (b) अमीबिएसिस
(c) ऐस्कैरिएसिस (d) शिस्टोसोमिएसिस

92. *वुचेरेरिया* के लिए सही विकल्प का चयन कीजिए।
I. त्रिस्तरीय एवं उत्सर्जी छिद्र पाया जाता है।
II. एक पेशीय ग्रसनी की उपस्थिति।
III. नर मादा से लम्बे होते हैं।
IV. कोशिकीय स्तर का संगठन।
कूट
(a) II तथा III (b) I तथा IV
(c) I तथा II (d) III तथा IV

93. निम्न में से कौन-से कथन सत्य/असत्य है?
I. संघ-प्लैटीहेल्मिन्थीज में कोशिका समूह स्तर का शारीरिक संगठन पाया जाता है।
II. अरीय सममिति जन्तुओं में पायी जाने वाली सबसे सामान्य सममिति है।
III. संघ-ऐस्कैहेल्मिन्थीज में कूटगुहा पायी जाती है।
IV. सभी त्रिस्तरीय जन्तुओं में वास्तविक गुहा होती है।
V. संघ-प्लैटीहेल्मिन्थीज के जन्तुओं में कभी-कभी हीमोसील पायी जाती है।
(a) I तथा V सत्य है तथा II, III तथा IV असत्य हैं
(b) II, III तथा V सत्य हैं तथा I तथा V असत्य हैं
(c) I, II तथा III सत्य हैं तथा IV तथा V असत्य हैं
(d) I, II, IV तथा V असत्य हैं, केवल III सत्य हैं

94. सत्यगुहा अथवा देहगुहा पायी जाती है
(a) *हाइड्रा* में (b) *टीनिया* में
(c) *फेरीटिमा* में (d) *साइकॉन* में

95. निम्नलिखित में से कौन-सा एक लक्षण संघ-ऐनेलिडा की विशिष्टता नहीं है?
(a) कूटसीलोम
(b) अधर तन्त्रिका रज्जु
(c) बन्द परिसंचरण तन्त्र
(d) विखण्डीभवन

96. केंचुएँ के पृष्ठीय रुधिर वाहिनी में रुधिर का प्रवाह होता है
(a) पीछे की ओर (b) आगे की ओर
(c) बगल की ओर (d) नीचे की ओर

97. बन्द परिवहन तन्त्र पाया जाता है
(a) केंचुएँ में (b) कॉकरोच में
(c) तिलचट्टा में (d) घरेलू मक्खी में

98. केंचुएँ में उत्सर्जी अंग होते हैं
(a) सीलोम (b) ज्वाला कोशिकाएँ
(c) नेफ्रीडिया (d) गिजार्ड

99. जोंक द्वारा स्रावित रुधिर प्रतिस्कन्दक है
(a) हिरुडिन (b) हिपैरिन
(c) सीरोटोनिन (d) हिस्टामिन

100. संघ—ऐनेलिडा के लिए असत्य कथन को अंकित कीजिए।
(a) ये द्विपार्श्व सममित गुहीय जन्तु हैं
(b) ये एकलिंगाश्रयी व द्विलिंगाश्रयी दोनों प्रकार के जन्तु हैं
(c) इनमें उत्सर्जी अंगों में ज्वाला कोशिकाएँ पायी जाती हैं
(d) ये सामान्यतया अलैंगिक जनन नहीं दर्शाते हैं

101. संघ—ऐनेलिडा नाम इसलिए दिया गया है, क्योंकि.
(a) अधिक अंग शरीर के अग्र भाग में होने के कारण
(b) एण्टीना की उपस्थिति के कारण
(c) न्यूरल तन्त्र के अग्र स्थित होने के कारण
(d) मेटामियर्स की उपस्थिति के कारण

102. निम्न में से कौन-सा समूह केवल उभयलिंगी जन्तुओं से बना है?
(a) केंचुआ, फीताकृमि, घरेलू मक्खी, मेंढक
(b) केंचुआ, फीताकृमि, समुद्री घोड़ा, घरेलू मक्खी
(c) केंचुआ, जोंक, स्पंज, गोलकृमि
(d) केंचुआ, फीताकृमि, जोंक, स्पंज

103. संघ—ऐनेलिडा के जन्तुओं में निम्न में से गमन में सहायक है
(a) नेफ्रीडिया (वृक्कक) तथा नेफ्रीडियल छिद्र
(b) लम्बवत् व वृत्ताकार पेशियाँ
(c) बुर्सा का अंग
(d) कण्टिकाएँ व ऑस्टिया

104. निम्न में कौन संघ—ऐनेलिडा में आते हैं?
(a) *हिरुडीनेरिया, नेरीस* तथा *वुचेरेरिया*
(b) केंचुआ, *एफ्रोडाइट* व *पाइला*
(c) *फेरीटिमा, ट्यूबीफेक्स* व *नेरीस*
(d) *एप्लेसिया, नेरीस* व *डेन्टेलियम*

105. सबसे पहला खण्डीभवन में पाया जाने वाला संघ है
(a) प्लैटीहेल्मिन्थीज (b) सीलेन्ट्रेटा
(c) आर्थ्रोपोडा (d) ऐनेलिडा

106. केंचुएँ के पार्श्व हृदय में होते हैं
(a) 4 जोड़ी वाल्व जो 7वें तथा 9वें खण्ड में स्थित होते हैं
(b) 4 जोड़ी वाल्व जो 6वें तथा 8वें खण्ड में स्थित होते हैं
(c) 3 जोड़ी वाल्व जो 8वें तथा 10वें खण्ड में स्थित होते हैं
(d) 2 जोड़ी वाल्व जो 6वें तथा 11वें खण्ड में स्थित होते हैं

107. केंचुए में कौन-सा भाग 'नेफ्रीडिया का जंगल' कहलाता है?
(a) क्लाइटेलर भाग (b) ग्रसनीय भाग
(c) टिफ्लोसोलर भाग (d) अन्तराली भाग

108. क्लोरेगोगन कोशिकाएँ उपस्थित होती हैं
(a) *ल्यूकोसोलेनिया* की देह भित्ति में
(b) केंचुएँ के रुधिर में
(c) केंचुएँ के देहगुहीय द्रव्य में
(d) कॉकरोच के रुधिर में

109. क्लाइटेलम किसमें अनुपस्थित होता है?
(a) *पॉलीकीटा* में (b) *ओलिगोकीटा* में
(c) *हिरुडीनिया* में (d) इन सभी में

110. केंचुएँ में गिजार्ड या पेषणी पायी जाती है
(a) 8-9 वें खण्ड
(b) 10-11 वें खण्ड
(c) 27 वें खण्ड
(d) 8-11 वें खण्ड

111. *फेरीटिमा* का रुधिर होता है
(a) कणिकाओं में नीले रंग का हीमोसायनिन युक्त
(b) प्लाज्मा में नीले रंग का हीमोसायनिन युक्त
(c) कणिकाओं में लाल रंग का हीमोग्लोबिन युक्त
(d) प्लाज्मा में लाल रंग का हीमोग्लोबिन युक्त

112. एफ्रोडाइट, सामान्य रूप से समुद्री चूहा कहलाता है, यह है
(a) ऐनेलिडा (b) मोलस्क
(c) इन्सेक्ट (d) स्तनी

113. *फेरीटिमा पोस्थुमा* वाले प्रसिद्ध भारतीय जीव वैज्ञानिक है
(a) जे सी बोस (b) एम एल भाटिया
(c) के एन बहल (d) बेनी प्रसाद

114. केंचुएँ में पर्याणिका का कार्य है
(a) कोकून निर्माण (b) जनन ग्रन्थियों की सुरक्षा
(c) हृदय का निर्माण (d) देहगुहीय द्रव का स्राव

115. केंचुएँ के शरीर का भूरा रंग किसकी उपस्थिति के कारण होता है?
(a) पोरफाइरिन (b) हीमोग्लोबिन
(c) रुधिर (d) हीमोसाइनिन

116. *फेरीटिमा* में टिफ्लोसोल पाया जाता है
(a) ग्रसिका में (b) आमाशय में
(c) पेषणी में (d) आँत में

संघ-आर्थ्रोपोडा, मोलस्का तथा इकाइनोडर्मेटा

117. आर्थ्रोपोडा में अनुपस्थित होता है
(a) संयुक्त नेत्र (b) काइटिनस बाह्य कंकाल
(c) बन्द रुधिर संवहनीय तन्त्र (d) मैल्पीघियन ट्यूब्यूल्स

118. स्थल पर कीटों की विविधता का कारण निम्न में से कौन-सा लक्षण है?
(a) खण्डीभवन (b) द्विपार्श्व सममिति
(c) बाह्य कंकाल (d) नेत्र

119. सिल्वर फिश, बिच्छू, केकड़े तथा मधुमक्खी में क्या समान है?
(a) संयुक्त नेत्र (b) विष ग्रन्थि
(c) सन्धियुक्त पाद (d) कायान्तरण

120. कॉकरोच में श्वास रन्ध्र होते हैं
(a) 2 जोड़ी वक्ष में एवं 10 जोड़ी उदर में
(b) 2 जोड़ी वक्ष में एवं 6 जोड़ी उदर में
(c) 2 जोड़ी वक्ष में एवं 8 जोड़ी उदर में
(d) 2 जोड़ी वक्ष में एवं 4 जोड़ी उदर में

121. कोग्लोबेट ग्रन्थि पायी जाती है
(a) मादा कॉकरोच में (b) नर कॉकरोच में
(c) मादा *एनॉफिलीज* मच्छर में (d) नर *क्यूलैक्स* मच्छर में

122. कॉकरोच किस वर्ग से सम्बन्धित है?
(a) इन्सेक्टा (b) एपोडा
(c) क्रस्टेशिया (d) सिफैलोपोडा

123. जॉहन्सन के अंग पाए जाते हैं
(a) मच्छर के शृंगिका में (b) कॉकरोच के शीर्ष में
(c) घरेलू मक्खी के उदर में (d) मकड़ी के उदर में

124. संयुक्त नेत्र की उपस्थिति किस संघ का लक्षण है?
(a) निमेटोडा (b) मोलस्का
(c) इकाइनोडर्मेटा (d) आर्थ्रोपोडा

125. कॉकरोच के मुखांग होते हैं
(a) भेदने एवं चूषण प्रकार के (b) चूषण एवं साइफन प्रकार के
(c) काटने एवं चबाने प्रकार के (d) चूषण एवं खुरचने प्रकार के

126. मैल्पीघी नलिकाएँ हैं
(a) कीटों का उत्सर्जी अंग (b) मेंढक का उत्सर्जी अंग
(c) कीटों के श्वसन अंग (d) कीटों की अन्तःस्रावी ग्रन्थियाँ

127. वर्ग-इन्सेक्टा से सम्बन्धित है
(a) *जुलस* (b) सिल्वर फिश
(c) *लोबस्टर* (d) प्रॉन

128. *पैलीमॉन* (प्रॉन) है
(a) इन्सेक्ट (b) क्रस्टेशियन
(c) कोमल कवच वाला मोलस्क (d) मछली

129. श्वसन अंग पुस्त फेफड़े पाए जाते हैं
(a) कीटों में (b) क्रस्टेशियन्स में
(c) एरेक्निड्स में (d) ओनिकोफोर्स में

130. घरेलू मक्खी के मुखांग में अभाव होता है
(a) लेब्रम (b) एपिफेरिंक्स
(c) मेण्डीबल्स (d) मैक्सिलरी पाल्प

131. खुला परिसंचरण तन्त्र पाया जाता है
(a) *हिरुडिनेरिया* (b) *ऑक्टोपस*
(c) केंचुआ (d) कॉकरोच

132. कॉकरोच के रुधिर में उपस्थित श्वसन वर्णक होता है
(a) हीमोजोइन (b) होमोसाइनिन
(c) हीमोग्लोबिन (d) अनुपस्थित

133. कौन-सा जन्तु आर्थ्रोपोडा संघ का सदस्य है?
(a) तारा मछली (b) गोल्ड फिश
(c) सिल्वर फिश (d) कटल फिश

134. निम्न में से कौन कीट नहीं है?
(a) कॉकरोच (b) मधुमक्खी
(c) मच्छर (d) मकड़ी

135. वंश-*ब्लाटा* के कॉकरोच का अन्य नाम है
(a) जर्मन कॉकरोच (b) ऑस्ट्रेलियन कॉकरोच
(c) ओरिएण्टल कॉकरोच (d) अमेरिकन कॉकरोच

136. कीटों के संयुक्त नेत्रों की आधारभूत इकाई है
(a) रेटिना (b) रैहब्डोम
(c) कॉर्नियल पलक (d) ओमेटीडियम

137. रिग्लर लार्वा है
(a) कॉकरोच का (b) मच्छर का
(c) तितली का (d) घरेलू मक्खी का

138. टम्बलर प्यूपा है
(a) घरेलू मक्खी का (b) मच्छर का
(c) तितली का (d) बीटल का

139. हीमोसील पायी जाती है
(a) *हाइड्रा* तथा *ऑरेलिया* में
(b) *टीनिया* तथा *ऐस्कैरिस* में
(c) *बैलेनोग्लॉसस* तथा *हर्डमानिया* में
(d) कॉकरोच तथा *पाइला* में

140. सामाजिक कीट हैं
I. चींटी II. दीमक III. मच्छर
IV. मधुमक्खी V. टिड्डा VI. मेन्टिस
(a) I, II, IV एवं V (b) I, II एवं IV
(c) I, III, IV एवं V (d) II, III, IV एवं V

141. निम्न में से किस समूह में केवल आर्थ्रोपोड्स सम्मिलित है?
(a) झींगा मछली, *सिस्टोसोमा* व *प्लेनेरिया*
(b) कॉकरोच, स्कॉर्पियन (बिच्छू) व झींगा मछली
(c) *काइटॉन*, *नियोपिलिना* व बिच्छू
(d) *काइटॉन*, झींगा मछली व कॉकरोच

142. संघ–आर्थ्रोपोडा में कौन-सा श्वसन अंग नहीं पाया जाता है?
(a) श्वसनिकाएँ (b) क्लोम
(c) जल-संवहन तन्त्र (d) पुस्त-फेफड़े

143. निम्न में से कौन-से जन्तु को जीवित जीवाश्म कहते हैं?
(a) किंग लोकस्ट (King locust) (b) *लिमुलस* (*Limulus*)
(c) *बॉम्बिक्स* (*Bombyx*) (d) *बैलेनोग्लोसस* (*Balanoglossus*)

144. संघ-आर्थ्रोपोडा के सन्दर्भ में असत्य कथन को अंकित कीजिए।
(a) परिसंचरण तन्त्र खुले प्रकार का
(b) द्विपार्श्व सममिति, गुहीय जन्तु
(c) द्विकोरकी, सिर, वक्ष व उदर उपस्थित
(d) मैल्पीघियन नलिकाएँ व एन्टिना उपस्थित

145. द्विपार्श्व सममिति, मेटामेरिक खण्डीभवन, वास्तविक गुहा तथा खुला परिसंचरण तन्त्र लक्षण है
(a) ऐनेलिडा (b) आर्थ्रोपोडा
(c) मोलस्का (d) इकाइनोडर्मेटा

146. दूसरी सबसे अधिक संख्या में जातियाँ प्राणि-जगत के किस संघ में पायी जाती है
(a) ऐनेलिडा (b) आर्थ्रोपोडा (c) मोलस्का (d) कॉर्डेटा

147. मोलस्का के विषय में क्या सत्य है?
(a) मेटामेरिक खण्डीभवन की उपस्थिति.
(b) मेण्टल गुहा व सीलोमिक गुहा की उपस्थिति
(c) ऊतक स्तर के संगठन की उपस्थिति
(d) काइटिन युक्त बाह्य कंकाल की उपस्थिति

148. संघ–मोलस्का के जन्तु का शरीर विभाजित होता है
(a) सिर, वक्ष व उदर में
(b) सिर, पेशीय पाद व उदर
(c) सिर, वक्ष व विसरल पिण्ड
(d) सिर, पेशीय पाद व विसरल पिण्ड

149. संघ–मोलस्का में श्वसन अंग है
(a) टीनिडिया (b) अनड्यूलेटिंग झिल्ली
(c) चूषक (d) रेड्यूला

150. टस्क शैल या एलिफेन्ट टस्क शैल का वैज्ञानिक नाम है
(a) *डेन्टेलियम* (b) *कीटोडर्मा*
(c) *काइटन* (d) *नियोपिलिना*

151. मोलस्का का परिवर्धन ऐनेलिडा के समान होता है, ये दर्शाया जा सकता है
(a) ट्रॉकोफोर लार्वा के कारण
(b) प्रत्यक्ष बिना लार्वा अवस्था के कारण
(c) केवल ग्लोकिडियम लार्वा अवस्था के कारण
(d) रिग्लर लार्वा अवस्था के कारण

152. मोलस्का में श्वसन वर्णक है
(a) हीमोग्लोबिन
(b) हीमोसायनिन (रुधिर कणिका में)
(c) मायोग्लोबिन
(d) हीमोसायनिन (प्लाज्मा में)

153. *ऑक्टोपस* किस वर्ग से सम्बन्धित है?
(a) मोलस्का (b) पेलेसिपोडा
(c) आर्थ्रोपोडा (d) सिफैलोपोडा

154. मोती प्राप्त होता है
(a) *पिंक्टाडा* से (b) *लैमिलीडेन्स* से
(c) *काइटन* से (d) *नॉटिलस* से

155. बाह्य $CaCO_3$ का कवच तथा खण्डहीन देह पायी जाती है
(a) इकाइनोडर्मेटा में (b) पिसीज में
(c) आर्थ्रोपोडा में (d) मोलस्का में

156. मोलस्का का कवच, इसके शरीर के किस भाग से स्रावित होता है?
(a) रेड्यूला से (b) थोरैक्स से
(c) मेण्टल से (d) उदर से

157. कटल फिश सदस्य है
(a) मोलस्का का (b) इकाइनोडर्मेटा का
(c) पिसीज का (d) एम्फीबिया का

158. समुद्री खरगोश है
(a) *एप्लाइसिया* (b) *पाइला*
(c) *टेरीडो* (d) *काइटन*

159. ऑस्फेरीडियम का कार्य होता है
(a) उत्सर्जन (b) पोषण
(c) भोजन का चयन एवं निष्कासन (d) भोजन को पीसने का

160. किसमें पाद मुख के समीप भुजाओं में विभक्त हो जाता है?
(a) *ऑस्ट्रिया* में (b) *पाइला* में
(c) *सीपिया* में (d) *काइटन* में

161. आन्तरिक कवच उपस्थित होता है
(a) *लोलीगो* में (b) *काइटन* में
(c) *डेन्टेलियम* में (d) *यूनियो* में

162. फिल्टर फीडर होते हैं
(a) *डेन्टेलियम* (b) *यूनियो*
(c) *पाइला* (d) *अमीबा*

163. 'अरस्तू की लालटेन' पायी जाती है
(a) जैली फिश में (b) सी-एनीमोन में
(c) सी-लिली में (d) सी-अर्चिन में

164. अरस्तू की लालटेन सम्बन्धित होती है
(a) श्वसन से (b) चबाने से
(c) उत्सर्जन से (d) सहारे से

165. बाइपिन्नेरिया लार्वा होता है
(a) *पाइला* का (b) *लेमेलीडेन्स* का
(c) *सीपिया* का (d) स्टार फिश का

166. नालपाद किसका विशिष्ट लक्षण होता है?
(a) जैली फिश (b) कटल फिश
(c) स्टार फिश (d) क्रे फिश

167. इकाइनोडर्मेटा में नालपाद सम्बन्धित होते हैं
(a) उत्सर्जी तन्त्र से (b) एम्बुलेक्रल तन्त्र से
(c) प्रजनन तन्त्र से (d) श्वसन तन्त्र से

168. स्टार फिश किस वर्ग से सम्बन्धित है?
(a) पिसीज से (b) सिफैलोपोडा से
(c) ऐस्टीरॉइडिया से (d) ऑफीयूरॉइडिया से

169. पंचरेखीय सममिति पायी जाती है
(a) इकाइनोडर्मेटा में (b) आर्थ्रोपोडा में
(c) मोलस्का में (d) ऐनेलिडा में

170. एण्टीरोजोआ के अन्तर्गत आने वाले संघ हैं
(a) ऐनेलिडा तथा आर्थ्रोपोडा (b) मोलस्का तथा आर्थ्रोपोडा
(c) हेमीकॉर्डेटा तथा ऐनेलिडा (d) इनमें से कोई नहीं

171. पेडिसिलेरी पायी जाती है
(a) स्टार फिश में (b) सिल्वर फिश में
(c) क्रे-फिश में (d) *हायला* में

172. निम्न में से स्थानबद्ध इकाइनोडर्मेटा जन्तु है
(a) *इकाइनस* (b) *ऑफियूरा*
(c) तारा मछली (d) *एण्टीडॉन*

173. निम्न में से सुमेलित युग्म है
(a) *एस्टीरियम* – ब्रिटल स्टार
(b) *ऑफियोथ्रिक्स* – समुद्री खीरा
(c) *गार्गोनोसिफेलस* – बॉस्केट स्टार
(d) साल्मेसिस–सी – लिली

174. विकास के दौरान सर्वप्रथम एण्टीरोसीलिक सीलोम किस समूह में पायी गई?
(a) इकाइनोडर्मेटा (b) ऐनेलिडा
(c) कॉर्डेटा (d) प्रोटोजोआ

175. संघ—इकाइनोडमेंटा का प्रमुख लक्षण है
(a) अरीय सममिति (b) जल संवहन तन्त्र
(c) मेण्टल गुहा (d) ये सभी

176. संघ—इकाइनोडमेंटा में आने वाले जन्तुओं का निम्न विकल्पों में से चयन कीजिए।
(a) सी-अर्चिन, कटल-मीन व समुद्री-खीरा
(b) *इकाइनस*, समुद्री-खरहा व समुद्री-खीरा
(c) *एण्टीडॉन*, *ओफीयूरा* व *इकाइनस*
(d) *ओफीयूरा*, *कीटोप्लूरा* व *इकाइनस*

177. इकाइनोडर्म में उत्सर्जी अंग है
(a) वृक्कक (b) ग्रीन ग्रन्थियाँ
(c) ज्वाला कोशिकाएँ (d) इनमें से कोई नहीं

178. निम्न में से किस संघ का कोई भी सदस्य अलवणीय जल में नहीं पाया जाता है?
(a) इकाइनोडमेंटा (b) मोलस्का
(c) कॉर्डेटा (d) पोरीफेरा

संघ-कॉर्डेटा

179. कॉर्डेटा संघ की स्थापना किसने की थी?
(a) हागमन ने (b) हक्सले ने
(c) बाल्फोर ने (d) रोमर ने

180. संघ—हेमीकॉर्डेटा में उत्सर्जी अंग है?
(a) प्रोबोसिस ग्रन्थि (b) क्लोम
(c) कॉलर कोशिकाएँ (d) इनमें से कोई नहीं

181. हेमीकॉर्डेटा का लार्वा रूप कहलाता है
(a) ट्रोकोफोर (b) टोर्नेरिया
(c) टैडपोल (d) एमोसीट

182. सभी कॉर्डेट्स में निम्न लक्षण होते हैं।
(a) द्विपार्श्व सममित, सीलोम की उपस्थिति, त्रिकोरकी, खुला परिसंचरण तन्त्र
(b) द्विपार्श्व सममिति, सीलोम उपस्थित, द्विकोरकी या त्रिकोरकी
(c) खुला परिसंचरण तन्त्र, द्विकोरकी या त्रिकोरकी, गुहीय तथा द्विपार्श्व सममिति
(d) द्विपार्श्व सममिति, गुहीय उपस्थित, त्रिकोरकी, बन्द परिसंचरण तन्त्र

183. संघ—कॉर्डेटा को निम्न उपसंघों में बाँटा है
(a) वर्टीब्रेटा, प्रोटोकॉर्डेटा व यूरोकॉर्डेटा
(b) यूरोकॉर्डेटा, नैथोस्टोमेटा व वर्टीब्रेटा
(c) यूरोकॉर्डेटा, ट्यूनिकेटा व वर्टीब्रेटा
(d) ट्यूनिकेटा, सिफैलोकॉर्डेटा व वर्टीब्रेटा

184. निम्न में से किसके सदस्यों को प्रोटोकॉर्डेटा कहते हैं?
(a) यूरोकॉर्डेटा (b) सिफैलोकॉर्डेटा
(c) दोनों (a) एवं (b) (d) इनमें से कोई नहीं

185. उपसंघ—यूरोकॉर्डेटा में कौन-से जन्तु आते हैं?
(a) *ब्रैंकियोस्टोमा* व *लैंसलेट* (b) *साल्पा* व *लैंसलेट*
(c) *एसिडिया* व *डोलियोलम* (d) *साल्पा* व *एम्फिऑक्सस*

186. निम्न में से कौन-सा एक कॉर्डेट तो है, लेकिन कशेरुकी नहीं है?
(a) *स्कोलियोडोन* (b) सैलामेण्डर
(c) *एम्फीऑक्सिस* (d) अर्द्धकृमि

187. प्रतिगामी कायान्तरण पाया जाता है
(a) हेमीकॉर्डेटा में (b) यूरोकॉर्डेटा में
(c) सिफैलोकॉर्डेटा में (d) साइक्लोस्टोमेटा में

188. निम्न में से कौन-सा जन्तु यूरोकॉर्डेटा के अन्तर्गत आता है?
(a) *हर्डमानिया* (b) *बैलेनोग्लोसस*
(c) *एम्फीऑक्सिस* (d) *पेट्रोमाइजोन*

189. *बैलेनोग्लोसस* के अग्रभाग में पाया जाता है
(a) आन्त्रीय क्षेत्र (b) पृष्ठरज्जु
(c) क्लोम जनन क्षेत्र (d) यकृत क्षेत्र

190. निम्न में से कौन-सा कॉर्डेटा का विशिष्ट लक्षण नहीं है?
(a) पृष्ठ नलिकाकार तन्त्रिका रज्जु (b) फेरिन्जियल गिल स्लिट्स
(c) नोटोकॉर्ड की उपस्थिति (d) स्पाइनल कॉर्ड की उपस्थिति

191. यूरोकॉर्डेट्स का लार्वा रूप कहलाता है
(a) टोर्नेरिया (b) टैडपोल
(c) वेलीजर (d) प्लूटियस

192. एसीडियन टैडपोल लार्वा का कायान्तरण कहलाता है
(a) प्रोग्रेसिव कायान्तरण (b) प्रतिगामी कायान्तरण
(c) आंशिक कायान्तरण (d) अपूर्ण कायान्तरण

193. हैस्चेक नेफ्रिडियम पाए जाते हैं
(a) *हर्डमानिया* में (b) *एम्फीऑक्सिस* में
(c) *सायोना* में (d) इन सभी में

194. 'ह्वील अंग' किसमें पाया जाता है?
(a) *हर्डमानिया* (b) *एम्फीऑक्सिस*
(c) *बैलेनोग्लोसस* (d) इन सभी में

195. निम्न में से सिफैलोकॉर्डेटा समूह के सदस्य हैं
(a) *रैहडोप्लूरा* व *एम्फीऑक्सिस* (b) *ब्रैन्कियोस्टोमा* व *एसीमेट्रोन*
(c) *पेट्रोमाइजोन* व *मिक्सीन* (d) *सायोना* व *ऐपेण्डीकुलेरिया*

196. प्रारूपिक कॉर्डेटा है
(a) *हर्डमानिया* (b) *एम्फीऑक्सिस*
(c) *बैलेनोग्लोसस* (d) *साल्पा*

197. यूरोकॉर्डेटा जन्तुओं में पाया जाता है
(a) पृष्ठरज्जु सिर से पुच्छ भाग तक फैली होती है
(b) पृष्ठरज्जु लार्वा अवस्थाओं और वयस्कों में जीवनपर्यन्त उपस्थित होती है
(c) पृष्ठरज्जु केवल वयस्क अवस्थाओं में उपस्थित होती है
(d) पृष्ठरज्जु केवल लार्वा अवस्थाओं में उपस्थित होती है

198. निम्न में से कौन-से समूह में ब्रेन बॉक्स अनुपस्थित होता है?
(a) साइक्लोस्टोमेटा (b) मत्स्य
(c) उभयचर (d) प्रोटोकॉर्डेटा

199. एक जबड़े-रहित मछली, अण्डे स्वच्छ जल में देती हैं तथा उसके एमोसीट लार्वा कायान्तरण के बाद समुद्र में लौट आते हैं, वह है,
(a) *इप्टाट्रीट्स* (b) *मिक्सिन*
(c) *नियोमिक्सिन* (d) *पेट्रोमाइजॉन*

200. सही कथन का चयन कीजिए।
(a) सभी स्तनधारी जरायुज होते हैं
(b) सभी साइक्लोस्टोम्स में जबड़ा व युग्मित पंख नहीं होते हैं
(c) सभी सरीसृपों में 3-कोष्ठीय हृदय होता है
(d) सभी मछलियों में क्लोम ऑपरकुलम से ढके होते हैं

201. सूची I में दिए गए जन्तुओं का और सूची II में दिए गए उनके संघ/वर्ग से सही मिलान है

	सूची I		सूची II
(a)	*पैट्रोमाइजॉन*	–	साइक्लोस्टोमेटा
(b)	*इक्थियोफिस*	–	सरीसृप
(c)	*लिमूलस*	–	मत्स्य
(d)	*एडेमसिया*	–	पोरीफेरा

202. *पेट्रोमाइजॉन* तथा हेग फिश वास्तविक मछलियाँ नहीं मानी जाती क्योंकि इनमें
(a) अयुग्मित पंखों का अभाव होता है
(b) मुख गोल होता है
(c) ऑपरकुलम नहीं होता है
(d) युग्मित पंखों तथा जबड़ों का अभाव होता है

203. *मिक्सीन* को कहा जाता है
(a) लेम्प्रे (b) हेग फिश
(c) सिल्वर फिश (d) डेविल फिश

204. बिना किसी अपवाद के निम्नलिखित में से कौन-सा सही संयोजन का निरूपण करता है?

	लक्षण		वर्ग
(a)	स्तन ग्रन्थि, शरीर पर रोगों का होना, पिन्ना (कर्ण पल्लव), दो जोड़ी पाद	–	स्तनधारी
(b)	अधरीय मुख, क्लोमों पर प्रच्छद नहीं, त्वचा पर प्लैकॉइड शल्क, स्थायी नोटोकॉर्ड	–	कॉण्ड्रिक्थीज
(c)	चूषक एवं गोलाकार मुख, जबड़ों का अभाव, अध्यावरण शल्कहीन, युग्मित उपांग	–	साइक्लोस्टोमेटा
(d)	शरीर परों से ढ़का हुआ, नम त्वचा एवं ग्रन्थिल, अग्रपाद पंख बनाते हैं, फेफड़ों में वायुकोष होते हैं।	–	पक्षी

205. वर्ग–कॉण्ड्रिक्थीज के जन्तुओं के लिए कौन-सा कथन असत्य है?
(a) प्लेकॉइड शल्क की उपस्थिति
(b) वायुकोष की उपस्थिति
(c) उपास्थिल अन्तःकंकाल की उपस्थिति
(d) पृष्ठरज्जु केवल लार्वा में उपस्थित बाद में लुप्त

206. ऑस्ट्रिक्थीज में उपस्थित क्लोमों की संख्या है
(a) 2 जोड़ी (b) 6 जोड़ी (c) 5 जोड़ी (d) 4 जोड़ी

207. कॉण्ड्रिक्थीज के लक्षण हैं
(a) प्लेकॉइड शल्क
(b) अधरीय मुख
(c) टीनॉइड शल्क व अधरीय मुख
(d) प्लेकॉइड शल्क व अधरीय मुख

208. वायु कोष पाया जाता है
(a) *टॉरपीडो* (b) *एनाबास*
(c) *स्कोलियोडॉन* (d) *इलैस्मोब्रैंक*

209. निम्न में से कौन एक कार्टिलेजिनस मछली है?
(a) सिल्वर फिश (b) डॉग फिश
(c) क्रे फिश (d) स्टार फिश

210. इलैस्मोब्रेन्काई के जन्तुओं का बाह्य कंकाल प्रायः बना होता है
(a) प्लेकॉइड शल्कों का (b) साइक्लोइड शल्कों का
(c) गोनॉइड शल्कों का (d) टीनोइड शल्कों का

211. पेल्विक क्लेस्पर्स पाए जाते हैं
(a) *लेबियो* में (b) *स्कोलियोडॉन* में
(c) *एनाबास* में (d) *साल्मन* में

212. निम्न में से कौन-सी उड़न मछली है?
(a) *एक्सोसीटस* (b) *एकीनीस*
(c) *क्लेरियस* (d) *एनाबास*

213. 'एम्पुला ऑफ लॉरेन्जीनी' पाया जाता है
(a) *स्कोलियोडॉन* में (b) *लेबिया* में
(c) *रेट्स* में (d) *हिप्पोकेम्पस* में

214. मछलियों के वृक्क होते हैं
(a) प्रोटोनेफ्रिक प्रकार के (b) मीजोनेफ्रिक प्रकार के
(c) मेटानेफ्रिक प्रकार के (d) इनमें से कोई नहीं

215. 'हेरिंग का राजा' है
(a) *स्कोलियोडॉन* (b) *काइमेरा*
(c) *टोरपिडो* (d) *नियोसेरेटोडस*

216. निम्न में से कौन-सी मछली एक जीवित जीवाश्म है?
(a) *लेटिमेरिया* (b) *गेम्बुसिया*
(c) *प्लूरोनेक्टस* (d) *एक्सोसीट्स*

217. ऑपरकुलम किसका लक्षण है?
(a) प्लैकोडर्माई (b) कॉण्ड्रिक्थीज
(c) ऑस्टिक्थीज (d) ये सभी

218. मछलियों में क्रेनियल तन्त्रिकाओं की संख्या होती हैं
(a) 12 जोड़ी (b) 10 जोड़ी
(c) 8 जोड़ी (d) 14 जोड़ी

219. *हिप्पोकैम्पस* (समुद्री घोड़ा) किस वर्ग में शामिल है?
(a) एग्नैथा में (b) कॉण्ड्रिक्थीज में
(c) ऑस्टिक्थीज में (d) स्तनी में

220. उपास्थिमय व अस्थिमय मछलियों के बीच की संयोजक कड़ी है
(a) *लेबियो* (b) *काइमेरा*
(c) *प्रोटोप्टेरस* (d) *टॉरपीडो*

221. निम्न में से कौन-सी मछली में होमोसर्कल पूँछ पायी जाती है?
(a) *लेबियो* (b) *टॉरपीडो*
(c) शार्क (d) रे-मछली

222. एक मछली के निम्न लक्षणों का अध्ययन कीजिए।
I यह एक डिप्नोई मछली है।
II. यह दक्षिणी अमेरिका की नदी में पायी जाती है।
III. यह एस्टिवेशन दर्शाती है।
IV. यह यूरिकोटेलिक जन्तु है।
उपरोक्त में से कौन-सा '*नियोसिरेटोडस*' के लिए सत्य है।
(a) I तथा II (b) II तथा IV
(c) I तथा III (d) I तथा IV

223. मेंढक की त्वचा में पायी जाने वाली ग्रन्थि है
(a) म्यूकस एवं विष ग्रन्थि (b) स्वेद एवं स्तन ग्रन्थि
(c) स्वेद एवं तेल ग्रन्थि (d) म्यूकस एवं स्वेद ग्रन्थि

224. मेंढक का कपाल होता है
(a) ट्राइकॉण्डायलिक (b) मोनोकॉण्डायलिक
(c) डाइकॉण्डायलिक (d) नॉन-कॉण्डायलिक

225. मिडवाइफ टोड का दूसरा नाम है
(a) *एलाइटिस* (b) *हायला*
(c) *रैकोफोरस* (d) *पाइपा*

226. *इक्थियोफिस* किस वर्ग में आता है?
(a) स्तनी (b) सरीसृप
(c) उभयचर (d) एवीज

227. श्वसन के सम्बन्ध में मेंढक व सर्प में कौन-सी संरचना समान है?
(a) डायाफ्राम (b) त्वचा
(c) मुखगुहा (d) फेफड़े

228. वर्ग—उभयचरों तथा वर्ग—रेप्टीलिया (सरीसृप) के जन्तुओं के बीच समान लक्षण कौन-से हैं?
(a) शल्कों की उपस्थिति, आन्तरिक निषेचन तथा 4-कोष्ठीय हृदय
(b) टिम्पेनम की उपस्थिति, पोइकिलोथर्म (विषमतापी) व 3-कोष्ठीय हृदय
(c) क्लोएका की उपस्थिति, अण्डप्रजक व बाह्य निषेचन
(d) त्वचा नम होती है

229. विशिष्ट क्षमता, जो उभयचरों में पायी जाती है, परन्तु स्तनधारियों में नहीं है
(a) रूपान्तरण करने की क्षमता
(b) मौसम/ऋतु के अनुरूप बदलने की क्षमता
(c) रंग परिवर्तन की क्षमता
(d) लम्बे समय तक बिना हिले रहने की क्षमता

230. इनमें से कौन-सा एम्फीबियन जन्तु नहीं है?
(a) मेंढक (b) कछुआ
(c) सेलामेण्डर (d) टोड

231. विष ग्रन्थियाँ पायी जाती हैं
(a) *राना* में (b) *बूफो* में
(c) *हायला* में (d) *एलाइटिस* में

232. एम्फीबियन्स के हृदय में पाया जाता है
(a) दो अलिन्द एवं दो निलय (b) एक अलिन्द एवं दो निलय
(c) दो अलिन्द एवं एक निलय (d) एक अलिन्द एवं एक निलय

233. मेंढक में प्रारूपिक कशेरुकाएँ होती हैं
(a) ऐसीलस (b) प्रोसीलस
(c) एम्फीसिलस (d) ऑपिस्थोसीलस

234. निम्नलिखित में से किसमें वंश का नाम एवं उसके दो लक्षण सुमेलित हैं?

	वंश		लक्षण
(a)	*सैलामैण्ड्रा*	1.	टिम्पेनम कर्ण को प्रदर्शित करती है।
		2.	बाह्य निषेचन होता है
(b)	*टेरोपस*	1.	त्वचा पर बालों की उपस्थिति
		2.	अण्डयुज
(c)	*ऑरेलिया*	1.	निडोब्लास्ट्स
		2.	अंग-स्तर का संगठन
(d)	*ऐस्कैरिस*	1.	खण्डयुक्त शरीर
		2.	नर एवं मादा पृथक्

235. *एम्बाइस्टोमा* के एक्सोलोटल लार्वा में सामान्यतया किसके कारण कायान्तरण नहीं होता है?
(a) जल में फॉस्फोरस की अनुपस्थिति
(b) जल या भोजन में आयोडीन की कमी
(c) जल में Ca तथा Mg की कमी
(d) जल में Na तथा K की कमी

236. पूँछ युक्त एम्फीबियन्स जन्तु सम्मिलित है
(a) एपोडा में (b) एन्यूरा में
(c) जिम्नोफियोना में (d) यूरोडेला में

237. मेंढक के टैडपोल की कार्यात्मक वृक्क होती है
(a) प्रोनेफ्रोस (b) मीसोनेफ्रोस
(c) मेटानेफ्रोस (d) आर्किनेफ्रोस

238. निम्न में से कौन-से कथन सही/गलत हैं?
I. *टॉरपीडो* में विद्युत अंग एक प्रबल विद्युतीय झटका उत्पन्न करता है, जो शिकार को लकवाग्रस्त (Paralyse) कर देता है।
II. अस्थिल मछलियाँ अंस, श्रोणि, पृष्ठीय, गुदीय व पुच्छीय पंख तैरने में उपयोग में लाती है।
III. उभयचरों की त्वचा नम होती है व उसमें मोटे शल्क होते हैं।
IV. पक्षी असमतापी होते हैं।
V. स्तनधारियों का सबसे अलग लक्षण दुग्ध उत्पन्न करने वाली स्तनग्रन्थियाँ हैं, जिसके द्वारा व अपने शिशुओं को पोषण देते हैं।
(a) I, II तथा III सत्य है; IV तथा V असत्य हैं
(b) I, II तथा V सत्य है; III तथा IV असत्य हैं
(c) I, II तथा III असत्य है; IV तथा V सत्य हैं
(d) I, II, IV असत्य है; III व V सत्य हैं

239. चार कोष्ठीय हृदय पाया जाता है
(a) अजगर में (b) सेलामेण्डर में
(c) कोबरा में (d) मगरमच्छ में

240. निम्न में से किस सर्प में पश्चपादों के अवशेष पाए जाते हैं?
(a) *हाइड्रोफिश* (b) *पाइथन* (c) *इरिक्स* (d) *वाइपर*

241. 'सोरोलॉजी' निम्न में से किसके अध्ययन को कहते हैं?
(a) उड़ान रहित पक्षी (b) छिपकलियाँ
(c) सर्प (d) पक्षी

242. सरीसृप में कपाल तन्त्रिकाओं की संख्या होती हैं
(a) 8 जोड़ी (b) 10 जोड़ी
(c) 12 जोड़ी (d) 14 जोड़ी

243. निम्न में से कौन-से जन्तु में अन्तः तथा बाह्य कंकालीय संरचनाएँ पायी जाती हैं?
(a) घोंघा (b) कछुआ (c) मेंढक (d) जैलीफिश

244. निम्न में से अध्यावरणी संरचनाओं के व्युत्पन्नों का वह समूह कौन-सा है, जो दर्शाता है कि पक्षी, विशिष्टीकृत सरीसृप (Glorified reptiles) होते हैं?
(a) शल्क व पंजे
(b) सिरिंक्स व यूरोपाइजियल ग्रन्थि
(c) पंजे व यूरोपाइजियल ग्रन्थि
(d) सिरिंक्स व शल्क

245. सरीसृप किस रूप में उभयचरों से भिन्न हैं?
(a) त्वचा (b) हृदय की संरचना
(c) परिवर्धन अवस्थाएँ (d) ये सभी में

246. संयुक्तांगुलिता (Syndactyly), परिग्राहीपुच्छ तथा लम्बी बर्हिवर्तित जिह्वा विशेष लक्षण है
(a) रीसस बन्दर (b) *आर्किऑप्टेरिक्स*
(c) घोड़ा मछली (d) *केमेलियॉन*

247. केरापेस पाया जाता है
(a) टोड में (b) पक्षी में (c) मेंढक में (d) कछुआ में

248. सर्प की विष ग्रन्थि रूपान्तरण है
(a) तेल ग्रन्थि का (b) परिग्रसनी ग्रन्थि का
(c) लार ग्रन्थि का (d) अन्तःस्रावी ग्रन्थि का

249. संसार की एकमात्र विषैली छिपकली .... है।
(a) *ड्रेको* (b) *हेलोडर्मा*
(c) *स्फीनोडॉन* (d) *वेरेनस*

250. सरीसृप जो वायु में उड़ सकता है
(a) *ड्रेको* (b) *फ्रायनोसोमा* (c) *एंगुइस* (d) *कैलोटस*

251. 'पैनेजी का रन्ध्र' सम्बन्धित है
(a) सरीसृप के मस्तिष्क से (b) खरहें के मस्तिष्क से
(c) छिपकली के फेफड़े से (d) छिपकली के हृदय से

252. सरीसृप के लिए सबसे उपयुक्त स्थलीय अनुकूलन होता है
(a) नम त्वचा (b) शरीर पर शल्क
(c) फुफ्फुसीय श्वसन (d) इनमें से कोई नहीं

253. निम्न में से डायनोसॉर किस श्रेणी से सम्बन्धित है?
(a) सरीसृप से (b) उभयचर से
(c) स्तनी से (d) पक्षी से

254. सरीसृप व पक्षियों के अण्डे होते हैं
(a) मीजोलेसिथल (b) टीलोलेसिथल
(c) पॉलीलेसिथल (d) एलेसिथल

255. सामान्य भारतीय करैत का जूलॉजिकल नाम है
(a) *बुंगेरस कोरुलस* (b) *ओफियोपेगस हन्ना*
(c) *वाइपर रसेली* (d) *नाजा-नाजा*

256. निम्न में से कौन-सा एक एवीज (पक्षियों) के लिए गलत है?
(a) चार-वेश्मीय हृदय तथा अण्डयुज जन्तु होते हैं
(b) अस्थियों में वायु गुहाएँ तथा शरीर पर पंख उपस्थित होते हैं
(c) पाचन तन्त्र में अधिक कोष्ठ व जन्तु समतापी होते हैं
(d) अग्रपाद पंखों में रूपान्तरित नहीं होते हैं

257. कीवी पाया जाता है
(a) भारत में (b) न्यूजीलैण्ड में
(c) यूरोप में (d) श्रीलंका में

258. 'छिपकली चिड़िया' है
(a) *आर्किऑप्टेरिक्स* (b) *एनैलिओर्निस*
(c) *इम्पिओर्निस* (d) *हेस्पेरॉर्निस*

259. जहरीला पक्षी होता है
(a) कीवी (b) बूबेल्यू (c) *पिटोहुयी* (d) *कोरियोटिस*

260. प्रीन ग्रन्थि पायी जाती है
(a) मत्स्य में (b) पक्षियों में (c) सरीसृप में (d) स्तनी में

261. केवल एक अण्डाशय पाया जाता है
(a) सरीसृप में (b) उभयचर में
(c) पक्षियों में (d) अण्डे देने वाले स्तनियों में

262. कबूतर दूध का स्रावण करते हैं
(a) स्तन ग्रन्थियों से (b) क्रॉप ग्रन्थियों से
(c) लार ग्रन्थियों से (d) गिजार्ड (पेषणी) ग्रन्थियों से

263. पक्षियों की विशबोन उत्पन्न होती है
(a) कपाल से (b) अंस मेखला से
(c) श्रेणी मेखला से (d) पश्चपाद से

264. डाउन पंख हैं
(a) पक्षियों की पहली पंख की सतह
(b) रूपान्तरित फिलोप्लूमस्, जो नथुनों व नेत्रों के पास होते हैं
(c) पूँछ पंख
(d) पंख पर

265. निम्न में से कौन-से जन्तुओं का समूह समान शारीरिक तापमान रखने के सन्दर्भ में स्तनियों से समानता दर्शाता है?
(a) सरीसृप (b) उभयचर (c) पक्षी (d) मछलियाँ

266. न्यूमेटिक अस्थियाँ पायी जाती हैं
(a) घरेलू छिपकली में (b) उड़न मछली में
(c) कबूतर में (d) मेंढक का टेडपोल में

267. निम्न में से कौन-सा उड़ान-रहित पक्षी है?
(a) शुतुरमुर्ग (b) इमु (c) कीवी (d) ये सभी

268. पक्षियों का वह लक्षण, जो बिना अपवाद के है
(a) ड्यूटेरोस्टोम का विकास
(b) उड़ने के लिए पंख
(c) बिना दाँतों की चोंच
(d) कैल्शियम युक्त आवरित/कवचित अण्डे देना

269. भारत के राष्ट्रीय पक्षी का वैज्ञानिक नाम है
(a) *पैसर डोमेस्टिकस* (b) *पेवो क्रिस्टेटस*
(c) *कोलुम्बा लिविया* (d) इनमें से कोई नहीं

270. पक्षियों में होती है
(a) केवल दाईं महाधमनी चाप
(b) केवल बाईं महाधमनी चाप
(c) एक सुविकसित तथा दूसरी अविकसित महाधमनी चाप
(d) दोनों बाईं तथा दाईं महाधमनी चाप

271. पक्षियों में सबसे मजबूत पेशियाँ पायी जाती हैं
(a) परों में (b) पश्चपादों में
(c) पंखों में (d) चोंच में

272. पक्षियों में रोमपिच्छ का कार्य है
(a) ताप नियन्त्रण (b) उड़ने में सहायता
(c) संवेदना ग्रहण करना (d) शरीर को ढकना

273. भारत के किस वैज्ञानिक को 'वर्ड मैन' कहा जाता है?
(a) हुमायूँ अब्दुलाली (b) डॉ. सलीम अली
(c) प्रिया देवीदार (d) अजॉय होमी

274. पक्षी वर्ग का उद्‌भव हुआ
(a) 500 मिलियन वर्ष (जुरासिक काल)
(b) 400 मिलियन वर्ष (डिवोनियन काल)
(c) 300 बिलियन वर्ष (जुरासिक काल)
(d) 200 मिलियन वर्ष (जुरासिक काल)

275. *आर्किऑप्टेरिक्स* की पूँछ होती है
(a) 10 कशेरुकाओं वाली (b) 13 कशेरुकाओं वाली
(c) 44 कशेरुकाओं वाली (d) 23 कशेरुकाओं वाली

276. पक्षियों का अध्ययन कहलाता है
(a) ऑर्थोलॉजी (b) ऑर्निथोलॉजी
(c) इथोलॉजी (d) ऑन्कोलॉजी

277. सरीसृपों तथा पक्षियों के मध्य की कड़ी है
(a) *ऑलिगोकाइफस* (b) *आर्किऑप्टेरिक्स*
(c) *पेट्रीपस* (d) हमिंग बर्ड

278. स्तनधारियों का उद्‌भव सरीसृपों से हुआ था
(a) क्रिटेसियस काल में (b) जुरासिक काल में
(c) ट्राइएसिक काल में (d) सीनोजॉइक काल में

279. व्हेल किसमें वर्गीकृत की गई है?
(a) मत्स्य (b) सरीसृप
(c) स्तनी (d) आर्थ्रोपोडा

280. स्तनधारियों व सरीसृपों के बीच की संयोजक कड़ी है
(a) *पेरिपेट्स* (b) *टेकिग्लोसस*
(c) *टारिनथोरिंकस* (d) *आर्किऑप्टेरिक्स*

281. वर्ग—स्तनधारी के जन्तुओं का एक विशेष लक्षण है
(a) द्विपद गमन (b) पूर्ण चार-वेश्मीय हृदय
(c) स्तन ग्रन्थियों की उपस्थिति (d) आन्तरिक निषेचन

282. निम्न में कौन-सा जन्तु सजीव प्रजक नहीं है?
(a) चमगादड़ (b) हाथी (c) *एकिडना* (d) व्हेल

283. वास्तविक स्तनधारियों के समूह का चयन कीजिए।
(a) शेर, दरियाई घोड़ा, पेंगुइन, चमगादड़
(b) शेर, चमगादड़, व्हेल, शुतुरमुर्ग
(c) दरियाई घोड़ा, पेंगुइन, व्हेल, चिलोन
(d) व्हेल, चमगादड़, कंगारु, दरियाई घोड़ा

284. निम्न में से कौन-सा एक वर्ग-स्तनधारी का विशेष लक्षण है?
(a) होमियोथर्मी/समतापी
(b) आन्तरिक निषेचन
(c) एक चार-वेश्मीय हृदय का पाया जाना
(d) एक पेशीय डायफ्राम का पाया जाना

285. निम्न में कौन-सा एक लक्षण एक स्तनधारी में बिना अपवाद के उपस्थित है?
(a) दुग्ध बनाने वाली ग्रन्थियों का पाया जाना
(b) इनमें दो जोड़ी पाद होते हैं
(c) त्वचा पर बालों का पाया जाना
(d) विषमदन्ती दाँत का प्रकार

286. कौन-से जन्तुओं ने चमगादड़ के समान इकोलोकेशन प्रणाली विकसित कर ली है?
(a) जंगली बिल्लियाँ (b) शार्क
(c) प्राइमेट्स (d) डॉल्फिन

287. चमगादड़ को स्तनी में वर्गीकृत किया जाता है, क्योंकि
(a) इनमें बाल पाए जाते हैं (b) ये उड़ सकते हैं
(c) इनमें पिन्ना पाया जाता है (d) इसमें वृषण उपस्थित होते हैं

288. निम्न में से कौन अण्डज (Oviparous) है?
(a) *प्लेटीपस* (b) चमगादड़ (c) हाथी (d) व्हेल

289. एकमात्र विषैला स्तनी है
(a) डकबिल *प्लेटीपस* (b) बीवर
(c) छछुँदर (d) मादा कंगारू

290. स्तनियों में सींग, नाखून तथा खुर बने होते हैं
(a) क्यूटिकल के (b) काइटिन के
(c) ट्यूनीसीन के (d) कैरोटिन के

291. स्तनधारियों के श्रवण भाग में एक जोड़ी फ्लास्क के आकार की अस्थियाँ कहलाती हैं
(a) पेरिओटिक (b) पैलेटाइन
(c) टिम्पैनिक बुल्ला (d) क्रेनियोस्टालिक

292. चूचुकरहित स्तन ग्रन्थियाँ मिलती हैं
(a) प्रोटोथीरिया में (b) मेटाथीरिया में
(c) यूथीरिया में (d) थीरिया में

293. निम्न में से कौन-से कथन सत्य व कौन-से असत्य है? सही विकल्प का चयन कीजिए।
I. उभयचरों में मेटानेफ्रिक वृक्क होते हैं।
II. स्तनधारियों में करोटि डाइकॉन्डाइलिक होती है।
III. पक्षियों में अवस्कर स्थिति द्वारा संयुग्मन/मैथुन होता है।
IV. पक्षियों में ध्वनि उत्पन्न सिरिंक्स से होती है।
V. खरगोश वर्गक रोडेन्सिया में आता है।
(a) II, IV तथा V सत्य हैं, I तथा III असत्य हैं
(b) II, III तथा IV सत्य I तथा V असत्य हैं
(c) II तथा V सत्य हैं, I, III तथा V असत्य हैं
(d) I, II तथा V सत्य हैं, III तथा IV असत्य हैं

294. निम्न में से कौन-सा जीव समूह जरायुज है?
(a) छछूँदरी, चमगादड़, बिल्ली, कीवी
(b) कंगारू, हैजहॉग, डॉल्फिन, लोरिस
(c) शेर, चमगादड़, व्हेल, *ऑस्ट्रिच*
(d) *प्लेटिपस*, पेंग्विन, चमगादड़, *हिप्पोपोटोमस*

295. स्तनियों में वृक्क होते हैं
(a) प्रोनेफ्रिक प्रकार के (b) मीसोनेफ्रिक प्रकार के
(c) मेटानेफ्रिक प्रकार के (d) इनमें से कोई नहीं

296. प्रोटोथीरियन्स के लिए निम्न में से क्या सत्य है?
I. पेक्टोरल (अंस) मेखला T-आकार की इण्टरक्लेविकल से जुड़ी होती है।
II. स्तनग्रन्थियाँ सीबेसियस ग्रन्थियों का रूपान्तरण है।
III. श्रोणि मेखला में एपिप्यूबिक अस्थियाँ पायी जाती हैं।
IV. श्रोणि मेखला में एपिफाइसिस होता है।
सही विकल्प का चयन कीजिए।
(a) I तथा III (b) I तथा II (c) III तथा IV (d) II तथा III

297. खरगोश का वैज्ञानिक नाम है
(a) *ऑरिक्टोलेगस* (b) *फुनमबुलस*
(c) *लीपस* (d) *आरसिनस*

298. वास्तविक प्लेसेण्टा वाले स्तनी कहलाते हैं
(a) प्रोटोथीरिया (b) थीरिया
(c) मेटाथीरिया (d) यूथीरिया

299. चींटीखोर है
(a) उभयचर (b) सरीसृप (c) मोलस्क (d) स्तनी

300. समुद्री गाय (स्टीलर) है
(a) मत्स्य (b) आर्थ्रोपोडा (c) सरीसृप (d) स्तनी

उत्तरमाला

1.	(d)	2.	(c)	3.	(c)	4.	(d)	5.	(b)	6.	(b)	7.	(c)	8.	(d)	9.	(d)	10.	(a)
11.	(c)	12.	(c)	13.	(c)	14.	(a)	15.	(b)	16.	(d)	17.	(c)	18.	(b)	19.	(a)	20.	(d)
21.	(b)	22.	(c)	23.	(a)	24.	(a)	25.	(a)	26.	(a)	27.	(a)	28.	(d)	29.	(a)	30.	(b)
31.	(a)	32.	(a)	33.	(c)	34.	(a)	35.	(a)	36	(b)	37.	(a)	38.	(b)	39.	(d)	40.	(a)
41.	(c)	42.	(c)	43.	(a)	44.	(d)	45.	(c)	46.	(b)	47.	(b)	48.	(c)	49.	(b)	50.	(b)
51.	(c)	52.	(c)	53.	(b)	54.	(c)	55.	(d)	56.	(a)	57.	(d)	58.	(a)	59.	(a)	60.	(d)
61.	(d)	62.	(a)	63.	(b)	64.	(c)	65.	(c)	66.	(d)	67.	(b)	68.	(a)	69.	(c)	70.	(b)
71.	(c)	72.	(a)	73.	(c)	74.	(a)	75.	(d)	76.	(d)	77.	(a)	78.	(d)	79.	(a)	80.	(a)
81.	(b)	82.	(d)	83.	(c)	84.	(c)	85.	(d)	86.	(b)	87.	(a)	88.	(b)	89.	(d)	90.	(a)
91.	(c)	92.	(c)	93.	(d)	94.	(c)	95.	(a)	96.	(b)	97.	(a)	98.	(c)	99.	(a)	100.	(c)
101.	(d)	102.	(d)	103.	(b)	104.	(c)	105.	(d)	106.	(a)	107.	(a)	108.	(c)	109.	(a)	110.	(a)
111.	(d)	112.	(a)	113.	(c)	114.	(a)	115.	(a)	116.	(d)	117.	(c)	118.	(c)	119.	(c)	120.	(c)
121.	(b)	122.	(a)	123.	(a)	124.	(d)	125.	(c)	126.	(a)	127.	(b)	128.	(b)	129.	(c)	130.	(c)
131.	(d)	132.	(d)	133.	(c)	134.	(d)	135.	(c)	136.	(d)	137.	(b)	138.	(b)	139.	(d)	140.	(b)
141.	(b)	142.	(c)	143.	(b)	144.	(c)	145.	(b)	146.	(c)	147.	(b)	148.	(d)	149.	(a)	150.	(a)
151.	(a)	152.	(d)	153.	(d)	154.	(a)	155.	(d)	156.	(c)	157.	(a)	158.	(a)	159.	(c)	160.	(c)
161.	(a)	162.	(b)	163.	(d)	164.	(b)	165.	(d)	166.	(c)	167.	(b)	168.	(c)	169.	(a)	170.	(b)
171.	(a)	172.	(d)	173.	(c)	174.	(a)	175.	(b)	176.	(c)	177.	(d)	178.	(a)	179.	(c)	180.	(a)
181.	(b)	182.	(d)	183.	(d)	184.	(c)	185.	(c)	186.	(c)	187.	(b)	188.	(a)	189.	(c)	190.	(d)
191.	(b)	192.	(b)	193.	(b)	194.	(b)	195.	(b)	196.	(b)	197.	(d)	198.	(d)	199.	(d)	200.	(b)
201.	(a)	202.	(a)	203.	(b)	204.	(c)	205.	(d)	206.	(d)	207.	(d)	208.	(b)	209.	(b)	210.	(a)
211.	(b)	212.	(a)	213.	(a)	214.	(b)	215.	(b)	216.	(a)	217.	(c)	218.	(b)	219.	(c)	220.	(b)
221.	(a)	222.	(c)	223.	(a)	224.	(c)	225.	(a)	226.	(c)	227.	(d)	228.	(b)	229.	(c)	230.	(b)
231.	(b)	232.	(c)	233.	(b)	234.	(a)	235.	(b)	236.	(d)	237.	(a)	238.	(b)	239.	(d)	240.	(b)
241.	(b)	242.	(c)	243.	(b)	244.	(a)	245.	(d)	246.	(d)	247.	(d)	248.	(c)	249.	(b)	250.	(a)
251.	(d)	252.	(b)	253.	(a)	254.	(c)	255.	(a)	256.	(d)	257.	(b)	258.	(a)	259.	(c)	260.	(b)
261.	(c)	262.	(b)	263.	(b)	264.	(a)	265.	(c)	266.	(c)	267.	(d)	268.	(c)	269.	(b)	270.	(a)
271.	(c)	272.	(c)	273.	(b)	274.	(d)	275.	(b)	276.	(b)	277.	(b)	278.	(c)	279.	(c)	280.	(b)
281.	(c)	282.	(c)	283.	(d)	284.	(d)	285.	(d)	286.	(d)	287.	(a)	288.	(a)	289.	(a)	290.	(d)
291.	(c)	292.	(a)	293.	(b)	294.	(b)	295.	(c)	296.	(a)	297.	(a)	298.	(d)	299.	(d)	300.	(d)

उत्तर व्याख्या सहित

2. (c) समान कार्य करने वाली कोशिकाएँ ऊतक बनाती है। अतः इसे ऊतक स्तर का संगठन कहते हैं। सीलेण्ट्रेट अपने शरीर में इस स्तर का संगठन दर्शाते हैं।

3. (c) सीलोम एक द्वितीयक देहगुहा है, जो बाह्य देह भित्ति व आहारनाल के बीच होती है तथा चारों ओर से मीसोडर्म द्वारा आस्तरित होती है।

4. (d) इकाइनोडर्मेट्स त्रिस्तरीय जन्तु है, जिनमें अंग-तन्त्र स्तर का संगठन होता है। इनके लार्वा में द्विपार्श्वीय सममिति होती है तथा वयस्कों में अरीय सममिति होती है।

5. (b) मध्यत्वचा द्वारा आस्तरित देहगुहा सीलोमिक गुहा होती है। सीलोम अगुहीय जन्तुओं में अनुपस्थित होती है तथा जब मीसोडर्म बिखरे हुए समूहों के रूप में एक्टोडर्म व अन्तःत्वचा के बीच उपस्थित होती है, उन जन्तुओं को कूटगुहीय कहते हैं।

6. (b) **पोरीफेरा** (A) में कोशिकीय स्तर का शारीरिक संगठन होता है। **प्लैटीहेल्मिन्थीज** (B) अगुहीय जन्तु है तथा इनमें देहगुहा नहीं होती है।

अरीय सममिति में केवल संघ-सीलेन्ट्रेटा, टीनोफोरा तथा **इकाइनोडर्मेटा** (C) में पायी जाती है। पोरीफेरा से लेकर हेमीकॉर्डेटा तक सभी संघों में पृष्ठरज्जु अनुपस्थित होती है। **आर्थ्रोपोडा** (E) द्विपार्श्वीय सममिति दर्शाते हैं।

7. (c) ऐस्कैहेल्मिन्थीज त्रिस्तरीय, द्विपार्श्व सममिति, कूटगुहीय (भ्रूणीय ब्लास्टोसील से बनी आभासी सीलोम) तथा अखण्डित जन्तु होते हैं।

8. (d) नलिका के अन्दर नलिका प्रणाली में दो नलिकाएँ पायी जाती हैं, एक बाहरी देह भित्ति तथा दूसरी भीतरी आहारनाल है। इन दोनों नलिकाओं के मध्य एक गुहा पायी जाती है, जो एक तरल से भरी होती है।

संघ-ऐनेलिडा से कॉर्डेटा तक सभी जन्तुओं में नलिका के अन्दर नलिका प्रणाली होती है व ये प्रोटोस्टोमियम या ड्यूटेरोस्टोमस हो सकते हैं।

9. (d) खुले प्रकार के परिसंचरण तन्त्र में कोशिकाएँ व ऊतक सीधे रुधिर में डूबे रहते हैं, जो हृदय के बाहर भेजा जाता है। इसमें बन्द परिसंचरण तन्त्र के समान कोई धमनियाँ, शिराएँ, केशिकाएँ नहीं पायी जाती हैं।

10. (a) केवल संघ-सीलेन्ट्रेटा, टीनोफोरा तथा इकाइनोडर्मेटा अरीय सममिति दर्शाते हैं। मोलस्का में द्विपार्श्वीय सममिति होती है।

11. (c) द्विपार्श्वीय सममिति में, जन्तु के शरीर को केवल एक सतह से दो समान बाएँ व दाएँ भागों में बाँटा जा सकता है।

12. (c) *फैशिओला* में अंग स्तर का संगठन पाया जाता है। *स्पॉन्जिला* में कोशिकीय पुंज स्तर का संगठन पाया जाता है। *ओबेलिया* में ऊतक स्तर का संगठन पाया जाता है। *फेरीटिमा* में अंग तन्त्र स्तर का शारीरिक संगठन पाया जाता है।

13. (*c*) पोरीफेरा व सीलेन्ट्रेटा द्विस्तरीय जन्तु है, जबकि सभी जन्तु, जो प्लैटीहेल्मिन्थीज में या इसके बाद आते हैं, त्रिस्तरीय जन्तु होते हैं। प्रोटोजोअन्स एककोशिकीय जन्तु है तथा इनमें जर्म स्तर नहीं बनता है।

14. (*a*) इकाइनोडर्मेट्स त्रिस्तरीय जन्तु है अर्थात् इनमें भ्रूणीय विकास के दौरान तीन जनन स्तर बनते हैं। संघ-प्लैटीहेल्मिन्थीज, एस्केहेल्मिन्थीज, ऐनेलिडा, आर्थोपोडा, मोलस्का, इकाइनोडर्मेटा, हेमीकॉर्डेटा व कॉर्डेटा सभी त्रिस्तरीय जन्तुओं में सम्मिलित हैं।

15. (*b*) द्विपार्श्वीय सममिति से जन्तुओं में, किसी बाह्य उद्दीपक के प्रति शीघ्र व स्पष्ट प्रतिक्रिया दर्शाते हैं।

18. (*b*) भ्रूणीय विकास के समय मध्यत्वचा से पृष्ठरज्जु का निर्माण होता है तथा यह कॉर्डेटों की पृष्ठ सतह पर पायी जाती है।

20. (*d*) संघ-प्लैटीहेल्मिन्थीज (Platyhelminthes) के जन्तु (चपटे कृमि) त्रिस्तरीय, अखण्डित, अगुहीय व द्विपार्श्वीय सममित होते हैं। ये अलैंगिक व लैंगिक दोनों प्रकार से जनन करते हैं तथा कुछ परजीवी भी होते हैं, उदाहरण-*फैशिओला*, *टीनिया*, आदि।

21. (*b*) सम्पूर्ण जन्तु जगत को कोशिकाओं की संख्या के आधार पर दो उपजगत–प्रोटोजोआ तथा मेटाजोआ में वर्गीकृत किया गया है। एककोशिकीय जन्तुओं को प्रोटोजोआ में रखा गया है, जबकि बहुकोशिकीय जन्तुओं को मेटाजोआ में सम्मिलित किया गया है।

22. (*c*) पोरीफेरा में नाल तन्त्र पाया जाता है, जो जीव के शरीर में बाह्य जल के प्रवाह को नियन्त्रित करता है। यह उत्सर्जन, पोषण, श्वसन, आदि में सहायक होता है।

25. (*a*) पोरीफेरा की बाह्य देह स्तर पर अनेक छिद्र पाए जाते हैं, जिन्हें ऑस्टिया कहते हैं। यह जीवों के शरीर में बाह्य जल के प्रवेश को नियन्त्रित करते हैं।

26. (*a*) स्पंजों का आन्तरिक स्तर (कोएनोडर्म या जठर स्तर) कोएनोसाइट कोशिकाओं का बना होता है। ये पोषण में सहायता प्रदान करते हैं, इन्हें कीप या कॉलर कोशिकाएँ भी कहते हैं।

27. (*a*) स्पंज द्विस्तरीय (Diploblastic) जन्तु होते हैं, जिनका शरीर दो स्तरों का बना होता है
(i) **बाह्य-पिनेकोडर्म** (त्वचीय स्तर) यह चपटी पिनेकोसाइट कोशिकाओं का बना होता है।
(ii) **आन्तरिक-कोएनोडर्म** (जठरीय स्तर) यह कीप या कॉलर कोशिकाओं (कोएनोसाइट्स) का बना होता है।

29. (*a*) आर्कियोसाइट कोशिका पूर्ण क्षम कोशिका होती है, जो अन्य सभी प्रकार की कोशिकाओं का निर्माण कर सकती हैं। इसकी उपस्थिति के कारण ही स्पंजों में पुनरुद्भवन की अपार क्षमता पायी जाती है।

38. (*b*) सीलेण्ट्रेटा संघ के सदस्यों में दंश कोशिका का पाया जाना प्रारम्भिक तन्त्रिका तन्त्र का उदाहरण है।

41. (*c*) इफाइरा, *ऑरेलिया* या जैली फिश का लार्वा है, जो नए बने अपरिपक्व मेड्यूसा को प्रदर्शित करते हैं।

44. (*d*) सीलेन्ट्रेटा संघ के सदस्यों की गुहा को सीलेण्ट्रॉन या जठर संवहनी गुहा कहते हैं। यह जीव में खाद्य पदार्थों का पाचन तथा परिसंचरण करती है।

45. (*c*) पुर्तगाल के युद्धपोत के जहाज के समान सक्रिय एकाएक दृश्य तथा अदृश्य होने के कारण *फाइसेलिया* सामान्य रूप से 'पुर्तगीज मैन ऑफ वार' या पुर्तगाली युद्धपोत कहलाता है।

46. (*b*) ज्वाला कोशिकाएँ प्लेटीहैल्मिन्थीज संघ के सदस्य की उत्सर्जन अंग हैं। शेष सभी संघ-निडेरिया के लक्षण हैं।

49. (*b*) कोएनोसाइट्स का पाया जाना स्पंजों या पोरीफेरा संघ की विशेषता है, शेष सभी लक्षण निडेरिया या सीलेण्ट्रेटा संघ के हैं।

50. (*b*) संघ-सीलेन्ट्रेटा (Coelenterata) या निडेरिया (Cnidaria) में ऊतक स्तर का संगठन होता है। कोशिकीय स्तर का संगठन केवल संघ-पोरीफेरा में होता है।

51. (*c*) संघ-सीलेन्ट्रेटा या निडेरिया को वर्ग-साइफोजोआ, एन्थोजोआ तथा हाइड्रोजोआ में वर्गीकृत किया गया है। वर्ग-एन्थोजोआ का दूसरा नाम एक्टिनोजोआ है। संघ-पोरीफेरा में वर्ग-डैस्मोस्पॉन्जिया (Desmospongia) सम्मिलित है।

54. (*c*) मेटाजेनेसिस संघ-सीलेन्ट्रेटा के उन रूपों में पायी जाती है, जो दो रूपों में पाए जाते हैं अर्थात् पॉलिप एवं मेड्यूसा। पॉलिप अलैंगिक जनन द्वारा जनन करते हैं व पॉलिप से मेड्यूसा मुकुलन (Budding) से बनते हैं।

ये लैंगिक जनन के लिए बनते हैं; जैसे-*ऑबेलिया*। मेटाजेनेसिस जन्तुओं में उपस्थित पीढ़ी एकान्तरण है।

56. (*c*) ट्राइकोसिस्ट व दंश कोशिकाएँ टॉक्सिनस छोड़ती है, जिसका प्रयोग *हाइड्रा* शिकार को मारने व रक्षात्मक प्रणाली के लिए करता है।

57. (*d*) टीनोफोरा समुद्री जन्तुओं का एक छोटा संघ है, जिन्हें सामान्य रूप से 'कॉम्ब जैली' या 'समुद्री अखरोट' के नाम से जाना जाता है। इन जन्तुओं में प्रचलन के लिए 8 कॉम्ब के समान संरचनाएँ पायी जाती हैं।

58. (*a*) केवल वर्ग-टेन्टाकुलेटा के अन्तर्गत आने वाले जन्तुओं में स्पर्शक (Tentacles) उपस्थित होते हैं, जबकि कॉम्ब-प्लेट्स संघ-टीनोफोरा का विशेष लक्षण है।

59. (*a*) एक लम्बे समय तक, निडेरिया व टीनोफोरा को एकसाथ संघ-सीलेन्ट्रेटा में रखा गया था, क्योंकि ये दोनों ही सामान्य आकारिकी में समान हैं, परन्तु अब टीनोफोरा को अलग करके नया संघ बना दिया गया है।

60. (*d*) *प्लूरोब्रेकिया* संघ-टीनोफोरा से सम्बन्धित है। टीनोफोरा द्विस्तरीय, ऊतक स्तर के संगठन को दर्शाते हैं तथा कॉम्ब-प्लेट्स की उपस्थिति को दर्शाते हैं। कॉम्ब-प्लेट्स संघ-टीनोफोरा का विशेष लक्षण है। *प्लूरोब्रेकिया* त्रिस्तरीय नहीं है।

64. (*c*) अंग स्तर का संगठन प्लैटीहेल्मिन्थीज में पाया जाता है। इस संघ के जन्तु द्विपार्श्वीय सममित, त्रिस्तरीय व अगुहीय होते हैं।

65. (*d*) *फैशिओला* या यकृतकृमि, *प्लेनेरिया* तथा *टीनिया* या फीताकृमि संघ-प्लैटीहेल्मिन्थीज के जन्तु है। *वुचेरेरिया* या फाइरियल कृमि संघ-ऐस्कैहेल्मिन्थीज का उदाहरण है।

66. (*d*) संघ-प्लैटीहेल्मिन्थीज के अधिकतर सदस्य अन्तःपरजीवी है, जिनमें हुक तथा पोषद् से चिपके रहते हैं।

68. (*a*) चपटे कृमियों (जैसे-*प्लेनेरिया*) में प्रोटोनेफ्रीडिया प्रकार के उत्सर्जन अंग ज्वाला कोशिकाएँ पायी जाती हैं।

69. (*c*) चपटे कृमि या प्लेटीहैल्मिन्थीज संघ के जन्तुओं में कूट विखण्डीभवन पाया जाता है अर्थात् देह वास्तविक रूप में खण्डित नहीं होती है।

70. (*b*) फीताकृमि या *टीनिया* मानव आँत में आन्तरिक परजीवी है। अतः यह पचित भोजन को अपनी बाह्यत्वचा द्वारा ग्रहण करते हैं।

71. (*c*) *टीनिया* के जीवनकाल में क्रमशः ओन्कोस्फीयर्स, हेक्साकैन्थ तथा सिस्टीसर्कस (ब्लेडरवर्म) लार्वा अवस्थाएँ पायी जाती हैं।

73. (*c*) लिवर फ्लूक या *फैशिओला हिपेटिका* का द्वितीयक पोषक घोंघा होता है।

75. (*d*) *टीनिया* में तीन प्रकार के प्रोग्लोटिड्स पाए जाते हैं
(i) **अपरिपक्व** छोटे तथा कम विकसित खण्ड
(ii) **परिपक्व** नर तथा मादा जननांग युक्त खण्ड
(iii) **ग्रेविड** अण्ड युक्त खण्ड।

77. (*a*) *फैशिओला हिपेटिका* भेड़, बकरी, आदि के यकृत की वाहिनियों में पाया जाता है।

81. (*b*) प्लेटीहैल्मिन्थीज में अंग स्तर का संगठन पाया जाता है तथा एस्केहेल्मिन्थीज (Aschelminthes) कूटगुहीय होते हैं।

83. (*c*) संघ-प्लैटीहेल्मिन्थीज में एक मुख आहारनाल पायी जाती है, लेकिन संघ-ऐस्कैहेल्मिन्थीज में एक मुख व गुदा के साथ पूर्ण आहारनाल पायी जाती है। ये पूर्ण आहारनाल के साथ पाया जाने वाला प्रथम संघ है।

84. (*c*) *ट्राइकिनेला स्पाइरैलस*, एक निमैटोडा (गोलकृमि) परजीवी है, जो आँतों में मैथुन करता है, इसके पश्चात् नर की मृत्यु हो जाती है तथा मादा लार्वा उत्पन्न करती है, जो रुधिर परिसंचरण में प्रवेश करके पेशियों में पहुँच जाते हैं। लार्वा का निर्माण सजीव प्रजकता को दर्शाता है।

85. (*d*) *वुचेरेरिया बैंक्रोफ्टाई* के संक्रमण से मानव में फाइलेरियोसिस या हाथीपाँव रोग होता है, *क्यूलैक्स* मच्छर इसका मध्यवर्ती पोषद् है। इसमें मादा कृमि नर कृमियों से दोगुनी लम्बी होती है। *वुचेरेरिया* लसीका वाहिकाओं व लसीका ग्रन्थियों में रहता है।

86. (*b*) हुककृमि (*एन्साइलोस्टोमा*) त्रिस्तरीय, द्विपार्श्वीय सममित तथा कूटगुहीय जन्तु हैं।

87. (*a*) *ऐस्कैरिस* का लार्वा रैहब्डिटीफॉर्म कहलाता है।

89. (*d*) *एन्टेरोबियस वर्मीकुलेरिस* या पिनवर्म चपटा कृमि है, जो मानवों में अन्तः परजीवी है। यह गुदीय भाग में खुजली उत्पन्न करता है।

91. (*c*) *चीनोपोडियम* का तेल, सेण्टोनीन, एल्कोपार, आदि द्वारा ऐस्कैरिएसिस रोग का उपचार किया जाता है।

92. (*c*) *वुचेरेरिया* के लिए कथन I व II सत्य है तथा कथन III व IV असत्य है। *वुचेरेरिया* में संघ-ऐस्केहैल्मिन्थीज के सभी जन्तुओं के समान मादा नर से लम्बी होती है व इनमें एक अंग तन्त्र स्तर का संगठन पाया जाता है।

93. (*d*) कोशिका समूह का शारीरिक संगठन पोरीफेरा में पाया जाता है। द्विपार्श्वीय सममिति सबसे सामान्य सममिति है, जो जन्तुओं में पायी जाती है। कूटगुहा केवल ऐस्कैहेल्मिन्थीज में पायी जाती है।

त्रिकोरकी जन्तु; जैसे–प्लैटीहेल्मिन्थीज में गुहा अनुपस्थित हाती है। हीमोसील मोलस्का व आर्थ्रोपोडा में पायी जाती है।

95. (*a*) संघ-ऐनेलिडा के जन्तु द्विपार्श्व सममित, बन्द परिसंचरण तन्त्र युक्त, अधर तन्त्रिका रज्जु युक्त, सत्यगुहिक, वास्तविक विखण्डीभवन युक्त तथा नली के अन्दर नलीनुमा संरचना वाले होते हैं।

97. (*a*) केंचुएँ (संघ-ऐनेलिडा) में बन्द परिसंचरण तन्त्र पाया जाता है अर्थात् रुधिर प्रवाह बन्द वाहिकाओं तथा हृदय में होता है।

98. (*c*) केंचुएँ में वृक्क या नेफ्रीडिया प्रमुख उत्सर्जी अंग है। यह तीन प्रकार के होते हैं
(i) ग्रसनीय वृक्क (ii) अध्यावरणी वृक्क
(iii) पटीय वृक्क

99. (*a*) जोंक की लार में रुधिर प्रतिस्कन्दक हिरुडिन पाया जाता है। इसी कारण जोंक का उपयोग आयुर्वेदिक चिकित्सा में करते हैं।

100. (*c*) ऐनेलिडा में उत्सर्जी तन्त्र में नेफ्रीडिया पाए जाते हैं, जबकि संघ-प्लेटीहैल्मिन्थीज के जन्तुओं में उत्सर्जी तन्त्र में ज्वाला कोशिकाएँ पायी जाती है।

101. (*d*) संघ-ऐनेलिडा को ये नाम इसलिए दिया है, क्योंकि इस संघ के जन्तुओं का शरीर पृथक् खण्डों या मेटामियर्स में बँटा होता है।

103. (*b*) वृक्कक उत्सर्जी तथा परासरण नियमन अंग है। बुर्सा के अंग हुककृमि में उपस्थित शयन अंग है। संघ-पोरीफेरा के जन्तुओं में कण्टिकाएँ पायी जाती है। संघ-ऐनेलिडा में लम्बवत् व गोलीय पेशियाँ गमन में उपयोगी है।

104. (*c*) *फेरीटिमा* केंचुआ है। *ट्यूबीफेन्स* रुधिरकृमि है, जो वर्ग-ओलिगोकीटा से सम्बन्धित है। *नेरीस* वर्ग-पॉलिकीटा से सम्बन्धित है।

105. (*d*) एक स्थिति, जो आन्तरिक व बाह्य संरचनाओं दोनों से सम्बन्धित है। वह खण्डीभवन या मेटामेरिज्म है। ये संघ-ऐनेलिडा के सदस्यों में सर्वप्रथम विकसित हुआ था।

108. (*c*) क्लोरेगोगन कोशिकाएँ केंचुएँ के देहगुहीय द्रव में पायी जाती हैं। यह जीवाणु या विषाणुओं के संक्रमण से सुरक्षा, वसा का उपापचय, आदि कार्य करती है। इसी कारण इनकी तुलना यकृत से करते हैं।

114. (*a*) जननकाल में केंचुएँ की पर्याणिका (खण्ड 14-16 में उपस्थित) कोकून का निर्माण करती है, जिसमें अण्डों का निषेचन होता है।

117. (*c*) आर्थ्रोपोडा में खुला परिसंचरण तन्त्र पाया जाता है। इसमें रुधिर (हीमोलिम्फ) सम्पूर्ण देहगुहा में भरा होता है तथा इसमें अंग निलम्बित अवस्था में रहते हैं, इसे हीमोसील देहगुहा कहते हैं।

118. (*c*) कीटों का बाह्य कंकाल प्राथमिक तौर पर प्रोटीन्स व काइटिन (N-एसीटिल ग्लूकोसैमाइन) से बना होता है, जो मिलकर एक मजबूत व लचीले समूह बनाते हैं।
ये दृढ़ बाह्य कंकाल के कारण जीवित रह पाते हैं तथा आकार, आकृति, रंग व अनुकूलित रूपान्तरण से कीटों में विविधता उत्पन्न होती है।

119. (*c*) सिल्वर फिश (*लेपिस्मा*), बिच्छू, केकड़ा तथा मधुमक्खी आर्थ्रोपोडा संघ के सदस्य हैं। अतः इन सभी के उपांग सन्धित होते हैं।

122. (*a*) तिलचट्टा कीट या इन्सेक्टा वर्ग का सदस्य है, क्योंकि इसमें 3 जोड़ी टाँगें पायी जाती हैं तथा शरीर सिर, वक्ष तथा उदर में बँटा होता है।

123. (*a*) जॉन्सन अंग मच्छर की श्रृंगिकाओं में पाए जाते हैं। यह वाष्पशील गन्धों को पहचानने में सहायता प्रदान करते हैं।

126. (*a*) आर्थ्रोपोडा संघ के सदस्यों में उत्सर्जन हेतु लगभग 50-200 तक पतली नलिकाएँ क्षुद्रान्त्र पर पायी जाती हैं, जो हीमोसील में से अपशिष्ट पदार्थों को एकत्रित करती हैं, इन्हें मैल्पीघी नलिकाएँ कहते हैं।

128. (*b*) *पैलीमॉन* (प्रॉन) एक क्रस्टेशियन है, जिसका शरीर दो खण्डों शिरोवक्ष तथा उदर में बँटा होता है।

132. (*d*) प्रायः कीटों के हीमोलिम्फ में श्वसन वर्णक अनुपस्थित होते हैं। अतः इनका रुधिर रंगहीन होता है।

134. (*d*) मकड़ी वर्ग-ऐरैक्निडा की सदस्य है। यह उदर के पश्च भाग में स्थित ग्रन्थि द्वारा जाल बनाती है।

136. (*d*) कीटों के संयुक्त नेत्र में सूक्ष्म किन्तु स्वतन्त्र लगभग 2000 लेन्स इकाइयाँ पायी जाती हैं, जो मोजेक दृष्टि प्रदान करती हैं, इसे नेत्रांशक या ओमेटीडियम कहते हैं।

140. (*b*) चींटी, दीमक तथा मधुमक्खी सामाजिक निवही कीट हैं। इनके निवह में रानी, श्रमिक तथा सैनिकों द्वारा स्वतन्त्र कार्य विभाजन होता है।

141. (*b*) कॉकरोच, बिच्छू तथा झींगा मछली संघ-आर्थ्रोपोडा के अन्तर्गत आते हैं।

142. (*c*) जल-संवहन तन्त्र संघ-इकाइनोडर्मेटा में पाया जाता है। ट्रेकियल तन्त्र, पुस्तक गिल्स तथा पुस्त-फेफड़े श्वसन में सहायता करते हैं, जो संघ-आर्थ्रोपोडा से सम्बन्धित हैं।

144. (*c*) आर्थ्रोपोडा का शरीर सिर, धड़ व उदर में विभाजित होता है, परन्तु आर्थ्रोपोडा, त्रिस्तरीय व गुहीय (गुहायुक्त) जन्तु है।

145. (*b*) संघ-आर्थ्रोपोडा के सदस्य द्विपार्श्वीय सममिति, देह भिति में तीन जर्म स्तर, बाह्य खण्डीभवन से जुड़े हुए व युग्मित उपांग, हीमोसील व पृष्ठ हृदय के साथ खुला प्रकार का परिसंचरण तन्त्र दर्शाते हैं।

146. (*c*) संघ-आर्थ्रोपोडा सबसे बड़ा संघ है, जिनमें सबसे अधिक सफल अकशेरुकी आते हैं, इसमें लगभग 900000 जातियाँ हैं। संघ-मोलस्का दूसरा सबसे बड़ा संघ है, जिसमें 100000 से अधिक जातियाँ है।

147. (*b*) संघ-मोलस्का में मेटामेरिक खण्डीभवन नहीं पाया जाता है। इनमें कैल्शियम युक्त बाह्य कंकाल व अंग-तन्त्र स्तर का संगठन पाया जाता है, लेकिन इनमें मेंटल गुहा व सीलोमिक गुहा विकास के समय उपस्थित होता है।

148. (*d*) संघ-आर्थ्रोपोडा के जन्तुओं का शरीर सिर, धड़ व उदर में विभक्त होता है, जबकि संघ-मोलस्का के जन्तुओं का शरीर सिर, पेशीय पाद व विसरल कूबड़ (Hump) में विभक्त होता है।

149. (*a*) संघ-मोलस्का में पोषक अंग एक रेड्यूला है, जो एक भेदने वाला अंग है। पक्ष्माभीय प्रोटोजोअन्स में अनड्यूलेटिंग झिल्ली व चूषक अंग पाया जाता है।

153. (*d*) *ऑक्टोपस, नॉटिलस, लोलिगो* तथा *सीपिया* मोलस्का संघ के सिफैलोपोड़ा वर्ग के प्रमुख सदस्य हैं।

154. (*a*) मोती (Pearl) *पिंक्टाडा वल्गैरिस* द्वारा प्राप्त होता है। इस मोलस्क को पर्ल ऑयस्टर भी कहते हैं।

156. (*c*) मोलस्का में मेण्टल (मांसल देह भित्ति) में उपस्थित स्रावी ग्रन्थिल कोशिकाओं के स्राव द्वारा $CaCO_3$ का कवच बनता है।

157. (*a*) कटल फिश या सीपिया मोलस्का संघ का सदस्य है। इसमें आन्तरिक कंकाल तथा स्याही ग्रन्थि पायी जाती है।

159. (*c*) ओस्फेरीडियम *पाइला* में पाया जाता है। यह रसायन संवेदी अंग *पाइला* को भोजन चयन करने तथा अपशिष्ट के निष्कासन में सहायक है। इसका आकार कॉम्बनुमा होता है।

162. (*b*) *यूनियो* में निस्यन्द अशन (फिल्टर फीडिंग) प्रक्रिया पायी जाती है। यह भोजन ग्रहण करने की प्रक्रिया है, जिसमें जीव अत्यधिक जल में भोजन को छानता है।

163. (*d*) अरस्तू की लालटेन पाँच दाँतों से युक्त चबाने वाला उपकरण होता है। यह मुख के चारों ओर स्थित होता है। इसका प्रयोग सी-अर्चिन अशन में करती है। अरस्तू की लालटेन की उपस्थिति इकाइनोडर्मेटा संघ का विशिष्ट लक्षण है।

166. (*c*) नालपाद इकाइनोडर्मेटा संघ का विशिष्ट लक्षण है। यह जल संवहन द्वारा श्वसन, पोषण, प्रचलन, आदि में सहायक है। उदाहरण-*एस्टेरिआस* (तारा मछली)।

168. (*c*) स्टार फिश या *एस्टेरिआस* इकाइनोडर्मेटा संघ के एस्टीरॉइडिया वर्ग की सदस्य है। इनमें 5 भुजाएँ तथा पेडिसिलेरी पायी जाती है।

171. (*a*) *एस्टेरियास* (तारा मछली) की पेडीसिलेरी छोटी, सफेद एवं जबड़े के समान रचनाएँ होती हैं। ये शरीर की दोनों सतहों पर पायी जाती हैं व स्पाइन्स से सम्बन्धित रहती हैं। ये शिकार पकड़ने तथा कचरा हटाने में सहायता करती हैं।

175. (*b*) जल संवहन तन्त्र का पाया जाना इकाइनोडर्म्स का विशिष्ट लक्षण है।

176. (*c*) कटलफिश या *सीपिया, कीटोप्लूरा* या *काइटॉन* तथा *एप्लेसिया* या समुद्री खीरा संघ-मोलस्का में आते हैं।

एण्टीडॉन या समुद्री लिली *कुकुमेरिया* या समुद्री-खीरा, *इकाइनस* या समुद्री-अर्चिन तथा *ऑफीयूरिया* या ब्रिटल स्टार संघ-इकाइनोडर्मेटा में आते हैं।

177. (*d*) इकाइनोडर्म्स अमोनोटेलिक होते हैं तथा उत्सर्जी नाइट्रोजन युक्त पदार्थों को गिल, बुर्सा अंग, श्वसन वृक्ष तथा नालपादों द्वारा उत्सर्जित किया जाता है।

178. (*a*) इकाइनोडर्म्स पूर्णतया समुद्री जीव हैं। इस संघ के जन्तु मुख्यतया समुद्र तल में रहने वाले, एन्टिरोसिलस गुहीय व त्रिस्तरीय होते हैं।

180. (*a*) संघ-हेमीकॉर्डेटा के जन्तुओं में उत्सर्जी अंग प्रोबोसिस ग्रन्थि है।

182. (*d*) सभी कशेरुकी द्विपार्श्वीय सममित, त्रिस्तरीय, गुहीय, बन्द परिसंचरण तन्त्र व अंग-तन्त्र स्तर के संगठन वाले होते हैं।

183. (*d*) संघ-कॉर्डेटा को तीन उपसंघों-यूरोकॉर्डेटा, सिफैलोकॉर्डेटा तथा वर्टीब्रेटा में बाँटा जाता है। यूरोकॉर्डेटा को ट्यूनिकेटा भी कहते हैं। यूरोकॉर्डेटा तथा सिफैलोकॉर्डेटा को संयुक्त रूप से प्रोटोकॉर्डेटा भी कहते हैं।

185. (*c*) उपसंघ-यूरोकॉर्डेटा में आने वाले जन्तु *एसिडिया, साल्पा* व *डोलियोलम* हैं।

186. (*c*) *एम्फीऑक्सिस* प्रोटोकॉर्डेट है। अतः यह कशेरुकी या वर्टीब्रेट नहीं है।

188. (*a*) *हर्डमानिया ट्यूनीकेट* या यूरोकॉर्डेट है। यह स्थानबद्ध जीव है, जिसमें प्रतिगामी कायान्तरण पाया जाता है।

192. (*b*) यूरोकॉर्डेट *हर्डमानिया* के लार्वा को एसीडियन टेडपोल लार्वा कहते हैं। यह वयस्क की तुलना में ज्यादा विकसित होता है, जिसका कारण नोटोकॉर्ड तथा नर्वकॉर्ड की उपस्थिति है, किन्तु वयस्क में यह दोनों लुप्त हो जाते हैं, जिसे प्रतिगामी कायान्तरण कहते हैं।

196. (*b*) *एम्फीऑक्सिस* सिफैलोकॉर्डेटा संघ का सदस्य है। इसमें जीवनपर्यन्त नोटोकॉर्ड तथा नर्वकॉर्ड सम्पूर्ण शरीर की लम्बाई में पायी जाती है। इसी कारण यह प्रारूपी कॉर्डेट है।

197. (*d*) यूरोकॉर्डेटा में, पृष्ठरज्जु केवल लार्वा अवस्था में पायी जाती है, जबकि सिफैलोकॉर्डेटा में पृष्ठरज्जु जीवनपर्यन्त पायी जाती है।

198. (*d*) प्रोटोकॉर्डेटा या एक्रेनिएटा उपसंघ के सदस्यों में ब्रेन बॉक्स या कपाल अनुपस्थित होता है।

199. (*d*) *पेट्रोमाइजॉन* (लैम्प्रे) उपसंघ-वर्टीब्रेटा के खण्ड-एग्नैथा में आता है। इनका शरीर लम्बा, हरा-भूरा, बेलनाकार होता है, जिस पर चिकनी त्वचा, चिकने शल्क व जबड़ाविहिन मुख, आदि पाया जाता है।

ये स्वच्छ जल में अण्डे देते हैं, लेकिन इनका एमोसीट लार्वा कायान्तरण के बाद समुद्र में लौट आता है। *इप्टाट्रीट्स मिक्सिन* का दूसरा वंश है।

200. (*b*) साइक्लोस्टोमेटा वर्ग-एग्नैथा के उपसंघ-वर्टीब्रेटा में आता है। ये जबड़ा विहीन मछलियों का वर्ग है। इनमें युग्मित पंखों का भी अभाव होता है।

202. (*d*) *मिक्सिन* तथा *पेट्रोमाइजॉन* प्रभाग-ऐग्नैथा का सदस्य है, जिसमें वास्तविक जबड़े तथा युग्मित पाद अनुपस्थित होते हैं। इन्हें क्रमशः हेग फिश एवं लैम्प्रे कहते हैं।

205. (*d*) वर्ग-कॉण्ड्रिक्थीज (उपास्थिल मछलियों) में पाए जाने वाले जन्तुओं में उपास्थिल अन्तःकंकाल पाया जाता है। इनमें वायुकोष का अभाव होता है। अतः इन्हें सदैव तैरना पड़ता है तथा इनमें प्लेकॉइड शल्क होते हैं। पृष्ठरज्जु उनके पूरे जीवनकाल में पायी जाती है।

206. (*d*) अस्थिल मछलियाँ स्वच्छ व समुद्री मछलियाँ है, जिनमें साइक्लोइड, टीनॉइड या गेनॉइड शल्क त्वचा में पाए जाते हैं। अस्थिल मछलियों में 4 जोड़ी गिल्स ब्रैंकियल कक्षों में उपस्थित होते हैं। प्रत्येक गिल्स में बेलनाकार गिल तन्तु की दो पंक्तियाँ होती हैं।

207. (*d*) उपास्थिल मछलियाँ महावर्ग-पिसीज उपसंघ-वर्टीब्रेटा तथा संघ-कॉर्डेटा का एक वर्ग है। उपास्थिल मछलियों के सदस्य समुद्री जन्तु हैं, जिनमें तर्कुरूपी शरीर तथा उपास्थिल अन्तः कंकाल पाया जाता है। इनका मुख अधरीय होता है। त्वचा मजबूत व छोटे प्लेकॉइड शल्कों युक्त होती है। दन्त रूपान्तरित प्लेकॉइड शल्क है, जो पीछे की ओर मुड़े होते हैं; जैसे-डॉगफिश (*स्कोलियोडॉन*), तारा-मछली (*प्रिस्टीस*), सफेद शार्क (*कारफेरेडॉन*), दंश-मीन (*ट्राइगोन*)।

208. (*b*) वायुकोष अस्थिल मछलियों (जैसे-*एनाबास*) में पाया जाता है। ये एक सहायक श्वसन, सन्तुलन व ध्वनि उत्पन्न करने वाला अंग है।

209. (*b*) कुत्ता मछली या *स्कोलियोडॉन* के नर में पेल्विक क्लेस्पर्स (आलिंगक) पाए जाते हैं।

217. (*c*) मछली में गिल्स के ऊपर झालरदार चर्म या ऑपरकुलम पाया जाना अस्थिल मछली या ऑस्टिक्थीज वर्ग का लक्षण है।

219. (*c*) *हिप्पोकेम्पस* को समुद्री घोड़ा कहते हैं, जो अस्थिल मछली है। इसमें नर द्वारा पैतृक रक्षण पाया जाता है। यह ऑस्टिक्थीज वर्ग से शामिल है।

221. (*a*) अस्थिल मछलियों के पुच्छ पंख की दोनों पालियाँ समान आकार की होती हैं, इसी कारण इसे होमोसर्कल पूँछ कहते हैं। उदाहरण-*लेबियो*।

222. (*c*) क्रोसोप्टेरेजियन्स (Crossopterygians) को पालित पंख (Lobed fin) मछलियाँ भी कहते हैं। *नियोसिरेटोडस* (गण-डिप्नोई) एक क्रोसोप्टेरेजियन मछली है।

ये क्वीनस् लैंड ऑस्ट्रेलिया के बुरनेट व मैरी नदियों में मिलती है।

223. (*a*) मेंढक (उभयचर) की त्वचा नमीयुक्त (श्लेष्मा के कारण) तथा शल्क हीन होती है। अतः इसमें श्लेष्मा ग्रन्थि पायी जाती है, जो त्वचीय श्वसन में सहायक है। *बूफो* तथा कुछ मेंढकों में त्वचा में विष ग्रन्थि पायी जाती है, जो सुरक्षा में सहायक है।

225. (*a*) *एलाइटिस* को मिड-वाइफ टोड कहते हैं, क्योंकि इसमें नर द्वारा पैतृक रक्षण (अण्डों का परिवहन) पाया जाता है।

227. (*d*) डायाफ्राम मेंढक व सर्प में अनुपस्थित होता है, किन्तु इनमें फेफडें उपस्थित होते हैं। मेंढक में अनेक प्रकार के बाह्य श्वसन विकसित किए हैं, जो उभयचरों के जीवन के अनुरूप होता है। इनमें त्वचा द्वारा श्वसन (क्यूटेनियस), मुखग्रसनीय श्वसन व फुफ्फुसीय श्वसन सम्मिलित होते हैं।

228. (*b*) वर्ग-एम्फीबिया व वर्ग-रेप्टीलिया निम्न लक्षणों को साझा करते हैं। टिम्पेनम की उपस्थिति दोनों वर्गों में है, जो कर्ण को दर्शाती है। दोनों वर्गों के जन्तु शीत-रुधिर वाले होते हैं व सामान्यतया तीन वेश्मीय हृदय (अपवाद-मगरमच्छ) रखते हैं।

229. (*c*) कुछ जन्तु, जैसे-*केमेलियॉन* (*Chamaeleon*) में रंग परिवर्तन की क्षमता पायी जाती है, जिसे मेटाक्रॉसिस कहते हैं।

234. (*a*) *सैलामैण्ड्रा* (सेलामैण्डर) उभयचर वर्ग का एक सदस्य है। इसमें कर्ण टिम्पेनम द्वारा प्रदर्शित होता है तथा इनमें बाह्य निषेचन पाया जाता है।

235. (*b*) एक्सोलोट्स लार्वा के कायान्तरण हेतु आयोडीन अतिआवश्यक है। इसकी अनुपस्थिति में कायान्तरण नहीं होता है।

238. (*b*) उभयचरों की त्वचा नम व नग्न होती है अर्थात् शल्क अनुपस्थित होते हैं। ग्रन्थियाँ उपस्थित होती है, जो त्वचा को नम बनाए रखती है। यह त्वचा की नम बनाए रखती है। यह त्वचा की नमी रक्षा के अतिरिक्त श्वसन में सहायता करती है।

पक्षी गर्म-रुधिर वाले या समतापी या अन्तः तापी ट्रेटापोड्स हैं, जिनके शरीर का ताप बाह्य वातावरण की तुलना में नियत (Constant) रहता है, जबकि सरीसृप व उभयचर शीत-रुधिर या विषमतापी या बाह्यतापी टेट्रापोड्स है, क्योंकि ये बाह्य वातावरण के अनुसार शरीर के ताप में परिवर्तन करते रहते हैं।

239. (*d*) सरीसृपों में केवल क्रोकोडिलिया गण के सदस्यों मगरमच्छ तथा घड़ियाल में चार कोष्ठीय हृदय पाया जाता है।

243. (*b*) कछुएँ (टेस्टुडो) वर्ग-सरीसृप, में बाह्य व अन्तःकंकाल दोनों पाए जाते हैं।

244. (*a*) शल्कों व पंजों का पाया जाना सरीसृपों का महत्त्वपूर्ण लक्षण है।

245. (*d*) सरीसृप अपने अध्यावरण के कारण भिन्न होते हैं। उभयचरों में त्वचा चिकनी, नम होती है, जबकि सरीसृप की त्वचा शल्की, शुष्क होती है व समय-समय पर एक प्रक्रिया, जिसे निर्मोचन या मोल्टिंग कहते हैं, द्वारा छोड़ती रहती है।

उभयचर का हृदय तीन-वेश्मीय होता है, जबकि सरीसृप का हृदय चार-वेश्मीय होता है। उभयचर का लार्वा कायान्तरण दर्शाता है व रेप्टीलियन नवजात नहीं।

246. (*d*) *केमेलियॉन* उपगण-लेसरटिलिया व गण-स्क्वेमेटा में सम्मिलित है, जिसमें छिपकलियाँ आती है। संयुक्तांगुलिता (वह अवस्था जिसमें दो या अधिक अंगुलियाँ संयुक्त होती है।) पूर्वग्राही पुच्छ व लम्बी बर्हिवर्तित जिह्वा *केमेलियॉन* का विशेष लक्षण है।

247. (*d*) कछुएँ के शरीर पर पाए जाने वाले कठोर कवच को केरापेस कहते हैं।

250. (*a*) *ड्रेको* को उड़न छिपकली कहते हैं, यह कुछ मीटर तक उड़ सकती है।

252. (*b*) सरीसृप के शरीर पर शल्कों का पाया जाना इनका प्रमुख स्थलीय लक्षण है।

253. (*a*) डायनोसॉर शल्कों की उपस्थिति के कारण सरीसृप माने जाते हैं।

256. (*d*) पक्षियों में अग्रपाद पंखों में रूपान्तरित होते हैं तथा इनमें मजबूत उड़न पेशियाँ पायी जाती है।

257. (*b*) कीवी न्यूजीलैण्ड में पाया जाता है। यह उड़न-रहित पक्षी यहाँ का राष्ट्रीय पक्षी है।

258. (*a*) *आर्किऑप्टेरिक्स* सरीसृप व पक्षियों के मध्य की कड़ी है। अतः इसे छिपकली चिड़िया कहते हैं।

262. (*b*) कबूतरों में क्रॉप ग्रन्थि द्वारा दूध का स्रावण होता है।

264. (*b*) डाउन पंख केवल तरुण पक्षियों में पाए जाते हैं, ये पहली पंख सतह है, जो शरीर को आस्तरित करती है एवं ऊष्मा रोधन का कार्य करती है।

265. (*c*) पक्षियों व स्तनी में उच्च व समान शारीरिक ताप पाया जाता है।

266. (*c*) पक्षियों की अस्थियाँ (जैसे-कबूतर) न्यूमेटिक होती है। न्यूमेटिक अस्थियों में वायु गुहाएँ होती है, जो शरीर के भार को कम करती है व उड़ने में सहायता करती है।

267. (*d*) उड़ानरहित पक्षी अनियमित वितरण दर्शाते हैं। इनमें सुविकसित मजबूत टाँगे, छोटा सिर, छोटे नेत्र व पंख होते हैं; जैसे-शुतुरमुर्ग, इमु, कीवी, कैसोवेरी, आदि।

268. (*c*) पक्षियों की चोंच जबड़ों की अस्थियों की वृद्धि से बनी है। पक्षियों की चोंच में कभी दाँत नहीं होते हैं। अन्य के तीन विकल्पों में पक्षियों में अपवाद उपलब्ध है।

269. (*b*) मोर का वैज्ञानिक नाम *पेवो क्रिस्टेटस* है।

276. (*b*) पक्षियों के अध्ययन को आर्निथोलॉजी कहते हैं।

281. (*b*) मैमैलिया वर्ग में स्तन ग्रन्थियाँ पायी जाती हैं। ये इस वर्ग के सदस्यों का विशेष लक्षण है, लेकिन चार-वेश्मीय हृदय व आन्तरिक निषेचन वर्ग-मैमेलिया साथ ही साथ वर्ग-एवीज के सदस्यों का भी लक्षण है।

282. (*c*) स्तनियों को मुख्य रूप से दो बड़ी श्रेणियों में बाँटा जाता है

(i) **प्रोटोथीरिया** अण्डे देने वाले स्तनी है।

(ii) **थीरिया** प्लेसेन्टल जन्तु/स्तनी है, जिसे पुनः दो में बाँटा जा सकता है–मेटाथीरिया व यूथीरिया। *एकिडना* एक प्रोटोथीरिया स्तनी या अण्डप्रजक है, जबकि चमगादड़, हाथी व व्हेल यूथीरिया में आते हैं, क्योंकि ये सजीवप्रजक हैं।

283. (*d*) पेंगुइन व शुतुरमुर्ग पक्षी है, जबकि व्हेल, चमगादड़, कंगारू, दरियाई घोड़े स्तनी हैं।

284. (*d*) पेशीय डायाफ्राम स्तनियों का विशिष्ट लक्षण है। यह एक पूर्ण वक्षीय गुहा, जिसमें हृदय व फेफड़े होते हैं, को उदर गुहा से अलग करता है, इसका कार्य श्वसन की क्षमता को बढ़ाना है।

285. (*d*) स्तनियों में दन्तक्रम विषमदन्ती प्रकार का होता है। विषमदन्ती में दन्त एक से अधिक प्रकार के होते हैं; जैसे-मानवों में चार प्रकार के दन्त (रदनक, कृन्तक, चर्वणक, अग्रचर्वणक) पाए जाते हैं।

286. (*d*) ऊदबिलाव, चमगादड़ व डॉल्फिन में इकोलोकेशन प्रणाली सुविकसित होती है।

287. (*a*) चमगादड़ में बाल पाए जाते हैं, जो स्तनियों का विशिष्ट लक्षण है।

292. (*a*) प्रोटोथीरिया गण के सदस्यों में चूचुक-रहित स्तन पाए जाते हैं।

293. (*b*) उभयचरों में ओपिस्थोनेफ्रिक वृक्क पाए जाते हैं। खरहे या खरगोश का जेनेरिक नाम *लीपस* है, ये एकल जीव है।

296. (*a*) T-आकार की इण्टरक्लेविकल का अंसमेखला में पाया जाना प्रोटोथीरिया का एक रेप्टीलियन या सरीसृप गुण है। प्रोटोथीरिया की श्रोणि मेखला में एपिप्यूबिक अस्थि पायी जाती है।

298. (*d*) वास्तविक प्लेसेण्टा या अपरा यूथीरिया गण के जीवों में पायी जाती है, उदाहरण-मानव।

अध्याय 04

जन्तुओं एवं पादपों में संरचनात्मक संगठन

Structural Organisation in Animals and Plants

पुष्पीय पादपों की आकारिकी Morphology of Flowering Plants

आकारिकी (*Morph* – form; *logos* – study) पादपों के विभिन्न अंगों; जैसे-जड़, तना, पत्तियाँ, पुष्प, बीज, फल, आदि की बाह्य संरचना के अध्ययन से सम्बन्धित है। आवृतबीजी पादप को दो भागों में बाँटा जा सकता है; जैसे—भूमिगत जड़ तन्त्र एवं वायवीय प्ररोह तन्त्र।

जड़ या मूल Root

यह पादप का अवरोही अंग है तथा **मूलांकुर** (Radicle) से विकसित होता है। अधिकांश जड़ें भूमिगत धनात्मक गुरुत्वानुवर्ती तथा ऋणात्मक प्रकाशानुवर्ती होती है। जड़ में पर्व, पर्वसन्धि तथा कलिकाएँ नहीं होती हैं।

कुछ जड़ों में कायिक जनन के लिए कलिकाएँ पायी जाती हैं; जैसे—शकरकन्द तथा शीशम। जड़ की पार्श्व शाखाएँ एन्डोजिनस परिरम्भ से निकलती हैं।

जड़ के भाग Parts of Root

(i) **मूलगोप** (Root cap) जड़ का अग्रस्थ भाग एक टोपीनुमा रचना द्वारा सुरक्षित रखा जाता है इसे **मूलगोप** कहते हैं। मूलगोप मृदूतक कोशिकाओं का बना होता है।

मूलगोप की बाहर की कोशिकाएँ पर्त की तरह अलग होती रहती हैं तथा नई कोशिकाएँ बनती रहती हैं। कुछ जलोद्भिदों में मूलगोप विस्थापित होकर **मूल पॉकेट** बनाती है, जो पादप को जल की सतह पर तैरने में सहायता करते हैं। उदाहरण—*पिस्टिया, लेम्ना*।

(ii) **वर्धी क्षेत्र** (Growing region) यह मूलगोप के नीचे लगभग एक मिलीमीटर लम्बा भाग है, जिसकी कोशिकाएँ लगातार विभाजित होती रहती हैं। इन्हीं के कारण जड़ की वृद्धि होती है।

(iii) **दीर्घीकरण क्षेत्र** (Elongation region) यह वर्धी क्षेत्र के ऊपर 2.5 मिमी लम्बा क्षेत्र है। इसकी कोशिकाएँ लम्बाई में बढ़ती हैं। यह जड़ों की लम्बाई बढ़ाने में सहायक होती हैं।

(iv) **परिपक्वन क्षेत्र** (Maturation region) इसमें मूलरोम पाए जाते हैं। नए मूलरोम आगे की ओर बनते रहते हैं तथा पीछे वाले परिपक्व होकर समाप्त हो जाते हैं। यह जल अवशोषण में सहायक होते हैं।

जड़ों के प्रकार Types of Root

जड़ें दो प्रकार की होती हैं

(i) **मूसला जड़ें** (Tap roots) यह **मूलांकुर** (Radicle) से विकसित होती हैं। मूलांकुर की वृद्धि से प्रथम जड़ बनती है। इससे द्वितीयक **मूल** तथा **प्रमूल** निकलती हैं। इन प्रथम मूल व उसकी शाखाओं को मिलाकर **मूसला जड़ तन्त्र** कहते हैं। यह प्राय: द्विबीजपत्री पादपों में पायी जाती है।

(ii) **अपस्थानिक जड़ें** (Adventitious roots) यह मूलांकुर (Radicle) से नहीं बनती है। यह पादपों की शाखाओं तथा पत्तियों से निकलती हैं। ऐसी जड़ों की प्रणाली को **अपस्थानिक मूल प्रणाली** (Adventitious root system) कहते हैं। यह प्राय: एकबीजपत्री पादपों में पायी जाती है।

जड़ों के रूपान्तरण Modifications of Roots

जड़ों में रूपान्तरण निम्न प्रकार से होता है

1. **मूसला जड़ के रूपान्तरण** Modifications of Tap Root

(a) **तर्कुरूप जड़** (Fusiform root), उदाहरण—मूली।

(b) **कुम्भीरूप जड़** (Napiform root), उदाहरण—शलजम व चुकन्दर।

(c) **शंकु रूप जड़** (Conical root), उदाहरण—गाजर।

2. अपस्थानिक जड़ के रूपान्तरण Modifications of Adventitious Root

अपस्थानिक जड़ें भोज्य पदार्थों के संग्रह, सहारा देने तथा विभिन्न जैविक कार्यों के लिए रूपान्तरित होती हैं।

विभिन्न प्रकार की रूपान्तरित अपस्थानिक जड़ें

भोजन संग्रह करने वाली जड़ें	सहारा देने वाली जड़ें	जैविक कार्यों के लिए जड़ें
साकन्द (Tuberous) आकार में अनिश्चित भोजन संग्रह के कारण कन्दिल (Fleshy); जैसे-शकरकन्द।	**स्तम्भ जड़** (Prop root) शाखाओं से निकलकर भूमि में प्रवेश करती है; जैसे–बरगद (*फाइकस बिन्गैलेन्सिस*)।	**श्वसन जड़** (Respiratory root) जलीय पादपों; जैसे–*जूसिया, पिस्टिया* में जड़ें स्पन्जी होती हैं और श्वसन में सहायता करती हैं। **लवणोद्भिद्**; जैसे–*एवीसिनिया, हेरिटिएरा* में जड़ें भूमि से बाहर आ जाती हैं, इन्हें **न्यूमेटोफोर** कहते हैं। इनमें उपस्थित वातरन्ध्र गैसीय आदान-प्रदान में सहायता करते हैं। अधिपादपों में वायवीय जड़ें वायुमण्डल से जल का अवशोषण करती हैं; जैसे–*ऑर्किड*।
कन्दगुच्छ (Fasciculated) तने के आधार पर गुच्छे के रूप में; जैसे-डहेलिया, सतावर।	**जटा जड़** (Stilt root) पर्वसन्धियों से निकलकर भूमि में तिरछी प्रवेश करती है; जैसे–मक्का, गन्ना।	**स्वांगीकारी जड़** (Assimilatory root) क्लोरोफिल के निर्माण के कारण, ये जड़ें प्रकाश-संश्लेषण द्वारा भोजन का निर्माण करने लगती हैं; जैसे-*टिनोस्पोरा, पोडोस्टीमोन*।
वलयाकार (Annular) धारियों या चक्रों में फूल जाती हैं; जैसे-इपिकैक।	**पुस्ता या वप्र जड़** (Buttress root) मुख्य तने के आधार से निकली चौड़ी व चपटी जड़ें; जैसे–*सात्मेलिया, टर्मिनेलिया*।	**चूषक जड़** (Sucking root or Haustoria) परजीवी पादपों में जड़ें दूसरे पादपों के तने में प्रवेश कर भोजन अवशोषित करती हैं; जैसे-अमरबेल, *ओरोबेन्की*।
ग्रन्थिमय अग्रभाग, मांसल; जैसे-आभा हल्दी।		
मणिरूपाकार (Beaded) भोजन संचय कर मोती की तरह जगह-जगह फूली हुई; जैसे-अँगूर, अमलतास।	**आरोही जड़** (Climbing root) तने की पर्वसन्धि से निकलकर पादप के आरोहण में सहायता करती हैं; जैसे-*पोथोस, टिकोमा,* काली मिर्च।	
	कुंचनशील जड़ (Contractile root) ये कन्दिकाओं (Corms) व प्रकन्द (Rhizome) से निकलती हैं और तनों को भूमि में खीच लेती हैं; जैसे-अदरक, लहसुन।	

जड़ों के कार्य Functions of Roots

(i) **स्थिरीकरण** (Fixation) जड़ें पादपों को भूमि में स्थिर रखती हैं।

(ii) **अवशोषण** (Absorption) जड़ें मृदा से जल तथा घुलित लवणों का अवशोषण करती हैं।

(iii) **संग्रह** (Storage) कुछ जड़ें भोजन संग्रह करती हैं।

(iv) **श्वसन** (Respiration) कुछ जड़ें श्वसन में सहायता करती हैं।

(v) **प्रकाश-संश्लेषण** (Photosynthesis) कुछ जड़ें हरी हो जाती हैं तथा भोजन बनाने (प्रकाश-संश्लेषण) का कार्य करती हैं।

तना Stem

- तना पादप का **आरोही** (Ascending) भाग है, जो **प्रांकुर** (Plumule) से विकसित होता है। तने पर शाखाएँ, पत्तियाँ व फूल उत्पन्न होते हैं। तने की सतह पर बहुकोशीय रोम पाए जाते हैं। तना धनात्मक प्रकाशानुवर्ती तथा ऋणात्मक गुरुत्वानुवर्ती होता है।
- तने पर पर्वसन्धियाँ तथा पर्व होते हैं। तने पर कक्षस्थ या शीर्षस्थ कलिकाएँ पायी जाती हैं।
- संरचना एवं स्वभाव के अनुसार तने विभिन्न प्रकार के होते हैं

1. **विसर्पी** (Creeper) यह भूमि पर रेंगकर चलने वाला दुर्बल तना है, जिसकी पर्वसन्धियों से जड़ें निकलती हैं। उदाहरण–घास, स्ट्रॉबेरी, खट्टी बूटी (*Oxalis*)।
2. **तल सर्पी** (Trailer) यह भूमि पर रेंगकर चलने वाला दुर्बल तना है परन्तु इसमें पर्वसन्धियों से जड़ें नहीं निकलती हैं।

   यह दो प्रकार का होता है

   (i) **शयान** (Prostrate or Procumbent) यह भूमि पर पूरी तरह रेंगकर बढ़ता है। उदाहरण–*इवोलव्यूलस*।

   (ii) **डीकम्बैन्ट** (Decumbent) रेंगने वाला तना अपना शीर्ष ऊपर उठा लेता है। उदाहरण–*पोरटूलाका, लिण्डरबर्जिया*।
3. **कण्ठलता** (Lianas) यह **काष्ठीय आरोही लता** (Woody climbers) है, जो मिट्टी में जड़ों द्वारा स्थिर होते हैं परन्तु सूर्य का प्रकाश पाने के लिए वृक्षों के तनों से लिपटकर उनकी चोटी तक पहुँच जाते हैं। कण्ठलता उष्णकटिबन्धीय घने वनों (Tropical dense forest) में पाए जाते हैं। उदाहरण–*एन्टाडा, मधुमालती, बोहिनिया बेहलाई*।
4. **आरोही** (Climbers) इनमें दुर्बल तना कुछ विशेष संरचनाओं द्वारा आस-पास की वस्तुओं से चिपककर ऊपर की ओर बढ़ते हैं।

तने के रूपान्तरण Modifications of Stem

तने में निम्न कार्यों के लिए तीन प्रकार के रूपान्तरण होते हैं

(i) प्रतिकूल परिस्थितियों में पादप को जीवित (Perennation) रखना।

(ii) वर्धी प्रजनन (Vegetative propagation) में सहायता करना।

(iii) भोजन संचित (Storage of food) करने के लिए।

तने के भूमिगत, अर्द्धवायवीय एवं वायवीय रूपान्तरण

भूमिगत	अर्द्धवायवीय	वायवीय
प्रकन्द (Rhizome) क्षैतिज, मोटा, चपटा, मांसल, पर्व, पर्वसन्धियों तथा कलिकाओं की उपस्थित; जैसे-अदरक, हल्दी।	**उपरिभूस्तारी** (Runner) भूमि की सतह के समान्तर फैले, जिनमें पर्व व पर्वसन्धियाँ होती हैं तथा पर्वसन्धियों से अपस्थनिक जड़ें निकलती हैं; जैसे-घास, स्ट्रॉबेरी खट्टी बूटी।	**पर्णाभ स्तम्भ** (Phylloclade) तना, पत्ती के रूप में चपटा, हरा मांसल एवं काँटों में परिवर्तित हो जाता है और वाष्पोत्सर्जन द्वारा जल की हानि को रोकता है; जैसे–नागफनी, *कोकोलोबा, कैजुराइना*।
घनकन्द (Corm) उर्ध्व दिशा (Vertical direction) में वृद्धि, शल्क पत्र तथा अपस्थानिक जड़ें की उपस्थिति; जैसे–अरवी, जिमीकन्द, *ग्लेडिओलस,* आदि।	**अन्तःभूस्तारी** (Sucker) भूमिगत भाग से विकसित रेंगने वाला। ऊपर की ओर तिरछा बढ़कर नया पादप बनाता है; जैसे–गुलदाऊदी, पोदीना।	**पर्णाभपर्व** (Cladode) यह एक या दो पर्व युक्त पर्णाभ स्तम्भ है; जैसे–सतावर, *रस्कस*।
शल्क कन्द (Bulb) समानित (Reduced) तने पर छोटे तथा निचले भाग पर अपस्थानिक जड़ें, पर्णाधार मांसल, कंचुकित में शल्कपत्र एक-दूसरे को पूर्ण रूप से ढके एवं संकेन्द्रित, जैसे-प्याज, जबकि शल्की में शल्कपत्र एक-दूसरे को नहीं ढकते; जैसे-लिली।	**भूस्तारी** (Stolon) भूमि की सतह के नीचे निकलता है तथा भूमिगत शाखाओं में वृद्धि करता है; जैसे–रुबस, अरुई।	**पत्रकन्द** (Bulbil) वर्धी कलिका है, जिसमें भोज्य पदार्थों का संग्रह होता है; जैसे–ग्लेबा, *डायोस्कोरिया*।
कन्द (Tuber) प्ररोह के अन्तिम सिरे भोजन संग्रह के कारण फूल जाते हैं। पर्व, पर्वसन्धियाँ तथा कलिकाएँ पायी जाती हैं; जैसे–आलू, *हेलिएन्थस ट्यूबरोसम*।	**भूस्तारिका** (Offset) छोटी क्षैतिज शाखा के रूप में पत्ती के कक्ष से निकलता है। पर्वसन्धि के ऊपर पत्तियाँ तथा नीचे जड़े निकलती हैं; जैसे–जलकुम्भी, *पिस्टिया*।	**प्रतान** (Tendril) कुछ पादपों में प्रतान कक्षस्थ कलिका; जैसे–*पैस्सीफ्लोरा* या अग्रस्थ कलिका; जैसे-अँगूर का रूपान्तरण हैं।

पत्ती Leaf

पादप में हरा, चपटा तथा फैला हुआ भाग पत्ती हैं। यह पर्व सन्धि से निकलती है तथा इसके कक्ष (Axil) में एक **कक्षस्थ कलिका** (Axillary bud) होती है। पत्तियों में प्रकाश-संश्लेषण (Photosynthesis)) होता है तथा इनकी उत्पत्ति **बाह्यजनित** (Exogenous) होती है।

पत्ती के भाग Parts of Leaf

पत्ती में निम्न चार भाग होते हैं

(i) **पर्णाधार** (Leaf base) पत्तियाँ तने से पर्णाधार द्वारा लगी होती हैं। लेग्युमिनोसी के सदस्यों में पत्तियों का पर्णाधार फूला हुआ होता है तथा **पल्वीनस** कहलाता है; जैसे- *केसिया,* छुई-मुई, सेम।

(ii) **अनुपर्ण या अनुपत्र** (Stipules) यह छोटी **उद्धर्धिया** (Out growths) है, जो पत्तियों के पर्णाधार से लगी होती है। इन्हें **अनुपर्ण** या **अनुपत्र** कहते हैं।

(iii) **पर्णवृन्त** (Petiole) पत्ती का वृन्त (Stalk) **पर्णवृन्त** (Petiole) कहलाता है। *क्लीमेटिस* में पर्णवृन्त प्रतानीय होता है। जलकुम्भी (*Eichhornia*) में पर्णवृन्त स्पंजी तथा फूला होता है। नारंगी, नींबू तथा सन्तरा में पर्णवृन्त सपक्ष (Winged) होता है। ऑस्ट्रेलियन बबूल में (*अकेशिया ऑरिकुलीफोर्मिस, अ. मेलोन्जाइलोन, अ. लॉन्गीफोलिया* तथा *अ. रिकर्वा*) जब बीज का अंकुरण होता है, तब उसमें द्विपिच्छाकार संयुक्त पत्तियों (Bipinnately compound leaves) होती हैं परन्तु पादप के बढ़ने के साथ-साथ पर्णक गिरते जाते हैं।

(iv) **पर्णफलक** (Lamina) यह पत्ती का चौड़ा व चपटा भाग है। इसके मध्य में एक मध्य शिरा (Mid rib) होती है। यह भोजन बनाने का कार्य करता है।

पर्णकाय स्तम्भ, पर्णाभ वृन्त तथा पर्णाभ पर्व में अन्तर

पर्णकाय स्तम्भ	पर्णाभ वृन्त	पर्णाभ पर्व
यह तने का रूपान्तरण है।	यह पर्णवृन्त (Petiole) का रूपान्तरण है।	यह एक *एस्पेरेगस* अथवा दो रसकस पर्वों (Internodes) का रूपान्तरण है।
तना चपटा, मांसल व हरा हो जाता है।	पर्णवृन्त चपटा तथा हरा हो जाता है।	पर्व हरा, मांसल चपटा अथवा सूजाकार हो जाता है।
तना पत्ती का कार्य करता है।	पर्णवृन्त पत्ती का कार्य करता है।	पर्व पत्ती का कार्य करता है।
पत्ती काँटों में परिवर्तित हो जाती है।	पत्ती का अग्र भाग पत्रक में रूपान्तरित हो जाता है।	पत्ती नहीं पायी जाती है।
कक्षस्थ कलिका पत्ती के कक्ष से निकलती है।	कलिका कक्ष में नहीं पायी जाती हैं।	कक्षस्थ कलिका नहीं मिलती है।
पर्व तथा पर्व-सन्धियाँ मिलती हैं।	पर्व तथा पर्वसन्धियाँ नहीं मिलती हैं।	पर्व का रूपान्तरण है। अतः पर्वसन्धियाँ नहीं मिलती हैं।

पत्तियों के प्रकार Types of Leaf

(i) **सरल पत्ती** (Simple leaf) जब एक पत्ती में अकेला फलक (Blade) होता है, जो पूर्ण अथवा कटा-फटा हो सकता है, तब इसे **सरल पत्ती** कहते हैं। उदाहरण—पीपल, बरगद, आम।

(ii) **संयुक्त पत्ती** (Compound leaf) जब कटाव (Incision) मध्य शिरा तक पहुँचता है, पर्णदल (Lamina) अनेक छोटे-छोटे पर्णक (Leaflet) में विभक्त होता जाता है, तब पत्ती **संयुक्त पत्ती** कहलाती है। वह वृन्त, जिस पर पर्णक लगे होते हैं, उसे **मुख्य अक्ष** (Rachis) कहते हैं। संयुक्त पत्तियाँ दो प्रकार की होती हैं

(a) **पिच्छकीय संयुक्त पत्तियाँ** (Pinnately compound leaves) रेकिस के पार्श्व में अनेक पर्णक लगे होते हैं।

(b) **हस्ताकार संयुक्त पत्तियाँ** (Palmately compound leaves) ऐसी संयुक्त पत्ती, जिसमें रेकिस (Rachis) नहीं होता तथा पर्णक, पर्णवृन्त के अग्र सिरे पर जुड़े रहते हैं।

पत्तियों में शिरा विन्यास Venation in Leaves

पत्ती में शिराओं (Veins) के व्यवस्थित होने के क्रम को **शिरा विन्यास** कहते हैं। यह दो प्रकार का होता है

(i) **जालिकारूपी** (Reticulate) इसमें शिराएँ (Veins) तथा शिरिकाएँ (Veinlets) अनियमित रूप से वितरित होती हैं तथा एक जाल-सा बनाती है। उदाहरण—द्विबीजपत्री पादप (Dicot plants)।

(ii) **समानान्तर** (Parallel) इसमें शिराएँ एक-दूसरे के समानान्तर होती हैं। उदाहरण—एकबीजपत्री पादप (Monocot plants)।

पर्णविन्यास Phyllotaxy

- यह पत्तियों के तने पर लगने की व्यवस्था का क्रम है, ताकि पत्तियाँ उचित मात्रा में सूर्य का प्रकाश ग्रहण कर सकें।
- **सम्मुख विन्यास** (Opposite phyllotaxy) जब पत्तियाँ पर्वसन्धि के दो तरफ विपरीत दिशा में निकलती हैं, यह **सम्मुख विन्यास** कहलाता है। यह दो प्रकार का होता है

  (a) **अध्यारोपित** (Superposed) इसमें दूसरे जोड़े की पत्तियाँ, पहले जोड़े की पत्तियों के ठीक ऊपर उसी दिशा में पायी जाती हैं। उदाहरण—जामुन।

  (b) **क्रॉसित** (Decussate) पत्तियों का दूसरा जोड़ा नीचे की पत्तियों के जोड़े के साथ समकोण बनाता है। उदाहरण—तुलसी, *कैलोट्रोपिस*।
- **विषमपर्णकी** (Heterophylly) एक ही पादप पर एक से अधिक प्रकार की पत्तियों का पाया जाना **विषमपर्णकी** (Heterophylly) कहलाता है। उदाहरण—*रेननकुलस*।

पुष्पक्रम Inflorescence

- पादप में पुष्प अक्ष (Floral axis) पर पुष्पों के लगे रहने के क्रम अथवा विन्यास को **पुष्पक्रम** कहते हैं। पुष्पक्रम, पादप की **वर्गीकीय पहचान** (Taxonomical identification) का विशेष गुण है। पुष्पक्रम के अक्ष को, जिस पर पुष्प लगे होते हैं, **पुष्पावली वृन्त** या **वृन्तक** (Peduncle) कहते हैं। पुष्प के वृन्त को **पुष्पवृन्त** या **वृन्त** (Pedicel) कहते हैं।
- जिन विशिष्ट पत्तियों के कक्ष में पुष्प विकसित होते हैं, उन्हें **सहपत्र** (Bract) कहते हैं। पुष्पवृन्त युक्त पुष्प को **सवृन्त पुष्प** (Pedicellate flowers) कहते हैं, जबकि जिन पुष्पों में पुष्पवृन्त अनुपस्थित होता है, उन्हें **अवृन्त पुष्प** (Sessile flowers) कहते हैं। एकल पुष्पों में वृन्तक तथा पुष्पवृन्त में कोई अन्तर नहीं होता है।

पुष्पक्रम के प्रकार Types of Inflorescence

सामान्यतया पुष्पक्रम चार प्रकार के होते हैं

1. असीमाक्षी पुष्पक्रम (Racemose inflorescence)
2. ससीमाक्षी पुष्पक्रम (Cymose inflorescence)
3. विशिष्ट पुष्पक्रम (Special inflorescence)
4. संयुक्त पुष्पक्रम (Compound inflorescence)

1. असीमाक्षी पुष्पक्रम Racemose Inflorescence

- इस पुष्पक्रम को **अनियत** (Indefinite) **पुष्पक्रम** भी कहा जाता है। इस प्रकार के पुष्पक्रम में पुष्पावली वृन्त के शीर्ष पर शीर्षस्थ कलिका (Terminal bud) पुष्प में विकसित नहीं होती है, जिसके कारण पुष्पावली वृन्त की लम्बाई अनिश्चित काल तक बढ़ती रहती है। इसमें नीचे एवं बाहर की ओर के पुष्प बड़े व पुराने होते हैं तथा ऊपर एवं अन्दर की ओर के पुष्प छोटे व नए होते हैं। पुष्पावली वन्त पर पुष्पों के लगने के इस क्रम को **अग्राभिसारी क्रम** (Acropetal succession) कहते हैं।
- असीमाक्षी पुष्पक्रम निम्न प्रकार के होते हैं

लम्बे पुष्पावली वृन्त के प्रकार Types of Long Peduncle

लम्बे पुष्पावली वृन्तयुक्त असीमाक्षी पुष्पक्रम को निम्न प्रकार से वर्गीकृत किया जा सकता है

(i) **असीमाक्ष** (Raceme) इस प्रकार के पुष्पक्रम में मुख्य अक्ष या पुष्पावली वृन्त लम्बा, बड़ा तथा अशाखित होता है। इसमें पत्तियों एवं सहपत्रों के कक्ष से सवृन्त पुष्प निकलते रहते हैं; उदाहरण—सरसों *(Brassica)*, मूली *(Raphanus)*, लार्कस्पर (*Delphinium ajacis*), आदि।

(ii) **शूकी** (Spike) इस प्रकार के पुष्पक्रम में अक्ष वृद्धिशील होता है, जिस पर **अवृन्त** द्विलिंगी पुष्प लगते हैं। ये प्राय: अशाखित, दीर्घित व सरल होते हैं; उदाहरण—बॉसा *(Adhatoda)*, चिरचिटा *(Achyranthes)*, चौलाई (*Amaranthus caudatus*), आदि।

(iii) **शूकिका** (Spikelet) इस प्रकार के पुष्पक्रम में शूकी छोटे-छोटे होते हैं, जिन्हें **शूकिका** कहते हैं। इसमें पुष्पाक्ष शाखित होता है, जिसमें कभी-कभी कई पुष्प तथा कभी-कभी एक पुष्प होता है। ये पुष्प आधार की ओर **ग्लूम्स** (Glumes) से घिरे रहते हैं; उदाहरण-गेहूँ, जौं, जई, आदि।

(iv) **मंजरी** (Catkin) इस प्रकार के पुष्पक्रम में मुख्य अक्ष लम्बा, दुर्बल तथा निलम्बी (Pendulous) होता है। इस दुर्बल व निलम्बी अक्ष पर **एकलिंगी** (Unisexual) व **पंखुड़ीहीन** पुष्प लगे रहते हैं।

पुष्पावली वृन्त पर पुष्पों की संख्या अधिक होने के कारण ये पास-पास गुँथे हुए प्रतीत होते हैं; उदाहरण- शहतूत, *सेलिक्स*, आदि।

(v) **स्थूलमंजरी** (Spadix) इस प्रकार का पुष्पक्रम एक शूकी पुष्पक्रम है जिसमें गूदेदार वृन्त दो या अधिक बड़े रंगीन **निपत्र** (Spathe) से ढका रहता है। पुष्पावली वृन्त का ऊपरी बन्ध्य भाग **अपैन्डिक्स** (Appendix) कहलाता है। इसमें सभी पुष्प अवृन्त होते हैं। पुष्पावली वृन्त के निचले भाग में ऊपर की ओर नर पुष्प, मध्य में बन्ध्य पुष्प तथा नीचे की तरफ मादा पुष्प होते हैं। ये पुष्प एकलिंगी होते हैं; उदाहरण—केला, मक्का, अरबी, कचालू (*Colocasia*), आदि।

छोटे पुष्पावली वृन्त के प्रकार Types of Short Peduncle

छोटे पुष्पावली वृन्त वाले असीमाक्षी पुष्पक्रम को निम्न प्रकार से वर्गीकृत किया जाता है

(i) **समशिख** (Corymb) इस प्रकार के पुष्पक्रम में मुख्य अक्ष छोटा होता है, जिसमें नीचे लगे पुष्पों के वृन्त लम्बे तथा ऊपर लगे पुष्पों के वृन्त छोटे होते हैं। इसी कारण से सभी पुष्प एक समान ऊँचाई तक पहुँच जाते हैं; उदाहरण—चैरी (Cherry), कैण्डीटफ्ट (Candytuft), आदि।

(ii) **छत्रक** (Umbel) इस प्रकार के पुष्पक्रम में पुष्प अक्ष छोटा होता है तथा इस पुष्पक्रम में सभी पुष्प एक ही बिन्दु से लगे प्रतीत होते हैं। पुष्पों के असमान वृन्त सम्पूर्ण पुष्पक्रम को छाते का रूप देते हैं। इसमें मध्य में नए व छोटे पुष्प तथा बाहर की ओर पुराने व बड़े पुष्प लगे होते हैं; उदाहरण—प्याज, जीरा (*Cuminum cyminum*), आदि।

चपटे पुष्पावली वृन्त के प्रकार Types of Flat Peduncle

- चपटे पुष्पावली वृन्त वाले असीमाक्षी पुष्पक्रम को निम्न प्रकार से वर्गीकृत किया जा सकता है-
- **शीर्ष या मुण्डक** (Head or Capitulum) इस प्रकार के पुष्पक्रम में मुख्य अक्ष का शीर्ष एक **उत्तल पुष्पासन** (Convex receptacle) बनाता है, जिस पर अनेक **अवृन्तीय पुष्पक** (Florets) इकट्ठे लगे रहते हैं। इस इकट्ठे पुष्प को **मुण्डक** (Capitulum) कहते हैं। मुण्डक सहपत्रों के चक्र से घिरे रहते हैं। इनके पुष्पक दो प्रकार के होते हैं—बाहर की ओर लगे **रश्मि-पुष्पक** (Ray florets) तथा केन्द्र की ओर लगे **बिम्ब-पुष्पक** (Disc florets)। इसमें सम्पूर्ण पुष्पक्रम, एक पुष्प की भाँति प्रतीत होता है; उदाहरण—कम्पोजिटी कुल के सदस्य गेंदा, सूरजमुखी, आदि।

2. ससीमाक्षी पुष्पक्रम Cymose Inflorescence

- इस पुष्पक्रम को **निर्धारित पुष्पक्रम** (Determinate inflorescence) भी कहते हैं। इस प्रकार के पुष्पक्रम में पुष्पावली वृन्त के शीर्ष पर लगी कलिका पुष्प में विकसित हो जाती है, जिसके कारण पुष्पावली वृन्त की वृद्धि रुक जाती है। इसमें शीर्ष पर स्थित पुष्प के नीचे से निकलने वाली मुख्य अक्ष की सभी शाखाएँ भी एक-एक पुष्प में समाप्त हो जाती है। इस पुष्पक्रम में पुराने व बड़े पुष्प ऊपर की ओर तथा नए व छोटे पुष्प नीचे की ओर स्थित होते हैं।
- पुष्पों के पुष्पावली वृन्त से निकलने के आधार पर, इस पुष्पक्रम को निम्नलिखित प्रकारों में विभाजित किया गया है

(i) **एकलशाखी ससीमाक्ष** (Monochasial or Uniparous cyme) इस प्रकार के ससीमाक्ष पुष्पक्रम में मुख्य अक्ष केवल एक पुष्प में ही समाप्त हो जाता है तथा मुख्य अक्ष पर एक बार में केवल एक ही पार्श्वीय अक्ष का विकास होता है, जो स्वयं भी पुष्प में समाप्त हो जाता है। इस प्रकार एक ही पुष्प बनता है। यह निम्न दो प्रकार का होता है

(a) **कुण्डलाकार या घोंघाकार** (Helicoid); उदाहरण—मकोय (*Solanum nigrum*), जनकस, *बिगोनिया (Begonia)*, आदि।

(b) **वृश्चिकी** (Scorpioid) उदाहरण—*हीलियोट्रोपियम (Heliotropium)*, *रेननकुलस (Ranunculus)*, आदि।

(ii) **द्विशाखी या युग्मशाखी ससीमाक्ष** (Biparous or Dichasial cyme) इस प्रकार के पुष्पक्रम में मुख्य अक्ष एक पुष्प में समाप्त हो जाता है तथा इसके दोनों ओर दो पार्श्व शाखाएँ विकसित होती हैं। प्रत्येक पार्श्व शाखा पुनः एक पुष्प में समाप्त होती है, परन्तु उससे पूर्व यह भी दो पार्श्व शाखाएँ बनाती हैं।

पुष्प अक्ष के शाखित होने का यह क्रम निरन्तर चलता रहता है; उदाहरण—*इक्जोरा (Ixora)*, *सैपोनेरिया (Saponaria)*, *पिटूनिया (Petunia)*, *डायएन्थस् (Dianthus)*, आदि।

(iii) **बहुशाखी ससीमाक्ष** (Multiparous or Polychasial cyme) इस प्रकार के ससीमाक्ष पुष्पक्रम में मुख्य अक्ष एक पुष्प में समाप्त होता है तथा समाप्त होने से पूर्व इस पर कई पार्श्व शाखाओं का एक चक्र बनता है। प्रत्येक पार्श्व शाखा भी एक पुष्प में समाप्त होती है। बहुशाखी ससीमाक्ष पुष्पक्रम **पुष्पछत्र** या **छत्रक** (Umbel) पुष्पक्रम की भाँति प्रतीत होता है, परन्तु इसमें केन्द्र में स्थित पुष्प अन्य पुष्पों से पहले खिलता है, जबकि पुष्पछत्र में सभी पुष्प एकसाथ खिलते हैं; उदाहरण—*कैलोट्रॉपिस (Calotropis*—मदार), *वाइबर्नम (Viburnum)*, आदि।

3. विशिष्ट पुष्पक्रम Special Inflorescence

असीमाक्षी तथा ससीमाक्षी पुष्पक्रम के अतिरिक्त कुछ पादपों में ऐसे पुष्पक्रम पाए जाते हैं, जिन्हें इन दोनों (उपरोक्त प्रकार) में से किसी में भी नहीं रख सकते हैं। इस प्रकार के पुष्पक्रमों को **विशिष्ट पुष्पक्रम** कहा जाता है। ये निम्नलिखित तीन प्रकार के होते हैं

(i) कटोरिया (Cyathium)
(ii) कूटचक्रक (Verticillaster)
(iii) उदुम्बकर (Hypanthodium)

4. संयुक्त पुष्पक्रम Compound Inflorescence

- कुछ पादपों में पुष्पक्रम का मुख्य अक्ष या पुष्पावली वृन्त अनेक शाखाओं में बँटा रहता है तथा प्रत्येक शाखा पर एक पुष्पक्रम विकसित होता है। इस प्रकार के पुष्पक्रम को **संयुक्त पुष्पक्रम** कहते हैं।
- प्रत्येक शाखा पर पुष्पक्रम के आधार पर ये निम्नलिखित प्रकार के होते हैं

(i) संयुक्त असीमाक्षी (Compound raceme or Panicle of raceme)
(ii) संयुक्त शूकी या शूकिकाओं की शूकी (Compound spike or Spike of spikelets)
(iii) संयुक्त या युग्म समशिख (Compound corymb)
(iv) संयुक्त स्थूलमंजरी (Compound spadix)
(v) संयुक्त पुष्पछत्र (Compound umbel)

पुष्प Flower

पुष्प आवृतबीजी पादपों का एक महत्त्वपूर्ण भाग है, जो एक जटिल संरचना रखता है। इसके प्रारूपिक अंग प्रत्यक्ष एवं परोक्ष रूप से जनन से सम्बन्धित होते हैं।

सामान्य पुष्प के भाग Parts of a Typical Flower

एक सामान्य पुष्प में पाए जाने वाले विभिन्न भागों को दो वर्गों में वर्गीकृत किया गया है

1. सहायक अंग Accessory Organs

पुष्प में पुष्पवृन्त, बाह्यदलपुंज एवं दलपुंज सहायक अंग हैं। ये अंग जनन में भाग न लेकर पुष्प को आकर्षक बनाते हैं, जिससे इनमें जन्तुओं द्वारा **परागण हो** सके। पुष्प के इन सहायक अंगों का विवरण निम्नलिखित है

(i) **पुष्पवृन्त** (Pedicel) पुष्प एक डण्ठलनुमा भाग द्वारा शाखा से जुड़ा होता है, जिसे **पुष्पवृन्त** कहते हैं। इसका फूला हुआ अन्तिम भाग **पुष्पासन** या पात्र (Receptacle) कहलाता है। पुष्पवृन्त युक्त पुष्पों को **वृन्ती** (Pedicellate) तथा पुष्पवृन्त विमुक्त पुष्पों को **अवृन्ती पुष्प** कहते हैं।

(ii) **बाह्यदलपुंज** (Calyx) पुष्प के बाहर की ओर हरी पत्ती के समान छोटे पर्णों से बना एक बाहरी चक्र होता है, जिसे **बाह्यदलपुंज** कहते हैं। यह अनेक **बाह्यदलों** (Sepals) से मिलकर बना होता है।

(iii) **दलपुंज** (Corolla) बाह्यदलपुंज के अन्दर की ओर अंगों का दूसरा चक्र लगा होता है, जिसे **दलपुंज** कहते हैं। यह अनेक आकर्षक एवं रंगीन **दलों** (Petals) से बना होता है, जो कीटों, पक्षियों एवं अन्य जन्तुओं को परागण के लिए आकर्षित करते हैं।

2. आवश्यक अंग Essential Organs

पुष्प के वे अंग, जो जनन क्रिया में भाग लेते हैं, **आवश्यक अंग** कहलाते हैं। इस वर्ग में पुष्प के दो अंगों पुमंग तथा जायांग को रखा जाता है। ये भाग लैंगिक जनन द्वारा फल एवं बीज का निर्माण करते हैं।

पुमंग एवं जायांग का संक्षिप्त वर्णन निम्नलिखित है

(i) **पुमंग** (Androecium) यह पुष्प का नर अंग है, जो पुष्प का तीसरा चक्र बनाता है। पुमंग संयुक्त रूप से **पुंकेसरों** (Stamens) का बना होता है। प्रत्येक पुंकेसर में एक लम्बी वृन्त जैसी संरचना पायी जाती हैं, जिसे **पुतन्तु** (Filament) कहते हैं।

इस पुतन्तु पर दो परागकोष (Anthers) लगे होते हैं, जो एक-दूसरे से **संयोजी ऊतकों** (Connective tissue) द्वारा जुड़े रहते हैं। परागकोष के अन्दर **पराग कण** (Pollen grains) बनते हैं। प्रत्येक परागकोष में दो कोष्ठक (Chambers or Theca) होते हैं, जिन्हें **परागकोष्ठक** कहते हैं। इनमें पराग कण बनते हैं। अत: प्रत्येक पुंकेसर में चार परागकोष्ठक होते हैं। पुंकेसर को **लघुबीजाणुपर्ण** (Microsporophyll) तथा परागकोष्ठक (Pollen chambers) को **लघुबीजाणुधानियाँ** (Microsporangia) कहते हैं।

(ii) **जायांग** (Gynoecium) जायांग पुष्प का मादा अंग है, जिसे **स्त्रीकेसर** (Pistil) भी कहा जाता है। यह पुष्प का सबसे भीतरी तथा चौथा चक्र बनाता है। जायांग अनेक अण्डपों (Carpels) से मिलकर बना होता है। इन अण्डपों को **गुरुबीजाणुपर्ण** (Megasporophyll) भी कहा जाता है।

जायांग मुख्यतया तीन भागों का बना होता है-सबसे ऊपरी चिपचिपा भाग **वर्तिकाग्र** (Stigma), उसके नीचे नलिकारूपी **वर्तिका** (Style) तथा अन्त में फूला हुआ आधारी भाग **अण्डाशय** (Ovary)। अण्डाशय के भीतर बीजाण्ड होता है, जो मादा युग्मक को बनाता है।

फल Fruit

- अण्डाशय परागकण के द्वारा **निषेचन** (Fertilisation) के पश्चात् फल में विकसित होता है। निषेचन का अण्डाशय पर दोहरा प्रभाव (Double effect) पड़ता है। युग्मकों के संलयन से बीजाण्ड बीज में विकसित होता है तथा अण्डाशय की भित्ति मोटी होकर **फलभित्ति** (Fruit wall) निर्मित करती है।
- निषेचन के पश्चात् अण्डाशय (Ovary) को छोड़कर प्राय: पुष्प के शेष सभी भाग मुरझाकर गिर जाते हैं तथा अण्डाशय अपने आकार में वृद्धि करके फल में विकसित हो जाता है। फल पकने पर प्राय: अण्डाशय में **गूदेदार मृदूतक** (Succulent parenchyma) अत्यधिक विकसित हो जाता है, जिसमें अनेक प्रकार के अम्ल, शर्करा, विटामिन्स तथा कुछ अन्य स्वादिष्ट पदार्थ भी उत्पन्न होते हैं।
- कभी-कभी बिना निषेचन के बीजरहित फल बनते हैं, इसे **अनिषेकफलन** (Parthenocarpy) कहते हैं। इस प्रकार से विकसित फल **अनिषेकफलनी फल** (Parthenocarpic fruit) कहलाते हैं; उदाहरण- केला, पपीता, आदि।
- निषेचन के पश्चात् सीधे अण्डाशय से विकसित होने वाले फल को **सत्य फल** (True fruit) कहते हैं; जैसे—आम, आदि। कभी-कभी फल के निर्माण में अण्डाशय के साथ-साथ पुष्पासन, बाह्यदल, आदि भी भाग लेते हैं, इसे **कूट** या **आभासी फल** (False fruit) कहते हैं; जैसे—सेब व नाशपाती के बनने में **पुष्पासन** (Thalamus) भाग लेता है। इसी प्रकार बैंगन, रसभरी एवं चालता (*Dilleinia*), आदि भी कूट फल हैं, क्योंकि इनके निर्माण में बाह्य दलपुंज भाग लेते हैं। शहतूत, अंजीर एवं कटहल, आदि पुष्पक्रम से उत्पन्न कूट फल हैं।

फल की संरचना Structure of Fruit

अण्डाशय की भित्ति से फल के चारों ओर की फलभित्ति (Pericarp) का निर्माण होता है। यह मोटी एवं पतली प्रकार की हो सकती है। मोटी फलभित्ति को सामान्यतया निम्नलिखित तीन स्तरों में विभाजित किया जा सकता है

(i) **बाह्य फलभित्ति** (Epicarp) यह फल भित्ति का सबसे बाहरी स्तर होता है, जो सामान्यतया पतले छिलके के रूप में होता है।

(ii) **मध्यफलभित्ति** (Mesocarp) यह फलभित्ति के मध्य का स्तर होता है, जो सामान्यतया मांसल एवं गूदेदार होता है।

(iii) **अन्त:फलभित्ति** (Endocarp) यह फलभित्ति का सबसे अन्दर का स्तर होता है। यह पतली एवं झिल्लीयुक्त (खजूर में) अथवा कड़क या कठोर (आम में) हो सकती है।

फलों के प्रकार Types of Fruit

- इन्हें तीन प्रमुख समूहों में वर्गीकृत किया गया है

1. सरल फल 2. पुंजफल 3. संग्रन्थिल फल

बीज Seed

बीज एक परिपक्व, निषेचित बीजाण्ड है, जिसके भीतर भ्रूणीय अवस्था में छोटे पादप, संचित भोज्य-पदार्थ एवं रक्षा कवच पाए जाते हैं। यह आवृतबीजी तथा अनावृतबीजी पादपों का मुख्य विभेदी गुण है। आवृतबीजी पादपों (Angiosperm plants) के बीज में बाहर की ओर बीजावरण (Seed coat) पाया जाता है, जो बीजाण्ड के अध्यावरण (Integuments) के सूखने से बनता है। अत: आवृतबीजी पादपों को बन्दबीजी पादप (Closed seeded plants) भी कहा जाता है।

बीज की प्रारूपिक संरचना Typical Structure of a Seed

विभिन्न पादप में बीजों की आकृति एवं संरचना में विविधता पाई जाती है। ये गोलाकार, अण्डाकार, वृक्काकार, शंक्वाकार, लम्बे, पतले तथा चपटे हो सकते हैं। इनका रंग भी उनमें उपस्थित जैविक अणुओं के आधार पर अलग-अलग होता है। एक प्रारूपिक बीज (Typical seed) में निम्नलिखित दो भाग पाए जाते हैं

(i) **बीजावरण** (Seed coat) बीजावरण बीज का बाह्य आवरण या कवच बनाता है, जो बीजाण्ड के अध्यावरणों के सूखने से विकसित होता है। बीजों में यह दो परतों से बना होता है।

बाहरी परत को **बाह्य कवच** या **बीजचोल** (Testa) कहा जाता है तथा भीतरी परत को **अन्त:चोल** या **प्रवार** (Tegmen) कहा जाता है। बीजावरण का मुख्य कार्य अन्दर स्थित कोमल भ्रूण तथा बीज के भीतरी भागों को सुरक्षा प्रदान करना है।

(ii) **भ्रूण** (Embryo) भ्रूण पादप के बीज में बीजावरण के अन्दर स्थित शिशु पादप है। यह बीजाण्ड में स्थित अण्डे के निषेचन से बनता है। एक परिपक्व बीज में पाए जाने वाले भ्रूण के निम्नलिखित दो भाग होते हैं

(a) **बीजपत्र** (Cotyledons) इन्हें बीजीय पर्ण (Seed leaves) भी कहा जाता है। इनकी संख्या एकबीजपत्री पादपों में एक तथा द्विबीजपत्री पादपों में दो होती है। इनका मुख्य कार्य खाद्य पदार्थों को एकत्रित करना है, जिसके कारण ये फूलकर मांसल हो जाते हैं।

(ii) **बीजाक्ष** (Tigellum) यह बीज या भ्रूण का मुख्य अक्ष है। अत: इसे **भ्रूणीय अक्ष** (Embryonal axis) भी कहा जाता है। बीजपत्र भ्रूणीय अक्ष से संलग्न होते हैं। द्विबीजपत्री पादपों में वे भ्रूणीय अक्ष पर एक-दूसरे के सम्मुख स्थित होते हैं।

बीजों के प्रकार Types of Seeds

द्विबीजपत्री पादप भ्रूणपोष की उपस्थिति के आधार पर बीज दो प्रकार के होते हैं

(a) **भ्रूणपोषी बीज** (Albuminous or Endospermic Seeds) भ्रूणपोषी पादपों में बीजों के अंकुरण के समय तक भ्रूणपोष पाया जाता है। जिस कारण इनमें भोजन भ्रूणपोष में संचित रहता है तथा इनके बीजपत्र पतले होते हैं। उदाहरण- अरण्डी, गेहूँ, मक्का, आदि।

(b) **अभ्रूणपोषी बीज** (Non-albuminous or Non-endospermic Seeds) अभ्रूणपोषी पादपों में भ्रूणपोष, भ्रूण परिवर्धन में पूर्ण रूप से प्रयोग हो जाता है। अत: इनमें भोजन बीजपत्रों में संचित रहता है तथा इनके बीजपत्र मोटे होते हैं। उदाहरण—चना, सेम, मटर, ऑर्किड, आदि।

पादप ऊतक Plant Tissues

पादपों के शरीर में उपस्थित विभिन्न अंग और अंग तन्त्र भी ऊतकों से निर्मित होते हैं। इन पादप ऊतकों का विकास के आधार पर वर्गीकरण निम्न प्रकार से है

विभज्योतक ऊतक Meristematic Tissues

- ये ऊतक अवयस्क (Immature) कोशिकाओं के बने होते हैं, जिनमें **समसूत्री** विभाजन होता है तथा ये विभाजित होकर स्थायी ऊतक बनाते हैं। विभज्योतक ऊतक जीवनभर विभाजित होते रहते हैं तथा ये पादपों में वृद्धि करने वाले भागों में ही पाए जाते हैं। उदाहरण—तने, फूल, पत्तियाँ, जड़, कैम्बियम, आदि में।
- इन ऊतकों की उपस्थिति वाले क्षेत्रों के आधार पर इन्हें तीन भागों में वर्गीकृत किया गया है

1. शीर्षस्थ विभज्योतक Apical Meristem

यह **प्राथमिक विभज्योतक** (Primary meristem) तने एवं जड़ के शीर्ष भाग में उपस्थित होता है तथा पादपों की लम्बाई बढ़ाने में सहायक है। शीर्षस्थ विभज्योतक निरन्तर विभाजित होते रहते हैं एवं जड़ व तनों के शीर्षो पर **वृद्धि बिन्दु** (Growing point) का निर्माण करते हैं। शीर्ष स्थानों को, जहाँ इस प्रकार के विभज्योतक पाए जाते हैं, **वर्धी प्रदेश** (Growing zone) कहते हैं।

2. अन्तर्वेशी विभज्योतक Intercalary Meristem

- ये विभज्योतक पत्तियों के आधार में या टहनी के **पर्व** (Internode) के दोनों ओर उपस्थित होते हैं। वास्तव में ये ऊतक शीर्षस्थ विभज्योतक ऊतक के वह भाग हैं, जो लम्बाई बढ़ने के कारण उनसे अलग हो जाते हैं।
- अन्तर्वेशी विभज्योतक स्थायी ऊतकों के बीच-बीच में पाए जाते हैं तथा ये भी पादपों की लम्बाई में वृद्धि के लिए उत्तरदायी होते हैं।

3. पार्श्व विभज्योतक Lateral Meristem

- ये ऊतक तने या मूल की परिधि में पाए जाते हैं तथा तने एवं मूल की चौड़ाई बढ़ाने में सहायक होते हैं अर्थात् ये ऊतक तने एवं जड़ में **द्वितीयक वृद्धि** (Secondary growth) के लिए उत्तरदायी होते हैं, जिससे तने व जड़ की चौड़ाई में वृद्धि होती है।
- ये ऊतक, संवहन ऊतक (Vascular bundle) भी बनाते हैं, इन्हें **द्वितीयक विभज्योतकी** (Secondary meristem) भी कहते हैं; उदाहरण—कैम्बियम तथा वृक्ष की छाल के नीचे कॉर्क कैम्बियम (Cork cambium)।

स्थायी ऊतक Permanent Tissues

- ये ऊतक विभज्योतक ऊतक द्वारा ही बनते हैं, परन्तु ये अपनी विभाजन होने की क्षमता खो देते हैं, जिसके कारण इन्हें स्थायी ऊतकों के रूप में वर्गीकृत किया जाता है। ये किसी विशिष्ट कार्य को करने के लिए एक निश्चित व स्थायी आकार तथा संरचना ले लेते हैं।
- इस प्रकार से विशिष्ट कार्य करने के लिए स्थायी रूप तथा आकार लेने की क्रिया को **विभेदीकरण** (Differentiation) कहते हैं।
- स्थायी ऊतक निम्न प्रकार के होते हैं

1. **सरल ऊतक** Simple Tissues

ये ऊतक एक ही प्रकार की कोशिकाओं द्वारा निर्मित होते हैं अर्थात् इनकी सभी कोशिकाएँ समांगी (Homogenous) होती हैं। सरल ऊतक पुन: निम्नलिखित तीन प्रकार के होते हैं

(i) **मृदूतक** Parenchyma

- ये सबसे सरल और अविशिष्ट पादप ऊतक होते हैं। यह ऊतक प्राय: समव्यासी, गोल, अण्डाकार अथवा बहुमुखी, पतली भित्ति वाली, जीवित कोशिकाओं का समूह है।
- इसकी कोशिकाओं के बीच में **अन्तराकोशिकीय स्थान** (Intercellular space) काफी विकसित होते हैं। इनकी कोशिका भित्ति पतली एवं सेलुलोस की बनी होती है। कोशिकाओं के मध्य में एक बड़ी रसधानी होती है।
- मृदूतक नए तने, जड़ व पत्तियों के बाह्यत्वचा (Epidermis) और वल्कुट (Cortex) में पाया जाता है।
- सामान्य मृदूतक के रूपान्तरण के उदाहरण निम्नलिखित हैं

(a) **हरितऊतक या क्लोरेन्काइमा** (Chlorenchyma) इस प्रकार के मृदूतकों में **हरितलवक** (Chloroplast) पाया जाता है, जिसके कारण प्रकाश-संश्लेषण की क्रिया सम्पन्न होती है। इस प्रकार के ऊतक पादपों की पत्तियों में प्रमुखता से पाए जाते हैं।

(b) **ऐरेन्काइमा या वायोतक** (Aerenchyma) इस प्रकार के ऊतकों की मृदूतकी कोशिकाओं के अन्तराकोशिकीय स्थान अत्यधिक बढ़ जाते हैं, तब ये ऊतक में **वायुकोष्ठ** बना लेते हैं तथा ऊतक स्पंजी हो जाते हैं, जिसके फलस्वरूप ये ऊतक जल में पाए जाने वाले पादपों में प्रमुखता से पाए जाते हैं तथा श्वसन एवं प्लवन में सहायक होते हैं।

(c) **ताराकार ऊतक** (Stellate tissue) इस प्रकार के ऊतक की कोशिकाओं में अनेक लम्बे प्रवर्ध होने के कारण, ये आकृति में सितारों की तरह दिखायी देते हैं।

इन ऊतकों में वायु प्रकोष्ठों की संख्या भी नियमित हो जाती है। ये ऊतक केले की पत्ती के वृन्त एवं अनेक जलीय पादपों में पाए जाते हैं। मृदूतक के कार्य निम्न प्रकार से हैं

- मृदूतक का मुख्य कार्य जल और खाद्य-पदार्थों (मण्ड, प्रोटीन तथा वसा) को संचित करना है।
- हरितलवक उपस्थित होने पर ये प्रकाश-संश्लेषण द्वारा खाद्य निर्माण करते हैं।
- जलीय पादपों में वायोत्तक प्लवन और श्वसन में सहायता करते हैं।
- मांसल तनों और पत्तियों में मृदूतक कोशिकाओं में श्लेष्मक, जल अथवा रबरक्षीर एकत्र रहता है; जैसे—नागफनी, घीक्वार (*Aloe*)।
- विभाजन क्षमता के लौटने पर ये **द्वितीयक वृद्धि** (Secondary growth) व घाव भरने, आदि के काम भी आते हैं।
- अधिक पानी सोखकर, स्फीत (Turgid) रहने के कारण इसकी कोशिकाएँ कोमल भागों को यान्त्रिक शक्ति प्रदान करती हैं।
- मृदूतक पानी और खाद्य के अनुप्रस्थ स्थानान्तरण में सहायता करते हैं।

(ii) **स्थूलकोण ऊतक** Collenchyma

इस ऊतक की कोशिकाएँ लम्बी और जीवित होती हैं। इनमें अन्तराकोशिकीय अवकाश प्राय: अनुपस्थित होते हैं, क्योंकि इनमें कोशिकाओं के कोनों पर कोशिका भित्ति के ऊपर पैक्टिन युक्त सेलुलोस की परत जम जाती है, जिसके परिणामस्वरूप कोशिका भित्ति मोटी और दृढ़ हो जाती है तथा वहाँ उपस्थित अन्तराकोशिकीय अवकाश भर जाते हैं।

स्थूलकोण ऊतक मुख्यतया द्विबीजपत्री पादपों के तनों की अधस्त्वचा (Hypodermis) में पाए जाते हैं। यह निम्न प्रकार से कार्य करता है

- स्थूलकोण ऊतक की उपस्थिति के कारण पादप के कोमल भागों में दृढ़ता और लचीलापन आ जाता है।
- मृदूतक की तरह यह भी पादपों को यान्त्रिक सहायता प्रदान करता है।
- जब इनमें हरितलवक पाया जाता है, तब यह भोजन के निर्माण में सहायक होता है।
- पैक्टिन और सेलुलोस की उपस्थिति के कारण इसकी कोशिकाएँ जल संचय में सहायता करती हैं।

(iii) **दृढ़ोतक** Sclerenchyma

- इस दृढ़डोतक ऊतक की कोशिकाएँ मृत, लम्बी, संकरी एवं दोनों सिरों पर नुकीली होती हैं। इनके ऊपर सेलुलोस और लिग्निन की बनी मोटी भित्ति पायी जाती है। लिग्निन एक रासायनिक पदार्थ है, जो कोशिकाओं को सीमेन्ट की तरह दृढ़ता प्रदान करता है। ये भित्तियाँ इतनी अधिक मोटी हो जाती हैं, कि कोशिका के भीतर कोई अन्तराकोशिकीय स्थान नहीं पाया जाता है।
- मृत होने के कारण इनमें जीवद्रव्य नहीं होता है। दृढ़ोतक पादपों के तने, पत्तियों की शिरा (Vein), फलों तथा बीजों के कठोर आवरण (बीजावरण) और नारियल के बाहरी रेशेदार छिलके (Husk) में पाए जाते हैं।
- दृढ़ोतक के अन्तर्गत निम्नलिखित दो प्रकार की कोशिकाएँ आती हैं

(a) **दृढ़ोतक तन्तु** (Sclerenchymatous fibres) ये लम्बी, पतली और दोनों सिरों पर नुकीली कोशिकाएँ होती हैं। इनकी कोशिका भित्ति में अत्यधिक लिग्निन होता है।

(b) **दृढ़ या पाषाण कोशिकाएँ** (Stone cells) ये गोल अथवा कुछ बेलनाकार कोशिकाएँ होती हैं। कोशिका भित्ति पर अत्यधिक लिग्निन जमा हो जाने के कारण इनकी कोशिका गुहा अत्यन्त छोटी और संकरी हो जाती है। इसके कार्य इस प्रकार हैं

- इस ऊतक का मुख्य कार्य पादप को यान्त्रिक शक्ति प्रदान करना है।
- यह ऊतक पादप के बाहरी परतों में **'रक्षात्मक ऊतक'** के रूप में कार्य करता है।
- इस ऊतक की कोशिकाएँ मृत होने के कारण, इनमें जल-धारण करने की क्षमता अधिक पायी जाती है। अत: इनके तन्तु वाहक ऊतक अर्थात् **जाइलम** (Xylem) और **पोषवाह** (Phloem) में बहुतायत से पाए जाते हैं।

2. **जटिल ऊतक** Complex Tissues

जटिल ऊतक कोशिकाओं का वह समूह है, जिसमें एक से अधिक प्रकार की कोशिकाएँ उपस्थित होती हैं तथा ये सभी कोशिकाएँ मिलकर एक इकाई की तरह कार्य करती हैं। जटिल ऊतक निम्नलिखित दो प्रकार के होते हैं

(i) **दारु या जाइलम** Xylem

यह **जल संवाहक ऊतक** (Water conducting tissues) कहलाता है। इसका प्रमुख कार्य मृदा से जल एवं खनिज-लवणों को लेकर पादपों के विभिन्न भागों में पहुँचाना है। यह ऊतक पादप का प्रमुख काष्ठीय भाग बनाता है। इसमें निम्नलिखित चार प्रकार की कोशिकाएँ पायी जाती हैं-

(a) **वाहिनिकाएँ** (Tracheids) इस प्रकार की कोशिकाएँ निर्जीव, लम्बी, नलिकाकार एवं दोनों सिरों पर नुकीली होती हैं। कोशिका भित्ति पर अत्यधिक लिग्निन जमा होने के कारण इन वाहिनिकाओं की दीवार सर्पिलाकार (Spiral), वलयाकार (Annular), जालिकारूपी (Reticulate) और गर्तमय (Pitted) हो सकती हैं।

(b) **वाहिकाएँ** (Vessels) ये भी पतली बेलनाकार, नलीनुमा वाहिनिकाओं की तरह कोशिकाएँ हैं, परन्तु इनकी चौड़ाई वाहिनिकाओं की तुलना में अधिक होती है। वाहिकाएँ भी कोशिका भित्ति पर लिग्निन के स्थूलन के कारण अनेक प्रकार की होती है; जैसे—सर्पिलाकार, वलयाकार, जालिकावत्, सोपानवत्, गर्ती, आदि।

(c) **जाइलम मृदूतक** (Xylem parenchyma) ये वे जीवित कोशिकाएँ हैं, जो मृदूतक के समान ही होती हैं, परन्तु इनकी भित्ति लिग्निन के जमा होने के कारण थोड़ी मोटी हो जाती हैं।

(d) **जाइलम तन्तु** (Xylem fibres) इस प्रकार की कोशिकाएँ निर्जीव, लम्बी, पतली और सिरों पर नुकीली होती हैं। ये पादपों को सहारा और दृढ़ता प्रदान करती हैं।

जाइलम के मुख्य कार्य निम्नलिखित हैं

- जाइलम पादप को यान्त्रिक शक्ति प्रदान करता है।
- जड़ों द्वारा अवशोषित जल और लवणों के घोल को पादप के विभिन्न भागों तक जाइलम द्वारा ही पहुँचाया जाता है।

(ii) **पोषवाह या फ्लोएम** Phloem

इसकी कोशिका भित्ति दृढ़ और लिग्निनयुक्त होती है। इस ऊतक का मुख्य कार्य पादपों में भोज्य पदार्थों का संवहन है।

पोषवाह निम्नलिखित चार प्रकार की कोशिकाओं से मिलकर बना होता है

(a) **चालनी नलिकाएँ** (Sieve tubes) ये विशेष नलिकाकार संरचनाएँ हैं, जो अनेक सजीव और लम्बी कोशिकाओं के सिरे कतार में जुड़ने के फलस्वरूप बनती हैं।

इन कोशिकाओं के बीच-बीच में उपस्थित अनुप्रस्थ भित्तियों में अनेक छिद्र होते हैं, जिससे इनकी रचना छलनी के समान प्रतीत होती है। इसी कारण इन्हें **चालनी पट्टिकाएँ** (Sieve plates) कहते हैं।

(b) **सहकोशिकाएँ** (Companion cells) ये कोशिकाएँ लम्बी, पतली और चालनी नलिकाओं के पार्श्व में उपस्थित होती हैं। इन कोशिकाओं में एक बड़ा केन्द्रक तथा जीवद्रव्य पाया जाता है। केवल आवृतबीजी पादपों के पोषवाह में सहकोशिकाएँ पायी जाती हैं।

(c) **पोषवाह मृदूतक** (Phloem parenchyma) चालनी नलिकाओं के बीच-बीच में साधारण मृदूतक समान जीवित, लम्बी एवं केन्द्रकयुक्त, छोटी-छोटी कोशिकाएँ होती हैं, जो **पोषवाह मृदूतक** कहलाती हैं।

(d) **पोषवाह रेशे** (Phloem fibres) ये लम्बी दृढ़ कोशिकाओं के बने होते हैं तथा पोषवाह को यान्त्रिक शक्ति और दृढ़ता प्रदान करते हैं। पोषवाह निम्न प्रकार से कार्य करते हैं

- पोषवाह पत्तियों द्वारा तैयार कार्बनिक खाद्य-पदार्थों को पादप के विभिन्न भागों तक पहुँचाता है।
- यह एकमात्र ऊतक है, जो पादपों को यान्त्रिक शक्ति संचयन प्रदान करता है।

3. **विशिष्ट ऊतक** Special Tissues

पादपों में ये ऊतक विशेष कार्यों को पूरा करते हैं एवं मुख्यतया अनेक प्रकार के पदार्थों का स्रावण करते हैं। इन्हें निम्नलिखित समूहों में बाँटा गया है

(i) **ग्रन्थिल ऊतक** (Glandular tissues) ये ऊतक तेल, रेजिन, मकरन्द, जल, आदि का स्रावण करते हैं।

(ii) **रबरक्षीरी ऊतक** (Laticiferous tissues) इन ऊतकों से गाढ़ा अथवा जलीय पदार्थ रबरक्षीर (Latex) स्रावित होता है।

पुष्पीय पादपों की शारीरिकी
Anatomy of Flowering Plants

शारीरिकी (Anatomy) जीव विज्ञान की वह शाखा है, जिसमें जीवों के शरीर में पायी जाने वाली ऊतकीय व्यवस्था एवं विविध अंगों; जैसे-जड़, तना, पत्ती, आदि की संरचना का अध्ययन किया जाता है। अत: यहाँ पर पादप शारीरिकी के अन्तर्गत जड़, तना एवं पत्ती की आन्तरिक संरचना का ही अध्ययन किया जाएगा।

जड़ की आन्तरिक संरचना
Internal Structure of Root

प्रत्येक जड़ में कुछ विशेष प्रकार के ऊतक तथा उनका एक विशेष संगठन होता है, जो जड़ों की आन्तरिक संरचना के विशिष्ट लक्षणों को निर्धारित करता है।

एकबीजपत्री एवं द्विबीजपत्री जड़ों की आन्तरिक संरचना में अन्तर

विवरण	एकबीजपत्री जड़	द्विबीजपत्री जड़
संवहन बण्डल	छः से अधिक संवहन पूल पाए जाते हैं।	इनकी संख्या सामान्यतया 2-6 तक होती है।
एधा	अनुपस्थित होता है।	द्वितीयक वृद्धि (Secondary growth) के समय उत्पन्न हो जाती है।

विवरण	एकबीजपत्री जड़	द्विबीजपत्री जड़
मज्जा	पूर्णतया विकसित।	अल्पविकसित या अनुपस्थित।
द्वितीयक वृद्धि	द्वितीयक वृद्धि नहीं पाई जाती है।	द्वितीयक वृद्धि पाई जाती है।
परिरम्भ	यह केवल पार्श्व मूलों (Lateral roots) को ही बनाती है।	यह पार्श्व मूल एवं द्वितीयक विभज्योतक भी बनाती है।

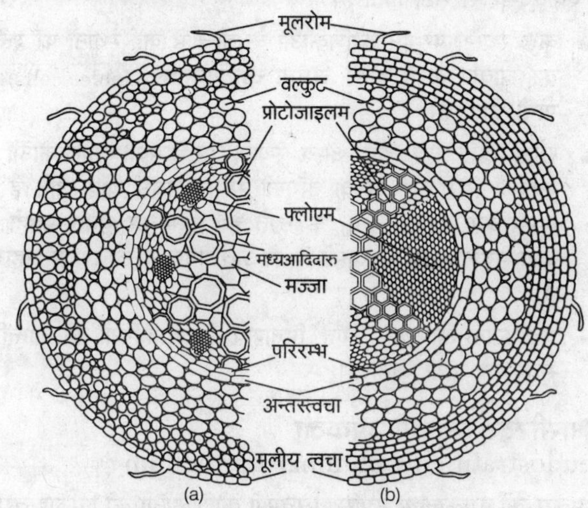

द्विबीजपत्री एवं एकबीजपत्री जड़ों में अन्तर;
(a) एकबीजपत्री, (b) द्विबीजपत्री

तने की आन्तरिक संरचना
Internal Structure of Stem

सभी पुष्पीय पादपों के तनों में कुछ सामान्य आन्तरिक लक्षण होते हैं, जिनका ज्ञान होना आवश्यक है।

एकबीजपत्री एवं द्विबीजपत्री तने में अन्तर

एकबीजपत्री तना	द्विबीजपत्री तना
इसकी बाह्यत्वचा में कोशिकाएँ छोटी होती हैं।	इसमें अपेक्षाकृत बड़ी होती हैं।
इसकी अधस्त्वचा दृढ़ोतक की होती है।	इसकी स्थूलकोणोतक की होती है।
इसमें वल्कुट नहीं होता है।	इसमें वल्कुट पाया जाता है।
इसमें अन्तस्त्वचा नहीं पाई जाती है।	इसमें एककोशिकीय मोटी होती है।
इसमें परिरम्भ नहीं होता है।	इसमें परिरम्भ होता है।
इसमें मेड्यूलरी किरणें नहीं पाई जाती हैं।	इसमें संवहन बण्डलों के मध्य में पाई जाती हैं।
इसमें मज्जा नहीं पाया जाता है।	इसमें मज्जा पाया जाता है।
इसमें संवहन बण्डल बिखरे हुए, संयुक्त बहि:पोषवाही तथा बन्द होते हैं। ये अण्डाकार, बण्डल आच्छदयुक्त पाए जाते हैं।	इसमें संवहन बण्डल एक या एक से अधिक घेरों में व्यवस्थित होते हैं। ये संयुक्त बाह्यपोषवाही तथा खुले होते हैं। बण्डल आच्छद नहीं होता है।

पत्ती की आन्तरिक संरचना
Internal Structure of Leaves

पत्तियों की ऊपरी व निचली सतह की समानता व भिन्नता के आधार पर तथा पत्तियों की आन्तरिक संरचना के आधार पर पत्तियाँ दो प्रकार की होती हैं

(i) पृष्ठाधारी पत्ती Dorsiventral Leaf

- पृष्ठाधारी पत्तियों को **द्विपृष्ठी पत्तियाँ** (Bifacial leaf) भी कहा जाता है। ये पत्तियाँ मुख्यतया द्विबीजपत्री पादपों (Dicot plants) में पायी जाती हैं। ये पत्तियाँ तिरछी या क्षैतिज दिशा (Horizontal) में लगी रहती हैं, जिससे इस प्रकार की पत्तियों की दोनों सतह पर समान रूप से प्रकाश नहीं पड़ता है।
- इन पत्तियों की ऊपरी सतह व निचली सतह के ऊतकों में भिन्नता पायी जाती है। इन पत्तियों की ऊपरी सतह, निचली सतह की अपेक्षा गहरे रंग की होती है; उदाहरण—आम (Mango) सूर्यमुखी, सरसों, आदि।

(ii) समद्विपार्श्व पत्ती Isobilateral Leaf

ये पत्तियाँ मुख्यतया एकबीजपत्री पादपों (Monocot plants) में पायी जाती हैं। ये पत्तियाँ सीधी अवस्था में लगी रहती हैं। अत: इन पत्तियों की दोनों ऊपरी व निचली सतह पर समान रूप से सूर्य का प्रकाश पड़ता है। अत: इन पत्तियों की ऊपरी व निचली सतह के ऊतकों की संरचना व रंग समान होता है। उदाहरण—मक्का की पत्ती।

द्विबीजपत्री एवं एकबीजपत्री पत्ती की आन्तरिक संरचना में अन्तर

द्विबीजपत्री पत्ती	एकबीजपत्री पत्ती
ये पत्तियाँ पृष्ठाधारी (Dorsiventral) होती हैं।	ये पत्तियाँ समद्विपार्श्विक होती हैं।
इस प्रकार की पत्ती में शिराविन्यास जालिकावत् होता है।	इस प्रकार की पत्ती में शिराविन्यास समानान्तर होता है।
पत्ती की ऊपरी व निचली बाह्यत्वचा अलग-अलग होती है।	ऊपरी व निचली बाह्यत्वचा पर क्यूटिकल का आवरण समान मोटाई का होता है।
रन्ध्र प्राय: निचली बाह्यत्वचा में मिलते हैं। अत: ये पत्तियाँ अधोरन्ध्री होती हैं।	रन्ध्र पत्ती की दोनों सतहों पर मिलते हैं। अत: ये पत्तियाँ उभयरन्ध्री होती हैं।
पर्णमध्योतक खम्भ व स्पंजी (Spongy) मृदूतकों का बना होता है।	इसमें पर्णमध्योतकों की सभी कोशिकाएँ एक-समान होती हैं।
स्पंजी पैरेन्काइमा में बड़े अन्तराकोशिकीय स्थान मिलते हैं।	पर्णमध्योतकों की कोशिकाओं में अपेक्षाकृत छोटे अन्तराकोशिकीय स्थान मिलते हैं।
इसमें बुलीफॉर्म कोशिकाएँ अनुपस्थित होती हैं।	इसमें ऊपरी बाह्यत्वचा में बुलीफॉर्म कोशिकाएँ मिलती हैं।
संवहन बण्डल की बण्डल आच्छद मृदूतकों की बनी होती है तथा उस पर हरितलवक नहीं पाए जाते हैं।	इसमें बण्डल आच्छद की कोशिकाओं में हरितलवक मिल सकते हैं। संवहन बण्डल के ऊपर व नीचे दृढोतकों के समूह मिलते हैं।

जन्तु ऊतक Animal Tissues

- पादपों की तुलना में जन्तुओं के ऊतकों में अधिक विविधता होती है, क्योंकि पादप स्थिर होते हैं, वे गति नहीं करते, लेकिन जन्तु भोजन एवं आश्रय की खोज में इधर-उधर गति करते हैं। अत: जन्तुओं में गमन और शरीर का समन्वयन करना अति महत्त्वपूर्ण हो जाता है।
- सभी जन्तुओं में ऊतक समान नहीं होते हैं। एककोशिकीय एवं निम्न स्तर के बहुकोशिकीय जन्तुओं (संघ–पोरीफेरा) में ऊतक अनुपस्थित होते हैं। संघ–निडेरिया एवं उससे आगे के संघों में ऊतकों की संरचना एवं कार्यों में जटिलता जन्तु शरीर की जटिलताओं के साथ बढ़ती जाती है।
- जन्तु ऊतकों की बहुसंख्या कोशिकाओं के आकार, माप एवं कार्य के आधार पर जन्तु ऊतकों का वर्गीकरण होता है।

उपकला ऊतक Epithelial Tissues

उपकला ऊतक शरीर की विभिन्न सतहों पर ग्रन्थिल या अग्रन्थिल आवरण बनाते हैं। सतह पर होने के कारण इस ऊतक में रुधिर कोशिकाएँ नहीं होती हैं। 'एपिथीलियम' शब्द का प्रयोग सर्वप्रथम डच वैज्ञानिक **रयूश** (Ruysch) ने 18वीं सदी में किया था। इन्हें दो श्रेणियों में विभाजित किया गया है

1. आच्छादी उपकला ऊतक Covering Epithelium Tissues

- आच्छादी उपकलाएँ कोशिकाओं के एक अथवा अधिक स्तरों के रूप में शरीर और आन्तरांगों की बाह्य एवं भीतरी सतहों पर रक्षात्मक आवरण बनाती हैं। ये उपकलाएँ भ्रूणीय परिवर्धन में तीनों ही प्राथमिक जनन स्तरों अर्थात् एक्टोडर्म, मीसोडर्म एवं एण्डोडर्म से बनती हैं।
- इन उपकलाओं में कोशिकाएँ परस्पर सटी हुई तथा एक **आधार कला** (Basement membrane) पर टिकी होती हैं। ये कोशिकाएँ विभिन्न **आसंजनों** (Adhesions) या बन्धनों अर्थात् **दृढ़ बन्धनों** (Tight junctions), डेस्मोसोम्स (Desmosomes), पार्श्व प्रवर्धों, आदि द्वारा परस्पर जुड़कर उपकला की अखण्डता को बनाए रखती हैं।

ये निम्नलिखित चार प्रकार की होती हैं

A. सरल उपकला Simple Epithelium

ऐसे ऊतकों में आधारकला पर कोशिकाओं का केवल एक ही स्तर होता है। ये सामान्यतया ऐसी सतहों पर होती हैं, जहाँ सुरक्षा के साथ-साथ स्रावण, अवशोषण, विसरण या परासरण द्वारा पदार्थों का आदान-प्रदान भी होता है। आकृति और रचना के आधार पर यह निम्नलिखित तीन प्रकार की होती है

(i) **सरल शल्की उपकला** (Simple squamous epithelium) इस उपकला की कोशिकाएँ शल्कों की भाँति चपटी, बहुभुजी (Polygonal) और चौड़ी प्लेट के आकार की होती हैं। इसे **खड़जी उपकला** (Pavement epithelium) भी कहते हैं।

- इनका प्रमुख कार्य पदार्थों को विसरण द्वारा एक ओर से दूसरी ओर पहुँचाना होता है।
- ये देहगुहा के विभिन्न भागों; जैसे—हृदय, रुधिर वाहिनियों, लसीका वाहिनियों, फेफड़ों की वायु कूपिकाओं के चारों ओर पायी जाती हैं।

(ii) **सरल घनाकार उपकला** (Simple cuboidal epithelium) इस सरल उपकला की कोशिकाएँ घनाकार होती हैं।

- यह उपकला उन अंगों में मिलती है, जहाँ अवशोषण, उत्सर्जन और स्रावण की क्रियाएँ होती हैं अर्थात् यह ऊतक वृक्क नलिकाओं, जनदों, ब्रोंकियोल्स एवं स्वेद ग्रन्थियों व लार ग्रन्थियों में पाया जाता है।

(iii) **सरल स्तम्भी उपकला** (Simple columnar epithelium) इस उपकला की कोशिकाएँ स्तम्भ (Pillars) के समान लम्बी, आयताकार व एक-दूसरे से सटी होती हैं।

- कुछ स्थानों पर इन कोशिकाओं के बीच में कई स्थानों पर श्लेष्म का स्रावण करने वाली **चषक कोशिकाएँ** (Goblet cells) भी पायी जाती हैं।
- छोटी आँत एवं कुछ अन्य स्थानों पर इसकी कोशिकाओं के स्वतन्त्र सिरों पर अनेक अँगुली समान प्रवर्ध पाए जाते हैं, ये **सूक्ष्मांकुर** (Microvilli) कहलाते हैं। सूक्ष्मांकुर युक्त सतहों को **ब्रश सदृश सतह** भी कहते हैं। ये अवशोषण व स्रावण में सहायक है।
- यह ऊतक आमाशय, आँत, पित्ताशय, पित्तवाहिनियों की आन्तरिक सतह पर पाया जाता है।

B. आभासीस्तृत स्तम्भी उपकला Pseudostratified Columnar Epithelium

- इस प्रकार की उपकला में उपस्थित स्तम्भी कोशिकाओं की लम्बाई बराबर न होने के कारण छोटी-छोटी कोशिकाओं के एक अतिरिक्त स्तर की उपस्थिति का आभास होता है, जिसके कारण यह उपकला द्विस्तरीय दिखायी देती हैं।
- इस उपकला में सामान्यतया रोमाभि, श्लेष्मा या चषक कोशिकाओं की उपस्थिति अधिक होती है।
- ये श्वासनाल, नासिका गुहाओं, ग्रसनी, मूत्रमार्ग, ग्रन्थि की बड़ी वाहिनियों एवं अन्य लम्बी नलिकाओं के आन्तरिक स्तर को बनाती है।

C. स्तृत उपकला Stratified Epithelium

- इस प्रकार की उपकला में कोशिकाएँ एक से अधिक स्तरों में व्यवस्थित होती हैं एवं कोशिकाओं का केवल सबसे भीतरी (निचला) स्तर ही आधार कला पर स्थित होता है। सरल उपकला की तरह यह भी तीन प्रकार अर्थात् शल्की, घनाकार एवं स्तम्भी होती है।
- इस ऊतक के बाह्य स्तर की कोशिकाएँ नमी, चिकनाहट एवं घर्षण के कारण नष्ट होती रहती हैं, जबकि भीतरी स्तर की कोशिकाएँ विभाजित होकर इसकी क्षतिपूर्ति करती रहती हैं।
- ये ऊतक वायु से सीधे सम्पर्क रखने वाले भागों; जैसे—देह भित्ति, नेत्रों की कॉर्निया, मलाशय गुहा, मुखगुहा, आदि पर पाए जाते हैं।

D. विशेषीकृत उपकला Specialised Epithelium

विशेषीकृत उपकला निम्नलिखित तीन प्रकार की होती हैं

(i) **अन्तर्वर्ती उपकला** (Transitional epithelium) यह सामान्य स्तरित उपकला के समान होती है। इसमें कोशिकाएँ एक महीन आधार कला तथा मोटे एवं लचीले संयोजी ऊतक पर सधी होती हैं। ये सभी कोशिकाएँ जीवित, लचीली एवं पतली होती हैं।

इस उपकला पर दबाव पड़ने पर इसकी कोशिकाओं की लम्बाई परिवर्तित हो जाती है। यह उपकला मूत्राशय एवं मूत्रवाहिनियों की दीवार का भीतरी स्तर बनाती है।

(ii) **तन्त्रिका संवेदी उपकला** (Neuro sensory epithelium) इस उपकला में सामान्य कोशिकाओं के बीच-बीच में संवेदी कोशिकाएँ उपस्थित होती हैं।

यह घ्राण अंगों की श्लेष्मिक कला अर्थात् **श्नीडेरियन झिल्ली** (Schneiderian membrane), अन्त:कर्णों की उपकला, स्वाद कलिकाओं एवं नेत्रों की रेटिना में पायी जाती है।

(iii) **रंगा उपकला** (Pigment epithelium) नेत्रों की दृष्टि पटल में आधार स्तर पर यह उपकला उपस्थित होती है, जिसकी कोशिकाओं में रंगा-कण पाए जाते हैं।

2. ग्रन्थिल उपकला ऊतक
Glandular Epithelium Tissue

- यह उपकला वास्तव में सरल स्तम्भी उपकला का एक रूपान्तरण है। इनकी कोशिकाओं में एक स्पष्ट **केन्द्रक** (Nucleus) होता है।
- ये कोशिकाएँ हॉर्मोन्स, एन्जाइम्स, श्लेष्म, पाचक रस, आदि तरल पदार्थों का स्रावण करती हैं।
- ग्रन्थिल उपकला ऊतक में स्रावण के लिए निम्नलिखित दो प्रकार की ग्रन्थियाँ मिलती हैं
  - (i) **एककोशिकीय ग्रन्थि** (Unicellular gland) इसके अन्तर्गत चषक (Goblet) कोशिकाएँ आती हैं, जो श्लेष्म (Mucous) का स्रावण करती हैं।
  - (ii) **बहुकोशिकीय ग्रन्थि** (Multicellular gland) इसके अन्तर्गत बहुकोशिकीय बाह्यस्रावी (Exocrine) और अन्त:स्रावी (Endocrine) ग्रन्थियाँ आती हैं।

उपकला ऊतक के कार्य
Functions of Epithelium Tissue

इसके मुख्य कार्य निम्नलिखित हैं

(i) उपकला ऊतक का मुख्य कार्य शरीर और आन्तरांगों के लिए सुरक्षात्मक आवरण बनाना है, जो शरीर के आन्तरिक ऊतकों को जीवाणुओं, हानिकारक पदार्थों से एवं सूखने से बचाता है।

(ii) यह **चयनात्मक अवरोध** (Selective barrier) की तरह कार्य करता है।

(iii) यह आहारनाल में अवशोषण में सहायता करता है।

(iv) यह शरीर में विभिन्न स्थानों पर स्रावण में सहायक है।

(v) यह वृक्क नलिकाओं में पुनरावशोषण तथा उत्सर्जन में सहायक है।

(vi) यह श्वासनांगों में गैसीय विनिमय का कार्य करती है।

(vii) उपकला ऊतक की कोशिकाओं में विभाजन की क्षमता के कारण ये शरीर के **पुनरुद्भवन** (Regeneration) में भाग लेती है। अत: ये घाव भरने में भी सहायक होती है।

संयोजी ऊतक Connective Tissue

- संयोजी ऊतक **भ्रूणीय मध्य जननस्तर** (Mesoderm) से बनता है। यह शरीर का लगभग 30% भाग बनाता है। ये ऊतक शरीर के सभी अंगों तथा अंग तन्त्रों के मध्य फैले होते हैं। इनका कार्य अंगों को सहारा देना, अंगों को आवरित करके उनकी सुरक्षा करना एवं उन्हें परस्पर बाँधे रखना होता है। यह ऊतक मूल रूप से तीन घटकों अर्थात् आधारद्रव्य (Matrix), कोशिकाओं और तन्तुओं का बना होता है।
- आधारद्रव्य एवं तन्तुओं की रचना के आधार पर संयोजी ऊतक को निम्नलिखित तीन श्रेणियों में बाँटा गया है

1. वास्तविक संयोजी ऊतक
2. कंकालीय संयोजी ऊतक
3. संवहनीय संयोजी ऊतक

1. वास्तविक संयोजी ऊतक
Proper Connective Tissues

इस प्रकार के संयोजी ऊतकों का मुख्य कार्य अंगों को परस्पर बाँधे रखना एवं उनके बीच का स्थान भरना है। इनका आधार द्रव्य तरल या अर्द्धतरल होता है। ये निम्न प्रकार के होते हैं

A. **अन्तराली संयोजी ऊतक** (Areolar connective tissue) इसे **सरल ढीला संयोजी ऊतक** (Simple loose connective tissue) भी कहते हैं। इस ऊतक में रुधिर, लसीका कोशिकाओं और तन्त्रिकाओं के अतिरिक्त निम्नलिखित तीन प्रकार के संयोजी ऊतक तन्तु पाए जाते हैं

(i) **श्वेत कोलैजन तन्तु** (White collagenous fibres) ये श्वेत व लोचरहित तन्तु होते हैं, जो कि कोलैजन (Collagen) नामक प्रोटीन के बने होते हैं।

(ii) **पीले इलास्टीन तन्तु** (Yellow elastin fibres) ये पीले व लोचयुक्त (Elastic) तन्तु होते हैं, जो कि इलास्टिन (Elastin) नामक प्रोटीन के बने होते हैं।

(iii) **श्वेत रेटिकुलर तन्तु** (White reticular fibres) ये तन्तु जाली के समान परस्पर एक-दूसरे से गूँथे रहते हैं। ये लोचरहित होते हैं एवं **रेटिकुलिन** (Reticulin) नामक प्रोटीन के बने होते हैं।

- इनके अतिरिक्त इस ऊतक में सभी प्रकार की संयोजी ऊतक कोशिकाएँ; जैसे—फाइब्रोब्लास्ट्स (Fibroblasts), मैक्रोफेजेज (Macrophages), मास्ट कोशिकाएँ (Mast cells), लिम्फोसाइट (Lymphocyte), प्लाज्मा (Plasma) और वसा कोशिकाएँ (Fat or Adipose cells) पायी जाती हैं।
- यह ऊतक त्वचा के नीचे, खोखले अंगों व धमनी तथा शिराओं की भित्तियों पर पाया जाता है। यह ऊतक विभिन्न ऊतकों के बीच का स्थान भरने तथा उन्हें जोड़ने व अंगों को उनके स्थान पर बनाए रखने में सहायता प्रदान करता है।

B. **वसामय संयोजी ऊतक** (Adipose connective tissue) इसके आधार द्रव्य में मुख्य कोशिकाओं के रूप में वसा कोशिका या **एडिपोसाइट** (Adipocyte) होती हैं, जिनमें वसा संग्रहित रहती है।

व्हेल का ब्लबर, ऊँट की कूबड़ तथा मैरीनो भेड़ की मोटी पूँछ मुख्यतया वसामय संयोजी ऊतक की बनी होती है। मनुष्य में यह ऊतक उदर के निचले भाग, नितम्बों, जाँघों, कंधों, नेत्र गोलकों के चारों ओर अधिक मात्रा में पाया जाता है।

C. **श्वेत तन्तुमय ऊतक** (White fibrous tissue) इसके आधार द्रव्य में केवल कोलैजन तन्तु एवं मुख्यतया फाइब्रोब्लास्ट कोशिकाएँ पायी जाती हैं। यह **कण्डराओं** (Tendons) का निर्माण करता है, जो पेशी को अस्थि से जोड़ता है।

D. **पीले लचीले संयोजी ऊतक** (Yellow elastic connective tissue) इसके आधार द्रव्य में पीले लचीले इलास्टिक तन्तु परस्पर समान्तर समूहों में लगे रहते हैं। इनके **समूह स्नायु** (Ligament) का निर्माण करते हैं, जो एक अस्थि को दूसरी अस्थि से जोड़ते हैं।

E. **जालिकामय संयोजी ऊतक** (Reticular connective tissue) इस ऊतक के आधार द्रव्य में मुख्य कोशिका वृहद्‌भक्षकाणु (Macrophase) होती है। यह ऊतक प्लीहा में लाल पल्प तथा श्वेत पल्प के रूप में, थाइमस, अस्थि मज्जा तथा आँत के पेयर के **चकतों** (Peyer's patches) में पाया जाता है। यह शरीर की प्रतिरक्षा (Immunity) में सहायक है।

F. **श्लेष्म संयोजी ऊतक** (Mucous connective tissue) यह मुर्गे की कलगी (Comb), भ्रूण की ऑवल तथा नेत्र गोलक के विट्रियस काय (Vitreous body) में पाया जाता है।

2. कंकालीय संयोजी ऊतक Skeletal Connective Tissue

यह ऊतक शरीर का अन्त:कंकाल बनाता है और भ्रूण के मध्य जननस्तर से विकसित होता है। यह शरीर के विभिन्न अंगों को आधार प्रदान करता है।

कंकालीय संयोजी ऊतक निम्नलिखित दो प्रकार का होता है

A. उपास्थि Cartilage

- यह ऊतक उच्च कशेरुकियों का भ्रूणीय तथा निम्न कशेरुकियों का मुख्य कंकालीय ऊतक है।
- यह एक सुदृढ़, परन्तु लचीला ऊतक है, जिसमें दबाव और तनाव को सहने की अत्यधिक क्षमता होती है।
- उपास्थि का निर्माण **कॉन्ड्रोब्लास्ट्स** (Chondroblasts) नामक कोशिका द्वारा होता है।
- उपास्थि की रचना तीन घटकों द्वारा होती है
  (a) आधार द्रव्य (b) पेरीकॉन्ड्रियम (c) कॉन्ड्रोसाइट्स
- उपास्थि का आधार द्रव्य **कॉन्ड्रिन** (Chondrin) नामक प्रोटीन से बना होता है, जिसमें श्वेत कोलैजन तन्तु और पीले लचीले इलास्टिन तन्तु उपस्थित होते हैं।
- उपास्थि सुदृढ़ आवरण से घिरी रहती है, जिसे **पेरीकॉन्ड्रियम** (Perichondrium) कहा जाता है।
- आधार द्रव्य के अन्दर ही छोटी-छोटी गोल अथवा अण्डाकार-सी **गर्तिकाएँ** (Lacunae) पायी-जाती हैं। प्रत्येक गर्तिका में एक या एक से अधिक कॉन्ड्रोसाइट कोशिकाएँ (Chondrocyte cells) होती हैं, जो कॉन्ड्रिन का स्रावण करती हैं। इन कोशिकाओं में विभाजन की क्षमता होती है।
- उपास्थियाँ निम्नलिखित चार प्रकार की होती हैं

  (i) **प्रभासी उपास्थि** (Hyaline cartilage) यह उपास्थि सबसे अधिक लचीली होती है। यह श्वासनली की दीवार, पसलियों के सिरों, टाँगों की अस्थियों, कण्ठ, आदि में पायी जाती है।

  (ii) **श्वेत तन्तुमय उपास्थि** (White fibro cartilage) ये उपास्थियाँ कशेरुकाओं (Vertebrae) के मध्य स्थित अन्तराकशेरुक गद्दियों (Intervertebral discs) एवं स्तनियों की श्रोणि मेखला के प्यूबिक सिमफाइसिस, आदि में पायी जाती हैं।

  (iii) **लचीली तन्तुमय उपास्थि** (Elastic fibro cartilage) ये नाक के सिरे पर एपिग्लॉटिस (Epiglottis) एवं कान के पिन्ना (Pinna), आदि में पायी जाती हैं।

  (iv) **कैल्सीफाइड उपास्थि** (Calcified cartilage) मेंढक की अंस मेखला (Pectoral girdle) की सुप्रास्केपुला (Supra scapula) एवं श्रोणि मेखला (Pelvic girdle) की प्यूबिस हड्डियाँ इसी उपास्थि द्वारा निर्मित होती हैं। यह प्रभासी उपास्थि पर कैल्शियम के जमने से बनती हैं।

B. अस्थि Bone

- अस्थि एक **दृढ़ संयोजी ऊतक** है एवं उच्च कशेरुकियों में यह ऊतक शरीर का मुख्य अन्त: कंकाल बनाता है। यह शरीर को एक निश्चित आकार प्रदान करता है एवं माँसपेशियों को आधार स्थल प्रदान करती है।
- भ्रूण के मध्य जननस्तर की अस्थि कोशिकाएँ अर्थात् **ऑस्टियोसाइट्स** (Osteocytes) अस्थि का निर्माण करती हैं। इन कोशिकाओं में विभाजन की क्षमता नहीं होती है।
- अस्थि के आधार द्रव्य को **ओसीन** (Ossein) कहते हैं। आधार द्रव्य का लगभग 62% भाग अकार्बनिक और 38% भाग कार्बनिक पदार्थों का बना होता है। इसमें कैल्शियम और मैग्नीशियम के लवण एकत्र होने से यह कठोर हो जाती है। शरीर में फॉस्फोरस की मात्रा सबसे अधिक अस्थियों में ही होती है।
- एक लम्बी अस्थि के फूले हुए किनारों को **एपिफाइसिस** (Epiphysis) एवं मध्य भाग को दण्ड (Shaft) कहते हैं। दण्ड में एक गुहा उपस्थित होती है अर्थात् अस्थि का **दण्ड** वाला भाग खोखला व किनारे ठोस होते हैं।
- अस्थि के दण्ड की गुहा को **मज्जा गुहा** (Marrow cavity) कहते हैं, जिसमें वसामय ऊतक भरा रहता है। इसे **अस्थि मज्जा** (Bone marrow) कहते हैं। अस्थि मज्जा में लाल श्वेत कणिकाओं (RBC) का निर्माण होता है।
- अस्थि उपास्थि की भाँति एक सुदृढ़ झिल्लीनुमा आवरण, पेरिऑस्टियम से ढकी रहती है। स्नायु तथा कण्डरा अस्थि से इसी झिल्ली द्वारा जुड़े रहते हैं।
- स्तनधारियों की लम्बी अस्थियों के आधार द्रव्य में एक हैवर्सियन नलिका के चारों ओर संकेन्द्रित पट्‌लिका के बीच, पंक्तियों में गर्तिकाएँ होती हैं। प्रत्येक ग्रर्तिका में एक अस्थि कोशिका अर्थात् ऑस्टियोसाइट होती हैं। अस्थि की 4-20 तक संकेन्द्रीय पट्‌लिका प्रत्येक हैवर्सियन नलिका को गोलाई में घेरती है। ऐसी एक पूरी संरचना को **हैवर्सियन तन्त्र** (Haversian system) या **ऑस्टिऑन** (Osteon) कहते हैं।
- **हैवर्सियन** नलिकाएँ मुख्य अक्ष के समानान्तर होती हैं तथा क्षैतिज **वोल्कमान नलिकाओं** (Volkmann's canals) द्वारा जुड़ी रहती हैं। हैवर्सियन तन्त्र का मुख्य कार्य रुधिर द्वारा अस्थि के भीतर पोषक पदार्थों एवं ऑक्सीजन का परिवहन करना है।

3. संवहनीय या तरल संयोजी ऊतक
Vascular or Fluid Connective Tissue

रुधिर एवं लसीका तरल या संवहनीय संयोजी ऊतक होते हैं। इनका अन्तराकोशिकीय पदार्थ तरल होता है, जिसमें कोशिकाएँ बिखरी रहती हैं। अत: ये **तरल ऊतक** कहलाते हैं। यह ऊतक शरीर का लगभग 8% भाग बनाते हैं।

रुधिर Blood

रुधिर लाल रंग का अपारदर्शी चिपचिपा द्रव्य है। इसकी श्यानता (Viscosity) 4.7 होती है तथा यह हल्का **क्षारीय** प्रकृति का होता है, जिसका pH 7.36-7.54 (औसत pH = 7.4) तक होती है। रुधिर सम्पूर्ण शरीर का लगभग 6-8% भाग बनाता है। रुधिर का तरल भाग **प्लाज्मा** (Plasma) कहलाता है, जिसमें रुधिर कणिकाएँ (Blood corpuscles) तैरती रहती हैं।

(i) **प्लाज्मा** (Plasma) यह हल्के पीले रंग का चिपचिपा एवं थोड़ा क्षारीय द्रव्य होता है, जो रुधिर का लगभग 55% भाग बनाता है। शेष 45% भाग में रुधिर कणिकाएँ होती हैं। प्लाज्मा में 90% जल और 10% प्रोटीन, कार्बनिक तथा अकार्बनिक पदार्थ होते हैं।

(ii) **रुधिर कणिकाएँ** (Blood corpuscles) ये निम्नलिखित तीन प्रकार की होती हैं

(a) **लाल रुधिर कणिकाएँ** (Red Blood Corpuscles or RBCs or Erythrocytes) मानव सहित सभी स्तनियों में (ऊँट और लामा को छोड़कर) लाल रुधिराणु गोलाकार, **उभयावतल** (Biconcave) तथा केन्द्रक विहीन होता है। ये अस्थि मज्जा में बनती हैं। लाल रुधिराणु में एक प्रोटीन रंजक (श्वसन रंगा) **हीमोग्लोबिन** (Haemoglobin) होता है, जिसके कारण इन रुधिराणुओं का रंग लाल होता है। यह शरीर में ऑक्सीजन के परिवहन का कार्य करते हैं।

(b) **श्वेत रुधिर कणिकाएँ** (White Blood Corpuscles or WBCs or Leucocytes) ये रुधिर कणिकाएँ अनियमित आकार की एवं केन्द्रकयुक्त होती हैं। इनकी संख्या लाल रुधिराणुओं की अपेक्षा बहुत कम होती हैं। यह शरीर के प्रतिरक्षा तन्त्र में अपना योगदान देती हैं। कुछ सूक्ष्मकणों की उपस्थिति के आधार पर, ये निम्नलिखित दो प्रकार की होती हैं

- **कणिकामय श्वेत रुधिर कणिकाएँ** (Granulocytes) इनके कोशिकाद्रव्य में विशेष कणिकाएँ (Granules) उपस्थित होती हैं, इन्हें **ग्रैन्यूलोसाइट** भी कहते हैं। इनका केन्द्रक पालियुक्त होता है तथा जिस रंगा से ये अभिक्रिया करती हैं उस आधार पर इन्हें तीन प्रकार में वर्गीकृत किया जा सकता है; जैसे—न्यूट्रोफिल, इओसिनोफिल और बेसोफिल।
- **कणिकारहित श्वेत रुधिर कणिकाएँ** (Agranulocytes) इनके कोशिकाद्रव्य में विशेष कण नहीं पाए जाते हैं। इन्हें **अग्रैन्यूलोसाइट्स** भी कहते हैं। ये दो प्रकार की होती हैं; जैसे—लिम्फोसाइट एवं मोनोसाइट।

(c) **रुधिर प्लेटलेट्स** (Blood platelets or Thrombocytes) स्तनियों में रुधिर प्लेटलेट्स सूक्ष्म, रंगहीन, केन्द्रकहीन, कुछ गोलाकार होती हैं। इनका जीवनकाल लगभग एक सप्ताह का होता है। इनका पाया जाना स्तनियों की प्रमुख विशेषता है। दूसरे कशेरुकियों में इनके स्थान पर **शंकु कोशिकाएँ** (Spindle cells) पायी जाती हैं। ये रुधिर के **स्कंदन** (Clotting) जमने में सहायक हैं।

संयोजी ऊतक के कार्य Functions of Connective Tissue

(i) संयोजी ऊतक **अवलम्बन** (Support) का कार्य करते हैं।
(ii) ये रासायनिक पदार्थों का संग्रह और संवहन भी करते हैं।
(iii) ये आन्तरांगों एवं ऊतकों को लोच और दृढ़ता प्रदान करते हैं।
(iv) ये विषैले पदार्थों, रोगाणुओं, कीटाणुओं, आदि को नष्ट करके शरीर की सुरक्षा करते हैं।
(v) ये शरीर में विभिन्न प्रकार के पदार्थों का परिवहन करते हैं।
(vi) ये शरीर का अन्त:कंकाल बनाते हैं।
(vii) ये गमन में सहायक हैं।

पेशीय ऊतक Muscular Tissue

- यह एक **संकुचनशील** (Contractile) **ऊतक** है, जिसकी कोशिकाएँ लम्बे तन्तुओं के रूप में होती हैं। पेशीय ऊतक की उत्पत्ति भ्रूण के मध्य जननस्तर (Mesoderms) से होती है। इन कोशिकाओं के भीतर पाया जाने वाला तरल **पेशीद्रव्य** या **सार्कोप्लाज्म** (Sarcoplasm) कहलाता है। इनकी अन्त:प्रद्रव्यी जालिका को **सार्कोप्लाज्मिक रेटिकुलम** (Sarcoplasmic reticulum) एवं इनकी जीवद्रव्य कला को **सार्कोलेमा** (Sarcolemma) कहते हैं। जन्तुओं के शारीरिक अंगों में गति पेशीय ऊतकों के कारण ही होता है।
- भौतिकी और कार्यिकी के आधार पर पेशीय ऊतक निम्नलिखित तीन प्रकार के होते हैं

1. रेखित या ऐच्छिक पेशियाँ Striped or Voluntary Muscles

इन पेशियों का आकुंचन जन्तु की इच्छा पर निर्भर करता है। अत: ये पेशियाँ **ऐच्छिक पेशियाँ** कहलाती हैं। कंकाल से जुड़े होने के कारण ये **कंकालीय पेशियाँ** (Skeletal muscles) भी कहलाती हैं। हाथ-पैरों तथा शरीर को गमन एवं गति प्रदान करने के कारण, इन्हें **दैहिक पेशियाँ** (Somatic muscles) भी कहते हैं। ये शरीर की सतह, हाथ-पैर, जिव्हा, ग्रासनली की शुरुआत में पायी जाती हैं। बाइसेप्स एवं ट्राइसेप्स पेशियाँ इन्हीं से बनती हैं।

2. अरेखित या अनैच्छिक पेशियाँ
Unstriped or Involuntary Muscles

- इन पेशियों के आकुंचन पर जन्तु की इच्छा का कोई नियन्त्रण नहीं होता, इसलिए इन्हें **अनैच्छिक पेशियाँ** भी कहते हैं। इनके तन्तुओं पर पट्टियाँ (Bands) नहीं होती हैं। अत: इन्हें **अरेखित पेशी तन्तु** भी कहते हैं। ये प्राय: खोखले आन्तरांगों की भित्तियों से सम्बन्धित होती हैं।
- इसी कारण ये **आन्तरांगीय पेशियाँ** (Visceral muscles) भी कहलाती हैं। ये शरीर के आन्तरांगों; जैसे—आहारनाल, मूत्राशय, रुधिर वाहिनियों, जनन वाहिनियों, आदि में पायी जाती हैं।

3. हृद पेशियाँ Cardiac Muscles

- कशेरुकियों के हृदय की मांसल भित्तियों में हृद पेशियाँ पायी जाती हैं। ये पेशियाँ छोटी, मोटी, बेलनाकार तथा शाखामय पेशी तन्तुओं की बनी होती हैं।

पेशी तन्तुओं में गहरे और हल्के रंग की पट्टियाँ पायी जाती हैं। ये शाखायुक्त पेशी होती हैं तथा इसकी शाखाएँ परस्पर अन्तराल सन्धियों द्वारा जुड़ी होती हैं, ये सन्धियाँ **अन्तर्विष्ट पट्टियाँ** (Intercalated discs) कहलाती हैं।

- हृद पेशियाँ अनैच्छिक एवं कभी न थकने वाली होती हैं। अत: हम कह सकते हैं, कि ये पेशियाँ संरचना में रेखित परन्तु कार्य में अरेखित पेशियों के समान होती हैं।

पेशियों के कार्य Functions of Muscles

(i) **ताप उत्पादन** पेशियाँ अतिक्रियाशील होती हैं। पेशियों के संकुचन से शरीर का **तापमान** सन्तुलित बना रहता है। यह विशेषतया रेखित पेशी का कार्य है; जैसे–ठण्ड लगने पर कपकपी आना।

(ii) **गति** कंकाल पेशियाँ अपने सिकुड़ने के गुण के कारण शरीर को गति प्रदान करती हैं अथवा चलने में सहायता करती हैं।

(iii) **संस्थिति** कुछ पेशियों के आंशिक संकुचन से बैठना, खड़े रहना, जैसी शरीर की **अवस्थाएँ** (Posture) बनी रहती हैं।

तन्त्रिका ऊतक Nervous Tissue

- जन्तुओं में **संवदेनशीलता** (Senstivity) अर्थात् वातावरणीय दशाओं में परिवर्तन के प्रति सजगता एवं **उत्तेजनशीलता** (Irritability) अर्थात् उक्त परिवर्तनों (Stimuli) के प्रति **प्रतिक्रियाशीलता** (Responsiveness) इसी ऊतक के कारण सम्भव है। इस ऊतक का निर्माण भ्रूण के बाह्य जनन स्तर की विशेष कोशिकाओं अर्थात् तन्त्रिका कोशिकाओं अथवा न्यूरॉन्स (Nerve cells or Neurons) द्वारा होता है।
- मनुष्य के शरीर में लगभग 100 अरब (10^{11}) न्यूरॉन्स होते हैं। इसकी अधिकांश संख्या मस्तिष्क में होती है। तन्त्रिका कोशिकाएँ सम्पूर्ण शरीर की सबसे लम्बी कोशिकाएँ होती हैं।
- ये कोशिकाएँ तन्त्रिका ऊतक की **संरचनात्मक** (Structural) और **क्रियात्मक** (Functional) इकाइयाँ होती हैं। इनमें विभाजन की क्षमता नहीं पायी जाती हैं।

तन्त्रिका कोशिका की संरचना Structure of Nerve Cell

तन्त्रिका कोशिकाएँ रचना एवं कार्यिकी में शरीर की सबसे **जटिल** (Complex) कोशिकाएँ हैं। तन्त्रिका कोशिका के निम्नलिखित भाग होते हैं

(i) **कोशिका काय** (Cell body or Cyton) यह तन्त्रिका कोशिका का मुख्य भाग होता है। इसके कोशिकाद्रव्य में एक बड़ा और गोल केन्द्रक, माइटोकॉण्ड्रिया, गॉल्जीकाय, अन्त:प्रद्रव्यी जालिका, वसा बिन्दुक, राइबोसोम्स और अनेक प्रोटीनयुक्त **निसिल के कण** (Nissl's granules) होते हैं।

(ii) **तन्त्रिका कोशिका प्रवर्ध** (Neurites) तन्त्रिका कोशिका में निम्नलिखित दो प्रकार के प्रवर्ध होते हैं

(a) **वृक्षिकाएँ अथवा डेन्ड्रॉन** (Dendron) ये अपेक्षाकृत छोटे प्रवर्ध होते हैं, जो सिरों की ओर क्रमश: सँकरे होते जाते हैं। इनकी शाखाएँ **वृक्षिकान्त** या **द्रुमिका** (Dendrite) कहलाती हैं। इनका कार्य उद्दीपन को ग्रहण करके उन्हें कोशिका काय की ओर ले जाना है।

(b) **तन्त्रिकाक्ष अथवा अक्षतन्तु** (Axis cylinder or Axon) कोशिकाकाय से तन्त्रिकाच्छद् (Neurilemma) में बन्द लम्बा, मोटा और बेलनाकार प्रवर्ध निकलता है, जो **तन्त्रिकाक्ष** कहलाता है। **तन्त्रिकाच्छद्** का निर्माण **श्वान कोशिकाओं** (Schwann cells) से होता है।

माइलिन (Myelin) नामक श्वेत वसीय पदार्थ की उपस्थिति और अनुपस्थिति के आधार पर यह तन्त्रिकाच्छद् **माइलिनिकृत** (Myelinated) या **अमाइलिनिकृत** (Non-myelinated) कहलाता है।

यह पदार्थ तन्त्रिका तन्त्र के श्वेत व **धूसर द्रव्य** (White and grey matter) का कारण भी होता है। श्वेत द्रव्य में यह उपस्थित व धूसर द्रव्य में अनुपस्थित होता है। यह तन्त्रिकाच्छद् स्थान–स्थान पर **अक्षतन्तु** (Axon) से चिपकी होती हैं। इन स्थानों को **रैनवियर के नोड** (Nodes of Ranvier) कहते हैं। अक्षतन्तु का कार्य उद्दीपनों को कोशिका काय से दूर ले जाना है।

तन्त्रिका ऊतक के कार्य Functions of Nerve Tissue

(i) तन्त्रिका कोशिकाएँ वातावरण में होने वाली क्रियाओं से संवेदनाओं को ग्रहण करती हैं।

(ii) यह ऊतक जन्तुओं के शरीर में होने वाली विभिन्न जैविक क्रियाओं पर नियन्त्रण रखता है।

तिलचट्टा Cockroach

- कॉकरोच आर्थ्रोपोडा संघ का सदस्य है। कॉकरोच शब्द स्पेनिश भाषा के कुकारेचा (Cucaracha) शब्द से लिया गया है, जिसका अर्थ होता है, 'तेज दौड़ने वाला'।
- यह ध्रुवों के अतिरिक्त सभी जगहों पर पाया जाने वाला प्राणी है। यह नमी तथा अन्धेरे वाले स्थानों में पाया जाने वाला रात्रिचर (Nocturnal) तथा सर्वाहारी (Omnivorous) है अर्थात् यह सभी प्रकार का भोजन खा सकता है। इसका शरीर द्विपार्श्व सममित होता है। कॉकरोच एकलिंगी, तेज दौड़ने वाला, पंखयुक्त तथा संधित उपांगों वाला कीट है।
- *अमेरिकाना* जाति का कॉकरोच सबसे सामान्य व बड़ा जीव है। इसकी लम्बाई 2.5-4.5 सेमी तथा चौड़ाई 1-1.8 सेमी तक हो सकती है। इसका रंग गहरा भूरा होता है। इसका शरीर सिर, धड़ तथा उदर में विभाजित होता है तथा यह अधर सतह से चपटा होता है।
- वयस्क कॉकरोच का शरीर 14 खण्डों में विभक्त होता है, जिसमें सिर 1 खण्ड, वक्ष 3 खण्ड तथा उदर 10 खण्ड का बना होता है। इसमें स्पष्ट लैंगिक द्विरूपता पायी जाती है।

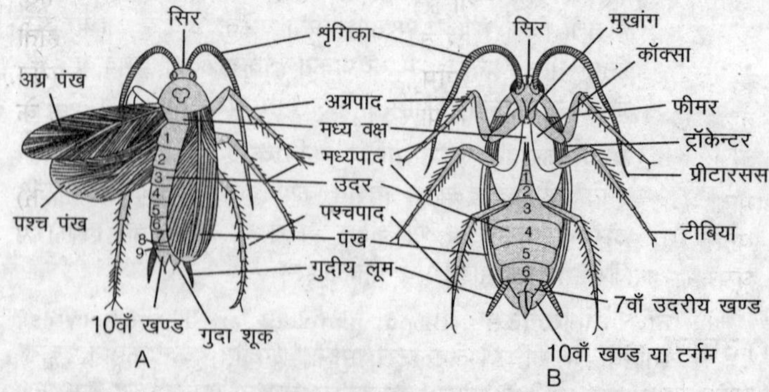

A. **पृष्ठ सतह में नर**, B. **अधर सतह में मादा**

बाह्य संरचना External Structure

(i) **सिर एवं वक्ष** Head and Thorax

- सिर आकार में त्रिकोणात्मक तथा चपटा होता है। यह छः भ्रूणीय खण्डों से बना है, ये खण्ड वयस्क में संयुक्त होकर एक हो जाते हैं। सिर के ऊपर 8 प्लेटें होती हैं। सिर पर सरल नेत्र या नेत्रक (Ocelli) तथा दो संयुक्त नेत्र (Compound eye) होते हैं। संयुक्त नेत्रों के पास अनेक सन्धियों वाली दो शृंगिकाएँ (Antennae) होती हैं, जो स्पर्श संवेदी हैं। सिर के अन्तःकंकाल को टेन्टोरियम कहते हैं। यह लचीली गर्दन से जुड़ा होता है। जिसका बाह्यकंकाल 8 काइटिनी प्लेटों का बना होता है। इनमें दो टर्गम, दो स्टर्नम तथा दो जोड़ी प्लूराइट पायी जाती है।
- कॉकरोच का वक्ष तीन खण्डों, अग्रवक्ष (Prothorax), मध्यवक्ष (Mesothorax) तथा पश्चवक्ष (Metathorax) में बँटा होता है। प्रत्येक वक्षीय खण्ड पर एक जोड़ी गमन पाद (Walking legs) होती हैं, जो पाँच विखण्डों (Podomeres) की बनी होती है। वक्ष पर दो जोड़ी पंख होते हैं। पंखों का दूसरा जोड़ा उड़ने में सहायक है।

(ii) **उदर** Abdomen

- भ्रूण में उदर 11 खण्डों का जबकि वयस्क में 10 खण्डों का बना होता है। प्रायः नर में 9 तथा मादा में 7 खण्ड दिखते हैं। 10वें खण्ड पर एक जोड़ी गुदीय लूम (Anal cerci) होती है, जो संवेदी अंग की भाँति कार्य करता है। यह भूमि से ध्वनि उद्दीपन ग्रहण करते हैं।
- नर कॉकरोच में 9वें खण्ड पर एक जोड़ी गुदा शूक (Anal styles) होते हैं, जो कॉकरोच में ही लैंगिक द्विरूपता (Sexual dimorphism) का कारण है।
- मादा में 7वें खण्ड में ही खण्ड संख्या 8 व 9 संयुक्त हो जाते हैं। 10वें खण्ड के अन्त में गुदाद्वार (Anus) पाया जाता है।

(iii) **बाह्य कंकाल** Exoskeleton

- कॉकरोच में मुख्यतया बाह्य कंकाल पाया जाता है, जो काइटिन का बना होता है। सम्पूर्ण शरीर काइटिन युक्त क्यूटिकल से बने अपारगम्य बाह्य कंकाल से ढका रहता है।
- सिर में 8 प्लेटें होती हैं—वर्टेक्स या ऑक्सीपुट, जो एपिक्रेनियल सीवन के कारण को-एपिक्रेनियल प्लेटों में बँटी रहती हैं, फ्रॉन्स (Frons), क्लाइपियस, लेब्रम, दो जीन तथा दो पोस्ट ऑक्सीपुट।
- वक्ष में पृष्ठ सतह पर प्रवक्षपृष्ठक, मध्यपृष्ठक तथा पश्चपृष्ठक पार्श्व दिशा में एक-एक जोड़ा पार्श्वक या प्लूरॉन तथा अधर तल की ओर एक-एक अधरक या स्टर्नम होता है। उदर के प्रत्येक खण्ड में चार कंकाल प्लेटे होती हैं। पृष्ठ सतह पर पृष्ठक या टर्गम, पार्श्व में एक जोड़ी पार्श्वक या प्ल्यूरॉन तथा अधरतल पर एक अधरक या स्टर्नम। नर में 8वाँ पृष्ठक 9वें पृष्ठक के नीचे धँसा रहता है।
- मादा में 7, 8 व 9वें अधरक मिलकर नौकाकार जनन वेश्म (Brood pouch) बनाते हैं। इसके अतिरिक्त बाह्य कंकाल के प्रवर्ध सन्धि वाले क्षेत्रों में घुसकर अन्तःकंकाल बनाते हैं।

(iv) **उपांग** Appendages

- सन्धि युक्त उपांग आर्थ्रोपोडा संघ का विशिष्ट लक्षण है। कॉकरोच में पाँच प्रकार के उपांग पाए जाते हैं

(a) **शृंगिका** (Antennae) यह सिर के अग्रस्थ भाग पर उपस्थित संवेदी उपांग है। ये पतले एक जोड़ी उपांग अशाखित तथा गतिशील होते हैं, जो स्पर्श व गन्ध संवेदी होते हैं। यह सिर के द्वितीय खण्ड से बने होते हैं।

(b) **मुखांग** (Mouth parts) कॉकरोच का मुख काटने व चबाने के लिए अनुकूल उपांगों से निर्मित होता है। एक उर्ध्वोष्ठ या लेब्रम, दो चिबुकास्थियाँ या मैन्डिबल, दो प्रथम मैक्सिली या जंभिकाएँ (जिनमें मैक्सिलरी पाल्प होते हैं), एक अधरोष्ठ या लेबियम या द्वितीय मैक्सिली (जो दो मैक्सिलरी के समेकन से बनता है) तथा एक अधोग्रसनी (Hypopharynx)।

- **लेब्रम** (Labrum) यह क्लाइपियस से जुड़ा रहता है तथा ऊपरी ओष्ठ की भाँति कार्य करता है। इस पर स्वाद ग्राही (Taste receptor) पाए जाते हैं। लेब्रम मैन्डिबल की दन्तुर (Denticulate) सतह को ढके रखता है। लेब्रम सिर के तीसरे खण्ड का उपांग है।
- **मैन्डिबल** (Mandible) एक जोड़ी होते हैं तथा इन पर तीन नुकीले दन्तुर पाए जाते हैं। मैन्डिबल क्लाइपियस से कन्दुक तथा गर्तिका (Ball and socket) सन्धि से जुड़े रहते हैं। मैन्डिबल भोजन कुतरने का कार्य करते हैं। इनके ऊपर स्पर्श ग्राही (Tango receptors) होते हैं। यह त्रिभुजाकार एवं कठोर होते हैं, जो कि चौथे खण्ड का उपांग है।
- **प्रथम मैक्सिला** (First maxilla) एक जोड़ी सिर के पार्श्व में लगी रहती है। मैक्सिला में तीन खण्ड होते हैं तथा मुख पर 90° के कोण पर मैक्सिलरी पाल्प, पैल्पीफर पर स्थित होते हैं। मैक्सिला भोजन पकड़कर रखने में सहायक है। इन पर गन्ध ग्राही (Olfactory receptors) होते हैं। मैक्सिला सिर के 5वें खण्ड के उपांग हैं।
- **लेबियम** (Labium) इसे द्वितीय मैक्सिला भी कहते हैं। यह निचले ओष्ठ की भाँति कार्य करती है। लेबियम भी तीन भागों का बना होता है—ये भाग सबमेन्टम, मेन्टम तथा प्रीमेन्टम हैं। तीन खण्डों वाला अधरोष्ठ या लेबियम स्पर्शक होता है, जो पैल्पीफर पर स्थित होता है। लेबियम भोजन को पकड़ने तथा इसे मुख गुहा में पहुँचाने में सहायता करता है। लेबियम पर स्वादग्राही तथा स्पर्शग्राही संवेदांग स्थित होते हैं। यह सिर के छठे खण्ड का उपांग है।
- **हाइपोफैरिन्क्स** (Hypopharynx) यह काइटिन रहित कोमल भाग है। यह मैक्सिला के नीचे पाया जाता है। इसे कॉकरोच की जिह्वा कहते हैं, क्योंकि इसके आधार पर लार वाहिनियाँ (Salivary ducts) खुलती है।

(c) **पाद** (Legs) यह वक्षीय उपांग है, जो तीन खण्डों से बने वक्ष के प्रत्येक खण्ड से एक जोड़ी निकलती हैं। यह तिलचट्टे में गमन का कार्य करती हैं। तीनों जोड़ी गमन पाद रचना में समान होते हैं। प्रत्येक पाद पाँच पादखण्डों (Podomere) का बना होता है।

ये पादखण्ड हैं—कॉक्सा या कक्षांग, ट्रॉकेन्टर या शिखरक, फीमर या उर्विका, टीबिया या अन्तर्जंघिका तथा टारसस या गुल्फ। आखिरी पादखण्ड टारसस है, यह पाँच गुल्फ खण्डों का बना होता है तथा प्रत्येक पर एक चिपचिपी गद्दी प्लेनटुला लगी होती है।

आखिरी गुल्फ खण्ड गुल्फिका (Tarsomeres) है, जिस पर दो नखर तथा उनके बीच एक रोमयुक्त गद्दी-पादपल्प (Pulvillus) या एरोलियम लगी होती है।

(d) **पंख** (Wings) यह भी वक्षीय उपांग है, जो एक-एक जोड़ी मध्य तथा पश्च वक्ष खण्ड से निकलते हैं। नर के पंख मादा की तुलना में बड़े होते हैं। यह दो प्रकार के होते हैं

- **अग्र पंख** (First pair wings) इन्हें **पक्षवर्म** (Elytra or tegmina) कहते हैं। यह मोटे, सख्त तथा अपारदर्शी होते हैं। यह मध्य वक्ष खण्ड से निकलते हैं। यह उड़ने में सक्षम नही है, बल्कि दूसरे जोड़ी पंखों की सुरक्षा करते हैं।
- **पश्च पंख** (Second pair wings) यह पश्च वक्ष खण्ड से निकलते हैं। यह पारदर्शी तथा पतले होते हैं। अल्प विकसित पेशियों के कारण यह कुछ क्षणों के लिए ही उड़ पाते हैं। इस कार्य हेतु चार प्रकार की पेशियाँ पायी जाती हैं
  - **टरगोस्टर्नल पेशियाँ** (Targosternal muscles) टर्गम तथा स्टर्नम को जोड़ती हैं। इन पेशियों के संकुचन से पंख ऊपर उठते हैं।
  - **पृष्ठ अनुदैर्ध्य पेशियाँ** (Dorsal longitudinal muscles) टर्गम के नीचे पृष्ठ सतह पर उपस्थित होती हैं। इन पेशियों के संकुचन से पंख नीचे आते हैं।
  - **अग्र प्लूरल पेशियाँ** (Anterio pleural muscles) पंखों को प्लूरॉन से जोड़ती हैं। ये उड़ान में भाग नहीं लेती।
  - **बेसलर पेशियाँ** (Basellar muscles) पंखों को स्टर्नम से जोड़ती हैं। उड़ान में भाग नहीं लेती।

(e) **उदर उपांग** (Abdomen appedages) उदर के 10वें खण्ड में नर तथा मादा दोनों में एक जोड़ी गूदीय लूम (Anal cerci) पाए जाते हैं। इसके अतिरिक्त नर के 9वें खण्ड में एक जोड़ी गुदा शूक (Anal styles) पाए जाते हैं, जो लैंगिक द्विरूपता का प्रमुख कारण है।

आन्तरिक संरचना Internal structure

(i) देह भित्ति Body Wall

कॉकरोच की देह भित्ति तीन परतों की बनी होती हैं—उपचर्म, अधिचर्म तथा आधार कला।

(a) **उपचर्म** (Epidermis) यह सबसे बाह्य परत है, जो मण्ड तथा अमीनो अम्लों, विशेषकर काइटिन या पॉलीग्लाइकोएमीन से बनती हैं।

(b) **अधिचर्म** (Hypodermis) यह स्तम्भी कोशिकाओं की एकल परत है, जिनमें अनेक कोशिकाएँ ग्रन्थियों में रूपान्तरित हो जाती है, इन्हें **त्वक् ग्रन्थियाँ** (Dermal glands) कहते हैं। कुछ कोशिकाएँ काइटिनेज तथा प्रोटिएज एन्जाइमों का स्रावण करती हैं, जो विमोचन (Ecdysis) के समय पुराने उपत्वचा को घोलने में सहायक हैं। इसके अतिरिक्त यहाँ शूकों का स्रावण करने वाली शूकजन कोशिकाएँ (Trichogen cells), उपचर्म पर मोम का स्रावण करने वाली पीताणु कोशिकाएँ (Oenocytes), आदि पायी जाती है।

(c) **आधार कला** (Basement membrane) यह अधिचर्म के ठीक नीचे चपटी कोशिकाओं की बनी होती है।

(ii) देहगुहा Body Cavity

कॉकरोच के अन्तरांग तरल पदार्थ से भरी देहगुहा में निलम्बित रहते हैं। इसमें पेरिटोनियम का आवरण अनुपस्थित होता है। अत: यह वास्तविक देहगुहा नहीं होती है। वास्तविक देहगुहा केवल जननांगों में पायी जाती है।

(iii) पाचन तन्त्र Digestive System

कॉकरोच की आहारनाल 6-7 सेमी लम्बी, जटिल तथा मुख से गुदाद्वार तक फैली होती है। मुख मुखांगों से घिरा होता है तथा मुख में हाइपोफैरिक्स पर लार नलिका खुलती है।

पाचन तन्त्र दो भागों में बँटा होता है।

(a) **आहारनाल** (Alimentary canal) आहारनाल को निम्न तीन भागों में विभक्त किया जाता है

- **अग्र आहारनाल** (Foregut) यह बाह्य जनन स्तर या एक्टोडर्म से स्तरित रहती है तथा भ्रूणीय स्टोमोडियम से निर्मित होती है। यह आहारनाल का अग्र 1/3 भाग बनाती है।
- **मुख गुहिका** (Buccal cavity) इसमें भोजन चबाया जाता है तथा लार के साथ मिल जाता है। लार में जाइमेज या एमाइलेज, सेलुलेज तथा काइटिनेज नामक पाचक एन्जाइम होते हैं।
- **ग्रसनी** (Pharynx) मुख से निकली एक छोटी नलिका है, मुख गुहा से भोजन ग्रसनी मे आता है।
- **ग्रसिका** (Oesophagus) यह एक छोटी पतली नलिका है, जिसमें ग्रसनी खुलती है। यह अन्नपुट (Crop) में खुलती है।
- **अन्नपुट** (Crop) यह आहारनली का सबसे चौड़ा तथा थैलीनुमा भाग है। अन्नपुट सारे वक्ष में फैली रहती हैं। इसका कुछ भाग उदर में भी स्थित रहता है। भोजन का पाचन मुख्यतया इसी भाग में होता है।
- **पेषणी** (Gizzard) इसकी भित्ति मोटी व भीतर से क्यूटिकल से स्तरित रहती है। पेषणी में 6 क्यूटिकली दाँत (Cuticular teeth) तथा शूक या सीटी होते हैं, जो भोजन को पीसने का कार्य करते हैं।
  पेषणी में भोजन एकत्र रहता है तथा एमाइलेज की क्रिया चलती रहती है। पेषणी का संकरित भाग, जिसमें क्यूटिकली दाँत होते हैं, उसे **शस्त्रागार** (Armarium) कहते हैं।

(b) **मध्य आहारनाल** (Midgut) भ्रूणीय मध्य जनन स्तर या मीसेन्ट्रॉन से निर्मित है तथा इसे मध्यान्त्र भी कहते हैं। आहारनाल का मध्य 1/3 भाग बनाती है। यह एक समान लम्बाई की कुण्डलित नलिका है। पेषणी तथा मध्यान्त्र के जोड़ पर स्टोमोडियल कपाट होता है। मीसेन्ट्रॉन का जो भाग स्टोमोडियल कपाट के चारों ओर स्थित होता है, उसे कार्डिया कहते हैं।

इसमें वलन व सूक्ष्मांकुर पाए जाते हैं। मध्यान्त्र का सबसे आन्तरिक स्तर पेरीट्रॉफिक झिल्ली (Peritrophic membrane) से आस्तरित रहता है, जोकि काइटिन व प्रोटीन से बनी होती है। पेरीट्रॉफिक झिल्ली (Peritrophic membrane) एन्जाइमों तथा पचे भोजन के लिए पारगम्य होती है। मध्यान्त्र या मीसेन्ट्रॉन ग्रन्थिल उपकला से आस्तरित है तथा इसमें छोटे रसांकुर होते हैं। इसकी तुलना आमाशय व आँत से की जा सकती है। आठ यकृतीय अन्धनाल (Hepatic caeca) पेषणी व मध्यान्त्र के जोड़ पर लगे होते हैं।

(c) **पश्च आहारनाल** (Hindgut) पश्च आहारनाल भ्रूणीय प्रोक्टोडियम से निर्मित हैं। आहारनाल का आखिरी 1/3 भाग पश्च आहारनाल (Hindgut) कहलाता है, यह भाग क्यूटिकल से आस्तरित है। यह चार भागों में बँटी होती हैं

- **क्षुद्रान्त्र** (Ileum) इसमें छ: वलन उपस्थित होते हैं तथा क्यूटिकल के शूल या कंटक (Spine) भी होते हैं। इन शूकों के कारण पेरीट्रॉफिक झिल्ली टूट जाती है।
- **वृहदान्त्र** (Colon) यह पश्चान्त्र का सबसे लम्बा तथा मोटा भाग है। इस भाग में भी वलन होते हैं, किन्तु शूल या कंटक अनुपस्थित होते हैं।
- **मलाशय** (Rectum) यह आहारनाल का आखिरी भाग है, इसकी भित्ति में छ: लम्बाकार वलन होते हैं, जिन्हें **मलाशयी अंकुर** (Rectal papillae) कहते हैं। मलाशय में उपस्थित 6 मलाशयी अंकुर मल से बाकी बचे जल को शोषित कर लेती है।
- **गुदा** (Anus) मल का बहि:क्षेपण (Egestion) गुदा द्वारा होता है।

(iv) परिसंचरण तन्त्र Circulatory System

कॉकरोच का परिसंचरण तन्त्र खुले (Open type) या लेक्यूनर प्रकार का है। इसमें बहने वाला पदार्थ रुधिर लसीका (Haemolymph) है तथा यह प्रगुहा में भरा रहता है। अत: इसमें रुधिर वाहिनियाँ नहीं पायी जाती हैं। हीमोलिम्फ से भरी प्रगुहा के कारण इस प्रगुहा को **हीमोसील** (Haemocoel) कहते हैं।

(v) श्वसन तन्त्र Respiratory System

- कॉकरोच में हीमोसील गुहा होने के कारण प्रत्येक अंग या ऊतक से सीधे ही गैसों का विनिमय हो जाता है। शरीर में गैसों के परिवहन का कार्य वायु नलिकाओं (Air tube or Tracheae) के जाल द्वारा सम्पन्न होता है। देह पर पार्श्व में 10 जोड़ी श्वास रन्ध्र (Stigmata or Spiracles) पाए जाते हैं, जिनसे वायु, वायु नलिकाओं में प्रवेश करती है।
- श्वास रन्ध्रों के 2 जोड़े वक्ष में तथा 8 जोड़े उदर में होते हैं। उदर में 6 अनुदैर्ध्य श्वास महानाल (Tracheal trunk) पायी जाती हैं। इनमें 2 पृष्ठीय, 2 आधारीय तथा 2 पार्श्वीय होती है तथा यह आपस में अनुप्रस्थ संयोजक श्वास नलिकाओं द्वारा जुड़ी रहती हैं। श्वासनली का उद्गम भ्रूण की बाह्य जनन स्तर की कोशिकाओं द्वारा होता है। इनका आन्तरिक स्तर मोटी उपकला का बना होता है। इन पर क्यूटिकल का आवरण पाया जाता है, जिसे **एन्टिमा** कहते हैं। इसमें क्यूटिकल के सर्पिलाकार छल्ले पाए जाते हैं, जिन्हें **टिनिडियम** कहते हैं। ट्रैकियोल्स में यह अनुपस्थित होते हैं। यह श्वास नलिका कोशिका से सीधे सम्पर्क में रहती है, जो गैसों के विसरण में सहायक है। इसमें ऊतकीय द्रव भरा होता है।
- टर्गो स्टर्नल पेशियों के संकुचन व शिथिलन से उदर दबता व फूलता है, जिसके कारण श्वास रन्ध्रों से वायु अन्दर आती है तथा बाहर निकलती है।

(vi) उत्सर्जन तन्त्र Excretory System

कॉकरोच **यूरिकोटेलिक** जीव है, जो यूरिक अम्ल का उत्सर्जन करता है। इसका मुख्य उत्सर्जी अंग **मैल्पीघियन नलिकाएँ** हैं। इसमें इन नलिकाओं के अतिरिक्त चार अन्य प्रकार के उत्सर्जी अंग पाए जाते हैं

(a) **मैल्पीघियन नलिकाएँ** (Malpighian tubules) मध्यान्त्र व पश्चान्त्र के संगम पर 60-150 तक पतले धागेनुमा पीले रंग की मैल्पीघियन नलिकाएँ लगी रहती है। रुधिर लसीका में घुले उत्सर्जी पदार्थों का अवशोषण इन नलिकाओं द्वारा होता है।

इन नलिकाओं द्वारा ये वर्ज्य पदार्थ पश्च आहारनाल की गुहा में डाल दिए जाते हैं। ये नलिकाएँ 6-8 के समूह में उपस्थित होती है तथा स्वतन्त्रतापूर्वक हीमोलिम्फ में तैरती रहती हैं। इनमें निरन्तर क्रमाकुंचन गति (Peristalsis) होती रहती है। इस गति के द्वारा उत्सर्जी पदार्थ आहारनाल में डाल दिए जाते हैं।

(b) **वसा काय** (Fat bodies) हीमोसील में कुछ वसा काय भी होते हैं, इनमें अनेक प्रकार की कोशिकाएँ होती हैं; जैसे- माइसीटोसाइट इनमें सहजीवी जीवाणु होते हैं तथा अमीनो अम्लों के संश्लेषण में सहायता करते हैं। यूरेट कोशिकाएँ जो उत्सर्जी पदार्थों का उत्पादन तथा संचय करती हैं। ये यूरिक अम्ल को पुन: प्रोटीन में बदल सकती है। पीताणु (Oenocytes) जो अधिक्यूटिकल का स्रावण करती हैं। पोषक कोशिकाएँ (Trophocytes) जो आवश्यकता से अधिक भोजन का संचय करती हैं।

(c) **उपत्वचा** (Cuticle) इस पर उत्सर्जी पदार्थ जमा हो जाते हैं, जो निर्मोचन (Moulting) के समय उपत्वचा के साथ ही उतर जाते हैं।

(d) **नेफ्रोसाइट्स** (Nephrocytes) हृदय की पार्श्व भित्ति से लगी नेफ्रोसाइट कोशिकाएँ नाइट्रोजनी उत्सर्जी पदार्थों का संचय करती हैं तथा उत्सर्जन में सहायक हैं।

(e) **यूरिकोज ग्रन्थियाँ** (Uricose glands) कुछ जातियों के नर कॉकरोच में छत्रक ग्रन्थि में बाहर की ओर यूरिकोज ग्रन्थियाँ होती हैं। ये यूरिक अम्ल का निर्माण करती हैं और इसे स्पर्मेटोफोर के चारों ओर स्रावित कर देती हैं। यह स्पर्मेटोफोर के साथ शरीर से बाहर निकल जाता है।

(vii) तन्त्रिका तन्त्र Nervous System

कॉकरोच में विकसित तन्त्रिका तन्त्र पाया जाता है। यह केन्द्रीय, परिधीय तथा स्वायत्त भागों से मिलकर बना होता है।

(a) केन्द्रीय तन्त्रिका तन्त्र Central Nervous System

इसके निम्नलिखित दो भाग होते हैं

- **तन्त्रिका वलय** (Nerve ring) यह एक द्विपालीय अधिग्रसिका गुच्छिका (Supra oesophageal ganglion), जिसे मस्तिष्क भी कहते हैं तथा एक अधोग्रसिका गुच्छिका (Sub-oesophageal ganglion) से परिग्रसिका संयोजक (Circum–oesophageal connectives) द्वारा जुड़े रहते हैं। इस प्रकार तन्त्रिका मुद्रिका या वलय बनाते हैं। मस्तिष्क के चारों ओर टेन्टोरियम इसकी सुरक्षा करता है।
- **तन्त्रिका रज्जु** (Nerve cord) अधोग्रसिका गुच्छिका से अधर भाग में एक दोहरा तन्त्रिका रज्जु निकलता है, जिसमें 3 जोड़ी वक्षीय गुच्छक तथा 6 जोड़ी उदरीय गुच्छक होती हैं। केन्द्रीय तन्त्रिका तन्त्र से अनेक तन्त्रिकाएँ निकलती हैं। प्रथम तीन गुच्छक (वक्षीय गुच्छक) उदरीय गुच्छकों की तुलना में बड़े होते हैं। उदरीय गुच्छकों में 6वाँ गुच्छक सबसे बड़ा तथा 7वें खण्ड में उपस्थित होता है।

(b) परिधीय तन्त्रिका तन्त्र Peripheral Nervous System

मस्तिष्क से तीन जोड़ी तन्त्रिकाएँ अर्थात् दृक तन्त्रिका (Optic nerve), श्रृंगिका तन्त्रिका (Antennary nerve) तथा फ्रन्टल तन्त्रिका (Frontal nerve)

निकलती हैं। तीन जोड़ी तन्त्रिकाएँ मैन्डिबल, मैक्सिलरी तथा लेबियम तन्त्रिका अधोग्रसिका गुच्छिका से निकलती हैं। प्रत्येक खण्डीय गुच्छिका से एक जोड़ी तन्त्रिकाएँ निकलती हैं।

संयुक्त नेत्र Compound Eyes

- सिर के पार्श्व में दो संयुक्त नेत्र होते हैं, इनमें से प्रत्येक लगभग 2000 षटभुजीय इकाइयों अर्थात् नेत्रांशक (Ommatidia) का बना होता है। प्रत्येक नेत्रांशक की सतह पर क्यूटिकल का बना पारदर्शक लेन्स होता है, इसके नीचे दो कॉर्नियोजन कोशिकाएँ (Corneogen cells), चार शंकु कोशिकाएँ (Cone cells), जो क्रिस्टलीय शंकु का निर्माण करती हैं तथा सात रेटिकुलर कोशिकाएँ होती हैं, जो एक रहैब्डोम (Rhabdome) को घेरे रखती हैं। प्रत्येक नेत्रांशक वर्णकी आइरिस आवरण तथा रेटिनल आवरण से घिरा रहता है।
- कॉर्नियल लेन्स हमारी नेत्र की कॉर्निया की भाँति कार्य करता है तथा प्रकाश को क्रिस्टलीय शंकु पर केन्द्रित करता है (यह लेन्स की भाँति कार्य करता है)। प्रत्येक नेत्रांशक एक संवेदी तन्त्रिका से जुड़ा रहता है। प्रतिबिम्ब छोटे-छोटे टुकड़ों में बनता है, जिसे **मोजैक दृष्टि** कहते हैं।

जनन तन्त्र Reproductive System

कॉकरोच एकलिंगी (Dioceious) प्राणी है तथा इसमें केवल लैंगिक जनन ही पाया जाता है।

नर जनन तन्त्र Male Reproductive System

नर जनन तन्त्र में वृषण, शुक्रवाहिकाएँ (Vasa deferentia), स्खलन नलिका (Ejaculatory duct), छत्रक ग्रन्थि, फैलिक ग्रन्थि (Phallic gland) तथा जनन प्रवर्ध (Gonopophyses) पाए जाते हैं।

मादा जनन तन्त्र Female Reproductive System

मादा जनन अंगों में एक जोड़ी अण्डाशय, अण्डवाहिनी, योनि, संग्राहक ग्रन्थि (Collateral gland), शुक्रग्राहिका तथा जनन प्रवर्ध होते हैं।

निषेचन Fertilisation

- मैथुन के लिए मादा **फेरोमोन** स्रावित करके नर को आकर्षित करती है। मैथुन के समय नर का शुक्राणुधर मादा की शुक्रग्राहिका से चिपक जाता है। अण्डाशय के 16 अण्डाशयकों से 16 अण्डे निकलते हैं तथा निषेचन मादा जननिक कोष्ठ में होता है। निषेचन के पश्चात् अण्डों के चारों ओर अण्डकवच (Ootheca) बन जाता है।
- अण्डकवच अन्धेरे व नम स्थानों पर छोड़ दिया जाता है। जनन प्रवर्ध अण्डनिक्षेपक कपाटों (Ovipositor valves) का कार्य करते हैं तथा ये अण्डों को अण्डकवच में व्यवस्थित करते हैं।

परिवर्धन Development

- अण्डे बहुपीतकी (Polylecithal), मध्यपीतकी (Centrolecithal) तथा सकोश होते हैं। विदलन का प्रारम्भ अण्डकवच में हो जाता है। विदलन अंशभंजी (Meroblastic) तथा परिभित्तीय (Superficial) होता है।
- अण्डकवच के भीतर 5-12 सप्ताह में 16 निम्फ (Nymph) विकसित हो जाते हैं। अण्डकवच फट जाने से निम्फ बाहर आ जाते हैं। निम्फ में 0-12 बार निर्मोचन होता है। कायान्तरण वृद्धि से सम्बन्धित है। शिशु अवस्था 1-2 वर्ष तक रहती है।

कायान्तरण Metamorphosis

कॉकरोच में कायान्तरण क्रमिक अथवा पैरामेटाबोलस होता है। कायान्तरण लगभग 1 वर्ष में पूर्ण हो जाता है। कायान्तरण की प्रक्रिया दो हॉर्मोनों द्वारा नियन्त्रित होती है।

अभ्यास प्रश्न

पुष्पीय पादपों की आकारिकी

1. असत्य मिलान का चयन कीजिए।
(a) मूसला जड़ - गाजर
(b) अपस्थानिक जड़ - शकरकन्द
(c) स्तम्भ जड़ - बरगद का वृक्ष
(d) अवस्तम्भ जड़ - शलजम

2. मटर कुल के पादपों में पायी जाती है
(a) कुम्भीरूप जड़ (b) ग्रन्थिल जड़
(c) कन्दमूल (d) तर्कुरूप जड़

3. मूलांकुर का बढ़ना उत्पन्न करता है
(a) रेशेदार जड़ तन्त्र (b) प्राथमिक जड़
(c) अवस्तम्भ जड़ (d) स्तम्भ जड़

4. जड़ के किस रूपान्तरण में भोजन का संग्रह नहीं होता है?
(a) कन्दमूल (b) कुम्भीरूप
(c) शंक्वाकार (d) अवस्तम्भ जड़

5. बरगद के पेड़ में रूपान्तरित जड़ कहलाती हैं
(a) श्वसन जड़ (b) आरोही जड़
(c) लटकने वाली मूल (d) स्तम्भ जड़

6. आरोही जड़ पायी जाती हैं
(a) *लोरेन्थस* में (b) *करकुमा अमादा* में
(c) गुलाब में (d) *पाइपर बेटल* में

7. वेलामेन पाए जाते हैं
(a) कन्दजड़ में (b) आर्किड्स की अधिपादप जड़ में
(c) श्वसन जड़ में (d) पैरासिटिक जड़ में

8. रूपान्तरित जड़ नहीं है
(a) चुकन्दर (b) गाजर
(c) मूली (d) आलू

9. न्यूमेटोफोर सहायक है
(a) श्वसन में (b) वाष्पोत्सर्जन में
(c) बिन्दु स्रावण में (d) प्रोटीन-संश्लेषण में

10. *डहेलिया* में किस प्रकार की जड़ होती हैं?
(a) रेशेदार जड़ (b) अवस्तम्भ जड़
(c) मणिकामय जड़ (d) गुच्छ कन्द जड़

11. वेलामेन का कार्य हैं
(a) वायु से नमी का अवशोषण (b) मृदा से जल का अवशोषण
(c) गैसों का आदान-प्रदान (d) वाष्पोत्सर्जन

12. न्यूमेटोफोर और श्वसनीय जड़ पायी जाती हैं
(a) हाइड्रोफाइट्स में (b) एपीफाइट्स में
(c) जीरोफाइट्स में (d) मैंग्रोस पादपों में

13. निम्न में से कौन-सा कथन असत्य है?
(a) जड़ जल व खनिज का मृदा से अवशोषण करने में सहायता करती हैं
(b) जड़ एक उचित आधार बनाती हैं
(c) जड़ भोज्य पदार्थों का संग्रह करती हैं व कुछ पादप वृद्धि नियामकों का निर्माण करती हैं
(d) जड़ में विभज्योतक सक्रियता का अभाव होता है

14. निम्न में से किसकी मूसला जड़ फूल जाती है व भोजन संग्रह का कार्य करती है?
(a) *डॉकस कैरोटा* (b) *ब्रेसिका रापा*
(c) दोनों (a) एवं (b) (d) *आइपोमिया बटाटा*

15. उस पादपों के समूह का चयन कीजिए, जिनमें अवस्तम्भ (Stilt) जड़ें पायी जाती हैं
(a) *जिया मेज, सेकैरम ऑफिसीनेरम*
(b) *पैन्डेनस ओडोरेटिसिमस, फाइकस बैन्गलैन्सिस*
(c) *राइजोफोरा मंगल, हेडेरा हेलिक्स*
(d) *फाइकस बैन्गलैन्सिस, पाइसम सैटाइवम*

16. निम्न में से असत्य युग्म को पहचानिए।
(a) प्रोप जड़ें – सहारा देती हैं
(b) अवस्तम्भ जड़ें – तनें की गाँठों से उत्पन्न होती हैं
(c) श्वसन जड़ें – भोजन संग्रहित करने में सहायक होती हैं
(d) खाद्य जड़ें – शकरकन्द

17. गाँठे, तने का वह क्षेत्र है, जहाँ
(a) पादपों द्वारा भोजन संग्रह होता है
(b) पत्तियाँ उत्पन्न होती हैं
(c) जाइलम व फ्लोएम उपस्थित होते हैं
(d) कक्षीय कलिका बनती है

18. निम्न में से कौन-स कथन असत्य है?
(a) हल्दी, जिमीकन्द व *कोलोकेसिया* के तनों का भूमिगत भाग भोजन के संग्रहण के लिए रूपान्तरित होता है
(b) तने के प्रतान तने की पर्व से विकसित होते हैं
(c) *सिट्रस* व *बोगेनविलिया* के काँटे रूपान्तरित कक्षीय कलिकाएँ हैं
(d) तने के प्रतान खीरे व तरबूज के पादप को चढ़ने में मदद करते हैं

19. किस पादप के भूमिगत तने नए निश (Niches) में फैल जाते हैं और जब पुराने पादप मर जाते हैं, तब नए पादप बनते हैं?
(a) घास (b) स्ट्रॉबरी (c) *पिस्टिया* (d) दोनों (a) एवं (b)

20. जिंजर (अदरक) एक तना है, क्योंकि यह
(a) भूमि के समानान्तर उगता है
(b) भोजन संग्रह करता है
(c) पर्णहरिम की कमी होती है
(d) पर्वसन्धियाँ तथा पर्व उपस्थित होते हैं

21. आलू में उपस्थित आँखें होती हैं
(a) अग्रस्थ कलिका (b) कक्षीय कलिका
(c) अतिरिक्त कलिका (d) अपस्थानिक कलिका

22. *बोगेनविलिया* के काँटे रूपान्तरण हैं
(a) तने का (b) पत्ती का
(c) पुष्पीय कलिका का (d) पर्व का

23. शल्ककन्द रूपान्तरण है
(a) पत्ती का (b) प्ररोह का (c) जड़ का (d) पुष्प का

24. आलू एक भूमिगत तना है, क्योंकि इसमें
(a) कक्षीय कलिकाएँ पायी जाती हैं
(b) पर्णहरिम की अनुपस्थित होती है
(c) जड़ों को उत्पन्न नहीं करती हैं
(d) संग्रहित भोजन पाया जाता है

25. नागफनी में काँटे रूपान्तरण हैं
(a) पत्ती का (b) शाखा का (c) पर्व का (d) पुष्प का

26. मरुस्थलीय पौधा, जिसका स्तम्भ चपटा, हरा, मांसल संरचना में परिवर्तित हो जाता है
(a) *ओपेन्शिया* (b) *कैजुराइना*
(c) *हाइड्रिला* (d) *अकेशिया*

27. प्याज में फूली हुई भूमिगत रचना होती है
(a) जड़ (b) राइजोम
(c) बल्ब (d) कन्द

28. घनकन्द होता है
(a) भूमिगत प्ररोह (b) भूमिगत जड़
(c) क्षैतिज तना (d) भूमिगत उर्ध्व तना

29. कुछ पादप, जैसे—पुदीना व *जैस्मिन* में प्रमुख अक्ष के आधार से एक पार्श्व शाखा निकलती है और कुछ समय तक वायवीय वृद्धि करने के बाद मुड़कर जमीन को छूती है, वह बेलनाकार शाखा है
(a) चूषक (b) भूस्तरी
(c) लम्बवत् (d) स्क्रैम्बलरस्

30. पार्श्वीय शाखाएँ जिसकी अन्तरापर्व (Internodes) छोटी होती हैं, तथा जिनकी प्रत्येक पर्व पर पत्तियों का झुण्ड तथा जड़ों का गुच्छा होता है। ये जलीय पादपों; जैसे—*पिस्टिया* व *आइकोर्निया* में पायी जाती हैं, ये पार्श्वीय शाखाएँ कहलाती हैं
(a) चूषक (b) लम्बवत् (c) भूस्तरी (d) राइजोम

31. केला, अनानास व *क्राइसेन्थिमम* (गुलदाऊदी) में पार्श्वीय शाखाएँ आधार व भूमिगत प्रमुख तने से निकलती हैं और क्षैतिज रूप से वृद्धि करके बाहर निकलकर पत्ती युक्त प्ररोह बनाती हैं, वे हैं
(a) रनर (b) घनकन्द पत्ती (c) कन्द (d) चूषक

32. एक पत्ती के लिए निम्न में से कौन-से कथन सत्य है?
(a) ये एक पार्श्वीय व चपटी रचना हैं
(b) ये प्ररोह शीर्ष के मेरिस्टेम से अग्राभिसारी क्रम में बनती हैं
(c) ये एक कायिक अंग हैं व इसके कक्ष में कक्षीय कलिकाएँ होती हैं
(d) उपरोक्त सभी

33. पर्णाधार, जो तने पर आंशिक या पूर्ण रूप से परत के रूप में फैल जाता है, यह किसका लक्षण है?
(a) द्विबीजपत्री (b) एकबीजपत्री
(c) टेरिडोफाइट्स (d) अनावृतबीजी

34. निम्न में से कौन-सा कथन सही नहीं है?
(a) पत्ती पर शिराओं के विन्यास को शिरान्यास कहते हैं
(b) जालिका शिराविन्यास में शिरिकाएँ एक जाल बनाती हैं
(c) समानान्तर शिराविन्यास में, शिराएँ एक-दूसरे के समानान्तर होती हैं
(d) द्विबीजपत्री पादपों की पत्तियों में समानान्तर शिराविन्यास पाया जाता है

35. पत्ती, जिसमें एक या अविछिन्न स्तरिका होती है
(a) संयुक्त पत्ती (b) सरल पत्ती
(c) दोनों (a) एवं (b) (d) सामान्य पत्ती

36. पत्ती, जिसमें स्तरिका अनेक पत्रकों में टूट जाती है, कहलाती है
(a) पर्णवृन्त (b) पर्णविन्यास
(c) संयुक्त पत्ती (d) सरल पत्ती

37. पिच्छाकार संयुक्त पत्तियों में (जैसे नीम में) बहुत से पत्रक एक ही अक्ष (जो रेकिस होती हैं) पर स्थित होती हैं। रेकिस दर्शाती है
(a) शिरा (b) मध्यशिरा
(c) पर्णवृन्त (d) कक्षीय कलिका

38. इम्पेरीपिन्नेट पत्ती वह होती है, जिसमें
(a) पत्रक जोड़ों में उत्पन्न होते हैं
(b) पत्रक छोटे होते हैं
(c) पत्रक बड़े होते हैं
(d) रेकिस एक विषम पत्रक द्वारा समाप्त होते हैं

39. संग्रहण पत्तियाँ पायी जाती हैं
(a) *एलीयम* में (b) *जिजीफस* में
(c) *ट्रिटिकम* में (d) *ट्रापा* (प्याज) में

40. बाइपिन्नेट पत्ती विशेषता है
(a) क्रूसीफेरी की (b) सोलेनेसी की
(c) पेपीलियोनॉइडी की (d) मिमोसॉइडी की

41. *यूट्रीकुलेरिया* पादपों में पत्तियाँ रूपान्तरित होती हैं
(a) अंकुश में (b) प्रतान में
(c) ब्लैडर में (d) पिचर में

42. फूला हुआ स्पंजी पर्णवृन्त पाया जाता है
(a) *हाइड्रिला* में (b) *इकॉर्निया* में
(c) गुलाब में (d) *पिस्टिया* में

43. *निपेन्थिस* (घटपादप) में पिचर होता है
(a) रूपान्तरित जड़ (b) रूपान्तरित पत्ती
(c) रूपान्तरित तना (d) रूपान्तरित शूल

44. फूला हुआ पर्णाधार कहलाता है
(a) स्तारिका (b) पर्णवृन्त
(c) पर्णवृन्तल्प (d) लीफ ब्लेड

45. तने का वह रूपान्तरण, जो हरा व चपटा होकर पत्तियों का कार्य करता है, कहलाता है?
(a) फिल्लोड (b) फिल्लोक्लेड
(c) शल्क (d) क्लेडोड

46. निम्न में से कौन-सा असत्य युग्म है?
(a) प्रतान -- मटर
(b) फिल्लोक्लेड – ऑस्ट्रेलियन *अकेशिया*
(c) शूल – कैक्टी
(d) गूदेदार पर्ण – लहसुन

पुष्पक्रम, पुष्प, फल एवं बीज

47. निम्न में से असत्य कथन को चुनिए।
(a) पुष्प एक रूपान्तरित प्ररोह हैं, जहाँ पर प्ररोह का शीर्ष विभज्योतकीय पुष्प विभज्योतकीय में परिवर्तित हो जाता है
(b) जब प्ररोह शीर्ष पुष्प में परिवर्तित होता है, तब वह अकेला होता है
(c) पुष्पी अक्ष पर पुष्पों के लगने का क्रम पुष्पीकरण कहलाता है
(d) शीर्ष बहुत से विभिन्न क्षितिज पुष्पी उपांग बनाता है तथा अन्तरा पर्व लम्बाई में वृद्धि करती है

48. नीचे दी गई पंक्तियों में से कितने पादपों में एक पुष्पक्रम से संग्रन्थित फल विकसित होते हैं? वॉलनट/अखरोट, पोस्त, मूली, अंजीर, अनानास, सेब, टमाटर, शहतूत
(a) चार (b) पाँच (c) दो (d) तीन

49. मानक दल पंखुड़ी दल का बना होता है, जिसे कहते हैं
(a) पैपस (b) वैक्सिलम
(c) कोरोना (d) कैरिना

50. परिदल एक स्थिति है, जिसमें
(a) कैलिक्स व कोरोला अलग नहीं होते हैं
(b) कैलिक्स उपस्थित होता है, लेकिन कोरोला अनुपस्थित होता है
(c) कोरोला उपस्थित होता है, लेकिन कैलिक्स अनुपस्थित होता है
(d) कैलिक्स व कोरोला अनुपस्थित होते हैं

51. कील किस पुष्प का लक्षण है?
(a) टमाटर (b) ट्यूलिप
(c) *इण्डिगोफेरा* (d) ऐलो

52. असत्य मिलान का चयन कीजिए।
(a) एकल व्यास सममितिक पुष्प (द्विपार्श्व सममित) – मटर, गुलमोहर, फली, *केसिया*
(b) असममित (अनियमित पुष्प) – *कैना*
(c) त्रिज्यासममित पुष्प (अरीय सममित) – सरसों, *धतूरा*, मिर्ची
(d) पंचसममित पुष्प – 5 कैलिक्स

53. निम्न में कौन-सा असत्य युग्म है?
(a) ऊर्ध्ववर्ती अण्डाशय – सरसों, गुड़हल
(b) अर्द्धअधोवर्ती अण्डाशय – प्लम, गुलाब
(c) अधोवर्ती अण्डाशय – अमरूद, खीरा
(d) उपरोक्त में से कोई नहीं

54. निम्न में से असत्य युग्म का चयन कीजिए।
(a) मोनोडेल्फस – गुड़हल (b) डाइअडेल्फस – *कुकुरबिटा*
(c) पॉलीअडेल्फस – *सिट्रस* (d) अधिपर्ण – लिलि

55. शब्द 'पॉलीएडेल्फस' सम्बन्धित है
(a) जायांग (b) पुमंग (c) कोरोला (d) कैलिक्स

56. I. जब बीजाण्ड होते हैं, वे....A....कहलाते हैं; जैसे—कमल व गुलाब में।
II. जब बीजाण्ड संयुक्त होते हैं, वे.....B....कहलाते हैं; जैसे—सरसों व टमाटर में।

यहाँ A व B दर्शाते हैं
(a) A–संयुक्ताण्डपी, B–वियुक्ताण्डपी
(b) B–वियुक्ताण्डपी, A–संयुक्ताण्डपी
(c) A–एकाण्डपी, B–बहुअण्डपी
(d) A–बहुअण्डपी, B–एकाण्डपी

57. मुक्तस्तम्भी बीजाण्डन्यास पाया जाता है
(a) *डाइएन्थस* (b) *आर्जिमोन* (c) *ब्रैसिका* (d) *सिट्रस*

58. *म्यूसा पैराडिसिका* (केला) का पुष्पक्रम होता है
(a) असीमाक्ष (b) मन्जरी
(c) स्थूल मन्जरी (d) कूटचक्रक

59. सायथियम पुष्पक्रम में
(a) एक नर पुष्प, मादा पुष्पों द्वारा घिरा रहता है
(b) नर तथा मादा पुष्प अलग-अलग पादपों पर उत्पन्न होते हैं
(c) इसमें एक नर तथा एक मादा पुष्प होता है
(d) एकल मादा पुष्प बहुत-से परिधीय नर पुष्पों द्वारा घिरा होता है

60. सर्वाधिक विकसित पुष्पक्रम है
(a) समशिख (b) मन्जरी (कैटकिन)
(c) स्थूल मन्जरी (स्पैडिक्स) (d) मुण्डक (कैपीटुलम)

61. खाने योग्य पुष्पक्रम होता है
(a) समशिख (b) मन्जरी
(c) हाइपैन्थोडियम (d) ये सभी

62. ज्वार (*सोरघम*) का पुष्पक्रम होता है
(a) मुण्डक (b) वर्टीसिलास्टर
(c) स्पाइकलेट के स्पाइक (d) सायथियम

63. पुष्पक्रम का सर्वाधिक महत्त्वपूर्ण कार्य होता है
(a) बीजों के प्रकीर्णन में
(b) बड़ी संख्या में बीजों के निर्माण में
(c) परागकणों के निर्माण में
(d) पराग के प्रकीर्णन में

64. एपिऐसी में पुष्पक्रम पाया जाता है
(a) छत्रक (b) कैटकिन
(c) स्पैडिक्स (d) हाइपैन्थोडियम

65. मुण्डक पुष्पक्रम पाया जाता है
(a) गैंदा में (b) *साल्विया* में
(c) *यूफोर्बिया* में (d) गुलाब में

66. तुलसी का पुष्पक्रम होता है
(a) सायथियम (b) वर्टीसिलास्टर
(c) हाइपैन्थोडियम (d) असीमाक्ष

67. फूलगोभी में पुष्पक्रम होता है
(a) संयुक्त कॉरिम्ब (b) कॉरिम्ब
(c) अम्बेल (d) मन्जरी

68. एक पूर्ण पुष्प वह होता है, जिसमें उपस्थित होते हैं
(a) बाह्यदलपुंज, दलपुंज, पुमंग, जायांग
(b) बाह्यदलपुंज और दलपुंज
(c) पुमंग और जायांग
(d) दलपुंज, पुमंग और जायांग

69. पुष्पदलविन्यास, जिसमें एक चक्र की सभी संरचनाएँ बन्द होती है, किन्तु अध्यारोपित नहीं करती हैं, कहलाता है
(a) ध्वजक (b) कोरस्पर्शी
(c) कोरछादी (d) व्यावर्तित

70. मोनोक्लेमाइड्स पुष्प किसमें पाया जाता है?
(a) मालवेसी में (b) फेबेसी में
(c) लिलिएसी में (d) पॉलीगोनेसी में

71. एकसंघी स्थिति में पुंकेसरों में पाए जाते हैं
(a) एक समूह में सभी जुड़े हुए फिलामेण्ट (पुंतन्तु) किन्तु मुक्त परागकोष होते हैं
(b) समूह में जुड़े हुए फिलामेन्ट किन्तु सभी परागकोष स्वतन्त्र होते हैं
(c) परागकोष संयुक्त किन्तु फिलामेन्ट (पुंतन्तु) स्वतन्त्र होते हैं
(d) परागकोष और फिलामेन्ट (पुंतन्तु) दोनों संयुक्त होते हैं

72. दल में संयुक्त पुंकेसर कहलाते हैं
(a) पेरीपेटेल्स (b) एपिपेटेल्स (c) एपीफिल्स (d) एपिसेपेल्स

73. पेपस (रोमगुच्छ) किसका रूपान्तरण है?
(a) सहपत्रों का (ब्रेक्ट) (b) सहपत्रिकाओं का (ब्रेक्टिओल्स)
(c) दलपुंज का (d) बाह्यदलपुंज का

74. क्रूसीफोर्म कोरोला (दल) किसमें पाए जाते हैं?
(a) मटर में (b) चाइना रोज (गुड़हल) में
(c) मूली में (d) सूरजमुखी में

75. दो दल पूर्णतया बाहर की ओर, दो पूर्णतया अन्दर की ओर तथा शेष का एक सिरा अन्दर की ओर तथा एक सिरा बाहर की ओर होता है, कहलाता है
(a) व्यावर्तित (b) कोरछादी
(c) क्विन्कुन्शियल (d) कोरस्पर्शी

76. मुक्तदोली (वर्सेटाइल) परागकोष पाए जाते हैं
(a) *हेलिएन्थस एनस* में
(b) *ओराइजा सेटाइवा* में
(c) *सोलेनम ट्यूबरोसम* में
(d) *हिबिस्कस एस्कुलेन्टस* में

77. असत्य युग्म का चयन कीजिए।
(a) पुष्पदल विन्यास–बाह्यदल अथवा दल का पुष्पीय कली में क्रम
(b) स्पर्शी–बाह्यदल में अतिव्यापन नहीं–*कैलोट्रोपिस* स्पर्शी
(c) कोरछादी–किनारों का अतिव्यापन लेकिन विशेष दिशा में–कपास
(d) वैक्सीलरी–इसे पैपिलिनसियस पुष्प दलविन्यास कहते हैं–मटर

78. निम्न में से असत्य युग्म का चयन कीजिए।
(a) एकसंघी – गुड़हल
(b) द्विसंघी – *कुकुरबिटा*
(c) बहुसंघी – *सिट्रस*
(d) अधिपर्ण – लिलि

79. कमल में बीज लगे होते हैं
(a) अण्डाशय में (b) तने पर
(c) पुष्पासन पर (d) सहपत्र पर

80. सबसे छोटे बीज होते हैं
(a) पपीते के (b) चीड़ के (c) ऑर्किड के (d) सिनकोना के

81. हाइपैन्थोडियम पुष्पक्रम से विकसित फल कहलाता है
(a) हेस्पेरीडियम (b) पेपो
(c) सोरोसिस (d) साइकोनस

82. विस्फोटी क्रिया द्वारा फलों का प्रकीर्णन प्रदर्शित करता है
(a) *बारलेरिया* (b) मेंहदी तथा *रुएलिया*
(c) *एक्थन्स* तथा *फ्लोक्स* (d) ये सभी

83. पैराशूट क्रियाविधि किसमें पायी जाती है?
(a) क्रूसीफेरी में (b) कम्पोजिटी में
(c) सोलेनेसी में (d) लेग्यूमिनेसी में

84. लैग्यूम में फल तथा बीजों के प्रकीर्णन की सबसे सामान्य विधि है
(a) हवा द्वारा प्रकीर्णन (b) पक्षी द्वारा प्रकीर्णन
(c) जन्तु द्वारा प्रकीर्णन (d) जल द्वारा प्रकीर्णन

85. शहतूत के बीज का प्रकीर्णन किसके द्वारा होता है?
(a) हवा (b) जल (c) कीट (d) पक्षी

86. *रैफ्लेशिया* में, बीज का प्रकीर्णन किसके द्वारा होता है
(a) हवा (b) हाथी
(c) कीट (d) पक्षी

पादप ऊतक एवं शारीरिकी

87. निम्न में से कौन-सा कथन सही है?
(a) भीतरी संरचना के अध्ययन को शारीरिकी कहते हैं
(b) पादप में कोशिकाएँ मूलभूत इकाइयों के समान होती हैं, जो ऊतक में व्यवस्थित रहती हैं
(c) ऊतक अंगों में व्यवस्थित रहते हैं
(d) उपरोक्त सभी

88. सही कथन चुनिए।
(a) समान उत्पत्ति की कोशिकाओं का समूह सामान्यतया समान कार्य करता है
(b) एक पादपकाय में सभी कोशिकाओं में विभाजन की क्षमता होती है
(c) स्थायी ऊतकों में सभी कोशिकाएँ कार्य में समान, लेकिन संरचना में भिन्न होती है
(d) उपरोक्त में से कोई नहीं

89. पादप का विशेष क्षेत्र, जहाँ सक्रिय कोशिका विभाजन होता है, कहलाता है
(a) ऊतक (b) अंग (c) विभज्योतक (d) ये सभी

90. शीर्षस्थ विभज्योतक उपस्थित होता है
(a) मूल के शीर्ष पर
(b) तने के शीर्ष पर
(c) मूल तथा तने की पार्श्व सतह पर
(d) दोनों (a) एवं (b)

91. प्राथमिक विभज्योतक हैं
(a) शीर्ष विभज्योतक (b) अन्तर्वेशी विभज्योतक
(c) पार्श्व विभज्योतक (d) दोनों (a) एवं (b)

92. पत्तियों के अक्ष में एक शाखा या एक पुष्प के विकसित होने की क्रिया है
(a) कक्षीय कलिका (b) शीर्ष कलिका
(c) शीर्ष विभज्योतक (d) ऊतक

93. शीर्ष विभज्योतक और अन्तर्वेशी विभज्योतक प्राथपिक विभज्योतक कहलाते हैं, क्योंकि
(a) ये पादप में पहले दिखाई देने लगते हैं और प्राथमिक पादपकाय बनने में योगदान करते हैं
(b) ये द्वितीयक ऊतक बनाते हैं
(c) ये सम्पूर्ण पादपकाय बनाते हैं
(d) उपरोक्त सभी

94. घास कटने के पश्चात् निम्न में से किसके कारण वृद्धि करती है?
(a) प्राथमिक विभज्योतक (b) द्वितीयक विभज्योतक
(c) शीर्षस्थ विभज्योतक (d) अन्तर्वेशी विभज्योतक

95. विभज्योतक, जो विशेषतया तना तथा जड़ के परिपक्व क्षेत्रों में उपस्थित होते हैं तथा काष्ठीय अक्ष का निर्माण करते हैं और प्राथमिक विभज्योतक के बाद दिखायी देते है, कहलाते हैं
(a) द्वितीयक विभज्योतक (b) अन्तर्वेशी विभज्योतक
(c) शीर्ष विभज्योतक (d) तृतीयक विभज्योतक

96. कौन-से विभज्योतक द्वितीयक ऊतकों के निर्माण के लिए उत्तरदायी हैं?
(a) प्राथमिक विभज्योतक (b) मूल शीर्ष विभज्योतक
(c) तना शीर्ष विभज्योतक (d) द्वितीयक विभज्योतक

97. स्थायी तथा परिपक्व कोशिकाएँ बनती हैं
(a) प्राथमिक विभज्योतक में कोशिका विभाजन द्वारा
(b) द्वितीयक विभज्योतक में कोशिका विभाजन द्वारा
(c) दोनों (a) एवं (b)
(d) द्वितीयक विभज्योतक के विशेषीकरण द्वारा

98. कोशिका विभाजन की ऊर्जा रहित कोशिका किसके द्वारा बनती है?
(a) प्राथमिक विभज्योतक (b) पूलीय एधा
(c) कॉर्क एधा (d) ये सभी

99. एकबीजपत्री जड़ में कौन-सा गुण द्विबीजपत्री जड़ से अलग है?
(a) बिखरे संवहन बण्डल (b) विकसित मज्जा
(c) वर्धी संवहन बण्डल (d) उपरोक्त में से कोई नहीं

100. द्विबीजपत्री जड़, जो द्वितीयक वृद्धि प्रदर्शित कर रही है, उसमें प्राथमिक जाइलम का क्या भविष्य है?
(a) अक्ष के केन्द्र में बनी रहती है
(b) यह छिन्न-भिन्न होकर पिस जाती है
(c) यह पिसती है अथवा नहीं पिसती है
(d) यह द्वितीयक जाइलम द्वारा घिरे रहते हैं

101. निम्न में से पादप (द्विबीजपत्री तने) का बाहरी रक्षात्मक ऊतक है?
(a) वल्कुट और बाह्यत्वचा (b) परिरम्भ और वल्कुट
(c) बाह्यत्वचा और काग (d) इन सभी में

102. दृढ़ोतक (Sclerenchyma) तन्तु होते हैं
(a) मोटी-भित्ति वाले (b) दीर्घीकृत
(c) नुकीली कोशिकाएँ (d) ये सभी

103. वाहिनिकी (Tracheids) वाहिकी अवयवों से भिन्न होती है
(a) कैस्पेरियन पट्टिकाएँ रखने में
(b) छिद्रित होने में
(c) केन्द्रक विहीनता में
(d) लिग्नीकृत होने में

104. कक्षीय कलिका उत्पन्न होती हैं
(a) विभज्योतक (b) तना शीर्ष विभज्योतक
(c) मूलशीर्ष विभज्योतक (d) द्वितीयक विभज्योतक

105. अन्तर्वेशी विभज्योतक (Meristem) किसके मध्य पाए जाते हैं?
(a) स्थायी (परिपक्व) ऊतक (b) शीर्ष मूल विभज्योतक
(c) पार्श्व विभज्योतक (d) दो पर्व

106. द्वितीयक विभज्योतक का उदाहरण है
(a) अन्तरापूलीय एधा
(b) अन्तःपूलीय एधा
(c) कॉर्क एधा
(d) उपरोक्त सभी

107. एकबीजपत्री तने में संवहन पूल की विशेषता है
(a) संयुक्त, बहि:पोषवाह, बन्द तथा दृढ़ोतक कोशिकाओं से घिरा
(b) संयुक्त, बहि:पोषवाह, खुला तथा मृदूतक कोशिकाओं से घिरा
(c) संयुक्त, उभयपोषवाह, बन्द तथा एधा की परतें
(d) संयुक्त, उभयपोषवाह, खुला तथा मृदूतक कोशिकाओं से घिरा

108. सरल स्थायी जीवित ऊतक, जो पतली भित्ति वाली समान व्यास की कोशिकाओं से बने होते हैं, कहलाते हैं
(a) मृदूतक (b) स्थूलकोण ऊतक
(c) दृढ़ोतक (d) विभज्योत्तक

109. पृष्ठाधारी पत्तियों में संवहन बण्डल पाए जाते हैं
(a) शिराओं में (b) खम्भ मृदूतक में
(c) स्पंजी मृदूतक में (d) निचली बाह्यत्वचा में

110. गुब्बारे के आकार की संरचना टाइलोज (Tylose) कहलाती है। उपरोक्त कथन के बारे में सही कथन है
(a) वाहिका की गुहिका में उत्पन्न होते हैं
(b) रस जाइलम की विशेषता है
(c) जाइलम मृदूतक कोशिकाओं का वाहिकाओं में विस्तार है
(d) जाइलम वाहिका द्वारा द्रव के अरोहण से जुड़ा होता है

जन्तु ऊतक

111. संरचना एवं कार्यों के आधार पर जन्तु ऊतक को कितने भागों में बाँटा गया है?
(a) 3 (b) 2 (c) 1 (d) 4

112. ऊतक में, कोशिकाओं की संरचना किस आधार पर भिन्न होती है?
(a) उत्पत्ति (b) कार्य
(c) जीन संघटक (d) इनमें से कोई नहीं

113. इनमें से कौन-सा ऊतक शरीर के कुछ भागों पर ढकाव हेतु परत (आवरण) बनाता है?
(a) संयोजी ऊतक (b) पेशी ऊतक
(c) उपकला ऊतक (d) तन्त्रिका ऊतक

114. निम्न में से कौन-सा तथ्य उपकला से सम्बन्धित है?
(a) कोशिकाएँ कुछ अन्त:कोशिकीय आद्यात्रियों (Matrix) के साथ सघन रूप से लिपटी होती हैं
(b) कोशिकाएँ, अन्त:कोशिकीय आद्यात्रियों से शिथिल रूप से लिपटी होती हैं
(c) यह अत्यधिक संवहनीय है
(d) यह एक अवलम्बन ऊतक है

115. निम्न में से कौन-सा उपकला का कार्य नहीं है?
(a) सुरक्षा (b) संयोजन
(c) स्रावण या उत्सर्जन (d) अवशोषण

116. एक देहगुहा की नलियों एवं नलिकाओं के स्तर बने होते हैं
(a) संयुक्त उपकला से
(b) सरल उपकला से
(c) घनाकार उपकला से
(d) कैरोटिन युक्त उपकला से

117. ऊतक, जो मानव में ग्रन्थियाँ बनाते हैं
(a) पेशीय ऊतक (b) तन्त्रिका ऊतक
(c) उपकला ऊतक (d) संयोजी ऊतक

118. निम्न में से कौन-सा तथ्य शल्की उपकला के बारे में सही नहीं है?
(a) इसमें अनियमित सीमाओं के साथ चपटी (Flattened), कोशिकाओं की एक पतली परत होती है
(b) यह स्रावण एवं अवशोषक सतह पर पायी जाती है
(c) यह वृक्क की भित्ति पर पायी जाती है
(d) यह अनेक कार्य करती है; जैसे- प्रसार, सीमा बनाना, आदि

119. रुधिर वाहिकाओं की अन्त:कला इनमें से बनी होती है
(a) घनाकार उपकला (b) शल्की उपकला
(c) स्तम्भीय उपकला (d) अपक्ष्माभिकीय स्तम्भीय उपकला

120. मानव में संयुक्त (Compound) शल्की उपकला पायी जाती है
(a) उदर में (b) आँत में
(c) वायुनली में (d) ग्रसनी में

121. मानव में स्तम्भीय उपकला पायी जाती है
(a) उदर में (b) फेफड़ों में
(c) वृक्क में (d) फैलोपियन नलिका

122. नासा (Nasal) मार्ग एवं श्वसनिका (Bronchioles) में स्तरित ऊतक है
(a) स्तम्भीय रोमिल उपकला (b) घनीय उपकला
(c) तन्त्रिका संवेदी उपकला (d) जनन उपकला

123. निम्न में से किस प्रकार की उपकला पोषण के उत्सर्जन एवं अवशोषण में सहायक है?
(a) घनीय (b) स्तरित शल्की
(c) शल्की (d) स्तम्भीय

124. मानव फेफड़ों के वायु कूपिकाओं (Alveoli) की गुहाएँ स्तरित होती हैं
(a) घनाकार उपकला (b) स्तम्भीय उपकला
(c) स्तरित घनाकार उपकला (d) शल्की उपकला

125. त्वचा पर चोंट लगने के बाद इसका पुनरुद्भवन किसके द्वारा किया जाता है?
(a) शल्की उपकला (b) चर्म
(c) देह भित्ति की पेशियाँ (d) घनाकार उपकला

126. शल्की उपकला निम्न में से किसकी भित्ति पर पायी जाती है?
(a) फेफड़ों के वायुकोषों की (b) वृक्क की
(c) फैलोपियन नलिका की (d) लार ग्रन्थियों की

127. योनि, ग्रासनली एवं मूत्रमार्ग में निम्न में से किस प्रकार के ऊतक पाए जाते हैं?
(a) स्तरित शल्की उपकला
(b) सामान्य शल्की उपकला
(c) पक्ष्माभिकीय उपकला
(d) स्तम्भीय उपकला

128. निम्न में से कौन-सा कथन स्तम्भीय उपकला के लिए असत्य हैं?
(a) इसकी रचना लम्बी एवं पतली कोशिकाओं की एक परत से होती है
(b) कोशिका का केन्द्रक इसके आधार पर पाया जाता है
(c) मुक्त सतह पर सूक्ष्मांकुर होना सम्भव है
(d) ये सामान्यतया स्तनपायी जीवों के वृक्कों में पायी जाती है

129. आहारनली की चषक कोशिकाएँ किसका उदाहरण हैं?
(a) अन्तराकोशिकीय ग्रन्थि (b) बहुकोशिकीय ग्रन्थि
(c) एककोशिकीय ग्रन्थि (d) इनमें से कोई नहीं

130. इनमें से कौन-सा कोषीय (Saccular) ग्रन्थियों का उदाहरण है?
(a) मानव में तेल एवं दुंग्ध ग्रन्थियाँ (b) स्तनियों में स्वेद ग्रन्थियाँ
(c) मानव में ब्रुनर की ग्रन्थियाँ (d) इनमें से कोई नहीं

131. स्रावित ग्रन्थियों का श्रेणीकरण निम्न में से किस आधार पर सम्भव है?
(a) उनके स्राव के स्रावित करने के तरीके पर
(b) अणुओं को तोड़ने के तरीके पर
(c) उत्पादों के पृथक्करण के तरीके
(d) उपरोक्त में से कोई नहीं

132. अन्तराल सन्धि का कार्य है
(a) नजदीकी कोशिकाओं को जोड़े रखना
(b) आयनों, सूक्ष्म अणुओं और कुछ दीर्घ अणुओं के जीवद्रव्य के संयोजन से समीपस्थ कोशिकाओं में सम्बन्ध बनाना
(c) दो कोशिकाओं को अलग करना
(d) ऊतक के आर-पार तत्वों के रिसाव को रोकना

133. निम्न में से कौन-से ऊतक अन्य शारीरिक ऊतकों को जोड़ने एवं सहारा देने का कार्य करते हैं?
(a) उपकला ऊतक (b) पेशीय ऊतक
(c) संयोजी ऊतक (d) तन्त्रिका ऊतक

134. निम्न में सही जोड़े को चुनिए।
(a) कण्डरा — विशिष्ट संयोजी ऊतक
(b) वसा ऊतक — घने संयोजी ऊतक
(c) ऐरोलर ऊतक — ढीले संयोजी ऊतक
(d) उपास्थि — ढीले संयोजी ऊतक

135. निम्न में कौन-सी कोशिकाएँ एरोलर (Areolar) संयोजी ऊतकों में पायी जाती हैं?
(a) मास्ट कोशिकाएँ (b) फाइब्रोब्लास्ट
(c) मेक्रोफेज (d) ये सभी

136. फाइब्रोब्लास्ट, मेक्रोफेज एवं मास्ट (Mast) कोशिकाएँ पायी जाती हैं
(a) उपकला ऊतकों में (b) संयोजी ऊतकों में
(c) कंकालीय पेशी ऊतकों में (d) चिकनी पेशी ऊतकों में

137. विशिष्ट संयोजी ऊतक के उदाहरण हैं
(a) अस्थि (b) उपास्थि
(c) रुधिर (d) ये सभी

138. वसा ऊतक (Adipose tissue) एक प्रकार हैं
(a) ढीले संयोजी ऊतक का (b) घने संयोजी ऊतक का
(c) विशिष्ट संयोजी ऊतक का (d) इनमें से कोई नहीं

139. वसा ऊतक निम्न में से कौन-सा कार्य करता है?
(a) वसा उत्पादन (b) वसा विघटन
(c) वसा संयोजन (d) ये सभी

140. एरोलर ऊतकों की कोशिकाएँ, जो रेशे बनाती हैं और स्रावित करती हैं, कहलाती हैं
(a) फाइब्रोब्लास्ट (b) मास्ट कोशिका
(c) मेक्रोफेज (d) एडीपोसाइट

141. निम्न में से किस प्रकार का संयोजी ऊतक मानव की नाक के सिरे पर पाया जाता है?
(a) उपास्थि (b) अस्थि
(c) वसा ऊतक (d) इनमें से कोई नहीं

142. कण्डरा (Tendons) जोड़ने में सहायक हैं
(a) माँसपेशियों को अस्थि से (b) अस्थि को अस्थि से
(c) अस्थि को उपास्थि से (d) उपास्थि को माँसपेशी से

143. उपास्थि की मैट्रिक्स स्रावण कोशिकाएँ कहलाती है
(a) कॉण्ड्रोसाइट (b) ऑस्टियोब्लास्ट
(c) फाइब्रोब्लास्ट (d) मास्ट कोशिकाएँ

144. निम्न में से कौन एक पारदर्शी ऊतक है?
(a) कण्डरा (b) तन्तुमय उपास्थि
(c) हायलिन उपास्थि (d) ये सभी

145. कण्डरा निम्न में किस संयोजी ऊतक का उदाहरण हैं?
(a) ढीले संयोजी ऊतक (b) घने संयोजी ऊतक
(c) विशिष्ट संयोजी ऊतक (d) ये सभी

146. कोशिकाएँ, जो अस्थियों के बनने में सहायक हैं
(a) कॉण्ड्रोब्लास्ट (b) ऑस्टियोब्लास्ट
(c) ऑस्टियोक्लास्ट (d) कॉण्ड्रोक्लास्ट

147. अस्थियाँ बनी होती हैं
(a) मैग्नीशियम फॉस्फेट से (b) सोडियम क्लोराइड से
(c) कैल्शियम फॉस्फेट से (d) फॉस्फोरस से

148. सही जोड़े को चुनिए।
(a) लार ग्रन्थि का आन्तरिक स्तर – रोमिल उपकला
(b) मुख गुहा की नम सतह – ग्रन्थिल उपकला
(c) नेफ्रोन के नलिकाकार भाग – घनीय उपकला
(d) श्वासनली की आन्तरिक सतह – शल्की उपकला

149. निम्न में से कौन-सा ऊतक अपने सही युग्म के साथ जुड़ा है?

	ऊतक	स्थिति
(a)	ऐरोलर ऊतक	– कण्डरा
(b)	परिवर्ती उपकला	– नाक के सिरे पर
(c)	घनीय उपकला	– आमाशय की भित्ति
(d)	चिकनी माँसपेशी	– आँत की भित्ति

150. प्रत्येक माँसपेशी लम्बे, नलिकाकार तन्तुओं से बनी होती हैं, जो समानान्तर व्यवस्थित होते हैं। ये तन्तु कई सूक्ष्म रेशों से मिलकर बने होते हैं, इन्हें कहते हैं
(a) मायोफाइब्रिल (b) माइक्रोफिलामेन्ट
(c) फाइब्रोब्लास्ट (d) इनमें से कोई नहीं

151. चिकनी माँसपेशियाँ होती हैं
(a) अनैच्छिक, हँसियाकार, अरेखित (b) ऐच्छिक, बहुकेन्द्रीय, नलिकीय
(c) अनैच्छिक, नलिकीय, रेखित (d) ऐच्छिक, तर्कुरूपी,एककेन्द्रकीय

152. लम्बी अस्थियों की अस्थि मज्जा करती है
(a) WBCs का उत्पादन (b) RBCs का उत्पादन
(c) रुधिर का उत्पादन (d) RBCs का विघटन

153. निम्न में से कौन-सी कोशिकाएँ परत नहीं बनाती हैं और संरचनात्मक रूप से पृथक् रहती हैं?
(a) उपकला कोशिकाएँ (b) माँसपेशी कोशिकाएँ
(c) तन्त्रिका कोशिकाएँ (d) ग्रन्थिल कोशिकाएँ

154. मानव शरीर में न्यूरोग्लिया कोशिकाएँ पायी जाती हैं
(a) यकृत में (b) मस्तिष्क में
(c) वृक्क में (d) मस्तिष्क एवं मेरुदण्ड में

155. पेशीय संकुचन में ऊर्जा स्रोत होता है
(a) एक्टिन (b) मायोसिन
(c) Ca^{+2} आयन (d) ATP

156. न्यूरोग्लिया व न्यूरॉन्स में अन्तर है क्योंकि न्यूरोग्लिया में
(a) निसिल कण अनुपस्थित होते हैं
(b) प्रवर्धों अनुपस्थित होते हैं
(c) साइटॉन अनुपस्थित होते हैं
(d) केन्द्रक अनुपस्थित होते हैं

157. श्वान कोशिकाओं के बीच की सन्धियाँ कहलाती हैं
(a) प्लाज्मालेमा (b) रेनवियर का नोड
(c) डेन्ड्रॉन (d) सिनैप्स

158. यदि लाल रुधिर कोशिकाओं को स्वच्छ जल में रख दिया जाए, तो वह
(a) सिकुड़ जाएगी
(b) आयतन में बढ़कर फट जाएगी
(c) एक-दूसरे के साथ चिपक जाएगी
(d) उपरोक्त में से कोई नहीं

159. कौन-सी कोशिकाएँ शरीर के प्रतिरक्षा तन्त्र से सम्बन्धित है?
(a) न्यूट्रोफिल्स (b) मैक्रोफेजेज
(c) लिम्फोसाइट (d) ये सभी

160. मानव में रुधिर का pH है
(a) 7.4 (b) 6.2 (c) 9.0 (d) 10.00

161. सबसे बड़ी RBC किसमें पायी जाती है?
(a) हाथी (b) व्हेल
(c) एम्फीयूमा (d) मानव

162. निम्न में से ऊतक है
(a) यकृत (b) हृदय (c) श्वसन वाल (d) रुधिर

163. स्तन ग्रन्थियाँ होती है
(a) एपोक्राइन (b) होलोक्राइन (c) मीरोक्राइन (d) मेटाक्राइन

164. अरेखित पेशियाँ पायी जाती है
(a) मूत्राशय (b) आहारनाल (c) श्वसन नाल (d) ये सभी

165. पेशी संकुचन के लिए '*स्लाइडिंग फिलामेन्ट थ्योरी*' दी
(a) श्लाइडेन ने
(b) एच ई हक्सले ने
(c) ए एफ हक्सले ने
(d) एच ई हक्सले तथा ए एफ हक्सले ने

166. मानव में पुनरुद्भवन की क्षमता सबसे कम होती है
(a) मस्तिष्क के तन्त्रिका ऊतकों में (b) अस्थि के जोड़ों में
(c) त्वचा की एपीडर्मिस में (d) लम्बी अस्थियों में

167. ब्रुश बॉर्डर एपीथिलियम किसमें पायी जाती है?
(a) फैलोपियन ट्यूब (b) छोटी आँत
(c) आमाशय (d) ट्रैकिया

168. स्तनधारियों में आमाशय एवं आँत स्तरित रहते हैं
(a) घनाकार उपकला (b) स्तम्भाकार उपकला
(c) शल्की उपकला (d) स्तरित उपकला

169. ह्यूमरस तथा पेशियाँ जुड़ी रहती हैं
(a) लिगामेण्ट द्वारा (b) टेण्डन द्वारा
(c) दोनों (a) एवं (b) (d) इनमें से कोई नहीं

170. मेंढक की श्रोणि मेखला की प्यूबिस है
(a) कैल्सीफाइड उपास्थि (b) कार्टिलेजिनस अस्थि
(c) मैम्ब्रेनस अस्थि (d) इनमें से कोई नहीं

171. जन्तुओं में सबसे अधिक पाया जाने वाला ऊतक है
(a) संयोजी ऊतक (b) उपकला ऊतक
(c) पेशी ऊतक (d) तन्त्रिका ऊतक

172. मस्तिष्क की गुहाओं को स्तरित करने वाली कोशिकाओं को कहते हैं
(a) इपैनडायमल (b) अस्थि कोशिकाएँ
(c) न्यूरॉग्लिया (d) श्वान कोशिकाएँ

173. रेखित पेशी में संकुचनशील तन्त्र की क्रियात्मक इकाई होती है
(a) Z-बैण्ड (b) A-बैण्ड
(c) मायोफाइब्रिल्स (d) सार्कोमीयर

174. लसीका रुधिर भिन्न होता है, क्योंकि उसमें
(a) RBC अनुपस्थित होता है (b) WBC अनुपस्थित होता है
(c) जल की अधिकता होती है (d) प्रोटीन का अभाव होता है

175. हायलाइन उपास्थि के मैट्रिक्स में होता है
(a) कोलैजन (b) कॉण्ड्रिन (c) ओसीन (d) ये सभी

176. अस्थि का अध्यावरण कहलाता है
(a) पेरीकोण्ड्रियॉन (b) पेरीऑस्टियम
(c) इपीऑस्टियम (d) एण्डोऑस्टियम

177. ग्लिसन्स कैप्सूल नामक संयोजी ऊतक ढकता है
(a) प्लीहा को (b) यकृत को
(c) वृक्क को (d) पित्ताशय को

178. हैवर्सियन नाल किसकी अस्थियों में मिलती है?
(a) मेंढक (b) स्तनी (c) खरगोश (d) पक्षी

179. मास्ट कोशिका कहाँ मिलती है?
(a) संयोजी ऊतक (b) एपीथिलियम ऊतक
(c) पेशी ऊतक (d) तन्त्रिकी ऊतक

180. जीवन भर विभाजन तथा पुन:निर्माण की शक्ति रखने वाला ऊतक है
(a) एपीथिलियम ऊतक (b) पेशीय ऊतक
(c) संयोजी ऊतक (d) तन्त्रिकीय ऊतक

181. मानवों में पक्ष्माभी स्तम्भाकार उपकला कोशिकाएँ पायी जाती है
(a) फैलोपियन नलिकाओं तथा मूत्रमार्ग में
(b) यूस्टेकियन नलिका तथा जठर स्तर में
(c) श्वसनलिकाओं तथा फैलोपियन नलिकाओं में
(d) पित्त वाहिनी तथा ग्रसिका में

182. पेशीय संकुचन के समय कौन-सा क्षेत्र घटता है?
(a) I-क्षेत्र (b) Z- क्षेत्र
(c) H-क्षेत्र (d) M- क्षेत्र

183. हृदय स्पन्दन को नियमित करने वाले विशेष हृदय पेशी तन्तु हैं
(a) पुरकिन्जे तन्तु (b) मायोनीमस
(c) कोलैजन तन्तु (d) मायोसीन तन्तु

184. ऊँट के RBC होते हैं
(a) अण्डाकार केन्द्रकविहीन (b) गोल, सकेन्द्रकीय
(c) गोल, उभयावतल, केन्द्रकविहीन (d) अण्डाकार, सकेन्द्रकीय

185. सार्कोलेमा ढकती है
(a) हृदय को (b) पेशी तन्तु को
(c) तन्त्रिका तन्तु को (d) उपकला को

186. WBC का केन्द्रक होता है
(a) पालीयुक्त (b) तर्कुयुक्त
(c) अण्डाकार (d) गोल

187. लिगामेण्ट टेण्डन है
(a) संयोजी ऊतक (b) पेशीय ऊतक
(c) उपकला ऊतक (d) कंकालीय ऊतक

188. अस्थि के पुनरुद्भवन में सहायक कोशिकाएँ हैं
(a) ऑस्टियोब्लास्ट (b) ल्यूकोसाइट
(c) मोनोसाइट (d) कॉण्ड्रोब्लास्ट

189. मानव के शरीर में सबसे लम्बी कोशिका कौन-सी होती है?
(a) स्तम्भीय उपकला कोशिकाएँ (b) तन्त्रिका कोशिकाएँ
(c) अस्थि कोशिकाएँ (d) पेशीय कोशिकाएँ

190. ऐच्छिक पेशियों को नियन्त्रण करता है
(a) प्रमस्तिष्क गोलार्द्ध (b) मेड्यूला ऑब्लोंगेटा
(c) सेरीबेलम (d) हाइपोथैलेमस

191. एलर्जी की दशा में किसका स्रावण होता है?
(a) हिस्टामिन (b) न्यूट्रोफिल
(c) बेसोफिल्स (d) एसिडोफिल्स

192. मानव की RBC का जीवनकाल होता है
(a) 20-24 घण्टे (b) 60 दिन
(c) 120-125 दिन (d) 80 दिन

193. कंकाल ऊतक का कार्बनिक मैट्रिक्स कहलाता है
(a) हायलाइन (b) कॉण्ड्रिन
(c) ओस्टियोब्लास्ट (d) कॉण्ड्रियोब्लास्ट

194. पेशी का निर्माण होता है
(a) न्यूरोफाइब्रिल से (b) मायोफाइब्रिल से
(c) सार्कोलेमा से (d) न्यूरोलेमा से

195. मानव RBC होते हैं
(a) केन्द्रकयुक्त, उभयावतल (b) गोल, केन्द्रकयुक्त
(c) अण्डाकार, केन्द्रकविहिन (d) उभयावतल, द्विकेन्द्रकीय

196. दो न्यूरॉनों की सन्धि कहलाती है
(a) सिनेप्स (b) सिनेप्सिस
(c) जंक्शन (d) मायोसीन

197. पेशियों में स्थायी संकुचन की स्थिति है
(a) टिटेनस (b) थकावट
(c) लकवा (d) मायोसाइटिस

198. यकृत की भक्षकाणु कोशिकाएँ होती हैं
(a) कुफ्फर कोशिकाएँ (b) क्रीमाफिन कोशिकाएँ
(c) मास्ट कोशिकाएँ (d) ल्यूकोसाइट

199. निसिल के कण पाए जाते हैं
(a) अन्तराली कोशिकाओं में
(b) यकृत कोशिकाओं में
(c) तन्त्रिका कोशिकाओं में
(d) मूत्रधर नलिकाओं में

200. जनन उपकला की कोशिकाएँ होती है
(a) स्तम्भाकार (b) शल्की
(c) तर्कुनुमा (d) घनाकार

तिलचट्टा या कॉकरोच

201. खुला परिसंचरण तन्त्र पाया जाता है
(a) *हाइड्रा* में (b) केंचुएँ में (c) तिलचट्टे में (d) मेंढक में

202. तिलचट्टे की देहगुहा कहलाती है
(a) ब्लास्टोसील (b) हीमोलिम्फ
(c) स्यूडोशील (d) हीमोसील

203. तिलचट्टे में निषेचन होता है
(a) ऊथीका में (b) मलाशय में (c) कोकून में (d) प्लूरा में

204. कॉकरोच में कॉर्पोरा एलाटा का स्रावण सहायक है
(a) वृद्धि में (b) पाचन में
(c) जनन में (d) वृद्धि व कायान्तरण में

205. टर्गम का बाहरी छोर कॉकरोच में मुड़कर किससे जुड़ जाता है?
(a) गमन पेशियों से (b) स्टर्नम से
(c) प्लूरा से (d) ऐलरी पेशी से

206. कॉकरोच का कंकाल बना होता है
(a) कार्टिलेज (b) क्यूटिकल
(c) काइटिन (d) म्यूकोपेप्टाइड का

207. कॉकरोच में ऐलरी पेशियाँ सम्बन्धित होती हैं
(a) हृदय से (b) पाद से
(c) तन्त्रिका तन्त्र (d) आँत से

208. कॉकरोच में रुधिर वर्णक अनुपस्थित होता है, इसका अर्थ है
(a) इसे ऑक्सीजन की आवश्यकता नहीं
(b) गैसीय विनिमय के लिए कोशिकाओं तक ट्रैकियल जाल फैला होता है
(c) गैसों का विसरण देह भित्ति द्वारा होता है
(d) रुधिर ही श्वसन गैसों का वहन करता है

209. मैल्पीघियन नलिकाएँ उत्सर्जी पदार्थ कहाँ से निकालती है?
(a) आहारनाल से (b) होमोलिम्फ से
(c) दोनों (a) एवं (b) (d) इनमें से कोई नहीं

210. नेत्रांशक प्रकाश ग्रहण कार्य करते हैं
(a) मेंढक में (b) केंचुएँ में
(c) कॉकरोच में (d) *ऑक्टोपस* में

211. एक छोटे कॉकरोच के वयस्क में बदलने की प्रक्रिया कहलाती है
(a) मॉल्टिंग (b) मेटामॉर्फोसिस
(c) इक्डायसिस (d) ट्रान्सफॉर्मेशन

212. कॉकरोच के नेत्र में किस प्रकार का प्रतिबिम्ब बनता है?
(a) एपोजीशन (b) सुपरपोजीशन
(c) दोनों (a) एवं (b) (d) इनमें से कोई नहीं

213. कॉकरोच के रुधिर में उपस्थित श्वसन वर्णक क्या है?
(a) हीमोजाइन (b) होमोसायनिन
(c) हीमोग्लोबिन (d) अनुपस्थित

214. नर एवं मादा कॉकरोच को बाह्य रूप से पहचाना जा सकता है
(a) नर में एनल स्टाइल से
(b) मादा में एनल सिराई से
(c) मादा में एनल स्टाइल एवं एण्टीनी से
(d) दोनों (a) एवं (b) से

215. कॉकरोच में चबाने का कार्य करने वाला अंग है

(a) लेब्रम (b) लेबियम
(c) मेण्डिबल्स (d) मैक्सिला

216. कॉकरोच का वयस्क कहलाता है

(a) केटरपिलर (b) निम्फ
(c) फिंगरलिंग (d) मैगॉट

उत्तरमाला

1.	*(d)*	2.	*(b)*	3.	*(b)*	4.	*(d)*	5.	*(d)*	6.	*(d)*	7.	*(b)*	8.	*(d)*	9.	*(a)*	10.	*(d)*
11.	*(a)*	12.	*(d)*	13.	*(d)*	14.	*(c)*	15.	*(a)*	16.	*(c)*	17.	*(b)*	18.	*(b)*	19.	*(d)*	20.	*(d)*
21.	*(b)*	22.	*(a)*	23.	*(b)*	24.	*(a)*	25.	*(a)*	26.	*(a)*	27.	*(c)*	28.	*(d)*	29.	*(b)*	30.	*(b)*
31.	*(d)*	32.	*(d)*	33.	*(b)*	34.	*(d)*	35.	*(b)*	36	*(c)*	37.	*(b)*	38.	*(d)*	39.	*(a)*	40.	*(d)*
41.	*(c)*	42.	*(b)*	43.	*(b)*	44.	*(c)*	45.	*(b)*	46.	*(b)*	47.	*(d)*	48.	*(d)*	49.	*(b)*	50.	*(a)*
51.	*(c)*	52.	*(d)*	53.	*(d)*	54.	*(b)*	55.	*(b)*	56.	*(b)*	57.	*(a)*	58.	*(c)*	59.	*(d)*	60.	*(d)*
61.	*(d)*	62.	*(c)*	63.	*(b)*	64.	*(a)*	65.	*(a)*	66.	*(b)*	67.	*(a)*	68.	*(a)*	69.	*(b)*	70.	*(d)*
71.	*(a)*	72.	*(b)*	73.	*(d)*	74.	*(c)*	75.	*(c)*	76.	*(b)*	77.	*(c)*	78.	*(b)*	79.	*(c)*	80.	*(c)*
81.	*(d)*	82.	*(d)*	83.	*(b)*	84.	*(a)*	85.	*(d)*	86.	*(b)*	87.	*(d)*	88.	*(a)*	89.	*(c)*	90.	*(d)*
91.	*(d)*	92.	*(a)*	93.	*(a)*	94.	*(d)*	95.	*(a)*	96.	*(d)*	97.	*(c)*	98.	*(d)*	99.	*(b)*	100.	*(a)*
101.	*(c)*	102.	*(d)*	103.	*(b)*	104.	*(b)*	105.	*(a)*	106.	*(d)*	107.	*(a)*	108.	*(a)*	109.	*(c)*	110.	*(c)*
111.	*(d)*	112.	*(b)*	113.	*(c)*	114.	*(a)*	115.	*(b)*	116.	*(b)*	117.	*(c)*	118.	*(c)*	119.	*(b)*	120.	*(d)*
121.	*(a)*	122.	*(a)*	123.	*(d)*	124.	*(d)*	125.	*(d)*	126.	*(a)*	127.	*(a)*	128.	*(d)*	129.	*(c)*	130.	*(a)*
131.	*(a)*	132.	*(b)*	133.	*(c)*	134.	*(c)*	135.	*(d)*	136.	*(b)*	137.	*(d)*	138.	*(a)*	139.	*(c)*	140.	*(a)*
141.	*(a)*	142.	*(a)*	143.	*(a)*	144.	*(c)*	145.	*(b)*	146.	*(b)*	147.	*(c)*	148.	*(c)*	149.	*(d)*	150.	*(a)*
151.	*(a)*	152.	*(c)*	153.	*(c)*	154.	*(d)*	155.	*(d)*	156.	*(a)*	157.	*(b)*	158.	*(b)*	159.	*(d)*	160.	*(a)*
161.	*(c)*	162.	*(d)*	163.	*(a)*	164.	*(d)*	165.	*(d)*	166.	*(a)*	167.	*(b)*	168.	*(b)*	169.	*(b)*	170.	*(a)*
171.	*(a)*	172.	*(a)*	173.	*(d)*	174.	*(a)*	175.	*(b)*	176.	*(b)*	177.	*(b)*	178.	*(b)*	179.	*(a)*	180.	*(a)*
181.	*(c)*	182.	*(c)*	183.	*(a)*	184.	*(d)*	185.	*(b)*	186.	*(a)*	187.	*(a)*	188.	*(a)*	189	*(b)*	190.	*(c)*
191.	*(a)*	192.	*(c)*	193.	*(b)*	194.	*(b)*	195.	*(c)*	196.	*(a)*	197.	*(a)*	198.	*(a)*	199.	*(c)*	200.	*(d)*
201.	*(c)*	202.	*(d)*	203.	*(a)*	204.	*(d)*	205.	*(c)*	206.	*(c)*	207.	*(a)*	208.	*(b)*	209.	*(b)*	210.	*(c)*
211.	*(b)*	212.	*(a)*	213.	*(d)*	214.	*(a)*	215.	*(c)*	216.	*(b)*								

उत्तर व्याख्या सहित

1. *(d)* अवस्तम्भ जड़ सहारा प्रदान करने हेतु बड़े पादपों में पायी जाने वाली रूपान्तरित जड़ है। उदाहरण-बरगद, जबकि शलजम कुम्भीरूप जड़ है, जो भोजन संचय करती है।

2. *(b)* लेग्यूमिनेसी कुल या मटर कुल के पादपों की जड़ों में नाइट्रोजनी-स्थिरीकरण जीवाणुओं के कारण ग्रन्थिल जड़ पायी जाती है।

6. *(d)* आरोही जड़ पर्वसन्धियों से निकलती हैं तथा कमजोर तने वाले पादप को ऊपर चढ़ने में सहायता प्रदान करती है; उदाहरण–मनी प्लाण्ट (*पाइपर बेटल*)।

9. *(a)* न्यूमेटोफोर ऊतक मैन्ग्रोव पादपों में पायी जाने वाली ऋणात्मक गुरुत्वानुवर्ती जड़ों में पाए जाते हैं, जो गैसों के विनिमय में सहायता प्रदान करते हैं।

11. *(a)* वेलामेन ऊतक अधिपादपों में पायी जाने वाली वायवीय जड़ों में पायी जाती हैं जोकि वायु में से नमी अवशोषित करते हैं।

13. *(d)* मूलगोप के कुछ मिलीमीटर ऊपर विभज्योतक सक्रिय क्षेत्र में बहुत सूक्ष्म, सघन जीवद्रव्य वाली महीन-भित्तीय कोशिकाएँ होती हैं। ये तीव्रगति से विभाजित होती हैं।

14. *(c)* कुछ पादपों में मूल उनके आकार तथा संरचना में परिवर्तन करती हैं, तथा जल तथा खनिज तत्वों के संवहन से अलग कार्य करते हैं। गाजर, शलजम के मूसला जड़ तथा शकरकन्द की अपस्थानिक जड़ें भोजन का संचय कर फूल जाती हैं।

15. *(a)* बम्बू पादप जड़ें सहारा देने वाली जड़ें होती हैं, जो तने के निम्न पर्वों से आती हैं। ये *जिया मेज*, गन्ना, आदि में देखने को मिल सकती हैं।

16. *(c)* कुछ पादपों, जैसे- *राइजोफोरा* (दलदली क्षेत्रों में रहने वाले) में कुछ जड़ें भूमि से बाहर निकलकर ऊर्ध्वती अर्थात ऊपर की ओर वृद्धि करती हैं। ऐसी जड़ें न्यूमेटोफोर कहलाती हैं, जो श्वसन के लिए ऑक्सीजन प्राप्त करने में सहायता करती हैं।

17. *(b)* तने में पर्व तथा अन्तःपर्व होते हैं। तने का वह भाग, जहाँ पत्तियाँ उत्पन्न होती है, पर्व कहलाता है, जबकि पर्वों के मध्य के स्थान के अन्तःपर्व कहते हैं। कक्षीय कलिका पत्ती के कक्षीय भाग में विकसित होती है।

18. *(b)* तना प्राप्त प्रतान की कक्षीय कलिका से विकसित होता है। ये बेलनाकार तथा सर्पिल घुमावदार, होते हैं। ये गाउर्डस (ककड़ी, खीरा), कद्दू, तरबूज) तथा *ग्रेपवाइन* जैसे पादपों को चढ़ने में सहायता करते हैं।

19. *(d)* रनर विशेष पतली, हरी, भूमि के ऊपर क्षितिज या ऊर्ध्व शाखाएँ हैं, जो क्राउन के उर्ध्व प्ररोह के आधार से विकसित होती हैं। ये पुराने भागों को हटा देते हैं; जैसे–घास, स्ट्रॉबरी।

20. *(d)* अदरक एक भूमिगत तना (प्रकन्द) है, जिसमें पर्व तथा पर्व सन्धियाँ पायी जाती है।

24. (*a*) आलू में पायी जाने वाली आँख कक्षीय कलिका है, जो इसके तने होने का प्रमाण है।

26. (*a*) *ओपेन्शिया* (नागफनी) में पर्ण, शूल में रूपान्तरित हो जाते हैं। अतः तना हरा तथा मांसल हो जाता है तथा प्रकाश-संश्लेषण करता है।

27. (*c*) प्याज भूमिगत तना शल्ककन्द (बल्ब) है। इसमें मांसल शल्कपत्र पाए जाते हैं।

29. (*b*) ये एक क्षितिज या मुड़े हुए रनर हैं, जो छोटी बाधाओं के ऊपर से गुजर जाते हैं। प्रत्येक स्टोलोन में एक या अनेक पर्व होते हैं, जिसमें कक्षीय कली व शल्की पत्तियाँ होती हैं।

30. (*b*) ये एक अन्तःपर्व/पोरी जितने छोटे रनर हैं, जो जलीय पादपों में पाए जाते हैं। प्रत्येक पर्व में एक पत्ती का एक चक्रक व जड़ का गुच्छा पाया जाता है; जैसे–*पिस्टिया* (जल लैट्यूस), *आइकॉर्निया* (जल हायसिन्थ)।

31. (*d*) **चूषक** ये एक विशेष अहरित बेलनाकार अर्द्धवायवीय तना है, जो एक उर्ध्व प्ररोह या क्राउन के भूमिगत आधार से निकलता है। ये मृदा में भूमिगत तिरछी वृद्धि करता है व बाद में एक नई वायवीय प्ररोह या क्राउन के रूप में बाहर आता है।

32. (*d*) पत्ती पार्श्वीय एवं चपटी रचना है, जो तने पर लगी रहती है। ये पर्व/गाँठ पर होती है व इसके कक्ष में कली होती हैं। कक्षीय कली बाद में शाखा में विकसित होती है।

पत्तियाँ प्ररोह के शीर्षस्थ मेरिस्टेम से निकलती हैं। ये अग्राभिसारी क्रम में लगी होती हैं। ये पादप के बहुत ही महत्त्वपूर्ण कायिक अंग हैं, क्योंकि ये भोजन का निर्माण करती हैं।

34. (*d*) द्विबीजपत्री पादपों की पत्तियों, में सामान्यतया जालिकावत शिराविन्यास, जबकि एकबीजपत्री पादपों में मुख्यतया समानान्तर शिराविन्यास होता है।

35. (*b*) **सरल पत्ती** जब पत्ती की स्तरिका अछिन्न होती है अथवा कटी हुई लेकिन कटाव मध्यशिरा तक नहीं पहुँचती तब ये सरल पत्ती कहलाती है।

36. (*c*) जब स्तरिका का कटाव मध्यशिरा तक पहुँच जाता है व ये बहुत पत्रकों में टूट जाए तो ऐसी पत्ती को संयुक्त पत्ती कहते हैं।

40. (*d*) बाइपिन्नेट पत्ती बबूल (मिमोसॉइडी) कुल में पायी जाती है।

43. (*b*) *निपेन्थीज* (घटपादप) माँसाहारी पादप है, जो नाइट्रोजन की कमी को दूर करने के लिए पर्ण रूपान्तरित संरचना पिचर में कीटों को पकड़ता है।

44. (*c*) कुछ लेग्यूमी पादपों के पर्णाधार फूले होते हैं, जिन्हें पर्णवृन्तल्प (पल्विनस) कहते हैं।

45. (*b*) फिल्लोक्लेड्स चपटी (जैसे- *ओपेन्शिया*) या बेलनाकार (*कैजुराइना*), हरी, गूदेदार रचनाएँ हैं, जो प्रकाश-संश्लेषण का कार्य करती हैं। ये तने के वायवीय रूपान्तरण हैं।

46. (*b*) कुछ पादपों; जैसे- ऑस्ट्रेलियन *अकेशिका* में पत्तियाँ छोटी व लघुजीवी होती है। इसलिए पर्णवृन्त फैलकर हरा हो जाता है तथा भोजन का संश्लेषण करता है।

47. (*d*) पुष्प एक रूपान्तरित प्ररोह है, जहाँ पर प्ररोह का शीर्ष मेरीस्टेम पुष्पी मेरीस्टेम में परिवर्तित हो जाता है। यह लम्बाई में नहीं बढ़ती हैं और इसका अक्ष बढ़कर रह जाता है। पर्वों पर क्रमानुसार पत्तियों के स्थान पर पुष्पीय उपांग निकलते हैं।

48. (*d*) चित्र अनानास एवं शहतूत संग्रन्थिल (Compsite) फल है

पादप	वानस्पतिक नाम	फल	पुष्पक्रम
अंजीर	*फाइकस कैरिका*	साइकस	हायपेन्थी
अनानास	*अनानास सैटाइवम*	सोरोसिस	स्पाइक
शहतूत	*मौरस स्पी.*	सोरोसिस	कैटकिन

49. (*b*) पैपिलियोनेसियस एक तितलीनुमा पुष्प है। इसमें एक बड़ा दल होता है जिसे एक **मानक** या **वैक्सिलम** कहते हैं।

50. (*a*) कुछ पादपों जैसे-लिली में बाह्यदलपुंज तथा दलपुंज अलग नहीं होते हैं तथा इन्हें **परिदल** कहते हैं।

52. (*d*) एक पुष्प त्रितयी, चतुष्तयी, पंचतयी हो सकता है यदि इसके उपांगों की संख्या 3, 4, 5 के गुणक में हो।

54. (*b*) कुछ पुष्पों (कुल–फैबेसी के सदस्य) में डायइडैल्फस प्रकार का क्रम पाया जाता है अर्थात् (9) + 1 या (5) + (5), जिनमें तन्तुओं के जुड़ने से दो समूह बनते हैं। कुकुरबिट्स में सिनैन्ड्रस स्थिति में पुंकेसर पाए जाते हैं, जिनमें उनके तन्तु साथ ही साथ परागकोष दोनों जुड़े होते हैं।

55. (*b*) शब्द पॉलिडेल्फस पुमंग से सम्बन्धित है। इस स्थिति में पुंकेसर दो से अधिक समूहों में पाए जाते हैं, जोकि एक-दूसरे से अलग होते हैं।

57. (*a*) *डाइएन्थस* पादप के अण्डाशय में मुक्त स्तम्भीय बीजाण्डन्यास (Free-central placentation) पाया जाता है। बीजाण्ड अपरा के मुख्य अक्ष पर लगे होते हैं।

60. (*d*) ऐस्टेरेसी या कम्पोजिटी कुल में सर्वाधिक विकसित मुण्डक पुष्पक्रम पाया जाता है, जिसमें दो प्रकार के पुष्पक पाए जाते हैं

(i) परिधीय जीभाकार रश्मि पुष्पक

(ii) केन्द्रीय नलिकाकार बिम्ब पुष्पक

64. (*a*) एपिऐसी या लिलिएसी कुल में छत्रक पुष्पक्रम पाया जाता है; उदाहरण- प्याज।

66. (*b*) तुलसी (लेबिएटी कुल) में वर्टीसिलास्टर प्रकार का पुष्पक्रम पाया जाता है।

68. (*a*) एक पूर्ण पुष्प में क्रमशः बाह्यदलपुंज, दलपुंज, पुंकेसर या पुमंग तथा अण्डाशय या जायांग पाए जाते हैं।

71. (*a*) **एकसंघी** अवस्था में सभी पुंकेसरों के पुंतन्तु आपस में जुड़कर एक समूह बनाते हैं, परन्तु उनके परागकोष अलग रहते हैं; उदाहरण-गुड़हल।

73. (*d*) पेपस बाह्यदलपुंज का रूपान्तरण है, जो ऐस्टरेसी कुल में पाए जाते हैं तथा बीजों के वायवीय प्रकीर्णन में सहायक है।

75. (*c*) क्विन्कुन्शियल अवस्था में दो बाह्य दल या दल पूर्णतया अन्दर तथा दो पूर्णतयाः बाहर होते हैं; उदाहरण–रेननकुलस।

77. (*c*) यदि बाह्यदल अथवा दल दूसरे पर अतिव्यापित हो, तो उनकी कोई विशेष दिशा नहीं होती है। इस प्रकार की विशेष स्थिति को कोरछादी कहते हैं; उदाहरण–*कैसिया* तथा गुलमोहर।

78. (*b*) कुछ पुष्पों (कुल- फैबेसी के सदस्य) में द्विसंघी प्रकार का क्रम पाया जाता है अर्थात् (9) + 1 या (5) + (5), जिनमें तन्तुओं के जुड़ने से दो समूह बनते हैं।

कुकुरबिटेसी में सिनैन्ड्रस स्थिति में पुंकेसर पाए जाते हैं, जिनमें उनके तन्तु साथ ही साथ परागकोष दोनों जुड़े होते हैं।

79. (*c*) कमल में पुष्पासन तथा बीज खाए जाते हैं। इसमें ऐकीन के पुंज प्रकार का फल पाया जाता है।

81. (*d*) साइकोनस (सग्रन्थिल फल) हाइपैन्थोडियम पुष्पक्रम से विकसित फल है। उदाहरण- अंजीर।

83. (*b*) पैराशूट विधि द्वारा बीजों का प्रकीर्णन सूरजमुखी फूल या कम्पोजिटी या ऐस्टरेसी में पाया जाता है। यहाँ रोमिल पैपस वायु प्रकीर्णन में बीज की सहायता करते हैं।

85. (*d*) शहतूत में पक्षियों द्वारा तथा *रैफ्लीशिया* के चिपचिपे बीजों का प्रकीर्णन हाथियों द्वारा होता है।

88. (*a*) कोशिकाओं का एक ऐसा समूह, जिनका उद्‌भव एक ही बार होता है तथा उनके कार्य भी प्रायः समान होते हैं, जैसे–विभज्योतक ऊतक, जो उत्पत्ति में प्राथमिक या द्वितीयक हो सकती है, ये लगातार विभाजित होकर कोशिकाओं में विभाजित होते हैं।

89. (*c*) पादपों में वृद्धि मुख्यतया सक्रिय कोशिका विभाजन वाले विशिष्ट क्षेत्रों तक ही सीमित होती है। इन क्षेत्रों को विभज्योतक कहते हैं। पादपों में विभिन्न प्रकार के विभज्योतक होते हैं।

90. (*d*) जो विभज्योतक मूल व तने की पार्श्व सतह पर होते हैं, उन्हें **शीर्षस्थ विभज्योतक** कहते हैं।

91. (*d*) शीर्षस्थ विभज्योतक तथा अन्तर्वेशी विभज्योतक दोनों ही प्राथमिक विभज्योतक हैं; क्योंकि ये पादप की प्रारम्भिक अवस्था में ही आ जाते हैं। ये प्रारम्भिक या पूर्ववर्ती पादपकाय बनाने में सहायता करते हैं।

93. (*a*) विभज्योतक, जो बहुत से पादपों की जड़ तथा प्ररोह के परिपक्व क्षेत्रों में होते हैं, विशेषतया ये काष्ठीय अक्ष बनाते हैं और प्राथमिक विभज्योतक के बाद उत्पन्न होते हैं, इन्हें द्वितीयक या **पार्श्वीय विभज्योतक** कहते हैं।

97. (*c*) प्राथमिक व द्वितीयक दोनों विभज्योतकों में कोशिका विभाजन के बाद, नई-नई कोशिकाएँ बनती हैं, जो संरचनात्मक व क्रियात्मक रूप से विशिष्ट होती हैं व उनमें विभाजन की क्षमता नहीं होती। ऐसी कोशिकाओं को स्थायी अथवा **परिपक्व कोशिकाएँ** कहते हैं। ये कोशिकाएँ स्थायी ऊतक बनाती हैं।

103. (*b*) वाहिनिकी व वाहिका दोनों को संवहनी तत्व कहते हैं, जो जल के स्थानान्तरण में सहायक है। ये एक-दूसरे से छिद्रित होने के कारण भिन्न हैं। वाहिनिकी विशिष्ट कोशिकाएँ हैं, जिनमें उपस्थित छिद्र (Pits) जल के ऊपरी व पार्श्वीय बहाव के लिए सहायक होते हैं। वाहिनिकाएँ तुलनात्मक रूप से छोटी व एककोशिकीय होती है, जबकि वाहिकाओं में एक से अधिक कोशिकाएँ होती है जो 10 सेमी तक लम्बी होती हैं।

104. (*b*) पत्तियों के बनने तथा तने की लम्बाई के समय कुछ कोशिकाएँ प्ररोह शीर्षस्थ विभज्योतक से पीछे रह जाती हैं, इन्हें **कक्षीय कली** कहते हैं। ये कलियाँ पत्तियों के कक्ष में स्थित होती हैं। इन कलियों से शाखाएँ अथवा फूल बनते हैं।

105. (*a*) जब विभज्योतक स्थायी ऊतकों के मध्य में होता है, उसे अन्तर्वेशी विभज्योतक कहते हैं। ये घास में होते हैं तथा शाकाहारियों द्वारा खाए भाग को पुनर्जीवित करते हैं।

106. (*d*) पूलीय एधा, अन्तरापूलीय एधा तथा कॉर्क एधा द्वितीयक या पार्श्वीय विभज्योतक के उदाहरण हैं तथा ये द्वितीयक ऊतक बनाते हैं।

108. (*a*) स्थूलकोण ऊतक (Collenchyme) अंगों के भीतर प्रमुख घटक बनाता है। मृदूतक की कोशिकाएँ पतली भित्ति वाली तथा समव्यासी होती हैं।

110. (*c*) टाइलोजेज (Tyloses) वह संरचनाएँ हैं, जो द्विबीजपत्री तनों के काष्ठीय ऊतकों (Woody tissues) में पायी जाती हैं। ये जाइलम मृदूतक को वाहिकाओं में फैलाती है।

113. (c) उपकला ऊतक की एक मुक्त सतह होती है, जो देहद्रव्य या बाहरी वातावरण के सम्पर्क में रहती हैं, इसलिए ये शारीरिक भागों को एक आवरण प्रदान करती हैं।

120. (*d*) संयुक्त उपकला बहुपरतीय कोशिकाओं से बनती है और इनका मुख्य कार्य रासायनिक एवं यान्त्रिक तनाव के दौरान रक्षा करना है। यह उपकला ग्रसनी में पायी जाती है। इसके अलावा ग्रासनाल, कण्ठनली के भागों और योनि में भी पायी जाती है।

121. (*a*) स्तम्भीय उपकला लम्बी और बेलनाकार कोशिकाओं की एक परत से बनी होती है तथा इनकी मुक्त सतह पर सूक्ष्म तन्तु पाए जाते हैं। ये उदर एवं आँतों के अस्तरों पर पायी जाती हैं और उत्सर्जन एवं अवशोषण का कार्य करती हैं।

122. (*a*) स्तम्भीय रोमिल उपकला में स्तम्भ कोशिकाएँ होती हैं, जिसकी मुक्त सतह पर रोम पाए जाते हैं। यह उपकला श्वसन मार्ग एवं फैलोपियन नलिका में स्तरित होती है।

123. (*d*) स्तम्भीय उपकला उदर और आँत के स्तरों में पायी जाती हैं तथा उत्सर्जन एवं पोषक तत्वों के अवशोषण का कार्य करती है।

126. (*a*) शल्की उपकला अवशोषित एवं उत्सर्जी सतहों पर पायी जाती है। ये फेफड़ों के वायुकोषों एवं रुधिर वाहिकाओं की दीवारों पर पायी जाती हैं, जहाँ ये विभेदन सीमा बनाने में सहायक होती है।

127. (*a*) स्तरीय शल्की उपकला दो अधिक चपटी कोशिकाओं की बनी होती है। इस प्रकार की उपकला मुखगुहा, ग्रासनाल और स्तनधारियों की योनि में स्तरित होती है।

128. (*d*) स्तम्भीय उपकला उदर एवं आँत की अस्तरों में पायी जाती है, जहाँ ये पोषकों के अवशोषण एवं उत्सर्जन का कार्य करती है। वृक्क में घनाकार कोशिकाओं की एक परत पायी जाती है, जिसे घनीय उपकला कहते हैं।

129. (*c*) ग्रन्थिल उपकला मुख्यतया दो प्रकार की होती हैं

(i) एककोशिकीय, जिसमें पृथक् ग्रन्थिल कोशिकाएँ पायी जाती हैं अर्थात् आहारनली की चषक कोशिकाएँ।

(ii) बहुकोशिकीय, जिसमें कोशिकाओं का झुण्ड होता है अर्थात् लार ग्रन्थियाँ।

130. (*a*) कोषीय ग्रन्थियों में एक चौड़ा, शलयाकार, उत्सर्जी भाग होता है, जिसे **एसिनस** कहते हैं। ये सरल या संयुक्त होते हैं। सरल कोषीय ग्रन्थियाँ शाखित या अशाखित होती हैं।

संयुक्त कोषीय ग्रन्थि में कई उभार होते हैं। प्रत्येक में कई एसिनी (Acini) होते हैं। उभार के एसिनी छोटी नलिकाओं द्वारा एक संयुक्त नलिका में खुलते हैं; जो ग्रन्थि की मुख्य वाहिका में मुक्त होते हैं। मनुष्य में तेलीय ग्रन्थियाँ सरल, शाखित कोषीय होती हैं, जबकि दुग्ध ग्रन्थियाँ संयुक्त कोषीय होती है।

132. (*b*) एक अन्तराल संयोजन नेक्सस या मैक्यूला (Macula) कम्यूनिकेंस हो सकता है। यह विशिष्ट अन्तराकोशिकीय जोड़ है, जो विभिन्न वित कोशिकाओं को जोड़ता है। ये सीधे दो कोशिकाओं के कोशिकाद्रव्य से जुड़ता है, जो विभिन्न अणुओं और विद्युत आवेगों को कोशिकाओं के बीच गुजरने में सहायक है।

134. (*c*) ऐरोलर ऊतक शरीर का ढीला संयोजी ऊतक है, जो लचीलापन और गद्‌देदार बनाता है। वसा ऊतक भी ढीले संयोजी ऊतक हैं, जबकि कण्डरा एक घना (Dense) संयोजी ऊतक है, जो माँसपेशियों और अस्थियों को जोड़ने का कार्य करता है।

उपास्थि विशिष्ट संयोजी ऊतकों से बनी है, जिन्हें **कॉण्ड्रोसाइट** कहते हैं, जो बड़ी मात्रा में बाह्य कोशिकीय मैट्रिक्स उत्पादित करते हैं, जो रेशेदार होते हैं।

135. (*d*) ऐरोलर ऊतक त्वचा के नीचे पाया जाता है और उपकला के रूपरेखा में सहायक का कार्य करता है। इसमें फाइब्रोब्लास्ट, मेक्रोफेज और मास्ट कोशिकाएँ होती हैं।

138. (*a*) वसा ऊतक एक प्रकार के ढीले संयोजी ऊतक हैं, जो मुख्यतया त्वचा के नीचे पाए जाते हैं। इस ऊतक की कोशिकाओं का विशिष्ट कार्य वसा संचय है।

139. *(c)* वसा ऊतक की कोशिकाओं की विशिष्टता वसा संयोजन है। अतिरिक्त पोषक, जो तुरन्त उपयोग में नहीं आते हैं, उन्हें वसा में परिवर्तित करके ऊतकों में संचित कर लेते हैं।

140. *(a)* फाइब्रोब्लास्ट ऐरोलर ऊतकों की मुख्य कोशिकाएँ हैं। ये लम्बी, चपटी, तारककीय कोशिकाएँ, जिनमें अण्डाकार केन्द्रक भी पाया जाता है। ये मैट्रिक्स और अन्य पदार्थ स्रावित करती हैं, जिससे रेशें बनते हैं।

141. *(a)* उपास्थि एक विशिष्ट संयोजी ऊतक है, जो ठोस, लचीला एवं दबाव सहनशील है। लचीली तन्तुमय उपास्थि नाक के सिरे पर एपिग्लोटिस में पायी जाती है।

143. *(a)* कॉण्ड्रोसाइट, लचीली एवं दबाव सहनीय होती हैं। इन ऊतकों के अन्तराकोशिकीय पदार्थ छोटी गुहाओं द्वारा स्रावित मैट्रिक्स में बन्द रहते हैं।

144. *(c)* हायलिन उपास्थि प्रचुर मात्रा में पायी जाने वाली उपास्थि है, जो रेशेहीन और पारदर्शी मैट्रिक्स युक्त होती हैं। ये भ्रूण का प्रारम्भिक कंकाल होता है। वयस्कों में ये वायुनलियों, कण्ठनली और पसलियों के सिरों पर पायी जाती हैं।

145. *(b)* कण्डरा घने संयोजी ऊतकों का उदाहरण है। इनमें मज्जा या श्लेषजन रेशें पाए जाते हैं।

146. *(b)* ऑस्टियोब्लास्ट कोशिकाएँ अस्थियों के बनने में सहायक हैं और लेक्यून नामक स्थान पर पायी जाती है।

148. *(c)* घनीय उपकला नेफ्रोन के नलिकीय (PCT व DCT) भागों में पायी जाती हैं। इसमें छोटी, घनाकार कोशिकाएँ पायी जाती हैं, जिनमें केन्द्र में केन्द्रक स्थित होते हैं।

149. *(d)* स्तम्भीय उपकला जठर की भित्ति में उपस्थिति होती है। कण्डरा घने संयोजी ऊतक हैं, जो माँसपेशियों को अस्थि से जोड़ते हैं। नाक का शीर्ष लचीली उरोस्थि होता है।

150. *(a)* पेशीय तन्तु कई स्पष्ट रेशों (सूक्ष्मतन्तुओं) से बनी होती हैं। पेशियाँ शरीर के गमन में महत्त्वपूर्ण भूमिका अदा करती हैं।

151. *(a)* चिकनी पेशियाँ अनैच्छिक, हँसियाकार और गैर-धारीदार या अरेखित होती हैं। ये माँसपेशियाँ खोखले आन्त्रीय अंगों की भीतरी दीवारों, जैसे- आहार नाल, जनन पथ, आदि में पायी जाती हैं।

ये किसी प्रकार की धारियों का प्रदर्शन नहीं करती और चिकनी दिखती हैं। इनकी क्रियाएँ स्वायत्त और हॉर्मोनीय नियन्त्रण में दिखती हैं, इसलिए इन्हें अनैच्छिक पेशियाँ कहते हैं।

152. *(c)* लम्बी अस्थियों के केन्द्र में एक संकरी गुहा होती है। इन संकरी गुहाओं में अस्थि मज्जा पाया जाता है। अस्थि मज्जा एक मुलायम, वसीय ऊतक है। ये लाल और पीले दो प्रकार के होते हैं। लाल अस्थि मज्जा अत्यधिक संवहनीय एवं ढीले जालीदार ऊतक हैं। ये लाल कणिकाएँ एवं कणिकीय श्वेत कणिकाएँ बनाते हैं।

154. *(d)* न्यूरोग्लिया, सहायक एवं बन्धित कोशिकाओं से युक्त होती हैं, जो मस्तिष्क, मेरुदण्ड और गेंग्लिया में पायी जाती हैं। ये कोशिकाएँ विभिन्न आकार की होती हैं एवं कई प्रक्रियाएँ दर्शाती हैं।

156. *(a)* न्यूरोग्लिया तन्त्रिका तन्त्र के संयोजी ऊतकों से मिलकर बने होते हैं, जो सहारा तथा सुरक्षा प्रदान करते हैं। इनमें निसिल कणों का अभाव होता है।

158. *(b)* जल के अन्तःपरासरण के कारण RBC का आयतन बढ़ जाता है तथा निश्चित सीमा से ज्यादा बढ़ने पर यह फट जाती है।

161. *(c)* एम्फीयूमा या कॉगोईल एक उभयचर है। इसमें सबसे बड़ी लगभग 80 μm आकार की RBC पायी जाती है।

162. *(d)* हृदय, यकृत तथा आहारनाल अंग है किन्तु रुधिर एक तरल संवहनी ऊतक है, जो भोजन तथा O_2 का परिसंचरण करता है।

163. *(a)* एपोक्राइन प्रकार की ग्रन्थि में स्रावित उत्पाद शीर्षस्थ किनारों पर एकत्रित हो जाते हैं तथा पृथक् होकर स्राव के साथ निकल जाते हैं। नष्ट कोशिका भागों का पुनः निर्माण हो जाता है। उदाहरण-स्तन ग्रन्थि।

166. *(a)* मस्तिष्क में दो तरह की कोशिकाएँ पायी जाती है-न्यूरॉन और न्यूरोग्लिया। न्यूरॉन साधारणतया तन्त्रिका कोशिकाएँ होती हैं, जो आवेग की उत्पत्ति और संवहन में सहायक होती हैं। अत्यधिक विशिष्ट संरचना होने के कारण न्यूरॉन में विभाजन करने की क्षमता नहीं होती है। जबकि न्यूरोग्लिया में यह क्षमता पायी जाती है। अतः इन विशिष्ट न्यूरॉन के कारण मस्तिष्क की पुनरुद्भवन क्षमता न्यूनतम होती है।

167. *(b)* ब्रुश-बॉर्डर या पक्ष्माभी युक्त उपकला छोटी आँत में पायी जाती है, जो अवशोषण का क्षेत्र बढ़ाती है।

171. *(a)* शरीर में सर्वाधिक मात्रा में संयोजी ऊतक पाए जाते हैं क्योंकि यह कंकाल, रुधिर, लसीका निर्माण में तथा नेत्र, वृक्क, हृदय, आदि अंगों की सुरक्षा करने में प्रयुक्त होते हैं।

195. (c) मानवों की RBC केन्द्रकविहीन, उभयावतल तथा अण्डाकार होती है। इसका जीवनकाल लगभग 3 माह का होता है।

196. *(a)* दो न्यूरॉनों के मध्य की सन्धि या **जंक्शन सिनेप्स** कहलाता है।

197. *(a)* सामान्यतया सम्पूर्ण पेशियाँ एकसाथ संकुचित होती है न कि एक, किन्तु स्थायी संकुचन में तन्त्रिका के शृंखलाबद्ध आवेग तीव्रता से पहुँचते हैं। इस प्रकार का स्थायी संकुचन टिटेनस कहलाता है।

200. *(d)* जनन उपकला स्तर में घनाभकार (Cuboid) उपकला कोशिकाएँ पायी जाती हैं।

201. (c) खुला परिसंचरण तन्त्र आर्थोपोडा संघ (तिलचट्टे) के सदस्यों में पाया जाता है। यहाँ हीमोलिम्फ सम्पूर्ण गुहा में भरा रहता है।

203. *(a)* कॉकरोच में ऊथीका में निषेचन होता है। एक ऊथीका से 15-20 निम्फ बाहर निकलते हैं।

206. (c) कॉकरोच का बाह्य कंकाल काइटिन का बना होता है।

207. *(a)* कॉकरोच की त्रिकोणाकार ऐलरी पेशियाँ हृदय को नियन्त्रित करती हैं।

210. (c) कॉकरोच के संयुक्त नेत्र में लगभग 2000 नेत्रांशक पाए जाते हैं, जो नेत्र की संरचनात्मक तथा क्रियात्मक इकाई है।

211. *(b)* मेटामॉर्फोसिस एक रूपान्तरण प्रक्रिया है, जिसमें छोटा कॉकरोच (निम्फ) जुवेनाइल हॉर्मोन के स्रावण के कारण वयस्क में परिवर्तित हो जाता है।

212. *(a)* कॉकरोच में दृष्टि मोजैक दृष्टि कहलाती है, क्योंकि कॉकरोच में ओमेटिडियम का वर्णक आवरण असंकुचनशील होता है अतः मोजैक दृष्टि केवल रात्रि के समय ही सक्षम होती है।

214. *(a)* कॉकरोच एकलिंगी होता है तथा इसमें लैंगिक द्विरूपता पायी जाती है, नर के 9वें खण्ड में अधर सतह पर एक जोड़ी एनल स्टाइल्स पाए जाते हैं।

215. (c) एब्डक्टर तथा एडक्टर पेशियाँ मेण्डिबल्स की क्षैतिज तल में गति से सम्बन्धित होती है। इसके द्वारा प्रथम मैक्सिली द्वारा लाए गए भोजन कणों को जोकि मेण्डिबल्स के बीच में आते हैं, इनके द्वारा भोज्य पदार्थों को काटा तथा चबाया जाता है।

216. *(b)* कॉकरोच में अण्डे से निकले, नए शिशु निम्फ कहलाते हैं। सामान्य संरचना में यह वयस्क से समानता दर्शाते हैं, लेकिन इनमें पंखों तथा परिपक्व प्रजनन अंगों का अभाव होता है।

अध्याय 05

कोशिका संरचना एवं कार्य

Cell Structure and Its Function

कोशिका Cell

जीवधारियों का शरीर एक या असंख्य कोशिकाओं (Cells) द्वारा निर्मित होता है। इस प्रकार 'कोशिका' जीवधारियों की संरचनात्मक एवं क्रियात्मक इकाई है, जो अवकलीय पारगम्य कला (Differentially permeable membrane) से घिरी होती है। कोशिका से सम्बन्धित अध्ययन को हम **कोशिका विज्ञान** (Cytology) कहते हैं।

- कोशिका को सन् 1665 में सबसे पहले **रॉबर्ट हुक** (Robert Hooke) ने कॉर्क के एक टुकड़े को अति सरल सूक्ष्मदर्शी (Simple microscope) में देखा। रॉबर्ट हुक को **कोशिका विज्ञान का पिता** (Father of Cytology) कहा जाता हैं।
- **एन्टोनी वान ल्यूवेनहॉक** (Antony van Leeuwenhoek) ने सन् 1674 में जीवित कोशिकाओं (एककोशिकीय पादपों, जन्तुओं, जीवाणुओं एवं रुधिर कोशिकाओं) का अध्ययन स्वनिर्मित सूक्ष्मदर्शी से किया।

कोशिका सिद्धान्त Cell Theory

कोशिकावाद का वास्तविक श्रेय **एम. जे. श्लाइडेन** (MJ Schleiden) तथा **थिओडर श्वान** (Theodore Schwann), नामक दो वैज्ञानिकों को जाता है तत्पश्चात् **रुडोल्फ विरकोव** (Rudolf Virchow) नामक वैज्ञानिक ने सन् 1858 में कोशिका सिद्धान्त को रूपान्तरित किया। वर्तमान में कोशिका सिद्धान्त के मुख्य बिन्दु निम्न हैं–

- सभी प्राणी एवं पादप कोशिकाओं से बने होते हैं। यह जीवों की **संरचनात्मक** (Structural) तथा **क्रियात्मक** (Functional) इकाई है।
- सभी कोशिकाओं के रासायनिक संघटन (Chemical composition) एवं उपापचय (Metabolism) क्रियाओं में मूलरूप से समानता होती है।
- नई कोशिकाओं की उत्पत्ति पहले से ही उपस्थित कोशिकाओं से होती है (*Omnis cellula-e-cellula*)।

कोशिका सिद्धान्त के अपवाद Exceptions of Cell Theory

- विषाणु में केन्द्रक (Nucleus) एवं जीवद्रव्य (Cytoplasm) दोनों अनुपस्थित होते हैं तथा इनमें उपापचयी तन्त्र का भी अभाव होता है।
- प्रोटोजोआ अकोशिकीय (Acellular) होते हैं, परन्तु उनका शरीर अविभेदित होता है।

कोशिका के प्रकार Types of Cell

केन्द्रक की संरचना के आधार पर कोशिका निम्न दो प्रकार की होती हैं

1. प्रोकैरियोटिक कोशिका Prokaryotic Cell

- यह सरलतम संरचना कुछ सरल एककोशिकीय जीवों (Unicellular organisms) में पायी जाती है। इसमें अल्पविकसित केन्द्रक पाया जाता है तथा उसके प्रमुख अवयव (केन्द्रक कला, गुणसूत्र, केन्द्रिका, आदि) अनुपस्थित होते हैं। प्राकैरियोटिक में केन्द्रक के स्थान पर इनमें नग्न (Naked) DNA पाया जाता है, इन्हें **जीनोमिक DNA** कहते हैं।
- इसके अतिरिक्त जीवाणुओं में सूक्ष्म वृत्त DNA (Small circular DNA) जिनोमिक DNA के बाहर पाए जाते हैं। इन्हें **प्लाज्मिड** (Plasmid) कहते हैं।

2. यूकैरियोटिक कोशिका Eukaryotic Cell

- यह जटिल व विकसित कोशिका है, जिसमें सुविकसित केन्द्रक अपने सभी अवयवों के साथ पाया जाता है। यह सभी जन्तु व पादप कोशिकाओं में पायी जाती है। इसमें 80S प्रकार का राइबोसोम, हिस्टोन, प्रोटीन एवं सभी द्विकलायुक्त कोशिकांग पाए जाते हैं।

प्रोकैरियोटिक और यूकैरियोटिक कोशिका में अन्तर (Differences between Prokaryotic and Eukaryotic Cell)

क्र.सं.	**प्रोकैरियोटिक कोशिका** (Prokaryotic cell)	**यूकैरियोटिक कोशिका** (Eukaryotic cell)
1.	इनमें प्रारम्भी अविकसित केन्द्रक होता है।	इनमें पूर्ण विकसित केन्द्रक होता है।
2.	ये आदिम कोशिकाएँ हैं।	ये सुविकसित कोशिकाएँ हैं।
3.	कोशिकाद्रव्य पूर्ण कोशिका में फैला रहता है।	केन्द्रक एवं कोशिका कला के बीच सीमित रहता है।
4.	केन्द्रक कला तथा केन्द्रिका अनुपस्थित होती हैं।	उपस्थित होती हैं।
5.	DNA हिस्टोन प्रोटीन रहित होता है।	DNA के साथ हिस्टोन प्रोटीन जुड़ी होती है।
6.	गॉल्जी तन्त्र, अन्तःप्रद्रव्यी जालिका, लवक तथा माइटोकॉण्ड्रिया अनुपस्थित होते हैं।	उपस्थित होते हैं (लवक केवल पादप कोशिका में)।
7.	श्वसन तन्त्र जीवद्रव्य कला में उपस्थित होता है।	श्वसन तन्त्र माइटोकॉण्ड्रिया में उपस्थित होता है।
8.	प्रकाश-संश्लेषण क्रोमेटोफोर में होता है।	प्रकाश-संश्लेषण पादप कोशिका के हरितलवक में होता है।
9.	राइबोसोम 70 S प्रकार के होते हैं।	राइबोसोम 70 S तथा 80 S प्रकार के होते हैं।
10.	कशाभिका में सूक्ष्म तन्तुओं की (9 + 2) व्यवस्था नहीं होती।	कशाभिका में सूक्ष्म नलिकाओं की (9 + 2) व्यवस्था होती है।
11.	रिक्तिका अनुपस्थित होती हैं।	उपस्थित होती है।
12.	लयनकाय या लाइसोसोम अनुपस्थित होते हैं।	जन्तु कोशिका में उपस्थित होते हैं।

यूकैरियोटिक कोशिका का संरचनात्मक संगठन
Structural Organisation of Eukaryotic Cell

यूकैरियोटिक कोशिका के निम्नलिखित तीन भाग होते हैं

(i) **बाह्य आवरण** (Outer layer) ये मुख्यतया कोशिका के निश्चित आकार एवं सुरक्षा से सम्बन्धित है, इसके निम्नलिखित दो भाग होते हैं

(a) जीवद्रव्य कला (कोशिका कला)

(b) कोशिका भित्ति (सिर्फ पादपों में)

(ii) **जीवद्रव्य** (Protoplasm) इसे जीवन का भौतिक आधार कहा जाता है, क्योंकि इसमें जीवन की सभी प्रक्रियाएँ सम्पन्न होती हैं, इसके निम्नलिखित दो भाग होते हैं।

(a) कोशिकाद्रव्य (b) केन्द्रकद्रव्य

(iii) **कोशिकांग** (Cell organelles) ये महत्त्वपूर्ण संरचनाएँ हैं, जो कोशिका में विभिन्न कार्य करने के लिए विशेषीकृत होती है।

कोशिका कला Plasma Membrane

प्रत्येक कोशिका के चारों ओर एक पतली, लचीली एवं अर्द्धपारगम्य (Semipermeable) कला पायी जाती है। यह कोशिका की जीवित सीमाकारी परत होती है, इसे कोशिका कला (Cell membrane) या जीवद्रव्य कला कहते हैं। प्राणी कोशिकाओं में यह बाहरी आवरण बनाती है, जबकि पादप कोशिकाओं में यह कोशिका भित्ति के अन्दर पायी जाती है। रासायनिक रूप से कोशिका कला 20-29% वसा, 20-70% प्रोटीन, 1-5% कार्बोहाइड्रेट्स तथा 20% जल की बनी होती है।

कोशिका कला की परासंरचना
Ultrastructure of Plasma Membrane

कोशिका कला की संरचना के बारे में वैज्ञानिकों के अनेक मत हैं

(i) **त्रिस्तरित संरचना** (Trilamellar structure) यह मत **डैनिली** व **डेवसन** (Danielli and Davson) ने सन् 1935 में प्रस्तुत किया, इस मतानुसार, कोशिका कला के बाह्य एवं आन्तरिक स्तर प्रोटीन अणुओं के बने होते हैं, जबकि मध्य स्तर फॉस्फोलिपिड की द्विअणुक (Dimolecular) परत का बना होता है।

(ii) **एकल-झिल्ली परिकल्पना** (Unit membrane concept) सन् 1953 में **रॉबर्टसन** (Robertson) ने एकल-झिल्ली मॉडल प्रस्तुत किया और बताया, कि प्रोटीन की दो सतहों के बीच लिपिड की एक मोटी सतह होती है। प्रोटीन की प्रत्येक सतह 20Å की होती है, जबकि लिपिड की सतह 35Å की होती है। इस तरह इकाई झिल्ली 75Å (20 + 35 + 20) मोटी होती है।

(iii) **तरल-मोजैक मॉडल** (Fluid mosaic model) यह प्रतिरूप **सिंगर** एवं **निकोलसन** (Singer and Nicolson; 1972) ने प्रतिपादित किया, इसके मतानुसार, जीवद्रव्य कला द्विआण्विक लिपिड के स्तर से बनी होती है।

- बाहर की ओर **परिधीय** (Peripheral) या बाह्य प्रोटीन (Extrinsic protein) के अणु जुड़े होते हैं तथा कुछ प्रोटीन के अणु लिपिड की परत में धँसे रहते हैं। इन्हें **समाकल प्रोटीन** (Intrinsic protein) या **आन्तर प्रोटीन** कहते हैं। बाहर की ओर पाए जाने वाले परिधीय प्रोटीन आसानी से अलग हो जाते हैं। लिपिड एवं समाकल प्रोटीन मोजैक (Mosaic) अवस्था में होते हैं।

- लिपिड के अणु जलविरागी (Hydrophobic) एवं जलस्नेही (Hydrophilic), अन्तःक्रियाओं (Interactions) द्वारा लिपिड स्तर में स्थिर बने रहते हैं। इन्हें आसानी से पृथक् नहीं किया जा सकता। इकाई कला (Unit membrane), अर्द्धतरल (Semifluid) होती है, क्योंकि समाकल प्रोटीन समय के साथ-साथ अपनी स्थिति परिवर्तित करते रहते हैं।
- प्लाज्मा कला के दोनों (लिपिड एवं प्रोटीन) अणु द्विस्तरीय लिपिड संरचना के अन्दर गतिशीलता (Rotational movements) दर्शाते हैं। कुछ आन्तर प्रोटीन समाकल प्रोटीन होते हैं। ये लिपिड स्तर की दोनों सतहों पर बाहर निकले रहते हैं।

कोशिका कला के कार्य
Functions of Plasma Membrane

कोशिका कला निम्न कार्यों में अपना योगदान देती है

(i) कोशिका कला का प्रमुख कार्य पदार्थों के अभिगमन पर नियन्त्रण करना है।

(ii) कोशिका कला जन्तु कोशिकाओं के आकार का नियमन करती है। यह कोशिका की बाह्य क्षतियों (External injuries) से भी रक्षा करती है।

(iii) *अमीबा* (*Amoeba*) में कोशिका कला परिवर्धित (Modify) होकर *अमीबा* के गमन के लिए कूटपाद (Pseudopodia) बनाती है।

(iv) कोशिका कला में कुछ प्रोटीन अणु विभिन्न हॉर्मोन को पहचानने तथा उनका ग्रहण करने में समर्थ होते हैं। इस प्रकार कोशिका कला एक हॉर्मोन ग्राही अंगक (Organelle) का भी कार्य करती है।

(v) अन्तःप्रद्रव्यी जालिका (Endoplasmic reticulum) एवं गॉल्जीकाय (Golgi body) कुछ विशेष पदार्थों का संश्लेषण करती है, जिन्हें कोशिका के विभिन्न भागों में पहुँचाने के लिए कोशिका कला सहायक होती है।

(vi) जीवाणु तथा *अमीबा* की कोशिका कला विभिन्न रासायनिक पदार्थ, जैसे-शर्करा, कार्बनिक अम्ल, फीनॉल, आदि के लिए संवेदन दर्शाती है।

कोशिका भित्ति Cell Wall

- कोशिका भित्ति सभी पादप, जीवाणु, सायनोबैक्टीरिया एवं प्रोटिस्टा वर्ग की कुछ जातियों की कोशिकाओं के चारों ओर निर्जीव परत के रूप में पायी जाती है, जो कोशिका को आकार तथा सुरक्षा प्रदान करती है। कोशिका भित्ति का मुख्य घटक सेलुलोस होता है, लेकिन हेमीसेलुलोस, पेक्टिन (Pectin), लिग्निन (Lignin), सुबेरिन (Suberin), क्यूटिन (Cutin), आदि भी कोशिका भित्ति में पाए जाते हैं।
- इसमें सिलिका (Silica), कैल्शियम कार्बोनेट, कैल्शियम ऑक्सलेट (रेफामाइड्स), आदि क्रिस्टल के रूप में उपस्थित होते हैं। कवकों (Fungi) में कोशिका भित्ति काइटिन की बनी होती है तथा जन्तुओं में अनुपस्थित होती है।

जीवद्रव्य Protoplasm

- जीवद्रव्य हल्का, क्षारीय, चिपचिपा, लचीला एवं कणिकामय (Granular) विशिष्ट पदार्थ है, जो केवल सजीवों में पाया जाता है।
- जीवद्रव्य में जल 90-92%, प्रोटीन 7-9%, कार्बोहाइड्रेट 2-2.5%, लिपिड 1-1.5%, अकार्बनिक पदार्थ 1-1.5%, DNA 0.4% तथा DNA 0.7% होते हैं।
- जीवद्रव्य में घूर्णन, परिसंचरण पक्ष्माभिकीय एवं अमीबीय प्रकार की प्रवाही गतियाँ (Streaming movement) होती हैं। जीवद्रव्य में ब्राऊनी गति (Brownian movement) एवं टिण्डल प्रभाव (Tyndall effect) भी दिखता है।
- जीवद्रव्य दो भागों में विभक्त रहता है-केन्द्रकद्रव्य व कोशिकाद्रव्य।

कोशिका अंगक Cell Organelles

प्रारूपिक कोशिका में उपस्थित कुछ सक्रीय कोशिकांगों का वर्णन इस प्रकार है

1. माइटोकॉण्ड्रिया Mitochondria

- इनका आकार छड़नुमा, गोलाकार, अण्डाकार या फिर दीर्घ वृत्ताकार होता है।
- माइटोकॉण्ड्रिया एक खोखली थैलीनुमा संरचना होती है। इसका आवरण निम्न दो एकल कलाओं (Unit membranes) का बना होता है

  (a) **बाह्य झिल्ली** (Outer membrane) यह माइटोकॉण्ड्रिया का सबसे बाहरी आवरण है।

  (b) **अन्तः झिल्ली** (Inner membrane) यह बाह्य कला के अन्दर स्थित होती है।
- बाह्य कला एवं भीतरी कला के मध्य 6-8 Å का स्थान होता है। इस झिल्ली की मोटाई लगभग 6nm होती है। यह माइटोकॉण्ड्रिया की गुहा में अँगुली-समान उभार बनाती है, जिन्हें **क्रिस्टी** (Cristae) कहते हैं।
- **F_0-F_1 कण** (F_0-F_1 particles) माइटोकॉण्ड्रिया की भीतरी कला से बनी क्रिस्टी पर एक छोटे से वृन्त (Stalk) द्वारा आंसजित रहते हैं। इनको **F_0-F_1 कण** या **ऑक्सीसोम्स** (Oxysomes) कहते हैं।
- माइटोकॉण्ड्रिया के आधारद्रव्य में क्रेब्स चक्र (Krebs' cycle) से सम्बन्धित विभिन्न एन्जाइम पाए जाते हैं। इसलिए कोशिकीय श्वसन का महत्त्वपूर्ण भाग, क्रेब्स चक्र यहीं सम्पन्न होता है। इसलिए इन्हें **ऊर्जा की मुद्रा** (Currency of energy) भी कहते हैं।

2. लवक Plastids

- लवक शब्द का प्रयोग सर्वप्रथम **हेकल** (Haeckel; 1865) ने किया।
- लवक दो प्रकार के होते हैं

  (a) अवर्णी लवक (Leucoplast)

  (b) वर्णी लवक (Chromoplast)
- अवर्णी लवक तीन प्रकार का होता है- एमायलोप्लास्ट (मण्ड का संचयन), एलायोप्लास्ट (वसा का संचयन), एल्यूरोप्लास्ट (प्रोटीन का संचयन)।
- **हरितलवक** (Chloroplast) एक वर्णी लवक है, जिसमें हरा वर्णक पर्णहरिम (Chlorophyll) पाया जाता है। प्रकाश-संश्लेषण (Photosynthesis) में हरितलवक की महत्त्वपूर्ण भूमिका होती है।
- हरितलवक दो रचनाओं से बना होता है

  (a) **कणिकामय मैट्रिक्स या स्ट्रोमा** (Stroma) जिसमें प्रकाश-संश्लेषण की अप्रकाशिक अभिक्रिया (Dark reaction) होती है।

  (b) **पटलिका तन्त्र या ग्रेना** (Grana) जो थाइलैकॉइड्स (Thalakoids) से बना होता है तथा इसमें प्रकाश-संश्लेषण की प्रकाशिक अभिक्रिया (Light reaction) होती है।

- हरितलवक को **कोशिका का रसोईघर** (Kitchen of cell) भी कहते हैं।
- लवक पादपों की कोशिका में ही पाए जाते हैं, जन्तु कोशिका में ये अनुपस्थित होते हैं।

3. अन्त:प्रद्रव्यी जालिका Endoplasmic Reticulum

- यह कोशिकांग केवल यूकैरियोटिक कोशिकाओं (Eukaryotic cell) में पाया जाता है।
- यह कोशिका में एक सतत् तन्त्र (Continuous system) की तरह एक झिल्लीनुमा संरचना है, जो केन्द्रक कला से कोशिका कला तक फैली रहती है।
- अन्त:प्रद्रव्यी जालिका निम्नलिखित तीन भिन्न संरचनाओं से मिलकर बनी होती है

  (i) सिस्टर्नी (Cisternae) (ii) पुटिकाएँ (Vesicles)

  (iii) नलिकाएँ (Tubules)
- अन्त:प्रद्रव्यी जालिका दो प्रकार की होती है

  (a) **अकणिकामय या चिकनी अन्त:प्रद्रव्यी जालिका** (Smooth endoplasmic reticulum) इनकी सतह चिकनी होती है, क्योंकि इन पर राइबोसोम्स नहीं पाए जाते हैं।

  (b) **रुक्ष या कणिकामय अन्त:प्रद्रव्यी जालिका** (Rough or Granular endoplasmic reticulum) इनकी सम्पूर्ण सतह पर राइबोसोम्स उपस्थित होने के कारण इनकी सतह रुक्ष हो जाती है।
- अन्त:प्रद्रव्यी जालिका के निम्नलिखित कार्य हैं
  - अन्त:प्रद्रव्यी जालिका की कला पर परमिएज एन्जाइम (Permease enzyme) तथा वाहक प्रोटीन होने के कारण, ये विभिन्न अणुओं का कोशिका में विसरण, परासरण तथा सक्रिय स्थानान्तरण करती है।
  - इनकी कला पर राइबोफोरिन (Ribophorin) प्रोटीन पायी जाती है, जिसके कारण यह राइबोसोम को अपने साथ जोड़ने में सक्षम होती है।
  - यह फॉस्फोलिपिड्स, कोलेस्ट्रॉल, लिंग हॉर्मोन, एड्रीनल, एस्कॉर्बिक अम्ल तथा दृश्य वर्णकों का संश्लेषण करती है।

4. गॉल्जीकाय Golgi Body

- गॉल्जीकाय की खोज सर्वप्रथम इटली के वैज्ञानिक **कैमिलो गॉल्जी** (Camillo Golgi) ने सन् 1898 में बिल्ली के तन्त्रिका तन्त्र (Nervous system) में की थी। इसके लिए इन्हें सन् 1906 में नोबेल पुरस्कार मिला था।
- इनकी उत्पत्ति खुरदरी अन्त:प्रद्रव्यी जालिका से होती है। पादप कोशिकाओं में इन्हें **डिक्टियोसोम** (Dictyosome) कहा जाता है।
- यह प्रोटीन, लिपिड-प्रोटीन की एकल झिल्ली का बना एक तन्त्र होता है, जिसमें निम्न तीन प्रकार की संरचनाएँ पायी जाती हैं

  (i) चपटी नलिकाएँ (Cisternae)

  (ii) पुटिकाएँ (Vesicles)

  (iii) नलिकाएँ (Tubules)
- गॉल्जीकाय के तरल पदार्थ में विभिन्न महत्त्वपूर्ण एन्जाइम, प्रोटीन, फॉस्फोलिपिड, लेसीथिन, आदि पाए जाते हैं। इसके अतिरिक्त इनमें अति न्यूनतम मात्रा में DNA, RNA एवं पॉलीसैकेराइड, कैरोटिनॉइड, विटामिन-E, ग्लाइकोसिल ट्रान्सफरेज, थियोमिन पाइरोफॉस्फेट, आदि भी पाए जाते हैं।
- गॉल्जीकाय कोशिका का एक महत्त्वपूर्ण कोशिकांग है। यह निम्नलिखित कार्य करता है—स्रावण, कोशिका भित्ति का निर्माण, एन्जाइम का निर्माण, हॉर्मोनों का उत्पादन, प्रोटीन एवं वसा संचयन, शुक्राणुजनन में अग्रपिण्डक का निर्माण, पीतक का निर्माण तथा अवशोषण, आदि।

5. लयनकाय Lysosomes

- ये साधारणतया जन्तु कोशिकाओं में पाए जाते हैं, लेकिन पादप कोशिकाओं में भी इनकी उपस्थिति देखी गयी है। ये पादपों की विभज्योतकी कोशिकाओं में पाए जाते हैं तथा जन्तुओं में स्रावी कोशिकाओं; जैसे-अग्न्याशय (Pancreas), वृहत् भक्षकाणु (Macrophages), यकृत, वृक्क कोशिकाओं, आदि में ये अधिक संख्या में उपस्थित होते हैं।
- इनकी रसधानी में लगभग 50 प्रकार के जल अपघटनीय एन्जाइम्स (Hydrolytic enzymes) होते हैं। जब लयनकाय के एन्जाइम्स बाहर निकलते हैं तो सक्रिय होकर कोशिका के विभिन्न पदार्थों (कार्बोहाइड्रेट, प्रोटीन, DNA एवं RNA) का विघटन कर देते हैं। कभी-कभी लाइसोसोम कोशिका को भी नष्ट कर देते हैं। इस कारण लाइसोसोम को **आत्मघाती थैली** (Suicidal bag) भी कहा जाता है।

6. राइबोसोम्स Ribosomes

- ये प्रोकैरियोटिक कोशिकाओं के जीवद्रव्य में स्वतन्त्र रूप से पड़े रहते हैं। यूकैरियोटिक कोशिकाओं में ये जीवद्रव्य में, अन्त:प्रद्रव्यी जालिका की सतह पर, केन्द्रक आवरण पर, माइटोकॉण्ड्रिया तथा लवकों में पाए जाते हैं। इसके अतिरिक्त ये केन्द्रिका में भी पाए जाते हैं।
- यह सूक्ष्म, सघन, गोलाकार, झिल्लीविहीन, कणिकामय छोटे कोशिकांग होते हैं। इनका व्यास 15-25 nm तक होता है। ये DNA एवं प्रोटीन के बने होते हैं।
- ये दो उपइकाइयों के बने होते हैं, जिनमें एक बड़ी व एक छोटी होती है तथा इनका साहचर्य (Association) एवं वियोजन (Dissociation) Mg^{2+} आयन की सान्द्रता पर निर्भर करता है।
- राइबोसोम्स साधारणतया दो प्रकार के अर्थात् 70S और 80S प्रकार के होते हैं। यहाँ 'S' का अर्थ है **स्वेडबर्ग** (Svedberg) यूनिट। यह किसी कोशिकांग का अवसादन गुणांक दर्शाता है। ये दो प्रकार के होते हैं

  (i) **70S प्रकार** (70 S type) इनकी छोटी उपइकाई 30S में 16S *r*RNA तथा 21 प्रोटीन होती हैं, जबकि बड़ी उपइकाई 50S में 5.8S, 28S तथा 34 प्रोटीन होती है।

  (ii) **80 S प्रकार** (80 S type) इनकी छोटी उपइकाई 40S में 18S *r*RNA तथा 30 प्रोटीन होती हैं, जबकि बड़ी उपइकाई 60S में 5.8 S, 28 S और 5S *r*RNA तथा 40 प्रोटीन पायी जाती हैं।
- इनके कार्य निम्नलिखित हैं
  - कोशिका में उपस्थित मुक्त राइबोसोम्स प्राय: एन्जाइम प्रोटीन का निर्माण करते हैं। लाल रुधिराणु में राइबोसोम्स हीमोग्लोबिन प्रोटीन को संश्लेषित करते हैं। यह प्रोटीन-संश्लेषण में भाग लेने वाले *t*RNA तथा *m*RNA को जोड़ने के लिए स्थान प्रदान करते हैं।

7. रसधानियाँ Vacuoles

कोशिकाद्रव्य (Cytoplasm) में कला से घिरी जगह को रिक्तिका या **रसधानी** कहते हैं। इनमें कोशिका के लिए अनुपयोगी पदार्थ, साथ ही जल, रस, उत्सर्जित पदार्थ व अन्य उत्पाद मिलते हैं।

ये निम्न प्रकार की होती हैं

(i) **कोशिका रसधानी** (Sap Vacuole) रिक्तिका एकल कला से घिरी संरचना है, जिसे **टोनोप्लास्ट** (Tonoplast) कहते हैं। पादप कोशिकाओं में इनका आकार जन्तु कोशिकाओं की अपेक्षा बड़ा होता है। पादप कोशिकाओं में ये कोशिका का 90% स्थान घेरती है तथा पादप कोशिका का अधिकांश जल इसी में संग्रहित रहता है।

(ii) **संकुचन रसधानी** (Contractile Vacuole) ये प्रोटिस्टा (Protista) जगत एवं शैवालों (Algae) में सामान्य रूप से पाई जाती हैं। ये कोशिकीय उत्सर्जन एवं परासरण नियमन (Osmoregulation) में भाग लेती हैं। *अमीबा* में पाई जाने वाली संकुचनशील रिक्तिका (Contractile vacuole) उत्सर्जन के लिए महत्त्वपूर्ण है।

(iii) **खाद्य धानी** (Food Vacuole) यह प्रोटोजोआ (Protozoa) एवं उच्च जन्तुओं के भक्षकाणु (Phagocytes) में पाई जाती है। ये फैगोसोम एवं लयनकाय के संलयन से बनती है। इनमें उपस्थित एन्जाइम्स खाद्य-पदार्थों का पाचन करते हैं।

(iv) **वायु धानी** (Air Vacuole) इसे गैसधानी या **कूटधानी** (Pseudovacuole) भी कहते हैं। यह पूर्वकेन्द्रकीय कोशिकाओं में पाई जाती हैं। ये उपापचयी गैसों को एकत्र करने के अतिरिक्त कोशिका की उत्प्लावकता (Buoyancy) को बढ़ाती है तथा कोशिका को यान्त्रिक शक्ति भी प्रदान करती है

8. कोशिका कंकाल (Cytoskeleton)

- कोशिकीय कंकाल सुकेन्द्रकीय (यूकैरियोटिक) कोशिका के कोशिकाद्रव्य में प्रोटीन की बनी सूक्ष्म तन्तुओं तथा नलिकाओं का विस्तृत जाल के रूप में फैला रहता है।
- कोशिका कंकाल तीन संरचनात्मक घटकों द्वारा निर्मित होता है, जिन्हें **सूक्ष्मनलिकाएँ** (Microtubules), **सूक्ष्म तन्तु** (Microfilament) तथा **मध्यस्थ तन्तु** (Intermediate filament) कहते हैं।
- सूक्ष्म नलिकाएँ ट्यूब्यूलिन प्रोटीन की बनी होती हैं। इनमें α एवं β टयूब्यूलिन पाई जाती है। ये कोशिका विभाजन का तर्कु उपकरण बनाती हैं। **सूक्ष्म तन्तु** एक्टिन प्रोटीन के बने होते हैं, जबकि मध्य तन्तु **किरैटिन**, **डेस्मिन** एवं **विमेन्टिन** से बने होते हैं।
- ये कोशिका की आकृति बनाए रखते हैं तथा संरचनात्मक ढाँचे का निर्माण करते हैं साथ ही ये कोशिका को दृढ़ता (Mechanical support) प्रदान करते हैं तथा गति में भी सहायता करते हैं। इसके अतिरिक्त ये कोशिका के विभिन्न अंगकों को अपने उचित स्थानों पर बनाए रखने में मदद करते हैं।

9. सूक्ष्मकाय या माइक्रोबॉडीज (Microbodies)

इनका निर्माण अन्त:प्रद्रव्यी जालिका एवं गॉल्जी तन्त्र से थैलियों (Vesicles) के टूटने (Pinching off) से होता है।

(i) **परॉक्सीसोम्स** (Peroxisomes) इनकी खोज **टॉलबर्ट** (Tolbert) ने सन् 1969 में की थी तथा इनका निर्माण पूर्व स्थित परॉक्सीसोम (Pre-exisiting peroxisomes) से होता है।

- कैटालेज एन्जाइम उपापचय के फलस्वरूप कोशिका में उत्पन्न होने वाले विषैले पदार्थ, हाइड्रोजन परॉक्साइड (H_2O_2) का विघटन (Breakdown) कर देते हैं। ये कोशिकाद्रव्य में आने वाले अन्य विषैले पदार्थों का भी विघटन कर देता है।

(ii) **ग्लाइऑक्सीसोम्स** (Glyoxysomes) ये एक परत वाली झिल्ली के बने होते हैं। इनकी खोज **बीवर्स** (Beevers) ने की थी। वसा कार्बोहाइड्रेट परिवर्तन ग्लाइऑक्सीसोम में पाए जाने वाले ग्लाइऑक्सिलेट चक्र द्वारा होता है।

(iii) **स्फेरोसोम** (Spherosome) इनका निर्माण अन्त:प्रद्रव्यी जालिका एवं गॉल्जी बॉडी के छोटे-छोटे भागों के टूटने से होता है। ये लिपिड का संश्लेषण व संग्रह करते हैं।

10. कशाभिका एवं पक्ष्माभिका Flagellum and Cilium

पादप एवं जन्तु जगत में कुछ कोशिकाओं एवं जन्तुओं में गति प्रदान करने हेतु कुछ संरचनाएँ पाई जाती हैं। ये अधिकतर कोमल एवं तन्तुमय कशाभ (Flagella) एवं पक्ष्माभ (Cilia) होते हैं। ये संरचनाएँ जीवद्रव्य कला के उभार (Projection) होते हैं, जिनमें सूक्ष्म नलिकाएँ उपस्थित होती हैं।

- इनका व्यास लगभग 0.25 μm होता है। इनकी मूलभूत संरचना एक्सोनीम (Axoneme) होती है, जो सूक्ष्म नलिकाओं एवं प्रोटीन से बनती है। सूक्ष्म नलिकाएँ (9 + 2) व्यवस्था प्रदर्शित करती है अर्थात् 9 परिधि पर तथा 2 केन्द्र में।
- ये 2 सूक्ष्म नलिकाएँ तथा 9 बाह्य द्विक सूक्ष्म नलिकाओं (Microtubule doublets) से घिरी हुई संरचनाएँ हैं। प्रत्येक द्विक सूक्ष्म नलिकाओं में एक नलिका पूर्ण होती है।
- सभी बाह्यद्विक सूक्ष्म नलिकाएँ, अरीय तीलियों (Radial spokes) से केन्द्र में स्थित सूक्ष्म नलिकाओं के जोड़े से जुड़ी रहती हैं।
- कशाभ तथा पक्ष्माभ की सूक्ष्म नलिकाओं के प्रारम्भिक सिरे जीवद्रव्य कला के नीचे धँसे एक कण, आधार काय (Basal body or granule) से जुड़े होते हैं। काय की रचना तारककेन्द्र के समान होती है अर्थात् इसमें 9 त्रिक तन्तु होते हैं।

कशाभिका संरचना के आधार पर दो प्रकार की होती है

(a) **व्हिपलैश** (Whiplash) इसमें कशाभिका की सतह सपाट होती है।

(b) **टिन्सेल** (Tinsel) इसमें कशाभिका के पार्श्व में रोमनुमा संरचनाएँ (फ्लिमर्स या मैस्टिगोनीक्स) उपस्थित होती हैं।

- यह निम्न स्तर के पादपों में (शैवाल एवं ब्रायोफाइट) कोशिका को या उनके युग्मकों को गति प्रदान करते हैं।
- पक्ष्माभिका *पैरामीशियम* (*Paramecium*) में गति प्रदान करके भोजन ग्रहण करने में सहायक होते हैं।
- यह अनेक जीवाणुओं एवं कवकों में उनकी अनेक गतिमान संरचनाओं में उपस्थित होते हैं तथा गति प्रदान करते हैं।

11. तारककाय एवं तारककेन्द्र Centrosome and Centriole

- ये संरचनाएँ जन्तु कोशिकाओं, कवकों तथा मॉस में केन्द्रक के समीप पाई जाती हैं। इनको सर्वप्रथम **टी. बोवेरी** (T Boveri) ने सन् 1888 में **तारककाय** कहा।

- प्रत्येक **तारककाय** दो जोड़े तारककेन्द्रों (Centrioles) का बना होता है। प्रत्येक जोड़े के तारककेन्द्रों को डिप्लोसोम भी कहते हैं तथा ये एक-दूसरे से 90° के कोण पर स्थित होते हैं।
- तारककेन्द्र एक बेलनाकार दीवार (Cylendrical wall) की भाँति की संरचना है, जिसमें कुल 27 सूक्ष्म नलिकाएँ होती हैं। ये सूक्ष्म नलिकाएँ 9 त्रिक तन्तुओं (Triplet fibres) के रूप में लम्ब अक्ष (Longitudinal axis) पर एक मध्यनाभि (Hub) के चारों ओर स्थित होते हैं (9 + 0)। प्रत्येक त्रिक तन्तु में तीन सूक्ष्म नलिकाएँ एक रेखा में स्थित होती हैं। इस प्रकार ये तन्तु एक अक्रिस्टलीय (Amorphous), पदार्थ में धँसे (Embedded) रहते हैं। सम्पूर्ण तारककेन्द्र एक बैलगाड़ी के पहिए जैसी रचना (Cart Wheel Structure) बनाता है।
- ये सभी जन्तु कोशिकाओं के विभाजन के समय गुणसूत्र के विभाजन में सहायक होते हैं, क्योंकि ये विभाजन की विभिन्न अवस्थाओं में स्पिन्डल तन्तु बनाते हैं।
- ये कोशिका की गति में सहायक होते हैं।

12. केन्द्रक Nucleus

- केन्द्रक की खोज सर्वप्रथम **रॉबर्ट ब्राऊन** (Robert Brown) ने सन् 1831 में ऑर्किड (Orchid) की कोशिका में की थी। केन्द्रक आनुवंशिक लक्षणों को नियन्त्रित (Control) करता है।
- केन्द्रक में निम्नलिखित चार भाग होते हैं
  - (i) **केन्द्रक आवरण या केन्द्रक कला** (Nuclear envelope or Nuclear membrane) यह आवरण केन्द्रीय तत्व (Nuclear elements) को कोशिकाद्रव्य (Cytoplasm) से अलग करता है तथा केन्द्रकद्रव्य और कोशिकाद्रव्य के बीच आदान-प्रदान को भी नियन्त्रित करता है।
  - (ii) **केन्द्रकद्रव्य** (Nucleoplasm) केन्द्रक कला के अन्दर केन्द्रक में एक पारदर्शी (Translucent), अर्द्धतरल (Semiliquid) व कणिकीय (Granular) मैट्रिक्स या आधार द्रव्य होता है, जिसे केन्द्रकद्रव्य (Nucleoplasm) कहते हैं। इसमें RNA, DNA, प्रोटीन, एन्जाइम, लिपिड, खनिज लवण, आदि पाए जाते हैं।
  - (iii) **केन्द्रिका** (Nucleolus) केन्द्रक में एक बड़ी गोलाकार, सघनी स्पष्ट संरचना होती है,
  - (vi) **क्रोमैटिन जालक** (Chromatin reticulum) केन्द्रक के केन्द्रकद्रव्य में पड़ी हुई संरचनाएँ बेसिक फशचिन (Basic fuschin) नामक क्षारीय रंजक के द्वारा अभिरंजित हो जाती हैं। इसलिए, इसे **क्रोमैटिन पदार्थ** भी कहते हैं।

    कोशिका विभाजन के समय क्रोमैटिन तन्तु मोटे होकर रिबननुमा (Ribbon-like) संरचना धारण कर लेते हैं, जिसे **गुणसूत्र** (Chromosome) कहते हैं।

    केन्द्रक में पाए जाने वाले क्रोमैटिन पदार्थ दो प्रकार के होते हैं
    - सुगुणसूत्रीय जालक (Euchromatin reticulum)
    - विषमगुणसूत्रीय जालक (Heterochromatin reticulum)

केन्द्रक के कार्य Functions of Nucleus

- यह कोशिका की उपापचय क्रियाओं पर नियन्त्रण रखता है। अत: इसे **कोशिका का मस्तिष्क** (Mind of cell) भी कहते हैं। केन्द्रक कोशिका विभाजन के लिए उत्तरदायी है, जिसके परिणामस्वरूप मातृ कोशिकाओं से पुत्री कोशिकाओं (Daughter cells) की उत्पत्ति होती है। इसमें DNA का द्विगुणन होता है।
- RNA का निर्माण भी इसी में ही होता है। केन्द्रिका की सहायता से केन्द्रक राइबोसोम्स का संश्लेषण करता है, जो प्रोटीन-संश्लेषण (Protein synthesis) का कार्य करता है।

गुणसूत्र Chromosomes

- गुणसूत्र कोशिका विभाजन की अन्तरावस्था (Interphase) अवस्था में केन्द्रकद्रव्य में क्रोमैटिन जाल (Chromatin network) के रूप में होते हैं। कोशिका विभाजन के समय यह जाल छोटे-छोटे धागों का रूप (Thread-like structure) ले लेते हैं। सन् 1988 में **वाल्डेयर** (Waldeyer) ने इन रचनाओं को गुणसूत्र का नाम दिया था।
- दैहिक या कायिक (Somatic) कोशिकाओं में गुणसूत्रों की संख्या द्विगुणित (Diploid; $2n$) होती है। युग्मक कोशिकाओं में गुणसूत्रों की संख्या आधी होती है अर्थात् अगुणित (Haploid; n) होती है।
- DNA (लगभग 40%), RNA (1-10%), हिस्टोन प्रोटीन (40-50%) तथा नॉन-हिस्टोन प्रोटीन (लगभग 10%) गुणसूत्र के घटक होते हैं।

यूकैरियोटिक कोशिका को पुन: जन्तु एवं पादप कोशिकाओं में विभक्त किया जा सकता है।

जन्तु एवं पादप कोशिकाओं में अन्तर

संघटन	जन्तु कोशिका	पादप कोशिका
कला संघटन	जन्तु कोशिका में कोशिका कला के बाहर कोशिका भित्ति नहीं पाई जाती है।	पादप कोशिका में कोशिका कला के बाहर सेलुलोस की बनी कोशिका भित्ति पाई जाती है।
केन्द्रक	कोशिका के मध्य में होता है।	एक तरफ होता है।
गुणसूत्र	छोटे होते हैं।	बड़े होते हैं।
कार्बोहाइड्रेट	ग्लाइकोजन के रूप में संचित होता है।	स्टार्च के रूप में संचित होता है।
माइटोकॉण्ड्रिया	ज्यादा संख्या में पाए जाते हैं।	कम संख्या में पाए जाते हैं।
लवक	अनुपस्थित होता है।	उपस्थित एवं तीन प्रकार का होता है।
अन्त:प्रद्रव्यी जालिका	अधिक मात्रा एवं पास-पास में होती है।	कम तथा दूर-दूर होती हैं।
गॉल्जी उपकरण	जटिल गॉल्जी उपकरण उपस्थित होता है।	इसकी उपबॉडी डिक्टियोसोम पाई जाती है।
लाइसोसोम	उपस्थित होता है।	अनुपस्थित होता है।
रिक्तिका	छोटी तथा संख्या में अधिक होती हैं।	बड़ी संख्या में कम होती हैं।
सेन्ट्रोसोम	उपस्थित होता है	अनुपस्थित होता है
ग्लाइऑक्सीसोम	अनुपस्थित होते हैं।	उपस्थित होते हैं।

जैव अणु Biomolecules

कोशिका में पाए जाने वाले सभी रासायनिक पदार्थ जैव अणु कहलाते हैं। ये निम्न प्रकार से हैं

कार्बोहाइड्रेट Carbohydrates

- कार्बोहाइड्रेट्स शब्द (*Carbos*- कार्बन; *hydro*-जल) का शाब्दिक अर्थ कार्बन के हाइड्रेट्स है। ये मानव आहार के प्रमुख घटक और समस्त जीवों के लिए ऊर्जा का मुख्य स्रोत होते हैं। कार्बोहाइड्रेट्स कार्बन, हाइड्रोजन तथा ऑक्सीजन (CHO) के तत्वों से निर्मित कार्बनिक पदार्थ हैं। इनमें कार्बन, हाइड्रोजन तथा ऑक्सीजन क्रमश: 1 : 2 : 1 के अनुपात में पाए जाते हैं। कार्बन बहुत कम मात्रा में पाया जाता है।
- इनका सामान्य अणुसूत्र $C_n(H_2O)_n$ होता है, परन्तु किसी-किसी में; जैसे–रेमनोस ($C_6H_{12}O_5$), डिजिटोक्सोस ($C_6H_{12}O_4$), आदि में यह सामान्य कार्बोहाइड्रेट के अणुसूत्र की स्थिति नहीं मिलती है।
- कार्बोहाइड्रेट में एल्डिहाइड (HC = O) **या** कीटोन (>C = O) समूह पाए जाते हैं तथा इस समूह की उपस्थिति के आधार पर इन्हें एल्डोज (Aldose) या कीटोज (Ketose) कहा जाता है।

(i) **मोनोसैकेराइड्स** (Monosaccharides) यह सबसे सरलतम् शर्कराएँ होती हैं, जिनका सामान्य सूत्र ($C_nH_{2n}O_n$) होता है। ये मीठे, क्रिस्टलीय एवं रंगहीन ठोस यौगिक होते हैं। प्रत्येक मोनोसैकेराइड अणु में कार्बन अणुओं की एक अशाखित श्रृंखला होती है, जिसमें कार्बन परमाणु एकल सहसंयोजक बन्धों द्वारा आपस में जुड़े होते हैं। इनमें से एक कार्बन परमाणु से कार्बोनिल (Carbonyl) समूह जुड़ा होता है तथा अन्य पर एक-एक हाइड्रॉक्सिल (—OH) समूह होता है।

- जब कार्बन श्रृंखला के एक छोर पर कार्बोनिल समूह होता है, तो इसे एल्डिहाइड समूह और इस मोनोसैकेराइड को एल्डोज (Aldose) शर्करा कहते हैं, परन्तु जब कार्बन श्रृंखला के मध्य में कार्बोनिल समूह जुड़ा होता है, तो इसे कीटोन समूह कहते हैं तथा इस मोनोसैकेराइड्स को कीटोज (Ketose) शर्करा कहते हैं।

(ii) **ओलिगोसैकेराइड्स** (Oligosaccharides) ओलिगोसैकेराइड्स (Gr. *Oligo-few*) का शाब्दिक अर्थ है 'कुछ' अर्थात् 2-10 मोनोसैकेराइड के संयोग से बनी शर्करा ओलिगोसैकेराइड्स कहलाती है।

- ये मोनोसैकेराइड की भाँति मीठे तथा रंगहीन होते हैं। जिस प्रकार मोनोसैकेराइड्स की इकाइयाँ जुड़ती हैं, उसी के आधार पर इन्हें डाइसैकेराइड्स (Disaccharides), ट्राइसैकेराइड्स (Trisaccharides), टेट्रासैकेराइड्स (Tetrasaccharides), आदि कहते हैं। मोनोसैकेराइड आपस में ग्लाइकोसिडिक बन्ध के द्वारा जुड़े रहते हैं। इनका सामान्य सूत्र ($C_nH_{2n}O_n$) होता है।
- ग्लाइकोसिडिक बन्ध उत्क्रमणीय (Reversible) होता है। अत: जल अपघटन होने पर जुड़े मोनोसैकेराइड अलग हो जाते हैं। भोजन का पाचन भी इसी प्रकार होता है। ओलिगोसैकेराइड निम्न प्रकार से वर्गीकृत हैं-
- **डाइसैकेराइड्स** (Disaccharides) इसका निर्माण दो मोनोसैकेराइड अणुओं के ग्लाइकोसिडिक बन्ध द्वारा जुड़ने से होता है। ये सबसे सरल ओलिगोसैकेराइड होते हैं। इनका सामान्य सूत्र ($C_{12}H_{22}O_{11}$) होता है। ये प्राय: जल में घुलनशील एवं मीठे होते हैं; जैसे–माल्टोस (Maltose), लैक्टोस (Lactose) तथा सुक्रोस (Sucrose)। सजीवों में सबसे अधिक पायी जाने वाली शर्करा डाइसैकेराइड होती है।

(iii) **पॉलीसैकेराइड्स** (Polysaccharides) पॉलीसैकेराइड्स अणु का निर्माण 10 या 10 से अधिक मोनोसैकेराइड के अणुओं से मिलकर होता है। पृथ्वी पर सबसे अधिक कार्बोहाइड्रेट्स पॉलीसैकेराइड्स के रूप में ही पाए जाते हैं।

- इन्हें ग्लाइकेन्स (Glycans) भी कहते हैं। इनके व्युत्पन्न (Derived) अणु–शाखान्वित; उदाहरण-सेलुलोस या अशाखित; उदाहरण–ग्लाइकोजन, रेखीय श्रृंखलाओं (Linear chains) के रूप में होते हैं, जिनका अणुभार अत्यधिक होता है। ये स्वादहीन एवं अघुलनशील होते हैं।
- पॉलीसैकेराइड का सामान्य सूत्र $(C_6H_{10}O_5)_n$ होता है, जहाँ '*n*' मोनोसैकेराइड्स के अणुओं की संख्या है। ये मुख्यतया खाद्य पदार्थों (Edible foods) तथा ऊर्जा (Energy) का संचय करते हैं।

प्रोटीन Protein

- प्रोटीन्स जीवधारियों की कोशिका में पाए जाने वाले जटिल कार्बनिक यौगिक हैं अर्थात् जीवधारियों के शरीर के महत्त्वपूर्ण घटक हैं। कोशिकाओं के अन्दर प्रोटीन अणुओं की संख्या, संरचना एवं कार्य में सर्वाधिक विविधता पायी जाती है। प्रोटीन शब्द का प्रयोग सर्वप्रथम **बर्जीलियस** (Berzelius) नामक वैज्ञानिक ने सन् 1839 में किया था।
- प्रोटीन जीवद्रव्य का लगभग 13% भाग बनाते हैं। ये नए ऊतकों के निर्माण में टूटी-फूटी (Damaged) कोशिकाओं की मरम्मत में एवं ऊर्जा स्रोत के रूप में महत्त्वपूर्ण भूमिका निभाते हैं।
- अमीनो अम्ल (Amino acid) एक विशिष्ट प्रकार के कार्बनिक अम्ल हैं, जिनमें कम-से-कम एक मुक्त अमीनो समूह ($—NH_2$) तथा एक कार्बोक्सिल समूह (—COOH) अवश्य पाया जाता है। हमारे पर्यावरण में लगभग 300 प्रकार के अमीनो अम्ल पाए जाते हैं, परन्तु इनमें से केवल 20 अमीनो अम्ल ही जन्तु एवं पादप कोशिकाओं में पाए जाते हैं। ये अमीनो अम्ल आपस में श्रृंखलाबद्ध होकर प्रोटीन का निर्माण करते हैं अर्थात् अमीनो अम्ल प्रोटीन्स की संरचनात्मक इकाइयाँ होती हैं।
- ये मुख्यतया दो प्रकार के होते हैं, जो निम्नलिखित हैं
- **अनावश्यक एवं आवश्यक अमीनो अम्ल** (Non-essential and essential amino acids) ये 20 प्रकार के अमीनो अम्ल सब जीवों में समान होते हैं। सूक्ष्मजीवों और पादपों में ये 20 प्रकार के अमीनो अम्ल बनते हैं, परन्तु स्तनियों में इनमें से केवल 10 ही शरीर में बनते हैं, इन्हें अनावश्यक अमीनो अम्ल कहते हैं। शेष 10 को स्तनी अपने भोजन से ही प्राप्त करते हैं।

अमीनो अम्लों का वर्गीकरण
Classification of Amino Acid

संरचना, रासायनिक प्रवृत्ति, पोषण की आवश्यकताओं तथा उपापचयी क्रियाओं के आधार पर अमीनो अम्लों को चार श्रेणियों में वर्गीकृत किया जाता है; जैसे-अध्रुवीय, अनावेशित ध्रुवीय, अम्लीय एवं क्षारीय अमीनो अम्ल।

प्रोटीन का वर्गीकरण Classification of Protein

प्रोटीन जटिल संरचना एवं लक्षणों में विविधता दर्शाने वाले अणु है, जिनको कुछ विशेष गुणों के आधार पर वर्गीकृत किया गया है, जो निम्न प्रकार से हैं

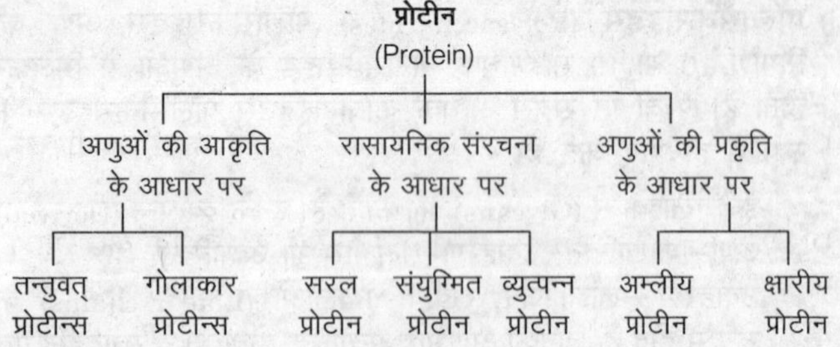

प्रोटीन की संरचना Structure of Protein

(i) **प्राथमिक संरचना** (Primary structure) प्राथमिक संरचना प्रोटीन की मूल संरचना को दर्शाती है। इसके अन्तर्गत पॉलीपेप्टाइड श्रृंखलाएँ आती हैं।

(ii) **द्वितीयक संरचना** (Secondary structure) द्वितीयक संरचना में यह α-हेलिक्स, β-शीट व कोलैजन रूप में पाए जाते हैं। α-हेलिक्स में पॉलीपेप्टाइड श्रृंखला सर्पिलाकार कुण्डलित होती हैं। β-शीट में हेलिक्स के स्थान पर एक शीट का निर्माण होता है। कोलैजन में पॉलीपेप्टाइड श्रृंखला के तीन तन्तु एक-दूसरे के चारों ओर कुण्डलित रहते हैं।

(iii) **तृतीयक संरचना** (Tertiary structure) तृतीयक संरचना में ज्यादा वलन उत्पन्न हो जाते हैं। यह अनेक प्रकार के बन्धों द्वारा स्थिर रहती हैं; जैसे-हाइड्रोजन बन्ध, आयनिक बन्ध, आदि।

(iv) **चतुर्थक संरचना** (Quaternary structure) चतुर्थक संरचना केवल मल्टीमेरिक प्रोटीन में पायी जाती हैं। इसमें प्रत्येक तृतीयक संरचना, प्रोटीन एक उपइकाई की भाँति कार्य करती है।

प्रोटीन के कार्य Functions of Protein

- ये शरीर की अनेक उपापचयी क्रियाओं हेतु उपयोगी होते हैं।
- प्रोटीन, प्रोटोप्लास्ट के शुष्क भार का 50% होती हैं। ये प्रोटोप्लास्ट के कोलॉइड भाग, कोशिकांग, आदि के निर्माण में भाग लेते हैं।
- अधिकांश एन्जाइम प्रोटीन होते हैं, जो विभिन्न उपापचयी क्रियाओं का उत्प्रेरण करते हैं।
- एण्टीबॉडीज भी प्रोटीन हैं, जो शरीर को प्रतिरक्षा प्रदान करती हैं।
- इस प्रकार का प्रोटीन अनेक कार्यों में संलग्न होता है।

लिपिड्स Lipids

- लिपिड्स का शाब्दिक अर्थ (*Lipos*-fat) वसा होता है। लिपिड शब्द का प्रयोग सर्वप्रथम जर्मन वैज्ञानिक **विल्हेम ब्लूर** (Wilhelm Bloor) ने सन् 1943 में किया था। लिपिड्स विभिन्न प्रकार के तैलीय (Oily), मोमयुक्त (Waxy), स्नेहकीय (Greasy) कार्बनिक पदार्थ होते हैं। लिपिड के अणुओं में बहुत विविधता पायी जाती है, फिर भी इनमें दो समान विशिष्ट लक्षण पाए जाते हैं

(i) ये सब वास्तविक या सम्भाव्य रूप से (Potentially) वसीय अम्लों के एस्टर (Esters of fatty acids) के हाइड्रोलिक पदार्थ हैं, जिनका अणुभार 750-1500 डाल्टन तक होता है।

(ii) ये सब अध्रुवीय (Non-polar) होते हैं। अत: ये जल में अघुलनशील, परन्तु अध्रुवीय कार्बनिक घोलकों; जैसे—क्लोरोफॉर्म, बेन्जीन, ईथर, एसीटोन, पेट्रोलियम, कैरोसिन, आदि में घुलनशील होते हैं।

वसीय अम्ल Fatty Acid

वसीय अम्ल लम्बी हाइड्रोकार्बन श्रृंखला वाले कार्बोक्सिलिक अम्ल होते हैं, जिनके एक सिरे पर कार्बोक्सिलिक समूह (—COOH) तथा दूसरे सिरे पर मिथाइल समूह (—CH_3) जुड़ा रहता है। कुछ कार्बनिक अणु जलरागी (—COOH) समूह एवं जल विरागी (—CH_3) समूह दोनों प्रकार के होते हैं, ये उभय संवेदी (Amphipathic) अणु कहलाते हैं।

इन कार्बनिक अणुओं का सामान्य सूत्र $CH_3(CH_2)_3COOH$ होता है। लिनोलिक तथा लिनोलिनिक वसीय अम्ल स्तनधारियों के लिए आवश्यक अम्ल होते हैं।

संतृप्त एवं असंतृप्त वसीय अम्ल Saturated and Unsaturated Fatty Acid

(i) **संतृप्त वसीय अम्ल** (Saturated fatty acid) ये सीधी श्रृंखला वाले यौगिक होते हैं, क्योंकि इनके हाइड्रोकार्बन की श्रृंखला के कार्बन परमाणुओं के मध्य दोहरे (Double) बन्ध नहीं होते हैं। अत: इन्हें संतृप्त वसीय अम्ल कहते हैं। ये सामान्य ताप (25°C) पर ठोस या अर्द्धठोस अवस्था में रहते हैं; जैसे—घी, चर्बी, आदि।

(ii) **असंतृप्त वसीय अम्ल** (Unsaturated fatty acid) इनकी कार्बन श्रृंखला में एक या अधिक दोहरे बन्ध होते हैं; जैसे—वनस्पति तेल, जो सामान्य ताप पर द्रव अवस्था में रहते हैं। 18 कार्बन वाले असंतृप्त वसीय अम्ल; जैसे—ऑलिक अम्ल, लिनोलेनिक अम्ल में क्रमशः 1 एवं 2 बन्ध होते हैं।

लिपिड्स का वर्गीकरण Classification of Lipids

लिपिड पादपों एवं प्राणियों में व्यापक रूप से पाए जाते हैं। ये कोशिका को कार्बोहाइड्रेट की अपेक्षा दोगुनी ऊर्जा प्रदान करते हैं। ये प्राणियों में एडिपोज ऊतक, अस्थि मज्जा तथा तन्त्रिका ऊतकों में पाए जाते हैं।

निम्न तालिका में इनका वर्गीकरण दर्शाया गया है

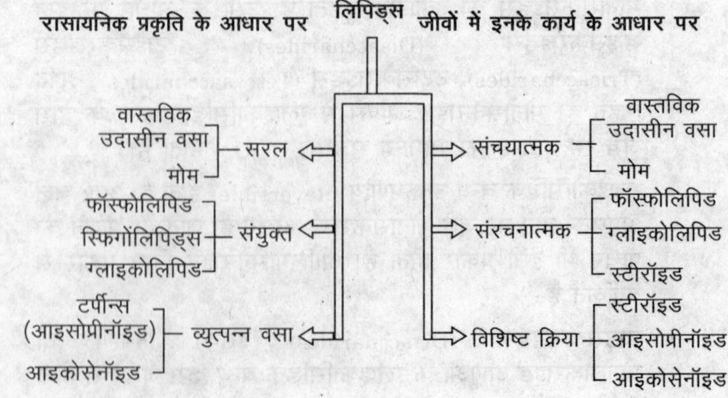

लिपिड उपापचय Lipid Metabolism

लिपिड बड़ी मात्रा में उदासीन एवं अति अविलेय ट्राइग्लिसराइडो (Triglycerids) के रूप में संचित रहते हैं। लिपिड कोशिका की ऊर्जा की आवश्यकता की पूर्ति के लिए शीघ्र ही सक्रिय और अपघटित हो जाते हैं। एक प्रारुपिक वसीय अम्ल पाल्मिटिक अम्ल का पूर्ण दहन होने पर अधिक से अधिक मात्रा में ऋणात्मक मुक्त ऊर्जा में परिवर्तन होता है।

$$C_6H_{32}O_2 + 23O_2 \longrightarrow 16CO_2 + 16H_2O$$

लिपिड के कार्य Functions of Lipid

- वसा उच्च ऊर्जा प्रदान करता है। लगभग 1 ग्राम वसा से 9.3 किलो कैलोरी ऊर्जा मिलती है।
- प्राकृतिक वसा में घुलनशील विटामिन-A, D तथा E का वाहक वसा होती है।
- ये फॉस्फोलिपिड वसा अम्ल के अवशोषण तथा स्थानान्तरण में महत्त्वपूर्ण भूमिका निभाते हैं।
- कोलेस्टेरॉल विभिन्न प्रकार के हॉर्मोन, फोलिक अम्ल व विटामिन-D, आदि का संश्लेषण करता है।

न्यूक्लिक अम्ल Nucleic Acid

- इसकी खोज सर्वप्रथम स्वीडन के वैज्ञानिक **फ्रेडरिक मिशर** (Friedrich Miescher; 1869) ने की। इन्होंने पस कोशिकाओं के केन्द्रक से एक पदार्थ अलग किया, इस पदार्थ को उन्होंने **न्यूक्लिन** (Nuclein) कहा। न्यूक्लिन का अध्ययन **एल्टमैन हर्टविंग** (Altman Hertwing; 1889) ने किया और बताया कि इस पदार्थ से आनुवंशिक लक्षणों का संचारण होता है। इन्होंने न्यूक्लिन को न्यूक्लिक अम्ल कहा।
- ये संकीर्ण कार्बनिक वृहत् अणु (Biomacromolecules) हैं, जो हाइड्रोजन, ऑक्सीजन, कार्बन, नाइट्रोजन एवं फॉस्फोरस के बने होते हैं। माइटोकॉण्ड्रिया, लवकों तथा कोशिकाद्रव्य में भी न्यूक्लिक अम्ल पाए जाते हैं। प्रत्येक कोशिका में दो प्रकार के न्यूक्लिक अम्ल पाए जाते हैं
  (i) डीऑक्सीराइबोन्यूक्लिक अम्ल (DNA)
  (ii) राइबोन्यूक्लिक अम्ल (RNA)
- न्यूक्लियोटाइड (Nucleotide) न्यूक्लिक अम्लों के अणु न्यूक्लियोटाइड अणुओं के बहुलक (Polymers) होते हैं। ये फॉस्फोरिक अम्ल, पेन्टोज शर्करा तथा नाइट्रोजनयुक्त एक कार्बनिक क्षारक होते हैं।

1. **नाइट्रोजनीय क्षारक** (Nitrogenous bases) केन्द्र की वलय संरचना के आधार पर नाइट्रोजनी क्षारक दो प्रकार के होते हैं
   (i) **पिरिमिडीन** (Pyrimidine) यह एक वलय (Ring) वाले नाइट्रोजनी क्षार हैं। ये तीन प्रकार के होते हैं- साइटोसीन (C), थाइमीन (T), यूरेसिल (U)।
   (ii) **प्यूरीन** (Purine) ये नाइट्रोजनी क्षार दो प्रकार के एडीनीन (A) तथा ग्वानीन (G) होते हैं। इनकी वलय द्विचक्रीय होती है।
2. **पेन्टोज शर्करा** (Pentose sugar) न्यूक्लियोटाइड्स के संयोजन में राइबोस (Ribose-$C_5H_{10}O_5$) तथा डीऑक्सीराइबोस (Deoxyribose-$C_5H_{10}O_4$) शर्कराएँ भाग लेती हैं।
3. **फॉस्फोरिक अम्ल** (Phosphoric acid) न्यूक्लियोटाइड में 1, 2 या 3 फॉस्फेट समूह होते हैं। इसके आधार पर न्यूक्लियोटाइड्स मोनो, डाइ या ट्राइफॉस्फेट न्यूक्लियोटाइड्स कहलाते हैं। फॉस्फेट समूह के कारण ही न्यूक्लियोटाइड अम्लीय होता है।

डीऑक्सीराइबोन्यूक्लिक अम्ल Dexoyribonucleic Acid or DNA

- DNA की खोज सन् 1869 में जर्मन रसायनशास्त्री **फ्रेडरिक मीश्चर** (Friedrich Miescher) ने की थी।
- DNA की अधिकांश मात्रा केन्द्रक में होती है, यद्यपि कुछ मात्रा माइटोकॉण्ड्रिया में भी मिलती है। सभी पादपों, जन्तुओं तथा कुछ विषाणुओं में DNA द्विकुण्डलित (Double helix) होता है। इसके अतिरिक्त ϕ X 174 नामक विषाणु में एक कुण्डलित DNA पाया जाता है।

वाटसन एवं क्रिक का DNA मॉडल Watson and Crick Model of DNA

वाटसन एवं **क्रिक** द्वारा प्रस्तुत DNA द्विकुण्डलित प्रतिरूप के मुख्य लक्षण निम्न प्रकार हैं

- DNA का प्रत्येक अणु दो कुण्डलित पॉलीन्यूक्लियोटाइड शृंखलाओं का बना होता है, दोनों शृंखलाएँ एक-दूसरे से सर्पिल क्रम में दक्षिणावर्त (Clockwise) कुण्डलित रहती हैं। इस द्विकुण्डलन का व्यास लगभग 20Å होता है।
- प्रत्येक पॉलीन्यूक्लियोटाइड शृंखला में डीऑक्सीराइबोस शर्करा और फॉस्फेट समूह एकान्तर क्रम एस्टर बन्धों (Ester bonds) द्वारा जुड़े रहते हैं, इन एस्टर बन्धों को **फॉस्फोडाइएस्टर बन्ध** कहते हैं।
- दोनों शृंखलाएँ प्रतिसमानान्तर (Antiparallel) दशा में कुण्डलित होती हैं
- दोनों शृंखलाओं की प्रत्येक शर्करा के (C_1) पर एक नाइट्रोजनी क्षारक लगा होता है। यह चारों प्रकार के नाइट्रोजनी क्षारकों में कोई भी हो सकता है।
- एक शृंखला के प्यूरीन, दूसरी शृंखला के पिरीमिडीन से हाइड्रोजन आबन्धों (Bonds) द्वारा जुड़े होते हैं। A सदैव T से तथा C सदैव G से जुड़ा होता है।
- एक ही शृंखला के किन्हीं दो न्यूक्लियोटाइड्स के बीच 3.4Å की दूरी होती है। कुण्डलन के एक चक्रण (Rotation) के बीच की दूरी 34Å होती है। एक चक्रण में 10 न्यूक्लियोटाइड्स के जोड़े होते हैं अर्थात् दो न्यूक्लियोटाइड्स के बीच की दूरी $= \frac{34}{10} = 3.4$ Å होती है।

चारगॉफ का नियम Chargaff's Rule

सन् 1950 में **एरविन चारगॉफ** (Erwin Chargaff) ने DNA के क्षारों व अन्य तत्वों के आधार पर कुछ नियम दिए, जो निम्नवत् हैं

(i) एक जाति में प्यूरीन व पिरीमिडीन क्षार युग्म समान अनुपात में होते हैं, जबकि भिन्न-भिन्न जातियों में क्षार अणुओं को संख्या का अनुपात भिन्न होता है।

एडीनीन + ग्वानीन + थाइमीन + साइटोसीन

(ii) एडीनीन की मात्रा सदैव थाइमीन तथा ग्वानीन की मात्रा साइटोसीन के बराबर होती है।

एडीनीन = थाइमीन, ग्वानीन = साइटोसीन

(iii) डीऑक्सीराइबोस शर्करा व फॉस्फेट समान अनुपात में होते हैं।

(iv) A–T क्षार युग्म बहुत कम ही G–C क्षार युग्म के बराबर होते हैं।

DNA के कार्य Functions of DNA

- यह आनुवंशिक सूचनाओं को एक पीढ़ी से दूसरी पीढ़ी में ले जाते हैं।
- प्रोटीन-संश्लेषण के लिए सन्देशवाहक RNA (*m*RNA) DNA पर ही बनते हैं।
- इनके प्रतिकृति (Replication) से ही पुत्री कोशिकाओं में समान गुणसूत्र मिलते हैं।

राइबोन्यूक्लिक अम्ल Ribonucleic Acid or RNA

RNA मुख्य रूप से पॉलीन्यूक्लियोटाइड की एकल श्रृंखला है। इसमें फॉस्फोरिक अम्ल, राइबोस शर्करा तथा क्षारक मिलते हैं। DNA की तरह इसमें भी चार क्षारक पाए जाते हैं। जिसमें दो प्यूरीन-एडीनीन, ग्वानीन तथा दो पिरिमिडीन-साइटोसीन व यूरेसिल (ग्वानीन के स्थान पर) पाए जाते हैं।

RNA के प्रकार Types of RNA

ये तीन प्रकार के होते हैं

(i) **राइबोसोमल RNA** (*r*RNA) ये कोशिकाद्रव्य में राइबोसोम पर पाए जाते हैं। इनका अणुभार 4×10^4 से 4×10^6 तक होता है।

(ii) **सन्देशवाहक RNA** (*m*RNA) ये प्रोटीन निर्माण की सूचना राइबोसोम तक पहुँचाते हैं। ये केन्द्रक में उपस्थित DNA के ट्रान्सक्रिप्सन द्वारा बनते हैं। इनमें प्रोटीन-संश्लेषण की सूचना निहित होती है।

(ii) **स्थानान्तरण RNA** (*t*RNA) ये सूचना का स्थानान्तरण करते हैं। इसमें एन्टीकोडॉन्स पाए जाते हैं। ये भी केन्द्रक के अन्दर DNA के ट्रान्सक्रिप्सन द्वारा बनते हैं। ये कोशिकाद्रव्य में पाए जाते हैं।

RNA के कार्य Functions of RNA

- RNA कुछ विषाणुओं में आनुवंशिक पदार्थ का कार्य भी करता है। इसका मुख्य कार्य सूचना इकट्ठा करना एवं इसका वहन करना होता है।

एन्जाइम Enzyme

- एन्जाइम्स वह कार्बनिक यौगिक हैं, जो जीवित कोशिकाओं में बनते हैं। ये जैव-रासायनिक अभिक्रियाओं की गति को परिवर्तित करते हैं, परन्तु स्वयं अपरिवर्तित रहते हैं। इसी कारण इन्हें **जैव-उत्प्रेरक** (Biocatalyst) भी कहते हैं। कोशिका के माइटोकॉण्ड्रिया नामक कोशिकांग में सबसे अधिक एन्जाइम्स पाए जाते हैं।
- एन्जाइम (Enzyme; *En*-in; *zyme*-yeast) शब्द का प्रयोग सर्वप्रथम **कुहने** (Kuhne; 1878) ने किया था।

एन्जाइमों की विशेषताएँ
Characteristics of Enzymes

- विशिष्ट एन्जाइम द्वारा एक विशिष्ट अभिक्रिया ही उत्प्रेरित की जा सकती है।
- अधिकांश एन्जाइम 25-40°C तापक्रम पर अधिकतम क्रियाशीलता दिखाते हैं तथा 50°C पर निष्क्रिय हो जाते हैं।
- प्रत्येक एन्जाइम एक विशिष्ट pH पर कार्य करता है; जैसे-पेप्सिन-2.0, ट्रिप्सिन-8.8, यद्यपि अधिकांश एन्जाइम 6.0-7.5 pH पर अधिकतम क्रियाशीलता दिखाते हैं।
- कुछ एन्जाइम जीवित कोशिकाओं में अक्रिय अवस्थाओं, जिन्हें जाइमोजन या **प्रोएन्जाइम** (Proenzyme) कहते हैं, में उत्पन्न होते हैं; जैसे-पेप्सिनोजन-पेप्सिन के लिए, ट्रिप्सिनोजन-ट्रिप्सिन के लिए, आदि।
- एन्जाइम, जो समान रासायनिक अभिक्रिया को उत्प्रेरित करते हैं, परन्तु विभिन्न स्रोतों से प्राप्त होते हैं (इस प्रकार आण्विक संरचना में कुछ भिन्नता होती है) **आइसोएन्जाइम** (Isoenzyme) कहलाते हैं। उदाहरण-लैक्टिक डीहाइड्रोजीनेज।

एन्जाइम का वर्गीकरण Classification of Enzymes

जैव-रसायन के अन्तर्राष्ट्रीय संगठन (International Union of Biochemistry–IUB) ने सन् 1961 में एक एन्जाइम संगठन (Enzyme commission) का निर्धारण किया। इस संगठन के द्वारा कुछ एन्जाइमों को उनकी कार्यात्मक विशिष्टता (Functional specificity) के आधार पर छः मुख्य समूहों में वर्गीकृत किया है

(i) **ऑक्सी-डोरिडक्टेज** (Oxido-reductase) उपचयन-अपचयन अभिक्रियाएँ; उदाहरण– डिहाइड्रोजिनेजेज, ऑक्सीडेजेज, रिडक्टेजेज, परऑक्सीडेजेज, कैटेलेजेज, ऑक्सीजिनेजेज।

(ii) **ट्रान्सफेरेज** (Transferase) यह क्रियात्मक दृष्टि से महत्त्वपूर्ण समूह; जैसे–CH, NH_3, आदि का एक अणु से दूसरे अणु में स्थानान्तरण करता है; उदाहरण–ट्रान्सएल्डोलेज, फॉस्फोरिलेज, ट्रान्सफरेज, काइनेज।

(iii) **हाइड्रोलेज** (Hydrolase) ये क्रियाधार का जल-अपघटन करते हैं; उदाहरण–इस्टेरेज, ग्लाइकोसाइडेज, पेप्टाइडेज, थायोलेज, फॉस्फोलाइपेज, एमाइड्ज, राइबोन्यूक्लिएज।

(iv) **लायएज** (Lyases) जल के उपयोग के बिना ही रासायनिक समूहों को जोड़ते या हटाते हैं; उदाहरण–डीकार्बोक्सिलेज, एल्डोलेज, हाइड्रेटेज, डीहाइड्रेटेज, सिन्थेज, लायएज।

(v) **आइसोमेरेज** (Isomerases) **या म्यूटेज** (Mutases) परमाणुओं का पुनर्वितरण करके किसी यौगिक के एक समावयवी को दूसरे समावयवी में बदलते हैं; उदाहरण–रेसीमेजेज (Racemases), एपीमरेज (Epimerase), आइसोमेरेज (Isomerase), म्यूटेज (Mutase)।

(vi) **लाइगेज** (Ligases) **या सिन्थेटेज** (Synthetases) ATP के उपयोग से दो अणुओं को जोड़ने की क्रिया को उत्प्रेरित (Catalyse) करते हैं; उदाहरण–सिन्थेटेज (Synthetase), कार्बोक्सिलेज (Carboxylase)।

एन्जाइम्स की संरचना एवं प्रकार
Structure and Types of Enzymes

संरचना के आधार पर एन्जाइम दो प्रकार के होते हैं

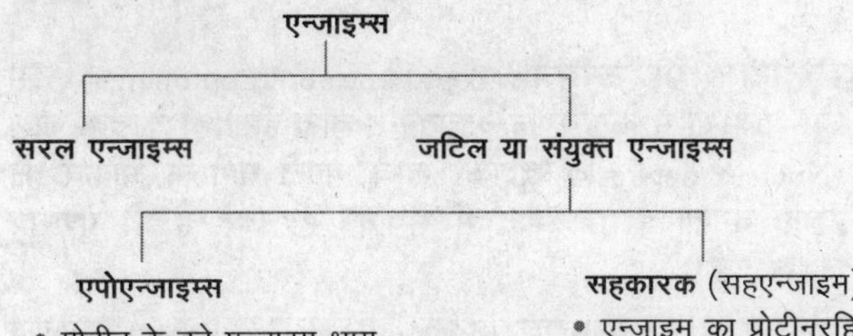

एपोएन्जाइम्स	सहकारक (सहएन्जाइम)
• प्रोटीन के बने एन्जाइम भाग	• एन्जाइम का प्रोटीनरहित भाग
• आकार में बड़े	• आकार में छोटे
• एन्जाइम के लिए विशिष्ट	• अनेक अभिक्रियाओं में प्रयोग किए जा सकते हैं।
• ताप अस्थिर (Thermolabile)	• ताप स्थिर
• समूह स्थानान्तरण में भाग नहीं लेते हैं।	• समूह स्थानान्तरण में भाग लेते हैं।

एन्जाइम की क्रियाविधि
Mechanism of Enzyme Action

एन्जाइम्स की क्रियाविधि समझने के लिए एन्जाइम-क्रियाधार सम्मिश्र (Enzyme-substrate complex) का बनना मुख्य आधार है

एन्जाइम द्वारा सम्मिश्र बनने को समझाने हेतु निम्नलिखित दो परिकल्पनाएँ दी गयी हैं

(i) **ताला-कुँजी परिकल्पना** (Lock and key hypothesis) **एमिल फिशर** (Emil Fisher) ने इस सिद्धान्त द्वारा एन्जाइम की क्रियाविधि को प्रस्तुत किया। इसके अनुसार, एन्जाइम एक सक्रिय स्थान (Active site) होता है, जिसमें क्रियाधार ठीक उसी तरह फिट होता है; जैसे—ताले में चाबी। इसलिए एन्जाइम एवं मूल यौगिकों से सम्बन्ध एन्जाइम क्रियाविधि को ताला-कुँजी प्रक्रम कहते हैं।

(ii) **प्रेरित फिट परिकल्पना** (Induced fit hypothesis) **कोशलैण्ड** (Koshland) ने सन् 1958 में इस सिद्धान्त को प्रस्तुत किया था। प्रेरित फिट परिकल्पना के अनुसार, क्रियाधार एन्जाइम में एक संरूपी परिवर्तन प्रेरित (Induce) करता है और उत्प्रेरक स्थान (Catalyst site) की आकृति क्रियाधार से जुड़ने के लिए एक नया स्वरूप ले लेती है। इस प्रक्रिया को प्रेरित फिट कहते हैं।

एन्जाइम क्रियाविधि को प्रभावित करने वाले कारक Factors Affecting Enzyme Activities

एन्जाइम अभिक्रियाएँ अनेक कारकों पर निर्भर करती हैं

(i) **ताप का प्रभाव** (Effect of heat) जैसे-जैसे ताप बढ़ता है, रासायनिक अभिक्रिया की दर सक्रियित अणुओं की संख्या में वृद्धि के कारण हट जाती है, जिससे एन्जाइम की सक्रियता समाप्त हो जाती है।

(ii) **pH का प्रभाव** (Effect of pH) हाइड्रोजन आयन सान्द्रण अर्थात् pH का एन्जाइम अभिक्रिया की दर पर स्पष्ट प्रभाव होता है। विशेष रूप से प्रत्येक एन्जाइम का एक pH मान होता है, जिस पर अभिक्रिया की दर इष्टतम (Optimum) होती है, जिसे हम **इष्टतम या अनुकूलन pH** कहते हैं।

(iii) **एन्जाइम की सान्द्रता का प्रभाव** (Effect of enzyme concentration) एन्जाइम की सान्द्रता के बढ़ने के साथ-साथ अभिक्रिया की दर भी बढ़ जाती है।

(iv) **सन्दमक का प्रभाव** (Effect of inhibitors) कुछ पदार्थों की उपस्थिति में एन्जाइम की क्रिया प्रभावित होकर मन्द हो जाती है। ये सन्दमक कहलाते हैं।

कोशिका चक्र Cell Cycle

घटनाओं का वह क्रम, जिसके द्वारा कोशिका का जीनोम गुणित होता है तथा कोशिका के अन्य अवयवों के संश्लेषण द्वारा दो सन्तति कोशिकाओं का निर्माण होता है, कोशिका चक्र कहलाता है।

कोशिका चक्र की प्रावस्थाएँ Phases of Cell Cycle

कोशिका चक्र को मुख्यतया दो अवस्थाओं में बाँटा गया है

1. वृद्धि प्रावस्था या अन्तरावस्था
Growth Phase of Interphase

- दो कोशिका विभाजनों के मध्यान्तर को वृद्धि अवस्था या अन्तरावस्था कहते हैं। इस अवस्था में कोशिका के अन्दर विभिन्न पदार्थों का संश्लेषण होता है, जिसके बाद कोशिका विभाजन के लिए तैयार हो जाती है।
- इस अवस्था में निम्नलिखित तीन उपावस्थाएँ पायी जाती हैं

(i) **G_1-प्रावस्था या प्रारम्भिक वृद्धि काल** (G_1-phase or Primary growth phase) इस प्रावस्था में DNA का संश्लेषण नहीं होता, परन्तु RNA, प्रोटीन, लिपिड, कार्बोहाइड्रेट व कलाओं का संश्लेषण होता है, जिनके बिना सन्तति कोशिका का निर्माण नहीं हो सकता।

(ii) **S-प्रावस्था या DNA संश्लेषण की अवधि** (S-phase or Period of DNA synthesis) इसमें DNA के अणुओं का द्विगुणन तथा हिस्टोन प्रोटीन्स का निर्माण होता है।

(iii) **G_2-प्रावस्था या द्वितीय वर्धन काल** (G_2-phase or Premitotic phase) इस प्रावस्था में कोशिका की वृद्धि के लिए आवश्यक प्रोटीन एवं RNA का निरन्तर संश्लेषण होता रहता है, परन्तु DNA का संश्लेषण नहीं होता है।

(iv) **G_0-अवस्था या प्रशान्त अवस्था** (G_0- phase or Quiscent phase) इसकी कोशिकाएँ, आरक्षित कोशिकाओं की भाँति होती हैं। ये कोशिकाएँ किसी कोशिका के अवयव को संश्लेषित नहीं करती, परन्तु उपापचयी रूप से सक्रिय रहती है। इनमें कोशिका विभाजन के लिए उत्प्रेरक; जैसे—माइटोजन (Mitogen) तत्व नहीं पाए जाते हैं।

2. विभाजन अवस्था Mitotic Phase or M-Phase

अन्तरावस्था में संश्लेषित पदार्थों से परिपूर्ण होने के पश्चात् कोशिका विभाजन की तरफ जाती है। यह अवस्था मुख्यतया दो भागों में विभाजित होती है

(i) समसूत्री विभाजन Mitotic or Mitosis Division

समसूत्री विभाजन कायिक कोशिकाओं (Somatic or Vegetative cells) में होने वाला विभाजन है। इसमें पुत्री कोशिकाएँ मातृ कोशिकाओं के समान होती है तथा इसमें गुणसूत्र संरचना एवं जीन्स जनक कोशिका के बराबर होती है। इसमें दो अवस्थाएँ पायी जाती हैं

केन्द्रक विभाजन Karyokinesis

यह विभाजन वास्तविक कोशिका विभाजन है। केन्द्रक विभाजन निम्नलिखित चार अवस्थाओं में पूर्ण होता है

(i) **पूर्वावस्था** (Prophase) यह विभाजन की प्रथम, सबसे लम्बी एवं जटिल अवस्था है। इस अवस्था में न्यूक्लियोप्रोटीन युक्त क्रोमैटिन (Chromatin) तन्तु कुण्डलित होकर मोटे हो जाते हैं, जो सोलेनॉइड्स (Solenoides) बनाते हैं।

(ii) **मध्यावस्था** (Metaphase) इसमें गुणसूत्र मध्य रेखा (Equatorial plate) पर एकत्रित हो जाते हैं और इस प्रकार विन्यासित होते हैं, कि गुणसूत्रों के गुणसूत्र-बिन्दु मध्यरेखा पर तथा अर्द्धगुणसूत्रों (Chromatids) के सिरे ध्रुवों (Poles) की ओर उन्मुख होते हैं।

(iii) **पश्चावस्था** (Anaphase) इसमें प्रत्येक गुणसूत्र के दोनों अर्द्धगुणसूत्रों, जोकि गुणसूत्र-बिन्दुओं पर जुड़े होते हैं, अब एक-दूसरे से अलग होने लगते हैं और प्रत्येक अर्द्धगुणसूत्र पृथक् हो जाता है, जिसे सन्तति गुणसूत्र कहते हैं। गुणसूत्र-बिन्दु के अनुरूप सन्तति गुणसूत्र L, V तथा J-आकार के प्रतीत होती है। पश्चावस्था के अन्तिम पड़ाव में सन्तति गुणसूत्र तर्कु ध्रुवों पर पहुँच जाते हैं।

(iv) **अन्त्यावस्था** (Telophase) पश्चावस्था में सन्तति गुणसूत्रों के समूह ध्रुवों पर एकत्रित हो जाते हैं। इस अवस्था में सन्तति गुणसूत्रों के चारों ओर **केन्द्रक कला** (Nuclear membrane) बनने लगती है और केन्द्रिका फिर से दिखायी देने लगती है।

कोशिकाद्रव्य विभाजन Cytokinesis

कोशिकाद्रव्य दोनों सन्तति केन्द्रकों की ओर खिसकने लगती है, जिसके फलस्वरूप उसमें (कोशिकाद्रव्य में) उपस्थिति सभी कोशिकांग समान मात्रा में दोनों पुत्री केन्द्रकों के पास पहुँच जाते हैं और दो स्वतन्त्र पुत्री कोशिकाओं का निर्माण होने लगता है। कोशिकाद्रव्य विभाजन जन्तु कोशिका, पादप कोशिका तथा जीवाणु कोशिका तीनों अलग-अलग प्रकार से होता है।

समसूत्री विष Mitotic Poison

कॉल्चिसीन एक एल्केलॉइड है, इसे समसूत्री विष कहते हैं। यह *ऑटम क्रोकस (Autum crocus), कॉल्चिकम ऑटमनेल (Colchicum autumnale)* पादपों से प्राप्त होता है। यह समसूत्री कोशिका विभाजन के लिए विष है। यह कोशिका विभाजन के समय समसूत्री तर्कु तन्तुओं को बनने से रोकता है।

समसूत्री विभाजन का महत्त्व Importances of Mitosis

- जीवों में अलैंगिक जनन समसूत्री विभाजन की सहायता से होता है।
- समसूत्री विभाजन से बहुकोशिकीय जीव अपना जीवन एककोशिकीय युग्मनज से आरम्भ कर बहुकोशिकीय संरचना बनाता है।
- यह विभाजन जीवों में वृद्धि (Growth), पुनर्जनन (Regeneration) एवं ऊतकों की मरम्मत हेतु आवश्यक है।

(ii) **अर्द्धसूत्री विभाजन** Meiotic or Meiosis Division

- यह जीवधारियों की जनन कोशिकाओं (Germinal cells) में पाया जाता है।
- जनन कोशिकाएँ, इस विभाजन द्वारा विभाजित होकर अगुणित (n) युग्मक बनाती हैं, जिनमें गुणसूत्रों की संख्या आधी हो जाती है।
- अर्द्धसूत्री विभाजन को निम्नलिखित चरणों में विभाजित किया जाता है

अर्द्धसूत्री विभाजन-I Meiotic Division-I

(i) **प्रथम पूर्वावस्था** (Prophase-I) यह अर्द्धसूत्री विभाजन की सबसे बड़ी अवस्था है। इसको निम्नलिखित पाँच उपावस्थाओं में बाँटा जा सकता है

(a) **लेप्टोटीन या तनुसूत्र** (Leptotene or Leptonema) इस उप-प्रावस्था में केन्द्रक के आयतन में वृद्धि होती है। केन्द्रक जाल (Nuclear network) खुलकर लम्बे, पतले धागे के आकार की रचना बनाता है, जो बाद में संघनित हो जाते हैं, ये गुणसूत्र कहलाते हैं।

(b) **जाइगोटीन या युग्मसूत्र** (Zygotene or Zygonema) समजात गुणसूत्रों लेप्टोटीन उप-प्रावस्था में केन्द्रकद्रव्य में बिखरे रहते हैं, किन्तु इस प्रावस्था में ये एक-दूसरे के समीप आकर जोड़े बना लेते हैं। दो समजात गुणसूत्रों के साथ आकर जोड़े बनाने को **सूत्रयुग्मन** (Synapsis) कहते हैं।

(c) **पैकीटीन या स्थूलपट्ट** (Pachytene or Pachynema) इस अवस्था में प्रत्येक गुणसूत्र लम्बा एवं फटा दिखायी देता है, जिससे प्रत्येक जोड़े में चार अर्द्धगुणसूत्र (प्रत्येक समजात के दो) दिखायी पड़ते हैं।

प्रत्येक सजातीय गुणसूत्र के दोनों अर्द्धगुणसूत्र और अधिक कुण्डलित हो जाते हैं, जिसके कारण गुणसूत्रों में एक तनाव पैदा हो जाता है। इससे अर्द्धगुणसूत्र कमजोर होकर टूट जाते हैं, जो अनुरूपी अर्द्धगुणसूत्र में आदान-प्रदान हो जाती है। विनिमय की यह क्रिया जीन विनिमय (Crossing over) तथा विसंयोजन की क्रिया **पुनःसंयोजन** (Recombination) कहलाती है।

(d) **डिप्लोटीन या द्विपट्ट** (Diplotene) जाइगोटीन अवस्था में युग्मित समजात गुणसूत्र, डिप्लोटीन अवस्था में अलग होना प्रारम्भ हो जाते हैं। इस क्रिया को **वियोजन** (Disjunction) कहते हैं। इस अवस्था में अर्द्धगुणसूत्र व चतुष्क (Tetrad) अत्यधिक स्पष्ट दिखायी देते हैं।

इस अवस्था में जीन विनिमय के द्वारा निर्मित संकरण बिन्दु, जो **किएज्मा** (Chiasma) कहलाते हैं। वे स्पष्ट रूप से दिखायी देते हैं। किएज्मा बिन्दु इस क्रिया को प्रमाणित करते हैं, कि **जीन विनिमय** (Crossing over) की क्रिया हुयी है।

(e) **डाइकाइनेसिस या पारगतिक्रम** (Diakinesis) इस अवस्था में द्विसंयोजक गुणसूत्र (Bivalent chromosomes) अत्यधिक सघन हो जाते हैं तथा केन्द्रक में समांग रूप से वितरित पाए जाते हैं। केन्द्रिका संगठक (Nucleolar organiser) से अलग होकर पूर्णतया विलुप्त हो जाते हैं।

(ii) **प्रथम मध्यावस्था** (Metaphase-I) अर्द्धसूत्री विभाजन की प्रथम मध्यावस्था के प्रारम्भ में तर्कु तन्तुओं का निर्माण लगभग पूरा हो जाता है और द्विसंयोजित तर्कु की मध्य रेखा पर विन्यासित हो जाते हैं और इनके गुणसूत्र-बिन्दु तर्कु के गुणसूत्री तन्तुओं से जुड़ जाते हैं।

(iii) **प्रथम पश्चावस्था** (Anaphase-I) इस अवस्था में सजातीय गुणसूत्रों के गुणसूत्र-बिन्दु विमुख ध्रुवों की ओर चले जाते हैं। इसके परिणामस्वरूप जाइगोटीन उप-प्रावस्था में एक-दूसरे के सम्पर्क में आए सजातीय गुणसूत्र पृथक् होकर विमुख ध्रुवों पर पहुँच जाते हैं।

(iv) **प्रथम अन्त्यावस्था** (Telophase-I) इस अवस्था में तर्कु के प्रत्येक ध्रुव पर गुणसूत्रों के समूह के चारों ओर केन्द्रक कला के बनने से दो सन्तति केन्द्रक बन जाते हैं। प्रत्येक में केन्द्रिकाएँ (Nucleoli) बन जाती हैं तथा गुणसूत्र पतले व लम्बे होकर क्रोमैटिन तन्तु में बदल जाते हैं। इस प्रकार बना प्रत्येक सन्तति केन्द्रक अगुणित (Haploid) होता है, क्योंकि इसमें गुणसूत्रों की संख्या पैतृक केन्द्रक में गुणसूत्रों की संख्या की आधी होती है। इसके उपरान्त् कोशिकाद्रव्य विभाजन की क्रिया होती है, जिसके फलस्वरूप पैतृक द्विगुणित जनक कोशिका से दो अगुणित सन्तति कोशिकाओं का निर्माण होता है।

अधिकांश कोशिकाओं में कोशिकाद्रव्य विभाजन नहीं होता और सन्तति केन्द्रक सीधे ही द्वितीय अर्द्धसूत्री विभाजन आरम्भ कर देते हैं।

(v) **अन्तरावस्था** (Interkinesis) यह प्रथम व द्वितीय अर्द्धसूत्री विभाजनों के बीच की अवस्था है, जिसकी अवधि अलग-अलग जीवों में अलग-अलग होती है। इस अवस्था में सुनियोजित सन्तति कोशिकाओं का निर्माण होता है।

अर्द्धसूत्री विभाजन-II Meiotic Division-II

यह समसूत्री विभाजन के अनुरूप होता है, जिसके अन्तर्गत दोनों अगुणित सन्तति कोशिकाएँ स्वतन्त्र रूप से किन्तु साथ-साथ विभाजन करती हैं।

अर्द्धसूत्री विभाजन का महत्त्व
Importances of Meiotic Division

- यह विभाजन लैंगिक जनन के लिए आवश्यक होता है, क्योंकि इसके द्वारा ही युग्मकों का निर्माण होता है।
- इस प्रकार के विभाजन द्वारा जीवों में पीढ़ी दर पीढ़ी सन्ततियों में गुणसूत्र संख्या निश्चित बनी रहती है।
- यह विभाजन नई जातियों के विकास का भौतिक आधार है, जिससे उन्नत एवं विकसित जातियों की उत्पत्ति सम्भव है। नई जाति के उद्भव का कारण सन्ततियों में आनुवंशिक विविधताएँ है, क्योंकि पैकीटीन एवं डिप्लोटीन के दौरान होने वाले जीन विनिमय (Crossing over) द्वारा होता है।

अभ्यास प्रश्न

कोशिका एवं इसके अंगक

1. निम्न कथनों में से कौन-सा कथन असत्य है?
(a) एककोशिकीय जीव अपना स्वतन्त्र अस्तित्व बनाए रखने में समर्थ हैं
(b) कोई भी संरचना, जो पूर्ण कोशिकीय संरचना के बराबर नहीं होती, स्वतन्त्र जीवन को नहीं दर्शाती है
(c) एक जर्मन वनस्पति वैज्ञानिक मैथिस श्लाइडेन ने केन्द्रक खोजा था
(d) ल्यूवेनहॉक ने सर्वप्रथम जीवित कोशिका देखी तथा वर्णन किया

2. उस वैज्ञानिक का नाम बताइए, जिसने सर्वप्रथम जीवित कोशिका देखी
(a) रॉबर्ट ब्राउन (b) एन्टोनी वॉन ल्यूवेनहॉक
(c) रॉबर्ट व्हाइट (d) श्लाइडेन

3. श्वान ने निम्न में से किसके आधार पर कोशिका सिद्धान्त दिया?
(a) शरीर की प्रत्येक कोशिका में समान आनुवंशिक सूचना पायी जाती है
(b) सभी सजीवों में जैविक क्रियाएँ सूक्ष्मरूप से शरीर की प्रत्येक कोशिका में उपस्थित होती हैं
(c) प्राणी व पादपों का शरीर कोशिका तथा उनके उत्पाद से बना होता है
(d) सदैव एक नई कोशिका का निर्माण उसकी पूर्ववर्ती कोशिका के विभाजन से होता है

4. कोशिका सिद्धान्त किसके द्वारा दिया गया?
(a) श्लाइडेन और श्वान (b) रुडॉल्फ विरचोव
(c) रॉबर्ट ब्राउन (d) रॉबर्ट हुक

5. 'श्लाइडेन और श्वान' का कोशिका सिद्धान्त निम्न में से किसकी व्याख्या करने में असमर्थ है?
(a) कोशिका का निर्माण उसकी पूर्ववर्ती कोशिका से होता है
(b) नई कोशिका कैसे निर्मित होती है?
(c) जन्तुओं का शरीर कोशिकाओं से बना होता है
(d) उपरोक्त में से कोई नहीं

6. *Omnis cellula - e- cellula* (सभी कोशिकाओं का निर्माण उनकी पूर्ववर्ती कोशिकाओं से होता है।) 'कोशिका सिद्धान्त' में सुधार करके यह संकल्पना किसने दी?
(a) श्लाइडेन व श्वान (b) विरचोव
(c) रॉबर्ट ब्राउन (d) ल्यूवेनहॉक

7. नीचे दिए गए कथनों में से कौन-सा कथन असत्य है?
(a) मनुष्य के गाल की कोशिकाओं की बाह्य झिल्ली उसकी परिसीमन संरचना होती है
(b) आनुवंशिक पदार्थ कोशिका के केन्द्रक में पाया जाता है
(c) कोशिकाद्रव्य ही वह स्थान है जहाँ पादप व जन्तु कोशिकाओं की कोशिकीय क्रियाएँ सम्पन्न होती हैं
(d) तारककेन्द्रक झिल्ली रहित होता है तथा सामान्यतया पादप कोशिका में पाया जाता है

8. किसमें आनुवंशिक पदार्थ नग्न है?
(a) प्रोकैरियोटिक कोशिका (b) यूकैरियोटिक कोशिका
(c) बहुकोशिकीय कोशिका (d) दोनों (a) एवं (b)

9. वह कोशिकांग, जो कोशिकाद्रव्य के साथ-साथ अन्य कोशिकांगों में भी पाया जाता है
(a) माइटोकॉण्ड्रिया
(b) राइबोसोम
(c) हरितलवक
(d) अन्तःप्रद्रव्यी जालिका

10. निम्न में कौन-सा कोशिका सिद्धान्त का अपवाद है?
(a) जीवाणु (b) कवक
(c) लाइकेन (d) विषाणु

11. प्रोकैरियोट्स के सन्दर्भ में क्या सही नहीं है?
(a) हिस्टोन के साथ सम्मिश्रित DNA
(b) पूर्ण विकसित केन्द्रक अनुपस्थित
(c) मीजोसोम उपस्थित होना
(d) माइटोकॉण्ड्रिया अनुपस्थित

12. प्रोकैरियोटिक कोशिका में नहीं पाया जाता है
(a) केन्द्रिका (b) झिल्ली से घिरे कोशिकांग
(c) सेन्ट्रीयोल (d) ये सभी

13. निम्न में से प्रोकैरियोटिक कोशिकाएँ कौन-सी है?
(a) PPLO (b) माइकोप्लाज्मा
(c) जीवाणु (d) ये सभी

14. अधिकतर कवकों की कोशिका भित्ति का मुख्य घटक होता है
(a) पेप्टीडोग्लाइकेन (b) सेलुलोस
(c) हेमीसेलुलोस (d) काइटिन

15. निम्न में से कौन-सा प्रोकैरियोटिक में पाए जाने वाला अनविष्ठ पिण्ड (Inclusion body) नहीं है?
(a) साइनोफाइसिन कणिका (b) ग्लाइकोजन कणिका
(c) पॉलीसोम (d) फॉस्फेट कणिका

16. प्रोकैरियोटिक कोशिका के आनुवंशिक पदार्थ के विषय में कौन-सा कथन सत्य है?
(a) इनमें छोटे वृत्ताकार DNA (जिसे प्लाज्मिड कहते हैं) पाया जाता है
(b) केन्द्रक झिल्ली द्वारा आबन्धित नहीं होते हैं
(c) एकल वृत्ताकार DNA अणु से निर्मित होते हैं
(d) उपरोक्त सभी

17. प्लाज्मिड के विषय में निम्न में से कौन-सा कथन असत्य है?
(a) यह अतिरिक्त गुणसूत्र DNA है
(b) यह जनन विज्ञान अभियान्त्रिकी में उपयोगी है
(c) यह केन्द्रिकाभ (Nucleiod) के प्रतिकृतिकरण में सहायक है
(d) यह छोटे वृत्ताकार होते हैं। ये प्लाज्मिड DNA जीवाणुओं में विशिष्ट समलक्षणों को बताते हैं; जैसे-प्रतिजीवी के विरुद्ध प्रतिरोधकता

18. प्रोकैरियोट्स की कोशिका झिल्ली का एक विशिष्ट विभेदित आकार निम्न में से कौन-सा है?
(a) राइबोसोम (b) मीसोसोम (c) सूक्ष्मांकुर (d) रसधानी

19. निम्न में से असत्य कथन का चयन कीजिए।
(a) जीवाणु की कोशिका भित्ति पेप्टीडोग्लाइकेन की बनी होती है
(b) पिलाई और फिम्ब्री (झालर) जीवाणु कोशिका की गति में सहायक हैं
(c) सायनोबैक्टीरिया की कोशिकाओं में कशाभिका अनुपस्थित होती है
(d) माइकोप्लाज्मा एक भित्तिरहित सूक्ष्मजीव है

20. निम्न में से कौन-सा कथन जीवाणुओं की कोशिका आवरण के विषय में सत्य है?
(a) बाह्य परत कोशिका भित्ति, जिसके पश्चात् क्रमशः ग्लाइकोकैलिक्स एवं जीवद्रव्यी झिल्ली
(b) बाह्य परत ग्लाइकोकैलिक्स, जिसके पश्चात् क्रमशः जीवद्रव्यी झिल्ली एवं कोशिका भित्ति
(c) बाह्य परत ग्लाइकोकैलिक्स, जिसके पश्चात् क्रमशः कोशिका भित्ति एवं जीवद्रव्यी झिल्ली
(d) कोशिका आवरण रसायनिक रूप से बहुत सरल व केवल जीवद्रव्यी झिल्ली का बना होता है

21. निम्न में से कौन-सा विकल्प *ई. कोलाई* तथा *क्लैमाइडोमोनास* में समान है?
(a) राइबोसोम (b) क्रोमोसोमल संगठन
(c) कोशिका भित्ति (d) कोशिका झिल्ली

22. मीसोसोम्स के विषय में क्या सही है?
(a) कोशिका भित्ति के निर्माण में सहायक है
(b) कोशिकीय श्वसन में सहायक है
(c) DNA प्रतिकृतिकरण (Replication) में सहायक है
(d) उपरोक्त सभी

23. असत्य युग्म चुनिए।
(a) गैस रसधानी – हरी जीवाणु कोशिकाएँ
(b) बड़ी मध्य रसधानी – जन्तु कोशिका
(c) प्रोटिस्टा – यूकैरियोटिक
(d) मीथेनोजेन्स – प्रोकैरियोटिक

24. निम्न में से असत्य युग्म चुनिए।
(a) ग्राम-धनात्मक जीवाणु – ग्राम अभिरंजित हो जाते हैं
(b) कोशिका भित्ति – जीवाणु को सिकुड़ने से बचाती है
(c) सम्पुटिका – मोटी व कठोर ग्लाइकोकैलिक्स
(d) पिलाई – जीवाणु में गमनांग संरचनाएँ

25. प्रोकैरियोटिक राइबोसोम के बारे में असत्य कथन का चयन कीजिए।
(a) 70S राइबोसोम 50S और 30S उपइकाइयों का बना होता है
(b) राइबोसोम के tRNA से सम्बन्ध होने पर पॉलीसोम (Polysome) बनते हैं
(c) राइबोसोम प्रोटीन-संश्लेषण के निर्माण स्थल है
(d) पॉलीसोम के राइबोसोम एक ही प्रकार के पॉलीपेप्टाइड के कई प्रतियों के संश्लेषण में भाग लेते हैं

26. निम्न में से कौन पूर्ण रूप से यूकैरियोटिक है?
(a) प्रोटिस्टा (b) कवक (c) पादप (d) ये सभी

27. निम्न में से किनके आधार पर पादप कोशिका और जन्तु कोशिका में विभेदन कर सकते हैं?
(a) बड़ी रसधानी, लवक और कोशिका भित्ति
(b) कोशिका भित्ति, लवक और तारककेन्द्रक
(c) कोशिका भित्ति, लवक और माइटोकॉण्ड्रिया
(d) कोशिका झिल्ली, लवक और कोशिका भित्ति

28. किसकी उपस्थिति, यूकैरियोटिक कोशिकाओं को प्रोकैरियोटिक कोशिकाओं से भिन्नित करती है?
(a) कोशिका भित्ति (b) केन्द्रक झिल्ली
(c) राइबोसोम (d) इनमें से कोई नहीं

29. जन्तु तथा पादप कोशिका में प्रमुख अन्तर है
(a) जन्तु कोशिकाओं में कोशिका भित्ति का अभाव
(b) पादप कोशिका में कोशिका भित्ति का अभाव
(c) जन्तु कोशिका में मजबूत कोशिका भित्ति पायी जाती है
(d) पादप कोशिका में कोशिका झिल्ली का अभाव

30. निम्नलिखित में से कौन प्रोकैरियोट्स से सम्बन्धित है?
(a) नीली-हरी शैवाल (b) लाल शैवाल
(c) भूरी शैवाल (d) हरी शैवाल

31. निम्न में से असत्य युग्म चुनिए।
(a) कोशिका झिल्ली की संरचना के लिए उपयुक्त पदार्थ है – मानव की लाल रुधिर कणिकाएँ (RBC)
(b) कोशिका झिल्ली में लिपिड की व्यवस्था – द्विसतह में
(c) कोशिका झिल्ली में लिपिड की अधिकता होती है – फॉस्फोलिपिड
(d) कोशिका झिल्ली संगठन – कार्बोहाइड्रेट्स + केवल लिपिड

32. कोशिका झिल्ली में लिपिड की व्यवस्था होती है
(a) ध्रुवीय अग्रसिरा अन्दर की ओर तथा जल विरागी पुच्छ (Hydrophobic tails) बाहर की ओर पाया जाता है
(b) अग्रसिरा व पुच्छ दोनों बाहर की ओर पाए जाते हैं
(c) अग्रसिरा बाहर की ओर तथा पुच्छ सिरा अन्दर की ओर पाए जाता है
(d) अग्रसिरा व पुच्छ सिरा दोनों अन्दर की ओर पाए जाते हैं

33. कोशिका झिल्ली में पाए जाने वाले लिपिड किन घटकों के बने होते हैं?
(a) लाइपोलिपिड (b) फॉस्फोग्लिसराइड
(c) जल-विरागी लिपिड (d) इनमें से कोई नहीं

34. कोशिका झिल्ली के आन्तरिक भाग में लिपिड का पुच्छीय सिरा किस प्रकार का पाया जाता है?
(a) पुच्छसिरा अध्रुवीय हाइड्रोकार्बन का बना होता है जो इसे जलीय वातावरण से सुरक्षित रखती है
(b) पुच्छीय सिरा ध्रुवीय हाइड्रोकार्बन का बना होता है, जो इसे जलीय वातावरण से सुरक्षित रखती है
(c) लिपिड का पुच्छीय सिरा अध्रुवीय, जल-विरागी, हाइड्रोकार्बन का बना होता है
(d) लिपिड का पुच्छीय सिरा जलस्नेही होता है। इस कारण ये झिल्ली के अन्दर जलीय वातावरण में पाया जाता है

35. निम्न में से प्लाज्मा झिल्ली के विषय में असत्य कथन कौन-सा है?
(a) विभिन्न प्रकार की कोशिकाओं में प्रोटीन व लिपिड का अनुपात बहुत अधिक भिन्न-भिन्न पाया जाता है
(b) मानव की RBC की झिल्ली में 52% प्रोटीन और 40% लिपिड होते हैं
(c) आन्तरिक प्रोटीन, कला के आन्तरिक सतह पर ही उपस्थित होते हैं
(d) लिपिड का अग्रसिरा जलस्नेही होता है

36. 'तरल मोजैक मॉडल' (Fluid mosaic model) व्याख्या करता है
(a) केवल कोशिका झिल्ली के संरचनात्मक प्रकृति की
(b) केवल कोशिका झिल्ली के क्रियात्मक प्रकृति की
(c) कोशिका झिल्ली की संरचनात्मक व क्रियात्मक दोनों प्रकृति की
(d) केवल झिल्ली की तरलता की

37. झिल्ली की तरलीय प्रकृति व्याख्या करती है
(a) कोशिका वृद्धि, कोशिका विभाजन
(b) अन्तरकोशिकीय संयोजन का निर्माण
(c) स्रावण और विभिन्न अणुओं का झिल्ली के दूसरी ओर परिवहन में
(d) उपरोक्त सभी

38. कोशिका झिल्ली के विषय में असत्य कथन है।
(a) सामान्यतया छोटे अणु ही कला से बिना ऊर्जा का उपयोग किए निष्क्रिय अभिगमन द्वारा पारित होते हैं
(b) जल में घुलनशील पदार्थ वसा में घुलनशील पदार्थों की अपेक्षा अधिक सुगमता से पारित होते हैं
(c) उदासीन विलेय साधारण विसरण द्वारा झिल्ली में से पारित होते हैं
(d) उपरोक्त में से कोई नहीं

39. परासरण के विषय में निम्न से कौन-सा कथन असत्य है?
(a) यह विसरण का विशेष रूप है
(b) इसका तात्पर्य सान्द्रता प्रवणता के अनुसार जल के गमन से है
(c) इसमें जल का निष्क्रिय अभिगमन होता है
(d) ये झिल्ली के वाहक प्रोटीन के द्वारा सम्पन्न होता है, जिसमें ATP की आवश्यकता होती है

40. Na^+/K^+ पम्प दर्शाता है
(a) सक्रिय अभिगमन (b) निष्क्रिय अभिगमन
(c) परासरण (d) साधारण विसरण

41. कला प्रोटीन
(a) अनियमित अणुओं के लिए ग्राही की तरह कार्य करती है
(b) परिवहन के लिए ग्राही की तरह कार्य करती है
(c) कोशिका को पहचानने में सहायता करती है
(d) उपरोक्त सभी

42. कोशिका झिल्ली का एक आधार भूत लक्षण है
(a) अमीनो अम्ल का नियमन (b) वसा का नियमन
(c) ग्लूकोस का नियमन (d) आयन का नियमन

43. प्लाज्मा झिल्ली का सिंगर व निकोल्सन मॉडल रॉबर्टसन के मॉडल से किस प्रकार भिन्न है?
(a) लिपिड परत की संख्या में
(b) लिपिड परत की व्यवस्था में
(c) प्रोटीन्स की व्यवस्था में
(d) सिंगर व निकोल्सन के मॉडल में प्रोटीन की अनुपस्थिति में

44. जीवाणुओं में यूकैरियोटिक कोशिका के समान एक कोशिका घटक क्या होता है?
(a) कोशिका भित्ति (b) प्लाज्मा झिल्ली
(c) केन्द्रक (d) राइबोसोम

45. पीनोसाइटोसिस तथा फैगोसाइटोसिस का अभाव किसमें पाया जाता है?
(a) प्रोकैरियोटिक कोशिका में
(b) यूकैरियोटिक जन्तु कोशिका में
(c) यूकैरियोटिक पादप कोशिका में
(d) उपरोक्त में से कोई नहीं

46. पादप कोशिका की कोशिका भित्ति के विषय में निम्न लक्षणों में से सही है
(a) सुरक्षा में भूमिका निभाती है
(b) कोशिका से कोशिका पारस्परिक व्यवहार में सहायक होती हैं
(c) अवाँछनीय वृहद अणुओं के लिए अवरोध प्रदान करती है
(d) उपरोक्त सभी

47. निम्न में से कौन-सा पादप कोशिका भित्ति के संगठन में सम्बन्धित नहीं है?
(a) सेलुलोस (b) गैलेक्टेन्स
(c) पेक्टीन व प्रोटीन (d) हेमीसेलुलोस

48. परिपक्व पादप की कोशिका भित्ति का सबसे आन्तरिक भाग है
(a) प्राथमिक कोशिका भित्ति
(b) प्लाज्मा झिल्ली
(c) द्वितीयक कोशिका भित्ति
(d) प्लाज्मोडेस्मेटा

49. यूकैरियोटिक कोशिका की मध्य पटलिका (Middle lamella) के लिए निम्न में से सत्य कथन है
(a) इसका निर्माण कोशिकाद्रव्य विभाजन के समय कोशिका पट्टी प्लेट के रूप में होता है
(b) यह मुख्यतया कैल्शियम पेक्टेट की बनी होती है
(c) विभिन्न आस-पास की कोशिकाओं को साथ में जोड़े रखती है
(d) उपरोक्त सभी

50. निम्नलिखित में से कौन-सी एक संरचना है, जो दो संलग्न कोशिकाओं के बीच प्रभावी परिवहन मार्ग का कार्य करती है?
(a) प्लाज्मालेमा (b) प्लाज्मोडेस्मेटा
(c) प्लास्टोक्यूनोन्स (d) एण्डोप्लाज्मिक रेटीकुलम

51. कोशिका-भित्ति की सामर्थ्य और दृढ़ता, जिस पदार्थ के कारण होती है, उसे कहते हैं
(a) सेलुलोस (b) सुबेरिन (c) क्यूटिन (d) लिग्निन

52. निम्न में से किसकी कोशिका के सबसे बाहर होने की सम्भावना होती है?
(a) प्लाज्मालेमा (b) कोशिका झिल्ली
(c) मध्य लैमेला (d) प्राथमिक भित्ति

53. पादप कोशिका भित्ति सेलुलोस की बनी होती है, जो होता है
(a) एक तरल (b) एक प्रोटीन
(c) एक पॉलीसैकेराइड (d) एक अमीनो एसिड

54. सायक्लोसिस (Cyclosis) है
(a) कोशिका के भीतर कोशिकाद्रव्य की वृत्तीय गति
(b) जीवद्रव्य की ऊपर की ओर तथा नीचे की ओर गति
(c) न्यूक्लियोप्लाज्म की टू एवं फ्रो गति
(d) उपरोक्त में से कोई नहीं

55. माइटोकॉण्ड्रिया की दोनों झिल्लियाँ होती हैं
(a) संरचनात्मक रूप से भिन्न, किन्तु कार्यिकी में समान
(b) संरचनात्मक तथा कार्यिकी रूप से भिन्न
(c) संरचनात्मक रूप से समान, किन्तु कार्यिकी रूप से भिन्न
(d) संरचनात्मक तथा कार्यिकी रूप से समान

56. माइटोकॉण्ड्रिया में क्रिस्टी महत्त्वपूर्ण हैं, क्योंकि
(a) सतही क्षेत्रफल बढ़ाती है
(b) सतही क्षेत्रफल को कम करती है
(c) इसमें तरल भरा होता है
(d) उपरोक्त में से कोई नहीं

57. साइटोक्रोम पाए जाते हैं
(a) माइटोकॉण्ड्रिया की बाह्यकला में
(b) माइटोकॉण्ड्रिया की आन्तरिक झिल्ली में
(c) लाइसोसोम में
(d) माइटोकॉण्ड्रिया की अधात्री में

58. निम्न में से कौन-सा कथन असत्य है?
(a) माइटोकॉण्ड्रिया को जब तक विशेष रूप से अभिरंजित नहीं किया जाता तब तक सूक्ष्मदर्शी द्वारा इसे आसानी से नहीं देखा जा सकता है
(b) प्रत्येक कोशिका में माइटोकॉण्ड्रिया की संख्या उसकी कार्यिकी सक्रियता पर निर्भर करती है
(c) माइटोकॉण्ड्रिया विखण्डन द्वारा विभाजित होती है
(d) माइटोकॉण्ड्रिया की बाह्यकला अन्तर्वलित होकर क्रिस्टी का निर्माण करती है

59. F_1 कण/ऑक्सीसोम/एलीमेन्ट्री कण उपस्थित होते हैं
(a) एण्डोप्लाज्मिक रेटीकुलम में (b) क्लोरोप्लास्ट में
(c) माइटोकॉण्ड्रिया में (d) गॉल्जी बॉडी में

60. प्रोकैरियोट्स में माइटोकॉण्ड्रिया अनुपस्थित रहता है लेकिन इनमें क्रेब्स चक्र पाया जाता है बैक्टीरिया में क्रेब्स चक्र का स्थान होता है
(a) राइबोसोम (b) न्यूक्लियोइड
(c) सायटोप्लाज्म (d) मीसोसोम

61. माइटोकॉण्ड्रिया में एन्जाइम साइटोक्रोम ऑक्सिडेज पाया जाता है
(a) बाह्य झिल्ली में (b) पेरी माइटोकॉण्ड्रियल क्षेत्र में
(c) अन्तः झिल्ली में (d) मैट्रिक्स में

62. माइटोकॉण्ड्रिया झिल्ली के विषय में कौन-सा एक कथन सही नहीं है?
(a) भीतरी झिल्ली अत्यधिक कुण्डलित होती है और अन्तः वलनों का एक क्रम बन जाता है
(b) बाहरी झिल्ली एक छलनी जैसी होती है
(c) बाहरी झिल्ली सभी प्रकार के अणुओं के लिए पारगम्य होती है
(d) इलेक्ट्रॉन स्थानान्तरण शृंखला के एन्जाइम बाहरी झिल्ली में अन्तः स्थापित होते हैं

63. स्वायत्त जीनोम सिस्टम किसमें पाया जाता है?
(a) राइबोसोम तथा क्लोरोप्लास्ट
(b) माइटोकॉण्ड्रिया और राइबोसोम
(c) माइटोकॉण्ड्रिया और क्लोरोप्लास्ट
(d) गॉल्जी बॉडी तथा माइटोकॉण्ड्रिया

64. माइटोकॉण्ड्रिया अर्ध स्वशासी होते हैं क्योंकि उनमें होता है
(a) DNA (b) DNA + RNA
(c) DNA + RNA + राइबोसोम्स (d) प्रोटीन

65. निम्नलिखित में से कौन-सा जोड़ा सही है?
(a) DNA संश्लेषण – राइबोसोम्स
(b) ऑक्सी-श्वसन – चिकनी एण्डोप्लाज्मिक रेटीकुलम
(c) ऑक्सी-श्वसन – क्रिस्टी
(d) आत्महत्या के थैले – डिक्टियोसोम्स

66. ऑक्सीकरण एन्जाइम प्रायः किसमें पाए जाते हैं?
(a) लाइसोसोम में (b) गॉल्जी बॉडी में
(c) माइटोकॉण्ड्रिया में (d) राइबोसोम्स में

67. माइटोप्लास्ट क्या है?
(a) झिल्ली रहित माइटोकॉण्ड्रिया
(b) माइटोकॉण्ड्रिया का अन्य नाम
(c) बाहरी झिल्ली रहित माइटोकॉण्ड्रिया
(d) आन्तरिक झिल्ली रहित माइटोकॉण्ड्रिया

68. लवक के विषय में असत्य कथन पहचानिए।
(a) ये समस्त पादप कोशिकाओं व यूग्लीनॉइड्स में पाए जाते हैं
(b) ये आकार में बड़े होते हैं
(c) इसमें कुछ विशेष वर्णक पाए जाते हैं
(d) उपरोक्त में से कोई नहीं

69. असत्य युग्म का चयन कीजिए।
(a) हरितलवक – प्रकाशीय ऊर्जा को संचित करता है
(b) वर्णीलवक – पादप को रंग प्रदान करता है
(c) अवर्णीलवक – पोषक तत्वों का संग्रहण करता है
(d) उपरोक्त में से कोई नहीं

70. अवर्णीलवक, जो तेल तथा वसा का संग्रहण करता है
(a) मण्ड लवक (b) तेल लवक
(c) प्रोटीन लवक (d) ग्लिसरो लवक

71. हरितलवक के सन्दर्भ में निम्नलिखित कथनों में से कौन-सा कथन सत्य है?
(a) ये एकल झिल्ली संरचनाएँ हैं
(b) इसमें द्विकुण्डलीय वृत्ताकार (*ds* circular) DNA अणु पाया जाता है
(c) हरितलवक के स्ट्रोमा (Stroma) में जाने वाला राइबोसोम 80 S प्रकार का होता है
(d) इसकी भीतरी लवक झिल्ली अपेक्षाकृत अधिक पारगम्य होती है

72. हरितलवक की स्ट्रोमा में उपस्थित एन्जाइम किसके संश्लेषण के लिए आवश्यक है?
(a) कार्बोहाइड्रेट (b) प्रोटीन
(c) वसा (d) दोनों (a) एवं (b)

73. असत्य युग्म का चयन कीजिए।
(a) स्ट्रोमा पटलिका – ग्रेना को आपस में जोड़ती हैं
(b) थायलेकॉइड – ग्रेना की एकल इकाई है
(c) हरितलवक की स्ट्रोमा – लघु द्विकुण्डलीय DNA उपस्थित होता है
(d) हरितलवक के राइबोसोम – 80 S प्रकार के होते हैं

74. पके फलों का चमकीला रंग किसके कारण होता है?
(a) ल्यूकोप्लास्ट्स (b) क्लोरोप्लास्ट्स
(c) एमाइलोप्लास्ट्स (d) क्रोमोप्लास्ट्स

75. निम्न में से किसमें प्लास्टिड्स अनुपस्थित होते हैं?
(a) नील-हरित शैवाल (b) जीवाणु
(c) कवक (d) ये सभी

76. थैलीय पादपों में द्वार-कोशिकाएँ अन्य उपचर्म कोशिकाओं से किसकी उपस्थिति में भिन्न होती है?
(a) क्लोरोप्लास्ट्स (b) कोशिका कंकाल
(c) माइटोकॉण्ड्रिया (d) एण्डोप्लाजिक जालक

77. निम्न में से कौन-सा युग्म सही सुमेलित नहीं है?
(a) एमाइलोप्लास्ट - प्रोटीन कणों का संग्रह
(b) एलीयोप्लास्ट - तेल या वसा का संग्रह
(c) क्लोरोप्लास्ट - क्लोरोफिल वर्णक उपस्थित
(d) क्रोमोप्लास्ट - क्लोरोफिल के अलावा रंगीन वर्णक उपस्थित

78. क्लोरोप्लास्ट में थायलेकॉइड किस रूप में व्यवस्थित रहते हैं?
(a) अन्तःसम्बद्ध डिस्क (b) अन्तःसम्बद्ध कोषों
(c) समूह के समान डिस्क (d) इनमें से कोई नहीं

79. टमाटर का लाल रंग होता है
(a) β-कैरोटीन के कारण (b) एन्थोसायनिन के कारण
(c) लाइकोपीन के कारण (d) इरिथ्रोसायनिन के कारण

80. क्लोरोप्लास्ट में क्लोरोफिल उपस्थित होता है
(a) थाइलेकॉइड्स में (b) स्ट्रोमा में
(c) बाहरी झिल्ली में (d) आन्तरिक झिल्ली में

81. अन्तःप्रद्रव्यी जालिका, गॉल्जी उपकरण, लाइसोसोम और रसधानी सभी अन्तरझिल्लिका तन्त्र के अंग/भाग हैं, क्यों?
(a) इनकी संरचनाएँ पृथक् हैं (b) इनके कार्य पृथक् हैं
(c) इनके कार्य सम्बन्धित हैं (d) ये सभी

82. निम्नलिखित युग्मों में से सही युग्म का चयन कीजिए।
(a) चिकनी अन्तःप्रद्रव्यी जालिका — लिपिड संश्लेषण
(b) खुरदरी अन्तःप्रद्रव्यी जालिका — ग्लाइकोजन संश्लेषण
(c) खुरदरी अन्तःप्रद्रव्यी जालिका — वसा अम्लों का ऑक्सीकरण
(d) चिकनी अन्तःप्रद्रव्यी जालिका — फॉस्फोलिपिड का ऑक्सीकरण

83. केन्द्रकीय आवरण एक व्युत्पन्न (Derivative) है
(a) गॉल्जीकाय की झिल्ली का
(b) सूक्ष्मनलिका का
(c) खुरदरी अन्तःप्रद्रव्यी जालिका का
(d) चिकनी अन्तःप्रद्रव्यी जालिका का

84. चिकनी अन्तःप्रद्रव्यी जालिका (SER) किसके संश्लेषण के लिए एक मुख्य निर्माण स्थल की तरह कार्य करती हैं?
(a) लिपिड और स्टीरॉइड (b) प्रोटीन
(c) राइबोसोम (d) DNA

85. निम्न में से कौन-सा कोशिकांग प्रोटीन के रूपान्तरण तथा उनके गन्तव्य तक निर्यात से सम्बन्धित है?
(a) माइटोकॉण्ड्रिया (b) अन्तःप्रद्रव्यी जालिका
(c) लाइसोसोम (d) हरितलवक

86. परिपक्व पादप कोशिका में अधिकांश जल होता है
(a) रसधानी में (b) केन्द्रक में
(c) कोशिका भित्ति में (d) कोशिकाद्रव्य में

87. निम्न में से कौन-सा प्रोटीन्स के ग्लाइकोसायलेशन (Glycosylation) से सम्बन्धित है?
(a) ER (b) परऑक्सीसोम
(c) लाइसोसोम (d) माइटोकॉण्ड्रिया

88. एण्डोप्लाज्मिक रेटीकुलम का एक महत्त्वपूर्ण कार्य है
(a) प्रोटीन-संश्लेषण
(b) केन्द्रक का पोषण
(c) पदार्थों का स्रावण
(d) कोशिका को आकार प्रदान करना

89. कोशिका का एण्डोस्केलेटन बना होता है
(a) कोशिका भित्ति (b) एण्डोप्लाज्मिक रेटीकुलम
(c) साइटोप्लाज्म (d) माइटोकॉण्ड्रिया

90. गॉल्जी बॉडी के किस भाग से RER के ट्रान्सफर वैसिकल जुड़ते हैं?
(a) *सिस* (b) मध्यवर्ती
(c) *ट्रान्स* (d) प्रोटीनी भुजाएँ

91. गॉल्जीकाय की उत्पत्ति किस कोशिकांग से होती है?
(a) लाइसोसोम (b) ER
(c) माइटोकॉण्ड्रिया (d) कोशिका झिल्ली

92. निम्न में से गॉल्जीकाय का कार्य नहीं है
(a) स्रावण (b) प्लाज्मा झिल्ली का निर्माण
(c) वसा-संश्लेषण (d) कोशिका भित्ति के साथ

93. स्रावण तथा झिल्ली प्रोटीन बनते हैं
(a) परऑक्सीसोम (b) ग्लाइऑक्सीसोम्स
(c) गॉल्जी कॉम्प्लेक्स (d) स्फीरोसोम

94. डिक्टियोसोम्स होते हैं
(a) राइबोसोम्स का वर्ग
(b) फ्लैजिला अंगकों का स्थान
(c) श्वसन कण
(d) गॉल्जी बॉडी (पादप कोशिकाओं में)

95. परॉक्सीसोम में बाहुल्य होता है
(a) अपचयन का (b) ऑक्सीकारी एन्जाइमों का
(c) DNA का (d) पॉलीसैकेराइड्स का

96. सूक्ष्मतन्तुक अनुपस्थित होते हैं
(a) माइटोकॉण्ड्रिया में (b) कशाभिका में
(c) तर्कु तन्तु में (d) तारककेन्द्र में

97. निम्न में से कौन-सा गॉल्जी उपकरण का कार्य नहीं है?
(a) द्रव्य का संवेष्टन (b) स्रावण
(c) झिल्ली का रूपान्तरण (d) प्रोटीन-संश्लेषण का स्थल

98. सूक्ष्मनलिकाएँ, जो अशाखित, खोखली व अतिसूक्ष्मदर्शीय होती हैं, वे बनी होती हैं
(a) एक्टिन की (b) कैरोटिन की
(c) ट्यूब्लूलिन की (d) डायनिन की

99. क्या होगा, जब लाइसोसोम, जिन कोशिकाओं में उपस्थित हों उन्हीं में विघटित हो जाएँ?
(a) कोशिकाएँ फूल जाएगी
(b) कोशिकाएँ संकुचित हो जाएगी
(c) कोशिकाएँ विखण्डित हो जाएगी
(d) कुछ नहीं होगा

100. स्वलायन (Autolysis) से किसका सम्बन्ध है?
(a) राइबोसोम (b) गॉल्जी बॉडी
(c) लाइसोसोम (d) ऑक्सीसोम

101. कोशिकांग, जिसमें बहुत अधिक बहुरूपता पायी जाती है, को कहते हैं
(a) डिक्योसोम (b) क्लोरोप्लास्ट
(c) लाइसोसोम (d) राइबोसोम

102. तारककाय उपस्थित होता है
(a) उच्च श्रेणी की पादप कोशिकाओं में
(b) निम्न श्रेणी की पादप कोशिकाओं में
(c) उच्च श्रेणी की जन्तु कोशिकाओं में
(d) निम्न श्रेणी की जन्तु कोशिकाओं में

103. कोशिका के अन्दर पेप्टाइड संश्लेषण किसमें होता है?
(a) राइबोसोमों में (b) क्लोरोप्लास्ट में
(c) माइटोकॉण्ड्रिया में (d) क्रोमोप्लास्ट में

104. राइबोसोम्स, जो बैक्टीरिया के राइबोसोम्स से समानता रखते हैं किसमें पाए जाते हैं?
(a) पादप केन्द्रक (b) अग्न्याशयी माइटोकॉण्ड्रिया
(c) यकृत की ER (d) हृदयक पेशियों के साइटोप्लाज्म

105. निम्न में से कौन-सा राइबोसोम के लिए असत्य कथन है?
(a) दो उप-इकाइयों द्वारा निर्मित
(b) राइबोप्रोटीन द्वारा निर्मित
(c) शृंखला में बनते हैं
(d) दोनों उप-इकाइयाँ एक झिल्ली द्वारा घिरी रहती हैं

106. निम्नलिखित में से किस कोशिकांग में DNA तथा सीमान्त कला अनुपस्थित होती है?
(a) राइबोसोम (b) प्लास्टिड
(c) केन्द्रिका (d) प्लाज्मिड

107. राइबोसोम्स किसके बने होते हैं?
(a) DNA एवं प्रोटीन (b) केवल DNA
(c) RNA एवं प्रोटीन (d) RNA एवं DNA

108. निम्न में से किस कोशिका अंगक में इकाई झिल्ली का अभाव होता है?
(a) माइटोकॉण्ड्रिया (b) लाइसोसोम
(c) स्फीरोसोम (d) राइबोसोम

109. राइबोसोमों के विषय में कौन-सी एक बात सही है?
(a) प्राक्केन्द्रकी राइबोसोम 80 S प्रकार के होते हैं, जिसमें S अक्षर अवसादन गुणांक बताता है
(b) ये राइबोन्यूक्लिक अम्ल तथा प्रोटीनों के बने होते हैं
(c) ये केवल यूकैरियोटिक कोशिकाओं में ही पाए जाते हैं
(d) ये कुछ RNAs के स्व-सम्बन्धी इन्ट्रॉन होते हैं

110. राइबोसोम के विषय में सत्य कथन चुनिए।
(a) ये कणिकामय होते हैं तथा किसी भी झिल्ली से नहीं घिरे रहते हैं
(b) यूकैरियोटिक राइबोसोम 80 S प्रकार के तथा प्रोकैरियोटिक राइबोसोम 70 S प्रकार के होते हैं
(c) 'S' अवसादन गुणांक को प्रदर्शित करता है
(d) उपरोक्त सभी

111. इलेक्ट्रॉन सूक्ष्मदर्शी द्वारा सघन कणिकामय संरचना राइबोसोम की खोज किसने की थी?
(a) जॉर्ज पैलेड (b) कोलीकर
(c) बॉवेरी (d) स्ट्रॉसबर्गर

112. राइबोसोम का अवसादन गुणांक (मापता) व्यक्त करता है
(a) घनत्व (b) संख्या
(c) संरचना (d) इनमें से कोई नहीं

केन्द्रक एवं गुणसूत्र

113. केन्द्रक में मिलने वाले पदार्थ निम्न में से किसके द्वारा रंजित होते हैं?
(a) अम्लीय रंग के (b) क्षारीय रंग के
(c) उदासीन रंग के (d) आयोडीन के

114. केन्द्रक की संरचना के अध्ययन के लिए, कोशिका सबसे उत्तम होती है
(a) जब कोशिका अन्तरावस्था में होती है
(b) जब कोशिका पश्च पूर्वावस्था में होती है
(c) जब कोशिका विभाजन अवस्था में होती है
(d) जब कोशिका अर्द्धसूत्री अवस्था में होती है

115. निम्न में से कौन-सा एक कथन केन्द्रक झिल्ली के विषय में सही है?
(a) दोनों केन्द्रक झिल्ली कभी भी जुड़ी नहीं होती हैं
(b) दोनों केन्द्रक झिल्ली समान्तर होती हैं तथा एक-दूसरे से कभी नहीं जुड़ती हैं
(c) दोनों केन्द्रक झिल्ली समान्तर होती हैं तथा कुछ निश्चित स्थानों पर जुड़कर कुछ संख्या में केन्द्रक छिद्र का निर्माण करती हैं
(d) आन्तरिक केन्द्रक झिल्ली पर राइबोसोम जुड़े होते हैं

116. कुछ विशेष पदार्थ केन्द्रक छिद्रों से होकर केन्द्रक व कोशिकाद्रव्य दोनों दिशाओं में आवागमन करते रहते हैं इन पदार्थों की उचित दिशा निम्न में से कौन-सी है?
(a) प्रोटीन व एन्जाइम केन्द्रक की ओर
(b) राइबोसोम के घटक केन्द्रक से बाहर की ओर
(c) *m*RNA केन्द्रक से बाहर की ओर
(d) उपरोक्त सभी

117. जिनमें केन्द्रक की कमी होती है, वे कोशिकाएँ हैं
(a) स्तनधारी जीवों की रक्ताणु
(b) संवहनी पादपों में चालनी नलिका
(c) स्तनधारी जीवों की लिम्फोसाइट
(d) दोनों (a) एवं (b)

118. केन्द्रिका के विषय में सत्य कथन चुनिए।
(a) यह *m*RNA संश्लेषण हेतु स्थल होते हैं
(b) कोशिकाओं में बड़ी व अनेक केन्द्रिका मिलती हैं, जिससे ये कोशिकाएँ सक्रिय रूप से प्रोटीन संश्लेषण करती हैं
(c) केन्द्रिका में केन्द्रकद्रव्य पाया जाता है
(d) केन्द्रिका एक एकल झिल्ली आवरित संरचना है

119. झिल्ली रहित केन्द्रक पदार्थ देखा जाता है
(a) जीवाणुओं और रहित शैवालों में
(b) नील-हरित जीवाणुओं और लाल शैवालों में
(c) जीवाणुओं और नील-हरित जीवाणुओं में
(d) माइकोप्लाज्मा और हरित शैवालों में

120. कोशिका का केन्द्रकद्रव्य कोशिकाद्रव्य से सम्बन्धित रहता है
(a) तारक केन्द्र द्वारा (b) अन्तःप्रद्रव्यी जालिका द्वारा
(c) केन्द्रक छिद्रों द्वारा (d) गॉल्जीकाय द्वारा

121. न्यूक्लियोलस शब्द किसने प्रस्तुत किया?
(a) आर. ब्राउन (b) एच. हुक्स (c) बौमेन (d) हैन्स्टीन

122. कैरियोलिम्फ है
(a) केन्द्रकीय रस (b) झिल्ली
(c) केन्द्रक छिद्र (d) इनमें से कोई नहीं

123. वास्तविक केन्द्रक अनुपस्थित होता है
(a) हरे शैवालों में (b) कवकों में
(c) लाइकेन्स में (d) जीवाणु में

124. केन्द्रक झिल्ली की संरचना सहायता करती है
(a) स्पिण्डल के संगठन में
(b) समजात गुणसूत्र की सिनेप्सिस में
(c) पदार्थों के न्यूक्लियो साइटोप्लाज्मिक आदान-प्रदान में
(d) पुत्री क्रोमोसोम के एनाफेजिक प्रथक्करण में

125. यूकैरियोटिक कोशिका में केन्द्रिका होती है
(a) मेटाफेज अवस्था में प्रत्यक्ष दिखायी देती है
(b) RNA पॉलीमरेज के संश्लेषण के लिए एक स्थान होती है
(c) एक झिल्ली द्वारा घिरी होती है
(d) राइबोसोमल प्रोटीन के साथ *r*RNA की पैकिंग का स्थान होती है

126. केन्द्रक को कोशिकाद्रव्य से अलग करने वाली केन्द्रकीय झिल्ली होती है
(a) छिद्र युक्त एकल परत (b) छिद्र रहित एकल परत
(c) छिद्र युक्त द्विपरत (d) छिद्र रहित द्विपरत

127. न्यूक्लियोप्लाज्म का पार्स ग्रेन्यूलीसा बना होता है
(a) DNA का (b) RNA का
(c) प्रोटीन का (d) प्रोटीन तथा कार्बोहाइड्रेट का

128. वह भाग जो रंजित नहीं होता, वह है
(a) क्रोमैटिड (b) सेन्ट्रोमीयर
(c) क्रोमैटिन (d) क्रोमोमीयर

129. L-आकार के गुणसूत्र को कहते हैं
(a) लिंग गुणसूत्र (b) एक्रोसेन्ट्रिक
(c) टीलोसेन्ट्रिक (d) सब-मेटासेन्ट्रिक

130. तर्कु (Spindle) गुणसूत्रों में उपस्थित होता है
(a) सेन्ट्रियोल (b) काइनेटोकोर
(c) क्रोमोसेन्टर (d) क्रोमोमीयर

131. जनन तथा दैहिक कोशिकाओं में गुणसूत्रों की संख्या के आधार पर सही कथन कौन-सा है?
(a) जनन कोशिकाएँ तथा दैहिक कोशिकाएँ दोनों ही अगुणित होती हैं
(b) दैहिक कोशिकाएँ अगुणित तथा जनन कोशिकाएँ द्विगुणित होती हैं
(c) जनन कोशिकाएँ अगुणित तथा दैहिक कोशिकाएँ द्विगुणित होती हैं
(d) जनन कोशिकाएँ तथा दैहिक कोशिकाएँ दोनों ही द्विगुणित होती हैं

132. जीवाणु गुणसूत्र में
(a) हिस्टोन प्रोटीन का अभाव होता है
(b) नॉन-हिस्टोन प्रोटीन का अभाव होता है
(c) हिस्टोन प्रोटीन की अधिकता होती है
(d) उपरोक्त में से कोई नहीं

133. क्रोमोमीयर्स गुणसूत्र में पाए जाते हैं
(a) आधारद्रव्य में बिखरे हुए
(b) गुणसूत्रीय तन्तु पर गाँठ के समान रचना के रूप में
(c) दोनों (a) एवं (b)
(d) उपरोक्त में से कोई नहीं

134. टीलोमीयर्स का कार्य है
(a) गुणसूत्र की ध्रुवता को बनाए रखना
(b) गुणसूत्र में गतिशीलता बनाए रखना
(c) गुणसूत्र में हिस्टोन प्रोटीन को बनाए रखना
(d) उपरोक्त सभी

135. निम्न में से कौन-सा SAT गुणसूत्र में पाया जाता है?
(a) सैटेलाइट (b) जनन कोशिका
(c) मैटेलाइट (d) प्राथमिक संकीर्णन

136. हाल ही में मानव गुणसूत्रों का अध्ययन एक ऐसी तकनीक द्वारा किया गया था, जिसमें विशेष फ्लोरसेंट रंजकों का प्रयोग करते हैं
(a) रंजक तकनीक
(b) बैंडिंग तकनीक
(c) अतिसूक्ष्म रंजक तकनीक
(d) गुणसूत्र प्रारूपीय तकनीक

137. गुणसूत्र संख्या निश्चित होती है
(a) जाति के लिए (b) पारितन्त्र के लिए
(c) समुदाय के लिए (d) जैवमण्डल के लिए

138. गुणसूत्र का आनुवंशिक दृष्टि से सक्रिय भाग होता है
(a) हेटेरोक्रोमैटिन (b) यूक्रोमैटिन
(c) दोनों (a) एवं (b) (d) पेलिकल

जैव अणु

139. स्टार्च व सेलुलोस किसकी इकाइयों द्वारा बने होते हैं?
(a) सामान्य शर्करा (b) वसा अम्ल
(c) ग्लिसरॉल (d) अमीनो अम्ल

140. निम्न में से अधिक मीठी शर्करा है
(a) फ्रक्टोस (b) ग्लूकोस
(c) गैलेक्टोस (d) सुक्रोस

141. निम्न में से कौन-सा पादपों का विशिष्ट लक्षण है?
(a) ग्लूकोस व सेलुलोस (b) पाइरुविक अम्ल व ग्लूकोस
(c) सेलुलोस व स्टार्च (d) स्टार्च व पाइरुविक अम्ल

142. निम्न में से कौन-सा डाइसैकेराइड है?
(a) राइबोज (b) माल्टोस
(c) ग्लूकोस (d) सेलुलोस

143. पादप कोशिका में पाया जाने वाला इनुलिन है
(a) लिपिड (b) प्रोटीन
(c) पॉलीसैकेराइड (d) विटामिन

144. पेन्टोज व हैक्सोज सामान्यतया है
(a) डाइसैकेराइड्स (b) मोनोसैकेराइड्स
(c) ओलिगोसैकेराइड्स (d) पॉलीसैकेराइड्स

145. मक्के को उबलते पानी में डुबाया जाता है उसके बाद ठण्डा किया जाता है तो विलयन मीठा हो जाता है यह किस कारण होता है?
(a) उबलते जल में एन्जाइम्स निष्क्रिय हो जाते हैं
(b) डाइसैकेराइड्स, मोनेसैकेराइड्स में बदल जाते हैं
(c) मोनेसैकराइड्स, डाइसैकेराइड्स में बदल जाते हैं
(d) उपरोक्त में से कोई नहीं

146. सुक्रोस, (एक कॉमन टेबल शुगर) किससे मिलकर बनी होती है?
(a) ग्लूकोस + फ्रक्टोस की (b) ग्लूकोस + गैलेक्टोस की
(c) फ्रक्टोस + गैलेक्टोस की (d) इनमें से कोई नहीं

147. नॉन-रिड्यूसिंग शर्करा होती है
(a) ग्लूकोस (b) गैलेक्टोस
(c) मैनॉज (d) सुक्रोस

148. बैक्टीरियम *ल्यूकोनॉस्टॉक मिसेनेटीरॉइड्स* द्वारा सुक्रोस से उत्पादित एक जटिल पॉलीसैकेराइड्स होता है
(a) काइटिन (b) स्टार्च
(c) सेलुलोस (d) डेक्सटॉन

149. स्टार्च का रासायनिक सूत्र है
(a) $(C_6H_{10}O_5)_n$ (b) $(C_6H_{12}O_6)_n$
(c) $C_{12}H_{22}O_{11}$ (d) CH_3COOH

150. निम्नलिखित कथनों में से असत्य कथन है
(a) सेलुलोस एक पॉलीसैकेराइड है
(b) यूरेसिल एक पिरिमिडिन है
(c) ग्लाइसीन, सल्फर युक्त अमीनो अम्ल है
(d) सुक्रोस एक डाइसैकेराइड है

151. ग्लाइकोजन एक समबहुलक है, जो बना होता है
(a) ग्लूकोस इकाई का (b) गैलैक्टोस इकाई का
(c) राइबोज इकाई का (d) अमीनो अम्ल का

152. ग्लाइकोजन अणु के 'सिरों' (Ends) की संख्या हो सकती है
(a) शाखाओं की संख्या +1 के बराबर
(b) शाखा बिन्दुओं की संख्याओं के बराबर
(c) एक
(d) दो, एक सिरा बायीं ओर तथा दूसरा सिरा दायीं ओर

153. निम्नलिखित में से कौन-सी शर्करा में कार्बनों की संख्या ग्लूकोस के समान होती है?
(a) फ्रक्टोस (b) इरिथ्रोज
(c) राइबुलोज (d) राइबोज

154. निम्न में से कॉन्जुगेट (संयुग्मित) प्रोटीन है
(a) ग्लोब्युलिन (b) एलब्युमिन
(c) हिस्टोन (d) फ्लेवोप्रोटीन

155. ग्लाइकोप्रोटीन में पाया जाता है
(a) प्रोटीन एवं वसा (b) प्रोटीन एवं लवण
(c) प्रोटीन एवं विटामिन (d) प्रोटीन एवं कार्बोहाइड्रेट्स

156. इनमें से किसके बिना कोई भी कोशिका जीवित नहीं रह सकती?
(a) फाइटोक्रोम (b) एन्जाइम्स
(c) क्लोरोप्लास्ट (d) प्रोटीन

157. लाइसिन के उच्च घटक पाए जाते हैं
(a) गेहूँ में (b) सेब में
(c) मक्का में (d) केले में

158. पादपों में भोजन का परिवहन किस रूप में होता है?
(a) सुक्रोस (b) फ्रक्टोस
(c) ग्लूकोस (d) लैक्टोस

159. निम्न में से कौन-सा डाईसैकेराइड नहीं है?
(a) माल्टोस (b) स्टार्च
(c) सुक्रोस (d) लेक्टोस

160. काइटिन है
(a) पॉलीसैकेराइड (b) नाइट्रोजनीकृत पॉलीसैकेराइड
(c) लीपोप्रोटीन (d) प्रोटीन

161. निम्न में से कौन-सी एक संयुग्मित प्रोटीन नहीं है?
(a) पेप्टॉन (b) फॉस्फोप्रोटीन (c) लीपोप्रोटीन (d) क्रोमोप्रोटीन

162. प्रोटीन की चतुर्थक संरचना
(a) चार उपइकाइयों की बनी होती है
(b) α या β हो सकती है
(c) प्रोटीन के दो कार्यों से असम्बन्धित होती है
(d) प्रत्येक सबयूनिट की प्राथमिक संरचना से निर्धारित होती है

163. असत्य युग्म कौन-सा है?
(a) अगार - ग्लूकोस तथा सल्फर युक्त कार्बोहाइड्रेट का बहुलक
(b) काइटिन - ग्लूकोसेमीन का बहुतक
(c) पेप्टीडोग्लाइकेन - पॉलीसैकेराइड, पेप्टाइड से जुड़ा होता है
(d) ग्लाइकोजन - ग्लूकोस का बहुलक

164. अमीनो अम्लों पर दो संरचनाएँ पायी जाती हैं, एक अमीनो समूह तथा दूसरी कार्बोक्सिल समूह। निम्नलिखित में से कौन-सा अमीनो अम्ल है?
(a) फॉर्मिक अम्ल (b) ग्लिसरॉल
(c) ग्लाइकोलिक अम्ल (d) ग्लाइसिन

165. कुछ विशेष स्थितियों में, अमीनो अम्ल की एक अणु में दोनों धनात्मक व ऋणात्मक आवेश होते हैं। इस प्रकार के अमीनो अम्ल की अवस्था को कहते हैं
(a) अम्लीय अवस्था (b) क्षारीय अवस्था
(c) एरोमैटिक अवस्था (d) ज्विटर आयन अवस्था

166. प्रोटीन की संरचना में, प्रथम अमीनो अम्ल व अन्तिम अमीनो अम्ल क्रमश: कहलाते हैं
(a) N-सिरा अमीनो अम्ल, C-सिरा अमीनो अम्ल
(b) C-सिरा अमीनो अम्ल, N-सिरा अमीनो अम्ल
(c) α-अमीनो अम्ल, β-अमीनो अम्ल
(d) β- अमीनो अम्ल, α-अमीनो अम्ल

167. प्रोटीन की तृतीयक संरचना
(a) प्रोटीन में अमीनो अम्ल के क्रम को परिभाषित करती है
(b) इनका निर्माण डाइसल्फाइड बन्धों व वण्डर वाल बल के द्वारा होता है
(c) ये सक्रिय स्थल के निर्माण के उत्तरदायी होते हैं
(d) उपरोक्त सभी

168. प्रोटीन की मात्रात्मक परीक्षण में सम्मिलित है
(a) सूडान ब्लैक परीक्षण (b) टॉलन परीक्षण
(c) जेन्थो प्रोटीन परीक्षण (d) आयोडीन परीक्षण

169. ट्राइग्लिसरॉइड बने होते हैं
(a) ग्लिसरॉल के
(b) एस्टर बन्ध के
(c) केवल असंतृप्त वसा अम्ल के
(d) उपरोक्त सभी

170. ऊतकों के रासायनिक संघटन का विश्लेषण करने के दौरान लिपिड्स, अम्ल अघुलनशील अंश में मिलते हैं, क्योंकि
(a) इनका अणुभार बहुत अधिक होता है
(b) यह बहुलक होते हैं
(c) इनका अणुभार कम होता है
(d) पीसने पर जैव झिल्ली टुकड़ों में विखण्डित हो जाती है तथा घुलनशील पुटिका बनाती है

171. नीचे दिए गए कथनों में से सही कथन पहचानिए।
(a) लिपिड्स जिनके अणुभार 800 डाल्टन से अधिक नहीं होते हैं, वे अम्ल विलेय अंश में आते हैं
(b) अम्ल विलेय अंश में चार प्रकार के कार्बनिक यौगिक मिलते हैं प्रोटीन, न्यूक्लिक अम्ल, पॉलीसैकेराइड्स व लिपिड्स
(c) कोशिकाद्रव्य व अंगकों के वृहत्-अणु अम्ल अविलेय अंश बन जाते हैं
(d) अम्ल अविलेय अंश अधिकांशतया में कोशिकाद्रव्य संगठन को प्रदर्शित करता है

172. वसीय अम्ल में एक कार्बोक्सिल समूह होता है, जो एक R समूह से जुड़ा रहता है। यह R समूह हो सकता है
(a) मेथिल
(b) ऐथिल
(c) $-CH_2$ समूह की उच्च संख्या (1-19 कार्बन)
(d) उपरोक्त सभी

173. पेराफीन वेक्स (मोम) होता है
(a) एस्टर (b) अम्ल
(c) मोनोहाइड्रिड एल्कोहॉल (d) कोलेस्ट्रॉल

174. असत्य कथन का चयन कीजिए।
(a) अमीनो अम्ल प्रतिस्थापन मीथेन्स होते हैं
(b) ग्लिसरॉल एक ट्राइहाइड्रॉक्सी प्रोपेन है
(c) लाइसिन एक उदासीन अमीनो अम्ल है
(d) एडीनोसिन एक न्यूक्लियोसाइड है

175. निम्न में से कौन-सा असंतृप्त वसा अम्ल नहीं है?
(a) पामिटिक अम्ल (b) स्टियरिक अम्ल
(c) लिनोलेनिक अम्ल (d) लॉरिक अम्ल

176. वनस्पति तेल है
(a) वसा तथा कार्बोहाइड्रेट
(b) असंतृप्त वसा अम्लों के लवण
(c) संतृप्त वसा अम्ल के ग्लिसरॉइड
(d) असंतृप्त वसा अम्लों के ग्लिसरॉइड

177. फॉस्फेट समूह का शर्करा में एस्टरीकृत होना कहलाता है
(a) न्यूक्लियोटाइड्स (b) न्यूक्लियोसाइड्स
(c) लिपिड्स (d) नाइट्रोजन क्षार

178. उस विषमचक्रीय यौगिक का नाम बताइए, जिसे नाइट्रोजन क्षार भी कहा जाता है।
सबसे उचित विकल्प को चुनिए।
(a) एडिनीन, ग्वानीन, यूरेसिल, साइटोसिन और थायमीन
(b) एडिनीन, ग्वानीन, यूरेसिल और थायमीन
(c) एडिनीन, ग्वानीन, साइटोसिन और यूरेसिल
(d) उपरोक्त में से कोई नहीं

179. प्यूरीन संघटकों के सही युग्म का चुनाव कीजिए।
(a) साइटोसीन और थायमीन (b) एडिनीन और ग्वानीन
(c) यूरेसिल और साइटोसिन (d) ग्वानीन और यूरेसिल

180. वाटसन-क्रिक मॉडल के अनुसार,
(a) DNA द्विकुण्डल के रूप में होता है
(b) पॉलीन्यूक्लियोटाइड्स के दोनों रज्जुक प्रतिसमान्तर होते हैं
(c) इनका मुख्य भाग शर्करा व न्यूक्लिक क्षार का बना होता है
(d) दोनों (a) एवं (b)

181. DNA का वह रूप, जिसके एक पूर्ण घुमाव की लम्बाई 34 Å होती है, जबकि दो क्षार युग्मों के बीच की दूरी 3.4 Å होती है, कहलाता है
(a) A-DNA (b) B-DNA (c) Z-DNA (d) C-DNA

182. वह पिरिमिडिन क्षार, जो DNA को RNA की तुलना में अधिक स्थायित्व प्रदान करता है, कहलाता है
(a) एडीनीन (b) ग्वानीन (c) साइटोसिन (d) थाइमीन

183. DNA, RNA से भिन्न होता है
(a) केवल शर्करा की प्रकृति में (b) केवल प्यूरीन के प्रकृति में
(c) शर्करा व पिरिमिडीन प्रकृति में (d) इनमें से कोई नहीं

184. DNA निम्न में से किसमें नहीं पाया जाता है?
(a) माइटोकॉण्ड्रिया (b) क्लोरोप्लास्ट
(c) जीवाणुभोजी (d) TMV वायरस

185. DNA स्ट्रेण्ड्स किसकी उपस्थिति के कारण एण्टीपेरेलल (प्रति समानान्तर) होता है
(a) H-बन्ध (b) पेप्टाइड
(c) डाइसल्फाइड बन्ध (d) फॉस्फेट-डाइएस्टर बन्ध

186. RNA में थाइमिन बेस के स्थान पर कौन-सी बेस पायी जाती है?
(a) यूरेसिल (b) एडीनिन (c) ग्वानीन (d) जल

187. RNA तथा ATP में पाया जाता है
(a) हैक्सोज शर्करा (b) डीऑक्सीराइबोज शर्करा
(c) डैक्सट्रॉज शर्करा (d) राइबोज शर्करा

188. DNA तथा RNA में निम्न में से क्या समानता है?
(a) ये दुहरे कुण्डलित होते हैं
(b) उनमें एकसमान शर्करा पायी जाती है
(c) दोनों न्यूक्लियोटाइड्स के पॉलीमर होते हैं
(d) दोनों में एकसमान पिरिमिडीन पायी जाती है

एन्जाइम

189. एन्जाइम शब्द का उपयोग सर्वप्रथम किसने किया?
(a) जे बी सुमनर (b) कुहने (c) थॉमसन (d) गार्नियर

190. एन्जाइम सर्वप्रथम किसमें खोजे गए?
(a) यीस्ट में (b) मक्का में (c) जीवाणु में (d) शैवाल में

191. क्रिस्टल के रूप में एन्जाइम को सबसे पहले किसने प्राप्त किया था?
(a) फिशर (b) कुहने (c) मिलर (d) सुमनर

192. कोएन्जाइम की खोज किसने की?
(a) जेम्स सुमनर (b) फ्रिटज लिपमेन
(c) मेयरहॉफ (d) एडवर्ड बुचनर

193. किस एन्जाइम का सर्वप्रथम क्रिस्टलीकरण किया गया?
(a) केटालेज का (b) यूरिऐज का
(c) लाइगेज का (d) एमाइलेज का

194. एन्जाइम बहुलक होता है
(a) 6-कार्बन का (b) वसा अम्लों का
(c) अमीनो अम्लों का (d) अकार्बनिक फॉस्फेट का

195. एन्जाइम के ऊपर पायी जाने वाली दरार, जिस पर क्रियाधार आकर व्यवस्थित होते हैं, कहलाते हैं
(a) सक्रिय स्थल (b) असक्रिय स्थल
(c) बहुरूपी (Allotropic) स्थल (d) दोनों (a) एवं (b)

196. एन्जाइमी उत्प्रेरक, अकार्बनिक उत्प्रेरक से किस प्रकार भिन्न होते हैं?
(a) एन्जाइमी उत्प्रेरक, अकार्बनिक उत्प्रेरक की तुलना में आकार में छोटे व भार में हल्के होते हैं
(b) अकार्बनिक उत्प्रेरक उच्च तापक्रम पर कुशलतापूर्वक कार्य कर सकते हैं, जबकि एन्जाइमी उत्प्रेरक (कुछ एन्जाइम को छोड़कर) नहीं करते हैं
(c) अकार्बनिक उत्प्रेरक उच्च दाब पर कुशलतापूर्वक कार्य कर सकते हैं, जबकि एन्जाइमी उत्प्रेरक नहीं कर सकते हैं
(d) दोनों (a) एवं (c)

197. रासायनिक अभिक्रिया के दौरान होने वाले भौतिक परिवर्तन का सम्बन्ध है
(a) बन्धों के बिना टूटे आकार का बदलना
(b) द्रव्य की अवस्था में परिवर्तन
(c) रासायनिक अभिक्रियाओं के दौरान बन्ध ऊर्जा में परिवर्तन
(d) दोनों (a) एवं (b)

198. सही विकल्प का चयन कीजिए।
(a) $E+S \longrightarrow ES \longrightarrow E+P \longrightarrow EP$
(b) $E+S \rightleftharpoons ES \longrightarrow E-P \longrightarrow E+P$
(c) $E+S \longrightarrow ES \rightleftharpoons E-P \longrightarrow E+P$
(d) $E+S \rightleftharpoons ES \rightleftharpoons E-P \rightleftharpoons E+P$

199. एन्जाइम-क्रियाधार जोड़ा कौन-सा है?
(a) रेनिन-केसीन (b) माल्टोज-लेक्टोज
(c) प्रोटीन-एमाइलेज (d) कार्बोहाइड्रेट-लाइपेज

200. अधिकतर एन्जाइम्स में दो भाग क्रमशः होते हैं
(a) प्रोस्थैटिक समूह तथा होलोएन्जाइम
(b) होलोएन्जाइम तथा आइसोएन्जाइम
(c) एपोएन्जाइम तथा होलोएन्जाइम
(d) एपोएन्जाइम तथा प्रोस्थैटिक समूह

201. प्रोटीन से निर्मित एन्जाइम के भाग को कहते हैं
(a) होलोएन्जाइम (b) एपोएन्जाइम
(c) आइसोएन्जाइम (d) ये सभी

202. एन्जाइम का नॉन-प्रोटीन भाग कहलाता है
(a) होलोएन्जाइम (b) एपोएन्जाइम
(c) सह-एन्जाइम (d) प्रोस्थैस्टिक समूह

203. एन्जाइम जोकि नॉन-प्रोटीन भाग के साथ जुड़कर क्रियात्मक एन्जाइम बनाते हैं, वह कहलाता है
(a) सह-एन्जाइम (b) होलोएन्जाइम
(c) एपोएन्जाइम (d) प्रोस्थैटिक समूह

204. निम्न में से कौन-सा एन्जाइम का भाग नहीं है, किन्तु एन्जाइम को सक्रिय करता है?
(a) K (b) Zn
(c) Mg (d) Mn

205. निम्न एन्जाइम में Mn धात्वीय आयन प्रोस्थैटिक समूह के रूप में पाया जाता है
(a) फॉस्फेटेज (b) डिहाइड्रोजिनेज
(c) पेप्सीडेज (d) केटेलेज

206. निम्न में से एन्जाइम से सम्बन्धित कथन नहीं हैं
(a) ये प्रोटीनी प्रकृति के होते हैं
(b) इनके द्वारा जैव-रासायनिक प्रक्रियाओं की दर में वृद्धि होती है
(c) इनमें विशिष्टता की प्रकृति पायी जाती है
(d) ये अभिक्रियाओं में उपयोग कर लिए जाते हैं

207. सक्सीनिक डीहाइड्रोजिनेज का एक प्रतिस्पर्धी संदमक है
(a) α- कीटोग्लूटारेट (b) मैलेट
(c) मैलोनेट (d) ऑक्जेलोएसिटेट

208. कोशिका में पाचक एन्जाइम अधिकतर कहाँ होते हैं?
(a) राइबोसोम में (b) लयनकाय में
(c) माइटोकॉण्ड्रिया में (d) कोशिका झिल्ली में

209. निम्न में से कौन-सा एन्जाइम नहीं है?
(a) NAD (b) NADP
(c) FAD (d) SCP

210. एण्टेरोकाइनेज परिवर्तित करता है
(a) ट्रिप्सिनोजन का ट्रिप्सिन में (b) पेप्सिनोजन का पेप्सिन में
(c) पेप्सिन का पॉलीपेप्टाइड्स में (d) कैसीनोजन का कैसीन में

211. एन्जाइम्स अनुपस्थित होते हैं
(a) पादपों में (b) कवक में
(c) जीवाणु में (d) विषाणु में

212. एन्जाइम का फीडबेक सन्दमन किसके द्वारा प्रभावित होता है?
(a) एन्जाइम (b) क्रियाधार
(c) अन्तिम उत्पाद (d) माध्यमिक उत्पाद

213. लाइपेज एन्जाइम के लिए क्रियाधार है
(a) माल्टोस (b) स्टार्च
(c) सुक्रोस (d) वसा

214. डेस्मोलाइजिंग एन्जाइम कहाँ कार्य करते हैं?
(a) माइटोकॉण्ड्रिया में (b) कोशिका के बाहर
(c) कोशिका के भीतर (d) लाइसोसोम्स में

215. निम्न सहएन्जाइम, पेन्टोथैनिक अम्ल (विटामिन-B) का व्युत्पन्न है
(a) NAD (b) NADP
(c) FAD (d) Co-A

216. लोह पोरफाइरिन सह-एन्जाइम है
(a) FAD (b) साइटोक्रोम
(c) NADP (d) Co-A

217. किण्वन द्वारा एल्कोहॉल बनाने के लिए सक्रिय एन्जाइम उत्तरदायी है
(a) एमाइलेज (b) ऑक्सीडेज
(c) लाइपेज (d) जाइमेज

218. एन्जाइम क्रियाविधि के लिए ताली तथा कुँजी सिद्धान्त किसने दिया?
(a) पॉल फिल्ड्स ने (b) एमिल फिशर ने
(c) डी डी वुड ने (d) कुहने ने

219. एन्जाइम के 'ताला-चाबी' सिद्धान्त के अनुसार, एक विशिष्ट एन्जाइम अणु
(a) अनेक बार नष्ट व निर्मित हो सकता है
(b) विशिष्ट प्रकार के क्रियाधार अणु में ही जुड़ता है
(c) सभी परिस्थितियों में समान दर से ही क्रिया करता है
(d) स्थायी एन्जाइम क्रियाधार संकुल बनाता है

220. उस ग्राफ का चयन कीजिए, जो एक प्रारूपी एन्जाइमी अभिक्रिया के वेग (v) पर तापमान के प्रभाव को प्रदर्शित करता है।

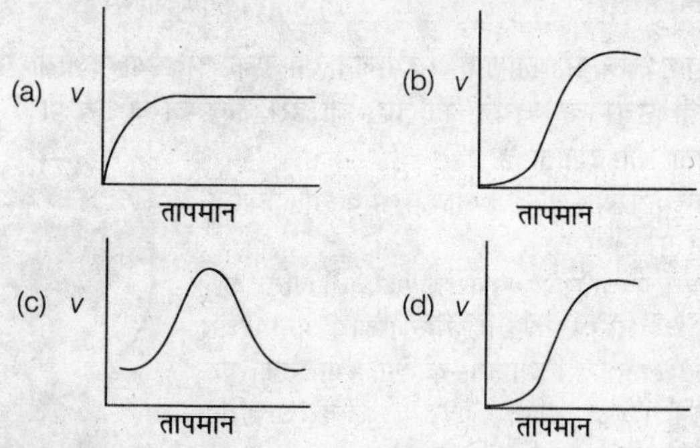

221. उच्च ताप (70-80°C) पर भी सक्रिय एन्जाइम है
(a) लाइपेज (b) *टैक* पॉलीमरेज
(c) हेलिकेज (d) ट्रिप्सिन

222. उस ग्राफ का चयन कीजिए, जो क्रियाधार की सान्द्रता (S) तथा एन्जाइमी सक्रियता की दर (v) में सम्बन्ध दर्शाता है।

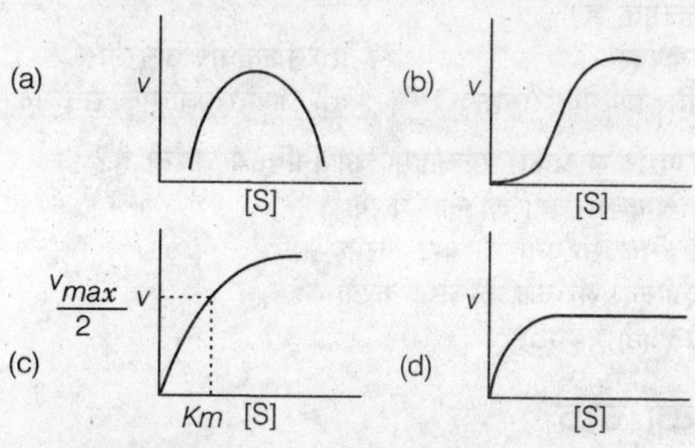

223. निम्न में से कौन-सा कथन असत्य है?
(a) प्रतिस्पर्धात्मक सन्दमक एन्जाइम के साथ उत्क्रमणीय क्रिया करके एन्जाइम सन्दमक बनाता है
(b) प्रतिस्पर्धात्मक सन्दमक में सन्दमक अणु का एन्जाइम द्वारा रासायनिक परिवर्तन नहीं होता है
(c) प्रतिस्पर्धात्मक सन्दमक एन्जाइम क्रियाधार संकुल के विघटन की दर को प्रभावित नहीं करता है
(d) प्रतिस्पर्धात्मक सन्दमक की उपस्थिति क्रियाधार के लिए एन्जाइम के K_m को घटाता है

224. वे एन्जाइम, जो एस्टर बन्ध के जल अपघटन को उत्प्रेरित करते हैं, कहलाते हैं
(a) हाइड्रोलेजेज (b) लायऐजेज
(c) ट्रान्सफरेजेज (d) लाइगेज

225. अपनी आण्विक संरचना में क्रियाधार से काफी अधिक समानता होने के कारण एन्जाइम की क्रियाशीलता को सन्दमित करने वाले सन्दमक को कहते हैं
(a) अप्रतिस्पर्धी सन्दमक (b) प्रतिस्पर्धात्मक सन्दमक
(c) ऐलोस्टेरिक मोड्यूलेटर (d) अनुक्रिया सन्दमक

226. एन्जाइम क्रिया के समय निर्मित क्रियाधार की संक्रमण अवस्था-संरचना होती है
(a) क्षणिक, लेकिन स्थिर (b) स्थायी, लेकिन अस्थिर
(c) क्षणिक, लेकिन अस्थिर (d) स्थायी, लेकिन स्थिर

227. मिशेल मेंटन स्थिरांक (K_m) बराबर होता है
(a) एन्जाइमी अभिक्रिया की दर के
(b) अभिक्रिया की दर के
(c) क्रियाधार की सान्द्रता के, जिसमें अभिक्रिया अपनी अधिकतम गति की आधी गति को प्राप्त कर लेता है
(d) क्रियाधार की सान्द्रता के, जिसमें अभिक्रिया की दर अधिकतम होती है

228. उस विकल्प का चयन कीजिए, जो एन्जाइम क्रिया के सम्बन्ध में असत्य है
(a) क्रियाधार एन्जाइम के साथ सक्रिय स्थल पर जुड़ता है
(b) प्रचुर मात्रा में सक्सीनेट मिलाने से मेलोनेट द्वारा सक्सीनिक डीहाइड्रोजिनेज का सन्दमन अनुत्क्रमणीय नहीं होता है
(c) अप्रतिस्पर्धात्मक सन्दमक एन्जाइम से जिस स्थल पर जुड़ता है, वह क्रियाधार स्थल से भिन्न होती है
(d) मेलोनेट सक्सीनिक डीहाइड्रोजिनेज का प्रतिस्पर्धात्मक सन्दमक है

229. वह सन्दमक, जो सक्रिय स्थल से भिन्न, किसी स्थल द्वारा एन्जाइम से जुड़ता है व जिसकी संरचना क्रियाधार से नहीं मिलती है, कहलाता है
(a) उत्प्रेरक (b) क्रियाधार अनुरूप
(c) प्रतिस्पर्धात्मक सन्दमक (d) अप्रतिस्पर्धात्मक सन्दमक

230. विकिरणें किस प्रकार एन्जाइमों को निष्क्रिय करती हैं?
(a) तृतीयक संरचना को नष्ट करके
(b) प्राथमिक संरचना को नष्ट करके
(c) द्वितीयक संरचना को नष्ट करके
(d) दोनों (a) एवं (b)

कोशिका चक्र

231. कोशिका चक्र में सही क्रम होता है
(a) $S—G_1—G_2—M$ (b) $S—M—G_1—G_2$
(c) $G_1—S—G_2—M$ (d) $M—G_1—G_2—S$

232. कोशिका चक्र की G_2 अवस्था में गुणसूत्रों में DNA हेलिक्स की संख्या होती है
(a) एक (b) दो (c) चार (d) आठ

233. कोशिका चक्र की G_0 प्रावस्था में कोशिका
(a) कोशिका चक्र से बाहर निकलती है
(b) कोशिका चक्र में प्रवेश करती है
(c) कोशिका चक्र को निलम्बित करती है
(d) कोशिका चक्र को समाप्त करती है

234. प्रक्रमों का वह अनुक्रम, जिसमें कोशिका अपने जीनोम का द्विगुणन तथा अन्य संघटकों का संश्लेषण एवं तत्पश्चात् विभाजित होकर दो नई सन्तति कोशिकाओं का निर्माण करती है, क्या कहलाता है?
(a) कोशिका विभाजन (b) कोशिका चक्र
(c) कोशिका वृद्धि (d) कोशिका द्विगुणन

235. कोशिका चक्र की दो मूल प्रावस्थाएँ होती हैं
(a) अन्तरावस्था व M-प्रावस्था/विभाजनशील प्रावस्था
(b) केन्द्रक विभाजन व कोशिकाद्रव्य विभाजन
(c) पूर्वावस्था, मध्यावस्था, पश्चावस्था, अन्त्यावस्था
(d) G_1,S व G_2-प्रावस्था

236. कोशिका विभाजन की G_1-प्रावस्था में घटित होता है
(a) कोशिका वृद्धि व DNA प्रतिकृतिकरण के लिए RNA व प्रोटीन का संश्लेषण
(b) DNA व प्रोटीन का संश्लेषण
(c) जीवद्रव्य में तारककेन्द्र का द्विगुणन
(d) कोशिका का द्विगुणन

237. कायिक कोशिका, जिसने अभी कोशिका चक्र की S-प्रावस्था पूर्ण की है, उसमें उसी प्रजाति के युग्मक की तुलना में
(a) दोगुने गुणसूत्र व दोगुने DNA होते हैं
(b) गुणसूत्र की संख्या समान होती हैं किन्तु DNA की मात्रा चार गुनी होती है
(c) गुणसूत्र की संख्या दोगुनी व DNA की मात्रा चार गुनी होती है
(d) गुणसूत्र की संख्या चार गुनी व DNA की मात्रा दो गुनी होती है

238. जब कोशिका में DNA प्रतिकृति विशाख (Replication fork) निष्क्रिय हो जाता है, तो कौन-सी जाँच बिन्दु प्रभावी तौर पर सक्रिय होती है?
(a) G_1 / S (b) G_2 / M
(c) M (d) दोनों (b) एवं (c)

239. निम्न में से किस कोशिका चक्र को सम विभाजन कहते हैं?
(a) असूत्री (b) सूत्री विभाजन
(c) अर्द्धसूत्री विभाजन (d) इनमें से कोई नहीं

240. कोशिका चक्र की किस अवस्था में गुणसूत्रीय पदार्थ का संघनन प्रारम्भ होता है?
(a) पश्चावस्था (b) मध्यावस्था
(c) अन्त्यावस्था (d) पूर्वावस्था

241. केन्द्रक आवरण का पूर्ण विघटन कोशिका चक्र में किस अवस्था को दर्शाता है?
(a) समसूत्री विभाजन के पूर्वावस्था के प्रारम्भ को
(b) समसूत्री विभाजन के मध्यावस्था के प्रारम्भ को
(c) समसूत्री विभाजन के पश्चावस्था के अन्त को
(d) समसूत्री विभाजन के अन्त्यावस्था के प्रारम्भ को

242. तर्कु तन्तु जुड़े होते हैं
(a) गुणसूत्र के काइनेटोकोर से (b) गुणसूत्र के गुणसूत्र बिन्दु से
(c) गुणसूत्र के काइनेटोसोम से (d) गुणसूत्र के अन्तस्थ सिरे से

243. किस अवस्था में गुणसूत्र की संख्या व आकारिकी का अध्ययन बहुत ही सरल तरीके से किया जा सकता है?
(a) पूर्वावस्था (b) मध्यावस्था (c) पश्चावस्था (d) अन्त्यावस्था

244. कॉल्चिकम किस अवस्था को प्रभावित करता है?
(a) मध्यावस्था (मेटाफेज) (b) पूर्वावस्था (प्रोफेज)
(c) इण्टरफेज (d) पश्चावस्था (एनाफेज)

245. गुणसूत्र की संरचना स्पष्ट रूप से दिखती है
(a) प्रोफेज में (b) एनाफेज में
(c) मेटाफेज में (d) अन्त्यावस्था (टीलोफेज) में

246. सिनैप्टिकल जटिल का निर्माण कब होता है?
(a) लेप्टोटीन (b) जाइगोटीन (c) पैकीटीन (d) डिप्लोटीन

247. जन्तु कोशिका में तर्कु तन्तु किससे जुड़े होते हैं?
(a) तारककाय से (b) लयनकाय से
(c) केन्द्रक से (d) माइटोकॉण्ड्रिया से

248. दिए गए चित्र में कोशिका विभाजन की एक अवस्था दर्शायी गयी है। सही उत्तर का चयन कीजिए, जो इस अवस्था व इसकी विशेषता को दर्शाता है

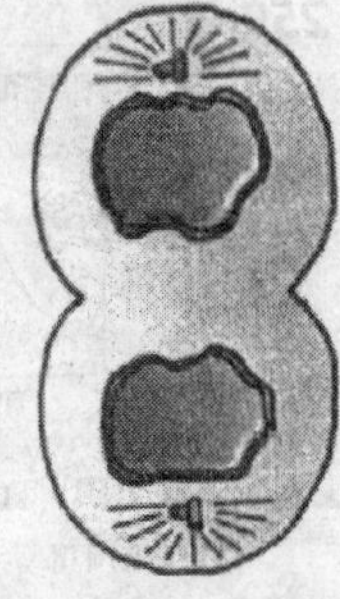

(a) अन्त्यावस्था–केन्द्रक आवरण एवं गॉल्जीकाय का पुनर्निर्माण
(b) पश्च पश्चावस्था–गुणसूत्र मध्यवर्ती पट्टिका से दूर होने लगता है, गॉल्जीकाय अनुपस्थित
(c) कोशिकाद्रव्य विभाजन–कोशिका पट्टिका का निर्माण, माइटोकॉण्ड्रिया का दो सन्तति कोशिकाओं के बीच वितरण
(d) अन्त्यावस्था–अन्तःप्रद्रव्यी जालिका व केन्द्रिका का पुनर्निर्माण अभी नहीं हुआ

249. कोशिका पट्टिका के निर्माण के साथ कोशिकाद्रव्य विभाजन होता है
(a) जन्तु कोशिकाओं में (b) पादप कोशिकाओं में
(c) जीवाणु कोशिकाओं में (d) स्तनी कोशिकाओं में

250. समसूत्री विभाजन में आनुवंशिक सातत्य निश्चित करने की क्रियाविधि है
(a) दो सन्तति कोशिकाओं में समान गुणसूत्रों का पाया जाना
(b) दो सन्तति कोशिकाओं में आधे गुणसूत्रों का पाया जाना
(c) दोनों (a) एवं (b)
(d) उपरोक्त में से कोई नहीं

251. समसूत्री के दौरान कोशिका का कौन-सा भाग गायब हो जाता है?
(a) प्लास्टिड (b) प्लाज्मा झिल्ली
(c) केन्द्रक कला (d) इनमें से कोई नहीं

252. समसूत्री विभाजन देखने के लिए निम्न में सबसे उपयुक्त है
(a) प्याज का मूलशीर्ष (b) पत्ती
(c) अण्डाशय (d) पुंकेसर

253. निषिक्ताण्ड में प्रथम विभाजन का प्रकार होता है
(a) अर्द्धसूत्री एवं अनुप्रस्थ (b) सूत्री, अनुप्रस्थ एवं लम्बवत्
(c) सूत्री एवं अनुप्रस्थ (d) अर्द्धसूत्री एवं लम्बवत्

254. समसूत्री विभाजन का मुख्य योगदान होता है
(a) भार को बढ़ाना
(b) बहुत तेजी से प्रक्रिया को पूरा करना
(c) मातृ कोशिका के आनुवंशिक रूप से समान कोशिकाएँ बनाना
(d) उपरोक्त सभी

255. शरीर की किन कोशिकाओं में विभाजन नहीं होता है?
(a) जनन कोशिकाओं में (b) यकृत कोशिकाओं में
(c) तन्त्रिका कोशिकाओं में (d) मुख कोशिकाओं में

256. कोशिका चक्र में M-अवस्था की सबसे लम्बी अवधि की प्रावस्थाएँ हैं
(a) पूर्वावस्था व मध्यावस्था (b) मध्यावस्था व पश्चावस्था
(c) अन्तरावस्था व अन्त्यावस्था (d) अन्त्यावस्था व पूर्वावस्था

257. निम्न में से कौन-सा समसूत्री विभाजन का महत्त्व नहीं है?
(a) समान आनुवंशिक संघटन वाली सन्तति कोशिका का निर्माण
(b) केन्द्रक कोशिकाद्रव्य अनुपात का पुनःसंचयन
(c) मृतक कोशिकाओं का प्रतिस्थापन
(d) जैव-विकास

258. शब्द मियोसिस (अर्द्धसूत्री विभाजन) प्रस्तावित किया
(a) हार्टविग तथा वान बेवेडिन ने (b) सटन तथा बोवेरी ने
(c) हॉफमिस्टर तथा वाल्डेयर ने (d) फार्मर तथा मूरे ने

259. अर्द्धसूत्री विभाजन द्वारा उत्पन्न सन्तति कोशिकाएँ पैतृक कोशिकाओं के समान नहीं होती हैं, क्योंकि
(a) अर्द्धसूत्री विभाजन दो पदों में होती है
(b) पूर्वावस्था (प्रोफेज) अत्यधिक लम्बी होती है
(c) केन्द्रक का आकार सन्तति कोशिका में बढ़ जाता है
(d) जीन विनिमय होता है तथा गुणसूत्रों की संख्या आधी रह जाती है

260. अर्द्धसूत्री विभाजन में किएज्मेटा प्रकट होते हैं
(a) पैकीटीन में (b) डिप्लोटीन में
(c) लेप्टोटीन में (d) डाइकाइनेसिस में

261. सूत्रयुग्मन किसकी विशेषता है?
(a) लेप्टोटीन की (b) जाइगोटीन की
(c) डायकाइनेसिस की (d) डिप्लोटीन की

262. गुणसूत्र अर्द्धसूत्री विभाजन की किस अवस्था में द्विगुणन करते हैं?
(a) प्रोफेज-I में (b) प्रोफेज-II में (c) टीलोफेज-II में (d) इन्टरफेज में

263. समसूत्री विभाजन (Mitosis) में एक कोशिका से 128 कोशिकाओं के बनने में कुल कितने विभाजन होंगे, यदि सभी सन्तति कोशिकाएँ भी विभाजनशील हो?
(a) 128 (b) 7 (c) 64 (d) 32

264. अर्द्धसूत्री विभाजन के प्रोफेज-I में अवस्थाओं का सही क्रम है
(a) लेप्टोटीन—पैकीटीन—जाइगोटीन—डाइकाइनेसिस—डिप्लोटीन
(b) लेप्टोटीन—जाइगोटीन—पैकीटीन— डिप्लोटीन—डाइकाइनेसिस
(c) जाइगोटीन—लेप्टोटीन—पैकीटीन—डाइकाइनेसिस—डिप्लोटीन
(d) डिप्लोटीन—डाइकाइनेसिस—पैकीटीन—जाइगोटीन—लेप्टोटीन

265. अर्द्धसूत्री विभाजन के समय...*A*... के दो अनुक्रमिक चक्र सम्पन्न होते हैं, जिसे अर्द्धसूत्री-I व अर्द्धसूत्री-II विभाजन कहते हैं। A के लिए सही विकल्प है
(a) कोशिका विभाजन (b) केन्द्रक विभाजन
(c) DNA प्रतिकृति करण (d) दोनों (a) एवं (b)

266. अर्द्धसूत्री-II विभाजन के अन्त में, अगुणित कोशिकाएँ बनती हैं
(a) दो (b) चार
(c) आठ (d) इनमें से कोई नहीं

267. दिए गए चित्र में कोशिका विभाजन की एक विशिष्ट अवस्था को दर्शाया गया है, यह अवस्था है

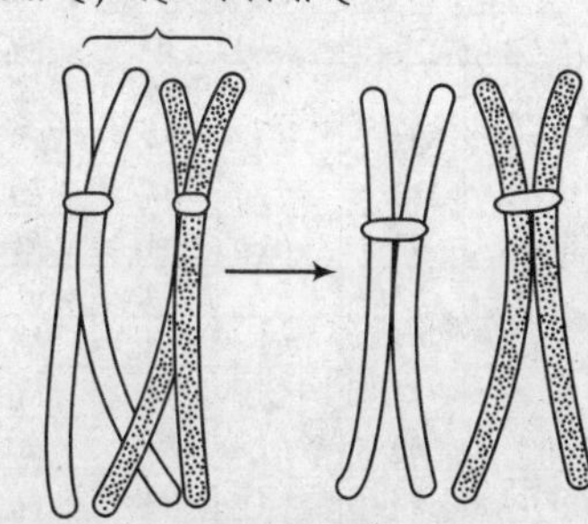

(a) अर्द्धसूत्री विभाजन की पूर्वावस्था-I
(b) अर्द्धसूत्री विभाजन की पूर्वावस्था-II
(c) समसूत्री विभाजन की पूर्वावस्था
(d) समसूत्री विभाजन की पूर्वावस्था व मध्यावस्था

268. पूर्वावस्था-I की युग्मपट्ट (Zygotene) अवस्था की विशेषता है
(a) गुणसूत्र
(b) सिनैप्टोनीमल सम्मिश्र
(c) जीन विनिमय
(d) किएज्मेटा (Chiasmata) का उपान्तीभवन

269. कोशिका चक्र में जीन विनिमय होता है
(a) एकलरज्जुकी अवस्था में (b) द्विरज्जुकी अवस्था में
(c) चतुष्करज्जुकी अवस्था में (d) अष्टरज्जुकी अवस्था में

270. पारगतिक्रम को पहचाना जाता है
(a) किएज्मेटा के उपान्तीभवन द्वारा (b) केन्द्रिका के विघटन द्वारा
(c) पूर्ण संघनित गुणसूत्र के द्वारा (d) ये सभी

271. असत्य युग्म को पहचानिए।
(a) जन्तु कोशिका – तन्तु बने रहते हैं
(b) न्यूनकारी विभाजन – अर्द्धसूत्री-I विभाजन
(c) समविभाजन – अर्द्धसूत्री-II विभाजन
(d) जीन विनिमय – असमजात गुणसूत्र

272. दिए गए चित्रों में अर्द्धसूत्री विभाजन की विभिन्न अवस्थाओं का सही विकल्प चुनिए।

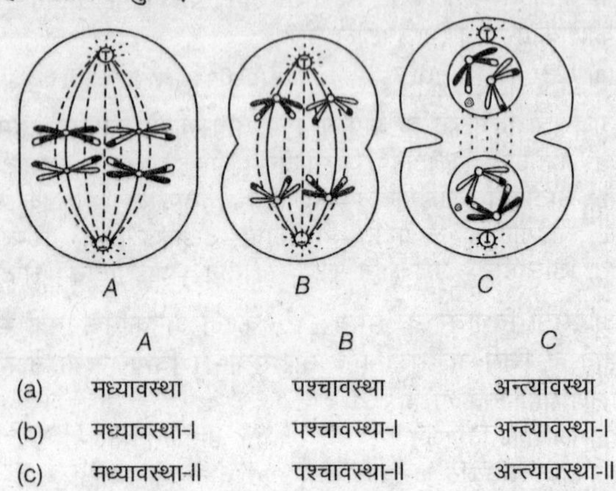

	A	B	C
(a)	मध्यावस्था	पश्चावस्था	अन्त्यावस्था
(b)	मध्यावस्था-I	पश्चावस्था-I	अन्त्यावस्था-I
(c)	मध्यावस्था-II	पश्चावस्था-II	अन्त्यावस्था-II
(d)	पश्चावस्था-I	मध्यावस्था-I	अन्त्यावस्था-I

273. फ्रैग्मोप्लास्ट का सम्बन्ध है
(a) कोशिका विस्तारण से
(b) कोशिकाद्रव्य विभाजन से
(c) केन्द्रिका विभाजन से
(d) मध्यावस्था प्लेट पर गुणसूत्रों के एकत्र होने से

274. अर्द्धसूत्री विभाजन समसूत्री कोशिका विभाजन से अधिक महत्त्वपूर्ण है, क्योंकि
(a) यह अगुणित कोशिकाओं का निर्माण करता है
(b) यह गुणसूत्रों की संख्या को आधा कर देता है
(c) दोनों (a) एवं (b)
(d) यह केवल द्विगुणित कोशिकाओं में होता है

275. निम्नलिखित में से कैंसर होता है
(a) कोशिका में सूत्री विभाजन के समय DNA की कमी के कारण
(b) सूत्री विभाजन को नियन्त्रण करने वाली प्रक्रिया के बन्द होने पर
(c) दोनों (a) एवं (b)
(d) उपरोक्त में से कोई नहीं

276. अर्द्धसूत्री विभाजन का महत्त्व निहित है
(a) गुणसूत्रों की संख्या के घटकर आधे रह जाने में
(b) लैंगिक जनन में गुणसूत्रों की संख्या संरक्षित रखने में
(c) आनुवंशिक विविधता निर्माण में
(d) उपरोक्त सभी में

उत्तरमाला

1.	(c)	2.	(b)	3.	(c)	4.	(a)	5.	(b)	6.	(b)	7.	(d)	8.	(a)	9.	(b)	10.	(d)
11.	(a)	12.	(d)	13.	(d)	14.	(d)	15.	(c)	16.	(d)	17.	(c)	18.	(b)	19.	(b)	20.	(c)
21.	(d)	22.	(d)	23.	(b)	24.	(d)	25.	(b)	26.	(d)	27.	(d)	28.	(b)	29.	(a)	30.	(a)
31.	(d)	32.	(c)	33.	(b)	34.	(c)	35.	(c)	36	(c)	37.	(d)	38.	(d)	39.	(d)	40.	(a)
41.	(c)	42.	(d)	43.	(c)	44.	(d)	45.	(a)	46.	(d)	47.	(b)	48.	(c)	49.	(d)	50.	(b)
51.	(d)	52.	(c)	53.	(c)	54.	(a)	55.	(b)	56.	(a)	57.	(b)	58.	(d)	59.	(c)	60.	(d)
61.	(c)	62.	(d)	63.	(c)	64.	(c)	65.	(c)	66.	(c)	67.	(c)	68.	(d)	69.	(d)	70.	(b)
71.	(b)	72.	(d)	73.	(d)	74.	(d)	75.	(d)	76.	(a)	77.	(a)	78.	(c)	79.	(c)	80.	(a)
81.	(c)	82.	(a)	83.	(c)	84.	(a)	85.	(b)	86.	(a)	87.	(a)	88.	(a)	89.	(b)	90.	(a)
91.	(b)	92.	(c)	93.	(c)	94.	(d)	95.	(b)	96.	(a)	97.	(d)	98.	(c)	99.	(c)	100.	(c)
101.	(c)	102.	(a)	103.	(a)	104.	(b)	105.	(d)	106.	(a)	107.	(c)	108.	(d)	109.	(b)	110.	(d)
111.	(a)	112.	(a)	113.	(b)	114.	(a)	115.	(c)	116.	(d)	117.	(d)	118.	(b)	119.	(c)	120.	(c)
121.	(c)	122.	(a)	123.	(d)	124.	(c)	125.	(d)	126.	(c)	127.	(c)	128.	(b)	129.	(d)	130.	(b)
131.	(d)	132.	(a)	133.	(b)	134.	(a)	135.	(a)	136.	(b)	137.	(a)	138.	(b)	139.	(a)	140.	(a)
141.	(c)	142.	(b)	143.	(c)	144.	(b)	145.	(b)	146.	(a)	147.	(d)	148.	(d)	149.	(a)	150.	(c)
151.	(a)	152.	(a)	153.	(a)	154.	(d)	155.	(d)	156.	(d)	157.	(a)	158.	(a)	159.	(b)	160.	(b)
161.	(a)	162.	(d)	163.	(a)	164.	(d)	165.	(d)	166.	(a)	167.	(d)	168.	(c)	169.	(d)	170.	(d)
171.	(c)	172.	(d)	173.	(a)	174.	(c)	175.	(c)	176.	(d)	177.	(a)	178.	(a)	179.	(b)	180.	(d)
181.	(b)	182.	(d)	183.	(c)	184.	(d)	185.	(a)	186.	(a)	187.	(d)	188.	(c)	189	(b)	190.	(a)
191.	(d)	192.	(b)	193.	(b)	194.	(c)	195.	(a)	196.	(d)	197.	(d)	198.	(b)	199.	(a)	200.	(d)
201.	(b)	202.	(c)	203.	(c)	204.	(a)	205.	(c)	206.	(d)	207.	(c)	208.	(b)	209.	(d)	210.	(d)
211.	(d)	212.	(c)	213.	(d)	214.	(b)	215.	(d)	216.	(b)	217.	(d)	218.	(b)	219.	(b)	220.	(c)
221.	(b)	222.	(c)	223.	(d)	224.	(a)	225.	(b)	226.	(c)	227.	(c)	228.	(b)	229.	(d)	230.	(a)
231.	(c)	232.	(b)	233.	(c)	234.	(b)	235.	(a)	236.	(a)	237.	(c)	238.	(a)	239.	(b)	240.	(d)
241.	(b)	242.	(a)	243.	(b)	244.	(a)	245.	(c)	246.	(b)	247.	(a)	248.	(a)	249.	(b)	250.	(b)
251.	(b)	252.	(a)	253.	(c)	254.	(c)	255.	(c)	256.	(d)	257.	(d)	258.	(d)	259.	(d)	260.	(b)
261.	(b)	262.	(d)	263.	(b)	264.	(b)	265.	(d)	266.	(b)	267.	(a)	268.	(b)	269.	(c)	270.	(d)
271.	(d)	272.	(b)	273.	(b)	274.	(c)	275.	(b)	276.	(d)								

उत्तर व्याख्या सहित

3. (*c*) 'श्वान' ने परिभाषित किया कि कोशिका, झिल्ली से आबद्ध, केन्द्रक सहित संरचना हैं। इन्होंने कोशिका परिकल्पना के विषय में भी बताया।

'श्वान' ने सन् 1839 में बताया कि प्राणी व पादपों का शरीर कोशिका तथा उनके उत्पादों से मिलकर बना होता है।

4. (*a*) प्राणियों और वनस्पतियों की संरचना व वृद्धि में समानता का उचित सूक्ष्मदर्शी अनुसन्धान करके **श्लाइडेन** और **श्वान** ने सन् 1839 में 'कोशिका सिद्धान्त' की परिकल्पना प्रस्तुत की।

5. (*b*) **श्लाइडेन** और **श्वान** का 'कोशिका सिद्धान्त' यह व्याख्या करने में असमर्थ रहा कि नई कोशिका का निर्माण कैसे होता है?

6. (*b*) **रुडोल्फ विरचोव** ने 'कोशिका सिद्धान्त' में सुधार कर (*Omnis-cellula-e-cellula*) सिद्धान्त दिया। जिसका अर्थ है-नई कोशिका का विकास उसके पूर्व स्थित कोशिका विभाजन से होता है। इसे कोशिका वंशावली या **समान वंशागति का सिद्धान्त** भी कहते हैं।

7. (*d*) जन्तु कोशिकाओं में आवरण रहित कोशिकांग पाए जाते हैं, जिन्हें **सेन्ट्रियोल** या तारककेन्द्र कहते हैं, ये कोशिका विभाजन में सहायता करते हैं।

8. (*a*) प्रोकैरियोटिक कोशिका में आनुवंशिक पदार्थ झिल्ली रहित, नग्न पाए जाते हैं।

9. (*b*) राइबोसोम, माइटोकॉण्ड्रिया और हरितलवक में उपस्थित होते हैं। ये प्रोटीन का संश्लेषण करके कोशिकांगों के विभाजन में सहायक होते हैं।

10. (*d*) विषाणु कोशिका सिद्धान्त से सम्बन्धित नहीं होते हैं। ये प्रोटीन तथा न्यूक्लिक अम्ल अर्थात् DNA या RNA के बने होते हैं। इनमें प्रोटोप्लाज्म की अनुपस्थिति होती है, जो कोशिका का आवश्यक भाग है।

13. (*d*) जीवाणु, नील-हरित शैवाल, माइकोप्लाज्मा और PPLO प्रोकैरियोटिक कोशिकाओं को प्रदर्शित करते हैं।

14. (*d*) कवक की कोशिका भित्ति 'काइटिन' नामक N-एसिटाइल ग्लूकोसामाइन बहुलक की बनी होती है।

15. (*c*) पॉलीसोम यूकैरियोट्स में पाए जाते हैं तथा इन्हें एक *m*RNA से सम्बन्ध राइबोसोम की शृंखला के रूप में परिभाषित किया जाता है।

18. (*b*) प्रोकैरियोटिक की यह विशेषता है कि उनमें कोशिका झिल्ली एक विशिष्ट विभेदित आकार में मिलती है, जिसे **मीसोसोम** कहते हैं।

19. (*b*) जीवाणुओं की सतह पर पायी जाने वाली संरचना रोम व झालर इनकी गति में सहायक नहीं होती है। फिम्ब्री (Fimbriae) लम्बी संरचना होती है, जो विशेष रोम समान पिलाई की बनी होती है। झालर (Pili) लघुशूक जैसे तन्तु हैं, जो कोशिका के बाहर प्रवाहित होते हैं। कुछ जीवाणुओं में यह उनको जल की धारा में पायी जाने वाली चट्टानों व पोषक ऊतकों से चिपकने में सहायता प्रदान करती हैं। कुछ विशेष प्रकार की झालर (जिन्हें लिंग झालर कहते हैं) लैंगिक जनन में कन्जुगेशन नली बनाने का कार्य करती है।

21. (*d*) *ई. कोलाई* और *क्लैमाइडोमोनास* में कोशिका झिल्ली स्पष्ट रूप से विभेदित नहीं होती है। प्रोकैरियोट्स में संरचनात्मक समानताएँ यूकैरियोट्स के भाँति ही पायी जाती हैं।

23. (*b*) जन्तु कोशिका में बड़ी रसधानी के स्थान पर 2-3 छोटी-छोटी रसधानियाँ पायी जाती हैं। बड़ी केन्द्रकीय रसधानी की उपस्थिति पादप कोशिका का विशिष्ट लक्षण है।

24. (*d*) पिलाई (Pili) चालन में सहायक नहीं होती है। वास्तव में पिलाई लम्बी, थोड़ी-सीं मोटी नलिकाकार बाह्य प्रवर्ध (Outgrowths) है, जो ग्राम ऋणात्मक जीवाणु में निषेचन कारक F^+ के लिए उत्तरदायी है। अतः यह जीवाणु में लैंगिक जनन में सहायक है।

25. (*b*) प्रोकैरियोट्स में, कोशिका में पायी जाने वाली प्लाज्मा झिल्ली पर राइबोसोम व्यवस्थित होते हैं। इनका आकार 15-20 नैनोमीटर होता है और ये दो उपइकाइयों 50 S व 30 S के बने होते हैं। जब कोशिकाएँ साथ-साथ उपस्थित होती हैं तब ये 70 S प्रोकैरियोटिक राइबोसोम्स बनाते हैं। राइबोसोम्स प्रोटीन संश्लेषण के स्थल हैं। पॉलीसोम के राइबोसोम *m*RNA का प्रोटीन में अनुलेखन करते हैं।

26. (*d*) यूकैरियोटिक कोशिकाओं में झिल्लीमय सुसंगठित केन्द्रक और झिल्लीदार कोशिकांग पाए जाते हैं। मोनेरा के अलावा, अन्य जगत की कोशिकाओं में यूकैरियोटिक प्रकार का संगठन पाया जाता है।

27. (*d*) सभी यूकैरियोटिक कोशिकाओं की पहचान नहीं की जा सकती है। पादप व जन्तु कोशिका एक-दूसरे से भिन्न हैं; जैसे- पादप कोशिकाओं में कोशिका भित्ति, लवक और बड़ी रसधानी पायी जाती हैं, जबकि ये सब जन्तु कोशिका में अनुपस्थित होते हैं और ठीक उसी प्रकार जन्तु कोशिका में तारककेन्द्र पाया जाता है, जबकि ये पादप कोशिका में सदैव अनुपस्थित होते हैं।

28. (*b*) प्रोकैरियोटिक कोशिका में केन्द्रक झिल्ली का अभाव होता है जबकि यूकैरियोटिक कोशिका में केन्द्रक झिल्ली पूर्ण विकसित होती है।

31. (*d*) कोशिका झिल्ली में कार्बोहाइड्रेट्स, लिपिड और प्रोटीन पाए जाते हैं। भिन्न-भिन्न प्रकार की कोशिकाओं में लिपिड और प्रोटीन का अनुपात भिन्न-भिन्न ही पाया जाता है।

32. (*c*) लिपिड झिल्ली के अन्दर व्यवस्थित होते हैं, जिनका ध्रुवीय सिरा बाहर की ओर व जल विरागी (Hydrophobic) पुच्छ सिरा अन्दर की ओर होता है।

35. (*c*) निष्कर्षण के आधार पर, झिल्ली सतह पर पाए जाने वाले प्रोटीन को अंगभूत व परिधीय प्रोटीन दो भागों में विभक्त करते हैं। परिधीय प्रोटीन झिल्ली की सतह पर होता है, जबकि अंगभूत प्रोटीन आंशिक या पूर्णरूप से झिल्ली में धँसे होते हैं।

37. (*d*) झिल्ली की तरलीय प्रकृति इसके कार्य; जैसे–कोशिका वृद्धि, अन्तरकोशिकीय संयोजन का निर्माण, स्रावण, अन्तरकोशिका, कोशिका विभाजन, आदि की दृष्टि में महत्त्वपूर्ण हैं।

38. (*d*) कई अणु बिना ऊर्जा की आवश्यकता के इस झिल्ली से होकर आते हैं, जिसे निष्क्रिय परिवहन कहते हैं। उदासीन विलेय सान्द्रता/सान्द्रण प्रवणता के अनुसार, जैसे-उच्च सान्द्रता से निम्न सान्द्रता की ओर साधारण विसरण द्वारा इस झिल्ली से होकर जाते हैं। जल भी इस झिल्ली से उच्च सान्द्रता से निम्न सान्द्रता की ओर गति करता है।

39. (*d*) विसरण द्वारा जल के प्रवाह को **परासरण** कहते हैं। चूँकि ध्रुवीय अणु, जो अध्रुवीय लिपिड द्विसतह से होकर नहीं जा सकते, उन्हें झिल्ली से होकर परिवहन के लिए झिल्ली की वाहक प्रोटीन की आवश्यकता होती है।

40. (*a*) कुछ आयन या अणुओं का झिल्ली से होकर परिवहन उनकी सान्द्रता प्रवणता के विपरीत; जैसे- निम्न से उच्च सान्द्रता की ओर होता है। इस प्रकार के परिवहन हेतु ऊर्जा की आवश्यकता होती है, जिसमें ATP का उपयोग होता है, जिसे **सक्रिय परिवहन** कहते हैं; जैसे– Na^+ आयन /K^+ आयन (पम्प)।

43. (*c*) **सिंगर** तथा **निकॉलसन** मॉडल के अनुसार, प्रोटीन फॉस्फोलिपिड की पर्तों में फैली हुई रहती है।

44. *(d)* लिपोप्रोटीन कोशिका झिल्ली प्रोकैरियोट्स तथा यूकैरियोट्स दोनों में पायी जाती है परन्तु राइबोसोम्स भिन्न प्रकार के होते हैं।

46. *(d)* कोशिका भित्ति अनेक कार्य प्रदर्शित करती है। कोशिका भित्ति कोशिका को केवल आकार ही प्रदान नहीं करती है, बल्कि यान्त्रिक हानियों और संक्रमण से भी रक्षा करती हैं। ये कोशिकाओं के बीच आपसी सम्पर्क बनाए रखने तथा अवाँछनीय वृहद अणुओं के लिए अवरोध प्रदान करती हैं।

47. *(b)* शैवाल की कोशिका भित्ति सेलुलोस, गैलेक्टेन्स, मैनॉन्स व खनिज; जैसे- कैल्शियम कार्बोनेट की बनी होती हैं, जबकि दूसरे पादपों में यह सेलुलोस, हेमीसेलुलोस, पेक्टीन व प्रोटीन की बनी होती है।

48. *(c)* नव पादप कोशिका की कोशिका भित्ति में स्थित प्राथमिक भित्ति में वृद्धि की क्षमता होती है, जो कोशिका की परिपक्वता के साथ घटती जाती है व इसके साथ ही कोशिका के भीतर की तरफ द्वितीयक भित्ति का निर्माण होने लगता है।

50. *(b)* प्लाज्मोडेस्मेटा के द्वारा प्लाज्मोडर्म या प्रोटोप्लाज्म का रेशा गुजरता है।

53. *(c)* पॉलीसैकेराइड, मोनोसैकेराइड की अनेक इकाइयों का बना होता है।

55. *(b)* माइटोकॉण्ड्रिया की दोनों झिल्लियों में इनसे सम्बन्धित विशेष एन्जाइम मिलते हैं, जो इसके कार्यों में सम्बन्धित हैं तथा संरचनात्मक तथा कार्यिकी रूप से भिन्न होती है।

57. *(b)* माइटोकॉण्ड्रिया की आन्तरिक झिल्ली में साइटोक्रोम पाए जाते हैं, जो ऑक्सीकारक फॉस्फोरिलीकरण से सम्बन्धित होते हैं।

58. *(d)* बाह्यकला माइटोकॉण्ड्रिया की बाह्य सतत् सीमा बनाती है। इसकी अन्तः झिल्ली कई अधात्री की तरफ अन्तरवलन (Infloldings) बनाती है, जिसे **क्रिस्टी** कहते हैं। क्रिस्टी इसके क्षेत्रफल को बढ़ाते हैं।

59. *(c)* माइटोकॉण्ड्रिया में ऑक्सीसोम (प्रारम्भिक कण या आन्तरिक झिल्ली सबयूनिट या F_1) पाए जाते हैं जो श्वसन शृंखला फॉस्फोराइलेशन के लिए उत्तरदायी होते हैं।

60. *(d)* प्लाज्मा झिल्ली के अन्तर्वलन बैक्टीरिया में **मीसोसोम** कहलाते हैं।

63. *(c)* छोटे DNA के कण, माइटोकॉण्ड्रिया व क्लोरोप्लास्ट में उपस्थित होते हैं वे डुप्लीकेट हो सकते हैं और आनुवंशिक पदार्थ की तरह कार्य करते हैं।

64. *(c)* 70 S राइबोसोम, RNA तथा द्विकुण्डिलत DNA की उपस्थिति के कारण माइटोकॉण्ड्रिया अर्धस्वशासी होते हैं।

66. *(c)* माइटोकॉण्ड्रिया श्वसन अंगक है, जिसमें संग्रहित खाद्य पदार्थों का ऑक्सीकरण होता है।

73. *(d)* हरितलवक में पाए जाने वाला राइबोसोम 70 S प्रकार का होता है, जो कोशिकाद्रव्यी राइबोसोम 80 S से छोटा होता है।

74. *(d)* क्रोमोप्लास्ट प्रोटोप्लास्टिड, ल्यूकोप्लास्ट तथा क्लोरोप्लास्ट से विकसित होता है। क्लोरोप्लास्ट का परिवहन फलों (उदाहरण–टमाटर, मिर्च) के पकने के दौरान होता है जब ये अपना रंग हरे से लाल नारंगी कर लेते हैं।

75. *(d)* प्लास्टिड प्रकाश-संश्लेषी यूकैरियोटिक का प्रमुख लक्षण है लेकिन जीवाणु और नील-हरित शैवाल प्रोकैरियोटिक तथा कवक मृतोपजीवी यूकैरियोट होते हैं।

76. *(a)* रक्षक कोशिकाएँ विशिष्ट क्लोरोफिल युक्त एपीडर्मल कोशिकाएँ होती हैं।

78. *(c)* क्लोरोप्लास्ट में थायलेकॉइड की व्यवस्था सिक्कों या चकतियों के समूह के समान होती है।

79. *(c)* लाइकोपीन लाल रंग का कैरोटीनॉइड होता है, जो टमाटर के क्रोमोप्लास्ट में पाया जाता है।

80. *(a)* थाइलेकॉइड्स क्लोरोप्लास्ट का संरचनात्मक तथा कार्यात्मक तत्व होता है जोकि क्वाण्टासोम, जिसमें 320 क्लोरोफिल अणु पाए जाते हैं, का बना होता है।

81. *(c)* झिल्लीदार अंगक कार्य व संरचना के आधार पर काफी अलग होते हैं, इनमें बहुत से ऐसे होते हैं, जिनके कार्य एक-दूसरे से जुड़े रहते हैं। अतः उन्हें झिल्लिका तन्त्र के अन्तर्गत रखते हैं। इस तन्त्र के अन्तर्गत अन्तःप्रद्रव्यी जालिका, गॉल्जीकाय, लयनकाय व रसधानी अंग आते हैं।

82. *(a)* चिकनी अन्तःप्रद्रव्यी जालिका प्राणियों में लिपिड-संश्लेषण के मुख्य स्थल होते हैं और खुरदरी अन्तःप्रद्रव्यी जालिका मुख्यतया प्रोटीन तन्त्र में भाग लेती हैं।

83. *(c)* केन्द्रक आवरण का निर्माण पश्च पूर्वावस्था के समय खुरदरी अन्तप्रद्रव्यी जालिका (RER) से होता है।

84. *(a)* चिकनी अन्तःप्रद्रव्यी जालिका (SER) के ऊपर राइबोसोम नहीं पाए जाते हैं। यह लिपिड और स्टीरॉइड हॉर्मोन संश्लेषण के मुख्य स्थल होते हैं।

85. *(b)* अन्तःप्रद्रव्यी जालिका नई संश्लेषित प्रोटीनों को रूपान्तरित करके उन्हें उनके गन्तव्य तक भेजने का कार्य करती हैं।

87. *(a)* सभी प्रकार की प्रोटीन का निर्माण एण्डोप्लाज्मिक रेटीकुलम (ER) पर पाए जाने वाले राइबोसोम के द्वारा होता है। ग्लाइकोप्रोटीन का निर्माण ग्लाइकोसाइलेशन क्रिया द्वारा REP में होता है।

88. *(a)* क्योंकि ER की सतह पर राइबोसोम पाए जाते हैं जो प्रोटीन-संश्लेषण के लिए उत्तरदायी होते हैं।

89. *(b)* अन्तःप्रद्रव्यी जालिका (Endoplasmic Reticulum or ER) कोशिका को सहारा प्रदान करती है।

90. *(a)* गॉल्जी बॉडी का सिस्टर्नी वाला भाग सामान्यतया कर्व होता है। न्यूक्लियस की तरह *सिस* या फार्मिंग फेस रहता है तथा *ट्रान्स* अथवा मेचुरिंग फेस प्लाज्मा झिल्ली की तरह होता है। ऐसा माना जाता है कि केन्द्रक झिल्ली तथा SER छोटी वेसीकिल्स के स्रोत है जो सिस रूप में जुड़ी रहती है।

91. *(b)* नई गॉल्जीकाय का निर्माण हमेशा अन्तःप्रद्रव्यी जालिका (ER) से होता है। सिस्टर्नी दोनों में समान होती है।

92. *(c)* चिकने अन्तःप्रद्रव्यी जालिका का मुख्य कार्य वसा का संश्लेषण करना होता है।

93. *(c)* गॉल्जीकाय कई प्रकार के उपापचयी एन्जाइम्स स्रावित करता है।

94. *(d)* गॉल्जीकाय (पादप कोशिकाओं की) एक पर्याय है।

97. *(d)* अन्तःप्रद्रव्यी जालिका पर उपस्थित राइबोसोम द्वारा प्रोटीन का संश्लेषण होता है, जो गॉल्जीकाय के *ट्रान्स* सिरे से निकलने के पूर्व इसके कुण्ड में रूपान्तरित हो जाते हैं।

99. *(c)* लाइसोसोम (ऑटोफैगोसोम) के एन्जाइम के बाहर निकलने के कारण कोशिका की मृत्यु हो जाती है।

100. *(c)* क्योंकि लाइसोसोम में पाचक एन्जाइम पाए जाते हैं, जोकि लाइसिस हेतु सक्षम होता है अतः यह लाइटिक बॉडी या **आत्महत्या की थैली** कहलाते हैं।

101. *(c)* लाइसोसोम प्राथमिक, द्वितीयक तथा तृतीयक लाइसोसोम के रूप में पाए जाते हैं।

103. *(a)* पेप्टाइड बन्ध का निर्माण राइबोसोम द्वारा होता है।

104. (*b*) जीवाणु में पाए जाने वाले राइबोसोम 70 S प्रकार के होते हैं तथा माइटोकॉण्ड्रिया में भी 70 S प्रकार के राइबोसोम पाए जाते हैं। जीवाणु के राइबोसोम माइटोकॉण्ड्रिया के समान होते हैं।

105. (*d*) राइबोसोम झिल्ली रहित कोशिकांग होते हैं।

106. (*a*) राइबोसोम झिल्ली रहित कोशिकांग होते हैं जोकि दो उप-इकाइयों तथा *r*RNA के बने होते हैं।

107. (*c*) राइबोसोम *r*RNA तथा प्रोटीन का संयोजन होता है।

108. (*d*) राइबोसोम प्रोटीन के ठोस कण होते हैं तथा किसी भी झिल्ली से मिलकर नहीं बने होते हैं।

110. (*d*) यूकैरियोटिक राइबोसोम 80S प्रकार के होते हैं, जबकि प्रोकैरियोटिक राइबोसोम 70 S प्रकार होते हैं यहाँ 'S' (स्वेडवर्गस इकाई) अवसांदन गुणांक को प्रदर्शित करता है। यह अपरोक्ष रूप में घनत्व व आकार को व्यक्त करता हैं। दोनों 70S व 80S राइबोसोम दो उपइकाइयों से बने होते हैं।

111. (*a*) **जॉर्ज पैलेड** (1953) ने इलेक्ट्रॉन सूक्ष्मदर्शी द्वारा राइबोसोम को सर्वप्रथम देखा था।

114. (*a*) केन्द्रिका (Nucleolus) राइबोसोम्स RNA संश्लेषण हेतु स्थल होते हैं। अन्तरावस्था के दौरान केन्द्रक में ढीली-ढाली अस्पष्ट न्यूक्लियोप्रोटीन तन्तुओं की जालिका मिलती हैं, जिसे **क्रोमैटिन** कहते हैं।

115. (*c*) इलेक्ट्रॉन सूक्ष्मदर्शी अध्ययन से यह स्पष्ट होता है कि केन्द्रक आवरण दो समान्तर झिल्लियों से बना होता है, जिनके बीच 10-50 नैनोमीटर का रिक्त स्थान पाया जाता है, जिसे **परिकेन्द्रकी अवकाश** कहते हैं। निश्चित स्थानों पर केन्द्रक आवरण में छिद्र बनने के कारण विच्छिन्न हो जाता है अर्थात् कई स्थानों से टूट जाता है। यह छिद्र केन्द्रक आवरण की दोनों झिल्लियों के संग्लन से बनता है। इन छिद्रों से होकर RNA व प्रोटीन अणु केन्द्रक में कोशिकाद्रव्य व कोशिकाद्रव्य से केन्द्रक की ओर आते-जाते रहते हैं।

118. (*b*) केन्द्रकीय आद्यात्री या केन्द्रकद्रव्य में केन्द्रिका व क्रोमैटिन मिलता है। केन्द्रिका गोलाकार द्रव्य में पाया जाता है। केन्द्रिका झिल्ली रहित वह संरचना है, जिसका द्रव्य केन्द्रक से सतत् सम्पर्क में रहता है। यह सक्रिय राइबोसोम RNA संश्लेषण हेतु स्थल होते हैं, जो कोशिकाएँ अधिक सक्रिय रूप से प्रोटीन संश्लेषण करती हैं, उनमें बड़ी व अनेक केन्द्रिका मिलती हैं।

121. (*c*) न्यूक्लियोलस की खोज **फोन्टाना** के द्वारा की गयी थी। न्यूक्लियोलस शब्द **बौमेन** द्वारा दिया गया।

122. (*a*) न्यूक्लियस के अन्दर कोलॉइडल द्रव को **कैरियोलिम्फ** अथवा **न्यूक्लियोप्लाज्म** कहते हैं।

123. (*d*) क्योंकि जीवाणु प्रोकैरियोट्स होते हैं।

124. (*c*) न्यूक्लियर पोर के केन्द्र में उपस्थित छिद्र मुख्य मार्ग उपब्ध कराते हैं शटल के द्वारा जल में घुलनशील अणु, न्यूक्लियस तथा साइटोप्लाज्म के मध्य गमन करते हैं। इस मार्ग में न्यूक्लियोप्लाज्मीन प्रोटीन होती है जोकि न्यूक्लियोसाइटोप्लाज्मिक परिवहन का इस छिद्र द्वारा चयन करती है।

130. (*b*) क्रोमोसोम, तर्कु तन्तु के साथ जुड़े होते हैं उन्हें तर्कु क्रोमोसोम कहते हैं। क्रोमोसोम का वह भाग जहाँ तर्कु तन्तु जुड़ते हैं, उसे **सेन्ट्रोमियर** या **काइनेटोकोर** कहते हैं।

139. (*a*) सरल शर्करा मोनोसैकेराइड्स है। ये सरल कार्बोहाइड्रेट्स तथा जटिल कार्बोहाइड्रेट्स से निर्मित इकाई होती है। जैसे कि स्टार्च तथा सेलुलोज।

140. (*a*) फ्रक्टोस शर्करा का एक सामान्य रूप है जोकि प्रकृति में पायी जाने वाली सभी शर्कराओं में मीठी होती है इसका स्वीटेनिंग इन्डेक्स 170 होती है (जबकि ग्लूकोस का स्वीटेनिंग, इन्डेक्स 70 होती है)।

142. (*b*) डाईसैकेराइड, मोनेसैकेराइड्स की दो इकाइयों से मिलकर बना होता है, उदाहरण–सुक्रोस, माल्टोस तथा लैक्टोस, आदि। माल्टोस का निर्माण ग्लूकोस की दो मोनोसैकेराइड इकाइयों के द्वारा होता है।

143. (*c*) इनुलिन होमोपॉलीसैकेराइड्स होता है, जोकि *डहेलिया* पादप की मूल में पाया जाता है।

144. (*b*) पेन्टोस तथा हैक्सोज मोनोसैकेराइड्स के उदाहरण हैं।

145. (*b*) तापमान के प्रभाव के कारण डाइसैकेराइड्स, मोनोसैकेराइड्स में टूट जाता है, जोकि मीठा होता है।

146. (*a*) सुक्रोस 'गन्ना शर्करा' या 'टेबल शुगर' होती है जोकि D-ग्लूकोस तथा फ्रक्टोस से मिलकर बनी हुई होती है जोकि एक-दूसरे से एल्डिहाइड तथा कीटोन कार्बन द्वारा जुड़े होते हैं।

147. (*d*) कार्बोहाइड्रेट अथवा शर्करा, जहाँ मुक्त एल्डिहाइड अथवा कीटोनिक समूह अनुपस्थित होते हैं (ग्लाइकोसाइडिक बन्ध के निर्माण में उपयोगी) को अपचयित नहीं किया जा सकता है। अतः उपरोक्त अभिकर्मक नॉन-रिड्युसिंग शर्करा (सुक्रोस, ग्लाइकोजन, स्टार्च) कहलाते हैं।

148. (*d*) डेक्सट्रॉन कॉम्पलेक्स पॉलीसैकेराइड है जिसे या तो बैक्टीरियम *ल्यूकोनॉस्टॉक मिसेनेटीरोड्स* के द्वारा सुक्रोस के पॉलीमराइजेशन या स्टार्च के आंशिक जल अपघटन के द्वारा बनाया जाता है।

150. (*c*) ग्लाइसीन सरलतम अमीनो अम्ल है, जिसमें क्रियात्मक समूह '*R*' हाइड्रोजन (H) अणु द्वारा प्रतिस्थापित कर दिया जाता है।

151. (*a*) ग्लाइकोजन में ग्लूकोस अणुओं के बीच α (1-4) बन्ध होते हैं व शाखा स्थल पर α (1-6) बन्ध होता है।

152. (*a*) ग्लाइकोजन पर अनेक अन-अपचयी सिरे शाखाओं के रूप में एवं एक अतिरिक्त सिरा पाया जाता है।

153. (*a*) फ्रक्टोस 6-कार्बन वाला कीटोहैक्सोज होता है, जिसमें कीटोन क्रियाशील समूह है, जबकि ग्लूकोस एक 6-कार्बन वाला एल्डोहैक्सोज है, जिस पर एल्डिहाइड क्रियाशील समूह उपस्थित होता है।

154. (*d*) जब प्रोटीन रहित प्रोस्थैटिक समूह FMN या FAD होता है। प्रोटीन फ्लेवोप्रोटीन होती है, जोकि कन्जुगेटेड प्रोटीन का एक प्रकार है।

155. (*d*) जब प्रोटीन कार्बोहाइड्रेट्स के साथ जुड़ती है तब इसे ग्लाइकोप्रोटीन के नाम से जाना जाता है, जो कि एक कन्जुगेटेड प्रोटीन होती है।

156. (*d*) कोशिका बिना प्रोटीन के जीवित नहीं रह सकती क्योंकि प्रोटीन शरीर का निर्माणकारी कारक होता है।

157. (*a*) लाइसिन गेहूँ में पाए जाने वाला एक आवश्यक अमीनो अम्ल होता है जो कि मानव शरीर में संश्लेषित नहीं होता है।

158. (*a*) संयोजन सुक्रोस को अन्य शर्कराओं से अधिक स्थायी बनाता है क्योंकि इसके एनामेरिक् कार्बन परमाणु ऑक्सीकारक प्रभाव से सुरक्षित होते हैं। इसी कारण से ही सुक्रोस पादपों में, कार्बोहाइड्रेट्स का परिवहन करने में उपयोग होता है।

159. (*b*) स्टार्च पादपों में सामान्य संग्रह पॉलीसैकेराइड होता है।

160. (*b*) ये *N*-एसिटाइलग्लूकोसामिन $(C_8H_{13}O_5N)_n$ का बहुलक होता है जो आर्थोपोड्स के बाह्य कंकाल तथा फंजाई की कोशिका भित्ति को बनाते हैं।

161. (*a*) पेप्टॉन व्युत्पन्न प्रोटीन है जबकि अन्य सभी संयुग्मित प्रोटीन्स है

164. (*d*) ग्लाइसीन सबसे सरल अमीनो अम्ल है।

165. (*d*) ज्विटर आयन उदासीन आयन है, जिस पर धनात्मक व ऋणात्मक दोनों आवेश उपस्थित होते हैं।

166. (*a*) प्रोटीन के बाएँ सिरे पर प्रथम व दाएँ सिरे पर अन्तिम अमीनो अम्ल मिलता है। प्रथम अमीनो अम्ल को, नाइट्रोजन सिरा **अमीनो अम्ल** (N-terminal amino acid) कहते हैं, जबकि अन्तिम अमीनो अम्ल को कार्बन सिरा अमीनो अम्ल (C-terminal amino acid) कहते हैं क्योंकि बाएँ ओर अमीनो समूह तथा दाएँ ओर कार्बोक्सी समूह मुक्त होते हैं।

168. (*c*) सूडान ब्लैक परीक्षण वसा के लिए तथा टॉलेन व आयोडीन परीक्षण स्टार्च के लिए होता है। अतः विकल्प (c) सही है।

169. (*d*) ट्राइग्लिसरॉइड में ग्लिसरॉल, वसा अम्ल तथा एस्टर बन्ध होते हैं।

170. (*d*) ऊतकों को पीसने पर कोशिका झिल्ली व अन्य दूसरी झिल्लियाँ टुकड़ों में विखण्डित हो जाती हैं तथा पुटिका बनाती हैं, जो जल में घुलनशील नहीं हैं, इस कारण से इन झिल्लियों के पुटिका के रूप में टुकड़े अम्ल अविलेय भाग के साथ पृथक् हो जाते हैं, जो वृहत् आण्विक अंश का भाग होते हैं। लिपिड्स मुख्यतया वृहत् अणु नहीं हैं।

171. (*c*) अम्ल विलेय अंश वास्तव में कोशिकाद्रव्य संगठन का भाग है। कोशिकाद्रव्य व कोशिकांगों के वृहत्-अणु अम्ल अविलेय अंश होते हैं। कार्बनिक यौगिक अम्ल अविलेय में पाए जाते हैं न कि अम्ल विलेय अंश में।

177. (*a*) नाइट्रोजन क्षार शर्करा से जुड़कर न्यूक्लियोसाइड बनाते हैं तथा यदि फॉस्फेट समूह को न्यूक्लियोसाइड की शर्करा से एस्टरीकृत किया जाए, तो इसे **न्यूक्लियोटाइड** कहते हैं।

179. (*b*) एडिनीन व ग्वानीन प्रतिस्थापित प्यूरीन हैं तथा अन्य तीन यूरेसिल, साइटोसिन, थाइमीन प्रतिस्थापित पिरिमिडीन हैं।

180. (*d*) DNA एक दोहरी कुण्डलित संरचना है, जिसमें दो रज्जुक एक-दूसरे के प्रतिसमान्तर पाए जाते हैं।

181. (*b*) DNA की प्रत्येक शृंखला एक घुमावदार सीढ़ी जैसी प्रतीत होती है। सीढ़ी का प्रत्येक पद क्षार युग्मों का बना होता है। एक पूर्ण घुमाव की लम्बाई 34Å होती है, जबकि दो क्षार युग्मों के बीच खड़ी दूरी 3.4 Å होती है। उपरोक्त वर्णित विशेषतायुक्त DNA को **B-DNA** कहते हैं।

182. (*d*) DNA में थाइमीन (5-मेथिल यूरेसिल) उपस्थित होता है, जो DNA को अधिक स्थायित्व प्रदान करता है, चूँकि इस पर यूरेसिल की तरह 2ʹOH समूह नहीं होता।

184. (*d*) क्योंकि पादप विषाणुओं (Plant viruses) में RNA आनुवंशिक पदार्थ के रूप में पाया जाता है।

185. (*a*) हाइड्रोजन बन्ध की उपस्थिति के कारण DNA अणु के दो स्ट्रेण्ड विपरीत या उल्टी दिशा में गमन करते हैं दोनों बेस अर्थात् DNA अणु की प्रत्येक शृंखला हाइड्रोजन (H) बन्ध के द्वारा एक-दूसरे से जुड़ी होती है।

189. (*b*) **कुहने** (Kuhne; 1878) ने सर्वप्रथम एन्जाइम शब्द का प्रयोग किया था। एन्जाइम वे कार्बनिक पदार्थ होते हैं, जो जीवित कोशिकाओं में रासायनिक अभिक्रियाओं को नियन्त्रित तथा निर्देशित करते हैं। यह जटिल प्रोटीन यौगिक होते हैं।

190. (*a*) **बुकनर** (Buchner; 1897) ने सर्वप्रथम एन्जाइम को यीस्ट कोशिकाओं में **जाइमेज** के रूप में खोजा था, जबकि **बर्जिलियस** ने एन्जाइम की सबसे पहले जैविक उत्प्रेरक के रूप में पहचान की थी।

191. (*d*) **सुमनर** (Sumner; 1926) ने सर्वप्रथम यूरिएज एन्जाइम को क्रिस्टलीय रूप में प्राप्त होता है।

195. (*a*) सक्रिय स्थल एन्जाइम पर कोष या दरार होती है, जो क्रियाधार को जुड़ने के लिए स्थान उपलब्ध कराता है।

196. (*d*) अकार्बनिक उत्प्रेरक उच्च तापमान व दाब पर कार्य कर सकते हैं, किन्तु कार्बनिक उत्प्रेरक नहीं।

197. (*d*) भौतिक परिवर्तन में केवल आकार एवं अवस्था बदलती है, किन्तु बन्ध नहीं टूटते हैं; जैसे- बर्फ का पिघलना, जल का वाष्पीकरण।

198. (*b*) क्रियाधार (S), एन्जाइम (E) के ऊपर एक विशेष स्थल पर जुड़कर एन्जाइम क्रियाधार (ES) सम्मिश्र बनाता है। यह सम्मिश्र अल्पकालिक होता है व शीघ्र ही प्रत्याशित बन्ध से टूटने के उपरान्त एन्जाइम एवं उत्पाद का निर्माण होता है।

ES सम्मिश्र का निर्माण उत्प्रेरण क्रिया के लिए महत्त्वपूर्ण होता है

$$E + S \rightleftharpoons E\ S \longrightarrow E-P \longrightarrow E + P$$

200. (*d*) जब एन्जाइम में प्रोटीन के एक अप्रोटीनी भाग भी जुड़ जाता है, तो इसे **संयुग्मित एन्जाइम** कहते हैं। प्रायः एन्जाइम अणु की संरचना में निम्न दो भाग होते हैं

(i) प्रोटीनयुक्त भाग–एपोएन्जाइम (ii) प्रोटीनरहित भाग–प्रोस्थैटिक समूह

203. (*c*) एपोएन्जाइम तथा प्रोस्थैटिक समूह दोनों मिलकर एक पूर्ण एन्जाइम बनाते हैं, जिसे **होलोएन्जाइम** (Holoenzyme) कहते हैं। उत्प्रेरण की क्रिया में होलोएन्जाइम सक्रिय रहता है, जबकि विघटित एपोएन्जाइम तथा प्रोस्थैटिक समूह निष्क्रिय हो जाते हैं।

एपोएन्जाइम + प्रोस्थैटिक → होलोएन्जाइम
(प्रोटीन भाग) (अप्रोटीन भाग) (पूर्ण एन्जाइम)

209. (*d*) NAD—Nicotinamide Adenine Dinucleotide
NADP—Nicotinamide Adenine Dinucleotide Phosphate
FAD—Flavin Adenine Dinucleotide

एन्जाइम हैं, जबकि SCP (Single Cell Protein) शैवालों से प्राप्त प्रोटीन का स्रोत है।

218. (*b*) **ताला-चाबी सिद्धान्त** एमिल फिशर (Emil Fisher) ने सन् 1898 में प्रतिपादित किया था। इस सिद्धान्त के अनुसार, जिस प्रकार एक विशेष ताले को विशेष चाबी से ही खोला जा सकता है, ठीक उसी प्रकार एक विशेष क्रियाधार अणु ही विशिष्ट एन्जाइम के सक्रिय स्थल से बन्ध बना सकता है और परस्पर जुड़कर एन्जाइम क्रियाधार कॉम्पलेक्स बना सकता है।

220. (*c*) एन्जाइम सामान्यतया तापमान के लघु परिसर में कार्य करते हैं। प्रत्येक एन्जाइम की अधिकतम क्रियाशीलता एक विशेष तापमान पर ही होती है, जिसे **इष्टतम तापमान** (Optinum temperature) कहते हैं। निम्न तापक्रम एन्जाइम को अस्थाई रूप से निष्क्रिय अवस्था में सुरक्षित रखता है, जबकि उच्च तापक्रम एन्जाइम की क्रियाशीलता को समाप्त कर देता है।

221. (*b*) टैक पॉलीमरेज एन्जाइम जीवाणु *थर्मस एक्वाटिक्स* से प्राप्त होता है, जो उच्च ताप (70-80°C) पर भी कार्य करता है। यह DNA के निर्माण में प्रयुक्त होता है।

222. (*c*) जब एन्जाइम अणुओं की संख्या क्रियाधार अणुओं की संख्या से अधिक होती है, तब जैसे-जैसे क्रियाधार अणुओं की संख्या बढ़ती है वैसे-वैसे उत्पाद निर्माण की गति भी बढ़ती जाती है।

अभिक्रिया अन्त में सर्वोच्च गति (v_{max}) प्राप्त कर लेती है। इस अवस्था में, एन्जाइम अणुओं पर उपलब्ध सभी सक्रिय स्थलों पर क्रियाधार बंधे होते हैं। अतः क्रियाधार केवल उन सक्रिय स्थलों को ही प्राप्त कर पाते हैं, जो उत्पाद बनने के बाद खाली होते हैं, इसलिए क्रिया की गति आगे नहीं बढ़ती है।

223. (*d*) सन्दमक की क्रियाधार से निकटतम संरचनात्मक समानता के फलस्वरूप यह क्रियाधार की जगह एन्जाइम के क्रियाधार बन्धक स्थल से जुड़ जाता है व K_m स्थिरांक को घटाता है।

224. (*a*) हाइड्रोलेजेज एन्जाइम एस्टर, ईथर, पेप्टाइड, C-C, आदि बन्धों का जल अपघटन करते हैं।

225. (*b*) जब सन्दमक अपनी आण्विक संरचना में क्रियाधार से काफी समानता रखता है और एन्जाइम की क्रियाशीलता को सन्दमित रखता है, तो इसे **प्रतिस्पर्धात्मक सन्दमक** कहते हैं।

226. (*c*) क्रियाधार एन्जाइम के बन्धक स्थल से बन्ध कर एन्जाइम क्रियाधार सम्मिश्र बनाता है। यह सम्मिश्र अल्पकालिक व अस्थायी होता है। शीघ्र ही उत्पाद सक्रिय स्थल से अवमुक्त हो जाता है।

227. (*c*) मिशेल मेंटन स्थिरांक (K_m) क्रियाधार सान्द्रता के बराबर होता है, जिस पर क्रिया की गति अधिकतम की आधी होती है। यह एन्जाइम की क्रियाशीलता के व्युत्क्रमानुपाती होता है।

228. (*b*) एन्जाइम क्रियाशीलता के सम्बन्ध में विकल्प (*b*) सही नहीं है, क्योंकि अधिक मात्रा में सक्सीनेट डालने से मेलानेट द्वारा सक्सीनिक डीहाइड्रोजिनेज का सन्दमन खत्म हो जाता है। यह क्रिया प्रतिस्पर्धात्मक सन्दमन का उदाहरण है।

अतः संरचनात्मक समानता के कारण एन्जाइम व संदमक दोनों एन्जाइम के सक्रिय स्थल के लिए स्पर्धा करते हैं। फलस्वरूप एन्जाइम क्रिया मन्द पड़ जाती है।

229. (*d*) अप्रतिस्पर्धात्मक सन्दमक एन्जाइम क्रियाधार बन्धक स्थल से भिन्न किसी अन्य स्थल पर जुड़ता है, जिससे किसी उत्पाद का निर्माण नहीं होता। उदाहरण के लिए, सायनाइड माइटोकॉण्ड्रिया के एन्जाइम साइटोक्रोम ऑक्सीडेज को सन्दमित करता है, जो कोशिकीय श्वसन के लिए आवश्यक है।

234. (*b*) प्रक्रमों का वह अनुक्रम, जिसमें कोशिका अपने जीनोम का द्विगुणन व अन्य संघटकों का संश्लेषण एवं तत्पश्चात् विभाजित होकर दो नई सन्तति कोशिकाओं का निर्माण करती है, **कोशिका चक्र** (Cell cycle) कहलाता है।

238. (*a*) जब कोशिका में DNA प्रतिकृति विशाख निष्क्रिय होती है, उस समय G_1/S जाँच बिन्दु प्रभावी रूप से सक्रिय होता है, जिससे कोशिका DNA प्रतिकृति की S-प्रावस्था में प्रवेश कर सकें।

239. (*b*) समसूत्री विभाजन में पितृ कोशिका दो समान सन्तति कोशिकाओं में विभाजित होती है। प्रत्येक केन्द्रक में समान मात्रा में DNA व समान संख्या तथा प्रकार के गुणसूत्र उपस्थित होते हैं। अतः इसे **समविभाजन** भी कहा जाता है।

241. (*b*) केन्द्रक आवरण के पूर्णरूप से विघटित होने के साथ समसूत्री विभाजन की द्वितीय अवस्था प्रारम्भ होती है, इसमें गुणसूत्र कोशिका के कोशिकाद्रव्य में फैल जाते हैं। मध्यावस्था में गुणसूत्र मध्यरेखा की ओर जाकर मध्यवर्ती पट्टिका पर पंक्तिबद्ध होकर ध्रुवों से तर्कु तन्तु से जुड़ जाते हैं।

242. (*a*) कोशिका विभाजन में जिससे गुणसूत्र बिन्दु के काइनेटोकोर से तर्कु तन्तु जुड़ जाते हैं, जो गुणसूत्रों के विपरीत ध्रुवों की ओर सन्तति कोशिका में गमन में सहायक होता है।

243. (*b*) मध्यावस्था किसी भी प्रजाति के गुणसूत्रों की कुल संख्या तथा उनकी विस्तृत आकृति के अध्ययन के लिए उत्तम अवस्था होती है। इडियोग्राम (गुणसूत्रों की घटती लम्बाई के आधार पर व्यवस्थित करना) इस अवस्था में बनाया जा सकता है, चूँकि इस समय गुणसूत्र अधिकतम मात्रा में संघनित होते हैं।

247. (*a*) विभाजन में गुणसूत्रों के पृथक् करने हेतु तारककाय से तर्कु तन्तु निकलते हैं।

248. (*a*) अन्त्यावस्था पूर्वावस्था के विपरीत होती है। गुणसूत्र विपरीत ध्रुवों की ओर एकत्रित हो जाते हैं तथा इनका प्रसार हो जाता है। केन्द्रक आवरण एवं गॉल्जीकाय का पुनर्निर्माण हो जाता है।

249. (*b*) कोशिकाद्रव्य विभाजन अन्त्यावस्था का अन्तिम चरण होता है। पादपों में कोशिका पट्टिका निर्माण द्वारा सम्पन्न होता है।

259. (*d*) अर्द्धसूत्री विभाजन में गुणसूत्रों की संख्या आधी रह जाती है तथा जीन विनिमय प्रोफेज-I के पैकीटीन अवस्था में होता है। इसमें युग्मित गुणसूत्रों के सिरों में उपस्थित जीनों के समूह या गुणसूत्र खण्डों का आदान-प्रदान होता है, जो विभिन्नताएँ उत्पन्न करता है।

261. (*b*) प्रोफेज-I की जाइगोटीन अवस्था में समजात गुणसूत्र आपस में जोड़े बनाते हैं, जिसे **सूत्रयुग्मन** कहते हैं।

264. (*b*) प्रोफेज-I की अवस्थाओं का सही क्रम है

लेप्टोटीन $\rightarrow$ जाइगोटीन $\rightarrow$ पैकीटिन $\rightarrow$ डिप्लोटीन $\rightarrow$ डाइकाइनेसिस

265. (*d*) अर्द्धसूत्री विभाजन के समय केन्द्रक व कोशिका विभाजन के दो अनुक्रमिक चक्र सम्पन्न होते हैं, जिसे अर्द्धसूत्री-I व अर्द्धसूत्री-II विभाजन कहते हैं। इस विभाजन में DNA प्रतिकृतिकरण का केवल एक चक्र होता है।

266. (*b*) अर्द्धसूत्री विभाजन एक द्विगुणित कोशिका, जिसमें गुणसूत्र की एक प्रति माता व एक पिता से आयी हुई है, के साथ प्रारम्भ होता है। इसमें एक कोशिका का दो बार विभाजन होता है, जिसके परिणामस्वरूप अन्त में चार अगुणित कोशिकाओं (प्रत्येक में गुणसूत्र की एक प्रति) का निर्माण होता है।

267. (*a*) अर्द्धसूत्री विभाजन-I की युग्मपट्ट (जाइगोटीन) में गुणसूत्र सूत्रयुग्मन के साथ एक सम्मिश्र का निर्माण होता है, जिसे **सिनैप्टोनीमल सम्मिश्र** कहते हैं। जिस सम्मिश्र का निर्माण एक जोड़ी सूत्रयुग्मित समजात गुणसूत्रों द्वारा होता है, उसे **युगली** (Bivalent) अथवा **चतुष्तक** (Tetrad) कहते हैं। यद्यपि ये अगली अवस्था में अधिक स्पष्ट दिखायी देते हैं।

पूर्वावस्था-I की उपयुक्त दोनों अवस्थाएँ स्थूलपट्ट (Pachytene) अवस्था से अपेक्षाकृत कम अवधि की होती हैं। इस अवस्था के दौरान युगली गुणसूत्र चतुष्क के रूप में अधिक स्पष्ट दिखायी देने लगते हैं।

268. (*b*) सिनैप्टोनीमल सम्मिश्र चपटी सीढ़ीनुमा केन्द्रक प्रोटीन सम्मिश्र है, जिसका निर्माण जाइगोटीन अवस्था में होता है तथा यह समजात गुणसूत्रों के बीच दिखायी देती है। यह अर्द्धसूत्री गुणसूत्रों के युग्मन व सिनैप्सिस के लिए संरचनात्मक आधार प्रदान करती है।

269. (*c*) जीन विनिमय पूर्वावस्था-I की चतुष्करज्जुकी अवस्था में होता है, यह समजात गुणसूत्रों के असन्तति अर्द्धगुणसूत्रों के बीच सम्पन्न होती है।

270. (*d*) पारगतिक्रम (डाइकाइनेसिस) अर्द्धसूत्री विभाजन के पूर्वावस्था-I का अन्तिम चरण है। यह गुणसूत्र युग्म संघनन, तर्कु तन्तु निर्माण, केन्द्रिका व केन्द्रक झिल्ली के विघटन द्वारा चिन्हित होती है।

अध्याय 06

पादप कार्यिकी

Plant Physiology

पादप कार्यिकी (Plant physiology) या पादप शरीर-क्रिया विज्ञान, वनस्पति विज्ञान की वह शाखा है, जिसके अन्तर्गत पादपों की विभिन्न जैविक क्रियाओं (Vital activities) का अध्ययन किया जाता है। पादप की कोशिका में होने वाले सभी भौतिक व रासायनिक परिवर्तन तथा पादप कोशिका व वातावरण के बीच आदान-प्रदान **जैविक क्रियाएँ** (Biological processes) कहलाती हैं। **स्टीफन हेल्स** (Stephen Hales) को पादप कायिकी का जनक माना जाता है।

पादपों में परिवहन Transport in Plants

प्रत्येक पदार्थ को कोशिका में पहुँचने के लिए कोशिका झिल्ली से होकर गुजरना पड़ता है। विभिन्न पदार्थों के झिल्ली के अन्दर आने तथा बाहर जाने की क्रिया को झिल्ली की **पारगम्यता** (Permeability) कहते हैं। झिल्ली निम्न प्रकार की होती है

(i) **पारगम्य झिल्ली** (Permeable membrane) विलेय तथा विलायक दोनों के लिए पारगम्य होती है; जैसे-कोशिका भित्ति।

(ii) **अर्द्धपारगम्य झिल्ली** (Semipermeable membrane) विलायक के लिए पारगम्य, जबकि विलेय के लिए अपारगम्य होती है; जैसे-अण्डे की झिल्ली तथा सेलोफेन।

(iii) **वरणात्मक पारगम्य झिल्ली** (Selectively permeable membrane) विलायक के साथ कुछ विशेष विलेयों के लिए पारगम्य, जबकि अन्य विलेयों के लिए अपारगम्य होती है; जैसे—कोशिका कला तथा टोनोप्लास्ट।

पादप-जल सम्बन्ध Plant-Water Relationship

- कोशिका के जीवद्रव्य के सम्पूर्ण भार का लगभग 80% जल होता है। जल के माध्यम से पोषक तत्व तथा घुलित पदार्थ पादपों के विभिन्न भागों में स्थानान्तरित होते हैं। इस प्रक्रिया में परासरण, जल विभव, आदि का महत्त्वपूर्ण योगदान है।
- कोशिकाओं के मध्य निम्न जलीय सम्बन्ध पाए जाते हैं

1. विसरण Diffusion

- गैस (Gas), द्रव (Liquid) तथा ठोस (Solid) के अणुओं की उनके अधिक सान्द्रता के क्षेत्र से कम सान्द्रता की ओर होने वाली गति को विसरण कहते हैं। यह गति तब तक होती रहती है, जब तक दोनों की सान्द्रता अर्थात् अणुओं का वितरण समान नहीं हो जाता है।
- किसी पदार्थ के विसरण दाब को **आंशिक दाब** (Partial pressure) कहते हैं। प्रकाश-संश्लेषण की प्रक्रिया में जलवाष्प तथा ऑक्सीजन बाहर विसरित होते हैं, जबकि CO_2 पत्ती के अन्दर विसरित होती है।
- विसरण की दर, **तापमान** (Temperature) व **विसरण दाब प्रवणता** (Diffusion pressure gradient) के अनुक्रमानुपाती तथा अणुओं के आकार के व्युत्क्रमानुपाती होती है।

2. परासरण Osmosis

- जब दो विभिन्न सान्द्रता वाले विलयनों को अर्द्धपारगम्य झिल्ली के द्वारा पृथक् किया जाता है, तब विलायक (Solvent) का कम सान्द्रता वाले विलयन से अधिक सान्द्रता वाले विलयन की ओर गमन, परासरण कहलाता है।
- परासरण के अन्तर्गत जब कोशिका में जल प्रवेश करता है, तो इसे **अन्तःपरासरण** (Endosmosis) कहते हैं व जब जल कोशिका से बाहर की ओर गमन करता है, तब यह **बाह्य परासरण** (Exosmosis) कहलाता है।
- **परासरण दाब** (Osmotic Pressure or OP) के आधार पर विलयन तीन प्रकार के होते हैं
  - (a) एक विलयन, जिसका परासरण दाब कोशिका रस (Cell sap) के परासरण दाब के बराबर होता है, **समपरासारी** (Isotonic) **विलयन** कहलाता है।
  - (b) एक विलयन, जिसका परासरण दाब कोशिका रस के परासरण दाब की तुलना में अधिक होता है, **अतिपरासारी** (Hypertonic) **विलयन** कहलाता है।

(c) एक विलयन, जिसका परासरण दाब कोशिका रस के परासरण दाब की तुलना में कम होता है, **अल्पपरासारी** (Hypotonic) **विलयन** कहलाता है।

जीवद्रव्यकुंचन Plasmolysis

- यदि कोशिका को अतिपरासारी (Hypertonic) विलयन में रखा जाए, तो बहि:परासरण के फलस्वरूप जीवद्रव्य कोशिका भित्ति से अलग होकर संकुचित हो जायेगा। इस घटना को जीवद्रव्यकुंचन कहते हैं।
- यदि जीवद्रव्यकुंचन हुई कोशिका को अधोपरासारी (Hypotonic) विलयन में रखा जाए, तो अन्त:परासरण होने से कोशिका फिर से तनाव की स्थिति में आ जाएगी। इस घटना को **जीवद्रव्य-विकुंचन** (Deplasmolysis) कहते हैं।

स्फीति दाब व भित्ति दाब
Turgor Pressure (TP) and Wall Pressure (WP)

- जब एक कोशिका को जल में रखा जाता है, तो रिक्तिका रस का परासरण दाब अधिक होने से जल के अणु बाहर से कोशिका में विसरित होते हैं। इसके कारण जीवद्रव्य फैलता है और जीवद्रव्य कला कोशिका भित्ति के ऊपर दबाव डालती है, तो यह दाब स्फीति दाब कहलाता है।
- कोशिका भित्ति दृढ़ होने के कारण जीवद्रव्य पर स्फीति दाब के बराबर परन्तु विपरीत दिशा में दाब डालती है, जिसे भित्ति दाब कहते हैं।

विसरण दाब न्यूनता Diffusion Pressure Deficit (DPD)

- किसी शुद्ध विलायक (सर्वाधिक विसरण दाब युक्त) में पदार्थों को घोलने पर उसके विसरण दाब में आई कमी को **विसरण दाब न्यूनता या चूषण दाब** (Suction Pressure or SP) कहते हैं।
- विसरण दाब न्यूनता परासरण दाब तथा स्फीति दाब के अन्तर के बराबर होती है DPD या SP = OP – TP
- स्फीति कोशिका (Turgid cell) में TP = OP होता है अर्थात् DPD का मान **शून्य** होगा। कोशिकाओं में जल का गमन कम **DPD** वाली कोशिका से अधिक DPD वाली कोशिका की ओर होता है।
- जीवद्रव्यकुंचित कोशिका में TP = 0 होता है, अत: DPD = OP होगा।

जल विभव Water Potential

- जल विभव की संकल्पना **टेलर** एवं **स्लेटियर** ने दी। शुद्ध जल के अणुओं की मुक्त ऊर्जा और विलयन में जल के अणुओं की मुक्त ऊर्जा के बीच अन्तर को उस तन्त्र का जल विभव कहते हैं।
- आधुनिक विचारधारा के अनुसार, DPD को **जल विभव,** OP को **विलेय विभव** या **परासरण विभव** तथा TP को **दाब विभव** कहा जाता है।
- किसी पादप कोशिका में जल विभव, **दाब विभव** (Pressure potential or ψ_p), **परासरण** या **विलेय विभव** (Osmotic or Solute potential or ψ_s) तथा **मैट्रिक्स विभव** (Matrix potential or ψ_m) के योग के बराबर होता है, अर्थात् $\psi_w = \psi_s + \psi_p + \psi_m$
- जल विभव व विलेय विभव ऋणात्मक (–), जबकि दाब विभव धनात्मक (+) होता है।
- स्फीति कोशिका में दाब विभव तथा परासरणी विभव समान परन्तु विपरीत चिह्न वाले होते हैं, अर्थात् कुल जल विभव शून्य होता है।

3. **अन्त:शोषण** Imbibition

किसी पदार्थ के ठोस कणों के द्वारा किसी द्रव का बिना विलयन बनाए अवशोषण करने को अन्त:शोषण कहते हैं। अन्त:शोषण, बीजों के अंकुरण के समय व मूलों (Roots) द्वारा जल अवशोषण के समय की प्रारम्भिक अवस्था है।

जल का अवशोषण Absorption of Water

शैवालों में जल का अवशोषण सभी कोशिकाओं द्वारा, ब्रायोफाइटा (Bryophyta) में मूलाभासों (Rhizoids) द्वारा तथा टेरिडोफाइटा, अनावृतबीजी व आवृतबीजी में मूलों द्वारा होता है। मूल में कोशिका **परिपक्वन क्षेत्र** (Zone of cell maturation) में उपस्थित मूलरोमों के द्वारा पादप जल का अवशोषण करते हैं।

जल अवशोषण की विधियाँ
Methods of Water Absorption

जल अवशोषण सामान्यतया दो प्रकार से होता है

(i) **सक्रिय** Active

इसमें मृदा में पर्याप्त जल तथा कम वाष्पोत्सर्जन (Transpiration) की अवस्था में, जड़ की उपापचयी क्रियाओं में उत्पन्न ऊर्जा का उपयोग होता है। इसके दो सिद्धान्त हैं

(a) **परासरणीय सिद्धान्त** (Osmotic theory) मूलें परासरणमापी के समान कार्य करती हैं। मूलों के जाइलम में लवण संचयन के कारण जाइलम कोशिकाओं का DPD बढ़ जाता है एवं जल बाह्य त्वचा से वल्कुट तथा अन्त में जाइलम कोशिकाओं में कम DPD से अधिक DPD की ओर चला जाता है।

(b) **अपरासरणीय सिद्धान्त** (Non-osmotic theory) मूल की उपापचयी क्रियाओं में उत्पन्न ऊर्जा द्वारा जल **सान्द्रता प्रवणता** (Concentration gradient) के विपरीत दिशा में अवशोषित होता है।

(ii) **निष्क्रिय** Passive

यह तीव्र वाष्पोत्सर्जन तथा प्ररोह में उत्पन्न विशेष बल द्वारा ऊर्जा के बिना होता है। वाष्पोत्सर्जन के कारण पत्तियों की पर्ण मध्योतक कोशिकाओं में जल की कमी हो जाती है, जिसके कारण इनका DPD का मान बढ़ जाता है। इस कमी को जाइलम कोशिकाओं द्वारा पूरा किया जाता है।

तीव्र वाष्पोत्सर्जन से जाइलम का DPD भी बढ़ जाता है, जिससे एक ऋणात्मक तनाव अर्थात् **वाष्पोत्सर्जनाकर्षण** (Transpiration pull) उत्पन्न होता है, अर्थात् पत्तियों से मूलों के जाइलम तक एक अनवरत स्तम्भ (Continuous column) स्थापित हो जाता है।

एपोप्लास्ट तथा सिम्प्लास्ट विचारधारा
Apoplast and Symplast Assumption

- आधुनिक विचारधारा के अनुसार, मूलरोम से जाइलम तक, जल एक कोशिका से दूसरी कोशिका में होता हुआ सामान्य रूप से नहीं बहता है, बल्कि इसके तीन वैकल्पिक पथ (Alternative routes or Pathways) होते हैं।

ये पथ निम्नलिखित हैं

(i) **सिम्प्लास्ट पथ** (Symplast pathway) इस पथ में जल, विसरण की क्रिया द्वारा कोशिका के बीच में जीवद्रव्यी तन्तुओं (Plasmodesmata) में से जाता है। इस प्रकार जल का निरन्तर प्रवाह (Continuous flow) होता रहता है।

(ii) **एपोप्लास्ट** (Apoplast pathway) इस पथ में जल कोशिका-भित्ति से होकर स्वतन्त्र रूप से एक कोशिका से दूसरी कोशिका में जाता रहता है।

(iii) **रिक्तिकीय पथ** (Vacuolar pathway) इस पथ में जल मृदा (Soil) से जाइलम तक, कोशिकाओं की रिक्तिकाओं (Vacuoles) से होकर जल विभव प्रवणता (Water potential gradient) के कारण परासरण की क्रिया द्वारा परिवहित किया जाता है।

रसारोहण Ascent of Sap

मूलों द्वारा अवशोषित जल के पृथ्वी के गुरुत्वाकर्षण के विपरीत स्तम्भ, शाखाओं तक पहुँचने की क्रिया रसारोहण कहलाती हैं। रसारोहण की क्रियाविधि के सम्बन्ध में तीन प्रकार की विचार धाराएँ (अर्थात् जैव-शक्तिवाद, मूलदाब व भौतिक शक्तिवाद) दी गई हैं

1. जैव-शक्तिवाद Vital Force Theory

- **गोडलेवस्की** (Godlewski; 1884) के अनुसार, जाइलम मृदूतक तथा मज्जा किरणों (Medullary rays) के बीच परासरण दाब में परिवर्तन के कारण नीचे की कोशिका से जल ऊपर की कोशिका में स्थानान्तरित होता है।
- **सर जे सी बोस** (JC Bose; 1923) ने इलेक्ट्रिक प्रोब (Electric probe) के प्रयोग द्वारा निष्कर्ष निकाला कि वल्कुट की सबसे आन्तरिक परत अर्थात् एण्डोडर्मिस की कोशिकाओं की संवेदन क्रिया (Pulsation movement) के कारण रसारोहण होता है।
- **स्ट्रासबर्गर** (Strasburger) ने पिक्रिक अम्ल (जिससे जीवित कोशिकाओं की मृत्यु हो जाती है) के प्रयोग द्वारा सिद्ध किया कि जैव-शक्तिवाद की धारणा गलत है।

2. मूल दाब वाद Root Pressure Theory

- मूलों द्वारा अवशोषित जल के संचय से उत्पन्न द्रवस्थैतिक दाब (Hydrostatic pressure); **मूल दाब** (Root pressure) कहलाता है।
- **प्रिस्टले** (Priestley) ने तने (Stem) के कटे हुए भाग से बाहर निकलने वाले जल के लिए मूल में उत्पन्न होने वाले दाब को द्रवस्थैतिक दाब (Hydrostatic pressure) कहा। मूलदाब का मापन **मैनोमीटर** (Manometer) द्वारा की जाती है।

3. भौतिक शक्ति वाद Physical Force Theory

डिक्सन (Dixon) तथा **जौली** (Jolly) द्वारा दिए गए वाष्पोत्सर्जनाकर्षण-जलीय संसंजक मत (Transpiration pull-cohesive force of water theory) के अनुसार, रसारोहण की क्रिया निम्नलिखित तथ्यों पर आधारित है

(i) **वाष्पोत्सर्जनाकर्षण** (Transpiration pull) पत्तियों (Leaves) की पर्णमध्योतक कोशिकाओं की भित्तियों से जल के वाष्पन के कारण इनकी परासरण सान्द्रता तथा विसरण दाब न्यूनता (DPD) अधिक हो जाती है और परासरण द्वारा जल जाइलम वाहिकाओं (Xylem vessels) से पर्णमध्योतक कोशिकाओं में प्रवेश करता है। इससे जाइलम के द्रव में उत्पन्न तनाव को वाष्पोत्सर्जनाकर्षण कहा जाता है।

(ii) **जल का संसंजक बल** (Cohesive force of water) हाइड्रोजन बन्धों के कारण जल के अणुओं के बीच परस्पर आकर्षण को संसंजक बल कहते हैं। संसंजक बल के कारण मूल रोम से पत्तियों तक जल का एक अविरल स्तम्भ (Continuous column) बना रहता है।

(iii) **जल का आसंजक बल** (Adhesive force of water) जल के अणु संकीर्ण जाइलम वाहिकाओं तथा वाहिनिकाओं से आसंजक बल द्वारा जुड़े रहते हैं।

वाष्पोत्सर्जन Transpiration

- सजीव पेड़-पादपों के वायवीय भागों (Aerial parts) से जल की वाष्प के रूप में हानि को वाष्पोत्सर्जन कहते हैं।
- वाष्पोत्सर्जन मुख्यतया पत्तियों पर उपस्थित **रन्ध्रों** (Stomata) के द्वारा होता है। रन्ध्र प्राय: रात्रि में बन्द रहते हैं तथा दिन में खुलते हैं, परन्तु CAM (Crassulacean Acid Metabolism) पादपों में रन्ध्र दिन में बन्द रहते हैं तथा रात में खुलते हैं।

वाष्पोत्सर्जन के प्रकार Types of Transpiration

वाष्पोत्सर्जन निम्न तीन प्रकार का होता है

(a) **रन्ध्रीय वाष्पोत्सर्जन** (Stomatal transpiration) 80-90% वाष्पोत्सर्जन पत्तियों की सतह पर उपस्थित छोटे-छोटे छिद्रों, जिन्हें **रन्ध्र** (Stomata) कहते हैं, के द्वारा होता है।

(b) **उपत्वचीय वाष्पोत्सर्जन** (Cuticular transpiration) 3-9% वाष्पोत्सर्जन पत्तियों में पायी जाने वाली उपत्वचा (Cuticle) द्वारा होता है।

(c) **वातरन्ध्रीय वाष्पोत्सर्जन** (Lenticular transpiration) 1% वाष्पोत्सर्जन काष्ठीय (Woody) पादपों के तनों में पाए जानें वाले वातरन्ध्रों (Lenticels) द्वारा होता है।

रन्ध्र की संरचना Structure of Stomata

- प्रत्येक रन्ध्र एक छोटा-सा छिद्र होता है, जो चारों ओर से सेम के बीज के आकार की या डम्बलाकार बाह्य त्वचीय कोशिकाओं (Epidermal cells), जिन्हें **द्वार कोशिकाएँ** या **रक्षक कोशिकाएँ** (Guard cells) कहते हैं, से घिरा होता है।
- द्वार कोशिकाओं की अन्दर की भित्ति मोटी (Inner thick) तथा बाह्य भित्ति पतली (Outer thin) होती है।
- द्वार कोशिकाएँ चारों ओर से बाह्य त्वचीय कोशिकाओं, जिन्हें **गौण कोशिकाएँ** या **उपकोशिकाएँ** (Subsidiary cells or Accessory cells) कहते हैं, से घिरी रहती है।

रन्ध्रों के खुलने व बन्द होने की क्रियाविधि Mechanism of Opening and Closing of Stomata

- रन्ध्र के खुलने व बन्द होने का कारण द्वार कोशिकाओं की स्फीति (Turgidity) तथा श्लथन (Flaccidation) पर निर्भर करता है।

- जब द्वार कोशिका, **स्फीति** (Turgid) दशा में होती है, तो रन्ध्र खुल जाते हैं तथा जब द्वार कोशिका श्लथ (Flaccid) दशा में होती हैं, तो रन्ध्र बन्द (Close) हो जाते हैं।
- द्वार कोशिकाओं की स्फीति दशा में परिवर्तन के दो मुख्य कारण बताए गए हैं

(i) **स्टार्च ⇌ शर्करा परिवर्तन मत**
Starch ⇌ Sugar Conversion Theory

- द्वार कोशिकाओं में दिन में स्टार्च (Starch) की मात्रा कम तथा शर्करा (Sugar) की मात्रा अधिक होती है। इससे द्वार कोशिकाओं का परासरण दाब (Osmotic pressure) बढ़ जाता है और ये पास की सहायक कोशिकाओं से जल अवशोषित कर लेती हैं और रन्ध्र खुल जाते हैं।
- रात में शर्करा, स्टार्च में परिवर्तित हो जाती है, जिससे द्वार कोशिकाओं का परासरण दाब कम हो जाता है। इस कारण जल द्वार कोशिकाओं से सहायक कोशिकाओं में चला जाता है और द्वार कोशिकाएँ श्लथ हो जाती हैं और रन्ध्र बन्द हो जाते हैं।
- **सेयरे** (Sayre; 1972) के अनुसार, pH में परिवर्तन से रन्ध्रों के खुलने के बन्द होने पर प्रभाव पड़ता है। अधिक pH (हाइड्रोजन आयनों की कम सान्द्रता) पर रन्ध्र खुल जाते हैं। ऐसा दिन के समय होता है। इस समय CO_2 की सान्द्रता भी कम होती है। कम pH (हाइड्रोजन आयन की अधिक सान्द्रता) पर रन्ध्र बन्द हो जाते हैं, ऐसा रात के समय होता है। उस समय CO_2 की सान्द्रता भी बढ़ जाती है।
- **स्टीवार्ड** (Steward; 1964) के अनुसार, pH-7 पर ग्लूकोस-6-फॉस्फेट ग्लूकोस व अकार्बनिक फॉस्फेट में बदल जाता है साथ ही श्वसन से प्राप्त O_2 तथा ATP, आदि सभी कारक मिलकर रन्ध्रों के खुलने में मदद करते हैं।

(ii) **सक्रिय K^+ आयन स्थानान्तरण क्रियाविधि**
Active K^+ Transport Mechanism

- **लेविट** (1974) के अनुसार, प्रकाश की उपस्थिति में द्वार कोशिकाओं में मैलिक अम्ल उत्पन्न होता है, जो मैलेट व H^+ में वियोजित हो जाता है और H^+, K^+ से बदल जाते हैं।
- H^+ बाहर निकलते हैं और K^+ अन्दर आ जाते हैं। K^+ मैलेट से क्रिया करके **पोटैशियम मैलेट** का निर्माण करते हैं, जो कोशिका की रिक्तिका में स्थानान्तरित हो जाता है।
- पोटैशियम मैलेट की उपस्थिति में बाह्य त्वचा कोशिकाओं से द्वार कोशिकाओं में जल का परासरण होने से उनका स्फीति दाब बढ़ जाता है और रन्ध्र खुल जाते हैं।
- वाष्पोत्सर्जन मूल से शीर्ष तक जल, खनिज लवणों के परिवहन तथा तापक्रम सन्तुलन में उपयोगी है। **कर्टिस** (1926) ने वाष्पोत्सर्जन को **आवश्यक दुर्गुण** (Necessary evil) कहा।

वाष्पोत्सर्जन को प्रभावित करने वाले कारक
Factors Influencing Transpiration

(i) आपेक्षिक आर्द्रता कम होने पर वाष्पोत्सर्जन बढ़ जाता है।
(ii) लाल तरंगदैर्ध्य वाली प्रकाश किरणें रन्ध्रों के खुलने में सबसे अधिक सहायक होती हैं।
(iii) वायु की गति अधिक होने पर वाष्पोत्सर्जन तेज होता है तथा कम होने पर कम होता है।
(iv) अधिक ताप पर वाष्पोत्सर्जन अधिक तथा कम ताप पर कम होता है।
(v) भूमि में जल की मात्रा कम होने पर भी वाष्पोत्सर्जन कम होता है।

बिन्दुस्रावण Guttation

शाकीय पादपों की पत्तियों के शिखर तथा किनारों पर जलरन्ध्र (Hydathodes) पाए जाते हैं। यह विशिष्ट संरचना निष्क्रिय द्वार कोशिकाओं से निर्मित होते हैं। मूलदाब के कारण इन संरचनाओं से सामान्यतया रात्रि अथवा प्रात:काल में कोशिका रस तथा जल का तरल के रूप में उत्सर्जन होता है। यह प्रक्रिया बिन्दुस्रावण कहलाती है।

खाद्य पदार्थों का स्थानान्तरण
Translocation of Food Materials

खाद्य पदार्थों के पत्तियों अर्थात् स्रोत से मूल व दूसरे भागों अर्थात् उपभोग केन्द्र (Sink) तक पहुँचने की क्रिया स्थानान्तरण कहलाती है।

स्थानान्तरण की दिशा Direction of Translocation

पादपों में खाद्य पदार्थ का स्थानान्तरण ऊपर, नीचे, पार्श्व तथा अरीय दिशाओं में हो सकता है

(i) **नीचे की ओर स्थानान्तरण** (Downward translocation) खाद्य पदार्थ, पत्तियों से मूल तक स्थानान्तरित होता है। यह भूमिगत तने, मूल आदि द्वारा संचयित भी किए जाते हैं।
(ii) **ऊपर की ओर स्थानान्तरण** (Upward translocation) यह क्रिया पत्तियों से शीर्षस्थ कलिकाओं तक, फूल, फल में संचयन के लिए अंकुरण के समय भ्रूणपोष अथवा बीजपत्र से ऊपर की ओर नवोद्भिद् के शीर्ष तक होती है। इसमें खाद्य पदार्थ का स्थानान्तरण ऊपर की ओर होता है।
(iii) **अरीय स्थानान्तरण** (Radial translocation) पार्श्व अथवा अरीय स्थानान्तरण पादपों में मज्जा (Pith) एवं मज्जा रश्मियों की सहायता से होता है। इससे भोजन मोटे तने के कॉर्टेक्स (Cortex) तथा बाह्यत्वचा तक पहुँचाया जाता है।

स्थानान्तरण की क्रियाविधि
Mechanism of Translocation

स्थानान्तरण की क्रियविधि को समझाने के लिए निम्न विचारधाराएँ दी गई

(i) **विसरण परिकल्पना** (Diffusion hypothesis) इस विचारधारा के अनुसार, खाद्य पदार्थों का स्थानान्तरण अधिक सान्द्रता वाले स्थान से कम सान्द्रता वाले स्थान की ओर विसरण द्वारा होता है।
(ii) **जीवद्रव्य प्रवाह वाद** (Protoplasmic streaming theory) **ह्यूगो डी व्रीज** के अनुसार, चालनी नलिकाओं में आए पदार्थ ऊपर या नीचे की ओर जीवद्रव्य के प्रवाह के साथ पहुँचाए जाते हैं।
(iii) **मुन्च की द्रव्यमान प्रवाह परिकल्पना** (Munch mass flow hypothesis) इस परिकल्पना के अनुसार, खाद्य पदार्थों का स्रोत या निर्माण के स्थान (Source) से उनके उपयोग के स्थान (Sink) तक फ्लोएम द्वारा स्थानान्तरण सान्द्रता प्रवणता के अनुरूप होता है। पत्तियों

की कोशिकाओं में शर्करा उत्पन्न होते रहने से विलयन की सान्द्रता अधिक रहती है, अर्थात् परासरण दाब अधिक रहता है।

यह विलयन तने में स्थित फ्लोएम की चालनी नलिकाओं से होकर मूलों तक पहुँच जाता है। मूलों में पहुँचकर कुछ विलेय पदार्थ तो श्वसन में उपयोग हो जाते हैं और शेष स्टार्च के रूप में संचित हो जाता है।

चालनी नलिकाओं में उपस्थित P–प्रोटीन (P-protein) खाद्य पदार्थों के स्थानान्तरण में सहायता करती है।

पादपों में खनिज पोषण

Mineral Nutrition in Plants

- कार्बन, हाइड्रोजन एवं ऑक्सीजन के अतिरिक्त अन्य आवश्यक तत्वों को पादप अपने मूल तन्त्र द्वारा मृदा से ग्रहण करते हैं।
- पादप विभिन्न प्रकार के तत्वों के आयनों का प्रयोग करके अनेक जैविक क्रियाओं का नियमन करते हुए वृद्धि करते हैं। इस प्रकार वे सभी तत्व, जो पादपों की वृद्धि एवं परिवर्धन के लिए आवश्यक होते है, **खनिज तत्व** (Mineral element) कहलाते हैं तथा पादपों द्वारा इन तत्वों का अवशोषण एवं प्रयोग करने की क्रियाविधि को **खनिज पोषण** (Mineral nutrition) कहते हैं।
- पादप में पाए जाने वाले खनिज पदार्थों का पता पादप की राख (Ash) के विश्लेषण द्वारा चल सकता है। **लिबिग** ने सन् 1940 सर्वप्रथम तत्वों की उपस्थिति पादप राख में बताई थी।
- पादप के शुष्क भाग को भट्टी या अँगीठी पर (600° C पर) रखकर ज्वलित कर दे, तो उसका कार्बनिक अंश विघटित होकर H_2O, CO_2, SO_2, N_2, NH_2, CH_4, आदि के रूप में वाष्प बनकर निकल जाता है तथा जो राख (भस्म) बचती है, उसमें केवल अकार्बनिक पदार्थ पाए जाते हैं, जिसे **पादप भस्म** (Plant ash) कहते हैं।
- इसकी प्रतिशत मात्रा भिन्न पादपों में भिन्न होती है। इसमें लगभग 60 विभिन्न प्रकार के खनिज तत्व पादप में पाए जाते हैं। अधिकतर पाए जाने वाले तत्वों में K, Ca, Mg, Fe, Mn, Al, Si, P, S, Cl, आदि प्रमुख होते हैं।

खनिजों की अनिवार्यता निर्धारण के मापदण्ड

Criteria for Essentiality of Minerals

आर्नन (Arnon) के अनुसार, किसी भी तत्व की पादपों के लिए अनिवार्यता के मापदण्ड निम्नानुसार हैं

(i) तत्व को पादप की **कायिक वृद्धि** (Vegetative growth) और जनन (Reproduction) हेतु नितान्त आवश्यक होना चाहिए। इन तत्वों की अनुपस्थिति में पादप अपना जीवन चक्र पूरा नहीं कर सकते हों या बीज भी धारण नहीं कर सकते हों।

(ii) पादप के लिए तत्व की अनिवार्यता विशिष्ट (Specific) होनी चाहिए और इसे किसी अन्य तत्व द्वारा प्रतिस्थापन करना सम्भव नहीं होना चाहिए अर्थात् किसी एक तत्व की कमी को किसी अन्य तत्व के द्वारा दूर नहीं किया जा सकता हो।

(iii) पादपों के उपापचय में वह तत्व सामान्तया सम्बन्धित (Directly involved) होने चाहिए।

अनिवार्य खनिज का वर्गीकरण

Classification of Essential Mineral Elements

इन मापदण्डों के आधार पर केवल 17 तत्व पादपों की वृद्धि एवं उपापचय के लिए अत्यन्त ही अनिवार्य होते हैं। तत्वों की मात्रात्मक आवश्यकता के आधार पर इन्हें दो मुख्य भागों में बाँटा गया है

(i) **दीर्घ या वृहद् पोषण तत्व** (Macroelements) वृहद् पोषकों को सामान्यतया पादप के शुष्क पदार्थ का 1-10 mg/L की सान्द्रता से विद्यमान होना चाहिए। इस श्रेणी में आने वाले तत्व हैं; जैसे—कार्बन (C), हाइड्रोजन (H), नाइट्रोजन (N), ऑक्सीजन (O), फॉस्फोरस (P), सल्फर (S), पोटैशियम (K), कैल्शियम (Ca), और मैग्नीशियम (Mg)। इनमें से कार्बन, हाइड्रोजन तथा ऑक्सीजन की प्राप्ति मुख्यतया कार्बन डाइऑक्साइड (CO_2) एवं जल (H_2O) से होती हैं, जबकि दूसरे तत्व मृदा से खनिज लवणों के रूप में ग्रहण किए जाते हैं।

(ii) **लघु या सूक्ष्म पोषक तत्व** (Microelements) सूक्ष्म पोषकों की अनिवार्यता अत्यन्त सूक्ष्म मात्रा (0.1 mg/L शुष्क भार के बराबर या उससे कम) में होती है। इनके अन्तर्गत लौह (Fe), ताँबा (Cu), मॉलिब्डेनम (Mo), जस्ता (Zn), बोरॉन (B), मैंगनीज (Mn), क्लोरीन (Cl) तथा निकिल (Ni) सम्मिलित हैं।

विभिन्न आवश्यक तत्वों के कार्य तथा कमी के प्रभाव

तत्व	अवशोषित रूप	कार्य	कमी के प्रभाव
C, H, O	CO_2, H_2O	शरीर के आधारभूत ढाँचे (प्रोटीन, वसा एवं कार्बोहाइड्रेट) का निर्माण करना ।	शारीरिक वृद्धि का कम होना।
N	नाइट्रेट (NO_3^-)	प्रोटीन, अमीनो अम्ल, नाइट्रोजनी क्षारक, पर्णहरित, साइटोक्रोम, NAD, NADP, आदि का घटक।	पुरानी पत्तियों में हरिमहीनता, लाल व भूरे रंग के धब्बे, पत्तियाँ जल्दी गिर जाती हैं, फूल व फलों का देर से बनना।
S	सल्फेट (SO_4^{2-})	अमीनो अम्ल, प्रोटीन, विटामिन का घटक	पत्तियों की संख्या में कमी तथा हरिमहीनता।
P	फॉस्फेट ($H_2PO_4^-$, HPO_4^{2-})	न्यूक्लिक अम्ल, फॉस्फोलिपिड, ATP, NADP आदि का घटक।	पत्तियों को समय पूर्व गिरना, हरिमहीनता ऊतकक्षयी क्षेत्रों का निर्माण होना।
Ca	नाइट्रेट तथा सल्फेट यौगिकों (Ca^{2+})	मध्य पटलिका का घटक, अनेक एन्जाइमों का सक्रिय कारक।	जड़, तना तथा पत्तियों के सिरों की मृत्यु, तरुण पत्तियों में हरिमहीनता तथा पत्तियों की कुरचना।
K	नाइट्रेट तथा क्लोराइड यौगिकों के आयन (K^+)	पारगम्यता, अनेक एन्जाइमों का सक्रिय कारक।	पुरानी पत्तियों का झुलसना।
Mg	आयनिक (Mg^{2+})	पर्णहरित का घटक, प्रोटीन-संश्लेषण व राइबोसोम निर्माण के लिए आवश्यक।	हरिमहीनता एवं ऊतकक्षय।

तत्व	अवशोषित रूप	कार्य	कमी के प्रभाव
Fe	फैरस (Fe^{2+}) व फैरिक (Fe^{3+}) आयन	फेरोडॉक्सिन, फ्लेवोप्रोटीन, साइटोक्रोम आदि का घटक, पर्णहरित व कैरोटिनॉइड संश्लेषण के लिए आवश्यक।	अन्तराशिरीय हरिमहीनता।
Mn	आयनिक (Mn^{2+})	एन्जाइमों के लिए सक्रिय कारक, पर्णहरित संश्लेषण, प्रकाश-संश्लेषण में इलेक्ट्रॉन अभिगमन के लिए आवश्यक।	परिपक्व पत्तियों में हरिमहीनता तथा ऊतकक्षयी क्षेत्रों का निर्माण।
Zn	आयनिक (Zn^{2+})	अनेक एन्जाइमों एवं हॉर्मोनों का सक्रिय कारक, ऑक्सिन (IAA) के संश्लेषण व प्रोटीन-संश्लेषण में आवश्यक।	पत्तियों में विकृति व हरिमहीनता एवं लघुपर्ण रोग।
Cu	आयनिक (Cu^{2+})	ऑक्सीकरण व अपचयन क्रियाओं में सक्रिय एन्जाइमों का घटक।	शीर्षरम्भी रोग, लेग्युमिनोसी और अनाजों में उद्वार रोग।
Mo	ऑक्साइड (MoO_2^{2-})	नाइट्रेट रिडक्टेज एन्जाइम के लिए सक्रिय कारक।	पुष्पन का रोकना तथा फूलगोभी में व्हिपटेल रोग।
Cl	आयनिक (Cl^-)	प्रकाश-संश्लेषण में इलेक्ट्रॉन के स्थानान्तरण में।	वृद्धि का कम होना।
B	बोरेट (BO_3^{3-}, $B_4O_7^{2-}$)	शर्करा का स्थानान्तरण, फलन, पुष्पन, कोशिका विभाजन में आवश्यक।	तने व जड़ के अग्र अंगों की मृत्यु, पत्तियों ताम्रिक तथा भंगुर होता।

- **क्रान्तिक तत्व** (Critical elements) मृदा में उपस्थित वह तत्व जिनकी सान्द्रता मृदा में प्राय: कम ही होती है, क्रान्तिक तत्व कहलाते है; जैसे—नाइट्रोजन, फॉस्फोरस, पोटैशियम, आदि।
- **सूक्ष्म पोषकों की आविषालुता** (Toxicity of microelements) पादपों द्वारा सूक्ष्म तत्वों की अनिवार्यता बहुत ही न्यून मात्रा में होती है। अत: इनकी जरा-सी कमी या अधिकता के कारण पादपों पर अनेक दुष्प्रभाव पड़ते हैं।
- किसी खनिज तत्व की वह सान्द्रता, जो पादप ऊतक के शुष्क भार में 10% कर दें, उस खनिज की **क्रान्तिक सान्द्रता** (Critical concentration) कहलाती है। प्रत्येक तत्व के लिए विभिन्न पादपों में इसका स्तर भिन्न-भिन्न होता है।

पादपों की खनिज अनिवार्यता अध्ययन की विधियाँ Methods to Study the Essentiality of Mineral for Plants

पादपों में खनिज अनिवार्यता पता लगाने हेतु अनेक विधियों का प्रयोग किया जाता है, जिसमें से जल संवर्धन (Hydroponics), बालू संवर्द्धन (Sand culture) तथा पादप भस्म विश्लेषण (Ash analysis) प्रमुख है।

(i) जल संवर्धन Hydroponics

- **पोषण विलयन** (Nutrient solution) के घोल में पादपों को उगाने की तकनीक को जल संवर्धन कहते है। यह तकनीक सर्वप्रथम जर्मन वैज्ञानिक **जूलियस सैच्स** (Julius Sachs) ने सन् 1860 में विकसित की थी।
- इन्होंने पादपों को मृदा की अनुपस्थिति में, केवल पोषक विलयन के घोल में वयस्क अवस्था तक उगाया। अत: इसे **विलयन संवर्धन** (Solution culture) या **मृदाविहीन संवर्धन** (Soilless culture) भी कहते हैं।

(ii) बालू संवर्धन Sand Culture

- इसमें पादपों को बालूयुक्त संवर्द्धन विलयन में उगाया जाता है तथा उसके पश्चात् तत्वों की अनिवार्यता ज्ञात की जाती है।

खनिज लवणों का अवशोषण Absorption of Mineral Salts

- खनिज लवणों का अवशोषण निष्क्रिय अवशोषण, विसरण, आयन विनिमय अर्थात् धनायन का धनायन या ऋणायन का ऋणायन से विनिमय तथा **डॉनन साम्यावस्था** द्वारा होता है।
- आयन विनिमय के सम्पर्क विनिमय सिद्धान्त के अनुसार, मूल की सतह पर उपस्थित H^+, OH^- या HCO_3^- आयन मृदा कण पर उपस्थित आयन से बदल जाते हैं, जबकि कार्बोनिक अम्ल विनिमय सिद्धान्त के अनुसार मूलों में श्वसन से बनी CO_2 जल के साथ मिलकर कार्बोनिक अम्ल बनाती है, जो H^+ व HCO_3^- में विघटित हो जाता है तथा आयनों का आदान-प्रदान होता है।
- डॉनन साम्यावस्था कोशिका में आयनों की वैद्युत साम्यावस्था बनाए रखने के लिए गति है। कुछ आयन प्लाज्मा झिल्ली की आन्तरिक सतह पर चिपक जाते हैं। इनके उदासीनीकरण (Neutralisation) के लिए विपरीत विभव के आयन कोशिका में प्रवेश करते हैं।
- सक्रिय अवशोषण (Active absorption) में ऊर्जा की आवश्यकता होती है। प्लाज्मा झिल्ली में विशिष्ट प्रकार के आयन वाहक होते हैं। आयन वाहक विचारधारा के लिए दो वाद दिए गए हैं
  (i) **साइटोक्रोम पम्प सिद्धान्त** (Cytochrome pump theory) के अनुसार, सक्रिय आयन अवशोषण में श्वसनीय साइटोक्रोम ऋणात्मक आयन के अवशोषण के लिए वाहक का कार्य करते हैं।
  (ii) **प्रोटीन लेसीथीन सिद्धान्त** (Protein lecithin theory) के अनुसार, लेसीथीन फॉस्फेटाइड तथा कोलीन के बने होते हैं। इनमें फॉस्फेटाइड सक्रिय लेसीथीन धनात्मक आयन तथा कोलीन सक्रिय लेसीथीन ऋणात्मक आयन के वाहक के रूप में कार्य करते हैं।

खनिज स्थानान्तरण Mineral Translocation

- **बटलर** तथा **एपस्टीन** (Butler and Epstein) ने क्रमश: सन् 1953 तथा 1955 में बताया, कि खनिज तत्व वल्कुट की कोशिकाओं से निष्क्रिय अवशोषण द्वारा जीवद्रव्य तन्तु से होते हुए अन्त:त्वचा तक पहुँचते हैं एवं अन्त:त्वचा से जाइलम में प्रवेश करते हैं।
- इस क्रिया में ऊर्जा की आवश्यकता होती है। जाइलम में विलयन की सान्द्रता पहले ही अधिक होती है और सान्द्रता प्रवणता (Concentration gradient) के विरुद्ध खनिज उसमें प्रवेश करते हैं। एक बार जाइलम में

पहुँचने के पश्चात् वाष्पोत्सर्जन बल (Transpiration pull) द्वारा ये पत्तियों में पहुँच जाते हैं, जहाँ से कैम्बियम तथा फ्लोएम में विसरित हो जाते हैं। कुछ खनिज फ्लोएम के द्वारा भी खाद्य पदार्थों के साथ स्थानान्तरित किए जाते हैं।

प्रकाश-संश्लेषण Photosynthesis

- **स्वपोषण** (Autotrophic nutrition) का शाब्दिक अर्थ स्वयं पोषित करना है; उदाहरण—प्रकाश-संश्लेषण की प्रक्रिया।
- प्रकाश-संश्लेषण एक जैव-रासायनिक (Biochemical) क्रिया है, जिसमें पादपों के हरे भाग सौर ऊर्जा (Solar energy) को ग्रहण कर वायुमण्डल से ली गई कार्बन डाइऑक्साइड तथा मृदा से अवशोषित जल द्वारा कार्बोहाइड्रेट का संश्लेषण करते हैं और ऑक्सीजन को सहउत्पाद के रूप में बाहर निकालते हैं।

$$6CO_2 + 12H_2O \xrightarrow[\text{पर्णहरिम}]{\text{प्रकाश}} C_6H_{12}O_6 + 6H_2O + 6O_2\uparrow$$

- पृथ्वी पर होने वाले कुल प्रकाश-संश्लेषण का लगभग 90% महासागरों तथा स्वच्छ जल में पाए जाने वाले शैवालों व पादपों द्वारा तथा 10% स्थलीय पादपों द्वारा होता है।
- **जे. प्रीस्टले** (1772) ने बताया कि हरे पादप अशुद्ध वायु को शुद्ध करते हैं।
- **विल्सटाटर** एवं **स्टाल** ने सन् 1918 में पर्णहरिम की रासायनिक संरचना तथा कार्य की खोज की।
- **जूलियस रॉबर्ट मेयर** (1845) ने बताया कि प्रकाश-संश्लेषण में पादप प्रकाश ऊर्जा को रासायनिक ऊर्जा में परिवर्तित कर कार्बनिक पदार्थों के रूप में संचित कर लेते हैं।
- **जूलियस वॉन सैच्स** (1862) ने बताया कि प्रकाश-संश्लेषण का प्रथम दृश्य उत्पाद मण्ड है।
- **एफ. एफ. ब्लैकमैन** (1905) ने सीमाकारी कारकों का नियम दिया और बताया कि प्रकाश-संश्लेषण में प्रकाशिक अभिक्रिया के साथ अप्रकाशिक अभिक्रिया भी होती है।
- **रॉबिन हिल** (1937) ने सिद्ध किया कि प्रकाश-संश्लेषण में प्रकाश की उपस्थिति में जल से ऑक्सीजन निकलती है।
- **रुबेन** एवं **कामेन** (1941) ने भारी समस्थानिक (O^{18}) युक्त जल का प्रयोग कर दिखाया कि प्रकाश-संश्लेषण में ऑक्सीजन, जल से निकलती है।

प्रकाश-संश्लेषण का कार्य स्थल
Site of Photosynthesis

- प्रकाश-संश्लेषण की क्रिया पत्तियों के हरितलवक में होती है। हरितलवक हरे रंग के कोशिकांग होते हैं, जो पत्ती के पर्णमध्योतक (Mesophyll) में सर्वाधिक सक्रिय (Active) होते हैं तथा प्रकाश-संश्लेषण उपकरण की तरह कार्य करते हैं।
- हरितलवक दो इकाई झिल्लियों से घिरा रहता है। इन झिल्लियों के अन्दर रंगहीन प्रोटीनयुक्त भाग स्ट्रोमा में प्रकाश-संश्लेषण की अप्रकाशिक अभिक्रिया होती है तथा थायलैकॉइड पट्लिकाओं से बनी रचना ग्रेना में प्रकाशिक अभिक्रिया होती है।
- **पार्क** एवं **बिगिन्स** (1964) ने थायलैकॉइड में प्रकाश-संश्लेषी इकाई क्वान्टासोम की खोज की। प्रत्येक क्वान्टासोम में लगभग 250 पर्णहरिम अणु उपस्थित होते हैं।

प्रकाश-संश्लेषी वर्णक Photosynthetic Pigments

प्रकाश-संश्लेषी वर्णक सामान्यतया तीन प्रकार के होते हैं

(i) **पर्णहरिम** (Chlorophyll) **पैलेटियर** एवं **कैवेन्टू** ने इनकी खोज की तथा इन्हें पर्णहरिम नाम दिया। पर्णहरिम अणु में जलानुरागी शीर्ष चार पायरोल अणुओं के एक पोरफायरिन वलय का बना होता है, जिसके केन्द्र में अनायनिक मैग्नीशियम परमाणु स्थित होता है। पर्णहरिम-a का संरचना सूत्र $C_{55}H_{72}O_5N_4Mg$ तथा पर्णहरिम-b का संरचना सूत्र $C_{55}H_{70}O_6N_4Mg$ होता है।

(ii) **कैरोटिनॉइड्स** (Carotenoids) ये लिपिड के यौगिक हैं। कैरोटिन ($C_{40}H_{56}$) केवल हाइड्रोजन तथा कार्बन से बने नारंगी व पीले रंग के होते हैं।

(iii) **फाइकोबिलिन्स** (Phycobilins) इनमें लाल फाइकोइरिथ्रिन तथा नीला फाइकोसायनिन प्रमुख फाइकोबिलिन हैं। इन्हें **बिलिप्रोटीन** या **फाइकोबिलिसोम** भी कहते हैं।

प्रकाश की प्रकृति Nature of Light

- प्रकाश ऊर्जा के कणों या समूहों को **फोटॉन** (Photons) कहते हैं। इनमें प्रकाश ऊर्जा की निश्चित मात्रा होती है, जिसे **क्वान्टम** (Quantum) कहते हैं।
- पर्णहरिम-a तथा b का अवशोषण स्पेक्ट्रम यह प्रदर्शित करता है, कि ये वर्णक मुख्य रूप से नीले (Blue) तथा लाल (Red) प्रकाश का अवशोषण करते हैं। अतः इस प्रकाश में ही प्रकाश-संश्लेषण की दर सर्वाधिक होती है।
- **रॉबर्ट इमर्सन** तथा इनके साथियों ने विभिन्न तरंगदैर्ध्यों (Wavelength) के प्रकाश में क्वान्टम लब्धि अर्थात् प्रत्येक प्रकाश क्वान्टम के उपयोग से मुक्त हुए ऑक्सीजन अणुओं की संख्या ज्ञात की और बताया कि 680 nm से अधिक तरंगदैर्ध्य में क्वान्टम लब्धि में कमी आ जाती है। यह कमी दृश्य प्रकाश के लाल क्षेत्र में होने के कारण **रेड ड्रॉप** (Red drop) कहलाती है।
- इमर्सन के अनुसार, यदि 680 nm से अधिक तरंगदैर्ध्य के साथ लघु तरंगदैर्ध्य भी दे दी जाए, तो प्रकाश-संश्लेषण की दर दोनों अलग-अलग तरंगदैर्ध्यों में कुल दर की तुलना में बढ़ जाती है, इसे **इमर्सन प्रभाव** या **संवृद्धि प्रभाव** कहते हैं।

प्रकाश-संश्लेषण की क्रियाविधि
Mechanism of Photosynthesis

प्रकाश-संश्लेषण एक ऑक्सीकरण-अपचयन क्रिया है, जिसमें जल का ऑक्सीकरण तथा CO_2 का अपचयन होता है। प्रकाश-संश्लेषण में दो प्रमुख प्रावस्थाएँ—प्रकाशिक अभिक्रिया व अप्रकाशिक अभिक्रिया होती हैं।

1. प्रकाशिक अभिक्रिया Light Reaction

इसे **हिल अभिक्रिया** भी कहते हैं। यह प्रकाश की उपस्थिति में हरितलवक (Chloroplast) के ग्रेना (Grana) में होती है।

प्रकाशिक अभिक्रिया के दो भाग होते हैं

(i) **प्रकाश तन्त्र**-I Photosystem-I

- पर्णहरिम P_{700} फोटॉन की क्वान्टम ऊर्जा को अवशोषित करके उत्तेजित हो जाता है तथा इलेक्ट्रॉन्स (*e*) का उत्सर्जन होता है।
- उत्सर्जित इलेक्ट्रॉन्स एक पदार्थ *A* (Fe-S) द्वारा ग्रहण किए जाते हैं और फिर फेरीडॉक्सिन (Fd) व साइटोक्रोम-b_6-*f*-कॉम्प्लेक्स से होते हुए पुन: प्रकाश तन्त्र-I के पर्णहरिम P_{700} में वापस आ जाते हैं।
- इस क्रम में पर्णहरिम P_{700} से उत्सर्जित इलेक्ट्रॉन्स पुन: पर्णहरिम P_{700} में वापस चले जाते हैं एवं ऊर्जा (ATP) का निर्माण होता है इसलिए इस प्रक्रिया को **चक्रीय प्रकाश-फॉस्फोरिलीकरण** या **प्रकाश-रासायनिक अभिक्रिया** (Cyclic photophosphorylation or Photochemical reaction) कहते हैं।

(ii) **प्रकाश तन्त्र**-II Photosystem-II

- पर्णहरिम P_{680} फोटॉन की क्वान्टम ऊर्जा को अवशोषित करके उत्तेजित हो जाता है तथा इलेक्ट्रॉन का उत्सर्जन होता है।
- उत्सर्जित इलेक्ट्रॉन फियोफाइटिन द्वारा ग्रहण किए जाते हैं तथा इलेक्ट्रॉन्स परिवहन तन्त्र से भ्रमण करते हुए प्रकाश तन्त्र-I के पर्णहरिम P_{700} से संयुक्त होते हैं।
- इस प्रकाश तन्त्र की ऊर्जा ATP में संचित होती है, क्योंकि इस तन्त्र में पर्णहरिम P_{680} से उत्सर्जित इलेक्ट्रॉन प्रकाश तन्त्र-II में वापस नहीं जाते हैं, इसलिए इस क्रम को **अचक्रीय प्रकाश-फॉस्फोरिलीकरण** या **जैव-रासायनिक अवस्था** (Non-cyclic photophosphorylation or Biosynthetic phase) कहते हैं।
- इन दोनों प्रक्रमों को संयुक्त रूप से ***Z*-रूपरेखा** (*Z*-scheme) कहते हैं।

प्रकाश-फॉस्फोरिलीकरण Photophosphorylation

प्रकाश-संश्लेषण की प्रकाशिक अभिक्रिया में हरितलवक में ADP से ATP का निर्माण प्रकाश-फॉस्फोरिलीकरण कहलाता है। **आर्नन** के अनुसार, यह दो प्रकार का होता है

(i) चक्रीय प्रकाश-फॉस्फोरिलीकरण (Cyclic Photophosphorylation) PS-I में

(ii) अचक्रीय प्रकाश-फॉस्फोरिलीकरण (Non-cyclic Photophosphorylation) PS-II में

रासायनिक परासरण परिकल्पना Chemo-Osmotic Hypothesis

- प्रकाश-संश्लेषण में ATP के अणु संश्लेषित होकर थायलैकॉइड की झिल्लियों के आर-पार होते रहते हैं। ATP संश्लेषण के इस क्रम को रासायनिक परासरण परिकल्पना या रसा-परासरणी परिकल्पना कहते हैं। इसे **पी. मिशेल** (P Mitchell) ने सन् 1961 में दिया था।
- इसे निम्नलिखित चरणों के द्वारा समझा जा सकता है
    - जल के अणुओं का अपघटन झिल्ली के अन्दर की ओर होता है, जिससे उत्पन्न हाइड्रोजन आयन (प्रोटॉन) थायलैकॉइड ल्यूमेन (अवकाश) में संग्रहित होते हैं।
    - जब प्रकाश तन्त्र के द्वारा इलेक्ट्रॉन गति करते हैं, तो प्रोटॉन झिल्ली को पार कर जाता है, क्योंकि झिल्ली के बाहर स्थित इलेक्ट्रॉन ग्राही इलेक्ट्रॉन का स्थानान्तरण हाइड्रोजन वाहक को करते हैं, ना कि इलेक्ट्रॉन के वाहक को। इस प्रकार प्रोटॉन बाहर से झिल्लिका की अवकाशिका में मुक्त हो जाता है।
    - झिल्ली के स्ट्रोमा भाग की ओर NADP रिडक्टेज एन्जाइम स्थित होते हैं। प्रकाश तन्त्र-I के इलेक्ट्रॉन ग्राही पर आने वाले इलेक्ट्रॉन के साथ प्रोटॉन भी NADP का अपचयन करने के लिए आवश्यक हैं। ये प्रोटॉन स्ट्रोमा पीठिका से ही आते हैं।
- इससे यह स्पष्ट होता है कि हरितलवक में स्थित स्ट्रोमा में प्रोटॉन की संख्या घटती है, जबकि अवकाशिका में प्रोटॉन का संचयन होता है। इस प्रकार थायलैकॉइड झिल्ली के दोनों ओर प्रोटॉन अन्तर से प्रोटॉन प्रवणता उत्पन्न होती है।
- इस प्रोटॉन प्रवणता के कारण झिल्लिका में उपस्थित ATPase एन्जाइम के द्वारा ये स्ट्रोमा में गतिशील होता है। ATPase के पास एक चैनल होता है, जिससे झिल्लिका के आर-पार प्रोटॉन को फैलने का स्थान देता है। यह एन्जाइम को सक्रिय करके पर्याप्त ऊर्जा निष्कासित करता है, जो ATP के संश्लेषण को उत्प्रेरित करता है।

2. **अप्रकाशिक अभिक्रिया** Dark Reaction

इस क्रिया में प्रकाश की आवश्यकता नहीं होती है। यह हरितलवक के स्ट्रोमा में होती है। यह अभिक्रिया तीन प्रकार से हो सकती है

(i) **कैल्विन चक्र या C_3 चक्र** Calvin Cycle or C_3-Cycle

इस चक्र की खोज **एम. कैल्विन** तथा **ए. बेन्सन** ने हरे शैवाल *क्लोरेला* तथा *सेन्डेस्मस* पर रेडियोएक्टिव ट्रेसर तथा क्रोमेटोग्राफी तकनीक द्वारा की। यह चक्र निम्न अवस्थाओं में पूर्ण होता है

(a) **कार्बोक्सिलीकरण** (Carboxylation) इस क्रिया में RuBP (राइबुलोज-1, 5-बाइफॉस्फेट) रुबिस्को एन्जाइम की उपस्थिति में CO_2 से मिलकर अस्थाई 6-कार्बन यौगिक बनाता है, जो शीघ्र ही 3-फॉस्फोग्लिसरिक अम्ल के दो अणुओं में टूट जाता है।

- कैल्विन चक्र में बनने वाला प्रथम स्थायी उत्पाद फॉस्फोग्लिसरिक अम्ल 3-कार्बन यौगिक है, इसलिए इसे C_3-चक्र कहा जाता है।

(b) **फॉस्फोग्लिसरिक अम्ल का अपचयन** (Reduction of PGA) प्रकाश अभिक्रिया में निर्मित ATP के 12 अणुओं तथा $NADPH_2$ के 12 अणुओं के द्वारा फॉस्फोग्लिसरिक अम्ल का 3-फॉस्फोग्लिसरेल्डिहाइड में अपचयन हो जाता है।

- फॉस्फोग्लिसरेल्डिहाइड (PGAL) के इन 12 अणुओं में से केवल 2 अणुओं से शर्करा बनती है, शेष 10 चक्रीकरण द्वारा राइबुलोज 5-फॉस्फेट के 6 अणुओं का निर्माण करते हैं।

(c) **राइबुलोज बाइफॉस्फेट का पुनर्जनन** (Regeneration of RuBP) राइबुलोज-5-फॉस्फेट के 6 अणु ATP के 6 अणुओं के साथ मिलकर RuBP के 6 अणु बनाते हैं।

(ii) **हैच एवं स्लैक चक्र या C_4-चक्र**
Hatch and Slack Cycle or C_4-Cycle

- यह चक्र मुख्यतया एकबीजपत्री पादपों; जैसे-*आर्टीप्लेक्स*, गन्ना, मक्का, *साइप्रस*, आदि तथा कुछ द्विबीजपत्री पादपों; जैसे—*एमेरेन्थस* में पाया जाता है।

- हैच एवं स्लैक चक्र दर्शाने वाले पादपों में CO_2 स्थिरीकरण का प्रथम उत्पाद 4-कार्बन ऑक्जेलोएसीटिक अम्ल होता है। अत: इन पादपों को C_4-पादप तथा इस चक्र को C_4-चक्र कहते हैं।
- C_4-पादपों की पत्तियों में क्रैन्ज प्रकार की शारीरिकी पायी जाती है। इन पादपों की पत्तियों के पर्णमध्योतक में खम्भोतक नहीं होता है तथा संवहन बण्डल (Vascular bundle) पर पूलाच्छद पायी जाती है। पूलाच्छद की कोशिकाओं में हरितलवक बड़े तथा ग्रेना रहित होते हैं, जबकि पर्णमध्योतक कोशिकाओं में हरितलवक छोटे तथा ग्रेना युक्त होते हैं।
- C_4-पादपों की पर्णमध्योतक कोशिकाओं के हरितलवक में उपस्थित फॉस्फोइनॉल पाइरुविक अम्ल वायुमण्डल से CO_2 ग्रहण कर ऑक्जेलोएसीटिक अम्ल (OAA) बनाता है।
- ऑक्जेलोएसीटिक अम्ल एक अन्य 4-कार्बन यौगिक मैलिक अम्ल में परिवर्तित होकर पूलाच्छद कोशिकाओं के हरितलवक में प्रवेश करता है।
- मैलिक अम्ल के विमोचन से पाइरुविक अम्ल व CO_2 बनती है। यह CO_2 राइबुलोज-1, 5-बाइफॉस्फेट से संयोग कर कैल्विन (Calvin) चक्र के अनुसार, मण्ड (Starch) के निर्माण में भाग लेती है।
- पाइरुविक अम्ल फिर से पर्णमध्योतक कोशिकाओं में प्रवेश कर पुन: फॉस्फोइनॉल पाइरुविक अम्ल (PEP) बना लेता है।

(iii) **क्रेस्यूलेशियन अम्ल उपापचय**
Crassulacean Acid Metabolism or CAM

- मांसलोद्भिद् पादपों; जैसे—नागफनी, अजूबा, घींक्वार, *क्लेंचु* में CO_2 स्थिरीकरण रात्रि में होता है, जो सर्वप्रथम क्रेसूलेसी कुल के पादपों में खोजा गया था, इसलिए इसे क्रेस्यूलेशियन अम्ल उपापचय कहते हैं।
- इसमें रात्रि के समय तापक्रम कम हो जाने पर रन्ध्र खुलते हैं और CO_2 का स्थिरीकरण C_4-पादपों की भाँति होता है अर्थात् CO_2 फॉस्फोइनॉल पाइरुविक अम्ल से क्रिया करके ऑक्जेलोएसीटिक अम्ल बनाती है, जो शीघ्र ही मैलिक अम्ल में अपचयित हो कर रिक्तिका रस में संचित हो जाता है।
- अब प्रकाश की उपस्थिति में रन्ध्र बन्द हो जाते हैं और मैलिक अम्ल विघटित होकर CO_2 मुक्त करता है। यह CO_2 कैल्विन चक्र में प्रवेश करती है।

प्रकाश श्वसन Photorespiration

प्रकाश श्वसन C_3-पादपों में, तीव्र प्रकाश एवं अधिक तापक्रम की दशा में होता है। इस क्रिया में पादप ऑक्सीजन ग्रहण कर CO_2 निष्कासित करते हैं, परन्तु ATP का निर्माण व NAD का अपचयन नहीं होता है।

- प्रकाश श्वसन की क्रिया में हरितलवक, माइटोकॉण्ड्रिया तथा परऑक्सीसोम की मुख्य भूमिका होती है।
- हरितलवक में उपस्थित राइबुलोज बाइफॉस्फेट कार्बोक्सिलेज एन्जाइम (RuBisCO) ऑक्सीजन की अधिक सान्द्रता में ऑक्सीजिनेज एन्जाइम का कार्य करता है और राइबुलोस-1, 5-बाइफॉस्फेट का फॉस्फोग्लिसरिक अम्ल व फॉस्फोग्लाइकोलेट में विघटन कर देता है।
- फॉस्फोग्लाइकोलेट, ग्लाइकोलेट में परिवर्तित हो जाता है और परॉक्सीसोम में पहुँचकर ग्लाइसिन में बदल जाता है।
- ग्लाइसिन माइटोकॉण्ड्रिया में सेरीन, CO_2 तथा NH_3 का निर्माण करती है तथा सेरीन परॉक्सीसोम में प्रवेश कर ग्लिसरेट में परिवर्तित होकर हरितलवक में प्रवेश कर जाता है।

प्रकाश-संश्लेषण को प्रभावित करने वाले कारक
Factors Affecting Photosynthesis

सीमाकारी कारकों का सिद्धान्त
Principle of Limiting Factors

- **ब्लैकमैन** (Blackman; 1905) ने सीमाकारी कारकों के सिद्धान्त का प्रतिपादन किया। इनके अनुसार, जब किसी क्रिया पर अनेक कारक (Factors) एकसाथ प्रभाव डालते हैं, तो उस क्रिया की दर उस कारक द्वारा सीमित होती है, जो सबसे कम मात्रा के कारण अपना प्रभाव डालता है। केवल इस कारक की मात्रा में वृद्धि से क्रिया की दर को बढ़ाया जा सकता है। इस कारक को सीमाकारी कारक या **सीमाबद्ध कारक** (Limiting factor) कहते हैं।
- पादपों की पत्तियों द्वारा C_3–पादपों में केवल 1-2% तथा C_4–पादपों में 1-5% तक प्रकाश की मात्रा ही प्रकाश-संश्लेषण में काम आती है। प्रकाश-संश्लेषण क्रिया निम्नलिखित कारकों द्वारा प्रभावित होती है
  (i) लाल तरंगदैर्ध्य में सबसे अधिक व नीले में सबसे कम प्रकाश-संश्लेषण होता है।
  (ii) CO_2 की मात्रा बढ़ने पर प्रकाश-संश्लेषण की दर बढ़ जाती है।
  (iii) 10-35°C तक प्रकाश-संश्लेषण दर बढ़ती है, तत्पश्चात् एन्जाइम विकृत हो जाने से प्रकाश-संश्लेषण की दर कम हो जाती है।
  (iv) C_3 पादपों में O_2 प्रकाश-संश्लेषण की दर को कम कर देती है।
  (v) खनिज लवणों की कमी एवं संग्रहित भोज्य पदार्थों की अधिकता से प्रकाश-संश्लेषण की दर कम हो जाती है।
  (vi) प्रकाश-संश्लेषण की दर पर्णहरित की मात्रा के साथ-साथ बढ़ता है।

श्वसन Respiration

- श्वसन जीवित कोशिकाओं में होने वाली वह ऑक्सीकरण क्रिया है, जिसमें विभिन्न जटिल कार्बनिक पदार्थों; जैसे-कार्बोहाइड्रेट, प्रोटीन, वसा, आदि के अपघटन से कार्बन डाइऑक्साइड तथा जल मुक्त होते हैं व ऊर्जा (Energy) उत्पन्न होती है।
- यह ऊर्जा विभिन्न शारीरिक क्रियाओं के लिए ATP के रूप में संचित हो जाती है।

$C_6H_{12}O_6 + 6O_2 \longrightarrow 6CO_2 + 6H_2O + 686$ kcal (38 ATP)

- **ब्लैकमैन** ने कार्बोहाइड्रेट के क्रियाधार होने पर श्वसन को **प्लवक श्वसन** (Floating respiration) तथा जीवद्रव्यी प्रोटीन के क्रियाधार होने पर श्वसन को **जीवद्रव्यी श्वसन** (Protoplasmic respiration) कहा।
- श्वसन क्रिया में जिन जटिल कार्बनिक पदार्थों के ऑक्सीकरण द्वारा ऊर्जा उत्पन्न होती है, उन्हें **श्वसन क्रियाधार** (Respiratory substrates) कहते हैं। इनमें ग्लूकोस (कार्बोहाइड्रेट) एक प्रमुख **क्रियाधार** है, जिसका उपयोग कोशिकीय श्वसन (Cellular respiration) के दौरान होता है।
- **कोशिकीय श्वसन** (Cellular respiration) यह एक एन्जाइम नियन्त्रित, चरणबद्ध (Stepwise) रासायनिक क्रिया है, जिसमें माइटोकॉण्ड्रिया के अन्दर ग्लूकोस का ऑक्सीकरण होने से अधिक ऊर्जायुक्त ATP अणु उत्पन्न होते हैं, जिनमें ऊर्जा उच्च ऊर्जा बन्धों में संचित होती है।

यह दो प्रकार की होती हैं

1. ऑक्सी-श्वसन या वायवीय श्वसन
Aerobic Respiration

- यह श्वसन की सामान्य प्रक्रिया है, जिसमें ऑक्सीजन की उपस्थिति में कार्बनिक पदार्थों का जल तथा कार्बन डाइऑक्साइड में पूर्ण अपघटन हो जाता है। सभी जन्तुओं तथा अधिकांश पादपों में श्वसन की यह विधि ही पायी जाती है।
- ऑक्सी-श्वसन माइटोकॉण्ड्रिया (Mitochondria) में सम्पन्न होता है। इसमें एक ग्लूकोस के अणु के पूर्ण ऑक्सीकरण से 686 kcal ऊर्जा विमोचित होती है। इसे निम्न समीकरण द्वारा प्रदर्शित किया जा सकता है

$$\underset{\text{(शर्करा)}}{C_6H_{12}O_6} + \underset{\text{(ऑक्सीजन)}}{6O_2} \xrightarrow{\text{एन्जाइम्स}} \underset{\text{(कार्बन डाइऑक्साइड)}}{6CO_2} + \underset{\text{(जल)}}{6H_2O} + \underset{\text{(ऊर्जा)}}{686\text{ kcal}}$$

2. अनॉक्सी-श्वसन या अवायवीय श्वसन
Anaerobic Respiration

- सर्वप्रथम अवायवीय श्वसन का अध्ययन **कॉस्टीकेव** (Kostychev; 1902) ने किया था। अवायवीय श्वसन ऑक्सीजन के उपयोग के बिना कार्बनिक यौगिकों का एन्जाइमों द्वारा नियन्त्रित आंशिक विखण्डन है, जिसमें ऊर्जा का एक प्रभाग (Fraction) ही मुक्त होता है।
- इस क्रिया में कार्बनिक भोज्य पदार्थों के अपूर्ण ऑक्सीकरण द्वारा कार्बन डाइऑक्साइड (CO_2) और एथिल एल्कोहॉल (C_2H_5OH) का निर्माण होता है। कभी-कभी अन्य विभिन्न कार्बनिक पदार्थ; जैसे—सिट्रिक अम्ल (Citric acid), मैलिक अम्ल (Malic acid), ऑक्सेलिक अम्ल (Oxalic acid), ब्यूटायरिक अम्ल (Butyric acid), लैक्टिक अम्ल (Lactic acid), आदि भी बनते हैं। इस प्रक्रिया को किण्वन (Fermentation) भी कहते हैं।
- इस क्रिया को निम्न समीकरण द्वारा प्रदर्शित किया जा सकता है

$$\underset{\text{(ग्लूकोस)}}{C_6H_{12}O_6} \xrightarrow{\text{एन्जाइम्स}} \underset{\text{(एथिल एल्कोहॉल)}}{2C_2H_5OH} + \underset{\text{(कार्बन डाइऑक्साइड)}}{2CO_2} + \underset{\text{(ऊर्जा)}}{59\text{ kcal}}$$

- कोशिकीय श्वसन क्रिया निम्न दो अवस्थाओं में विभाजित होती है
  (i) ग्लाइकोलाइसिस
  (ii) पाइरुविक अम्ल का वायवीय एवं अवायवीय ऑक्सीकरण

ग्लाइकोलाइसिस या EMP पथ
Glycolysis or EMP Pathway

- ग्लाइकोलाइसिस ऑक्सी तथा अनॉक्सी दोनों प्रकार के श्वसन प्रक्रमों का प्रथम चरण है। इस प्रक्रिया की खोज सर्वप्रथम तीन जर्मन वैज्ञानिकों **एम्बेडन**, **मेयरहॉफ** एवं **पारनास** (Embden, Mayerhof and Parnas) ने की थी। इसलिए इन वैज्ञानिकों के नाम के आधार पर, इसे **EMP पथ** भी कहते हैं।
- इस परिपथ में ग्लूकोस (6C) का एक अणु क्रमबद्ध रूप से व्यवस्थित रासायनिक क्रियाओं द्वारा पाइरुविक अम्ल (3C) के दो अणुओं का निर्माण करता है।
- यह क्रिया कोशिकाद्रव्य तथा ऑक्सीजन की अनुपस्थित में सम्पन्न होती है।

$$\underset{\text{(हेक्जोज शर्करा ग्लूकोस)}}{C_6H_{12}O_6} \xrightarrow{\text{ग्लाइकोलाइसिस}} \underset{\text{(पाइरुविक अम्ल)}}{2C_3H_4O_3} + 4H$$

- इसमें ATP, 2 अणु $NADPH_2$ तथा दो अणु जल के प्राप्त होते हैं।
- ग्लाइकोलाइसिस की क्रिया में निम्नलिखित तीन चरण होते हैं
  (i) शर्करा का फॉस्फोरिलीकरण (Phosphorylation of sugars)
  (ii) शर्करा के विदलन (Splitting) से 3-कार्बन युक्त दो अणुओं का निर्माण
  (iii) पाइरुविक अम्ल का निर्माण
- चरण 1, 3 तथा 10 को छोड़कर ग्लाइकोलाइसिस के अन्य चरण उत्क्रमणीय (Reversible) होते हैं।

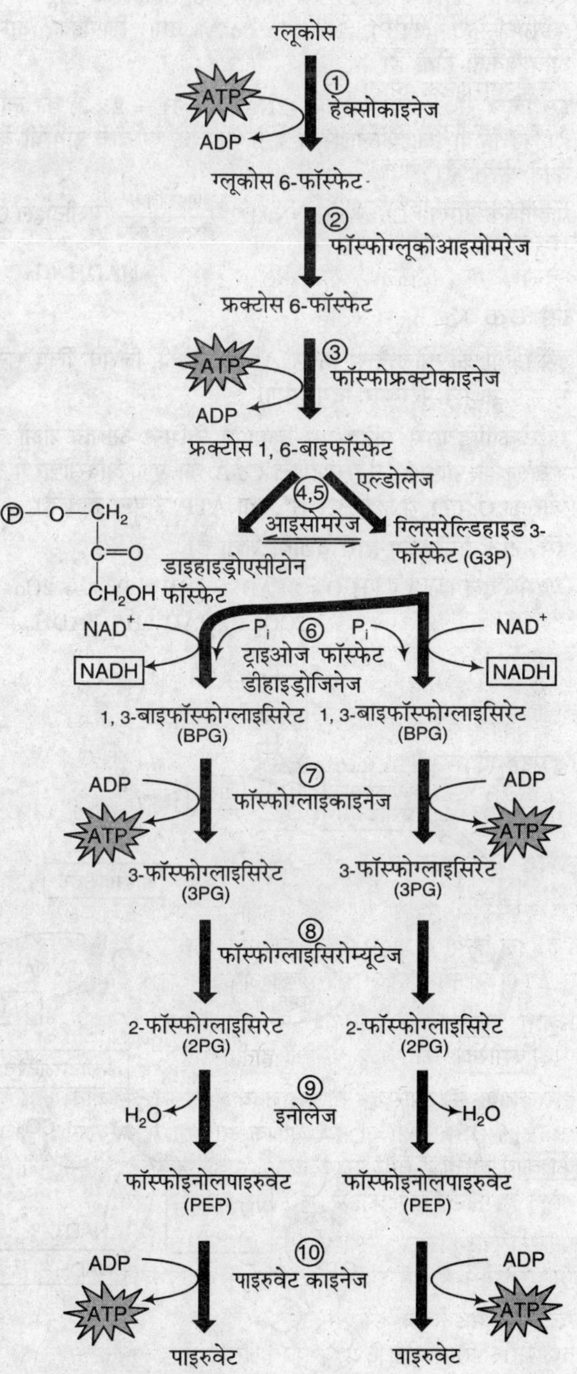

ग्लाइकोलाइसिस चक्र या EMP पथ

पाइरुविक अम्ल का वायवीय ऑक्सीकरण

Aerobic Oxidation of Pyruvic Acid

कोशिकाद्रव्य में उत्पन्न हुआ पाइरुविक अम्ल माइटोकॉण्ड्रिया में प्रवेश करता है, जहाँ पर O_2 की उपस्थिति में इसका वायवीय ऑक्सीकरण होता है।

एसीटाइल Co-A का निर्माण Formation of Acetyl Co-A

- माइटोकॉण्ड्रिया में पाइरुविक अम्ल का ऑक्सीकीय विकार्बोक्सिलीकरण तथा विहाइड्रोजनीकरण होता है। पाइरुविक अम्ल Co-A से मिलकर एसीटाइल Co-A बनाता है। इस क्रिया में 5 सहकारकों Mg^{2+}, थायमीन पाइरोफॉस्फेट (TPP), NAD^+, Co-A तथा लिपोइक अम्ल की आवश्यकता होती है।
- इस क्रिया से 6 ATP अणुओं ($2NADH + H^+ = 2 \times 3$) का लाभ होता है। यह क्रिया ग्लाइकोलाइसिस व क्रेब्स चक्र के बीच संयोजी कड़ी का कार्य करती है।

$$\text{पाइरुविक अम्ल} + Co\text{-}A \cdot SH + NAD^+ \xrightarrow[\text{डीहाइड्रोजिनेज}]{\text{पाइरुविक}} \text{एसीटाइल } Co\text{-}A + NADH + H^+ + CO_2$$

क्रेब्स चक्र Krebs' Cycle

- इस क्रिया की खोज **हैन्स क्रेब्स** (1937) ने की, जिसके लिए सन् 1953 में इन्हें नोबेल पुरस्कार दिया गया।
- माइटोकॉण्ड्रिया में घटित इस क्रिया में विभिन्न अभिक्रियाओं की एक श्रृंखला के फलस्वरूप एसीटाइल Co-A का पूर्ण ऑक्सीकरण होती है, और H_2O, CO_2, $NADH + H^+$ तथा ATP उत्पन्न होते हैं।
- इसे निम्न समीकरण द्वारा दर्शाया जाता है।

$$\text{एसीटाइल } Co\text{-}A + 2H_2O + 3FAD^+ + GDP + Pi \longrightarrow 2Co\text{-}A \cdot SH + 2CO_2 + 3NAD \cdot 2H + FADH_2 + GTP$$

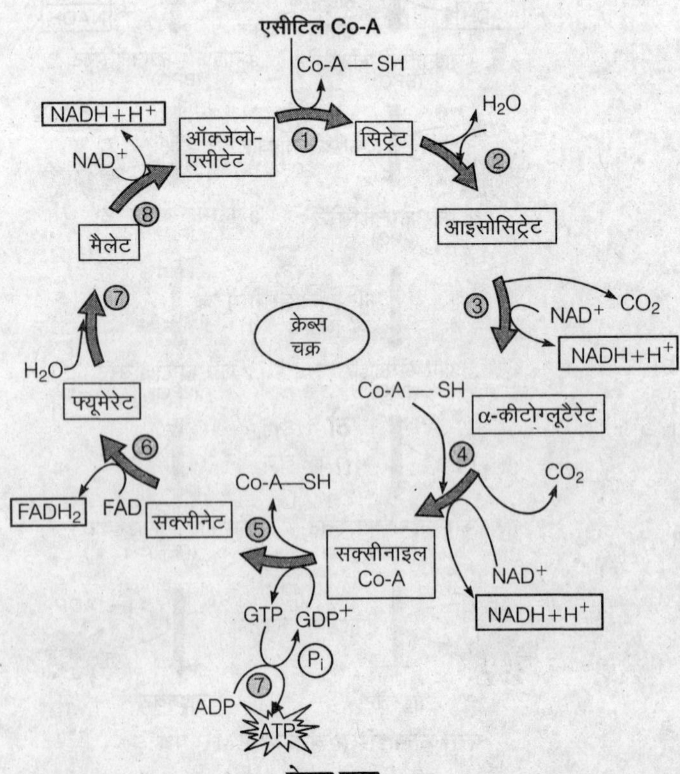

क्रेब्स चक्र

इलेक्ट्रॉन परिवहन तन्त्र Electron Transport System

- क्रेब्स चक्र की ऑक्सीकरण क्रिया में डीहाइड्रोजिनेज (Dehydrogenase) एन्जाइम विभिन्न क्रियाधारों से हाइड्रोजन तथा इलेक्ट्रॉन के जोड़े निकालते हैं, जो कुछ मध्यस्थ वाहकों (Carriers) द्वारा होते हुए ऑक्सीजन से मिलकर जल का निर्माण करते हैं।
- माइटोकॉण्ड्रिया के ऑक्सीसोम या F_0-F_1 कण में सहकारकों (Coenzymes) तथा साइटोक्रोम की श्रेणी को इलेक्ट्रॉन अभिगमन तन्त्र कहते हैं।
- साइटोक्रोम (Cytochromes) ETS में बढ़ते हुए ऑक्सीकरण–अपचयन विभव (Redox potential) के अनुसार व्यवस्थित होते हैं तथा इलेक्ट्रॉन का स्थानान्तरण उच्च वैद्युत ऋणात्मक ऑक्सीकरण–अपचयन विभव से उच्च वैद्युत धनात्मक ऑक्सीकरण–अपचयन विभव की ओर होता है।
- साइटोक्रोम-a_3 अन्तिम साइटोक्रोम है, इसमें Fe^2 तथा Cu^{2+} दोनों उपस्थित होते हैं।

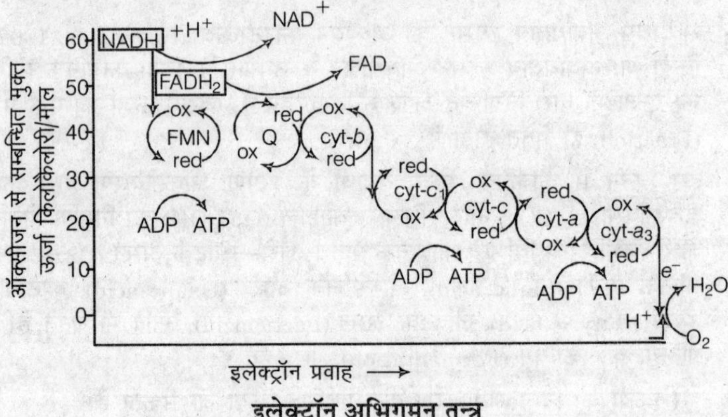

इलेक्ट्रॉन अभिगमन तन्त्र

ऑक्सीकरणीय फॉस्फोरिलीकरण Oxidative Phosphorylation

- माइटोकॉण्ड्रिया में ऑक्सीकरण की क्रिया में ADP से ATP का संश्लेषण ऑक्सीकरण फॉस्फोरिलीकरण कहलाता है। यह एक ऊष्माशोषी (Endothermic) क्रिया है, जिसमें ऊर्जा इलेक्ट्रॉन्स से ली जाती हैं।
- **पीटर मीचेल** ने ATP संश्लेषण का सर्वाधिक मान्य रसायन–परासरणी सिद्धान्त (Chemiosmotic theory) दिया, जिसके अनुसार,
  - (i) माइटोकॉण्ड्रिया की आन्तरिक झिल्ली पर पाए जाने वाले $F_0 - F_1$ कण के आधार (Base) में प्रोटॉन चैनल तथा सिर (Head) में ATPase एन्जाइम होता है।
  - (ii) प्रोटॉन प्रवणता उत्पन्न होने पर ATPase सक्रिय होता है और ADP व iP से ATP बनाता है। शटल तन्त्रों द्वारा परिवहन के पश्चात् $NAD \cdot 2H$ के एक अणु के ऑक्सीकरण से 3ATP, जबकि $FADH_2$ के एक अणु के ऑक्सीकरण से 2ATP के अणु बनते हैं।
- ADP से ATP का अणु बनने में 7.5 kcal ऊर्जा का संचय होता है।

शटल तन्त्र Shuttle System

- यह ग्लाइकोलाइसिस के द्वारा कोशिकाद्रव्य में उत्पन्न $NAD \cdot 2H$ से इलेक्ट्रॉन को माइटोकॉण्ड्रिया के अन्तर ले जाने वाले वाहकों का तन्त्र होता हैं।

- यह निम्न दो प्रकार का होता है

1. **मैलेट-एस्पार्टेट शटल** Malate-Aspartate Shuttle

- यह कोशिकाद्रव्य में उत्पन्न NAD·2H से इलेक्ट्रॉनों को मैलेट में स्थानान्तरित करता है, जो माइटोकॉण्ड्रिया के मैट्रिक्स में प्रवेश कर NAD^+ से क्रिया कर ऑक्सेलोएसीटेट व NAD·2H बनाता है। ऑक्जेलोएसीटेट के अमोनीकरण से एस्पार्टेट का संश्लेषण होता है, जो कोशिकाद्रव्य में प्रवेश कर जाता है। इस प्रकार ग्लाइकोलाइसिस से प्राप्त 2NAD·2H अणुओं से 6 ATP प्राप्त होते हैं। यह अधिक कार्य क्षमता वाला तन्त्र है।

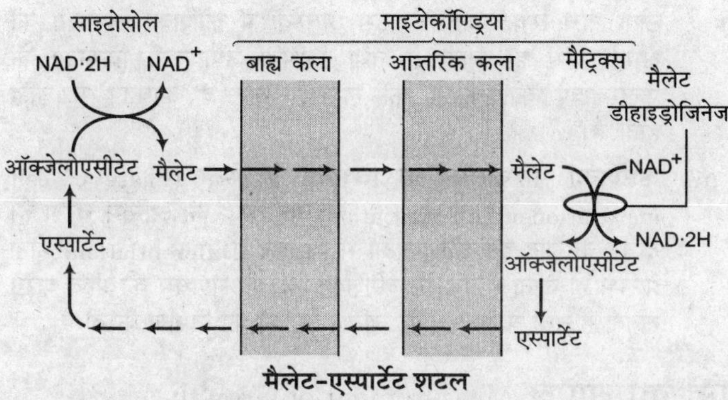

मैलेट-एस्पार्टेट शटल

2. **ग्लिसरॉल-फॉस्फेट शटल** Glycerol-Phosphate Shuttle

कोशिकाद्रव्य में NAD·2H डिहाइड्रॉक्सी ऐसीटोन फॉस्फेट (DHAP) में किया कर ग्लिसरॉल फॉस्फेट तथा NAD^+ बनाते हैं। ग्लिसरॉल फॉस्फेट माइटोकॉण्ड्रिया की आन्तरिक कला पर विसरित होकर ग्लिसरॉल फॉस्फेट डीहाइड्रोजिनेज एन्जाइम की सहायता से NAD^+ से क्रिया करता है और $FADH_2$ एवं DHAP का निर्माण होता है। DHAP वापस कोशिकाद्रव्य में चला जाता है। इस प्रकार ग्लाइकोलाइसिस से प्राप्त NAD·2H के 2 अणुओं से 4 ATP अणुओं को संश्लेषण होता है। इस शटल की कार्य क्षमता कम होती है।

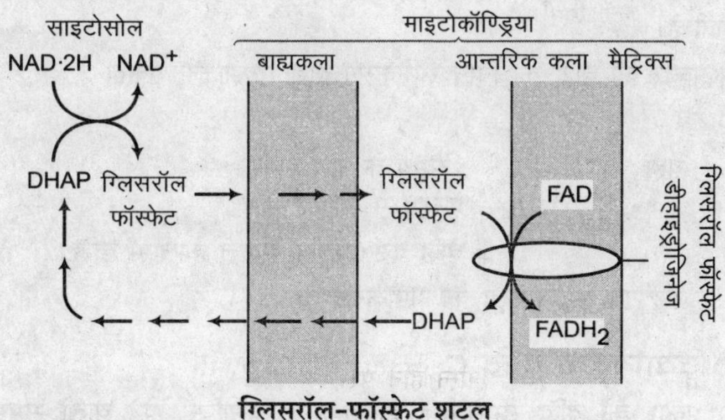

ग्लिसरॉल-फॉस्फेट शटल

वायवीय श्वसन में प्राप्त कुल ATP
Net ATP Gain in Aerobic Respiration

A. **ग्लाइकोलाइसिस में**

(i) कुल प्राप्त ATP = 2ATP

(ii) $2NADH_2$ से (ग्लिसरॉल फॉस्फेट शटल तन्त्र) = 4ATP
या $2NADH_2$ से (मैलेट-एस्पार्टेट शटल तन्त्र) = 6ATP
अत: कुल प्राप्त ATP = 6 या 8 ATP

B. **माइटोकॉण्ड्रिया में**

		पाइरुवेट का अणु
(i)	ऑक्सीकीय फॉस्फोरिलीकरण में	3 ATP
(ii)	क्रेब्स चक्र में $3NADH_2$ से	9 ATP
(iii)	ETS से $FADH_2$ से	2 ATP
(iv)	क्रियाधार फॉस्फेटीकरण से	1 ATP
	कुल	15 ATP × 2 = 30 ATP

ग्लूकोस के एक अणु से ATP का मूल लाभ

= 36(6 + 30) या 38(8 + 30) ATP

पेन्टोस फॉस्फेट पथ
Pentose Phosphate Pathway (PPP)

- पेन्टोस फॉस्फेट पथ का वर्णन वारबर्ग (1935) तथा डिकेन्स (1938) ने किया। इसे **हेक्सोस मोनोफॉस्फेट शन्ट** या **फॉस्फोग्लूकोनेट पथ** या **वारबर्ग लिपमान डिकेन्स चक्र** भी कहते हैं। पेन्टोस फॉस्फेट पथ ग्लाइकोलाइसिस का विकल्प है और परिपक्व पादप कोशिकाओं के कोशिकाद्रव्य में होता है।
- जन्तुओं की यकृत कोशिकाओं में कुल श्वसन का 60% पेन्टोस फॉस्फेट पथ होता है। इस चक्र में ग्लूकोस 6-फॉस्फेट के 6 अणु भाग लेते हैं, एक अणु के पूर्ण ऑक्सीकरण से 6 अणु CO_2 तथा 12 अणु NADP·2H के बनते हैं व 5 अणु ग्लूकोस 6-फॉस्फेट के वापस प्राप्त हो जाते हैं।
- यहाँ 12 NADP·2H अणुओं से 36 ATP अणु प्राप्त होते हैं तथा 1 ATP अणु का उपयोग होता है अर्थात् 35 ATP अणुओं का शुद्ध लाभ होता है।

श्वसन गुणांक
Respiratory Quotient or RQ

- श्वसन क्रिया में निष्कासित हुए CO_2 गैस तथा अवशोषित O_2 गैस के आयतनों के अनुपात को श्वसन गुणांक कहते हैं अर्थात्

$$RQ = \frac{\text{निष्कासित } CO_2 \text{ का आयतन}}{\text{अवशोषित } O_2 \text{ का आयतन}}$$

- अनॉक्सी-श्वसन के लिए RQ का मान अनन्त (∞), कार्बोहाइड्रेट के लिए 1, वसा के लिए 0.7, प्रोटीन के लिए 0.5-0.9 एवं कार्बनिक अम्ल के लिए एक से अधिक होता है।

श्वसन को प्रभावित करने वाले कारक
Factors Affecting Respiration

(i) 0°-35°C तापक्रम के बीच प्रत्येक 10°C तापमान बढ़ने पर श्वसन की दर 2-2.5 गुना बढ़ती है।

(ii) वायुमण्डल में CO_2 की सान्द्रता बढ़ने से श्वसन की दर कम हो जाती है।

(iii) जल की मात्रा बढ़ने से श्वसन दर एक सीमा तक बढ़ती है। जल की अत्यन्त कम मात्रा से श्वसन की दर न्यूनतम हो जाती है।

(iv) श्वसन दिन-रात होता है, परन्तु प्रकाश की उपस्थिति में तापमान बढ़ने व श्वसन-प्रयुक्त पदार्थों की मात्रा अधिक होने के कारण श्वसन दर बढ़ जाती है।

पादप वृद्धि एवं विकास
Plant Growth and Development

- वृद्धि (Growth) सभी जीवों की कोशिकाओं का विशिष्ट लक्षण है। वृद्धि, जीवों में आकार, आमाप, आयतन का **चिरस्थाई** (Permanent) व **अनुत्क्रमणीय** (Irreversible) परिवर्तन है, जिसके साथ-साथ शुष्क भार (Dry weight) तथा जीवद्रव्य (Protoplasm) में भी बढ़ोत्तरी होती है।
- पादप जीवन-पर्यन्त असीमित रूप से वृद्धि करते रहते हैं। निम्न श्रेणी के पादपों; जैसे—शैवाल (Algae) व ब्रायोफाइटा (Bryophyta) में वृद्धि प्राय: पूरे शरीर में होती है, परन्तु उच्चवर्गीय पादपों में वृद्धि केवल कुछ विशिष्ट स्थानों तक ही सीमित रहती है।
- इन पादपों में ये क्षेत्र **विभज्योतक ऊतक** (Meristem tissue) के रूप में पाए जाते हैं। इन क्षेत्रों में वृद्धि मुख्यतया **समसूत्री विभाजन** (Mitosis) द्वारा सम्पन्न होती है।
- कोशिकीय स्तर पर वृद्धि को जीवद्रव्य की मात्रा में हुई वृद्धि से समझा जा सकता है, किन्तु सम्पूर्ण पादप में वृद्धि को निम्न मानों के आधार पर मापा जा सकता है

  (a) कोशिका संख्या (Cell number) में वृद्धि
  (b) ताजे भार (Fresh weight) में वृद्धि
  (c) आयतन (Volume) में वृद्धि
  (d) शुष्क भार (Dry weight) में वृद्धि
  (e) लम्बाई (Length) व क्षेत्रफल (Area) में वृद्धि

बीज अंकुरण Seed Germination

आवृतबीजी पादपों में जीवन उत्पन्न करने वाली संगठनात्मक इकाई **बीज** कहलाती है तथा बीज के अन्दर उपस्थित छोटी एवं कोमल रचना **भ्रूण** (Embryo) कहलाती है। निष्क्रिय (Inactive) भ्रूण के सक्रिय (Active) होकर पादप में विकसित होने की क्रिया, बीज अंकुरण कहलाती है।

बीजों में अंकुरण बीजपत्रों (Cotyledonous) के व्यवहार के आधार पर निम्न प्रकार का होता है

(i) **भूम्यूपरिक अंकुरण** (Epigeal Germination) इसमें मूलांकुर और बीजपत्र के मध्य उपस्थित **बीजपत्राधार** (Hypocotyl) तीव्र वृद्धि करता है, जिसके कारण बीजपत्र मृदा की सतह से कुछ ऊपर उठ कर सतह के वायवीय व प्रकाशीय भाग में आ जाता है और पत्ती की भाँति दिखाई देते हैं। इस स्थिति में वे पत्ती के समान भोजन भी बनाते हैं; जैसे—अरण्ड, इमली, पेठा, सेम, लौकी, आदि।

(ii) **अधोभूमिक अंकुरण** (Hypogeal Germination) इस प्रकार के अंकुरण में बीजपत्र भूमि के अन्दर ही रह जाते हैं। इसमें बीजपत्रोपरिक (Epicotyl) अधिक वृद्धि कर प्रांकुर को बाहर की ओर बढ़ाता है, जो भूमि के ऊपर निकल आता है, किन्तु बीजपत्र बाहर नहीं आ पाते हैं; जैसे—चना, मटर, मूँगफली, मक्का, आदि में।

पादपों में वृद्धि के विभिन्न चरण
Different Phases of Growth in Plants

पादप के सभी वर्धी क्षेत्रों में वृद्धि के निम्नलिखित तीन मुख्य चरण होते हैं

(i) **कोशिका निर्माण प्रावस्था** (Phase of cell formation) यह चरण मुख्यतया तने व जड़ के शीर्षस्थ विभज्योतक तक ही सीमित रहता है। इस क्षेत्र की विभज्योतक कोशिकाओं में निरन्तर समसूत्री विभाजन होते रहने के कारण नई कोशिकाएँ बनती रहती हैं।

(ii) **कोशिका-दीर्घन प्रावस्था** (Phase of cell elongation) वृद्धि की यह अवस्था कोशिका निर्माण प्रावस्था में क्रियाशील कोशिकाओं के ठीक नीचे स्थित होती है। इस अवस्था में कोशिका विभाजन की क्षमता कम हो जाती है तथा विभिन्न उपापचयी क्रियाओं के फलस्वरूप कोशिकाओं की लम्बाई, भार व आयतन में वृद्धि होती है।

(iii) **कोशिका परिपक्वन या विभेदन प्रावस्था** (Phase of cell maturation or Differentiation) यह वृद्धि का अन्तिम चरण है। दीर्घन के बाद इन कोशिकाओं में विभेदन (Differentiation) होना प्रारम्भ हो जाता है, जिससे कोशिका निश्चित गुणधर्म को प्राप्त करने लगती है तथा ये सरल और जटिल ऊतकों का निर्माण करती हैं।

वृद्धि का मापन Measurement of Growth

प्रति इकाई समय (Per unit time) में पादप के विशिष्ट भाग में होने वाली वृद्धि को, **वृद्धि दर** (Growth rate) कहते हैं। पादपों में वृद्धि दर को अंकगणितीय वृद्धि व ज्यामितीय वृद्धि दोनों रूपों में देखा जा सकता है।

(i) अंकगणितीय वृद्धि Arithmetical Growth

इस प्रकार की वृद्धि दर प्राय: जड़ (Root) व तने (Stem) की कोशिकाओं द्वारा प्रदर्शित की जाती है, जब एक कोशिका के विभाजन से **दो पुत्री कोशिकाएँ** (Daughter cells) बनती हैं, तो एक पुत्री कोशिका विभाजन का कार्य जारी रखती है, जबकि दूसरी कोशिका विभेदित होकर परिपक्व (Mature) होने लगती है।

इस प्रकार की वृद्धि को निम्न समीकरण द्वारा समझा जा सकता है

$$L_t = L_0 + rt$$

यहाँ $L_t = t$ समय के बाद लम्बाई
$L_0 =$ प्रारम्भ में लम्बाई
$r =$ वृद्धि दर (प्रत्येक एकल काल में वृद्धि)

यह एक सरल रेखा का समीकरण है।

(ii) ज्यामितीय वृद्धि Geometrical Growth

इस प्रकार की वृद्धि समसूत्री विभाजन द्वारा विभाजित होने वाली समस्त कोशिकाओं में देखी जा सकती है।

- ज्यामितीय वृद्धि में आरम्भ में वृद्धि धीरे होती है, जिसे **लैग अवस्था** (Lag phase) कहते हैं। इसके बाद वृद्धि में बहुत तेजी आ जाती है, जिसे **घातीय अवस्था या चरघातांकी अवस्था** (Exponential phase) कहते हैं। इस दौरान कोशिका विभाजन से उत्पन्न दोनों पुत्री कोशिकाएँ विभाजन का कार्य जारी रखती हैं।

- शीघ्र ही **पोषक तत्वों** (Nutrients) की कमी हो जाती है एवं वृद्धि की दर बहुत कम या लगभग स्थिर हो जाती है, इस अवस्था को **स्तब्ध** या **स्थिर अवस्था** (Stationary phase) कहते हैं।
- चरघातांकी या ज्यामितीय वृद्धि को निम्न समीकरण द्वारा समझाया जा सकता है

  $W_1 = W_0^{ert}$ जहाँ, W_1 = अन्तिम आकार
  (यह भार, लम्बाई, आयतन या संख्या हो सकती है)
  W_0 = प्रारम्भिक आकार
  (वृद्धि काल के प्रारम्भ में भार, आयतन, लम्बाई, संख्या, आदि)
  r = वृद्धि दर, t = वृद्धि समय,
  e = प्राकृतिक लघुगुणक का आधार
- ज्यामितीय वृद्धि एवं समय के सम्बन्ध में ग्राफ निर्मित होता है, जिसे **सिग्मॉइड वक्र** (Sigmoid curve) या **समग्र वृद्धि काल** (Grand period of growth) कहते हैं।
- जीवों की वृद्धि के बीच मात्रात्मक तुलना दो प्रकार से की जा सकती है
  (i) **पहली विधि में** (In first method) प्रति इकाई समय में जीवों की सम्पूर्ण वृद्धि का मापन एवं तुलना करते हैं। इसे **परम** या **सम्पूर्ण वृद्धि दर** (Absolute growth rate) कहा जाता है।
  (ii) **दूसरी विधि में** (In second method) प्रति इकाई समय में जीवों के किसी खास अंग की वृद्धि का तुलनात्मक मापन किया जाता है, इसे **तुलनात्मक वृद्धि दर** या **सापेक्ष वृद्धि दर** (Relative growth rate) कहते हैं।
- मूल शीर्ष विभज्योतक (Root apex meristem) तथा प्ररोह शीर्ष विभज्योतक (Shoot apex meristem) पर, निर्मित होने वाली कोशिकाएँ रूपान्तरित होकर परिपक्व हो जाती हैं तथा विशिष्ट कार्यों के लिए विभेदित होती हैं। परिपक्वता (Maturity) की ओर अग्रसर होने वाली यह प्रक्रिया **विभेदन** (Differentiation) कहलाती है।
- पादपों की जीवित विभेदित कोशिकाएँ कुछ खास परिस्थितियों में विभाजन की क्षमता पुनः प्राप्त कर सकती हैं, इस क्षमता को **निर्विभेदन** (Dedifferentiation) कहते हैं; उदाहरण—**अन्तरापूलीय एधा** (Interfascicular cambium) एवं **काग एधा** (Cork cambium)।
- निर्विभेदित कोशिकाओं या ऊतकों के द्वारा उत्पादित कोशिका बाद में फिर से विभाजन की क्षमता खो देती हैं, ताकि विशिष्ट कार्यों को सम्पादित किया जा सके। इस प्रक्रिया को **पुनर्विभेदन** (Redifferentiation) कहते हैं। ये पुनर्विभेदित होकर द्वितीयक दारु (Secondary xylem), द्वितीयक पोषवाह (Secondary phloem), आदि का निर्माण करती हैं।
- किसी जीवधारी के सम्पूर्ण जीवनकाल में घटित होने वाला क्रमिक परिवर्तन, परिवर्धन (Development) कहलाता है अर्थात् किसी पादप या अन्य जीव के जीवन-चक्र में जन्म-मृत्यु तक होने वाले समस्त परिवर्तन **परिवर्धन** (Development) कहलाते हैं।
- पादपों में आन्तरिक व बाह्य कारकों के प्रभाव के कारण वृद्धि के दौरान विभिन्न संरचनाएँ एवं प्रावस्थाएँ विकसित हो जाती हैं, ताकि उन विशिष्ट परिस्थितियों का सामना किया जा सके। पादपों की इस क्षमता को ही **प्लास्टिकता** (Plasticity) कहते हैं; जैसे—कपास, धनिया व लार्कस्पुर में **विषमपर्णता** (Heterophylly)। इन सभी पादपों में किशोरावस्था तथा परिपक्व अवस्था में पत्तियों का आकार भिन्न होता है।

पादप वृद्धि हॉर्मोन्स Plant Growth Hormones

- ये पादपों की जैविक क्रियाओं को सुचारू रूप से चलाने वाले तत्व होते हैं। इन्हें पादप हॉर्मोन या **फाइटोहॉर्मोन** (Phytohormone) तथा **पादप वृद्धि नियन्त्रक या नियामक** (Plant growth regulators) भी कहते हैं। ये छोटे, सरल कार्बनिक अणु होते हैं।
- पादप हॉर्मोन का संश्लेषण पादपों में विभज्योतकों में होता है, परन्तु ये अपने क्रिया क्षेत्र तक विसरण विधि द्वारा पहुँचते हैं। इनकी बहुत कम मात्रा ही पादपों की जैव-क्रियाएँ सुचारू रूप से चलाने हेतु पर्याप्त होती हैं एवं ये पादपों की विभिन्न उपापचयी क्रियाओं को भी नियन्त्रित करते हैं।
- पादप हॉर्मोनों के पाँच प्रमुख वर्गों में से ऑक्सिन, जिबरेलिन एवं साइटोकाइनिन वृद्धिकारक, जबकि एब्सिसिक अम्ल एवं एथिलीन वृद्धिरोधक होते हैं।

1. ऑक्सिन Auxin

ऑक्सिन वे कार्बनिक पदार्थ हैं, जो तने की कोशिकाओं का दीर्घीकरण करते है। इण्डोल एसीटिक अम्ल IAA, प्राकृतिक ऑक्सिन है तथा नेफ्थैलीन एसीटिक अम्ल (NAA), 2, 4 डाइक्लोरोफिनॉक्सीएसीटिक अम्ल (2, 4 D) संश्लेषित ऑक्सिन है। इन्डोल-3 ब्यूटाइरिक एसिड (IBA) नामक ऑक्सिन प्राकृतिक तथा संश्लेषित दोनों रूपों में मिलता है। **एफ. डब्ल्यू. वेन्ट** ने इस हॉर्मोन को पादप के शीर्ष से पृथक् किया।

कार्य Functions

- ऑक्सिन कोशिका की लम्बाई तथा तने व जड़ की लम्बाई बढ़ाने वाले पादप हॉर्मोन होते हैं।
- ये एधा में कोशिका विभाजन करते हैं।
- ये अनिषेकफलन (बीजरहित फल) बनाने में सहायता करते हैं।
- ये जड़ में वृद्धि को नियन्त्रित करते हैं।
- ये पादपों में शीर्षस्थ प्रभाविता या शिखाग्र प्रधान्यता (Apical dominance) उत्पन्न करते हैं।

2. जिबरेलिन Gibberellin

इसकी खोज **कुरोसावा** ने सन् 1926 में की। यह एक वृद्धि नियन्त्रक पदार्थ है, जिसे कवक से पृथक् किया गया है। इसे जिबरेलिन-A (GA) भी कहा जाता है। यह कमजोर अम्लीय हॉर्मोन है, जिसमें GA_3 सबसे महत्त्वपूर्ण जिबरेलिन है।

कार्य Functions

- जिबरेलिन तने की लम्बाई को बढ़ाता है।
- जिबरेलिन का विलयन छिड़कने पर एक लम्बा पुष्पवृन्त निकलकर पुष्प उत्पन्न करता है।
- यह अनिषेकफलन (Parthenocarpy) में भी सहायता करता है।

3. साइटोकाइनिन Cytokinin

इसकी खोज सन् 1955 में **मिलर** (Miller) ने की। यह क्षारीय हॉर्मोन है, जिसका असर कोशिकाद्रव्य विभाजन पर होता है। ये पादपों में प्राकृतिक रूप से पाए जाने वाले N^6-परफ्यूरिल- अमीनो- पोरफाइरिन है। जियाटिन प्राकृतिक साइटोकाइनिन है, जिसे मक्का के दानों से प्राप्त किया जाता है।

कार्य Functions

- साइटोकाइनिन ऑक्सिन की सहायता से कोशिका विभाजन को उद्दीपित करते हैं।
- ये जीर्णता (Senescence) प्रक्रिया को धीमा करते हैं।
- ये कई बीजों में सुषुप्तावस्था को तोड़कर अंकुरण करते हैं।
- ये फलों में अनिषेकफलन को बढ़ाते हैं।

4. एथिलीन Ethylene

यह हॉर्मोन गैस के रूप में होता है। ये मिथिओनिन अमीनो अम्ल का बना होता है। **बर्ग** (Burg) ने सन् 1962 में एथिलीन को पादप हॉर्मोन सिद्ध किया।

कार्य Functions

- एथिलीन तने की लम्बाई को सन्दमित करता है।
- यह फलों को पकाने वाला हॉर्मोन है।
- यह पुष्पी पादपों में पुष्पन का कार्य करता है।
- यह बीजों की प्रसुप्ति तोड़ता है।

5. एब्सिसिक अम्ल Abscisic Acid or ABA

इसकी खोज **एडिकोट** (Adicote) एवं **कोरसिन** (Corsin) ने सन् 1965 में की थी। यह अम्लीय हॉर्मोन है।

कार्य Functions

- एब्सिसिक अम्ल वृद्धि व उपापचय को कम करता है।
- यह बीज अंकुरण को सन्दमित करता है।
- इसे पत्तियों पर छिड़कने से पत्तियों का विगलन (Abscission) शीघ्र हो जाता है। यह कलियों तथा बीजों की प्रसुप्ति (Dormancy) को प्रभावित करता है।

दीप्तिकालिता Photoperiodism

- 'दीप्तिकालिता' शब्द का प्रयोग **गार्नर** एवं **एलार्ड** (1920) ने किया था। पादपों में पुष्पन पर प्रकाश की उचित अवधि के प्रभाव को **दीप्तिकालिता** कहते हैं।
- फ्लोरिजन तथा क्लोरिजन हॉर्मोन पुष्पन को प्रेरित करते हैं, ये पुष्पन हेतु संकेत भेजकर महत्त्वपूर्ण भूमिका का निर्वाह करते हैं।
- प्रकाश की वह अवधि, जिससे कम या जिस पर पादप पुष्पन प्रदर्शित करते हैं, किन्तु इससे अधिक पर पुष्पन नहीं करते हैं, **क्रान्तिक दीप्तिकाल** (Critical photoperiod) कहलाती है।

दीप्तिकाल के आधार पर पादपों को निम्नलिखित वर्गों में वर्गीकृत किया जा सकता है

(i) **अल्प प्रदीप्तकाली पादप** (Short day plants) ये पादप क्रान्तिक दीप्तिकाल से कम अवधि पर पुष्प उत्पन्न करते हैं; उदाहरण–तम्बाकू सोयाबीन, गन्ना, सरसों, आदि।

(ii) **दीर्घ प्रदीप्तकाली पादप** (Long day plants) ये पादप क्रान्तिक दीप्तिकाल से अधिक अवधि पर पुष्प उत्पन्न करते हैं; उदाहरण–चुकन्दर, मूली, गाजर, आलू, आदि।

(iii) **निरपेक्ष प्रदीप्तकाली पादप** (Day neutral plants) पुष्पन पर दीप्तिकाल का कोई प्रभाव नहीं पड़ता है; उदाहरण–टमाटर, सूरजमुखी, कपास, मक्का, मिर्च आदि।

(iv) **दीर्घ-अल्प प्रदीप्तकाली पादप** (Long short day plants) इन पादपों में पुष्प उत्पन्न करने के लिए पहले दीर्घ दीप्तिकाल और बाद में अल्प दीप्तिकाल की आवश्यकता होती है; उदाहरण– *ब्रायोफिल्लम*।

(v) **अल्प-दीर्घ प्रदीप्तकाली पादप** (Short long day plants) इन पादपों को पुष्प उत्पन्न करने के लिए कुछ समय तक अल्प दीप्तिकाल और बाद में दीर्घ दीप्तिकाल की आवश्यकता होती है; उदाहरण– गेहूँ तथा राई।

बसन्तीकरण Vernalisation

- यदि कुछ बीजों; जैसे–जल अवशोषित बीजों नवांकुरों (Seedlings) को थोड़े समय के लिए प्रदान किया गया निम्न ताप उपचार (Low temperature treatment) है, जो पादपों की कायिक अवस्था को कम करता है, जिससे **पुष्पन** (Flowering) शीघ्र हो जाता है। यह प्रक्रिया बसन्तीकरण कहलाती है।
- **चोआर्ड** (Chouard) के अनुसार, पादपों में निम्न ताप उपचार या शीतलन उपचार (Chilling treatment) के माध्यम से पुष्पन क्रिया के शीघ्र होने की क्षमता बसन्तीकरण कहलाती है।
- बसन्तीकरण के लिए कम तापमान सामान्यतया **वर्धी शीर्ष** (Growing tip) पर या फिर बीजों के अंकुरण के समय पर दिया जाता है। बसन्तीकरण के बाद पुष्पन के लिए पादपों को उचित प्रकाश की आवश्यकता पड़ती है। **मेल्चर्स** के अनुसार, इस दौरान **वर्नेलिन** (Vernalin) नामक एक हॉर्मोन बनता है, जो पुष्पन के लिए आवश्यक हॉर्मोन **फ्लोरिजन** (Florigen) बनाने में सहायता करता है।

नाइट्रोजन उपापचय Nitrogen Metabolism

- पादपों को प्रोटीन व अन्य नाइट्रोजन युक्त पदार्थों के संश्लेषण हेतु नाइट्रोजन की आवश्यकता होती है। हरे पादप वातावरण से स्वयं नाइट्रोजन ग्रहण करने में असमर्थ होते हैं। ये नाइट्रोजन का अवशोषण NO_3^- (नाइट्रेट), NO_2^- (नाइट्राइट) और NH_4^+ (अमोनिया) के रूप में करते हैं।
- नाइट्रोजन चक्र के चार मुख्य चरण निम्नलिखित हैं

(i) नाइट्रोजन-स्थिरीकरण Nitrogen-Fixation

वायुमण्डल की मुक्त नाइट्रोजन अजैविक (Non-biological) व जैविक (Biological) विधियों द्वारा अपने यौगिकों में बदल जाती है।

जैविक नाइट्रोजन-स्थिरीकरण दो प्रकार से होता है

(a) **असहजीवी नाइट्रोजन-स्थिरीकरण** (Asymbiotic nitrogen-fixation) यह मृदा में स्वतन्त्र रूप से पाए जाने वाले अवायवीय (Anaerobic) जीवाणु; जैसे–*क्लॉस्ट्रिडियम* वायवीय जीवाणु; जैसे–*एजोटोबैक्टर, बिंबिजेरेन्किया* व स्वतन्त्र नीले-हरे शैवाल; जैसे–*नॉस्टॉक, एनाबीना,* आदि के द्वारा होता है।

(b) **सहजीवी नाइट्रोजन-स्थिरीकरण** (Symbiotic nitrogen-fixation) *राइजोबियम लेग्युमिनोसेरम* नामक जीवाणु *लेग्युमिनोसी* कुल के पादपों की मूल में प्रवेश कर ग्रन्थिकाएँ (Nodules) बनाता है। ग्रन्थिका में लाल वर्णक लेग्हीमोग्लोबिन पाया जाता है, जो नाइट्रोजन-स्थिरीकरण के लिए आवश्यक है। नाइट्रोजीनेज एन्जाइम नाइट्रोजन को अमोनियम यौगिकों में अपचयित करने की क्षमता रखता है।

(ii) अमोनीकरण Ammonification

जीवाणु; जैसे—*बैसिलस रेमोसस, बै. वल्गेरिस* तथा *बै. मायकॉइड्स* द्वारा पादपों तथा जन्तुओं के मृत शरीर की प्रोटीन से अमोनिया बनाने की क्रिया अमोनीकरण कहलाती है।

$$\text{प्रोटीन} \xrightarrow{H_2O} \text{अमीनो अम्ल} \xrightarrow{H_2O} \text{कार्बनिक अम्ल} + NH_3$$

(iii) नाइट्रीकरण Nitrification

नाइट्रोसोमोनास, नाइट्रोबैक्टर, आदि जीवाणुओं द्वारा अमोनिया के नाइट्रेट में बदलने की क्रिया को नाइट्रीकरण कहते हैं।

$$2NH_3 + 3O_2 \xrightarrow[\text{नाइट्रोसोकोकस}]{\text{नाइट्रोसोमोनास}} 2NO_2^- + 2H^+ + 2H_2O$$

$$2NO_2^- + O_2 \xrightarrow{\text{नाइट्रोबैक्टर}} 2NO_3^-$$

(iv) विनाइट्रीकरण Denitrification

कुछ जीवाणु; जैसे—*थायोबैसिलस डीनाइट्रीफिकेन्स, माइक्रोकोकस डीनाइट्रीफिकेन्स, स्यूडोमोनास*, आदि। नाइट्रोजन व अमोनियम यौगिकों को नाइट्रोजन में परिवर्तित कर देते हैं।

अभ्यास प्रश्न

पादप में परिवहन

1. पादप कार्यिकी का जनक किसे कहते हैं?
(a) सैक्स (b) प्रिस्टले
(c) स्टीफन हेल्स (d) केल्विन

2. DPD नाम को किसने दिया?
(a) हेल्स ने (b) सैक्स ने (c) प्रिस्टले ने (d) मेयर ने

3. 0°C पर एक आदर्श मोलर विलयन का परासरण दाब क्या होगा?
(a) 10.4 वायुमण्डलीय दाब
(b) 12.4 वायुमण्डलीय दाब
(c) 14.3 वायुमण्डलीय दाब
(d) 22.4 वायुमण्डलीय दाब

4. परासरण शब्द को देने वाले थे
(a) क्रेमर (b) पैफर
(c) नोलेट (d) डेवसन व डेनियली

5. पादप कोशिका किसके कारण स्फीति (Turgidity) प्राप्त कर लेती है?
(a) विद्युत अपघटन (b) बहिःपरासरण
(c) जीवद्रव्यकुंचन (d) अन्तःपरासरण

6. झिल्ली जो कुछ पदार्थों को अपने में से आसानी से गुजरने देती है अन्य को नहीं, इसे कहते हैं
(a) अपारगम्य (b) अर्द्धठोस
(c) पारगम्य (d) चयनित पारगम्य

7. निम्न में से सही युग्म का चयन कीजिए।

(a)	मैनोमीटर	–	वाष्पोत्सर्जन
(b)	पोटोमीटर	–	वाष्पोत्सर्जन की दर
(c)	रन्ध्र	–	मूल दाब
(d)	पोरोमीटर	–	वातावरणीय दाब

8. अर्द्धपारगम्यता किसका गुण है?
(a) कोशिका भित्ति का (b) प्लाज्मा झिल्ली का
(c) अन्तःप्रद्रव्यी जालिका का (d) गॉल्जीकाय का

9. संख्यात्मक रूप से परासरणी विभव किसके समतुल्य होता है?
(a) परासरणी दाब (OP) के (b) भित्ति दाब (WP) के
(c) विसरण दाब न्यूनता (DPD) के (d) कोशिका स्फीति दाब (TP) के

10. पोरीन (Porin) के सन्दर्भ में निम्न कथनों को ध्यान से पढ़िए व सही विकल्प का चयन कीजिए।
I. पोरीन परिवहन प्रोटीन है।
II. चैनल प्रोटीन परिवहन प्रोटीन के ही प्रकार होते हैं, जिनमें द्वार उपस्थित होते हैं।
III. वाहक प्रोटीन परिवाहित किए जाने वाले विशिष्ट विलेय से जुड़ते हैं।
IV. विशिष्ट विलेय वाहक प्रोटीन द्वारा झिल्ली के दूसरी तरफ भेजे जाते हैं।

सही विकल्प है
(a) I, II, एवं III (b) I, III एवं IV
(c) I, II, III एवं IV (d) I एवं IV

11. कोशिका किसके द्वारा जल अवशोषित करती है?
(a) परासरण द्वारा
(b) परासरण तथा अन्तःशोषण द्वारा
(c) अन्तःशोषण द्वारा
(d) विसरण द्वारा

12. यदि सूखी लकड़ी को चट्टानों की दरारों में अन्दर रखा जाए और उसको जल से भिगोया जाए, तो इससे उत्पन्न होने वाले दाब से चट्टान टूट जाती है। यह दाब किस क्रिया से उत्पन्न हुआ?
(a) अन्तःशोषण (b) डीप्लाज्मोलाइसिस
(c) पृष्ठ तनाव (d) परासरण दाब

13. *रिक्सिया* के राइजॉइड से, एसीमिलेटरी तन्तु तक जल का प्रवाह किस प्रक्रिया द्वारा सम्पन्न होता है?
(a) परासरण द्वारा (b) मूलदाब द्वारा
(c) केशिका द्वारा (d) वाष्पोत्सर्जन के खिंचाव द्वारा

14. जब एक कोशिका पूर्ण श्लथ (Fully flaccid) अवस्था में हो, तो क्या स्थिति होगी?
(a) DPD = WP (b) DPD = TP
(c) DPD = OP (d) DPD = OP – TP

15. कोशिका में जल का प्रवाह किसके प्रभाव से होता है?
(a) DP (b) WP (c) OP (d) DPD

16. DPD का पूरा नाम है
(a) डिफ्यूजन प्रेशर डिमाण्ड (b) डिफ्यूजन प्रेशर डेफिसिट
(c) डिफ्यूजन प्रेशर डिफरेन्स (d) डिफ्यूजन प्रेशर डवलपमेन्ट

17. पादप कोशिका में DPD किसके बराबर है?
(a) TP – OP (b) OP + TP (c) OP – TP (d) OP × TP

18. निम्न कथनों में से सत्य व असत्य कथनों का चयन कर सही विकल्प का चुनाव कीजिए।

I. विसरण, पादपों में परिवहन की महत्त्वपूर्ण प्रक्रिया है, जबकि इसका सम्बन्ध पादप काय में गैसों के आदान–प्रदान से है।

II. सक्रिय परिवहन में, पम्प एक प्रोटीन है, जो ऊर्जा का उपयोग सान्द्रता प्रवणता के विरुद्ध कोशिका झिल्ली पार करने में करती है।

III. सुसाध्य विसरण में, जलरागी पदार्थों का विशिष्ट प्रोटीनों की सहायता से झिल्ली के पार परिवाहित किया जाता है।

IV. विसरण में, अणुओं की गति सान्द्रता प्रवणता के विरुद्ध सहसा उत्पन्न आचरण है।

V. सुसाध्य विसरण, सक्रिय परिवहन से अधिक तेज होता है।

सही विकल्प है
(a) I, II, III तथा IV सभी सत्य हैं
(b) I, II, III सत्य, जबकि IV तथा V असत्य है
(c) IV तथा V सत्य, जबकि I, II तथा III असत्य हैं
(d) केवल II, III, IV सत्य, जबकि I तथा V असत्य हैं

19. पादपों में मुर्झाने की क्रिया किसकी अधिकता से होती है?
(a) श्वसन (b) प्रकाश-संश्लेषण
(c) विसरण (d) वाष्पोत्सर्जन

20. गेहूँ के दाने अंकुरण से पूर्व किस क्रिया द्वारा जल अवशोषित करते हैं?
(a) अन्तः परासरण द्वारा (b) बाह्य परासरण द्वारा
(c) प्लाज्मोलाइसिस द्वारा (d) अन्तःशोषण द्वारा

21. जब एक पादप मुरझाता है, तब मृदा में जल का कुछ प्रतिशत भाग छूट जाता है। यह कहलाता है
(a) आशूनता
(b) फील्ड कैपेसिटी
(c) मृदा की जल निर्धारण क्षमता
(d) विल्टिंग कोएफिशिएन्ट

22. जीवद्रव्य–विकुंचन के कारण पादप कोशिका
(a) फट जाती है (b) फूल जाती है
(c) स्फीत हो जाती है (d) श्लय हो जाती है

23. पादप में विल्टिंग होती है, जब
(a) जाइलम को अवरुद्ध कर दिया जाता है
(b) कैम्बियम को अवरुद्ध कर दिया जाता है
(c) फ्लोएम को अवरुद्ध कर दिया जाता है
(d) पत्ती के रन्ध्र बन्द हो जाते हैं

24. अधिक सान्द्र लवण के विलयन में एक कोशिका रखने से क्या होगा?
(a) खनिज तत्व कोशिका भित्ति तोड़ देंगे
(b) लवण युक्त जल कोशिका में प्रवेश करेगा
(c) कोशिकाद्रव्य विघटित होगा
(d) जल बहिःपरासरण द्वारा बाहर आएगा

25. पुष्प व कली लगी एक टहनी को नमक के जल में कुछ मिनट के लिए रखा जाता है। यह लम्बे समय तक ताजी बनी रहती है, क्यों
(a) बाह्य परासरण के कारण
(b) अधिक जल अवशोषण के कारण
(c) वैद्युत अपघट्य सन्तुलन के कारण
(d) वाष्पोत्सर्जन दर घटने से के कारण

26. निम्नलिखित कथनों को पढ़िए तथा सही विकल्प का चुनाव कीजिए।

I. वाष्पोत्सर्जन मुख्यतया पत्तियों की सतह व किनारों द्वारा होता है।

II. जल की कुछ मात्रा की हानि तने से होती है, इसे उपचर्मी वाष्पोत्सर्जन कहते हैं।

III. वाष्पोत्सर्जन, वाष्पीकरण की तुलना में धीमी प्रक्रिया है।

IV. वाष्पोत्सर्जन रसारोहण को चलाता है। यह जल के गुण ससंजन, आसंजन और पृष्ठ तनाव पर निर्भर नहीं करता है।

सही विकल्प है।
(a) I, II, III एवं IV (b) I, II एवं III
(c) I, II एवं IV (d) II, III एवं IV

27. यदि अंगूर को सान्द्र शर्करा घोल में रखते हैं, तो वह सिकुड़ जाते हैं, यह किस क्रिया के कारण होता है?
(a) जीवद्रव्यकुंचन (b) बहिःपरासरण
(c) अन्तःशोषण (d) विसरण

28. ऊर्जा का व्यय कर परासरण दाब के विपरीत जल का अवशोषण की क्रिया सम्भव है
(a) अन्तः चूषण द्वारा
(b) परासरण द्वारा
(c) सक्रिय अवशोषण द्वारा
(d) असक्रिय अवशोषण द्वारा

29. मूलों द्वारा जल के अवशोषण में वृद्धि का कारण हो सकता है
(a) वाष्पोत्सर्जन की मात्रा में वृद्धि
(b) प्रकाश-संश्लेषण की मात्रा में वृद्धि
(c) वाष्पोत्सर्जन में कमी
(d) आयनों के अवशोषण में कमी

30. सुसाध्य विसरण प्रक्रिया में एक्वापोरिन क्या है?
(a) लिपिड (b) वाहक प्रोटीन (c) मार्ग प्रोटीन (d) वाहक लिपिड

31. पादपों में सक्रिय परिवहन के बारे में असत्य कथन चुनिए।
(a) सक्रिय परिवहन में सान्द्रता प्रवणता के विरुद्ध अणुओं को पम्प करने में ऊर्जा की आवश्यकता होती है
(b) यह झिल्लिका प्रोटीन की सहायता से पूर्ण किया जाता है
(c) मूलों की तुलना में मृदा के अन्दर आवेशित कणों की सान्द्रता अधिक होने से खनिज का सक्रिय अवशोषण होता है
(d) उपरोक्त में से कोई नहीं

32. पदार्थों के परिवहन में सक्रिय परिवहन को महत्त्वपूर्ण माना है
(a) क्योंकि पदार्थों का परिवहन उच्च सान्द्रता से निम्न सान्द्रता की ओर होता है
(b) क्योंकि पदार्थों का परिवहन निम्न सान्द्रता से उच्च सान्द्रता की ओर होता है
(c) क्योंकि ये विसरण गुणांक बढ़ाता है
(d) क्योंकि ये ATP का उपयोग नहीं करते हैं

33. यदि कोशिका में शर्करा सक्रिय रूप से गति करती है, तो कोशिका के स्फीति दाब पर क्या प्रभाव होगा?
(a) जल के प्रवेश से स्फीति दाब (TP) बढ़ेगा
(b) TP घटेगा, क्योंकि जल बाहर निकलता है
(c) TP बढ़ेगा, क्योंकि शर्करा सान्द्रता सीधे प्रभाव डालती है
(d) शर्करा सान्द्रता स्फीति पर कोई प्रभाव नहीं डालती है, इसलिए कोई परिवर्तन नहीं होगा

34. क्या होगा, यदि 'थिस्टल कीप के प्रयोग' में परासरण के प्रक्रिया रुकने के पश्चात् शर्करा विलयन डाला जाता है?
(a) थिस्टल कीप के विलयन का स्तर बढ़ जाएगा
(b) थिस्टल कीप के विलयन का स्तर नीचे आ जाएगा
(c) बीकर के विलयन का स्तर रुक जाएगा
(d) बीकर के विलयन का स्तर बिना कोई प्रभाव के बना रहेगा

35. बीज, जल में रखने के पश्चात् अवशोषण करके क्यों फूल जाता है?
(a) बीज के अन्दर OP (परासरण दाब) कम होता है
(b) जल का OP उच्च होता है
(c) बीजचोल व जल के बीच जल विभव प्रवणता विकसित हो जाती है
(d) बीज के प्रसार दाब की कमी अत्यधिक उच्च होती है

36. पादपों में वाष्पोत्सर्जन तथा मूल दाब के कारण जल ऊपर खींचता है, यह होता है
(a) जल के ऊपर की ओर खींचने के कारण
(b) जल के खींचने व धकेलने के कारण
(c) जल के ऊपर की ओर धकेलने के कारण
(d) जल के धकेलने व खींचने के कारण

37. थोक प्रवाह (Mass flow) के धनात्मक जलीय दाब प्रवणता और ऋणात्मक जलीय दाब प्रवणता के उदाहरण हैं
(a) क्रमशः नली द्वारा चूषण तथा लकड़ी का फूलना
(b) अन्तःशोषण और बगीचे के जल का एक पाइप
(c) क्रमशः बगीचे के जल का पाइप तथा नली द्वारा चूषण
(d) क्रमशः लकड़ी का फूलना तथा अन्तःशोषण

38. निम्नलिखित कथनों को पढ़िए तथा सही विकल्प का चयन कीजिए।
(a) कैस्पेरियन पट्टी की अनुपस्थिति में, पादप जल और विलायकों के अवशोषण को नियन्त्रित करने में असमर्थ होता है
(b) बिन्दुस्राव सामान्यतया कम वातावरणीय आर्द्रता के दौरान पाया जाता है
(c) Na^+ रन्ध्रों के खुलने में भूमिका निभाता है, यह सार्वभौमिक स्वीकार किया गया है
(d) CAM पादपों के रन्ध्र दिन और रात्रि में खुलते हैं

39. रन्ध्रीय गति पर प्रमुख मानक तथा नया सिद्धान्त इनमें से कौन-सा है?
(a) वाष्पोत्सर्जन (b) K^+ आगमन और निर्गमन
(c) स्टार्च अपघटन (d) रक्षक कोशिका प्रकाश-संश्लेषण

40. रसारोहरण के दौरान वाहिका और वाहिनिका में जल का स्तम्भ नहीं टूटता है, क्योंकि
(a) इनमें लिग्निन युक्त मोटी भित्तियाँ पायी जाती हैं
(b) इनमें गुरुत्वाकर्षण खिंचाव कमजोर होता है
(c) संसंजन और आसंजन के कारण
(d) वाष्पोत्सर्जन खिंचाव के कारण

41. रन्ध्रों का खुलना प्रभावित होता है
(a) N_2 सान्द्रता, CO_2 सान्द्रता और प्रकाश द्वारा
(b) CO_2 सान्द्रता, तापमान और प्रकाश द्वारा
(c) N_2 सान्द्रता, प्रकाश और तापमान द्वारा
(d) CO_2 सान्द्रता, N_2 सान्द्रता और तापमान द्वारा

42. जाइलम व फ्लोएम के मध्य परिवहन प्रणाली को आप किस प्रकार समझाएँगे?
(a) जाइलम में सक्रिय परिवहन होता है, लेकिन फ्लोएम में नहीं
(b) जाइलम में परिवहन एक ही दिशा में होता है तथा जल ऊपर की ओर गति करता है, जबकि फ्लोएम में दोनों दिशाओं में परिवहन होता है
(c) वाष्पोत्सर्जन द्वारा जाइलम रस में गति नहीं होती है, लेकिन फ्लोएम रस में होती है
(d) पदार्थों का स्थानान्तरण उद्‌गम से कुण्ड की ओर दोनों ऊतकों में होता है

43. वातरन्ध्र सम्मिलित होते हैं
(a) वाष्पोत्सर्जन में (b) गैसों के आदान-प्रदान में
(c) खाद्य परिवहन में (d) प्रकाश-संश्लेषण में

44. बिन्दुस्राव के सन्दर्भ में कौन-सा एक सत्य है?
(a) ये विशेष छिद्र द्वारा होते हैं, जिन्हें जलरन्ध्र (Hydathodes) कहते हैं
(b) ये घासीय पादपों में पाया जाता है, जब मूलदाब कम और वाष्पोत्सर्जन उच्च होता है
(c) यह केवल दिन के समय ही पाया जाता है
(d) ये कम नमी तथा आर्द्रता वाली मृदा में वृद्धि करने वाले पादपों में पाया जाता है

45. मूलदाब विकसित होता है
(a) सक्रिय अवशोषण द्वारा (b) मृदा में न्यून परासरण विभव
(c) निष्क्रिय अवशोषण द्वारा (d) वाष्पोत्सर्जन के बढ़ने पर

46. मूलों में एकत्र की गई शर्करा आहार का स्रोत बन जाती है
(a) शीत ऋतु में (b) बसन्त के आरम्भ में
(c) ग्रीष्म ऋतु में (d) ग्रीष्म ऋतु के आरम्भ में

47. फ्लोएम में पदार्थों का लदान (Loading) एक .... की शुरुआत करता है, जोकि फ्लोएम में सामूहिक प्रवाह को सुगम बनाता है।
(a) सान्द्रता प्रवणता (b) दाब प्रवणता
(c) जल विभव प्रवणता (d) दोनों (a) एवं (b)

48. असत्य कथन का चयन कीजिए।
(a) यदि गिर्डलेड द्वारा छाल को मुख्य तने से हटा दिया जाए, तो पादप नष्ट हो जाता है, क्योंकि रसारोहण रुक जाता है
(b) यदि जाइलम को गिर्डलेड द्वारा मुख्य तने से हटा दिया जाए, तो उस स्थान की पत्तियाँ मुड़ जाएगी
(c) पुष्पीय पादपों में भोजन का स्थानान्तरण डाइसैकेराइड सुक्रोस के रूप में होता है
(d) पादपों में गिर्डलेड प्रयोग में सबसे पहले मूलें नष्ट होती हैं

49. फ्लोएम में कार्बनिक खाद्य पदार्थों की गति दो दिशीय क्यों होती है?
(a) मूलें उद्गम की तरह कार्य करती है, जबकि पत्तियाँ कुण्ड क्षेत्र होता है
(b) उद्गम और कुण्ड क्षेत्र अचल होते हैं
(c) दो क्षेत्रों के बीच का सम्बन्ध (स्रोत और कुण्ड) परिवर्तनशील होता है
(d) कार्बनिक विलेयों का स्थानान्तरण ऊर्जा द्वारा नियन्त्रित होता है

50. पादपों में रसारोहण को दर्शाया जाता है
(a) गैनांग प्रयोग द्वारा (b) वेण्ट प्रयोग द्वारा
(c) लीवर ऑक्सेनोमीटनर द्वारा (d) गिर्डलिंग प्रयोग द्वारा

51. निम्न में से सही युग्म का चयन कीजिए।

(a)	पोरोमीटर	–	रन्ध्र का खुलना व बन्द होना
(b)	गैनांग पोटोमीटर	–	वृद्धि की दर
(c)	फैफ्फर ऑक्सोमीटर	–	वाष्पोत्सर्जन की जाँच
(d)	कोबाल्ट क्लोराइड कागज	–	वाष्पोत्सर्जन की दर

52. पहाड़ियों पर उगने वाले पादप प्रदर्शित करते हैं
(a) वाष्पोत्सर्जन की उच्च दर
(b) वाष्पोत्सर्जन की निम्न दर
(c) वाष्पोत्सर्जन की दर धरातल पर पाए जाने वालों के समान
(d) धँसे हुए रन्ध्र वाष्पोत्सर्जन की दर को कम रखते हैं

53. कई घासीय पादपों की पत्तियों की शीर्ष व किनारों पर विशेष छिद्रों से स्रावित जल बूँदों के रूप में हानि हैं
(a) बिन्दुस्राव (b) मूलदाब
(c) वाष्पोत्सर्जन (d) वाष्पोत्सर्जन खिंचाव

54. निम्न कथनों को ध्यानपूर्वक पढ़िए तथा सही कथन को चुनिए।
I. K^+ आयनों के एकत्रण से द्वार कोशिका खुलती है, ऊर्जा की आवश्यकता नहीं होती है।
II. रन्ध्रों के खुलने में उच्च pH सहायक होती है।
III. K^+ आयनों के द्वारा उत्पन्न आवेश अन्तर के फलस्वरूप क्लोराइड आयनों का द्वार कोशिकाओं में गमन होता है।
IV. अनेक K^+ व क्लोराइड आयनों के प्रवेश के कारण द्वारा कोशिकाओं का जल विभव बढ़ जाता है।
सही विकल्प है
(a) I एवं II (b) II एवं IV (c) III एवं IV (d) II एवं III

55. स्थानान्तरण की दाब प्रवाह परिकल्पना के बारे में कौन–से कथन सत्य हैं?
I. शर्करा ग्लूकोस के रूप में फ्लोएम से परिवाहित होती है।
II. यह शर्करा स्रोत क्षेत्र के निकट से चालनी नलिकाओं द्वारा संचरित होती है।
III. शर्करा की सान्द्रता हमेशा कुण्ड क्षेत्र के निकट अधिक होती है।
IV. निकटवर्ती जाइलम जल परासरण द्वारा फ्लोएम में चला जाता है।
(a) II एवं IV (b) II एवं III
(c) I, II एवं III (d) केवल IV

खनिज पोषण

56. नेक्रोसिस का अर्थ है
(a) पत्ती पर पीले धब्बे
(b) ऊतकों की मृत्यु तथा विघटन
(c) पत्तियों में हरे रंग का गहरा होना
(d) उपरोक्त में से कोई नहीं

57. ट्रेसर तत्व होते हैं
(a) लघुतत्व (b) दीर्घतत्व
(c) रेडियो आइसोटोप (d) विटामिन

58. निम्न में से कौन–सा तत्व पर्णहरिम अणु की रचना करता है?
(a) Fe (b) Mg (c) K (d) Mn

59. पादपों में सामान्य लक्षण जो Mg की कमी से होता है
(a) पत्तियों के सिरों का झुकना
(b) एन्थोसायनिन का निर्माण
(c) संवहन ऊतकों का कम विकसित होना
(d) मृत नैक्रोटिक क्षेत्र का निर्माण

60. K, N, Ca तथा Mg की न्यूनता उत्पन्न करती है
(a) क्लोरोसिस (b) लीफ कर्ल (c) एक्सनथीमा (d) छोटी पत्ती

61. पत्तागोभी किसकी कमी से ब्राउन हो जाती है?
(a) सोडियम (b) कैल्शियम
(c) बोरॉन (d) नाइट्रोजन

62. सेब के फल में भीतरी कॉर्क किसकी कमी से विकसित होता है?
(a) Mg (b) Ca (c) Na (d) B

63. जल-संवर्धन तकनीक के समय पोषक विलयन होना चाहिए
(a) क्षारीय (b) उदासीन
(c) अम्लीय (d) इनमें से कोई नहीं

64. मृदा में उपस्थित अधिकांश खनिज तत्व .... से पादपों में प्रवेश कर सकते हैं।
(a) पत्ती (b) मूलरोम (c) तने (d) फ्लोएम

65. पादपों में तत्वों की न्यूनतम सान्द्रता कम से कम मापी जा सकता है
(a) 10^{-5} ग्राम/मिली (b) 10^{-7} ग्राम/मिली
(c) 10^{-8} ग्राम/मिली (d) इनमें से कोई नहीं

66. निम्नलिखित में से कौन-से तीन वृहत् पोषक हैं?
(a) लोहा, ताँबा, मॉलिब्डेनम
(b) मॉलिब्डेनम, मैग्नीशियम, मैंग्नीज
(c) नाइट्रोजन, सल्फर, फॉस्फोरस
(d) बोरॉन, जिंक, मैंगनीज

67. निम्नलिखित में से कौन-सा तत्व लेशमात्रिक तत्व (सूक्ष्मपोषक) नहीं है?
(a) Mo (b) Cu (c) Mn (d) K

68. मूलशीर्ष के विकास के लिए अनिवार्य तत्व कौन-सा है?
(a) Zn (b) Fe
(c) Ca (d) Mn

69. Mg^{+2} का उत्प्रेरक है
(a) फॉस्फोइनॉल पाइरुवेट कार्बोक्सिलेज का
(b) नाइट्रोजिनेज का
(c) राइबुलोज बाइफॉस्फेट कॉबोक्सिलेज ऑक्सीजिनेज का
(d) दोनों (a) एवं (b)

70. Zn^{2+} का उत्प्रेरक है
(a) एल्कोहॉल डीहाइड्रोजिनेज
(b) नाइट्रोजिनेज
(c) फॉस्फोफिनॉल पाइरुवेट
(d) राइबुलोज बाइफॉस्फेट कार्बोक्सिलेज ऑक्सीजिनेज

71. निम्नलिखित में से कौन-सा एक सही सुमेलित है?
(a) पोषकों का निष्क्रिय परिवहन – ATP
(b) एपोप्लास्ट – प्लाज्मोडेस्मेटा
(c) पोटैशियम – सरलता से गतिशील
(d) चावल के पादपों में बाकने रोग – F स्कूग

72. निम्नलिखित में से कौन-सा तत्व नाइट्रोजन उपापचय में एन्जाइम 'नाइट्रोजिनेज' को सक्रिय करने में महत्त्वपूर्ण भूमिका निभाता है?
(a) Cu^{+2} (b) Zn^{+2}
(c) Mg^{+2} (d) Mn^{+2}

73. फॉस्फोरस पादपों द्वारा अवशोषित किया जाता है
(a) $H_2PO_4^-$ (b) HPO_4^{3-}
(c) HPO_4^{2-} (d) दोनों (a) एवं (c)

74. मध्य पटिट्का में उपस्थित तत्व है
(a) Zn (b) Cu (c) Ca (d) K

75. Ca^{+2} पादपों में एक अनिवार्य तत्व है, इसका मुख्य कार्य है
(a) कोशिका झिल्ली को चयनात्मक पारगम्यता प्रदान करता है
(b) कोशिका स्फीति (Turgidity) को बनाए रखता है
(c) समसूत्री तर्कु का निर्माण करता है
(d) दोनों (a) एवं (c)

76. सल्फर निम्न में से कौन-से अमीनो अम्लों के संघटक में पाया जाता है?
(a) सिस्टिन (b) मेथियोनिन
(c) ऐलेनिन (d) दोनों (a) एवं (b)

77. अपरिपक्व पत्तियों के गिरने का रोग किसकी कमी से उत्पन्न होता है?
(a) फॉस्फोरस (b) आयरन
(c) कैल्शियम (d) पोटैशियम

78. नाइट्रोजन, मैग्नीशियम और पोटैशियम के अपर्याप्तता के लक्षण सर्वप्रथम दिखायी दिए
(a) जीर्ण पत्तियों में (b) नई पत्तियों में
(c) मूलों में (d) कलिकाओं में

79. मैंगनीज अविषता के सन्दर्भ में निम्नलिखित में से कौन-सा कथन सत्य है?
(a) आयरन, मैग्नीशियम और कैल्शियम की अपर्याप्तता को उत्प्रेरित करता है
(b) हरिमहीन शिराओं द्वारा घिरे भूरे धब्बे उत्पन्न होते हैं
(c) यह प्ररोह शीर्ष में कैल्शियम स्थानान्तरण को बाधित करता है
(d) उपरोक्त सभी

80. खनिज अवशोषण की अन्तिम अवस्था में आयनों का अन्तर्ग्रहण होता है
(a) धीमी गति से
(b) अवशोषण की दर खनिज आयनों पर निर्भर करती है
(c) अत्यधिक तीव्र गति से
(d) उपरोक्त में से कोई नहीं

81. खनिज लवण .... के माध्यम से संवहित किए जाते हैं, जो पादप में वाष्पोत्सर्जनाकर्षण द्वारा ऊपर खिंचते हैं।
(a) फ्लोएम (b) जाइलम
(c) प्ररोह शीर्ष (d) मूल शीर्ष

82. खनिज अवशोषण की प्रारम्भिक अवस्था में आयनों का अन्तर्ग्रहण कोशिकाओं के .... स्थान में होता है।
(a) बाह्य (b) आन्तरिक
(c) अर्द्धबाह्य (d) इनमें से कोई नहीं

83. खनिज अवशोषण की प्रथम अवस्था में आयनों का अन्तर्ग्रहण होता है
(a) आयनों के सक्रिय गमन द्वारा (b) आयनों के निष्क्रिय गमन द्वारा
(c) दोनों (a) एवं (b) (d) इनमें से कोई नहीं

84. खनिज अवशोषण की अन्तिम अवस्था में आयनों का अन्तर्ग्रहण कोशिकाओं के .... स्थान में होता है।
(a) बाह्य (b) आन्तरिक
(c) अतिरिक्त अन्तःझिल्ली (d) इनमें से कोई नहीं

85. कोशिका द्वारा आयनों के सक्रिय परिवहन के लिए आवश्यक है
(a) क्षारीय pH (b) लवण
(c) उच्च तापमान (d) ATP

86. खनिज अवशोषण की दूसरी अवस्था में, आयनों का अन्तर्ग्रहण होता है
(a) आयनों के निष्क्रिय गमन द्वारा
(b) ऊर्जा के व्यय द्वारा
(c) बिना ऊर्जा के व्यय द्वारा
(d) उपरोक्त में से कोई नहीं

87. आयनों की गति का बहिर्वाह (Efflux) होता है
(a) कोशिका के बाहर की ओर (b) कोशिका के साथ में
(c) कोशिका के भीतर की ओर (d) इनमें से कोई नहीं

88. तत्वों का उनके सही कार्य/भूमिका के साथ मिलान कीजिए तथा नीचे दिए गए विकल्पों में से सही उत्तर का चयन कीजिए।

(a)	बोरॉन	-	प्रकाश-संश्लेषण के दौरान जल अपघटन द्वारा O_2 का स्वतन्त्र होना
(b)	मैंग्नीज	-	ऑक्सिन के संश्लेषण में आवश्यक
(c)	मॉलिब्डेनम	-	नाइट्रोजिनेज का संघटक
(d)	जिंक	–	परागकण अंकुरण

89. अनिवार्य तत्वों के बारे में निम्न कथनों को पढ़िए तथा सही विकल्प का चयन कीजिए।

I. तत्व पादप की सामान्य वृद्धि व जनन के लिए अनिवार्य होते हैं।

II. किसी विशिष्ट तत्व की अपर्याप्तता को किसी अन्य तत्व द्वारा पूरा नहीं किया जा सकता है।

III. तत्व पादपों के उपापचय में प्रत्यक्ष रूप से भाग लेते हैं।

(a) I एवं III (b) केवल II
(c) II एवं III (d) I, II एवं III

90. नीचे दिए गए अनिवार्य तत्वों के कार्यों के बारे में कथनों को ध्यान से पढ़िए।

I. ये कोशिका झिल्ली की पारगम्यता को बनाए रखते हैं।

II. कोशिका रस की परासरण सान्द्रता को बनाए रखते हैं।

III. वृहत् अणुओं व सहएन्जाइम के महत्त्वपूर्ण घटक होते हैं।

IV. बफर क्रिया में भाग लेते हैं।

सही विकल्प का चयन कीजिए

(a) केवल III (b) I एवं III (c) केवल I (d) I, II, III एवं IV

प्रकाश-संश्लेषण

91. प्रकाश तन्त्र-II के उत्तेजित पर्णहरिम से निकले उच्च ऊर्जा स्तर वाले इलेक्ट्रॉन सीधे किस पदार्थ पर स्थानान्तरित होते हैं?

(a) साइटोसोम (b) प्लास्टोसायनेनिन
(c) प्लास्टोक्विनॉन (d) कैरोटिनॉइड्स

92. स्ट्रोमा में पाए जाने वाले एन्जाइम क्षमता रखते हैं

(a) केवल $NADPH_2$ उत्पादन की
(b) केवल ATP उत्पादन की
(c) $NADPH_2$ एवं ATP के उपयोग की
(d) ATP एवं $NADPH_2$ दोनों के उत्पादन की

93. निम्न में से कौन-सा पादप C_3 एवं C_4 का मध्यवर्ती है?

(a) सोयाबीन (b) *जिया मेज*
(c) *पैनिकम मिलियोडिस* (d) ये सभी

94. सूर्य प्रकाश का अधिक सुग्राही परिवर्तक पादप है

(a) गन्ने का (b) गेहूँ का (c) बाजरे का (d) चावल का

95. निम्न में से किसे प्रकाशीय फॉस्फोरिलीकरण कहेंगे?

(a) ADP से ATP का निर्माण (b) NADP का निर्माण
(c) ATP से ADP का निर्माण (d) PGA का निर्माण

96. पर्णहरिम संरचना में चार पाइरोल वलय Mg से किस अणु से जुड़े रहते हैं?

(a) N (b) C (c) H (d) O

97. प्रकाश-संश्लेषण में O_2 का स्रोत होता है

(a) CO_2 (b) ATP (c) H_2O (d) PGA

98. $NADPH_2$ उत्पन्न होती है

(a) ग्लाइकोलाइसिस में (b) प्रकाश तन्त्र-I में
(c) प्रकाश तन्त्र-II में (d) अवायवीय श्वसन में

99. प्रकाश अभिक्रिया में प्रत्येक जल अणु के प्रकाश अपघटन से प्राप्त होते हैं

(a) 2 इलेक्ट्रॉन्स तथा 4 प्रोटॉन्स (b) 4 इलेक्ट्रॉन्स तथा 4 प्रोटॉन्स
(c) 4 इलेक्ट्रॉन्स तथा 3 प्रोटॉन्स (d) 2 इलेक्ट्रॉन्स तथा 2 प्रोटॉन्स

100. पर्णहरित को प्रकाशिक ऑक्सीकरण से बचाता है

(a) फाइटोसायनिन (b) फाइटोक्रोम
(c) फाइटोकैरोटिन (d) एण्टीफाइटोन

101. 'प्रकाश-संश्लेषण मूल रूप से प्रकाश की ऊर्जा का रासायनिक ऊर्जा में परिवर्तन है' यह किसने कहा?

(a) विल्सस्टाटर एवं स्टॉहल ने (b) मेयर एवं एण्डरसन ने
(c) बेन्सन एवं कैल्विन ने (d) रॉबर्ट मेयर ने

102. निम्नलिखित में से किस परिस्थिति में प्रकाश-संश्लेषण सर्वाधिक होगा?

(a) सतत् तीव्र प्रकाश में
(b) सतत् मन्द प्रकाश में
(c) एन्कान्तरीय प्रकाश एवं अन्धकार में
(d) एन्कान्तरीय लाल एवं नीले प्रकाश में

103. हरितलवक में प्रकाश-संश्लेषी वर्णक किस झिल्ली में धँसे रहते हैं?

(a) थाइलेकॉइड्स की (b) फोटोग्लोबिन की
(c) मैट्रिक्स की (d) हरितलवक के आवरण की

104. फेरेडॉक्सिन संघटक है

(a) हिल अभिक्रिया का (b) प्रकाश तन्त्र- I का
(c) P-680 का (d) प्रकाश तन्त्र- II का

105. Z-स्कीम में इलेक्ट्रॉनों के स्थानान्तरण में सम्मिलित होते हैं

(a) पूलाच्छद कोशिकाएँ (b) PS-I
(c) PS-II (d) दोनों (b) एवं (c)

106. निम्न में से कौन-सा कथन पादपों में प्रकाश-संश्लेषण अभिक्रिया की प्रकाश क्रिया के सन्दर्भ में सही है?

(a) पर्णहरिम-*a* प्रकाश तन्त्र-II में 700 nm पर तथा प्रकाश तन्त्र-I में 680 nm अवशोषण शीर्ष के साथ सम्बन्धित होता है
(b) मैग्नीशियम तथा सोडियम आयन्स जल अणु के प्रकाश अपघटन के साथ सम्बन्धित होते हैं
(c) चक्रीय फॉस्फोरिलीकरण के दौरान O_2 उत्पन्न होती है
(d) प्रकाश तन्त्र-I तथा II दोनों प्रकाश फॉस्फोरिलीकरण में सम्मिलित होते हैं

107. प्रकाश-संश्लेषण एक ऑक्सीकरण-अपचयन प्रक्रिया है, इसमें ऑक्सीकृत होने वाला पदार्थ है

(a) CO_2 (b) NADP
(c) H_2O (d) PGA

108. कौन-सा प्रकाश-संश्लेषी वर्णक हरे-पीले रंग का प्रकाश अवशोषित करता है?

(a) पर्णहरिम एवं कैरोटीन (b) फाइटोक्रोम
(c) फाइकोसायनिन (d) फाइकोइरिथ्रिन

109. प्रकाश-संश्लेषण क्रिया में जल का हाइड्रोजन और ऑक्सीजन में टूटना किसके सहयोग से होता है?
(a) N_2 एवं P यौगिकों के (b) Mn एवं Cl^- आयनों के
(c) Fe एवं उच्च स्फीति दाब के (d) Cu एवं Mo परमाणुओं के

110. गाजर की मूल के किस वर्णक का रंग काला-पीला होता है?
(a) α-कैरोटिन (b) β-कैरोटिन
(c) वाइलोजैन्थीन (d) फ्यूकोजैन्थीन

111. I. चक्रीय प्रकाश फॉस्फोरिलीकरण हेतु प्रकाश तन्त्र-I एवं प्रकाश तन्त्र-II आवश्यक हैं।
II. चक्रीय प्रकाश फॉस्फोरिलीकरण NADPH + H^+ एवं ATP का उत्पादन करते हैं।
III. चक्रीय प्रकाश फॉस्फोरिलीकरण में H_2O सम्मिलित हैं।
IV. चक्रीय प्रकाश फॉस्फोरिलीकरण में इलेक्ट्रॉनों का पुनः चक्रण होता है।
सही विकल्प चुनिए।
(a) I, II एवं III असत्य है, किन्तु IV सही है
(b) I, II एवं IV असत्य है, किन्तु III सही है
(c) I, IV एवं III असत्य है, किन्तु II सही है
(d) IV, III एवं II असत्य है, किन्तु I सही है

112. निम्नलिखित में से कौन-से कथन सही हैं?
I. प्रकाश अभिक्रिया स्ट्रोमा में होती है।
II. प्रकाश अभिक्रिया ग्रेना में होती है।
III. अप्रकाश अभिक्रिया स्ट्रोमा में होती है।
IV. अप्रकाश अभिक्रिया ग्रेना में होती है।
सही विकल्प चुनिए।
(a) I एवं II (b) II एवं IV
(c) III एवं IV (d) II एवं III

113. C-4 पादपों में प्रकाश-संश्लेषण का प्रथम उत्पाद है
(a) मैलेट (b) ऑक्जेलोएसीटेट
(c) एस्पार्टेट (d) पाइरुवेट

114. प्रकाश-संश्लेषण की इलेक्ट्रॉन ट्रान्सपोर्ट तन्त्र में हाइड्रोजन परिवाहक है
(a) फियोफाइटीन (b) प्लास्टोक्यूनॉन
(c) साइटोक्रोम-*f* (d) प्लास्टोसायनिन

115. प्रकाश-संश्लेषण दर स्वतन्त्र होती है
(a) प्रकाश की अवधि से (b) प्रकाश की तरंगदैर्ध्य से
(c) जल से (d) तापक्रम से

116. सभी पर्णहरिम की आधारभूत रचना में होता है
(a) पोरफाइरिन सिस्टम (b) साइटोक्रोम सिस्टम
(c) प्लास्टोसायनिन सिस्टम (d) फ्लैवो प्रोटीन सिस्टम

117. C_4 पादप है
(a) मक्का (b) आलू (c) चावल (d) बैंगन

118. PS-I के घटकों की स्थिति होती है
(a) स्ट्रोमा पर
(b) स्ट्रोमा थाइलेकॉइड पर
(c) ग्रेनम थाइलेकॉइड पर
(d) स्ट्रोमा तथा ग्रेनम थाइलेकॉइड की बाहरी सतह पर

119. प्रकाश-संश्लेषण में जल के अपघटन में मदद करता है
(a) PS-II (b) PS-I
(c) फेरेडॉक्सिन (d) साइटोक्रोम-*f*

120. एक ताम्रयुक्त प्रोटीन जो प्रकाश-संश्लेषण में PS-II से PS-I को इलेक्ट्रॉन स्थानान्तरण करती है
(a) साइटोक्रोम- *b/f* (b) साइटोक्रोम- a_3
(c) प्लास्टोक्विनॉन (d) प्लास्टोसायनिन

121. चक्रीय फोटोफॉस्फोरिलीकरण में निम्न में से किसका निर्माण होता है?
(a) ATP (b) NADP एवं ATP
(c) $NADH_2$ एवं O_2 (d) $NADPH_2$, ATP एवं O_2

122. NADP, $NADPH_2$ में बदलता है
(a) प्रकाश तन्त्र- I में (b) अचक्रीय फोटोफॉस्फोरिलीकरण में
(c) कैल्विन चक्र में (d) प्रकाश तन्त्र- II में

123. हिल अभिक्रिया का अवरोध करने वाला रसायन है
(a) मीथाइल आइसोसाइनेट (b) 2, 4- D
(c) नाइट्रोजन (d) परॉक्सी एसीटाइल नाइट्रेट

124. प्रकाश अभिक्रिया के दौरान क्या घटित नहीं होता?
(a) इलेक्ट्रॉन स्थानान्तरण (b) जल का प्रकाशिक अपघटन
(c) ऑक्सीजन का मुक्त होना (d) हाइड्रोजन का मुक्त होना

125. ग्लाइकोलिक अम्ल का सम्बन्ध होता है
(a) C_4-चक्र (b) CAM
(c) क्रेब्स चक्र (d) प्रकाशिक श्वसन

126. C_4 पादपों का प्रकार है
(a) हैच-स्लैक (b) इमरसन
(c) कैल्विन-बासम (d) कैल्विन

127. CAM पादप है
(a) मक्का (b) प्याज (c) मटर (d) अन्नानास

128. क्रेन्ज आकारिकी पायी जाती है
(a) गन्ने में (b) मटर में (c) आलू में (d) पपीते में

129. C_4 पादपों में CO_2 ग्राही होता है
(a) फॉस्फोइनॉल पाइरुवेट (PEP)
(b) रिब्यूलोज 1, 5-डाइफॉस्फेट (RuDP)
(c) ऑक्जेलोएसीटिक एसिड (OAA)
(d) फॉस्फोग्लिसरिक एसिड (PGA)

130. किस चक्र में ऑक्जेलोएसीटिक एसिड प्रथम स्थायी उत्पाद होता है?
(a) कैल्विन चक्र (b) हैच व स्लैक चक्र/ C_4
(c) C_2 चक्र (d) इनमें से कोई नहीं

131. हरितलवक के सम्बन्ध में निम्नलिखित में से कौन-सा कथन असत्य है?
(a) प्रायः हरितलवक स्वयं को पर्णमध्योतक कोशिकाओं के साथ पंक्तिबद्ध करते हैं, जिससे वे आपतित प्रकाश की अधिकतम मात्रा प्राप्त कर सकें
(b) हरितलवक के भीतर एक झिल्ली तन्त्र होता है, इसमें ग्रेना, स्ट्रोमा लैमिली एवं स्ट्रोमा होते हैं
(c) हरितलवक में श्रम विभाजन होता है
(d) ग्रेना में CO_2 स्थिर की जाती है

132. निम्न में से कौन-सा एक कथन गलत है?
(a) H_2O नहीं, H_2S बैंगनी सल्फर जीवाणुओं के प्रकाश-संश्लेषण में सम्मिलित होता है
(b) प्रकाश के अभाव में प्रकाश एवं अप्रकाश अभिक्रियाएँ रूक जाती हैं
(c) केल्विन चक्र हरितलवक के ग्रेना में होता है
(d) ATP का उत्पादन प्रकाश अभिक्रिया के दौरान रसोपरासरण (Chemiosmosis) के माध्यम से होता है

133. निम्नलिखित मे से कौन-से पदार्थों का अप्रकाश एवं प्रकाश अभिक्रियाओं के मध्य पुन: चक्रण नहीं होता?
(a) NADPH + H (b) ADP
(c) ATP (d) O_2 एवं CO_2

134. केल्विन चक्र के किस चरण में ATP की आवश्यकता होती है?
(a) केवल कार्बोक्सिलेशन में
(b) केवल पुनरुद्भवन में
(c) दोनों (a) एवं (b) में
(d) अपचयन एवं पुनरुद्भवन में

135. C_3-पादपों में कुछ O_2, RuBisCO से बन्धित हो जाती है, जिससे
(a) CO_2 स्थिरीकरण बढ़ता है (b) CO_2 स्थिरीकरण घटता है
(c) O_2 स्थिरीकरण बढ़ता है (d) O_2 स्थिरीकरण घटता है

136. प्रकाश श्वसन के दौरान कोशिकांगों का सही क्रम होता है
(a) हरितलवक-गॉल्जीकाय-माइटोकॉण्ड्रिया
(b) हरितलवक-खुरदरी अन्त:प्रद्रव्यी जालिका-डिक्टयोसोम
(c) हरितलवक-माइटोकॉण्ड्रिया-परॉक्सीसोम
(d) हरितलवक-रिक्तिका-परॉक्सीसोम

137. प्रकाश श्वसन पथ में CO_2 का निष्कासन किसके उपयोग के साथ होता है?
(a) NADPH (b) ATP
(c) ADP (d) $NADP^+$

138. आपके उद्यान में एक पादप, प्रकाश श्वसन हानि से बचते हुए, जल उपयोग की दक्षता में सुधार करता है, उच्च तापमान पर प्रकाश-संश्लेषण की उच्च दर का प्रदर्शन, नाइट्रोजन उपयोग की दक्षता में सुधार को प्रदर्शित करता है। आप निम्नलिखित में से किस शारीरिक समूह में इस पादप को निर्धारित करेगें?
(a) C_4 (b) CAM
(c) नाइट्रोजन-स्थिरीकारक (d) C_3

139. एमर्सन का वृद्धि प्रभाव एवं लाल पतन, निम्न में से किस खोज से सम्बन्धित है?
(a) दोनों प्रकाश तन्त्रों का एक साथ कार्य करना
(b) प्रकाश फॉस्फोरिलीकरण एवं चक्रीय इलेक्ट्रॉन परिवहन
(c) प्रकाश फॉस्फोरिलीकरण
(d) प्रकाश फॉस्फोरिलीकरण एवं अचक्रीय इलेक्ट्रॉन परिवहन

140. झिल्ली के आर-पार प्रोटॉन प्रवणता महत्त्वपूर्ण होती है, क्योंकि
(a) प्रोटॉन प्रवणता के निर्माण से ऊर्जा मुक्त होती है
(b) प्रोटॉन प्रवणता के निर्माण से थाइलेकॉइड झिल्ली की अवकाशिका की ओर pH बढ़ जाती है
(c) प्रोटॉन प्रवणता के टूटने से CO_2 मुक्त होती है
(d) प्रोटॉन प्रवणता के टूटने से ऊर्जा मुक्त होती है

141. थाइलेकॉइड झिल्ली के स्ट्रोमा की ओर प्रकाश अभिक्रिया द्वारा उत्पादित ATP एवं $NADPH_2$ से क्या लाभ है?
(a) केल्विन चक्र स्ट्रोमा से ATP एवं $NADPH_2$ का उपयोग करता है
(b) स्ट्रोमा में प्रकाश अभिक्रिया होती है
(c) ग्रेना में होने वाली अप्रकाश अभिक्रिया में ATP + $NADPH_2$ आवश्यक है
(d) स्ट्रोमा में CO_2 उत्पादित होती है

142. केल्विन चक्र में, जो प्रथम उत्पाद पहचाना गया, वह था
(a) 3-फॉस्फोग्लिसरिक अम्ल (b) 2-फॉस्फोग्लिसरिक अम्ल
(c) 1-फॉस्फोग्लिसरिक अम्ल (d) 4-फॉस्फोग्लिसरिक अम्ल

143. PEPcase एन्जाइम का RuBisCO की अपेक्षा एक लाभ है, वह लाभ है
(a) RuBisCO, O_2 से जुड़ता है, लेकिन PEPcase नहीं
(b) RuBisCO, NO_2 से जुड़ता है, लेकिन PEPcase नहीं
(c) RuBisCO ऊर्जा संरक्षण करता है, लेकिन PEPcase नहीं
(d) PEPcase पर्णमध्योतक कोशिकाओं एवं पूलाच्छद कोशिकाओं दोनों में पाया जाता है, लेकिन RuBisCO में नहीं

144. निम्नलिखित में से कौन-सा कथन प्रकाश श्वसन के बारे में सत्य है?
(a) प्रकाश श्वसन उपापचयी रूप में एक खर्चीला पथ है
(b) CO_2 की अधिकता से प्रकाश श्वसन से बचा जा सकता है
(c) प्रकाश श्वसन के परिणामस्वरूप उपयोग आने वाली CO_2 की हानि होती है
(d) उपरोक्त सभी

145. प्रकाश-संश्लेषण को प्रभावित करने वाले कारकों में सम्मिलित हैं
(a) पत्तियों की संख्या, आयु, आकार एवं अभिविन्यास, पर्णमध्योतक कोशिकाएँ एवं हरितलवक, की संरचना CO_2 की सान्द्रता एवं पर्णहरिम की मात्रा
(b) पत्तियों की प्रकृति, पर्णमध्योतक कोशिका का आकार एवं प्रकाश
(c) पर्णमध्योतक कोशिकाओं का वितरण एवं तापमान
(d) पर्णहरिम की मात्रा, पत्तियों का आकार एवं CO_2

पादपों में श्वसन

146. निम्न में से वह श्वसन आधार, जिससे सर्वाधिक संख्या में ATP अणु प्राप्त होते हैं
(a) ग्लूकोस
(b) एमाइलेज
(c) ग्लाइकोजन
(d) बीटोजेनिक अमीनो अम्ल

147. श्वसन किस प्रकार की प्रक्रिया है?
(a) उपचयी (b) उष्माशोषी
(c) ऊष्माक्षेपी (d) ऊर्जाशोषी

148. किण्वन निम्नलिखित समीकरण से दर्शाया जाता है
(a) $C_6H_{12}O_6 + 6O_2 \rightarrow 6CO_2 + 6H_2O + 673\text{ k cal}$
(b) $C_6H_{12}O_6 \rightarrow 2C_2H_5OH + 2CO_2 + 18\text{ k cal}$
(c) $6CO_2 + 12H_2O \xrightarrow[\text{पर्णहरिम}]{\text{प्रकाश}} C_6H_{12}O_6 + 6H_2O + 6O_2$
(d) $6CO_2 + 6H_2O \rightarrow C_6H_{12}O_6 + 6O_2$

149. अनॉक्सी-श्वसन होता है
(a) माइटोकॉण्ड्रिया में (b) सायटोप्लाज्म में
(c) लाइसोसोम्स में (d) अन्तःप्रद्रव्यी जालिका में

150. किण्वन के दौरान एल्कोहॉल बनता है
(a) शर्करा से (b) प्रोटीन्स से
(c) $CO_2 + H_2O$ से (d) वसा से

151. श्वसन क्रिया के दौरान प्रोटीन का श्वसन आधार के रूप में उपयोग होता है, जब
(a) वसा अनुपस्थित हो
(b) कार्बोहाइड्रेट्स हो
(c) वसा तथा कार्बोहाइड्रेट्स दोनों ही समाप्त हो गए हो
(d) वसा तथा कार्बोहाइड्रेट्स की मात्रा अधिक हो

152. ऑक्सी तथा अनॉक्सी-श्वसन के मध्य सामान्य पथ है
(a) क्रेब्स चक्र (b) ग्लाइकोलाइसिस
(c) TCA-चक्र (d) C_4 चक्र

153. किण्वन है
(a) अनॉक्सी-श्वसन
(b) कार्बोहाइड्रेट का अपूर्ण ऑक्सीकरण
(c) कार्बोहाइड्रेट का पूर्ण ऑक्सीकरण
(d) उपरोक्त में से कोई नहीं

154. पाइरुविक अम्ल का एथाइल एल्कोहॉल में परिवर्तन किस एन्जाइम द्वारा होता है?
(a) कार्बोक्सिलेज (b) डिहाइड्रोजिनेज
(c) दोनों (a) एवं (b) (d) फॉस्फोटेज

155. यीस्ट में अवायवीय श्वसन के द्वारा
(a) जल तथा CO_2 अन्तिम उत्पाद होते हैं
(b) CO_2, C_2H_5OH तथा ऊर्जा अन्तिम उत्पाद होते हैं
(c) $H_2S, C_6H_{12}O_6$ तथा ऊर्जा अन्तिम उत्पाद होते हैं
(d) H_2O, CO_2 तथा ऊर्जा अन्तिम उत्पाद होते हैं

156. हेक्सो-मोनोफॉस्फेट शण्ट (HMP) है
(a) पेन्टोज फॉस्फेट मार्ग जो शर्करा का बिना ग्लाइकोलाइसिस और क्रेब्स चक्र के ऑक्सीकरण करते हैं
(b) ग्लूकोस का पाइरुविक अम्ल में परिवर्तन करते हैं
(c) वसा से कार्बोहाइड्रेट बनना
(d) ग्लूकोस से फ्रक्टोस बनना

157. पाइरुविक अम्ल से एसीटाइल Co-A का निर्माण किस परिणाम के फलस्वरूप होता है?
(a) अपचयन (b) ऑक्सीकृत विकार्बोक्सीलिकरण
(c) विफॉस्फेटीकरण (d) विहाइड्रोजनीकरण

158. ग्लाइकोलाइसिस
I. ग्लूकोस (एक अणु) का आंशिक ऑक्सीकरण करता है, ताकि कुल लब्धि (Gain) के रूप में पाइरुविक अम्ल के 2 अणु एवं 2 ATP बनाता है।
II. सभी सजीव कोशिकाओं में होता है।
III. 2 चरणों पर 2 ATP उपयोग करता है।
IV. यह परिकल्पना गस्ताव एम्बडेन (Gustav Embden) ओटियो मेयरहॉफ (Otio Mayerhof) एवं जे परनास (J Parnas) के द्वारा दी गई थी।

उपरोक्त से सही कथनों युक्त उपयुक्त सही विकल्प का चयन कीजिए।
(a) II, III एवं IV (b) I, II एवं IV
(c) I, II III एवं IV (d) केवल I

159. क्रेब्स चक्र में सक्सिनेट से फ्यूमेरेट का ऑक्सीकरण किस कारण से होता है?
(a) हाइड्रोजन के निष्कासन से
(b) इलेक्ट्रॉन का ह्रास होने से
(c) ऑक्सीजन के जुड़ने से
(d) इनमें से कोई नहीं

160. शैवाल की श्वसन क्रिया हेतु O_2 का प्रमुख स्रोत क्या है?
(a) O_2 तथा H_2O (b) घुलित O_2
(c) घुलित NO_3 (d) घुलित O_2 तथा NO_3

161. अनॉक्सी-श्वसन को सर्वप्रथम किसने बताया?
(a) कोस्टीचेव (b) पैफर
(c) क्लीन/कुहने (d) पाश्चर

162. श्वसनीय एन्जाइम कहाँ होते हैं?
(a) माइटोकॉण्ड्रिया के मैट्रिक्स में
(b) क्रिस्टी में
(c) परिमाइटोकॉण्ड्रियल गुहा में
(d) बाहरी झिल्ली में

163. अनॉक्सी-श्वसन के समय कुल ऊर्जा का लाभ कितना होता है?
(a) ATP का एक अणु
(b) ATP के दो अणु
(c) ATP के चार अणु
(d) ATP के आठ अणु

164. माइटोकॉण्ड्रिया में ATP का संश्लेषण होता है
(a) मैट्रिक्स में (b) क्रिस्टी पर
(c) अन्तराक्रिस्टल स्थल में (d) बाह्य झिल्ली पर

165. हेक्सोस मोनोफॉस्फेट शण्ट में कितने CO_2 अणुओं की संख्या का निष्कासन होता है?
(a) ग्लाइकोलाइसिस से कम
(b) ग्लाइकोलाइसिस से अधिक
(c) ग्लाइकोलाइसिस के समान
(d) ग्लाइकोलाइसिस से अत्यधिक कम

166. ग्लाइकोलाइसिस के सम्बन्ध में कौन-सा कथन सही है?
I. यह साइटोसोल में होता है।
II. यह कोई ATP उत्पन्न नहीं करता है।
III. इसका इलेक्ट्रॉन परिवहन श्रृंखला से कोई सम्बन्ध नहीं होता है।
IV. प्रत्येक ग्लूकोस अणु क्रिया करने के लिए NAD^+ के 2 अणु अपचयित करता है।

सही विकल्प का चयन कीजिए।
(a) केवल I (b) I, II एवं III
(c) I एवं III (d) इनमें से कोई नहीं

167. यूकैरियोट्स में एक अणु ग्लूकोस के पूर्ण ऑक्सीकरण में कुल कितने ATP का लाभ होता है?
(a) 24 ATP (b) 36 ATP
(c) 46 ATP (d) 56 ATP

168. क्रेब चक्र कहाँ सम्पन्न होता है?
(a) लयनकाय में (b) माइटोकॉण्ड्रिया में
(c) केन्द्रक में (d) कोशिकाद्रव्य में

169. ग्लाइकोलाइसिस प्रक्रम कहाँ होता है?
(a) केन्द्रक में (b) माइटोकॉण्ड्रिया में
(c) कोशिकाद्रव्य में (d) दोनों (b) एवं (c)

170. निम्नलिखित युग्म में से सही का चयन कीजिए।

(a)	आण्विक ऑक्सीजन	–	हाइड्रोजन ग्राही
(b)	इलेक्ट्रॉन ग्राही	–	NAPH
(c)	पाइरुवेट डीहाइड्रोजिनेज	–	साइटोक्रोम-C
(d)	विकार्बोक्सिलीकरण	–	एसीटाइल Co-A

171. ग्लाइकोलाइसिस का दूसरा नाम है
(a) EMP मार्ग (b) TCA मार्ग
(c) HMS मार्ग (d) C_4 चक्र

172. किस एन्जाइम के द्वारा ग्लूकोस को ग्लूकोस-6-फॉस्फेट में बदलने वाला एन्जाइम है?
(a) फॉस्फोराइलेज (b) ग्लूकोस- 6-फॉस्फेट
(c) हैक्सोकाइनेज (d) ग्लूकोस सिन्थेटेज

173. श्वसन के दौरान पाइरुविक अम्ल का निर्माण किस प्रक्रिया से होता है?
(a) ग्लाइकोलाइसिस (b) क्रेब-चक्र
(c) HMP मार्ग (d) इनमें से कोई नहीं

174. ग्लाइकोलाइसिस की प्रक्रिया का सूत्र है
(a) $C_6H_{12}O_6 \rightarrow 2C_3H_4O_3 + 4H$
(b) $C_6H_{12}O_6 + 6CO_2 \rightarrow 6CO_2 + 6H_2O$
(c) $6H_2O + 6CO_2 \rightarrow C_6H_{12}O_6 + 6O_2$
(d) उपरोक्त में से कोई नहीं

175. ग्लाइकोलाइसिस व क्रेब चक्र के माध्य कौन-सा लिंक है?
(a) सिट्रिक अम्ल
(b) एसीटाइल Co-A
(c) सक्सीनिक अम्ल
(d) ऑक्जेलोएसिटिक अम्ल

176. क्रेब्स चक्र के दौरान, ग्लूकोस अणु की ऊर्जा सामान्यतया स्थानान्तरित होती है
(a) NADH तथा FADH पर (b) NADPH पर
(c) ADP पर (d) OAA पर

177. सिट्रिक अम्ल में, कार्बन परमाणुओं की संख्या होती हैं
(a) 8 (b) 6
(c) 12 (d) 4

178. ऑक्सी-श्वसन के दौरान अधिकतम ATP निर्मित होते हैं
(a) ETS द्वारा (b) क्रेब्स चक्र द्वारा
(c) ग्लाइकोलाइसिस द्वारा (d) किण्वन द्वारा

179. एक क्रेब्स चक्र के दौरान, कितने CO_2 के अणु मुक्त होंगे?
(a) 1 (b) 2
(c) 3 (d) 4

180. रसायन परासरणी सिद्धान्त किसने दिया?
(a) विलियम हॉर्वे ने (b) एडोल्फ क्रेब्स ने
(c) पीटर मिशेल ने (d) दोनों (a) एवं (c)

181. निम्नलिखित युग्म में से सही का चयन कीजिए।

(a)	4-C यौगिक	–	एसीटाइल Co-A
(b)	2-C यौगिक	–	पाइरुवेट
(c)	6-C यौगिक	–	सिट्रिक अम्ल
(d)	5-C यौगिक	–	α-कीटोग्लूटैरिक अम्ल

182. माइटोकॉण्ड्रिया में रसोपरासरण परिकल्पना (Chemiosmotic hypothesis) के सम्बन्ध में निम्न कथनों का अध्ययन कीजिए एवं उनमें से सही कथन का चयन कीजिए।
I. F_1 हैडपीस (Headpiece) में ADP + Pi से ATP के संश्लेषण का स्थल होता है।
II. F_0 भाग आन्तरिक झिल्ली के द्वारा पार होने वाले प्रोटॉन्स के द्वारा चैनल बनाते हैं।
III. प्रत्येक उत्पादित ATP के लिए, अन्तर झिल्ली अन्तराल से मैट्रिक्स के लिए F_0 से $2H^+$ गुजरता है, इलेक्ट्रोरसायन प्रक्रिया विभव को कम कर देता है।
(a) I एवं II (b) II एवं III (c) I एवं III (d) I, II एवं III

183. पाइरुवेट $\rightarrow C_2H_5OH + CO_2$
उपरोक्त अभिक्रिया के लिए दो एन्जाइमों की आवश्यकता होती है, उनका नाम है
(a) पाइरुवेट डीकार्बोक्सिलेज एवं एल्कोहॉल डीहाइड्रोजिनेज
(b) पाइरुवेट डीकार्बोक्सिलेज एवं ईनोलेज
(c) पाइरुवेट डीकार्बोक्सिलेज एवं पाइरुवेट काइनेज
(d) पाइरुवेट डीकार्बोक्सिलेज एवं एल्डोलेज

184. क्रेब्स चक्र के बारे में निम्न में से कौन-सा कथन सही नहीं है?
(a) इसे सिट्रिक अम्ल चक्र भी कहते हैं
(b) ग्लाइकोलाइसिस को क्रेब्स चक्र के साथ, जो माध्यमिक/मध्यस्थ यौगिक जुड़ता है, वह मैलिक अम्ल है
(c) यह माइटोकॉण्ड्रिया में उत्पन्न होता है
(d) यह 6-कार्बन यौगिक के साथ शुरू होता है

185. निम्न में से किसमें, NAD का अपचयन (Reduction) नहीं होता है?
(a) आइसोसिट्रिक अम्ल → α-कीटोग्लूटैरिक अम्ल
(b) मैलिक अम्ल → ऑक्जेलोएसीटिक अम्ल
(c) पाइरुविक अम्ल → एसीटाइल Co-A
(d) सक्सीनिक अम्ल → फ्यूमैरिक अम्ल

186. किसमें इलेक्ट्रॉन प्रवाहित होने से ATP बनता है?
(a) साइटोक्रोम-a से साइटोक्रोम-b
(b) साइटोक्रोम-b से साइटोक्रोम-c_1
(c) साइटोक्रोम-c से साइटोक्रोम-b
(d) साइटोक्रोम-a से साइटोक्रोम-b

187. प्रत्येक ग्लूकोस के लिए ATP कुल लब्धि (Gain) की गणना कुछ पूर्वानुमानों (Asumptions) पर होती है। ऊपर दिए गए कथन/वक्तव्य के अनुसार सही विकल्प का चयन कीजिए।
(a) पाथवे क्रिया अनुक्रमिक/क्रबद्ध एवं व्यवस्थित रूप में होती है
(b) एक क्रियाधार अन्य के लिए अभिकारक (Reactant) बनाता है
(c) TCA चक्र एवं ETS पाथवे एक के बाद अन्य अनुसरित होती है
(d) उपरोक्त सभी

188. एक श्वसन सम्बन्धी उपापचय में श्वसन गुणांक (RQ) 1.0 से कम है, तो इसका क्या अभिप्राय होगा?
(a) कार्बोहाइड्रेट श्वसन सम्बन्धी क्रियाधार के रूप में उपयोग किए जाते हैं
(b) जैविक अम्ल श्वसन सम्बन्धी क्रियाधार के रूप में उपयोग किए जाते हैं
(c) श्वसन सम्बन्धी क्रियाधार का ऑक्सीकरण मुक्त हुई CO_2 की मात्रा से अधिक ऑक्सीजन का उपयोग करता है
(d) श्वसन सम्बन्धी क्रियाधार का ऑक्सीकरण मुक्त हुई CO_2 की मात्रा से कम ऑक्सीजन का उपयोग करता है

189. RQ में अन्तर किसके कारण होता है?
(a) तापक्रम (b) श्वसनाधार
(c) प्रकाश व O_2 (d) श्वसन उत्पाद

190. श्वसन गुणांक का मान 4 निम्न में से किसके पूर्ण ऑक्सीकरण के लिए अपेक्षित होगा?
(a) ग्लूकोस (b) मैलिक अम्ल
(c) ऑक्जेलिक अम्ल (d) टार्टरिक अम्ल

191. दी गई समीकरण के सम्बन्ध में
$2(C_{51}H_{98}O_6) + 145O_2 \rightarrow 102\ CO_2 + 98H_2O +$ ऊर्जा
इस स्थिति में श्वसन सम्बन्धी भागफल है
(a) 1 (b) 0.7 (c) 1.45 (d) 1.62

192. एक अंकुरित कैस्टर (Castor) बीज का श्वसन गुणांक होगा
(a) एक के बराबर (b) एक से अधिक
(c) एक से कम (d) शून्य के बराबर

पादप वृद्धि, गति एवं विकास

193. पादपों में द्वितीयक/माध्यमिक वृद्धि के लिए उत्तरदायी है
(a) संवहनीय एधा (Vascular cambium)
(b) कॉर्क एधा (Cork cambium)
(c) मूल एवं शीर्ष शिखर विभज्योतक
(d) दोनों (a) एवं (b)

194. कोशिकीय स्तर पर विकास में वृद्धि का कारण है
(a) कोशिका भित्ति (Cell wall)
(b) कोशिका झिल्ली (Cell membrane)
(c) जीवद्रव्य (Protoplasm)
(d) उपरोक्त सभी

195. विभज्योतकी क्षेत्र की समीपस्थ कोशिकाएँ किस चरण का प्रतिनिधित्व करती हैं?
(a) विभाजन (Division) (b) परिपक्वता (Maturation)
(c) दीर्घीकरण (Elongation) (d) विभेदन (Differentation)

196. अंकगणितीय (Arithmatic) वृद्धि रैखिक है, क्योंकि
(a) एक पुत्री कोशिका विभज्योतकी रहती है एवं दूसरी विभाजित एवं परिपक्व हो जाती हैं
(b) दोनों पुत्री कोशिकाओं में विभाजन हो जाता है
(c) दोनों पुत्री कोशिकाएँ परिपक्व हो जाती हैं
(d) उपरोक्त सभी

197. ज्यामितीय वृद्धि (Geometrical growth) विकास चरणों का सही अनुक्रम एवं घटनाएँ हैं (शुरु से अन्त तक)
I. अन्तराली चरण
II. स्थिर चरण
III. घातीय चरण
(a) I → II → III (b) I → III → II
(c) III → II → I (d) III → I → II

198. ज्यामितीय वृद्धि में, अन्तरालीचरण किसके लिए दर्शाया जाता है?
(a) प्रारम्भ में तेजी से विकास
(b) बाद में तेजी से वृद्धि
(c) प्रारम्भ में धीमी गति से विकास
(d) बाद में धीमी गति से विकास

199. कोशिका में विभेदन प्रक्रिया सम्पन्न होती है, भित्ति पर
(a) क्यूटिन जमा होने से (b) लिग्निन जमा होने से
(c) टैनिन जमा होने से (d) ये सभी

200. समय के साथ वृद्धि दर का प्रारुपिक ग्राफ होता है
(a) S-आकृति का (b) Z-आकृति का
(c) V-आकृति का (d) इनमें से कोई नहीं

201. किस यन्त्र द्वारा लगे हुये पादप की वृद्धि का मापन सेकण्ड्स में किया जा सकता है?
(a) आर्क-ऑक्सेनोमीटर (b) आर्क-सूचक
(c) स्पेन-मार्करडिस्क (d) क्रेसकोग्राफ

202. अधिकतम वृद्धि होती है
(a) तने के शीर्ष पर (b) तने के आधार पर
(c) शीर्ष के कुछ पीछे (d) पादप के सभी स्थानों में

203. वृद्धि में लगे कुल समय को कहते हैं
(a) परिपक्वन वृद्धिकाल (b) समग्र वृद्धिकाल
(c) प्रारम्भिक वृद्धिकाल (d) इनमें से कोई नहीं

204. पादपों में वृद्धि प्रभावित होती है
(a) जीन्स द्वारा (b) वृद्धि हॉर्मोन्स द्वारा
(c) वातावरणीय कारकों द्वारा (d) इन सभी के द्वारा

205. ज्यामितीय वृद्धि में, घातीय चरण (Exponential phase) किसके लिए दर्शाया जाता है?
(a) पोषक तत्वों की तेजी से खपत
(b) कोशिका संख्या में तेजी से वृद्धि
(c) सर्वाधिक/उच्चतम वृद्धि दर
(d) उपरोक्त सभी

206. एक पादप की सम्पूर्ण वृद्धि की माप की प्रति इकाई के सापेक्ष तुलना कहलाती है
(a) पूर्ण विकास दर (b) गुणात्मक विकास दर
(c) सापेक्ष वृद्धि दर (d) तीव्र विकास दर

207. मूल शिखर विभज्योतक (Root apical meristem) एवं शीर्ष शिखर विभज्योतक (Shoot apical meristem) से निकली कोशिकाओं की परिपक्वता को दर्शाने वाला अधिनियम है
(a) विभेदन (b) निर्विभेदन
(c) पुनर्विभेदन (d) इनमें से कोई नहीं

208. ऑक्सैनोमीटर (Auxanometer) का प्रयोग किसके मापन के लिए होता है?
(a) सम्पूर्ण अंग की लम्बाई में वृद्धि
(b) सम्पूर्ण अंग की चौड़ाई में वृद्धि
(c) पादपों की आबादी
(d) दोनों (a) एवं (b)

209. पादप वृद्धि में जल आवश्यक है
(a) एन्जाइम प्रतिक्रियाओं के लिए
(b) कोशिका वृद्धि
(c) लवणों के अवशोषण के लिए
(d) उपरोक्त सभी

210. आकार, जैव रसायन संरचना और कार्य से सम्बन्धित कोशिकाओं या अंगों में स्थायी स्थानीय गुणात्मक परिवर्तन को कहा जाता है
(a) कोशिका विभाजन (Cell division)
(b) विभज्योतक विभाजन (Meristematic division)
(c) विभेदन (Differentiation)
(d) निर्विभेदन (Dedifferentiation)

211. निम्न में से कौन-सा निर्विभेदन (Dedifferentiation) का उदाहरण है?
(a) प्राक्एधा और संवहनी एधा
(b) कॉर्क एधा और अन्तर्पूलीय एधा
(c) कॉर्क एधा और संवहनी एधा
(d) प्राक्एधा और कॉर्क एधा

212. निर्विभेदित कोशिकाओं में विभाजित होने की क्षमता का खो जाना और परिपक्व हो जाने की प्रक्रिया कहलाती है
(a) कोशिका वृद्धि (b) पुनर्विभेदन
(c) निर्विभेदन (d) विभेदन

213. पर्यावरणीय विषमपर्णिता (Environmental heterophylly) देखी जा सकती है
(a) कपास में (b) धनिया में
(c) निर्विषी (Larkspur) में (d) नवनीत पुष्प में

214. निम्न में से कौन-सा पुनर्विभेदन का उदाहरण है?
(a) कॉर्क एधा (b) द्वितीयक दारू
(c) विभज्योतक (d) अन्तर्पूलीय एधा

215. वर्ष के विभिन्न मौसमों में विभिन्न पहलुओं या पादपों की उपस्थिति का अध्ययन कहा जाता है
(a) पारिस्थितिकी (Ecology)
(b) पारिस्थितिकी तन्त्र (Ecosystem)
(c) फेनोलॉजी (Phenology)
(d) जनगणना (Demography)/जनसांख्यिकी विज्ञान

216. इनमें से कौन-से पादपों के विकास के लिए बाहरी कारक नहीं हैं?
(a) प्रकाश, ऑक्सीजन
(b) तापमान, कार्बन डाइऑक्साइड
(c) पोषक तत्व, जल
(d) वृद्धि नियामक और आनुवंशिक कारक

217. प्रकाश की अनुक्रिया में अंगों की गति कहलाती है
(a) जलानुवर्तन (b) स्पर्शानुवर्तन
(c) प्रकाशानुवर्तन (d) गुरुत्वानुवर्तन गति

218. यदि तना सूर्य प्रकाश की ओर तथा मूल उसके विपरीत दिशा में वृद्धि करती है तब तने की गति कहलाती है
(a) ऋणात्मक प्रकाशानुवर्ती गति (b) प्रकाशानुवर्ती गति
(c) धनात्मक प्रकाशानुवर्ती गति (d) इनमें से कोई नहीं

219. पुष्प कलियों का फूलों के रूप में खिल जाना किस प्रकार की गति होती है
(a) चलन की स्वायत्त गति (b) विभिन्नता की स्वायत्त गति
(c) वृद्धि की अनुप्रेरित गति (d) वृद्धि की स्वायत्त गति

220. *ड्रॉसेरा* में टेन्टेकिल्स की गति होती है
(a) फोटोनेस्टिक (b) थर्मोनेस्टिक
(c) थिग्मोनेस्टिक (d) सीस्मोनेस्टिक

221. चलन गतियों से अभिप्राय है
(a) कोशा के अन्दर जीवद्रव्य चलन
(b) एककोशीय या बहुकोशीय पादपों में स्थान परिवर्तन
(c) *ऑसिलेटोरिया* में उत्सर्जनी गति
(d) उपरोक्त सभी

222. निम्न में से किस प्रकार जीवद्रव्य प्रवाही गति होती है?
(a) अनुकुंचन (b) प्रेरित
(c) स्वतः (d) इनमें से कोई नहीं

223. कोशा में जीवद्रव्य का रिक्तिका के चारों ओर एक ही दिशा में घूमना अर्थात् घूर्णन पाया जाता है
(a) *वैलिसनेरिया* की पत्ती में
(b) *हाइड्रिला* की पत्ती में
(c) दोनों (a) एवं (b)
(d) *ट्रेडेस्कैन्शिया* के पुंकेसरी रोम में

224. मॉस तथा फर्न में नर युग्मक के मादा युग्मक की ओर जाने की गति है
(a) रसायनानुचलन (b) रसायनानुवर्तन
(c) रसायनानुकुंचन (d) प्रकाशानुवर्तन

225. *डैस्मोडियम गायरेन्स* के पार्श्व-पत्रक किस प्रकार की गति करते हैं?
(a) प्रेरित (b) परिवर्तन गति
(c) अनुवर्तन (d) शिखाचक्रण

226. पत्ती, पुष्पपत्र की निचली सतह पर अधिक वृद्धि हो जाने से ऊपर की ओर मुड़ने की क्रिया को कहते हैं
(a) अधोवृद्धिकुंचन (b) उपरिवृद्धिकुंचन
(c) शिखाचक्रण (d) निशानुकुंचन

227. शिखाचक्रण प्रकार की गति देखी जा सकती है
(a) गोल तनों में
(b) विसर्पी तनों में
(c) कोणीय या सर्पिल ढंग से वृद्धि कर रहे तनों में
(d) पत्ती में

228. पोस्त की पुष्प कलिका प्रारम्भ में नीचे की ओर झुकी होती है, बाद में पुष्प सीधा हो जाता है। यह क्रिया होती है
(a) क्रमशः उपरिवृद्धिकुंचन व अधोवृद्धिकुंचन के कारण
(b) क्रमशः अधोवृद्धिकुंचन व उपरिवृद्धिकुंचन के कारण
(c) केवल उपरिवृद्धिकुंचन के कारण
(d) केवल अधोवृद्धिकुंचन के कारण

229. अनुवर्तन गतियाँ होती हैं
(a) वक्रण, यान्त्रिक तथा स्वतः प्रकार की
(b) वक्रण, जैव तथा प्रेरित प्रकार की
(c) चलन, स्वतः तथा उत्सर्जनी प्रकार की
(d) वक्रण, स्वतः तथा वृद्धि प्रकार की

230. पादपों में बाह्य उद्दीपन के बिना होने वाली गतियाँ हैं
(a) स्वतः गतियाँ (b) प्रेरित गतियाँ
(c) अनुवर्तन गतियाँ (d) अनुकुंचन गतियाँ

231. जड़ व तने में क्रमश: धनात्मक गुरुत्वानुवर्तन व धनात्मक प्रकाशानुवर्तन गतियाँ होती हैं। इसका कारण है
(a) हॉर्मोन्स का समान वितरण व समान प्रभाव
(b) हॉर्मोन्स का भिन्न वितरण व भिन्न प्रभाव
(c) हॉर्मोन्स का समान वितरण व भिन्न प्रभाव
(d) उपरोक्त में से कोई नहीं

232. निम्न में कौन-सा कथन सत्य है?
(a) जलानुवर्तन, गुरुत्वानुवर्तन की अपेक्षा तीव्र होता है
(b) गुरुत्वानुवर्तन, जलानुवर्तन की अपेक्षा तीव्र होता है
(c) जलानुवर्तन व गुरुत्वानुवर्तन दोनों समान होते हैं
(d) उपरोक्त में से कोई नहीं

233. ड्रोसेरा *(Drosera)* में रोमों की गति है
(a) प्रकाशानुवर्तन (b) स्पर्शानुवर्तन
(c) कम्पानुकुंचन (d) स्पर्शानुकुंचन

234. अनुकुंचन गति, अनुवर्तन गति से भिन्न है, क्योंकि अनुकुंचन गति
(a) उद्दीपन की दिशा की ओर होती है
(b) उद्दीपन की दिशा से प्रभावित नहीं होती है
(c) स्वप्रेरित होती है
(d) अचानक होती है

235. केसर *(Crocus)* में पुष्प
(a) कम ताप पर खुल जाते हैं तथा अधिक ताप पर बन्द हो जाते हैं
(b) कम ताप पर बन्द हो जाते हैं तथा अधिक ताप पर खुल जाते हैं
(c) सामान्य ताप पर ही खुलते व बन्द होते हैं
(d) कम ताप पर ही खुलते व बन्द होते हैं

236. ऑक्सिन (Auxin) पृथक् किया गया था
(a) चार्ल्स डॉर्विन (Charles Darwin)
(b) फ्रान्सिस डार्विन (Francis Darwin)
(c) एफ. डब्ल्यू. वेन्ट (FW Went)
(d) डी. व्रीज (de Vries)

237. प्रांकुर ऊतक (Coleoptile tissue) में ऑक्सिन का
(a) परिवहन नहीं होता, क्योंकि इसका उपयोग वहीं होता है, जहाँ ये बनता है
(b) प्रसार द्वारा परिवहन होता है
(c) आधार से शीर्ष, विसरण द्वारा परिवहन होता है
(d) उत्पादन शीर्ष भाग में विभज्योतक के द्वारा होता है

238. इनमें से कौन-सा हॉर्मोन सर्वप्रथम, मानव मूत्र में पाया गया?
(a) ऑक्सिन (b) ABA
(c) एथिलीन (d) जिबरेलिक अम्ल

239. टमाटर में अनिषेकफलन (Parthenocarpy) किसके द्वारा प्रेरित होता है?
(a) साइटोकाइनिन (b) ऑक्सिन
(c) जिबरेलिन (d) CH_2-CH_2

240. ऑक्सिन, जिसका द्विबीजपत्री घास को मारने में तीव्र गति से उपयोग होता है, वह है
(a) IAA (b) IBA
(c) NAA (d) 2, 4-D

241. किस वैज्ञानिक ने हॉर्मोन शब्द का प्रयोग जन्तुओं में "उत्तेजित करने वाला पदार्थ" के लिए किया?
(a) स्टरलिंग (b) वैन्ट (Went)
(c) डार्विन (d) बॉयसेन-जेनसेन

242. निम्नलिखित में से किस वैज्ञानिक ने वृद्धि-हॉर्मोन का पता लगाया?
(a) चार्ल्स डार्विन (b) फंक
(c) फ्रांसिस डार्विन (d) एफ डब्लू वेन्ट

243. निम्न में ऑक्सिन है
(a) इण्डोल एसिटिक अम्ल-IAA
(b) नेफ्थेलीन एसिटिक अम्ल-NAA
(c) 2,4-डाइक्लोरो-फीनॉक्सी एसीटिक अम्ल-2, 4-D
(d) उपरोक्त सभी

244. पतझड़ विलगन पर्त के बनने पर होता है जब,
(a) ऑक्सिन की मात्रा बढ़ती है (b) ऑक्सिन की मात्रा घटती है
(c) एब्सिसिक एसिड घटता है (d) जिब्रेलिक एसिड घटता है

245. इनमें से कौन-सा एक संश्लेषित ऑक्सिन है?
(a) NAA (b) IAA (c) GA (d) IBA

246. तने में फोटोट्रोपिज्म किस कारण होती है?
(a) ऑक्सिन (b) जिब्रेलिन
(c) साइटोकाइनिन (d) एब्सिसिक एसिड

247. शीर्ष प्रमुखता का अर्थ है
(a) पार्श्व कलिकाओं द्वारा शीर्षस्थ कलिका की वृद्धि का सन्दमन
(b) शीर्षस्थ कलिका की उपस्थिति के कारण पार्श्व कलिकाओं की वृद्धि का सन्दमन
(c) पार्श्व कलिकाओं के निष्कासन द्वारा शीर्षस्थ कलिका की वृद्धि का उद्दीपन
(d) शीर्षस्थ कलिका के निष्कासन द्वारा पार्श्व कलिकाओं की वृद्धि का विरोध

248. आपको कृत्रिम संवर्धन माध्यम में विभेदन के लिए पूर्णशक्य ऊतक दिया गया है। इनमें से कौन-से हॉर्मोन के जोड़े को आप शीर्ष और मूल दोनों को सुरक्षित रखने के लिए प्रयोग करेंगे।
(a) IAA और जिबरेलिन
(b) ऑक्सिन और साइटोकाइनिन
(c) ऑक्सिन और एब्सीसिक अम्ल
(d) जिबरेलिक और एब्सीसिक अम्ल

249. निम्नलिखित में से कौन-सा असत्य मिलान है?
(a) कर्तोतक – कटे हुए पादप भाग का कैलस बनाने के लिए उपयोग किया जाता है
(b) साइटोकाइनिन – कैलस में प्ररोह निर्माण हेतु
(c) दैहिक भ्रूण – निष्क्रिय/प्ररोही कोशिका से भ्रूण उत्पादन
(d) एन्थेर संवर्धन – अगुणित पादप

250. पादप हॉर्मोन काइनिन का सर्वप्रथम वियोजन किया
(a) स्कूग ने (b) मिलर ने
(c) लिथाम ने (d) डार्विन ने

251. साइटोकाइनिन की पादपों के किस भाग में सर्वाधिक सान्द्रता होती है?
(a) विभज्योतकीय भाग (b) संग्रहण करने वाले भाग
(c) पुष्पीय भाग (d) मूल एवं तना

252. सही कथन को चुनें
I. साइटोकाइनिन सामान्यतया जीर्णता को कम करता है
II. शीर्ष प्रभाविता को ऑक्सिन नियंत्रित करता है
III. इथाइलीन विशेषकर बीज अंकुरण को बढ़ावा देता है
IV. अपरिपक्व पत्तियों के गिरने को जिबरेलिन प्रेरित करता है
कूट
(a) I एवं III (b) I एवं IV (c) II SJeb III (d) I SJeb II

253. किस वैज्ञानिक ने जिबरेलिन्स की खोज की?
(a) कुरोसावा (b) फंक (c) डार्विन (d) पाल

254. इनमें किनके प्रयोग से आनुवंशिकतया बौने पादप को लम्बा बनाया जा सकता है?
(a) ऑक्सिन्स (b) जिबरेलिन्स
(c) साइटोकाइनिन्स (d) एब्सिसिक अम्ल

255. निम्नलिखित में कौन-सा पादप हॉर्मोन निम्न तापमान को प्रतिस्थापित करता है?
(a) ऑक्सिन्स (b) जिबरेलिन्स
(c) साइटोकाइनिन्स (d) एथिलीन

256. निम्नलिखित में कौन-सा हॉर्मोन पुष्पीय पादपों में पुंजननता का विकास करता है?
(a) जिबरेलिन्स (b) काइनेटिन
(c) 2, 4-D (d) IAA

257. 'बेकाने' (मूढ़ अंकुर) रोग जो चावल के अंकुर में पाया जाता है, *जिबरेला फ्यूजीकुरोई* (*Gibberella fujikuroi*) के कारण होता है, जो है
(a) कवक (b) प्रोटोजोआ
(c) जीवाणु (d) विषाणु

258. बीज अंकुरण के समय संचित भोजन गतिशील होता है
(a) एथिलीन द्वारा (b) साइटोकाइनिन द्वारा
(c) ABA द्वारा (d) जिबरेलिन द्वारा

259. निम्नलिखित में से कौन-सा जिबरेलिन का प्रभाव नहीं है?
(a) अंगूर की डण्ठल की लम्बाई में बढ़ोत्तरी
(b) फलों की जीर्णता में देरी
(c) प्रसुप्ति निष्क्रियता
(d) गन्ने के तने की लम्बाई में वृद्धि

260. फलों को पादपों पर लम्बे समय के लिए छोड़ा जा सकता है, ताकि बाजार की अवधि में वृद्धि हो सके। इसका कारण है
(a) ऑक्सिन द्वारा जीर्णता में देरी
(b) ABA द्वारा जीर्णता में देरी
(c) साइटोकाइनिन द्वारा जीर्णता में देरी
(d) GA द्वारा जीर्णता में देरी

261. ABA द्वारा नियन्त्रित होता है
(a) तने का लम्बापन
(b) कोशिका का लम्बापन व कोशिका-भित्ति का निर्माण
(c) कोशिका विभाजन
(d) पत्ती का झड़ना व प्रसुप्ति

262. निम्न में से कौन-सा प्राकृतिक रूप से पाया जाने वाला वृद्धि संदमक पदार्थ है?
(a) IAA (b) ABA (c) NAA (d) GA

263. वह हॉर्मोन जो फल को पकने में मदद करता है जबकि दूसरा रन्ध्र को बंद करने में मदद करता है, क्रमश: हैं
(a) एब्सिसिक अम्ल और ऑक्सिन (b) एथिलीन और एब्सिसिक अम्ल
(c) एब्सिसिक अम्ल और एथिलीन (d) एथिलीन और जिब्रेलिन अम्ल

264. निम्न में से किस वृद्धि नियामक (Growth regulator) को 'तनाव हॉर्मोन' के रूप में माना जाता है?
(a) एब्सिसिक अम्ल (b) एथिलीन
(c) GA_3 (d) इन्डोल एसीटिक अम्ल

265. असत्य मिलान चुनिए।
(a) ऑक्सिन – वृद्धि के लिए
(b) जिबरेलिन – *जिबरेला फ्यूजीकुरोई*
(c) साइटोकाइनिन – हेरिंग शुक्राणु DNA
(d) ABA – पुष्पन हॉर्मोन

266. ABA में प्रतिद्वन्दी व्यवहार दर्शाता है
(a) एथिलीन (b) साइटोकाइनिन
(c) जिबरेलिक अम्ल (d) IAA

267. निम्नलिखित में से कौन-सा पादप हॉर्मोन गैसीय अवस्था में होता है?
(a) एथिलीन (b) ABA (c) फ्लोरिजन (d) डोर्मिन

268. निम्न में से कौन "फायटोजिरोन्टोलॉजिकल हॉर्मोन" कहलाता है?
(a) एथिलीन (b) ऑक्सिन
(c) जिब्रेलिन (d) साइटोकाइनिन

269. एथेफोन
(a) टमाटर में फल पकने में वृद्धि करता है
(b) पुष्प एवं पत्तियों की अनुपस्थिति बढ़ाता है
(c) ककड़ी में मादा पुष्पों की संख्या में वृद्धि करता है
(d) उपरोक्त सभी

270. दिए गए विकल्पों में से सही युग्म का चयन कीजिए।

(a)	डार्विन एवं डार्विन	–	काइनेटिन
(b)	ई. कुरोसावा (E Kurosawa)	–	जिबरेलिन
(c)	स्कूग एवं मिलर	–	ऑक्सिन
(d)	कजिन्स (Cousins)	–	एथिलीन

271. दिए गए विकल्पों में से सही युग्म का चयन कीजिए।

(a)	ऑक्सिन	–	शिखर प्रभुत्वता
(b)	जिबरेलिन	–	विगलन को बढ़ावा
(c)	साइटोकाइनिन	–	बीज एवं कली निष्क्रियता को तोड़ना
(d)	एथिलीन	–	जीर्णता को विलम्बित करना

272. दिए गए विकल्पों में से सही युग्म का चयन कीजिए।

(a)	IAA	–	गैसे
(b)	N_6-फरफरी लेमिनोप्यूरीन	–	टरपीन्स
(c)	ABA	–	कैरोटिनॉइड के व्युत्पन्न
(d)	जिबरेलिक अम्ल (GA_3)	–	एडिनीन के व्युत्पन्न

273. सलाद के बीज अंकुरित होते हैं
(a) लाल प्रकाश में (660 μm)
(b) सुदूर लाल प्रकाश में (730 μm)
(c) दोनों (a) एवं (b)
(d) उपरोक्त में से कोई नहीं

274. निम्नलिखित में से कौन-सा पादप दीर्घ प्रदीप्तिकाली नहीं है?
(a) चुकन्दर (b) मूली
(c) हेनकेन (d) टमाटर

275. कौन-सा रसायन पादपों में पुष्पन के लिए जिम्मेदार है?
(a) फ्लोरिजन (b) फाइटोक्रोम
(c) ऑक्सिन्स (d) जिबरेलिन्स

276. निम्न में से कौन-से दिन निरपेक्ष पादप है?
(a) *हेलिएन्थस एनस* (b) *यूफोर्बिया पुल्केरिमा*
(c) *एवीना सातिवा* (d) *बीटा वुल्गेरिस*

277. SDP को ये भी कहते हैं?
(a) लघु रात्रि पादप
(b) दीर्घ रात्रि पादप
(c) मध्यवर्ती रात्रि पादप
(d) उपरोक्त में से कोई नहीं

278. निम्न में से कौन-सा रंगद्रव्य दीप्तिकाल परिवर्तनों के लिए पादपों में आवश्यक है?
(a) फाइटोक्रोम (b) क्लोरोफिल-II
(c) साइटोक्रोम (d) एन्थोसायनिन

279. बसन्तीकरण किसके द्वारा रोका जा सकता है?
(a) उच्च तापमान के प्रयोग से
(b) ऑक्सिन के प्रयोग से
(c) कम तापमान के प्रयोग से
(d) जिबरेलिन के प्रयोग से

280. बसन्तीकरण पुष्पीकरण (Flowering) को उत्तेजित करता है
(a) जिमीकन्द में (b) हल्दी में
(c) गाजर में (d) अदरक में

281. पादप वृद्धि नियामकों पर अपने प्रभाव के द्वारा तापमान और प्रकाश पादपों में क्या नियन्त्रित करते हैं?
(a) आबादी/संख्या प्रभुत्व (b) पुष्पीकरण
(c) रन्ध्र बन्द होना (d) फल का विकास

282. पुष्पीय पादपों के जीवन द्वारा वृद्धि का आंकलन करने के लिए कोई एक कारक पर्याप्त नहीं है, क्योंकि
(a) पार्श्व विभज्योतक जीवन में बाद में दिखते हैं
(b) शिखर विभज्योतक दीर्घीकरण में सहायक है, जबकि पार्श्व विभज्योतक परिधि बढ़ाने में
(c) जीवद्रव्य में वृद्धि को सीधे आँकना कठिन है
(d) उपरोक्त से कोई नहीं

283. सेबों को प्राय: वेक्स पेपर में रखा जाता है
(a) सूर्य प्रकाश से रंग परिवर्तन को बचाने के लिए
(b) ऑक्सीजन को रोक कर पकने से बचाने के लिए
(c) चोट लगने से एथिलीन बनने से बचाव के लिए
(d) सेबों को आकर्षक दिखाने के लिए

नाइट्रोजन उपापचय

284. कौन-सा तत्व प्राकृतिक एवं कृषि पारितन्त्र के लिए सीमाकारी पोषक तत्व है?
(a) कार्बन (b) नाइट्रोजन
(c) सल्फर (d) हाइड्रोजन

285. लेग्यूमिनोसी पादपों में वायुमण्डलीय नाइट्रोजन-स्थिरीकरण का प्रथम स्थायी उत्पाद प्राप्त होता है
(a) NO_2^- (b) अमोनिया
(c) NO_3^- (d) ग्लूटामेट

286. निम्न में से कौन-सा नाइट्रीकारक जीवाणु का विशिष्ट लक्षण है?
(a) अमोनिया का ऑक्सीकरण कर नाइट्रेट में परिवर्तन
(b) प्रोटीन को अमोनिया में परिवर्तित करना
(c) मुक्त नाइट्रोजन को नाइट्रोजनी यौगिकों में परिवर्तित करना
(d) नाइट्रेट को मुक्त नाइट्रोजन में अपचयित करना

287. निम्नलिखित में से कौन-सी अभिक्रिया नाइट्रोजन-स्थिरीकरण को प्रदर्शित करती है?
(a) $2NH_4 + 2O_2 + 8e^- \longrightarrow N_2 + 4H_2O$
(b) $2NH_3 \longrightarrow N_2 + 3H_2$
(c) $N_2 + 3H_2 \longrightarrow 2NH_3$
(d) $2N_2 +$ ग्लूकोस $\longrightarrow$ 2 अमीनो अम्ल

288. स्वतन्त्रजीवी नाइट्रोजन-स्थिरीकारक जीवाणु है
(a) *बैसिलस पॉलीमिक्सा* (b) *स्यूडोमोनास*
(c) *ई. कोलाई* (d) *एनाबीना*

289. निम्नलिखित में से असत्य कथन का चयन कीजिए।
(a) नाइट्रोजिनेज एन्जाइम को लेग्यूम पादपों की ग्रन्थिकाएँ ऑक्सीजन से सुरक्षा प्रदान करती है
(b) नाइट्रोजिनेज एन्जाइम आण्विक ऑक्सीजन की उपस्थिति में अति असंवेदनशील होता है
(c) लेग्हीमोग्लोबिन ऑक्सीजन अपमार्जक होता है और लेग्यूमिनोसी पादपों की मूलों में अनॉक्सी स्थिति उत्पन्न करते हैं
(d) *राइजोबियम* मुक्त जीवी अवस्था में वायवीय जीवाणु होता है

290. सोयाबीन के साथ मिलकर *राइजोबियम* द्वारा जैविक नाइट्रोजन यौगिकीकरण के सन्दर्भ में निम्नलिखित कथनों में से एक ठीक नहीं हो सकता, वह है
(a) नाइट्रोजिनेज को अपना कार्य सम्पन्न करने के लिए ऑक्सीजन की आवश्यकता होती है
(b) नाइट्रोजिनेज एक Mo-Fe प्रोटीन है
(c) लेगहीमोग्लोबीन एक गुलाबी रंग का वर्णक है
(d) नाइट्रोजिनेज N_2 गैस को अमोनिया के दो अणुओं में बदलने में सहायता करता है

291. निम्नलिखित में से कौन-सा तत्व नाइट्रोजन उपापचय में एन्जाइम 'नाइट्रोजिनेज' को सक्रिय करने में महत्त्वपूर्ण भूमिका निभाता है?
(a) Cu^{+2} (b) Zn^{+2} (c) Mg^{+2} (d) Mn^{+2}

292. नाइट्रीफाइंग जीवाणु करते हैं
(a) अमोनिया मुक्त
(b) अमोनिया को आयनिक रूप से परिवर्तित
(c) NH_3 को NO_3^- में ऑक्सीकृत
(d) NH_3 को NO_2 में ऑक्सीकृत

293. नाइट्रीकरण की क्रिया में अमोनिया को नाइट्रेट में कौन-सा जीवाणु परिवर्तित करता है?
(a) *नाइट्रोबैक्टर* (b) *स्यूडोमोनास*
(c) *नाइट्रोसोमोनास* (d) *माइकोबैक्टीरियम*

294. $N_2 + 8e^- + 8H^+ + 16ATP \longrightarrow 2NH_4 + H_2 + 16ADP + 16Pi$

उपरोक्त समीकरण किस अभिक्रिया को प्रदर्शित करती है?
(a) अमोनीकरण
(b) नाइट्रीकरण
(c) नाइट्रोजन-स्थिरीकरण
(d) अपचयित अमोनीकरण

295. फलीदार पादपों में वायुमण्डलीय नाइट्रोजन-स्थिरीकरण के फलस्वरूप निर्मित प्रथम उत्पाद है
(a) NO_2^- (b) अमोनिया (c) NO_3^- (d) ग्लूटामेट

296. फलीदार या दलहनी फसलों की जड़ ग्रन्थिका लाल रंग की होती है
(a) एन्थोसायनिन के कारण (b) साइटोक्रोम के कारण
(c) फाइटोक्रोम के कारण (d) लेगहीमोग्लोबिन के कारण

297. NO_3 का N_2 में परिवर्तन कहलाता है
(a) नाइट्रीफिकेशन (b) डिनाइट्रीफिकेशन
(c) अमोनीफिकेशन (d) नाइट्रोजन-स्थिरीकरण

298. दलदली पादपों की जड़ों की ग्रन्थियों में पाए जाने वाले जीवाणु, जो नाइट्रोजन-स्थिरीकरण में भाग लेते हैं
(a) *क्लॉस्ट्रिडियम* (b) *एजोटोबैक्टर*
(c) *राइजोबियम* (d) *क्लोरोबियम*

299. निम्नलिखित में से कौन नाइट्रोजन-स्थिरीकरण से सम्बन्धित नहीं है?
(a) *एनाबीना* (b) *राइजोबियम* (c) *स्यूडोमोनास* (d) *नॉस्टॉक*

300. निम्न में से कौन-सा शैवाल भूमि में वातावरण की नाइट्रोजन को स्थिर करता है?
(a) *एनाबीना* (b) *यूलोथ्रिक्स*
(c) *स्पाइरोगायरा* (d) *फ्यूकस*

301. *क्लॉस्ट्रिडियम* नाइट्रोजन का स्थिरीकरण करता है
(a) वायवीय (b) सहजीवीय
(c) अवायवीय (d) इनमें से कोई नहीं

उत्तरमाला

1.	(c)	2.	(d)	3.	(d)	4.	(c)	5.	(d)	6.	(d)	7.	(b)	8.	(b)	9.	(a)	10.	(a)
11.	(b)	12.	(a)	13.	(a)	14.	(c)	15.	(d)	16.	(b)	17.	(c)	18.	(b)	19.	(d)	20.	(d)
21.	(d)	22.	(c)	23.	(a)	24.	(d)	25.	(d)	26.	(b)	27.	(b)	28.	(c)	29.	(a)	30.	(c)
31.	(d)	32.	(b)	33.	(a)	34.	(b)	35.	(c)	36	(b)	37.	(c)	38.	(a)	39.	(b)	40.	(c)
41.	(b)	42.	(b)	43.	(b)	44.	(a)	45.	(a)	46.	(b)	47.	(c)	48.	(a)	49.	(c)	50.	(d)
51.	(a)	52.	(a)	53.	(a)	54.	(d)	55.	(d)	56.	(b)	57.	(c)	58.	(b)	59.	(d)	60.	(d)
61.	(c)	62.	(d)	63.	(c)	64.	(b)	65.	(c)	66.	(c)	67.	(d)	68.	(c)	69.	(d)	70.	(a)
71.	(c)	72.	(d)	73.	(d)	74.	(c)	75.	(d)	76.	(d)	77.	(a)	78.	(a)	79.	(d)	80.	(a)
81.	(b)	82.	(a)	83.	(b)	84.	(b)	85.	(d)	86.	(b)	87.	(a)	88.	(c)	89.	(d)	90.	(d)
91.	(c)	92.	(c)	93.	(c)	94.	(a)	95.	(a)	96.	(a)	97.	(c)	98.	(b)	99.	(d)	100.	(c)
101.	(d)	102.	(c)	103.	(a)	104.	(b)	105.	(d)	106.	(d)	107.	(c)	108.	(d)	109.	(b)	110.	(b)
111.	(a)	112.	(d)	113.	(b)	114.	(b)	115.	(a)	116.	(a)	117.	(a)	118.	(d)	119.	(a)	120.	(d)
121.	(a)	122.	(b)	123.	(d)	124.	(d)	125.	(d)	126.	(a)	127.	(d)	128.	(a)	129.	(a)	130.	(b)
131.	(d)	132.	(c)	133.	(d)	134.	(a)	135.	(b)	136.	(c)	137.	(b)	138.	(a)	139.	(a)	140.	(d)
141.	(a)	142.	(a)	143.	(a)	144.	(d)	145.	(a)	146.	(a)	147.	(c)	148.	(b)	149.	(b)	150.	(a)
151.	(c)	152.	(b)	153.	(a)	154.	(c)	155.	(b)	156.	(b)	157.	(b)	158.	(a)	159.	(a)	160.	(d)
161.	(a)	162.	(a)	163.	(b)	164.	(b)	165.	(b)	166.	(a)	167.	(b)	168.	(b)	169.	(c)	170.	(a)
171.	(a)	172.	(c)	173.	(a)	174.	(a)	175.	(b)	176.	(a)	177.	(b)	178.	(a)	179.	(b)	180.	(c)
181.	(d)	182.	(d)	183.	(a)	184.	(b)	185.	(d)	186.	(b)	187.	(d)	188.	(c)	189.	(b)	190.	(c)
191.	(b)	192.	(c)	193.	(d)	194.	(c)	195.	(c)	196.	(a)	197.	(b)	198.	(c)	199.	(d)	200.	(a)
201.	(d)	202.	(a)	203.	(b)	204.	(d)	205.	(d)	206.	(a)	207.	(a)	208.	(a)	209.	(d)	210.	(c)
211.	(b)	212.	(b)	213.	(d)	214.	(b)	215.	(c)	216.	(d)	217.	(c)	218.	(c)	219.	(d)	220.	(c)
221.	(d)	222.	(c)	223.	(b)	224.	(c)	225.	(a)	226.	(a)	227.	(a)	228.	(b)	229.	(d)	230.	(d)
231.	(b)	232.	(a)	233.	(d)	234.	(a)	235.	(c)	236.	(c)	237.	(d)	238.	(a)	239.	(b)	240.	(d)
241.	(d)	242.	(d)	243.	(d)	244.	(b)	245.	(d)	246.	(a)	247.	(b)	248.	(b)	249.	(b)	250.	(b)
251.	(a)	252.	(d)	253.	(a)	254.	(b)	255.	(b)	256.	(a)	257.	(a)	258.	(d)	259.	(c)	260.	(d)
261.	(d)	262.	(b)	263.	(b)	264.	(a)	265.	(d)	266.	(c)	267.	(a)	268.	(a)	269.	(d)	270.	(d)
271.	(a)	272.	(c)	273.	(a)	274.	(d)	275.	(a)	276.	(a)	277.	(b)	278.	(a)	279.	(a)	280.	(c)
281.	(b)	282.	(c)	283.	(b)	284.	(b)	285.	(b)	286.	(a)	287.	(c)	288.	(a)	289.	(a)	290.	(a)
291.	(d)	292.	(c)	293.	(c)	294.	(d)	295.	(b)	296.	(d)	297.	(b)	298.	(c)	299.	(c)	300.	(a)
301.	(c)																		

उत्तर व्याख्या सहित

2. (*d*) शुद्ध विलायक में किसी पदार्थ को घोलने पर विसरण दाब में आयी कमी विसरण दाब न्यूनता (DPD) कहलाता है। DPD विलयन की अवशोषण क्षमता का सूचकांक होता है, इसे चूषण दाब भी कहते हैं। DP एवं DPD शब्द **एस बी मेयर** (1938) के द्वारा दिए गए। वर्तमान में इसकी जगह जल विभव शब्द का प्रयोग किया जाता है। इसका मान DPD के बराबर परन्तु ऋणात्मक होता है।

5. (*d*) जल के अन्त:परासरण द्वारा पादप कोशिका स्फीत बनी रहती है।

10. (*a*) कोशिका झिल्ली में कुछ विशिष्ट छिद्र उपस्थित होते हैं, जिन्हें **पोरिन्स** कहा जाता है। ये माइटोकॉण्ड्रिया, हरितलवक की बाह्य झिल्ली पर उपस्थित होते हैं एवं छोटे आकार के प्रोटीनों के लिए पथ बनाते हैं।

इन्हें परिवाहक प्रोटीन भी कहा जाता है। ये दो प्रकार के होते हैं–वाहक प्रोटीन व चैनल प्रोटीन।

वाहक प्रोटीन्स विशिष्ट पदार्थों से जुड़े होते हैं, जबकि चैनल प्रोटीन्स एक उचित आकार के घुलनशील को स्थानान्तरित करने की अनुमति देते हैं।

14. (*c*) पूर्ण स्फीत कोशिका में परासरण दाब (OP) तथा विसरण दाब न्यूनता (DPD) बराबर होते हैं।

15. (*d*) कोशिका में जल का प्रवाह DPD (डिफ्यूजन प्रेशर डफिसिट) द्वारा प्रभावित होता है।

18. (*b*) विसरण पादपों में विभिन्न पदार्थों के परिवहन के लिए एक महत्त्वपूर्ण प्रक्रिया है। यह पादपों में गैसीय आदान-प्रदान से भी सम्बन्धित है। सुसाध्य विसरण सक्रिय परिवहन की तुलना में धीमी प्रक्रिया है तथा इसमें अणुओं का परिवहन सान्द्र प्रवणता के अनुसार होता है।

24. (*d*) अधिक सांद्र विलयन के कारण कोशिका का जल बाहर परासरित हो जाएगा तथा कोशिका सिकुड़ जाएगी।

25. (*d*) जल में लवण मिलाने पर, जल की प्रवणता अधिक ऋणात्मक हो जाती है, जो वाष्पोत्सर्जन की दर को कम कर देती है। अत: तोड़ी हुई डाली या पुष्प लम्बे समय तक ताजा रहते हैं।

26. (*b*) कुल वाष्पोत्सर्जन की 90% क्रिया पत्तियों द्वारा होती है। बल्कि 1% तने, पुष्प व फल द्वारा सम्पन्न होती हैं। चालन ऊतकों में रसारोहण **संसंजन**, आसंजन व जल के गुणों द्वारा प्रभावित होते हैं।

27. (*b*) अतिपरासरी विलयन में रखी कोशिका में से जल बहि:परासरण द्वारा बाहर निकल आता है। सतत् बहि:परासण से जीवद्रव्य संकुचित होकर कोशिकाभित्ति से अलग हो जाता है। इस क्रिया को जीवद्रव्यकुंचन कहते हैं तथा कोशिका को **जीवद्रव्यकुंचित कोशिका** कहते हैं।

29. (*a*) उच्च वाष्पोत्सर्जन के कारण उत्पन्न बल के कारण मूलें अधिक शीघ्रता से तथा ज्यादा मात्रा में जल अवशोषित करती हैं।

30. (*c*) एक्वापोरिन, कोशिका झिल्ली में उपस्थित एक प्रोटीन हैं। ये जल में विलेयशील पदार्थों का सरलता से परिवहन कर देते हैं। एक्वापोरिन मार्ग प्रोटीन के रूप में भी जाने जाते हैं।

31. (*d*) सक्रिय परिवहन (Active transport) में खनिजों का परिवहन जाइलम (Xylem) के द्वारा मृदा से पादप तक होता है। इस सक्रिय परिवहन में अणुओं के गमन के लिए उनकी सान्द्रता प्रवणता के विरुद्ध ऊर्जा की आवश्यकता होती है। झिल्ली प्रोटीनों में सुसाध्य विसरण तब होगा, जब मृदा में खनिज आयनों की सान्द्रता कम होगी। खनिजों का परिवहन मूल की कोशिकाओं में सक्रिय परिवहन द्वारा होता है।

32. (*b*) सक्रिय परिवहन, निष्क्रिय परिवहन से तीव्र प्रक्रिया होता है। यह सान्द्रता प्रवणता के विरुद्ध पाया जाता हैं अर्थात् पदार्थों का परिवहन कम सान्द्रता से अधिक सान्द्रता क्षेत्र की ओर होता है।

33. (*a*) जब शर्करा सक्रिय रूप से कोशिका के अन्दर प्रवेश करती है, तो कोशिका का स्फीति दाब बढ़ जाता है तथा जल कोशिका के भीतर प्रवेश करता है।

34. (*b*) **थिस्टल** कीप प्रयोग में, परासरण प्रक्रिया रुकने के पश्चात् जब बीकर में शर्करा विलयन डाला जाता है, तो बीकर का विलयन अतिपरासरी हो जाता है। इसके परिणामस्वरूप बाह्य परासरण होता है, जिससे थिस्टल कीप में विलयन का स्तर कम हो जाएगा।

35. (*c*) अवशोषकों (Imbibants) पर जल विभव ऋणात्मक होता है, इसके परिणामस्वरूप, जब ये जल के साथ सम्पर्क में आते हैं, तो एक जल विभव, अवशोषकों (बीजचोल) और अवशोषित जल के मध्य स्थापित हो जाता है।

36. (*b*) पादपों में वाष्पोत्सर्जन जाइलम तत्वों में जल के खिंचाव को उत्पन्न करता है। पादपों में जल को धकेलना जाइलम तत्वों में मूलदाब के द्वारा किया जाता है, इसीलिए पादपों में जल के ऊपर की ओर गति वाष्पोत्सर्जन व मूलदाब के सन्दर्भ में खिंचाव व धकेलने पर निर्भर करती है।

37. (*c*) सामूहिक प्रवाह की यह विशिष्टता है, कि पदार्थ चाहे घोल हो या निलम्बन नदी के प्रवाह की तरह ही बहता है। घोल प्रवाह को या तो धनात्मक जलीय दाब प्रवणता (जैसे-गार्डन हॉस) या ऋणात्मक जलीय दाब प्रवणता (जैसे–पुआल के द्वारा चूषण) के द्वारा प्राप्त किया जा सकता है।

38. (*a*) CAM पादपों में दिन के समय रन्ध्र बन्द रहते हैं (जैसे–*ओपेन्शिया*, अनानास, आदि)। अन्त:त्वचा की कोशिकाओं की भित्ति में उपस्थित कैस्पेरियन (Casparian) पट्टिकाएँ पादप द्वारा अवशोषित जल और विलेय की मात्रा को नियन्त्रित करती है।

39. (*b*) 'पोटैशियम आयनों (K^+) के सक्रिय अभिगमन का सिद्धान्त' लेविट (Levitt) ने सन् 1954 में दिया था, जो रन्ध्रीय गति की व्याख्या का महत्त्वपूर्ण मानक सिद्धान्त है। यह सिद्ध करता है, कि K^+ आयनों के एकत्रित होने से रन्ध्र खुल जाते हैं तथा K^+ आयनों की कमी से रन्ध्र बन्द हो जाते हैं।

40. (*c*) पादपों की मूल से वायवीय भागों तक उर्ध्व दिशा में जल के प्रवाह को रसारोहण कहते हैं। जल धारा में जल अणु एक-दूसरे से ससंजन बल द्वारा आपस में जुड़े होते हैं एवं वाहिका तत्वों की दीवार व जल अणुओं के बीच का बल आसंजन बल कहलाता है। ये दोनों बल जाइलम ऊतक में जल की धारा को नियमित बनाए रखते हैं।

41. (*b*) कार्बन डाइऑक्साइड एक प्रभावशाली प्रति वाष्पोत्सर्जन है। CO_2 की सान्द्रता में थोड़ी-सी अधिकता रन्ध्र के छिद्रों को बन्द कर देती है अर्थात् उच्च सान्द्रता रन्ध्र को पूर्णतया बन्द कर देती है।

प्रकाश, वाष्पोत्सर्जन की दर को दो तरह से प्रभावित करता है–पहला रन्ध्र छिद्र के खुलने को नियन्त्रित करके, व दूसरा तापमान को प्रभावित करके। तापमान में वृद्धि से वाष्पोत्सर्जन की दर में भी वृद्धि होती है।

42. (*b*) जाइलम में जल व पोषक तत्वों का परिवहन एक तरफ होता है तथा इनमें रसारोहण वाष्पोत्सर्जन खिंचाव के कारण होता है, जबकि फ्लोएम द्वारा कार्बनिक पदार्थों का परिवहन दो या अनेक दिशाओं में होता है।

43. (*b*) पादपों में रन्ध्र व वातरन्ध्र (Lenticles) गैसीय आदान-प्रदान में भाग लेते हैं, तनों में छाल के नीचे जीवित कोशिकाओं की एक परत होती है, जिसमें छिद्र उपस्थित होते हैं, इन्हें **वातरन्ध्र** कहा जाता है।

45. (*a*) मूल दाब धनात्मक दाब होता है, जो पादप की मूलों द्वारा मृदा से खनिजों के सक्रिय अवशोषण द्वारा उत्पन्न होती है।

46. (*b*) बसन्त ऋतु में आरम्भ में जड़ों में एकत्रित की गई शर्करा, बंसत में भोजन का स्रोत बन जाती है। स्रोत व कुण्ड, ऋतु के अनुसार बदलते रहते हैं।

47. (*c*) शर्करा सक्रिय परिवहन द्वारा जीवित फ्लोएम में संचरित होती है। फ्लोएम का लदान जल विभव प्रवणता को उत्पन्न करता है, जो फ्लोएम में सामूहिक प्रवाह को सुगम बनाता है।

48. (*a*) गिर्डलिंग प्रयोग भोजन के परिवहन में होने वाले ऊतक को पहचानने में किया जाता है। जब फ्लोएम को नहीं हटाया जाता है, तब भोजन का प्रवाह चलता रहता है। अतः पादप जीवित रहता है, जबकि मुख्य तने से जाइलम को हटाने पर खनिज व लवण का प्रवाह रुक जाता है।

49. (*c*) पादपों में पदार्थों का लम्बी दूरी का प्रवाह सामूहिक प्रवाह तन्त्र द्वारा होता है। कार्बनिक पोषक तत्व फ्लोएम ऊतक के द्वारा स्रोत से कुण्ड (Sink) तक प्रवाहित होते हैं। इन कार्बनिक पोषक तत्वों का परिवहन द्विदिशीय होता है, जोकि स्रोत और सिंक या उपयोग क्षेत्र के बीच के भिन्न सान्द्रता के कारण होता है।

50. (*d*) पादपों में रसारोहण गिर्डलिंग प्रयोग द्वारा दर्शाया जाता है। इस प्रयोग में वृक्ष के स्तम्भ पर छाल का एक वलय फ्लोएम तक सावधानीपूर्वक हटाया जाता है। नीचे की ओर अब भोजन की गति न होने के कारण वलय के ऊपर की छाल कुछ सप्ताह के बाद फूल जाती है। यह साधारण प्रयोग दर्शाता है, कि फ्लोएम ऊतक भोजन के स्थानान्तरण के लिए उत्तरदायी होती है, जबकि जाइलम जल का परिवहन करता है, जिस कारण ऊपर की ओर प्रकाश-संश्लेषण द्वारा भोजन का निरन्तर निर्माण होता रहता है।

52. (*a*) पर्वतीय पादप निम्न वातावरणीय दाब के कारण उच्च वाष्पोत्सर्जन की दर दर्शाते हैं, जिसके परिणामस्वरूप अधिक तेजी से जल का विसरण होता है।

53. (*a*) घास के पादपों की पत्तियों के शीर्ष व किनारों से जल का तरल रूप में (बूँदों के रूप) होना **बिन्दुस्राव** (Guttation) कहलाता है।

54. (*d*) दिन के समय, द्वार रक्षक कोशिकाओं का pH प्रकाश-संश्लेषण में CO_2 की खपत के कारण बढ़ जाता है। द्वार रक्षक कोशिकाएँ सहायक बाह्यत्वचा द्वारा K^+ आयन प्राप्त करती है। K^+ आयनों का आगमन द्वार रक्षक कोशिकाओं में जल विभव को घटाता है, जिससे परासरण होता है। इसके द्वारा सह कोशिकाओं से जल द्वार रक्षक कोशिकाओं में जाता है, जिसके फलस्वरूप द्वार रक्षक कोशिका स्फीति हो जाती है व रन्ध्रीय छिद्र खुल जाते हैं।

55. (*d*) दाब प्रवाह परिकल्पना के अनुसार, चालनी नलिकाएँ कार्बनिक पदार्थों के सामूहिक प्रवाह के लिए अनुकूलित होती हैं। प्रकाश-संश्लेषण के कारण स्रोत सदैव परासरण सान्द्रता में अधिक होता है, जिसके फलस्वरूप सक्रिय प्रक्रिया के द्वारा कार्बनिक पदार्थ चालनी नलिकाओं में स्थानान्तरित होते हैं।
चालनी नलिकाएँ पास की जाइलम से जल अवशोषित कर स्फीति दाब उत्पन्न करती हैं, जिसके परिणामस्वरूप कार्बनिक भोजन उच्च स्फीति दाब से निम्न स्फीति दाब क्षेत्र की ओर परिवाहित होते हैं।

56. (*b*) पत्ती या पादप के नरम ऊतकों के विघटित या मृत हो जाने से बना कोशिकाओं का क्षेत्र **नेक्रोसिस** कहलाता है।

57. (*c*) ट्रेसर तत्व, तत्वों के रेडियो सक्रिय समावयवी होते हैं, जिनका उपयोग पादपों में विभिन्न उपापचयी पथों को ज्ञात करने में किया जाता है। उदाहरण– C^{14},N^{15},P^{32},S^{35} आदि।

58. (*b*) पर्णहरिम एक धातु संकुल यौगिक है, जिसके केन्द्र में Mg^{++} पाया जाता है।

60. (*d*) पोटैशियम, नाइट्रोजन, कैल्शियम तथा मैग्नीशियम की कमी से पत्ती छोटी रह जाती है।

63. (*c*) जल संवर्धन फसलों में आदर्श pH का मान 5.5-6.5 के बीच होता है अर्थात् अम्लीय होता है। यह महत्त्वपूर्ण है, क्योंकि ये पादप वृद्धि के लिए आवश्यक पोषक तत्वों की उपलब्धता व अवशोषण को प्रभावित करता है।

65. (*c*) वर्तमान में ऐसी तकनीक उपलब्ध है, जो तत्वों की न्यूनतम सान्द्रता 10^{-8} gm/mL का भी पता लगा सकती है।

67. (*d*) वे अनिवार्य तत्व, जो लेश मात्रा या अत्यन्त सूक्ष्म मात्रा में पादपों के लिए (0.1 मिली ग्राम/लीटर) आवश्यक होते हैं, **सूक्ष्म पोषक** या **लेशमात्रिक** तत्व कहलाते हैं। ये संख्या में 7 होते हैं। Na, Zn, Mn, B, Cu, Mo Cl तथा K सूक्ष्म पोषक तत्व हैं।

68. (*c*) कैल्शियम वृद्धि करती मूल शीर्ष के लिए आवश्यक होता है। कोशिका विभाजन के दौरान कोशिका भित्ति के संश्लेषण में विशेष रूप से मध्य पटि्टका में कैल्शियम पेक्टेट के रूप में इसका उपयोग होता है।

69. (*d*) Mg^{2+} प्रकाश-संश्लेषण के C_3 और C_4 चक्र में एन्जाइम राइबुलोज बाइफॉस्फेट कार्बोक्सिलेज ऑक्सीजिनेज और फॉस्फोईनॉल पाइरुवेट कॉर्बोक्सिलेज को सक्रिय करने का कार्य करता है।

70. (*a*) Zn^{2+} नाइट्रोजन उपापचय के दौरान एल्कोहॉल डीहाइड्रोजिनेज का सक्रियक होता है।

71. (*c*) पोषकों के सक्रिय परिवहन के लिए ATP की अवश्यकता होती है। आन्तरिक स्थान में स्थानान्तरण प्लाज्मोडेस्मेटा के माध्यम से होता है। धान (चावल) का बकाने रोग होरी (Hori) द्वारा सन् 1918 में खोजा गया था, जो कवक *जिबरेला फ्यूजीकुरोई (Gibberella fujikuroi)* द्वारा उत्पन्न किया जाता है। पोटैशियम त्वरित गतिशील तत्व होता है।

72. (*d*) Mn^{+2} नाइट्रोजन-स्थिरीकरण के दौरान नाइट्रोजिनेज के लिए उत्प्रेरक की भाँति कार्य करता है।

73. (*d*) पादपों द्वारा फॉस्फोरस मृदा से फॉस्फेट आयनों ($H_2PO_4^-$ अथवा HPO_4^{2-}) के रूप में अवशोषित किया जाता है।

74. (*c*) कैल्शियम का उपयोग कोशिका विभाजन के दौरान, कोशिका भित्ति का संश्लेषण, विशेष रूप से मध्यपटि्टका में कैल्शियम पेक्टेट के निर्माण में होता है।

75. (*d*) Ca^{+2} कोशिका झिल्ली को चयनात्मक पारगम्यता प्रदान करता है। इसकी आवश्यकता समसूत्री तर्कु निर्माण के दौरान होती है। यह कोशिका भित्ति का भी संरचनात्मक घटक है, जो मध्यपटि्टका में कैल्शियम पेक्टेट के रूप में उपस्थित होता है।

76. (*d*) पादप सल्फर को सल्फेट (SO_4^{-2}) के रूप में ग्रहण करते हैं। सल्फर दो अमीनो अम्लों में उपस्थित होता है- सिस्टीन और मेथियोनीन। इसके अतिरिक्त यह अनेक सह-एन्जाइम, विटामिन और फेरेडॉक्सिन का भी मुख्य संघटक है।

77. (*a*) फॉस्फोरस न्यूक्लिक अम्लों, प्रोटीन, $NADP^+$, आदि का संघटक है। इसकी कमी से क्लोरोसिस, नेक्रोसिस, अर्द्धविकसित पत्तियाँ और पुष्प झड़ने लगते हैं।

78. (*a*) नाइट्रोजन (N) पोटैशियम (K) और मैग्नीशियम (Mg) की कमी जीर्ण (पुरानी) पत्तियों में दिखायी देती है, क्योंकि ये गतिशील तत्व हैं।

79. (*d*) ये सभी मैंग्नीज विषाक्ता के लक्षण हैं। इनमें भूरे धब्बों का अविर्भाव प्रमुख हैं, जोकि हरिमहीन शिराओं द्वारा घिरे रहते हैं। मैंग्नीज, लौह एवं मैग्नीशियम के साथ अन्तर्ग्रहण तथा मैग्नीशियम के साथ एन्जाइम्स में जुड़ने के लिए प्रतियोगिता करता है। मैंग्नीज प्ररोह शीर्ष में कैल्शियम स्थानान्तरण को भी बाधित करता है, इसलिए मैंग्नीज की अधिकता से लौह, मैग्नीशियम और कैल्शियम की कमी हो जाती है।

80. (*a*) खनिज अवशोषण की अन्तिम प्रावस्था में आयनों का अन्तर्ग्रहण आन्तरिक स्थान के द्वारा धीमी गति से होता है।

81. (*b*) जड़ों द्वारा अवशोषित की खनिज आयन जाइलम के माध्यम से संवहित किए जाते हैं। ये जल की आरोही धारा के साथ संवहित किए जाते हैं, जो पादपों में वाष्पोत्सर्जनाकर्षण (Transpiration pull) द्वारा ऊपर चढ़ती है।

85. (*d*) कोशिका भित्ति और कोशिका झिल्ली में से आयनों के सक्रिय अन्तर्ग्रहण के लिए उपापचयी ऊर्जा (ATP) के व्यय की आवश्यकता होती है।

87. (*a*) आयनों की कोशिका के बाहर की ओर गति बर्हिवाह (Efflux) कहलाती है। यह प्रक्रिया लवणीय क्षेत्रों में पाए जाने वाले पादप की मूलों में सक्रिय रूप से पायी जाती है।

89. (*d*) तत्व की अनिवार्यता के लिए आवश्यक गुण निम्न हैं

(i) तत्व पादप की सामान्य वृद्धि व प्रजनन के लिए अत्यन्त महत्त्वपूर्ण होने चाहिए। इनकी अनुपस्थिति में उनका जीवन चक्र असम्भव तथा बीजों का निर्माण भी नहीं होता है।

(ii) तत्वों की आवश्यकता विशिष्ट होनी चाहिए, जो किसी अन्य तत्व द्वारा पूरी नहीं की जा सकती हो।

(iii) तत्व पादप के उपापचयी प्रक्रमों में प्रत्यक्ष रूप में सम्मिलित होने चाहिए।

90. (*d*) अनिवार्य तत्व कई प्रकार के कार्य करते हैं। वे पादप कोशिकाओं की विभिन्न उपापचयी क्रियाओं; जैसे- कोशिका झिल्ली की पारगम्यता, कोशिका रस की परासरण सान्द्रता के नियन्त्रण, इलेक्ट्रॉन प्रवाह तन्त्र, बफर क्रिया, एन्जाइम क्रियाओं में भाग लेते हैं। ये वृहत् अणुओं व सह-एन्जाइम के प्रमुख संघटक भी होते हैं।

98. (*b*) प्रकाशीय तन्त्र- । द्वारा निकले H^+ आयन NADP से जुड़कर $NADPH_2$ बनाते हैं।

103. (*a*) हरितलवक के प्रकाश-संश्लेषी वर्णक थैलेकॉइड पर पाए जाते हैं। यह क्वाण्टासोम होते हैं।

111. (*a*) चक्रीय फॉस्फोरिलीकरण प्रकाश तन्त्र-I द्वारा संचालित होता है। इसमें ATP का निर्माण एवं इलेक्ट्रॉनों का पुनः चक्रण भी होता है। अचक्रीय फॉस्फोरिलीकरण के विपरीत चक्रीय फॉस्फोरिलीकरण में जल का अपघटन नहीं होता है।

112. (*d*) हरितलवक में प्रकाश अभिक्रिया ग्रेना (Grana) में एवं अप्रकाशिक अभिक्रिया स्ट्रोमा (Stroma) में होती है।

117. (*a*) मक्का एक C_4 पादप है, जिसमें क्रेन्ज आकारिकी पायी जाती है।

121. (*a*) चक्रीय फोटोफॉस्फोरिलीकरण में ऊर्जा या ATP (एडीनोसीन ट्राई फॉस्फेट) का निर्माण होता है।

126. (*a*) C_4 पादपों को **हेच-स्लैक पादप** भी कहते हैं। इनमें ही क्रेन्ज आकारिकी पायी जाती है; उदाहरण–गन्ना, मक्का।

135. (*b*) C_3-पादपों में कुछ O_2 RuBisCO से बन्ध बना लेती है, जिससे CO_2 का स्थिरीकरण कम हो जाता है तथा CO_2 उत्पन्न होती है।

136. (*c*) प्रकाश श्वसन क्रमशः हरितलवक, माइटोकॉण्ड्रिया एवं परऑक्सीसोम में सम्पन्न होता हैं।

138. (*a*) C_4-पादप, C_3-पादपों की तुलना में प्रकाश संश्लेषी रूप से अधिक सक्रिय होते हैं, क्योंकि इनमें विशेष C_4 चक्र पाया जाता है।

139. (*a*) एमर्सन ने *क्लोरेला* पर प्रकाश-संश्लेषी प्रयोग किया। उसने 680 nm से अधिक प्रकाश दिया एवं प्रकाश-संश्लेषण की दर में कमी को प्रेक्षित किया इसे लाल पतन के रूप में जाना जाता है। बाद में उसने 680 nm एवं 700 nm का समकालिक प्रकाश दिया और प्रकाश-संश्लेषण दर में वृद्धि को प्रेक्षित किया। इसे **एमर्सन प्रभाव** कहते हैं। इस प्रयोग से दो प्रकाश तन्त्रों की खोज हुई अर्थात् प्रकाश तन्त्र-I एवं प्रकाश तन्त्र-II, जो कि प्रकाश-संश्लेषण में संचालित होते हैं।

140. (*d*) प्रोटॉन प्रवणता महत्त्वपूर्ण है, क्योंकि प्रवणता का भंग होना ऊर्जा (ATP) मुक्त करता है। F_0 एवं ATPase के ट्रान्स मेम्ब्रेन पथों के माध्यम से प्रोटॉन्स के झिल्ली के आर-पार जाने से यह प्रवणता भंग होती है।

141. (*a*) प्रकाश अभिक्रिया के दौरान थाइलेकॉइड झिल्ली के स्ट्रोमा की ओर बनी ऊर्जा अर्थात् NADPH + H^+ एवं ATP का उपयोग केल्विन चक्र अथवा अप्रकाशिक अभिक्रिया में स्टार्च या कार्बोहाइड्रेट निर्माण में होता है।

142. (*a*) मेल्विन केल्विन ने रेडियोएक्टिव ^{14}C का शैवाल के प्रकाश-संश्लेषण में उपयोग किया, जिससे खोज हुई कि CO_2 का स्थिरीकरण उत्पाद एक 3 कार्बन वाला कार्बनिक अम्ल था। यह 3-फॉस्फोग्लिसरिक अम्ल था, इसलिए इसे **C_3 चक्र** कहते हैं।

143. (*a*) PEPcase का RuBisCO की तुलना में एक लाभ है। PEPcase ऑक्सीजन से बन्ध नहीं बनाता, लेकिन रुबिस्को ऑक्सीजन से जुड़कर प्रकाश श्वसन करता है। यह हानिकारक एवं निरर्थक प्रक्रिया है, जो प्रकाश-संश्लेषण के उत्पादन को कम करती है।

145. (*a*) कारक, जो प्रकाश संश्लेषण को प्रभावित करते हैं निम्न हैं पर्णमध्योतक की संख्या, आकार, आयु एवं अभिविन्यास हरितलवक की आन्तरिक संरचना CO_2 सान्द्रता एवं पर्णहरिम की मात्रा।

146. (*a*) शर्करा, ग्लूकोस ($C_6H_{12}O_6$) के विघटन या ऑक्सीकरण द्वारा ही ऊर्जा या ATP का निर्माण होता है।

149. (*b*) अवायवीय श्वसन में केवल ग्लाइकोलाइसिस प्रक्रिया पायी जाती है जिसमें माइटोकॉण्ड्रिया की आवश्यकता नहीं होती है, इसलिए उपरोक्त क्रिया कोशिका के कोशिकाद्रव्य में होती है।

150. (*a*) किण्वन प्रक्रिया में (अवायवीय श्वसन) में ग्लूकोस ($C_6H_{12}O_6$) के विघटन से एथिल एल्कोहॉल (C_2H_5OH) तथा CO_2 बनते हैं।

151. (*c*) एम्फीबोलिक पाथवे के अनुसार, आवश्यकता पड़ने पर क्रमशः शर्करा, वसा तथा प्रोटीन का पाचन होता है। अतः वसा तथा शर्करा के पूर्णतया समाप्त होने के बाद प्रोटीन का श्वसन में उपयोग होता है।

153. (*a*) जीवों द्वारा अनॉक्सी या अवायवीय श्वसन द्वारा CO_2 का उत्पादन किण्वन (Fermentation) कहलाता है।

162. (*a*) वायवीय श्वसन की प्रक्रिया (क्रेब्स चक्र) माइटोकॉण्ड्रिया में होती है। अतः इससे सम्बन्धित एन्जाइम इसके मैट्रिक्स में पाए जाते हैं।

164. (*b*) माइटोकॉण्ड्रिया की क्रिस्टी पर उपस्थित F_1-कणों या प्रारम्भिक कणों पर ATP का निर्माण होता है।

166. (*a*) ग्लाइकोलाइसिस की प्रक्रिया में, ग्लूकोस अणु पाइरुविक अम्ल के दो अणुओं में विभक्त हो जाते हैं। इसमें NAD^+ का एक अणु प्रत्येक ग्लूकोज अणु के लिए अपचयित होता है। NADH के साथ संग्रहित ऊर्जा इलेक्ट्रॉन परिवहन शृंखला (ETC) में मुक्त हो जाती है, यह प्रक्रिया (ग्लाइकोलाइसिस) कोशिकाद्रव्य में होती है।

167. (*b*) यूकैरियोटिक कोशिका में मैलेट-एस्पार्टेट शटल तन्त्र होने के कारण एक ग्लूकोस द्वारा 2ATP ग्लाइकोलाइसिस में तथा शेष 34 ATP क्रेब चक्र एवं ऑक्सीडेटिव फॉस्फोरिलीकरण (ETS) द्वारा प्राप्त होते हैं।

175. (*b*) एसीटाइल Co-A सहएन्जाइम क्रेब चक्र तथा ग्लाइकोलाइसिस के मध्य की संयोजक कड़ी है।

178. (*a*) ETS (इलेक्ट्रॉन परिवहन तन्त्र) में सर्वाधिक मात्रा में 34 ATP अणु बनते हैं।

180. (*c*) रसायन परासरणी सिद्धान्त एक ब्रिटिश जैव-रसायनज्ञ, पीटर मिशेल ने सन् 1961 में प्रस्तुत किया, जिसके लिए इन्हें सन् 1978 में रसायन विज्ञान में नोबल पुरस्कार से सम्मानित किया गया। रसायन परासरणी से तात्पर्य रासायनिक ऊर्जा (जैसे-ऑक्सीजन द्वारा NADH के ऑक्सीकरण में) का परासरणी ऊर्जा (अर्थात् माइटोकॉण्ड्रिया की झिल्ली के दोनों ओर प्रोटीन की सान्द्रता में अन्तर) में रूपान्तरण होता है। इस सिद्धान्त के अनुसार, माइटोकॉण्ड्रिया एवं क्लोरोप्लास्ट में ATP संश्लेषण कला के दोनों तरफ प्रोटॉन सान्द्रता में अन्तर पर निर्भर करता है।

183. (*a*) किण्वन के दौरान, एसीटेल्डिहाइड उत्पन्न करने के लिए पाइरुविक अम्ल CO_2 का एक अणु मुक्त करता है। एसीटेल्डिहाइड, NADH को पुनः ऑक्सीकृत करता है एवं स्वयं को एथनॉल में अपचयित कर देता है। यह अभिक्रियाएँ, पाइरुविक अम्ल डीकार्बोक्सीलेज एवं एल्कोहॉल डीहाइड्रोजिनेज के द्वारा उत्प्रेरित होती हैं।

ग्लूकोस
↓
ग्लिसरैल्डिहाइड-3-P
ADP → ATP; NAD^+ → $NADH+H^+$
↓
1, 3-बाइफॉस्फोग्लिसरेट
↓
पाइरुवेट → एसीटेल्डिहाइड + CO_2
एसीटेल्डिहाइड → एथेनॉल; $NADH+H^+$ → NAD^+

184. (*b*) क्रेब्स चक्र या सिट्रिक अम्ल चक्र माइटोकॉण्ड्रिया के मैट्रिक्स में होता है। यह वायवीय श्वसन में उत्पन्न होता है। एसीटाइल Co-A, ग्लाइकोलाइसिस एवं क्रेब्स चक्र के बीच संयोजक कड़ी (Link) है।

185. (*d*) क्रेब्स चक्र के चरणों के दौरान, सक्सीनिक अम्ल ऑक्सीकरण या डीहाइड्रोजिनीकरण के द्वारा फ्यूमेरिक अम्ल बनाता है एवं FAD, $FADH_2$ में अपचयित हो जाता है। इस चरण में सम्मिलित एन्जाइम सक्सीनिक अम्ल डिहाइड्रोजिनेज है।

188. (*c*) श्वसन सम्बन्धी में RQ 1.0 से कम है अर्थात् श्वसन सम्बन्धी क्रियाधार मुक्त की गई CO_2 की मात्रा की अपेक्षा अधिक ऑक्सीजन का उपयोग करता है।

क्रियाधार	श्वसन गुणांक का मान
कार्बोहाइड्रेट	एक
वसा एवं प्रोटीन	एक से कम
कार्बनिक अम्ल	एक से अधिक
सरस मरुद्भिद् पादप	शून्य

191. (*b*) दिया गया यौगिक ट्राइपामिटिन $(C_{51}H_{98}O_6)$ है। यहाँ वसीय क्रियाधार श्वसन में उपयोग किया जाता है एवं उत्पन्न CO_2 की मात्रा O_2 से कम है, अतः श्वसन गुणांक 1 से कम होता है।

$$\text{श्वसन गुणांक (RQ)} = \frac{\text{मुक्त}\,CO_2}{\text{मुक्त}\,O_2} = \frac{102}{145} = 0.7$$

193. (*d*) पादपों में द्वितीयक वृद्धि मुख्यतया परिधि में वृद्धि होती है, जो संवहनी एधा एवं कॉर्क एधा के कारण होती है।

194. (*c*) कोशिकीय स्तर पर वृद्धि मुख्यतया जीवद्रव्य की मात्रा में वृद्धि निर्माण है।

195. (*c*) विभज्योतकी क्षेत्र के निकटतम कोशिकाएँ दीर्घीकरण की अवस्था दर्शाती हैं। रिक्तिका विकास, कोशिका वृद्धि और नई कोशिका भित्ति का निर्माण, इस अवस्था के लक्षण हैं।

196. (*a*) अंकीय वृद्धि (Arithmetic growth) रैखिक होती है क्योंकि, यहाँ एक क्रम में नई कोशिकाएँ जुड़ती रहती हैं। सिर्फ एक पुत्री कोशिका विभज्योतकी विभेदित रहती है, जबकि दूसरी कोशिकाएँ विभेदित होकर विशेष कार्य करती हैं।

197. (*b*) ज्यामितीय वृद्धि में अन्तराली वृद्धि (Lag phase) धीमी होती है। ये बाद में घातांक वृद्धि (Log phase) दिखाती हैं। सीमित पोषकों के संचय के कारण ये वृद्धि धीमी हो जाती है और स्थैतिक या स्थिर चरण तक पहुँचती है।

199. (*d*) कोशिका विभेदन वह प्रक्रिया है, जिसमें पादपों की कोशिकाएँ परिपक्व होती हैं और किसी निश्चित कार्य का संचालन करती हैं। यह प्रक्रिया कोशिका विभाजन के बाद कोशिकाओं में कुछ परिवर्तन आने के कारण होती है; जैसे–कोशिका भित्ति पर क्यूटिन, लिग्निन एवं टैनिन का जमा होना।

200. (*a*) अवग्रह या सिग्मॉइड या S-वक्र पादपों में वृद्धि दर्शाता है। इसमें तीन चरण होते हैं

(i) Lag चरण (प्रारम्भिक या अन्तराली चरण) (ii) Log चरण (घातांकी चरण)

(iii) स्थिर/स्थैतिक चरण

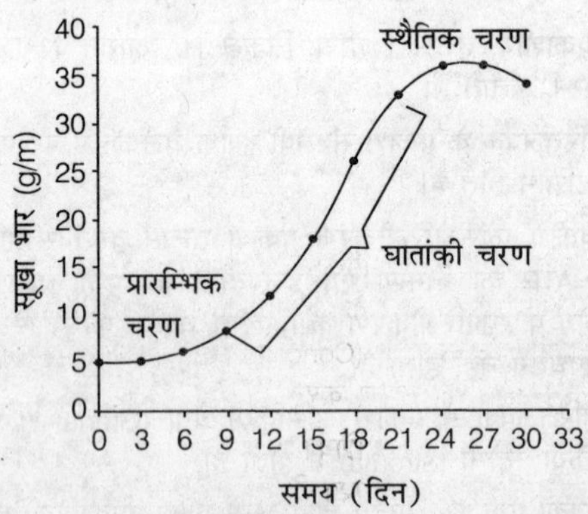

202. (a) तने के शीर्ष पर शीर्षस्थ विभज्योतक उपस्थित होता है। यह निरन्तर विभाजन करके नई-नई कोशिकाएँ बनाता रहता है, जिसके कारण तने में लम्बाई में वृद्धि होती रहती है।

205. (*d*) ज्यामितीय वृद्धि के लॉग (Log) चरण में कोशिकाएँ आकार में कोशिका संख्या और जीवों के द्रव्यमान में तीव्र वृद्धि होती है, जिसके कारण पोषकों की तीव्र खपत होती है। ये उच्चतम वृद्धि दर दर्शाती है।

207. (*a*) मूलशीर्ष विभज्योतक एवं प्ररोह शीर्ष विभज्योतक से निकली कोशिकाएँ विभेदित होकर विशिष्ट कार्य करती हैं।

210. (*c*) कोशिका के आकार, जैव-रसायन, संरचना और कार्यों में स्थायी परिवर्तन को विभेदन कहते हैं।

211. (*b*) कॉर्क एधा एवं संवहनी एधा का बनना निर्विभेदन (Dedifferentiation) का उदाहरण है।

212. (*b*) जब निर्विभेदित कोशिकाएँ फिर से विभेदित होती हैं, तो इसे पुनर्विभेदन कहते हैं; उदाहरण-द्वितीयक दारू।

213. (*d*) पर्यावरणीय विषमपर्णिता, पर्यावरणीय परिस्थितियों में बदलाव के कारण पत्तियों के आकार में पाया जाने वाला अन्तर है। नवनीत पुष्प पर्यावरणीय परिस्थितियों में परिवर्तन के कारण विषमपर्णी हो जाते हैं।

215. (*c*) विभिन्न वार्षिक ऋतुओं में पादपों के विभिन्न पहलुओं एवं उपस्थितियों के अध्ययन को **फेनोलॉजी** (Phenology) कहते हैं। ये केवल वातावरणीय कारकों और ऋतुओं द्वारा ही नहीं, अपितु उपापचयी, वंशागति एवं आन्तरिक संकेतों द्वारा भी नियन्त्रित होती है।

222. (*c*) कुछ जीवधारियों में जीवद्रव्य गति प्रदर्शित करता है, इस प्रकार की गति स्वतः गति कहलाती है। उदाहरण–*हाइड्रिला, अमीबा*।

236. (*c*) FW **वेन्ट** ने ऑक्सिन सर्वप्रथम सन् 1928 में जई के बीज के प्रांकुरों में देखा था।

237. (*d*) पादप के शीर्ष भाग के विभज्योतक से ऑक्सिन उत्पादित होता है अर्थात् प्ररोह एवं मूल के शीर्ष से ये पार्श्व भागों में पहुँचता है और प्ररोह लम्बाई में वृद्धि करता है।

238. (*a*) ऑक्सिन (ग्रीक शब्द *ऑक्सिन* से लिया गया है, जिसका अर्थ है वृद्धि) यह सर्वप्रथम मानव मूत्र में पाया गया था। **कोगल** और **हेगन स्मिथ** (1931) ने मानव मूत्र से तीन रसायनों को पृथक् किया तथा इन्हें ऑक्सिन नाम दिया।

240. (*d*) ऑक्सिन शाकनाशी के रूप में विस्तृत शृंखला में उपयोग होता है। 2, 4-D का उपयोग द्विबीजपत्री घास को मारने में होता है। यह परिपक्व एकबीजपत्री पादपों को प्रभावित नहीं करता है।

245. (*d*) इण्डोल-3-ब्यूटेरिक अम्ल (IBA) प्राकृतिक तथा संश्लेषित दोनो रूपों में पाया जाता है

248. (*b*) जब विभेदन की क्षमता युक्त ऊतक को ऑक्सिन एवं साइटोकाइनिन को स्पष्ट अनुपात युक्त कृत्रिम माध्यम में उगाया जाता है, तो ये विभेदन शुरु कर देता है। ऑक्सिन तना एवं साइटोकाइनिन मूल बनने की क्रिया नियमित करते हैं।

249. (*b*) ऊतक संवर्धन में ऑक्सिन की उच्च सान्द्रता एवं साइटोकाइनिन की निम्न सान्द्रता प्ररोह के निर्माण को प्रेरित करता है, जबकि उच्च साइटोकाइनिन सान्द्रता (Concentration) और ऑक्सिन की निम्न सान्द्रता मूल के निर्माण को प्रेरित करते हैं।

251. (a) साइटोकाइनिन कोशिका विभाजन में सर्वाधिक मदद करता है। विभज्योतकीय ऊतक हमेशा विभाजित होते रहते हैं, इसलिए इनमें इसकी सान्द्रता सर्वाधिक पायी जाती है।

254. (*b*) जिबरेलिन्स का पादपों पर छिड़काव करने से उनकी लम्बाई को अत्याधिक बढ़ा देता है। यहाँ तक कि इससे आनुवंशिक रूप से बौने पादप भी लम्बे हो जाते हैं। इसे **बोल्टिंग** कहते हैं।

255. (*b*) **बसन्तीकरण** वह प्रक्रिया है जिसमें बीजों को अंकुरित होते समय कम तापमान (0°C - 5°C) पर कुछ समय के लिए रखा जाता है। यह प्रक्रिया पुष्पन को प्रेरित करती है। जिबरेलिन्स का बीजों पर उपचार भी शीघ्र पुष्पन प्रक्रिया को प्रेरित करता है। इस प्रकार जिबरेलिन्स बसन्तीकरण को प्रतिस्थापित करता है।

256. (*a*) जिबरेलिन हॉर्मोन कुछ पौधों में (जैसे- *कुकुरबिटा*) पर छिड़काव करने से ज्यादा नर पुष्प पैदा करने के लिए प्रेरित करता है। इस प्रक्रिया को **पुंजननता** कहते हैं।

257. (*a*) जिबरेलिन के प्रभाव को जापान में एक सदी से अधिक समय से देखा जा रहा है, जहाँ कुछ चावल पादप 'बकाने' (मूढ़ बीजीकरण) रोग से संक्रमित पाए गए। इस रोग को **कुरोसावा** (1926) द्वारा देखा गया। इस रोग का कारण कवक *जिबरेला फ्यूजीकुरोई* होता है।

258. (*d*) जिबरेलिन एल्यूरोन कोशिकाओं को एन्जाइम स्रावित करने के लिए प्रेरित करता है, जिससे संचित भोजन पोषक तत्वों में टूट सके। साइटोकाइनिन पोषकों की गतिविधियों को प्रोत्साहित करता है, जो पत्तियों की जीर्णता को बाधित करती हैं। ABA बीज के विकास, परिपक्वन एवं निष्क्रियता में महत्त्वपूर्ण भूमिका निभाता है। एथिलीन फलों का पकना, बीजों का टूटना एवं निष्क्रियता को प्रेरित करता है।

259. (*c*) **जिबरेलिन** प्रसुप्ति को प्रेरित नहीं करता है, बल्कि इनका उपयोग बीज को तोड़ने और कली की निष्क्रियता के लिए किया जाता है।

260. (*d*) **जिबरेलिन** जीर्णता को बाधित करता है अर्थात् फल को बाजार के समय को बढ़ाने के लिए पेड़ पर लम्बे समय तक छोड़ा जा सकता है।

264. (a) ABA को तनाव हॉर्मोन या डॉर्मिन हॉर्मोन भी कहते हैं, क्योंकि ये अत्यधिक मात्रा में बनता है, जब पादप विभिन्न तनावों से ग्रसित होते हैं। यह प्रायः पादप अंगों को एक संकेत देता है कि वे शारीरिक तनाव से गुजर रहे हैं; जैसे-जल की कमी, खारी मिट्टी, शीत, ताप, आदि। ABA इन तनावों में पादप की सुरक्षा करता है।

265. (*d*) ABA एक प्राकृतिक वृद्धिरोधक है। यह तनाव हॉर्मोन के रूप में कार्य करता है। यह कुछ लघु दिन वाले पादपों में पुष्पीकरण प्रारम्भ करता है, लेकिन ABA तनाव हॉर्मोन कहलाता है, पुष्पीकरण हॉर्मोन नहीं।

266. (*c*) ABA एक तनाव हॉर्मोन है, ये पादपों में बीज प्रसुप्ति को प्रेरित करता है, जबकि जिबरेलिक अम्ल बीज प्रसुप्ति को कम करके बीजाकुंरण को प्रेरित करता है। अतः दोनों एक-दूसरे के विपरीत कार्य करते हैं, इसलिए इन्हें **प्रतिद्वन्दी हॉर्मोन** कहते हैं।

267. (a) एथिलीन एक पादप हॉर्मोन है जोकि गैसीय अवस्था में होता है। यह फलों को पकाने में सहायता करता है।

269. (*d*) एथेफॉन (एथिलीन) टमाटर और सेब में फलों को शीघ्र पकाता है और फूलों और पत्तियों की अनुपस्थिति को बढ़ाता है। यह खीरे में मादा पुष्पों की वृद्धि करता है।

275. (a) फ्लोरिजन नामक हॉर्मोन पुष्पन प्रेरित करता है। यह प्रकाश की उपस्थिति में पत्तियों द्वारा संश्लेषित होता है।

276. (*a*) दिन निरपेक्ष पादपों को पुष्पीकरण के लिए विशिष्ट काल प्रकाश की आवश्यकता नहीं होती है; उदाहरण- *हेलीएन्थस एनस* (सूरजमुखी), टमाटर, खीरा, जौं, कपास, आदि।

277. (*b*) लघु दिन पादपों को **दीर्घ रात्रि पादप** भी कहते हैं; क्योंकि इन्हें पुष्पीकरण (Flowering) के लिए लम्बे अन्धेरे की आवश्यकता होती है।

278. (*a*) फाइटोक्रोम एक वर्णक है, जो हरे पुष्पी पादपों में पाया जाता है। ये पुष्पन प्रकाश-संश्लेषण एवं प्रकाश काल सम्बन्धी परिवर्तनों एवं विकासशील प्रक्रियाओं का कारण है। इनमें दो अवस्थाओं पायी जाती हैं- P_r और P_{fr}।

279. (*a*) बसन्तीकरण के लिए आवश्यक निम्न ताप 0-5°C है। इसमें कम तापमान के तुरन्त पश्चात् या पूर्व, उच्च तापमान (40°C) नहीं होना चाहिए। इससे बसन्तीकरण का प्रभाव निष्क्रिय हो जाता है, इसे **वि-बसन्तीकरण** कहते हैं।

280. (*c*) द्विवर्षीय पादप (Biennial plants); जैसे-गाजर, चुकन्दर, गोभी में बसन्तीकरण देखा जाता है। बसन्तीकरण के तुरन्त बाद में, इनमें एक प्रकाश कालिक पुष्पीकरण उत्तेजित होता है।

281. (*b*) पुष्पीकरण पादपों के जीवन चक्र का पारम्परिक लक्षण है, जो मुख्यतया दो कारकों द्वारा नियन्त्रित होता है

(i) प्रकाशकाल (दीप्तिकालिता)

(ii) निम्नताप (बसन्तीकरण)

282. (*c*) कोशिकीय स्तर पर विकास, मुख्यतया जीवद्रव्य की मात्रा में वृद्धि का एक परिणाम है। जीवद्रव्य में वृद्धि सीधे मापना कठिन है, इसलिए वृद्धि को कई मापदण्डों से मापा जाता है; जैसे-ताजा वजन, सूखा वजन, लम्बाई, क्षेत्रफल, आयतन, कुल संख्या, आदि में वृद्धि।

285. (*b*) लेग्यूमिनोसी पादपों में नाइट्रोजन-स्थिरीकरण से प्रथम स्थायी उत्पाद अमोनिया (NH_3) प्राप्त होता है।

$$\underset{\text{(नाइट्रोजन)}}{N_2} \longrightarrow \underset{\text{(डायएमाइड)}}{N_2H_2} \longrightarrow \underset{\text{(हाइड्राजीन)}}{N_2H_4} \longrightarrow \underset{\text{(अमोनिया)}}{2NH_3}$$

286. (*a*) नाइट्रीकारक जीवाणु अमोनिया को ऑक्सीकृत कर नाइट्रेट पादपों को उपलब्ध कराते हैं।

287. (*c*) नाइट्रोजन परिवर्तन के दौरान, सबसे पहले सायनोबैक्टीरिया नाइट्रोजन को अमोनिया या अमोनियम आयन (NH_4^+) में बदलता है। कुछ पादप अमोनिया का नाइट्रोजन स्रोत के रूप में उपयोग कर सकते हैं।

$$N_2 + 4H_2 \longrightarrow 2NH_3$$

288. (*a*) *बैसिलस पॉलीमिक्सा (Bacillus polymixa)* स्वतन्त्रजीवी नाइट्रोजन स्थिरीकारक जीवाणु हैं।

289. (*a*) नाइट्रोजिनेज एन्जाइम आण्विक ऑक्सीजन के प्रति अत्यन्त संवेदी होते हैं। लेग्हीमोग्लोबिन O_2 को ग्रहण कर एन्जाइम को आण्विक ऑक्सीजन की क्रिया से बचाता है। अतः यह एन्जाइम अनॉक्सी वातावरण में ही कार्य कर सकता है।

292. (*c*) नाइट्रीकरण (Nitrifying) जीवाणु अमोनिया (NH_3) का ऑक्सीकरण करके नाइट्रेट (NO_3) बनाते हैं, जिसे पादप उपयोग कर सकते हैं।

297. (*b*) जब *स्यूडोमोनास* जीवाणु द्वारा नाइट्रेट अपघटित होकर मुक्त नाइट्रोजन गैस बनाते हैं, तो इसे विनाइट्रीकरण प्रक्रिया कहते हैं।

298. (*c*) *राइजोबियम लेग्यूमिनोसैरम* दलहनी पादपों की मूलों की ग्रन्थियों में पाए जाते हैं।

300. (*a*) *एनाबीना* एक नीला-हरा शैवाल है, जो कई पादपों के साथ सहजीवी रूप से रहकर नाइट्रोजन-स्थिरीकरण करता है। उदाहरण–*साइकस* की मूल में।

जन्तु कार्यिकी

Animal Physiology

पाचन तन्त्र एवं अवशोषण
Digestive System and Absorption

पाचन Digestion

संयुक्त एवं अघुलनशील भोज्य कणों को सरल, घुलनशील व अवशोषण योग्य भोज्य कणों में परिवर्तित करने की क्रिया **पाचन** (Digestion) कहलाती है।

भोजन (पोषक पदार्थों) का ऊष्मीय महत्त्व
Caloric Value of Food / Nutrients

भोजन की उपापचयी उपयोगिता को ऊष्मीय ऊर्जा की इकाइयों में व्यक्त करते हैं। इन इकाइयों को कैलोरी (Calories) कहते हैं। भारत में मनुष्यों को प्रतिदिन आवश्यकता की 50-60% ऊर्जा कार्बोहाइड्रेट्स से, 25-30% वसाओं से तथा 15% प्रोटीन से मिलती है। इन आँकड़ों की सहायता से हिसाब लगाए, तो हमारे भोजन में औसतन 400-500 ग्राम कार्बोहाइड्रेट्स, 60-70 ग्राम वसाएँ तथा 65-75 ग्राम प्रोटीन की उपस्थिति आवश्यक है।

हमारे भोज्य पदार्थों में कार्बोहाइड्रेट्स, प्रोटीन्स तथा वसा की मात्राओं की उपस्थिति निम्नलिखित है

भोजन सामग्री	कार्बोहाइड्रेट्स की मात्रा (%)	प्रोटीन्स की मात्रा (%)	वसा की मात्रा (%)
अनाज	60-80	6-12	1-5
दालें	35-55	20-35	1-5
कन्दों, पत्तियों एवं जड़ों वाली सब्जियाँ	5-25	1-3	बहुत कम
हरी पत्तेदार सब्जियाँ	3-15	2-6	बहुत कम
अन्य सब्जियाँ	3-15	1-3	बहुत कम
मेवा, मूँगफली, आदि	30-55	5-25	50 तक
वसाएँ	लगभग नहीं	लगभग नहीं	80-90
दूध	4-6	3-4	2.5-7
ताजा फल	5-30	0.3-1.5	बहुत कम
माँस, मछली, अण्डे, आदि	लगभग नहीं	8-20	2-10
मीठी एवं मण्डयुक्त सामग्रियाँ	80-90	लगभग नहीं	लगभग नहीं

पाचन तन्त्र Digestive System

पाचन तन्त्र में नाल जठर आन्त्रीय क्षेत्र (मुख, ग्रसनी, ग्रासनली आमाशय, छोटी आँत और बड़ी आँत), जो एक आहारनाल के द्वारा मुख से गुदा द्वार तक होती है।

जिसमें सहायक अंग (लार ग्रन्थियाँ, यकृत, गाल ब्लैडर तथा अग्न्याशय) भाग लेते हैं जो क्षेत्र के भाग न होकर पाचक रस के द्वारा भोजन का स्रावण करते हैं। पाचन क्षेत्र को आहारनाल भी कहा जाता है। यह क्रिया आहारनाल में सम्पन्न होती है, इसमें निम्नलिखित क्रियाएँ होती हैं

1. भोजन का अन्तर्ग्रहण (Ingestion)
2. भोजन का पाचन (Digestion)
3. पचित भोजन का अवशोषण (Absorption)
4. भोजन का स्वांगीकरण (Assimilation)
5. बहि:क्षेपण (Egestion)

आहारनाल Alimentary Canal

मनुष्य की आहारनाल में निम्नलिखित भाग होते हैं

1. मुख एवं मुखगुहा Mouth and Buccal Cavity

यह पाचन तन्त्र का प्रथम भाग बनाता है। मुख अन्दर की ओर मुखगुहिका में खुलता है, जिसमें तालू, जिह्वा, दाँत तथा लार ग्रन्थि की संरचनाएँ पाई जाती हैं। मनुष्य में चार प्रकार के दाँत पाए जाते हैं

(i) कृन्तक (Incisors)

(ii) रदनक (Canines)

(iii) अग्र चर्वणक (Premolars)

(iv) चर्वणक (Molars)

कृन्तक केवल स्तनधारियों में पाए जाते हैं, ये भोजन को कुतरने का कार्य करते हैं। शाकाहारी प्राणियों में रदनक दन्त (Canines teeth) नहीं पाए जाते हैं। इनकी जगह रिक्त स्थान को **दन्तावकाश** (Diastema) कहा जाता है।

मानव में दन्त सूत्र

$$I\frac{2}{2}, C\frac{1}{1}, Pm\ \frac{2}{2},\ M\ \frac{3}{3} \times 2 = 32$$

(I–Incisors, C–Canines, Pm–Premolars, M–Molars)

लार ग्रन्थि (Salivary gland) मनुष्य में तीन जोड़ी लार ग्रन्थियाँ होती हैं अधोजिह्वा ग्रन्थियाँ, कर्णमूल (Parotid glands), अधोहनु ग्रन्थियाँ (Submaxillary glands)।

इन ग्रन्थियों द्वारा स्रावित लार में टायलिन एन्जाइम होता है, जो क्षारीय माध्यम में सक्रिय रहता है, जो मण्ड को शर्करा में बदलने का कार्य करता है।

2. ग्रसनी Pharynx

यह मुखगुहा के पीछे का भाग है। यह 12-14 सेमी लम्बी कीपाकार तथा वायु और भोजन मार्ग की संयुक्त नली होती है।

3. ग्रासनली Oesophagus

यह भोजन को मुखग्रासन गुहा से आमाशय में पहुँचाने का कार्य करती है। इसमें कोई पाचक ग्रन्थि नहीं पाई जाती है।

4. आमाशय Stomach

यह आहारनाल का सबसे चौड़ा तथा थैलेनुमा भाग है। जिसमें जठर ग्रन्थियाँ पाई जाती हैं। जिससे भोजन के पाचन हेतू जठर रस निकलता है।

5. छोटी आँत Small Intestine

आहारनाल में छोटी आँत की लम्बाई लगभग 6-7 मीटर (21-25 फीट) तथा मोटाई लगभग 2-2.5 सेमी होती है।

इस भाग में रसांकुर (Villi) पाए जाते हैं, जो अवशोषण सतह वृद्धि के लिए उत्तरदाई हैं।

6. बड़ी आँत Large Intestine

आहारनाल का अन्तिम भाग वृहत् आन्त्र है। इसकी लम्बाई लगभग 1.5 मीटर तथा मोटाई 6-7 सेमी होती है।

पाचक ग्रन्थियाँ Digestive Glands

मनुष्य के पाचन तन्त्र में निम्नलिखित पाचक ग्रन्थियाँ पाई जाती हैं

1. **लार ग्रन्थियाँ** (Salivary glands) मनुष्य के मुख में निम्न तीन जोड़ी लार ग्रन्थियाँ खुलती हैं

   (i) **कर्णपूर्व ग्रन्थियाँ** (Parotid glands) ये चेहरे के दोनों पार्श्व भागों में कान व कपोलों के पीछे स्थित होती हैं। लार में **श्लेष्म** तथा **टायलिन** (Ptyalin) नामक एन्जाइम होता है, जो मण्ड को पचाने में सहायक होता है। ये सबसे बड़ी लार ग्रन्थियाँ हैं।

   (ii) **अधोहनु ग्रन्थियाँ** (Submaxillary glands) ये निचले जबड़े के पश्च भाग में स्थित होती हैं। ये ग्रन्थियाँ निचले कृन्तक दाँतों के पास **व्हारटन की नलिकाओं** (Wharton's ducts) द्वारा जिह्वा के नीचे खुलती हैं।

   (iii) **अधोजिह्वा ग्रन्थियाँ** (Sublingual glands) ये जिह्वा के ठीक नीचे स्थित छोटी तथा संकरी ग्रन्थियाँ हैं। ये कई महीन **रिविनस** या **बार्थोलिन** की नलिकाओं (Ducts of Rivinus or Bartholin) द्वारा मुख गुहिका के फर्श पर आकर खुलती हैं।

2. **जठर ग्रन्थियाँ** (Gastric glands) आमाशय की दीवार पर तीन प्रकार की जठर ग्रन्थियाँ पाई जाती हैं

   (i) **हृदयी ग्रन्थियाँ** (Cardiac glands) ये आमाशय के हृदयी भाग में स्थित ग्रन्थियाँ हैं, जो श्लेष्म का स्रावण करती हैं।

   (ii) **फण्डिक ग्रन्थियाँ** (Fundic glands) यह आमाशय के मध्य भाग में उपस्थित होती हैं तथा जठर रस बनाती हैं, इनसे पेप्सिन (Pepsin), रेनिन (Renin) नामक एन्जाइम एवं श्लेष्म तथा गैस्ट्रिन (Gastrin) नामक हॉर्मोन स्रावित होते हैं। इसके अतिरिक्त इस भाग की ग्रन्थियाँ HCl नामक अम्ल का भी स्रावण करती हैं, जोकि जठर रस को अम्लीय माध्यम (pH 1.5- 2.5) प्रदान करता है। यह माध्यम जठर रस में उपस्थित एन्जाइम्स को कार्यान्वित करने में महत्त्वपूर्ण भूमिका निभाता है

   (iii) **पाइलोरिक ग्रन्थियाँ** (Pyloric glands) इनसे केवल श्लेष्म का स्रावण होता है, जो विभिन्न पाचक रसों एवं HCl से आमाशय की दीवार की सुरक्षा करता है।

3. **आँत्रीय ग्रन्थियाँ** (Intestinal glands) आँत की दीवार पर निम्नलिखित दो प्रकार की ग्रन्थियाँ पाई जाती हैं

   (i) **लिबरकुहन की दरारें** (Crypts of Lieberkuhn) ये सरल तथा नलिकाकार ग्रन्थियाँ आँत्रीय रस (Intestinal juice) या सक्कस एन्टेरिकस (Succus entericus) का स्रावण करती हैं।

   (ii) **ब्रूनर ग्रन्थियाँ** (Brunner's glands) ये नलिकाकार ग्रन्थियाँ श्लेष्म का स्रावण करती हैं।

4. **यकृत** (Liver) शरीर की सबसे बड़ी पाचन ग्रन्थि है, जिसका भार लगभग 1.6 किलोग्राम होता है। यह ग्लिसन कैप्सूल द्वारा आवरित होता है। यकृत शिरा पात्रों में **कुप्फर कोशिकाएँ** पाई जाती हैं, जो मृत RBC एवं जीवाणुओं का भक्षण करती हैं। यकृत की कोशिकाएँ पित्त रस का स्रावण करती हैं। यह क्षारीय होता है। इसमें पित्त लवण पाए जाते हैं, जो वसा का इमल्सीकरण करने में सहायक होते हैं। यकृत में ग्लूकोस का ग्लाइकोजन के रूप में संचय (ग्लाइकोजेनेसिस) तथा शरीर में शर्करा की कमी होने पर ग्लाइकोजन का पुन: शर्करा में परिवर्तन

(ग्लाइकोजेनोलाइसिस होता है)। यकृत के द्वारा हिपैरिन (Heparin) का निर्माण किया जाता है, जो रुधिर वाहिनियों में रुधिर का थक्का बनने से रोकता है। पित्त रस में एन्जाइम नहीं पाए जाते हैं।

5. **अग्न्याशय** (Pancreas) यह मिश्रित प्रकार की ग्रन्थि होती है, जो अन्तःस्रावी तथा बहिःस्रावी दोनों का कार्य करती है। अन्तःस्रावी भाग हॉर्मोन्स (ग्लूकेगॉन, इन्सुलिन, सोमेटोस्टेनिन तथा अग्न्याशयी पॉलीपेप्टाइड का स्रावण करता है) तथा बहिःस्रावी भाग के द्वारा एन्जाइमों का स्रावण किया जाता है। लाइपेस, वसा को वसीय अम्ल तथा ग्लिसरॉल में, एमाइलेस स्टार्च को माल्टोस में तथा ट्रिप्सिन एवं काइमोट्रिप्सिन प्रोटीन के पाचन में सहायक होते हैं। अग्न्याशय के द्वारा स्रावित रस **अग्न्याशयी रस** (Pancreatic juice) कहलाता है। यहीं लैंगरहैन्स की द्वीपिकाएँ पाई जाती हैं।

भोजन का अन्तर्ग्रहण Ingestion of Food

भोजन मुखगुहा में आने के पश्चात् चर्वणक क्रिया के अन्तर्गत कृन्तक (Incisors) तथा रदनक (Canines) भोजन को काटने व कुतरने का तथा अग्रचर्वणक (Premolars) तथा चर्वणक (Molars) उसे चबाने व पीसने का कार्य करते हैं। भोजन चबाने के बाद निगलद्वार से होता हुआ ग्रासनली (Oesophagus) में पहुँचता है।

भोजन का पाचन Digestion of Food

आहारनाल की संरचनाओं के अनुसार पाचन की प्रक्रिया का निम्न चरणों में अध्ययन कर सकते हैं

(i) **मुखगुहा में पाचन** (Digestion in buccal cavity) मुखगुहा की श्लेष्मिका (Mucosa) में उपस्थित मुख ग्रन्थियों (Buccal glands) तथा जिह्वा की श्लेष्मिका में स्थित जिह्वा ग्रन्थियों से स्रावित होकर लार मुखगुहा में आती रहती है।

- मुखगुहा में भोजन लार के साथ मिलकर लुग्दी जैसा रूप ले लेता है।
- टायलिन एन्जाइम भोजन की कुल (3-5%) मण्ड (Starch) को माल्टोस (Maltose) नामक शर्करा में विखण्डित कर देता है।
- लार के जिह्वा ग्रन्थियों द्वारा स्रावित भाग में जिह्वा लाइपेज (Lingual lipase) नामक एन्जाइम भी उपस्थित होता है, जो भोजन में उपस्थित वसा को वसीय अम्लों तथा मोनोग्लिसराइड्स में तोड़ना प्रारम्भ करता है।
- लार में उपस्थित लाइसोजाइम नामक एन्जाइम जीवाणुओं को नष्ट करता है।
- मुखगुहा पीछे की एक गुहा में खुलती है, जिसे ग्रसनी कहते हैं। यह ग्रासनली को आमाशय (भोजन नली) से जोड़ती है।

(ii) **ग्रासनली में भोजन का संवहन** (Conduction of food in oesophagus) ग्रासनली में न तो पाचन क्रिया होती है और न ही भोजन का मंथन होता है। ग्रासनली में भोजन पहुँचते ही उसकी दीवार में क्रमाकुंचन गति (Peristalsis movement) प्रारम्भ हो जाती है, जिससे भोजन ग्रासनली से खिसककर आमाशय में पहुँच जाता है।

(iii) **आमाशय में भोजन का पाचन** (Digestion of food in stomach) जैसे ही ग्रासनली से होकर भोजन आमाशय में पहुँचता है, उसमें क्रमाकुंचन गति प्रारम्भ हो जाती है।

- आमाशय की भित्तियों पर स्थित जठर ग्रन्थियाँ जठर रस का स्राव करती हैं। जठर रस पीले रंग का, उच्च अम्लीय (pH 1.0 – 3.5) पदार्थ है।
- मनुष्य में प्रतिदिन स्रावित जठर रस की मात्रा 2-3 लीटर होती है। इसमें लगभग जल (99%), हाइड्रोक्लोरिक अम्ल (0.5%) तथा एन्जाइम (0.4%); उदाहरण—पेप्सिन, रेनिन, जठर लाइपेज उपस्थित होते हैं।
- **हाइड्रोक्लोरिक अम्ल** (HCl) जठर रस की उच्च अम्लीयता का कारण HCl ही है। जठर रस में HCl की मात्रा 0.4-0.5% होती है। इसकी उपयोगिता निम्नलिखित हैं
  - भोजन के साथ आए हानिकारक जीवाणुओं को नष्ट करता है। भोजन को सड़ने से रोकता है
  - भोजन पर लार के प्रभाव को समाप्त करता है। मुखगुहा से लाया गया भोजन pH-7 पर होता है। HCl उसे pH-2 पर लाता है तथा टायलिन की क्रिया समाप्त करता है।
- **पेप्सिन** (Pepsin) हाइड्रोक्लोरिक अम्ल (HCl) की उपस्थिति में निष्क्रिय पेप्सिनोजन (Pepsinosen) पेप्सिन (क्रियाशील अवस्था) में बदलता है। यह एक प्रोटीन अपघटनीय एन्जाइम है। पेप्सिन प्रोटीन अणुओं को प्रोटिओजेज (Proteoses) तथा पेप्टोन्स (Peptones) में अपघटित करता है।
- **रेनिन** (Rennin) नवजात शिशुओं में निष्क्रिय प्रोरेनिन (Prorennin) का स्रावण होता है, जो HCl के सम्पर्क में सक्रिय रेनिन में बदल जाता है। रेनिन HCl व Ca^{2+} आयन की उपस्थिति में दूध की प्रोटीन कैसीनोजन (Caseinogen) को कैसीन (Casein) में परिवर्तित कर देता है।
- **जठर लाइपेज** (Gastric lipase) ये एन्जाइम्स इमल्सीकृत वसाओं को वसा अम्लों तथा ग्लिसरॉल में परिवर्तित करता है। आमाशय में भोजन लगभग 4 घण्टे रहता है तत्पश्चात् ग्रहणी (Duodenum) में प्रवेश करता है।

(iv) **छोटी आँत में पाचन** (Digestion in small intestine) भोजन का पाचन तथा पचे हुए पदार्थों का अवशोषण मुख्यतया छोटी आँत में होता है।

छोटी आँत में सम्पूर्ण पाचन क्रिया में तीन पाचक रसों अग्न्याशयी रस, पित्त रस (Bile juice) तथा आँत्रीय रस (Intestinal juice) की मुख्य भूमिका होती है।

(a) **अग्न्याशयी रस** (Pancreatic juice) यह पतला, रंगहीन तथा सोडियम बाइकार्बोनेट की उपस्थिति के कारण अत्यधिक क्षारीय (pH 7.5-8.3) होता है।

इसी कारण से काइम के ग्रहणी में पहुँचने पर अग्न्याशयी रस काइम की अम्लीयता को नष्ट कर देता है। यह एक पूर्ण पाचक रस है, जिसमें प्रोटीन, कार्बोहाइड्रेट, वसा तथा न्यूक्लिक अम्ल को पचाने हेतु निम्नलिखित एन्जाइम होते हैं।

अग्न्याशयी एमाइलेज या एमाइलॉप्सिन (Pancreatic amylase or Amylopsin) यह काइम की बची हुई मण्ड (Starch) ग्लाइकोजन तथा सेलुलोस के अतिरिक्त अन्य पॉलीसैकेराइड्स को माल्टोस में विखण्डित करता है।

- **ट्रिप्सिन एवं काइमोट्रिप्सिन** (Trypsin and chymotrypsin) ये दोनों पेप्सिन की भाँति प्रोटीन्स का पाचन करते हैं। ये निष्क्रिय अवस्था में होते हैं। निष्क्रिय अवस्था में इनको क्रमश: ट्रिप्सिनोजन तथा काइमोट्रिप्सिनोजन (Trypsinogen and chymotrypsinogen) कहते हैं, परन्तु ग्रहणी में **आँत्रीय रस** (Intestinal juice) और **एन्टेरोकाइनेज** (Enterokinase) नामक एन्जाइम के सम्पर्क में आने पर ट्रिप्सिनोजन सक्रिय ट्रिप्सिन में तथा ट्रिप्सिन काइमोट्रिप्सिनोजन को सक्रिय काइमोट्रिप्सिन में परिवर्तित कर देता है।
- **कार्बोक्सिपेप्टाइडेज** (Carboxypeptidase) यह जस्तायुक्त प्रोटिओलिटिक एन्जाइम है, जो पॉलीपेप्टाइड अणुओं को अमीनो अम्ल में विखण्डित करता है।
- **अग्न्याशयी लाइपेज या स्टिएप्सिन** (Pancreatic lipase or steapsin) लाइपेज भोजन की 80% वसाओं को वसीय अम्लों (Fatty acids) के तीन अणुओं तथा ग्लिसरॉल (Glycerol) के एक अणु में तोड़ती है।
- **न्यूक्लिएजेज** (Nucleases) न्यूक्लिक अम्लों (DNA व RNA) को न्यूक्लियोटाइड्स फिर न्यूक्लियोसाइड्स में तोड़ने वाले राइबोन्यूक्लिएज तथा डीऑक्सीराइबोन्यूक्लिएज भी अग्न्याशयी रस में उपस्थित होते हैं।
- **माल्टेज** (Maltase) **तथा रेनिन** (Rennin) ये कार्बोहाइड्रेट-पाचक एन्जाइम अग्न्याशयी रस में अल्प मात्रा में पाए जाते हैं। ये डाइसैकेराइड शर्कराओं; जैसे—माल्टोस, सुक्रोस, लैक्टोस को मोनोसैकेराइड शर्कराओं ग्लूकोस तथा फ्रक्टोस (Fructose) में परिवर्तित कर देते हैं। ग्रहणी से छोटी आँत में आगे बढ़ते समय भोजन अधिक तरल अवस्था में हो जाता है, जिसे **काइम** (Chyme) कहते हैं।

(b) **पित्त रस** (Bile juice) इसका स्रावण यकृत में होता है। मानव में लगभग 700-1000 मिली पित्त का निर्माण प्रतिदिन होता है। इसमें पाचक एन्जाइम अनुपस्थित होते हैं।

फिर भी यह पाचन क्रिया में महत्त्वपूर्ण स्थान रखता है। पित्त रस हरे-पीले रंग का क्षारीय तरल है। इसका pH 7.6-7.7 होता है। पित्त रस के निम्नलिखित कार्य हैं।

- यह आमाशय से आए हुए भोजन के अम्लीय माध्यम को क्षारीय बनाता है।
- तल-तनाव कम करके वसा का इमल्सीकरण (Emulsification) करता है, जिससे भोजन पर लाइपेज अच्छी तरह से क्रिया कर सके।
- वसा में घुले हुए विटामिन्स (A, D, E तथा K) पित्त रस की उपस्थिति में ही पूर्णरूपेण अवशोषित होते हैं।

(c) **आँत्रीय रस** (Intestinal juice) ग्रहणी में स्थित ब्रूनर की ग्रन्थियों तथा छोटी आँत में स्थित आँत्रीय ग्रन्थियों (Intestinal glands) द्वारा स्रावित तरल तथा चषक कोशिकाओं द्वारा स्रावित श्लेष्म को सम्मिलित रूप से आँत्रीय रस या सक्कस इन्टेरीकस (Succus entericus) कहते हैं। यह क्षारीय (pH 8) होता है। आँत्रीय रस में निम्नलिखित एन्जाइम्स उपस्थित होते हैं

- **इरेप्सिन** (Erepsin) यह प्रोटीन पाचन को पूरा करने वाले कई पेप्टाइडेज (Peptidase) एन्जाइमों का सामूहिक स्वरूप है।
- **कार्बोहाइड्रेजेज** (Carbohydrases) कार्बोहाइड्रेट्स के पाचन को पूरा करने के लिए आँत्रीय रस में माल्टेज (Maltase), सुक्रेज या इन्वर्टेज (Sucrase or invertase) तथा लैक्टेज नामक एन्जाइम होते हैं।
- **एन्टेरोकाइनेज** (Enterokinase) यह एन्जाइम ग्रहणी में पहुँचकर अग्न्याशयी रस के ट्रिप्सिनोजन को सक्रिय ट्रिप्सिन में परिवर्तित करने का काम करता है।
- **आँत्रीय लाइपेज** (Intestinal lipase) यह काइम की बची हुई वसा को मोनोग्लिसराइड्स एवं वसीय अम्लों में परिवर्तित करता है।
- **न्यूक्लिएजेज** (Nucleases) न्यूक्लिऐजेज न्यूक्लियोसाइड्स को नाइट्रोजन क्षार व शर्करा में तोड़ते हैं।

(v) **बड़ी आँत में पाचन** (Digestion in large intestine) बड़ी आँत में पचित भोजन से जल का अवशोषण किया जाता है। शाकाहारी जन्तुओं में बड़ी आँत के सीकम भाग में सेलुलोस का पाचन किया जाता है। मनुष्यों में सेलुलोस का पाचन नहीं होता है।

आहारनाल की दीवारों में गतियाँ

Movements in Alimentary Walls

- **क्रमाकुंचन गतियाँ** (Peristaltic Movements) ये गतियाँ भी अरेखित पेशियों के संकुचन के फलस्वरूप होती हैं। इनका नियन्त्रण स्वायत्त तन्त्रिका तन्त्र द्वारा होता है। इस गति के फलस्वरूप भोजन आहारनाल में नीचे की ओर खिसकता है।
- **मंथन गतियाँ** (Churning Movements) ये अरेखित पेशियों के संकुचन से होने वाली गतियाँ हैं। इन गतियों के माध्यम से भोजन का मंथन होता है तथा भोजन पाचक रसों से अच्छी तरह मिल जाता है।

छोटी आँत में पाचक रसों के स्राव पर हॉर्मोन्स का नियन्त्रण

Hormonal Control of Digestive Enzymes by Alimentary Canal

जठर रसयुक्त काइम जैसे ही ग्रहणी में पहुँचता है, उसमें उपस्थित HCl ग्रहणी की श्लेष्मिका झिल्ली को उत्तेजित करता है। *फलस्वरूप इसकी कोशिकाओं से निम्नलिखित हॉर्मोन्स स्रावित होते हैं*

(i) **हिपेटोक्रिनिन** (Hepatocrinin) ये हॉर्मोन यकृत से पित्त रस के स्राव को उत्तेजित करता है।

(ii) **कोलीसिस्टोकाइनिन** (Cholecystokinin or CCK) ये हॉर्मोन पित्ताशय के संकुचन द्वारा पित्त रस को ग्रहणी तक पहुँचाता है।

(iii) **सेक्रेटिन** (Secretin) ये हॉर्मोन अग्न्याशय को अग्न्याशयी रस (पानी तथा बाइकार्बोनेट) स्रावित करने के लिए उत्तेजित करता है।

(iv) **पेन्क्रियोजाइमिन** (Pancreozymin) ये हॉर्मोन भी अग्न्याशयी रस के स्राव को प्रेरित करता है, परन्तु इसके द्वारा स्रावित अग्न्याशयी रस में एन्जाइम्स अधिक मात्रा में होते हैं।

(v) **एन्टेरोक्राइनिन** (Enterocrinin) ये हॉर्मोन भी आँत की दीवार को आँत्रीय रस स्रावित करने के लिए उत्तेजित करता है।

(vi) **अवशोषण एवं बहि:क्षेपण** (Absorption and Egestion)

- पचे हुए भोजन का रुधिर तथा लसीका में पहुँचना अवशोषण कहलाता है। मनुष्य दिनभर में जल, लवण व विटामिन का अवशोषण करता है। लगभग 90% अवशोषण छोटी आँत में तथा शेष 10% आमाशय एवं बड़ी आँत में होता है। ग्रसनी तथा ग्रासनली में कोई अवशोषण नहीं होता है।
- अवशोषण के पश्चात् शेष बचे अनुपयोगी पदार्थों को मानव गुदा द्वारा शरीर से बाहर निकालना, बहि:क्षेपण कहलाता है।

पोषण एवं पाचन सम्बन्धी विकार
Disorders Related to Nutrition and Digestion

पोषण एवं पाचन तन्त्र सम्बन्धी विकार निम्नलिखित हैं

1. **प्रोटीन ऊर्जा कुपोषण** (Protein Energy Malnutrition or PEM) भारत तथा अन्य देशों में असंख्य नागरिकों को भरपेट भोजन या सन्तुलित आहार नहीं मिलता है, इसे कुपोषण (Malnutrition) कहा जाता है।

   प्रोटीन ऊर्जा कुपोषण से सम्बन्धित दो मुख्य विकार निम्नलिखित हैं

   (i) **क्वाशरकोर** (Kwashiorkor) यह रोग प्रोटीन की कमी से होता है। प्रोटीन की कमी होने पर बच्चे की वृद्धि सामान्य गति से नहीं होती है। भूख कम लगती है। अतिसार की शिकायत रहती है। शरीर फूल जाता है। बच्चा चिड़चिड़ा तथा उदास रहता है। बाल सूखे व चमकहीन हो जाते हैं। त्वचा पीली, शुष्क और काँतिहीन हो जाती है। त्वचा फट जाती है, उस पर काले धब्बे पड़ जाते हैं।

   (ii) **मैरेस्मस या सूखा रोग** (Marasmus) यह रोग भोजन में प्रोटीन तथा कैलौरी दोनों की कमी के कारण होता है। कम खाने से शरीर को कम ऊर्जा प्राप्त होती है। इस रोग में शरीर सूजकर फूलने के बजाय सूखकर पतला हो जाता है। चेहरा दुर्बल तथा आँखें काँतिहीन व धँस जाती हैं। शरीर क्षीण व दुबला-पतला प्रतीत होता है। त्वचा पर झुर्रियाँ पड़ जाती हैं। इसका मुख्य कारण बहुत अल्प समय के लिए माता का दूध मिलना भी है।

2. **पीलिया** (Jaundice) इसमें यकृत प्रभावित होता है। प्लीहा, अस्थि मज्जा, लसीका गाँठों, आदि में रुधिर के लाल रुधिराणुओं के विखण्डन की दर अत्यधिक बढ़ जाने, अधिक संख्या में यकृत कोशिकाओं के क्षतिग्रस्त होने या पित्ताशय में पित्तवाहिनी में पित्त का मार्ग अवरुद्ध हो जाने पर यकृत कोशिकाएँ रुधिर से बिलिरुबिन को ले नहीं पाती हैं। अत: पीले रंग का बिलिरुबिन रुधिर में ही रहकर पूरे शरीर में फैल जाता है। यही पीलिया रोग है। पीलिया में त्वचा और आँख पित्त वर्णकों (बिलिरुबिन) के जमा होने से पीले रंग के दिखाई देती है। पीलिया की जाँच रुधिर में बिलिरुबिन की मात्रा ज्ञात करके की जाती है।

3. **वमन** (Vomiting) यह आमाशय में संग्रहित पदार्थों की मुख से बाहर निकलने की क्रिया है। यह प्रतिवर्ती क्रिया मेड्यूला में स्थित वमन केन्द्र से नियन्त्रित होती है। उल्टी से पहले बेचैनी की अनुभूति होती है। वमन में प्राय: उदरीय अम्ल होता है, जिससे हमें जलन का अनुभव होता है।

4. **प्रवाहिका** (Diarrhoea) आँत (Bowel) की अपसामान्य गति की बारम्बारता और मल का अत्यधिक पतला हो जाना प्रवाहिका कहलाता है। इसमें भोजन अवशोषण की क्रिया घट जाती है। यह आँत में विषाणु, जीवाणु, प्रोटोजोअन्स, आदि के संक्रमण से हो सकता है।

5. **कोष्ठबद्धता** (Constipation) कब्ज में, मलाशय में मल रुक जाता है और आँत की गतिशीलता अनियमित हो जाती है। यह समय से मलत्याग न करने व आहार में तन्तुयुक्त भोजन न लेने से होता है।

6. **अपच** (Indigestion) इस स्थिति में, भोजन पूरी तरह नहीं पचता है और पेट भरा-भरा महसूस होता है। ये अपच एन्जाइमों के स्राव में कमी, व्यग्रता, खाद्य विषाक्तता, अधिक भोजन करने एवं मसालेदार भोजन करने के कारण होता है। इसे डिस्पेप्सिया (Deyspepsia) भी कहते हैं।

श्वसन एवं गैसों का विनिमय
Respiration and Exchange of Gases

श्वसन Respiration

यह एक जैव-रासायनिक ऑक्सीकरण अभिक्रिया है, जिसमें श्वसनांग वातावरण से ऑक्सीजन को ग्रहण करके उसे शरीर की कोशिकाओं तक पहुँचाते हैं।

- **फेफड़े** (Lungs) मानव के मुख्य श्वसनांग होते हैं, जबकि नासिका, नासामार्ग, ग्रसनी, वायुनाल, (स्वर यन्त्र एवं श्वासनाल), श्वसनी, श्वसनिका, वायुकूपिका एवं वायुकोष श्वसन पथ का निर्माण करते हैं।
- **श्वसन अंगों** (Respiration organs) का प्रथम भाग नासिका कहलाता है, यह दो **बाह्य नासाछिद्रों** के द्वारा बाहर खुलता है। नासिका के प्रारम्भ में छोटे-छोटे बाल होते हैं, जो धूल, आदि के कणों को वायु के साथ अन्दर जाने से रोकते हैं। नासामार्ग ग्रसनी में खुलता है। ग्रसनी का अग्रभाग नासाग्रसनी कहलाता है।
- **वायुनाल** (Respiratory tube) को निम्न दो भागों में बाँटा जाता है
  - **स्वरयन्त्र या कण्ठ द्वार** (Larynx) यह ग्रसनी में पीछे, किन्तु निगल द्वार से पहले एक छिद्र होता है। यह वायु को ग्रसनी से घाँटीद्वार की सहायता से श्वासनाल में पहुँचाता है।
  - **श्वासनली** (Trachea) यह लगभग 10-12 सेमी लम्बी तथा लगभग 1.5-2.5 सेमी व्यास की नली है, जो कण्ठ से लेकर पूर्ण ग्रीवा में विद्यमान होती है।
- फेफड़े मनुष्य के प्रमुख श्वसन अंग हैं। ये संख्या में दो हल्के गुलाबी रंग के कोमल तथा लचीले अंग हैं, जो वक्ष गुहा में हृदय को घेरे हुए उपस्थित होते हैं।
- ऑक्सीजन की आवश्यकता के अनुसार, श्वसन दो प्रकार का होता है

- **ऑक्सी-श्वसन** (Aerobic respiration) यह आण्विक ऑक्सीजन की उपस्थिति में होता है। ऑक्सीजन भोजन (ग्लूकोस अणु) को पूर्णतया ऑक्सीकृत करके CO_2 और जल में बदल देती है।
- **अनॉक्सी-श्वसन** (Anaerobic respiration) यह ऑक्सीजन की अनुपस्थिति में होता है। इस प्रकार के श्वसन में भोज्य पदार्थ केवल आंशिक रूप से ऑक्सीकृत होता है।

- मानव में श्वसन प्रक्रिया को निम्नलिखित दो भागों में बाँटा जा सकता है
  (i) **बाह्य श्वसन** (External respiration) के लिए सभी कशेरुकी जन्तुओं में बाह्य श्वसनांग; जैसे—मेंढक में त्वचा, मछलियों में गलफड़े, मनुष्य में फेफड़े, आदि होते हैं।
  (ii) **आन्तरिक या कोशिकीय श्वसन** (Internal or Cellular respiration) कोशिका के भीतर ग्लूकोस के ऑक्सीकरण से ऊर्जा का मुक्त होना तथा CO_2 का बनना **आन्तरिक** या **कोशिकीय श्वसन** कहलाता है। कोशिकीय श्वसन सभी जीवित कोशिकाओं में होता है। इस क्रिया को निम्नलिखित तीन पदों में विभाजित किया गया है
  - **ग्लाइकोलाइसिस** (Glycolysis) ग्लूकोस (6C) का पाइरुवेट (3C) में ऑक्सीकरण, यह क्रिया कोशिका के कोशिकाद्रव्य में होती है।
  - **क्रेब्स चक्र** (Krebs' Cycle) एसीटिल CO-A का वायवीय ऑक्सीकरण यह क्रिया कोशिका के माइटोकॉण्ड्रिया के आधार द्रव्य में होती है।
  - **इलेक्ट्रॉन परिवहन तन्त्र** (Electron Transport System or ETS) सहएन्जाइमों व कोशिका रंजकों की शृंखला द्वारा इलेक्ट्रॉन का अन्तिम ग्राही तक परिवहन, जिसके फलस्वरूप ग्लाइकोलाइसिस व क्रेब्स चक्र में बनी ऊर्जा ADP नामक अणु में कोशिका के माइटोकॉण्ड्रिया के $F_0 \cdot F_1$ संकुल द्वारा संचित हो जाती है।

श्वसन की क्रियाविधि Mechanism of Respiration

श्वसन की क्रियाविधि में निम्नलिखित चरण सम्मिलित होते हैं

(i) **श्वासोच्छ्वास** (Breathing) फुफ्फुसी संवातन (Pulmonary ventilation), जिससे वायुमण्डलीय वायु अन्दर खींची जाती है और कार्बन डाइऑक्साइड (CO_2) से भरी कूपिका की वायु को बाहर मुक्त किया जाता है।

(ii) **बाह्य श्वसन** (External respiration) वायुकोष की झिल्ली (फेफड़ों में) के आर-पार गैसों (O_2 और CO_2) का आदान-प्रदान (गैसीय विनिमय) होता है।

(iii) **अभिगमन** (Arrival) रुधिर द्वारा गैसों का परिवहन होता है।

(iv) **आन्तरिक श्वसन** (Internal respiration) रुधिर एवं ऊतकों के बीच O_2 और CO_2 का विनिमय होता है।

(v) **कोशिकीय श्वसन** (Cellular respiration) अपचयी क्रियाओं के लिए कोशिकाओं द्वारा O_2 का उपयोग, खाद्य-पदार्थों का ऑक्सीकरण और उसके फलस्वरूप CO_2 तथा ऊर्जा का उत्पन्न होना। इसमें वे सभी रासायनिक क्रियाएँ सम्मिलित हैं, जिनके द्वारा कोशिकाओं में उपस्थित खाद्य-पदार्थों का ऑक्सीजन (O_2) की उपस्थिति में ऑक्सीकरण होता है।

श्वासोच्छ्वास Breathing

- वायुमण्डल से श्वसनांगों द्वारा शुद्ध वायु (O_2) को ग्रहण करने तथा अशुद्ध वायु (CO_2) को बाहर निकालने अर्थात् **बहिर्गमन** (Discharge) की प्रक्रिया को श्वासोच्छ्वास कहते हैं।
- वातावरणीय वायु को ग्रहण कर फेफड़ों में भरना **अन्तःश्वसन** (Inspiration or inhalation) तथा फेफड़ों की वायु को बाहर निकालना **निःश्वसन** या **उच्छ्वसन** (Expiration or exhalation) कहलाता है।

श्वासोच्छ्वास की क्रियाविधि Mechanism of Breathing

इसकी क्रियाविधि का अध्ययन निम्नलिखित दो चरणों में किया जाता है

(i) **अन्तःश्वसन या प्रश्वसन** (Inspiration or Inhalation) इस क्रिया में तन्तुपट (Diaphragm) की अरीय पेशियाँ सिकुड़ जाती हैं तथा तन्तुपट चपटा हो जाता है। इसके अतिरिक्त पसलियों के मध्य में उपस्थित बाह्य **अन्तरापर्शुक पेशियों** (External intercostal muscles) में संकुचन होता है, जिसके फलस्वरूप पसलियाँ ऊपर की ओर उठ जाती हैं तथा **उरोस्थि** आगे तथा बाहर की ओर खिसककर वक्षीय गुहा तथा फेफड़ों के आयतन को बढ़ा देती है।
- आयतन में वृद्धि होने के कारण फेफड़ों में वायु का दबाव वायुमण्डल (समुद्र तल पर 760 mm Hg) से 1-3 mmHg तक कम हो जाता है। अतः वायु श्वसन मार्ग से भीतर आकर फेफड़ों में भर जाती है।

(ii) **निःश्वसन या उच्छ्वसन** (Expiration or Exhalation) इस क्रिया में तन्तुपट की अरीय पेशियों में शिथिलन तथा पसलियों के मध्य में उपस्थित **अन्तःअन्तरापर्शुक पेशियों** (Internal intercostal muscles) में संकुचन होने के कारण तन्तुपट तथा पसलियाँ अपनी सामान्य स्थिति में आ जाती हैं।
- वक्ष गुहा, फुफ्फुसीय गुहा तथा फेफड़ों का आयतन प्रायः कम हो जाता है। फेफड़ों की वायु पर दबाव बाहरी वायु के दबाब से लगभग 1-3 mm Hg अधिक हो जाने से फेफड़ों की वायु श्वसन मार्ग से होती हुई बाहर की ओर निकल जाती है।

फेफड़ों में गैसों का विनिमय Exchange of Gases in Lungs

- श्वसन का अगला चरण गैसों का विनिमय होता है। फेफड़ों के भीतर की ऑक्सीजन एवं रुधिर की कार्बन डाइऑक्साइड के विनिमय या आदान-प्रदान को बाह्य श्वसन कहते हैं।
- वायुकोष गैसों के विनिमय के लिए प्राथमिक स्थल होते हैं। साँस लेते समय वायु फेफड़ों के वायुकोषों में भर जाती है, जिसके बाहरी तल पर अत्यन्त महीन आकार की रुधिर केशिकाओं का जाल फैला होता है।
- गैसों का विनिमय **वायुकोष की वायु** (Alveolar air) तथा वायुकोषों के बाहरी तल पर स्थित फुफ्फुसीय रुधिर केशिकाओं में उपस्थित रुधिर के मध्य होता है।
- साँस लेने पर स्वच्छ वायुमण्डलीय वायु नासा गुहा से होकर फेफड़ों के वायुकोषों में भर जाती है। वायुकोषों की दीवारें पतली तथा **शल्की उपकला** (Squamous epithelium) द्वारा निर्मित होती हैं तथा ऑक्सीजन (O_2) व कार्बन डाइऑक्साइड (CO_2) दोनों के लिए पारगम्य

होती है। इनमें उपस्थित रुधिर केशिकाओं के रुधिर में O_2 की सान्द्रता कम तथा CO_2 की सान्द्रता अधिक होती है।

- विसरण द्वारा वायुकोषों की वायु से O_2 फुफ्फुसीय रुधिर केशिकाओं में विसरित हो जाती है तथा केशिकाओं की CO_2 वायुकोषों की वायु में विसरित हो जाती है। इन गैसों का विसरण केवल घुलित अवस्था में होता है। अतः वायुकोषों की भीतरी दीवारें श्लेष्म द्वारा नम रहती हैं।

रुधिर में गैसों का परिवहन
Transport of Gases in Blood

- O_2 तथा CO_2 का परिवहन रुधिर (Blood) के माध्यम से होता है। फेफड़ों से O_2 को शरीर की समस्त कोशिकाओं तथा कोशिकाओं से CO_2 को फेफड़ों तक पहुँचाना रुधिर का महत्त्वपूर्ण कार्य है।
- लगभग 97% O_2 का परिवहन रुधिर में उपस्थित लाल रुधिर कणिकाओं (RCBs) द्वारा होता है। शेष बची 3% O_2 का परिवहन प्लाज्मा (Plasma) की सहायता से घुलित अवस्था में होता है।
- इसी प्रकार 20-25% CO_2 का परिवहन लाल रुधिर कणिकाओं द्वारा, 70% CO_2 का बाइकार्बोनेट के रूप में तथा 7% CO_2 का परिवहन प्लाज्मा द्वारा घुलित अवस्था में होता है।

श्वासोच्छ्वास का नियन्त्रण Regulation of Breathing

मनुष्य की हर सामान्य साँस में लगभग 2 सेकण्ड की अन्तःश्वास और 3 सेकण्ड की उच्छ्वास होती है। **श्वासोच्छ्वास** पूर्णरूपेण तन्त्रिकीय नियन्त्रण में होता है। मस्तिष्क की **मेड्यूला** एवं पॉन्स वैरोलाई में स्थित एक द्विपार्श्वीय (bilateral) श्वास केन्द्र श्वासोच्छ्वास की सामान्य लय (rhythm) एवं दर (rate) का नियन्त्रण करता है।

(i) **श्वासोच्छ्वास का तन्त्रिकीय नियन्त्रण** (Nervous control of breathing) मस्तिष्क के मेड्यूला ऑब्लाँगेटा में श्वासोच्छ्वास केन्द्र स्थित होता है, जिसके दो भाग होते हैं-(a) **निःश्वसन केन्द्र** (inspiratory centre) जो निःश्वसन का नियन्त्रण करता है तथा (b) **उच्छ्वसन केन्द्र** (expiratory centre) जो उच्छ्वास से सम्बन्धित होता है। मस्तिष्क के ही पॉन्स वैरोलाई में निःश्वसन की क्रिया को धीमा करने वाला न्यूमोटॉक्सिक केन्द्र (pneumotaxic centre) पाया जाता है।

(ii) **श्वासोच्छ्वास का रासायनिक नियन्त्रण** (Chemical control of breathing) श्वासोच्छ्वास की दर को प्रभावित करने वाले रासायनिक कारण भी होते हैं। रुधिर में ऑक्सीजन की कमी, कार्बन डाइऑक्साइड की अधिक मात्रा, रुधिर दाब रुधिर का pH, शरीर ताप आदि संचालन की दर को प्रभावित करते हैं। इस प्रक्रिया में **कैरोटिड लेबिरिन्थ** रासायनिक संवेदांग (chemoreceptors) का कार्य करता है।

फुफफुसीय वायु आयतन एवं क्षमता
Pulmonary Air Volumes and Capacities

1. **अवरीय या प्रवाही आयतन** (Tidal Volume or TV) सामान्य श्वसन के दौरान एक बार में ली गई या निकाली गई वायु का आयतन प्रवाही आयतन कहलाता है। यह लगभग 500 मिली होता है।
2. **उच्छ्वसन आरक्षित आयतन** (Expiratory Reserve Volume or ERV) उच्छ्वसन के बाद फेफड़ों में कुछ वायु रह जाती हैं, उसमें से बलपूर्वक निकाली गई वायु के आयतन को **उच्छ्वसन आरक्षित आयतन** (ERV) कहते हैं। इसका आयतन लगभग 1000 मिली होता है।
3. **अन्तःश्वसन आरक्षित आयतन** (Inspiratory Reserve Volume or IRV) एक सामान्य अन्तःश्वसन के बाद बलपूर्वक फेफड़ों के द्वारा ली जाने वाली वायु के आयतन को निःश्वसन आरक्षित आयतन (IRV) कहते हैं। इसका आयतन लगभग 2500-3000 मिली होता है।
4. **अवशेषी आयतन** (Residual Volume or RV) पूरे प्रयास से फेफड़ों से वायु निकालने के बाद फेफड़ों में शेष बची वायु का आयतन अवशेषी आयतन (RV) कहलाता है। यह लगभग 1500 मिली होती है।
5. **अन्तःश्वसन क्षमता** (Inspiratory Capacity or IC) प्रवाही आयतन के अतिरिक्त अभ्यास द्वारा फेफड़ों में अधिक-से-अधिक ली जा सकने वाली वायु की मात्रा को अन्तः श्वसन क्षमता कहते हैं।

$$\begin{aligned} IC &= TV + IRV \\ &= 500 \text{ मिली} + 3000 \text{ मिली} = 3500 \text{ मिली} \end{aligned}$$

6. **कार्यात्मक अवशेष क्षमता** (Functional Residual Capacity or FRC)

$$\begin{aligned} FRC &= RV + ERV \\ &= 1500 \text{ मिली} + 1000 \text{ मिली} = 2500 \text{ मिली} \end{aligned}$$

7. **सजीव क्षमता** (Vital Capacity or VC) फेफड़ों में पूरे प्रयास के बाद अधिक-से-अधिक वायु भरने के उपरान्त जितनी वायु पूरे प्रयास से बाहर निकाली जा सकती है, उसे सजीव क्षमता (VC) कहते हैं।

$$\begin{aligned} VC &= TV + IRV + ERV \\ &= 500 \text{ मिली} + 3000 \text{ मिली} + 1000 \text{ मिली} \\ &= 4500 \text{ मिली} \end{aligned}$$

8. **फेफड़ों की सम्पूर्ण क्षमता** (Total Lung Capacity or TLC) हमारे फेफड़ों में कुल वायु की जितनी मात्रा समा सकती है, वहीं फेफड़ों की सम्पूर्ण क्षमता कहलती है।

$$\begin{aligned} TLC &= TV + IRV + ERV + RV \\ &= VC + RV \\ &= 4500 + 1500 \text{ मिली} \\ &= 6000 \text{ मिली} \end{aligned}$$

श्वसन सम्बन्धी विकार
Disorders Related to Respiration

(i) **दमा** (Asthma) इसमें श्वसनी और श्वसनिकाओं की शोथ के कारण श्वसन के समय घरघराहट होती है तथा साँस लेने में परेशानी महसूस होती है।

(ii) **श्वसनीशोथ** (Bronchitis) यह श्वसनी की शोथ है जिसमें श्वसनी में सूजन आ जाती है तथा जलन होती है, जिससे लगातार खाँसी आती है।

(iii) **वातस्फीति** (Emphysema) एक चिरकालिक रोग है, इसमें कूपिका भित्ति क्षतिग्रस्त हो जाती है, जिससे गैस विनिमय की सतह घट जाती है। धूम्रपान इसका मुख्य कारण है।

(iv) **व्यावसायिक श्वसन रोग** (Occupational Respiratory Disease) कुछ फैक्ट्रियों में विशेषकर जहाँ पत्थर की घिसाई-पिसाई या तोड़ने का कार्य होता है, वहाँ उत्पन्न धूल कणों को शरीर की सुरक्षा प्रणाली पूरी तरह निष्प्रभावी नहीं कर पाती है। दीर्घकालीन प्रभावन शोथ उत्पन्न कर सकता है, जिनसे रेशामयता (रेशीय ऊतकों की प्रचुरता) होती है, जिसके फलस्वरूप फेफड़ों को गंभीर नुकसान हो सकता है। इन फैक्ट्रियों के श्रमिकों को मुखावरण का प्रयोग करना चाहिए।

देह द्रव्य एवं परिसंचरण तन्त्र
Body Fluid and Circulatory System

परिसंचरण तन्त्र जन्तु शरीर में एक विस्तृत तन्त्र होता है, जिसका कार्य शरीर के विभिन्न अंगों (Organs) एवं ऊतकों (Tissues) के मध्य पदार्थों का निरन्तर रासायनिक आदान-प्रदान करना होता है।

जन्तुओं में निम्न दो प्रकार के परिसंचरण तन्त्र होते हैं

खुला परिसंचरण तन्त्र Open Circulatory System

यह परिसंचरण तन्त्र ऊतक द्रव्य एवं रुधिर में भरे असममित पात्रों का बना होता है, इनमें केशिका (Capillary) जैसी पतली नलिकाएँ सदैव अनुपस्थित होती हैं। इस प्रकार के परिसंचरण तन्त्र में ऊतकों की कोशिकाएँ सदैव रुधिर जैसे परिवहन पदार्थ के सीधे सम्पर्क में रहती हैं; उदाहरण—अधिकांश आर्थ्रोपोडा (कीट) तथा कुछ सिफैलोपोड्स।

बन्द परिसंचरण तन्त्र Closed Circulatory System

- इस परिसंचरण तन्त्र में रुधिर सदैव निश्चित वाहिनियों में बहता है तथा शरीर के ऊतकों के साथ सीधे सम्पर्क में कभी नहीं आता है। शारीरिक ऊतकों में रुधिर पहुँचाने का यह सबसे उपयुक्त तरीका है।
- इस प्रकार के परिसंचरण तन्त्र में ऊतकों के स्तर पर बहुत महीन केशिकाएँ (Capillaries) उपस्थित होती हैं; उदाहरण—ऐनेलिडा (केंचुआ) व कॉर्डेटा (खरगोश, मनुष्य, आदि)।

जन्तुओं में बन्द परिसंचरण तन्त्र मुख्यतया दो भागों में विभक्त होता है

(i) रुधिर परिसंचरण तन्त्र (Blood circulatory system)

(ii) लसीका परिसंचरण तन्त्र (Lymph circulatory system)

मनुष्य में रुधिर परिसंचरण तन्त्र की संरचना
Structure of Blood Circulatory System in Human

मनुष्य में रुधिर परिसंचरण तन्त्र के अन्तर्गत रुधिर, हृदय तथा रुधिर वाहिनियाँ आते हैं।

रुधिर Blood

- रुधिर एक तरल संयोजी ऊतक है, जिसकी उत्पत्ति भ्रूण के मध्यजनस्तर (Mesoderm) से होती है।
- मानव शरीर में रुधिर की मात्रा शरीर के भार की लगभग 7-8% होती है। अत: एक 70 किलोग्राम के मनुष्य के शरीर में औसतन 5-6 लीटर रुधिर होता है। स्त्रियों में रुधिर की मात्रा कुछ कम होती है।
- रुधिर के निम्न दो मुख्य घटक हैं

(i) **प्लाज्मा** (Plasma) यह रुधिर का लगभग 55% भाग बनाता है, जिसमें 90% जल तथा 10% में जटिल कार्बनिक तथा अकार्बनिक पदार्थ होते हैं। इसे रुधिर का निर्जीव भाग कहते हैं, क्योंकि इसमें रुधिर कणिकाओं का अभाव होता है।

- प्लाज्मा के **कार्बनिक पदार्थों** में प्रतिरक्षी, ग्लूकोस, अमीनो अम्ल, वसीय अम्ल, हॉर्मोन, एन्जाइम, विटामिन तथा प्रोटीन (जैसे—एल्ब्युमिन, ग्लोब्यूलिन, प्रोथ्रॉम्बिन, फाइब्रिनोजन, हिपैरिन), आदि पदार्थ आते हैं।
- **हिपैरिन** (Heparin) मानव रुधिर में प्रतिस्कन्दक (Anticoagulant) की भूमिका निभाता है। यह रुधिर वाहिनियों में रुधिर का स्कन्दन (Clotting) रोकता है। इसके विपरीत **प्रोथ्रॉम्बिन** (Prothrombin) व **फाइब्रिनोजन** (Fibrinogen) प्रोटीन चोट लगने पर रुधिर के स्कन्दन में मदद करते हैं।
- **अकार्बनिक पदार्थों** में पोटैशियम, सोडियम, कैल्शियम, मैग्नीशियम के फॉस्फेट, बाइकार्बोनेट, सल्फेट, क्लोराइड, आदि सम्मिलित होते हैं।

(ii) **रुधिर कणिकाएँ या रुधिराणु** (Blood corpuscles) ये रुधिर का लगभग 45% भाग बनाते हैं। मानव में रुधिराणु निम्नलिखित तीन प्रकार के होते हैं

(a) **लाल रुधिर कणिकाएँ** (Red Blood Corpuscles or RBCs) मानव रुधिर में इनकी मात्रा सबसे अधिक लगभग (45-55 लाख प्रति क्यूबिक मिमी) होती है। ये लाल रंग की केन्द्रकरहित तथा उभयावतल (Biconcave) कणिकाएँ होती हैं।

- इनका लाल रंग इनमें उपस्थित **हीमोग्लोबिन** नामक श्वसन रंगा वर्णक (Pigment) के कारण होता है। ये ऑक्सीजन के परिवहन का कार्य करती हैं। इनका जीवन काल लगभग 120 दिन का होता है।

(b) **श्वेत रुधिर कणिकाएँ या ल्यूकोसाइट्स** (White Blood Corpuscles or WBCs) ये लाल रुधिर कणिकाओं से बड़ी, संख्या में कम (500-9500 प्रति क्यूबिक मिमी), केन्द्रकयुक्त, अमीबाभ (Amoeboid) तथा रंगहीन कणिकाएँ होती हैं। इनका जीवन काल 1-2 दिन तक का ही होता है। श्वेत रुधिराणु दो प्रकार की होती हैं

- **कणिकामय श्वेत रुधिराणु** (Granulocytes) इनका कोशिकाद्रव्य कणिकामय तथा केन्द्रक पालियुक्त होता है। ये असममित आकृति की होती हैं। अभिरंजन गुणधर्मों (Staining characteristics) के आधार पर इन्हें तीन भागों में बाँटा जा सकता है
- **एसिडोफिल्स** या **इओसिनोफिल्स** (Acidophils or Eosinophils) ये कुल श्वेत रुधिर कणिकाओं की लगभग

2-4% होती हैं तथा अम्लीय अभिरंजक (जैसे—इओसिन) द्वारा अभिरंजित की जा सकती हैं। इनका केन्द्रक दो पालियों में विभाजित रहता है। रोगों के संक्रमण के समय इनकी संख्या बढ़ जाती है। ये शरीर को प्रतिरक्षा प्रदान करने में सहायक होती हैं तथा एलर्जी व अतिसंवेदनशीलता में महत्त्वपूर्ण कार्य करती हैं।

- **बैसोफिल्स** (Basophils) ये कुल श्वेत रुधिर कणिकाओं की 0.5-2.0% होती हैं। ये क्षारीय अभिरंजक ग्रहण करती हैं; जैसे— मेथिलीन ब्लू द्वारा अभिरंजित होती हैं। इनका केन्द्रक 2-3 पालियों में विभाजित तथा 'S' आकृति का दिखाई देता है। ये हिपैरिन, हिस्टैमिन एवं सिरोटोनिन नामक पदार्थों का स्रावण करती हैं।
- **न्यूट्रोफिल्स** (Neutrophils) श्वेत रुधिर कणिकाओं में इनकी संख्या सबसे अधिक (60-70%) होती है। ये उदासीन अभिरंजकों द्वारा अभिरंजित होती हैं। इनका केन्द्रक 3-5 पालियों में विभाजित रहता है। ये भक्षकाणु (Phagocytosis) क्रिया में सबसे अधिक सक्रिय होती हैं।

• **कणिकारहित श्वेत रुधिराणु** (Agranulocytes) इन श्वेत रुधिर कणिकाओं के कोशिकाद्रव्य में कणिकाएँ नहीं पाई जाती हैं। इनका केन्द्रक गोल होता है तथा पिण्डों में विभाजित नहीं रहता है।
ये दो प्रकार की होती हैं

- **लिम्फोसाइट्स** या **लसिकाणु** (Lymphocytes) इनका आकार सबसे छोटा होता है। ये कुल श्वेत रुधिर कणिकाओं की 20-30% होती हैं। इनका कार्य प्रतिरक्षी (Antibodies) का निर्माण करना तथा शरीर की सुरक्षा करना होता है
- **मोनोसाइट्स** (Monocytes) ये बड़े आकार की कोशिकाएँ होती हैं। ये कुल श्वेत रुधिर कणिकाओं की 2-10% होती हैं। ऊतक द्रव्य में जाकर ये वृहद् भक्षकाणु (Macrophages) में परिवर्तित हो जाती हैं। इनका कार्य भक्षकाणु क्रिया द्वारा जीवाणुओं का भक्षण करना होता है।

(c) **रुधिर प्लेटलेट्स या थ्रॉम्बोसाइट्स** (Blood platelet or Thrombocyte) ये केवल स्तनधारियों के रुधिर में पाई जाती हैं। मनुष्य के रुधिर में इनकी संख्या 2-5 लाख प्रति क्यूबिक मिमी होती है। ये केन्द्रकरहित, गोल या अण्डाकार होती हैं। यह चोट लगने पर रुधिर का थक्का जमने की क्रिया में सहायक होती हैं।

रुधिर वर्ग Blood Groups

लैण्डस्टीनर ने तीन प्रकार के रुधिर वर्गों A, B और O की खोज की। चौथे प्रकार के एवं बहुत कम पाए जाने वाले रुधिर वर्ग AB की खोज **वॉन डीकॉस्टेलो** एवं **स्टर्ले** (1902) ने की। **लैण्डस्टीनर** (1900) ने दो प्रकार के प्रतिजनों (Antigens), प्रतिजन A एवं प्रतिजन B की खोज की। प्रतिजन A एवं B प्रोटीन न होकर म्यूकोपॉलीसैकेराइड होती है।

मनुष्य को वह रुधिर नहीं दिया जाता, जो उसकी एण्टीबॉडी से क्रिया कर थक्का बना देता है। O रुधिर वर्ग वाले मनुष्य सर्वदाता (Universal donor) कहलाते हैं। AB रुधिर वर्ग वाले मनुष्य **सर्वग्राही** (Universal recipients) कहलाते हैं।

रुधिर का स्कन्दन Clotting of Blood

यह फाइब्रिनोजन के फाइब्रिन में बदलने के परिणामस्वरूप होती है। फाइब्रिन अघुलनलशील तन्तुमय प्रोटीन है।

स्कन्दन की क्रिया में निम्नलिखित पद होते हैं

1. **थ्रॉम्बोप्लास्टिन की मुक्ति** (Release of thromboplastin) स्कन्दन के समय थ्रॉम्बोप्लास्टिक क्रिया शुरू होती है। यह क्रिया कुछ कारकों; जैसे– Ca^{2+} आयन, AHF तथा फॉस्फोलिपिड के द्वारा पूर्ण होती है।

   प्रोथ्रॉम्बोप्लास्टिन (प्लेट्लेट तथा प्लाज्मा से)
   $$= \xrightarrow[+\,Ca^{2+}]{\text{घावों का खुरदरा धरातल}} \text{थ्रॉम्ब्रोप्लास्टिन}$$

2. **प्रोथ्रॉम्बिन का थ्रॉम्बिन में बदलना** (Conversion of prothrombin into thrombin) Ca^{2+} आयन प्रोथ्रॉम्बिन को थ्रॉम्बिन में बदल देते हैं।
   $$\text{प्रोथ्रॉम्बिन} + \text{थ्रॉम्बोप्लास्टिन} + Ca^{2+} \longrightarrow \text{थ्रॉम्बिन}$$
3. **फाइब्रिनोजन का फाइब्रिन में बदलना** (Conversion of fibrinogen into fibrin) यह क्रिया कारक F-XIII की उपस्थिति में थ्रोम्बिन के द्वारा होती है।
4. **रुधिर प्लेटलेट की क्रिया** (Process of blood platelets) ऐसा माना जाता है कि थ्रॉम्बोप्लास्टिन रुधिर प्लेटलेट में पाया जाता है तथा इनके टूटने पर मुक्त हो जाता है।

ब्लीडिंग काल (Bleeding Time) चोट या घाव के बाद सामान्यतया जब तक रुधिर स्राव जारी रहता है उस समय को ब्लीडिंग काल कहते हैं। यह साधारण मानव में 3-6 मिनट होता है।

स्कन्दन काल (Clotting time) घावोपरान्त रुधिर में थक्का जमने तक के कुल समय को स्कन्दन काल कहते हैं। यह लगभग 5-8 मिनट होता है।

स्कन्दन के लिए आवश्यक कारक

कारक I	फाइब्रिनोजन
कारक II	प्रोथॉम्बिन
कारक III	ऊतक थ्रॉम्बोप्लास्टिन
कारक IV	Ca^{2+}
कारक V	लेबाइल कारक
कारक VI	एसीलेरिन
कारक VII	स्टेबल कारक
कारक VIII	AHF
कारक IX	क्रिसमस कारक
कारक X	स्टुअर्ट शक्ति कारक
कारक XI	PTA
कारक XII	हेगमेन कारक
कारक XIII	फाइब्रिन स्टेबिलाइजिंग कारक

हृदय Heart

• हृदय मानव शरीर का एक अत्यन्त महत्त्वपूर्ण अंग है। हृदय विशेष प्रकार की हृदयी पेशियों (Cardiac muscles) के द्वारा बना होता है। ये पेशियाँ जीवनपर्यन्त क्रियाशील होती हैं।

- हृदय विभिन्न अंगों से रुधिर एकत्र करके विशेष वाहिनियों की सहायता से इसे विभिन्न अंगों में पम्प करता है।
- हृदय वक्षगुहा (Thoracic cavity) में फेफड़ों के बीच में स्थित होता है। इसका अधिकांश भाग वक्ष के बाएँ ओर तथा थोड़ा-सा भाग अस्थि के दाएँ ओर होता है।
- साधारणतया इसका आकार व्यक्ति की बन्द मुट्ठी के समान होता है। मानव हृदय गुलाबी रंग का, स्पन्दनशील, शंक्वाकार, खोखला एवं मांसल होता है।
- एक सामान्य व्यक्ति का हृदय लगभग 12-13 सेमी लम्बा तथा अग्रसिरे पर लगभग 9 सेमी चौड़ा तथा 6 सेमी मोटा होता है। इसका भार लगभग 300 ग्राम होता है। मनुष्य का हृदय एक दोहरी झिल्ली, **हृदयावरणी थैली** (Pericardial sac) या **हृदयावरण** (Pericardium) से घिरा रहता है।
- मानव हृदय **चार कक्षीय** या **वेश्मीय** (Four chambered) होता है, जोकि हृदय खाँच या कोरोनरी सल्कस (Coronary sulcus) द्वारा **अलिन्द** (Auricle or Atrium) तथा **निलय** (Ventricle) में बँटा रहता है।

मानव हृदय की क्रियाविधि
Mechanism of Human Heart

- मानव हृदय पम्प के समान कार्य करता है। एक तरफ यह रुधिर को ग्रहण करता है और दूसरी तरफ दबाव के साथ उसे अंगों की ओर भेज देता है। यह नियमित, सतत् एवं जीवनपर्यन्त काम करता रहता है।
- एक सामान्य मनुष्य का हृदय एक मिनट में 72-75 बार धड़कता है, इसे **हृदय स्पन्दन दर** (Heartbeat rate) कहते हैं।

हृदय स्पन्दन Heartbeat

- कार्य करते समय मानव हृदय अपनी पेशियों को क्रमानुसार फैलाता एवं सिकोड़ता रहता है। हृदय की पेशियों के सिकुड़ने की अवस्था को **प्रकुंचन** (Systole) एवं फैलने को **अनुशिथिलन** (Diastole) कहते हैं।
- इस प्रकार फैलने सिकुड़ने की क्रिया से एक हृदय स्पन्दन बनती है अर्थात् प्रत्येक हृदय स्पन्दन में **कार्डियक या हृद पेशियों** (Cardiac muscles) का एक बार प्रकुंचन तथा एक बार अनुशिथिलन होता है। यहाँ यह बात भी स्मरण रखने योग्य है, कि इस प्रक्रिया में अलिन्द एवं निलय अलग-अलग स्पन्दन करते हैं।

हृदय में रुधिर परिसंचरण Blood Circulation in Heart

- शरीर के सभी अंगों से अनॉक्सीकृत (Deoxygenated) या अशुद्ध रुधिर अग्र एवं निम्न **महाशिराओं** (Vena cava) द्वारा दाएँ अलिन्द में आता है। इसी तरह फेफड़ों द्वारा ऑक्सीकृत या शुद्ध रुधिर बाएँ अलिन्द में आता है।
- दोनों अलिन्दों के रुधिर से भरने के बाद इनमें एक साथ संकुचन होता है, जिससे इनका रुधिर **अलिन्द-निलय छिद्रों** (Artrio-ventricular apertures) द्वारा अपनी ओर के निलयों में आ जाता है।
- इस प्रक्रिया में द्विवलन व त्रिवलन कपाट रुधिर को वापस अलिन्दों में जाने से रोकते हैं।
- निलयों में रुधिर आने पर दोनों निलयों में संकुचन होता है। अतः दाएँ निलय का अनॉक्सीकृत या अशुद्ध रुधिर **फुफ्फुस महाधमनी** (Pulmonary arch or aorta) द्वारा फेफड़ों में चला जाता है, जबकि बाएँ निलय का ऑक्सीकृत रुधिर **कैरोटिको-सिस्टेमिक** या **दैहिक महाधमनी** (Carotico-systemic aorta) द्वारा सम्पूर्ण शरीर में पहुँचता है।
- इस प्रक्रिया में इन महाधमनियों के तल में उपस्थित अर्द्धचन्द्राकार कपाट रुधिर को निलयों में वापस जाने से रोकते हैं।
- दैहिक महाधमनी कशेरुकदण्ड के नीचे **पृष्ठ महाधमनी** (Dorsal aorta) कहलाती है, जोकि कपाल व ग्रीवा के अतिरिक्त मानव शरीर के सभी अंगों को ऑक्सीकृत रुधिर पहुँचाती है। निलयों के संकुचन के समाप्त होने पर अलिन्दों में पुनः संकुचन प्रारम्भ हो जाता है। इस प्रकार रुधिर का परिसंचरण लगातार होता रहता है।

मानव में दोहरा रुधिर परिसंचरण
Double Blood Circulation in Humans

- मानव हृदय ऑक्सीकृत रुधिर (बायाँ भाग) और अनॉक्सीकृत रुधिर (दायाँ भाग) को विभिन्न अंगों तक प्रवाहित करता है। परिसंचरण के दौरान मानव हृदय में रुधिर दो बार आता है। इसी कारण इस परिसंचरण को हम दोहरा परिसंचरण कहते हैं।

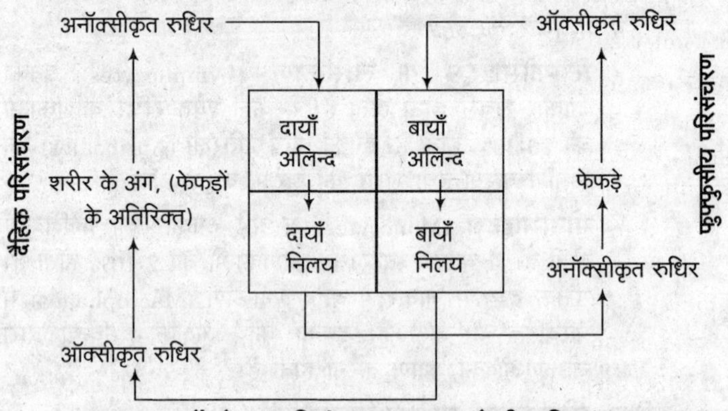

मनुष्य में दोहरा परिसंचरण तन्त्र का रेखीय चित्रण

रुधिर वाहिनियाँ Blood Vessels

रुधिर हृदय के द्वारा पम्प होता हुआ पूर्ण शरीर में विस्तृत रूप से फैली मोटी-पतली रुधिर वाहिनियों में निरन्तर बहता रहता है। रुधिर वाहिनियों के दो तन्त्र होते हैं

(i) धमनी तन्त्र (Arterial system)
(ii) शिरा तन्त्र (Venous system)

ये दोनों तन्त्र केशिकाओं (Capillaries) द्वारा एक-दूसरे से जुड़े रहते हैं।

(i) **धमनी** (Arteries) धमनियाँ रुधिर को हृदय से शरीर के विभिन्न अंगों एवं ऊतकों में पहुँचाती हैं। इनमें मुख्यतया ऑक्सीजन युक्त (Oxygenated) शुद्ध रुधिर (Pure blood) होता है। केवल **फुफ्फुसीय धमनियाँ** (Pulmonary arteries) इसका अपवाद होती हैं, क्योंकि ये हृदय से अशुद्ध रुधिर (Impure or deoxygenated blood) को शुद्धिकरण के लिए फेफड़ों में ले जाती हैं।

(ii) **शिरा** (Veins) शिराएँ शरीर के सब अंगों एवं ऊतकों से रुधिर को वापस हृदय में लाती हैं। इनमें CO_2 युक्त अनॉक्सीकृत या अशुद्ध रुधिर होता है। **फुफ्फुसीय शिराएँ** (Pulmonary veins) इसका अपवाद होती हैं, जिनमें शुद्ध रुधिर होता है, क्योंकि ये फेफड़ों में ऑक्सीजन युक्त रुधिर को हृदय में लाती हैं।

इलेक्ट्रोकार्डियोग्राम ECG

हृदय के विभिन्न विभवों में अन्तरों को ग्राफ के रूप में अंकित करने वाला यन्त्र ECG कहलाता है तथा ग्राफ **इलेक्ट्रोकार्डियोग्राफ** कहलाता है। ECG में होते हैं

P-तरंग अलिन्द में विध्रुवीकरण।

QRS कॉम्पलेक्स निलय के विध्रुवीकरण।

T-तरंग निलय के पुन:ध्रुवीकरण से सम्बन्धित तरंगें होती हैं।

हृद चक्र Cardiac Cycle

हृदय की पेशियों का लयबद्ध सिकुड़ना (Contraction) और विश्रामावस्था (Relaxation) हृद की धड़कन या स्पन्दन (Heart beat) या चक्र (Cardiac cycle) कहलाता है। एक हृद चक्र दो चरणों में पूरा होता है। पहले चरण में पेशियाँ फैलती या विश्रांत (Relax) होती हैं यह **अनुशिथिलन** (Diastole) कहलाता है तथा इसके बाद दूसरे चरण जिसमें पेशियाँ सिकुड़ती हैं, **प्रकुंचन** (Systole) कहलाता है।

हृदय का स्पन्दन अनैच्छिक (Involuntary) होता है। इसके आवेग (Inpulse) की उत्पत्ति नितान्त पेशीजनक (Myogenic) होती हैं तथा इसे स्वयं हृदय के विशिष्ट चालक ऊतक (Special conducting tissue) द्वारा नियमित किया जाता है। एक हृद चक्र में होने वाली दोनों प्रावस्थाएँ (Phases) प्रकुंचन (Systole) और अनुशिथिलन (Diastole) स्वचालित (Spontaneous) और एकान्तरित (Alternating) होती हैं तथा दोनों को पूरा होने में लगभग 0.8 सेकण्ड का समय लगता है।

सामान्य विश्राम की परिस्थितियों में प्रत्येक बार हृदय स्पन्दन में निलय लगभग 70 से 80 मिली रुधिर को महाधमनियों में पम्प कर देती है। इस प्रकार एक बार में पम्प किए गए आयतन को **स्ट्रॉक आयतन** (Stroke volume) कहते हैं। मनुष्य में हृदय प्रति मिनट 70 से 72 बार स्पन्दन करता है। इस प्रकार स्ट्रॉक आयतन और हृदय स्पन्दन दर को गुणा कर देने पर मनुष्य के हृदय द्वारा प्रति मिनट पम्प किए गए कुल रुधिर की मात्रा ज्ञात हो जाती है। हृदय द्वारा प्रति मिनट पम्प किए गए रुधिर के इस आयतन को हृद निर्गम (Cardiac output) की भाँति जाना जाता है तथा इसे निम्न प्रकार प्रदर्शित किया जा सकता है

हृद निर्गम (Cardiac output) = हृदय दर × स्ट्रॉक आयतन (stroke volume)

अत: एक युवा मनुष्य का सामान्य दशा में हृद निर्गम होना चाहिए

हृद निर्गम = $72 \times 76 = 5400$ मिली या 5.4 ली/मि

हृदय स्पन्दन का नियमन Regulation of Heartbeat

हृदय स्पन्दन का नियमन तीन प्रकार से होता है, जो निम्नलिखित हैं

(i) **तन्त्रिकीय नियमन** (Neural regulation) हृदय का स्पन्दन एक स्वत:चालित प्रक्रिया है, परन्तु इसकी गति का नियमन मस्तिष्क के **मेड्यूला ऑब्लोंगेटा** (Medulla oblongata) में स्थित नियन्त्रण केन्द्र (Regulation centre) द्वारा होता है। ये **हृदयी केन्द्र** (Cardiac centre) कहलाता है। इस केन्द्र के दो भाग होते हैं—हृदयी-निरोधक भाग (Cardio-inhibitor part) और हृदयी-त्वरक भाग (Cardio-accelerator part)। हृदयी-निरोधक भाग वेगस तन्त्रिका (Vagous nerve) द्वारा हृदय के शिरा-अलिन्द नोड (SA node) को आवेग भेजता है। ये आवेग स्पन्दन दर को धीमा करते हैं।

हृदयी त्वरक भाग सिम्पेथैटिक (Sympathetic) तन्त्रिका द्वारा अपने आवेग को शिरा-अलिन्द नोड को भेजता है। यह हृदय स्पन्दन की गति को तीव्र करता है।

(ii) **हॉर्मोन द्वारा नियमन** (Hormonal regulation) **एड्रीनेलिन** (Adrenaline) व **थाइरॉक्सिन** (Thyroxine) नामक हॉर्मोन स्वतन्त्र रूप से (तन्त्रिका तन्त्र पर निर्भर न करके) हृदय स्पन्दन की गति को प्रभावित करते हैं। एड्रीनेलिन सीधा अलिन्द-निलय नोड को प्रभावित करके हृदय स्पन्दन की गति को तीव्र करता है। थाइरॉक्सिन शरीर की कोशिकाओं में ऑक्सीकरण (Oxidation) या उपापचय (Metabolism) की दर बढ़ा देता है, जिससे शरीर में उचित सामन्जस्य के लिए हृदय में तेजी से संकुचन होता है।

(iii) **रासायनिक कारकों द्वारा नियमन** (Regulation by chemical factors) रुधिर के pH को कम करने तथा हृदय स्पन्दन को बढ़ाने का कार्य कार्बन डाइऑक्साइड (CO_2) करती है। अत: शरीर में अम्लता हृदय गति को तीव्र करती है और क्षारीयता अधिक होने पर हृदय गति कम हो जाती है।

इसके अतिरिक्त पोटैशियम (K), सोडियम (Na^+) और कैल्शियम (Ca^{2+}) का हृदय आवेग की प्रेषण क्रिया पर प्रभाव पड़ता है।

लसीका परिसंचरण तन्त्र Lymph Circulatory System

मनुष्य में रुधिर परिसंचरण तन्त्र के अतिरिक्त एक अन्य तरल परिसंचरण भी पाया जाता है, जिसे लसीका परिसंचरण तन्त्र कहते हैं। यह तन्त्र लसीका वाहिनियों (Lymph vessels) द्वारा सम्पूर्ण शरीर में फैला होता है।

लसीका परिसंचरण तन्त्र निम्न अंगों से मिलकर बना होता है

(i) **लसीका केशिकाएँ** (Lymph capillaries) लसीका केशिकाएँ शरीर के विभिन्न अंगों में स्थित महीन नलिकाएँ हैं। आँत के रसांकुर (Villi) में स्थित इनकी अन्तिम शाखाओं को आक्षीर वाहिनियाँ (Lacteals) कहते हैं।

(ii) **लसीका वाहिनियाँ** (Lymph vessels) लसीका केशिकाएँ परस्पर मिलकर लसीका वाहिनियों का निर्माण करती हैं। लसीका वाहिनियों के अन्दर लसीका नामक द्रव्य भरा होता है, जो रुधिर प्लाज्मा का ही अंश होता है।

- बाएँ अग्रपाद, दोनों पश्चपादों, सिर तथा गर्दन के बाएँ भागों, आहारनाल, वक्ष एवं उदर गुहा के अन्य भागों की लसीका वाहिनियाँ शरीर की देहभित्ति के नीचे स्थित, एक बड़ी **बाईं वक्षीय लसीका वाहिनी** (Left thoracic lymph duct) में खुलती है तथा यह वाहिनी उदर गुहा में उपस्थित **सिस्टरना काइलाई** (Cisterna chyli) नामक एक बड़ी थैली से जुड़ी रहती है। आगे यह **बाईं अधोक्षक शिरा** (Left subclavian vein) में खुलती हैं।

- इसी प्रकार दाएँ हाथ तथा सिर, ग्रीवा एवं वक्ष के दाएँ भागों की लसीका वाहिनियाँ एक बड़ी **दाईं वक्षीय लसीका वाहिनी** (Right thoracic lymph duct) में खुलती हैं, जो बाईं से छोटी होती हैं और दाईं अधोक्षक शिरा (Right subclavian vein) में खुलती हैं।

(iii) **लसीका गाँठें** (Lymph nodules) कुछ स्थानों पर लसीका वाहिनियाँ फूलकर लसीका गाँठों का निर्माण करती हैं। इनके मुख्य कार्य निम्न हैं
  (a) इनमें निर्मित लिम्फोसाइट्स लसीका में मुक्त होती हैं।
  (b) ये लसीका को छानकर स्वच्छ करती हैं।
  (c) ये प्रतिरक्षी (Antibody) का संश्लेषण करती हैं।
  (d) ये जीवाणुओं एवं अन्य हानिकारक पदार्थों को नष्ट करती हैं।

(iv) **लसीका अंग** (Lymph organs) थाइमस ग्रन्थि, प्लीहा (Spleen) एवं टॉन्सिल्स प्रमुख लसीका अंग हैं।

परिसंचरण तन्त्र सम्बन्धी विकार
Disorders Related to Circulatory System

परिसंचरण तन्त्र सम्बन्धी विकार निम्नलिखित हैं

(i) **उच्च रुधिर चाप** (Hypertension) उच्च रुधिर चाप को उच्च रुधिर दाब (High Blood Pressure) भी कहते हैं। जब संकुचन दाब (Systolic pressure) 140 mm Hg से अधिक हो जाता है व अनुशिथिलन दाब (Diastolic pressure) 90 mm Hg से अधिक हो जाता है, तो इस स्थिति को उच्च रुधिर चाप कहते हैं। इसके कारण शरीर के विभिन्न अंग; जैसे—वृक्क (Kidney), मस्तिष्क, आँखें व हृदय प्रभावित होते हैं।

(ii) **हृद्शूल या हृदपात** (Angina) जब हृदय की भित्ति को पर्याप्त रुधिर नहीं मिल पाता है, तो इसे हृद्शूल कहते हैं। ऐसा रुधिर वाहिनी में थक्का बनने या हृदय धमनी के संकुचन के कारण होता है। इस अवस्था में हृद् पेशियों को ऑक्सीजन (O_2) नहीं मिल पाती है। इससे धमनी-काठिन्य (Arteriosclerosis) हो जाता है और सीने व कन्धे में तेज दर्द होता है।

(iii) **कोरोनरी थ्रॉम्बोसिस** (Coronary Thrombosis) इस रोग में हृदय धमनी में रुधिर का थक्का बन जाने के कारण हृद् पेशियों को पर्याप्त रुधिर प्राप्त नहीं हो पाता है। इस स्थिति को **हृद आघात** (Heart attack) कहते हैं।

(iv) **रियूमैटिक हृदय रोग** (Rheumatic Heart Disease) यह रोग जीवाणु *स्ट्रेप्टोकोकस विरिडेन्स* (*Streptococcus viridens*) के संक्रमण के कारण होता है। इसके संक्रमण के कारण हृदय के कपाट ठीक प्रकार से कार्य नहीं करते हैं और हृद् पेशियाँ कमजोर हो जाती हैं।

(v) **हृदय अवरोध** (Heart Block) इस अवस्था में हिस के बण्डल (Bundles of His) ठीक प्रकार से कार्य नहीं करते हैं, जिससे हृदय में शिरा-अलिन्द नोड से उत्पन्न आवेग निलय तक नहीं पहुँचता है, जिसके फलस्वरूप निलय की गति रुक जाती है तथा परिसंचरण भी रुक जाता है। यह सम्पूर्ण अवस्था हृदय अवरोध कहलाती है।

उत्सर्जी उत्पाद एवं उनका निष्यन्दन
Excretory Products and their Elimination

- शरीर में होने वाली विभिन्न उपापचयी क्रियाओं के परिणामस्वरूप हानिकारक तथा विषाक्त अपशिष्ट पदार्थों का निर्माण होता है। इन पदार्थों को शरीर से बाहर निष्कासित करने की जैव-प्रक्रिया को **उत्सर्जन** (Excretion) कहते हैं तथा ऊत्सर्जन को कार्यान्वित करने वाले अंग **उत्सर्जी अंग** (Excretory organs) कहलाते हैं।
- मनुष्य में ठोस अपशिष्ट पदार्थ गुदा (Anus) द्वारा शरीर के बाहर निकाले जाते हैं। नाइट्रोजनी अपशिष्ट पदार्थ (अमोनिया, यूरिया, आदि) जल में घुलित अवस्था में **उत्सर्जन तन्त्र** की सहायता से शरीर के बाहर निष्कासित किए जाते हैं। गैसीय अवशिष्ट पदार्थ (CO_2 व अन्य गैसें) श्वसन क्रिया द्वारा शरीर से बाहर निकलते हैं।

उत्सर्जन के प्रकार Types of Excretion

जन्तुओं के उत्सर्जी पदार्थ विभिन्न प्रकार के होते हैं। उत्सर्जी पदार्थों के प्रकार के आधार पर उत्सर्जन निम्न तीन प्रकार का होता है।

- **अमोनिया उत्सर्जन** (Ammonotelism) इसमें नाइट्रोजन का उत्सर्जन मुख्यतया अमोनिया के रूप में होता है। ऐसे जन्तु, जो अमोनिया उत्सर्जित करते हैं, उन्हें **अमोनोटेलिक** (Ammonotelic) कहते हैं; उदाहरण—जलीय कशेरुकी, अस्थिल मछलियाँ, उभयचर।
- **यूरिया उत्सर्जन** (Ureotelism) इसमें नाइट्रोजन का उत्सर्जन मुख्यतया यूरिया के रूप में होता है, जोकि इसे उत्सर्जित करने वाले जन्तुओं के यकृत (Liver) में अमोनिया और कार्बन डाइऑक्साइड की अभिक्रिया के फलस्वरूप बनती है। यूरिया उत्सर्जित करने वाले जन्तुओं को **यूरियोटेलिक** (Ureotelic) कहते हैं; उदाहरण—स्तनधारी, मनुष्य, मेंढक।
- **यूरिक अम्ल उत्सर्जन** (Uricotelism) इसमें नाइट्रोजन का उत्सर्जन यूरिक अम्ल के रूप में होता है। यूरिक अम्ल लगभग ठोस अवस्था में उत्सर्जित किया जाता है। यूरिक अम्ल उत्सर्जित करने वाले जन्तुओं को **यूरिकोटेलिक** (Uricotelic) कहते हैं; उदाहरण—पक्षी, सरीसृप, बहुत से कीट।

मानव का उत्सर्जी तन्त्र
Excretory System of Human

मानव का उत्सर्जी तन्त्र निम्न भागों का बना होता है

1. वृक्क Kidneys

- यह उदरगुहा में पाई जाने वाली, सेम के आकार की, भूरी-चॉकलेट रंग की संरचना है। प्रत्येक वृक्क, डायफ्राम के नीचे, कशेरुक दण्ड (Vertebral column) के पार्श्व में स्थित होते हैं।
- बायाँ वृक्क, दाएँ वृक्क की तुलना में कुछ ऊँचाई पर स्थित होता है, जबकि खरगोश में इसके विपरीत स्थिति होती है।
- वृक्क बाहर की ओर उत्तल तथा अन्दर की ओर अवतल होता है। अवतल सतह पर उपस्थित गड्ढे को वृक्क नाभि या **हाइलस** (Hilus) कहते हैं।

ये मूत्र निर्माण करता है तथा बाह्य वातावरण के अनुसार अन्दर के परासरण दाब (Osmotic pressure) को नियन्त्रित रखता है।

- वृक्क के कार्य का नियन्त्रण कुछ हॉर्मोनों द्वारा होता है, जो निम्न हैं

(a) **रेनिन द्वारा नियन्त्रण** (Regulation by Renin) रेनिन का स्रावण जक्सटा मध्यांश वृक्काणु की केशिकागुच्छ की कोशिकाओं द्वारा होता है। रेनिन वृक्क की क्रियाविधि को मुख्यतया केशिकागुच्छ निस्यन्दन दर तथा शरीर के द्रव आयतन के नियमन द्वारा नियन्त्रित करता है।

(b) **एन्जियोटेनसीन द्वारा नियन्त्रण** (Regulation by Angiotensin) केशिकागुच्छ आसन्न कोशिकाओं द्वारा स्रावित रेनिन मुख्यतया एक प्रोटीन अपघटक एन्जाइम है। यह रुधिर में स्रावित होने पर यह **एन्जियोटेनसीनोजन** (Angiotensinogen) को जल अपघटन द्वारा एन्जियोटेनसीन-I में परिवर्तित करता है। एन्जियोटेनसीन-I एक डेकापेप्टाइड है। रुधिर में रेनिन द्वारा ही परिसंचारित एन्जियोटेनसीन-I, वृक्क तथा फेफड़ों में एन्जियोटेनसीन-II में परिवर्तित हो जाता है, जो एक ऑक्टापेप्टाइड है।

एन्जियोटेनसीन-II मुख्यतया **वाहिका संकीर्णक** (Vaso constrictor) है, जो **अपवाही धमनियों** (Efferent arteriole) का संकीर्णन करता है जिससे रुधिर दाब बढ़ाता है। इस प्रभाव से जल तथा सोडियम आयन (Na^+) का नलिका में पुनरावशोषण बढ़ जाता है। यह सम्पूर्ण प्रक्रिया रेनिन एन्जियोटेनसीन क्रियाविधि कहलाती है।

(c) **एन्टीडाइयूरेटिक हॉर्मोन** (Antidiuretic Hormone or ADH) यह हॉर्मोन पीयूष ग्रन्थि के पश्च पिण्ड से स्रावित होता है और DCT (Distal Convoluted Tubule) तथा CD (Collecting Duct) द्वारा जल के पुन: अवशोषण को नियन्त्रित करता है।

(d) **एल्डोस्टीरॉन** (Aldosterone) यह हॉर्मोन एड्रीनल कॉर्टेक्स (Adrenal cortex) द्वारा स्रावित होता है और DCT में जल व Na के पुन: अवशोषण को बढ़ा देता है।

(e) **एट्रियल नैट्रीयूरेटिक कारक** (Atrial Natriuretic Factor or ANF) यह हॉर्मोन हृदय के अलिन्दों की भित्ति में स्थित कोशिकाओं द्वारा स्रावित होता है। यह हॉर्मोन NaCl तथा जल का पुन: अवशोषण कम करता है।

2. मूत्रवाहिनी नलिका Ureter

ये हाइलस से निकलने वाली पतली एक जोड़ी नलिकाएँ हैं। इनकी लम्बाई लगभग 30 सेमी होती है। ये मूत्र को नीचे की ओर लाती है तथा मूत्राशय में खुलती है।

3. मूत्राशय Urinary Bladder

प्रत्येक **मूत्रवाहिनी नलिका** मूत्राशय में खुलती है। यह अस्थाई रूप से मूत्र का संग्रह करता है। इसमें लगभग 0.5-1.0 ली मूत्र एकत्र हो सकता है। यह पक्षियों में अनुपस्थित होता है। सरीसृपों एवं पक्षियों में मूत्रवाहिनी नलिका तथा मलाशय (Rectum) दोनों एक ही कोष में खुलते हैं, जो अवस्कर (Cloaca) कहलाता है।

4. मूत्रमार्ग Urethra

मूत्राशय पीछे की ओर संकरा होकर **मूत्रमार्ग** (Urethra) बनाता है। मादा में यह छोटी होती है, जो केवल मूत्र हेतु मार्ग बनाती है। नर में यह नलिका लम्बी होती है, जो मूत्र एवं स्पर्मेटिक द्रव (Spermatic fluid) दोनों के लिए मार्ग बनाती है।

वृक्क में मूत्र निर्माण की क्रियाविधि
Mechanism of Urine Formation in Kidney

वृक्क के नेफ्रॉन में मूत्र निर्माण निम्नलिखित तीन प्रक्रियाओं द्वारा होता है

1. परानिस्यन्दन Ultrafiltration

- केशिका गुच्छ की रुधिर केशिकाओं में जितना रुधिर अभिवाही धमनिका से आता है, उतना ही समान मात्रा में अपवाही धमनिका से नहीं निकल पाता है।
- इसके फलस्वरूप केशिका गुच्छ की रुधिर केशिकाओं में रुधिर का दाब बढ़ जाता है। इस बढ़े हुए दाब के कारण रुधिर का तरल भाग छनकर बोमैन सम्पुट में आ जाता है। यह छना तरल नेफ्रिक निस्यन्द (Nephric filtrate) या ग्लोमेरुलर निस्यन्द (Glomerular filtrate) कहलाता है। इसमें यूरिया, यूरिक अम्ल, ग्लूकोस तथा अनेक लवण होते हैं।

2. वरणात्मक या चयनात्मक पुनरावशोषण
Selective Reabsorption

- वृक्क में परानिस्यन्दन के दौरान प्रतिदिन लगभग 150-180 लीटर नेफ्रिक निस्यन्द होता है, जिसमें से मात्र 1.5 लीटर मूत्र के रूप में उत्सर्जित होता है तथा शेष भाग का पुन: अवशोषण हेनले लूप में हो जाता है। विसरण तथा सक्रिय पुनरावशोषण द्वारा क्रमश: जल तथा अन्य घटकों का अवशोषण हो जाता है।
- जल के पुनरावशोषण का नियन्त्रण ADH (एण्टी डाइयूरेटिक हॉर्मोन) द्वारा होता है। इस क्रिया में महत्त्वपूर्ण तत्व; जैसे—ग्लूकोस, विटामिन, अमीनो अम्ल, आदि पुन: रुधिर में पहुँचा दिए जाते हैं।

3. वाहिकीय स्रावण Tubular Secretion

वृक्क नलिकाओं के समीपस्थ तथा दूरस्थ भाग की कोशिकाएँ परिनलिका जाल (Peritubular network) की रुधिर केशिकाओं से हानिकारक उत्सर्जी पदार्थ (जैसे—K^+, H^+, यूरिक अम्ल), जो छनने से रह गए थे, सक्रिय विसरण द्वारा वृक्क नलिकाओं की संग्रही नलिका में मुक्त कर दिए जाते हैं। इस क्रिया को वाहिकीय स्रावण कहते हैं। शेष छना हुआ तरल मूत्र कहलाता है, जो समूह नलिकाओं से होता हुआ मूत्राशय में एकत्र होता रहता है।

मानव उत्सर्जन तन्त्र से सम्बन्धी विकार
Disorders Related to Human Excretory System

मानव उत्सर्जी तन्त्र में अनेक कारणों से विभिन्न विकृतियाँ उत्पन्न हो सकती हैं, इनका विवरण निम्नलिखित है

(i) **यूरेमिया** (Uremia) रुधिर में यूरिया की मात्रा बढ़ने की स्थिति को यूरेमिया कहा जाता है। इसका मुख्य कारण वृक्कों का ठीक प्रकार से कार्य न कर पाना है। रुधिर में यूरिया की बढ़ी मात्रा रुधिर **विषाक्तता** बढ़ाती है।

(ii) **वृक्क विघात या वृक्क न्यूनता** (Renal Failure) मानव शरीर में दोनों वृक्कों के पूर्ण निष्क्रिय या कार्य न करने की स्थिति को वृक्क न्यूनता कहा जाता है। इसके मुख्य कारण जीवाणु संक्रमण, उच्च रुधिर दाब, धमनी या शिरा में रुधिर प्रवाह में बाधा या कैल्शियम या यूरेट के क्रिस्टलों का मूत्र नलिकाओं में जमा होना है।

वृक्क न्यूनता की स्थिति में रोगी के रुधिर में यूरिया व अन्य नाइट्रोजनी पदार्थों की मात्रा बढ़ने के साथ-साथ रुधिर में जल व लवणों का सन्तुलन बिगड़ सकता है। इस स्थिति में **इरिथ्रोपॉइटिन हॉर्मोन** का स्राव रुक जाता है।

(iii) **वृक्क कैलक्यूली नेफ्राइटिस** (Renal Calculi Nephritis) इस रोग में यूरिक अम्ल, ऑक्सेलेट या यूरेट के क्रिस्टल वृक्क नलिकाओं में जम जाते हैं। इस कारण से मूत्रवाहिनी में मूत्र के नीचे की ओर आने में अत्यधिक पीड़ा होती है। इस रोग को **वृक्कीय पथरी** (Kidney stone) भी कहा जाता है। अत्यधिक जमाव होने के कारण मूत्रवाहिनियों का मार्ग अवरुद्ध भी हो सकता है।

(iv) **डायबिटीज मेलिटस** (Diabetes Mellitus) जब अधिक मूत्र मात्रा के साथ-साथ मूत्र में ग्लूकोस का उत्सर्जन अर्थात् ग्लाइकोसूरिया (Glycosuria) भी होने लगता है, तब इस रोग को डायबिटीज मेलिटस कहते हैं।

रुधिर अपोहन एवं कृत्रिम वृक्क
Blood Dialysis and Artificial Kidneys

जब किसी मानव के शरीर में वृक्क काम करना समाप्त कर देते हैं, तो उसके रुधिर में **अपशिष्ट पदार्थों** (Excretory materials) की मात्रा बढ़ने के कारण कुछ ही दिनों में उसकी मृत्यु हो जाती है। ऐसे रोगी को बचाने हेतु मशीनों द्वारा उसके रुधिर से अपशिष्ट पदार्थ हटाए जाते हैं, इसी प्रक्रिया को **अपोहन** (Dialysis) कहते हैं। जिस कृत्रिम उपकरण से रुधिर को छानने की प्रक्रिया की जाती है, उसे **कृत्रिम वृक्क** कहा जाता है तथा इस प्रक्रिया को **हीमोडायलिसिस** (Haemodialysis) कहा जाता है।

अतिरिक्त उत्सर्जी अंग
Accessory Excretory Organs

वृक्क के अतिरिक्त कुछ अन्य अंग भी उत्सर्जन में सहायक हैं, जो निम्नलिखित हैं

(i) **यकृत** (Liver) इनमें ऑर्निथीन चक्र द्वारा अमोनिया यूरिया में बदलती है। यकृत द्वारा कोलेस्ट्रोल, पित्त वर्णक, औषधियाँ, स्टीरॉयड, हॉर्मोन, विषैले पदार्थों आदि का उत्सर्जन भी होता है।

(ii) **फेफड़े** (Lungs) CO_2 तथा कुछ मात्रा में जल का उत्सर्जन फेफड़ों द्वारा होता है।

(iii) **त्वचा** (Skin) कुछ मात्रा में सोडियम क्लोराइड, लैक्टिक अम्ल, यूरिया, अमीनो अम्ल तथा ग्लूकोज आदि का उत्सर्जन त्वचा से पसीने के साथ होता है। सीबम के साथ मोम, स्टीरॉल, कुछ हाइड्रोकार्बन तथा वसा अम्लों का उत्सर्जन होता है।

गमन एवं संचलन Locomotion and Movement

- प्रचलन एवं गतियाँ जीवों में होने वाली प्रमुख क्रियाएँ हैं। जब किसी जन्तु का पूर्ण शरीर एक स्थान से दूसरे स्थान पर जाता है, तो वह क्रिया **प्रचलन या गमन** (Locomotion) कहलाती है।
- *अमीबा* (*Amoeba*) सदृश **एककोशिकीय जीवों** (Unicellular organisms) में जीवद्रव्य का प्रवाही संचलन इसका साधारण रूप है।
- कई जीव पक्ष्माभ (Cilia), कशाभ (Flagella) तथा स्पर्शक (Tentacles) की सहायता से प्रचलन प्रदर्शित करते हैं। जन्तुओं द्वारा टहलना, दौड़ना, चढ़ना, उड़ना, तैरना, आदि प्रचलन के ही रूप हैं।
- जब जीवों का शरीर एक स्थान पर स्थिर रहता है, परन्तु शरीर के किसी भाग की स्थिति में परिवर्तन प्रदर्शित होता है, तो वह क्रिया **गति** (Movement) कहलाती है।
- हृदय तथा फेफड़ों में संकुचन व शिथिलन, पलकों, जबड़ों, होंठ व जिह्वा का हिलना, आहारनाल की क्रमाकुंचन गति, आदि गतियों के उदाहरण हैं।

गतियों के प्रकार Types of Movements

मनुष्य के शरीर की कोशिकाएँ मुख्यतया चार प्रकार से गति प्रदर्शित करती हैं

(i) **अमीबीय गति** (Amoeboid movement) हमारे शरीर में उपस्थित कुछ विशिष्ट कोशिकाएँ (Special cells); जैसे—महाभक्षकाणु (Macrophages) और श्वेताणु (Leucocytes) रुधिर में अमीबीय गति का प्रदर्शन करती हैं। यह क्रिया जीवद्रव्य की प्रवाही गति द्वारा *अमीबा* की भाँति **कूटपाद** (Pseudopodia) द्वारा होती है। कोशिका कंकाल तन्त्र; जैसे—**सूक्ष्मतन्तु** (Microfibrils) भी अमीबीय गति प्रदर्शित करते हैं।

(ii) **पक्ष्माभी गति** (Ciliary Movement) यह गति **पक्ष्माभ** की गति के कारण होती है। सभी पक्ष्माभ एक साथ एक क्रम से गति करते हैं। संघ—प्रोटोजोआ (Protozoa) के वर्ग—सीलिएटा (Ciliata) के जन्तुओं और *पैरामीशियम (Paramecium)* में इसी प्रकार की गति के कारण स्थान परिवर्तन होता है।

(iii) **कशाभी गति** (Flagellar movement) यह गति कशाभ की गति के कारण होती है। संघ—प्रोटोजोआ के वर्ग—फ्लैजिलेटा (Flagellata) के जन्तुओं; जैसे—*यूग्लीना (Euglena), लीशमानिया (Leishmania)* में कशाभी गति होती है। मनुष्य (नर) में निर्मित **शुक्राणु** (Sperm) अपनी पूँछ द्वारा कशाभी गति प्रदर्शित करते हैं।

(iv) **पेशीय गति** (Muscular movement) मनुष्य के पैरों, जबड़ों, जिह्वा, आदि की गति हेतु पेशीय गति अत्यन्त आवश्यक है। पेशियों के संकुचन के गुण का प्रभावी उपयोग मनुष्य और अधिकांश बहुकोशिकीय जीव प्रचलन और अन्य प्रकार की गतियों में करते हैं। प्रचलन के लिए पेशीय, कंकाल और तन्त्रिका तन्त्र की पूर्ण समन्वित क्रिया की आवश्यकता होती है।

पेशीय तन्त्र Muscular System

पेशियाँ एक विशेष प्रकार का ऊतक हैं, जिनकी उत्पत्ति **मध्यजनस्तर** (Mesoderm) से होती है। एक वयस्क मनुष्य के शरीर का लगभग 40-50% भाग पेशियों द्वारा निर्मित होता है। पेशियों में उत्तेजनशीलता, संकुचनशीलता, प्रसार्य एवं प्रत्यास्थता, आदि गुण पाए जाते हैं। पेशियाँ या पेशी तन्तु तीन प्रकार के होते हैं

1. अरेखित या अनैच्छिक पेशियाँ
Unstriated or Involuntary Muscles

इनकी क्रिया तन्त्रिका तन्त्र के ऐच्छिक नियन्त्रण में नहीं होती, इसलिए ये अनैच्छिक पेशियाँ कही जाती हैं। ये पाचन मार्ग द्वारा भोजन और जनन मार्ग द्वारा युग्मक (Gamete) के गमन में सहायता करती हैं।

2. रेखित या ऐच्छिक पेशियाँ
Striated or Voluntary Muscles

कंकाल पेशियाँ शारीरिक कंकाल अवयवों के निकट सम्पर्क में होती हैं। इनमें धारियाँ दिखती हैं। अत: इन्हें रेखित पेशी कहते हैं। चूँकि इनकी क्रियाओं का तन्त्रिका तन्त्र द्वारा ऐच्छिक नियन्त्रण होता है। अत: ये ऐच्छिक पेशी भी कहलाती हैं। ये मुख्य रूप से चलन क्रिया और शारीरिक मुद्रा बदलने में सहायक होती हैं।

3. हृदयी पेशियाँ Cardiac Muscles

हृदयी पेशियाँ हृदय की पेशियाँ हैं। रंग-रूप के आधार पर, हृदयी पेशियाँ रेखित होती हैं। ये अनैच्छिक स्वभाव की होती हैं; क्योंकि तन्त्रिका तन्त्र इनकी क्रियाओं को सीधे नियन्त्रित नहीं करता है।

पेशी संकुचन की क्रियाविधि
Mechanism of Muscle Contraction

एण्ड्रयू हक्सले एवं **राल्फ निदरजर्क** (Andrew Huxley and Ralph Niedergerke; 1954) और **हग हक्सले** एवं **जीन हेनसन** (Hugh Huxley and Jean Hanson; 1954) ने पेशी संकुचन के **छड़ सर्पण सिद्धान्त** (Sliding Filament Theory) का प्रतिपादन किया।

(i) हक्सले के अनुसार, एक्टिन तन्तु, मायोसिन तन्तुओं पर फिसलते हैं। पेशी के तन्त्रिका से सम्बन्धों को तन्त्रिकान्यास (Innervation) कहते हैं। तन्त्रिका और पेशी तन्तु के मध्य सन्धि को **तन्त्रिका पेशी सन्धि स्थान** (Neuromuscular junction) कहते हैं।

(ii) जब केन्द्रीय तन्त्रिका तन्त्र से तन्त्रिका आवेग तन्त्रिका पेशी सन्धि स्थान तक पहुँचता है, तब रासायनिक पदार्थ एसीटिलकोलीन मुक्त होकर पेशी संकुचन के लिए पेशी तन्तु में आवेग पहुँचाता है।

(iii) पेशी की कला ध्रुवित अवस्था में होती है। इसकी बाह्य सतह पर धनात्मक और भीतरी सतह पर ऋणात्मक आवेश होता है। एसीटिलकोलीन द्वारा पेशी कला का **विध्रुवण** (Depolarisation) होता है।

(iv) **क्रियात्मक विभव** (Action potential) स्थापित करने के लिए पेशीय कला Na^+ के लिए अत्यधिक पारगम्य हो जाती है, लगभग 3 सेकण्ड बाद पेशी तन्तु में संकुचन होता है।

(v) क्रियात्मक विभव स्थापित होने के फलस्वरूप पेशी की कला Ca^{++} आयनों के लिए अत्यधिक पारगम्य (Highly permeable) हो जाती है तथा Ca^{++} आयन बहुत तेजी से पेशी तन्तुओं के आस-पास सान्द्रित हो जाते हैं।

(vi) पेशी तन्तु के एक्टिन छड़ों में उपस्थित **ट्रोपोनिन, ट्रोपोमायोसिन** से बन्धुता समाप्त कर देता है, जिसके फलस्वरूप F-एक्टिन पर उपस्थित सक्रिय स्थल खुल जाते है और सेतु बन्धन बनने लगते हैं।

(vii) पेशी संकुचन एक्टिन छड़ की सर्पी गति के कारण होता है। एक्टिन छड़ें मायोसिन छड़ों की H-पंक्ति या Z-जोन की ओर खिसकती हैं। मायोसिन छड़ों के प्रेरक (Spur) के सेतु बन्धन (Cross bridges) के बनने अथवा टूटने के फलस्वरूप यह क्रिया होती है।

(viii) वास्तव में एक्टिन छड़ों की गति सेतु बन्धन बनने के पश्चात् उसमें उपस्थित मायोसिन शीर्षों के सर्पण या घूर्णन गति के कारण होती है। इस प्रक्रिया में ATP का व्यय होता है अर्थात् ATP द्वारा ऊर्जा ली जाती है।

(ix) मायोसिन शीर्ष ATP को अपघटित करके पेशी के संकुचन की क्रिया को दोहराते हैं। तन्त्रिका आवेग के समाप्त हो जाने पर सार्कोप्लाज्म द्वारा Ca^{2+} के अवशोषण से एक्टिन पुन: ढ़क जाते हैं जिसके फलस्वरूप Z-रेखाएँ अपने मूल स्थान पर वापस आ जाती हैं, अत: पेशी में शिथिलन हो जाता है।

(x) उक्त प्रक्रिया के फलस्वरूप सार्कोमीयर का पेशीखण्ड छोटा हो जाता है, लेकिन मोटी और पतली छड़ों की लम्बाई नहीं बदलती है।

(xi) A-बैण्ड की लम्बाई ज्यों-की-ज्यों रहती हैं, I-बैण्ड की लम्बाई कम होती जाती है। ADP और फॉस्फेट मुक्त करके मायोसिन विश्राम अवस्था में आ जाती है। एक नए ATP के बँधने से सेतु बन्धन टूटते हैं।

कंकाल तन्त्र Skeletal System

कंकाल का अध्ययन 'अस्थि विज्ञान' (Osteology) कहलाता है। मनुष्य के अन्त: कंकाल में कुल 206 अस्थियाँ तथा नवजात शिशु में 300 अस्थियाँ होती हैं।

मनुष्य का अन्त:कंकाल Human Endoskeleton

- **अक्षीय कंकाल** (Axial skeleton)
  कुल 80 अस्थियाँ होती हैं

करोटि	—	29, (कपाल 8, चेहरा 14, कंठिका 01, कर्ण अस्थिकाएँ 06)
कशेरुकाएँ	—	26 (सेक्रमी 01, अनुत्रिक 01, ग्रीवा 07, वक्षीय 12 तथा कटीय 05)
पसलियाँ	—	24 (प्रत्येक तरफ 12)
उरोस्थि	—	01

- **अनुबन्धीय कंकाल** (Appendicular skeleton)
  कुल अस्थियाँ 126 होती हैं।

(a) **ऊपरी भाग** (Upper extremity) कुल अस्थियाँ 64 होती हैं

अंस मेखला	—	04 (प्रत्येक अंस मेखला में 02 अस्थि)
ऊपरी भुजाएँ	—	02
निचली भुजाएँ	—	04
कलाई	—	16
हथेली	—	10
अंगुलियाँ	—	28

(b) **निचला भाग** (Lower extremity) कुल अस्थियाँ 62 होती हैं

श्रोणि मेखला	—	02 (प्रत्येक श्रोणि मेखला में 01 अस्थि)
अरू	—	02
जानुफलक	—	02
अध:पाद	—	04
टखना	—	14
तलुवे	—	10
पादांगुलियाँ	—	28

फीमर (Femur) सबसे लम्बी तथा स्टेपीज (Stapes) सबसे छोटी अस्थि होती है। आर्थ्रोलॉजी (Arthrology) सन्धियों का अध्ययन कहलाता है। टिबिया (Tibia) सबसे चमकीली अस्थि होती है।

कंकाल सन्धियाँ Skeletal Joints

अस्थियों के जुड़ने के स्थान को सन्धि (Joint) कहते हैं। सन्धियों के अध्ययन के विज्ञान को **सन्धि विज्ञान** (Orthology) कहते हैं।

सन्धियाँ निम्न तीन प्रकार की होती हैं

1. **अचल सन्धियाँ** (Immovable joints or Synarthroses) इन सन्धियों की सहायता से जुड़ी अस्थियों में बिल्कुल गति नहीं होती है। इस सन्धि में अस्थियाँ पास-पास स्थित होती हैं; उदाहरण—करोटि की अस्थियों तथा मेखलाओं की अस्थि में उपस्थित कुछ जोड़।
2. **अल्प चल सन्धियाँ** (Sightly movable joints or Amphiarthroses) इस प्रकार की अस्थि सन्धि में सन्धि बनाने वाली अस्थियों के बीच साइनोवियल सम्पुट और स्नायु नहीं पाए जाते हैं। साइनोवियल सम्पुट के स्थान पर उपास्थि की एक पतली पट्टी पाई जाती है, जिसके कारण इस जोड़ को बनाने वाली अस्थियों में कुछ गति हो सकती है; उदाहरण—कशेरुकों के मध्य की सन्धियाँ, इलियम एवं सैक्रल कशेरुकों के अनुप्रस्थ प्रवर्धों के मध्य स्थित सन्धियाँ।
3. **पूर्णरूपेण चल सन्धियाँ** (Freely movable joints or Synovial joint or Diarthroses) सन्धियों में अस्थियों के परस्पर जुड़ने वाले स्थानों की आकृतियों के अनुसार, पूर्णरूपेण चल सन्धियाँ निम्न पाँच प्रकार की होती हैं

(i) **कन्दुक-खल्लिका सन्धियाँ** (Ball and socket joints) ऐसी सन्धि में एक हड्डी का गेंद या कन्दुक जैसा गोल उभरा भाग दूसरी अस्थि के एक प्यालेनुमा (Ball) गड्ढे या खल्लिका (Cavity of socket) में फिट होता है। उभरे सिरे वाली अस्थि चारों ओर घूम सकती है; जैसे—मेखलाओं तथा पादों की सन्धि; उदाहरण—प्रगण्डिका (Humerus) तथा अंस मेखला के मध्य, श्रोणि मेखला तथा फीमर के मध्य।

(ii) **कब्जा सन्धियाँ** (Hinge joints) ऐसी सन्धि में एक अस्थि के सिर का उभार दूसरी अस्थि के गड्ढे में ऐसे फिट होता है, कि उभरे सिरे वाली हड्डी दरवाजे की भाँति केवल एक ही दिशा में पूरी मुड़ सकती है; जैसे—कोहनी, घुटने तथा अँगुली की अस्थियों की सन्धियाँ।

(iii) **खूँटीदार या धुराग्र सन्धियाँ** (Pivotal joints) ऐसी सन्धि में एक अस्थि धुरी की भाँति स्थिर रहती है तथा दूसरी अस्थि अपने गड्ढे द्वारा इसके ऊपर फिट होकर, इधर-उधर गोलाई में घूमती है; जैसे—एटलस कशेरुका तथा अक्ष के मध्य की सन्धि।

(iv) **विसर्पी सन्धियाँ** (Gliding joints) ऐसी सन्धि में सन्धि-स्थान पर अस्थियाँ एक-दूसरे पर आगे-पीछे या इधर-उधर फिसल सकती हैं; जैसे—कशेरुकाओं के सन्धि प्रवर्धो (Zygapophysis) के बीच तथा प्रबाहु की रेडियो-अल्ना और कलाई की अस्थियों के बीच ऐसी ही सन्धियाँ होती हैं।

(v) **सैडल सन्धियाँ** (Saddle joints) यह कन्दुक-खल्लिका सन्धि जैसी होती है, लेकिन इसमें कन्दुक (Ball) और खल्लिका (Socket) कम विकसित होते हैं। अत: कन्दुक वाली अस्थि चारों ओर अच्छी तरह नहीं घूमती है; जैसे—अँगूठे की मेटाकार्पल और कार्पल के बीच ऐसी ही सन्धि होती है। इसी कारण अँगूठा अन्य अँगुलियों की अपेक्षा अधिक इधर-उधर घुमाया जा सकता है।

कंकाल एवं अस्थि सम्बन्धी विकार
Disorders Related to Skeleton and Bones

कंकाल एवं अस्थि सम्बन्धी विकार निम्नलिखित हैं

(i) **अस्थि सुषिरता** (Osteoporosis) अस्थि के पोषक पदार्थ में कमी से, स्त्रियों में एस्ट्रोजन हॉर्मोन की कमी से अस्थि चटकने लगती है। इस दशा में अस्थियों में कैल्शियम की कमी हो जाती है। विशेषकर स्त्रियों की अस्थियों में इसकी सम्भावना अधिक बढ़ जाती है। यह रोग 45-55 वर्ष के बीच स्त्रियों तथा वृद्ध पुरुषों में अधिक होता है।

(ii) **गाउट** (Gout) अस्थि के जोड़ पर यूरिक अम्ल का जमाव हो जाता है, जिससे अस्थियों पर सूजन (Inflammation) आ जाती है तथा जोड़ फूल जाता है।

(iii) **सन्धि शोथ** (Arthritis) सन्धि के सूज जाने व दर्द को गठिया या सन्धि शोथ कहते हैं। यह तीन प्रकार का होता है

(a) **रूमेटी सन्धि शोथ** (Rheumatoid arthritis) साइनोवियल कला में सूजन आ जाती है। ऐसा रूमेटिज्म कारक (Rheumatism factor), जो एक प्रकार का इम्यूनोग्लोबिन (IgM) है, की उपस्थिति के कारण होता है।

(b) **अस्थि सन्धि शोथ** (Osteoarthritis) आर्टिकुलर उपास्थि का ह्रास हो जाता है। विशेष रूप से घुटना, हाथ, कोहनी तथा मेरुदण्ड प्रभावित होते हैं।

(c) **गाउटी सन्धि शोथ** (Gauty Arthritis) सन्धि के स्थान पर मोनोसोडियम लवणों का जमाव हो जाता है; जिस कारण गति करने पर पीड़ा होती है। गाउट (Gaut) या गाउटी सन्धि शोथ अधिक यूरिक अम्ल उत्पादन या इसका उचित उत्सर्जन न हो पाने के कारण होता है।

(iv) **अपतानिका या टिटैनी** (Tetany) शरीर के देह तरल में कैल्शियम आयनों की कमी से पेशी में तीव्र ऐंठन होती है।

(v) **पेशीय दुष्पोषण** (Muscular dystrophy) विकारों के कारण कंकाल पेशी का अनुक्रमित अपह्रासन होता है।

(vi) **माइस्थेनिया ग्रेविस** (Myasthenia gravis) एक स्वप्रतिरक्षा विकार, जो तन्त्रिका-पेशी सन्धि को प्रभावित करता है। इससे कमजोरी और कंकाली पेशियों का पक्षघात होता है।

तन्त्रिका नियन्त्रण एवं समन्वयन
Neural Control and Coordination

तन्त्रिका तन्त्र (Nervous system) केवल जन्तुओं में पाया जाता है तथा पौधों में अनुपस्थित होता है। तन्त्रिका तन्त्र, **तन्त्रिका कोशिकाओं** (Neurons) से बने ऊतकों के माध्यम से शरीर की विभिन्न क्रियाओं का नियन्त्रण करता है।

तन्त्रिका कोशिकाएँ (Neurons) निम्न तीन प्रकार की होती हैं

(i) **चालक** (Motor) केन्द्रीय तन्त्रिका तन्त्र से प्रभावित अंग तक सूचना पहुँचती हैं।

(ii) **संवेदी** (Sensory) संवेदी अंगों से केन्द्रीय तन्त्रिका तन्त्र तक सूचना पहुँचती हैं।

(iii) **बहुध्रुवीय** (Multipolar) विभिन्न दिशाओं में सूचनाएँ पहुँचाती हैं।

केन्द्रीय तन्त्रिका तन्त्र
Central Nervous System

- यह **मस्तिष्क** (Brain) एवं **मेरुदण्ड** (Spinal cord) द्वारा बना होता है।
- मेरुदण्ड, **धूसर द्रव्य** (Grey matter) एवं श्वेत द्रव्य (White matter) का बना होता है। मस्तिष्क, खोपड़ी के **क्रेनियम** (Cranium) में स्थित होता है। मेंढक में मस्तिष्क एवं मेरुदण्ड दो मेनिंग्स (Menings) द्वारा घिरे होते हैं तथा स्तनियों में तीन मेनिंग्स द्वारा।
- मस्तिष्क एवं मेरुदण्ड के अन्दर तथा चारों ओर **सेरीब्रोस्पाइनल द्रव** (Cerebrospinal fluid) पाया जाता है। मेनिनजाइटिस (Meningites) में मेनिंग्स संक्रमित हो जाती है, जिसके फलस्वरूप सरदर्द, उल्टी एवं दर्द आदि होता है।

मानव मस्तिष्क Human Brain

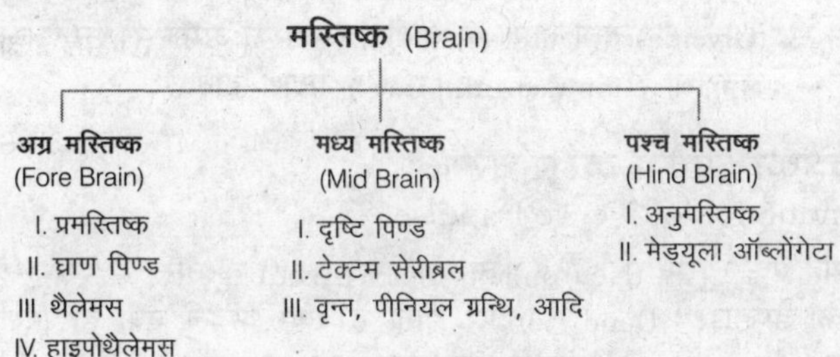

(a) **अग्र मस्तिष्क** (Forebrain) इसके निम्न भाग होते हैं

- **प्रमस्तिष्क** (Cerebrum), मस्तिष्क का सबसे बड़ा भाग है, जो प्रमस्तिष्क अर्द्धगोलार्द्धों (Cerebral hemispheres) द्वारा घिरा होता है। प्रमस्तिष्क की छत **सेरीब्रल कॉर्टेक्स** (Cerebral cortex) होती है। प्रमस्तिष्क में सचेतना और सूचनाओं का संग्रहण होता है।
- **घ्राण पिण्ड** (Olfactory lobes), छोटे आकार की एक जोड़ी संरचनाएँ हैं, जो प्रमस्तिष्क द्वारा घिरी होती हैं। ये खोपड़ी के केन्द्र में पाई जाती हैं।
- **थैलेमस** (Thalamus), संवेदी अंगों; जैसे-आँख, कान, त्वचा, आदि से आने वाली संवेदी तरंगों (Sensory impulses) को जोड़ता है। थैलेमस, दर्द, दाब और ताप से सम्बन्धित होता है।
- **हाइपोथैलेमस** (Hypothalamus), भाषण, शरीर सन्तुलन, लिंग व्यवहार, निद्रा, तनाव तथा पिट्यूटरी ग्रन्थि के हॉर्मोन के नियन्त्रण से सम्बन्धित है।

(b) **मध्य मस्तिष्क** (Midbrain) दृष्टि, विश्लेषण एवं स्रावण से सम्बन्धित है।

(c) **पश्च मस्तिष्क** (Hindbrain) इसके अन्तर्गत अनुमस्तिष्क व मेड्यूला ओब्लोंगेटा आते हैं।

- **अनुमस्तिष्क** (Cerebellum) सिर के पीछे की ओर आधार भाग में होता है।
- **मैड्यूला ऑब्लोंगेटा** (Medula Oblongata), मस्तिष्क एवं मेरुदण्ड को जोड़ने वाला लम्बा भाग है। यह हृदय स्पन्दन, रुधिर नलिकाओं, श्वासोच्छ्वास, लार स्राव और बहुत-सी प्रत्यावर्ती एवं अनैच्छिक गतियों को नियन्त्रित करता है।

मेरुदण्ड Spinal Cord

यह लम्बी, रस्सीनुमा संरचना है, जो पीठ पर मध्य लम्बवत् स्थित होती है और अस्थिमय कशेरुक दण्ड द्वारा सुरक्षित रहती है मनुष्य में मेरुदण्ड से 31 जोड़ी **मेरु तन्त्रिकाएँ** (Spinal nerves) निकलती हैं। यह प्रतिवर्ती क्रिया (Reflex action) का केन्द्र है तथा संवेदनाओं (Impulses) का संचरण करती है।

प्रतिवर्ती क्रिया Reflex Action

- ये अबन्धित, जन्मजात, यन्त्रवत् क्रियाएँ हैं, जिन पर मस्तिष्क का नियन्त्रण नहीं होता; जैसे—नेत्र प्रतिवर्ती क्रिया, लार स्रावण, प्रतिवर्ती क्रिया, जानुझटक प्रतिवर्ती क्रिया, उबासी, खाँसना, छींकना, आदि।
- प्रतिवर्ती क्रियाएँ बहुत तीव्र होती हैं, तीव्र क्रिया हेतु ये सबसे छोटे मार्ग से संचरित होती हैं। ये अधिकांश सुरक्षा से सम्बन्धित होती हैं।
- **उपार्जित प्रतिवर्ती क्रिया** (Acquired reflex action) ये प्रतिबन्धित प्रतिवर्ती क्रियाएँ भी कहलाती हैं, इन्हें जन्तु अनुभव एवं प्रशिक्षण द्वारा सीखते हैं। इनको सबसे पहले रूसी जैव कार्यिकी के वैज्ञानिक इवान **पैट्रोविच पावलोव** ने भूखे कुत्ते में प्रदर्शित किया। जैसे—नाचना, साइकिल चलाना, तैरना, गाना आदि सीखना। ये सीखने के दौरान सेरीब्रल (Cerebral) के नियन्त्रण में रहती है।

परिधीय तन्त्रिका तन्त्र
Peripheral Nervous System

यह 12 जोड़ी कपाल तन्त्रिकाओं (Cranial Nerves) तथा 31 जोड़ी मेरु तन्त्रिकाओं (Spinal Nerves) का बना होता है। कपाल तन्त्रिकाएँ, मस्तिष्क से तथा मेरु तन्त्रिकाएँ, मेरुदण्ड से उत्पन्न होती हैं। **मछलियों** (Fishes) एवं उभयचरों (Amphibians) में 10 जोड़ी कपाल तन्त्रिकाएँ होती हैं।

खरगोश में 12 जोड़ी कपाल तन्त्रिकाएँ तथा 37 जोड़ी मेरु तन्त्रिकाएँ पाई जाती हैं। पहली 10 जोड़ी कपाल तन्त्रिकाएँ मेंढक एवं खरगोश में समान होती हैं।

मनुष्य की कपाल तन्त्रिकाएँ

कपाल तन्त्रिका	संख्या	कार्य का प्रकार	वितरण
घ्राण तन्त्रिका (Olfactory)	I	संवेदी	नाक
द्रक तन्त्रिका (Optic)	II	संवेदी	आँख की रेटिना
नेत्र प्रेरक तन्त्रिका (Occulomotor)	III	चालक	नेत्र गोलक की चार पेशियों में
चक्रक तन्त्रिका (Trochlear)	IV	चालक	नेत्र गोलक की उत्तर-तिरछी पेशी में
त्रक तन्त्रिका (सबसे बड़ी) (Trigeminal)	V	मिश्रित	
(a) ऑप्थैल्मिक (Opthalmic)	-	संवेदी	प्रोथ
(b) मैक्सिलरी (Maxillary)	-	संवेदी	ऊपरी जबड़ा
(c) मैण्डीबुलर (Mandibular)	-	मिश्रित	निचला जबड़ा
अपचालिनी तन्त्रिका (Abducens)	VI	चालक	पश्च रेक्टस पेशी
आनन तन्त्रिका (Facial nerve)	VII	मिश्रित	गर्दन, कर्ण, जीभ, निचला जबड़ा
श्रवण तन्त्रिका (Auditory)	VII	संवेदी	अन्तःकर्ण
जिह्वा ग्रसनी (Glossopharyngeal)	IX	मिश्रित	जीभ एवं ग्रसनी
वेगस तन्त्रिका (Vagus nerve)	X	मिश्रित	आमाशय, फेफड़े, हृदय आदि
स्पाइनल एसेसरी (Spinal accessory)	XI	चालक	गर्दन
हाइपोग्लोसल (Hypoglossal)	XII	चालक	गर्दन एवं जीभ

स्वायत्त तन्त्रिका तन्त्र
Autonomous Nervous System

इसकी खोज **लेंगले** (Langley) ने की थी। यह पूर्णतया चालक होता है तथा नियन्त्रण रहित होता है। स्वायत्त तन्त्रिका तन्त्र दो भागों का बना होता है

1. **अनुकम्पी तन्त्रिका तन्त्र** (Sympathetic nervous system) अनुकम्पी तन्त्रिका तन्त्र प्रतिकूल वातावरण में शरीर की सुरक्षा से सम्बन्धित आन्तरिक क्रियाओं का नियन्त्रण करता है। यह तनाव की अवस्था में सक्रिय रहता है; जैसे— दर्द, भय, क्रोध आदि।
2. **परानुकम्पी तन्त्रिका तन्त्र** (Parasympathetic nervous system) परानुकम्पी तन्त्रिका तन्त्र विश्राम के समय सुख, प्रसन्नता की अनुभूति करता है। यह ऊर्जा संरक्षण में सहायक है।

तन्त्रिका तन्त्र की क्रियाविधि
Mechanism of Nervous System

- तन्त्रिका तन्त्र का निर्माण तन्त्रिका कोशिकाओं अथवा न्यूरॉन्स द्वारा होता है। यह तन्त्रिका तन्त्र की संरचनात्मक एवं क्रियात्मक इकाई है। सभी तन्त्रिका कोशिकाओं में संवेदनशीलता होती है तथा उद्दीपित होने पर सभी तन्त्रिका तन्तु तन्त्रिका प्रेरणाओं के रूप में संदेश संचारित करते हैं।
- आवेश का संचरण तन्त्रिका तन्तु में तथा **युग्मानुबन्ध** (Synapse) में से एक तन्त्रिका कोशिका से दूसरी तन्त्रिका कोशिका में पहुँचता है।

संयोजन या सिनैप्स Synapse

- एक तन्त्रिका तन्तु का एक्सॉन (Axon) जहाँ दूसरे तन्त्रिका तन्तु के डेण्ड्राइट (Dendrite) पर समाप्त होता है, उसे **संयोजन** या **सिनैप्स** (Synapse) कहते हैं।
- सिनैप्स पर एक्सॉन तथा डेण्ड्राइट एक-दूसरे को स्पर्श नहीं करते, बल्कि उनके बीच का स्थान एक पतले द्रव से भरा स्थान होता है, जिसे **सिनैप्टिक दरार** (Synaptic cleft) कहते हैं।
- एक्सॉन के अन्तिम सिरे पर **सिनैप्टिक आशय** (Synaptic vesicles) या अन्त्य बटन (Terminal button) होती है, जिनसे न्यूरोट्रांसमीटर (Neurotransmitter), एड्रीनेलिन (Adrenalin) तथा **एसीटिलकोलीन** (Acetylcholine) निकलते हैं। सिनैप्स दो प्रकार के होते हैं
  - (i) **विद्युतीय सिनैप्स** (Electrical synapse) विद्युतीय सिनैप्स में दो न्यूरॉन के बीच 0.2 नैनोमीटर की सिनैप्टिक दरार (Synaptic cleft) पाई जाती है। इनमें क्रिया विभव (Action Potential) दूसरे न्यूरॉन पर सीधा ही संचारित हो जाता है।
  - (ii) **रासायनिक सिनैप्स** (Chemical synapse) अधिकांश सिनैप्स इसी प्रकार के होते हैं। रासायनिक सिनैप्स में क्रिया विभव के संचरण (Transmission) के लिए **तन्त्रिका संचारी** या **न्यूरोट्रांसमीटर** (Neurotransmitter) होते हैं। तन्त्रिका आवेग (Nerves impulse) का रासायनिक संचरण एक तन्त्रिका कोशिका से दूसरे में या तन्त्रिका कोशिका से पेशी कोशिका में एसीटिलकोलीन (Acetylcholine) द्वारा होता है। ग्लाइसीन (Glycine) तथा गामा (γ) अमीनो ब्यूटेरिक अम्ल (GABA) आवेग अवरोधी (Impulse inhibitory) पदार्थ होते हैं।

तन्त्रिका आवेग का संचरण
Conduction of Nerve Impulse

- यह एक न्यूरॉन (Neuron) के एक्सॉन (Axon) के अन्त से दूसरे न्यूरॉन के डेण्ड्राइट (Dendrite) पर होता है। यह केवल एक ही दिशा में (Unidirectional) होता है। यह एक विद्युत रासायनिक प्रक्रिया है।
- विश्रामावस्था में तन्त्रिका कोशिका के कोशिकाद्रव्य (Cytoplasm) में K^+ की सान्द्रता अधिक होती है तथा कोशिका के बाहर Na^+ की सान्द्रता अधिक होती है, जिसके कारण कोशिका कला के भीतर −80 mV का विद्युत विभव (Electrical potential) होता है। यह **सुप्त कला अवस्था** (Polarised state) कहलाती है।
- तन्त्रिका कोशिका की कला में विद्युत विभवान्तर (Electrical Potential Difference) होता है, जिसे **कला विभव** (Membrane potential) कहते हैं। न्यूरॉन की प्लाज्मा कला में **आयन चैनल** (Ion channel) उपस्थित होते हैं। ये केवल एक ही प्रकार के आयन के लिए पारगम्य होते हैं; जैसे- Na^+ या K^+ या Ca^{2+} आदि।
- तन्त्रिका कोशिका में **ध्रुवित अवस्था** (Polarised state) बनाए रखने के लिए कोशिका कला में सोडियम-पोटैशियम पम्प होता है। इसके द्वारा

कोशिकाद्रव्य से तीन सोडियम आयन बाहर निकाले जाते हैं तथा बाहर से दो पोटैशियम आयन कोशिकाद्रव्य में प्रवेश करते हैं।

- जब कोशिका को **प्रभाव सीमा उद्दीपन** (Threshold stimulus) दिया जाता है तब कोशिका कला की पारगम्यता परिवर्तित हो जाती है। **एक्सोलेमा** (Axolema) की पारगम्यता सोडियम के लिए बढ़ जाती है, जिस कारण Na^+ कोशिका के भीतर प्रवेश करने लगता है, जिससे विभव बदलकर **+30 mV उच्च विभव** (Spike potential) हो जाता है। यह केवल सेकण्ड के कुछ भाग के लिए ही होता है।
- अब कोशिका कला की पारगम्यता सोडियम के लिए कम होकर पोटैशियम के लिए बढ़ने लगती है, उच्च विभव कम होने लगता है तथा फिर यह **+ 20 mV** का क्रियात्मक विभव (Action potential) हो जाता है। कला अब विध्रुवित (Depolarised) हो जाती है। नॉन-मेड्यूलेटेड तन्तु (Non-medullated fibre) में ये आयनिक परिवर्तन पूरे तन्त्रिका तन्तु में दोहराए जाते हैं।
- **मेड्यूलेटेड तन्तुओं** (Medullated fibre) में क्रियात्मक विभव **रैनवियर की गाँठ** (Node of Ranvier) द्वारा एक बिन्दु से दूसरे बिन्दु पर संचरित होता है, इसे साल्टेटरी संचरण (Saltatory conduction) कहते हैं।

तन्त्रिका आवेग का प्रसारण
Transmission of Nerve Impulse

- तन्त्रिका आवेग का प्रसारण एक न्यूरॉन के एक्सॉन (Axon) से दूसरे न्यूरॉन के डेण्ड्रान (Dendron) पर सिनैप्स (Synapse) द्वारा होता है।
- जब तन्त्रिका आवेग टीलोडेण्ड्रिया (Telodendria) पर पहुँचता है, तो सिनैप्टिक दरार या विदर (Synaptic cleft) के ऊतक **द्रव** से Ca^{2+} टीलोडेण्ड्रिया में प्रवेश कर जाते हैं और सिनैप्टिक घुण्डिया (Synaptic button) सिनैप्स में न्यूरोट्रांसमीटर (Neurotransmitter) मुक्त कर देती है। न्यूरोट्रांसमीटर तन्त्रिका आवेग को अगले न्यूरॉन में प्रसारित कर देते हैं।
- एन्जाइम **एसीटिलकोलीनेस्टीरेज** (Acetylcholinesterase) सिनैप्टिक विदर (Synaptic cleft) पर एसीटिलकोलीन (Acetylcholine) का विघटन कर देता है। सिनैप्स (Synapse) पर एक न्यूरॉन से दूसरे न्यूरॉन में तन्त्रिका आवेग के जाने में लगे समय को सिनैप्टिक देरी (Synaptic delay) कहते हैं।

संवेदी अंग Sense Organs

जन्तुओं के शरीर में विभिन्न प्रकार के ऐसे अंग पाए जाते हैं; जो वातावरण से प्राप्त विभिन्न उद्दीपनों (Stimulus) को ग्रहण करते हैं तथा इन्हें विद्युत रासायनिक तन्त्रिका आवेगों के रूप में केन्द्रीय तन्त्रिका तन्त्र तक पहुँचाते हैं, ऐसे अंगों को संवेदी अंग कहते हैं।

मानव कर्ण Human Ear

कर्ण सुनने एवं सन्तुलन बनाने में सहायक है। कर्ण को निम्न तीन भागों में विभाजित किया जा सकता है

(i) **बाह्य कर्ण** (External ear) बाह्य कर्ण, कर्ण पल्लव से नालाकार गुहा को होता हुआ कर्णपटह (Tympanic membrane) तक फैला होता है। कर्ण पल्लव ध्वनि तरंगों का संग्रह करती है। कर्ण कूहर (Auditory meatus) की दीवार में कर्ण मोम या **सेरूमिनस ग्रन्थियाँ** (Cerumenous glands) होती हैं। सेरूमिनस ग्रन्थियों से स्रावित होने वाला मोम जैसा पदार्थ कर्ण पटह को चिकना बनाए रखता है तथा बाह्य कणों को अन्दर प्रवेश करने से रोकता है।

(ii) **मध्य कर्ण** (Middle ear) **कर्णपटह कला** (Tympanic membrane) मध्य कर्ण को बाह्य कर्ण से पृथक् करती है।

मध्य कर्ण की तीन कर्ण अस्थिकाएँ निम्न हैं

(a) **मेलियस** (Malleus) बाहरी एवं हथौड़ी सदृश

(b) **इनकस** (Incus) मध्य में एवं निहाई के आकार की

(c) **स्टेपीज** (Stapes) आन्तरिक तथा रकाब के आकार की। यह एक ओर इनकस से तथा दूसरी ओर फेनेस्ट्रा ओवेलिस पर मढ़ी झिल्ली से लगी रहती है।

स्टेपीज मानव शरीर की सबसे छोटी अस्थि (1.2 mg) है। मध्य कर्ण गुहा एक **यूस्टेकियन नलिका** (Eustachian tube) द्वारा नासाग्रसनी में खुलती है। इसके कारण कर्ण पटह के भीतर एवं बाहर दोनों ओर वायु का दबाव एक समान रहने से उसके फटने का डर नहीं रहता।

(iv) **अन्तःकर्ण** (Internal ear) लेबिरिंथ दो मुख्य भागों का बना होता है। अस्थिमय लेबिरिंथ (Bony labyrinth) तथा कलागहन (Membranous labyrinth)। अस्थिमय **लेबिरिंथ परिलसिका** (Perilymph) द्रव से भरा होता है, जबकि कलागहन अन्त: **लसिका द्रव्य** (Endolymph fluid) से भरा होता है। कलागहन सन्तुलन एवं सुनने से सम्बन्धित है। अन्त:कर्ण तीन भागों का बना होता है

(a) काय (यूट्रीकुलस तथा सैक्यूलस)

(b) अर्द्धवृत्ताकार नलिकाएँ

(c) कॉक्लिया

मानव नेत्र Human Eye

नेत्र प्रकाश संवेदी अंग है। नेत्र गोलक मुख्यतया तीन स्तरों का बना होता है

1. **दृढ़ पटल** (Sclerotic) बाह्य दृढ़ तथा अपारदर्शी भाग
2. **रक्तक पटल** (Choroid) यह कोमल, संयोजी ऊतक का बना होता है। इसमें रंगा कणिकाएँ होती हैं। रंगा कणिकाएँ खरगोश में लाल, मनुष्य में काली, भूरी या नीली होती हैं।
3. **दृष्टि पटल** (Retina) सबसे भीतरी परत है, जो संवेदी होती है।

मानव नेत्र के अंग Organs of Human Eye

- कॉर्निया एक पतली, पारदर्शी परत से ढका होता है, जिसे [illegible] (Conjuctiva) कहते हैं। यह प्रकाश को दृष्टिपटल पर केन्[illegible]
- आइरिस, वर्तुल स्फिंक्टर पेशियों (Circular sphinct[illegible] अरीय प्रसादी पेशियों (Radial dilatory muscles) [illegible]
- आइरिस (Iris) पुतली के आकार को नियन्त्रित [illegible]
- पुतली (Pupil) आइरिस के बीच में स्थित [illegible] प्रकाश नेत्र गोलक में प्रवेश करता है। यह [illegible] को नियन्त्रित करता है।
- लैंस द्विउत्तल, पारदर्शी वृत्तीय, ठोस [illegible] है।
- कॉर्निया एवं लैंस के बीच क[illegible] होता है।

- लैंस एवं रेटिना के मध्य की गुहा में काचर जल या **विट्रियस ह्यूमर** भरा होता है।
- दृष्टिपटल (Retina) एक तन्त्रिका ऊतक की परत एवं एक वर्णक परत का बना होता है। किसी भी वस्तु का चित्र दृष्टिपटल पर बनता है।
- रेटीना दो प्रकार की कोशिकाओं **दृष्टि शलाकाएँ** (Rods) एवं **दृष्टि शंकुओं** (Cones) का बना होता है।
- शलाकाएँ लम्बी, बेलनाकार एवं तन्तुमय होती हैं, जबकि शंकु छोटे एवं मोटे होते हैं।
- शलाकाएँ कम प्रकाश के लिए संवेदी होती हैं तथा इनमें लाल-गुलाबी वर्णक, **रोडोप्सिन** (Rhodopsin) पाया जाता है।
- शंकु तेज प्रकाश के लिए संवेदी है तथा रंगों में अन्तर उत्पन्न करते हैं; जैसे—लाल, हरा, नीला, आदि।
- **पीत बिन्दु** (Yellow spot) दृष्टिपटल के ठीक मध्य में स्थित होता है। यहाँ वस्तु का प्रतिबिम्ब सबसे स्पष्ट बनता है। पीत बिन्दु की महीन रेटिना, **मैकुला लूटिया** (Macula lutea) कहलाती है।
- पीत बिन्दु के मध्य में मध्यवर्ती गर्त या **फोबिया सेण्ट्रेलिस** (Fovea centralis) होता है। इसमें केवल दृष्टि शंकु उपस्थित होते हैं।
- **अन्ध बिन्दु** (Blind spot) पर शलाका व शंकु अनुपस्थित होते हैं। यहाँ कोई प्रतिबिम्ब नहीं बनता।
- **टेपिटम** (Tapetum) से धीमे प्रकाश में भी जन्तु भली प्रकार देखने में सफल होते हैं।
- टेपिटम ल्यूसीडम (Tapetum lucidum) जस्ता, सिस्टीन और ग्वानीन का बना होता है।

रासायनिक समन्वयन एवं नियमन
Chemical Coordination and Regulation

अन्तःस्रावी ग्रन्थियाँ Endocrine Glands

इन ग्रन्थियों में अपने स्राव को लक्ष्य अंगों तक ले जाने हेतु नलिकाएँ नहीं होती हैं। अन्तःस्रावी ग्रन्थियों से सम्बन्धित विज्ञान **एण्डोक्राइनोलॉजी** (Endocrinology) कहलाता है। इनके स्राव (हॉर्मोन) का परिवहन रुधिर के द्वारा होता है; उदाहरण-थायरॉइड, पिट्यूटरी, हाइपोथैलेमस, एड्रीनल, आदि।

बहिःस्रावी ग्रन्थियाँ Exocrine Glands

इन ग्रन्थियों में नलिकाएँ (Ducts) होती हैं। ये अपना स्राव नलिकाओं में स्रावित कर लक्ष्य तक पहुँचाती है। उदाहरण—त्वचा की स्वेद ग्रन्थियाँ एवं तेल ग्रन्थियाँ, लार ग्रन्थियाँ, यकृत, आदि।

मानव की अन्तःस्रावी ग्रन्थियाँ
Endocrine Glands of Human

मनुष्य में कुल 9 अन्तःस्रावी ग्रन्थियाँ पाई जाती हैं, जिनमें से अधिकांश नर एवं मादा में समान होती है।

1. पिट्यूटरी ग्रन्थि Pituitary Gland

इसे **मास्टर ग्रन्थि** (Master gland) भी कहते हैं। यह महिलाओं में पुरुषों से कुछ बड़ी होती है। यह अग्र मस्तिष्क में स्थित होती है।

इससे स्रावित हॉर्मोन अग्रलिखित हैं

अन्तःस्रावी ग्रन्थि	हॉर्मोन	लक्ष्य अंग	कार्य/प्रभाव
एडीनोहाइपोफाइसिस (पिट्यूटरी का अग्र भाग)	वृद्धि हॉर्मोन (GH)	सभी ऊतक	सामान्य शरीर वृद्धि
	एडिनो कॉर्टिकोट्रोफिक हॉर्मोन (ACTH)	एड्रीनल कॉर्टेक्स	ग्लूकोकॉर्टीकॉइड स्राव
	थायरोट्रॉफिन हॉर्मोन (TSH)	थायरॉइड ग्रन्थि	थायरॉक्सिन स्रावण
	प्रोलैक्टिन (Prolactin)	स्तन ग्रन्थि की कोशिकाएँ	दूध निर्माण में
	फॉलिकल स्टीमुलेटिंग हॉर्मोन (FSH)	अण्डाशयी फॉलिकल	महिलाओं में अण्डाशयी फॉलिकल की वृद्धि एवं एस्ट्रोजन स्रावण पुरुषों में शुक्र जनन (Spermatogenesis) एवं शुक्रजनन नलिकाओं को उद्दीप्त करना
	ल्यूटिनाइजिंग हॉर्मोन (LH)	वृषण एवं अण्डाशय	महिलाओं में कॉर्पस ल्यूटियम का विकास एवं प्रोजेस्ट्रॉन का स्रावण, पुरुषों में टेस्टोस्टीरॉन का स्रावण
	मिलेनोसाइट स्टीमुलेटिंग हॉर्मोन (MSH)	त्वचा	त्वचा में मिलेनिन का संश्लेषण
[illegible] ग)	ऑक्सीटोसिन (Oxytocin)	गर्भाशय, स्तन ग्रन्थियाँ	दूध का स्रावण, गर्भाशय संकुचन

पिट्यूटरी ग्रन्थि के विकार Disorders of Pituitary Gland

मानव शरीर में होने वाले पिट्यूटरी ग्रन्थि से सम्बन्धित विकार निम्नलिखित हैं

(a) **बौनापन** (Dwarfism) बचपन में वृद्धि हॉर्मोन की कमी से बौनापन रोग हो जाता है।

(b) **महाकायता** (Gigantism) बचपन में वृद्धि हॉर्मोन के अधिक स्रावित होने से महाकायता रोग हो जाता है।

(c) **साइमण्ड का रोग** (Simmond's disease) प्रौढ़ावस्था में वृद्धि हॉर्मोन के कम स्रावित होने से साइमण्ड का रोग हो जाता है।

(d) **एक्रोमिगेली** (Acromegaly) प्रौढ़ावस्था में वृद्धि हॉर्मोन के अति:स्रावण से एक्रोमिगेली रोग हो जाता है। इस रोग में व्यक्ति के हाथ, पैर और चेहरे की अस्थियाँ सामान्य से अधिक बढ़ जाती हैं।

(e) **डायबिटीज इन्सीपीडस** (Diabetes insipidus) एण्टीडाइयूरेटिक हॉर्मोन (ADH) अर्थात् वैसोप्रेसिन की कमी से शरीर में मूत्रता का रोग हो जाता है।

2. थायरॉइड ग्रन्थि Thyroid Gland

यह सबसे बड़ी अन्त:स्रावी ग्रन्थि है। यह गर्दन में, श्वासनली व स्वरयन्त्र के जोड़ के पार्श्व-अधरतल पर स्थित होती है। यह गुलाबी रंग की, H के आकार की, द्विपालित ग्रन्थि है। इससे स्रावित हॉर्मोन निम्न हैं

हॉर्मोन	लक्ष्य अंग	कार्य/प्रभाव
कैल्सिटोनिन (CT)	अस्थि, वृक्क	रुधिर में कैल्शियम स्तर का नियन्त्रण
थायरॉक्सिन	हृदय, यकृत, वृक्क, कंकाल पेशियाँ, मास्ट कोशिकाएँ	ऊतक उपापचय वृद्धि, उभयचरों में कायान्तरण

थायरॉइड ग्रन्थि के विकार Disorders of Thyroid Gland

थायरॉइड ग्रन्थि से सम्बन्धित विकार निम्न हैं

(a) **जड़वामनता** (Cretinism) यह रोग भ्रूण में या शिशु अवस्था में थायरॉइड के अल्प स्रावण के कारण होता है इस रोग में बच्चे बौने रह जाते हैं।

(b) **मिक्सोइडीमा** (Myxoedema) यह वयस्कों में थायरॉइड अल्पस्रावण से होता है। इसमें त्वचा के नीचे श्लेष्म (Mucous) के जमाव से इसका एक मोटा स्तर बन जाता है। शरीर फूला सा दिखाई देता है और सुस्त हो जाता है।

(c) **सामान्य घेंघा** (Simple goitre) थायरॉइड ग्रन्थि के बड़ी होकर फूलने को घेंघा रोग कहते हैं। यह रोग भोजन में आयोडीन की कमी से होता है।

(d) **हाशीमोटो का रोग** (Hashimoto's disease) कभी-कभी वृद्धावस्था, चोट, संक्रमण, शल्य चिकित्सा आदि के कारण थायरॉइड ग्रन्थि के अल्पस्रावण से रुधिर में इसके हॉर्मोन की मात्रा इतनी कम हो जाती है कि शरीर कोशिकाओं में उपस्थित इनकी ग्राही प्रोटीन्स तक को इनकी पहचान नहीं हो पाती। शरीर में हॉर्मोनों को नष्ट करने वाले प्रतिरक्षी (Antibodies) बनने लगते हैं, जोकि स्वयं ग्रन्थि को ही नष्ट कर देते हैं।

(e) **नेत्रोत्सेंधी गलगण्ड** (Exophthalmic goitre) थायरॉक्सिन हॉर्मोन के अतिस्रावण से थायरॉइड ग्रन्थि फूल कर घेंघे का रूप ले लेती है। इसे **ग्रैवी** का रोग (Grave's disease) भी कहते हैं। किसी-किसी रोगी में अतिस्रावण करने वाली थायरॉइड ग्रन्थि में जगह-जगह गाँठे बन जाने से यह फूलती है। इसे **प्लूमर** का रोग (Plummer's disease) कहते हैं।

3. पैराथायरॉइड Parathyroid

ये चार ग्रन्थियाँ होती हैं, जो थायरॉइड में धँसी रहती हैं। ये पीले रंग की अण्डाकार होती है। इससे स्रावित हॉर्मोन निम्न हैं

हॉर्मोन	लक्ष्य अंग	कार्य/प्रभाव
पैराथॉर्मोन (PTH)	अस्थि, वृक्क	रुधिर में कैल्शियम एवं फॉस्फेट का नियमन

पैराथायरॉइड ग्रन्थि के विकार Disorders of Parathyroid Gland

पैराथायरॉइड ग्रन्थि से सम्बन्धित विकार निम्न हैं

(a) **टिटेनी** (Tetany) पैराथॉर्मोन (PTH) की कमी से शरीर में टिटेनी रोग हो जाता है। इस रोग में पेशियों और तन्त्रिकाओं में अनावश्यक उत्तेजना के कारण पेशियों में ऐंठन और कम्पन्न होने लगता है, रोंगटे खड़े हो जाते हैं, पसीना आने लगता है और हाथ-पैर ठण्डे हो जाते हैं।

(b) **ओस्टिओपोरोसिस** (Osteoporosis) पैराथॉर्मोन के अतिस्रावण से ओस्टिओपोरोसिस रोग हो जाता है, इसमें हड्डियाँ गलकर, कोमल, कमजोर व भंगुर हो जाती हैं।

4. अग्न्याशय Pancreas

यह ग्रहणी (Duodenum) के वक्र में स्थित होती है। यह मिश्रित ग्रन्थि है, जिसमें अन्त:स्रावी एवं बहि:स्रावी दोनों भाग होते हैं।

इसके लैंगरहैन्स के द्वीप में निम्न तीन प्रकार की कोशिकाएँ पाई जाती हैं

(i) α-**कोशिकाएँ** बड़ी एवं परिधीय कोशिकाएँ, जो ग्लूकैगॉन (Glucagon) हॉर्मोन स्रावित करती हैं।

(ii) β-**कोशिकाएँ** छोटी केन्द्रीय कोशिकाएँ, जो इन्सुलिन (Insulin) हॉर्मोन स्रावित करती हैं।

(iii) γ-**कोशिकाएँ** मध्यवर्ती कोशिकाएँ, जो सोमेटोस्टेटिन (Somatostatin) स्रावित करती हैं।

अग्नाशय से स्रावित हॉर्मोन निम्न हैं

हॉर्मोन	लक्ष्य अंग	कार्य/प्रभाव
इन्सुलिन	सभी कोशिकाएँ	रुधिर में शर्करा का स्तर घटता है। ग्लूकोजेनेसिस का प्रेरण, ऊतकों में प्रोटीन का संग्रह बढ़ाता है। अल्प स्रावण से **डायबिटीज मेलिटस** (Diabetes mellitus) रोग हो जाता है।
ग्लूकैगॉन	यकृत	रुधिर शर्करा का स्तर बढ़ाता है।

अग्न्याशय के विकार Disorders of the Pancreas

अग्न्याशय से सम्बन्धित विकार निम्न हैं

(a) **मधुमेह** (Diabetes Mellitus) इन्सुलिन हॉर्मोन के अल्पस्रावण से रुधिर में ग्लूकोस की मात्रा बढ़ जाती है। इसे **हाइपरग्लाइसीमिया** (Hyperglycemia) भी कहते हैं।

(b) **हाइपोग्लाइसीमिया** (Hypoglycemia) इन्सुलिन हॉर्मोन के अतिस्रावण से रुधिर में ग्लूकोस की मात्रा कम हो जाती है।

5. एड्रीनल ग्रन्थि Adrenal Gland

एक जोड़ी ग्रन्थियाँ वृक्कों के ऊपर स्थित होती हैं। यह ग्रन्थि एड्रीनल कॉर्टेक्स एवं एड्रीनल मैडूला में विभाजित होती हैं। इसे 4S or 3F ग्रन्थि भी कहा जाता है।

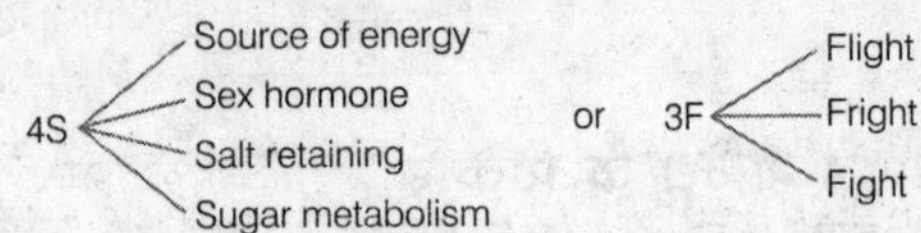

इससे स्रावित हॉर्मोन निम्न हैं

हॉर्मोन	लक्ष्य अंग	कार्य/प्रभाव
ग्लूकोकॉर्टीकॉइड्स	ऊतक, मास्ट कोशिकाएँ	कार्बोहाइड्रेट, वसा, प्रोटीन, स्टीरॉयड उपापचय
मिनरेलोकॉर्टिकॉइड्स	वृक्क	जल अवशोषण, सोडियम एवं पोटेशियम उपापचय
सैक्स कॉर्टिकॉइड्स	शरीर कोशिकाएँ	बाह्य लैंगिक लक्षण
एड्रीनेलिन तथा नॉर-एड्रीनेलिन	मास्ट कोशिकाएँ	हृदय स्पन्दन, रुधिर दाब पेशियों का संकुचन एवं शिथिलन बढ़ाता है।

एड्रीनल ग्रन्थि के विकार Disorders of Adrenal Gland

एड्रीनल ग्रन्थि से सम्बन्धित विकार निम्न हैं

(a) **एडीसन का रोग** (Addison's disease) मिनरेलो कॉर्टिकॉइड्स और ग्लूकोकॉर्टीकॉइड्स हॉर्मोन के अल्प स्रावण से यह रोग हो जाता है। इस रोग में सोडियम और इसके साथ-साथ जल की अधिक मात्रा का मूत्र के साथ उत्सर्जन हो जाने से शरीर का निर्जलीकरण हो जाता है और रुधिर में शर्करा की कमी हो जाती है।

(b) **कुशिंग रोग** (Cushing syndrome) कोर्टिसोल (Cortisol) हॉर्मोन के अतिस्रावण से कुशिंग रोग हो जाता है, इसमें वक्षीय भाग व चेहरे में कहीं भी वसा के जमाव से चेहरा लाल व गोल-सा, कन्धे अत्यधिक मोटे हो जाते हैं, उदर फूल जाता है।

(c) **एड्रीनल विरिलिज्म** (Adrenal virilism) सैक्स कॉर्टिकॉइड्स (Sex corticoids) हॉर्मोन के अतिस्रावण से लड़कियों में लड़कों जैसे लक्षण (मोटी आवाज, दाढ़ी-मूँछ, शरीर पर घने बाल, आदि) विकसित हो जाते हैं।

(d) **गाइनीकोमैस्टिया** (Gynaecomastia) लड़कों में एस्ट्रोजन (Oestrogen) हॉर्मोन के अतिस्रावण से उनका स्तन भाग फूल जाता है।

6. पीनियल ग्रन्थि Pineal Gland

यह तीसरी वेन्ट्रीकल की छत (थैलैमस) से निकले एक तन्तुमय वृन्त पर स्थित सफेद रंग की एवं चपटी ग्रन्थि होती है। मनुष्य में यह 70 वर्ष की उम्र से घटनी (Degenerate) प्रारम्भ हो जाती है। वयस्क में यह केवल तन्तुमय ऊतक के रूप में पाई जाती है।

यह नलिकाओं में हॉर्मोन स्रावित करती है, जो तन्त्रिका तन्त्र की क्रियाओं हेतु उत्तरदायी होता है। इससे स्रावित हॉर्मोन निम्न हैं

हॉर्मोन	लक्ष्य अंग	कार्य/प्रभाव
मिलेटोनिन	मिलेनोफोर	मिलेनिन का वितरण

7. थाइमस ग्रन्थि Thymus Gland

हृदय के सामने स्थित होती है। बच्चों में थाइमस सक्रिय होती है, परन्तु लैंगिक परिपक्वता के पश्चात् यह महत्त्वहीन हो जाती है। यह परिधीय कॉर्टेक्स एवं केन्द्रीय मैडूला की बनी होती है।

इससे स्रावित हॉर्मोन निम्न है

हॉर्मोन	लक्ष्य अंग	कार्य/प्रभाव
थाइमोसिन	प्रतिरक्षा तन्त्र	शरीर का प्रतिरक्षा तन्त्र, लिम्फोसाइट निर्माण

8. हाइपोथैलेमस Hypothalamus

यह अग्रमस्तिष्क के फर्श पर स्थित होता है। न्यूरोहॉर्मोन की सर्वप्रथम खोज **ग्यूलिनिन** (Guillenin) एवं **शैले** (Schally) ने की। इससे स्रावित हॉर्मोन निम्न हैं

हॉर्मोन	लक्ष्य अंग	कार्य/प्रभाव
थायरोट्रोपिन	थायरॉइड ग्रन्थि	थायरोट्रोपिन स्रावण
रिलीजिंग हॉर्मोन	एड्रीनल ग्रन्थि	कॉर्टिकोट्रॉपिन स्रावण
कॉर्टिकोट्रॉपिन रिलीजिंग हॉर्मोन	पिट्यूटरी	पिट्यूटरी के गोनेडोट्रोपिन का स्रावण
सोमेटोस्टेटिन	पिट्यूटरी	वृद्धि हॉर्मोन के स्रावण का प्रारम्भ

9. जनद Gonads

इसका मुख्य कार्य युग्मकों का निर्माण है। ये लिंग हॉर्मोन भी स्रावित करते हैं। लिंग हॉर्मोन मुख्यतया स्टीरॉइड होते हैं। पुरुषों में वृषण तथा महिलाओं में अण्डाशय होता है। इससे स्रावित हॉर्मोन निम्न हैं

अन्तःस्रावी ग्रन्थी	हॉर्मोन	लक्ष्य अंग	कार्य/प्रभाव
वृषण	टेस्टोस्टेरॉन	मास्ट कोशिकाएँ	नर के बाह्य लक्षण एवं द्वितीयक लैंगिक अंगों का विकास
अण्डाशय	एस्ट्रोजन	मास्ट कोशिकाएँ	मादा के बाह्य लक्षणों एवं द्वितीयक लैंगिक अंगों का विकास
कॉर्पस ल्यूटियम (अण्डाशय)	प्रोजेस्टेरॉन	गर्भाशय, स्तन ग्रन्थियाँ	गर्भावस्था में होने वाले परिवर्तन, लैंगिक अंग

अभ्यास प्रश्न

पाचन और अवशोषण

1. खरगोश में कौन-से दाँत अनुपस्थित होते हैं?
(a) कृन्तक (b) .रदनक
(c) अग्र दाढ़ (d) दाढ़

2. कशेरुक जन्तु के शरीर का सर्वाधिक कठोर भाग होता है
(a) डेण्टाइन (b) कॉण्ड्रिन
(c) किरैटिन (d) इनेमल

3. एण्टेरोकाइनेज किसको प्रेरित करता है?
(a) पेप्सिनोजन (b) ट्रिप्सिन
(c) पेप्सिन (d) ट्रिप्सिनोजन

4. खरगोश की सीकम में पाचन होता है
(a) वसा (b) कार्बोहाइड्रेट
(c) सेलुलोस (d) प्रोटीन

5. मानव का दन्तसूत्र होता है
(a) I_2, C_2, Pm_1, M_3 (b) I_2, C_1, Pm_2, M_3
(c) I_3, C_1, Pm_2, M_2 (d) I_2, C_2, Pm_3, M_1

6. जन्तु, जो स्वयं के मल का भक्षण करते हैं, वे कहलाते हैं
(a) सेंग्वीवोरस (b) फ्रूगीवोरस
(c) विष्ठाभोजी (d) डेट्रीटेवोरस

7. चूहे का दन्तसूत्र है
(a) $\frac{3023}{3133}$ (b) $\frac{1003}{1003}$
(c) $\frac{2123}{2123}$ (d) $\frac{3131}{3121}$

8. खरगोश का दन्तसूत्र है
(a) $\frac{2023}{1023}$ (b) $\frac{2033}{1023}$
(c) $\frac{1023}{2023}$ (d) $\frac{2103}{2304}$

9. जठर रस का pH है
(a) 1.5-2 (b) 4-5 (c) 6-7 (d) 8-8.5

10. कौन-सा एन्जाइम दूध की प्रोटीन को कैल्शियम पैराकैसीनेट में परिवर्तित करता है?
(a) रेनिन (b) ट्रिप्सिन
(c) लेक्टोज (d) एमाइलेज

11. HCl का स्रावण करने वाली कोशिकाएँ हैं
(a) जाइमोजिन कोशिकाएँ (b) ऑक्जेण्टिक कोशिकाएँ
(c) कुप्फर कोशिकाएँ (d) श्लेष्मा कोशिकाएँ

12. हाथी दाँत या टस्क विकसित होता है
(a) ऊपरी कैनाइन (b) निचले इन्साइजर
(c) ऊपरी इन्साइजर (d) निचले कैनाइन

13. ब्रुनर ग्रन्थि स्रावण करती हैं
(a) क्षारीय म्यूकस का (b) अम्लीय एन्जाइमों का
(c) पाचक हॉर्मोन का (d) क्षारीय पाचक रस का

14. पेप्सिन किसके पाचन में ट्रिप्सिन से भिन्न है?
(a) ग्रहणी के अम्लीय माध्यम में प्रोटीन
(b) ग्रहणी के क्षारीय माध्यम में प्रोटीन
(c) आमाशय के क्षारीय माध्यम में प्रोटीन
(d) आमाशय के अम्लीय माध्यम में प्रोटीन

15. लार में एमाइलेज का pH क्या होता है?
(a) 6 (b) 6.8
(c) 7.2 (d) 8

16. अग्न्याशय रस में होता है
(a) ट्रिप्सिन, लाइपेज, माल्टोज
(b) पेप्सिन, ट्रिप्सिन, माल्टोज
(c) ट्रिप्सिन, काइमोट्रिप्सिन, एमाइलेज तथा लाइपेज
(d) ट्रिप्सिन, पेप्सिन, एमाइलेज

17. खरगोश का यकृत बना होता है
(a) 4 पालियों का (b) 6 पालियों का
(c) 5 पालियों का (d) 7 पालियों का

18. जाइमोजन कोशिकाएँ स्रावित करती हैं
(a) HCl (b) रेनिन
(c) पेप्सिन (d) ट्रिप्सिन

19. जिह्वा के पास उपस्थित लिम्फ ऊतक का एक युग्म कहलाता है
(a) थायरॉइड (b) टॉन्सिल
(c) एपिग्लोटिस (d) एडीनॉइड

20. ब्रुनर ग्रन्थियाँ पाई जाती हैं
(a) आमाशय की सबम्युकोसा में (b) इलियम की म्यूकोसा में
(c) ड्यूओडिनम की सबम्यूकोसा (d) ग्रसिका की म्यूकोसा में

21. फ्रेनुलम (Frenulum) क्या है?
(a) यह एक वलन (Fold) है, जिसकी मदद से जिह्वा मुखगुहा के आधार से जुड़ी होती है
(b) ग्रसनी की भित्ति पर उपस्थित ग्रन्थिनुमा भाग है
(c) यह तालु (Palate) की पार्श्व दीवार पर टॉन्सिल जैसी संरचना है
(d) यह V आकार की खाँच है, जोकि जिह्वा की सतह को विभाजित करती है

22. पाचन तन्त्र से सम्बन्धित निम्न कथनों को पढ़िए तथा सही कथन का चुनाव कीजिए।
(a) ग्रसिका, ग्रीवा, वक्ष तथा तनुपट से होते हुए आमाशय में खुलती है
(b) आमाशय, उदर गुहा के ऊपरी दाएँ भाग में स्थित होता है
(c) आमाशय J- आकार की तथा आहारनाल की सबसे लम्बी संरचना है
(d) सीकम एक अन्धनाल है, जोकि छोटी आँत का एक भाग है, जिसमें सहजीवी जीवाणु उपस्थित होते हैं

23. ग्रसिका (Oesophagus) के 'J'-आकार के थैलेनुमा संरचना में खुलने को किससे नियन्त्रित किया जाता है?
(a) पाइलोरिक अवरोधिनी (b) ओडी (Oddi) की अवरोधिनी
(c) इलियोसीकल अवरोधिनी (d) कार्डियक अवरोधिनी

24. उपरोक्त कथन में सामान्य व्यक्ति में पाचन तन्त्र से सम्बन्धित गलत कथन का चुनाव कीजिए।
(a) मानव लार आंशिक अम्लीय होती है।
(b) मानव में चार प्रकार की लार ग्रन्थियाँ, लार का स्रावण करती हैं।
(c) एक वयस्क मनुष्य में प्रतिदिन 1 – 1.5 लीटर लार का स्रावण होता है।
(d) लार में उपस्थित एमाइलेज एन्जाइम स्टार्च के सरल शर्करा में अपघटन के लिए उत्तरदायी होता है।

25. मानव की लार के सही संगठन को बताने वाले हैं
(a) एमाइलेज, हाइड्रोलेज
(b) वैद्युत अपघट्य एमाइलेज, लाइसोजाइम तथा श्लेष्मा
(c) एमाइलेज/ टायलिन, श्लेष्मा
(d) केवल टायलिन

26. I. अन्धनाल बड़ी आँत का A भाग है, जिसमें कुछ सहजीवी सूक्ष्मजीव रहते हैं।
II. अन्धनाल से एक अँगुलीनुमा प्रवर्ध B निकलता है।
A तथा B को भरकर कथनों को पूरा कीजिए।
(a) A–पहला, B–अन्धनाल
(b) A–दूसरा, B–मलाशय
(c) A–पहला, B–अवशेषी परिशेषिका
(d) A–दूसरा, B–अवशेषी परिशेषिका

27. आहारनाल के संगठन से सम्बन्धित गलत युग्म का चयन कीजिए।
(a) सीरोसा — पतली मीजोथीलियम
(b) पेशियाँ — चिकनी पेशियाँ (वर्तुल तथा अनुदैर्ध्य)
(c) सबम्यूकोसा — छिद्रित मायोथीलियम
(d) म्यूकोसा — अंकुर/ सुक्ष्मांकुर/वलन

28. आहारनाल के चार स्तरों में से कौन-सा स्तर अंकुर (अंगुलीनुमा प्रवर्ध) बनाता है?
(a) सीरोसा (Serosa) (b) म्यूकोसा (Mucosa)
(c) सबम्यूकोसा (Submucosa) (d) पेशी (Muscularis)

29. आमाशय में, जठर रस का स्रावण होता है
(a) परिधीय कोशिका से
(b) पेप्टिक कोशिका से
(c) एसिडिक कोशिका से
(d) जठर स्रावी कोशिका से

30. जैसा कि आप जानते हो कि आमाशय में HCl (pH 1.5 – 2.0) होता है, फिर भी आमाशय की म्यूकोसा स्तर की उपकला अप्रभावित, अघुलनशील रहती है। ऐसा क्यों?
(a) श्लेष्मा लगातार आन्तरिक स्तर का स्नेहन करता रहता है
(b) जठर रस में उपस्थित बाइकार्बोनेट आयन, स्तर की सुरक्षा करते हैं
(c) दोनों (a) एवं (b)
(d) उपरोक्त में से कोई नहीं

31. मूल पित्तवाहिनी का निर्माण इनके मिलने से होता है
(a) अग्न्याशयी वाहिनी तथा पित्ताशय वाहिनी
(b) अग्न्याशयी वाहिनी तथा यकृत वाहिनी
(c) अग्न्याशयी वाहिनी, यकृत वाहिनी तथा पित्त वाहिनी
(d) यकृत वाहिनी तथा पित्ताशय वाहिनी

32. निम्न के इलियम पर पेयर के पैचेज पाए जाते हैं
(a) मछली (b) सरीसृप
(c) पक्षी (d) स्तनी

33. एमाइलेज पाचन करता है
(a) कार्बोहाइड्रेट का (b) प्रोटीन का
(c) वसा का (d) विटामिन का

34. शाकाहारी जन्तु सेलुलोस पचा सकते हैं, क्योंकि
(a) उनके प्रीमोलर व मोलर दाँत भोजन को पीस और कुचल सकते हैं
(b) उनके अन्धनाल में उपस्थित बैक्टीरिया सेलुलोस पाचन में सहायता करते हैं
(c) उनके जठर रस में सेलुलोस पाचन के लिए एक पाचक एन्जाइम होता है
(d) आहारनाल बहुत लम्बी होती है

35. पेप्सिन क्रिया करता है
(a) वसा पर (b) प्रोटीन पर
(c) कार्बोहाइड्रेट पर (d) ग्लूकोस पर

36. स्टार्च का पाचन ········· में होता है।
(a) आमाशय व ड्यूओडिनम (b) मुखगुहा व ड्यूओडिनम
(c) मुखगुहा व ग्रसिका (d) ड्यूओडिनम

37. इन्वर्टेज एन्जाइम जल-अपघटन करता है
(a) सुक्रोस को ग्लूकोस व फ्रक्टोस में
(b) ग्लूकोस को सुक्रोस में
(c) स्टार्च को माल्टोज में
(d) स्टार्च को सुक्रोज में

38. कैसीन को कैल्शियम पैराकैसीनेट में बदलता है
(a) माल्टोज (b) रेनिन (c) ट्रिप्सिन (d) लेक्टोज

39. रक्तहीनता रोग निम्न में से किस विटामिन की अल्पता के कारण होता है?
(a) बायोटिन (b) फोलिक अम्ल
(c) एस्कोर्बिक अम्ल (d) नियासिन

40. ट्रिप्सिन एन्जाइम का कार्य है
(a) प्रोटीन का ग्रहणी के अम्लीय माध्यम में पाचन
(b) प्रोटीन का आँत्र के क्षारीय माधम में पाचन
(c) प्रोटीन का अमाशय के अम्लीय माध्म में पाचन
(d) उपरोक्त में से कोई नहीं

41. ग्रहणी से स्रावित जठरान्त्रीय और कोलेसिस्टोकाइनिन हॉर्मोन किसके उद्दीपन ब संकुचन के लिए उत्तरदायी है?
(a) अग्न्याशय और पित्ताशय
(b) यकृत, पित्ताशय और अग्न्याशय
(c) पित्ताशय और जठर ग्रन्थि की कोशिका
(d) लार ग्रन्थि और पित्ताशय

42. आँत की असामान्य गति की बारम्बारता और मल का अत्यधिक पतला हो जाना कहलाता है
(a) वमन (b) अपच (c) कब्ज (d) डायरिया

43. वयस्कों में लैक्टोस असहनशीलता सम्बन्धित है
(a) गेहूँ अपच से (b) मशरूम अपच से
(c) दुग्ध अपच से (d) जौं अपच से

44. निम्न कथनों में से सत्य तथा असत्य कथनों को चुनिए।

I. म्यूकोसल उपकला में गोब्लेट ग्रन्थि पाई जाती हैं, जो श्लेष्मा का स्रावण तथा स्नेहक में सहायता करता है।

II. म्यूकोसा, आमाशय में जठर ग्रन्थि तथा छोटी आँत के आधार में अंकुर का निर्माण करती हैं।

III. लैमिना प्रोप्रिया श्लेष्मी कला को सहारा देता है।

IV. आहारनाल की भीतरी सतह का क्षेत्रफल वलनों व प्रवर्धों के कारण कम हो जाता है।

(a) सभी कथन सत्य हैं
(b) I, II तथा III सत्य है, जबकि IV असत्य है
(c) I, II तथा III असत्य हैं, जबकि IV सत्य है
(d) I, IV असत्य है, जबकि II व III सत्य है

श्वसन

45. मनुष्य के फेफड़े विभक्त होते हैं
(a) 2 दाएँ और 3 बाएँ पिण्ड में (b) 2 दाएँ और 2 बाएँ पिण्ड में
(c) 3 दाएँ और 2 बाएँ पिण्ड में (d) इनमें से कोई नहीं

46. रुधिर में एकसाथ दो श्वसन वर्णक पाए जाते हैं, कुछ विशेष
(a) घोघों में (b) ऐनेलिड्स में
(c) ब्रैकियोपोड्स में (d) आर्थोपोड्स में

47. इनमें से किसमें त्वचा श्वसन के सहायक अंग का कार्य करती है?
(a) शशक (b) मेंढक
(c) छिपकलियाँ (d) पक्षी

48. वह संरचना जोकि भोजन का श्वासनली में प्रवेश करने से रोकती है
(a) फैरिंक्स (b) लेरिंक्स (c) ग्लोटिस (d) हायलाइन

49. वायवीय श्वसन की सम्पूर्ण प्रक्रिया दी थी
(a) कुहन ने (b) क्रैब्स ने
(c) लापैलेस ने (d) हैन्सलेट एवं क्रैब्स ने

50. अनॉक्सी-श्वसन में
(a) ऑक्सीजन बाहर निकलती है
(b) कार्बन डाइऑक्साइड अन्दर ली जाती है
(c) कार्बन डाइऑक्साइड बाहर निकलती है
(d) उपरोक्त में से कोई नहीं

51. वायवीय श्वसन में ATP का कुल लाभ होता है
(a) 38 ATP (b) 40 ATP (c) 36 ATP (d) 2 ATP

52. अवायवीय श्वसन के दौरान एक ग्लूकोस के अणु द्वारा कितनी ATP का निर्माण होता है?
(a) 2 ATP (b) 6 ATP (c) 8 ATP (d) 4 ATP

53. जब कार्बोहाइड्रेट का अवायवीय श्वसन होता है, तब श्वसन भागफल (RQ) होता है
(a) 1 (b) अनन्त (∞) (c) 1.7 (d) 1.4

54. फेफड़ों की सतह पर घर्षण को कम किया जाता है
(a) द्विस्तरीय प्ल्यूरा झिल्ली के द्वारा
(b) एकस्तरीय प्ल्यूरा झिल्ली के द्वारा
(c) श्वासनली पर स्थिर घांटी ढक्कन द्वारा
(d) फेफड़ों को आवरित करने वाली श्लेष्मा कला के द्वारा

55. निम्न में से कौन-सा कथन नासाग्रसनी (Nasopharynx) के बारे में असत्य है?
(a) आन्तरिक नासा छिद्र नासाग्रसनी में खुलते हैं
(b) यह केवल वायु के लिए ही सामान्य पथ है
(c) यह ग्रसनी का एक भाग है
(d) नासाग्रसनी स्वर यन्त्र भाग में स्थित घांटीद्वार के द्वारा श्वासनली में खुलती है

56. श्वसन का नियन्त्रण केन्द्र है
(a) अनुमस्तिष्क (b) मेड्यूला ऑब्लोंगेटा
(c) मेरुरज्जु (d) प्रमस्तिष्क

57. वायु को फेफड़ों के द्वारा भीतर तथा बाहर ले जाया जाता है
(a) अधिशोषण (Imbibition) द्वारा
(b) दाब प्रवणता (Pressure gradient) द्वारा
(c) परासरण (Osmosis) द्वारा
(d) विसरण (Diffusion) द्वारा

58. मानव में अतिरिक्त......पेशियों की सहायता से अन्तःश्वसन तथा निःश्वसन की क्षमता को बढ़ाया जा सकता है।
(a) वक्षीय (b) डायफ्राम (c) उदरीय (d) फुफ्फुसीय

59. ज्वारीय आयतन है
(a) सामान्य श्वसन क्रिया के समय अन्तःश्वासित या निःश्वासित वायु का आयतन
(b) वायु आयतन की वह अतिरिक्त मात्रा, जो एक मनुष्य बलपूर्वक अन्तःश्वासित कर सकता है
(c) वायु आयतन की वह अतिरिक्त मात्रा, जो एक मनुष्य बलपूर्वक निःश्वासित कर सकता है
(d) वायु का वह आयतन, जो बलपूर्वक निःश्वसन के बाद भी फेफड़ों में शेष रह जाता है

60. फेफड़ों की कुल क्षमता होती है
(a) बलपूर्वक अन्तःश्वसन के पश्चात् फेफड़ों में समायोजित वायु का कुल आयतन
(b) RV + ERV + TV + IRV
(c) सजीव क्षमता + अवशिष्ट आयतन
(d) उपरोक्त सभी

61. गैसों के विसरण की दर प्रभावित होती है
(a) दाब प्रवणता से (b) गैसों की विलेयशीलता से
(c) झिल्ली की मोटाई से (d) ये सभी

62. किसी गैस के आंशिक दाब में किस दाब की भागीदारी होती है?
(a) मिश्रण में सभी गैसों की
(b) मिश्रण में किसी एक गैस की
(c) वायुमण्डल द्वारा गैसों पर डाले गए दाब की
(d) वायुमण्डल में उपस्थित O_2 की

63. अगर CO_2 की सान्द्रता बढ़ जाए, तो श्वसन पर क्या प्रभाव पड़ेगा?
(a) श्वसन की दर बढ़ जाएगी
(b) इसमें कोई परिवर्तन नहीं होगा
(c) श्वसन की दर कम हो जाएगी
(d) पहले बढ़ेगी फिर घटेगी

64. वायुमण्डलीय वायु में CO_2 का प्रतिशत होता है
(a) 0.036 (b) 0.36
(c) 3.6 (d) 36

65. फेफड़ों की वायु कूपिका में ऑक्सीजन का आंशिक दाब (Partial pressure) होता है
(a) रुधिर में आंशिक दाब के समान
(b) रुधिर में आंशिक दाब से अधिक
(c) रुधिर में आंशिक दाब से कम
(d) CO_2 के आंशिक दाब से कम

66. निम्न में से मानव की कौन-सी शिरा में ऑक्सीकृत रुधिर उपस्थित होता है?
(a) हृदयी शिरा (Cardiac vein)
(b) यकृतीय-अग्न्याशयी (Hepato-pancreatic)
(c) निवाहिका शिरा (Portal vein)
(d) फुफ्फुसीय शिरा (Pulmonary vein)

67. वायुमण्डलीय वायु में O_2 तथा CO_2 का आंशिक दाब, वायुकूपिकीय वायु की तुलना में होता है

	pO_2	pCO_2
(a)	उच्च	निम्न
(b)	उच्च	उच्च
(c)	निम्न	निम्न
(d)	निम्न	उच्च

68. मानव में लगभग समान pO_2 पाया जाता है
(a) वायु कूपिका व ऊतकों में
(b) ऑक्सीकृत रुधिर तथा अनॉक्सीकृत रुधिर में
(c) वायु कूपिका तथा ऑक्सीकृत रुधिर में
(d) वायु कूपिका तथा अनॉक्सीकृत रुधिर में

69. निम्न में से कौन-सा कथन सत्य नहीं है?
(a) अनॉक्सीकृत रुधिर में ऑक्सीजन का आंशिक दाब 40 mm Hg होता है।
(b) ऑक्सीकृत रुधिर में ऑक्सीजन का आंशिक दाब 95 mm Hg होता है।
(c) कूपिकीय वायु में ऑक्सीजन का आंशिक दाब 104 mm Hg होता है।
(d) कूपिकीय वायु में CO_2 का आंशिक दाब 40 mm Hg होता है।

70. रुधिर में कार्बन डाइऑक्साइड की विलेयता है
(a) O_2 की तुलना में 10-15 गुना अधिक
(b) O_2 की तुलना में 20-25 गुना अधिक
(c) O_2 की तुलना में थोड़ी अधिक
(d) O_2 की तुलना में थोड़ी कम

71. एक हीमोग्लोबिन अणु द्वारा परिवहन होने वाले O_2 अणुओं की संख्या होती है
(a) चार (b) तीन (c) दो (d) एक

72. हेमबर्गर प्रक्रिया को कहा जाता है
(a) बाइकार्बोनेट शिफ्ट (b) क्लोराइड शिफ्ट
(c) हाइड्रोजन शिफ्ट (d) सोडियम शिफ्ट

73. कौन-सी गैस लाल रुधिराणुओं की हीमोग्लोबिन के साथ अति स्थायी संयोजन बनाती है?
(a) CO_2 (b) O_2 (c) CO (d) N_2

74. बोर प्रभाव (Bohr's effect) क्या है?
(a) pCO_2 के स्तर में वृद्धि या pH के मान में कमी, O_2 की हीमोग्लोबिन के लिए बन्धुता को कम कर देती है
(b) pCO_2 के स्तर में कमी या pH के मान में कमी, O_2 की हीमोग्लोबिन के लिए बन्धुता को कम कर देती है
(c) pCO_2 के स्तर में वृद्धि या pH के मान में वृद्धि, O_2 की हीमोग्लोबिन के लिए बन्धुता को कम कर देती है
(d) ऑक्सीजन-वियोजन वक्र का बॉयी ओर खिसकना

75. ऑक्सीजन वियोजन वक्र (Oxygen dissociation curve) होता है
(a) सिग्मॉइड (b) J-आकार का
(c) चर घातांकी वृद्धि (d) अतिपरवलयाकार

76. ऐसे व्यक्ति, जोकि लगभग 6 महीने पहले मैदानी क्षेत्र से रोहतांग क्षेत्र में पलायन कर गए हैं, उनमें
(a) RBCs अधिक होती हैं तथा उनके हीमोग्लोबिन की O_2 के लिए कम बन्धुता होती है
(b) शारीरिक रूप से फुटबॉल जैसे खेल खेलने के लिए स्वस्थ नहीं होते हैं
(c) तुंगता बीमारी (Attitude sickness) से ग्रसित होते हैं तथा बेचैनी व थकान का अनुभव करते हैं
(d) RBC की संख्या सामान्य होती है, परन्तु उनके हीमोग्लोबिन में O_2 के लिए उच्च बन्धुता पाई जाती है

77. निम्न में से कौन-सी समीकरण सही है?
(a) $KHbO_2 + H^+ \xrightleftharpoons[\text{RBC}]{} Hb + K + H_2O$
(b) $Hb + O_2 \xrightleftharpoons[\text{फेफड़ों में वियोजन}]{\text{ऊतकों में बन्धन}} HbO_2$
(c) $Na^+ + HCO_3^- \xrightleftharpoons[\text{लाल रुधिर कणिका}]{} NaHCO_3$
(d) $HbO_2 \xrightleftharpoons[\text{फेफड़ों में बन्धन}]{\text{ऊतकों में वियोजन}} Hb + O_2$

78. निम्न में से कौन-सी स्थिति में ऑक्सीजन के साथ हीमोग्लोबिन की सर्वाधिक संतृप्तता मिलेगी, यदि pO_2 नियत हो?
(a) अधिक CO_2 स्तर, कम तापमान
(b) कम CO_2 स्तर, कम तापमान
(c) अधिक CO_2 स्तर, अधिक तापमान
(d) कम CO_2 स्तर, अधिक तापमान

79. रुधिर CO_2 का परिवहन करने के पश्चात् भी अम्लीय नहीं होता है, क्योंकि
(a) CO_2 निरन्तर रूप से ऊतकों में विसरित होती रहती है
(b) CO_2, H_2O के साथ जुड़कर H_2CO_3 बनाती है
(c) CO_2 के परिवहन में बफर महत्त्वपूर्ण भूमिका निभाते हैं
(d) CO_2 का WBC द्वारा अवशोषण हो जाता है

80. हीमोग्लोबिन द्वारा CO_2 का परिवहन किस रूप में होता है?
(a) कार्बोक्सी-हीमोग्लोबिन के रूप में
(b) कार्बोमिनो-हीमोग्लोबिन के रूप में
(c) कार्बोमिडो-हीमोग्लोबिन के रूप में
(d) डीऑक्सी-हीमोग्लोबिन के रूप में

81. रुधिर द्वारा अवशोषित की गई लगभग 70% ऑक्सीजन का परिवहन फेफड़ों तक इस रूप में किया जाता है
(a) बाइकार्बोनेट आयन के रूप में
(b) घुलित गैस के अणुओं के रूप में
(c) RBC के साथ जुड़कर
(d) कार्बोमीनो-हीमोग्लोबिन के रूप में

82. रुधिर की pH में कमी
(a) मस्तिष्क के लिए रुधिर आपूर्ति को कम कर देगी
(b) हीमोग्लोबिन की ऑक्सीजन के साथ बन्धुता को कम कर देगी
(c) यकृत से बाइकार्बोनेट आयन को मुक्त करेगी
(d) हृदय की धड़कन को कम कर देगी

83. जब आप अपनी साँस को रोकते हैं, तो निम्न में से कौन-सी गैस की सान्द्रता रुधिर में परिवर्तित होकर श्वसन के लिए प्रेरित करती है?
(a) O_2 की घटती सान्द्रता
(b) CO_2 की बढ़ती सान्द्रता
(c) CO_2 की घटती सान्द्रता
(d) CO_2 की बढ़ती तथा O_2 की घटती सान्द्रता

84. निम्न में से कौन-सा तथ्य यह समझाता है कि फेफड़ों से ऊतकों तक अधिकांश ऑक्सीजन का परिवहन हीमोग्लोबिन के साथ जुड़कर होता है, न कि प्लाज्मा के साथ घुलनशील अवस्था में?
(a) रुधिर की ऑक्सीजन वहन क्षमता, प्लाज्मा की तुलना में बहुत अधिक है तथा फेफड़ों से निकलने वाले रुधिर में ऑक्सीजन की मात्रा, फेफड़ों मे प्रवेश करने वाले रुधिर से कहीं अधिक होती है
(b) हीमोग्लोबिन, ऑक्सीजन के साथ जुड़ सकता है
(c) ऑक्सीहीमोग्लोबिन, हीमोग्लोबिन तथा ऑक्सीजन में वियोज़ित हो सकता है
(d) CO_2 की सान्द्रता में वृद्धि, ऑक्सीजन की हीमोग्लोबिन के लिए बन्धुता को कम कर देती है

85. मनुष्य अधिक ऊँचाई पर जाने पर श्वसन में कठिनाई का अनुभव क्यों करता है?
(a) O_2 की कम प्रतिशतता के कारण
(b) कम तापमान के कारण
(c) अधिक दाब के कारण
(d) निम्न pO_2 के कारण

86. मानव में अपने शरीर के ऊतकों की माँग के अनुरूप श्वसन की लय को सन्तुलित और स्थिर बनाए रखने की महत्त्वपूर्ण क्षमता होती है, इसे प्राप्त किया जाता है
(a) धमनी तन्त्र द्वारा (b) सिस्टेमिक (तन्त्रीय) शिरा तन्त्र
(c) तन्त्रिका तन्त्र द्वारा (d) कार्डियक तन्त्र द्वारा

87. निम्न में से कौन-सा कथन, मनुष्य में श्वसन से ही सम्बन्धित है?
(a) सिगरेट धूम्रपान श्वसनी में शोथ उत्पन्न करता है
(b) मस्तिष्क के श्वास प्रभावी केन्द्र के तन्त्रिका संकेत अन्तःश्वसन की अवधि को बढ़ा सकते हैं
(c) पत्थर की घिसाई-पिसाई या तोड़ने के उद्योग में काम करने वाले श्रमिक फेफड़ों की रेशामयता से ग्रसित हो सकते हैं
(d) लगभग 90% CO_2 का परिवहन, हीमोग्लोबिन के द्वारा कार्बोमीनो-हीमोग्लोबिन के रूप में होता है

देह द्रव्य एवं परिसंचरण तन्त्र

88. निम्न में से कौन-सा ऋणात्मक खनिज आयन (Negative mineral ion), बाह्य कोशिकीय द्रव में प्रमुख रूप से होता है?
(a) SO_4^{-2} (b) Cl^- (c) NO_2^- (d) OH^-

89. पेशी जनक हृदय किसमें मिलता है?
(a) तिलचट्टे में (b) झींगा में
(c) बिच्छू में (d) घोंघे में

90. खुला रुधिर परिसंचरण तन्त्र पाया जाता है
(a) केंचुए में (b) गाय में
(c) तिलचट्टे में (d) सर्प में

91. खरगोश के हृदय में उपस्थित नहीं होता है
(a) बायाँ अलिन्द (b) दायाँ निलय
(c) शिरा कोटर (d) पेसमेकर

92. बन्द परिसंचरण तन्त्र का लाभ है
(a) विनिमय अधिक तीव्र गति से होता है
(b) रुधिर का प्रवाह अच्छे ढंग से नियमित होता है
(c) यह अधिक उपापचयी क्रियाओं का वहन कर सकता है
(d) उपरोक्त सभी

93. निम्न में से कौन-सा असत्य है?
(a) हृदय उत्पत्ति में अन्तःस्तर होता है।
(b) हृदय दोनों फेफड़ों के मध्य स्थित होता है तथा थोड़ा-सा बाँयी तरफ झुका होता है
(c) हृदय दोहरी भित्ति की झिल्लीमय थैली है
(d) मानव हृदय में दो अलिन्द तथा दो निलय होते हैं

94. ऐसे कपाट, जोकि निलय से निकलने वाले रुधिर को फुफ्फुसीय धमनी में जाने देते हैं तथा दाएँ अलिन्द से दाएँ निलय में जाने देते हैं
(a) AV कपाट तथा अर्द्धचन्द्राकार कपाट
(b) द्विवलन तथा त्रिवलन कपाट
(c) अर्द्धचन्द्राकार तथा त्रिवलन कपाट
(d) महाधमनी तथा द्विवलन कपाट

95. हृदय का पेसमेकर कहलाता है
(a) पुरकिंजे तन्तु (b) साइनो-एट्रियल नोड (SAN)
(c) पेपिलरी पेशियाँ (d) एट्रियो-वेण्ट्रीकुलर नोड (AVN)

96. मानव के हृदय का आवरण कहलाता है
(a) पेरीटोम (b) पेरीकार्डियम
(c) पेरीकार्डियल साइनस (d) न्यूरल साइनस

97. पुरकिंजे तन्तु पाए जाते हैं
(a) हृदय में (b) मस्तिष्क में
(c) वृक्क के नेफ्रॉन में (d) यकृत में

98. हृदय का पेसमेकर स्थित होता है
(a) दाहिने अलिन्द की भित्ति में यूस्टेकियन कपाट के पास
(b) अन्तराअलिन्द पट्टी पर
(c) आन्तरानिलय पट्टी के पास
(d) बाएँ अलिन्द की भित्ति में पल्मोनरी शिराओं के द्वार के मध्य

99. मानव की किस रचना में विकृति होने पर कृत्रिम पेसमेकर लगाया जाता है?
(a) SA नोड (b) AV नोड (c) हृदयी कपाट (d) पुरकिंजे तन्तु

100. असत्य सुमेलित को पहचानिए।
(a) इओसिनोफिल्स– एलर्जी अनुक्रिया
(b) बेसोफिल्स – हिस्टामिन व सेरोटोनिन का स्रावण
(c) न्यूट्रोफिल्स – बाह्य जीवों को नष्ट करना
(d) मोनोसाइट – हिपेरिन का स्रावण

101. उस कोशिका का नाम बताइए, जिसकी संख्या में कमी से रुधिर स्कन्दन में विकृति आ जाती है, जिसके कारण शरीर से अधिक रुधिर का स्राव हो जाता है।
(a) एरिथ्रोसाइट (b) ल्यूकोसाइट
(c) न्यूट्रोफिल (d) थ्रोम्बोसाइट

102. सड़क दुर्घटना में अज्ञात रुधिर वर्ग के मरीज को तुरन्त रुधिर आधान की आवश्यकता है। उसका डॉक्टर मित्र उसको रुधिर उपलब्ध कराता है। दाता का रुधिर वर्ग क्या है?
(a) रुधिर वर्ग–B (b) रुधिर वर्ग–AB
(c) रुधिर वर्ग–O (d) रुधिर वर्ग–A

103. मानव में थ्रोम्बोप्लास्टिन कब मुक्त होता है?
(a) उच्च तनाव के समय
(b) चोटग्रस्त स्थान पर क्षतिग्रस्त कोशिकाओं द्वारा
(c) गर्भ रुधिर कोरकता की स्थिति में
(d) अरक्तता (Anaemia) के समय

104. जीवित शरीर की रुधिर वाहिनियों में रुधिर के स्कन्दन को रोकता है
(a) प्रोथ्रोम्बिन (Prothrombin) (b) हिपेरिन (Heparin)
(c) प्रोथ्रोम्बिन तथा कैल्शियम (d) प्लाज्मिनोजन तथा कैल्शियम

105. रुधिर के स्कन्दन में प्रोथ्रोम्बिन को थ्रोम्बिन में बदलने वाला आयन है
(a) Mg^{++} (b) Fe^{++}
(c) Ca^{++} (d) Cu^{++}

106. निलय की भित्ति अलिन्द की भित्ति की तुलना में अधिक मोटी होती हैं, क्योंकि
(a) रुधिर को पम्प करता है
(b) यह रुधिर को प्राप्त करता है
(c) यह अलिन्द के नीचे उपस्थित होता है
(d) यह रुधिर को संग्रहित करता है

107. शिरा–अलिन्द पर्व को हृदय का गति प्रेरक कहा जाता है, क्योंकि
(a) यह AV पर्व द्वारा उत्पन्न संकुचन क्षमता को परिवर्तित कर सकता है
(b) यह अलिन्द निलय के बीच आवेग के संचरण में देरी करता है
(c) यह तन्त्रिका आवेग प्राप्त करने पर उद्दीप्त हो जाता है
(d) यह हृदय के लाभात्मक संकुचन (Rhythmic contractile) को प्रारम्भ करता है तथा बनाए रखता है

108. हिस का बण्डल, जिसे पेशी ऊतक कहा जा सकता है, इसके मध्य पाया जाता है
(a) निलय (Ventricle) (b) अन्तरा-अलिन्द खाँच
(c) अलिन्द (Atrium) (d) अलिन्द-निलय पट्ट

109. कार्डियक आउटपुट का निर्धारण किसके द्वारा किया जाता है?
(a) हृदय दर (b) स्ट्रोक आयतन
(c) रुधिर बहाव (d) दोनों (a) एवं (b)

110. एक स्वस्थ्य मनुष्य में हृदय स्पन्दन के समय प्रारूपिक लब-डब हृदय ध्वनियाँ होने का कारण है
(a) ट्राइकस्पिड कपाट तथा बाइकस्पिड कपाट के बन्द होने के कारण
(b) एओर्टा से रुधिर प्रवाह के कारण
(c) ट्राइकस्पिड तथा सेमील्यूनर कपाट के बन्द होने के कारण
(d) सेमील्यूनर वाल्व बन्द होने के कारण

111. ECG में ऋणात्मक तरंग होती है
(a) P (b) T (c) Q (d) R

112. द्विवलन तथा त्रिवलन कपाट तब खुलते हैं, जब
(a) रुधिर फुफ्फुसीय धमनी तथा महाशिरा से क्रमशः बाएँ तथा दाएँ निलय में पहुँचता है
(b) रुधिर फुफ्फुसीय शिरा तथा महाशिरा से क्रमशः बाएँ तथा दाएँ निलय में पहुँचता है
(c) रुधिर फुफ्फुसीय शिरा तथा महाशिरा से क्रमशः बाएँ तथा दाएँ अलिन्द में पहुँचता है
(d) ऑक्सीजन फुफ्फुसीय शिरा तथा महाशिरा से क्रमशः बाएँ तथा दाएँ अलिन्द में प्रवेश करती है

113. अलिन्द अनुशिथिलन तब होता है, जब
(b) दायाँ अलिन्द रुधिर से भर जाता है
(b) बायाँ अलिन्द रुधिर से भर जाता है
(c) दोनों अलिन्द रुधिर से भर जाते हैं
(d) दोनों निलय रुधिर से भर जाते हैं

114. हृदय की प्रथम ध्वनि लब (Lubb) हृदय चक्र की कौन-सी अवस्था में सुनाई देती है?
(a) आइसोमेट्रिक अनुशिथिलन में
(b) अलिन्द अनुशिथिलन में
(c) निलयी प्रकुंचन में
(d) निलयी अनुशिथिलन में

115. हृदय निकास का निर्धारण किया जाता है
(a) हृदय धड़कन से (b) प्रवाह आयतन से
(c) रुधिर प्रवाह से (d) दोनों (a) तथा (b)

116. अलिन्द निलय कपाट.......रुधिर के विपरीत प्रवाह (Flow) या रिसाव (Leakage) को रोकते हैं। रिक्त स्थान को भरिए।
(a) बाएँ अलिन्द से बाएँ निलय में
(b) दाएँ निलय से दाएँ अलिन्द में
(c) महाधमनी से बाएँ निलय में
(d) फुफ्फुसीय शिरा से दाएँ अलिन्द में

117. असत्य मिलान को चुनिए।
(a) डब → अर्द्धचन्द्राकार कपाटों का खुलना
(b) लब → AV कपाट का तीव्रता से बन्द होना
(c) हृदय धड़कन की शुरुआत → धड़कन का AV नोडल ऊतक
(d) फुफ्फुसीय धमनी → अनॉक्सीकृत रुधिर युक्त धमनी

118. बीमार व्यक्ति का मानक ECG प्राप्त करने के लिए मशीन से रोगी को तीन विद्युत लीड से जोड़ा जाता है। ये तीन विद्युत लीड निम्न में से जोड़ी जाती हैं
(a) दोनों हाथ तथा एक ऐड़ी पर
(b) दोनों भुजा तथा एक ऐड़ी पर
(c) दोनों जाँघ तथा एक ऐड़ी पर
(d) दोनों कलाइयाँ तथा एक ऐड़ी पर

119. फेफड़ों से निकलने वाले रुधिर में किसकी अधिकता होती है?
(a) ऑक्सीजन की (b) हीमोग्लोबिन की
(c) कार्बन डाइऑक्साइड की (d) नाइट्रोजन की

120. निम्न में से कौन-सा कथन असत्य है?
(a) बाईं तथा दाईं धमनी के साथ फुफ्फुसीय ट्रंक (Trunk) फुफ्फुसीय परिसंचरण (Pulmonary circulation) का एक भाग है
(b) महाधमनी, क्रमबद्ध परिसंचरण का एक भाग है
(c) महाधमनी हृदय के नीचे स्थित होती है
(d) फुफ्फुसीय धमनी महाधमनी के ठीक नीचे स्थित होती है

121. फुफ्फुसीय परिसंचरण है
(a) बायाँ अलिन्द $\xrightarrow[\text{रुधिर}]{\text{ऑक्सीकृत}}$ फेफड़े $\xrightarrow[\text{रुधिर}]{\text{अनॉक्सीकृत}}$ दायाँ निलय
(b) बायाँ अलिन्द $\xrightarrow[\text{रुधिर}]{\text{अनॉक्सीकृत}}$ फेफड़े $\xrightarrow[\text{रुधिर}]{\text{ऑक्सीकृत}}$ दायाँ निलय
(c) दायाँ निलय $\xrightarrow[\text{रुधिर}]{\text{अनॉक्सीकृत}}$ फेफड़े $\xrightarrow[\text{रुधिर}]{\text{ऑक्सीकृत}}$ बायाँ अलिन्द
(d) दायाँ अलिन्द $\xrightarrow[\text{रुधिर}]{\text{ऑक्सीकृत}}$ फेफड़े $\xrightarrow[\text{रुधिर}]{\text{अनॉक्सीकृत}}$ बायाँ अलिन्द

122. यकृत निवाहिका तन्त्र है
(a) आहारनाल तथा यकृत के मध्य संवहनीय सम्बन्ध
(b) यकृत तथा फेफड़ों (Lungs) के मध्य संवहनीय सम्बन्ध
(c) यकृत तथा प्लीहा (Spleen) के मध्य संवहनीय सम्बन्ध
(d) आहारनाल तथा प्लीहा के मध्य संवहनीय सम्बन्ध

123. हृदय की सामान्य क्रियाविधि नियन्त्रित होती है
(a) बाह्यरूप से (b) आन्तरिक रूप से
(c) दोनों (a) एवं (b) (d) इनमें से कोई नहीं

124. अनुकम्पी तन्त्रिकाओं (Sympathetic nerves) से प्राप्त तन्त्रीय संकेत निम्न में से किसके अनुप्रयोग से हृदय के स्पन्दन को बढ़ा देते हैं
(a) हृदय निकास को बढ़ाकर (b) निलय संकुचन को सुदृढ़ बनाकर
(c) दोनों (a) तथा (b) (d) अलिन्द के संकुचन को बढ़ाकर

125. मानव में सामान्य संकुचन दाब (Systolic pressure) होता है
(a) 70 mm Hg (b) 80 mm Hg (c) 90 mm Hg (d) 120 mm Hg

126. एक व्यक्ति, जिसे हृदयघात (Myocardial infarction) के कारण अस्पताल में लाया गया है, उसे सामान्यतया तुरन्त दिया जाता है
(a) पेनिसिलिन (b) स्ट्रेप्टोकाइनेज
(c) साइक्लोस्पोरिन-A (d) स्टेटिन्स (Ctatins)

127. हृदयपात किसकी पर्याप्त रुधिर आपूर्ति के कारण उत्पन्न होता है?
(a) हृदय निलय (b) हृदय अलिन्द
(c) हृदय आयतन (d) हृदय पेशी

128. स्तनियों में 'दोहरा परिसंचरण तन्त्र' का अर्थ होता है
(a) रुधिर वाहिनियाँ युग्मित होती हैं
(b) दो प्रकार की रुधिर वाहिनियाँ होती हैं, जो धमनी तथा शिरा कहलाती हैं
(c) एक हृदय से फेफड़े के लिए व फेफड़े से हृदय के लिए तथा दूसरा सम्पूर्ण शरीर से हृदय व हृदय से शरीर के लिए दो अलग-अलग तन्त्र होते हैं
(d) शीघ्रता से रुधिर दोगुना परिवाहित होता है

129. ऑक्सीजन युक्त रुधिर का स्थानान्तरण होता है
(a) फुफ्फुस शिरा द्वारा
(b) फुफ्फुस धमनी द्वारा
(c) रीनल शिरा द्वारा
(d) हिपेटिक पोर्टल शिरा द्वारा

130. मानवों में 'हिस-बण्डल' नामक संरचना पाई जाती है
(a) यकृत में (b) मस्तिष्क में
(c) हृदय में (d) वृक्क में

131. त्रि-कपाट किसकी उत्पत्ति के स्थान पर मिलता है?
(a) केरोटिड चाप
(b) फुफ्फुसीय चाप
(c) ट्रंकस आर्टीरियोसस
(d) सिस्टेमिक आर्क

132. धमनियों की आन्तरिक सतह पर Ca^{++} व कॉलेस्ट्रोल का निक्षेपण कहलाता है
(a) आर्टीरियोस्कलेरोसिस (b) एडीसन रोग
(c) टेक्कार्डिया (d) हाइपरटेन्शन

133. नीचे मनुष्य के रुधिर परिसंचरण तन्त्र के सम्बन्ध में चार कथन (I-IV) दिए गए हैं।
I. शिराओं की अपेक्षा धमनियाँ मोटी भित्ति युक्त तथा संकरी अवकाशिका (lumen) वाली होती हैं
II. एन्जाइना सीने में होने वाला तीव्र दर्द हैं, जब मस्तिष्क का रुधिर परिसंचरण कम हो जाता है
III. AB रुधिर वर्ग वाले व्यक्ति ABO तन्त्र के अन्तर्गत किसी भी रुधिर वर्ग वाले व्यक्ति को रुधिर दान कर सकता है
IV. कैल्शियम आयन रुधिर का थक्का जमने की क्रिया में अत्यन्त महत्त्वपूर्ण भूमिका निभाते हैं

उपरोक्त कथनों में से कौन-से दो कथन सही है?
(a) I एवं IV (b) I एवं II
(c) II एवं III (d) III एवं IV

134. हमारे शरीर में प्रतिरक्षी किसके सम्मिश्र होते हैं?
(a) लाइपोप्रोटीन्स (b) स्टेरॉइड्स
(c) प्रोस्टैग्लैण्डिन्स (d) ग्लाइकोप्रोटीन्स

135. ऊतकों द्वारा ग्रहण किए जाने के पश्चात् भी मनुष्य के रुधिर में ऑक्सीजन का एक बड़ा अनुपात अप्रयुक्त रह जाता है। यह O_2
(a) रुधिर के pCO_2 को 75 मिमी Hg तक बढ़ा दती है
(b) ऑक्सीहीमोग्लोबिन संतृप्तता को 96% पर बनाए रखने के लिए पर्याप्त होती है
(c) उपकला ऊतकों में अधिक ऑक्सीजन मुक्त करने में सहायता करती है
(d) पेशीय व्यायाम के दौरान एक रिजर्व की भाँति कार्य करती है

136. मानवों में, रुधिर का पश्च महाशिरा में से, अनुशिथिलनी दाहिने अलिन्द में, को पहुँचना किसके कारण होता है?
(a) शिरा वाल्वों का धक्का देकर खुल जाना
(b) चूषण खिंचाव
(c) शिरा-अलिन्द नोड का उत्तेजन
(d) पश्च महाशिरा तथा आलिन्द के बीच का दाब अन्तर

137. मनुष्य की लाल रुधिर कणिकाओं के सम्बन्ध में निम्नलिखित में से कौन-सा कथन सत्य है?
(a) वे लगभग 20-25% कार्बन डाइऑक्साइड वहन करती हैं
(b) वे 99.5% ऑक्सीजन का स्थानान्तरण करती हैं
(c) वे केवल 80% ऑक्सीजन का स्थानान्तरण करती हैं तथा शेष 20 % ऑक्सीजन रुधिर प्लाज्मा में घुलित अवस्था में स्थानान्तरित होती हैं
(d) वे कार्बन डाइऑक्साइड को बिल्कुल भी वहन नहीं करती हैं

उत्सर्जी उत्पाद एवं उनका निस्पन्दन

138. निम्न में से मूत्राशय नहीं पाया जाता है
(a) खरगोश (b) मेंढक (c) ड्रेको (d) कबूतर

139. निम्न एन्जाइमों में से किस पर यूरिया उत्पादन निर्भर करता है?
(a) यूरिएज (b) ग्लूटामिनेज (c) आर्जिनेज (d) एस्पर्टेज

140. मानव शरीर में यूरिया निर्मित करने वाला अंग है
(a) वृक्क (b) यकृत (c) प्लीहा (d) पित्ताशय

141. हेनले के लूप की आरोही भुजा अपारगम्य होती है
(a) ग्लूकोस के लिए (b) अमोनिया के लिए
(c) पोटैशियम के लिए (d) जल के लिए

142. वृक्क सहायक है
(a) शरीर में द्रव के नियमन में
(b) अम्ल/क्षार सन्तुलन के नियमन में
(c) उपापचयी अपशिष्टों के निष्कासन में
(d) उपरोक्त सभी

143. वृक्क नलिका का वह भाग जो जल के लिए अपारगम्य है
(a) समीपस्थ नलिका (b) दूरस्थ नलिका
(c) बोमैन सम्पुट भुजा (d) हेनले के लूप का आरोही

144. निम्न में से कशेरुकियों के क्लोएका से गुजरने वाला मार्ग है
(a) मलाशय (b) प्रजनन मार्ग
(c) मूत्राशय मार्ग (d) ये सभी

145. स्तनियों के वृक्क में हेनले के लूप पाए जाते हैं
(a) कॉर्टेक्स में (b) यूरेटर में
(c) मेड्यूला में (d) एड्रीनल ग्रन्थि के पास

146. कौन-सा कार्य वृक्क का नहीं है?
(a) रुधिर दाब नियमन (b) यूरिया का निष्कासन
(c) द्रव की अम्लता का नियन्त्रण (d) हॉर्मोन का स्रावण

147. खरगोश के वृक्क में हेनले के लूप किसका भाग है?
(a) ग्लोमेरुलस (b) कलेक्टिंग डक्ट
(c) बोमेन कैप्सूल (d) यूरिनीफेरस ट्यूब्यूल

148. खरगोश में यूरीनरी ब्लैडर किसमें खुलता है?
(a) गर्भाशय में (b) यूरेथ्रा में
(c) यूरेटर में (d) वेस्टीब्यूल में

149. निम्नलिखित में से किस एक जीवधारी को उसके उत्सर्जी अंगों के साथ सही मिलाया गया है?
(a) मानव-वृक्क, सिबेशियस ग्रन्थियाँ तथा अश्रु ग्रन्थियाँ
(b) केंचुआ-ग्रसनीय, अध्यावरणी तथा पटीय नेफ्रिडिया
(c) कॉकरोच-मैल्पीघियन नलिकाएँ तथा आँत अर्द्धनाल
(d) मेंढक-वृक्क, त्वचा तथा मुख एपिथीलियम

150. यदि शरीर में से यकृत को हटा दिया जाए, तब कौन-सा पदार्थ रुधिर में बढ़ जाएगा?
(a) अमोनिया (b) अम्ल तथा ग्लाइकोजन
(c) यूरिया (d) यूरिक अम्ल

151. स्तनियों मे यूरिया का सीधे उत्पादन किस रूप में होता है?
(a) ऑक्सीडेटिव डीएमिनेशन के द्वारा अमोनिया का उत्पादन
(b) प्यूरीन का ऑक्सीडेटिव डीएमिनेशन
(c) ऑर्निथीन का टूटना
(d) आर्जिनीन का टूटना

152. नाइट्रोजनी वर्ज्य पदार्थ को मुख्यतया किस रूप में उत्सर्जित किया जाता है?
(a) टेडपोल में यूरिया तथा वयस्क मेंढक में यूरिक अम्ल के रूप में
(b) वयस्क मेंढक में यूरिया तथा टेडपोल में अमोनिया के रूप में
(c) वयस्क मेंढक तथा टेडपोल दोनों में यूरिया के रूप में
(d) टेडपोल में यूरिया तथा वयस्क मेंढक में अमोनिया के रूप में

153. मनुष्य का वृक्क है
(a) प्रोनेफ्रॉन (b) मीसोनेफ्रॉन
(c) मेटानेफ्रॉन (d) प्रोटोनेफ्रॉन

154. मेंढक के मूत्र का मुख्य उत्सर्जी पदार्थ है
(a) यूरिया (b) अमोनिया
(c) एलेण्टॉयन (d) यूरिक अम्ल

155. अधिकांश जलीय जन्तु अमोनिया उत्सर्जक होते हैं, क्योंकि
(a) उन्हें कम प्रकाश मिलता है
(b) अमोनिया उत्सर्जन के लिए जल की मात्रा अधिक होनी चाहिए
(c) वे दूसरे उत्सर्ज्य पदार्थ का संश्लेषण नहीं करते
(d) जल में नाइट्रोजन कम होता है

156. पक्षी यूरिक अम्ल उत्सर्जक होते हैं, क्योंकि
(a) जल नष्ट नहीं होता
(b) शरीर का तापमान कम न हो जाए
(c) शरीर का भार कम न हो जाए
(d) मूत्राशय अनुपस्थित होता है

157. अतिसूक्ष्म छनन होता है
(a) वृक्कीय सम्पुट में (b) मूत्राशय में
(c) रुधिर कोशिका में (d) यकृत में

158. मूत्र निकास कम करता है
(a) ऑक्सीटोसिन (b) वैसोप्रेसिन
(c) ऐल्डोस्टेरॉन में (d) LH

159. खरगोश के वृक्क में ग्लोमेरुलस पाए जाते हैं
(a) कॉर्टेक्स में (b) मेड्यूला में
(c) दूरस्थ नलिका में (d) सम्पूर्ण वृक्क में

160. नेफ्रॉन्स से सम्बन्धित नहीं है
(a) बोमैन्स सम्पुट (b) हेनले लूप
(c) संग्रह नलिका (d) दूरस्थ कुण्डलित नलिका

161. यूरिया संश्लेषण होता है
(a) वृक्क (b) प्लीहा
(c) हृदय (d) यकृत

162. वयस्क खरगोश का वृक्क है
(a) प्रोनेफ्रिक (b) मीसोनेफ्रिक
(c) मेटानेफ्रिक (d) प्रोटोनेफ्रिक

163. केशिकागुच्छ द्वारा उत्पन्न परानिस्यन्द में प्लाज्मा के इस अंश को छोड़कर शेष सभी भाग उपस्थित होते हैं
(a) प्रोटीन (b) RBC
(c) WBC (d) ये सभी

164. एक स्वस्थ व्यक्ति में GFR होती हैं
(a) 125 मिली/मिनट (b) 150 ली/दिन
(c) 125 मिली/सैकण्ड (d) 135 ली/दिन

165. वृक्क नलिकाओं में निस्यन्द का पुन: अवशोषण होता है
(a) सक्रिय रूप से
(b) निष्क्रिय रूप से
(c) परासरण द्वारा
(d) दोनों (a) एवं (b)

166. गलत कथन का चयन कीजिए।
(a) नलिकीय कोशिका निस्यन्द में H^+, K^+ तथा अमोनिया का स्रावण करती है
(b) नलिकीय कोशिका शरीर में अम्ल-क्षार सन्तुलन को बनाए रखने में सहायता करती है
(c) नलिकीय कोशिका आयनिक साम्य में सहायता करती है
(d) नलिकीय स्रावण, मूत्र निर्माण की प्रक्रिया में महत्त्वपूर्ण चरण नहीं है

167. प्रतिधारा क्रियाविधि सान्द्रता प्रवणता को बनाए रखने में सहायता करती है, यह प्रवणता सहायता करती है
(a) मध्यांश से संग्राहक नलिका में जल के सहज अवशोषण में, जिससे मूत्र का सान्द्रण होता है
(b) संग्राहक नलिका से अन्तराकाशी तरल में जल के सहज अवशोषण में, जिससे मूत्र का सान्द्रण होता है
(c) मध्यांशीय अन्तराकाशी तरल से संग्राहक नलिका में जल के सहज अवशोषण में, जिसमें मूत्र का तनुकरण होता है
(d) संग्राहक नलिका तथा मध्यांश के बीच जल के अवशोषण के सन्दमन में जिससे समपरासरण मूत्र का निर्माण होता है

168. मध्यांश-प्रवणता प्रमुखतया विकसित होती है
(a) NaCl तथा यूरिया के कारण
(b) NaCl तथा ग्लूकोस के कारण
(c) ग्लूकोस तथा यूरिया के कारण
(d) अमोनिया तथा ग्लूकोस के कारण

169. वृक्कों की क्रियाविधि का नियन्त्रण तथा नियमन इनके हॉर्मोन की पुनर्भरण क्रियाविधि द्वारा सम्पन्न होता है
(a) हाइपोथैलेमस (b) JGA
(c) हृदय (d) ये सभी

170. निम्न में से कौन-सा दूरस्थ संवलित नलिका में सोडियम के पुनः अवशोषण को बढ़ा देता है?
(a) एल्डोस्टेरॉन का बढ़ा हुआ स्तर
(b) मूत्रलता विरोधी हॉर्मोन का बढ़ा हुआ स्तर
(c) एल्डोस्टेरॉन का घटा हुआ स्तर
(d) मूत्रलता विरोधी हॉर्मोन का घटा हुआ स्तर

171. मधुमेह (Diabetes mellitus) का सूचक है
(a) मूत्र में ग्लूकोस की उपस्थिति
(b) मूत्र में कीटोन काय
(c) मूत्र में अमीनो अम्ल की उपस्थिति
(d) दोनों (a) एवं (b)

172. सही कथन का चुनाव कीजिए।
(a) तेल ग्रन्थियाँ स्टेरॉल, हाइड्रोकार्बन एवं मोम का निष्कासन करती हैं
(b) तेल ग्रन्थियों का स्रावण त्वचा को सुरक्षात्मक तेलीय कवच प्रदान करते हैं
(c) लार द्वारा नाइट्रोजनी अपशिष्टों की कुछ मात्रा का निष्कासन किया जाता है
(d) उपरोक्त सभी

173. नेफ्रॉन्स में पूर्ण अवशोषण होता है
(a) यूरिया का (b) ग्लूकोस का
(c) जल का (d) लवण का

174. यकृत द्वारा स्रावण होता है
(a) पित्त वर्णक का (b) पित्त लवण का
(c) कोलेस्ट्रॉल का (d) इन सभी का

175. यदि किसी व्यक्ति के वृक्क सामान्य रूप से कार्य नहीं करें, तो उसके रुधिर में वृद्धि होगी
(a) अमोनिया (b) सोडियम क्लोराइड
(c) यूरिया (d) $CaCO_3$

176. उत्सर्जन के अतिरिक्त वृक्क का कार्य है
(a) ताप नियमन (b) जल सन्तुलन
(c) हॉर्मोन नियमन (d) एन्जाइम संश्लेषण

177. निम्न में से किसमें नाइट्रोजन की मात्रा सर्वाधिक होती है?
(a) अमोनिया (b) ग्वानीन
(c) यूरिया (d) लाइसीन

178. मेटानेफ्रिक वृक्क पाए जाते हैं
(a) केवल सरीसृपों में (b) केवल पक्षियों में
(c) केवल स्तनियों में (d) इन सभी में

179. स्तनधारियों के वृक्क में हेनले के लूप के किस भाग से Na^+ आयन सक्रिय रूप से निष्कासित किया जाता है?
(a) हेनले लूप की आरोहण भुजा
(b) हेनले लूप की अवरोहण भुजा
(c) संग्रह नलिका
(d) बोमैन सम्पुट

180. सोडियम एवं जल का पुनरावशोषण सबसे अधिक होता है
(a) हेनले के लूप में
(b) दूरस्थ-कुण्डलित नलिका में
(c) समीपस्थ-कुण्डलित नलिका में
(d) संग्रहण-कुण्डलित नलिका

181. निकटस्थ तथा दूरस्थ कुण्डलित नलिका किसके भाग हैं?
(a) नेफ्रॉन के (b) आँत के
(c) शुक्रनलिका के (d) अण्डवाहिनी के

182. निम्न में से किस जन्तु में एण्टीनल ग्रन्थि, उत्सर्जी अंग की भाँति कार्य करती है?
(a) सर्प (b) तिलचट्टा
(c) केंचुआ (d) झींगा

183. केंचुए में नेफ्रिडिया किसके समतुल्य होते हैं?
(a) *लोलिगो* के क्लोमों के
(b) कीटों के ट्रैकिया के
(c) *हाइड्रा* के निमेटोब्लास्ट के
(d) *प्लेनेरिया* की ज्वाला कोशिका के

184. वृक्कों द्वारा कौन–सा कार्य नहीं किया जाता है?
(a) उत्सर्जन
(b) परासरण नियमन
(c) रुधिर के आयतन का नियमन
(d) मृत रुधिर कणिकाओं का नष्टीकरण

185. स्तनी वृक्कों में संरचनात्मक एवं क्रियात्मक इकाइयाँ होती हैं
(a) मेड्यूला
(b) हेनले लुप
(c) नेफ्रॉन
(d) बोमैन सम्पुट

186. नेफ्रॉन्स में जल के पुनरावशोषण को नियन्त्रित करता है
(a) LH (b) STH
(c) ऑक्सीटोसिन (d) वैसोप्रेसिन

187. वृक्क में पथरी (Stone) निर्माण का कारण है
(a) कार्बोनेट्स
(b) ऑक्सीलेट्स
(c) $NaCO_3$
(d) Mg तथा Ca के लवण

188. वृक्कों के कार्यों की जाँच किस विधि द्वारा की जाती है?
(a) X-किरणें (b) अल्ट्रासाउण्ड
(c) सोनोग्राफी (d) पोलोरोग्राफी

189. भूखे व्यक्ति के मूत्र में मुख्यतया पाया जाता है
(a) Na^+ (b) K^+ (c) Ca^{++} (d) क्रिएटिन

190. मूत्र निर्माण में किस प्रक्रिया द्वारा ग्लूकोज, विटामिन तथा अमीनो अम्लों जैसे उपयोगी पदार्थ पुनः रुधिर में पहुँचा दिए जाते हैं?
(a) परानियन्दन (b) स्रावण
(c) पुनरावशोषण (d) इनमें से कोई नहीं

191. किस रोग में मूत्र के साथ रुधिर निकलने लगता है?
(a) गाउट (b) यूरेमिया
(c) डाययूरेसिस (d) हीमेटूरिया

192. निम्नलिखित में से कौन–सा कथन सही नहीं है?
(a) ADH — रुधिर के एन्जियोरेंसिनोजन को एन्जियोटेन्सिन में बदल जाने को रोकता है
(b) ऐल्डोस्टेरॉन — पानी के पुनरावशोषण में मदद करता है
(c) ANF — सोडियम के पुनरावशोषण को बढ़ावा देता है
(d) रेनिन — इससे वाहिका विस्फरण होता है

193. रुधिर में यूरिया के एकत्रित हो जाने की स्थिति को कहते हैं
(a) रीनल कैलकुलाई (b) गुच्छशोथ
(c) यूरेमिया (d) कीटोन्यूरिया

194. ग्लाइकोस्यूरिया है
(a) मूत्र में शर्करा की अल्प मात्रा
(b) मूत्र में वसा की अल्प मात्रा
(c) मूत्र में कार्बोहाइड्रेट की सामान्य मात्रा
(d) मूत्र में शर्करा की अधिक मात्रा

195. गुर्दे की पथरी क्या होती है?
(a) वसा के कारण गुर्दे में अवरोध
(b) नलिकाओं में ऑक्सेलेट क्रिस्टल्स व अन्य लवणों को जमाव
(c) गुर्दे में प्रोटीन का जमाव
(d) गुर्दे में रेत का जमाव

गति एवं संचलन

196. निम्न कथनों को पढ़िए तथा गलत कथन को चुनिए।
(a) सभी संचलन गमन हैं, परन्तु सभी गमन संचलन नहीं है
(b) गमन की विधियाँ जन्तु के आवास के अनुसार भिन्न-भिन्न होती हैं
(c) *पैरामीशियम* में पक्ष्माभ भोजन के कोशिका ग्रसनी में प्रवाह व चलन का कार्य करते हैं
(d) *अमीबा* के जीवद्रव्य का प्रवाही संचलन एक प्रकार का चलन है

197. हमारे पादों, जबड़ों तथा जिह्वा की गति के लिए आवश्यक है
(a) पक्ष्माभी (Ciliary) गति (b) अमीबीय (Amoeboid) गति
(c) पेशीय (Muscular) गति (d) कशाभिक (Flagella) गति

198. पेशियों के बारे में गलत कथन का चुनाव कीजिए।
(a) पेशी एक विशेष प्रकार का ऊतक है, जिसकी उत्पत्ति मध्यजन स्तर (Mesodermal origin) से होती है।
(b) मनुष्य के भार का लगभग 40-50% हिस्सा पेशियों का बना होता है।
(c) पेशी में कुछ विशिष्ट गुण; जैसे कि उत्तेजनशीलता, संकुचनशीलता तथा प्रसार्य (Extensibility) होते हैं।
(d) उपरोक्त में से कोई नहीं

199. कंकाल पेशियों के बारे में गलत कथन का चुनाव कीजिए।
(a) इनकी क्रियाविधि तन्त्रिका तन्त्र की ऐच्छिक नियंत्रण में होती हैं
(b) ये अरेखित पेशियों के रूप में जानी जाती हैं
(c) ये प्रमुखतया गमन क्रिया तथा शारीरिक मुद्रा के बदलने में सहायक होती हैं
(d) ये रेखित होती हैं

200. अन्तरंग पेशियों को कहते हैं
(a) चिकनी (Smooth) पेशियाँ
(b) अरेखित (Non-striated) पेशियाँ
(c) अनैच्छिक (Involuntary) पेशियाँ
(d) उपरोक्त सभी

201. पेशीय तन्तुओं का रेखित विन्यास इसके कारण होता है
(a) एक्टिन प्रोटीन (b) मायोसिन प्रोटीन
(c) दोनों (a) तथा (b) (d) इनमें से कोई नहीं

202. कंकाल पेशी में H-क्षेत्र निम्न के कारण होता है
(a) A–बन्ध के मध्य भाग में पेशीय तन्तुओं की अनुपस्थिति
(b) A–बन्ध में मायोसिन तन्तुओं के मध्य मध्यावकाश
(c) A–बन्ध में मायोसिन तन्तुओं तक फैले एक्टिन तन्तुओं के मध्य मध्यावकाश
(d) A–बन्ध के केन्द्रीय भाग में मायोसिन तन्तुओं का फैलाव

203. असत्य युग्म को पहचानिए।
(a) मेरोमायोसिन का गोलीय शीर्ष-सक्रिय ATPase स्थल है
(b) पतली तन्तुमय झिल्ली-M रेखा, जोकि A-बन्ध के मोटे तन्तुओं को जोड़े रखती है
(c) गहरे बन्ध-समदैशिक (Isotropic) बन्ध है
(d) उपरोक्त में से कोई नहीं

204. F-एक्टिन इसका बहुलक है
(a) G-एक्टिन (आण्विक) का
(b) G-एक्टिन (गोलाकार) का
(c) G-एक्टिन (मेरोमायोसिन) का
(d) उपरोक्त सभी

205. एक्टिन योजी स्थल (Actin binding site) उपस्थित होता है
(a) ट्रोपोनिन (b) ट्रोपोमायोसिन
(c) मेरोमायोसिन (d) दोनों (a) एवं (b)

206. पेशीय संकुचन की क्रियाविधि को इस सिद्धान्त द्वारा अच्छे से समझा जा सकता है
(a) भौतिक तन्तु सिद्धान्त (b) रासायनिक तन्तु सिद्धान्त
(c) विसर्पी तन्तु सिद्धान्त (d) जम्पिंग तन्तु सिद्धान्त

207. मानव में कुल हड्डियाँ होती हैं
(a) 176 (b) 208 (c) 188 (d) 206

208. एक केन्द्रकीय व शाखित पेशीय तन्तु पाए जाते हैं
(a) रेखित पेशी में (b) अरेखित पेशी में
(c) हृदयी पेशियाँ (d) दोनों (a) एवं (b)

209. कपालीय गुहा का फर्श बनाने वाली अस्थि है
(a) बेसीस्फीनॉइड (b) नेजल
(c) पैराइटल (d) वोमर

210. Y के आकार की अस्थि हैं
(a) वोमर (b) फीमर (c) टिबिया (d) पैराइटल

211. खरगोश का कण्ठिका उपकरण होता है
(a) बेसिहायल (b) सुप्रास्कैपुला
(c) थायरॉइड (d) एरिटिनॉइड

212. पिट्यूटरी छिद्र पाया जाता है
(a) बेसिहायल अस्थि में (b) बैसीस्फीनॉइड में
(c) एरिटिनॉइड में (d) पेरीस्फीनॉइड में

213. सेला टर्सिका गर्त पाया जाता है
(a) बेसिहायल में (b) बैसीस्फीनॉइड में
(c) एरिटिनॉइड में (d) मैक्सिला में

214. ऊपरी जबड़े में अस्थियों की संख्या होती है
(a) एक जोड़ी (b) सात जोड़ी
(c) छः जोड़ी (d) आठ जोड़ी

215. ऊपरी जबड़े में इन्साइजर दाँत किस अस्थि पर जुड़े होते हैं?
(a) प्रीमैक्सिला (b) मैक्सिला
(c) स्क्वैमोजल (d) डेण्टरी

216. खरगोश में कपोल दाँत ऊपरी जबड़े की किस अस्थि पर पाए जाते हैं?
(a) प्रीमैक्सिला (b) मैक्सिला
(c) स्क्वैमोजल (d) डेण्टरी

217. खरगोश का कण्ठिका उपकरण होता है
(a) पूर्णतया उपास्थिल (b) पूर्णतया अस्थिल
(c) उपास्थिल व अस्थिल (d) पेशीय

218. लम्बी अस्थियों के सिरे आपस में जुड़े होते हैं
(a) पेशियों से (b) कण्डरा से
(c) स्नायु से (d) उपास्थि से

219. रेखित पेशियाँ संकुचन करती हैं
(a) एक्टिन तन्तु के मायोसिन तन्तु पर फिसलने से
(b) मायोसिन तन्तु के एक्टिन तन्तु पर फिसलने से
(c) मायोसिन तन्तु के खींचने से
(d) एक्टिन तन्तु के खींचने से

220. निम्नलिखित में से कौन सबसे छोटी कपाल तन्त्रिका है?
(a) एब्डयूसेन्स (b) ऑप्टिक
(c) ट्रॉक्लियर (d) फेशियल

221. पेशियों का सही प्रकार होता है,
(a) हृदय में अनैच्छिक एवं अरेखित चिकनी पेशियाँ
(b) आँत रेखित एवं अनैच्छिक पेशियाँ
(c) जाँघों में रेखित एवं ऐच्छिक पेशियाँ
(d) ऊपरी भुजा में चिकने पेशी तन्तु जो आकृति में तर्कुरूप होते हैं

222. खरगोश की प्रारूपी ग्रैव कशेरुक की कशेरुकनाल से गुजरती हैं
(a) धमनी (b) शिरा (c) तन्त्रिकाएँ (d) ये सभी

223. मुद्रिकाकार कशेरुक होती है
(a) एटलस (b) एक्सिस
(c) प्रारूपी ग्रैव कशेरुक (d) सैक्रल

224. खरगोश में प्रारूपी वक्षीय कशेरुक है
(a) प्रथम तीन (b) प्रथम पाँच
(c) प्रथम दो (d) अन्तिम तीन

225. अक्षीय कंकाल नहीं है
(a) खोपड़ी (b) मेखला
(c) पसली (d) कशेरुकदण्ड

226. पेशी संकुचन की आधारभूत इकाई है
(a) कोलेजन (b) सार्कोमीयर (c) पट्ट (d) मायोफाइब्रिल्स

227. श्रोणी मेखला की कप सदृश संरचना एसिटाबुलम (मनुष्य की) बनती है
(a) इलियम, इश्चियम एवं प्यूबिस से
(b) इलियम, इश्चियम एवं कोटिलॉइड से
(c) इलियम एवं इश्चियम से
(d) इलियम एवं कोटिलॉइड से

228. इण्टर-फैलेन्जियल जोड़ कहलाते हैं
(a) स्थिर जोड़ (b) कब्जा जोड़
(c) चलनशील जोड़ (d) सीधे जोड़

229. हृदय की पेशियाँ हैं
(a) ऐच्छिक एवं रेखित (b) ऐच्छिक एवं चिकनी
(c) अनैच्छिक एवं रेखित (d) अनैच्छिक एवं चिकनी

230. मनुष्य के शरीर के बारे में क्या सही है?
(a) गर्दन में 5 कशेरुकाएँ हैं
(b) मस्तिष्क कोष 4 अस्थियों का बना है
(c) 15 जोड़ी पसलियाँ हैं
(d) 12 वक्षीय कशेरुकाएँ हैं

231. पक्षियों की श्रोणि-मेखला एक जटिल संरचना से जुड़ी होती हैं, जो अन्तिम वक्षीय सभी कटि एवं प्रथम पाँच पुच्छ-कशेरुकाओं के संयोग से बनी होती हैं। यह संरचना कहलाती है
(a) सिनसैक्रम (b) सन्धान
(c) युग्मक केन्द्रक (d) सिम्पेलविस

232. पेशीय थकान निम्न में से किसके एकत्रित होने के कारण होती है?
(a) पाइरुविक अम्ल (b) ATP
(c) लेक्टिक अम्ल (d) कार्बन डाइऑक्साइड

233. लम्बी अस्थि का मध्य भाग क्या कहलाता है?
(a) डाइफाइसिस (b) एपीफाइसिस
(c) हाइपोफाइसिस (d) जाइगेपोफाइसिस

234. हेवर्सियन नलिका में क्या पाया जाता है?
(a) तन्त्रिकाएँ तन्तु
(b) धमनी एवं शिरा
(c) एक धमनी, शिरा, लिम्फवाहिनी, तन्त्रिका तन्तु एवं कोशिकाएँ
(d) ऊतकों का खोखला केन्द्र

235. कब्जा सन्धि निम्न में से किसके मध्य पाई जाती है?
(a) ह्यूमरस तथा अंस मेखला के मध्य
(b) फीमर एवं एसीटाबुलम के मध्य
(c) ह्यूमरस एवं अल्ना के मध्य
(d) फीमर एवं श्रोणी मेखला के मध्य

236. क्रेनियम 8 अस्थियों से मिलकर बनी होती है, इनके नाम हैं
(a) 1 फ्रन्टल, 2 पैराइटल, 1 ऑक्सीपिटल, 2 टैम्पोरल, 1 स्फीनॉइड, 1 एथमॉइड
(b) 1 फ्रन्टल, 1 पैराइटल, 2 ऑक्सीपिटल, 1 टैम्पोरल, 2 स्फीनॉइड, 1 एथमॉइड
(c) 2 फ्रन्टल, 1 पैराइटल, 1 ऑक्सीपिटल, 2 टैम्पोरल, 1 स्फीनॉइड, 1 एथमॉइड
(d) उपरोक्त में से कोई नहीं

237. टिम्पैनिक बुल्ला नामक श्रवण कोष की उपस्थिति लक्षण है
(a) मेंढक की करोटि का
(b) शशक की करोटि का
(c) दोनों (a) एवं (b)
(d) उपरोक्त में से किसी का नहीं

238. मनुष्य के हाथ का फैलेन्जियल सूत्र है
(a) 1, 2, 2, 2, 2 (b) 2, 1, 1, 1, 1
(c) 2, 3, 3, 3, 3 (d) 2, 3, 3, 2, 2

239. पेशी संकुचन हेतु उत्तरदायी रासायनिक आयन हैं
(a) Ca^{2+} तथा K^{+} (b) Na^{+} तथा K^{+}
(c) Na^{+} तथा Ca^{2+} (d) Ca^{2+} तथा Mg^{2+}

240. पेशी संकुचन के दौरान
(a) रासायनिक ऊर्जा, विद्युत ऊर्जा में परिवर्तित हो जाती है
(b) रासायनिक ऊर्जा, यान्त्रिक ऊर्जा में परिवर्तित हो जाती है
(c) रासायनिक ऊर्जा, भौतिक ऊर्जा में परिवर्तित हो जाती है
(d) यान्त्रिक ऊर्जा, रासायनिक ऊर्जा में परिवर्तित हो जाती है

241. अक्षक कशेरुक पहचानी जाती है
(a) कफोण्यग्र प्रवर्ध से (b) दन्ताभ प्रवर्ध से
(c) अवग्रहाभ खाँच से (d) दन्तघट से

242. स्तनियों में जाइगोमैटिक प्रवर्द्ध निकलता है
(a) मैण्डीबल से (b) मैक्सिला से
(c) प्रीमैक्सिला से (d) स्क्वैमोजल से

243. अस्थि तथा उपास्थि में मुख्य अन्तर है
(a) खनिज लवण (b) हैवर्सियन कैनाल
(c) लसीका वाहिकाएँ (d) रुधिर वाहिकाएँ

244. खरगोश में मुक्त पसलियाँ हैं
(a) 1, 2 व 3 (b) 1, 2 व 4
(c) 2, 3 व 4 (d) 8, 9, 10 व 11

245. खरगोश में सैक्रम पाया जाता है
(a) अग्रपादों के बीच (b) अशं मेखला के बीच
(c) श्रोणि मेखला के बीच (d) पश्चपाद के मध्य

246. खरगोश की उरोस्थि में छिद्रों की संख्या है
(a) 6 (b) 15 (c) 7 (d) 8

247. खरगोश में मिथ्या पसलियाँ है
(a) पहली व दूसरी (b) 7वीं व 8वीं
(c) 8वीं व 9वीं (d) 10वीं व 11वीं

248. मनुष्य के शरीर में पाई जाने वाली पेशियों की संख्या कितनी होती है?
(a) 409 (b) 439 (c) 539 (d) 639

249. सबसे कठोर पदार्थ किसमें पाया जाता है?
(a) अस्थि–ओसिन (b) काइटिन–प्रोटीन
(c) दाँत–इनेमल (d) पेशी–मायोसिन

250. निम्न में से एक स्पन्जी अस्थि में नहीं होता है
(a) ऑस्टियोब्लास्ट (b) अस्थि मज्जा
(c) लेकुनी एवं केनालीकुली (d) हैवर्सियन नलिकाएँ

251. वे कशेरुकाएँ, जिनमें वर्टीब्रेट्रियल नलिका पाई जाती है
(a) सेक्रल (b) कोडल (c) लम्बर (d) सर्वाइकल

252. ऑब्टयूरेटर फोरामेन किसमें पाया जाता है?
(a) कपाल में (b) रेडियो-अल्ना में
(c) श्रोणि मेखला में (d) क्वाड्रेट में

253. आपस में कशेरुकाएँ किस संरचना के द्वारा जुड़ी होती हैं?
(a) जाइगेपोफाइसिस (b) सेण्ट्रम
(c) अनुप्रस्थ प्रवर्ध (d) न्यूरल चाप

तन्त्रिका नियन्त्रण एवं समन्वयन

254. प्रमस्तिष्क गोलार्द्ध का प्रमुख कार्य है
(a) सोचने का (b) इच्छाशक्ति का
(c) युक्ति का (d) ये सभी

255. निम्न में से शशक के मध्य मस्तिष्क का भाग है
(a) डाइएनसिफेलॉन (b) सेरीब्रम
(c) कॉर्पोरा क्वाड्रीजेमिना (d) इनमें से कोई नहीं

256. पार्श्व वेण्ट्रिकल्स किस स्थान पर मिलते हैं?
(a) हृदय में (b) मस्तिष्क में
(c) पीयूष में (d) दोनों (a) एवं (b)

257. निम्न में से कौन-सी कोशिका ऊतक संवर्धन अवस्था में वृद्धि नहीं कर सकती है?
(a) हेला कोशिका (b) ल्यूकोसाइट्स
(c) यकृत कोशिका (d) तन्त्रिका कोशिका

258. झिल्ली में विभवान्तर जोकि एक आवेग के संचरण के लिए उत्तरदायी होते हैं, के द्वारा निम्न में एक के कारण झिल्ली में परिवर्तन होता है
(a) पारगम्यता (b) संरचना (c) एनायन्स (d) सान्द्रता

259. सबसे छोटी कपाल तन्त्रिका है
(a) दृष्टि (b) ऑप्थेल्मिक
(c) अपवर्तनी तन्त्रिका (d) वेगस

260. परानुकम्पी तन्त्रिकाएँ, निम्न में से किस अंग के प्रचलन में वृद्धि करती हैं?
(a) छोटी आँत (b) हृदय
(c) मस्तिष्क (d) इनमें से कोई नहीं

261. नेत्र की संवेदी वर्णकयुक्त परत है
(a) स्क्लेरोटिक (b) रेटिना
(c) कॉर्निया (d) आइरिस

262. स्तनियों के नेत्र के कॉर्निया एवं लेन्स में
(a) अधिक तन्त्रिकाएँ जाती है
(b) अधिक रुधिर वाहिकाएँ जाती हैं
(c) पारदर्शी होते हैं तथा प्रकाश किरणों को रेटिना पर प्रतिबिम्ब बनाने के लिए विक्षेपित कर देते हैं
(d) पारदर्शी होते हैं तथा रेटिना पर प्रतिबिम्ब बनाने के लिए उत्तरदायी हैं

263. द्विध्रुवीय तन्त्रिका (बाईपोलर न्यूरॉन) पाए जाते हैं
(a) आँत में
(b) आँख की रेटिना में
(c) मस्तिष्क और स्पाइनल कॉर्ड में
(d) वृक्क में

264. तन्त्रिका आवेग के चालन के दौरान पुन: ध्रुवण होता है
(a) K^+ आयनों के आगम द्वारा (b) Na^+ आयनों के आगम द्वारा
(c) K^+ आयनों के निर्गम द्वारा (d) Na^+ आयनों के निर्गम द्वारा

265. खाली कमरे में प्रवेश करते हुए एक व्यक्ति दरवाजा खोलने पर अचानक अपने सामने एक साँप को देखता है। उसके न्यूरो-हॉर्मोनल नियन्त्रण तन्त्र पर निम्नलिखित में से क्या प्रभाव पड़ेगा?
(a) अनुकम्पी तन्त्रिका तन्त्र सक्रिय हो जाएगी और एड्रिनल मेड्यूला से एपीनेफ्रीन तथा नॉर-एपीनेफ्रीन हॉर्मोन मुक्त होंगे
(b) तन्त्रिपेशी शीघ्रता से विदर के पार विसरित होकर तन्त्रिकीय आवेश का संचरण करेंगे
(c) हाइपोथैलेमस मस्तिष्क के परानुकम्पी भाग को सक्रिय कर देता है
(d) अनुकम्पी तन्त्रिका तन्त्र सक्रिय हो जाएगा और एड्रिनल-कॉर्टेक्स से एपीनेफ्रीन तथा नॉर-एपीनेफ्रीन हॉर्मोन मुक्त होंगे

266. स्वायत्त तन्त्रिका तन्त्र (ANS) है
(a) युग्मित शृंखला गैंग्लिया
(b) प्रमस्तिक
(c) आँख
(d) ये सभी

267. तन्त्रिका क्रिया के विषय में निम्न में से कौन-सा कथन सही है?
(a) सिनैप्टिक क्लेफ्ट के द्वारा पूर्व अन्तर्ग्रथन न्यूरॉन से पश्च अन्तर्ग्रथन न्यूरॉन में सीधा क्रिया-विभव संचरण रोका नहीं जाता है
(b) सिनैप्टिक वेसीकिल में स्थित तन्त्रिकीय सम्प्रेणीय रसायन के द्वारा सिनैप्टिक क्लेफ्ट से सूचनाएँ संचरित की जाती हैं
(c) तन्त्रिका सम्प्रेषणीय पदार्थ का ग्राह्य स्थान के साथ संयोजन के फलस्वरूप झिल्ली की पारगम्यता में परिवर्तन आता है, परन्तु झिल्ली विभव अपरिवर्तित रहता है
(d) टिटेनस में जबड़ा के बन्द होने के साथ ही पेशियों को उद्दीपन देना रुक जाता है

268. मानव आँख का लेन्स है
(a) गोल व आगे की ओर जा सकता है
(b) द्वि-उत्तल व आगे की ओर नहीं जा सकता है
(c) गोल व आगे की ओर नहीं जा सकता है
(d) द्वि-उत्तल व आगे की ओर जा सकता है

269. मानव का कुल दृष्टि क्षेत्र और स्टीरियोस्कोपी दृष्टि क्षेत्र क्रमश: है
(a) 180°, 140° (b) 140°, 26°
(c) 180°, 26° (d) 140°, 52°

270. अन्त: कर्ण किसके द्वारा भरा होता है?
(a) पेरीलिम्फ (b) एण्डोलिम्फ
(c) लिम्फ (d) दोनों (a) व (b)

271. मध्य कर्ण तथा मुखगुहा को जोड़ने वाली नलिका कहलाती है
(a) इंग्वीनल नलिका (b) यूस्टेकियन नलिका
(c) हैवर्सियन नलिका (d) सील्वियस एक्वाडक्ट

272. सन्तुलन के सही संवेदांग स्तनियों में कहाँ स्थित होते हैं?
(a) मैलियस में (b) यूट्रीकुलस में
(c) यूस्टेकियन नलिका में (d) अर्द्धवृत्ताकार नलिका में

273. प्राइमेट के मस्तिष्क में मिलता था
(a) सेरीबेलम (b) डाइएनसिफेलॉन
(c) नियोपेलियम (d) ऑप्टिक लोब

274. हाइपोग्लोसल ⋯⋯ जोड़ा स्पाइनल तन्त्रिका है।
(a) दूसरा (b) वेण्ट्रल रूट्स
(c) पहला (d) छठाँ

275. मानव मस्तिष्क का सबसे बड़ा भाग है
(a) सेरीबेलम (b) थैलेमस
(c) सेरीब्रम (d) मेड्यूला

276. मस्तिष्क से स्पाइनल कॉर्ड गुजरती है
(a) फोरामेन मेग्नम से (b) आइटर से
(c) अग्र कमिश्योर से (d) फोरामेन ऑफ मोनरो से

277. एरेकनॉइड झिल्ली द्वारा घिरा रहता है
(a) स्पाइनल कॉर्ड (b) ओटिक सम्पुट
(c) पायामेटर (d) इनमें से कोई नहीं

278. कॉटाई के अंग को कौन-सी तन्त्रिका जाती है?
(a) ऑडिटरी (b) ऑलफैक्ट्री
(c) ट्रॉक्लियर (d) वेगस

279. स्तनधारियों में कितनी जोड़ी क्रेनियल तन्त्रिकाएँ पूर्णतया संवेदी होती है?
(a) पाँच (b) सात (c) तीन (d) दो

280. खरगोश के मस्तिष्क का तीसरा वेण्ट्रीकल है
(a) राइनोसील (b) रोम्बोसील
(c) डायोसील (d) इनमें से कोई नहीं

281. निम्न में से कौन-सी अत्यधिक रुधिर कैपिलरी युक्त संवहन सतह है?
(a) मस्तिष्क की ड्यूरामेटर
(b) स्पाइनल कॉर्ड की पायामेटर
(c) ट्रैकिया की एपिडर्मिस सतह
(d) ट्रैकिया की एपीथीलियल सतह

282. हृदय की धड़कन के नियमन में कौन-सी क्रेनियल तन्त्रिका महत्त्वपूर्ण भूमिका निभाती है?
(a) IX (b) VII (c) X (d) IV

283. न्यूमोगेस्ट्रिक तन्त्रिका का दूसरा नाम है
(a) वेगस (b) ग्लोसोफेरिंजियल
(c) सहायक स्पाइनल (d) हाइपोग्लोसल

284. कण्डीशण्ड प्रतिवर्तन पर सर्वप्रथम कार्य किया
(a) जॉहन्सन ने (b) पावलोव ने
(c) मोर्गन ने (d) ग्रेगनवार ने

285. शरीर की सबसे बड़ी कोशिका होती है
(a) WBC (b) ऑस्टियोसाइट
(c) न्यूरॉन (d) हृदय पेशी

286. विषम या असंगत तन्त्रिका है
(a) ऑप्टिक (b) ऑक्यूलोमोटर
(c) ऑलफैक्ट्री (d) ओडिटरी

287. मीठा तथा खट्टा स्वाद भली-भाँति पहचाना जा सकता है
(a) जिह्वा के अग्रक द्वारा (b) जिह्वा के आधार द्वारा
(c) जिह्वा के मध्य भाग द्वारा (d) जिह्वा के पार्श्व भाग द्वारा

288. गन्ध किसके द्वारा ग्रहण की जाती है?
(a) पीयूष ग्रन्थि
(b) हाइपोथैलेमस
(c) घ्राण पिण्ड या ऑलफैक्ट्री लोब
(d) सेरीब्रम

289. पैरासिम्पेथेटिक तन्त्रिकाएँ, तन्त्रिका तन्त्र के किस भाग से निकलती हैं?
(a) थोरेका लम्बर (b) सर्वाइकल
(c) क्रेनिओसेक्रल (d) लूम्बर

290. यदि मनुष्य में एब्ड्यूसेन्स तन्त्रिका क्षतिग्रस्त हो जाती है, तो निम्न में से कौन-सा कार्य प्रभावित होगा?
(a) नेत्र गोलक की गति (b) टाँगों को हिलाना
(c) जिह्वा की गति (d) गर्दन की गति

291. 12 जोड़ी पसलियाँ तथा 12 जोड़ी क्रेनियल तन्त्रिकाएँ पाई जाती हैं
(a) मछली में (b) सर्प में (c) पक्षी में (d) मनुष्य में

292. श्वसन रिद्म के कार्यो को उत्प्रेरित करने वाला न्यूमोटेक्सिक क्षेत्र स्थित होता है
(a) मस्तिष्क के पोन्स क्षेत्र में (b) थैलेमस में
(c) मेरुरज्जु में (d) दाएँ सेरीब्रल हेमीस्फीयर में

293. गैंग्लियोन कोशिकाएँ पाई जाती हैं
(a) स्क्लेरोटिया में (b) कॉक्लिया में
(c) रेटिना में (d) क्रिस्टी में

294. आँख का कौन-सा भाग आँख के भीतर प्रवेश कर रहे प्रकाश की मात्रा का नियन्त्रण करता है?
(a) कॉर्निया (b) सीलियरी काय
(c) आयरिस (d) सस्पेन्सरी लिगामेन्ट

295. खरगोश में स्पाइनल तन्त्रिका होती है
(a) 13 जोड़ी (b) 27 जोड़ी
(c) 37 जोड़ी (d) 42 जोड़ी

296. कान का पर्दा कहलाता है
(a) टिम्पैनिक झिल्ली (b) टेन्सर टिम्पैनाई
(c) स्केला टिम्पैनाई (d) स्केला वेस्टीब्यूली

297. कॉर्निया प्रत्यारोपण विशेष रूप से सफल रहा, क्योंकि
(a) इसकी तकनीक बहुत सरल है
(b) कॉर्निया का संरक्षण बहुत आसान है
(c) कॉर्निया आसानी से उपलब्ध हो जाता है
(d) कॉर्निया का रुधिर परिवहन तथा प्रतिरक्षा तन्त्र से कोई सम्बन्ध नहीं है

298. मानव नेत्र के रेटिना में सर्वाधिक शंकु (Cone) पाए जाते हैं
(a) अन्ध बिन्दु पर (b) रेटिना के किनारों पर
(c) फोविया पर (d) कोरॉइड पर

299. भूकम्प की संवेदना ग्रहण करने वाला अंग है
(a) कान (b) आँख
(c) तलुओं की त्वचा (d) प्रोपियोरिसेप्टर

300. मध्य कर्ण की सबसे छोटी अस्थि है
(a) मेलियस (b) इनकस
(c) स्टेपीस (d) इनमें से कोई नहीं

301. अवतल लैंस का प्रयोग किस रोग के उपचार में किया जाता है?
(a) मोतियाबिन्द में (b) निकट दृष्टि दोष में
(c) रात्रि अन्धता में (d) दूर दृष्टि दोष में

302. श्लाका (Rods) कोशिकाएँ तथा दृक शंकु (Cones) पाए जाते हैं
(a) आइरिस (Iris) में (b) कॉर्निया (Cornea) में
(c) स्क्लीरोटिक (Sclerotic) में (d) दृष्टिपटल (Retina) में

303. आँख में प्रवेश करने वाले प्रकाश की मात्रा नियन्त्रित होती है
(a) कॉर्निया द्वारा (b) पुतली द्वारा
(c) आइरिस द्वारा (d) दृढ़ पटल द्वारा

304. वह रिसेप्टर जो दर्द के प्रति संवेदी होते हैं, कहलाते हैं
(a) टेंगो रिसेप्टर (b) फ्रेगिडोरिसेप्टर
(c) रियोरिसेप्टर (d) एल्गोसी रिसेप्टर

रासायनिक समन्वयन एवं नियमन

305. हॉर्मोन है
(a) ग्रन्थिल स्राव (b) एन्जाइम
(c) रासायनिक सम्प्रेषक (d) कार्बनिक यौगिक पदार्थ

306. कीटों में फेरोमोन्स मुक्त होते हैं
(a) अन्तःस्रावी ग्रन्थियों द्वारा (b) बहिःस्रावी ग्रन्थियों द्वारा
(c) कॉर्पोरा ऐलेटा द्वारा (d) हीमोसील

307. अग्न्याशय की α तथा β कोशिकाओं द्वारा स्रावित हॉर्मोन्स की रासायनिक प्रकृति होती है
(a) ग्लाइकोलिपिड (b) ग्लाइकोप्रोटीन्स
(c) स्टीरॉइड (d) पॉलीपेप्टाइड

308. शब्द हॉर्मोन किसने दिया?
(a) डब्ल्यू. एम. बेलिस (b) ई. एच. स्केली
(c) ई. एच. स्टारलिंग (d) जी. डब्ल्यू. सहेरिस

309. प्रोटीन हॉर्मोन के लिए ग्राही स्थित होते हैं
(a) साइटोप्लाज्म में (b) कोशिका सतह पर
(c) केन्द्रक में (d) एण्डोप्लाज्मिक रेटीकुलम पर

310. हॉर्मोन्स होते हैं
(a) अमीनो अम्ल के व्युत्पन्न (b) पेप्टाइड्स
(c) स्टीरॉइड्स (d) ये सभी

311. अन्धेरे में कौन-सा हॉर्मोन सबसे ज्यादा स्त्रावित होता है?
(a) इन्सुलिन (b) एड्रीनेलिन
(c) थाइरॉक्सिन (d) मिलेटोनिन

312. वैसोप्रेसिन सम्बन्धित है
(a) बीज प्रस्फुटन से (b) अस्थि निर्माण से
(c) मूत्र निर्माण से (d) शिशु जन्म से

313. STH के अल्प आयु में अल्पस्त्राव के कारण हो जाता है
(a) महाकायता (b) एक्रोमिगेली
(c) नपुंसकता (d) वामनता

314. वृद्धि हॉर्मोन उत्पन्न करता है
(a) पीयूष ग्रन्थि (b) एड्रीनल ग्रन्थि
(c) थायरॉइड ग्रन्थि (d) जनन ग्रन्थि

315. कौन 'अन्तःस्त्रावी विज्ञान का पिता' कहलाता है?
(a) मॉर्गन (b) फुंक
(c) लुईस पाश्चर (d) थॉमस एडीसन

316. वह हॉर्मोन जोकि कॉर्पस ल्यूटियम की क्रियाशीलता बनाए रखता है एवं स्तन ग्रन्थियों के आकार में भी वृद्धि करता है
(a) एस्ट्रोजन (b) ल्यूटिनाइजिंग
(c) ल्यूटियोट्रोफिन (d) गोनेडोट्रोपिन

317. अग्रतिकायता (एक्रोमिगेली) उत्पन्न होती है। अनियमित स्त्रावण से
(a) एड्रीनल के (b) अग्न्याशय के
(c) थायरॉइड के (d) पीयूष के

318. शुक्राणु जनन एवं शुक्राणु निर्माण की क्रियाएँ नियन्त्रित होती हैं
(a) FSH द्वारा (b) ADH द्वारा
(c) LH द्वारा (d) LTH द्वारा

319. पिट्यूटरी की अग्रपालि प्रभावित करती है
(a) प्रोटीन उपापचय को (b) वसा उपापचय को
(c) कार्बोहाइड्रेट उपापचय को (d) इन सभी को

320. हाइपोफाइसिस किसका दूसरा नाम है?
(a) थायरॉइड ग्रन्थि (b) पीयूष ग्रन्थि
(c) थाइमस ग्रन्थि (d) पीनियल ग्रन्थि

321. ल्यूटीनाइजिंग हॉर्मोन कौन स्त्रावित करता है?
(a) पिट्यूटरी (b) थायरॉइड
(c) पैराथायरॉइड (d) एड्रीनल

322. पिट्रेसिन को अन्य किस नाम से जाना जाता है?
(a) ADH (b) LH
(c) NADH (d) FSH

323. निम्न में से कौन-सा हॉर्मोन एक स्टीरॉइड है?
(a) रिलैक्सिन (b) एस्ट्रोजन
(c) थाइरॉक्सिन (d) इन्सुलिन

324. सोमेटोस्टेटिन स्त्रावित होता है
(a) हाइपोथैलेमस द्वारा (b) पिट्यूटरी द्वारा
(c) पीनियल द्वारा (d) थायरॉइड द्वारा

325. एस्ट्रोजन का स्त्रावण किसके द्वारा नियन्त्रित होता है?
(a) HCG (b) प्रोजेस्ट्रॉन
(c) LH (d) FSH

326. FSH (फॉलिकल स्टीमुलेटिंग हॉर्मोन) किसके द्वारा उत्पन्न होता है?
(a) एड्रीनल कॉर्टेक्स से
(b) पिट्यूटरी के अग्र पिण्ड से
(c) पिट्यूटरी के मध्य पिण्ड से
(d) पिट्यूटरी के पश्च पिण्ड से

327. वैसोप्रेसिन का संश्लेषण किसके द्वारा किया जाता है?
(a) हाइपोथैलेमस (b) वृक्क
(c) अग्र पिट्यूटरी (d) पश्च पिट्यूटरी

328. कैल्सीटोनिन, का स्त्राव होता है
(a) पैराथायरॉइड से (b) हाइपोथैलेमस से
(c) एड्रीनल से (d) थायरॉइड से

329. आयोडीन की कमी से होने वाला रोग है
(a) ग्वाइटर (b) मिक्सोइडीमा
(c) क्रिटिनिज्म (d) वामनता

330. वयस्कों में कौन-सा रोग थायरॉक्सिन की अल्पता के कारण होता है?
(a) डायबिटिज इन्सीपीडस
(b) डायबिटीज मेलीटस
(c) मिक्सोडीमा
(d) एक्सोप्थेल्मिक ग्वाइटर

331. एक्सोप्थेल्मिक ग्वाइटर का कारण है
(a) थायरॉइड की कम क्रियाशीलता
(b) थायरॉइड की अधिक क्रियाशीलता
(c) पैराथायरॉइड की कम क्रियाशीलता
(d) पैराथायरॉइड की अधिक क्रियाशीलता

332. आयोडीन सम्बन्धित है
(a) थाइरॉक्सिन से (b) कैल्सिटोनिन से
(c) ऑक्सीटोसिन से (d) एडिनीन से

333. मेंढक के टेडपोल के कायान्तरण में कौन-सी ग्रन्थि मुख्य भूमिका निभाती है?
(a) एड्रीनल (b) थाइमस
(c) अग्न्याशय (d) थायरॉइड

334. निम्न में से कौन-सा हॉर्मोन न्यूरोपेप्टाइड हॉर्मोन है?
(a) वैसोप्रेसिन (b) इन्सुलिन
(c) ACTH (d) ग्लूकैगॉन

335. प्रोलैक्टिन का प्रभाव पड़ता है
(a) अस्थियों पर (b) वृद्धि पर
(c) स्तन ग्रन्थि पर (d) यकृत पर

336. यौवनावस्था में पुरुष में लाक्षणिक परिवर्तन करने वाला हॉर्मोन है
(a) टेस्टोस्टेरॉन (b) एस्ट्रोजन
(c) FSH (d) LH

337. लीडिग कोशिकाएँ स्त्रावित करती है
(a) एस्ट्रोजन (b) प्रोजेस्टेरॉन
(c) टेस्टोस्टेरॉन (d) एल्डोस्टेरॉन

338. एडीसन रोग का कारण होता है
(a) एल्डोस्टेरोन हॉर्मोन का अल्पस्रावण
(b) एल्डोस्टेरोन का अतिस्रावण
(c) कॉर्टीसोन हॉर्मोन का अल्पस्रावण
(d) कॉर्टीसोन हॉर्मोन का अतिस्रावण

339. जीवन रक्षक हॉर्मोन स्रावित होता है
(a) एड्रीनल ग्रन्थि से (b) अग्न्याशय ग्रन्थि से
(c) पीयूष ग्रन्थि से (d) थायरॉइड ग्रन्थि से

340. कौन-सा हॉर्मोन ग्लाइकोजन निर्माण की दर, वाहिनियों में रुधिर की मात्रा तथा हृदय स्पन्दन की दर को बढ़ाता है?
(a) इन्सुलिन (b) ग्लूकैगॉन (c) एड्रीनेलिन (d) FSH

341. कॉन्स की बीमारी किस हॉर्मोन के अतिस्रावण के कारण होती है?
(a) ADH
(b) ACTH
(c) एल्डोस्टेरॉन
(d) ऑक्सीटोसिन

उत्तरमाला

1.	(b)	2.	(d)	3.	(d)	4.	(c)	5.	(b)	6.	(c)	7.	(b)	8.	(b)	9.	(a)	10.	(a)
11.	(b)	12.	(c)	13.	(a)	14.	(d)	15.	(b)	16.	(c)	17.	(c)	18.	(c)	19.	(b)	20.	(b)
21.	(a)	22.	(a)	23.	(d)	24.	(b)	25.	(b)	26.	(c)	27.	(c)	28.	(b)	29.	(a)	30.	(c)
31.	(d)	32.	(d)	33.	(a)	34.	(b)	35.	(b)	36.	(b)	37.	(a)	38.	(b)	39.	(b)	40.	(b)
41.	(a)	42.	(d)	43.	(c)	44.	(b)	45.	(c)	46.	(b)	47.	(b)	48.	(c)	49.	(b)	50.	(c)
51.	(a)	52.	(a)	53.	(b)	54.	(a)	55.	(b)	56.	(b)	57.	(b)	58.	(c)	59.	(a)	60.	(d)
61.	(d)	62.	(b)	63.	(a)	64.	(a)	65.	(b)	66.	(d)	67.	(a)	68.	(c)	69.	(d)	70.	(b)
71.	(a)	72.	(b)	73.	(c)	74.	(a)	75.	(a)	76.	(a)	77.	(d)	78.	(b)	79.	(c)	80.	(b)
81.	(a)	82.	(b)	83.	(b)	84.	(a)	85.	(d)	86.	(c)	87.	(c)	88.	(b)	89.	(d)	90.	(c)
91.	(c)	92.	(d)	93.	(a)	94.	(c)	95.	(b)	96.	(b)	97.	(a)	98.	(a)	99.	(a)	100.	(d)
101.	(d)	102.	(c)	103.	(b)	104.	(b)	105.	(c)	106.	(a)	107.	(d)	108.	(a)	109.	(d)	110.	(c)
111.	(c)	112.	(c)	113.	(c)	114.	(c)	115.	(d)	116.	(b)	117.	(a)	118.	(d)	119.	(a)	120.	(c)
121.	(c)	122.	(a)	123.	(b)	124.	(c)	125.	(d)	126.	(b)	127.	(d)	128.	(c)	129.	(a)	130.	(c)
131.	(b)	132.	(a)	133.	(a)	134.	(d)	135.	(d)	136.	(d)	137.	(a)	138.	(d)	139.	(c)	140.	(b)
141.	(d)	142.	(d)	143.	(d)	144.	(d)	145.	(c)	146.	(d)	147.	(d)	148.	(b)	149.	(b)	150.	(a)
151.	(a)	152.	(b)	153.	(c)	154.	(a)	155.	(b)	156.	(a)	157.	(a)	158.	(b)	159.	(a)	160.	(c)
161.	(d)	162.	(c)	163.	(a)	164.	(a)	165.	(d)	166.	(d)	167.	(b)	168.	(a)	169.	(d)	170.	(a)
171.	(d)	172.	(d)	173.	(b)	174.	(d)	175.	(c)	176.	(b)	177.	(a)	178.	(d)	179.	(a)	180.	(c)
181.	(a)	182.	(d)	183.	(d)	184.	(d)	185.	(c)	186.	(d)	187.	(b)	188.	(d)	189.	(d)	190.	(c)
191.	(d)	192.	(a)	193.	(c)	194.	(d)	195.	(b)	196.	(a)	197.	(c)	198.	(d)	199.	(b)	200.	(d)
201.	(c)	202.	(c)	203.	(c)	204.	(b)	205.	(c)	206.	(c)	207.	(d)	208.	(c)	209.	(a)	210.	(a)
211.	(a)	212.	(b)	213.	(d)	214.	(c)	215.	(a)	216.	(b)	217.	(b)	218.	(c)	219.	(a)	220.	(c)
221.	(c)	222.	(d)	223.	(a)	224.	(c)	225.	(b)	226.	(b)	227.	(a)	228.	(b)	229.	(c)	230.	(d)
231.	(a)	232.	(c)	233.	(a)	234.	(c)	235.	(c)	236.	(a)	237.	(b)	238.	(c)	239.	(b)	240.	(b)
241.	(b)	242.	(b)	243.	(c)	244.	(a)	245.	(c)	246.	(c)	247.	(c)	248.	(d)	249.	(c)	250.	(d)
251.	(d)	252.	(c)	253.	(a)	254.	(d)	255.	(c)	256.	(b)	257.	(d)	258.	(a)	259.	(a)	260.	(a)
261.	(b)	262.	(d)	263.	(b)	264.	(d)	265.	(a)	266.	(a)	267.	(b)	268.	(b)	269.	(a)	270.	(d)
271.	(b)	272.	(d)	273.	(c)	274.	(b)	275.	(c)	276.	(a)	277.	(c)	278.	(a)	279.	(c)	280.	(c)
281.	(b)	282.	(c)	283.	(a)	284.	(b)	285.	(b)	286.	(b)	287.	(a)	288.	(c)	289.	(b)	290.	(a)
291.	(d)	292.	(a)	293.	(c)	294.	(c)	295.	(c)	296.	(a)	297.	(d)	298.	(c)	299.	(c)	300.	(c)
301.	(b)	302.	(d)	303.	(c)	304.	(d)	305.	(c)	306.	(b)	307.	(d)	308.	(c)	309.	(b)	310.	(d)
311.	(d)	312.	(c)	313.	(d)	314.	(a)	315.	(d)	316.	(b)	317.	(d)	318.	(a)	319.	(d)	320.	(b)
321.	(a)	322.	(a)	323.	(b)	324.	(a)	325.	(d)	326.	(b)	327.	(d)	328.	(d)	329.	(a)	330.	(c)
331.	(b)	332.	(a)	333.	(d)	334.	(a)	335.	(c)	336.	(a)	337.	(c)	338.	(a)	339.	(a)	340.	(c)
341.	(c)																		

उत्तर व्याख्या सहित

21. *(a)* मुखगुहा अनेक प्रकार के दाँत तथा जिह्वा से बनी होती है। जिह्वा थोड़ी ग्रसनी में भी स्थित होती है। यह एक पेशीय भाग है, जो फ्रेनुलम द्वारा मुखगुहा की आधार सतह से जुड़ा होता है।

22. *(a)* आमाशय (Stomach) उदर गुहा के ऊपरी बाएँ भाग में स्थित होता है। यह J-आकार का होता है तथा यह आहारनाल का सबसे चौड़ा भाग है। सीकम, बड़ी आँत का अन्धनाल भाग है, जिसमें सहजीवी जीवाणु होते हैं, ग्रसिका एक लम्बी पतली नलिका है, जो गर्दन, वक्ष एवं डायाफ्राम (Diaphragm) से होते हुए आमाशय में खुलती है।

23. *(d)* ग्रासनली (भोजन नलिका) 2.5 सेमी पेशीय नलिका (Muscular tube) होती है, तो चबाए हुए भोजन को ग्रसनी से आमाशय में स्थानान्तरित करती है। आमाशय एवं ग्रासनाल के मध्य कार्डियक संकोचक पाया जाता है, जो ग्रासनली में से आमाशय में भोजन के प्रवेश को नियन्त्रित करता है।

24. *(b)* मानव में मुख्यतया तीन जोड़ी लार ग्रन्थियाँ पाई जाती हैं–अधोजिह्वा, कर्णपूर्ण एवं अधोजन ये तीनों जोड़ी ग्रन्थियाँ मुख गुहा में लार नलिका द्वार से लार का स्राव करती है। वयस्क मान में प्रतिदिन 1000-1500 मिली लार का स्राव होता है।

25. *(b)* रासायनिक रूप से लार जल व वैद्युत अपघट्यों (Na^+, K^+, Cl^-, HCO_3^-) का मिश्रण है। इसमें कुछ एन्जाइम जैसे कि लारीय एमाइलेज तथा लाइसोजाइम (प्रति जीवाणु) कारक भी उपस्थित होते हैं।

26. *(c)* सीकम बड़ी आँत का पहला भाग है, जिसमें सहजीवी जीवाणु उपस्थित होते हैं। मध्यनाल से एक अंगुलीनुमा (Finger-like) प्रवर्ध परिशेषिका निकलती है, जोकि एक अवशेषी अंग है।

27. *(c)* सबम्यूकोसा (Submucosa) ढीले संयोजी ऊतक से बनी होती है। इसमें तन्त्रिका, रुधिर तथा लसीका वाहिनी (Lymph vessels) स्थित होती है।

28. *(b)* आहारनाल की भित्ति में बाहर से अन्दर की ओर चार स्तर **सीरोसा** → मस्कुलेरिस → सबम्यूकोसा → तथा म्यूकोसा हैं। म्यूकोसा आमाशय में जठर ग्रन्थि तथा छोटी आँत में अंकुर (Villi) का निर्माण करत है।

29. *(a)* आमाशय में HCl का स्रावण जठर ग्रन्थि की परिधीय कोशिका द्वारा किया जाता है। यह प्रोटियोलाइटिक एन्जाइम की क्रियाविधि के लिए आमाशय के माध्यम को अम्लीय बनाता है।

30. *(c)* गोब्लेट कोशिका (Goblet cell) म्यूकोसा की उपकला में सभी जगह उपस्थित होती है तथा इसके द्वारा स्रावित श्लेष्मा स्नेहक के रूप में कार्य करता है। यह जठर रस के बाइकार्बोनेट आयन के साथ मिलकर आमाशय की भित्ति को HCl तथा अन्य प्रोटीन पाचक एन्जाइम की क्रिया से बचाता है।

31. *(d)* दाँयी एवं बाँयी हिपेटोसाइट नलिकाएँ संयुक्त होकर यकृत वाहिका का निर्माण करती है, जो पित्ताशय से उत्पन्न सिस्टिक नलिका के साथ जुड़कर संयुक्त पित्त नलिका का निर्माण करती है। यह अग्न्याशयी नलिका से जुड़कर यकृती-अग्न्याशयी वाहिका या तुम्बिका का निर्माण करती है, जोकि ग्रहणी में ऑडी (Oddi) संकोचक द्वारा खुलती है।

35. *(b)* पेप्सिन प्रोटियोलाइटिक एन्जाइम है, जो अम्लीय माध्यम में प्रोटीन का पाचन करता है।

41. *(a)* आहारनाल (Alimentary canal) की ग्रहणी द्वारा स्रावित प्रमुख दो जठरान्त्रीय हॉर्मोन सिक्रेटिन एवं कोलेसाइटोकाइनिन हैं। कोलेसाइटोकाइनिन पित्ताशय के संकुचन को उद्दीपित करता है, जिससे आँत में पित्त लवणों का प्रवाह बढ़ता है, जबकि सिक्रेटिन क्षारीय अग्न्याशयी तरल के स्रावण को उद्दीपित करता है, जो जठरीय अम्ल को उदासीन करता है।

42. *(d)* आँत की असामान्य एवं लगातार गति तथा मल के आयतन, तरलता एवं आवृत्ति में वृद्धि दस्त या मोतीझरा (डायरिया) कहलाता है। इसकी अधिकता से शरीर में निर्जलीकरण एवं लवणों की कमी हो सकती है।

43. *(c)* दूध सन्तुलित आहार का मुख्य भाग है। इसमें जल, केसीन प्रोटीन, कैल्शियम तथा कुछ मात्रा में वसा पाई जाती है। दूध शर्करा लैक्टोस आँत में लैक्टेज एन्जाइम के द्वारा आँत में पचायी जाती है।

45. *(c)* मानव के दाएँ फेफड़े में 3 पाली तथा बाएँ फेफड़े में 2 पालियाँ पाई जाती हैं।

46. *(b)* ऐनेलिडा संघ के जन्तुओं में लौह वर्णक (हीमोग्लोबिन) तथा ताँबा वर्णक (हीमोसायनिन) पाए जाते हैं।

47. *(b)* मेंढक (उभयचर) में नमी युक्त त्वचा पर उपस्थित रन्ध्रों द्वारा श्वसन होता है।

48. *(c)* ग्लोटिस या घांटी द्वार भोजन निगलते समय बन्द होकर भोजन को श्वासनली में जाने से रोकता है।

49. *(b)* वायवीय श्वसन की प्रकिया हैंस क्रैब ने दी थी। इसे पाइरुविक अम्ल चक्र या क्रैब्स चक्र कहते हैं।

50. *(c)* अवायवीय श्वसन में सदैव CO_2 विमुक्त होती है।

$$C_6H_{12}O_6 \xrightarrow{\text{यीस्ट}} 2CO_2 + 2C_2H_5OH$$

51. *(a)* वायवीय श्वसन में कुल 38 ATP (ग्लाइकोलाइसिस, क्रेब चक्र तथा ऑक्सीडेटिव फॉस्फोरिलेशन द्वारा) बनते हैं।

52. *(a)* अवायवीय श्वसन में एक ग्लूकोस ($C_6H_{12}O_6$) अणु से 2 ATP बनत हैं।

53. *(b)* अवायवीय श्वसन में प्रयुक्त O_2 का मान शून्य होता है। अतः RQ या श्वसन गुणांक अनन्त होता है।

54. *(a)* मानव में दो फेफड़े होते हैं, जोकि एक द्विस्तरीय फुस्फुसावरण (Pleural) से ढके रहते हैं तथा इनके मध्य फुफ्फुसावरणी द्रव (Pleural fluid) भरा रहता है। यह फेफड़े की सतह पर घर्षण को कम करता है। बाहरी फुफ्फुसावरणी झिल्ली वक्षीय परत के निकट सम्पर्क में रहती है, जबकि आन्तरिक फुफ्फुसावरणी झिल्ली फेफड़े की सतह के सम्पर्क में होती है।

55. *(b)* नासाग्रसनी, ग्रसनी का ही एक भाग है। ग्रसनी आहार और वायु दोनों के लिए उभयनिष्ठ मार्ग है। नासाग्रसनी, कण्ठ क्षेत्र (Larynx) स्थित घाँटी द्वार (Glottis) द्वारा श्वासनली में खुलती है।

56. *(b)* श्वसन का नियन्त्रण मस्तिष्क के मेड्यूला ऑब्लोंगेटा द्वारा होता है। यह अनैच्छिक प्रक्रम है।

57. *(b)* वायु को फेफड़ों के भीतर लेने के लिए तथा फेफड़ों से बाहर मुक्त करने के लिए फेफड़ों तथा वायुमण्डल के मध्य दाब प्रवणता (Pressure gradient) निर्मित की जाती है।

अन्तः श्वसन तभी हो सकता है, जब वायुमण्डलीय दाब से फेफड़ों की वायु का दाब कम हो अर्थात् फेफड़ों का दाब वायुमण्डलीय दाब के सापेक्ष कम होता है।

इसी प्रकार निःश्वसन तब होता है, जब अन्तर फुफ्फुसीय दाब (Intrapulmonary pressure) वायुमण्डलीय दाब से अधिक होता है अर्थात् फेफड़ों का दाब, वायुमण्डलीय दाब के सापेक्ष धनात्मक (अधिक) होता है।

58. *(c)* हम अपनी इच्छानुसार गहरी साँस ले सकते हैं। गहरी साँस लेने की प्रक्रिया के दौरान बाह्य अन्तरापर्शुक पेशियों तथा उदरीय पेशियों (Abdominal muscles) की सहायता से वक्षगुहा आयतन को और अधिक परिवर्तित किया जाता है।

59. *(a)* वायु की मात्रा, जोकि फेफड़ों के द्वारा भीतर ली जा सकती है या बाहर मुक्त की जा सकती है, श्वसन आयतन कहलाती है। फेफड़ों में उपस्थित वायु की मात्रा के आधार पर इसे चार भागों में बाँटा जा सकता है

(i) **ज्वारीय आयतन** (TV) सामान्य श्वसन क्रिया के समय प्रति श्वास अन्तःश्वासित या निःश्वासित वायु का आयतन ज्वारीय आयतन कहलाता है। स्वस्थ मनुष्य में यह लगभग 500 mL होता है।

(ii) **अन्तः श्वसन आरक्षित आयतन** (IRV) ज्वारीय आयतन के अतिरिक्त, वायु आयतन की वह अतिरिक्त मात्रा, जो एक व्यक्ति बलपूर्वक अन्तःश्वासित कर सकता है। यह औसतन 3000 mL होता है।

(iii) **निःश्वसन आरक्षित आयतन** (ERV) ज्वारीय आयतन के अतिरिक्त वायु आयतन की वह अतिरिक्त मात्रा, जो एक व्यक्ति बलपूर्वक अन्तःश्वासित कर सकता है। यह औसतन 1100 mL होता है।

(iv) **अवशिष्ट आयतन** (RV) वायु का वह आयतन, जो बलपूर्वक निःश्वसन के बाद भी फेफड़ों में शेष रह जाता है। यह औसतन 1200 mL होता है।

60. *(d)* **फेफड़ों की कुल क्षमता** (TLC) यह बलपूर्वक निःश्वसन के पश्चात् फेफड़ों में समायोजित वायु की कुल मात्रा है, इसमें RV, ERV, TV और LRV सम्मिलित है अर्थात् सजीव क्षमता + अवशिष्ट आयतन (VC + RV)।

61. *(d)* दाब/सान्द्रता प्रवणता (Gradient), गैसों की घुलनशीलता तथा झिल्ली की मोटाई कुछ ऐसे कारक हैं, जोकि विसरण की प्रक्रिया के दौरान विसरण की दर को प्रभावित करते हैं।

62. *(b)* गैसों के मिश्रण में किसी विशेष गैस के दाब में भागीदारी को आंशिक दाब कहते हैं। इसे ऑक्सीजन के लिए pO_2 द्वारा तथा कार्बन डाइऑक्साइड के लिए pCO_2 द्वारा दर्शाते हैं।

63. *(a)* CO_2 की सान्द्रता बढ़ने पर इसके शीघ्र निष्कासन हेतु श्वसन की दर बढ़ जाएगी।

64. *(a)* वायुमण्डल में लगभग 70.95% N_2, 20.98% O_2 तथा 0.036% CO_2 गैसें विद्यमान हैं।

65. *(b)* फेफड़ों की वायु कूपिका में ऑक्सीजन का आंशिक दाब (pO_2) 104 mm Hg होता है, जोकि फेफड़ों का वायु कूपिका की रुधिर केशिकाओं के रुधिर से अधिक (40 mm Hg) होता है। इस अन्तर के कारण ही फेफड़ों में भरी हुई वायु से O_2 निष्क्रिय विसरण द्वारा फेफड़ों की वायु कूपिका की रुधिर कोशिकाओं में विसरित हो जाती है।

66. *(d)* फुफ्फुसीय शिरा, शरीर की एक मात्र ऐसी शिरा है, जोकि अनॉक्सीकृत रुधिर की जगह ऑक्सीकृत रुधिर का वहन करती है। यह रुधिर को फेफड़ों से हृदय के बाएँ अलिन्द में ले जाती है। बाएँ अलिन्द से रुधिर बाएँ निलय में जाता है। बाएँ निलय से इस रुधिर को पूरे शरीर में वितरित कर दिया जाता है।

67. *(a)* O_2 का आंशिक दाब वायुमण्डलीय वायु में कूपिकीय वायु की तुलना में अधिक होता है। इस दाब प्रवणता के कारण O_2 शरीर के भीतर चली जाती है। यही प्रक्रिया CO_2 के मामले में होती है, परन्तु इसकी विपरीत दिशा में होती है।

68. *(c)* ऑक्सीकृत रुधिर तथा वायु कूपिका में O_2 का आंशिक दाब लगभग समान होता है। कूपिका में इसका मान 104 mm Hg होता है, जबकि ऑक्सीकृत में यह 95 mm Hg होता है।

69. *(d)* कूपिकीय वायु में CO_2 का आंशिक दाब 40 mm Hg होता है।

70. *(b)* रुधिर में CO_2 की घुलनशीलता (Solubility) O_2 की तुलना में 20-25 गुणा अधिक होती है। CO_2 की वह मात्रा, जोकि प्रति इकाई दाब प्रवणता में अन्तर के कारण विसरण झिल्ली (Diffusion membrane) द्वारा विसरित हो सकती है, वह O_2 की तुलना में बहुत अधिक होती है।

71. *(a)* रुधिर में उपस्थित हीमोग्लोबिन (Hb) अणु से $4O_2$ अणु जुड़कर स्थायी बन्ध बनाते हैं।

72. *(b)* क्लोराइड शिफ्ट प्रक्रम को हेमबर्गर प्रक्रिया भी कहते हैं। यह CO_2 द्वारा होता है।

73. *(c)* CO (कार्बन मोनॉक्साइड) हीमोग्लोबिन (Hb) से O_2 की तुलना में अधिक स्थायी बन्ध बनता है, जो उच्च सान्द्रता में प्राणघातक हो सकता है।

74. *(a)* **बोर प्रभाव** (Bohr's effect) pCO_2 के मान में वृद्धि या pH के मान में कमी, ऑक्सीजन हीमोग्लोबिन के साथ बन्धुता को कम कर देती है, जिससे P_{50} का मान बढ़ जाता है व वक्र दाईं ओर खिसक जाता है। इसे ही बोर प्रभाव कहते हैं। इसके विपरीत pCO_2 के मान में कमी या pH के मान में वृद्धि ऑक्सीजन की हीमोग्लोबीन के साथ बन्धुता को बढ़ा देती है। P_{50} का मान pO_2 का वह मान है, जिस पर 50% हीमोग्लोबिन ऑक्सीजन के साथ ऑक्सीहीमोग्लोबिन बनाने के लिए संतृप्त हो जाता है।

75. *(a)* हीमोग्लोबिन की ऑक्सीजन से प्रतिशत संतृप्ति को pO_2 सापेक्ष आलेखित करने पर जो सिग्मॉइड वक्र प्राप्त होता है। उस वियोजन वक्र को ऑक्सीजन हीमोग्लोबिन वियोजन वक्र कहते हैं।

76. (a) जैसे ही कोई व्यक्ति ऊँचे पर्वतीय क्षेत्र पर जाता है, वहाँ pO_2 तथा कुल वायुमण्डलीय दाब के मान में कमी आती है। बढ़ती तुंगता (Altitude) के कारण pO_2 में यह कमी वृक्क की JG कोशिका को इरिथ्रोपोइटिन (Erythropoietin) नामक हॉर्मोन के स्रावण को प्रेरित करती है, जोकि O_2 की आपूर्ति को बढ़ाने के लिए RBC की संख्या को बढ़ा देता है। उच्च तुंगता पर हीमोग्लोबिन O_2 के लिए कम बन्धुता रखता है, क्योंकि बन्धुता के लिए आवश्यक प्राथमिक कारक pO_2 का मान कम हो जाता है।

77. *(d)* ऊतकों में ऑक्सीहीमोग्लोबिन का वियोजन जबकि, कार्बेमीनो हीमोग्लोबिन का निर्माण होता है। फेफड़ों में कार्बेमीनो-हीमोग्लोबिन का वियोजन, जबकि हीमोग्लोबिन का निर्माण होता है।

78. *(b)* अधिक तापमान ऑक्सीहीमोग्लोबिन से ऑक्सीजन के वियोजन को बढ़ाता है, जबकि कम तापमान O_2 की हीमोग्लोबिन के साथ बन्धुता को बढ़ाता है।

79. *(c)* रुधिर, बाइकार्बोनेट आयन की बफर क्रिया के कारण अम्लीय नहीं होता है।

$$H_2O + CO_2 \rightleftharpoons H_2CO_3 \rightleftharpoons H^+ + HCO_3^-$$

80. *(b)* हीमोग्लोबिन, कार्बोमिनो-हीमोग्लोबिन (लगभग 20-25%) के रूप में CO_2 का परिवहन करता है। यह बन्धुता CO_2 के आंशिक दाब से सम्बन्धित है। pO_2 एक ऐसा महत्त्वपूर्ण कारक है, जोकि इस बन्धुता को प्रभावित कर सकता है।

81. *(a)* CO_2 का सबसे बड़ा भाग (लगभग 70%) बाइकार्बोनेट में परिवर्तित होकर प्लाज्मा द्वारा परिवहित होता है।

$$CO_2 + H_2O \xrightleftharpoons{\text{कार्बोनिक एनहाइड्रेज}} H_2CO_3 \xrightleftharpoons{\text{कार्बोनिक एनहाइड्रेज}} HCO_3^- + H^+$$

लगभग 23% CO_2 का हीमोग्लोबिन द्वारा कार्बोमिनो-हीमोग्लोबिन के रूप में वहन होता है।

$$\underset{}{CO_2} + \underset{\text{हीमोग्लोबिन}}{Hb} \rightleftharpoons \underset{\text{कार्बोमिनो-हीमोग्लोबिन}}{HbCO_2}$$

82. *(b)* रुधिर के pH में कमी अर्थात् अम्लता में वृद्धि ऑक्सीहीमोग्लोबिन के विखण्डन को प्रेरित कर O_2 को मुक्त करती है। जब यह घटना CO_2 की बढ़ी सान्द्रता के कारण होती है, तो इसे बोहर प्रभाव कहते हैं।

83. *(b)* जब CO_2 की सान्द्रता रुधिर में फेफड़ों के बराबर होती है, तो यह रुधिर से निर्मुक्त नहीं हो पाती है तथा अगली श्वास तक इसकी सान्द्रता बढ़ती रहती है। जब श्वास द्वारा CO_2 फेफड़ों में विसरित (Diffuses) होती है, तब ही O_2 अन्तर्ग्रहित कर ली जाती है। अतः अम्लता का उदासीनीकरण (Neutralising) O_2 द्वारा होता है।

84. *(a)* पूरे रुधिर की ऑक्सीजन वहन क्षमता, प्लाज्मा की तुलना में बहुत अधिक होती है तथा फेफड़ों से निकलने वाले रुधिर में ऑक्सीजन की मात्रा, फेफड़ों में प्रवेश करने वाले रुधिर से कहीं अधिक होती है।

85. *(d)* अन्तःश्वसन O_2 के शरीर में बाहर की तुलना में ऋणात्मक दाब होने पर होता है। पर्वतों में O_2 का दाब शरीर की तुलना में कम (ऋणात्मक) होता है, इसी कारण यहाँ श्वास लेना कठिन होता है।

86. *(c)* मानव में तन्त्रिका तन्त्र श्वसन की लय को नियन्त्रित एवं स्थिर बनाए रखता है। श्वसन केन्द्र मेड्यूला ऑब्लोंगेटा एवं पोन्स वैरोली में स्थित होता है।

यह केन्द्र श्वास की दर एवं आयतन डायाफ्राम एवं अन्य श्वसन पेशियों को नियन्त्रित कर निर्धारित करते हैं। मेड्यूला ऑब्लोंगेटा (Medulla oblongata) में अन्तःश्वास लय केन्द्र, श्वसन केन्द्र के पृष्ठीय भाग में या मस्तिष्क के आधारीय भाग में स्थित होता है।

87. *(c)* तीक्ष्ण गैसों (Irritating gases), धुँए, धूल, आदि की उपस्थिति में काम करने के कारण श्वसन रोग हो जाते हैं। इसका कारण शरीर का प्रतिरक्षा तन्त्र धूल की अधिक मात्रा के प्रति प्रभावी नहीं रह पाता है। लम्बे समय तक सम्पर्क में आने पर सूजन के कारण फेफड़ों में फाइब्रोसिस (तन्तुमय ऊतकों में दीर्घकालिक खिंचाव होना) हो सकता है, जिससे फेफड़े क्षतिग्रस्त हो जाते हैं।

88. *(b)* कोशिकाओं के बाहर उपस्थिति तरल को बाह्य कोशिकीय तरल (Extracellular fluid) कहते हैं। यह रुधिर लसीका, शरीर की गुहा तथा दूसरे मार्गों में पाया जाता है। इसमें सोडियम व क्लोराइड आयन की सान्द्रता अधिक होती है, जबकि अन्तःकोशिकीय तरल में पोटैशियम आयन की सान्द्रता अधिक होती है।

89. *(d)* पेशी जनित हृदय में हृदय के अन्दर एक या अधिक पेशीय घुण्डियाँ पाई जाती हैं, जोकि हृदय में स्पन्दन प्रारम्भ करती हैं। पेशियों से स्पन्दन की उत्पत्ति के कारण ऐसे हृदय को पेशी जनित हृदय कहते हैं; उदाहरण-घोंघा।

90. *(c)* खुला परिसंचरण तन्त्र आर्थ्रोपोडा संघ के सदस्यों में पाया जाता है, जिसमें सम्पूर्ण देहगुहा में तरल हीमोलिम्फ भरा होता है। यहाँ प्रायः श्वसन वर्णक नहीं होते हैं।

91. *(c)* साइनस वैनोसस या शिरा कोटर मछलियों, उभयचरों और सरीसृपों के हृदय का प्रथम कक्ष होता है। मछलियों में यह क्यूवेरियन नलिकाओं और यकृत शिरा से रुधिर संग्रहित करता है तथा एकल अलिन्द में पहुँचता है। उभयचरों और सरीसृपों में यह तीन महाशिराओं से रुधिर संग्रहित करता है और दाएँ अलिन्द में पहुँचता है, किन्तु पक्षियों और स्तनधारियों में यह अनुपस्थित होता है।

92. *(d)*

खुला परिसंचरण तन्त्र	बन्द परिसंचरण पक्ष
रुधिर खुले स्थानों में बहता है।	रुधिर बन्द वाहिनयों में बहता है।
रुधिर, ऊतक व कोशिकाओं के सीधे सम्पर्क में होता है।	रुधिर, ऊतक व कोशिकाओं के सीधे सम्पर्क में नहीं होता है।
रुधिर व ऊतक कोशिकाओं के मध्य सीधे पदार्थों का आदान-प्रदान होता है।	ऊतक द्रव के माध्यम से रुधिर व कोशिकाओं के मध्य पदार्थों का आदान-प्रदान होता है।
रुधिर प्रवाह धीमा होता है।	रुधिर प्रवाह तीव्र होता है।
रुधिर दाब कम होता है।	रुधिर दाब अधिक होता है।

93. *(a)* हृदय की उत्पत्ति मध्यजन स्तर से (Mesodermal) होती है, ना कि अन्तःजन स्तर से।

94. *(c)* फुफ्फुसीय धड़ (Pulmonary trunk) तथा धमनी (Aorta) के आधार पर अर्द्धचन्द्राकार कपाट पाए जाते हैं। दाएँ अलिन्द के दाएँ निलय में खुलने को नियन्त्रित करते हैं।

95. *(b)* मनुष्य के हृदय में दाएँ अलिन्द की भित्ति में अग्र-महाशिराओं के खुलने के समीप एक घुण्डी पाई जाती है, जिसे शिरा-अलिन्दीय घुण्डी कहते हैं। इसी पेशीय घुण्डी से स्पन्दन प्रारम्भ होते हैं, इसलिए इसे पेसमेकर भी कहा जाता है। इसे हृदय का हृदय या हृदय का मस्तिष्क भी कहा जाता है। पेसमेकर की पेशियाँ असंकुचनशील होती हैं, परन्तु ये उत्तेजित सक्रिय विभव उत्पन्न करती हैं।

96. *(b)* पेरीकार्डियम (सुरक्षात्मक आवरण) और पेरीकार्डियल द्रव हृदय को झटकों, यान्त्रिक आघातों से बचाता है और इसे नम रखता है और हृदय को मुक्त गतियाँ प्रदान करता है।

97. *(a)* पुरकिंजे तन्तु निलयों की पार्श्व दीवारों में पाए जाते हैं और हृदय आवेगों के संचरण में सहायक होते हैं।

98. *(a)* हृदय का पेसमेकर (SA node) दाएँ अलिन्द की दीवार में अग्र महाशिरा के छिद्र के पास उपस्थित होता है।

99. *(a)* SA नोड के खराब या कमजोर होने पर कृत्रिम पेसमेकर लगाया जाता है।

100. *(d)* मोनोसाइट सबसे बड़ी अकणिकीय ल्यूकोसाइट हैं, जो भक्षकाणु हैं, जबकि संयोजी ऊतक की मास्ट कोशिका लगातार रुधिर प्लाज्मा में एक बहुशर्करा हिपैरिन का स्राव करती हैं।

101. *(d)* थ्रोम्बोसाइट की संख्या में कमी के कारण रुधिर स्कन्दन में विकार उत्पन्न हो सकता है, जिसके कारण शरीर से अत्यधिक रुधिर की हानि होती है, इन्हें रुधिर प्लेटलेट भी कहते हैं।

102. *(c)* रुधिर वर्ग की जाँच दो प्रकार की प्रतिरक्षी एण्टी-A तथा एण्टी-B से की जाती है। O रुधिर वर्ग दर्शाने वाले व्यक्ति के रुधिर में दोनों प्रतिरक्षी तो उपस्थित होते हैं, परन्तु RBCs की सतह पर प्रतिजन अनुपस्थित होता है। इस कारण O वर्ग का रुधिर किसी भी प्रतिरक्षी के साथ समूहन नहीं दर्शाता है। इस कारण 'O' रुधिर वर्ग को सर्वदाता रुधिर वर्ग कहा जाता है व इसे किसी भी रुधिर वर्ग वाले व्यक्ति को दिया जा सकता है।

103. *(b)*

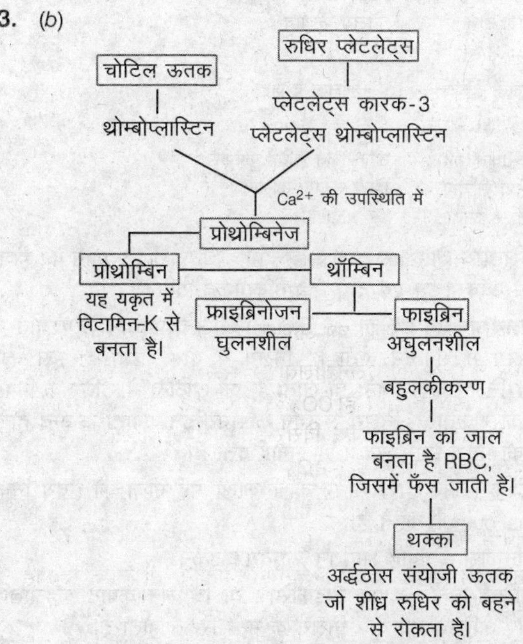

104. *(b)* संयोजी ऊतक की मास्ट कोशिका के द्वारा एक संयुग्मित बहुशर्करा (Conjugated polysaccharide) हिपेरिन का स्राव किया जाता है, जोकि रुधिर वाहिनियों में बहने वाले रुधिर को स्कंदित होने से रोकता है।

105. *(c)* रुधिर स्कन्दन में Ca^{++} आयन प्रोथ्रोम्बिन को थ्रोम्बिन में परिवर्तित करता है।

106. *(a)* निलय की भित्ति अलिन्द की भित्ति की तुलना में अधिक मोटी होती है, क्योंकि निलय रुधिर को फुफ्फुसीय धमनी तथा महाधमनी में पम्प करते हैं। अलिन्द केवल रुधिर को प्राप्त करते हैं। इस कारण निलय की तुलना में इनकी भित्ति पतली होती है।

107. *(d)* SA पर्व को हृदय की गति प्रेरक कहते हैं, क्योंकि SA पर्व की कोशिका प्रति मिनट सबसे अधिक बार संकुचित होती है। चूँकि प्रत्येक उद्दीपन की तरंग यहीं से प्रारम्भ होती है। इस कारण यह अगले उद्दीपन के लिए भी तरंग उत्पन्न करता है।

108. *(a)* हिस के बण्डल दो निलयों के मध्य पाए जाने वाले पेशीय तन्तुओं का जाल होता है।

109. *(d)* एक निश्चित समयान्तराल के दौरान हृदय से होकर प्रवाहित होने वाले रुधिर की मात्रा कार्डियक आउटपुट कहलाती है। यह हृदय दर और स्ट्रोक आयतन पंर निर्भर करती है।

कार्डियक आउटपुट = स्ट्रोक आयतन × हृदय दर

110. *(c)* प्रथम ध्वनि 'लब' होती है। यह लम्बी और बूमिंग ध्वनि होती है, (त्रिवलनी कपाट के बन्द होने से सम्बन्धित) और द्वितीय ध्वनि 'डप' होती है। यह छोटी, पतली तथा कम समयान्तराल वाली ध्वनि होती है। (अर्द्धचन्द्राकार कपाटों के बन्द होने से सम्बन्धित)

111. *(c)* ECG ग्राफ में P, R तथा T धनात्मक जबकि Q तथा S ऋणात्मक तरंगें होती हैं।

112. *(c)*

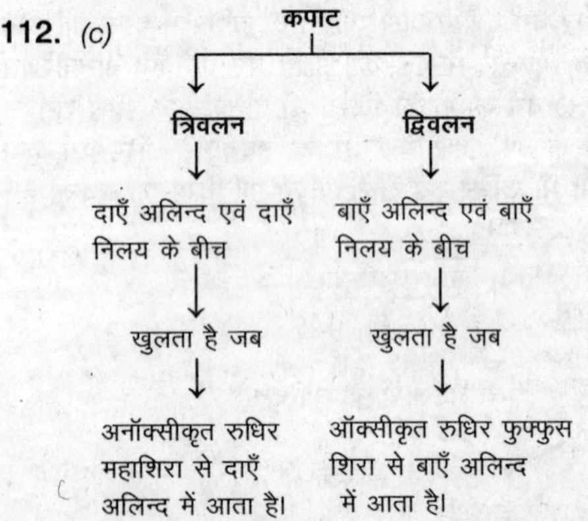

113. *(c)* अलिन्दीय शिथिलन दोनों अलिन्दों के रुधिर से भर जाने पर होता है (बाएँ में ऑक्सीकृत एवं दाएँ में अनॉक्सीकृत रुधिर)।

114. *(c)* **निलय प्रकुंचन** (Ventricular systole) अलिन्द प्रकुंचन के पश्चात् जैसे ही निलय में संकुचन होता है, निलय में दाब बढ़ता है। इस कारण अलिन्द निलय कपाट बन्द हो जाता है, जो अलिन्द में रुधिर के विपरीत प्रवाह को रोकता है, निलय संकुचन के समय इन कपाटों के बन्द होने से हृदय की प्रबल ध्वनि लब (Lub) सुनाई देती है।

115. *(d)* प्रत्येक निलय द्वारा रुधिर की निकाली गई मात्रा को हृदय निकास (Cardial output) कहते हैं।

हृदय निकास = प्रवाह आयतन × हृदय धड़कन

116. *(b)* अलिन्द-निलय कपाट ट्राइकस्पिड या त्रिवलन कपाट कहलाता है। यह दाएँ अलिन्द एवं दाएँ निलय के मध्य स्थित होता है।

117. *(a)* निलयी प्रकुंचन के दौरान अलिन्द-निलय कपाट के बन्द होने पर प्रथम ध्वनि 'लब' उत्पन्न होती है। निलयी शिथिलन के दौरान अर्द्धचन्द्राकार कपाट के बन्द होने पर द्वितीय ध्वनि 'डब' उत्पन्न होती है।

118. *(d)* बीमार व्यक्ति के मानक दण्ड को प्राप्त करने के लिए मशीन से रोगी को तीन विद्युत लीड से (दोनों कलाइयाँ तथा बाँईं ओर की एड़ी) जोड़कर लगातार निगरानी करके प्राप्त किया जाता है। विस्तृत मूल्यांकन के लिए कई तारों को शरीर से जोड़ा जाता है।

119. *(a)* हृदय से रुधिर बाईं ओर फेफड़ों में जाता है, जहाँ गैसों के विनिमय द्वारा CO_2 बाहर तथा O_2, Hb के साथ बन्धित हो जाती है। इस शुद्ध रुधिर में O_2 की सान्द्रता उच्च होती है।

120. *(c)* महाधमनी हृदय के ऊपर स्थित होती है।

121. *(c)* दोहरा परिसंचरण तन्त्र के दो भाग होते हैं

(i) **फुफ्फुसीय परिसंचरण** (Pulmonary circulation) इस परिसंचरण में रुधिर हृदय से फेफड़े तथा फेफड़ों से पुनः हृदय में आता है।

दाँया निलय
↓ अनॉक्सीकृत रुधिर
फेफड़े
↓ ऑक्सीकृत रुधिर
बाँया अलिन्द

(ii) **क्रमबद्ध परिसंचरण** इस परिसंचरण में रुधिर हृदय व शरीर के विभिन्न भागों (फेफड़ों को छोड़कर) के मध्य बहता है। इसमें धमनी व शिरा तन्त्र सम्मिलित है।

122. *(a)* एक विशिष्ट संवहनी सम्बद्धता आहारनाल व यकृत के बीच उपस्थित होती हैं। इसे यकृत निवाहिका परिसंचरण तन्त्र कहते हैं। यकृत निवाहिका शिरा रुधिर को इससे पहले ही वह क्रमबद्ध परिसंचरण में आँत से यकृत तक पहुँचाती हैं।

123. *(b)* हृदय की सामान्य क्रियाओं का नियमन अन्तरिम (Intrinsically) होता है अर्थात् विशेष पेशी ऊतक द्वारा स्वनियमित होते हैं। इसलिए हृदय को पेशीजनिक (मायोजनिक) कहते हैं।

124. *(c)* अनुकम्पी तन्त्रिकाओं से प्राप्त तन्त्रिकीय संकेत हृदय स्पन्दन को बढ़ा देते हैं व निलय संकुचन को सुदृढ़ बनाते हैं। अतः हृदय निकास बढ़ जाता है।

125. *(d)* उच्च (हाइपरटेंशन) सामान्य रुधिर दाब 120/80 से अधिक रुधिर दाब होने की अवस्था होती है। यहाँ 120mm Hg प्रकुंचन अवस्था एवं 80mm Hg अनुशिथिलन अवस्था का रुधिर दाब है।

126. *(b)* स्ट्रेप्टोकाइनेज (SK) *स्ट्रेप्टोकोकाई* जाति द्वारा स्रावित एक प्रोटीन है, जो मानव की प्लाज्मिनोजन (Plasminogen) प्रोटीन से जुड़कर उसे सक्रिय कर देती है इसका उपयोग हृदयघात या मायोकार्डियल इन्फेक्शन से गुजरने वाले रोगियों की रुधिर वाहिनियों में थक्के को हटाने अर्थात् थक्का स्फोटन के रूप में किया जाता है।

127. *(d)* हृदय की भित्तियों में परिसंचरण को कोरोनरी परिसंचरण कहते हैं। हृदयपात में हृदय पेशी को रुधिर आपूर्ति अचानक अपर्याप्त हो जाने से क्रमवार क्षति होती है।

138. *(d)* पक्षियों में उड़ान हेतु, भार कम करने हेतु, अपशिष्ट संग्रहण हेतु मूत्राशय नहीं पाया जाता है।

140. *(b)* यकृत द्वारा यूरिया का निर्माण होता है।

143. *(d)* हेनले लूप की आरोही भुजा जल हेतु अपारगम्य होती है।

145. *(c)* स्तनियों के वृक्क के मेड्यूला में हेनले पाश या लूप पाया जाता है। यह आवश्यक जल तथा लवणों का पुनरावशोषण करता है।

149. *(b)* केंचुए में तीन प्रकार के वृक्कक या नेफ्रिडिया पाए जाते हैं
(i) ग्रसनीय, (ii) अध्यावरणी, (iii) पटीय

156. *(a)* यूरिक अम्ल उत्सर्जन में अधिक जल की आवश्यकता तथा हानि नहीं होती है।

158. *(b)* वैसोप्रेसिन हॉर्मोन मूत्र निकास में कमी लाता है।

163. *(a)* इन तीन परतों द्वारा रुधिर को इतने अच्छे प्रकार से निस्यन्दित किया जाता है, कि केवल प्रोटीन को छोड़कर प्लाज्मा के लगभग सभी घटक बोमैन सम्पुट की गुहा में आ जाते हैं।

164. *(a)* एक स्वस्थ व्यक्ति में GFR 125 मिली/मिनट या 180ली/दिन होती है।

165. *(d)* नलिकीय उपकला कोशिका नेफ्रॉन के विभिन्न खण्डों में या तो सक्रिय या निष्क्रिय क्रियाविधि द्वारा पुनः अवशोषण करती हैं।

166. *(d)* मूत्र निर्माण के समय, नलिकीय कोशिका H^+, K^+ तथा अमोनिया जैसे पदार्थों का स्रावण निस्यन्द में करती है।

167. *(b)* जब निस्यन्द वल्कुट से अवरोही भुजा में प्रवेश करता है, तो इसमें से जल की हानि होती है, जबकि लवण व विलेय इसमें प्रवेश करते हैं। जैसे ही निस्यन्द ऊपर की ओर गति करता है, इसमें जल की मात्रा बढ़ती है, जबकि लवण व विलेय की हानि होती है।

168. *(a)* मध्यांशीय प्रवणता (Medullary gradient) को प्रमुखतया NaCl तथा यूरिया द्वारा विकसित किया जाता है। जोकि वासा रेक्टा व हेनले के लूप के मध्य पाई जाने वाली प्रतिधारा-प्रक्रिया द्वारा निर्मित होती है।

169. *(d)* वृक्क के कार्यों का नियमन किया जाता है

(i) हाइपोथैलेमस के ADH या वैसोप्रेसिन द्वारा

(ii) JGA की रेनिन-एन्जियोटेन्सिन प्रक्रिया द्वारा

(iii) हृदय के ANF के द्वारा

171. *(d)* मूत्र का परीक्षण अनेक उपापचयी विकारों के नैदानिक परीक्षण (Clinical diagnosis) तथा वृक्क (Kidney) के कार्यों में क्रियाहीनता को पहचानने में सहायक है, जैसे–मूत्र में ग्लूकोस की उपस्थिति (ग्लाइकोयूरिया) तथा कीटोन की उपस्थिति मधुमेह रोग के सूचक हैं।

172. *(d)* सिबेसियस ग्रन्थि सीबम के द्वारा कुछ पदार्थों, जैसे– स्टेरॉल, हाइड्रोकार्बन एवं मोम का निष्कासन करती है। यह स्रवण त्वचा हेतु सुरक्षात्मक तैलीय आच्छद प्रदान करता है। सूक्ष्म मात्रा में नाइट्रोजनी वर्ज्य पदार्थ लार द्वारा भी निष्कासित किए जाते हैं।

173. *(b)* नेफ्रॉन केवल ग्लूकोस का पूर्ण अवशोषण करते हैं। शेष अवशोषण हेनले लूप में होता है।

176. *(b)* वृक्क उत्सर्जन के अतिरिक्त शरीर में जल की मात्रा का भी सन्तुलन बनाए रखता है।

178. *(d)* सरीसृपों, पक्षियों तथा स्तनियों में पूर्ण विकसित मेटानेफ्रिक वृक्क पाए जाते हैं।

180. *(c)* Na^+ तथा जल का अधिकतम पुनरावशोषण समीपस्थ कुण्डलित नलिका में होता है।

183. *(d)* केंचुए के वृक्क या नेफ्रिडिया चपटे कृमि *प्लेनेरिया* की ज्वाला कोशिकाओं के समान होते हैं।

185. *(c)* नेफ्रॉन वृक्क की संरचनात्मक तथा क्रियात्मक इकाई है।

189. *(d)* भूखे व्यक्ति के मूत्र में क्रिएटिन की मात्रा अधिक होती है।

192. *(a)* पश्च पीयूष ग्रन्थि से निकला ADH हॉर्मोन दूरस्थ संवलित नलिका से जल का पुनरावशोषण करने में सहायक होता है।

193. *(c)* रुधिर में यूरिया एकत्र होने वाले रोग को यूरेमिया कहते हैं। यह वृक्क के ठीक से काम न कर पाने के कारण होता है।

194. *(d)* ग्लाइकोस्यूरिया के मूत्र में शर्करा (ग्लूकोस) की मात्रा अधिक होती है।

195. *(b)* गुर्दे की पथरी में यूरिक अम्ल, यूरेट तथा ऑक्सेलेट के क्रिस्टल नलिकाओं में जम जाते हैं।

196. *(a)* प्रथम कथन को छोड़कर सभी कथन सही हैं, क्योंकि सभी गमन गति होते हैं, परन्तु सभी गति गमन नहीं होते हैं। कुछ संचलनों के स्थान पर अवस्थिति परिवर्तन होता है, ऐसे संचलन को ही गमन कहते हैं। आहारनाल में संचलन, गति नहीं है। अतः कथन (a) गलत है।

197. *(c)* पेशियों के संकुचन के गुण के कारण इसका प्रभावी उपयोग वयस्क मानव और अधिकांश बहुकोशिकीय जीवों के चलन और अन्य प्रकार की गतियों में होता है।

198. *(d)* पेशी एक विशिष्ट प्रकार का ऊतक है, जिसकी उत्पत्ति मध्यजन स्तर से होती है। वयस्क मानव के भार का लगभग 40-50% भाग पेशियों का होता है। पेशी में कुछ विशिष्ट गुण, जैसे–उत्तेजनशीलता, संकुचनशीलता तथा प्रसार्य का गुण होता है।

199. *(b)* सूक्ष्मदर्शी से देखने पर कंकाल पेशियों पर धारियाँ (Striped) दिखाई देती हैं। अतः इन्हें रेखित पेशी कहते हैं।

200. *(d)* अन्तरंग पेशियाँ शरीर के खोखले अन्तरंग; जैसे- आहारनाल, जनन मार्ग, आदि की भीतरी भित्ति में स्थित होती है। ये अरेखित और चिकनी दिखती हैं। अतः इन्हें चिकनी पेशियाँ (अरेखित पेशियाँ) भी कहते हैं। इनकी क्रिया तन्त्रिका तन्त्र के ऐच्छिक नियन्त्रण में नहीं होती, इसलिए इन्हें अनैच्छिक पेशियाँ भी कहते हैं।

201. *(c)* प्रत्येक पेशीय तन्तु में एकान्तरित हल्का व गहरा बन्ध होता है। यह रेखित विन्यास दो महत्त्वपूर्ण प्रोटीन एक्टिन व मायोसिन के कारण होता है।

202. *(c)* कंकाल पेशियों में H-क्षेत्र, A-बन्ध का वह भाग है, जिसमें मोटे तन्तु, पतले तन्तुओं में अतिआच्छादित विन्यास के कारण कंकाल पेशी में रेखित होते हैं।

A-बन्ध के केन्द्र में तुलनात्मक रूप से कम गहरा क्षेत्र H-क्षेत्र उपस्थित होता है।

H-क्षेत्र के मध्य में धागेनुमा M-रेखा होती है, जो पेशी तन्तुओं से जुड़ी रहती है।

203. *(c)* गहरा बन्ध, जिसे A-बन्ध कहते हैं, विषमदैशिक (Anitropic) है, जबकि हल्का बन्ध जिसे I–बन्ध कहते हैं, समदैशिक (Isotropic) होता है।

204. *(b)* प्रत्येक एक्टिन दो कुण्डलित तन्तुमय F एक्टिन से बना होता है, जो एक-दूसरे से सर्पिल क्रम (Helically wound) में लिपटी होती हैं। प्रत्येक 'F' एक्टिन 'G' (गोलाकार) एक्टिन इकाइयों का बहुलक है।

205. *(c)* गोलाकार शीर्ष अर्थात् HMM एक सक्रिय ATPase एन्जाइम है, जिसमें ATP योजी बंधन स्थल तथा एक्टिन के लिए सक्रिय स्थल होता है।

206. (c) पेशी संकुचन की क्रियाविधि को तन्तु विसर्पी सिद्धान्त द्वारा अच्छे से समझाया जा सकता है। जिसके अनुसार पेशीय रेशों का संकुचन पतले तन्तुओं के मोटे तन्तुओं के ऊपर फिसलने से होता है।

207. *(d)* वयस्क मानव कंकाल तन्त्र में कुल 206 अस्थियाँ पाई जाती हैं।

208. *(c)* हृदयी पेशी, अनैच्छिक, एक केन्द्रकीय तथा शाखित तन्तुयुक्त होती है। यह मजबूत, संकुचनशील एवं प्रत्यास्थ होती है।

214. *(c)* ऊपरी जबड़े का निर्माण 6 जोड़ी अस्थियों के समेकित होने से होता है।

216. *(b)* खरगोश के बड़े कपोल दाँत ऊपरी जबड़े की अग्रस्थ अस्थि मैक्सिला से जुड़े होते हैं।

218. *(c)* स्नायु प्रायः लम्बी अस्थियों को अस्थियों से जोड़ता है।

222. *(d)* खरगोश की प्रारूपी ग्रैव कशेरुक में कशेरुक नाल खोखली संरचना होती है, जिसमें रुधिर वाहिनियाँ तथा तन्त्रिका कोशिकाएँ पाई जाती है।

225. *(b)* शरीर के अक्ष से अनुपस्थित हाथ तथा पैर की अस्थियाँ तथा मेखलाएँ पार्श्वीय कंकाल का उदाहरण हैं।

227. *(a)* श्रोणि मेखला की **एसिटाबुलम** संयुक्त अस्थि इलियम, इश्चियम तथा प्यूबिस की बनी होती है।

230. *(d)* मानव में 7 ग्रीवा कशेरुक 12 वक्षीय कशेरुक, 5 कटि कशेरुक, 5 सेक्रल कशेरुक तथा 4 पुच्छीय कशेरुक पाए जाते हैं।

234. *(c)* स्तनियों की लम्बी अस्थियों में खोखली हैवर्सियन नलिकाएँ पाई जाती हैं, जिसके तन्त्रिका तन्तु, रुधिर वाहिनियाँ, लिम्फ वाहिनियाँ तथा कोशिकाएँ पाई जाती हैं, यह हैवर्सियन तन्त्र बनाते हैं।

235. *(c)* कब्जा सन्धि जोड़ों पर; जैसे कोहनी पर ह्यूमरस तथा अल्ना के मध्य पाई जाती है।

239. *(b)* पेशीय संकुचन हेतु Na^+ तथा K^+ आयन आवश्यक है। यह विभव उत्पन्न कर पेशी को गतिमान करते हैं।

248. *(d)* वयस्क मानव शरीर में 639 पेशियाँ पाई जाती हैं।

250. *(d)* स्पंजी अस्थि में हैवर्सियन नलिकाएँ नहीं पाई जाती हैं। ये केवल लम्बी व सख्त हड्डी में उपस्थित होती हैं।

254. *(d)* सेरीब्रम (प्रमस्तिष्क गोलार्द्ध) विचार, इच्छाशक्ति, तर्कशक्ति, स्मृति और अनुभव सीखने, ज्ञान प्राप्त करने और वाणी का केन्द्र होता है।

256. *(b)* पार्श्व वेण्ट्रिकल्स (Lateral ventricle) प्रमस्तिष्क की गुहाएँ हैं।

257. *(d)* तन्त्रिका कोशिकाओं को ऊतक संवर्द्धन द्वारा विकसित नहीं किया जा सकता, क्योंकि वे अत्यधिक विशिष्टीकृत कोशिकाएँ हैं जिनमें विभाजन की क्षमता नहीं पाई जाती है।

261. *(b)* नेत्र का रेटिना वर्णकयुक्त तथा संवेदी भाग होता है।

263. *(b)* द्विध्रुवीय तन्त्रिका कोशिकाएँ नेत्र के रेटिना में पाई जाती हैं।

266. *(a)* ANS में अनुकम्पी तन्त्रिका तन्तु जैसे युग्मित शृंखला गैंग्लिया पाए जाते हैं।

268. *(b)* मानव नेत्र का लेन्स द्वि-उत्तल होता है जो आगे की ओर नहीं जा सकता है।

271. *(b)* मध्य कर्ण तथा मुखगुहा को जोड़ने का कार्य यूस्टेकियन नलिका करती है।

275. *(c)* मानव मस्तिष्क का सबसे बड़ा भाग प्रमस्तिष्क या सेरीब्रम है। यह 5 पालियों में बँटा होता है।

278. *(a)* कॉटाई के अंग श्रवण हेतु कार्य में पाए जाते हैं। इनसे ऑडिटरी तन्त्रिका जुड़ी होती है।

281. *(b)* तीन I, II तथा III क्रमशः ऑल्फेक्ट्री, ऑप्टिक तथा ऑडिटरी पूर्णतया संवेदी तन्त्रिकाएँ हैं।

285. *(b)* तन्त्रिका कोशिकाएँ या न्यूरॉन सबसे बड़ी कोशिकाएँ होती हैं।

288. *(c)* घ्राण पिण्ड या ऑल्फैक्ट्री लोब द्वारा गन्ध को पहचाना जाता है।

294. *(c)* नेत्र में आइरिस या तारा प्रकाश की तीव्रता को नियन्त्रित करता है।

305. *(c)* हॉर्मोन एक रासायनिक सन्देशवाहक है जो अन्तःस्रावी ग्रन्थियों या नलिका विहिन ग्रन्थियों द्वारा उत्पन्न किए जाते हैं और ये रुधिर प्रवाह में सीधे स्रावित कर दिए जाते हैं तथा शरीर के दूरस्थ भाग तक जाकर विशिष्ट प्रभाव डालते हैं।

306. *(b)* फेरोमोन्स त्वचा की बाह्यस्रावी ग्रन्थियों से स्रावित किए जाते हैं और त्वचा की सतह पर डाल दिए जाते हैं। यह विपरीत लिंग में मैथुन या कई अन्य सामाजिक कार्यों हेतु प्रयुक्त होते हैं।

309. *(b)* अमीनो अम्ल के अणु पेप्टाइड, पॉलीपेप्टाइड (प्रोटीन) से व्युत्पन्न होते हैं। हॉर्मोन लक्ष्य कोशिका की प्लाज्मा झिल्ली पर स्थिति विशेष ग्राही अणुओं कण को बाँधता है।

311. *(d)* मिलेटोनिन पीनियलकाय द्वारा स्रावित होता है। यह मेलानोसाइट्स में वर्णक कणों की सान्द्रता को उत्तेजित करता है, त्वचा के रंग को हल्का करता है।

312. *(c)* वैसोप्रेसिन (ADH) रुधिर में तब मुक्त होता है, जब न्यूरोन्स हाइपोथैलेमिक होते हैं। वैसोप्रेसिन की कमी जल के पुनरावशोषण को घटाती है, जिससे मूत्र की अधिक मात्रा बाहर निकलती है।

313. *(d)* आरम्भिक आयु में सोमेटोट्रॉफिक हॉर्मोन (STH) की कमी से शरीर की लम्बी अस्थियों की वृद्धि रुक जाती है, जिससे रोगी बौना रह जाता है।

314. *(a)* वृद्धि हॉर्मोन या STH पीयूष ग्रन्थि की अग्रपालि में उत्पन्न होते हैं। यह प्रोटीन संश्लेषण एवं तीव्र कोशिका विभाजन द्वारा सभी ऊतकों की वृद्धि एवं विकास को उद्दीप्त करता है।

321. *(a)* पार्स डिस्टेलिस या अग्र पीयूष की बैसोफिल कोशिकाएँ ल्यूटीनाइजिंग हॉर्मोन का स्रावण करती हैं, जोकि कॉर्पस ल्यूटियम के रख-रखाव के लिए उत्तरदायी होता है।

326. *(b)* FSH अग्र पीयूष ग्रन्थि द्वारा स्रावित होता है। यह अण्डाशय से एस्ट्रोजन के स्रावण को उद्दीपित करता है, इसे गैमीटोकाइनेटिक फैक्टर भी कहते हैं।

329. *(a)* साधारण घेंघा (ग्वाइटर) भोजन में आयोडीन की मात्रा कम लेने के कारण उत्पन्न होता है घेंघा में थायरॉइड की वृद्धि के कारण गले में सूजन आ जाना है।

331. *(b)* एक्सोप्थेल्मिक ग्वाइटर (ग्रेव का रोग) हाइपरथायरॉइडिज्म कहलाता है, इसमें नेत्र गोलक, नेत्र कक्ष में म्यूकस जमा हो जाने के कारण बाहर निकल आता है तथा उपापचयी दर असामान्य रूप से उच्च हो जाती है।

333. *(d)* थायरॉइड टेडपोल के कायान्तरण के प्रारम्भ तथा नियन्त्रण में महत्त्वपूर्ण भूमिका निभाता है। लार्वा से वयस्क में रूपान्तरण के दौरान जो परिवर्तन होते हैं, उन्हें कायान्तरण कहते हैं।

337. *(c)* टेस्टोस्टेरॉन लीडिग कोशिकाओं द्वारा स्रावित होता है। यह एक नर हॉर्मोन है। यह नर में द्वितीयक वृद्धि लाता है तथा शुक्रजनन प्रक्रिया प्रारम्भ करता है।

339. *(a)* जीवन रक्षक हॉर्मोन्स एड्रीनल ग्रन्थि द्वारा स्त्रावित किए जाते हैं। कॉर्टिसॉल की अधिक मात्रा सदमे की स्थिति में वास्तव में जीवन रक्षक हॉर्मोन्स है।

अध्याय 08

जीवों एवं पुष्पीय पादपों में जनन

Reproduction in Organisms and Flowering Plants

जनन Reproduction

जीवों में होने वाली वह प्रक्रिया, जिसके अन्तर्गत जीव अपने ही समान दूसरे जीवों को जन्म देता है, **जनन** (Reproduction) कहलाती है। यह जीवों की मूलभूत विशेषता है।

जनन प्रक्रिया मुख्यतया दो प्रकार की होती हैं

1. अलैंगिक जनन   2. लैंगिक जनन

1. अलैंगिक जनन Asexual Reproduction

इस प्रकार के जनन में विशेष जनन कोशिकाओं (Generative cells) के बिना ही एक जनक द्वारा नई सन्तान का निर्माण होता है। इसके फलस्वरूप, जिस सन्तान का जन्म होता है, वह आनुवंशिकी रूप से पूरी तरह अपने जनक के समान होती है।

अलैंगिक जनन के लक्षण Characteristics of Asexual Reproduction

- इसमें सन्तान का एक ही जनक होता है।
- इसमें नए जीव का जन्म केवल कायिक कोशिकाओं द्वारा होता है। अत: इसे **कायिक प्रजनन** (Vegetative reproduction) भी कहते हैं।
- इस प्रकार के जनन में कोशिकाएँ **समसूत्री विभाजन** (Mitotic division) करती हैं।
- इस प्रकार के जनन में युग्मकों का निर्माण व निषेचन नहीं होता है।

पादपों में अलैंगिक जनन Asexual Reproduction in Plant

पादपों में निम्न विधियों द्वारा अलैंगिक जनन होता है

(i) **विखण्डन** (Fission) इस विधि में परिपक्व पादप विभाजित होकर दो कोशिकाओं में विभक्त हो जाता है, यह क्रिया **द्विविखण्डन** (Binary fission) कहलाती है। कभी-कभी केन्द्रक अनेक बार विभाजित होकर अनेक खण्डों में बँट जाता है, यह क्रिया **बहुविखण्डन** (Multiple fission) कहलाती है। यह प्राय: प्रतिकूल परिस्थितियों में होता है; उदाहरण—जीवाणु, *यूग्लीना*।

(ii) **खण्डन द्वारा** (By fragmentation) इस विधि में बहुकोशिकीय जीव पूर्ण वृद्धि करके दो या अधिक खण्डों में टूट जाते हैं। इसके पश्चात् प्रत्येक खण्ड वृद्धि करके पूर्ण जीव बना लेता है; उदाहरण—*स्पाइरोगायरा, राइजोपस, यूलोथ्रिक्स*।

(iii) **मुकुलन द्वारा** (By budding) इस प्रक्रिया में जनन कोशिका पर एक उभार बनता है, जो मुकुल (Bud) कहलाता है। यह मुकुल धीरे-धीरे बड़ा हो जाता है और मातृ कोशिका से अलग होकर स्वतन्त्र पादप बना लेता है; उदाहरण—यीस्ट।

(iv) **बीजाणुओं द्वारा** (By spores) एककोशिकीय पादपों में बहुविखण्डन के पश्चात् चलबीजाणुओं (Zoospores) का निर्माण होता है; उदाहरण—*क्लैमाइडोमोनास*। तत्पश्चात् ये चलबीजाणु मुक्त होकर सामान्य पादप की तरह जीवन व्यतीत करने लगते हैं। इसी प्रकार प्रतिकूल परिस्थितियों में यीस्ट कोशिकाएँ आवरणयुक्त बीजाणु का निर्माण करते हैं, जो **अन्त:बीजाणु** (Endospores) कहलाते हैं।

(v) **कलिका** (Bud) कभी-कभी पादपों की पत्तियों व तने के अग्र भाग पर बहुकोशिकीय, हरे रंग की रचनाएँ निकलती हैं, जो कलिका कहलाती हैं। ये कलिकाएँ मातृ पादप से पृथक् होकर अंकुरण द्वारा नए पादपों का निर्माण करती हैं। प्रत्येक कलिका में 8-12 कोशिकाएँ पायी जाती हैं तथा इनमें अनुप्रस्थ या लम्बवत् पट (Septa) होते है; उदाहरण—*फ्यूनेरिया*।

(vi) **अन्तर्जात मुकुलन** (Endogenous budding or Gemmulation) इसमें कलिकाएँ शरीर के भीतर उत्पन्न होती हैं, जिन्हें **जेम्यूल** (Gemmule) या **स्टेटोब्लास्ट** (Statoblast) कहते हैं। अनुकूल परिस्थितियों में जेम्यूल एक नए जीव का निर्माण करते हैं। यह प्रक्रिया **जेम्यूलेशन** भी कहलाती है; जैसे—स्पंज में।

कायिक प्रजनन या प्रवर्धन Vegetative Reproduction

मातृ पादप के कायिक अंगों द्वारा नए पादपों के निर्माण को कायिक जनन या कायिक प्रवर्धन (Vegetation propagation) कहते हैं। उच्च श्रेणी के पादपों में अलैगिक जनन मुख्यतया कायिक जनन द्वारा ही होता है।

इस जनन द्वारा निर्मित सन्तति पादप प्राय: आकारिकी व आनुवंशिकी में मातृ पादप के समान होते हैं। यह प्राकृतिक रूप से या कृत्रिम विधि द्वारा हो सकता है, जो निम्न प्रकार हैं

(i) प्राकृतिक कायिक प्रवर्धन Natural Vegetative Propagation

इस क्रिया में प्राकृतिक रूप से पादप का कोई भी अंग या रूपान्तरित भाग मातृ पादप से अलग होकर नया पादप बनाता है। यह अनुकूल परिस्थितियों में सम्पन्न होता है। कायिक अंगों से जनन के आधार पर प्राकृतिक कायिक जनन को निम्नलिखित भागों में बाँटा गया है

(a) **जड़ों द्वारा** (By roots) जिन जड़ों में भोजन संचय होता है तथा जिन जड़ों पर अपस्थानिक कलिकाएँ उपस्थित होती हैं। अनुकूल परिस्थितियों में सम्पूर्ण पादप का निर्माण करती हैं; उदाहरण—शकरकन्द, सतावर, पुदीना, आदि।

(b) **पत्ती द्वारा** (By leaves) कुछ मांसल पर्णों (पत्तियों) जिनमें भोजन संग्रह होता है, पर्ण कलिकाओं का निर्माण करती है तथा ये कलिकाएँ अनुकूल परिस्थितियों में नए पादप का निर्माण करती हैं; उदाहरण—*ब्रायोफिल्लम, बिगोनिया,* घाव पत्ता, आदि।

(c) **तनों द्वारा** (By stems) जिन तनों में भोजन संग्रह होता है, उनमें पर्व सन्धियों पर अपस्थानिक कलिकाएँ उपस्थित होती हैं। ये पर्व सन्धियाँ नए-नए पादप के निर्माण में सहायक होती हैं।
ये तने निम्न प्रकार के होते हैं

- **भूमिगत तने** (Underground stems) ये तने भोजन संग्रह होने से मोटे व मांसल हो जाते हैं और अनुकूल वातावरण में इन पर उपस्थित अपस्थानिक कलिकाएँ वृद्धि करके नए-नए पादपों का निर्माण करती हैं; उदाहरण—आलू, अरबी, जिमीकन्द, अदरक, आदि।
- **अर्द्धवायवीय तने** (Subaerial stems) इन तनों में पर्व सन्धियों से अपस्थानिक जड़ें निकलकर जमीन में चली जाती हैं तथा पर्व नष्ट होने के बाद नए पादप का निर्माण करती है; उदाहरण—स्ट्रॉबेरी, जलकुम्भी, आदि।
- **वायवीय तने** (Aerial stems) इन तनों में रूपान्तरित पत्र प्रकलिकाओं द्वारा भोजन संग्रह करने वाली विशेष संरचना होती है। अनुकूल परिस्थितियों में ये मातृ पादप से अलग होकर नए पादप का निर्माण करती हैं; उदाहरण—खट्टी-बूटी, लहसुन, अन्नानास, आदि।

(ii) कृत्रिम कायिक प्रवर्धन Artificial Vegetative Propagation

मानव द्वारा पादपों में कृत्रिम ढंग से किए गए कायिक जनन को कृत्रिम कायिक जनन या प्रवर्धन कहते हैं।

पादपों में कृत्रिम कायिक जनन की विधियाँ निम्नलिखित हैं

(a) **कलम लगाना** (By cutting) इस विधि में अच्छे विकसित परिपक्व पादपों की शाखाओं को काटकर भूमि में दबा दिया जाता है। शाखा के भूमिगत भाग की पर्व सन्धियों से अपस्थानिक जड़ें निकलती हैं। इनकी कक्षस्थ कलिकाएँ वृद्धि करके एक नए पादप का निर्माण करती हैं; उदाहरण—गुलाब, गन्ना, गुड़हल, आदि।

(b) **दाब लगाना** (By layering) वह पादप, जिनकी शाखाएँ कठोर होती हैं, सरलता से कलम के रूप में प्रवर्धित नहीं हो पाती हैं। इसलिए उपरोक्त पादपों में, पादप की शाखा के कुछ भाग को छीलकर शाखा को भूमि में दबा देते हैं।

कुछ समय पश्चात्, मृदा में दबे हुए भाग से अपस्थानिक जड़ें निकल आती हैं। अब इस अवस्था में शाखा को जनक पादप से काटकर अलग करके इसे मिट्टी में रोप देते हैं; उदाहरण—नींबू, चमेली, अंगूर, आदि।

(c) **गूटी लगाना/बाँधना** (By gootee) पुराने वृक्षों की शाखाएँ मोटी तथा मजबूत होती हैं इसलिए इनकी शाखाओं को नीचे झुकाना या रोके रखना आसान नहीं होता है। अत: इस विधि में पादप की एक शाखा को छीलकर उस पर खादयुक्त मिट्टी लगाकर टाट लपेट देते हैं।

मिट्टी को नम बनाए रखने के लिए एक घड़े में छेद करके इसके ऊपर लटका देते हैं। खादयुक्त मिट्टी के स्थान पर माँस भी लपेटा जा सकता है। तत्पश्चात् छेद से रस्सी का टुकड़ा निकालकर गूटी से लपेट दिया जाता है। कुछ दिनों में इसमें अपस्थानिक जड़ें विकसित हो जाती हैं। इस शाखा को गूटी के निचले भाग से अलग करके मिट्टी में रोप देते हैं; उदाहरण—अमरूद, सन्तरा, आदि।

(d) **पैबन्द लगाना या रोपण** (By grafting) इसमें निम्न या अशुद्ध जाति के पादप पर उच्च या शुद्ध किस्म के पादप को रोपित किया जाता है। यह निम्न विधियाँ द्वारा होता है

- **कशारोपण** (Whip grafting) इस विधि में निम्न किस्म के जाति के तने को तिरछा काट लिया जाता है, जिसे स्कन्ध (Stock) कहते हैं तथा उच्च किस्म की जाति के पादप की एक **शाखा** या कलम (श्यान) को इसी प्रकार तिरछी काटकर मिलान करके इसके साथ जोड़ दिया जाता है। इसके पश्चात् इस पूर्ण संरचना को रस्सी, कपड़े, आदि से बाँध दिया जाता है। साथ ही दोनों के सन्धि स्थल पर मोम पिघलाकर लेप कर दिया जाता है। कुछ दिनों पश्चात् स्कन्ध तथा कलम दोनों आपस में जुड़ जाते हैं।
- **स्फान रोपण** (Wedge grafting) इस विधि में स्कन्ध में 'V' **आकार** की खाँच बनाई जाती है तथा श्यान भी इसमें फिट करने के अनुरूप ही काटी जाती है। शेष विधि कशारोपण के समान होती है।

- **कलिका रोपण** (Bud grafting) इसमें साधारण जाति के वृक्ष के तने पर छाल की गहराई तक तिरछी काट लगाते हैं। इस काट में उच्च जाति की कलिका को सावधानीपूर्वक रोप दिया जाता है तथा चारों ओर से डोरी से बाँधकर उस पर मोम पिघलाकर लेप चढ़ा दिया जाता है, जिससे **चश्मा चढ़ाना** भी कहते हैं। कुछ दिनों बाद यह कलिका यहाँ अंकुरित हो जाती है।

(e) **शाखा बन्धन** (Inarching) इस विधि में निम्न जाति के पादप को उच्च जाति के पादप के पास उनकी शाखाओं के काष्ठीय भाग को छीलकर एक-दूसरे से चिपकाकर तथा इस बन्धन पर लेप करके रस्सी से बाँध दिया जाता है।

कुछ समय पश्चात् जब दोनों पादप आपस में जुड़ जाते हैं, तो गमले में लगे पादप के शीर्ष को तथा कलम को भी मातृ पादप से अलग कर देते हैं।

कायिक जनन के लाभ Advantages of Vegetative Reproduction

कायिक जनन के निम्नलिखित लाभ हैं

(i) यह बीजरहित पादपों के प्रवर्धन की एकमात्र विधि है; उदाहरण—गन्ना, केला, बीजरहित अंगूर, बीजरहित सन्तरा, आदि।

(ii) बहुत-से वृक्ष फल देने में कई वर्ष लगाते हैं। कायिक प्रवर्धन द्वारा उनसे एक ही वर्ष में फल प्राप्त किए जा सकते हैं।

(iii) यह प्रवर्धन की एक सस्ती व आसान विधि है।

(iv) पादपों के विशेष लक्षण पीढ़ी-दर-पीढ़ी बने रहते हैं।

(v) इस विधि से प्राप्त पादप मातृ पादप के समान होते हैं। उनमें विभिन्नताएँ नहीं होती हैं।

अलैंगिक जनन के लाभ
Advantages of Asexual Reproduction

अलैंगिक जनन के निम्नलिखित लाभ हैं

(i) यह एकल जनक (Uniparental) द्वारा होता है। अत: इसमें दूसरे जनक जीव की आवश्यकता नहीं होती है और जनन के निश्चित होने की सम्भावना अधिक होती है।

(ii) यह जनन विभाजन, असूत्रण, समसूत्रण जैसी सरल विधियों द्वारा होता है।

(iii) इसमें गुणन तीव्र दर से होता है, क्योंकि इसमें युग्मक निर्माण, निषेचन, भ्रूणीय विकास, आदि क्रियाएँ नहीं होती हैं।

(iv) एकल जीव द्वारा अनेक सन्ततियों का निर्माण होता है, जो आकारिकी व आनुवंशिकी में जनक के समान होती हैं।

(v) यह अनेक जीवों को प्रतिकूल परिस्थितियों में भी अपना अस्तित्व बनाए रखने में सहायक होता है।

अलैंगिक जनन से हानियाँ
Disadvantages of Asexual Reproduction

अलैंगिक जनन से निम्नलिखित हानियाँ होती हैं

(i) इसमें अर्द्धसूत्री विभाजन नहीं होता है और युग्मकों का संलयन भी अनुपस्थित होता है। अत: नई प्रजातियों का विकास नहीं होता है।

(ii) अलैंगिक जनन की उद्विकास (Evolution) में कोई भूमिका नहीं होती है, क्योंकि विभिन्नताएँ नहीं पायी जाती हैं।

(iii) तीव्र दर से गुणन के कारण जीवों की संख्या बहुत तेजी से बढ़ती है।

(iv) इस जनन की निरन्तरता से जननिक रूप से दुर्बल सन्तति उत्पन्न होती है।

(v) अलैंगिक जनन द्वारा उत्पन्न जीव परिवर्तनशील वातावरणीय दशाओं के लिए कम अनुकूलित होते हैं।

2. लैंगिक जनन Sexual Reproduction

- इस प्रकार के जनन में, विशेष जनन कोशिकाओं द्वारा **दो जनकों** (प्राय: माता एवं पिता) से नई सन्तान का निर्माण होता है। इस प्रकार के जनन में विशेष जनन कोशिकाएँ दो प्रकार के **युग्मक** (Gametes) बनाती है, जो स्वभावतया एक-दूसरे के विपरीत होते हैं।
- इन युग्मकों के संयुग्मन (निषेचन) के फलस्वरूप नई सन्तान की उत्पत्ति होती है। ये युग्मक अपने व्यवहार के अनुरूप नर एवं मादा के रूप में वर्गीकृत होते हैं।

लैंगिक जनन के लक्षण
Characteristics of Sexual Reproduction

- इस विधि में मुख्यतया पूरक लिंग जनक स्त्री व पुरुष सम्मिलित होते हैं।
- इन जनकों में **अर्द्धसूत्री विभाजन** (Meiotic division) के फलस्वरूप नर व मादा युग्मकों का निर्माण होता है।
- इसके पश्चात् मादा व नर युग्मकों का निषेचन होता है, जिसके फलस्वरूप युग्मनज (Zygote) का निर्माण होता है।
- लैंगिक जनन से उत्पन्न सन्तति, अपने माता व पिता के पूर्णतया समरूप नहीं होती है, किन्तु अधिकतर लक्षण समान होते हैं।
- लैंगिक जनन अधिकतर उच्च पादपों एवं जन्तुओं में होता है।

पुष्पीय पादपों में लैंगिक जनन
Sexual Reproduction in Flowering Plants

उच्च पादपों (आवृतबीजी) में लैंगिक जनन की प्रक्रिया के लिए विशेष संरचनाएँ पायी जाती हैं, जिन्हें **पुष्प** कहते हैं। इन पुष्पों के विशेष अंगों में जनन कोशिकाएँ पायी जाती हैं, जिनमें युग्मक बनते हैं।

पुष्प की संरचना Structure of Flower

यह एक विशेष प्रकार का **रूपान्तरित प्ररोह** (Modified shoot) है। एक पूर्ण पुष्प में मुख्य रूप से निम्न चार चक्रीय भाग उपस्थित होते हैं

(i) **बाह्यदलपुंज** (Calyx) यह पुष्प का सबसे बाहरी प्रथम चक्र है। इसकी इकाई को **बाह्यदल** (Sepal) कहते हैं। ये प्राय: हरे रंग के होते हैं तथा कलिकावस्था में पुष्प की रक्षा करते हैं। कभी-कभी बाह्यदलपुंज के नीचे बाह्यदलों के समान एक और अन्य चक्र होते हैं, जिन्हें **अनुबाह्यदल** (Epicalyx) कहते हैं।

(ii) **दलपुंज** (Corolla) यह पुष्प का दूसरा चक्र है। इसकी इकाई को दल (Petal) कहते हैं। ये प्राय: रंगीन होते हैं एवं कीटों को परागण हेतु आकर्षित करते हैं।

(iii) **पुमंग** (Androecium) यह पुष्प का तीसरा चक्र है, जिसमें (नर जनन अंग) प्राय: अनेक पुंकेसर (Stamen) उपस्थित होते हैं।

(iv) **जायांग** (Gynoecium) यह पुष्प का चौथा चक्र है, जिसमें (मादा जनन अंग) प्राय: एक या एक से अधिक अण्डप या स्त्रीकेसर (Carpels) उपस्थित होते हैं।

उपरोक्त चक्रों में बाह्यदलपुंज तथा दलपुंज को **सहायक चक्र** (Accessory whorls) तथा पुमंग व जायांग को **आवश्यक चक्र** (Necessary whorls) कहते हैं।

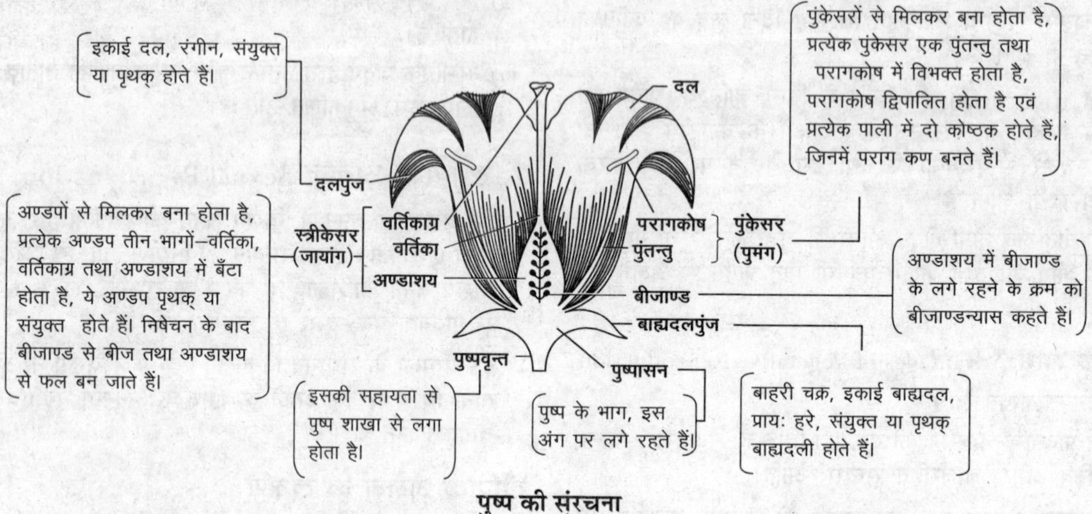

पुष्प की संरचना

जननांगों के आधार पर पुष्प दो प्रकार के होते हैं

(i) **एकलिंगी पुष्प** (Unisexual flower) जब पुष्प में पुंकेसर या स्त्रीकेसर में से कोई एक जननांग उपस्थित होता है, तो पुष्प एकलिंगी कहलाते हैं; जैसे—पपीता, तरबूज, आदि।

(ii) **उभयलिंगी पुष्प** (Bisexual flower) जब पुष्प में पुंकेसर एवं स्त्रीकेसर दोनों उपस्थित होते हैं, तो पुष्प उभयलिंगी कहलाते हैं; जैसे—गुड़हल, सरसों, आदि।

वह पुष्प, जिनमें चारों प्रकार के चक्र पाए जाते हैं, पूर्ण पुष्प (Complete flower) तथा जिनमें एक या एक से अधिक चक्र अनुपस्थित होते हैं, उन्हें **अपूर्ण पुष्प** (Incomplete flower) कहते हैं।

पुष्पीय पादपों के लैंगिक जनन में होने वाली प्रमुख घटनाएँ Major Events in the Process of Sexual Reproduction of Flowering Plants

पुष्पीय पादपों के लैंगिक जनन की समस्त घटनाएँ पुमंग (Androecium) एवं जायांग (Gynoecium) में ही पूर्ण हो जाती हैं। इससे सम्बन्धित मुख्य घटनाएँ; जैसे—लघुबीजाणुजनन, लघुयुग्मकजनन, परागण, गुरुबीजाणुजनन, गुरुयुग्मकजनन, निषेचन, भ्रूण विकास या भ्रूणोद्भव, भ्रूणपोष का विकास, आदि हैं।

पुष्पीय पादपों में लैंगिक जनन की पूर्ण क्रिया को निम्नलिखित चरणों में विभाजित किया जा सकता है

1. निषेच्रन-पूर्व : संरचना एवं घटनाएँ (Pre-fertilisation : Structures and Events)
2. दोहरा निषेचन या द्विनिषेचन (Double Fertilisation)
3. निषेचन-पश्च:संरचनाएँ एवं घटनाएँ (Post-fertilisation : Structures and Events)

निषेचन-पूर्व : संरचनाएँ एवं घटनाएँ Pre-fertilisation : Structures and Events

पादपों में निषेचन की क्रिया से पूर्व पादप के हॉर्मोन्स तथा संरचनाओं में बहुत-से परिवर्तन प्रारम्भ हो जाते हैं, जिसके फलस्वरूप पुष्पीय आद्याक (Floral primordium) के मध्य विभेदन एवं अग्रिम विकास प्रारम्भ होता है तथा पुष्प में नर तथा मादा जननांगों का विकास होता है।

नर जननांगों में परागकोष, लघुबीजाणुधानी, पराग कण, आदि संरचनाओं का विकास होता है तथा इसमें लघुबीजाणुजनन तथा परागण जैसी विशेष घटनाएँ होती हैं। मादा जननांगों में वर्तिकाग्र, गुरुबीजाणुधानी या बीजाण्ड तथा भ्रूणकोष, आदि संरचनाओं का विकास होता है तथा इसमें गुरुबीजाणुजनन की घटना होती है।

नर जनन अंग Male Reproductive Organ

- आवृतबीजी पादपों में पुमंग (Androecium) नर जनन अंग कहलाता है। पुमंग में एक से अधिक पुंकेसर (Stamens) होते हैं। प्रत्येक पुंकेसर में परागकोष (Anther) दो पालियों का बना होता है, इन्हें द्विकोष्ठकी पुंकेसर कहते हैं। प्रत्येक परागकोष में चार लघुबीजाणुधानियाँ (Microsporangia) पायी जाती हैं, परन्तु मालवेसी कुल में केवल दो लघुबीजाणुधानियाँ होती हैं।

लघुबीजाणुजनन Microsporogenesis

- लघुबीजाणु मातृ कोशिका में लघुबीजाणुओं के बनने की क्रिया लघुबीजाणुजनन कहलाती है।
- तरूण परागकोषों की कुछ अध:स्तरीय कोशिकाएँ (Hypodermal cells) अन्य कोशिकाओं से भिन्न हो जाती हैं। इन्हें **प्रप्रसू कोशिकाएँ** (Archesporial cells) कहते हैं। प्रत्येक प्रप्रसू कोशिका परिनत विभाजन द्वारा एक बाह्य प्राथमिक भित्तीय कोशिका (Primary parietal cells) व

अन्त: प्राथमिक पुंबीजाणुजनन कोशिका (Primary microsporogenous cell) बनाती हैं।

- प्राथमिक भित्तीय कोशिकाओं से अन्त:भित्ति, मध्य स्तर व टेपीटम का निर्माण होता है। टेपीटम की कोशिकाओं में बहुगुणित (Polyploid) केन्द्रक व कोशिकाद्रव्य में यूबीस संरचनाएँ (Ubisch bodies) पायी जाती है। यूबीस संरचनाएँ पराग कण (Pollen grain) के परिवर्धन में सहायक होती हैं। टेपीटम की कोशिकाएँ नष्ट होकर लघुबीजाणुओं के पोषण में सहायता करती हैं।
- प्राथमिक पुंबीजाणुजनन कोशिकाएँ दो या तीन विभाजन कर लघुबीजाणु मातृ कोशिकाओं का निर्माण करती हैं। प्रत्येक क्रियात्मक लघुबीजाणु मातृ कोशिका अर्द्धसूत्री विभाजन द्वारा चार अगुणित लघुबीजाणु बनाती है। द्विबीजपत्री पादपों में ये चतुष्फलक (Tetrahedral) व्यवस्था में लगे रहते हैं। द्विबीजपत्री पादपों में भित्ति निर्माण युग्पत, जबकि एकबीजपत्री पादपों में उत्तरोत्तर प्रकार का होता है।

पराग कण की संरचना Structure of Pollen Grain

- पराग कण नर युग्मकोद्भिद् की प्रथम कोशिका है। पराग कण भित्ति दो स्तरों बाह्य चोल (Exine) तथा अन्त: चोल (Intine) की बनी होती है। बाह्य चोल कठोर व खुरदरा होता है तथा स्पोरोपोलेनिन नामक पदार्थ का बना होता है, जबकि अन्त:चोल पतला व कोमल होता है तथा पेक्टोसेलुलोज (Pectocellulose) का बना होता है। स्पोरोपोलेनिन की अत्यधिक प्रतिरोधक क्षमता के कारण ही पराग कण के जीवाश्म (Fossil) अधिक मात्रा में मिलते हैं।

नर युग्मकोद्भिद् का परिवर्धन Development of Male Gametophyte

- पराग कण से पूर्ण विकसित नर युग्मकोद्भिद् बनने तक के क्रम का लघुयुग्मकजनन कहते हैं। नर युग्मकोद्भिद् का विकास परागकोष के अन्दर ही आरम्भ हो जाता है।
- पराग कण से नर युग्मकोद्भिद् बनाने वाले सभी विभाजन सूत्री विभाजन होते हैं। पराग कण के प्रथम विभाजन के फलस्वरूप एक बड़ी नली कोशिका या कायिक कोशिका जिसका केन्द्रक भी बड़ा होता है तथा एक छोटी कोशिका जनन कोशिका बनती है। प्राय: इस दो कोशिकीय अवस्था में पराग कण परागकोष से निकलते हैं अर्थात् परागण की क्रिया होती है।
- कुछ पादपों में जैसे साइप्रस में जनन कोशिका दो नर कोशिकाओं या नरयुग्मकों से विभाजित हो जाती है अर्थात् पराग कण तीन कोशिकीय अवस्था (3-celled stage) पर होता है।

मादा जनन अंग Female Reproductive Organ

- आवृतबीजी पादप का मादा जनन अंग **जायांग** (Gynoecium) कहलाता है। यह अण्डाशय, वर्तिका व वर्तिकाग्र से बना होता है। अण्डाशय में बीजाण्ड पाए जाते हैं।

बीजाण्ड की संरचना Structure of Ovule

- बीजाण्ड, बीजाण्डासन पर एक वृन्त द्वारा जुड़े रहते हैं जिसे **बीजाण्डवृन्त** (Funiculus) कहते हैं जिस स्थान पर वृन्त बीजाण्ड से जुड़ा रहता है, उसे **नाभिका** (Hilum) कहते हैं।
- प्रतीप बीजाण्ड में बीजाण्डवृन्त नाभिका से ऊपर बीजाण्डकाय के साथ मिलकर एक कण्टक (Ridge) बनाता है, जिसे **रैफी** कहते हैं।
- बीजाण्ड का आधार जहाँ से अध्यावरण निकलते हैं, **निभाग** (Chalaza) कहलाता है। बीजाण्ड की मुख्य काय (Body) मृदूतक कोशिकाओं की बनी होती है, जिसे **बीजाण्डकाय** (Nucellus) कहते हैं। बीजाण्डकाय प्राय: एक या दो वलयाकार आवरणों से घिरा रहता है, जिन्हें **अध्यावरण** (Integuments) कहते हैं।
- अध्यावरण बीजाण्डकाय के एक सिरे को छोड़कर इसके सभी भागों को पूर्णतया से ढके रहते हैं तथा इससे एक छिद्र बन जाता है, जिसे **बीजाण्डद्वार** (Micropyle) कहते हैं। यह बीजाण्डद्वार पराग नलिका को बीजाण्ड में प्रवेश देता है।

बीजाण्डों के प्रकार Types of Ovule

(i) बीजाण्डकाय के परिवर्धन के आधार पर बीजाण्ड दो प्रकार के होते हैं

(a) **स्थूल बीजाण्डकायी बीजाण्ड** (Crassinucellate ovule) प्राथमिक भित्तीय कोशिका बीजाण्डकाय भित्ति बनाती है एवं बीजाण्डकाय विकसित होता है। उदाहरण—*पॉलीगोनम*।

(b) **तनु बीजाण्डकायी बीजाण्ड** (Tenuinucellate ovule)इनमें प्रप्रसू आरम्भक (Archesporial initial) सीधे ही गुरुबीजाणुजनन कोशिका का कार्य करती है तथा प्राथमिक भित्तीय कोशिका का निर्माण नहीं होता है तथा बीजाण्डकाय (Nucellus) कम विकसित होता है। उदाहरण—रुबिएसी कुल के सदस्य।

(ii) अध्यावरण के अनुसार, बीजाण्ड निम्न प्रकार के होते हैं

(a) **एकअध्यावरणी** (Unitegmic) इसमें अध्यावरण (Integument) एक ही होता है। उदाहरण-सिम्पेटैली या गेमोपेटैली के सदस्य तथा अनावृतबीजी पादप।

(b) **द्विअध्यावरणी** (Bitegmic) इसमें अध्यावरण दो होते हैं; जैसे—द्विबीजपत्री के आर्किक्लैमाइडी या पॉलीपेटैली के सदस्य तथा एकबीजपत्री पादप।

(c) **अध्यावरणहीन** (Ategmic) कुछ बीजाण्ड में अध्यावरण अनुपस्थित होते हैं। उदाहरण-चन्दन।

- कुछ बीजाण्ड में एक कॉलर की तरह की उद्धर्थ (Outgrowth) पायी जाती है, जो एक तीसरा अध्यावरण बनाती है इसे **बीजचोल** (Aril) कहते हैं। बीजचोल बीजाण्ड के आधार से उत्पन्न होती है। उदाहरण-लीची, जायफल, *एसफोडिलस* तथा जंगल जलेबी।
- लीची तथा जंगल जलेबी (*Ingadulcis*) में बीजचोल माँसल तथा खाने योग्य होता है। यूफोर्बिएसी कुल के सदस्य; जैसे—अरण्ड में बीजाण्ड के शीर्ष पर स्थित कैरन्कल बीजाण्डद्वारी क्षेत्र में बाहरी अध्यावरण की कोशिकाओं की वृद्धि के फलस्वरूप बनता है।

(iii) बीजाण्डद्वार, निभाग एवं बीजाण्डवृन्त की स्थिति के आधार पर बीजाण्ड निम्न प्रकार के होते हैं

(a) **ऋजु या ऑर्थोट्रॉपस** (Atropous or Orthotropous) इसमें निभाग बीजाण्डवृन्त व बीजाण्डद्वार एक सीधी रेखा में होते हैं; उदाहरण-*रूमेक्स* व *पॉलीगोनम*।

(b) **प्रतीप या एनाट्रोपस** (Anatropous) इसमें बीजाण्ड उल्टे होते हैं तथा बीजाण्डद्वार व नाभिक (Helum) दोनों एक-दूसरे के पास आ जाते हैं। अधिकांश (82%) आवृतबीजी पादपों में इसी प्रकार का बीजाण्ड पाया जाता है। उदाहरण—मटर, सेम, चना, आदि।

(c) **वक्र या कैम्पाइलोट्रॉपस** (Campylotropous) इस प्रकार का बीजाण्ड कुछ मुड़ा हुआ होता है, जिस कारण बीजाण्डद्वार व निभाग एक सीधी रेखा में नहीं पाए जाते हैं; उदाहरण—लेग्युमिनोसी व क्रूसीफेरी कुल के सदस्यों में।

(d) **अर्धप्रतीप या हेमीट्रॉपस** (Hemitropous) निभाग व बीजाण्डद्वार एक सीधी रेखा में होते हैं तथा बीजाण्डवृन्त समकोण पर मुड़ा होता है। उदाहरण—*रेननकुलस*।

(e) **अनुप्रस्थ** (Amphitropous) इसमें बीजाण्ड के साथ भ्रूणकोष भी मुड़कर घोड़े की नाल के समान हो जाता है। उदाहरण—*लेम्ना* व पॉपी में।

(f) **कुण्डलित** (Circinotropous) इसमें बीजाण्डवृन्त बहुत लम्बा होकर बीजाण्ड को चारों ओर से घेरे रहता है। उदाहरण—नागफनी में।

गुरुबीजाणुजनन Megasporogenesis

- गुरुबीजाणु मातृ कोशिका (Megaspore mother cell) से गुरुबीजाणुओं के बनने की क्रिया गुरुबीजाणुजनन कहलाती है।
- बीजाण्डकाय की एक अध:स्तरीय (Hypodermal) कोशिका आकार में बड़ी होकर अन्य कोशिकाओं से भिन्न हो जाती है। इसे प्राथमिक प्रप्रसु कोशिका कहते हैं।
- प्राथमिक प्रप्रसु कोशिका परिनत विभाजन (Periclinal division) द्वारा बाह्य प्राथमिक भित्तीय कोशिका व अन्त: प्राथमिक बीजाणुजनन कोशिका बनाती है।
- प्राथमिक बीजाणुजनन कोशिका गुरुबीजाणु मातृ कोशिका के समान कार्य करने लगती है और अर्द्धसूत्री विभाजन द्वारा चार अगुणित गुरुबीजाणु बनाती है, जो रेखिक चतुष्क (Linear tetrad) में व्यवस्थित होते हैं।
- चतुष्क का निचला निभागीय गुरुबीजाणु भ्रूणकोष का निर्माण करता है, जबकि शेष तीन गुरुबीजाणु नष्ट हो जाते हैं।

भ्रूणकोष Embryo Sac

- भ्रूणकोष बीजाण्डकाय के मध्य में एक थैली के समान रचना है। *पॉलीगोनम* प्रकार के भ्रूणकोष में निभाग की ओर तीन प्रतिमुख कोशिकाएँ (Antipodal cells), मध्य में दो ध्रुवीय केन्द्रक (Polar nuclei) तथा बीजाण्डद्वार की ओर एक अण्ड कोशिका (Egg cell) व दो सहायक कोशिकाओं (Synergid cells) से बना अण्ड समुच्चय (Egg apparatus) होता है।
- **पी. माहेश्वरी** ने विकास के आधार पर भ्रूणकोषों को निम्न वर्गों में रखा

  (a) **एक बीजाणुक** (Monosporic) भ्रूणकोष के विकास में केवल एक गुरुबीजाणु भाग लेता है, यह दो प्रकार का होता है

  - **पॉलीगोनम प्रकार** (Polygonum type) निभागीय गुरुबीजाणु में विभाजन से निर्मित 8-केन्द्रकी व 7-कोशिकीय भ्रूणकोष होता है, जिसमें सहायक कोशिकाओं में एक तन्तुरूप समुच्चय (Filiform apparatus) की उपस्थिति होती है।
  - **ऑइनोथेरा प्रकार** (Oenothera type) गुरुबीजाणु से विकसित 4-केन्द्रकीय व 4-कोशिकीय होता है, जिसमें 3-कोशिकाओं से निर्मित अण्ड समुच्चय, मध्य कोशिका में एक ध्रुवीय केन्द्रक तथा प्रतिमुख कोशिकाएँ अनुपस्थित होती हैं।

  (b) **द्विबीजाणुक** (Bisporic) गुरुबीजाणु मातृ कोशिका अर्द्धसूत्री विभाजन द्वारा दो द्विसंयुज (Dyad) बनाती है, जिनमें से एक नष्ट हो जाता है और दूसरा भ्रूणकोष का निर्माण करता है।

  (c) **चतुष्क बीजाणुक** (Tetrasporic) इसमें अर्द्धसूत्री विभाजन के पश्चात् कोशिका भित्ति का निर्माण नहीं होता है, इसीलिए 4-केन्द्रक सीनोगुरुबीजाणु (Conenomegaspore) का निर्माण करते हैं। ये सभी केन्द्रक भ्रूणकोष के विकास में भाग लेते हैं।

परागण Pollination

किसी पुष्प के पराग कणों का उसी पुष्प अथवा उसी जाति के किसी अन्य पुष्प के वर्तिकाग्र पर पहुँचने की क्रिया को 'परागण' कहते हैं।
परागण मुख्य रूप से दो प्रकार का होता है

(i) स्व-परागण Self-pollination

किसी पादप के पुष्प के पराग कण उसी पुष्प के **वर्तिकाग्र** (Stigma) पर या उसी पादप के किसी अन्य पुष्प के वर्तिकाग्र पर अथवा कायिक जनन द्वारा तैयार किए गए उसी जाति के किसी अन्य पादप के पुष्प के वर्तिकाग्र पर पहुँचने को 'स्व-परागण' कहते हैं।

- जब एक पुष्प के पराग कण उसी पादप के दूसरे पुष्प के वर्तिकाग्र पर पहुँचते हैं तो स्व-परागण की इस अवस्था को **सजातपुष्पी परागण** (Geitonogamy) कहते हैं।
- स्व-परागण के लिए पादपों में विभिन्न युक्तियाँ; जैसे—द्विलिंगता अर्थात् दोनों जननांगों का एक ही पुष्प में विद्यमान होना, **समकालपक्वता** (Homogamy) अर्थात् नर व मादा जननांगों का एक साथ परिपक्व होना तथा **निमीलिता** (Cleistogamy) अर्थात् द्विलिंगी पुष्प का कभी नही खिलाना, आदि पायी जाती हैं।

स्व-परागण के लाभ Advantages of Self-pollination

(a) इससे पीढ़ी की शुद्धता बनी रहती है।
(b) इसमें अधिक पराग कणों की आवश्यकता नहीं होती है, क्योंकि पराग कण विभिन्न माध्यमों में नष्ट नहीं होते हैं।
(c) इसमें अन्य किसी सहायक युक्ति; जैसे—सुगन्ध, मधु, आदि की आवश्यकता नहीं होती है।

(ii) पर-परागण Cross-pollination

जब एक पुष्प के परागकण लिंगी जनन द्वारा उत्पन्न उसी जाति के अन्य पादप के **वर्तिकाग्र** पर विभिन्न माध्यमों से पहुँचते हैं, तो इसे पर-परागण कहते हैं। एकलिंगी पुष्प पपीता, मक्का, आदि में पर-परागण पाया जाता है।

- पर-परागण के लिए युक्तियाँ; जैसे—**एकलिंगता** अर्थात् नर व मादा जननांग अलग-अलग पुष्पों पर (उभयलिंगाश्रयी व एकलिंगाश्रयी), **स्व-बन्ध्यता** (Self-sterility) अर्थात् एक पुष्प का निषेचन उसी के पराग कणों द्वारा न होना, भिन्नकालपक्वता (Dichogamy) 'जिसमें पूर्वपूंपक्वता (Protandry) अर्थात् परागकोष का अण्डाशय से पहले पकना व पूर्वस्त्रीपक्वता (Protogyny) अर्थात् अण्डाशय का परागकोष से पहले पकना शामिल है; विषमरूपता (Heteromorphism) अर्थात् परागकोष भिन्न-भिन्न प्रकार के, विषम परागकोषता (Heteroanthy) या वर्तिकाग्र अलग-अलग लम्बाई के, विषम वर्तिकात्व (Heterostyly) तथा अनात्मपरागणता (Herkogamy) अर्थात् पुष्पीय भागों में कुछ ऐसे अनुकूलन जिनसे स्व-परागण नहीं हो पाता, स्व-परागण को रोकने के लिए पादपों में उपस्थित होती हैं।

पर-परागण की विधियाँ Methods of Cross-pollination

पादपों में पर-परागण निम्न प्रकार से होता है

(a) **कीटों द्वारा परागण** (Entomophily) कीटों को आकर्षित करने के लिए पादपों में विशेष युक्तियाँ; जैसे—पुष्पों का रंग, सुगन्ध, मकरन्द, आदि अपनायी जाती हैं। कीट परागित पुष्प बड़े ही आकर्षक एवं मकरन्द युक्त होते हैं। इन पुष्पों के वर्तिकाग्र प्रायः चिपचिपे होते हैं; उदाहरण—अंजीर, आक, *साल्विया*, पीपल, आदि।

(b) **वायु द्वारा परागण** (Anemophily) अनेक पादपों में वायु द्वारा परागण होता है। इसके लिए अनेक युक्तियाँ पायी जाती हैं; जैसे—पुष्प प्रायः छोटे और समूह में लगे होते हैं। इन पुष्पों में सुगन्ध, मकरन्द और रंग का अभाव होता है। इनकी वर्तिकाग्र खुरदरे एवं चिपचिपे होते हैं। पराग कण हल्के, जलरोधी शुष्क तथा अत्यधिक मात्रा में बनते हैं, क्योंकि वायु के माध्यम से इनकी हानि बहुत अधिक होती है; उदाहरण—गेहूँ, मक्का, ज्वार, आदि।

(c) **जल द्वारा परागण** (Hydrophily) यह परागण जल में उगने वाले पादपों में पाया जाता है। इन पादपों में पुष्प जल के ऊपर खिलते हैं; जैसे—कमल, जललिली, आदि जल परागण के लिए पुष्पों, पराग कणों, वर्तिका, वर्तिकाग्र, आदि में अनेक अनुकूलन पाए जाते हैं। पुष्प रंगहीन, मकरन्दहीन और गन्धहीन होते हैं। पराग कण हल्के होते हैं, इनका घनत्व अधिक अर्थात् ये संख्या में ज्यादा होते हैं। इससे पराग कण जल सतह पर तैरते हुए मादा पुष्प के सम्पर्क में आते हैं। तत्पश्चात् परागकण वर्तिकाग्र द्वारा ग्रहण कर लिए जाते हैं; उदाहरण—*वैलिस्नेरिया, हाइड्रिला, सिरेटोफिल्लम*, आदि में।

(d) **जन्तु परागण** (Zoophily) कुछ पादपों में परागण घोंघों, पक्षियों, चमगादड़, आदि की सहायता से होता है; उदाहरण—सेमल, कदम्ब, *बिगोनिया*, आदि।

पर-परागण के लाभ Advantages of Cross-pollination

(a) पर-परागण के फलस्वरूप आनुवंशिक पुनर्योजन होता है, जिसके कारण सन्तति में लाभदायक लक्षण विकसित होते हैं।

(b) पर-परागण से नई जातियाँ उत्पन्न होती हैं।

(c) पर-परागण के फलस्वरूप बने बीज संख्या में अधिक और स्वस्थ होते हैं।

(d) कृत्रिम पर-परागण के फलस्वरूप रोग-प्रतिरोधी प्रजातियाँ विकसित की जाती है, जिनकी प्रतिरोधक क्षमता अधिक होती है।

निषेचन Fertilisation

नर व मादा जनन इकाइयों के संयोजन की क्रिया को निषेचन कहते हैं। पुष्पीय पादपों में यह क्रिया परागकणों में निर्मित नर युग्मक तथा बीजाण्ड में स्थित अण्डकोशा के संयोजन द्वारा होती है।

यह क्रिया निम्नलिखित चरणों के माध्यम से सम्पन्न होती है

(i) **परागकण का वर्तिकाग्र पर अंकुरण** (Germination of pollen grains on stigma) परागकण वर्तिकाग्र पर पहुँचकर वर्तिकाग्र की सतह पर उपस्थित शक्करीय तरल पदार्थ को अवशोषित करके फूल जाते हैं। इनका अन्तःचोल (Intine) पराग नलिका के रूप में जनन छिद्र से बाहर निकल आता है। प्रायः एक परागकण से केवल एक पराग नलिका बनती है, ये परागकण **एक नलिकीय** (Monosiphonous) कहलाते हैं। मालवेसी तथा कुकुरबिटेसी कुल के सदस्य **बहुनलिकीय** (Polysiphonous) होते हैं, जिनमें एक से अधिक पराग नलिकाएँ निकलती हैं। परागकोष से बाहर निकलने के समय परागकण में एक बड़ी वर्धी कोशिका तथा एक छोटी जनन कोशिका होती है।

पराग नलिका में पहले नाल केन्द्रक जाता है, जो कुछ समय पश्चात् नष्ट हो जाता है तथा जनन कोशिका के निषेचन से पहले दो छोटे नर युग्मक बनते हैं। परागनली वर्तिका से होती हुई बीजाण्ड के पास पहुँच जाती है।

(ii) **पराग नलिका का बीजाण्ड में प्रवेश** (Entry of pollen tube into ovule) अधिकांश आवृतबीजियों में परागनली वर्तिका में से होती हुई बीजाण्डद्वार के समीप पहुँच जाती है और इसी समय परागनली में स्थित जनन केन्द्र दो नर-युग्मक में विभाजित हो जाता है। उदाहरण—*कैप्सेला* में पराग नलिका बीजाण्डद्वार द्वारा बीजाण्ड में प्रवेश करती है। इसे **अण्डद्वारी प्रवेश** (Porogamy) कहते हैं।

कैज्युराइना (*Casuarina*) में पराग नलिका निभाग द्वारा बीजाण्ड में प्रवेश करती है। इसे **निभागीय प्रवेश** (Chalazogamy) कहते हैं।

कभी-कभी पराग नलिका बीजाण्ड के अध्यावरण (Integuments) को तोड़कर प्रवेश करती है। इसे **मध्यप्रवेश** (Mesogamy) कहते हैं; जैसे—*कुकुरबिटा* (*Cucurbita*)।

(iii) **पराग नली का भ्रूणकोष में प्रवेश** (Entry of pollen tube into embryo sac) पराग नलिका भ्रूणकोष में सदैव बीजाण्डद्वारी छोर से रासायनिक उद्दीपन के कारण प्रवेश करती है।

पराग नलिका का अन्तिम सिरा अण्ड उपकरण में एक सहायक कोशिका और अण्डकोशिका के बीच से होकर या सहायक कोशिका को भेदते हुए बीजाण्ड में प्रवेश करता है। सहायक कोशिका में पराग नलिका फटकर दोनों नर युग्मकों को स्वतन्त्र कर देती है।

- एक नर युग्मक अण्ड कोशिका से संलयित होकर **द्विगुणित युग्मनज** (Zygote) का निर्माण करता है। तत्पश्चात् यह द्विगुणित युग्मनज वृद्धि और विभाजन के फलस्वरूप भ्रूण का निर्माण करता है।

(iv) **द्विनिषेचन एवं त्रिक संलयन** (Double Fertilisation and Triple Fusion)

- द्विनिषेचन की खोज **नवाश्चिन** (1898) ने *फ्रिटिलेरिया* व *लिलियम* नामक पादपों में की थी।

- निषेचन के दौरान पराग नलिका का बीजाण्ड में बीजाण्डद्वार द्वारा प्रवेश होता है। यहाँ पराग नलिका दोनों नर युग्मकों को मुक्त कर देती है। इनमें से एक नर युग्मक (Male gamate) अण्ड कोशिका से संलयित होकर युग्मनज बनाता है। इसे **सत्य निषेचन** (True fertilisation) कहते हैं तथा दूसरा नर युग्मक द्वितीयक केन्द्रक ($2n$) से संयुग्मित होकर त्रिगुणित भ्रूणपोष केन्द्रक ($3n$) बनता है। इस प्रक्रिया को त्रिक संलयन कहते हैं, क्योंकि इसमें तीन अगुणित (Haploid) केन्द्रकों का संलयन होता है। इस प्रकार आवृतबीजी पादपों के लैंगिक जनन में **द्विनिषेचन** तथा **त्रिक संलयन** (Triple fusion) दो अति महत्त्वपूर्ण प्रक्रियाएँ हैं।
- निषेचन की पूर्ण प्रक्रिया को नीचे दिए गए रेखाचित्र से समझ सकते हैं

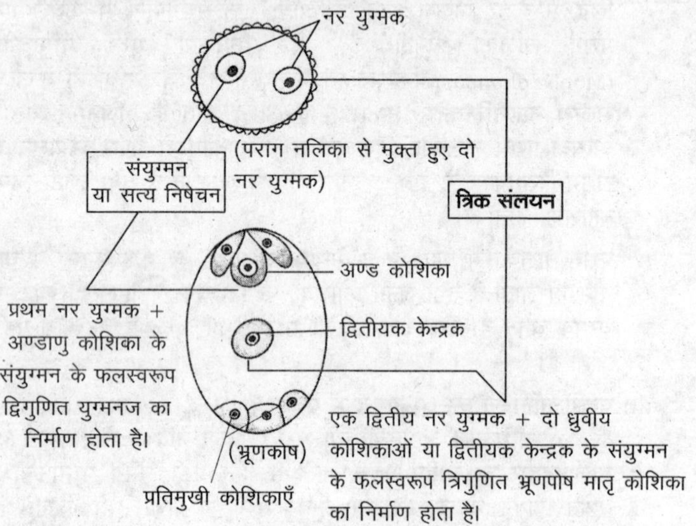

द्विनिषेचन का प्रदर्शन

निषेचन पश्च-घटनाएँ Post-fertilisation Events

- नर तथा मादा युग्मकों के संलयन (Syngamy) के उपरान्त भ्रूणकोष में दो संरचनाओं का निर्माण प्रारम्भ हो जाता है। इसमें द्वितीयक केन्द्रक अर्थात् प्रारम्भिक भ्रूणपोष केन्द्रक विकसित होकर **भ्रूणपोष** (Endosperm) बनाता है और **निषिक्ताण्ड** (Oospore) विकसित होकर **भ्रूण** (Embryo) का निर्माण करता है।
- भ्रूणकोष (Embryo sac) के अन्दर उपस्थित प्रतिमुख व सहायक कोशिकाएँ (Synergids) निषेचन (Fertilisation) के तुरन्त बाद ही नष्ट हो जाती हैं। निषेचन के पश्चात् होने वाले परिवर्तनों के अन्तर्गत भ्रूण का विकास, भ्रूणपोष का विकास तथा फल (Fruit) एवं बीज (Seed) का निर्माण आता है।

भ्रूण का विकास या भ्रूणोद्भव
Development of Embryo or Embryogenesis

- संयुग्मन के पश्चात् अण्ड, युग्मनज (Zygote) कहलाता है, जिससे भ्रूण का विकास होता है। यद्यपि भ्रूणीय परिवर्धन प्रारम्भ में एकबीजपत्री (Monocotyledonous) तथा द्विबीजपत्री (Dicotyledonous) दोनों पादपों में समान होता है, लेकिन बाद में इनमें काफी भिन्नता दिखाई देती है।

1. द्विबीजपत्री भ्रूण का विकास
Development of Dicotyledonous Embryo

- सर्वप्रथम **मेन्सटीन** (Manstein) ने क्रूसीफेरी कुल के *कैप्सेला बुर्सा-पेस्टोरिस* (*Capsella bursa-pestoris*) नामक पादप में भ्रूण के विकास का अध्ययन किया।
- युग्मनज आकार में बढ़कर अपने चारों ओर सेलुलोस की भित्ति का निर्माण करता है। यह अनुप्रस्थ विभाजन के द्वारा बीजाण्डद्वार की ओर आधार कोशिका तथा निभाग की ओर अन्तस्थ कोशिका (Terminal cell) का निर्माण करता है।
- आधार कोशिका अनुप्रस्थ विभाजनों द्वारा 6-10 कोशिका लम्बा निलम्बक बनाती है। निलम्बक की ऊपरी कोशिका फूलकर एक पुटिका कोशिका बनाती है।
  निलम्बक की सबसे निचली कोशिका अध:स्फीतिका कहलाती है। यह कोशिका आगे विभाजन करके मूलांकुर (Radicle) के शीर्ष को जन्म देती है। निलम्बक (Suspensor) का कार्य बीजाण्डकाय से भोजन अवशोषित करके वृद्धि कर रहे भ्रूण को प्रदान करना है।
- अन्तस्थ कोशिका अनुप्रस्थ विभाजन करके अष्टांशक (Octant) का निर्माण करती हैं। इसमें अध:स्फीतिका के नीचे की 4-कोशिकाएँ, **अधराधर कोशिकाएँ** (Hypobasal cell) तथा इसके नीचे की 4-कोशिकाएँ **अध्याधर कोशिकाएँ** (Epibasal cell) कहलाती हैं।
- अधराधर कोशिकाओं से मूलांकुर व अधोबीजपत्र तथा अध्याधर कोशिकाओं से प्रांकुर (Plumule) व बीजपत्र (Cotyledons) बनते हैं।
- अष्टांशक (Octant) अवस्था की 8-कोशिकाएँ परिनत विभाजन के द्वारा बाह्यत्वचीय कोशिकाओं का एक स्तर बनाती है, जो अपनत विभाजन (Anticlinal division) के द्वारा त्वचाजन (Dermatogen) बनाता है।
- इसके अन्दर की कोशिकाएँ उदग्र व अनुप्रस्थ विभाजनों द्वारा विभाजित होकर केन्द्रीय रम्भजन (Plerome) तथा मध्य में वल्कुटजन (Periblem) बनाती हैं। वल्कुटजन कोशिकाएँ, वल्कुट (Cortex) तथा रम्भजन कोशिकाएँ रम्भ (Stele) बनाती हैं।
- भ्रूण वृद्धि करके हृदयाकार हो जाता है। इसमें बीजपत्र बड़े होकर मुड़ जाते हैं। इस प्रकार परिपक्व द्विबीजपत्री भ्रूण में दो बीजपत्र होते हैं, जो एक अक्ष से जुड़े होते हैं। अक्ष का एक भाग, जो बीजपत्रों के बीच होता है, प्रांकुर (Plumule) कहलाता है और दूसरा भाग मूलांकुर कहलाता है।

2. एकबीजपत्री भ्रूण का विकास
Development of Monocotyledonous Embryo

- एकबीजपत्री पादपों में युग्मनज लम्बाई में बढ़कर अनुप्रस्थ विभाजन द्वारा विभाजित होता है। इससे बीजाण्डद्वार (Micropyle) की ओर आधार कोशिका (Basal cell) तथा निभाग की ओर अन्तस्थ कोशिका (Terminal cell) बनती है।
- आधार कोशिका से निलम्बक (Suspensor) का निर्माण होता है।
- अन्तस्थ कोशिका के विभाजन से अनेक कोशिकाएँ बनती है। ये कोशिकाएँ निलम्बक के नीचे स्थित कोशिकाओं के साथ मिलकर भ्रूण का निर्माण करती हैं।

- भ्रूण में एक बीजपत्र होता है, जिसे स्कुटेलम (Scutellum) कहते हैं। इसके अतिरिक्त इसमें प्रांकुर, बीजपत्राधार व मूलांकर होता है। इसमें प्रांकुर पार्श्वीय होता है।

भ्रूणपोष का विकास Development of Endosperm

- भ्रूणपोष बीज का मुख्य भोज्य पदार्थ संग्राहक ऊतक है, यह प्राथमिक भ्रूणपोष केन्द्रक से विकसित होता है। आवृतबीजियों में भ्रूणपोष त्रिसंलयन के फलस्वरूप बनता है, इसलिए त्रिगुणित (Triploid) होता है। यह वृद्धि करते भ्रूण को पोषण प्रदान करता है।
- भ्रूणपोष की कोशिकाएँ प्राय: समव्यासी (Isodiametric) होती हैं तथा इनमें बहुत अधिक मात्रा में भोज्य पदार्थ संचित रहता है। भ्रूणपोष की भित्ति प्राय: पतली होती है, लेकिन कभी-कभी हेमीसेलुलोज (Hemicellulose) के जमा होने के कारण यह मोटी हो जाती है।

आवृतबीजी पादपों में विकास के आधार पर भ्रूणपोष निम्न प्रकार के होते हैं

(a) केन्द्रकीय भ्रूणपोष Nuclear Endosperm

- इस प्रकार के भ्रूणपोष के केन्द्रक विभाजित होता है, लेकिन कोशिका भित्ति का निर्माण नहीं होता है। प्राथमिक भ्रूणपोष केन्द्रक से असूत्री विभाजन द्वारा अनेक केन्द्रकों का निर्माण होता है।
- भ्रूणपोष के मध्य में एक केन्द्रीय रिक्तिका बन जाती है, जो बाद में समाप्त हो जाती है और बहुत-से केन्द्रक व कोशिकाद्रव्य इसमें भर जाते हैं। इसके पश्चात् इसमें बहुत-सी कोशिकाएँ बन जाती हैं। पॉलीपेटैली वर्ग के सदस्यों में इस प्रकार का भ्रूणपोष पाया जाता है।

(b) कोशिकीय भ्रूणपोष Cellular Endosperm

- इस प्रकार के भ्रूणपोष निर्माण में भ्रूणपोष केन्द्रक के प्रत्येक विभाजन के पश्चात् कोशिका भित्ति का निर्माण होता है। गेमोपेटैली वर्ग में इस प्रकार का भ्रूणपोष पाया जाता है।

(c) माध्यमिक भ्रूणपोष Helobial Endosperm

- यह केन्द्रकीय व कोशिकीय भ्रूणपोषों के बीच की अवस्था हैं। इसमें भ्रूणपोष केन्द्रक के प्रथम विभाजन के पश्चात् कोशिका भित्ति का निर्माण होता है, परन्तु इसके बाद मुक्त केन्द्रकी विभाजन पाया जाता है। उदाहरण-*ऐरीमुरस*।

निषेचन के पश्चात् होने वाले परिवर्तन
Post-fertilisation Events

(i) **बाह्यदल** (Calyx) प्राय: मुरझाकर गिर जाते हैं, परन्तु कई पादपों में चिरलग्न होते हैं; उदाहरण—टमाटर, बैंगन, आदि में।

(ii) **दल** (Petal), पुंकेसर, वर्तिकाग्र एवं वर्तिका मुरझाकर गिर जाते हैं।

(iii) **अण्डाशय** (Ovary) फल में तथा अण्डाशय भित्ति (Ovary wall) फल भित्ति (Pericarp) में बदल जाती है।

(iv) **बीजाण्ड** (Ovule) बीज का निर्माण करता है।

(a) **बीजाण्डद्वार** (Micropyle) बीजद्वार बनाता है।

(b) **बीजाण्डकाय** (Nucellus) नष्ट हो जाता है।

(c) **भ्रूणकोष** (Embryo sac)

- अण्डकोशिका—भ्रूण बनाती है।
- सहायक कोशिकाएँ—नष्ट हो जाती हैं।
- प्रतिमुख कोशिकाएँ—नष्ट हो जाती हैं।

फल तथा बीज का निर्माण
Development of Fruit and Seed

- निषेचन के बाद **अण्डाशय** (Ovary) से फल और बीजाण्डों से फल के अन्दर के बीज बनते हैं। परिपक्व अण्डाशय से सत्य फल बनता है। यदि अण्डाशय के अतिरिक्त पुष्प के अन्य भाग भी फल निर्माण में भाग लेते हैं, तो इस प्रकार से बनने वाले फल **कूटफल** (False fruit) कहलाते हैं;
  उदाहरण—सेब, अनन्नास, आदि।
- बीजाण्ड में **भ्रूणपोष** (Endosperm) तथा भ्रूण के विकास के साथ-साथ अध्यावरण सूखकर सख्त हो जाते हैं और बीज कवच बनाते हैं।
- प्राय: बीजाण्डकाय (Nucellus) समाप्त हो जाता है, लेकिन कुछ बीजो में यह एक पतली पर्त के रूप में शेष बचा रहता है, जिसे **परिभ्रूणपोष** (Perisperm) कहते हैं। बीज दो प्रकार के होते हैं

(i) **अभ्रूणपोषी बीज** (Non-endospermic seeds) इन बीजों में भ्रूणपोष अनुपस्थित होता है, क्योंकि यह वृद्धि करते हुए बीजाण्ड द्वारा पूर्णतया उपयोग में ले लिया जाता है। इनमें भोजन का संग्रह बीजपत्रों में होने से ये मोटे हो जाते हैं। उदाहरण—चना, मटर, दालें व सेम।

(ii) **भ्रूणपोषी बीज** (Endospermic seeds) इन बीजों में भोजन भ्रूणपोष मे संग्रहित रहता है तथा बीजपत्र पतले होते हैं; उदाहरण—मक्का, गेहूँ तथा अरण्डी।

बीज के निर्माण का महत्त्व
Significance of Seed Formation

बीज के निर्माण की प्रक्रिया आवृतबीजी पादपों में एक अत्यन्त महत्त्वपूर्ण अनुकूलन है। बीजों के अन्दर भ्रूण जीवित होते हुए भी सक्रिय अवस्था में नहीं होता है, अर्थात् प्रसुप्त अवस्था में रहता है। प्राय: बीजों के अंकुरण के लिए ऑक्सीजन, जल एवं उचित तापमान की आवश्यकता होती हैं, जबकि कुछ बीज तो विशेष परिस्थितियों में ही अंकुरित होते हैं, बीजों की यह निष्क्रिय अवस्था **प्रसुप्ति** (Dormancy) कहलाती है।

वातावरणीय दशाओं के अनुकूल ना होने की स्थिति में भ्रूण बीज के अन्दर लम्बे समय तक सुरक्षित अवस्था में रहते हैं, जैसे ही उचित परिस्थितियाँ आती हैं। ये अंकुरित हो जाते हैं। बीजों के भ्रूणपोष में संचित भोजन अंकुरण के समय भ्रूण की वृद्धि में सहायक होता है।

बीज वायु, जल तथा अन्य माध्यमों की सहायता से एक स्थान से दूसरे स्थान तक प्रकीर्णित होते हैं। ये बीज विभिन्न वातावरण में पहुँचकर अंकुरित होते हैं। जिससे पादपों में अनुकूल विभिन्नताओं के कारण नई जातियों की उत्पत्ति होती है।

फलों का महत्त्व Significance of Fruits

फलों का निर्माण आवृतबीजी पादपों का विशिष्ट लक्षण है, जो पादपों के लिए अत्यन्त महत्त्वपूर्ण है। फलों के अन्दर बीज सुरक्षित रहते हैं। एक फल के अन्दर अनेक बीज बिना किसी हानि के लम्बे समय तक सुरक्षित रह सकते हैं। दृढ़ फलभित्ति के कारण वातावरणीय दशाएँ तथा अनेक जीव-जन्तु बीजों को हानि नहीं पहुँचा पाते हैं।

इसके अतिरिक्त फलों में विशेष रचनाएँ उत्पन्न होने के लिए उनका जल, वायु, जन्तुओं, आदि द्वारा आसानी से एक स्थान से दूसरे स्थान तक प्रकीर्णन भी होता है। इस प्रकार आवृतबीजी पादपों में फलों के निर्माण का विशेष महत्त्व है।

जनन की विशिष्ट विधियाँ

Special Methods of Reproduction

(i) **असंगजनन** (Apomixis) कभी-कभी पौधों के जीवन चक्र में युग्मक संलयन (syngamy) व अर्द्धसूत्री विभाजन की अनुपस्थिति में ही नए पादप का निर्माण हो जाता है। यह क्रिया असंगजनन कहलाती है। इसकी खोज **विंकलर** (Winkler) नामक वैज्ञानिक ने सन् 1908 में की थी। यह मुख्य रूप से दो प्रकार का होता है

(a) **कायिक अंसगजनन** (Vegetative apomixis) इस प्रकार के जनन में किसी कलिका से, जो तना अथवा पत्ती उत्पन्न होती है, उससे एक नया पौधा उत्पन्न होता है। इस क्रिया में बीज का निर्माण नहीं होता है; जैसे—गन्ना, आलू, आदि।

(b) **अनिषेकबीजता** (Agamospermy) इस प्रकार के प्रजनन में बीज का निर्माण होता है, परन्तु बीज के बनने में संलयन तथा अर्द्धसूत्री विभाजन (लैंगिक जनन की आधारभूत प्रक्रियाएँ) नहीं होता है। यह निम्न प्रकार से होता है

- **अपस्थानिक भ्रूणता** (Adventive embryony) इस प्रकार के जनन में बीजाण्डकाय या अध्यावरणों की कुछ कोशाएँ विभाजन एवं वृद्धि करके भ्रूण का निर्माण करती हैं जिसकी सभी कोशाएँ द्विगुणित होती हैं; जैसे—नींबू (*Citrus*), नागफनी (*Opuntia*) तथा आम (*Mangifera indica*)।
- **द्विगुणितबीजाणुता** (Diplospory) इस प्रकार के प्रजनन में गुरुबीजाणु मातृ कोशा से भ्रूणपोष बन जाता है। इस निर्माण में अर्द्धसूत्री विभाजन नहीं होता है। अत: सभी कोशाएँ द्विगुणित होती हैं। यदि इस भ्रूणकोष की अण्ड कोशा से नर युग्मक के संयोजन के बिना भ्रूण का विकास हो जाता है तो वह क्रिया **अनिषेकजनन** (parthenogenesis) कहलाती है; जैसे—*इक्सेरिस डेन्टाटा* (*Ixeris dentata*)।
- **अपबीजाणुता** (Apospory) इसकी खोज **रोजनबर्ग** (1907) ने की। इस प्रकार के जनन में बीजाण्डकाय की किसी कोशा से एक भ्रूणकोष का निर्माण होता है जिसकी प्रत्येक कोशिका द्विगुणित होती है। यदि इस भ्रूणकोष की अण्ड कोशा में नर युग्मक के संयोजन के बिना भ्रूण का विकास हो जाए तो वह क्रिया **अनिषेकजनन** कहलाती है; जैसे—*क्रेपिस* (*Crepis*) तथा *पार्थीनियम* (*Parthenium*)।

(ii) **अनिषेकफलन** (Parthenocarpy) कुछ पादपों में परागण एवं निषेचन के बिना भी फल का निर्माण होता है, परन्तु फल बीजरहित होता है। इसलिए बीजरहित फलों को **अनिषेकफलनी फल** (Parthenocarpic fruits) कहते हैं। ये दो प्रकार के होते हैं

(a) **प्राकृतिक अनिषेकफलन** (Natural parthenocarpy) जब अण्डाशय से परागण (Pollination) तथा निषेचन (Fertilisation) के बिना और किसी विशेष उपचार के बिना बीजरहित फलों का निर्माण होता है, तब इस परिघटना को प्राकृतिक अनिषेकफलन कहते हैं।

इस क्रिया में किसी रसायन द्वारा अण्डाशय को परिवर्धन के लिए प्रेरित नहीं किया जाता है; उदाहरण—अंगूर, केला, अनानास, आदि।

(b) **कृत्रिम अनिषेकफलन** (Artificial parthenocarpy) इसमें पुष्पों पर वृद्धि हॉर्मोन्स का छिड़काव करने से अण्डाशय से बीजरहित फल का निर्माण होता है; उदाहरण—सन्तरा, नींबू, तरबूज, अमरूद, टमाटर, अंगूर, पपीता, आदि।

(iii) **बहुभ्रूणता** (Polyembryony) बीजाण्ड या बीज में एक से अधिक भ्रूणों का उत्पन्न होना बहुभ्रूणता कहलाती है। इसकी खोज **एण्टोनी वॉन ल्यूवेनहॉक** (Av Leeuwenhoek) ने 1791 में **संतरे** में की। ये निम्नलिखित प्रकार की होती है

(a) **सरल बहुभ्रूणता** (Simple polyembryony) इस स्थिति में बीजाण्ड में एक से अधिक भ्रूणकोष होते हैं जिनमें निषेचन की क्रिया के पश्चात् अनेक निषिक्ताण्ड का निर्माण होता है। प्रत्येक से भ्रूण का निर्माण होता है; जैसे—*ब्रैसिका* (*Brassica*)।

(b) **मिश्रित बहुभ्रूणता** (Mixed polyembryony) इस स्थिति में एक से अधिक पराग नलिकाएँ बीजाण्ड में प्रवेश करती हैं जिनमें उपस्थित अतिरिक्त नर युग्मक, सहायक कोशाओं या प्रतिमुख कोशाओं से संयुक्त होकर द्विगुणित कोशा ($2n$) बनाते हैं। इन द्विगुणित कोशाओं से भी भ्रूण का निर्माण होता है; जैसे—प्याज, आदि में।

(c) **विदलन बहुभ्रूणता** (Cleavage polyembryony) इस स्थिति में युग्मनज दो या दो से अधिक भागों में विभाजित हो जाता है तथा प्रत्येक भाग से भ्रूण बनता है; जैसे—*निम्फिआ एडवीना*।

(d) **अपस्थानिक भ्रूणता** (Adventive embryony) जब भ्रूण बीजाण्डकाय या अध्यावरण की कोशिकाओं के विभाजन से उत्पन्न होता है अपस्थानिक भ्रूणता कहलाती है; जैसे—नींबू, सन्तरा, आम, आदि।

अभ्यास प्रश्न

अलैंगिक जनन और कायिक जनन

1. विखण्डन द्वारा अलैंगिक जनन सम्पन्न होता है
(a) शैवाल में (b) फर्न में
(c) ब्रायोफाइटा में (d) मॉस में

2. बीजाणुओं द्वारा अलैंगिक जनन सम्पन्न होता है
(a) *अमीबा* में (b) फर्न में (c) *कारा* में (d) मॉस में

3. अलैंगिक जनन, जनन का एक प्रक्रम है, जिसमें ...... भाग लेते हैं/है।
(a) एक जीव (b) दो जीव (समान जाति के)
(c) बहुत सारे जीव (d) दो जीव (अलग जाति के)

4. क्लोन होते हैं
(a) शारीरिक रूप से समान जीव (b) आनुवंशिक रूप से समान जीव
(c) दोनों (a) एवं (b) (d) इनमें से कोई नहीं

5. अलैंगिक जनन सामान्य है
(a) एककोशिकीय जीवों में (b) सरल संगठन वाले पादपों में
(c) आद्य संगठन वाले जन्तुओं में (d) उपरोक्त सभी

6. कोशिका विभाजन जनन का प्रकार है
(a) मोनेरा में (b) प्रोटिस्टा में
(c) दोनों (a) एवं (b) (d) इनमें से कोई नहीं

7. *अमीबा* में जनन किसके द्वारा होता है?
(a) जेम्यूल निर्माण (Gemmule formation)
(b) द्विखण्डन (Binary fission)
(c) मुकुलन (Budding)
(d) जीवद्रव्य विखण्डन से (Plasmotomy)

8. अलैंगिक चलबीजाणु (Zoospores) होते हैं
(a) *क्लैमाइडोमोनास* के चलयुग्मक (b) स्पंज के अचल युग्मक
(c) *हाइड्रा* के चल युग्मक (d) *पेनिसिलियम* के अचल युग्मक

9. *पेनिसिलियम* की अलैंगिक जनन करने वाली संरचना है
(a) कोनिडिया (b) कलिका
(c) जेम्यूल (d) अलैंगिक चलबीजाणु

10. जेम्यूल का बनना जनन की सामान्य पहचान है
(a) *हाइड्रा* (b) स्पंज
(c) *पेनिसिलियम* (d) *अमीबा*

11. *हाइड्रा* किसको उत्पन्न करके जनन करता है?
(a) कलिका (b) कोनिडिया
(c) अलैंगिक चलबीजाणु (d) मुकुलक (जैम्यूल)

12. निम्न युग्मों में से कौन-सा सही युग्म नहीं है?

	जनन के प्रकार	उदाहरण
(a)	भूस्तारिका (Offset)	– जलकुम्भी (Water hyacinth)
(b)	राइजोम	– केला (Banana)
(c)	द्विखण्डन	– *सारगैसम* (*Sargassum*)
(d)	कोनिडिया	– *पेनिसिलियम* (*Penicillium*)

13. निम्न में से कौन-सा सही सुमेलित है?
(a) प्याज – कन्द (Bulb)
(b) अदरक – अन्तः भूस्तारी (Sucker)
(c) *क्लैमाइडोमोनास* – कोनिडिया (Conidia)
(d) यीस्ट – अलैंगिक चलबीजाणु (Zoospores)

14. इनमें से कौन-सा कथन सही नहीं है?
(a) अलैंगिक जनन से उत्पन्न सन्तति क्लोन कहलाती है
(b) सूक्ष्मदर्शिक अलैंगिक चलायमान संरचना अलैंगिक चलबीजाणु कहलाती है
(c) आलू, केला और अदरक में पादप (Plantlets) का उद्भव रूपान्तरित तने की पर्वसन्धियों से नहीं होता है
(d) जल जलकुम्भी, एकत्रित (खड़े) जल में वृद्धि कर जल से ऑक्सीजन कम कर देता है, जिससे मछलियाँ मर जाती हैं

15. पत्तियों द्वारा कायिक प्रवर्धन किसमें होता है?
(a) पोदीने में (b) आलू में
(c) *ब्रायोफिल्लम* में (d) इनमें से कोई नहीं

16. कायिक प्रवर्धन होता है
(a) जड़ द्वारा (b) तने द्वारा
(c) पत्ती द्वारा (d) इन सभी के द्वारा

17. किसके संवर्धन से अगुणित कोशिकाएँ (हेप्लॉइड कैलस) प्राप्त होती हैं?
(a) भ्रूण (b) पत्तियों के ऊतक
(c) वर्तिकाग्र (d) पराग कण

18. विभिन्न जाति के जीवों के बीच अंग या ऊतक की ग्राफ्टिंग करने को कहा
(a) ऑटोग्राफ्ट (b) आइसोग्राफ्ट
(c) जीनोग्राफ्ट (d) एलोग्राफ्ट

19. पौधे $(2n = 28)$ के पराग कण को संवर्धन माध्यम में वृद्धि करने पर कैलस प्राप्त होता है। कैलस की कोशिका में गुणसूत्र की संख्या होगी
(a) 28 (b) 21 (c) 14 (d) 56

20. निम्न में से किसका प्रवर्धन कलम रोपण द्वारा किया जा सकता है?
(a) केला (b) गुलाब (c) आम (d) कपास

21. तने द्वारा कायिक प्रवर्धन होता है
(a) पोदीने में (b) हल्दी में (c) अदरक में (d) इन सभी में

22. *एलबिजिया* में कायिक प्रवर्धन किस प्रकार की जड़ों द्वारा होता है?
(a) मांसल जड़ों (b) अपस्थानिक जड़ों
(c) मूसला जड़ों (d) झकड़ा जड़ों

23. जड़ों द्वारा कायिक प्रवर्धन होता है
(a) आलू (b) *डहेलिया* (c) प्याज (d) जिमीकन्द

24. केले में कायिक जनन होता है
(a) कन्द से (b) प्रकन्द से
(c) बल्ब से (d) अन्तःभूस्तारी से

25. भूमिगत तने का वह रूपान्तरण जो भूमि में ऊर्ध्व दिशा में वृद्धि करता है
(a) कन्द (b) प्रकन्द
(c) घनकन्द (d) शल्कन्द

26. निम्न में से किसमें अन्त:भूस्तारी (Sucker) द्वारा कायिक जनन होता है?
(a) खट्टी-बूटी (b) *सेन्टेला*
(c) पोदीना (d) स्ट्रॉबेरी

27. अजूबा (*ब्रायोफिल्लम*) में कायिक प्रवर्धन होता है
(a) तने द्वारा (b) जड़ द्वारा
(c) पत्ती द्वारा (d) पुष्प द्वारा

28. ऐसा कायिक जनन, जिसमें नए पादप पत्ती के अविच्छिन्न शीर्ष पर विकसित होते हैं, पाया जाता है
(a) *एस्पेरेगस* में (b) *अगेव* में
(c) *क्राइजेन्थेमम* में (d) *ब्रायोफिल्लम* में

29. आलू, अदरक, *अगेव*, *ब्रायोफिल्लम* तथा जलकुम्भी में पाए जाने वाले कायिक प्रवर्धों का ठीक क्रम है
(a) भूस्तारिका, बुलबिल, पर्ण कलिका, प्रकन्द एवं आँख
(b) पर्ण कलिका, बुलबिल, भूस्तारिका, प्रकन्द एवं आँख
(c) आँख, प्रकन्द, बुलबिल, पर्ण कलिका एवं भूस्तारिका
(d) प्रकन्द, बुलबिल, पर्ण कलिका, आँख एवं भूस्तारिका

30. *यूट्रीकुलेरिया* में कायिक प्रवर्धन किसके द्वारा होता है?
(a) बुलबिल (b) पर्ण (पत्ती) कलिका
(c) टूरियॉन्स (d) जड़ों

31. वह विधि, जिसमें कोशिकाओं या ऊतकों के संवर्धन द्वारा पादप प्राप्त किए जाते हैं, कहलाती है
(a) रोपण (b) दाब लगाना
(c) सूक्ष्मप्रवर्धन (d) इनमें से कोई नहीं

32. निम्न कथनों को पढ़िए।
I. शैवालों और कवकों में कोशिका विभाजन जनन का एक प्रकार है।
II. *अमीबा* और *पैरामीशियम* विखण्डन द्वारा विभाजित होते हैं।
III. यीस्ट कोशिका में विभाजन असमान होता है और छोटी कलिकाएँ (Buds) उत्पन्न होती हैं।
IV. अलैंगिक चलबीजाणु स्थूलदर्शीय (Macroscopic) अचल संरचनाएँ होती हैं।

उपरोक्त में से असत्य कथन चुनिए।
(a) I एवं III (b) III एवं IV
(c) I, II एवं IV (d) केवल III

33. अलैंगिक जनन के लिए निम्न कथनों को पढ़िए एवं सही कथन को चुनिए।
I. इसमें एक जनक ही सम्मिलित होता है।
II. यह लैंगिक जनन से धीमा होता है।
III. यह सन्तति उत्पन्न करता है, जो आनुवंशिक रूप से जनक के समान लेकिन एक-दूसरे से भिन्न होती हैं।
IV. अलैंगिक जनन की सन्तति क्लोन कहलाती है।
(a) I एवं II (b) II एवं III
(c) I एवं IV (d) I, III एवं IV

34. निम्न कथनों को पढ़िए और सही कथनों का चयन कीजिए।
I. कोनिडिया अलैंगिक प्रजनक (Propagules) हैं, जो कवक जगत के लिए सीमित हैं।
II. आलू के कन्द का एक भाग, जिसमें कम से कम एक नेत्र (Eye) होता है, नए पादप को जन्म देने में सक्षम होता है।
III. अदरक अपनी भूमिगत जड़ों की सहायता से कायिक प्रवर्धन करती है।
IV. मांसल कलिकाएँ, जो कायिक प्रवर्धन में भाग लेती हैं, बुलबिल्स कहलाती हैं। यह *डायोस्कोरिया* (*Dioscorea*) व *अगैव* में उपस्थित होती है।

कूट
(a) II एवं III (b) I एवं IV (c) I, II एवं IV (d) I, II एवं III

पुष्पीय पादपों में लैंगिक जनन

35. निम्न में से किसके द्वारा नए आनुवंशिक युग्म बनते हैं, जिससे नई विभिन्नताएँ विकसित होती हैं?
(a) कायिक प्रजनन (b) अनिषेकजनन
(c) लैंगिक जनन (d) केन्द्रक बहुभ्रूणता

36. लैंगिक जनन की घटनाओं के लिए असत्य कथन चुनिए।
(a) सभी लैंगिक जनन करने वाले जीव मूलभूत रूप से समान प्रक्रियाएँ दिखाते हैं
(b) लैंगिक जनन से सम्बन्धित संरचनाएँ पृथक् जीवों के समूह में भिन्न होती हैं
(c) पूर्व निषेचन, निषेचन और पश्च निषेचन लैंगिक जनन की घटनाओं का सही क्रम है
(d) उपरोक्त में से कोई नहीं

37. लैंगिक जनन का उत्पाद सामान्यतया उत्पन्न करता है
(a) बीजों की लम्बी जीवन-क्षमता
(b) चिरस्थायी प्रसुप्तावस्था
(c) नए आनुवंशिक युग्म जिससे विभिन्नताएँ आती हैं
(d) बड़ा जीवभार

38. वह अवस्था, जिसमें नर व मादा जननांग एक ही पादप पर होते हैं, कहलाती है
(a) एकलिंगी (b) द्विलिंगी
(c) उभयलिंगाश्रयी (d) दोनों (b) एवं (c)

39. शैवालों के लैंगिक जनन में किस प्रकार के जनन को सबसे आरम्भिक माना जाता है?
(a) समयुग्मकी (b) विषमयुग्मकी
(c) अण्डयुग्मकी (d) दोनों (a) एवं (b)

40. लैंगिक जनन द्वारा निर्मित सन्तति, अलैंगिक जनन द्वारा उत्पन्न जीव से बहुत अधिक विभिन्नता दर्शाती है, क्योंकि
(a) लैंगिक जनन लम्बा प्रक्रम है
(b) जनकों के युग्मकों के आनुवंशिक संगठन में गुणात्मक भिन्नता होती है
(c) दो भिन्न जातियों के जनकों से आनुवंशिक पदार्थ आता है
(d) लैंगिक जनन में अधिक मात्रा में DNA प्रयुक्त होता है

41. 12 वर्षों में एक बार फूल उत्पन्न करने वाला पादप है
(a) *मेलाकोना* (b) *ऑक्सेलिस* (c) नीला कुरेंजी (d) जैकफूट

42. लैंगिक जनन से सम्बन्धित कुछ कथन नीचे दिए गए हैं।

I. लैंगिक जनन में सदैव दो जीवों (Individuals) की आवश्यकता होती है।

II. लैंगिक जनन में सामान्यतया युग्मक संलयन (Syngamy) होता है।

III. लैंगिक जनन में अर्द्धसूत्री विभाजन कभी नहीं होता है।

IV. बाह्य-निषेचन, लैंगिक जनन का मापक है।

दिए गए विकल्पों में से सत्य कथनों का चयन कीजिए।

(a) I एवं IV (b) I एवं II
(c) II एवं III (d) II एवं IV

43. पादप का लैंगिक भाग है

(a) तना (b) पर्व
(c) पर्व सन्धि (d) पुष्प

44. निम्न चित्र में A से G तक पहचानिए और उसके अनुसार उत्तर दीजिए।

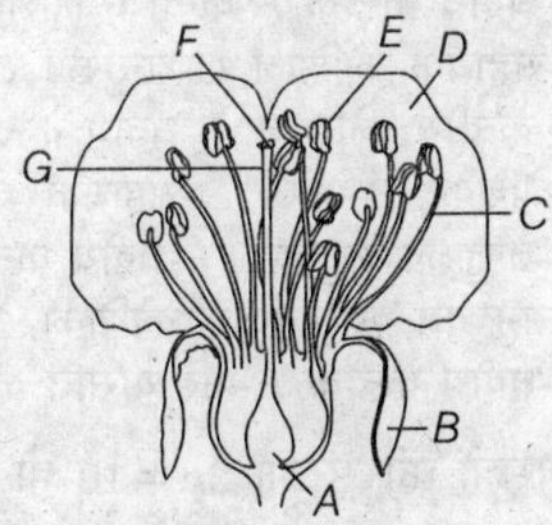

(a) A–अण्डाशय, B–तन्तु, C–बाह्यदल, D–दल, E–वर्तिका, F–वर्तिकाग्र, G–परागकोष
(b) A–बाह्यदल, B–अण्डाशय, C–दल, D–तन्तु, E–परागकोष, F–वर्तिकाग्र, G–वर्तिका
(c) A–अण्डाशय, B–बाह्यदल, C–तन्तु, D–दल, E–परागकोष, F–वर्तिकाग्र, G–वर्तिका
(d) A–दल, B–परागकोष, C–वर्तिकाग्र, D–वर्तिका, E–तन्तु, F–बाह्यदल G–अण्डाशय

45. पुष्पों के लिए निम्नलिखित में से कौन-से कथन सही हैं?

I. पुष्प हमेशा द्विलिंगी होते हैं।

II. ये लैंगिक जननीय अंग होते हैं।

III. ये पादपों के सभी संघों में उत्पन्न होते हैं।

IV. निषेचन के बाद ये फल देते हैं।

(a) I एवं IV (b) II एवं III
(c) I एवं III (d) II एवं IV

46. स्पोरोपोलेनिन रासायनिक रूप से है

(a) मोनोसैकेराइड (b) वसीय पदार्थ
(c) प्रोटीन (d) पॉलीसैकेराइड

47. पुष्पित पादपों में लैंगिक अवस्था का सही क्रम है

(a) युग्मक, युग्मनज, भ्रूण, बीज (b) युग्मनज, युग्मक, भ्रूण, बीज
(c) बीज, भ्रूण, युग्मनज, युग्मक (d) युग्मक, भ्रूण, युग्मनज, बीज

48. एक पुष्प के स्त्रीकेसर के मध्य भाग को कहते हैं

(a) वर्तिकाग्र (b) वर्तिका
(c) अण्डाशय (d) अण्ड (बीजाण्ड)

युग्मकजनन

49. आवृतबीजियों में नर युग्मकोद्भिद् उत्पन्न करता है

(a) दो पुंमाणु और एक कायिक कोशिका
(b) एक पुंमाणु और एक कायिक कोशिका
(c) एक पुंमाणु और दो कायिक कोशिका
(d) तीन पुंमाणु

50. परागकोष पर लम्बाई में परिचालित खाँच, जो भित्ति को अलग करती है, वह कहलाती है

(a) विदर रेखा (Rupture line)
(b) स्फुटन रेखा (Line of dehiscence)
(c) परागकोष के सीवन (Suture of anther)
(d) उपरोक्त में से कोई नहीं

51. आवृतबीजीय परागकोष में लघुबीजाणुओं की संख्या होती है

(a) एक (b) दो (c) तीन (d) चार

52. लघुबीजाणुधानी विकसित होती है

(a) पराग में (b) लघुयुग्मकों में
(c) गुरुयुग्मकों में (d) परागकोष में

53. लघुबीजाणु उत्पन्न होते हैं

(a) पुमंग में (b) जायांग में (c) पुंकेसरों में (d) परागकोष में

54. लघुबीजाणुधानी में सबसे अन्दर की परत होती है

(a) टेपीटम (b) एण्डोथीसियम
(c) मध्यपर्त (d) बाह्यत्वचा

55. प्रत्येक लघुबीजाणुधानी का केन्द्र किससे भरा रहता है?

(a) बीजाणुजन ऊतक (b) टेपीटम
(c) केन्द्रीय ऊतक (d) लघुबीजाणु मातृ कोशिका

56. परागकोष में लघुबीजाणुधानी की सबसे बाह्य परत है

(a) अन्तस्थीसियम (b) टेपीटम
(c) मध्यपर्त (d) बाह्यत्वचा

57. परागों का बाह्य आवरण.......A.....कहलाता है। यह .....B.....का बना होता है तथा यह ......C......पर अनुपस्थित होता है।

A, B और C रिक्त स्थान भरिए।

(a) A–अन्तःचोल, B–कार्बनिक यौगिक, C–बीजाण्डद्वार
(b) A–बाह्यचोल, B–स्पोरोपोलेनिन, C–जनन द्वार
(c) A–बाह्यचोल, B–अन्तःचोल, C–बीजाण्ड द्वार
(d) A–बीजाण्डद्वार, B–अन्तःचोल, C–बाह्यचोल

58. स्पोरोपोलेनिन अनिम्नकारी (Non-degradable) है, क्योंकि

(a) यह सुदृढ़ अम्लों के सम्मुख स्थिर रहती हैं
(b) यह अत्यधिक ताप के प्रतिरोधी है
(c) कोई एन्जाइम इसको निम्नीकृत नहीं कर सकता है
(d) उपरोक्त सभी

59. कौन-सी कोशिका बड़ी है और लघुबीजाणुजनन के दौरान भरपूर खाद्य संग्रह करती है?

(a) जनन कोशिका (b) कायिक कोशिका
(c) रिक्तिका (d) बीजाणु मातृ कोशिका

60. 60% आवृतबीजी अपने परागकण त्याग देते हैं

(a) 2-कोशिकीय अवस्था पर (b) 3-कोशिकीय अवस्था पर
(c) 4-कोशिकीय अवस्था पर (d) 1-कोशिकीय अवस्था पर

61. पुष्पों के वे भाग, जो नर और मादा युग्मक (जनन कोशिकाएँ) उत्पन्न करते हैं
(a) पुंकेसर और परागकोष (b) तन्तु और वर्तिकाग्र
(c) परागकोष और अण्डाशय (d) पुंकेसर और वर्तिका

62. एक आवृतबीजी का बीजाण्ड तकनीकी रूप से समान होता है
(a) गुरुबीजाण्ड (b) गुरुबीजाणुजन
(c) गुरुबीजाणु मातृ कोशिका (d) गुरुबीजाणु

63. नागफनी में बीजाण्ड होता है
(a) एनाट्रॉपस (b) हेमीट्रॉपस
(c) कैम्पाइलोट्रॉपस (d) सर्सिनोट्रॉपस

64. तन्तुमय संरचना/समुच्चय का कार्य है
(a) उपयुक्त वर्तिकाग्र पर पराग को पहचानना
(b) जनन कोशिका के विभाजन को प्रेरित करना
(c) शहद उत्पन्न करना
(d) परागनली के प्रवेश को मार्गदर्शित करना

65. निम्न में से अर्द्धसूत्री विभाजन होता है
(a) भ्रूणकोष में (b) भ्रूणपोष में
(c) बीजाण्डकाय में (d) गुरुबीजाणु मातृ कोशिका में

66. अण्डप इनमें से किसके समान है?
(a) मेगास्पोरोफिल (b) मेगास्पोरेन्जियम
(c) मेगास्पोर (d) माइक्रोस्पोरोफिल

67. अधिकांश आवृतबीजियों में
(a) अण्ड एक तन्तुरूप समुच्चय होता है
(b) यहाँ उनके प्रतिव्यासांत कोशिकाएँ होती हैं
(c) गुरुबीजाणु मातृ कोशिका में अर्द्धसूत्री विभाजन होता है
(d) भ्रूणकोष में एक छोटी केन्द्रक कोशिका उपस्थित होती है

68. किस कुल के अण्डाशय में सर्वाधिक बीजाण्ड होते हैं?
(a) सोलेनेसी (b) ग्रेमिनी
(c) फेबेसी (d) ऐस्टरेसी

69. भ्रूणकोष के किस तरफ अण्ड कोशिका पायी जाती है?
(a) बीजाण्डद्वार की ओर (b) निभाग की ओर
(c) मध्य में (d) प्रतिमुखी कोशिकाओं के पास

70. जो डण्ठल बीजाण्ड (Ovule) और अपरा (Placenta) को जोड़ता है, कहलाता है
(a) बीजाण्ड वृन्त (b) नाभिका
(c) निभाग (d) बीजाण्डद्वार

71. निभागीय सिरा उपस्थित होता है
(a) बीजाण्ड द्वार के विपरीत (b) आवरणों के मूल पर
(c) बीजाण्डकाय के विपरीत (d) भ्रूणकोष के नजदीक

72. कोशिकाओं का गुच्छा/समूह, जो एक आवरण द्वारा बीजाण्ड को ढ़का रहता है, कहलाता है
(a) बीजाण्डकाय (b) भ्रूण
(c) अण्ड (d) पराग

73. भ्रूणकोष (Embryo sac) क्या कहलाता है?
(a) मादा युग्मक (b) सहायक कोशिका
(c) मादा युग्मकोद्भिद् (d) आवृतबीजियों के अण्ड

74. भ्रूणकोष में कोशिका संख्या, सहायक कोशिका → अण्ड कोशिका → केन्द्रीय कोशिका → प्रतिव्यासांत कोशिका क्रम का अनुकरण करते हैं
(a) 1-1-2-3 (b) 2-1-3-2
(c) 2-1-1-3 (d) 3-2-1-2

75. चित्र में दिए गए A से F तक के बिन्दुओं की पहचान कीजिए।

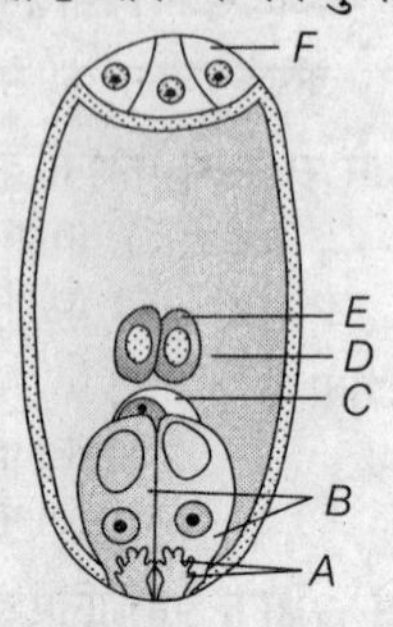

(a) A–अण्ड, B–तन्तुरूप समुच्चय, C–सहायक कोशिका, D–प्रतिव्यासांत कोशिका, E–ध्रुवीय केन्द्रक, F–केन्द्रीय कोशिका
(b) A–अण्ड, B–सहायक कोशिका, C–तन्तुरूप समुच्चय, D–प्रतिव्यासांत कोशिका, E–केन्द्रीय कोशिका, F–ध्रुवीय केन्द्रक
(c) A–केन्द्रीय कोशिका, B–अण्ड, C–सहायक कोशिका, D–प्रतिव्यासांत कोशिका, E–तन्तुरूप समुच्चय, F–ध्रुवीय केन्द्रक
(d) A–तन्तुरूप समुच्चय, B–सहायक कोशिका, C–अण्ड, D–केन्द्रीय कोशिका, E–ध्रुवीय केन्द्रक, F–प्रतिव्यासांत कोशिका

76. यदि तने में गुणसूत्रों की संख्या $2n = 10$ हो, तो पता लगाइए।
A–भ्रूणपोष में गुणसूत्रों की संख्या
B–अण्ड कोशिका में गुणसूत्रों की संख्या
C–ध्रुवीय केन्द्रकों (Polar nuclei) में गुणसूत्रों की संख्या
(a) A = 15, B = 15, C = 20 (b) A = 10, B = 15, C = 20
(c) A = 15, B = 5, C = 10 (d) A = 10, B = 5, C = 15

77. *पॉलीगोनम* भ्रूणकोष होता है
(a) 8- कोशिकीय तथा 7- केन्द्रकीय
(b) 7- कोशिकीय तथा 8- केन्द्रकीय
(c) 8- कोशिकीय तथा 8- केन्द्रकीय
(d) उपरोक्त में से कोई नहीं

78. अण्ड समुच्चय (Egg apparatus) बने होते हैं
(a) 2 सहायक कोशिकाएँ +2 अण्ड
(b) 2 सहायक कोशिकाएँ +2 अण्ड
(c) 2 सहायक कोशिकाएँ +1 अण्ड
(d) 2 सहायक कोशिकाएँ +4 अण्ड

79. तन्तुरूप समुच्चय (Filiform apparatus) हैं
(a) प्रतिव्यासांत कोशिका पर विशिष्ट कोशिकीय स्थूलन (Thickening)
(b) बीजाण्डद्वारी सिरे पर विशिष्ट कोशिकीय स्थूलन
(c) सहायक कोशिकाओं पर विशिष्ट कोशिकीय स्थूलन
(d) केन्द्रकीय सिरे पर विशिष्ट कोशिकीय स्थूलन

80. एनाट्रोपस (Anatropous) बीजाण्ड कोशिकाओं के भ्रूणपोष में निभागीय सिरे पर पायी जाने वाली कोशिका कहलाती है
(a) बीजाण्डकाय कोशिकाएँ (b) सहायक कोशिकाएँ
(c) प्रतिव्यासांत कोशिकाएँ (d) इनमें से कोई नहीं

परागण

81. पराग कणों का परागकोष से समान पादप से दूसरे पुष्प के वर्तिकाग्र पर स्थानान्तरण कहलाता है
(a) सजातपुष्पी परागण (b) पर-निषेचन
(c) उन्मीलिय परागण (d) अनुन्मीलिय परागण

82. अनुन्मीलिय परागण का लाभ है
(a) उच्च आनुवंशिक विभिन्नता
(b) अधिक सशक्त सन्तति
(c) परागण के कारकों पर निर्भरता नहीं
(d) जरायुजता

83. स्वयुग्मन (Autogamy) का अर्थ है
(a) समान पुष्पों में स्व-परागण (b) भिन्न पुष्पों में स्व-परागण
(c) दो पुष्पों में परागण (d) भ्रूण में विभाजन

84. स्वयुग्मन/स्व-परागण के उदाहरण हैं
(a) उन्मीलिय परागणी (Chasmogamous) पुष्प
(b) अनुन्मीलिय परागणी (Cleistogamous) पुष्प
(c) सजातपुष्पी (Geitonogamy) परागण
(d) दोनों (b) एवं (c)

85. स्वयुग्मन और सजातपुष्पी परागण दोनों निम्न में से किसमें नहीं होते हैं?
(a) पपीते में (b) खीरे में (c) अरण्ड में (d) मक्का में

86. सजातपुष्पी परागण में होता है
(a) एक पुष्प का उसी पादप के अन्य पुष्प के पराग कण द्वारा निषेचन
(b) एक पुष्प का उसी/समान पुष्प के पराग कण द्वारा निषेचन
(c) एक पुष्प का समान समुदाय वाले अन्य पादप के पुष्प के पराग कण द्वारा निषेचन
(d) एक पुष्प का भिन्न समुदाय वाले अन्य पादप के पुष्प के पराग कण द्वारा निषेचन

87. जलकुम्भी (Water hyacinth) और जल-लिली में परागण किस कारक द्वारा होता है?
(a) जल (b) कीट या वायु
(c) पक्षी (d) चमगादड़

88. वायु द्वारा परागण सामान्य है
(a) लिली में (b) घास में
(c) आर्किड (Orchid) में (d) लेग्युम (Legume) में

89. साधन/उपकरण, जो स्व-परागण को रोकते हैं या पर-परागण को बढ़ाते हैं
(a) परागण और वर्तिकाग्र का ग्रहणशील होना एक साथ नहीं होना
(b) परागकोष और वर्तिकाग्र का भिन्न ऊँचाइयों पर स्थित होते हैं
(c) पुतन्तु और वर्तिका की समान ऊँचाई
(d) दोनों (a) एवं (b)

90. पुष्पी पादपों में सबसे सामान्य मुख्य अजैविक परागण कारक है
(a) जल (b) वायु
(c) दोनों (a) एवं (b) (d) इनमें से कोई नहीं

91. चमगादड़ द्वारा परागण होता है
(a) कदम्ब में (b) अंजीर में
(c) कमल में (d) आर्किड में

92. लम्बे फीते-समान पराग कण दिखायी देते हैं
(a) जल परागित पादपों में (b) वायु द्वारा परागित पादपों में
(c) अनावृतबीजी में (d) पक्षी द्वारा परागित पादपों में

93. पंख के समान लम्बा वर्तिकाग्र पाया जाता है
(a) चावल (b) मक्का
(c) गन्ना (d) इनमें से कोई नहीं

94. वायु परागित पुष्प में होता है
(a) अण्डाशय में अनेक बीजाण्ड (b) अण्डाशय में एक बीजाण्ड
(c) अण्डाशय में दो बीजाण्ड (d) इनमें से कोई नहीं

95. परागण कारकों की अनुपस्थिति में भी बीजों का बनना निश्चित है
(a) *कोमेलिना* (*Commelina*) में (b) *जोस्टेरा* (*Zostera*) में
(c) *साल्विया* (*Salvia*) में (d) अंजीर (Fig) में

96. वायु परागित और जल परागित पुष्प होते हैं
(a) रंगीन (b) रंगहीन
(c) आकार में छोटे (d) मकरन्द उत्पादक

97. जलीय परागित पादपों के पराग कण गीले/नम होने से बचने के लिए आवरित रहते हैं
(a) म्यूसिलेज द्वारा (b) क्यूटिकल द्वारा
(c) बाह्य चोल द्वारा (d) अन्तःचोल द्वारा

98. निरन्तर स्व-परागण का परिणाम है
(a) अन्तःप्रजनन अवसाद (b) बाह्यप्रजनन अवसाद
(c) संकरओज (d) सन्तति में अच्छे परिणाम

99. *एमोरफोफैलस* (*Amorphophallus*) और *यक्का* (*Yucca*) में, मॉथ (Moth) किसमें अण्डे देती है?
(a) अण्डाशय के कोष्ठक (b) वर्तिकाग्र पर
(c) फलभित्ति में (d) वर्तिका पर

100. जल परागण पाया जाता है
(a) शैवाल में (b) फर्न में
(c) मनी प्लाण्ट में (d) *हाइड्रिला* में

101. निम्न का अध्ययन करें और सही विकल्प का चयन कीजिए।
I. टेपीटम विकासशील परागकणों को पोषण प्रदान करता है।
II. हाइलम (नाभिका) अण्डप व बीजाण्डवृन्त (Funicle) के मध्य जोड़ को दर्शाती है।
III. जलीय पादपों; जैसे—जलकुम्भी (Water hyacinth) और लिली में परागण जल द्वारा होता है।
IV. प्राथमिक भ्रूणपोष केन्द्रक त्रिगुणित होता है।
(a) I एवं II (b) I, II एवं IV
(c) II, III एवं IV (d) II एवं IV

102. एकलिंगी पुष्पों के लिए निम्नलिखित कथनों में से कौन-से सही हैं?
I. इनमें पुंकेसर और स्त्रीकेसर दोनों एक साथ उपस्थित हैं।
II. इनमें या तो पुंकेसर या स्त्रीकेसर उपस्थित हैं।
III. ये पर-परागण को प्रदर्शित करते हैं।
IV. एकलिंगी पुष्प केवल पुंकेसर को प्राप्त करते हैं तथा फल उत्पन्न करते हैं।
(a) I एवं IV (b) II एवं III
(c) II, III एवं IV (d) I, III एवं IV

द्विनिषेचन

103. पादपों में निषेचन की खोज की
(a) स्वामीनाथन ने (b) नवाश्चिन ने
(c) स्ट्रॉसबर्गर ने (d) माहेश्वरी ने

104. द्विनिषेचन की खोज की
(a) नवाश्चिन ने (b) माहेश्वरी ने
(c) स्ट्रॉसबर्गर ने (d) स्वामीनाथन ने

105. परागनली में नर युग्मक की संख्या होती है
(a) 4 (b) 2 (c) 3 (d) 5

106. आवृतबीजी बीजाण्ड में, भ्रूणकोष की केन्द्रीय कोशिका में पराग नलिका के प्रवेश से पूर्व उसमें होते हैं
(a) एकल अगुणित केन्द्रक
(b) एक द्विगुणित तथा एक अगुणित केन्द्रक
(c) दो अगुणित ध्रुवीय केन्द्रक
(d) एक द्विगुणित तृतीयक केन्द्रक

107. सामान्यतया परागनली किसके माध्यम से प्रवेश करती है?
(a) बीजाण्डद्वार क्षेत्र (b) प्रतिव्यासांत क्षेत्र
(c) निभाग सिरा (d) केन्द्रक क्षेत्र

108. द्विनिषेचन को सर्वप्रथम किस पादप में देखा गया?
(a) *वुल्फिया* में (b) *सिरेटोफिल्लम* में
(c) *लिलियम* में (d) *साल्विया* में

109. आवृतबीजियों में, परागनली अपने नर युग्मक किसमें त्यागती है?
(a) केन्द्रीय कोशिका में (b) प्रतिव्यासांत कोशिकाओं में
(c) अण्ड कोशिका में (d) सहायक कोशिकाओं में

110. निम्न चार्ट में A, B और C को पहचानिए।

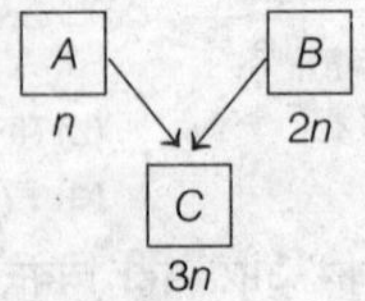

(a) A–मादा युग्मक, B–नर युग्मक, C–भ्रूणपोष
(b) A–भ्रूणपोष, B–मादा युग्मक, C–नर युग्मक
(c) A–नर युग्मक, B–ध्रुवीय केन्द्रक, C–भ्रूणपोष
(d) A–मादा युग्मक, B–भ्रूणपोष, C–नर युग्मक

111. प्राथमिक भ्रूणपोष कोशिका (Primary endosperm cell) बनती है
(a) त्रिक संलयन के बाद (b) त्रिक संलयन के पहले
(c) युग्मक संलयन के समय (d) हमेशा रहती है

112. द्विनिषेचन में मादा केन्द्रकों की संख्या होती है
(a) 2 (b) 3 (c) 4 (d) 1

113. युग्मक संलयन और त्रिक संलयन ...A....कहलाते हैं। इसमें केन्द्रीय कोशिका....B....में बदल जाती है और ....C....में विकसित हो जाती है तथा युग्मनज......D..... में विकसित होता है।
उपरोक्त कथन में A, B, C और D है
(a) A–संलयन, B–अगुणित, C–द्विगुणित कोशिका, D–भ्रूण
(b) A–द्विनिषेचन, B–PEN, C–भ्रूणपोष, D–भ्रूण
(c) A–भ्रूण, B–भ्रूणपोष, C–PEN, D–द्विगुणित कोशिका
(d) A–PEN, B–भ्रूणपोष, C–युग्मक संलयन, D–निषेचन

114. निषेचन में कितने केन्द्रक सम्मिलित होते हैं?
(a) 1 (b) 1 + 1
(c) 2 + 1 (d) इनमें से कोई नहीं

115. यदि एक आवृतबीजी पादप में, नर पादप द्विगुणित और मादा चतुष्गुणित हो, तो भ्रूणपोष होगा
(a) अगुणित (b) त्रिगुणित
(c) चतुर्गुणित (d) पंचगुणित

भ्रूणोद्भव एवं बीज तथा फल का निर्माण

116. निम्न में से पश्च-निषेचन की घटना/घटनाएँ चुनिए।
(a) भ्रूणपोषजनन (b) भ्रूणोद्भव
(c) दोनों (a) एवं (b) (d) अंगों का बनना (अंग निर्माण)

117. एक कच्चे नारियल में नारियल पानी है
(a) अपरिपक्व भ्रूण
(b) मुक्त केन्द्रकीय भ्रूणपोष
(c) अपभ्रष्ट बीजाण्डकाय
(d) अपभ्रष्ट बीजाण्डकाय

118. गेहूँ के दाने में एक बड़ा ढाल–के आकार का बीजपत्र के साथ एक भ्रूण होता है, जो कहलाता है
(a) अधिकोरक (Epiblast)
(b) मूलांकुर चोल (Coleorhiza)
(c) प्रशल्क (Scutellum)
(d) प्रांकुर चोल (Caleoptile)

119. भ्रूणपोष (Endosperm) किस बीज में विकासशील भ्रूण द्वारा काम में ले लिया जाता है
(a) मटर (b) मक्का
(c) नारियल (d) अरण्ड

120. दिए गए चित्र में भ्रूणोद्भव (Embryogenesis) की विभिन्न अवस्थाओं A, B, C तथा D को पहचानिए।

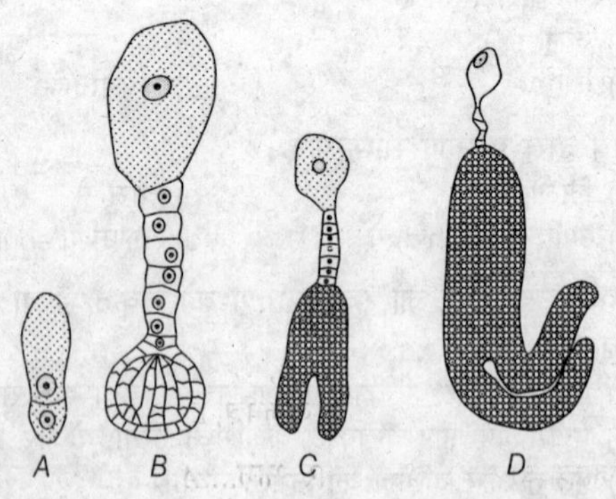

(a) A–2-कोशिकीय अवस्था, B–हृदयाकार, C–गोलाकार भ्रूण, D–परिपक्व भ्रूण
(b) A–2-कोशिकीय अवस्था, B–परिपक्व भ्रूण, C–हृदयाकार, D–गोलाकार भ्रूण
(c) A–2-कोशिकीय अवस्था, B–गोलाकार भ्रूण, C–हृदयाकार, D–परिपक्व भ्रूण
(d) A–परिपक्व भ्रूण, B–हृदयाकार, C–गोलाकार भ्रूण, D–2-कोशिकीय अवस्था

121. प्रारूपी द्विबीजपत्री भ्रूण के निम्न चित्र में A से E तक के बिन्दुओं को पहचानिएँ।

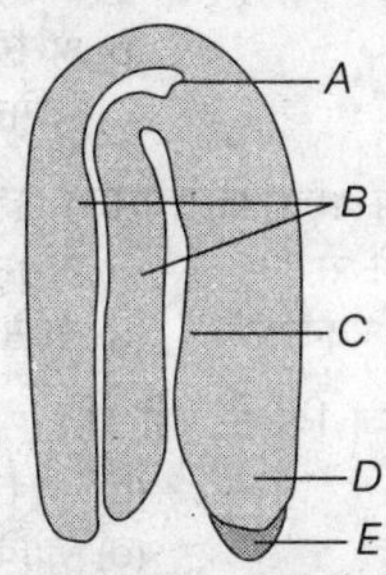

(a) A–बीजपत्र, B–बीजपत्राधार, C–प्रांकुर, D–मूलगोप, E–मूलांकुर
(b) A–मूलांकुर, B–मूलगोप, C–प्रांकुर, D–बीजपत्राधार, E–बीजपत्र
(c) A–बीजपत्राधार, B–बीजपत्र, C–प्रांकुर, D–मूलांकुर, E–मूलगोप
(d) A–प्रांकुर, B–बीजपत्र, C–बीजपत्राधार, D–मूलांकुर, E–मूलगोप

122. नीचे दिए गए चित्र में प्रांकुर चोल (Coleoptile), प्ररोह शीर्ष (Shoot apex) और अधिकोरक (Epiblast) का पता लगाइए।

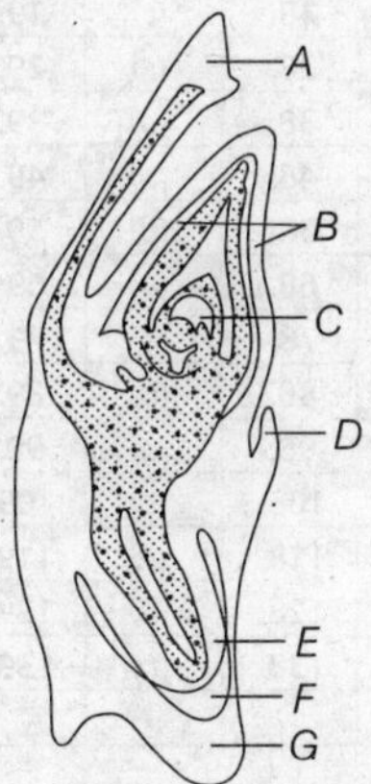

(a) A, B एवं C
(b) B, C एवं D
(c) D, F एवं G
(d) E, F एवं G

123. एक प्रारूपी द्विबीजपत्रीय भ्रूण की....A....अक्ष ....B....बीजपत्र की बनी होती है। बीजपत्र के ऊपर का भ्रूणीय अक्ष का भाग....C.... होता है, जो .....D..... या प्ररोह शीर्ष के साथ समाप्त हो जाता है।

उपरोक्त कथन में A, B, C तथा D हैं
(a) A–प्रांकुर, B–बीजपत्रोपरिक, C–बीजपत्र, D–भ्रूणीय
(b) A–भ्रूणीय, B–दो, C–बीजपत्रोपरिक, D–प्रांकुर
(c) A–भ्रूणीय, B–बीजपत्रोपरिक, C–बीजपत्र, D–प्रांकुर
(d) A–भ्रूणीय, B–प्रांकुर, C–बीजपत्र, D–बीजपत्रोपरिक

124. बीजपत्र के नीचे बेलनाकार भाग....A....होता है, जो....B....पर समाप्त होता है और ...C....कहलाता है।

यहाँ A, B और C सम्बन्धित है।
(a) A–मूलांकुर, B–बीजपत्राधार, C–मूलगोप
(b) A–मूलगोप, B–मूलांकुर, C–अधिकोरक
(c) A–अधिकोरक, B–मूलगोप, C–मूलांकुर
(d) A–अधिकोरक, B–मूलांकुर, C–मूलगोप

125. निम्न में से सही विकल्प का चयन कीजिए

(a)	प्रतिव्यासांत (Antipodal) कोशिका	–	$3n$
(b)	केन्द्रकीय कोशिका	–	$2n$
(c)	MMC	–	$(n + n)$
(d)	भ्रूणपोष	–	$4n$

126. बीजाण्ड का द्वितीयक केन्द्रक निषेचन बाद बनता है
(a) भ्रूणपोष
(b) बीजपत्र
(c) बीज
(d) फल

127. बीज का निर्माण होता है
(a) अण्डाशय द्वारा
(b) प्रतिमुखी कोशिका द्वारा
(c) बीजाण्ड द्वारा
(d) निभाग द्वारा

128. निषेचन के बाद बीजाण्ड का भीतरी आवरण बनाता है
(a) टेस्टा
(b) टेगमेन
(c) फलभित्ति
(d) परिभ्रूणषोष

129. कारंकल बनता है
(a) बीजपत्र से
(b) अध्यावरण से
(c) भ्रूणपोष से
(d) टेगमेन से

130. बीजों की संख्या निम्न में से किसके बराबर होती है?
(a) बीजाण्डों की संख्या
(b) अण्डाशयों की संख्या
(c) दोनों (a) एवं (b)
(d) इनमें से कोई नहीं

131. पुष्पासन फल बनाने में सहायता करता है
(a) सेब में
(b) स्ट्रॉबरी में
(c) काजू में
(d) ये सभी

132. सबसे पुराना जीवित बीज है
(a) ल्युपिन (Lupine) का
(b) *फाइकस* (*Ficus*) का
(c) खजूर (Date palm) का
(d) फोनिक्स (Phoenix) का

133. बीज संरक्षण/भण्डारण (Seed storage) में सबसे जरूरी/निर्णायक क्या हैं?
(a) निर्जलीकरण और प्रसुप्ति
(b) भ्रूणपोष और जल
(c) कम मात्रा में विकास
(d) अधिक मात्रा में भ्रूणपोष

134. अनिषेकजनन पाया जाता है
(a) नींबू में
(b) अंगूर में
(c) केले में
(d) सन्तरे में

135. एक से ज्यादा भ्रूण का पाया जाना कहलाता है
(a) बहुभ्रूणता
(b) भ्रूणता
(c) अनिषेकजनन
(d) निषेचन

136. निम्न में से असत्य युग्म का चयन कीजिए।

(a)	बाहरी आवरण	–	टेस्टा
(b)	आन्तरिक आवरण	–	टेग्मन
(c)	अण्डाशय	–	फल
(d)	अण्डप	–	बीज

137. निम्न में से सही युग्म का चयन कीजिए।

(a)	भ्रूणपोषी बीज	–	गेहूँ
(b)	गैर-भ्रूणपोषी बीज	-	आम
(c)	वास्तविक (True) फल	–	काजू
(d)	कूट (False) फल	–	मटर

138. पादप में असंगजनन है

(a) दो युग्मकों का विखण्डन द्वारा नए पादप को जन्म देना

(b) अर्द्धसूत्री विभाजन तथा निषेचन के बिना ही नए पादप का निर्माण

(c) दोनों (a) व (b)

(d) उपरोक्त में से कोई नहीं

139. वह घटना जिसमें कुछ पादपों में लैंगिक उपकरणों के भाग, बिना निषेचन भ्रूण के निर्माण में प्रयुक्त होते हैं, कहलाती है

(a) अनिषेकफलन (b) असंगजनन

(c) कायिक प्रवर्धन (d) लैंगिक जनन

140. अपस्थानिक भ्रूणता में भ्रूण का निर्माण नहीं होता है

(a) सहायक कोशिकाओं से (b) प्रतिमुख कोशिकाओं से

(c) बीजाण्डकाय या अध्यावरण से (d) नाभिका कोशिकाओं से

141. अपबीजाणुता की खोज किसने की थी?

(a) विंकलर ने (b) ल्यूवेनहॉक ने

(c) रोजन बर्ग ने (d) डार्विन ने

142. सन्तरे में बहुभ्रूणता की खोज की

(a) प्रो. पी माहेश्वरी ने (b) थियोफ्रेस्टस ने

(c) पुरकिन्जे ने (d) ल्यूवेनहॉक ने

उत्तरमाला

1.	(a)	2.	(d)	3.	(a)	4.	(c)	5.	(d)	6.	(c)	7.	(b)	8.	(a)	9.	(a)	10.	(b)
11.	(a)	12.	(c)	13.	(a)	14.	(c)	15.	(c)	16.	(d)	17.	(d)	18.	(c)	19.	(c)	20.	(b)
21.	(d)	22.	(c)	23.	(b)	24.	(b)	25.	(c)	26.	(c)	27.	(c)	28.	(c)	29.	(c)	30.	(c)
31.	(c)	32.	(c)	33.	(c)	34.	(c)	35.	(c)	36.	(d)	37.	(c)	38.	(d)	39.	(a)	40.	(b)
41.	(c)	42.	(b)	43.	(d)	44.	(c)	45.	(d)	46.	(b)	47.	(a)	48.	(b)	49.	(a)	50.	(b)
51.	(d)	52.	(d)	53.	(d)	54.	(a)	55.	(a)	56.	(d)	57.	(b)	58.	(d)	59.	(b)	60.	(a)
61.	(c)	62.	(a)	63.	(d)	64.	(d)	65.	(d)	66.	(a)	67.	(c)	68.	(a)	69.	(a)	70.	(a)
71.	(a)	72.	(a)	73.	(c)	74.	(c)	75.	(d)	76.	(c)	77.	(b)	78.	(c)	79.	(c)	80.	(c)
81.	(a)	82.	(c)	83.	(a)	84.	(d)	85.	(a)	86.	(a)	87.	(b)	88.	(b)	89.	(d)	90.	(b)
91.	(a)	92.	(a)	93.	(b)	94.	(b)	95.	(a)	96.	(b)	97.	(a)	98.	(a)	99.	(a)	100.	(d)
101.	(b)	102.	(b)	103.	(c)	104.	(a)	105.	(b)	106.	(c)	107.	(a)	108.	(c)	109.	(d)	110.	(c)
111.	(a)	112.	(b)	113.	(b)	114.	(b)	115.	(d)	116.	(c)	117.	(b)	118.	(c)	119.	(a)	120.	(c)
121.	(d)	122.	(b)	123.	(b)	124.	(d)	125.	(b)	126.	(a)	127.	(c)	128.	(b)	129.	(b)	130.	(a)
131.	(d)	132.	(a)	133.	(a)	134.	(c)	135.	(a)	136.	(a)	137.	(a)	138.	(b)	139.	(b)	140.	(d)
141.	(c)	142.	(d)																

उत्तर व्याख्या सहित

6. (c) कोशिका विभाजन, मोनेरा तथा प्रोटिस्टा में जनन की सामान्य प्रणाली है, क्योंकि ये एककोशिकीय जीव होते हैं। इस प्रणाली में कोशिका दो भागों में विभाजित हो जाती है तथा प्रत्येक भाग निरन्तर सन्तति कोशिका की तरह जीवित रहता है।

7. (b) द्विखण्डन, बैक्टीरिया और प्रोटिस्टा में जनन की सामान्य प्रणाली है। यह अनेक प्रकार की हो सकती है; जैसे–अनियमित द्विखण्डन–*अमीबा*, अनुदैर्ध्य द्विखण्डन–*यूग्लीना*, अनुप्रस्थ द्विखण्डन–*पैरामीशियम*।

9. (a) कोनिडिया अचलयुग्मक (Non-motile gametes) हैं, जो एकल अथवा शृंखला में जनक के शरीर पर मिलते हैं, उदाहरण–*पेनिसिलियम*।

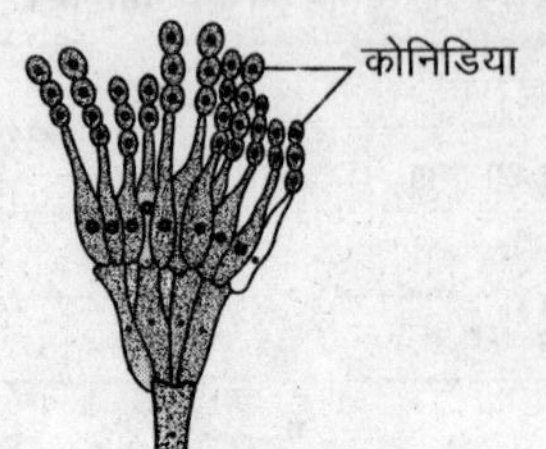

(*पेनिसिलियम* में कोनिडिया)

10. (b) जेम्यूल का बनना अलैंगिक जनन का प्रकार है, जिसमें कलिकाएँ जनक के शरीर के अन्दर बनती हैं; उदाहरण–स्पंज।

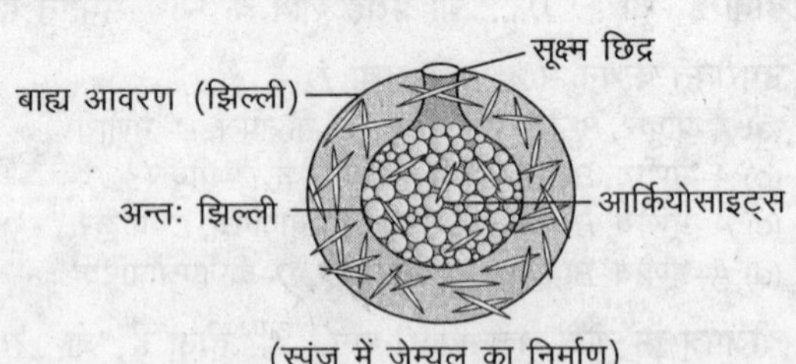

(स्पंज में जेम्यूल का निर्माण)

प्रत्येक जेम्यूल में अनेक आर्कियोसाइट् कोशिकाएँ होती हैं, जो सूक्ष्मछिद्र (Micropyle) से बाहर निकलने पर एक कॉलोनी (Colony) बना सकती हैं।

11. (a) *हाइड्रा* में जनन का सामान्य प्रकार कलिका बनना (मुकुलन) है। यह छोटी अल्पवृद्धि, जनक के शरीर से बाह्यरूप से जुड़ी रहती है।

13. (a) सही युग्मित जोड़ा प्याज-कन्द है। प्याज एक सरल झिल्ली से आवरित परतदार कन्द है, जबकि अदरक एक अनिश्चित प्रकन्द है,

जिसमें बहुवर्ध्यक्ष (Uniparous cyme) शाखाएँ सन्धिताक्षी (Sympodial) अक्ष पर होती हैं। जबकि यीस्ट कलिका द्वारा जनन करता है और *क्लैमाइडोमोनास* अलैंगिक चलबीजाणु द्वारा।

14. (c) आलू, केला और अदरक में पादपों का उद्भव हमेशा रूपान्तरित तने की पर्वसन्धियों से होता है। पर्व (Internode) दो पर्वसन्धियों के मध्य का भाग होता है।

32. (c) कोशिका विभाजन मोनेरा और प्रोटिस्टा में जनन का एक प्रकार है। *अमीबा* और *पैरामीशियम* द्विविखण्डन द्वारा विभाजित होते हैं। अलैंगिक चलबीजाणु सूक्ष्मदर्शीय और चल अलैंगिक जननकाय होता हैं।

33. (c) जब सन्तति एक ही जनक के द्वारा उत्पन्न होती है तो यह अलैंगिक जनन कहलाता है। परिणामस्वरूप सन्तति न केवल एक-दूसरे के समान होती है, बल्कि उनके जनकों की यथार्थ प्रतिकृति होती है। ऐसी आकारिकी और आनुवंशिक रूप से समान जीवों का समूह क्लोन (Clone) कहलाता है। अलैंगिक जनन प्रायः एककोशिकीय जीवों में होता है; जैसे–मोनेरा, प्रोटिस्टा, पादपों और कुछ जन्तुओं। यह लैंगिक जनन से तीव्र होता है।

34. (c) अदरक में प्रकन्द (Rhizome) की सहायता से कायिक प्रवर्धन होता है। प्रकन्द मुख्य भूमिगत तने होते हैं, जो अनुकूल परिस्थिति में भोजन संचय करते हैं। प्रतिकूल परिस्थितियों के दौरान इनके पास नए वायवीय (Aerial) तने बनाने के लिए कलिकाएँ होती हैं।

38. (d) उभयलिंगी/द्विलिंगी/उभयलिंगाश्रयी/ समसूकायी शब्द तब उपयोग किए जाते हैं। जब दोनों लिंग (Sexes) एक ही जीव में उपस्थित हों। उभयलिंगी शब्द जन्तुओं के लिए उपयोग किया जाता है।

द्विलिंगी और उभयलिंगाश्रयी दोनों (पादप/जन्तु) के लिए उपयोग किया जाता है। समसूकायी, कवकों में उपयोग होता है।

41. (c) *स्ट्रोबिलैन्थस कुन्थिआना* को सामान्य भाषा में नीला कुरेंजी भी कहा जाता है। यह केरल, कर्नाटक, तमिलनाडु में पाया जाता है। यह 12 वर्षों में एक बार जनन करता है। पिछली बार इसने सितम्बर-अक्टूबर 2006 में जनन किया और बड़ी संख्या में नीले पुष्प उत्पन्न किए।

42. (b) अर्द्धसूत्री विभाजन लैंगिक जनन के दौरान अगुणित युग्मक बनाने के लिए आवश्यक होता है। लैंगिक जनन के दौरान बाह्य निषेचन ही हो, यह आवश्यक नहीं है। यह अन्तः निषेचन द्वारा भी हो सकता है।

44. (c) पुष्प एक रूपान्तरित प्ररोह है, जो जननांग होता है।

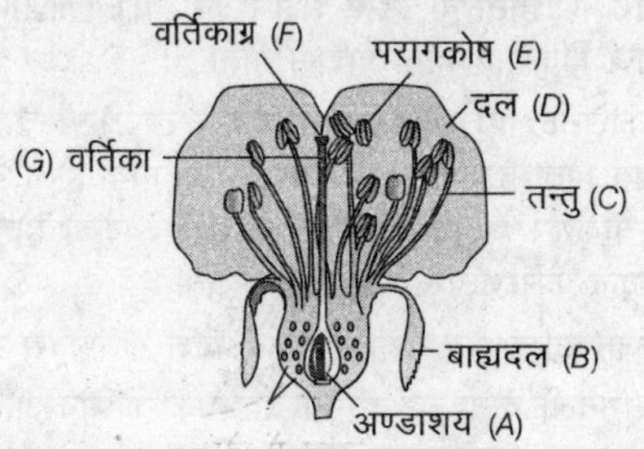

45. (d) पुष्प, पादपों के लैंगिक जननीय अंग हैं। निषेचन के बाद फूल और फल उत्पन्न करते हैं। ये एकलिंगी एवं उभयलिंगी दो प्रकार के होते हैं तथा ये पादपों के केवल आवृतबीजी संघ में उपस्थित होते हैं।

48. (b) स्त्रीकेसर अथवा जायांग पुष्प के मादा जननांग हैं। इसकी इकाई को अण्डप कहते हैं। अण्डप का मध्य का पतला भाग वर्तिका कहलाता है।

50. (b) परागकोष के स्फुटन (पराग कणों का वितरण) एक स्फुटन रेखा से होता है, जो लम्बवत् रूप से उपस्थित होती है तथा परागकोष के कोष्ठों को अलग करती है।

51. (d) परागकोष के प्रत्येक कोष्ठ में दो लघुबीजाणुधानी होती हैं, इसलिए आवृतबीजी परागकोष में कुल चार लघुबीजाणुधानियाँ होती हैं।

52. (d) लघुबीजाणुधानी एक थैले-समान रचना है, जिसमें पराग विकसित होते हैं। इसे परिपक्वता के समय परागकोष (Pollen sac) भी कहते हैं।

53. (d) पुंकेसर के परागकोष की परागधानी में लघुबीजाणुजनन द्वारा अगुणित पराग कण अथवा लघुबीजाणु बनते हैं।

54. (a) लघुबीजाणुधानी बाहर से अन्दर की ओर चार भित्तियों द्वारा घिरी रहती है अर्थात् बाह्य आवरण/त्वचा, अन्तस्थीसियम, मध्य पर्त और टेपीटम।

(i) बाह्यत्वचा, अन्तस्थीसियम और मध्य परत पराग का परागकोष से संरक्षण और स्फुटन में सहायता करती है।

(ii) टेपीटम (Tapetum) विकसित पराग कणों को पोषण प्रदान करती है।

55. (a) बीजाणुजन ऊतक (Sporogenous tissue) लघुबीजाणुधानी के केन्द्र में उपस्थित होते हैं। इनमें अर्द्धसूत्री विभाजन से पराग कण बनते हैं।

59. (b) पराग कण जब वयस्क होते हैं, तो इनमें दो कोशिकाएँ पायी जाती हैं

(i) **कायिक कोशिका** यह बड़ी, पर्याप्त खाद्य संग्रह वाली और बड़े अनिश्चित आकार के केन्द्रक वाली होती है।

(ii) **जनन/प्रजनन कोशिका** जनन कोशिका छोटी होती है और कायिक कोशिका के जीवद्रव्य (Cytoplasm) में तैरती हैं। यह तन्तुरूपी सघन जीवद्रव्य और एक केन्द्रक के साथ होती हैं।

60. (a) 60% आवृतबीजी अपने पराग कण 2-कोशिकीय अवस्था में प्रस्फुटित कर देते हैं, और शेष 40% में पराग 3-कोशिकीय अवस्था में फैला दिए जाते हैं, जो जनन कोशिका में समसूत्री विभाजन से बनती हैं।

61. (c) पुंकेसर (नर भाग) का फूला हुआ ऊपर वाला भाग परागकोष कहलाता है, जिसमें नर युग्मक अर्थात् पराग कण बनते हैं। अण्डाशय (मादा भाग) बीजाण्ड (मादा युग्मक) बनाते हैं।

62. (a) एक आवृतबीजी का अण्डप या बीजाण्ड गुरुबीजाण्ड के समान होता है, जिसमें 2 सहायक कोशिकाएँ और 1 अण्ड, 3 प्रतिव्यासांत (Antipodal) और एक द्वितीयक केन्द्रक होता है। गुरुबीजाणु मातृ कोशिका ($2n$) अर्द्धसूत्री विभाजन द्वारा अण्डप उत्पन्न करती है।

64. (d) सहायक कोशिकाओं का तन्तुरूप समुच्चय कुछ रसायन पोषीय क्रियात्मक पदार्थ (कैल्शियम ऑक्सेलेट) स्रावित करती हैं, जो पराग नली को अण्डप के बीजाण्डद्वार की ओर मार्गदर्शित करती है।

67. (c) अधिकांश आवृतबीजियों में गुरुबीजाणु मातृ कोशिका ($2n$) अर्द्धसूत्री विभाजन (Meiosis division) द्वारा 4 कोशिकाओं में विभाजित होती हैं। इनमें से तीन अपनष्ट हो जाती हैं और शेष एक कार्यकारी गुरुबीजाणु बनाती है। यह अर्द्धसूत्री विभाजन कर भ्रूणकोष बनाती हैं, जिसमें निम्न संरचनाएँ होती है

(i) बीजाण्डद्वार की ओर एक अण्ड कोशिका के साथ दो सहायक कोशिका अण्ड समुच्चय का निर्माण होता है।

(ii) निभाग की ओर तीन प्रतिव्यासांत कोशिकाएँ होती हैं।

(iii) इसमें एक केन्द्रीय कोशिका होती है, जो द्वितीयक केन्द्रक ($2n$) के समान प्रतीत होती हैं।

72. (a) अध्यावरणों से घिरा हुआ कोशिकाओं का एक पुंज होता है, जिसे बीजाण्डकाय कहते हैं। बीजाण्डकाय की कोशिकाओं में प्रचुरता से आरक्षित आहार सामग्री होती है।

74. (c) क्रियात्मक गुरुबीजाणु भ्रूणकोष में विकसित होता है, जिसमें 2 सहायक कोशिकाएँ, 1 अण्ड कोशिका, 1 केन्द्रीय कोशिका तथा 3 प्रतिव्यासांत कोशिकाएँ (2-1-1-3) होती हैं।

75. (*d*)

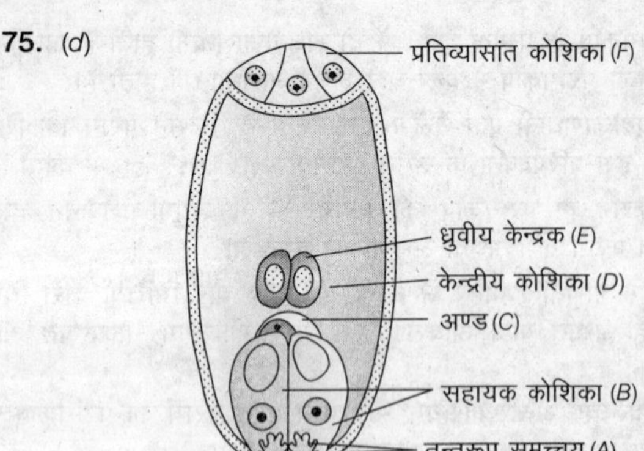

76. (*c*) A. भ्रूणपोष ($3n$) = 5 × 3 = 15 गुणसूत्र
B. अण्ड कोशिका (n) = 1 × 5 = 5 गुणसूत्र
C. ध्रुवी कोशिका ($2n$) = 2 × 5 = 10 गुणसूत्र

79. (*c*) तन्तुरूपी समुच्चय सहायक कोशिकाओं का विशिष्ट गाढ़ापन (स्थूलन) है, जो परागनली और नर युग्मकों को मार्गदर्शित करता है, जिससे निषेचन सही स्थान पर होता है।

82. (*c*) अनुन्मीलिय (Cleisogamous) पुष्प द्विलिंगी पुष्प होते हैं, जो कभी नहीं खुलते अर्थात् हमेशा बन्द रहते हैं। इस प्रकार के पुष्पों में परागकोष और वर्तिकाग्र (Anther) एक-दूसरे के बहुत पास स्थित होती हैं। जब परागकोष पुष्प कलिका में स्फुटित होता है, तब पराग कण समान पुष्प की वर्तिकाग्र के सम्पर्क में आते हैं अर्थात् स्वयुग्मन (Self-pollination) होता है, इसलिए ये पुष्प निश्चित बीज क्रम उत्पन्न करते हैं, परागण कारक की अनुपस्थिति में भी।

83. (*a*) जब परागण की क्रिया समान पादपों में होती है, स्व-परागण कहलाती है। ये दो प्रकार की होती हैं

(i) **स्वयुग्मन** जब परागण की क्रिया समान पादप के समान पुष्प में होती है। यहाँ किसी परागण कारक की आवश्यकता नहीं होती।

(ii) **सजातपुष्पी परागण** समान पादप के एक पुष्प के पराग कण, परागकोष से निकलकर अन्य पुष्प की वर्तिकाग्र पर स्थानान्तरित होते हैं। यद्यपि सजात पुष्पी परागण कार्यकी रूप से पर-परागण होता है, जिसमें परागण कारक सम्मिलित होता है। आनुवंशिक रूप से यह स्वयुग्मन के समान होती है, क्योंकि पराग कण समान पादप से आते हैं।

84. (*d*) स्वयुग्मन (*Auto* = स्वयं, *gamous* = पराग कण)

स्वयुग्मन/स्वपरागण
(*Auto* = स्वयं, *gamous* = पराग कण)

↓ उन्मीलिय परागण → खिले पुष्प के परागकोष और वर्तिकाग्र को विकास द्वारा एक साथ लाया जाता है, ताकि सरलतापूर्वक परागण हो जाए; उदाहरण—4 O' clock, *कैथरैन्थस* (*Catharanthus*), आदि।

↓ अनुन्मीलिय परागण → इन पादपों के पुष्प स्वपरागण क्रिया के लिए कभी नहीं खिलते (खुलते) हैं; उदाहरण-*कोमेलिना* (*Commelina*), *वाइऑला* (*Viala*), *ऑक्सेलिस* (*Oxalis*), आदि।

85. (a) स्वयुग्मन (Autogamy) में समान पुष्प के भीतर ही परागण होता है, जबकि सजातपुष्पी परागण में एक पुष्प के परागकोष (Anthers) से पराग कण समान पादप के दूसरे पुष्प के वर्तिकाग्र पर स्थानान्तरित होते हैं। दोनों ही प्रक्रियाएँ पपीते में एक समान हैं, क्योंकि ये एकलिंगाश्रयी पादप (अर्थात् नर व मादा पुष्प अलग-अलग पादपों पर बनते हैं) है और इसमें सदैव पर-परागण होता है।

86. (a) सजातपुष्पी परागण एक प्रकार का स्व-परागण है। अन्य शब्दों में सजातपुष्पी परागण में समान या आनुवंशिकी रूप से समान पादप के एक पुष्प के परागकोष से पराग-कण दूसरे पुष्प के वर्तिकाग्र पर स्थानान्तरित होते हैं।

87. (*b*) जल कुम्भी (Water hyacinth) 8-15 विशिष्ट आकर्षक पुष्पों का एकल प्रवर्ध होता है, जो मधुमक्खियाँ और अन्य कीटों को आकर्षित करता है। ये कीट इसके परागकणों को परागित करते हैं। यह पादप एक जलीय खरपतवार है। जलीय लिली भी बड़े विशिष्ट रंगीन पुष्पों वाला जलीय पादप है। कुछ जातियों को छोड़कर अधिकांश प्रजातियाँ मधुमक्खी द्वारा परागित होती हैं, जहाँ वायु परागण होता है। कीट परागित पादपों में बड़े आकार के रंगीन दल (Coloured petals) होते हैं और ये खुशबू तथा मकरन्द देते हैं, जिससे कीट आकर्षित होते हैं।

88. (*b*) वायु परागण घासों में सामान्य प्रक्रिया है। वायु परागित पुष्प छोटे एवं लम्बे और अस्थिर पुंकेसर वाले अगोचर होते हैं, इनके परागकण सूखे, महीन, हल्के और अचिपचिपे होते हैं; उदाहरण-मक्का, गेहूँ, गन्ना, बाँस, *पाइनस* और पपीता।

90. (*b*) वायु पुष्पी पादपों में सबसे प्रमुख अजैविक परागण कारक है।

94. (*b*) वायु परागित पुष्पों में प्रत्येक अण्डाशय में एक अण्डप या बीजाण्ड होता है।

95. (*a*) *कोमेलिना* (*Commelina*) में दो प्रकार के पुष्प उन्मीलिय (Chasmogamous) और अनुन्मीलिय (Cleistogamous) होते हैं, इसलिए परागण कारकों की अनुपस्थिति में भी बीज बन जाते हैं।

99. (*a*) कुछ जातियों में पुष्प कीट को अण्डे देने (Lay eggs) के लिए सुरक्षित स्थान प्रदान करता है; उदाहरण–*एमोरफोफैलस* (*Amorphophallus*) का लम्बोत्तर पुष्प है।

ठीक ऐसा ही एक सहसम्बन्ध शलभ की एक प्रजाति और *यक्का* (Yucca) पादप के बीच होता है, जहाँ दोनों शलभ और पादप एक-दूसरे के बिना अपना जीवन चक्र पूरा नहीं कर सकते हैं। इसमें शलभ अपने अण्डे पुष्प के अण्डाशय के कोष्ठक में देती है, जबकि इसके बदले में पुष्प का शलभ द्वारा परागण होता है। इसमें शलभ का लार्वा (Larva) बाहर तब आता है, जब बीज विकसित होना प्रारम्भ होता है।

102. (*b*) एकलिंगी पुष्प (जैसे-पपीता एवं तरबूज) में केवल एक जनन अंग उपस्थित होता है, जो पर-परागण में सहायक होता है क्योंकि निषेचन के लिए स्त्रीकेसर व पुंकेसर दोनों की आवश्यकता होती है। अतः इनमें से केवल एक फल उत्पन्न नहीं कर सकता है।

107. (*a*) बीजाण्डद्वार क्षेत्र परागनली के प्रवेश का सबसे सामान्य मार्ग है।

109. (*d*) परागनली दोनों नर युग्मक सहायक कोशिकाओं के पास छोड़ती है, जिसमें से एक नर युग्मक अण्ड कोशिका से व दूसरा नर युग्मक ध्रुवीय केन्द्रक से संलयित होता है।

110. (*c*)

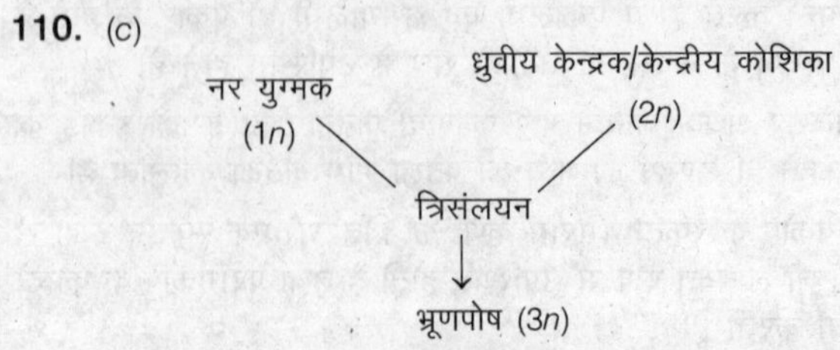

115. (*d*) मादा पादप = चतुर्गुणित
नर पादप = द्विगुणित, इसलिए भ्रूणपोष होगा
= चतुर्गुणित + अगुणित
= पंचगुणित (ध्रुवीय केन्द्रक)

116. (*c*) क्योंकि अंग निर्माण निषेचन के पश्चात् की प्रक्रिया है, लेकिन इसे भ्रूणोद्भव में सम्मिलित किया जाता है।
भ्रूणपोष जनन भी निषेचन के पश्चात् की प्रक्रिया है, जिसके अन्तर्गत भ्रूणपोष का निर्माण होता है।

117. (*b*) भ्रूणपोष एक पोषक ऊतक है। ये मुक्त केन्द्रकीय या कोशिकीय रूप में उपस्थित हो सकता है। एक कच्चे नारियल में ये मुक्त केन्द्रकीय होता है।

118. (*c*) गेहूँ व मक्का कुल-पोएसी (Poaceae) में प्रशल्क को एक रूपान्तरित बीजपत्र मानते हैं।

119. (*a*) भ्रूणपोष या तो बीज निर्माण से पूर्व विकासशील भ्रूण द्वारा पूर्णतया उपयुक्त किया जाता है (जैसे-मटर, मूँगफली, फलियाँ) या यह परिपक्व बीज में विद्यमान रहता है (जैसे–गेहूँ, नारियल) और इसे बीज अंकुरण के समय प्रयोग किया जाता है।
प्रथम अवस्था को अभ्रूणपोषीय बीज, जबकि दूसरी को भ्रूणपोषीय बीज कहते हैं।

121. (*d*)

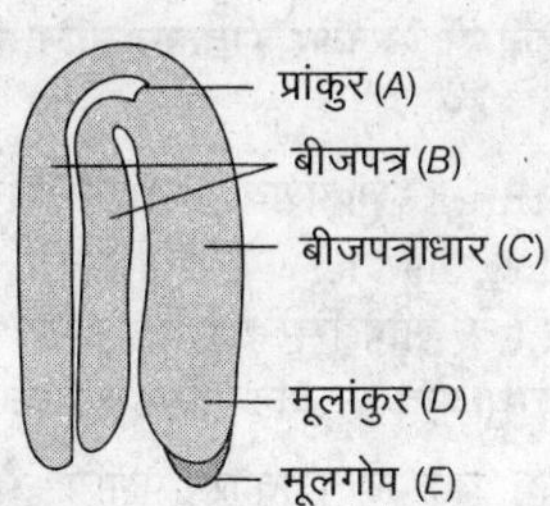

122. (*b*)

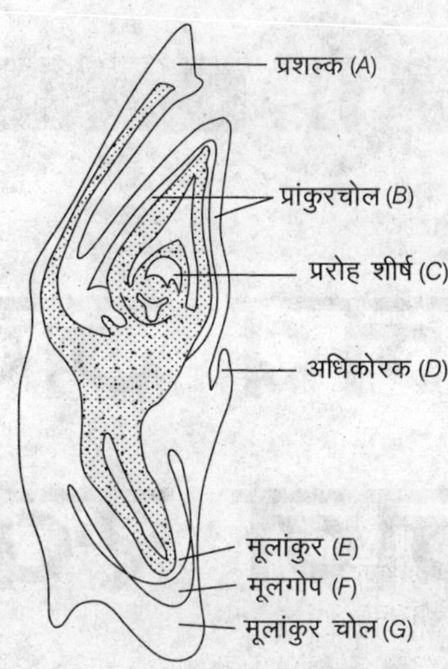

130. (*a*) अण्डप ही निषेचन पश्चात् बीज बनाता है। अतः बीजों की संख्या बीजाण्डों की संख्या के बराबर होती है।

131. (*d*) अधिकांश पादपों में फल अण्डाशय से विकसित होते हैं (वास्तविक फल) और शेष पुष्पी भाग अपभ्रष्ट होकर गिर जाते हैं, हालाँकि कुछ जातियों; जैसे–सेब, स्ट्रॉबरी, काजू, आदि में पुष्पासन भी फल निर्माण में सहभागिता देता है। ये फल आभासी फल कहलाते हैं।

133. (*a*) निर्जलीकरण में जल की मात्रा कम हो जाती है। जल की कम मात्रा में बीज के एन्जाइम्स काम नहीं करते, अतः अंकुरण नहीं होता है। प्रसुप्तावस्था एक ऐसा समय है, जिसमें भ्रूण के सक्रिय होने की आवश्यक स्थितियों के अभाव के कारण बीज वृद्धि नहीं कर पाता है।

135. (*a*) फल में एक से अधिक भ्रूणों का पाया जाना बहुभ्रूणता कहलाता है। ये सामान्यतया कुल-सिट्रेसी में बनते हैं। सन्तरा व नींबू बहुभ्रूणता के सामान्य उदाहरण हैं, जिनमें बीजाण्डकीय बहुभ्रूणता होती है।

अध्याय 09

मानव जनन एवं जनन स्वास्थ्य

Human Reproduction and Reproductive Health

मानव जनन तन्त्र Human Reproductive System

मानव भी अन्य कशेरुकियों (Vertebrates) के समान एकलिंगी (Unisexual) प्राणी है। साथ ही उसमें **लैंगिक द्विरूपता** (Sexual dimorphism) भी पाई जाती है अर्थात् नर तथा मादा के जननांगों में असमानता होती है तथा बाह्य आकारिकी से ही नर व मादा में विभेदन कर सकते हैं।

नर जनन तन्त्र Male Reproductive System

मानव के नर जनन तन्त्र में निम्नलिखित अंग पाए जाते हैं

(i) **वृषण** (Testes) पुरुषों में एक जोड़ी वृषण, उदरगुहा (Abdominal cavity) से बाहर शिश्न (Penis) के पास **वृषण कोष** (Scrotal sacs or scrotum) में सुरक्षित पाए जाते हैं। वृषण कोष की थैलेनुमा संरचना होती है, जिसका तापमान शरीर से लगभग 2-2.5°C कम रहता है, जो शुक्राणु निर्माण में सहायक होता है, क्योंकि अधिक ताप के कारण शुक्राणुओं का परिपक्वन उदरगुहा में नहीं हो सकता है।

(ii) **अधिवृषण** (Epididymis) यह प्रत्येक वृषण से चिपकी कुण्डलित, नलिकाकार, लम्बी एवं चपटी संरचना है, जिसका निर्माण वृषण की अपवाहक नलिकाओं द्वारा होता है।

यह लगभग 6 मीटर लम्बी संरचना है, जो स्वयं तीन भागों शीर्ष (Head), काय (Body) एवं पुच्छ (Tail) में विभक्त रहती है। इसमें शुक्राणु परिपक्व होते हैं तथा उनमें गति उत्पन्न होती है।

(iii) **शुक्रवाहिनियाँ** (Vas deferens) ये एक जोड़ी लगभग 40-45 सेमी लम्बी तथा मोटी संरचना होती है। शुक्राणु, इनके द्वारा उदरगुहा में स्थित शुक्राशय में पहुँचते हैं।

(iv) **शुक्राशय** (Seminal vesicle) यह थैलीनुमा संरचना होती है। इसके द्वारा हल्का पीला एवं क्षारीय पोषक तरल का स्रावण होता है, जिसमें शुक्राणु गति करते हैं। शुक्राणु इस तरल के साथ मिलकर **वीर्य** (Semen) का निर्माण करते हैं। शुक्राशय से निकलने वाली एक छोटी नलिका शुक्रवाहिनी से मिलकर **स्खलन नलिका** (Ejaculatory duct) बनाती है।

(v) **मूत्रमार्ग** (Urethra) शुक्राशय स्खलन नलिका की सहायता से मूत्राशय (Urinary bladder) के एक संकरे भाग मूत्रमार्ग में खुलता है। मूत्रमार्ग शिश्न के शीर्ष सिरे पर मूत्र जनन छिद्र द्वारा बाहर खुलता है। यह शुक्राणु तथा मूत्र के बाहर निकलने का संयुक्त मार्ग होता है।

(vi) **शिश्न** (Penis) यह बेलनाकार पेशीय **मैथुनांग** (Copulatory organ) होता है, जो मैथुन क्रिया में सहायक होता है। यह रुधिर एवं पेशियों द्वारा निर्मित होता है। यह वृषणकोषों के अतिरिक्त नर जनन तन्त्र का एक मात्र बाह्य जननांग है।

(vii) **सहायक ग्रन्थियाँ** (Accessory glands) प्रोस्टेट (Prostate), काउपर (Cowper), पेरीनियल (Perineal) ग्रन्थि नर जनन तन्त्र की सहायक ग्रन्थियाँ होती हैं। ये वीर्य निर्माण, शुक्राणुओं को पोषण देने तथा उनको जीवित रखने में सहायता करती है।

मादा जनन तन्त्र Female Reproductive System

मानव के मादा जनन तन्त्र में निम्नलिखित अंग पाए जाते हैं

(i) **अण्डाशय** (Ovaries) ये एक जोड़ी, अण्डाकार एवं उदरगुहा में वृक्कों (Kidneys) के नीचे श्रोणि मेखला (Pelvic girdle) के पीछे गर्भाशय के पार्श्वों में स्थित होते हैं। यह लगभग 3 सेमी लम्बी, 2 सेमी चौड़ी व 0.8 सेमी मोटी होती है। इसमें **अण्डाणुओं** (Ovum) का निर्माण होता है। इसके अतिरिक्त ये मादा हॉर्मोन्स अर्थात् **प्रोजेस्टेरॉन** (Progesterone) तथा **एस्ट्रोजन** (Oestrogen) का भी स्रावण करती हैं।

(ii) **अण्डवाहिनियाँ** (Oviducts) यह कीपनुमा झालरदार संरचनाएँ हैं। इनका अधिकांश भाग **फैलोपियन नलिका** (Fallopian tube) कहलाता है, जहाँ निषेचन सम्पन्न होता है। इसमें अण्डाशय से

अण्डाणुओं को प्राप्त कर निषेचन होने तक उनके भरण पोषण का कार्य भी होता है। अण्डाशय से दूर की तरफ दोनों अण्डवाहिनियाँ आपस में जुड़कर एक थैलीनुमा संरचना बनाती हैं, जिसे गर्भाशय कहते हैं।

(iii) **गर्भाशय** (Uterus) यह दोनों अण्डवाहिनियों के खुलने का स्थान होता है, जो लगभग 7.5 सेमी लम्बा, 3 सेमी मोटा तथा 5 सेमी चौड़ा थैलेनुमा, खोखला एवं उल्टी नाशपती के आकार का होता है। भ्रूण का परिवर्धन तथा भरण-पोषण यहीं होता है। गर्भाशय का अन्तिम भाग योनि कहलाता है।

(iv) **योनि** (Vagina) यह लगभग 7-10 सेमी लम्बी, नलिका-समान, मूत्राशय तथा मलाशय के मध्य स्थित होती है। यह पुरुष के लिंग का प्रवेश द्वार, प्रसव पश्चात् शिशु के बाहर आने का मार्ग तथा रजोधर्म स्रावण का मार्ग होती है।

(v) **बाह्य जननांग** (External genitalia) ये योनि से सम्बन्धित सहायक जननांग हैं तथा इन्हें सम्मलित रूप से भग (Vulva) कहते हैं। भग का ऊपरी फूला भाग **जघन उत्थान** (Mons pubis) कहलाता है, जिस पर यौवनारम्भ से ही रोम (Hairs) आने लगते हैं।

- भग में दो जोड़ी ओष्ठ (Labia) होते हैं। इनके बीच में एक छोटा सा तर्कुरूपी क्षेत्र **प्रकोष्ठ** (Vestibule) होता है।
- इसके अधिकांश भाग में **योनि छिद्र** (Vaginal orifice) स्थित होता है। प्रकोष्ठ के साथ ही यहाँ एक छोटी-सी पेशीय संरचना उभरी रहती है, जो भग ओष्ठों के ऊपरी सिरों के जोड़ के अन्दर स्थित होती है। इसे **भगशेफ** (Clitoris) कहते हैं। भगशेफ को नर के शिश्न का समवृति अंग मानते हैं।

(vi) **सहायक ग्रन्थियाँ** (Accessory glands) इनमें बार्थोलिन एवं पेरीनियल ग्रन्थियाँ (Perineal glands) आती हैं। बार्थोलिन या प्रघाण ग्रन्थि (Bartholin gland) योनि के आस-पास उपस्थित एक जोड़ी ग्रन्थियाँ हैं। इनसे निकला स्राव मैथुन के समय स्नेहक का कार्य करता है। ठीक इसी प्रकार प्रकोष्ठ (Vestibule) तथा मलाशय (Anus) के मध्य स्थित एक जोड़ी **पेरीनियल ग्रन्थि** भी स्त्रियों में विशेष गन्ध युक्त स्राव का स्रावण करती है।

मादा में जनन चक्र Reproductive Cycle in Females

मादा जनन चक्र पूरे वर्ष चलता रहता है। प्राइमेट्स में इसे रजोधर्म चक्र (Menstrual cycle) तथा अन्य मादाओं में इसे मद चक्र (Oestrous cycle) कहते हैं।

मासिक चक्र Menstrual Cycle

एक माह को अवधि के दौरान गर्भाशय में चक्रीय परिवर्तन होते हैं। मासिक चक्र का आरम्भ स्त्रियों में यौवनारम्भ (Puberty) या लैंगिक परिपक्वता के समय से होता है, यह रजोदर्शन (Mesarche) कहलाता है। मासिक चक्र की तीन अवस्थाएँ होती हैं

(i) **क्रम प्रसारी अवस्था** (Proliferative phase) FSH पुटिकाओं को एस्ट्रोजन के स्रावण के लिए प्रेरित करता है। इस अवस्था का अन्तराल 10-12 दिनों का होता है। यह पुटिकीय अवस्था (Follicular phase) भी कहलाती है।

(ii) **स्रावित अवस्था** (Secretory phase) कॉर्पस ल्यूटियम प्रोजेस्टेरॉन तथा एस्ट्रोजन की अधिक मात्रा का स्रावण करती है। इस अवस्था का अन्तराल 12-14 दिन का होता है। इसे प्रोग्रेविड प्रावस्था भी कहते हैं क्योंकि अन्त:स्तर सगर्भता तथा रोपण के लिए तैयार हो जाता है।

(iii) **मासिक अवस्था** (Menstrual phase) यह पुराने मासिक चक्र की अन्तिम तथा नए मासिक चक्र की प्रारम्भिक अवस्था होती है। यदि अण्डाणु निषेचित नहीं है, तो कॉर्पस ल्यूटियम, प्रोजेस्टेरॉन, स्तर में कमी के कारण नष्ट हो जाता है।

इसमें एण्डोमीट्रियम के टूटने से रुधिर का स्राव होता है। यह स्राव लगभग 5 दिन चलता है।

यह FSH, LH, एस्ट्रोजन तथा प्रोजेस्टेरॉन के द्वारा नियन्त्रित होता है। यदि सगर्भता नहीं रुकती तो कॉर्पस ल्यूटियम कॉर्पस एल्बिकेन्स में परिवर्तित हो जाती है, जो कालेक्षत्र चिन्ह की तरह होता है।

मासिक चक्र गर्भावस्था तथा दुग्ध स्रावण (Lactation) के दौरान नहीं होता है।

भ्रूणीय परिवर्धन Embryonic Development

- यह निषेचन की क्रिया के उपरान्त बने भ्रूण में होने वाले परिवर्तनों की एक श्रृंखला है, जिसके फलस्वरूप वह (भ्रूण) एक वयस्क जीव में परिवर्तित होता है।
- भ्रूणीय परिवर्धन के समय मुख्यतया तीन प्रक्रियाएँ होती हैं
  - (i) युग्मनज का विभाजन एवं वृद्धि होती है।
  - (ii) विभिन्न प्रकार की कोशिकाओं में **जीन अभिव्यक्ति** (Gene expression) द्वारा विभेदन होता है।
  - (iii) विभेदित कोशिकाओं से ऊतक तथा ऊतकों से अंगों एवं अंग-तन्त्रों का विकास।
- यह समस्त प्रक्रिया **भ्रूणोद्भव** (Embryogenesis) कहलाती है। भ्रूणोद्भव की समस्त प्रक्रियाओं का अध्ययन, जीव विज्ञान की शाखा **भ्रौणिकी** (Embryology) में करते हैं। आजकल वैज्ञानिक जीव में परिवर्धन की प्रक्रियाओं के साथ-साथ भ्रूण के **आनुवंशिक नियन्त्रण** (Genetic control) का भी अध्ययन करते हैं। इस अध्ययन की शाखा को **परिवर्धन जीव विज्ञान** (Developmental biology) कहते हैं।
- एक प्राणी विशेष के परिवर्धन को **व्यक्तिवृत्तीय परिवर्धन** (Ontogenetic development) कहते हैं, जबकि किसी जाति या वर्ग विशेष के विकास के अध्ययन को **जातिवृत्तीय परिवर्धन** (Phylogenetic development) कहते हैं।

भ्रूणीय परिवर्धन की प्रावस्थाएँ Phases of Embryonic Development

भ्रूणीय परिवर्धन की प्रमुख प्रावस्थाएँ निम्नलिखित होती हैं

1. युग्मकजनन (Gametogenesis)
2. निषेचन (Fertilisation)
3. विदलन (Cleavage)
4. तूतक का निर्माण (Formation of morula)
5. कोरकपुटी का निर्माण (Formation of blastocyst)
6. गैस्ट्रूलाभवन (Gastrulation)
7. गैस्ट्रूला से शिशु का निर्माण (Formation of infant from gastrula)

युग्मकजनन Gametogenesis

- वृषण अथवा अण्डाशय की जननिक उपकला (Germinal epithelium) की कोशिकाओं से अर्द्धसूत्री विभाजन द्वारा युग्मक निर्माण की क्रिया को **युग्मकजनन** (Gametogenesis) कहते हैं। नर में नर युग्मक या शुक्राणु (Sperm) तथा मादा में मादा युग्मक या अण्डाणु या डिम्बाणु (Ovum) बनते हैं।
- दोनों में ही युग्मकजनन की प्रमुख प्रावस्थाएँ (Phases) लगभग एकसमान ही होती है, जो निम्नलिखित हैं
  (i) गुणन प्रावस्था (Multiplication phase)
  (ii) वृद्धि प्रावस्था (Growth phase)
  (iii) परिपक्वन प्रावस्था (Maturation phase)

A. शुक्रजनन Spermatogenesis

- नर के वृषणों की जननिक उपकला कोशिकाओं से अर्द्धसूत्री विभाजन द्वारा शुक्राणु निर्माण की क्रिया को **शुक्रजनन** या **शुक्राणुजनन** कहते हैं। यह प्रक्रिया वृषण की शुक्रजन नलिकाओं (Seminiferous tubules) में होती है। इस प्रक्रिया के मुख्य रूप से दो भाग होते हैं

(i) पूर्व शुक्राणु का निर्माण Formation of Spermatids

- यह प्रक्रिया जनन काल के प्रारम्भ होने से पूर्व ही प्रारम्भ हो जाती है। इस प्रक्रिया को निम्नलिखित तीन प्रावस्थाओं में विभक्त किया जा सकता हैं
  (a) **गुणन प्रावस्था** (Multiplication phase) भ्रूण के वृषणों की जननिक उपकला की कोशिकाएँ **प्रारम्भिक जनन कोशिकाएँ** (Primordial germ cells) कहलाती हैं।

  इनका आकार एवं केन्द्रक जननिक उपकला की अन्य कोशिकाओं की अपेक्षाकृत बड़ा होता है। इन कोशिकाओं में बार-बार समसूत्री विभाजन होता रहता है। इस प्रकार बनी कोशिकाओं को **शुक्राणुजनक** (Spermatogonia) कहते हैं। ये कोशिकाएँ द्विगुणित (Diploid or $2n$) होती है।

  (b) **वृद्धि प्रावस्था** (Growth phase) शुक्राणुजनक (Spermatogonia) विभाजन के पश्चात् आवश्यक पोषक पदार्थ एकत्रित करके आकार में वृद्धि करके बड़े हो जाते हैं। इन्हें शुक्राणु कोशिकाएँ या **प्राथमिक शुक्र कोशिकाएँ** (Primary spermatocytes) कहते हैं।

  (c) **परिपक्वन प्रावस्था** (Maturation phase) प्रत्येक प्राथमिक शुक्र कोशिका में दो बार अर्द्धसूत्री विभाजन होता है
  - **प्रथम परिपक्वन विभाजन** (First maturation division) यह प्राथमिक शुक्रकोशिका में होने वाला प्रथम अर्द्धसूत्री विभाजन (Meiotic division) होता है। इसके फलस्वरूप बनी दोनों कोशिकाओं को **द्वितीयक शुक्र कोशिकाएँ** (Secondary spermatocytes) कहते हैं।
  - **द्वितीय परिपक्वन विभाजन** (Second maturation division) प्रत्येक द्वितीयक शुक्र कोशिका में कुछ समय पश्चात् दूसरा अर्द्धसूत्री विभाजन होता है, जिसके परिणामस्वरूप चार अगुणित पूर्व शुक्राणु (Spermatids) का निर्माण होता है। इनमें गुणसूत्रों का केवल एक ही जोड़ा (n) उपस्थित होता है। पूर्व शुक्राणु के कायान्तरण से शुक्राणु का निर्माण होता है।

(ii) पूर्व शुक्राणु का शुक्राणु में रूपान्तरण या शुक्रकायान्तरण Metamorphosis of Spermatid into Sperm or Spermiogenesis

- प्रत्येक पूर्व शुक्राणु में शुक्राणु बनने के लिए महत्त्वपूर्ण परिवर्तन होते हैं। इस जटिल प्रक्रिया को **शुक्रकायान्तरण** या **स्पर्मेटीलियोसिस** या **स्पर्मियोजेनेसिस** (Spermateleosis or Spermiogenesis) कहते हैं। इस प्रक्रिया के फलस्वरूप गोल एवं अचल पूर्व शुक्राणु का एक धागेनुमा एवं **चल शुक्राणु** (Spermatozoan) में परिवर्धन होता है।
- इसमें शुक्राणु का कोशिकाद्रव्य विलुप्त हो जाता है तथा तारककेन्द्र से कशाभ (Flagellum) का विकास होता है। माइटोकॉण्ड्रिया (Mitochondria) इसके अक्षीय तन्तु के चारों ओर सर्पिलाकार आवरण बनाते हैं तथा गॉल्जीकाय अग्रपिण्डक (Acrosome) में रूपान्तरित हो जाते हैं। प्रत्येक शुक्राणु के विकास में दो से ढ़ाई माह का समय लगता है।

शुक्राणु की संरचना Structure of Sperm

- प्रत्येक शुक्राणु सूक्ष्मदर्शीय, पतला एवं लम्बा ($60\,\mu m$) होता है। इसके निम्न चार भाग होते हैं
  (i) **शीर्ष** (Head) यह शुक्राणु का शीर्ष भाग होता है, जिसमें एक बड़ा व अगुणित (n) केन्द्रक होता है। इसके अग्र भाग पर एक टोपीनुमा संरचना होती है, इसे **अग्रपिण्डक** (Acrosome) कहते हैं। अग्रपिण्डक में जल अपघटनी विकर (Enzyme); उदाहरण—हाइलुरोनिडेज (Hyluronidase) पाया जाता हैं, जो निषेचन के समय अण्डाणु की झिल्ली को नष्ट करने में सहायक होता हैं। इसका निर्माण गॉल्जीकाय से होता है।
  (ii) **ग्रीवा** (Neck) यह भाग थोड़ा छोटा होता है, जिसमें दो तारककेन्द्र (Centrioles) होते हैं। अग्रस्थ तारककेन्द्र (Proximal centriole), प्राय: ग्रीवा में होता है तथा दूरस्थ तारककेन्द्र (Distal centriole) शुक्राणु के अक्षीय सूत्र (Axial filament) का निर्माण करता है।
  (iii) **मध्य भाग** (Middle Piece) शुक्राणु का मध्य भाग इसका शक्ति गृह कहलाता है। मध्यखण्ड तथा पूँछ में पक्ष्माभ तथा कशाभ की भाँति (9 + 2) व्यवस्था क्रम में सूक्ष्म नलिकाएँ उपस्थित होती हैं। इन सूक्ष्मनलिकाओं पर अनेक माइटोकॉण्ड्रिया लिपटे होते हैं, जो शुक्राणु को गति प्रदान करने के लिए ऊर्जा (ATP) उत्पन्न करते हैं।
  (iv) **पूँछ** (Tail) यह शुक्राणु का अन्तिम, लम्बा भाग होता है, जो जीवद्रव्य की झिल्ली के रूप में होता है। दूरस्थ तारककेन्द्र से निर्मित अक्षीय सूत्र इसके मध्य से होकर गुजरता है।
- मैथुन क्रिया में लगभग 30-40 करोड़ शुक्राणु स्खलित होते हैं। सामान्य जननक्षमता (Normal fertility) के लिए लगभग 60% शुक्राणु सामान्य आकृति एवं आकार के होना आवश्यक है, जिनमें 40% शुक्राणु तीव्र गतिशील होने आवश्यक हैं।

B. अण्डजनन Oogenesis

- मादा में अण्डाशयों की जननिक उपकला की प्राथमिक जनन कोशिकाओं (Primordial germ cells) में अर्द्धसूत्री विभाजन द्वारा अण्डाणु बनने की प्रक्रिया को **अण्डजनन** कहते हैं। अण्डाणु में गुणसूत्रों की संख्या जनन कोशिकाओं की आधी होती है।

अण्डजनन की पूर्ण प्रक्रिया निम्नलिखित तीन चरणों में विभक्त होती है

(a) **गुणन प्रावस्था** (Multiplication phase) अण्डाशय को स्तरित करने वाली प्रारम्भिक जनन कोशिकाएँ समसूत्री विभाजन द्वारा विभाजित होकर संख्या में वृद्धि करती हैं। इन कोशिकाओं को **अण्डाणुजन** या **डिम्बाणुजन कोशिकाएँ** (Oogonia) कहते हैं।

(b) **वृद्धि प्रावस्था** (Growth phase) गुणन प्रावस्था में बनी अण्ड कोशिकाएँ पोषक पदार्थ एकत्रित करके आकार में वृद्धि करती हैं। निश्चित आकार ग्रहण करने के पश्चात् यह विभाजन के लिए तैयार हो जाती हैं। प्रत्येक कोशिका अब **प्राथमिक अण्ड कोशिका** (Primary oocyte) कहलाती है, परन्तु सभी अण्ड कोशिकाएँ, प्राथमिक अण्ड कोशिकाएँ नहीं बनाती हैं। इनमें से कुछ कोशिकाएँ छोटी रह जाती हैं, जिन्हें **पुटक कोशिकाएँ** (Follicular cells) कहते हैं।

(c) **परिपक्वन प्रावस्था** (Maturation phase) इसमें निम्नलिखित परिवर्तन होते हैं

- **प्रथम परिपक्वन विभाजन** (First maturation division) प्राथमिक अण्डकोशिका में प्रथम परिपक्वन विभाजन अण्डोत्सर्ग के समय होता है। यह प्रथम अर्द्धसूत्री विभाजन होता है, जिसके फलस्वरूप दो अगुणित कोशिकाओं का निर्माण होता है। इनमें से एक कोशिका छोटी होती है, जिसे **प्रथम ध्रुवीय कोशिका** या **प्रथम पोडोसाइट** (First polar body or first podocyte) कहते हैं तथा दूसरी बड़ी कोशिका को **द्वितीयक अण्डक** (Secondary oocyte) कहते हैं।
- **द्वितीय परिपक्वन विभाजन** (Second maturation division) यह विभाजन द्वितीयक अण्ड कोशिका के अण्डवाहिनी में पहुँचने के बाद आरम्भ होता है तथा उस समय तक पूर्ण नहीं होता, जब तक कि शुक्राणु उसमें प्रवेश नहीं कर जाता है। यह द्वितीयक अर्द्धसूत्री विभाजन होता है। इसमें द्वितीयक अण्डकोशिका पुन: विभाजित होकर एक छोटी द्वितीय ध्रुवीय कोशिका तथा एक बड़ी परिपक्व कोशिका **अण्डाणु** (Ovum) का निर्माण करती है। प्रथम ध्रुवीय कोशिका भी कभी-कभी दो कोशिकाओं में विभाजित हो जाती है। तत्पश्चात् ध्रुवीय कोशिकाएँ नष्ट हो जाती है और केवल एक परिपक्व अण्डाणु बचता है।

अण्डाणु की संरचना Structure of Ovum

- मादा का अण्डाणु 0.1 मिमी व्यास का होता है। अण्डाणु के बड़े भाग में पीला पीतक (Yolk) होता है, जिसमें पोषक पदार्थ संचित रहते हैं। इसमें एक बड़ा केन्द्रक होता है, जिसे **जननिक आशय** (Genital vesicle) कहते हैं।
- केन्द्रक के बाहर तथा जोना रेडिएटा (पीतक की बाहरी परत) के अन्दर अनेक कोशिकांग; जैसे—माइटोकॉण्ड्रिया, गॉल्जीकाय, प्राथमिक अण्ड कोशिका पाए जाते हैं। इसके बाहर अनेक डेस्मोसोम सुक्ष्मांकुर तथा पुटिका कोशिकाएँ पाई जाती हैं।
- बाह्य पुटक कोशिकाओं में भी गॉल्जीकाय, अन्त:प्रद्रव्यी जालिका, आदि कोशिकांग पाए जाते हैं। इन बाह्य पुटक कोशिकाओं को **ध्रुवीय कोशिका** कहते हैं, जो अण्डकोशिका के परिपक्व होने पर नष्ट हो जाती है।

अण्डोत्सर्ग में हॉर्मोन की भूमिका
Role of Hormones in Ovulation

अण्डजनन पश्चात् अण्डाणु का अण्डाशय से मुक्त होना **अण्डोत्सर्ग** (Ovulation) कहलाता है। इस क्रिया में विभिन्न हॉर्मोन निम्न प्रकार से सहायक होते हैं

- युग्मकजनन (Gonadotrophic hormone) की प्रक्रिया पीयूष या पिट्यूटरी ग्रन्थि द्वारा स्रावित गोनैडोट्रॉपिन हॉर्मोन (Follicle stimulating hormone or FSH, Luteinizing Hormone or LH) व अन्तरालीं कोशिका प्रेरक हॉर्मोन (Interstitial Cell Stimulating Hormone or ICSH) के द्वारा नियन्त्रित होती है।
- महिला के मासिक चक्र में एस्ट्रोजन, प्रोजेस्टेरॉन, LH एवं FSH के स्तर द्वारा अण्डोत्सर्ग नियमित होता है-
  - 0-6 दिन तक — LH एवं एस्ट्रोजन बढ़ता है तथा FSH घटता है।
  - 6-11 दिन तक — LH एवं एस्ट्रोजन में तीव्र वृद्धि होती है एवं FSH तेजी से घटता है।
  - 11-14 दिन तक — LH एवं एस्ट्रोजन तेजी से कम होते हैं तथा प्रोजेस्ट्रॉन बढ़ता है। FSH 11-12 दिन में त्रीवता से बढ़कर 12-14 दिन तक पुन: घटता है।
  - 14वें दिन — अण्डोत्सर्ग होता है।

2. निषेचन Fertilisation

- नर एवं मादा के लैंगिक जननांगों (शिश्न एवं योनि) का परस्पर संयोग **मैथुन** (Coitus) कहलाता है। नर की सहायक ग्रन्थियों का स्राव एवं शुक्राणु मिलकर **वीर्य** (Semen) कहलाता है, जिसका मूत्रमार्ग में पहुँचना ही **विसर्जन** (Emission) कहलाता है।
- 'नर युग्मक (शुक्राणु—Sperm) के मादा युग्मक (अण्डाणु—Ovum) के साथ संलयन से युग्मनज बनने की प्रक्रिया को **निषेचन** कहते हैं।' युग्मनज में गुंणसूत्रों (Chromosomes) की संख्या **द्विगुणित** ($2n$) हो जाती है।
- सभी जीवधारियों में निषेचन की प्रक्रिया दो प्रकार की होती है
  - **बाह्य निषेचन** (External fertilisation) जब निषेचन शरीर के बाहर होता है, तो वह बाह्य निषेचन कहलाता है। यह सदैव जलीय माध्यम में होता है।
  - **आन्तरिक निषेचन** (Internal fertilisation) यह शरीर के अन्दर होता है। यह भी जलीय माध्यम में होता है, परन्तु यह मादा की जनन वाहिनियों के अन्दर होता है।

फर्टिलाइजिन-एण्टीफर्टिलाइजिन अभिक्रिया
Fertilizin-Antifertilizin Reaction

- शुक्राणुओं की अण्डाणु की ओर गति के लिए फर्टिलाइजिन-एण्टीफर्टिलाइजिन अभिक्रिया सहायक होती है। यह एण्टीजन-एण्टीबॉडी (Antigen-Antibody) अभिक्रिया के समान होती है। इसमें अण्डाणु द्वारा रासायनिक कारक फर्टिलाइजिन का स्रावण निषेचन से पूर्व होता है, परन्तु **ग्राण्ट** (Grant; 1978) के अध्ययन अनुसार, फर्टिलाइजिन जीवद्रव्य कला तथा पीतक झिल्ली का ही अवयव है।
- असंख्य एण्टीफर्टिलाइजिन नामक ग्राही स्थल (Receptor sites) शुक्राणुओं की सतह पर उपस्थित रहते हैं। फर्टिलाइजिन इन ग्राही स्थलों के प्रति आसंजकता प्रदर्शित करता है, जिसके कारण शुक्राणु अण्डाणु की ओर गति करते हैं।
- अण्डोत्सर्ग के पश्चात् द्वितीयक अण्डक कोशिका लगभग 24 घण्टों तक तथा स्खलन के बाद शुक्राणु लगभग 48 घण्टे तक निषेचन के योग्य होते हैं।

- मैथुन क्रिया के बाद नर के शुक्राणु मादा की योनि एवं गर्भाशय से होते हुए शीघ्र ही गर्भाशय नाल में पहुँच जाते हैं, परन्तु शुक्राणु अपनी मूल दशा में अण्डक का निषेचन नहीं कर सकते हैं। अत: निषेचन के योग्य होने के लिए इनमें कुछ परिवर्तन होते हैं, जिसे **सामर्थ्यधारिता** (Capacitation) कहते हैं।
- इन परिवर्तनों के फलस्वरूप एक्रोसोम पर से ग्लाइकोप्रोटीन स्तर तथा कोशिका कला की कुछ प्रोटीन्स हट जाती है। सामर्थ्यधारिता प्रक्रिया शुक्राणु को निषेचन के लिए तथा अण्डाणु से संकेत ग्रहण करने के लिए तैयार करती है।
- तत्पश्चात् सैकड़ों **सामर्थ्यधारी शुक्राणु** अपने एक्रोसोम द्वारा अण्डक (Oocyte) की प्रसारण किरीट (Corona radiata) से चिपक जाते हैं।
- इस समय एक्रोसोम से **हाइलुरोनिडेज** (Hyaluronidase) तथा **न्यूरिमिनीडेज** (Nuriminidase) नामक एन्जाइम (Enzyme) मुक्त होते हैं।
- हाइलुरोनिडेज हाइलुरोनिक अम्ल को विघटित कर देता है, जो ग्राफियन पुटिकाओं में अण्डाणु को घेरे हुए कोरोना रेडिएटा की कोशिकाओं को बाँधे रखता है। ये एन्जाइम अण्डक की कोरोना रेडिएटा तथा **पारभासी आवरण** या **जोना पेल्युसिडा** (Zona pellucida) को विघटित करके शुक्राणु के अण्डक में प्रवेश के लिए मार्ग बनाते हैं।
- इस प्रकार शुक्राणु अण्डक कोशिका की कोशिका कला तक पहुँच जाते हैं। जैसे ही किसी शुक्राणु का इस कला से सम्पर्क होता है, अण्डक कोशिका से कुछ एन्जाइम मुक्त होकर पारभासी स्तर को अन्य सभी शुक्राणुओं के लिए अभेद्य बना देते हैं। सामान्यतया एक अण्डक में केवल एक ही शुक्राणु का प्रवेश हो पाता है।

3. विदलन Cleavage

- निषेचन के लगभग 24 घण्टे पश्चात् मानव युग्मनज में विदलन की प्रक्रिया प्रारम्भ होती है। युग्मनज में होने वाले तीव्र समसूत्री विभाजन को **विदलन** या **विखण्डन** (Segmentation) कहते हैं। इसमें बारम्बार विभाजन से कोशिकाओं की संख्या तथा DNA की मात्रा में वृद्धि होती है।
- विदलन का प्रारम्भ अण्डवाहिनी में ही होने लगता है। युग्मनज में प्रथम समसूत्री विभाजन के फलस्वरूप दो कोशिकाएँ बनती हैं। विदलन द्वारा बनी यह सन्तति कोशिकाएँ **कोरकखण्ड** (Blastomere) कहलाती हैं।

विदलन के प्रकार Types of Cleavage

विदलन को अण्डाणु में उपस्थित **पीतक** (Yolk) की मात्रा प्रभावित करती है, क्योंकि पीतक निष्क्रिय तथा निर्जीव पदार्थ होता है। परिणामस्वरूप कोशिकाद्रव्य में विदलन की खाँच बनने की गति धीमी हो जाती है। अत: पीतक की मात्रा के आधार पर विदलन मुख्य रूप से दो प्रकार का होता है

(i) **पूर्णभंजी विदलन** Holoblastic Cleavage

इस प्रकार के अण्डे दो कोरकखण्डों में पूर्णतया विभाजित होते हैं। यह समपीतकी तथा अल्पपीतकी अण्डों में पाया जाता है। पूर्णभंजी विदलन को पुन: दो भागों में विभाजित किया जा सकता है

(a) **समान पूर्णभंजी विदलन** (Equal holoblastic cleavage) इस प्रकार के विदलन से बने युग्मनज के दोनों कोरकखण्ड समान आकार के होते हैं; उदाहरण—मनुष्य, *एम्फिऑक्सिस*, अधिकांश मोलस्का, इकाइनोडर्मेटा एवं अन्य अकशेरुकी जन्तुओं के अण्डों में।

(b) **असमान पूर्णभंजी विदलन** (Unequal holoblastic cleavage) इसमें युग्मनज के दोनों कोरकखण्ड समान आकार के नहीं होते हैं। अत: एक छोटा कोरकखण्ड (सूक्ष्मखण्ड) तथा एक बड़ा कोरकखण्ड (दीर्घखण्ड) बनता है; उदाहरण—मेंढक के युग्मनज में तीसरा विदलन।

(ii) **अंशभंजी विदलन** Meroblastic Cleavage

इस प्रकार के अण्डे दो कोरकखण्डों में पूर्णतया विभाजित नहीं होते हैं। विदलन की खाँचें केवल सक्रिय प्राणी ध्रुव के कोशिकाद्रव्य का विभाजन करती हैं।

अण्डे का निष्क्रिय पीतकयुक्त भाग अविभाजित ही रहता है। यह अतिपीतकी तथा असमपीतकी अण्डों में पाया जाता है।

अंशभंजी विदलन को पुन: दो भागों में विभाजित किया जा सकता है

(a) **बिम्बाभ विदलन** (Discoidal cleavage) इस प्रकार के विदलन में विदलन की खाँचें केवल कोशिकाद्रव्य के बिम्ब तक ही सीमित रहती हैं; उदाहरण—सरीसृप (Reptile) तथा पक्षियों (Aves) में।

(b) **सतही विदलन** (Superficial cleavage) इसमें युग्मनज के विभाजन के समय विदलन की खाँचें परिधि पर पीतकरहित कोशिकाद्रव्य तक सीमित रहती है; उदाहरण—कीटों (Insects) व अधिकांश मछलियों के अण्डों में।

- मानव में अण्डवाहिनी में निषेचन के एक घण्टे बाद ही विदलन प्रारम्भ हो जाता है और चौथे दिन की समाप्ति पर चार बार समसूत्री विभाजन के फलस्वरूप 16 कोरकखण्डों (Blastomeres) का गोल ठोस भ्रूण बन जाता है, जिसे अब **तूतक** (Morula) कहते हैं।

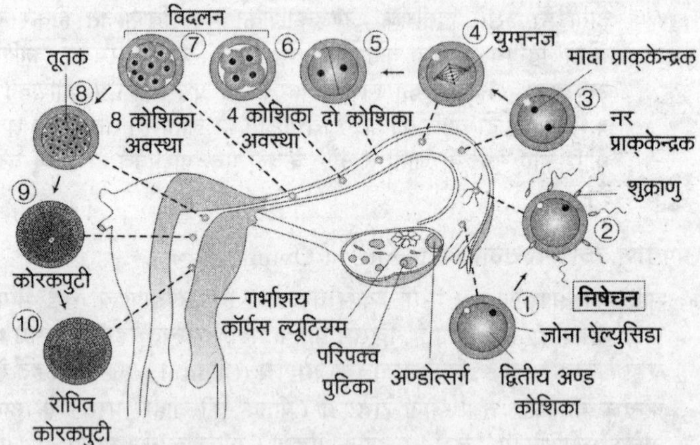

अण्डे का निषेचन, युग्मनज का विदलन, भ्रूण का प्रारम्भिक विकास तथा गर्भाशय में रोपण

4. तूतक का निर्माण Formation of Morula

- यह 16 कोरकखण्डों की गोल एवं ठोस संरचना है। इसका आकार युग्मनज के समान ही होता है।
- इस अवस्था का जैसे ही प्रारम्भ होता है, भ्रूण पक्ष्माभिकी क्रिया और पेशीय संकुचन द्वारा अण्डवाहिनी के नीचे की ओर बढ़ने लगता है। तूतक निषेचन के लगभग 4-6 दिन बाद गर्भाशय में पहुँचता है।

- विदलन की इस अवस्था में भ्रूण के चारों तरफ जोना पेल्युसिडा का स्तर होता है। तूतक निर्माण के समय कोरकखण्डों में कोशिकाद्रव्य की वृद्धि नहीं होती है; परन्तु आनुवंशिक पदार्थ में वृद्धि होती है।
- इसमें दो प्रकार का कोशिकीय स्तर होता है
  (i) **बाह्य कोशिकीय स्तर** (Outer cell layer) इनकी कोशिकाओं से **पोषकोरक** का निर्माण होता है, जो **अपरा** (Placenta) के निर्माण में भाग लेता है।
  (ii) **भीतरी कोशिकीय पिण्ड** (Inner cell mass) यह कोशिकाओं का समूह होता है, जो **भ्रूणबीज** (Embryoblast) कहलाता है। इससे ही भ्रूण के विभिन्न अंग बनते हैं।

5. कोरकपुटी का निर्माण Formation of Blastocyst

- गर्भाशय में पहुँचकर भ्रूण की कोशिकाएँ, गर्भाशयी गुहा से स्रावित ग्लाइकोजन युक्त पोषक तरल पदार्थों का अवशोषण करने लगती है। इन पोषक तत्वों को **गर्भाशयी दुग्ध** (Uterine milk) भी कहते हैं। यह जोना पेल्यूसिडा या पारभासी आवरण में से भ्रूण के अन्दर आता है। इसके पश्चात् पोषण लेते हुए भ्रूण में 2-3 दिनों तक परिवर्धन होता रहता है।
- अब भ्रूण के तूतक (Morula) के बाह्य कोशिकीय स्तर तथा भीतरी कोशिकीय पिण्ड के मध्य इस पोषक द्रव्य से भरी हुई एक बड़ी गुहा बन जाती है, यह गुहा **कोरकगुहा** (Blastocoel) कहलाती है। कोरकगुहा के विस्तार के कारण भीतरी कोशिकीय पिण्ड भ्रूण के एक ध्रुव की ओर सीमित होने लगता है, भ्रूण की यह प्रावस्था **कोरकपुटी** (Blastocyst) तथा भ्रूण **कोरक** या **ब्लास्टुला** (Blastula) कहलाता है। प्राय यह 32-64 कोशिकीय होता है।

ब्लास्टुला के प्रकार Types of Blastula

विभिन्न प्राणी समूहों में निम्न प्रकार के कोरक पाए जाते हैं

(i) **प्रगुहीकोरक** (Coeloblastula) इस प्रकार का कोरक इकाइनोडर्म तथा *एम्फीऑक्सस* में पाया जाता है। यह खोखली गेंदनुमा रचना के समान होता है। इससे ब्लास्टोडर्म एक स्तरीय कोशिकाओं का बना होता है मध्य गुहा पाई जाती है, जिसमें **म्यूकोपोलीसैकेराइड** भरा रहता है।

(ii) **उभयीकोरक** (Amphiblastula) इस प्रकार का कोरक, स्पंज तथा मेंढक में पाया जाता है इसमें संरचनात्मक रूप से भिन्न दो प्रकार की कोशिकाएँ पाई जाती है— कोरक के जन्तु गोलार्ध पर छोटे आकार के **लघुकोरकखण्ड** (Micromere) एवं अल्पक्रिय गोलार्ध पर **दीर्घकोरकखण्ड** (Macromere) पाए जाते हैं। इस प्रकार के कोरक में ब्लास्टोसील भी एक तरफ विस्थापित होती है तथा केवल आधे भाग में ही पाई जाती है। स्पंज के कोरक में लघुकोरक खण्ड कशाभिका युक्त होते हैं, जबकि दीर्घ कोरक खण्ड में कशाभिकाएँ नहीं पाई जाती है।

(iii) **बिम्बकोरक** (Discobastula) इस प्रकार का ब्लास्टुला अतिपीतकी अण्डों के जीव; जैसे- सरीसृपों, पक्षियों व मछलियों में देखने को मिलता है। यह **टीलोलेसिथल** (Telolecithal) अण्डों में विदलन के फलस्वरूप कहा जाता है। डिस्को ब्लास्टुला में एक एनिमल कैप का निर्माण होता है। अत्यधिक पीतक की मात्रा उपस्थित होने के कारण एनिमल ध्रुव पर कोशिका विभाजन तेजी से होता है। वेजिटल ध्रुव पर पीतक की अधिक मात्रा होने के कारण विदलन नहीं होता है तथा यह अविभाजित भाग डिस्क के समान संरचना बनाता है, जिसे **ब्लास्टोडिस्क** कहते हैं।

(iv) **सतहीकोरक** (Periblastula) इस प्रकार का कोरक कीटों में पाया जाता है इसमें कोरक गुहा का अभाव होता है तथा अण्डों में सतही विदलन के फलस्वरूप बनने वाले कोरक खण्ड परिधि पर व्यवस्थित होते हैं एवं ब्लास्टोडर्म का निर्माण करते हैं।

(v) **स्टीरियोब्लास्टुला** (Stereoblastula) इस प्रकार का कोरक एनेलिडा, मोलस्का तथा कुछ प्लेनेरिया में पाया जाता है इस प्रकार के कोरक में कोरकखण्डों की संख्या कम व आकार बड़ा होता है तथा कोरक गुहा बहुत छोटा या अनुपस्थित होती है।

(vi) **पोषकोरक** (Blastocyst) इस प्रकार का कोरक स्तनधारियों में पाया जाता है। इसमें विदलन नियामक प्रकार का होता है। विभाजित कोशिकाओं के भीतरी तरफ ब्लास्टोसील का निर्माण होता है। कोरक खण्ड विभाजित होकर दो पृथक् समूहों का निर्माण करते हैं।
(a) ट्रोफोब्लास्ट पोषक कोशिकाएँ (Nutritive cells)
(b) निर्माणकारी कोशिकाएँ (Formative cells)

- मानव में ब्लास्टुला निर्मित होते-होते भ्रूण का जोना पेल्युसिडा समाप्त हो जाता है तथा भित्ति की कोशिकाएँ चपटी हो जाती हैं। यह चपटी कोशिकाओं की परत **पोषकोरक** (Trophoblast) कहलाती है। ये भ्रूण को सुरक्षा एवं पोषण प्रदान करती हैं तथा अपरा का निर्माण भी करती है।
- भीतरी कोशिकीय पिण्ड एक ओर ध्रुव पर पुंज के रूप में दिखाई देते हैं, जो **भ्रूणबीज** (Embryoblast) कहलाता है।
- इसके एक ओर सक्रिय ध्रुव (Animal pole) तथा दूसरी ओर अक्रिय ध्रुव (Vegetal pole) स्थित होता है। कोशिकीय पुंज के ऊपर पाई जाने वाली पोषकोरक कोशिकाएँ, **रॉबर की कोशिकाएँ** (Cells of Rouber) कहलाती है।

भ्रूण का रोपण Implantation

- कोरकपुटी बनने के पश्चात् भ्रूण के ऊपर स्थित जोना पेल्युसिडा (पारभासी आवरण) का आवरण धीरे-धीरे समाप्त होने लगता है। अब पोषकोरक कोशिकाओं से गर्भाशयी दुग्ध स्रावित होने लगता है। अतः पोषकोरक स्तर की कोशिकाएँ गर्भाशय की भित्ति के सीधे सम्पर्क में आ जाती हैं। इस स्तर की कोशिकाएँ **लाइटिक एन्जाइम** का स्रावण करती हैं।
- इस प्रकार भ्रूण गर्भाशय की अन्तःभित्ति की कोशिकाओं को नष्ट कर उनका भक्षण करने लगता है। अतः भ्रूण पूर्ण रूप से गर्भाशय की आन्तरिक स्तर (Endometrium) की भित्ति से जुड़ जाता है, यह प्रक्रिया **रोपण** (Implantation) कहलाती है। यह क्रिया निषेचन के लगभग 7-8 दिन के बाद होती है। सामान्यतया रोपण निम्नलिखित तीन विधियों में से एक द्वारा सम्पन्न होता है
  - **केन्द्रीय रोपण** (Central implantation) इस प्रकार के रोपण में भ्रूण गर्भाशय के स्तर की सतह से जुड़ा रहता है तथा गर्भाशय की गुहा में प्रक्षेपित रहता है। यह **पृष्ठीय रोपण** (Superficial implantation) भी कहलाता है; उदाहरण—शशक, माँसाहारी एवं निम्न प्राइमेट्स में।
  - **संकेन्द्री रोपण** (Concentric implantation) इसमें गर्भाशय का श्लेष्मिका स्तर वलित होकर भ्रूण को पूरी तरह से ढक लेता है, इस

स्थिति में भ्रूण गर्भाशयी गुहा की खाँच में धँसा हुआ रहता है; उदाहरण—चूहा, गिलहरी, आदि में।

- **अन्तराकाशी रोपण** (Interstitial implantation) रोपण के इस प्रकार में कोरकपुटी गर्भाशयी ऊतक में पूरी तरह से धँस जाता है; उदाहरण—मनुष्य, बन्दर, सुअर, आदि।

गर्भावस्था में हॉर्मोन की भूमिका
Role of Hormones in Pregnancy

- मादा गर्भाशय के भीतर निषेचित अण्डे से दो माह तक होने वाले परिवर्द्धन को **भ्रूणकाल** (Embryonic period) कहते हैं तथा युग्मनज को **भ्रूण** (Embryo) कहते हैं। दो माह के बाद होने वाला परिवर्द्धन **गर्भकाल** (Foetal period) के अन्तर्गत आता है तथा भ्रूण को **गर्भ** (Foetus) कहते हैं।
- भ्रूण (कोरक) के रोपित होते ही गर्भावस्था (Pregnancy) प्रारम्भ हो जाती है।
- कोरिऑन स्तर गर्भाशय के अन्त:स्तर एण्डोमैट्रियम के साथ **जरायु अपरा** (Chorionic placenta) बनाता है। यह **मानव कोरियोनिक गोनैडोट्रोपिन हॉर्मोन** (Human Chorionic Gonadotropin or HCG) का स्रावण करती है।
- गर्भावस्था में HCG पीयूष ग्रन्थि के ल्यूटिनाइजिंग हॉर्मोन (LH) की भाँति कार्य करता है। यह पीत पिण्ड द्वारा प्रोजेस्टेरॉन के आवश्यक मात्रा में स्राव पर नियन्त्रण रखता है। प्रोजेस्टेरॉन गर्भाशय के अन्त:स्तर को बनाए रखता है और **मासिक स्राव** (Menstruation) को रोकता है।
- गर्भावस्था के 16वें सप्ताह से अपरा आवश्यक मात्रा में प्रोजेस्टेरॉन का स्राव करने लगता है, जिससे पीत पिण्ड की आवश्यकता नहीं रहती और यह विलुप्त हो जाता है। यह कॉर्पस ल्यूटियम द्वारा प्रोजेस्टेरॉन की मात्रा का नियमन करता है तथा पीयूष ग्रन्थि से स्रावित कुछ अन्य हॉर्मोन दुग्ध ग्रन्थियों एवं वक्ष में वृद्धि करते हैं।

6. गैस्ट्रूलाभवन Gastrulation

- दूसरे सप्ताह के अन्त तक भ्रूण द्विस्तरीय ही रहता है। तीसरे सप्ताह की प्रमुख प्रक्रिया तीन जनन स्तरों की स्थापना होती है। अत: कोरकपुटी की आन्तरिक कोशिका पुँज की कोशिकाओं से तीन जनन स्तर बनने की प्रक्रिया **गैस्ट्रूलाभवन** कहलाती है तथा इससे बने त्रिस्तरीय भ्रूण को **गैस्ट्रूला** (Gastrula) कहते हैं।
- गैस्ट्रूलाभवन में सर्वप्रथम अधिकोरक की उल्बी गुहा की ओर एक संकरी खाँच बनती है, यह **आद्य रेखा** (Primitive streak) कहलाती है। इसके दोनों सिरे थोड़े फूले हुए होते हैं। इन सिरों को **आद्य घुण्डी** (Primitive node) कहते हैं तथा इनके मध्य में **आद्य गर्त** (Primitive pit) होता है।
- अब अधिकोरक के चारों ओर की कोशिकाएँ आद्य रेखा की ओर स्थापित होने लगती हैं और अध: कोरक और अधिकोरक के मध्य धँसने लगती है, जिसे **अन्तर्वेशन** (Invagination) कहते हैं। इनमें से कुछ कोशिकाएँ अध:कोरक की कोशिकाओं का स्थान लेकर **भ्रूणीय अन्त:त्वचा** (Embryonic endoderm) का निर्माण करती है। इससे अध:कोरक धीरे-धीरे समाप्त हो जाती है।
- अन्तर्वेशन की अन्य कोशिकाएँ अन्त:जनन स्तर तथा अधिकोरक के मध्य में फैलकर **भ्रूणीय मध्यजनन स्तर** (Embryonic mesoderm) का निर्माण करती हैं। अधिकोरक की बची हुई कोशिकाएँ **भ्रूणीय बाह्य जनन स्तर** (Embryonic ectoderm) का निर्माण करती हैं। इस प्रकार तीनों प्राथमिक जनन स्तरों की उत्पत्ति होती है। अब भ्रूण का जननिक बिम्ब **त्रिस्तरीय** (Trilaminar) कहलाता है। इन्हीं स्तरों से भ्रूण के सभी ऊतक तथा अंगों का विकास होता है।

7. गैस्ट्रूला से शिशु का निर्माण
Formation of Infant from Gastrula

- दूसरे सप्ताह के अन्त तक भ्रूण में तीनों स्तरों का निर्माण हो जाता है। ये स्तर अब विभिन्न अंगों का निर्माण करने लगते हैं। भ्रूण के निषेचन से जन्म तक का समय **गर्भकाल** (Foetal period) कहलाता है। मानव में गर्भकाल निषेचन से 266 दिन अथवा 9 माह का होता है।

कुछ स्तनधारियों का गर्भकाल

हाथी	620 दिन
जिराफ	450 दिन
ऊँट	395 दिन
घोड़ा	330 दिन
गाय	280 दिन
शेर	106 दिन
कुत्ता	50.60 दिन
चूहा	20 दिन

बाह्य भ्रूण कलाएँ Extraembryonic Membranes

मानव तथा अन्य स्तनियों, पक्षियों तथा सरीसृपों के भ्रूणीय विकास के समय भ्रूण के चारों ओर भ्रूणीय कलाएँ (Foetal membranes) बनती हैं। इन्हें **बाह्य भ्रूण कलाएँ** भी कहते हैं। यहरू भ्रूण की सुरक्षा, पोषण, श्वसन तथा उत्सर्जन करती हैं। इनका निर्माण पोषकोरक से होता है तथा इनसे किसी भी अंग का निर्माण नहीं होता है।

बाह्य भ्रूण कलाओं के प्रकार
Types of Extraembryonic Membranes

ये चार प्रकार की होती हैं

(i) **पीतकोष** (Yolk sac) निषेचन के आठवें दिन अध:कोरक बनने के पश्चात् कुछ कोशिकाएँ स्थानान्तरित होकर कोरकखण्ड की भीतरी सतह पर कोरकगुहा के साथ-साथ एक परत बनाती है। यद्यपि स्तनियों के भ्रूण में पीतक नहीं होता है, परन्तु पोषकोष का विकास रुधिर निर्माण के लिए होता है।

(ii) **उल्ब** (Amnion) यह भ्रूण को चारों ओर से घेरे रहती है। इस प्रकार भ्रूण एक गुहा से घिरा रहता है, इसे **उल्ब गुहा** (Amniotic cavity) कहते हैं। इस गुहा में उल्ब तरल भर जाता है। यह भ्रूण को बाह्य आघातों से सुरक्षा करता है तथा एल्ब्यूमिन का अवशोषण करता है। यह भ्रूण को सूखने से भी बचाता है। भ्रूण इस गुहा में **नाभि रज्जु** (Placental cord) के द्वारा लटका रहता है।

(iii) **जरायु या कोरिऑन** (Chorion) इसका विकास अधिकोरक तथा दैहिक मध्य जनन स्तर से होता है। इसके बाहर की ओर बाह्य जनन स्तर तथा अन्दर की ओर दैहिक मध्य जनन स्तर होता है। यह भ्रूण के

चारों ओर फैली रहती है और बाह्य आवरण विकसित करती है। यह मानव में अपरा का निर्माण करता है। कोरिऑन की बाह्य सतह पर **कोरिऑन रसांकुर** (Chorionic villi) का विकास होता है, जो भ्रूण के पोषण, श्वसन तथा उत्सर्जन में सहायक होते हैं।

(iv) **अपरोपोषिका** (Allantois) अपरापोषिका भ्रूण के आहारनाल से बाहर की ओर एक कोष के रूप में विकसित होती है। यह एक अवशेषी रचना के रूप में होती है। इसमें रुधिर केशिकाएँ, अपरा धमनी (Placental artery) तथा अपरा शिरा (Placental vein) विकसित होती हैं। इसी के कारण ये संवहनीय झिल्ली बनाती है। यह अपरा का भ्रूणीय भाग होता है, जो भ्रूण के लिए पोषक पदार्थ एवं ऑक्सीजन ग्रहण करती है।

नोट मुर्गी (Chick) में भी यही चारों झिल्लियाँ पाई जाती है।

अपरा Placenta

- अपरा का विकास भ्रूणीय कोरिऑन तथा गर्भाशय भित्ति दोनों से ही होता है। भ्रूणीय कोरिऑन से रसांकुर तथा रुधिर वाहिनियों का विकास हो जाता है और एक अत्यधिक संवहनीय अंग का निर्माण होता है। यह अंग गर्भाशय तथा भ्रूण के रसांकुर से परस्पर जुड़कर भ्रूण को गर्भाशय की दीवार से जोड़ देता है, यह जुड़ाव **अपरा** (Placenta) कहलाता है। अपरा के रसांकुर (Villi) गर्भाशय की दीवार में धँसे हुए होते हैं।
- अपरा का निर्माण निषेचन के तीसरे सप्ताह तक हो जाता है। अपरा में मातृ रुधिर एवं भ्रूण रुधिर वाहिनियाँ अलग-अलग होती हैं, जिससे दोनों का रुधिर आपस में नहीं मिलता है। अपरा बनने के कुछ समय पश्चात् अपरा तथा भ्रूण के बीच एक रज्जु-समान संरचना बन जाती है, इसे **नाभि रज्जु** या **नाभि नाल** (Umbilical cord) कहते हैं।
- मनुष्य में अपरा **हीमोकोरियल** (Haemochorial) तथा **मेटाडिस्कॉइडल** (Metadiscoidal) प्रकार की होती है। अपरा का आकार बिम्बाकार (Disc-shaped) होता है तथा यह लगभग 18 सेमी व्यास की एवं 4 सेमी मोटी होती है। यह नाभि रज्जु द्वारा भ्रूण से जुड़ी रहती है। अपरा के दो भाग होते हैं
  - (i) **गर्भ अपरा** (Foetal placenta) यह भ्रूण की कोरिऑन रसांकुर से बना भाग है।
  - (ii) **मातृक अपरा** (Maternal placenta) यह भाग माता के गर्भाशय की भित्ति का बना होता है।
- मातृक तथा गर्भ अपरा एक-दूसरे से सीधे सम्पर्क में नहीं होते हैं। मातृक अपरा से पोषक पदार्थ तथा ऑक्सीजन विसरण के द्वारा गर्भ अपरा के रुधिर में पहुँचते हैं तथा गर्भ अपरा से कार्बन डाइऑक्साइड तथा उत्सर्जी पदार्थ मातृक अपरा के रुधिर में पहुँचते हैं।

अपरा के कार्य Functions of Placenta

अपरा के प्रमुख कार्य निम्नलिखित हैं

(i) यह विकसित होते भ्रूण के लिए माता के रुधिर से पोषक तत्वों को गर्भ में पहुँचाता है।

(ii) यह भ्रूण को श्वसन तथा विभिन्न उपापचयी क्रियाओं के लिए मातृ रुधिर से ऑक्सीजन प्रदान करता है।

(iii) यह उपापचयी क्रियाओं के फलस्वरूप बने नाइट्रोजन युक्त अपशिष्ट पदार्थ तथा श्वसन के फलस्वरूप बने कार्बन डाइऑक्साइड गैस माता के रुधिर में विसरित करता हैं।

(iv) खसरा, चेचक, डिफ्थीरिया, कुछ प्रकार के बुखार, आदि के प्रतिरक्षी अपरा के द्वारा माता के रुधिर से भ्रूण में पहुँचते हैं। इससे रोगों के प्रति भ्रूण को प्रतिरक्षा प्राप्त होती है।

(v) अपरा से गर्भावस्था में कोरिऑनिक गोनैडोट्रॉपिन, एस्ट्रोजन, प्रोजेस्टेरॉन तथा रिलेक्सिन नामक हॉर्मोनों का स्राव होता है।

प्रसव Childbirth

गर्भावधि पूर्ण होने पर गर्भाशय की पेशियों में तीव्र संकुचन (Vigorous contraction) प्रारम्भ हो जाते हैं। शिशु का जन्म गर्भाशय की अनैच्छिक पेशियों में संकुचन (Involuntary muscular contraction) की लम्बी प्रक्रिया से प्रारम्भ होता है, इसे **प्रसव संकुचन** (Labour contraction) कहते हैं तथा इस अनुभव को **प्रसव वेदना** (Labour pain) भी कहते हैं।

प्रसव में हॉर्मोन्स की भूमिका Role of Hormones in Parturition

प्रसव की क्रिया तन्त्रि-अन्त:स्रावी (Neuroendocrine) क्रिया द्वारा प्रेरित होती है। शिशु के पूर्ण विकसित होने पर गर्भ एवं अपरा दोनों से प्रसव के लिए संकेत उत्पन्न होते हैं। यह संकेत गर्भाशय में हल्के संकुचनों को प्रेरित करता है, इसे **गर्भ निक्षेप प्रतिक्रिया** (Foetal ejection reflex) कहते हैं।

- इसके द्वारा माता की पीयूष ग्रन्थि से ऑक्सीटॉसिन स्रावण की क्रिया सक्रिय होती है, जिससे गर्भाशय में तीव्रता से संकुचन होने लगता है। यह संकुचन निरन्तर बढ़ता ही रहता है। परिणामस्वरूप शिशु के गर्भाशय से बाहर निकलने की क्रिया होती है, जिसे **शिशु जन्म** या **प्रसव** (Parturition) कहते हैं।
- पीतपिण्ड से स्रावित हॉर्मोन रिलेक्सिन प्रसव के समय गर्भाशय ग्रीवा तथा श्रोणि मेखला के स्नायु को शिथिल करता है, जिससे प्रसव के समय शिशु को जन्म लेने में आसानी रहती है। अब लगभग 28-35 दिन में गर्भाशय अपनी पूर्ववत् अवस्था में वापस आने लगता है।

दुग्ध स्रावण Lactation

- सगर्भता के समय माता में प्रोजेस्टेरॉन एवं एस्ट्रोजन हॉर्मोन्स के प्रभाव से स्तन ग्रन्थियों में कई प्रकार के परिवर्तन होते हैं, जिससे इनमें वृद्धि होने लगती है और वक्ष बड़े आकार के हो जाते हैं। प्रोलेक्टिन हॉर्मोन के प्रभाव से शिशु के जन्म के 24 घण्टे के अन्दर दुग्ध का स्रावण प्रारम्भ हो जाता है।
- माता की स्तन ग्रन्थियों वक्ष से शिशु के जन्म के पश्चात् दुग्ध का स्रावण, **दुग्ध स्रावण** कहलाता है। यह नवजात शिशुओं का पूर्ण आहार होता है।
- दुग्ध स्त्रावण के प्रारम्भिक कुछ दिनों तक गाढ़ा पीले रंग का दुग्ध निकलता है, इसे **प्रथम स्तन्य** या **खीस** (Colostrum) कहते हैं। इसमें उपस्थित प्रतिरक्षी (Antibodies) नवजात शिशुओं में प्रतिरोधक क्षमता उत्पन्न करता है।
- दुग्ध में प्रोटीन (केसीन एवं लेक्टल ब्यूमेन), वसा, शर्करा (लेक्टोस), विटामिन, खनिज लवण तथा जल होता है। इसमें विटामिन-C तथा लौह (Iron) की बहुत कम मात्रा होती है। दुग्ध में उपस्थित लाइसोजाइम (Lysozymes) जीवाणु या रोगाणु को नष्ट कर देते हैं, इसलिए दुग्ध असंक्रमित रहता है। दुग्ध स्रावित माता एक दिन में लगभग 1-2 लीटर दुग्ध उत्पन्न करती है।

जनन स्वास्थ्य Reproductive Health

सामान्य रूप से "जनन स्वास्थ्य" का शाब्दिक अर्थ, "सामान्य कार्य करने वाले स्वस्थ जननांग" से होता है, परन्तु व्यापक रूप में, इसमें जनन के भावनात्मक एवं सामाजिक पहलू भी जुड़े हैं। **विश्व स्वास्थ्य संगठन** (World Health Organization–WHO) के अनुसार, "जनन स्वास्थ्य का तात्पर्य, जनन के समस्त स्वस्थ विषयों के योग से है, जिसमें शारीरिक, भावनात्मक, व्यावहारिक तथा सामाजिक पहलू भी सम्मिलित हैं।"

जनन स्वास्थ्य: समस्याएँ एवं कार्य नीतियाँ
Reproductive Health : Problems and Strategies

मनुष्य समाज के जनन स्वास्थ्य का निर्धारण भावी जनसंख्या के युवा व्यक्तियों के परिमाण, स्वास्थ्य तथा खुशहाली से होता है। समाज के इस वर्ग का नेतृत्व 12-25 वर्ष के व्यक्ति करते हैं। इस वर्ग की मुख्य जनसंख्या विकासशील देशों में मिलती है। भारत भी एक विकासशील देश है, जोकि युवा व्यक्तियों की संख्या की दृष्टि से अग्रणी देश है।

भारत के युवा व्यक्तियों के जीवन में जनन स्वास्थ्य सम्बन्धी समस्याओं के प्रमुख कारण निम्नलिखित हैं

(i) यौवनारम्भ पर बच्चों में जनन क्षमता तथा द्वितीयक लैंगिक लक्षणों का विकास आरम्भ होता है। कुछ स्थानों पर यौवनारम्भ से पूर्व ही बच्चों का विवाह कर दिया जाता है, जिसमें बालिका पूर्णरूप से गर्भधारण के लिए तैयार नहीं होती है। परिणामस्वरूप शरीर का विकास रुक जाता है।

(ii) गर्भधारण के पश्चात् पर्याप्त पोषण व उचित देखभाल के अभाव में माता एवं शिशु की मृत्यु दर का अधिक होना।

(iii) शिक्षा एवं जागरूकता के अभाव में जननांगों की अस्वच्छता तथा अस्वस्थता से अनेक यौनजनित रोगों को बढ़ावा मिलना।

(iv) कम उम्र में ही बार-बार सन्तान उत्पन्न करना।

(v) परिवार नियोजन की विधियों की जानकारी के अभाव में जनसंख्या का बढ़ना।

इन सभी उपरोक्त समस्याओं को ध्यान में रखते हुए, भारत में समय-समय पर अनेक योजनाओं का प्रारम्भ हुआ। भारत, वह पहला देश है, जिसने सम्पूर्ण जनन स्वास्थ्य को सामाजिक लक्ष्य की प्राप्ति के लिए राष्ट्रीय स्तर पर योजनाओं एवं कार्यक्रमों की एक रूपरेखा तैयार कर इसका क्रियान्वयन किया।

भारत सरकार ने, सन् 1951 में **परिवार नियोजन** (Family planning) नामक जनन स्वास्थ्य की राष्ट्रीय कार्य योजना का प्रारम्भ किया। इन कार्यक्रमों का पिछले दशकों में समय-समय पर मूल्यांकन भी किया गया। सन् 1997 में भारत देश में जनन स्वास्थ हेतु एक व्यापक कार्यक्रम की शुरूआत हुई, जिसे "**जनन एवं शिशु स्वास्थ्य सेवा कार्यक्रम** (Reproductive and Child Health Care programme or RCH programme) के नाम से जाना जाता है।

आजकल इस कार्यक्रम को "**परिवार कल्याण** (Family welfare)" के अन्तर्गत रखा गया है। यह कार्यक्रम समाज में प्रजनन स्वास्थ्य, शिशु की देखभाल तथा जनन नियन्त्रण के लिए जागरूकता, सुविधा एवं प्रोत्साहन प्रदान करता है"।

परिवार नियोजन Family Planning

मानव एक सामाजिक प्राणी है। अत: मानव जाति में परिवार ही जनसंख्या की इकाई होता है। मानव जनसंख्या की वृद्धि को कम करने के लिए नियोजित तरीके से सन्तानोत्पत्ति की दर को कम करना, परिवार नियोजन (Family planning) कहलाता है।

परिवार नियोजन की आवश्यकता
Need of Family Planning

परिवार नियोजन की आवश्यकताओं को हम निम्न प्रकार से समझ सकते हैं

(i) **छोटा परिवार सुखी परिवार** (Small Family Happy Family) प्रत्येक परिवार में माता-पिता को अपने बच्चों का लालन-पालन करना होता है अर्थात् बच्चों के लिए उचित भोजन, आवास, स्वास्थ्य, शिक्षा, वस्त्रों, आदि आधारीय उपयोगिता की व्यवस्था करनी पड़ती है। माता-पिता यह कार्य अपनी आय के अनुसार एक निश्चित सीमा में ही कर पाते हैं। यदि परिवार बड़ा होगा, तो बच्चों को सुविधाएँ कम प्राप्त होंगी तथा दम्पत्ति का स्वास्थ्य अधिक परिश्रम एवं चिन्ताओं के कारण बिगड़ने लगेगा। यदि परिवार छोटा होगा, तो बच्चे को समुचित सुविधाएँ उपलब्ध होंगी और परिवार स्वस्थ एवं सुखी होगा।

(ii) **पालन-पोषण का प्रभाव** (Effect of Development) प्रत्येक व्यक्ति का व्यक्तित्व अलग होता है। यह गुण व्यक्ति में आनुवंशिक एवं उपार्जित लक्षणों का योग होता है। व्यक्ति का विकास उसके पालन एवं पोषण पर निर्भर करता है। बड़े परिवार में निम्न स्तर के पालन-पोषण के कारण बच्चों के व्यक्तित्व का पूर्ण विकास नहीं हो जाता है। अत: उच्च स्तर के पालन-पोषण तथा अच्छे व्यक्तित्व विकास के लिए छोटे परिवार की आवश्यकता है।

इस प्रकार व्यक्ति एक उत्कृष्ट नागरिक बनकर सामाजिक एवं राष्ट्रीय विकास में महत्त्वपूर्ण योगदान दे सकता है। अत: भारत सरकार ने इस योजना के क्रियान्वन के लिए "**हम दो हमारे दो**" का नारा दिया है।

इसका प्रचार सरकार ने सभी क्षेत्रों; जैसे-सड़कों, सिनेमाघरों, चलचित्र (Movie), रेडियो, टेलीविजन, आदि पर किया है, जिससे प्रत्येक परिवार में सन्तानोत्पत्ति की दर दो सन्तानों तक ही सीमित हो सके।

परिवार नियोजन की विधियाँ
Methods of Family Planning

परिवार में सन्तानों की संख्या को सीमित रखने के लिए भारत जैसे विकासशील देशों में **परिवार नियोजन केन्द्र** (Family planning centre) बने हैं। इसके द्वारा लोगों को परिवार नियोजन की विधियों की आवश्यकता के प्रति जागरूक किया जा रहा है। सन्तानों की उत्पत्ति को विभिन्न विधियों या युक्तियों द्वारा नियन्त्रित करना **सन्तति नियन्त्रण** (Birth control) कहलाता है।

परिवार नियोजन हेतु दम्पतियों द्वारा विभिन्न युक्तियों का उपयोग किया जाता है, जिन्हें **गर्भनिरोधक युक्तियाँ** (Contraceptive methods) कहते हैं। सन्तति नियन्त्रण तथा परिवार नियोजन के हेतु गर्भनिरोधक उपायों को निम्नलिखित श्रेणियों में बाँटा जा सकता है

1. प्राकृतिक विधियाँ Natural Methods

प्राकृतिक विधियों द्वारा शुक्राणु को अण्डाणु के सम्पर्क में नहीं आने दिया जाता है, जिससे निषेचन की क्रिया अवरुद्ध हो जाती है।

ये विधियाँ निम्न प्रकार हैं

(i) **आवर्ती विधि** (Periodic Method) इस विधि का प्रयोग स्त्री के मासिक चक्र के परिवर्तनों के समय के आधार पर किया जाता है। इसे **आवर्ती संयम** या **सुरक्षित काल** (Safe period) भी कहते हैं। मासिक धर्म की शुरुआत से एक सप्ताह पहले तथा एक सप्ताह बाद का समय सुरक्षित होता है। स्त्री के मासिक धर्म के 10-17 वें दिन के बीच का समय सम्भोग के लिए उचित नहीं है, इस काल को असुरक्षित काल कहते हैं, क्योंकि निषेचन की सम्भावना इस समय अधिक होती है। इस विधि द्वारा लगभग 80% निषेचन होने से रोका जा सकता है।

(ii) **सम्भोग व्यवधान** (Coitus Interruptus) यह सन्तति नियन्त्रण की सबसे पुरानी विधि है। इस विधि में निषेचन की क्रिया को रोकने के लिए पुरुष सम्भोग के समय वीर्य स्खलन से ठीक पहले शिश्न को योनि से बाहर निकाल देता है तथा वीर्य सेचन से बच जाता है। इस विधि की सबसे महत्त्वपूर्ण कमी यह है, कि वीर्य स्खलन से पूर्व काउपर की ग्रन्थि से थोड़ा द्रव बाहर आता है, जिसमें अनेक शुक्राणु होते हैं। शिश्न को बाहर निकालने में थोड़ी-सी देरी प्रसव के लिए उत्तरदाई हो सकती है।

(iii) **स्तनपान अनार्तव** (Lactational Amenorrhoea) यह विधि इस तथ्य पर आधारित है, कि प्रसव के उपरान्त जब माँ शिशु को स्तनपान कराती है, तब लगभग 6 माह तक अण्डोत्सर्ग (Ovulation) तथा मासिक चक्र (Menstrual cycle) प्रारम्भ नहीं होता है। परिणामस्वरूप निषेचन की सम्भावना लगभग नहीं के बराबर होती है।

2. बाधा विधियाँ Barrier Methods

इस विधि में निषेचन की क्रिया को रोकने के लिए अण्डाणु तथा शुक्राणु को पास आने से रोका जाता है। यह विधि स्त्री एवं पुरुष दोनों के लिए उपलब्ध होती है। इसमें विभिन्न यान्त्रिक एवं रासायनिक विधियों का उपयोग किया जाता है।

(i) **रासायनिक विधियाँ** (Chemical Methods) इस विधि में योनि में सम्भोग से पूर्व विभिन्न प्रकार के क्रीम, जैली, फोम, गोलियाँ, पेस्ट या दृश (Donche) लगा दिया जाता है, जिससे इनमें उपस्थित रसायन स्खलित वीर्य में उपस्थित शुक्राणुओं को नष्ट कर देता है। इन्हें **शुक्राणुनाशक** (Spermicidal) पदार्थ कहते हैं।

(ii) **यान्त्रिक विधियाँ** (Mechanical Methods) इन विधियों के द्वारा शुक्राणुओं को गर्भाशय या अण्डवाहिनी में जाने से रोका जाता है। इनमें कण्डोम, योनि धानी, तन्तुपट, ग्रीवा टोपी (Cervical cap), कॉपर-T, आदि का प्रयोग किया जाता है, जो निम्न प्रकार से हैं

(a) **कण्डोम** (Condom) यह रबर या पॉलियूरीथेन (Polyurethane) की बनी छिद्ररहित पतली थैलीनुमा होती है। यह एक सिरे से बन्द तथा दूसरे सिरे पर खुली होती है। सम्भोग के समय पुरुष इसे अपने शिश्न पर चढ़ा लेता है। अत: वीर्य स्त्री की योनि में स्खलित न होकर कण्डोम में ही रह जाता है।

(b) **योनि धानी** (Vaginal Pouch) यह कण्डोम के जैसी ही रचना होती है। इसके बन्द तथा खुले सिरों पर लचीले छल्ले होते हैं। इसका बन्द छोर वाला सिरा गर्भाशय की ग्रीवा पर चढ़ा दिया जाता है, जबकि खुले छोर वाला सिरा योनि के छिद्र के चारों ओर रहता है। इस प्रकार पुरुष का वीर्य योनि धानी में ही रह जाता है। इसे मादा कण्डोम (Female condom) भी कहते हैं।

(c) **तन्तुपट** (Diaphragm) यह गुम्बद के आकार का रबर या पतले प्लास्टिक का बना टोपी-जैसा होता है। इसे गर्भाशय गुहा के मार्ग को बन्द करने के लिए गर्भाशय की ग्रीवा पर चढ़ा देते हैं।

(iii) **अन्त:गर्भाशयी यन्त्र** (Intrauterine Device– IUD) यह छोटा कुण्डलनुमा या कुण्डलित (Coiled) यन्त्र होता है, जो प्लास्टिक, ताँबे या स्टील का बना होता है। गर्भधारण को रोकने के लिए यह चिकित्सक द्वारा स्त्री की गर्भाशय की गुहा में स्थापित कर दिया जाता है।

वर्तमान में विभिन्न प्रकार की IUDs प्रचलित हैं, जो निम्नलिखित हैं

(a) **औषधिरहित आई. यू. डी** (Non-Medicated IUDs) इसमें किसी भी प्रकार की औषधि या रसायन का उपयोग नहीं किया जाता है। इसमें अण्डवाहिनी में लिप्पेस लूमप बनाकर अण्डाणु व शुक्राणु को मिलने से रोगा जाता है; उदाहरण-लिप्पेस लूप (Lippes Loops)

(b) **ताँबा मोचक आई. यू. डी** (Copper Releasing IUDs) इसमें ताँबे की T-आकृति के लूप का प्रयोग किया जाता है, जो Cu^{++} आयन का स्रावण करता है। ये Cu^{++} आयन शुक्राणुओं की भक्षकाणुक्रिया को बढ़ा देते हैं तथा शुक्राणु की गतिशीलता को कम कर उसकी निषेचन क्षमता को कम कर देते हैं। वर्तमान में अलग-अलग समयावधि की कॉपर-टी (Copper-T) प्रचलित है; जैसे—कॉपर-टी, कॉपर-7, मल्टीलोड 375, आदि।

(c) **हॉर्मोन मोचक आई. यू. डी** (Hormone Releasing IUDs) ये हॉर्मोन्स पर आधारित होती हैं। ये अण्डोत्सर्ग की क्रिया को रोकती हैं व गर्भाशय की आन्तरिक भित्ति को रोपण (Implantation) के लिए अनुपयुक्त बनाते हैं; जैसे प्रोजेस्टासर्ट (Progestasert), CNG-20, आदि।

3. हॉर्मोनल गर्भ निरोधन Hormonal Contraception

यह गर्भ निरोधन की अति सरल विधि है। इसमें स्त्री द्वारा गर्भ निरोधक गोलियाँ (Oral contraceptive pills) खाकर युग्मनज के निर्माण तथा गर्भधारण को रोका जाता है। इन गोलियों में प्रोजेस्टेरॉन (Progesterone) की अधिक मात्रा तथा एस्ट्रोजन (Oestrogen) की कुछ मात्रा होती है।

इन हॉर्मोन्स के कारण पीयूष ग्रन्थि से FSH तथा LH का स्रावण बहुत घट जाता है, जिससे अण्डाशय निष्क्रिय हो जाता है। प्राथमिक चिकित्सा केन्द्रों पर **'माला-D'** नाम से ये गोलियाँ मुफ्त में उपलब्ध होती हैं।

यह प्रतिदिन सुबह आर्तव चक्र में प्रथम दिन से अगले 21 दिन तक नियमित रूप से ली जाती हैं और आर्तव चक्र के अन्तिम सात दिनों में गोलियों को छोड़ दिया जाता है, ताकि ऋतुस्राव प्रारम्भ हो सके। **'सहेली'** नामक गोली एक गैर-स्टेरॉइडली सामग्री है, जिसे सप्ताह में एक बार लिया जाता है तथा इसके दुष्प्रभाव कम हैं। इसे भारतीय वैज्ञानिकों द्वारा **केन्द्रीय औषधीय अनुसन्धान संस्थान** (Central Drug Research Institute or CDRI), लखनऊ (उ.प्र.) में तैयार किया गया है।

4. बन्ध्याकरण Sterilisation

इस विधि में जननवाहिनियों को किसी स्थान पर काटकर या बाँधकर, जनदों से निकलने वाले युग्मक के मार्ग को अवरुद्ध कर देते हैं। यह जनन क्षमता को स्थाई रूप से अवरुद्ध करने की सर्वाधिक सफल विधियाँ है।

ये विधियाँ निम्नवत् हैं

(i) **महिला का ऑपरेशन या महिला नसबन्दी** (Tubectomy) यह विधि पूर्ण तथा स्थाई विधि है। इस विधि में स्त्रियों की अण्डवाहिनी को काटकर बाँध दिया जाता है, जिससे अण्डाणु अण्डवाहिका (Fallopian tube) में आगे नहीं बढ़ पाते हैं तथा निषेचन की क्रिया नहीं हो पाती है। यह कार्य सन्तान उत्पत्ति के समय ही कराया जा सकता है, क्योंकि अण्डवाहिनी को काटने के लिए उदर की शल्य क्रिया करनी पड़ती है।

(ii) **पुरुष का ऑपरेशन या पुरुष नसबन्दी** (Vasectomy) महिलाओं की नसबन्दी की तरह पुरुषों में शुक्रवाहिनी के ऑपरेशन से भी गर्भधारण की समस्या स्थाई रूप से दूर हो जाती है।

इसमें पुरुष की शुक्रवाहिनी काट कर बाँध दी जाती है। यह ऑपरेशन अत्यन्त सरल है तथा कभी भी कराया जा सकता है। इसका पुरुष की सम्भोग क्षमता पर भी कोई प्रभाव नहीं होता है।

चिकित्सीय सगर्भता समापन
Medical Termination of Pregnancy or MTP

- गर्भकाल पूर्ण होने से पूर्व अनचाहे गर्भ की स्वैच्छिक समापन की प्रक्रिया चिकित्सीय सगर्भता समापन कहलाती है। सामान्यतया इसे **उत्प्रेरित गर्भपात** (Induced abortion) भी कहते हैं।
- विश्व में जनसंख्या वृद्धि को रोकने के लिए MTP की अहम भूमिका है। विश्व में प्रतिवर्ष लगभग 4-5 करोड़ लोग MTP कराते हैं, जो कुल सगर्भता का 1/5 भाग है।
- भारत सरकार ने सन् 1971 में इसके दुरुपयोग को रोकने के लिए कड़े प्रतिबन्धों के साथ कानूनी स्वीकृति प्रदान की थी। इन प्रतिबन्धों का मूल उद्देश्य गैर-कानूनी और **मादा भ्रूण हत्या** (Female foeticide) को रोकना है, जिससे स्त्री-पुरुषों का लिंगानुपात कम होता जा रहा है।
- MTP का प्रमुख उद्देश्य अनचाहे गर्भ का समापन है, जो असुरक्षित यौन सम्बन्ध, गर्भनिरोधक विधियों की असफलता, बलात्कार या गर्भाशय में पलने वाले शिशु में होने वाले रोग से माता या भ्रूण या दोनों की जान पर खतरा, आदि दशाओं में अनिवार्य है।
- स्त्री के गर्भधारण के तीन माह पूर्व का समय MTP के लिए उपयुक्त माना जाता है। इसके बाद का समय अधिक जोखिम वाला होता है।

उल्बवेधन Amniocentesis

यह तकनीक जन्म से पूर्व भ्रूण के स्वास्थ्य, लिंग या आनुवंशिक संरचना (Genetic constitution) ज्ञात करने में सहायक है। परिवर्धित भ्रूण माता के गर्भाशय में उल्बद्रव में डूबा रहता है। इस द्रव की कुछ मात्रा सूई के द्वारा बिना भ्रूण को क्षति पहुँचाए नमूने के रूप में निकाल लिया जाता है। द्रव में उपस्थित कोशिकाओं का संवर्धन करने के पश्चात् कोशिकाओं के गुणसूत्रों का निरीक्षण करके उनमें उपस्थित रोगों का अध्ययन करते हैं।

यदि भ्रूण को जन्मजात ठीक न होने वाला रोग हो, तो गर्भधारण की प्रारम्भिक अवस्था में ही भ्रूण का चिकित्सीय सगर्भता समापन (MTP) कर देते हैं। इस तकनीक का दुरुपयोग भ्रूण के लिंग पहचान के लिए भी किया जाता है, जो गैर-कानूनी है।

भ्रूण के मादा होने का पता चलने पर अक्सर गर्भपात करा दिया जाता है, जो एक दण्डनीय अपराध है। अतः भारत सरकार ने **प्रीनाटल डाइग्नोस्टिक तकनीक एक्ट**, 1994 लागू किया है, जिसके अनुसार सभी आनुवंशिक सुझाव केन्द्रों एवं प्रयोगशालाओं का रजिस्ट्रेशन अनिवार्य हो गया एवं इसमें उल्लंघन करने पर सजा का भी प्रावधान है।

यौन संचारित रोग Sexually Transmitted Diseases

वे रोग, जो सम्भोग के समय यौन सम्बन्धों द्वारा एक व्यक्ति से दूसरे व्यक्ति में संचारित होते हैं, यौन संचारित रोग कहलाते हैं, इन्हें **रजित रोग** (Veneral Diseases or VD) भी कहते हैं। ये रोग किसी भी प्रकार के लैंगिक सम्बन्ध (योनि, गुदा या मुख मैथुन) द्वारा फैलते हैं। इन रोगों के फैलने की सम्भावना एक से अधिक व्यक्तियों के साथ यौन सम्बन्ध रखने पर अधिक हो जाती है।

यौन संचारित रोगों की रोकथाम एवं उपचार
Prevention and Treatment of STDs

यौन संचारित रोगों से बचाव हेतु सर्वप्रथम उपचार से पूर्व बचाव पर अधिक ध्यान रखा जाना चाहिए। इन रोगों से निम्नलिखित साधारण क्रिया-कलाप तथा अभ्यास से बचाव किया जा सकता है

(i) अनजान तथा अनेक व्यक्तियों के साथ लैंगिक सम्पर्क या शारीरिक सम्बन्ध नहीं बनाने चाहिए।

(ii) मैथुन के समय अवरोध विधियाँ; जैसे—कण्डोम, आदि का प्रयोग किया जाना चाहिए।

(iii) सदैव निर्जमीकृत या रोगाणुरहित (Sterilised) सूई एवं सिरिंजों का उपयोग किया जाना चाहिए तथा नशीली दवाइयों के प्रयोग से बचकर रहना चाहिए।

(iv) लोगों को यौन या लैंगिक संचारित सम्बन्ध में जागरूक बनाना चाहिए।

(v) जनन अंगों तथा पथ में किसी असामान्य लक्षण; जैसे—जलन, सूजन, स्राव STDs के संकेत हो सकते हैं। इसलिए तत्काल अनुभवी यौन रोग विशेषज्ञ से उपचारित कराना चाहिए।

उपरोक्त उपायों के अतिरिक्त रोगी व्यक्ति को सम्भोग की स्थिति से दूर रखा जाना चाहिए। इनको उपयुक्त हवादार कमरों में रखा जाना चाहिए तथा शारीरिक स्वच्छता का ध्यान रखना चाहिए। रुधिर आधान के समय अतिरिक्त सावधानी बरती जानी चाहिए तथा रुधिरदाता की पहचान अवश्य होनी चाहिए।

बन्ध्यता एवं सहायक जनन प्रौद्योगिकी
Infertility and Assisted Reproductive Technique

विश्व में अनेकों दम्पत्ति बन्ध्य हैं अर्थात् क्षित सम्भोग करने के पश्चात् भी दम्पत्ति द्वारा सन्तानोत्पत्ति नहीं कर पाना, **बन्ध्यता या बाँझपन** कहलाता है। बन्ध्यता स्त्री एवं पुरुष दोनों में हो सकता है। इनके कारण जन्मजात, शारीरिक, प्रतिरक्षात्मक, रोगजन्य एवं मनोवैज्ञानिक हो सकते हैं। पुरुषों में यह शुक्राणुजनन की दर में कमी या शुक्राणुओं की सक्रियता में कमी के कारण तथा स्त्रियों में यह अनियमित अण्डोत्सर्ग, जनन पथ में अवरोध, अण्डवाहिनी में रचनात्मक त्रुटी, गर्भाशय में भ्रूण रोपण का न होना अथवा गर्भाशय ग्रीवा में दोष के कारण हो सकता है।

इस अवस्था में दम्पत्ति को उत्कृष्ट तकनीक द्वारा सहायता की जाती है। इन तकनीकों को **सहायक जनन प्रौद्योगिकी** (Assisted Reproductive Technique or ART) कहते हैं। ये निम्नलिखित हैं

(i) ***अन्तः पात्रे* निषेचन** (*In vitro* Fertilisation or IVF) यह तकनीक उन स्त्रियों के लिए सहायक है, जिनमें गर्भधारण नहीं होता है। इसमें

अण्डाणु को बाहर निकालकर पति के शुक्राणु से निषेचन प्रयोगशाला में ही किया जाता है।

निषेचित अण्डे की 32 कोशिकीय अवस्था में इसे माता के गर्भाशय में रोपित कर देते हैं। गर्भावधि पूर्ण होने पर माता सामान्य शिशु को जन्म देती है। इस विधि को ***अन्त:पात्रे निषेचन*** (IVF) या **भ्रूण स्थानान्तरण** (Embryo Transfer–ET) कहते हैं। इस तकनीक को **परखनली शिशु** (Test tube baby) भी कहते हैं।

विश्व में सबसे पहले परखनली शिशु का जन्म, **स्टेप्टो एवं एडवर्ड्स** (Steptoe and Edwards) नामक वैज्ञानिकों के प्रयास द्वारा 25 जुलाई, 1978 में ब्रिटेन के ओल्धम शहर में हुआ। यह शिशु एक लड़की थी, जिसे **ल्यूसी जॉय ब्राउन** (Louise Joy Brown) नाम दिया गया। भारत में सर्वप्रथम परखनली शिशु का जन्म **डा. सुभाष मुखर्जी** द्वारा 3 अक्टूबर, 1978 में कोलकाता में हुआ था, जिसका नाम **कनुप्रिया अग्रवाल** रखा।

(ii) **युग्मनज अन्त:अण्डवाहिनी स्थानान्तरण** (Zygote Intra Fallopian Transfer or ZIFT) प्रयोगशाला में निषेचित किए गए युग्मनज को 24 घण्टे के पश्चात् या 8 कोरकपुटी (Blastophore) की अवस्था में स्त्री की अण्डवाहिनी में लैप्रोस्कोप (Laproscope) द्वारा अग्रिम परिवर्धन के लिए स्थानान्तरित किया जाता है।

(iii) **युग्मक अन्त:अण्डवाहिनी स्थानान्तरण** (Gamete Intra Fallopian Transfer or GIFT) इस विधि का प्रयोग उन स्त्रियों में किया जाता है, जो अण्डाणु नहीं बना सकती है, परन्तु निषेचन एवं आगे के परिवर्धन के लिए उपयुक्त वातावरण दे सकती है। इसमें एक दाता स्त्री से अण्डाणु को लेकर उस स्त्री की अण्डवाहिनी में स्थानान्तरित कर दिया जाता है।

(iv) **अन्त:गर्भाशयी स्थानान्तरण** (Intra Uterine Transfer or IUT) इस प्रक्रिया में जब युग्मनज 8-कोशिकीय कोरकपुटी अवस्था में होता है, तो उसे गर्भाशय में स्थानान्तरण किया जाता है।

(v) **ट्यूबल युग्मनज स्थानान्तरण** (Tubal Embryo Transfer or TET) TET और ZIFT प्रक्रिया एक जैसी ही हैं। इन दोनों प्रक्रियाओं में बस ये ही अन्तर है कि TET में युग्मनज का स्थानान्तरण निषेचन के 2 दिन बाद किया जाता है, जब वह युग्मनज 2-4 कोशिकीय अवस्था में हो।

वयता या जीर्णता Ageing or Senescence

जब किसी जीवधारी की आयु बढ़ती है, तो इसके ऊतकों, अंगों तथा कोशिकाओं की संरचना तथा कार्य क्षमता में गिरावट आती है। जन्तुओं की कोशिकाओं, ऊतकों, अंगों तथा अंग तन्त्रों की रचना तथा कार्य क्षमता पर बढ़ती आयु के कारण होने वाली क्रमिक गिरावट ही वयता या जीर्णता या **जरावस्था** कहलाती है। जीर्णता के दौरान थाइमस ग्रन्थि का विलोपन हो जाता है।

जीर्णता के कारण मनुष्य के अंग तन्त्रों पर पड़ने वाले प्रभाव

Effect on Human Organ System during Ageing

क्र.सं.	अंग तन्त्र	प्रभाव
1.	अध्यावरणी तन्त्र (Integumentary system)	डर्मिस में कोलेजन व इलास्टिक तन्तुओं का विनाश, पसीने व सीबम में कमी, बालों का गिरना, सफेद बाल
2.	पाचन तन्त्र (Digestive system)	आहारनाल में क्रमानुकुंचन में कमी, पाचन रस स्रावण में कमी
3.	श्वसन तन्त्र (Respiratory system)	फुफ्फुस के इलास्टिक तन्तुओं का विनाश, कूपिकाओं (alveoli) की संख्या में कमी
4.	परिवहन तन्त्र (Circulatory system)	कार्डियक पेशियों में विनाशात्मक परिवर्तन, धमनी व धमनिकाओं के व्यास में कमी, कार्डियक आउटपुट में कमी, उच्च रुधिर दाब
5.	लसिका तन्त्र (Lymphatic system)	प्रतिरक्षा तन्त्र में कमी, होमियोस्टेसिस में कमी
6.	उत्सर्जन तन्त्र (Excretory system)	वृक्क में विनाशात्मक परिवर्तन, नेफ्रोन्स की संख्या में कमी, GFR में कमी, पुन: अवशोषण व स्रावण में कमी
7.	अन्त:स्रावी तन्त्र (Endocrine system)	हॉर्मोन सान्द्रता में कमी, समस्थैतिकता में कमी
8.	तन्त्रिका तन्त्र (Nervous system)	तन्त्रिका कोशिका में विनाशात्मक परिवर्तन, तन्त्रिका कोशिका में **लाइपोफ्यूसिन** का एकत्रीकरण, तन्त्रिकीय संवेदना ग्रहण में कमी, स्वाद व गन्ध में कमी, निकट दृष्टि में कमी, डेन्ड्राइट्स में कमी।
9.	पेशीय तन्त्र (Muscle system)	कंकाली पेशी में कमी, न्यूरोमस्क्यूलर जंक्शन में विनाशात्मक परिवर्तन।
10.	कंकाल तन्त्र (Skeletal system)	मैट्रिक्स में विनाशात्मक परिवर्तन, भंगुर अस्थियाँ, इन्टरवर्टीब्रल कशेरुक डिस्क का सिकुड़ना।
11.	मादा जनन तन्त्र (Female reproductive system)	रजोनिवृत्ति (menopause), लिंग हॉर्मोन में कमी।
12.	नर जनन तन्त्र (Male reproductive system)	लिंग हॉर्मोनों में कमी, प्रोस्टेट ग्रन्थि में कमी, लैंगिक इच्छा शक्ति में अतिवृद्धि।

अभ्यास प्रश्न

मानव जनन तन्त्र

1. शिशु के जन्म के समय स्रावण होता है
(a) प्रोजेस्टेरॉन का (b) थाइरॉक्सिन का
(c) रिलैक्सिन का (d) एण्ड्रोजन का

2. उदर गुहा (Abdominal cavity) के बाहर वृषण जिस थैली में स्थित होते हैं, वह है
(a) ट्युनिका एल्बुजीनिया (b) वक्षण नहर (Inguinal canal)
(c) अधिवृषण (d) वृषणकोष

3. वृषणकोष का कार्य है
(a) वृषण का तापमान (b) शरीर का तापमान
(c) वृद्धि हॉर्मोन का स्तर (d) नर हॉर्मोन का स्तर

4. वृषण पालिका में होते हैं
(a) 3-5 शुक्रजनक नलिकाएँ (b) 2-6 शुक्रजनक नलिकाएँ
(c) 5-7 शुक्रजनक नलिकाएँ (d) 1-3 शुक्रजनक नलिकाएँ

5. शुक्रजनक नलिकाओं की अन्तःपालिका में होते हैं
(a) नर जनन कोशिकाएँ
(b) सर्टोली कोशिकाएँ
(c) दोनों (a) तथा (b)
(d) अन्तराली कोशिकाएँ या लीडिग कोशिकाएँ

6. निम्न में से कौन-सी कोशिकाएँ स्तनियों के वृषण में शुक्राणु को पोषण प्रदान करती है?
(a) लीडिग कोशिकाएँ (b) ऑक्सीटिक कोशिकाएँ
(c) अन्तराली कोशिकाएँ (d) सर्टोली कोशिकाएँ

7. शुक्रजनक नलिकाओं का बाहरी क्षेत्र कहलाता है
(a) अन्तः आंगुलिक अवकाश (b) इण्टरफेरस अवकाश
(c) अन्तराली अवकाश (d) अन्ध अवकाश

8. निम्न में से कौन-सा शुक्राणुओं के स्थानान्तरण का सही पथ दर्शाता है?
(a) वृषण जालिकाएँ → शुक्र वाहिकाएँ → अधिवृषण → शुक्रवाहक
(b) वृषण जालिकाएँ → अधिवृषण → शुक्र वाहिकाएँ → शुक्रवाहक
(c) वृषण जालिकाएँ → शुक्रवाहक → शुक्र वाहिकाएँ → अधिवृषण
(d) शुक्र वाहिकाएँ → वृषण जालिकाएँ → शुक्रवाहक → अधिवृषण

9. नर मानव में मूत्रीय तन्त्र और जनन तन्त्र की साझा सीमावर्ती नलिका है
(a) मूत्रमार्ग (b) मूत्रवाहिनी
(c) शुक्रवाहक (d) शुक्र वाहिकाएँ

10. अण्डवाहिनी का अण्डाशय के पास स्थित कीपाकार भाग कहलाता है
(a) झालर (Fimbriae) (b) कीपक (Infundibulum)
(c) तुम्बिका (Ampulla) (d) संकीर्ण पथ (Isthmus)

11. असत्य युग्म चुनिए।
(a) अँगुली समान प्रक्षेप – झालर
(b) अण्डवाहिनी का सँकरा भाग – तुम्बिका
(c) गर्भाशय से जुड़ा हुआ अण्डवाहिनी का भाग – संकीर्ण पथ
(d) उपरोक्त में से कोई नहीं

12. निम्न में से कौन-सा कथन गर्भाशय के लिए असत्य है?
(a) यह गर्भ भी कहलाता है तथा इसका आकार उल्टे नाशपाती के समान होता है
(b) यह श्रोणि भित्ति से जुड़े हुए स्नायुओं द्वारा सहयोग प्राप्त करता है
(c) यह गर्भाशय ग्रीवा द्वारा अण्डवाहिनी में खुलता है, जिसकी गुहा ग्रीवा नाल कहलाती है
(d) यह तीन परतों द्वारा आवरित रहता है, परिगर्भाशय, मध्य गर्भाशय, पेशी स्तर तथा अन्तः गर्भाशय स्तर

13. असत्य युग्म चुनिए।
(a) वसीय ऊतकों से बनी गद्दी, जो जघन बालों द्वारा ढकी होती है–जघन शैल (Mons pubis)
(b) योनि के द्वार को ढ़कने वाली झिल्ली–योनिच्छद (Hymen)
(c) मूत्रद्वार के ऊपर अँगुली समान संरचना–भगशेफ (Clitosis)
(d) प्रसव के दौरान गर्भाशय भित्ति की तीव्र संकुचन दर्शाना–गर्भाशय अन्त:स्तर (Endometrium)

14. ......ऊतक स्तन में उपस्थित मुख्य ऊतक है।
(a) ग्रन्थिल (b) चपटे (c) पक्ष्माभीय (d) उपकला

15. अनेक स्तन नलिकाएँ एक चौड़े स्तन तुम्बिका बनाने के लिए जुड़ती हैं, जो आगे जुड़ा रहता है
(a) दुग्ध वाहिनी से (b) शुक्रजनन वाहिनी से
(c) शुक्रजनक नलिका से (d) चूचुक/स्तनाग्र से

16. मादा स्तनधारियों; जैसे-बन्दर, लंगूर और मानव में जनन चक्र कहलाता है
(a) आर्तव चक्र (b) अण्ड चक्र
(c) जैविक प्रक्रिया चक्र (d) अण्डोत्सर्ग चक्र

17. अण्डोत्सर्ग में LH का तीव्र स्रावण करता है
(a) ग्राफियन पुटिका का फटना (b) अण्ड का निष्कासन/मोचन
(c) अण्डोत्सर्ग (d) ये सभी

18. निम्न घटनाओं में से कौन-सी मानव मादा में अण्डोत्सर्ग से सम्बन्धित नहीं है?
(a) एस्ट्रोजन में कमी (b) ग्राफियन पुटिका का पूर्ण विकास
(c) द्वितीयक अण्डक निष्कासन (d) LH का बढ़ना

19. आर्तव प्रवाह किसकी कमी से होता है?
(a) प्रोजेस्टेरॉन (b) FSH
(c) ऑक्सीटोसिन (d) वैसोप्रेसिन

20. निम्न में से किसके कारण गर्भाशय के अन्त:स्तर, एपिथीलियल ग्रन्थियाँ और संयोजी ऊतक टूट जाते हैं?
(a) एस्ट्रोजन की कमी (b) प्रोजेस्टेरॉन की कमी
(c) FSH की कमी (d) FSH की अधिकता

21. यदि स्तनधारियों का अण्डाणु निषेचित होने में असफल होता है, निम्न में से कौन-से एक के घटित होने की सम्भावना है?
(a) पीत पिण्ड विघटित हो जाएगा
(b) एस्ट्रोजन का स्रावण आगे कम होगा
(c) प्राथमिक पुटिका विकसित होना शुरू हो जाएगी
(d) प्रोजेस्टेरॉन का स्रावण तेजी से कम होगा

युग्मकजनन

22. किस कोशिका विभाजन के बाद स्पर्मेटोगोनिया का निर्माण होता है?
(a) अर्द्धसूत्री-I (b) अर्द्धसूत्री-I (c) समसूत्री (d) असूत्री

23. शुक्रजनन के लिए आवश्यक विटामिन है
(a) विटामिन-A व E (b) विटामिन-E व K
(c) विटामिन-A व D (d) इनमें से कोई नहीं

24. शब्द स्पर्मेटोलियोसिस का अर्थ है
(a) स्पर्मेटिड का स्पर्म में रूपान्तरण
(b) स्पर्मोगोनियम का स्पर्मेटिड में रूपान्तरण
(c) स्पर्मेटिड का स्पर्मोगोनियम में रूपान्तरण
(d) प्राइमरी स्पर्मेटोसाइट का सेकेण्डरी स्पर्मेटोसाइड में रूपान्तरण

25. स्पर्म के एक्रोसोम में पाया जाता है
(a) हायलूरोनिक अम्ल एवं प्रोएक्रोसिन
(b) हायलूरोनिक अम्ल एवं फर्टिलाइजिन
(c) हायलूरोनिडेज एवं प्रोएक्रोसिन
(d) फर्टिलाइजिन एवं प्रोएक्रोशिन

26. स्पर्म का एक्रोसोम निर्मित होता है
(a) स्पर्मेटिड के केन्द्रक से (b) स्पर्मेटिड के माइटोकॉण्ड्रिया से
(c) स्पर्मेटिड के गॉल्जीकाय से (d) स्पर्मेटिड के सेन्ट्रोसोम से

27. मानव स्पर्म में सर्पिलाकार रूप से व्यवस्थित माइटोकॉण्ड्रिया कहाँ व्यवस्थित होते हैं?
(a) सिर भाग में (b) मध्य भाग में
(c) पूँछ के अन्त में (d) पूँछ के मुख्य भाग में

28. मानव शुक्राणु के मध्य भाग के मध्य बिन्दु पर ली गयी अनुप्रस्थ काट पर क्या दिखाई देगा?
(a) सेन्ट्रियोल, माइटोकॉण्ड्रिया तथा 9 + 2 व्यवस्था में सूक्ष्मनलिकाएँ
(b) सेन्ट्रियोल तथा माइटोकॉण्ड्रिया
(c) माइटोकॉण्ड्रिया तथा 9 + 2 व्यवस्था में सूक्ष्मनलिकाएँ
(d) केवल 9 + 2 व्यवस्था में सूक्ष्मनलिकाएँ

29. नेबेनकर्न (Nebenkern) एक भाग है
(a) फीटस का (b) ग्राफियन फॉलिकल का
(c) मानव ओवम का (d) मानव स्पर्म का

30. निम्न में सही संयोग को चुनिए।
(a) हायलूरोनिडेज – एक्रोसोमल क्रिया
(b) कॉर्पस ल्यूटियम – मॉर्फोजेनेटिक गति
(c) गैस्ट्रूलेशन – प्रोजेस्टेरॉन
(d) कैपेसिटेशन – रोपण

31. निम्न में से सही युगम चुनिए।
(a) शीर्ष – आनुवंशिक पदार्थ
(b) मध्यखण्ड – शुक्राणु गतिशीलता
(c) अग्रपिण्डक – ऊर्जा
(d) पुच्छ – तारककाय

32. किसके निर्माण के समय विटेलोजिनेसिस होता है?
(a) ग्राफियन फॉलिकल में प्राथमिक ऊसाइट
(b) ग्राफियन फॉलिकल में ऊगोनियल कोशिका
(c) फैलोपियन ट्यूब में ऊटिड
(d) फैलोपियन ट्यूब में द्वितीयक ऊसाइट

33. मादाओं में हॉर्मोन इन्हिबीन का स्रावण करता है
(a) ग्रेन्यूलोसा तथा थीका कोशिकाएँ
(b) ग्रेन्यूलोसा कोशिकाएँ तथा कॉर्पस ल्यूटियम
(c) ग्रेन्यूलोसा तथा क्यूम्यूलस ऊफोरस कोशिकाएँ
(d) ग्रेन्यूलोसा कोशिकाएँ तथा जोना पेल्युसिडा

34. अण्डजनन में, जब अण्डाशय में द्विगुणित कोशिका में अर्द्धसूत्रण होता है, तो परिणामस्वरूप कितने अण्डे बनते हैं?
(a) 1 (b) 2
(c) 3 (d) 4

35. अण्डजनन की कौन-सी अवस्था में प्रथम पोलर बॉडी का निर्माण होता है?
(a) प्रथम अर्द्धसूत्री विभाजन (b) द्वितीय समसूत्री ऊसाइट
(c) प्रथम समसूत्री विभाजन (d) विभेदीकरण

36. अण्डजनन के समय अगुणित अण्डाणु का शुक्राणु द्वारा निषेचन किस अवस्था में होता है?
(a) प्राथमिक ऊसाइट (b) द्वितीयक ऊसाइट
(c) ऊगोनियम (d) ओवम

37. ग्राफियन फॉलिकल में उपस्थित गुहा कहलाती है
(a) एम्नीओटिक गुहा (b) आर्केण्ट्रॉन गुहा
(c) एण्ट्रम गुहा (d) ऑस्ट्रियम गुहा

38. मादा प्रजनन चक्र से सम्बन्धित कुछ प्रक्रियाएँ नीचे दी गई हैं। इन्हें सही क्रम में व्यवस्थित कीजिए।
I. FSH का स्रावण
II. कॉर्पस ल्यूटियम की वृद्धि
III. फॉलिकल में वृद्धि तथा ऊजेनेसिस
IV. अण्डोत्सर्ग
V. LH के स्तर में अचानक वृद्धि
(a) III → I → IV → II → V (b) I → III → V → IV → II
(c) I → IV → III → V → II (d) II → I → III → IV → V

39. कॉर्पस ल्यूटियम का निर्माण होता है
(a) पुटिका कोशिकाओं से (b) सर्टोली कोशिकाओं से
(c) लीडिग कोशिका से (d) इनमें से कोई नहीं

40. अण्डाशय से अण्डे (परिपक्व) के निकलने को कहते हैं
(a) पाश्च्यूरेशन (b) ओव्यूलेशन
(c) फर्टिलाइजेशन (d) इम्प्लान्टेशन

41. एक अस्थायी एण्डोक्राइन ग्रन्थि अण्डाशय में अण्डोत्सर्ग के पश्चात् निर्मित करती है
(a) कॉर्पस कैलोसम (b) कॉर्पस ल्यूटियम
(c) कॉर्पस एल्बीकेन्स (d) कॉर्पस स्ट्रेटम

42. निम्नलिखित में से किस हॉर्मोन के स्रावण का बन्द होना कॉर्पस ल्यूटियम के नष्ट होने के लिए आवश्यक है?
(a) LH (b) प्रोजेस्ट्रॉन
(c) LTH (d) FSH

43. मनुष्य के 28 दिन के अण्डाशय चक्र में अण्डोत्सर्ग होता है
(a) पहले दिन (b) 5 वें दिन
(c) 14 वें दिन (d) 28 वें दिन

44. निम्न में से सही विकल्प चुनिए।

(a)	एस्ट्रोजन	–	गर्भाशय अन्तःस्तर की भित्ति को अन्तः रोपण के लिए तैयार करता है।
(b)	FSH	–	मादा में द्वितीयक लैंगिक लक्षण विकसित करता है।
(c)	प्रोजेस्टेरॉन	–	ग्राफियन पुटिका का परिपक्वन
(d)	LH	–	पीतपिण्ड को बनाए रखता है।

45. मनुष्य में युग्मकजनन के दौरान 200 द्वितीयक ऊसाइट से तथा 200 द्वितीयक स्पर्मेटोसाइट से कितने अण्ड एवं शुक्राणु उत्पन्न होंगे?
(a) 100 अण्ड तथा 400 शुक्राणु (b) 200 अण्ड तथा 400 शुक्राणु
(c) 200 अण्ड तथा 800 शुक्राणु (d) 200 अण्ड तथा 200 शुक्राणु

46. प्रोजेस्ट्रॉन हॉर्मोन का स्त्रावण होता है
(a) सर्टोली कोशिका से (b) थीका इण्टर्ना से
(c) कॉर्पस ल्यूटियम से (d) कॉर्पस एल्बीकेन्स से

निषेचन

47. जन्तुओं में निषेचन की घटना को सर्वप्रथम देखा
(a) वीजमान ने (b) ल्यूवेनहॉक ने
(c) रॉबर्ट हुक ने (d) हर्टविग ने

48. आन्तरिक निषेचन पाया जाता है
(a) टोड में (b) मेंढक में (c) डॉगफिश में (d) कैटफिश में

49. अण्डाणु में शुक्राणु के प्रवेश में भिन्न में से कौन सहायक होता है?
(a) फर्टिलाइजिन (b) एन्टीफर्टिलाइजिन
(c) स्पर्म-लाइसिन (d) निषेचन झिल्ली

50. समान जुड़वाँ बच्चे कब पैदा होते हैं?
(a) जब एक शुक्राणु दो अण्डाणु का निषेचन करें
(b) जब एक अण्डाणु का दो शुक्राणु को निषेचन करें
(c) जब दो अण्डाणु निषेचित हो
(d) जब एक निषेचित अण्डाणु का दो कोरक खण्डों में विभाजन हो और दोनों पृथक् हो

51. शुक्राणु का केपेसिटेशन कहाँ होता है?
(a) मादा प्रजनन मार्ग (b) वासा डिफरेन्स
(c) वासा इफरेन्स (d) योनि

52. मनुष्य में अण्डे का निषेचन होता है
(a) अण्डाशय में (b) फैलोपियन नलिकाओं में
(c) ग्रीवा में (d) गर्भाशय में

53. एक अत्यन्त छोटी कोशिका, जोकि जन्तुओं के अण्डे के परिपक्वन के समय अलग हो जाती है, कहलाती है?
(a) प्राथमिक स्पर्मेटोगोनिया (b) द्वितीयक ऊगोनिया
(c) प्राथमिक ऊगोनिया (d) ध्रुव काय

54. निषेचन की क्रिया में अण्डाणु में एक शुक्राणु प्रवेश करने के बाद अन्य शुक्राणु का प्रवेश अवरूद्ध हो जाता है
(a) विटैलाइन झिल्ली बनने के कारण
(b) वर्णन कवच बनने के कारण
(c) योक के संघनन के कारण
(d) निषेचन झिल्ली बनने के कारण

55. मानव शुक्राणु के विषय में निम्नलिखित में से कौन-सा एक कथन सही है?
(a) एक्रोसोम का कोई विशेष कार्य नहीं होता है
(b) एक्रोसोम में एक शंक्वाकार नुकीली संरचना होती है, जिसका उपयोग अण्डे को भेद्यने और उसके भीतर प्रवेश करने के लिए किया जाता है, जिससे निषेचन होता है
(c) एक्रोसोम में शुक्राणु-लाइसिन अण्डे के आवरण को घोल देते हैं, जिससे निषेचन के लिए सुविधा हो जाती है।
(d) एक्रोसोम एक संवेदी संरचना का कार्य करता है, जिससे शुक्राणु अण्डाणु की ओर बढ़ता जाता है

56. अण्डे के नाभिक का स्पर्म के नाभिक के साथ संलयन होने पर
(a) प्रथम परिपक्वन पूर्ण होता है
(b) द्वितीय परिपक्वन पूर्ण होता है
(c) भ्रूण बनता है
(d) प्रथम ध्रुवीय काय बनती है

57. निषेचन के बिना ही एक अण्डे का परिवर्धन कहलाता है
(a) गैमीटोजेनेसिस (b) मेटाजेनेसिस
(c) ऊजेनेसिस (d) पार्थिनोजेनेसिस

58. शुक्राणु के द्वारा एन्जाइमिक प्रकृति का पदार्थ शुक्राणु–लाइसिन स्त्रावित होता हैं। स्तनियों में यह क्या कहलाता है?
(a) हायलूरोनिडेस (b) हायलूरेनिक अम्ल
(c) एन्ड्रोगेमोन (d) क्रायनोगेमोन

59. निषेचन क्रिया के लिए सत्य कथन है।
(a) केवल एक शुक्राणु अण्ड तक पहुँचकर उसमें प्रवेश करता है
(b) शुक्राणु का अण्ड में प्रवेश उसे सक्रिय कर देता है तथा अर्द्धसूत्री विभाजन पूर्ण होता है
(c) दो अगुणित केन्द्रक संलयित होकर एवं तुरन्त विभाजित होकर दो केन्द्रक बनाते हैं, जो अगुणित होते हैं
(d) शुक्राणु का केवल एक्रोसोम ही अण्डे में प्रवेश करता है

60. शुक्राणु और अण्डाणु का निषेचन कहाँ होता है?
(a) अण्डवाहिनी के एम्पुला में
(b) अण्डवाहिनी के इस्थमस में
(c) अण्डवाहिनी के फिम्ब्री में
(d) उपरोक्त में से कोई नहीं

61. फर्टिलाइजिन नामक रासायनिक पदार्थ किससे उत्पन्न होता है?
(a) परिपक्व अण्ड से (b) एक्रोसोम से
(c) ध्रुवीय काय से (d) स्पर्म के मध्य भाग से

62. लैंगिक जनन करने वाले जन्तुओं में नर एवं मादा युग्मकों के संयोजन से जो कोशिका बनती है, उसे कहते हैं
(a) अण्डाशयी कोशिका (b) ऊसाइट
(c) युग्मनज (d) ग्राफियन पुटिका

63. निषेचन के दौरान निषेचन झिल्ली का संश्लेषण किसके द्वारा होत है?
(a) माइटोकॉण्ड्रिया
(b) गॉल्जीकाय
(c) कॉर्टिकल ग्रेन्यूल्स के एसिड म्यूकोपॉलीसेकेराइड्स
(d) उपरोक्त सभी

अण्डा एवं विदलन

64. विदलन को सबसे पहले देखा
(a) स्वामर्डम ने (b) स्पालैन्जनी ने
(c) एफ. आर. लिली ने (d) ल्यूवेनहॉक ने

65. तृतीय अण्ड झिल्ली है
(a) विटेलाइन झिल्ली (b) जोना रेडिएटा
(c) एल्ब्यूमिन (d) कोरोना रेडिएटा

66. वेजीटल पोल पर अत्यधिक योक वाला अण्डा कहलाता है
(a) ओलिगोलेसीथल (b) मीसोलेसीथल
(c) टीलोलेसीथल (d) सेन्ट्रोलेसीथल

67. अण्डे की 16 कोशिकीय अवस्था में कितने विदलन पूर्ण हो जाते हैं?
(a) 3 (b) 4
(c) 8 (d) 12

68. अण्डे के अपूर्ण विभाजन के समय जो विदलन होता है, उसको कहते हैं
(a) पूर्णभंजी (होलोब्लास्टिक)
(b) अंशभंजी (मीरोब्लास्टिक)
(c) मेरीडियोनल
(d) स्पाइरल

69. यदि प्रथम विदलन दरार जाइगोट को दो भागों में पूर्णरूप से विभाजित कर देती है, तो इस प्रकार का विदलन कौन-सा होगा?
(a) रेडियल (b) इक्वेटोरियल
(c) मीरोब्लास्टिक (d) होलोब्लास्टिक

70. सूक्ष्मपीतक अण्डे, जिनमें आरक्षित भोज्य पदार्थ की मात्रा बहुत कम होती है, पाए जाते हैं
(a) मेंढक में (b) कीटों में
(c) मनुष्य में (d) मछली में

71. स्तनियों में किस प्रकार का विदलन होता है?
(a) होलोब्लास्टिक (b) मीरोब्लास्टिक
(c) सुपरफीशियल (d) इनमें से कोई नहीं

72. पेरीब्लास्टुला पाया जाता है
(a) मनुष्य में (b) कीटों में
(c) *साइकॉन* में (d) रेप्टाइल में

73. विदलन सामान्य समसूत्री विभाजन से भिन्न है क्योंकि
(a) विदलन में केन्द्रकीय विभाजन नहीं होता है
(b) विदलन में कोशिकाद्रव्य का विभाजन नहीं होता है
(c) विभाजनों के मध्य वृद्धि काल नहीं होता है
(d) कोशिकाद्रव्य का विभाजन केन्द्रकीय विभाजन का अनुगमन

74. किन स्तनियों के अण्डों में कोशिकाद्रव्य से अधिक पीतक होता है?
(a) अपरा स्तनी (b) जलीय स्तनी
(c) शिशु प्रधानी स्तनी (d) अण्ड प्रजनक स्तनी

75. क्लीडोइक अण्डे वाले जन्तु प्रदर्शित करते हैं
(a) बाह्य निषेचन तथा आन्तरिक विकास
(b) आन्तरिक निषेचन तथा आन्तरिक विकास
(c) आन्तरिक निषेचन तथा बाह्य विकास
(d) बाह्य निषेचन तथा बाह्य विकास

76. वह अण्ड, जिसमें परिधीय परत में साइटोप्लाज्म के मध्य में योक पाया जाता है, कहलाता है
(a) आइसोलेसीथल (b) माइक्रोलेसीथल
(c) सेन्ट्रोलेसीथल (d) टीलोलेसीथल

मोरुला एवं ब्लास्टुला

77. मानवों में मोरुला (तूतक) के विषय में निम्नलिखित में से कौन-सा एक कथन सही है?
(a) अविदलित युग्मनज की अपेक्षा इसमें अधिक मात्रा में कोशिकाद्रव्य तथा अधिक DNA होता है
(b) इसमें लगभग उतनी ही मात्रा में कोशिकाद्रव्य होता है, लेकिन युग्मनज से DNA की मात्रा ज्यादा होती है
(c) इसमें अविदलित युग्मनज की अपेक्षा कोशिकाद्रव्य तथा DNA दोनों ही कहीं ज्यादा मात्रा में कम होते हैं
(d) अविदलित युग्मनज की अपेक्षा इसमें अधिक या कम समान मात्रा में कोशिकाद्रव्य और DNA होते हैं

78. 16 कोशिकीय अवस्था में भ्रूण क्या कहलाता है?
(a) मोरुला (b) गैस्ट्रूला
(c) ब्लास्टूला (d) ब्लास्टोमीयर

79. भ्रूणीय विकास का नियम दिया था
(a) वान बेयर ने (b) हेकल ने
(c) वैलेस ने (d) मॉर्गन ने

80. निम्न में से सुमेलित विकल्प का चयन करे।

(a)	अन्तःवलन	–	कोरकपुटी का गर्भाशय अन्तःस्तर में धँसना
(b)	विदलन	–	कोशिकाओं का समूह, जो भ्रूण के रूप में विभेदित होगा
(c)	पोषकोरक	–	कोरकपुटी का बाह्य आवरण, जो गर्भाशय अन्तःस्तर से जुड़ा होता है
(d)	अन्तःरोपण	–	युग्मनज का अर्द्धसूत्री विभाजन

81. विखण्डन गुहा का निर्माण दर्शाता है
(a) कोशिकाओं का पुनर्विन्यास (b) ब्लास्टुला प्रावस्था
(c) परिवृद्धि (एपीबोली) (d) गैस्ट्रूला प्रावस्था

82. कुछ अण्डों में विदलन शुरू होने से पूर्व ही भविष्य के अंग निर्धारित किए जा सकते हैं, इस प्रकार का विकास कहलाता है
(a) मोजैक विकास (b) नियमित विकास
(c) गाइनोजिनेसिस (d) इनमें से कोई नहीं

83. वयता का अध्ययन कराने वाला विज्ञान या क्षयकारी परिवर्तन का अध्ययन कहलाता है
(a) क्रोनोलॉजी (b) ओडोण्टोलॉजी
(c) गाइनेकोलॉजी (d) जीरोण्टोलॉजी

84. भ्रूण विज्ञान की वह कौन-सी शाखा है जोकि असामान्य भ्रूणीय विकास से सम्बन्धित होती है?
(a) जीरोण्टोलॉजी (b) टेरेटोलॉजी
(c) एम्ब्रियोलॉजी (d) इनमें से कोई नहीं

85. नीचे मानव में भ्रूणीय परिवर्द्धन से सम्बन्धित चार कथन (I-IV) दिए गए हैं।

I. विदलन विभाजन जीवद्रव्य के द्रव्यमान में अत्यधिक वृद्धि करता है।

II. अधिक विदलन विभाजन से कोरकखण्ड छोटे-छोटे होते जाते हैं।

III. कोरकपुटी (Blastocyst) में कोरकखण्ड दो परतों में व्यवस्थित रहते हैं, पोषकोरक (Trophoblast) तथा गर्भाशय अन्त:स्तर (Endometrium)।

IV. विदलन विभाजनों के परिणामस्वरूप कोशिकाओं की एक ठोस गेंद बनती है, जो तूतक (मोरुला) कहलाती है।

उपरोक्त कथनों में से कौन-से दो कथन सत्य है?

(a) I तथा III (b) II तथा IV
(c) I. तथा II (d) III तथा IV

86. सीलोम जिसका निर्माण ब्लास्टोसील से होता हैं

(a) स्यूडोसीलोम (b) एन्टेरोसीलोम
(c) हीमोसीलोम (d) साइजोसीलोम

87. मानव मादा में ब्लास्टोसिस्ट के विषय में निम्नलिखित में से कौन-सी कथन सही है?

(a) इससे अपरा (प्लेसेण्टा) का बनना अन्तर्रोपण होने से पहले ही हो जाता है
(b) यह अण्डोत्सर्ग के 3 दिन बाद गर्भाशय में अन्तर्रोपित हो जाता है
(c) केवल अन्तर्रोपित हो जाने के बाद ही यह एण्डोमेट्रियल स्रावण से पोषण प्राप्त करता है
(d) यह एण्डोमेट्रियम में ट्रोफोब्लास्ट कोशिकाओं के द्वारा अन्तर्रोपित होता है

88. नीचे दिखायी गई मानव परिवर्धन अवस्था की पहचान करते हुए एवं साथ ही साथ एक सामान्य गर्भवती स्त्री में वह अवस्था कहाँ पायी जाती है, इन दोनों को एकसाथ किस एक विकल्प में सही दिया गया है?

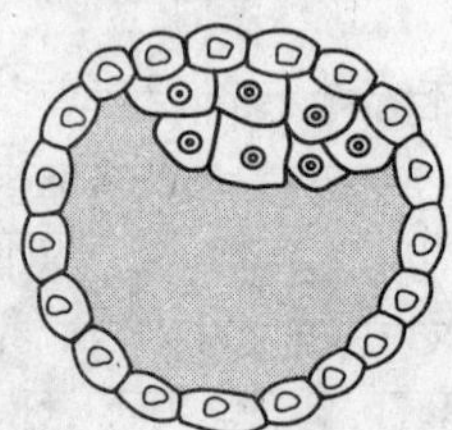

	परिवर्धन अवस्था	पाए जाने का स्थान
(a)	बाद का मोरुला (तूतक)	फैलोपियन नलिका के मध्य भाग में
(b)	ब्लास्टुला (कोरक)	फैलोपियन नलिका के अन्तिम भाग में
(c)	ब्लास्टोसिस्ट (कोरकपुटी)	गर्भाशय भित्ति में
(d)	8-कोशिकीय मोरुला	फैलोपियन नलिका के आरम्भ बिन्दु पर

89. इन्डिटरमीनेट विदलन में ब्लास्टोमीयर का भविष्य किस अवस्था में निधारित होता हैं?

(a) ब्लास्टुला (b) गैस्ट्रूलेशन
(c) 32-कोशिका अवस्था (d) 64-कोशिका अवस्था

90. कोरकपुटी का बाह्यस्तर जो एक्टोडर्म बनाता है, उसे कहते हैं

(a) दंशकोरक (b) जननिकाशय
(c) पोषकोरक (d) कोरकगुहा

91. कोरक में निम्न का अभाव होता है

(a) कोरक खण्डों (b) कोरक चर्म
(c) कोरक गुहा (d) कोरक रन्ध्र

92. गर्भावस्था किसके संरोपण के साथ प्रारम्भ हो जाती है?

(a) भ्रूण (b) निषेचित अण्डा
(c) ब्लास्टोपोर (d) ब्लास्टोसिस्ट

93. प्राकृतिक प्रकार का संभावित आरेख पाया जाता है

(a) एसीडियन्स (b) ऐनेलिडा
(c) *एम्फिऑक्सस* (d) ये सभी

94. कोशिकाद्रव्यी विधि में मार्कर के रूप में प्रयोग लिए जाते हैं

(a) मेलानिन (b) ग्लाइकोजन
(c) एल्केलाइन फॉस्फेट (d) ये सभी

95. संभावी आरेख का अध्ययन किया जाता है

(a) प्राकृतिक चिन्हों द्वारा (b) जैविक अभिरंजन विधि द्वारा
(c) रेडियोएक्टिव अंकन विधि (d) ये सभी

96. कृत्रिम विधि द्वारा संभावित आरेख का निर्माण सर्वप्रथम किया था

(a) वॉग्ट (b) स्प्रेट
(c) रोजन क्विष्ट (d) बेन्जर

97. आनुवंशिक विधि द्वारा संभावित आरेख का निर्माण किया था

(a) होट्टा तथा बेन्जर (b) वॉग्ट
(c) स्प्रेट (d) रोजन क्विष्ट

गैस्ट्रूला

98. कौन-सी संरचना गैस्ट्रूला को ब्लास्टुला से विभेदित करती है?

(a) तीन जननिक स्तर (b) माइक्रोमीयर
(c) ब्लास्टोसील (d) इनमें से कोई नहीं

99. गैस्ट्रूलेशन के दौरान बनने वाली गुहा क्या कहलाती है?

(a) ब्लास्टोसील (b) आर्केन्ट्रॉन
(c) सीलोम (d) स्यूडोसीलोम

100. गैस्ट्रूलेशन से पहले कोशिका विभाजन द्वारा निर्मित आन्तरिक गुहा को कहते हैं

(a) एन्टेरॉन (b) ब्लास्टोपोर
(c) ब्लास्टोसील (d) सीलोम

101. कोरकगुहा ब्लास्टोसील किस अवस्था में बनती है?

(a) तूतक (मोरुला) (b) कोरक (ब्लास्टुला)
(c) कंदुक (गैस्ट्रूला) (d) इनमें से कोई नहीं

102. विकास की किस अवस्था में भ्रूणीय कोशिकाएँ गति करके जर्मिनल परत बनाती है?

(a) मोरुला (b) ब्लास्टुला
(c) गैस्ट्रूला (d) न्यूरुला

103. सीलोम निम्न के मध्य में पायी जाती है

(a) एक्टोडर्म तथा एण्डोडर्म (b) मीजोडर्म तथा एक्टोडर्म
(c) देह भित्ति तथा एक्टोडर्म (d) मीजोडर्म तथा देह भित्ति

104. निम्न में से सुमेलित युग्म है
(a) ब्लास्टोपोर – ब्लास्टुला (b) आद्यान्त्र – गैस्ट्रूला
(c) ब्लास्टोसील – मोरुला (d) ठोस ब्लास्टोमीयर्स – गैस्ट्रूला

105. कोरक अवस्था में कोशिकाओं का पुनर्विन्यास अवरूद्ध हो जाए तो कौन-सी क्रिया बाधित होगी?
(a) विस्तरण क्रिया (b) न्यूरूला का बनना
(c) गैस्ट्रूला का बनना (d) मोरुला का बनना

106. गैस्ट्रूलाभवन की सबसे सरलतम विधि है
(a) परिवृद्धि (b) अन्तवृद्धि
(c) अन्तर्वेशन (d) अन्तर्वलन

अतिरिक्त भ्रूणीय झिल्ली, अपरा एवं प्रसव

107. गर्भ में स्थित बच्चे का मूत्राशय होता है
(a) योक सैक (b) एलेन्टॉइस
(c) एम्नीऑन (d) कोरिऑन एवं एलेन्टॉइस

108. स्तनियों में कोरिऑन एवं एलेन्टॉइस सम्मिलित रूप में बनाती है
(a) अपरा (प्लेसेन्टा)
(b) गर्भाशय का अन्तः स्तर (एण्डोमेट्रियम)
(c) गर्भाशय
(d) पीत कोष (योक सैक)

109. जिस भ्रूणीय कला के माध्यम से भ्रूण में पहली रुधिर कोशिका प्रविष्ट होती है, उसे कहते हैं
(a) एम्नीऑन (b) कोरिऑन
(c) ट्रोफोब्लास्ट (d) योक सैक

110. मानवों में वह कौन-सी बाह्य भ्रूण झिल्ली है, जिसके द्वारा गर्भाशय के भीतर भ्रूण का शुष्कन नहीं हो पाता?
(a) जरायु (b) अपरापोषिका
(c) पीतक कोष (d) उल्ब

111. भ्रूण के पूर्व हीमोपोइटिक ऊतक में क्या होता है?
(a) कोरिऑन (b) एम्नीऑन
(c) एलेन्टॉइस (d) योक सैक

112. भ्रूण के किस भाग से एलेन्टॉइस विकसित होता है?
(a) अग्र आँत (b) मध्य आँत
(c) पश्च आँत (d) पुच्छ प्रदेश

113. मानव में वह कौन-सी भ्रूणीय झिल्ली है, जो कि गर्भाशय ऊतक से अन्तरंग सम्बन्ध स्थापित करती है?
(a) केवल एम्नीऑन (b) केवल कोरिऑन
(c) केवल एलेन्टॉइस (d) एलेन्टोकोरिऑनिक संरचना

114. यूथीरीयन अपरा किससे विकसित होती है?
(a) पीतकोष से (b) एम्निऑन से
(c) एलेन्टॉइस (d) कोरिऑन एलेन्टॉइस से

115. मनुष्य में निम्न में से कौन-सा प्लेसेन्टा पाया जाता है?
(a) डिफ्यूज (b) जोनरी
(c) कोटिलिडनरी (d) डिस्कॉइडल

116. प्लेसेन्टा की बाह्य सतह, जो अर्द्धपारगम्य तथा हॉर्मोन स्रावी होती है, कहलाती है।
(a) ट्रोफोब्लास्ट (b) कोरिऑन (c) एम्निऑन (d) मीजोडर्म

117. गर्भाशय की वह कौन-सी सतह है, जोकि अपरा की विलाई के द्वारा अपरदित (Eroded) हो जाती है?
(a) एण्डोथीलियम (b) एण्डोमीट्रियम
(c) एण्डोडर्म (d) ट्रोफोब्लास्ट

118. वह संरचना जो गर्भाशय को प्लेसेण्टा से जोड़ती है
(a) अम्बेलीकल कॉर्ड (b) एम्निऑन
(c) योक सैक (d) कोरिऑन

119. अपरा किसमें पाया जाता है?
(a) सभी स्तनियों में (b) मेटाथीरियन में
(c) यूथीरियन में (d) प्रोटोथीरियन में

120. मानव कोरियोनिक गोनैडोट्रोपिन का स्रावण होता है
(a) कोरिऑन द्वारा (b) एम्निऑन द्वारा
(c) कार्पल ल्यूटियम द्वारा (d) प्लेसेन्टा द्वारा

121. मानव प्लेसेन्टा किस श्रेणी के अन्तर्गत आता है?
(a) हीमो-कोरिएलिस (b) सिनडेस्मो-कोरिएलिस
(c) एण्डोथीलियो-कोरिएलिस (d) एपीथीलियो-कोरिएलिस

122. प्लेसेन्टा वह क्षेत्र है, जहाँ
(a) माता के रुधिर की आपूर्ति गर्भ को होती है
(b) अम्बेलीकल कॉर्ड द्वारा भ्रूण माता से जुड़ा रहता है
(c) गर्भ माता का रुधिर तथा पोषण प्राप्त करता है
(d) भ्रूण कलाओं द्वारा घिरा रहता है

123. निम्न में से कौन-सा ट्रोफोब्लास्ट से विकसित हुआ है?
(a) प्लेसेण्टा (b) एलेण्टॉइस
(c) त्वचा की एपीडर्मिस (d) पीत कोष

124. निम्न में से कौन-सी संरचना प्लेसेण्टा में अनुपस्थित होती है?
(a) धमनियाँ (b) शिराएँ
(c) चिकनी पेशियाँ (d) तन्त्रिकाएँ

125. सबसे अधिक गर्भकाल होता है
(a) हाथी का (b) ऊँट का
(c) भालू का (d) मनुष्य का

126. मानव में गर्भकाल लगभग कितना होता है?
(a) 40 सप्ताह (b) 28 सप्ताह
(c) 32 सप्ताह (d) 36 सप्ताह

127. सबसे छोटा गर्भकाल होता है
(a) वानर का (b) कुत्ते का (c) बिल्ली का (d) चूहे का

128. मानव फीटस (Foetus) में सर्वाधिक वृद्धि किस महीने में होती है?
(a) चौथे माह (b) दूसरे माह
(c) छठवें माह (d) आठवें माह

129. भ्रूण की प्रथम गतियाँ तथा उसके शीर्ष पर बालों का होना गर्भावस्था के प्रायः किस महीने में होते पाए जाते हैं?
(a) तीसरा महीना (b) चौथा महीना
(c) पाँचवा महीना (d) छठा महीना

130. प्रसव के लिए संकेत उत्पन्न होते हैं?
(a) उल्ब तरल द्वारा दाब पड़ने से
(b) पीयूष से ऑक्सीटोसिन के विमोचन से
(c) पूर्ण विकसित भ्रूण (गर्भ) एवं अपरा से
(d) स्तन ग्रन्थियों का विभेदन होने से

131. निम्न में से कौन-सा हॉर्मोन प्रसव को उत्प्रेरित करता है?
(a) वेसोप्रेसिन (b) ऑक्सीटॉसिन
(c) GH (d) TSH

132. वयस्क मानव मादाओं में ऑक्सीटॉसिन
(a) इसका स्रावण अग्र पिट्यूटरी से होता है
(b) स्तन ग्रन्थियों की वृद्धि को उत्तेजित करता है
(c) पिट्यूटरी को उत्तेजित करता है ताकि वेसोप्रैसिन का स्रावण हो सके
(d) के द्वारा प्रसव के दौरान जबरदस्त गर्भाशय संकुचन पैदा होता है

133. स्तन ग्रन्थियों में डक्ट्यूलर वृद्धि के लिए उत्तरदायी हॉर्मोन है
(a) LH (b) एस्ट्रोजन
(c) प्रोजेस्ट्रॉन (d) FSH

134. दुग्ध स्रावण के लिए उत्तरदायी हॉर्मोन है
(a) ऑक्सीटॉसिन (b) एस्ट्रोजन
(c) प्रोजेस्ट्रॉन (d) LTH

जनन स्वास्थ्य

135. मानव जनन स्वास्थ्य परिभाषित होता है
(a) जनन हेतु शारीरिक स्वास्थ्य
(b) सम्पूर्ण स्वास्थ्य अर्थात् शारीरिक, भावनात्मक एवं सामाजिक रूप से स्वस्थ व्यक्तियों का समूह
(c) जनन हेतु सम्पूर्ण स्वास्थ्य अवस्था अर्थात् शारीरिक, भावनात्मक, व्यवहारात्मक तथा सामाजिक रूप से स्वस्थ व्यक्तियों का समूह
(d) यौन संचारित रोग मुक्त व्यक्तियों का समूह

136. मानव जनन स्वास्थ्य का उद्देश्य है
(a) जनन स्वास्थ्य
(b) व्यक्तिगत सम्बन्धों में सुधार
(c) यौन संचारित रोगों की देखभाल
(d) जनन एवं यौन संचारित रोगों की देखभाल, परामर्श द्वारा जीवन में सुधार

137. निम्नलिखित में से कौन मानव जनन सम्बन्धी समस्या है?
I. कम आयु में विवाह।
II. कम आयु में बारम्बार सन्तानोत्पत्ति।
III. यौन सम्बन्धी पहलुओं के सम्बन्ध में गलत धारणाएँ।
IV. जनन हेतु शारीरिक स्वास्थ्य, मानसिक स्वास्थ्य तथा सामाजिक स्वास्थ्य।
(a) I, II व III (b) I, III व IV
(c) II, III व IV (d) ये सभी

138. परिवार नियोजन कार्यक्रम प्रारम्भ कब किए किया गए/गया?
(a) 1952 में (b) 1960 में
(c) 1970 में (d) 1973 में

139. जनन एवं बाल स्वास्थ्य सेवा कार्यक्रम के सन्दर्भ में निम्न कथनों में से सत्य कथन छाँटिए।
I. इसकी शुरूआत सन् 1997 में हुई।
II. इसकी शुरूआत परिवार नियोजन कार्यक्रम के पहले हुई।
III. इसका लक्ष्य शिशु देखभाल व जनन नियन्त्रण हेतु सुविधा तथा प्रोत्साहन देना था।
(a) I व II (b) I व III
(c) II व III (d) ये सभी

140. आर सी एच (RCH) का विस्तृत रूप है
(a) जनन एवं बाल स्वास्थ्य सेवा कार्यक्रम
(b) बाल स्वास्थ्य सेवा कार्यक्रम
(c) जनन स्वास्थ्य सेवा कार्यक्रम
(d) उपरोक्त सभी

141. निम्नलिखित में से किस कार्य नीति को मानव जनन स्वास्थ्य में सम्मिलित किया गया है?
I. उल्बवेधन (एम्नियोसेन्टेसिस) पर प्रतिबन्ध।
II. गर्भ निरोधक विकल्पों तथा गर्भवती महिलाओं की देखभाल।
III. जनसंख्या वृद्धि से होने वाली समस्याओं के सम्बन्ध में जागरुकता।
कूट
(a) I व II (b) I व III
(c) II व III (d) ये सभी

142. आवधिक संयम से सम्बन्धित है
(a) लैंगिक संसर्ग से बचाव
(b) स्खलन से ठीक पहले पुरुष द्वारा लिंग को स्त्री की योनि से हटाना
(c) अण्डोत्सर्ग प्रावस्था में लैंगिक संसर्ग से बचाव
(d) उपरोक्त सभी

143. प्रसव उपरान्त स्त्री द्वारा शिशु को भरपूर स्तनपान कराने के दौरान अण्डोत्सर्ग तथा आर्तव चक्र प्रारम्भ ही नहीं होता है। परिवार नियोजन की यह विधि है
(a) सार्वधिक संयम (b) लैक्टेशन एमेनोरिया
(c) योनिधानी (d) ये सभी

144. भारतीय पुरुषों द्वारा सबसे अधिक प्रयोग किया जाने वाला गर्भ निरोधक उपाय है
(a) आवधिक संयम (b) बाह्य स्खलन
(c) कण्डोम (d) ये सभी

145. कण्डोम प्रयोग किए जाने के मुख्य लाभ है/सम्बन्धित है
(a) सस्ता एवं सुलभ
(b) प्रयोग करने में सरल
(c) यौन संचारित रोगों के संचरण में बाधक
(d) उपरोक्त सभी

146. कण्डोम प्रयोग से सम्बन्धित हानि क्या है?
(a) प्रयोग के दौरान फटने की सम्भावना
(b) महँगा उपाय
(c) प्रयोग में जटिल
(d) उपरोक्त सभी

147. निम्न में से कौन-सा गर्भ निरोधक साधन योनि में जल या नमी से सम्पर्क होने पर सघन झाग उत्पन्न करता है, जिसमें उलझकर शुक्राणुओं की गति कम हो जाती है?
(a) कण्डोम (b) नॉनाक्सिनॉल-9
(c) नॉनाक्सिनॉल-12 (d) कॉपर-T

148. रसायन जो शुक्राणुओं को नष्ट करता है
(a) स्पर्मेटिसाइड (b) बीटासाइड
(c) ऑक्सीटॉक्सिन (d) इनमें से कोई नहीं

149. शुक्राणुनाशक जो सामान्यतया गर्भाधान में बाधा उत्पन्न करते हैं
(a) फोम (b) क्रीम (c) जैली (d) ये सभी

150. निम्नलिखित में जन्म दर को नियन्त्रित करने वाले अवरोध साधन हैं
(a) बाह्य स्खलन (b) नर एवं मादा कण्डोम
(c) शुक्राणुनाशी, ग्रीवाटोपी वाल्ट (d) दोनों (b) व (c)

151. यह जनसंख्या नियन्त्रण की विधि है
(a) IUD (b) GIFT (c) HTF (d) IVF-ET

152. IUD का विस्तृत रूप है
(a) अन्तःगर्भाशयी विधि (b) अन्तरा गर्भाशयी विधि
(c) अन्तःगर्भाशयी रोग (d) ये सभी

153. IUD निर्मित होती है
(a) ताँबा की (b) प्लास्टिक की
(c) इस्पातीय स्टील की (d) ये सभी

154. कॉपर-T संदमन करती है
(a) अण्डोत्सर्जन (b) अण्डाणु निषेचन
(c) अनियमित रुधिर स्राव (d) इनमें से कोई नहीं

155. IUDs की क्रियाविधि के सन्दर्भ में निम्न कथनों में से सत्य कथन छाँटिए।
I. ये कॉपर आयन मोचित होने के कारण शुक्राणुओं की भक्षकाणु क्रिया बढ़ा देती है।
II. शुक्राणुओं की गतिशीलता व निषेचन क्षमता कम हो जाती है।
III. गर्भाशय को भ्रूण रोपण हेतु अनुपयुक्त बनाते हैं।
(a) I व II (b) I व III (c) II व III (d) ये सभी

156. IUDs के कार्य है
(a) शुक्राणुओं की भक्षकाणु क्रिया बढ़ाते हैं
(b) शुक्राणु की गतिशीलता कम करते हैं
(c) निषेचन क्षमता को कम करते हैं
(d) उपरोक्त सभी

157. IUDs से सम्बन्धित हानियाँ है
(a) निवेशन या निकालते समय वेदना हो सकती है
(b) गर्भाशय में फँस सकती है
(c) अपने आप बाहर निकल सकती है
(d) उपरोक्त सभी

158. गर्भ निरोधक गोलियाँ किसके संयोग से बनती है?
(a) एस्ट्रोजन एवं टेस्टोस्टीरॉन (b) एस्ट्रोजन एवं प्रोजेस्टेरॉन
(c) प्रोजेस्टेरॉन एवं टेस्टोस्टीरॉन (d) एस्ट्रोजन एवं एल एच

159. मुखीय गर्भ निरोधक गोली जन्म नियन्त्रण में किस प्रकार मदद करती है?
(a) अण्डाणु को मारकर
(b) अण्डोत्सर्ग को रोककर
(c) शुक्राणु और अण्डाणु के बीच रोधक बनकर
(d) शुक्राणु को मारकर

160. मुखीय गर्भ निरोधक गोलियों का सेवन किया जाता है
(a) आर्तव चक्र के प्रथम दिन से 21वें दिन तक
(b) आर्तव चक्र के समय
(c) आर्तव चक्र के 7 दिन पश्चात्
(d) उपरोक्त सभी

161. मुखीय गर्भ निरोधक गोलियों के दुष्प्रभाव हो सकते हैं
(a) मिचली, सिर दर्द
(b) अन्तःमासिक रुधिर स्राव
(c) उच्च रक्तचाप, स्तनों का ढीलापन तथा दर्द होना
(d) उपरोक्त सभी

162. जनन वाहिनियों को किसी स्थान पर काटकर या बाँधकर जनदों से युग्मक कोशिकाओं के मार्ग को अवरुद्ध किया जाता है, यह प्रक्रिया कहलाती है
(a) नसबन्दी (b) IUD
(c) लैक्टेशन एमेनोरिया (d) आवधिक संयम

163. नर मानव से सम्बन्ध दर्शाने वाली गर्भ निरोधक की वैज्ञानिक विधि है
(a) गोलियाँ (b) वैसेक्टॉमी
(c) ट्यूबैक्टॉमी (d) इनमें से कोई नहीं

164. जब प्रोजेस्ट्रोजन या इसका एस्ट्रोजन के साथ संयुक्त रूप से टीका किया जा सकता है, कहलाता है
(a) बन्ध्याकरण (b) अन्तर्रोपण
(c) निक्षेपण (d) दोनों (b) व (c)

165. महिलाओं में जन्म नियन्त्रण का स्थायी उपाय है
(a) मुखीय गर्भ निरोधक गोलियाँ (b) IUD
(c) ट्यूबैक्टॉमी (d) ये सभी

166. निम्न में से किस विधि में पुरुषों में वृषणकोष के ऊपरी भाग में शुक्रवाहिकाओं को काटकर सिरों को बाँध दिया जाता है?
(a) ट्यूबैक्टॉमी (b) वैसेक्टॉमी
(c) नसबन्दी (d) अन्तर्रोप

167. निम्न में से किस प्रक्रिया में स्त्रियों के उदर में छोटा-सा चीरा लगाकर या योनि द्वारा डिम्बवाहिनी नली का छोटा-सा भाग निकालकर बाँध दिया जाता है?
(a) ट्यूबैक्टॉमी (b) नसबन्दी (c) वैसेक्टॉमी (d) अन्तर्रोप

168. निम्न में से कौन-सा चित्र ट्यूबैक्टॉमी विधि को दर्शा रहा है?

A B

(a) केवल A (b) केवल B
(c) दोनों A व B (d) इनमें से कोई नहीं

169. निम्न में से सर्वाधिक भरोसेमन्द परिवार नियोजन विधि कौन-सी है?
(a) आवधिक संयम (b) अन्तरित मैथुन
(c) झाग वाली गोलियाँ (d) नसबन्दी

170. सगर्भता चिकित्सीय समापन का कानूनी प्रावधान अस्तित्व में आया
(a) 1961 (b) 1970
(c) 1971 (d) 1962

171. सगर्भता समापन को सुरक्षित समझा जाता है
(a) गर्भधारण के 4वें सप्ताह तक (b) गर्भधारण के 7वें सप्ताह तक
(c) गर्भधारण के 9-12 सप्ताह तक (d) गर्भधारण के 14वें सप्ताह तक

172. शब्द MTP का विस्तृत रूप है
(a) मेडिकल टर्मीनेशन ऑफ प्रिग्नेन्सी
(b) मेडिकल ट्रीटमेन्ट ऑफ प्रिग्नेन्सी
(c) मेडिकल ट्रीटमेन्ट ऑफ प्यूबर्टी
(d) उपरोक्त सभी

173. जन्म से पूर्व भ्रूण में अनियमितताओं की जाँच की जा सकती है
(a) एम्नियोसेन्टेसिस द्वारा (b) MRI द्वारा
(c) NMRI द्वारा (d) अल्ट्रासाउण्ड द्वारा

174. एम्नियोसेन्टेसिस के बारे में क्या सही है?
(a) गर्भाशयी जाँच
(b) गुणसूत्र का अध्ययन और उसकी विषमता की पहचान
(c) गर्भवती की रासायनिक जाँच
(d) एलेन्टोइक द्रव निकालना

175. शब्द एस टी डी (STD) का विस्तृत रूप है
(a) यौन संचारित रोग (b) लैंगिक संचरण रोग
(c) दोनों (a) व (b) (d) लैंगिक संचारित विधि

176. I. यह रोग जीवाणु *ट्रिपोनीमा पेलिडम* द्वारा होता है।
II. गर्भ स्त्रियों में भ्रूण हेतु घातक रोग है।
III. उपचार हेतु ट्रेटासाइक्लिन व पेनिसिलिन दवाओं का प्रयोग होता है।

उपरोक्त कथनों से सम्बन्धित रोग है
(a) *क्लैमाइडिया* (b) सुजाक
(c) उपदंश (d) ट्राइकोमोनसता

177. उपदंश नामक रोग के लक्षण है
(a) ज्वर, लसिका गाँठों में सूजन
(b) त्वचा पर चेचक के समान उभार
(c) रुधिर परिसंचरण व तन्त्रिका तन्त्र में गिल्टियों का निर्माण
(d) उपरोक्त सभी

178. जरण या वयता वर्णक है
(a) बिलिरूबिन (b) लाइपोफ्यूसिन
(c) बिलिवर्डिन (d) ये सभी

179. वृद्ध व्यक्ति की अस्थियाँ भंगुर हो जाती हैं क्योंकि इसमें संग्रह होता है
(a) मैग्नीशियम का (b) फॉस्फोरस का
(c) कैल्शियम का (d) इनमें से कोई नहीं

180. जरण के दौरान होता है
(a) कोशाओं के आयतन में कमी आना
(b) योजि ऊतक में कोलेजन मात्रा में वृद्धि
(c) अधिकांश योजि ऊतक में म्यूकोपॉलीसैकेराइड में वृद्धि
(d) दोनों (a) व (b)

181. जीर्णता के दौरान राइबोसोम की संख्या
(a) कम होती जाती है
(b) बढ़ती जाती है
(c) पहले कम तथा बाद में बढ़ती जाती है
(d) पहले बढ़ती है तथा बाद में घटती जाती है

182. निम्न में से किस सिद्धान्त के अनुसार शरीर में प्रतिरोध घटने के साथ-साथ जरण होता है?
(a) कोलेजन सिद्धान्त (b) प्रतिरक्षा सिद्धान्त
(c) अपशिष्ट पदार्थ सिद्धान्त (d) जरण वर्णक सिद्धान्त

183. प्रतिरक्षा सिद्धान्त के अनुसार जरण किसके विलोपन के साथ आरम्भ होता है?
(a) थाइमस (b) थायरॉइड
(c) पैराथायरॉइड (d) लैंगरहैन्स के द्वीप समूह

184. IVF है
(a) जनन रोकने का उपाय (b) सहायक जनन प्रौद्योगिकी
(c) प्रजनन विधि (d) उपरोक्त में से कोई नहीं

185. GIFT में क्या होता है?
(a) युग्मनज का स्थानान्तरण फैलोपियन नलिका में
(b) भ्रूण का स्थानान्तरण गर्भाशय में
(c) शुक्राणु और अण्डाणु के मिश्रण का स्थानान्तरण गर्भाशय में
(d) शुक्राणु और अण्डाणु के मिश्रण का स्थानान्तरण फैलोपियन नलिका में

186. सहायक जनन प्रौद्योगिकी के अन्तर्गत आने वाली तकनीक है
(a) IVF (b) ZIFT (c) GIFT (d) ये सभी

187. *इन विट्रो* फर्टिलाइजेशन (IVF) तकनीक के अन्तर्गत
(a) डिम्बवाहिनी से युग्मनज का संवर्धन किया जाता है
(b) अण्डाणु की प्राप्ति के पश्चात् प्रयोगशाला में निषेचन तत्पश्चात् प्रत्यारोपण
(c) अण्डाणु तथा शुक्राणु का संयुग्मन तथा युग्मनज का परिवर्धन
(d) अण्डाणु तथा शुक्राणु का अन्तःनिषेचन तथा परखनली में परिवर्धन

188. IVF तकनीक के अन्तर्गत 82 कोरकखण्डों से अधिक युक्त भ्रूण का गर्भाशय में प्रत्यारोपण कहलाता है
(a) ZIFT (b) IUT
(c) IUD (d) IVF

189. ट्यूबैक्टॉमी बन्ध्यकरण की एक विधि है जिसमें
(a) डिम्बवाहिनी नली का छोटा भाग निकाल या बाँध दिया जाता है
(b) अण्डाशय को शल्यक्रिया विधि से निकाल दिया जाता है
(c) शुक्रवाहक का छोटा भाग निकाल दिया जाता है या बाँध दिया जाता है
(d) गर्भाशय शल्यक्रिया विधि द्वारा निकाल दिया जाता है

190. निम्नलिखित में से कौन एक हॉर्मोन मोचित करने वाली इन्ट्रायूटेराइन युक्ति (IUD) है?
(a) मल्टीलोड-375 (b) LNG-20
(c) ग्रीवा टोपी (d) वाल्ट

191. सहायक जनक प्रौद्योगिकी, IVF के अन्तर्गत किसका स्थानान्तरण होता है?
(a) अण्डाणु का फैलोपियन नलिका में
(b) युग्मजन का फैलोपियन नलिका में
(c) युग्मजन का गर्भाशय में
(d) 16 कोरक खण्डों वाले भ्रूण का फैलोपियन नलिका में

192. जन्म से पूर्व रोग लक्षण तकनीक एम्नियोसेन्टेसिस में विकसित होते भ्रूण में गुणसूत्रीय तथा आनुवंशिक विकारों की जाँच के लिए किसका प्रयोग किया जाता है?
(a) एम्नियोटिक द्रव का
(b) कोरियोनिक द्रव का
(c) एम्नियोटिक द्रव में उपस्थित कुछ भ्रूणीय कोशाओं का
(d) दोनों (a) व (c) का

193. कृत्रिम गर्भाधारण से तात्पर्य है
(a) एक परखनली में स्थित अण्डज में एक स्वस्थ दाता के शुक्राणु का स्थानान्तरण
(b) एक परखनली में स्थित अण्डज में पति के शुक्राणु का स्थानान्तरण
(c) योनि में एक स्वस्थ व्यक्ति के शुक्राणु का कृत्रिम रूप से प्रवेश
(d) एक स्वस्थ व्यक्ति के शुक्राणु का अण्डाशय में सीधे प्रवेश

194. परखनली शिशु कार्यक्रम के अन्तर्गत किस तकनीक का प्रयोग किया जाता है?
(a) इन्ट्रासाइटोप्लाज्मिक स्पर्म इन्जेक्शन (ICSI)
(b) इन्ट्रायूटेराइन इनसेमीनेशन (IUI)
(c) गैमीट इन्ट्राफैलोपियन ट्रान्सफर (GIFT)
(d) जाइगोट इन्ट्राफैलोपियन ट्रान्सफर (ZIFT)

195. परखनली शिशु से तात्पर्य ऐसे शिशु से है, जो विकसित होता है
(a) बाह्य निषेचित अण्डाणु के गर्भाशय में रोपण द्वारा
(b) अनिषेचित अण्डाणु द्वारा
(c) परखनली के भीतर
(d) ऊतक संवर्धन विधि द्वारा

196. गर्भावस्था के कितने सप्ताह तक चिकित्सकीय गर्भवस्था समापन (MTP) को सुरक्षित माना जाता है?
(a) 12 सप्ताह तक
(b) 18 सप्ताह तक
(c) 6 सप्ताह तक
(d) 8 सप्ताह तक

197. ZIFT तकनीक के द्वारा किया जाता है
(a) युग्मनज का फैलोपियन नलिकाओं में स्थानान्तरण
(b) भ्रूण का गर्भाशय में स्थानान्तरण
(c) शुक्राणुओं तथा अण्डाणुओं के मिश्रण का फैलोपियन नलिकाओं में स्थानान्तरण
(d) शुक्राणुओं तथा अण्डाणुओं के मिश्रण का गर्भाशय में स्थानान्तरण

198. *अन्तःपात्रे* निषेचन की तकनीक के अन्तर्गत निम्नलिखित में से किसका स्थानान्तरण फैलोपियन नलिका में किया जाता है?
(a) केवल भ्रूण का, 8-कोशिकीय अवस्था तक
(b) युग्मनज अथवा 8-कोशिकीय अवस्था तक के प्राक्भ्रूण का
(c) 32-कोशिकीय अवस्था के भ्रूण का
(d) केवल युग्मनज का

199. एम्नियोसेन्टेसिस की तकनीक का अनुमोदित उपयोग है
(a) अजन्म गर्भ के लिंग की जाँच
(b) कृत्रिम वीर्यसेचन
(c) सेरोगेट माता के गर्भाशय में भ्रूण का स्थानान्तरण
(d) आनुवंशिक असामान्यता की जाँच

उत्तरमाला

1.	(c)	2.	(d)	3.	(a)	4.	(d)	5.	(c)	6.	(d)	7.	(c)	8.	(a)	9.	(a)	10.	(b)
11.	(b)	12.	(c)	13.	(d)	14.	(a)	15.	(a)	16.	(a)	17.	(d)	18.	(a)	19.	(a)	20.	(b)
21.	(a)	22.	(c)	23.	(a)	24.	(a)	25.	(c)	26.	(c)	27.	(b)	28.	(c)	29.	(d)	30.	(a)
31.	(a)	32.	(a)	33.	(b)	34.	(a)	35.	(a)	36	(b)	37.	(c)	38.	(b)	39.	(a)	40.	(b)
41.	(b)	42.	(b)	43.	(c)	44.	(d)	45.	(b)	46.	(c)	47.	(d)	48.	(c)	49.	(c)	50.	(d)
51.	(a)	52.	(b)	53.	(d)	54.	(d)	55.	(c)	56.	(c)	57.	(d)	58.	(a)	59.	(b)	60.	(a)
61.	(a)	62.	(c)	63.	(c)	64.	(a)	65.	(c)	66.	(c)	67.	(b)	68.	(b)	69.	(d)	70.	(c)
71.	(a)	72.	(b)	73.	(c)	74.	(d)	75.	(c)	76.	(c)	77.	(b)	78.	(a)	79.	(a)	80.	(c)
81.	(b)	82.	(a)	83.	(d)	84.	(b)	85.	(b)	86.	(a)	87.	(d)	88.	(c)	89.	(a)	90.	(c)
91.	(d)	92.	(d)	93.	(d)	94.	(d)	95.	(d)	96.	(a)	97.	(a)	98.	(a)	99.	(b)	100.	(c)
101.	(c)	102.	(c)	103.	(a)	104.	(c)	105.	(c)	106.	(c)	107	(b)	108.	(a)	109.	(d)	110.	(d)
111.	(d)	112.	(c)	113.	(b)	114.	(d)	115.	(d)	116.	(b)	117.	(b)	118.	(a)	119.	(c)	120.	(d)
121.	(a)	122.	(c)	123.	(a)	124.	(d)	125.	(a)	126.	(d)	127.	(d)	128.	(d)	129.	(c)	130.	(c)
131.	(b)	132.	(d)	133.	(b)	134.	(a)	135.	(b)	136.	(d)	137.	(a)	138.	(d)	139.	(b)	140.	(a)
141.	(d)	142.	(c)	143.	(b)	144.	(c)	145.	(d)	146.	(a)	147.	(b)	148.	(a)	149.	(d)	150.	(d)
151.	(a)	152.	(a)	153.	(d)	154.	(b)	155.	(d)	156.	(d)	157.	(d)	158.	(b)	159.	(b)	160.	(a)
161.	(d)	162.	(a)	163.	(b)	164.	(d)	165.	(c)	166.	(b)	167.	(a)	168.	(b)	169.	(d)	170.	(c)
171.	(c)	172.	(a)	173.	(a)	174.	(b)	175.	(c)	176.	(c)	177.	(d)	178.	(b)	179.	(c)	180.	(d)
181.	(a)	182.	(a)	183.	(c)	184.	(b)	185.	(d)	186.	(d)	187.	(b)	188.	(b)	189.	(a)	190.	(b)
191.	(b)	192.	(d)	193.	(c)	194.	(d)	195.	(a)	196.	(a)	197.	(a)	198.	(b)	199.	(d)		

उत्तर व्याख्या सहित

1. *(c)* रिलैक्सिन हॉर्मोन पैल्विक लिगामेण्ट को शिथिल करके योनि मार्ग की चौड़ाई बढ़ा देता है, जिससे यह शिशु के जन्म में सहायता करता है।

2. *(d)* वृषण, उदर गुहा के बाहर एक थैली में स्थित होते हैं, जिसे वृषणकोष कहते हैं।

3. *(a)* वृषणकोष, वृषण का तापमान बनाए रखते हैं, जो शरीर के तापमान से 2-2.5°C कम होता है, यह शुक्रजनन के लिए आवश्यक है।

4. *(d)* वृषण पालिकाओं में 1-3 शुक्रजनन नलिकाएँ होती हैं, जिनमें शुक्राणु उत्पन्न होते हैं।

5. *(c)* शुक्रजनन नलिकाओं का भीतरी भाग नर जनन कोशिकाओं और सर्टोली कोशिकाओं से आवरित रहता है।

6. *(d)* सर्टोली कोशिकाएँ, शुक्रजनन नलिकाओं के भीतर स्थित रहती हैं और शुक्राणु को पोषण प्रदान करती हैं।

7. *(c)* शुक्रजनन नलिकाओं के बाहरी क्षेत्र को अन्तराली अवकाश (Interstitial space) कहते हैं, जो अन्तराली कोशिकाओं या लीडिग कोशिकाओं से आसरित रहता है।

लीडिग कोशिकाएँ टेस्टोस्टेरॉन स्रावित करती हैं तथा वृषण का अन्तःस्रावी ग्रन्थि भाग भी कहलाती हैं।

9. *(a)* मानव नर में, मूत्रमार्ग मूत्राशय से मूत्र के निष्कासन को भी मार्ग प्रदान करता है। इसलिए इसे मूत्रजनन नलिका कहते हैं। नर में, यह लगभग 8 इंच (20 सेमी) लम्बा होता है और शिश्न के छोर पर खुलता है।

10. *(b)* अण्डाशय के निकट फैलोपियन नलिका का भाग कीपाकार कीपक (इन्फण्डीबुलम) होता है, जो अण्डोत्सर्ग के पश्चात् अण्ड को ग्रहण करने में सहायता करता है।

11. *(b)* तुम्बिका अण्डवाहिनी का सबसे चौड़ा भाग है।

12. *(c)* ग्रीवा गर्भाशय का भाग है, जो योनि में खुलता है। गर्भाशय ग्रीवा की गुहा गर्भाशय नाल कहलाती है।

13. *(d)* गर्भाशय पेशीस्तर (Myometrium) गर्भाशय का पेशीय स्तर है, जो प्रसव के समय उग्र/तेज संकुचन दर्शाता है। गर्भाशय का अन्तःस्तर (Endometrium) ग्रन्थिय स्तर है।

14. *(a)* ग्रन्थिय ऊतक प्रत्येक स्तन में 15-20 खण्डों से मिलकर बना होता है। प्रत्येक खण्ड अनेक छोटे खण्डों से मिलकर बना होता है।

15. *(a)* चूचुक के समीप स्तन नलिका फैलकर स्तन तुम्बिका बनाती है, जहाँ दुग्ध नली में जाने से पहले कुछ दुग्ध संग्रहित किया जा सकता है।

16. *(a)* **आर्तव चक्र** (Menstrual Cycle)

(i) बदलाव की लयबद्ध श्रेणी, जो मादा प्राइमेट्स (बन्दर, कपि तथा मनुष्य) के जनन अंगों में होती है, आर्तव चक्र कहलाती है।

(ii) यह 28/29 दिनों की अवधि के बाद दोहराया जाता है। किशोर अवस्था पर पहली बार रजोधर्म का दिखना रजोदर्शन (Menarche) कहलाता है।

17. *(d)* अण्डोत्सर्ग प्रावस्था में, LH तथा FSH मध्य चक्र के दौरान अपने उच्च स्तर को प्राप्त करते हैं। (लगभग 14 दिन)। LH का तीव्र स्रावण ग्राफियन पुटिका को फटने के लिए प्रेरित करता है, जिससे मानव में अण्ड (द्वितीयक अण्डक) मोचित (Release) होता है। यह अण्डोत्सर्ग (Ovulation) कहलाता है। वास्तव में LH का बढ़ा हुआ स्तर ही अण्डोत्सर्ग का कारण है।

18. *(a)* एस्ट्रोडिओल (Oestradiol) एक एस्ट्रोजन लिंग हॉर्मोन तथा प्राथमिक मादा लिंग हॉर्मोन है। इसका मुख्य कार्य जनन मार्ग को परिपक्व करना और बनाए रखना है।

19. *(a)* आर्तव चक्र (Menstrual cycle) प्रोजेस्टेरॉन की कमी के कारण होती है। प्रोजेस्टेरॉन पीत पिण्ड द्वारा स्रावित होता है और गर्भाशय अन्तःस्तर को बनाए रखने के लिए आवश्यक है। यह गर्भाशय अन्तःस्तर निषेचित अण्डाणु के अन्तःरोपण के लिए उत्तरदायी है अर्थात् संगर्भता।

20. *(b)* गर्भाशय अन्तःस्तर, एपिथीलियल (बाह्यत्वचा) ग्रन्थि तथा गर्भाशय के संयोजी ऊतक आर्तव चक्र की रजोधर्म प्रावस्था में टूट जाते हैं। यह प्रोजेस्टेरॉन हॉर्मोन की कमी के कारण होता है।

21. *(a)* यदि स्तनधारियों का अण्डाणु निषेचित होने में असफल हो जाता है, तब एस्ट्रोजन का स्तर कम नहीं होता। LH का स्तर बढ़ता है तथा अण्डाणु का मोचन (Release) होता है।

22. (c) स्पर्मेटोगोनिया/ऊगोनिया समसूत्री कोशिका विभाजन द्वारा उत्पन्न होते है, जबकि स्पर्मेटिड्स तथा अण्डा अर्द्धसूत्री कोशिका विभाजन के फलस्वरूप उत्पन्न होते हैं।

24. (a) प्राक् शुक्राणु (स्पर्मेटिड) का शुक्राणुओं में परिवर्तन अर्थात् कायान्तरित होकर परिपक्व शुक्राणुओं का निर्माण करना **शुक्रकायान्तरण** (स्पर्मेटोलियोसिस) कहलाता है।

29. *(d)* अम्बेलीकल कॉर्ड नलिकामय संयोग होता है, जो संयोजी ऊतक युक्त आच्छद से ढँका रहता है। यह भ्रूण को प्लेसेन्टा के कोरिऑन से जोड़ती है।

39. (a) कॉर्पस ल्यूटियम ग्राफियन या पुटिका फॉलिकल से बनने वाली रचना है तथा मेकुला ल्यूटिया रेटिना में पाया जाने वाला पीला बिन्दु है, जोकि कॉर्निया के विपरीत केन्द्र में स्थित है।

कॉपर्स ल्युटियम हल्की पीले रंग की काय होती है। यह एस्ट्रेडियोल हॉर्मोन की कम मात्रा एवं प्रोजेस्ट्रॉन हॉर्मोन की आवश्यक मात्रा स्रावित करती है। कॉपर्स ल्युटियम रिलैक्सिन हॉर्मोन का स्रावण भी करती है।

40. (b) ग्राफियन फॉलिकल से परिपक्व अण्डों का निकलना अण्डोत्सर्ग (Ovulation) कहलाता है।

41. (b) स्तनधारी जन्तुओं में कॉर्पस ल्यूटियम (पीली ग्रन्थि) का मुख्य कार्य, प्रोजेस्टेरॉन (गर्भधारण हॉर्मोन) का स्रावण है। एस्ट्रोजन हॉर्मोन अण्डाशय की ग्राफियन पुटिकाओं की थीका इन्टर्ना से स्रावित होता है, जबकि प्रोजेस्टेरॉन थीका के परिवर्तित रूप पीली ग्रन्थि (कॉर्पस ल्यूटियम) द्वारा स्रावित होता है। यह एक अस्थाई अन्तःस्रावी ग्रन्थि होती है।

43. (c) मानव (मादा) में लगभग 28 दिन का एक मासिक चक्र होता है, जिसमें 14-16 वें दिन के मध्य अण्डोत्सर्ग होता है।

46. (c) प्रोजेस्ट्रॉन हॉर्मोन का स्रावण मुख्यतया अण्डाशय की कॉर्पस ल्यूटियम द्वारा और कुछ मात्रा में प्लेसेन्टा द्वारा किया जाता है। इस हॉर्मोन का मुख्य कार्य भ्रूण के इम्प्लांटेशन और पोषण के लिए गर्भाशय के एण्डोमेट्रियम को तैयार करना है।

यह ओव्युलेशन और पिट्यूटरी ग्रन्थि द्वारा LH के स्रावण को रोकता है। गर्भावस्था के दौरान कॉर्पस ल्यूटियम द्वारा निरन्तर प्रोजेस्ट्रॉन का स्रावण किया जाता है। यदि अण्डाणु का निषेचन नहीं होता है, तो कॉर्पस ल्यूटियम के नष्ट होने से 28वें दिन रजोस्राव की शुरुआत हो जाती है और गर्भाशयी ऊतकों का ह्रास होने लगता है।

47. (*d*) ऑस्कर हर्टविग (1875) ने सी अर्चिन में शुक्राणु एवं अण्ड केन्द्रक के संलयन को वर्णित किया था।

49. (*c*) शुक्राणु अण्डे की भित्ति को अधिकांश जीवों में एक्रोसोम से निर्मित स्पर्म-लाइसिन की सहायता से भेदता है।

52. (*b*) स्तनियों में (शशक एवं मानव) अण्डाणु का निषेचन फैलोपियन नलिका या अण्डवाहिनी या यूटेराइन नलिका में होता है।

53. (*d*) परिपक्वन प्रावस्था के दौरान, प्राथमिक ऊसाइट मियोसिस-I के अन्तर्गत दो अगुणित कोशिकाओं (*n*) को उत्पन्न करती है पहली बड़ी द्वितीयक ऊसाइट एवं छोटी प्रथम ध्रुवीय काय होती है। द्वितीयक ध्रुवीय काय से कार्यात्मक अण्डा या ओवम का निर्माण द्वितीयक ऊसाइट के मियोसिस-II के परिणामस्वरूप होता है।

54. (*d*) निषेचन झिल्ली निषेचन की क्रिया में अण्डाणु में एक शुक्राणु के प्रवेश करने के बाद अन्य शुक्राणुओं के प्रवेश को अवरुद्ध कर देती हैं।

56. (*c*) निषेचन होने से अण्डा द्विगुणित (2*n*) हो जाता है एवं विकसित होकर भ्रूण बनाता है।

57. (*d*) शुक्राणु द्वारा बिना निषेचन के अण्डे का पूर्ण जीव में विकसित होना पार्थिनोजेनेसिस कहलाता है।

58. (*a*) हायलूरोनिडेस, कोरोना भेदक एन्जाइम एवं एक्रोसिन को सामूहिक रूप से शुक्राणु-लाइसिन कहते हैं। ये शुक्राणु के प्रवेश होने के बाद एक्रोसोमल क्रिया के दौरान एक्रोसोम से निकलते हैं।

61. (*a*) फर्टिलाइजिन एक रासायनिक स्राव पदार्थ है, जो परिपक्व अण्ड की बाह्यतम पर्त पर पाया जाता है। यह म्यूकोपॉलीसैकेराइड या ग्लाइकोप्रोटीन का बना होता है।

64. (*a*) विदलन को मेंढक में सर्वप्रथम स्वामर्डम ने (1738) देखा था।

65. (*c*) एल्ब्यूमिन (सरीसृपों एवं पक्षियों की कवचीय झिल्ली एवं सबसे बाह्य कैल्शियमी कवच) तृतीयक अण्ड झिल्ली का सबसे उपयुक्त उदाहरण है।

66. (*c*) टीलोलेसीथल अण्डे में योक वर्धी ध्रुव की ओर एकत्रित रहता है। कशेरुकियों के मीसोलेसीथल एवं मैक्रोलेसीथल अण्डे की तरह न्यूक्लियस एवं साइटोप्लाज्म के मुख्य भाग जन्तु ध्रुव की ओर खिसक जाते हैं।

68. (*b*) पक्षियों एवं दूसरे पॉलीलेसीथल अण्डे देने वाले जन्तुओं में विभाजन साइटोप्लाज्म के छोटे भाग एवं अण्डे के जन्तु ध्रुव के केन्द्रक तक सीमित रहता है अर्थात् अपूर्ण होता है। इस प्रकार का विदलन मीरोब्लास्टिक विदलन कहलाता है।

69. (*d*) होलोब्लास्टिक पूर्ण या पूर्ण विदलन में विदलन की प्रत्येक खाँच सम्पूर्ण अण्डे को विभाजित कर देती है। यह समान होलोब्लास्टिक या असमान होलोब्लास्टिक हो सकता है।

70. (*c*) माइक्रोलेसीथल या एलेसीथल अण्डे बहुत कम मात्रा में पीतयुक्त या पीतविहीन होते हैं; उदाहरण–स्टार फिश, *एम्फीऑक्सस*, यूथीरियन स्तनी (शशक एवं मानव)।

72. (*b*) सुपरफीशियल ब्लास्टुला को पेरीब्लास्टुला भी कहते हैं। यह मीरोब्लास्टिक सुपरफीशियल विदलन के द्वारा निर्मित होता है; उदाहरण–कीटों में सेन्ट्रोलेसीथल अण्डें से सुपरफीशियल ब्लास्टुला विकसित होता है। यह उपकला कोशिका की एकल पर्त द्वारा बनी होती है, जो मध्य में स्थित पीत को घेरे रहती है। इसमें कोई ब्लास्टोसील नहीं होती है।

74. (*d*) अण्डे देने वाले स्तनधारी प्रोटोथीरियन कहलाते हैं। इनके अण्डे पॉलीलेसीथल (उच्चपीतकी) प्रकार के होते हैं।

76. (*c*) सेन्ट्रोलेसीथल अण्डे में पीत मध्य में संग्रहित रहता है, जो चारों ओर से साइटोप्लाज्म द्वारा घिरा रहता है। आर्थ्रोपोड्स का मैक्रोलेसीथल अण्डा इसी प्रकार का होता है।

78. (*a*) भ्रूण की 16 कोशिकीय अवस्था को मोरूला कहते हैं। यह ब्लास्टुला के निर्माण से पहले व अण्डाणु के विदलन के परिणामस्वरूप निर्मित कोशिकाओं का समूह होता है।

79. (*a*) वान बेयर आधुनिक भ्रौणिकी के जनक कहलाते हैं। इन्होंने जीवों के भ्रूणीय परिवर्धन का नियम दिया था।

81. (*b*) खण्डित गुहा (Segmentation cavity) ब्लास्टोसील कहलाती है एवं इसका निर्माण ब्लास्टुला में होता है।

82. (*a*) निर्धारित विदलन केवल सम्पूर्ण भ्रूण को तभी उत्पन्न करता है जब सभी ब्लास्टोमियर एक-दूसरे के साथ हो। ब्लास्टोमियर में स्वयं की लाक्षणिक स्थिति होती है तथा इनका भविष्य अपरिवर्तित रहता है। यह मोजैक विकास भी कहलाता है; उदाहरण–निमैटोडा, मोलस्का।

84. (*b*) जीवों में भ्रूणीय विकृतियों का अध्ययन टेरेटोलॉजी कहलाता है।

86. (*a*) स्यूडोसीलोम चिरस्थाई ब्लास्टोसील होती है, जिसमें निश्चित मीजोडर्म आस्तर का अभाव होता है। यह ऐस्केहैल्मिन्थीज संघ में पायी जाती है।

87. (*d*) गर्भाशय की एण्डोमेट्रियम पर ब्लास्टोसिस्ट के जुड़ने की प्रक्रिया रोपण या इम्प्लाण्टेशन कहलाती है। इस अवस्था में ट्रोफोब्लास्ट द्वारा हॉर्मोन (ट्रोफोब्लास्ट की सिन्शाइटियोट्रोफोब्लास्ट की बाह्य परत से hCG) का स्रावण शुरू हो जाता है। इस हॉर्मोन की उपस्थिति यह प्रमाणित करती है। कि इम्प्लाण्टेशन हुआ है।

88. (*c*) 64-कोशिकाओं एवं एक गुहा ब्लास्टोसील युक्त भ्रूण **ब्लास्टोसिस्ट** कहलाता है। यह कोशिकाओं के एक बाह्य आवरण ट्रोफोब्लास्ट का बना होता है। ब्लास्टोसिस्ट का गर्भाशय की दीवार से जुड़ना **गर्भधारण** कहलाता है। यह निषेचन के 7 दिन बाद होता है। ब्लास्टोसिस्ट गर्भाशय के एण्डोमैट्रियम में एक छिद्र में फिट हो जाता है।

92. (*d*) ब्लास्टोसील में पोषक द्रव की मात्रा बढ़ जाती है, मोरुला लम्बा हो जाता है एवं सिस्ट के रूप में बदल जाता है, अब इसे ब्लास्टोसिस्ट कहते हैं; उदाहरण–मानव बन्दर। इसके गर्भाशय में रोपण के साथ ही गर्भावस्था प्रारम्भ हो जाती है।

93. (*d*) भ्रूण के विकास के सम्भावित क्षेत्र ब्लास्टुला में पाए जाते हैं, जो भ्रूण के भविष्य का नक्शा (Map) बनाते हैं। यह सभी विकसित जीवों में पाया जाता है।

98. (a) गैस्ट्रूला में तीन जननिक स्तर का निर्माण होता है। इनका निर्माण मॉर्फोजेनेटिक गति के द्वारा कोशिकाओं के समूह के ब्लास्टुला की सतह पर गति करने के द्वारा होता है।

107. (*b*) एलेन्टॉइस का वास्तविक कार्य मूत्राशय के समान होता है, जो बाद में पूर्णरूप से नष्ट हो जाती है।

108. (*a*) यूथीरियन स्तनियों में कोरिऑन एवं एलेन्टॉइस दोनों मिलकर प्लेसेन्टा का निर्माण करती है।

111. (*d*) प्रारम्भिक रुधिर कोशिका निर्माण के स्थल के रूप में कार्य करने के अतिरिक्त योक सैक मानव में अक्रियात्मक होता होता है।

112. (*c*) एलेन्टॉइस स्पेलंचनोप्लूर का अन्तर्वलन होता है, जो भ्रूण की पश्च ऑत से विकसित होती है।

113. (*b*) प्राइमेट के साथ मानव में केवल कोरिऑन झिल्ली अपरा का निर्माण करती है।

114. (*d*) प्लेसेन्टा का निर्माण एलेन्टोइस एवं कोरिऑन से होता है; उदाहरण–यूथीरियन स्तनी (शशक)।

115. (*d*) मनुष्य के प्लेसेन्टा में विलाई डिस्क के आकार की (Discoidal) गर्भाशय भित्ति से जुड़ी रहती है।

116. (*b*) कोरिऑन प्लेसेन्टा की बाहरी परत होती है, जो कि चयनात्मक पारगम्य होती है और दो हॉर्मोनों का स्रावण करती है।

(i) HCG (ह्यूमन कोरियोनिक गोनैडोट्रोपिन)

(ii) HCS (ह्यूमन कोरियोनिक सोमेटोमैमोट्रोपिन)

119. (c) प्लेसेन्टा सभी यूथीरियन स्तनियों में पाया जाता है।

122. (c) स्तनधारियों का भ्रूण माता से प्लेसेन्टा द्वारा जुड़ा होता है। यह प्लेसेन्टा के माध्यम से माता के गर्भ में पोषण तथा ऑक्सीजन प्राप्त करता है।

123. (*a*) ट्रोफोब्लास्ट से अपरा का निर्माण होता है, जो विकसित हो रही भ्रूण या प्लेसेण्टा को भोजन पहुँचाता है।

125. (*a*) मादा हाथी का गर्भकाल सर्वाधिक (लगभग 22 महीने) होता है।

126. (*d*) मानव का गर्भकाल लगभग 9 महीने या 36 सप्ताह होता है।

131. (*b*) माता द्वारा शिशु को जन्म देने की प्रक्रिया को **प्रसव** कहा जाता है। प्रसव की प्रक्रिया एक जटिल तन्त्रि अन्तःस्रावी क्रियाविधि द्वारा प्रेरित होती है। प्रसव हेतु संकेत, पूर्ण विकसित गर्भ तथा अपरा द्वारा उत्पन्न होते हैं, इसे **गर्भनिक्षेप प्रतिक्रिया** कहते हैं।

यह मातृ पिट्यूटरी से ऑक्सीटॉसिन के स्रावण को प्रेरित करता है। ऑक्सीटॉसिन शक्तिशाली गर्भाशयी संकुचनों को प्रेरित करता है, जो पुनः ऑक्सीटॉसिन के अधिक स्रावण को प्रेरित करते हैं। गर्भाशयी संकुचनों तथा ऑक्सीटॉसिन स्रावण के मध्य इस प्रकार की आवेग प्रतिक्रियाओं के कारण गर्भाशयी संकुचन अधिकाधिक शक्तिशाली होते जाते हैं। इसके कारण शिशु जन्म नलिका द्वारा गर्भाशय से बाहर आ जाता है, इसे ही प्रसव कहते हैं।

135. (*b*) मानव जनन स्वास्थ्य का अर्थ, 'जनन हेतु सम्पूर्ण स्वास्थ्य अवस्था अर्थात् शारीरिक, मानसिक, भावनात्मक, व्यवहारात्मक तथा सामाजिक रूप से स्वस्थ व्यक्तियों का समूह। जनन स्वास्थ्य का अभिप्राय केवल बीमारियों की अनुपस्थिति नहीं है, बल्कि इसका तात्पर्य जनन स्वास्थ्य की अवस्थाओं से है, जिसमें व्यक्ति शारीरिक, मानसिक तथा सामाजिक रूप से जनन योग्य है।

139. (*b*) जनन एवं बाल स्वास्थ्य सेवा कार्यक्रम की शुरूआत सन् 1997 में हुई। इस कार्यक्रम का प्रमुख उद्देश्य नवजात शिशुओं की देखभाल एवं जनन नियन्त्रण के प्रयासों को प्रोत्साहन देना था। इसके अतिरिक्त, परिवार नियोजन कार्यक्रम का प्रारम्भ सन् 1952 में हुआ।

140. (*a*) आर सी एच (RCH) का विस्तृत रूप है, जनन एवं बाल स्वास्थ्य सेवा कार्यक्रम। इस कार्यक्रम का उद्देश्य, नवजात बच्चों के स्वास्थ्य की देख भाल करना तथा माता-पिता के जनन स्वास्थ्य सम्बन्धी बीमारियों एवं समस्याओं पर रोक लगाकर उनके निरोधन का प्रयास करना है। इस कार्यक्रम के द्वारा बाल मृत्यु दर में कमी तथा शारीरिक एवं मानसिक रूप से स्वस्थ समाज का निर्माण किया जा सकता है।

142. (*c*) आवधिक संयम के अन्तर्गत, अण्डोत्सर्ग प्रावस्था में लैंगिक संसर्ग से बचाव किया जाता है। इस प्रक्रिया में लैंगिक संसर्ग के लिए उचित समय रजोधर्म के एक सप्ताह पूर्व तथा एक सप्ताह बाद तक होता है। यह जनसंख्या नियन्त्रण की अस्थायी एवं सबसे कम कारगर विधि है।

145. (*d*) कण्डोम को एक गर्भ निरोधक संसाधन के रूप में प्रयुक्त किए जाने के विभिन्न लाभ हैं कुछ लाभ निम्नलिखित हैं

(i) जनसंख्या नियन्त्रण में सहायक

(ii) यौन संचारित रोगों के संचरण का नियन्त्रण

(iii) प्रयोग करने की सरल विधि

(iv) अस्थायी विधि

(v) अत्यधिक कम असफलता अनुपात

उपरोक्त लाभों के अतिरिक्त कण्डोम आसानी से उपलब्ध होते हैं तथा इनके उपयोग पूर्व डॉक्टरी सलाह आवश्यक नहीं है।

147. (*b*) नॉनाक्सिनॉल-9, एक महत्त्वपूर्ण गर्भ निरोधक साधन है, जो योनि में जल या नमी होने पर झाग उत्पन्न करता है तथा शुक्राणुओं की गति को धीमा करता है। कण्डोम नर अथवा मादा में प्रयुक्त होने वाले गर्भ निरोधक संसाधन है, जिसमें एक प्लास्टिक झिल्ली के द्वारा नर एवं मादा जननांगों को ढका जाता है। कॉपर-ऊ, कॉपर विमोचक संसाधन है, जो मादा योनि में लगाए जाते हैं तथा इनके द्वारा शुक्राणुओं के प्रवेश को रोका जाता है। इसके अतिरिक्त ये शुक्राणुनाशी भी होते हैं।

149. (*d*) फोम, क्रीम तथा जैली, ऐसे शुक्राणुनाशक हैं जो सामान्यतया गर्भाधान में बाधा उत्पन्न करते हैं। ये शुक्राणुओं का भक्षण कर उन्हें निष्क्रिय कर देते हैं। इन संसाधनों को योनि के आस-पास लगा देने से संसर्ग के दौरान स्खलित शुक्राणुओं की गति एवं निषेचन क्षमता भी घट जाती है।

155. (*d*) अन्तःगर्भाशयी विधियाँ (IUDs), कॉपर आयन विमोचित करने वाले संसाधन होते हैं, जो इन आयनों के कारण शुक्राणुओं की भक्षकाणु क्रिया बढ़ा देते हैं। इनके द्वारा शुक्राणुओं की गतिशीलता तथा निषेचन क्षमता में भी कमी आती है तथा इनके द्वारा गर्भाशय की दीवारों में परिवर्तन किए जाने के कारण ये भ्रूण रोपण हेतु अनुपयुक्त हो जाता है।

159. (*b*) मुखीय गर्भ निरोधक गोलियों द्वारा जनसंख्या नियन्त्रण में भूमिका, अण्डोत्सर्ग को रोककर निभाई जाती है। प्रोजेस्टेरॉन अथवा एस्ट्रोजन की उपस्थिति के कारण ये गोलियाँ मासिक चक्र के हॉर्मोनीय सन्तुलन को परिवर्तित कर देती हैं जिसके कारण अण्डोत्सर्ग के समय में परिवर्तन हो जाता है तथा गर्भधारण की सम्भावनाएँ कम हो जाती हैं। शुक्राणुओं एवं अण्डाणुओं के मध्य रोधक का कार्य कण्डोम एवं अन्तःगर्भाशयी विधियों द्वारा किया जाता है।

161. (*d*) मुखीय गर्भ निरोधक गोलियों के निम्नलिखित दुष्प्रभाव हो सकते हैं

(i) मिचली, सिर दर्द

(ii) अन्तः मासिक रुधिर स्राव

(iii) उच्च रक्त चाप, स्तनों का ढीलापन, आदि।

हॉर्मोनीय असन्तुलन के कारण कुछ महिलाओं में ये लक्षण दिखाई देते हैं जबकि कुछ में इनका सामान्य प्रभाव होता है।

170. (*c*) सगर्भता चिकित्सीय समापन (MTP) का कानूनी प्रावधान 1971 में अस्तित्व में आया। यदि भ्रूण किसी स्थायी एवं जननिक स्वास्थ्य समस्या से ग्रस्त है अथवा गर्भधारण के कारण माता या बच्चे को जीवन क्षति का खतरा हो, तो इस प्रावधान के आधार पर प्रथम तिमाही में (अथवा 9-12वें सप्ताह तक) गर्भ समाप्न कराया जा सकता है।

173. (*a*) जन्म से पूर्व भ्रूण में गुणसूत्रीय अनियमितताओं की जाँच उल्बवेधन द्वारा की जा सकती है। इस प्रक्रिया के अन्तर्गत, भ्रूणीय द्रव को विशिष्ट उपकरण द्वारा बाहर निकाला जा सकता है।

इस द्रव में कुछ भ्रूणीय कोशिकाएँ पायी जाती हैं, जिनके विश्लेषण के द्वारा भ्रूण के जननिक संघटन का पता लगाया जा सकता है। MRI तथा अल्ट्रासाउण्ड के द्वारा शरीर में सामान्य रोगों का पता लगाया जा सकता है।

178. *(b)* मनुष्यों में जरण या वयता वर्णक लाइपोफ्यूसिन होता है। यह वर्णक वसा के ऑक्सीकरण से उत्पन्न होता है तथा इनके जमाव से उत्सर्जी तन्त्र पर प्रतिकूल प्रभाव पड़ता है एवं यह निष्क्रिय होकर विभिन्न शारीरिक विकारों को जन्म देता है।

184. *(b)* IVF एक सहायक जनन प्रौद्योगिकी है। *स्व पात्रे* निषेचन में प्रयोगशाला में पत्नी (दाता स्त्री) के अण्डाणु तथा पति (दाता पुरुष) से प्राप्त किए गए शुक्राणुओं को एकत्र कर अनुरूपी परिस्थितियों (simulated conditions) में युग्मनज निर्माण के लिए प्रेरित किया जा सकता है। जब इस युग्मनज में आठ कोशिकाओं का निर्माण होता है तब इस भ्रूण को एक स्वस्थ मादा जो गर्भधारण के लिए तैयार हो, उसकी फैलोपियन नलिकाओं में स्थानान्तरित कर दिया जाता है।

188. *(b)* *स्व पात्रे* निषेचन तकनीक के अन्तर्गत 8-कोरकखण्डों से अधिक युक्त भ्रूण का गर्भाशय में प्रत्यारोपण, आइ यू टी (IUT) कहलाता है। अन्तःगर्भाशयी स्थानान्तरण (IUT) हमेशा ही ऐसी महिला में कराया जाता है, जिसमें गर्भधारण की क्षमता हो ऐसी महिलाओं को **संग्राहक मादाएँ** कहते हैं।

189. *(a)* टयूबैक्टॉमी मानव स्त्री में बन्ध्यकरण की स्थायी विधि है। इस स्थायी विधि में डिम्बवाहिनी का छोटा भाग निकाल दिया जाता है। इसको अच्छी तरह बाँध दिया जाता है। यह अण्डविसर्जन को बाधित कर देता है।

190. *(b)* LNG-20 (लेवोनोगेस्ट्रियल 20 मिग्रा प्रतिदिन) एवं मल्टीलोड-375 दोनों गर्भ निरोधक अन्तरा गर्भाशय विधि है। मल्टीलोड कॉपर मोचक अन्तरा गर्भाशय विधि, जबकि LNG-20 हॉर्मोन मोचक गर्भ निरोधक अन्तरा गर्भाशय उपाय है जबकि ग्रीवा टोपी तथा वाल्ट टोपी अवरोध प्रकार के गर्भ निरोधक उपाय है।

191. *(b)* *बाह्य पात्रे* निषेचन के अन्तर्गत, निषेचन माँ के गर्भाशय से बाहर परखनली में होता है। सहायक जनन प्रौद्योगिकी यह तकनीक निसन्तान दम्पतियों के लिए वरदान है। इस तकनीक में युग्मनज (जाइगोट) या 8-कोशायुक्त भ्रूण का डिम्बवाहिनी (फैलोपियन नलिका) में प्रत्यारोपण/स्थानान्तरण कराया जाता है। यह संक्षिप्त रूप से **जिफ्ट** (ZIFT) कहलाती है।

192. *(d)* एम्नियोसेन्टेसिस तकनीक द्वारा विकसित होते हुए भ्रूण में गुणसूत्रीय तथा आनुवंशिक विकारों की जन्म से पूर्व जानकारी प्राप्त की जा सकती हैं तथा यदि शिशु में जन्मजात कभी ठीक न होने वाले रोग के लक्षण हों तो गर्भधारण की प्रारम्भिक अवस्था में गर्भपात (MPT) कराने में न्यायिक अनुमति होती है।

इस तकनीक में भ्रूण के चारों ओर उपस्थित उल्ब (एम्नियोन) झिल्ली में उल्ब द्रव्य (एम्नियोटिक द्रव्य) की कुछ मात्रा भ्रूण को बिना नुकसान पहुँचाए निकाल कर विषमता की जाँच की जाती हैं। इस एम्नियोटिक द्रव्य में उपस्थित भ्रूण की कुछ कोशिकाओं से अध्ययन कल्चर तैयार किया जाता है। जब उल्ब विकसित होते हैं तो वह भ्रूण को आपातकाल में दुर्घटना, धक्का, आदि से रक्षा करता हैं।

193. *(c)* बन्ध्यता या जनन अक्षमता नर की मादा को वीर्य संचित करने की अयोग्यता के कारण अथवा स्खलन में बहुत कम मात्रा में शुक्राणुओं का होने को कृत्रिम गर्भाधान से सही किया जा सकता है। इस प्रक्रिया में स्वस्थ दाता या पति से शुक्राणु लेकर कृत्रिम रूप से स्त्री की योनि या गर्भाशय में प्रविष्ट कराते हैं।

पत्नी/दाता (मादा) से अण्डज तथा पति/दाता (नर) से शुक्राणुओं को एकत्र किया जाता है तथा निषेचन द्वारा युग्मक बनने को प्रेरित किया जाता है। यह प्रक्रिया प्रयोगशाला में विशेष सावधानी से सम्पन्न की जाती है। यह युग्मक बनने की सम्पूर्ण प्रक्रिया ही **परखनली शिशु** कहलाती है। एक स्वस्थ व्यक्ति के शुक्राणुओं का अण्डाशय में सीधा प्रवेश **इन्टरा साइटोप्लाज्मिक स्पर्म इन्जेक्शन** (ICSI) कहलाता है।

194. *(d)* परखनली शिशु कार्यक्रम के अन्तर्गत *इन विट्रो* निषेचन (IVF) तथा युग्मनज अन्तः फैलोपियन स्थानान्तरण (ZIFT) की तकनीक का प्रयोग किया जाता है। ZIFT की तकनीक बन्ध्यता की दशा में प्रयोग की जाती है, जिसमें *इन विट्रो* (शरीर के बाहर) निषेचित अण्डे को स्त्री की फैलोपियन नलिकाओं (अण्डवाहिनियों) में स्थानान्तरित किया जाता है। यह एक सहायक जननीय विधि है।

195. *(a)* परखनली शिशु तकनीक *इन विट्रो* निषेचन से सम्बन्धित है। इस तकनीक में दाता स्त्री से अण्डाणु और दाता पुरुष से शुक्राणु लेकर प्रयोगशाला में नियन्त्रित परिस्थितियों में बाह्य निषेचन द्वारा युग्मनज निर्माण हेतु प्रेरित किया जाता है। इसके पश्चात् युग्मनज या प्राक्भ्रूण जो 8-ब्लास्टोमीयर युक्त होता है, को फैलोपियन नलिका में स्थानान्तरित कर दिया जाता है, इसे ZIFT कहते हैं। जब 8 से अधिक ब्लास्टोमीयर युक्त भ्रूण को गर्भाशय से स्थानान्तरित किया जाता है तो इसे IUT कहते हैं। भ्रूण का शेष विकास स्त्री के शरीर के भीतर सामान्य रूप से ही होता है।

196. *(a)* गर्भावस्था की अभिप्रेत अथवा एच्छिक समाप्ति को गर्भावस्था की चिकित्सकीय समाप्ति (MTP) अथवा प्रेरित गर्भपात भी कहा जाता है। MTPs को गर्भावस्था की प्रथम तिमाही (first trimester) के दौरान अर्थात् गर्भावस्था के बारह सप्ताह तक सुरक्षित माना जाता है। गर्भावस्था की द्वितीय तिमाही में गर्भपात अधिक खतरनाक होते हैं।

197. *(a)* गैमीट इन्ट्राफैलोपियन ट्रान्सफर (GIFT) की तकनीक के अन्तर्गत एक दाता महिला से अण्ड़ाणु लेकर एक ऐसी महिला की फैलोपियन नलिकाओं में स्थानान्तरित किया जाता है, जो स्वयं अण्डाणु तो उत्पन्न नहीं कर सकती, किन्तु निषेचन एवं भ्रूण परिवर्धन हेतु उपयुक्त परिस्थितियाँ प्रदान कर सकती है। इसी प्रकार ZIFT तकनीक के अन्तर्गत युग्मनज का स्थानान्तरण किया जाता है।

198. *(b)* अन्तःपात्रे निषेचन या आईवीएफ (IVF) या परखनली शिशु की तकनीक के अन्तर्गत एक अथवा अधिक अण्डों को शरीर के बाहर निषेचित कराया जाता है तथा निषेचित अण्डों, जिन्हें **प्राक्भ्रूण** कहते हैं, को गर्भाशय में स्थानान्तरित किया जाता है। युग्मनज अन्तः फैलोपियन स्थानान्तरण (ZIFT) आईवीएफ (IVF) का एक उदाहरण है। इस तकनीक में युग्मनज अथवा 8 ब्लास्टोमीयर्स तक का प्रारम्भिक भ्रूण फैलोपियन नलिका में स्थानान्तरित किया जाता है। यदि भ्रूण में 8 ब्लास्टोमीयर्स से अधिक होते हैं तो इसे गर्भाशय में स्थानान्तरित किया जाता है, जिसे **आईयूटी** (IUT) कहते हैं।

199. *(d)* एम्नियोसेन्टेसिस जन्म के पहले जन्मजात असामान्यताओं के निदान हेतु प्रयोग की जाने वाली एक तकनीक है। कायिक कोशिकाओं के केन्द्रक प्रारूपी अध्ययन द्वारा गुणसूत्र संख्या में परिवर्तन के कारण उत्पन्न असमान्यताओं; जैसे–डाउन सिन्ड्रोम, टर्नर सिन्ड्रोम, क्लाइनफैल्टर सिन्ड्रोम, आदि का निर्धारण किया जा सकता है।

एम्नियोसेन्टेसिस की तकनीक को जन्मपूर्व निदान की तकनीक के रूप में प्रयोग किया जा सकता है, किन्तु आजकल इस तकनीक का दुरुपयोग भी किया जा रहा है क्योंकि माताएँ यद्यपि सामान्य गर्भ प्राप्त करती हैं, किन्तु कन्या होने पर गर्भपात करा देती हैं।

अध्याय 10

आनुवंशिकी

Genetics

आनुवंशिकी : मेण्डलवाद व वंशागति का गुणसूत्रीय सिद्धान्त

Genetic : Mendelism and Chromosomal Theory of Inheritance

- वे लक्षण, जो एक पीढ़ी (माता-पिता) से दूसरी पीढ़ी (सन्तानों) में वंशागत (Inherited) होते हैं, आनुवंशिक लक्षण अथवा विशेषक (Hereditary characters or Traits) कहलाते हैं तथा आनुवंशिक लक्षणों के एक पीढ़ी से दूसरी पीढ़ी में स्थानान्तरित होने की प्रक्रिया को आनुवंशिकता अथवा वंशागति (Heredity or Inheritance) कहते हैं।
- आनुवंशिकी के अन्तर्गत आनुवंशिकता (Heredity) एवं विभिन्नताओं (Variations) का अध्ययन किया जाता है।
- 'आनुवंशिकी' शब्द का प्रयोग सर्वप्रथम बेटसन (Bateson; 1905) ने किया।
- ग्रेगर जॉन मेण्डल को आनुवंशिकी का जनक माना जाता है।
- मेण्डल ने अपने प्रयोग मटर (Garden pea) के पौधे पर किए। मेण्डल ने सात जोड़ी विपर्यास लक्षणों का अध्ययन किया, जो चार गुणसूत्रों पर उपस्थित थे। मेण्डल ने अपने प्रयोगों के परिणाम व निष्कर्ष अनुसन्धान पत्र में पौधों में संकरण प्रयोग (Experiments in plant hybridisation) में दिए।
- मेण्डल के नियमों की पुन: खोज उनकी मृत्यु के पश्चात् सन् 1900 में तीन वैज्ञानिकों हॉलैण्ड के **ह्यूगो डी व्रीज** (Hugo de Vries), जर्मनी के **कार्ल कोरेन्स** (Carl Correns) तथा ऑस्ट्रिया के **ई वी शरमाक** (EV Tschermak) ने पृथक् रूप से की थी।
- आनुवंशिक गुणों को पीढ़ी-दर-पीढ़ी ले जाने वाली संरचना, कारक (Factor) अथवा जीन (Gene) कहलाती है।
- जोहन्सन नामक वैज्ञानिक ने कारक को जीन (Gene) शब्द प्रदान किया।
- मेण्डल ने अपने प्रयोग, उद्यान मटर *पाइसम सेटाइवम (Pisum sativum)* पर किए।
- **आधुनिक आनुवंशिकी** (Modern genetics) का जनक टी. एच. मॉर्गन (TH Morgan) को माना जाता है। इन्होंने *ड्रोसोफिला* पर सहलग्नता (Linkage) के प्रयोग किए।
- **एक जीन-एक एन्जाइम परिकल्पना** (One gene-one enzyme hypothesis) **बीडल** व **टॉटम** द्वारा प्रतिपादित की गई। इसके लिए उन्होंने अपने प्रयोग *न्यूरोस्पोरा* नामक कवक पर किए, जिसे **पादप जगत का** ***ड्रोसोफिला*** कहते हैं। यह कवक एस्कोमाइसिटीज वर्ग का सदस्य है।
- चूँकि सभी एन्जाइम प्रोटीन होते हैं और एक प्रोटीन, एक या एक से अधिक पॉलीपेप्टाइड श्रृंखलाओं का बना हो सकता है। अत: आधुनिक परिकल्पनाओं के अनुसार 'एक जीन-एक एन्जाइम' के स्थान पर 'एक जीन-एक पॉलीपेप्टाइड' होना चाहिए।
- आनुवंशिक सूचनाओं की, माता-पिता से सन्तानों में कोशिकाद्रव्य के द्वारा वंशागति, कोशिकाद्रव्यी वंशागति (Cytoplasmic inheritance) कहलाती है।

मेण्डल के वंशागति नियम सम्बन्धित संकरण प्रयोग Mendel's Laws of Inheritance Related to Hybridisation Experiments

विभिन्न लक्षणों की संकरण पद्धति के सही ज्ञान के लिए मेण्डल ने तीन प्रकार के संकरण कराए, जो निम्नलिखित है

1. एकसंकर संकरण Monohybrid Cross

- किसी जीव के मात्र एक तुलनात्मक आनुवंशिक लक्षण पर ध्यान केन्द्रित करके, जो संकरण कराया जाता है, उसे एकसंकर संकरण कहते हैं; उदाहरण—जब शुद्ध लम्बे पादप (TT) का शुद्ध बौने पादप (tt) के साथ संकरण कराया जाता है, तो प्रथम सन्तानीय पीढ़ी (F_1) में सदैव लम्बे पादप प्राप्त होते हैं।

  साथ ही इन प्रथम पीढ़ी के लम्बे पादपों में स्व-परागण कराके उत्पन्न बीजों को जब पुन: बोया गया, तो द्वितीय सन्तानीय पीढ़ी (F_2) में लम्बे व बौने दोनों प्रकार के पादप (3 लम्बे: 1 बौना) प्राप्त हुए।

उपरोक्त प्रयोग के आधार पर मेण्डल ने निम्न दो नियम प्रतिपादित किए

(i) **प्रभाविता का नियम** Law of Dominance

इस नियम के अनुसार, जब परस्पर विपर्यासी (विपरीत) लक्षण वाले पादपों के बीच संकरण कराया जाता है, तो पीढ़ी की सन्तानों में जो लक्षण प्रदर्शित होता है, उसे प्रभावी लक्षण कहते हैं तथा जो लक्षण इस पीढ़ी की सन्तानों में प्रदर्शित नहीं होता, अप्रभावी लक्षण कहलाता है।

मेण्डल द्वारा लिए गए लक्षणों के प्रभावी तथा अप्रभावी रूप

लक्षण	प्रभावी	अप्रभावी
पौधे की ऊँचाई	लम्बा	बौना
पुष्प की स्थिति	कक्षस्थ	अग्रस्थ
फली का रंग	हरा	पीला
फली की प्रकृति	फूली हुई	संकुचित
बीज का आकार	गोल	झुर्रीदार
पुष्प का रंग	बैंगनी	सफेद
बीजपत्र का रंग	पीला	हरा

(ii) **पृथक्करण या युग्मकों की शुद्धता का नियम**
Law of Segregation or Law of Purity of Gametes

इस नियम के अनुसार, किसी भी जीन युग्म के अवयव युग्मक निर्माण के समय एक-दूसरे से पृथक् हो जाते हैं और एक युग्मक में जीन युग्म का एक ही जीन पहुँचता है इसीलिए इसे युग्मकों की शुद्धता का नियम भी कहते हैं।

फीनोटिपिक अनुपात = 3:1

जीनोटिपिक अनुपात = 1:2:1

2. द्विसंकर संकरण Dihybrid Cross

- जब दो तुलनात्मक आनुवंशिक लक्षणों पर ध्यान केन्द्रित कर संकरण कराया जाता है, तो इसे द्विसंकर संकरण कहते हैं। उदाहरण-जब पीले गोल तथा हरे झुर्रीदार बीज वाले शुद्ध जनक पादपों में संकरण कराया जाता है, तो प्रथम पीढ़ी (F_1) में सभी संकर पौधे गोल तथा पीले बीज वाले होते हैं। इससे यह सिद्ध होता है, कि बीजों का पीला रंग एवं गोल आकार प्रभावी गुण है तथा हरा रंग एवं झुर्रीदार आकार अप्रभावी गुण है।
  F_1-पीढ़ी के पादपों में स्व-परागण कराने पर F_2-पीढ़ी में चार प्रकार के बीज वाले पादप 9 : 3 : 3 : 1 के अनुपात में प्राप्त होते हैं
  (i) पीले गोल-9 (ii) हरे गोल-3
  (iii) पीले झुर्रीदार-3 (iv) हरे झुर्रीदार-1
- मेण्डल के द्विसंकर संकरण निष्कर्ष को सन् 1901 में **कार्ल कॉरेन्स** (Carl Correns) ने मेण्डल के तृतीय नियम के रूप में प्रस्तुत किया, जिसे **स्वतन्त्र अपव्यूहन** या **विन्यास का नियम** कहा गया। इसे **स्वतन्त्र प्रतिसम्मिश्रण का नियम** (Law of free-recombination) भी कहते हैं।

स्वतन्त्र अपव्यूहन का नियम
Law of Independent Assortment

इस नियम के अनुसार, जब दो या दो से अधिक असम्बन्धित प्रभावी लक्षणों वाले पादपों के मध्य संकरण कराया जाता है, तो उनके जीन युग्म के कारकों का पृथक्करण एवं अपव्यूहन स्वतन्त्र रूप से होता है अर्थात् ये स्वतन्त्र रूप से पृथक् होकर जनकों के किसी भी लक्षण के साथ संयोग बनाते हुए सन्तानीय पीढ़ियों में जाते हैं।

फिनोटिपिक अनुपात 9 : 3 : 3 : 1

जीनोटिपिक अनुपात 1 : 2 : 2 : 4 : 1 : 2 : 1 : 2 : 1

3. त्रिसंकर संकरण Trihybrid Cross

- जब दो या दो से अधिक आनुवंशिक विपर्यासिक लक्षणों को ध्यान में रखकर संकरण करवाया जाता है, तो इसे **बहुसंकर संकरण** (Polyhybrid cross) कहते हैं; उदाहरण—त्रिसंकर संकरण, यहाँ तीन जोड़ी विपर्यासी लक्षणों को ध्यान में रखकर संकरण कराया जाता है।
- मेण्डल ने मटर के पादपों के तीन गुणों—लम्बाई, बीजपत्र का रंग तथा बीज के आकार को लेकर संकरण करवाया, जिससे 8 तरह के युग्मक प्राप्त हुए।
- इसमें F_1-पीढ़ी में लम्बा तना, पीले बीजपत्र तथा गोल बीज प्राप्त हुए। त्रिसंकर संकरण प्रयोग को पुन्नेट चौखाने द्वारा चित्र में दर्शाया गया है।

TTYYRR × ttyyrr **P-जनक**
(लम्बे तने, पीले बीजपत्र एवं गोल बीज) (बौने तने, हरे बीजपत्र एवं झुर्रीदार बीज)
↓
Tt Yy Rr
F_1-पीढ़ी
(लम्बे तने, पीले बीजपत्र एवं गोल)

मेण्डलवाद के अपवाद Exceptions of Mendelism

मेण्डल के नियम के दो निम्नलिखित अपवाद हैं

(i) **अपूर्ण प्रभाविता** Incomplete Dominance

- कुछ पेड़-पौधों व जन्तुओं में F_1 पीढ़ी की सन्तति में कोई भी लक्षण पूर्णतया प्रभावी नहीं होता अर्थात् मध्यवर्ती (Intermediate) होता है, इसे **अपूर्ण प्रभाविता** कहते हैं।
- **कोरेन्स** ने गुलाबाँस (*Mirabilis jalapa*) में देखा कि लाल फूल वाले पौधे को सफेद फूल वाले पौधे से क्रॉस कराने पर गुलाबी फूल वाले पौधे उत्पन्न होते हैं और यें F_2 पीढ़ी में 1 : 2 : 1 का लक्षण प्रारूप अनुपात व जीनप्रारूप अनुपात दर्शाते हैं।

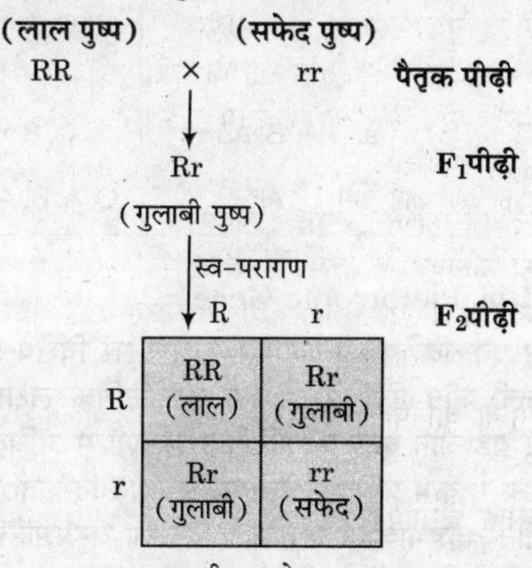

(ii) **सहप्रभाविता** Codominance

- इसमें दोनों ही जनकों के लक्षण पृथक् रूप से F_1 पीढ़ी में प्रकट होते हैं। उदाहरण-यदि एक लाल रंग के पशु का श्वेत रंग के पशु से क्रॉस कराया जाता है, तो F_1 पीढ़ी में चितकबरी सन्तान पैदा होती है तथा मनुष्य के रुधिर वर्ग की वंशागति भी सहप्रभाविता का उदाहरण है। उदाहरण—मनुष्य के रुधिर वर्ग की वंशागति में सहप्रभाविता

(रुधिर वर्ग A)	×	(रुधिर वर्ग B)	**पैतृक पीढ़ी**
I^AI^A	↓	I^BI^B	
(समयुग्मजी)		(समयुग्मजी)	
	I^AI^B		**F_1-पीढ़ी**
	(रुधिर वर्ग AB)		
	विषमयुग्मजी		

(iii) **बहुविकल्पिता** Multiple Allelism

- मेण्डल के अनुसार, जीन के दो विकल्पी रूप होते हैं, परन्तु एक ही जीन के एक ही लोकस (Locus) पर दो से अधिक एलील हो सकते हैं, जो **बहुविकल्पी** (Multiple allele) कहलाते हैं। उदाहरण-मनुष्य में रुधिर वर्ग (A, B, AB तथा O) के लिए तीन एलील (I^A, I^B, I^O) एक ही लोकस पर स्थित होते हैं।
- **डॉ. कार्ल लैण्डस्टीनर** ने सन् 1900 में यह खोज की, कि सभी व्यक्तियों का रुधिर समान नहीं होता। विभिन्न व्यक्तियों के लाल रुधिराणुओं पर विभिन्न प्रकार के प्रोटीन (प्रतिजन) पाए जाते हैं। ये प्रतिजन दो प्रकार के 'A' तथा 'B' होते हैं।
- प्लाज्मा में दो प्रकार के प्रतिरक्षी 'a' तथा 'b' पाई जाती हैं। प्रतिजन तथा प्रतिरक्षी की उपस्थिति के आधार पर मानव जनसंख्या में चार प्रकार के रुधिर वर्ग पाए जाते हैं

मानव रुधिर वर्ग, उनका जीनोटाइप तथा आधान

रुधिर वर्ग	लाल	प्लाज्मा में प्रतिरक्षी	रुधिर दे सकता है	रुधिर ले सकता है	जीनोटाइप
O	कोई नहीं	a, b	O, A, B, AB	O	I^OI^O
A	A	b	A, AB	O, A	I^AI^A या I^AI^O
B	B	a	B, AB	O, B	I^BI^B या I^BI^O
AB	A और B	कोई नहीं	AB	O, A, B, AB	I^AI^B

बहुप्रभावी जीन Pleiotropic Gene

एक विशेष जीन एक विशेष फीनोटिपिक लक्षण पर विशेष प्रभाव रखती है। प्राय: एक अकेली जीन एक से अधिक फीनोटिपिक लक्षणों को प्रभावित करती है। यद्यपि यह जीन कुछ फीनोटिपिक लक्षणों में अधिक प्रभाव (मुख्य प्रभाव) तथा अन्य में कम प्रभाव (द्वितीयक प्रभाव) दिखाती है। अनेक प्रभाव दिखाने वाली जीन बहुप्रभावी जीन तथा यह घटना बहुप्रभावित्व कहलाती है। *ड्रोसोफिला* में अवशेषी पंखों के लिए अप्रभावी जीन समयुग्मजी अवस्था में होती है, लेकिन इसके अन्य लक्षण भी प्रभावित होते हैं पंखों के पीछे सूक्ष्म पंख कुछ बाल जनन अंगों की संरचना, अण्ड उत्पादन कम, आदि।

बहुजीनी वंशागति Polygenic Inheritance

इसमें लक्षणों की वंशागति एक या अधिक जीनों द्वारा नियन्त्रित होती है। जहाँ प्रभावी एलील संयुक्त प्रभाव दिखाता है। इसलिए प्रत्येक प्रभावी एलील लक्षण के एक भाग या इकाई को प्रदर्शित करता है। पूर्ण लक्षण केवल तभी प्रदर्शित होता है, जब सभी प्रभावी एलील उपस्थित होते हैं। बहुजीनी वंशागति के लिए उत्तरदायी जीन बहुजीन (बहु या संयुक्त जीन) कहलाते हैं।

उदाहरण—मनुष्य में त्वचा का रंग, गेहूँ के दाने का रंग, तम्बाकू में दलपुँज लम्बाई। बहुजीनी वंशागति सर्वप्रथम गेहूँ के दाने में देखी गई। **निल्सन एहले** ने लाल दाने की किस्म का सफेद दाने की किस्म से संकरण कराने पर F_1 पीढ़ी में मध्य रंग वाले दाने बनते हैं, जबकि F_2 पीढ़ी में पाँच भिन्न फिनोटिपिक समूह 1 : 4 : 6 : 4 : 1 अनुपात में (अधिक लाल : गहरे लाल : मध्य लाल: हल्के लाल सफेद) दिखायी दिए।

वंशागति का गुणसूत्रीय वाद
Chromosomal Theory of Inheritance

- जब **मेण्डल** (Mendel) मटर के पादप पर अपने प्रयोग कर रहे थे, उस समय तक जीव कोशिकाओं की संरचना, केन्द्रक और गुणसूत्रों का ज्ञान बहुत कम था।
- **नागेली** (Nageli) ने सर्वप्रथम सन् 1842 में कोशिका के केन्द्रक में धागेनुमा रचनाओं को देखा था।
- **रूसो** (Russo) ने सन् 1872 में इनकी उपस्थिति की पुष्टि की तथा **जी ई बालबियानी** (GE Balbiani) ने सन् 1876 में दीर्घ गुणसूत्रों (Giant chromosomes) की खोज की थी।
- **वाल्डेयर** (Waldeyer) ने सन् 1888 में उपस्थित इन गहरे रंग की सूत्रवत् इकाइयों को **गुणसूत्र** (Chromosome) नाम दिया।
- **बोवेरी** एवं **सटन** (Boveri and Sutton; 1902) ने पता लगाया कि युग्मकों के बनने की प्रक्रिया, **युग्मकजनन** (Gametogenesis) में समजात गुणसूत्रों का युग्मकों में पृथक्करण एवं नर तथा मादा युग्मकों के संयुग्मन की प्रक्रिया, **निषेचन** (Fertilisation) में समजात गुणसूत्रों का फिर से जोड़ियों से मिलना, मेण्डल के द्वारा बताए गए एकल आनुवंशिक कारकों (Unit hereditary factors) की तरह ही होता है।
- इन समानताओं के कारण वैज्ञानिकों में यह धारणा बनी कि गुणसूत्र ही **मेण्डल के कारकों** (Mendelian factors) का कार्य करते हैं। इसी आधार पर सटन एवं बोवेरी ने सन् 1902 में **'वंशागति के गुणसूत्रीय मत'** का प्रतिपादन किया था। इस सिद्धान्त के अनुसार,

(i) मेण्डल के कारकों का जोड़ा **समजात गुणसूत्रों** (Homologous chromosomes) के जोड़े पर भौतिक रूप से स्थित होता है। अत: यह कहा जा सकता है कि समजात गुणसूत्र के जोड़े के प्रत्येक गुणसूत्र पर एक कारक उपस्थित होता है।

(ii) अर्द्धसूत्री विभाजन (Meiosis division) की प्रक्रिया के दौरान इस समजात गुणसूत्रों का ही **पृथक्करण** तथा **स्वतन्त्र अपव्यूहन** होता है अर्थात् इससे यह स्पष्ट हो जाता है कि गुणसूत्र ही मेण्डल के कारकों के वाहक होते हैं।

जन्तुओं में लिंग निर्धारण
Sex-Determination in Animals

- लिंग निर्धारण वह प्रक्रिया है, जिसके द्वारा यह सुनिश्चित होता है कि एकलिंगी जन्तुओं में लैंगिक जनन (Sexual reproduction) द्वारा उत्पन्न होने वाला नया प्राणी नर होगा या मादा।

मनुष्य में लिंग निर्धारण
Sex-Determination in Humans

- मानव जाति में 23 जोड़ी अर्थात् 46 गुणसूत्र होते हैं। इनमें से 22 जोड़ियों के गुणसूत्र स्त्रियों और पुरुषों में समान और अपने-अपने जोड़ीदार के समजात (Homologous) होते हैं। अत: इन्हें सम्मिलित रूप से स्वजात गुणसूत्र अर्थात् ऑटोसोम्स (Autosomes) कहते हैं।
- 23वीं जोड़ी के गुणसूत्र स्त्रियों और पुरुषों में समान नहीं होते। अत: इन्हें विषमजात गुणसूत्र अर्थात् हेटेरोसोम्स (Heterosomes) या ऐलोसोम्स (Allosomes) कहते हैं।
- स्त्रियों में 23वीं जोड़ी के गुणसूत्र XX होते हैं और पूरे गुणसूत्र समूह (Karyotype) को 44A + XX द्वारा प्रदर्शित करते हैं। पुरुषों में 23वीं जोड़ी के गुणसूत्र XY होते हैं और पूरे गुणसूत्र समूह को 44A + XY द्वारा प्रदर्शित करते हैं।
- 23वीं जोड़ी के गुणसूत्रों को लिंग गुणसूत्र (Sex chromosomes) कहते हैं। मनुष्य में सन्तान के लिंग निर्धारण के लिए पुरुष का Y-गुणसूत्र उत्तरदाई होता है,
- जब X-गुणसूत्र वहन करने वाला शुक्राणु एक अण्ड के साथ निषेचित होता है तब युग्मनज (XX-अवस्था) मादा में प्रवर्धित होता है
- जब Y-गुणसूत्र वहन करने वाला शुक्राणु अण्ड के साथ निषेचित होता है, तो युग्मनज (XY-अवस्था) नर के रूप में प्रवर्धित होता है।

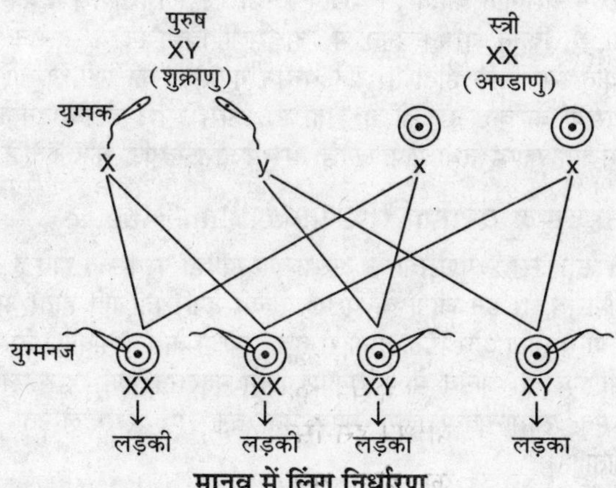

मानव में लिंग निर्धारण

- लिंग निर्धारण की प्रक्रिया कभी-कभी पर्यावरण कारकों द्वारा भी नियन्त्रित होती है। कुछ सरीसृपों में निषेचित अण्ड के स्फुटन (Hatching) से पूर्व के उष्मायन (Incubation) का ताप लिंग निर्धारण के लिए महत्त्वपूर्ण है।
- कछुए (*क्राइसेमा पिक्टा*) (*Chrysemys picta*) में उच्च उष्मायन ताप के परिणामस्वरूप मादा सन्तति विकसित होती है।
- इसके विपरीत छिपकली (*Agama agama*) के उदाहरण में उच्च उष्मायन ताप के परिणामास्वरूप नर सन्तति उत्पन्न होती है।

पक्षियों में लिंग निर्धारण
Sex-Determination in Birds

ZZ-ZW एवं ZZ-ZO प्रक्रिया (ZZ-ZW and ZZ-ZO method) इस प्रक्रिया में मादा विषमयुग्मकी तथा नर समयुग्मकी होते हैं। नर में दो समान प्रकार के X-गुणसूत्र उपस्थित होते हैं। इनकी मादाओं में या तो एक X-गुणसूत्र होता है (जैसे—XX-XO) या एक X एवं एक Y-गुणसूत्र होता है (जैसे—XX-XY)।

XX-XY एवं XX-XO, पद्धति से दुविधा हटाने के लिए, इस पद्धति को क्रमश: ZZ-ZW एवं ZZ-ZO से इंगित किया जाता है। यह प्रक्रिया विभिन्न कशेरुकी जन्तुओं; जैसे—मत्स्य, सरीसृप तथा पक्षी वर्ग में पायी जाती है।

पैटरसन (Patterson) ने पहली बार पता लगाया कि, *ड्रोसोफिला* में Y-गुणसूत्र हेटेरोक्रोमैटिक होता है एवं इसका लिंग निर्धारण में कोई महत्त्व नहीं होता।

मधुमक्खी में लिंग निर्धारण
Sex-Determination in Honeybee

अगुणित-द्विगुणित क्रियाविधि (Haplo-diploidy mechanism) जन्तुओं में लिंग निर्धारण की यह एक और क्रियाविधि है, जिसमें नर हेप्लॉइडी अथवा हेप्लो-डिप्लॉइडी में भूमिका निभाते हैं। यह विधि मधुमक्खियों, चींटियों, आदि में पाई जाती है। इन कीटों में सामान्यतया तीन प्रकार के सदस्य होते हैं

(i) **द्विगुणित रानी** (Diploid queen) इसका विकास निषेचित अण्डे से होता है। केवल रानी मक्खी में जनन की क्षमता पायी जाती है।

(ii) **द्विगुणित श्रमिक** (Diploid workers) ये अर्द्धविकसित मादाएँ हैं, जिनका विकास निषेचित अण्डों से होता है, परन्तु इनमें जनन अंग विकसित नहीं होते हैं।

(iii) **अगुणित नर अथवा ड्रोन** (Haploid males or Drone) इनका विकास अनिषेचित अण्डों से अनिषेकजनन द्वारा होता है। इस प्रकार के विकास को **आर्हीनोटोकी** (Arrhenotoky) कहते हैं। इनका जीवन बहुत कम होता है और ये निषेचन के तत्पश्चात् मर जाते हैं। इस विधि में अनिषेकजनन लिंग निर्धारण में मुख्य भूमिका निभाता है।

सहलग्नता और जीन विनिमय
Linkage and Crossing Over

सहलग्नता Linkage

- जब दो या दो से अधिक जीन एक ही गुणसूत्र पर पास-पास स्थित होते हैं तो अर्द्धसूत्री विभाजन के पश्चात् भी ये जीन एक-दूसरे से पृथक् नहीं होते तथा एकसाथ बने रहते हैं। यह सह-वंशागति प्रदर्शित करते हैं, इन जीनों को **सहलग्न जीन** (Linked gene) तथा इस गुण को सहलग्नता कहते हैं।
- 'लिंकेज' शब्द का सर्वप्रथम प्रयोग **सटन** एवं **बोवेरी** (Sutton and Boveri) ने सन् 1903 में किया था।

सहलग्नता के प्रकार Types of Linkage

सामान्यतया सहलग्नता दो प्रकार की होती हैं

(i) **पूर्ण सहलग्नता** (Complete linkage) इस प्रकार की सहलग्नता नर *ड्रोसोफिला* में पाई जाती है। जब एक गुणसूत्र पर स्थित सहलग्न जीन अर्द्धसूत्री विभाजन के समय पृथक् नहीं होते हैं तथा इससे अगली पीढ़ी में पैतृक प्रकार के ही लक्षण मिलते हैं। इस प्रकार की प्रक्रिया को पूर्ण सहलग्नता कहते हैं।

(ii) **अपूर्ण सहलग्नता** (Incomplete linkage) जब समजात गुणसूत्रों (Homologous chromosomes) के बीच जीन विनिमय की क्रिया हो जाती है तथा इससे अगली पीढ़ी की सन्तानों में पैतृक प्रकार तथा पुनर्संयोजित प्रकार (Recombinant type) के लक्षण उत्पन्न होते हैं। इस प्रक्रिया को अपूर्ण सहलग्नता कहते हैं।

पारगमन या जीन विनिमय Crossing Over or Gene Exchange

- अर्द्धसूत्री विभाजन की प्रथम पूर्वावस्था (Prophase-I) की पैकीटीन प्रावस्था (Pachytene stage) में समजात गुणसूत्रों के परस्पर जुड़े हुए अर्द्धगुणसूत्रों (Chromatids) के बीच एक या अधिक खण्डों की आदान-प्रदान (Reciprocal exchange) होने से सहलग्न जीन भी एक-दूसरे से पृथक् हो जाते हैं। खण्डों के इस आदान-प्रदान को ही **पारगमन** या **जीन विनियम** कहते हैं।
- इसके फलस्वरूप समजात गुणसूत्रों का DNA समजात पुनर्संयोजित DNA बन जाता है, इससे अगली पीढ़ी की सन्तानों में नए लक्षण उत्पन्न होते हैं, जिन्हें पुनर्संयोजित लक्षण कहते हैं।

पारगमन की क्रिया में निम्न परिघटनाएँ होती हैं

- समजात गुणसूत्रों का संयुग्मन (Pairing) यह प्रोफेज-I की जाइगोटीन (Zygotene) उपअवस्था में होता है, इसे **सूत्रयुग्मन** (Synapsis) कहते हैं। इससे द्विसंयोजक (Bivalent) निर्मित होता है, जो द्विगुणन की क्रिया के फलस्वरूप **चतुष्क** (Tetrad) का निर्माण करता है।
- चतुष्क निर्माण के उपरान्त, पारगमन की प्रक्रिया पूर्ण होती है इसके अन्तर्गत दो अबहन अर्द्ध-गुणसूत्रों में खण्डों की अदला-बदली होती है। अदला-बदली के बाद अर्द्ध-गुणसूत्र एक-दूसरे से दूर जाने लगते हैं एवं एक X-जैसी संरचना का निर्माण करते हैं, जिसे **किएज्मेटा** कहते हैं।
- किएज्मेटा निर्माण के बाद गुणसूत्र एक-दूसरे से पृथक् होने लगते हैं, पृथक्करण, सेन्ट्रोमीयर से प्रारम्भ होकर गुणसूत्र छोरों तक होता है, इसे **टर्मिनालाइजेशन** (Terminalisation) कहते हैं।

जीन विनिमय के प्रकार Types of Crossing Over

सामान्यतया जीन विनिमय तीन प्रकार का होता है

(i) सरल जीन विनिमय Simple Crossing Over

इसमें अर्द्धगुणसूत्र केवल एक स्थान से टूटता है। इससे दो जीन विनिमित या **क्रॉस ओवर** अर्द्धगुणसूत्र तथा दो अजीन विनिमित या नॉन-क्रॉस ओवर अर्द्धगुणसूत्र बनते हैं।

(ii) दोहरा जीन विनिमय Double Crossing Over

उसी चतुष्क में अर्द्धगुणसूत्र में दो स्थान पर जीन विनिमय होता है। इसमें दो प्रकार का किएज्मा निर्माण हो सकता है

(a) **पारस्परिक या रेसीप्रोकल जीन विनिमय** (Reciprocal crossing over) उन्हीं दो अर्द्धगुणसूत्रों के बीच दो किएज्मा का निर्माण होता है। इस प्रकार दो दोहरे जीन विनिमय वाले अर्द्धगुणसूत्र तथा दो बिना जीन विनिमय अर्द्धगुणसूत्र बनते हैं।

(b) **पूरक या कॉम्प्लीमेन्टरी जीन विनिमय** (Complimentary crossing over) चारों या तीन अर्द्धगुणसूत्रों के बीच किएज्मा निर्माण होता है। दोनों गुणसूत्रों के दोनों अर्द्धगुणसूत्र किएज्मा निर्माण में सम्मिलित होते हैं किन्तु दूसरे किएज्मा निर्माण में दूसरे दो अर्द्धगुणसूत्र सम्मिलित होते हैं। इस प्रकार चार एक जीन विनिमय वाले अर्द्धगुणसूत्र बनते हैं किन्तु चारों अर्द्धगुणसूत्र चार प्रकार के होते हैं। यदि किएज्मा निर्माण में तीन अर्द्धगुणसूत्र भाग लेते हैं तब एक अर्द्धगुणसूत्र बिना विनिमय वाला रह जाता है (पितृ प्रकार का), एक अर्द्धगुणसूत्र दो जीन विनिमय वाला तथा दो अर्द्धगुणसूत्र एक-एक जीन विनिमय वाले बनते हैं।

(iii) बहुजीन विनिमय Multiple Crossing Over

समान गुणसूत्र जोड़े में कई स्थानों पर जीन विनिमय होता है। ऐसा जीन विनिमय बहुत कम होता है।

लिंग-सहलग्न वंशागति Sex-linked Inheritance

लैंगिक लक्षणों के जीन्स मुख्यतया लिंग गुणसूत्रों पर स्थित होते हैं। लैंगिक द्विरूपता इतनी जटिल और व्यापक होती है कि कई ऑटोसोमल जीन भी लैंगिक विभेदीकरण को प्रभावित करते हैं, इसी प्रकार लैंगिक गुणसूत्रों में कुछ अन्य गैर-लैंगिक अथवा दैहिक लक्षणों के जीन्स भी होते हैं, इन्हीं लक्षणों को लिंग-सहलग्न **आनुवंशिक लक्षण** कहा जाता है और इनकी वंशागति को लिंग-सहलग्न वंशागति कहते हैं। यद्यपि X और Y लिंग गुणसूत्रों की रचना भिन्न होती है, किन्तु युग्मकजनन में, अर्धसूत्री विभाजन के दौरान इनका युग्मन अर्थात् सिनैप्सिस होती है। यह युग्मन गुणसूत्रों की पूरी लम्बाई में न होकर गुणसूत्रों के कुछ खण्डों में होता है। इससे स्पष्ट है कि इनके छोटे खण्ड, समजात खण्ड तथा शेष खण्ड **असमजात खण्ड** कहलाते हैं।

1. X-सहलग्न वंशागति X-linked Inheritance

इन लक्षणों के जीन्स X-गुणसूत्रों के असमजात खण्डों पर स्थित होते हैं, परन्तु साथी Y-गुणसूत्र पर इन जीनों के युग्मविकल्पी उपस्थित नहीं होते। अत: ये जीन्स पुत्रियों में माता और पिता दोनों से तथा पुत्रों में केवल माता से मिलते हैं; जैसे—हीमोफीलिया। मानव में अधिकांश लिंग-सहलग्न गुण, X-सहलग्न ही होते हैं। अत: सामान्यतया लिंग-सहलग्नता का अर्थ X-सहलग्नता से ही लगाया जाता है।

(i) **वर्णान्धता की वंशागति** (Inheritance of colourblindness) विल्सन ने सन् 1911 में वर्धान्धता रोग का पता लगाया। इस रोग में, रोगियों की आँखे (नेत्र) लाल तथा हरे रंग में भेद नहीं कर पाती हैं। वर्णान्धता एक X-सहलग्न अप्रभावी लक्षण है, क्योंकि संवेदनशील शकुंनुमा कोशिकाओं पर रंग का निर्माण जीन X-गुणसूत्र पर उपस्थित होता है।

(ii) **हीमोफीलिया की वंशागति** (Inheritance of haemophilia) इसे **रुधिर स्रावण रोग** (Bleeder's disease) भी कहते हैं तथा यह एक X-सहलग्न अप्रभावी लक्षण रोग होता है। इसका सर्वप्रथम अध्ययन जॉहन ओटो ने सन् 1803 में किया। हीमोफीलिया रोग के विषय में मनुष्य को बहुत लम्बी अवधि से पता है।

इंग्लैण्ड की महारानी विक्टोरिया के वंश में भी यह रोग प्रचलित था। महारानी विक्टोरिया ने इस रोग का जीन अपनी माता अथवा पिता से उत्परिवर्तन के फलस्वरूप प्राप्त किया था। इस रोग के लक्षण सर्वप्रथम इस परिवार में महारानी विक्टोरिया के एक पुत्र तथा दो पौत्रों में प्रकट हुए। आधुनिक वैज्ञानिकों के अनुसार, थक्का जमने की क्रिया में कई प्रकार के प्रोटीन कारक (Factors) भाग लेते हैं।

सामान्यतया हीमोफीलिया के रोगियों के रुधिर में कारक VIII (Factor VIII) की कमी पायी जाती है, जिसके कारण चोट पर काफी समय (1/2 से 24 घण्टे) तक थक्का नहीं जमता एवं रुधिर बराबर बहता रहता है इस रोग में साधारण चोट या आघात में रुधिर के थक्का या स्कन्दन की क्षमता समाप्त हो जाती है। हीमोफीलिया दो प्रकार का होता है

(a) **हीमोफीलिया-A** यह हीमोफीलिया विरोधी ग्लोब्युलिन (Anti-haemophilic globulin) की कमी के कारण होता है। इसमें कारक-VIII की अनुपस्थिति होती है। इस प्रकार का रोग 4/5 केस अध्ययनों में पाया जाता है।

(b) **हीमोफीलिया-B** यह प्लाज्मा में थ्रॉम्बोप्लास्टिन (Thromboplastin) की कमी के कारण होता है। इसमें कारक-IX की अनुपस्थिति होती है।

2. होलोण्ड्रिक या Y-सहलग्न वंशागति Y-linked Inheritance

इन लक्षणों के जीन्स, Y-गुणसूत्र के असमजात खण्डों पर स्थित होते हैं। अत: साथी X-गुणसूत्रों पर इनके एलील स्थित नहीं होते हैं। स्पष्ट है कि ऐसे लक्षण केवल पुरुषों में होते हैं तथा पिता द्वारा ही वंशागत होते हैं। इन्हें **होलोण्ड्रिक जीन** (Holandric gene) तथा इनकी वंशागति को **होलोण्ड्रिक वंशागति** (Holandric inheritance) कहते हैं। मानव के कुल Y-गुणसूत्र पर इस रोग के 17 प्रकार के जीन उपस्थित होते हैं; उदाहरण—कर्णपल्लवों पर बाल (Hypertrichosis) एक Y-सहलग्न गुण है।

3. XY-सहलग्न वंशागति XY-linked Inheritance

इन लक्षणों के जीन्स X और Y-गुणसूत्रों के समजात खण्डों पर युग्म विकल्पियों के रूप में स्थित होते हैं। स्पष्ट है कि इन लक्षणों की वंशागति स्त्रियों तथा पुरुषों में सामान्य ऑटोसोमल लक्षणों की भाँति होती है। इन्हें **अपूर्ण लिंग-सहलग्न** (Incompletely sex-linked) लक्षण कहते हैं; जैसे-वर्णान्धता (Colour blindness), गुर्दे (Nephritic), आदि।

मनुष्य में मेण्डेलियन एवं गुणसूत्रीय दोष Mendelian and Chromosomal Disorders in Humans

(i) **थैलेसीमिया** (Thalassemia) थैलेसीमिया ऑटोसोमल उत्परिवर्तित जीन के कारण मनुष्यों में होने वाला एनीमिया है, जब यह जीन दुगनी मात्रा (होमोजाइगस) में पाया जाता है, तो यह रोग घातक थैलेसीमिया मेजर कहलाता है, जिसके कारण बाल्यकाल में ही मुत्यु हो जाती है। हेटेरोजाइगस व्यक्ति मंद रोग प्रदर्शित करते हैं, जिसे थैलेसीमिया माइनर या कूली एनीमिया (Cooley's anaemia) भी करते हैं। व्यक्ति जोकि थैलेसीमिया से ग्रसित होते हैं, β-शृंखला उत्पन्न करने में असमर्थ होते हैं उनके हीमोग्लोबिन में भ्रूण के समान δ-शृंखला पाई जाती है, जोकि सामान्य ऑक्सीजन परिवहन में असमर्थ होती है।

(ii) **डाउन्स सिन्ड्रोम या मंगोलिज्म** (Down's syndrome or Mongolism) यह आनुवंशिक विकार 21वीं जोड़ी के गुणसूत्रों में दो के अतिरिक्त तीन गुणसूत्रों के कारण होता है। इस रोग की खोज **जे. एल. डाउन** नामक वैज्ञानिक ने सन् 1866 में की। इसके रोगी में गुणसूत्रों की संख्या $2n + 1\,(21) = 47$ होती हैं। इस रोग से ग्रस्त व्यक्ति का क्रोमोसोमीय निरूपण निम्न प्रकार से प्रदर्शित किया जा सकता है

इस विकार से ग्रस्त व्यक्तियों का माथा चौड़ा, गर्दन छोटी व चौड़ी, अँगुलियाँ छोटी व ठूठ के समान, हथेली में एक सीमियन रेखा (Semian line) तथा पादों में पहली व दूसरी अँगुलियों के बीच विदर (Fissure) होता है। चेहरा चाँद के समान तथा नेत्र एक-दूसरे से काफी दूरी पर स्थित होते हैं। नाक चपटी, कान छोटे व गोल, मुख खुला, निचला होठ बाहर को उभरा हुआ तथा जीभ गोटी व बाहर निकली होती है। इन व्यक्तियों की बुद्धि मन्द व मस्तिष्क अल्प विकसित होता है।

(iii) **टर्नर सिन्ड्रोम** (Turner's syndrome) इस रोग से ग्रस्त स्त्रियों में दो लिंग गुणसूत्रों में से केवल एक X-गुणसूत्र उपस्थित होता है। इनमें 44 (सामान्य 46 से एक कम) गुणसूत्र होते हैं अर्थात् ये लिंग गुणसूत्रों के लिए मोनोसोमिक ($2n - 1$ or $44 + X$) होती हैं। इस रोग में रोगी का कद छोटा और जननांग अल्पविकसित होते हैं। अत: ये स्त्रियाँ नपुंसक या बाँझ होती हैं एवं इनमें मासिक धर्म अनुपस्थित होता है। 3000 बालिकाओं में से एक इस रोग से प्रभावित होती है।

(iv) **क्लाइनफेल्टर्स सिन्ड्रोम** (Klinefelter's syndrome) यह सिन्ड्रोम लिंग गुणसूत्रों की ट्राइसोमी के कारण होता है। इसमें XXY लिंग गुणसूत्र उपस्थित होते हैं। अत: इनमें 47 (44 + XXY) गुणसूत्र होते हैं। इनमें पुरुष एवं स्त्रियों के लक्षणों का मिश्रण होता है। अतिरिक्त Y-गुणसूत्र के कारण ये पुरुषों की तरह होते हैं, जबकि अतिरिक्त X-गुणसूत्र की उपस्थिति के कारण इनमें जननांग व जनन ग्रन्थियाँ अल्पविकसित होती हैं।

वंशावली विश्लेषण Pedigree Analysis

ऐसा चार्ट जिसके अन्तर्गत आनुवंशिकता का चित्रण किया जाता है, वंशावली चार्ट कहलाता है। यह किसी पीढ़ी या जीव के लिए निर्मित किया जा सकता है। इस चार्ट की सहायता से किसी सन्तति में, किसी विशेषक की उपस्थिति की सम्भावनाओं को ज्ञात किया जा सकता है।

वंशावली विश्लेषण में प्रयुक्त होने वाले कुछ सामान्य चिन्हों को निम्न सारणी में दिया जा रहा है

संकेत	वयस्कों के लिए उपयोग	संकेत	बच्चों की संख्या के लिए उपयोग
□	नर		द्वियुग्मनजी जुड़वाँ
○	मादा		समान जुड़वाँ
◇	अनिर्धारित लिंग		निसन्तान
[□]	गोद लिया हुआ		प्रोबैण्ड, कन्सल्टैंड, इन्डेक्स केस
◇P	गर्भधारण		द्विसंकरण
	मृत	□○	सामान्य लक्षण
	प्रभावित		अप्रभावी एलील
	वाहक	or	मृत्यु
⊙	X-सहलग्न के लिए वाहक	or	विषमयुग्मनजी
□–○	मिलन/संकरण		तुरन्त मृत्यु
□=○	नजदीकी सदस्यों में संकरण		
	सिबलिंग		
3 2	बच्चों की संख्या		
□≠○	जनक अलग		
◇	गर्भपात		

वंशावली विश्लेषण का महत्त्व
Importance of Pedigree Analysis

वंशावली विश्लेषण के महत्त्व निम्नलिखित हैं

(a) अप्रभावी युग्मविकल्पी (Allele) की सम्भावना की जानकारी के लिए, जो सन्तति में थैलेसीमिया (Thalasemia), हीमोफीलिया (Haemophilia) तथा वर्णान्धता (Colour blindness) जैसे विकारों के कारक बनते हैं।

(b) वंशावली विश्लेषण द्वारा पूर्वजों में विशेषक या गुणों की उत्पत्ति का पता लगाया जा सकता है।

(c) समान वंशीय तथा गोत्रीय लोगों के मध्य विवाहों के दुष्प्रभावों तथा लाभदायक पहलुओं की जानकारी प्राप्त की जा सकती है।

(d) वंशावली विश्लेषण का प्रयोग आनुवंशिकीय काउन्सलिंग (Genetic counselling) में किया जाता है।

(e) इस विश्लेषण को चिकित्सा अनुसन्धान में व्यापक रूप से प्रयोग किया जाता है।

वंशागति का आण्विक आधार
Molecular Basis of Inheritance

आनुवंशिक पदार्थ (Genetic material) एक कोशिका में आनुवंशिक पदार्थ न्यूक्लिक अम्ल (DNA व RNA) होता है। आनुवंशिक पदार्थ कोशिका के भागों की प्रकृति, कोशिका संरचना एवं प्रभाव को निर्धारित करने में मूलभूत भूमिका निभाता है। विभिन्न वैज्ञानिकों ने अपने प्रयोगों द्वारा सिद्ध किया कि DNA एक आनुवंशिक पदार्थ है।

1. **ग्रिफिथ का रूपान्तरण प्रयोग**
Griffith's Transformation Experiment

(i) एक ब्रिटिश **डॉक्टर एस. एफ. ग्रिफिथ** (Dr. SF Griffith; 1928) ने सर्वप्रथम रूपान्तरण की खोज की। वे न्यूमोनिया रोग के जीवाणु *स्ट्रैप्टोकोकस न्यूमोनी* (*Streptococcus pneumoniae*) (जिसे *डिप्लोकोकस* या *न्यूमोकोकस न्यूमोनी* भी कहते हैं) पर कार्य कर रहे थे।

(ii) इन्होंने जीवाणु के दो विभेद (Strains) लिए—उग्र (Virulent) तथा अनुग्र (Non-virulent)। उग्र विभेद से न्यूमोनिया होता है।

(iii) उग्र जीवाणु को **S-प्रकार** (Smooth type) कहते हैं, क्योंकि ये संवर्धन माध्यम पर चिकनी कॉलोनी बनाते हैं। इनके चारों एक म्यूकोपॉली सैकेराइड (Mucopolysaccharide) या म्यूसिलेज (Mucilage) का आवरण उपस्थित होता है, जो इन्हें उग्रता प्रदान करता है व परपोषी की फेगोसाइट्स द्वारा इनके भक्षण को भी रोकता है।

(iv) अनुग्र विभेद वाले जीवाणु से न्यूमोनिया रोग नहीं होता है। ये अनियमित व खुरदरी (Rough) कॉलोनी बनाते हैं। इनमें म्यूसिलेज आवरण का अभाव होता है, इन्हें **R-प्रकार** (Rough type) कहते हैं।

(v) ग्रिफिथ ने *न्यूमोकोकस* के इन दोनों विभेदों की सक्रियता के परीक्षण हेतु इन्हें पृथक् रूप से दो चूहों में अन्त:क्षिप्त (Inject) कराया।

(vi) उन्होंने देखा कि R-प्रकार के जीवाणु से रोग उत्पन्न नहीं हुआ, परन्तु जिस चूहे को S-प्रकार के जीवाणु से अन्त:क्षिप्त कराया गया था उसे न्यूमोनिया रोग हो गया। जब S-विभेद वाले जीवाणुओं को 82-90°C ताप पर गर्म कर दिया जाता है, तो वे मर जाते हैं और रोग उत्पन्न करने में असमर्थ होते हैं। अत: मृत S-विभेद वाले जीवाणु इस रोग के लक्षणों को उत्पन्न करने में सक्षम नहीं थे।

(vii) फिर ग्रिफिथ ने मृत S-प्रकार व R-प्रकार के जीवाणुओं को एकसाथ एक चूहे में अन्त:क्षिप्त किया, तो पाया कि ये दोनों ही जीवाणु पृथक् रूप से रोग उत्पन्न करने में अक्षम थे, परन्तु उनके मिश्रण ने चूहों को न्यूमोनिया रोग से ग्रस्त कर दिया।

(viii) इसके विश्लेषण से पता चला कि रोग से ग्रस्त इस चूहे में उग्र S-विभेद व अनुग्र R-विभेद, दोनों सजीव अवस्था उपस्थित थे, जबकि उन्होंने मृत उग्र व जीवित अनुग्र विभेद अन्त:क्षिप्त किए थे।

(ix) इससे उन्होंने यह निष्कर्ष निकाला कि अनुग्र R-विभेद ने उग्र S-विभेद से इस विशेषक को ग्रहण किया था, जो R-विभेद को S-विभेद में रूपान्तरित कर देता है, इसे **ग्रिफिथ प्रभाव** (Griffith effect) या **जीवाणु रूपान्तरण** (Bacterial transformation) कहते हैं।

(x) ग्रिफिथ के प्रयोगों से यह स्पष्ट नहीं होता कि चूहे रूपान्तरण हेतु आवश्यक हैं या नहीं। बाद में यह देखा गया कि चूहे रूपान्तरण हेतु आवश्यक नहीं थे।

(xi) संवर्धन माध्यम में भी रूपान्तरण सम्भव है। ग्रिफिथ यह भी स्पष्ट करने में असमर्थ थे कि उग्रता किस घटक पर आधारित थी, म्यूसिलेज पर, प्रोटीन पर या DNA पर।

2. **एवेरी, मैक्कार्टी और मैक्लॉयड का प्रयोग**

(i) सन् 1944 में तीन कनाडाई एवं अमेरिकी खोजकर्ताओं ओसवाल्ड एवेरी, मैकलिन मैक्कार्टी एवं कॉलिन मैक्लॉइड (Oswald Avery, Maclyn McCarty and Colin MacLeod) ने ग्रिफिथ के रूपान्तरण सिद्धान्त की जैव-रासायनिक विवेचना हेतु एक प्रयोग किया।

(ii) इस प्रयोग से सर्वप्रथम यह सिद्ध हुआ कि DNA आनुवंशिक पदार्थ है।

(iii) सर्वप्रथम उन्होंने संक्रमित प्रभेद S से DNA को अलग किया तथा उसे असंक्रमित प्रभेद के संवर्धन माध्यम में निम्नलिखित चार मिश्रणों में मिलाया।

(iv) **परिणाम** (Result)

R संवर्धन में डाला गया निष्कासन	कुछ घण्टे बाद पुनः प्राप्त जीवाणु
ताप मृत S प्रभेद से निष्कासित DNA	R प्रभेद के कुछ S प्रभेद पुनः प्राप्त हुए।
ताप मृत S प्रभेद से निष्कासित DNA, जिसे DNAse एन्जाइम से उपचारित किया गया, जोकि DNA का पाचन करता है।	केवल R प्रभेद पुनः प्राप्त होते हैं।
ताप मृत S प्रभेद से निष्कासित DNA, जिसे RNAse एन्जाइम से उपचारित किया गया, जोकि RNA का पाचन करता है।	कुछ S प्रभेद R प्रभेद के साथ पुनः प्राप्त हुए।
ताप मृत S प्रभेद से निष्कासित DNA, जिसे प्रोटीएज एन्जाइम से उपचारित किया गया, जोकि प्रोटीन का पाचन करता है।	कुछ S प्रभेद, R के साथ पुनः प्राप्त हुए।

(v) परिष्कृत पदार्थ में प्रोटीन का पता लगाने वाले रासायनिक परीक्षण में नकारात्मक परिणाम दिए, परन्तु DNA परीक्षण में सकारात्मक परिणाम मिलें।

(vi) परिष्कृत रूपान्तरण सिद्धान्त का मौलिक संघटन नाइट्रोजन और फॉस्फोरस के अनुपात में DNA से बहुत अधिक समानता रखते हैं।

(vii) प्रोटीन और RNA को नष्ट करने वाले एन्जाइम रूपान्तरण सिद्धान्त पर कम प्रभाव डालते है; जबकि DNA को नष्ट करने वाले एन्जाइम रूपान्तरण क्रिया को खत्म कर देते हैं।

(viii) इससे यह निष्कर्ष निकला कि S प्रभेद की उग्रता के विशेषक DNA पर उपस्थित थे। इस प्रकार उन्होंने यह सिद्ध किया कि DNA ही वह रासायनिक पदार्थ है, जो वंशागत होता है अर्थात् DNA एक आनुवंशिक पदार्थ है। इससे यह भी सिद्ध हुआ कि DNA को एक कोशिका में निष्कर्षित करके दूसरी कोशिका में स्थानान्तरित किया जा सकता है।

डी. एन. ए. DNA

DNA की खोज सन् 1869 में जर्मन रसायनशास्त्री **फ्रेडरिक मीश्चर** (F Meischer) ने की। उन्होंने मानव कोशिका के केन्द्रक से एक सफेद द्रव्य संश्लेषित किया एवं इसका नाम 'न्यूक्लिन' (Nuclein) दिया। अम्लीय प्रकृति तथा केन्द्रक में उपस्थित होने के कारण इसे 'केन्द्रक अम्ल' (Nucleic acid) कहा गया।

DNA की अधिकांश मात्रा केन्द्रक में होती है, यद्यपि कुछ मात्रा माइटोकॉण्ड्रिया (Mitochondria) एवं हरितलवक (Chloroplast) में भी मिलती है। सभी पादपों, जन्तुओं एवं कुछ विषाणुओं में DNA द्विकुण्डलित (Double helix) होता है। इसके अतिरिक्त ϕ X 174 नामक वाइरस में एक कुण्डलित DNA (Single helical DNA) पाया जाता है।

DNA **की संरचना** Structure of DNA

(i) DNA एक डीऑक्सीराइबो न्यूक्लियोटाइड की लम्बी श्रृंखला है। DNA एक वृहत् अणु है, जो पॉली इकाईयों (Polymeric unit) से बने होते हैं, जिसे न्यूक्लियोटाइड कहते हैं।

(ii) न्यूक्लियोटाइड निम्नलिखित तीन अणुओं के बने होते हैं

(a) **फॉस्फोरिक अम्ल** (Phosphoric acid) फॉस्फोरिक अम्ल के जैविक रूप को **फॉस्फेट समूह** कहते हैं। न्यूक्लियोटाइड में 1, 2 या 3 फॉस्फेट समूह होते हैं। इसके आधार पर न्यूक्लियोटाइड्स मोनो, डाइ या ट्राइफॉस्फेट न्यूक्लियोटाइड्स कहलाते हैं। फॉस्फेट समूह के कारण ही न्यूक्लियोटाइड अम्लीय होता है। फॉस्फेट समूह शर्करा अणु के C_5 पर स्थित एल्कोहॉलीय समूह के हाइड्रॉक्सिल (–OH) समूह से जुड़ता है। यह **एस्टर बन्ध** होता है, जिसे 5-फॉस्फोएस्टर बन्ध कहते हैं।

(b) **न्यूक्लियोटाइड्स की पंचकार्बनीय शर्कराएँ** (Pentose sugar of nucleotides) न्यूक्लियोटाइड्स के संयोजन में **राइबोज** (Ribose–$C_5H_{10}O_5$) तथा **डीऑक्सीराइबोज** (Deoxyribose–$C_5H_{10}O_4$) शर्कराएँ भाग लेती हैं। दोनों ही पेन्टोज शर्कराएँ हैं, अन्तर केवल यह होता है, कि दूसरे कार्बन पर (–H) के स्थान पर (–OH) समूह जुड़ा होता है।

(c) **न्यूक्लियोटाइड्स के नाइट्रोजनीय समाक्षार** (Nitrogenous bases of nucleotide) ये पाँच प्रकार के होते हैं—साइटोसीन (C), थाइमीन (T), यूरेसिल (U), एडीनीन (A) तथा ग्वानीन (G)। केन्द्र की वलय संरचना के आधार पर नाइट्रोजनी क्षारक दो प्रकार के होते हैं

- **प्यूरीन** (Purines) ये नाइट्रोजनी क्षार दो प्रकार के अर्थात् एडीनीन (Adinine) तथा ग्वानीन (Guanine) होते हैं। इनकी वलय (Ring) द्विचक्रीय होती है।
- **पिरिमिडीन्स** (Pyrimidines) यह एक वलय वाले नाइट्रोजनी क्षार हैं। ये तीन प्रकार; के; साइटोसीन (C), थाइमीन (T), यूरेसिल (U) होते हैं। इनकी व्युत्पत्ति समान पूर्ववर्ती (Precursor) षट्भुजीय एवं विषमचक्रीय वलय से होती है।

(iii) **न्यूक्लियोसाइड का संश्लेषण** (Synthesis of nucleoside) इसमें नाइट्रोजनी क्षारक ग्लाइकोसिडिक बन्ध C-N द्वारा एक शर्करा से जुड़ता है, जिसके बनने में जल मुक्त होता है। यह बन्ध शर्करा के C_1 स्थान पर स्थित कार्बोनिल समूह तथा पिरिमिडीन क्षारक के N_1 तथा प्यूरीन क्षारक के N_9 के बीच बनता है। इस प्रकार बने अणु को **न्यूक्लियोसाइड** (Nucleoside) कहते हैं।

(iv) DNA में निम्नलिखित न्यूक्लियोसाइड्स पाए जाते हैं

- **पिरिमिडीन न्यूक्लियोसाइड्स** (Pyrimidine nucleosides) डीऑक्सीसाइटिडीन (Deoxycytidine), डीऑक्सीथाइमिडीन (Deoxythymidine)।

- **प्यूरीन न्यूक्लियोसाइड्स** (Purine nucleosides) डीऑक्सीएडीनोसीन (Deoxyadenosine), डीऑक्सीग्वानोसीन (Deoxyguanosine)।

(v) सन् 1953 में **जे. डी. वाटसन** एवं **एफ. एच. सी. क्रिक** ने DNA के अवयवों को क्रम में व्यवस्थित करके DNA के अणु का एक द्विकुण्डलित प्रतिरूप (Double helix model) बनाया। इसके लिए उन्हें सन् 1962 में नोबेल पुरस्कार से सम्मानित किया गया।

वाटसन एवं क्रिक द्वारा प्रस्तुत DNA द्विकुण्डलित प्रतिरूप के मुख्य लक्षण निम्न प्रकार हैं

(a) DNA का प्रत्येक अणु दो कुण्डलित पॉलीन्यूक्लियोटाइड शृंखलाओं का बना होता है, दोनों शृंखलाएँ एक-दूसरे से सर्पिल क्रम में जुड़ी रहती हैं, इस द्विकुण्डलन का व्यास लगभग 20 Å होता है।

(b) प्रत्येक पॉलीन्यूक्लियोटाइड शृंखला में डीऑक्सीराइबोस शर्करा और फॉस्फेट समूह एकान्तर क्रम में जुड़े होते हैं। इसी क्रम के द्वारा शृंखला का आधार बनता है।

(c) फॉस्फेट समूह का एक तरफ की शर्करा के 5′C से दूसरी ओर 3′ C पर एस्टर बन्धों (Ester bonds) के द्वारा जुड़े रहते हैं। इन एस्टर बन्धों को **फॉस्फोडाइएस्टर बन्ध** कहते हैं।

(d) दोनों शृंखलाएँ प्रतिसमान्तर (Antiparallal) दशा में कुण्डलित होती हैं अर्थात् एक शृंखला में डाइएस्टर बन्ध $3' \longrightarrow 5'$ दिशा में तथा दूसरी शृंखला में $5' \longrightarrow 3'$ दिशा में होते हैं।

(e) दोनों शृंखलाओं की प्रत्येक शर्करा के 1′C पर एक नाइट्रोजनी क्षारक लगा होता है। यह चारों प्रकार के नाइट्रोजनी क्षारकों में कोई भी हो सकता है, ये क्षारक द्विकुण्डलन में अन्दर की तरफ शृंखला आधार से समकोण (Perpendicular) बनाते हुए लगे रहते हैं।

(f) एक शृंखला के प्यूरीन, दूसरी शृंखला के पिरीमिडीन से हाइड्रोजन आबन्धों द्वारा जुड़े होते हैं।
A सदैव T से तथा C सदैव G से जुड़ा होता है।

(g) एडीनीन व थाइमीन के मध्य दो हाइड्रोजन आबन्ध (A = T) तथा साइटोसीन व ग्वानीन के मध्य तीन हाइड्रोजन आबन्ध ($C \equiv G$) होते हैं।

(h) एक ही शृंखला के किन्हीं दो न्यूक्लियोटाइड्स के बीच 3.4 Å की दूरी होती है। कुण्डलन के एक चक्रण (Rotation) के बीच की दूरी 34Å होती है। एक चक्रण में 10 न्यूक्लियोटाइड्स के जोड़े होते हैं अर्थात् दो न्यूक्लियोटाइड्स के बीच की दूरी $= \frac{34}{10} = 3 \cdot 4$ Å।

(i) दो कुण्डलन बनने से DNA के अणु की पूरी लम्बाई में दो प्रकार की खाँचे बन जाती है— **दीर्घ खाँचे** (Major groove) तथा **लघु खाँचे** (Minor groove)।

DNA पेकैजिंग DNA Packaging

कोरेनवर्ग एवं थॉमस (1974) ने गुणसूत्र की आण्विक संरचना का न्यूक्लियोसोम मॉडल प्रस्तुत किया।

न्यूक्लियोसोम मॉडल को **सुपर सोलेनाइड मॉडल** भी कहते हैं। इस मॉडल के अनुसार गुणसूत्री धागे पर में मूलस्तर पर गाँठनुमा रचनाएँ होती हैं। ये गाँठें कम अणुभार वाली प्रोटीन अर्थात् हिस्टोन के ऊपर DNA के लिपटने से बनती है। H1, H2A, H2B, H3 तथा H4 कुल पाँच प्रकार की हिस्टोन प्रोटीन होती हैं। H1 को H5 भी कहते हैं। इनमें H2A, H2B, H3 तथा H4 युग्म में मिलकर हिस्टोन अष्टक या हिस्टोन कोर बनाती हैं।

ऋणात्मक आवेशी DNA इस हिस्टोन अष्टक के ऊपर लिपटा होता है। यह सम्पूर्ण संरचना (हिस्टोन अष्टक एवं DNA) न्यूक्लियोसोम कहलाती है। लिपटने वाले DNA की लम्बाई सभी जीवों में समान (लगभग 140 bp) होती है। यह कोर के चारों ओर $1\frac{3}{4}$ चक्र लेता है। दो पास-पास के न्यूक्लियोसोम लिंकर DNA या इन्टरबीड द्वारा जुड़े होते हैं। यह H_1 हिस्टोन प्रोटीन भी रखता है। यह हिस्टोन प्रोटीन लिंकर हिस्टोन या प्लगिंग प्रोटीन भी कहलाती है। जब क्रोमैटिन थोड़ा फैला होता है तब गाँठ का व्यास घट जाता है और इन्हें **नू बॉडी** कहते हैं। भिन्न-भिन्न जीवों तथा एक ही जीव के विभिन्न ऊतकों में विभिन्न प्रकार के नॉन-हिस्टोन प्रोटीन पाए जाते हैं। विशिष्ट नॉन-हिस्टोन प्रोटीन विशिष्ट प्रकार के जीन्स की अभिव्यक्ति के लिए आवश्यक होते हैं और उन्हें क्रियाशील बनाते हैं।

आर. एन. ए. RNA

राइबोन्यूक्लिक अम्ल (Ribonucleic acid or RNA) यह सभी सजीव प्राणियों में पाया जाता है तथा प्रोटीन-संश्लेषण में महत्त्वपूर्ण भूमिका निभाता है। RNA चार प्रकार के एकलकीय राइबोन्यूक्लियोटाइड (Ribonucleotide) से मिलकर बना बहुलकीय न्यूक्लिक अम्ल होता है। यह एक पेन्टोस राइबोस शर्करा, एक फॉस्फेट अणु तथा एक नाइट्रोजनी क्षार से बना होता है।

RNA में पाए जाने वाले नाइट्रोजनी क्षार दो प्यूरीन (Purine) जोकि एडीनीन (A) व ग्वानीन (G) तथा दो पिरीमिडीन (Pyrimidine) जोकि साइटोसिन (C) व यूरेसिल (U) से बने होते हैं।

RNA दो प्रकार के होते हैं—आनुवंशिक (Genetic) RNA तथा अन-आनुवंशिक (Non-genetic) RNA।

1. **आनुवंशिक RNA** (Genetic RNA) ये मुख्यतया पादप विषाणु; जैसे—TMV शलजम में पीला मोजैक विषाणु (Turnip yellow mosaic virus), कुछ जन्तुओं में पाए जाने वाले विषाणु; जैसे—इन्फ्लूएन्ज़ा विषाणु, रॉस सार्कोमा विषाणु, आदि तथा जीवाणुभोजी (Bacteriophage) में आनुवंशिक पदार्थ होते हैं। ये आनुवंशिक सूचना वहन करते हैं, जो प्राय: उच्च कोटि के प्राणियों में DNA द्वारा होता है।
2. **अन-आनुवंशिक RNA** (Non-genetic RNA) मुख्यतया सभी प्रोकैरियोट व यूकैरियोट में आनुवंशिक सूचना का वहन DNA के द्वारा किया जाता है। यद्यपि RNA सानुपातिक अधिक मात्रा में पाया जाता है, परन्तु आनुवंशिक पदार्थ का कार्य नहीं करता है। यह तीन प्रकार का होता है

(i) **संदेशवाहक RNA** (*m*RNA) यह DNA की आनुवंशिक सूचना को वहन करता है तथा इसे DNA की रूपरेखा (Blueprint) माना जाता है। *m*RNA कोशिका में उपस्थित कुल RNA का 5-10% भाग होता है।

*m*RNA का उत्पादन अनुलेखन विधि के द्वारा केन्द्रक में DNA की पूरक प्रतिलिपि के रूप में होता है तथा यह प्रोटीन-संश्लेषण में उपयोग आने वाली DNA की आनुवंशिक गुणों (लक्षणों) को वहन करता है।

(ii) **स्थानान्तरण RNA** (*t*RNA) इसे घुलनशील RNA भी कहा जाता है। *t*RNA भी कुल RNA का एक छोटा हिस्सा (10%-15%) होता है। ये RNA के सबसे लघु अणु होते हैं।

*t*RNA ग्राही अणु होता है, क्योंकि यह अमीनो अम्लों को प्रोटीन-संश्लेषण के स्थान पर लेकर जाता है।

(a) ***t*RNA की प्राथमिक संरचना** (Primary structure of *t*RNA) सभी *t*RNA के अणुओं में उपस्थित न्यूक्लियोटाइड क्रम अन्त:भुजीय पूरकता की अनुमति प्रदान करता है, जिससे द्वितीयक संरचना का निर्माण होता है।

(b) ***t*RNA की द्वितीयक संरचना** (Secondary structure of *t*RNA) प्रत्येक *t*RNA अन्त: क्षार युग्मता को दर्शाते हैं तथा क्लोवर की पत्ती का आकार प्राप्त कर लेते हैं। यह संरचना क्षारों के बीच में H-बन्ध के द्वारा स्थिर होती है और यह एक नियत संरचना है।

इसमें पाँच भुजाएँ होती हैं, ग्राही भुजा, डाइहाइड्रोयूरीडिन (Dihydrouridine or DHU) पाश, नियत भुजा, एण्टीकोडॉन भुजा, स्यूडोयूरीडिन (Pseudouridine or T Ψ C) भुजा व अतिरिक्त भुजा।

(c) ***t*RNA की तृतीयक संरचना** (Tertiary structure of *t*RNA) *t*RNA की तृतीय संरचना संगठित 'L' आकार की होती है।

क्लोवर लीफ में आगे के बन्ध, TΨC और DHU भुजा में H-बन्ध बनने की वजह से बनते हैं। एण्टीकोडॉन तथा ग्राही रज्जुक द्विकुण्डलन बनाते हैं। 'L' आकार के अन्त के भाग में तीन क्षार क्रम (त्रिक्षारीय क्रम) होते हैं, जिसे प्रतिकोडॉन (Anticodon) कहते हैं।

(iii) **राइबोसोमल RNA** (*r*RNA) विभिन्न RNA प्रजातियों में से *r*RNA अधिक स्थिर होता है। यह राइबोसोम (Ribosome) से जुड़ा होता है, जोकि प्रोटीन-संश्लेषण का कारखाना है। यह RNA का 40-60% भाग होता है।

प्रोकैरियोट्स व यूकैरियोट्स में चार प्रकार के *r*RNA होते हैं, जिन्हें अवसादन गुणांक के आधार पर विभाजित किया गया है। प्रोकैरियोट्स में 16S, 5S व 23S *r*RNA पाए जाते हैं, जबकि यूकैरियोट्स में 18S, 5S व 28S *r*RNA की प्रजातियाँ पाई जाती हैं।

DNA का द्विगुणन Replication of DNA

कोशिका विभाजन के लिए DNA का द्विगुणन आवश्यक है। DNA का अणु स्वयं का द्विगुणन करता है, जिससे DNA के एक अणु से उसी आकार के दो अणु बनते हैं।

DNA द्विगुणन की तीन सैद्धान्तिक विधियाँ निम्न प्रकार हैं

1. **संरक्षी विधि** (Conservative method) इसके अन्तर्गत निर्मित दो रज्जुकों में एक पूर्ण रूप से नवीन तथा एक पुराना रज्जुक होता है।
2. **अर्द्धसंरक्षी विधि** (Semi-conservative method) दोनों परिणामी DNA में एक रज्जुक पुराना तथा एक रज्जुक नया होता है।
3. **प्रसार विषयक विधि** (Dispersive method) इस विधि के अन्तर्गत दोनों परिणामी रज्जुकों में कुछ भाग पुराने तथा कुछ भाग नवीन DNA के होते हैं।

DNA द्विगुणन की क्रियाविधि
Mechanism of DNA Replication

वाटसन एवं **क्रिक** द्वारा प्रस्तुत DNA प्रतिरूप द्वारा इस बात का आसानी से अनुमान लगाया जा सकता था कि DNA का द्विगुणन किस प्रकार होता है? उनका विचार था कि DNA की दोनों शृंखलाएँ, विकुण्डलित होकर अलग-अलग हो जाती हैं तथा इन शृंखलाओं पर, कोशिकाद्रव्य से इन नाइट्रोजनी क्षारकों के पूरक क्षारक (Complementry base) आकर जुड़ते हैं।

कॉर्नबर्ग (Kornberg) ने सन् 1956 में DNA की एक ही शृंखला को साँचे की तरह इस्तेमाल करके DNA का पूरा अणु प्रयोगशाला में बनाने में सफलता प्राप्त की।

(i) DNA का द्विगुणन, समारम्भन बिन्दु (Initiation point) से शुरू होता है। सुकेन्द्रकीय कोशिकाओं में कई या अनगिनत समारम्भन बिन्दु होते हैं, क्योंकि इन जीवों का DNA बड़ा व जटिल होता है। इसलिए इनके DNA मोनोसिस्ट्रॉनिक (Monocistronic) होता है, जबकि पूर्वकेन्द्रकीय जीवों में DNA पॉलीसिस्ट्रॉनिक होता है, क्योंकि इन जीवों में कई जीन के निर्माण के लिए एक ही समारम्भन बिन्दु होता है।

(ii) हेलिकेज विकर DNA के दोनों रज्जुकों को पृथक् कर देता है तथा प्रत्येक रज्जुक, एकल रज्जुक बन्धन प्रोटीन (Single-strand binding protein) की सहायता से स्थिर हो जाता है।

(iii) टोपोआइसोमरेज (Topoisomerase) विकर रज्जुक में कुण्डलन के तनाव को समाप्त करता है।

(iv) प्रत्येक रज्जुक फर्मे (Template) की तरह कार्य करता है। बहुलीकरण (Polymerisation) से पूर्व, प्राइमेज (Primase) एन्जाइम की सहायता से रज्जुक के 3' छोर के पूरक RNA प्राइमर का संश्लेषण होता है, जिससे आगे DNA पॉलीमरेज-III (DNA polymerase-III) द्वारा बहुलीकरण होता है।

(v) अग्रग रज्जुक (Leading strand) पर, $5' \longrightarrow 3'$ दिशा में सतत् (Continuous) संश्लेषण होता है, जबकि पश्चगामी रज्जुक (Lagging strand) पर छोटे-छोटे टुकड़ों, जिन्हें **ओकाजाकी टुकड़े** (Okazaki fragments) कहते है, के रूप में असतत् (Discontinuous) संश्लेषण होता है। प्रत्येक ओकाजाकी टुकड़े के लिए एक अलग RNA प्राइमर बनता है।

(vi) ओकाजाकी टुकड़े के पूर्ण निर्मित होने पर DNA पॉलीमरेज-I द्वारा RNA प्राइमर को हटा दिया जाता है और DNA लाइगेज (DNA ligase), विकर ओकाजाकी टुकड़ों को जोड़ने का कार्य करता है।

(vii) द्विगुणन के पश्चात् दोनों, नवीन निर्मित रज्जुक पुराने रज्जुकों के साथ अलग हो जाते हैं इस कारण इस द्विगुणन प्रक्रिया को अर्द्धसंरक्षी द्विगुणन कहते हैं।

जीन प्रकटीकरण या प्रोटीन संश्लेषण
Gene Expression or Protein Synthesis

प्रोटीन अणु एक या कई प्रकार की पॉलीपेप्टाइड शृंखलाओं (Polypeptide chains) के बने होते हैं। पॉलीपेप्टाइड शृंखलाएँ

20 प्रकार की अमीनो अम्ल इकाइयों (Amino acid units) के बहुलकीकरण (Polymerisation) से बनती हैं।

प्रोटीन की पॉलीपेप्टाइड श्रृंखलाओं का संश्लेषण केन्द्रक के बाहर, कोशिका के साइटोसाल (Cytosol) में होता है।

क्रिक (1958) ने **अणुजैविकी के केन्द्रीय सिद्धान्त** (Central dogma of molecular biology) का प्रतिपादन किया, जिसके अनुसार DNA से *m*RNA तथा RNA से प्रोटीन बनने की क्रिया में एक सूचना का संचार, एक ओर से दूसरी ओर तक होता रहता है।

टेमिन तथा **बाल्टीमोर** (Temin and Baltimore) ने सूचनाओं के विपरीत प्रवाह (Reverse flow of information) की खोज की, जो इस प्रकार है

$$\text{DNA} \underset{\text{व्युत्क्रम अनुलेखन}}{\overset{\text{अनुलेखन}}{\rightleftharpoons}} m\text{RNA} \xrightarrow{\text{अनुलिपिकरण}} \text{प्रोटीन}$$

प्रोटीन-संश्लेषण में अनुलेखन (Transcription) तथा अनुलिपिकरण (Translation) दो प्रक्रियाएँ होती हैं।

अनुलेखन Transcription

DNA के निर्देशन में विभिन्न प्रकार के RNA के संश्लेषण को अनुलेखन कहते हैं। यह प्रक्रिया विशेष प्रकार के एन्जाइमों द्वारा उत्प्रेरित होती है, जिन्हें **RNA पॉलीमरेज एन्जाइम** (RNA polymerase enzyme) कहते हैं।

यह प्रक्रिया तीन चरणों में पूरी होती है

1. **सूत्रपात** (Initiation) DNA पर समाक्षार युग्मों का एक प्रोत्साहक खण्ड (Promoter region) पाया जाता है।

   RNA पॉलीमरेज एन्जाइम इस प्रोत्साहक खण्ड से संलग्न हो जाता है।

   प्रोत्साहक के प्रथम भाग में A = T युग्म पाए जाते हैं। RNA पॉलीमरेज इन युग्मों के हाइड्रोजन बन्धों को तोड़कर DNA अणु के दो सूत्रों को पृथक् कर देता हैं।

2. **दीर्घीकरण** (Elongation) पृथक् हुए DNA अणु के सूत्रों में से एक की दिशा $3' \rightarrow 5'$ तथा दूसरे की दिशा $5' \rightarrow 3'$ होती है। इनमें से $3' \rightarrow 5'$ सूत्र, RNA अणु के संश्लेषण के लिए साँचे (Template) का कार्य करता है। अत: इस सूत्र को साँचा सूत्र (Template strand) व दूसरे को अनसाँचा सूत्र (Non-template strand) कहते हैं।

   अनुलेखन के प्रारम्भ होते ही RNA पॉलीमरेज एन्जाइम धीरे-धीरे आगे बढ़ता है। यह अकुण्डलन (Unwinding) द्वारा DNA के सूत्रों को पृथक् करके, साँचा सूत्रों के समजात (Complementary) राइबोन्यूक्लियोटाइड एकल (Monomers) को **फॉस्फोडाइएस्टर बन्धों** (Phosphodiester bonds) द्वारा जोड़ता है।

   इसमें नाइट्रोजन बेस थायमिन के स्थान पर यूरेसिल आता है। RNA अणु का दीर्घीकरण $5' \rightarrow 3'$ दिशा में होता है। यह संश्लेषित होने पर, साँचा सूत्र से पृथक् हो जाता है तथा DNA के दोनों अणु वापस जुड़कर कुण्डलित हो जाते हैं।

3. **समापन** (Termination) RNA अणु के संश्लेषण का समापन, **विलोम पद भाग** (Palindromic region) में होता है। विलोमपद में समाक्षार युग्म का अनुक्रम, दोनों ओर से समान (जैसे—ATATATA) होता है। समापन के पश्चात् RNA पॉलीमरेज एन्जाइम पृथक् हो जाता है तथा किसी अन्य जीन पर अनुलेखन प्रारम्भ कर देता है।

RNA पॉलीमरेज RNA Polymerase

प्रोकैरियोट्स में एक RNA पॉलीमरेज ही तीनों प्रकार के RNA जैसे—*m*RNA, *t*RNA व *r*RNA बनाता है। यूकैरियोट्स में **RNA पॉलीमरेज-**I (RNA polymerase-I) केन्द्रिक (Nucleolus) में पाया जाता है तथा *r*RNA बनाता है। RNA पॉलीमरेज-I व II केन्द्रकद्रव्य (Nucleoplasm) में पाए जाते हैं और *m*RNA तथा *t*RNA बनाते हैं।

ई. कोलाई (*E. coli*) में RNA पॉलीमरेज, पाँच पेप्टाइड श्रृंखला ($\alpha, \alpha_2, \beta, \beta', \sigma$) के बने होते हैं। यह एक **होलोएन्जाइम** (Holoenzyme) है, जिसका आण्विक भार 450000 होता है।

सिग्मा कारक (σ or Sigma factor) DNA के प्रोमोटर भाग में, आरम्भन बिन्दु (Start point) को पहचानता है। इस एन्जाइम का बचा भाग (α_2, β, β') कोर एन्जाइम (Core enzyme) कहलाता है।

अनुलिपिकरण Translation

*m*RNA में न्यूक्लियोटाइडों की श्रृंखला का, अमीनो अम्लों की पॉलीपेप्टाइड श्रृंखला में, स्थानान्तरण की प्रक्रिया अनुलिपिकरण (Translation) कहलाती है। यह राइबोसोम पर होती है।

अनुलिपिकरण की प्रक्रिया निम्न चरणों में पूर्ण होती हैं

1. **अमीनो अम्लों का सक्रियन** (Activation of amino acids) इस प्रक्रिया में अमीनो अम्ल (ATP) की उपस्थिति में एक विशिष्ट **अमीनोएसिल *t*RNA सिन्थेटेज एन्जाइम** से क्रिया करके अमीनोएसिल एडिनाइलेट एन्जाइम कॉम्प्लेक्स का निर्माण करता है। इस प्रक्रिया में पायरोफॉस्फेट (Pyrophosphate) निकलता है। कॉम्प्लेक्स में उपस्थित अमीनो अम्ल सक्रिय अमीनो अम्ल (Activated amino acid) कहलाते हैं।

   Amino acid (AA) + ATP + Aminoacyl *t*RNA synthetase enzyme ⟶ AA-AMP-E + PPi (Aminoacyl adenylate enzyme complex)

   यह सक्रिय अमीनो अम्ल, *t*RNA के 3' सिरे पर –CCA अनुक्रम से जुड़कर अमीनोएसिल *t*RNA (CAA-*t*RNA) का निर्माण करता है।

   AA-AMP-E + *t*RNA — AA-*t*RNA + AMP + एन्जाइम

2. **सूत्रपात** (Initiation) इस प्रक्रिया में GTP, Mg^{2+} तथा प्रोटीनीय सूत्रपात कारकों (Proteinaceous initiation factors) की आवश्यकता होती हैं।

   प्रोकैरियोट्स में तीन सूत्रपात कारक IF_3, IF_2 व IF_1 पाए जाते हैं, लेकिन यूकैरियोट्स में नौ सूत्रपात कारक ($elF_2, elF_3, elF_1, elF_{4A}, elF_{4B}, elF_{4C}, elF_{4D}, elF_5$ व elF_6), होते हैं, जिनमें से lF_3 या elF_2 राइबोसोम की छोटी इकाई से जुड़ते हैं।

   *m*RNA से राइबोसोम की छोटी इकाई को जोड़ने के लिए GTP की आवश्यकता होती है। इसके कारण *m*RNA का सूत्रपात कोडॉन (Initiation codon) AUG, राइबोसोम की बड़ी इकाई में स्थित P-स्थल के सामने आ जाता है।

$$30S \text{ उपइकाई} + m\text{RNA} \xrightarrow[\text{GTP}]{IF_3} 30S\text{-}m\text{RNA-}t\text{RNA-f-met}$$

$$40S \text{ उपइकाई} + \text{RNA} \xrightarrow[\text{GTP}]{eIF_2} 40S\ m\text{RNA-}t\text{RNA met}$$

प्रोकैरियोट्स में फॉर्मिलेटिड मैथाइल *t*RNA (Formylated methyl *t*RNA) प्रारम्भिक मीथियोनिन को प्राप्त करता है, परन्तु यूकैरियोट्स में अनफॉर्मिलेटिड मैथाइल *t*RNA (Unformylated methyl *t*RNA) यह कार्य करता है।

अब राइबोसोम की बड़ी इकाई, (30S-*m*RNA-*t*RNA-f-met या 40 S-*m*RNA-*t*RNA met से जुड़ जाती है।) इसके लिए प्रौकैरियोट्स को IF_1 व यूकैरियोट्स को **eIF_1** व **eIF_4** की आवश्यकता होती है।

इस प्रकार जुड़े हुए राइबोसोम में P-स्थल पर *m*RNA-*t*RNA कॉम्प्लेक्स होता है, लेकिन इसकी A-स्थल खाली होती है।

3. **दीर्घीकरण** (Elongation) इस प्रक्रिया में GTP तथा दीर्घीकरण कारक प्रोकैरियोट्स में $EF\text{-}T_4$ तथा EFT_5 यूकैरियोट्स में eEF_1 की आवश्यकता होती है। इसमें एक नया अमीनोएसाइल + *t*RNA कॉम्प्लेक्स, राइबोसोम की A-स्थल पर पहुँचकर हाइड्रोजन बन्ध द्वारा *m*RNA से जुड़ जाता है।

   P-स्थल के अमीनो अम्ल के कार्बोक्सिल तथा A-स्थल के अमीनो अम्ल के अमीनो समूह के बीच पेप्टाइड बन्ध (Peptide bond) बनता है। इस प्रक्रिया में पेप्टाइडिल ट्रान्सफरेज (Peptidyl transferase) एन्जाइम भाग लेता है।

   प्रथम पेप्टाइड बन्ध बनने के बाद P-स्थल का *t*RNA, राइबोसोम के बाहर निकल जाता है तथा A-स्थल का डाइपेप्टिडिल *t*RNA, P-स्थल पर आ जाता है। A-स्थल नए *t*RNA को प्राप्त करने के लिए खाली हो जाती है। यह क्रिया स्थानान्तरण या **ट्रान्सलोकेशन** (Translocation) कहलाती है। इस तरह नए पेप्टाइड बन्ध बनकर नई पॉलीपेप्टाइड शृंखला बनती जाती है।

4. **समापन** (Termination) यह क्रिया समापन कारक (Termination factor) R_2 व R_3 तथा **समापन कोडॉन** UAA, UAG व UGA की सहायता से होती है।

आनुवंशिक कूट Genetic Code

- **आनुवंशिक कूट** *m*RNA अणुओं में स्थित नाइट्रोजनी क्षारों का वह क्रम है, जिनमें प्रोटीन संश्लेषण के लिए सन्देश निहित होते हैं। एक अमीनो अम्ल के लिए सन्देश देने वाला न्यूक्लियोटाइड का समूह प्रकूट (Codon) कहलाता है। आनुवंशिक कूट की खोज **नीरेनबर्ग** एवं **मथाई** (1961) ने की थी।
- AUG तथा GUG (कभी-कभी) प्रारम्भिक प्रकूट, जबकि UAA, UGA, UAG समापन प्रकूट (Termination codon) हैं।
- आनुवंशिक कूट **अपभ्रष्टता** (Degeneracy) दर्शाता है अर्थात कुछ अमीनों अम्लों को एक से अधिक प्रकूट कूट करते हैं। आनुवंशिक कूट **कोमाविहीन** (Commaless) है तथा **सार्वत्रिकता** (Universality) दर्शाता है।
- आनुवंशिक कूट अनतिव्यापी (Non-overlapping) होता है। आनुवांशिक कूट असंदिग्धता (Non-ambiguity) दर्शाता है अर्थात् एक विशिष्ट प्रकूट एक ही अमीनो अम्ल को कूट करता है।
- **एच. सी. क्रिक** (1965) ने **वोबल हाइपोथेसिस** प्रस्तुत की, जिसके अनुसार एक प्रकूट की विशिष्टता प्रथम दो क्षारकों द्वारा निर्धारित होती है।

जीन अभिव्यक्ति का नियन्त्रण
Regulation of Gene Expression

जीन अपने आप को प्रोटीन संश्लेषण के माध्यम से अभिव्यक्त करती हैं। किसी कोशिका द्वारा बनाए जा सकने वाले सारे प्रोटीनों की एक ही समय पर आवश्यकता नहीं होती है। इसलिए इनका संश्लेषण नियन्त्रित होता है। इस नियन्त्रण के लिए अनेकों विधियाँ होती हैं।

- प्रारम्भ में जीन अभिव्यक्ति के नियन्त्रण की जानकारी केवल प्रोकैरियोट में ही उपलब्ध थी।
  जीन नियन्त्रण के दो प्रसिद्ध मॉडल हैं
  (i) **अभिप्रेरणात्मक तन्त्र** (Inducible system) जब एक विशिष्ट पदार्थ या उपापचयक (Metabolite) का प्रवेश करने से जीन की क्रियाशीलता प्रारम्भ हो जाती है, तब इस तन्त्र को अभिप्रेरणात्मक ओपेरॉन कहते हैं; उदाहरण—*लैक* ओपेरॉन मॉडल।
  (ii) **संदमनात्मक तन्त्र** (Repressible system) यह जीन क्रिया रोकने के लिए है। जब एक विशिष्ट पदार्थ या उपापचयक के प्रवेश करने से जीन की क्रियाशीलता समाप्त हो जाती है, तब इस तन्त्र को संदमनात्मक ओपेरॉन कहते हैं; उदाहरण—ट्रिप्टोफान ओपेरॉन मॉडल।

  प्रारम्भ में ओपेरॉन मॉडल **जैकब** तथा **मोनोड** ने जीन क्रिया के अभिप्रेरण के लिए दिया था। यह **ओपेरॉन संकल्पना** के रूप में प्रचलित है।

लैक ओपेरॉन मॉडल *Lac* Operon Model

- **फ्रैंकोइस जैकोब** तथा **जैक्विस मोनोड** ने 1961 में जीन अभिव्यक्ति स्पष्ट करने के लिए यह संकल्पना दी। उन्होंने जीवाणु ई. *कोलाई* पर कार्य किया।
- जब ई. *कोलाई* के संवर्धन माध्यम से **लैक्टोज** मिलाया जाता है, इसके पाचन के लिए तीन एन्जाइमों की आवश्यकता होती है। इन एन्जाइमों के संश्लेषण को **संरचनात्मक जीन** (Structural genes) कूट करती है। लैक्टोस के पाचन के लिए एन्जाइमों की आवश्यकता होती है, वे हैं
- β-गैल्कटोसाइडेज जीन z या *लैक* Z, परमिएज — जीन y या *लैक* Y तथा एसीटाइलट्रांसफरेज — जीन a या *लैक* A। संरचनात्मक जीनें (*लैक* Z *लैक* Y तथा *लैक* A) लैक्टोस के पाचन के लिए आवश्यक एन्जाइमों के संश्लेषण को कूट करती हैं। इन सभी जीनों के कार्य को **प्रचालक** जीन एक इकाई की भाँति नियन्त्रित करती है।
- संरचनात्मक जीनों नियामक जीन तथा प्रचालक जीन के एक युग्म की अभिव्यक्ति तथा नियन्त्रण की सम्पूर्ण इकाई को एक ओपेरॉन कहते हैं।
  (i) **नियामक जीन** (Regulator gene) नियामक जीन एक संदनात्मक प्रोटीन (repressor protein) को कूट करती है। यह संदनात्मक प्रोटीन प्रचालक जीन के साथ जुड़ जाती है, जिससे संरचनात्मक जीनों तक अनुलेखन रुक जाता है।
  (ii) **प्रचालक जीन** (Operator gene) जब संदमनात्मक प्रोटीन प्रचालक जीन से बँधती है, तब इस जीन से RNA पॉलीमरेज नहीं बँध पाता तथा ओपेरॉन का अनुलेखन रुक जाता है।

(iii) **संरचनात्मक जीन** (Structural gene) जब प्रचालक या ऑपरेटर जीन, 'ऑन' होती है, तब संरचनात्मक जीनों का अनुवाद होता है तथा एन्जाइम का निर्माण होता है।

लैक ओपेरॉन में जब माध्यम में लैक्टोस मिलाते हैं, तब इसमें से कुछ लैक्टोस कोशिका के भीतर प्रवेश कर जाता है क्योंकि कुछ मात्रा में पर्मिएज एन्जाइम सदैव उपस्थित रहता है। कोशिका के भीतर लैक्टोस संदमनात्मक प्रोटीन से बंध जाता है। अब संदमनात्मक प्रोटीन ऑपरेटर जीन से नहीं बंध सकता, अत: ऑपरेटर जीन स्वतन्त्र रहती है तथा सभी संरचनात्मक जीनों का अनुलेखन होता है। इन सभी जीनों का एक इकाई की भाँति नियमन (Regulation) प्रचालक या ऑपरेटर जीन (Operator gene) करती है। इस पूरी इकाई को ओपेरॉन (Operon) कहते हैं। एक नियामक जीन (Regulatory gene) प्रचालक जीन को ऑन या ऑफ करती है। तथा वह प्रचालक जीन संरचनात्मक जीनों की क्रिया का नियमन करती है यह अभिप्रेरण (Induction) है।

जीनोम Genome

'किसी जीव में गुणसूत्रों के एक अगुणित समूह पर उपस्थित कुल DNA ही जीनोम कहलाता है' अर्थात् 'किसी जीव की कोशिका में उपस्थित अगुणित समूह के गुणसूत्रों के DNA में न्यूक्लियोटाइड क्रम के रूप में संग्रहित जैविक सूचनाएँ ही उसका जीनोम है।' DNA पर उपस्थित क्षारों का क्रम ही किसी जीव की आनुवंशिक सूचना का निर्धारण करता है। जीनोम शब्द **विंकलर** (Winkler) नामक वैज्ञानिक ने सन् 1920 में दिया था। किसी जाति की एक समष्टि के सभी जीवों के जीनोम को सम्मिलित रूप से **जीन पूल** (Gene pool) या **जीन कोष** कहते हैं।

मानव जीनोम परियोजना
Human Genome Project (HGP)

प्रत्येक मनुष्य एक-दूसरे से भिन्न होता है। यह भिन्नता उसकी आनुवंशिक व्यवस्था के कारण होती हैं, जिसका निर्धारण उसके DNA पर उपस्थित अनुक्रमों द्वारा किया जाता है। यही कारण है कि मानव जीनोम का मानचित्रण करना सदैव से वैज्ञानिकों का उद्‌देश्य रहा है।

आनुवंशिक अभियान्त्रिकी तकनीकों द्वारा DNA का पृथक्करण, DNA खण्डों की क्लोनिंग तथा इन खण्डों पर उपस्थित क्षार अणुक्रमों का निर्धारण किया जा सकता है। अत: सन् 1990 में संयुक्त राष्ट्र अमेरिका ने एक अन्तर्राष्ट्रीय अनुसन्धान कार्यक्रम के रूप में **मानव जीनोम परियोजना** (Human Genome Project or HGP) की शुरुआत की। इस परियोजना का प्रमुख उद्‌देश्य मानव जीनोम के DNA क्रम (DNA sequence) को निर्धारित करना था।

वास्तव में इस परियोजना का आरम्भ अमेरिका के राष्ट्रीय स्वास्थ्य संस्थान (National Institute of Health or NIH) में सन् 1988 में हुआ था। इसी उद्‌देश्य के साथ सन् 1993 में वहाँ **राष्ट्रीय मानव जीनोम अनुसन्धान संस्थान** (National Human Genome Research Institute or NHGRI) की स्थापना की गई। HGP के बारे में जानकारी जीव विज्ञान के इस नए क्षेत्र का तेजी से विस्तार सम्भव हो पाया जिसे जैव सूचना विज्ञान (Bioinformatics) कहते हैं।

अमेरिका के ऊर्जा विभाग (Department of Energy) में मानव जीनोम परियोजना (HGP) की चर्चा सन् 1984 में ही आरम्भ हो गई थी।

DNA फिंगरप्रिन्टिग DNA Fingerprinting

- प्रत्येक व्यक्ति में फिंगरप्रिन्ट की तरह DNA भी अद्वितीय होता है। DNA फिंगरप्रिन्ट व्यक्ति की प्रत्येक कोशिका, ऊतक तथा अंग के लिए समान होता है। इसे किसी भी ज्ञात उपचार द्वारा बदला नहीं जा सकता है। DNA फिंगरप्रिन्टिग के लिए ऐसी जीनों का चयन किया जाता है, जोकि अत्यन्त बहुरूपी होती हैं। अर्थात् वे DNA अनुक्रम जिनके मानव जनसंख्या में बहुविकल्पी एलील होते हैं। अत: भिन्न व्यक्तियों में भिन्न होते हैं।
- ब्रिटिश के आनुवंशिक वैज्ञानिक **डॉ. एलेक जेफरी** ने 1984 में DNA फिंगरप्रिन्टिग तकनीक का विकास किया। इस तकनीक का विकास इस आशा से किया था कि यह वंशागत रोगों के लिए चिन्हक प्रदान करेगा तथा इनके प्रारम्भिक उपचार के लिए सहायक होगा।

सिद्धान्त Principle

- DNA में लघु न्यूक्लियोटाइड पुनरावर्तन उपस्थित होते हैं इनकी संख्या प्रत्येक व्यक्तियों में भिन्न होती है, किन्तु ये वंशानुगत होते हैं। ये परिवर्ती संख्या अनुक्रम पुनरावर्तन या VNTRs हैं। दो व्यक्तियों के VNTRs समान लम्बाई के हो सकते हैं तथा कुछ स्थलों पर अनुक्रम समान किन्तु अन्य पर भिन्न हो सकता है।
- जैसे—एक बच्चे में माता से छ: अनुक्रम पुनरावर्तन वाला गुणसूत्र वंशागत हो सकता है तथा पिता से वंशागत समजात गुणसूत्र में समान अनुक्रम चार बार पुनरावर्त हो सकता है। अत: बच्चे के आधे VNTR एलील माता के समान तथा आधे पिता के समान होते हैं।

अनुप्रयोग Applications

DNA फिंगरप्रिन्टिग के प्रमुख अनुप्रयोग निम्नलिखित हैं

(a) विवादित जनकता के मामले में बच्चे तथा जनक के DNA को सुमेलित करके बच्चें के वास्तविक पिता या माता का पता लगाया जा सकता है।

(b) फोरेन्सिक प्रयोगशालाओं में अपराधियों की पहचान के लिए भी इस तकनीक का उपयोग किया जाता है। अपराध के स्थल पर पाए गए त्वचा की कोशिकाओं या रुधिर के धब्बे से लिया गया DNA तथा अपराधी के DNA का मेल मिलाया जाता है। इसी तरह बलात्कार के मामलों में पीड़ित से बाल या वीर्य लिया जाता है। बाल या वीर्य से DNA अलग किया जाता है तथा अपराधी के DNA के नमूने से मिलाया जाता है।

(c) प्रवासन के इच्छुक व्यक्ति का DNA उस व्यक्ति के DNA से मिलाया जाता है जिसे वह निकट सम्बन्धी या रुधिर सम्बन्धी (जो की पहले से ही उस देश का नागरिक है) बताता है। DNA के मेल से निकट पास के रुधिर सम्बन्ध सिद्ध किए जा सकते हैं।

(d) विभिन्न प्रजातीय समूहों के सम्बन्ध का पता इस तकनीक से लगेगा, जिससे जैविक विकास को पुन: लिखा जाएगा।

अभ्यास प्रश्न

आनुवंशिकी : मेण्डलवाद व वंशागति का गुणसूत्रीय सिद्धान्त एवं लिंग निर्धारण

1. आनुवंशिकता के जनक है
(a) जॉन ग्रेगर मेण्डल (b) एच डी व्रीज
(c) ए वी ल्यूवेनहॉक (d) कार्ल कॉरेन्स

2. आनुवंशिकी शब्द का उपयोग सर्वप्रथम किया
(a) मेण्डल ने (b) मॉर्गन ने
(c) विलियम बेटसन ने (d) डार्विन ने

3. मेण्डल द्वारा चयन किए गए 7 विषम गुण जोड़ों में से कितने लक्षण प्रभावी एवं कितने अप्रभावी थे?
(a) 7 एवं 7 (b) 8 एवं 6
(c) 6 एवं 8 (d) 5 एवं 9

4. मेण्डल द्वारा अपने प्रयोग में परागण की कौन-सी विधि अपनाई गई थी?
(a) कृत्रिम (b) परपरागण
(c) प्राकृतिक (d) दोनों (a) तथा (b)

5. एकसंकर क्रॉस में F_2 पीढ़ी में समयुग्मजी सन्तति होने की सम्भावना होगी
(a) 25% (b) 50%
(c) 75% (d) 100%

6. प्रथम पीढ़ी के विषमयुग्मजी एवं अप्रभावी जनक के संकरण से प्राप्त अनुपात होता है
(a) 3 : 1 (b) 1 : 2 : 1
(c) 1 : 3 (d) 1 : 1

7. अपूर्ण प्रभाविता की खोज की
(a) मेण्डल ने (b) कॉरेन्स ने
(c) कार्ल लॉरेन्स ने (d) ह्यूगो डी व्रीज ने

8. मेण्डल ने लम्बे एवं बौने पौधों में संकरण (Cross) कराया। उन्हें F_2-पीढ़ी में लम्बे एवं बौने दोनों प्रकार के पौधे प्राप्त हुए, यह दर्शाता है
(a) लक्षणों का सम्मिश्रण (Blending)
(b) पूर्वजता (Atavism)
(c) लक्षणों का असम्मिश्रण (Ablending)
(d) मध्यवर्ती (Intermediate) लक्षण

9. यदि किसी विशिष्ट का जीनोटाइप एक बिन्दु (Locus) पर केवल एक प्रकार का जीन रखता है, वह कहलाता है,
(a) समयुग्मजी (Homozygous)
(b) विषमयुग्मजी (Heterozygous)
(c) एक युग्मविकल्पी (Monoallelic)
(d) समान युग्मविकल्पी (Uniallelic)

10. विषमयुग्मजी युग्मविकल्पी जोड़े द्वारा उत्पन्न युग्मक कितने प्रकार के होते हैं?
(a) 1 (b) 2
(c) 3 (d) अनेक

11. एक मेण्डेलियन संकरण में F_2- पीढ़ी के दोनों जीनप्रारूप एवं लक्षणप्रारूप अनुपात 1 : 2 : 1 समान हैं। यह कौन-सी स्थिति दर्शाता है?
(a) सहप्रभाविता (Codominance)
(b) द्विसंकर संकरण (Dihybrid cross)
(c) पूर्ण प्रभाविता के साथ एकसंकर संकरण
(d) अपूर्ण प्रभाविता के साथ एकसंकर संकरण

12. अपूर्ण प्रभाविता का F_2-पीढ़ी में जीनोटाइप अनुपात होगा
(a) 3 : 1 (b) 1 : 2 : 1
(c) 9 : 3 : 3 : 1 (d) 15 : 1

13. मेण्डल के नियमों का अपवाद है
(a) जंगली मटर (b) *ड्रोसोफिला*
(c) *मिराबिलस* (d) गेहूँ

14. मेण्डलवाद के पुन: खोजकर्ता नहीं हैं
(a) ह्यूगो डी व्रीज (b) कार्ल कॉरेन्स
(c) टी एच मॉर्गन (d) वान शेरमॉक

15. युग्मनजों के बनते समय जीन के जोड़े में से केवल एक युग्मक प्रवेश करता है, यह किस नियम की ओर इंगित करता है?
(a) पृथक्करण का नियम (b) स्वतन्त्र-अपव्यूहन का नियम
(c) प्रभाविता का नियम (d) ये सभी

16. F_1-सन्तति का अप्रभावी जनक से संकरण कहलाता है
(a) परीक्षार्थ संकरण (b) प्रतीप संकरण
(c) बैकवर्ड टेस्ट क्रॉस (d) सहप्रभाविता क्रॉस

17. यदि F_2-पीढ़ी में जीनोटाइप तथा फीनोटाइप का अनुपात समान हो, तो इसका कारण है
(a) अपूर्ण प्रभाविता (b) जीन्स का विसंयोजन
(c) स्वतन्त्र-अपव्यूहन (d) युग्मकों का पृथक्करण

18. यदि लाल पुष्प वाले पौधे को सफेद पुष्प वाले पौधे से क्रॉस करवाने पर F_1-सन्तति के पौधों में गुलाबी पुष्प बनते हैं, तो यह उदाहरण है
(a) अपूर्ण प्रभाविता (b) स्वतन्त्र-अपव्यूहन
(c) अप्रभाविकता (d) सहलग्नता

19. एकसंकर क्रॉस का F_2-पीढ़ी में समजीनी अनुपात होता है
(a) 1 : 1 (b) 3 : 1
(c) 2 : 2 (d) 1 : 2 : 1

20. समयुग्मकी प्रभावी तथा अप्रभावी में निषेचन करवाने पर कितने प्रतिशत सन्तति में विषमयुग्मकी होंगे?
(a) 100% (b) 25% (c) 50% (d) 75%

21. निम्न में परीक्षार्थ संकरण है
(a) Tt × tt (b) Tt × TT (c) Tt × Tt (d) TT × tt

22. टेस्ट संकरण है
(a) अप्रभावी F_1-पौधे का प्रभावी F_2-पौधे के साथ संकरण
(b) अप्रभावी F_2-पौधे का प्रभावी F_3- पौधे के साथ संकरण
(c) प्रभावी F_1-पौधे का अप्रभावी जनक पौधों के साथ संकरण
(d) प्रभावी F_2- पौधे का विषमयुग्मजी जनक पौधों के साथ संकरण

23. मेण्डल के पृथक्करण के सिद्धान्त से अभिप्राय है कि जनन (Germ) कोशिका सदैव ग्रहण/प्राप्त करती है
(a) युग्मविकल्पी का एक जोड़ा
(b) जीन का एक चौथाई
(c) जनक के एक युग्मविकल्पी या जननी के एक युग्मविकल्पी में से कोई एक
(d) युग्मविकल्पी का कोई एक जोड़ा

24. अपूर्ण प्रभाविता, पूर्ण प्रभाविता से किस आधार पर भिन्न होती है?
(a) फिनोटाइप अनुपात (b) जीनोटाइप अनुपात
(c) दोनों (a) एवं (b) (d) इनमें से कोई नहीं

25. कौन-से मेण्डेलियन विचार को संकरण के द्वारा वर्गित किया गया है जिसमें F_1- पीढ़ी दोनों जनकों को दर्शाती है?
(a) अपूर्ण प्रभाविता (b) प्रभाविता का नियम
(c) एकल जीन की आनुवंशिकता (d) सहप्रभाविता

26. यदि 'AB' रुधिर वर्ग वाले दो व्यक्ति विवाह करते हैं और उनके पर्याप्त संख्या में बच्चे होते हैं, तो इन बच्चों को 'A' रुधिर वर्ग 'AB' रुधिर वर्ग व 'B' रुधिर वर्ग में 1 : 2 : 1 के अनुपात में वर्गीकृत किया जा सकता है। प्रोटीन इलेक्ट्रोफोरेसिस की नवीन तकनीक ने 'A' एवं 'B' दोनों प्रकार के प्रोटीन की 'AB' रुधिर वर्ग में उपस्थिति को प्रकट किया है, यह उदाहरण है
(a) सहप्रभाविता (b) अपूर्ण प्रभाविता
(c) आंशिक प्रभाविता (d) पूर्ण प्रभाविता

27. माता = A रुधिर वर्ग
पिता = AB रुधिर वर्ग
इस स्थिति में बच्चे का कौन-सा रुधिर वर्ग नहीं होगा?
(a) A रुधिर वर्ग (b) O रुधिर वर्ग
(c) B रुधिर वर्ग (d) AB रुधिर वर्ग

28. हरी फली वाले मटर के एक शुद्ध लम्बे पादप का पीली फली वाले एक शुद्ध बौने पादप के साथ संकरण कराने पर F_2-पीढ़ी में 16 में से कितने बौने पादप बनेंगे?
(a) 1 (b) 3 (c) 4 (d) 9

29. यदि एकसंकर क्रॉस की F_1 के दो विषमयुग्मजी संकर से आगे वाली पीढ़ी में 2 : 1 अनुपात आता हो, तो इससे निष्कर्ष निकलता है कि
(a) पूरक जीन उपस्थित
(b) प्रभावी जीन समयुग्मजी स्थिति में प्राणघाती है
(c) प्रभावी जीन विषमयुग्मजी स्थिति में प्राणघाती है
(d) यह अपूर्ण प्रभावी है

30. मेण्डेलियन गुणों के पुनर्योजन का कारण है
(a) उत्परिवर्तन (b) जीन की सहलनग्नता
(c) प्रभाविकता (d) स्वतन्त्र-अपव्यूहन

31. स्वतन्त्र अपव्यूहन के नियम में कितने कारक शामिल रहते हैं? (एक द्विसंकर संकरण के लिए)
(a) 2 (b) 3 (c) 4 (d) 1

32. उद्यान मटर पर किए मेण्डल के प्रयोगों में गोलाकार बीज आकृति (RR), झुर्रीदार बीजों (rr) पर तथा पीले बीजपत्र (YY), हरे बीजपत्र (yy) पर प्रभावी थे। RRYY व rryy संकरण की F_1- पीढ़ी में प्रत्याशित लक्षण प्रारूप क्या होंगे?
(a) पीले बीजपत्रों के साथ केवल गोल बीज
(b) पीले बीजपत्रों के साथ केवल झुर्रीदार बीज
(c) हरे बीजपत्रों के साथ केवल झुर्रीदार बीज
(d) पीले बीजपत्रों के साथ गोल बीज एवं पीले बीजपत्रों के साथ झुर्रीदार बीज

33. किसने आनुवंशिकता के गुणसूत्रीय सिद्धान्त को प्रस्तावित किया?
(a) सटन एवं मेण्डल (b) बोवेरी एवं मॉर्गन
(c) मॉर्गन एवं मेण्डल (d) सटन एवं बोवेरी

34. जीन एवं गुणसूत्र (मेण्डेलियन कारक) चाहे प्रभावी हो या अप्रभावी एक पीढ़ी से दूसरी पीढ़ी में स्थानान्तरित होते जाते हैं
(a) परिवर्तित रूप में (b) अपरिवर्तित रूप में
(c) पृथक् रूप में (d) विघटित रूप में

35. निम्न चित्र वर्णित करता है

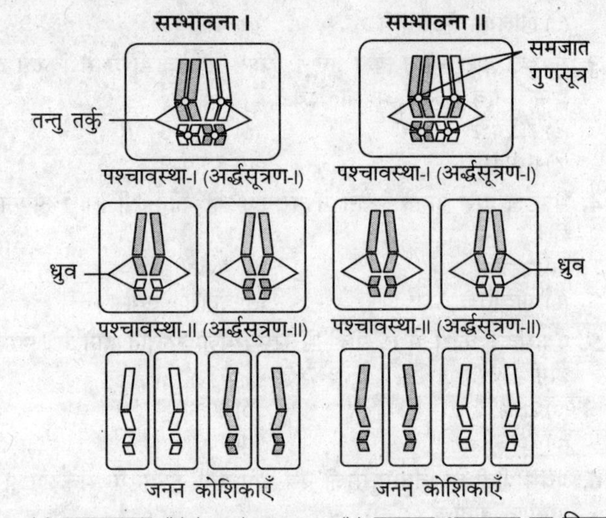

(a) सहलग्नता (Linkage) (b) स्वतन्त्र अपव्यूहन का नियम
(c) प्रभाविता का नियम (d) समसूत्री विभाजन

36. *पाइसम सेटाइवम* तथा *लैथाइरस ऑडोरेटस* पौधों के संकरण को कहते हैं
(a) अन्तर-वंशीय संकरण (b) अन्तर-जातीय संकरण
(c) अन्तरा-वंशीय संकरण (d) अन्तर-कुलीय संकरण

37. एकसंकर क्रॉस की F_2-पीढ़ी से प्राप्त समजीनीय तथा समलक्षणी अनुपात क्रमशः होंगे
(a) 3 : 1 तथा 15 : 1 (b) 1 : 2 : 1 तथा 3 : 1
(c) 1 : 1 तथा 3 : 1 (d) 3 : 1 तथा 1 : 2 : 1

38. प्रतीप संकरण क्रॉस किसके मध्य होता है?
(a) दो F_1-सन्ततियों के मध्य
(b) F_2 और F_1-पीढ़ी के सदस्यों के मध्य
(c) F_1-सन्तति और प्रभावी जनक के मध्य
(d) दो F_2-सन्तति के मध्य

39. जब एक ही पौधे के एक फूल का परागकण उसी पौधे के एक अन्य फूल के वर्तिकाग्र पर पहुँचता है, तब इस प्रकार के परागण को कहते हैं
(a) जीनोगैमी (b) माइटोगैमी
(c) एलोगैमी (d) ऑटोगैमी

40. F_1-पौधे का अपने प्रभावी जनक के साथ संकरण कहलाता है
(a) प्रतीप संकरण (b) परीक्षार्थ संकरण
(c) बैकवर्ड परीक्षार्थ संकरण (d) सहप्रभाविकता संकरण

41. F_2-पीढ़ी उत्पादित होती है
(a) दो व्यष्टिगत जनकों के सन्तानों के बीच स्व-परागण होने से
(b) F_1-पीढ़ी को किसी एक जनक से निषेचन करने पर
(c) दो जनकों को स्व-परागित होने से
(d) दो लगातार निषेचन दो व्यष्टिगत जनकों के बीच होने से

42. मटर के पौधे की लघुबीजाणु मातृ कोशिका में गुणसूत्रों की संख्या होती है
(a) 7 (b) 8 (c) 14 (d) 16

43. 4' O क्लोक प्रसिद्ध है
(a) अपूर्ण प्रभाविता के कारण
(b) गुणसूत्रीय प्रभाविता के कारण
(c) सहलग्नता के कारण
(d) अप्रभावी युग्मकों के पृथक्करण के कारण

44. गुणसूत्रीय पदार्थों को मेण्डल ने कहा
(a) युग्मक (b) गुणसूत्र (c) कारक (d) जीन

45. त्रिसंकर क्रॉस से F_1-पीढ़ी में कितने प्रकार के युग्मक बनेंगे?
(a) 7 (b) 9 (c) 8 (d) 15

46. युग्मकों की शुद्धता का नियम है
(a) पृथक्करण का नियम (b) स्वतन्त्र-अपव्यूहन का नियम
(c) अपूर्ण प्रभाविकता का नियम (d) प्रभाविता का नियम

47. मटर में कितने जोड़ी गुणसूत्र पाए जाते हैं?
(a) 7 (b) 12 (c) 10 (d) 14

48. मक्के में गुणसूत्र होते हैं
(a) 7 जोड़ी (b) 12 जोड़ी (c) 10 जोड़ी (d) 23 जोड़ी

49. बहुविकल्पता की खोज की
(a) ग्रेगनबार ने (b) जॉहन्सन ने
(c) कार्ल लैण्डस्टीनर ने (d) ह्यूगो डी व्रीज ने

50. यदि जनकों में एक का रुधिर वर्ग 'A' हो तथा दूसरे का 'B' वर्ग हो, तो उनसे उत्पन्न होने वाले बच्चों का रुधिर वर्ग होगा
(a) A व O (b) AB
(c) A व B (d) सभी प्रकार का

51. रुधिर वर्ग से सम्बन्धित है
(a) डाउन सिन्ड्रोम (b) वर्णान्धता कारक
(c) Rh-कारक (d) रंजकहीनता कारक

52. विपुंसन का अर्थ है
(a) दलपुंज को काट देना (b) वर्तिका को काट देना
(c) परागकोष को काट देना (d) वर्तिकाग्र को काट देना

53. स्वतन्त्र-अपव्यूहन का नियम सिद्ध होता है
(a) द्विसंकर क्रॉस से (b) एकसंकर क्रॉस से
(c) प्रतीप संकरण से (d) परीक्षार्थ संकरण से

54. RrYy जीनोटाइप से किस प्रकार के युग्मक बनेंगे?
(a) RY, Ry, rY, ry (b) RY, Ry, ry, rY
(c) Ry, Ry, Yy, ry (d) Rr, RR, Yy, YY

55. नीली आँखों वाली अप्रभावी महिला व भूरी आँखों वाले (प्रभावी) पुरुष जिसकी माता नीली आँखों वाली थी, उसके बच्चे होंगे
(a) तीन नीली आँखों वाले व एक भूरी आँखों वाला
(b) सभी भूरी आँखों वाले
(c) सभी नीली आँखों वाले
(d) एक नीली आँखों तथा एक भूरी आँखों वाला

56. *मिराबिलस जलापा* मेण्डल के किस नियम का अपवाद है?
(a) प्रभाविता का नियम (b) पृथक्करण का नियम
(c) स्वतन्त्र-अपव्यूहन का नियम (d) अपूर्ण प्रभाविता का नियम

57. यदि जनकों का रुधिर वर्ग 'A' तथा 'O' हो, तो उनसे उत्पन्न होने वाले बच्चों का रुधिर वर्ग होगा
(a) A व O (b) A, B तथा O
(c) A व B (d) A, B, AB तथा O

58. लिंग निर्धारण की अगुणित-द्विगुणित क्रियाविधि पाई जाती है
(a) मधुमक्खी में (b) फ्लाइस में (c) चींटियों में (d) ये सभी

59. XX व XY प्रकार के लिंग निर्धारण पर आधारित नर तथा मादा सन्तति का सामान्य अनुपात होगा
(a) 1 : 1 (b) 15 : 1 (c) 1 : 3 (d) 1 : 4

60. मानव में कितने जोड़ी ऑटोसोम्स पाए जाते हैं?
(a) 21 जोड़ी (b) 22 जोड़ी
(c) 23 जोड़ी (d) 24 जोड़ी

61. लिंग निर्धारण हेतु जीन सन्तुलन सिद्धान्त दिया
(a) व्रीज ने (b) मॉर्गन ने (c) ग्रेगनबार ने (d) जॉहन्सन ने

62. मनुष्य की मादा में बार बॉडी बनती है
(a) मातृक X गुणसूत्र के निष्क्रियकरण से
(b) पैतृक X गुणसूत्र के निष्क्रियकरण से
(c) दोनों X गुणसूत्रों के निष्क्रियकरण से
(d) या तो पैतृक X गुणसूत्र अथवा मातृक गुणसूत्र के निष्क्रियकरण से

63. बार काय पाई जाती है
(a) पुरुष की दैहिक कोशिका में (b) स्त्री की दैहिक कोशिका में
(c) शुक्राणु व अण्डाणु में (d) लैंगिक गुणसूत्र के सिरे पर

64. निम्न में से गलत जोड़े का चुनाव कीजिए।
(a) नर पक्षी–समयुग्मकी (b) मादा पक्षी–विषमयुग्मकी
(c) नर *ड्रोसोफिला*–विषमयुग्मकी (d) इनमें से कोई नहीं

65. कर्ण पल्लवों पर बालों का उपस्थित होना गुण है
(a) X-सहलग्न गुण (b) Y-सहलग्न गुण
(c) XY-सहलग्न गुण (d) इनमें से काई नहीं

66. विभिन्न जीवों में लिंग निर्धारण के सम्बन्ध में गलत जोड़े को चुनिए।
(a) टिड्डा (Grasshopper) – XO प्रकार
(b) पक्षी – ZZ-ZW प्रकार
(c) *ड्रोसोफिला* – XX-XO प्रकार
(d) मनुष्य – XX-XY प्रकार

67. XX एवं XO गुणसूत्र लिंग-निर्धारण में एक गुणसूत्र किसमें अनुपस्थित होता है?
(a) नर (b) मादा
(a) दोनों (a) एवं (b) (d) इनमें से कोई नहीं

68. विषमयुग्मकी (Heterogametic) मादा एवं समयुग्मकी (Homogametic) नर के लिए गुणसूत्रीय संकेत/चिन्ह है
(a) ZW-ZZ (b) ZO-ZZ
(c) XX-XO (d) दोनों (a) एवं (b)

69. जब मादा में एक लिंग गुणसूत्र की कमी हो और नर समयुग्मकी हो, तो इस स्थिति में लिंग गुणसूत्रीय निरूपण (Respresentation) होगा
(a) ZO-ZZ (b) XY-XX
(c) XX-XO (d) इनमें से कोई नहीं

70. XX एवं XY प्रकार के लिंग-निर्धारण में नर होते हैं
(a) समयुग्मकी (b) विषमयुग्मकी
(c) दोनों (a) एवं (b) (d) एकरूपयुग्मकी (Isogametic)

71. XX एवं XY गुणसूत्र लिंग निर्धारण में मादा होती है
(a) समयुग्मकी प्रकार के (b) विषमयुग्मकी
(c) ज्ञात नहीं किया जा सकता (d) ये सभी

72. मनुष्य में लिंग निर्धारण के लिए गलत कथन पहचानिए।
(a) मनुष्य में स्वजात गुणसूत्र के 23 जोड़े होते हैं
(b) मादा केवल एक प्रकार का अण्ड (Ovum) उत्पन्न करती है
(c) शिशु के लिंग का निर्धारण शुक्राणु की आनुवंशिक बनावट से होता है
(d) नर में दो प्रकार के युग्मक उत्पन्न होते हैं

सहलग्नता और जीन विनिमय

73. सहलग्नता की खोज की
(a) जॉहन्सन ने (b) बेटसन एवं पुन्नेट ने
(c) बीडल एवं टॉटम ने (d) कार्ल लैण्डस्टीनर ने

74. सहलग्नता की क्षमता बढ़ती है
(a) जीन विनिमय के कारण (b) सूत्रयुग्मन के कारण
(c) सिनैप्सिस के कारण (d) समयुग्मकता के कारण

75. लिंग सहलग्नता को खोजा गया
(a) मटर में (b) टिड्डे में
(c) *मिराबिलस* में (d) *ड्रोसोफिला* में

76. जीन विनियम शब्द सर्वप्रथम दिया
(a) मॉर्गन तथा कैसल ने (b) जॉहन्सन ने
(c) ग्रेगनबार ने (d) ह्यूगो डी व्रीज ने

77. सहलग्न जीन पृथक् होती है
(a) जीन विनिमय द्वारा (b) युग्मक द्वारा
(c) उत्परिवर्तन द्वारा (d) संकरण द्वारा

78. सहलग्न (Linked) जीन कहाँ उपस्थित होते हैं?
(a) समान गुणसूत्र (b) भिन्न गुणसूत्र
(c) विषमजातीय गुणसूत्र (d) जुड़े हुए गुणसूत्र

79. दो जीनों के बीच लिंकेज की सामर्थ्य है
(a) उनके बीच की दूरी के अनुपातिक
(b) उनके बीच की दूरी के व्युक्रमानुपाती
(c) गुणसूत्र पर निर्भर करती है
(d) गुणसूत्र के आकार पर निर्भर करती है

80. सहलग्नता और पारगमन दोनों हैं
(a) समान घटना
(b) भिन्न घटना
(c) विपरीत घटना
(d) समरूप घटना

81. F_1 द्विसंकर मक्खियों (Flies) में टेस्ट संकरण कराने पर पुन: संयोजक (Recombinant) प्रकार की सन्तति की अपेक्षा पैतृक प्रकार की सन्तति अधिक उत्पन्न होती है, यह दर्शाता है कि
(a) अर्द्धसूत्री विभाजन के दौरान गुणसूत्र अलग नहीं हो पाए
(b) दोनों जीन जुड़े हुए हैं और समान गुणसूत्र पर उपस्थित हैं
(c) दोनों गुण एक से अधिक जीन के द्वारा नियन्त्रित किए जाते हैं
(d) जीन दो भिन्न गुणसूत्र पर स्थित हैं

82. सहलग्न जीन ......*A*......से सम्बन्धित होते हैं और असहलग्न जीन ......*B*......से सम्बन्धित होते हैं। *A* एवं *B* के लिए सही विकल्प का चयन कीजिए।
(a) *A*–लिंकेज, *B*–क्रॉसिंग ओवर
(b) *A*–क्रॉसिंग ओवर, *B*–लिंकेज
(c) *A*–क्रॉसिंग ओवर, *B*–पुनः संयोजन
(d) *A*–पुनः संयोजन, *B*–क्रॉसिंग जीन

83. नीचे लिंग-निर्धारण (Sex-determination) से सम्बन्धित कथन दिए गए हैं, निम्न में से सही कथन का चुनाव कीजिए।
(a) लिंग निर्धारण क्रियाविधि दो प्रकार की होती है
(b) नर विषमयुग्मकता (Male heterogamety) में, नर में स्वजात (Autosomes) और लिंग गुणसूत्र XY होता है
(c) मादा विषमयुग्मकता में, नर में स्वजात गुणसूत्र और एक Z एवं एक W गुणसूत्र होता है
(d) नर विषमयुग्मकता स्तनधारियों में पाई जाती है

84. लिंकेज समूह है
(a) सहलग्न जीन का रैखिक रूप से व्यवस्थित समूह
(b) सहलग्न जीन का अरैखिक रूप से व्यवस्थित समूह
(c) असहलग्न जीन का अरैखिक रूप से व्यवस्थित समूह
(d) एकल जीन का अरैखिक रूप से व्यवस्थित समूह

85. दो जीन जो 50% पुन: संयोजन तीव्रता दर्शाते हैं, उनसे सम्बन्धित निम्न में से कौन-सा कथन सत्य नहीं है?
(a) जीन भिन्न गुणसूत्र पर उपस्थित होंगे
(b) जीन दृढ़ता से एक-दूसरे से जुड़े होंगे
(c) जीन स्वतन्त्र अपव्यूहन को दर्शाते हैं
(d) यदि जीन समान गुणसूत्र पर उपस्थित हो, तो वे प्रत्येक अर्द्धसूत्री विभाजन में एक से अधिक पारगमन (Crossing over) से गुजरेंगे

86. लिंकेज (Linkage) समूह सदैव उपस्थित होते हैं
(a) समजातीय गुणसूत्र पर (b) समरूप गुणसूत्र पर
(c) लिंग गुणसूत्र पर (d) विषमजातीय गुणसूत्र पर

लिंग-सहलग्न वंशागति

87. उन लक्षणों को क्या कहते हैं जिनके जीन X-गुणसूत्र पर होते हैं?
(a) लिंग प्रभावित (b) लिंग सीमित
(c) लिंग सहलग्न (d) प्रबल

88. मनुष्य में वर्णान्धता किस प्रकार का लक्षण है?
(a) लिंग प्रभावित (b) लिंग नियन्त्रित
(c) लिंग सहलग्न (d) इनमें से कोई नहीं

89. इनमें कौन-सा लक्षण लिंग सहलग्न है?
(a) लाल-हरी वर्णान्धता अथवा हीमोफीलिया
(b) रतौन्धी एवं रंजकहीनता
(c) ल्यूकोडर्मा
(d) मधुमेह

90. लिंग सहलग्न लक्षण है
(a) रुधिर स्कन्द कारक (XI एवं VIII) की अनुपस्थिति
(b) अप्रभावी लिंग सहलग्नता
(c) दाँतों का त्रुटिपूर्ण इनेमल
(d) उपरोक्त सभी

91. लक्षण जिनके जीन्स X-गुणसूत्रों पर होते हैं, कहलाते हैं
(a) लिंग प्रभावित
(b) लिंग सहलग्न
(c) लिंग सीमित
(d) उपरोक्त में से कोई नहीं

92. मानव में अधिकांश लिंग सहलग्न लक्षणों के जीन्स होते हैं
(a) Y-गुणसूत्र में (b) ऑटोसोम्स में
(c) X-गुणसूत्र में (d) इन सभी में

93. लिंग सहलग्न लक्षण होते हैं
(a) अधिकांश प्रबल (b) अधिकांश सुप्त
(c) केवल पुरुषों में (d) केवल स्त्रियों में

94. लिंग सहलग्न गुण वंशागत होते हैं
(a) केवल पुरुषों में (b) केवल नारियों में
(c) केवल जानवरों में (d) दोनों (a) व (b) में

95. इनमें से कौन-सा मानव का एक प्रबल आनुवंशिक लक्षण है?
(a) रंजकहीनता (b) वर्णान्धता
(c) हीमोफीलिया (d) Rh^+

96. मनुष्य में वर्णान्धता के लिए सत्य कथन है
(a) यह एक अप्रभावी जीन के कारण होता है, जो X-गुणसूत्र पर स्थित होता है
(b) यह एक प्रभावी जीन के कारण होता है, जो Y-गुणसूत्र पर स्थित होता है
(c) यह एक प्रभावी जीन के कारण होता है, जो X-गुणसूत्र पर स्थित होता है
(d) यह एक अप्रभावी के कारण होता है, जो Y-गुणसूत्र पर स्थित होता है

97. यदि एक वर्णान्ध पुरुष का विवाह एक वर्णान्ध पुरुष की सामान्य दृष्टि वाली पुत्री से होता है तो उसकी सन्तानें होंगी
(a) सभी पुत्र व सभी पुत्रियाँ वर्णान्ध होंगे
(b) सभी पुत्रियाँ वर्णान्ध होंगी
(c) सभी पुत्र वर्णान्ध होंगे
(d) 50% सन्तानें वर्णान्ध होंगी

98. एक दम्पत्ति के सभी पुत्र वर्णान्ध पैदा होते हैं, क्योंकि
(a) माता समयुग्मी व पिता सामान्य है
(b) माता समयुग्मी वर्णान्ध है
(c) माता समयुग्मी व पिता वर्णान्ध है
(d) माता सामान्य व पिता वर्णान्ध है

99. एक महिला जिसमें सामान्य दृष्टि है, एक सामान्य दृष्टि व्यक्ति से विवाह करती है व इसके एक वर्णान्ध पुत्र है। इसके पति की मृत्यु के बाद यह महिला दूसरा विवाह एक वर्णान्ध पुरुष के साथ करती है तो इस विवाह से होने वाली सन्तानों का अनुपात बताइए
(a) 1 वाहक मादा : 2 सामान्य मादा : 1 रोगी नर
(b) 1 वाहक मादा : 1 रोगी मादा : 1 सामान्य नर : 1 रोगी
(c) 2 वाहक मादा : 2 रोगी नर
(d) उपरोक्त में से कोई नहीं

100. लिंग सहलग्न वंशागति को पहचानने की विधि हो सकती है
(a) पुत्र माता के और पुत्रियाँ पिता के समान हों
(b) पुत्र और पुत्रियाँ पिता के समान हों
(c) पुत्र, पिता के और पुत्रियाँ माता के समान हों
(d) पुत्र और पुत्रियाँ माता के समान हों

101. एक वर्णान्ध पुरुष की पुत्री सामान्य हो सकती है, लेकिन फिर इस लड़की का पुत्र वर्णान्ध हो सकता है। अत: वर्णान्धता का जीन स्थित होता है
(a) X-गुणसूत्र पर और प्रबल होता है
(b) Y-गुणसूत्र पर और प्रबल होता है
(c) X-गुणसूत्र पर और सुप्त होता है
(d) Y-गुणसूत्र पर और सुप्त होता है

102. मानव में वर्णान्धता एवं हीमोफीलिया के लक्षण होते हैं
(a) लिंग सहलग्न (b) लिंग प्रभावित
(c) लिंग सीमित (d) प्रबल

103. यदि एक बालक के पिता हीमोफीलियाग्रस्त हैं और माता विषमयुग्मजी, तो बालक के हीमोफीलियाग्रस्त होने की कितनी प्रतिशत सम्भावना है?
(a) 0% (b) 50% (c) 100% (d) 75%

104. हीमोफीलिया एवं वर्णान्धता प्राय: पुरुषों में पायी जाती हैं, परन्तु इनके जीन इन्हें माता से ही प्राप्त होते हैं, क्योंकि ये जीन स्थित होते हैं
(a) X-गुणसूत्र पर (b) एक ऑटोसोमस पर
(c) Y-गुणसूत्र पर (d) X या Y-गुणसूत्र पर

105. क्रिसमस रोग होता है
(a) हीमोफिलिया (b) एड्स
(c) हीमोफिलिया-B (d) हीमोलिटिक पीलिया

106. मनुष्य में हीमोफिलिया रोग होता है
(a) ऑटोसोम्स की सहलग्नता के कारण
(b) Y-गुणसूत्र से सहलग्नता के कारण
(c) किसी भी गुणसूत्र से सहलग्नता के कारण
(d) X-गुणसूत्र से सहलग्नता के कारण

107. इनमें से कौन-से आनुवंशिक लक्षण के जीन मानव में X-गुणसूत्र पर होते हैं?
(a) सिकिल-सेल एनीमिया (b) हीमोफीलिया
(c) रंजकहीनता (d) जिजैन्टीज्म

108. आनुवंशिकी के अनुसार, कौन-सा रोग हीमोफीलिया जैसा है?
(a) रतौन्धी (b) रंजकहीनता
(c) वर्णान्धता (d) इनमें से कोई नहीं

109. हीमोफीलिया में
(a) हीमोलिसिस होता है
(b) रुधिर का थक्का शीघ्र नहीं जमता
(c) रुधिर का थक्का जमता ही नहीं
(d) लाल रुधिराणु परस्पर चिपक जाते हैं

110. हीमोफिलिया किस कारण होता है?
(a) क्रोमोसोम विपथन (b) कायिक उत्परिवर्तन
(c) लिंग सहलग्न उत्परिवर्तन (d) ये सभी

111. एक स्त्री, जिसके X-गुणसूत्रों में हीमोफीलिया के दो तथा वर्णान्धता का एक जीन है, एक सामान्य पुरुष से विवाह करती है तो सन्तानें कैसी होंगी?
(a) सारी सन्तानें हीमोफीलियाग्रस्त तथा वर्णान्ध
(b) 50% पुत्रियों हीमोफीलियाग्रस्त, आधी वर्णान्ध
(c) 50% पुत्र हीमोफीलियाग्रस्त तथा वर्णान्ध, आधे केवल हीमोफीलियाग्रस्त
(d) सारी पुत्रियाँ हीमोफीलियाग्रस्त एवं वर्णान्ध

112. एक हीमोफीलिया से ग्रसित पुरुष का विवाह एक सामान्य स्त्री से होता है व जिसके पिता ब्लीडर (bleeder) है, तो उसकी सन्तानों के लिए सत्य कथन है
(a) 50% सन्तानें ब्लीडर होंगी (b) 50% पुत्र ब्लीडर होंगी
(c) कोई सन्तानें ब्लीडर नहीं होंगी (d) सभी सन्तानें ब्लीडर होंगी

113. यदि एक हीमोफीलिक व्यक्ति का विवाह वाहक मादा (Carrier female) से होता है तो उसकी सन्तानें का अनुपात बताइए
(a) 1 वाहक मादा : 1 रोगी मादा : 1 सामान्य नर : 1 रोगी नर
(b) 2 वाहक मादा : 2 रोगी नर
(c) 2 वाहक मादा : 2 सामान्य नर
(d) 1 वाहक मादा : 1 रोगी मादा : 2 सामान्य नर

मेण्डेलियन एवं गुणसूत्रीय दोष

114. डाउन सिन्ड्रोम किसके कारण होता है?
(a) लिंग सहलग्न वंशागति
(b) जोड़ीदार गुणसूत्रों के परस्पर पृथक् न हो पाने (नॉन-डिस्जंक्शन) से
(c) जीनों के बीच क्रॉसिंग ओवर से
(d) जीनों के सहलग्न होने से

115. एक स्त्री जिसमें गुणसूत्र 21 की तीन प्रतिलिपियाँ होने के कारण 47 गुणसूत्र मौजूद हैं, किस विशिष्ट दशा से युक्त पायी जाएगी?
(a) टर्नर सिन्ड्रोम (b) डाउन सिन्ड्रोम
(c) त्रिगुणिता (d) अतिस्त्रीत्व

116. 21वें गुणसूत्र की ट्राइसोमी कहलाती है
(a) डाउन सिन्ड्रोम (b) टर्नर सिन्ड्रोम
(c) दात्र कोशिका अरक्तता (d) क्लाइनफेल्टर्स सिन्ड्रोम

117. डाउन सिन्ड्रोम (मंगोलिज्म) की दशा में प्रत्येक कोशिका में कितने गुणसूत्र होते हैं?
(a) 21वें गुणसूत्र युग्म में एक कम (b) 23वें गुणसूत्र युग्म में एक कम
(c) 25वें (d) 47वें

118. मंगोलिज्म जड़त्वता का दूसरा नाम है
(a) डाउन सिन्ड्रोम (b) क्लाइनफेल्टर्स सिन्ड्रोम
(c) टर्नर सिन्ड्रोम (d) इनमें से कोई नहीं

119. डाउन सिन्ड्रोम का कारण है
(a) 21वीं जोड़ी ऑटोसोम पर गुणसूत्र का बढ़ना
(b) 21वीं जोड़ी ऑटोसोम पर गुणसूत्र का घटना
(c) 18वीं जोड़ी ऑटोसोम पर गुणसूत्र का बढ़ना
(d) 18वीं जोड़ी ऑटोसोम पर गुणसूत्र का घटना

120. टर्नर सिन्ड्रोम में गुणसूत्रों का क्रम होता है
(a) XX (b) XYY (c) XY (d) XO

121. टर्नर सिन्ड्रोम के सन्दर्भ में क्या सत्य हैं?
(a) यह मोनोसोमी का परिणाम है
(b) यह स्त्रियों में बन्ध्यता का कारण है
(c) बार काय की अनुपस्थिति
(d) उपरोक्त सभी

122. मनुष्य में सिन्ड्रोम्स, गुणसूत्रीय अनियमितताओं के कारण होते हैं। निम्न में से मोनोसोमिक स्थिति का परिणाम है
(a) डाउन्स सिन्ड्रोम (b) एडवर्ड सिन्ड्रोम
(c) टर्नर सिन्ड्रोम (d) क्लाइनफेल्टर्स सिन्ड्रोम

123. टर्नर सिन्ड्रोम में X-गुणसूत्र की संख्या है
(a) 3 (b) 2 (c) 1 (d) 0

124. XO-गुणसूत्र ढाँचे के फलस्वरूप बनता है
(a) क्लाइनफेल्टर सिन्ड्रोम (b) डाउन्स सिन्ड्रोम
(c) टर्नर सिन्ड्रोम (d) इनमें से कोई नहीं

125. टर्नर सिन्ड्रोम में गुणसूत्रों की स्थिति
(a) 44 + XY (b) 46 + XY
(c) 44 + X (d) 44 + XXY

126. टर्नर सिन्ड्रोम का कारण
(a) पॉलीप्लॉइडी (b) ऑटोसोमी एन्यूप्लॉइडी
(c) बिन्दु उत्परिवर्तन (d) लिंगसूत्र एन्यूप्लॉइडी

127. क्लाइनफेल्टर सिन्ड्रोम में लिंग गुणसूत्रों की बनावट होती है
(a) XXY (b) XX
(c) XO (d) XYY

128. मानव में 23वें जोड़े के गुणसूत्र की एकाधिसूत्री से होता है
(a) क्लाइनफेल्टर सिन्ड्रोम (b) टर्नर सिन्ड्रोम
(c) डाउन सिन्ड्रोम (d) थैलेसीमिया

129. लिंग गुणसूत्रों की अनियमितता के अन्तर्गत, एक अतिरिक्त X (XXY) या Y (XXY) गुणसूत्र की उपस्थिति के कारण, 47 गुणसूत्रों वाली सन्तान होगी
(a) नर (XXY) या अतिनर (XYY) क्लाइनफेल्टर सिन्ड्रोम
(b) मादा, टर्नर सिन्ड्रोम
(c) नर, डाउन सिन्ड्रोम
(d) अतिमादा

130. मानव में कभी-कभी युग्मकजनन में लिंग गुणसूत्र परस्पर पृथक् नहीं हो पाते जिससे गुणसूत्र संख्या 45, 47 या 48 हो जाती है। ऐसी स्थिति में इनमें से कौन-सा जीनरूप और दृश्यरूप सही है?
(a) 22 जोड़ी + Y — स्त्री
(b) 22 जोड़ी + XXY — पुरुष
(c) 22 जोड़ी + XXXY — स्त्री
(d) 22 जोड़ी + XX — स्त्री

131. इनमें कौन-से गुणसूत्रों वाला व्यक्ति क्लाइनफेल्टर सिन्ड्रोम होगा?
(a) XXY (b) XX
(c) XY (d) XO

132. क्लाइनफेल्टर्स सिन्ड्रोम के सन्दर्भ में गलत तथ्य का चयन कीजिए।
(a) इन व्यक्तियों मे नर व मादा दोनों का मिश्रण होता है
(b) जननांग व जनन ग्रन्थियाँ अल्पविकसित होती हैं
(c) इनमें बन्ध्यता पायी जाती है
(d) उपरोक्त में से कोई नहीं

133. पुरुषों में स्त्रियों; जैसे—स्तनों का विकास किस प्रकार के सिन्ड्रोम के लक्षण है?
(a) टर्नर सिन्ड्रोम (b) डाउन सिन्ड्रोम
(c) क्लाइनफेल्टर्स सिन्ड्रोम (d) इनमें से कोई नहीं

134. वंशावली विश्लेषण में वर्ग एवं वृत्त का प्रयोग किया जाता है/निरूपित करते हैं
(a) सामान्य नर एवं प्रभावित नर
(b) सामान्य मादा एवं प्रभावित नर
(c) सामान्य नर एवं सामान्य मादा
(d) सामान्य मादा तथा प्रभावित मादा

135. वंशावली विश्लेषण में समान जुड़वाँ (एकयुग्मजी) तथा द्वियुग्मनजी जुड़वाँ के निरूपण प्रतीक है

(a)  (b)

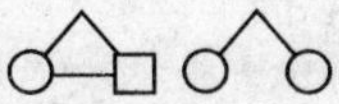

(c) 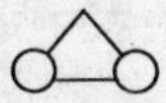 (d)

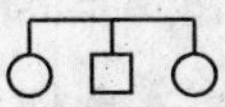

136. निम्नलिखित में से मानव वंशावली में प्रयोग होने वाली कौन-सा चिन्ह व उनसे निरूपित होने वाला लक्षण ठीक है?

(a) ◆ = प्रभावित नर

(b) □–○ = सम्बन्धियों के बीच संगम

(c) ○ = अप्रभावित नर

(d) □ = अप्रभावित स्त्री

137. वंशावली विश्लेषण में कौन-सा X-सहलग्न के लिए वाहक है?

(a) ○ (b) □ (c) ⊙ (d) ◆

वंशागति का आण्विक आधार

138. न्यूक्लिक अम्ल एवं प्रोटीन से निर्मित संरचना जो लक्षणों का स्थानान्तरण एक पीढ़ी से दूसरी पीढ़ी में करती है, कहलाती है

(a) गुणसूत्र (b) आनुवंशिक कूट

(c) *t*RNA (d) *m*RNA

139. किस पदार्थ में जीवों के आनुवंशिक लक्षणों की संकेत सूचनाएँ परिरक्षित होती हैं?

(a) प्रोटीन्स (b) RNA (c) DNA (d) केन्द्रक

140. निम्नलिखित में से कौन-सा सुमेलित है?

(a) मेण्डल–DNA (b) मीश्चर–न्यूक्लिइन

(c) मॉर्गन–उत्परिवर्तन वाद (d) डार्विन–आनुवंशिकी प्रयोग

141. रूपान्तरण प्रयोग निम्नलिखित में से किस वैज्ञानिक ने किए?

(a) ग्रिफिथ (b) मीश्चर

(c) सटन (d) वाटसन एवं क्रिक

142. रूपान्तरण के प्रयोग निम्नलिखित में से किस जीव पर किए गए?

(a) *स्ट्रेप्टोकोकस न्यूमोनी* (b) *जैन्थोमोनास सिट्री*

(c) *स्यूडोमोनास प्यूटिडा* (d) *विब्रियो कोलरी*

143. न्यूमोनिया रोगकारक जीवाणुओं की कोशिकाओं में चिकनी भित्ति निम्नलिखित में से किसकी उपस्थिति के कारण होती है?

(a) पेप्टाइडोग्लाइकेन (b) म्यूरामिक अम्ल

(c) पेक्टिन (d) म्यूकोपॉलीसैकेराइड

144. निम्नलिखित में से किसे प्रवाहित करने पर चूहे की मृत्यु हो जाती है?

(a) R-स्ट्रेन (b) गर्म किया हुआ R-स्ट्रेन

(c) S-स्ट्रेन (d) इनमें से कोई नहीं

145. ग्रिफिथ के रूपान्तरण प्रयोग के सम्बन्ध में निम्नलिखित में से क्या सत्य है?

(a) कारक, S से R में जाता है

(b) कारक, R से S में जाता है

(c) कारक का रूपानान्तरण नहीं होता

(d) प्रोटीन जननिक पदार्थ है

146. ऐवेरी, मैक्लॉयड एवं मैक्कार्टी के प्रयोग में निम्नलिखित में से कौन-सा एन्जाइम उपयोग नहीं किया जाता?

(a) प्रोटियेज (b) DNAse

(c) लाइपेजज (d) हाइड्रोलेजेज

147. रूपान्तरण प्रयोग के जैव-रासायनिक विवेचन (एवरी, मैक्लॉयड एवं मैक्कार्टी का प्रयोग) में कौन-सी कोशिकाओं में रूपान्तरण असफल हुआ?

(a) केवल S-स्ट्रेन में (b) केवल R-स्ट्रेन में

(c) S-एवं R-स्ट्रेन दोनों में (d) इनमें से कोई नहीं

148. DNA को जननिक पदार्थ सिद्ध करने के लिए विषाणुओं का उपयोग किस वैज्ञानिक ने अपने प्रयोग में किया?

(a) वाटसन एवं क्रिक (b) हर्शे एवं चेज

(c) मेसेलसन एवं स्टाहल (d) ऐवेरी, मैक्लॉयड एवं मैक्कार्टी

149. हर्शे एवं चेज ने अपने प्रयोगों में विषाणु DNA को निम्न में से किससे चिन्हित किया?

(a) ^{32}P (b) ^{35}S (c) ^{14}C (d) दोनों (b) व (c)

150. हर्शे एवं चेज के प्रयोग में विषाणु कवच को निम्न में से किसके द्वारा रेडियो चिन्हित किया गया?

(a) ^{32}P (b) ^{14}C (c) ^{35}S (d) ^{60}C

151. वाटसन तथा क्रिक को निम्न में से किस खोज के लिए नोबेल पुरस्कार मिला था?

(a) DNA एक दोहरा सर्पिल सूत्र होता है

(b) DNA आनुवंशिक सूचना का वाहक है

(c) DNA के द्वारा *m*RNA के संश्लेषण का नियन्त्रण होता है

(d) RNA एकल सूत्री होता है

152. किस वैज्ञानिक ने DNA की कुण्डलित रचना को प्रस्तुत किया?

(a) विल्किन्स (b) वाटसन एवं क्रिक

(c) बीडल एवं टाटम (d) कॉर्नबर्ग एवं नीरेनबर्ग

153. DNA मिलता है

(a) केन्द्रक एवं माइटोकॉण्ड्रिया या लवक में

(b) कोशिकाओं में

(c) कोशाद्रव्य में

(d) केन्द्रक में

154. द्विकुण्डलित का अपवाद DNA पाया जाता है

(a) ϕ X 174 विषाणु में (b) रिट्रोवायरस में

(c) दोनों (a) व (b) में (d) उपरोक्त में से कोई नहीं

155. न्यूक्लियोटाइड बना होता है

(a) क्षार शर्करा –OH का (b) क्षार शर्करा फॉस्फेट का

(c) शर्करा फॉस्फेट का (d) क्षार फॉस्फेट का

156. न्यूक्लियक एसिड की संरचनात्मक इकाइयाँ क्या होती हैं?

(a) न्यूक्लियोसाइड (b) न्यूक्लियोप्रोटीन

(c) अमीनो एसिड (d) न्यूक्लियोटाइड

157. DNA अणुओं के संयोजन में कितने प्रकार के नाइट्रोजनी समाक्षार भाग लेते हैं?

(a) दो (b) चार (c) पाँच (d) तीन

158. RNA के अणु में क्या होता है, जो DNA में नहीं होता?

(a) यूरेसिल (b) थायमीन

(c) एडीनीन (d) साइटोसीन

159. DNA में ग्वानीन किसके साथ होता है?

(a) यूरेसिल (b) साइटोसिन

(c) एडीनीन (d) थायमीन

160. DNA में सूत्रों को जोड़ने वाले बन्ध है

(a) हाइड्रोजन आबन्ध (b) ऑक्सीजन आबन्ध

(c) कार्बन आबन्ध (d) नाइट्रोजन आबन्ध

161. DNA में दो हाइड्रोजन बन्ध होते हैं
(a) एडीनिन एवं थायमीन (b) यूरेसिल एवं थायमीन
(c) एडीनिन एवं ग्वानीन (d) थायमीन एवं साइटोसिन

162. कौन-सी शर्करा DNA अणुओं के संश्लेषण में भाग नहीं लेती हैं?
(a) राइबोज (b) माल्टोज
(c) ग्लूकोस (d) ये सभी

163. फॉस्फोडाइएस्टर सेतु किन अणुओं को परस्पर जोड़ते हैं?
(a) नाइट्रोजनीय समाक्षारों को शर्करा अणुओं से
(b) फॉस्फेट अणुओं को शर्करा अणुओं से
(c) फॉस्फेट अणुओं को नाइट्रोजनीय समाक्षारों से
(d) उपरोक्त में से कोई नहीं

164. एकल सूत्री DNA किसमें होता है?
(a) TMV में (b) *साल्मोनेला* में
(c) ϕ X 174 में (d) जीवाणु में

165. न्यूक्लियोसाइड मुख्य रूप से बने होते हैं
(a) RNA
(b) क्रोमोसोम्स
(c) DNA या RNA और प्रोटीन
(d) क्रोमेटिन नाइट्रोजन क्षार एवं पेन्टोज शर्करा

166. DNA श्रृंखला में होते हैं
(a) 5′ फॉस्फेट और 3′ फॉस्फेट छोर
(b) 5′ फॉस्फेट और 3′ OH छोर
(c) 5′ OH और 3′ फॉस्फेट छोर
(d) 3′ OH और 5′OH छोर

167. जीव कोशिका में DNA का संवेष्टन क्यों आवश्यक है?
(a) DNA बड़ा तथा कोशिका छोटी होती है
(b) DNA छोटा तथा कोशिका बड़ी होती है
(c) संवेष्टन सुकेन्द्रकीय कोशिकाओं में सामान्यतया होता है
(d) उपरोक्त में से कोई नहीं

168. न्यूक्लियोसोम
(a) केन्द्रकीय छिद्रों को घेरता है
(b) में केवल DNA तथा नॉन-हिस्टोन प्रोटीन होता है
(c) DNA को क्रोमोसोम में व्यवस्थित करने के लिए पूर्ण जिम्मेदार होता है
(d) में DNA घिरा हिस्टोन का एक सारभाग (क्रोड) होता है

169. प्राक् गुणसूत्र निम्नलिखित में से किससे मिलकर बना होता है?
(a) DNA एवं हिस्टोन प्रोटीन (b) DNA एवं नॉन-हिस्टोन
(c) केवल DNA (d) केवल हिस्टोन प्रोटीन

170. पूर्व केन्द्रकीय आनुवंशिक तन्त्र में होता है
(a) DNA और हिस्टोन दोनों (b) केवल DNA हिस्टोन नहीं
(c) केवल हिस्टोन, DNA नहीं (d) DNA और हिस्टोन दोनों नहीं

171. न्यूक्लियोसोम की कोर में निम्नलिखित में से किसके दो अणु होते हैं?
(a) H1, H2A, H2B, H3 (b) H1, H2A, H2B, H4
(c) H1, H2A, H2B, H3, H4 (d) H2A, H2B, H3, H4

172. क्रोमेटिन में कितने प्रकार की हिस्टोन प्रोटीन्स होती हैं?
(a) दो (b) तीन
(c) पाँच (d) छः

173. न्यूक्लियोसोम के क्रोड कण में प्रोटीन्स के कितने अणु होते हैं?
(a) चार (b) आठ
(c) छः (d) सौलह

174. सुकेन्द्रकीय कोशिकाओं के DNA संवेष्टन में कौन-कौन भूमिका निभाते हैं?
(a) DNA + हिस्टोन (b) DNA + हिस्टोन + नॉन-हिस्टोन
(c) DNA + नॉन-हिस्टोन (d) DNA

175. निम्नलिखित में से कौन-सी हिस्टोन आर्जीनीन प्रचुर होती है?
(a) H1 (b) H2A (c) H3 (d) H2B

176. निम्नलिखित में कौन-सा कार्य हिस्टोन प्रोटीन से सम्बन्धित नहीं है?
(a) संरचनात्मक (b) क्रियाशीलता का संदमन
(c) जननिक कूटों का निर्माण (d) जीनों का प्रकटन

177. DNA द्विगुणन की वह विधि जिसमें परिणामी रज्जुओं में कुछ भाग पुराने तथा कुछ भाग नए बनते हैं, कहलाती है
(a) संरक्षी विधि (b) अर्द्धसंरक्षी विधि
(c) प्रसार विषयक विधि (d) इनमें से कोई नहीं

178. DNA अणु के द्विगुणन के समय अणु के द्रवण का काम कौन-सा विकर करता है?
(a) DNA लाइगेज (b) DNA हेलिकेज
(c) DNA प्राइमेज (d) DNA पॉलीमरेज

179. विकर जो DNA अणु की द्विगुणन द्विशाख पर रहता है
(a) DNA प्राइमेज (b) DNA हेलिकेज
(c) DNA गाइरेज (d) इनमें से कोई नहीं

180. विकर जो DNA अणु के द्विगुणन में RNA प्रवेशकों का संश्लेषण उत्प्रेरित करता है
(a) DNA गाइरेज (b) DNA लाइगेज
(c) DNA प्राइमेज (d) DNA पॉलीमरेज

181. DNA अणु के द्विगुणन में अनुगामी सूत्र के संश्लेषण में RNA प्रवेशकों को समाप्त करने का काम करने वाला विकर
(a) DNA लाइगेज (b) DNA पॉलीमरेज
(c) DNA हेलिकेज (d) इनमें से कोई नहीं

182. ओकाजाकी खण्डों से RNA प्रवेशकों के समाप्त होने पर इन खण्डों को जोड़ने का कार्य कौन-सा विकर करता है?
(a) DNA पोलीमरेज III (b) पॉलीमरेज
(c) DNA लाइगेज (d) DNA प्राइमेज

183. DNA रेप्लीकेशन में अग्र रज्जुक पर ओकाजाकी फ्रेगमेंट्स किस एन्जाइम द्वारा आपस में जुड़ते हैं?
(a) DNA पॉलीमरेज
(b) प्राइमेज
(c) हेलीकेज
(d) उपरोक्त में से कोई नहीं

184. DNA प्रतिकृतियन के लिए RNA प्राइमर आवश्यक है इस कारण क्योंकि
(a) यह जुड़ने वाले न्यूक्लियोटाइडों को बाँधे रखता है
(b) DNA पॉलिमरेज को सक्रिय करता है
(c) RNA पॉलिमरेज को सक्रिय करता है
(d) DNA प्रतिकृतियन को रोकता है

185. DNA द्विगुणन के समय किसकी सहायता से दोनों रज्जुक खुलकर स्थायी रहते हैं?
(a) हेलिकेज (b) एकल रज्जुक बन्धन प्रोटीन
(c) पॉलीमरेज (d) टोपोआइसोमरेज

186. निम्नलिखित में से किस एन्जाइम के द्वारा रज्जुकों में कुण्डलन के तनाव को कम किया जाता है?
(a) हेलिकेज (b) टोपोआइसोमरेज
(c) लाइगेज (d) पॉलीमरेज

187. DNA द्विगुणन के प्रारम्भ में ही दोनों रज्जुकों पर RNA प्राइमर का संश्लेषण किसके द्वारा सम्पन्न होता है?
(a) प्राइमर सिन्थेज (b) प्राइमेज
(c) पॉलीमरेज (d) टोपोआइसोमरेज

188. निम्नलिखित में से कौन-सा RNA कम समय के लिए रहता है?
(a) *m*RNA (b) *t*RNA
(c) *r*RNA (d) ये सभी

189. एक पीढ़ी से दूसरी पीढ़ी में आनुवंशिक सूचना पहुँचायी जाती है
(a) DNA द्वारा (b) ट्रिपलेट कोडॉन द्वारा
(c) ट्रान्सफर RNA द्वारा (d) मेसेन्जर RNA द्वारा

190. पॉलीसिस्ट्रोनिक *m*RNA अणु किन कोशिकाओं के साइटोसॉल में पाए जाते हैं?
(a) पादप कोशिकाओं (b) जन्तु कोशिकाओं
(c) पूर्वकेन्द्रकीय कोशिकाओं (d) ये सभी में

191. निम्नलिखित में से सही है
(a) RNA जीवाणुओं का आनुवंशिक पदार्थ है
(b) RNA सभी विषाणुओं का आनुवंशिक पदार्थ है
(c) DNA कुछ जीवों का आनुवंशिक पदार्थ है
(d) DNA व RNA दोनों आनुवंशिक पदार्थ हैं

192. कौन-सा RNA क्लोवर लीफ के समान संरचना दर्शाता है?
(a) *r*RNA (b) *t*RNA (c) *hn*RNA (d) *m*RNA

193. निम्न में से कौन घुलनशल RNA कहलाता है?
(a) *r*RNA (b) *t*RNA (c) *m*RNA (d) *hn*RNA

194. प्रोटीनी-संश्लेषण में अमीनो अम्ल श्रृंखला का निर्धारण किस पर उपस्थित श्रृंखला से होता है?
(a) *t*RNA (b) *m*RNA
(c) *c*DNA (d) *r*RNA

195. RNA पॉलीमरेज में अनेकों इकाइयाँ उपस्थित हैं फिर भी RNA संश्लेषण के लिए आवश्यक इकाई है
(a) δ-उपइकाई (b) α-उपइकाई
(c) P-कारक (d) स्पलाइसिओसोम

196. सेन्ट्रल डोग्मा के प्रतिपादक हैं
(a) मुल्डर (b) वाटसन
(c) क्रिक (d) बेरी कोमोनर

197. सेन्ट्रल डोग्मा के उत्क्रमण के प्रतिपादक हैं
(a) टेमिन व बॉल्टीमोर (b) मुल्डर
(c) बेरी कोमोनर (d) वाटसन व क्रिक

198. कोडॉन बना होता है
(a) एक न्यूक्लियोटाइड का (b) दो न्यूक्लियोटाइडों का
(c) तीन न्यूक्लियोटाइडों का (d) चार न्यूक्लियोटाइडों का

199. जेनेटिक कूट बताता है
(a) जीव का संरचनात्मक प्रतिरूप
(b) प्रोटीन में न्यूक्लियोसाइड का प्रतिरूप
(c) प्रोटीन में अमीनो अम्लों का प्रतिरूप
(d) प्रोटीन में न्यूक्लियोटाइड्स का प्रतिरूप

200. तीन क्षारकों का क्रम जो एक अमीनो अम्ल के लिए होता है, उसे कहते हैं
(a) जेनेटिक कूट (b) रेप्लिकोन
(c) प्रकूट (d) सिस्ट्रॉन

201. कौन-से अमीनो अम्ल के लिए केवल एक त्रिगुणी प्रकूट होता है?
(a) मेथिओनीन (b) ट्रिप्टोफैन
(c) एलीनीन (d) इनमें से कोई नहीं

202. *m*RNA में पहला कोडॉन जो ट्रान्सलेट होता है
(a) 5′ AUG 3′ (b) 3′ AUG 5′
(c) 5′ GUA 3′ (d) 3′ GUA 5′

203. निम्नलिखित में से कौन-सा कूट आरम्भन कूट नहीं हो सकता?
(a) AUG (b) GUG (c) UUG (d) TUG

204. निम्नलिखित में से कौन-सा समापन कूट नहीं हो सकता?
(a) UAA (b) UGA (c) UAG (d) GUG

205. पॉलीपेप्टाइड श्रृंखला का आरम्भ होता है
(a) मेथिओनीन से (b) ग्लाइसीन से
(c) लाइसिन से (d) ल्यूसिन से

206. निम्न में से कौन एन्जाइम संश्लेषण से सम्बधित है?
(a) अनुवादन (b) प्रतिकृति
(c) अनुलेखन (d) रूपान्तरण

207. कोशिकाओं में प्रोटीन्स का संश्लेषण किन कोशिकांगों पर होता है?
(a) एण्डोप्लाज्मिक जाल (b) गॉल्जीकाय
(c) माइटोकॉण्ड्रिया (d) राइबोसोम्स

208. प्रोटीन-संश्लेषण में सूत्रपात तथा समापन कोडॉन्स क्रमशः होते हैं
(a) AUG, UGA (b) AUG, UAA
(c) AUG, UAG (d) ये सभी

209. AUG कोडॉन कहलाता है
(a) ऑकर (b) अम्बर
(c) समारम्भन कोडोन (d) समापन कोडोन

210. RNA पॉलीमरेज की उपस्थिति में DNA से कूटित आनुवंशिक सूचना *m*RNA में अनुलेखित होती है, इसे कहते हैं
(a) ट्रान्सडक्शन (b) अनुलेखन
(c) अनुवादन (d) इनमें से कोई नहीं

211. अनुलिपिकरण परिणामित होता है
(a) एक पॉलीपेप्टाइड श्रृंखला के निर्माण में
(b) एक पॉलीन्यूक्लियोटाइड श्रृंखला के निर्माण में
(c) *m*RNA के निर्माण में
(d) पॉलीसैकेराइड के निर्माण में

212. *m*RNA में निहित सूचना जो न्यूक्लियोटाइड्स की श्रृंखला के रूप में होती है, का अमीनो अम्लों की पॉलीपेप्टाइड श्रृंखला में स्थानान्तरण कहलाता है
(a) टेमीनिज्म (b) अनुवादन
(c) अनुलेखन (d) सक्रियता

213. प्रोटीन–संश्लेषण विधि में सबसे पहला चरण है
(a) DNA से *m*RNA का अनुलेखन
(b) अनुलिपिकरण
(c) अमीनो अम्लों का सक्रियण और अभिक्रियाशील अमीनो अम्लों की *t*RNA से संलग्नता
(d) पेप्टाइड बन्ध का बनना

214. सुकेन्द्रकीय में पॉलीपेप्टाइड शृंखला का समारम्भन होता है
(a) किसी भी अमीनो अम्ल द्वारा (b) met-*t*RNA द्वारा
(c) ल्यूसिन द्वारा (d) मेथिओनिन द्वारा

215. निम्नलिखित में से किन खण्डों में प्रोटीन अणुओं के संश्लेषण की सूचना नहीं होती है?
(a) इन्ट्रॉन्स (b) एक्सॉन्स (c) रेप्लिकोन्स (d) ये सभी

216. एन्टीकोडॉन एक महत्त्वपूर्ण भाग है
(a) *r*RNA का (b) *t*RNA का
(c) *m*RNA का (d) *hn*RNA का

217. अनुलेखन इकाई है
(a) TATA बॉक्स से लेकर प्रारम्भक बिन्दु
(b) TATA बॉक्स से लेकर समापन बिन्दु
(c) प्रारम्भक बिन्दु से समापन कूट
(d) उपरोक्त में से कोई नहीं

218. प्रोटीन–संश्लेषण की प्रक्रिया में *t*RNA अमीनो अम्ल को लेकर राइबोसोम में किस स्थल से प्रवेश करता हैं?
(a) 'A' स्थल (b) 'P' स्थल
(c) प्रतिकोडॉन स्थल (d) अभिज्ञान स्थल

219. DNA अणुओं में प्रोटीन्स की संकेत सूचनाएँ होती हैं
(a) रेप्लिकोन्स में (b) एक्सॉन्स में
(c) इन्ट्रॉन्स में (d) इनमें से कोई नहीं

220. यूकैरियोट के सदस्यों में जीन अभिव्यक्ति का नियन्त्रण पाया जाता है
(a) केवल एक तल पर (b) दो तलों पर
(c) तीन तलों पर (d) चार तलों पर

221. 'सिस्ट्रॉन' से सन्दर्भ है
(a) जीन की कार्यशैली इकाई (b) जीन की उत्परिवर्तन इकाई
(c) जीन की पुनः संयोजक इकाई (d) प्रतिकृति की इकाई

222. निम्न में से किस युग्म का मेल सही नहीं है?
(a) प्लाज्मिड – जीवाणु में गुणसूत्र बाह्य DNA का एक छोटा खण्ड
(b) इण्टरफेरॉन – एक एन्जाइम जो DNA नियमन में बाधा डालता है
(c) फॉस्मिड – एक रोगवाहक जो बड़े DNA खण्ड को पोषक कोशा के अन्दर ले जाता है
(d) माइलोमा – ट्यूमर कोशा द्वारा उत्पन्न प्रतिजैविक

223. पूर्वकेन्द्रकीय में जीन नियमन और संगठन के लिए ओपेरॉन मॉडल प्रस्तावित किया था
(a) जैकब एवं मोनॉड ने (b) बीडल और टाटम ने
(c) मेसेलसन एवं स्टाहल ने (d) विल्किन्स और फ्रैन्कलिन ने

224. *लैक* ओपेरॉन उपस्थिति में क्रियाशील होता है
(a) ग्लूकोस (b) लैक्टोज (c) सुक्रोज (d) गैलेक्टोज

225. *लैक* ओपेरॉन द्वारा जीन प्रकटन का नियमन किनमें होता है?
(a) पादप कोशिकाओं में (b) एककोशिकीय जीवों में
(c) जन्तु कोशिकाओं में (d) जीवाणुओं में

226. *लैक* ओपेरॉन में *m*RNA अणु का अनुलेखन कितने संरचनात्मक जीन्स पर होता है?
(a) एक (b) तीन
(c) पाँच (d) सात

227. ओपेरॉन सिद्धान्त के अनुसार, कोशिका में नियन्त्रक जीन रासायनिक क्रियाओं का नियन्त्रण करता है
(a) क्रियाधर के साथ व्यक्तिकरण करने पर
(b) विकरों को असक्रिय कर देने से
(c) *m*RNA के संश्लेषण पर रोक द्वारा
(d) अनुलेखन प्रक्रम को असक्रिय बनाकर

228. ओपेरॉन धारणा में, ओपरेटर जीन संयोजित होता है
(a) प्रोत्साहक से जिससे अनुलेखन 'स्विच ऑन' हो सके
(b) रिप्रेसर से जिससे संरचनात्मक जीन अनुलेखन 'स्विच ऑफ' हो सके
(c) रिप्रेसर से जिससे संरचनात्मक जीन अनुलेखन 'स्विच ऑन' हो सके
(d) प्रोत्साहक रिप्रेसर जिससे संरचनात्मक जीन अनुलेखन 'स्विच ऑफ' हो सके

229. *लैक* ओपेरॉन में संरचनात्मक जीनों का उचित क्रम है
(a) y, a व z (b) a, y व z
(c) z, a व y (d) z, y व a

230. *लैक* ओपेरॉन में संरचनात्मक जीन अक्रिय हो जाते हैं जब दमनक जुड़ता है
(a) ओपरेटर (b) प्रोत्साहक
(c) नियन्त्रक (d) रिप्रेसर

231. जीन प्रेरण के समय रिप्रेसर का संश्लेषण होता है
(a) नियन्त्रक जीन द्वारा (b) संरचनात्मक जीन द्वारा
(b) प्रोत्साहक स्थल द्वारा (d) प्रेरक स्थल द्वारा

232. RNA पॉलीमरेज-III द्वारा निम्नलिखित में से किस का संश्लेषण किया जाता है?
(a) *t*RNA (b) *r*RNA
(c) *m*RNA (d) *hn*RNA

233. RNA संश्लेषण के लिए जिम्मेदार विकर है
(a) RNA पॉलीमरेज-I (b) RNA पॉलीमरेज-II
(c) RNA पॉलीमरेज-III (d) ये सभी

234. *r*RNA की निर्माण प्रक्रिया में कौन-सा विकर सहायक है?
(a) RNA पॉलीमरेज-I (b) RNA पॉलीमरेज-II
(c) RNA पॉलीमरेज-III (d) उपरोक्त सभी

235. *m*RNA संश्लेषण को प्रेरित करता है
(a) DNA पॉलीमरेज (b) RNA पॉलीमरेज-II
(c) दोनों (a) व (b) (d) इनमें से कोई नहीं

236. *t*RNA का निर्माण ....*A*....विकर द्वारा होता है। रिक्त स्थान *A* के लिए उचित शब्द है
(a) DNase (b) DNA पॉलीमरेज
(c) पेप्टाइडेज (d) RNA पॉलीमरेज-III

237. मानव जीनोम परियोजना किस वर्ष शुरू हुई?
(a) 1990 (b) 1950
(c) 1940 (d) 1930

238. मानव में केन्द्रकीय जीनोम की संरचना ज्ञात करने के लिए सन् 1990 में कौन-सा कार्यक्रम प्रारम्भ हुआ?

(a) मानव जीनोम परियोजना

(b) मानव जीनोम निर्धारण प्रोजेक्ट

(c) मानव जीनोम व्यवस्था प्रोजेक्ट

(d) इनमें से कोई नहीं

239. मानव जीनोम परियोजना से सम्बन्धित नकारात्मक पहलू है

(a) भ्रूण लिंग निर्धारण का ज्ञान होना

(b) व्यक्ति की गोपनीयता सुरक्षित न रहना

(c) उपापचयी अनियमितताओं का पता लगना

(d) जैविक हथियार निर्माण

उत्तरमाला

1.	*(a)*	2.	*(c)*	3.	*(a)*	4.	*(d)*	5.	*(b)*	6.	*(d)*	7.	*(b)*	8.	*(c)*	9.	*(a)*	10.	*(b)*
11.	*(d)*	12.	*(b)*	13.	*(c)*	14.	*(c)*	15.	*(a)*	16.	*(a)*	17.	*(a)*	18.	*(a)*	19.	*(d)*	20.	*(a)*
21.	*(a)*	22.	*(c)*	23.	*(c)*	24.	*(c)*	25.	*(d)*	26.	*(a)*	27.	*(b)*	28.	*(c)*	29.	*(b)*	30.	*(d)*
31.	*(a)*	32.	*(d)*	33.	*(d)*	34.	*(b)*	35.	*(b)*	36	*(a)*	37.	*(b)*	38.	*(c)*	39.	*(a)*	40.	*(a)*
41.	*(a)*	42.	*(c)*	43.	*(a)*	44.	*(c)*	45.	*(c)*	46.	*(a)*	47.	*(a)*	48.	*(b)*	49.	*(c)*	50.	*(d)*
51.	*(c)*	52.	*(c)*	53.	*(a)*	54.	*(a)*	55.	*(d)*	56.	*(d)*	57.	*(a)*	58.	*(d)*	59.	*(a)*	60.	*(b)*
61.	*(a)*	62.	*(d)*	63.	*(b)*	64.	*(d)*	65.	*(b)*	66.	*(c)*	67.	*(a)*	68.	*(d)*	69.	*(a)*	70.	*(b)*
71.	*(a)*	72.	*(a)*	73.	*(b)*	74.	*(b)*	75.	*(d)*	76.	*(a)*	77.	*(a)*	78.	*(a)*	79.	*(b)*	80.	*(c)*
81.	*(b)*	82.	*(a)*	83.	*(d)*	84.	*(a)*	85.	*(b)*	86.	*(a)*	87.	*(c)*	88.	*(b)*	89.	*(a)*	90.	*(d)*
91.	*(b)*	92.	*(c)*	93.	*(a)*	94.	*(d)*	95.	*(d)*	96.	*(a)*	97.	*(d)*	98.	*(b)*	99.	*(d)*	100.	*(a)*
101.	*(c)*	102.	*(a)*	103.	*(b)*	104.	*(a)*	105.	*(c)*	106.	*(d)*	107.	*(b)*	108.	*(c)*	109.	*(b)*	110.	*(c)*
111.	*(c)*	112.	*(b)*	113.	*(a)*	114.	*(b)*	115.	*(b)*	116.	*(a)*	117.	*(d)*	118.	*(a)*	119.	*(a)*	120.	*(d)*
121.	*(a)*	122.	*(b)*	123.	*(c)*	124.	*(c)*	125.	*(c)*	126.	*(d)*	127.	*(a)*	128.	*(a)*	129.	*(a)*	130.	*(b)*
131.	*(a)*	132.	*(d)*	133.	*(c)*	134.	*(c)*	135.	*(a)*	136.	*(b)*	137.	*(c)*	138.	*(a)*	139.	*(c)*	140.	*(b)*
141.	*(a)*	142.	*(a)*	143.	*(d)*	144.	*(c)*	145.	*(a)*	146.	*(d)*	147.	*(a)*	148.	*(b)*	149.	*(a)*	150.	*(c)*
151.	*(a)*	152.	*(b)*	153.	*(a)*	154.	*(a)*	155.	*(b)*	156.	*(d)*	157.	*(b)*	158.	*(a)*	159.	*(c)*	160.	*(a)*
161.	*(a)*	162.	*(d)*	163.	*(b)*	164.	*(c)*	165.	*(c)*	166.	*(b)*	167.	*(a)*	168.	*(d)*	169.	*(b)*	170.	*(b)*
171.	*(d)*	172.	*(c)*	173.	*(b)*	174.	*(b)*	175.	*(c)*	176.	*(c)*	177.	*(b)*	178.	*(b)*	179.	*(b)*	180.	*(c)*
181.	*(b)*	182.	*(a)*	183.	*(d)*	184.	*(a)*	185.	*(b)*	186.	*(b)*	187.	*(b)*	188.	*(a)*	189.	*(a)*	190.	*(c)*
191.	*(d)*	192.	*(a)*	193.	*(b)*	194.	*(b)*	195.	*(a)*	196.	*(c)*	197.	*(a)*	198.	*(c)*	199.	*(c)*	200.	*(c)*
201.	*(a)*	202.	*(a)*	203.	*(a)*	204.	*(d)*	205.	*(a)*	206.	*(a)*	207.	*(d)*	208.	*(d)*	209.	*(c)*	210.	*(b)*
211.	*(a)*	212.	*(b)*	213.	*(c)*	214.	*(b)*	215.	*(a)*	216.	*(b)*	217.	*(b)*	218.	*(a)*	219.	*(b)*	220.	*(b)*
221.	*(a)*	222.	*(c)*	223.	*(a)*	224.	*(b)*	225.	*(d)*	226.	*(b)*	227.	*(c)*	228.	*(b)*	229.	*(d)*	230.	*(a)*
231.	*(a)*	232.	*(b)*	233.	*(d)*	234.	*(a)*	235.	*(b)*	236.	*(d)*	237.	*(a)*	238.	*(a)*	239.	*(b)*		

उत्तर व्याख्या सहित

1. *(a)* ग्रेगर जॉन मेण्डल को आनुवंशिकता का जनक माना जाता है।

3. *(a)* 7 प्रभावी लक्षण, 7 अप्रभावी लक्षण कुल 14 लक्षण या 7 लक्षणों के विरोधी जोड़े।

4. *(d)* मेण्डल ने शुद्ध किस्म की मटर का उपयोग करते हुए कृत्रिम परागण/परपरागण कराया।

7. *(b)* कॉरेन्स ने *मिराबिलस जलापा* या गुलाबाँस में अपूर्ण प्रभाविता को खोजा।

8. *(c)* प्रभावी एवं अप्रभावी लक्षण एक साथ व्यक्त हुए। यह दर्शाता है कि यहाँ लक्षणों का मिश्रण नहीं हुआ है अर्थात् F_2-पीढ़ी में लक्षणों का असम्मिश्रण दर्शाता है।

9. *(a)* द्विगुणित स्थिति, जिसमें दिए गए बिन्दुपथ (Locus) पर सभी युग्मविकल्पी समान होते हैं, समयुग्मजी कहलाते हैं। समयुग्मजी स्थिति में जीव में गुणसूत्र के सजातीय जोड़े में किसी विशेष लक्षण के लिए दो समान जीन या युग्मविकल्पी होते हैं; जैसे-TT या tt।

10. *(b)* विषमयुग्मजी युग्मविकल्पियों में दो प्रकार के गुणसूत्र होते हैं। अतः वे दो प्रकार के जीन उत्पन्न करते हैं।

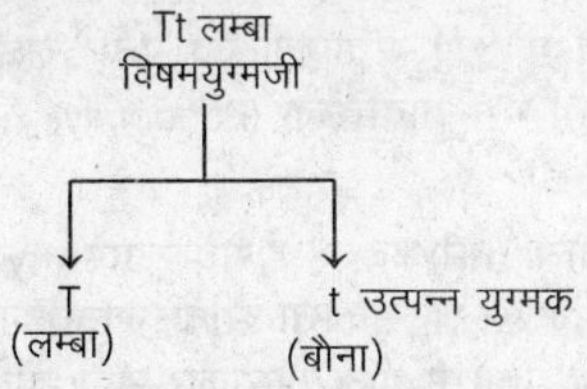

11. *(d)* अपूर्ण प्रभाविता वाले एकसंकर संकरण के जीनोटाइपिक एवं फीनोटाइपिक दोनों अनुपात 1 : 2 : 1 समान होते हैं।

12. *(b)* अपूर्ण प्रभाविकता में F_1–पीढ़ी का जीनोटाइप

लाल : गुलाबी : सफेद

1 : 2 : 1

15. *(a)* युग्मनज में गुणसूत्रों के एक जोड़े में आधे गुणसूत्र पिता से तथा आधे माता से आते हैं। यही पृथक्करण का नियम है।

17. *(a)* अपूर्ण प्रभाविता की स्थिति में F_2-पीढ़ी में जीनोटाइप तथा फीनोटाइप समान होते हैं।

लाल : गुलाबी : सफेद

1 : 2 : 1

19. *(d)* एकसंकर क्रॉस में F_2-पीढ़ी का जीनोटाइप 1 : 2 : 1 होता है।

21. *(a)* F_1-पीढ़ी की सन्तति का अपने अप्रभावी शुद्ध जनक के संकरण (Tt × tt) टेस्ट क्रॉस कहलाता है।

22. *(c)* टेस्ट संकरण एक ऐसा संकरण है, जिसमें प्रभावी F_1-पौधे का समयुग्मजी अप्रभावी जनक पौधे के साथ संकरण कराया जाता है।

23. *(c)* पृथक्करण का नियम बताता है कि युग्मविकल्पी के रूप में आनुवंशिक लक्षण युग्मक के निर्माण में एक-दूसरे से पृथक् हो जाते हैं। आधे युग्मक एक युग्मविकल्पी को वहन करते हैं एवं अन्य आधे दूसरे युग्मविकल्पी को वहन करते हैं।

24. *(c)* अपूर्ण प्रभाविता के संकरण में जीनोटाइपिक एवं फीनोटाइपिक दोनों के अनुपात समान होते हैं।

25. *(d)* सहप्रभाविता में एक जोड़े के दोनों युग्मविकल्पी स्वयं को F_1 संकर में पूर्ण रूप से प्रकट करते हैं। अतः वे दोनों जनकों के समान होते हैं। अपूर्ण प्रभाविता में युग्मविकल्पी जोड़े के दो जीन प्रभावी या अप्रभावी के रूप में सम्बन्धित नहीं होते हैं, किन्तु उनमें से प्रत्येक स्वयं को आंशिक रूप से प्रकट करता है।

प्रभाविता का नियम बताता है कि जब दो समयुग्मजियों के मध्य संकरण कराया जाता है, तो F_1-संकर में प्रकट होने वाले लक्षणों को प्रभावी लक्षण कहते हैं।

26. *(a)* सहप्रभाविता में F_1-संकर में एक जोड़े के दोनों एलील अपना पूर्ण प्रभाव दिखाते हैं। यह अपूर्ण प्रभावित के विपरीत है, जहाँ दोनों एलील अपना आंशिक प्रभाव दिखाते हैं। यह पूर्ण प्रभाविता या आंशिक प्रभाविता का उदाहरण नहीं है।

AB $\longrightarrow$ $I^A I^B$ प्रतिजन A + प्रतिजन B $\longrightarrow$ सहप्रभाविता
जीनोटाइप

27. *(b)* रुधिर वर्ग A एवं AB के लिए केवल तीन जीनोटाइप I^A, I^AI^A, I^A I^B हैं।

31. *(a)* **स्वतन्त्र अपव्यूहन का नियम** इस सिद्धान्त या नियम के अनुसार, प्रत्येक लक्षण के दो कारकों को अन्य लक्षणों के कारकों से युग्मक निर्माण के समय स्वतन्त्र रूप से छाँटा एवं पृथक् किया जाता है।

फिर इन लक्षणों को नए संयोजनों एवं पैतृक् लक्षणों दोनों को उत्पन्न करने वाली सन्तति में यादृच्छिक (Randomly) रूप से पुनः व्यवस्थित कर दिया जाता है।

32. *(d)* गोलाकार पीले (RRYY) एवं झुर्रीदार हरे (rryy) बीज वाले पौधों के बीच जब एक संकरण (द्विसंकर) कराया जाता है, तो
F_1-पीढ़ी के सभी पौधों में पीले गोलाकार बीज होते हैं। जीनोटाइप RrYy प्रभाविता के नियम को दर्शाते हैं।

33. *(d)* **वंशागति का गुणसूत्रीय सिद्धान्त** (Chromosomal theory of inheritance) वाल्टर सटन एवं थियोडोर बोवेरी ने देखा कि गुणसूत्र का व्यवहार, जीनों के व्यवहार के समानान्तर था और मेण्डल के नियम को समझाने के लिए गुणसूत्र की गति या व्यवहार का उपयोग किया।

34. *(b)* जीन एवं गुणसूत्र दोनों (मेण्डेलियन कारक) चाहे प्रभावी हो या अप्रभावी शुद्ध या अपरिवर्तित रूप में एक पीढ़ी से दूसरी पीढ़ी में स्थानान्तरित होते हैं। इसे युग्मकों की शुद्धता का नियम (Law of purity of gametes) भी कहते हैं।

35. *(b)* युग्मकजनन (Gametogenesis) को आरेख में चित्रित किया गया है, जो स्वतन्त्र अपव्यूहन के नियम को बताता है।

37. *(b)* एकसंकर क्रॉस में F_2- पीढ़ी

जीनोटाइप ⇒ शुद्ध प्रभावी : अशुद्ध प्रभावी : शुद्ध अप्रभावी

1 : 2 : 1

फीनोटाइप ⇒ प्रभावी : अप्रभावी

3 : 1

38. *(c)* प्रतीप संकरण में F_1 -पीढ़ी की सन्तति (Tt) का प्रभावी जनक (TT) से क्रॉस होता है।

43. *(a)* स्नैपड्रेगन तथा 4 'O' क्लॉक पादप अपूर्ण प्रभाविता का उदाहरण है।

46. *(a)* मेण्डल का द्वितीय नियम पृथक्करण का नियम युग्मकों की शुद्धता का नियम कहलाता है।

49. *(c)* बहुविकल्पता को कार्ल लैण्डस्टीनर ने रुधिर में Rh कारक धनात्मक या ऋणात्मक के तौर पर खोजा।

54. *(a)* RrYy एक द्विसंकर है। अतः इससे चार प्रकार के युग्मक (Gamete) RY, Ry, rY एवं ry बनेंगे।

59. *(a)* सामान्य नर (XY) तथा मादा (XX) के मध्य निषेचन होने पर पुत्र या पुत्री होने की सम्भावना 50% होती है।

66. (c) *ड्रोसोफिला* में XX-XY प्रकार का लिंग निर्धारण देखा गया जोकि मानवों के समान होता है।

67. (a) कीट, टिड्डा, तिलचट्टा एवं खटमल में XX एवं XO प्रकार का लिंग निर्धारण होता है, जिसमें XO नर एवं XX मादा होता है।

69. (a) ZO एवं ZZ प्रकार का लिंग-निर्धारण। यह क्रियाविधि कुछ तितलियों एवं कीट/पतंगों में होती है। मादा विषमयुग्मकी होती है एवं दो प्रकार के अण्ड उत्पन्न करती है।

जिसमें आधे Z गुणसूत्र युक्त एवं आधे Z गुणसूत्र के बिना होते हैं। नर में समरूप लिंग गुणसूत्र होते हैं एवं वे समयुग्मकी होते हैं।

72. (a) मानव में स्वजातीय गुणसूत्रों (Autosomes) (XX) के 22 जोड़े एवं लिंग गुणसूत्र (XY) का 1 जोड़ा होता है।

74. (b) अर्द्धसूत्री विभाजन के प्रोफेज-I में उत्पन्न सूत्रयुग्मन के कारण सहलग्नता को बढ़ावा मिलता है।

77. (a) जीन विनिमय द्वारा जीनों की सहलग्नता समाप्त होती है तथा आनुवंशिक विभिन्नताएँ उत्पन्न होती हैं।

78. (a) सहलग्नता का गुणसूत्र सिद्धान्त बताता है कि

(i) सहलग्न जीन समान गुणसूत्र पर उपस्थित होते हैं।

(ii) वे गुणसूत्र पर रेखीय क्रम में उपस्थित होते हैं।

(iii) उनमें पैतृक संयोजन को बनाए रखने की प्रवृत्ति होती है।

(iv) दो जीनों के बीच सहलग्नता की सामर्थ्य दो जीनों के बीच दूरी के व्युत्क्रमानुपाती होती है।

84. (a) सहलग्न जीन समजातीय गुणसूत्र पर सदैव रेखीय रूप से व्यवस्थित होते हैं, जिसे सहलग्नता समूह कहते हैं।

85. (b) दिए गए कथनों में से कथन (b) सही नहीं है, क्योंकि गुणसूत्र पर पास-पास उपस्थित सहलग्न जीन 100% पैतृक प्रकार एवं 0% पुनः संयोजकता दर्शाते हैं।

दो जीन, जिनमें स्वतन्त्र अपव्यूहन होता है, उन्हें 50% पुनः संयोजन तीव्रता द्वारा दर्शाया जाता है। ये दोनों जीन या तो असमजात गुणसूत्र पर स्थित होते हैं या एक ही गुणसूत्र पर दूर-दूर स्थित होते हैं।

जब दो जीनों के बीच दूरी बढ़ती जाती है, तो जीन विनिमय की तीव्रता भी बढ़ती जाती है।

86. *(a)* सहलग्न समूह सदैव उन गुणसूत्र पर उपस्थित होते हैं, जोकि समान लक्षण दर्शाते हैं। इन्हें समजातीय गुणसूत्र (Homologous chromosomes) कहा जाता है।

91. *(b)* ऐसे लक्षण जिनके जीन सामान्य रूप से X-गुणसूत्रों के असमजात खण्डों पर स्थित होते हैं, उन्हें **लिंग सहलग्न** गुण कहते हैं। ऑटोसोम गुणसूत्रों पर पाए जाने वाले वे गुण जिनका प्रकटीकरण किसी विशिष्ट लिंग द्वारा प्रभावित होता है, **लिंग प्रभावित लक्षण** कहलाते हैं। लिंग सीमित लक्षण वे लक्षण हैं जिनकी वंशागति, सामान्य मेण्डेलियन पद्धति से होती है, किन्तु इनका विकास पीढ़ी-दर-पीढ़ी एक ही लिंग के सदस्यों में होता है।

94. *(d)* लिंग सहलग्न लक्षण, अधिकांशतया तथा सुप्त होते हैं। अतः माता-पिता दोनों के सुप्त जीनों के वंशागत होने पर (समयुग्मजी अवस्था) ये प्रकट हो जाते हैं। ये लक्षण पुरुषों तथा स्त्रियों दोनों में पाए जाते हैं। कुछ लिंग सहलग्न लक्षण प्रबल भी होते हैं; जैसे–गंजापन, आदि।

99. *(d)* यदि एक सामान्य दृष्टि वाली महिला वर्णान्ध व्यक्ति से विवाह करती है तो इससे उत्पन्न सन्तानों में सभी पुत्र सामान्य तथा सभी पुत्रियाँ वर्णान्धता की जीन की वाहक होती हैं।

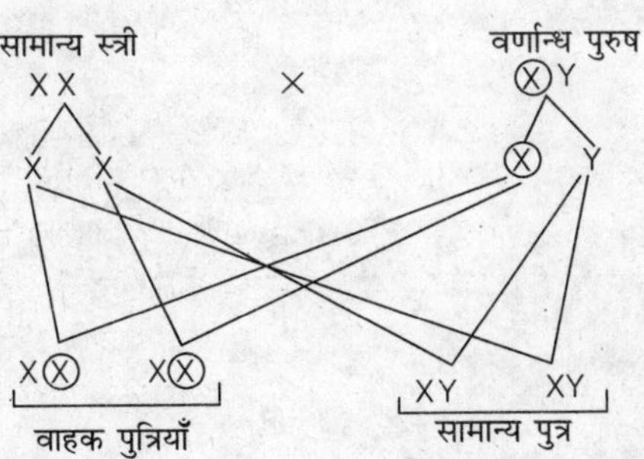

107. *(b)* हीमोफीलिया के जीन मानव में X-गुणसूत्रों पर पाए जाते हैं। (रंजकहीनता, जिजैन्टीज्म (भीमकायता) तथा दात्र-कोशिका अरक्तता, ऑटोसोम्स पर पाए जाने वाले लक्षण होते हैं।) X-सहलग्न वंशागति से तात्पर्य उस पद्धति से है जिसमें पुत्र तथा पुत्रियों में गुणों की वंशागति समान प्रकार से हों।

111. *(c)* एक स्त्री जिसके X-गुणसूत्रों में हीमोफीलिया के दो तथा वर्णान्धता का एक जीन स्थित है, का विवाह यदि सामान्य पुरुष से कराया जाए तो सन्तानों में आधे पुत्र हीमोफीलियाग्रस्त तथा वर्णान्ध एवं आधे केवल हीमोफीलियाग्रस्त होंगे। वर्णान्धता एवं हीमोफीलिया, दोनों ही लिंग सहलग्न विकार हैं, जो मेण्डेलियन पद्धति से वंशागति प्रदर्शित करते हैं।

113. *(a)* यदि एक हीमोफीलियाग्रस्त पुरुष का विवाह एक सामान्य मादा से करा दिया जाए, परन्तु यह वाहक होंगी तो इससे उत्पन्न 50% पुत्र सामान्य तथा शेष 50% ब्लीडर होंगे सभी पुत्र सामान्य तथा सभी पुत्रियाँ हीमोफीलिया के जीन की वाहक होंगी।

114. *(b)* मंगोलिज्म जड़ता (डाउन्स सिन्ड्रोम) नामक आनुवंशिक रोग, जोड़ीदार गुणसूत्रों के पृथक् न हो पाने (नॉन-डिस्जंक्शन) के कारण होता है। यह एक लिंग सहलग्न वंशागति दर्शाने वाला विकार है।

134. *(c)* वंशावली विश्लेषण में वर्ग एवं वृत्त (सफेद अथवा रिक्त) का प्रयोग सामान्य नर तथा सामान्य मादा को निरूपित करने के लिए किया जाता है इसके अतिरिक्त वर्ग एवं वृत्त (छायांकित अथवा काला) का प्रयोग प्रभावित नर तथा मादा सन्ततियों के लिए किया जाता है। वंशावली विश्लेषण की सहायता से विभिन्न जीवों में लक्षणों के स्थानान्तरण का अध्ययन किया जाता है।

142. *(a)* **फ्रेडरिक ग्रिफिथ** ने DNA को जननिक पदार्थ सिद्ध करने के लिये रूपान्तरण प्रयोग किये। यह प्रयोग उन्होंने *स्ट्रैप्टोकोकस न्यूमोनी* नामक जीवाणु पर किया। इसकी दो प्रजातियों में से एक चिकनी भित्ति (मारक) वाली होती है तथा एक खुरदरी भित्ति (सामान्य) वाली होती है। *स्यूडोमोनास प्यूटिडा* को विभिन्न तैलीय प्रदूषणों को हटाने के लिए प्रयुक्त किया जाता है *विब्रियो कोलरी* के कारण हैजा होता है।

143. *(d)* निमोनिया रोगकारक जीवाणु, *स्ट्रैप्टोकोकस न्यूमोनी* की कोशिका भित्ति, म्यूकोपॉलीसैकेराइड की उपस्थिति के कारण चिकनी होती है। चिकनी कोशिका भित्ति वाली स्ट्रेन मारक होती है। पेप्टाइडोग्लाइकेन ग्राम धनात्मक जीवाणुओं की कोशिका भित्ति में अधिक मात्रा में पाया जाता है। पेक्टिन, शाखित पॉलीसैकेराइड है।

149. *(a)* **हर्शे** एवं **चेज** ने अपने प्रयोग में विषाणु DNA को ^{32}P से तथा विषाणु कवच को ^{35}S से रेडियोचिन्हत किया। इस प्रयोग के परिणामस्वरूप DNA की जननिक पदार्थ के रूप में पूर्ण स्वीकृति हो गयी। ^{14}C कार्बन का एक रेडियोसमस्थानिक है जो विभिन्न चिकित्साओं में प्रयुक्त होता है।

165. *(c)* न्यूक्लियोसाइड मुख्य रूप से DNA अथवा RNA के प्रोटीन के साथ मिलने से निर्मित होते हैं। न्यूक्लियोसाइडों में फॉस्फेट समूह के लगने से न्यूक्लियोटाइड का निर्माण होता है। ये न्यूक्लियोटाइड, बहुलीकरण द्वारा DNA की संरचना का निर्माण करते हैं। सुकेन्द्रकीय कोशिकाओं में गुणसूत्रों का निर्माण DNA में हिस्टोन एवं नॉन-हिस्टोन प्रोटीनों के मिलने से होता है।

167. *(a)* जीव कोशिका में DNA का संवेष्टन आवश्यक है, क्योंकि DNA का आकार बहुत बड़ा होता है तथा कोशिका का आकर बहुत ही छोटा होता है। DNA के संवेष्टन की प्रक्रिया में हिस्टोन एवं नॉन-हिस्टोन प्रोटीन मुख्य भूमिका निभाते हैं। हिस्टोन के आठ अणुओं के ऊपर DNA रज्जुक के मिलने से न्यूक्लियोसोम नामक संरचनाओं का निर्माण होता है।

183. *(d)* DNA द्विगुणन के दौरान ओकाजाकी टुकड़े DNA लाइगेज एन्जाइम द्वारा जुड़ते हैं। इसके अतिरिक्त हेलिकेज नामक एन्जाइम के द्वारा DNA के दोनों रज्जुक अलग-अलग होते हैं। DNA पॉलीमरेज द्वारा DNA का प्रतिकृतियन होता है। प्राइमेज की सहायता से RNA प्राइमर का संश्लेषण होता है।

186. *(b)* निम्नलिखित में से एन्जाइम, टोपियोआइसोमरेज के द्वारा रज्जुकों में खुलने के कारण हुए अतिकुण्डलन के तनाव को कम किया जाता है। इसे **गाइरेज** भी कहते हैं। हेलिकेज के द्वारा दोनों रज्जुकों को अलग किया जाता है। पॉलीमरेज के द्वारा DNA का प्रतिकृतियन होता है तथा DNA लाइगेज के द्वारा दो DNA खण्डों को जोड़ा जाता है।

190. *(c)* पॉलीसिस्ट्रॉनिक सन्देशवाहक RNA, प्राक्केन्द्रकी या पूर्वकेन्द्रकीय कोशिकाओं का लक्षण होता है। इस प्रकार के RNA का अनुलेखन कई स्थानों से प्रारम्भ होता है तथा एक जीन की कई प्रतिलिपि निर्मित होती हैं। इसके अतिरिक्त पादप एवं जन्तु कोशिकाओं में मोनो सिस्ट्रोनिक RNA पाये जाते हैं, जिनमें प्रोटीन-संश्लेषण की प्रक्रिया एक ही स्थान से प्रारम्भ होती है।

202. *(a)* सन्देशवाहक RNA (*m*RNA) में जो पहला प्रकूट ट्रान्सलेट होता है उसे **5′ AUG 3′** कहते हैं, क्योंकि *m*RNA पर प्रोटीन का संश्लेषण 5′से 3′ की दिशा में होता है। पूर्वकेन्द्रकीय कोशिकाओं में AUG मेथियोनीन के लिए तथा सुकेन्द्रकीय कोशिकाओं में यह फॉर्मिल मेथियोनिन के लिए कोडित करता है।

213. *(c)* प्रोटीन-संश्लेषण में प्रथम चरण अमीनो अम्लों का सक्रियण है। उसके बाद से सक्रिय अमीनो अम्ल *t*RNA से जुड़ते हैं।

215. *(a)* इन्ट्रॉन्स में प्रोटीन अणुओं के संश्लेषण की सूचना नहीं होती है। सुकेन्द्रकीय कोशिकाओं में प्रोटीन अणुओं के संश्लेषण की संकेत सूचना वाले जीन, विपाटित जीन होते हैं यह संकेत सूचना इनके ही कुछ खण्डों में स्थित होती है, जिन्हें **एक्सॉन्स** कहते हैं।

225. *(d)* *लैक* ओपरॉन द्वारा जीन प्रकटन का नियमन जीवाणुओं में होता है। ओपेरॉन उन DNA खण्डों को कहते हैं, जिनमें किसी प्रोटीन के संश्लेषण की पूर्ण व्यवस्था मौजूद हो। *लैक* ओपेरॉन के तीन जीन, Z, Y तथा A तीन विभिन्न एन्जाइमों (प्रोटीनों) के लिए होते हैं। यह लैक्टोज की उपस्थिति में क्रियाशील होता है।

228. *(b)* ओपेरॉन धारणा के अनुसार, ऑपरेटर (कार्यिक) जीन से दमनकर (रिप्रेसर) का संश्लेषण होता है, जिससे यह लैक्टोज की अनुपस्थित की दशा में संरचनात्मक जीन से जुड़कर इसके अनुलेखन को रोकता है लैक्टोज की उपस्थिति में रिप्रेसर अक्रियाशील हो जाता है तथा अनुलेखन की प्रक्रिया अबाध्य रूप से चलती रहती है।

238. *(a)* मानव शरीर में स्थित केन्द्रकीय जीनोम की पूर्ण संरचना ज्ञात करने के लिए सन् 1990 में मानव जीनोम परियोजना का प्रारम्भ किया गया। इस कार्यक्रम की मुख्य विशेषता, मानव जीनों की कार्यिकी ज्ञात करना है, जिसकी सहायता से विभिन्न रोगों के लिये चिकित्सा सम्बन्धी सहायता मिलने की सम्भावना हैं।

अध्याय 11

जैव-विकास

Evolution

जीवन की उत्पत्ति Origin of Life

हमारी पृथ्वी का उद्‌गम लगभग 4.6 अरब वर्ष पूर्व, जबकि इस पर जीवन की उत्पत्ति लगभग 4 अरब वर्ष पूर्व हुई। पृथ्वी के उद्‌गम के सम्बन्ध में बिग-बैंग परिकल्पनाएँ प्रमुख हैं। 'जीवन की उत्पत्ति' के सम्बन्ध में दिए गए प्रमुख सिद्धान्तों को दो समूहों अर्थात् प्राचीन वाद व आधुनिक वाद में विभाजित किया जा सकता है।

जीवन की उत्पत्ति से सम्बन्धित प्राचीन वाद

Ancient Theories Related to Origin of Life

(i) **विशिष्ट उत्पत्तिवाद** (Special creation) विशिष्ट उत्पत्तिवाद स्वत:जननवाद अथवा अजैवाद निर्माणवाद बाइबिल में यह वर्णित है कि सम्पूर्ण ब्रह्माण्ड छः दिनों में निर्मित हुआ, जिसमें सृष्टि का निर्माण ईश्वर ने किया है।

(ii) **स्वत:जननवाद अथवा अजैववाद** (Spontaneous generation theory) इसके अनुसार, जैविक अवस्था की उत्पत्ति अजैविक पदार्थों से हुई थी। नाइल तथा वान हेल्मॉन्ट ने इस सिद्धान्त का समर्थन किया। जिसके समर्थन में कई प्रयोगों का सफलतापूर्वक परीक्षण किया।

(iii) **जैव निर्माणवाद** (Biogenesis theory) जीवन की उत्पत्ति केवल जीवित पदार्थों से ही हुई है। फ्रांसिस्को रेड्‌डी ने (1668 में) इस मत का प्रतिपादन किया। इस सिद्धान्त का समर्थन लेजारो स्पालैंजनी (1765) ने किया।

(iv) **ब्रह्माण्डवाद या बीजाणुवाद** (Cosmozoic theory) पृथ्वी पर जीव किसी अन्य ग्रह से आए हैं अर्थात् जीव की उत्पत्ति अन्य किसी ग्रह पर हुई है। इस सिद्धान्त का प्रतिपादन **आरहीनियस** ने किया।

जीवन की उत्पत्ति से सम्बन्धित आधुनिक वाद

Modern Theories Related to Origin of Life

जीवन की उत्पत्ति एक अत्यन्त धीमी प्रक्रिया तथा अचानक ही उत्पन्न नहीं हुई है। हेकल ने इस सिद्धान्त को प्रतिपादित किया कि जीवन की उत्पत्ति अकार्बनिक पदार्थों से भौतिक क्रियाओं के फलस्वरूप हुई है। **ओपेरिन** (1922) ने इस सिद्धान्त को विस्तृत किया।

जैव-रासायनिक विकास अथवा ओपेरिनवाद का सिद्धान्त Biochemical Evolution or Oparin Theory

इस सिद्धान्त के अनुसार, पृथ्वी पर एक लम्बे रासायनिक उद्‌विकास के फलस्वरूप जीवन की उत्पत्ति हुई तथा पृथ्वी की उत्पत्ति एवं जीवन की उत्पत्ति की सम्पूर्ण प्रक्रिया को निम्नलिखित चरणों में बाँट सकते हैं

- **चरण 1 परमाणु अवस्था** वैज्ञानिकों के अनुसार, आदिकाल में पृथ्वी जलते हुए गोले के समान थी। इसका तापमान 5000-6000°C था। पृथ्वी का तापक्रम कम होने से **भारी परमाणु**; जैसे—ताँबा, निकिल, लौह, आदि ने पृथ्वी का केन्द्रीय भाग बनाया, जबकि **हल्के परमाणु**; जैसे—हाइड्रोजन, नाइट्रोजन, कार्बन, आदि से वायुमण्डल का निर्माण हुआ; जैसे-नाइट्राइड्स, मीथेन, अमोनिया, आदि।
- **चरण 2 अणु अवस्था** इसमें पृथ्वी का तापक्रम धीरे-धीरे कम होने लगा, जिसके कारण परमाणुओं के परस्पर क्रिया करने से अणु तथा सरल अकार्बनिक यौगिकों का निर्माण हुआ; जैसे—नाइट्राइड्स, मिथेन, अमोनिया, आदि।
- **चरण 3 कार्बनिक यौगिकों का निर्माण** प्राथमिक अणुओं के मिश्रण से निर्मित यौगिकों के जल में घुलने के कारण समुद्री जल खारा हो गया। जिनमें **असंतृप्त हाइड्रोकार्बनों** का निर्माण हुआ; जैसे-एथिलीन, एसीटिलीन, एल्डिहाइड, कीटोन, एल्कोहॉल एवं कार्बनिक अम्ल, आदि।

- **चरण 4 विशिष्ट जटिल कार्बनिक पदार्थ का निर्माण** सरल कार्बनिक यौगिकों के **बहुलीकरण** (Polymerisation) से जटिल यौगिकों का निर्माण हुआ। अमीनो अम्लों के बहुलीकरण से पेप्टाइड तथा शर्कराओं के बहुलीकरण से पॉलीसैकेराइड निर्मित हुए।
  ये सभी क्रियाएँ **विकरविहीन** (Non-enzymatic) तथा कोशिका के बाहर घटित हुई। अत: **हैल्डेन** (Haldane; 1920) ने आदिसागर के इस जल को कार्बनिक यौगिकों का एक गर्म, पतला सूप (Hot, dilute soup) या **पूर्वजीवी सूप** (Prebiotic soup) कहा।
- **चरण 5 न्यूक्लियोप्रोटीन्स एवं कोशिका कलाओं जैसी संरचनाओं का निर्माण** आदिसागर के **गर्म सूप** में विविध यौगिकों के अणुओं में परस्पर प्रतिक्रियाओं के फलस्वरूप नए-नए यौगिक बनते रहे। प्रयोगों द्वारा सिद्ध हो चुका है, कि जल में घुले जटिल कार्बनिक यौगिकों के (विशेषतया विद्युतावेशी प्रोटीन्स के) अणु एकत्रित होकर बड़े **कोलॉइडल कण** (Colloidal particles) बना लेते हैं। इन्हीं कोलॉइडल बूँदों को **सिडनी फॉक्स** (Sidney Fox) ने **प्रोटिनॉइड माइक्रोस्फीयर्स** (Proteinoid microsphere) और ओपेरिन ने **कोएसरवेट्स** (Coacervates) का नाम दिया।
- **चरण 6 आदि कोशिकाओं का निर्माण** कोएसरवेट्स तथा न्यूक्लियोप्रोटीन्स के मिलने से पूर्व-केन्द्रकीय कोशिकाओं (Prokaryotic cells) की उत्पत्ति हुई। ऐसा माना जाता है, कि आदि कोशिकाएँ **विषमपोषी** (Heterotrophic) रही होंगी, जिनमें विषमपोषी प्राक्केन्द्रकीय (Prokaryatic) जीवों की उत्पत्ति हुई।
- **चरण 7** स्वपोषण की उत्पत्ति से आदिसागर में बनी जीवाणु जैसी कोशिकाएँ अवायवीय (Anaerobic) थी।
  जब आदिसागर जल में कार्बनिक पदार्थों की मात्रा कम हुई तो संघर्ष व स्पर्धा के दबाव में कुछ उत्प्रेरक बने जिनकी सहायता से कोशिका आदिसागर में उपस्थित अकार्बनिक पदार्थों से ही ऊर्जा के लिए आवश्यक कार्बनिक पदार्थों का निर्माण कर सकती थी। इससे ही स्वपोषण (Autotrophism) का आरम्भ माना जाता है।
- इसमें **रसायन-स्वपोषी** (Chemosynthesis) व **प्रकाश-संश्लेषण** (Photosynthesis) की उत्पत्ति को सम्मिलित किया गया है।
- जीवन की उत्पत्ति और विकास के दौरान नील-हरित शैवाल जैसे पूर्वकेन्द्रकीय जीवों द्वारा प्रकाश-संश्लेषण में ऑक्सीजन (O_2) मुक्त करना पृथ्वी के वातावरण में एक क्रान्तिकारी परिवर्तन था। इसे ऑक्सीजन क्रान्तिक के नाम से जाना जाता है। इसके कारण वायुमण्डल ऑक्सीकृत हो गया।
- **चरण 8** सुकेन्द्रकीय कोशिका की उत्पत्ति स्वतन्त्र ऑक्सीजन के उपलब्ध होने के कारण आधी पृथ्वी पर वायवीय श्वसन के लिए आवश्यक परिस्थितियाँ बनने लगी। इस प्रकार आज से लगभग 1.2-2 अरब वर्ष पूर्वकेन्द्रकीय कोशिकाओं (Eukaryotic cell) की उत्पत्ति हुई।

जैव-विकास के समर्थन में प्रमाण

Evidences in Support of Evolution

जैव-विकास एक लगातार चलने वाली विकास की प्रक्रिया है, परन्तु यह प्रक्रिया इतनी धीमी व लम्बी होती है, कि इन्हें प्रकृति में होते हुए देख पाना सम्भव नहीं है। अत: इस प्रक्रिया का अध्ययन विभिन्न प्रमाणों द्वारा किया जाता है।

- **जीवाश्म विज्ञान के प्रमाण** (Evidences from palaeontology) विभिन्न प्राचीन जीवों के अवशेष (Remains) भूपटल (Earth's crust) की चट्टानों में परिरक्षित (Preserved) मिलते हैं, इन्हें **जीवाश्म** (Fossils) कहते हैं तथा इनके अध्ययन सम्बन्धी विज्ञान को जीवाश्म या पुराजीव विज्ञान (Palaeontology) कहते हैं। जीवाश्मों के अध्ययन से जीवों के विकास क्रम या जातिवृत्त (Phylogeny) का पता चलता है। इसी कारण जीवाश्मों को **भू-वैज्ञानिक रिकॉर्ड** (Geological records) कहा जाता है।
- **आकारिकी तथा शारीरिकी के प्रमाण** (Evidences from morphology and anatomy) यह मुख्यतया संरचनात्मक अथवा समजात एवं समवृत्ति अंगों से सम्बन्धित है।
  - **समजात अंग** (Homologous organs) ऐसे अंग, जो रचना व उत्पत्ति में समान हों लेकिन कार्य में भिन्न हों, समजात अंग कहलाते हैं; उदाहरण—मेंढक, पक्षी एवं मनुष्य के अग्रपाद।
  - **समवृत्ति अंग** (Analogous organs) ऐसे अंग, जो रचना व उत्पत्ति में भिन्न हों लेकिन कार्य में समान हों, समवृत्ति अंग कहलाते हैं; उदाहरण—पक्षियों एवं कीटों के पंख।
  - **अवशेषी अंग** (Vestigial organs) वे अंग, जो पूर्वजों में कार्यशील थे लेकिन वर्तमान में कार्यविहीन हैं, अवशेषी अंग कहलाते हैं; उदाहरण—साँपों के अल्प-विकसित पाद, कीवी पक्षी के पंख। मानव शरीर में 100 से अधिक अवशेषी अंग पाए जाते हैं। इनमें से कुछ प्रमुख, अर्धचन्द्री वलिक या निमेषक झिल्ली, कर्ण पल्लवों की पेशियाँ पुच्छ कशेरुकाएँ, कृमिरूप परिशेषिका, अक्ल दाढ़ (Wisdom teeth), आदि हैं।
- **प्रत्यावर्तन के प्रमाण** (Evidences from atavism) जीवों में कभी-कभी अचानक कोई ऐसा लक्षण विकसित हो जाता है, जो वर्तमान जातीय लक्षण न होकर किसी निम्न वर्गीय पूर्वज जाति (Ancestor species) का होता है; जैसे—किसी-किसी मनुष्य में रदनक दाँतों का बड़े और नुकीले होना, किसी नवजात मानव-शिशु में कुछ समय तक के लिए छोटी-सी पूँछ का होना। प्रत्यावर्तित लक्षणों की उपस्थिति यह सिद्ध करती है कि मनुष्यों का विकास ऐसे पूर्वजों से हुआ है, जिनमें ये लक्षण उपस्थित थे।
- **भ्रौणिकी से प्रमाण** (Evidences from Embryology) एक ही समूह के विभिन्न जाति के जन्तुओं के भ्रूणों में परस्पर अत्यधिक समानता होती है। परन्तु इनके वयस्कों में अधिक विभिन्नताएँ पाई जा सकती हैं। जैसे-मछली, मेंढक, कछुआ, पक्षी तथा मनुष्य के भ्रूणों में अत्यधिक समानता होती है।
  - युग्मनज से वयस्क तक के भ्रूणीय परिवर्धन को जन्तु का व्यक्तिवृत्त (Ontogeny) कहते हैं। पूर्वजों से लेकर, किसी जन्तु-जाति के उद्विकासीय इतिहास को जन्तु का जातिवृत्त (Phylogeny) कहते हैं।
  - **जाति आवर्तन नियम** (Biogenetic law) अथवा पुनरावृत्ति सिद्धान्त **हेकल** ने प्रतिपादित किया। इस सिद्धान्त के अनुसार, 'व्यक्तिवृत्त में जातिवृत्त की पुनरावृत्ति होती है अर्थात् जन्तु अपनी भ्रूणावस्था में पूर्वजों की अवस्थाओं को दोहराते हैं। अर्थात् किसी भी जन्तु के भ्रूणीय विकास के मध्य अपने पूर्वजों के भ्रूणीय विकास की अवस्थाएँ प्रदर्शित करता है अथवा पूर्वजों के इतिहास (विभागीय) की पुनरावृत्ति करता है। अत:व्यक्तिवृत में जातिवृत की पुनरावृत्ति करती है। अत: इसको पुनरावृत्ति सिद्धान्त कहते हैं।

- **संयोजक जातियों से प्रमाण** (Evidences from connecting links) कुछ जीव-जातियों में इनसे कम विकसित, निम्नवर्गीय जातियों के तथा इनसे अधिक विकसित उच्च वर्गीय जातियों के लक्षणों का सम्मिश्रण पाया जाता है, इन्हें संयोजक जातियाँ कहते हैं। उदाहरण—*आर्किऑप्टेरिक्स* सरीसृपों और पक्षियों के बीच की कड़ी है, *यूग्लीना* जन्तु व पादप के बीच की कड़ी है, *निओपिलाइना* मोलस्का और ऐनेलिडा के बीच की कड़ी है, *पेरीपैटस* ऐनेलिडा और आर्थ्रोपोडा के बीच की कड़ी है।
- **जैव-रसायन तथा शरीर क्रिया विज्ञान से प्रमाण** (Evidences from Biochemistry and Physiology) इन्होंने इस सन्दर्भ में कुछ तथ्य प्रस्तुत किए, जो निम्नलिखित हैं
  - **जीवद्रव्य का रासायनिक संयोजन** (Chemical Composition of Protoplasm) प्रारम्भिक जीवों से लेकर जटिलतम स्तनियों तक के जन्तुओं में आपस में कोई भी समानता नहीं होती, परन्तु सभी के जीवद्रव्य का रासायनिक संयोजन लगभग समान होता है।
  - **उपापचय** (Metabolism) समस्त जीवों की उपचयी (Anabolic) एवं अपचयी (Catabolic) अभिक्रियाओं में समानताएँ पाई जाती हैं; जैसे—प्रकाश-संश्लेषण, प्रोटीन-संश्लेषण, श्वसन, आदि।
  - **प्रोटीन-संश्लेषण** (Protein Synthesis) जीवाणु से लेकर मनुष्य तक सभी जन्तुओं व पादपों में प्रोटीन-संश्लेषण की क्रिया एक समान है। समस्त जीवों में DNA से *m*RNA तथा *m*RNA से राइबोसोम पर प्रोटीन-संश्लेषण की क्रिया होती है तथा इस क्रिया में भाग लेने वाले एन्जाइम सभी जीवों में एकसमान होते हैं। सभी में प्रोटीन-संश्लेषण में 20 प्रकार के समान अमीनो अम्ल अणु भाग लेते हैं।
  - **एन्जाइम** (Enzyme) एमाइलेज (Amylase) नामक कार्बोहाइड्रेट पाचक एन्जाइम की स्पंजों से लेकर स्तनधारियों तक में उपस्थिति विकास का प्रमाण देती है। इसी प्रकार ट्रिप्सिन (Trypsin) नामक प्रोटीन पाचक एन्जाइम प्रोटोजोआ से लेकर स्तनधारी वर्ग तक के जन्तुओं में पाया जाता है।
  - **न्यूक्लिक अम्ल** (Nucleic Acid) सभी जीवों में DNA तथा RNA ही न्यूक्लिक अम्ल के रूप में पाए जाते हैं।

जैव-विकास के सिद्धान्त Theories of Evolution

जैव-विकास सामान्यतया प्रगामी (Progressive) होता है तथा विभिन्नताएँ इसके लिए मुख्य रूप से आवश्यक हैं। जैविक विभिन्नताओं के लिए उत्परिवर्तन (जीनों में होने वाला आकस्मिक परिवर्तन) अन्तिम स्रोत है। विकास के कुछ सिद्धान्त निम्नलिखित हैं

लैमार्कवाद या उपार्जित लक्षणों की वंशागति का सिद्धान्त Lamarckism or Theory of Inheritance of Acquired Characters

- **लैमार्क** ने सन् 1809 में 'फिलॉसफी जूलोजिक' नामक पुस्तक प्रकाशित की थी। इस वाद के अनुसार, प्रत्येक जीव अपनी जीवनकाल में जिस वातावरण में रहता है, उसके प्रभाव से अनेक लक्षण उपार्जित करता है। यही उपार्जित लक्षण उसकी सन्तानों में पहुँच जाते हैं तथा धीरे-धीरे नई जाति बन जाती हैं। कोई भी अंग, जिसका लगातार प्रयोग होता है, धीरे-धीरे आकार में बढ़ता जाता है तथा जिस अंग का प्रयोग नहीं होता, उसका क्रमशः ह्रास (Degeneration) होता जाता है।
- **उदाहरण**

(a) जिराफों के पूर्वज वृक्षों की पत्तियाँ खाते थे, जिसके लिए उन्हें गर्दन ऊपर करनी पड़ती थी। ऊँचे वृक्षों की पत्तियाँ खाने के कारण लगातार खींचने से जिराफ की गर्दन व अगली टाँगे लम्बी हो गई।

(b) साँप बिल में रहते हैं। अतः उनके लिए टाँगों का कोई उपयोग नहीं था। लगातार प्रयोग न करने के कारण पैर व मेखला (Girdles) धीरे-धीरे छोटे होते गए व अन्त में विलुप्त (Disappear) हो गए।

नव-लैमार्कवाद Neo-Lamarckism

- आनुवंशिक (Genetics) व वंशागति के सिद्धान्तों के अध्ययन से यह सिद्ध हो गया है कि 'जो उपार्जित लक्षण किसी जीव के जीनोटाइप में होते हैं, वे वंशागति द्वारा अगली पीढ़ी में पहुँचते हैं तथा विकास में सहायक सिद्ध होते हैं।'
- **मैकडूगल** ने सन् 1938 में सफेद चूहों को भोजन के स्रोत तक पहुँचने के लिए एक निश्चित मार्ग से जाने को प्रशिक्षण दिया। कई पीढ़ियों तक प्रशिक्षण के पश्चात् चूहे कम गलतियों के पश्चात् मार्ग ढूँढने लगे। वे वैज्ञानिकों जो नव-लैमार्कवाद में विश्वास रखते हैं। नव-लैमर्किन कहलाते हैं। ये वैज्ञानिक हैं; जैसे—पैकर्ड, गैड़ों, स्पैन्सर, हयात, कोप, आदि।

डार्विनवाद Darwinism

चार्ल्स डार्विन (Charles Darwin) अंग्रेज **प्रतिवादी वैज्ञानिक** (Naturalist) थे। उन्होंने **माल्थस** (Malthus) के 'जनसंख्या के सिद्धान्त' के अनुसार बताया, कि जनसंख्या बढ़ने पर पौधों और जन्तुओं में जीवन-संघर्ष होता है तथा प्रकृति द्वारा योग्यतम् का चयन होता है।

डार्विनवाद की व्याख्या निम्न तथ्यों पर आधारित है

(i) **जीवों में सन्तानोत्पत्ति की प्रचुर क्षमता** (Enormous fertility in the organisms) सभी जीवधारियों में **सन्तानोत्पत्ति** की अपार क्षमता होती है, जिसके कारण उनके सदस्यों की संख्या तेजी से बढ़ती है। उदाहरण के लिए मादा *ऐस्कैरिस* अपने जीवनकाल में 2.5 करोड़ अण्डे देती है या एक सीप एक जननकाल में 10 लाख अण्डे देती है।

(ii) **जीवन संघर्ष** (Struggle for existence) प्राणियों को भोजन, प्रकाश एवं सुरक्षित आवास की आवश्यकता पूर्ति हेतु अन्य प्राणियों से **स्पर्धा** करनी पड़ती है। इसे जीवन संघर्ष कहते हैं।

(iii) **विभिन्नताएँ तथा इनकी वंशागति** (Variations and their inheritance) प्रकृति में प्रत्येक जाति के जीवों में विभिन्नताएँ मिलती हैं। ये विभिन्नताएँ जीवों को वातावरण के अनुकूल बनाने के लिए होती हैं। ऐसे जीव, जिनमें ये विभिन्नताएँ वातावरण के **समन्वयन** में होती है। वे जीवित रहते हैं और हानिकारक विभिन्नता वाले जीव नष्ट हो जाते हैं। ये विभिन्नताएँ सन्तानों में वंशागत हो जाती हैं।

(iv) **योग्यतम् की उत्तरजीविता** (Survival of the fittest) जीवन-संघर्ष में वे ही जीव जीवित रहते हैं, जो वातावरण के प्रति अनुकूलित होते हैं तथा आवश्यकतानुसार परिवर्तन करके स्वयं को और अधिक अनुकूल बना लेते हैं, जो जीव स्वयं को अनुकूलित नहीं कर पाते हैं, वे शीघ्र ही नष्ट हो जाते हैं। हरबर्ट स्पेन्सर ने इसे **'योग्यतम् की उत्तरजीविता'** कहा था।

(v) **प्राकृतिक चयन** (Natural selection) जीवित रहने के लिए जीवों में संघर्ष होता है, इसमें जो जीव **प्राकृतिक वातावरण** के अनुकूल होते हैं, वे ही जीवित रहते हैं एवं अन्य जीव नष्ट हो जाते हैं। अत: प्रकृति में श्रेष्ठ व अनुकूलित जीवों का ही वरण होता है।

(vi) **नई जातियों की उत्पत्ति** (Origin of new species) डार्विन के अनुसार, विभिन्नताएँ पीढ़ी-दर-पीढ़ी वंशागत होती हैं। साथ ही साथ सन्तान में भी अपने कुछ विशेष लक्षण उत्पन्न हो जाते हैं। कुछ पीढ़ियों के बाद इन लक्षणों तथा विभिन्नताओं की वंशागति इतनी स्थाई हो जाती है, कि सन्तानें अपने पूर्वजों से भिन्न हो जाती हैं और इस तरह नई जातियों की उत्पत्ति होती हैं।

नव-डार्विनवाद Neo-Darwinism

- नई जातियों का विकास पुरानी जातियों की जीनों में परिवर्तनों के फलस्वरूप होता है, जीनों में हुए उत्परिवर्तन द्वारा किसी भी जीव के लक्षणों में परिवर्तन आ जाते हैं, जो आनुवंशिक होते हैं।
- नव-डार्विनवाद में विश्वास करने वाले वैज्ञानिक हैं—वीजमान, हैल्डेन, हक्सले, सिवाल राइट, श्मिट, डॉब्सजान्सकी तथा स्टेबिन्स।
- नव-डार्विनवाद के अनुसार, लैंगिक जनन करने वाले जीवों की सन्तानों में विभिन्नताएँ होती हैं। ये विभिन्नताएँ उत्परिवर्तन (Mutation) के कारण DNA में हुए परिवर्तनों के कारण होती हैं।
- प्राकृतिक चयन इनमें से लाभदायक विभिन्नताओं का चयन करने में सहायक होता है। एक जाति के विभिन्न समूहों के प्रजनन काल भिन्न हो सकते हैं, प्रजनन व्यवहार भिन्न हो सकता है या जनन अंगों की रचना में थोड़ा अन्तर हो सकता है, जिसके कारण लैंगिक पृथक्करण (Sexual isolation) हो जाता है तथा इसके फलस्वरूप नई जातियों का विकास होता है।

ह्यूगो डी व्रीज का उत्परिवर्तन सिद्धान्त
Mutation Theory of Hugo de Vries

- **ह्यूगो डी व्रीज** ने एक पौधे *ऑइनोथेरा लैमार्कियाना* या सांध्य प्रिमरोज का अध्ययन किया तथा इसमें अनेक लक्षण पाए। इन लक्षणों के आधार पर डी व्रीज ने *ऑइनोथेरा* की सात जातियाँ चिन्हित की।
- पितृ सांध्य प्रिमरोज की इन सभी किस्मों में स्वयं परागण के पश्चात् पितृ लक्षणों वाले शुद्ध नस्ल (Pure breed) के पौधे प्राप्त हुए। इन अकस्मात होने वाले परिवर्तनों को डी व्रीज ने **उत्परिवर्तन** (Mutation) कहा। इन्हीं पर्यवेक्षणों के आधार पर डी व्रीज ने बताया कि विकास धीरे-धीरे प्राकृतिक चयन के फलस्वरूप न होकर इन आकस्मिक रूप से होने वाले परिवर्तनों या उत्परिवर्तन से होता है।
- ये उत्परिवर्तन सबसे पहले एक किसान सेठ राइट ने देखे। इन्होंने सन 1791 में अपनी सामान्य भेड़ों में एक छोटे पैर वाली नर भेड़ **एनकॉन रैम** देखी। डार्विन को भी इसी प्रकार के अचानक होने वाले परिवर्तनों का ज्ञान था। उसने इन्हें **नवोदय प्रदर्शन** या **स्पोर्ट्स** कहा। **बेटसन** ने इन्हें असंगत या विच्छिन्न विभिन्नताएँ कहा।
- **उदाहरण-**

(a) छोटे पैर वाली एनकॉन रैम सामान्य भेड़ से एक ही पीढ़ी में विकसित हो गई।

(b) बिना सींग वाली गाय, बिना पूँछ की बिल्ली, बिना बालों वाले कुत्ते, सभी का विकास एक ही पीढ़ी में हो गया।

आधुनिक संश्लेषणात्मक सिद्धान्त
Modern Synthetic Theory

- पिछले एक दशक में आधुनिक जीव-शास्त्रियों ने जैव विकास के सम्बन्ध में महत्त्वपूर्ण कार्य किया है, जिसके फलस्वरूप **आधुनिक संश्लेषणात्मक सिद्धान्त** प्रस्तुत हुआ।
- आधुनिक मत में उत्परिवर्तन तथा प्राकृतिक वरण को जैव विकास के सम्बन्ध में एक तथ्य के रूप में माना गया है। किन्तु यह पाया गया कि **डार्विन** तथा डी व्रीज के सिद्धान्तों के अलावा जैव-विकास की दिशा में कुछ अन्य महत्त्वपूर्ण कारक भी हैं, जिन्हें इन दोनों वैज्ञानिकों ने शायद नहीं समझा था।
- **आधुनिक संश्लेषणात्मक सिद्धान्त** वास्तव में **नव-डार्विनवाद** का ही एक रूप है। डॉब्जाँस्की (1937) ने अपनी पुस्तक आनुवंशिकी तथा जातियों की उत्पत्ति में इस सिद्धान्त का वर्णन किया है।
- **जूलियन हक्सले** (1942) ने इस सिद्धान्त का नामकरण किया। इनके अलावा इस सिद्धान्त में योगदान करने वाले अन्य वैज्ञानिक हैं **फिशर** (1958), **हेल्डेन, सिवाल राइट** (1968), **अर्नेस्ट मेयर** (1970) तथा **स्टेबिन्स** (1971, 76) हैं।
- **डेविस** ने अपनी पुस्तक '*जैव-विकास की क्रियाविधि*' में संश्लेषणात्मक सिद्धान्त का वर्णन किया है।

जैव-विकास की क्रियाविधि
Mechanism of Evolution

किसी भी समष्टि में युग्मविकल्पी (Alleles) एवं जीनरूपों का पीढ़ी-दर-पीढ़ी परिवर्तन **जैव-विकास** कहलाता है। वे कारक जो इस विकास का कारण बनते हैं, **जैव-विकासीय कारक** (Organic evolutionary factors) कहलाते हैं। जैव-विकास सम्बन्धी ये कारक ही, आधुनिक संश्लेषणात्मक सिद्धान्त (Modern synthetic theory) के आधार हैं। अत: जैव-विकास के आधुनिक संश्लेषणात्मक सिद्धान्त के अनुसार, जैव-विकासीय कारक निम्नलिखित हैं

1. उत्परिवर्तन Mutations

जीव के शरीर के आनुवंशिक गुणों का निर्धारण जीन के द्वारा किया जाता है। ये जीन पैतृकों से उनकी सन्तति में पहुँचते हैं, परन्तु कभी-कभी जीव के इन जीनों की संरचना या व्यवस्था में आकस्मिक परिवर्तन आ जाते हैं। इन आकस्मिक परिवर्तनों को ही **उत्परिवर्तन** कहते हैं।

वर्तमान अध्ययनों से स्पष्ट हुआ है कि उत्परिवर्तन ही विकास का आधार है। इनके कारण प्राकृतिक रूप से संकरण करने वाली समष्टियों में **अपसरण** (Divergence) होता है। सभी उत्परिवर्तन घातक नहीं होते, कुछ उत्परिवर्तन लाभदायक भी होते हैं। **डॉब्जैनस्की** (Dobzhansky) के अनुसार, जीवों को उनके वातावरण के प्रति अधिक अनुकूल बनाने वाले उत्परिवर्तनों का **प्राकृतिक वरण** (Natural selection) द्वारा परिरक्षण हो जाता है और इसके उपरान्त ये उस जीव की जीनी संरचना में संकलित हो जाते हैं।

2. जीनी या आनुवंशिक अपवहन Genetic Drift

जीनी अपवहन की संकल्पना **हार्डी-वीनबर्ग** (Hardy-Weinberg) ने दी। किसी समष्टि के विभिन्न सदस्यों की प्रजनन दर में विभिन्नता के फलस्वरूप जीव-जातियों की छोटी-छोटी आबादियों में पीढ़ी-दर-पीढ़ी सारे युग्मविकल्पी जोड़ों की आवृत्तियों का प्रसारण समान नहीं रह पाता है।

कुछ युग्मविकल्पी जीनों के प्रसारण की सम्भावना कम तथा कुछ की अधिक होती है, इसे जीनी अपवहन कहते हैं। अत: कहा जा सकता है कि आबादी के जीनकोष (Gene bank) में संयोगवश युग्मविकल्पी के कारण हुए परिवर्तनों को ही जीनी अपवहन कहा जाता है। इस प्रकार जीनी अपवहन प्राकृतिक वरण से भिन्न है।

हार्डी-वीनबर्ग का नियम Law of Hardy-Weinberg

सन् 1908 में इंग्लैण्ड के गणितज्ञ **जी एच हार्डी** (GH Hardy) और जर्मन फिजीशियन **वीनबर्ग** (Weinberg) ने स्पष्ट किया कि उन सभी बड़ी मेण्डेलियन आबादियों में विभिन्न जीन्स व जीनरूपों की आपेक्षिक आवृत्तियाँ पीढ़ी-दर-पीढ़ी स्थाई रहती हैं, जिनमें

(i) किसी भी प्रकार के आनुवंशिक परिवर्तन नहीं होते।
(ii) जीनपूल स्थाई रहता है अर्थात् किसी भी प्रकार के जीन उत्परिवर्तन नहीं होते।
(iii) लैंगिक जनन होता है तथा युग्मकों का समेकन संयोगिक होता है।
(iv) प्राकृतिक वरण नहीं पाया जाता है।

इसे **हार्डी-वीनबर्ग सन्तुलन** (Hardy-Weinberg equilibrium) कहते हैं। यह वास्तव में मेण्डल के नियम पृथक्करण अर्थात् युग्मकों की शुद्धता के नियम (Law of segregation or purity of gametes) का ही तार्किक निष्कर्ष है। हार्डी-वीनबर्ग ने गणितीय समीकरणों की सहायता से इस निष्कर्ष को समझाया, जिसे सम्मिलित रूप से हार्डी-वीनबर्ग का सिद्धान्त कहा गया।

अगर किसी आबादी के जीन पूल में एक जीन युगल Aa को एक माना जाए तथा **प्रभावी जीन** (Dominant gene) A व **अप्रभावी जीन** (Recessive gene) a की आवृत्ति को क्रमश: p तथा q की सहायता से दर्शाया जाए, तो

$$p + q = 1$$

इनकी जीनप्रारूप आवृत्ति होगी $(p + q)^2 = 1$

अथवा $$p^2 + 2pq + q^2 = 1$$

इस सिद्धान्त के अनुसार, यदि कोई आबादी आनुवंशिकी सन्तुलन में है अर्थात् जीन आवृति में कोई परिवर्तन नहीं हो रहा है, तो इसका मतलब विकास की दर भी शून्य होगी।

3. प्राकृतिक चयन Natural Selection

प्राकृतिक चयन या वरण की प्रक्रिया में जीवधारियों की आबादियों में जीनप्रारूपों तथा एलीली जीनों की आवृत्तियों में परिवर्तन होते रहते हैं, जोकि महत्त्वपूर्ण हैं। किसी समष्टि के लिए लाभदायक लक्षणों के जीनप्रारूपों एवं एलीली जीनों की आवृत्तियों का बढ़ना तथा कम लाभदायक लक्षणों के जीनप्रारूपों तथा एलीली जीनों की आवृत्तियों का कम होना प्राकृतिक चयन कहलाता है। इस प्रक्रिया में एकाकी आनुवंशिक लक्षणों के जीनप्रारूपों का महत्त्व न होकर, आबादी के विभिन्न सदस्यों के पूर्ण जीनपूल का महत्त्व होता है। प्राकृतिक चयन को निम्नलिखित तीन भागों में वर्गीकृत किया गया है।

(i) **स्थाई कारक या सामान्यीकारक चयन** (Stabilising Selection) किसी क्षेत्र के स्थाई वातावरण में, उत्परिवर्तनों (Mutations) एवं लैंगिक जनन में नए जीनी पुनर्संयोजनों (Recombinations) के फलस्वरूप प्रकट होने वाले **लक्षणप्रारूप** (Phenotype) अधिकांश मामलों में हानिकारक होते हैं। अत: इस प्रक्रिया में, अनुकूलन में सहायक आनुवंशिक लक्षणों के लक्षणप्रारूप का प्राकृतिक चयन एवं आने वाली पीढ़ियों में प्रसारण होता रहता है।

उदाहरण—मानव के नवजात शिशुओं की उत्तरजीविता उनके जन्म भार (Birth weight) से सम्बन्धित है। कुछ नवजात बच्चों के आँकड़े देखने से पता चलता है कि **अनुकूलतम भार** (Optimum weight) बच्चों की उत्तरजीविता के लिए आवश्यक है, क्योंकि बहुत अधिक या कम भार वाले बच्चों की मृत्यु जल्दी हो जाती है।

(ii) **दिशात्मक चयन** (Directional Selection) प्राकृतिक चयन की प्रक्रिया में अनुकूलन के आधार पर किसी लक्षण के औसत या कम या अधिक प्रकटन की दशा का चुनाव या चयन हो सकता है। इन परिस्थितियों में कार्यरत चयन को दिशात्मक चयन का नाम दिया गया है। उदाहरण—

(a) जिराफ की पूर्वज जाति से वर्तमान जाति का जैव-विकास इसी प्रकार सहारा रेगिस्तानी दशाओं के उत्तरोत्तर बढ़ते रहने के कारण हुआ।

(b) मच्छर व मक्खियों को नष्ट करने के लिए, जब DDT का प्रयोग शुरू किया गया, तो तुरन्त मच्छर व मक्खी मर जाते थे, परन्तु समय के साथ DDT का असर बन्द हो गया। इस प्रकार मच्छरों में DDT के प्रति प्रतिरोधकता विकसित हो गई।

(iii) **विच्छेदनात्मक चयन** (Disruptive Selection) यदि किसी जीव-जाति की आबादी आहार के विभिन्न स्त्रोत युक्त क्षेत्र में हो, तो प्रत्येक विशेष स्रोत के उपयोग के लिए आवश्यक अनुकूली लक्षणों में चरम सीमा के लक्षणप्रारूप प्रकटन का प्राकृतिक चयन होता है। इस प्रकार के चयन के फलस्वरूप उस क्षेत्र की आबादी भिन्न-भिन्न विकासीय दिशाओं में आगे बढ़ने वाले लघु समूहों में विभक्त हो जाती है।

इस प्रकार के चयन में दोनों ओर की पराकाष्ठा के जीव तो चयनित हो जाते हैं, जबकि मध्यमान वाले जीव असफल रहते हैं। इस प्रकार यह चयन आबादी में **सन्तुलित बहुरूपता** (Balanced polymorphism) उत्पन्न करता है।

उदाहरण—***सेपा नेमोरेलिस*** (*Cepaea nemoralis*) नामक भूमि घोंघे घास के मैदानों से लेकर वन प्रदेशों तक पाए जाते हैं। घास के मैदानों में पाई जाने वाली चिड़ियाँ गहरे रंग के घोंघों को तथा वन प्रदेशों में पाई जाने वाली चिड़िया हल्की धारियों युक्त घोंघों को खाती हैं। स्पष्ट है कि इन भूमि घोघों की दो प्रकार की आबादी दो अलग-अलग क्षेत्रों में पाई जाती है।

4. अनुकूली विकिरण Adaptive Radiation

एक विशेष भू-भौगोलिक क्षेत्र में विभिन्न प्रजातियों के विकास के प्रक्रम का एक बिन्दु से प्रारम्भ होकर अन्य भू-भौगोलिक क्षेत्रों तक प्रसारित होने को **अनुकूली विकिरण या अपसारी विकास** (Divergent evolution) कहते हैं। इस प्रकिया के अन्तर्गत पूर्व जाति अनेक जातियों में विभाजित हो जाती है।

अनुकूली विकिरण भी विकास का परिणाम है। अनुकूली विकिरण को उदाहरण सहित अध्याय-13 में पहले ही समझाया जा चुका है।

मानव का विकास Evolution of Human

मानव के उद्भव एवं विकास की जानकारी भी जीवाश्मों के रूप में पृथ्वी के भीतर से मिली है, किन्तु ये जानकारियाँ पूर्ण नहीं हैं। विभिन्न स्थानों से प्राप्त अस्थियों, जबड़ों, खोपड़ियों तथा शरीर के अन्य भागों के जीवाश्मों को सूत्रबद्ध करके मानव के विकास की एक रूपरेखा तैयार की गई। जैव विकास

के अनुसार, पृथ्वी पर वर्तमान जीवों का विकास सरल व अल्प विकसित जीवों के क्रमिक रूपान्तरण से हुआ है। यही नियम मानव जाति के विकास पर भी लागू होता है।

मानव जाति का वर्गीकरण

Classification of Human Species

संघ–कॉर्डेटा में स्तनधारी वर्ग के गण–प्राइमेट्स में मानव जाति को श्रेष्ठतम् स्थान प्राप्त है जिनकी उत्पत्ति तथा जैव-विकास 70-100 मिलियन वर्ष पूर्व हुआ। गण–प्राइमेट्स का वर्गीकरण निम्नलिखित है

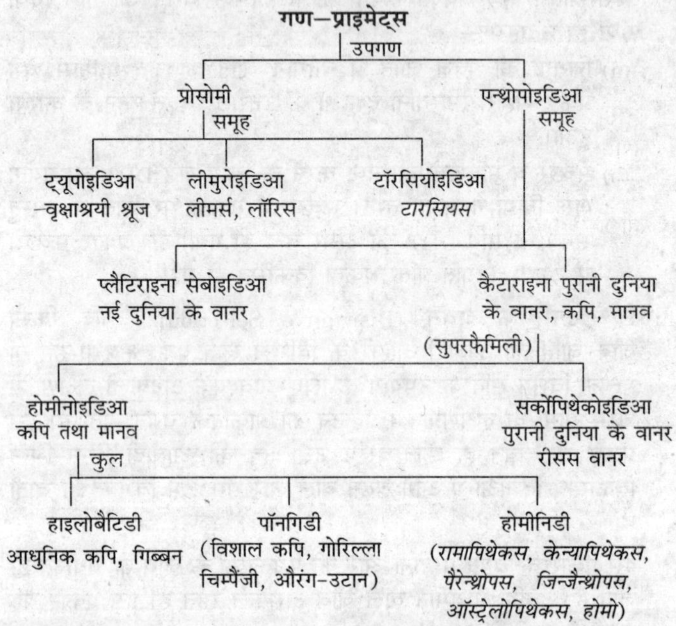

डार्विन ने अपनी पुस्तक 'डिसेन्ट ऑफ मैन एण्ड सलेक्शन इन रिलेशन टू सैक्स' में मानव का विकास कपियों, जैसे पूर्वज से होने के सिद्धान्त का वर्णन किया।

लिनियस ने मनुष्य को वानरों व कपियों के साथ रखा तथा उसे वैज्ञानिक नाम *होमो सेपिएन्स दिया, जिसका अर्थ है*— 'बुद्धिमान प्राणी'।

मानव का वर्गीकरण (Classification of Human)

संघ	–	कॉर्डेटा
वर्ग	–	स्तनधारी
गण	–	प्राइमेट
उपगण	–	एन्थ्रोपोइडिया
कुल	–	होमिनिडी
वंश	–	*होमो*
जाति	–	*सेपिएन्स*
उपजाति	–	*सेपिएन्स*

अफ्रीका, एशिया तथा यूरोप में कुछ जीवाश्म प्राप्त हुए। ये सभी मीयोसीन तथा पूर्व प्लीयोसीन काल में प्राप्त हुए। इससे यह स्पष्ट होता है कि उस काल में एन्थ्रोपोइड कपि बहुसंख्यक थे जो कि सभी सामान्य प्रकार के थे। इनमें से कुछ रूपान्तरित तथा विशेषीकृत हो गए तथा उनसे आधुनिक कपि का विकास हुआ तथा इनमें से कुछ होमिनिडी के विकास के आधार भी हुए।

ड्रायोपिथेकस *Dryopithecus*

पूर्व मियोसीन में कपि के समान स्तनी *ड्रायोपिथेकस* का विकास हुआ। *ड्रायोपिथेकस अफ्रीकेन्स* पूर्व में प्रोकोन्सल माना जाता था, जो कि चिम्पेन्जी के अत्यधिक समान था। यह मनुष्य एवं कपि दोनों का पूर्वज माना जाता है। इनमें लम्बे केनाइन एवं गोल मस्तक पाया जाता था।

रामापिथेकस *Ramapithecus*

लगभग एक करोड़ साल पहले मायोसीन युग में हुआ। जी.ई. लेविस द्वारा भारत की शिवालिक पहाड़ियों पर इसके जीवाश्म प्राप्त हुए।

ऑस्ट्रेलोपिथेकस *Australopithecus*

- दक्षिणी अफ्रीका में दस लाख वर्ष पूर्व का जीवाश्म प्राप्त हुआ।
- इसकी कपाल क्षमता 350-600 घन सेमी थी।
- जबड़े तथा दांत मनुष्य के समान थे।
- श्रोणि मेखला सीधे खड़े होकर चलने की प्रवृत्ति प्रदर्शित करती है।
- ये कोई हथियार नहीं बनाते थे।

जावा कपि मानव (*होमो इरेक्टस इरेक्टस*)

Java man (*Homo erectus erectus*)

- पूर्व तथा मध्य प्लाइस्टोसीन में लगभग 600000 वर्ष पूर्व हुआ।
- इसका जीवाश्म जावा के त्रिनिल स्थान से प्राप्त हुआ।
- कपाल क्षमता 750-1000 घन सेमी थी।
- शारीरिक लम्बाई 170 सेमी तथा भाग 70 किग्रा था।
- लम्बे सीधे पैर, ढलुवाँ (slopping) मस्तक, भौहे उभरी तथा स्पष्ट कपाल थी।
- सम्भवत: गुफा में छोटे-छोटे समूहों में रहने वाले थे।
- ये पत्थर एवं अस्थि के हथियार बनाते थे तथा अग्नि का उपयोग भोजन पकाने में किया करते थे।

पेकिंग मानव (*होमो इरेक्टस पेकीनेन्सिस*)

Peking Man (*Homo erectus pekinensis*)

- 500000 वर्ष पूर्व का जीवाश्म चीन के पेकिंग (1920-24) में प्राप्त हुआ।
- कपाल क्षमता लगभग 1075 घन सेमी थी।
- मस्तक नीचे तथा पीछे को झुका था। ठोड़ी अनुपस्थित थी।
- केनाइन दांत लम्बे थे।
- पत्थर काटने एवं जन्तुओं का शिकार करने के लिए छैनी के समान हथियार का उपयोग करते थे।
- ये स्वजातिभक्षी (cannibal) थे।

निएण्डरथल मानव (*होमो सेपिएन्स निएण्डरथेलेन्सिस*)

Neanderthal Man (*Homo sapiens neanderthalensis*)

- लगभग 150000 वर्ष पूर्व हुए तथा जीवाश्म निएण्डरथल नदी (जर्मनी) से प्राप्त हुआ।
- लगभग 25000 वर्ष पूर्व विलुप्त हो गए।
- कपाल क्षमता 1450 घन सेमी (मनुष्य के समान) थी।

- चेहरा लम्बा, जबड़ा उभरा हुआ, बड़े नेत्र गोलक तथा गोल था।
- शरीर कुछ झुका हुआ, घुटने भी कुछ झुके हुए, लम्बाई लगभग 5′ 4″ (लगभग) थी।
- ये वास्तविक मनुष्य थे, जिनमें संस्कृति की उत्पत्ति हुई तथा ये हथियार बनाना जानते थे।
- ये पिथेकेन्थ्रोपस से एक अतिरिक्त शाखा से विकसित माने जाते हैं
- ये यूरोप, सुदूर पूर्व (Far East) तथा अफ्रीका में रहते थे।

क्रो-मैग्नॉन मानव (*होमो सेपिएन्स फोसिलिस*)
Cro-Magnon Man (*Homo sapiens fossilis*)

- ये 50000 वर्ष पूर्व उत्पन्न हुए तथा 20000 वर्ष पूर्व विलुप्त हो गई। इसका जीवाश्म क्रो-मैग्नान (फ्रांस) के पत्थरों से (1868) में प्राप्त हुआ।
- इनकी कपाल क्षमता 1660 घन सेमी थी, जो कि आधुनिक मानव से भी अधिक थी।
- ये प्रजाति निएन्डरथल में विकसित हुई तथा ये सीधे मानव के पूर्वज माने जाते हैं।
- कपाल संकुचित तथा बड़ी एवं चेहरा चौड़ा था।
- गोल मस्तक, संकरी नसिका, मोटे एवं चौड़े जबड़े तथा एक उभरी ठोड़ी थी।
- मुलायम पाद एवं गुफा में रहने वाले शिकारी थे।
- यह प्रजाति मध्य पूर्व अफ्रीका तथा यूरोप में पाई जाती हैं।
- ये परिश्रमी बुद्धिमान तथा सुन्दर चित्र बनाने वाले थे।

आधुनिक मानव (*होमो सेपिएन्स सेपिएन्स*)
Modern Man (*Homo sapiens sapiens*)

- ये लगभग 25000 वर्ष से रहने वाली जाति है, जिसके अन्तर्गत निगरॉइडस, कॉकेसोइडस अथवा मन्गोलॉइडस इत्यादि रेसेस होती हैं।
- पूर्णत: सीधे खड़े रहने वाले तथा बाहु पैरों से छोटे थे।
- ऊपर की ओर खड़ा सिर तथा सामने लम्बे नेत्र थे।
- औसत कपाल क्षमता 1350-1500 घन सेमी होती है।
- प्रमस्तिष्क (cerebrum) अत्यधिक विकसित होता है।

अभ्यास प्रश्न

जीवन की उत्पत्ति एवं जीवों का जैव-विकास

1. उत्परिवर्तनवाद की खोज की
(a) ह्यूगो डी व्रीज ने (b) टी एच मॉर्गन ने
(c) कार्ल लॉरेन्स ने (d) बेटसन ने

2. उत्परिवर्तन एक घटना है, जो निम्न में से किसमें परिवर्तन के परिणामस्वरूप उत्पन्न होता है?
(a) DNA (b) कार्बोहाइड्रेट
(c) प्रोटीन (d) वसा

3. जीवन की उत्पत्ति के बारे में निम्न में से कौन-सा कथन असत्य है?
(a) ब्रह्माण्ड लगभग 20 बिलियन वर्ष पुराना है
(b) बिग-बैंग परिकल्पना ने समझाया की ब्रह्माण्ड की उत्पत्ति एक बड़े विस्फोट से हुई है
(c) वर्तमान समय की आकाश गंगाओं (Galaxies) का निर्माण गुरुत्वीय दबाव के अधीन हाइड्रोजन एवं हीलियम के संघनन (Condensation) से हुआ है
(d) उपरोक्त में से कोई नहीं

4. सही कथन को पहचानिए।
(a) पृथ्वी लगभग 4.5 बिलियन वर्ष पहले बनी है
(b) पृथ्वी पर पहले कोई वातावरण नहीं था
(c) ब्रह्माण्ड का तापमान उसके विस्तार होने के कारण कम हो गया
(d) उपरोक्त सभी

5. एक अत्यधिक व्यापक रूप से स्वीकृत परिकल्पना के अनुसार जीवन की उत्पत्ति के पहले पृथ्वी के वातावरण में मिश्रण था
(a) O_3, CH_4, O_2 एवं H_2O
(b) O_3, NH_3, CH_4 एवं H_2O
(c) H_2, CO_2, NH_3 एवं CH_4
(d) CH_4, NH_3, H_2 एवं जल वाष्प

6. सूर्य ने जल को हाइड्रोजन एवं ऑक्सीजन में तोड़ दिया उससे ...*A*... प्राप्त हुआ एवं ...*B*... शेष रहा। ऑक्सीजन ने अमोनिया एवं मीथेन के साथ मिलकर ...*C*..., CO_2 एवं अन्य का निर्माण किया। ओजोन परत का निर्माण हुआ। सभी न्यूनताओं (Depressions) को भरकर ...*D*... के निर्माण के लिए जैसे ही ओजोन परत ठण्डी हुई, तो जलवाष्प वर्षा के रूप में गिरी। दिए गए पैराग्राफ को पूर्ण करने के लिए *A, B, C* एवं *D* के लिए सही विकल्प का चयन कीजिए।
(a) *A*-IR किरणें, *B*-हल्की H_2, *C*-जल, *D*-समुद्र
(b) *A*-UV किरणें, *B*-हल्की H_2, *C*-जल, *D*-समुद्र
(c) *A*-UV किरणें, *B*-भारी H_2, *C*-जल, *D*-समुद्र
(d) *A*-UV किरणें, *B*-भारी H_2, *C*-जल, *D*-समुद्र

7. कौन-सी परिकल्पना तर्क करती है कि पृथ्वी पर जीवन बाहरी अन्तरिक्ष से आया है?
(a) पैनस्पर्मिया की परिकल्पना
(b) ब्रह्माण्डवाद परिकल्पना
(c) विषाणु परिकल्पना
(d) दोनों (a) एवं (b)

8. स्वत: जनन की परिकल्पना को किसने खारिज किया?
(a) लुईस पाश्चर
(b) फ्रांसिस्को रेडी
(c) स्पालेन्जानी
(d) अरस्तू

9. किसने प्रतिपादित किया कि जीवन का प्रथम रूप, पहले से उपस्थित निर्जीव जैविक अणुओं से आ सकता है?
(a) एस. एल. मिलर (b) ओपेरिन एवं हैल्डेन
(c) चार्ल्स डार्विन (d) एल्फ्रेड वैलेस

10. द्वितीयक वायुमण्डल से प्राथमिक वायुमण्डल के रूपान्तरण के दौरान उपस्थित NH_3 के साथ क्या होता है?
(a) वह हाइड्रोजन एवं जल में ऑक्सीकृत हो जाती है
(b) वह प्रकाश स्वपोषकों के द्वारा अवशोषित हो जाती है
(c) उसका अधिकतर भाग नाइट्रोजन ऑक्साइड के लिए ऑक्सीकृत हो जाता है
(d) O_2 निर्माण के कारण उसकी सान्द्रता (Concentration) कम हो जाती है

11. मिलर ने अपने प्रयोगों में निम्न में से कौन-से मिश्रण से साधारण अमीनो अम्लों को संश्लेषित किया?
(a) CH_4, NH_3, H_2 एवं जल वाष्प (b) H_2, O_2, N_2 एवं जल वाष्प
(c) H_2, O_2, C_2 एवं जल वाष्प (d) CH_4, NH_3, O_2 एवं जल वाष्प

12. मिलर ने अपने प्रयोगों से क्या प्राप्त किया?
(a) अमीनो अम्ल (b) जैविक यौगिक
(c) पेप्टाइड (d) ये सभी

13. आदि पृथ्वी (Early earth) पर जैविक अम्लों का उत्पादन H_2 के साथ किसके संयोजन के द्वारा हुआ?
(a) अमोनिया एवं मीथेन (b) हाइड्रोजन
(c) जैविक पदार्थ (d) सल्फेट्स एवं नाइट्रेट्स

14. सबसे सम्भावित रूप से आदिकालीन (Primitive) पृथ्वी पर प्रथम विकसित हुए सूचना अणु निम्न में से कौन से थे?
(a) प्रोटीन (b) DNA
(c) RNA (d) ये सभी

15. प्रथम कोशिका के समान संरचना प्रारम्भ में दिखाई दी
(a) वायु में (b) पर्वत/पहाड़ों में
(c) समुद्र में (d) मृदा में

16. विभिन्न अवसादी परतों में जीवाश्मों का अध्ययन इंगित करता है
(a) शारीरिक अवधि, जिसमें उनका अस्तित्व रहता है
(b) भूगर्भीय अवधि, जिसमें उनका अस्तित्व रहता है
(c) स्थितियाँ, जिसमें वे रहते हैं
(d) उपरोक्त सभी

17. जीवाश्म उपयोगी हैं
(a) लुप्त जीवों के अध्ययन में
(b) जीवों के इतिहास के अध्ययन में
(c) दोनों (a) एवं (b)
(d) इनमें से कोई नहीं

18. विभिन्न जन्तुओं में सजातीय अंगों की उपस्थिति क्या इंगित करती है?
(a) भिन्न वंश (Ancestry) (b) समान वंश
(c) स्वतन्त्र विकास (d) अवलम्बित विकास

19. क्रम विकास सम्बन्धी विज्ञान है
(a) पृथ्वी पर जीवों के इतिहास का अध्ययन
(b) पृथ्वी पर जीवों की वंशावली (Pedigree) का अध्ययन
(c) जनसांख्यिकी के समतुल्य
(d) मनुष्य जाति के विज्ञान के समतुल्य

20. लम्बे समय तक यह माना जाता रहा है, कि जीवन की उत्पत्ति सड़े-गले पदार्थों; जैसे—घास-फूस, कीचड़, आदि से हुई है। यह परिकल्पना थी
(a) प्रलयकरणवाद (b) स्वतःजनन
(c) पैनस्पर्मिया (d) रासायनिक विकास

21. रासायनिक जैव-विकास के प्रायोगिक प्रमाण किसके द्वारा दिए गए थे?
(a) मिलर (b) हैल्डेन (c) ओपेरिन (d) ये सभी

22. ओपेरिन का सिद्धान्त है
(a) निर्जीव रसायनों का संयोजन (b) स्वतः जीवोत्पत्ति
(c) कॉस्मिक पैनस्पर्निया (d) अजीवात् जीवोत्पत्ति

23. स्वत:जननवाद है
(a) जीवित जीवों से जीवन की उत्पत्ति
(b) जीवन की अपने आप उत्पत्ति
(c) अजीवित पदार्थों से जीवन की उत्पत्ति
(d) वायरस व बैक्टीरिया की उत्पत्ति

24. जीवन की उत्पत्ति के सन्दर्भ में आदिसागर के जल को किस वैज्ञानिक ने 'कार्बनिक पदार्थों का गरम पतला सूप' कहा?
(a) मिलर (b) सिडनी फॉक्स
(c) ओपेरिन (d) हैल्डेन

25. मिलर के प्रयोग से सिद्ध हुआ कि
(a) जटिल कार्बनिक यौगिक आदिपृथ्वी पर बने
(b) कार्बनिक यौगिकों में कार्बन, हाइड्रोजन व ऑक्सीजन होती है
(c) जीवन की उत्पत्ति अमीनो अम्लों के रूप में हुई
(d) कार्बनिक यौगिकों का प्रयोगशाला में हम संश्लेषण कर सकते हैं

26. लगभग कितने अरब वर्ष पूर्व जीवन की उत्पत्ति हुई थी?
(a) एक (b) चार (c) छः (d) नौ

27. स्टैनले मिलर के प्रयोग में मेथेन, अमोनिया तथा हाइड्रोजन का अनुपात था
(a) 3 : 1 : 2 (b) 2 : 1 : 2
(c) 1 : 2 : 1 (d) 5 : 4 : 1

28. कोएसरवेट, निम्नलिखित वर्ग से सम्बन्धित हैं
(a) सायनोबैक्टीरिया
(b) प्रोटोजोअन
(c) आण्विक पुंज
(d) लिपिड कला द्वारा घिरे हुए आण्विक पुंज

जैव-विकास से सम्बन्धित सिद्धान्त और प्रमाण

29. सबसे सम्भावित रूप से आदिकालीन (Primitive) पृथ्वी पर प्रथम विकसित हुए सूचना अणु निम्न में से कौन से थे?
(a) प्रोटीन (b) DNA (c) RNA (d) ये सभी

30. चार्ल्स डार्विन द्वारा उनके समुद्री यात्रा के दौरान उपयोग की गई जहाज (Ship) का नाम क्या था?
(a) HMS बीगल (b) HSM बेगल
(c) HMS ईगल (d) HSM ईगल

31. जैव-विकास है
(a) असतत् प्रक्रिया
(b) अनेक सम्भावनाओं में से चुनी हुई प्रक्रिया
(c) दोनों (a) एवं (b)
(d) अनावश्यक प्रक्रिया

32. डार्विन के अनुसार अनुकूलता (Fitness) है
(a) प्रजनन अनुकूलता (b) शारीरिक अनुकूलता
(c) आध्यात्मिक अनुकूलता (d) इनमें से कोई नहीं

33. चार्ल्स डार्विन के लगभग समान समय पर तथा समान निष्कर्षों पर पहुँचने वाला वैज्ञानिक कौन था?
(a) एल्फ्रेड वैलेस (b) ह्यूगो डी व्रीज
(c) टी.एच. मॉर्गन (d) ओपेरिन एवं हैल्डेन

34. मलय द्वीपसमूह (Malay Archipelago) सम्बन्धित है
(a) वैलेस द्वारा देखे गए द्वीपों का एक समूह
(b) वैलेस द्वारा जैव विकास पर लिखा गया अन्वेषण पत्र
(c) वैलेस द्वारा पारिस्थितिकी पर लिखा गया अन्वेषण पत्र
(d) वैलेस द्वारा अध्ययन किया गया जीवों का एक समूह

35. जीवों का जैव–विकास वास्तव में पृथ्वी पर हुआ है, का प्रमाण है
(a) जीवाश्म अध्ययन (जीवाश्म विज्ञान से प्रमाण)
(b) आकारिकी एवं तुलनात्मक शारीरिकी अध्ययन
(c) जैव-रासायनिक अध्ययन
(d) उपरोक्त सभी

36. जीवाश्म अवशेष होते हैं
(a) जीवों के कठोर भाग का, जो चट्टानों में पाए गए
(b) जीवों के हल्के भाग का, जो चट्टानों में पाए गए
(c) जीवों की हड्डियाँ एवं प्रोटीन, जो चट्टानों में पाई गई
(d) जीवों की वसा एवं प्रोटीन, जो चट्टानों में पाई गई

37. जन्तुओं में विभिन्न आवश्यकताओं के लिए अर्जित किए अनुकूलन के कारण भिन्न तथा समान संरचनाएँ विकसित हुईं, यह कहलाता है
(a) अभिसारी जैव-विकास (b) अपसारी जैव-विकास
(c) विघटनकारी जैव-विकास (d) दिशात्मक जैव-विकास

38. 'व्यक्तिवृत में जातिवृत की पुनरावृत्ति' निम्नलिखित में से किस सिद्धान्त का कथन है?
(a) उत्परिवर्तन का सिद्धान्त (b) वंशागति का सिद्धान्त
(c) पुनरावर्तन सिद्धान्त (d) प्राकृतिक चयन का सिद्धान्त

39. डार्विन द्वारा प्रतिपादित सिद्धान्त है
(a) उपार्जित लक्षणों की वंशागति का सिद्धान्त
(b) प्राकृतिक चयन का सिद्धान्त
(c) पुनरावर्तन सिद्धान्त
(d) आनुवंशिक द्रव्य की निरन्तरता का सिद्धान्त

40. स्वत: जननवाद का खण्डन करने वाला वैज्ञानिक था
(a) हेकेल (b) लुईस पाश्चर
(c) वॉन हेल्मान्ट (d) मिलर

41. लुईस पाश्चर का सम्बन्ध है
(a) रुधिर वर्ग की खोज (b) कोशिका सिद्धान्त
(c) टीकाकरण (d) रोगों का जर्म सिद्धान्त

42. निम्न में से कौन–सा तथ्य कार्बनिक विकास का महत्त्वपूर्ण साक्ष्य है?
(a) समजात एवं अवशेषी अंगों का पाया जाना
(b) समरूप एवं अवशेषी अंगों का पाया जाना
(c) समजात एवं समरूप अंगों का पाया जाना
(d) केवल समरूप अंगों का पाया जाना

43. अभिसारी विकास प्रदर्शित होता है
(a) समजात अंगों द्वारा (b) समवृत्ति अंगों द्वारा
(c) अवशेषी अंगों द्वारा (d) इन सभी के द्वारा

44. अजगर में कौन–सा अवशेषी अंग है?
(a) नासिका (b) पश्चपाद
(c) स्केल्स (d) दाँत

45. ह्यूगो डी व्रीज के मतानुसार, जैव–विकास होता है
(a) असतत् (b) अचानक
(c) सतत् (d) दोनों (a) एवं (b)

46. गैलापैगोज द्वीपसमूह के फिन्च पक्षी किस एक के पक्ष में प्रमाण प्रस्तुत करते हैं?
(a) विशिष्ट सृजन
(b) उत्परिवर्तनों के कारण हुआ विकास
(c) प्रतिगामी विकास
(d) जैव-भौगोलिक विकास

47. सर्वप्रथम किस व्यक्ति ने जैव–विकास के बारे में जीवाश्मों को सबूत के रूप में पहचाना?
(a) लियोनार्डो दा विंसी (1452-1519)
(b) जॉर्ज कूवियर (1769-1832)
(c) डार्विन (1809-1882)
(d) लैमार्क (1744-1829)

48. प्रोबायोटिक्स क्या होते हैं?
(a) सुरक्षित प्रतिजैविक (b) कैंसर-प्रेरक सूक्ष्मजीव
(c) नए प्रकार के खाद्य ऐलर्जन (d) सजीव सूक्ष्मजीवीय खाद्य सम्पूरक

49. समजात अंगों में होता है
(a) समान आकारिकीय एवं पृथक् कार्य
(b) समान पैतृक उद्‌गम नहीं
(c) पृथक् आकारिकीय एवं कार्य किन्तु समान पैतृक उद्‌गम
(d) समान आकारिकीय एवं कार्य

50. डार्विन की फिन्च एक अच्छा उदाहरण है
(a) औद्योगिक अतिमेलानिनता का (b) संयोजी कड़ी का
(c) अनुकूली विकिरण का (d) अभिसारी जैव-विकास का

51. निम्न में से कौन–सा सिद्धान्त ह्यूगो डी व्रीज द्वारा दिया गया है?
(a) प्राकृतिक वरण का सिद्धान्त (b) पृथक्करण का नियम
(c) उत्परिवर्तन का सिद्धान्त (d) प्रभाविता का नियम

52. जन्तुओं के शरीर तरल में लवणों (सोडियम क्लोराइड एवं अन्य) की उपस्थिति से पता चलता है कि जीवन की शुरुआत हुई होगी
(a) लवणों के घोल में (b) वर्षा के जल में
(c) आदिसागर में (d) इनमें से कोई नहीं

53. निम्नलिखित में से कौन–सा निष्कर्ष डार्विन से सम्बन्धित नहीं है?
(a) योग्यतम् की उत्तरजीविता
(b) अस्तित्व के लिए संघर्ष
(c) उपार्जित लक्षणों की वंशागति
(d) प्राकृतिक चयन द्वारा जातियों की उत्पत्ति

54. रासायनिक जैव–विकास के फलस्वरूप जीवन की उत्पत्ति की सही प्रकार से व्याख्या की गई है अथवा जीवन की उत्पत्ति के सम्बन्ध में सर्वाधिक उपयुक्त जैव रासायनिक वाद प्रस्तुत किया गया था
(a) स्टैनले मिलर द्वारा (b) डार्विन द्वारा
(c) ए आई ओपेरिन द्वारा (d) फॉक्स द्वारा

55. डार्विन ने किस जहाज पर प्रकृति वैज्ञानिक के रूप में यात्रा की?
(a) नार्वे (b) बीगल
(c) सेन्चुरी (d) सी-गल

56. मानव में निम्नलिखित में कौन अवशेषी अंग है?
(a) कॉक्लिया (b) बाल
(c) आँख की पलक (d) वर्मीफॉर्म अपेण्डिक्स

57. अपसारी जैव-विकास उत्पन्न करता है
(a) सजातीय अंग (Homologous organs)
(b) समरूप अंग (Analogous organs)
(c) दोनों (a) एवं (b)
(d) उपरोक्त में से कोई नहीं

58. *ऑक्टोपस* की आँख एवं बिल्ली की आँख संरचना का भिन्न प्रकार दर्शाती हैं, जबकि समान कार्य करती हैं। यह उदाहरण है
(a) सजातीय अंग, जो अभिसारी जैव-विकास के कारण विकसित हुए
(b) सजातीय अंग, जो अपसारी जैव-विकास के कारण विकसित हुए
(c) समरूप अंग, जो अभिसारी जैव-विकास के कारण विकसित हुए
(d) समरूप अंग, जो अपसारी (Divergent) जैव-विकास के कारण विकसित हुए

59. ऐसी प्रक्रिया, जिसके द्वारा भिन्न क्रम-विकास सम्बन्धित इतिहास वाले जीव, समान पर्यावरणीय चुनौतियों की प्रतिक्रिया में समान प्रारूपी (Phenotypic) अनुकूलन विकसित करते हैं, कहलाते हैं
(a) प्राकृतिक चयन (b) सम्मिलित जैव-विकास
(c) नॉन-रेण्डम जैव-विकास (d) अनुकूली विकिरण

60. जैव-रासायनिक समानताएँ किसके अध्ययन पर आधारित होती है?
(a) जीवों के कार्बोहाइड्रेट्स में समानताएँ
(b) जीवों के वसा (वसायुक्त अम्ल) में समानताएँ
(c) जीवों के जीन्स एवं प्रोटीन में समानताएँ
(d) उपरोक्त सभी

61. पेपर्ड (Peppered) कीट (*बिस्टन बिटुलेरिया*) की हल्के रंग की किस्म का औद्योगिक युग में गहरे रंग की किस्म में परिवर्तन किस कारण उत्पन्न होता है?
(a) अस्तित्व के लिए गहरे रंग की किस्म का चयन
(b) जीन का विलोपन (Deletion)
(c) पंखों पर औद्योगिक कार्बन जमा होना
(d) जीन का स्थानान्तरण (Translocation)

62. इंग्लैण्ड में सन् 1850 में औद्योगिकीकरण होने से पहले, यह देखा गया कि वृक्षों पर गहरे रंग के पंखों वाले या मेलैनिन वाले (Melanised) कीटों की अपेक्षा सफेद पंखों वाले कीट अधिक थे। यद्यपि समान क्षेत्र (Area) से संग्रह किया गया, किन्तु औद्योगीकीकरण के बाद सन् 1920 में समान क्षेत्र में गहरे रंग वाले कीट अधिक थे अर्थात् अनुपात विपरीत हो गया था। इस परिवर्तन के लिए सम्भावित कारण का अनुमान लगाइए
(a) प्राकृतिक चयन (b) कृत्रिम चयन
(c) नियमबद्ध चयन (d) भिन्न चयन

63. औद्योगिक प्रदूषण का प्राकृतिक सूचक है
(a) शैवाल (b) कवक
(c) लाइकेन (d) बैक्टीरिया

64. उदाहरण औचित्य सिद्ध करता है कि मानवजनित क्रियाएँ, जिसमें जैव विकास होता है, में निम्न में से किसका उपयोग बड़े पैमाने पर किया जाता है?
(a) शाकनाशी (Herbicides) (b) कीटनाशक (Pesticides)
(c) प्रतिजीवी (Antibiotics) (d) ये सभी

65. औद्योगिक मेलैनिनता (Industrial melanism) उदाहरण है
(a) नवडार्विनवाद (b) प्राकृतिक चयन
(c) उत्परिवर्तन (d) नवलैमार्कवाद

66. एक समान वंशावली रूप से भिन्न कार्यात्मक संरचनाओं का विकास कहलाता है
(a) विशेषता सूचक जैव-विकास (Differential evolution)
(b) अनुकूली विकिरण (Adaptive evolution)
(c) अन-अनुकूलक प्रसारण (Non-adaptive evolution)
(d) प्रतिगामी जैव-विकास (Regressive evolution)

67. समान अनुकूली विकिरण संरचनात्मक लक्षणों वाले जीवों का कार्यात्मक रूप से भिन्न समूह में विकास कहलाता है
(a) अनुकूली विकिरण (b) अनुकूलक सम्मिलित
(c) दोनों (a) एवं (b) (d) जैव-विकास

68. ऑस्ट्रेलियन शिशुधानी प्राणी (Marsupials) निम्न में से किसका उदाहरण है?
(a) सजातीय विकिरण (b) समरूप विकिरण
(c) अनुकूलक विकिरण (d) अभिसारी विकिरण

69. निम्न में से कौन-सा अनुकूली विकिरण का उदाहरण है?
(a) बोम्बट, नेम्बैट (चींटीखोर), उड़न फैलेन्जज (Flying phalanges)
(b) डार्विन की फिन्चेज
(c) विश्व के अन्य भागों में विभिन्न स्तनधारी
(d) लेमूर (Lemur) एवं धब्बेदार कस्कस

70. अभिसारी जैव-विकास का उदाहरण है
(a) डार्विन की फिन्चेज एवं शिशुधानी चूहा
(b) प्लेसेन्टल भेड़िया एवं तस्मानियाई भेड़िया
(c) प्लेसेन्टल भेड़िया एवं डार्विन फिन्चेज
(d) तस्मानियाई भेड़िया एवं शिशुधानी छँछून्दर

71. अनुकूली विकिरण का क्या अर्थ है?
(a) भौगोलिक पृथक्करण के कारण होने वाले अनुकूलन
(b) एक समान पूर्वज से विभिन्न जाति का विकास
(c) किसी जाति के सदस्यों का विभिन्न भौगोलिक क्षेत्रों में प्रवास
(d) किसी एक व्यष्टि की, विभिन्न पर्यावरणों के लिए अनुकूलन-क्षमता

72. समजात अंग व्युत्पन्न होने का कारण है
(a) केवल समय का घटनाक्रम
(b) संरचना में धीरे-धीरे परिवर्तन
(c) संरचना में तीव्र परिवर्तन
(d) बेसिक संरचना में कोई परिवर्तन नहीं

73. व्हेल, सील तथा शार्क में क्या एक चीज समान है?
(a) ऋतुपरक प्रवास (b) मोटी अवत्वक वसा
(c) अभिसारी विकास (d) समतापता

74. कीट एवं चमगादड़ के पंख प्रदर्शित करते हैं
(a) समजातता (b) समरूपता (c) पूर्वजता (d) संयोजक कड़ी

75. मनुष्य में निम्न में से कौन-सा अवशेषी अंग है?
(a) एपिग्लॉटिस (b) बाह्य कर्ण (पिन्ना) की पेशियाँ
(c) थाइमस (d) इलियम

76. सरीसृपों का सुनहरा युग था
(a) प्रोटेरोजोइक महाकल्प (b) पेलियोजोइक महाकल्प
(c) मीजोजोइक महाकल्प (d) सीनोजोइक महाकल्प

77. कॉर्डेट्स तथा नॉन-कॉर्डेट्स के मध्य संयोजी कड़ी है
(a) *पेरिपेटस* (b) *बैलेनोग्लॉसस*
(c) *एण्टीजॉन* (d) *टैकिग्लॉसस*

78. प्रथम उभयचरी का उद्‌भव किस काल में हुआ था?
(a) परमियन (b) कार्बोनीफेरस
(c) डिवोनियन (d) साइल्यूरियन

79. पक्षियों के पंख मानव के निम्न के होमोलोगस हैं
(a) टाँग (b) कन्धे
(c) केवल जीभ (d) अग्रभुजा

80. 'कार्बनिक यौगिक जीवन के आधार थे' इसे सिद्ध करने का प्रयोग किसने किया था?
(a) डार्विन
(b) स्टैनले मिलर एवं हैरॉल्ड सी यूरे
(c) मेल्विन
(d) फॉक्स

81. जब कभी विभिन्न वंशवृत्तों की दो जाति अनुकूलनों के कारण एक-दूसरे के समान दिखने लगती हैं, तब इस परिघटना का क्या कहा जाता है?
(a) अपसारी विकास (b) सूक्ष्म विकास
(c) सहविकास (d) अभिसारी विकास

82. मूडी ने उत्परिवर्तन को कहा
(a) कारक (b) शॉटगन (c) साल्टेशन (d) स्पोर्ट्स

83. पद 'डार्विन योग्यतम्' से क्या अभिप्राय है?
(a) जीवित रहने एवं प्रजनन करने की क्षमता
(b) उच्च आक्रमकता
(c) स्वस्थ रूप
(d) शारीरिक सामर्थ्य

84. योग्यतम् का जीवित रहना किसके कारण सम्भव हो सका है?
(a) अधिक उत्पत्ति (b) अनुकूल विविधताएँ
(c) पर्यावरणीय परिवर्तन (d) अर्जित लक्षणों की वंशागति

85. निम्न में से कौन-सी स्थिति प्राकृतिक चयन की उच्चतम दर में अत्यधिक सम्भावित परिणाम देगी?
(a) अलैंगिक विधि के द्वारा प्रजनन
(b) स्थाई वातावरण में निम्न उत्परिवर्तन
(c) कम प्रतिस्पर्धा
(d) लैंगिक विधि द्वारा प्रजनन

86. डार्विन के अनुसार, जैविक जैव-विकास के कारण हुआ था
(a) सजातीय प्रतिस्पर्धा (Intraspecific competition)
(b) अन्तर्जातीय प्रतिस्पर्धा (Interspecific competition)
(c) निकट सम्बन्धित प्रजातियों के अन्तर्गत प्रतिस्पर्धा
(d) विरोधी प्रजातियों की उपस्थिति के कारण एक प्रजाति में कम भरण (Feeding) दक्षता

87. योग्यतम् की उत्तरजीविता का सिद्धान्त प्रस्तुत किया
(a) डार्विन (b) लैमार्क
(c) ह्यूगो डी व्रीज (d) मॉर्गन

88. डार्विनिज्म स्पष्ट नहीं करता
(a) प्रोग्रेशन (b) सभी अंगों की उपयोगिता
(c) रिट्रोग्रेशन (d) अवशेषी अंगों की उपस्थिति

89. लैमार्कवाद के विरोध में जर्मप्लाज्म का सिद्धान्त किसने प्रतिपादित किया था?
(a) वीजमान (b) डार्विन
(c) लैमार्क (d) ह्यूगो डी व्रीज

90. निम्नलिखित में से किसकी लैमार्कवाद द्वारा व्याख्या नहीं की जा सकती है?
(a) जलीय पक्षियों में जालयुक्त पंजों की उपस्थिति
(b) पहलवान के पुत्र में कमजोर पेशियाँ होना
(c) सर्पों का लम्बा संकरा एवं पादरहित शरीर
(d) विषमपर्णता (हेटेरोफिली)

91. नव-डार्विनवाद के अनुसार कौन-सा कारक जैव विकास के लिए उत्तरदायी है?
(a) लाभकारी विभिन्नताएँ (b) उत्परिवर्तन
(c) संकरण (d) उत्परिवर्तन व प्राकृतिक चयन

92. डार्विनवाद की सबसे बड़ी कमी थी
(a) योग्यतम् की उत्तरजीविता की व्याख्या न होना
(b) विभिन्नताओं के कारणों की व्याख्या न होना
(c) सन्तानोत्पत्ति की उच्च क्षमता की व्याख्या न होना
(d) जीवन संघर्ष की व्याख्या न होना

93. डार्विन के योग्यतम् को निम्न में से किसके द्वारा उत्तरजीविता समझा जा सकता है?
(a) कितने समय तक विभिन्न जीव एक आबादी (समष्टि) में जीवित रह सकते हैं
(b) आबादी में विभिन्न जीवों के द्वारा उत्पन्न की गई सन्ततियों की संख्या
(c) आबादी में जीवों का बड़ा आकार
(d) सामूहिक विलुप्तीकरण (Mass extinction) के पश्चात् प्रजातियों का पुनः उत्पन्न होना

94. निम्न में से कौन-सा कारण डार्विन के द्वारा उसकी प्राकृतिक चयन की परिकल्पना में नहीं किया गया था?
(a) अस्तित्व के लिए संघर्ष
(b) असतत् विभिन्नताएँ
(c) प्राकृतिक शत्रु/विरोधी के रूप में परजीवी एवं परभक्षी
(d) योग्यतम् की उत्तरजीविता

जैव-विकास की क्रियाविधि

95. जैव-विकास के आधुनिक संश्लेषणात्मक सिद्धान्त के अनुसार विकासीय कारक है
(a) विभिन्नताएँ (b) उत्परिवर्तन (c) अनुकूलन (d) ये सभी

96. आयरलैण्ड के बारहसिंगों में सींगों का अत्यधिक विकास होना, एक उदाहरण है
(a) अनिश्चयात्मक विभिन्नता का (b) निश्चयात्मक विभिन्नता का
(c) विच्छिन्न विभिन्नता का (d) अविछिन्न विभिन्नता का

97. विच्छिन्न विभिन्नताएँ होती हैं
(a) उत्परिवर्तन (b) उपार्जित लक्षण
(c) आवश्यक लक्षण (d) अनावश्यक लक्षण

98. मनुष्य में पाँच के स्थान पर छः अँगुलियों की उपस्थिति उदाहरण है
(a) गुणात्मक विभिन्नता (b) अविच्छिन्न विभिन्नता
(c) धनात्मक संख्यात्मक विभिन्नता (d) ऋणात्मक संख्यात्मक विभिन्नता

99. एक बच्चे में जन्म से ही केवल एक वृक्क है, यह कैसी विभिन्नता है?
(a) गुणात्मक (b) ऋणात्मक संख्यात्मक
(c) धनात्मक संख्यात्मक (d) जननिक

100. अर्द्धसूत्री विभाजन के फलस्वरूप समजात गुणसूत्रों के मध्य खण्डों का आदान–प्रदान कहलाता है
(a) द्वैतजनकता (b) उत्परिवर्तन
(c) विभिन्नता (d) जीन विनिमय

101. जीवों में आनुवंशिक विभिन्नताओं का मूल स्रोत होता है
(a) हॉर्मोन्स का प्रभाव (b) प्राकृतिक चयन
(c) उत्परिवर्तन (d) लैंगिक जनन

102. जैव-विकास में उत्परिवर्तन का महत्त्व है
(a) जननात्मक विलगन (b) आनुवंशिकी पुनर्संयोजन
(c) आनुवंशिकी विभिन्नताएँ (d) इनमें से कोई नहीं

103. जीनी अपवहन की संकल्पना किस वैज्ञानिक ने दी थी?
(a) हार्डी (b) वीनबर्ग
(c) दोनों (a) एवं (b) (d) लैमार्क

104. एलील के विलुप्त होने से छोटी आबादियों में समयुग्मकता विकसित होने का कारण है
(a) प्रवसन (b) जीनी अपवहन
(c) उत्परिवर्तन (d) अनुकूलन

105. हार्डी-वीनबर्ग का नियम मेण्डल के किस नियम का तार्किक निष्कर्ष है?
(a) प्रभाविता का नियम (b) पृथक्करण का नियम
(c) स्वतन्त्र अपव्यूहन का नियम (d) इनमें से कोई नहीं

106. हार्डी-वीनबर्ग का सन्तुलन नियम कार्य करता है केवल
(a) छोटी आबादी पर (b) बड़ी आबादी पर
(c) मध्यम आबादी पर (d) इनमें से कोई नहीं

107. $(p+q)^2 = p^2 + 2pq + q^2 = 1$ समीकरण प्रयुक्त होती है
(a) समष्टि आनुवंशिकी में (b) मेण्डलीय आनुवंशिकीय में
(c) बायोमैट्रिक्स में (d) आण्विक आनुवंशिकीय में

108. किस प्रकार का प्राकृतिक चयन आबादी में समरूपता लाता है?
(a) स्थाई कारक चयन (b) दिशात्मक चयन
(c) विच्छेदनात्मक चयन (d) दोनों (a) व (b)

109. मच्छरों एवं मक्खियों में कीटनाशकों के लिए प्रतिरोध का विकसित होना, उदाहरण है
(a) स्थाई कारक चयन (b) विच्छेदनात्मक चयन
(c) दिशात्मक चयन (d) अनुकूलन

110. औद्योगिक अतिकृष्णता किस जीव में पाई गई है?
(a) केंचुआ (b) *ऑक्टोपस*
(c) *बिस्टन बिटुलेरिया* (d) कॉकरोच

111. औद्योगिक अतिकृष्णता किसका उदाहरण है?
(a) उत्परिवर्तन (b) जीनी अपवहन
(c) अनुकूलन (d) दिशात्मक प्राकृतिक चयन

112. उच्च दुग्ध उत्पादन क्षमता वाली गायों का चयन उदाहरण है
(a) दिशात्मक चयन का
(b) विच्छेदनात्मक चयन का
(c) कृत्रिम चयन का
(d) स्थाई कारक चयन का

113. अनुकूलन के आनुवंशिक आधार को समझाने हेतु किस वैज्ञानिक ने रेप्लिका प्लेट प्रयोग किया?
(a) हार्डी-वीनबर्ग (b) जे लैडरबर्ग
(c) डार्विन (d) लैमार्क

114. लैडरबर्ग रेप्लिका प्लेटिंग प्रयोग में प्रयुक्त होने वाला प्रतिजैविक था
(a) नियोमाइसिन (b) पेनिसिलिन
(c) स्ट्रैप्टोमाइसिन (d) टेरामाइसिन

115. डार्विन की फिन्च सर्वश्रेष्ठ उदाहरण है
(a) अनुकूली विकिरण का (b) प्राकृतिक चयन का
(c) कृत्रिम चयन का (d) जीनी अपवाह का

116. जब एक से अधिक अनुकूली विकिरण अलग-अलग भौगोलिक क्षेत्र में प्रकट होते हैं, तो यह घटना कहलाती है
(a) अपसारी विकास (b) उत्परिवर्तन
(c) अभिसारी विकास (d) इनमें से कोई नहीं

117. एक ही स्थान पर रहने वाले एक ही जाति के जीवों के समूह को कहते हैं
(a) वीजमान आबादी (b) मेण्डेलियन आबादी
(c) ब्रीज आबादी (d) मुलर आबादी

118. जैव-विकास सिद्धान्त के अनुरूप अवधारणा मान्य नहीं है
(a) विकासीय जाति की
(b) जैविक जाति की
(c) आकारिकीय या प्रारूपविज्ञानीय जाति की
(d) उपरोक्त में से कोई नहीं

119. प्रत्येक जाति वंशजों की एक ऐसी वंशावली है, जिसमें विकसित होते रहने की प्रवृत्ति होती है यह अवधारणा कहलाती है
(a) प्रारूपविज्ञानीय अवधारणा (b) विकासीय अवधारणा
(c) जैविक जाति अवधारणा (d) इनमें से कोई नहीं

120. आनुवंशिकी के नियमों पर आधारित अवधारणा कहलाती है
(a) विकासीय अवधारणा (b) जैविक जाति अवधारणा
(c) आकारिकीय अवधारणा (d) प्रारूपविज्ञानीय जाति अवधारणा

121. गैलापैगोस द्वीपसमूह पर रहने वाली फिन्चें उदाहरण हैं
(a) भिन्न देशीय जाति उद्‌भवन (b) एकदेशीय जाति उद्‌भवन
(c) बहुगुणिता (d) इनमें से कोई नहीं

मानव का विकास

122. आधुनिक मानव का वैज्ञानिक नाम है
(a) *होमो इरेक्टस* (b) *होमो हैबिलिस*
(c) *होमो सेपियन्स सेपियन्स* (d) इनमें से कोई नहीं

123. मानव किस गण का सदस्य है?
(a) कार्नीवोरा (b) इन्सेक्टीवोरा
(c) प्राइमेट्स (d) सीटेसिया

124. आधुनिक कपि किस कुल का सदस्य है?
(a) हाइलैबेटिडी (b) पॉनगिडी
(c) होमोनिडी (d) इनमें से कोई नहीं

125. मानव का उद्‌भव कहाँ से माना जाता है?
(a) अफ्रीका (b) एशिया
(c) अमेरिका (d) इंग्लैण्ड

126. मानव का कौन-सा लक्षण विकास की दृष्टि से आवश्यक है?
(a) आगे खिसका हुआ महारन्ध्र
(b) कपाल गुहा के आयतन का अधिक होना
(c) ऑर्थोग्नेथस चेहरा
(d) उपरोक्त सभी

127. प्रोसोमियन प्राइमेट्स हैं
(a) वृक्षवासी श्रूज (b) टारसियस
(c) लीमर्स (d) ये सभी

128. लीमर्स, लॉरिस तथा मानवाकार पूर्वजों के मध्य की कड़ी कौन है?
(a) वृक्षाश्रयी श्रूज (b) टारसियस
(c) वानर (d) कपि

129. *टारसियस सायरिक्टा* कहाँ पाए जाते हैं?
(a) फिलीपिन्स (b) इण्डोनेशिया
(c) दोनों (a) व (b) (d) अफ्रीका

130. निम्न में से एन्थ्रोपोइडिआ उपगण के सदस्य कौन हैं?
(a) मानव (b) कपि
(c) बन्दर (d) ये सभी

131. मानव जाति के सबसे समीप है
(a) चिम्पैंजी (b) वानर
(c) कपि (d) गोरिल्ला

132. आधुनिक मानव का निकट सम्बन्धी है
(a) गोरिल्ला (b) गिब्बन
(c) औरंग-उटान (d) चिम्पैंजी

133. निम्न में से वृक्षाश्रयी कपि कौन-सा है?
(a) गोरिल्ला (b) गिब्बन
(c) चिम्पैंजी (d) औरंग-उटान

134. विशाल कपि के उदाहरण हैं
(a) गोरिल्ला (b) औरंग-उटान
(c) चिम्पैंजी (d) ये सभी

135. *प्रोप्लिओपिथेकस* के जीवाश्म किस युग के हैं ?
(a) मायोसीन (b) ओलिगोसीन
(c) प्लीस्टोसीन (d) इनमें से कोई नहीं

136. आदिकपि *इजिप्टोपिथेकस* के जीवाश्मों के खोजकर्ता कौन थे?
(a) लीकी व डार्विन (b) साइमन व लीकी
(c) रिचार्ड व पाई (d) साइमन व रिचार्ड

137. किस आदिकपि के जीवाश्म मिस्र के फैयूम प्रान्त से मिले हैं?
(a) *लिम्नोपिथेकस* (b) *प्लायोपिथेकस*
(c) दोनों (a) व (b) (d) *ओरियोपिथेकस*

138. *ड्रायोपिथेकस* का लक्षण है
(a) चिम्पैंजी से मिलता-जुलता
(b) कपालगुहा का आयतन 400 cc
(c) चेहरा चपटा
(d) उपरोक्त सभी

139. मानव किस कुल का सदस्य है?
(a) हाइलोबैटिडी (b) पॉनगिडी
(c) होमोनिडी (d) इनमें से कोई नहीं

140. भारत में शिवालिक पहाड़ियों से प्लायोसीन काल की चट्टानों से प्राप्त जीवाश्म किस आदिमानव के थे?
(a) *रामापिथेकस* (b) *ओलिगोपिथेकस*
(c) *प्लायोपिथेकस* (d) *पैरेन्थ्रोपस*

141. केन्या की विक्टोरिया झील के समीप *रामापिथेकस* के समान पाया गया जीवाश्म किसका था?
(a) *ड्रायोपिथेकस* (b) *ओलिगोपिथेकस*
(c) *कीनियापिथेकस* (d) *प्लायोपिथेकस*

142. प्रथम कपि मानव कौन था?
(a) *ओरियोपिथेकस* (b) *ऑस्ट्रेलोपिथेकस*
(c) *रामापिथेकस* (d) *कीनियापिथेकस*

143. किस कपि मानव के जीवाश्म को ट्वांग बेबी कहा जाता है?
(a) *प्रोकॉन्सल* (b) *शिवापिथेकस*
(c) *ऑस्ट्रेलोपिथेकस* (d) *होमो इरेक्टस*

144. *जिन्जैन्थ्रोपस* निम्न में से किनके जीवाश्मों को कहा गया था?
(a) *ऑस्ट्रेलोपिथेकस अफ्रीकेनस* (b) *ऑस्ट्रेलोपिथेकस रोबस्टस*
(c) *ऑस्ट्रेलोपिथेकस बोसीआई* (d) लूसी

145. लूसी (Lucy) है
(a) *ऑस्ट्रोलोपिथेकस बोसीआई*
(b) *ऑस्ट्रेलोपिथेकस एफरेन्सिस*
(c) *ऑस्ट्रेलोपिथेकस रोबस्टस*
(d) *ऑस्ट्रेलोपिथेकस अफ्रीकेनस*

146. *होमो हैबिलिस* में *हैबिलिस* शब्द से तात्पर्य है
(a) प्राचीन मानव (b) खोजी मानव
(c) औजार निर्माता (d) आधुनिक मानव

147. सबसे पहला प्रागैतिहासिक मानव सम्भवतया कौन था?
(a) *ऑस्ट्रेलोपिथेकस* (b) *जिन्जैन्थ्रोपस*
(c) *होमो हैबिलिस* (d) *रामापिथेकस*

148. जावा मानव का वैज्ञानिक नाम है
(a) *होमो हैबिलिस* (b) *होमो इरेक्टस इरेक्टस*
(c) *होमो सेपियन्स* (d) *ऑस्ट्रेलोपिथेकस*

149. निम्न में से किस प्रथम मानव ने अग्नि का उपयोग भोजन पकाने, अपनी रक्षा करने तथा शिकार में किया?
(a) जावा मानव (b) पेकिंग मानव
(c) अटलांटिक मानव (d) हीडलबर्ग मानव

150. अटलांटिक मानव के लक्षण निम्न में से किससे समानता रखते थे?
(a) जावा कपि मानव से (b) पेकिंग मानव से
(c) दोनों (a) व (b) (d) हीडलबर्ग मानव से

151. मुर्दों को धार्मिक-क्रियाओं के साथ विधिवत् गाड़ने की प्रथा के प्रथम प्रमाण किस प्रागैतिहासिक मानव जाति में मिले हैं?
(a) क्रो-मैग्नॉन (b) जावा (c) पेकिंग (d) निएन्डरथल

152. आधुनिक मानव से भी अधिक बुद्धिमान थे
(a) निएन्डरथल मानव (b) क्रो-मैग्नॉन मानव
(c) पेकिंग मानव (d) जावा मानव

153. आधुनिक मानव का विकास किससे हुआ है?
(a) क्रो-मैग्नॉन मानव से
(b) निएन्डरथल मानव से
(c) जावा मानव से
(d) पेकिंग मानव से

154. निम्नलिखित में कौन-सा क्रम सही है?
(a) आरम्भिक *होमो सेपियन्स* $\rightarrow$ क्रो-मैग्नॉन $\rightarrow$ निएण्डरथल $\rightarrow$ आधुनिक मानव
(b) क्रो-मैग्नॉन $\rightarrow$ आरम्भिक *होमो सेपियन्स* $\rightarrow$ निएण्डरथल $\rightarrow$ आधुनिक मानव
(c) आरम्भिक *होमो सेपियन्स* $\rightarrow$ निएण्डरथल $\rightarrow$ क्रो-मैग्नॉन $\rightarrow$ आधुनिक मानव
(d) क्रो-मैग्नॉन $\rightarrow$ निएण्डरथल $\rightarrow$ आरम्भिक *होमो सेपियन्स*

155. मानव विकास में सर्वाधिक मान्य वंशक्रम है?

(a) *ऑस्ट्रेलोपिथेकस → रामापिथेकस → होमो सेपियन्स→ होमो हैबिलिस*
(b) *होमो इरेक्टस → होमो हैबिलिस → होमो सेपियन्स*
(c) *रामापिथेकस → होमो हैबिलिस → होमो सेपियन्स*
(d) *ऑस्ट्रेलोपिथेकस → रामापिथेकस → होमो इरेक्टस → होमो हैबिलिस*

156. भारत की भील जाति आधुनिक मानव की किस प्रजाति से सम्बन्धित है?

(a) नीगरॉइड्स (b) ऑस्ट्रेलॉइड्स
(c) मोन्गोलॉइड्स (d) कॉकेसॉइड्स

157. अमेरिका के रेड इण्डियन किस मानव प्रजाति के सदस्य हैं?

(a) नीगरॉइड्स
(b) ऑस्ट्रेलॉइड्स
(c) मोन्गोलॉइड्स
(d) कॉकेसॉइड्स

158. कपियों में गुणसूत्रों की संख्या कितनी होती है?

(a) 32
(b) 42
(c) 46
(d) 48

उत्तरमाला

1.	(a)	2.	(a)	3.	(d)	4.	(d)	5.	(d)	6.	(b)	7.	(d)	8.	(a)	9.	(b)	10.	(a)
11.	(a)	12.	(d)	13.	(a)	14.	(c)	15.	(c)	16.	(b)	17.	(c)	18.	(b)	19.	(a)	20.	(b)
21.	(d)	22.	(a)	23.	(b)	24.	(d)	25.	(a)	26.	(b)	27.	(b)	28.	(d)	29.	(c)	30.	(a)
31.	(c)	32.	(a)	33.	(a)	34.	(a)	35.	(d)	36.	(a)	37.	(b)	38.	(c)	39.	(b)	40.	(b)
41.	(d)	42.	(a)	43.	(b)	44.	(b)	45.	(b)	46.	(d)	47.	(b)	48.	(d)	49.	(c)	50.	(c)
51.	(c)	52.	(c)	53.	(c)	54.	(c)	55.	(b)	56.	(d)	57.	(a)	58.	(c)	59.	(b)	60.	(c)
61.	(a)	62.	(a)	63.	(c)	64.	(d)	65.	(b)	66.	(b)	67.	(b)	68.	(c)	69.	(d)	70.	(b)
71.	(b)	72.	(b)	73.	(c)	74.	(b)	75.	(b)	76.	(c)	77.	(b)	78.	(c)	79.	(d)	80.	(d)
81.	(d)	82.	(b)	83.	(a)	84.	(b)	85.	(d)	86.	(b)	87.	(a)	88.	(d)	89.	(a)	90.	(b)
91.	(d)	92.	(b)	93.	(b)	94.	(b)	95.	(d)	96.	(b)	97.	(a)	98.	(c)	99.	(b)	100.	(d)
101.	(c)	102.	(c)	103.	(c)	104.	(b)	105.	(b)	106.	(b)	107.	(a)	108.	(a)	109.	(c)	110.	(c)
111.	(d)	112.	(c)	113.	(b)	114.	(b)	115.	(a)	116.	(c)	117.	(b)	118.	(c)	119.	(b)	120.	(b)
121.	(a)	122.	(c)	123.	(c)	124.	(a)	125.	(b)	126.	(d)	127.	(d)	128.	(b)	129.	(c)	130.	(d)
131.	(a)	132.	(d)	133.	(b)	134.	(d)	135.	(b)	136.	(d)	137.	(c)	138.	(d)	139.	(c)	140.	(a)
141.	(c)	142.	(b)	143.	(c)	144.	(c)	145.	(b)	146.	(c)	147.	(c)	148.	(b)	149.	(a)	150.	(c)
151.	(d)	152.	(b)	153.	(a)	154.	(c)	155.	(c)	156.	(b)	157.	(c)	158.	(d)				

उत्तर व्याख्या सहित

1. *(a)* उत्परिवर्तन वाद **ह्यूगो डी व्रीज** ने दिया था।

2. *(a)* ह्यूगो डी व्रीज ने सन् 1901 में उत्परिवर्तन शब्द दिया एवं उनके उत्परिवर्तन के सिद्धान्त को 'जैव-विकास का उत्परिवर्तनवाद' कहते हैं। उत्परिवर्तन जीवों के जीन प्रारूप में स्थायी परिवर्तन के कारण उत्पन्न होने वाले आकस्मिक वंशानुगत परिवर्तन हैं।

8. *(a)* स्वत: जनन की परिकल्पना कई वैज्ञानिकों के द्वारा अस्वीकृत की गई थी। वे विख्यात वैज्ञानिक थे

(i) फ्रांसिस्को रेडी (Francisco Redi; 1626-1697)
(ii) लैंजारो स्पालेन्जैनी (Lazzaro Spallanzani; 1729-1799)
(iii) लुईस पाश्चर (Louis Pasteur; 1822-1895)

लुईस पाश्चर के हंस (स्वान) ग्रीवा प्रयोग अन्त में अस्वीकृत कर दिए गए, जीवोत्पत्ति एवं शक्ति जीवजनन।

11. *(a)* **रासायनिक जैव-विकास के प्रायोगिक प्रमाण** प्रायोगिक रूप से जैव विकास की रासायनिक परिकल्पना 1953 में एस. एल. मिलर एवं एच. सी. यूरे के द्वारा प्रदर्शित की गई।

उन्होंनें CH_4, H_2, NH_3 एवं जल से भरे बन्द फ्लास्क में 800° C ताप पर विद्युत डिस्चार्ज किया एक सप्ताह के पश्चात् उसने पाया की साधारण कार्बनिक कम्पाउड की बड़ी संख्या विभिन्न अमीनो अम्ल; जैसे-ऐलेनिन ग्लाइसिन, एस्पार्टिक अम्ल के साथ पाई गई। अन्य तत्व जैसे-यूरिया, हाइड्रोजन सायनाइड, लैक्टिक अम्ल एवं एसीटिक अम्ल भी उपस्थित थे।

14. (c) प्रथम सजीव शरीर में निर्मित हुआ सामान्य जैविक अणु RNA था, जो आनुवंशिक पदार्थ के समान कार्य करता है।

19. *(a)* क्रम विकास सम्बन्धित विज्ञान पृथ्वी पर सजीवों के इतिहास का अध्ययन है। जैव-विकास का साधारण अभिप्राय एक स्थिति से दूसरी स्थिति में क्रमबद्ध परिवर्तन है। जैव-विकास एक सतत् प्रक्रिया है, जिसमें संशोधन के फलस्वरूप उचित (Decent) लक्षण उत्पादित होते हैं।

20. *(b)* **स्वत:जनन** (जीवोत्पत्ति या ओटोजिनेसिस) **परिकल्पना** यह परिकल्पना बताती है कि जीवन एक स्वत: प्रवर्तित ढंग में निर्जीव चीजों से उत्पन्न होता है। यह अभिकल्पना पूर्व के ग्रीक दार्शनिकों; जैसे-थैल्स (Thales) एनाक्सीमेन्डर (Anaximander), जेनोफेन्स (Xanophanes), एम्पेडोकल्स (Empedocles), प्लेटो, अरस्तू, आदि के द्वारा रखी गई है।

21. *(d)* सन् 1953 में स्टेनले मिलर शिकांगो यूनिवर्सिटी में हेरोल्ड यूरे (Harold Urey) (1893-1981) के स्नातक विद्यार्थी थे, उन्होंने स्पष्ट रूप से बताया कि अल्ट्रा-वॉयलेट रेडिएशन या विद्युत बहाव (Discharge) द्वारा CH_4, NH_3, N_2O एवं H_2 के मिश्रण से जटिल कार्बनिक कम्पाउण्ड

उत्पन्न हो सकता है। मिलर के प्रयोग में मीथेन, अमोनिया एवं हाइड्रोजन का अनुपात 2 : 1 : 2 था।

25. *(a)* **स्टैनले मिलर** ने सिद्ध किया कि जीवन की उत्पत्ति जटिल कार्बनिक पदार्थ से हुई है।

29. *(c)* प्रथम सजीव शरीर में निर्मित हुआ सामान्य जैविक अणु RNA था, जो आनुवंशिक पदार्थ के समान कार्य करता है।

30. *(a)* पृथ्वी के चारों ओर एच. एम. एस. (HMS) बीगल नाम के नौकायन में एक समुद्री यात्रा के दौरान किए गए अवलोकन के आधार पर चार्ल्स डार्विन ने यह निष्कर्ष निकाला कि पहले से उपस्थित सजीव न केवल स्वयं के बीच, किन्तु मिलियन वर्षों पूर्व से उपस्थित सजीवों के साथ भी परिवर्तित स्तर (Varying degrees) की समानताएँ शेयर (Share) करते हैं।

31. *(c)* जैव-विकास जीवों के विकास की एक प्रक्रिया है। जैव-विकास एक निर्देशित प्रक्रिया नहीं है एवं यह सम्भावित घटनाओं एवं जीवों में होने वाले उत्परिवर्तनों पर आधारित है।

32. *(a)* डार्विन के अनुसार, योग्यतम्, अन्त में केवल प्रजनन योग्यता को सन्दर्भित करता है, इसलिए, वे जीव उत्पन्न करते जो वातावरण में बेहतर अनुकूलित होते हैं वे अन्य की अपेक्षा अधिक सन्ततियाँ छोड़ते हैं। इसलिए ये अधिक जीवित रहेगें एवं इसलिए प्रकृति के द्वारा चयनित होंगे। उन्होंने इसे प्राकृतिक चयन कहा एवं इसे जैव विकास की प्रक्रिया के रूप में सम्मलित किया।

33. *(a)* एल्फ्रेड वैलेस (1823-1913) ब्रिटेन का एक प्रकृतिवादी (Naturalist) था। उसने एक निबन्ध लिखा, जिसका शीर्षक ''विभिन्नताओं की प्रवृत्तियों पर वास्तविक (मूल) प्रकार से अनिश्चित काल प्रस्थान (Depart) ''तक था। डार्विन एवं वैलेस दोनों के जैव विकास के सम्बन्ध में मत समान थे।

34. *(a)* मलय द्वीपसमूह ऑस्ट्रेलिया एवं एशिया मुख्य भूमि के बीच दक्षिण पूर्वी एशिया में एक द्वीप समूह है और यह भारतीय एवं प्रशान्त महासागर को पृथक् करता है। यह इण्डोनेशिया, फिलीपिन्स एवं मलेशिया को सम्मिलित करता है।

35. *(d)* यहाँ जैव-विकास के कई प्रमाण हैं, जैव-विकास के मुख्य प्रमाण निम्न हैं

(i) जीवाश्मों से प्रमाण (जीवाश्मीकीय अध्ययन)
(ii) आकारिकी अध्ययन
(iii) शारीरिकी अध्ययन
(iv) जैव रासायनिक अध्ययन
(v) वंशावली वृक्ष (Phylogenetic tree)

36. *(a)* जीवाश्म सजीवों के कठोर भागों के अवशेष हैं, जो चट्टानों में पाए जाते हैं। चट्टानें अवसाद (Sediments) से बनती हैं एवं पृथ्वी के क्रस्ट (Crust) का लम्बवत-काट का पृथ्वी के लम्बे इतिहास के दौरान अवसादों के एक के उपर एक अवसादों की व्यवस्था (Arrangement) को इंगित करता है।

37. *(b)* अपसारी (Divergent) जैव-विकास समूहों के बीच भिन्नताओं का संग्रह है, जिससे नई प्रजातियों का निर्माण होता है। सामान्यतया यह पृथक् वातावरणों एवं अन्य के लिए समान प्रजातियों के प्रसार (Diffusion) का परिणाम है।

39. *(b)* **डार्विन** ने प्राकृतिक वरण का सिद्धान्त प्रतिपादित किया, जिसके अनुसार वातावरण के योग्यतम् जाति या जीव ही जीवित रह पाता है।

41. *(d)* सर्वप्रथम स्वतः जननवाद का खण्डन **लुईस पाश्चर** ने किया तथा रोगों का जर्म सिद्धान्त दिया।

44. *(b)* अजगर में पश्चपाद अवशेषी अंग है।

45. *(b)* ह्यूगो डी व्रीज के उत्परिवर्तनवाद के अनुसार, उत्परिवर्तन अचानक ही उत्पन्न होते हैं तथा अगली पीढ़ी में वंशागत होते हैं।

50. *(c)* डार्विन की फिन्च अनुकूली विकिरण का उदाहरण है, जो पृथक् भौगोलिक परिस्थितियों में चोंच की संरचना में बदलाव करती है।

54. *(c)* जैव-रासायनिक वाद ए. आई. ओपेरिन ने दिया, जिसे स्टैनले मिलर ने सिद्ध किया।

56. *(d)* मानव में वर्मीफार्म अपेण्डिक्स तथा कर्ण पिन्ना अवशेषी अंग है।

57. *(a)* सजातीय अंग जिनमें समान मूलभूत संरचना होती हैं, किन्तु कार्यों में वे भिन्न होते हैं, सजातीय अंग कहलाते हैं। सजातीय अंग, अपसारी (Divergent), जैव-विकास का परिणाम है।

58. *(c)* समरूप अंग समान कार्य करने से स्वतः समान संरचना वाले नहीं हो जाते है। इसलिए समरूप संरचनाएँ अभिसारी (Convergent), जैव-विकास की परिणाम होती है, जैसे- विभिन्न संरचनाएँ समान कार्यों से विकसित होती हैं एवं इसलिए उनमें समानताएँ होती हैं।

इसलिए *ऑक्टोपस* की आँख एवं बिल्ली की आँख समरूप अंगों के उदाहरण हैं।

59. *(b)* अभिसारी जैव-विकास जीवों के भिन्न समूह में उत्पन्न होता है। यह समान कार्यात्मक संरचनाओं का विकास है, किन्तु भिन्न समूहों में होता है।

60. *(c)* **समूहों के बीच जैव-रासायनिक समानताएँ** प्रत्येक सजीव जीव में विभिन्न प्रकार की जैव रासायनिक प्रतिक्रियाएँ उत्पन्न होती हैं। यह प्रतिक्रियाएँ सभी सजीवों में समान होती हैं।

61. *(a)* हल्के रंग की किस्म वाले पेपर्ड (Pappered) कीट का गहरे रंग की किस्म में परिवर्तन एक श्रेष्ठ उदाहरण है, जो चार्ल्स डार्विन द्वारा दी गई प्राकृतिक चयन की परिकल्पना का समर्थन करता है।

62. *(a)* पिछले दो सौ वर्षों में पेपर्ड कीट के जैव विकास का विस्तार में अध्ययन किया गया है। मूलतया पेपर्ड कीट की बड़ी संख्या हल्के रंग वाली होती हैं, जो प्रभावी ढंग से उन्हें हल्के रंग वाले वृक्षों एवं लाइकेन, जो उनके ऊपर उगती हैं, के विरुद्ध **छलावरण** (Camouflaged) प्रदान करती है, हालांकि इग्लैण्ड में औद्योगिक क्रान्ति के दौरान बड़े पैमाने पर प्रदूषण के कारण कई लाइकेन नष्ट हो गई एवं पेड़, जिन पर पेपर्ड मॉथ रहते थे वे कालिख (Soot) के द्वारा काली हो गई थी, जिससे शिकार द्वारा हल्के रंग के मॉथ नष्ट हो गए, ठीक उसी समय पर गहरे रंग की या मेलेनिक कीट (जो कालें रंग के पेड़ों में छिपने में सक्षम थी) इस कारण से विकसित हो गई।

63. *(c)* लाइकेन वायु प्रदूषण विशेष रूप से सल्फर डाइऑक्साइड के लिए अत्यधिक संवेदनशील होते हैं। लाइकेन शैवाल एवं कवक का सहजीवी सन्धि होते हैं। सामान्यतया लाइकेन औद्योगिक क्षेत्रों में नहीं पाई जाती हैं।

64. *(d)* शाकनाशी (Herbicides), कीटनाशी, आदि के अत्यधिक उपयोग बहुत कम समय सीमा में विरोधी किस्मों के चयन का परिणाम है। यह प्रतिकूल विरोधी सूक्ष्मजीवों के लिए भी सत्य है, जिसंके लिए हम प्रतिजैविक (दवाईयों) को काम में लेते हैं।

65. *(b)* औद्योगिक मेलैनिज्म एक शब्द है, जिसका उपयोग क्रम-विकास सम्बन्धी प्रक्रिया का वर्णन करने के लिए किया जाता है, जिसमें औद्योगिक क्रान्ति के बाद से प्राकृतिक चयन के परिणामस्वरूप गहरे रंग वाले जीव हल्के रंग वाले जीवों पर प्रबल हो जाते हैं।

67. *(b)* अनुकूली विकिरण अपसारी (Divergent) जैव-विकास का परिणाम है।

68. *(c)* **ऑस्ट्रेलियन शिशुधानी प्राणी** डार्विन ने समझाया की अनुकूली विकिरण ऑस्ट्रेलिया में शिशुधानी प्राणियों (थैली युक्त स्तनधारी) की नयी किस्में उत्पन्न करता है। जैसा कि अनुकूली विकिरण की समान प्रक्रिया द्वारा गैलापेगोस द्वीप की फिन्चों (Finches) में पाया गया।

69. *(d)* क्रम-विकास सम्बन्धी विज्ञान में अनुकूली विकिरण एक प्रक्रिया है, जिसमें जीव शीघ्रता से विविधता अनेक नय जीव की बनता है। विशेष रूप से जब वातावरण में एक परिवर्तन होता है, तो वो एक नया स्रोत उपलब्ध करवाता है एवं वातावरणीय निकेत (Niches) को खोल देता है। लैमूर एवं धब्बेदार कसकस (Cuscus) अभिसारी जैव-विकास के उदाहरण माने जाते हैं।

70. *(b)* अभिसारी जैव-विकास दो या दो से अधिक भिन्न जीवों का समूह है, जो समान वातावरणीय स्थितियों के कारण समान लक्षण उत्पन्न करता है। तस्मानियाई भेड़िया एवं प्लेसेन्टल भेड़िया अभिसारी जैव-विकास का उदाहरण है।

71. *(b)* एक ही पूर्वज से विभिन्न जातियों का निर्माण अनुकूली विकिरण कहलाता है। उदाहरण–बन्दर तथा मानव के पूर्वज एक ही थे।

73. *(c)* व्हेल, सील तथा शार्क के फिलिपर अभिसारी विकास का प्रमाण है।

76. *(c)* मीसोजोइक काल को सरीसृपों का सुनहरा युग कहते हैं। इसी काल में डायनोसॉरों की उत्पत्ति व विकास हुआ।

83. *(a)* डार्विन की योग्यतम् जीव की जीवन जीने की क्षमता एवं प्रजातियों के अन्य सदस्यों की अपेक्षा बेहतर प्रजनन से सम्बन्धित होती है।

84. *(b)* जीव, जो अनुकूल विभिन्नताओं के साथ उत्पन्न होते हैं, वे जीवित रहते हैं, क्योंकि वे अपनी परिस्थितियों का सामना करने में बेहतर होते हैं, जबकि अयोग्य जीव नष्ट हो जाते हैं।

85. *(d)* लैंगिक जनन विधि द्वारा उत्पन्न सन्तति में परिवर्तन विकसित होते हैं। लैंगिक जीन में परिवर्तन ले आता है। लैंगिक रूप से प्रजनन किए जीव में जीनों का स्वतन्त्र अपव्यूहन (Assortment) एवं आनुवंशिक पुनर्संयोजन होता है। इन घटनाओं के कारण सन्तति में अलैंगिक रूप से प्रजनन किए जीवों की अपेक्षा प्राकृतिक चयन की उच्च दर होती है।

86. *(b)* डार्विन ने बताया की अन्तर्जातीय प्रतिस्पर्धा के कारण जैव-विकास होता है। यह विभिन्न प्रजातियों के सदस्यों के बीच प्रतिस्पर्धा है। सजातीय प्रतिस्पर्धा समान प्रजातियों के सदस्यों के बीच आवश्यक मात्रा में उनका भोजन, आवास समागम, जल, प्रकाश, आदि को प्राप्त करने के लिए होती है।

88. *(d)* डार्विनवाद अवशेषी अंगों के उपस्थित होने के कारण की पुष्टि नहीं करता है।

93. *(b)* डार्विन की योग्यता का एक आबादी में विभिन्न जीवों के द्वारा उत्पन्न की गई सन्ततियों की संरचना के द्वारा अनुमान लगाया जा सकता है। वह जीव, जिसमें वातावरण के साथ अनुरूपता में अनुकूल विभिन्नताएँ हो उनमें उनकी अपेक्षा अधिक योग्यता होंगी, जो वातावरण के साथ तालमेल/अनुरूपता में अनुकूल विभिन्नताएँ नहीं होगी।

94. *(b)* डार्विन की प्राकृतिक चयन की परिकल्पना असतत् विभिन्नता में विश्वास नहीं रखती है। डार्विन ने ऐसी विभिन्नताओं को स्पोर्ट्स कहा, जबकि ह्यूगो डी व्रीज ने इन विभिन्नताओं के लिए उत्परिवर्तन पद (Term) का उपयोग किया। ये विभिन्नताएँ आकस्मिक आनुवंशिक परिवर्तन हैं, जो विकास के किसी भी चरण में उत्पन्न हो सकती है।

अध्याय 12

स्वास्थ्य एवं रोग

Health and Disease

रोग व रोगकारक Diseases and Pathogens

- **स्वास्थ्य** (Health) शरीर की वह अवस्था है, जिसमें शरीर शारीरिक, मानसिक एवं सामाजिक रूप से पूर्णतया सही है।
- **रोग** (Disease) शरीर की वह अवस्था है, जिसमें संक्रमण, दोषपूर्ण आहार, आनुवंशिक एवं पर्यावरणीय कारकों द्वारा शरीर के सामान्य कार्यों एवं कार्यिकी में अनियमितताएँ उत्पन्न हो जाती हैं।
- **संक्रमण** (Infection) रोगाणु (Pathagen) का सुग्राही पोषी में भेदन, स्थिरीकरण तथा रोगाणु की वृद्धि होता है।
- **रोगाणु** (Pathogens) का गमन किसी अभिकर्ता (Agency); जैसे—जल, भोजन तथा अन्य कारकों के द्वारा होता है; उदाहरण—मक्खियों, मच्छरों, कीटों द्वारा। रोगों को तीन भागों में बाँटा जा सकता है

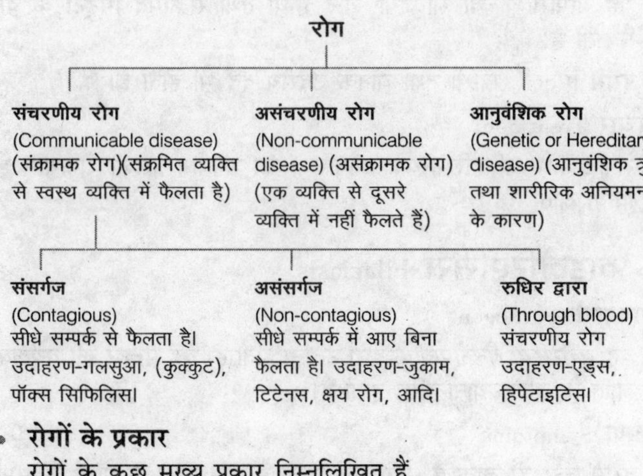

- **रोगों के प्रकार**

  रोगों के कुछ मुख्य प्रकार निम्नलिखित हैं
  1. कमी के रोग (Deficiency disease)
  2. अपह्रासित (Degenerative)
  3. प्रत्युर्जता रोग (Allergic)
  4. मानसिक रोग (Mental disease)

उदाहरण–कैंसर, मधुमेह, रक्ताल्पता, गठिया, घेंघा, हीमोफीलिया, सिण्ड्रोम, गोनोरिया, एल्बिनिज्म, आदि।

मनुष्यों में कुछ सामान्य रोग
Some Common Disease in Humans

1. न्यूमोनिया Pneumonia

रोगकारक Pathogen

- यह रोग *डिप्लोकोकस न्यूमोनी* (*Diplococcus pneumoniae*) जीवाणु (ग्राम धनात्मक) के द्वारा उत्पन्न होता है।

लक्षण Symptoms

- लार की छोटी बूँदों (Sputum) के द्वारा स्थानान्तरित है। अचानक ठण्डा होना, छाती में दर्द, भूरे श्लेष्म के थूक के साथ खाँसी तथा तापमान में वृद्धि इसके लक्षण हैं।

उपचार Treatment

- औषधियों; जैसे–इरिथ्रोमाइसिन (Erythromycin), टेट्रासाइक्लिन (Tetracyclin), आदि का उपयोग करना चाहिए।

2. टायफॉइड या मोतीझरा Typhoid

रोगकारक Pathogen

- यह रोग *साल्मोनेला टाइफी* (*Salmonella typhi*) के द्वारा उत्पन्न होता है।

लक्षण Symptoms

- यह खाद्य पदार्थों दूध तथा आँत के मुक्तक पदार्थों से युक्त अशुद्ध जल या सीधे सम्पर्क या मक्खियों के द्वारा फैलता है।
- उच्च ज्वर, विक्षतों (Lesions) तथा आँत्रीय दीवार में फोड़ों का होना टायफॉइड के लक्षण हैं।

उपचार Treatment

- प्रतिजीवियों (जैसे—एम्फीसिलिन, क्लोरेम्फिनिकॉल, आदि) द्वारा इस बीमारी का उपचार किया जाता है, उपचार लम्बे समय तक करना चाहिए।
- इस रोग को पहचाने के लिए विडाल परीक्षण कराना चाहिए।

3. साधारण जुकाम Common Cold

साधारण जुकाम अनेक प्रकार के विषाणुओं द्वारा होता है। यह अधिकांशतया **राइनोविषाणु** (Rhinovirus) या कभी-कभी **कोरोना विषाणु** (Corona virus) द्वारा होता है।

संक्रमण Infection

इस रोग का संक्रमण तथा संचरण छींकने से, वायु में मुक्त **बिन्दुकणों** (Droplets) द्वारा होता है। इसके अतिरिक्त संक्रमित व्यक्ति द्वारा संक्रमित पदार्थों; जैसे—वस्त्र, दरवाजों के हैण्डल, कंघा, आदि द्वारा भी यह रोग संचारित होता है। इसका संक्रमण काल प्रायः 3-7 दिन का होता है।

लक्षण Symptoms

इस रोग के प्रमुख लक्षणों में श्वसन मार्ग की **श्लेष्मी कला** (Mucus membrane) में सूजन, नासाछिद्रों में कड़ापन (Stiffness), छींक, गले में खराश, श्वास लेने में तकलीफ तथा नाक का बहना, आदि सम्मिलित हैं।

रोकथाम एवं उपचार Prophylaxis and Treatment

- व्यक्तिगत स्वच्छता का विशेष ध्यान रखना चाहिए।
- हाथ धोने की आदत को प्रोत्साहन देना चाहिए।
- रोग के उपचार में एस्प्रिन (Aspirin), एन्टीहिस्टामिन (Anti-histamines), आदि औषधियाँ तथा नेजल स्प्रे (Nasal spray) कारगर हैं। सामान्य जुकाम लगभग एक सप्ताह में स्वतः ठीक हो जाता है।

4. अमीबिएसिस या अमीबीय पेचिश Amoebiasis

रोगकारक Pathogen

- यह *एण्टअमीबा हिस्टोलाइटिका* के द्वारा उत्पन्न होती है। यह परजीवी, मनुष्य की बड़ी आँत में रहता है।

लक्षण Symptoms

- इस रोग का संक्रमण खाद्य तथा जल के साथ चतुर्केन्द्रकीय सिस्ट के अन्तर्ग्रहण से होता है। डायरिया, मल में श्लेष्म तथा रुधिर की उपस्थिति तथा उदरीय दर्द, इसके लक्षण हैं।

उपचार Treatment

- उचित सफाई रखकर इसका उपचार किया जा सकता है।
- इसमें औषधि एमेटिन, एरिथ्रोमाइसिन मेट्रिनिडेजोल का उपयोग लाभप्रद सिद्ध होता है।

5. मलेरिया Malaria

मलेरिया रोग *प्लाज्मोडियम वाइवैक्स* द्वारा फैलता है। *प्लाज्मोडियम* के दो पोषक होते हैं

(i) मादा *एनॉफिलीज* मच्छर (प्राथमिक परपोषी)

(ii) मानव (मध्य या द्वितीयक परपोषी)

प्लाज्मोडियम वाइवैक्स *Plasmodium vivax*

- बेनिगन टर्शियन मलेरिया उत्पन्न करता है।
- भारत में सामान्यतया पाया जाता है।
- इसका ऊष्मायन काल (Incubation period) 14 दिन का होता है।
- इसमें 48 घण्टे के बाद ज्वर आता है।

प्लाज्मोडियम फैल्सीपैरम *Plasmodium falciparam*

- अनुमस्तिष्क और मेलिगनेण्ट टरटेन मलेरिया उत्पन्न करता है।
- यह भारत के कुछ भागों में पाया जाता है।
- इसका ऊष्मायन काल 12 दिनों का होता है।
- इसके द्वारा प्रत्येक 48 घण्टों के बाद ज्वर आता है।

प्लाज्मोडियम ऑवेल *Plasmodium ovale*

- यह माइल्ड टर्शियन मलेरिया उत्पन्न करता है।
- यह मानव को बहुत कम संक्रमित करने वाली जाति है।
- यह अफ्रीका में पाई जाती है।
- इसमें ऊष्मायन काल 14 दिन का होता है।

प्लाज्मोडियम मलैरी *Plasmodium malariae*

- यह क्वार्टेन मलेरिया उत्पन्न करता है।
- यह अफ्रीका, बर्मा, श्रीलंका तथा भारत के भागों में सामान्यतया पाया जाता है।
- इसका ऊष्मायन काल 18-24 दिनों का होता है।
- इसमें 72 घण्टे के पश्चात् ज्वर आता है।
- मलेरिया की रोकथाम हेतु मच्छरदानियों, मच्छर भगाने की क्रीम, टिक्कियों, क्लोरोक्यूनोन, प्राइमैक्यूनोन गोलियों का उपयोग करना चाहिए।

6. ऐस्कैरिएसिस Ascariasis

रोगकारक Pathogen

- यह *ऐस्कैरिस लुम्ब्रीकॉइड्स* के द्वारा उत्पन्न होता है।

लक्षण Symptoms

- यह बीमारी कच्ची सब्जियों, गन्दे हाथों तथा संक्रमित मिट्टी के द्वारा फैलती है।
- इसमें मितली, खाँसी तथा घातक उदरीय दर्द भी होता है।

उपचार Treatment

- सफाई तथा प्रतिहैल्मिन्थिक औषधियों का उपयोग इसकी रोकथाम हेतु किया जाता है।

7. फाइलेरिएसिस Filariasis

रोगकारक Pathogen

- यह *वूचेरेरिया बैन्क्रोफ्टी* के द्वारा उत्पन्न होता है। यह मच्छर की *क्यूलैक्स* जाति के द्वारा स्थानान्तरित होता है।

लक्षण Symptoms

- इसमें ज्वर हो जाता है, टाँगें सूज जाती हैं तथा हाथी के पाँवों के समान प्रतीत होती हैं, इसलिए इस रोग को हाथीपाँव रोग (Elephantiasis) भी कहते हैं।

उपचार Treatment

- मच्छरों को नष्ट करना, मच्छरों को भगाने वाली क्रीमों, टिक्कियों तथा प्रति हैल्मिन्थिक औषधियों का उपयोग करना चाहिए।

8. दाद Ringworm

रोगकारक Pathogen

- यह रोग एक कवक *माइक्रोस्पोरम* के द्वारा उत्पन्न होता है। यह बिना नहाए हुई बिल्लियों, कुत्तों तथा संक्रमित मनुष्यों से फैलता है।

लक्षण Symptom

- इसमें दाने निकलते हैं, जो बाद में लाल हो जाते हैं तथा भंगुर हो जाते हैं।

उपचार Treatment

- इसकी रोकथाम के लिए उपयुक्त सफाई तथा स्वास्थ्य पर ध्यान देना चाहिए।
- कुछ अन्य कवकीय रोग निम्नलिखित हैं—एस्पर्जिलोसिस (*एस्पर्जिलस फ्यूमिगेटस*), मैनिनजाइटिस (*क्रिप्टोकोकस नियोफॉरमेन्स*), दाढ़ी तथा बालों के चर्मरोग (*ट्राइकोफाइटॉन वेरुकोसम*)।

कैंसर Cancer

- कैंसर मानव के भयंकर रोगों में से एक है। यह विश्वभर में मृत्यु का प्रमुख कारण है। कोशिकाओं का असामान्य और अनियन्त्रित रूप से विभाजित होना ही कैंसर है।
- कैंसर कोशिकाएँ अपने आस-पास के ऊतकों पर आक्रमण कर उन्हें नष्ट कर देती हैं। ये कोशिकाएँ अपने असामान्य वृद्धि करके धीरे-धीरे गाँठों का रूप धारण कर लेती हैं, जिसके कारण **अर्बुद** या **नियोप्लाज्म** (Tumour or Neoplasm) का निर्माण होता है।

कैंसर के कारण Causes of Cancer

कैंसर के कारणों को पूरी तरह नहीं समझा जा सकता है। कैंसर विकसित करने के अनेक कारक होते हैं। ये कारक भौतिक, रासायनिक, विकिरण और जैविक हो सकते हैं। ये कारक कार्सिनोजेनिक कारक या **कार्सिनोजन्स** (Carcinogens) कहलाते हैं। ये निम्नलिखित हैं

(i) भौतिक कारक Physical Agents

- **धूम्रपान** (Smoking) अत्यधिक धूम्रपान के कारण फेफड़े का कैंसर हो जाता है। इससे मुखगुहा, ग्रसनी और लैरिंक्स में भी कैंसर हो सकता है।
- **तम्बाकू चबाना** (Chewing of tobacco) तम्बाकू, गुटखा और पान चबाने से मुख का कैंसर होता है।
- **भौतिक उत्तेजना** (Physical irritation) शरीर के किसी भाग के लगातार उत्तेजित होने से उस भाग में कैंसर हो सकता है। कश्मीरियों द्वारा कांगड़ी (मिट्टी का बना हुआ एक गमला जिसमें जलता हुआ कोयला रखा जाता है) का उपयोग उनमें उदरीय त्वचा के कैंसर का कारण होता है, क्योंकि ये लोग सर्दियों में कांगड़ी को अपने उदर के समीप रखते हैं।
- **सूर्य की किरणों के प्रति उद्भासन** (Exposure to Sun-rays) त्वचा पर अत्यधिक सूर्य का प्रकाश पड़ने से त्वचा का कैंसर हो सकता है।

(ii) रासायनिक कारक Chemical Agents

कैंसर उत्पन्न करने वाले प्रमुख रासायनिक कारकों को हम निम्न सारणी से समझ सकते हैं

कैंसर के कारक एवं प्रभावित अंग

कैंसर के कारक	प्रभावित अंग
कोयले का धुँआ	त्वचा व फेफड़े
कोयले के जलने से निकलने वाली गैसें (3-4 बेन्जोपाइरिन)	त्वचा व फेफड़े
धूम्रपान का धुआँ (N-नाइट्रोसोडिमेन्थेलेन)	फेफड़े
कैडमियम ऑक्साइड	प्रोस्टेट ग्रन्थि
एफ्लाटॉक्सिन (मोल्ड मेटाबोलाइज्ड)	यकृत
2-नेफ्थैलामिन एवं 4-एमिनोबाइफिनाइल	मूत्राशय
मस्टर्ड गैस	फेफड़े
निकिल एवं क्रोमियम घटक	फेफड़े
एस्बेस्टस	फेफड़े व प्लूरल झिल्ली
डाइ एथिलस्टिबेस्ट्रोल (DES)	योनि
विनाइल क्लोराइड (VC)	यकृत

(iii) विकिरण Radiation

X, α, β तथा γ किरणों, कॉस्मिक किरणों, UV-किरणों, इलेक्ट्रॉनिक विकिरणों, आदि के कारण भी कैंसर हो सकता है। जिसका कारण कोशिका में उत्परिवर्तन होता है।

(iv) जैविक कारक Symptoms of Cancer

कुछ विषाणुओं के कारण भी कैंसर हो सकता है। वे विषाणु, जो कैंसर उत्पन्न करते हैं, **ओन्कोविषाणु** (Oncovirus) कहलाते हैं। इसके अतिरिक्त मानव शरीर में लगभग 20 ऐसे जीन होते हैं, जो कैंसर के लिए उत्तरदायी होते हैं, इन्हें **ओन्कोजीन** (Oncogene) कहते हैं, इनमें मामूली-सा परिवर्तन भी तुरन्त कैंसर उत्पन्न कर सकता है।

कैंसर के लक्षण Symptoms of Cancer

कैंसर के लक्षण निम्नलिखित होते हैं

- कोई भी घाव जो ठीक नहीं होता है।
- स्तनों में मोटाई या दृढ़ता में परिवर्तन व अचानक वृद्धि होना।
- किसी मस्से या तिल में अचानक वृद्धि होना।
- अनावश्यक रुधिर स्राव होना, विशेषकर स्त्रियों में रजोनिवृत्ति के बाद।
- चिरस्थायी अपच या निगलने में कठिनाई होना।
- सामान्य आँत्रीय स्वभाव या पाचन में कोई भी परिवर्तन होना।

कैंसर अभिज्ञान एवं निदान Cancer Detection and Diagnosis

- **बायॉप्सी** (Biopsy) जब शरीर के किसी भाग में कैंसर का संदेह होता है, तो उस भाग से छोटा सा टुकड़ा लेकर उसको काटकर अभिरंजित कर जाँच की जाती है कि कैंसर है या नहीं।

- **हिस्टोपेथोलॉजिकल** (ऊतक विकृति) अध्ययन द्वारा कैंसर का पता लगाया जाता है। आन्तरिक अंगों में कैंसर का पता लगाने के लिए रेडियोग्राफी, एक्स–किरणों द्वारा, कम्प्यूटेड टोमोग्राफी चुम्बकीय अनुनादी इमेजिंग (MRI) आदि तकनीकों का उपयोग किया जाता है।
- **रुधिर की जाँच** अधिश्वेतरक्तता (ल्यूकेमिया) की जाँच के लिए रुधिर के नमूने में रुधिर कणिकाओं की गणना कर जाँच कि जाती है, कि **रुधिर कैंसर** (ल्यूकेमिया) है या नहीं।
- **प्रतिरक्षियों का उपयोग** कर कैंसर का पता लगाया जाता है।
- कुछ जीन विशेष प्रकार के कैंसरजनों के प्रति सुग्राही होते हैं, अत: उन जीनों की पहचान कर उन व्यक्तियों को उस कैंसरजन से बचने की सलाह ली जाती है।

रोकथाम एवं उपचार Prophylaxis and Treatment

कैंसर की रोकथाम के निम्नलिखित उपाय हैं

- प्रदूषण को कम करना चाहिए।
- धूम्रपान नहीं करना चाहिए।
- पान, तम्बाकू, गुटखा, शराब, आदि का सेवन नहीं करना चाहिए।
- स्वयं की शारीरिक संरचना में कोई असामान्य परिवर्तन होने पर तुरन्त चिकित्सक की सलाह लेनी चाहिए।
- इसके उपचार में निम्नलिखित तकनीक प्रयोग की जाती हैं
  - **शल्य चिकित्सा** (Surgery) द्वारा शरीर की किसी भी गाँठ या प्रभावित ऊतक को निकाल दिया जाता है।
  - **रेडियोथेरैपी** (Radiotherapy) द्वारा रोगी के विशिष्ट अंग की कोशिकाओं को विभिन्न विकिरणों द्वारा नष्ट किया जाता है।
  - **कीमोथेरेपी** (Chemotherapy) के अन्तर्गत रासायनिक यौगिकों से उत्पन्न हुई औषधियों द्वारा उपचार किया जाता है।

उपार्जित प्रतिरक्षा–न्यूनता संलक्षण (एड्स) Acquired Immuno-Deficiency Syndrome (AIDS)

- एड्स का अर्थ है प्रतिरक्षा तन्त्र की न्यूनता, जो व्यक्ति के जीवनकाल में उपार्जित होती है। यह रोग ह्यूमन इम्यूनो–डेफिशिएन्सी विषाणु (Human Immunodeficiency Virus or HIV) के कारण होता है, जो शरीर में प्रतिरक्षा तन्त्र (Immune system) को क्षति पहुँचाता है।
- सबसे पहले AIDS को कैलिफोर्निया में सन् 1981 में युवकों में खोजा गया था। HIV को सबसे पहले **लुक मोनटेग्नीयर** (Luc Montagnier) ने सन् 1983 में पाश्चर शोध संस्थान पेरिस में पृथक् किया था।
- इसके पश्चात् अमेरिका के राष्ट्रीय स्वास्थ्य संस्थान (NIH) के वैज्ञानिक **रॉबर्ट गैलो** (Robert Gallo) ने इसकी खोज की। विश्व में अब तक लगभग 25 मिलियन या 2.5 करोड़ लोग इस रोग से मर चुके हैं तथा वर्तमान में लगभग 40 लाख लोग HIV से संक्रमित हैं, जो आने वाले लगभग 6-8 वर्षों में एड्स से पीड़ित हो जाएँगे।
- यह विषाणु **रिट्रोविरिडी** कुल के उपसमूह लैन्टीविषाणु का सदस्य है।

HIV की संरचना Structure of HIV

HIV लगभग 100-150 मिमी व्यास का गोलाकार जटिल संरचनायुक्त विषाणु होता है। इसकी संरचना के तीन प्रमुख भाग होते हैं

(i) **लाइपोप्रोटीन आवरण** (Lipoprotein envelope) यह द्विस्तरीय फॉस्फोलिपिड का बना बाह्य आवरण होता है। इसमें दो प्रकार के ग्लाइकोप्रोटीन (Gp-41 तथा Gp-120) पाए जाते हैं। यह दोनों ग्लाइकोप्रोटीन मिलकर घुण्डीनुमा नुकीली संरचनाएँ बनाते हैं, जिन्हें पेप्लोमरस (Peplomers) कहते हैं। इसका वृन्त, Gp-41 तथा घुण्डी Gp-120 द्वारा निर्मित होती हैं। यह पेप्लोमर HIV को पोषद् कोशिका से चिपकाने में प्रयुक्त होते हैं।

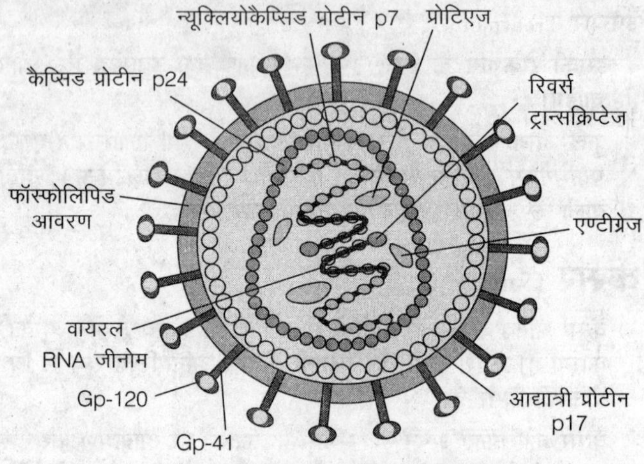

HIV विषाणु की संरचना

(ii) **कैप्सिड आवरण** (Capsid envelope) बाह्य आवरण के भीतर की तरफ प्रोटीन की एक दृढ़ सुरक्षात्मक परत या आवरण पाया जाता है, जिसे न्यूक्लियोकैप्सिड (Nucleocapsid) कहते हैं।

(iii) **केन्द्रीय भाग** (Central core) इसमें HIV का जीनोम दो एकलरज्जुक (*ss*RNA), विभिन्न एन्जाइम (रिवर्स ट्रान्सक्रिप्टेज, प्रोटिएज, राइबोन्यूक्लिएज, आदि) तथा प्रोटीन (p-7 तथा p-9) पाए जाते हैं।

- इसको रिट्रोविषाणु कहा जाता है, क्योंकि इसमें रिवर्स ट्रान्सक्रिप्टेज एन्जाइम उपस्थित होता है, जो संक्रमण के समय स्वयं के आनुवंशिक पदार्थ (एकलरज्जुक–*ss*RNA) को एकलरज्जुक *ss*DNA में परिवर्तित कर देता है।
- इस प्रक्रिया को **व्युत्क्रम अनुलेखन** (Reverse transcription) कहते हैं। अब एकलरज्जुक DNA से द्विरज्जुक (*ds*) DNA का निर्माण हो जाता है। यह अवस्था **प्राक्विषाणु** (Provirus) कहलाती हैं, जो पोषी के कार्यों को प्रभावित करता है तथा दीर्घ अवधि तक सुषुप्तावस्था (Latency period) में रहता है।

एड्स के लक्षण Symptoms of AIDS

एड्स के निम्नलिखित लक्षण होते हैं

- बार–बार सामान्य रोगों से ग्रसित हो जाना।
- TB, कैंसर, न्यूमोनिया, यौन रोगों का उपचार के बाद भी ठीक न होना।
- लम्बे समय तक इन सामान्य रोगों से ग्रसित होना तथा अन्त में मृत्यु का होना।
- साँस लेने में तकलीफ होना।
- रोगी को लगातार बुखार आना।

- दस्त लगना।
- धीरे-धीरे शरीर का भार कम होना।
- शरीर की प्रतिरक्षा क्षमता में कमी आना।
- सिरदर्द रहता है तथा चक्कर आने की शिकायत रहती है।
- रात्रि में पसीना आना।

संक्रमण होने और एड्स के लक्षण प्रकट होने के मध्य हमेशा अन्तराल होता है। यह अवधि कुछ महीनों से लेकर कई वर्षों (प्राय: 5-10 वर्ष) तक की हो सकती है।

HIV का संचरण Transmission of HIV

HIV के संचरण के सामान्यतया निम्न कारण होते हैं

- **असुरक्षित यौन सम्बन्धों के कारण** HIV का संचरण सामान्यतया HIV संक्रमित व्यक्ति से उसके अप्रभावित या स्वस्थ व्यक्ति से असुरक्षित यौन सम्बन्ध बनाने के कारण होता है।
- किसी HIV संक्रमित व्यक्ति के रुधिर का दूसरे स्वस्थ व्यक्ति में रक्ताधान करने पर हो जाता है।
- निर्जमीकृत सुई से HIV का संचरण होता है।
- HIV का संचरण संक्रमित माता से उसके गर्भस्थ शिशु को होता है अथवा यह जन्म उपरान्त स्तनपान से भी हो जाता है।

HIV संक्रमण की पहचान Recognition of HIV Infection

इसके लिए ELISA (Enzyme Linked Immuno Sorbent Assay), PCR या वेस्टर्न ब्लॉट तकनीक से संक्रमण की पहचान, CD_4-कोशिकाओं की संख्या द्वारा की जा सकती है। HIV संक्रमण की स्थिति में T_4-कोशिकाओं तथा लसीकाणुओं की संख्या घटकर 200 cu/mm हो जाती है।

HIV की रोकथाम एवं उपचार Prophylaxis of HIV and Treatment

HIV की रोकथाम एवं उपचार निम्नलिखित प्रकार से होता है

- कण्डोम के उपयोग से सुरक्षित यौन सम्बन्ध द्वारा।
- निर्जमीकृत सुई या सीरींज के उपयोग द्वारा।
- रक्ताधान से पहले HIV का परीक्षण करके।
- AIDS के बारे में लोगों में जागरुकता फैलाकर।
- ब्लेड, रेजर और दन्त चिकित्सा के उपकरणों को निर्जमीकृत करके उपयोग करना चाहिए।
- **जिडोवुडीन** (Zidovudine, AZT) नामक दवा एड्स के उपचार में प्रयुक्त की जाती है। यह रिवर्स ट्रान्सक्रिप्टेज (Reverse transcriptase) एन्जाइम की कार्यविधि में बाधक (Inhibitor) है।
- **डाइडेनोसिन** (Didanosine), **लैमिवुडीन** (Lamivudine) व **स्टैवुडिन** (Stavudin) अन्य रिवर्स ट्रान्सक्रिप्टेज बाधक (Reverse transcriptase inhibitor) है।

यौवनावस्था : नशीले पदार्थ एवं एल्कोहॉल का अतिप्रयोग Adolescence : Overdose of Drug and Alcohol

यौवनावस्था मानव की वह आयु अवस्था है, जिसके दौरान मानव का शरीर समाज में सहभागिता हेतु सम्पूर्ण रूप से परिपक्व हो जाता है। यौवनावस्था की उम्र लगभग 12-18 वर्ष के बीच होती है। यह बचपन और प्रौढ़ता के मध्य की कड़ी है, जो मानसिक, लैंगिक और मनोवैज्ञानिक विकास हेतु एक महत्त्वपूर्ण समय होता है। इस अवधि में मानव शारीरिक रूप से आक्रमक, आकर्षक और उत्तेजित रहना चाहता है।

इन सभी के कारण मानव यौवनावस्था में नशीले पदार्थों और एल्कोहॉल के प्रयोग के लिए प्रेरित होता है। इन पदार्थों का पहली बार सेवन जिज्ञासा पूर्वक हो सकता है, किन्तु मानव द्वारा बार-बार इसके सेवन से उसमें इनके प्रति लगाव उत्पन्न हो जाता है और वह नशीले पदार्थों और एल्कोहॉल का आदी (Addict) हो जाता है।

यौवनावस्था में मानव को इस बात की गलतफहमी हो जाती है कि नशीले पदार्थ और एल्कोहॉल लेने से वे अधिक प्रगतिशील दिखेंगे, जिससे उनमें इनके सेवन की सम्भावना अधिक रहती हैं।

नशीले पदार्थों का कुप्रयोग Drug Abuse

आँकड़ों और सर्वेक्षणों से पता चलता है कि नशीले पदार्थ और एल्कोहॉल का उपयोग विशेष रूप से नवयुवकों में बढ़ रहा है। यह सचमुच चिंता का विषय है, क्योंकि इसके अनेक दुष्परिणाम होते हैं।

नशीली औषधियों को निम्नलिखित समूहों में बाँट सकते हैं

1. **शामक और निद्राकारक** (Tranquiliser and hypnotics) ये औषधियाँ केन्द्रीय तन्त्रिका तन्त्र (Central Nervous System) पर प्रभाव डालती हैं। मस्तिष्क के तनाव एवं उत्सुकता को कम करती हैं एवं निद्रा लाती हैं।

   यहाँ एक बात समझने योग्य है, कि मस्तिष्क के तनाव एवं उत्सुकता को कम करने वाली औषधि शामक है, जिसके असर को बढ़ाने के लिए उसमें निद्राकारक मिलाई जाती है अर्थात् किसी मनुष्य पर ये दोनों औषधियाँ अपना अलग-अलग प्रभाव छोड़ती हैं; जैसे—वेलियम, लिब्रियम, बॉर्बिट्यूरेट्स, इक्वेनिल, आदि।

   इन औषधियों को अत्यधिक मात्रा में लेने पर मस्तिष्क को स्थाई नुकसान, सिरदर्द, कोमा तथा पेशियों में अकड़न हो सकती है। एक और खास बात है, इन औषधियों को अचानक शुरू, तो किया जा सकता है, परन्तु इनको अचानक छोड़ना अत्यन्त घातक होता है। रोगी द्वारा इन्हें अचानक छोड़ने पर उसे मिर्गी के दौरे पड़ने लगते हैं। इसीलिए डॉक्टर इन औषधियों को धीरे-धीरे छोड़ने की सलाह देते हैं।

2. **उत्तेजक या एण्टीडिप्रेसेन्ट्स** (Stimulants or antidepressants) कुछ ऐसे पदार्थ, जो शरीर को स्फूर्ति प्रदान करते हैं, परन्तु उनकी अधिकता से शरीर की उपापचयी क्रियाएँ बाधित होती हैं, उत्तेजक पदार्थ कहलाते हैं।

   ये औषधियाँ भी केन्द्रीय तन्त्रिका को प्रभावित करती हैं। इनके सेवन से कष्ट में राहत मिलती है। रुधिर दाब बढ़ जाता है तथा स्वभाव उग्र हो

जाता है; जैसे—टॉफरेनिल, कैफीन, थाइन, एम्फीटैमाइन्स, मेथिलफेनिडेट, आदि। चाय, कॉफी, कोको इसी के अन्तर्गत आते हैं।

(i) **कोको** (Cocoa) यह *थियोब्रोमा कोकोआ* (*Theobroma cacao*) नामक वृक्ष के बीजों को पीसकर तैयार किया जाता है, इसमें **थियोब्रोमिन** (Theobromine) नामक एल्केलॉइड पाया जाता है। थियोब्रोमिन के अलावा इसमें **20% वसा** तथा **10% स्टार्च** भी होती है। यह पोषक व उत्तेजक दोनों हैं। इसके बीजों से चॉकलेट, आदि बनाई जाती है।

(ii) **कोकीन** (Cocaine) यह *कोका* नामक पादप की पत्तियों से प्राप्त किया जाता है। व्यसनी इसको सूँघते हैं तथा इसका इन्जेक्शन भी लगाते हैं। इससे ग्रसित रोगी में निम्न लक्षण दिखाई देते हैं; जैसे—नींद कम आना, भूख कम लगना, मतिभ्रम, सिरदर्द, हृदय संवहनी, विकार श्वसन तन्त्र का निष्क्रिय हो जाना, आदि।

3. **विभ्रमक या साइकेडेलिक** (Hallucinogens or psychedelic) ये पदार्थ श्रवण व दृष्टि भ्रम उत्पन्न करते हैं। ये वास्तविकता में विचार तथा भावनाओं में बदलाव लाने वाली औषधियाँ हैं; जैसे—चरस, गाँजा, भाँग व हशीश, मैरिजुआना, LSD, मेस्कालाइन, सीलोसाइविन, आदि।

कुछ महत्त्वपूर्ण विभ्रमक निम्नलिखित हैं

(i) **गाँजा-भाँग** (Hemp) *कैनेबिस सेटाइवा* (*Canabis sativa*) नामक पादप की पत्तियों से भाँग एवं इसके पुष्प से गाँजा प्राप्त होता है। इसके सेवन से तन्त्रिका तन्त्र एवं हृदय की कार्य प्रणाली पर प्रभाव पड़ता है, व्यक्ति भ्रमित हो जाता है तथा व्यक्ति में दृष्टि दोष उत्पन्न हो जाता है।

व्यसनी गाँजा का सेवन सिगरेट, हुक्के, आदि में तम्बाकू की जगह भरकर करते हैं तथा भाँग का सेवन कुल्फी, शरबत, आदि में मिलाकर करते हैं। इसके प्रभाववश व्यक्ति कोई भी कार्य; जैसे—हँसना, रोना, आदि निरन्तर करता रहता है।

(ii) **हशीश या चरस** (Hashish) यह *कैनेबिस सेटाइवा* पादप के पुष्पों के रस से प्राप्त की जाती है। इसे सुखाकर पाउडर के रूप में बनाते हैं। चरस को तम्बाकू में मिलाकर उपयोग किया जाता है। इसके कारण तन्त्रिका तन्त्र में दुर्बलता, पाचन शक्ति की कमजोरी, कार्यक्षमता में कमी, आदि लक्षण दिखाई देने लगते हैं।

(iii) **एल. एस. डी.** (Lysergic Acid Diethylamide) सर्वप्रथम इसका प्रयोग **हॉफमेन** (Hoffmann) ने औषधि बनाने हेतु किया था, परन्तु धीरे-धीरे इसका उपयोग नशीले व्यसन में भी होने लगा। ये श्रवण तथा दृष्टि भ्रम उत्पन्न करती है। इनके प्रयोग से रंग न होते हुए भी रंग का आभास होता है। व्यसनी (Drug addict) को रंगीन स्वप्निल दुनिया का आभास होता है, इसके कारण प्रसन्नता का झूठा आभास होता है।

व्यसनी को समय, स्थान व दूरी का उचित सामंजस्य नहीं रहता है। इसके प्रमुख दुष्प्रभावों में केन्द्रीय तन्त्रिका तन्त्र का नष्ट होना, स्त्रियों द्वारा असामान्य बच्चे पैदा करना, आदि हैं।

4. **ओपिएट्स** (Opiates) यह **नारकोटिक** दर्दनाशक औषधियों का एक वर्ग है, जिसमें अफीम तथा इसके स्राव से बने मॉर्फीन, हैरोइन, पैथिडीन, मीथाडोन, आदि आते हैं। ये दर्द, चिन्ता, श्वसन दर, रुधिर दाब तथा तनाव को कम करते हैं। इनसे निद्रा व सुस्ती आती है।

अफीम (Opium) यह एक नशीला पदार्थ है, जो पोस्त के पौधे के सम्पुट (Capsule) फल से प्राप्त **रबरक्षीर** (Latex) से बनाया जाता है। इससे दर्द निवारक या स्वापक औषधियाँ तैयार की जाती हैं। यह सफेद रंग के चूर्ण के रूप में मिलता है। इसे व्यसनी सूँघते हैं तथा इसके इन्जेक्शन भी लगाते हैं।

अफीम में **मॉर्फीन** नामक एल्केलॉइड पदार्थ पाया जाता है, इससे हैरोइन या स्मैक का निर्माण होता है। हैरोइन, मॉर्फीन की अपेक्षा 20 गुना तथा अफीम की अपेक्षा 200 गुना अधिक नशीला होता है।

अफीम के अत्यधिक प्रयोग से मनुष्य के केन्द्रीय तन्त्रिका तन्त्र और जठरान्त्र प्रभावित होते हैं। मनुष्य इतना आलसी हो जाता है, कि उसे हर समय नींद आती रहती है, चेहरे का रंग पीला हो जाता है तथा आँखें कमजोर हो जाती हैं। मानसिक एवं शारीरिक स्थिति क्षीण हो जाती है अर्थात् व्यक्ति कुपोषण से दुर्बल हो जाता है।

मद्य या मदिरा या एल्कोहॉल Alcohol

एल्कोहॉल सामान्य रूप से 'शराब' या 'मदिरा' के नाम से जानी जाती है। यह विश्व में सबसे अधिक प्रयोग में लाए जाने वाला मादक पेय पदार्थ है। यह रासायनिक रुप से एथिल एल्कोहॉल (C_2H_5OH) है। इसका निर्माण गन्ने, शक्कर, गुड़, अँगूर, जौ, आदि के **किण्वन** (Fermentation) से होता है।

इन पदार्थों में उपस्थित स्टार्च व शर्करा किण्वन द्वारा एल्कोहॉल में बदल जाता है। शराब शर्करा की भाँति ही ऊर्जा उत्पादक खाद्य है, परन्तु इससे उत्पादित ऊर्जा का प्रयोग शरीर की जैव-प्रक्रिया में नहीं होता है।

शराब विभिन्न प्रकार की होती है, जिनमें एल्कोहॉल की मात्रा अलग-अलग होती है; जैसे—बीयर में (3%), व्हिस्की में (45%), जिन में (40-53%), रम में (53%), ब्राण्डी में (55%) एल्कोहॉल होती है।

एल्कोहॉल **छोटी आँत** (Small intestine) द्वारा अवशोषित होता है, जहाँ से यकृत, हृदय, फेफड़ों से होती हुई मूत्र के साथ निष्कासित कर दिया जाता है।

एल्कोहॉल (मद्यपान) प्रयोग से हानि
Adverse Effects of Alcohol Uses

एल्कोहॉल के प्रयोग से कुछ समय के लिए व्यक्ति को मानसिक सुख का आभास होता है, लेकिन नशा समाप्त होते ही व्यक्ति पर मानसिक तनाव, उदासीनता तथा शिथिलता आ जाती है।

एल्कोहॉल के दुष्परिणाम निम्नलिखित हैं

(i) **मस्तिष्क पर प्रभाव** (Effects on brain) एल्कोहॉल सेवन के कारण मस्तिष्क की प्रक्रिया विलम्बित होती है। मस्तिष्क एवं समस्त **तन्त्रिका तन्त्र** की कार्य क्षमता घट जाने के कारण शरीर के समस्त कार्य विलम्ब से होते हैं।

(ii) **पेशीय असन्तुलन** (Muscular imbalance) एल्कोहॉल के सेवन से व्यक्ति की माँसपेशियों का सन्तुलन बिगड़ जाता है, मस्तिष्क का नियन्त्रण शिथिल पड़ जाता है तथा दृष्टि-क्रिया विकृत हो जाती है। अतः वस्तुएँ ठीक प्रकार से दिखाई नहीं देती हैं।

(iii) **यकृत पर प्रभाव** (Effect on liver) एल्कोहॉल यकृत पर सर्वाधिक एवं विषाक्त प्रभाव डालती है। एल्कोहॉल यकृत में वसा के संश्लेषण को प्रेरित करता है, जिससे यकृत में **सिरोसिस** (Cirrhosis) रोग हो जाता है। इसमें भूख एवं पाचन क्रिया पर दुष्प्रभाव पड़ता है। अधिक एल्कोहॉल के सेवन से यकृत पूर्णतया नष्ट हो जाता है।

(iv) **आमाशय एवं आँतों पर प्रभाव** (Effect on stomach and intestine) एल्कोहॉल के सेवन से आमाशय एवं आँतों की झिल्ली पर कुप्रभाव पडता है, जिससे व्यक्ति में पेप्टिक अल्सर (Peptic ulcer) बनने लगता है, जो आगे चलकर कैंसर का कारण बनता है। एल्कोहॉल के अधिक सेवन करने से आमाशय की श्लेष्मिका क्षतिग्रस्त हो जाती है, जिसे **गैस्ट्राइटिस** (Gastritis) कहते हैं।

(v) **शरीर के अन्य अंगों पर प्रभाव** (Effects on other organs of body) अधिक एल्कोहॉल के सेवन से वृक्क, फेफड़े, आमाशय तथा रुधिर वाहिनियों पर दुष्प्रभाव पड़ता है, जिसके फलस्वरूप शरीर की रोग-प्रतिरोधक क्षमता घट जाती है।

(vi) **कम आयु** (Less age) एल्कोहॉल पीने वाले व्यक्तियों की आयु तुलनात्मक रूप से एल्कोहॉल न पीने वाले से कम हो जाती है।

(vii) **गर्भस्थ शिशु पर प्रभाव** (Effect on foetus) गर्भवती स्त्रियों द्वारा एल्कोहॉल के सेवन से शिशु में शारीरिक एवं मानसिक विकृति हो सकती है।

नशीले पदार्थ और एल्कोहॉल लेने के कारण Reasons of Taking Drugs and Alcohol

शोध अध्ययन से ज्ञात हुआ है कि लोग निम्न कारणों से शराब पीना या नशीले पदार्थ लेना प्रारम्भ करते हैं

(i) सामाजिक दबाव

(ii) स्वाद को पसन्द करना

(iii) स्वतन्त्रता का अनुभव

(iv) उत्तेजना की इच्छा

(v) जीवन के प्रत्येक दिन के कड़े शारीरिक परिश्रम एवं नीरसता के कारण।

(vi) जीवन की वास्तविकता; जैसे-निराशा एवं असफलता से बचने के लिए।

नशीले पदार्थ तथा एल्कोहॉल कुप्रयोग के प्रभाव Effects of Drug and Alcohol Abuse

नशीले पदार्थों तथा एल्कोहॉल के अधिक उपयोग के तत्कालिक और दूरगामी प्रभाव होते हैं, जिनमें से कुछ निम्नलिखित हैं

तत्कालिक प्रभाव Immediate Effects

यह प्रभाव इन हानिकारक पदार्थों का सेवन शुरु करने के कुछ ही दिनों में दिखने लगते हैं

(i) नशे के लिए चोरी करना, घर का सामान बेचना।

(ii) बिना किसी कारण के स्कूल/कॉलेज/ऑफिस से अनुपस्थित रहना।

(iii) घर को आर्थिक रूप से हानि पहुँचाना।

(iv) हिंसा, बर्बरता, अनियमित तथा अनपेक्षित व्यवहार करना।

(v) शैक्षिक क्षेत्र के परिणामों में कमी होना।

(vi) व्यक्तिगत स्वच्छता एवं स्वास्थ्य के प्रति कमी या लापरवाह होना।

(vii) अवसाद (Depression), विनिवर्तन (Withdrawal), एकाकीपन (Isolation), थकावट (Fatigue) होना।

(viii) शौक/रुचियों में कमी, सोने और खाने की आदतों में परिवर्तन होना।

(ix) परिवार एवं दोस्तों के साथ सम्बन्धों का बिगड़ना।

(x) सुई से नशा करने वाले व्यक्तियों में HIV का सक्रमण होने का खतरा।

दूरगामी प्रभाव Far-reaching Effects

दूरगामी प्रभाव निम्नलिखित हैं

(i) तन्त्रिका तन्त्र को नुकसान होना।

(ii) महिलाओं द्वारा अधिक समय तक स्टेरॉइड लेने से उनमें पुरुषों के लक्षण (Masculinisation) प्रकट होना।

(iii) गर्भावस्था में बच्चे पर कुप्रभाव होना।

(iv) शरीर पर बालों की अधिक वृद्धि होना तथा असामान्य मासिक चक्र का होना।

(v) महिलाओं में भगशेक का अधिक बढ़ा होना।

(vi) चेहरे पर मुँहासों का बढ़ना।

(vii) पुरुषों में वृषणों का छोटा होना, शुक्राणुओं का कम बनना तथा वृक्कों का सही काम न करना।

(viii) शरीर की वृद्धि का रुकना।

(ix) मानसिक और शारीरिक दृढ़ता में कमी आना।

(x) पुरुषों में स्तनों का बढ़ना, गंजापन तथा प्रोस्टेट में वृद्धि।

(xi) नशीले पदार्थों की अत्यधिक मात्रा से श्वसन घात (Respiratory failure), हृदयाघात (Heart failure) हो जाते हैं।

(xii) प्रमस्तिष्क **रुधिर स्राव** (Cerebral hemorrhage) के कारण संमूर्छा बेहोशी (कोमा) और मृत्यु होना।

प्रतिरक्षा विज्ञान Immunology

'शरीर में सभी प्रकार के रोगजनकों और उनके विषैले पदार्थों के दुष्प्रभाव का प्रतिरोध करके समस्थैतिकता (Homeostasis) बनाए रखने की क्षमता होती है, इसे शरीर की प्रतिरक्षा या रोधकक्षमता (Immunity) कहते हैं तथा इसके अध्ययन को प्रतिरक्षा विज्ञान कहा जाता है।' 'इम्युनिटी' शब्द लैटिन शब्द इम्युनिस (Immunology) से बना है, जिसका अर्थ होता है-स्वतन्त्र करना। **एमिल वॉन बेरिंग** (Emil von Behring) को **प्रतिरक्षा विज्ञान का जनक** (Father of immunology) कहा जाता है।

प्रतिरक्षा के प्रकार Types of Immunity

प्रतिरक्षा निम्नलिखित दो प्रकार की होती हैं

1. अविशिष्ट प्रतिरक्षा
2. विशिष्ट प्रतिरक्षा

1. अविशिष्ट या सहज या स्वाभाविक प्रतिरक्षा
Innate or Non-specific Immunity

- इस प्रकार की प्रतिरक्षा में बहुत सारे कारक शामिल होते हैं। यह प्रतिरक्षा मानव शरीर की सामान्य अवस्था एवं शरीर तन्त्रों की समुचित कार्यिकी पर भी निर्भर करती है, इसीलिए पोषण, आयु, थकान, लिंग, जलवायु, आदि इस प्रतिरक्षा के निर्धारक तत्व होते हैं।
- अविशिष्ट प्रतिरक्षा की प्रक्रियाओं में विविध प्रकार के रोगजनक आक्रमणकारी अथवा प्रतिजनों में विभेद करने की क्षमता नहीं होती है, इसीलिए यह प्रतिरक्षा किसी विशेष रोग से सुरक्षा प्रदान करने के अतिरिक्त सभी रोगों एवं प्रतिजनों से समान रूप में सुरक्षा प्रदान करती है। इसको **सहज** अथवा **स्वाभाविक प्रतिरक्षा** भी इसी कारण से कहा जाता है।
- इस प्रतिरक्षा तन्त्र के घटकों को सुविधानुसार निम्न दो सुरक्षा पंक्तियों में विभेदित कर सकते हैं

(i) **बाह्य सुरक्षा या प्रथम पंक्ति की रक्षा** (External defence or First line of defence) इसके अन्तर्गत भौतिक और रासायनिक अवरोधक शामिल किए गए हैं।

(a) **शारीरिक या भौतिक अवरोधक** (Physical barriers) इस प्रकार के अवरोधों में त्वचा और श्लेष्म झिल्ली आती है, जो शरीर में रोगाणुओं के प्रवेश को बाधित करती है।

(b) **रासायनिक अवरोधक** (Chemical barriers) शरीर द्वारा स्रावित विभिन्न स्रावी पदार्थ; जैसे—हाइड्रोक्लोरिक अम्ल (आमाशय में), यकृत द्वारा पित्त (Bile) रस का स्रावण, मुख में लार का स्रावण, स्वेद (Sweat) तथा तेल ग्रन्थियों (Oil glands) से स्रावित पदार्थ, आदि रासायनिक अवरोधक शरीर में रोगाणुओं के प्रवेश को बाधित करते हैं।

(ii) **भीतरी रक्षा या द्वितीय पंक्ति की रक्षा** (Internal defence or Seconds line of defence) आन्तरिक रक्षा प्रतिरोगाणु पदार्थों, प्राकृतिक विनाशी कोशिकाओं, भक्षी कोशिकाओं, प्रदाह प्रक्रिया तथा ज्वर द्वारा प्रदान की जाती है, ये निम्नलिखित हैं

(a) **प्रतिरोगाणु पदार्थ** (Antimicrobial substances) जब रोगाणु त्वचा या श्लेष्मिक कला को भेदकर ऊतक द्रव्य एवं रुधिर में पहुँच जाते हैं, तो **बाह्य कोशिकीय तरल** (Extracellular fluid or ECF) में पाए जाने वाले कुछ प्रतिरोगाणु पदार्थ इन रोगाणुओं को नष्ट कर देते हैं या निष्क्रिय बना देते हैं; जैसे—ट्रान्सफेरिन्स (Transferrins) ये रुधिर में पाई जाने वाली विशेष प्रोटीन्स हैं, जो रोगाणुओं को वृद्धि करने से रोकती हैं।

ट्रान्सफेरिन्स जन्मजात प्रकार की होती है। इन्टरफेरॉन्स (Interferons) ये प्रोटीन्स होते हैं, जो विषाणुओं का संक्रमण होने पर कोशिकाओं द्वारा मुक्त किए जाते हैं। **आइजेक** एवं **लिण्डमैन** (Isaacs and Lindemann) ने सन् 1957 में इस प्रकार की प्रोटीन का पता लगाया।

(b) **प्राकृतिक विनाशी कोशिकाएँ** (Natural Killer cells or NK cells) ऊतक एवं रुधिर द्रव्य में पहुँचने वाले जो रोगाणु, प्रतिरोगाणु पदार्थों के प्रभाव से बच जाते हैं, उन्हें विशेष श्रेणी के श्वेत रुधिराणु (Lymphocytes) नष्ट कर देते हैं। इन श्वेत रुधिराणुओं को **प्राकृतिक विनाशी कोशिकाएँ** कहते हैं। ये कोशिकाएँ रुधिर के अतिरिक्त लसीका गाँठों (Lymphnodes), प्लीहा (Spleen) तथा लाल अस्थि मज्जा (Bone marrow) में भी उपस्थित होती हैं।

(c) **भक्षी कोशिकाएँ** (Phagocytes) भक्षी कोशिकाएँ श्वेत रुधिराणु और मैक्रोफेजेज (Macrophages) प्रकार की होती हैं।

- **श्वेत रुधिराणु** (White Blood Corpuscles or WBCs/ Lymphocytes) अधिकांश श्वेत रुधिराणु ऊतकों में जाकर जीवाणुओं, विषाणुओं, विषैले पदार्थों तथा अन्य अनुपयोगी निर्जीव कणों का पादाभों द्वारा अन्तर्ग्रहण करते रहते हैं, यह प्रक्रिया **कोशिकाभक्षण** (Phagocytosis) कहलाती है। इनकी खोज **मेचनीकॉफ** (Metchnikoff ; 1892) ने की थी। इन्होंने भक्षी कोशिकाओं को **भक्षकाणु** (Phagocytes) नाम दिया। श्वेत रुधिराणु विभिन्न प्रकार से सुरक्षा करते हैं।
- **मोनोसाइट** (Monocytes) ये प्रकृति में भक्षकाणुक (Phagocytic) होते हैं। ये सुरक्षा प्रक्रिया की तृतीयक पंक्ति का कार्य करते हैं। ये क्षति भाग में बड़ी संख्या में पहुँचकर मैक्रोफेज में बदल जाती हैं और भक्षण क्रिया को तीव्र करती हैं।
- **इओसिनोफिल्स** (Eosinophils) इओसिनोफिल्स स्वयं को परजीवी रूपों से जोड़ लेती हैं, जिससे उनकी सतह पर निकलने वाले लाइसोसोमल एन्जाइम्स के द्वारा उनका विनाश कर दिया जात है।
- **न्यूट्रोफिल्स** (Neutrophils) ये हानिकारक रोगाणुओं का भक्षण करती हैं अर्थात् भक्षकाणुक प्रकृति की होती हैं। ये रुधिर में भ्रमण करते समय भक्षण करती हैं। इसी कारण इन्हें गतिशील सुरक्षा इकाई (Mobile defence units) कहते हैं।
- **वृहद भक्षकाणु** (Macrophages) इनका निर्माण मोनोसाइट्स के आकार में वृद्धि के कारण होता है। ये ऊतकों में इधर-उधर घूम-घूमकर न्यूट्रोफिल्स से अधिक भक्षण करते हैं। अतः ये भ्रमणशील (Wandering) वृहद भक्षकाणु कहलाती हैं। त्वचा की हिस्टोसाइट्स (Histocytes), यकृत की कुफ्फर कोशिकाएँ (Kupffer cells), फेफड़ों की कोष्ठकीय (Alveolar) वृहद भक्षकाणु अथवा धूल कोशिका (Dot cells), तन्त्रिकीय ऊतकों की माइक्रोग्लिआ (Microglia), आदि स्थिर एवं विशेष वृहद भक्षकाणु होते हैं। इन भक्षकाणुओं में भक्षित रोगाणु, आवरणयुक्त आशयों में रहते हैं, जिन्हें फैगोसोम्स (Phagosomes) कहते हैं।

2. विशिष्ट प्रतिरक्षा Specific Immunity

इस प्रतिरक्षा में भिन्न-भिन्न प्रकार के रोगोत्पादक आक्रमणकारियों एवं प्रतिजनों से सुरक्षा के लिए भिन्न-भिन्न प्रकार की पृथक् विशिष्टीकृत कोशिकाएँ होती हैं, इसलिए इसे विशिष्टीकृत प्रतिरक्षा कहते हैं।

इस प्रतिरक्षा में संवेदी अंग विशिष्ट कोशिकाएँ तथा रुधिर में प्रवाहित प्रतिरक्षी होते हैं। **स्मृति** (Mammory) तथा अपने एवं बाह्य पदार्थों (प्रतिजन) में विभेद इस प्रकार की प्रतिरक्षा की प्रमुख विशेषता है। शरीर द्वारा पहली बार किसी रोगजनक का सामना करने पर अनुक्रिया की तीव्रता कम होती है, यह प्राथमिक अनुक्रिया (Primary response) कहलाती है। इसके उपरान्त, यदि उसी रोगजनक द्वारा आक्रमण होता है, तो शरीर द्वारा दी गई अनुक्रिया तीव्र होती है, इसे **द्वितीयक अनुक्रिया** (Secondary response) कहते हैं।

विशिष्ट प्रतिरक्षा को पूर्णरूपेण समझने के लिए प्रतिजन का ज्ञान अतिआवश्यक है। विशिष्ट (उपार्जित) प्रतिरक्षा को पुन: दो प्रकार में विभेदित कर सकते हैं

(i) **सक्रिय उपार्जित प्रतिरक्षा** (Active acquired immunity) जब किसी जीव की अपनी कोशिकाएँ प्रतिरक्षा उत्पन्न करती हैं, तो यह सक्रिय प्रतिरक्षा कहलाती है। यह तब विकसित होती है, जब व्यक्ति रोग से ग्रसित हो या रोग के लिए टीके लेता हो। ये भी दो प्रकार की होती हैं

(a) **प्राकृतिक सक्रिय उपार्जित प्रतिरक्षा** (Natural acquired active immunity) इसमें व्यक्ति का प्रतिरक्षा तन्त्र सक्रिय रूप से सम्मिलित होता है, जो प्रतिरक्षी कोशिकाओं या प्रतिरक्षण सक्रिय कोशिकाओं का उत्पादन करता है।

(b) **कृत्रिम सक्रिय उपार्जित प्रतिरक्षा** (Artificial acquired active immunity) सक्रिय प्रतिरोधक क्षमता के निर्माण के लिए विभिन्न रोगाणुओं द्वारा प्रतिजनों का निर्माण व्यापारिक रूप से किया जाता है, जो निम्नलिखित हैं

- **टीका** (Vaccine) यह विभिन्न जीवाणुओं एवं विषाणुओं से प्राप्त किए जाते हैं, जो सक्रिय एवं निष्क्रिय रोगाणुओं के लिए टीका बनाने में प्रयुक्त किए जाते हैं।
- **जीवाणुक टीका** (Bacterial vaccine) इसे अक्रिय जीवाणु कोशिका से प्राप्त किया जाता है।
- **जीव विषाणु** (Toxoids) यह विषाणु का विष होता है, इसे भी अक्रिय जीवाणु कोशिकाओं से प्राप्त किया जाता है।
- **विषाणु टीका** (Viral vaccine) विषाणुओं के शरीर के विभिन्न भागों से इस प्रकार के अनेक टीके तैयार किए जाते हैं; जैसे—पोलियो, चेचक, आदि के टीके।

(ii) **अक्रिय उपार्जित प्रतिरक्षा** (Passive acquired immunity) ये भी दो प्रकार की होती हैं

(a) **प्राकृतिक अक्रिय उपार्जित प्रतिरक्षा** (Natural acquired passive immunity) इस प्रतिरक्षा को जन्मजात उपार्जित अक्रिय प्रतिरक्षा भी कहते हैं क्योंकि भ्रूण में माता के रुधिर से बनी हुई प्रतिरक्षी (माता प्रतिरक्षी) भ्रूणीय परिवहन के द्वारा प्रवेश कर जाती है एवं जन्म के पश्चात् 3 से 6 माह तक जीवित रहती हैं। ठीक इसी प्रकार जन्म के पश्चात् माता का शुरूआती दूध अथवा कोलोस्ट्रम (First milk or Colostrum) वास्तव में प्रतिरक्षी (A, G and M) का ही घोल होता है।

(b) **कृत्रिम अक्रिय उपार्जित प्रतिरक्षा** (Artificial acquired passive immunity) इस प्रकार की प्रतिरक्षा, मानव शरीर में प्रतिरक्षी सीरम को कृत्रिम रूप से इन्जेक्शन द्वारा रुधिर परिवहन में प्रवेश कराने के कारण होती है; उदाहरण—टिटेनस, रेबीज, खाद्य-विषाक्ता एवं सर्प विष, आदि में।

विशिष्ट प्रतिरक्षा तन्त्र की कोशिकाएँ
Cells of the Specific Immune System

- **लिम्फोसाइट्स** (श्वेत रुधिराणु का एक प्रकार) शरीर के प्रतिरक्षा तन्त्र की मुख्य कोशिकाएँ होती हैं। प्रतिरक्षा तन्त्र में दो प्रकार की लिम्फोसाइट कोशिकाएँ होती हैं

 (i) T-कोशिकाएँ (ii) B-कोशिकाएँ

- दोनों प्रकार की कोशिकाएँ भ्रूण के यकृत एवं वयस्क की अस्थि मज्जा की **मूल कोशिकाओं** (Stem cells) से विकसित होती हैं। वे लिम्फोसाइट कोशिकाएँ, जो थाइमस (Thymus) से प्रवसित होती हैं और इनके प्रभाव से विभेदित हो जाती हैं, ये **T-कोशिकाएँ** (T-cells) कहलाती हैं, जबकि वे कोशिकाएँ जो अस्थि मज्जा (Bone marrow) में लगातार विभेदित होती रहती हैं, **B-कोशिकाएँ** (B-cells) कहलाती हैं।

विशिष्ट प्रतिरक्षा अनुक्रियाओं की क्रियाप्रणाली
Mechanisms of Specific Immune Responses

विशिष्ट प्रतिरक्षा अनुक्रिया निम्न दो कार्य प्रणालियों द्वारा सम्पन्न होती हैं

(a) **कोशिका माध्यित प्रतिरक्षा की क्रियाप्रणाली** (Mechanism of cell mediated immunity) कुछ प्रतिजन जैसे विषाणु सामान्यतया मानव कोशिकाओं में रहते हैं, किन्तु ये एक कोशिका से दूसरी कोशिका में जाते समय बाहर भी पाए जाते हैं। इस समय डेन्ड्राइट (द्रुमिका) कोशिकाएँ, एक विशेष प्रकार की कोशिकाएँ, जिनमें लम्बे, पतले और शूल समान प्रवर्ध निकले होते हैं, कुछ विषाणुओं से जुड़ जाती हैं या विषाणु इनमें प्रवेश कर जाते हैं। इन दोनों ही स्थितियों में ये कोशिकाएँ विषाणु प्रोटीन्स सम्मिश्र के तन्तुओं को अपनी सतह से प्रदर्शित करती हैं।

(b) **ह्यूमोरल या प्रतिरक्षी माध्यित प्रतिरक्षा क्रियाप्रणाली** (Mechanism of humoral or Antibody mediated immunity) जब कोई रोगाणु शरीर में पहली बार प्रवेश करता है, तो B-कोशिकाएँ रोगाणु की सतह पर पाए जाने वाले विशेष प्रोटीन के प्रति अनुक्रिया करने के लिए तत्पर हो जाती हैं। B-कोशिकाएँ शीघ्र ही विभाजित होकर उसी प्रकार की अनेक कोशिकाओं का निर्माण करने लगती हैं, ये कोशिकाएँ लिम्फोब्लास्ट्स (Lymphoblasts) कहलाती हैं। कुछ लिम्फोब्लास्ट्स दूसरे प्रकार की कोशिकाओं में भिन्नित हो जाती हैं। ये कोशिकाएँ प्लाज्मा कोशिकाएँ (Plasma cells) कहलाती हैं, जो प्रतिरक्षियों का उत्पादन करती हैं।

प्रतिरक्षी Antibodies

ये अनेक प्रकार की वृहद् प्रोटीन्स होती हैं, जिनका निर्माण प्लाज्मा कोशिकाओं से होता है। ये कोशिकाओं की कोशिका झिल्ली की सतह पर उभरी रहती हैं या रुधिर के प्लाज्मा में घुली रहती हैं। रुधिर के प्लाज्मा में घुली प्रतिरक्षी प्रोटीन्स, **इम्यूनोग्लोब्यूलिन्स** (Immunoglobulins) कहलाती है।

प्रतिरक्षी की संरचना
Structure of Antibodies or Immunoglobulins

- प्रतिरक्षी अणु एक प्रकार के प्रोटीन हैं। प्रत्येक प्रतिरक्षी अणु चार पॉलीपेप्टाइड श्रृंखलाओं से मिलकर बना होता है। इनमें दो छोटी तथा दो बड़ी श्रृंखलाएँ होती हैं, जो क्रमश: लघु तथा दीर्घ श्रृंखलाएँ कहलाती हैं। लघु तथा दीर्घ श्रृंखलाओं को क्रमश: हल्की (Light) तथा भारी (Heavy) श्रृंखला भी कहा जाता है, इन्हें क्रमश: L एवं H से प्रदर्शित किया जाता है। प्रतिरक्षी अणु अंग्रेजी के अक्षर 'Y' के समान होता है, जिसके दोनों अर्धभाग समान (Identical) होते हैं।
- हल्की तथा भारी श्रृंखलाएँ आपस में डाइसल्फाइड बन्ध (S-S) द्वारा जुड़ी रहती हैं। प्रत्येक श्रृंखला में एक स्थिर (Constant) तथा एक परिवर्ती (Variable) भाग होता है।

- ये पाँच प्रकार के होते हैं—IgG, IgM, IgA, IgD और IgE.
- परपोषी में प्रतिजनिक प्रेरक (बाह्य पदार्थ) द्वारा उत्पन्न विशिष्ट प्रतिक्रिया परिणाम को प्रतिरक्षा अनुक्रिया कहते हैं। इसकी विशेषताएँ निम्नलिखित हैं
  (i) **आक्रामक को पहचानना** (Detection of foreign substances) प्रतिरक्षी का सबसे प्रमुख कार्य शरीर की अपनी कोशिकाओं या पदार्थों तथा बाह्य जीवों या पदार्थों में अन्तर करना तथा विदेशी या आक्रामक पदार्थों को पहचानना है। प्रतिरक्षी तन्त्र की लिम्फोसाइट कोशिकाएँ बाह्य पदार्थों को पहचानने और नष्ट करने का कार्य करती हैं।
  (ii) **आक्रामक को नष्ट करना** (Destruction of foreign substances) प्रतिरक्षी निम्नलिखित पाँच प्रकार से बाह्य जीवों या प्रतिजनों को नष्ट कर सकते हैं
    (a) **निष्प्रभावन द्वारा** (By neutralisation) प्रतिरक्षी, विषाणु कणों से चिपककर उनके चारों ओर एक आवरण बना लेते हैं, जिससे विषाणु कण दैहिक कोशिकाओं की प्लाज्मा झिल्ली में प्रवेश करने में असमर्थ हो जाते हैं। इसी प्रकार प्रतिरक्षी जीवाणुओं के विष (बाह्य पदार्थ) को भी निष्प्रभावित करते हैं।
    (b) **समूहन या आश्लेषण** (Agglutination) अकेला प्रतिरक्षी कई प्रतिजनों या जीवाणुओं से जुड़कर उनका आश्लेषण कर देता है। बाद में इन प्रतिजन–प्रतिरक्षी समूहों को मैक्रोफेज कोशिकाएँ भक्षण करके नष्ट कर देती हैं।
    (c) **अवक्षेपण** (Precipitation) प्रतिरक्षी, प्रतिजन से जुड़कर उन्हें अविलेय बना देते हैं। ये प्रतिजन–प्रतिरक्षी कॉम्प्लेक्स अवक्षेपित हो जाते हैं तथा मैक्रोफेजेज द्वारा नष्ट कर दिए जाते हैं।
    (d) **ऑप्सोनाइजेशन** (Opsonisation) कुछ प्रतिरक्षियों द्वारा जीवाणुओं की सतह को ढक लेने से भक्षाणु कोशिकाएँ उन्हें सरलता से खाकर नष्ट कर सकती हैं। यह क्रिया करने वाले प्रतिरक्षी ऑप्सोनिन कहलाते हैं।
    (e) **पूरक तन्त्र का सक्रियण** (Activation of complementary system) प्रतिजन–प्रतिरक्षी अविशिष्ट प्रतिरक्षा तन्त्र के पूरक प्रोटीन अणुओं को सक्रिय कर देते हैं।
  (iii) **स्मृति कोशिकाओं का निर्माण** (Prooduction of Memory Cells) शरीर में प्रवेश करने वाले बाह्य पदार्थों या जीवों के प्रति प्रतिरक्षा तन्त्र की कोशिकाएँ स्मृति कोशिकाओं को निर्मित करती हैं। इ एवं ढ दोनों प्रकार की लिम्फोसाइट्स से प्रत्येक प्रतिजन हेतु कुछ स्मृति कोशिकाएँ उत्पन्न होती हैं, जो शरीर के रुधिर व लिम्फ में **सुप्तावस्था** (Dormant stage) में उपस्थित रहती हैं।

टीके Vaccines

- ब्रिटिश डॉक्टर एडवर्ड जेनर (Edward Jenner) ने सर्वप्रथम सन् 1976 में जेम्स फिप्स (James Phipps) नामक 8 वर्ष के बच्चे को चेचक (Smallpox) या बड़ी माता का टीका लगाया, जबकि चिकन कॉलेरा (मुर्गियों का हैजा) के विरुद्ध प्रथम सत्य वैक्सीन की खोज **लुईस पाश्चर** (Louis Pasteur) ने सन् 1880 में की थी।
- टीका एवं टीकाकरण (Vaccination) शब्द का प्रयोग सर्वप्रथम लुईस पाश्चर ने ही किया था। इस टीके का निर्माण गाय द्वारा किया गया, इसलिए इसे वैक्सीन नाम दिया गया, क्योंकि लैटिन भाषा में गाय को ***वेका*** *(Vacca)* कहते हैं।

टीकाकरण Vaccination

शरीर में रोगकारकों का कृत्रिम रूप से प्रवेश कराना टीकाकरण कहलाता है। सामान्यतया एक विशिष्ट रोगजनक के विरुद्ध पूर्ण प्रतिरक्षा प्राप्त करने के लिए दो या तीन इन्जेक्शन दिए जाते हैं तथा इसके बाद दी जाने वाली खुराक बूस्टर खुराक कहलाती है।

शिशुओं एवं बच्चों के लिए प्रमुख टीके

टीका (वैक्सीन)	बीमारी	उम्र (वर्ग)	सुरक्षा
BCG	ट्यूबरकुलोसिस	10-14 वर्ष के सभी बच्चे	70%
DPT	डिप्थीरिया, काली-खाँसी, टिटेनस	1½, 2½ तथा 3½ महीने की उम्र के सभी बच्चे	90-99% के बीच
हिपेटाइटिस-B	हिपेटाइटिस	उन सभी बच्चों को जिनकी माताएँ या नजदीकी परिवार हिपेटाइटिस-B से संक्रमित हो चुके हैं।	अभी तक जानकारी नहीं हैं।
पोलियो	पोलियो	1½, 2½ तथा 3½ महीने की उम्र के सभी बच्चों को DPT-Hib के साथ	लगभग 100%

टीके के प्रकार Types of Vaccines

टीके निम्न प्रकार के होते हैं

- **आविषाभ एवं आविष** (Toxoids and toxin) कुछ जीवाणुओं की उपापचय क्रियाओं के फलस्वरूप आविष का निर्माण होता है। इस आविष को रसायनों (जैसे—फॉर्मेल्डिहाइड) द्वारा उपचारित करके इसकी विषाक्तता (Toxicity) समाप्त की जाती है, लेकिन जीवाणुओं का प्रतिजनत्व (Antigenecity) प्रभावित नहीं होता। यह निष्क्रिय आविष, जीवाणु आविषाभ कहलाता है। आविषाभ का टीकों में उपयोग किया जाता है। इस प्रकार के टीके अल्प समय के लिए निश्चेष्ट या निष्क्रिय प्रतिरक्षा प्रदान करते हैं; जैसे—डिफ्थीरिया एवं टिटेनस के आविषाभ।
- **जीवित या दुर्बल वैक्सीन** (Live or Attenuated vaccines) जीवित या दुर्बल वैक्सीन को जीवित सूक्ष्मजीव रोगकारकों या उनके अनुग्र (Non-virulent) संरचनात्मक रूपों से तैयार किया जाता है।
  इसके अन्तर्गत OPV (मुखीय पोलियो वैक्सीन), BCG (बैसिलस कैल्मैट ग्यूरिन), ट्यूबरकुलोसिस (Tuberculosis), लाल खसरा (Red measles), जर्मन खसरा (German measles), पीत ज्वर (Yellow fever), चेचक (Smallpox), गलसुआ (Mumps), आदि की वैक्सीन आती हैं। ये दीर्घ समय तक प्रतिरक्षा प्रदान करती हैं।
- **विनाशित** (मृत) **या अक्रिय वैक्सीन** (Killed or Inactivated vaccines) विनाशित या अक्रिय वैक्सीन का निर्माण रोगाणुओं को ताप, पराबैंगनी किरणों या रसायनों (फिनॉल, फॉर्मीलीन, एल्कोहॉल), आदि के द्वारा विनाश करके किया जाता है; उदाहरण—सॉक पोलियो वैक्सीन, टाइफस वैक्सीन, टायफॉइड वैक्सीन, रेबीज वैक्सीन, प्लेग वैक्सीन तथा कॉलेरा (हैजा) वैक्सीन, आदि।

- **मिश्रित या यौगिक वैक्सीन** (Mixed or Combined vaccines) एक से अधिक प्रकार के प्रतिरक्षा अभिकर्ता (घटक) युक्त वैक्सीन को मिश्रित वैक्सीन कहते हैं; जैसे—DPT (डिफ्थीरिया + काली-खाँसी + टिटेनस), MMR (खसरा + गलसुआ + रुबेला)।
- **पृथकी प्रतिजन** (Isolated antigens) इस टीके को रोगाणुओं से प्रतिजन को पृथक् करके तैयार किया जाता है; जैसे—इन्फ्लुएन्जा विषाणु।
- **आनुवंशिकीय अभियान्त्रिक प्रतिजन** (Genetically engineered antigens) इन्हें प्रतिजन की प्रभावी जीन को प्रभावित करके यीस्ट, आदि के माध्यम से आनुवंशिक अभियान्त्रिकी की विशेष तकनीक द्वारा तैयार किया जाता है।

DNA टीका DNA Vaccine

पुनर्योगज DNA तकनीक से जीवाणु तथा खमीर (यीस्ट), आदि में रोग जनक की प्रतिजनी पॉलीपेप्टाइड का उत्पादन हो रहा है। इस तकनीक से बड़े पैमाने पर टीकों का उत्पादन हो रहा है।

DNA टीका में 'उपयुक्त जीन' का तात्पर्य **प्रतिरक्षाजनी** (Immunogenic) प्रोटीन के निर्माण एवं नियन्त्रण करने वाले जीन से है। ऐसे जीनों को क्लोन किया जाता है तथा फिर वाहक के साथ समेकित करके व्यक्ति को प्रतिरक्षित करने के लिए प्रवेश कराते हैं।

प्रतिरक्षा तन्त्र से सम्बन्धित विकार
Disorders Related to Immune System

प्रतिरक्षा तन्त्र एक बहुघटकीय अन्त:क्रिया तन्त्र है, जिसके सुचारू रूप से कार्य नहीं करने से शरीर रोगाणुओं के विरुद्ध प्रतिरोधकता प्रदान करने में असमर्थता दर्शाता है।

प्रतिरक्षा तन्त्र की अनुचित कार्यशैली को तीन वर्गों में विभक्त किया जा सकता है

(i) **अतिसंवेदनशील विकार या प्रत्युर्जता** (Hypersensitivity disorder or Allergy) शरीर कभी-कभी बाह्य पदार्थों के प्रति संवेदनशीलता दर्शाता है। जब एक व्यक्ति किसी विशिष्ट बाह्य पदार्थ (प्रतिजन) के प्रति अत्यधिक संवेदनशीलता दर्शाता है, तब यह स्थिति **प्रत्युर्जता** (Allergy) कहलाती है; जैसे—छींक आना, त्वचा में खुजली होना, चकत्ते होना, श्वासनली में उत्तेजना, आदि।

प्रतिजन, जो प्रत्युर्जता का कारण बनते हैं, **प्रत्युर्जक** (Allergen) कहलाते हैं। परागकण, कोई विशेष खाद्य पदार्थ, शीत, ताप, सूर्य का प्रकाश, वस्त्र, आदि सामान्य प्रत्युर्जक हो सकते हैं।

(ii) **स्व-प्रतिरक्षण विकार** (Auto-immune disorder) जब शरीर का प्रतिरक्षा तन्त्र 'स्वयं' तथा 'गैर' में विभेद करने में असमर्थ हो जाता है, तब यह शरीर के विरुद्ध ही कार्य करने लगता है तथा स्वयं के प्रतिजन तथा ऊतकों को नष्ट करने लगता है। इस प्रकार प्रतिरक्षा तन्त्र द्वारा स्वयं के प्रतिजन के विरुद्ध प्रतिरक्षियों का निर्माण **स्व-प्रतिरक्षण** (Auto-immune) कहलाता है।

जब शरीर स्वयं की लाल रुधिर कोशिकाओं (RBCs) को नष्ट करने लगता है, यह अवस्था **पर्निसियस** या **क्रोनिक रक्ताल्पता** (Pernicious or Chronic or Destructive anaemia) कहलाती है। प्रतिरक्षा तन्त्र द्वारा पेशियों का नष्ट होना **मायोस्थेनिया ग्रेविस** (Myosthenia gravis) कहलाता है, जबकि क्रॉनिक हिपेटाइटिस में यकृत की कोशिकाएँ नष्ट हो जाती हैं। **हाशीमोटो रोग** (थाइरॉइड ग्रन्थि का विनाश), **रुहमैटिक ज्वर**, **मल्टीपल स्कैलेरोसिस** तथा **आमवाती सन्धिशोथ** (रुहमैटाइड अर्थेराइटिस) अन्य स्व-प्रतिरक्षण के विकार हैं।

अभ्यास प्रश्न

रोग एवं रोगकारक

1. एक रोग, जो आसानी से एक व्यक्ति से दूसरे व्यक्ति में संचरित हो सकता है, कहलाता है
(a) असंक्रामक रोग (b) संक्रामक रेाग
(c) वाइरल रोग (d) बैक्टीरियल रोग

2. टायफाइड का रोगजनक सामान्यतया किसके द्वारा संचरित होता है?
(a) मूत्र (b) जल (c) रुधिर (d) हॉर्मोन

3. टायफॉइड के सामान्य लक्षण हैं
(a) उच्च ज्वर एवं कमजोरी (b) पेट दर्द एवं कब्ज
(c) सिरदर्द एवं भूख की कमी (d) ये सभी

4. यदि कुछ रोगी टायफॉइड से पीड़ित संदिग्ध हुए, उसका पता लगाने के लिए कौन-सी निदान (Diagnostic) तकनीक का उपयोग आपके द्वारा किया जाएगा?
(a) ELISA (b) WIDAL
(c) MRI (d) CT स्कैन

5. निम्न में से कौन-सा जीवाणुजनित रोगों का जोड़ा है?
(a) टायफॉइड एवं न्यूमोनिया (b) मलेरिया एवं एड्स (AIDS)
(c) दाद (Ringworm) एवं एड्स (d) सर्दी-जुकाम एवं मलेरिया

6. निम्न में से कौन-से स्वास्थ्य विकार में ज्वर, सर्दी, खाँसी, सिरदर्द, ग्रे या नीले से ओष्ठ एवं हाथों के नाखून, आदि लक्षण सम्मिलित होते हैं?
(a) फाइलेरिएसिस (b) टायफॉइड
(c) न्यूमोनिया (d) मलेरिया

7. न्यूमोनिया का संक्रमण किसके कारण उत्पन्न होता है?
(a) संक्रमित व्यक्ति के द्वारा छोड़ी गई बूँदों
(b) छोड़ी गई बूँदों का स्वस्थ व्यक्ति के द्वारा साँस के साथ अन्दर ले लेना
(c) संक्रमित व्यक्ति के साथ वस्तुओं, जैसे- गिलास एवं बर्तनों को साँझा करना
(d) उपरोक्त सभी

8. राइनोविषाणु उत्पन्न करता है
(a) सामान्य सर्दी-जुकाम (b) मलेरिया
(c) एड्स (d) न्यूमोनिया

9. सामान्य सर्दी–जुकाम, न्यूमोनिया से किस प्रकार से भिन्न है?
(a) न्यूमोनिया संचारी (Communicable) रोग है, जबकि सामान्य सर्दी-जुकाम एक पोषण सम्बन्धी कमी का रोग है
(b) न्यूमोनिया को जीवित तनुकृत (निष्क्रिय) जीवाणुजनित वैक्सीन सम्बन्धी हैं, जबकि सामान्य सर्दी-जुकाम के लिए कोई प्रभावी वैक्सीन नहीं है
(c) न्यूमोनिया विषाणु के द्वारा उत्पन्न किया जाता है, जबकि सामान्य सर्दी- जुकाम जीवाणु *हीमोफिलस इन्फ्लूएन्जी* के द्वारा उत्पन्न किया जाता है।
(d) न्यूमोनिया रोगजनक वायुकोष्ठिका (Alveoli) को संक्रमित करता है, जबकि सामान्य सर्दी-जुकाम नाक एक श्वसन मार्ग (Respiratory passage) को प्रभावित करता है, किन्तु फेफड़ों को नहीं

10. मलेरिया उत्पन्न किया जाता है
(a) *प्लाज्मोडियम वाइवैक्स* द्वारा (b) *प्लाज्मोडियम मलेरी* द्वारा
(c) *प्लाज्मोडियम फैल्सीपैरम* द्वारा (d) इन सभी के द्वारा

11. मेलिग्नेन्ट मलेरिया किसके द्वारा उत्पन्न किया जाता है?
(a) *प्लाज्मोडियम फैल्सीपैरम* (b) *प्लाज्मोडियम ऑवेल*
(c) *प्लाज्मोडियम वाइवैक्स* (d) *प्लाज्मोडियम मलैरी*

12. मानव के लिए *प्लाज्मोडियम* की संक्रमित अवस्था है
(a) मीरोजॉइट्स (Merozoites) (d) ऊकाइनेट्स (Ookinetes)
(c) स्पोरोजॉइट्स (Sporozoites) (d) इनमें से कोई नहीं

13. मानव रुधिर में प्रवेश के बाद *प्लाज्मोडियम* संक्रमित अवस्था प्रवास करती है
(a) मानव के इरिथ्रोसाइटस में (b) मानव की यकृत कोशिकाओं में
(c) मच्छर के उदर में (d) मच्छर की लारयुक्त ग्रन्थियाँ में

14. मादा *एनॉफिलीज* (*Anopheles*) मच्छर किसका वाहक है?
(a) फाइलेरिएसिस (b) मलेरिया
(c) टायफॉइड (d) AIDS

15. मलेरिया परपोषी के स्पोरोजोइट के लिए आप क्या देखेंगे?
(a) मलेरिया से पीड़ित मानव की RBCs
(b) संक्रमित व्यक्ति की प्लीहा (Spleen) में
(c) हाल ही में पंख मादा *एनॉफिलीज* मचछर की लारयुक्त ग्रन्थियों में
(d) संक्रमित मादा *एनॉफिलीज* मच्छर की लार में

16. *प्लाज्मोडियम* का प्राथमिक पोषक है
(a) मानव (b) नर *क्यूलैक्स* (*Culex*)
(c) भेड़ (d) मादा *एनॉफिलीज*

17. निम्न में से कौन–सा एक रोग जोड़ा, रुधिर आधान से फैलता है?
(a) कॉलेरा एवं हिपेटाइटिस
(b) हिपेटाइटिस एवं एड्स
(c) डायबिटीज मेलिट्स एवं मलेरिया
(d) हे-फीवर एवं एड्स

18. कीटों द्वारा संचरित होने वाली बीमारियों का समूह है
(a) टायफॉइड, पीलिया, ट्यूबरक्यूलोसिस
(b) मम्पस, मिजल्स, चेचक
(c) स्केबिस, रिंगवर्म, स्वाइनफ्लू
(d) मलेरिया, फाइलेरिएसिस, पीत ज्वर (फीवर)

19. *एण्टअमीबा हिस्टोलाइटिका* (*Entamoeba histolytica*) किसका परजीवी है?
(a) बड़ी आँत (b) यकृत
(c) फेफड़े (d) वृक्क

20. *एण्टअमीबा जिन्जीवेलिस* रहता है
(a) आँत में (b) कोलोन में
(c) पायरिया की पस पॉकेट में (d) आँतों और कोलोन में

21. अमीबिएसिस कौन–से जीव द्वारा उत्पन्न होता है?
(a) *प्लाज्मोडियम*
(b) *एण्टअमीबा हिस्टोलाइटिका*
(c) घरेलू मक्खी
(d) संक्रमित भोजन एवं जल

22. निम्न में से कौन–सा लक्षण *एण्टअमीबा हिस्टोलाइटिका* के द्वारा उत्पन्न की गई बीमारी का नहीं है?
(a) अतिरिक्त श्लेष्मा के साथ मल (b) कब्ज
(c) उदरीय पीड़ा (d) नासिका बहाव

23. *ऐस्कैरिस* (*Ascaris*) का संक्रमण सामान्यतया उत्पन्न होता है
(a) *ऐस्कैरिस* के अण्डे युक्त जल पीने से
(b) आंशिक रूप से पका पोर्क (Pork) खाने से
(c) सी-सी (Tse-tse) मक्खी के काटने से
(d) मच्छर का काटना

24. निम्न में से कौन–सा रोग आन्तरिक रुधिर स्राव, माँसपेशियों का दर्द, अल्परक्तता (Anaemia) एवं आँत के मार्ग की रुकावट (Blockage) उत्पन्न करता है?
(a) ऐस्कैरिएसिस (b) फाइलेरिएसिस
(c) अमीबिएसिस (d) ट्रिपैनोसोमिएसिस

25. हाथीपाँव उत्पन्न करने वाला जीव किसके अन्तर्गत आता है?
(a) एस्केहल्मिन्थीज (b) प्लेटीहैल्मिन्थीज
(c) निडेरिया (Cnidaria) (d) पोरीफेरा (Porifera)

26. फाइलेरिया को उत्पन्न करने वाला कारक है
(a) *वुचेरेरिया बैन्क्रोफ्टी* (b) *लिशमानिया डोनोवानी*
(c) *प्लाज्मोडियम वाइवैक्स* (d) *ट्रिपैनोसोमा गैम्बिएन्स*

27. हाथीपाँव एक सूजन जो स्थाई विकृति उत्पन्न करती है,
(a) *ट्राइकोफाइटॉन* द्वारा (b) *वुचेरेरिया* द्वारा
(c) *ई. कोलाई* द्वारा (d) *ऐस्कैरिस* द्वारा

28. *वुचेरेरिया* का मध्यवर्ती पोषद् है
(a) मादा *एनॉफिलीज* (b) मादा *एडीज*
(c) मादा *क्यूलेक्स* (d) इनमें से कोई नहीं

29. ऐस्कैरिएसिस एवं हाथीपाँव उत्पन्न करने वाले दो हैल्मिन्थीज क्रमशः हैं
(a) *ऐस्कैरिस* एवं *वुचेरेरिया* (b) *वुचेरेरिया* एवं *ऐस्कैरिस*
(c) गोलकृमि एवं चपटाकृमि (d) *प्लाज्मोडियम* एवं *वुचेरेरिया*

30. निम्न में से कौन–सी एक प्रोटोजोआ जनित बीमारी है?
(a) मलेरिया (b) अमीबिएसिस
(c) नींद की बीमारी (d) ये सभी

31. निम्न में से कौन–सी बीमारी घरेलू मक्खी के द्वारा फैलाई जाती है?
(a) डेंगू ज्वर (b) एन्सिफेलाइटिस
(c) फाइलेरिएसिस (d) अमीबिएसिस

32. कवक, *माइक्रोस्पोरम* पीढ़ी (Genera) के अन्तर्गत आती है, कवक जेनेरा, *माइक्रोस्पोरम, ट्राइकोफाइटोन* एवं *एपीडर्मोफाइटोन* के अन्तर्गत आती है, जो निम्न मे से किसके लिए उत्तरदायी होते हैं?
(a) रिंगवर्म (b) त्वचा की एलर्जी
(c) अमीबिएसिस (d) मिसल्स

कैंसर और एड्स

33. कोशिका विभाजन या समसूत्री विभाजन सजीव कोशिकाओं में एक सामान्य प्रक्रिया है, किन्तु एक अंग में आकस्मिक एवं असामान्य समसूत्री विभाजन लगातार परिणामित करेंगे
(a) युग्मनज (b) कैंसर
(c) नया अंग (d) गैस्ट्रूला

34. कैंसर कोशिकाओं का अनियन्त्रित विभाजन होने से बनी संरचना कहलाती है
(a) ट्यूमर (b) बहुगुणिता
(c) प्रोटोओंको संरचना (d) इनमें से कोई नहीं

35. कैंसर कोशिकाओं में निम्न में से कौन-सा लक्षण होता है?
(a) एक नई रुधिर वाहिनी का निर्माण
(b) अनियन्त्रित कोशिका विभाजन
(c) दोनों (a) एवं (b)
(d) नियन्त्रित कोशिका विभाजन

36. निम्न में से कौन-सा एक कैंसर कोशिकाओं का गुण नहीं है, जबकि अन्य तीन हैं?
(a) वे महत्त्वपूर्ण पोषक तत्वों के लिए सामान्य कोशिकाओं के साथ प्रतिस्पर्धा करते हैं
(b) वे निर्माण के क्षेत्र तक सीमित नहीं रहते हैं
(c) वे एक अनियन्त्रित ढंग में विभाजित होते हैं
(d) वे सम्पर्क प्रतिबन्ध/अवरोध दर्शाते हैं

37. शरीर के एक भाग से दूसरे भाग में कैंसर कोशिकाओं का आक्रमण कहलाता है
(a) संस्पर्श संदमन (b) मेटास्टेसिस
(c) बेनाइन (Benign) ट्यूमर (d) मेटाजिनेसिस

38. कैंसर कोशिकाएँ निम्न में से किसके द्वारा प्रसारित होती हैं?
(a) लिम्फ
(b) रुधिर
(c) मेलिग्नेन्ट ट्यूमर की द्वितीयक वृद्धि
(d) उपरोक्त सभी

39. ट्यूमर का कौन-सा प्रकार उसकी वास्तविक स्थिति तक सीमित रहता है एवं शरीर के दूसरे भागों तक नहीं फैलता है?
(a) मेलिग्नेन्ट ट्यूमर
(b) बेनाइन (Benign) ट्यूमर
(c) दोनों (a) एवं (b)
(d) ल्यूकेमिया (Leukaemia)

40. सामान्य कोशिका का कैंसर जनक कोशिका में परिवर्तित होना प्रेषित होता है
(a) कैंसरजन (Carcinogens) (b) UV- किरणें
(c) X- किरणें (d) ये सभी

41. भौतिक कैंसरजन है
(a) UV- किरणें (b) X- किरणें (c) γ- किरणें (d) ये सभी

42. रासायनिक कैंसरजन धुएँ में उपस्थित होते हैं। वे निम्न में से मुख्य कारण के रूप में पहचाने गए है
(a) फेफड़े का कैंसर (b) यकृत का कैंसर
(c) मुख का कैंसर (d) इनमें से कोई नहीं

43. कैंसर जनक वाइरस कहलाते हैं
(a) ओकाजेनिक विषाणु (b) रिट्रोविषाणु
(c) एडिनोविषाणु (d) पॉक्सविषाणु

44. भौतिक कैंसरजन; जैसे-UV-किरणें, X-किरणें, Y-किरणें उत्पन्न करते हैं
(a) DNA क्षति (b) RNA क्षति
(c) दोनों (a) एवं (b) (d) प्रोटीन क्षति

45. निम्न में से कौन-सी तकनीक का उपयोग कैंसर का पता लगाने के लिए किया जाता है?
(a) मेग्नेटिक रेजोनेन्स इमेजिंग (MRI) (b) रेडियोग्राफी (X-ray)
(c) कम्प्यूटिड टोमोग्राफी (CT) (d) ये सभी

46. कैंसर कोशिकाएँ रेडिएशन के द्वारा सामान्य कोशिकाओं की अपेक्षा अधिक क्षतिग्रस्त हो जाती है, क्योंकि वे होती हैं
(a) उत्परिवर्तन के लिए तैयार/लालायित (Starved)
(b) तीव्र विभाजन से गुजरने वाली
(c) संरचना में भिन्न
(d) अविभाजक (Non-dividing)

47. आन्तरिक अंगों के कैंसर का किसके द्वारा पता लगाया जा सकता है?
(a) रेडियोग्राफी (b) कम्प्यूटिड टोमोग्राफी
(c) मेग्नेटिक रेजोनेन्स इमेजिंग (d) ये सभी

48. विकिरण चिकित्सा एवं रसायन चिकित्सा किसके उपचार में प्रयुक्त होती है?
(a) कैंसर (b) एड्स
(c) दोनों (a) एवं (b) (d) इनमें से कोई नहीं

49. मेलिग्नेन्ट ट्यूमर होते हैं
I. नियोप्लास्टिक कोशिकाओं का समूह।
II. कोशिकाएँ, जो शीघ्रता से वृद्धि करती हैं एवं आस-पास के सामान्य ऊतकों को क्षतिग्रस्त करती हैं।
III. कोशिकाएँ, जो मेटास्टेसिस के गुण को दर्शाती हैं।
उपरोक्त कथनों में से सही कथन हैं
(a) I एवं II (b) I एवं III (c) II एवं III (d) I, II एवं III

50. सत्य कथन का चयन कीजिए।
I. कुछ प्रकार के कैंसर के लिए कैंसर विशिष्ट प्रतिजन (Cancer specific antigen) के विरुद्ध प्रतिरक्षी उपयोग द्वारा कैंसर का पता लगाया जा सकता है।
II. ट्यूमर कोशिकाएँ शल्य चिकित्सा द्वारा हटाई जाती है, ताकि कैंसर जनक कोशिकाओं के भार को कम किया जा सके।
III. कुछ की मोथेरेप्यूटिक ड्रग्स उपयोग कैंसर जनक कोशिकाओं को मारने अथवा नष्ट करने के लिए किया जाता है, किन्तु अधिकतम ड्रग्स के साइड इफेक्ट, जैसे-बाल झड़ना, एनीमिया, आदि होते हैं।
उपरोक्त कथनों में से सही कथन हैं
(a) I एवं II (b) I एवं III (c) II एवं III (d) I, II एवं III

51. थायरॉइड के कैंसर की पहचान के लिए कौन-सा रेडियोएक्टिव समस्थानिक प्रयोग किया जाता है?
(a) आयोडीन-131 (b) कार्बन-14
(c) यूरेनियम-238 (d) फॉस्फोरस-32

52. कैंसर उत्पन्न करने वाले जीन हैं
(a) उत्परिवर्तक जीन (b) पूरक जीन
(c) इक्सॉन (d) ओंकोजीन

53. महिलाओं में सामान्यतया होने वाला कैंसर है
(a) स्तन कैंसर (b) गर्भाशय कैंसर
(c) त्वचा कैंसर (d) रुधिर कैंसर

54. प्रोस्टेट कैंसर का पता लगाने में कौन-सा एन्जाइम उपयोगी हैं?
(a) न्यूक्लिएज (b) एल्कालाइन फॉस्फेटेज
(c) γ-GTPase (d) एसिड फॉस्फेटेज

55. कैंसर ट्यूमर से प्राप्त कोशिकाएँ कहलाती हैं
(a) हाइब्रिडोमा (b) मायलोमास
(c) लिम्फोसाइट्स (d) मोनोक्लोनल कोशिकाएँ

56. कैंसर के कारकों को कहते हैं
(a) मैलिग्नैन्सी (b) ट्यूमर (c) कार्सिनोजन्स (d) विभ्रमक

57. निम्न में से कौन-सा एक कैंसर कोशिकाओं का गुण नहीं है, जबकि अन्य तीन हैं?
(a) वे महत्त्वपूर्ण पोषक तत्वों के लिए सामान्य कोशिकाओं के साथ प्रतिस्पर्धा करते हैं
(b) वे निर्माण के क्षेत्र तक सीमित नहीं रहते हैं
(c) वे एक अनियन्त्रित ढंग में विभाजित होते हैं
(d) वे सम्पर्क प्रतिबन्ध/अवरोध दर्शाते हैं

58. एड्स (AIDS) फैलाने में सहायक हो सकता है
(a) खुले में शौच (b) हाथ मिलाना
(c) रुधिराधान (d) ये सभी

59. एड्स के रोगी में HIV विषाणु प्रभावित करता है
(a) साइटोटॉक्सिक T-कोशिका
(b) M-N कोशिका
(c) निरोधक कोशिकाएँ
(d) सहायक T-कोशिकाएँ

60. एड्स HIV के द्वारा होता है, जिसमें मुख्य रूप से संक्रमित होते हैं
(a) सभी लिम्फोसाइट (b) सक्रियकारक B-कोशिकाएँ
(c) T_4-लिम्फोसाइट (d) साइटॉक्सिक 'T'-कोशिकाएँ

61. AIDS किसके कारण होता है?
(a) रिट्रोविषाणु से (b) विषाणु से
(c) जीवाणु से (d) TMV से

62. AIDS का परीक्षण है
(a) विडाल टेस्ट (b) बायॉप्सी टेस्ट
(c) ELISA टेस्ट (d) क्राई-जीव टेस्ट

63. एड्स से सम्बन्धित कौन-सा कथन गलत है?
(a) एड्स एक इम्यूनो डेफिशिएन्सी रोग है
(b) इसका कारक रिट्रोविषाणु HIV है
(c) HIV, B-लिम्फोसाइट्स को नष्ट करता है
(d) रिट्रोविषाणु में RNA जीनोम होता है, जो प्रतिकृति होकर DNA बनाता है

64. निम्न कारण से एड्स फैलता है
(a) संक्रमित सुइयों तथा इन्जेक्शनों द्वारा
(b) मच्छरों के काटने पर
(c) एड्स ग्रसित व्यक्ति की देखभाल करने से
(d) हाथ मिलाने से, छींकने व खाँसने पर

65. AIDS का पूर्ण रूप है
(a) एण्टी-इम्यूनो डेफिशिएन्सी सिण्ड्रोम
(b) ऑटो इम्यूनो डेफिशिएन्सी सिण्ड्रोम
(c) एक्वायर्ड इम्यूनो डेफिशिएन्सी सिण्ड्रोम
(d) एक्वायर्ड इम्यूनो डिजीज सिम्पटम

66. किस देश में सबसे पहले 'एड्स' का पता चला?
(a) अमेरिका (1981) (b) चीन (1881)
(c) रूस (1981) (d) भारत (1981)

67. ओंकोलॉजी के अन्तर्गत अध्ययन करते हैं
(a) जीनों का (b) कैंसर का
(c) वंशागत रोगों का (d) अस्थि का

68. एड्स उत्पन्न करने वाले कारक HIV के सम्बन्ध में निम्न में से कौन-सा सही है?
(a) HIV एक आवरित विषाणु है, एकल एज्जुकी RNA का एक अणु एवं रिवर्स ट्रान्सक्रिप्टेज (Reverse transcriptase) का एक अणु होता है
(b) HIV एक आवरित विषाणु होता है, जिसमें एकल रज्जुकी RNA के दो समान अणु एवं रिवर्स ट्रान्सक्रिप्टेज के दो अणु होते हैं
(c) HIV एक अनआवरित रिट्रोविषाणु होता है
(d) HIV निकास नहीं करता है, किन्तु अर्जित प्रतिरक्षा प्रतिक्रिया पर आक्रमण करता है

69. AIDS अभिलक्षित किया जाता है
(a) घातक (Killer) T- कोशिकाओं की संख्या में कमी
(b) सहायक T- कोशिकाओं की संख्या में वृद्धि
(c) सप्रेसर (Suppresser) T- कोशिकाओं की संख्या में कमी
(d) सहायक T- कोशिकाओं की संख्या में कमी

70. एड्स में HIV के संक्रमण के लक्षण किस अवस्था में प्रदर्शित होते हैं?
(a) जब रिवर्स ट्रान्सक्रिप्टेज द्वारा विषाण्वीय DNA उत्पन्न होता है
(b) जब HIV तीव्रता से T-लसीकाणुओं में गुणित होकर इन्हें बड़ी संख्या में नष्ट करता है
(c) संक्रमित व्यक्ति से यौन सम्बन्ध बनाने के 15 दिनों में
(d) जब संक्रामक रिट्रोविषाणु पोषद् कोशिका में प्रवेश करता है

71. शब्द NACO से अभिप्राय है
(a) नेशनल AIDS कण्ट्रोल ऑर्गेनाइजेशन
(b) नॉन-गवर्नमेंट AIDS कण्ट्रोल ऑर्गेनाइजेशन
(c) नेशनल एग्रोकेमिकल ऑर्गेनाइजेशन
(d) दोनों (a) एवं (c)

72. असत्य कथन का चयन कीजिए।
(a) HIV में आनुवंशिक पदार्थ के रूप मे RNA होता है
(b) HIV, T_H- लिम्फोसाइट्स में प्रतिकृति करता है
(c) प्रतिरिट्रोविषाण्वीय ड्रग्स AIDS के उपचार के लिए आंशिक रूप से प्रभावी है
(d) संक्रमण एवं AIDS लक्षणों की उपस्थिति के बीच का समय अन्तराल (Time-lag) कुछ घण्टों से एक सप्ताह तक का हो सकता है

73. ELISA जाँच
(a) पूरक (Complement) मीडिएटिड कोशिका लाइसिस (Lysis) का उपयोग करती है
(b) एक रेडियो स्तर (Radio level) प्राथमिक एण्टीबॉडी का उपयोग करती है
(c) पदार्थ का जुड़ना (Addition) सम्मिलित करती है, जो रंगीन अन्तिम उत्पाद में परिवर्तित हो जाता है
(d) लाल रुधिर कोशिकाओं की आवश्यकता होती है

74. निम्न में से कौन 'एड्स' उत्पन्न करता है?
(a) HTLV-1 (b) HTLV-2
(c) EBV (d) HIV

यौवनावस्था : नशीले पदार्थ एवं एल्कोहॉल

75. 13-19 वर्ष की अवस्था कहलाती है
(a) शैशवावस्था (b) बाल्यावस्था
(c) किशोरावस्था (d) प्रौढ़ावस्था

76. निम्नलिखित में से किशोरावस्था से सम्बन्धित सत्य नहीं है
(a) इसमें शारीरिक विकास होता है
(b) इसमें मानसिक विकास होता है
(c) किशोर, सामाजिक सहभागिता नहीं अपनाता
(d) किशोर का बौद्धिक विकास होता है

77. किशोरावस्था से सम्बन्धित कौन-से मानसिक परिवर्तन महिलाओं से सम्बन्धित हैं?
(a) आक्रामकता में वृद्धि (b) आक्रामकता में कमी
(c) उत्तेजकता में वृद्धि (d) मासिक धर्म

78. किशोरावस्था से सम्बन्धित सामाजिक परिवर्तन के सम्बन्ध में निम्न में से क्या सत्य है?
(a) अपने को सर्वश्रेष्ठ समझना (b) विपरीत लिंग से नफरत
(c) अकेला रहने की प्रवृत्ति (d) इनमें से कोई नहीं

79. किशोरों में रोग भ्रम की समस्या सामान्यतया क्यों हो जाती है?
(a) विकास न होने के कारण (b) विकास में देरी के कारण
(c) अकेलेपन के कारण (d) धूमपान के कारण

80. ऐसे पदार्थ जो शारीरिक क्रियाविधि को परिवर्तित करते हैं तथा इनकी आदत पड़ जाती है, कहलाते हैं
(a) बेन्जोडाइजेपीन (b) निद्रा पदार्थ
(c) व्यसनिक पदार्थ (d) इनमें से कोई नहीं

81. निम्नलिखित में से कौन-से पदार्थ शारीरिक व्यक्ति की सोच को बदल देते हैं?
I. उद्दीपक II. अवसादक
III. विभ्रमजन IV. शामक
निम्नलिखित विकल्पों में से सही विकल्प चुनिए।
(a) I, II व III (b) II, III व IV
(c) केवल III (d) इनमें से कोई नहीं

82. निम्नलिखित में कौन-सी औषधि प्रमुख शामक औषधि है?
(a) बेन्जोडाइजेपीन (BZD)
(b) साइजोफेरेनिया
(c) दोनों (a) एवं (b)
(d) एजाइडोथायमिडीन (AZT)

83. निम्नलिखित में से किसे मूड परिवर्ती औषधि कहा जाता है?
(a) शामक औषधियों को (b) मनप्रभावी औषधियों को
(c) धूमक पदार्थों को (d) एल्कोहॉल को

84. शामक औषधियाँ मुख्यतया किस तन्त्र को प्रभावित नहीं करती है?
(a) केन्द्रीय तन्त्रिका तन्त्र (b) पाचन तन्त्र
(c) पेशीय तन्त्र (d) अन्तःस्रावी तन्त्र

85. सुखाभास (यूफोरिया) निम्नलिखित में से किसके प्रभाव से होता है?
(a) शामक औषधियों से (b) मनप्रभावी औषधियों से
(c) धूमक पदार्थों से (d) दोनों (a) एवं (b)

86. निद्रा को दूर करते हैं
(a) बार्बिट्यूरेट्स (b) बेन्जोडाइजेपीन
(c) एम्फीटामिन (d) सायलोसाइबिन

87. सतर्कता में कमी, फुफ्फुस कैंसर, कम्पन तथा श्वसन पात निम्न में से मुख्यतया किसके सेवन से होते हैं?
(a) निकोटीन (b) कैफीन
(c) साइजोफेरेनिया (d) एम्फीटामिन

88. कैफीन पाया जाता है
I. चाय II. कॉफी
III. शीतल पेय IV. सिगरेट
निम्नलिखित विकल्पों में से सही विकल्प चुनिए।
(a) I व IV (b) II, III व IV
(c) I, II व III (d) केवल IV

89. कोका के पेड़ से प्राप्त, श्वेत, भुरभुरा, गन्धहीन पाउडर निम्नलिखित में से कौन-सा होता है?
(a) कोकीन (b) निकोटिन
(c) कैफीन (d) थियोब्रोमीन

90. निम्नलिखित में से किसके प्रभाव से प्राय: पीलिया नहीं होता है?
I. कोडीन II. वैलियम
III. निकोटीन IV. कैफीन
निम्नलिखित विकल्पों में से सही विकल्प चुनिए।
(a) I व II (b) I, III व IV
(c) II, III व IV (d) केवल II

91. भ्रम उत्पादक (hallucinogens) क्या है?
(a) तन्त्रिका को उदासीन करने वाले
(b) तन्त्रिका उद्दीपक
(c) सोच, भावना एवं अनुभव ज्ञान में परिवर्तन करने वाली
(d) दर्द निवारक

92. मैस्कालीन नामक विभ्रमजन औषधि, निम्नलिखित में से किससे प्राप्त होती है?
(a) *साइलोसाइब मैक्सिकाना* (b) *लैफोफोरा विलियमसाई*
(c) *कैनाबिस सटाइवा* (d) अफीम

93. कोडीन,मॉर्फीन तथा हेरोइन निम्नलिखित में से किससे सम्बन्धित हैं?
(a) प्रतिहिस्टामिन (b) स्वापक
(c) सेडेटिव्स (d) प्रतिजैविक

94. निम्न में से कौन-सा ओपिऑइट स्वापक है?
(a) बार्बिट्यूरेट्स (b) मॉर्फीन
(c) एम्फीटामिन्स (d) LSD

95. मॉर्फीन स्वापक है, किन्तु औषधि विज्ञान में इसका प्रयोग किया जाता है
(a) दर्दनाशक के रूप में (b) ऑपरेशन के लिए
(c) हैलुसिनोजन के रूप में (d) इनमें से कोई नहीं

96. अफीम किसका उत्पाद होता है?
(a) *कैनाबिस सटाइवा* पौधे का
(b) कोको पौधे का
(c) अफीम के अपरिपक्व (पोपी) फल का
(d) उपरोक्त में से कोई नहीं

97. किसका सेवन करने से गुणसूत्र नष्ट होने का खतरा रहता है?
(a) मॉर्फीन (b) शराब (c) LSD (d) निकोटीन

98. LSD नशे की बुरी आदत होना कारण बनता है
(a) निर्मूल भ्रम का
(b) फेफड़ों के विनष्टी का
(c) मानसिक एवं भावनात्मक व्यवधानों का
(d) वृक्कों के विनष्टी का

99. LSD किसका उत्पाद है?
(a) कोको (b) अफीम
(c) *कैनाबिस सटाइवा* (d) *क्लेविसेप्स परप्यूरिया*

100. मैरीजुआना का अन्तर्ग्रहण भ्रम, विचारों में परिवर्तन, भावनाओं एवं व्यक्ति के अवयवों में प्रणायक हैं। मैरिजुआना है
(a) स्वापक (b) उद्दीपक
(c) विभ्रमक (d) शामक

101. औषधि व्यसन में विशेषकर हेरोइन के साथ एक अतिरिक्त खतरा है
(a) मस्तिष्क की स्थायी क्षति (b) एड्स संक्रमण का
(c) पल्मोनरी रोग (d) दृष्टि अभाव

102. शराब का व्यसन हानिकारक है, क्योंकि इससे
(a) यकृत में प्रोटीन का भण्डारण हो जाता है
(b) यकृत में अतिरिक्त वसा का भण्डारण हो जाता है
(c) रुधिर में शर्करा का स्तर बढ़ जाता है
(d) कैंसर हो जाता है

103. एल्कोहॉल पीने के पश्चात् किसका सेवन करने से मृत्यु हो जाती है?
(a) अफीम (b) बार्बिट्यूरेट्स
(c) मॉर्फीन (d) ये सभी

104. एल्कोहॉल से सर्वाधिक प्रभावित होने वाला अंग है
(a) यकृत (b) प्रमस्तिष्क (c) अनुमस्तिष्क (d) हृदय

105. कोला के बीजों में निम्न में से कौन-सा पदार्थ नहीं पाया जाता है?
(a) कैफीन (b) थियोब्रोमीन
(c) कोलेनिन (d) ट्रोपोकोकेन

106. कोका या कोकेन किस पादप कुल से सम्बन्धित हैं?
(a) स्टरक्लिओडेसी (b) एरिथोजाइलेसी
(c) यूफोर्बिएसी (d) लैमिएसी

107. कोका पादप का उत्पादन होता है
(a) जावा (b) ब्राजील (c) भारत (d) ये सभी

108. सुपारी (कुल—पामी) में कौन-सा एल्कोलॉयड पाया जाता है?
(a) कैफीन (b) अरेकोलीन
(c) ट्रोपोकोकेन (d) कोलेनिन

109. चरस या हशीश में सर्वाधिक विभ्रमजनक पदार्थ कौन-सा होता है?
(a) कोकेन (b) टेट्राहाइड्रोकैनाबिनोल
(c) कैनाबिनिक अम्ल (d) अरिकेडीन

110. 1958-61 के मध्य थैलिडोमाइड त्रासदी के कारण हजारों बच्चे इस बीमारी से ग्रसित उत्पन्न हुए
(a) फोकोमेलिया (b) साइजोफ्रेनिया
(c) एडिसन बीमारी (d) कुशिंग बीमारी

111. वे औषधि, जो गर्भावस्था के समय भ्रूण में सक्रिया उत्पन्न करते हैं
(a) निद्राकारक (b) टेराटोजेन
(c) शामक (d) निकोटीन

112. टेराटोजन्स के कारण होने वाली भ्रूणीय अनियमितता है
(a) फीटल एल्कोहॉल सिन्ड्रोम (b) प्रोजेरिया
(c) फोकोमेलिया (d) इनमें से कोई नहीं

113. निम्नलिखित में से कौन अस्थि विकास को प्रभावित करता है?
(a) एण्ड्रोजन्स (b) LSD
(c) टेट्रासाइक्लिन (d) वरफारिन

114. निम्न में से कौन-सी औषधि किशोरियों में योनि कैंसर का मुख्य कारण है?
(a) LSD (b) कॉर्टीकोस्टीरॉइड
(c) स्टिलबेस्टेरॉल (d) मैथोट्रक्जेट

प्रतिरक्षा और टीकाकरण

115. प्रतिरक्षी होता है
(a) ऐसे श्वेताणु (WBC) जो जीवाणुओं का भक्षण करते हैं
(b) स्तनधारियों के केन्द्रकविहीन RBC
(c) केन्द्रक का एक घटक
(d) एक अणु जो एक विशेष प्रतिजन को निष्क्रिय करता है

116. एक अणु जोकि प्रतिरक्षण उत्पन्न करता है
(a) प्रतिरक्षी (b) प्रतिजन
(c) उत्परिवर्जक (d) ओंकोजीन

117. प्रतिरक्षण का स्रावण कर प्रतिरक्षा प्रदान करने वाली कोशिकाएँ हैं
(a) प्लाज्मा कोशिकाएँ (b) स्मृति-T-लिम्फोसाइट्स
(c) B-लिम्फोसाइट्स (d) T-लिम्फोसाइट्स

118. ह्यूमरल प्रतिरक्षा प्राप्त की जाती है
(a) A-लिम्फोसाइट्स से (b) T-लिम्फोसाइट्स से
(c) B-लिम्फोसाइट्स से (d) K-लिम्फोसाइट्स से

119. निष्क्रिय प्रतिरक्षा के खोजकर्ता है
(a) एडवर्ड जेनर (b) रॉबर्ट कॉच
(c) लुईस पाश्चर (d) एमिल वॉन बैरिंग

120. प्रतिरक्षी होते हैं
(a) प्रोटीन (b) वसा
(c) लाइपोप्रोटीन (d) शर्करा

121. उपार्जित प्रतिरक्षा की विशेषता होती है
(a) प्रतिजन की विशिष्टता
(b) विभेदन करना (सेल्फ तथा नॉन-सेल्फ प्रतिजन में)
(c) स्मृति को बनाए रखना
(d) उपरोक्त सभी

122. T-कोशिकाएँ एक प्रकार की लिम्फोसाइट्स होती हैं, जोकि कोशिकीय प्रतिरक्षा उत्पन्न करती हैं ये कोशिकाएँ वयस्क में उत्पन्न होती हैं?
(a) थाइमस से (b) यकृत से
(c) प्लीहा से (d) अस्थि मज्जा से

123. भ्रूण में लिम्फोसाइट्स का उत्पत्ति स्थल है
(a) प्लीहा (b) यकृत
(c) लाल अस्थि मज्जा (d) ये सभी

124. हमारे शरीर की प्रतिरक्षा की प्रथम पंक्ति है
(a) फेफड़े (b) त्वचा
(c) श्वसन तन्त्र (d) दोनों (b) एवं (c)

125. यदि नवजात शिशु में शल्य क्रिया द्वारा थाइमस निकाल दिया जाए, तो उत्पन्न नहीं होंगे
(a) मोनोसाइट्स (b) बेसोफिल
(c) T-लिम्फोसाइट्स (d) B-लिम्फोसाइट्स

126. जोसेफ लिस्टर का सम्बन्ध है
(a) निष्क्रिय प्रतिरक्षा से (b) सक्रिय प्रतिरक्षा से
(c) एण्टीसेप्टिक सर्जरी से (d) इन सभी से

127. शरीर में कितने प्रकार के इम्यूनोग्लोब्यूलिन पाए जाते हैं?
(a) 2 (b) 3
(c) 4 (d) 5

128. निम्न में से कौन शरीर की अविशिष्ट सुरक्षा प्रणाली है?
(a) T-कोशिकाएँ (b) B-कोशिकाएँ
(c) फैगोसाइट्स (d) मूल कोशिकाएँ

129. सर्प काटने पर सर्पों के एण्टीवेनम का इन्जेक्शन लगाना है
(a) निष्क्रिय प्रतिरक्षा (b) सक्रिय प्रतिरक्षा
(c) प्राकृतिक प्रतिरक्षा (d) कोई प्रतिरक्षा नहीं

130. प्रतिरक्षी उत्पादन में सम्बन्धित अन्त:स्रावी ग्रन्थि है
(a) थाइमस (b) पैराथायरॉइड
(c) अधिवृक्क (d) थायरॉइड

131. प्राथमिक प्रतिरक्षा अनुक्रिया में कौन-सी प्रतिरक्षी का निर्माण होता है?
(a) IgA (b) IgE
(c) IgG (d) IgM

132. 'सक्रिय इम्यूनिटी' का अर्थ है
(a) रोग के पश्चात् उत्पन्न प्रतिरोध
(b) रोग के पूर्व उत्पन्न प्रतिरोध
(c) हृदय गति दर में प्रतिरोध
(d) रुधिर मात्रा में वृद्धि

133. कोलोस्ट्रम में प्रचुरता से पाई जाने वाली इम्यूनोग्लोब्यूलिन है
(a) IgG (b) IgM
(c) IgA (d) IgE

134. एल्फा (α) इण्टरफेरॉन है
(a) प्रतिरक्षा तन्त्र को सक्रिय करते हैं
(b) ट्यूमर को नष्ट करने में सहायता करते हैं
(c) दोनों (a) एवं (b)
(d) उपरोक्त में से कोई नहीं

135. शरीर में रोगों से लड़ने की क्षमता को कहा जाता है
(a) भेद्यता (Vulnerability) (b) संवेदनशीलता
(c) चिड़चिड़ापन (d) रोग प्रतिरोधक शक्ति

136. मुख्य अवरोध, जो रोग उत्पन्न करने वाले जीव का हमारे शरीर में प्रवेश रोक देता है, वह है
(a) त्वचा (b) लार
(c) लिम्फोसाइट्स (d) इण्टरफेरॉन

137. अवशिष्ट पोषद् प्रतिरक्षण, जो एक प्रतिजन के सामने आने पर उसके लिए पहले ही उपस्थित रहता है, कहलाता है
(a) अर्जित प्रतिरक्षा (b) निष्क्रिय प्रतिरक्षा
(c) जन्मजात प्रतिरक्षा (d) सक्रिय प्रतिरक्षा

138. निम्न में से कौन-सा मानव शरीर में सूक्ष्मजीवों के प्रवेश के लिए एक शरीर क्रियात्मक अवरोध के समान कार्य करता है?
(a) मूत्रजनन मार्ग (b) आँसू
(c) मोनोसाइट्स (d) त्वचा

139. निम्न में से कौन-से विकल्पों में दो उदाहरण सही प्रकार से उनकी विशेष प्रकार की प्रतिरक्षा से सुमेलित किए गए है?
सही विकल्प चुनिए।

	उदाहरण	प्रतिरक्षा का प्रकार
(a)	पॉलीमॉर्फोन्यूक्लियर ल्यूकोसाइट्स एवं मोनोसाइट्स	कोशिकीय अवरोध
(b)	एण्टी-टिटनेस एवं एण्टी-सर्पदंश (Snake bite) इंजेक्शन	सक्रिय प्रतिरक्षा
(c)	मुख में लार एवं आँखों में आँसू	शारीरिक अवरोध
(d)	एपिथीलियम आवरण की म्यूकस परत, मूत्रजनन मार्ग एवं उदर में HCl	शरीर-क्रियात्मक अवरोध

140. कौन-से प्रकार के अवरोधों में मुख में लार एवं आँखों से आँसू सम्बद्ध होते हैं?
(a) साइटोकाइनिन अवरोध (b) कोशिकीय अवरोध
(c) शरीर क्रियात्मक अवरोध (d) शारीरिक अवरोध

141. PMNL का पूर्ण रूप है
(a) पॉलीमॉर्फोन्यूक्लियर ल्यूकोसाइट्स
(b) पैरामॉर्फोन्यूक्लियर लिम्फोसाइट्स
(c) पैन्टामॉर्फोन्यूक्लियर ल्यूकोसाइट्स
(d) पॉलीमॉर्फोन्यूक्लियर लिम्फोसाइट्स

142. मुख्य फैगोसाइटिक कोशिकाएँ हैं
(a) प्रतिरक्षा (b) प्रतिजन
(c) लिम्फोसाइट्स (d) मेक्रोफेज

143. प्रतिरक्षी
(a) प्रतिजन के निर्माण को प्रेरित करती हैं
(b) WBC के उत्पादन में सहायता करती हैं
(c) WBC के द्वारा बनाई जाती हैं
(d) उपरोक्त में से कोई नहीं

144. मानव शरीर के भीतर कोशिकाजनित प्रतिरक्षा किसके द्वारा वहन की जाती है?
(a) T- लिम्फोसाइट्स (b) B- लिम्फोसाइट्स
(c) थ्रोम्बोसाइट्स (d) इरिथ्रोसाइट्स

145. IgE का कार्य होता है
(a) एलर्जिक प्रतिक्रिया को मध्यस्थ के लिए
(b) B-कोशिकाओं को सक्रिय करने के लिए
(c) साँस द्वारा जाने वाले एवं निगले गए रोगजनकों से सुरक्षा
(d) पूरक तन्त्र को उत्तेजित करना, भ्रूण के लिए निष्क्रिय प्रतिरक्षा

146. शरीर द्रव्य विषयक प्रतिरक्षा तन्त्र विषाणुओं एवं जीवाणुओं के विरुद्ध बचाव करना, उपस्थित होता है
(a) रुधिर में (b) लिम्फ में
(c) दोनों (a) एवं (b) (d) इनमें से कोई नहीं

147. ग्राफ्टेड वृक्क एक रोगी में निम्न में से कौन–से कारण से अस्वीकार की जा सकती है?
(a) शरीर द्रव विषयक (Humural) प्रतिक्रिया
(b) कोशिका मध्यस्थता प्रतिरक्षा प्रतिक्रिया
(c) निष्क्रिय प्रतिरक्षा प्रतिक्रिया
(d) जन्मजात प्रतिरक्षा प्रतिक्रिया

148. सक्रिय प्रतिरक्षा निम्न में से किसके द्वारा अर्जित की जा सकती है?
(a) प्राकृतिक संक्रमण (b) वैक्सीन
(c) टॉक्सोइड्स (d) ये सभी

149. निष्क्रिय प्रतिरक्षीकरण (Immunisation) सम्मिलित करता है
(a) लिम्फोसाइट्स का सीधे या प्रत्यक्ष रूप से स्थानान्तरण
(b) मातृक (Maternal) प्रतिरक्षा का अपरा से भ्रूण में स्थानान्तरण
(c) प्रतिरक्षी की पुनःस्थापना (Introduction)
(d) दोनों (b) एवं (c)

150. भ्रूण अपनी माता से इम्यूनोग्लोब्यूलिन किसके द्वारा प्राप्त करता है?
(a) अपरा (b) त्वचा
(c) मुख (d) इनमें से कोई नहीं

151. प्रतिरक्षा के सम्बन्ध मे निम्न में से कौन–सा कथन सही है?
(a) पूर्वनिर्मित प्रतिरक्षा को शरीर में प्रवेश कराने की आवश्यकता होती है, ताकि एक वाइपर सर्प द्वारा काटने का उपचार किया जा सके
(b) चेचक रोगजनक के विरुद्ध प्रतिरक्षा T–लिम्फोसाइट्स के द्वारा उत्पन्न की जाती है
(c) प्रतिरक्षा प्रोटीन अणु है, जिसमें प्रत्येक में चार हल्की शृंखलाएँ होती हैं।
(d) एक वृक्क ग्राफ्ट की अस्वीकृति B-लिम्फोसाइट्स का कार्य है

152. टीकाकरण एक व्यक्ति का रोगों से बचाव करता है, क्योंकि यह
(a) RBC उत्पादन में सहायता करता है
(b) प्रतिरक्षा उत्पन्न करता है
(c) पाचन में सहायता करता है
(d) शारीरिक क्रियाओं को सहीं करता है

153. प्रतिविष (Antivenom) इन्जेक्शन में पूर्वनिर्मित प्रतिरक्षा होती है, जबकि पोलियो ड्रॉप्स, जोकि शरीर में प्रवेश कराई जाती है, उनमें होता है
(a) उत्पन्न की गई प्रतिरक्षा
(b) गामा ग्लोब्यूलिन
(c) तनुकृत (Attenuated) रोगजनक
(d) सक्रिय रोगजनक

154. एक पदार्थ (Substance), जो एक एलर्जिक प्रतिक्रिया को उत्पन्न करता है, कहलाता है
(a) एलर्जन (Allergen) (b) पराग (Pollen)
(c) बाहरी (Foreign) घटक/पदार्थ (d) रुसी (Dander)

155. एलर्जी के दौरान हिस्टामिन का स्रावण करने वाली कोशिका है
(a) वृहत् भक्षकाणु (b) प्लाज्मा कोशिका
(c) फाइब्रोब्लास्ट (d) मास्ट कोशिका

156. एलर्जन होते हैं
(a) संक्रामक एवं IgE का स्रावण बढ़ाते हैं
(b) असंक्रामक एवं IgE का स्रावण बढ़ाते हैं
(c) संक्रामक एवं IgE का स्रावण बढ़ाते हैं
(d) असंक्रामक एवं IgE का स्रावण बढ़ाते हैं

157. एलर्जन का सामान्य उदाहरण है
(a) धूल (b) परागकण
(c) जन्तुओं की रुसी (d) ये सभी

158. अस्थमा निम्न में से किसके लिए उत्तरदायी हो सकता है?
(a) फेफड़ों में मास्ट कोशिकाओं की एलर्जिक प्रतिक्रिया
(b) श्वासनली (Trachea) की जलन/सूजन (Inflammation)
(c) फेफड़ों में द्रव्य का संचय (Accumulation)
(d) फेफड़ों का बैक्ट्रीरियल संक्रमण

159. निम्न में से कौन–सी एक स्वतःप्रतिरक्षी बीमारी/रोग है?
(a) रहयूमेटॉइड गठिया (Rheumatoid arthritis)
(b) एड्स (AIDS)
(c) मायस्थेनिया ग्रेविस (Myasthenia gravis)
(d) स्वाइन फ्लू

160. निम्न में से कौन–सा प्राथमिक लसीकाभ (Primary lymphoid) अंग है?
(a) अस्थि मज्जा (b) थाइमस
(c) दोनों (a) एवं (b) (d) थाइमस का थायरॉइड

161. जब अंग प्रत्यारोपण किया जाता है, तो उत्पन्न होने वाली लिम्फोसाइट्स होती हैं
(a) T-कोशिकाएँ (b) B-कोशिकाएँ (c) न्यूट्रोफिल्स (d) बैसोफिल

162. कॉर्निया प्रत्यारोपण में अत्यधिक सफलता का कारण है
(a) कॉर्निया के साथ रुधिर संवहनी तन्त्र व प्रतिरक्षा तन्त्र सम्बन्धित नहीं होते हैं
(b) इसकी तकनीक अत्यधिक सरल है
(c) कॉर्निया को आसानीपूर्वक परिक्षित किया जा सकता है
(d) उपरोक्त में से कोई नहीं

163. वृक्क प्रत्यारोपण के दौरान ऊतक व रुधिर वर्ग को मिलाया जाता है, उसके बाद भी शरीर द्वारा अंग को त्याग दिया जाता है। इसके बचाव हेतु किसका उपयोग किया जाता है?
(a) इम्युनोसप्रेसेण्ट (b) प्रतिएलर्जन
(c) प्रतिजैविक (d) कैल्शियम ऑक्सीलेट

164. द्वितीयक लसीकाभ (Lymphoid) अंग है
(a) प्लीहा (b) टॉन्सिल्स
(c) दोनों (a) एवं (b) (d) इनमें से कोई नहीं

165. शल्य चिकित्सा द्वारा एक नवजात के थाइमस का हटाया जाना किसके उत्पादन की असफलता को परिणामित करेगा?
(a) बेसोफिल्स
(b) न्यूट्रोफिल्स
(c) B-लिम्फोसाइट
(d) T- लिम्फोसाइट

166. टीके तैयार किए जाते हैं, प्रतिरक्षित
(a) विटामिन्स से (b) रुधिर से (c) सीरम से (d) प्लाज्मा से

167. टीके की खोज की
(a) एडवर्ड जेनर ने (b) बैरिंग ने
(c) ल्यूवेनहॉक ने (d) कुहने ने

168. DPT वैक्सीन किसके लिए दिया जाता है?
(a) टिटेनस, पोलियो, प्लेग
(b) डिफ्थीरिया, कुकुर खाँसी, लैप्रोसी (कुष्ठ रोग)
(c) डिफ्थीरिया, न्यूमोनिया, टिटेनस
(d) डिफ्थीरिया, कुकुर खाँसी, टिटेनस

169. यदि एक व्यक्ति के पाँव में जंग लगी हुई कील चुभ जाती है, तो डॉक्टर द्वारा लगाया जाने वाला इन्जेक्शन होगा
(a) ATS (b) BCG (c) OPV (d) इनमें से कोई नहीं

170. BCG वैक्सीन किसके विरुद्ध प्रयोग की जाती है?
(a) TB (b) लैप्रोसी (कुष्ठ रोग)
(c) कुकुर खाँसी (d) हिपेटाइटिस

171. रेबीज का टीका सर्वप्रथम किसने खोजा?
(a) एडवर्ड जेनर (b) जॉर्ज नेल
(c) लुईस पाश्चर (d) पीटर गोरर

172. एलर्जी के कारण उत्पन्न होने वाला रोग है?
(a) हे-ज्वर (b) आँत ज्वर
(c) गॉइटर (d) त्वचा कैंसर

173. एलर्जी के दौरान हिस्टामिन का स्रावण करने वाली कोशिका हैं
(a) वृहत-भक्षकाणु (b) प्लाज्मा कोशिका
(c) फाइब्रोब्लास्ट (d) मास्ट कोशिका

174. स्व-प्रतिरक्षण रोग का उदाहरण है
(a) अस्थमा (b) कैंसर
(c) नायस्थैनिया ग्रेविस (d) इरिथ्रोब्लोस्टोफीटैलिस

175. जब शरीर गैर तथा स्वयं में विभेद करने में असमर्थ हो जाता है, यह अवस्था कहलाती है
(a) स्व-प्रतिरक्षण (b) सक्रिय प्रतिरक्षा
(c) निष्क्रिय प्रतिरक्षा (d) प्रतिरक्षा न्यूनकारी

उत्तरमाला

1.	(b)	2.	(b)	3.	(d)	4.	(b)	5.	(a)	6.	(c)	7.	(d)	8.	(a)	9.	(c)	10.	(d)
11.	(a)	12.	(c)	13.	(b)	14.	(b)	15.	(d)	16.	(a)	17.	(b)	18.	(d)	19.	(a)	20.	(c)
21.	(b)	22.	(d)	23.	(a)	24.	(a)	25.	(a)	26.	(a)	27.	(b)	28.	(c)	29.	(a)	30.	(d)
31.	(d)	32.	(a)	33.	(b)	34.	(a)	35.	(c)	36.	(d)	37.	(b)	38.	(d)	39.	(b)	40.	(d)
41.	(d)	42.	(a)	43.	(a)	44.	(a)	45.	(d)	46.	(b)	47.	(d)	48.	(a)	49.	(d)	50.	(d)
51.	(a)	52.	(d)	53.	(a)	54.	(d)	55.	(b)	56.	(c)	57.	(d)	58.	(c)	59.	(d)	60.	(c)
61.	(a)	62.	(c)	63.	(c)	64.	(a)	65.	(c)	66.	(a)	67.	(b)	68.	(b)	69.	(d)	70.	(b)
71.	(a)	72.	(d)	73.	(c)	74.	(d)	75.	(c)	76.	(c)	77.	(b)	78.	(a)	79.	(b)	80.	(c)
81.	(c)	82.	(a)	83.	(b)	84.	(b)	85.	(d)	86.	(c)	87.	(a)	88.	(c)	89.	(a)	90.	(b)
91.	(c)	92.	(b)	93.	(b)	94.	(b)	95.	(a)	96.	(c)	97.	(c)	98.	(a)	99.	(d)	100.	(c)
101.	(c)	102.	(b)	103.	(b)	104.	(a)	105.	(d)	106.	(b)	107.	(d)	108.	(b)	109.	(b)	110.	(a)
111.	(b)	112.	(a)	113.	(c)	114.	(c)	115.	(d)	116.	(b)	117.	(a)	118.	(c)	119.	(d)	120.	(a)
121.	(d)	122.	(a)	123.	(b)	124.	(d)	125.	(c)	126.	(c)	127.	(d)	128.	(c)	129.	(a)	130.	(a)
131.	(d)	132.	(a)	133.	(c)	134.	(c)	135.	(d)	136.	(a)	137.	(c)	138.	(b)	139.	(a)	140.	(c)
141.	(a)	142.	(d)	143.	(c)	144.	(a)	145.	(a)	146.	(c)	147.	(b)	148.	(d)	149.	(d)	150.	(a)
151.	(a)	152.	(b)	153.	(c)	154.	(a)	155.	(d)	156.	(b)	157.	(d)	158.	(a)	159.	(a)	160.	(c)
161.	(b)	162.	(a)	163.	(a)	164.	(c)	165.	(d)	166.	(c)	167.	(a)	168.	(d)	169.	(a)	170.	(a)
171.	(c)	172.	(a)	173.	(b)	174.	(c)	175.	(a)										

उत्तर व्याख्या सहित

1. *(b)* एक रोग, जो आसानी से एक व्यक्ति से दूसरे व्यक्ति में संचारित हो सकता है, संक्रामक रोग कहलाता है। संक्रामक रोग छूत का रोग या संचारी रोग के नाम से भी जाना जाता है।

2. *(b)* टायफॉइड का रोगजनक सीधे रूप से प्रदूषित जल के द्वारा संचारित होता है। टायफॉइड रोगजनक *साल्मोनेला टाइफी* (*Salmonella typhi*) जीवाणु के द्वारा उत्पन्न होता है।

3. *(d)* निरन्तर उच्च ज्वर (Fever), कमजोरी, पेट दर्द (Stomach pain), कब्ज (Constipation), सिरदर्द एवं भूख की कमी, ये टायफॉइड के कुछ सामान्य लक्षण हैं। यह विडाल (WIDAL) टेस्ट के द्वारा सुनिश्चित किया गया है।

5. *(a)* टायफॉइड एवं न्यूमोनिया *स्ट्रेप्टोकोकस न्यूमोनी* एवं *हीमोफिलस इन्फ्लूएन्जा* जीवाणुओं के द्वारा उत्पन्न किया जाता है। यह संक्रमित व्यक्ति की श्वास द्वारा छोड़े गए बिंदुक एयरोसोल को श्वसन के द्वारा भीतर लेने से एवं एक संक्रमित व्यक्ति के द्वारा संदूषित की गई वस्तुओं जैसे कि ग्लास व बर्तन, आदि के उपयोग करने से फैलते हैं।

6. *(c)* न्यूमोनिया के लक्षणों में ज्वर, सर्दी, खाँसी एवं सिरदर्द सम्मिलित होते हैं। विभिन्न स्थितियों में ओष्ठ एवं अंगुलियों के नाखून ग्रे से नीले रंग के हो जाते हैं।

7. *(d)* एक स्वस्थ मनुष्य संक्रमित व्यक्ति द्वारा छोड़े गए बिन्दुक (Droplets) एयरोसोल का श्वसन के द्वारा भीतर लेने से एवं एक संक्रमित व्यक्ति के

द्वारा संदूषित की गई वस्तुओं; जैसे- ग्लास, बर्तन, आदि के उपयोग करने से संक्रमित होता है।

8. (a) राइनोविषाणु, विषाणु का एक समूह प्रदर्शित करते हैं, जो सभी बीमारियों में से एक अत्यधिक संक्रामक मानव बीमारी-सामान्य सर्दी-जुकाम को उत्पन्न करते हैं।

9. (c) न्यूमोनिया, *डिप्लोकोकस न्यूमोनी* (*Diplococcus pneumoniae*) जीवाणु के द्वारा उत्पन्न किया जाता है, जो फेफड़ों की वायुकोष्ठिका को संक्रमित करता है। यह सामान्यतया रोगी के थूक (Sputum) के द्वारा फैलता है।

ज्वर, सर्दी-जुकाम एवं साँस लेने में परेशानी न्यूमोनिया के कुछ सामान्य लक्षण हैं। इसका एण्टीबायोटिक्स के द्वारा उपचार किया जा सकता है।

सामान्य सर्दी विभिन्न किस्मों के विषाणुओं द्वारा उत्पन्न की जाती है, अत्यधिक सामान्य रूप से राइनोविषाणु (RNA वाइरस) द्वारा/यह बूँद संक्रमण द्वारा फैलती हैं। यह ऊपरी श्वसन मार्ग को प्रभावित करता है, किन्तु फेफड़ों को नहीं। नासीय संकुलता, कण्ठदाह फटी आवाज, छींक एवं खाँसी सर्दी के कुछ सामान्य लक्षण हैं।

10. (d) *प्लाज्मोडियम* की विभिन्न प्रजातियाँ *प्लाज्मोडियम वाइवैक्स, प्लाज्मोडियम मलैरी, प्लाज्मोडियम फैल्सीपैरम* तथा *प्लाज्मोडियम ऑवेल* विभिन्न प्रकार के मलेरिया के लिए उत्तरदायी है।

12. (c) मलेरिया की संक्रमित अवस्था स्पोरोजॉइट है। *प्लाज्मोडियम* मानव शरीर में स्पोरोजॉइट्स (संक्रामक फॉर्म) के द्वारा संक्रमित मादा *एनॉफिलीज* मच्छर के काटने पर लार द्वारा प्रवेश करता है।

13. (b) एक मच्छर रुधिर को भोजन के रूप में लेकर संक्रमण उत्पन्न करता है। सबसे पहले स्पोरोजॉइट्स रुधिर धारा में प्रवेश करते हैं एवं बाद में मानव के यकृत तक पहुँच जाते हैं।

17. (b) संक्रमित रुधिर द्वारा हिपेटाइटिस तथा एड्स दोनों फैलते हैं।

18. (d) मच्छर वाहक होते हैं

मलेरिया — *एनॉफिलीज* मच्छर (मादा)

फाइलेरिएसिस— *क्यूलेक्स* मच्छर (मादा)

पीत ज्वर — *एडीज* (*Aedes*) मच्छर (मादा)

19. (a) *एण्टअमीबा हिस्टोलाइटिका* (*Entamoeba histolytica*) मानव की बड़ी आँत का एक परजीवी है, यह सामान्यतया दूषित जल एवं भोजन के अन्तर्ग्रहण से ग्रहण/संकुचित होता है।

20. (c) *एण्टअमीबा जिन्जीवेलिस* मानव की मुखगुहा में रहता है। यह मसूड़ों के घाव भर देता है, जोकि पस बनाने वाले जीवाणुओं द्वारा प्रवेश करता है।

23. (a) दूषित जल, सब्जियों (कच्चा या अधपका भोजन), फल, आदि के कारण एक स्वस्थ व्यक्ति में *ऐस्कैरिस* का संक्रमण उत्पन्न होता है। मच्छर के काटने पर *प्लाज्मोडियम* परजीवी का मच्छर द्वारा रुधिर में प्रवेश करने के कारण मलेरिया रोग होता है। ठीक तरह से न पका हुआ पोर्क (Pork) खाने पर ट्रिचीनोसिस रोग परजीवी रोग उत्पन्न होता है। सी-सी (Tse-tse) मक्खी ट्रिपेनोसोमिएसिस उत्पन्न करती है, जो केन्द्रीय तन्त्रिका तन्त्र का संक्रमण है।

24. (a) ऐस्कैरिएसिस रोग के लक्षणों में आन्तरिक रुधिर स्राव, माँसपेशियों का दर्द, ज्वर, एनीमिया एवं आँतों के मार्ग (Intestinel passage) में अवरुद्धता सम्मिलित होते हैं।

ऐस्कैरिएसिस मानव के अन्तः परजीवी के द्वारा उत्पन्न किया जाता है। *ऐस्कैरिस लुम्ब्रीकॉइड्स* (*Ascaris lumbricoids*) को सामान्यतया **गोलकृमि** भी कहा जाता है।

25. (a) हाथीपाँव रोग *वुचेरेरिया बैन्क्रोफ्टी* के द्वारा उत्पन्न किया जाता है। यह संघ- एस्केल्मिन्थीज (Aschelminthes) का एक सदस्य है। यह मानवों का एक अन्तःपरजीवी है, जो लिम्फेटिक तन्त्र में रहता है।

26. (a) फाइलेरिएसिस को एलिफैंशीएसिस भी कहते हैं। इस रोग में, पैर काफी भारी मोटे एवं हाथी के समान हो जाते हैं। यह रोग *वुचेरेरिया बैन्क्रोफ्टी* या फाइलेरियल वर्म के द्वारा उत्पन्न होता है।

29. (a) ऐस्कैरिएसिस मानव में एक आँत्रीय अन्तःपरजीवी के द्वारा उत्पन्न होता है। *ऐस्कैरिस लुम्ब्रीकॉइड्स* (*Ascaris lumbricoides*) को सामान्यतया **गोलकृमि** भी कहा जाता है।

फाइलेरिएसिस, फाइलेरियल वर्म, *वुचेरेरिया बैन्क्रोफ्टी* एवं *वुचेरेरिया मैलेयी* (*Wuchereria malayi*) के द्वारा जनित होता है।

32. (a) एक कवक त्वचा पर परजीवी पराश्रयी होती है, सामान्यतया *माइक्रोस्पोरम, एपीडर्मोफाइटोन* या *ट्राइकोफाइटोन* की एक प्रजाति रिंगवर्म के लिए उत्तरदायी होती है, उन्हें **त्वचीय** (Cutaneaus) **कवक** भी कहते हैं।

49. (d) मेलिग्नेन्ट ट्यूमर, प्रजनन कोशिकाओं का एक समूह होता है, जिसे नियोप्लास्टिक या ट्यूमर कोशिकाएँ कहते हैं। ये कोशिकाएँ अत्यधिक तेजी से वृद्धि करती हैं और वातावरण के सामान्य ऊतकों पर आक्रमण करती व क्षतिग्रस्त करती हैं। ये कोशिकाएँ सक्रियता से विभाजित होती हैं एवं वृद्धि करती हैं। वे महत्त्वपूर्ण पोषक तत्वों के लिए प्रतिस्पर्धा करके सामान्य कोशिकाओं को भी पोषण रहित कर देती हैं। कोशिकाएँ इस प्रकार के ट्यूमर से अलग होकर रुधिर के द्वारा विभिन्न स्थल तक पहुँच जाती हैं एवं वे जहाँ भी शरीर में स्थिर होती हैं एक नया ट्यूमर वहाँ बनाना शुरू कर देती हैं। यह गुण मेटास्टेसिस कहलाता है, जो मेलिग्नेन्ट ट्यूमरस का अत्यधिक आशक्ति गुण है।

50. (d) कैंसर विशिष्ट प्रतिजन के विरुद्ध प्रतिरक्षी का उपयोग कैंसर कोशिकाओं का पता लगाने के लिए किया जाता है। ट्यूमर कोशिकाएँ शल्य चिकित्सा की सहायता से हटाई जाती हैं, जिससे कैंसर कारक कोशिकाओं के फैलने को जाँचा जा सके।

52. (d) कैंसर उत्पन्न करने वाले विषाणु ओंकोजीन कहलाते हैं।

53. (a) वर्तमान समय में महिलाओं में सर्वाधिक संख्या में स्तन कैंसर होता है।

55. (b) बायोप्सी में कैंसर ट्यूमर से संक्रमित मायलोमास कोशिकाएँ निकाली जाती हैं।

57. (d) संस्पर्श संदमन (Contact inhibition) में मुख्य हिस्टो कम्पेटीबिलिटी कॉम्पलेक्स सम्मिलित होता है एवं दो या दो से अधिक कोशिका के एक दूसरे के सम्पर्क में आने पर यह कोशिका वृद्धि अवरोधक की सामान्य प्रक्रिया है। यह सामान्य कोशिकाओं का गुण है। कैंसर कोशिकाएँ एक अनियन्त्रित तरीके से विभाजन करती हैं एवं सम्पर्क अवरोध प्रक्रिया नहीं दर्शाती हैं।

58. (c) असुरक्षित या संक्रमित रुधिराधान AIDS फैलने का एक प्रमुख कारण है।

59. (d) AIDS में HIV (ह्यूमन इम्यूनो विषाणु) जो रिट्रोविषाणु है, प्रमुख प्रतिरक्षी कोशिकाएँ सहायक T-कोशिकाओं को नष्ट करता है।

62. (c) AIDS का परीक्षण ELISA टेस्ट द्वारा करते हैं।

64. (a) AIDS रोग चार कारणों से फैलता है

(i) संक्रमित रुधिराधान द्वारा

(ii) संक्रमित सुई द्वारा

(iii) संक्रमित माँ से उसके होने वाले बच्चों को

(iv) असुरक्षित यौन सम्बन्ध से

66. (*a*) AIDS की खोज सन् 1981 में डॉ. गॉब्लिन द्वारा की गई। सर्वप्रथम इस रोग की जानकारी सन् 1981 में न्यूयॉर्क व कैलिफोर्निया (अमेरिका) में मिली। यह पाया गया कि यह रोग समलिंगी व हैरोइन जैसे मादक पदार्थों का सेवन करने वाले व्यक्तियों में होता है। इसका रोगजनक HIV है।

68. (*b*) कथन (b) सही है।

अन्य कथनों का सही प्रकार है।

(a) HIV एक विषाणु युक्त *ds*RNA है एवं रिवर्स ट्रान्सक्रिप्टेज एन्जाइम है, जो प्रोटीन आवरण (Coat) से आवरित रहता है।

(c) HIV एक आवरित रिट्रोविषाणु है।

(d) HIV प्रतिरक्षा कोशिकाओं को छोड़ता है एवं प्रतिरक्षा तन्त्र की सहायक T- कोशिकाओं पर आक्रमण करता है।

69. (*d*) सहायक T- लिम्फोसाइट्स HIV से संक्रमित व्यक्ति में संख्या में कम हो जाती है। अतः प्रतिरक्षा/रोग प्रतिरोधकता दुर्बल हो जाती है।

70. (*b*) HIV, T-लिम्फोसाइट्स में प्रवेश करता है, प्रतिकृतिकरण करता है एवं सन्तति विषाणु उत्पन्न करता है। सन्तति विषाणु रुधिर में मुक्त कर दिए जाते हैं और अन्य सहायक T-लिम्फोसाइट्स को क्षति पहुँचाते हैं। इसकी पुनरावृत्ति से संक्रमित व्यक्ति के शरीर में T-लिम्फोसाइट्स की संख्या में एक प्रगतिशील (Progressive) कमी आ जाती है।

इस अवधि के दौरान व्यक्ति ज्वर के बार-बार आने, डायरिया (Diarrhoea) एवं वजन में कमी से पीड़ित होता है। व्यक्ति कई द्वितीयक संक्रमणों से पीड़ित होना प्रारम्भ हो जाता है।

72. (*d*) संक्रमण एवं AIDS के लक्षणों की उपस्थिति के बीच सदैव एक समय अन्तराल (Time-lag) होता है। यह अवधि कुछ महीनों से कई वर्ष (सामान्यतया 5-10 वर्ष) की भी हो सकती है।

73. (*c*) ELISA (Enzyme Linked Immune Sorbant Assay) प्रतिरक्षी एक अक्रिय पॉलीमर की सहायता से जुड़ती है, उसके पश्चात् नमूना के लिए प्रकट होती है।

द्वितीयक प्रतिरक्षी, जो उपयोग की जाती है, जिससे एक एन्जाइम जुड़ा हुआ रहता है, जो रंगहीन या नॉन-फ्लोरोसेन्ट पदार्थ को रंग मुक्त या फ्लोरोसेन्ट उत्पाद में परिवर्तित कर देता है।

76. (*c*) किशोरावस्था के अन्तर्गत होने वाले सामाजिक विकास में किशोर सामाजिक सहभागिता अपनाता है। वह अपने को समाज का जिम्मेदार नागरिक मानने लगता है तथा उसके अनुरूप ही व्यवहार करता है। इसके अतिरिक्त, किशोरावस्था में शारीरिक, मानसिक एवं बौद्धिक विकास की प्रक्रिया तीव्र गति से होती रहती है।

77. (*b*) किशोरावस्था में बालिकाओं में आक्रामकता की कमी होती है, जबकि बालकों में आक्रामकता में सामान्यतया वृद्धि होती है। बालकों में उत्तेजकता में वृद्धि तथा सामाजिक सहभागिता भी किशोरावस्था के प्रमुख लक्षण हैं। शारीरिक परिवर्तन के रूप में किशोरियों में मासिक धर्म प्रारम्भ हो जाता है।

79. (*b*) विकासीय अवस्थाओं में देरी के कारण कभी-कभी किशोरों में रोगभ्रम की समस्या हो जाती है। इसके अन्तर्गत किशोर को लगता है कि वह किसी बीमारी का शिकार है अतः उसमें हीनभावना आने लगती है। इस समस्या का निदान, उचित मार्गदर्शन है। किशोरों की अन्य समस्याएँ भी धूम्रपान, अकेलापन तथा अन्य कारणों से उत्पन्न होती है।

82. (*a*) बेन्जोडाइजेपीन (BZD) एक शामक औषधि का उदाहरण है। साइजोफेरेनिया मानसिक रोगियों के लिए महत्त्वपूर्ण दवा है। एजाइडोथायमिडीन (AZT) एक औषधि है, जिसका उपयोग एड्स की रोकथाम के लिए किया जाता है।

92. (*b*) मैस्कालीन नामक विभ्रमजन औषधि को पेयोट कैक्टस (*लैफोफोरा विलियमसाई*) से प्राप्त किया जाता है। यह चबाकार या निगलकर खाई जाती है। *साइलोसाइब मैक्सिकाना* से साइलोसाइबिन तथा *कैनाबिस सटाइवा* के द्वारा विभिन्न तत्वों की प्राप्ति होती है। जैसे—कैनाबिनॉइड्स, आदि। ओपियम पौधे से विभिन्न प्रकार के ओपिऑइड्स उत्पन्न होते हैं।

95. (*a*) मॉर्फीन एक स्वापक है, किन्तु इसका उपयोग दर्दनाशक के रूप में किया जाता है। मनुष्य के केन्द्रीय तन्त्रिका तन्त्र पर क्रिया के द्वारा मॉर्फीन एक अवसादक के रूप में शरीर में तन्त्रिका गतिविधियों को धीमा कर देता है। इस कारण व्यक्ति को दर्द का आभास कम होता है।

100. (*c*) मैरिजुआना पटसन की पत्तियों तथा पुष्पक्रमों से प्राप्त होने वाला एक विभ्रमक पदार्थ है। इसके सेवन से विचारों में परिवर्तन तथा भावनाओं में भिन्नता हो जाती है। मैरिजुआना या हशीश भारतीय क्षेत्र में एक मुख्य नशे के रूप में उपयुक्त किया जाता है। मैरिजुआना में विभिन्न प्रशांतक तथा अन्य नशीले पदार्थ पाए जाते हैं।

102. (*b*) शराब का सेवन हानिकारक है क्योंकि एल्कोहॉल द्वारा नष्ट किया जाने वाला प्रमुख अंग यकृत होता है। रुधिर में एल्कोहॉल की अधिक मात्रा वसा को बढ़ाने में सहायता करती है, जोकि यकृत कोशिकाओं में इकट्ठा हो जाता है। यह प्रोटीन तथा ग्लाइकोजन के संश्लेषण को नष्ट करता है। एल्कोहॉल यकृत में वसा को इकट्ठा करने में सहायता करता है। इस अवस्था को 'वसीय यकृत सिन्ड्रोम' कहते हैं। धीरे-धीरे यकृत कठोर हो जाता है तथा सूख जाता है। जिसे **यकृत सिरोसिस** (liver cirrhosis) कहते हैं।

104. (*a*) एल्कोहॉल से सर्वाधिक प्रभावित होने वाला अंग यकृत है। एल्कोहॉल का अधिकता में सेवन करने पर लीवर सिरोसिस हो जाता है। इसके अतिरिक्त फैटी लीवर रोग भी इसी के कारण हो जाता है। एल्कोहॉल से प्रमस्तिष्क तथा अनुमस्तिष्क भी प्रभावित होते हैं।

106. (*b*) कोका या कोकेन पादप एरिथ्रोजाइलेसी कुल से सम्बन्धित है। स्टरक्लिओडेसी से कोला तथा यूफोर्बिएसी कुल में रबर पादप मुख्य हैं।

108. (*b*) सुपारी में अरेकोलीन नामक एल्कोलॉयड की उपस्थिति के कारण इसका प्रभाव हल्का नशीला होता है। इसके अतिरिक्त अरेकोलिडीन, गुआकोलीन तथा गुआसीन भी इसमें पाए जाते हैं।

110. (*a*) 1958-61 तक थैलिडोमाइड त्रासदी के कारण हजारों बच्चे फोकोमेलिया (Phocomelia) नामक रोग से ग्रसित पैदा हुए। इस कारण से इन बच्चों में हाथ एवं पैर सील की तरह पाए जाते थे।

112. (*a*) टेराटोजन्स के द्वारा महिलाओं में भ्रूणीय अनियमितता हो जाती है। यह समस्या FAS या फीटल एल्कोहॉल सिन्ड्रोम कहलाती है, जिसके कारण बच्चे की वृद्धि असामान्य हो जाती है।

115. (*d*) वे अणु जो विशेष प्रतिजन के विरुद्ध क्रिया करके उन्हें निष्क्रिय करें प्रतिरक्षी कहलाते हैं।

117. (*a*) लसीका तन्त्र की प्लाज्मा कोशिकाएँ अप्रत्यक्ष तौर पर प्रतिजैविक का निर्माण करती है।

120. (*a*) प्रतिरक्षी अणु जटिल प्रोटीन अणु ही होते हैं।

122. (*a*) थाइमस प्रमुख प्रतिरक्षी निर्माण करने वाली ग्रन्थि है। यही सहायक T-कोशिकाओं का निर्माण करती है।

123. (*b*) भ्रूण में यकृत द्वारा लिम्फोसाइट कोशिकाएँ बनती हैं, जबकि वयस्क में ये कोशिकाएँ अस्थि-मज्जा में परिपक्व होकर थाइमस से नियुक्त होती हैं।

133. (*c*) प्रसव बाद माता से स्तनों से निकले गाढ़े पीले दूध कोलेस्ट्रम में इम्यूनोग्लोबिन IgA की मात्रा सर्वाधिक होती है।

134. (*c*) ट्यूमर कोशिकाएँ, प्रतिरक्षा तन्त्र द्वारा विनाश एवं डिटेक्शन को टालने के लिए शरीर द्वारा बनाई गई हैं, इसलिए रोगियों को ऐसे पदार्थ, जिससे जैविक प्रतिक्रिया मॉडीफार्म (जिसे α-इण्टरफेरॉन कहते हैं) दिए जाते हैं, जो उनके प्रतिरक्षा तन्त्र को सक्रिय कर देते हैं एवं ट्यूमर को नष्ट करने में सहायता करते हैं।

135. (*d*) प्रतिरक्षा सजीवों की एक अवस्था है, जिससे पर्याप्त जैविक सुरक्षा हो, ताकि संक्रमणों रोगों या अन्य अनचाहे जैविक आक्रमण से बचा जा सके।

136. (*a*) हमारे शरीर पर त्वचा एक मुख्य अवरोध है, जो सूक्ष्मजीवों के प्रवेश को रोकती है। श्वसन तन्त्र की एपिथीलियम परत की म्यूकस परत, जठरांत्र मार्ग एवं मूत्रजनन मार्ग भी हमारे शरीर में प्रवेश करने वाले सूक्ष्मजीवों को पकड़ने में सहायता करते हैं।

138. (*b*) उदर में अम्ल (Acid), मुख में लार, आँखों में आँसू सभी शरीर क्रियात्मक अवरोध (Physiological barrier) हैं, जो सूक्ष्मजीवों की वृद्धि को रोक देते हैं।

139. (*a*) फैगोसाइटोसिस कोशिकीय जन्मजात प्रतिरक्षा का एक महत्त्वपूर्ण गुण हैं, जो कोशिकाओं, जिन्हें फैगोसाइट्स कहा जाता है, के द्वारा निष्पन्दित होता है, जो रोगजनकों (Pathogens) या बाहरी कणों को निगल जाती है। इन फैगोसाइट्स के सामान्य, उदाहरण- मोनोसाइट्स, मैक्रोफेज, न्यूट्रोफिल, ग्रेन्यूलोसाइट्स (इन्हें पॉलीमॉर्फोन्यूक्लियर ल्यूकोसाइट या PMN या PML या PMNL भी कहा जाता है, केन्द्रक के बदलते आकार के कारण), ऊतक डेन्ड्राइटिक कोशिकाएँ, मास्ट कोशिकाएँ (Mast cells), आदि।

142. (*d*) मुख्य फैगोसाइटिक कोशिकाएँ मैक्रोफेजेज हैं। एक फैगोसाइट के द्वारा एक कठोर कण को निगलने की प्रक्रिया **फैगोसाइटोसिस** कहलाती है।

143. (*c*) B-लिम्फोसाइट्स (WBC का प्रकार) रोगजनकों के लिए प्रतिक्रिया में हमारे रुधिर में प्रोटीन के अणु उत्पन्न करता है, ताकि उनसे लड़ा जा सके। इन प्रोटीन अणुओं को **प्रतिरक्षी** कहा जाता है।

144. (*a*) T-लिम्फोसाइट रिसेप्टर्स केवल उन्हीं प्रतिजन को पहचानते हैं, जो कोशिका झिल्ली प्रोटीन से जुड़ते हैं। यह लिम्फोसाइट्स CMI (कोशिका मध्यस्थ प्रतिरक्षा) को मीडिएट करते हैं।
B-लिम्फोसाइट्स शरीर द्रव विषयक प्रतिरक्षा के मुख्य अणु है, जो रुधिर संचरण (Vascular) की मरम्मत में सम्मिलित होते हैं।

145. (*a*) IgE कुछ प्रतिजन के लिए संवेदनशील (Sensitising) कोशिकाओं द्वारा एलर्जिक प्रतिक्रिया में एक महत्त्वपूर्ण भूमिका निभाता है।

146. (*c*) शरीर-द्रव विषयक (Humural) प्रतिरक्षा तन्त्र शरीर के द्रव्यों (रुधिर एवं लिम्फ) में उपस्थित विषाणु एवं जीवाणु के विरुद्ध सुरक्षा देता है।

147. (*b*) T-लिम्फोसाइट्स द्वारा मध्यस्थता कोशिका मध्यस्थता प्रतिरक्षा प्रतिक्रिया के कारण एक रोगी में ग्राफ्टेड वृक्क (Kidney) अस्वीकृत की जा सकती है क्योंकि शरीर स्वयं एवं अन्य में अन्तर कर सकती है, इसलिए रुधिर वर्ग मिलान कोई भी ग्राफ्ट/प्रत्यारोपण शुरू करने से पहले आवश्यक होता है एवं इसके बाद भी रोगी को अपने पूरे जीवन प्रतिरक्षा दमनकारी (Immuno-suppressants) लेने पड़ते हैं।

149. (*d*) निष्क्रिय प्रतिरक्षा तब होती है, जब एक व्यक्ति विशेष द्वारा प्रतिरक्षी उत्पन्न होती है एवं अन्य के द्वारा अर्जित की जाती है। एक नवजात (Infant) के द्वारा कोलोस्ट्रम में प्रतिरक्षी का अधिग्रहण (Acquisition) निष्क्रिय प्रतिरक्षा का एक उदाहरण है; मातृक प्रतिरक्षी द्वारा अपरा की क्रॉसिंग (Crossing) प्राकृतिक अर्जित निष्क्रिय प्रतिरक्षा का अन्य उदाहरण है।

150. (*a*) भ्रूण अपनी माता से अपरा के द्वारा इम्यूनोग्लोब्यूलिन प्राप्त करता है। निष्क्रिय प्रतिरक्षा रूप में उत्पन्न हो सकती है, जब मातृक प्रतिरक्षी भ्रूण को अपरा के द्वारा स्थानान्तरित करती है।

151. (*a*) कृत्रिम रूप से अर्जित निष्क्रिय प्रतिरक्षा में, पूर्वनिर्मित प्रतिरक्षा, शरीर में प्रवेश करवाई गई कुछ अन्य जन्तुओं की प्रतिरक्षा सीरम (Serum) है, जैसे- प्रतिविष का उपयोग सर्प के काटे के उपचार में किया जाता है। इस स्थिति में शरीर कोई प्रतिरक्षा उत्पन्न नहीं करता है। प्रतिरक्षी एक प्रोटीन अणु है, जिसमें दो हल्की एवं दो भारी श्रृंखलाएँ होती हैं। B-लिम्फोसाइट्स प्रतिजन को पहचानती हैं एवं उससे (प्रतिरक्षा उत्पन्न करती हैं।) जुड़ जाती हैं तथा स्मृति कोशिकाओं या प्लाज्मा कोशिकाओं में अन्तर कर सकती हैं। T-लिम्फोसाइट्स प्रत्यारोपण अस्वीकृति (Transplant rejection) को उत्पन्न करती हैं।

152. (*b*) वैक्सीन, शरीर को वैक्सीन के विरुद्ध प्रतिरक्षी उत्पन्न कराने के लिए उत्प्रेरित करती है।

153. (*c*) मौखिक पोलियो वैक्सीन में तनुकृत (Attenuated) रोगजनक होते हैं। तनुकृत रोगजनक सजीव सूक्ष्मजीव विषाणु (Virus) होते हैं, जिन्हें प्रतिकूल परिस्थितियों में संवर्धन कराया जाता है, जिससे वे अपनी रोगजनकता समाप्त कर दें, किन्तु इन जीवों में सुरक्षात्मक प्रतिरक्षा को प्रेरित करने की क्षमता होती है। पोलियो की मौखिक वैक्सीन में तीन सजीव पोलियो स्ट्रेन (Strain) तनुकृत रूप में होते हैं।

154. (*a*) एक एलर्जन कोई भी पदार्थ (प्रतिजन) होता है, जो अधिकतर प्रायः खाया या निगला जाता है, उसे प्रतिरक्षा तन्त्र द्वारा पहचाना जाता है, जो एक एलर्जिक प्रतिक्रिया उत्पन्न करता है।

156. (*b*) एलर्जन (Allergens) असंक्रामक बाहरी पदार्थ/घटक होते हैं, जो एलर्जिक प्रतिक्रिया उत्पन्न करते हैं। सामान्य एलर्जन धूल, पराग, फफूँदी के बीजाणु, कपड़े, लिपस्टिक, नेल पेंट, ताप, जीवाणु, आदि होते हैं।

157. (*d*) पदार्थ, जो किसी व्यक्ति विशेष में प्रतिरक्षा प्रतिक्रिया उत्पन्न करते हैं, एलर्जन कहलाते हैं; जैसे- परागकण, जन्तुओं की रूसी, धूल, पंख, ड्रग्स, जैसे- पेनिसिलिन (Penicillin), आदि।

158. (*a*) अस्थमा मास्ट कोशिकाओं के द्वारा स्रावित हिस्टामिन के प्रभाव के कारण ब्रोन्ची माँसपेशियों की ऐंठन द्वारा विलक्षित (Characterised) एक एलर्जिक प्रतिक्रिया है।

159. (*a*) रहयूमेटॉइड गठिया (RA) सूजन सम्बन्धी गठिया का एक रूप है एवं एक स्वतः प्रतिरक्षित (Autoimmune) रोग है।

162. (*a*) कॉर्निया में रुधिर संवहनी तन्त्र तथा लसीका तन्त्र नहीं पाए जाते हैं। अतः वहाँ प्रतिरक्षा तन्त्र अनुपस्थित होते हैं, जो नए कॉर्निया पर आक्रमण नहीं करते हैं।

164. (*c*) प्लीहा एवं टॉन्सिल्स द्वितीयक लसीकाभ (Lymphoid) अंग हैं।

165. (*d*) एक नवजात के थाइमस को शल्यचिकित्सा द्वारा हटाया जाना T-लिम्फोसाइट्स के उत्पादन की असफलता को परिणामित करेगा। थाइमस, T-लिम्फोसाइट्स के परिपक्वन एवं विकास/वृद्धि के लिए सूक्ष्म-वातावरण (Microenvironment) उपलब्ध कराती है।

167. (*a*) सर्वप्रथम एडवर्ड जेनर ने बड़ी माता रोग के टीके की खोज की।

169. (*a*) जंग लगी कील से टिटेनस रोग होने की सम्भावना होती है इसी कारण ATS (एण्टी-टिटेनस वैक्सीन) लगाई जाती है।

170. (*a*) TB या तपेदिक की रोकथाम हेतु BCG (बैसिलस कैल्मैट ग्यूरीन) का टीका लगाया जाता है।

अध्याय 13

खाद्य उत्पादन में सुधार

Improvement in Food Production

विश्व की जनसंख्या में निरन्तर वृद्धि के साथ ही, खाद्य पदार्थों की आवश्यकता में भी वृद्धि हुई है। इस आवश्यकता की पूर्ति हम निम्नलिखित प्रकार से कर सकते हैं।

पादप प्रजनन Plant Breeding

- **पादप प्रजनन** विज्ञान की वह शाखा है, जिसके अन्तर्गत वास्तविक जाति के पौधों के आनुवंशिक लक्षणों में सुधार कर उन्नत किस्म की नयी जातियों का विकास किया जाता है।
- पादप प्रजनन के उपयोग से 1960 के दशक में कृषि वैज्ञानिक विश्व में हरित क्रान्ति (Green revolution) लाने में सफल हो सके। **डॉ. एन ई बॉरलॉग** (Dr. NE Borlaug) को **विश्व में हरित क्रान्ति का जनक** (Father of green revolution in World) कहा जाता है।

पादप प्रजनन के उद्देश्य Objectives of Plant Breeding

(i) कम उपज वाली फसलों से अधिक उपज वाली किस्मों का विकास करना।

(ii) फसल की उपज के साथ-साथ उसकी गुणता (Quality) में भी सुधार करना।

(iii) ऐसी किस्म निकालना, जो सभी तरह से उत्पादकों तथा उपभोक्ताओं की अधिक से अधिक आवश्यकताओं की पूर्ति कर सके।

(iv) शीघ्र पकने वाली किस्मों का विकास करना।

(v) रोग व कीटों से फसल की हानि को बचाने के लिए रोधी किस्मों का विकास करना।

(vi) किसी फसल को नये एवं भिन्न जलवायु वाले क्षेत्रों में उगाने के लिए प्रकाश-असंवेदी (Photoinsensitive) किस्मों का विकास करना।

(vii) कुछ फसलों; जैसे—मूँग की फलियों के साथ पकने वाली (Synchronous maturity) किस्मों का विकास करना।

(viii) कुछ फसलों, जैसे—मूँग, जौ, गेहूँ में थोड़ी प्रसुप्ति (Dormancy) वाली किस्मों का विकास करना।

(ix) लवणीय एवं सूखे क्षेत्रों के लिए सूखा तथा लवण सहिष्णुता (Drought and salt tolerance) वाली किस्मों का विकास करना।

(x) कुछ फसलों में अविषालु (Toxic) पदार्थों, जैसे—खेसरी दाल में उपस्थित न्यूरोटॉक्सिन (Neurotoxin), बीटा एन ऑक्जेलिल एमीन एलानीन (β N-oxalyl amine alanine) तथा सरसों में उपस्थित हानिकारक एरुसिक एसिड (Erucic acid) से मुक्त किस्मों का विकास करना।

पादप प्रजनन के सिद्धान्त Principles of Plant Breeding

(i) **पादप पुरःस्थापना** (Plant Introduction) पौधों को प्राकृतिक वासस्थान से नयी जलवायु वाले प्रदेशों में उगाने को **पादप पुरःस्थापना** कहते हैं। लैंगिक जनन वाले पौधों के बीजों तथा कायिक जनन वाले पौधों की कलम का आयात किया जाता है।

नए पौधों को नए स्थान पर लाकर विभिन्न क्षेत्रों पर उगाकर उनका दशानुकूलन (Acclimatisation) किया जाता है।

(ii) **वरण** (Selection) इस विधि में पूरी फसल में से अच्छे पौधों का चयन कर अन्य पौधों से अलग कर दिया जाता है। *यह तीन प्रकार से हो सकता है*

(a) **समूह चयन** (Mass selection) में किसी एक या कई खेतों में से समान तथा ऐच्छिक लक्षणों वाले पौधों को अलग छाँटकर तथा उनके बीजों को एक साथ मिला दिया जाता है। यह विधि पर-परागित (Cross-pollinated) जातियों में फसल सुधार के लिए प्रयोग की जाती है।

(b) **शुद्ध रेखीय चयन** (Pure line selection) में इच्छित गुण वाले पौधों का वरण कर उसे बार-बार उगाकर स्वपरागण (Self-pollination) द्वारा समयुग्मकी (Homozygous) लक्षण को बढ़ाया जाता है।

(c) **क्लोन** द्वारा चयनित सभी प्रजातियों के प्राप्त करने की विधि को **क्लोनल चयन** (Clonal selection) कहते हैं। क्लोन (Clone) अलैंगिक प्रवर्धित (Asexually propagated) पौधे की अलैंगिक सन्तति है।

(iii) **संकरण** (Hybridization) दो भिन्न प्रकार के आनुवंशिक लक्षणों वाले जीवों को जनन की दृष्टि से संयोग कराकर नयी सन्तानों को प्राप्त करने का ढंग **संकरण** (hybridization) कहलाता है। *यह दो प्रकार का हो सकता है*

(a) **अन्तरा प्रजातीय** (intra-varietal) संकरण में एक ही प्रजाति के विभिन्न गुणों वाले जीवों के बीच जबकि **अन्तरप्रजातीय** (Intervarietal) संकरण में एक ही जाति की दो प्रजातियों के बीच संकरण कराया जाता है।

(b) **अन्तरजातीय** (Interspecific) संकरण एक ही वंश की दो जातियों, जैसे—*गॉसीपियम हिर्सुटम* तथा *गॉ. बार्बाडेन्स*, जबकि अन्तरवंशीय (intergeneric) संकरण दो वंशों के पादपों के बीच, जैसे—*ट्रिटिकम टर्जिडम (Triticum turgidum)* तथा *सीकेल सीरेली* के संकरण से *ट्रिटिकेल* की उत्पत्ति होती है।

(c) **संकर ओज** (Hybrid vigour or heterosis) एक आनुवंशिक क्रिया है, जिसके कारण दो भिन्न आनुवंशिक युग्मकों में संकरण के फलस्वरूप उत्पन्न F_1 संकर प्राय: आकार, उपज तथा अन्य किसी लक्षण में जनकों से उत्तम होता है। **जी एच शल** (G H Shull) ने 1914 में संकर ओज के लिए हेटेरोसिस (heterosis) शब्द का प्रयोग किया।

(iv) **बहुगुणिता** (Polyploidy) गुणसूत्रों में एक या दो युग्मों की वृद्धि होने पर वह बहुगुणित (Polyploid) कहलाते हैं। *बहुगुणिता दो प्रकार की होती है*

(a) **स्व:बहुगुणिता** (Autopolyploidy) इसमें एक ही जाति के गुणसूत्रों के युग्मों की संख्या बढ़ती हैं। यह युग्मकों के निर्माण के समय अर्द्धसूत्री विभाजन की असफलता तथा निषेचन में एक से अधिक शुक्राणुओं के भाग लेने के कारण उत्पन्न होती है। स्वबहुगुणित (Autopolyploid) बीजरहित फल बनाने में सहायक होते हैं।

(b) **परबहुगुणिता** (Allopolyploidy) यह दो भिन्न जातियों के संकरण से उत्पन्न बन्ध्य संकर (sterile hybrid) में गुणसूत्रों के द्विगुणन के कारण होता है। कॉल्चिसीन (colchicine) एक ऐसा पदार्थ है, जो पादपों में बहुगुणिता को प्रेरित करता है।

उदाहरण *ट्रिटिकेल* चतुर्गुणित *ट्रिटिकम ड्यूरम* तथा द्विगुणित *सिकेल सिरेली* के बीच संकरण व कॉल्चिसीन प्रेरण द्वारा उत्पन्न की गई है। इसी प्रकार *रेफनोब्रेसिका, रेफेनस सटाइवस* तथा *ब्रैसिका कम्पेस्ट्रिस* के संकरण से उत्पन्न की गई है।

(v) **प्रेरित उत्परिवर्तन** (Induced Mutation) विभिन्न उच्च ऊर्जा विकिरण; जैसे—X-किरणें, β-किरणों, γ-किरणें, UV-किरणें तथा रासायनिक पदार्थ, जैसे—मस्टर्ड गैस (mustard gas), इथाइल मीथेन सल्फोनेट (ethyl methane sulphonate), मिथाइल मीथेन सल्फोनेट (methyl methane sulphonate) आदि उत्परिवर्तन प्रेरित करते हैं।

एच. जे. मुलर (1927) ने *ड्रोसोफिला मेलेनोगेस्टर* में सर्वप्रथम X-किरणों से उत्परिवर्तन प्रेरित किया और नोबेल पुरस्कार प्राप्त किया।

कुछ **क्षार अनुरूप** (Base analogue) जैसे थायमीन का 5-ब्रोमोयूरेसिल, भी उत्परिवर्तन करते हैं।

महत्त्वपूर्ण बिन्दु

- डॉ. एमएस स्वामीनाथन को 'भारत में हरित क्रान्ति का जनक (Father of green revolution in India)' कहा जाता है।
- परागकणों के परिपक्व होने से पूर्व उन्हें परागकोषों से निकाल देना विपुंसन (Emasculation) कहलाता है।
- दुर्लभ (Rare) तथा संकटग्रस्त (Endangered) जातियों के जननद्रव्य को न्यूनताप (–196°C) पर संग्राहित करना शीत संरक्षण (Cryopreservation) कहलाता है।
- *कोल्चिकम ऑटोमनेल (Colchicum autumnale)* से प्राप्त कॉल्चिसीन (Colchicine) नामक एल्केलॉइड बहुगुणिता को प्रेरित करता है।
- वह बीज, जो कम जल व कम ताप को सहन कर लेते हैं, ऑर्थोडोक्स बीज (Orthodox seeds) कहलाते हैं।
- उद्योगों में अपमार्जक (Detergent) के उत्पादन के लिए प्रोटिएस (Protease) एन्जाइम का प्रयोग किया जाता है।
- नील्स जेरने, जॉर्ज कोहलर तथा सीजर मिल्स्टेन को मोनोक्लोनल प्रतिरक्षियों (Monoclonal antibodies) को तैयार करने के लिए नोबेल पुरस्कार दिया गया।
- गोल्डन चावल में बीटा कैरोटीन के उत्पादन के लिए तीन ट्राँसजेनिक जीन (transgenic gene) उपस्थित हैं।
- राइबोफ्लेविन (Vitamin-B_2) एशबिया गॉसिपी नामक कवक से प्राप्त की जाती है।

ऊतक संवर्धन Tissue Culture

- पादप कोशिका, ऊतक या अंग द्वारा परखनली में निर्जमीकृत स्थितियों (Aseptic conditions) व उचित पोषकों की उपस्थिति में नए पादप के निर्माण की प्रक्रिया ही ऊतक संवर्धन कहलाती है।
- इस विधि को **सूक्ष्मप्रवर्धन** (Micropropagation) भी कहा जाता है। इस प्रकार यह पादप पुनर्जनन की तकनीक है, जिसके द्वारा कम-से-कम समय में अधिक-से-अधिक पादपों का निर्माण प्रयोगशाला में किया जा सकता है।
- पादप के जिस भाग का उपयोग ऊतक संवर्धन में किया जाता है, उसे **कर्तोतक** (Explant) कहते हैं। जब किसी कर्तोतक को पादप से अलग करके, निर्जमीकृत परिस्थितियों में, पोषक माध्यम पर उचित वातावरण परिस्थितियों में रखा जाता है, तो कोशिकाओं के नए समूह का जन्म होता है, जिसे **कैलस** (Callus) कहते हैं। ये आगे जाकर नए पादप का निर्माण करता है।

ऊतक संवर्धन के प्रकार Types of Tissue Culture

कृत्रिम परिवेश (*In vitro*) में पादप ऊतक की वृद्धि के आधार पर इसे निम्न प्रकार से वर्गीकृत कर सकते हैं

(i) **कैलस संवर्धन** (Callus culture) कर्तोतक द्वारा संवर्धन में बनी मृदूतक कोशिकाओं (Parenchymatous cells) की अविभेदित तथा असंगठित गाँठ (पिण्ड) को कैलस कहते हैं। इसे अगार युक्त ठोस माध्यम में रखते हैं। माध्यम में ऑक्सिन (2, 4-D) एवं साइटोकाइनिन की भी उपयुक्त मात्रा मिलाई जाती है।

इस प्रकार के माध्यम में कर्तोतक द्वारा निर्मित कोशिकाएँ विभज्योतकी होती हैं और उनमें विभाजन आरम्भ हो जाते हैं। इसके फलस्वरूप नवीन पादप की उत्पत्ति होती है।

(ii) **कोशिका निलम्बन संवर्धन** (Cell suspension culture) पादप के किसी भी भाग से प्राप्त कोशिकाओं को द्रव संवर्धन माध्यम में निलम्बित किया जाता है। यान्त्रिक विधि से पादप के भाग (टुकड़े) को पीस लिया जाता है, जिससे एकल कोशिकाएँ प्राप्त होती हैं। एन्जाइम विधि में पेक्टिनेज एन्जाइम से कैलस या पादप के भाग का उपचार करने पर कोशिकाओं की मध्य पट्टलिका घुल जाती है और कोशिकाएँ एक-दूसरे से अलग हो जाती हैं।

अब इन कोशिकाओं युक्त माध्यम में 2, 4-D भी मिलाया जाता है तथा 100-250 rpm पर हिलाया जाता है, जिससे कोशिकाएँ अलग-अलग रहती हैं। यह माध्यम पादपों के पुनर्जनन तथा ट्रान्सजनिक पादपों के उत्पादन के लिए बहुत महत्त्वपूर्ण है।

(iii) **भ्रूण संवर्धन** (Embryo culture) अनेक प्रकार के पोषक तत्वों से निर्मित पोषक माध्यम पर भ्रूण संवर्धन आसानी से कराया जा सकता है। परन्तु नए भ्रूणों को आसानी से संवर्धित नहीं कराया जा सकता है, क्योंकि उनके पोषण के लिए अनेक प्रकार के पोषक तत्वों का पता लगाना अत्यन्त कठिन होता है। नया भ्रूण अपना पोषण भ्रूणपोष तथा बीजाण्ड के ऊतकों से प्राप्त करता है।

लाइनम की जातियों में अन्त:जातीय संकरण कराया जाता है, तो इससे प्राप्त बीज हल्के तथा झुर्रीदार होते हैं, जिनमें अंकुरण क्षमता लगभग नष्ट हो जाती है। इन बीजों से भ्रूणों को पृथक् करके सुक्रोस एवं ग्लूकोस युक्त पोषक माध्यम पर संवर्धित करके पादप प्राप्त किए गए हैं।

(iv) **विभज्योतक संवर्धन** (Meristem culture) इस प्रकार के संवर्धन में अक्षम (रोग ग्रसित) पादपों को लिया जाता है जिनका संवर्धन कर नए पादप का निर्माण किया जाता है; जैसे—*मेनीहॉट एस्कुलेन्टा* (*Manihot esculenta*) इस पादप के ऊपर दो प्रकार के विषाणु आक्रमण करते हैं **अफ्रीकन कसावा मोजैक** विषाणु तथा **कसावा ब्राउन स्ट्रीक** विषाणु। इनके कारण पादप की प्रजनन क्षमता नष्ट होने लगती है। इस रोग से बचने के लिए वैज्ञानिकों ने अनेक प्रयास किए हैं, जिनके आधार पर *कसावा* पादप की अग्रस्थ विभज्योतक कोशिका या ऊतकों का संवर्धन करके रोगरहित पादप बनाया जा सकता है। इन विभज्योतकों के 200-500 nm मोटे खण्ड काटकर BAP या NAA से उपचारित करके संवर्धन माध्यम पर रखा जाता है और नए पादप प्राप्त किए जाते हैं।

(v) **परागकरण संवर्धन** (Pollen culture) सन् 1966 में **गुहा** (Guha) एवं **माहेश्वरी** (Maheshwari) ने बताया कि भ्रूण जैसी संरचना (एम्ब्रोइड) का निर्माण एकल कोशिका द्वारा हो सकता है। गेहूँ, चावल, टमाटर एवं *एस्पेरेगस* से भी पराग-एम्ब्रोइड्स प्राप्त किए जा सकते हैं। इनसे विकसित पादप अगुणित (Haploid) होते हैं।

इन्हें **पुंजननीय हेप्लॉइड्स** (Androgenic haploids) कहते हैं। प्याज (*Allium cepa*) के परागकोषों को लेप्टोटीन-जाइगोटीन तथा डिप्लोटीन-डाइकाइनेसिस अवस्थाओं में पृथक् करके संवर्धित किया गया है।

पादप ऊतक संवर्धन की आवश्यकताएँ
Requirements of Plant Tissue Culture

- पादप संवर्धन के लिए एक मानक स्तर की प्रयोगशाला का होना प्राथमिक आवश्यकता है, जो पोषण माध्यम, स्वच्छता, रोगाणुमुक्त, वातावरण तथा वायु विनिमय युक्त, आदि मानक सुविधाओं से सुसज्जित होनी चाहिए। इसके अतिरिक्त कर्तोतक (Explant), संवर्धन पात्र (Culture vessel), माध्यम (Medium) तथा प्रयुक्त यन्त्र (Instruments) रोगाणुमुक्त होने चाहिए।
- **कर्तोतक** पादप का वह भाग होता है, जिसे पादप से पृथक् करके संवर्धन किया जाता है। कर्तोतक की वृद्धि से निर्मित अविभेदित कोशिकाओं का समूह, जो विभेदित होकर मूल प्ररोह या पूर्ण पादप को जन्म देता है, **कैलस** (Callus) कहलाता है।
- **पोषण माध्यम** (Nutrient medium) वह माध्यम, जिसमें कर्तोतक को संवर्धित किया जाता है, पोषण माध्यम या **संवर्धन माध्यम** (Culture medium) कहलाता है। अनेक मानक माध्यम; जैसे—एम एस (MS), ई आर (ER) तथा B_5 उपलब्ध हैं। अधिकांशतया प्रयोग किए जाने वाले माध्यम MS तथा B_5 हैं। असंक्रमित कर्तोतक को द्रव, अर्द्धठोस या ठोसीय माध्यम में संवर्धित करते हैं। ठोस तथा द्रव माध्यम सामान्यतया अकार्बनिक पदार्थों (लवण आवश्यक सूक्ष्म तथा दीर्घ पोषक तत्वों से युक्त), कार्बनिक पदार्थ; जैसे—सुक्रोस, ग्लूकोस, फ्रक्टोस, अन्य शर्कराएँ, अमीनो अम्ल, विटामिन ऊर्जा के रूप में तथा वृद्धि हॉर्मोन द्वारा निर्मित होते हैं।
- **पादप हॉर्मोन** (Plant hormone) के अन्तर्गत सामान्यतया ऑक्सिन; जैसे—(2, 4-dichlorophenoxyacetic acid), साइटोकाइनिन तथा जिबरेलिन, आदि वृद्धि नियामकों (Growth regulators) का प्रयोग किया जाता है। ऑक्सिन की उच्च सान्द्रता तथा साइटोकाइनिन की निम्न सान्द्रता जड़ों के निर्माण को प्रेरित करती है। ठोस माध्यम, द्रव माध्यम में कारक; जैसे—अगार-अगार को मिश्रित करके बनाया जाता है, जिसमें नारियल दूध (Coconut milk), यीस्ट तथा सेम के बीज मिलाए जाते हैं।

पादप ऊतक संवर्धन तकनीक के पद
Steps of Plant Tissue Culture Technique

पादप ऊतक संवर्धन तकनीक द्वारा नए पादपों के विकास में निम्न पद अपनाए जाते हैं

(i) **प्रथम अवस्था** (First stage) इस पद में रोगाणुरहित परिस्थितियों का निर्माण किया जाता है, जो ऊतक संवर्धन तकनीक के लिए अति आवश्यक है।

(ii) **द्वितीय अवस्था** (Second stage) कर्तोतक को पोषक माध्यम में वाँछनीय परिस्थितियों पर स्थानान्तरित करके नए पादप का निर्माण किया जाता है।

(iii) **तृतीय अवस्था** (Third stage) नवनिर्मित पादप को प्रयोगशाला में मृदा में रोपित किया जाता है, इसके पश्चात् इसे प्रयोगशाला से बाहर रोपण के लिए भेज दिया जाता है।

पादप ऊतक संवर्धन के अनुप्रयोग
Applications of Plant Tissue Culture

फसलों के सुधार के लिए पादप ऊतक संवर्धन के निम्न प्रयोग किए जाते हैं

(i) **सूक्ष्म प्रवर्धन** (Micropropagation) पादप के किसी भाग से तीव्र गति द्वारा कायिक जनन से नए शिशु पादप को तैयार करना सूक्ष्म प्रवर्धन कहलाता है। इनमें प्रत्येक पादप आनुवंशिक रूप से मूलपादप (जनक) के समान होते हैं। अत: ये **सोमाक्लोन** (Somaclone) भी कहलाते हैं।

(ii) **रोग-मुक्त पादपों का उत्पादन** (Production of disease-free plants) संक्रमित पादपों की शाखाओं के अग्रकों (Apex) के संवर्धन द्वारा रोग मुक्त पादप विकसित होते हैं, क्योंकि विभज्योतक रोगाणु रहित होता है।

(iii) **पुंजनीय अगुणित पादपों का उत्पादन** (Production of androgenic haploids) **गुहा** तथा **माहेश्वरी** (Guha and Maheshwari; 1964) ने सर्वप्रथम *धतूरा* (*Datura*) के परागकणों से नर अगुणित पादपों को तैयार किया। अगुणित पादपों में उत्परिवर्तनों को सरलता से पहचाना जा सकता है।

(iv) **उत्परिवर्तनों का प्रेरण एवं वरण** (Induction and selection of mutations) वृद्धि कर रहे पादपों के संवर्धन माध्यम में कुछ लवण, विषैले पदार्थ, आदि डाल देने पर इनमें उत्परिवर्तन द्वारा प्रतिरोधक क्षमता उत्पन्न की जाती है। इन उत्परिवर्तियों का चयन कर प्रतिरोधात्मक क्षमता वाले पादप तैयार किए जाते हैं।

(v) **सफल संकरण के लिए भ्रूण की रक्षा** (Embryo rescue for successful hybridisation) अ[illegible]तीय संकरण से बने युग्मनज (Zygote) को अण्डाशय से निकालकर तुरन्त संवर्धन माध्यम में स्थानान्तरित कर देने से भ्रूण जीवित रह जाता है, अन्यथा भ्रूण मर जाता है।

(vi) **कायिक एकपूर्वज विभिन्नताएँ** (Somaclonal variations) ये ऊतक संवर्धन द्वारा कैलस से विकसित पादपों में पाई जाने वाली विभिन्नताएँ हैं। ये विभिन्नताएँ कोशिकाओं को लम्बे समय तक रखने पर इन कोशिकाओं के गुणसूत्रों में उत्पन्न हो जाती हैं।

(vii) **कायिक या जीवद्रव्य संकरण** (Somatic or Protoplast hybridisation) सेलुलेज तथा पेक्टिनेज नामक एन्जाइम पादप कोशिकाओं के समूह से कोशिकाओं को अलग कर उनकी कोशिका भित्ति को गला देते हैं। इस नग्न जीवद्रव्य को **प्रोटोप्लास्ट** कहते हैं। दो आनुवंशिक रूप से भिन्न जातियों के प्रोटोप्लास्ट पॉलीएथिलीन ग्लाइकॉल (Polyethylene Glycol or PEG) की उपस्थिति में संलयित हो जाते हैं तथा नई किस्म के संकर विकसित होते हैं। सन् 1978 में आलू तथा टमाटर के प्रोटोप्लास्ट को मिलाकर नया संकर **पोमैटो** (Pomato) विकसित किया गया था।

जैविक सदृढ़ीकरण Biofortification

- पादप प्रजनन विधियों का उच्च विटामिन, खनिज तथा प्रोटीन अंशयुक्त फसलों की किस्मों के विकास में प्रयोग किया जा रहा है, जिनके उपभोग द्वारा जनस्वास्थ्य में व्यापक सुधार लाया जा सकता है। उन्नत/विकसित पोषणीय गुणवत्ता युक्त फसली किस्मों के प्रजनन का मूल उद्देश्य निम्नलिखित पोषणीय घटकों/अंशों की मात्रा में वृद्धि करना है, प्रोटीन अंश एवं गुणवत्ता, तेल या वसीय अंश तथा गुणवत्ता, विटामिन अंश, सूक्ष्म पोषक तत्त्व एवं खनिज अंश।
- सन् 2000 में पोषण गुणवत्ता की आपूर्ति के लिए विद्यमान मक्का की किस्म की तुलना में प्रजनित संकर मक्का में लाइसिन, ट्रिप्टोफैन जैसी अमीनो अम्लों की मात्रा दोगुनी पायी गयी। गेहूँ की किस्म एटलस 66 में प्रोटीन की उच्च मात्रा होती है जबकि सामान्य खाद्यान्न (गेहूँ) प्रोटीन की मात्रा कम होती है। प्रचुर लौह तत्त्व युक्त धान को प्रजनित करना अब सम्भव हो चुका है।
- इसके अतिरिक्त भारतीय कृषि अनुसन्धान संस्थान ने विभिन्न सब्जी की उन्नतशील फसली किस्म; जैसे—विटामिन-A प्रचुर गाजर, पालक एवं कद्दू, विटामिन-C प्रचुर-टमाटर, सरसों, बथुआ एवं करेला तथा प्रोटीनयुक्त फ्रैंचबीन, ब्रांडबीन तथा लब-लब किस्मों को व्यवसायिक उत्पादन हेतु विमुक्त कर दिया है।

एकल कोशिका प्रोटीन Single Cell Protein

- पारम्परिक कृष्य/शस्य उत्पाद; जैसे—खाद्यान्न, दलहन, फल एवं सब्जियाँ निरन्तर एवं शीघ्रता से बढ़ रही मानव, जन्तुओं की आबादी की पोषणीय एवं आहार सम्बन्धी आवश्यकताओं की पूर्ण आपूर्ति में सक्षम प्रतीत नहीं हो रहे हैं।
- अधिकांश मानव आबादी का शाकाहारी से माँसाहारी की ओर झुकाव से भी फसली पादपों की आपूर्ति की माँग में बढ़ोत्तरी हुई है क्योंकि आँकड़ों के मुताबिक लगभग 1 किग्रा माँस के उत्पादन हेतु 3-7 किलोग्राम शाकीय आहार की आवश्यकता होती है।
- आज विश्व की 25-30% जनसंख्या भुखमरी तथा कुपोषण से पीड़ित है। अत: जन्तुओं तथा मानव आबादी के लिए प्रोटीन पोषण का वैकल्पिक स्रोत एकल कोशिका प्रोटीन (SCP) है, जिसके उत्पादन हेतु सूक्ष्मजीवों का औद्योगिक स्तर पर उत्पादन किया जा रहा है।
- सूक्ष्मजीव; जैसे—*स्पाइरुलिना* को पोटैटो चिप्स संयन्त्र के अपशिष्ट जल पर संवर्धन किया जा सकता है, अपशिष्ट जल स्टार्च युक्त होता है। इसके अतिरिक्त इस प्रोटीन स्रोत को भूसा (कृषि फार्म अपशिष्ट), शीरा (एल्कोहॉल उत्पादन अपशिष्ट), जन्तु अपशिष्ट तथा खाद, यहाँ तक की वाहित मल-जल पर उगाया जा सकता है। इसका उपयोग प्रोटीन, खनिज, वसा, कार्बोहाइड्रेट्स एवं विटामिन के उत्तम स्रोत के रूप में किया जा सकता है।
- उपयोगी पोषक पदार्थों युक्त खाद्य पदार्थों के उत्पादन में अपशिष्टों के प्रयोग से पर्यावरण प्रदूषण में भी कमी लायी जा सकती है। एक अनुमान के अनुसार, लगभग सूक्ष्मजीव *मिथाइलोफिल्स मिथाइलोट्रॉपिस* की 250 ग्राम मात्रा लगभग 25 टन प्रोटीन के उत्पादन में सक्षम है, क्योंकि इसकी जैवभार उत्पादन क्षमता अधिक है।

पशुपालन Animal Husbandry

कृषि विज्ञान की वह शाखा जिसके, अन्तर्गत पालतू पशुओं के भोजन, आवास एवं प्रजनन का अध्ययन किया जाता है, **पशुपालन** (Animal husbandry) कहलाती है।

जानवरों को मानव द्वारा अपने कार्य के लिए साधना, पालना तथा पालतू बनाना **घरेलूकरण** (Domestication) कहलाता है। प्रथम पालतू पशु **कुत्ता** था। 'पशुधन' का प्रयोग सभी लाभदायक तथा पालतू पशुओं, जैसे—गाय, भैस, भेड़, बकरी, घोड़ा, सुअर आदि के लिए किया जाता है।

इन जन्तुओं की निम्न श्रेणियाँ हैं

(i) दुधारु पशु (Milch animals) दुग्ध उत्पादन करने वाले पशु; उदाहरण—गाय, भैंस, बकरी, आदि।

(ii) बोझा ढोने वाले पशु (Drought animals) भारी कार्य के प्रयोग में आने वाले पशु; उदाहरण—बैल, भैंसा, घोड़ा, खच्चर, आदि।

(iii) सामान्य उपयोग के पशु (General utility animals) जिनका प्रयोग घर व सामान की सुरक्षा, चमड़ा, खाल आदि की प्राप्ति के लिए किया जाता है; उदाहरण—कुत्ता, बिल्ली, आदि।

मत्स्य पालन Fish Culture or Pisciculture

- मछली उपयोग में भारत का विश्व में **सातवाँ स्थान**, जबकि मछली उत्पादन में विश्व में **दूसरा स्थान** है।
- मछलियाँ एक प्रोटीनयुक्त, अत्यन्त पौष्टिक तथा आसानी से प्राप्त किये जाने वाला भोजन का स्रोत है। अलवणजलीय मछलियों के पालन को **मीठा जल मत्स्य पालन** (Inland fisheries) कहते हैं।
- **एक्वाकल्चर** (Aquaculture) में जलीय प्राणियों के साथ उपयोगी पौधों का भी संवर्धन शामिल है। समुद्री मत्स्य पालन (Marine fisheries) में मुख्यतया समुद्र, समुद्र तट तथा यूस्त्ररी से मछलियाँ पकड़ी जाती हैं।
- मछलियों में प्राकृतिक जनन तथा उत्प्रेरित जनन पाया जाता है। निषेचित अण्डों को बीज कहते है, जिनसे प्रस्फुटित छोटी मछलियाँ अर्थात् फ्राई प्राप्त होती हैं, जो बाद में मछली में रूपान्तरित हो जाती हैं।
- मछलियों से विटामिन-A व D युक्त तेल, फिश मील (Fish meal) तथा खाद प्राप्त होती हैं।

भारत की मुख्य खाद्य मछलियाँ Important Edible Fishes of India

(i) **अलवणजलीय मछलियाँ** (Freshwater Fishes)

कटला — *कटला कटला*
रोहू — *लेबियो रोहिता*
मागुर — *क्लेरियस बैट्रेकस*
सिंघाड़ा — *मिस्टस सिंघाला*
लाची या माली — *वैलेगो अट्टू*

(ii) **लवणजलीय मछलियाँ** (Marine fishes)

पाम्फ्रेट — *स्ट्रोमेटियस*
हिल्सा — *हिल्सा इलिसा*
बाम्बे डक — *हारपोडॉन*
सारडीन — *सार्डीनेला*
साल्मॉन — *एल्यूथीरोनीमा*
ईल — *एंगुइला जातियाँ*

(iii) **कुद आयतित मछलियाँ** (Exotic fishes)

कार्प — *साइप्रिनस कार्पिओ*
टेंच — *टिंका टिंका*
गोरामी — *आस्फ्रोनीमस गोरामी*
क्रुशिअन कार्प — *कैरेसिअस कैरेसिअस*
तिलापी — *तिलापिआ मोजम्बिका*

मुर्गी पालन Poultry

- मुर्गीपालन में मुर्गे, फ्रीजेन्ट, बत्तख तथा टर्की पालन आते हैं। मुर्गों की भारतीय किस्में हैं—असील, बसरा, घैगस, ब्रह्मा, काराकन्त आदि। यूरोपीय प्रजातियाँ हैं—प्लाइमाउथ रॉक, सफेद लैगहार्न, रोडे आइसलैण्ड रैड तथा न्यू हैम्पशायर।
- मुर्गीपालन द्वारा अण्डे एवं माँस का उत्पादन किया जाता है। वर्तमान में भारत प्रथम छः अण्डा उत्पादक देशों में सम्मिलित है।

मुर्गियों के रोग Poultry Diseases

(a) मुर्गी चेचक (Fowl pox)

(b) रानीखेत (Ranikhet)

(c) कोराइजा (Coryza)

(d) अतिसार (Fowl cholera)

(e) एस्परजिलोसस (Aspergillosus)

मधुमक्खी पालन Apiculture

- मधुमक्खियों के पालन तथा रख-रखाव की वैज्ञानिक विधि को **एपीकल्चर** (Apiculture) कहते हैं। मधुमक्खियों का मुख्य उत्पाद **शहद** है, जबकि **मोम** सहउत्पाद है।

  भारत में मधुमक्खी की चार जातियाँ हैं

  (i) *एपिस फ्लोरिया* — लिटिल
  (ii) *एपिस इण्डिका* — भारतीय
  (iii) *एपिस डॉरसेटा* — रॉक
  (iv) *एपिस मेलिफेरा* — यूरोपियन

- मधुमक्खी के छत्ते में एक रानी मक्खी, श्रमिक तथा ड्रोन होते हैं, अर्थात् इनमें **बहुरूपता** (Polymorphism) तथा कार्य विभाजन (Division of labour) की क्षमता पाई जाती है।
- रानी मक्खी अण्डे देती है जबकि, श्रमिक, भ्रूण की देखभाल, भोजन का संचय, छत्ता निर्माण एवं छत्ते की सफाई करते हैं। ड्रोन का कार्य केवल अण्डों के निषेचन का होता है, उसके पश्चात इसकी मृत्यु हो जाती है। रानी मक्खी कई वर्ष तक जीवित रहती है, जबकि श्रमिक केवल एक या दो महीने तक ही जीवित रहती हैं।
- सामान्यतया एक कालोनी में एक रानी पायी जाती है और यह रॉयल जैली (Royal jelly) से अपना पोषण प्राप्त करती है। श्रमिक द्विगुणित **बन्ध्य मादाएँ** (Sterile female) हैं और इनमें जननांगों का विकास नहीं होता, जबकि ड्रोन (Drone) अनिषेकजनन द्वारा उत्पन्न अगुणित नर होते हैं। श्रमिक मक्खियों में **स्टिंग** (Sting) व **मोम ग्रन्थियाँ** (Wax glands) पायी जाती हैं, जबकि नर में ये अनुपस्थित होती है।
- शहद (pH = 3-4) में जल (15-20%), फ्रक्टोस (40-45%), ग्लूकोस (32-37%), सुक्रोस (12%) तथा विटामिन, खनिज एवं प्रोटीन पाए जाते हैं। **प्रो. के वॉन फ्रिश** ने बताया कि मधुमक्खियों में नाच (Dancing) आपस में सूचना देने का एक माध्यम है।

लाख-कीट पालन Lac Culture

- लाख एक चिपचिपा रेसिन (Resin) है, जो *टेकारडिया लक्का* नामक (जिसे पहले *लेसीफर लक्का* कहते थे) लाख-कीट से प्राप्त होता है। यह कीट बबूल, बेर, पलाश कुसुमी, पीपल, गूलर, शीशम, साल आदि पर परजीवी है। पलास व बेर के पादप पर से प्राप्त लाख को **कुसुमी लाख** (Kusumi lac) कहते हैं।
- लाख, लाख कीट के शरीर से स्रावित होता है, इसमें 68-90% रेजिन, 2-10% डाई, 6% मोम, 5-10% एल्ब्युमिनस पदार्थ तथा 3-7% खनिज होते हैं।
- भारत में बिहार देश का सबसे अधिक लाख उत्पादक राज्य है, इसके बाद मध्य प्रदेश, पश्चिमी बंगाल तथा महाराष्ट्र हैं। भारत संसार की कुल उत्पादकता का लगभग 75% उत्पादन करता है।
- लाख का प्रयोग छपाई उद्योग में, ग्रामोफोन के रिकार्ड तथा बिजली का सामान बनाने में, विद्युत धारा का विलगाव पदार्थ, वार्निश पोलिश में, चूड़ी उद्योग में, प्रसाधनों में तथा सील लगाने वाला पदार्थ के रूप में होता है।
- सन् 1925 में राँची में नामकुम में 'भारतीय लाख अनुसन्धान केन्द्र (Indian Lac Research Institute)' की स्थापना हुई थी।

रेशमकीट पालन Sericulture

रेशम प्राप्ति के लिए रेशम कीटों के पालन को रेशमकीट पालन या सेरीकल्चर कहते हैं। भारत का रेशम उत्पादन में विश्व में **पाँचवा स्थान** है।

भारत में रेशमकीट की चार जातियाँ पाई जाती हैं

(i) ***बॉम्बिक्स मोराई*** या **शहतूत का रेशमकीट** (*Bombyx mori*) इससे मलबेरी रेशम (Mulberry silk) प्राप्त होता है।

(ii) ***एन्थेरिया पैफिया*** (*Antheria paphia*) या **टसर रेशमकीट** इससे टसर रेशम प्राप्त होता है।

(iii) ***फ्लोसामिया रिसिनी*** (*Phlosamia ricini*) या **ऐरी रेशमकीट** इससे एरी (eri) रेशम प्राप्त होता है।

(iv) ***ऐन्थीरीया असामा*** (*Antheraea assama*) या **मूगा रेशम-कीट** इससे मूगा रेशम (Muga silk) प्राप्त होता है।

- रेशम का उत्पादन लारवा करता है। लारवा या कैटरपिलर (Catterpillar) की लार ग्रन्थियों द्वारा एक द्रव का स्रावण होता है, जो स्पिनरेट (Spinneret) द्वारा बाहर निकलता है। यह द्रव सूख कर, कड़ा होकर रेशम के धागे का निर्माण करता है। ये धागे कैटरपिलर के चारों ओर लिपट कर कोकून (cocoon) बनाते हैं। कोकून के भीतर कैटरपिलर प्यूपा (Pupa) में बदल जाता है। प्यूपा को उबाल कर मार देते हैं (स्टिफलिंग-Stiffling) तथा रेशम प्राप्त कर लेते हैं। यदि प्यूपा वयस्क में बदल जाता है तब यह कोकून को काट कर बाहर आ जाता है तथा रेशम खराब हो जाता है।
- तीन दिन में कोकून में 1000-1200 मी लम्बे धागे का निर्माण हो जाता है। 2500 कोकून से एक पौण्ड (454 ग्राम) रेशम प्राप्त किया जा सकता है।

रेशम का संघटन Composition of Silk

- *रेशम दो प्रकार की प्रोटीन से बना होता है*
  - (a) फाइब्रोइन (Fibroin)—रेशम धागे का 75%
  - (b) सेरिसिन (Sericin)—रेशम धागे का 27%
- भारत में पहला रेशम अनुसन्धान केन्द्र पश्चिमी बंग में बरहमपुर में 1943 में स्थापित हुआ था।
- कोकून से सिल्क प्राप्त करना पश्च कोकून क्रियाविधि (Post cocoon processing) कहलाती है तथा मृत कोकून से धागा प्राप्त करना **रिलिंग** (Reeling) कहलाता है।
- कायान्तरण के दौरान **हिस्टोलाइसिस** (Histolysis) व **हिस्टोजेनेसिस** (Histogenesis) होता है और प्यूपा वयस्क में बदल जाता है।

मोती पालन Pearl Culture

- मोती एक जीव उत्पाद है तथा यह मोलस्का संघ के पर्ल ओस्टर (मस्सल) नामक जन्तु का स्रावित पदार्थ है।
- पर्ल ओस्टर (Pearl oyster) का जन्तु वैज्ञानिक नाम *पिंकटाडा वल्गेरिस* है।
- जब कोई बाहरी कण मेन्टल (Mantle) के सम्पर्क में आता है, तो इसे एक सेक (Sac) बनाकर घेर लेता है, इसके चारों ओर एपीथीलियम द्वारा अनेक संकेन्द्रित (Concentric) परतों का निर्माण होता है, जिसके फलस्वरूप मोती का निर्माण होता है।
- रासायनिक प्रकृति के आधार पर मोती $CaCO_3$ तथा **कोलकाइटिन** का बना होता है।
- **कोकिची मिकीमोटो** (Kokichi Mikimoto) को **मोती उद्योग का पिता** (Father of pearl industry) कहा जाता है। जापान का मोती उद्योग में विश्व में **प्रथम स्थान** है।

अभ्यास प्रश्न

पादप प्रजनन

1. पादप प्रजनन का मुख्य ध्येय है
(a) रोग विमुक्त किस्मों का उत्पादन
(b) उच्च उन्नतशील पादप किस्मों का विकास
(c) उच्च उपज एवं पूर्व परिपक्व फसली किस्मों को व्यवसायिक उत्पादन हेतु विकसित करना
(d) उपरोक्त सभी

2. पादप प्रजनन से वास्तविक जाति के पौधों में
(a) पौधों की आकारिकी में सुधार होता है
(b) आनुवंशिक सुधार होता है
(c) दोनों (a) व (b)
(d) उपरोक्त में से कोई नहीं

3. भारत में कृषि विकास का नकारात्मक पहलू है
(a) नवीन अनुसन्धानों की कमी
(b) कृषकों की दयनीय आर्थिक स्थिति
(c) परम्परागत् रुढ़िवादी विचारधारा
(d) उपरोक्त सभी

4. भारत में हरित क्रान्ति लाने का श्रेय दिया जाता है
(a) बी पी पाल को
(b) नॉर्मन बोरलॉग को
(c) डॉ. एम एस स्वामीनाथन को
(d) के सी मेहता को

5. ICAR (भारतीय कृषि अनुसन्धान परिषद) नियन्त्रण रखता है
(a) कृषि पर (b) पशुपालन पर
(c) मत्स्य पालन पर (d) इन सभी पर

6. ICAR का मुख्यालय स्थित है
(a) लखनऊ में (b) कोयम्बटूर में
(c) दिल्ली में (d) मुम्बई में

7. अन्तर्राष्ट्रीय मक्का एवं गेहूँ केन्द्र कहाँ स्थित है?
(a) मैक्सिको (b) जापान (c) ऑस्ट्रेलिया (d) न्यूजीलैण्ड

8. डॉ. बोरलॉग व उनके साथियों ने गेहूँ की बौनी प्रजातियों का विकास कहाँ किया?
(a) अन्तर्राष्ट्रीय मक्का एवं गेहूँ केन्द्र 'मैक्सिको'
(b) अन्तर्राष्ट्रीय चावल एवं गेहूँ केन्द्र 'जापान'
(c) अन्तर्राष्ट्रीय गेहूँ एवं जौ केन्द्र 'मैक्सिको'
(d) अन्तर्राष्ट्रीय गेहूँ एवं बाजरा केन्द्र 'जापान'

9. पादप प्रजनन का घनिष्ठ सम्बन्ध है
(a) आकारिकी से (b) आनुवंशिकी से
(c) कोशिका विज्ञान से (d) दोनों (b) व (c)

10. एक महत्त्वपूर्ण चावल की किस्म, जिसकी संसार में अत्यधिक कृषि की जाती है तथा इसने एशिया में लगभग खाद्य समस्या को सुलझा दिया है वह है
(a) IR-36 (b) जया
(c) डी-जिओ-वू-जेन (d) IR-24

11. सदाबहार क्रान्ति का मुख्य उद्देश्य है
(a) दोबारा हरित क्रान्ति लाना
(b) खाद्यान्नों को सुरक्षित रखना
(c) खाद्यान्नों को बढ़ाना
(d) ये सभी

12. प्रजनन की सबसे पुरानी विधि है
(a) संकरण (b) वरण
(c) उत्परिवर्तन प्रजनन (d) प्रवेश

13. प्राकृतिक चयन आधारित है
(a) योग्यतम् की उत्तरजीविता पर
(b) उपार्जित लक्षणों की वंशागित पर
(c) दोनों (a) व (b)
(d) उपरोक्त में से कोई नहीं

14. कृत्रिम चयन आधारित है
(a) जीनोटाइप पर
(b) फीनोटाइप पर
(c) योग्यतम् की उत्तरजीविता पर
(d) इन सभी पर

15. सर्वप्रथम कृत्रिम संकरण किया था
(a) कॉटन मेथर (b) थॉमस फेयर चाइल्ड
(c) डार्विन (d) डी कण्डोले

16. अन्तर्राष्ट्रीय चावल शोध अनुसन्धान कहाँ स्थित है?
(a) फिलीपीन्स में (b) कटक में
(c) जापान में (d) भारत में

17. गेहूँ की बौनी किस्म जो मैक्सिको से भारत में लायी गई, वह हैं
(a) सोनोरा- 64 तथा सोनालिका
(b) सोनोरा- 64 तथा लरमा रोजा- 64
(c) शरबती सोनोरा तथा पूसा लरमा
(d) सोनालिका

18. पादप प्रजनन द्वारा उत्पन्न समान लक्षण वाले पौधों को कहा जाता है
(a) क्लोन (b) अगुणित
(c) स्वबहुगुणित (d) जीनोम

19. निम्न में से कौन-सा भारतीय बौना गेहूँ होता है?
(a) *ट्रिटिकम स्फीरोकोकम* (b) *ट्रिटिकम टर्जीडम*
(c) *ट्रिटिकम एस्टीवम* (d) *ट्रिटिकम डाइकोकम*

20. चावल शोध अनुसन्धान ने चावल की वन्य जाति तथा अन्य 13 किस्मों का उपयोग कर चावल की कौन-सी उन्नत किस्म तैयार की है?
(a) IR-8 (b) IR-24
(c) IR-36 (d) इनमें से कोई नहीं

21. उन्नत फसल के लिए सर्वोच्च विधि है
(a) पूर्णशक्तता (b) ऊतक संवर्धन
(c) बहुगुणित प्रजनन (d) उत्परिवर्तन प्रजनन

22. पौधों की नई किस्म उत्पन्न की जाती है
(a) चयन एवं संकरण द्वारा (b) उत्परिवर्तन एवं चयन द्वारा
(c) प्रवेश एवं उत्परिवर्तन द्वारा (d) प्रवेश द्वारा

23. बाजरा पर किस वैज्ञानिक ने पादप प्रजनन की तकनीकियों का प्रयोग कर नई किस्में तैयार की?
(a) डॉ. रामधन पाल (b) डॉ. अथवाल
(c) डॉ. धर्मपाल सिंह (d) डॉ. स्वामीनाथन

24. मिश्रित आबादी से वाँछनीय पौधों का चयन कहलाता है
(a) व्यापक वरण (b) क्लोनीय वरण
(c) प्राकृतिक वरण (d) शुद्ध वंशक्रम वरण

25. संकर ओज का नियमन कायिक प्रजनन वाली फसलों में उपयुक्त है, इसका कारण है
(a) यह आसानी से उगाई जा सकती है
(b) इसका जीवनकाल लम्बा होता है
(c) इसकी रोग प्रतिरोधकता अधिक होती है
(d) एक एच्छिक संकर उत्पन्न करने के लिए हानि नहीं होती

26. शुद्ध वंशक्रम वरण शब्द सर्वप्रथम देने वाले वैज्ञानिक थे
(a) डब्ल्यू एल जॉहन्सन (b) सिन्नट तथा डन
(c) डार्लिंगटन (d) आशाबे

27. शुद्ध वंशक्रम वरण विधि के उपयोग से विकसित किस्म होती है
(a) समयुग्मजी तथा असमान (b) समयुग्मजी तथा एकसमान
(c) विषमयुग्मजी तथा असमान (d) विषमयुग्मजी तथा एकसमान

28. शुद्ध वंशक्रम वरण के सम्बन्ध में कौन-सा वक्तव्य उचित है?
(a) इसे सदैव स्व-परागित किस्मों हेतु उपयोग में लाया जाता है
(b) इनमें अनेक पौधों का चुनाव किया जाता है
(c) इस विधि के उपयोग में लगभग 6 वर्षों में नई किस्म का विकास हो जाता है
(d) उपरोक्त सभी

29. संकर अधिकांशतया अपने जनक से श्रेष्ठ होते हैं, क्योंकि उनमें होता है
(a) समयुग्मजता
(b) संकर ओज
(c) जनक ज्यादातर कमजोर होते हैं
(d) इनमें से कोई नहीं

30. लक्षणों के एक सेट में भिन्न दो एककों के मध्य क्रॉस से प्राप्त सन्तति कहलाती है
(a) बहुगुणित (b) संकर (c) उत्परिवर्ती (d) वैरियन्ट

31. संकरण हेतु कौन-सी विधि का उपयोग किया जाता है?
(a) इमेस्कुलेशन (b) थैलियों में बन्द करना
(c) क्रॉसिंग (d) ये सभी

32. आर्थिक महत्त्व की वाँछित फसल किस विधि द्वारा प्राप्त की जाती है?
(a) प्राकृतिक चयन से (b) संकरण से
(c) उत्परिवर्तन से (d) जैव-उर्वरक से

33. कायिक प्रजनन करने वाले पादपों में संकर ओज क्यों आवश्यक है?
(a) संकर ओज लम्बे काल तक रहता है
(b) संवर्धन में आसानी रहती है
(c) उत्पादन अधिक होता है
(d) इसमें लैंगिक जनन की क्षमता नहीं होती

34. निम्न में से संकर ओज (hybrid vigour) किसमें अधिक विकसित होगा?
(a) अन्तर्किस्मीय संकर में (b) अन्तर्किस्मीय संकर में
(c) अन्तर्जातीय संकर में (d) अन्तर्वंशीय संकर में

35. दो अन्त:प्रजातियों से संकरण कहलाता है
(a) मिश्रित संकरण (b) एकल संकरण
(c) द्विसंकरण (d) संश्लेषित संकरण

36. संकर अपने पैतृक की अपेक्षा प्राय: अधिक प्रभावी किसके कारण होता है?
(a) विविधयुग्मनजता (b) समयुग्मनजता
(c) संकर के श्रेष्ठ जीन्स (d) इनमें से कोई नहीं

37. *ट्रिटिकेल* मानव निर्मित फसल निम्न के बीच में अन्तर्वंशीय संकरण द्वारा विकसित की गई है
(a) चावल तथा मक्का (b) गेहूँ तथा राई
(c) गेहूँ एवं एजीलोस (d) गेहूँ तथा चावल

38. संवर्धनीय दशाओं के अन्तर्गत एक अकेले अंकुरण करने वाले पराग कण से विकसित पौधे को कहा जाता है
(a) टेट्राप्लॉइड पादप (b) अगुणित पादप
(c) द्विगुणित पादप (d) बहुगुणित पादप

39. बहुगुणिता का अर्थ है
(a) गुणसूत्रों का एक जीनोम
(b) गुणसूत्रों के दो जीनोम
(c) गुणसूत्रों के दो से अधिक जीनोम
(d) इनमें से कोई नहीं

40. बहुगुणिता की खोज किसने की?
(a) डिबेरी (b) हैबरलेन्ट
(c) सैनियो (d) लुट्ज

41. निम्न में से कौन-सा पदार्थ बहुगुणिता (polyploidy) उत्प्रेरित करने में उपयोग होता है?
(a) कैफीन (b) कॉल्चिसीन
(c) स्टीरॉल (d) पॉलीएमिन

42. जनन प्रक्रियाओं के अध्ययन के लिए अगुणित (haploids) श्रेष्ठ क्यों माने जाते हैं?
(a) प्रभावी लक्षण प्रकट होते हैं
(b) सुप्त लक्षण प्रकट होते हैं
(c) अपूर्ण प्रभावी लक्षण प्रकट होते हैं
(d) इनमें से कोई नहीं

43. शकरकन्द तथा आलू की उन्नत किस्में होती हैं
(a) डिप्लॉयड एवं ट्रिप्लॉयड (b) ट्रिप्लॉयड एवं टेट्राप्लॉयड
(c) टेट्राप्लॉयड एवं ट्रिप्लॉयड (d) केवल ट्रिप्लॉयड

44. पॉलीप्लॉयड प्रजनन में गुणसूत्रों के
(a) सेटों की संख्या में वृद्धि होती है
(b) सेटों की संख्या में कमी होती है
(c) सेटों की संख्या पर कोई प्रभाव नहीं पड़ता
(d) उपरोक्त में से कोई नहीं

45. मनुष्य द्वारा निर्मित एलोपॉलीप्लॉयड है
(a) *हॉर्डियम वुल्गेयर* (b) *रेफैनस सटाइवस*
(c) *ट्रिटिकेल* (d) *जिया मेज*

46. ट्रिप्लॉयड किसी अन्य बहुगुणित से अधिक लाभदायक क्यों होते हैं?
(a) बीजरहित तथा प्ररोह कटिंग से प्रवर्धित होने के कारण
(b) नर युग्मक के न्यूक्लिएस से संयोग के कारण
(c) बन्ध तथा उच्च संकर ओज क्षमता के कारण
(d) उर्वर तथा स्वास्थ्यवर्धक होने के कारण

47. पौधों में गुणसूत्रों की संख्या बढ़ायी जा सकती है
(a) ऊष्मा उपचार द्वारा
(b) कॉल्चिसीन उपचार द्वारा
(c) हॉर्मोन उपचार द्वारा
(d) उनको वन्य उपजाति से प्रजनन द्वारा

48. बीजरहित तरबूज होता है
(a) ट्रिप्लॉयड (b) टेट्राप्लॉयड (c) हैक्साप्लॉयड (d) हैप्टाप्लॉयड

49. परबहुगुणिता के उदाहरण है/हैं
(a) *ट्रिटिकेल* (b) *रैफनोब्रैसिका*
(c) *ब्रैसिका कम्पेस्ट्रिस* (d) दोनों (a) व (b)

50. कॉल्चिसीन का प्रयोग अगुणित कोशिका को द्विगुणित बनाने में किया जाता है यह
(a) सूत्रीय तर्कु के निर्माण को अवरुद्ध कर देती है
(a) एक कोशिका चक्र में DNA का दो बार प्रतिलिपिकरण करती है
(c) सेन्ट्रोमियर निर्माण को रोक देती है
(d) सूत्री विभाजन को रोक देती है

51. वर्तमान में अधिकांश फसली पादप हैं
(a) स्व बहुगुणन वाली उत्पत्ति के
(b) मिश्रित जीनोटाइपिक उत्पत्ति के
(c) संरचनात्मक विषमयुग्मजी उत्पत्ति के
(d) एलोपालीप्लॉयडल उत्पत्ति के

52. निम्नलिखित में से कौन-सी फसलें उत्परिवर्तन का परिणाम नहीं है?
(a) गेहूँ की शरबती सोनोरा (b) मटर की हंस
(c) चावल की पद्मिनी (d) इनमें से कोई नहीं

53. सर्वोच्च आनुवंशिक भिन्नता की डिग्री उत्पन्न की जा सकती है
(a) संकरण द्वारा (b) उत्परिवर्तन द्वारा
(c) व्यापक वरण द्वारा (d) बैक क्रॉसिंग द्वारा

ऊतक संवर्धन

54. एक कायिक संकर को विकसित करने के लिए *अन्त: पात्रे* परिवेश में एक उपयुक्त पोषक माध्यम में पादप की विभिन्न किस्मों या प्रजातियों से प्राप्त की गई कायिक कोशिकाओं के जीवद्रव्यों के संलयन की प्रक्रिया कहलाती है
(a) कायिक संकरण (b) क्रॉस संकरण
(c) अन्तराप्रजातीय संकरण (d) अन्तरजातीय संकरण

55. पादप ऊतक संवर्धन के जनक हैं
(a) बर्न (b) मॉर्गन
(c) हैबरलैण्ड (d) इनमें से कोई नहीं

56. विभज्योतक संवर्धन निम्न का संवर्धन है
(a) अक्षीय या शीर्ष प्ररोह विभज्योतक
(b) परागकोष
(c) पौधों के बीज
(d) नवोद्भिद् भ्रूण

57. विभज्योतक संवर्धन का प्रयोग किया जाता है
(a) रोगमुक्त पौधों को उत्पन्न करने में
(b) जर्मप्लाज्म के संरक्षण में
(c) तीव्र क्लोन बहुगणन में
(d) उपरोक्त सभी में

58. ऊतक संवर्धन के दौरान एजिटेशन किया जाता है
(a) संवर्धन में वायु उपलब्ध कराने के लिए
(b) सतत् मिश्रण के लिए
(c) कोशिका समूह को पृथक् करने के लिए
(d) उपरोक्त सभी

59. कायिक कोशिका से विकसित होने वाला भ्रूण है
(a) कायिक (Somatic) भ्रूण (b) प्रजनन भ्रूण
(c) बन्ध्य भ्रूण (d) इनमें से कोई नहीं

60. कायिक संकर किसके संलयन द्वारा उत्पादित किए जाते हैं?
(a) दो कोशिकाओं के जीवद्रव्यों (b) दो कोशिकाओं के कोशिकाद्रव्यों के
(c) दो कोशिकाओं के केन्द्रकों के (d) दो कोशिकाओं के DNA के

61. पोमैटो (Pomato) कायिक संकर है
(a) आलू एवं प्याज का (b) आलू एवं टमाटर का
(c) आलू एवं बैंगन का (d) आलू एवं लहसुन का

62. निजर्मीकृत स्थिति के अन्तर्गत एक उपयुक्त संवर्धन में पादप के किसी एक भाग द्वारा सम्पूर्ण पादप के पुनर्जनन (Regeneration) की तकनीक कहलाती है
(a) ऊतक संवर्धन (b) पादप संवर्धन
(c) सूक्ष्मप्रवर्धन (d) कायिक (Somatic) संकरण

63. सूक्ष्मप्रवर्धन की एक तकनीक है
(a) कायिक संकरण की (b) कायिक भ्रूणोद्भव
(c) जीवद्रव्य संलयन की (d) भ्रूण संरक्षण की

64. सूक्ष्मप्रवर्धन में शामिल होता है
(a) सूक्ष्मजीवों के उपयोग द्वारा पौधों का कायिक बहुगुणन
(b) छोटे एक्जोप्लास्ट के उपयोग द्वारा पौधों का कायिक बहुगुणन
(c) लघुबीजाणु के उपयोग द्वारा पौधों का कायिक बहुगुणन
(d) लघुबीजाणु और गुरुबीजाणु के उपयोग द्वारा पौधों का नॉन-कायिक बहुगुणन

65. निम्न कथनों पर विचार कीजिए तथा इनमें से कौन-से ऊतक संवर्धन सूक्ष्मप्रवर्धन का लाभ है?
I. बड़ी संख्या में पादपों को कम समय में उगाया जा सकता है।
II. रोगी पादपों से रोग मुक्त पादप प्राप्त किए जा सकते हैं।
III. आनुवंशिक रूप से भिन्न पादप उत्पन्न किए जा सकते हैं।
IV. कायिक संकर, जैसे—पोमैटो (Pomato) प्राप्त किए जा सकते हैं।
सही विकल्प का चयन कीजिए।
(a) I, II एवं III (b) II, III एवं IV
(c) I, II एवं IV (d) I, II, III एवं IV

66. एक कोशिका कर्त्तोतक (Explant) की एक सम्पूर्ण पादप में वृद्धि करने की क्षमता, कहलाती है
(a) पादप संवर्धन (b) ऊतक संवर्धन
(c) कोशिकीय पूर्णशक्तता (d) ये सभी

67. फूलों की खेती एवं बागवानी उद्योग में समाज (Society) की माँग पूरी करने के लिए कम अवधि में नए पादपों (Plantlets) का बड़ी संख्या में कृत्रिम परिवेश में उत्पादन कहलाता है
(a) कायिक संकरण (b) सूक्ष्मप्रवर्धन
(c) हाइब्रिडोमा तकनीक (d) सोमाक्लोनल भिन्नता

68. ऊतक संवर्धन से उत्पादित पादप, मूल पादप, जहाँ से वे उत्पन्न किए गए हैं, से आनुवंशिक रूप से समान होते हैं। अत: ये कहलाते हैं
(a) सोमाक्लोन्स (b) क्लोन्स (Clones)
(c) पैराक्लोन्स (d) इनमें से कोई नहीं

69. ऊतक संवर्धन तकनीक द्वारा एक रोगी पादप से स्वस्थ विषाणु मुक्त पादप प्राप्त करने के लिए रोगी पादप का कौन-सा भाग उपयोग में लेंगे?
(a) केवल शीर्षस्थ विभज्योतक (Only apical meristem)
(b) पेलिसेड मृदूतक (Palisade parenchyma)
(c) शीर्षस्थ एवं पार्श्विक विभज्योतक दोनों
(d) केवल बाह्यत्वचा

70. एक पादप कोशिका से प्रोटोप्लास्ट प्राप्त करने में निम्न एन्जाइम की आवश्यकता होती है
(a) सेलुलेज (b) काइटिनेज (c) पेक्टीनेज (d) दोनों (a) एवं (b)

71. संवर्धन माध्यम की pH होती है
(a) क्षारीय (b) अम्लीय (c) सान्द्रित (d) उदासीन

72. निम्न में कौन-सा कथन असत्य है?
(a) निलम्बित संवर्धनों को निरन्तर हिलाते रहना चाहिए
(b) संवर्धनों को नहीं हिलाने से कोशिकाओं के गुच्छे बन जाते हैं
(c) संवर्धनों को हिलाने से माध्यम में ऑक्सीजन की कमी हो जाती हैं
(d) सभी कथन सत्य हैं

73. एक प्रोटोप्लास्ट कोशिका है
(a) प्लाज्मा झिल्ली विहीन (b) केन्द्रक रहित
(c) विभाजनशील (d) कोशिका भित्ति रहित

74. होर्टीकल्चर में विभज्योतक (Meristem) संवर्धन क्रिया करता है, ताकि प्राप्त कर सकें
(a) सोमाक्लोनल विभिन्नता (Somaclonal variation)
(b) अगुणित (Haploids)
(c) विषाणु मुक्त पादप
(d) धीमा बढ़ने वाला कैलस (Callus)

75. विषाणु संक्रमित पौधों में शीर्ष एवं पार्श्विक (Axillary) कलियों दोनों में विभज्योतक (Meristematic) ऊतक विषाणु मुक्त होते हैं, क्योंकि
(a) विभाजनशील कोशिकाएँ विषाणु प्रतिरोधी होती हैं
(b) विभज्योतक (Meristems) में प्रतिविषाण्वीय यौगिक होते हैं
(c) ।वेभज्योतकों की कोशिका विभाजन दर से अधिक तीव्र होती है
(d) विषाणु विभज्योतक कोशिका में गुणन नहीं कर सकते हैं

76. शब्द 'पूर्णशक्यता' से अभिप्राय किसकी क्षमता से है?
(a) कोशिका से सम्पूर्ण पादप उत्पन्न होना
(b) कली से सम्पूर्ण पादप उत्पन्न होना
(c) बीज का अंकुरित होना
(d) आकार में कोशिका का बड़ा होना

77. कर्तोत्तक (Explant) है
(a) मृत पादप
(b) पादप का भाग
(c) ऊतक संवर्धन में प्रयुक्त पादप का भाग
(d) पादप का भाग, जो एक विशिष्ट जीन प्रकट करता है

78. परागकण संवर्धन से प्राप्त पादपांग होते हैं
(a) अगुणित (b) बहुगुणित
(c) द्विगुणित (d) उपरोक्त में से कोई नहीं

79 पादप ऊतक संवर्धन में साइटोकाइनिन निम्न की वृद्धि के लिए उत्तरादायी होते हैं
(a) जड़ (b) प्ररोह
(c) अपस्थानिक जड़ों (d) इनमें से कोई नहीं

पशुपालन

80. विज्ञान की वह शाखा, जो पालतू जन्तुओं के सुधार के अध्ययन से सम्बन्धित होती है, क्या कहलाती है?
(a) पशु विज्ञान (b) आनुवंशिक अभियान्त्रिकी
(c) पशुपालन (d) जन्तु विज्ञान

81. गाय का वैज्ञानिक नाम है
(a) *कैप्रा कैप्रा* (b) *बॉस इन्डिकस*
(c) *इक्वस कैबेलस* (d) *बॉस बुबेलस*

82. साहिवाल, सिंधी, प्रजातियाँ हैं
(a) दुधारु गाय की
(b) दोहरे कार्य करने वाली गाय की
(c) दुधारु भैंस की
(d) दोहरे कार्य करने वाली भैंस की

83. अमृतमहल नामक गाय की प्रजाति कहाँ की निवासी हैं?
(a) भूटान (b) महाराष्ट्र (c) कर्नाटक d) आंध्र प्रदेश

84. गिर है
(a) एक दुधारु नस्ल (b) परिवहन/ जोत नस्ल
(c) खच्चर नस्ल (d) द्विउद्देश्यी नस्ल

85. कर्ण स्विस निम्नलिखित में से किनके संकरण से उत्पन्न गाय की संकर नस्ल है
(a) साहिवाल गाय + कन्क्रेज बैल
(b) साहिवाल गाय + ब्राउन स्विस बैल
(c) ब्राउन गाय + साहिवाल बैल
(d) अमृतमहल गाय + ब्राउन स्विस बैल

86. खिल्लारी मवेशी नस्ल है
(a) दुधारु नस्ल
(b) विदेशी नस्ल
(c) जोत/भरकस नस्ल
(d) द्विउद्देश्यी नस्ल

87. भारतीय गाय दूध उत्पादन के सम्बन्ध में घटिया नस्लें कही जाती है क्यों?
(a) उचित, सम्पूर्ण पोषणीय अभाव के कारण
(b) अच्छी नस्लों का अभाव
(c) दोनों (a) व (b)
(d) जानकारी का अभाव है

88. ऐसे मवेशी, जिनमें गायों से ज्यादा मात्रा में दूध मिलता है, परन्तु बैल बेकार भारवाही पशु हैं, वे हैं
(a) द्विप्रयोजन नस्लें (b) दुधारु नस्लें
(c) भारवाही (लधू) नस्लें (d) ये सभी

89. गाय की सीरी प्रजाति पायी जाती है
(a) दार्जिलिंग (b) सिक्किम
(c) भूटान (d) इन सभी स्थानों में

90. भैंस का जन्तु वैज्ञानिक नाम है
(a) *ओविस एरीस* (b) *कैप्रा कैप्रा*
(c) *इक्वस कैबेलस* (d) *बुबेलस बुबेलिस*

91. भैंस की गर्भावधि कितने दिनों की होती है?
(a) 307 दिन (b) 400 दिन
(c) 200 दिन (d) इनमें से कोई नहीं

92. प्रोटीन की सबसे अधिक मात्रा किसके दूध में होती है?
(a) सिंधी गाय (b) सूरती भेड़
(c) काठियावाड़ी भेड़ (d) मुर्रा भैंस

93. चोकला किसकी नस्ल है?
(a) भेड़ की (b) गाय की
(c) बकरी की (d) पॉल्ट्री पक्षी की

94. हिसारडेल किसकी संकर किस्म है?
(a) बकरी की (b) भेड़ की
(c) गाय की (d) मछली की

95. भारत में भेड़ की सबसे ऊँची नस्ल है
(a) मारवाड़ी (b) नैल्लोर
(c) काठियावाड़ी (d) रामपुर बुशेर

96. उत्तम किस्म की कारपेट ऊन जो यूरोप को निर्यात की जाती है। जिसे जोरिया कहते हैं, भेड़ की निम्नलिखित नस्ल से मिलती है
(a) हिसारडेल (b) गुरेज
(c) काठियावाड़ी (d) कोयम्बटूर

97. राजस्थान की निम्नलिखित नस्ल की भेड़ की ऊन अति उत्तम है
(a) मागरा (b) नाली
(c) मारवाड़ी (d) चोकला

98. निम्नलिखित में से कौन बकरी की नस्लें है/हैं?
(a) जमुनापरी (b) मालबारी
(c) बरबरी (d) ये सभी

99. पशुधन में सबसे ज्यादा बच्चे देने वाली नस्ल है
(a) श्वेत लेगहॉर्न कुक्कुट (b) शूकर (सूअर)
(c) भेड़-बकरियाँ (d) ब्रोइलर

100. काठियावाड़ी नस्ल का घोड़ा पाला जाता है/पाया जाता है
(a) हिमाचल प्रदेश में (b) लद्दाख में
(c) गुजरात तथा राजस्थान में (d) पंजाब में

101. जैबू (गाय) मवेशियों की कुल नस्लें जो यूरोप से मध्य एशिया तक फैली हुई हैं
(a) 26 (b) 75 (c) 33 (d) 7

102. बन्ध्य गाय में दुग्ध स्रावण किया जा सकता है
(a) गोनेडोट्रॉपिन हॉर्मोन द्वारा (b) फोलिक अम्ल द्वारा
(c) स्टिलबेस्ट्रॉल द्वारा (d) ऑक्सीटोसिन द्वारा

103. कृत्रिम वीर्यसेचन को प्राकृतिक वीर्यसेचन से उत्तम क्यों माना जाता है?
(a) उच्च व उत्तम नस्ल के साँड के वीर्य की सभी जगह उपलब्धता
(b) जन्मजात रोगों से मुक्ति के कारण
(c) यह सुगम तथा सुलभ साधन है
(d) उपरोक्त सभी

104. इनमें मुर्गी की कौन-सी नस्ल दुनिया में सबसे अधिक अण्डे देने वाली है?
(a) ऐस्ट्रो श्वेत (b) ब्रह्मा
(c) काली मिनोर्का (d) श्वेत लेगहॉर्न

105. ताजे पानी में मछली पालन कहलाता है
(a) एक्वाकल्चर (b) अन्तर्देशीय मछली पालन
(c) पिसीकल्चर (d) इनमें से कोई नहीं

106. पिसीकल्चर निम्न में से किसका संवर्धन होता है?
(a) जलीय जन्तु का (b) प्रॉन का
(c) मछली का (d) इनमें से कोई नहीं

107. टर्म एक्वाकल्चर का अर्थ है
(a) एस्पर्जिलोसिस (b) समुद्री मत्स्य पालन
(c) भूमि मत्स्य पालन (d) दोनों (b) व (c)

108. पॉम्फ्रेट मछली का जन्तु वैज्ञानिक नाम है
(a) *एंगुइला एंगुइला* (b) *स्टोमेटियस सिनेन्सिस*
(c) *सायेनोग्लोसस* (d) *हिल्सा इलिसा*

109. सबसे बड़ी भारतीय कार्प है
(a) रोहू (b) *कटला कटला* (c) पर्च (d) *हारपोडॉन*

110. मोती सीप किस वर्ग से सम्बन्धित होता है?
(a) ग्रेस्ट्रोपोडा (b) पेलेसायपोडा
(c) स्कैफोपोडा (d) एम्फीन्यूरा

111. मोती पैदा करने वाली भारतीय प्रजाति है
(a) *पिंकटाडा इण्डिका* (b) *ऑस्ट्रिया इण्डिका*
(c) *पिंकटाडा वुल्गेरिस* (d) *ऑस्ट्रिया वुल्गेरिस*

112. मोती का निर्माण किसके स्राव से होता है?
(a) प्रिज्मीय स्तर (परत) से
(b) प्रावार की स्तम्भी उपकला कोशिकाओं द्वारा
(c) प्रावार की पक्ष्माभी (रोमाभ) उपकला कोशिकाओं द्वारा
(d) प्रावार के संयोजी ऊतक द्वारा

113. कुक्कुट पालन के अन्तर्गत पालन किया जाता है
(a) बत्तख, मुर्गी, कछुओं व टर्की का
(b) बत्तख, मुर्गी, कछुओं व टरटल्स का
(c) मुर्गी, बत्तख, कबूतर व कछुओं का
(d) मुर्गी, बत्तख, टर्की व कबूतर का

114. माँस प्राप्ति के लिए किन चूजो को पाला जाता है?
(a) ब्रॉयलर (b) पुलेट्स
(c) कॉकरेल्स (d) इनमें से कोई नहीं

115. अण्डोत्पादन के लिए किसका पालन किया जाता है?
(a) ब्रॉयलर (b) कोकस
(c) लेयरर्स (d) इन सभी का

116. मुर्गियों में एस्पर्जिलोसस (aspergillosus) रोग का रोगजनक है
(a) वायरस (b) जीवाणु (c) प्रोटोजोआ (d) कवक

117. पॉल्ट्री में होने वाला कवकीय रोग है
(a) कॉक्सीडियोसिस (b) मोनीलिएसिस
(c) कोराइजा (d) मारेक्स

118. कुक्कुट पालन (poultry) में पाया जाने वाले वाला जीवाणु जनित रोग है
(a) फाउल पॉक्स (b) रानीखेत
(c) मेरेक (d) पुलोरम

119. रानीखेत बीमारी किसमें पायी जाती है?
(a) मधुमक्खी में (b) मुर्गी में (c) मछली में (d) सूअर में

120. साधारण रेशम कीड़े का जीव वैज्ञानिक नाम है
(a) *एन्थेरिया मायलिटा* (b) *बॉम्बिक्स मोरी*
(c) *एन्थेरिया रॉयली* (d) *एन्थेरिया असामा*

121. टसर रेशम का कीट है
(a) *बॉम्बिक्स मोरी* (b) *एन्थेरिया पैफिया*
(c) *एन्थेरिया असामा* (d) *फ्लोसामिया रिसिनी*

122. सेट्रनिडी कुल का सदस्य नहीं है
(a) *बॉम्बिक्स मोरी* (b) *एन्थेरिया पैफिया*
(c) *एन्थेरिया असामा* (d) *फ्लोसामिया रिसिनी*

123. रेशम के कीट का प्यूपा कहलाता है
(a) क्राइसेलिस (b) कैटरपिलर
(c) मैगट (d) नेड

124. केन्द्रीय रेशम अनुसन्धान केन्द्र किस नगर में स्थित है?
(a) नांगलाई में (b) कर्नाटक में
(c) बरहमपुर में (d) इनमें से कोई नहीं

125. मैगॉट रोग होता है
(a) मधुमक्खी में (b) मछलियों में
(c) रेशम कीट में (d) लाख कीट में

126. टसर रेशम का कीट किस पेड़ की पत्तियों का भक्षण करता है?
(a) साल (b) बेर
(c) ओक व गूलर (d) ये सभी

127. भारत में वह प्रदेश, जो सबसे अधिक मलबरी (शहतूत) रेशम का उत्पादन करता है
(a) मध्य प्रदेश (b) महाराष्ट्र (c) पश्चिम बंगाल (d) कर्नाटक

128. मधुमक्खियों में सबसे बड़ी तथा चट्टानी मक्खी है
(a) *एपिस डॉरसेटा* (b) *एपिस इण्डिका*
(c) *एपिस फ्लोरिया* (d) *एपिस मेलीफेरा*

129. मधुमक्खी में ड्रोन्स (नर) उत्पन्न होते हैं
(a) अनिषेचित अण्डों से
(b) निषेचित अण्डों से
(c) रॉयल जेली द्वारा पोषित लार्वा से
(d) फास्टिंग लार्वा से

130. किस मधुमक्खी में मोम की ग्रन्थियाँ पाई जाती हैं?
(a) सेवक मक्खी में (b) रानी मक्खी में
(c) नर मक्खी में (d) दोनों (a) व (b)

131. पोलन बास्केट मधुमक्खी के किस सदस्य में पायी जाती है?
(a) रानी (b) श्रमिक
(c) ड्रोन (d) सैनिक

132. शहद है
(a) पुष्पों का पराग रस
(b) शहद थैली में संग्रहित पराग रस
(c) शहद थैली में संग्रहित लारयुक्त पराग रस
(d) मधुमक्खी द्वारा चूसा हुआ जल तथा पराग रस

133. शहद (honey) में पाए जाते हैं
(a) लेव्यूलोज, डैक्स्ट्रोज, ग्लूकोस
(b) लेव्यूलोज, डैक्स्ट्रोज, माल्टोज
(c) डैक्स्ट्रोज, ग्लूकोस, फ्रक्टोज
(d) इनमें से कोई नहीं

134. मधुमक्खी की लार सुक्रोज को परिवर्तित करती है
(a) माल्टोज में (b) डैक्स्ट्रोज व लेव्यूलोज में
(c) लेक्टोज व गेलेक्टोज में (d) इनमें से कोई नहीं

135. मधुमक्खी में निम्न में से किसके द्वारा 'शाही जैली' का स्राव होता है?
(a) क्रोप ग्रन्थियों द्वारा (b) मोम ग्रन्थियों द्वारा
(c) जम्भिका ग्रन्थियों द्वारा (d) लार ग्रन्थियों द्वारा

136. श्रमिक मक्खी का जीवनकाल होता है
(a) 10 दिन (b) 15 दिन
(c) 6 सप्ताह (d) 10 सप्ताह

137. सारंग (sarang) या बोम्बारा (bombara) कहलाती है
(a) *एपिस इण्डिका* (b) *एपिस डॉरसेटा*
(c) *एपिस फ्लोरिया* (d) *एपिस मेलिफेरा*

138. मधुमक्खी कालोनी में अगुणित सदस्य होते हैं
(a) रानी (b) ड्रोन (c) श्रमिक (d) सैनिक

139. रानी मधुमक्खी में गुणसूत्रों की कितनी संख्या होती है?
(a) 16 (b) 32 (c) 24 (d) 48

140. मधुमक्खियों में बन्ध्य (sterile) सदस्य होते हैं
(a) रानी (b) ड्रोन
(c) श्रमिक (d) सैनिक

141. सर्वाधिक शहद उत्पन्न करने वाली मधुमक्खी है
(a) *एपिस इण्डिका* (b) *एपिस डॉरसेटा*
(c) *एपिस फ्लोरिया* (d) *एपिस मेलिफेरा*

142. किस वंश के सदस्यों से लाख प्राप्त होती है?
(a) *टैकार्डिया* (b) *एपिस* (c) *बॉम्बिक्स* (d) इन सभी से

143. लाख के कीट का कायान्तरण है
(a) होलोमेटाबोलस (b) हेमीमेटाबोलस
(c) पेरोमेटाबोलस (d) एमेटाबोलस

144. लाख का कीट लाख का उत्पादन करता है
(a) लार ग्रन्थि से (b) उदरीय ग्रन्थियों से
(c) उदर की त्वक् ग्रन्थियों से (d) इनमें से कोई नहीं

145. लाख का कीट पोषण प्राप्त करता है
(a) फन्गस पर (b) शैवाल पर
(c) पौधे जैसे पलास, बबूल पर (d) इनमें से कोई नहीं

146. पलास (palas) व बेर के पौधों से प्राप्त लाख को कहते हैं
(a) कुसुमी लाख (b) ऐरी लाख
(c) सीड लाख (d) इनमें से कोई नहीं

147. लाख का मुख्य पदार्थ है
(a) किरैटिन (b) फाइब्रॉइन
(c) रेजिन (d) इनमें से कोई नहीं

148. ग्रामोफोन रिकॉर्ड के निर्माण में प्रयोग होता है
(a) रेशम का
(b) मछली की त्वचा का
(c) मुर्गी की हड्डियों का
(d) लाख का

149. भारतीय लाख अनुसन्धान संस्थान (Indian Lac Research Institute) स्थित है
(a) बहरामपुर–पश्चिमी बंगाल में (b) नामकुम–झारखण्ड में
(c) बंगलौर–कर्नाटक में (d) इनमें से कोई नहीं

150. निम्न ताप परिरक्षण (Cryopreservation) के अन्तर्गत सजीव कोशिकाओं का परिरक्षण किया जाता है
(a) बहुत/अत्यन्त कम ताप पर (b) रसायनों में
(c) सौर विकिरण में (d) गैसों के प्रयोग द्वारा

उत्तरमाला

1.	(d)	2.	(c)	3.	(d)	4.	(c)	5.	(d)	6.	(c)	7.	(a)	8.	(a)	9.	(d)	10.	(a)
11.	(c)	12.	(b)	13.	(a)	14.	(b)	15.	(b)	16.	(a)	17.	(b)	18.	(a)	19.	(a)	20.	(c)
21.	(b)	22.	(a)	23.	(b)	24.	(a)	25.	(d)	26.	(a)	27.	(b)	28.	(a)	29.	(b)	30.	(b)
31.	(d)	32.	(a)	33.	(a)	34.	(c)	35.	(b)	36	(a)	37.	(b)	38.	(b)	39.	(c)	40.	(d)
41.	(b)	42.	(b)	43.	(b)	44.	(a)	45.	(c)	46.	(a)	47.	(b)	48.	(a)	49.	(d)	50.	(a)
51.	(a)	52.	(d)	53.	(b)	54.	(a)	55.	(c)	56.	(a)	57.	(a)	58.	(d)	59.	(a)	60.	(a)
61.	(b)	62.	(a)	63.	(b)	64.	(b)	65.	(c)	66.	(c)	67.	(b)	68.	(a)	69.	(c)	70.	(d)
71.	(b)	72.	(c)	73.	(d)	74.	(c)	75.	(c)	76.	(a)	77.	(c)	78.	(a)	79.	(b)	80.	(c)
81.	(b)	82.	(a)	83.	(c)	84.	(a)	85.	(b)	86.	(c)	87.	(c)	88.	(b)	89.	(d)	90.	(d)
91.	(a)	92.	(d)	93.	(a)	94.	(b)	95.	(b)	96.	(c)	97.	(d)	98.	(d)	99.	(b)	100.	(c)
101.	(b)	102.	(c)	103.	(d)	104.	(d)	105.	(b)	106.	(c)	107.	(d)	108.	(b)	109.	(d)	110.	(b)
111.	(c)	112.	(b)	113.	(d)	114.	(a)	115.	(c)	116.	(d)	117.	(b)	118.	(d)	119.	(b)	120.	(b)
121.	(b)	122.	(d)	123.	(a)	124.	(c)	125.	(c)	126.	(d)	127.	(d)	128.	(a)	129.	(a)	130.	(a)
131.	(b)	132.	(c)	133.	(b)	134.	(b)	135.	(c)	136.	(c)	137.	(b)	138.	(b)	139.	(b)	140.	(c)
141.	(b)	142.	(a)	143.	(b)	144.	(c)	145.	(c)	146.	(a)	147.	(c)	148.	(d)	149.	(b)	150.	(a)

उत्तर व्याख्या सहित

1. (*d*) पादप प्रजनन का मुख्य उद्देश्य कम उपज वाली फसलों से अधिक उपज वाली, रोग प्रतिरोधक, उच्च गुणवत्ता, शीघ्र पकने वाली फसलों को तैयार करना है जिससे खाद्यान्नों की पूर्ति हो सके एवं भविष्य में भुखमरी जैसी समस्या का सामना न करना पड़े।

3. (*d*) भारत में कृषि विकास के नकारात्मक पहलू निम्नलिखित हैं
(i) किसानों के पास संसाधनों की कमी।
(ii) नवीन अनुसंधान संस्थानों की कमी।
(iii) परम्परागत् रूढिवादिता की विचारधारा।
(iv) किसानों की दयनीय आर्थिक स्थिति।
(v) नई-नई प्रौद्योगिकी की जानकारी का अभाव।

5. (*d*) भारतीय कृषि अनुसन्धान परिषद कृषि, पशुपालन एवं मत्स्य पालन के क्षेत्र में राष्ट्रीय स्तर की एक स्वायत्त (autonomus) सर्वोच्च संस्था है, जिसका प्रमुख कार्य इन क्षेत्रों में अनुसन्धान करना, योजना बनाना एवं उन्हें खेतों तक क्रियान्वित कराना तथा प्राथमिक कृषि प्रसार शिक्षा की व्यवस्था करने में विज्ञान एवं कृषि प्रौद्योगिकी कार्यक्रम को प्रोत्साहन देना है। इसका मुख्यालय दिल्ली में स्थित है।

8. (*a*) डॉ. बोरलॉग तथा उनके सहयोगियों ने मैक्सिको स्थित अन्तर्राष्ट्रीय मक्का एवं गेहूँ केन्द्र में गेहूँ की बौनी किस्मों का विकास किया।

11. (*c*) हरित क्रान्ति की सफलता के पश्चात् भारत को अब सदाबहार क्रान्ति की आवश्यकता है। ताकि देश में सालाना खाद्यान्न उत्पादन को 210 मिलियन टन के मौजूदा स्तर से बढ़ाकर 420 मिलियन टन किया जा सके। इसे 25 जनवरी 2006 को कृषि वैज्ञानिक एवं किसान पर राष्ट्रीय आयोग के अध्यक्ष डॉ. एम एस स्वामीनाथन ने कोयम्बटूर में एक व्याख्यान में व्यक्त किया था।

12. (*b*) प्रजनन की सबसे पुरानी विधि वरण/चयन (selection) है, जिसमें अच्छे पौधों का चयन करके अन्य पौधों से अलग कर दिया जाता है। वरण प्राकृतिक रूप से सदैव होता रहता है यह डार्विन एवं स्पेन्सर की व्याख्या **योग्यतम् की उत्तरजीविता** पर आधारित है।

14. (*b*) वरण के कृत्रिम रूप से क्रियान्वयन में लघु समयावधि में ही फसलों में सुधार किया जाता है, जिसके लिए दृश्यरूप (phenotypically) से सुदृढ़ पौधों का चयन किया जाता है।

15. (*b*) संकरण दो भिन्न प्रकार के आनुवंशिक संगठन युक्त जीवों (पादप एवं जन्तु) का जनन की दृष्टि से संयोग कराकर, नवीन वाँछित एवं उत्तम सन्तति तैयार कराना है इसका प्रयोग सर्वप्रथम मक्का में **थॉमस फेयर चाइल्ड** (1719) ने किया था।

17. (*b*) गेहूँ सोनोरा 64 एवं लरमा रोजा 64 A की बौनी (संकर) फसल जो मैक्सिको से लायी गई थी। जिसे **डॉ. बोरलॉग** की सहायता से **डॉ. स्वामीनाथन**

भारत लाए थे। सोनालिका, शरबती, पूसा, आदि अनेक किस्में भारत में ही तैयार की गई थीं।

27. (*b*) शुद्ध वंशक्रम वरण में प्राकृतिक रूप से स्व-परागित पौधों जैसे गेहूँ में पायी जाती है। इसके अन्तर्गत वाँछित गुण युक्त पौधों का वरण करके उसको बार-बार उगाया जाता है। इस प्रकार निरन्तर वाँछित गुणयुक्त पौधों के उगाने पर समयुग्मजी में स्व-परागण से विकसित पौधों का समूह **शुद्ध वंशक्रम चयन** कहलाता है। इस विधि को **जॉहन्सन** ने फ्रैन्च बीन्स पर किया था।

34. (*c*) अन्तर्जातीय संकरण में संकर ओज अधिक विकसित है। यह एक आनुवंशिक क्रिया है जिसमें आनुवंशिक गुणों में भिन्न दो अन्तः प्रजातियों का परस्पर संकरण कराया जाता है। इसमें दो भिन्न आनुवंशिक युग्मकों में संकरण के फलस्वरूप उत्पन्न F_1 संकर सन्तति आकार, उपज दृढ़ता और अन्य लक्षणों में जनकों से प्रबल (vigrous) होती है। इसी प्रबलता को **संकर ओज** कहते हैं।

39. (*c*) सामान्यतया जीन में गुणसूत्र की संख्या अगुणित n (haploid) एवं द्विगुणित $2n$ (diploid) होती है, लेकिन जब गुणसूत्रों की संख्या में सामान्य की तुलना में एक या दो युग्म की वृद्धि या अधिकता होती है। तब बहुगुणिता (polyploidy) कहलाती है। इसकी खोज **लुट्स** ने की थी।

45. (*c*) मनुष्य द्वारा निर्मित परबहुगुणिता (allopolyploidy) *ट्रिटिकेल* है। *ट्रिटिकेल* चतुर्गुणित *ट्रिटिकम ड्यूरम* तथा द्विगुणित *सीकेल सीरेल* के बीच संकरण व कॉल्चिसीन प्रेरण द्वारा उत्पन्न की जाती है।

50. (*a*) कॉल्चिसीन का प्रयोग अगुणित कोशिका को द्विगुणित बनाने में किया जाता है क्योंकि यह सूत्रीय तर्कु के निर्माण को अवरुद्ध कर देती है।

61. (*b*) पोमैटो (Pomato) आलू एवं टमाटर के बीच एक कायिक संकर है एवं बोमैटो (Bomato) बैंगन एवं टमाटर के बीच कायिक संकर है। कायिक संकर चावल एवं गाजर के बीच भी उत्पादित किए गए हैं।

62. (*a*) पादप ऊतक संवर्धन नियन्त्रित निर्जमीकृत स्थिति के अन्तर्गत रोगाणु रहित पोषक माध्यम में अंगों या ऊतकों, कोशिकाओं को उत्पन्न करने/बढ़ाने की एक तकनीक है।

संवर्धन किया जाने वाली पादप सामग्री कोशिकाएँ ऊतक या पादप के भाग हो सकते हैं। पादप का वह भाग, जो ऊतक संवर्धन के लिए उपयोग किया जाता है, **कत्तोतक** (Explant) कहलाता है।

63. (*b*) कायिक भ्रूण उत्पत्ति सूक्ष्मप्रवर्धन की एक तकनीक है। इसमें नियन्त्रित स्थितियों में उपयुक्त पोषक माध्यम में पादपों की कायिक कोशिकाओं के विभज्योतक ऊतकों के द्वारा पादपों को उगाया जाता है। इस तकनीक का उपयोग सूक्ष्मप्रवर्धन द्वारा नवपादपों (Plantlets) को उत्पन्न करने के लिए किया जाता है।

(i) अंगप्रवर्धन (Organogenesis) सूक्ष्मप्रवर्धन की विधि है, जिसमें कत्तोतक से पार्श्विक कलियों या अपस्थानिक (Adventitious) भागों/अंगों का ऊतक पुनर्जनन (Regeneration) होता है।

(ii) कायिक भ्रूणोद्भव युग्मक (Zygote) (जैसे- कायिक कोशिकाओं से भ्रूण) के निर्माण के बिना भ्रूणों का विकास है।

66. (*c*) उपयुक्त तापमान एवं वायु संचरण स्थितियों पर एक उपयुक्त संवर्धन माध्यम में संवर्धन करने पर एक कोशिका द्वारा एक सम्पूर्ण पादप उत्पन्न करने की क्षमता कोशिकीय पूर्णशक्ता (Totipotency) कहलाती है।

68. (*a*) ऊतक संवर्धन द्वारा हजारों पादप उत्पन्न करने की विधि सूक्ष्मप्रवर्धन कहलाती है। ये पादप, सोमाक्लोन्स (Somaclones) से मूल पादप के लिए आनुवंशिक रूप से समान होते हैं। अनेक महत्त्वपूर्ण भोजन योग्य पादप; जैसे-टमाटर, केला, सेब, आदि इस विधि का उपयोग करके व्यापारिक स्तर पर उत्पन्न किए जाते हैं।

69. (*c*) स्वस्थ पादप की खेती के लिए शीर्षस्थ एवं पार्श्विक विभज्योतक (Meristem) दोनों इस क्षेत्र में शक्तिशाली इन्टरफेरॉन क्रिया के कारण विषाणु से मुक्त होते हैं।

ये ऊतक अपने चारों ओर एक सुरक्षात्मक अपारगम्य आवरण बनाते हैं, जो किसी भी रोगजनक द्वारा अभेदय (Non-penetrable) होता है। ये ऊतक संवर्धन के द्वारा रोग मुक्त पादपों के उत्पादन में उपयोग किए जाते हैं।

73. (*d*) एक प्रोटोप्लास्ट कोशिका, कोशिका भित्ति (Cell wall) रहित कोशिका है। इस कोशिका में कोशिका भित्ति यान्त्रिक या एन्जाइमी (Enzymatic) विधि द्वारा पूर्णतया या आंशिक रूप से हटा दी गई है।

74. (*c*) शीर्षस्थ एवं पार्श्विक तना विभज्योतक (Meristem) का संवर्धन (Cultivation) विभज्योतक संवर्धन (Meristem culture) कहलाता है। यह विकसित प्ररोह से अपस्थानिक (Adventitious) जड़ की उत्पत्ति एवं पहले से उपस्थित प्ररोह विभज्योतक (Shoot meristem) की वृद्धि सम्मिलित करता है। विभज्योतक संवर्धन को तीव्र क्लोनल बहुगुणन, विषाणु मुक्त पादपों के उत्पादन, जननद्रव्य संरक्षण एवं पारजीनी पादपों के उत्पादन के लिए उपयोग किया जा सकता है।

75. (*c*) विषाणु संक्रमित पादपों में पार्श्विक एवं शीर्ष दोनों कलियों में विभज्योतक ऊतक (Meristematic tissue) विषाणु मुक्त होते हैं, क्योंकि विभज्योतक कोशिकाओं का गुणन विषाणु के द्विगुणन की अपेक्षा तीव्रता से होता है। इसके पीछे मुख्य कारण जीन साइलेन्सिंग (Gene silencing) है।

76. (*a*) एक कत्तोतक (पादप का कोई भी भाग लेकर उसे परखनली में उगाना) या एक कोशिका की एक सम्पूर्ण पादप में वृद्धि करने की क्षमता **पूर्णशक्यता** (Totipotency) कहलाती है।

77. (*c*) एक विशेष पोषक माध्यम में निर्जमीकृत स्थितियों के अन्तर्गत एक परखनली में एक पादप के जिस भाग को लिया एवं उगाया जाता है, **कत्तोतक** (Explant) कहलाता है। एक कत्तोतक से सम्पूर्ण पादप उत्पन्न किया या उगाया जा सकता है।

81. (*b*) गाय का जन्तु वैज्ञानिक नाम *बॉस इन्डिकस* है। *कैप्रा कैप्रा* बकरी का, *इक्वस कैबुलस* घोड़े का तथा *बॉस बुबेलस* भैंस का जन्तु वैज्ञानिक नाम है।

85. (*b*) कर्णस्विस साहिवाल गाय तथा ब्राउन स्विस बैल के संकरण से उत्पन्न गाय की प्रजाति है, जो हरियाणा में पायी जाती है। ये लगभग 300 दिनों में 3355 किग्रा दूध का उत्पादन करती है। इसका अधिकतम 43 किग्रा दूध उत्पादन प्रतिदिन का रिकार्ड किया गया है।

87. (*c*) भारतीय गाय दूध उत्पादन के सम्बन्ध में अन्य जगहों की अपेक्षा घटिया नस्लों युक्त है क्योंकि उन्हें उचित देख-रेख, पोषण तथा चिकित्सीय सुविधाएँ नहीं मिलती हैं। साथ ही साथ अच्छी नस्लों का भी अभाव है।

89. (*d*) गाय की 'सीरी' प्रजाति दार्जिलिंग, सिक्किम तथा भूटान में पायी जाती है। इस जाति के बैल मजबूत होते हैं, जो पहाड़ों पर 350-400 किग्रा तक का वजन ढो सकते हैं। इस जाति की गाय बेकार दुधारु होती है।

96. (*c*) उत्तम किस्म की कारपेट ऊन जो यूरोप को निर्यात की जाती है तथा वहाँ जिसे 'जोरिया ऊन' कहते हैं। भेड़ की काठियावाड़ी नस्ल से प्राप्त की जाती है। इस भेड़ से उत्पाद 0.5 किग्रा जनवरी में तथा 1 किग्रा सितम्बर में प्राप्त किया जाता है।

97. (*d*) राजस्थानी भेड़ों में; जैसे-मागरा, नाली, मारवाड़ी तथा चोकला में चोकला भेड़ की ऊन अति उत्तम हैं। ये भेड़ राजस्थान के चुरू, झुझनू, सीकर तथा नागौर जिले में पायी जाती हैं।

100. (*c*) काठियावाड़ी नस्ल का घोड़ा राजस्थान तथा गुजरात में पाया जाता है। हिमाचल प्रदेश में स्पीति, लद्दाख में जाँसकरी तथा पंजाब में भुटिया प्रजातियाँ पाली जाती हैं।

102. (*c*) सामान्यतया बन्ध्य गाय को स्टिलबेस्ट्रॉल (stilbestrol) देकर दुग्ध स्रावण के लिए प्रेरित किया जाता है। सामान्य भारतीय बन्ध्य मवेशियों में बन्ध्यता को गोनेडोट्रॉपिन हॉर्मोन द्वारा कम किया जा सकता है।

106. (*c*) पिसीकल्चर के अन्तर्गत मछली का संवर्धन किया जाता है। मछली उपयोग में भारत का विश्व में सातवाँ स्थान है, जबकि मछली उत्पादन में विश्व में दूसरा स्थान है। मछलियाँ एक प्रोटीनयुक्त, अत्यन्त पौष्टिक तथा आसानी से प्राप्त किए जाने वाला भोजन का स्रोत हैं। अलवणजलीय मछलियों के पालन को मीठा जल **मत्स्य पालन** (inland fisheries) कहते हैं।

110. (*b*) मोती एक जीव उत्पाद है। यह संघ–मोलस्का तथा वर्ग–पेलेसायपोडा के पर्ल ओइस्टर नामक जन्तु का स्रावित पदार्थ है। पर्ल ओइस्टर जन्तु का वैज्ञानिक नाम *पिंकटाडा वुल्गेरिस* है।

111. (*c*) *पिंकटाडा वुल्गेरिस* से भारत में मुख्यतया मोती प्राप्त किया जाता है। *पिंकटाडा वुल्गेरिस* के अतिरिक्त निम्न पर्ल ओइस्टर से मुक्ता या मोती का उत्पादन किया जाता है; जैसे–*पिंकटाडा एट्रोपरप्यूरिया, पिंकटाडा नाइग्रा*, आदि।

113. (*d*) प्रारूपिक रूप से कुक्कुट पालन में कुक्कुट, बत्तख, फीजेन्ट, कबूतर, गीज तथा टर्की (हाल ही में पालन प्रारम्भ) इत्यादि को माँस तथा अण्डों के उत्पादन हेतु पाला जाता है, लेकिन सामान्यतया पॉल्ट्री के अन्तर्गत कुक्कुट वर्ग के समस्त मुर्गी को बहुतायत में पाला जाता है। माँस के लिए पाली जाने वाली पॉल्ट्री पक्षी (मुर्गी) को **ब्रायलर** (broiler) कहते हैं, जबकि अण्डों का उत्पादन **लेयरर्स** (layeres) करते हैं।

116. (*d*) पक्षियों में विषाणु तथा जीवाणु के अतिरिक्त कवक भी रोग का कारक बनते हैं। जैसे-*एस्पर्जिलस* से एस्पर्जिलोसिस नामक रोग का कारक तथा *एफ्लोटॉक्सिन* से एफ्लोटॉक्सिकोसिस नामक रोग होता है। मोनालिएसिस भी एक कवक रोग है।

118. (*d*) कुक्कुट पालन में पाया जाने वाला जीवाणु जनित रोग पुलोरम (pullorum) है। इस रोग का कारक *साल्मोनेला पुलोरम (Salmonella pullorum)* है। फाउल पॉक्स, रानीखेत तथा मेरेक विषाणु जनित रोग है।

121 (*b*) टसर रेशम कीट *एन्थेरिया पैफिया* है, जिससे टसर रेशम प्राप्त होता है। *बॉम्बिक्स मोरी* या शहतूत का रेशम कीट से मलबेरी रेशम मिलता है। *फ्लोसामिया रिसिनी* या ऐरी रेशम कीट से एरी रेशम प्राप्त होता है। *एन्थेरिया असामा* या मूँगा रेशम कीट से मूँगा रेशम मिलता है।

125. (*c*) मैगॉट रोग रेशम के कीट में होता है। इस रोग का कारक *ट्राइकोलायगा सोर्बिलेन्स* नामक मक्खी है। रेशम के कीट में पाए जाने वाले अन्य रोग पेब्राइन रोग तथा फ्लैचिरी रोग हैं।

132. (*c*) शहद अत्यधिक पौष्टिक मधुमक्खी उत्पाद है, जिसमें लगभग 60% शर्कराएँ पायी जाती हैं। शहद का निर्माण मधुमक्खी द्वारा पौधों से प्राप्त नेक्टर, परागकण एवं सुक्रोज लार में उपस्थित विकरों (enzyme) की क्रिया से होता है। लार में उपस्थित एन्जाइम सुक्रोज को डेक्स्ट्रोज तथा लेव्यूलोज शर्करा में परिवर्तित कर देते हैं। शहद का भण्डारण संचयीकरण मधुमक्खी के अन्नपुट (crop) में होता है। छत्ते पर वापस लौटने पर यह शहद को छत्ते के कोष्ठकों में डालती है। शहद का pH मान लगभग 3-4 होता है। इसके रासायनिक संगठन में जल (15-20%), लेव्यूलोज (38.90%) डेक्स्ट्रोज (21.28%), माल्टोज व अन्य शर्कराएँ (8.81%), एन्जाइम तथा वर्णक (2.21%), आयरन, कैल्शियम, सोडियम सूक्ष्म मात्रा में तथा भस्म की लगभग 1.0% मात्रा होती है।

अध्याय 14

मानव कल्याण में सूक्ष्मजीव

Microbes in Human Welfare

सूक्ष्मजीव Microbes

- ऐसे जीव जिन्हें नग्न आँखों से नहीं देखा जा सकता है व जिनके अध्ययन के लिए सूक्ष्मदर्शी (Microscope) की आवश्यकता होती है, सूक्ष्मजीव कहलाते हैं। सूक्ष्मजीवों में जीवाणु (Bacteria), प्रोटोजोअन्स, यीस्ट, कवक तथा शैवाल आते हैं। विषाणु, वाइरॉइड (Viroids), प्रियॉन (Prions), माइकोप्लाज्मा, फाइटोप्लाज्मा, प्रोटीनीय संक्रमित कारक (Proteinaceous infectious agents) हैं, जो सूक्ष्मजीवों के अन्तर्गत आते हैं।
- सूक्ष्मजीवों का अध्ययन **सूक्ष्मजैविकी** या **सूक्ष्मजीव विज्ञान** (Microbiology) कहलाता है। **एण्टोनी वान ल्यूवेनहॉक** (Antonie van Leeuwenhoek) को 'सूक्ष्मजैविकी का पिता (Father of Microbiology)' कहा जाता है।
- सूक्ष्मजीव प्राय: पादपों, जन्तुओं तथा मानवों में विभिन्न रोगों के कारक होते हैं। ये प्रत्यक्ष (Direct) या अप्रत्यक्ष (Indirect) रूप से मानव को हानि पहुँचाते हैं, लेकिन हानिकारक क्रियाओं के साथ-साथ ये पर्यावरण के लिए लाभप्रद क्रियाओं में भी संलग्न होते हैं। सूक्ष्मजीव समस्त मानव जाति के लिए अनेक प्रकार से लाभप्रद होते हैं; उदाहरण—हम प्रतिदिन सूक्ष्मजीवों द्वारा उत्पादित उत्पाद; जैसे—पनीर, दही, बेकरी उत्पाद (ब्रैड, केक), औषधियों, आदि का प्रयोग करते हैं, जिनका विस्तारपूर्वक महत्त्व अधोवर्णित है

खाद्य उत्पादों में सूक्ष्मजीव

Microbes in Food Products

पुरातन काल से ही मानव खाद्य पदार्थों के उत्पादन में सूक्ष्मजीवों का प्रयोग कर रहा है। आधुनिक काल में भी मानव **जैव-प्रौद्योगिकी** (Biotechnology) की सहायता से सूक्ष्मजीवों से व्युत्पन्न उत्पादों (Derived products); जैसे—दही, पनीर, मक्खन, सिरका, एल्कोहॉल, आदि का प्रयोग करता है। सूक्ष्मजीवों द्वारा उत्पादित मुख्य खाद्य उत्पादों का वर्णन निम्न है

(i) दूध में *लैक्टोबैसिलस लैक्टिस* (*Lactobacillus lactis*) नामक जीवाणु पाया जाता है। इसको सामान्यतया **लैक्टिक अम्ल जीवाणु** (Lactic Acid Bacteria or LAB) कहते हैं, क्योंकि ये जीवाणु दूध में पाई जाने वाली लैक्टोस (Lactose) शर्करा का किण्वन करके **लैक्टिक अम्ल** (Lactic acid) बनाते हैं, जो दूध के खट्टा होने का कारण है। यह जीवाणु दूध के दही में परिवर्तन हेतु उत्तरदाई है। दूध में वृद्धि के समय यह जीवाणु लैक्टिक अम्ल का उत्पादन करता है, जो दूध में उपस्थित केसीन (Casein) प्रोटीन को स्कन्दित (Coagulate) करके आंशिक रूप से पचा देता है।

दही की अल्प मात्रा निवेश द्रव्य के (जामन या स्टार्टर) रूप में, ताजे हल्के गर्म दूध में मिलाने से लाखों लैक्टिक अम्ल जीवाणु दूध को दही में परिवर्तित कर देते हैं। दही में ***स्ट्रैप्टोकोकस लैक्टिस*** (*Streptococcus lactis*) एवं ***लैक्टोबैसिलस*** जीवाणु होते हैं।

मठ्ठा या छाछ में ***लैक्टोबैसिलस वुल्गैरिकस*** (*Lactobacillus vulgaricus*) तथा पनीर में ***लैक्टोबैसिलस लैक्टिस*** तथा ***स्ट्रैप्टोकोकस क्रिमोरिस*** (*S. cremoris*) जीवाणु पाए जाते हैं। ये विटामिन-B_{12} की मात्रा में वृद्धि करके इसका पोषणीय मूल्य बढ़ा देते हैं। लैक्टिक अम्ल जीवाणु हमारे पाचन तन्त्र के रोगों की रोकथाम में एक प्रमुख भूमिका का निर्वाह करते हैं।

(ii) दूध में पाई जाने वाली प्रोटीन, केसीन (Casein) के जमने पर उसे जीवाणुओं द्वारा किण्व (Ferment) किया जाता है। इस कार्य के लिए दूध को गर्म करके, ठण्डा कर उसमें ***स्ट्रैप्टोकोकस थर्मोफिलस*** (*Streptococcus thermophilus*) तथा

लैक्टोबैसिलस वुल्गैरिकस (*Lactobacillus vulgaricus*) नामक जीवाणुयुक्त संवर्धक डाल देते हैं। यीस्ट के द्वारा आंशिक किण्वन के कारण दूध जमकर अर्द्धठोस हो जाता है, जिसके पश्चात् चिकनाई युक्त पदार्थ दही (Yoghurt) प्राप्त होता है। योगहर्ट बहुत ही पौष्टिक, स्वादिष्ट तथा सुपाच्य उत्पाद है। अत: डेयरी उद्योग में जीवाणुओं के अत्यधिक उपयोग के कारण इनके अध्ययन के लिए एक नई शाखा **डेयरी जीवाणु विज्ञान** (Dairy bacteriology) का निर्माण हुआ।

(iii) **पनीर** (Cheese), सूक्ष्मजीवों द्वारा उत्पादित एक प्राचीन खाद्य पदार्थ है। पनीर निर्माण में चिकनाई युक्त दूध को 63°C ताप पर 30 मिनट तक या लगभग 15 सेकण्ड के लिए 72°C ताप पर गर्म किया जाता है।

इस दूध को 30° C ताप तक ठण्डा करके *स्ट्रैप्टोकोकस लैक्टिस* या *लैक्टोबैसिलस* जीवाणु और सूक्ष्म मात्रा में रेनिन (Renin) एन्जाइम मिलाने पर लगभग 45 मिनट में दूध में उपस्थित प्रोटीन केसीन (Caesin) ठोस हो जाती है, जिसे टुकड़ों में काट लिया जाता है।

स्विस चीज (Swiss cheese) में बड़े-बड़े छिद्रों की उपस्थिति, *प्रोपिओनिबैक्टीरियम शेरमनी (Propionibacterium shermanii)* जीवाणु द्वारा उत्पन्न कार्बन डाइऑक्साइड (CO_2) गैस के कारण होती है।

रॉक्यूफोर्ट चीज (Roquefort cheese) एक विशिष्ट प्रकार के कवक; *पेनिसिलियम रॉक्यूफोर्टी* (*Penicillium roqueforti*) की वृद्धि से तैयार होता है, जिसमें एक विशेष प्रकार की सुगन्ध होती है। इसके अतिरिक्त *पेनिसिलियम कैम्मबर्टी* (*Penicillium camemberti*) कवक का उपयोग मुलायम कैम्मबर्ट चीज बनाने में किया जाता है।

(iv) ***सैकरोमाइसीज सेरेविसी*** (*Saccharomyces cerevisiae*) एक सामान्य यीस्ट (कवक) है। इस कवक का बेकरी उद्योग में अत्यधिक उपयोग है। इसको **ब्रीवर्स यीस्ट** (Brewer's yeast) भी कहते हैं। डबल रोटी निर्माण के दौरान यीस्ट को आटा, नमक, दूध या गर्म जल के साथ तब तक गूँथा जाता है, जब तक यह मुलायम न हो जाए, अब यह मिश्रण **डो** (Dough) या **गूँथा हुआ आटा** कहलाता है।

डो को आकार में दोगुना होने के लिए कुछ समय तक छोड़ दिया जाता है। आटे में अवायवीय श्वसन होने लगता है और उसमें खमीर आने लगता है।

यीस्ट की कोशिकाएँ दूध में उपस्थित शर्करा को जाइमेज एन्जाइम की सहायता से CO_2 गैस एवं एथिल एल्कोहॉल (C_2H_5OH) में बदल देती है तथा डबलरोटी कोमल तथा छिद्रयुक्त हो जाती है।

(v) इडली, डोसा, आदि प्रसिद्ध दक्षिण भारतीय व्यंजन बनाने हेतु दाल-चावल के आटे को जीवाणु द्वारा किण्वित किया जाता है। इस आटे की फूली उभरी स्थिति कार्बन डाइऑक्साइड (CO_2) गैस के उत्पादन के कारण होती है। इससे आटा ढीला और मुलायम हो जाता है। इसके लिए ***ल्यूकोनॉस्टॉक*** (*Leuconostoc*) तथा ***स्ट्रैप्टोकोकस*** **जीवाणुओं** का उपयोग किया जाता है।

(vi) विभिन्न पारम्परिक पेय एवं खाद्य पदार्थ सूक्ष्मजीवों द्वारा किण्वित करके बनाए जाते हैं; जैसे—**टोडी** कुछ दक्षिण भारतीय क्षेत्रों का पारम्परिक पेय है, जो नारियल (ताड़ वृक्ष) के पादपों के तने के स्राव, सैप (Sap) के किण्वन से बनता है। इससे **पाम-शुगर** (Palm-sugar) व **सिरका** भी तैयार किया जाता है।

(vii) विभिन्न प्रकार के अचार एवं अनेक ऋतुओं में सरलता से उपलब्ध सब्जियों; जैसे—गाजर, गोभी, मूली, शलजम, आदि को भी लैक्टिक अम्ल जीवाणुओं द्वारा परिरक्षित करके लम्बे समय तक उपयोग के लिए रखा जाता है।

(viii) सूक्ष्मजीवों के उपयोग द्वारा **किण्वन** (Fermentation) से तैयार सॉस का प्रयोग भोजन को स्वादिष्ट बनाने में किया जाता है; उदाहरण—सोयासॉस।

(ix) सोयाबीन के किण्वन से जापान में टोफू (Tofu), चीन में सूफू (Sufu) तथा इण्डोनेशिया में टेम्पे (Tempeh) तैयार किया जाता है।

नोट सोया सॉस सोयू (Shoyu) के उत्पादन में *पेनिसिलियम ग्लोकम* (*Penicillium glocum*) का प्रयोग होता है।

औद्योगिक उत्पादों में सूक्ष्मजीव
Microbes in Industrial Products

- सूक्ष्मजीव; जैसे—जीवाणु, कवक (यीस्ट), आदि का उद्योगों में विभिन्न उत्पादों के संश्लेषण में प्रयोग किया जाता है। औद्योगिक उत्पादों के संश्लेषण में संलग्न सूक्ष्मजीवों का अध्ययन **औद्योगिक सूक्ष्मजीव विज्ञान** (Industrial microbiology) के अन्तर्गत किया जाता है।
- औद्योगिक उपयोग हेतु सूक्ष्मजीवों का व्यवसायिक उत्पादन नियन्त्रित स्थितियों में बड़े बर्तनों में किया जाता है, जो **किण्वक** (Fermentors) कहलाते हैं। सूक्ष्मजीवों द्वारा प्रतिजैविक, एल्कोहॉल, कार्बनिक अम्ल (Organic acids), एन्जाइम, आदि प्रमुख औद्योगिक पदार्थों का उत्पादन किया जाता है। सूक्ष्मजीवों द्वारा उत्पादित मुख्य औद्योगिक उत्पादों का वर्णन निम्नलिखित है

(i) **किण्वित पेय पदार्थ** (Fermented Beverages) शराब उद्योग में यीस्ट कोशिकाएँ किण्वन (Fermentation) के द्वारा शर्करा के घोल को शराब में परिवर्तित कर देती हैं। इस क्रिया में अंगूर के रस में *सैकेरोमाइसीज सेरेविसी* (*Saccharomyces cerevisiae*) तथा *सैकेरोमाइसीज एलिप्सोइडियस* (*Saccharomyces ellipsoideus*) को डालते हैं, जिसके किण्वन से वाइन (Wine) बनती हैं। इसी प्रकार माल्ट या जौ के रस से बीयर तथा अन्य उत्पादों से व्हिस्की (किण्वित अनाज), रम व वोडका (आलू), आदि से निर्मित किए जाते हैं। शराब उत्पादन में यीस्ट (Yeast) द्वारा उत्पन्न इन्वर्टेस एवं जाइमेस एन्जाइम भाग लेते हैं। कुछ यीस्ट, जो शराब बनाने में प्रयोग होते हैं, शर्करा के घोल के ऊपर तैरती रहती हैं, इसे **टॉप यीस्ट** (Top yeast) तथा जो यीस्ट घोल के नीचे की ओर रहती हैं, उसे **बॉटम यीस्ट** (Bottom yeast) कहते हैं।

$$\underset{\text{(सुक्रोस)}}{C_{12}H_{22}O_{11}} + H_2O \xrightarrow{\text{इन्वर्टेज}} \underset{\text{(ग्लूकोस)}}{C_6H_{12}O_6} + \underset{\text{(फ्रक्टोस)}}{C_6H_{12}O_6}$$

$$\underset{\text{(ग्लूकोस)}}{C_6H_{12}O_6} \xrightarrow{\text{जाइमेज}} \underset{\text{(एथिल एल्कोहॉल)}}{2C_2H_5OH} + 2CO_2$$

(ii) शर्करा के घोल में **मोल्ड** (Mould) द्वारा किण्वन से **सिट्रिक अम्ल** (Citric acid) बनता है। सिट्रिक अम्ल साइट्रेट्स व पेय पदार्थों के निर्माण में काम आता है।

(iii) **सिरका या एसीटिक अम्ल** (Acetic acid) के निर्माण के लिए शर्करा के घोल का *माइकोडर्मा एसिटी* (*Mycoderma aceti*) या *एसीटोबैक्टर एसिटी* (*Acetobacter aceti*) जीवाणुओं द्वारा किण्वन कराया जाता है।

$$\underset{\text{(एथिल एल्कोहॉल)}}{CH_3CH_2OH} + O_2 \xrightarrow{\text{एसीटोबैक्टर एसिटी}} \underset{\text{(एसीटिक अम्ल)}}{CH_3COOH} + H_2O$$

सिरके का उपयोग अचार बनाने में, पेय पदार्थों, दवाइयों, भोज्य पदार्थों में विशेष गन्ध हेतु तथा फल-सब्जियों के **संरक्षक** (Preservative) के रूप में किया जाता है। औद्योगिक स्तर पर सिरका बनाने के लिए **ट्रिक्लिग जनित्र** (Trickling generator) का उपयोग किया जाता है।

इस उपकरण में एक बड़ा लकड़ी का बना हुआ बॉक्स होता है; इसमें लकड़ी की छीलन (Wood shaving) भरी होती है। इसके नीचे की ओर बड़ा एकत्रण कक्ष (Collection chamber) होता है, इसमें एथिल एल्कोहॉल एवं एसीटिक अम्ल का जलीय विलयन व जीवाणु होते हैं।

यह विलयन बॉक्स के ऊपरी सतह पर पहुँचकर फुहारों के रूप में लकड़ी की छीलन वाले बॉक्स में आता है तथा यहाँ ये धीरे-धीरे मथा जाता है। इस पूरे तन्त्र में नीचे से नियन्त्रित वायु पहुँचाई जाती है। इस प्रक्रिया में निर्मित सिरके को समय-समय पर निकालते रहते हैं।

(iv) शर्करा के घोल में *एस्पर्जिलस नाइगर* के द्वारा किण्वन से **ग्लूकोनिक अम्ल** (Gluconic acid) बनता है। इसमें निर्मित **कैल्शियम ग्लूकोनेट** गाय में गाय ज्वर (Cow fever) के निदान में उपयोगी है।

सूक्ष्मजीवों द्वारा उत्पादित कुछ अन्य कार्बनिक अम्लों को निम्न तालिका में दिया गया है

सूक्ष्मजीवों द्वारा उत्पादित कुछ अन्य कार्बनिक अम्ल

कार्बनिक अम्ल	सूक्ष्मजीव
ऑक्जेलिक अम्ल	*एस्पर्जिलस नाइगर*
गैलिक अम्ल	*एस्पर्जिलस गैलोमाइसीस, पेनिसिलियम ग्लॉकम*
फ्यूमेरिक अम्ल	*राइजोपस स्टोलोनीफर*
प्रोपियोनिक अम्ल	*प्रोपियोनीबैक्टीरियम*
ब्यूटाइरिक अम्ल	*क्लॉस्ट्रिडियम एसिटोब्यूटाइलिकम*
मैलिक अम्ल	*एस्पर्जिलस नाइगर*
इटाकोनिक अम्ल	*एस्पर्जिलस टैरिएस*

(v) **तम्बाकू** (Tobacco) उद्योग में तम्बाकू की पत्तियों में सुगन्ध एवं स्वाद बढ़ाने के लिए कुछ जीवाणुओं; जैसे—***बैसिलस मेगाथीरियम*** (*Bacillus megatherium*) तथा ***माइक्रोकोकस कैन्डिडैन्स*** (*Micrococcus candidans*) का उपयोग करके किण्वन क्रिया कराई जाती है।

(vi) चाय उद्योग में चाय की पत्तियों पर *माइक्रोकोकस कैन्डिडैन्स* की किण्वन क्रिया द्वारा **क्यूरिंग** (Curing) कराई जाती है, जिससे चाय की पत्तियों में विशेष स्वाद आता है।

(vii) तालाबों या छोटे जल संग्रहण स्थानों (हौज) में जूट या पहुआ के पादपों को कुछ दिनों तक भिगोकर छोड़ देते हैं। इनके ऊपर कुछ पत्थर या अन्य वजनदार पदार्थ रख देते हैं, ताकि ये सम्पूर्णतया जल में डूबे रहें। जीवाणुओं की प्रतिक्रिया के कारण पोषवाह (Phloem) के रेशे तने के अन्य ऊतकों से अलग हो जाते हैं। इन रेशों को अलग एकत्रित करके स्वच्छ जल में पटक-पटक कर साफ करते हैं। इन रेशों का प्रयोग रस्सी एवं अन्य कई प्रकार के सामान बनाने में किया जाता है।

वाहित मल उपचार में सूक्ष्मजीव
Microbes in Sewage Treatment

- प्रतिदिन महानगरों, शहरों तथा कस्बों में अपशिष्ट जल का एक बड़ी मात्रा में प्रवाह होता है। इस अपशिष्ट तथा व्यर्थ जल में आवासीय कालोनियों से निकली गंदगी (मल-मूत्र), कार्बनिक व अकार्बनिक पदार्थ, अन्य कूड़ा-करकट, मृत पादप तथा मल में पाए जाने वाले जीवाणु होते हैं। मल-मूत्र इस अपशिष्ट जल का प्रमुख घटक (Component) होता है। इस अपशिष्ट जल को **वाहित मल** (Sewage) कहा जाता है। वाहित मल में उपस्थित जीवाणु तथा अन्य सूक्ष्मजीव अधिकांशतया रोगकारक होते हैं।
- वाहित जल-मल का सीधे प्राकृतिक जल स्रोतों में निष्कासन (विसर्जन), जल स्रोतों में ऑक्सीजन (O_2) का ह्रास कर देता है। इससे जलीय जीवों के मरने की सम्भावना बढ़ जाती है एवं इसके पुन: उपयोग की सम्भावना भी लगभग समाप्त हो जाती है। इसलिए इस वाहित मल का शहर की आबादी के बाहर नदी, तालाब तथा झीलों में उचित निपटान आवश्यक है।

वाहित मल-मूत्र का उपचार निम्नलिखित तीन चरणों में पूर्ण होता है

(i) भौतिक या प्राथमिक उपचार
Physical or Primary Treatment

- इस चरण के अन्तर्गत वाहित मल के उपचार (शुद्धिकरण) हेतु पानी में ऊपर तैरती गन्दगी को विशेष प्रकार की छलनी, जालियों से निस्यन्दन (Filtration) द्वारा पृथक् किया जाता है। निस्यन्दन के पश्चात् शेष गन्दगी को **अवसादन** (Sedimentation) की क्रिया द्वारा पृथक् करते हैं।
- अवसादन प्रक्रिया के पश्चात् ठोस अपशिष्ट नीचे बैठ जाते हैं इन्हें **प्राथमिक आपंक** (Primary sludge) कहते हैं, जबकि तैरने वाले या प्लावी कचरे को **बहि:स्राव** (Effluent) कहते हैं। इसको प्राथमिक सेटलिंग टैंक से जैविक या **द्वितीयक उपचार** (Secondary treatment) हेतु दूसरे टैंक में प्रवाहित कर दिया जाता है। इस सम्पूर्ण क्रिया में लगभग 2 से 10 घण्टे तक लग सकते हैं।

(ii) जैविक या द्वितीयक उपचार
Biological or Secondary Treatment

- निलम्बित कार्बनिक पदार्थों से युक्त प्राथमिक बहि:स्राव में कृत्रिम विधियों द्वारा ऑक्सीजन के प्रवेश के लिए इसको विशाल **वायवीय टैंकों** (डायजेस्टर टैंक) से गुजारा जाता है, जहाँ बहि:स्राव को लगातार किसी यन्त्र की सहायता से हिलाया जाता है और इसमें वायु को मिलाया जाता है। इससे ऑक्सीजन की उपस्थिति में सूक्ष्मजीव (जीवाणु, प्रोटोजोअन्स, शैवाल) उच्च वृद्धि दर दर्शाते हैं। कवकीय तन्तुओं से जुड़े जीवाणु एक जाल जैसी संरचना के रूप में होते हैं, जिन्हें फ्लोक्स (Flocs) कहते हैं। वृद्धि करते सूक्ष्मजीव निलम्बित

जटिल कार्बनिक पदार्थों को सरल अकार्बनिक पदार्थों में परिवर्तित कर देते हैं। ये टैंक में गाढ़े तरल के रूप में व्यवस्थित हो जाते हैं, जिसे **आपंक** (Sludge) कहते हैं। अकार्बनिक पदार्थों का बहि:स्राव में उपस्थित शैवालों द्वारा उपभोग कर लिया जाता है।

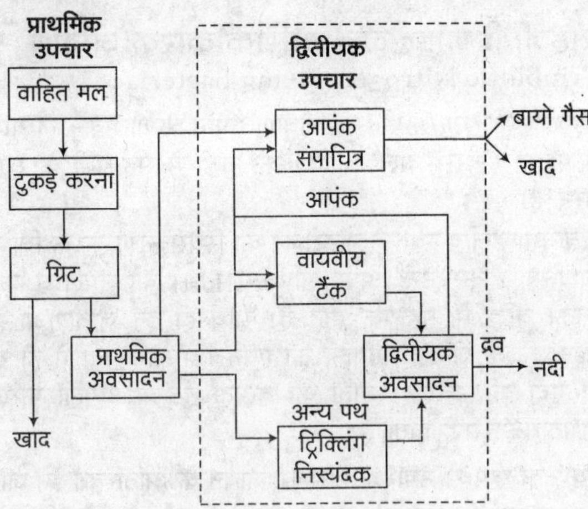

वाहित मल उपचार प्रक्रिया

- जीवाणुओं द्वारा कार्बनिक पदार्थों के अपघटन से बहि:स्राव की **जैव-रासायनिक ऑक्सीजन माँग** (Biochemical Oxygen Demand or BOD) का स्तर कम होने लगता है। निरन्तर उपचार द्वारा वाहित मल में BOD की उचित तथा पर्याप्त मात्रा के कम होने पर, इसको सैटलिंग टैंक में भेज दिया जाता है। यहाँ वर्णक (जीवाणु तथा कवक तन्तुओं का जाल सदृश्य झुण्ड) अवसादित होता है। इस बहि:स्राव को **सक्रियीत आपंक** (Activated sludge) कहते हैं।
- सक्रियीत आपंक की अल्प मात्रा को **निवेशद्रव्य** (Inoculum or starter) के रूप में वापस वायवीय टैंक में भेज दिया जाता है। अब बचे हुए सक्रियीत आपंक को बड़े टैंकों में भेजा जाता है, जिन्हें **अवायवीय आपंक संपाचित्र** (Anaerobic sludge digesters) टैंक कहते हैं।
- यहाँ अवायवीय रूप से वृद्धि करने वाले जीवाणुओं द्वारा सक्रियीत आपंक का अपघटन किया जाता है। इस अपघटन से मीथेन (CH_4) (मार्श गैस), हाइड्रोजन (H_2), कार्बन डाइऑक्साइड (CO_2) तथा हाइड्रोजन सल्फाइड (H_2S) गैसें निकलती हैं, जिनको संयुक्त रूप से **जैव-गैस** (Biogas) कहते हैं।

(iii) तृतीय उपचार Tertiary Treatment

- द्वितीयक उपचार के पश्चात् प्राप्त जल को निकालकर पुन: छाना जाता है तथा एक अन्य टैंक में संग्रहित करके इसमें क्लोरीन गैस प्रवाहित की जाती है, जब तक कि इसकी सान्द्रता **1-2 ppm** (Parts per million) न हो जाए। इस जल को पीने के लिए उपयोग न करके उद्यानों, सड़क के किनारे लगे पेड़ों, आदि की सिंचाई हेतु प्रयोग किया जाता है।
- इस जल को प्राकृतिक जल स्रोतों; जैसे—नदी, नहर, आदि में भी विसर्जित किया जा सकता है। वाहित मल की गन्दगी का शैवालों द्वारा शुद्धिकरण एक विशेष प्रकार के खुले तालाबों में भी किया जाता है। इन तालाबों को **ऑक्सीकरण ताल** (Oxidation ponds) अथवा **निरीक्षण ताल** (Stabilisation ponds) कहते हैं।

> **गंगा-यमुना एक्शन प्लान**
>
> भारत देश की प्रमुख नदियों में भी वाहित मल प्रवाहित करने एवं औद्योगिक बहिस्रावों (एफ्लुएन्ट), इत्यादि सीधे ही नदियों में छोड़ने से प्रदूषण अपने उच्च स्तर पर पहुँच गया था। अत: पर्यावरण एवं वन मंत्रालय से हमारे देश की दो प्रमुख नदियों में प्रदूषण कम करने के लिए '**गंगा एक्शन प्लान**' तथा '**यमुना एक्शन प्लान**' जैसी परियोजना को क्रमश: सन् 1985 में चरण 1 में व चरण 2 में प्रारम्भ किया। इन परियोजनाओं के अन्तर्गत बड़ी मात्रा में उत्पन्न वाहित मल उपचार संयन्त्रों को बनाने का प्रस्ताव है। जिससे मात्र उपचारित वाहितमल ही नदियों में प्रवाहित किया जाए।

सूक्ष्मजीव एवं जैव-ईंधन Microbes and Biofuels

जैव उत्पत्ति वाले ईंधन (Fuel) को जैव-ईंधन कहते हैं। इनका प्रयोग ऊष्मा तथा अन्य प्रकार की ऊर्जा के उत्पादन के लिए किया जाता है। जैविक स्रोतों से प्राप्त ऊर्जा को **जैव-ऊर्जा** (Bioenergy) कहते हैं। लकड़ी, ईंधन, कोयला तथा बायोगैस जैव ऊर्जा के विभिन्न स्रोत हैं। जैविक रूप से उत्पन्न हाइड्रोजन, मीथेन, एथेनॉल, ब्यूटेनॉल तथा डीजल को क्रमश: जैव-हाइड्रोजन, जैव-मीथेन, जैव-एथेनॉल, जैव-ब्यूटेनॉल तथा जैव-डीजल कहते हैं।

बायोगैस या गोबर गैस उत्पादन Biogas or Gobar Gas Production

- मनुष्यों तथा पशुओं के विविध कार्यों से पैदा हुए जैवभार अवशेषों तथा उत्सर्जी जैवभारों से भी जैव-ऊर्जा को प्राप्त किया जा सकता है। जैवभारों से प्राप्त ऊर्जा का स्रोत गैस के रूप में **जैव-गैस** (Biogas) कहलाता है।
- मानव मल व पशुओं के गोबर से जैव-गैस का निर्माण किया जा सकता है। गोबर से प्राप्त जैव-गैस को गोबर गैस (Gobar gas) या बायोगैस (Biogas) कहते हैं।
- अपशिष्ट जैवभार (Waste biomass) को मेथेनोजेनिक जीवाणुओं; उदाहरण—***मीथेनोबैक्टीरियम*** (*Methanobacterium*) द्वारा अनॉक्सी विघटन (Anaerobic breakdown) से प्राप्त किया जाता है इससे होने वाली जैव-गैस में मीथेन गैस की प्रचुर मात्रा होती है। जन्तुओं के अपशिष्ट जैवभार में सेलुलोस की पर्याप्त मात्रा होती है, जिसके पाचन से जीवाणु मीथेन गैस उत्पन्न करते हैं।

$$\underset{\text{(ग्लूकोस)}}{C_6H_{12}O_6} \xrightarrow{\text{मेथेनोजन}} \underset{\text{(मीथेन)}}{3CH_4} + 3CO_2$$

ऊर्जा मूल्य 16 किलो जूल/ग्राम 56 किलो जूल/ग्राम

- गोबर से जैव-गैस संयन्त्र द्वारा गोबर गैस उत्पन्न की जाती है, जिसका उपयोग घरों में ईंधन के रूप में किया जाता है।

पेट्रोलियम उत्पादन Petroleum Production

- कुछ सूक्ष्मजीव विशिष्ट रूप से हरित शैवाल, प्रकाश-संश्लेषण (Photosynthesis) द्वारा उत्पादित पदार्थों के कुछ अंश को दूध के जैसे पदार्थ लैटेक्स में परिवर्तित कर देती हैं। उदाहरण—एक कॉलोनीय शैवाल ***बोट्रयोकोकस ब्राउनी*** (*Botryococcus braunii*) वृद्धि के साथ लम्बी शृंखला (C_{30-36}) वाले हाइड्रोकार्बन्स स्रावित करती हैं। इन हाइड्रोकार्बन्स

में कच्चे तेल (Crude oil) के समान चिपचिपापन होता है। इस शैवाल का लगभग 30% कोशिकीय शुष्क भार पेट्रोलियम होता है।

- प्रकाश-संश्लेषण पर किए गए कार्यों के आधार पर **मेल्विन केल्विन** (Melvin Calvin) (नोबेल पुरस्कार सन् 1961 में) ने बताया कि यूफोर्बियेसी कुल के कुछ पादप लैटेक्स का काफी मात्रा में उत्पादन करते हैं। इस लैटेक्स में द्रव हाइड्रोकार्बन पाए जाते हैं, जिनको द्रव ईंधन (Liquid fuel) के रूप में प्रयोग किया जा सकता है। अत: ये पेट्रोलियम उत्पन्न करने वाली जातियाँ भविष्य में पेट्रोलियम का नवीनीकरणीय (Renewable) स्रोत हो सकती हैं।

जैव-नियन्त्रक कारक के रूप में सूक्ष्मजीव
Microbes as Biocontrol Agents

मानव, आवश्यकता बढ़ने के साथ-साथ कृषि उत्पादन बढ़ाने के लिए रासायनिक उर्वरकों का तथा फसलों को रोगों एवं पीड़कों से बचाने हेतु अनेक रासायनिक कीटनाशकों, पीड़कनाशकों एवं शाकनाशकों (Insecticides, pesticides and herbicides) का उपयोग कर रहा है। इस प्रकार पादपों के रोगों एवं कीटों से नियन्त्रण हेतु जैव वैज्ञानिक विधि (Biological method) का प्रयोग, **जैव-नियन्त्रण** (Biocontrol) कहलाता है।

(i) जीवाणुओं द्वारा नियन्त्रण Control by Bacteria

- इस कार्य के लिए *बैसिलस थ्यूरिन्जिएन्सिस* (*Bacillus thuringinesis* or *Bt*) नामक जीवाणु की सहायता ली जाती है। इस जीवाणु की सहायता से उत्पन्न फसल ***Bt*-फसल** कहलाती है। इस जीवाणु का प्रयोग बटरफ्लाई कैटरपीलर के लार्वा को नियन्त्रित करने में किया जाता है।
- इस जीवाणु के शुष्क बीजाणुओं को पानी में मिलाकर दोषपूर्ण पादपों तथा फलों, वृक्षों जिनकी पत्तियाँ लार्वा द्वारा खा ली जाती हो, पर छिड़का जाता है। इस प्रकार टॉक्सिन (Toxin) लार्वा की पाचन नली में चला जाता है। यह टॉक्सिन जीवाणु की आहारनाल को छिद्रित कर देता है। ऊतक द्रव भरने के कारण यह फट जाती है तथा लार्वा की मृत्यु हो जाती है।

(ii) विषाणु द्वारा नियन्त्रण Control by Virus

बैकुलोवाइरस (*Baculovirus*) मुख्यतया न्यूक्लियर पॉलीहाइड्रोसिस विषाणु (Nuclear Polyhydrosis Virus or NPV), रोगजनक कीटों एवं अन्य आर्थ्रोपोडियन जन्तुओं को नष्ट करने के लिए उपयोगी है।

(iii) कवकों द्वारा नियन्त्रण Control by Fungi

कवक *ट्राइकोडर्मा* (*Trichoderma*), जो एक मुक्त कवक है, पादपों की जड़ों में पाया जाता है। यह पादपों के रोगों के उपचार में काम आता है। अत: यह जैव-नियन्त्रक कारक (Biocontrol agent) के रूप में प्रयोग किया जाता है। इसके अतिरिक्त *एण्टोमोफ्थोरा* (*Entomophthora*), *एस्पर्जिलस* (*Aspergillus*), आदि कवकों को पीड़कों को नष्ट करने के लिए उपयोग में लाया जाता है।

(iv) प्रोटोजोअन्स द्वारा नियन्त्रण
Control By Protozoans

ग्रिगेरीनिडिआ, (*Gregarinidia*), *माइक्रोस्पोरीडिआ* (*Microsporidia*) तथा *कोकिडिया* की कुछ प्रजातियाँ भी कीटों के नाश के लिए उपयोग में लाई जाती हैं। टिड्डा, बॉल वीवल (Ball weevil) तथा कीटों के लार्वा की आबादी के नियन्त्रण के लिए प्रोटोजोअन रोगाणु प्रयोग में लाए जाते हैं।

जैव-उर्वरक के रूप में सूक्ष्मजीव
Microbes as Biofertilisers

वे जीवधारी जो अपनी जैव-क्रियाओं द्वारा मिट्टी को पोषकों से परिपूर्ण कर देते हैं, **जैव-उर्वरक** कहलाते हैं। ये निम्न प्रकार के हो सकते हैं

(i) सहजीवी नाइट्रोजन यौगिकीकारक जीवाणु
Symbiotic Nitrogen-Fixing Bacteria

- *राइजोबियम* (*Rhizobium*) जीवाणु (ग्राम ऋणात्मक) लैग्यूमिनोसी कुल के पादपों (जैसे—दालें, आदि) की जड़ों में सहजीवी के रूप में निवास करते हैं।
- ये वायुमण्डलीय स्वतन्त्र नाइट्रोजन का स्थिरीकरण करके विभिन्न यौगिकों का निर्माण कर उन्हें अपने पोषक (Host) को उपलब्ध कराते हैं, जो उनकी वृद्धि में सहायक होते हैं। साथ ही इन जीवाणुओं द्वारा निर्मित नाइट्रोजन के जटिल यौगिकों का एक बड़ा भाग मृदा में ही रह जाता है, जो मृदा की उर्वरक क्षमता को बढ़ाता है, जो अगली फसल के लिए लाभदायक सिद्ध होता है।
- प्राकृतिक रूप से उपस्थित इस सहजीवन के अतिरिक्त इन जीवाणुओं की विभिन्न प्रजातियों/प्रभेदों को नाइट्रोजन-स्थिरीकरण हेतु विभिन्न पादपों में अन्त:क्षिप्त (Inoculate) भी किया जाता है।
- सहजीवी *राइजोबियम लेग्यूमिनोसेरम* लेग्यूम, पादपों की जड़ों में प्रवेश करके ग्रन्थिकाएँ (Nodule) बनाकर उसमें रहते हैं। ग्रन्थिकाओं में लाल वर्णक **लेगहीमोग्लोबिन** (Leghaemoglobin) पाया जाता है, जो नाइट्रोजन-स्थिरीकरण (Nitrogen-fixation) के लिए आवश्यक है। जैव तकनीकों द्वारा कम सक्षम जीवाणुओं में जैविक नाइट्रोजन-स्थिरीकरण हेतु *हप* (*hup*) तथा *नोड* (*nod*) जीनों को पुनर्योगज DNA तकनीक द्वारा स्थापित कर उनकी क्षमता को बढ़ाया जाता है।

(ii) असहजीवी या स्वतन्त्रजीवी नाइट्रोजन यौगिकीकारक जीवाणु
Asymbiotic or Free-Living Nitrogen-Fixing Bacteria

- *एजोटोबैक्टर* (*Azotobactor*), *एजोस्पाइरिलम* (*Azospirillum*), *बैसिलस* (*Bacillus*), *पॉलीमिक्सा* (*Polymyxa*), *क्लॉस्ट्रिडियम* (*Clostridium*), आदि स्वतन्त्रजीवी नाइट्रोजन यौगिकीकारक जीवाणु हैं।
- कुछ जीवाणु; जैसे—*नाइट्रोसोमोनास* (*Nitrosomonas*) जीवाणु अमोनिया की नाइट्रोजन को ऑक्सीकृत करके नाइट्राइट (NO_2^-) में बदल देते हैं। कुछ जीवाणु नाइट्राइट (NO_2^-) यौगिकों को पुन: ऑक्सीकृत करके नाइट्रेट (NO_3^-) में बदल देते हैं; जैसे—*नाइट्रोबैक्टर* (Nitrobacter)। इस क्रिया में मुक्त हुई ऊर्जा जीवाणुओं के रसायन संश्लेषण में उपयोग में लाई जाती है।

$$\underset{\text{(अमोनिया)}}{2NH_3^-} + 3O_2 \xrightarrow{\text{नाइट्रोसोमोनास}} \underset{\text{(नाइट्रस अम्ल)}}{2HNO_2} + 2H_2O + \text{ऊर्जा}$$

$$\underset{\text{(नाइट्रिक आयन)}}{2NO_2^-} + O_2 \xrightarrow{\text{नाइट्रोबैक्टर}} \underset{\text{(नाइट्रेट आयन)}}{2NO_3^-} + \text{ऊर्जा}$$

- इस प्रकार, जीवाणु मृदा में स्वतन्त्र रूप से पादपों के राइजोस्फीयर (Rhizosphere) में उपस्थित होते हैं तथा वायुमण्डलीय नाइट्रोजन को स्थिर कर पादपों को उपलब्ध कराते हैं। स्वतन्त्र नाइट्रोजन-स्थिरीकरण सूक्ष्मजीव 20-25 किग्रा नाइट्रोजन का प्रति हैक्टेयर वार्षिक स्थिरीकरण करते हैं।

अभ्यास प्रश्न

खाद्य उत्पादों में सूक्ष्मजीव

1. सूक्ष्म विज्ञान के जनक हैं
(a) जार्ज बीडल (b) एडवर्ड टाटम
(c) लुईस पाश्चर (d) जैकोब तथा मोनॉड

2. निम्नलिखित में से सूक्ष्मजीवों की सहायता से उत्पादित पदार्थ हैं
I. पनीर II. ब्रेड व केक
III. दही IV. एल्कोहॉल
(a) I, II व III (b) I, II व IV
(c) II, III व IV (d) ये सभी

3. लैक्टिक अम्ल जीवाणु का कार्य है
(a) टोडी के निर्माण में
(b) दूध को दही में बदलने का
(c) विटामिन-B_{12} की मात्रा बढ़ाने का
(d) दोनों (b) व (c)

4. राइबोफ्लेविन के स्रोत है/हैं
(a) कवक (b) जीवाणु
(c) कवक, जीवाणु एवं यीस्ट (d) यीस्ट

5. डोसा, इडली प्रमुख व्यंजन किसकी सूक्ष्मजीव क्रिया के फलस्वरूप तैयार होते हैं?
(a) *लैक्टोबैसिलस* (b) *बैसिलस सबटिलिस*
(c) *सैकरोमाइसिस सेरेविसी* (d) *राइजोपस ओराइजी*

6. निम्नलिखित में से किनको सूक्ष्मजीवों द्वारा किण्वित करके खाद्य पदार्थों का निर्माण किया जाता है?
I. मछली II. सोयाबीन
III. बाँस प्रोह
(a) I व II (b) I व III (c) II व III (d) ये सभी

7. रेनिन का उपयोग होता है
(a) किण्वन में (b) पनीर बनाने में
(c) ब्रेड बनाने में (d) प्रतिजैविक के निर्माण में

8. पनीर किसकी सहायता से बनाया जाता है?
(a) *ल्यूकोनॉस्टॉक* (b) *स्टैप्टोकोकस*
(c) *लैक्टोबैसिलस* (d) दोनों (b) व (c)

9. पनीर के उद्योग में उपयोग आने वाला रेनिन क्या होता है?
(a) प्रतिजैविक (b) एल्केलॉयड
(c) जैव उत्प्रेरक (d) संदमक

10. स्विस पनीर में बड़े-बड़े छिद्रों की उपस्थिति के लिए उत्तरदायी जीवाणु है
(a) *स्ट्रैप्टोकोकस* (b) *प्रोपिओनिबैक्टीरियम शारमनी*
(c) *स्ट्रैप्टोकोकस लैक्टिस* (d) *लैक्टोबैसिलस*

11. सूक्ष्मजीव *पेनिसिलियम रॉक्यूफोर्टी* उत्तरदायी है
(a) मनुष्यों में रोगों के लिए (b) पादप रोगों हेतु
(c) चीज में सुगन्ध हेतु (d) इनमें से कोई नहीं

12. मक्खन, पनीर तथा दही का उत्पादन होता है
(a) *स्ट्रैप्टोकोकस* जीवाणु द्वारा (b) यीस्ट द्वारा
(c) *पेनिसिलियम* द्वारा (d) इनमें से कोई नहीं

13. *सैकरोमाइसिस सेरेविसी* है
(a) बेकर्स यीस्ट (b) ब्रीवर यीस्ट
(c) दोनों (a) व (b) (d) जीवाणु

14. पावरोटी निर्माण प्रक्रिया में डघ का आकार दोगुना करने में किसकी भूमिका है?
I. कवक की II. जीवाणुओं की
III. यीस्ट की IV. माइकोप्लाज्मा की
कूट
(a) केवल I (b) I, II व III (c) केवल III (d) ये सभी

15. पावरोटी निर्माण प्रकिया में आटा, नमक, दूध या गर्म जल के मिश्रण में यीस्ट मिलाकर गूंथा जाता है, तैयार पावरोटी के मुलायम तथा छिद्र युक्त होने का कारण है
(a) यीस्ट मिश्रण को मुलायम तथा कोमल कर देता है
(b) यीस्ट द्वारा उत्पादित एसीटिक अम्ल तथा एल्कोहॉल, पावरोटी को कोमल छिद्रयुक्त बना देते हैं
(c) यीस्ट की क्रिया से मिश्रण से कार्बन डाइऑक्साइड गैस निकलती है तथा पावरोटी कोमल तथा छिद्रयुक्त हो जाती है
(d) यीस्ट बेन्जोइक अम्ल का उत्पादन करता है

16. *सैकरोमाइसिस सेरेविसी* का किसके उत्पादन में प्रयोग होता है?
(a) दूध से दही (b) बीयर
(c) पावरोटी (d) दोनों (b) व (c)

औद्योगिक उत्पादों में सूक्ष्मजीव

17. एक यौगिक जो एक जीवाणु द्वारा उत्पन्न होता है और दूसरे जीव की वृद्धि को संदमित करता है, कहलाता है
(a) प्रतिजन (b) प्रतिकाय (c) प्रतिजैविक (d) प्रतिएलर्जिक

18. प्रतिजैविक (antibiotics) शब्द किसने प्रतिपादित किया?
(a) फ्लेमिंग (b) फ्लोरी (c) चेन (d) एस वॉक्समैन

19. प्रतिजैविक पदार्थ का उपयोग होता है
(a) खाद्य पदार्थ के रूप में (b) औषधि के रूप में
(c) उर्वरक के रूप में (d) इनमें से कोई नहीं

20. एण्टीबायोटिक्स अधिकांशतया उत्पन्न होती है
(a) कवक से (b) विषाणु से
(c) जीवाणुओं से (d) दोनों (a) व (c)

21. प्रतिजैविक के सम्बन्ध में निम्न में से कौन-सा कथन सही नहीं है?
(a) प्रथम प्रतिजैविक की खोज एलैक्जेन्डर फ्लेमिंग ने की
(b) प्रतिजैविक शब्द एस वॉक्समैन ने 1942 में प्रतिपादित किया
(c) कुछ लोग किसी विशेष प्रतिजैविक के प्रति एलर्जिक हो सकते हैं
(d) प्रत्येक प्रतिजैविक केवल एक प्रकार के रोगाणुओं के विरूद्ध कार्य करती है

22. सर एलैक्जेन्डर फ्लेमिंग ने पेनिसिलिन को किससे निकाला?
(a) *पेनिसिलियम साइट्रिनम* से (1901)
(b) *पेनिसिलियम नोटेटम* से (1928-29)
(c) *पेनिसिलियम पॉलीमिक्सा* से (1919-20)
(d) *बैसिलस ब्रेवीस* से (1909-10)

23. रेमाइसिन नामक प्रतिजैविक प्राप्त की जाती है
(a) जीवाणु से (b) विषाणु से (c) प्रोटोजोआ से (d) कवक से

24. एन्टीफंगल (प्रतिकवक) औषधि प्राप्त होती है
(a) *पेनिसिलियम ग्राईसिओकुल्वम* से (b) *पेनिसिलियम केम्मबटी* से
(c) *पेनिसिलियम रॉक्यूफोर्टी* से (d) *पेनिसिलियम नोटेटम* से

25. पृथक् किया गया प्रथम प्रतिजैविक है
(a) टेरामाइसिन (b) नियोमाइसिन
(c) पेनिसिलिन (d) स्ट्रैप्टोमाइसिन

26. किस सूक्ष्मजीव द्वारा स्ट्रैप्टोमाइसिन बनायी जाती है?
(a) *स्ट्रैप्टोमाइसिस वेनेजुएली* (b) *स्ट्रैप्टोमाइसिस ग्रीसियस*
(c) *स्ट्रैप्टोमाइसिस रेमोसस* (d) *स्ट्रैप्टोमाइसिस फ्रेडी*

27. क्लोरेमफेनीकॉल तथा इरिथ्रोमायसिन (ब्रोड स्पेक्ट्रम प्रतिजैविक) उत्पन्न होते हैं
(a) *स्ट्रैप्टोमाइसिस* से (b) *नाइट्रोबैक्टर* से
(c) *राइजोबियम* से (d) *पेनिसिलियम* से

28. प्रतिजैविक है
(a) शाकनाशी (b) पीड़कनाशी
(c) जीवाणुनाशी (d) कवकनाशी

29. टेरामाइसिन प्राप्त की जाती है
(a) *स्ट्रैप्टोमाइसिस वेनेजुएली* से
(b) *स्ट्रैप्टोमाइसिस ओरियोफेशियन्स* से
(c) *स्ट्रैप्टोमाइसिस रेमोसस* से
(d) *स्ट्रैप्टोमाइसिस ग्रीसियस* से

30. क्लोरोमाइसिटिन किससे तैयार किया जाता है?
(a) *बोर्डेटेला पर्टूसिस* द्वारा (b) *स्ट्रैप्टोमाइसिस वेनेजुएली* द्वारा
(c) *स्ट्रैप्टोमाइसिस रेमोसस* द्वारा (d) *स्ट्रैप्टोमाइसिस बोटूलिनम* द्वारा

31. बेमेल छाँटिए
(a) ग्रिसोफुल्विन – *स्ट्रैप्टोमाइसिस ग्रीसियस*
(b) बैसिट्रासिन – *बैसिलस सबटिलिस*
(c) नियोमाइसिन – *स्ट्रैप्टोमाइसिस वेनज्यूएली*
(d) ग्राइसिओकुल्विन – *पेनिसिलियम नाइग्रीकेन्स*

32. पेनिसिलिन तथा जैन्थोसिलिन का औद्योगिक उत्पादन होता है
(a) *सैलिओटा कम्पेस्ट्रिस* से (b) *पेनिसिलियम नोटेटम* से
(c) *पेनिसिलियम क्राइसोजीनम* से (d) *म्यूकर रेमिनियनस* से

33. यीस्ट का मुख्य गुण है
(a) आसवन (b) किण्वन
(c) ऑक्सीकरण (d) ये सभी

34. यीस्ट प्रचुरता में वृद्धि करता है
(a) गाय के मल-मूत्र पर
(b) वसा युक्त कार्बनिक पदार्थ पर
(c) शर्करा युक्त कार्बनिक पदार्थ पर
(d) दोनों (b) व (c)

35. निम्नलिखित में से कौन-सा सूक्ष्मजीव एथेनॉल के किण्वन में प्रयुक्त होता है/हैं?
(a) *सैकरोमाइसिस सेरेविसी* (b) *सैकरोमाइसिस यूवेरम*
(c) *सैकरोमाइसिस क्लोएरोमाइसिस* (d) ये सभी

36. निम्नलिखित में से किन एन्जाइमों की सहायता से यीस्ट द्वारा एल्कोहॉल उत्पादन में जौ का मण्ड शर्करा में बदल जाता है?
I. डाएस्टेज II. माल्टेज
III. लाइपेज
(a) I व II (b) I व III (c) II व III (d) ये सभी

37. यदि फलों के रस को कुछ समय के लिए खुले स्थान पर रख दिया जाए, तो स्वाद में कड़वे हो जाते हैं
(a) क्योंकि वायुमण्डल के जीवाणु रस से क्रिया करते हैं
(b) यीस्ट द्वारा रस के किण्वन के कारण
(c) कुछ आन्तरिक कारकों के कारण
(d) उपरोक्त सभी कथन सत्य हैं

38. निम्न में से कौन एल्कोहॉल बनाने में प्रयुक्त होता है?
(a) *ल्यूकोनॉस्टॉक सिट्रोवोरम* (b) *सैकरोमाइसिस सेरेविसी*
(c) *टोरुलाप्सिस यूटीलिस* (d) *क्लॉस्ट्रिडियम बाटुलिनम*

39. एल्कोहॉल से सिरका बनाने में किण्वन किसके द्वारा होता है?
(a) *बैसिलस सबटिलिस* (b) *क्लॉस्ट्रिडियम*
(c) *एसीटोबैक्टर एसीटी* (d) *एजोटोबैक्टर*

40. किसके उत्पादन में यीस्ट का प्रयोग होता है?
(a) एथिल एल्कोहॉल (b) एसीटिक एसिड
(c) पनीर (d) दही

41. यीस्ट द्वारा जटिल शर्करा तथा मण्ड का किण्वन नहीं किया जाता है, क्यों?
(a) एन्जाइम डाइस्टेज के अभाव के कारण
(b) एन्जाइम लाइपेज के अभाव के कारण
(c) एन्जाइम जाइमेज के अभाव के कारण
(d) गैलेक्टोज की उपस्थिति के कारण

42. निम्नलिखित में से किसके किण्वन से इथाइल एल्कोहॉल का निर्माण होता है?
(a) चावल (b) आलू
(c) दोनों (a) व (b) (d) प्याज

43. बीयर में एल्कोहॉल की मात्रा होती है
(a) 10-20% (b) 3-6% (c) 60-70% (d) 1-2%

44. जिन तथा रम में एल्कोहॉल की मात्रा उपस्थित होती है
(a) 20% (b) 30% (c) 40% (d) 60%

45. विटामिन सायनोकोबालमीन के उत्पादन में प्रयुक्त होता है
(a) *बैसिलस मैगाथीरियम* (b) *स्यूडोमोनास*
(c) *स्ट्रैप्टोमाइसिस आलिवेसिएस* (d) दोनों (a) व (c)

46. किण्वन के दौरान विटामिन-B_2 सीधे ही किससे उत्पन्न होता है?
(a) *एश्बया गॉसिपी* (b) *राइजोपस स्टोलोनीफर,*
(c) *सैकरोमाइसिस सेरेविसी* (d) *प्रोपिओनिबैक्टीरियम*

47. विटामिन राइबोफ्लोविन के उत्पादन में प्रयुक्त जीवाणु है
(a) *एसीटोबैक्टर* (b) *ल्यूकोनॉस्टॉक*
(c) *लैक्टोबैसिलस* (d) इनमें से कोई नहीं

48. लैक्टिक अम्ल प्रयोग किया जाता है
(a) परिरक्षण में (b) टैनिंग उद्योग में
(c) शीतल पेय (d) इन सभी में

49. निम्न में से कौन-सा प्रथम कार्बनिक अम्ल है जो किण्वन द्वारा उत्पन्न होता है?
(a) ऑक्जेलिक अम्ल (b) लैक्टिक अम्ल
(c) सिट्रिक अम्ल (d) प्रोपियोनिक अम्ल

50. लैक्टिक अम्ल किसके द्वारा उत्पन्न किया जाता है?
(a) *लैक्टोबैसिलस डेलब्रकी* (b) *स्ट्रैप्टोकोकस*
(c) *राइजोपस ओराइजी* (d) ये सभी

51. सिट्रिक अम्ल किससे बनाया जाता है?
(a) कवक से (b) नींबू से
(c) माँस से (d) *क्लोरेला* से

52. किसकी सहायता से शक्कर से सिरका बनाया जाता है?
(a) *लैक्टोबैसिलस* (b) *एसीटोबैक्टर*
(c) *नाइट्रोसोमोनास* (d) *साल्मोनेला*

53. ग्लूकोनिक अम्ल और साइट्रिक अम्ल के उत्पादन में निम्न में से किस सूक्ष्मजीव का उपयोग होता है?
(a) *लैक्टोबैसिलस* (b) *एसीटोबैक्टर* जाति
(c) *एस्पर्जिलस नाइगर* (d) *ग्लूकोनोबैक्टर* जाति

54. सूची I को सूची II से सुमेलित कीजिए।

सूची I		सूची II	
A.	गैलिक अम्ल	1.	*एस्पर्जिलस* स्पीशीज
B.	प्रोपिओनिक अम्ल	2.	*क्लॉस्ट्रिडियम एसिटोब्यूटाइलिकम*
C.	ब्यूटाइरिक अम्ल	3.	*पेनिसिलियम ग्लॉकम*
D.	ऑक्जैलिक अम्ल	4.	*प्रोपिओनिबैक्टीरियम*

कूट

	A	B	C	D		A	B	C	D
(a)	3	4	2	1	(b)	4	3	2	1
(c)	2	1	4	3	(d)	1	4	3	2

55. प्रतिजैविक क्लोरोलिन को प्राप्त किया जाता है
(a) *क्लेमाइडोमोनास* से (b) *क्लोरेला* से
(c) *स्पाइरोगायरा* से (d) *वालवॉक्स* से

56. एन्जाइम डायस्टेज की पहचान किसने की?
(a) एस ए वॉक्समैन ने (b) ए फ्लेमिंग ने
(c) क्रिश्चियन हेन्सन ने (d) पायेन तथा पर्सोजे ने

57. एमाइलेज एन्जाइम के संश्लेषण से संलग्न सूक्ष्मजीव है
(a) *एस्पर्जिलस ओराइजी*
(b) *बैसिलस डायस्टैटिकस*
(c) *बैसिलस सबटिलिस*
(d) उपरोक्त सभी

58. *सैकरोमाइसिस सेरेविसी* से व्यवसायिक रूप से किस एन्जाइम का उत्पादन होता है
(a) माल्टेज (b) एमाइलेज
(c) लैक्टेज (d) इन्वर्टेज

59. *म्यूकर जावानिकस* संश्लेषित करता है
(a) लाइपेज (b) एमाइलेज
(c) प्रोटिएज (d) स्ट्रैप्टोकाइनेस

60. कवक *एस्पर्जिलस नाइगर* किस एन्जाइम के संश्लेषण में संलग्न है?
(a) प्रोटिएज (b) पैक्टिनेज (c) लाइपेज (d) केटालेज

61. *स्ट्रैप्टोकोकस* की हीमोलाइटिक प्रजाति द्वारा उत्पन्न कौन-सा एन्जाइम हृदय घाव रोगियों की रुधिर वाहिनियों में फाइब्रिन को घोलता है?
(a) स्ट्रैप्टोकाइनेज (b) प्रोटिएज
(c) पेक्टिनेज (d) एमाइलेज

62. रेशों के आकार को कम करने में एक एन्जाइम का प्रयोग किया जाता है। जिसे हम कवक *एस्पर्जिलस ओराइजी* से प्राप्त करते हैं
(a) लाइपेज (b) पेक्टिनेज (c) स्ट्रैप्टोकाइनेज (d) एमाइलेज

63. जीवाणु *बैसिलस डायस्टैटिकस* द्वारा संश्लेषित कौन-सा एन्जाइम डबलरोटी को मुलायम तथा मीठा बनाता है?
(a) एमाइलेज (b) लाइपेज (c) प्रोटिएज (d) पेक्टिनेज

जैव-उर्वरक के रूप में सूक्ष्मजीव

64. रासायनिक उर्वरकों के स्थान पर जैव-उर्वरकों का प्रयोग किस कारण से किया जाने लगा है?
(a) रासायनिक उर्वरक प्रदूषण उत्पन्न करते हैं
(b) रासायनिक उर्वरक महँगे होते हैं
(c) रासायनिक उर्वरकों के निर्माण में ऊर्जा की अधिक मात्रा की आवश्यकता होती है
(d) उपरोक्त सभी

65. जैव-उर्वरकों के द्वारा होता है
(a) मृदा पोषकों की प्रचुरता (b) कार्बनिक पदार्थों की बढ़ोत्तरी
(c) मृदा गठन से परिवर्तन (d) मृदा में नाइट्रोजन को बढ़ाते हैं

66. फसली पादपों के लिए प्रयुक्त उर्वरक प्रदूषित करते हैं
(a) मृदा स्रोतों को
(b) जल स्रोतों को
(c) जल तथा मृदा दोनों स्रोतों को
(d) मृदा, जल व वायुमण्डल को

67. मृदा की प्रचुरता को बढ़ाने के लिए आंशिक अपघटित कार्बनिक पदार्थों को डालते हैं इन्हें कहते हैं
(a) उर्वरक (b) जिप्सम
(c) जैव-उर्वरक (d) इनमें से कोई नहीं

68. निम्नलिखित में से कौन-सी हरी खाद है?
(a) चावल (b) ज्वार
(c) मक्का (d) ढेचा (*सेबेनिया*)

69. हरी खाद के रूप में प्रयुक्त होने वाले पौधे हैं
I. मसूर II. लोबिया
III. कुल्थी IV. नींबू
कूट
(a) I व II (b) I, II व III
(c) II, III व IV (d) ये सभी

70. *राइजोबियम* एक है
(a) स्वतन्त्रजीवी जीवाणु (b) सायनोजीवाणु
(c) ग्राम धनात्मक जीवाणु (d) ग्राम ऋणात्मक जीवाणु

71. वह जैव-उर्वरक जो लेग्यूम पादपों की जड़ों में पाया जाता है
(a) *राइजोबियम* (b) *एनाबीना*
(c) *एजोस्पाइरिलम* (d) ये सभी

72. नीले-हरे शैवाल मुख्यतया किन फसलों में उर्वरक की तरह प्रयोग किये जाते हैं?
(a) गेहूँ में (b) चने में
(c) धान में (d) सरसों में

73. निम्नलिखित में सामान्यतया नाइट्रोजन-स्थिरीकारी नीले-हरे शैवाल नहीं है
(a) *आलोसिरा* (b) *एजोला* (c) *नॉस्टॉक* (d) *राइजोपस*

74. VAM प्रदर्शित करता है
(a) मृतोपजीवी जीवाणु (b) सहजीवी जीवाणु
(c) सहजीवी कवक (d) मृतोजीवी कवक

75. माइकोराइजी अपनी निम्न क्षमता के कारण ही पौधों के लिए उपयोगी है
(a) वायुमण्डलीय नाइट्रोजन यौगिकीकरण
(b) मृदा से पोषकों का अधिक अवशोषण
(c) कीट व रोगजनकों का वध करना
(d) अजैव प्रतिबलों के विरुद्ध प्रतिरोध प्रदान करना

76. माइकोराइजा एक सहजीवी सहयोजन है
(a) शैवाल तथा कवकों का
(b) जीवाणुओं तथा कवकों का
(c) कवकों तथा उच्च पादपों की जड़ों का
(d) नीले-हरे शैवाल तथा उच्च पादपों की जड़ों का

77. एक्टोमाइकोराइजा प्रायः पाया जाता है
(a) *पाइनस* में (b) *क्यूरकस* में
(c) *रोडोडेन्ड्रॉन* में (d) इन सभी में

78. संयुक्त या कम्पोस्ट खाद होती है
(a) सड़ी-गली सब्जी व जन्तुओं के त्याज्यों से
(b) पशुशाला व घरेलू त्याज्यों से
(c) फार्मयार्ड खाद व हरी खाद से
(d) उन कार्बनिक उपशिष्टों से जिनसे बायोगैस तैयार की जाती

79. लेगहीमोग्लोबिन किसमें मिलता है?
(a) कवक मूल (b) BGA
(c) प्रवालय मूल (d) लेग्यूम पौधों में

80. सहजीवी *राइजोबियम* जीवाणु किस वर्णक की उपस्थिति में नाइट्रोजन-स्थिरीकरण करता है?
(a) साइटोक्रोम (b) क्लोरोफिल
(c) लेगहीमोग्लोबिन (d) हीमोग्लोबिन

81. निम्नलिखित में से किस गैस की उपस्थिति में *राइजोबियम* की कार्यक्षमता प्रभावित होती है?
(a) CO_2 (b) O_2
(c) N_2 (d) H_2

82. अ-लेग्यूम वृक्ष (केज्यूराइना) की मूल ग्रन्थियों में नाइट्रोजन-स्थिरीकरण होता है
(a) *थायोबैसिलस* (b) *राइजोबियम* (c) *एजोटोबैक्टर* (d) *फ्रेंकिया*

83. मक्का की जड़ों के साथ किस वंश के नाइट्रोजन-स्थिरीकारी जीवाणु होते हैं?
(a) *एजोरहीजा* (b) *एजोस्पाइरिलम*
(c) *ऑलोसिरा* (d) *एजोटोबैक्टर*

84. कौन-सा नाइट्रोजन-स्थिरीकारी जीवाणु घासों की जड़ों के साथ ढीला सहयोजन बनाता है?
(a) *एजोटोबैक्टर* (b) *एजोस्पाइरिलम*
(c) *बैसिलस* (d) *राइजोबियम*

वाहित मल उपचार, जैव-ईंधन एवं जैव-नियन्त्रक कारक के रूप में सूक्ष्मजीव

85. जैव-नियन्त्रण घटक विकसित कृषि उत्पादन के केन्द्र हैं निम्न में से कौन-सा तीसरी पीढ़ी का पीड़कनाशी है?
(a) पैथोजन्स (b) फेरोमोन्स
(c) कीट रीपलेन्ट (d) कीट हॉर्मोन्स एनालॉग

86. *बैसिलस थूरिन्जिएन्सिस* व्यवसायिक स्तर पर किसमें उपयोगी होता है?
(a) जैव-कीटनाशी के रूप में
(b) जैव-उर्वरक के रूप में
(c) रोगकारी जो सूरजमुखी में रोग पैदा करता है
(d) किण्वनकारी कारक के रूप में

87. वाहित मल का प्राथमिक शुद्धिकरण (उपचार) है
(a) भौतिक प्रक्रम (b) जैविक प्रक्रम
(c) रासायनिक प्रक्रम (d) जैव-रासायनिक प्रक्रम

88. वाहित मल उपचार के दौरान प्राप्त प्राथमिक अवमल (primary sludge) का उपयोग होता है/हो सकता है
(a) कम्पोस्ट बनाने में (b) खाद बनाने में
(c) जैव-ईंधन बनाने में (d) ये सभी में

89. वाहित मल उपचार में बहिस्राव: को ऑक्सीकरण तल में ले जाते हैं
(a) प्राथमिक उपचार हेतु (b) द्वितीयक उपचार हेतु
(c) दोनों (a) व (b) (d) तृतीयक उपचार हेतु

90. बायोगैस संयन्त्र में अनॉक्सी श्वसन क्रिया के द्वितीय चरण में होता है
(a) जटिल बहुलक का अपघटन घुलनशील एकलकों में होता है
(b) घुलनशील एकलकों का अपघटन कार्बनिक अम्लों में होता है
(c) कार्बनिक अम्लों में मीथेन बनती है
(d) एसीटिक अम्लों से मीथेन बनती है

91. बायोगैस में होती है
(a) CO_2, CH_4, H_2, H_2S (b) CO_2, C_2H_5, O_2, O_3
(c) CO_2, SO_2, H_2, N_2 (d) CO, SO_2, H_2, P

92. जैव-ऊर्जा प्राप्त होती है
(a) प्राकृतिक गैस से (b) बायोगैस से
(c) कोयले से (d) सूर्य प्रकाश से

93. जैवभार में उपस्थित लिग्निन का पाचन या अपघटन नहीं होता है, तो बायोगैस उत्पादन की दर को कौन नियन्त्रित करता है?
(a) सेलुलोज का पाचन
(b) CO_2 का उत्पादन
(c) एकलकों का कार्बनिक अम्लों में परिवर्तन
(d) हेमीसेलुलोज का पाचन

94. बायोगैस का ऊष्मीय मान (calorific value) होती है
(a) 1-2 MJ/m^3 (b) 11-15 MJ/m^3
(c) 23-28 MJ/m^3 (d) 100-110 MJ/m^3

95. बायोगैस उत्पादन के पश्चात् संयन्त्र में शेष रही सामग्री का उपयोग किसमें किया जाता है?
(a) ऊर्जा उत्पन्न करने में
(b) खाद में
(c) बॉयलर (boiler) में
(d) विद्युत् कुचालक सामग्री निर्माण में

96. बायोगैस में मीथेन प्राप्ति के लिए जीवाणुओं का उपयोग होता है
(a) *मीथेनोबैक्टीरियम फॉर्मिसीकम* (b) *मीथेनोकोकस*
(c) दोनों (a) व (b) (d) इनमें से कोई नहीं

97. बायोगैस का उपयोग किया जा सकता है
(a) वाटर गैस बनाने में (b) ऊर्जा के रूप में
(c) एल्कोहॉल प्राप्त करने में (d) इन सभी में

98. बायोगैस में मीथेन होती है
(a) 10-30% (b) 30-40%
(c) 50-70% (d) 80-90%

99. बायोगैस उत्पादन हेतु गोबर के अतिरिक्त हमारे देश के किस पादप को उपयुक्त माना है?
(a) *मेन्गीफेरा इण्डिका* (b) *हाइड्रिला*
(c) *सोलेनम नाइग्रम* (d) *आइकोर्निया क्रैसीपस*

100. 10-15% इथेनॉल को पेट्रोल के साथ मिलाकर काम में लिया जाता है, मिश्रण को कहते हैं
(a) गैसोहॉल (b) ग्लाइकॉल
(c) जाइलॉल (d) हैक्सानॉल

101. पेट्रोल के स्थान पर किसका उपयोग किया जा सकता है?
(a) प्रोपेनॉल (b) इथेनॉल
(c) ब्यूटेनॉल (d) मीथेनॉल

102. ऊर्जा कृषि कहलाने वाली फसलें हैं
(a) ज्वार, केला व आलू
(b) मक्का, आलू, टमाटर
(c) गन्ना, चुकन्दर, मक्का व आलू
(d) गन्ना, धान व जौ

103. क्षीर (latex) युक्त पादपों को सामान्तया कहा जाता है
(a) परमावश्यक पादप (b) रबर पादप
(c) न्यून ऊर्जा पादप (d) पेट्रोलियम पादप

104. जापान की एक कम्पनी ने बायोगैस संयन्त्र से अधिक तीव्रता से मीथेन प्राप्त करने के लिए किस जीवाणु की खोज है?
(a) *मीथेनोबैक्टीरियम फॉर्मिसीकम*
(b) *मीथेनोबैक्टीरियम केडोमेन्सिस*
(c) *मीथेनोस्प्रिलियम हन्गोटाई*
(d) उपरोक्त में से कोई नहीं

उत्तरमाला

1.	(c)	2.	(d)	3.	(d)	4.	(b)	5.	(b)	6.	(d)	7.	(b)	8.	(d)	9.	(c)	10.	(b)
11.	(c)	12.	(a)	13.	(c)	14.	(c)	15.	(c)	16.	(d)	17.	(c)	18.	(d)	19.	(b)	20.	(d)
21.	(d)	22.	(b)	23.	(d)	24.	(a)	25.	(c)	26.	(b)	27.	(a)	28.	(c)	29.	(c)	30.	(b)
31.	(c)	32.	(c)	33.	(b)	34.	(c)	35.	(d)	36.	(d)	37.	(a)	38.	(b)	39.	(c)	40.	(a)
41.	(a)	42.	(c)	43.	(b)	44.	(c)	45.	(b)	46.	(a)	47.	(d)	48.	(d)	49.	(b)	50.	(d)
51.	(b)	52.	(b)	53.	(c)	54.	(a)	55.	(b)	56.	(d)	57.	(d)	58.	(d)	59.	(a)	60.	(c)
61.	(a)	62.	(d)	63.	(a)	64.	(d)	65.	(a)	66.	(d)	67.	(c)	68.	(d)	69.	(d)	70.	(a)
71.	(a)	72.	(c)	73.	(a)	74.	(c)	75.	(b)	76.	(c)	77.	(a)	78.	(a)	79.	(d)	80.	(c)
81.	(b)	82.	(d)	83.	(b)	84.	(b)	85.	(d)	86.	(a)	87.	(a)	88.	(c)	89.	(b)	90.	(b)
91.	(a)	92.	(b)	93.	(a)	94.	(c)	95.	(b)	96.	(c)	97.	(b)	98.	(c)	99.	(d)	100.	(a)
101.	(b)	102.	(c)	103.	(d)	104.	(b)												

उत्तर व्याख्या सहित

1. *(c)* सूक्ष्मजीवों के अध्ययन को **सूक्ष्मजैविकी** या सूक्ष्म जीव विज्ञान कहा जाता है। सूक्ष्म जीव विज्ञान के जनक **लुईस पाश्चर** हैं। सूक्ष्म जीव मृदा, जल, वायु तथा सजीवों के शरीर में पाए जाते हैं अर्थात ये सभी जगह विद्यमान हैं।

3. *(d)* दूध में पाए जाने वाले *लैक्टोबैसिलस* जीवाणु को सामान्यतया लैक्टिक अम्ल जीवाणु (LAB) कहा जाता है। ये दूध में वृद्धि करते हैं और उसे दही में परिवर्तित कर देते हैं। वृद्धि के दौरान लैक्टिक एसिड बैक्टीरिया अम्ल उत्पन्न करता है जो दुग्ध की प्रोटीन को स्कन्दित तथा आंशिक रूप में पचा देता है। दही की थोड़ी सी मात्रा निवेश द्रव्य अथवा जमावन के रूप में ताजे दूध में मिलाया जाता है। इस निवेश द्रव्य में लाखों-करोड़ों की संख्या में लैक्टिक एसिड बैक्टीरिया होते हैं जो उपयुक्त ताप पर कई गुना वृद्धि करते हैं और परिणामस्वरुप दूध को दही में बदल देते हैं। साथ ही साथ विटामिन-B_{12} की मात्रा बढ़ने से पोषण सम्बन्धी गुणवत्ता में भी सुधार हो जाता है। हमारे पेट में भी,

सूक्ष्मजीविगों द्वारा उत्पन्न होने वाले रोगों को रोकने में लैक्टिक एसिड बैक्टीरिया एक लाभदायक भूमिका का निर्वाह करते हैं।

7. *(b)* पनीर निर्माण मे दूध में *स्ट्रैप्टोकोकस लैक्टिस* या *लैक्टोबैसिलस* जीवाणु और सूक्ष्म मात्रा में रेनिन एन्जाइम मिलाने पर लगभग 45 मिनट में दूध का केसीन ठोस हो जाता है जिसे टुकड़ों में काट लिया जाता है।

10. *(b)* 'स्विस चीज' में पाए जाने वाले बड़े-बड़े छिद्र *प्रोपिओनिबैक्टीरियम शारमनी* नामक बैक्टीरियम द्वारा बड़ी मात्रा में उत्पन्न CO_2 के कारण होते हैं। रॉक्युफोर्ट चीज एक विशेष प्रकार के कवक की वृद्धि से परिपक्व होते हैं जिससे विशेष सुगन्ध आने लगती है।

13. *(c)* *सैकरोमाइसीज़ सेरेविसी* (जो सामान्यतया ब्रीवर्स यीस्ट के नाम से भी प्रसिद्ध है) ब्रेड बनाने तथा माल्टीकृत धान्यों तथा फलों के रसों में एथेनॉल उत्पन्न करने में प्रयोग किया जाता है। ठीक इसी प्रकार ढीला-ढीला आटा जिसका प्रयोग ब्रेड बनाने में किया जाता है उसमें बैकर यीस्ट (*सैकरोमाइसीज़ सेरेविसी*) का प्रयोग किया जाता है।

15. *(c)* पावरोटी निर्माण के दौरान यीस्ट को आटा, नमक, दूध या गर्म जल के साथ तब तक गूँथा जाता है, जब तक यह मुलायम न हो जाए, अब यह मिश्रण **डो** (dough) कहलाता है। यीस्ट की क्रिया से मिश्रण से CO_2 गैस निकलती है तथा पावरोटी कोमल तथा छिद्रयुक्त हो जाती है।

17. *(c)* सूक्ष्मजीव; जैसे जीवाणु तथा कवकों की सहायता से विभिन्न प्रतिजैविकों का उत्पादन किया जाता है। प्रतिजैविक वे रासायनिक पदार्थ है, जो रोगकारक अन्य सूक्ष्मजीवों की वृद्धि को संदमित करते हैं या उन्हें नष्ट कर देते हैं।

22. *(b)* पेनिसिलिन सबसे पहला एन्टीबायोटिक था। ये प्रतिजैविक एलैक्जेन्डर फ्लेमिंग जब *स्टैफिलोकोकस* जीवाणु पर कार्य कर रहे थे; तब उन्हें एक बार दिखाई दिया कि जिन प्लेटों पर वह कार्य कर रहे थे, उनमें एक बिना धुली प्लेट पर मोल्ड उत्पन्न हो गए हैं। जिस कारण *स्टैफिलोकोकस* वृद्धि न कर सका। उन्होंने पाया कि यह प्रभाव मॉल्ड द्वारा उत्पन्न एक रसायन 'पेनिसिलीन' द्वारा होता है। चूँकि पेनिसिलीन, *पेनिसीलियम नोटेटम* नामक मॉल्ड से उत्पन्न होता है। इस कारण इसका नाम उन्होंने 'पेनिसिलीन' रखा। यद्यपि बाद में **अर्नेस्ट चैन** तथा **हावर्ड फ्लौरे** ने इसकी एक शक्तिशाली एवं प्रभावशाली **एन्टीबायोटिक** के रूप में पुष्टि की। इस एन्टीबायोटिक का प्रयोग दूसरे विश्व युद्ध में घायल अमेरिकन सिपाहियों के उपचार में व्यापक रूप से किया गया। फ्लैमिंग, चैन तथा फ्लौरे को इस खोज के लिए सन् 1945 में नोबेल पुरस्कृत किया गया।

26. *(b)* स्ट्रैप्टोमाइसिन नामक प्रतिजैविक *स्ट्रैप्टोमाइसिस ग्रीसियस* नामक जीवाणु से प्राप्त की जाती है। *स्ट्रैप्टोमाइसिस वेनज्यूएली* से क्लोरेम्फिनिकोल, *स्ट्रैप्टोमाइसिस रेमोसस* से टेरामाइसिन तथा *स्ट्रैप्टोमाइसिस फ्रेडी* से नियोमाइसिन नामक प्रतिजैविकों का संश्लेषण होता है।

31. *(c)* विकल्प (c) बेमेल है क्योंकि नियोमाइसिन नामक प्रतिजैविक का संश्लेषण *स्ट्रैप्टोमाइसिस फ्रेडी* नामक जीवाणु से होता है जबकि *स्ट्रैप्टोमाइसिस वेनज्यूएली* से क्लोरेम्फिनिकोल नामक प्रतिजैविक प्राप्त की जाती है।

37. *(a)* यदि फलों के रस को कुछ समय के लिए खुले स्थान पर रख दिया जाए तो ये स्वाद में कड़वे हो जाते हैं क्योंकि रस में किण्वन (fermentation) की क्रिया वायुमण्डल में उपस्थित जीवाणुओं द्वारा प्रारम्भ हो जाती है।

41. *(a)* एन्जाइम माल्टेस तथा डाइस्टेज की उपस्थिति में ही यीस्ट द्वारा जटिल शर्करा तथा मण्ड का किण्वन किया जा सकता है, जिससे एल्कोहॉल का निर्माण किया जाता है।

43. *(b)* जिन में 40%, रम में 40%, बीयर में 3 – 6% तथा ब्रान्डी में 60 – 70% एल्कोहॉल होता है।

45. *(b)* विटामिन-B_{12} (सायनोकोबालएमीन) *स्यूडोमोनास* प्रजाति विटामिन-B_2 (राइबोफ्लेविन) *एशबया गॉसिपी* तथा विटामिन-C (एस्कार्बिक अम्ल) *एसीटोबैक्टर* प्रजाति से भी प्राप्त होते हैं।

49. *(b)* किण्वन प्रक्रम द्वारा उत्पादित प्रथम कार्बनिक अम्ल लैक्टिक अम्ल है। यह अम्ल *स्ट्रैप्टोकोकस लैक्टिस* नामक जीवाणु से प्राप्त किया जा सकता है।

52. *(b)* एसीटिक अम्ल या सिरका का उपयोग मानव प्राचीन समय से करता आ रहा है। यह जीवाणु *एसीटोबैक्टर एसिटी* द्वारा शक्कर युक्त माध्यम के किण्वन द्वारा तैयार होता है।

54. *(a)* गैलिक अम्ल – *पेनिसिलियम ग्लॉकम*
प्रोपिओनिक अम्ल – *प्रोपिओनिबैक्टीरियम*
ब्यूटाइरिक अम्ल – *क्लॉस्ट्रिडियम एसिटोब्यूटाइलिकम*
ऑक्जैलिक अम्ल – *एस्पर्जिलस की प्रजाति*

56. *(d)* एन्जाइम डायस्टेज की पहचान **पायेन** तथा **पर्सोजे** नामक वैज्ञानिक ने की। डायस्टेज एन्जाइम का प्रयोग बीयर बनाने में किया जाता है।

59. *(a)* लाइपेज का संश्लेषण *म्यूकर जावानिकस* नामक कवक से करते हैं। यह एन्जाइम लिपिड के पाचन में सहायक एन्जाइम है।

62. *(d)* एमाइलेज स्टार्च के पाचन में सहायक है, इसका संश्लेषण जीवाणु *बैसिलस डायस्टैटिकस, बैसिलस सबटिलिस* तथा कवक *एस्पर्जिलस ओराइजी* द्वारा होता है। इस एन्जाइम का उपयोग रेशों के आकार को कम करने में, स्टार्च के दाग धब्बों को मिटाने में, डबलरोटी को मुलायम तथा मीठा बनाने में किया जाता है।

69. *(d)* हरी खाद के रूप में प्रयुक्त होने वाले कुछ पौधे निम्नलिखित हैं
(i) सनई–*क्रोटेलेरिया जुन्सिया*
(ii) ढेंचा–*सेस्बानिया एकुलिएटा*
(iii) मसूर–*लेन्स एस्कुलेन्टा*
(iv) लोबिया–*विग्ना साइनेन्सिस*
(v) सेंजी–*मेलिलोटस पारवीफ्लोरा*
(vi) बरसीम–*ट्राईफोलियम एलेक्सेन्ड्रियम*
(vii) कुल्थी–*मैक्रोटाइलोमा यूनिफ्लोरम*
(viii) क्लस्टरबीन–*क्यामोप्सिस ट्रेट्रागोनोलोबा*

76. *(c)* माइकोराइजा कवकों तथा उच्च पादपों की जड़ों के बीच एक सहजीवी सम्बन्ध है। कवक मृदा से जल व खनिज लवण अवशोषित कर पौधे को प्रदान करते हैं और पौधे से भोजन प्राप्त करते हैं। एक्टोमाइकोराइजा में कवक जड़ की बाहरी सतह पर; जैसे–*पाइनस* (*Pinus*) में, जबकि एण्डोमाइकोराइजा में वल्कुट कोशिकाओं के अन्दर; जैसे –*ऑर्किड* (*Orchids*) में पाए जाते हैं।

81. *(b)* *राइजोबियम* अवायवीय सूक्ष्मजीव हैं। अत: O_2 गैस की उपस्थिति में इनकी कार्यक्षमता प्रभावित होती है।

94. *(c)* बायोगैस का ऊष्मीय मान (Calorific value) 23-28 MJ/m^3 होता है। लगभग 12-15 किग्रा अपशिष्ट जैवभार से 30 लीटर बायोगैस उत्पन्न होती है।

100. *(a)* इथेनॉल (इथाइल एल्कोहॉल) का प्रयोग स्व-चालित वाहनों में पूर्ण स्वतन्त्र रूप में या 10-15% मात्रा में पेट्रोल के साथ मिलाकर किया जा सकता है। गैसोहॉल (पेट्रोल व एल्कोहॉल का मिश्रण) पेट्रोल इंजनों को थोड़ा सा परिवर्तित करके ईंधन की तरह प्रयोग किया जा सकता है। ब्राजील एक ऐसा देश है, जहाँ एल्कोहॉल का प्रयोग स्व-चालित वाहनों में ईंधन के रूप में किया जा रहा है।

अध्याय 15

जैव-प्रौद्योगिकी एवं इसके अनुप्रयोग

Biotechnology and Its Applications

- जैव-प्रौद्योगिकी या जैव-तकनीकी (Biotechnology) विज्ञान की सबसे युवा एवं महत्त्वपूर्ण शाखा है, क्योंकि इसने मानव कल्याण (Human welfare) का कार्य किया है। इस शाखा के अन्तर्गत **जैविक तन्त्रों** (Biological system) या **जैविक क्रियाओं का अनुप्रयोग** (Application of biological activities) मानव जीवन के सामान्य स्तर को ऊपर उठाने एवं मानव कल्याण हेतु किया जाता है।
- वास्तव में जैव-प्रौद्योगिकी अपने आप में एक शुद्ध विज्ञान नहीं है, बल्कि जीव विज्ञान की विभिन्न शाखाओं; जैसे—कोशिका विज्ञान, आण्विक जैविकी, सूक्ष्मजैविकी, आनुवंशिकी, जैव-रसायन तथा अभियान्त्रिकी उद्योग एवं अर्थशास्त्र जैसे क्षेत्रों का संयुक्त प्रयास है। पिछले दस वर्षों में जैव-प्रौद्योगिकी को अनेक प्रकार से परिभाषित किया गया है।
- दूसरे शब्दों में हम कह सकते हैं कि 'मानव जीवन के प्रत्येक स्तर के लिए जैविक तन्त्रों, जैविक क्रियाओं एवं अवस्थाओं के विकास एवं योजनाबद्ध तरीके से अनुप्रयोग को **जैव-प्रौद्योगिकी** कहते हैं।'
- **यूरोपियन फेडरेशन ऑफ बायोटेक्नोलॉजी** (European Federation of Biotechnology or EFB) इसके अनुसार, 'जैव-प्रौद्योगिकी, जैव-रसायन, सूक्ष्मजैविकी एवं अभियान्त्रिकी के ज्ञान तथा तकनीकों का अन्योन्य रूप से प्रयोग कर सूक्ष्मजीवों, संवर्धित ऊतकों, कोशिकाओं एवं इनके कोशिकांगों में इनकी क्षमताओं का लाभ उठाने का विज्ञान है।''

जैव-प्रौद्योगिकी के सिद्धान्त
Principles of Biotechnology

- जैव-प्रौद्योगिकी द्वारा विभिन्न क्षेत्रों में कार्य करने के लिए कृत्रिम विधियों द्वारा कोशिकाओं की आनुवंशिक रूपरेखा में परिवर्तन किया जाता है। इसमें पुनर्योगज DNA (Recombinant DNA) बनाने के लिए जीन का **स्थानान्तरण** या **पुनर्योगज** होता है।
- इस तकनीक में दो भिन्न जीवों के DNA को संयुक्त कर पुनर्योगज DNA उत्पन्न किया जाता है। इस तकनीक को **DNA पुनर्योगज तकनीक** (Recombinant DNA technique) भी कहा जाता है।
- **आनुवंशिक अभियान्त्रिकी** में DNA पुनर्योगज के लिए सर्वप्रथम DNA के अणुओं को खण्डों में तोड़ना आवश्यक होता है। सन् 1970 में **नैथन्स** एवं **स्मिथ** (Nathans and Smith) ने *हीमोफाइलस इन्फ्लूएन्जी* (*Haemophilus influenzae*) नामक जीवाणु की कोशिकाओं से, एक ऐसे एन्जाइम को पृथक् किया, जो 6 न्यूक्लियोटाइड अणुओं युक्त विशिष्ट प्रकार के अनुक्रमों को पहचानकर, DNA अणु को इस स्थान पर खण्डित कर सकता है। इस प्रकार के एन्जाइम को **प्रतिबन्धन एण्डोन्यूक्लिएज** (Restriction endonuclease) कहा गया तथा इसे *Hind* III का नाम दिया गया।

- **नैथन्स** (Nathans) तथा **स्मिथ** (Smith) की इस खोज के पश्चात्, कुछ ही वर्षों में विभिन्न प्रकार के जीवाणुओं में विभिन्न प्रकार के प्रतिबन्धन एण्डोन्यूक्लिएज (Restriction endonuclease) एन्जाइम्स की उपस्थिति का पता चला। इन एन्जाइम्स की सहायता से DNA अणुओं को छोटे-छोटे खण्डों में तोड़कर एवं DNA लाइगेज एन्जाइम की सहायता से, एक DNA अणु के एक या अधिक खण्डों को दूसरे DNA अणुओं के खण्डों से जोड़कर पुनर्योगज DNA का निर्माण करना सम्भव हो गया।

जैव-प्रौद्योगिकी की सहयोगी तकनीकें
Associate Techniques of Biotechnology

आधुनिक जैव-प्रौद्योगिकी में निम्नलिखित तकनीकों का प्रमुख योगदान रहा है

रासायनिक अभियान्त्रिकी Chemical Engineering

इसके अन्तर्गत रोगाणु रहित वातावरण में केवल वाँछित सूक्ष्मजीवों या पूर्वकेन्द्रकीय (Prokaryotic) कोशिकाओं की वृद्धि करवाकर अधिक मात्रा में जैव-प्रौद्योगिकी उत्पाद; जैसे—एण्टीबायोटिक, एन्जाइम (विकर), टीके (Vaccines), आदि प्राप्त किए जाते हैं।

आनुवंशिक या जीनी अभियान्त्रिकी
Genetic Engineering

इसके अन्तर्गत जीवों में वाँछित **लक्षणप्रारूप** (Phenotype) प्राप्त करने के लिए आनुवंशिक पदार्थ (जीन या DNA खण्ड) को जोड़ा, घटाया या ठीक किया जाता है। यह प्रक्रिया आनुवंशिक अभियान्त्रिकी कहलाती हैं। इसे **टेलरिंग ऑफ DNA** (Tailoring of DNA) भी कहते हैं।

आनुवंशिक अभियान्त्रिकी
Genetic Engineering or Gene Manipulation

- आधुनिक वैज्ञानिकों ने संकरण द्वारा नहीं बल्कि जीवों के आनुवंशिक पदार्थ (DNA) में जोड़-तोड़ (Manipulation) करके मानव के लिए सूक्ष्मजीवों, पादपों तथा जन्तुओं की अधिक उपयोगी नस्लों की उत्पत्ति की विधियों का आविष्कार किया, जिसे आनुवंशिक अभियान्त्रिकी कहते हैं।
- आनुवंशिक अभियान्त्रिकी में कृत्रिम विधियों द्वारा कोशिकाओं की आनुवंशिक रूपरेखा में परिवर्तन किया जाता है। इसमें पुनर्संयोजन DNA बनाने के लिए जीन का स्थानान्तरण या पुनर्संयोजन होता है।
- इस तकनीक में दो भिन्न जीवों के DNA को संयुक्त कर पुनर्संयोजन DNA उत्पन्न किया जाता है। इस तकनीक को DNA **पुनर्संयोजन तकनीक** (DNA recombinant technique) भी कहा जाता है।
- जीव-जातियों की इस विधि द्वारा उत्पन्न नस्लों को जीव-परिवर्ती (Transgenic) कहते हैं। उदाहरण—रोग प्रतिरोधी या फिर उपयोगी तथा उत्तम उत्पाद; जैसे-एन्जाइम, हॉर्मोन, वैक्सीन, आदि बनाने के लिए इस तकनीक में अत्यधिक कुशलता और उच्च सम्बद्धता (High precision) की आवश्यकता होती है।

आनुवंशिक अभियान्त्रिकी में प्रयुक्त साधन
Tools Used in Genetic Engineering

आनुवंशिक अभियान्त्रिकी में प्रयुक्त साधन निम्नलिखित हैं

एन्जाइम Enzyme

पुनर्योगज DNA तकनीक में विभिन्न एन्जाइम; जैसे—विदलन एन्जाइम (प्रतिबन्धन या बन्धेज एन्जाइम, एक्सोन्यूक्लिएज, एन्डोन्यूक्लिएज), लयन एन्जाइम (Lyases), संयोजक एन्जाइम (Ligases), संश्लेषी एन्जाइम (Synthesising enzyme) तथा क्षारकीय फॉस्फेटेज कार्यरत होते हैं।

1. **विदलन एन्जाइम** (Cleaving enzymes) इस समूह के एन्जाइम DNA अणु को वाँछित खण्डों में पृथक् करते हैं। इन्हें पुनः तीन वर्गों में विभाजित किया जाता है
   (i) **एक्सोन्यूक्लिएजेस** (Exonucleases) ये एन्जाइम DNA अणु में 5′ अथवा 3′ सिरों से न्यूक्लियोटाइड को पृथक् करते हैं।
   (ii) **एन्डोन्यूक्लिएजेस** (Endonucleases) ये एन्जाइम DNA अणु को मध्य (विशिष्ट स्थानों) से काटते/पृथक् करते हैं।
   (iii) **प्रतिबन्धन एन्डोन्यूक्लिएजेस** (Restriction endonucleases) ये आनुवंशिक अभियान्त्रिकी के सबसे महत्त्वपूर्ण एन्जाइम हैं। इनको आण्विक कैंची/चाकू कहा जाता है। इनकी खोज का श्रेय आर्बर को जाता है। इस एन्जाइम का सर्वप्रथम पृथक्करण नाथन व स्मिथ नामक वैज्ञानिक ने किया।
   - प्रतिबन्धन एन्डोन्यूक्लिएज एन्जाइम DNA को विशिष्ट स्थलों पर काट सकता है। अभिक्रिया के आधार पर प्रतिबन्धन एन्डोन्यूक्लिएज को तीन श्रेणियों में बाँटा जा सकता है
     - **प्रारूप-I के एन्जाइम** (*Hind* II or *Haemophilus influenzae)* विलोम पदों पर DNA अणु के दोनों सूत्रों को एक ही स्थान पर काटते हैं। अतः दोनों कटे सिरे सपाट होते हैं, इन्हें कुन्द छोर (Blunt ends) कहते हैं। ये लगभग 75 न्यूक्लियोटाइड का रिक्त स्थान बनाने की क्षमता रखते हैं तथा इनके सुचारु रूप से क्रियान्वयन हेतु, Mg^{2+} एवं S-एडिनोसिल मीथिओनीन सहकारक की आवश्यकता होती है।
     - **प्रारूप-II के एन्जाइम** (*Eco* RI or *Escherichia coli)* विलोम पदों पर DNA के दोनों सूत्रों को अलग-अलग बिन्दुओं पर काटते हैं। अतः प्रत्येक कटे सिरे पर एक सूत्र का छोर दूसरे सूत्र के छोर से आगे निकला रहता है और इसका सम्पूरक होता है। ऐसे छोरों को सलांग छोर (Sticky ends) कहते हैं। ये एन्जाइम निर्धारित या परिभाषित लम्बाई तथा क्रम के DNA खण्ड उत्पन्न करते हैं तथा सफल क्रियान्वयन हेतु Mg^{++} की आवश्यकता होती है। इनका अधिकांशतया जीन मैनिपुलेशन में प्रयोग होता है।
     - **प्रारूप-III के एन्जाइम** ये प्रारूप-II के एन्जाइमों से समानता दर्शाते हैं, हालाँकि सफल क्रियान्वयन के लिए ATP, एडिनोसिल मीथिओनीन तथा Mg^{2+} की आवश्यकता होती है। इस प्रकार ये प्रारूप-I तथा II के माध्यमिक होते हैं।

- प्रतिबन्धन एन्जाइम के नामकरण में पहला शब्द उत्पत्ति जीव का वंश, दूसरा तथा तीसरा उसकी जाति (पृथक् कोशिका) को दर्शाता है जबकि अन्त का रोमन अंक जीवाणु (सूक्ष्मजीव) के क्रम को इंगित करता है; उदाहरण—*Eco* RI में *E- इश्चेरिचिया co- कोलाई* तथा R-प्रभेद (Strain) से लिया गया है।

2. **DNA लाइगेज** (DNA ligases) ये एन्जाइम टूटे हुए पूरक DNA खण्डों को फॉस्फोडाइएस्टर बन्धों ($3'$OH तथा $5'PO_4$ के मध्य) द्वारा जोड़ने/संयोजन का कार्य करते हैं। इनको आण्विक संयोजक (Molecular binder) या **ऊतक लाइगेज** भी कहा जाता है।
3. **लयन एन्जाइम** (Lysase) लयन एन्जाइम कोशिका भित्ति का पाचन करके कोशिका का आनुवंशिक पदार्थ (DNA) प्राप्ति में सहायता करते हैं।

वाहक या संवाहक Vectors

जिस DNA अणु में वाँछित जीन को जोड़ते हैं, उसे वाहक कहते हैं। इसका चयन निम्नलिखित लक्षणों के आधार पर किया जाता है

(a) यह माप में छोटा होना चाहिए।

(b) इसमें रेस्ट्रिक्शन एन्डोन्यूक्लिएज एन्जाइम की क्रिया के लिए वैसा ही एक विलोम पद होना चाहिए; जैसा—दाता (Donar) जीव के DNA अणुओं पर उपस्थित है।

(c) इसमें वाँछित जीन को अपने में निवेशित (Insert) कर लेने की क्षमता होनी चाहिए।

(d) प्रतिकृतिकरण का उद्भव (Origin of replication)

(e) एक मार्कर जीन या वरण योग्य चिन्हक (A marker gene or selectable marker)

कुछ सामान्य वाहक निम्नलिखित हैं

- **प्लाज्मिड** (Plasmid) यह सर्वाधिक प्रयोग किए जाने वाला वाहक है। यह एक छल्लेनुमा रचना होती है, जो DNA की बनी होती है। यह जीवाणु में मुख्य जीनोम के अतिरिक्त पाए जाते हैं। इनमें प्रतिजैविकता, लैंगिक कारक, भारी धातुओं के लिए प्रतिरोधक जीन, आदि पायी जाती है। ये जीवाणु के जीनोम से अलग पुनरावृत्ति करते हैं, आकार में छोटे होने के कारण इन्हें कोशिका से आसानी से अलग किया जा सकता है। प्लाज्मिड एक कोशिका से दूसरी कोशिका में जा सकता है। सबसे अधिक वाहक के रूप में प्रयोग किए जाने वाले वाहक (जैसे—pBR324, pUC194, pBR322) एक जीवाणु कोशिका में बन्द, वृत्ताकार, स्व-प्रतिकृतिकरण में सक्षम, बाह्य गुणसूत्रीय पदार्थ होते हैं। प्लाज्मिड का आकार 1×10^6 से 200×10^6 डाल्टन के मध्य होता है। प्लाज्मिड को वाहक के रूप में सर्वप्रथम 1973 में प्रयोग किया गया।
- **बैक्टीरियोफेज** (Bacteriophage) क्लोनिंग वाहक के रूप में प्रयोग में आने वाले कुछ वाहक हैं; जैसे—लैम्बडा (λ), बैक्टीरियोफेज (जीवाणु में), कॉलीफ्लॉवर मोजैक वाइरस (पादपों में), सिमियन वाइरस-40 (चूहों में), हर्पीज वाइरस और एडीनो वाइरस (मानव और अन्य जन्तुओं में)।
- किसी सम्पूर्ण जीनोम या एक विशाल DNA युक्त यूकैरियोट के जीनोमिक पुस्तकालय तैयार करने में बैक्टीरियोफेज वाहक, जैसे—लैम्बडा (λ) बैक्टीरियोफेज उपयोग में लाया जाता है। जबकि प्लाज्मिड को लघु आकार के DNA खण्डों के क्लोन बनाने में प्रयोग किया जाता है।
- **कॉस्मिड और फैज्मिड** (Cosmid and phagmid) ये वाहक प्लाज्मिड और वाइरस के बने होते हैं। कॉस्मिड का निर्माण लैम्बडाकार विभोजी के गुणसूत्र तथा प्लाज्मिड के DNA के संयोग से होता है। फैज्मिड का निर्माण जीवाणुभोजी तथा प्लाज्मिड के संयोग से होता है। pUC118 तथा pUC119 फैज्मिड संवाहक है।
- **कृत्रिम गुणसूत्र** (Artificial chromosomes) जीवाणु के कृत्रिम गुणसूत्र (Bacteria Artificial Chromosomes—BACs), यीस्ट के कृत्रिम गुणसूत्र तथा स्तनधारी के कृत्रिम गुणसूत्र सुकेन्द्रीय जीन अन्तरण के लिए अधिक सक्षम होते हैं।
- **अर्बुद प्रेरक प्लाज्मिड** (Tumour Inducing Plasmids or Ti-plasmids) अर्बुद प्रेरक प्लाज्मिड को संवाहक के रूप में प्रयोग करने हेतु, वैज्ञानिकों ने इसके अर्बुद प्रेरक गुणों पर कार्य किया, इस प्रकार आनुवंशिक अभियान्त्रिकी के लिए रूपान्तरित *एग्रोबैक्टीरियम* प्रभेद (*Agrobacterium* strains) विकसित हुए, जो अर्बुद निर्माण जीन के विलोपन युक्त थे। *एग्रोबैक्टीरियम* सामान्यतया घास को संक्रमित नहीं करता। इसलिए इसका उपयोग गेहूँ, चावल तथा मक्का के पादपों की उन्नति में प्रयोग नहीं किया जा सकता।

DNA प्रोब DNA Probe

इनको विशिष्ट अनुक्रम युक्त DNA खण्ड की पहचान तथा लेबलिंग में प्रयुक्त किया जाता है। यह वास्तव में संलग्न लेबल युक्त DNA की एक लघु इकाई (20-200 न्यूक्लियोटाइड) है। सामान्यतया लेबल के दो प्रकार प्रयोग किए जाते हैं। जिनका विवरण निम्नलिखित है

(i) **रेडियोएक्टिव लेबल प्रोब** (Radioactive labelled probe) इनको S^{32}, H^3, N^{15} समस्थानिक के प्रयोग द्वारा संश्लेषित किया जाता है। इसमें एक फोटोग्राफिक फिल्म (ऑटोरेडियोग्राफ) के प्रयोग द्वारा दृश्य प्रतीत हो सकते हैं।

(ii) **फ्लोरेसेन्टली लेबल प्रोब** (Flourescently labelled probe) यदि इसको अदृश्य पराबैंगनी प्रकाश (invisible UV-light) से प्रतिदीप्ति (Illuminate) कराया जाए, तब दृश्य-प्रकाश का विसर्जन करेंगें। ये सदैव एकल रज्जुक होते हैं तथा DNA या RNA के बने होते हैं। सार्वभौमिक DNA प्रोब पुनरावृत्ति GATA अनुक्रम का बना होता है।

जैव-प्रौद्योगिकी की प्रक्रियाएँ या पुनर्योगज DNA तकनीक Processes of Biotechnology or Recombinant DNA Technology

- आनुवंशिक अभियान्त्रिकी या पुनर्योगज DNA तकनीक की क्रियाविधि अत्यन्त जटिल होती है।

- यह निम्नलिखित चरणों में पूर्ण होती है

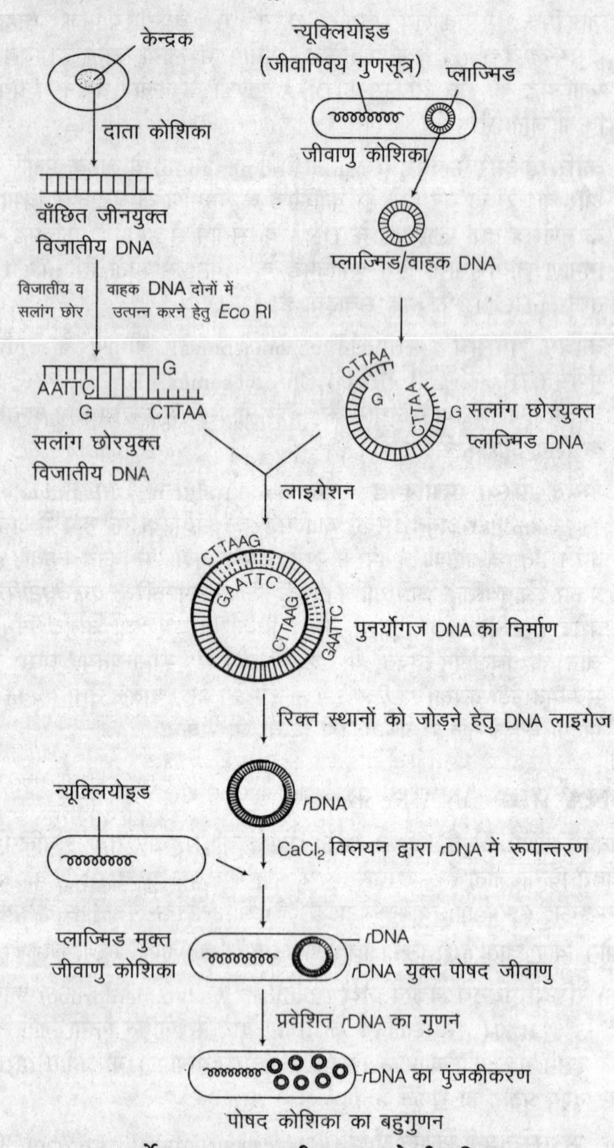

पुनर्योगज DNA तकनीक का आरेखीय चित्रण

1. वाँछित जीन का विलगन
Isolation of Desired Gene

पुनर्योगज DNA तकनीक का प्रथम चरण वाँछित जीन का विलगन है। विलगन की क्रियाविधि के उपचरण निम्नलिखित हैं

(i) कोशिका का विघटन एवं उसके DNA का पृथक्करण
Disintegration of Cell and Isolation of its DNA

सर्वप्रथम जिस जीव के किसी विशेष जीन या DNA खण्ड को अलग करना होता हैं, तो लाइसोजाइम एन्जाइम की सहायता से उसकी कोशिका का विघटन कर दिया जाता है। तत्पश्चात् **अपकेन्द्रण** (Centrifugation) द्वारा विघटित कोशिका के तरल से उसके DNA अणुओं को पृथक् कर लिया जाता है।

(ii) प्रतिबन्धन एन्जाइम द्वारा DNA का विलोमपदों में विदलन Cleavage of DNA into Palindromes by Restriction Endonuclease

इस उपचरण में अपकेन्द्रण द्वारा प्राप्त DNA अणुओं को प्रतिबन्धन एन्डोन्यूक्लिएज एन्जाइम की सहायता से छोटे-छोटे खण्डों में तोड़ दिया जाता है।

(iii) जैल-इलैक्ट्रोफोरेसिस विधि द्वारा DNA खण्डों को पृथक् करना Isolation of DNA Fragments by Gel Electrophoresis Method

- इस उपचरण में जैल-इलैक्ट्रोफोरेसिस विधि द्वारा **प्रतिबन्धन एन्डोन्यूक्लिएज** (Restriction endonuclease) द्वारा काटे गए DNA खण्डों को पृथक् किया जाता है। DNA खण्डों में फॉस्फेट के कारण ऋणात्मक आवेश (Negative charge) होता है। अत: DNA खण्ड, माध्यम में विद्युत क्षेत्र के कारण धनात्मक (एनोड) इलैक्ट्रोड की तरफ आकर्षित होते हैं। इस प्रक्रिया में **एगारोस** (Agarose) माध्यम का उपयोग किया जाता है, जो सामान्यतया समुद्री लाल शैवाल से प्राप्त होता है।
- एगारोस जैल के छलनी प्रभाव द्वारा DNA के खण्ड लम्बाई के अनुसार अलग हो जाते हैं। DNA के इन खण्डों को **एथीडियम ब्रोमाइड** (Ethidium bromide) से अभिरंजित करके देखा जा सकता है। अभिरंजन के बाद इन्हें पराबैंगनी विकिरणों के प्रभाव में लाया जाता है, जिससे ये DNA खण्ड चमकीली नारंगी रंग की पट्टियों के रूप में दिखाई देते हैं।
- DNA की इन पट्टियों को काटकर पृथक् कर लिया जाता है तथा जैल से निष्कर्षित कर लिया जाता है। इस प्रकार अलग किए गए वाँछित DNA का उपयोग, उसे वाहक DNA के साथ जोड़कर पुनर्योगज DNA बनाने में किया जाता है।

(iv) DNA-RNA संकर का निर्माण
Formation of DNA-RNA Hybrid

इस उपचरण में वाँछित DNA को पृथक् करने के लिए इन्हें उच्च तापक्रम तक गर्म किया जाता है, जिससे DNA खण्ड के दोनों सूत्रों के नाइट्रोजिनस क्षारकों के मध्य के हाइड्रोजन बन्ध (Hydrogen bond) टूट जाते हैं और DNA खण्ड के दोनों सूत्र अलग हो जाते हैं। यह क्रिया **विकृतिकरण** (Denaturation) कहलाती है। अब वाँछित जीन के **अनुलेखन** (Transcription) से बनने वाले *m*RNA को प्राप्त करके एकसूत्रीय DNA खण्डों के मिश्रण में मिला देते हैं। *m*RNA वाँछित DNA के टेम्पलेट से जुड़कर DNA-RNA सम्मिश्र या संकर का निर्माण करते हैं।

(v) द्विसूत्री DNA खण्ड का संश्लेषण
Synthesis of Double Stranded DNA Segment

इस अन्तिम चरण में DNA-RNA सम्मिश्र वाले खण्ड को एकसूत्रीय DNA मिश्रण से पृथक् करने के पश्चात् *m*RNA को भी पृथक् कर लिया जाता है। अब DNA के साँचा सूत्र पर सम्पूरक सूत्र का संश्लेषण, DNA पॉलीमरेज एन्जाइम की सहायता से कराकर, इसे सामान्य द्विसूत्री DNA खण्ड में परिवर्तित कर लेते हैं तथा यह विधि **संकरण** (Hybridisation) कहलाती है।

2. वाँछित जीन को वाहक DNA से जोड़कर पुनर्योगज DNA अणु का निर्माण Insertion of Desired Gene into Vector DNA to Produce Recombinant DNA Molecule or rDNA

- वाँछित जीन को वाहक DNA अणु (प्लाज्मिड) से जोड़कर पुनर्योगज DNA का निर्माण किया जाता है। सर्वप्रथम वाहक DNA या प्लाज्मिड अणु को इसके विलोमपद पर किसी प्रतिबन्धन एन्डोन्यूक्लिएज एन्जाइम की सहायता से काट देते हैं। इसके कटे हुए सिरे सलांग (Sticky) होते हैं।
- इसी एन्जाइम की सहायता से वाँछित जीन के सिरों को भी सलांग सिरों में परिवर्तित कर दिया जाता है। अब DNA लाइगेज एन्जाइम की सहायता से वाँछित जीन को वाहक अणु से जोड़ दिया जाता है। यह क्रिया **तापानुशीतन** (Annealing) कहलाती है। इस प्रकार पुनर्योगज DNA का निर्माण हो जाता है।

3. पुनर्योगज DNA को पोषद् जीवाणु के अन्दर प्रवेश कराना Introduction or Insertion of Recombinant DNA into Host Bacterium

- वाँछित जीन युक्त संवाहक केवल सजीव कोशिकाओं के साथ संयुक्त होकर ही द्विगुणन कर सकता है या स्वयं को अभिव्यक्त कर सकता है
- अत: पुनर्योगज DNA अणुओं को पोषद् कोशिका के अन्दर प्रवेश करवाया जाता है। पोषद् के रूप में मुख्यतया *ई. कोलाई* का उपयोग किया जाता है, परन्तु आजकल *बैसिलस सब्टिलिस* (*Bacillus subtilis*) नामक जीवाणु (Bacteria) और यीस्ट (Yeast) कोशिकाओं का भी उपयोग किया जाता है।
- यह निम्नलिखित दो प्रमुख विधियों द्वारा सम्पन्न होता हैं

(i) अप्रत्यक्ष जीन अन्तरण Indirect Gene Transfer

जब बाह्य या विजातीय DNA को परपोषी कोशिका में वाहक के द्वारा निवेशित किया जाता है, तब यह जीन का अप्रत्यक्ष अन्तरण कहलाता है। यह पादप अर्बुद, विषाणु (जीवाणुभोजी, एडिनोविषाणु, रिट्रोविषाणु), आदि द्वारा सम्पन्न होता है।

(ii) प्रत्यक्ष जीन अन्तरण Direct Gene Transfer

विजातीय/बाह्य DNA को परपोषी कोशिकाओं में प्रत्यक्ष रूप से निवेशन को प्रत्यक्ष जीन अन्तरण कहते हैं। प्रत्यक्ष जीन का अन्तरण निम्न चरणों में किया जाता है

- **ऊष्मीय झटका** (Heat shock) कोशिकाएँ 0°C ताप पर कैल्शियम आयनयुक्त विलयन में वाहक ऊष्मायित की जाती हैं, अचानक ताप में 40°C तक वृद्धि कर दी जाती है। यह ऊष्मीय झटका कुछ कोशिकाओं को वाहक प्राप्ति में सक्ष्म कारक बना जाती है अचानक ऊष्मा का स्तर बढ़ने से कोशिका में छिद्र हो जाते हैं। यह जीवाणु तथा जन्तु कोशा में प्रयोग की जाती है।
- **इलैक्ट्रोपोरेशन** (Electroporation) उच्च वोल्टेज की विद्युत धारा प्रवाह से कोशिका की भित्ति/कला अस्थायी रूप से कट, फट जाती है, जिसके परिणामस्वरूप वाहक कोशिका में प्रवेश करने में सक्षम हो जाते हैं। जीवाणु कोशिका में जीन अन्तरण का यह सर्वाधिक सस्ता तथा कार्य क्षमतावान तरीका है।
- **जीन गन** (Gene gun or Biolistics) प्रत्यक्ष जीन अन्तरण की इस असाधारण तकनीक में DNA विलेपित टंगस्टन या स्वर्ण मुद्रा कणों (विजातीय DNA) की सम्पीड़ित गन से कोशिका पर बमबारी की जाती है। यह विधि पौधों में अत्यन्त उपयोगी है क्योंकि स्वर्ण या टंगस्टन धातु के DNA विलेपित सूक्ष्म कणों की उच्च वेग बमबारी, पादप कोशिका भित्ति को पार कर जाते हैं, तथा DNA को केन्द्रक में अन्तरित कर देते हैं। इसको **बायोलिस्टक** या **माइक्रोप्रोजेक्टाइल बम्बार्डमेन्ट** भी कहते हैं।
- **सूक्ष्म अन्त:क्षेपण** (Microinjection) इस विधि में वाँछित गुणों युक्त पुनर्योगज DNA को प्रत्यक्ष रूप से कोशिका में अन्त:क्षिप्त (Inject) किया जाता है। यह विधि जन्तु कोशिका में वैक्टर संयोजन के लिए उपयोगी है। विजातीय DNA को केन्द्रक में एक सूक्ष्म पिपेट द्वारा प्लाज्मा झिल्ली में छिद्र करके अन्त:क्षिप्त किया जाता है।
- **लाइपोसोम्स** (Liposomes) वाहक को लाइपोसोम में रखा जा सकता है, जो लघु झिल्लिमय पुटिकाएँ (Vesicles) होती हैं। लाइपोसोम कोशिका झिल्ली के साथ संयुक्त होकर, कोशिका में DNA का अन्तरण करती है। इस विधि द्वारा जीन चिकित्सा में जीन का अन्तरण किया जाता है।

4. रूपान्तरित कोशिका का वरण, स्क्रीनिंग तथा क्लोनिंग Selection, Screening and Cloning of Transformed Cell

- रूपान्तरित कोशिकाओं के वरण (चयन) स्क्रीनिंग के पश्चात् पुनर्योगज DNA की (उचित जीन उत्पाद) की अनेक प्रतिलिपियाँ प्राप्त की जाती हैं, जो पुनर्योगज DNA अणु का क्लोनिंग कहलाता है।
- रूपान्तरित कोशिका के वरण तथा स्क्रीनिंग में प्रतिरक्षीकारक विधि (1978 में **ब्रूम** तथा **गिलबर्ट** द्वारा विकसित), न्यूक्लिक अम्ल संकरण (Nucleic acid hybridisation) विधि, (1975 में **गनस्टैन** तथा **होग नैस** द्वारा विकसित) तथा ब्लू व्हाईट प्स्क्रीनिंग या निवेशन असक्रियकरण (Insertional inactivation) विधियों का प्रयोग किया जाता है।
- कम समय में DNA विस्तारण (Amplification) के लिए पॉलीमरेज श्रृंखला अभिक्रिया विधि का भी प्रयोग होता है। जिसका वर्णन निम्नलिखित है

पॉलीमरेज श्रृंखला अभिक्रिया
Polymerase Chain Reaction (PCR)

- PCR लक्ष्य DNA की शीघ्रतापूर्वक पुँज निर्माण विधि है, जिसके द्वारा लक्षित DNA की शीघ्रता से अनेक प्रतिलिपियाँ बनायी जा सकती हैं। इस विधि द्वारा एकल DNA अणु प्रतिदर्श (नमूने) का दीर्घीकरण (Amplification) किया जा सकता है। इस तकनीक को सन् 1983 में **कैरी मुलिस** (Karry Mullis) ने खोजा था, जिसके लिए इन्हें सन् 1993 में नोबेल पुरस्कार से सम्मानित किया गया।
- पॉलीमरेज श्रृंखला अभिक्रिया परखनली में DNA का प्रतिकृतियण है। यदि DNA की एक लम्बाई को एन्जाइम, DNA पॉलीमरेज तथा चार न्यूक्लियोटाइड्स (A, T, C एवं G) के साथ एक परखनली में मिश्रित किया जाता है, तब DNA अनेक बार द्विगुणन करता है।

- प्रक्रिया का विस्तृत वर्णन निम्न चित्र में दर्शाया गया है

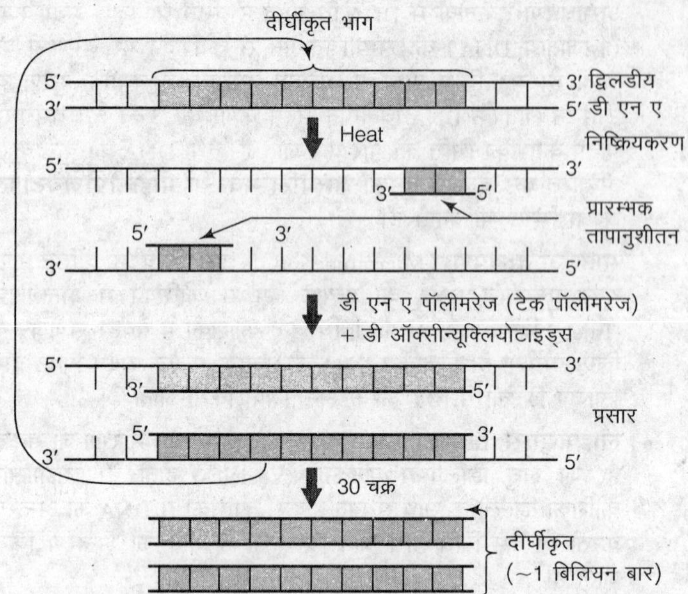

पॉलीमरेज श्रृंखला अभिक्रिया (PCR): प्रत्येक चक्र मे तीन चरण हैं।
(i) **निष्क्रियकरण,** (ii) **प्रारम्भक तापानुशीलन व** (iii) **उपक्रामकों का प्रसार**

- इस प्रकार द्विगुणित DNA के नए रज्जुकों का निर्माण हो जाता है और एक मूल DNA द्विरज्जुक से अनेक DNA रज्जुक बनाए जा सकते हैं।

5. पुनर्योगज DNA से विजातीय जीन उत्पाद को प्राप्त करना Obtaining Product of Cloned Foreign Gene

- वाँछित जीन का **पुंजकीकरण** (Cloning) करके तथा लक्ष्य प्रोटीन की अभिव्यक्ति को प्रेरित करने वाली परिस्थितियों को अनुकूलतम् बनाने के पश्चात् कोई भी इनका व्यापक स्तर पर उत्पादन कर सकता है।
- यदि कोई प्रोटीन **कूटलेखन** (Encoding) जीन किसी विषमजात परपोषी में अभिव्यक्त होता है, तो यह पुनर्योगज प्रोटीन (Recombinant protein) कहलाता है। वाँछित जीन युक्त परपोषी कोशिकाओं का छोटे पैमाने पर प्रयोगशाला में संवर्धन (Culture) किया जा सकता है। अनेक तकनीकों द्वारा इस संवर्धन से प्रोटीन का निष्कर्षण और शोधन किया जा सकता है।
- कोशिकाओं के सतत् संवर्धन के लिए पुराने पोषक माध्यम को निकालने और ताजा पोषक माध्यम को डालने की व्यवस्था की जाती है, जिससे कोशिकाएँ संख्या में अधिक और सक्रिय बनी रहें तथा वाँछित प्रोटीन अधिक मात्रा में प्राप्त होती रहे।

फसल सुधार में जैव-प्रौद्योगिकी के उपयोग
Applications of Biotechnology in Crop Improvement

जैव-प्रौद्योगिकी के कृषि एवं फसल उन्नति कार्यक्रमों से सम्बन्धित प्रमुख लाभों के अन्तर्गत, प्रजनन कार्यक्रमों की अवधि में न्यूनता (Reduction of duration in breeding programme), संकरण की नवीन विधियाँ (New methods of hybridisation) तथा पुनर्योगज DNA प्रौद्योगिकी का उपयोग सम्मिलित है। पादप प्रजनन कार्यक्रमों की अवधि में कमी, ऊतक संवर्धन (Tissue culture) द्वारा किया जाता है।

पारजीनी या GM फसलें
Transgenic or Genetically Modified or GM Crops

ट्रान्सजेनिक या आनुवंशिक रूप से परिवर्तित फसलें, ऐसी फसलें होती हैं, जिनमें विजातीय या बाहरी जीन का समावेश होता है तथा उसकी अभिव्यक्ति होती है। यह विजातीय जीन आनुवंशिक अभियान्त्रिकी द्वारा निवेशित किया जाता है। ट्रान्सजेनिक फसलों के लिए अत्यधिक प्रसिद्ध शब्द GM फसलें हैं।

GM फसलों की तकनीक के दो महत्त्वपूर्ण लाभ हैं

(i) किसी भी जीन (प्राकृतिक या संश्लेषित) का स्थानान्तरण सम्भव है।

(ii) जीनोटाइप में परिवर्तन को यथार्थता या शुद्धता (उचित रीति) से नियन्त्रित किया जा सकता है क्योंकि फसल के जीनों को केवल ट्रान्सजीन (बाह्य जीन) से जोड़ा जाता है। आनुवंशिक रूप से रूपान्तरित फसलों के कुछ उदाहरण निम्नलिखित हैं

(a) ***फ्लैवर सैवर* या टमाटर** (*Flavr Savr* or Tomato) टमाटर की यह किस्म स्वदेशी टमाटर जीन के अवरुद्ध/संदमन का उदाहरण है। स्वदेशी जीन की अभिव्यक्ति को विभिन्न विधियों से अवरुद्ध किया जा सकता है।

फलों में कोमलता को एन्जाइम पॉलीगैलेक्टोयूरोनेज द्वारा प्रेरित किया जा सकता है। इसलिए टमाटर की यह किस्म दीर्घ अवधि तक ताजी तथा प्राकृतिक सुगन्ध युक्त बनी रहती है जबकि स्वदेशी या स्थानीय किस्म अल्पावधि में खराब/विघटित हो जाती है।

(b) ***Bt* कपास** (*Bt* cotton) यह जीवाणु निर्मित फसल है। *Bt* फसलें जैव-प्रौद्योगिकी द्वारा उत्पन्न होती हैं, जिनमें कीटनाशक पदार्थों के उपयोग की आवश्यकता नगण्य होती है, क्योंकि ये फसली पादप पीड़क/कीट प्रतिरोधकता (Pest resistance) युक्त होते हैं।

इस फसली पादप में जीवाणु *बैसिलस थ्यूरिन्जिएन्सिस* एक कीटनाशक प्रोटीन उत्पन्न करता है; जैसे—लेपिडोप्टैरान्स (तम्बाकू की कलिका कीड़ा, सैनिक कीड़ा), कोलिओप्टेरान्स (झींगुर), डिप्टैरान (मक्खी, मच्छर) आदि कीट समूहों को नष्ट करती है। जीवाणु अपनी विशिष्ट वृद्धि अवस्थाओं के दौरान क्रिस्टल प्रोटीन का संश्लेषण करता है, जीवाणु से विशिष्ट *Bt* टॉक्सिन (आविष) के विलगन (Isolation) उपरान्त अनेक फसली पादपों; जैसे—कपास, टमाटर, चावल, सोया तथा सेम दलहनी पादपों में प्रविष्ट करायी जाती है।

जीन्स का चुनाव फसल व निर्धारित कीट पर निर्भर करता था, जबकि सर्वाधिक *Bt* जीव विष कीट-समूह विशिष्टता पर निर्भर करते हैं। जीव विष जिस जीन द्वारा कूटबद्ध होते हैं, उसे *क्राई* (*cry*) कहते हैं। ये कई प्रकार के होते हैं; उदाहरण—जो प्रोटीन्स जीन *cry* I Ac गश *cry* II Ab द्वारा कूटबद्ध होते हैं वे कपास के मुकुल कृमि (Ballworm) को नियन्त्रित करते हैं जबकि *cry* I Ab मक्का छेदक को नियन्त्रित करता है। *Bt* कपास भारत में किसानों द्वारा उगायी जा रही है।

(c) ***Bt* बैंगन** (*Bt* brinjal) बैंगन में जीवाणु *बैसिलस थ्यूरिन्जिएन्सिस* से *क्राई* जीन निकालकर प्रविष्ट करायी जाती है। इस जीन द्वारा संश्लेषित प्रोटीन के कारण बैंगन पर लगने वाले कीट फूड एन्ड शूट बोरर (FSB) की रोकथाम की जाती है और बैंगन का उत्पादन बढ़ जाता है।

(d) **सुनहरा चावल** (Golden rice) सुनहरा चावल *ओराइजा सैटाइवा* की किस्म है, जिसको आनुवंशिक अभियान्त्रिकी द्वारा उत्पन्न किया गया है, इस चावल का भ्रूणपोष (Endosperm), खाने योग्य भाग में विटामिन-A की पूर्ववर्ती β-कैरोटीन का जैव-संश्लेषण करने हेतु विकसित किया गया है। चावल की यह किस्म पैतृक प्रभेद (Parental strain) से तीन β-कैरोटीन जैव-संश्लेषी जीन की उपस्थिति से भिन्नता दर्शाता है, लेकिन व्यावसायिक सुनहरा चावल केवल दो β-कैरोटीन जैव-संश्लेषी जीन के स्थानान्तरण द्वारा निर्मित है।

- *Psy* (Phytoene synthase) *डैफोडिल* से।
- *Crtl* (Carotene desaturase) जीवाणु *इर्वीनिया यूरिडोवोरा* से।

पीड़क प्रतिरोधी पादप Pest Resistant Plant

विभिन्न सूत्रकृमि, मानव, अन्य जन्तुओं व कई प्रकार के पादपों पर परजीवी होते हैं। सूत्रकृमि (निमैटोड) *मिलोइडोगाइनी इन्कोग्निशिया* तम्बाकू के पादपों की जड़ों को संक्रमित करके उसकी पैदावार को काफी कम कर देता है। उपरोक्त संक्रमण को रोकने के लिए एक नवीन पद्धति की खोज की गई है, जो RNA अन्तरक्षेप की प्रक्रिया पर आधारित है।

चिकित्सा में जैव-प्रौद्योगिकी के उपयोग
Application of Biotechnology in Health

- **पुनर्योगज DNA प्रौद्योगिकी** (Recombinant DNA technology) विधियों ने स्वास्थ्य सुरक्षा के क्षेत्र में अत्यधिक प्रभाव डाला है, क्योंकि इसके द्वारा उत्पन्न सुरक्षित व अत्यधिक प्रभावी चिकित्सीय औषधियों का उत्पादन अधिक मात्रा में सम्भव है।
- वर्तमान काल में लगभग 30 पुनर्योगज औषधियाँ विश्वभर में मानव के प्रयोग हेतु स्वीकृत हो चुकी हैं, जिनमें से 12 भारत में भी विपणित हो रही हैं।
- DNA पुनर्योगज विधि द्वारा कई प्रकार के प्रोटीन हॉर्मोन्स (Protein hormones), प्रतिजैविकों (Antibiotics), एन्जाइमों (Enzymes), वैक्सीन (Vaccines), आदि का बड़े पैमाने पर उत्पादन किया जाता है तथा अन्ततया इनका औद्योगिक स्तर पर औषधियों या अन्य रूपों में मानव हित के लिए उपयोग किया जाता है। इसके फलस्वरूप विभिन्न प्रकार के असाध्य रोगों का उपचार किया जा सकता है।
- स्वास्थ्य के क्षेत्र में उपयोगी कुछ पुनर्योगज DNA विधियों का वर्णन निम्न प्रकार से है

औषधियों व रसायनों का संश्लेषण
Synthesis of Drugs and Chemicals

जैव-प्रौद्योगिकी की सहायता से विभिन्न आनुवंशिक अभियान्त्रित जीवों (Genetically Modified Organisms or GMO) द्वारा अनेक प्रकार की औषधियों व रसायनों का निर्माण किया जा रहा है।

DNA पुनर्संयोजित तकनीकी द्वारा निर्मित औषधियाँ

औषधि	उपयोग
सुपरऑक्साइड डिस्म्यूटेस	हृदयाघात के पश्चात् हृदय पेशियों के आगे नुकसान को रोकता है।
मानव वृद्धि हॉर्मोन	पिट्यूटरी हड्डियों में हड्डी व पेशियों की वृद्धि को बढ़ाता है।
रेनिन संदमक	रुधिर दाब कम करता है।
पेगसपरगेस	लिम्फोब्लास्टिक ल्यूकीमिया का उपचार
रिलैक्सिन	शिशु जन्म में सहायक
कैल्सिटोनिन	ऑस्टियोमेलेसिया का उपचार
स्ट्रेप्टोकाइनेज-TPA	रुधिर को जमने से रोकता है।
इण्टरल्यूकिन्स	प्रतिरक्षी गड़बड़ी तथा अबुर्द के उपचार में
एट्रियल नैट्रीयूरेटिक फैक्टर	रुधिर वाहिनियों को फैलाता है, मूत्र विसर्जन को प्रेरित करता है।
एपीडर्मल ग्रोथ फैक्टर	घाव के भरने की दर को बढ़ाता है, पेट के अल्सर के उपचार में सहायक।
एरिथ्रोपोईटिन	RBCs के निर्माण को उत्प्रेरित करके रुधिर अल्पता के उपचार में सहायक।
फैक्टर VIII	हीमोफिलिया के उपचार में रुधिर का थक्का बनने को उत्प्रेरित करता है।
फर्टिलिटी हॉर्मोन्स	बन्ध्यता के उपचार में
इन्टरफेरॉन	कुछ विषाणुओं व कैंसर कोशिकाओं का नष्टीकरण

मानव इन्सुलिन संश्लेषण Synthesis of Human Insulin

- इन्सुलिन एक लघु प्रोटीन हॉर्मोन है। यह प्रोटीन युक्त हॉर्मोन अग्न्याशय (अन्त:स्रावी ग्रन्थि) की बीटा (β) कोशिकाओं द्वारा निर्मित होता है तथा रुधिर में ग्लूकोस की मात्रा को नियन्त्रित करता है। इस हॉर्मोन की अपूर्णता रुधिर में ग्लूकोस का स्तर बढ़ा देती है, परिणामस्वरूप रुधिर से कोशिकाएँ ग्लूकोस नहीं प्राप्त करती हैं। यह **मधुमेह रोग** (Diabetes mellitus) का कारण बनता है।
- सन् 1982 में मधुमेह के रोगियों के लिए मानव इन्सुलिन का सफल उत्पादन किया गया। 'एली लिली' नामक एक अमेरिकन औषधि निर्माण कम्पनी ने 5 जुलाई, 1983 को दो DNA अनुक्रमों को तैयार किया, जो मानव इन्सुलिन की श्रृंखला A एवं B के समान थे। इन्होंने आनुवंशिक अभियान्त्रिकी या पुनर्योगज DNA तकनीक का उपयोग करके इन जीन्स को *ई. कोलाई* जीवाणु में स्थानान्तरित करके इन्सुलिन श्रृंखलाएँ प्राप्त की। इन्सुलिन की A व B श्रृंखलाओं को पृथक् रूप से प्राप्त करके, उन्हें डाइसल्फाइड बन्धों द्वारा जोड़ दिया गया। इससे उत्पादित इन्सुलिन को **मानव इन्सुलिन** (Humulin) कहा।

टीका उत्पादन Vaccine Production

- टीकाकरण (Vaccination) की खोज **एडवर्ड जेनर** (Edward jenner) ने की थी, लेकिन रोगजनक को दुर्बल या अक्रिय करने की तकनीक को **लुईस पाश्चर** (Louis Pasteur) द्वारा खोजा गया। टीकों में रोगाणुजनक (रोग कारक सूक्ष्मजीव) का दुर्बल या अक्रिय रूप (निलम्बित अवस्था) होता है, जो शरीर में प्रवेश के उपरान्त प्राथमिक प्रतिरक्षी प्रतिवेदन (Primary immune response) तथा B एवं T–स्मृति कोशिकाओं (Memory cells) का उत्पादन करते हैं।
- जब टीकायुक्त व्यक्ति उसी रोगाणु से संक्रमित होता है, तो उपस्थित B एवं T–स्मृति कोशिकाएँ प्रतिजन (Antigen) को शीघ्रता से पहचान लेती हैं तथा आक्रमणकारी को लसिकाणुओं (Lymphocytes) तथा प्रतिरक्षियों (Antibodies) द्वारा समाप्त कर दिया जाता है। जैव–प्रौद्योगिकी के उपयोग द्वारा द्वितीय पीढ़ी के टीके (पुनर्योगज टीके) तथा तृतीय पीढ़ी के टीके का उत्पादन किया जाता है। पुनर्योगज तकनीक द्वारा हिपेटाइटिस–B, हर्पीज, इन्फ्लुएन्ज़ा, काली खाँसी (Whooping cough), मैनिनजाइटिस, आदि रोगों के टीकों का उत्पादन किया जा रहा है।

जैव-प्रौद्योगिकी द्वारा निर्मित कुछ टीके

वैक्सीन	कार्य
हिपेटाइटिस-B (Hepatitis-B)	सीरम हिपेटाइटिस से बचाव हेतु
हिपेटाइटिस-A (Hepatitis-A)	उच्च ज्वर, यकृत की क्षति को रोकने हेतु
सायटोमेगालोवाइरस (Cytomegalovirus)	शिशुओं में संक्रमण से बचाव हेतु
मीसेल्स (Measles)	खसरे से बचाव हेतु
हर्पीज विषाणु (Herpes virus)	हर्पीज से बचाव हेतु
रेबीज (Rabies)	हाइड्रोफोबिया से बचाव हेतु
हर्प्स सिम्प्लैक्स विषाणु	जननांगों के अल्सर से बचाव हेतु
डेंगू विषाणु (Dengue virus)	हीमोरेजिक बुखार से बचाव हेतु

जीनी अभियान्त्रित खाद्य पदार्थों से उत्पन्न टीके
Edible Vaccines from Genetically Engineered Food Products

जैव-प्रौद्योगिकी की सहायता से आनुवंशिक रूप से रूपान्तरित ऐसे खाद्य पदार्थों (फल एवं सब्जियों) का उत्पादन किया जा रहा है, जो शरीर में टीके की खुराक पहुँचाने हेतु वाहन के रूप में प्रयुक्त होते हैं। इन्हें खाने **योग्य पादप टीके** (Edible plant vacines) का नाम दिया गया है; उदाहरण—हिपेटाइटिस–B का टीका।

जीन चिकित्सा Gene Therapy

- आनुवंशिक अभियान्त्रिकी का शायद सर्वाधिक लाभकारी तथा विवादास्पद अनुप्रयोग/उपयोगिता जीन चिकित्सा या जीन उपचार ही है। इस नई विधि की खोज सन् 1992 में इटली तथा अमेरिका के वैज्ञानिकों ने आनुवंशिक रोगों के नियन्त्रण हेतु की थी। मानव में विभिन्न आनुवंशिक रोगों का कारण त्रुटिपूर्ण जीन होते हैं।
- ये त्रुटिपूर्ण या असामान्य जीन त्रुटिपूर्ण एन्जाइम्स (Enzymes) का निर्माण करके आनुवंशिक रोगों का कारक बनते हैं। 'जीन उपचार (चिकित्सा) के अन्तर्गत मानव शरीर में असामान्य या त्रुटिपूर्ण या विकारी (Defective) जीन को स्वस्थ जीन से प्रतिस्थापित करके, विकारी जीन को जीन लक्ष्यमोदन द्वारा स्वस्थ बनाकर या जीन प्रतिलिपियों की संख्या में वृद्धि करके, आनुवंशिक रोगों से मुक्ति के प्रयास किए जाते हैं।'
- जीन चिकित्सा में निम्न दो स्तरों पर उपयोग किया जाता है
  (i) **भ्रूण उपचार** (Embryo treatment) इसके अन्तर्गत नए स्वस्थ भ्रूण का प्रत्यारोपण कर दिया जाता है, जिससे उसकी आनुवंशिकता भी परिवर्तित हो जाती है।
  (ii) **रोगी उपचार** (Patient treatment) इस विधि में पहले जीन के सामान्य युग्मविकल्पी (Alleles) का पृथक्करण करके उसे माध्यम में संवर्धित करते हैं। इस युग्मविकल्पी को फिर **रिट्रोविषाणु** (Retrovirus) में प्रविष्ट कराया जाता है। तत्पश्चात् रोगी के शरीर से पृथक्कृत कोशिकाओं को इन रिट्रोविषाणुओं से संक्रमित कराया जाता है। सामान्य युग्मविकल्पी सहित विषाणु DNA कोशिकाओं के गुणसूत्र से जुड़ जाता है, जिसे रोगी के शरीर में अन्त:क्षेपित (Inject) कर दिया जाता है।
- जीन उपचार को रिजेनरेटिंग थैरेपी (Regenerating therapy) भी कहते हैं। यह बीमारियों; जैसे—मधुमेह (Diabetes), हीमोफीलिया, कैंसर, एल्कैप्टोन्यूरिया, कीटोन्यूरिया, हँसियाकार रक्ताल्पता (Sickle-cell anaemia), आदि को ठीक करने का क्रान्तिकारी तरीका है।

जीन चिकित्सा का उपयोग
Application of Gene Therapy

जीन चिकित्सा के उपयोग निम्नलिखित हैं

(i) **सिस्टिक फाइब्रोसिस** (Cystic fibrosis) यह एक ऐसा ही आनुवंशिक रोग (Genetic disorder) है, जिसमें शरीर की उपकला कोशिकाएँ (Epithelial cell) प्रभावित होती हैं। सामान्य स्थिति में एक *cfcf* जीन, कोशिकाओं की सतह पर नमी बनाए रखने वाली विशिष्ट कला प्रोटीन (Membrane protein) CFTR (Cystic fibrosis transm-embrane conductance regulator) का निर्माण करती हैं, जो कोशिका कला में पाई जाने वाली एक क्लोराइड आयन चैनल प्रोटीन है। यह *cfcf* जीन 7वें गुणसूत्र पर स्थित होते हैं।

जीन चिकित्सा में DNA पुनर्योगज विधि से विशिष्ट कला प्रोटीन का निर्माण करने वाले स्वस्थ *cfcf* जीन की प्रतिलिपियाँ (Copies) निर्मित की जाती हैं और फेफड़ों की उपकला में पहुँचाई जाती हैं। इसके कार्य के लिए एरोसॉल स्प्रे (Aerosol spray) का प्रयोग किया जाता है। इस स्प्रे में छोटे द्विस्तरीय लिपिड बिन्दुक (Dilayer lipid droplet) होते हैं, जिन्हें **लाइपोसोम्स** (Liposomes) कहते हैं। स्वस्थ जीन (*cfcf*) इनसे आकर जुड़ जाते हैं।

(ii) **गम्भीर संयुक्त प्रतिरक्षा न्यूनता रोग** (Severe Combined Immunodeficiency Disease or SCID) यह एक प्रतिरक्षा तन्त्र को प्रभावित करने वाला दुर्लभ रोग है। इसको **बबल बेबी सिन्ड्रोम** (Bubble baby syndrome) के नाम से भी जाना जाता है। यह रोग X–गुणसूत्र पर उपस्थित एक जीन, जो एन्जाइम एडीनोसीन डीएमीनेज (Adenosine Deaminase or ADA) के संश्लेषण हेतु उत्तरदायी होता है, में उत्परिवर्तन (Mutation) के कारण होता है।

- यह एन्जाइम प्रतिरक्षा तन्त्र के सफल कार्यान्वयन हेतु अत्यन्त आवश्यक होता है। इसलिए SCID से ग्रसित जन्में शिशुओं में प्रतिरक्षा तन्त्र उपस्थित नहीं होता है, जिससे इनमें संक्रमणों से लड़ने की क्षमता नहीं होती है।
- जीन चिकित्सा का प्रयोग सर्वप्रथम सन् 1990 में एक चार वर्षीय लड़की में एन्जाइम एडीनोसीन डीएमीनेज की न्यूनता अभाव को दूर करने के लिए किया गया था। इसके उपचार हेतु सामान्य जीन (रोगी में अनुपस्थित) के RNA की अनुप्रति को रिट्रोविषाणु (Retrovirus) या अन्य किसी भी **विषाणु वाहक** (Virus vector) में स्थानान्तरित कर दिया जाता है।
- तत्पश्चात् रोगी की **अस्थि मज्जा** (Bone marrow) से कोशिकाओं को निकालकर, उसमें विषाणु का संक्रमण कराते हैं तथा कोशिका का संवर्धन (Cell culture) करते हैं। इस स्थिति में विषाणु के RNA जीनोम पर बना DNA प्रतिलेख (DNA Transcript) कोशिकाओं के गुणसूत्रीय DNA में प्रवेश कर जाता है। इन कोशिकाओं को पुन: रोगी की अस्थि मज्जा में अन्त:क्षेपित (Inject) कर दिया जाता है। इस प्रकार रोगजनक विषाणुओं के आनुवंशिक पदार्थों में परिवर्तन करके कैंसर, AIDS जैसे घातक रोगों के विषाणुओं को रोगजनक होने से रोककर, इन्हीं को रोगों के उपचार में सक्षम बनाया जा सकता है।

मोनोक्लोनल प्रतिरक्षी Monoclonal Antibodies

- वह प्रतिरक्षी, जो कोशिकाओं के एकल पुंज (Clone) से प्राप्त किया जाता है तथा केवल एक प्रकार के प्रतिजन (Antigen) की पहचान करता है, मोनोक्लोनल प्रतिरक्षी कहलाता है। इन प्रतिरक्षियों को उत्पन्न करने सामान्य प्रतिरक्षी उत्पन्न करने वाली कोशिकाओं को कैंसर उत्पन्न करने वाले **अर्बुद** (Tumor) की कोशिकाओं (मायलोमा कोशिकाओं) से संयुक्त करके की विधि की खोज **जार्ज कोहलर** (Georges Kohler) एवं **सीजर मिल्सटीन** (Cesar Milstein) ने सन् 1970 में की।
- इन संयुक्त कोशिकाओं को **हाइब्रिडोमा** (Hybridoma) कहते हैं। इस तकनीकी को **हाइब्रिडोमा** कहते हैं। ये प्रतिरक्षी रुधिर वर्गों की पहचान करने, कैंसर कोशिकाओं के नष्टीकरण, टीका उत्पादन तथा प्रतिरक्षा उपचार में प्रयोग करते हैं।

इन्टरफेरॉन का संश्लेषण Synthesis of Interferons

- इन्टरफेरॉन प्रतिविषाणु (Antiviral) ग्लाइकोप्रोटीन (Glycoprotein) हैं, जो प्रतिरक्षा नियन्त्रक (Immune regulators) या लिम्फोकाइन्स की भाँति कार्य करते हैं। ये विषाणु संक्रमण के प्रति अनुक्रिया करने हेतु संक्रमित कोशिकाओं द्वारा उत्पन्न होते हैं अर्थात् ये विषाणु संक्रमण से बचने हेतु शरीर की प्रथम रक्षा पंक्ति हैं। इनकी खोज सन् 1975 में **एलेक इसाक** (Alec Issacs) व **जीन लिन्डेनमान** (Jean Lindenmann) ने की थी।
- भूतकाल समय तक इन्टरफेरॉन का एकमात्र स्रोत ऊतक संवर्धित मानव श्वेत रुधिर कोशिकाएँ (White blood cells) या विषाणु संक्रमित मानव कोशिकाएँ ही थीं। ***कोलन बैसिलाई*** (*Colon bacilli*) में जीन्स के पुंजीकरण (Cloning of genes) द्वारा मानव इन्टरफेरॉन का उत्पादन सन् 1980 में दो अमेरिकी वैज्ञानिकों **गिलबर्ट एवं वीजमान** (Gilbert and Weismann) ने प्रारम्भ किया।
- उनके इस कार्य से **पुनर्योगज DNA तकनीकी** (Recombinant DNA technology) द्वारा अधिक मात्रा में इन्टरफेरॉन उत्पन्न करने की दिशा में प्रगति हुई। इन्टरफेरॉन (विशेषकर-IFN-α)) का उपयोग हिपेटाइटिस-B के उपचार में बड़े पैमाने पर किया जा रहा है। इन्टरफेरॉन को कैंसर व कुछ विषाणुजनित रोगों (एड्स सहित) के उपचार के लिए भी जाँचा जा रहा है।

> DNA **फिंगरप्रिंटिंग** DNA Fingerprinting
>
> DNA फिंगरप्रिंटिंग या प्रोफाइलिंग या जैनेटिक फिंगरप्रिंटिंग व्यक्तियों को उनके विशिष्ट DNA के आधार पर पहचानने/अभिज्ञान की तकनीक है। प्रारम्भ में व्यक्तियों को उनके फिंगरप्रिंट के आधार पर पहचाना जाता था, लेकिन विशिष्ट अँगुली छाप की विश्वसनीयता पर सन्देह के उपरान्त अन्य आधुनिक बायोमेट्रिक पहचान प्रणाली/तकनीक; जैसे–DNA प्रिंटिंग, रैटिना स्कैनिंग, आदि का विकास हुआ। DNA फिंगरप्रिंटिंग की खोज का श्रेय इंग्लैण्ड के वैज्ञानिक ऐलैक जैफरी (1984) को जाता है।

आण्विक निदान Molecular Diagnosis

किसी भी रोग के प्रभावकारी उपचार हेतु रोग की प्रारम्भिक पहचान व रोग क्रिया विज्ञान का ज्ञान होना या उसे समझना अत्यन्त आवश्यक है। उपचार के परम्परागत तरीकों (रुधिर व मूत्र जाँच) से रोग का प्रारम्भिक अवस्था में पता लगा पाना असम्भव है।

निम्नलिखित कुछ तकनीकों से रोग की प्रारम्भिक अवस्था में पहचान की जा सकती है

पॉलीमरेज श्रृंखला अभिक्रिया
Polymerase Chain Reaction (PCR)

(i) जब जीवाणु व विषाणु कम संख्या में हों, तब PCR द्वारा उनके न्यूक्लिक अम्ल का प्रवर्धन (Amplification) करके उनकी पहचान कर सकते हैं।

(ii) संदेहप्रद एड्स रोगियों में (HIV) की उपस्थिति का पता लगाने हेतु PCR तकनीक का प्रयोग किया जाता है।

(iii) PCR तकनीक का उपयोग संदेहप्रद कैंसर रोगियों के जीन में होने वाले उत्परिवर्तनों (Mutations) का पता लगाने हेतु भी किया जाता है।

(iv) इस उपयोगी विधि द्वारा अन्य कई आनुवंशिक रोगों का भी पता लगाया जाता है।

विकर सहलग्न प्रतिरक्षा शोषक आमापन
Enzyme Linked Immuno Sorbent Assay (ELISA)

(i) यह प्रतिजन-प्रतिरक्षी पारस्परिक क्रिया (Antigen-Antibody interaction) के सिद्धान्त पर कार्य करता है।

(ii) इसमें रोगजनकों (Pathogens) द्वारा उत्पन्न संक्रमण की पहचान प्रतिजन (प्रोटीन्स, ग्लाइकोप्रोटीन्स, आदि) की उपस्थिति या रोग जनकों के विरुद्ध संश्लेषित प्रतिरक्षी की पहचान के आधार पर की जाती है।

पारजीनी जन्तु Transgenic Animals

- ऐसे जन्तु, जिन्हें उनके आनुवंशिक संगठन में आनुवंशिक अभियान्त्रिकी द्वारा हेर-फेर या परिवर्तित (Manipulation) करके विकसित किया गया है अर्थात् वे जन्तु, जो विजातीय या बाह्य जीन युक्त होते हैं, पारजीनी या ट्रान्सजेनिक या आनुवंशिक रूप से रूपान्तरित जन्तु कहलाते हैं।
- जैव-प्रौद्योगिकी की अद्वितीय खोज, आनुवंशिक अभियान्त्रिकी द्वारा मवेशियों (शूकर, भेड़, बकरी) को एक प्रसंस्करण इकाई के रूप में नियुक्त कर दिया गया है, जो अंगदाता तथा प्रोटीन उत्पादक इकाइयों के जैसे कार्य कर रहे हैं; उदाहरण—ऊतक प्लाज्मोजन उत्प्रेरक (सक्रियक-TPA) बकरी के दूध से, रुधिर थक्का घटक-VIII (Factor-VIII) **भेड़ की ईथल** (Ewes eithal) से प्राप्त किया जा रहा है।
- जन्तुओं में जीन स्थानान्तरण निम्नलिखित उद्देश्यों के लिए किया जाता है
  (i) आनुवंशिक रोगों के उपचार में।
  (ii) जन्तुओं द्वारा दुग्ध, माँस, ऊन, आदि के उत्पादन में सुधार हेतु।
  (iii) अच्छे किस्म के प्रोटीनयुक्त खाद्य पदार्थों को प्राप्त करने हेतु।
  (iv) जीनों की संरचना एवं कार्यों के अध्ययन हेतु।
  (v) जीन चिकित्सा में उपयोग हेतु।
  (vi) टीके (Vaccine) की सुरक्षा जाँच हेतु।
  (vii) क्लोन (Clone) के उत्पादन हेतु।
  पारजीनी जन्तुओं को निम्न विधियों द्वारा प्राप्त किया जाता है
  - DNA सूक्ष्म इन्जेक्शन (DNA microinjection)
  - रिट्रोविषाणु मध्यस्थीय जीन स्थानान्तरण (Retrovirus mediated gene transfer)
  - भ्रूणीय स्टेम कोशिका मध्यस्थीय जीन स्थानान्तरण (Embryonic stem cell mediated gene transfer)
  - अधिकांश पारजीनी जन्तुओं को निषेचित अण्डे में सीधे DNA के सूक्ष्म इन्जेक्शन द्वारा उत्पन्न किया जाता है।

पारजीनी जन्तु के उदाहरण
Examples of Transgenic Animals

(i) **पारजीनी चूहे** (Transgenic mice) टीकों का मानव पर प्रयोग करने से पहले टीके की सुरक्षा जाँच के लिए पारजीनी चूहों का विकास किया गया है; जैसे—पोलियो टीके की सुरक्षा जाँच के लिए पारजीनी चूहों का उपयोग किया जा रहा है।

हाइब्रिडोमा तकनीकी में मोनोक्लोनल एण्टीबॉडी के निर्माण में पारजीनी चूहों का उपयोग किया जाता है। कैंसर के निदान में कैंसर कारक ओन्कोजीन की कार्यिकी के अध्ययन में इसका उपयोग किया जाता है।

(ii) **पारजीनी गाय** (Transgenic cow) सन् 1977 में सर्वप्रथम पारजीनी गाय रोजी (Rosie) से मानव प्रोटीन से भरपूर दुग्ध (2.4 ग्राम/लीटर) प्राप्त किया गया। इस दुग्ध में मानव α-लैक्टएल्ब्युमिन (Human alpha-lactalbumin) मिलता है, जो मानव शिशु हेतु अत्यधिक सन्तुलित पोषक तत्व है, जो साधारण गाय के दुग्ध में नहीं मिलता है।

(iii) **पारजीनी साल्मॉन मछली** (Transgenic salmon fish) यह खाद्य के रूप में उपयोग किया जाने वाला प्रथम पारजीनी जन्तु है।

जैव-सुरक्षा समस्याएँ Biosafety Issues

मानव अन्य जीवों पर स्वयं की महत्त्वकांक्षाओं की पूर्ति हेतु प्रयोगशाला में विभिन्न प्रयोग कर रहा है। **पारजीनी** (Transgenic) या आनुवंशिकता परिवर्ती जीवों के विकास के साथ-साथ इनकी सुरक्षा की समस्या में भी निरन्तर वृद्धि हो रही है। इनकी सुरक्षा पर प्रश्न चिन्ह लगा हुआ है क्योंकि इन जीवों का पारिस्थितिकी तन्त्र में रहना भी आवश्यक है। इसलिए भारत एवं विश्व के अन्य देशों में अनेक संगठन इनके विरुद्ध आवाज बुलन्द कर रहे हैं। ये संगठन जैव-सुरक्षा को वैधानिकता प्रदान करते हैं।

इसी सन्दर्भ में भारत ने पहल करते हुए, **आनुवंशिकी अभियान्त्रिकी संस्तुति समिति** (Genetic Engineering Approval Committee or GEAC) का गठन किया है। यह समिति मानव हितों को ध्यान में रखकर आनुवंशिकी रूप से रूपान्तरित (GM) पारजीनी जीवों, भोजन तथा विभिन्न अनुसन्धानों की वैधता पर निर्णय लेती है।

(i) जैवदस्युता या बायोपाइरेसी Biopiracy

विभिन्न बहुराष्ट्रीय कम्पनियाँ (MNCs) या अन्य संगठन जब किसी देश के जैविक संसाधनों का समुचित प्रतिकर भुगतान किए बगैर अनाधिकृत रूप से उन संसाधनों का प्रयोग करते हैं, तो यह बायोपाइरेसी कहलाता है।

किसी भी देश के जैविक संसाधनों; जैसे—जैविक पदार्थ तथा पुनर्योगज DNA उत्पाद का बिना पूर्व सूचना के गैर-कानूनी तरीके से प्रयोग, बाहर ले जाना, उसका उपभोग, बायोपाइरेसी के अन्तर्गत आता है। उसे बड़ी-बड़ी बहुराष्ट्रीय कम्पनियाँ किसी देश या क्षेत्र में मिलने वाले विशेष पादपों, वनस्पतियों या आनुवंशिक रूपान्तरित जीनोम वाले विषाणु, जीवाणु, आदि को बिना अनुमति के व्यवसायिक स्तर पर लाकर स्वयं लाभान्वित होती हैं तथा गरीब देशों के जैविक संसाधनों का दोहन करती हैं। तकनीकी विकास की कमी के कारण गरीब या अल्पविकसित देश अपनी ही जैविक सम्पदा का लाभ नहीं ले पाते हैं।

(ii) जैव-एकस्व या बायोपेटेन्ट Biopatent

एकस्व प्रक्रिया अन्वेषक (Inventor) को एक अधिकार प्रदान करती है, ताकि किसी अन्य व्यक्ति द्वारा उसकी खोज का दुरुपयोग न किया जा सकें। विभिन्न देशों में एकस्व सम्बन्धी कानून अलग-अलग हैं। वर्तमान में यह कानूनी अधिकार जैविक उत्पादों, आनुवंशिकी, अभियान्त्रिकी, उत्पादन, आदि के लिए भी अनुमोदित किए जा रहे हैं।

अधिकांश औद्योगिक देशों की आर्थिक व्यवस्था सुदृढ़ है, परन्तु उनके पास जैव-विविधता एवं **जैव-संसाधनों** से सम्बन्धित परम्परागत ज्ञान की बहुत कमी है। इसके विपरीत विकासशील तथा अविकसित देशों में जैव-विविधता एवं जैव-संसाधनों से सम्बन्धित परम्परागत ज्ञान अधिक है।

यदि दोनों ही देशों के बीच सामंजस्य हो जाए, तो मानव जाति का विकास अधिक होगा, साथ ही विभिन्न प्रकार की शक्ति एवं व्यय में भी बचत की जा सकती है। इस सन्दर्भ में दोनों विकसित एवं विकासशील देशों के मध्य सहभागिता की व्यवस्था प्रारम्भ हो रही है तथा इसके अनाधिकृत दोहन को रोकने के लिए कानून बनाए जा रहे हैं।

अतः अन्तर्राष्ट्रीय स्तर पर किसी भी देश, कम्पनी या वैज्ञानिक को शोधकार्य की नई उपलब्धि या परम्परागत ज्ञान को एकस्व करना आवश्यक होता है। ऐसा न करने की स्थिति में एकस्व प्राप्त व्यक्ति या संस्था की शिकायत पर इन्हें रायल्टी देनी पड़ती है।

अभ्यास प्रश्न

जैव-प्रौद्योगिकी के सिद्धान्त

1. जैविक कारकों के नियन्त्रित उपयोग, जैसे जीवित जीव या एन्जाइमों के द्वारा मानव उपयोगी उत्पादों का उत्पादन करना, कहलाता है
(a) जैव–रसायनिकी (b) आण्विक जीव विज्ञान
(c) जैव–प्रौद्योगिकी (d) सूक्ष्मजीव विज्ञान

2. बायोटेक्नोलॉजी शब्द का सर्वप्रथम प्रयोग किस वैज्ञानिक ने किया?
(a) स्मिथ तथा नैथन्स ने (b) कार्ल एरेकी ने
(c) बर्ग ने (d) इनमें से कोई नहीं

3. EFB का अर्थ है
(a) यूरोपियन फेडरेशन ऑफ बायोटैक्नोलॉजी
(b) यूरेशियन फेडरेशन ऑफ बायोटैक्नोलॉजी
(c) ईस्ट एशिया फेडरेशन ऑफ बायोटैक्नोलॉजी
(d) इथोपियन फेडरेशन ऑफ बायोटैक्नोलॉजी

4. जैव-प्रौद्योगिकी विज्ञान एवं अभियान्त्रिकी के सिद्धान्तों के उपयोग एवं जैविक कारकों के प्रयोग से उत्पाद तथा सेवाओं की प्राप्ति है। ये परिभाषा किस संगठन द्वारा दी गयी?
(a) आर्थिक सहयोग एवं विकास संगठन
(b) यू एस राष्ट्रीय विज्ञान फैडेरेशन
(c) अन्तर्राष्ट्रीय शुद्ध एवं व्यवसायिक रसायन संगठन
(d) राष्ट्रीय जैव-प्रौद्योगिकी निगम

5. निम्नलिखित में से कौन-सा कार्य जैव-प्रौद्योगिकी की श्रेणी में आता है?
(a) औद्योगिक प्रक्रमों में जीवधारियों अथवा उनसे प्राप्त पदार्थों का उपयोग
(b) जैव-अन्वेषण में प्रयुक्त होने वाली वस्तुओं का उत्पादन करने के लिए वाणिज्यिक उद्योगों के प्रक्रम का आधुनिकीकरण
(c) जैविक विकृतियों का अनुसन्धान करने के लिए आधुनिक प्रौद्योगिकी का उपयोग
(d) जैव मण्डल की वृद्धि के लिए औद्योगिक प्रौद्योगिकी का उपयोग

6. आनुवंशिक अभियान्त्रिकी में होता है
(a) जीवाणु DNA पर रेस्ट्रिक्शन एन्डोन्यूक्लिएज का प्रयोग तथा नए गुणों का निर्माण
(b) DNA को तोड़ना व जोड़ना
(c) कृत्रिम DNA स्ट्रेण्ड का संश्लेषण
(d) उत्परिवर्तित गुणसूत्रों पर पूर्व कूट को बनाए रखना

7. जैव-प्रौद्योगिकी के अन्तर्गत सम्मिलित शाखा है
(a) कोशिका विज्ञान (b) आण्विक जैविकी
(c) आनुवंशिकी (d) ये सभी

8. जैव-प्रौद्योगिकी के अन्तर्गत निम्न में से कौन-सी तकनीक सम्मिलित है?
(a) *अन्तःपात्रे (In vitro)* निषेचन
(b) विकृत जीन का संशोधन
(c) जीन संश्लेषण
(d) उपरोक्त सभी

9. पारम्परिक जैव-प्रौद्योगिकी के क्षेत्र हैं
I. किण्वन द्वारा खाद्य पदार्थों का उत्पादन
II. औद्योगिक किण्वन
III. खाद्य परिरक्षण
IV. चयनित पादप प्रजनन
कूट
(a) I एवं II (b) II एवं III (c) I, II एवं III (d) ये सभी

10. वह तकनीक, जिसमें जीन्स का संकलन (Addition) तथा विलोपन (Deletion) किया जाता है, कहलाती है
(a) जीन चिकित्सा
(b) जीन स्पलाइसिंग
(c) आनुवंशिक अभियान्त्रिकी
(d) कृत्रिम संश्लेषण

11. प्रथम पुनर्योगज DNA का निर्माण किसने किया था?
(a) स्टैनले कोहन (b) हर्बर्ट बोयर
(c) टेमिन तथा बाल्टीमोर (d) दोनों (a) एवं (b)

12. प्रथम पुनर्योगज DNA का निर्माण किसके प्लाज्मिड द्वारा किया गया था?
(a) *ई. कोलाई*
(b) *साल्मोनेला टाइफीमुरियम*
(c) *बैसिलस थ्यूरिन्जिएन्सिस*
(d) यीस्ट

आनुवंशिक अभियान्त्रिकी में प्रयुक्त साधन

13. पुनर्योगज DNA तकनीक हेतु आवश्यक साधन हैं
I. प्रतिबन्धन एन्जाइम
II. पॉलीमरेज एन्जाइम
III. लाइगेज
IV. वाहक
V. पोषद जीव
सही विकल्प चुनिए।
(a) I, II एवं III (b) I, III, IV एवं V
(c) I, II, III एवं V (d) I, II, III, IV एवं V

14. प्रतिबन्धन एन्डोन्यूक्लिएज की खोज की
(a) एलेक्जेन्डर फ्लेमिंग ने (b) वॉलक्समेन ने
(c) नैथन्स तथा स्मिथ ने (d) कार्ल एरेकी ने

15. निम्न में से कौन-सा प्रथम खोजा गया प्रतिबन्धन एन्डोन्यूक्लिएज है?
(a) *Hind* III (b) *Hind* II
(c) *Eco* RI (d) *Eco* RII

16. प्रतिबन्धन एन्डोन्यूक्लिएज वे एन्जाइम हैं, जो
(a) DNA अणु को विशिष्ट स्थलों पर काटते हैं
(b) विशिष्ट न्यूक्लियोटाइड अनुक्रम को बन्धन के लिए पहचानते हैं तथा DNA के दोनों रज्जुकों (Strands) को काटते हैं
(c) DNA पॉलीमरेज एन्जाइम के कार्य को अवरुद्ध करते हैं
(d) DNA अणु के अन्त में से न्यूक्लियोटाइडों को निष्कासित करते हैं

17. प्रतिबन्धन एन्जाइम के नामकरण में प्रथम अक्षर A नाम से लिया जाता है तथा अगले दो अक्षर B से एवं चौथा अक्षर C के D (जहाँ से एन्जाइम प्राप्त किया गया है) से लिया जाता है।
कथन में A से D हो सकते हैं

	A	B	C	D
(a)	वंश	जाति	प्रभेद	जीवाणु
(b)	जाति	वंश	प्रभेद	जीवाणु
(c)	वंश	जाति	प्रजाति	यूकैरियोट
(d)	जाति	वंश	प्रजाति	यूकैरियोट

18. *Eco* RI प्रतिबन्धन (Restriction) एन्डोन्यूक्लिऐज में CO का क्या अर्थ है?
(a) सीलोम (b) जीवाण्वीय प्रभेद
(c) *कोलाई* (d) कोलन

19. प्रतिबन्धन एन्डोन्यूक्लिऐज एन्जाइम में प्रयुक्त रोमन संख्या दर्शाती है
(a) जीवाणु के प्रभेद से विलगित एन्जाइम का क्रमांक
(b) एन्जाइम की संख्या
(c) एन्जाइम का क्रमांक
(d) उपरोक्त में से कोई नहीं

20. प्रारूप-I के प्रतिबन्धन एन्डोन्यूक्लिएज एन्जाइम विलोमपदों पर DNA अणु के दोनों सूत्रों को एक ही स्थान पर काटते हैं। दोनों सपाट सिरों को क्या कहते हैं?
(a) कुन्द छोर (b) सलांग छोर
(c) दोनों (a) एवं (b) (d) इनमें से कोई नहीं

21. प्रारूप-II के प्रतिबन्धन एन्डोन्यूक्लिएज एन्जाइम के सफल क्रियान्वयन के लिए किसकी आवश्यकता पड़ती है?
(a) Ca^{++} (b) Mg^{++}
(c) B^{+++} (d) Zn^{++}

22. प्रारूप-III के प्रतिबन्धन एन्डोन्यूक्लिएज एन्जाइम के सफल क्रियान्वयन के लिए किसकी आवश्यकता होती है?
(a) ATP
(b) S- एडिनोसिल मीथियोनीन
(c) Mg^{++}
(d) ये सभी

23. निम्न में से कौन-सा कथन रेस्ट्रिक्शन एन्जाइम के लिए सत्य नहीं है?
(a) यह पैलिण्ड्रोमिक न्यूक्लियोटाइड क्रम को पहचानता है
(b) यह एक एन्डोन्यूक्लिएज है
(c) यह विषाणुओं से पृथक् किया जाता है
(d) विभिन्न DNA रज्जुकों को समान, सलांग छोर पर काटता है

24. निम्नलिखित कथन बन्धेज/एन्जाइम (रेस्ट्रिक्शन एन्डोन्यूक्लिएज) से सम्बन्धित हैं। इनका ध्यानपूर्वक अध्ययन करते हुए गलत/विषम कथन का चयन कीजिए।
(a) रेस्ट्रिक्शन एन्जाइम शब्द विकरों के लिए प्रयोग किया जाता है, जो बाहरी DNA को विदलित करने की क्षमता रखता है
(b) रेस्ट्रिक्शन एन्डोन्यूक्लिएज-I DNA को अनियमित/अनिश्चित रूप से, जबकि रेस्ट्रिक्शन एन्डोन्यूक्लिएज-II अणु का विशिष्ट स्थानों से ही काटता है
(c) इनका नामकरण सूक्ष्मजीव जाति के अनुसार किया जाता है, जिस जाति द्वारा ये व्युत्पन्न होते हैं
(d) रेस्ट्रिक्शन एन्डोन्यूक्लिएज DNA अणु को दो-तीन लड़ियों में विखण्डन करके रेस्ट्रिक्शन खण्ड प्राप्त कर लेता है

25. वह एन्जाइम, जो निम्न अनुक्रम के विदलन हेतु उत्तरदायी है
5'-G-T-C-G-A-C-3', 3'-C-A-G-C-T-G-5'
(a) *Alu* I (b) *Bam* HI
(c) *Hind* II (d) *Eco* RI

26. निम्न में से कौन प्रतिबन्धन (Restriction) एन्डोन्यूक्लिएज है?
(a) प्रोटिऐज (b) DNAse I
(c) RNAse (d) *Hind* II

27. प्रतिबन्धन एन्डोन्यूक्लिएज द्वारा DNA का पहचाना गया विशिष्ट अनुक्रम कहलाता है
(a) प्रतिबन्धन न्यूक्लियोटाइड अनुक्रम
(b) पैलेन्ड्रोमिक न्यूक्लियोटाइड अनुक्रम
(c) अभिज्ञान न्यूक्लियोटाइड अनुक्रम
(d) उपरोक्त सभी

28. अभी तक कितने प्रतिबन्धन एन्जाइम विलगित किए जा चुके हैं?
(a) 920 (b) 940
(c) 900 (d) 230

29. जीन अभियान्त्रिकी में कौन-से सामान्यतया प्रयुक्त एन्जाइम हैं?
(a) प्रतिबन्धन एन्डोन्यूक्लिएज तथा पॉलीमरेज
(b) एन्डोन्यूक्लिएज तथा लाइगेज
(c) प्रतिबन्धन एन्डोन्यूक्लिएज तथा लाइगेज
(d) लाइगेज तथा पॉलीमरेज

30. प्रतिबन्धन एन्डोन्यूक्लिएज एन्जाइम DNA रज्जुक को पैलेन्ड्रोमिक स्थल के मध्य से कुछ हटकर
(a) समान रज्जुकों पर समान दो क्षारकों पर काटते हैं
(b) विपरीत रज्जुकों पर समान दो क्षारकों पर काटते हैं
(c) समान रज्जुकों पर विपरीत क्षारकों पर काटते हैं
(d) विपरीत रज्जुकों पर विपरीत क्षारकों पर काटते हैं

31. प्रतिबन्धन एन्डोन्यूक्लिएज एन्जाइम में 'प्रतिबन्धन' दर्शाता है
(a) DNA में फॉस्फोडाइएस्टर बन्ध का टूटना
(b) केवल विशिष्ट स्थानों पर DNA का टूटना
(c) जीवाणु में जीवाणुभोजी का गुणन अवरुद्ध होना
(d) उपरोक्त सभी

32. एक्सोन्यूक्लिएज की कार्यविधि है
(a) विशिष्ट स्थलों से न्यूक्लियोटाइडों का निष्कासन
(b) DNA के सिरों से न्यूक्लियोटाइडों का निष्कासन
(c) DNA के मध्य से न्यूक्लियोटाइडों का निष्कासन
(d) न्यूक्लियोटाइडों का निष्कासन

33. प्रतिबन्धन एन्डोन्यूक्लिएज एन्जाइम DNA से जुड़कर द्विकुण्डलन के दोनों रज्जुकों को विशिष्ट स्थलों पर काटता है
(a) शर्करा फॉस्फेट बन्ध को (b) हाइड्रोजन बन्ध को
(c) ग्लाइकोसिडिक बन्ध को (d) इनमें से कोई नहीं

34. पैलेन्ड्रोमिक अनुक्रम, वह अनुक्रम है, जो
(a) दोनों रज्जुकों पर उल्टे पढ़े जाते हैं
(b) विशिष्ट अनुक्रम को विपरीत दिशा में पढ़े जाते हैं
(c) दोनों रज्जुकों पर समान पढ़े जाते हैं, जब पढ़ने का अनुक्रम समान हों
(d) दोनों रज्जुकों पर उल्टे पढ़े जाते हैं, जब पढ़ने का अनुक्रम समान हों

35. *Eco* RI प्रतिबन्धन एन्डोन्यूक्लिऐज एन्जाइम के सन्दर्भ में निम्न में से कौन-से कथन गलत हैं?
I. *Eco* RI प्रतिबन्धन एन्डोन्यूक्लिऐज एन्जाइम *इश्चेरिचिया कोलाई* से विलगित किया गया है।
II. इसका अभिज्ञान अनुक्रम है 5′—GAATTC—3′
3′—CTTAAG—5′
III. इसके विदलन का स्थल है
↓
5′–G – A – A – T – T – C – 3′
3′–C – T – T – A – A – G – 5′
↑
(a) I एवं II (b) I एवं III
(c) I, II एवं III (d) इनमें से कोई नहीं

36. निम्न में से कौन-सा प्रतिबन्ध एन्डोन्यूक्लिऐज का स्रोत नहीं है?
(a) *हीमोफिलस इन्फ्लूएन्जी* (b) *इश्चेरिचिया कोलाई*
(c) *एग्रोबैक्टीरियम ट्यूमिफेसिन्स* (d) *बैसिलस एमाइलोली*

37. समान प्रतिबन्धन एन्डोन्यूक्लिएज एन्जाइम द्वारा कटे एक विजातीय DNA तथा प्लाज्मिड पुनर्योगज प्लाज्मिड निर्माण हेतु जोड़े जा सकते हैं
(a) *Eco* RI के द्वारा (b) *टैक* पॉलीमरेज के द्वारा
(c) पॉलीमरेज-III के द्वारा (d) लाइगेज के द्वारा

38. निम्न कथनों को पढ़िए।
I. पुनर्योगज DNA तकनीक जैव-प्रौद्योगिकी की शाखा जीन अभियान्त्रिकी के रूप में मुख्यतया जानी जाती है, जिसमें मानव द्वारा आनुवंशिक पदार्थ का *अन्तःपात्रे* सुधार किया जाता है।
II. बोलिवर तथा रोड्रिकुग्वेज द्वारा सन् 1977 में *ई. कोलाई* प्लाज्मिड से निर्मित pBR322 प्रथम कृत्रिम क्लोनिंग वाहक था।
III. प्रतिबन्धन एन्जाइम न्यूक्लिऐज एन्जाइमों की श्रेणी से सम्बन्धित हैं।

उपरोक्त में से कौन-से कथन सही हैं?
(a) I एवं II (b) I एवं III
(c) II एवं III (d) I, II एवं III

39. निम्न में से कौन पुनर्योगज (Recombinant) DNA अणु बनाने हेतु आवश्यक नहीं है?
(a) प्रतिबन्धन एन्डोन्यूक्लिएज (b) DNA लाइगेज
(c) DNA खण्ड (d) *ई. कोलाई*

40. निम्न में से किसके द्वारा प्लाज्मिड वाहक से प्रतिजैविक प्रतिरोधी जीन को जोड़ना सम्भव हुआ है?
(a) DNA लाइगेज के द्वारा (b) RNA लाइगेज के द्वारा
(c) DNA पॉलीमरेज के द्वारा (d) RNA पॉलीमरेज के द्वारा

41. स्वायत्र प्रतिकृतिकृत वर्तुल बाह्य-गुणसूत्री (Extrachromosomal) DNA होता है
(a) वेक्टर/वाहक (b) कैप्सिड (c) प्लाज्मिड (d) जीवाणुभोजी

42. कौन-सा वाहक केवल छोटे DNA खण्ड को ही क्लोन कर सकता है?
(a) जीवाण्वीय कृत्रिम गुणसूत्र (b) यीस्ट कृत्रिम गुणसूत्र
(c) प्लाज्मिड (d) कॉस्मिड

43. प्लाज्मिड में वाहक के रूप में प्रयुक्त सबसे महत्त्वपूर्ण है
(a) प्रतिकृतिकरण का उद्भव (*Ori*)
(b) वर्णात्मक चिह्न की उपस्थिति
(c) प्रतिबन्धन एन्डोन्यूक्लिएज हेतु स्थल की उपस्थिति
(d) इसका आमाप

44. निम्न में से कौन-सा प्लाज्मिड का गुण नहीं है?
(a) वर्तुल संरचना (b) स्थानान्तरण योग्य
(c) एकल रज्जुक (d) स्वायत्त प्रतिकृतिकरण

45. *एग्रोबैक्टीरियम ट्यूमिफेसिएन्स* का प्लाज्मिड, जो वाहक के रूप में रूपान्तरित हो चुका है, कहलाता है
(a) Pi-प्लाज्मिड (b) कॉस्मिड
(c) Ti-प्लाज्मिड (d) इनमें से कोई नहीं

46. निम्न कथनों को पढ़िए।
I. अनेक द्विबीजपत्री पादपों का रोगजनक, मृदा में रहने वाला पादप जीवाणु *एग्रोबैक्टीरियम ट्यूमिफेसिएन्स* DNA का एक हिस्सा स्थानान्तरित कर सकता है, जिसे *t*DNA कहते हैं।
II. *t*DNA अर्बुद का निर्माण करता है।
III. अर्बुद निर्माण Ti प्लाज्मिड द्वारा प्रारम्भ होता है।
उपरोक्त में से कौन-से कथन सही हैं?
(a) I एवं II (b) I एवं III (c) II एवं III (d) I, II एवं III

47. जीन प्रतिलिपिकरण के समय किसे जीन टैक्सी कहते हैं?
(a) टीका (b) प्लाज्मिड
(c) जीवाणु (d) प्रोटोजोआ

48. निम्न में से एक प्लाज्मिड है
(a) pBR322 (b) *Bam* II (c) *Sal* I (d) *Eco* RI

49. वाहक में *ऑरी* (*Ori*) का कार्य है
(a) जुड़े हुए DNA के प्रतिलिपिकरण में सहायता करना
(b) जुड़े हुए DNA की प्रतिलिपि संख्या को नियन्त्रित करना
(c) पुनर्योगजों के चयन में सहायता करना
(d) दोनों (a) एवं (b)

50. pBR322 में *Bam* HI हेतु अभिज्ञान स्थल उपस्थित होता है
(a) एम्पीसिलिन प्रतिरोधी स्थल में
(b) ट्रेटासाइक्लिन प्रतिरोधी स्थल में
(c) *ऑरी* (*Ori*) स्थल में
(d) *रोप* (*rop*) स्थल में

51. यदि प्रतिजैविक प्रतिरोधी (जैसे–एम्पीसिलिन) युक्त पुनर्योगज DNA *ई. कोलाई* कोशिका में स्थानान्तरित किया जाता है, तो पोषद कोशिका एम्पीसिलिन प्रतिरोधी हो जाती है।
इस स्थिति में एम्पीसिलिन प्रतिरोधी जीन कहलाता है
(a) वाहक (b) प्लाज्मिड
(c) वर्णात्मक चिह्न (d) क्लोनिंग स्थल

52. मनुष्य में क्लोनिंग के रूप में प्रयोग आने वाला वाहक है
(a) सिमियन वायरस-40 (b) एडीनो वायरस
(c) लैम्बडा वायरस (d) TMV

53. पौधों में क्लोनिंग के रूप में प्रयोग आने वाला वाहक है
(a) एडीनो वायरस (b) लैम्बडा वायरस
(c) कॉलीफ्लॉवर मोजैक वायरस (d) सिमियन वायरस-40

54. फैज्मिड नामक वाहक का निर्माण होता है
(a) प्लाज्मिड + जीवाणु (b) प्लाज्मिड + वायरस
(c) जीवाणु + यीस्ट (d) वायरस + यीस्ट

55. वाहक या संवाहक (Vector) में वाँछित जीन को अपने में निवेशित कर लेनी की क्षमता होनी चाहिए। इस क्षमतायुक्त DNA को क्या कहते है?
(a) पुनर्योगज संवाहक (b) संकर संवाहक
(c) काइमैरिक संवाहक (d) ये सभी

पुनर्योगज DNA तकनीक

56. किसी रेडियोएक्टिव अणु के साथ संलग्न (Tagged) किया गया, न्यूक्लिक अम्ल का एकल सूत्र कहलाता है
(a) वेक्टर (b) सलैक्टेबल मार्कर
(c) प्लाज्मिड (d) प्रोब

57. DNA अणुओं को उनके आमाप के अनुसार पृथक् करने में सर्वाधिक प्रयुक्त तकनीक कौन-सी है?
(a) क्रोमेटोग्राफी (b) PCR
(c) RFLP (d) जैल इलेक्ट्रोफोरेसिस

58. एगारोज जैल इलेक्ट्रोफोरेसिस में DNA अणु पृथक् होते हैं
(a) आवेश के आधार पर
(b) आकार के आधार पर
(c) आवेश से आकार के अनुपात पर
(d) उपरोक्त सभी

59. जैल इलेक्ट्रोफोरेसिस में पृथक् किए गए DNA खण्ड *A* से अभिरन्जित कर *B* में रखने पर दिखाई देते हैं, यहाँ *A* तथा *B* हैं

	A	*B*
(a)	β-गैलेक्टोसाइडेज	अवरक्त विकिरण
(b)	इथिडियम ब्रोमाइड	UV-विकिरण
(c)	इथिडियम नाइट्रेट	γ-किरणें
(d)	इथिडियम क्लोराइड	रेडियो तरंगें

60. DNA खण्ड को UV-प्रकाश में देखे जाते हैं
(a) पीले रंग के बैण्ड के रूप में
(b) नारंगी रंग के बैण्ड के रूप में
(c) नीले रंग के बैण्ड के रूप में
(d) दोनों (a) एवं (b)

61. जैल इलेक्ट्रोफोरेसिस में पृथक् किए गए DNA बन्ध को काटकर जैल से अलग किया जाता है, यह प्रक्रम कहलाता है
(a) निक्षालन (b) उत्पत्ति प्रतिलिपिकरण
(c) उपयुक्तता (d) रूपान्तरण

62. जैल इलेक्ट्रोफोरेसिस में प्रारूपी DNA खण्डों में टूटता है
(a) प्रतिबन्धन एन्डोन्यूक्लिएज द्वारा
(b) एक्सोन्यूक्लिएज द्वारा
(c) एन्डोन्यूक्लिएज द्वारा
(d) एनहाइड्रो L-गैलेक्टोज द्वारा

63. जैल इलेक्ट्रोफोरेसिस में प्रतिबन्धन एन्जाइम द्वारा कटे DNA किसके निकट स्थित होते हैं?
(a) एनोड के (b) कैथोड के
(c) जैल के केन्द्र के (d) जैल में कहीं भी

64. प्रतिबन्धन एन्डोन्यूक्लिएज एन्ज़ाइम द्वारा उत्पन्न DNA खण्ड निम्न में से किसके द्वारा पृथक् किए जा सकते हैं?
(a) अपकेन्द्रण द्वारा
(b) पॉलीमरेज शृंखला अभिक्रिया द्वारा
(c) इलेक्ट्रोफोरेसिस द्वारा
(d) प्रतिबन्धन मानचित्रण द्वारा

65. जैल वैद्युतकण संचलन के दौरान एगारोस जैल पर DNA खण्डों की गति लिए कौन-सा मानदण्ड होगा?
(a) अपेक्षाकृत बड़े आमाप का खण्ड, अपेक्षाकृत दूर जाता है
(b) अपेक्षाकृत छोटे आमाप का खण्ड, अपेक्षाकृत दूर जाता है
(c) धनात्मक आवेशित खण्ड अपेक्षाकृत दूर के सिरे पर जाता है
(d) ऋणात्मक आवेशित खण्ड गतिमान नहीं होते हैं

66. एक जीवाणु कोशिका मानव जीन द्वारा निर्मित पुनर्योगज DNA द्वारा रूपान्तरित की गई है, किन्तु यह कोशिका वाँछित प्रोटीन उत्पन्न नहीं करती हैं, कारण हो सकता है
(a) मानव जीन में इन्ट्रॉन हो सकते हैं, जिसे जीवाणु प्रयोग में नहीं ला सकता है
(b) मानव तथा जीवाणु हेतु अमीनो अम्ल प्रकूट भिन्न होते हैं
(c) मानव प्रोटीन बनता है, किन्तु जीवाणु द्वारा नष्ट हो जाता है
(d) उपरोक्त सभी

67. जीन-गन विधि के सन्दर्भ में निम्न कथनों को पढ़िए।
I. यह विधि बायोलिस्टिक विधि के रूप में भी जानी जाती है।
II. इस विधि में पादप कोशिका पर DNA आस्तरित स्वर्ण या टंगस्टन के अतिसूक्ष्म कणों की तीव्र गति से बमबारी की जाती है।
III. महत्त्वपूर्ण अनाज; जैसे—मक्का, चावल तथा गेहूँ को इस विधि द्वारा रूपान्तरित किया जा चुका है।

उपरोक्त कथनों में से सही हैं
(a) I एवं II (b) II एवं III (c) II एवं III (d) I, II एवं III

68. एक जीवाणु से दूसरे जीवाणु में आनुवंशिक पदार्थ का विषाणु, जैसे- माध्यमिक वाहक द्वारा स्थानान्तरण कहलाता है

(a) पराक्रमण (b) संयुग्मन

(c) रूपान्तरण (d) अनुवादन

69. निम्न में से किसके उपचार द्वारा RNA को हटाया जाता है?

(a) राइबोन्यूक्लिएज (b) प्रोटीनेज

(c) काइटिनेज (d) सेलुलेज

70. नीचे जीन अभियान्त्रिकी के विभिन्न आधारभूत पद दिए गए हैं।

I. वाँछित जीन युक्त DNA की पहचान

II. जीन स्थानान्तरण

III. पोषद में जीन का रख-रखाव एवं जीन क्लोनिंग

IV. पुनर्योगज DNA निर्माण हेतु DNA का पोषद में प्रवेश

निम्न में से कौन-सा विकल्प सही पदानुक्रम दर्शाता है?

(a) I, II, III एवं IV (b) I, IV, III एवं II

(c) III, IV, II एवं I (d) I, III, IV एवं II

71. तापाघात/हीट-शॉक विधि की जीवाण्वीय रूपान्तरण में उपयोगिता है

(a) DNA को कोशिका भित्ति से जोड़ने में

(b) कला परिवहन प्रोटीन द्वारा DNA के अन्तर्ग्रहण में

(c) जीवाण्वीय कोशिका भित्ति के परिवहन योग्य छिद्रों द्वारा DNA के अन्तर्ग्रहण में

(d) प्रतिजैविक प्रतिरोधी जीन की अभिव्यक्ति में

72. पुनर्योगज तथा अपुनर्योगज में विभेदन की विधि है

(a) प्रतिजैविक प्रतिरोधी जीन (b) निर्वेशन असक्रियण

(c) जीन क्लोनिंग (d) दोनों (a) एवं (b)

73. निर्वेशन असक्रियण में पुनर्योगज DNA कोडिंग अनुक्रम में निर्वेशित किया जाता है

(a) β-गैलेक्टोसिडेज (b) ट्रेटासाइक्लिन प्रतिरोधी जीन

(c) प्रतिबन्धन एन्जाइम (d) एम्पीसिलिन प्रतिरोधी जीन

74. निर्वेशन असक्रियण में पुनर्योगज कॉलोनियों के विभेदन का आधार है

(a) नीले रंग की उत्पत्ति (b) रंगहीन

(c) लाल रंग की उत्पत्ति (d) अपरिवर्तनशील

75. जीवाण्वीय कोशिका में किस एन्जाइम द्वारा झिल्ली हटायी जाती है?

(a) सेलुलेज (b) लाइसोजाइम

(c) काइटिनेज (d) लाइपेज

76. निम्न में से किस पदार्थ को मिलाने पर परिशोधित DNA महीन तन्तु के रूप में अवक्षेपित हो जाता है?

(a) अतिशीतित एथेनॉल (b) फिनॉल

(c) एसीटोन (d) अतिशीतित एसीटोन

77. विजातीय DNA कोशिका झिल्ली के बाहर नहीं जा सकता है, क्यों?

(a) यह जलविरागी होता है (b) यह जलरागी होता है

(c) यह प्रोटीन समृद्ध होता है (d) यह भारी होता है

78. पोषद कोशिका का द्विसंयोजक धनायन से उपचार

(a) DNA की पारगम्यता को बदलता है

(b) DNA की जीवाणु में प्रवेश करने की दक्षता बढ़ाता है

(c) DNA की जीवाणु में प्रवेश करने की दक्षता घटाता है

(d) पोषद की पारगम्यता को परिवर्तित करता है

79. निम्न में से कौन-सी विधि विजातीय DNA को जन्तु कोशिका में प्रवेश कराने में प्रयुक्त होती है?

(a) जीन-गन विधि

(b) पोषद् की पारगम्यता में परिवर्तन

(c) बायोलिस्टिक विधि

(d) सूक्ष्मनिर्वेशन

80. रूपान्तरण हेतु, जीन-गन से छोड़े गए DNA युक्त सूक्ष्मकण बने होते हैं

(a) सिल्वर या प्लैटिनम के

(b) प्लैटिनम या जिंक के

(c) सिलिकॉन या प्लैटिनम के

(d) स्वर्ण या टंगस्टन के

81. विषमजात पोषद (Heterologous host) में अभिव्यक्ति प्रोटीन कोडिंग जीन निम्न में से कौन-सा होगा?

(a) विजातीय प्रोटीन

(b) विषमजात प्रोटीन

(c) पुनर्योगज प्रोटीन

(d) बाह्य प्रोटीन

82. आनुवंशिक इन्जीनियरिंग में एण्टीबायोटिक्स का उपयोग किसलिए किया जाता है?

(a) वरण योग्य चिन्हकों के रूप में

(b) स्वस्थ संवाहकों के चुनने में

(c) ऐसे अनुक्रमणों के रूप में जहाँ से प्रतिकृतियण प्रारम्भ होता है

(d) संवर्धों को संक्रमण-रहित बनाए रखना

83. पॉलीमरेज श्रृंखला अभिक्रिया (PCR) में आवश्यक है

(a) DNA टेम्पलेट (b) प्राइमर

(c) टैक पॉलीमरेज (d) ये सभी

84. प्राइमर हैं

(a) 10-18 न्यूक्लियोटाइडों के रासायनिक संश्लेषित छोटे ऑलिगोन्यूक्लियोटाइड, जो टेम्पलेट DNA के सम्पूरक होते हैं

(b) 10-18 न्यूक्लियोटाइडों के रासायनिक संश्लेषित ऑलिगोन्यूक्लियोटाइड, जो टेम्पलेट DNA के सम्पूरक नहीं होते हैं

(c) द्विरज्जुक DNA, जिसका प्रवर्धन आवश्यक है

(d) पुनर्योगज DNA पर उपस्थित विशिष्ट अनुक्रम

85. PCR में प्रयुक्त DNA पॉलीमरेज के सन्दर्भ में निम्न में से कौन-सा कथन सही है?

(a) यह ग्राही कोशिका में डाले गए DNA को जोड़ने में प्रयुक्त होता है

(b) यह वरणात्मक चिह्न की भाँति कार्य करता है

(c) यह विषाणु से विलगित किया गया है

(d) यह उच्च ताप पर भी सक्रिय रहता है

86. नीचे दिए जा रहे चित्र में पॉलीमरेज चैन रिऐक्शन (PCR) के तीन चरण (I, II, III) दिखाए गए हैं। निम्नलिखित में से किस एक विकल्प में एक चरण का निरूपण सही पहचाना गया है?

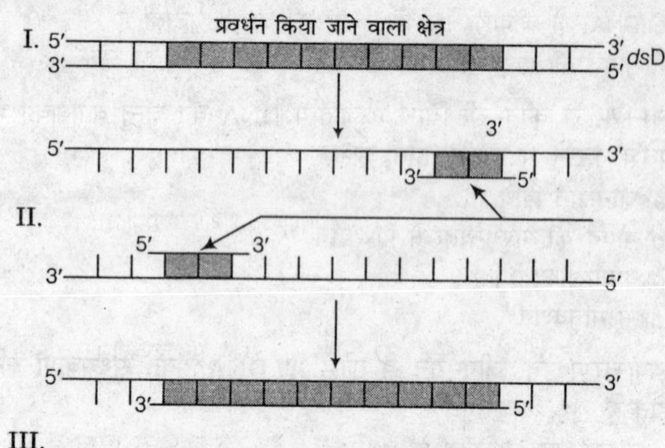

(a) II–लगभग 98°C के तापमान पर विकृतन, जिससे दो DNA रज्जुक पृथक् हो गए
(b) I–लगभग 50°C के तापमान पर विकृतन
(c) III–तापस्थायी DNA पॉलीमरेज की उपस्थिति में विस्तारण
(d) I–प्राइमरों के दो सैटों के साथ एनीलीन

87. टैक (*Taq*) पॉलीमरेज एन्जाइम किससे प्राप्त होता है?
(a) *थायोबैसिलस फेरोक्सीडेन्स* (b) *बैसिलस सबटिलिस*
(c) *स्यूडोमोनास सबटिलिस* (d) *थर्मस एक्वैटिकस*

88. गुणसूत्रीय DNA के विश्लेषण में सदर्न संकरण तकनीक में क्या प्रयुक्त नहीं होता?
(a) वैद्युत कण संचलन (b) शोषण
(c) स्वविकिरणी चित्रण (d) PCR

89. प्रत्यक्ष जीन स्थानान्तरण की विधि है
(a) इलैक्ट्रोपोरेशन (b) जीन गन
(c) माइक्रोइन्जेक्शन (d) ये सभी

90. शॉटगन विधि का प्रयोग होता है
(a) जीन पुंजकीकरण के लिए
(b) जीन संश्लेषण के लिए
(c) जीन चिकित्सा के लिए
(d) आनुवंशिक नियन्त्रण के लिए

कृषि में जैव-प्रौद्योगिकी के अनुप्रयोग

91. जैव-प्रौद्योगिकी के अनुप्रयोगों में सम्मिलित नहीं है
(a) अपशिष्ट उपचार (Waste treatment)
(b) ऊर्जा उत्पादन
(c) आनुवंशिकतया रूपान्तरित फसलें
(d) पारम्परिक संकरण

92. पादप, जीवाणु, कवक तथा जन्तु, जिनके जीन रूपान्तरण द्वारा परिवर्तित कर दिए जाते हैं, कहलाते हैं
(a) आनुवंशिकतया रूपान्तरित जीव (b) संकर जीव
(c) पीड़क प्रतिरोधी जीव (d) कीट प्रतिरोधी जीव

93. खाद्य उत्पादन बढ़ाने हेतु प्रयुक्त जैव-प्रौद्योगिकी अनुप्रयोग क्षेत्र नहीं है
(a) मत्स्य पालन (Pisciculture)
(b) कृषि रसायन आधारित कृषि
(c) कार्बनिक कृषि
(d) आनुवंशिकतया रूपान्तरित फसल पर आधारित कृषि

94. भारत सरकार की कौन-सी शाखा जनसामान्य उपयोग हेतु GM अनुसन्धान तथा GM जीवों के उपयोग को नियमित करती है?
(a) जैवरक्षा समिति (Biosafety committee)
(b) भारतीय कृषि अनुसन्धान संगठन
(c) आनुवंशिक अभियान्त्रिकी अनुमति समिति
(d) आनुवंशिक हेर-फेर हेतु अनुसन्धान समिति

95. सुनहरा (गोल्डन) चावल एक आनुवंशिकतया रूपान्तरित फसल पादप है। इनमें निवेशित जीन किसके जैविक संश्लेषण के लिए है?
(a) विटामिन-B (b) विटामिन- C
(c) ओमेगा-3 (d) विटामिन-A

96. निम्नलिखित में से किस प्रकार के भोजन के उपभोग द्वारा विटामिन-A की अल्पताजन्य अन्धता को रोका जा सकता है?
(a) *फ्लैवर सैवर* टमाटर (*Flavr savr* tomato)
(b) कैनोला (Canolla)
(c) सुनहरा चावल (Golden rice)
(d) *Bt*- बैंगन (*Bt*- brinjal)

97. निम्नलिखित *Bt* फसलों में से कौन-सी फसल भारत में किसानों द्वारा उगाई जा रही है?
(a) मक्का (b) कपास (c) बैंगन (d) सोयाबीन

98. जीवाणु, *बैसिलस थ्यूरिन्जिएन्सिस* का समकालीन जीव विज्ञान में वैकल्पिक उपयोग होता है
(a) कीटनाशी के रूप में
(b) डेयरी उत्पाद के उत्पादन हेतु कारक के रूप में
(c) औद्योगिक एन्जाइम में स्रोत के रूप में
(d) जल प्रदूषण के संकेतक के रूप में

99. कौन-सा जीवाणु विश्व में वाणिज्यक स्तर पर जैव-पीड़कनाशी के रूप में प्रयुक्त हुआ था?
(a) *बैसिलस थ्यूरिन्जिएन्सिस*
(b) *इश्चेरिचिया कोलाई*
(c) *स्यूडोमोनास एरुजिनोसा*
(d) *एग्रोबैक्टीरियम ट्यूमिफेसिन्स*

100. GM फसलें प्राकृतिक रूप से कीट एवं पीड़क प्रतिरोधी द्वारा विकसित की जाती हैं। निम्न में से कौन-सी फसल *बैसिलस थ्यूरिन्जिएन्सिस* द्वारा रूपान्तरित की गई है?
(a) तम्बाकू एवं कपास (b) टमाटर एवं चावल
(c) मक्का एवं गन्ना (d) टमाटर एवं गेहूँ

101. *बैसिलस थ्यूरिन्जिएन्सिस* के कुछ प्रभेद प्रोटीन उत्पन्न करते हैं, जो कीटों को मारते हैं ,ये हैं
(a) लेपिडोप्टेरेन्स (Lepidopterans)
(b) कॉलिओप्टेरेन्स (Coleopterans)
(c) डाइप्टेरेन्स (Dipterans)
(d) उपरोक्त सभी

102. *Bt* विष है
(a) अन्तरा कोशिकीय क्रिस्टलीय प्रोटीन
(b) बाह्य कोशिकीय क्रिस्टलीय प्रोटीन
(c) अन्तरा कोशिकीय मोनोसैकेराइड
(d) बाह्य कोशिकीय पॉलीसैकेराइड

103. *Bt* विष प्रोटीन क्रिस्टल जीवाणु *बैसिलस थ्यूरिन्जिएन्सिस* में उपस्थित होने पर भी इसे नहीं मारती है क्योकि
(a) जीवाणु विष के प्रति प्रतिरोधी होता है
(b) जीवाणु विष को विशेष कोष में बन्द करके रखते हैं
(c) जीवाणु में विष निष्क्रिय प्राक्विष के रूप में पाया जाता है
(d) उपरोक्त में से कोई नहीं

104. *Bt* कपास में, पादप ऊतक में उपस्थित *Bt* प्राक्विष सक्रिय विष में परिवर्तित हो जाता है
(a) कीट की आहारनाल के क्षारीय pH के कारण
(b) कीट की आहारनाल के अम्लीय pH के कारण
(c) कीट की आहारनाल के सूक्ष्मजीवों की क्रिया के कारण
(d) कीट की आहारनाल के रूपान्तरक कारक की उपस्थिति के कारण

105. *Bt* विष कीटों को मारता है
(a) प्रोटीन संश्लेषण का सन्दमन कर
(b) उच्च ताप उत्पन्न कर
(c) मध्यान्त्र की उपकला कोशिकाओं में छिद्र उत्पन्न कर, जिसके कारण सूजन व लयन होता है
(d) जैव संश्लेषित मार्गों में बाधा पहुँचाकर

106. *Bt* विष के लिए सही है
(a) *बैसिलस* में *Bt* प्रोटीन सक्रिय विष के रूप में रहता है
(b) कीट की आँत में निष्क्रिय प्राक्विष सक्रिय हो जाता है
(c) *Bt* विष के प्रभाव से बचने हेतु *बैसिलस* में प्रतिविष होते हैं
(d) सक्रिय विष कीट के अण्डाशय में प्रवेशित होकर इसे बन्ध्य कर देता है, जिससे इसका गुणन रुक जाता है

107. *cry* जीन युक्त फसल को आवश्यकता होती है
(a) कीटनाशी की नहीं (b) कीटनाशी की अल्प मात्रा
(c) कीटनाशी की अधिक मात्रा (d) इनमें से कोई नहीं

108. फसल में समावेशित होने वाले *बैसिलस थ्यूरिन्जिएन्सिस* के जीन का चयन निर्भर करता है
(a) फसल पर (b) लक्षित कीट पर
(c) विष पर (d) दोनों (a) एवं (b)

109. *Bt* मक्का को मकई बोरर (Corn borer) रोग प्रतिरोधी बनाने हेतु जीन का उपयोग किया जाता है
(a) *cry* I Ac (b) *cry* II Ab
(c) *cry* I Ab (d) *cry* II Ac

110. *cry* II Ab तथा *cry* IAc विष उत्पन्न करते हैं, जो नियन्त्रित करते हैं
(a) क्रमशः कपास गोलकृमि एवं मकई बोरर
(b) केवल मकई बोरर
(c) केवल कपास गोलकृमि
(d) क्रमशः निमैटोड एवं तम्बाकू गोलकृमि

111. निम्न में से किस पादप को RNA*i* के प्रयोग द्वारा निमैटोड प्रतिरोधी बनाया गया है?
(a) टमाटर (b) *Bt*-कपास
(c) तम्बाकू (d) सुनहरा धान

112. निम्न में से कौन-सा निमैटोड तम्बाकू की जड़ को संक्रमित कर इसका उत्पादन कम कर देता है?
(a) *वुचेरेरिया* (*Wuchereria*)
(b) *मैन्डूका सैक्सटा* (*Manduca sexta*)
(c) *मेलोइडोगाइनी इन्कोग्निटा* (*Meloidogyne incognita*)
(d) *एन्ट्रेरोबियस* (*Enterobius*)

113. RNA*i* का अर्थ है
(a) RNA हस्तक्षेप (b) RNA इन्टरफेरॉन
(c) RNA असक्रियण (d) RNA प्रारम्भन

114. RNA*i* सभी सुकेन्द्रकियों में किस विधि के रूप में होता है?
(a) कीट प्रतिरोध
(b) कोशिका प्रतिरक्षा
(c) अनुवादन
(d) इनमें से कोई नहीं

115. निम्न कथनों को पढ़िए।
I. *Bt*- विष जीन जीवाणु से क्लोन किए गए हैं।
II. जीन अभियान्त्रिकी केवल जीन पर कार्य करती है, पादपों पर यह अभी तक सफल नहीं हुई है।
III. *बैसिलस थ्यूरिन्जिएन्सिस* के प्रभेद जैव कीटनाशी पादप निर्माण में प्रयुक्त होते हैं।

उपरोक्त में से सही कथन हैं।
(a) I एवं II (b) I एवं III
(c) II एवं III (d) I, II एवं III

116. तम्बाकू पादपों में *मैलोइडोगाइनी इन्कोग्जिटा* के संक्रमण को रोकने के लिए प्रयुक्त सर्वोच्च रणनीति आधारित है
(a) DNA हस्तक्षेप पर (b) RNA हस्तक्षेप पर
(c) RNA प्रारम्भन पर (d) DNA प्रारम्भन पर

117. हानिकारक प्रोटीन के उत्पादन के नियन्त्रण हेतु *m*RNA अणु को मूक करने का उपयोग पादपों को बचाने में किया जाता है।
(a) भृंगों (Bettles) से
(b) आर्मी कृमि (Armyworm) से
(c) बडकृमि (Budworm) से
(d) निमैटोड्स (Nematodes) से

118. RNA*i* में जीन को सुप्त या मूक (Silenced) किया जाता है
(a) *ds*DNA द्वारा (b) *ds*RNA द्वारा
(c) *ss*DNA द्वारा (d) *ss*RNA द्वारा

119. अवाँछित जीन को सुप्त या मूक किया जा सकता है
(a) RNA*i* द्वारा
(b) DNA पॉलीमरेज द्वारा
(c) प्रतिबन्धन एन्जाइम द्वारा
(d) उपरोक्त में से कोई नहीं

120. निम्न कथनों पर ध्यान दीजिए।

I. *फ्लैवर सैवर* (*Flavr savr*) आनुवंशिक रूपान्तरित टमाटर है, जो फल के मृदु होने हेतु उत्तरदायी एन्जाइम पॉली गैलेक्टोयूरोनेज के संश्लेषण को बाधित कर सामान्य टमाटर की तुलना में अधिक समय तक ताजा एवं स्वाद युक्त बना रहता है।

II. हाल ही में, US सरकार ने भारतीय बासमती चावल को राइस टैक (Rice-tec) के नाम से पेटेंट कराया था।

III. जैविक युद्ध में विषाणु, जीवाणु एवं अन्य हानिकारक जीवों को जैविक हथियार की तरह उपयोग में लाया जा सकता है।

उपरोक्त में से सही कथन हैं

(a) I एवं II (b) I एवं III
(c) II एवं III (d) इनमें से कोई नहीं

121. *बैसिलस थ्यूरिन्जिएन्सिस* प्रोटीन के क्रिस्टल बनाता है, जिनमें कीटनाशक प्रोटीन होती है। यह प्रोटीन

(a) कीट के मध्यान्त्र की उपकला कोशिकाओं से बँधकर अन्तः कीट को मार देती है
(b) कुछ जीन्स, जिनमें *क्राई* जीन भी सम्मिलित है, द्वारा कोडित होती है
(c) कीट की अगाँत्र की अम्लीय pH द्वारा सक्रिय होती है
(d) वाहक जीवाणु को, जो स्वयं इस विष के लिए प्रतिरोधी होता है, नहीं मारती है

122. निम्नलिखित में से किसके लिए प्रतिरोधी पादपों के विकास हेतु RNA इन्टरफेरॉन्स की प्रक्रिया का प्रयोग किया जा रहा है?

(a) कवक (b) विषाणु
(c) कीट (d) निमैटोड्स

123. बासमती इसकी सुगन्ध एवं स्वाद हेतु विशिष्ट है, जिसकी ...*A*... किस्म ...*B*... में उगायी जाती है।

(a) *A*–27, *B*–अमेरिका
(b) *A*–30, *B*–अमेरिका
(c) *A*–27, B–भारत
(d) *A*–30, *B*–भारत

चिकित्सा के क्षेत्र में जैव-प्रौद्योगिकी के अनुप्रयोग

124. पुनर्योगज DNA प्रौद्योगिकी द्वारा उत्पादित प्रथम हॉर्मोन कौन-सा है?

(a) इन्सुलिन (b) एस्ट्रोजन
(c) थाइरॉक्सिन (d) प्रोजेस्टेरॉन

125. मधुमेह के रोगी में बोविन (गाय द्वारा निर्मित) इन्सुलिन एवं पोरसिन (सुअर द्वारा निर्मित) इन्सुलिन के उपयोग की क्या सीमा है?

(a) इनसे हाइमर कैल्शिमिया हो जाता है
(b) ये महँगे हैं
(c) इनसे एलर्जी प्रतिक्रियाएँ हो सकती हैं
(d) इनसे मानव जीनोम में उत्परिवर्तन हो सकता है

126. मानव इन्सुलिन के दो पॉलीपेप्टाइड एक-दूसरे से जुड़े होते हैं

(a) फॉस्फोडाइएस्टर बन्धों द्वारा (b) सहसंयोजक बन्धों द्वारा
(c) डाइसल्फाइड सेतुओं द्वारा (d) हाइड्रोजन बन्धों द्वारा

127. प्रोइन्सुलिन से इन्सुलिन निर्माण के दौरान कौन-सी पॉलीपेप्टाइड शृंखला मुक्त होती है?

(a) A- शृंखला (21 अमीनो अम्ल) (b) B- शृंखला (30 अमीनो अम्ल)
(c) C- शृंखला (33 अमीनो अम्ल) (d) A तथा B शृंखला

128. एडिनोसिन डीएमीनेज (ADA) कमी का उपचार *A* तथा *B* द्वारा किया जा सकता है, किन्तु पूर्णतया सही नहीं किया जा सकता है। यहाँ *A* तथा *B* हैं।

(a) *A*– जीन उपचार, *B*–विकिरण उपचार
(b) *A*– अस्थि मज्जा प्रत्यारोपण, *B*– एन्जाइम प्रतिस्थापन उपचार
(c) *A*– अंग प्रत्यारोपण, *B*– हॉर्मोन प्रतिस्थापन उपचार
(d) *A*– उत्परिवर्तन उपचार, *B*– एन्जाइम प्रतिस्थापन उपचार

129. सन् 1990 में प्रथम बार 4 साल की बच्ची का जीन उपचार किया गया, जिसका कारण निम्न में से कौन-से एन्जाइम की कमी थी?

(a) साइटोसिन डीएमीनेज (CDA) (b) एडीनोसिन डीएमीनेज (ADA)
(c) टाइरोसिन ऑक्सीडेज (d) ग्लूटामेट ट्राइहाइड्रोजिनेज

130. PCR प्रयुक्त होता है

(a) संदिग्ध AIDS रोगी में HIV की पुष्टि हेतु
(b) अनेक कैंसर रोगियों के जीनों में उत्परिवर्तन की पुष्टि हेतु
(c) अनेक आनुवंशिक विकारों के निदान हेतु
(d) उपरोक्त सभी

131. निम्न में से कौन-सी आण्विक निदान तकनीक संक्रमण की प्रारम्भिक अवस्था में रोगजनक की उपस्थिति को जाँचने में प्रयुक्त होती है?

(a) एन्जियोग्राफी (b) रेडियोग्राफी
(c) एन्जाइम प्रतिस्थापन तकनीक (d) पॉलीमरेज शृंखला अभिक्रिया

132. रोगी में जीन उपचार द्वारा कार्यात्मक ADA के *c*DNA को स्टेम कोशिका में पुर्नस्थापित करवाने हेतु वाहक के रूप में प्रयुक्त किया जाता है

(a) *ई. कोलाई* (b) रिट्रोविषाणु
(c) *बैसिलस थ्यूरिन्जिएंन्सिस* (d) *एग्रोबैक्टीरियम*

133. सन् 1983 में, एलि लिली नामक अमेरिकी कम्पनी ने सर्वप्रथम मानव इन्सुलिन की *A* तथा *B* शृंखला के अनुरूप दो DNA अनुक्रम तैयार किए थे तथा इन्सुलिन शृंखला उत्पादन हेतु इनकी पुर्नस्थापना *इश्चेरिचिया कोलाई* के प्लाज्मिड में की थी। शृंखला *A* तथा *B* पृथक् रूप से निर्मित एवं प्राप्त कर आपस में जोड़ी गई

(a) हाइड्रोजन बन्ध द्वारा (b) डाइसल्फाइड बन्ध द्वारा
(c) सहसंयोजक बन्ध द्वारा (d) पेप्टाइड बन्ध द्वारा

134. पुनर्योगज DNA तकनीक द्वारा मानव इन्सुलिन निर्माण में कौन-से पद में मुख्य चुनौती थी?

(a) A तथा B- पेप्टाइड शृंखला को पृथक करना
(b) प्रोइन्सुलिन से C–पेप्टाइड शृंखला को पृथक् करना
(c) इन्सुलिन को परिपक्व रूप में प्राप्त करना
(d) सक्रिय इन्सुलिन से C–पेप्टाइड को पृथक् करना

135. निम्न में से कौन-सी तकनीक प्रतिजन-प्रतिरक्षी अनुक्रिया के सिद्धान्त पर आधारित है?

(a) PCR (b) ELISA
(c) पुनर्योगज DNA तकनीक (d) जीन उपचार

136. ऑटोरेडियोग्राफी के लिए निम्न में से कौन-सी सही व्याख्या है?
(a) यह उत्परिवर्तित जीनों की पुष्टि हेतु प्रयुक्त होती है
(b) फोटोग्राफिक फिल्म पर उत्परिवर्तित जीन वाले क्लोन प्रकट नहीं होते हैं
(c) प्रयुक्त प्रोब में अनुत्परिवर्तित प्रोटीन के DNA के साथ केवल सम्पूरक जीन होंगे
(d) उपरोक्त सभी

137. आनुवंशिक विकार को जीन में काट-छाँट कर उपचारित करना कहलाता है
(a) जीन उपचार (b) जीन प्रतिस्थापन उपचार
(c) अस्थि मज्जा प्रत्यारोपण (d) एन्जाइम प्रतिस्थापन उपचार

138. उत्परिवर्तित जीन को ज्ञात करने हेतु प्रयुक्त तकनीक है
(a) जैल इलेक्ट्रोफोरेसिस (b) पॉलीमरेज शृंखला अभिक्रिया
(c) जीन उपचार (d) ऑटोरेडियोग्राफी

139. रेडियोधर्मी अणु युक्त एकल रज्जुक न्यूक्लिक अम्ल कहलाता है
(a) प्लाज्मिड (b) वाहक
(c) प्रोब (d) वरणात्मक चिह्न

140. निम्न में से कौन-सी विधि में क्लोन कोशिका में प्रोब इसके सम्पूरक DNA को संकरित होने की अनुमति देता है?
(a) जीन उपचार
(b) ऑटोरेडियोग्राफी (Autoradiography)
(c) पॉलीमरेज शृंखला अभिक्रिया
(d) एन्जाइम लिंकड इम्यूनो सोर्बेन्ट ऐसे (ELISA)

141. एक रोगी में एन्जाइम एडिनोसिन डीएमीनेज (ADA) के लिए विकृत जीन है। इसमें कार्यात्मक कोशिका की कमी है। अत: यह संक्रामक रोगजनकों से लड़ने में विफल हो जाता है, ये कोशिकाएँ हैं
(a) B-लिम्फोसाइट्स (b) फैगोसाइट्स
(c) T-लिम्फोसाइट्स (d) दोनों (a) एवं (c)

142. मानव इन्सुलिन की C-पेप्टाइड है
(a) परिपक्व इन्सुलिन अणु का भाग
(b) डाइसल्फाइड सेतु के (Disulphide bridge) निर्माण हेतु उत्तरदायी
(c) प्रोइन्सुलिन से इन्सुलिन परिपक्वन के दौरान निकला भाग
(d) इसकी जैविक प्रक्रिया हेतु उत्तरदायी

143. ADA एक एन्जाइम है, जिसकी कमी के कारण आनुवंशिक विकार SCID उत्पन्न हो जाता है। ADA का पूरा नाम क्या है?
(a) एडीनोसिन डीऑक्सी एमीनेज (b) एडीनोसिन डीएमीनेज
(c) एस्पार्टेट डीएमीनेज (d) आर्जिनिन डीएमीनेज

144. प्रथम चिकित्सकीय जीन उपचार किया गया है
(a) एड्स के उपचार हेतु
(b) कैंसर के उपचार हेतु
(c) सिस्टिक फाइब्रोसिस के उपचार हेतु
(d) ADA की कमी के कारण होने वाले SCID के उपचार हेतु

145. शरीर में ADA संश्लेषण का स्थल है
(a) एरिथ्रोसाइट (b) लिम्फोसाइट
(c) रुधिर प्लाज्मा (d) ऑस्टियोसाइट

146. मिनीसैटेलाइट या VNTR's का प्रयोग होता है
(a) DNA फिंगरप्रिंटिंग में
(b) पॉलीमरेज शृंखला क्रिया (PCR) में
(c) जीन थेरेपी में
(d) जीन मेपिंग में

147. स्तम्भ कोशिका निम्नलिखित में से किन रोगों के उपचार हेतु वरदान सिद्ध हो सकती है?
(a) मधुमेह (b) पार्किन्सन
(c) अल्जाइमर (d) ये सभी

148. DNA फिंगरप्रिंटिंग उपयोगी है
(a) बहुरूपता के अध्ययन में (b) विधि रासायनिक विश्लेषण में
(c) पहचान एवं सम्बन्ध विश्लेषण में (d) उपरोक्त सभी में

149. इन्टरफेरॉन क्या होते हैं?
(a) प्रतिविषाणु प्रोटीन (b) प्रतिजीवाणु प्रोटीन
(c) प्रति कैंसर प्रोटीन (d) सम्मिश्र प्रोटीन

150. जैव-प्रौद्योगिकी द्वारा उत्पादित हिपेटाइटिस-B, C तथा अनेक प्रकार के कैंसर की दवा है
(a) इन्टरफेरॉन (b) इन्सुलिन (c) लैक्टोफेरिन (d) hGH

151. वर्तमान में कॉर्टिसोन का औद्योगिक स्तर पर उत्पादन किसके उपयोग से किया जाता है?
(a) *एस्पर्जिलस क्रासियस* (b) *ई. कोलाई*
(c) *सैकेरोमाइसिस सेरेविसी* (d) *स्ट्रैप्टोकोकस ओरियस*

152. निम्नलिखित में से कौन-से रोग जीन उपचार की सहायता से ठीक किया जा सकते हैं?
I. एल्कैप्टोन्यूरिया II. हाँसियाकार रक्ताल्पता
III. कैंसर IV. निमोनिया
कूट
(a) I, II एवं III (b) I, III एवं IV
(c) II, III एवं IV (d) ये सभी

153. SCID रोग के सम्बन्ध में असत्य कथन छाँटिए।
(a) यह रोग प्रतिरक्षा तन्त्र के सुचारु कार्य में संलग्न एन्जाइम एडीनोसीन डीएमीनेज (ADA) में उत्परिवर्तन के कारण होता है
(b) ADA की अनुपस्थिति में WBCs का उत्पादन सम्भव है
(c) इस रोग को अस्थि मज्जा का प्रत्यारोपण द्वारा उपचारित किया जाता है परन्तु यह अस्थायी उपचार है
(d) यदि अस्थि मज्जा से ADA उत्पादक जीन को विलगित करके भ्रूण की प्रारम्भिक दशाओं में निवेशित किया जाए तो इस रोग पर विजय प्राप्त की जा सकती है

154. SCID को किस अन्य नाम से जानाजाता है?
(a) सिफिलिस (b) बबल बेबी सिन्ड्रोम
(c) गोनोरिया (d) इनमें से कोई नहीं

155. सिस्टिक फाइब्रोसिस रोग होता है
(a) एन्जाइम ADA में उत्परिवर्तन के कारण
(b) CFTR जीन में अप्रभावी जीन उत्परिवर्तन के फलस्वरुप
(c) वृद्धि हार्मोन की कमी से
(d) TPA की उच्च सान्द्रता के कारण

156. रोग सिस्टिक फाइब्रोसिस के प्रमुख लक्षण हैं

I. क्षुद्रान्त्र, यकृत नलिका, वायुकूपिकाओं से चिपचिपे श्लेष्मी पदार्थ का स्त्रावण

II. गुर्दों में संक्रमण

III. दुर्बल पाचन शक्ति

IV. बन्ध्यता

कूट

(a) I, II एवं III (b) I, III एवं IV
(c) II, III एवं IV (d) III एवं IV

157. हाइब्रिडोमा का अनुप्रयोग है

(a) मोनोक्लोनल प्रतिरक्षी उत्पादन में
(b) कैंसर के उपचार में
(c) प्रतिजैविकों के निर्माण में
(d) एल्कोहॉल किण्वन में

158. हाइब्रिडोमा तकनीक में लिम्फोसाइट्स का माइलोमा कोशिकाओं के साथ संलयन होना एक उदाहरण है

(a) कायिक संकरण का (b) सामान्य संकरण का
(c) सूक्ष्मप्रवर्धन का (d) क्रायोप्रिजर्वेशन का

159. स्तम्भ कोशिका के सन्दर्भ में सत्य कथन छाँटिए।

I. इनमें उपस्थित रुधिर कोशिकाओं में शरीर के किसी भी भाग में तन्त्रिका, हृदय, यकृत आदि की कोशिकाओं को विकसित करने की क्षमता उपस्थित होती है।

II. ये मानव भ्रूण की आधार कोशिकाएँ हैं।

III. इनसे मधुमेह रोगियों को सही मात्रा में इन्सुलिन देने वाले अग्न्याशय की कोशिकाएँ विकसित की जा सकती हैं।

(a) I एवं II (b) II एवं III
(c) I एवं III (d) ये सभी

160. *r*DNA तकनीक द्वारा विकसित α-1 एण्टीट्रिप्सिन द्वारा उपचारित रोग का नाम है

(a) सिस्टिक फाइब्रोसिस (b) एम्फीसिमा (वातस्फीति)
(c) फिनाइलकीटोन्यूरिया (d) रह्यूमेटॉइड गठिया

161. निम्न में से कौन-सा पारजीनी मानव प्रोटीन उत्पाद वातस्फीति के उपचार हेतु प्रयुक्त होता है?

(a) α -1 एण्टीट्रिप्सिन (b) α -1 ग्लोब्यूलिन
(c) *cry* I Ab प्रोटीन (d) *cry* II Ac प्रोटीन

पारजीनी जीव एवं जैव-सुरक्षा समस्याएँ

162. जीव जिनका DNA बाह्य विजातीय जीन की क्रिया एवं अभिव्यक्ति हेतु रूपान्तरित किया जाता है, कहलाता है

(a) पारजीनी जीव (b) संकरित जीव
(c) व्युत्क्रमित जीव (d) ये सभी

163. पारजीनी (Transgenic) जन्तु वे होते हैं, जिनमें विजातीय

(a) DNA, इनकी सभी कोशिकाओं में होता है
(b) प्रोटीन, इनकी सभी कोशिकाओं में होता है
(c) RNA, इनकी सभी कोशिकाओं में होता है
(d) RNA, इनकी कुछ कोशिकाओं में होता है

164. निम्न कथनों को पढ़कर सही कथन वाले विकल्प का चयन कीजिए।

I. *ई. कोलाई* एक जैविक हथियार है।

II. *एग्रोबैक्टीरियम टयूमिफेसिन्स* निमेटोड प्रतिरोधी तम्बाकू पादप निर्माण हेतु वाहक की भाँति प्रयुक्त होता है।

III. प्रथम निर्मित पारजीनी गाय डॉली (Dolly) है।

IV. α-1 एण्टीट्रिप्सिन वातस्फीति के उपचार में प्रयुक्त प्रतिअम्ल है।

सही विकल्प है

(a) I एवं II (b) II एवं III (c) I, II एवं IV (d) I, II, III एवं IV

165. असत्य मिलान का चयन कीजिए।

(a) पारजीनी चूहे - पोलियो टीका (b) रोगी गाय - α लैक्टोएल्बयूमिन
(c) *ss*-DNA/RNA – प्रोब थेरेपी (d) PCR – आण्विक निदान

166. पारजीनी जन्तु अनेक मानव रोगों के अध्ययन हेतु प्रारूप की भाँति प्रयुक्त होते हैं, जैसे

(a) अल्जाइमर (b) कैंसर
(c) रतौंधी (d) दोनों (a) एवं (b)

167. प्रथम पारजीनी गाय में कौन-सा जीन निर्वेशित किया गया था?

(a) मानव α- लैक्टेल्बुमिन (b) α-1 एण्टीट्रिप्सिन
(c) β-1 एण्टीट्रिप्सिन (d) *cry* IAc

168. जन्तु, जो सामान्य जन्तुओं की तुलना में विषाक्त तत्वों के प्रति अधिक संवेदनशील बनाने वाले जीनों द्वारा विकसित किए जाते हैं, कहलाते हैं

(a) ट्रान्सजेनिक (b) ट्रान्सवर्जन (c) ट्रान्जिशन (d) ट्रान्सफोरमेन्ट

169. GMO आनुवंशिक रूपान्तरित जीव शोध की वैधता तथा GM जीवों की पुर्नस्थापना एवं उनके उत्पादों की जन सामान्य हेतु सुरक्षा जाँच के सन्दर्भ में भारत में निर्णय लिया जाता है

(a) आनुवंशिक अभियान्त्रिकी अनुमति समिति द्वारा
(b) पुनर्योगज DNA तकनीक विभाग द्वारा
(c) विज्ञान एवं जैव-प्रौद्योगिकी विभाग द्वारा
(d) राष्ट्रीय जैव-प्रौद्योगिकी बोर्ड द्वारा

170. निम्न में से कौन-से पारजीनी जीव पर मानव उपयोग से पूर्व पोलियो के टीके की सुरक्षा जाँच की गई थी?

(a) पारजीनी गाय (b) पारजीनी बन्दर
(c) पारजीनी चूहा (d) पारजीनी भेड़

171. सुकेन्द्रकीय जीवों में कोशिकीय सुरक्षा हेतु RNA हस्तक्षेप के लिए सम्पूरक RNA का स्त्रोत है

(a) RNA जीनोम युक्त जीवाणु का संक्रमण
(b) RNA जीनोम युक्त विषाणु का संक्रमण
(c) RNA हस्तक्षेप के द्वारा प्रतिकृति होने वाला गतिशील आनुवंशिक तत्व
(d) दोनों (b) एवं (c)

172. ट्रान्सजेनिक जन्तुओं के रूप में सर्वाधिक संख्या में पाए जाने वाले जीव हैं

(a) चूहें (b) गाय
(c) सूअर (d) मंछली

173. ट्रान्सजेनिक भेड़ में निवेशित जीन है
(a) अमीनो अम्ल सिस्टीन
(b) मानव-y-1 एन्टीट्रिप्सिन
(c) एन्टीहीमोफीलिक कारक IX
(d) ये सभी

174. बकरी में उपस्थित रुधिर थक्का घुलनशील जीन (TPA) उत्तरदायी है
(a) कोरोनरी हृदय रोगों के उपचार में
(b) अधिक दुग्ध उत्पादन में
(c) अधिक मीट उत्पादन में
(d) हीमोफीलिक रोग के उपचार में

175. ट्रान्सजेनिक मछली में निवेशित जीन है
(a) hGH जीन
(b) bGH जीन
(c) TPA
(d) लैक्टोफेरिन कोडिंग जीन

176. प्रयोगशाला में विशाल चूहे का जन्म किस कारण सम्भव हुआ?
(a) जीन उत्परिवर्तन
(b) जीन हेर-फेर
(c) जीन संश्लेषण
(d) जीन डुप्लीकेशन

177. पारजीनी भेड़ को किसने विकसित किया था?
(a) मोर्गन
(b) निशा
(c) बटलर
(d) जेपी सिनन्स

178. नीचे दिए गए चार कथनों (I-IV) जिनमें से दो में त्रुटियाँ हैं, पर विचार कीजिए।
I. प्रथम ट्रान्सजेनिक भैंस रोजी थी, जिसके दुग्ध में मानव α-लैक्टेएल्ब्युमिन प्रचुर मात्रा में उपस्थित था।
II. रेस्ट्रिक्शन एन्जाइम्स का प्रयोग अन्य वृहत्-अणुओं से DNA को पृथक् करने में किया जाता है।
III. डाउन स्ट्रीम प्रोसेसिंग *r*DNA तकनीक के विभिन्न चरणों में से एक है।
IV. डिसआर्म्ड रोगाणुवाहक (Disarmed pathogen) पोषी में *r*DNA का स्थानान्तरण करने हेतु भी प्रयोग किए जाते हैं।

उपरोक्त कथनों में से किन दो में त्रुटियाँ हैं?
(a) II एवं III
(b) III एवं IV
(c) I एवं III
(d) I एवं II

179. निम्न में से कौन-से ट्रान्सजेनिक प्राणी को मानव में अंग प्रत्यारोपण हेतु मानव जीन्स दिए गए हैं, ताकि उनका प्रत्यारोपण करने पर उन्हें अस्वीकृत नहीं किया जाए?
(a) गाय
(b) भेड़
(c) बकरी
(d) सूअर

180. 'ट्रान्सजीनी' पादप उत्पन्न किए जाते हैं
(a) जीन उत्परिवर्तन को प्रेरित कर
(b) तर्कुतन्तु के निर्माण को बाधित कर
(c) लिंग गुणसूत्रों को हटा कर
(d) बाहरी जीनों को प्रविष्ट कराकर

181. DNA या RNA अणुओं के मिश्रण में से विशिष्ट अनुक्रम को ज्ञात करने हेतु प्रयुक्त प्रोब अणु होता है
(a) एकल रज्जुक RNA
(b) एकल रज्जुक DNA
(c) एकल रज्जुक RNA या DNA
(d) *ss*DNA हो सकता है, किन्तु *ss*RNA नहीं

182. GEAC का अर्थ है
(a) जीनोम अभियान्त्रिकी कार्य समिति
(b) भू-पर्यावरण कार्य समिति
(c) आनुवंशिक अभियान्त्रिकी अनुमति समिति
(d) आनुवंशिक एवं पर्यावरणीय अनुमति समिति

183. एन्डी है, एक क्लोनित
(a) भेड़
(b) बन्दर
(c) बिल्ली
(d) सांड

184. डॉली नामक भेड़ का क्लोन बनाने में दाता की जिन दैहिक कोशिकाओं का उपयोग किया गया था व उसके किस अंग से ली गई थीं?
(a) थन
(b) जिह्वा
(c) त्वचा
(d) कर्ण

185. जैव-पेटेन्ट दिए जाते हैं
(a) अन्वेषक को अधिकार देने हेतु
(b) खोज के दुरुपयोग को रोकने हेतु
(c) कम्पनियों की मनमानी को रोकने हेतु
(d) उपरोक्त सभी

186. जैविक युद्ध है
(a) जैव-प्रौद्योगिकी का अविवेकपूर्ण उपयोग
(b) ऐसा युद्ध जिसमें मानव, फसली पादपों के विरुद्ध जैविक हथियारों का प्रयोग किया जाए
(c) ट्रान्सजेनिक जीवों के विकास में समस्या
(d) दोनों (a) व (b)

उत्तरमाला

1.	(c)	2.	(b)	3.	(a)	4.	(a)	5.	(a)	6.	(c)	7.	(d)	8.	(d)	9.	(d)	10.	(c)
11.	(d)	12.	(b)	13.	(d)	14.	(c)	15.	(b)	16.	(b)	17.	(a)	18.	(c)	19.	(a)	20.	(a)
21.	(b)	22.	(d)	23.	(c)	24.	(d)	25.	(c)	26.	(d)	27.	(b)	28.	(c)	29.	(c)	30.	(b)
31.	(b)	32.	(b)	33.	(a)	34.	(c)	35.	(d)	36	(c)	37.	(d)	38.	(d)	39.	(d)	40.	(a)
41.	(c)	42.	(c)	43.	(a)	44.	(c)	45.	(c)	46.	(d)	47.	(b)	48.	(a)	49.	(d)	50.	(b)
51.	(c)	52.	(b)	53.	(c)	54.	(b)	55.	(d)	56.	(d)	57.	(d)	58.	(b)	59.	(b)	60.	(b)
61.	(a)	62.	(a)	63.	(b)	64.	(c)	65.	(b)	66.	(a)	67.	(d)	68.	(a)	69.	(a)	70.	(b)
71.	(c)	72.	(b)	73.	(a)	74.	(b)	75.	(b)	76.	(a)	77.	(a)	78.	(b)	79.	(d)	80.	(d)
81.	(c)	82.	(a)	83.	(d)	84.	(a)	85.	(d)	86.	(c)	87.	(d)	88.	(d)	89.	(d)	90.	(a)
91.	(d)	92.	(a)	93.	(a)	94.	(c)	95.	(d)	96.	(c)	97.	(b)	98.	(a)	99.	(a)	100.	(a)
101.	(d)	102.	(a)	103.	(c)	104.	(a)	105.	(c)	106.	(b)	107.	(a)	108.	(d)	109.	(c)	110.	(c)
111.	(c)	112.	(c)	113.	(a)	114.	(b)	115.	(b)	116.	(b)	117.	(d)	118.	(b)	119.	(a)	120.	(b)
121.	(a)	122.	(d)	123.	(c)	124.	(a)	125.	(c)	126.	(c)	127.	(c)	128.	(b)	129.	(b)	130.	(d)
131.	(d)	132.	(b)	133.	(b)	134.	(c)	135.	(b)	136.	(b)	137.	(a)	138.	(d)	139.	(c)	140.	(b)
141.	(d)	142.	(c)	143.	(b)	144.	(d)	145.	(b)	146.	(a)	147.	(d)	148.	(d)	149.	(a)	150.	(a)
151.	(a)	152.	(a)	153.	(b)	154.	(b)	155.	(b)	156.	(b)	157.	(a)	158.	(a)	159.	(d)	160.	(b)
161.	(a)	162.	(a)	163.	(a)	164.	(c)	165.	(d)	166.	(b)	167.	(a)	168.	(a)	169.	(a)	170.	(c)
171.	(d)	172.	(a)	173.	(d)	174.	(a)	175.	(a)	176.	(b)	177.	(d)	178.	(d)	179.	(d)	180.	(d)
181.	(c)	182.	(c)	183.	(b)	184.	(a)	185.	(d)	186.	(d)								

उत्तर व्याख्या सहित

1. (*c*) जैव-प्रौद्योगिकी वह तकनीक है, जिसके अन्तर्गत जीवित जीवधारियों या उनके एन्जाइमों का उपयोग कर मानव उपयोगी उत्पाद तथा प्रक्रमों का उत्पादन किया जाता है।

2. (*b*) सर्वप्रथम **कार्ल इरेकी** ने बायोटेक्नोलॉजी शब्द का उपयोग किया।

5. (*a*) औद्योगिक प्रक्रमों में जीवधारियों तथा उनसे प्राप्त पदार्थों का उपयोग जैव-प्रौद्योगिकी की श्रेणी में आता है। जैसे–मनुष्य सदियों से सूक्ष्मजीवों की सहायता से मदिरा, सिरका, डबल रोटी, आदि का उत्पादन करता आ रहा है।

7. (*d*) जैव-प्रौद्योगिकी के अन्तर्गत कोशिका विज्ञान, आण्विक जैविकी तथा आनुवंशिकी सभी शाखाएँ आती हैं।

8. (*d*) जैव-प्रौद्योगिकी में अनेक तकनीकें सम्मिलित हैं; जैसे– *अन्तःपात्रे* निषेचन (परखनली शिशु), जीन संश्लेषण एवं उपयोग, विकृत जीन का संशोधन, आदि।

9. (*d*) पारम्परिक जैव-प्रौद्योगिकी के विभिन्न उपयोगी क्षेत्र निम्नलिखित हैं

(i) किण्वन द्वारा खाद्य पदार्थों का उत्पादन

(ii) खाद्य परिरक्षण

(iii) औद्योगिक किण्वन

(iv) चयनित पादप प्रजनन

11. (*d*) **स्टैनले कोहन** तथा **हर्बर्ट बोयर** ने प्रथम पुनर्योगज DNA को *ई. कोलाई* के प्लाज्मिड से एक जीवाणु के जीन को जोड़कर बनाया था।

13. (*d*) पुनर्योगज DNA के निर्माण में तीन प्रकार के जैविक यन्त्र/साधन प्रयुक्त होते हैं

(i)

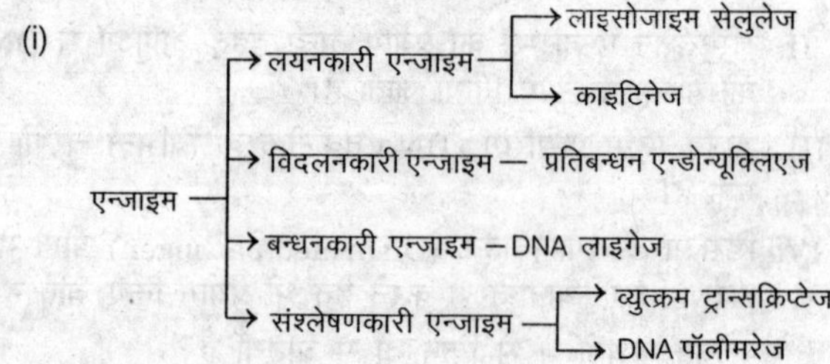

(ii) क्लोनिंग वाहक

(iii) उपयुक्त पोषद (पुनर्योगज DNA के रूपान्तरण हेतु)

14. (*c*) सर्वप्रथम **नैथन्स** तथा **स्मिथ** ने प्रतिबन्धन एन्डोन्यूक्लिएज की खोज की।

16. (*b*) प्रतिबन्धन एन्डोन्यूक्लिऐज एन्जाइम एक विशिष्ट DNA क्षार अनुक्रम (अभिज्ञान स्थल या अनुक्रम, प्रतिबन्धन अनुक्रम या प्रतिबन्ध स्थल, जो पैलेन्ड्रोमिक क्रम युक्त होता है) को पहचानते हैं तथा DNA के दोनों रज्जुकों को इस स्थल के पास से काटते हैं।

17. (*a*) इन एन्जाइमों के नामकरण का प्रथम अक्षर जीवाणु के वंश, द्वितीय के दो अक्षर जाति से तथा चौथा अक्षर प्रभेद से लिया जाता है।

जैसे–*Eco* RI, *इश्चेरिचिया कोलाई* RY 13 से विलगित किया गया है, यहाँ रोमन संख्या एन्जाइम का विलगन क्रम बताती है।

20. (*a*) प्रारूप-I के प्रतिबन्धन एन्डोन्यूक्लिएज एन्जाइम द्वारा विलोम पदों पर काटे गए, DNA अणु के दोनों सूत्रों के सपाट सिरे **कुन्द छोर** कहलाते हैं।

21. (*b*) प्रारूप-II के प्रतिबन्धन एन्डोन्यूक्लिएज एन्जाइम के सफल क्रियान्वयन के लिए Mg^{++} की आवश्यकता पड़ती है।

22. (*d*) प्रारूप-III के प्रतिबन्धन एन्डोन्यूक्लिएज एन्जाइम के सफल क्रियान्वयन के लिए ATP, S-एडिनोसिल मीथियोनीन, Mg^{++} की आवश्यकता होती है।

23. (*c*) रेस्ट्रिक्शन एन्जाइम जीवाणुओं से प्राप्त होते हैं, ना कि विषाणु से।

24. (*d*) रेस्ट्रिक्शन एन्डोन्यूक्लिएज DNA अणु को दो, तीन सूत्रीय/लड़ियों में विखण्डन करके तथा DNA खण्डों की प्राप्ति नहीं करता। बाकी अन्य विकल्प बन्धेज एन्जाइम रेस्ट्रिक्शन एन्डोन्यूक्लिएज से सम्बन्धित हैं।

25. (*c*)

प्रतिबन्धन एन्जाइम	स्रोत	प्रतिबन्ध अनुक्रम एवं विदलन स्थल	उत्पाद
Hind II (प्रथम खोजा गया प्रतिबन्धन एन्डोन्यूक्लिएज एन्जाइम)	*हीमोफिलस इन्फ्लूएन्जा RD*	↓ 5'-G-T-C- G - A-C-3' 3-C-A-G-C-T-G-5' ↑	G-T-C, G-A-C G-A-G, C-T-G कुन्द सिरे

26. (*d*) *Hind* II प्रथम खोजा गया प्रतिबन्ध एन्डोन्यूक्लिएज एन्जाइम है, जो DNA को विशिष्ट स्थलों पर से विदलित करता है।

27. (*b*) DNA का वह विशिष्ट अनुक्रम, जो प्रतिबन्धन एन्डोन्यूक्लिएज एन्जाइम द्वारा पहचाना जाता है, पैलेन्ड्रोमिक न्यूक्लियोटाइड अनुक्रम कहलाता है।

30. (*b*)
↓
5'-GAATTC-3' में तीर प्रतिबन्ध स्थलों को दर्शाते हैं।
3'-CTTAAG-5'
↑

33. (*a*) प्रतिबन्ध एन्डोन्यूक्लिएज एन्जाइम उनके विशिष्ट अनुक्रम को पहचानते हैं तथा DNA से जुड़कर द्विकुण्डलित रज्जुकों के विशिष्ट स्थलों पर शर्करा फॉस्फेट बन्धों को तोड़ते हैं।

34. (*c*) पैलेन्ड्रोमिक अनुक्रम DNA में क्षारकों का वह अनुक्रम होता है, जो समान दिशा से पढ़ने पर दोनों रज्जुकों पर समान है।

5'–GAATTC–3'
3'–CTTAAG–5'

35. (*d*)

प्रतिबन्धन एन्डो-न्यूक्लिएज एन्जाइम	स्रोत	प्रतिबन्ध अनुक्रम एवं विदलन स्थल	उत्पाद
Eco RI	*इश्चेरिचि या कोलाई*	↓ 5'-G -A-A -T- T-C -3' 3'-C-T-T -A-A-G-5' ↑	G-A-A-T- T-C C-T-T-A-A-G सलांगी सिरे

37. (*d*) DNA लाइगेज (आनुवंशिक गोंद) पुनर्योगज DNA तकनीक में DNA के पृथक् द्विरज्जुक खण्डों को फॉस्फोडाइएस्टर बन्ध निर्माण द्वारा जोड़कर पुनर्योगज DNA (प्लाज्मिड) बनाता है।

39. (*d*) प्रतिबन्धन एन्डोन्यूक्लिएज एन्जाइम तथा DNA लाइगेज के द्वारा दो भिन्न जीवों के प्राप्त DNA खण्डों को मिलाकर स्थाई पुनर्योगज DNA बनाया जा सकता है।

40. (*a*) DNA लाइगेज एन्जाइम दो न्यूक्लियोटाइडों को जोड़ता है।

42. (*c*) प्लाज्मिड DNA का सूक्ष्म खण्ड (लगभग 10 Kbp आमाप) होता है, जो कोशिका से यान्त्रिक रूप उसे पृथक् एवं गुणसूत्रीय DNA से स्वतन्त्र रूप से प्रतिकृतिकृत होता है। यह छोटे DNA खण्डों को ही क्लोन कर सकता है।

43. (*a*) सभी दिए गए गुण एक उपयुक्त क्लोनिंग वाहक हेतु आवश्यक होते हैं, किन्तु इसमें प्रतिकृतिकरण का उद्भव (*Ori*) सबसे महत्त्वपूर्ण हैं, क्योंकि

(i) *Ori* वह DNA अनुक्रम है, जो प्रतिकृतिकरण को प्रारम्भ करता है। कोई DNA खण्ड, जो इससे जुड़ा होता है, पोषद कोशिका में प्रतिकृतिकृत हो जाता है।

(ii) *Ori* संलग्न DNA की प्रतिकृति संख्या को भी नियन्त्रित करता है।

44. (*c*) प्लाज्मिड बाह्यगुणसूत्रीय, द्विरज्जुक, वर्तुल DNA हैं, जो जीवाण्वीय कोशिकाओं एवं यीस्ट में पाया जाता है। प्लाज्मिड की खोज से जैव प्रौद्योगिकी में क्रान्तिकारी परिवर्तन हुए हैं।

45. (*c*) *एग्रोबैक्टीरियम ट्यूमिफेसिएन्स* के अर्बुदजन (Tumour) Ti-प्लाज्मिड को रूपान्तरित कर पादप क्लोनिंग वाहक बनाया गया है।

47. (*b*) जीन क्लोनिंग के दौरान प्लाज्मिड **वाहक जीन टैक्सी** कहलाते हैं। आण्विक जीव वैज्ञानिक वाँछित जीन या DNA को प्लाज्मिड से जोड़कर इसे जीवित जीवाणु में निर्वेशित कराते हैं।

48. (*a*) प्लाज्मिड DNA का बाह्यगुणसूत्रीय आनुवंशिक पदार्थ है, जो स्वतन्त्रतापूर्वक पोषद् में जीन की प्रतिकृतिकरण में सक्षम होते हैं। उदाहरण- प्लाज्मिड pBR322 ।

49. (*d*) प्रतिकृतिकरण (Replication) का उद्भव वह अनुक्रम होता है, जहाँ से प्रतिकृतिकरण शुरू होता है। यह संलग्न DNA की प्रतिकृति संख्या को भी नियन्त्रित करता है।

51. (*c*) *ई. कोलाई* में प्रतिजैविक प्रतिरोधी कोडिंग जीन; जैसे–amp^R, tet^R, आदि उपयोगी वर्णात्मक चिह्न हैं। सामान्य *ई. कोलाई* में ये प्रतिरोधी जीन अनुपस्थित होते हैं।

54. (*b*) **कॉस्मिड** और **फैज्मिड** (Cosmid and phagmid) वाहक प्लाज्मिड और वायरस के बने होते हैं। कॉस्मिड का निर्माण लैम्बडाकार विभोजी के गुणसूत्र तथा प्लाज्मिड के DNA के संयोग से होता है। फैज्मिड का निर्माण जीवाणुभोजी तथा प्लाज्मिड के संयोग से होता है। pUC118 तथा pUC119 फैज्मिड संवाहक हैं।

56. (*d*) प्रोब (Probes) 15-30 क्षारक लम्बे, रेडियोएक्टिव अणु के साथ संलग्न (Radioactive labelled) ऑलिगोन्यूक्लियोटाइड (RNA या DNA) होते हैं, जो पूरक न्यूक्लियोटाइड क्रम खोजने में प्रयुक्त होते हैं। इनका प्रयोग विभिन्न रोगों के निदान (Disease diagnosis) हेतु भी किया जाता है।

57. (*d*) DNA के एक अणु को प्रतिबन्धन एन्डोन्यूक्लिएज एन्जाइम द्वारा टुकड़ों में काटा जा सकता है। DNA के इन टुकड़ो को जैल इलेक्ट्रोफोरेसिस तकनीक द्वारा पृथक् किया जा सकता है।

63. (*b*) DNA अणु ऋणावेशित होने के कारण धनावेशित सिरे कैथोड से एनोड की ओर गति करते हैं।

64. (*c*) रासायनिक अभिक्रिया द्वारा प्रतिबन्धन एन्डोन्यूक्लिएज एन्जाइम से निर्मित DNA खण्ड इलेक्ट्रोफोरेसिस द्वारा पृथक् किए जा सकते हैं।

65. (*b*) जैल इलेक्ट्रोफोरेसिस में समान आवेशित अणुओं को उनके आमाप के आधार पर पृथक् किया जाता है। अतः यह तकनीक ऋणावेशित DNA खण्डों को उनके आमाप के आधार पर पृथक् करने में प्रयुक्त होती है। इस विधि में एगारोस जैल आधार का काम करता है। इसमें ऋणावेशित

DNA अणु धनात्मक इलेक्ट्रॉड (कैथोड) की ओर गति करते हैं। अपने आमापनुसार सबसे छोटा खण्ड सर्वाधिक दूरी तय करता हुआ कैथोड के सबसे अधिक निकट स्थित होता है।

66. (*a*) यूकैरियोटिक जीन की प्रोकैरियोटिक पोषद् में अभिव्यक्ति कई बार जटिल हो जाती है, क्योंकि यूकैरियोटिक जीन में उपस्थित लम्बे निरर्थक इन्ट्रॉनों को निष्काषित कर जीन को प्रसंस्करित करने की क्षमता का प्रोकैरियोटिक जीवों में अभाव होता है।

68. (*a*) पराक्रमण वह प्रक्रम है, जिसमें विषाणु जैसे वाहक द्वारा एक जीवाणु से दूसरे में आनुवंशिक पदार्थ का स्थानान्तरण होता है।

70. (*b*) वाँछित जीन युक्त DNA की पहचान करना।

↓

पोषद् में पुनर्योगज DNA निर्माण हेतु DNA को निर्वेशित करना।

↓

पोषद् में DNA का रख रखाव एवं जीन क्लोनिंग

↓

जीन स्थानान्तरण

71. (*c*) 42°C तापक्रम पर कोशिका झिल्ली के छिद्र बड़े हो जाते हैं तथा DNA कोशिका में प्रवेशित हो जाता है।

72. (*b*) निर्वेशन (Insertional) असक्रियण वह प्रक्रम है, जिसमें एक जीन में विजातीय DNA को डालने पर वह जीन निष्क्रिय हो जाता है, जैसे–प्रतिजैविक प्रतिरोधी जीन में विजातीय DNA डालने पर यह प्रतिजैविक के प्रति प्रतिरोधकता खो देता है।

74. (*b*) निर्वेशन असक्रियण के कारण β-गैलेक्टोसाइडेज निष्क्रिय हो जाएगा तथा पुनर्योगज कॉलोनियाँ कोई भी रंग उत्पन्न नहीं करेंगी।

77. (*a*) DNA जलविरागी अणु होने के कारण पोषद् की कोशिका झिल्ली के बाहर नहीं जा सकता है।

78. (*b*) पोषद् (Host) को द्विसंयोजक धनायन जैसे-कैल्शियम (Ca^{2+}) की विशिष्ट सान्द्रता से उपचारित कर DNA की कोशिका भित्ति के छिद्रों में से प्रवेशित होने की दक्षता को बढ़ाया जाता है।

79. (*d*) सूक्ष्मनिर्वेशन में, पुनर्योगज DNA जन्तु कोशिका के केन्द्रक में सीधे ही प्रवेशित कराया जाता है।

80. (*d*) बायोलिस्टिक या जीन गन विजातीय DNA को पोषद् कोशिका में प्रत्यक्ष या वाहक विहीन प्रवेशित करवाने की विधि है। इस विधि में स्वर्ण या टंगस्टन के DNA युक्त सूक्ष्मकणों की पादप कोशिका पर तीव्र वेग से बमबारी की जाती है।

82. (*a*) एक वरणयुक्त चिन्हक जीन का ऐच्छिक जीन के साथ संयुग्मन रूपान्तरित कोशिकाओं की पहचान में सहायक है। यद्यपि एण्टीबायोटिक प्रतिरोधी वरण योग्य जीन की जननिक रूपान्तरित जीव में उपस्थिति ऐच्छिक/आवश्यक नहीं है।

83. (*d*) PCR वाँछित जीन या DNA की *अन्तःपात्रे* अनेक प्रतिकृतियाँ तैयार करने की विधि है। PCR हेतु मूलभूत आवश्यकताएँ DNA टैम्पलेट, दो न्यूक्लियोटाइड प्राइमर एवं *टैक* DNA पॉलीमरेज एन्जाइम है।

84. (*a*) प्राइमर रासायनिक रूप से संश्लेषित, छोटे, 10-18 न्यूक्लियोटाइड लम्बे, ऑलिगोन्यूक्लियोटाइड (RNA) होते हैं, जो लक्षित DNA के 3' सिरे के अनुक्रम के सम्पूरक होते हैं।

86. (*c*) पॉलीमरेज श्रृंखला अभिक्रिया में तीन चरण होते हैं

(i) **डीनेचुरेशन** लगभग 98°C पर DNA रज्जुकों का अलग होना।

(ii) **एनिलिंग** प्राइमर का 3' छोर पर जुड़ना।

(iii) **दीर्घीकरण** DNA पॉलीमरेज द्वारा DNA का दीर्घीकरण।

87. (*d*) *टैक* पॉलीमरेज जीवाणु *थर्मस एक्वैटिकस* से प्राप्त तापस्थायी DNA पॉलीमरेज है। यह जीवाणु गर्म जल के झरनों में रहता है।

88. (*d*) पॉलीमरेज श्रृंखला दीर्घीकरण (PCR) DNA के दीर्घीकरण में प्रयोग की जाने वाली तकनीक है। PCR को गुणसूत्रीय DNA के विश्लेषण हेतु सदर्न संकरण के अन्तर्गत प्रयुक्त नहीं किया जाता है।

गुणसूत्रीय DNA के विश्लेषण में सदर्न संकरण में वैद्युत कण संचालन, शोषण (Blotting) एवं स्वविकिरणी चित्रण तकनीकों का प्रयोग किया जाता है।

89. (*d*) इलैक्ट्रोपोरेशन, जीन गन, माइक्रोइन्जेक्शन सभी प्रत्यक्ष जीन स्थानान्तरण की मुख्य विधियाँ हैं।

91. (*d*) जैव-प्रौद्योगिकी के अनुप्रयोगों में सम्मिलित हैं

(i) उपचार (Therapeutics)

(ii) निदान (Diagnostics)

(iii) कृषि हेतु आनुवंशिक रूपान्तरित फसल

(iv) प्रसंस्करित खाद्य (Processed food)

(v) जैविक उपचार (Bioremediation)

(vi) अपशिष्ट उपचार (Waste treatment)

(vii) ऊर्जा उत्पादन (Energy production)

इनमें पारम्परिक संकरण तकनीकें सम्मिलित नहीं हैं।

92. (*a*) आनुवंशिक हेर-फेर द्वारा पादपों, जीवाणुओं, कवकों एवं जन्तुओं के जीनों में परिवर्तन किया जाता है। अतः ये जीव आनुवंशिक **रूपान्तरित जीव** (GMO) कहलाते हैं।

93. (*a*) जैव-प्रौद्योगिकी के उपयोग द्वारा उत्पादन निम्न प्रकार से बढ़ाया जा सकता है।

(i) कृषि रसायन आधारित कृषि

(ii) कार्बनिक कृषि

(iii) आनुवंशिक रूपान्तरित फसल आधारित कृषि विलगित जल निकायों में **मत्स्य पालन** (Pisciculture) कहलाता है।

96. (*c*) सुनहरा धान *ओराइजा सैटाइवा (Oryza sativa)* (चावल) की जीन अभियान्त्रिकी द्वारा निर्मित प्रजाति है, जिसमें विटामिन-A के प्राक्संघटक β- कैरोटीन का संश्लेषण होता है।

97. (*b*) भारत में किसानों द्वारा बड़े पैमाने पर *Bt* कपास उगाया जाता है। *Bt* विष जीवाणु *बैसिलस थ्यूरिन्जिएन्सिस* द्वारा उत्पन्न होता हैं।

Bt फसल के उदाहरण- *Bt* कपास, *Bt*, चावल, टमाटर, आलू और सोयाबीन हैं।

99. (*a*) विश्व में वाणिज्यिक स्तर पर सर्वप्रथम *बैसिलस थ्यूरिन्जिएन्सिस* के बीजाणु जैव-पीड़कनाशी के रूप में उपयोग किए गए थे।

100. (*a*) *Bt*-कपास तथा *Bt*-तम्बाकू में कीट प्रतिरोधी जीन *बैसिलस थ्यूरिन्जिएन्सिस* से स्थानान्तरित किए जाते हैं।

101. (*d*) *बैसिलस थ्यूरिन्जिएन्सिस* विस्तृत परास के विषों का उत्पादन करता है, जो लेपिडोप्टेरेन्स, कोलिओप्टेरेन्स एवं डिप्टेरेन्स कीट हेतु प्राणघातक होता हैं।

102. (*a*) *Bt* विष अन्तराकोशिकीय क्रिस्टलीय प्रोटीन है, जो जीवाणु *बैसिलस थ्यूरिन्जिएन्सिस* द्वारा उत्पादित होते हैं।

103. (*c*) जीवाणु *बैसिलस थ्यूरिन्जिएन्सिस* में उपस्थित *Bt* विष के क्रिस्टलीय प्रोटीन जीवाणु को नहीं मारते हैं, क्योंकि ये जीवाणु में विष निष्क्रिय प्राक्विष के रूप में उपस्थित होते हैं।

105. (*c*) *Bt* विष निष्क्रिय प्राक्विष होता है जिसके क्रिस्टल कीट की आँत में क्षारीय pH के कारण घुल जाते हैं। घुलित विष सक्रिय होकर कीट की

आंत्रीय उपकला से जुड़कर लयन एवं सूजन द्वारा छिद्रों का निर्माण कर देता है, जिससे कीट की मृत्यु हो जाती है।

107. (*a*) *बैसिलस थ्यूरिन्जिएन्सिस* एक प्राकृतिक कीटनाशक है। इसका यह असामान्य गुण यह कीट नियन्त्रण में सहायक बनाता है।

108. (*d*) अधिकतर *Bt* विष विशिष्ट कीट समूहों के प्रति ही प्रभावी होते हैं। अतः जीन का चयन फसल तथा लक्षित कीट दोनों के द्वारा निर्धारित होता है।

110. (*c*) कपास के गोलकृमि विष *cry* I Ac एवं *cry* II Ab द्वारा नियन्त्रित किए जा सकते हैं।

111. (*c*) निमैटोड *मैलोइडोगाइनी इन्कोग्निटा* (*Meloidogyne incognita*) तम्बाकू के पादप की जड़ों को संक्रमित कर उत्पादन में कमी कर देता है। RNA*i* तम्बाकू पोधे निमैटोड के प्रति प्रतिरोधी बनाए गए हैं, ये विषाणु के विरुद्ध भी कोशिकीय सुरक्षा तन्त्र हैं।

115. (*b*) कुछ फसली पादपों, जैसे-कपास में *बैसिलस थ्यूरिन्जिएन्सिस* नामक जीवाणु से प्राप्त *Bt* विष जीन का उपयोग किया जाता है। मृदा जीवाणु *बैसिलस थ्यूरिन्जिएन्सिस*, *Bt क्राई* (*cry*) क्रिस्टल प्रोटीन उत्पन्न करता है। यह कुछ कीटों के लार्वो हेतु विषाक्त होता है। इसमें अनेक प्रकार के क्राई प्रोटीन पाए जाते हैं तथा प्रत्येक प्रोटीन कीटों के विशिष्ट समूह हेतु प्राणघातक होता है। कीट प्रतिरोधी पादप निर्माण हेतु जीवाणु में से उपयुक्त *क्राई* जीन विलगित कर इसे पादप पोषद में स्थानान्तरित कर देते हैं। पारजीनी जन्तु की तुलना में पारजीनी पादप को उत्पन्न करना अधिक सरल होता है।

117. (*d*) *m*RNA की साइलेन्सिंग द्वारा हानिकारक प्रोटीन का नियन्त्रित उत्पादन किया जाता है ताकि पादप को निमैटोड से सुरक्षा प्राप्त हो।

118. (*b*) RNA हस्तक्षेप (RNA*i*) प्रक्रम में सम्पूरक *ds*RNA के कारण *m*RNA की मूक/सुप्त किया जाता है। *ds*RNA, *m*RNA के अनुलेखन को रोकता है।

121. (*a*) मृदा जीवाणु *बैसिलस थ्यूरिन्जिएन्सिस* (*Bt*) अपने प्लाज्मिड पर एक जीन कुल *क्राई* जीन (1-40) प्रदर्शित करता है। यह विकास की एक विशेष प्रावस्था के दौरान एक अन्तःविष प्रोटीन (Endotoxin protein), *क्राई* प्रोटीन के क्रिस्टल बनाता है। इन क्रिस्टलों में एक विषैला कीटनाशी प्रोटीन (Toxic insecticidal protein) होता है। यह विष *बैसिलस* जीवाणु को नहीं मारता है।

Bt विष प्रोटीन एक निष्क्रिय प्रोटॉक्सिन (Protoxin) के रूप में उपस्थित होता है, किन्तु एक बार जब कोई कीट इस निष्क्रिय विष को अन्तर्ग्रहण कर लेता है, तो आँत की क्षारीय pH के कारण क्रिस्टल घुल जाते हैं और विष सक्रिय हो जाता है। यह सक्रिय प्रोटीन मध्यान्त्र की उपकला कोशिकाओं की सतह पर बँध जाता है तथा उनमें छिद्र बना देता है।

इसके परिणामस्वरूप कोशिकाओं में सूजन आ जाती है और फिर उनका **लयन** (Lysis) हो जाता है, जिससे अन्ततः कीट की मृत्यु हो जाती है।

122. (*d*) RNA अन्तरक्षेप (RNA*i*) की प्रक्रिया का प्रयोग निमैटोड्स; जैसे–*मिलोइडोगाइनी इन्कॉग्निटा* (जो तम्बाकू के पादप की जड़ों को संक्रमित करता है तथा उत्पादकता में अत्यधिक कमी कर देता है), आदि के लिए प्रतिरोधी पादपों के विकास हेतु किया जा रहा है।

RNA*i* सभी सुकेन्द्रकीय जीवों में कोशिकीय सुरक्षा (Cellular defence) की विधि के रूप में होता है। इस विधि में पूरक *ds*RNA अणु द्वारा विशिष्ट *m*RNA की साइलेंसिंग की क्रिया सम्मिलित होती है। यह पूरक (Complementary) *ds*RNA अणु इस विशिष्ट *m*RNA से बँध जाता है, इस *m*RNA के ट्रान्सलेशन की प्रक्रिया को रोक देता है, इसे ही *m*RNA की **साइलेंसिंग** कहते हैं।

124. (*a*) प्रथम मानव हॉर्मोन इन्सुलिन पुनर्योगज (Recombinant) DNA तकनीक द्वारा बनाया गया था। यह पेप्टाइड हॉर्मोन है, जो रुधिर शर्करा का स्तर नियन्त्रित करता है। यह दो पॉलीपेप्टाइड श्रृंखलाओं द्वारा बना होता है, जो डाइसल्फाइड सेतुओं द्वारा जुड़ी होती हैं।

125. (*c*) मवेशियों एवं सूअरों के अग्न्याशय से प्राप्त इन्सुलिन मानव इन्सुलिन से अमीनो अम्लों के अनुक्रमों में भिन्न होता है। अतः इसके उपयोग के कारण एलर्जी या अन्य दुष्प्रभाव उत्पन्न हो जाते हैं।

127. (*c*) इन्सुलिन में दो छोटी पॉलीपेप्टाइड श्रृंखलाएँ A तथा B होती हैं, जो डाइसल्फाइड सेतुओं द्वारा जुड़ी होती हैं। स्तनियों में इन्सुलिन प्रोइन्सुलिन के रूप में संश्लेषित होकर कार्यात्मक हॉर्मोन में परिवर्तित होती है। इसमें अतिरिक्त C-पेप्टाइड श्रृंखला उपस्थित होती है, जो निष्कासित होकर परिपक्व इन्सुलिन का निर्माण करती है।

128. (*b*) कुछ मामलों में अस्थि मज्जा प्रत्यारोपण एवं एन्जाइम प्रतिस्थापन उपचार द्वारा ADA हीनता का उपचार किया जाता है, किन्तु इसका पूर्णतया इलाज नहीं हो पाता है।

129. (*b*) सर्वप्रथम सन् 1990 में राष्ट्रीय स्वास्थ्य संस्थान के एम. ब्लीऐज एवं डब्ल्यू. एफ. एन्ड्रेस्कों ने चार वर्षीय शिशु में एडीनोसिन डीएमीनेज (ADA) की हीनता का जीन उपचार किया था। ADA हीनता, ADA जीन में विलोपन के कारण उत्पन्न होती है।

130. (*d*) PCR बहुत कम मात्रा के DNA की पुष्टि कर सकता है। यह एड्स रोगी में HIV एवं कैंसर रोगी में उत्परिवर्तन की उपस्थिति जाँचने में प्रयुक्त होता है। यह अनेक आनुवंशिक रोगों की जाँच में भी प्रयुक्त होता है।

132. (*b*) कार्यात्मक ADA का *c*DNA, जीन उपचार में रिट्रोविषाणु वाहक के द्वारा रोगी की स्टेम कोशिका में पुर्नस्थापित किया जाता है।

133. (*b*) मानव इन्सुलिन निर्माण हेतु श्रृंखला *A* एवं *B* को अलग-अलग संश्लेषित किया जाता है, तथा इन्हें परिष्कृत कर दो डाइसल्फाइड बन्ध से जोड़ा जाता है।

134. (*c*) *r*DNA तकनीक से इन्सुलिन निर्माण में प्रमुख चुनौती परिपक्व अवस्था में इन्सुलिन का निर्माण है।

135. (*b*) ELISA प्रतिजन-प्रतिरक्षी अन्तःक्रिया के सिद्धान्त पर आधारित है। यह एन्जाइम परॉक्सीडेज या एल्केलिन फॉस्फेटेज के द्वारा सूक्ष्म मात्रा के प्रोटीन (प्रतिरक्षी या प्रतिजन) की खोज कर सकता है।

136. (*b*) उत्परिवर्तित जीन (Mutanted genes) युक्त क्लोन फॉटोग्राफिक फिल्म पर नहीं दिखाई देगें, क्योंकि प्रोब में उत्परिवर्तित जीन का अनुक्रम उपस्थित नहीं होगा।

137. (*a*) जीनों में हेर-फेर या काट-छाँट द्वारा आनुवंशिक विकारों का उपचार करना, **जीन उपचार** (Gene therapy) कहलाता है।

138. (*d*) रेडियोसक्रिय अणु युक्त एकल रज्जुक DNA या RNA (प्रोब) इसके सम्पूरक DNA को संकरित कर ऑटोरेडियोग्राफी (Autoradiography) द्वारा इसकी पहचान में प्रयुक्त होता है। यह P^{32} से चिन्हित किए जाते हैं।

141. (*d*) SCID रोगी में एन्जाइम ADA हेतु विकृत जीन पाया जाता है, जोकि B एवं T-लिम्फोसाइटों के परिपक्वन हेतु आवश्यक है। इसमें कार्यात्मक लिम्फोसाइट की कमी के कारण शरीर रोगजनकों से लड़ नहीं पाता है।

142. (*c*) संयोजित या C-पेप्टाइड 31 अमीनो अम्लों की छोटी पेप्टाइड श्रृंखला होती है, जो प्रोइन्सुलिन में उपस्थित होती है। यह श्रृंखला प्रोइन्सुलिन के परिपक्वन के दौरान A तथा B श्रृंखला से पृथक् हो जाती है, जबकि ये दोनों श्रृंखला डाइसल्फाइड सेतुओं द्वारा जुड़ी रहती हैं।

143. (*b*) एडिनोसिन डीएमीनेज एन्जाइम प्रतिरक्षा तन्त्र के कार्य करने के लिए बहुत महत्त्वपूर्ण है। इस एन्जाइम की अनुपस्थिति में प्यूरीन उपापचय गड़बड़ा जाता है और T-लिम्फोसाइड कार्य नहीं कर पाती है। ADA की कमी के कारण गम्भीर संयुक्त प्रतिरक्षा हीनता (SCID) हो जाता है।

146. (*a*) मिनीसैटेलाइट (VNTR) का प्रयोग DNA की फिंगरप्रिंटिंग में किया जाता है।

148. (*d*) DNA फिंगरप्रिंटिंग जैव-प्रौद्योगिकी की वह आधुनिक विधि है, जिसका उपयोग अनेक जगह किया जाता है, जैसे कि
(i) DNA बहुरूपता (Polymorphism) के अध्ययन में।
(ii) विधि रासायनिक संश्लेषण में।
(ii) पहचान एवं सम्बन्ध विश्लेषण में, आदि।

153. (*b*) कथन (b) असत्य है क्योंकि ADA की अनुपस्थिति में WBCs का उत्पादन सम्भव नहीं है इसलिए रोग ग्रस्त व्यक्तियों को प्रभावी प्रतिरक्षा विहीन व्यक्ति कह सकते हैं, जो तत्काल घातक संक्रमण से ग्रस्त हो सकते हैं।

155. (*b*) सिस्टिक फाइब्रोसिस सबसे अधिक होने वाला आनुवंशिक रोग हैं, यह CFTR (सिस्टिक फाइब्रोसिस ट्रान्समैम्बरेन रेगुलेटर) जीन में अप्रभावी जीन उत्परिवर्तन के फलस्वरूप होता है।

156. (*b*) क्षुद्रान्त्र, यकृत नलिका, वायु कूपिकाओं आदि नलिकाओं में शुष्क चिपचिपे श्लेष्मा के स्रावण से, श्वांस में असुविधा, फेंफड़ों का संक्रमण,श्वसनी शोथ, न्यूमोनिया, दुर्बल पाचन शक्ति एवं अवशोषण क्षमता तथा बन्ध्यता, आदि सिस्टिक फाइब्रोसिस में लक्षण प्रकट होने लगते हैं। इन लक्षणों से फेंफड़ों पर सबसे अधिक गम्भीर प्रभाव होता है। यह लगभग 95% मृत्यु का कारण बनती है।

158. (*a*) लिम्फोसाइट्स का माइलोमा के साथ संलयन कायिक संकरण (Somatic hybridisation) का एक उदाहरण है, जिसके फलस्वरूप हाइब्रिडोमा का निर्माण होता है। हाइब्रिडोमा का प्रयोग मोनोक्लोनल एण्टीबॉडीज, जो विभिन्न प्रकार की वैक्सीन के निर्माण तथा रोग निदान किट (Disease diagnostic) में प्रयुक्त होती है, के संश्लेषण हेतु किया जाता है।

162. (*a*) वे जीव, जिनके DNA को बाह्य या विजातीय जीन (Foreign gene) की अभिव्यक्ति हेतु रूपान्तरित किया जाता है, पारजीनी (Transgenic) जीव कहलाते हैं। पारजीनी गाय, चूहें, सुअर, खरगोश, आदि इसके उदाहरण हैं।

167. (*a*) सन् 1997 में, प्रथम मानव निर्मित पारजीनी गाय रोजी ने मानव प्रोटीन की प्रचुरता युक्त दूध उत्पादित (2.4 ग्राम/लीटर) किया था। यह दूध मानव α-लैक्टेल्बुमिन (α-lactalbumin) युक्त तथा पौष्टिकता के आधार पर शिशुओं हेतु सामान्य गाय के दूध से अधिक बेहतर था।

168. (*a*) पारजीनी (Transgenic) जन्तु विजातीय DNA द्वारा बनाए जाते हैं। अतः यह सामान्य जन्तु की तुलना में विषाक्त तत्वों के प्रति अधिक संवेदनशील होते हैं।

169. (*a*) GMO (आनुवंशिक रूपान्तरित जीव) के शोधों की वैधता एवं GM जीवों की पुर्नस्थापना तथा उनके उत्पादों के प्रति जन सामान्य की सुरक्षा के सन्दर्भ में भारत में फैसला आनुवंशिक अभियान्त्रिकी अनुमति समिति करती है।

172. (*a*) वे जन्तु, जिनके DNA में परिवर्तन द्वारा सुधार किया जाता है और वे अतिरिक्त (बाह्य) जीन की उपस्थिति दर्शाते हैं और उसकी अभिव्यक्ति भी करते हैं, **ट्रान्सजेनिक जन्तु** कहलाते हैं; जैसे–ट्रान्सजेनिक चूहे, खरगोश, सूअर, भेड़, गाय, मछली, आदि। वर्तमान में सभी ट्रान्सजेनिक जन्तुओं में 95% से अधिक चूहे हैं।

176. (*b*) प्रयोशाला में चूहे का जन्म जीन हेर-फेर (Genetic manipulation) के कारण सम्भव हुआ। यह कार्य आनुवंशिक अभियान्त्रिकी द्वारा विकसित किया जाता है। अर्थात् ये जन्तु विजातीय जीन युक्त होते हैं।

178. (*d*) **रोजी** एक ट्रान्सजेनिक गाय का नाम है। यह प्रथम ट्रान्सजेनिक गाय थी, जो सन् 1997 में उत्पन्न की गई थी। रेस्ट्रिक्शन एन्जाइम DNA को विशिष्ट स्थलों पर काट देते हैं। DNA का पृथक्करण जैल इलेक्ट्रोफोरेसिस द्वारा किया जाता है।

179. (*d*) सूअर की जातियाँ अंगों के रूप एवं प्रकार्य की दृष्टि से मनुष्य से अधिक समानताएँ प्रदर्शित करती हैं और इनके अंगों की विमाएँ (Organ dimensions) भी मानव जीन्स के अनुरूप होती हैं।

180. (*d*) ट्रान्सजीनी पादप वे पादप होते हैं, जिनमें से एक विदेषज जीन को स्थापित किया जाता है। विदेषज जीन के स्थानान्तरण से एक ऐच्छिक लक्षण विकसित किया जाता है। जैसे–कीट प्रतिरोधक क्षमता, उच्च उत्पादकता, आदि।

181. (*c*) एक प्रोब (Probe) में एक फँसे हुए DNA या RNA को एक रेडियोधर्मी अणु के साथ टैग किया है। यह संकरण द्वारा पूरक अनुक्रमों का पता लगाने के लिए उपयोग में लाया जाता है।

182. (*c*) GEAC के अर्थ आनुवंशिक अभियान्त्रिकी अनुमति समिति है। भारत सरकार की यह इकाई GM शोधों की वैधता एवं GM जीव तथा फसलों की पुर्नस्थापना एवं उनके उत्पादों की जन सामान्य हेतु आपूर्ति के सन्दर्भ में फैसला करती है।

अध्याय 16

पारिस्थितिकी एवं पर्यावरण

Ecology and Environment

पारिस्थितिकी Ecology

- जीव तथा उसके वातावरण के पारस्परिक सम्बन्धों का अध्ययन पारिस्थितिकी कहलाता है। 'पारिस्थितिकी' (Ecology) शब्द का प्रयोग सर्वप्रथम **एच. रेटर** ने सन् 1868 में ऑइकोलॉजी के रूप में किया।
- **अर्नेस्ट हेकल** (1886) ने पारिस्थितिकी की निम्न परिभाषा दी, 'जीवधारियों के कार्बनिक तथा अकार्बनिक वातावरण से बने पारस्परिक सम्बन्धों के अध्ययन को पारिस्थितिकी कहते हैं।'

पारिस्थितिकी की शाखाएँ Branches of Ecology

पारिस्थितिकी की सामान्यतया दो शाखाएँ होती हैं

(i) **स्वपारिस्थितिकी** (Autecology) इसमें केवल एक जीव या एक जाति के प्राणियों का उनके वातावरण के साथ सम्बन्ध का अध्ययन किया जाता है।

(ii) **समुदाय पारिस्थितिकी** (Synecology) इसमें किसी स्थान पर पाए जाने वाले समस्त जीवों के समूह (Community) के वहाँ के वातावरण के साथ बने पारस्परिक सम्बन्धों का अध्ययन किया जाता है।

जीव का परिचय Introduction of Organism

जीवद्रव्य, आद्यद्रव्य के संगठन की वह अवस्था है, जिसमें वातावरण की ऊर्जा का सतत् उपयोग होता है तथा कोशिका का निर्माण होता है। **हक्सले** (Huxley) ने इसको 'जीवन का भौतिक आधार' कहा। इस स्थिति को **जैव दशा** (Living stage) या **सजीवता** (Livingness) कहते हैं। जैविक क्रियाएँ ही जीव की सजीवता का प्रमाण हैं, जो अनेक तन्त्रों के सामूहिक प्रक्रमों द्वारा सम्पन्न होती हैं।

प्रत्येक जीव अपने पर्यावरण (Environment) की विशिष्ट इकाई होता है और पर्यावरण पर ही पूर्णतया निर्भर रहता है; उदाहरण—जीव भोजन के लिए, अन्य जीवों या पादपों पर निर्भर होता है, जो वातावरण के जैविक तत्व हैं तथा आवास, प्रजनन, श्वसन, जल, आदि के लिए वातावरण के अजैविक तत्वों पर निर्भर होता है।

जीवन की आधारभूत इकाई कोशिका (Cell), जबकि उच्चतम इकाई जीव (Organism) स्वयं होता है। जिस प्रकार कोशिका से जीव का संगठनात्मक निर्माण होता है। ठीक उसी प्रकार जीव से **जैवमण्डल** (Biosphere) का निर्माण होता है।

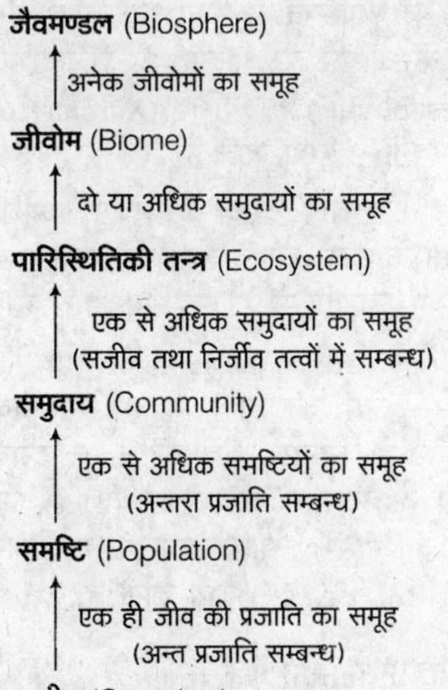

जैवमण्डल (Biosphere)
↑ अनेक जीवोमों का समूह
जीवोम (Biome)
↑ दो या अधिक समुदायों का समूह
पारिस्थितिकी तन्त्र (Ecosystem)
↑ एक से अधिक समुदायों का समूह (सजीव तथा निर्जीव तत्वों में सम्बन्ध)
समुदाय (Community)
↑ एक से अधिक समष्टियों का समूह (अन्तरा प्रजाति सम्बन्ध)
समष्टि (Population)
↑ एक ही जीव की प्रजाति का समूह (अन्त प्रजाति सम्बन्ध)
जीव (Organism)

जैवमण्डल की संगठनात्मक संरचना

पर्यावरण Environment

किसी सजीव (पादप तथा जन्तु) के आस-पास के वातावरण का वह भाग, जो उसके जीवन को प्रत्यक्ष अथवा अप्रत्यक्ष रूप से प्रभावित करता है, उस जीव का पर्यावरण कहलाता है।

पारिस्थितिक या पर्यावरणीय कारक Ecological or Environmental Factors

पर्यावरण का वह प्रत्येक भाग, जो सजीवों पर प्रभाव डालता है, पर्यावरणीय या पारिस्थितिक कारक कहलाता है। ये निम्न चार प्रकार के होते हैं

1. जलवायवीय कारक Climatic Factors

जलवायु सम्बन्धी कारक जीव के जीवन पर अत्यधिक प्रभाव डालते हैं, सामान्यतया जलवायु ही किसी भी क्षेत्र की जैव विविधता को निर्धारित करती है। इनमें प्रमुख जलवायवीय कारक निम्नलिखित हैं

- **प्रकाश** (Light) पारितन्त्र के लिए सूर्य ही ऊर्जा का प्रमुख स्रोत है। प्रकाश की आवश्यकता के अनुसार, पादपों को प्रकाशरागी (Photophilous) तथा छायारागी (Sciophilous) या छायाप्रिय (Shade loving) वर्गों में रखा गया है। प्रकाश का प्रभाव पादपों के प्रकाश-संश्लेषण, वाष्पोत्सर्जन, प्रजनन, बीज के अंकुरण एवं भौगोलिक वितरण पर पड़ता है। प्रकाश का गुण, मात्रा एवं अवधि अथवा दीप्तिकाल, ये तीनों ही पादपों पर अपना प्रभाव डालते हैं।
- **तापमान** (Temperature) जीवों में दिन तथा रात के तापमानों में अन्तर की प्रक्रिया को **तापकालिता** (Thermoperiodicity) कहते हैं। ताप वायु की गति, वाष्पन, जलवृष्टि, समुद्री धाराओं का संचालन, पृथ्वी की चट्टानों का छोटे-छोटे टुकड़ों में टूटकर मिट्टी के कणों का निर्माण एवं अनेक जैविक क्रियाओं को प्रभावित करता है। प्राय: समस्त जैविक-क्रियाएँ 0-50°C तापमान के अन्तर्गत होती हैं। इस तापमान की सीमा के बाहर जैविक क्रियाएँ एकदम धीमी पड़ जाती हैं अथवा रुक जाती हैं।
- **जल** (Water) पादपों की वृद्धि एवं विकास जल की प्राप्ति पर ही निर्भर करती है। पृथ्वी पर उपस्थित जल का अधिकांश भाग वर्षा से प्राप्त होता है। जल प्राप्ति के आधार पर पादपों को जलोद्भिद् (Hydrophytes), समोद्भिद् (Mesophytes), मरुद्भिद् (Xerophytes) एवं लवणोद्भिद् (Halophytes) वर्गों में रखा जाता है।
- **वायु** (Wind) तेज वायु, मृदा अपरदन, अधिक वाष्पोत्सर्जन व वाष्पीकरण, वृक्षों के टूटने, आदि का प्रमुख कारण हैं। वायु परागण तथा फलों व बीजों के प्रकीर्णन में भी सहायक होती है।
- **वायुमण्डलीय गैसें** (Atmospheric gases) पृथ्वी के तल से लगभग 15 किमी ऊपर तक की वायु से मौसम एवं जलवायु, आदि परिवर्तनशील होते हैं, जिससे जीवधारियों पर उसका प्रभाव पड़ता है। पृथ्वी के गैसीय आवरण में ऑक्सीजन (21%), कार्बन डाइऑक्साइड (0.03%), नाइट्रोजन (78%), सूक्ष्म मात्रा में हाइड्रोजन तथा अनेक प्रकार की निष्क्रिय गैसें (Inert gases) पायी जाती हैं।

2. मृदीय कारक Edaphic Factors

- मृदा पृथ्वी की सतह की ऊपरी उपजाऊ परत है। मृदा निर्माण को **मृदाजनन** (Podogenesis) कहते हैं।
- भारत में निम्न प्रकार की मृदाएँ पायी जाती हैं; जैसे—काली मृदा, लैटेराइट मृदा, लाल मृदा, पर्वतीय मृदा, मरुस्थलीय मृदा, दलदली मृदा व तराई मृदा।
- मृदा में उपस्थित सम्पूर्ण जल **होलार्ड** (Holard), पादपों द्वारा अवशोषित किया जाने वाला जल **चेसार्ड** (Chesard) तथा शेष जल **इकार्ड** (Echard) कहलाता है।
- **मृदा परिच्छेदिका** (Soil profile) पृथ्वी सतह से नीचे शैलों तक भूमि की उर्ध्वकाट (Vertical section) को मृदा परिच्छेदिका कहते हैं।
- **मृदा अपरदन** (Soil erosion) ऊपरी उपजाऊ मृदा की परत की वायु, जल या अन्य भौगोलिक कारकों के कारण होने वाली हानि या क्षरण को **मृदा अपरदन** कहते हैं। यह जल एवं वायु के अतिरिक्त मानवीय हस्तक्षेप के कारण भी होता है।

3. स्थलाकृतिक कारक Topographic Factors

पृथ्वी के धरातल की आकृति; जैसे—यह समुद्रतल से ऊँचाई, भूमि की ढाल एवं ढलान की दिशा से भी वनस्पति प्रभावित होती है।

4. जैवीय कारक Biotic Factors

किसी स्थान पर उपस्थित विभिन्न प्रकार के सभी सजीव; जैसे—पादप, जन्तु, मनुष्य तथा सूक्ष्मजीव, आदि जैविक कारकों के अन्तर्गत आते हैं। प्रत्येक पादप या जन्तु, दूसरे पादपों अथवा जन्तुओं के साथ रहकर **समुदाय** (Community) का निर्माण करता है। एक समुदाय के सभी सदस्यों का एक-दूसरे से व उस स्थान के वातावरण से सम्बन्ध बना रहता है।

आवास Habitat

आवास, प्रत्येक जीव के लिए एक प्राकृतिक वास स्थान होता है जहाँ पर जीव रहता है अर्थात् वह स्थान जहाँ जीव की सम्पूर्ण जरूरतें पूरी होती हैं। यद्यपि आवास एक जीव के लिए भौतिक पर्यावरण (Physical environment) है, फिर भी प्रत्येक समय सभी आवश्यकताओं की उपस्थिति नहीं रहती अर्थात् किसी-न-किसी जरूरत के लिए जीव को आवास से बाहर जाना ही पड़ता है। तापमान, आर्द्रता, पोषण और प्रकाश सब कुछ आवास में उपलब्ध होता है फिर भी अनेक आवासों की समष्टियाँ भौतिक कारकों द्वारा प्रभावित होती हैं। पृथ्वी पर चार प्रकार के आवास पाए जाते हैं; जैसे—समुद्र जल, मीठा जल, स्थलीय एवं एस्चुरीय (मुहाना), आदि।

निकेत Niche

पृथ्वी पर लगभग 2 मिलियन (20 लाख) सजीव जातियाँ रहती हैं जिनमें से लगभग 1.5 मिलियन (15 लाख) जन्तु तथा 0.5 मिलियन पादप उपस्थित है। प्रत्येक जीव जाति विशिष्ट कार्य एवं आवास ग्रहण करती हैं। कार्य, क्रियाशीलता एवं आवास के सम्मिश्रण को पारिस्थितिक निकेत (Ecological niche) कहते हैं।

निकेत 'Niche' एक लैटिन भाषा का शब्द (Nidus) है जिसका अर्थ घोसला (nest) है इसे सर्वप्रथम **जे ग्रीनेल** (J Grinnel; 1917) ने दिया। इसे पर्यावरण में **जीव का स्थान** (आवास) कहा।

चार्ल्स एल्टन (Charles Elton; 1927) ने निकेत को 'किसी समुदाय में जीव की क्रियाशीलता के स्तर' के लिए प्रयोग किया। उन्होंने निकेत को जैविक पर्यावरण में जीव का स्थान और उसके भोजन एवं शत्रु के बीच

सम्बन्ध के लिए परिभाषित किया। पारिस्थितिक निकेत की तीन निम्नलिखित धारणाएँ हैं

(i) **स्थानीय या आवासीय निकेत** (Spatial or Habital niche) कुछ जातियाँ एक निश्चित आवास में साथ-साथ रहती हैं अर्थात् सहभागी होती हैं। प्रत्येक जाति का एक सूक्ष्म आवास जरूर होता है क्योंकि दो जातियाँ एक ही आवास या स्थान पर दीर्घ अवधि समय तक नहीं रह सकती हैं।

(ii) **पोषणीय या आहारीय निकेत** (Trophic niche) दो जातियाँ एक आवास में रह सकती हैं, परन्तु उनका आहार निकेत अलग होता है क्योंकि उनकी खाने का स्वभाव अलग-अलग होता है। उदाहरण—हैरिंग (Herring) और टुना (Tunna) दोनों समान आवास में रहते हैं, परन्तु उनके आहार स्वभाव अलग-अलग होते हैं। टुना हैरिंग को खाते हैं और हैरिंग जन्तुप्लवक (Zooplanktons) को।

(iii) **बहुआयामी या अति आयतनी निकेत** (Multidimensional or Hyper volume niche) एक निकेत के बहुआयामी क्षेत्र या अति आयतनी होने की कल्पना की जा सकती है **हचिन्सन** (Hutchinson; 1958) ने आधारभूत निकेत (Fundamental niche) और सम्पादित निकेत (Realised niche) के बीच अन्तर स्पष्ट किया।

समष्टि या जनसंख्या Population

एक ही समय में एक ही क्षेत्र में रहने वाले एक ही जाति के जीवों के समूह जो परस्पर अन्त:प्रजनन करने में सक्षम होते हैं को जनसंख्या या समष्टि कहते हैं।

समष्टि के अभिलक्षण Characteristics of Population

समष्टि के प्रमुख अभिलक्षण निम्नलिखित हैं

- **घनत्व** (Density) एक निश्चित स्थान एवं समय में आवास के इकाई आयतन में पाए जाने वाले प्राणियों की कुल संख्या समष्टि का घनत्व कहलाती है।

  इसका सूत्र $D = \dfrac{N}{S}$ है, जिसमें D = घनत्व,

  N = कुल जीवों की संख्या, S = स्थान की इकाई की संख्या है,

  यदि जनसंख्या वृद्धि का वृद्धि ग्राफ या आरेख देखा जाए, तो वह S प्रकार का आता है, जिसमें प्रारम्भ में वृद्धि धीमी तथा कुछ समय पश्चात् तीव्र और अन्त में पुन: धीमी हो जाती है।
- **जन्म दर** (Birth rate or Natality) किसी जनसंख्या में एक निश्चित समयावधि में नए सदस्यों के उत्पन्न होने की दर को जन्म दर कहते हैं।
- **मृत्यु दर** (Death rate or Mortality) किसी जनसंख्या में एक निश्चित समयावधि में मरने वाले व्यक्तियों की संख्या मृत्यु दर कहलाती है।
- **लिंगानुपात** (Sex ratio) किसी समष्टि में नर एवं मादाओं के अनुपात को लिंगानुपात कहते हैं।
- **आयु वितरण** (Age distribution) किसी समष्टि में प्रत्येक आयु वर्ग (प्रजनन पूर्व, प्रजनन समय तथा प्रजनन उपरान्त) में सदस्यों की संख्या को आयु वितरण कहते हैं।

आयु संरचना Age Structure

किसी समष्टि में भिन्न-भिन्न आयु वर्गों के जीवों की **आपेक्षिक बहुलता** (Relative abundance) ही उस समष्टि की आयु संरचना या आयु वितरण कहलाती है। आयु संरचना किसी भी समष्टि की जन्म दर व मृत्यु दर दोनों से प्रभावित होती है। आयु वितरण के आधार पर समष्टियाँ तीन प्रकार की होती हैं

(i) **तीव्र वृद्धि करती समष्टि** (Rapidly growing population) इस प्रकार की समष्टि में जन्म दर अधिक व मृत्यु दर कम होती है। इस कारण इस समष्टि में युवाओं की संख्या अधिक होती है।

(ii) **स्थिर समष्टि** (Stable population) इस प्रकार की समष्टि में जन्म दर व मृत्यु दर लगभग बराबर होती हैं।

(iii) **घटती हुई समष्टि** (Decliny population) इस प्रकार की समष्टि में जन्म दर की तुलना में मृत्यु दर अधिक होती है।

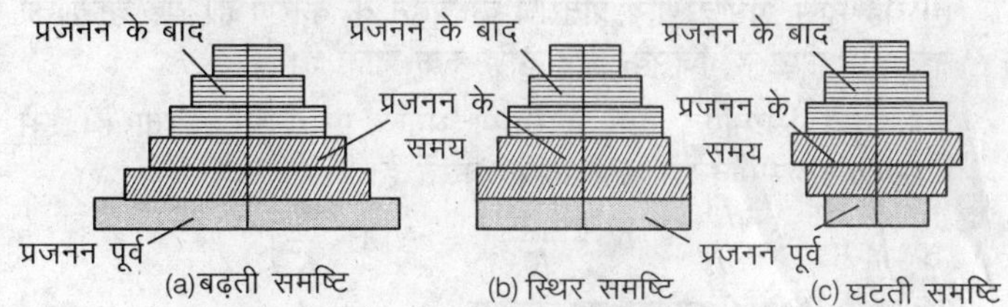

विभिन्न प्रकार की जनसंख्या की आयु संरचना

आयु पिरामिड Age Pyramid

किसी समष्टि में उपस्थित जीवों के विभिन्न आयु वर्गों के सदस्यों की संख्या को रेखागणितीय रूप से प्रदर्शित करने पर, जो संरचना प्राप्त होती है, उसे आयु पिरामिड कहते हैं। किसी भी समष्टि के लिए तीन प्रकार के आयु पिरामिड हो सकते हैं

(a) **विस्तृत आधार या त्रिभुजाकार पिरामिड** (Pyramid with broad base or Triangular) यह पिरामिड प्रजनन पूर्व आयु वर्ग के अधिक प्रतिशत को दर्शाता है। अत: इस प्रकार की समष्टि में जन्म दर अधिक होती है।

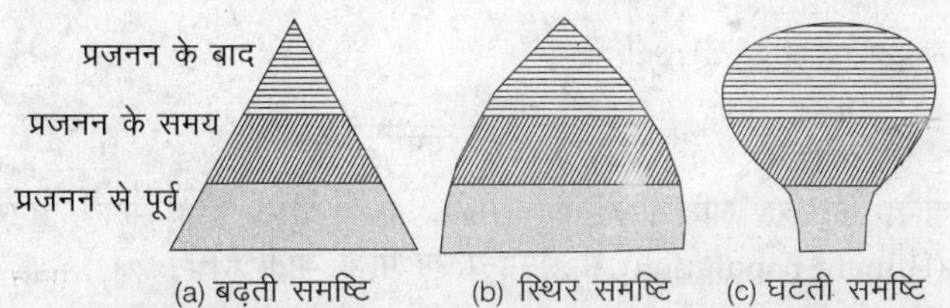

विभिन्न प्रकार की समष्टि के लिए आयु पिरामिड

(b) **घण्टीनुमा पिरामिड** (Bell-shaped pyramid) इस प्रकार की समष्टि में जनन-पूर्व आयु वर्ग के सदस्यों की संख्या व प्रजनन योग्य वर्ग के सदस्यों की संख्या लगभग समान होती है। अत: यह समष्टि भविष्य में लगभग स्थिर बनी रहेगी।

(c) **कलशाकार पिरामिड** (Urn-shaped pyramid) इस प्रकार की समष्टि में जन्म दर में भारी गिरावट होने से प्रजनन आयु वर्ग के सदस्यों की संख्या प्रजनन पूर्व आयु वर्ग के सदस्यों की संख्या से अधिक हो जाती है।

- **जैविक विभव** (Biotic potential) किसी पर्यावरणीय गतिरोध के अभाव में जीव की अन्तर्निहित प्रजनन या संख्या वृद्धि क्षमता ही जैविक विभव कहलाती है।
- **पर्यावरणीय प्रतिरोध** (Ecological resistance) जनसंख्या या जैविक विभव पर पर्यावरण का प्रभाव या नियन्त्रण पर्यावरणीय प्रतिरोध कहलाता है। यह अजैविक तथा जैविक कारकों के सीमित प्रभाव को दर्शाता है।

जनसंख्या में वृद्धि के प्रारूप

Patterns of Population Growth

इसके दो प्रारूप होते हैं

1. S-रूपाकृत या आकृति वक्र

S-shaped or Sigmoid Curve

- S-आकृति या सिग्मारूपी वृद्धि प्रतिरूप सर्वप्रथम धीमी वृद्धि (Lag phase) को दर्शाता है। उसके बाद तीव्र वृद्धि (Exponential phase) तथा उसके पश्चात् धीरे-धीरे वृद्धि में ह्रास (Stationary phase) होता है। यह ह्रास, पर्यावरणीय प्रतिरोध के बढ़ने के कारण है। यह वृद्धि की उच्चतम सीमा है, जिसके बाद वृद्धि रुक जाती है।
- इस प्रकार सिग्मॉएड वक्र जनसंख्या घनत्व पर निर्भर करता है। इसे निम्नलिखित समीकरण से निरूपित करते हैं।

$$\frac{dN}{dt} = rN\frac{(K-N)}{K} = rN\left(1-\frac{N}{K}\right)$$

जहाँ N = समष्टि का आकार

K = परिवहन या आधार क्षमता

r = प्राकृतिक वृद्धि की नैसर्गिक (Intrinsic) दर

$\frac{dN}{dt}$ = जनसंख्या आकार में परिवर्तित की दर

$\frac{(K-N)}{K}$ = पर्यावरण प्रतिरोध

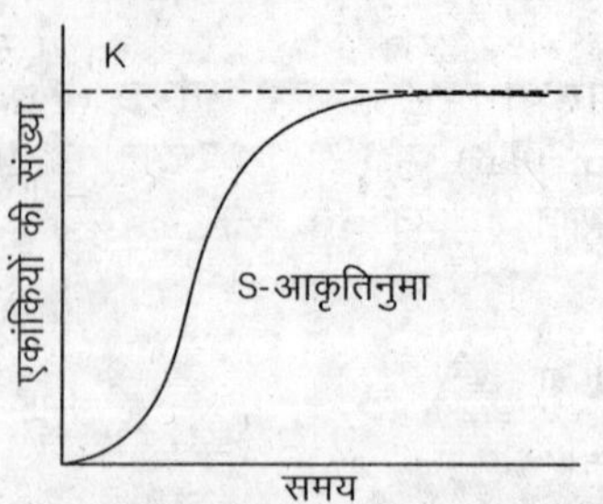

वृद्धि का यह प्रारूप जीवाणु (Bacteria), यीस्ट तथा मानव जनसंख्या (Human population) मे सामान्यतया पाया जाता है।

2. J- आकृति (रूपाकृत) वक्र J-shaped Curve

J-आकार की जनसंख्या पद्धति में व्यक्ति की संख्या तेजी से चर घातांकी तरीके से बढ़ती है। यह प्रवृत्ति मुख्य तथा नवीन वातावरण में पायी जाती है। जहाँ उन कारकों की अनुपस्थिति पायी जाती है जिससे जनसंख्या वृद्धि पर नियन्त्रण होता है। इसे इस प्रकार प्रदर्शित करते हैं

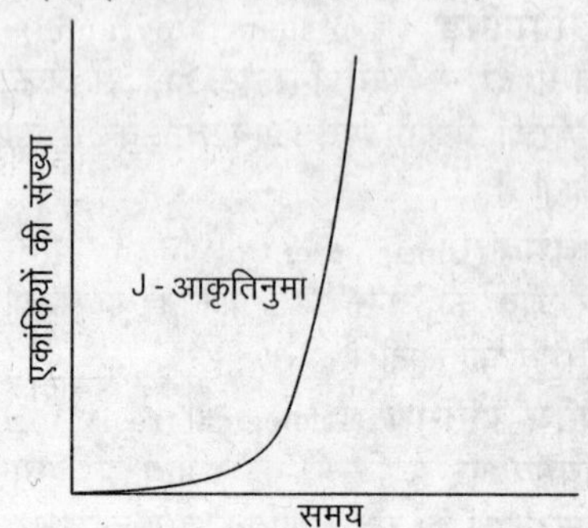

यहाँ $\frac{dN}{dt} = rN$

N = जनसंख्या आकार

t = समय

r = प्राकृतिक वृद्धि को नैसर्गिक (Intrinsic) दर

- संसाधन असीमित होने पर दर r अधिकतम होती है।

$$Nt = N_o e^{rt}$$

No = प्रारम्भ में जनसंख्या घनत्व

Nt = t समय पर जनसंख्या घनत्व

e = आधारीय प्राकृतिक लागरिथम

r = नैसर्गिक (Intrinsic) दर की प्राकृतिक वृद्धि

समष्टियों के अन्तर्गत पारस्परिक क्रियाएँ

Interactions between Populations

जैविक समुदाय में पारस्परिक निर्भरता तथा पारस्परिक अन्तः क्रियाएँ निरन्तर होती रहती हैं, इनमें कुछ प्रमुख पारस्परिक अन्तः क्रियाएँ निम्नलिखित हैं

1. **सहजीवी** (Symbiotic) इसमें दोनों जीव लाभान्वित होते हैं; उदाहरण—लाइकेन में शैवाल व कवक।
2. **सहभोजिता** (Commensalism) एक जीव-दूसरे जीव को हानि पहुँचाए बिना ही लाभान्वित होता है; उदाहरण—ऑर्किड, आरोही एवं कण्ठलताएँ।
3. **सहोपकारिता** (Mutualism) जब दो सहयोगी समान रूप से लाभान्वित होते हैं और किसी को हानि नहीं होती इसे सहोपकारिता कहते हैं; जैसे—ऑर्किड + मधुमक्खी का पुष्प से अन्तः क्रिया लाइकेन (Lichen), *साइकस* (*Cycas*) की कॉरेलॉइड जड़ें (Coralloid root), कवक की मूल के साथ अन्तःक्रिया माइकोराइजा (Mycorrhiza)।
4. **प्रतिस्पर्धा** (Competition) दो या दो से अधिक सदस्यों के बीच स्थान, जल, खनिज, ऊर्जा एवं अन्य संस्थानों के लिए स्पर्धा रहती है, उदाहरण—दो शेरों या बाघों में।
5. **परजीविता** (Parasitism) जब एक जीव या पादप भोजन के लिए दूसरे जीव या पादप पर आश्रित होता है। ये कई प्रकार के होते हैं; उदाहरण—पूर्ण तना परजीवी *(कस्कुटा)*, पूर्ण मूल परजीवी *(ऑरोबेन्की) टीनिया*, आदि।
6. **परभक्षण** (Predation) इस प्रकार का अन्तःक्रिया में एक जीव किसी अन्य जीव (जीवित) को मारकर रखता है। भक्षण करने वाले जीव **परभक्षी** (Predator) तथा भोजन बनने वाला **जीव भक्ष्य** कहलाता है; जैसे—सभी माँसाहारी शिकारी जीव परभक्षी होते हैं। लगभग 25% कीट पादपभक्षी हैं।
7. **प्रतिजीविता या विरोधी** (Antibiosis or Antagonism) एक जीव की जटिल उपापचयी क्रियाओं द्वारा उत्पन्न वृद्धिरोधक रासायनिक पदार्थों द्वारा किसी दूसरे जीव की वृद्धि को पूर्ण या आंशिक रूप से रोक देना प्रतिजीविता कहलाती है।

की-स्टोन प्रजाति Key-Stone Species

वह प्रजाति अथवा प्रजातियों का समूह, जिसका समुदाय अथवा पारिस्थितिकी पर प्रभाव, मात्र उनकी अत्यधिक संख्या के कारण ही नहीं बल्कि, आशा से कहीं अधिक उनके कार्यों से अभिव्यक्त होता है, उसे की-स्टोन प्रजाति कहा जाता है।

उदाहरण—चीहुआहुआन के रेगिस्तान में पाए जाने वाले कंगारू चूहे हरे-भरे चरागाहों को रेगिस्तान में बदल देते हैं। इन चूहों के निष्कासन मात्र से ही रेगिस्तान हरे-भरे चरागाह में बदल सकता है।

पारिस्थितिक अनुकूलन Ecological Adaptation

पादपों में अनुकूलन से तात्पर्य, उन विशेष बाह्य अथवा आन्तरिक लक्षणों से है, जिनके कारण पादप किसी विशेष वातावरण में रहने, वृद्धि करने, फलने-फूलने तथा प्रजनन के लिए पूर्णतया सक्षम बन पाते हैं।

इन विशेष पारिस्थितिकीय अनुकूलनों तथा आवास के आधार पर पादपों को भिन्न पारिस्थितिक समूहों में रखा गया है, जो निम्नलिखित हैं

शुष्कोद्भिद् या मरुद्भिद् Xerophytes

ऐसे स्थान जहाँ पर जल की कमी होती है तथा शुष्कता की स्थिति बनी रहती है, वहाँ शुष्कोद्भिद् पादप पाए जाते हैं।

शुष्कोद्भिद् पादपों में आकारिकीय अनुकूलन Morphological Adaptations in Xerophytic Plants

शुष्कोद्भिद् पादपों की पत्तियों, तनों व जड़ों में निम्न प्रकार के आकारिकीय अनुकूलन पाए जाते हैं

- इन पादपों में मूलतन्त्र अत्यधिक विकसित प्रकार का पाया जाता है। जड़ें लम्बी शाखित व अधिक मूलरोम युक्त होती हैं। अधिक मूलरोमों व गहराई तक जाने के कारण जड़ों में जल अवशोषण की क्षमता अधिक होती है। अनेक पादपों में जड़ें अधिक गहराई तक न जाकर मृदा की सतह के थोड़े नीचे ही फैली रहती हैं, जिससे जल की उपलब्धता होने पर उसे अवशोषित कर सकें; जैसे—नागफनी।
- इन पादपों का तना छोटा, काष्ठीय (Woody) व मोटी छाल युक्त होता है। तनों पर रोम व कंटक पाए जाते हैं, जो वाष्पोत्सर्जन को कम करते हैं। कुछ पादपों में तना रूपान्तरित होकर चौड़ा व मांसल होकर पत्ती का कार्य करता है। ऐसे तने को पर्णाभस्तम्भ (Phylloclade) कहते हैं; जैसे—नागफनी *(Opuntia)* तथा *रसकस* (*Ruscus*)। ये प्रकाश-संश्लेषण से क्रिया कर भोजन का निर्माण करते हैं।
- अनेक पादपों; जैसे—घीक्वार (*Aloe*), *यक्का* (*Yucca*) व जंगली केवड़े (*Agave*) की पत्तियाँ मांसल, सरस व मोटी होकर जल संग्रहण का कार्य करती हैं। ऐसी मांसल पत्तीयुक्त पादपों को मृदुपर्णी मरुद्भिद् (Malacophyllous xerophytes) कहते हैं।
- *पार्किन्सोनिया ऐक्यूनिएटा (Parkinsonia acuneata)* तथा *ऐकेसिया मिलेनोजाइलोन (Acacia melanoxylon)* में पर्णवृन्त चपटा होकर पत्ती के समान हो जाता है तथा प्रकाश-संश्लेषण का कार्य करने लगता है। इसे **पर्णाभवृन्त** (Phyllode) कहते हैं।

शुष्कोद्भिद् पादपों में शारीरिकीय अनुकूलन Anatomical Adaptations in Xerophytic Plants

शुष्कोद्भिद् पादपों में शारीरिकीय अनुकूलन निम्नलिखित हैं

- इन पादपों के तनों व पत्तियों की बाह्यत्वचा (Epidermis) पूर्ण विकसित प्रकार की होती है।
- बाह्यत्वचा पर उपचर्म (Cuticle) की मोटी परत पाई जाती है; उदाहरण—*एगेव*, कनेर, आदि। कुछ पादपों; जैसे—*केपैरिस* (*Capparis*) के तनों व पत्तियों की ऊपरी सतह पर मोम की परत होती है, जिसके कारण बाह्यत्वचा जलरोधक हो जाती है तथा वाष्पोत्सर्जन केवल रन्ध्रों तक ही सीमित रहता है।
- रन्ध्र संख्या में कम तथा सम्भवतया निचली बाह्यत्वचा पर पाए जाते हैं।
- पत्तियों का पर्णमध्योतक, खम्भ ऊतक व स्पंजी ऊतक में विभेदित होता है। स्पंजी मृदूतक तुलनात्मक रूप से कम विकसित प्रकार का होता है। इन पादपों में प्रकाश-संश्लेषण का C_4-चक्र (C_4-cycle) पाया जाता है। अत: ये उच्च ताप की स्थिति में व कम जल की उपस्थिति में भी भोजन निर्माण कर सकते हैं।

कार्यिकी अनुकूलताएँ Physiological Adaptations

- मरुद्भिदों में रन्ध्र अधिक संख्या में मिलते हैं व खुले रहते हैं इससे प्रकाश-संश्लेषण बढ़ता है। अत: जल का अवशोषण तथा चूषण बल बढ़ जाता है जो आशुनता को बढ़ाती है तथा म्लानता को रोकती हैं। वाष्पोत्सर्जन की अधिकता गर्मी को कम करने में सहायक है।
- इनमें रन्ध्र प्राय: रात्रि में खुलते हैं रात्रि में श्वसन कर अम्ल उत्पादित करते हैं। जिससे परासरण सान्द्रता बढ़ जाती है। परासरण सान्द्रता बढ़ने से अन्य कोशिकाओं से जल द्वार कोशिकाओं में प्रवेश कर जाता हैं, जिसके कारण कोशिकाओं के स्फीति हो जाने पर रन्ध्र खुल जाते हैं। दिन के समय प्रकाश में ये अम्ल CO_2 में विच्छेदित हो जाते हैं। CO_2 का उपयोग प्रकाश-संश्लेषण में हो जाने पर परासरण दाब कम तथा जल निष्कासित हो जाती है। शिथिल कोशिकओं के रन्ध्र बन्द हो जाते हैं। जिससे RQ गुणांक 1 या 0 रहता है। जल हानि न्यूनतम होती है।

जलोद्भिद् Hydrophytes

जलीय पादपों में वातावरण सम्बन्धी निम्न अनुकूलताएँ देखने को मिलती हैं।

जलोद्भिद् पादपों में आकारिकीय अनुकूलन Morphological Adaptations in Hydrophytic Plants

जलोद्भिद् पादपों की जड़ों, पत्तियों व तनों में निम्न प्रकार के आकारिकीय अनुकूलन पाए जाते हैं

- इन पादपों का शरीर जल के सम्पर्क में रहता है, जिसके कारण जल अवशोषण की आवश्यकता कम होती है। अत: जड़ें बहुत कम विकसित या अनुपस्थित होती हैं, उदाहरण—*सिरैटोफिल्लम* (*Ceratophyllum*), *वॉल्फिया* (*Wolffia*), आदि।
- कुछ पादपों; जैसे—*लेम्ना* (*Lemna*) में रेशेदार (Fibrous), शाखाविहीन, छोटी जड़ें पाई जाती हैं, जिनका कार्य पादप का सन्तुलन बनाए रखना तथा तैरने में सहायता करना है।

- जलनिमग्न पादपों के तने पतले, कोमल तथा स्पंजी होने के कारण जल के बहाव में सुरक्षित रहते हैं।
- स्थिर प्लावी (Fixed floating) पादपों में धरातल पर फैलने वाले प्रकन्द (Rhizomes) होते हैं; उदाहरण—कमल (*Nelumbium*), कुमुदनी (*Nymphaea*)।
- स्वतन्त्र प्लावी (Free-floating) पादपों में तने पतले, कोमल तथा जल की सतह पर क्षैतिज तैरने वाले होते हैं; उदाहरण—*एजोला* (*Azolla*)।
- जलनिमग्न पादपों; जैसे—*सिरैटोफिल्लम* में पत्तियाँ महीन व कटी-फटी होती हैं। *वैलिसनेरिया* (*Vallisneria*) में पत्तियाँ लम्बी तथा फीतेनुमा (Ribbon-shaped) होती हैं। जलकुम्भी की पत्तियों में सड़न से बचने हेतु मोम जैसे पदार्थ की पतली परत होती है।
- जलनिमग्न पादपों में प्रायः पुष्पन नहीं होता है। अगर होता है, तो इनमें जल परागण पाया जाता है। जलनिमग्न पादपों में बीज निर्माण (Seed formation) सामान्यतया नहीं होता है।

जलोद्भिद् पादपों में शारीरिकीय अनुकूलन
Anatomical Adaptations in Hydrophytic Plants

जलोद्भिद् पादपों में निम्नलिखित शारीरिकीय अनुकूलन देखने को मिलते हैं
- **जलीय पादपों की बाह्यत्वचा** (Epidermis) मृदूतकीय (Parenchymatous) होती है व इस पर उपत्वचा (Cuticle) का अभाव पाया जाता है।
- जलनिमग्न पादपों की पत्तियों का पर्णमध्योतक (Mesophyll) विभाजित नहीं होता है, परन्तु जलकुम्भी (*Nymphaea*) में पर्णमध्योतक, खम्भ ऊतक (Palisade tissue) व स्पंजी मृदूतक (Spongy parenchyma) में विभाजित होता है।
- जलनिमग्न पादपों के तनों में अधस्त्वचा (Hypodermis) अनुपस्थित होती है।
- जड़ व तनों में मृदूतकों का बना वल्कुट (Cortex) सुविकसित अवस्था में पाया जाता है। वल्कुट में वायुतकों (Aerenchyma) की बनी बड़ी-बड़ी वायु गुहिकाएँ (Air cavities) उपस्थित होती हैं। इनकी उपस्थिति गैसीय विनिमय (Gaseous exchange) में सहायक है, साथ ही साथ पौधा को हल्का भी बनाती है, जिससे वे आसानी से तैर सकें।
- जलनिमग्न पादपों में दारु (Xylem) तथा पोषवाह (Phloem) अविकसित होते हैं, परन्तु जलस्थलीय पादपों में ये अधिक विकसित प्रकार के (दारु व पोषवाह में विभाजित) होते हैं।

कार्यिकीय अनुकूलनताएँ Physiological Adaptations

(i) जलीय पादपों में परासरणी दाब बहुत कम होता है। इसी कारण इन्हें जल से बाहर निकालते हैं, तब शीघ्र ही मुरझा जाते हैं।

(ii) जल-निमग्न पादपों में वस्तुत या वाष्पोत्सर्जन नहीं होता है किन्तु जल का उत्सर्जन जलरन्ध्रों हारा बिन्दुस्राव क्रिया से होता है।

(iii) मूलों के श्वसन के लिए वायु, वायुप्रकोष्ठों से प्राप्त होती है।

लवणोद्भिद् एवं मैन्ग्रोव पादप
Halophytes and Mangrove Plants

ऐसे स्थान जहाँ की मृदा में सोडियम क्लोराइड (NaCl), मैग्नीशियम क्लोराइड ($MgCl_2$) तथा मैग्नीशियम सल्फेट ($MgSO_4$) की सान्द्रता औसत से अधिक होती है, लवणीय मृदा (Saline soil) कहलाती है तथा इस मृदा में उगने वाले पादप लवणोद्भिद् कहलाते हैं।

लवणोद्भिद् पादपों में आकारिकीय अनुकूलन
Morphological Adaptations in Halophytic Plants

इन पादपों में पाए जाने वाले आकारिकीय अनुकूलन निम्नलिखित हैं
- इन पादपों की पत्तियाँ गूदेदार (Succulent) होती हैं तथा पत्तियों पर उपत्वचा (Cuticle) का मोटा आवरण पाया जाता है।
- इन पादपों का तना मोटा व मांसल होता है।
- अनेक पादपों में दो प्रकार की मूल पाई जाती हैं—भूमिगत तथा वायवीय। **वायवीय जड़ों** (Aerial roots) का निर्माण भूमिगत जड़ों से होता है। अनेक पादपों में भूमिगत जड़ों (Subterranean roots) से विशेष प्रकार की जड़ें विकसित होकर ऋणात्मक गुरुत्वानुवर्ती (Negatively geotropic) दर्शाते हुए दलदली भूमि से ऊपर वायु में निकल आती हैं। इन खूँटी समान मूलों को श्वसन मूल (Respiratory root) या न्यूमेटोफोर (Pneumatophore) कहते हैं; जैसे—*राइजोफोरा* (*Rhizophora*), *सोनेरेशिया (Sonneratia)*, *एवीसीनिया (Avicinia)* में। इन श्वसन मूल पर सूक्ष्म वातरन्ध्र (Lenticles) पाए जाते हैं, जो श्वसन में सहायक होते हैं।
- मैन्ग्रोव पादपों में पितृस्थ अंकुरण या जरायुजता (Vivipary) का गुण उपस्थित होता है, इस प्रकार के पादपों में प्रायः पादपों में लगे फलों में ही बीज अंकुरित होकर नए पादप का निर्माण प्रारम्भ कर देते हैं; उदाहरण—*राइजोफोरा* (*Rhizophora*) में।

लवणोद्भिद् पादपों में शारीरिकीय अनुकूलन
Anatomical Adaptations in Halophytic Plants

इन पादपों में पाए जाने वाले शारीरिकीय अनुकूलन निम्नलिखित हैं
- इन पादपों की भूमिगत जड़ों पर बहुस्तरीय कॉर्क पाई जाती है। जड़ों के वल्कुट (Cortex) की कोशिकाएँ ताराकृति (Stellate) की होती हैं व इनमें तेल व टैनिन जैसे पदार्थ भरे होते हैं। ये कोशिकाएँ आपस में पार्श्व भुजाओं (Lateral arms) द्वारा सम्बन्धित रहती हैं।
- तने की बाह्यत्वचा मोटी होती है तथा इसके ऊपर उपचर्म का मोटा स्तर पाया जाता है। बाह्यत्वचा की कोशिकाएँ तेल व टैनिन से भरी होती हैं। बाह्यत्वचा के नीचे बहुस्तरीय (Multilayered) अधस्त्वचा (Hypodermis) पाई जाती है।
- तने की वल्कुट की कोशिकाओं में वायुकोष पाए जाते हैं इनमें तेल, टैनिन व कैल्शियम ऑक्जेलेट (Calcium oxalate) के रवे भरे होते हैं।
- परिरम्भ दृढ़ोतक (Sclerenchyma) द्वारा निर्मित बहुस्तरीय संरचना होती है।
- तने में संवहन बण्डल विकसित प्रकार के पाए जाते हैं।
- मज्जा में भी 'H' आकृति की कण्टिकाएँ पाई जाती हैं।
- पत्तियों की दोनों सतहों पर उपत्वचा की मोटी परत पाई जाती है।
- रन्ध्र प्रायः निचली सतह पर पाए जाते हैं, जो धँसे हुए (Sunken stomata) होते हैं अर्थात् गड्ढों में स्थित होते हैं।
- पर्णमध्योतक (Mesophyll), खम्भ ऊतक व स्पंजी मृदूतक में विभेदित होता है।

पारिस्थितिक तन्त्र अथवा पारितन्त्र Ecosystem

- पारिस्थितिक तन्त्र की विचारधारा **कार्ल मोवियस** ने दी थी। 'पारिस्थितिक तन्त्र' शब्द का प्रयोग सर्वप्रथम **ए जी टैन्सले** (1935) ने किया, उनके अनुसार, 'पारिस्थितिक तन्त्र वह तन्त्र है, जो वातावरण के जैविक तथा अजैविक कारकों के परस्पर सम्बन्धों तथा प्रक्रियाओं द्वारा व्यक्त होता है।' **प्रो. राम देव मिश्रा** को **भारतीय पारिस्थितिकी का पिता** कहा जाता है।
- पारिस्थितिक तन्त्र प्रकृति की एक क्रियात्मक इकाई है। जैव तन्त्र की सबसे बड़ी इकाई जीवमण्डल होता है तथा सौर ऊर्जा किसी भी पारिस्थितिक तन्त्र में ऊर्जा का मुख्य स्रोत होती है।

पारिस्थितिक तन्त्र के प्रकार Types of Ecosystem

पारिस्थितिक तन्त्र के दो प्रकार होते हैं

1. **प्राकृतिक पारिस्थितिक तन्त्र** (Natural ecosystem) प्राकृतिक स्थितियों या आवास के आधार पर ये दो प्रकार के होते हैं
   - **स्थलीय** (Terrestrial); जैसे—वन, घास का मैदान तथा मरुस्थलीय पारिस्थितिक तन्त्र।
   - **जलीय** (Aquatic) यह स्थिर जलीय स्वच्छ जल; जैसे—तालाब, पोखर; सरित जलीय स्वच्छ जल; जैसे—नदी, धारा, झरना तथा समुद्री जल; जैसे—महासागर होता है। जलीय पारिस्थितिक तन्त्र में प्राथमिक उत्पादक पादपप्लवक एवं शैवाल होते हैं।
2. **कृत्रिम पारिस्थितिक तन्त्र** (Artificial ecosystem) यह मनुष्य द्वारा निर्मित होता है; जैसे—फसल पारिस्थितिक तन्त्र, मछलीघर, आदि।

पारिस्थितिक तन्त्र के घटक
Components of Ecosystem

पारिस्थितिक तन्त्र निम्न घटकों से मिलकर बना होता है

1. जैविक घटक Biotic Components

यह जीवित जन्तुओं, पादपों तथा सूक्ष्मजीवों द्वारा बना होता है।

इसके प्रमुख भाग निम्न हैं

- **उत्पादक** (Producers) हरे पादप, जो अपना भोजन स्वयं बनाते हैं, उत्पादक कहलाते हैं। इस क्रिया को प्रकाश-संश्लेषण कहते हैं। हरे पादप सूर्य के प्रकाश, CO_2 तथा जल को लेकर पर्णहरिम द्वारा सुक्रोस बनाते हैं तथा O_2 वातावरण में मुक्त करते हैं; उदाहरण—हरे पादप व नीली-हरी शैवाल।
- **उपभोक्ता** (Consumers) सभी विषमपोषी जन्तु, प्रत्यक्ष अथवा अप्रत्यक्ष रूप में पादपों से ही भोजन प्राप्त करते हैं। इन्हें मुख्य रूप से दो वर्गों में विभाजित किया गया है; शाकाहारी (Herbivores) एवं माँसाहारी (Carnivores); उदाहरण—खरगोश, चूहा, गिलहरी, बकरी, मवेशी, आदि शाकाहारी तथा पक्षी, बाज, साँप, लोमड़ी, आदि माँसाहारी जीव हैं। ये तीन प्रकार के होते हैं

  (a) प्राथमिक उपभोक्ता (b) द्वितीयक उपभोक्ता

  (c) तृतीयक उपभोक्ता
- **सर्वाहारी** (Omnivores) ये उत्पादक व उपभोक्ता दोनों को खाते हैं; उदाहरण—सूअर, भालू, आदि।
- **मृताहारी या अपमार्जक** (Detrivores) ये सड़े-गले मृत जीवों से भोजन प्राप्त करते हैं; उदाहरण—गिद्ध, आदि।
- **अपघटक** (Decomposers) ये मृत जन्तु या पादप शरीर को अपघटित करके उससे अपना भोजन प्राप्त करते हैं; उदाहरण—जीवाणु, कवक, आदि।

2. अजैविक घटक Abiotic Components

यह मुख्यतया निम्न होते हैं

- **भौतिक घटक** (Physical components); जैसे—ताप, जल, वायु, दाब, आर्द्रता, आदि।
- **अकार्बनिक पदार्थ** (Inorganic matter); जैसे—नाइट्रोजन, कार्बन, कैल्शियम, सल्फर, फॉस्फोरस, आदि।
- **कार्बनिक पदार्थ** (Organic matter); जैसे—प्रोटीन, कार्बोहाइड्रेट, लिपिड्स, आदि।

तालाब का पारिस्थितिक तन्त्र
Pond Ecosystem

तालाब का पारिस्थितिक तन्त्र अपने आप में एक पूर्ण पारिस्थितिक तन्त्र है। तालाब में उपस्थित जैविक व अजैविक घटक आपस में पारस्परिक क्रिया करते हैं तथा एक कार्यशील इकाई का निर्माण करते हैं। तालाब पारिस्थितिक तन्त्र में पाए जाने वाले जैवीय व अजैवीय घटक निम्न प्रकार हैं

(i) **अजैवीय घटक** (Abiotic components) तालाब के जल में कार्बन डाइऑक्साइड (CO_2), ऑक्सीजन, ताप, प्रकाश, खनिज लवण, कैल्शियम, नाइट्रोजन, फॉस्फोरस के यौगिक, अमीनो अम्ल, आदि अजैवीय घटक के रूप में पाए जाते हैं। तालाब के पारिस्थितिक तन्त्र में भी ऊर्जा के स्रोत के रूप में सूर्य (Sun) उपस्थित होता है।

(ii) **जैवीय घटक** (Biotic components) तालाब के पारितन्त्र में उत्पादक, उपभोक्ता व अपघटक जैवीय घटक के रूप में उपस्थित होते हैं, जो निम्न प्रकार हैं

(a) **उत्पादक** (Producer) तालाब पारिस्थितिक तन्त्र में पाए जाने वाले पादपप्लवक (Phytoplankton); जैसे—शैवाल तथा जलीय हरे पादप; जैसे-*हाइड्रिला* (*Hydrilla*), *पोटामोजिटॉन* (*Potamogeton*), *लेम्ना* (*Lemna*), जलकुम्भी (*Nymphaea*), आदि प्रमुख उत्पादक होते हैं। इस प्रकार विभिन्न प्रकार के जल निमग्न पादप, प्रकाश-संश्लेषण की प्रक्रिया द्वारा कार्बनिक पदार्थों का निर्माण करते हैं।

(b) **उपभोक्ता** (Consumer) तालाब पारिस्थितिक तन्त्र के उपभोक्ताओं को निम्न प्रकार वर्गीकृत किया जा सकता है

- **प्रथम श्रेणी उपभोक्ता** (Primary consumer) तालाब के जल में पाए जाने वाले अनेक छोटे **जन्तुप्लवक** (Zooplankton), क्रस्टेशियन लार्वा (Crystacean larvae), टैडपोल (Tadpol), आदि को प्रथम श्रेणी उपभोक्ता या शाकाहारी जीव माना जाता है। तालाब के सबसे निचले तल पर अनेक प्रकार के जन्तु; जैसे—ऐनेलिड्स, मोलस्क, आदि उपस्थित होते हैं। ये तल पर गिरे हुए पादपीय अवशेषों का सेवन करते हैं।

- **द्वितीय श्रेणी के उपभोक्ता** (Secondary consumer) ये जीव जलीय शाकाहारियों का भक्षण करते हैं। इनमें मेंढक, जलीय सर्प, छोटी मछली (Small fish) तथा भृंग (Beetles) को सम्मिलित किया गया है।
- **तृतीय श्रेणी उपभोक्ता** (Tertiary consumer) ये जलीय माँसाहारी जीवों का भक्षण करते हैं। इनमें बड़ी मछलियों (Large fishes), बत्तख, आदि को सम्मिलित किया गया है, जो छोटी मछलियों को खाते हैं।

(c) **अपघटक** (Decomposers) तालाब के जल में मृत पादप (Dead plant) व जन्तुओं (Animals) के शरीर के कार्बनिक पदार्थों के अपघटन के लिए जीवाणु (Bacteria) तथा कवक (Fungi) उपस्थित होते हैं। ये इनके शरीर से अकार्बनिक पदार्थों को मुक्त करते रहते हैं, जिनका उपयोग पुन: स्वपोषियों द्वारा **भोजन निर्माण** (Food formation) में कर लिया जाता है।

पारिस्थितिक तन्त्र की उत्पादकता
Productivity of Ecosystem

- प्राथमिक उत्पादकों में प्रकाश-संश्लेषण की क्रिया द्वारा बनाए गए कार्बनिक पदार्थों की कुल मात्रा को **सकल प्राथमिक उत्पादकता** (Gross Primary Productivity or GPP) कहते हैं।
- प्राथमिक उत्पादकों द्वारा संचित कार्बनिक पदार्थों या ऊर्जा की मात्रा **शुद्ध प्राथमिक उत्पादकता** (Net Primary Productivity or NPP) कहलाती है। शुद्ध प्राथमिक उत्पादकता, सकल प्राथमिक उत्पादकता का वह भाग है, जो श्वसन क्रिया में कार्बनिक पदार्थों के ऑक्सीकरण के पश्चात् शेष बचता है, अर्थात्

शुद्ध प्राथमिक उत्पादकता = सकल प्राथमिक उत्पादकता
− श्वसन में प्रयुक्त ऊर्जा

- उपभोक्ताओं के विभिन्न स्तरों द्वारा अधिक मात्रा में संचित पदार्थों के कारण जीवभार में हुई वृद्धि **द्वितीयक उत्पादकता** (Secondary productivity) कहलाती है।
- विभिन्न ऊर्जा स्तरों से होकर ऊर्जा प्रवाह में जितनी ऊर्जा एक स्तर से दूसरे स्तर को उपलब्ध होती है, इसे पारिस्थितिक कुशलता या दक्षता (Ecological efficiency) कहते हैं।

खाद्य श्रृंखला Food Chain

- पादपों द्वारा भोज्य पदार्थों को ऊर्जा के रूप में संचित करना तथा फिर पादपों से विभिन्न पोषी स्तरों के जीवों में भोजन के साथ इस ऊर्जा का स्थानान्तरण खाद्य श्रृंखला कहलाती है।
- प्रकृति में सामान्यतया निम्न तीन प्रकार की खाद्य श्रृंखलाएँ देखने को मिलती हैं

(i) परभक्षी खाद्य श्रृंखला या चारण खाद्य श्रृंखला
Predator Food Chain or Grazing Food Chain

परभक्षी खाद्य श्रृंखला हरे पेड़-पादपों से प्रारम्भ होकर छोटे जन्तुओं से होते हुए बड़े जीवों पर खत्म होती है। इस प्रकार की खाद्य श्रृंखला में परभक्षी अपने लक्ष्य का शिकार करता है, इसे चारण खाद्य श्रृंखला कहते हैं।

इस प्रकार की खाद्य श्रृंखला के निम्न गुण हैं

(a) यह खाद्य श्रृंखला ऊर्जा के प्राथमिक स्रोत के लिए पूर्णतया सौर-विकिरण पर ही निर्भर करती है।

(b) इस प्रकार की खाद्य श्रृंखला के हरे पादप जो उत्पादक होते हैं, प्रथम पोषी स्तर (T_1) का निर्माण करते हैं। उत्पादक, सूर्य की प्रकाश ऊर्जा का उपयोग करके प्रकाश-संश्लेषण की प्रक्रिया द्वारा कार्बनिक पदार्थों का निर्माण करते हैं।

(c) प्रथम श्रेणी के उपभोक्ता अर्थात् शाकाहारी जीव सदैव अपने पोषण के लिए उत्पादकों पर निर्भर रहते हैं व इस प्रकार द्वितीय पोषी स्तर (T_2) का निर्माण करते हैं।

(d) द्वितीय श्रेणी के उपभोक्ता, शाकाहारी जीवों को खाकर अपना पोषण प्राप्त करते हैं। चूँकि ये जीव किसी अन्य जन्तु को पकड़कर ही अपने भोजन की प्राप्ति करते हैं, इन्हें माँसाहारी जीव कहते हैं तथा ये खाद्य श्रृंखला के तृतीय पोषी स्तर (T_3) का निर्माण करते हैं।

(e) तृतीय श्रेणी उपभोक्ता, द्वितीय श्रेणी के उपभोक्ता से भोजन प्राप्त करते हैं व चतुर्थ पोषी स्तर T_4 का निर्माण करते हैं।

(f) इस प्रकार की खाद्य श्रृंखला प्राय: लम्बी होती है तथा अन्ततया अपघटकों पर जाकर खत्म होती है।

(g) इस प्रकार परभक्षी खाद्य श्रृंखला में परभक्षी एक के बाद एक लक्ष्य का भक्षण करता है। अत: इस खाद्य श्रृंखला में प्रत्येक पोषी स्तर पर परभक्षी के शरीर का आकार बढ़ता जाता है, परन्तु उनकी संख्या घटती जाती है।

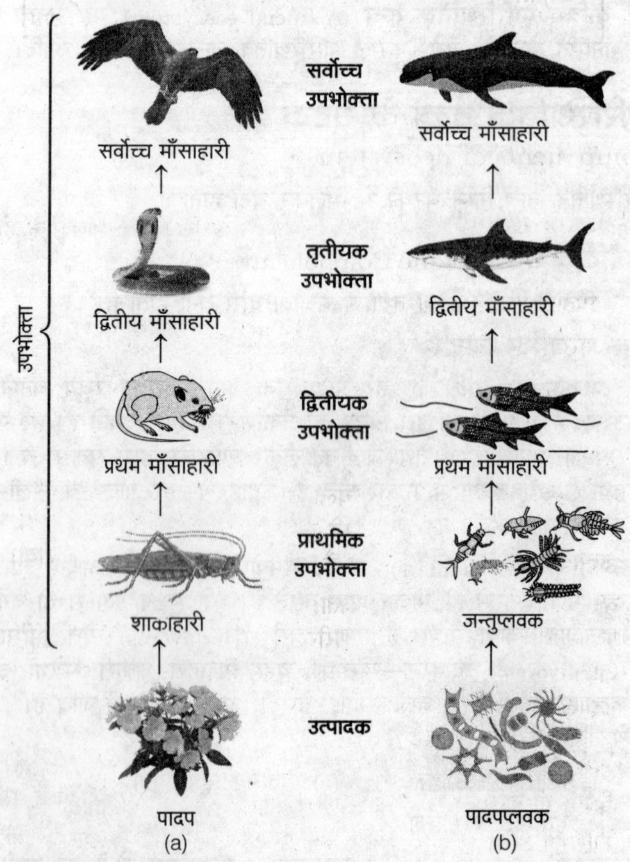

परभक्षी खाद्य श्रृंखला; (a) स्थलीय पारितन्त्र में, (b) जलीय पारितन्त्र में

(ii) अपरद या मृतोपजीवी खाद्य श्रृंखला
Detritus Food Chain

इस प्रकार की खाद्य श्रृंखला उत्पादकों से प्रारम्भ न होकर, जन्तु या पादपों के शरीर के मृत भागों से प्रारम्भ होती है। इस प्रकार की खाद्य श्रृंखला के निम्न गुण हैं

(a) ये खाद्य श्रृंखला अपरद (केंचुआ, आदि) से प्रारम्भ होकर अन्त में बड़े जीवों या सूक्ष्मजीवों पर ही जाकर खत्म होती है।

(b) अपरद खाद्य श्रृंखला में ऊर्जा का स्रोत जन्तु व पादपों के मृत शरीर में उपस्थित कार्बनिक पदार्थ होते हैं। इस प्रकार अपरद, प्राथमिक पोषी स्तर (T_1) का निर्माण करता है।

(c) वे जीव, जो अपरद का भक्षण करते हैं, **अपरदहारी** (Detritus) कहलाते हैं तथा इनमें अनेक प्रकार के जीवाणु, कवक, प्रोटोजोआ, आदि सम्मिलित हैं तथा ये द्वितीय पोषी स्तर (T_2) का निर्माण करते हैं।

(d) अनेक द्वितीयक उपभोक्ता; जैसे—कीट, लार्वा निमेटोड्स, आदि, इन प्राथमिक उपभोक्ताओं का भक्षण करते हैं व खाद्य श्रृंखला के अगले स्तर का निर्माण करते हैं।

(e) अन्त में बड़े माँसाहारी जीव; जैसे—पक्षी, सर्प, आदि इन द्वितीयक उपभोक्ताओं का भक्षण करते हैं।

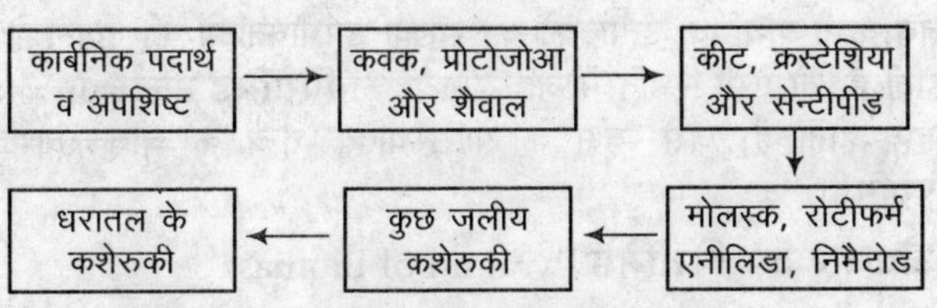

अपरद खाद्य श्रृंखला

(f) अपरद खाद्य श्रृंखला, परभक्षी खाद्य श्रृंखला की तुलना में न केवल छोटी होती है, अपितु इन दोनों श्रृंखलाओं का प्रारम्भ भी अलग-अलग स्रोत से होता है।

(g) अपरद खाद्य श्रृंखला किसी भी पारितन्त्र के लिए अतिआवश्यक होती है, क्योंकि इसके कारण ही मृत कार्बनिक पदार्थों का पुनः चक्रण सम्भव हो पाता है।

(iii) परजीवी खाद्य श्रृंखला Parasite Food Chain

- इस प्रकार की खाद्य श्रृंखला का प्रारम्भ भी हरे पादपों अर्थात् उत्पादकों से होता है, परन्तु यह खाद्य श्रृंखला बड़े जन्तुओं से छोटे परजीवियों की ओर अग्रसर होती है। अतः इस खाद्य श्रृंखला में प्रत्येक पोषी स्तर पर जीव के शरीर का आकार कम होता चला जाता है, परन्तु उनकी संख्या बढ़ती चली जाती है; उदाहरण—किसी वृक्ष का पारिस्थितिक तन्त्र। यहाँ वृक्ष उत्पादक की तरह कार्य करता है; जैसे—वृक्ष $\rightarrow$ बन्दर $\rightarrow$ परजीवी।
- वृक्ष पर अनेक प्राथमिक उपभोक्ता; जैसे—बन्दर या पक्षी हो सकते हैं तथा इन प्राथमिक उपभोक्ताओं के शरीर पर अनेक सूक्ष्म परजीवी; जैसे—जूँ, आदि उपस्थित हो सकते हैं। इस प्रकार यह एक परजीवी खाद्य श्रृंखला का उदाहरण है।

खाद्य जाल Food Web

- किसी भी पारितन्त्र में अनेक खाद्य श्रृंखलाएँ उपस्थित हो सकती हैं, परन्तु कोई भी खाद्य श्रृंखला स्वतन्त्र रूप से नहीं पाई जाती है। प्रत्येक पोषक स्तर के उपभोक्ता अपने से निम्न पोषक स्तर के कई प्रकार के जीवों से अपना भोजन प्राप्त कर सकते हैं। इस प्रकार खाद्य श्रृंखलाओं में कोई भी जीव केवल एक स्रोत पर अपने भोजन के लिए निर्भर होता है व दूसरी खाद्य श्रृंखलाओं के जीवों से भी अपना भोजन प्राप्त कर सकता है। अतः पारिस्थितिक तन्त्र में खाद्य श्रृंखलाएँ पारस्परिक रूप से सम्बन्धित होकर एक जटिल जाल जैसी संरचना का निर्माण करती हैं, जिसे खाद्य जाल कहते हैं।
- इस प्रकार खाद्य जाल पारितन्त्र के सभी जीवों के मध्य सम्बन्ध स्थापित करता है। जिसमें ऊर्जा का एक दिशीय प्रवाह अनेक पथों द्वारा होता है। किसी भी पारितन्त्र के लिए खाद्य जाल जितना अधिक जटिल व उलझा हुआ होगा वह पारितन्त्र उतना ही अधिक स्थाई होगा। जटिल खाद्य जाल में किसी भी स्तर के उपभोक्ता के लिए एक से अधिक वैकल्पिक पथ उपस्थित होंगे, जिनसे वह अपने भोजन की प्राप्ति कर सकता है।
- यदि किसी कारणवश किसी एक जीव के सभी सदस्य पूर्णतया नष्ट भी हो जाते हैं, तब जो उपभोक्ता इस जीव को खाते होंगे, उन पर अधिक प्रभाव नहीं पड़ेगा, क्योंकि इस जीव की कमी को खाद्य जाल में कोई और जीव पूरी कर देगा; उदाहरण—किसी घास पारिस्थितिक तन्त्र में यदि खरगोशों की संख्या कम हो जाती है, तो क्या उस स्थान के साँप व बाज जीवित नहीं बचेंगे?
- खरगोश के न रहने पर उस स्थान पर पादपों की संख्या अधिक हो जाएगी अर्थात् अधिक फल व बीज उत्पन्न होंगे। जिससे वहाँ खरगोश के स्थान पर चूहों की संख्या अधिक हो जाएगी। इन चूहों को खाकर सर्प व बाज अपना भोजन प्राप्त करते हैं। इसी प्रकार किसी खेत में बाज, मेंढक, सर्प व चूहों का भक्षण कर सकता है। यदि कोई एक जीव खत्म भी हो जाता है, तो बाज की संख्या पर विपरीत प्रभाव नहीं पड़ेगा।

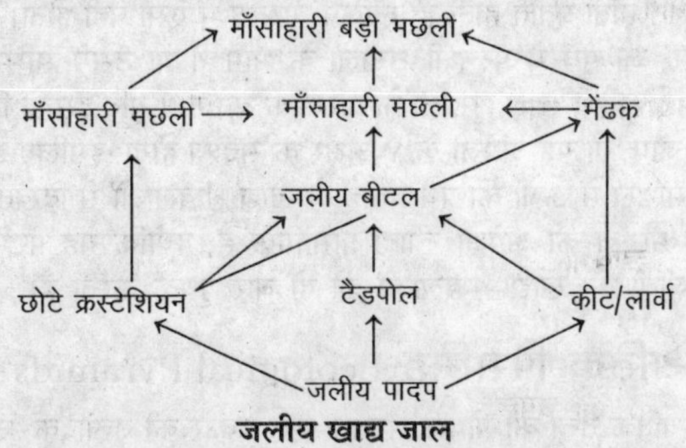

जलीय खाद्य जाल

- इस प्रकार खाद्य जाल किसी एक जाति के जीवों की संख्या को अधिक नहीं बढ़ने देता है व इसमें तीनों प्रकार की खाद्य श्रृंखलाएँ संचालित होती हैं। अतः खाद्य जाल किसी भी पारितन्त्र को स्थाई व सन्तुलित बनाए रखता है।

पारिस्थितिक तन्त्र में ऊर्जा प्रवाह
Energy Flow in Ecosystem

- हरे पेड़-पादप सूर्य की विकिरण ऊर्जा का उपयोग कार्बनिक पदार्थों के निर्माण में करते हैं। सूर्य से प्राप्त सौर ऊर्जा का 50% से भी कम भाग **प्रकाश संश्लेषणात्मक विकिरण** (Photosynthetically Active Radiation or PAR) होता है। शेष 50% सौर विकिरण या तो बादलों द्वारा अवशोषित हो जाते हैं या परावर्तित कर दिए जाते हैं।
- अनुकूल परिस्थितियों में प्रकाश संश्लेषणात्मक विकिरण के लगभग 2-10% भाग का उपयोग हरे पेड़-पादप प्रकाश-संश्लेषण की प्रक्रिया में

करते हैं तथा यह ऊर्जा ही पूरे जीव जगत को गतिमान बनाए रखती है तथा शेष ऊर्जा मुक्त हो जाती है। उत्पादकों में श्वसन द्वारा होने वाली ऊर्जा की हानि 20% है।

- इस कारण कुल प्राथमिक उत्पादकता आपतित सौर विकिरण की 0.8-4% या PAR की 1.6-8% तक होती है। पृथ्वी के सभी जीव प्रत्यक्ष या अप्रत्यक्ष रूप से इसी कार्बनिक पदार्थ पर निर्भर रहते हैं।

लिण्डमैन का ऊर्जा 10% का नियम
Lindeman's 10 Per cent Law of Energy

प्रसिद्ध वैज्ञानिक **लिण्डमैन** (Lindeman; 1942) ने बताया कि जब ऊर्जा एक जीव से दूसरे जीव में खाद्य पदार्थों के रूप में स्थानान्तरित होती है, तो इस सम्पूर्ण ऊर्जा का उपयोग जीव के द्वारा नहीं किया जा सकता। ऊर्जा स्थानान्तरण के प्रत्येक स्तर पर ऊर्जा का नुकसान (Loss) होता रहता है। लिण्डमैन के 10% नियम (10% law) के अनुसार, "ऊर्जा के खाद्य पदार्थों के रूप में स्थानान्तरण के समय एक पोषी स्तर से दूसरे पोषी स्तर में केवल 10% ऊर्जा का ही प्रवाह (Flow) होता है शेष 90% ऊर्जा का **श्वसन** (Respiration), अपघटन के रूप में क्षय हो जाता है।

ऊर्जा प्रवाह का Y-आकार मॉडल
Y-shape Energy Flow Model

- यह **एच. टी. ऑडम** (HT Odum) द्वारा दिया गया। यह ऊर्जा प्रवाह मॉडल **दोहरा चैनल मॉडल** (Double channel model) भी कहलाता है। प्रकृति में परभक्षी तथा मृतोपजीवी खाद्य शृंखला एक ही पारिस्थितिक तन्त्र में साथ-साथ संचालित होती है।
- कभी-कभी दोनों खाद्य शृंखलाएँ एक-दूसरे के सन्दर्भ में पृथक्-पृथक् संचालित होती प्रतीत होती हैं, लेकिन वास्तव में ऐसा नहीं होता। कुछ मृत जानवर, जो पूर्व में परभक्षी शृंखला के भाग थे या उसमें सम्मिलित थे, अब मृतोपजीवी खाद्य शृंखला के प्रारम्भक बन गए। यदि इसको चित्रांकित किया जाए, तो यह अंग्रेजी के Y-अक्षर के सदृश्य होगा, इसलिए इस दोहरे ऊर्जा मॉडल में ऊर्जा का पथ/प्रवाह दो खाद्य शृंखलाओं से दिखता है। यह एकल मॉडल की अपेक्षा ज्यादा प्रासांगिक है, क्योंकि यह परभक्षी तथा मृतोपजीवी की खाद्य शृंखलाओं को दो बार पृथक् करता है।

पारिस्थितिक पिरामिड Ecological Pyramids

- पारिस्थितिक तन्त्र की पोषक संरचना एक प्रकार की उत्पादक-उपभोक्ता व्यवस्था है। पारिस्थितिक तन्त्र की इस पोषक संरचना का आलेखी (Graphic) प्रदर्शन पारिस्थितिक पिरामिड कहलाता है।
- इन आलेखों में सबसे नीचे का पोषक स्तर उत्पादक तथा सबसे ऊपर का पोषक स्तर सर्वोच्च माँसाहारी उपभोक्ता का होता है। पारिस्थितिक पिरामिड का सिद्धान्त **चार्ल्स एल्टन** के द्वारा सन् 1927 में दिया गया था।

पारिस्थितिक पिरामिड के प्रकार
Types of Ecological Pyramids

पारिस्थितिक पिरामिड तीन प्रकार के होते हैं

(i) संख्या का पिरामिड Pyramid of Number

- जीव संख्या का पिरामिड, किसी भी पारितन्त्र के प्रत्येक पोषी स्तर पर जीवधारियों की संख्या के सम्बन्ध को प्रदर्शित करता है। जीव संख्या का पिरामिड उल्टा या सीधा प्राप्त हो सकता है।
- यदि किसी पारिस्थितिक तन्त्र में उत्पादकों की संख्या सबसे अधिक, प्राथमिक श्रेणी के उपभोक्ताओं की संख्या उत्पादकों से कम तथा द्वितीय, तृतीय श्रेणी के उपभोक्ताओं की संख्या क्रमशः कम तथा सर्वोच्च उपभोक्ताओं की संख्या सबसे कम हो, तो ऐसे पारिस्थितिक तन्त्र में जीव संख्या का **पिरामिड सदैव सीधा** (Upright pyramid) प्राप्त होता है; जैसे—घास मैदान के पारिस्थितिक तन्त्र में उत्पादकों यानि घास, शाकीय पादपों की संख्या सर्वाधिक होती है।

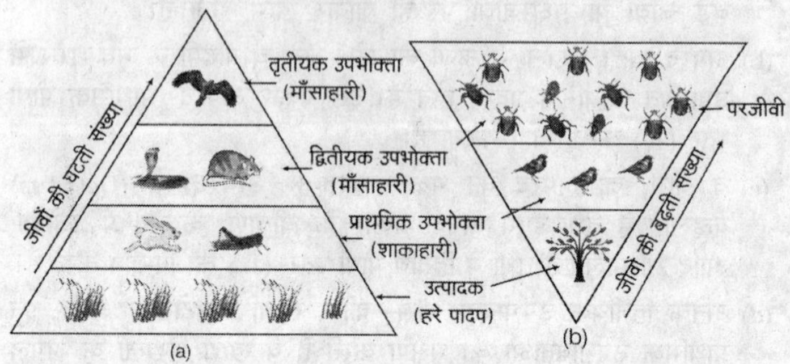

(a) **जीव संख्या का सीधा पिरामिड (घास)**, (b) **उल्टा पिरामिड (वृक्ष)**

- इसी प्रकार तालाब के पारिस्थितिक तन्त्र के लिए भी जीव संख्या का पिरामिड सीधा ही प्राप्त होगा।
- जब कभी प्राथमिक उत्पादकों की संख्या उपभोक्ताओं की तुलना में कम होती है, तो ऐसी स्थिति में जीव संख्या का **पिरामिड उल्टा** (Inverted) प्राप्त होता है; जैसे—वृक्ष के पारिस्थितिक तन्त्र के जीव संख्या का पिरामिड।

(ii) जैवभार का पिरामिड Pyramid of Biomass

- पारितन्त्र के प्रति इकाई क्षेत्र में उपस्थित जीवों के शुष्क भार को जैवभार कहते हैं। जैवभार का पिरामिड पारिस्थितिक तन्त्र के विभिन्न पोषक स्तरों में उपस्थित जैवभार की मात्रा के सम्बन्धों को प्रदर्शित करता है। इस प्रकार ये जीवों के मध्य पाए जाने वाले **मात्रात्मक** (Quantitative) सम्बन्धों को दर्शाता है। जैवभार का पिरामिड भी उल्टा या सीधा (दोनों प्रकार का) प्राप्त हो सकता है।

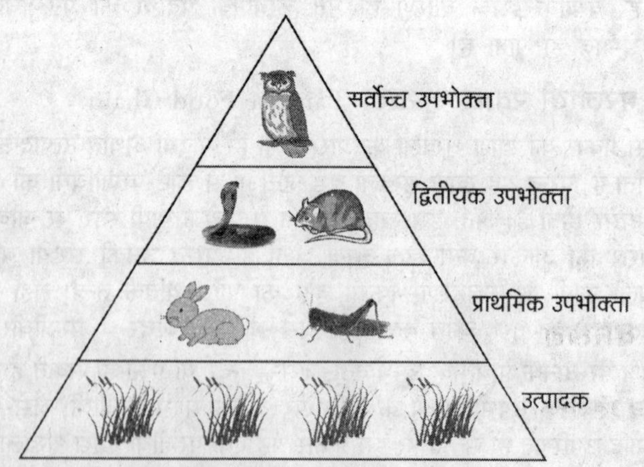

जैवभार का सीधा पिरामिड (घास का मैदान)

- जब उत्पादकों का जैवभार अधिक हो तथा उपभोक्ताओं के प्रत्येक स्तर पर जैवभार में क्रमशः कमी होती चली जाए, तो जैवभार का **पिरामिड सीधा** ही प्राप्त होता है; जैसे—वृक्ष के पारिस्थितिक तन्त्र, घास के मैदान का पारिस्थितिक तन्त्र तथा वन के पारिस्थितिक तन्त्र का पिरामिड सीधा प्राप्त होता है।

- जब कभी उत्पादकों का जैवभार, उपभोक्ताओं की तुलना में कम हो जाता है, तो जैवभार का उल्टा पिरामिड प्राप्त होता है; जैसे—तालाब पारिस्थितिक तन्त्र में जैवभार का पिरामिड।

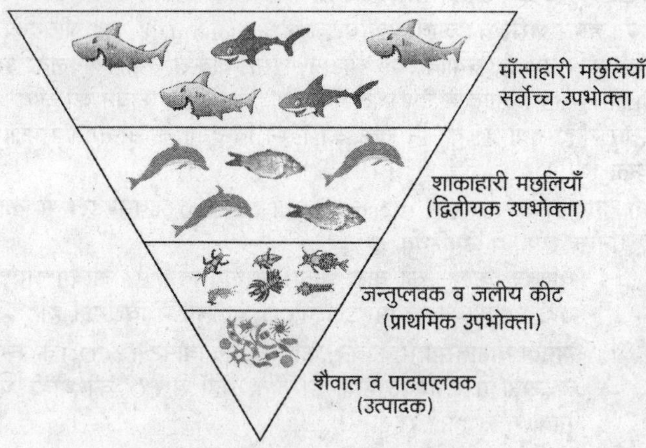

जैवभार का उल्टा पिरामिड (तालाब)

(iii) **ऊर्जा का पिरामिड** Pyramid of Energy

- ऊर्जा पिरामिड, पारितन्त्र के प्रत्येक पोषी स्तर पर जीवों में संचित ऊर्जा के सम्बन्धों को प्रदर्शित करता है। चूँकि उत्पादकों से उपभोक्ताओं की ओर जाने पर प्रत्येक पोषी स्तर पर संचित ऊर्जा के मान में कमी आती है। इस कारण किसी भी पारिस्थितिक तन्त्र के लिए ऊर्जा का पिरामिड सदैव सीधा (Upright) प्राप्त होता है।
- ऊर्जा का पिरामिड कभी उल्टा प्राप्त नहीं होता, क्योंकि ऊर्जा का प्रवाह सदैव एक दिशीय होता है।

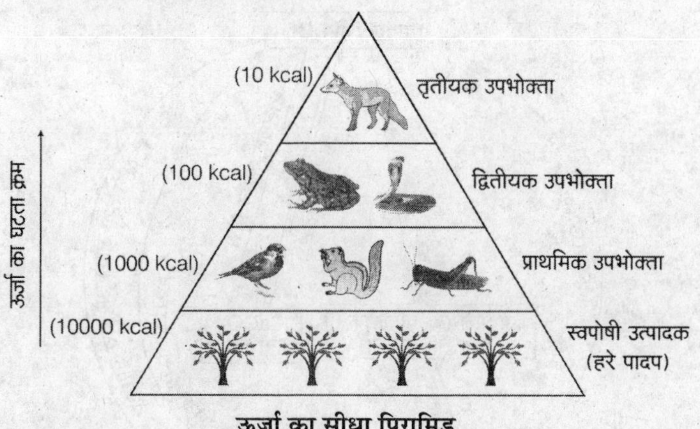

ऊर्जा का सीधा पिरामिड

अपघटन Decomposition

कुछ विशिष्ट सूक्ष्मजीवों की अभिक्रिया द्वारा मृत कार्बनिक पदार्थों के भौतिक व रासायनिक विघटन को अपघटन कहते हैं। इन मृत कार्बनिक पदार्थों में विभिन्न अवशेष; जैसे—जन्तुओं एवं पादपों के मृत भाग, उत्सर्जी पदार्थ, आदि सम्मिलित हैं जिन्हें **अपरद** (Detritus) कहते हैं। अपरद अपघटन के लिए कच्चे पदार्थों का काम करते हैं। अपघटन की प्रक्रिया में निम्न चरण सम्मिलित हैं

(i) **विखण्डन** (Fragmentation) इस प्रक्रिया में अपरद के बड़े कणों को सूक्ष्मजीव, दीमक, मक्खियाँ, केंचुए आदि छोटे-छोटे टुकड़ों में खण्डित कर देते हैं।

(ii) **निक्षालन** (Leaching) अपघटन द्वारा निर्मित घुलनशील अकार्बनिक पदार्थों का रिसते हुए मृदा की गहराई में जाना निक्षालन (leaching) कहलाता है।

(iii) **उपचयन** (Catabolism) जीवाणु तथा कवकों द्वारा स्रावित एन्जाइम द्वारा बड़े जटिल कार्बनिक पदार्थों का सरल अकार्बनिक तथा सरल कार्बनिक पदार्थों में विघटन किया जाता है। पचित (Digested) कार्बनिक पदार्थों का कुछ भाग सूक्ष्मजीवों; जैसे—जीवाणु के शरीर में संचयन हो जाता है। इसे **पोषक निश्छलता** (Nutrient inmobilisation) कहते हैं।

(iv) **ह्यूमसभवन** (Humification) अपघटन के फलस्वरूप ह्यूमस के निर्माण की प्रक्रिया ह्यूमसभवन कहलाती है। ह्यूमस गहरे रंग का अकणिकीय पदार्थ है जिसमें पोषक तत्व अधिक मात्रा में पाए जाते हैं। ह्यूमस के कारण मिट्टी की उच्च वातन क्षमता, सरन्ध्रता तथा जल धारण क्षमता बढ़ती है।

(v) **खनिजीभवन** (Mineralisation) सूक्ष्मजीवों; जैसे—जीवाणु एवं कवक द्वारा कार्बनिक पदार्थों से अकार्बनिक पोषक पदार्थों का मुक्त होना खनिजीभवन कहलाता है। जैसे—CO_2, जल तथा खनिज लवणों; (Ca^{+2}, Mg^{+2}, NH_4^+) आदि का पृथक्करण खनिजीकरण कहलाता है।

पारिस्थितिक अनुक्रमण Ecological Succession

किसी विशिष्ट क्षेत्र में समय की निश्चित अवधि में विभिन्न समुदायों का क्रमबद्ध स्थानान्तरण पारिस्थितिकीय अनुक्रमण (Ecological succession) कहलाता है। यह दो प्रकार का होता है

(i) **प्राथमिक अनुक्रमण** (Primary succession) पूर्व में समुदाय रहित स्थान पर आरम्भ होने वाला अनुक्रमण **प्राथमिक अनुक्रमण** कहलाता है, और सबसे पहले विकसित होने वाला समुदाय **अग्रणी समुदाय** (Pioneer community) कहलाता है।

(ii) **द्वितीयक अनुक्रमण** (Secondary succession) किसी स्थान पर प्राथमिक समुदाय को नष्ट कर दूसरे समुदाय का विकसित होना द्वितीयक अनुक्रमण कहलाता है

अनुक्रमण की प्रक्रिया Process of Succession

अनुक्रमण निम्न चरणों में पूर्ण होता है

(i) **अनाच्छादन** (Nudation) प्राकृतिक या मानवीय कारणों से वनस्पति विहीन स्थलों के निर्माण की क्रिया को अनाच्छादन कहते हैं।

(ii) **आक्रमण** (Invasion) अनाच्छादित क्षेत्र या किसी समुदाय में जीवों के अन्य स्थानों से आकर सफलतापूर्वक बस जाने की क्रिया को आक्रमण कहते हैं।

(iii) **प्रतिस्पर्धा** (Competition) यह प्रतिस्पर्धा अन्तराजातीय तथा अन्तरजातीय दोनों प्रकार की होती है। आजकल इसके कारण कई आजकल जातियाँ नष्ट हो जाती है।

(iv) **प्रतिक्रिया** (Reaction) सकल पादप समुदायों द्वारा पर्यावरण को प्रभावित तथा परिवर्तित करना प्रतिक्रिया कहलाता है। पादप समुदाय और पर्यावरण एक-दूसरे से पदार्थों के आदान-प्रदान के समय प्रतिक्रिया वयक्त करते हैं। पर्यावरण में निरन्तर होने वाला परिवर्तन इसी का प्रतिफल है।

(v) **चरम अवस्था** (Climax stage) अनुक्रमण की क्रिया के सबसे अन्त में चरम अवस्था प्राप्त होती है। निश्चित तौर पर यह कहा जा सकता है कि चरम अवस्था में समुदाय और पर्यावरण के बीच बहुत ही उचित आपसी सामंजस्य स्थापित हो जाता है, जिसके फलस्वरूप दोनों सन्तुलन को प्राप्त करते हैं। यह अवस्था पारिस्थितिक सन्तुलन के लिए आवश्यक है।

जलक्रमक Hydrosere

- जल में प्रारम्भ होने वाला अनुक्रमण **जलक्रमक** कहलाता है। इसमें विभिन्न अवस्थाएँ क्रमशः पादपप्लवक, मूलीय जलनिमग्न, प्लावी अवस्था, रीड स्वाम्प अवस्था, सेज मीडो अवस्था (Sedge meadow stage) तथा काष्ट स्थलीय (Wood land) अवस्था आती हैं।
- जलक्रमक की **पादपप्लवक** अवस्था में नीले-हरे शैवाल (Blue-green algae), हरे शैवाल (Green algae), जीवाणु तथा डायटम मूलीय **जलनिमग्न** अवस्था में *हाइड्रिला, वैलिसनेरिया, यूट्रीकुलेरिया, पोटेमोजीटोन,* **प्लावी** अवस्था में *नीलम्बो, निम्फिया, ट्रेपा, एजोला,* **रीड स्वाम्प** अवस्था में *लेम्ना, स्पाइरोडिला, वॉल्फिया,* **सेज मीडो** अवस्था में *सिरपस, टाइफा, फ्रेग्माइट्स,* **काष्ठ स्थलीय** अवस्था में *साइप्रस, इलियोकेरिस,* आदि पाए जाते हैं।

मरुक्रमक Xerosere

जल की अत्यन्त कम मात्रा वाले स्थानों पर होने वाला अनुक्रमण मरुक्रमक कहलाता है, इनमें विभिन्न अवस्थाएँ क्रमशः क्रस्टोस लाइकेन, पर्णमय लाइकेन, मॉस, शाक, झाड़ी तथा समोद्भिद् (Mesophytic) आती हैं।

- मरुक्रमक की क्रस्टोस लाइकेन अवस्था में *राइजोकार्पोन, रिन्डिना लेकानोरा,* **पर्णमय** लाइकेन अवस्था में *पार्मिलिया, डर्मेटोकार्पोन,* **मॉस** अवस्था में *पॉलीट्राइकम, टॉरटुला, ग्राइमिस,* **शाकीय** अवस्था में *आर्टीस्टिडा, फेस्टुका, पोआ,* **झाड़ी** अवस्था में *रुस, फाइटोकार्पस* तथा **समोद्भिद्** पौधे चरम समुदाय में पाए जाते हैं।
- समुदाय और पर्यावरण के बीच पारस्परिक क्रियाओं द्वारा स्वतः धीरे-धीरे चलने वाला अनुक्रमण **स्वजनित अनुक्रमण** (Autogenic succession) कहलाता है, जबकि पर्यावरण व समुदायों की पारस्परिक क्रियाओं के अतिरिक्त बाहर से भी प्रभावित होने वाला अनुक्रमण **अन्यत्रजनित अनुक्रमण** (Allogenic succession) कहलाता है। अनुक्रमण की क्रिया में सबसे अन्त की अवस्था चरम अवस्था (Climax stage) कहलाती है।
- **क्लिमेन्ट्स** (Clements) ने एक चरमसीमा सिद्धान्त (Monoclimax theory) दिया, जबकि कुछ अन्य पारिस्थितिक वैज्ञानिकों ने बहुचरम सीमा सिद्धान्त (Polyclimax theory) प्रस्तुत किया।

जैव-भू-रासायनिक चक्र Biogeochemical Cycle

- पारितन्त्र के विभिन्न घटकों के माध्यम से पोषक तत्वों का चक्रण होता है, जिसे जैव-भू-रसायन चक्र कहते हैं। पोषक चक्रण निम्नलिखित दो प्रकार के होते हैं- (i) गैसीय (ii) अवसादी (तलछटी)।
- गैसीय प्रकार के पोषक तत्व वायुमण्डल में उपस्थित होते हैं; उदाहरण—कार्बन, नाइट्रोजन तथा अवसादी या तलछटी पोषक तत्व धरती के पटल (पपड़ी) में उपस्थित होते हैं; उदाहरण—सल्फर, फॉस्फोरस, कैल्शियम, आदि। पर्यावरणीय घटक; जैसे—मृदा, ताप, आर्द्रता, अम्ल-क्षार सन्तुलन (pH मान), आदि घटक पोषक तत्वों के मुक्त होने की दर तय करते हैं।

कार्बन चक्र Carbon Cycle

कार्बन हमारे शरीर का आवश्यक घटक (Componant) है, यह जीवद्रव्य का महत्त्वपूर्ण भाग है, क्योंकि यह प्रोटीन, वसा, शर्करा तथा न्यूक्लिक अम्ल (Nuclic acid), आदि में उपस्थित होता है। इसी कारण कार्बन को जीवन का आधार कहा गया है। कार्बन चक्र को निम्न बिन्दुओं के अन्तर्गत समझा जा सकता है

(a) **कार्बन के संग्राहक** (Reservoir of carbon) जैवमण्डल में कार्बन निम्न रूपों में उपस्थित है

- वैश्विक कार्बन की कुल मात्रा का लगभग 71% कार्बन समुद्र में तथा 1% कार्बन वायुमण्डल में CO_2 के रूप में विद्यमान है।
- समुद्री वातावरण में कार्बन, कैल्शियम कार्बोनेट ($CaCO_3$) के रूप में चट्टानों में उपस्थित होता है। अतः यहाँ से CO_2 की थोड़ी-थोड़ी मात्रा मुक्त होती रहती है।
- कार्बन की बहुत बड़ी मात्रा जीवाश्मीय ईंधन (Fossil fuel) के रूप में उपस्थित होती है, जिसका निर्माण जीव-जन्तुओं के मृत ऊतकों से होता है।

(b) **कार्बन का स्थिरीकरण** (Fixation of carbon) हरे पादप वायुमण्डल में उपस्थित CO_2 का उपयोग करके प्रकाश-संश्लेषण की प्रक्रिया द्वारा कार्बनिक पदार्थों का निर्माण करते हैं। इस प्रकार उत्पादक CO_2 के स्थिरीकरण का कार्य करते हैं। इनके द्वारा प्रतिवर्ष लगभग 4.9×10^{13} किग्रा CO_2 का स्थिरीकरण किया जाता है। कार्बनिक पदार्थ पादपों के विभिन्न भागों से संचित कर लिए जाते हैं तथा ये विभिन्न पोषी स्तरों से होते हुए खाद्य श्रृंखला के माध्यम से उपभोक्ताओं तक पहुँचते हैं।

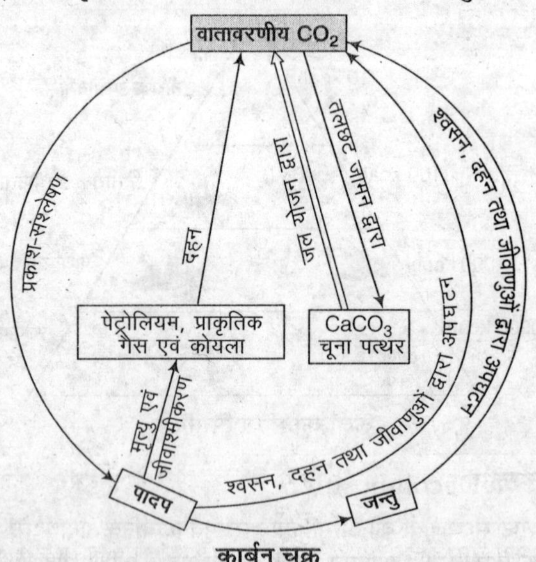

कार्बन चक्र

(c) **कार्बन का उत्पादन** (Production of carbon) कार्बन को CO_2 के रूप में विभिन्न प्रक्रियाओं के अन्तर्गत मुक्त किया जाता है; जो निम्न प्रकार है

- पादप व जन्तु श्वसन की प्रक्रिया में कार्बन डाइऑक्साइड को मुक्त करते हैं।
- पादप व जन्तु के मृत कार्बनिक पदार्थों के अपघटन से भी वायुमण्डल में CO_2 का निष्कासन होता है।

- प्रत्येक पोषी स्तर के जीव कार्बन की कुछ मात्रा का उत्सर्जन मल के रूप में करते हैं।
- जीवाश्मीय ईंधन व लकड़ी को जलाने से कार्बन, CO_2 के रूप में मुक्त हो जाती है।
- अनेक वस्तुओं के दहन से भी कार्बन मुक्त होती है।
- **ज्वालामुखीय विस्फोट** (Volcanic eruptions) से उत्पन्न CO_2 की काफी मात्रा वायुमण्डल में मुक्त होती रहती है।
- समुद्री जल में उपस्थित कार्बोनेट का अपघटन अनेक सूक्ष्मजीवों द्वारा किया जाता है तथा इस प्रक्रिया में भी CO_2 मुक्त होती है।

फॉस्फोरस चक्र Phosphorus Cycle

फॉस्फोरस सभी जीवों के शरीर का आवश्यक घटक है। यह अनेक कार्बनिक व अकार्बनिक पदार्थों के रूप में शरीर में उपस्थित होता है। कार्बनिक पदार्थों के साथ यह न्यूक्लिक अम्ल (Nucleic acid), फॉस्फोलिपिड (Phospholipid) तथा कोशिका झिल्ली का घटक है।

- फॉस्फोरस, ऊर्जा की इकाई ATP का भी महत्त्वपूर्ण घटक है।
- कशेरुकी जन्तुओं की अस्थियों (Bones) तथा दाँतों (Teeth) में भी फॉस्फोरस उपस्थित होता है।
- प्रकृति में फॉस्फोरस का प्रमुख स्रोत चट्टानों में अघुलनशील फॉस्फेट है। मृदा में फॉस्फोरस PO_4^{-3} आयन के रूप में पाया जाता है। चट्टानों से फॉस्फोरस की थोड़ी-थोड़ी मात्रा चट्टानों से रिसकर मृदा विलयन (Soil solution) में पहुँचती है, जहाँ से इसका अवशोषण (Absorption) हरे पादपों के द्वारा किया जाता है।
- अवशोषण की प्रक्रिया के तहत पहले अनेक फॉस्फेटकारी जीवाणु इस अघुलनशील फॉस्फेट को घुलनशील अवस्था में बदल देते हैं। कवकमूल (Mycorrhiza) भी फॉस्फेट के अवशोषण में सहायता करते हैं।

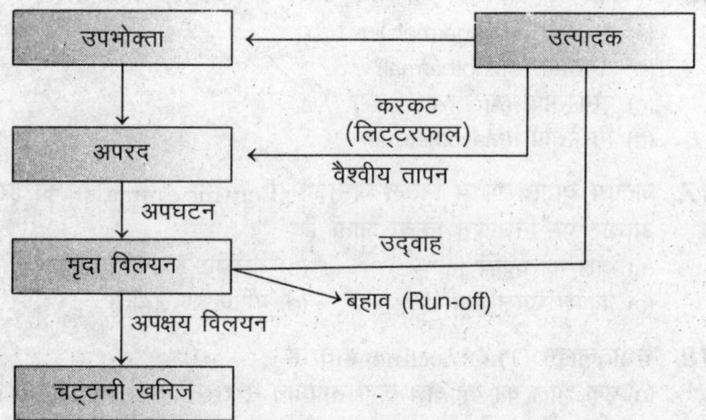

एक स्थलीय पारिस्थितिक तन्त्र में फॉस्फोरस चक्र का सरलीकृत मॉडल

- इस प्रकार घुलनशील फॉस्फेट पादपों में पहुँच जाता है व अनेक घटकों का भाग बन जाता है। यह फॉस्फेट अब खाद्य श्रृंखला (Food chain) के माध्यम से उपभोक्ताओं के शरीर में पहुँचता है।
- जब पादप या जन्तु की मृत्यु हो जाती है, तो इनका अपघटन अनेक प्रकार के फॉस्फेटकारी जीवाणुओं द्वारा कर दिया जाता है व उनके शरीर में उपस्थित फॉस्फेट पुनः मुक्त हो जाता है।
- जिसका उपयोग पुनः उत्पादकों द्वारा कर लिया जाता है। कार्बन चक्र की भाँति पर्यावरण में फॉस्फोरस को वैश्वीय तापन श्वसन द्वारा मुक्त नहीं किया जाता है।

पारितन्त्र सेवाएँ Ecosystem Services

पारिस्थितिकीय प्रक्रियाओं के फलस्वरूप प्राप्त उत्पादों को पारितन्त्र सेवाएँ कहते हैं। इन सेवाओं के अन्तर्गत पोषकों का चक्रण (Nutrient cycling), जैव-विविधता (Biodiversity) को बनाए रखना, वन्यजीवों को आवास उपलब्ध कराना, मृदा में अपशिष्ट पदार्थों का विघटन कर उर्वरा का निर्माण, पादपों में परागण, कार्बन संग्रहण के लिए स्थल प्रदान करना, आदि सम्मिलित हैं। इसके अलावा सांस्कृतिक एवं आध्यात्मिक मूल्यों की प्राप्ति भी इसमें सम्मिलित की जाती है।

(i) **ऑक्सीजन की मुक्ति** (Release of oxygen) पारितन्त्र में समस्त जीवों को श्वसन हेतु ऑक्सीजन की आवश्यकता होती है। पर्यावरण में लगभग 21% ऑक्सीजन होती है। कुछ मात्रा जल में घुली होती है, जिसका उपयोग जलीय पादप, जन्तु एवं सूक्ष्मजीव श्वसन क्रिया में करते हैं। जीवों में श्वसन क्रिया के परिणामस्वरूप कार्बन डाइऑक्साइड (CO_2) मुक्त करते हैं। इस CO_2 को हरे पादप प्रकाश-संश्लेषण की क्रिया में प्रयोग करके कार्बोहाइड्रेट एवं O_2 का निर्माण करते हैं तथा यह ऑक्सीजन वायुमण्डल में मुक्त हो जाती है।

(ii) **कार्बन स्थिरीकरण** (Carbon fixation) पारितन्त्र में जैविक घटकों द्वारा श्वसन क्रिया के परिणामस्वरूप कार्बन डाइऑक्साइड (CO_2) मुक्त होती है। इसके अलावा कार्बोहाइड्रेट, वसा, प्रोटीन, एन्जाइम, हॉर्मोन्स, आदि में कार्बन उपस्थित होता है। संसार में कार्बन शुष्क भार (Dry weight) का 49% भाग है।

कार्बन का चक्रण गैसीय रूप में होता है, जिसमें वायुमण्डल, समुद्र, सजीव एवं निर्जीव माध्यम में होता है। कार्बन स्थिरीकरण में वातावरणीय (CO_2) वर्षा के जल में घुलकर कार्बोनिक अम्ल (H_2CO_3) निर्मित करती है, जो कैल्शियम युक्त चट्टानों में अभिक्रिया करके कैल्शियम बाइकार्बोनेट [$Ca(HCO_3)_2$] बनाती है। इसका उपयोग स्वच्छ एवं समुद्र जलीय जीव कैल्शियम कार्बोनेट ($CaCO_3$) युक्त आवरण (Shells) के निर्माण में करते हैं। जल में घुलित CO_2 के रूप में **रसायन-संश्लेषी** (Chemosynthetic) व प्रकाश-संश्लेषी जीवों द्वारा उपयोग की जाती है। कार्बन का एक बहुत बड़ा भाग **जैवभार** (Biomass) में अनुपयोगी अवस्था में होता है। इस प्रकार कार्बन का स्थिरीकरण मुख्य रूप से प्राथमिक उत्पादकों (हरे पादपों) द्वारा होता है।

(iii) **जीवों द्वारा परागण** (Pollination by organisms) पुष्पीय पादपों में परागण की क्रिया का एक महत्त्वपूर्ण योगदान होता है। अधिकतर बीजयुक्त पादपों में परागण क्रिया वायु द्वारा सम्पन्न होती है। वायु परागण के लिए पराग कणों (Pollen grains) में अनेक विशेषताएँ विकसित होती हैं। पर्वतीय वृक्षों तथा ग्रैमिनी कुल के पादपों के बीज हल्के होते हैं, जिससे सूदूर क्षेत्रों तक यह वायु के माध्यम से उड़कर चले जाते हैं। वायु में परागकणों की अधिक उपस्थिति मानव में एलर्जी उत्पन्न करती है।

इसी प्रकार जलीय पादपों; जैसे—*वैलिसनेरिया* में जल द्वारा परागण सम्भव है। परागण की क्रिया में कीट, पक्षी, चमगादड़, आदि जन्तु भाग लेते हैं। पारिस्थितिकी तन्त्र में उत्पादक (हरे पादपों) तथा उपभोक्ता (शाकाहारी जन्तु) के मध्य परस्पर साहचर्य के अध्ययन को **परागण पारिस्थितिकी** (Pollination ecology) कहते हैं। जन्तुओं को परागित पुष्पों में उनका रंग, गन्ध एवं मकरन्द की उपस्थिति आकर्षित करती है, जिससे परागण की क्रिया सम्पन्न होती है।

अभ्यास प्रश्न

जीव एवं पर्यावरण

1. किस जीव विज्ञानी ने पारिस्थितिकी को मनुष्य एवं पर्यावरण की सम्पूर्णता का विज्ञान बताया?
(a) के. सी. मेहता (b) यूजीन ओडम
(c) डब्ल्यू. जी. मूरे (d) अर्नेस्ट हेकल

2. पारिस्थितिकी को अनेक शाखाओं में विभाजित किया गया है। इस विभाजन का आधार है
(a) वर्गिकी सम्बन्ध (b) आवास
(c) संगठन स्तर (d) ये सभी

3. जीवों का उनके निवास स्थान में अध्ययन कहलाता है
(a) पारिस्थितिकी (b) पारितन्त्र
(c) समष्टि (d) निकेत

4. किसी एक जाति के जीवों का उसके पर्यावरण से सम्बन्धित अध्ययन कहलाता है
(a) स्वपारिस्थितिकी (b) पारिस्थितिकी
(c) संपारिस्थितिकी (d) पारिस्थितिकी तन्त्र

5. वह पारिस्थितिकी जिसमें जीवों के सम्पूर्ण समूह का अध्ययन किया जाता है, कहलाती है
(a) स्वपारिस्थितिकी (b) संपारिस्थितिकी
(c) पारिस्थितिकी (d) पारितन्त्र

6. पारिस्थितिकी का उद्देश्य है
(a) जीवन को सरल व स्वस्थ बनाना
(b) जनसंख्या वृद्धि का नियन्त्रण
(c) पर्यावरणीय प्रदूषण का नियन्त्रण
(d) उपरोक्त सभी

7. निम्न में से किसके लिए पारिस्थितिकी महत्त्वपूर्ण नहीं है?
(a) प्रदूषण नियन्त्रण
(b) जीवन का सरलीकरण
(c) पादपों की शारीरिकी का अध्ययन
(d) जनसंख्या का नियन्त्रण

8. पर्यावरण में निम्न में से उच्चतम स्तर है
(a) जीवोम (b) पारिस्थितिकी तन्त्र
(c) व्यक्तिगत (d) प्रजातियाँ

9. प्रमुख/बड़े जीवोम, जैसे–रेगिस्तान या वर्षा वन बनने का कारण हैं
(a) हमारे ग्रह के सूर्य के चारों ओर चक्कर लगाने से
(b) हमारे ग्रह का अपने अक्ष पर झुकाव
(c) दोनों (a) एवं (b)
(d) मौसमी अवधि

10. विभिन्न प्रकार के आवासों के बनने का कारण हैं
(a) उस क्षेत्र में आवासित प्रजातियों के प्रकार
(b) शिकार के प्रकार
(c) प्रजातियों एवं स्थानीय पर्यावरण परिस्थितियों में विभिन्नताएँ
(d) उपरोक्त सभी

11. जीवोम, इनकी जनसंख्या का समायोजन है
(a) विशिष्ट क्षेत्र में रहने वाली समान प्रजातियाँ
(b) विशिष्ट क्षेत्र में रहने वाली विभिन्न प्रजातियाँ
(c) विभिन्न क्षेत्रों में रहने वाली विभिन्न प्रजातियाँ
(d) विभिन्न क्षेत्रों मे रहने वाली समान प्रजातियाँ

12. सूर्य का प्रकाश, ऊर्जा स्रोत के रूप में उपलब्ध होता है, जो प्रयुक्त होता है
(a) रसायन संश्लेषण में (b) प्रकाश-संश्लेषण में
(c) पोषण की परपोषिता में (d) ये सभी

13. प्रकाशानुवर्तन गतियाँ प्रकाश की उपस्थिति में होती है। जड़ें दर्शाती हैं
(a) धनात्मक प्रकाशानुवर्ती गति
(b) ऋणात्मक प्रकाशानुवर्ती गति
(c) प्रकाश का गति पर कोई प्रभाव नहीं पड़ता
(d) दोनों (a) एवं (b)

14. निम्न में से कौन सुमेलित नहीं है?
(a) प्रकाश-निलम्बित पौधा-टमाटर (b) दीर्घ-प्रकाशीय पौधा-पालक
(c) अल्प-दीर्घ-प्रकाशीय पौधा-गेहूँ (d) उभयदीप्तिकाली पौधा-*मिकेनिया*

15. पर्यावरणीय कारकों में सर्वाधिक पारिस्थितिकी रूप से सम्बन्धित कारक हैं
(a) मृदा (b) जल
(c) तापमान (d) प्रकाश

16. वे जीव, जो तापमान की कम परास में रहते हैं, कहलाते हैं
(a) पृथुतापी (Eurythermals)
(b) तनुतापी (Stenothermal)
(c) एम्फीतापी (Amphithermal)
(d) मिसोतापी (Mesothermal)

17. जलीय वातावरण में नितल जन्तुओं (Benthic animals) को इस आधार पर निर्धारित किया जाता है
(a) जल का प्रकार (b) तलछट लक्षणों के प्रकार
(c) प्रकाश उपलब्धता (d) पोषक उपलब्धता

18. थर्मोक्लाइन (Thermocline) होता है
(a) एक झील का वह क्षेत्र जहाँ तापमान में सर्वाधिक गिरावट होती है
(b) झील में वह क्षेत्र जहाँ पर जमाने वाला तापमान होता है
(c) दो वनस्पति प्रकारों के बीच का लम्बा क्षेत्र
(d) एल्पाइन क्षेत्र की वनस्पति

19. जलीय आवास के किस क्षेत्र में सर्वाधिक जैव विविधता पाई जाती है?
(a) वेलोचल क्षेत्र (b) सरोवरी क्षेत्र
(c) नितलस्थ क्षेत्र (d) दोनों (a) व (b)

20. स्थिर एवं स्वच्छ जलीय आवास का कौन-सा क्षेत्र तापमान में सर्वाधिक परिवर्तन दर्शाते हैं?
(a) अधिस्तर (b) मध्यस्तर
(c) अध:स्तर (d) इनमें से कोई नहीं

21. नियामक (Regulators) ये भी कहलाते हैं
(a) अन्तःतापी (Endotherms) (b) अस्थानिकतापी (Exotherms)
(c) बाह्यतापी (Ectotherms) (d) न तो (b) न ही (c)

22. जीवित जीवों के लिए तापमान अत्यधिक महत्त्वपूर्ण है, क्योंकि
(a) गमन का बलगति विज्ञान (kinetics) तापमान पर निर्भर है।
(b) एन्जाइमों का बलगति विज्ञान तापमान पर निर्भर है।
(c) उच्च तापमान पाचन को सुगम बनाता है।
(d) निम्न तापमान पाचन को सुगम बनाता है।

23. दिए गए वक्र में A, B, C रेखाओं को पहचानिए।

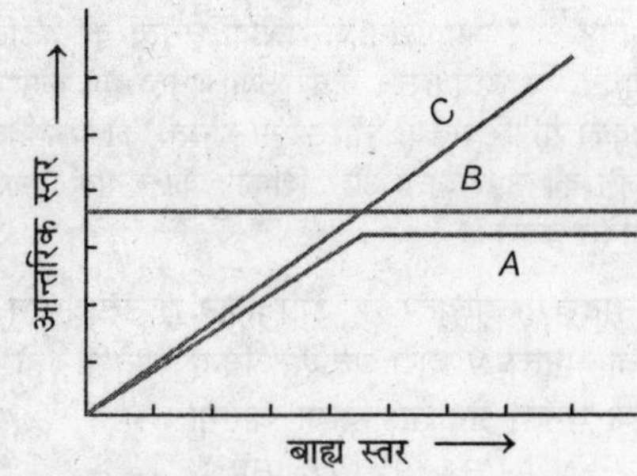

(a) A-आंशिक नियामक, B-नियामक, C-अन्तःतापी
(b) A-आंशिक नियामक, B-बाह्यतापी, C-अन्तःतापी
(c) A-आंशिक नियामक, B-नियामक, C-अनुकूलक
(d) A-अनुकूलक, B-बाह्य तापी, C-आंशिक नियामक

24. आपेक्षिक आर्द्रता को निम्न उपकरण द्वारा मापा जाता है
(a) पोटोमीटर (b) गैल्वेनोमीटर
(c) साइक्रोमीटर (d) ऑक्सेनोमीटर

25. निम्न में से आर्द्रतोद्भिद् की पहचान कीजिए
(a) चीड़ (b) लाइकेन
(c) दलहनी पादप (d) सांध्य प्रिमरोज

26. हिमालय के दक्षिणी ढालों पर वनस्पति अधिक पाई जाती है, क्योंकि दक्षिणी ढालों पर
(a) सूर्य का प्रकाश अधिक पड़ता है
(b) नम हवाएँ चलती है
(c) तेज शुष्क हवाएँ चलती है
(d) दोनों (a) एवं (b)

27. ओजोन परत वायुमण्डल के किस भाग से प्रारम्भ होती है?
(a) समतापमण्डल (b) मध्यमण्डल
(c) आयनमण्डल (d) तापमण्डल

28. मृदा परिच्छेदिका के कौन-से संस्तरों को मिलाकर खनिज मृदा या सोलम (Solum) कहा जाता है?
(a) संस्तर 'O' एवं 'A' (b) संस्तर 'A' एवं 'B'
(c) संस्तर 'O' एवं 'B' (d) संस्तर 'O' व 'A' एवं 'B'

29. ऊपरी मृदा गहरे रंग की तथा
(a) कार्बनिक पदार्थ अधिक रखती है
(b) Mg तथा Na अधिक रखती है
(c) अवमृदा से अधिक सूखी रहती है
(d) अवमृदा से अधिक गीली होती है

30. उत्तम मृदा वह है, जिसमें
(a) जल तीव्रता से नीचे की ओर बैठता है
(b) जल व लवण नीचे की ओर नहीं बैठ पाते
(c) जल मन्द गति से नीचे की ओर जाता है
(d) लवणों की अधिकता होती है

31. मृदा कणों के बढ़ते हुए परिमापानुसार क्रम है
(a) मृत्तिका, बालू तथा सिल्ट (b) मृत्तिका, सिल्ट तथा बालू
(c) बालू, सिल्ट तथा मृत्तिका (d) सिल्ट, बालू तथा मृत्तिका

32. जल धारण की क्षमता किस मृदा में अधिक होती है?
(a) दोमट मृदा में (b) बलुई मृदा में
(c) चिकनी मृदा में (d) बारीक बालू में

33. विभिन्न स्थानों पर मृदा की प्रकृति एवं स्वभाव अलग-अलग होते हैं, जिसका कारण हैं
(a) वातावरण (b) मौसमी प्रक्रिया
(c) स्थलाकृति (d) ये सभी

34. निम्न में से कौन-सा लक्षण मृदा की अन्तःस्रावण और जलधारण क्षमता बताता है?
(a) मृदा संगठन (b) अनाज का आकार
(c) एकत्रीकरण (d) ये सभी

35. किसी पारितन्त्र में भौतिक कारक प्रभावित करते हैं
(a) उनमें पाई जाने वाली जातीय विविधता को
(b) उनकी जाति की संख्या को
(c) उनके जैविक भार को
(d) उपरोक्त में से कोई नहीं

समष्टि

36. जनसंख्या होती है
(a) विशिष्ट स्थान पर पाए जाने वाले अन्तर प्रजननीय जातियों की संख्या
(b) समान भौगोलिक स्थान पर पाए जाने वाले अन्तर प्रजननीय जातियों की संख्या
(c) विभिन्न भौगोलिक क्षेत्रों में पाई जाने वाली अन्तर प्रजननीय जातियों की संख्या
(d) उपरोक्त सभी

37. यदि एक तालाब में पिछले वर्ष 20 कमल के पादप थे और प्रजनन द्वारा 8 नए पादप जुड़ गए, तो जन्म दर है
(a) 0.8 शिशुपादप (कमल के) प्रति वर्ष
(b) 0.2 शिशुपादप (कमल के) प्रति वर्ष
(c) 0.4 शिशुपादप (कमल के) प्रति वर्ष
(d) 0.6 शिशुपादप (कमल के) प्रति वर्ष

38. कुछ जीव 1-2 वर्ष की शुरूआत तक जीवित रहे, इनकी संख्या 800 है। इस अन्तराल में 200 जीवों की मृत्यु हो गई, तो मृत्युदर ज्ञात कीजिए।
(a) 200 (b) 800 (c) 0.4 (d) 0.25

39. यदि जन्म दर 100, मृत्युदर 10 और जीवों (व्यक्तिगत) की संख्या एक जनसंख्या समूह में 1000 है, तो प्राकृतिक वृद्धि दर की प्रतिशतता क्या होगी?
(a) 0.09% (b) 9.0% (c) 0.9% (d) 90%

40. अगर एक जनसंख्या का वितरण रेखांकित किया जाए, तो परिणामी आकृति कहलाती है
(a) आयु-लेखा चित्र (b) आयु-वक्र
(c) आयु-पिरामिड (d) आयु-आरेख

41. जनसंख्या की आयु संरचना दर्शाती है
(a) व्यक्तिगत जीव की प्रत्येक आयु में आपेक्षिक संख्या
(b) प्रत्येक वर्ष में जन्में शिशुओं की संख्या
(c) प्रत्येक वर्ष युवावस्था तक पहुँचने वाले व्यक्तिगत की संख्या
(d) प्रत्येक आयु में मृत्यु की आपेक्षिक संख्या

42. जनसंख्या की आयु संरचना जनसंख्या वृद्धि को प्रभावित करती है, क्योंकि
(a) विभिन्न आयु वर्गों की विभिन्न प्रजनन क्षमता होती है
(b) विभिन्न आयु समूहों की प्रजनन क्षमता समान होती है
(c) अधिक युवाओं की व्यक्तिगत संख्या गिरती हुई जनसंख्या दर्शाती है
(d) उपरोक्त सभी

43. सामान्य परिस्थितियों में सकारात्मक वृद्धि या त्वरित बढ़त (जनसंख्या में) दर्शायी जाती है
(a) युवा व्यक्तिगतों की कम संख्या द्वारा
(b) युवा व्यक्तिगतों की बड़ी संख्या द्वारा
(c) वृद्ध व्यक्तिगतों की बड़ी संख्या द्वारा
(d) शिशु जन्म की बड़ी संख्या द्वारा

44. घण्टी आकार स्तम्भ दर्शाता है, कि
(a) पूर्व-प्रजनित एवं जननक्षम व्यक्तिगतों की संख्या लगभग बराबर होती है
(b) जननक्षम के बाद व्यक्तिगतों की संख्या अपेक्षाकृत कम होती है
(c) जनसंख्या आकार समान (स्थिर) रहता है
(d) उपरोक्त सभी

45. चौड़े तल/आधार के साथ बना आयु स्तम्भ दर्शाता है
(a) युवा व्यक्तिगतों की उच्च प्रतिशत
(b) युवा व्यक्तिगतों की निम्न प्रतिशत
(c) वृद्ध व्यक्तिगतों की उच्च प्रतिशत
(d) उपरोक्त से कोई नहीं

46. जनसंख्या की शून्य गति किसके द्वारा दर्शायी जाती हैं?
(a) शिशु जन्मदर की कम संख्या होना
(b) गर्भवती स्त्रियों की कम संख्या होना
(c) प्रजनित व्यक्तिगतों की संख्या पूर्व प्रजनित व्यक्तिगतों की संख्या के बराबर होना
(d) नर की संख्या मादाओं से कम होना

47. जनसंख्या A–प्राकृतिक वृद्धि की आन्तरिक दर = 0.2
जनसंख्या B–प्राकृतिक वृद्धि की आन्तरिक दर = 0.3
जनसंख्या C–प्राकृतिक वृद्धि की आन्तरिक दर = 0.4
जनसंख्या D–प्राकृतिक वृद्धि की आन्तरिक दर = 0.5
दी गई जनसंख्याओं में से कौन–सी जनसंख्या तेजी से बढ़ेगी?
(a) D (b) C
(c) B (d) A

48. निम्न में से किसने कहा था कि मानव जनसंख्या वृद्धि ज्यामितीय होती हैं?
(a) माल्थस (b) डार्विन
(c) केनन (d) लैमार्क

49. जनसंख्या आकार तकनीकी रूप से कहलाता है
(a) जनसंख्या घनत्व (b) जनसांख्यिकी
(c) जनसंख्या वृद्धि (d) जनसंख्या गतिकी

50. दिए गए आवास में एक जनसंख्या का जनसंख्या घनत्व परिवर्तित होता रहता है, इसका कारण है
(a) जन्मदर एवं मृत्युदर (Natality and mortality)
(b) अप्रवासन (Immigration)
(c) उत्प्रवासन (Emigration)
(d) उपरोक्त सभी

51. निम्न में से असत्य कथन चुनिए।
(a) जन्मदर और अप्रवासन जनसंख्या घनत्व को बढ़ाते हैं
(b) मृत्युदर एवं उत्प्रवासन जनसंख्या घनत्व को कम करते हैं
(c) प्रतिकूल परिस्थितियाँ जनसंख्या घनत्व को प्रभावित नहीं करती
(d) भोजन की उपलब्धता और शिकार का दबाव जनसंख्या घनत्व को प्रभावित करते हैं

52. यदि जन्मदर-*B*, मृत्युदर-*D*, अप्रवासन-*I*, उत्प्रवासन-*E* और जनसंख्या घनत्व-*N* द्वारा प्रदर्शित किए जाते हैं, तो $t+1$ समय पर जनसंख्या घनत्व प्रदर्शित किया जाएगा
(a) $N_{t+1} = N_t - [(B+I)] - [(D+E)]$
(b) $N_{t+1} = N_t + [(B+I)] - [(D+E)]$
(c) $N_{t+1} = N_t[(B+I)] - [(D+E)]$
(d) $N_{t-1} = N_t - [(B+I)] - [(D+E)]$

53. मृत्युदर एवं जन्मदर के बीच के अनुपात को कहते हैं
(a) जनसंख्या अनुपात (b) जैव सूचकांक सारणी
(c) घनत्व गुणनखण्ड (d) सेन्सुस अनुपात

54. घातांकी वृद्धि (Exponential growth) पायी जाती है, जब
(a) केवल लैंगिक प्रजनन हो (b) केवल अलैंगिक प्रजनन हो
(c) जब धारक क्षमता निर्धारित हो (d) समष्टि में कोई अवरोध ना हो

55. यदि जन्मदर (*b*), मृत्युदर (*d*), जनसंख्या आकार में वृद्धि या कमी (*dN*) से प्रदर्शित की जाए, तो घातांकी वृद्धि प्रदर्शित होगी
(a) $dN/dt = (b+d) \times N$ (b) $dN/dt = (b-d) \times N$
(c) $dN/dt = (d+b) \times N$ (d) $dN/dt = (d-b)^N$

56. निम्न में से कौन-सा कथन सही है?
I. एक जनसंख्या में जन्म दर और मृत्यु दर प्रति व्यक्ति जन्म और मृत्यु के सापेक्ष होती है।
II. प्रकृति में हम किसी जाति का बड़ी मुश्किल से पृथक् एकल व्यक्तिगत पाते हैं।
III. जनसंख्या का आकार किसी प्रजाति के लिए स्थायी कारक है।
IV. जनसंख्या वृद्धि पर किसी कारक का पारिस्थितिकी प्रभाव सामान्यतया आकार या घनत्व पर दिखता है।
सही विकल्प है
(a) I एवं II (b) II एवं III
(c) I, II एवं III (d) I, II एवं IV

57. जनसंख्या का आकार J-आकार के वक्र में प्राप्त होता है
(a) तार्किक वृद्धि में
(b) घातांकी वृद्धि में
(c) सिग्मॉइड वृद्धि में
(d) दोनों (b) एवं (c)

58. निम्न में से कौन-सा कथन घातांकी वृद्धि के लिए सत्य हैं?
(a) कोई जनसंख्या लम्बे समय तक घातांकी वृद्धि नहीं कर सकती
(b) घातांकी वृद्धि धीमी पड़ जाती है जब जनसंख्या लॉग अवस्था में पहुँचती है
(c) बैक्टीरियल कॉलोनी घातांकी वृद्धि को सदैव बनाए रखती हैं
(d) घातांकी वृद्धि सामान्यतया बड़े, धीमे-वृद्धि करने वाली प्रजातियों, जैसे-मनुष्य और हाथी में पाई जाती हैं

59. तार्किक वृद्धि दिखती हैं, जब
(a) बढ़ती जनसंख्या में कोई तनाव ना हो
(b) असीमित भोजन हो
(c) निर्धारित धारण क्षमता हो
(d) उपरोक्त सभी

60. किसी भी प्रजाति की जनसंख्या का प्रकृति में अधिकार/नियन्त्रण ...*A*... स्रोत हैं, जो घातांकी वृद्धि की अनुमति देते हैं। ये व्यक्तिगत में ...*B*... स्रोत के लिए प्रतिस्पर्धा तक पहुँचते हैं। साथ ही योग्यतम् व्यक्तिगत जीवित रहते हैं एवं प्रंजनन करते हैं। *A*, *B* तथा *C* के लिए सही विकल्प चुनिए।
(a) *A*-सीमित, *B*-सीमित (b) *A*-सीमित, *B*-असीमित
(c) *A*-असीमित, *B*-सीमित (d) *A*-असीमित, *B*-असीमित

61. जनसंख्या में आदर्श पर्यावरणीय परिस्थितियों में अधिकतम प्रजनन क्षमता कहलाती है
(a) जैविक सामर्थ्य (b) निषेचन
(c) धारण क्षमता (d) जन्मदर

62. विभिन्न प्रजातियों के व्यक्तिगतों का संगठन, जो समान आवासीय होते हैं और समान कार्यिकी सम्पर्क बनाते हैं, ये संगठन कहलाते हैं
(a) पारिस्थितिकी निकेत (b) जैविक समुदाय
(c) पारिस्थितिकी तन्त्र (d) जनसंख्या

63. तार्किक वृद्धि किस समीकरण द्वारा दर्शायी जाती हैं?
(a) $\frac{dN}{dt} = rN\left(\frac{K-N}{K}\right)$ (b) $\frac{dN}{dt} = rN\left(\frac{K-N}{N}\right)$
(c) $\frac{dN}{dt} = rN\left(\frac{K+N}{K}\right)$ (d) $\frac{dN}{dt} = rN\left(\frac{K}{K+N}\right)$

64. कौन-सा प्रारूप अधिक वास्तविक माना जाता है?
(a) तार्किकी प्रारूप (b) घातांकी प्रारूप
(c) ज्यामीतिय प्रारूप (d) J-आकार प्रारूप

65. जनसंख्या विकसित होती है, ताकि प्रजनन योग्यता बढ़े, इसे कहते हैं
(a) मेण्डल की योग्यता (b) डार्विन की योग्यता
(c) लैमार्क की योग्यता (d) व्यक्तिगत योग्यता

66. जनसंख्या की वृद्धि दर, जो तार्किक प्रारूप से जुड़ी हो शून्य कब होती हैं? तार्किकी प्रारूप $\frac{dN}{dt} - rN\left(\frac{1-N}{K}\right)$ से दर्शाया जाता है।
(a) जब *N* आवासीय धारण क्षमता के निकट हो
(b) जब $\frac{N}{K}$ शून्य के बराबर हो
(c) जब मृत्युदर, जन्मदर से अधिक हो
(d) जब $\frac{N}{K}$ बराबर 1 हो

समष्टियों के अन्तर्गत पारस्परिक क्रियाएँ

67. निम्नलिखित में से कौन-सा कथन सत्य है?
(a) पौधे केवल पौधों से ही पारस्परिकता प्रस्तुत करते हैं
(b) जन्तु केवल जन्तुओं से ही पारस्परिकता प्रस्तुत करते हैं
(c) सूक्ष्मजीवी केवल सूक्ष्मजीवों से ही पारस्परिकता प्रस्तुत करते हैं
(d) पौधों, जन्तुओं और सूक्ष्मजीवों में आपस में पारस्परिक सम्बन्ध होते हैं

68. निम्न में से किस अन्त:क्रिया में जोड़ीदार प्रतिकूल प्रभावित होते हैं?
(a) प्रतिस्पर्धा (Competition) (b) परभक्षण (Predation)
(c) परजीविता (Parasitism) (d) सहोपकारिता (Mutualism)

69. एक जैसी अन्त: क्रियाएँ इनकी अन्त: क्रियाओं से उत्पन्न होती है
(a) दो विभिन्न प्रजातियों की जनसंख्या से
(b) समान प्रजातियों की जनसंख्या से
(c) समान प्रजातियों के दो व्यक्तिगतों से
(d) विभिन्न क्षेत्रों के दो व्यक्तिगतों से

70. गलत कथन को पहचानिए।
(a) परजीवी अपने पोषित को शिकार के चपेट में आने, जैसे- प्रस्तुत करते हैं, क्योंकि ये इन्हें शारीरिक आधार पर कमजोर बना देते हैं
(b) अधिकांश परजीवी अपने पोषक को नुकसान पहुँचाते हैं और जनसंख्या घनत्व को कम करते हैं
(c) आदर्श परजीवी वो है, जो पोषक को हानि पहुचाएँ बिना इसके साथ रहे
(d) मलेरिया के परजीवी को दूसरे पोषक तक फैलने के लिए वाहक (मच्छर) की आवश्यकता नहीं होती हैं

71. सहभोजिता एक अन्त: क्रिया है, जिसमें
(a) एक प्रजाति को लाभ होता एवं दूसरी को न ही लाभ होता है न हानि
(b) एक प्रजाति को लाभ नहीं होता और दूसरी को हानि होती है
(c) एक प्रजाति को लाभ नहीं होता और दूसरी को हानि नहीं होती
(d) एक प्रजाति को लाभ होता है और दूसरी प्रजाति को भी लाभ होता है

72. सहभोजिता है एक
(a) अविकल्पी सम्बन्ध (b) विकल्पी सम्बन्ध
(c) परजीवी सम्बन्ध (d) असहजीवी सम्बन्ध

73. विकल्पी सहोपकारिता का उदाहरण है
(a) समुद्री एनीमोन एवं हर्मिट क्रेब (b) *एजोला* एवं धान
(c) काष्ठीय लताएँ (d) उपरोक्त में से कोई नहीं

74. निम्नलिखित में से किस स्थिति में दोनों सहयोगी भौतिक सम्बन्ध स्थापित किए बिना ही परस्पर लाभान्वित होते हैं?
(a) आदि सहयोग (b) सहभोजिता
(c) सहोपकारिता (d) अपमार्जिता

75. *नॉस्टॉक* सहजीवी सम्बन्ध प्रस्तुत करता है
(a) *साइकस* की प्रवालाभ जड़ों के साथ
(b) *पाइनस* की जड़ों के साथ
(c) *एलनस* और *कैज्युराइना* के साथ
(d) उपरोक्त सभी

76. एक सूक्ष्मजीव दूसरे सूक्ष्मजीव को अपने आस-पास उगने से रोकता है, जिसे कहते हैं
(a) प्रतिजीविता (एन्टीबायोसिस) (b) एमेनसैलिजम
(c) सहोपकारिता (d) आदिसहयोग

77. मेन्ग्रोव वनों में जरायुजता का परिणाम होता है
(a) अन्तराजातीय स्पर्धा
(b) आन्तरजातीय स्पर्धा
(c) एक-दूसरे पर ऐलीलोपैथिक प्रभाव
(d) उपरोक्त में से कोई नहीं

78. खरपतवार वाले पौधे फसल वाले पौधों से स्पर्धा करते हैं
(a) केवल स्थान के लिए
(b) स्थान और पोषण के लिए
(c) स्थान, पोषण और प्रकाश के लिए
(d) केवल प्रकाश के लिए

79. निम्न में से कौन पूर्ण तना परजीवी है?
(a) *लोरेन्थस* (b) *ओरोबैन्की* (c) *विस्कम* (d) *कस्कुटा*

80. कुछ विदेशी प्रजातियाँ कभी-कभी आक्रामक हो जाती हैं और तीव्र गति से बढ़ती हैं, इसका कारण है
(a) प्राकृतिक परभक्षी (Natural predators)
(b) अधिक प्राकृतिक प्रतिस्पर्धी (Abundant natural competitors)
(c) आक्रमण भूमि पर इनके प्राकृतिक शिकारी नहीं होते
(d) इनके जीनोम में उत्परिवर्तन

81. मोनार्क तितलियाँ शिकारी को अत्यधिक अप्रिय होने का कारण है
(a) इनका सुन्दर ना होना
(b) इनके शरीर में उपस्थित विशिष्ट रसायन
(c) दोनों (a) एवं (b)
(d) इनकी विशिष्ट ग्रन्थियों से विष स्रावण

82. आप कभी भी *कैलोट्रोपिस* पर मवेशी या बकरी को चरते हुए नहीं देखेंगे, इसका कारण है
(a) इसका बाहरी रंगरूप (b) इनसे निकलने वाली दुर्गन्ध
(c) हृदयिक ग्लाइकोसाइड का बनना (d) पत्तियों का स्वादहीन होना

83. प्रतिस्पर्धा को एक प्रक्रिया के रूप में समझाया जा सकता है, जिसमें एक प्रजाति की योग्यता होती है (r में आँकी जाने वाली)
(a) अन्य श्रेष्ठ प्रजातियों की उपस्थिति में कम
(b) अन्य श्रेष्ठ प्रजातियों की उपस्थिति में उच्च
(c) अन्य श्रेष्ठ प्रजातियों की उपस्थिति में समान
(d) स्वयं की प्रजातियों की उपस्थिति में समान

84. प्रतिस्पर्धात्मक बहिष्कार (Competitive exclusive) का सिद्धान्त इन्होंने दिया था
(a) सी. डार्विन (b) जी. एफ. गोज
(c) मेकार्थर (d) वेहोल्स्ट और पर्ल

85. गोज का प्रतिस्पर्धात्मक बहिष्कार का सिद्धान्त कहता है
(a) समान स्रोतों के लिए प्रतिस्पर्धा में अन्य भोजन को प्राथमिकता देने वाली प्रजातियाँ सम्मिलित नहीं होती
(b) दो प्रजातियाँ कभी लम्बे समय तक एक ही आश्रय में सीमित स्रोतों की उपलब्धता में नहीं रह सकती
(c) बड़े जीव, छोटे जीवों को प्रतिस्पर्धा द्वारा हटा देते हैं
(d) अधिक संख्या में पाई जाने वाली प्रजातियाँ, कम संख्या में पाई जाने वाली प्रजातियों को हटा देती हैं

86. परजीविता के लिए निम्न में से कौन-सा कथन गलत हैं?
(a) परजीवी विशेष अनुकूलन दर्शाते हैं
(b) बाह्य परजीवी अधिक जटिल जीवन चक्र दिखाते हैं
(c) अन्त: परजीवी अधिक जटिल जीवन चक्र दर्शाते हैं
(d) कोयल रुधिर परजीवी का उदाहरण हैं

87. निम्न में से कौन-सा r-द्वारा चुनित प्रजातियों में सही हैं?
(a) छोटे आकार में अधिक संख्या की सन्तति
(b) अधिक संख्या में बड़े आकार की सन्तति
(c) छोटे आकार में कम संख्या की सन्तति
(d) बड़े आकार में अधिक संख्या की सन्तति

88. माइकोराइजा एक घनिष्ठ पारस्परिक सम्बन्ध का प्रतिनिधित्व दर्शाते हैं
(a) कवक और उच्च पादपों के तने में
(b) कवक और उच्च पादपों की जड़ों में
(c) कवक और उच्च पादपों की पत्तियों में
(d) कवक और उच्च पादपों के पत्रकों में

89. किसमें छद्म (कूट) सम्भोग पाया जाता हैं?
(a) मक्का (b) *ओफ्रीस*
(c) आम (d) पपीता

90. अन्तरजातीय परजीविता एक संगम हैं, जो दो प्रजातियों में होता है, जहाँ
(a) एक प्रजाति को हानि होती है और दूसरी को लाभ
(b) एक प्रजाति को हानि होती है और दूसरी अप्रभावित रहती है
(c) एक प्रजाति को लाभ होता है और दूसरी अप्रभावित होती है
(d) दो प्रजातियों को नुकसान होता है

91. लाइकेन संयोजन है
(a) बैक्टीरिया और कवक (b) शैवाल और बैक्टीरियम
(c) कवक और शैवाल (d) कवक और वाइरस

92. निम्न में से कौन पार्श्वीय मूल परजीवी (Partial root parasite) हैं?
(a) चन्दन की लकड़ी (b) अमरबेल
(c) *ओरोबैकी (Orobanche)* (d) *गैनोडर्मा (Ganoderma)*

पारिस्थितिक अनुकूलन

93. निम्न में से कौन भिन्न है?
(a) *हाइड्रिला* (b) *यूट्रीकुलेरिया*
(c) *वॉल्फिया* (d) *वैलिसनेरिया*

94. *रेननकुलस* है
(a) जलनिमग्न पादप (b) प्लावी पादप
(c) जलस्थलीय पादप (d) मरुद्भिद् पादप

95. किस जलोद्भिद् पादप में रेशेदार व अशाखित जड़ें पाई जाती हैं?
(a) *हाइड्रिला* (b) *वैलिसनेरिया*
(c) आम (d) *लेम्ना*

96. जड़ व तने के वल्कुट की कोशिकाओं में वायु गुहिकाओं का पाया जाना विशेषता है
(a) जलोद्भिद् की (b) मरुद्भिद् की
(c) समोद्भिद् की (d) बालुकोद्भिद् की

97. किस पादप की पर्वसन्धियों पर पत्तियाँ चक्र के रूप में पायी जाती हैं?
(a) *हाइड्रिला* (b) *टाइफा* (c) *वैलिसनेरिया* (d) घींक्वार

98. जलनिमग्न पादपों के निम्न में से कौन-से विशिष्ट लक्षण है?
(a) पादप शरीर कोमल, पीले व प्रायः मूल रहित होते हैं
(b) उपत्वचा विकसित व मोटी होती है
(c) यान्त्रिक ऊतक विकसित होते हैं
(d) रन्ध्र व बाह्यत्वचा मोमीय होती है

99. अधिकांश जलीय पादपों में बीज नहीं बनते, क्योंकि
(a) इनमें कायिक जनन तीव्रता से होता है
(b) इनमें पुष्प अधिक विकसित नहीं होते हैं
(c) इनमें पुष्पों में पुमंग व जायांग में से एक उपस्थित होता है
(d) उपरोक्त में से कोई नहीं

100. अत्यधिक गहरी जड़ों का पाया जाना निम्न में से किसकी विशेषता है?
(a) समोद्‌भिद् की (b) लवणोद्‌भिद् की
(c) शुष्कोद्‌भिद् की (d) इन सभी की

101. पर्णाभ स्तम्भ विशेषता है
(a) नागफनी की (b) *टाइफा* की (c) बबूल की (d) घीक्वार की

102. निम्नलिखित में से किन पादपों की पत्तियों में दृढ़ोतक पाए जाते हैं?
(a) शुष्कोद्‌भिद् की (b) जलोद्‌भिद् की
(c) लवणोद्‌भिद् की (d) इन सभी की

103. पहाड़ों पर काफी नमी तथा जल होता है, फिर भी यहाँ पर मरुद्‌भिद् पौधे होते है, क्योंकि
(a) पहाड़ों पर जल बर्फ में बदल जाता है
(b) ढलानों की उपस्थिति के कारण जल तेजी से बह जाता है और पौधों द्वारा उपयोग में नहीं लाया जा सकता है अर्थात् यहाँ कार्यकीय शुष्कता पायी जाती है
(c) पहाड़ों की चट्टानें जल को अवशोषित नहीं कर सकती है
(d) उपरोक्त में से कोई नहीं

104. मरुद्‌भिद् पादपों में प्रकाश-संश्लेषण की दर कम होती है, क्यों?
(a) कोशिकाओं में अल्प परासरण के कारण
(b) कोशिकाओं में उच्च परासरण के कारण
(c) कोशिकाओं में परासरण तथा विसरण की उच्च दर
(d) उपरोक्त में से कोई नहीं

105. मरुद्‌भिद् पादपों के विषय में निम्न में कौन-सा कथन गलत है?
(a) इनमें पर्णरन्ध्र गर्तों में स्थित होते हैं
(b) इनमें रन्ध्रों की संख्या अधिक होती है
(c) पत्तियाँ छोटी व कण्टकों में बदल जाती है
(d) पत्तियों की सतह पर उपत्वचा पायी जाती है

106. विविपेरस अंकुरण से क्या तात्पर्य है?
(a) उपरिभूमिक अंकुरण
(b) अधोभूमिक अंकुरण
(c) फल में बीजों का अंकुरण जब वे पैतृक पादप से जुड़े रहते हैं
(d) फलों का स्फुटन व प्रकीर्णन

107. लवणीय मृदा का परासरण दाब कैसा होता है?
(a) अतिनिम्न (b) कम (c) सामान्य (d) उच्च

108. जड़ों में ताराकृति वल्कुट कोशिका का पाया जाना किन पादप समूहों का लक्षण है?
(a) जलोद्‌भिद् का (b) समोद्‌भिद् का
(c) दोनों (a) एवं (b) (d) लवणोद्‌भिद् का

109. तनों में H-आकृति की वल्कुटीय कण्टिकाएँ विशेषता हैं
(a) लवणोद्‌भिद् की (b) जलोद्‌भिद् की
(c) शुष्कोद्‌भिद् की (d) समोद्‌भिद् की

110. कुछ पादपों में ऋणात्मक गुरुत्वाकर्षी व छिद्रयुक्त जड़ें पायी जाती हैं। इन्हें कहते हैं
(a) न्यूमेटोफोर (b) स्टिल्ट जड़ें
(c) कन्दिल जड़ें (d) परजीवी जड़ें

111. अधिपादपों में लटकने वाली जड़ों का कार्य होता है
(a) आधार से चिपकना (b) नमी का अवशोषण
(c) श्वसन में सहायता (d) इनमें से कोई नहीं

112. अधिपादपों की जड़ों में जल के अवशोषण हेतु पाया जाता है
(a) बुलीफॉर्म कोशिकाएँ (b) धँसे हुए रन्ध्र
(c) वेलोमेन ऊतक (d) दोनों (a) एवं (c)

पारितन्त्र-संरचना, कार्य, उत्पादकता एवं अपघटन

113. पारितन्त्र शब्द किसके द्वारा दिया गया था?
(a) ए. जी. टेन्सले (b) ई. हेकल
(c) ई. वार्मिंग (d) ई. पी. ओडम

114. मानव-निर्मित पारितन्त्र का कौन सा उदाहरण है?
(a) द्वीप (b) मछली घर
(c) ऊतक संवर्धन (d) वन

115. जैविक समुदाय में विभिन्न स्तरों पर स्थित विभिन्न जातियों का ऊर्ध्वाधर वितरण कहलाता है
(a) विचलन (b) स्तरीकरण (c) क्षेत्रीयकरण (d) पिरामिड

116. स्तरीकरण (Stratification) अधिक स्पष्ट दिखाई देता हैं
(a) उष्णकटिबन्धीय वर्षा वनों में (b) पर्णपाती वनों में
(c) शीतोष्ण वर्षा वनों में (d) उष्णकटिबन्धीय सवाना में

117. पारितन्त्र के दो घटक हैं
(a) पादप एवं जन्तु
(b) खरपतवार, वृक्ष, जन्तु एवं मानव
(c) ऊर्जा प्रवाह एवं खनिज चक्र
(d) अजैविक एवं जैविक

118. अजैविक घटकों में सम्मिलित हैं
(a) निर्जीव, भौतिक एवं रासायनिक कारक
(b) जीवित, भौतिक एवं रासायनिक कारक
(c) उद्योगों द्वारा उत्पादित गैसें
(d) जीवित जीव

119. जलाशय की अधिकतम प्राथमिक उत्पादकता प्राप्त की जाती है
(a) पादपप्लवकों (Phytoplanktons) द्वारा
(b) जन्तुप्लवकों (Zooplanktons) द्वारा
(c) प्लवनशील पादपों (Floating plants) द्वारा
(d) लाल शैवालों (Red algae) द्वारा

120. निम्नलिखित में से कौन-सा एक है, जो पारिस्थितिकी तन्त्र की कार्यात्मक इकाई नहीं है?
(a) ऊर्जा प्रवाह (b) अपघटन
(c) उत्पादकता (d) स्तरीकरण

121. पारितन्त्र में प्रकाश ऊर्जा की कार्बनिक अणुओं के रूप में रासायनिक ऊर्जा में रूपान्तरण की दर कहलाती है
(a) सकल प्राथमिक उत्पादकता (b) कुल प्राथमिक उत्पादकता
(c) कुल द्वितीयक उत्पादकता (d) सकल द्वितीयक उत्पादकता

122. प्रकाश-संश्लेषण के दौरान, पादप द्वारा एक निश्चित समय में प्रति इकाई क्षेत्रफल में जैवभार के उत्पादन की दर कहलाती है
(a) सकल प्राथमिक उत्पादकता (b) कुल प्राथमिक उत्पादकता
(c) द्वितीयक उत्पादकता (d) अपघटन

123. उपभोक्ता स्तर पर ऊर्जा का संचयन (Energy storage) कहलाता है
(a) सकल प्राथमिक उत्पादक (b) द्वितीय उत्पादकता
(c) कुल उत्पादकता (d) कुल प्राथमिक उत्पादकता

124. प्रति इकाई समय एवं क्षेत्रफल में हरे पादपों में जैवभार का निर्माण या ऊर्जा का संचय कहलाता है
(a) उत्पादकता (b) कुल प्राथमिक उत्पादकता
(c) सकल प्राथमिक उत्पादकता (d) प्राथमिक उत्पादकता

125. रिक्त स्थानों की पूर्ति कीजिए।
I. विभिन्न पारितन्त्रों में, उत्पादकता भिन्न होती है। यह ...*A*... में उच्चतम एवं ...*B*... में निम्नतम होती है।
II. उत्पादकता विभिन्न ऋतुओं में भिन्न होती है। शैवाल उत्पादन ...*C*... में कम एवं ...*D*... में अधिक होता है।
III. उपभोक्ता द्वारा नए कार्बनिक पदार्थो के निर्माण की दर ...*E*... कहलाती है।

	A	*B*	*C*	*D*	*E*
(a)	कृषि क्षेत्र	वन	शीतकाल	बसन्तकाल	तृतीयक उत्पादकता
(b)	वन	तालाब	बसन्तकाल	ग्रीष्मकाल	प्राथमिक उत्पादकता
(c)	कोरल चट्टानें	मरुस्थल	शीतकाल	ग्रीष्मकाल	द्वितीयक उत्पादकता
(d)	मरुस्थल	कोरल चट्टानें	ग्रीष्मकाल	शीतकाल	प्राथमिक उत्पादकता

126. असत्य कथन की पहचान कीजिए।
(a) कुल प्राथमिक उत्पादकता स्वपोषियों के उपयोग हेतु उपलब्ध जैवभार हैं
(b) प्राथमिक उत्पादकता सन्दमक पादप जातियों, पर्यावरणीय कारकों, पोषकों की उपलब्धता एवं पादप की प्रकाश-संश्लेषण क्षमता पर निर्भर करती है
(c) सकल प्राथमिक उत्पादकता में से श्वसन हानि को घटाने के बाद कुल प्राथमिक उत्पादकता (NPP) प्राप्त होती है
(d) सम्पूर्ण जैवमण्डल की वार्षिक कुल प्राथमिक उत्पादकता लगभग 170 बिलियन टन कार्बनिक पदार्थ हैं

127. जटिल कार्बनिक पदार्थों को सरल अकार्बनिक संघटकों; जैसे– CO_2, H_2O एवं पोषक तत्वों में टूटना कहलाता है
(a) ह्यूमसीभवन (Humification)
(b) खनिजीभवन (Mineralisation)
(c) अपघटन (Decomposition)
(d) निक्षालन (Leaching)

128. जो जीव मृत कार्बनिक अवशेषों का यान्त्रिक एवं रासायनिक विखण्डन करते हैं, कहलाते हैं
(a) अपमार्जक (Scavangers) (b) अपघटक (Decomposers)
(c) दोनों (a) एवं (b) (d) परजीवी (Parasites)

129. निम्न में से मृदा की किस परत में अपघटन दर अधिकतम होती है?
(a) मृदा की ऊपरी परत (b) मृदा की मध्य परत
(c) मृदा की निचली परत (d) इनमें से कोई नहीं

130. केंचुए के द्वारा अपरद् (Detritus) को छोटे टुकड़ों के रूप में तोड़ना कहलाता है
(a) ह्यूमसीभवन (b) विखण्डन
(c) खनिजीभवन (d) अपचय

131. वह प्रक्रम जिसमें जल में घुलनशील अकार्बनिक पोषक तत्व मृदा संस्तर में नीचे चले जाते हैं तथा अनुपलब्ध लवणों के रूप में अवक्षेपित हो जाते हैं, कहलाता है
(a) विखण्डन (b) निक्षालन
(c) अपचय (d) खनिजीभवन

132. ह्यूमस (Humus) है
(a) लिग्निन के आधिक्य से युक्त गहरे रंग का अनाकार कार्बनिक पदार्थ
(b) सेलुलोज के आधिक्य से युक्त गहरे रंग का अनाकार कार्बनिक पदार्थ
(c) दोनों (a) एवं (b)
(d) लौह के आधिक्य युक्त लाल रंग का पदार्थ

133. सही कथनों का चयन कीजिए।
I. उत्पादकता $gm^{-2}\,yr^{-1}$ या $(kcal\ m^{-2})yr^{-1}$ में अभिव्यक्त की जाती है
II. पादपों में प्रकाश-संश्लेषण के दौरान एक निश्चित समय में प्रति इकाई क्षेत्रफल से उत्पादित कार्बनिक पदार्थ या जैवभार की मात्रा प्राथमिक उत्पादन कहलाता है।
III. प्राथमिक उत्पादन भार के रूप में (gm^{-2}) या ऊर्जा के रूप में $(kcal\ m^{-2})$ अभिव्यक्त किया जा सकता है।
IV. गन्ने में सौर प्रकाश को ग्रहण करने की दक्षता अधिक होती है, अतः यह अधिक प्राथमिक उत्पादकता स्वांगीकृत करता है।
सही विकल्प है।
(a) I एवं II (b) I एवं IV
(c) I, II, III एवं IV (d) इनमें से कोई नहीं

134. अपघटन की दर को प्रभावित करने वाले कारक हैं
(a) तापमान (b) नमी
(c) दोनों (a) एवं (b) (d) अपचय

135. कार्बनिक पदार्थ, जो धीमे अपघटित होते हैं
(a) काइटिन (Chitin) (b) लिग्निन (Lignin)
(c) सेलुलोज (Cellulose) (d) ये सभी

136. अपघटन की दर अधिक होती है, जब अपरद में प्रचुरता होती है
(a) नाइट्रोजन एवं शर्करा की
(b) फॉस्फोरस एवं शर्करा की
(c) कैल्शियम एवं शर्करा की
(d) दोनों (b) एवं (c)

137. सही कथनों का चयन कीजिए।
I. सकल प्राथमिक उत्पादकता, कुल प्राथमिक उत्पादकता में से श्वसन को घटाकर प्राप्त की जाती है।
II. सकल प्रारम्भिक उत्पादकता, कुल प्राथमिक उत्पादकता में प्रकाश-संश्लेषण को जोड़कर प्राप्त होती है।
III. कुल प्राथमिक उत्पादकता प्रकाश-संश्लेषण एवं श्वसन के योग के बराबर होती है।
IV. कुल प्राथमिक उत्पादकता, सकल प्राथमिक उत्पादकता में से श्वसन को घटाकर प्राप्त की जाती है।
V. पारितन्त्र में ऊर्जा का प्रवाह एकदिशीय होता है।
सही विकल्प है
(a) I, II एवं III (b) I, IV, एवं V
(c) II एवं III (d) IV एवं V

138. अपघटक, जैसे— कवक तथा जीवाणु कहलाते हैं
I. स्वपोषी (Autotrophs)
II. विषमपोषी (Heterotrophs)
III. मृतोपजीवी (Saprotrophs)
IV. रसायन-संश्लेषी (Chemo-autotrophs)
सही विकल्प है।
(a) I एवं II (b) I एवं IV
(c) II एवं III (d) I एवं II

139. निम्न में से कौन उत्पादक नहीं है?
(a) *स्पाइरोगायरा (Spirogyra)* (b) *एगेरिकस (Agaricus)*
(c) *वॉलवॉक्स (Volvox)* (d) *नॉस्टॉक (Nostoc)*

140. कुल प्राथमिक उत्पादकता के सन्दर्भ में निम्न में से कौन-सा पारितन्त्र सर्वाधिक उत्पादकता वाला है?
(a) मरुस्थल (b) उष्णकटिबन्धीय वर्षा वन
(c) समुद्र (d) ज्वालामुखी

141. पादप की पत्ती पर गिरी लगभग कितनी सौर ऊर्जा प्रकाश-संश्लेषण द्वारा रासायनिक ऊर्जा में रूपान्तरित हो जाती है?
(a) 1% से कम (b) 2-10%
(c) 30% (d) 50%

142. निम्न में से कहाँ अपघटन का प्रक्रम तीव्रतम गति से होगा?
(a) उष्णकटिबन्धीय वर्षा वन में (b) अण्टार्कटिक क्षेत्र में
(c) शुष्क क्षेत्र में (d) एल्पाइन क्षेत्र में

143. स्थलीय पारितन्त्र की कुल प्राथमिक उत्पादकता का कितना भाग शाकाहारियों द्वारा खाया एवं पचाया जाता है?
(a) 1% (b) 10%
(c) 40% (d) 90%

144. एक क्षेत्र जहाँ वाष्पोत्सर्जन वर्षा से अधिक है तथा वार्षिक वर्षा 100 मिमी से कम है, में किस प्रकार पारितन्त्र पाया जाएगा?
(a) घास के मैदान (b) झाड़ीयुक्त वन
(c) मरुस्थल (d) मैंग्रोव (Mangrove)

145. झील या समुद्र के किनारे का क्षेत्र, जो वायवीय होने के साथ-साथ कुछ हद तक जल में निमग्न होता है, कहलाता है
(a) पेलैजिक क्षेत्र (b) बैन्थिक क्षेत्र
(c) लेन्टिक क्षेत्र (d) लिटोरल क्षेत्र

ऊर्जा प्रवाह, खाद्य शृंखला एवं पारिस्थितिकी स्तूप

146. PAR का अर्थ है
(a) प्रकाश-संश्लेषण सक्रिय अभिक्रिया
(b) प्रकाश-संश्लेषणीय अवशोषी विकिरण
(c) प्रकाश-संश्लेषणीय सक्रिय विकिरण
(d) प्रकाश-संश्लेषणीय सक्रिय अभिक्रिया

147. पारितन्त्र में ऊर्जा प्रवेश करती है
(a) शाकाहारियों द्वारा (b) माँसाहारियों द्वारा
(c) उत्पादकों द्वारा (d) अपघटकों द्वारा

148. पारितन्त्र में ऊर्जा प्रवाह होता है
(a) एकदिशीय (b) द्विदिशीय
(c) बहुदिशीय (d) ये सभी

149. सन्तुलित पारितन्त्र में उम्मीद की जाती है, कि ...... का जैवभार अन्य समूहों के जीवों से अधिक होगा।
(a) उत्पादक (b) प्राथमिक उपभोक्ता
(c) द्वितीयक उपभोक्ता (d) शीर्षस्थ परभक्षी

150. प्रारूप, जो एक पोषक स्तर से दूसरे पोषक स्तर में ऊर्जा का प्रवाह दर्शाता है
(a) ऊर्जा कड़ी (b) खाद्य शृंखला
(c) पादपप्लवक चक्र (d) प्रकाश-संश्लेषण

151. निम्न में से कौन-से दो जीवधारी उत्पादक हैं?
(a) पादप एवं पादपप्लवक
(b) पादप एवं उपभोक्ता
(c) जन्तुप्लवक एवं पादपप्लवक
(d) पादपप्लवक एवं पर्णहरिम

152. खाद्य शृंखला का प्रारम्भ होता है
(a) N_2 स्थिरीकरण से (b) परासरण से
(c) श्वसन से (d) प्रकाश-संश्लेषण से

153. .....प्रथम पोषक स्तर के रूप में हरे पादपों या उत्पादकों से शुरू होती है, रिक्त स्थान की पूर्ति के लिए उपयुक्त विकल्प है
(a) अपरद खाद्य शृंखला (b) चारण खाद्य शृंखला
(c) जटिल खाद्य शृंखला (d) सामान्य खाद्य शृंखला

154. स्थलीय पारितन्त्र में बहुत कम मात्रा में ऊर्जा का प्रवाह होता है
(a) चारण खाद्य शृंखला में
(b) अपरद खाद्य शृंखला में
(c) जटिल खाद्य शृंखला में
(d) खाद्य जाल जलीय पारितन्त्र में

155. जलीय पारितन्त्र में बड़ी मात्रा में ऊर्जा का प्रवाह होता है
(a) चारण खाद्य शृंखला में (b) अपरद् खाद्य शृंखला में
(c) जटिल खाद्य शृंखला में (d) खाद्य जाल में

156. निम्न खाद्य जाल में कितनी खाद्य श्रृंखलाएँ हैं?

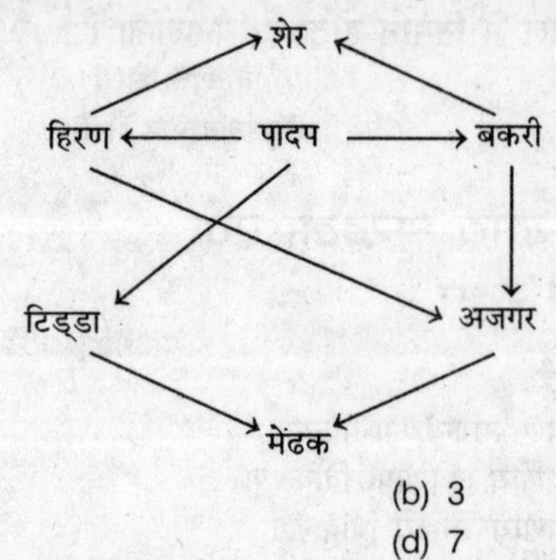

(a) 2 (b) 3
(c) 5 (d) 7

157. दिए गए खाद्य जाल में द्वितीयक उपभोक्ता हैं

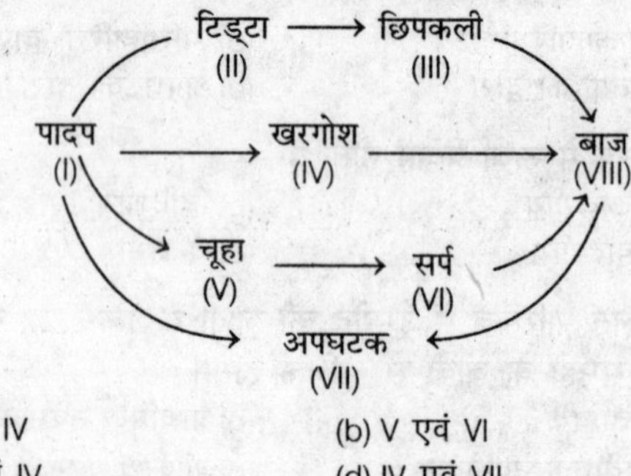

(a) I एवं IV (b) V एवं VI
(c) III एवं IV (d) IV एवं VII

158. सही विकल्प का चयन कीजिए।
(a) GFC (चारण खाद्य श्रृंखला) प्रथम पोषक स्तर पर उत्पादकों से प्रारम्भ होती है।
(b) GFC अकार्बनिक पोषकों को जोड़ती है, जबकि अपरद् श्रृंखला अकार्बनिक पोषकों को चक्रण हेतु मुक्त करती है।
(c) दोनों (a) एवं (b)
(d) अपरद् श्रृंखला (Detritus chain) में चारण खाद्य श्रृंखला की तुलना में ऊर्जा प्रवाह कम होता है।

159. एक निश्चित समय पर प्रत्येक पोषक स्तर पर उपस्थित जीवित पदार्थों का भार कहलाता है
(a) खड़ी फसल (b) जैवभार
(c) शाखित रेखा (d) प्रगामी सीधी रेखा

160. खाद्य श्रृंखला में 10% ऊर्जा स्थानान्तरण का नियम दिया था
(a) स्टेनले ने (b) टैन्सले ने
(c) लिण्डमान ने (d) वीजमान ने

161. दिए गए आरेख चित्र खाद्य श्रृंखलाओं के हैं
चारण खाद्य श्रृंखला घास → खरगोश → शेर
अपरद खाद्य श्रृंखला मृत पत्ती → लकडी की जू (Wood louse) → काला पक्षी
जीव, जो क्रमशः चारण एवं अपरद् खाद्य श्रृंखला के प्रथम पोषक स्तर पर स्थित है, वे हैं
(a) घास एवं मृत पत्ती (b) घास एवं लकड़ी की जूँ
(c) खरगोश एवं लकड़ी की जूँ (d) खरगोश एवं काला पक्षी

162. माँसाहारी ऊतकों में शाकाहारी रासायनिक ऊर्जा का कितने प्रतिशत भाग रासायनिक ऊर्जा में स्थानान्तरित होता है?
(a) 100% (b) 50% (c) 1% (d) 10%

163. माना हरित वनस्पति पर 2000 जूल की सौर ऊर्जा आपतित होती है। लिण्डमान के 10% नियमानुसार A, B एवं C की पहचान कीजिए।

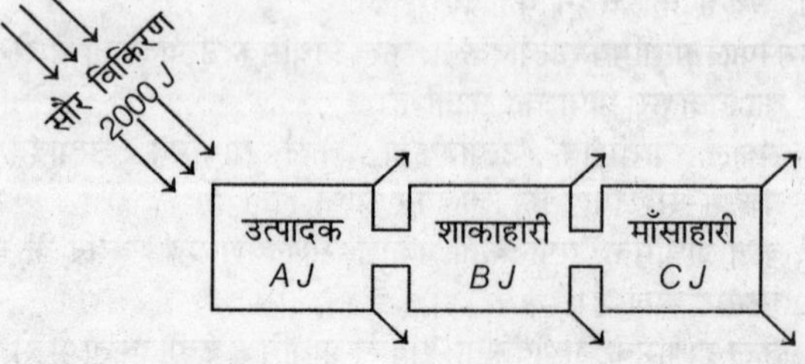

(a) A–20J, B–2J, C–0.2J (b) A–200J, B–20J, C–2J
(c) A–400J, B–40J, C–4J (d) A–40J, B–4J, C–0.4J

164. निम्न में से अपघटन के दौरान होने वाला कौन-सा प्रक्रम सुमेलित है?
(a) विखण्डन – केंचुए जैसे जीव द्वारा सम्पन्न होता है
(b) ह्यूमसीभवन – गहरे रंग के संघटक ह्यूमस का स्वांगीकरण, जोकि सूक्ष्मजीवी प्रक्रिया के लिए प्रतिरोधी होता है तथा तीव्र गति से इसका अपक्षय होता है
(c) अपचयन – पूर्णतया अवायवीय परिस्थितियों में अपघटन का अन्तिम पद
(d) निक्षालन (Leaching) – जल में घुलित अकार्बनिक पोषक तत्व मृदा की ऊपरी सतह में ऊपर आते हैं

165. एक पारिस्थितिकी तन्त्र में उत्पादकों और उपभोक्ताओं के बीच के सम्बन्ध को ग्राफिक रूप से एक पिरामिड के रूप में दर्शाया जा सकता है, जिसे कहा जाता है।
(a) पारिस्थितिकी पिरामिड (b) पोषक स्तर
(c) पाई चार्ट (d) जैवभार का पिरामिड

166. पारिस्थितिकी पिरामिड में आधार सदैव ...A... द्वारा एवं शीर्षबिन्दु ...B... द्वारा प्रदर्शित किया जाता है। यहाँ A तथा B हैं
(a) A–उत्पादक, B–शीर्षस्थ उपभोक्ता
(b) A–शीर्षस्थ उपभोक्ता, B–उत्पादक
(c) A–उत्पादक, B–द्वितीयक उपभोक्ता
(d) A–उत्पादक B–प्राथमिक उपभोक्ता

167. वृक्ष पारितन्त्र में परजीवी खाद्य श्रृंखला की संख्या का पिरामिड होगा
(a) सदैव उल्टा (b) सदैव सीधा
(c) उल्टे एवं सीधे का मिश्रण (d) कभी उल्टा एवं कभी सीधा

168. संख्या का सीधा पिरामिड अनुपस्थित होता है
(a) तालाब में (b) वन में (c) झील में (d) घास के मैदान में

169. निम्न में से कौन-सा पारिस्थितिकी पिरामिड सदैव उल्टा होगा?
(a) परजीवी खाद्य श्रृंखला में संख्या का पिरामिड एवं तालाब के पारितन्त्र में जैवभार का पिरामिड
(b) जलाशय के पारितन्त्र में संख्या एवं जैवभार का पिरामिड
(c) परजीवी खाद्य श्रृंखला एवं जलाशय के पारितन्त्र में संख्या के पिरामिड
(d) उपरोक्त सभी

170. यदि 20 जूल ऊर्जा उत्पादक स्तर पर रोक ली जाती है, तो कितनी ऊर्जा भोजन के तौर पर निम्नलिखित श्रृंखला के अन्तर्गत मोर में उपलब्ध होगी?

पौधा → चूहा → साँप → मोर

(a) 0.02 जूल (b) 0.002 जूल
(c) 0.2 जूल (d) 0.0002 जूल

171. निम्न पारितन्त्रों पर ध्यान दीजिए।

I. तालाब का पारितन्त्र (Pond ecosystem)
II. स्थलीय (Terrestrial) पारितन्त्र
III. महासागरीय (Ocean) पारितन्त्र
IV. वन (Forest) का पारितन्त्र

प्राकृतिक पारितन्त्र में केवल तीन प्रकार की चारण (Grazing), अपरद (Detritus) एवं परजीवी (Parasitic) खाद्य श्रृंखलाएँ पाई जाती हैं। सही विकल्प है

(a) केवल I (b) केवल II (c) केवल III (d) I, II, III एवं IV

172. ऊर्जा का पिरामिड प्रत्येक पारितन्त्र में सदैव सीधे रहते हैं। यह स्थिति प्रदर्शित करती है

(a) उत्पादकों में निम्नतम ऊर्जा रूपान्तरण दक्षता होती है
(b) माँसाहारियों में शाकाहारियों की तुलना में बेहतर ऊर्जा रूपान्तरण दक्षता होती है
(c) सभी पोषक स्तरों में ऊर्जा रूपान्तरण दक्षता समान होती है
(d) शाकाहारियों में माँसाहारियों की तुलना में बेहतर ऊर्जा रूपान्तरण दक्षता होती है

अनुक्रमण

173. संगठनात्मक जटिलता (Organising complexity) के बढ़ते क्रम में सही क्रम होता है

(a) समष्टि (आबादी), किस्म, जातियाँ, पारितन्त्र
(b) समष्टि, पारितन्त्र, जातियाँ, समुदाय
(c) समष्टि, समुदाय, पारितन्त्र, जीवोम
(d) जातियाँ, किस्म, पारितन्त्र, समुदाय

174. जैवीय और अजैवीय वातावरण के मध्य अन्त:अभिक्रिया का अध्ययन कहलाता है

(a) समुदाय (b) समष्टि
(c) पारिस्थितिकी (d) पारितन्त्र

175. पर्यावरण की सम्पूर्णता का सिद्धान्त प्रतिपादित किया

(a) शैलफार्ड ने (b) लीविंग ने
(c) कार्ल फ्रेडिक ने (d) ब्लैकमैन ने

176. जाति की निकेत (Niche) का अर्थ है

(a) जाति का आवासीय तथा विशिष्ट कार्य
(b) विशिष्ट स्थान जहाँ जीव रहते हैं
(c) जाति का विशिष्ट कार्य तथा प्रतियोगी क्षमता
(d) उपरोक्त में से कोई नहीं

177. जैव-मण्डल किनसे बना होता है?

(a) जीवों से
(b) जीव+ स्थलमण्डल + वायुमण्डल + जलमण्डल के उस भाग से जिसमें जीवों का निवास हो
(c) जीव+ स्थलमण्डल + वायुमण्डल से
(d) जीव+ स्थलमण्डल से

178. एक निश्चित अवधि में, तन्त्र में उपस्थित अकार्बनिक पदार्थों की मात्रा कहलाती है

(a) स्थित अवस्था (b) स्थित शस्य
(c) अजैविक घटक (d) स्थलीय घटक

179. जैवीय कारक (Biotic factors) हैं

(a) मृदा भौतिक कारक जो सजीवों पर प्रभाव डालते हैं
(b) सभी सजीव
(c) मृदा रासायनिक कारक जो जीवन पर प्रभाव डालते हैं
(d) उपरोक्त सभी

180. प्राकृतिक जीवोम है

(a) खेत (b) तालाब
(c) घास का मैदान (d) वन

181. जैविक सन्तुलन, सन्तुलन है, इनके मध्य में

(a) उत्पादक
(b) प्राथमिक उपभोक्ता
(c) अपघटक तथा उत्पादक
(d) उत्पादक, उपभोक्ता तथा अपघटक

182. निम्न में से कौन-सा एक परोक्ष पारिस्थितिक कारक है?

(a) तापमान (b) मृदा संरचना
(c) प्रकाश (d) हवा

183. एक क्षेत्र के जातीय संगठन में क्रमिक, धीमा एवं पूर्वानुमानित परिवर्तन कहलाता है

(a) क्रमक समुदाय (b) चरम समुदाय
(c) पारिस्थितिक अनुक्रमण (d) प्रारम्भिक जातियाँ

184. पारिस्थितिक अनुक्रमण की सर्वप्रथम अवधारणा किसने दी थी?

(a) ऑडम ने (b) क्लिमेन्ट्स तथा वार्मिंग ने
(c) हुल्ट ने (d) किंग ने

185. पारिस्थितिक अनुक्रमण के दौरान

(a) किसी क्षेत्र में जातीय संगठन में क्रमिक और पूर्वानुमानित परिवर्तन होते हैं
(b) इसकी प्राथमिक प्रावस्था में नया जैविक समुदाय बहुत तीव्र गति से स्थापित होता है
(c) जन्तुओं की संख्या और प्रजातियाँ स्थिर रहती हैं
(d) परिवर्तनों के कारण वह समुदाय, जो पर्यावरण के साथ साम्य के समीप होता है, पुरागामी समुदाय कहलाता है

186. प्रारम्भिक अनुक्रमण कारण का उदाहरण है

(a) बिजली (b) संघर्ष
(c) ज्वालामुखी विस्फोट (d) दोनों (a) एवं (c)

187. किसी समुदाय में पारिस्थितिक अनुक्रमण की प्रक्रिया के दौरान परिवर्तन होते हैं

(a) क्रमिक और सतत्
(b) यादृच्छिक
(c) बहुत शीघ्र
(d) भौतिक पर्यावरण से अप्रभावित

188. द्वितीयक नग्न क्षेत्रों में उपस्थित अनुक्रमण कहलाता है

(a) स्वपोषी अनुक्रमण (b) अन्यत्रजनित अनुक्रमण
(c) उपक्रमक (d) परपोषी अनुक्रमण

189. मध्यक्रमक अनुक्रमण का उदाहरण है
(a) बाढ़ के पानी द्वारा लाई मृदा पर अनुक्रमण
(b) जैविक अवशेषों पर अनुक्रमण
(c) तालाब में खाद डालने पर अनुक्रमण
(d) उपरोक्त में से कोई नहीं

190. नए समुदाय का किसी खाली स्थान की ओर आक्रमण होता है
(a) अभिगमन द्वारा (b) स्पर्धा द्वारा
(c) प्रतिक्रिया द्वारा (d) जलवायु द्वारा

191. अनुक्रमण में सबसे निर्णायक भूमिका निभाते हैं
(a) मृदा (b) समुदाय
(c) जलवायु (d) जैविक घटक

192. टैन्सले के किस नियम के अनुसार, चरम अवस्था की स्थापना में जलवायु के अतिरिक्त मृदा एवं जैविक अपघटकों का विशेष योगदान होता है?
(a) एकचरम सीमा सिद्वान्त (b) बहुचरम सीमा सिद्वान्त
(c) द्विचरम सीमा सिद्वान्त (d) त्रिचरम सीमा सिद्वान्त

193. प्राथमिक अनुक्रमक होते हैं
(a) जीवाणु (b) कवक (c) लाइकेन (d) शैवाल

194. पारिस्थितिक अनुक्रमण में पर्यावरण के साथ साम्य के निकट समुदाय कहलाते हैं
(a) चरम समुदाय (b) पर्यावरण हितैषी समुदाय
(c) क्रमक समुदाय (d) नवीन या प्रारम्भिक समुदाय

195. पादप अनुक्रमण में, चरम समुदाय (Climax community) में कुल उत्पादकता
(a) सतत् वृद्धि करती है (b) शून्य हो जाती है
(c) घटनी शुरू हो जाती है (d) स्थिर हो जाती है

196. पारिस्थितिक अनुक्रमण में चरम समुदाय की प्रकृति निर्भर करती है
(a) जलवायु पर (b) जल
(c) मृदा उर्वरता (d) इनमें से कोई नहीं

197. एक निश्चित क्षेत्र में सफलतापूर्वक परिवर्तनशीलता समुदायों का क्रम कहलाता है
(a) क्रमक (b) चरम
(c) नवीन (d) शुष्कक्रमक

198. पारिस्थितिक अनुक्रमण में एक परिवर्तनशील समुदाय कहलाता है
(a) चरम समुदाय (b) नवीन समुदाय
(c) क्रमक समुदाय (d) एकल समुदाय

199. पारिस्थितिक अनुक्रमण में नग्न क्षेत्र में स्थापित होने वाली जाति कहलाती है
(a) बैन्थोस (Benthos) (b) जैविक जातियाँ
(c) क्रमक जातियाँ (d) नवीन जातियाँ

200. प्राथमिक अनुक्रमण समुदायों का विकास है
(a) काटे गए वन क्षेत्रों पर
(b) पहले से खाली क्षेत्रों पर
(c) नए बुवाई किए गए खेतों पर
(d) तालाब के भरने के एक सत्र बाद

201. चट्टानों पर प्राथमिक अनुक्रमण शुरु होता है
(a) लाइकेन द्वारा (b) घास द्वारा
(c) मॉस द्वारा (d) फर्न द्वारा

202. ....अनुक्रमण प्राकृतिक जैविक समुदायों के नष्ट होने के बाद रिक्त हुए क्षेत्र से प्रारम्भ होता है।
(a) प्राथमिक (b) द्वितीयक
(c) तृतीयक (d) चतुर्थक

203. जलक्रमक की द्वितीयक अवस्था में पादप के समान पाए जाते हैं
(a) *एजोला* (b) *टाइफा*
(c) *सैल्किस* (d) *वैलिसनेरिया*

204. द्वितीयक अनुक्रमण कार्यरत् होता है
(a) नग्न चट्टानों पर (b) नष्ट हो चुके वनों पर
(c) नए निर्मित तालाब पर (d) नए ठण्डे हुए लावा पर

205. निम्नलिखित में से जलक्रमक का सही क्रम कौन-सा है?
(a) प्लवक → निमग्न → कच्छ → प्लावी → चरम
(b) निमग्न → प्लवक → कच्छ → प्लावी → चरम
(c) प्लवक → निमग्न → प्लावी → कच्छ → चरम
(d) प्लवक → प्लावी → निमग्न → कच्छ → चरम

206. शुष्कक्रमण में अनुक्रमण के पदों का सही क्रम है
(a) लाइकेन → मॉस अवस्था → वार्षिक घास अवस्था → बारहमासी शाकीय अवस्था → झाड़ी अवस्था → वन
(b) वार्षिक घास अवस्था → बारहमासी शाकीय अवस्था → लाइकेन → मॉस अवस्था → झाड़ी अवस्था → वन
(c) झाड़ी अवस्था → वन → वार्षिक घास अवस्था → बारहमासी शाकीय अवस्था → लाइकेन → मॉस अवस्था
(d) वन → झाड़ी अवस्था → वार्षिक घास अवस्था → बारहमासी शाकीय अवस्था → लाइकेन → मॉस अवस्था

207. जलीय प्राथमिक अनुक्रमण में नवीन जातियाँ होती हैं
(a) प्लवक आवृतबीजी (b) छोटे पादपप्लवक
(c) मूलीय जलोद्भिद् (d) लाइकेन

208. शुष्कक्रमण हेतु निम्न में से कौन-सा सत्य है?
(a) शुष्क से समोद्भिद् परिस्थितियों तक अनुक्रमणशील क्रमक
(b) जल से समोद्भिद् परिस्थितियों तक अनुक्रमणशील क्रमक
(c) दोनों (a) एवं (b)
(d) उपरोक्त में से कोई नहीं

209. शैलक्रमक में क्रस्टोज लाइकेन अवस्था के बाद आने वाली अवस्था है
(a) लीवरवर्ट्स अवस्था (b) पर्णिल लाइकेन अवस्था
(c) मॉस अवस्था (d) शाकीय अवस्था

210. शैलक्रमक में निम्न में से कौन झाड़ी अवस्था के उदाहरण हैं?
(a) *कैप्परिस* (b) *हेटेरोपोगॉन*
(c) चींटियाँ (d) *एल्युसिना*

211. नील-हरित शैवाल का नवीन समुदाय किस अनुक्रमण में व्यक्त होता है?
(a) लाइकेन अवस्था (b) जलक्रमक
(c) बालूक्रमक (d) वृक्ष अवस्था

212. शैलक्रमक में अधिक ह्यूमस वाली मॉस पर निम्न में से कौन आक्रमण करते हैं?
(a) बहुवर्षीय घास (b) वार्षिक घास
(c) लाइकेन (d) झाड़ी

जैव-भू-रासायनिक चक्र

213. वायु में कार्बन डाइऑक्साइड की मात्रा कितनी होती है?
(a) 0.003% (b) 0.03%
(c) 0.30% (d) 3%

214. जैव-भू-रासायनिक चक्रण का अभिप्राय है
(a) किसी पारितन्त्र में ऊर्जा का चक्रण
(b) पादपों तथा वायुमण्डल के बीच गैसों का चक्रण
(c) किसी पारितन्त्र में पोषकों का चक्रण
(d) जल का चक्रण

215. निम्न में से अवसादी चक्र है
(a) नाइट्रोजन चक्र (b) कार्बन चक्र
(c) फॉस्फोरस चक्र (d) ये सभी

216. किसी समय मृदा में उपस्थित पोषक तत्वों; जैसे—कार्बन, फॉस्फोरस, कैल्शियम, आदि की कुल मात्रा कहलाती है
(a) खड़ी फसल (b) खड़ी अवस्था
(c) पोषक फसल (d) अवसादन

217. निम्न में से क्रमश: सल्फर एवं कार्बन चक्र हेतु संचित भण्डारण है
(a) वायुमण्डल एवं उपभोक्ता (b) पृथ्वी की सतह एवं वायुमण्डल
(c) पृथ्वी की सतह एवं उत्पादक (d) वायुमण्डल एवं परभक्षी

218. पारितन्त्र में निम्न में से कौन गैसीय जैव-भू-रासायनिक चक्र नहीं है?
(a) ऑक्सीजन चक्र (b) फॉस्फोरस चक्र
(c) नाइट्रोजन चक्र (d) कार्बन चक्र

219. वह अवसादीय (Sedimentary) चक्र जिसमें थोड़े गैसीय घटक भी पाए जाते हैं
(a) 'P' चक्र (b) 'S' चक्र
(c) 'N' चक्र (d) 'C' चक्र

220. पदार्थों के पुनर्चक्रण के लिए सर्वाधिक आवश्यक होते हैं
(a) उत्पादक (b) उपभोक्ता
(c) अपघटक (d) इनमें से कोई नहीं

221. जीवाश्म ईंधन का जलना किसको प्रभावित करता है?
(a) नाइट्रोजन चक्र (b) कार्बन चक्र
(c) फॉस्फोरस चक्र (d) जलीय चक्र

222. नाइट्रोजन, पारितन्त्र का एक जटिल तत्व है, क्योंकि यह है
(a) आवश्यक तत्व (b) वातावरण में प्रचुर
(c) अस्थायी (d) सूक्ष्मजीवों के द्वारा स्थिरीकृत

223. फॉस्फोरस अधिकतर चट्टानों में किसके साथ संयोग करता है?
(a) कैल्शियम (b) लोहा (c) एल्युमीनियम (d) ये सभी

224. महासागर की फॉस्फोरस, स्थलीय पादपों को किसके कारण उपलब्ध होती है?
(a) समुद्री पक्षी (b) गहरी समुद्री क्रियाओं
(c) समुद्री छिड़काव (d) ये सभी

225. फॉस्फोरस चक्रण किस रूप में होता है?
(a) HPO^{3-} (b) P^2 (गैस)
(c) PO_4^{3-} (d) $Al_2(PO_4)_3$

226. पोषक तत्वों के संचित भण्डारणों में बढ़ती कमी का क्या कारण है?
(a) अन्तर्गमन की दर में असन्तुलन
(b) बर्हिगमन की दर में असन्तुलन
(c) बर्हिगमन एवं अन्तर्गमन की दर में असन्तुलन
(d) उपरोक्त में से कोई नहीं

227. ......कार्बन सागरों में घुलित अवस्था में पाया जाता है, जोकि वायुमण्डल में इसके नियमन हेतु उत्तरदायी है।
(a) 51% (b) 81% (c) 61% (d) 71%

228. वायुमण्डल में CO_2 की मात्रा में वृद्धि हेतु उत्तरदायी मानवीय क्रियाकलाप हैं?
(a) वनोन्मूलन
(b) जीवाश्म ईंधनों का अत्यधिक दहन
(c) ऊर्जा हेतु वाहन
(d) उपरोक्त सभी

229. कार्बन चक्र में विनिमय पूल है
(a) जीवाश्म ईंधन (b) अवसादी चट्टानें
(c) जल (d) वायुमण्डल

230. कौन-सा तत्व चट्टानों के अपक्षरण से बनता है तथा पादपों द्वारा मृदा से अवशोषित किया जाता है?
(a) फॉस्फोरस (b) कार्बन
(c) नाइट्रोजन (d) ऑक्सीजन

231. फॉस्फोरस......के उत्पादन हेतु आवश्यक है।
(a) DNA एवं RNA (b) कोशिका झिल्ली
(c) दाँत एवं अस्थियाँ (d) ये सभी

232. फॉस्फोरस चक्र में अपक्षरण के कारण फॉस्फेट सर्वप्रथम प्राप्त होता है
(a) उत्पादकों को (b) अपघटकों को
(c) उपभोक्ताओं को (d) इनमें से कोई नहीं

233. फॉस्फोरस चक्र के सन्दर्भ में सही है
I. चट्टानें फॉस्फोरस का प्राकृतिक भण्डारण हैं।
II. अवसादी चट्टानों के अपक्षण के कारण फॉस्फोरस मृदा को उपलब्ध हो पाता हैं।
III. शाकाहारी एवं माँसाहारी फॉस्फोरस पादपों से प्रत्यक्ष या अप्रत्यक्ष रूप से प्राप्त करते हैं।

सही विकल्प हैं
(a) I एवं II (b) I एवं III
(c) II एवं III (d) I, II एवं III

234. निम्न में से कौन-सी पारितन्त्र सेवा प्राकृतिक पारितन्त्र के द्वारा उपलब्ध कराई जाती हैं
(a) पोषकों का चक्रण
(b) मृदा अपरदन को रोकना
(c) प्रदूषकों का अवशोषण और ग्लोबल वार्मिंग के खतरें को कम करना
(d) उपरोक्त सभी

235. निम्न में से पारिस्थितिकीय सेवाओं में सम्मिलित प्रक्रियाएँ कौन–सी हैं?
(a) फसलों का परागण
(b) उर्वर मृदा का निर्माण
(c) वन्यजीवों को आवास
(d) ये सभी

236. निम्न में से किस वैज्ञानिक ने प्रकृति की जीवन समर्थक सेवाओं का मूल्यांकन करने का प्रयास किया है?
(a) हुल्ट (b) क्लिमेन्ट्स
(c) ऑडम (d) रॉबर्ट कोन्सटेन्जा

237. जल में कार्बन किस अवस्था में होता है?
(a) घुलित CO_2 (b) बाइकार्बोनेट्स
(c) दोनों (a) व (b) (d) इनमें से कोई नहीं

238. निम्न में से किसमें जल परागण होता है?
(a) *किगेलिया* (b) *वैलिसनेरिया*
(c) *टर्मिनेलिया* (d) इनमें से कोई नहीं

239. किण्वित द्रव जैसी गन्ध किसमें आती है?
(a) *किगेलिया* (b) *वैलिसनेरिया*
(c) कमल (d) *टर्मिनेलिया*

उत्तरमाला

1.	*(b)*	2.	*(d)*	3.	*(a)*	4.	*(a)*	5.	*(b)*	6.	*(d)*	7.	*(c)*	8.	*(a)*	9.	*(c)*	10.	*(c)*
11.	*(b)*	12.	*(b)*	13.	*(b)*	14.	*(d)*	15.	*(c)*	16.	*(b)*	17.	*(b)*	18.	*(a)*	19.	*(a)*	20.	*(b)*
21.	*(a)*	22.	*(b)*	23.	*(c)*	24.	*(c)*	25.	*(b)*	26.	*(d)*	27.	*(a)*	28.	*(b)*	29.	*(a)*	30.	*(c)*
31.	*(b)*	32.	*(c)*	33.	*(d)*	34.	*(d)*	35.	*(a)*	36	*(a)*	37.	*(c)*	38.	*(d)*	39.	*(b)*	40.	*(c)*
41.	*(a)*	42.	*(a)*	43.	*(b)*	44.	*(d)*	45.	*(a)*	46.	*(c)*	47.	*(a)*	48.	*(a)*	49.	*(a)*	50.	*(d)*
51.	*(c)*	52.	*(b)*	53.	*(b)*	54.	*(d)*	55.	*(b)*	56.	*(d)*	57.	*(b)*	58.	*(a)*	59.	*(c)*	60.	*(c)*
61.	*(a)*	62.	*(b)*	63.	*(a)*	64.	*(a)*	65.	*(b)*	66.	*(d)*	67.	*(d)*	68.	*(a)*	69.	*(a)*	70.	*(d)*
71.	*(a)*	72.	*(b)*	73.	*(a)*	74.	*(a)*	75.	*(a)*	76.	*(a)*	77.	*(b)*	78.	*(c)*	79.	*(d)*	80.	*(c)*
81.	*(b)*	82.	*(c)*	83.	*(a)*	84.	*(b)*	85.	*(b)*	86.	*(b)*	87.	*(a)*	88.	*(b)*	89.	*(b)*	90.	*(b)*
91.	*(c)*	92.	*(a)*	93.	*(c)*	94.	*(c)*	95.	*(d)*	96.	*(a)*	97.	*(a)*	98.	*(a)*	99.	*(b)*	100.	*(c)*
101.	*(a)*	102.	*(a)*	103.	*(b)*	104.	*(a)*	105.	*(b)*	106.	*(c)*	107.	*(d)*	108.	*(d)*	109.	*(a)*	110.	*(a)*
111.	*(b)*	112.	*(c)*	113.	*(a)*	114.	*(b)*	115.	*(b)*	116.	*(a)*	117.	*(d)*	118.	*(a)*	119.	*(a)*	120.	*(d)*
121.	*(a)*	122.	*(a)*	123.	*(b)*	124.	*(b)*	125.	*(c)*	126.	*(a)*	127.	*(c)*	128.	*(c)*	129.	*(a)*	130.	*(b)*
131.	*(b)*	132.	*(c)*	133.	*(b)*	134.	*(c)*	135.	*(d)*	136.	*(a)*	137.	*(d)*	138.	*(c)*	139.	*(b)*	140.	*(b)*
141.	*(b)*	142.	*(a)*	143.	*(a)*	144.	*(c)*	145.	*(d)*	146.	*(c)*	147.	*(c)*	148.	*(a)*	149.	*(a)*	150.	*(a)*
151.	*(a)*	152.	*(d)*	153.	*(b)*	154.	*(a)*	155.	*(b)*	156.	*(c)*	157.	*(c)*	158.	*(c)*	159.	*(a)*	160.	*(c)*
161.	*(b)*	162.	*(d)*	163.	*(a)*	164.	*(a)*	165.	*(a)*	166.	*(a)*	167.	*(a)*	168.	*(b)*	169.	*(a)*	170.	*(a)*
171.	*(d)*	172.	*(d)*	173.	*(c)*	174.	*(c)*	175.	*(c)*	176.	*(a)*	177.	*(b)*	178.	*(a)*	179.	*(b)*	180.	*(d)*
181.	*(d)*	182.	*(d)*	183.	*(c)*	184.	*(b)*	185.	*(a)*	186.	*(d)*	187.	*(a)*	188.	*(c)*	189.	*(a)*	190.	*(a)*
191.	*(c)*	192.	*(b)*	193.	*(c)*	194.	*(a)*	195.	*(d)*	196.	*(a)*	197.	*(a)*	198.	*(c)*	199.	*(d)*	200.	*(d)*
201.	*(a)*	202.	*(b)*	203.	*(d)*	204.	*(b)*	205.	*(c)*	206.	*(a)*	207.	*(b)*	208.	*(a)*	209.	*(b)*	210.	*(a)*
211.	*(c)*	212.	*(b)*	213.	*(b)*	214.	*(c)*	215.	*(c)*	216.	*(b)*	217.	*(b)*	218.	*(b)*	219.	*(b)*	220.	*(c)*
221.	*(b)*	222.	*(c)*	223.	*(d)*	224.	*(a)*	225.	*(c)*	226.	*(c)*	227.	*(d)*	228.	*(d)*	229.	*(d)*	230.	*(a)*
231.	*(d)*	232.	*(a)*	233.	*(d)*	234.	*(d)*	235.	*(d)*	236.	*(d)*	237.	*(c)*	238.	*(b)*	239.	*(a)*		

उत्तर व्याख्या सहित

8. *(a)* जीवोम एक बड़ी क्षेत्रीय इकाई है, जो विशिष्ट वातावरण के क्षेत्र से प्राप्त होती है, जहाँ जन्तु वर्ग के साथ गहन वनस्पतिक वातावरण हो, उदाहरण–समुद्र, उष्णकटिबन्धीय वर्षा वन।

9. *(c)* हमारे ग्रह का सूर्य के चारों ओर घूमना और अपने अक्ष पर झुकाव तापमान की तीव्रता एवं अवधि में बदलाव का कारण है, जो बड़े जीवोम बनाता है।

11. *(b)* जैविक समुदाय को **जीव विज्ञान समुदाय** भी कहते हैं। यह विभिन्न पादपों, जन्तुओं, बैक्टीरिया, कवक, आदि की प्रजातियों से बना एक संघ है, ये प्रजातियाँ एक विशिष्ट भौगोलिक स्थान पर रहती हैं और पारस्परिक सम्बन्ध बना के रखती हैं।

12. *(b)* प्रकाश-संश्लेषण के लिए प्रकाश की मात्रा, तीव्रता और समय पर निर्भर करती है। प्रकाश-संश्लेषण प्राप्ति भूमध्य रेखा और उष्णकटिबन्धीय क्षेत्रों में अधिकतम होती है।

15. *(c)* तापमान गर्मी एवं शीतलता की इकाई है, जो सबसे विश्वसनीय पर्यावरणीय कारक है। तापमान मौसम के अनुसार बदलता रहता है। ध्रुवीय क्षेत्रों में तापमान उप-शून्य से उच्च तापमान 50°C से भी अधिक तक जाता है।

16. *(b)* तनुतापी जीव वे जीव हैं, जो तापमान की विस्तृत शृंखला नहीं सह सकते। वे तापमान की एक छोटी सीमा में रहते हैं, क्योंकि इनके तापमान की आवश्यकता पूरे वर्ष नियत रहती है, उदाहरण-एम्फीबिया, रेप्टाइल, ध्रुवीय भालू, घोंघा, आम के वृक्ष, आदि।

17. *(b)* नितल जन्तु वे जन्तु हैं, जो जल के तल में रहते हैं। इनकी विविधता और वितरण तलछट के गुणों; जैसे– चट्टानों या मृदा सतह पर निर्भर करते हैं।

21. *(a)* नियामकों को अन्तः तापी भी कहा जाता है। विकासीय जीव वैज्ञानिक मानते हैं, कि स्तनियों की सफलता का मुख्य कारण उनमें शरीर के

तापमान को नियत रखने की क्षमता है, चाहे वो अण्टार्कटिका हो या सहारा मरुस्थल।

22. (*b*) एन्जाइम तापमान के प्रति बहुत संवेदनशील होते हैं। तापमान में थोड़ा-सा भी उतार-चढ़ाव एन्जाइमों को असक्रिय (Inactive) या अप्राकृतिक कर देते हैं। इसलिए तापमान जीवित जीवों के लिए बहुत महत्त्वपूर्ण हैं।

23. (*c*) **अनुकूलक**, जो शरीर का ताप आसपास के वातावरण के अनुसार बदल सकते हैं, इन्हें बाह्यतापी भी कहते हैं। 99% जन्तु अनुकूलक होते हैं। **नियामक** कुछ जीव शरीर के तापमान एवं परासरणी दाब को बाह्य वातावरण में परिवर्तन के बावजूद भी नियत रख सकते हैं। इन्हें नियामक कहते हैं।

आंशिक नियामक कुछ जीवों में अपने शारीरिक कार्यों को नियन्त्रित करने की (एक सीमा तक) क्षमता होती है, इन्हें आंशिक नियामक कहते हैं। इस सीमा के बाद ये अनुकूलक बन जाते हैं।

33. (*d*) मृदा की प्रकृति और गुण मौसम पर निर्भर करते हैं। चट्टानों का पाउडर में टूटना वातावरणीय परिवर्तनों, यान्त्रिकी बल, रासायनिक परिवर्तन और जैविक विघटन के कारण होता है।

मृदा के भौतिक एवं रासायनिक गुण पादपों की वृद्धि के प्रकार बताती है, विशिष्ट आवासों में और जलीय वातावरण में तलछट के लक्षण वहाँ के जीवों के प्रकार की पुष्टि करते हैं।

34. (*d*) मृदा के विभिन्न लक्षण; जैसे– मृदा संयोजन, फसल का आकार और एकत्रीकरण मृदा की अन्तःस्रवण (पर्कोलेशन) और जल धारण क्षमता बताता है। ये लक्षण pH, खनिज संयोजन और स्थलाकृति के साथ क्षेत्र की परिपक्वता क्षमता दर्शाते हैं।

36. (*a*) जनसंख्या एक विशिष्ट क्षेत्र में रहने वाले जीवों में अन्तप्रजनन व्यक्तिगतों की कुल संख्या है, जो समान स्रोतों के लिए प्रतिस्पर्धा दिखाते हैं।

37. (*c*) गत वर्ष कमल के पादप = 20

नए जुड़ने वाले पौधें = 8

जन्म दर $= \frac{8}{20} = 0.4$ नए पादप प्रतिवर्ष

38. (*d*) मृत्युदर $= \frac{\text{जीव मृत्यु}}{\text{कुल जीव}} = \frac{200}{800} = \frac{1}{4} = 0.25$

39. (*b*) जन्म दर = 100 मृत्यु दर = 10

जनसंख्या में जीवों की संख्या = 1000

प्राकृतिक वृद्धि दर = 100 − 10 = 90

प्रतिशत वृद्धि दर $= \frac{90}{1000} \times 100 = 9.0\%$

42. (*a*) विभिन्न आयु वर्गों में विभिन्न प्रजनन क्षमताएँ पाई जाती हैं, जिसके कारण जनसंख्या वृद्धि प्रभावित होती है; उदाहरण –जब पूर्व-प्रजनन के आयु वर्गों की संख्या प्रजनित एवं पश्च प्रजनित आयु वर्गों से अधिक होती हैं। तब इस प्रकार की जनसंख्या को बढ़ती हुई **जनसंख्या** कहते हैं।

49. (*a*) **जनसंख्या आकार** जनसंख्या का आकार अनेक कारकों पर निर्भर करता है; जैसे– मृत्युदर, जन्मदर, आदि। प्रकृति में जनसंख्या आकार 10 से छोटा हो सकता है (**साइबेरियन** पक्षी भरतपुर की गीली भूमि पर किसी वर्ष) या लाखों तक (*क्लैमाइडोमोनास* एक कुण्ड में)।

जनसंख्या आकार, अधिक तकनीकी रूप से जनसंख्या घनत्व (*N*) को सिर्फ संख्याओं/अंकों में आंकना आवश्यक नहीं है। यद्यपि कुल संख्या जनसंख्या घनत्व का सर्वाधिक मान्य मापन है, लेकिन कुछ परिस्थितियों में इनका आंकलन कठिन है।

उदाहरण-एक जंगल के क्षेत्र में माना कि 200 *पार्थेनियम* पादप हैं, लेकिन केवल एक बरगद के पेड़ में बड़ी छतरी होती है।

निम्नलिखित अनुमान लगाए जा सकते हैं

(i) बरगद की जनसंख्या घनत्व कम होना

(ii) जनसंख्या आवरण क्षेत्र बरगद का अधिक होता है

इस उदाहरण में आवरण या जैव आयतन का प्रतिशत, जनसंख्या आकार से अधिक मान्य है।

52. (b) '*N*' जनसंख्या घनत्व है, *t* समय पर इसकी घनत्व $t+1$ होगा

$$N_{t+1} = N_t - [(B+I)] - [(D+E)]$$

उपरोक्त समीकरण से हम देखते हैं, कि जनसंख्या घनत्व बढ़ता है, यदि जन्म की संख्या और अप्रवासन (B + I) का योग, मृत्यु संख्या और उत्प्रवासन $(D+E)$ के योग से अधिक हो।

53. (*b*) जैव सूचकांक जन्मदर और मृत्युदर के बीच अनुपात दर्शाता है। यह जनसंख्या की वृद्धि की सामान्य दर बताता है और इसकी गणना की जाती है

$$\text{जैव सूचकांक} = \frac{\text{जन्मदर}}{\text{मृत्युदर}} \times 100$$

54. (d) **घातांकी वृद्धि प्रारूप** जब साधनों की उपलब्धता आवास में असीमित हो, तो जनसंख्या घातांकी या ज्यामीतिय वृद्धि दिखाती है। चूँकि स्रोत असीमित हैं, तो भीड़ के लिए कोई निषेध नहीं है।

समीकरण है- $\frac{dN}{dt} = (b-d) \times N$ (b = जन्मदर, d = मृत्युदर)

N = जनसंख्या घनत्व, $\frac{dn}{dt}$ = जनसंख्या में परितर्वन की दर

माना $(b-d) = r$, तो समीकरण है

$$\frac{dN}{dt} = rN$$

r = प्राकृतिक वृद्धि की आन्तरिक दर

जब जनसंख्या घातांकी वृद्धि दिखाती है, तो समय के साथ सम्बन्ध में *N* का बनने वाला वक्र J-आकार का माना जाता है।

इसमें कोई निर्धारित धारण क्षमता नहीं होती।

57. (*b*) एक जनसंख्या, जो किसी आवास में सीमित स्रोतों में वृद्धि करती है, तीन चरण दर्शाती है

(i) **लैग अवस्था** यह प्रारम्भिक अवस्था है, जिसमें एक जनसंख्या स्वयं को वातावरण के अनुसार ढाल लेती है और अपनी संख्या बढ़ाना प्रारम्भ करती है।

(ii) **लॉग अवस्था** यह दूसरी अवस्था है, जिसमें जनसंख्या अपने स्रोतों का अधिकतम उपयोग करती है और अपनी संख्या में घातांकी वृद्धि करती है।

जन्म की संख्या >> मृत्यु की संख्या

(iii) **स्थायी अवस्था** यह तीसरी अवस्था है, जिसमें जनसंख्या अपनी धारण क्षमता के स्तर तक पहुँच जाती है और स्थायी अवस्था में आ जाती है।

जन्म की संख्या = मृत्यु की संख्या

जैसा कि हम दिए गए चित्र में देख सकते हैं, कि जनसंख्या की वृद्धि असीमित और बढ़ती हुई है। यह घातांकी वृद्धि प्रारूप या वक्र का विशिष्ट लक्षण है। यह J-आकार वक्र कहलाता है।

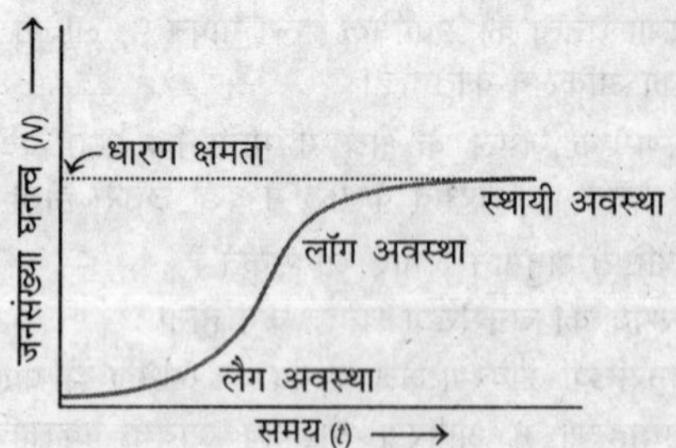

59. (*c*) **तार्किक वृद्धि प्रारूप** कोई जनसंख्या लम्बे समय तक घातांकी वृद्धि नहीं कर सकती, क्योंकि संसाधनों की उलब्धता एक समय के बाद सीमित हो जाती है। तार्किक वृद्धि प्रारूप की निश्चित धारण क्षमता होती है।

इसका समीकरण- $\frac{dN}{dt} = rN\left(\frac{K-N}{K}\right)$ जनसंख्या घनत्व में परिवर्तन की दर

$N = t$ समय पर जनसंख्या घनत्व

r = प्राकृतिक वृद्धि की आन्तरिक दर

K = धारण क्षमता

61. (*a*) **चैपमेन** (Chapman; 1928) ने सर्वप्रथम जैविक क्षमता शब्द दिया था। **अधिकतम प्रजनन क्षमता** चैपमेन ने इसे जीवों की आनुवंशिक क्षमता के रूप में बताया, जो जीवनयापन के लिए आवश्यक हैं अर्थात् संख्या बढ़ाने के लिए। लेकिन इनमें प्राकृतिक नियन्त्रण होता है, जिसे **वातावरणीय अवरोध** कहते हैं।

64. (*a*) किसी भी जनसंख्या के पास जीवन-यापन या प्रजनन के लिए असीमित संसाधन नहीं होते। प्रकृति की प्रत्येक जनसंख्या को सीमित प्राकृतिक संसाधन प्राप्त होते हैं।
इस बिन्दु को ध्यान में रखते हुए तार्किक वृद्धि, घातांकी वृद्धि से अधिक विश्वसनीय है।

65. (*b*) जब जनसंख्या के लिए भोजन व स्थान असीमित होते हैं। प्रत्येक प्रजाति में अपने आन्तरिक वृद्धि क्षमता का प्रतीत होता है, डार्विन ने यह प्राकृतिक चयन के अध्ययन के समय पाया। उन्होंने इसे **प्रजनन सामर्थ्य** कहा।

66. (*d*) तार्किक वृद्धि प्रारूप में वृद्धि समीकरण

$$\frac{dN}{dt} = rN\left(\frac{K-N}{K}\right)$$

जहाँ, $N = t$ समय पर जनसंख्या घनत्व

r = प्राकृतिक बढ़त की आन्तरिक दर K = धारण क्षमता

जब, $\frac{N}{K} = 1$ तो $\frac{K-N}{K} = 0$

$\therefore \quad \frac{dN}{dt} = 0$

68. (*a*) प्रतिस्पर्धा एक नकारात्मक सम्पर्क है, जो दो या अधिक जीवों के मध्य समान सीमित संसाधन की स्थितियों में पाया जाता है।

अन्तः क्रिया

प्रजाति A	प्रजाति B	क्रिया का नाम
+	+	सहोपकारिता
–	–	प्रतिस्पर्धा
+	–	परभक्षण
+	–	परजीविता

69. (*a*) अन्तर विशिष्ट सम्पर्क दो विभिन्न प्रजातियों की जनसंख्या का सम्पर्क है। ये लाभकारी, हानिकारक और उदासीन हो सकती है या तो एक प्रजाति के लिए या दोनों।

70. (*d*) मलेरियल परजीवी मादा *एनॉफिलीज* नामक वाहक मच्छर की आवश्यकता होती है, इसे अगले पोषक तक पहुँचाने के लिए अधिकतर परजीवी पोषक को क्षति पहुँचाते हैं। ये या तो पोषक की वृद्धि या प्रजनन कम कर देते है या जनसंख्या घनत्व कम कर देते हैं।

71. (*a*) सहभोजिता वह सम्पर्क है, जिसमें एक प्रजाति को लाभ होता है, दूसरी अप्रभावित रहती है। उदाहरण–आम की शाखा पर *ऑर्किड* का एपिफाइट की तरह सूर्य के प्रकाश के लिए बढ़ना।

80. (*c*) जब किसी प्रजाति के लिए प्राकृतिक शिकारी नहीं होते, तो ये तब तक वृद्धि करते हैं, जब तक प्राकृतिक बाधाएँ नहीं आती।

81. (*b*) मोनार्क तितली शिकारी के लिए बिल्कुल स्वादहीन होती है, जिसका कारण इनके शरीर पर उपस्थित विशेष रसायन हैं। यह रसायन, ये तितलियाँ अपनी कैटरपिलर अवस्था में जहरीली घास खाने से पैदा करती हैं।

82. (*c*) *कैलोट्रोपिस* अत्यधिक जहरीले हृदय ग्लाइकोसाइड उत्पन्न करता है, जिसके कारण चरवाहे या पशु इसे खाते हुए कम ही दिखते हैं।

83. (*a*) प्रतिस्पर्धा को एक प्रजाति के सामर्थ्य के रूप में समझा जा सकता है, जो दूसरी प्रजाति की तुलना में अधिक सक्षम है। यह प्रभावी प्रतिस्पर्धी प्रजातियों के सन्दर्भ में कम होती है।

84. (*b*) प्रतिस्पर्धी निष्कासन का सिद्धान्त **जी. एफ. गोज** द्वारा दिया गया था। उन्होंने पाया की अन्तर विशिष्ट प्रतिस्पर्धा का प्रभाव दो निकटवर्ती प्रजातियों पर कैसे पड़ता है, उन्होंने कहा कि दो समान भोजन और संसाधन के लिए प्रतिस्पर्धी प्रजातियाँ के समान स्थान पर अत्यधिक प्रतिस्पर्धी स्थितियों में नहीं रह सकती।

85. (*b*) गोज का प्रतिस्पर्धी निष्कासन कहता है, कि दो प्रजातियाँ समान स्रोत या सीमित संसाधन के लिए लम्बे समय तक एक ही आश्रय में नहीं रह सकती।

87. (*a*) *r*-चयनित वे प्रजातियाँ हैं, जिनमें बड़ी संख्या में छोटे आकार की सन्तानोत्पत्ति की क्षमता है। इस प्रजाति की जनसंख्या वृद्धि एक जैविक सामर्थ्य का कार्य है।

88. (*b*) लाइकेन की तरह, माइकोराइजा भी कवक और उच्च पादपों के जड़ों के बीच संघी हैं। कवक पादप को मृदा से आवश्यक पोषकों के अवशोषण में सहायता करती है, जबकि पादप बदले में इन्हें कार्बोहाइड्रेट और आश्रय देते हैं।

89. (*b*) ऑर्किड में परागकारी कीटों के साथ विशिष्ट सम्बन्ध होता है। जलीय/समुद्री ऑर्किड मक्खी की एक प्रजाति से परागित होने के लिए लैंगिक छल करते हैं। पुष्प की एक कली को मादा रूपी एक अलौकिक आकार और रंग देती है। नर मक्खी इसे वास्तविक मादा समझकर के समीप आता है। और छद्म सम्भोग होता है। इस प्रक्रिया में पुष्प परागित होता है।

90. (*b*) जब दो प्रजातियों के संघ में एक लाभान्वित होती है एवं दूसरी को हानि होती हैं, तो इसे आनुवंशिकी कहते हैं। सहसामुदायिकता में एक प्रजाति लाभान्वित होती है एवं दूसरी अप्रभावित रहती हैं।

91. (*c*) लाइकेन दो प्रजातियों (कवक एवं शैवाल) के मध्य सकारात्मक सम्पर्क दर्शाता है।

92. (*a*) चन्दन की लकड़ी (*Santalum album*) आंशिक मूल परजीवी है।

मिस्टीलीटोय (*विस्कम*) अर्द्ध परजीवी माना जाता है, जो पोषक पादप से प्राप्त करता है। *ओरोबैन्की* (*Orobanche*) एक खोखला परजीवी है और *गैनोडर्मा* (*Ganoderma*) परजीवी हैं, बेसिडियो कार्पिक मशरूम।

93. (c) *हाइड्रिला, यूट्रीकुलेरिया, वैलिसनेरिया* जलनिमग्न पादप हैं, जबकि *वॉल्फिया* एक प्लावी पादप है।

94. (c) वे पादप, जिनका कुछ भाग जलनिमग्न व कुछ भाग वायवीय होता है, जलस्थलीय पादप कहलाते हैं।

95. (d) *लेम्ना* में रेशेदार, अशाखित जड़ें पाई जाती हैं, जो पादप का सन्तुलन बनाए रखती हैं।

96. (a) वायु गुहिकाओं की उपस्थिति के कारण जलोद्भिद् पादप जल की सतह पर आसानी से तैर सकते हैं।

97. (a) *हाइड्रिला* जलनिमग्न पादप है, जिसके शाखित तने की पर्वसन्धियों पर पत्तियाँ चक्र के रूप में पाई जाती हैं।

100. (c) शुष्कोद्भिद् जल की कमी वाले स्थानों पर पाए जाते हैं। इस कारण जल अवशोषण को बढ़ाने के लिए इनकी जड़ें मृदा में गहराई तक जाती हैं।

101. (a) नागफनी में तना रूपान्तरित होकर चौड़ा व मांसल हो जाता है व पत्ती का कार्य करता है, ऐसे तने को **पर्णाभ स्तम्भ** कहते हैं।

102. (a) शुष्कोद्भिद् पादपों की पत्तियों में दृढ़ोतक के रेशे पाए जाते हैं, जो पत्तियों को म्लानि के समय लटकने से रोकते हैं।

107. (d) लवणीय मृदा में NaCl, $MgCl_2$ तथा $MgSO_4$ जैसे लवणों की अधिकता पाई जाती है, इस कारण इस मृदा का परासरण दाब उच्च होता है।

108. (d) लवणोद्भिद् पादपों की जड़ों की वल्कुट कोशिकाएँ ताराकृति की होती हैं, जिनमें तेल, टैनिन जैसे पदार्थ भरे होते हैं।

109. (a) लवणोद्भिद् पादपों के तने के वल्कुट में H-आकृति की कण्टिकाएँ पाई जाती हैं, जो वल्कुट को यान्त्रिक सहायता प्रदान करती हैं।

113. (a) पारितन्त्र (Ecosystem) शब्द **ए.जी. टैन्सले** (AG Tansley) के द्वारा सन् 1935 में दिया गया। पारितन्त्र प्रकृति की स्वनियामक, स्थिर, संरचनात्मक एवं कार्यात्मक इकाई है। इसमें जीवित जीव एवं उनके भौतिक पर्यावरण सम्मिलित हैं।

115. (b) जैविक समुदाय में विभिन्न स्तरों पर पाई जाने वाली विभिन्न जातियों का ऊर्ध्वाधर वितरण स्तरीकरण कहलाता है। यह ऊर्ध्वाधर रेखाओं का निर्माण है, जहाँ वनस्पति सघन होती है।

उदाहरण–उष्णकटिबन्धीय वर्षा वनों में 7 स्तरीय स्तरीकरण पाया जाता है; जैसे–लम्बे वृक्ष, मध्यम वृक्ष, झाड़ी, शाक, घास, आदि।

118. (a) अजैविक घटक में पर्यावरण के निर्जीव भौतिक-रासायनिक कारक आते हैं। ये कारक न केवल जीवों के वितरण एवं संघटन बल्कि उनके व्यवहार एवं अन्तर सम्बन्धों को भी प्रभावित करते हैं। इसमें कार्बनिक एवं अकार्बनिक तत्व, जल, मृदा, जलवायवीय कारक, आदि सम्मिलित हैं।

122. (a) एक निश्चित समय में प्रति इकाई क्षेत्रफल में हरे पादपों द्वारा उत्पादित जैवभार या कार्बनिक पदार्थ की दर **सकल प्राथमिक उत्पादकता** कहलाती है। यह भार ($gm/m^2/yr$) या ऊर्जा ($kcal/m^2/yr$) में अभिव्यक्त की जाती है।

124. (b) पादप द्वारा उत्पन्न सकल प्राथमिक उत्पादकता (GPP) में से श्वसन में प्रयुक्त ऊर्जा को घटाने पर कुल प्राथमिक उत्पादकता (NPP) प्राप्त होती है। यह ऊर्जा उपभोक्ताओं द्वारा प्रयुक्त की जाती है।

127. (c) **अपघटन** एक जटिल पदार्थ को इसके सरल संघटकों में तोड़ने का जैविक प्रक्रम है। प्रकृति में मृत कार्बनिक पदार्थ (उत्सर्जी पदार्थ, पादप, जन्तु, आदि) का अपघटन **अपक्षय** भी कहलाता है। स्थलीय पारितन्त्र में मृदा की ऊपरी परत में मुख्यतया अपघटन होता है।

131. (b) निक्षालन (Leaching) प्रक्रम द्वारा जल में घुलित अकार्बनिक पोषक तत्व गहरी मृदा परतों में चले जाते हैं, जहाँ इनका अनुपलब्ध लवणों के रूप में स्वांगीकरण हो जाता है।

132. (c) ह्यूमसीभवन का प्रक्रम प्राकृतिक रूप से मृदाओं में होता है, जिससे खाद बनती है। इससे पोषक तत्वों युक्त, गहरे एवं अनाकार पदार्थ का स्वांगीकरण होता है, जिसे **ह्यूमस** कहते हैं। ह्यूमस लिग्निन एवं सेलुलोज की प्रचुरता युक्त गहरे रंग का अनाकार पदार्थ होता है।

133. (b) इकाई समय में प्रति इकाई क्षेत्रफल ऊर्जा युक्त कार्बनिक पदार्थों के संश्लेषण की दर पोषक स्तर की उत्पादकता कहलाती है। इसे भार ($gm/m^2/yr$) या ऊर्जा ($kcal/m^2/yr$) में व्यक्त करते हैं। प्रकाश-संश्लेषण के द्वारा निश्चित समय में प्रति इकाई क्षेत्रफल में पादपों में स्वांगीकृत जैवभार या कार्बनिक पदार्थ **प्राथमिक उत्पादकता** कहलाती है।

C_4 पादप C_3 की तुलना में अधिक उत्पादक होते हैं। उदाहरण–गन्ना।

137. (d) हरे पादप या हरे पादपों की जनसंख्या में प्रति इकाई समय तथा क्षेत्र में निर्मित कार्बनिक पदार्थ के निर्माण की दर सकल प्राथमिक उत्पादकता कहलाती है। इसे प्रायः संचित ऊर्जा या जैवभार में वृद्धि के द्वारा मापा जाता है।

139. (b) *एगेरिकस* बेसिडियोमाइसिटीज वर्ग का कवक है, जोकि विषमपोषी मृतोपजीवी होता है। इसे प्रायः **मशरूम** (Mushroom) कहते हैं, जबकि *स्पाइरोगायरा* स्वपोषी हरित शैवाल है अर्थात् उत्पादक है।

नॉस्टॉक एवं *वॉल्वॉक्स* क्रमशः नील-हरित शैवाल या जीवाणु एवं शैवाल हैं, जोकि उत्पादक हैं।

140. (b) कुल प्राथमिक उत्पादकता में उष्णकटिबन्धीय वर्षा वन प्रथम एवं क्रमशः मूँगे की चट्टानें, ज्वारदनमुखी, महासागर एवं मरुस्थल हैं।

141. (b) जलतापीय गर्तों के पारितन्त्र के अतिरिक्त पृथ्वी पर सभी पारितन्त्रों हेतु ऊर्जा का एकमात्र स्रोत सूर्य है। कुल आपतित सौर विकिरण का 50% ही प्रकाश-संश्लेषी सक्रिय विकिरण (PAR) होती है। पादप इस PAR का 2-10% भाग ही ग्रहण कर पाते हैं, जो जीवन का आधार है। अतः ऊर्जा का एकदिशीय प्रवाह सूर्य से उत्पादकों में से होते हुए उपभोक्ताओं तक होता है।

142. (a) उष्णकटिबन्धीय वर्षा वन का निम्नतम स्तर बहुत कम सौर विकिरण प्राप्त कर पाता है। अतः उच्च तापमान एवं आर्द्रता की इष्टतम परिस्थितियों के कारण यहाँ मृत कार्बनिक पदार्थों का तीव्रता से सूक्ष्मजीवीय अपघटन होता है। अतः इस जीवोम में सबसे अधिक तीव्रता से अपघटन सम्पन्न होता है।

144. (c) मरुस्थलीय जीवोम में वर्षा 100 mm/yr से कम होती है। यहाँ दिन अत्यधिक गर्म एवं रात्रि में अत्यधिक ठण्डी होती है। यहाँ वर्षा की तुलना में वाष्पोत्सर्जन 7-50 गुना अधिक होता है। मरुस्थलीय पारितन्त्र उत्तरी गोलार्द्ध की तुलना में दक्षिणी गोलार्द्ध में कम पाए जाते हैं

145. (d) लिटोरल क्षेत्र (Littoral zone) जलीय पारितन्त्र या आवास (झील या समुद्र) के तटीय क्षेत्र होते हैं, जो वायु एवं प्रकाश की बाहुल्यता के साथ-साथ कुछ सेन्टीमीटर से मीटर तक जल निमग्न होते हैं। यह क्षेत्र उत्पादक बाहुल्य होते हैं, जिनमें निग्मन एवं मुक्तप्लावी पादपों के साथ भूरे एवं लाल शैवाल पाए जाते हैं।

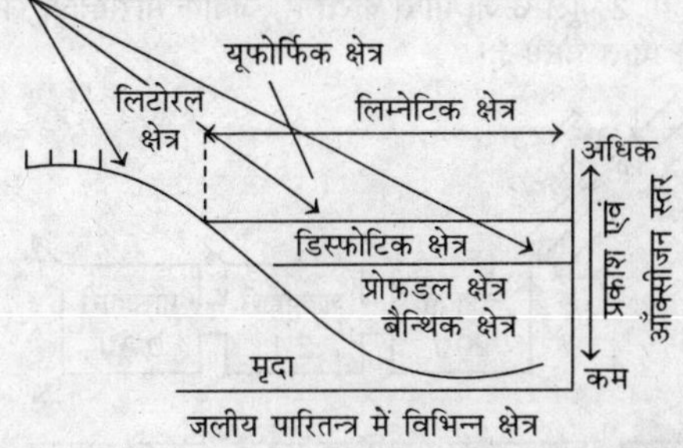

जलीय पारितन्त्र में विभिन्न क्षेत्र

146. (c) पृथ्वी पर सभी पारितन्त्रों हेतु ऊर्जा का एकमात्र स्रोत सूर्य है। कुल आपतित सौर विकिरण का 50% ही प्रकाश-संश्लेषी सक्रिय विकिरण

(PAR) होती है। पादप इस PAR का 2-10% भाग ही ग्रहण कर पाते हैं, जो जीवन का आधार है। अतः ऊर्जा का एकदिशीय प्रवाह सूर्य से उत्पादकों में से होते हुए उपभोक्ताओं तक होता है।

147. (c) जैवमण्डल में सौर विकिरण ऊर्जा का मुख्य स्रोत है, जिसके द्वारा प्रकाश-संश्लेषण से कार्बनिक पदार्थों का निर्माण करते हैं। यह क्रमशः शाकाहारियों एवं माँसाहारियों में स्थानान्तरित होती है।

151. (a) स्थलीय पारितन्त्र में पादप वायु में से CO_2 एवं मृदा में से जल तथा खनिज लवणों द्वारा पर्णहरित एवं सौर प्रकाश की सहायता से भोजन का निर्माण कर वृद्धि करते हैं। अतः स्थल पर पादप उत्पादकों की भूमिका निभाते हैं। जलीय पारितन्त्र में यही कार्य पादपप्लवक, शैवाल, जल निग्मन एवं प्लवक पादप करते हैं।

153. (b) चारण खाद्य शृंखला (GFC) सर्वाधिक प्रचलित खाद्य शृंखला है। चारण खाद्य शृंखला (उदाहरण–घास के मैदान) में हरे पादप (उत्पादक) प्रथम पद पर उपस्थित होते हैं।

157. (c) वे जीव, जो प्राथमिक उपभोक्ताओं से भोजन प्राप्त करते हैं, द्वितीयक उपभोक्ता कहलाते हैं; उदाहरण–माँसाहारी जीव।

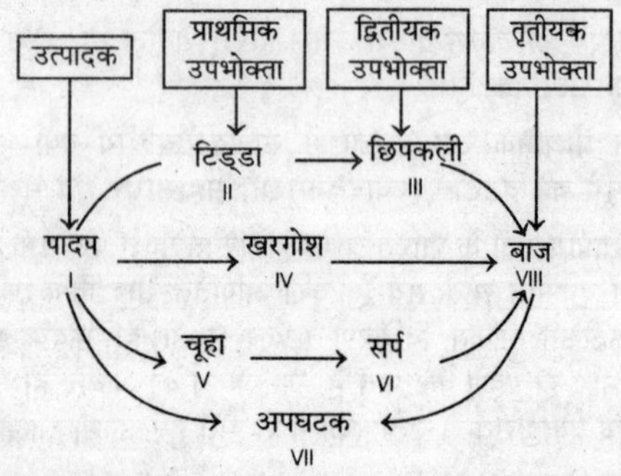

159. (a) एक विशिष्ट समय पर पोषक स्तर पर उपस्थित जीवित जीवों का कुल शुष्क भार खड़ी फसल कहलाता है। खड़ी फसल जीवित जीवों के जैवभार के रूप में या प्रति इकाई क्षेत्रफल में संख्या के रूप में मापी जाती है।

160. (c) खाद्य शृंखला के एक पोषक स्तर से दूसरे पोषक स्तर में भोजन के रूप में ऊर्जा का केवल 10% भाग ही स्थानान्तरित होता है। यह नियम **लिण्डमान का 10% नियम** कहलाता है, जो लिण्डमान द्वारा सन् 1942 में दिया गया था।

163. (a) ऊर्जा के प्रवाह के दौरान उच्च पोषक स्तर में केवल 10% ऊर्जा का स्थानान्तरण होता है। शेष 90% ऊर्जा श्वसन, उपापचय, ऊष्मा के रूप में, अपघटन में, आदि रूपों में व्यर्थ हो जाती है। माना 2000 जूल सौर ऊर्जा हरे पादपों पर आपतित हुई, तो प्रकाश-संश्लेषण की 1% दक्षता के कारण केवल 20 जूल ऊर्जा ही रासायनिक ऊर्जा के रूप में संचित हो पाती है। शेष ऊर्जा पर्यावरण में लुप्त हो जाती है। शाकाहारी जन्तु पादपों से 10% या 2 जूल ऊर्जा प्राप्त करते हैं, जबकि माँसाहारी जन्तु 0.2 जूल ऊर्जा ही प्राप्त होती है।

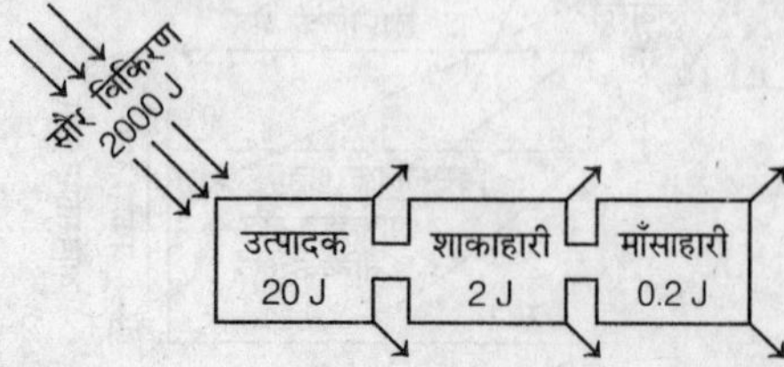

164. (a) **विखण्डन** अपघटन का प्रारम्भिक पद है, जिसमें अपरद के छोटे-छोटे टुकड़े यान्त्रिक रूप से अपरदकारी (केंचुए) द्वारा किए जाते हैं। **ह्यूमसीभवन** में गहरे रंग के अनाकार पदार्थों का स्वांगीकरण होता है, जो सूक्ष्मजीवों के प्रति प्रतिरोधी होता है तथा इसका अपघटन बहुत धीमी गति से होता है। **अपचयन** में उपापचयी प्रक्रमों द्वारा ह्यूमस को और भी अधिक छोटे कणों में विभक्त कर ऊर्जा मुक्त की जाती है। **निक्षालन** वर्षा एवं सिंचाई के कारण जल में विलेयशील पादप पोषक तत्वों के भूगर्भ में नीचे जाने का प्रक्रम होता है। ये तत्व पादपों हेतु अनुपलब्ध हो जाते हैं।

165. (a) पारितन्त्र में उत्पादकों एवं विभिन्न स्तर के उपभोक्ताओं में ऊर्जा, संख्या एवं जैवभार में कुछ सम्बन्ध होता है। इन सम्बन्धों का चित्रात्मक निरूपण पारिस्थितिकी पिरामिड कहलाता है।

ये पिरामिड तीन प्रकार के होते हैं
(i) संख्या का पिरामिड (ii) जैवभार का पिरामिड
(iii) ऊर्जा का पिरामिड

पिरामिडों की अवधारणा सन् 1972 में **चार्ल्स एल्टन** ने दी थी। अतः इन्हें **एल्टन पिरामिड** भी कहते हैं।

169. (a) जलीय पारितन्त्र में जैवभार का पिरामिड सदैव उल्टा होता है। इसमें एक बड़ी मछली अनेक छोटी मछलियों को खाती हैं, जो अनेक पादपप्लवकों को खाती हैं।

परजीवी खाद्य शृंखला का संख्या का पिरामिड भी उल्टा होता है, जहाँ एक पोषक पर अनेक परजीवी आश्रित होते हैं।

170. (a) रेमण्ड लिण्डमान के 10% नियमानुसार एक पोषक स्तर से दूसरे में कुल ऊर्जा का 10% भाग ही स्थानान्तरित होता है।

अतः मोर 0.02 जूल ऊर्जा प्राप्त करेगा।

पादप $\rightarrow$ 20 जूल, चूहा $\rightarrow$ 20 जूल $\times$ 10% $\rightarrow$ 2 जूल
सर्प $\rightarrow$ 2 जूल $\times$ 10% $\rightarrow$ 0.2 जूल, मोर $\rightarrow$ 0.2 जूल $\times$ 10% $\rightarrow$ 0.02 जूल

172. (d) पारितन्त्र में ऊर्जा का पिरामिड सदैव सीधा होता है। यह स्थिति दर्शाती है कि शाकाहारियों में माँसाहारियों की तुलना में ऊर्जा संरक्षण दक्षता अधिक होती है।

183. (c) पारिस्थितिकी अनुक्रमण नग्न क्षेत्र से चरमोत्कर्ष की ओर अग्रसर क्रमकों का अनुक्रम होता है। पारिस्थितिकी शब्दावली में एक समुदाय की विकासशील अवस्थाएँ क्रमक अवस्थाएँ एवं अन्तिम अवस्था चरम समुदाय कहलाती है। यह परिवर्तन धीमा, क्रमिक एवं श्रेणीबद्ध होता है।

184. (b) सर्वप्रथम **क्लिमेन्ट्स** एवं **वार्मिंग** ने पारिस्थितिक अनुक्रमण की अवधारणा दी थी।

185. (a) दिए गए क्षेत्र के जातिय संगठन में क्रमिक एवं पूर्वानुमानित परिवर्तन **पारिस्थितिकी अनुक्रमण** कहलाता है। अनुक्रमण के दौरान कुछ जातियों की जनसंख्या में वृद्धि होती है, जबकि अन्य जातियों की संरचना में कमी एवं कुछ जातियाँ विलुप्त हो जाती हैं।

186. (d) बिजली एवं ज्वालामुखी विस्फोट प्रारम्भिक अनुक्रमण के कारण हैं। प्रारम्भिक कारणों के अन्तर्गत जलवायवीय तथा जैविक कारण सम्मिलित होते हैं।

187. (a) पारिस्थितिक अनुक्रमण की प्रक्रिया के दौरान होने वाले परिवर्तन क्रमिक व सतत् होते हैं।

188. (c) द्वितीयक नग्न क्षेत्रों में उपस्थित अनुक्रमण **उपक्रमक** (Subsere) कहलाता है।

189. (a) बाढ़ के पानी द्वारा लाई गई मृदा पर अनुक्रमण **मध्यक्रमक अनुक्रमण** का उदाहरण है। मध्यक्रमक अनुक्रमण वह अनुक्रमण है, जहाँ मृदा में जल का स्तर सामान्य हो।

190. (a) अभिगमन द्वारा नए समुदाय का किसी खाली स्थान की ओर आक्रमण होता है।

191. (c) अनुक्रमण में सबसे निर्णायक भूमिका जलवायु निभाती है। **क्लिमेन्ट्स** नामक वैज्ञानिक ने चरम अवस्था की स्थापना में जलवायु के विशेष योगदान को एकमात्र कारण माना।

192. (b) **टैन्सले** के बहुचरमं सीमा सिद्धान्त के अनुसार, चरम अवस्था की स्थापना में जलवायु के अतिरिक्त मृदा एवं जैविक अपघटकों का विशेष योगदान होता है।

193. (c) लाइकेन (शैवाल तथा कवक से बने सहजीवी) अनुक्रमण में सबसे पहले भाग लेते हैं। यह मृदा निर्माण का कार्य करते हैं।

194. (a) चरम समुदाय जैविक अनुक्रमण के अन्त में विकसित, स्थिर, स्वनियामक एवं अन्तिम समुदाय होता है, जोकि भौतिक वातावरण से साम्य स्थापित कर लेता है। इसे जलवायवीय चरम समुदाय भी कहते हैं।

197. (a) जैविक अनुक्रमण में नवीन से चरम समुदाय के विकास के मध्य में आने वाली विकासशील अवस्थाओं का अनुक्रमक (क्रमक) कहलाता है। शुष्क क्षेत्र में जैविक अनुक्रमण मरुक्रमण कहलाता है, जबकि जल में यह जलक्रमण कहलाता है।

198. (c) जैविक अनुक्रमण के दौरान विकसित विभिन्न जैविक समुदाय क्रमक या संक्रमणशील समुदाय कहलाते हैं।

199. (d) नग्न क्षेत्र में विकसित प्रथम जैविक जातियाँ नवीन जातियाँ कहलाती है। इसमें अत्यधिक कम विविधता होती है। यह जातियाँ अगले जातियाँ हेतु पर्यावरण परिवर्तन करने में सर्वाधिक समय लेती हैं।

201. (a) चट्टानों पर प्राथमिक अनुक्रमण लाइकेन की जातियों; जैसे–*राइजोकार्पोन*, *रीनोडिना* तथा *लिकेनोरा* द्वारा प्रारम्भ होता है। ये कुछ अम्ल उत्पन्न करते हैं, जिससे अपक्षरण द्वारा चट्टानों से मृदा का निर्माण होता है।

202. (b) द्वितीयक अनुक्रमण पूर्व में उपस्थित समुदाय के विनाश के कारण रिक्त हुई जगह पर प्रारम्भ होता है।

203. (d) *वैलिसनेरिया* तालाब में जलक्रमण की द्वितीय अवस्था में नवीन समुदाय के कुछ पादपप्लवकों के साथ उत्पन्न होता है। ये अवस्थाएँ हैं

प्रथम – जीवाणु, नील-हरित शैवाल एवं शैवाल

द्वितीय – *हाइड्रिला*, *पोटेमोजिटॉन* एवं *वैलिसनेरिया*

तृतीय – *निलम्बो* (कमल), *निम्फिया*, *ट्रापा*, *एजोला* एवं *वुल्फिया*

चतुर्थ – *टाइफा* एवं *सैगिटेरिया*

पंचम – जन्कस एवं *साइप्रस*

षष्ठ – *सैलिक्स*, *पोपल्स* एवं *एल्मस*

204. (b) द्वितीयक अनुक्रमण नष्ट हो चुके वन में प्रारम्भ होता है। यह एक पारितन्त्र की पुनः वृद्धि का प्रक्रम है, जो आग, हिम भूस्खलन, कृषि, वनोन्मूलन या रोग; जैसे-विनाशात्मक प्रक्रम के कारण नष्ट हो चुका है। प्राथमिक अनुक्रमण की तुलना में इसमें अनुक्रमण की दर एवं समुदायों की स्थापना तीव्रता से होती है।

205. (c) प्लवक $\rightarrow$ निमग्न $\rightarrow$ प्लावी $\rightarrow$ कच्छ $\rightarrow$ चरम, जलक्रमक का सही क्रम है।

206. (a) मरुक्रमण (शैलोक्रमण) में अनुक्रमण के स्तर हैं

(i) **लाइकेन अवस्था**–क्रस्टोस लाइकेनों के पश्चात् फोलिओस लाइकेन

(ii) **मॉस अवस्था**–*टोरटूला*, *पॉलीट्राइकम*

(iii) **वार्षिक घास अवस्था**–*साइम्बोपोगॉन*

(iv) **बारहमासी शाकीय एवं झाड़ी अवस्था**–*रुबस*, *कैप्पेरिस*, *जिजिफस*

(v) **चरम समुदाय**–शाक, झाड़ी एवं वृक्ष युक्त वन। .

207. (b) जल में प्राथमिक अनुक्रमण में छोटे पादपप्लवक; जैसे–डायटम्स, हरे नवीन समुदाय बनाते हैं।

208. (a) मरुक्रमण शुष्क क्षेत्र में होता है, जहाँ अनुक्रमिक क्रमकों द्वारा पादप अनुक्रमण शुष्क से समोद्भिद् अवस्था की तरफ होता है।

209. (b) शैलक्रमक में पर्णिल (Foliose) लाइकेन अवस्था क्रस्टोज लाइकेन अवस्था के बाद आने वाली अवस्था है।

210. (a) शैलक्रमक में *कैप्पेरिस* (*Capparis*) झाड़ी अवस्था के उदाहरण हैं। *हेटेरोपोगॉन* बहुवर्षीय घास *एल्युसिना* वार्षिक घास के उदाहरण हैं। चींटियाँ चरम अवस्था में निवास करने वाले प्राणियों में एक है।

211. (c) नील-हरित शैवाल, बालूक्रमक में नवीन समुदाय को प्रदर्शित करते हैं।

212. (b) वार्षिक घास *(एरिस्टिडा, पोआ)* प्रभावी रूप से अधिक ह्यूमस वाली मॉस पर आक्रमण करते हैं।

215. (c) फॉस्फोरस तथा सल्फर ठोस तत्व होने के कारण अवसादी चक्र का उदाहरण है।

216. (b) दिए गए समय में कार्बन, फॉस्फोरस, कैल्शियम, आदि; जैसे-पोषक तत्वों की मृदा में कुल मात्रा **खड़ी अवस्था** कहलाती है। यह विभिन्न पारितन्त्रों एवं ऋतुओं में अलग-अलग होती है।

217. (b) सल्फर चक्र में प्रमुख भण्डारण क्षेत्र पृथ्वी का धरातल एवं कार्बन चक्र में प्रमुख भण्डारण क्षेत्र पृथ्वी का वायुमण्डल एवं महासागर हैं।

218. (b) फॉस्फोरस अवसादी जैव-भू-रासायनिक चक्र है। इसके अनुसार, फॉस्फोरस की गति स्थलमण्डल, जलमण्डल एवं जैव-मण्डल में होती है तथा इसमें प्रमुख भण्डारण क्षेत्र स्थलमण्डल है। इसको वायुमण्डल की कोई विशेष भूमिका नहीं होती है, क्योंकि फॉस्फोरस एवं इससे सम्बन्धित पदार्थ सामान्य ताप एवं दाब पर ठोस होते हैं।

220. (c) अपघटक विषमपोषी जीव है, जो कि पादपों के मृत शरीर और उनके वर्ज्य उत्पादों को छोटे-छोटे टुकड़ों या अणुओं में तोड़ते हैं। अपचायक रसायन के रूप में अणुओं को वातारण में विमुक्त करते हैं, जो उत्पादकों द्वारा पुनः उपयोग किए जाते हैं।

225. (c) फॉस्फोरस मृदा से आर्थोफॉस्फेट (PO_4^{3-}) के रूप में प्राप्त होता है। कार्बनिक फॉस्फोरस का पादपों और जन्तुओं से प्रकृति में परिसंचरण होता है। अपघटकों (फॉस्फोरीकरण जीवाणु) द्वारा फॉस्फेट को वापस मृदा में मुक्त किया जाता है।

226. (c) पोषक तत्वों के भण्डारण, बर्हिगमन एवं अन्तर्गमन की दर में असन्तुलन के कारण उत्पन्न होने वाले घाटे को पूरा करता है।

227. (d) 71% कार्बन महासागरों में घुलित अवस्था में पाया जाता है, जो कि इसके भण्डारण क्षेत्र के रूप में वायुमण्डल में CO_2 की मात्रा को नियन्त्रित करता है।

228. (d) मानवीय गतिविधियों, जैसे-वनोन्मूलन, ऊर्जा हेतु जीवाश्मी ईंधनों का अत्यधिक दहन, परिवहन, आदि के द्वारा वायुमण्डल में CO_2 की मात्रा में बढ़ोत्तरी हो गई है।

229. (d) कार्बन चक्र का विनिमय पूल वायुमण्डल है। इसके अतिरिक्त महासागर भी कार्बन के भण्डारण क्षेत्र हैं।

230. (a) चट्टानों के अपक्षरण के दौरान फॉस्फोरस की सूक्ष्म मात्रा मृदा जल में घुलित होकर पादपों द्वारा अवशोषित कर ली जाती है।

233. (d) फॉस्फोरस के प्रमुख भण्डारण क्षेत्र फॉस्फेट चट्टानें एवं पश्च भौगोलिक समय में दबे जीवाश्म (अस्थियाँ) हैं। फॉस्फोरस चक्र में वायुमण्डल प्रावस्था अनुपस्थित होती है। यह मानवीय क्रियाकलापों या चट्टानों के प्राकृतिक अपक्षरण, द्वारा मृदा में उपलब्ध होते हैं, जहाँ से ये पादपों द्वारा अवशोषित कर लिए जाते हैं। जन्तु पादपों से अप्रत्यक्ष रूप से फॉस्फेट प्राप्त करते हैं।

जन्तु फॉस्फेट के रूप में फॉस्फोरस का उत्सर्जन करते हैं, जिसे पादप उपयोग में ले लेते हैं।

अध्याय 17

जैव-विविधता एवं इसका संरक्षण

Biodiversity and Its Conservation

"किसी भी पारिस्थितिकी तन्त्र एवं वातावरण में पारस्परिक निर्भरता तथा अन्योन्य क्रियाएँ करते हुए पादपों, जन्तुओं एवं सूक्ष्मजीवों की विभिन्न जातियों (स्वभाव, संरचना, आकार एवं आकृति में भिन्न) का पाया जाना, **जैव-विविधता** (Biodiversity) कहलाता है।"

जैव-विविधता शब्द का प्रयोग सर्वप्रथम **रोजन** (Rosen; 1985) ने किया था। **एडवर्ड ओ विल्सन** (Edward O Wilson; 1985) को **'जैव-विविधता का जनक** (Father of biodiversity)' कहा जाता है।

जैव-विविधता के स्तर Levels of Biodiversity

जैव-विविधता को निम्नलिखित तीन स्तरों में विभक्त किया गया है

1. आनुवंशिक विविधता Genetic Diversity

आनुवंशिक विविधता से तात्पर्य एक ही जाति में पाई जाने वाली विभिन्नता से है; उदाहरण— हिमालय पर पाए जाने वाले *राऊवोल्फिया वोमीटोरिया* (*Rauwolfia vomitoria*) नामक औषधीय पादप से **रेसरपीन** (Reserpine) नामक ऐल्केलॉइड प्राप्त होता है। हिमालय की विभिन्न श्रेणियों में इस पादप की रेसरपीन निर्माण की क्षमता सान्द्रता में विभिन्नता पाई जाती है जिससे आनुवंशिक विविधता का प्रदर्शन होता है।

2. जातीय विविधता Species Diversity

यह एक क्षेत्र में उपस्थित जातियों (Species) की संख्या एवं प्रचुरता का प्रकार है। जाति प्रचुरता जितनी अधिक होगी उतनी ही जाति विविधता अधिक होती है। प्रति इकाई क्षेत्र में जातियों की संख्या को **जाति प्रचुरता** (Species richness) कहते हैं। विभिन्न जातियों के जीवों की संख्या **जातीय एकरूपता** (Species evenness) को प्रदर्शित करती हैं। समुदाय जहाँ विभिन्न जातियों में जीवों की संख्या लगभग समान होती है, **समानता** (Evenness) दर्शाते हैं। जहाँ एक या अधिक जाति में दूसरी जातियों की अपेक्षा अधिक जीव पाए जाते हैं, वे प्रभाविता या असमानता प्रदर्शित करते हैं; उदाहरण—पश्चिमी घाट पर उपस्थित उभयचरों की प्रजातियों में जैव-विविधता पूर्वी घाट पर उपस्थित उभयचरों से अधिक होती है।

3. समुदाय एवं पारिस्थितिकीय विविधता Community and Ecological Diversity

समुदाय विविधता जैवीय समुदाय (Biotic community) में विभिन्नता को दर्शाती है। पारिस्थितिक स्तर पर जीवों की विविधता को पारिस्थितिकीय विविधता कहते हैं; उदाहरण—भारत में रेगिस्तान, वर्षा वन, प्रवाल भित्ति (Coral reefs), आर्द्र भूमि, पतझड़ वन, ज्वारनद मुख (Estuaries), मैन्ग्रोव वन, आदि पारिस्थितिकी तन्त्रों की विविधता, नार्वे (Norway) से अधिक है।

समुदायिक स्तर पर विविधता निम्नलिखित प्रकार की होती हैं

(i) **एल्फा-विविधता** (α-diversity) इसके अन्तर्गत किसी एक ही समुदाय या आवास में रहने वाले विभिन्न जीवों में पाई जाने वाली विभिन्नता को सम्मिलित किया जाता है; उदाहरण—एक छोटे वन या उद्यान में विभिन्न प्रकार के पादपों की जातियों के सदस्यों का पाया जाना।

(ii) **बीटा-विविधता** (β-diversity) इसके अन्तर्गत अलग-अलग प्रकार के समुदायों या आवासों में पाई जाने वाली विभिन्नता को दर्शाया जाता है; उदाहरण—हिमालय पर अलग-अलग अक्षांश पर अलग-अलग प्रकार की वनस्पति का पाया जाना।

(iii) **गामा-विविधता** (γ-diversity) इसे क्षेत्रीय विविधता (Area diversity) भी कहते हैं। इसमें एक क्षेत्र में पाए जाने वाले विभिन्न आवासों की जैव-विविधता को सम्मिलित किया जाता है।

जैव-विविधता का महत्त्व Importance of Biodiversity

विगत कुछ वर्षों में रासायनिक व अन्य संश्लेषित उत्पादों के दुष्प्रभावों के कारण लोगों का ध्यान प्राकृतिक उत्पादों की ओर आकर्षित हो रहा है। *जैव-विविधता के महत्त्व को निम्न बिन्दुओं के अन्तर्गत समझा जा सकता है*

(i) **कृषि में महत्त्व** (Importance in Agriculture) अनेक उपयोगी कृषि फसलों के जंगली सम्बन्धी कई रोगों, नाशकों, आदि के प्रति प्रतिरोधकता दर्शाते हैं। इनसे वाँछित जीन के स्थानान्तरण द्वारा या संकरण द्वारा वाँछित गुणसूत्र वाले फसली पादपों को प्राप्त किया जा सकता है; जैसे—धान व गेहूँ की रोग प्रतिरोधक किस्में।

(ii) **खाद्य में महत्त्व** (Importance in Food) पादपों की अनेक जातियों का उपयोग भोजन के रूप में किया जाता है। वर्तमान समय में 80-90% खाद्य सामग्री पादपों की केवल 10-12 जातियों से प्राप्त होती है। बढ़ती जनसंख्या को देखते हुए पादप जातियों में से नए खाद्य स्रोतों की तलाश आवश्यक है। ग्रामीण समुदाय प्राय: पादपों की जंगली जातियों से भोजन प्राप्त करते हैं; जैसे—*ऑर्डीसिया* (उत्तर-पूर्व भारत), *सेरोपेजिया बल्बोसा* (मध्य भारत)।

(iii) **औषधि में महत्त्व** (Importance in Medicine) वर्तमान में भी लगभग 70% औषधियाँ प्राकृतिक उत्पादों से प्राप्त की जाती है; जैसे—सर्पगन्धा, अश्वगंधा, आदि।

(iv) **पारिस्थितिक में महत्त्व** (Importance in Ecology) पारिस्थितिक संतुलन बनाए रखने में जैव-विविधता का विशेष महत्त्व है। जीव भू-रासायनिक चक्र पारिस्थितिक तन्त्र की भरण-पोषण क्षमता को बढ़ाते हैं।

(v) **उद्योगों में महत्त्व** (Importance in Industries) पादप व जन्तु अनेक उद्योगों के लिए कच्चा माल प्रदान करते हैं; जैसे—गोंद, रबड़, ऊन, चमड़ा, आदि।

जैव-विविधता के प्रतिरूप
Patterns of Biodiversity

सम्पूर्ण पृथ्वी पर जैव-विविधता के निम्नलिखित प्रतिरूप पाए जाते हैं

1. अक्षांशीय प्रवणता Latitudinal Gradient

सामान्यतया जैसे-जैसे हम भूमध्य रेखा से ध्रुवों और **उष्णकटिबन्धीय क्षेत्र** (Tropical area) (जिसकी अक्षांशीय परास 23.5° उत्तर से 23.5° दक्षिण तक है।) की ओर जाते हैं, तो जैव-विविधता कम होती जाती है; उदाहरण—कोलम्बिया जोकि भूमध्य रेखा के पास स्थित देश है, पक्षियों की 1400 लगभग प्रजातियाँ पाई जाती हैं, जबकि न्यूयॉर्क जोकि 41° उत्तर में स्थित है, वहाँ 105 प्रजातियाँ एवं ग्रीनलैण्ड (71° उत्तर) में केवल 56 प्रजातियाँ पाई जाती हैं।

भारत के भू-भाग, जो उष्णकटिबन्धीय अक्षांश के अन्तर्गत आते हैं, उष्णकटिबन्धीय वनों में पक्षियों की प्रजातियाँ पाई जाती हैं। सबसे प्रमुख उष्णकटिबन्धीय क्षेत्र वाले अमेजन बेसिन में विश्व की सबसे समृद्ध जैव-विविधता पाई जाती है। यहाँ पर 40000 से ज्यादा पादप प्रजातियाँ जहाँ 3000 मछलियाँ, 1300 पक्षी प्रजातियाँ, 427 स्तनधारी, 427 उभयचर, 378 सरीसृप और 125000 अकशेरुकी प्रजातियाँ पाई जाती हैं। वैज्ञानिकों का अनुमान है कि इन वर्षा वनों में अभी भी कम से कम 2 लाख कीट जातियों की खोज तथा पहचान शेष है।

मिडवेस्ट USA (संयुक्त राज्य अमेरिका) में स्थित शीतोष्ण वनों की तुलना में इक्वाडोर (Equador) में **वाहिका युक्त पादपों** (Vascular plants) की 10 गुना ज्यादा प्रजातियाँ पाई जाती हैं।

उष्णकटिबन्धीय जैव-विविधता के कारण
Causes of Tropical Biodiversity

उष्णकटिबन्धीय क्षेत्रों में उच्च जैव-विविधता के निम्न कारण हैं

(i) उष्णकटिबन्धीय क्षेत्रों में उच्च शीतोष्ण क्षेत्रों की तुलना में अधिक स्थाई वातावरण पाया जाता है। इस कारण उष्णकटिबन्धीय क्षेत्रों में स्थानीय जातियाँ ज्यादा जीवित रहती हैं, जबकि **शीतोष्ण क्षेत्रों** (Temperate region) में उन्हें इधर-उधर बिखरना पड़ता है।

(ii) उष्णकटिबन्धीय समुदाय, शीतोष्ण समुदाय की तुलना में अधिक पुराना है। अत: इन्हें विकास के लिए अपेक्षाकृत अधिक समय मिला। इसी कारण उष्णकटिबन्धीय प्रजातियों में अधिक विशिष्टताएँ एवं अनुकूलन पाए जाते हैं।

(iii) गर्म तापक्रम एवं अधिक नमी युक्त वातावरण में उष्णकटिबन्धीय प्रजातियाँ आराम से रह सकती हैं, लेकिन शीतोष्ण क्षेत्रों में वे अधिक विषम परिस्थितियों के कारण जीवित नहीं रह पाती है।

(iv) शीतोष्ण क्षेत्रों में **हिमनदन** (Glaciation) होता रहता है, जिससे बहुत-सी जातियाँ विलुप्त हो जाती है। अत: यहाँ नई जातियाँ कम विकसित होती है। उष्णकटिबन्धीय क्षेत्रों में वातावरण लगभग अपरिवर्तित रहता है। इनमें विलुप्तता की सम्भावना कम होती है।

2. तुंगीय प्रवणता Altitudinal Gradient

अक्षांशीय प्रवणता की भाँति ही मैदानी क्षेत्रों से पर्वतीय क्षेत्रों की ओर बढ़ने पर जातीय विविधता कम होती जाती है। ऐसा इसलिए होता है, क्योंकि 1000 मीटर की ऊँचाई पर सामान्यतया तापमान में 6.5° C की कमी आ जाती है।

3. जातीय-क्षेत्र सम्बन्ध Species-Area Relationship

एलेक्जैण्डर वॉन हम्बोल्ट (Alexander von Humboldt) नामक जर्मनी के प्रसिद्ध प्रकृतिविद् (Naturalist) व भूगोलशास्त्री ने दक्षिणी अमेरिका के वनों में काफी समय तक अध्ययन किया व शोध के पश्चात् यह बताया कि किसी भी दिए गए क्षेत्र की जातीय समृद्धि अन्वेषण (Explored) क्षेत्र के साथ केवल एक हद तक ही बढ़ सकती है। इनके अनुसार, जातीय समृद्धि (पक्षी, चमगादड़, मछलियाँ, आदि) के मध्य सम्बन्ध एक **आयताकार अतिपरवलय** (Rectangular hyperbola) के रूप में परिलक्षित होता है। **लघुगणकीय पैमाने** (Logarithmic scale) पर यह सम्बन्ध एक सीधी रेखा के रूप में दर्शाया जा सकता है, *जिसका समीकरण निम्नवत् है*

$$\log S = \log C + Z \log A$$

इसमें S = जातीय समृद्धि (Species richness)

A = क्षेत्र (Area)

Z = समाश्रयन या रेखीय ढाल (Regression coefficient)

C = अन्त:खण्ड (Intercept)

जैव-विविधता की क्षति Loss of Biodiversity

- मानव के बढ़ते क्रियाकलापों ने वातावरण को इतना प्रभावित कर दिया है कि पर्यावरण के जैविक कारक तो नष्ट हो ही रहे हैं, साथ-ही-साथ पर्यावरण के अजैविक कारक भी तेजी से नष्ट हो रहे हैं। मानव अपने बढ़ते हस्तक्षेपों के कारण अनेक जातियों की विलुप्ति का भी कारण बन गया है।
- IUCN की **लाल सूची** (Red list, 2004) के अनुसार, पिछले 500 सालों में पादपों एवं जन्तुओं की 784 से ज्यादा जातियाँ विलुप्त हो चुकी हैं। इनमें पादपों की 87, कशेरुकियों की 338 व अकशेरुकियों की 359 जातियाँ सम्मिलित हैं। इनमें से नई जातियों में ऑस्ट्रेलिया का भेड़िया थाइलेसीन (Thylacine), रूस की स्टेलर समुद्री गाय (Steller's sea cow), अफ्रीका का जेब्रा क्वैगा (Quagga), मॉरीशस का डोडो (Dodo) पक्षी तथा बाघों की तीन उपजातियाँ कैस्पियन, बाली, जावा प्रमुख हैं।
- प्रशान्त महासागर के उष्णकटिबन्धीय द्वीपों पर मानव के निवास के कारण वहाँ के स्थानीय पक्षियों की लगभग 2000 से अधिक जातियाँ विलुप्त हो चुकी हैं। पिछले 20 वर्षों में विभिन्न जीवों की 27 ज्ञात जातियाँ विलुप्त हो चुकी हैं। कुछ विशिष्ट वर्गक; जैसे—उभयचर के सदस्य अधिक संख्या में विलुप्त हो रहे हैं।
- सम्पूर्ण विश्व में पादप एवं जन्तुओं की लगभग 15500 जातियों पर विलुप्त होने का खतरा मण्डरा रहा है। इनमें 32% उभयचर, 23% स्तनधारी, 12% पक्षी एवं 31% आवृत्तबीजी हैं। यदि जीवाश्मों के आधार पर पृथ्वी पर जीवन के इतिहास के आँकड़े एकत्रित किए जाए, तो पता चलता है कि पृथ्वी की उत्पत्ति से लेकर अब तक पाँच बार जातियों का व्यापक स्तर पर विलोपन हो चुका है।
- वर्तमान में पृथ्वी छठे विलोपन की ओर बढ़ रही है। मनुष्य के बढ़ते क्रिया कलापों के कारण छठे विलोपन की दर पहले की तुलना में 100 से 1000 गुणा अधिक तेजी से बढ़ रही है। यदि इसी प्रकार चलता रहा, तो अगले 100 वर्षों में पृथ्वी से आधी जातियाँ विलुप्त हो जाएगी।

जैव-विविधता की क्षति के निम्नलिखित परिणाम हैं

(i) इससे पारिस्थितिकी तन्त्र की उत्पादकता कम हो जाती है।
(ii) पर्यावरणीय आपदाओं; जैसे—सूखा, आदि से सामना करने की क्षमता कम हो जाती है।
(iii) पारितन्त्र प्रक्रियाओं; जैसे—जल उपयोग, कीटों, रोगचक्रों तथा परिवर्तनशीलता में वृद्धि होती है।

संकटग्रस्त जातियों की अवधारणा
Concepts of Endangered Species

वे वन्य जीव जातियाँ जिनका अस्तित्व पृथ्वी पर मनुष्य द्वारा इनके आवास स्थानों या स्वयं इनके सदस्यों के व्यापक विनाश के कारण लगभग अनिश्चित है, संकटग्रस्त जातियाँ कहलाती हैं।

IUCN (International Union of Conservation of Nature and Natural Resources) *ने संकटग्रस्त जीव-जातियों का वर्गीकरण निम्नलिखित आधार पर किया है*

(i) जीवों का वर्तमान एवं भूतकालीन वितरण
(ii) समष्टियों की संख्या में कमी
(iii) प्राकृतिक आवासों की स्थिति
(iv) किसी जाति का जैविक महत्त्व

अतः IUCN की लाल किताब (Red Data Book) में वन्य जीवों के संरक्षण के लिए उन्हें निम्नलिखित श्रेणियों में बाँटा हैं

(i) **विकट संकटापन्न जातियाँ** (Critically Endangered Species) इसके अन्तर्गत आने वाली जातियाँ विलुप्तता की कगार पर हैं, जो आगामी भविष्य में किसी भी क्षण विलुप्त हो सकती हैं।

इसके अन्तर्गत विश्वभर से 925 जन्तु [(10% स्तनधारी, 9% पक्षी, 15% सरीसृप, 16% उभयचर तथा 1014 पादप (16% आवृतबीजी)] आते हैं। भारत में विकट संकटापन्न जातियों में लगभग 18 जन्तु व 44 पादप हैं; जैसे—*सस साल्वेनियस* (*Sus salvanius*), *बरबेरिस नीलगिरिएन्सिस* (*Berberis nilghiriensis*), आदि।

(ii) **संकटग्रस्त जातियाँ** (Endangered Species) इस श्रेणी में उन जातियों को रखा गया है, जिनकी जनसंख्या बहुत तेजी से घटी है और भविष्य में इनके विलुप्त होने का खतरा उत्पन्न हो गया है।

(iii) **सुभेद्य जातियाँ** (Vulnerable Species) इस श्रेणी में उन जातियों को रखा गया है, जिनकी संख्या अभी तो पर्याप्त है, लेकिन उचित संरक्षण न होने पर निकट भविष्य में ये संकटग्रस्त जातियों की श्रेणी में आ जाएगीं। मगरमच्छ, हिमालयन कस्तूरी हिरन, हिमालयन छछूँदर इसी श्रेणी के जन्तु हैं।

(iv) **दुर्लभ जातियाँ** (Rare Species) इस श्रेणी में उन जातियों को रखा गया है, जिनकी पहले से ही संसार में कम संख्या है और इनके आवास सीमित हैं। निकट भविष्य में इनके विलुप्त होने की सम्भावना तो नहीं है, लेकिन कम संख्या होने के कारण इनके जीवन को खतरा हो सकता है; जैसे—हाथी, जंगली भैंसा, आदि।

(v) **विलुप्त जातियाँ** (Extinct Species) इस श्रेणी में उन जातियों को रखा गया है, जिनका अस्तित्व सजीव रूप में इस पृथ्वी से समाप्त हो चुका है या ये जातियाँ विलुप्त हो चुकी हैं। भारत की **हिमालयन कुयैल** तथा **गुलाबी सिर वाली बत्तख** विलुप्त जातियाँ हैं। मॉरीशस की **डोडो चिड़िया** भी विलुप्त पक्षी है।

(vi) **संकटमुक्त जातियाँ** (Out of Danger Species) इस श्रेणी में वे जातियाँ आती हैं, जो पहले संकटग्रस्त या दुर्लभ की श्रेणी में थीं, लेकिन संरक्षण किए जाने से इनकी संख्या में इतनी बढ़ोत्तरी हो गई है कि अब इनके विलुप्त होने का खतरा समाप्त हो गया है।

(vii) **आँकड़े उपलब्ध नहीं** (Data Deficiency) कुछ जातियाँ ऐसी भी हैं जिनके आँकड़े उपलब्ध नहीं हैं।

भारत में वन्य प्राणियों की संकटग्रस्त जातियाँ
Threatened Species of Wild Animals in India

इस समय हमारे देश में वन्य प्राणियों की अनेक जातियाँ संकटग्रस्त हैं, जिनमें वन्य पक्षियों की लगभग 38, सरीसृपों एवं उभयचरों की लगभग 18, वन्य स्तनियों की लगभग 66 तथा अकशेरुकियों की अनेक जातियाँ सम्मिलित हैं। इन संकटग्रस्त वन्य जीवों की सम्पूर्ण सूची, भारतीय शासन द्वारा प्रसारित **रेड डाटा पुस्तक** (Red Data Book) में दी गई है।

ये संकटग्रस्त वन्य प्राणि निम्नलिखित हैं

(i) **संकटग्रस्त उभयचर** (Threatened Amphibians) इसमें जरायुजी टोड तथा हिमालयी सरटिका (Newt) मुख्य हैं।

(ii) **संकटग्रस्त सरीसृप** (Threatened Reptiles) इनमें मगरमच्छ, अजगर, विषैले सर्प तथा कई जातियों के कछुए सम्मिलित हैं।

(iii) **संकटग्रस्त पक्षी** (Threatened Aves) इसमें कुछ जातियों की बत्तखें, बाज, समुद्री गरुड़, बाँस तीतर, पहाड़ी बटेर, धनेश हुकना, सारस, आदि मुख्य हैं।

(iv) **संकटग्रस्त स्तनी** (Threatened Mammal) बब्बर शेर, भेड़िए, बाघ, सियार, लोमड़ी, गन्ध बिलाव, भालू, शल्की चींटीखोर, लोरिस, अधिकांश जातियों के बन्दर, हिमचीता, जंगली गधा, गैंडा, जंगली सुअर, कश्मीरी एवं कस्तूरी मृग, सेही, कुरंग, भारतीय बब्बर शेर, लाल पाण्डा, जंगली भेड़ और बकरियाँ, गिब्बन, हाथी, आदि संकटग्रस्त स्तनी हैं।

जीव-जातियों की विलुप्ति Extinction of Species

किसी जाति विशेष का पृथ्वी से पूर्णतया समाप्त हो जाना, जातियों की विलुप्ति कहलाता है। यह प्राकृतिक एवं अप्राकृतिक दोनों प्रकार की होती है।

(i) जीव-जातियों की प्राकृतिक विलुप्ति Natural Extinction of Species

वातावरणीय परिस्थितियों; जैसे—भौगोलिक दशाएँ, जलवायु, आदि में निरन्तर परिवर्तन के कारण पृथ्वी से धीरे-धीरे जातियों का विलुप्तिकरण होता रहता है। कुछ जातियाँ अदृश्य हो जाती हैं तथा कुछ में इन्हीं के अनुकूल संरचनात्मक एवं क्रियात्मक परिवर्तन हो जाते हैं। जीवों में इन परिवर्तनों के परिणामस्वरूप पहले की जातियों से नई-नई जातियों का उद्‌विकास होता रहता है।

स्पष्ट है कि वातावरणीय परिस्थितियों के बदल जाने पर पुरातन जीव-जातियाँ समाप्त या विलुप्त हो जाती हैं तथा अधिक विकसित एवं नई-नई सुगठित जातियाँ इनका स्थान ले लेती हैं। कभी कभी विलुप्तिकरण व्यापक स्तर पर भी होता है। पृथ्वी अब तक पाँच ऐसे विलुप्तिकरण को देख चुकी है।

(ii) जीव-जातियों की अप्राकृतिक विलुप्ति Unnatural Extinction of Species

जीव-जातियों की अप्राकृतिक विलुप्ति का कारण मनुष्य है। सामाजिक, आर्थिक एवं वैज्ञानिक प्रगति के नाम पर आधुनिक मनुष्य अपने क्रियाकलापों; जैसे— व्यवस्था, शिकार, अत्यधिक उपयोग एवं आवास की नष्टता, आदि द्वारा जिस दर से वन्य जीव-जातियों का अप्राकृतिक विनाश कर रहा है, उसकी तुलना में वन्य प्राणियों के प्राकृतिक विनाश की दर नगण्य है। पृथ्वी पर 533 **जन्तु-जातियाँ** (अधिकतर कशेरुकी) एवं 384 **पादप जातियाँ** (अधिकतर पुष्पीय पादप) नष्ट हो गई हैं। इनमें से 75% विलुप्तता मनुष्य के हस्तक्षेपों से जुड़ी हुई है।

मानव हस्तक्षेपों द्वारा जीव-जातियों की विलुप्ति के प्रमुख उदाहरण निम्नवत् हैं

(a) **डोडो** (Dodo) अब विलुप्त हो चुका है। यह पक्षी केवल मॉरीशस द्वीप पर पाया जाता था। इसका वजन 30-50 पौण्ड था तथा यह उड़ने में अक्षम था। अत: भारी होने के कारण यह पक्षी मनुष्य की पकड़ से बच नहीं पाता था एवं मारा जाता था। स्वादिष्ट माँस की प्राप्ति हेतु भी इस पक्षी का व्यापक वध किया गया। सन् 1681 तक सभी डोडो पक्षी समाप्त हो गए थे।

(b) **तस्मानी बाघ या थायलेसिन** (Tasmian Tiger or Thylacine) यह एक धारीदार मार्सुपियल था। यह पशुधन के लिए खतरनाक माना जाता था। अत: लगभग सन् 1930 तक मानव द्वारा इसका व्यापक वध करके इसे भी विलुप्त कर दिया गया।

(c) **यात्री कबूतर** (Passenger Pigeon) पक्षियों की यह जाति पूर्वी-उत्तरी अमेरिका के जंगलों में बहुतायत से पाई जाती थी। इसकी आबादी 100 करोड़ से भी अधिक थी, परन्तु किसानों द्वारा वनों के व्यापक विनाश से इनकी संख्या अत्यन्त कम हो गई। अन्य मुख्य कारणों में मानवों द्वारा शिकार और माँस की प्राप्ति के लिए इनका व्यापक शिकार सम्मिलित है।

रेड डाटा पुस्तक Red Data Book or RDB

विलुप्त होते जीवों की जातियों की जानकारी के सम्बन्ध में IUCN ने एक पुस्तक का प्रकाशन किया है, जिसे **लाल डाटा पुस्तक** नाम दिया गया है। **उत्तरजीविता सेवा आयोग** (Survival Service Commission or SSC) IUCN का एक अंग है। इसी आयोग द्वारा यह पुस्तक प्रकाशित की जाती है।

रेड डाटा पुस्तक का प्रथम प्रकाशन 1 जनवरी 1972 में हुआ था। रेड डाटा पुस्तक सीरीज में 5 पुस्तकें प्रकाशित की जा चुकी हैं। इन पुस्तकों में अलग-अलग जीवों के सम्बन्ध में जानकारी दी गई है।

ये पुस्तकें निम्न प्रकार हैं

(i) **प्रथम पुस्तक** में स्तनधारियों की 236 प्रजातियों (292 उप-प्रजातियों) के सम्बन्ध में बताया गया है।

(ii) **द्वितीय पुस्तक** में पक्षियों की 287 प्रजातियों (341 उप-प्रजातियों) के सम्बन्ध में बताया गया है।

(iii) **तृतीय पुस्तक** में सरीसृप 119 प्रजातियों तथा उभयचर की 36 प्रजातियों एवं उप-प्रजातियों के सम्बन्ध में बताया गया है।

(iv) **चतुर्थ पुस्तक** में मछलियों की दुर्लभ एवं अप्राप्य प्रजातियों एवं उप-जातियों के सम्बन्ध में बताया गया है।

(v) **पाँचवीं पुस्तक** में पादपों की दुर्लभ एवं अप्राप्य प्रजातियों एवं उप-प्रजातियों का वर्णन किया गया है।

प्रत्येक रेड डाटा पुस्तक में चार रंगों के पृष्ठ प्रयोग किए गए हैं

(a) **लाल पृष्ठ** (Red Pages) इन पृष्ठों पर उन लुप्तप्राय या लुप्त हो रही प्रजातियों की जानकारी दी जाती है, जिनके बचाव का पूरा ध्यान रखना आवश्यक है।

(b) **सफेद पृष्ठ** (White Pages) सफेद पृष्ठों पर उन प्रजातियों की जानकारी दी जाती है, जो दुर्लभ तथा कुछ निश्चित स्थानों पर ही उपलब्ध हैं और इनकी संख्या बहुत कम है।

(c) **पीले पृष्ठ** (Yellow Pages) इन पृष्ठों पर उन लुप्त हो रही प्रजातियों की जानकारी दी जाती है, जिनकी संख्या तेजी से कम हो रही है।

(d) **भूरे पृष्ठ** (Brown Pages) इन पृष्ठों पर उन प्रजातियों की जानकारी दी जाती है, जिनके बारे में आशंका है कि ये कम हो रही हैं, लेकिन इनका पूर्ण विवरण उपलब्ध नहीं है। पुस्तक के अन्त में उन प्रजातियों

का जिक्र भी किया गया है, जिनको प्रयास करके बचा लिया गया है। इसके लिए **हरे रंग के पृष्ठ** प्रयोग किए गए हैं। समय-समय पर इस पुस्तक को अपग्रेड किया जाता है। यद्यपि यह पुस्तक अन्तर्राष्ट्रीय स्तर पर प्रकाशित की गई है, लेकिन अब राष्ट्रीय स्तर पर भी रेड डाटा पुस्तक बनाई गई है।

रेड डाटा पुस्तक के उद्देश्य
Objectives of Red Data Book

(i) लुप्त हो रही जीव प्रजातियों की जानकारी देना।

(ii) संकटग्रस्त जातियों के आश्रय स्थल की स्थिति की जानकारी देना।

(iii) वर्तमान में उपलब्ध जीवों की संख्या उपलब्ध कराना।

(iv) आँकड़ों के माध्यम से लोगों को जीव संरक्षण के लिए प्रेरित करना।

जैव-विविधता के संरक्षण की युक्तियाँ
Strategies of Biodiversity Conservation

जैव-विविधता के महत्त्वों को समझ लेने के पश्चात् यह निश्चित हो जाता है कि इसे संरक्षित एवं सुरक्षित रखना अत्यन्त आवश्यक है। जैव-विविधता का संरक्षण आवश्यक पारिस्थितिक प्रक्रियाओं व जीवन आधार तन्त्र को बनाए रखने, जातीय विविधता को सुरक्षित रखने व अधिक उपयोग की जातियों पारिस्थितिकी तन्त्रों के तर्कसंगत उपयोग के उद्देश्य से किया जाता है।

जैव-विविधता को निम्नलिखित दो प्रकार से संरक्षित किया जा सकता है

1. *स्व स्थाने* संरक्षण (*In situ* conservation)
2. *बाह्य स्थाने* संरक्षण (*Ex situ* conservation)

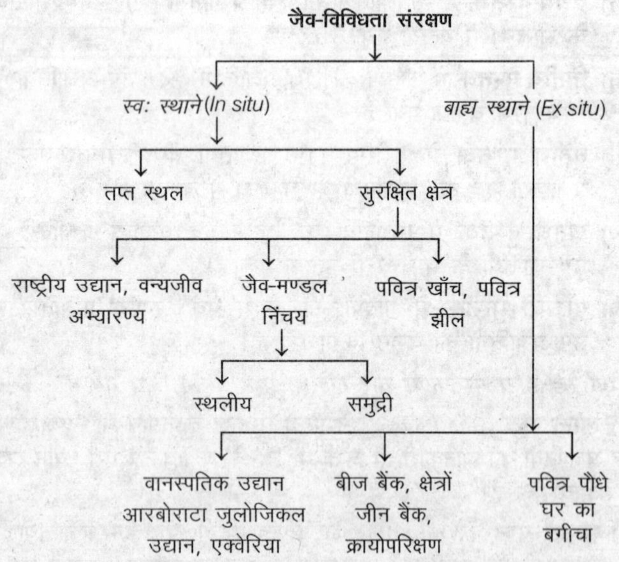

1. जैव संवेदी क्षेत्र या तप्त स्थल Hotspots

स्व स्थाने संरक्षण के लिए क्षेत्रों की प्राथमिकता को वियुक्त करने के लिए **नॉर्मन मेयर** (Norman Mayer) ने तप्त स्थल प्रणाली को सन् 1988 में विकसित किया। तप्त स्थल पृथ्वी पर पादप एवं जन्तुओं की दुर्लभ प्रजातियों की घनी आबादी के क्षेत्र हैं। सर्वप्रथम 25 जैव-विविधता तप्त स्थल चिह्नित किए गए थे। तत्पश्चात् इस सूची में 9 तप्त स्थल और सम्मिलित किए गए हैं। अब संसार में कुल 34 जैव-विविधता तप्त स्थल हैं। यद्यपि जैव-विविधता के सभी तप्त स्थल परस्पर मिलकर संसार का 2% से भी कम हैं, परन्तु इन क्षेत्रों में 44% जातियाँ पाई जाती हैं। इन तप्त स्थलों को विशेष सुरक्षा प्रदान करके विलोपन की दर को 30% तक कम किया जा सकता है।

तप्त स्थल क्षेत्र का निर्धारण निम्न तथ्यों के आधार पर किया जाता है

(a) क्षेत्र विशेष में मिलने वाली **स्थानीय जातियों** की संख्या, जोकि क्षेत्र विशेष में प्राकृतिक रूप से मिलने वाली जातियाँ हैं।

(b) पर्यावरण असन्तुलन से स्थानीय जातियों को पहुँचने वाले नुकसान के आधार पर।

(i) भारतीय तप्त स्थल Indian Hotspots

भारत के तीन जैव-विविधता तप्त स्थल **पश्चिमी घाट** और **श्रीलंका**, **पूर्वी हिमालय** एवं **इण्डो बर्मा** क्षेत्र में है।

(ii) पश्चिमी घाट Western Ghat

यह तप्त स्थल भारतीय महाद्वीप के पश्चिमी तट के समानान्तर फैला है, इसका क्षेत्रफल 1600 वर्ग किमी है। इसके अन्तर्गत महाराष्ट्र, कर्नाटक, तमिलनाडु तथा केरल राज्यों का क्षेत्र आता है। यहाँ अधिकांश सदाबहार वन मिलते हैं। केरल की प्रसिद्ध **शान्त घाटी** (Silent valley) पश्चिमी घाट के अन्तर्गत ही आती है। हमारे देश में वृक्षों की सर्वाधिक विविधता इसी क्षेत्र में मिलती है। इस क्षेत्र में 1650 पादप जातियाँ मिलती हैं, जो देश की कुल जातियों का 40% हैं। इस क्षेत्र में पुष्पी पादप भी अधिकता में हैं। वन्य प्राणियों की दृष्टि से भी यह क्षेत्र सम्पन्न है। इस क्षेत्र में सरीसृप, उभयचर, कुछ तितलियाँ एवं स्तनधारियों की कई जातियाँ स्थानिक रूप से मिलती हैं। यहाँ वृक्षवासी प्राणियों की अधिकता है।

भारत में **हुलोका** एवं **गिब्बन** केवल इसी क्षेत्र में मिलते हैं। देश के सर्वाधिक **उभयचर** (Amphibian) भी इसी क्षेत्र में मिलते हैं। इस क्षेत्र का वार्षिक तापमान 28° C, वार्षिक आर्द्रता 75% तथा औसत वार्षिक वर्षा 200 सेमी से अधिक होती है।

(iii) पूर्वी हिमालय Eastern Himalaya

इस क्षेत्र के अन्तर्गत **सिक्किम** का अधिकांश भाग आता है और यह क्षेत्र पड़ोसी देश भूटान तक फैला है। इस क्षेत्र की समुद्रतल से ऊँचाई 1780-3500 मी तक है, इसलिए इस क्षेत्र की जलवायु शीतोष्ण है। इस क्षेत्र में कुछ अलग-अलग घाटियाँ हैं, जिनमें अधिकांशतया स्थानीय जातियाँ हैं। इस क्षेत्र का कुछ भाग वृक्षविहीन है, इसे **एल्पाइन क्षेत्र** (Alpine area) कहते हैं। इस भाग में वनस्पति एवं झाड़ियों की अधिकता है।

सामान्यतया पूर्वी हिमालय क्षेत्र में **विन्टरेसी** (Winteraceae) तथा **मेग्नोलिएसी** (Magnoliaceae) कुल के पादपों की अधिकता है; जैसे—*मेग्नोलिया* एवं *बेतुला*, आदि। बाँस एवं शीशम के वृक्ष भी काफी संख्या में मिलते हैं। इस क्षेत्र में स्तनधारी भी काफी संख्या में मिलते हैं।

2. राष्ट्रीय उद्यान National Park

वह क्षेत्र, जो वन्यजीवों के लिए पूर्णरूप से संरक्षित होता है तथा जहाँ शिकार खेलना, पशु चराना, फसल बोना निषेध होता है, राष्ट्रीय उद्यान कहलाता है। इन क्षेत्रों में जन्तुओं या **प्राणिजात** (Fauna) तथा पादपों या **वनस्पतिजात** (Flora) दोनों का संरक्षण किया जाता है।

भारत में 104 (अप्रैल, 2012) राष्ट्रीय उद्यान हैं, जिनका अनुमानित क्षेत्र 38029.18 वर्ग किमी है। यह भारत के भौगोलिक क्षेत्र का 1.16% है।

जिम कॉर्बेट राष्ट्रीय उद्यान (Jim Corbett National Park) भारत का **प्रथम राष्ट्रीय उद्यान** है, जिसकी स्थापना सन् 1936 में हुई थी। यह अब उत्तराखण्ड में स्थित है। ये उद्यान टाइगर प्रोजेक्ट पर भी कार्य कर रहा है। **येलोस्टोन राष्ट्रीय उद्यान** विश्व का प्रथम राष्ट्रीय उद्यान है, जिसकी स्थापना सन् 1872 में USA में हुई थी।

भारत के प्रमुख राष्ट्रीय उद्यानों का सारणीवार अध्ययन निम्नलिखित है

भारत के राष्ट्रीय उद्यान

राज्य	राष्ट्रीय उद्यान का नाम	स्थापित वर्ष	प्रमुख वन्य जीव आकर्षण
अण्डमान और निकोबार द्वीप समूह	वान्डूर राष्ट्रीय उद्यान	1983	तेंदुआ, गौर, हिमालयी काला भालू
अरुणाचल प्रदेश	नामधापा राष्ट्रीय उद्यान	1983	इस्टुअंटिन मगरमच्छ, नारियल केकड़ा
असोम	काजीरंगा राष्ट्रीय उद्यान	1974	गैंडा, हाथी, बाघ
	मानस राष्ट्रीय उद्यान	1990	बाघ, असोम छाजित कच्छप, सुनहरा लंगूर, गैंडा, खरगोश
छत्तीसगढ़	इंदिरावती राष्ट्रीय उद्यान	1981	बाघ, तेंदुआ, नीला सांड
गुजरात	गिर राष्ट्रीय उद्यान (काठियावाड़ स्थित गिर जंगल)	1975	एशियाई शेर (बब्बर शेर), तेंदुआ, चौसिंगा चितकबरा हिरण, हिना, सांभर, चिंकारा
कच्छ	मरिन राष्ट्रीय उद्यान	1980	दरियाई घोड़ा, ऑक्टोपस, पर्ल ओयस्टर, स्टार फिश, लोबस्टार डॉलफिन डूगॉग
हरियाणा	सुल्तानपुर राष्ट्रीय उद्यान	1989	स्थाई और प्रवासी पक्षियों की बड़ी संख्या, हंस, साइबेरियाई सारस, डिमोइसेली सारस, पेलिकन फ्लेमिंगो, ग्रे लेग गेडपॉल, मिलार्ड, पोचार्ड आदि, काला हिरण, नील गाय, होग हिरण, सांभर, जंगली कुत्ता (ढोल), काराकल, तेंदुआ, जंगली सुअर, चार सींगों वाला हिरण
हिमाचल प्रदेश	ग्रेट हिमालय राष्ट्रीय उद्यान	1984	बकरी, भराल (नीली भेड़) गोराल, सरोउ, भूरी भेड़, तेंदुआ, स्नो तेंदुआ
	पिन वैली राष्ट्रीय उद्यान	1987	स्नो लियोपार्ड, हिमालन स्नोकॉक, चुकार (तीतर)
जम्मू-कश्मीर	दाचीगाम राष्ट्रीय उद्यान	1981	हिमालयी काला भालू, तेंदुआ, कस्तूरी प्रवासी पक्षी, हिमचीता
झारखण्ड	हजारी बाग राष्ट्रीय उद्यान	—	बाघ, जंगली भालू, नील गाय, चीतल, काकर
	पलामू राष्ट्रीय उद्यान	—	बाघ, ढोल, हाथी
कर्नाटक	बादीपुर राष्ट्रीय उद्यान	1974	एशियाई हाथी, बाघ
	नागरहोल राष्ट्रीय उद्यान	1988	बाघ, जंगली हाथी, तेंदुआ, ढोल (जंगली कुत्ता), गौर (भारतीय पहाड़ी भैंसा), मुटंजैक (भौंकने वाला हिरण), माउस डियर, चार सींगों वाला हिरण, जंगली भालू, रीछ, भेड़िया।
केरल	पेरियार राष्ट्रीय उद्यान	1982	बाघ, नीलगिरि लंगूर, उडने वाली गिलहरी, हाथी, शेर की पूँछ वाला मकाऊ
मध्य प्रदेश	बांधवगढ़ राष्ट्रीय उद्यान	1982	बाघ, तेंदुआ, भालू
	कान्हा राष्ट्रीय उद्यान	1955	बाघ, तेंदुआ, हाथी
	पन्ना राष्ट्रीय उद्यान	1973	बाघ, भेड़िया, चीतल, रीछ, बाराहसिंगा
महाराष्ट्र	नवेगांव राष्ट्रीय उद्यान	1975	बाघ, चीता, पहाड़ी भैंसा
	तदोवा राष्ट्रीय उद्यान	1955	बाघ, तेंदुआ, रीछ, सांभर, भौंकने वाला हिरण, नीलगाय
ओडिशा	नंदन कानन राष्ट्रीय उद्यान	—	सफेद बाघ, एशियाई शेर, मगरमच्छ
	सिमीपाल राष्ट्रीय उद्यान	1980	बाघ, तेंदुआ, हाथी, सांभर, लंगूर, हिरण, गौर, जंगली भालू, रीछ, बन्दर, साही
राजस्थान	केवलादेव राष्ट्रीय उद्यान	1981	पक्षी अभ्यारण्य-साइबेरियाई सारस, हुकना भारतीय सारंग
	रणथम्भौर राष्ट्रीय उद्यान	1980	बाघ, तेंदुआ, भालू
	सरिस्का राष्ट्रीय उद्यान	1982	बाघ, चार सींगों वाला हिरण, काकत, तेंदुआ, नील गाय, सांभर, चीतल
उत्तर प्रदेश	दुधवा राष्ट्रीय उद्यान	1977	बाघ, गैंडा, स्वाम हिरण, बंगाल फ्लोरिकन चीतल, होग हिरण, भूमि पर रहने वाला तेंदुआ।

राज्य	राष्ट्रीय उद्यान का नाम	स्थापित वर्ष	प्रमुख वन्य जीव आकर्षण
उत्तराखण्ड	राजाजी राष्ट्रीय उद्यान	1983	बाघ, तेंदुआ, हाथी , सांभर, चीतल, भौंकने वाला हिरण, जंगली भालू, रीछ, लंगूर, प्रवासी पक्षी
	कॉर्बेट राष्ट्रीय उद्यान	1936	बाघ, तेंदुआ, हाथी, चीतल, होग हिरण, भूमि पर रहने वाली कई चिड़ियों की प्रजातियाँ
पश्चिम बंगाल	सुन्दरवन राष्ट्रीय उद्यान	1984	रॉयल बंगाल टाइगर (बाघ), मछली पकड़ने वाली बिल्ली, मॉनिस्टर छिपकली, नदी मुहाने वाला मगरमच्छ, ऑसिव रिडले कच्छप

3. वन्यजीव अभ्यारण्य या शरणस्थल Wildlife Sanctuaries

वन्यजीव अभ्यारण्य, वे सामूहिक आरक्षित क्षेत्र हैं, जहाँ पादप एवं जन्तुओं की स्थानीय जातियों तथा अभिगमन करके आई जातियों को अनुकूल परिस्थितियाँ प्रदान की जाती हैं। इन क्षेत्रों में शिकार पर पाबन्दी होती है। ये क्षेत्र राज्य सरकारों द्वारा घोषित एवं व्यवस्थित किए जाते हैं। पादपों के संरक्षण के लिए वर्तमान में भारत में 520 वन्य जीव अभ्यारण्य हैं। *भारत में कुछ प्रमुख वन्यजीव अभ्यारण्य निम्न हैं*

भारत के कुछ प्रमुख वन्यजीव अभ्यारण्य या शरणस्थल

नाम और स्थिति	क्षेत्रफल	प्रमुख प्राणि
अन्नामलाई शरणस्थल कोएम्बटूर, तमिलनाडु	958 वर्ग किमी	हाथी, बाघ, तेंदुआ, नीलगिरि लंगूर, सिंहपुच्छी वानर, गौर, चीतल, सांबर, भौंकने वाला हिरण या मृग, रीछ, जंगली शूकर, आदि।
बीर मोतीबाग वन्यजीवन शरणस्थल, पटियाला, पंजाब	8.3 वर्ग किमी	नील गाय, जंगली शूकर, हॉग डीयर, ब्लैकबक या कृष्णसार, नीला सांड, सियार, मोर, तीतर, चिड़िया मैना, कबूतर, फाख्ता, आदि।
शिकारी देवी शरणस्थल, मण्डी, हिमाचल प्रदेश	213 वर्ग किमी	काला भालू, हिम तेंदुआ, उड़ने वाली लोमड़ी, भौंकने वाला मृग, कस्तूरी मृग, चकोर, तीतर, आदि।
डकिंगम शरणस्थल, श्रीनगर, जम्मू-कश्मीर	89 वर्ग किमी	हंगुल या कश्मीरी स्टैग, कस्तूरी मृग, हिम तेंदुआ, काला भालू, भूरा भालू, आदि।
नागार्जुन सागर शरणस्थल, गुन्टूर व नाला गोन्डा में मल्लामलाई पहाड़ियों में, आन्ध्र प्रदेश	3568 वर्ग किमी	बाघ, चीता, जंगली भालू, चीतल, नील गाय, ब्लैकबक या कृष्णसार, लोमड़ी, सियार, भेड़िया, मगरमच्छ, आदि।
मुडुमलाई वन्यजीव, शरणस्थल, नीलगिरि, तमिलनाडु	520 वर्ग किमी	हाथी, गौर, सांबर, चीतल, भौंकने वाला हिरण, चार सींग वाला एन्टिलोप, लंगूर, वृहत् गिलहरी, उड़ने वाली लोमड़ी, जंगली कुत्ता, जंगली बिल्ली, सिवेट, रीछ, सेही, अजगर, रैट स्नेक, मोनिटर लिजार्ड, उड़ने वाली छिपकली, आदि।
जलदापारा शरणस्थल, मदारीहाट, पश्चिमी बंगाल	1555 वर्ग किमी	गैंडा, हाथी, शेर, तेंदुआ, गौर, हिरण, सांबर तथा विभिन्न प्रकार के पक्षी।
चिलका झील पक्षी शरणस्थल, ओडिशा	990 वर्ग किमी	विभिन्न प्रकार के पक्षी; जैसे-जलीय मुर्गा, बत्तख, सारस, सुनहरी प्लोवर, सैण्ड-पाइपर, फ्लेमिंगो या हंसावर, आदि।

4. जैव-मण्डल आरक्षित क्षेत्र Biosphere Reserves

यह संरक्षित क्षेत्रों की एक विशेष श्रेणी है। जैव-मण्डल आरक्षित क्षेत्र में एक सीमा तक मानव गतिविधियाँ जारी रहती हैं, लेकिन इन गतिविधियों से जैव सम्पदा को कोई नुकसान नहीं पहुँचने दिया जाता। जैव-मण्डल आरक्षित क्षेत्र का विचार सन् 1975 में **यूनेस्को** (UNESCO) द्वारा दिया गया। यूनेस्को ने इसी वर्ष **मानव तथा जैव-मण्डल कार्यक्रम** (Man and Biosphere or MAB Programme) प्रारम्भ किया। मई 2002 तक 94 देशों में 408 जैव-मण्डल आरक्षित क्षेत्र घोषित किए जा चुके हैं।

जैव-मण्डल आरक्षित क्षेत्रों को तीन भागों में बँटा होता है

(a) **परिचालन क्षेत्र** (Manipulation or Transition Zone) यह जैव-मण्डल आरक्षित क्षेत्र का बाहरी क्षेत्र है। इस क्षेत्र में मानव-बस्ती होती है। इसलिए यह मानव सक्रियता वाला क्षेत्र होता है।

(b) **प्रतिरोधक क्षेत्र** (Buffer Zone) परिचालन के अन्दर का क्षेत्र प्रतिरोधक क्षेत्र कहलाता है। इस क्षेत्र में मानव बस्तियाँ तो नहीं होती, लेकिन सीमित मानव क्रियाएँ होती हैं।

(c) **केन्द्रीय क्षेत्र** (Core Zone) यह जैव-मण्डल का केन्द्रीय भाग है। यह भाग पूरी तरह वन्य जीवों के लिए संरक्षित होता है और इस भाग में मानव क्रियाकलाप पूर्णतया प्रतिबन्धित होते हैं।

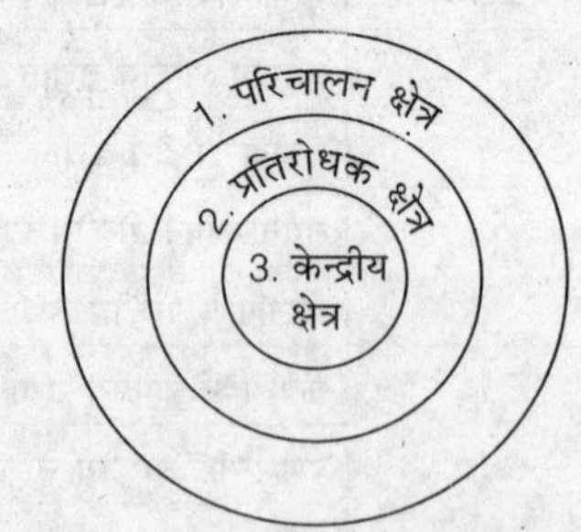

एक जैव-मण्डल आरक्षित क्षेत्र की संरचना

नोट परिचालन क्षेत्र को तीन उपक्षेत्रों में विभाजित किया जाता है, जो बाहर से भीतर को ओर क्रमश: वानिकी, पर्यटन व कृषि हेतु प्रयोग किए जाते हैं।

भारत में MAB प्रोग्राम सन् 1986 में प्रारम्भ हुआ तथा भारत का प्रथम जैव-मण्डल आरक्षित क्षेत्र **नीलगिरि जैव-मण्डल आरक्षित क्षेत्र** (Nilgiri Biosphere Reserve or NBR) है। 2011 तक भारत में 18 जैव-मण्डल आरक्षित क्षेत्र घोषित किए जा चुके थे।

भारत के जैव-मण्डल आरक्षित क्षेत्र

जैव-मण्डल आरक्षित क्षेत्र	सम्बन्धित राज्य
नीलगिरि	तमिलनाडु, केरल, कर्नाटक
नन्दादेवी	उत्तराखण्ड
नोकरेक	मेघालय
मानस	असोम
सुन्दरवन	पश्चिम बंगाल
मन्नार की खाड़ी	तमिलनाडु
ग्रेट निकोबार	अण्डमान व निकोबार
सिमलीपाल	ओडिशा
डिब्रुसेखोवा	असोम
देहांग देबांग	अरूणाचल प्रदेश
पचमड़ी	मध्य प्रदेश
कंचनजंगा	सिक्किम
अगस्त्यामलाई	केरल, तलिनाडु
अचनाकमार-अमरकटंक	छत्तीसगढ़
कच्छ	गुजरात
शीत रेगिस्तान	हिमाचल प्रदेश
सेशाचल	आन्ध्र प्रदेश
पन्ना	मध्य प्रदेश

जैव-मण्डल आरक्षित क्षेत्र का महत्त्व
Significances of Biosphere Reserves

जैव-मण्डल आरक्षित क्षेत्र के महत्त्व निम्नलिखित हैं

(a) जैव-मण्डल आरक्षित क्षेत्र जैव-विविधता को बनाए रखने में सहायक हैं। इन्हें प्राकृतिक एवं आनुवंशिक खजाना कहा जा सकता है।

(b) आरक्षित क्षेत्र पारिस्थितिकी एवं पर्यावरणीय अनुसंधानों के लिए महत्त्वपूर्ण क्षेत्र हैं।

(c) आरक्षित क्षेत्र शिक्षा एवं प्रशिक्षण का साधन हैं।

(d) आरक्षित क्षेत्र अन्तर्राष्ट्रीय सहयोग को बढ़ावा देते हैं।

अभ्यास प्रश्न

1. निम्नलिखित में से किस वैज्ञानिक का मत है कि पृथ्वी पर जीवों की जैव-विविधता 7 मिलियन हो सकती है?
(a) अर्नेस्ट हेकल (b) रॉबर्ट मेयर
(c) चार्ल्स डार्विन (d) माल्थस

2. निम्नलिखित में से कौन-सा जीव समूह कुल जन्तुओं के 70% भाग को प्रदर्शित करता है?
(a) उभयचर (b) सरीसृप
(c) कीट (d) स्तनधारी

3. यूरोपियन जैव-विविधता का क्षेत्र है
(a) उच्च हिमालयी क्षेत्र (b) पूर्वी हिमालय
(c) राजस्थान (d) प्रायद्वीपीय पठार

4. दो भिन्न आवासीय क्षेत्रों के सन्धि बिन्दु पर विविधता की उपस्थिति कहलाती है
(a) बोतल ग्रीव प्रभाव (b) एज प्रभाव
(c) जन्कशन प्रभाव (d) पाश्चर प्रभाव

5. पूर्वी हिमालय क्षेत्र में कौन-सी जैव-विविधता दृष्टिगत होती है?
(a) भारतीय (b) इथोपियन
(c) मलायन (d) यूरोपियन

6. भारत में इथोपियन जैव-विविधता, निम्नलिखित में से किस क्षेत्र में पायी जाती है?
(a) समुद्र तटीय (b) राजस्थान
(c) प्रायद्वीपीय (d) उच्च हिमालयी क्षेत्र

7. जैव-विविधता के विषय में असत्य कथन हैं
I. एक अनुमान के अनुसार लगभग 48% भारतीय पादप जातियाँ स्थानिक हैं।
II. भारत में 40 भेड़ के तथा 22 बकरी के प्रजक पाए जाते हैं।
III. भारत में 30000 से 50000 चावल और अन्य अनाजों की प्रजातियों पायी जाती हैं।
(a) I व II (b) केवल I (c) I व II, III (d) II व III

8. भारतीय वन्य प्राणियों में कौन-सा वनमानुष सम्मिलित है
(a) गोरिल्ला (b) औरंग-उटान
(c) गिब्बन (d) इनमें से कोई नहीं

9. भारत में पाया जाने वाला सामान्य रीसस बन्दर है
(a) *मैकाका मलाटा* (b) *एलौटा*
(c) *एटीलस पेनिसकस* (d) *एटीलस जिओफ्राई*

10. भारत में मिलने वाला एकमात्र कपि है
(a) गोरिल्ला (b) चिम्पैंजी
(c) हुलोक गिब्बन (d) औरंग-उटान

11. किस बन्दर की पूँछ परिग्राही (Prehensile tail) है?
(a) मकाड़ा बन्दर (b) *सोमनोपिथेकस*
(c) *रीसस* बन्दर (d) बोनेट बन्दर

12. किसी जीव-जाति की प्रति इकाई क्षेत्र संख्या, कहलाती है
(a) जाति प्रचुरता (b) जैव-विविधता
(c) समरूपता (d) इनमें से कोई नहीं

13. गुजरात राज्य में ही रेगिस्तान, वन और झील पारितन्त्र है इस प्रकार यह जीवन की विविधता प्रदर्शित करते हैं। इस पूरी जैव-विविधता की किस शब्द से व्याख्या करेंगे?
(a) α (एल्फा) (b) β (बीटा) (c) γ (गामा) (d) δ (डेल्टा)

14. सूची I को सूची II से सुमेलित कीजिए।

सूची I	सूची II
A. α-जैव-विविधता	1. आवासों या समुदायों के सहारे जातियों के पुर्नस्थापना की दर
B. β-जैव-विविधता	2. सम्पूर्ण जाति का जीनोम
C. γ-जैव-विविधता	3. सम्पूर्ण जनसंख्या का जीनोम
D. आनुवंशिक विविधता	4. एक ही आवास या समुदाय के भागीदार जीवों की विविधता
	5. कुल दृश्य भूमि या भौगोलिक क्षेत्रों पर आवासों की विविधता

कूट

	A	B	C	D		A	B	C	D
(a)	2	4	1	5	(b)	4	1	5	2
(c)	4	1	5	3	(d)	1	5	2	3

15. γ-जैव-विविधता को निम्नलिखित में से किस अन्य नाम से जाना जा सकता है?
(a) स्थानीय जैव-विविधता (b) सामुदायिक जैव-विविधता
(c) क्षेत्रीय जैव-विविधता (d) इनमें से कोई नहीं

16. भूमध्य रेखा से ध्रुवों की ओर जाने पर जैव-विविधता घटती जाती है, इस प्रक्रिया को कहते हैं
(a) अक्षांशीय प्रवणता (b) देशान्तरीय प्रवणता
(c) रेखीय ढलान (d) जातीय समृद्धि

17. उष्णकटिबंधीय क्षेत्रों में अधिक जैव-विविधता पाए जाने का मुख्य कारण है
(a) अधिक तापमान (b) अधिक प्रकाश
(c) अधिक स्थायी वातावरण (d) उर्वरकों की उपस्थिति

18. लघुगणकीय पैमाने पर जातीय क्षेत्र सम्बन्ध के समीकरण $\log S = \log C + Z \log A$ के अन्तर्गत S क्या है?
(a) जातीय समृद्धि (b) क्षेत्र
(c) अन्तःखण्ड (d) रेखीय ढाल

19. निम्नलिखित में से कौन-सा एक प्राणी समूह संकटापन्न जातियों के संवर्ग के अन्तर्गत आता है?
(a) भारतीय सारंग, कस्तूरी मृग, लाल पाण्डा और एशियाई वन्य गधा
(b) कश्मीरी महामृग, चीतल, नील गाय और महान भारतीय सारंग
(c) हिम तेन्दुआ, अनुप मृग, रीसस बन्दर और सारस (क्रेन)
(d) सिंहपुच्छी मेकाक, नील गाय, हनुमान लंगूर, चीतल

20. रेड डाटा बुक का प्रकाशन कब हुआ?
(a) 1952 (b) 1960
(c) 1972 (d) 1980

21. रेड डाटा बुक है
(a) लाल रंग के आवरण की एक पुस्तक
(b) कार्ल मार्क्स द्वारा लिखी गई एक पुस्तक
(c) विलुप्त जातियों की सूची की एक पुस्तक
(d) एक ऐसी पुस्तक जिसमें दुर्लभ तथा विलुप्त जातियों की सूची है

22. रेड डाटा बुक में सफेद पृष्ठों पर किन जातियों का वर्णन है
(a) विलुप्तप्राय जातियों का (b) अप्राप्य जातियों का
(c) जन्तुओं का (d) स्थानिक जीवों का

23. वे जातियाँ जिनकी संख्या बहुत कम हो गई है और विलुप्तता के कगार पर हैं, कहलाती हैं
(a) दुर्लभ जातियाँ (b) संकटापन्न जातियाँ
(c) क्षति आशंकित जातियाँ (d) भेद्य जातियाँ

24. निम्न प्रजनन दर के कारण कौन-सी जाति विलुप्ति की ओर है?
(a) शेर (b) बेल्ड ईगल
(c) जाइन्ट पांडा (d) आइसलैण्ड स्पीशीज

25. सन् 1972 में प्रकाशित रेड डाटा बुक में सम्मिलित जन्तु हैं
(a) आमूर तेन्दुआ व साइबेरियन बाघ
(b) डोडो व व्हेल
(c) पर्वतीय गोरिल्ला व चील
(d) बंगाल बाघ व चील

26. किसी राष्ट्रीय उपवन में एक सुरक्षित प्राणि के उच्च घनत्व से क्या परिणाम हो सकता है?
(a) परभक्षण (b) उत्प्रवास
(c) सहोपकारिता (d) अन्तःजातीय प्रतिस्पर्धा

27. वन्यजीव की घटोतरी का सबसे प्रमुख कारण
(a) पेड़ों को गिराना (b) पेय जल की कमी
(c) प्राकृतिक आवासों का विनाश (d) स्वजाति भक्षण

28. निम्नलिखित में से किस एक जोड़े में दोनों ही जीवधारी, भारत में विदेशागत (exotic) स्पीशीज है?
(a) *फाइकस रेलिजिओसा, लैंटाना कैमारा*
(b) *लैंटाना कैमारा, पार्थेनियम*
(c) जल कुमदुनी, *प्रोसोपिस सिनेरेरिया*
(d) नील पर्च, *फाइकस रेलिजिओसा*

29. मत्स्य पालन हेतु लायी गई अफ्रीकन मछली जो हमारी नदियों की मूल जातियों के लिए खतरा बनी हुई है
(a) *एल्बेकॉर* (b) *ओरेजा* (c) *कलैरियस* (d) *रोस्पो*

30. मनुष्य का सबसे महत्त्वपूर्ण क्रिया-कलाप जो वन्यजीव के विलोप के लिए जिम्मेदार है
(a) वायु तथा जल का प्रदूषण
(b) बाहरी जातियों का प्रवेश कराना
(c) व्यापार के लिए मूल्यवान उत्पादों के लिए वन्य जन्तुओं का शिकार
(d) प्राकृतिक आवासों में परिवर्तन करना तथा इनका विनाश करना

31. अभी हाल ही में भारत में कौन-सा प्राणी विलुप्त हो गया है?
(a) हिम तेंदुआ (b) शेर
(c) गैंडा (d) चीता

32. यदि बंगाल टाइगर विलुप्त हो जाए तो
(a) लकड़बग्धा एवं भेड़िएँ दुर्लभ हो जाएँगे
(b) मनुष्य एवं पालतू जन्तुओं के लिए जंगली क्षेत्र सुरक्षित हो जाएगा
(c) इसका जीन पूल हमेशा के लिए समाप्त हो जाएगा
(d) सुन्दर जन्तुओं; जैसे–हिरणों की जनसंख्या स्थायी हो जाएगी

33. 17वीं सदी में किस पक्षी जाति के सदस्यों को मनुष्यों ने मार-मार कर खा डाला जिससे कि यह जाति विलुप्त हो गई
(a) हुकना (b) डोडो
(c) *आर्किऑप्टेरिक्स* (d) सारस

34. 'डोडो' (चिड़िया) के लुप्त होने का कारण है
(a) सुन्दर पंख (b) निडरता
(c) मुड़ी हुई चोंच (d) मीठा स्वर

35. इनमें कौन-सा प्राणी विलुप्त हो चुका है?
(a) गैंडा (b) हिम तेंदुआ (c) क्वेगा (d) सिंह

36. वह देश जिसने वातावरण के संरक्षण के लिए पहली विश्व पृथ्वी समिति गठित की
(a) ब्राजील (b) स्पेन (c) भारत (d) पेरु

37. IUCN क्या है?
(a) यूनियन फोर इन्टरनेशनल कांउसिल फोर नेचर
(b) यूनाइटेड इण्डिया कम्बाइन्ड नेशन्स
(c) इन्टरनेशनल यूनियन फॉर कन्जर्वेशन ऑफ नेचर एण्ड नेचुरल रिर्सोसेस
(d) उपरोक्त में से कोई नहीं

38. IUCN का स्थापना वर्ष है
(a) 1938 (b) 1940 (c) 1948 (d) 1950

39. विश्व वन्यजीव कोष की भारतीय इकाई की स्थापना मुम्बई में कब हुई?
(a) सन् 1952 (b) सन् 1983
(c) सन् 1969 (d) सन् 1986

40. WWF के सहयोग से सन् 1972 में किस परियोजना का विकास हुआ?
(a) सांभर संरक्षण परियोजना (b) बाघ संरक्षण परियोजना
(c) हाथी संरक्षण परियोजना (d) प्रवासी पक्षी संरक्षण परियोजना

41. विश्व में पारिस्थितिक 'तप्त स्थानों' (Hotspots) की संख्या है
(a) 34 (b) 16 (c) 20 (d) 25

42. निम्नलिखित कथनों पर विचार कीजिए।
I. जैव-विविधता हॉट-स्पॉट केवल उष्णकटिबंधीय प्रदेशों में स्थित हैं।
II. भारत में चार जैव-विविधता हॉट-स्पॉट अर्थात् पूर्वी हिमालय, पश्चिम घाट तथा अण्डमान एवं निकोबार द्वीप हैं।
(a) केवल I (b) केवल II
(c) I व II (d) इनमें से कोई नहीं

43. भारत में निम्नलिखित क्षेत्रों में से कौन जैव-विविधता का जैव संवेदी क्षेत्र है?
(a) पूर्वी घाट (b) गंगा के मैदान
(c) सुन्दरवन (d) पश्चिमी घाट

44. भारत में कितने पारिस्थितिक 'तप्त स्थान' उपस्थित है?
(a) एक (b) दो (c) तीन (d) चार

45. जैव-मण्डल रिजर्वों के विषय में निम्नलिखित में से कौन-सा एक कथन सही नहीं है?
(a) सन् 1973 में UNESCO ने मानव और जैव-मण्डल पर एक विश्वव्यापी कार्यक्रम चालू किया था
(b) जैव-मण्डल रिजर्व पारिस्थितिकी संरक्षण पर अनुसन्धानों को प्रोत्साहन देते हैं
(c) नन्दा देवी जैव-मण्डल रिजर्व मध्य प्रदेश में स्थित है
(d) जैव-मण्डल रिजर्व पारितन्त्रों में आनुवंशिक विविधता रिजर्व के लिए बहुउद्देशीय संरक्षित क्षेत्र है

46. जैव-मण्डल अभ्यारण्यों में सबसे बाहरी, परिधीय क्षेत्र कहलाता है
(a) परिचालन क्षेत्र (b) केन्द्रीय क्षेत्र
(c) प्रतिरोधक क्षेत्र (d) इनमें से कोई नहीं

47. बुन्दाला जैवमण्डल आरक्षित क्षेत्र, जो हाल में ही यूनेस्को के मानव तथा जैव-मण्डल (मैन एण्ड बायोस्फीयर या MAB) तन्त्र में सम्मिलित किया गया है, कहाँ स्थित है?
(a) रूस (b) भारत (c) श्रीलंका (d) बांग्लादेश

48. 'मानव और जैव-मण्डल' (Man and biosphere) परियोजना UNESCO द्वारा प्रारम्भ की गई थी
(a) 1986 (b) 1980 (c) 1971 (d) 1965

49. दुधवा राष्ट्रीय उद्यान किस राज्य में है?
(a) राजस्थान में (b) उत्तर प्रदेश में
(c) मध्य प्रदेश में (d) गुजरात में

50. भारत के निम्नलिखित में से किस वर्ग के आरक्षित क्षेत्रों में स्थानीय लोगों को जैव-भार एकत्रित करने और उसके उपयोग की अनुमति नहीं है?
(a) जैव-मण्डलीय आरक्षित क्षेत्रों में
(b) राष्ट्रीय उद्यानों में
(c) रामसर सम्मेलन में घोषित
(d) वन्यजीव अभ्यारण्यों में

51. एराविकूलम राष्ट्रीय उद्यान किस राज्य में है?
(a) राजस्थान में (b) केरला में
(c) मध्य प्रदेश में (d) गुजरात में

52. हिमचीता इनमें से किस अभ्यारण्य में पाया जाता है
(a) दाचीगाम (b) सुन्दरवन
(c) पेरियार (d) मेलघाट

53. भारत में विशिष्ट वन्यजीव जातियों के संरक्षण के लिए अनेक प्राकृतिक आरक्षण अभ्यारण्य निर्धारित किए गए हैं। इस सन्दर्भ में निम्न में से कौन-सी जोड़ी सही है?
(a) काजीरंगा-हाथी (b) मानस-कस्तूरी मृग
(c) कच्छ का रन-जंगली गधा (d) गिर जंगल-बाघ

54. भारतीय गैंडा निम्न में से किस में सर्वाधिक महत्त्वपूर्ण संरक्षित वन्य प्राणी है?
(a) गिर राष्ट्रीय उद्यान (b) काजीरंगा राष्ट्रीय उद्यान
(c) कॉर्बेट राष्ट्रीय उद्यान (d) बांदीपुर राष्ट्रीय उद्यान

55. टाइगर प्रोजेक्ट निम्न में से किसमें कार्य कर रहा है?
(a) जिम कॉर्बेट राष्ट्रीय उद्यान (b) केवलादेव राष्ट्रीय उद्यान
(c) कान्हा राष्ट्रीय उद्यान (d) गिर राष्ट्रीय उद्यान

56. निम्न में से किस एक जोड़े में एक संकटग्रस्त प्राणी एवं एक सक्रिय उपवन को सही मिलाया गया है?
(a) सिंह-कॉर्बेट राष्ट्रीय उद्यान
(b) गैंडा-काजीरंगा राष्ट्रीय उद्यान
(c) जंगली गधा-दुधवा राष्ट्रीय उद्यान
(d) एशियाई शेर गिर राष्ट्रीय उद्यान

57. हमारे देश का एक प्रसिद्ध पक्षी विहार स्थित है
(a) बांदीपुर में (b) काजीरंगा में
(c) फ्लामू में (d) भरतपुर में

58. कॉर्बेट राष्ट्रीय उद्यान स्थित है
(a) पंजाब में तथा बारहसिंगों के लिए प्रसिद्ध है
(b) असोम में तथा गैंड़े के लिए प्रसिद्ध है
(c) उत्तराखण्ड में तथा बाघ के लिए प्रसिद्ध है
(d) केरल में तथा बाघ के लिए प्रसिद्ध है

59. बांदीपुर राष्ट्रीय उद्यान का सम्बन्ध है
(a) बाघ से (b) हिरन से
(c) हाथी से (d) गैंड़ा से

60. रणथम्बोर राष्ट्रीय उद्यान किस राज्य में है?
(a) राजस्थान (b) गुजरात
(c) महाराष्ट्र (d) उत्तर प्रदेश

61. राष्ट्रीय उद्यान में क्या संरक्षित किया जाता है?
(a) सिर्फ जन्तु को
(b) सिर्फ पेड़-पौधों को
(c) पारिस्थितिक तन्त्र को
(d) पेड़-पौधे और जीव-जन्तुओं दोनों को.

62. सरिस्का राष्ट्रीय उद्यान स्थित है
(a) मध्य प्रदेश (b) कोलकाता
(c) राजस्थान (d) केरला

63. राजाजी नेशनल पार्क स्थित है
(a) तमिनाडु (b) राजस्थान
(c) उत्तराखण्ड (d) कर्नाटक

64. पेरियार वन्यजीव अभ्यारण्य स्थित है
(a) केरल में (b) कर्नाटक में
(c) आन्ध्र प्रदेश में (d) तमिलनाडु में

65. पेंच राष्ट्रीय उद्यान किस राज्य में है?
(a) राजस्थान में (b) उत्तर प्रदेश में
(c) मध्य प्रदेश में (d) असोम में

66. उत्तर प्रदेश में कस्तूरी मृग का उत्थान एवं संरक्षण कहाँ हो रहा है?
(a) फूलों की घाटी में (b) कुकरैल में
(c) कन्चूला खरक में (d) नन्दा देवी में

67. भारत में पक्षी विज्ञान के जनक कौन हैं?
(a) हरगोविन्द खुराना (b) पेंचानन माहेश्वरी
(c) एम एस स्वामीनाथन (d) डॉ. सलीम अली

68. काजीरंगा अभ्यारण्य कौन-से राज्य में स्थित है?
(a) जम्मू तथा कश्मीर (b) मध्य प्रदेश
(c) असोम (d) पश्चिम बंगाल

69. निम्नलिखित में से किस एक राष्ट्रीय उद्यान में बाघ एक निवासी नहीं हैं?
(a) रणथम्भौर (b) सुन्दरवन
(c) गिर (d) जिम कॉर्बेट

70. भारत का राष्ट्रीय प्राणी है?
(a) बबर शेर (b) बाघ
(c) हिरण (d) चीता

71. बाघ-आरक्षण अभ्यारण्य तथा राज्य के लिए सही जोड़ी हैं
(a) बांदीपुर–तमिलनाडु (b) मानस–असोम
(c) कॉर्बेट–मध्य प्रदेश (d) पालानाऊ–ओडिशा

72. भारत में बाघ परियोजना (Project Tiger) का प्रारम्भ हुआ था
(a) 1965 में (b) 1969 में (c) 1972 में (d) 1989 में

73. नंदन-कानन प्रणाली उद्यान किस के लिए जाना जाता है?
(a) दरियाई घोड़ा (b) नीलगिरी पहाड़ी बकरा
(c) सफेद बाघ (d) व्हेल

74. भारत का राष्ट्रीय पशु है
(a) *पैन्थेरा लिओ* (b) *फैलिस लिओ*
(c) *पैन्थेरा टाइग्रिस* (d) *राइनोसिरोस मूनिकॉर्निस*

75. निम्न में किस राष्ट्रीय उद्यान में सिंह को संरक्षण प्राप्त है?
(a) जिम कॉर्बेट राष्ट्रीय उद्यान (b) केवला देव राष्ट्रीय उद्यान
(c) कान्हा कॉर्बेट राष्ट्रीय उद्यान (d) गिर राष्ट्रीय उद्यान

76. भारत का सर्वाधिक उत्तम बाघ अभ्यारण्य है
(a) कश्मीर (b) जिम कॉर्बेट राष्ट्रीय उद्यान
(c) कान्हा राष्ट्रीय उद्यान (d) बांदीपुर

77. भारत में सम्भलपुर हाथी रिजर्व किस राज्य में स्थित है?
(a) गुजरात (b) मध्य प्रदेश
(c) झारखण्ड (d) ओडिशा

78. गिर वन राष्ट्रीय उद्यान के अतिरिक्त भारत में एक और शेर रिजर्व कौन-सा है?
(a) मयूरभंज (b) बेतरणी
(c) बनेरघाटा (d) सिंहभूमी

79. पन्ना टाइगर रिजर्व स्थित है
(a) उत्तर प्रदेश में (b) मध्य प्रदेश में
(c) गुजरात में (d) नेपाल में

80. भारत में बबर शेर पाया जाता है
(a) सुन्दरबन में
(b) गुजरात में काठियावाड़ के गिर जंगल में
(c) कॉर्बेट राष्ट्रीय उद्यान में
(d) नीलगिरी जंगल में

81. हाथी गर्म वातावरण में निवास करते हैं यह दर्शाता है
(a) बड़े आकार द्वारा (b) मांसल पाद द्वारा
(c) लगभग रोमरहित त्वचा द्वारा (d) छोटी आँखों द्वारा

82. एक अभ्यारण्य और इसमें संरक्षित प्रमुख वन्य प्राणि के लिए कौन-सी जोड़ी सही है?
(a) सुन्दरबन–गैंड़ा
(b) उत्तर–पूर्व हिमालय क्षेत्र–सांभर
(c) काजीरंगा–कस्तूरी मृग
(d) गिर–सिंह

83. निम्नलिखित में से कौन-सा स्थल वनस्पति संरक्षण हेतु *स्व: स्थाने* पद्धति नहीं है?
(a) जैव-मण्डल आरक्षित क्षेत्र (b) वानस्पतिक उद्यान
(c) राष्ट्रीय पार्क (d) वन्यप्राणी अभ्यारण्य

उत्तरमाला

1.	(b)	2.	(c)	3.	(a)	4.	(b)	5.	(c)	6.	(b)	7.	(b)	8.	(c)	9.	(a)	10.	(c)
11.	(a)	12.	(a)	13.	(c)	14.	(b)	15.	(c)	16.	(a)	17.	(c)	18.	(a)	19.	(a)	20.	(c)
21.	(d)	22.	(d)	23.	(b)	24.	(c)	25.	(a)	26.	(b)	27.	(c)	28.	(b)	29.	(c)	30.	(d)
31.	(c)	32.	(c)	33.	(b)	34.	(a)	35.	(c)	36	(a)	37.	(c)	38.	(c)	39.	(c)	40.	(b)
41.	(a)	42.	(a)	43.	(d)	44.	(b)	45.	(c)	46.	(a)	47.	(c)	48.	(c)	49.	(b)	50.	(b)
51.	(b)	52.	(a)	53.	(c)	54.	(b)	55.	(a)	56.	(d)	57.	(d)	58.	(c)	59.	(a)	60.	(a)
61.	(d)	62.	(c)	63.	(c)	64.	(a)	65.	(c)	66.	(b)	67.	(d)	68.	(c)	69.	(c)	70.	(b)
71.	(b)	72.	(c)	73.	(c)	74.	(c)	75.	(d)	76.	(c)	77.	(d)	78.	(c)	79.	(b)	80.	(b)
81.	(c)	82.	(d)	83.	(b)														

उत्तर व्याख्या सहित

1. *(b)* पृथ्वी पर जैव-विविधता **रॉबर्ट मेयर** के अनुसार, 7 मिलियन तक हो सकती है। कुछ अन्य वैज्ञानिकों का मत है कि यह जैव-विविधता 20-50 मिलियन तक हो सकती है।

माल्थस ने जनसंख्या वृद्धि पर सिद्धान्त दिया। चार्ल्स डार्विन ने विकास का प्राकृतिक चयन सिद्धान्त दिया।

5. *(c)* पूर्वी हिमालय क्षेत्र में मलायन जैव-विविधता पायी जाती है इसके अतिरिक्त यह जैव-विविधता समुद्र तटीय क्षेत्रों में भी दृष्टिगत होती है। भारत में मलायन जैव-विविधता के अन्तर्गत इथोपियन, यूरोपियन एवं भारतीय जैव-विविधता पायी जाती है। इथोपियन जैव-विविधता, राजस्थान में तथा भारतीय जैव विविधता, प्रायद्वीपीय क्षेत्र में पायी जाती है।

12. *(a)* किसी जाति की प्रति इकाई क्षेत्र में विविधता, **जाति प्रचुरता** कहलाती है। जाति विविधता किसी क्षेत्र विशेष में किसी जाति के संख्या एवं प्रचुरता का प्रकार हैं। जैव-विविधता, किसी क्षेत्र में उपस्थित कुल जीवों की विविधता होती है। ऐसा समुदाय, जहाँ एक जाति के दो जीवों को अधिक या कम समान संख्या द्वारा प्रदर्शित किया जाता है, समरूपता कहलाती है।

13. *(c)* एक ही स्थान पर विभिन्न प्रकार के पारितन्त्रों की उपस्थिति, **γ-जैव-विविधता** कहलाती है। इसे **क्षेत्रीय जैव-विविधता** भी कहते हैं। इसका तात्पर्य कुल उपलब्ध भौगोलिक क्षेत्र में उपस्थित आवासों की विविधता से हैं। α-जैव-विविधता स्थानीय विविधता है तथा β-जैव-विविधता, दो समुदायों के मध्य की विविधता है।

16. *(a)* भूमध्य रेखा से ध्रुवों की ओर जाने पर जैव-विविधता में कमी आती है इसे **अक्षांशीय प्रवणता** कहते हैं। **उदाहरण** भूमध्य रेखा पर स्थित कोलम्बिया में पक्षियों की कुल 1400 प्रजातियाँ जबकि न्यूयॉर्क में 105 प्रजातियाँ तथा 71° उत्तर में स्थित ग्रीनलैण्ड में केवल 56 प्रजातियाँ पायी जाती हैं।

18. *(a)* जातीय क्षेत्र सम्बन्ध को यदि लघुगणकीय पैमाने (logarithmic scale) पर दर्शाया जाए तो सीधी रेखा प्राप्त होती है। इस सम्बन्ध का समीकरण निम्नलिखित है

$$\log S = \log C + 2\log A$$

जहाँ S = जातीय समृद्धि (species richness)

A = क्षेत्र (area)

Z = रेखीय ढाल (regression coefficient)

C = अन्तः खण्ड (intercept)

19. *(a)* भारतीय सारंग, कस्तूरी मृग, लाल पांडा एवं एशियाई वन्य गधा, भारत में पायी जाने वाली संकटग्रस्त जातियाँ हैं। विश्व में संकटग्रस्त जातियों का अध्ययन कर उनसे सम्बन्धित आँकड़ों का प्रकाशन IUCN द्वारा डाटा बुक में किया जाता है। इस पुस्तक में संकटग्रस्त जीवों की आठ श्रेणियाँ हैं।

22. *(d)* रेड डाटा बुक, IUCN द्वारा प्रकाशित की जाती है इसमें विभिन्न श्रेणियों के जीवों को अलग रंग के पृष्ठों पर छापा जाता हैं, जिनमें कुछ निम्नलिखित हैं

(i) **लाल पृष्ठ** इसमें संकटग्रस्त, विलुप्तप्राय अथवा विलुप्त हो रही जातियों की जानकारी दी जाती है।

(ii) **सफेद पृष्ठ** क्षेत्र विशेषी (endemic) दुर्लभ प्रजातियाँ, जो केवल कुछ स्थानों तक सीमित हैं, उनकी जानकारी दी जाती है।

(iii) **पीले पृष्ठ** विलुप्तप्राय जातियाँ जिनकी संख्या तेजी से कम हो रही है, उनकी जानकारी दी जाती है।

(iv) **भूरे पृष्ठ** अप्राप्य व दुर्लभ ऐसी जातियाँ जिनका विवरण उपलब्ध नहीं है, उनका वर्णन दिया जाता है। IUCN की लाल सूची में आठ श्रेणियाँ होती हैं।

28. *(b)* *लैटाना कैमारा*, जल कुमुदिनी (water hyacinth) तथा *पार्थेनियम* दोनों ही भारत में विदेशागत (exotic) जातियों के उदाहरण हैं। वे जातियाँ, जो किसी स्थान से अन्य देश अथवा स्थान पर स्थानान्तरित होती है उन्हें **विदेशागत जाति** कहते हैं। भारत में *पार्थेनियम*, प्रसिद्ध विदेशागत जातियाँ हैं। विदेशागत जातियाँ, किसी भी शत्रु की अनुपस्थिति के कारण तीव्र वृद्धि दर्शाती हैं।

29. *(c)* मत्स्य पालन को उद्देश्य से अफ्रीकन कैटफिश *क्लैरियस गैरीपाइनस* मछली को हमारी नदियों में लाया गया, लेकिन अब ये मछली हमारी नदियों की मूल अशल्कमीन (कैटफिश जातियों) के लिए खतरा पैदा कर रही है।

30. *(d)* मनुष्य के द्वारा विभिन्न प्राकृतिक आवासों में परिवर्तन तथा इनका विनाश सामान्यतया किया जाता है, इन्हीं क्रिया-कलापों द्वारा वन्यजीवों का विनाश सबसे अधिक होता है। अन्य कारण; जैस–प्रदूषण, बाहरी जातियों का प्रवेश तथा जन्तुओं के शिकार से भी वन्यजीवों का ह्रास होता है।

32. *(c)* रॉयल बंगाल टाइगर की स्थानिक प्रजाति पूरे देशों में सिर्फ भारत में पायी जाती है। अतः यदि यह लुप्त हो जाएगा तब इसका जीन पूल पूरी तरह से लुप्त हो जाएगा। जीन पूल, किसी जाति के समस्त जीवों की कुल जननिक पूँजी होती है। इन बाघों के विलुप्त होने से जीवों; जैसे–हिरणों तथा बारहसिंघों की संख्या में वृद्धि होगी।

35. (*c*) भारतीय जंगली वातावरण से चीता (क्वेगा) विलुप्त हो चुका है। भारत में वर्तमान में उपस्थित सभी चीते या तो अफ्रीकी जंगलों से लाए गए है या उनका संवर्धन विभिन्न राष्ट्रीय पार्कों में किया गया है। भारत से चीता 1952 में विलुप्त हो चुका था।

42. (*a*) जैव-विविधता हॉट-स्पॉट, केवल उष्णकटिबंधीय प्रदेशों में नहीं वरन् सभी प्रकार की जलवायु एवं वातावरण में पाए जाते हैं। भारत में कुल विश्व के 35 हॉट-स्पॉट में से 2 हॉट-स्पॉट पाए जाते हैं। ये हॉट-स्पॉट, पश्चिमी घाट तथा पूर्वी हिमालय हैं। हॉट-स्पॉट की अवधारणा **मेयर** ने प्रस्तुत की।

45. (*c*) जैव-मण्डल रिजर्वों के विषय में असत्य कथन 'c' है क्योंकि नन्दा देवी जैव-मण्डल रिजर्व, उत्तराखण्ड में स्थित है। सन् 1973 में UNESCO द्वारा एक कार्यक्रम चलाया गया जिसका नाम था मानव एवं जैव-मण्डल कार्यक्रम (MAB)। इस कार्यक्रम के अन्तर्गत विभिन्न जैव-मण्डलों में पर्यावरण संरक्षण पर विशेष ध्यान दिया गया। भारत में कुल 9 UNESCO द्वारा चुने गए स्थल हैं।

52. (*a*) हिमचीता, दाचीगाम अभ्यारण्य में पाया जाता है। यह भारत में पायी जाने वाली स्थानिक प्रजाति है जिसके संरक्षण के लिए दाचीगाम अभ्यारण्य (जम्मू एवं कश्मीर) में पर्याप्त सुविधाएँ हैं।

57. (*d*) भारत का प्रसिद्ध पक्षी विहार (bird sanctuary) भरतपुर, राजस्थान में स्थित है।

इस स्थान पर विश्व के कई भागों से कई चिड़ियों की प्रजातियाँ प्रवासन तथा जनन के लिए आती है। भारत में पक्षी विज्ञान के जनक **डा. सलीम अली** हैं।

64. (*a*) पेरियार वन्यजीव अभ्यारण्य केरल में स्थित है। यह राष्ट्रीय उद्यान, पश्चिमी घाट का भाग है तथा बाघों के संरक्षण के लिए पूर्व रूप से प्रतिबद्ध है। अभ्यारण्यों का निर्माण *स्व स्थाने* (*in situ*) संरक्षण के लिए किया जाता है।

68. (*c*) काजीरंगा अभ्यारण्य असोम में स्थित है यह अभ्यारण्य गैंडों के संरक्षण में संलग्न है। यहाँ पर एक सींग वाल गैंडे बड़ी मात्रा में पाए जाते हैं।

83. (*b*) वानस्पतिक उद्यान, *बाह्य स्थाने* संरक्षण की विधि है जिसमें विभिन्न जीवों को उनके प्राकृतिक वातावरण से अलग स्थान पर रखकर संरक्षित किया जाता है।

इसके अतिरिक्त जैव-मण्डल आरक्षित क्षेत्र, राष्ट्रीय पार्क तथा वन्यजीव अभ्यारण्य, *स्व स्थाने* संरक्षण की विधाएँ है।

अध्याय 18

पर्यावरणीय मुद्दे
Environmental Issues

प्रदूषण Pollution

- पर्यावरण के किसी भाग के प्राकृतिक संगठन में उत्पन्न अवाँछित परिवर्तन जो सजीवों तथा पर्यावरण के लिए हानिकारक होते हैं, प्रदूषण (Pollution) कहलाते हैं तथा वह कारक, जो इन परिवर्तनों हेतु उत्तरदायी हैं, प्रदूषक कहलाते हैं। मानवीय क्रियाओं से उत्पन्न अपशिष्ट पदार्थ ही पर्यावरण प्रदूषण का मुख्य कारण है।
- पर्यावरण के प्रति जागरुकता पैदा करने के लिए प्रतिवर्ष **5 जून** को विश्व पर्यावरण दिवस तथा प्रत्येक वर्ष **22 अप्रैल** को विश्व पृथ्वी दिवस मनाया जाता है।

प्रदूषक Pollutant

ऐसे पदार्थ, जो वातावरण को दूषित करते हैं, **प्रदूषक** कहलाते हैं। पारिस्थितिक तन्त्र की विचारधारा को ध्यान में रखते हुए ओडम ने प्रदूषकों को दो वर्गों में विभाजित किया गया है

(i) **क्षयकारी प्रदूषक या जैव-निम्नीकरणीय** (Biodegradable pollutants) घरेलू वाहित मल, कपड़ा, कागज, लकड़ी, कूड़ा-करकट, आदि वर्ज्य पदार्थ हैं, जो सूक्ष्मजीवियों द्वारा सरलता से अपघटित हो जाते हैं।

(ii) **अक्षयकारी प्रदूषक या अनिम्नीकरणीय** (Non-degradable pollutants) एल्युमीनियम के बर्तन, पारे के यौगिक, DDT, काँच, आर्सेनिक तथा प्लास्टिक हैं, जो सूक्ष्मजीवों के द्वारा अपघटित नहीं हो सकते हैं।

प्रदूषण के प्रकार Types of Pollution

अध्ययन की सुविधा की दृष्टि से इन्हें निम्न वर्गों में विभाजित करते हैं

1. वायु प्रदूषण Air Pollution

वायु के भौतिक, रासायनिक या जैविक गुणों में उत्पन्न वह अवाँछित परिवर्तन, जिसके कारण पर्यावरण तथा सजीवों पर प्रतिकूल प्रभाव पड़े, वायु प्रदूषण कहलाता है। वायु प्रदूषकों को मुख्य दो वर्गों में बाँटा गया है

- **प्राथमिक प्रदूषक** (Primary pollutants) सल्फर डाइऑक्साइड (SO_2), कार्बन मोनॉक्साइड (CO) तथा नाइट्रोजन ऑक्साइड (NO_2), आदि प्रदूषक इस श्रेणी में आते हैं।
- **द्वितीयक प्रदूषक** (Secondary pollutants) ऐसे प्रदूषक प्राथमिक प्रदूषकों तथा आधारीय वातावरणीय पदार्थों की क्रिया के फलस्वरूप उत्पन्न होते हैं। उदाहरण—ओजोन (O_3) एवं परऑक्सीएसीटिल नाइट्रेट (PAN)।

वायु प्रदूषण का प्रभाव Effects of Air Pollution

- **ओजोन** तथा **PAN** दोनों ही हानिकारक होते हैं। ओजोन की अधिक सान्द्रता पर तीव्र श्वसन रोग, श्वसनी दमा तथा फेफड़ों का कैंसर, आदि रोग हो जाते हैं। ओजोन की अधिक मात्रा पादपों में वाष्पोत्सर्जन की दर को बढ़ा देती है। PAN प्रकाश-संश्लेषण की हिल अभिक्रिया में जल के प्रकाश अपघटन को रोककर, प्रकाश-संश्लेषण को रोकता है।
- **कार्बन मोनॉक्साइड** (CO) वातावरण का मुख्य प्रदूषक है। यह रुधिर के हीमोग्लोबिन में घुलकर रुधिर की ऑक्सीजन वहन क्षमता को कम करती है, जिससे अन्त में श्वासावरोध के कारण मृत्यु हो जाती है। अत: बन्द कमरे में सर्दियों में कोयले की अँगीठी जलाकर नहीं सोना चाहिए। यह गैस श्लेष्मक झिल्ली को पीड़ित करती है।
- स्वचालित वाहन निर्वातक में **सीसा** (Pb) धातु अति विषालु प्रदूषक है।
- जीवाश्म ईंधन के जलने से SO_2, SO_3, NO_3, CO_2 तथा अदग्ध हाइड्रोकार्बन निकलते हैं, जो वातावरण को प्रदूषित करते हैं। वायुमण्डल में CO_2 लगभग 0.039% पायी जाती है।

अम्ल वर्षा Acid Rain

- **जीवाश्म ईंधन** के जलाने से CO_2 तथा CO के अलावा सल्फर तथा नाइट्रोजन ऑक्साइडों का मिश्रण (NO_x तथा SO_x) भी मुक्त होता है। जीवाश्म ईंधनों में पायी जाने वाली सल्फर ऑक्सीकृत होकर सल्फर डाइऑक्साइड (SO_2) तथा सल्फर ट्राइऑक्साइड (SO_3) के रूप में निकलती है।

- **सल्फर डाइऑक्साइड** वायुमण्डलीय जल के साथ मिलकर सल्फ्यूरिक (H_2SO_4) तथा सल्फ्यूरस अम्ल (H_2SO_3) बनाते हैं, इसी प्रकार नाइट्रोजन के ऑक्साइड जल से क्रिया कर नाइट्रिक अम्ल (HNO_3) बनाते हैं, जो वर्षा के साथ अम्ल की बूँदों के रूप में पृथ्वी पर पहुँचती हैं, इसे ही **अम्ल वर्षा** कहते हैं।
- सल्फर डाइऑक्साइड जीवित पादप कोशिकाओं के झिल्ली तन्त्र को नुकसान पहुँचाती है। अम्ल वर्षा मृदा तथा जल की अम्लीयता को बढ़ा देती है, जिससे जीवधारी प्रभावित होते हैं। इससे त्वचीय रोग हो जाते हैं। कुछ लाइकेन; जैसे—*अस्निया* तथा ब्रायोफाइट्स; जैसे—मॉस SO_2 के प्रति अत्यधिक संवेदनशील होते हैं। अत: यह SO_2 के प्राकृतिक सूचक (Indicators) होते हैं।

नोट मथुरा स्थित तेल परिशोधक कारखाने एवं कुछ अन्य औद्योगिक संस्थानों में प्रयुक्त किए जाने वाले ईंधन से उत्पन्न धुँए में SO_2 की मात्रा अधिक रहती है। यह SO_2 वर्षा के जल (Rain water) के साथ वायुमण्डल से आगरा के ताजमहल पर 'सल्फ्यूरिक अम्ल' के रूप में गिरता था, जिससे ताजमहल का संगमरमर पीला पड़ गया था। इस संगमरमर के क्षरण को **पत्थर का कुष्ठ रोग** (Stone leprosy) भी कहते हैं।

हरितगृह प्रभाव Greenhouse Effect

- सूर्य की ऊष्मा के कुछ भाग को वायुमण्डल की कुछ गैसें अवशोषित कर लेती हैं एवं शेष बची ऊष्मा को पुन: धरातल को वापस कर देती हैं।
- इस प्रक्रिया में वायुमण्डल के निचले भाग में अतिरिक्त ऊष्मा एकत्र हो जाती है, जिससे वातावरण का तापमान बढ़ जाता है। इस प्रभाव को हरितगृह प्रभाव तथा इन गैसों को हरितगृह गैसें कहते हैं। CO_2, CH_4, N_2O, आदि प्रमुख **हरितगृह गैसें** (Greenhouse gases) हैं।

वैश्विक ऊष्मायन Global Warming

- वायु प्रदूषण के कारण धरातलीय वातावरण एवं समुद्र के औसत तापमान में हुई वृद्धि को वैश्विक ऊष्मायन कहते हैं।
- 19वीं शताब्दी के अन्त में वातावरण में CO_2 की सान्द्रता बढ़ने के कारण वातावरणीय तापमान में भी वृद्धि हुई है। इसका मुख्य कारण कोयले, तेल तथा प्राकृतिक गैस जैसे ईंधनों का दहन है।
- धरती का तापमान पिछले तीन दशकों में 0.6°C बढ़ गया है, जिससे संघनन की क्रियाएँ प्रभावित होती हैं। वैज्ञानिकों ने सुझाया है कि तापमान में इस वृद्धि से वातावरण में परिवर्तन आ रहा है, जिससे मौसम बदल रहा है तथा ध्रुवों की बर्फ पिघलने के कारण समुद्रों का जल स्तर बढ़ रहा है; उदाहरण—अल-नीनो प्रभाव।

वायु प्रदूषण का नियन्त्रण Control of Air Pollution

पर्यावरण के स्वयं को साफ करने वाले अनेक प्रक्रम पहले से विद्यमान हैं; जैसे—छितराव, गुरुत्वाकर्षणीय सेटलिंग, बादलों का बनना, अवशोषण, वर्षा के साथ बह जाना, आदि। यद्यपि प्रदूषकों का स्रोत स्तर पर नियन्त्रण वाँछनीय तथा प्रभावी प्रक्रिया है। इस दिशा में किए जा सकने वाले उपाय निम्न हैं

(i) लेडरहित पेट्रोल का उपयोग करना।

(ii) कम सल्फर तथा कम राख वाले ईंधनों का उपयोग करना।

(iii) ऊर्जा संरक्षण द्वारा जीवाश्मीय ईंधन जलाने को कम करना।

(iv) ऊर्जा बचाने वाले उपकरण; जैसे—CFL का प्रयोग, जोकि कम विद्युत उपभोग करते हैं।

(v) स्वच्छ ऊर्जा प्रौद्योगिकी; जैसे—सौर तथा पवन तकनीकी का प्रयोग करना चाहिए।

(vi) लोगों को सार्वजनिक वाहनों के उपयोग के लिए प्रेरित करना, व्यक्तिगत साधनों के स्थान पर पैदल या साईकल का प्रयोग करना।

(vii) घर, स्कूल, रेस्ट्राँ तथा खेल के मैदान व्यस्त सड़कों पर ना हों यह सुनिश्चित करके।

(viii) व्यस्त गलियों के किनारे पौधारोपण करके, क्योंकि ये पार्टिकुलेट मैटर कार्बन डाइऑक्साइड (CO_2) तथा शोर को अवशोषित कर लेते हैं।

(ix) उद्योग तथा अपशिष्ट निस्तारण स्थान शहर से बाहर स्थित होने चाहिए।

(x) केटालिटिक कन्वर्टर का उपयोग कर कार्बन मोनोक्साइड (CO) तथा हाइड्रोकार्बन के उत्सर्जन को नियन्त्रित किया जाना चाहिए।

वायु प्रदूषण को नियन्त्रित करने वाले उपकरण

वायु प्रदूषण को निम्न उपकरणों के द्वारा कम किया जा सकता है

(i) दहन कक्ष में ऑक्सीजन तथा उपयुक्त तापमान को सुनिश्चित करके, जिससे दहन पूर्ण हो तथा अधिकांश धुआँ निकल जाए जिसके अन्दर आंशिक दहित राख तथा धूल युक्त धुँए का उत्सर्जन कम हो।

(ii) यान्त्रिक युक्तियों का उपयोग कर; जैसे—स्क्रबर, साइक्लोन, बैग हाउस तथा उत्पादन प्रक्रियाओं में इलेक्ट्रोस्टेटिक प्रेसिपिटेटर। इन सभी प्रक्रियाओं में खतरनाक पदार्थों को सुरक्षित रूप से निपटाया जाता है वेट स्क्रबर सल्फर डाइऑक्साइड (SO_2) उत्सर्जन को कम करता है।

(iii) एकत्र किए गए वायु प्रदूषकों का सावधानी से निस्तारण करना चाहिए। कारखानों से निकलने वाले धुएँ का रासायनिक उपचार करना चाहिए।

2. जल प्रदूषण Water Pollution

जल की भौतिक, रासायनिक एवं जैविक संरचना में उत्पन्न अवाँछित परिवर्तन, जो पर्यावरण तथा सजीवों को प्रभावित करे, जल प्रदूषण कहलाता है। इसके निम्न स्रोत हैं

- **घरेलू अपमार्जक** (Household detergents); जैसे—फॉस्फेट, नाइट्रेट, एल्केन, बेन्जीन सल्फोनेट, आदि।
- **वाहित मल** (Sewage) स्वच्छ जल की जैव-रासायनिक ऑक्सीजन माँग (BOD) कम होती है, परन्तु कार्बनिक पदार्थों के कारण जैव-रासायनिक ऑक्सीजन माँग अधिक बढ़ जाती है, जिससे जलीय जीव; जैसे—मछलियाँ, निमग्न पादप एवं अन्य जलीय जीवधारी, आदि मर जाते हैं।
- **कीटनाशी** (Pesticides) इनके कृषि में उपयोग से; जैसे—DDT से जैविक आवर्धन होता है। उत्तरोत्तर पोषक स्तर पर किसी तत्व की सान्द्रता का बढ़ना जैविक आवर्धन (Biological magnification) कहलाता है।
- **औद्योगिक अपशिष्ट** (Industrial wastes) इनके नदियों में मिलने से नदी का जल अनुपयोगी हो जाता है।

जल प्रदूषण का प्रभाव Effects of Water Pollution

- पारे के कारण **मिनामाटा रोग**, जबकि कैडमियम के कारण **इटाई-इटाई** रोग हो जाता है।
- जल में अत्यधिक नाइट्रेट की उपस्थिति से **मिथेनोग्लोबीनिमिया** या **ब्लू-बेबी सिण्ड्रोम** रोग हो जाता है।
- आर्सेनिक से **ब्लैक फुट** रोग हो जाता है।
- जल प्रदूषण के कारण **पीलिया** रोग भी हो जाता है।

जल प्रदूषण का नियन्त्रण Control of Water Pollution

जल प्रदूषण के नियन्त्रण हेतु किए जाने वाले प्रयास निम्नलिखित हैं

(i) **वाहित मल तथा इसका निस्तारण** आबादी वाले क्षेत्रों, कारखानों, आदि स्थानों से मल-मूत्र, आदि के साथ अपमार्जक पदार्थ, विषैली दवाएँ, मिट्टी का तेल, शैम्पू, आदि अनेक रासायनिक पदार्थ नालियों के द्वारा नदियों, झीलों, तालाबों या समुद्र के जल में डाल दिए जाते हैं, जो जल को प्रदूषित करते हैं। इन पदार्थों के विघटन से फीनोल क्रोमेट, क्लोरीन, अमोनिया, सायनाइट्स, आदि उत्पन्न होते हैं। ये पदार्थ जलीय पारिस्थितिक तन्त्र के लिए अत्यन्त हानिकारक हैं। वाहित मल को जल में मिलाने से पहले शुद्ध कर लिया जाना चाहिए, ताकि यह जल के पारिस्थितिक तन्त्र को नष्ट न कर दें।

कार्बनिक पदार्थों से प्रचुर जल में BOD अत्यधिक हो जाती हैं। यह जीवाणुओं द्वारा अपघटन के लिए ऑक्सीजन की आवश्यक मात्रा होती है। जलाशयों में ऑक्सीजन की कमी होने लगती है। इस प्रकार जलाशयों का जल प्रत्येक प्रकार से अनुपयोगी हो जाता है और सड़ाव के कारण आस-पास दुर्गन्ध फैल जाती है। संक्रामक रोग फैलने की भी सम्भावना बढ़ जाती हैं।

(ii) **औद्योगिक से अपशिष्ट पदार्थ** विभिन्न प्रकार के छोटे बड़े, उद्योगों कल-कारखानों आदि से जिनकी संख्या सभ्यता के साथ-साथ बढ़ रही। सीसा, पारा, आदि के अकार्बनिक तथा कार्बनिक पदार्थ जो रासायनिक प्रक्रियाओं में उप-उत्पाद के रूप में बनते हैं तथा बेकार होते हैं। शोधन के बिना ही जल में मिलकर वाहित मल के रूप में नदी एवं नालों में आ जाते हैं और उनके जल को प्रदूषित करते हैं। इन अपशिष्टों में क्लोराइड, नाइट्रेट, सल्फेट, क्लोरीन, कीटनाशक पदार्थ रासायनिक रंजक, आदि होते हैं।

(iii) **रेडियोधर्मी पदार्थ** परमाणु बमों के विस्फोटों तथा इसी प्रकार के अन्य परीक्षणों से रेडियोएक्टिव पदार्थ वातावरण में अनेक प्रकार से प्रदूषण करते हैं। यहाँ से पौधों में, जन्तुओं के दुग्ध व माँस में और फिर मानव शरीर में पहुँच जाते हैं। रेडियोधर्मी पदार्थों का उपयोग ऊर्जा उत्पादन में किया जाता है तथा इन ऊर्जा उत्पादक संयन्त्रों को ठण्डा करने के लिए जल की अत्यधिक आवश्यकता होती हैं।

जिसके कारण ये जल को प्रदूषित कर रहे हैं। समुद्र में किए गये आण्विक विस्फोटों से समुद्र के जल का प्रदूषण होता है। ये अनेक प्रकार के रोग विशेषकर कैन्सर तथा आनुवंशिक रोग उत्पन्न करते हैं। जीन्स का उत्परिवर्तन हो जाने से सन्ततियाँ भी रोगग्रस्त या अपंग पैदा होती हैं। परमाणु भट्टियों, आदि का प्रदूषित जल नदियों, जलाशयों आदि में नहीं डालना चाहिए।

(iv) **कृषि अपशिष्ट पदार्थ एवं कीटाणुनाशक अपतृणनाशक पदार्थ** अनेक प्रकार के अवांछनीय जीवों को नष्ट करने के लिए विभिन्न प्रकार के रासायनिक पदार्थ काम में लिए जाते हैं। DDT, BHC फीनॉल, गन्धक चूर्ण, क्लोरीन, सल्फर-डाऑक्साइड, कपूर, टॉक्सफीन, आदि पदार्थ कीटों को नष्ट करने के लिए काम में लिए जाते हैं। उसी के अनुसार इनका नाम होता है। कीटों को नष्ट करने के लिए इन्हें कीटनाशी (Insecticides) कवकों को नष्ट करने के लिए कवकनाशी (Fungicides) खरपतवारों को नष्ट करने के लिए अपतृणनाशी (Weedicides), आदि कहलाते हैं।

ये सभी विभिन्न प्रकार के रासायनिक पदार्थ होते हैं। ये पदार्थ जल के द्वारा पौधों, आदि में पहुँचकर जन्तुओं तथा मानव शरीर में प्रवेश कर जाते हैं। ये पदार्थ अपघटनकर्ताओं को नष्ट करके भूमि की उर्वरता को भी घटाते हैं।

(v) **ईंधन तथा जले हुए पदार्थों का जल में मिलना** विभिन्न प्रकार के पेट्रोलियम पदार्थ, कोयला, आदि के जलने से निकली कई प्रकार की जहरीली गैसें वर्षा, आदि के जल में घुलकर जल को प्रदूषित करती हैं। अम्ल वर्षा इसी का एक उदाहरण है।

(vi) **मृत जीवों के शरीर को जल में डालना** मृत पशुओं, जीव जन्तुओं तथा मानव के मृत शरीर उनके जले अधजले पदार्थ नदी, नालों, तालाब, झीलों, आदि में डाल दिए जाते हैं। इनसे जल में अनेक दूषित पदार्थ बन जाते हैं।

3. मृदा प्रदूषण Soil Pollution

- भूमि के भौतिक, रासायनिक या जैविक गुणों में उत्पन्न अवाँछनीय परिवर्तन, जिनका हानिकारक प्रभाव मनुष्य तथा अन्य जीवों पर पड़ता है, **भू-प्रदूषण** कहलाता है। कृषि रसायन तथा ठोस अपशिष्ट प्रमुख भू-प्रदूषक हैं।
- DDT, वायु, जल तथा मृदा तीनों तरह के प्रदूषण का कारण है। यह पादपप्लवक में प्रकाश-संश्लेषण की क्रिया को कम करते हैं। कशेरुकियों में तन्त्रिका तन्त्र को हानि पहुँचाता है तथा जनन ग्रन्थियों में हॉर्मोन सन्तुलन को विक्षुब्ध करके अण्डोत्सर्ग में विलम्बन करता है।

मृदा प्रदूषण के निम्नलिखित कारण है

(i) ठोस अपशिष्ट Solid Wastes

मानवीय क्रियाकलापों के कारण दैनिक जीवन में बेकार समझकर फेंकी या त्यागी गई ठोस वस्तुएँ ही ठोस अपशिष्ट कहलाती हैं। रद्दी कागज, पॉलीथीन, पैकिंग बॉक्स तथा रेपर, रबर तथा धातु के बेकार टुकड़े, बेकार प्लास्टिक, टूटे चीनी मिट्टी तथा काँच के बर्तन, फलों तथा सब्जियों के छिलके, फटे-पुराने वस्त्र तथा बेकार चमड़ा, घरों का बेकार तथा टूटा-फूटा समान, आदि ठोस अपशिष्ट के सामान्य उदाहरण हैं।

नगरीकरण, विकास, पाश्चात्य संस्कृति तथा बढ़ती जनसंख्या के कारण प्रतिदिन शहरों से लाखों टन ठोस अपशिष्ट का उत्पादन होता है। ठोस अपशिष्ट के मुख्य स्रोत निम्न हैं

- **नगर पालिका ठोस अपशिष्ट** (Municipal Solid Wastes) उदाहरण—घरों, कार्यालयों, दुकानों का कचरा, वाहितमल का कीचड़, सब्जी तथा फल बाजार अपशिष्ट, आदि।
- **औद्योगिक अपशिष्ट** (Industrial Wastes) उदाहरण—कीचड़, कागज के टुकड़े, फ्लाई ऐश, लोहा, प्लास्टिक, आदि।

- **खनन अपशिष्ट** (Mining Wastes); उदाहरण—खनन से निकली धूल, कोयलों के टुकड़े (Slack), आदि।
- **इलेक्ट्रॉनिक अपशिष्ट** (Electronic Wastes); उदाहरण—कम्प्यूटर, टेलीविजन, मोबाइल्स व इलेक्ट्रॉनिक सामान, जो मरम्मत के लायक नहीं होते हैं, इन्हें **ई-अपशिष्ट** (*e*-wastes) भी कहते हैं।
- **अस्पताल के अपशिष्ट** (Hospital Wastes) इनमें संक्रमित कार्बनिक अपशिष्ट, सुई, हानिकारक रसायन, प्लास्टिक, सिरिंज, आदि सम्मिलित हैं।

ठोस अपशिष्ट का प्रबन्धन Management of Solid Wastes

ठोस अपशिष्ट के उचित प्रबन्धन तथा निस्तारण हेतु **समाकलित अपशिष्ट प्रबन्धन** (Integrated Waste Management or IWM) अपनाया जाता है, जिनके अन्तर्गत निम्न उपाय किए जाते हैं

(a) **ठोस अपशिष्ट का वर्गीकरण या पृथक्करण** (Classification or Separation of Solid Waste) इस चरण में ठोस अपशिष्ट को इसकी प्रकृति के अनुसार पूर्व में बताई गई श्रेणियों में विभक्त किया जाता है। यदि यह कार्य इसके **उद्गम** (Source) पर ही हो, तो यह बेहतर होता है।

(b) **ठोस अपशिष्ट का संग्रहण तथा परिवहन** (Collection and Transportation of Solid Wastes) इस चरण में ठोस अपशिष्ट को इसके उद्गम; जैसे—घर, कार्यालय से एकत्रित कर बड़ी बन्द गाड़ियों में भरकर निस्तारण स्थल तक पहुँचा देते हैं। प्राय: संक्रामक तथा विषाक्त अपशिष्ट का संग्रहण तथा परिवहन पृथक् रूप से किया जाता है।

(c) **ठोस अपशिष्ट का निस्तारण** (Disposal of Solid Wastes) निस्तारण स्थल पर असंक्रामक जैव-निम्नीकृत अपशिष्ट का उपयोग खाद बनाने हेतु तथा पुनश्चक्रित अपशिष्ट को पुनश्चक्रण हेतु निर्धारित स्थानों पर भेज दिया जाता है। शेष अपशिष्ट के निस्तारण हेतु निम्न तकनीकों का प्रयोग किया जाता है

- **डम्पिंग** (Dumping) इस तकनीक में अपशिष्ट को सहनन (Compaction) के पश्चात् गड्ढे बनाकर भूमि में दबा दिया जाता है। इनके अपघटन से बने लींचिग से जल के निकटवर्ती स्रोत के प्रदूषित होने की सम्भावना बनी रहती है। इसके अतिरिक्त इन्हें महासागरों में भी डाल दिया जाता है। यह सस्ती किन्तु पर्यावरण हेतु अत्यन्त हानिकारक तकनीक है।
- **सैनेटरी लैंड फिलिंग** (Sanitary Land Filling) इसके अन्तर्गत शहर से दूर बन्जर भूमि में विशाल बहुमंजिला गड्ढे खोदकर इनमें अपशिष्ट भरा जाता है। महानगरों में अपशिष्ट के निस्तारण में यह तकनीक उपयोग में ली जाती है। यहाँ गड्ढे आस्तरित (Coated) होते हैं तथा लींचिग के विकास की उचित व्यवस्था होती है।
- **दहन** (Burning) इस तकनीक में अपशिष्ट को उच्च तापमान पर जला दिया जाता है। यह तकनीक संक्रामक तथा विषाक्त अपशिष्टों के लिए उपयुक्त है। *यह दो प्रकार से होती है*
- **भस्मीकरण** (Incineration) यहाँ ऑक्सीजन की उपस्थिति में अवशिष्ट को 900 – 1200° C तक के तापक्रम पर जलाया जाता है। इसमें अत्यधिक वायु प्रदूषक हानिकारक गैसें उत्सर्जित होती हैं।
- **पायरोलाइसिस** (Pyrolysis) यहाँ ऑक्सीजन की अनुपस्थिति में अपशिष्ट को कम ताप 600 – 800°C तक बन्द कक्ष में जलाया जाता है।

(ii) कृषि रसायन Agriculture Chemicals

बढ़ती आबादी तथा घटती कृषि योग्य भूमि के कारण उच्च गुणवत्ता तथा उच्च उत्पादन वाली फसलों की आवश्यकता बढ़ी है। कृषि में प्रयुक्त वे मानव-निर्मित (Man-made) कृत्रिम रसायन, जो फसल के उत्पादन में वृद्धि हेतु तथा इसकी सुरक्षा में प्रयुक्त किए जाते हैं, **कृषि रसायन** कहलाते हैं।

उच्च गुणवत्ता वाली किस्मों के निर्माण के अतिरिक्त हरित क्रान्ति को सफल बनाने हेतु विभिन्न कृत्रिम रसायनों का कृषि में महत्त्वपूर्ण योगदान है। इन कृषि रसायनों में उर्वरक, पीड़कनाशी, शाकनाशी, आदि प्रमुख हैं। किन्तु वर्तमान समय में इन रसायनों के अन्धाधुंध उपयोग के कारण भूमि तथा जल प्रदूषण जैसी गम्भीर समस्याएँ उत्पन्न हो गई हैं। भारत में प्रतिबन्धित कुछ प्रमुख कीटनाशियों तथा शाकनाशियों के उदाहरण निम्न हैं

(i) एल्ड्रीन (ii) बेन्जीन हेक्साक्लोराइड (BHC)
(iii) कैल्शियम सायनाइड (iv) एन्ड्रीन
(v) एथिल मर्करी क्लोराइड (vi) नाइट्रोफेन
(vii) क्लोरोबेन्जीलेट (viii) एथिलीन डाइ ब्रोमाइड
(ix) ट्राइक्लोरो एसीटिक अम्ल (TCA)
(x) डाइक्लोरो डाइफेनिल ट्राइक्लोरोएथेन (DDT)
(xi) सोडियम साइनाइड
(xii) एण्डोसल्फेन

कृषि रसायनों के दुष्प्रभाव
Adverse Effects of Agriculture Chemicals

(i) कृषि रसायनों के अधिक उपयोग से निकटवर्ती जल-स्रोत तथा भू-जल प्रदूषित होता है।

(ii) अधिक रसायनों तथा उर्वरकों के उपयोग से उपजाऊ मृदा बंजर हो जाती है।

(iii) कृषि उर्वरक वर्षा जल में बहकर निकटवर्ती जलस्रोत में **सुपोषिता** उत्पन्न कर देते हैं।

(iv) अजैवनिम्नीकृत कृषि रसायन; जैसे—DDT खाद्य शृंखला में प्रवेश कर उच्च उपभोक्ता में गम्भीर रोग उत्पन्न कर देते हैं, जिसे **जैव-आवर्धन** (Biomagnification) कहते हैं।

(v) फसल को शीघ्र पकाने में प्रयुक्त रसायनों वाली तथा पीड़कनाशी युक्त फसल को खाने से मानव तथा जन्तुओं में विभिन्न रोग उत्पन्न हो जाते हैं।

(vi) मानव में हानिकारक रसायनों वाली फसल को खाने पर आँत का कैंसर, नपुंसकता, बाँझपन, रुधिर का कैंसर, जीर्णता, गर्भस्थ शिशु की मृत्यु, अल्पायु, आदि लक्षण या रोग उत्पन्न हो जाते हैं।

(vii) उर्वरकों के अधिक प्रयोग विशेषकर यूरिया के कारण मृदा में नाइट्रेट का स्तर बढ़ जाता है जिस कारण यह नाइट्रेट भू-जल में मिलकर मादा के दूध से होता हुआ नवजात शिशु में पहुँच जाता है।

जिस कारण नवजात शिशु के शरीर का रंग नीला हो जाता है, इस रोग को **ब्लू-बेबी सिण्ड्रोम** (Blue-baby syndrome) कहते हैं।

(viii) कृषि रसायनों के अधिक प्रयोग से किसान मित्र जन्तु; जैसे—केंचुआ, चिड़िया, नाइट्रोजनी जीवाणु मर जाते हैं तथा स्थानीय पारितन्त्र असन्तुलित हो जाता है।

4. विकिरण या रेडियोधर्मी प्रदूषण
Radiation or Radioactive Pollution

रेडियोधर्मी तत्वों; जैसे—यूरेनियम, थोरियम, प्लूटोनियम, आदि के परमाण्विक नाभिक के प्राकृतिक विघटन से निकली अदृश्य विकिरण (जैसे—α, β या γ किरणें) अत्यन्त शक्तिशाली तथा हानिकारक होती हैं। इन विकिरणों के पर्यावरण तथा सजीवों पर त्वरित एवं गम्भीर दुष्प्रभाव पड़ते हैं। इन तत्वों को **रेडियोसक्रिय या रेडियोधर्मी तत्व** (Radioactive elements) तथा इस गुण को **रेडियोएक्टिवता** (Radioactivity) कहते हैं। इन विकिरणों के कारण पर्यावरण में उत्पन्न दुष्प्रभावों को विकिरण या रेडियोधर्मी प्रदूषण कहते हैं।

रेडियोधर्मी प्रदूषण के दुष्प्रभाव
Adverse Effects of Radioactive Pollution

रेडियोधर्मी तत्वों से निकली विकिरणों की भेदन क्षमता उच्च होती है। यह सजीव कोशिकाओं में प्रवेश कर इनके DNA को विखण्डित या उत्परिवर्तित कर देती है। इनमें गामा (γ) तथा एक्स (X) विकिरणें अत्यन्त हानिकारक होती हैं। कम आवृत्ति वाली या रेडियोधर्मी विकिरणों के लम्बे समय तक सम्पर्क में रहने पर उत्परिवर्तन द्वारा कैंसर जिसमें रुधिर कैंसर, अस्थि कैंसर, थाइरॉइड कैंसर, आदि प्रमुख हैं, उत्पन्न हो सकते हैं। उच्च सक्रिय रेडियोधर्मी विकिरणों के सम्पर्क में आने पर कुछ मिनटों में उत्परिवर्तन के कारण बने विकृत प्रोटीनीकरण से मृत्यु हो जाती है।

इसके अतिरिक्त परमाणु बमों के उपयोग के कारण उत्पन्न अनियन्त्रित ऊष्मा से अल्प समयावधि में विशाल भू-भाग जीवनविहीन हो सकता है तथा उत्पन्न विकिरणों के कारण यह क्षेत्र तथा निकटवर्ती क्षेत्र वर्षों तक प्रदूषित हो जाते हैं; उदाहरण—द्वितीय विश्व युद्ध में 6 तथा 9 अगस्त 1945 में अमेरिका ने जापान के दो शहरों **हीरोशिमा** तथा **नागासाकी** पर परमाणु बम गिराए थे। जिस कारण लाखों लोग तुरन्त मर गए तथा आज तक वहाँ के पर्यावरण में मौजूद विकिरणों के कारण अनेक शिशु आनुवंशिक विकारों सहित पैदा होते हैं।

रेडियोधर्मी प्रदूषण का नियन्त्रण
Control of Radioactive Pollution

(i) परमाणु हथियारों पर प्रतिबन्ध लगाना।

(ii) परमाणु बिजलीघरों की संख्या में कमी लाना तथा इन्हें आबादी से दूर स्थापित करना।

(iii) परमाणु बिजलीघरों का उचित रखरखाव करना।

(iv) परमाणु बिजलीघर तथा प्रयोगशालाओं से निकले रेडियोधर्मी अपशिष्ट का उचित निस्तारण करना।

रेडियोधर्मी अपशिष्ट प्रबन्धन
Radioactive Wastes Management

रेडियोधर्मी अपशिष्ट का रासायनिक उपचार करके इसे इसकी अर्द्धआयु के अनुसार विभिन्न श्रेणियों में विभक्त किया जाता है

(i) **निम्न सक्रियता वाले अपशिष्ट** (Low Activity Wastes) रेडियोधर्मी अपशिष्ट प्रबन्धन में प्रयुक्त कपड़े, काँच, प्लास्टिक, आदि।

(ii) **मध्यम सक्रियता वाले अपशिष्ट** (Medium Activity Wastes) कम अर्द्धआयु काल वाले तत्व तथा प्रयोगशालाओं से प्राप्त रेडियोसक्रिय अपशिष्ट स्ट्रॉन्शियम-90, कार्बन-14, आदि।

(iii) **उच्च सक्रियता वाले अपशिष्ट** (High Activity Wastes) परमाणु आयुध तथा बिजलीघरों में से निकला अपशिष्ट यूरेनियम, प्लूटोनियम, थोरियम, आदि।

रेडियोधर्मी अपशिष्ट का सुरक्षित निपटान एक समस्या है तथा इसके उपचार में अत्यधिक सावधानी की आवश्यकता है। यह सुझाव दिया गया है कि परवर्ती भण्डारण का कार्य उचित रूप में कवचित पात्रों में चट्टानों के नीचे लगभग 500 मीटर की गहराई में पृथ्वी में गाड़कर करना चाहिए, किन्तु भूकम्प के समय इनके निकलने की सम्भावना बनी रहती है।

ओजोन अपक्षय Ozone Depletion

ओजोन वायुमण्डल में भू-सतह से लगभग 50 किमी ऊपर समतापमण्डल (Stratosphere) है, जिसमें ओजोन (O_3) गैस का एक सघन स्तर पाया जाता है, जिसे **ओजोन परत** (Ozone layar) कहते हैं। यह गैसीय परत सूर्य से आने वाली 99% हानिकारक पराबैंगनी (Ultraviolet or UV) किरणों को अन्तरिक्ष में परावर्तित कर जैवमण्डल की सुरक्षा करती है।

$$O_3 \xrightleftharpoons{UV} O_2 + \dot{O}$$

समतापमण्डल में सन् 1980 से प्राण रक्षक ओजोन की परत पतली होती जा रही है, जिसे ओजोन छिद्र (Ozone hole) कहते हैं। इसका मुख्य कारण मानव द्वारा CFCs (Chlorofluorocarbons) का अत्यधिक उपयोग है। इनमें फ्रेऑन (Freon) सबसे अधिक घातक क्लोरोफ्लोरो कार्बन (CFC) गैस है, जिसका प्रयोग कार्यकारी पदार्थ के रूप में रेफ्रिजरेटर, एअर कण्डीशनर, गद्देदार सीट या सोफों में काम आने वाली फोम तथा ऐरोसॉल स्प्रे में होता है।

ओजोन अपक्षय की क्रियाविधि
Mechanism of Ozone Depletion

सन् 1980 में अण्टार्कटिका में काम कर रहे वैज्ञानिकों ने दक्षिणी ध्रुव पर सर्वप्रथम ओजोन छिद्र के बारे में बताया। यह सामान्यतया गर्मियों में बनता है तथा बसन्त के बाद पुन: भरता है। ब्रिटिश वैज्ञानिकों के अनुसार, सर्दी के महीनों में वायुमण्डलीय क्लोरीन का एकत्रित होना, अण्टार्कटिका में ओजोन की परत महीन (Thin) होने का महत्त्वपूर्ण कारण है।

वास्तव में CFC, UV-किरणों से विघटित होकर क्लोरीन आयन बनाते हैं, जो O_3 से क्रिया करके उसे निम्न प्रकार से खत्म करता है

$$CF_2Cl_2(g) \xrightarrow{UV} \dot{Cl}(g) + CF_2Cl\,(g)$$
$$\dot{Cl}(g) + O_3(g) \longrightarrow ClO(g) + O_2(g)$$
$$ClO(g) + \dot{O}(g) \longrightarrow \dot{Cl}(g) + O_2(g)$$

क्लोरीन के मुक्त मूलक लगातार पुन:सक्रिय होते रहते हैं तथा ओजोन को तोड़ते रहते हैं। ओजोन परत में छिद्र करने वाले पदार्थों को ओजोन अपक्षयक पदार्थ (Ozone Depleting Substances or ODS) कहते हैं। एक क्लोरीन परमाणु लगभग 100000 ओजोन के अणुओं का विघटन करता है। ओजोन परत 280-315 nm तरंगदैर्ध्य वाली पराबैंगनी किरणों को धरती पर आने से रोकती है।

अत: ओजोन परत पतली होने पर इन किरणों की अधिक मात्रा धरती पर आती है। विश्व में सर्वाधिक पतली ओजोन परत अण्टार्कटिका पर पायी जाती है। ओजोन परत की मोटाई को डॉबसन इकाई (Dobson Unit or

DU) में मापा जाता है। ट्रेटाक्लोराइट (CCl_4) अन्य हैलोजन गैसों क्लोरोफॉर्म, विरंजकों, जेट विमान से निकली नाइट्रिक ऑक्साइड (NO), आदि का भी प्रमुख योगदान है।

$$NO(g) + O_3(g) \longrightarrow NO_2(g) + O_2(g)$$

ओजोन परत के अपक्षय के हानिकारक प्रभाव Harmful effect of Ozone Depletion

ओजोन परत अपक्षय का मानव, पादप व जन्तुओं पर प्रभाव निम्नलिखित हैं

(i) **मानव पर प्रभाव** UV-किरणों से उत्परिवर्तन के कारण त्वचा में तेजी से वृद्धि होती है, जिससे विकृतियाँ जलन, त्वचा कैंसर, आदि रोग उत्पन्न हो जाते हैं। UV-किरणों के कारण नेत्रों में मोतियाबिन्द (Cataract) उत्पन्न हो जाता है। UV-किरणें नेत्रों के लिए अत्यन्त हानिकारक होती हैं, इनके द्वारा अन्धापन तक भी हो सकता है, इसके अतिरिक्त जीर्णता गंजापन, बालों का कम उम्र में सफेद होना, आनुवंशिक विकार, प्रोटीन, विकृतिकरण UV-किरणों के सामान्य दुष्प्रभाव है।

(ii) **पादपों पर प्रभाव** ओजोन परत अपक्षयन का कृषि, वन व प्राकृतिक पारितन्त्रों पर भी प्रभाव पड़ता है; जैसे—UV-किरणों की मात्रा के बढ़ने से संसार की अधिकांश फसलें प्रभावित होती हैं, जिससे उनकी उत्पादकता, प्रकाश-संश्लेषण तथा पुष्पीकरण में कमी आ जाती है। गेहूँ, चावल, बाजरा, जई, मक्का, सोयाबीन, मटर, टमाटर, खीरा, फूलगोभी, ब्रोकली तथा गाजर ऐसी फसलें हैं, जो UV-किरणों द्वारा ज्यादा प्रभावित होती हैं। पादपों के बीज UV-किरणों द्वारा अपेक्षाकृत ज्यादा प्रभावित होते हैं।

(iii) **जन्तुओं पर प्रभाव** घरेलू जानवरों में UV-किरणों द्वारा आँख सम्बन्धित रोग तथा त्वचा कैंसर हो जाता है। समुद्री जीवों की प्रजातियाँ (मछली एवं केकड़े का लार्वा) अण्टार्कटिका ओजोन छिद्र के कारण पिछले कुछ वर्षों में अत्यधिक मात्रा में प्रभावित हुए हैं।

(iv) **समुद्री जीवन पर प्रभाव** समुद्र की सतह पर पाए जाने वाले छोटे जीव बढ़ती UV-किरणों से प्रभावित होते हैं। इनकी संख्या में आई कमी खाद्य श्रृंखला को प्रभावित करती है। जल स्रोतों में उपस्थित मछलियों की संख्या में आई कमी मछली व्यवसाय व भोजन हेतु मछली के उपयोग को प्रभावित करती है।

(v) **अन्य पदार्थों पर प्रभाव** लकड़ी, प्लास्टिक, रबड़, कपड़ा तथा अन्य पदार्थ UV-किरणों द्वारा प्रभावित होते हैं, जिससे इनकी कीमत कम हो जाती है।

वनोन्मूलन Deforestation

वन क्षेत्रों का वनरहित क्षेत्रों में परिवर्तन होना ही वनोन्मूलन कहलाता है। एक अनुमान के अनुसार, उष्णकटिबन्धीय क्षेत्रों में 40% किन्तु शीतोष्ण क्षेत्र में 1% क्षेत्र में वन नष्ट हुए हैं। जिसका कारण वहाँ मानवीय आबादी की कमी है। वर्तमान में विश्व भर में लगभग 7 करोड़ हेक्टेयर वन क्षेत्रों में वृक्ष काटे जा रहे हैं।

20 वीं शताब्दी के प्रारम्भ में भारत के कुल क्षेत्रफल के लगभग 30% भाग पर वन थे। सन् 1980 में, 19.4% तथा सन् 2003 में 20.64% का आकलन किया गया है। भारत की **राष्ट्रीय वन नीति 1988** में सिफारिश की गई है, कि मैदानी इलाकों में 33% जंगल क्षेत्र तथा पर्वतीय क्षेत्रों में 67% जंगल क्षेत्र होने चाहिए।

वनोन्मूलन के मुख्य कारण इस प्रकार हैं

(i) **झूम खेती या स्थानान्तरित खेती** प्राचीन काल में भारत के उत्तरी पूर्वी भाग में वनों को काटकर तथा जलाकर कृषि की जाती थी, जिसे 'झूम कृषि (Jhum cultivation) कहते हैं। इसमें जंगल के वृक्षों को काटकर पादप अवशेष को जलाकर राख को मृदा में मिश्रित कर उसमें फसलों के बीजों का रोपण करते हैं। इस भूमि को 2-3 वर्षों तक कृषि के लिए प्रयुक्त किया जाता है। इसके कारण पोषकों का विघटन, आर्द्रता में कमी तथा मृदा अपरदन में बढ़ोतरी होती है।

(ii) वनों में आग लगना।

(iii) बाँध, जलाशयों एवं जल विद्युत प्रोजेक्ट का निर्माण।

(iv) वन क्षेत्र में सड़कों एवं रेलवे लाइनों का निर्माण।

(v) अतिचारणता।

(vi) लकड़ी की आवश्यकता।

वनोन्मूलन का प्रभाव Effects of Deforestation

वनोन्मूलन के मुख्य प्रभाव से सूखा, मौसम में परिवर्तन, भूमि अपरदन, जैव-विविधता का नष्ट होना, कम वर्षा और भूमण्डलीय तापमान में वृद्धि होना (Global warming), आदि हैं।

वनोन्मूलन के प्रभाव को समाप्त करने हेतु वृक्षारोपण करना आवश्यक है, यह **वनारोपण** (Afforestation) कहलाता है। भारत में वन महोत्सव का प्रारम्भ सन् 1950 में हुआ, इसमें सरकार एवं निजी संस्थाएँ प्रतिवर्ष जुलाई एवं फरवरी माह में वृक्षारोपण करती हैं।

संयुक्त वन प्रबन्धन Joint Forest Management or JFM

भारत सरकार ने सन् 1980 में "संयुक्त वन प्रबन्धन" नियम लागू किया, जिसमें स्थानीय लोगों की भागीदारी से वन संरक्षण तथा वन प्रबन्धन का संचालन किया जाता है। इसके अन्तर्गत स्थानीय लोग वनोत्पाद; जैसे—फल, दवाई, रबर, गोंद, रेशा, आदि का उत्पादन करते हैं तथा वन संरक्षण में योगदान देते हैं। इसके अन्तर्गत कुछ वन क्षेत्रों में सीमित पशु चारण की सुविधा भी दी जाती है।

पुनर्वनीकरण या पुनर्वनरोपण Reforestation

जिन स्थानों पर पहले वन क्षेत्र मौजूद था, किन्तु बाद में किसी कारणवश नष्ट हो गए, ऐसे स्थान पर वृक्षारोपण करने की प्रक्रिया को पुनर्वनीकरण या पुनर्वनरोपण (Reforestation) कहते हैं तथा नए स्थानों पर वन क्षेत्रों के विकास को **वनारोपण** (Afforestation) कहते हैं। इसके द्वारा जैव-विविधता *का बर्हि स्थाने (Ex situ)* संरक्षण किया जाता है।

पर्यावरण संरक्षण हेतु बने प्रमुख भारतीय कानून Main Indian Laws for Environmental Conservation

- भारतीय वन अधिनियम, 1927
- वन संरक्षण अधिनियम, 1980
- पर्यावरण सुरक्षा अधिनियम, 1986
- वन्यजीव सुरक्षा अधिनियम, 1972
- राष्ट्रीय पर्यावरण ट्रिब्यूनल अधिनियम, 1995
- जैव-विविधता संरक्षण अधिनियम, 2002
- इसके अतिरिक्त प्रति वर्ष लोगों में जागरुकता लाने के उद्देश्य से 5 जून को **विश्व पर्यावरण दिवस** तथा 22 अप्रैल को **पृथ्वी दिवस** मनाया जाता है।

अभ्यास प्रश्न

वायु प्रदूषण

1. प्रदूषण का प्रभाव किस पर सर्वप्रथम एवं अधिक देखा जा सकता है?
(a) किसी स्थान के प्राकृतिक फ्लोरा (Plant) पर
(b) प्राकृतिक भूगर्भीय रासायनिक चक्र पर
(c) प्राकृतिक गैस चक्र पर
(d) वातावरण के प्राकृतिक सन्तुलन पर

2. मुख्य प्रदूषणकारी कारक हैं
(a) मनुष्य (b) जन्तु
(c) हाइड्रोकार्बन गैसें (d) इनमें से कोई नहीं

3. निम्नलिखित में से प्राथमिक प्रदूषक है
(a) SO_2 (b) O_3
(c) PAN (d) सल्फ्यूरिक अम्ल

4. फसलों पर DDT के छिड़काव से कौन-सा प्रदूषण होता है?
(a) वायु प्रदूषण (b) वायु तथा मृदा प्रदूषण
(c) वायु, जल तथा मृदा प्रदूषण (d) जल प्रदूषण

5. अत्यधिक हानिकारक वातावरण प्रदूषक है
(a) निम्नकरणीय प्रदूषक (b) प्राथमिक प्रदूषक
(c) अनिम्नकरणीय प्रदूषक (d) ये सभी

6. काँच, प्लास्टिक तथा DDT हैं, एक
(a) अजैवनिम्नकरणीय प्रदूषक (b) जैवनिम्नकरणीय प्रदूषक
(c) प्रतिजैविक (d) इनमें से कोई नहीं

7. वायुमण्डल में वायु की सामान्य संरचना में O_2 की मात्रा कितनी होती है?
(a) 21% (b) 78% (c) 1% से कम (d) 0.03%

8. वायुमण्डल में वायु की सामान्य संरचना में CO_2 की मात्रा कितनी होती है?
(a) 78% (b) 21%
(c) 0.03% (d) 0.03% से कम

9. परऑक्सीएसीटिल नाइट्रेट (PAN) मुख्य है
(a) स्थल प्रदूषक (b) जल प्रदूषक
(c) वायु प्रदूषक (d) ध्वनि प्रदूषक

10. नई दिल्ली के वाहनों से कौन-सा रेचक प्रदूषक नहीं निकलता है?
(a) SO_2 (b) राख
(c) CO (d) हाइड्रोकार्बन गैस

11. भोपाल गैस त्रासदी किस कम्पनी में हुई?
(a) यूनियन कार्बोनेट कम्पनी (b) यूनियन कोल कम्पनी
(c) यूनियन बेन्जीन कम्पनी (d) यूनियन कार्बाइड कम्पनी

12. भोपाल गैस त्रासदी किस वर्ष हुई
(a) 1985 (b) 1888
(c) 1984 (d) 1930

13. पेट्रोल एवं डीजल से चलने वाले स्वचालित वाहनों के रंचन से मुक्त किस प्रदूषक की मात्रा सर्वाधिक होती है?
(a) CO (b) CO_2
(c) NO_2, SO_2 एवं Pb (d) हाइड्रोकार्बन

14. मुम्बई, कोलकाता जैसे शहरों में मुख्य प्रदूषक है
(a) ओजोन
(b) कार्बन मोनोऑक्साइड तथा सल्फर के ऑक्साइड
(c) हाइड्रोकार्बन
(d) शैवाल बीजाणु

15. निम्न में से किसे प्राकृतिक प्रदूषक कहते हैं?
(a) धुन्ध को (b) वायुमण्डलीय नाइट्रोजन को
(c) जंगल की आग को (d) इनमें से कोई नहीं

16. वायु प्रदूषण में सबसे अधिक योगदान किसका है?
(a) भारत का (b) अमेरिका का
(c) रूस का (d) ब्रिटेन का

17. वायु प्रदूषण के विश्वसनीय संकेतक हैं
(a) हरी शैवाल तथा जलीय लीवरवर्ट्स
(b) फर्न तथा *साइकस*
(c) लाइकेन तथा मॉस
(d) नीम तथा आम

18. धुंध-कोहरा (Smog) का निर्माण होता है
(a) कोहरे + NO_3 से (b) धुएँ + रेडियोधर्मी पदार्थ से
(c) धुएँ + कोहरे से (d) धुएँ + CO_2 से

19. प्रदूषण के कारण कौन-सा रोग हो जाता है?
(a) ब्रोंकाइटिस (b) बेरी-बेरी (c) स्कर्वी (d) हीमोफीलिया

20. शरीर में सल्फर डाइऑक्साइड (SO_2) द्वारा प्रभावित होने वाला भाग है
(a) फेफड़े (b) श्वसन नलिका
(c) वृक्क (d) दोनों (a) व (b)

21. कार्बन मोनोऑक्साइड (CO) मनुष्य के लिए हानिकारक है, क्योंकि
(a) यह ओजोन (O_3) परत को नष्ट करती है
(b) यह हीमोग्लोबिन से क्रिया करने के लिए ऑक्सीजन (O_2) से प्रतियोगिता करती है
(c) यह कार्बन डाइऑक्साइड (CO_2) की सान्द्रता वातावरण में कम करती है
(d) उपरोक्त सभी

22. CO का विषैला प्रभाव होता है, क्योंकि हीमोग्लोबिन के लिए इसकी बद्धता, ऑक्सीजन की तुलना में होती है
(a) 20 गुना (b) 250 गुना (c) 1000 गुना (d) 2 गुना

23. मनुष्य रुधिर की ऑक्सीजन वहन क्षमता किस प्रदूषण के कारण कम होती है?
(a) CO_2 (b) CO
(c) SO_2 (d) O_3

24. हीमोग्लोबिन से जुड़कर रुधिर में एक विषैला पदार्थ बनाती है
(a) कार्बन डाइऑक्साइड (b) मीथेन
(c) कार्बन मोनोऑक्साइड (d) ऑक्सीजन

25. सीसा है
(a) जल प्रदूषक (b) मृदा प्रदूषक
(c) वायु प्रदूषक (d) रेडियोधर्मी प्रदूषक

26. वायु प्रदूषण के प्रभाव अधिकतर पाए जाते हैं
(a) पत्तियों पर (b) पुष्पों पर
(c) तनों पर (d) जड़ों पर

27. निम्नलिखित पर्यावरणीय प्रदूषकों में से कौन-सा अम्ल वर्षा होने का प्रमुख कारक है?
(a) कार्बन डाइऑक्साइड (b) हाइड्रोकार्बन परॉक्साइड
(c) कार्बन मोनोऑक्साइड (d) सल्फर डाइऑक्साइड

28. अम्ल वर्षा हानिकारक है
(a) फसलों के लिए (b) जन्तुओं के लिए
(c) भवनों के लिए (d) इन सभी के लिए

29. बाहरी वातावरण में हवाई जहाज द्वारा छोड़ा गया प्रदूषक पदार्थ फ्लोरोकार्बन कहलाता है
(a) स्मॉग (b) प्रकाश-रासायनिक ऑक्सीडेन्ट्स
(c) ऐरोसॉल (d) लोऐस

30. लाइकेन सामान्यतया शहरों में नहीं उगते
(a) सही प्रकार के शैवाल व कवकों की अनुपस्थिति के कारण
(b) वायु की कमी के कारण
(c) SO_2 प्रदूषण के कारण
(d) प्राकृतिक आवास न मिलने के कारण

31. मुख्य ऐरोसॉल प्रदूषक, जो जेट हवाई जहाज से निकलता है
(a) SO_2 (b) फ्लोरोकार्बन
(c) CCl_4 (d) CO

32. जीवाश्म ईंधन जलाना मुख्य कारण है
(a) नाइट्रोजन ऑक्साइड प्रदूषण का
(b) नाइट्रस ऑक्साइड प्रदूषण का
(c) नाइट्रिक ऑक्साइड प्रदूषण का
(d) CO_2 प्रदूषण का

33. निम्न कथनों पर विचार करें।
I. वायु में उपस्थित बड़े कण नाक के बालों द्वारा रोक लिए जाते हैं। अपेक्षाकृत सूक्ष्मतम कण श्वसन नली में रोक लिए जाते हैं।
II. वायु प्रदूषकों से निरन्तर सम्पर्क के कारण बचाव की ये प्रक्रियाएं लगभग निष्क्रिय हो जाती हैं और ऐसी स्थिति में खाँसी, दमा, कैंसर सम्बन्धी विकारों का जन्म होता है।
III. धूल के कण फेफड़ों के ऊतकों को नुकसान पहुँचाते हैं, साथ ही इनकी सतह पर जमा हुए हानिकारक तत्व कैंसर जैसी व्याधियों के लिए जिम्मेदार हैं।

उपरोक्त कथनों में सत्य कथन हैं
(a) I व II (b) I व III (c) I व III (d) I, II व III

34. सामान्यतया वातावरणीय प्रदूषक नहीं है
(a) CO (b) CO_2
(c) SO_2 (d) हाइड्रोकार्बन

35. निम्नलिखित में से किस धातु को उत्प्रेरक सम्परिवर्तक (Catalytic converter) में उत्प्रेरक के रूप में प्रयोग करते हैं
(a) पैलेडियम (b) जिंक
(c) कॉपर (d) आयरन

36. साइक्लोन कलेक्टर का प्रयोग किसको नियन्त्रण करने के लिए किया जाता है?
(a) ध्वनि प्रदूषण को (b) वायु प्रदूषण को
(c) जल प्रदूषण को (d) रेडियोधर्मी प्रदूषण को

37. गैसीय प्रदूषण किसके द्वारा नियन्त्रित कर सकते हैं?
(a) एरीस्टोर (b) इलेक्ट्रोस्टेटिक प्रेसीपिटेटर
(c) पाइरोलिसिस (d) अधिशोषण

38. वायु प्रदूषण के नियन्त्रण के लिए भारत सरकार द्वारा उठाए गए कदमों में सम्मिलित हैं
I. पेट्रोल में 20% एथिल एल्कोहॉल और डीजल में 20% बायोडीजल अनिवार्य रूप में मिलाया जाना।
II. पेट्रोल चलित वाहनों का अनिवार्य PUC प्रमाण पत्र दिया जाना, जिसमें कार्बन मोनोऑक्साइड तथा हाइड्रोकार्बनों का परीक्षण होता है।
III. वाहनों के लिए ईंधन के रूप में केवल ऐसे गुड डीजल के उपयोग की अनुमति देना, जिसमें अधिकतम सल्फर 500 ppm तक हो।
IV. समस्त बसों और ट्रकों द्वारा केवल अप्रदूषणकारी सम्पीड़ित प्राकृतिक गैसों का उपयोग किया जाना।
(a) I, II व III (b) II व III
(c) केवल IV (d) ये सभी

39. ताजमहल को किसके प्रभाव से खतरा बना हुआ है?
(a) क्लोरीन (b) सल्फर डाइऑक्साइड
(c) ऑक्सीजन (d) हाइड्रोजन

40. पर्यावरणीय प्रदूषण के अनुसन्धान से सम्बन्धित संगठन निम्न में से कौन-सा है?
(a) CSIR (b) NEERI (c) AIMI (d) CISF

41. निम्नलिखित में से हरितगृह गैसें हैं
(a) CO_2 (b) CFC (c) CH_4 (d) ये सभी

42. हरितगृह प्रभाव का सर्वप्रथम वर्णन किस वैज्ञानिक ने किया?
(a) फुरियर (b) आर्हीनियस
(c) डार्विन (d) इनमें से कोई नहीं

43. CO_2 उर्वरक प्रभाव के सम्बन्ध में असत्य कथन छाँटिए।
(a) C_3-पादपों में प्रकाश-संश्लेषण की दर में वृद्धि के कारण वाष्पोत्सर्जन की दर का घटना
(b) ये हरितगृह गैसों से उत्पन्न एक प्रभाव है
(c) पादपों में प्रकाश-संश्लेषण की दर में वृद्धि के कारण वाष्पोत्सर्जन की दर की घटना
(d) उपरोक्त में से कोई नहीं

44. वर्तमान में हरितगृह गैस की सान्द्रता बहुत अधिक हो गई, इसका कारण है
(a) रेफ्रिजरेटर का अधिक उपयोग (b) तेल व कोयले के अधिक ज्वलन
(c) वनों का कटान (d) इन सभी के कारण

45. हरित गृह प्रभाव किसके कारण होता है?
(a) वायुमण्डल में O_3 की परत
(b) पृथ्वी पर पहुँचने वाला अवरक्त प्रकाश
(c) वायुमण्डल में CO_2, SO_2 तथा CH_4
(d) उपरोक्त में से कोई नहीं

46. निम्न में से कौन-सा जोड़ा असंगत है?
(a) जीवाश्म ईंधन का जलना – CO_2 का मुक्त होना
(b) नाभिकीय शक्ति – रेडियोधर्मी अपशिष्ट
(c) सौर ऊर्जा – हरितगृह प्रभाव
(d) जैवभार का जलना – CO_2 का मुक्त होना

47. हरितगृह प्रभाव वाली गैस नहीं है
(a) CO_2 (b) H_2 (c) CFC (d) मीथेन

जल प्रदूषण

48. भारत में जल प्रदूषण नियन्त्रण कानून लागू हुआ
(a) 1968 से (b) 1982 से (c) 1974 से (d) 1976 से

49. जल प्रदूषण का सामान्य सूचक है
(a) *एन्टअमीबा हिस्टोलिटिका* (b) *ई. कोलाई*
(c) *इकोमिया क्रेसिपस* (d) *लेमिना पेनकीकोस्टाटा*

50. एक नदी के जल के लिए जैव-रासायनिक ऑक्सीजन माँग (BOD)
I. जब वाहितमल नदी के जल के साथ मिश्रित हो जाता है, तब बढ़ जाती है।
II. जल शैवाल की अतिवृद्धि होती है, तब अपरिवर्तित रहती है।
III. इसका जल में उपस्थित ऑक्सीजन की सान्द्रता से कोई सम्बन्ध नहीं होता है।
IV. यह जल में *साल्मोनेला* के लिए अनुमापक की तरह कार्य करती है।
उपरोक्त में से सत्य कथन है
(a) केवल I (b) II व IV (c) केवल III (d) I व IV

51. जल में कार्बनिक पदार्थों के मिलाने से क्या होगा?
(a) COD अप्रभावित रहेगी (b) BOD अप्रभावित रहेगी
(c) BOD में वृद्धि होगी (d) BOD कम होगी

52. जल प्रदूषण का प्रमुख अप्राकृतिक कारण है
(a) प्लवक की वृद्धि (b) औद्योगिक बहि:स्राव
(c) वर्षा (d) पादप तथा जन्तु के शरीर का क्षय

53. निम्न कथनों का अध्ययन करें।
I. भारत की अधिकांश नदियों का जल, नगरों के मल-जल द्वारा प्रदूषित हो गया है।
II. गंगा नदी पर बसे 25 बड़े महानगर 134 करोड़ लीटर मल-जल प्रतिदिन बिना शोधन के ही नदी में बहा देते हैं।
उपरोक्त में से कौन-सा/से कथन सत्य है/हैं?
(a) केवल I (b) केवल II
(c) I व II (d) न तो I व न ही II

54. जल प्रदूषण मुख्यतया किससे नहीं होता है?
(a) कीटनाशक से (b) औद्योगिक अपशिष्ट से
(c) अपमार्जक से (d) क्लोरीन से

55. जल प्रदूषण का कारण है
(a) 2, 4-D तथा पीड़कनाशी (b) धुँआ
(c) गाड़ी से निकलने वाला धुँआ (d) वायुयान

56. घरों के कचरों में होता है
(a) अजैवनिम्नीकरण (b) जैवनिम्नीकरणीय प्रदूषक
(c) हाइड्रोकार्बन्स , (d) इनमें से कोई नहीं

57. ब्लू-बेबी सिन्ड्रोम निम्न के कारण होता है
(a) वायु प्रदूषण (b) जल प्रदूषण
(c) तापीय प्रदूषण (d) रेडियोधर्मी प्रदूषण

58. वाहितमल के पुन: चक्रण द्वारा शुद्धिकरण के लिए क्रियाशील होते हैं
(a) जलीय पौधे (b) सूक्ष्मजीव (c) मछलियाँ (d) पेनिसिलिन

59. सुपोषण (Eutrophication) क्या है?
(a) वह प्रक्रिया, जिसके द्वारा जीव कुछ रासायनिक पदार्थों को अपने प्राकृतिक पर्यावरण में मिलने वाले इन पदार्थों के स्तरों से अधिक स्तर पर सान्द्रित करते हैं
(b) पोषक तत्व सम्पन्न जल में शैवाल की अत्यधिक वृद्धि, जिससे ऑक्सीजन का स्तर घट जाता है तथा बहुत से जीवों की मृत्यु हो जाती है
(c) किसी आहार श्रृंखला में जैवद्रव्य में प्राप्त ऊर्जा को रूपान्तरित करने की जीवों की क्षमता
(d) किसी पारिस्थितिक तन्त्र में परभक्षियों की समाप्ति के कारण किसी प्रजाति जनसंख्या में तीव्र वृद्धि

60. DDT की सान्द्रता का उच्चतर पोषण स्तरों में बढ़ता संग्रह कहलाता है
(a) जैविक आवर्धन (b) जैविक मूल्यांक
(c) जैविक विभव (d) जैविक मान

61. एक जलीय खाद्य श्रृंखला में DDT का जल में जैविक आवर्धन, 0.003 ppm से प्रारम्भ होकर, मछली भक्षक पक्षी में किस स्तर तक पहुँच सकता है?
(a) 2 ppm (b) 25 ppm (c) 50 ppm (d) 100 ppm

62. प्रदूषित वातावरण में, सबसे अधिक प्रदूषक पाए जाते हैं
(a) प्राथमिक उत्पादकों में (b) तृतीयक उपभोक्ताओं में
(c) द्वितीयक उपभोक्ताओं में (d) प्राथमिक उपभोक्ताओं में

63. जलाशयों में डाले जाने वाले वाहितमल (Sewage) के कारण मछलियाँ मर जाती हैं, क्योंकि
(a) इसमें दुर्गन्ध आती है
(b) यह मछलियाँ द्वारा खाए जाने वाले भोजन को विस्थापित कर देता है
(c) इसमें घुलित ऑक्सीजन हेतु मछलियों से स्पर्धा में वृद्धि होती है
(d) पानी में बहुतायत में CO_2 मिल जाती है

64. BOD का अर्थ है
(a) बायोकेमिकल ऑक्सीजन डिमाण्ड
(b) केमिकल ऑक्सीजन डिमाण्ड
(c) बायोटिक समुदाय
(d) बड़े टैंक में उगते शैवाल

65. कभी-कभी मिल में वाटर ब्लूम्स का पाया जाना प्रदर्शित करता है
(a) पोषण की कमी
(b) ऑक्सीजन की कमी
(c) अत्यधिक पोषण की उपलब्धता
(d) झील में शाकाहारियों की अनुपस्थिति

रेडियोधर्मी एवं मृदा प्रदूषण

66. मनुष्य जाति के लिए वातावरणीय अन्तिम संकट है
(a) वायु प्रदूषण (b) ध्वनि प्रदूषण
(c) जल प्रदूषण (d) नाभिकीय शीत

67. अत्यधिक खतरनाक रेडियोधर्मी प्रदूषक होता है
(a) P^{32} (b) Sr^{90} (c) S^{35} (d) C^{14}

68. अस्थि का कैंसर निम्न में से होता है
(a) आयोडीन-27 (b) स्ट्रॉन्शियम-90
(c) सीजियम-137 (d) इनमें से कोई नहीं

69. रेडियोधर्मिता के कारण कौन-सा रेडियोधर्मी स्ट्रॉन्शियम बनेगा?
(a) Sr^{80} (b) Sr^{90} (c) Sr^{85} (d) Sr^{95}

70. अपशिष्टों को सीमेन्ट से बने ड्रमों में सीलबन्द कर इनको लगभग 500 मीटर की गहराई पर दबा दिया जाता है। यह विशेष उपचार निम्न के लिए सही है
(a) गामा विकिरण प्रदूषकों के लिए
(b) UV पराबैंगनी विकिरण प्रदूषकों के लिए
(c) बीटा-कण प्रदूषकों के लिए
(d) सभी रेडियोधर्मी प्रदूषकों के लिए

71. जलकायों का थर्मल प्रदूषण होता है
(a) पावर प्लान्ट्स (गर्म जल) से निष्कासित ऊष्मा के कारण
(b) उद्योगों से निष्कासित रसायनों के कारण
(c) खानों से निष्कासित व्यर्थ पदार्थों के कारण
(d) कृषि से निष्कासित पदार्थों के कारण

72. फ्लाई ऐश (Fly ash) प्रदूषण किसके द्वारा होता है?
(a) तेल शोधन से (b) उर्वरक उद्योग से
(c) थर्मल पावर प्लान्ट से (d) खनन से

73. निम्न कथनों पर विचार कीजिए।
I. मृदा अपरदन को मृदा प्रदूषण भी कहते हैं।
II. उद्योगों से निकले अपशिष्ट जैसे—धातुएँ, अम्ल, क्षीर, रंजक पदार्थ, धातु ऑक्साइड आदि मृदा प्रदूषण के प्रमुख कारक हैं।
III. मृदा प्रदूषण के अन्तर्गत सल्फर के यौगिक जल से क्रिया करके अम्ल बनाते हैं व मृदा को अति अम्लीय बना देते हैं यह अम्लीयता पेड़-पौधों को खराब करती है।

उपरोक्त में सही कथन है
(a) I व II (b) II व III (c) I व III (d) I, II व III

74. मृदा प्रदूषण का सबसे महत्त्वपूर्ण कारक हो सकता है
(a) काँच (b) प्लास्टिक (c) अपमार्जक (d) CO_2

ओजोन अपक्षय एवं वनोन्मूलन

75. वायुमण्डल के प्रदूषक, जो ओजोन परत को कम करते हैं
(a) SO_2 (b) CO_2
(c) CO (d) NO तथा CFCs

76. खराब ओजोन पाई जाती है
(a) समतापमण्डल में (b) मध्यमण्डल में
(c) क्षोभमण्डल में (d) आयनमण्डल में

77. क्षोभमण्डल में उपस्थित रासायनिक खरपतवार, जोकि समतापमण्डल में रक्षक के रूप में उपस्थित होता है
(a) CH_4 (b) O_3 (c) CFC (d) NO_2

78. निम्न कथनों पर विचार करें।
I. ये गैसें 24% हरितगृह प्रभाव के लिए उत्तरदायी हैं। साथ ही ये वायुमण्डल के समतापमण्डल में ओजोन क्षरण के लिए भी उत्तरदायी हैं।
II. फ्रिऑन इसका एक उदाहरण है।
III. इसका उत्पादन एयर कण्डीशनर, रेफ्रिजरेटर, औद्योगिक विलायक, प्लास्टिक एवं फोम में होता है।

उपरोक्त कथन किस गैस के सम्बन्ध में सही है?
(a) मीथेन (b) नाइट्रस ऑक्साइड
(c) क्लोरोफ्लोरोकार्बन (d) कार्बन डाइऑक्साइड

79. वायु में कार्बन डाइऑक्साइड की बढ़ती हुई मात्रा से वायुमण्डल का तापमान धीरे-धीरे बढ़ रहा है, क्योंकि कार्बन डाइऑक्साइड
(a) वायु में उपस्थित जलवाष्प को अवशोषित कर उसकी ऊष्मा को संचित करती है
(b) सौर विकिरण के पराबैंगनी अंश को अवशोषित करती है
(c) सम्पूर्ण सौर विकिरण को अवशोषित करती है
(d) सौर विकिरण के अवरक्त अंश को अवशोषित करती है

80. निम्न में से ग्लोबल वार्मिंग को कम करने के लिए सही युक्ति नहीं है
I. जीवाश्म ईंधन का सीमित उपयोग कर हरितगृह गैसों को कम उत्पन्न करना।
II. विशेषतया वनों में वनस्पति क्षेत्र का अधिक विस्तार किया जाए, जिससे प्रकाश-संश्लेषण हेतु N_2O का उपयोग हो।
III. कृषि में नाइट्रोजनी उर्वरकों का कम उपयोग करके ताकि N_2O कम उत्पन्न हो।
IV. एयर कण्डीशनर्स, रेफ्रिजरेटर का अधिक उपयोग तथा प्लास्टिक भाग का, ऐरोसॉल आदि का बढ़ावा।
V. क्लोरोफ्लोरोकार्बन्स के विकल्प को विकसित करना।

उपरोक्त में से सत्य कथन है।
(a) I, II व III (b) केवल IV (c) III, IV व V (d) केवल III

81. निम्नलिखित कथनों पर विचार कीजिए क्लोरोफ्लोरोकार्बन, जो ओजोन-ह्रासक पदार्थों के रूप में चर्चित है, उनका प्रयोग
I. सुघट्य फोम के निर्माण में होता है।
II. ट्यूबलेस टायरों के निर्माण में होता है।
III. कुछ विशिष्ट इलेक्ट्रॉनिक अवयवों की सफाई करने में होता है।
IV. ऐरोसॉल कैन में दाबकारी एजेन्ट के रूप में होता है।

उपरोक्त में से कौन-सा/से कथन सही है/हैं?
(a) I, II व III (b) केवल IV
(c) I, III व IV (d) I, II, III व IV

82. सूर्य किरणों से निकलने वाली पराबैंगनी किरणों की अभिक्रिया से बनता है
(a) क्लोरोफ्लोरोकार्बन (b) नाइट्रस ऑक्साइड
(c) ओजोन (d) कार्बन डाइऑक्साइड

83. ओजोन परत पतली या नष्ट हुई है

(a) ऑस्ट्रेलिया में (b) यूरोप में
(c) अण्टार्कटिका में (d) जापान में

84. सामान्य प्रशीतन कारक क्लोरोफ्लोरो-मीथेन (फ्रिऑन) एवं NO_2 एक गम्भीर प्रदूषक हैं, यह

(a) वर्षा को रोक देता है
(b) हीमोग्लोबिन को नष्ट करता है
(c) वायुमण्डलीय O_3 परत को क्षति पहुँचाता है
(d) वायुमण्डलीय तापमान घटा देता है

85. भविष्य में त्वचा रोग किस कारण बढ़ेंगे?

(a) जल प्रदूषण से (b) वायु प्रदूषण से
(c) हाइड्रोकार्बन से (d) ओजोन परत की क्षति से

86. वन संरक्षण के उपाय हैं

(a) सामाजिक वनीकरण परियोजनाएँ
(b) कृषि वनीकरण परियोजनाएँ
(c) शहरी वनीकरण परियोजनाएँ
(d) उपरोक्त सभी

87. चिपको आन्दोलन सम्बन्धित है

(a) प्राकृतिक स्रोतों के संरक्षण से (b) पादप संरक्षण से
(c) प्रोजेक्ट टाइगर से (d) पादप-जनन से

88. मिनामाटा रोग प्रदूषण से सम्बन्धित एक रोग है, जो उत्पन्न होता है

(a) समुद्र के तेल के कुँओं से
(b) पेयजल में मानव कार्बनिक अपशिष्ट के निकलने से
(c) वायुमण्डल में आर्सेनिक के जमाव से
(d) मछली पालन के काम आने वाले जल में औद्योगिक अपशिष्ट पारे के मुक्त होने से

89. निम्न गैसों CFC, CH_4, N_2O तथा CO_2 को हरितगृह प्रभाव के लिए घटते हुए क्रम में व्यवस्थित करो

(a) $CO_2 > N_2O > CFC > FH_4$
(b) $CFC > CO_2 > CH_4 > N_2O$
(c) $CH_4 > CFC > N_2O > CO_2$
(d) $CO_2 > CH_4 > CFC > N_2O$

90. निम्न कथनों का अध्ययन करें।

I. फ्लोराइड के दुष्प्रभाव से होने वाली बीमारी फ्लोरोसिस है।
II. फ्लोराइड तथा आर्सेनिक प्रमुख भूमिगत जल प्रदूषक तत्व हैं।
III. जल में उपस्थित रेडियोधर्मी पदार्थ रेडियोन्यूक्लियोइड खाद्य शृंखला में प्रवेश करते हैं और आनुवंशिक दोष पैदा करते हैं तथा ये कैंसर को उत्पन्न करने वाले कारक भी होते हैं।

उपरोक्त में सही कथन हैं

(a) I व II (b) II व III
(c) I, II व III (d) I व III

91. निम्न में कौन-सा प्रदूषण भारहीन अपशिष्ट है?

(a) SO_2 तथा CO (b) वाहितमल
(c) कीटनाशक (d) ध्वनि एवं रेडियोधर्मी अपशिष्ट

92. ऊर्जा का सबसे अच्छा स्रोत, जो कभी प्रदूषण नहीं फैलाता है

(a) लकड़ी (b) कोयला
(c) सौर ऊर्जा (d) न्यूक्लियर ऊर्जा

93. निम्न कथनों पर विचार करें।

I. वायुमण्डल के कारकों के तापक्रम में अवांछित वृद्धि को तापीय प्रदूषण कहते हैं।
II. संयुक्त राष्ट्र पर्यावरण कार्यक्रम के सेण्टर फॉर एटमॉस्फिरिक साइंसेज (CAS) द्वारा कराए गए अध्ययन के अनुसार, तापीय प्रदूषण का खतरा भारत जैसे उष्णकटिबन्धीय देश पर होगा।
III. वाहनों से निकलने वाली गैसें; जैसे—सल्फर, नाइट्रोजन ऑक्साइड, आदि श्वसन के साथ शरीर में प्रवेश कर जाती हैं, जिससे मनुष्य में श्वसन तन्त्र की बीमारियाँ हो जाती हैं।

उपरोक्त में सही कथन हैं

(a) I, II व III (b) I व II (c) I व III (d) II व III

94. U^{238} से निकलती हैं

(a) गामा किरणें (b) बीटा किरणें
(c) एल्फा किरणें (d) इनमें से कोई नहीं

उत्तरमाला

1.	(a)	2.	(a)	3.	(a)	4.	(c)	5.	(c)	6.	(a)	7.	(a)	8.	(c)	9.	(c)	10.	(b)
11.	(d)	12.	(c)	13.	(a)	14.	(b)	15.	(c)	16.	(b)	17.	(c)	18.	(c)	19.	(a)	20.	(d)
21.	(b)	22.	(b)	23.	(b)	24.	(c)	25.	(c)	26.	(a)	27.	(d)	28.	(d)	29.	(c)	30.	(d)
31.	(b)	32.	(d)	33.	(d)	34.	(b)	35.	(a)	36.	(b)	37.	(b)	38.	(c)	39.	(b)	40.	(b)
41.	(d)	42.	(a)	43.	(c)	44.	(d)	45.	(c)	46.	(c)	47.	(b)	48.	(c)	49.	(b)	50.	(a)
51.	(c)	52.	(b)	53.	(c)	54.	(d)	55.	(a)	56.	(b)	57.	(b)	58.	(b)	59.	(b)	60.	(a)
61.	(b)	62.	(b)	63.	(c)	64.	(a)	65.	(b)	66.	(d)	67.	(b)	68.	(b)	69.	(b)	70.	(d)
71.	(a)	72.	(c)	73.	(b)	74.	(b)	75.	(d)	76.	(c)	77.	(b)	78.	(c)	79.	(d)	80.	(b)
81.	(c)	82.	(c)	83.	(c)	84.	(c)	85.	(d)	86.	(d)	87.	(b)	88.	(d)	89.	(d)	90.	(c)
91.	(d)	92.	(c)	93.	(a)	94.	(c)												

उत्तर व्याख्या सहित

1. *(a)* किसी भी स्थान की प्राकृतिक पादप आबादी (फ्लोरा) पर, उस स्थान पर पाए जाने वाले प्रदूषण का सर्वाधिक प्रभाव प्रकट होता है। इसके उपरान्त इस वातावरण में उपस्थित जीव, प्राकृतिक गैस चक्र द्वारा तथा वातावरण के प्राकृतिक सन्तुलन पर इसका प्रभाव क्रमिक रूप से पड़ता रहता है।

4. *(c)* फसलों पर DDT के छिड़काव के कारण वायु, जल तथा मृदा प्रदूषण होते हैं। वातावरण में उड़ने पर यह वायु को प्रदूषित करता है। इसके अतिरिक्त इसके अनिम्नीकरणीय प्रकृति के कारण मृदा में पाए जाने वाले जीव नष्ट हो जाते हैं। यह जलीय जीवों में जैविक आवर्धन के द्वारा एकत्रित होता रहता है।

9. *(c)* परऑक्सीएसीटिल नाइट्रेट (PAN), मुख्य रूप से वायु प्रदूषक है। PAN एक द्वितीयक प्रदूषक का उदाहरण है, जो प्राथमिक प्रदूषकों तथा वातावरण में उपस्थित सामान्य पदार्थों की अन्तःक्रिया से निर्मित होता है। इसकी उपस्थिति के कारण जीवों तथा पादपों में विभिन्न रोग होते हैं।

14. *(b)* मुम्बई, कोलकाता तथा दिल्ली जैसे बड़े शहरों में मुख्य प्रदूषक कार्बन मोनोऑक्साइड तथा सल्फर के ऑक्साइड हैं। ये प्रदूषक विभिन्न वाहनों के धुएँ के साथ वातावरण में निष्कासित होते हैं। ओजोन एक द्वितीयक प्रदूषक है, जो वातावरण में ऑक्सीजन (O_2) के टूटने से निर्मित होता है।

19. *(a)* प्रदूषण के कारण मनुष्यों में सामान्यतया बहुत-सी बीमारियाँ हो जाती हैं। दिए गए विकल्पों में से **ब्रोंकाइटिस** (Bronchitis) वायु प्रदूषण जनित बीमारी है। स्कर्वी, विटामिन-C की कमी से होने वाला रोग है, जबकि हीमोफीलिया एक जननिक विकार है। बेरी-बेरी विटामिन-B की कमी से होने वाला रोग है।

20. *(d)* मानव शरीर में सल्फर डाइऑक्साइड (SO_2) की उपस्थिति में फेफड़े तथा श्वसन नली प्रभावित हो जाते हैं। SO_2 एक प्रबल वायु प्रदूषक होता है।

21. *(b)* कार्बन मोनॉक्साइड विभिन्न जीवों के लिए हानिकारक है, क्योंकि इसकी तुलना बन्धुता हीमोग्लोबिन से ऑक्सीजन की अपेक्षा 250 गुना अधिक होती है यही कारण है कि CO, ऑक्सीजन के साथ प्रतिद्वन्दिता प्रदर्शित करती है।

27. *(d)* सल्फर डाइऑक्साइड (SO_2), मुख्य रूप से विभिन्न गाड़ियों एवं औद्योगिक इकाईयों से निकले धुएँ में उपस्थित होता है। SO_2 एवं NO_2 विभिन्न वातावरणीय घटकों के साथ मिलकर अम्ल वर्षा के लिए उत्तरदायी होते हैं।

34. *(b)* कार्बन डाइऑक्साइड (CO_2) सामान्तया वातावरणीय प्रदूषक नहीं है जबकि कार्बन मोनॉक्साइड, SO_2 तथा हाइड्रोकार्बन, वातावरण में प्रदूषकों की भूमिका निभाते हैं। कार्बन डाइऑक्साइड कम सान्द्रता की स्थिति में हरितगृह प्रभाव के लिए आवश्यक है, जो पृथ्वी पर जीवन के लिए नितान्त आवश्यक प्रक्रिया है। अधिक सान्द्रता होने पर यह वैश्विक ऊष्णता के लिए जिम्मेदार होता है।

36. *(b)* साइक्लोन कलेक्टर का उपयोग वायु प्रदूषण को रोकने के लिए किया जाता है। इसके अन्तर्गत एक पंखे द्वारा वायु प्रदूषकों को अवशोषित किया जाता है।

जल प्रदूषण का नियन्त्रण विभिन्न जलशोधन इकाइयों द्वारा किया जाता है। ध्वनि प्रदूषणों को नियन्त्रित करने के लिए विभिन्न ध्वनि नियन्त्रक उपकरणों का प्रयोग किया जाता है।

39. *(b)* ताजमहल को सल्फर डाइऑक्साइड से खतरा बना हुआ है। मथुरा में स्थित विभिन्न तेल शोधक इकाईयों द्वारा निष्कासित धुएँ में SO_2 की मात्रा अधिक होने के कारण ताजमहल का रंग पीला पड़ रहा है। इस प्रक्रिया को 'स्टोन कैंसर' कहते हैं। क्लोरीन, ऑक्सीजन तथा हाइड्रोजन, सामान्य स्थितियों में प्रदूषक नहीं होते है।

44. *(d)* वर्तमान में हरित गृह गैसों की अधिकता के विभिन्न कारण हो सकते हैं। कुछ कारण निम्नलिखित हैं

(i) विभिन्न प्रशीतकों से निकलने वाले फ्रिऑन्स

(ii) वनोन्मूलन

(iii) विभिन्न जीवाश्मीय ईंधनों का जलना हरित गृह गैसों की अधिकता के कारण वैश्विक ऊष्मीयन होता है।

47. *(b)* H_2 से सामान्यतया हरित गृह प्रभाव नहीं होता, परन्तु अन्य गैसों अर्थात् मीथेन, कार्बन डाइऑक्साइड, CFC के द्वारा हरित गृह प्रभाव मुख्य रूप से होता है। हरित गृह प्रभाव के अन्तर्गत सूर्य से आपतित किरणों का पृथ्वी के वातावरण में अवरोध हो जाता है। इस प्रक्रिया की खोज सर्वप्रथम **फुरियर** ने की।

51. *(c)* जल में कार्बनिक पदार्थों के मिलाने से इसकी जैविक ऑक्सीजन माँग (Biological Oxygen Demand or BOD) में वृद्धि हो जाती है। BOD में वृद्धि के कारण जल में ऑक्सीजन की मात्रा में कमी आती है तथा इसमें उपस्थित जीवों (जन्तुओं एवं पादपों) के जीवन पर संकट उत्पन्न हो जाता है। BOD वृद्धि की अन्तिम अवस्था सुपोषण (eutrophication) के रूप में प्रदर्शित होती है।

54. *(d)* जल प्रदूषण का मुख्य कारक औद्योगिक अपशिष्ट (industrial waste) होते हैं। इनके द्वारा जल में विभिन्न पदार्थ एकत्रित होते हैं, जिनसे जल की गुणवत्ता प्रभावित होती है। अन्य जल प्रदूषकों में कीटनाशकों, अपमार्जक आदि भी होते हैं। क्लोरीन का प्रयोग जल शुद्धिकरण में किया जाता है।

57. *(b)* ब्लू-बेबी सिन्ड्रोम, जल में नाइट्रेट (NO_3) की अधिकता के कारण होता है। नाइट्रेट की अधिकता के कारण जल प्रदूषित हो जाता है और इसको पीने पर मनुष्यों में त्वचा नीली पड़ जाती है। वायु प्रदूषण, तापीय प्रदूषण तथा रेडियोसक्रिय प्रदूषणों द्वारा विभिन्न बीमारियाँ होती है।

62. *(b)* प्रदूषित वातावरण में सबसे अधिक प्रदूषक तृतीयक उपभोक्ताओं में पाए जाते हैं। जैविक आवर्धन की प्रक्रिया के कारण विभिन्न प्रदूषकों का एकत्रीकरण तृतीय उपभोक्ताओं में सर्वाधिक होता है। प्राथमिक उत्पादकों में इसकी मात्रा सबसे कम तथा तृतीयक उपभोक्ताओं में सर्वाधिक होती है।

70. *(d)* सभी रेडियोधर्मी प्रदूषकों को सीमेन्ट से बने ड्रमों में सीलबन्द करके इनको लगभग 500 मीटर गहराई में दबा दिया जाता है। यह उपचार लगभग सभी रेडियोधर्मी प्रदूषकों के लिए पर्याप्त होता है। रेडियोसक्रिय प्रदूषकों द्वारा सभी जीवों में जननिक परिवर्तन हो जाते हैं।

71. *(a)* विभिन्न जलकायों में ऊष्मीय प्रदूषण, औद्योगिक इकाइयों से निकलने वाले गर्म जल के कारण ही होता है। इस प्रक्रिया में विभिन्न जलीय जीव मृत हो जाते हैं, क्योंकि गर्म जल की BOD अधिक होती है। ताप रिएक्टरों से निकलने वाला जल मुख्यतया इसके लिए उत्तरदायी होता है।

81. *(c)* क्लोरोफ्लोरोकार्बन, एक ओजोन ह्रासक के रूप में प्रसिद्ध है। इसका प्रयोग सुघट्य फोम के निर्माण में तथा विभिन्न विशिष्ट इलेक्ट्रॉनिक अवयवों की सफाई के लिए किया जाता है। इसके अतिरिक्त क्लोरोफ्लोरोकार्बन का उपयोग विभिन्न ऐरोसॉल कैनों में दाबकारी एजेन्ट के रूप में किया जा सकता है।

87. *(b)* चिपको आन्दोलन पादप संरक्षण से सम्बन्धित है। इसका प्रारम्भ **सुन्दर लाल बहुगुणा** ने किया। इस आन्दोलन के अन्तर्गत उत्तराखण्ड में मानव जाति ने पेड़ों की कटाई को रोकने के लिए पेड़ों से लिपटकर पेड़ों की सुरक्षा की।

90. *(c)* फ्लोराइड के दुष्प्रभाव से होने वाली बीमारी फ्लोरोसिस है, जिसमें दाँतों एवं मसूड़ों में पीलापन आ जाता है।

इसके अतिरिक्त फ्लोराइड तथा आर्सेनिक प्रमुख प्रदूषक हैं, जिनके द्वारा भूमिगत जल प्रदूषित होता है। जल में उपस्थित रेडियोधर्मी पदार्थों द्वारा विभिन्न आनुवंशिकीय विकार होते हैं।

91. *(d)* ध्वनि एवं रेडियोधर्मी अपशिष्ट, भारहीन प्रदूषकों के रूप में प्रदूषण फैलाते हैं। इन प्रदूषकों के द्वारा क्रमशः मानसिक एवं जननिक विकार उत्पन्न हो जाते हैं। वाहितमल (Sewage) प्रमुख जलीय प्रदूषक है तथा SO_2 तथा CO प्रमुख वायु प्रदूषक हैं। कीटनाशकों से जल, थल तथा वायु सभी प्रकार का प्रदूषण उत्पन्न होता है।

94. *(c)* U^{238} से अल्फा किरणें निकलती हैं। यूरेनियम (U^{238}) एक नाभिकीय ईंधन के रूप में प्रयुक्त होता है। एल्फा, बीटा तथा गामा किरणें मुख्यतया जननिक उत्परिवर्तन के कारणों के रूप में प्रदूषक की भूमिका निभाती हैं। इन विकिरणों द्वारा विभिन्न रोग अर्थात् चर्म रोग, अस्थि कैंसर भी होते हैं।

मध्य प्रदेश

शासन, स्कूल शिक्षा विभाग के अन्तर्गत

उच्च माध्यमिक शिक्षक

प्रैक्टिस पेपर्स (1-5)

मध्य प्रदेश
उच्च माध्यमिक शिक्षक पात्रता परीक्षा (भाग-ब)

प्रैक्टिस पेपर 1

निर्देश

इस प्रश्न-पत्र में कुल 120 वस्तुनिष्ठ प्रकार के प्रश्न हैं तथा प्रत्येक प्रश्न के लिए एक अंक निर्धारित है।

1. मिलर के प्रयोग में निम्नलिखित में से कौन-सा एक अमीनो अम्ल संश्लेषित हुआ नहीं पाया गया था?
(a) ग्लाइसीन (b) एस्पार्टिक अम्ल
(c) ग्लूटैमिक अम्ल (d) एलिनिन

2. *'सिस्टेमा नैचुरी'* पुस्तक के लेखक कौन हैं?
(a) लैमार्क (b) लिनियस (c) डार्विन (d) जॉन रे

3. द्विनामकरण का अर्थ है, जीव का नाम दो शब्दों में लिखना होता है, वे हैं
(a) वंश और जाति (b) जाति और किस्म
(c) गण और कुल (d) कुल और वंश

4. प्रोकैरियोटिक में आनुवंशिक पदार्थ होता है
(a) रैखिक DNA + हिस्टोन्स
(b) वृत्ताकार DNA + हिस्टोन्स
(c) रैखिक DNA + हिस्टोन का अभाव
(d) वृत्ताकार DNA + हिस्टोन्स का अभाव

5. स्कर्वी रोग निम्नलिखित की कमी से उत्पन्न होता है
(a) विटामिन-A (b) विटामिन-B
(c) विटामिन-C (d) विटामिन-D

6. जीवाणुओं द्वारा उत्पन्न रोग है
(a) खसरा, जुकाम, मलेरिया
(b) टिटेनस, टायफॉइड, तपेदिक
(c) चेचक, निद्रा रोग, सिफिलिस
(d) निमोनिया, पोलियो, माइलाइटिस

7. प्रोकैरियोटिक जीवों का संघ है
(a) मोनेरा (b) यूमेटाजोआ
(c) प्रोटिस्टा (d) दोनों (a) एवं (b)

8. भारतीय कवक विज्ञान के जनक है
(a) ई.जे. बटलर (b) डॉ. स्वामीनाथन
(c) ए. फ्लेमिंग (d) डॉ. वी. पी. राव

9. टेपीटम भाग होता है
(a) नर युग्मकोद्भिद् का (b) मादा युग्मकोद्भिद् का
(c) अण्डाशय भित्ति का (d) परागकोष भित्ति का

10. सुक्रोस जल-अपघटन पर देता है
(a) ग्लूकोस (b) फ्रक्टोज
(c) स्टार्च (d) दोनों (a) एवं (b)

11. डायलेसिस प्रक्रिया किस अंग के कार्य के समान है?
(a) वृक्क (b) हृदय (c) फेफड़े (d) यकृत

12. स्टैनले ने किस वायरस का क्रिस्टलीकरण किया?
(a) TMV (b) PPLO (c) HIV (d) पोलियो

13. सन्तुलित पारितन्त्र में सर्वाधिक संख्या होती है
(a) मृतोपजीवी की (b) उत्पादकों की
(c) केवल शाकाहारी जन्तुओं की (d) उपभोक्ताओं की

14. वायरस का आवरण है
(a) कैप्सिड (b) काइटीन
(c) ग्लाइकोप्रोटीन (d) स्केरोप्रोटीन

15. AIDS का पूर्ण रूप है
(a) एण्टी-इम्यूनो डेफिशिएन्सी सिन्ड्रोम
(b) ऑटो इम्यूनो डेफिशिएन्सी सिन्ड्रोम
(c) एक्वायर्ड इम्यूनो डेफिशिएन्सी सिन्ड्रोम
(d) एक्वायर्ड डिजीज सिम्पटम

16. बार्थोलिन ग्रन्थियों का स्रावण होता है
(a) योनि को चिकना करके मैथुन में सहायता करता है
(b) नर को अपनी ओर आकर्षित करके मैथुन में सहायता करती है
(c) मादा को उत्तेजित करके उसे नर द्वारा मैथुन के लिए तैयार करती है
(d) यह एक अन्तःस्रावी ग्रन्थि है

17. मस्तिष्क का ऊतक ग्रे मैटर तथा श्वेत मैटर में बँटा होता है। यह विभाजन अधिक स्पष्ट होता है
(a) मस्तिष्क व मेरुरज्जु में
(b) केवल मस्तिष्क में
(c) केवल मेरुरज्जु में
(d) सेरीब्रम, सेरीबेलम तथा मेरुरज्जु में

18. आमाशय की भित्ति में कौन-सा स्तर पेरीटोनियम के निकट होता है?
(a) श्लेष्मिका पेशी
(b) अनुलम्ब पेशी स्तर
(c) वर्तुल पेशी स्तर
(d) तिर्यक पेशी स्तर

19. स्तनधारियों की रेटिना का वह भाग, जो शंकुओं से भरा होता है, कहलाता है
(a) ऑप्टिक तश्तरी (b) फोविया सेन्ट्रेलिस
(c) मैक्युला ल्यूटिया (d) स्केला मीडिया

20. यदि समुद्री तट पर रहने वाला एक मनुष्य एवरेस्ट पर्वत पर चला जाता है, तब
(a) उसकी श्वसन दर तथा हृदय स्पन्दन दर बढ़ जाएगी
(b) उसकी श्वसन दर तथा हृदय स्पन्दन दर कम हो जाएगी
(c) उसकी श्वसन दर कम हो जाएगी
(d) उसकी हृदय स्पन्दन दर कम हो जाएगी

21. लम्बी हड्डियों के छोर पर लचीली गद्दी होती है, जो बनी होती है
(a) स्नायु (b) कण्डरा (c) उपास्थि (d) पेशी

22. सबसे बड़ी जन्तु कोशिका है
(a) तन्त्रिका कोशिका (b) स्मृति कोशिका
(c) आँत की पक्ष्माभी कोशिका (d) कंकाल कोशिका

23. एक हीमोग्लोबिन रुधिर में कितने O_2 अणु से जुड़ता है?
(a) 1 (b) 4 (c) 2 (d) 8

24. ग्लिसन कैप्सूल किसका आवरण है?
(a) वृक्क का (b) यकृत का (c) नेत्र कोटर का (d) प्रमस्तिष्क का

25. प्रकश तन्त्र-I का अधिकतम अवशोपण ...*A*... पर एवं प्रकश तन्त्र-II का अधिकतम अवशोषण ...*B*... पर होता है।
(a) *A*-700 nm, *B*-800 nm (b) *A*-680 nm, *B*-700 nm
(c) *A*-700 nm, *B*-680 nm (d) *A*-800 nm, *B*-700 nm

26. *α*-ग्लूटारेट अम्ल, क्रेब्स चक्र का एक मध्यस्थ यौगिक है, एक
(a) 5 कार्बन यौगिक (b) 6 कार्बन यौगिक
(c) 4 कार्बन यौगिक (d) 3 कार्बन यौगिक

27. निम्न में से सही युग्म का चयन कीजिए

(a)	गोलाकार जीवाणु	— *स्पाइरिला*
(b)	छड़ के आकार का जीवाणु	— *बैसिलाई*
(c)	कोमा के आकार का जीवाणु	— *कोकाई*
(d)	सर्पिलाकार जीवाणु	— *विब्रियो*

28. बोमेन सम्पुट पाया जाता है
(a) वृक्क में (b) अग्न्याशय में (c) यकृत में (d) पित्ताशय में

29. हॉट स्पॉट है
(a) जैव-विविधता की अधिकता वाले क्षेत्र
(b) उच्च प्रदूषित क्षेत्र
(c) उच्च मानवीय हस्तक्षेप वाले प्राकृतिक क्षेत्र
(d) उपरोक्त में से कोई नहीं

30. ऊतकजन सिद्धान्त किसने दिया?
(a) नगेली ने (b) हेन्सटीन ने (c) श्मिट ने (d) स्ट्रॉसबर्गर ने

31. स्थानान्तरण RNA के बारे में क्या सही है?
(a) यह अपने 3 अन्त पर अमीनो अम्ल के साथ जुड़ता है
(b) इसमें पाँच द्विरज्जुकीय स्तर होते हैं
(c) इसके एक अन्त पर प्रकूट की पहचान करता है
(d) यह त्रिविमीय संरचना में तिनपतिया घास के समान दिखता है

32. किसी एन्जाइम के प्रतिस्पर्धात्मक सन्दमन का उदाहरण है
(a) मैलोनिक अम्ल द्वारा सक्सीनिक डीहाइड्रोजीनेज का
(b) सायनाइड द्वारा साइटोक्रीम ऑक्सीडेज का
(c) ग्लूकोस-6-फॉस्फेट द्वारा हेक्सोकाइनेज का
(d) कार्बन डाइऑक्साइड द्वारा कार्बोनिक एन्हाइड्रेज का

33. Z-DNA के प्रत्येक कुण्डलिनी चक्कर में क्षारक युग्मों की संख्या होती है
(a) 10 (b) 11 (c) 12 (d) 8

34. गन्ने की कलम में विभिन्न पोरियों की लम्बाई परिवर्तनशील होती है। यह किस कारण होती है?
(a) प्ररोह शीर्षस्थ विभज्योतक के कारण
(b) कक्षीय कलिका की स्थिति के कारण
(c) प्रत्येक पोरी के नीचे स्थित पर्वसन्धि के पर्ण पटल के आकार के कारण
(d) अन्तर्वेशी विभज्योतक के कारण

35. टीकोइक अम्ल उपस्थित होता है
(a) ग्राम धनात्मक जीवाणुओं की कोशिका भित्ति में
(b) ग्राम ऋणात्मक जीवाणुओं की कोशिका भित्ति में
(c) विषाणुओं के कैप्सिड में
(d) माइकोप्लाज्मा के जीवद्रव्य में

36. निम्नलिखित में से किस फल में खाद्य भाग एरिल होता है?
(a) शरीफा (b) अनार (c) सन्तरा (d) लीची

37. अगर एक लड़की जिसके पिता हीमोफिलिक हैं व माता सामान्य, एक हीमोफिलिक व्यक्ति से विवाह करती है, तो सन्तानों में सम्भावना है
(a) सभी पुत्रियाँ हीमोफिलिक होंगी
(b) सभी पुत्र हीमोफिलिक होंगे
(c) सभी सन्तानें हीमोफिलिक होंगी
(d) 50% पुत्र सामान्य तथा 50% पुत्रियाँ हीमोफिलिक होंगे

38. निम्न में से सही युग्म का चयन कीजिए।

(a)	गल्फ ऑफ मन्नार	– तमिलनाडु
(b)	जिम कॉर्बेट राष्ट्रीय उद्यान	– पश्चिम बंगाल
(c)	सुन्दरवन	– उत्तराखण्ड
(d)	रन ऑफ कच्छ	– राजस्थान

39. पत्ती पर अपस्थानिक कलियाँ पायी जाती हैं
(a) पोदीने में (b) आलू में
(c) *ब्रायोफिल्लम* में (d) इन सभी में

40. निषेचन के पश्चात् बीजाण्डकाय प्राय: समाप्त हो जाता है, किन्तु कुछ पादपों में यह पतली पर्त के रूप में बचा रह जाता है। इसे कहते हैं
(a) पेरिस्पर्म (b) पेरिडर्म (c) एण्डोस्पर्म (d) एरिल

41. जैन्थोफाइसी को कहते हैं
(a) पीले शैवाल (b) लाल शैवाल
(c) नीले-हरे शैवाल (d) भूरे शैवाल

42. कवक जनित रोग है
(a) दाद (b) *लोआ-लोआ* (c) फीलपाँव (d) ये सभी

43. सूकाय पादपों का समूह है
(a) शैवाल (b) आवृतबीजी (c) मॉस (d) फर्न

44. ब्रायोफाइटा तथा टेरिडोफाइटा में मुख्य अन्तर है
(a) परागण विधि (b) तने में पर्व तथा पर्वसन्धि
(c) संवहन ऊतक (d) रम्भ ऊतक

45. प्रोसोमियन प्राइमेट्स है
(a) वृक्षवासी श्रूज (b) टारसियस (c) लीमर्स (d) ये सभी

46. मानव कंकाल तन्त्र की सबसे लम्बी अस्थि है
(a) रेडिया (b) अल्ना (c) टिबुला (d) फीमर

47. घेंघा रोग का कारण है
(a) LSH की वृद्धि (b) SH की कमी
(c) थायरॉक्सीन की कमी (d) एन्ड्रोजन की कमी

48. किस पादप के बीजाण्ड में अध्यावरण अनुपस्थित होता है?
(a) मक्का (b) नारियल (c) मटर (d) चन्दन

49. छत्रक प्रकार का पुष्पक्रम पाया जाता है
(a) प्याज में (b) आक में (c) धनिया में (d) बबूल में

50. न्यूक्लिक अम्ल की खोज किसने की?
(a) वाटसन तथा क्रिक ने (b) हर्शे तथा चेज ने
(c) फ्रेडरिक मिशर ने (d) पैलाडे ने

51. कलम रोपण तकनीक उदाहरण है
(a) लैंगिक जनन का (b) अलैंगिक जनन का
(c) कायिक जनन का (d) GMO पादप प्रजनन का

52. विकसित पुष्प लक्षण है
(a) दल एवं बाह्य दल की उपस्थिति (b) निम्नवर्ती अण्डाशय
(c) एकलिंगी पादप (d) ये सभी

53. केन्द्रीय डोग्मा सिद्धान्त किसने दिया?
(a) वाटसन तथा क्रिक ने (b) क्रिक ने
(c) बीडल तथा टॉटम ने (d) सटन तथा बोवेरी ने

54. ठण्डे मरुस्थल का उदाहरण है
(a) थार (b) सहारा
(c) गोबी (d) चिली का मरुस्थल

55. अन्त:प्रद्रव्यी जालिका की खोज की
(a) पैलाडे ने (b) पोर्टर ने (c) निकोलसन ने (d) रॉबर्ट हुक ने

56. मुर्गीपालन में कोराइजा रोग का करण है
(a) जीवाणु (b) विषाणु (c) कवक (d) प्रोटोजोआ

57. पोरीफेरा में कंकाल का निर्माण करने वाली कोशिकाएँ हैं
(a) अमीबोसाइट्स (b) थीजोसाइट्स
(c) आर्कियोसाइट्स (d) स्क्लैरोसाइट्स

58. *ई. कोलाई* प्रसिद्ध है
(a) जीन अभियान्त्रिकी में उपयोग हेतु
(b) जीन उपचार में उपयोग हेतु
(c) मानव रोग विज्ञान हेतु
(d) उद्विकास हेत

59. 'कैरियोप्सिस' फल होता है
(a) फेबेसी कुल के सदस्यों में
(b) एस्टरेसी कुल के सदस्यों में
(c) पोएसी या ग्रैमिनी कुल के सदस्यों में
(d) एपिएसी कुल के सदस्यों में

60. EEG का क्या उपयोग है?
(a) हृदय की धड़कन के अध्ययन में
(b) मस्तिष्क के विभिन्न क्षेत्रों के अध्ययन में
(c) किडनी की बायोप्सी में
(d) लकवे के इलाज में

61. मानव में भ्रूणीय परिवर्द्धन से सम्बन्धित चार कथन दिए गए हैं
I. विदलन विभाजन जीवद्रव्य के द्रव्यमान में अत्यधिक वृद्धि करता है
II. अधिक विदलन विभाजन में कोरकखण्ड छोटे-छोटे होते हैं।
III. कोरकपुटी में कोरकखण्ड दो परतों में व्यवस्थित रहते हैं पोषककोरक तथा गर्भाशय अन्त:स्तर।
IV. विदलन विभाजनों के परिणामस्वरूप कोशिकाओं की एक ठोस गेंद बनती हैं, जो तूतक (मोरुला) कहलाती है।

उपरोक्त में से सही हैं
(a) I एवं III (b) II एवं IV (c) I एवं II (d) III एवं IV

62. अग्न्याशय ग्रन्थि का निर्माण होता है
(a) एण्डोडर्म से (b) मीसोडर्म से
(c) एक्टोडर्म से (d) दोनों (a) एवं (b)

63. कंगारू सम्बन्धी है
(a) *मेक्रोपस* (b) *ओपोसोम* (c) डकबिल (d) *लोलीगो*

64. टोडी नामक पेय पदार्थ तैयार किया जाता है
(a) अंगूर के रस से (b) पाम शुगर से
(c) नारियल के पानी से (d) इनमें से कोई नहीं

65. प्रोटोप्लास्ट संलयन में प्रयुक्त होता है
(a) लाइगेज (b) लेसर
(c) PEG (d) एगारोज

66. ओजोन दिवस मनाया जाता है
(a) 28 मार्च (b) 15 सितम्बर
(c) 16 सितम्बर (d) 5 जून

67. सल्फर शावर का कारण है
(a) औद्योगिक प्रदूषण
(b) अन्तरिक्षीय उल्कापात
(c) सल्फर का जैव-भू-रासायनिक चक्र
(d) *पाइनस* के परागण

68. $CaCO_3$ कवच किस संघ की विशेषता है?
(a) मोलस्का की (b) पोरीफेरा की
(c) इकाइनोडर्मेटा की (d) निडेरिया की

69. ज्वाला कोशिकाएँ पायी जाती हैं
(a) *हाइड्रा* में (b) चपटे कृमियों में
(c) गोलकृमि में (d) *डेफ्निया* में

70. नाल तन्त्र पाया जाता है
(a) पोरीफेरा में (b) इकाइनोडर्मेटा में
(c) प्लैटीहेल्मिथीज में (d) दोनों (a) एवं (b) में

71. पूर्णशक्तता (Totipotency) का अर्थ है
(a) जन्तुओं द्वारा खोए गए अंगों को पुन: उत्पन्न करने की क्षमता
(b) कायिक कोशिकाओं द्वारा पूर्ण जीव उत्पन्न करने की क्षमता
(c) कोशिका के DNA में बाह्य जीन प्रविष्ट कराना
(d) अपरिपक्व भ्रूणों के वर्द्धन की तकनीक

72. वह कौन-सी एक परजीनी खाद्य फसल है, जिसमें पॉलीगेलैक्टोयूरोनेज का संदमन होता है?
(a) *फ्लैवर-सैवर* टमाटर (b) स्टारलिंग मक्का
(c) *Bt* सोयाबीन (d) गोल्डन राइस (सुनहरा चावल)

73. प्रकाश-संश्लेषण की Z स्कीम किसने दी?
(a) आरनॉन ने (b) हिल तथा बेण्डल ने
(c) इमर्सन ने (d) पारनस ने

74. C_4 प्रकार के पादप किस कुल में पाए जाते हैं?
(a) मालवेसी (b) क्रूसीफेरी
(c) ग्रेमिनी (d) सोलेनेसी

75. मलेरिया रोग का वाहक है
(a) मादा *एनॉफिलीज* (b) *एडीज एजिप्टाई*
(c) घरेलू मक्खी (d) इनमें से कोई नहीं

76. तिलचट्टे में जॉहन्सन के अंग पाए जाते हैं
(a) श्रृंगिका में (b) नेत्र में
(c) क्षुद्रान्त में (d) मादा जननांग में

77. C_3 पादपों का मुख्य उत्पाद है
(a) ग्लाइकोलेट (b) पाइरुवेट
(c) 3-फॉस्फोग्लिसरेट (d) पाइरुवेट अम्ल

78. दिन के समय CAM पादपों में प्रकाश-संश्लेषण के लिए CO_2 का स्रोत है
(a) 3 PGA (b) मैलिक अम्ल
(c) ऑक्जेलो एसीटिक अम्ल (d) पाइरुवेट

79. प्रसव के समय जनन मार्ग बनाने में सहायक हॉर्मोन है
(a) एण्ड्रोजन (b) रिलेक्सिन (c) ऑक्सीटॉसिन (d) एड्रीनीन

80. वाष्पोत्सर्जनाकर्षण जल संसजन वाद किसने दिया?
(a) जगदीश चन्द्र बसु (b) बोहम
(c) डिक्सन तथा जोली (d) गोल्डवस्की

81. पर्णहरित का संघटक है
(a) Na^+ (b) Ca^{++} (c) K^+ (d) Mg^{++}

82. EMP पथ से कुल ATP का उत्पादन होता है
(a) 34 ATP (b) 8 ATP (c) 38 ATP (d) 6 ATP

83. क्रेब्स चक्र का प्रारम्भ किसके द्वारा होता है?
(a) पाइरुविक अम्ल से (b) हाइड्रोक्लोरिक अम्ल से
(c) कॉर्टिकोस्टीरॉइड्स से (d) लाइसिन से

84. बसन्तीकरण के लिए उत्तरदायी हॉर्मोन होता है
(a) एब्सिसिन (b) फ्लोरिजेन
(c) वर्नेलिन (d) कैल्चीसिन

85. सर्वाधिक विशाल वर्ग है
(a) पिसीज (b) इन्सेक्टा (c) हेक्सापोडा (d) रेप्टेलिया

86. दंश कोशिका पायी जाती है
(a) *ल्यूकोसोनिया* में (b) *यूक्लेप्टस* में
(c) तारा मछली में (d) *हाइड्रा* में

87. जूट के पादप का वैज्ञानिक नाम है
(a) *गार्सेपियम हिरसुटा* (b) *हैम्प ऑलीटारस*
(c) *कोरकोरस कैप्सूलेरिस* (d) इनमें से कोई नहीं

88. घोंघा होता है
(a) अमीनोटेलिज्म (b) यूरियोटेलिज्म
(c) अमोनोटेलिज्म (d) यूरिकोटेलिज्म

89. निस्यन्द अशन पाया जाता है
(a) खरगोश में (b) केंचुए में
(c) मानव में (d) *यूनियो* में

90. शुक्राणु के एक्रोसोम का निर्माण होता है
(a) केन्द्रक द्वारा (b) लयनकाय द्वारा
(c) अन्तःप्रद्रव्यी जालिका द्वारा (d) माइटोकॉण्ड्रिया द्वारा

91. मधुमक्खी की कॉलोनी की सबसे छोटी मक्खी कौन-सी है?
(a) रानी मक्खी (b) श्रमिक मक्खी
(c) ड्रोन (d) श्रमिक तथा ड्रोन

92. ओजोन परत उपस्थित होती है
(a) आयनमण्डल में (b) समतापमण्डल में
(c) बहिर्मण्डल में (d) क्षोभमण्डल में

93. गाय का जन्तु वैज्ञानिक नाम है
(a) *कैप्रा कैप्रा* (b) *बॉस इन्डिकस*
(c) *इक्वस कैबेलस* (d) *बॉस बुबेलस*

94. ब्लास्टोपोर पाया जाता है
(a) गैस्ट्रूला में (b) ब्लास्टुला में (c) मोरुला में (d) न्यूरुला में

95. संकर ओज सम्बन्धित है
(a) पादप पुनर्स्थापन (b) वरण
(c) संकरण से (d) उत्परिवर्तन प्रजनन

96. वास्तविक मछली है
(a) सिल्वर फिश (b) क्रे फिश (c) डॉग फिश (d) डेव्रिल फिश

97. केरापेस है
(a) काइमिरा मछली का सिरोवक्ष (b) प्रॉन मछली का सिरोवक्ष
(c) कछुए का कवच (d) मगरमच्छ के शल्क

98. *Bt* विष के लिए सही है
(a) *बैसिलस* में *Bt* प्रोटीन सक्रिय विष के रूप में रहता है
(b) कीट की आँत में निष्क्रिय प्राक्विष सक्रिय हो जाता है
(c) *Bt* विष के प्रभाव से बचने हेतु *बैसिलस* में प्रतिविष होते हैं
(d) सक्रिय विष कीट के अण्डाशय में प्रवेशित होकर इसे बन्ध्य कर देता है, जिसमें इसका गुणन रुक जाता है

99. पारिस्थितिकी निर्जमीकरण, शुष्क अपघटनशील टॉयलेट के उपयोग द्वारा मानव विष्ठा (Human excreta) हेतु उचित प्रबन्धित प्रक्रम है। ऐसे 'इकोसेन' टॉयलेट पाए जाते हैं
(a) असोम एवं पश्चिम बंगाल में (b) आन्ध्र प्रदेश एवं महाराष्ट्र में
(c) केरल एवं श्रीलंका में (d) कर्नाटक एवं आन्ध्र प्रदेश में

100. काइनेटिन और जिएटिन (Zeatin) में अन्तर है
(a) काइनेटिन सक्रिय है, जबकि जिएटिन सक्रिय नहीं है
(b) जिएटिन सक्रिय है, जबकि काइनेटिन सक्रिय नहीं है
(c) जिएटिन कृत्रिम है, जबकि काइनेटिन प्राकृतिक है
(d) जिएटिन प्राकृतिक है, जबकि काइनेटिन कृत्रिम है

101. वनस्पतिशास्त्र की शाखा, जो पादप वर्गीकरण, नामकरण और पहचान से सम्बन्धित है, कहलाती है
(a) सिस्टेमैटिक (b) इकोलॉजी
(c) सिरेण्डिविटी (d) डेमेकोलॉजी

102. जाति होती है
(a) विकास की विशिष्ट इकाई (b) विकास की परिवर्तनशील इकाई
(c) विकास का विशिष्ट वर्ग (d) इनमें से कोई नहीं

103. आयोडीन को प्राप्त करते हैं
(a) लाल शैवाल से (b) हरी शैवाल से
(c) भूरी शैवाल से (d) पीली शैवाल से

104. हेयर कप मॉस का सामान्य नाम है
(a) *पॉलीट्राइकम* (b) *फ्यूनेरिया*
(c) *ग्रिमिया* (d) *स्फैगनम*

105. निम्न में जलीय टेरिडोफाइट्स है
(a) *साल्वीनिया* एवं *एजोला*
(b) *सिलेजिनेला* एवं *लाइकोपोडियम*
(c) *ड्रायोप्टेरिस* एवं *टैरिस*
(d) उपरोक्त में से कोई नहीं

106. अनावृतबीजी तथा आवृतबीजी में क्या समानता है?
(a) दोनों के पोषवाह में सहकोशिकाएँ पायी जाती हैं
(b) दोनों के भ्रूणपोष निषेचन से पूर्व बनते हैं
(c) बीजाण्ड एवं बीज की उत्पत्ति दोनों में समान होती है
(d) दोनों में भ्रूणपोष पाया जाता है

107. नर्स कोशिकाएँ हैं
(a) पिनेकोसाइट्स (b) कोएनोसाइट्स
(c) आर्कियोसाइट्स (d) ट्रोफोसाइट्स

108. मोलस्का में श्वसन वर्णक है
(a) हीमोग्लोबिन
(b) हीमोसायनिन (रुधिर कणिका में)
(c) मायोग्लोबिन
(d) हीमोसायनिन (प्लाज्मा में)

109. पक्षियों का अध्ययन कहलाता है
(a) ऑर्थोलॉजी (b) ऑर्निथोलॉजी
(c) इथोलॉजी (d) ऑन्कोलॉजी

110. एपिऐसी में पुष्पक्रम पाया जाता है
(a) छत्रक (b) कैटकिन
(c) स्पैडिक्स (d) हाइपैन्थोडियम

111. त्वचा पर चोट लगने के बाद इसका पुनरुद्भवन किसके द्वारा किया जाता है?
(a) शल्की उपकला
(b) चर्म
(c) देह भित्ति की पेशियाँ
(d) घनाकार उपकला

112. ऊँट के RBC होते हैं
(a) अण्डाकार केन्द्रकविहीन
(b) गोल, सकेन्द्रकीय
(c) गोल, उभयावतल, केन्द्रकविहीन
(d) अण्डाकार, सकेन्द्रकीय

113. कंकाल ऊतक का कार्बनिक मैट्रिक्स कहलाता है
(a) हायलाइन (b) कॉण्ड्रिन
(c) ओस्टियोब्लास्ट (d) कॉण्ड्रियोब्लास्ट

114. निम्न में से सही युग्म का चयन कीजिए।
(a) मैनोमीटर – वाष्पोत्सर्जन
(b) पोटोमीटर – वाष्पोत्सर्जन की दर
(c) रन्ध्र – मूल दाब
(d) पोरोमीटर – वातावरणीय दाब

115. श्वसन गुणांक का मान 4 निम्न में से किसके पूर्ण ऑक्सीकरण के लिए अपेक्षित होगा?
(a) ग्लूकोस (b) मैलिक अम्ल
(c) ऑक्जेलिक अम्ल (d) टार्टरिक अम्ल

116. बसन्तीकरण किसके द्वारा रोका जा सकता है?
(a) उच्च तापमान के प्रयोग से
(b) ऑक्सिन के प्रयोग से
(c) कम तापमान के प्रयोग से
(d) जिबरेलिन के प्रयोग से

117. ऐसे कपाट, जोकि निलय से निकलने वाले रुधिर को फुफ्फुसीय धमनी में जाने देते हैं तथा दाएँ अलिन्द से दाएँ निलय में जाने देते हैं
(a) AV कपाट तथा अर्द्धचन्द्राकार कपाट
(b) द्विवलन तथा त्रिवलन कपाट
(c) अर्द्धचन्द्राकार तथा त्रिवलन कपाट
(d) महाधमनी तथा द्विवलन कपाट

118. खरगोश का कण्ठिका उपकरण होता है
(a) बेसिहायल (b) सुप्रास्कैपुला
(c) थायरॉइड (d) एरिटिनॉइड

119. निम्न कथनों को पढ़िए।
I. शैवालों और कवकों में कोशिका विभाजन जनन का एक प्रकार है।
II. *अमीबा* और *पैरामीशियम* विखण्डन द्वारा विभाजित होते हैं।
III. यीस्ट कोशिका में विभाजन असमान होता है और छोटी कलिकाएँ (Buds) उत्पन्न होती हैं।
IV. अलैंगिक चलबीजाणु स्थूलदर्शीय (Macroscopic) अचल संरचनाएँ होती हैं।

उपरोक्त में से असत्य कथन चुनिए।
(a) I एवं III (b) III एवं IV
(c) I, II एवं IV (d) केवल III

120. जलकुम्भी (Water hyacinth) और जल-लिली में परागण किस कारक द्वारा होता है?
(a) जल (b) कीट या वायु
(c) पक्षी (d) चमगादड़

उत्तरमाला

1. (c)	2. (b)	3. (a)	4. (d)	5. (c)	6. (b)	7. (a)	8. (a)	9. (d)	10. (d)
11. (a)	12. (a)	13. (b)	14. (a)	15. (c)	16. (a)	17. (d)	18. (c)	19. (c)	20. (a)
21. (c)	22. (a)	23. (b)	24. (b)	25. (c)	26. (a)	27. (b)	28. (a)	29. (a)	30. (b)
31. (a)	32. (a)	33. (c)	34. (d)	35. (a)	36. (d)	37. (d)	38. (a)	39. (c)	40. (a)
41. (a)	42. (a)	43. (a)	44. (c)	45. (d)	46. (d)	47. (c)	48. (d)	49. (a)	50. (c)
51. (c)	52. (b)	53. (b)	54. (c)	55. (b)	56. (a)	57. (d)	58. (a)	59. (c)	60. (b)
61. (b)	62. (a)	63. (a)	64. (c)	65. (c)	66. (c)	67. (d)	68. (a)	69. (b)	70. (a)
71. (b)	72. (a)	73. (b)	74. (c)	75. (a)	76. (a)	77. (c)	78. (b)	79. (b)	80. (c)
81. (d)	82. (a)	83. (a)	84. (c)	85. (b)	86. (d)	87. (c)	88. (a)	89. (d)	90. (b)
91. (b)	92. (a)	93. (b)	94. (a)	95. (c)	96. (c)	97. (c)	98. (b)	99. (c)	100. (d)
101. (a)	102. (a)	103. (c)	104. (a)	105. (a)	106. (d)	107. (d)	108. (d)	109. (b)	110. (a)
111 (d)	112. (d)	113. (b)	114. (b)	115. (c)	116. (a)	117. (c)	118. (a)	119. (c)	120. (b)

मध्य प्रदेश
उच्च माध्यमिक शिक्षक पात्रता परीक्षा (भाग-ब)

प्रैक्टिस पेपर 2

निर्देश

इस प्रश्न-पत्र में कुल 120 वस्तुनिष्ठ प्रकार के प्रश्न हैं तथा प्रत्येक प्रश्न के लिए एक अंक निर्धारित है।

1. प्रवाल मूल पायी जाती है
(a) *साइकस* में (b) पीट मॉस में
(c) *मार्केन्शिया* में (d) लेग्यूमिनेसी कुल में

2. असंगत युग्म को छाँटिए।
(a) उत्पादक – हरे पादप
(b) अपघटक – कवक
(c) द्वितीयक उपभोक्ता – शेर
(d) प्राथमिक उपभोक्ता – हरे पादप

3. कैल्शियम व फॉस्फोरस उपापचय का नियन्त्रण करने वाला हॉर्मोन कहाँ से स्रावित होता है?
(a) अग्न्याशय से (b) थाइरॉइड से
(c) थाइमस से (d) पैराथाइरॉइड से

4. 'सायनोबैक्टीरिया' में कौन-सा वर्णक उपस्थित होता है?
(a) *r*-फाइकोसायनिन (b) *r*-फाइकोइरिथ्रीन
(c) *c*-फाइकोसायनिन (d) एन्थोसायनिन

5. गामा (γ) विविधता किसकी विविधता है?
(a) कुल भूमि या भौगोलिक क्षेत्र पर सभी आवासों की
(b) एक ही आवास या समुदाय के सभी भागीदारी जीवों की
(c) समुदायों के बीच की
(d) उपरोक्त सभी

6. हाइड्रोलेज का एक उदाहरण है
(a) कैटालेज (b) ट्रिप्सिन
(c) ऑक्सीडेज (d) ट्रान्सएमीनेज

7. प्रोटीन-संश्लेषण में अमीनो अम्ल अनुक्रम किसके अनुक्रम द्वारा निश्चित होता है?
(a) *t*RNA (b) *m*RNA
(c) *c*DNA (d) *r*RNA

8. निम्नलिखित में से कौन-सा एक लक्षण बहुजीनीय वंशागति का उदाहरण है?
(a) *मिराबिलिस जलापा* में फूल का रंग
(b) नर मधुमक्खी का उत्पादन
(c) उद्यान मटर में फली की आकृति
(d) मानवों में त्वचा का रंग

9. पाइरीनॉइड्स बने होते हैं
(a) फ्लोएम के आच्छद द्वारा घिरे जाइलम क्रोड द्वारा
(b) वसीय आच्छद द्वारा घिरे प्रोटीन क्रोड द्वारा
(c) प्रोटीन केन्द्र तथा मण्ड (Starch) के आच्छद द्वारा
(d) प्रोटीन आच्छद द्वारा घिरे न्यूक्लिक अम्ल के क्रोड द्वारा

10. DNA फिंगरप्रिंटिंग की खोज किसने की?
(a) ऐलैक जैफरिक ने
(b) एलन मॉर्गन ने
(c) हरगोविन्द खुराना ने
(d) विलसन फ्रिस्क ने

11. प्रशान्त केन्द्र पाया जाता है
(a) मूल शीर्ष में (b) प्ररोह शीर्ष में
(c) पुष्प शीर्ष में (d) पर्ण शीर्ष में

12. जीवित कोशिकाओं से बना यान्त्रिक ऊतक है
(a) दृढ़ोतक (b) स्थूलकोण ऊतक
(c) मृदुतक (d) जटिल ऊतक

13. माइकोराइजा सहजीवी सम्बन्ध है
(a) शैवाल और ब्रायोफाइटा के बीच
(b) कवक तथा उच्च पादपों की मूलों के बीच
(c) शैवाल एवं जीवाणुओं के बीच
(d) शैवाल एवं कवकों के बीच

14. अर्द्धसूत्री विभाजन के फलस्वरूप बनी सन्तति कोशिकाएँ मातृ कोशिकाओं से भिन्न होती हैं क्योंकि
(a) अर्द्धसूत्री विभाजन क्रिया दो चरणों में पूरी होती है
(b) अर्द्धसूत्री विभाजन क्रिया पुनरुत्पादन कोशिका में होती है
(c) अर्द्धसूत्री विभाजन क्रिया के दौरान जीन विनियम होता है
(d) अर्द्धसूत्री विभाजन के दौरान गुणसूत्री विपथन होता है

15. सही युग्म को छाँटिए।
(a) उत्परिवर्तन का सिद्धान्त – बीडल और टॉटम
(b) विकास का सिद्धान्त – डार्विन
(c) एक जीन-एक एन्जाइम की परिकल्पना – अरस्तू
(d) ओपेरॉन अवधारणा – डी व्रीज

16. सही युग्म को छाँटिए।
(a) ग्लाइकोजन — संचित उत्पाद
(b) ग्लोब्यूलिन — जैव उत्प्रेरक
(c) स्टेरॉयड — प्रतिजैविक
(d) थ्रॉम्बिन — हॉर्मोन

17. *Bt* विष कीटों को मारता है
(a) प्रोटीन संश्लेषण का सन्दमन कर
(b) उच्च ताप उत्पन्न कर
(c) मध्यान्त्र की उपकला कोशिकाओं में छिद्र उत्पन्न कर, जिसके कारण सूजन व लयन होता है
(d) जैव संश्लेषित मार्गों में बाधा पहुँचाकर

18. परॉक्सीसोम में बाहुल्य होता है
(a) अपचयन का (b) ऑक्सीकारी एन्जाइमों का
(c) DNA का (d) पॉलीसैकेराइड्स का

19. हीमोग्लोबिन-A जो वयस्क मनुष्यों की हीमोग्लोबिन का मुख्य भार बनाता है,
(a) 2 β- शृंखलाएँ तथा 2 γ- शृंखलाओं से
(b) 2 α – शृंखलाएँ तथा 2 γ- शृंखलाओं से
(c) 2 α- शृंखलाएँ तथा 2 β- शृंखलाओं से
(d) 2 α- शृंखलाएँ तथा 2 δ- शृंखलाओं से

20. हिस्टेमीन का स्रावण होता है
(a) मास्ट कोशिका द्वारा (b) मैक्रोफेज द्वारा
(c) कुप्फर कोशिका द्वारा (d) लिम्फोसाइट द्वारा

21. अविशिष्ट पदार्थ से भरे हुए मृदुतक कोष को क्या कहते हैं?
(a) फ्रेग्मोप्लास्ट (b) कोनिडियोब्लास्ट
(c) आइडियोब्लास्ट (d) ब्लास्टोमीयर

22. विषमबीजाणुकता तथा कुण्डलित क्रिसलय विन्यास दोनों पाए जाते हैं
(a) *ड्रायोप्टेरिस* में (b) *पाइनस* में
(c) *साइकस* में (d) *फ्यूनेरिया* में

23. श्वसन केन्द्र कहाँ उपस्थित होता है?
(a) मेड्यूला ऑब्लोंगेटा में (b) सेरीब्रम में
(c) सेरीबेलम में (d) हाइपोथैलेमस में

24. निम्नलिखित में से किस प्रकार के भोजन के उपभोग द्वारा विटामिन-A की अल्पताजन्य अन्धता को रोका जा सकता है?
(a) *फ्लेवर-सैवर* टमाटर (b) कैनोला
(c) सुनहरा चावल (d) *Bt* बैंगन

25. निम्नलिखित में से किसकी पद्धति को वर्गीकरण की लैंगिक पद्धति कहते हैं?
(a) बेन्थम तथा हुकर की (b) टिप्पो की
(c) लिनियस की (d) तख्ताजान की

26. सबसे छोटा आवृतबीजी पुष्प है
(a) *वुल्फिया* (b) *रेननकुलस*
(c) *रेफ्लेशिया* (d) *स्टीलेरिया*

27. एन्जाइम क्रिया में एन्जाइम के प्रोटीन रहित भाग को क्या कहते हैं?
(a) मैटेलोएन्जाइम (b) आइसोएन्जाइम
(c) होलोएन्जाइम (d) प्रोस्थैटिक समूह

28. साइएथियम पुष्पक्रम पाया जाता है
(a) *मोरस* में (b) *डॉर्सटीनिया* में
(c) *फाइकस* में (d) *यूफोर्बिया* में

29. वायुमण्डलीय धूल, O_3, CO_2 एवं जलवाष्प द्वारा ऊष्मा के परावर्तन के कारण उत्पन्न होता है
(a) हरितगृह प्रभाव (b) सौर प्रभाव
(c) ओजोन परत प्रभाव (d) वैश्विक उष्णता

30. भारत में सर्वाधिक हाथी कहाँ पाए जाते हैं?
(a) काजीरंगा राष्ट्रीय उद्यान (b) जिम कॉर्बोट राष्ट्रीय उद्यान
(c) कान्हा राष्ट्रीय उद्यान (d) बाँदीपुर राष्ट्रीय उद्यान

31. मानव निर्मित प्रथम धान्य फसल *ट्रिटिकेल* को गेहूँ के साथ किसका संकरण करके प्राप्त किया गया था?
(a) राई (b) बाजरा (c) गन्ना (d) जौ

32. CO_2 के रुधिर में संचरण के लिए एन्जाइम उपयोग में आता है
(a) कार्बोक्सीलेज (b) कार्बोक्सीकाइनेज
(c) कार्बोनिक एनहाइड्रेज (d) इनमें से कोई नहीं

33. 'एण्टीसीरम' में क्या होता है?
(a) प्रतिजन (b) प्रतिरक्षी कोशिकाएँ
(c) श्वेत कणिकाएँ (d) इनमें से कोई नहीं

34. ईकोटोन का अभिप्राय है
(a) पारिस्थितिक तन्त्र के विभिन्न पोषक स्तरों में सन्तुलन
(b) नई परिस्थितियों में रहने की प्राणियों में समर्थता
(c) दो या दो से अधिक पारिस्थितिकी तन्त्रों के बीच का संक्रमण क्षेत्र
(d) अधिकतम मात्रा जीव बायोमास की जिसका पारिस्थितिकी तन्त्र पोषण कर सके

35. काला आजार क्रमशः उत्पन्न एवं संचारित होता है
(a) *ट्रिपैनोसोमा* एवं *ग्लौसीना पेल्पैलिस* से
(b) *लीशमानिया* एवं *फ्लीबोटोमस* से
(c) *ट्रिपैनोसोमा* एवं बालू मक्खी से
(d) *लीशमानिया* एवं सी-सी मक्खी से

36. हाइब्रिडोमा का अर्थ है
(a) दो भिन्न लिंगों की संयुग्मित युग्मक कोशिका, जिसमें से एक ट्यूमर वाले रोगी से ली गई कोशिका होती है
(b) विभिन्न प्रकार की संयुग्मित दैहिक कोशिकाएँ, जिसमें से एक ट्यूमर से ली जाती है
(c) DNA-RNA का संकर अणु
(d) DNA का संकर अणु

37. एक हीमोफीलिया से ग्रस्त व्यक्ति में दाँत निकलवाने में अधिक रुधिर बहने से भी मृत्यु हो सकती है क्योंकि
(a) अधिक स्राव के लिए आवश्यक प्लाज्मा प्रोटीन नहीं होती
(b) रुधिर स्राव के लिए आवश्यक प्लाज्मा प्रोटीन होती है
(c) प्रोथ्रॉम्बिन को थ्रॉम्बिन में बदलने के लिए आवश्यक रुधिर कारक नहीं होता
(d) रुधिर स्कन्दन को रोकने के लिए आवश्यक प्लाज्मा प्रोटीन नहीं होती

38. निम्नलिखित में से अंस मेखला का भाग है
(a) इलियम (b) इश्चियम
(c) एसिटाबुलम (d) ग्लीनॉइड गुहा

39. तर्कु तन्तु किसके बने होते हैं?
(a) कार्बोहाइड्रेट के (b) प्रोटीन के
(c) वसा के (d) इनमें से कोई नहीं

40. EEG का पूरा नाम है
(a) इलेक्ट्रॉएनसिफेलोग्राम (b) इलेक्ट्रॉएनसिफेलोग्राफिकस
(c) इलेक्ट्रॉइमीशनग्राफ (d) इलेक्ट्रॉनइमीशनगन

41. विटामिन-B का सर्वोत्तम स्रोत है
(a) गेहूँ की रोटी (b) कॉड के यकृत का तेल
(c) अण्डे (d) दही

42. सहायक जनन प्रौद्योगिकी के अन्तर्गत, भ्रूण के 8 कोशिकीय अवस्था में फैलोपियन नलिका में स्थानान्तरण करने वाली विधि कहलाती है
(a) IUT (b) GIFT
(c) ZIFT (d) TET

43. सुसंगत युग्म को छाँटिए।
(a) वॉन कुफ्फर कोशिकाएँ – यकृत साइनोसाइड
(b) β- कोशिकाएँ – श्वसन कोशिका
(c) बुश बॉर्डर कोशिकाएँ – निकटस्थ कुण्डलित नलिका
(d) पैनेथ कोशिकाएँ – छोटी आँत

44. *लैक* ओपेरॉन संकल्पना के जनक हैं
(a) जैकब व मोनॉड (b) गैरोड तथा मॉर्गन
(c) एलेक जेफरेस (d) बीडल तथा टॉटम

45. पहली कृत्रिम जीन का निर्माण करने वाले वैज्ञानिक थे
(a) गैरोड (b) मुलर
(c) हरगोविन्द खुराना (d) निरेनबर्ग

46. विडाल टेस्ट किस रोग का परीक्षण है?
(a) टायफॉइड का (b) पीलिया का
(c) कैंसर का (d) तपेदिक का

47. अपूर्ण प्रभाविकता का द्वितीय पीढ़ी में समलक्षणी अनुपात क्या होगा?
(a) 3 : 1 (b) 1 : 2 : 1 (c) 9 : 3 : 3 : 1 (d) 1 : 3

48. सिनैप्सिस लक्षण है
(a) लेप्टोटीन अवस्था का (b) जाइगोटीन अवस्था का
(c) पैकीटीन अवस्था का (d) डिप्लोटीन अवस्था का

49. *बीटा वल्गेरिस* में खाने योग्य भाग है
(a) मूल (b) फल (c) तना (d) पुष्पासन

50. अंजीर का फल है
(a) सोरोसिस (b) नट
(c) साइकोनस (d) एकीन का पुँज

51. तुलसी (*ओसिमम*) का पुष्पक्रम है
(a) समशिख (b) छत्रक (c) कूटचक्रक (d) मंजरी

52. मीरोक्राइन ग्रन्थि का उदाहरण है
(a) पीनियल ग्रन्थि (b) स्तन ग्रन्थि
(c) सिबेसियस ग्रन्थि (d) लार ग्रन्थि

53. स्वत: जननवाद का खण्डन किसने किया?
(a) लुईस पाश्चर ने (b) लैमार्क ने
(c) डार्विन ने (d) अरस्तू ने

54. ZZ/ZW प्रकार का लिंग निर्धारण पाया जाता है
(a) कीट में (b) घोंघा में (c) प्लेटीपस में (d) पक्षी में

55. एन्जाइम 'रेनिन' स्रावित होती है
(a) आमाशय की कोशिकाओं से
(b) आँत की कोशिकाओं से
(c) वृक्क की कॉर्टिकल कोशिकाओं से
(d) वृक्क की गुच्छासन्न उपकरण की कोशिकाओं से

56. मैलिक अम्ल का श्वसन गुणांक होता है
(a) 0.7 (b) 1 (c) 1.33 (d) 4

57. निम्नलिखित में से कौन जिबरेलिन के एक विरोधी के रूप में कार्य करता है?
(a) जिएटिन (b) एथिलीन
(c) ABA (d) IAA

58. निम्न में कौन-सा कथन सत्य नहीं है?
I. प्रकाश-संश्लेषण के लिए O_2 सीमाकारक नहीं होता है।
II. प्रकाश-संश्लेषण में ग्लूकोस में O_2 का स्रोत CO_2 होता है।
III. प्रकाश-संश्लेषण में कार्बन मार्ग की व्याख्या के लिए कैल्विन ने C^{16} रेडियोएक्टिव समस्थानिक का प्रयोग किया था।
IV. प्रकाश-संश्लेषण के दौरान O_2 का ऑक्सीकरण, जबकि जल का अपचयन होता है।
(a) केवल I (b) I, II एवं III
(c) III एवं IV (d) II, III एवं IV

59. निम्न में से कौन-सा पादप हॉर्मोन कवक से प्राप्त होता है?
(a) ऑक्सिन (b) जिबरेलिन
(c) साइटोकाइनिन (d) IAA

60. पत्ती की अधिचर्म को पोटैशियम लवण के घोल पर प्लवित किया जाए, तो रन्ध्रों पर क्या प्रभाव पड़ेगा?
(a) वे बन्द हो जाएँगे
(b) वे खुल जाएँगे
(c) उनकी रक्षक कोशिकाओं में जीवद्रव्य कुंचन हो जाएगा
(d) वे निर्जीव होकर अपरिवर्तित ही बने रहेंगे

61. पत्तियों पर फिनाइल मरक्यूरिक ऐसीटेट (PMA) छिड़कने से
(a) रन्ध्र खुल जाते हैं (b) बिन्दुस्राव होता है
(c) रन्ध्र बन्द हो जाते हैं (d) विलयन प्रक्रिया तीव्र हो जाती है

62. किसके द्वारा एकलिंगी पादप में लिंगी परिवर्तन कराया जा सकता है?
(a) एथेनॉल एवं ABA द्वारा (b) ऑक्सिन एवं GA द्वारा
(c) साइटोकाइनिन एवं ABA द्वारा (d) ABA एवं एथिलीन द्वारा

63. श्वसन श्रृंखला में अन्तिम साइटोक्रोम होता है
(a) साइटोक्रोम-a_1 (b) साइटोक्रोम-a_3
(c) साइटोक्रोम-c (d) साइटोक्रोम-b

64. कुछ वनस्पति जातियाँ (घटपादप) कीटाहारी होती हैं, क्यों?
(a) छायादार और अन्धेरे स्थलों में आने के कारण उन्हें प्रकाश-संश्लेषण का पर्याप्त अवसर नहीं मिलता तथा इसलिए वे कीट पर निर्भर करती हैं
(b) वे नाइट्रोजन-न्यून मृदा में उगने के लिए अनुकूली हैं तथा इसलिए पर्याप्त नाइट्रोजनी पोषण प्राप्त करने के लिए वे कीट पर निर्भर करती हैं
(c) वे कुछ विटामिनों का संश्लेषण स्वयं नहीं कर पाती तथा अपने द्वारा पचाए हुए कीटों पर निर्भर करती हैं
(d) वे जीवित जीवाश्मों के रूप में, जैव-विकास की उस विशेष अवस्था में ठहरी हुई हैं तथा स्वपोषी तथा परपोषी के बीच की कड़ी हैं

65. प्रकाश-संश्लेषण के C_4 पथ के सन्दर्भ में निम्न में से कौन-सा कथन सत्य है?
(a) वायुमण्डलीय CO_2 तीन कार्बन वाले यौगिक द्वारा स्वीकार की जाती हैं
(b) वायुमण्डलीय CO_2 स्वांगीकरण के बाद पहला उत्पाद मैलिक अम्ल होता है
(c) मैलिक अम्ल का अभिगमन पर्णमध्योतक कोशिकाओं से पूलाच्छाद में होता है
(d) कैल्विन चक्र पूलाच्छाद की कोशिकाओं में सम्पन्न होता है

66. *टीनिया सैजिनेटा* के विषय में निम्न में से कौन-सा एक कथन सही है?
(a) इसके रौस्टेलम पर हुक नहीं होते हैं
(b) इसके स्कोलैक्स पर दो बड़े-बड़े चूषक होते हैं
(c) इसके जीवन इतिहास में मध्यस्थ परपोषी के रूप में सूअर होता है
(d) इसके रौस्टेलम पर हुकों का दोहरा चक्र पाया जाता है

67. निम्नलिखित में से किस एक में खुला परिसंचरण तन्त्र पाया जाता है?
(a) *फेरीटिमा* (b) *पेरिप्लैनेटा* (c) *हिरुडिनेरिया* (d) *ऑक्टोपस*

68. सर्टोली कोशिकाओं का नियमन कौन-सी पिट्यूटरी हॉर्मोन से होता है?
(a) FSH (b) GH (c) प्रोलैक्टिन (d) LH

69. प्लास्टोसाइनिन में होता है
(a) ताँबा (b) लौह (c) कैल्शियम (d) पोटैशियम

70. बीजों के अंकुरण में सहायक पादप हॉर्मोन है
(a) ABA (b) ऑक्सिन
(c) जिबरेलिन (d) साइटोकाइनिन

71. यदि अण्डकोशिका में गुणसूत्रों की संख्या 8 हो, तो भ्रूणपोष में गुणसूत्रों की संख्या क्या होगी?
(a) 24 (b) 8 (c) 16 (d) 12

72. प्रथम पादप हॉर्मोन ऑक्सीन की खोज की
(a) याबूता, हायाशी तथा कांहबे (b) कुहने
(c) कुरोसावा (d) चार्ल्स डार्विन

73. एमनियोसेण्टेसिस वह प्रक्रिया है, जिससे जाना जा सकता है
(a) हृदय के रोग को (b) भ्रूण में आनुवंशिक रोग को
(c) मस्तिष्क के रोग को (d) फेफड़े के रोग को

74. कौन-सा लक्षण केवल स्तनधारी वर्ग में पाया जाता है?
(a) पेशीय डायफ्राम (b) आन्तरिक निषेचन
(c) चार प्रकोष्ठ वाला हृदय (d) समतापीयता

75. प्रथम स्तनधारी क्लोन 'डॉली' को बनाया था
(a) इयान विल्मुट (b) टी एच मॉर्गन ने
(c) रॉबर्ट ब्रिग्ज (d) थॉमस किंग ने

76. एक अण्डाशय में एक केवल एक बीजाण्ड मिलता है
(a) कम्पोजिटी में (b) सोलेनेसी में
(c) लेबिएटी में (d) इनमें से कोई नहीं

77. गैस्टुला प्रावस्था में
(a) ब्लास्टोसील गुहा और इसके गिर्द बाह्यत्वचा बनती है
(b) आर्केन्टेरॉन गुहा के गिर्द बाह्यत्वचा एवं अन्तस्त्वचा बनती है
(c) बाह्यत्वचा, अन्तस्त्वचा एवं मीजोडर्म तथा एक अल्पविकसित तन्त्रिका तन्त्र बनता है
(d) बाह्यत्वचा, अन्तस्त्वचा एवं मीजोडर्म बनती है

78. पेब्राइन रोग होता है
(a) मधुमक्खी में (b) मछलियों में
(c) रेशम कीट में (d) लाख कीट में

79. 'Met' संकेताक्षर किसके लिए प्रयुक्त होता है?
(a) मिथिओनीन (b) एलैनीन (c) मैलिन (d) प्रोलीन

80. मनुष्य में तन्त्रिका कोशिकाओं, मस्तिष्क एवं पूर्ण तन्त्रिका तन्त्र का विकास किससे होता है?
(a) मीजोडर्म (b) बाह्यत्वचा
(c) दोनों (a) और (b) (d) अन्तस्त्वचा

81. मनुष्य में भ्रूणीय विकास में प्रावस्थाओं का क्रम
(a) युग्मक, विदलन, गैस्ट्रूला, बलास्ट्रुला
(b) युग्मक, बलास्ट्रुला, गैस्ट्रूला, विदलन
(c) युग्मक, विदलन, बलास्ट्रुला, गैस्ट्रुला
(d) विदलन, युग्मक, बलास्ट्रुला, गैस्ट्रुला

82. निम्नलिखित में से किसमें मुक्ताण्डपी दशा मिलती है?
(a) *धतूरा* (b) *रैननकुलस* (c) कपास (d) सरसों

83. मॉर्फिन किस पादप से प्राप्त की जाती है?
(a) *केजेनस केजान* (b) *केनाबिस*
(c) *राउवॉल्फिया* (d) *पेपावर सोमनीफैरम*

84. विडाल टेस्ट का सम्बन्ध किस रोग से है?
(a) टाइफॉइड (b) मलेरिया
(c) पीत ज्वर (d) हैजा

85. अपरद खाद्य शृंखला में प्रथम पोषी स्तर बनाते हैं
(a) हरे पेड़-पौधे (b) मृत कार्बनिक पदार्थ
(c) शाकाहारी जीव (d) माँसाहारी जीव

86. मोलस्का का परिवर्धन ऐनेलिडा के समान है, ये दर्शाया जा सकता है
(a) ट्रोकोफोर लार्वा के कारण
(b) प्रत्यक्ष बिना लार्वा अवस्था के कारण
(c) केवल ग्लोचिडियम लार्वा अवस्था के कारण
(d) रिग्लर लार्वा अवस्था के कारण

87. लाख कीट द्वारा लाख उत्पादित होता है
(a) शरीर से स्राव के रूप में
(b) शरीर से उत्सर्जन के रूप में
(c) मल पदार्थ के रूप में
(d) शरीर द्वारा अतिरिक्त भोजन के रिसाव के रूप में

88. T-कोशिकाओं का निर्माण होता है
(a) अस्थि मज्जा में (b) थाइमस में
(c) अग्न्याशय में (d) इनमें से कोई नहीं

89. जेल-इलेक्ट्रोफोरेसिस (वैद्युत कण संचलन) उपयोग किसके लिए किया जाता है?
(a) DNA को खण्डों में काटना
(b) DNA खण्डों को उनके साइज के अनुसार पृथक् करना
(c) क्लोनिंग वाहकों के साथ जोड़कर पुनर्योजीत DNA का बनाया जाना
(d) DNA अणु को पृथक् करना

90. CAM पादप है
(a) मक्का (b) गन्ना (c) नागफनी (d) आम

91. निम्न में से 4-कार्बन युक्त यौगिक है
(a) ऑक्जेलोएसीटिक अम्ल (b) फॉस्फोग्लिसरिक अम्ल
(c) राइबुलोज बिस फॉस्फेट (d) फॉस्फोइनॉल पाइरुवेट

92. स्तनियों में इनमें से किसका पुनरुदभवन किया जा सकता है?
(a) यकृत (b) मस्तिष्क
(c) फेफड़े (d) वृक्क

93. दुग्ध-स्रावण के लिए उत्तरदायी हॉर्मोन है
(a) ऑक्सीटोसिन (b) एस्ट्रोजन
(c) प्रोजेस्ट्रॉन (d) LTH

94. अपरा किसमें पाया जाता है?
(a) प्रोटोथीरियन में (b) मेटाथीरियन में
(c) यूथीरियन में (d) सभी स्तनियों में

95. तिलचट्टे की ऐलरी पेशियाँ सम्बन्धित हैं
(a) शृंगिका से (b) परिसंचरण से
(c) गमन से (d) मस्तिष्क से

96. ELISA का पूरा नाम लिखिए
(a) एन्जाइम लिंकड इम्युनोसॉर्वेन्ट ऐसे
(b) एन्जाइम लिंकड आयन सार्वेन्ट ऐसे
(c) एन्जाइम लिंकड इण्डकटिव असे
(d) उपरोक्त में से कोई नहीं

97. प्रारम्भिक या आद्य प्रकार का तन्त्रिका तन्त्र पाया जाता है
(a) स्पंज में (b) *यूग्लीना* में (c) *हाइड्रा* में (d) गोलकृमि में

98. निम्नलिखित में से कौन-सा तत्व सूक्ष्म पोषक नहीं है?
(a) Mo (b) Cu (c) Mn (d) K

99. प्रकाशिक उद्दीपन के प्रति अनुक्रिया कहलाती है
(a) कीमोटैक्सिस (b) फोटोटैक्सिस
(c) जीओटैक्सिस (d) टीलोटैक्सिस

100. मूलदाब अनुपस्थित होता है
(a) तीव्र वाष्पोत्सर्जन कर रहे पादपों में
(b) कोनीफर्स में
(c) ठण्डी भूमि में उगे पादपों में
(d) उपरोक्त सभी में

101. गेहूँ की बौनी किस्म जो मैक्सिको से भारत में लायी गई, वह हैं
(a) सोनोरा- 64 तथा सोनालिका
(b) सोनोरा- 64 तथा लरमा रोजा- 64
(c) शरबती सोनोरा तथा पूसा लरमा
(d) सोनालिका

102. कैंसर कोशिकाओं का अनियन्त्रित विभाजन होने से बनी संरचना कहलाती है
(a) ट्यूमर (b) बहुगुणिता
(c) प्रोटोओंको संरचना (d) इनमें से कोई नहीं

103. भ्रम उत्पादक (hallucinogens) क्या है?
(a) तन्त्रिका को उदासीन करने वाले
(b) तन्त्रिका उद्दीपक
(c) सोच, भावना एवं अनुभव ज्ञान में परिवर्तन करने वाली
(d) दर्द निवारक

104. पेनिसिलिन तथा जैन्थोसिलिन का औद्योगिक उत्पादन होता है
(a) *सैलिओटा कम्पेस्ट्रिस* से (b) *पेनिसिलियम नोटेटम* से
(c) *पेनिसिलियम क्राइसोजीनम* से (d) *म्यूकर रेमिनियनस* से

105. पेट्रोल के स्थान पर किसका उपयोग किया जा सकता है?
(a) प्रोपेनॉल (b) इथेनॉल
(c) ब्यूटेनॉल (d) मीथेनॉल

106. हानिकारक प्रोटीन के उत्पादन के नियन्त्रण हेतु *m*RNA अणु को मूक करने का उपयोग पादपों को बचाने में किया जाता है।
(a) भृंगों (Bettles) से (b) आर्मी कृमि (Armyworm) से
(c) बडकृमि (Budworm) से (d) निमैटोड्स (Nematodes) से

107. *ई. कोलाई* का DNA होता है
(a) सिंगल स्ट्रेण्डेड एवं रेखीय (b) सिंगल स्ट्रेण्डेड एवं गोलीय
(c) डबल स्ट्रेण्डेड एवं रेखीय (d) डबल स्ट्रेण्डेड एवं गोलीय

108. केंचुएँ में गिजार्ड या पेषणी पायी जाती है
(a) 8-9 वें खण्ड (b) 10-11 वें खण्ड
(c) 27 वें खण्ड (d) 8-11 वें खण्ड

109. अम्ल वर्षा हानिकारक है
(a) फसलों के लिए (b) जन्तुओं के लिए
(c) भवनों के लिए (d) इन सभी के लिए

110. उत्तर प्रदेश में कस्तूरी मृग का उत्थान एवं संरक्षण कहाँ हो रहा है?
(a) फूलों की घाटी में (b) कुकरैल में
(c) कन्चूला खरक में (d) नन्दा देवी में

111. जीन अभियान्त्रिकी में कौन-से सामान्यतया प्रयुक्त एन्जाइम हैं?
(a) प्रतिबन्धन एन्डोन्यूक्लिएज तथा पॉलीमरेज
(b) एन्डोन्यूक्लिएज तथा लाइगेज
(c) प्रतिबन्धन एन्डोन्यूक्लिएज तथा लाइगेज
(d) लाइगेज तथा पॉलीमरेज

112. एक्टोमाइकोराइजा प्रायः पाया जाता है
(a) *पाइनस* में (b) *क्यूरकस* में
(c) *रोडोडेन्ड्रॉन* में (d) इन सभी में

113. अनावृतबीजियों के पौधे में फल नहीं बनते, क्योंकि
(a) ये बीजरहित पौधे होते हैं
(b) इनमें स्त्रीधानी में पट पाए जाते हैं
(c) इनमें अण्डाशय नहीं होता है
(d) इनमें बाह्य निषेचन होता है

114. असत्य कथन का चयन कीजिए।
(a) *अमीबा* – असममित
(b) सीलेन्ट्रेट्स – द्विकोरकी, अरीय सममिति, अकशेरुकी
(c) कॉर्डेट्स – *पैट्रोमाइजॉन, ऑर्निथोरिंकस, इक्वस*
(d) ऐनेलिडा – कूटगुहीय

115. श्वसन अंग पुस्त फेफड़े पाए जाते हैं
(a) कीटों में (b) क्रस्टेशियन्स में
(c) एरेक्निड्स में (d) ओनिकोफोर्स में

116. गाँठे, तने का वह क्षेत्र है, जहाँ
(a) पादपों द्वारा भोजन संग्रह होता है
(b) पत्तियाँ उत्पन्न होती हैं
(c) जाइलम व फ्लोएम उपस्थित होते हैं
(d) कक्षीय कलिका बनती है

117. निम्न में से कौन-सा प्रोकैरियोटिक में पाए जाने वाला अनविष्ठ पिण्ड (Inclusion body) नहीं है?
(a) साइनोफाइसिन कणिका (b) ग्लाइकोजन कणिका
(c) पॉलीसोम (d) फॉस्फेट कणिका

118. वनस्पति तेल है
(a) वसा तथा कार्बोहाइड्रेट
(b) असंतृप्त वसा अम्लों के लवण
(c) संतृप्त वसा अम्ल के ग्लिसरॉइड
(d) असंतृप्त वसा अम्लों के ग्लिसरॉइड

119. इन्वर्टेज एन्जाइम जल-अपघटन करता है
(a) सुक्रोस को ग्लूकोस व फ्रक्टोस में
(b) ग्लूकोस को सुक्रोस में
(c) स्टार्च को माल्टोज में
(d) स्टार्च को सुक्रोज में

120. मेंढक के टेडपोल के कायान्तरण में कौन-सी ग्रन्थि मुख्य भूमिका निभाती है?
(a) एड्रीनल (b) थाइमस
(c) अग्न्याशय (d) थायरॉइड

उत्तरमाला

1.	(a)	2.	(d)	3.	(d)	4.	(c)	5.	(c)	6.	(a)	7.	(b)	8.	(d)	9.	(c)	10.	(a)
11.	(b)	12.	(c)	13.	(b)	14.	(c)	15.	(b)	16.	(a)	17.	(c)	18.	(b)	19.	(c)	20.	(a)
21.	(c)	22.	(a)	23.	(a)	24.	(c)	25.	(c)	26.	(a)	27.	(d)	28.	(d)	29.	(a)	30.	(a)
31.	(a)	32.	(c)	33.	(b)	34.	(c)	35.	(c)	36.	(b)	37.	(c)	38.	(d)	39.	(b)	40.	(a)
41.	(a)	42.	(c)	43.	(d)	44.	(a)	45.	(c)	46.	(a)	47.	(b)	48.	(b)	49.	(a)	50.	(c)
51.	(c)	52.	(d)	53.	(a)	54.	(d)	55.	(a)	56.	(c)	57.	(c)	58.	(c)	59.	(b)	60.	(b)
61.	(c)	62.	(b)	63.	(b)	64.	(b)	65.	(b)	66.	(a)	67.	(b)	68.	(a)	69.	(a)	70.	(c)
71.	(a)	72.	(d)	73.	(b)	74.	(a)	75.	(a)	76.	(a)	77.	(c)	78.	(c)	79.	(a)	80.	(b)
81.	(c)	82.	(b)	83.	(d)	84.	(a)	85.	(b)	86.	(a)	87.	(a)	88.	(b)	89.	(b)	90.	(c)
91.	(a)	92.	(a)	93.	(a)	94.	(c)	95.	(b)	96.	(a)	97.	(c)	98.	(a)	99.	(b)	100.	(d)
101.	(b)	102.	(a)	103.	(c)	104.	(c)	105.	(b)	106.	(d)	107.	(d)	108.	(a)	109.	(d)	110.	(b)
111.	(c)	112.	(a)	113.	(c)	114.	(d)	115.	(c)	116.	(b)	117.	(c)	118.	(d)	119.	(a)	120.	(d)

मध्य प्रदेश
उच्च माध्यमिक शिक्षक पात्रता परीक्षा (भाग-ब)

प्रैक्टिस पेपर 3

निर्देश

इस प्रश्न-पत्र में कुल 120 वस्तुनिष्ठ प्रकार के प्रश्न हैं तथा प्रत्येक प्रश्न के लिए एक अंक निर्धारित है।

1. लिनियस का पादप वर्गीकरण है
(a) कृत्रिम (b) प्राकृतिक
(c) जातिवृत्तीय (d) इनमें से कोई नहीं

2. पत्ती के चारों ओर CO_2 की सान्द्रता बढ़ने से
(a) रन्ध्र तीव्र गति से खुलते हैं
(b) रन्ध्र आंशिक रूप से बन्द हो जाते हैं
(c) रन्ध्र पूर्ण रूप से बन्द हो जाते हैं
(d) रन्ध्र के खुलने पर कोई प्रभाव नहीं होता

3. हेनले लूप की आरोही भुजा किसके लिए पारगम्य होती है?
(a) ग्लूकोस (b) NH_3
(c) Na^+ (d) जल

4. सर जूलियन हक्सले द्वारा प्रस्तावित न्यू सिस्टेमैटिक्स को कहा जाता है
(a) फेनेटिक्स (b) क्लेडिस्टिक्स
(c) बायोसिस्टेमैटिक्स (d) न्यूमेरिकल टैक्सोनॉमी

5. स्वचालित तन्त्रिका तन्त्र (ANS) है
(a) युग्मित श्रृंखला गैंग्लिया (b) मस्तिष्क तथा स्पाइनल कॉर्ड
(c) संवेदी अंग (d) सेरीब्रल हेमिस्फियर्स

6. निम्न में से विषम युग्म का चयन कीजिए।
(a) *एनसाइक्लोस्टोमा* – प्लेटीपस
(b) टेरोपस – चमगादड़
(c) नियोफ्रॉन – गिद्ध
(d) डेल्फिनस – डॉल्फिन

7. निम्न में से कौन 'बॉग मॉस' के नाम से जाना जाता है?
(a) *पॉलीट्राइकम* (b) *फ्यूनेरिया*
(c) *स्फैग्नम* (d) *पोरेला*

8. निम्नलिखित में से किसे जीवित जीवाश्म कहा जाता है?
(a) *पाइनस* को (b) *राइनिया* को
(c) *नीटम* को (d) *जिंगो* को

9. पादप की लम्बाई बढ़ाता है
(a) शीर्षस्थ विभज्योतक (b) पार्श्व विभज्योतक
(c) डर्मेटोजन (d) वल्कुटजन

10. बीजाण्डकायिक बहुभ्रूणता (Nucellar polyembryony) पायी जाती है
(a) *कॉर्कोरस* में (b) *सिट्रस* में
(c) *कार्थेमस* में (d) *जिया मेज* में

11. निम्नलिखित में से पीपो प्रकार का फल होता है
(a) खीरा (b) कपास
(c) अमरूद (d) आडू

12. निम्नलिखित में से किस एक में फल कक्षमय, अधोवर्ती अण्डाशय से विकसित और उसके बीज गूदेदार बीजावरण वाले होते हैं?
(a) अनार (b) सन्तरा (c) अमरूद (d) खीरा

13. पुष्पी पादपों में संवहनी ऊतक किससे विकसित होते हैं?
(a) कागजन (b) रम्भजन
(c) वल्कुटजन (d) त्वचाजन

14. वोबल परिकल्पना (Wobble hypothesis) किसने दी?
(a) एफ एच सी क्रिक ने (b) नीरेनबर्ग ने
(c) होले ने (d) खुराना ने

15. जैव-विकास के समर्थन में पाया जाने वाला एक महत्त्वपूर्ण प्रमाण किसका है?
(a) समजात तथा अवशेषी अंग का (b) समवृत्ति तथा अवशेषी अंग का
(c) केवल समजात अंग का (d) समजात तथा समवृत्ति अंग का

16. कीस्टोन प्रजातियाँ (Keystone species) सुरक्षा योग्य है, क्योंकि
(a) ये कठिन वातावरणीय परिस्थितियों में भी जीवित रहती हैं
(b) ये मृदा में उपस्थित खनिजों की पहचान करने में सहायक होती हैं
(c) ये अति शोषण के कारण दुर्लभ हो जाती हैं
(d) अन्य प्रजातियों की सहयोगी होती हैं

17. बोमेन ग्रन्थियाँ स्थित होती हैं
(a) मूत्रजन नलिकाओं के समीपस्थ सिरे पर
(b) अग्र पीयूष ग्रन्थि पर
(c) कॉकरोच के मादा जनन तन्त्र में
(d) मनुष्य की नाक की घ्राण उपकला में

18. पहली बार एक जीन-एक एन्जाइम सम्बन्ध, इसमें स्थापित किया गया
(a) *न्यूरोस्पोरा क्रेसा*
(b) *साल्मोनेला टाइफीम्यूरियम*
(c) *एश्चेरिचिया कोलाई*
(d) *डिप्लोकोकस न्यूमोनियाई*

19. मनुष्यों में त्वचा के रंग की वंशागति एक उदाहरण है
(a) गुणसूत्री विपथन का (b) बिन्दु उत्परिवर्तन का
(c) बहुजीनी वंशागति का (d) सहप्रभाविता का

20. निम्न में से कौन एक अवपंक फफूँद है?
(a) *राइजोपस* (b) *फाइसेरम* (c) *थायोबैसिलस* (d) *एनाबीना*

21. पेनिसिलिन का वाणिज्यिक उत्पादन किससे होता है?
(a) *पेनिसिलियम नोटेटम* (b) *पेनिसिलियम क्राइसोजिनम*
(c) *पेनिसिलियम सीट्रीनम* (d) *पेनिसिलियम रुब्रम*

22. पैलिओन्टोलॉजी में किसका अध्ययन करते हैं?
(a) पक्षियों का (b) हड्डियों का (c) प्राइमेट्स का (d) जीवाश्मों का

23. *फ्यूनेरिया* के बीजाणुद्भिद् का विकास प्रारम्भ होता है
(a) पुंधानी में (b) सम्पुट में (c) प्रोटोनीमा में (d) स्त्रीधानी में

24. कपास के तन्तु होते हैं
(a) तने से निकाले गए तन्तु (b) बीज के बाह्य त्वचीय तन्तु
(c) फलों के बाह्य त्वचीय तन्तु (d) मूलों से निकाले गए तन्तु

25. भारत का प्रथम राष्ट्रीय उद्यान है
(a) जिम कॉर्बेट (b) कान्हा (c) रणथम्भौर (d) काजीरंगा

26. रुधिर वाहिनियों की अन्त:भित्ति का निर्माण करने वाली उपकला है
(a) घनाकार उपकला (b) स्तम्भी उपकला
(c) पक्ष्माभी स्तम्भी उपकला (d) शल्की उपकला

27. निम्नलिखित में से किसमें स्वयं का DNA पाया जाता है?
(a) माइटोकॉण्ड्रिया (b) डिक्ट्योसोम
(c) लयनकाय (d) परऑक्सीसोम

28. निम्नलिखित में से 'सागो पाम' है
(a) *साइकस रिवोल्यूटा* (*Cycas revoluta*)
(b) *साइकस सर्सिनेलिस* (*Cycas circinalis*)
(c) *साइकस पैक्टिनेटा* (*Cycas pectinata*)
(d) *साइकस रम्फाई* (*Cycas rumphii*)

29. एक बीजाण्डयुक्त एककोष्ठीय अण्डाशय में बीजाण्डन्यास का प्रकार होता है
(a) सीमान्त (Marginal) (b) आधारीय (Basal)
(c) मुक्त स्तम्भीय (Free central) (d) अक्षीय (Axile)

30. गुलाबी क्रान्ति सम्बन्धित है
(a) कैंसर से (b) मांस से
(c) वन संरक्षण से (d) महासागरीय जीवों के संरक्षण से

31. निम्नलिखित में से कौन एक उभयलिंगाश्रयी (Monoecious) पादप है?
(a) *मार्केन्शिया* (b) *साइकस* (c) *पाइनस* (d) खजूर

32. जब प्रभावी लक्षण प्रारूप वाले किसी जीव का संकरण अप्रभावी जनक के साथ कराया जाता है, तो इसे कहते हैं
(a) एकसंकर संकरण (Monohybrid cross)
(b) प्रतीप संकरण (Back cross)
(c) परीक्षार्थ संकरण (Test cross)
(d) द्विसंकर संकरण (Dihybrid cross)

33. वायुमण्डल में ओजोन के वायवीय स्तम्भ की मोटाई मापी जाती है
(a) डेसीबल में (b) पास्कल में
(c) स्वीडबर्ग में (d) डॉबसन मे

34. 'बेलाडोना' नामक औषधि प्राप्त होती है
(a) *एट्रोपा* से (b) *कैप्सिकम* से
(c) *सोलेनम* से (d) *राउवॉल्फिया* से

35. मानव नेत्र की शलाका प्रकार की प्रकाशग्राही कोशिकाओं में पाया जाने वाला बैंगनी-लाल रंग का वर्णक रोडोप्सिन, एक व्युत्पन्न है
(a) विटामिन-C का (b) विटामिन-D का
(c) विटामिन-A का (d) विटामिन-B_1 का

36. मनुष्य के मूत्र का pH कितना होता है?
(a) 8.00 (b) 7.5
(c) 6.00 (d) 9.00

37. निम्नलिखित में से किसके पुष्प में अण्डाशय अर्द्धअधोवर्ती (Half-inferior) होता है?
(a) खीरा (b) कपास (c) अमरूद (d) आडू

38. 'हिंस का बण्डल' मानव के निम्नलिखित में से किस अंग का एक भाग है?
(a) हृदय (b) वृक्क (c) अग्न्याशय (d) मस्तिष्क

39. काग एधा (Cork cambium), काग (Cork) तथा द्वितीयक वल्कुट (Secondary cortex), सामूहिक रूप से कहलाते हैं
(a) कागजन (b) परित्वक्
(c) काग (d) काग अस्तर

40. ELISA जाँच का प्रमुख आधार है
(a) DNA (b) प्रतिरक्षी (c) प्रोटीन (d) प्रतिजन

41. पोम फल पाया जाता है
(a) आम में (b) सेब में (c) लीची में (d) आडू में

42. निम्नलिखित कुल के बीजों में चर्बिताभ भ्रूणपोष (Ruminate endosperm) पाया जाता है
(a) कम्पोजिटी में (b) क्रूसीफेरी में (c) यूफोर्बिएसी में (d) एरेकेसी में

43. रुक्ष तथा चिकनी अन्त:प्रद्रव्यी जालिकाओं में यह अन्तर होता है कि रुक्ष अन्त:प्रद्रव्यी जालिका
(a) पर राइबोसोम नहीं होते हैं
(b) पर राइबोसोम पाए जाते हैं
(c) के द्वारा प्रोटीनों का परिवहन नहीं होता है
(d) प्रोटीनों का परिवहन करती हैं

44. निम्नलिखित में से कौन-सा पिरामिड सदैव सीधा होता है?
(a) जैवभार का पिरामिड (b) संख्या का पिरामिड
(c) ऊर्जा का पिरामिड (d) दोनों (a) एवं (c)

45. एक सामान्य स्त्री, जिसके पिता वर्णान्ध हैं, की शादी एक सामान्य पुरूष से होती है। उनके पुत्र होंगे
(a) 75% वर्णान्ध (b) 50% वर्णान्ध
(c) सभी सामान्य (d) सभी वर्णान्ध

46. वोकमैन नाल (Volkmann's canal) पायी जाती है
(a) उपास्थि में (b) यकृत में (c) अस्थि में (d) अन्त:कर्ण में

47. निम्नलिखित में से किसकी लैमार्कवाद द्वारा व्याख्या नहीं की जा सकती है?
(a) जलीय पक्षियों में जालयुक्त पंजों की उपस्थिति
(b) पहलवान के पुत्र में कमजोर पेशियाँ होना
(c) सर्पों का लम्बा संकरा एवं पादरहित शरीर
(d) विषमपर्णता (हेटेरोफिली)

48. प्रोबायोटिक्स क्या होते हैं?
(a) सुरक्षित प्रतिजैविक
(b) कैंसर-प्रेरक सूक्ष्मजीव
(c) नए प्रकार के खाद्य एर्ल्जन
(d) सजीव सूक्ष्म जीवीय खाद्य सम्पूरक

49. स्तनियों का सुनहरा युग (Golden age of mammals) था
(a) प्रोटेरोजोइक महाकल्प (b) पेलियोजॉइक महाकल्प
(c) मीसोजॉइक महाकल्प (d) सीनोजॉइक महाकल्प

50. RNA पॉलीमरेज-II विकर से किस RNA का निर्माण करता है?
(a) *r*RNA (b) *m*RNA (c) *t*RNA (d) ये सभी

51. पादपों में निषेचन की खोज किसने की?
(a) नगेली ने (b) श्मिट ने
(c) स्ट्रासबर्गर ने (d) नवाश्चिन ने

52. एण्टीबायोटिक शब्द प्रयुक्त किया
(a) फन्क ने (b) मैलनबी ने
(c) वॉक्समेन ने (d) पाश्चर ने

53. आर्तव अवस्था में गर्भाशय की एण्डोमेट्रियम, उपकला ग्रन्थि एवं संयोजी ऊतक टूट जाते हैं, इसका कारण है
(a) प्रोजेस्ट्रॉन का अतिस्रावण (b) प्रोजेस्ट्रॉन की कमी
(c) FSH का अतिस्रावण (d) एस्ट्रोजन की कमी

54. F_2–पीढ़ी 9 : 3 : 3 : 1 अनुपात कुछ स्थितियों में किस कारण 9 : 7 में परिवर्तित होता है?
(a) पूरक जीन (b) एपिस्टेटिक जीन
(c) हाइपोस्टेटिक जीन (d) अनुलिपिक जीन

55. स्तनधारियों के एड्रीनल ग्रन्थि के अनुप्रस्थ ऊतकीय काट में सतह से केन्द्र तक परतों का सही क्रम ज्ञात कीजिए।
(a) मेड्यूला-जोना रेटिकूलारीस-जोना फेसीकुलेटा-जोना ग्लोमेरुलोसा
(b) जोना ग्लोमेरुलोसा-मेड्यूला-जोना रेटिकूलारीस-जोना फेसीकुलेटा
(c) जोना ग्लोमेरुलोसा-जोना फेसीकुलेटा-जोना रेटिकूलारीस-मेड्यूला
(d) जोना रेटिकुलारीस-जोना फेसीकुलेटा-जोना ग्लोमेरुलोसा-मेड्यूला

56. जैव-भू-रासायनिक चक्रण का अभिप्राय है
(a) किसी पारितन्त्र में ऊर्जा का चक्रण
(b) पादपों तथा वायुमण्डल के बीच गैसों का चक्रण
(c) किसी पारितन्त्र में पोषकों का चक्रण
(d) जलमण्डल, स्थलमण्डल तथा जीवों में पदार्थों का चक्रण

57. चषक कोशिका किस प्रकार की कोशिका है?
(a) अंशस्रावी (b) अपस्रावी
(c) पूर्ण स्रावी (d) इनमें से कोई नहीं

58. चालनी तत्वों में, P-प्रोटीन का एक कार्य क्या है?
(a) चालनी पट्टिकाओं पर कैलोस का निक्षेपण
(b) सक्रिय स्थानान्तरण के लिए ऊर्जा उपलब्ध कराना
(c) ऑटोलाइटिक एन्जाइम
(d) घाव भरने की क्रियाविधि में सहायता करना

59. कॉकरोच की लार में उपस्थित एन्जाइम है
(a) एमाइलेज (b) माल्टेज
(c) लैक्टेज (d) ये सभी

60. साँप तथा पक्षी मुख्य रूप से होते हैं
(a) यूरियोटेलिक (b) अमीनोटेलिक
(c) यूरिकोटेलिक (d) वल्कुटजन

61. ग्लाइकोलेट उपापचय पाया जाता है
(a) लयनकाय में (b) राइबोसोम में
(c) ग्लाइऑक्सीसोम में (d) परॉक्सीसोम में

62. नेत्र का विकास होता है
(a) बाह्य जनन स्तर से (b) मध्य जनन स्तर से
(c) अन्त: जनन स्तर से (d) एक्टो-एण्डोडर्म से

63. सही युग्म को छाँटिए।
(a) फल परिपक्वन – ऑक्सिन
(b) शीर्ष प्रभुत्त – जिबरेलिन्स
(c) कोशिका विभाजन – साइटोकाइनिन
(d) तना दीर्घीकरण – एथाइलीन

64. मॉण्ट्रियल प्रोटोकॉल (Montreal Protocol) सम्बन्धित है
(a) दृढ़ जैविक प्रदूषकों से
(b) ग्लोबल वार्मिंग तथा जलवायु परिवर्तन से
(c) उन तत्वों से जो ओजोन परत का ह्रास करते हैं
(d) जीन-परिवर्तित जीवों की जैव सुरक्षा से

65. प्रतिबन्धन (Restriction) एन्ज़ाइम
(a) एण्डोन्यूक्लिएज होते हैं, जो DNA को विशिष्ट स्थलों पर विदलित करते हैं
(b) विद्यमान DNA या RNA को पूरक DNA बनाते हैं
(c) DNA खण्डों को काटते या जोड़ते हैं
(d) संवाहकहीन प्रत्यक्ष जीन के अन्तरण में सहायक होते हैं

66. C_4 पादपों की पत्तियों में, CO_2 स्थिरीकरण के दौरान मैलिक अम्ल का निर्माण किसकी कोशिकाओं में होता है?
(a) पर्णमध्योतक की (b) पूलाच्छाद की
(c) फ्लोएम की (d) बाह्य त्वचा की

67. *राइजोबियम* जो सोयाबीन में मूल ग्रन्थिका बनाता है, वह है
(a) *एजोराइजोबियम* (b) *ब्रेडीराइजोबियम*
(c) *साइनोराइजोबियम* (d) *मीजोराइजोबियम*

68. अस्थि का बाह्य आवरण क्या कहलाता है?
(a) पेरीकॉन्ड्रियॉन (b) पेरीऑस्टियम
(c) एपिमाइसियम (d) इनमें से कोई नहीं

69. बहुलकीकरण में मोनोसैकेराइड्स के अणु किस बन्ध द्वारा एक-दूसरे के पीछे जुड़ते हैं?
(a) ग्लाइकोसाइडिक (b) एस्टर बन्ध
(c) पेप्टाइड बन्ध (d) फॉस्फोएस्टर बन्ध

70. निम्न में से कौन-सा जन्तु संघ मोलस्का का है?
(a) ग्लोब मछली (b) तारा मछली (c) रजत मछली (d) कटल मछली

71. निम्न में से किससे *फेरीटिमा* में मुख का निर्माण होता है?
(a) मध्य जनन स्तर (b) अन्त: जनन स्तर
(c) ब्लास्टोपोर (d) बाह्य जनन स्तर

72. एक जीन-परिवर्तित सूक्ष्मजीव, जो तेल अधिप्लावनों की जैव प्रत्युपाय क्रिया में सफलतापूर्वक प्रयोग किया जाता है, एक प्रजाति है
(a) *स्यूडोमोनास* की (b) *ट्राइकोडर्मा* की
(c) *जैन्थोमोनास* की (d) बैसिलस की

73. केन्द्रक सबसे अधिक फैला होता है
(a) पश्चावस्था में (b) अन्त्यावस्था में
(c) मध्यावस्था में (d) अन्तरावस्था में

74. कीप कोशिकाएँ (Choanocytes) पायी जाती हैं
(a) सीलेण्ट्रेटा में (b) पोरीफेरा में (c) इकाइनोडर्मेटा में (d) मोलस्का में

75. कॉकरोच का हृदय कितने खण्डों का बना होता है?
(a) 16 (b) 10 (c) 13 (d) 4

76. हरित क्रान्ति के जनक हैं
(a) एम ओ पी आयंगर (b) एफ ई फ्रिश्च
(c) ई जे बटलर (d) नॉर्मन बोरलॉग

77. कोल्चिसीन जो तर्कु निर्माण को रोक देता है तथा यह *कोल्चिकम* से प्राप्त होता है, किस कुल का सदस्य है?
(a) सोलेनेसी कुल का (b) पोएसी कुल का
(c) लिलिएसी कुल का (d) मालवेसी कुल का

78. नाइट्रोजन-स्थिरीकरण में महत्त्वपूर्ण भूमिका निभाने वाला तत्व है
(a) मॉलिब्डेनम (Mo) (b) कॉपर (Cu)
(c) मैंग्नीज (Mn) (d) जिंक (Zn)

79. सर्टोली कोशिकाएँ
(a) अण्डाशय में पायी जाती हैं तथा प्रोजेस्ट्रॉन स्रावित करती हैं
(b) एड्रीनल कॉर्ट्क्स में पायी जाती हैं तथा एड्रीनेलीन स्रावित करती हैं
(c) शुक्रजनन नलिकाओं में पायी जाती हैं तथा जनन कोशिकाओं को पोषक प्रदान करती हैं
(d) अग्न्याशय में पायी जाती हैं तथा कोलीसिस्टोकाइनिन स्रावित करती हैं

80. वायवीय एवं अवायवीय श्वसन में समान अवस्था है
(a) क्रेब्स चक्र (b) ग्लाइकोलाइसिस
(c) ग्लाइकोजिनोलाइसिस (d) इलेक्ट्रॉन परिवहन तन्त्र

81. जल संवहन तन्त्र लक्षण है
(a) प्रोटोजोआ का (b) पोरीफेरा का
(c) एनीलिडा का (d) इकाइनोडर्मेटा का

82. दलहनी पादपों की जड़ ग्रन्थिकाओं में लेग्हीमोग्लोबिन का कार्य है
(a) ऑक्सीजन को हटाना (b) ग्रन्थिका विभेदन
(c) *निफ* जीन की अभिव्यक्ति (d) नाइट्रोजीनेज क्रिया का सन्दमन

83. पूर्णतया स्फीत (Fully turgid) कोशिका में होता है
(a) TP = 0 (b) WP = 0 (c) DPD = 0 (d) OP = 0

84. रन्ध्रों के खुलने एवं बन्द होने में सहायक आयन है
(a) Mn^+ (b) Mg^{2+} (c) Ca^{2+} (d) K^+

85. C_3 पादपों में प्रकाश-संश्लेषण की अप्रकाशिक अभिक्रिया के दौरान निर्मित प्रथम स्थायी उत्पाद है
(a) PGAL (b) RuBP (c) PGA (d) OAA

86. निम्नलिखित में से कौन उड़नरहित पक्षी है?
(a) शुतुरमुर्ग (b) इमू (c) किवी (d) ये सभी

87. समुद्री एनीमोन में किस प्रकार की सममिति पायी जाती है?
(a) द्विअरीय (Biradial) (b) असममिति (Asymmetry)
(c) गोलीय (Spherical) (d) पंचभुजीय (Pentamerous)

88. मोती प्राप्त होता है
(a) *सीपिया* से (b) *माइटिलस* से (c) *काइटन* से (d) *पिंक्टाडा* से

89. वर्मीकम्पोस्ट खाद प्राप्त होती है
(a) *पेरीप्लेनेटा* से (b) *नेरीस* से
(c) *फेरीटिमा* से (d) *हीरुडिनेरिया* से

90. प्रतिबन्धित प्रतिवर्ती क्रिया का उदाहरण है
(a) इयान पावलोव का कुत्ता
(b) ग्रे-लेग गूस (Grey leg goose) बत्तख
(c) स्टिकलबैक मछली
(d) सालमन मछली

91. प्रसव में सहायक हॉर्मोन है
(a) एस्ट्रोजन + प्रोजेस्ट्रॉन (b) ऑक्सीटॉसीन एवं रिलैक्सिन
(c) FSH + LH (d) FSH + ADH

92. इलेक्ट्रॉन परिवहन की Z-स्कीम है
(a) चक्रीय प्रकाश फॉस्फोरिलीकरण
(b) अचक्रीय प्रकाश फॉस्फोरिलीकरण
(c) जहाँ केवल प्रकश तन्त्र वर्णक-I सम्मिलित होता है
(d) दोनों (a) एवं (b)

93. प्राइमेट स्तनी नहीं है
(a) मानव (b) बाघ
(c) कुत्ता (d) बिल्ली

94. दालों के किस भाग में प्रोटीन संग्रहित होता है?
(a) भ्रूणपोष (b) बीजपत्र
(c) पेरीकार्प (d) बीजावरण

95. ग्रीन हाउस प्रभाव होता है
(a) O_3 के संग्रहण तथा O_2 की कमी से
(b) O_3 तथा CO_2 के संग्रहण से
(c) CO_2 तथा O_3 की कमी से
(d) हरे पादपों से

96. असंगत युग्म को छाँटिए।

	(प्रदूषक)		(होने वाला रोग)
(a)	मरकरी	—	कैंसर
(b)	लेड	—	प्लाम्बिसम
(c)	कैडमियम	—	इटाई-इटाई
(d)	हाइड्रोकार्बन	—	कैंसर

97. चिन्ता तथा तनाव युक्त प्रतिक्रियाएँ होती हैं
(a) जल प्रदूषण से (b) नाभिकीय प्रदूषण से
(c) ध्वनि प्रदूषण से (d) वायु प्रदूषण से

98. चक्रीय शैल (कवच) पाया जाता है
(a) पेलिसाइपोडा (b) गैस्ट्रोपोडा
(c) सिफेलोपोडा (d) स्केफोपोडा

99. निम्नलिखित में से किसको मोती उद्योग का जनक माना जाता है?
(a) आइनोवस्की (b) लुईस पाश्चर
(c) कोकिची मिकीमोटो (d) हार्वे

100. रेस्ट्रिक्शन एन्जाइम की खोज की
(a) बर्ग ने
(b) स्मिथ एवं नॉर्थ ने
(c) एच.जी. खुराना ने
(d) बॉक्समेन ने

101. आवृतबीजियों में नर युग्मकोद्भिद् उत्पन्न करता है
(a) दो पुंमाणु और एक कायिक कोशिका
(b) एक पुंमाणु और एक कायिक कोशिका
(c) एक पुंमाणु और दो कायिक कोशिका
(d) तीन पुंमाणु

102. अपूर्ण प्रभाविता का F_2-पीढ़ी में जीनोटाइप अनुपात होगा
(a) 3 : 1 (b) 1 : 2 : 1 (c) 9 : 3 : 3 : 1 (d) 15 : 1

103. प्लाज्मिड में वाहक के रूप में प्रयुक्त सबसे महत्त्वपूर्ण है
(a) प्रतिकृतिकरण का उद्भव (*Ori*)
(b) वर्णात्मक चिह्न की उपस्थिति
(c) प्रतिबन्धन एन्डोन्यूक्लिएज हेतु स्थल की उपस्थिति
(d) इसका आमाप

104. शब्द NACO से अभिप्राय है
(a) नेशनल AIDS कण्ट्रोल ऑर्गनाइजेशन
(b) नॉन-गवर्नमेंट AIDS कण्ट्रोल ऑर्गनाइजेशन
(c) नेशनल एग्रोकेमिकल ऑर्गेनाइजेशन
(d) दोनों (a) एवं (c)

105. सबसे पहला प्रागैतिहासिक मानव सम्भवतया कौन था?
(a) *ऑस्ट्रेलोपिथेकस* (b) *जिन्जैन्थ्रोपस*
(c) *होमो हैबिलिस* (d) *रामापिथेकस*

106. अनुकूली विकिरण का क्या अर्थ है?
(a) भौगोलिक पृथक्करण के कारण होने वाले अनुकूलन
(b) एक समान पूर्वज से विभिन्न जाति का विकास
(c) किसी जाति के सदस्यों का विभिन्न भौगोलिक क्षेत्रों में प्रवास
(d) किसी एक व्यष्टि की, विभिन्न पर्यावरणों के लिए अनुकूलन-क्षमता

107. यीस्ट से कौन-सा विटामिन मिलता है?
(a) A (b) B
(c) C (d) D

108. संचरण ऊतक पाया जाता है
(a) *साइकस* के पर्णक में (b) *साइकस* की जड़ में
(c) *फ्यूनेरिया* की पत्ती में (d) *टैरिस* के पर्णक में

109. माइक्रोफाइलेरी का संचरण होता है
(a) सेण्डफ्लाई द्वारा (b) *क्यूलैक्स* मच्छर द्वारा
(c) *एनॉफिलीज* मच्छर द्वारा (d) घरेलू मक्खी द्वारा

110. निम्न में से कौन-सा ऊतक अपने सही युग्म के साथ जुड़ा है?

ऊतक		स्थिति
(a) ऐरोलर ऊतक	–	कण्डरा
(b) परिवर्ती उपकला	–	नाक के सिरे पर
(c) घनीय उपकला	–	आमाशय की भित्ति
(d) चिकनी माँसपेशी	–	आँत की भित्ति

111. निम्न में कौन-सा कोशिका सिद्धान्त का अपवाद है?
(a) जीवाणु (b) कवक
(c) लाइकेन (d) विषाणु

112. निम्नलिखित में से कैंसर होता है
(a) कोशिका में सूत्री विभाजन के समय DNA की कमी के कारण
(b) सूत्री विभाज़न को नियन्त्रण करने वाली प्रक्रिया के बन्द होने पर
(c) दोनों (a) एवं (b)
(d) उपरोक्त में से कोई नहीं

113. पादप में विल्टिंग होती है, जब
(a) जाइलम को अवरुद्ध कर दिया जाता है
(b) कैम्बियम को अवरुद्ध कर दिया जाता है
(c) फ्लोएम को अवरुद्ध कर दिया जाता है
(d) पत्ती के रन्ध्र बन्द हो जाते हैं

114. निम्नलिखित में से कौन-सी अभिक्रिया नाइट्रोजन-स्थिरीकरण को प्रदर्शित करती है?
(a) $2NH_4 + 2O_2 + 8e^- \longrightarrow N_2 + 4H_2O$
(b) $2NH_3 \longrightarrow N_2 + 3H_2$
(c) $N_2 + 3H_2 \longrightarrow 2NH_3$
(d) $2N_2 +$ ग्लूकोस $\longrightarrow$ 2 अमीनो अम्ल

115. चूहे का दन्तसूत्र है
(a) $\frac{3023}{3133}$ (b) $\frac{1003}{1003}$ (c) $\frac{2123}{2123}$ (d) $\frac{3131}{3121}$

116. अगर CO_2 की सान्द्रता बढ़ जाए, तो श्वसन पर क्या प्रभाव पड़ेगा?
(a) श्वसन की दर बढ़ जाएगी
(b) इसमें कोई परिवर्तन नहीं होगा
(c) श्वसन की दर कम हो जाएगी
(d) पहले बढ़ेगी फिर घटेगी

117. हमारे शरीर में प्रतिरक्षी किसके सम्मिश्र होते हैं?
(a) लाइपोप्रोटीन्स (b) स्टेरॉइड्स
(c) प्रोस्टैग्लैण्डिन्स (d) ग्लाइकोप्रोटीन्स

118. द्विनिषेचन को सर्वप्रथम किस पादप में देखा गया?
(a) *वुल्फिया* में (b) *सिरेटोफिल्लम* में
(c) *लिलियम* में (d) *साल्विया* में

119. आर्तव प्रवाह किसकी कमी से होता है?
(a) प्रोजेस्टेरॉन (b) FSH
(c) ऑक्सीटोसिन (d) वैसोप्रेसिन

120. शब्द MTP का विस्तृत रूप है
(a) मेडिकल टर्मीनेशन ऑफ प्रिग्नेन्सी
(b) मेडिकल ट्रीटमेन्ट ऑफ प्रिग्नेन्सी
(c) मेडिकल ट्रीटमेन्ट ऑफ प्यूबर्टी
(d) उपरोक्त सभी

उत्तरमाला

1. (a)	2. (c)	3. (c)	4. (c)	5. (a)	6. (c)	7. (c)	8. (d)	9. (a)	10. (b)
11. (a)	12. (a)	13. (b)	14. (a)	15. (c)	16. (d)	17. (d)	18. (a)	19. (c)	20. (b)
21. (b)	22. (d)	23. (d)	24. (b)	25. (a)	26. (d)	27. (a)	28. (a)	29. (b)	30. (a)
31. (c)	32. (c)	33. (d)	34. (a)	35. (c)	36. (c)	37. (d)	38. (a)	39. (b)	40. (b)
41. (b)	42. (d)	43. (b)	44. (a)	45. (a)	46. (c)	47. (b)	48. (d)	49. (d)	50. (b)
51. (c)	52. (c)	53. (b)	54. (d)	55. (c)	56. (c)	57. (a)	58. (b)	59. (d)	60. (c)
61. (d)	62. (a)	63. (c)	64. (c)	65. (a)	66. (a)	67. (b)	68. (b)	69. (a)	70. (d)
71. (c)	72. (a)	73. (d)	74. (b)	75. (c)	76. (d)	77. (c)	78. (c)	79. (c)	80. (b)
81. (d)	82. (a)	83. (c)	84. (d)	85. (c)	86. (d)	87. (a)	88. (d)	89. (c)	90. (a)
91. (b)	92. (d)	93. (a)	94. (b)	95. (b)	96. (a)	97. (c)	98. (b)	99. (c)	100. (b)
101. (a)	102. (b)	103. (a)	104. (a)	105. (c)	106. (b)	107. (b)	108. (a)	109. (b)	110. (d)
111. (d)	112. (b)	113. (a)	114. (c)	115. (b)	116. (a)	117. (d)	118. (c)	119. (a)	120. (a)

मध्य प्रदेश
उच्च माध्यमिक शिक्षक पात्रता परीक्षा (भाग-ब)

प्रैक्टिस पेपर 4

निर्देश

इस प्रश्न-पत्र में कुल 120 वस्तुनिष्ठ प्रकार के प्रश्न हैं तथा प्रत्येक प्रश्न के लिए एक अंक निर्धारित है।

1. "रेड रस्ट ऑफ टी" (Red rust of tea) रोग जनित होता है
(a) *सिफेल्यूरोस* द्वारा (b) *क्लोरेला* द्वारा
(c) *वॉल्वॉक्स* द्वारा (d) *नास्टॉक* द्वारा

2. विषाणुओं का आनुवंशिक पदार्थ होता है
(a) DNA अथवा RNA (b) केवल DNA
(c) केवल RNA (d) (a) एवं (b)

3. गेहूँ में चूर्णिल आसिता रोग किसके द्वारा होता है?
(a) *आस्टिलागो* (b) *सिस्टोपस*
(c) *पेनिसिलियम* (d) *ऐरीसाइफी*

4. कवकों का वर्णन सर्वप्रथम किस पुस्तक में दिया गया था?
(a) जेनेरा प्लाण्टेरम (b) नोवा प्लाण्टेरम जेनेरा
(c) हिस्टोरिया प्लाण्टेरम (d) स्पीसीज प्लाण्टेरम

5. क्लोरेलीन नामक प्रतिजैविक प्राप्त किया जाता है
(a) *क्लोरेला* से (b) *एनाबीना* से
(c) *कारा* से (d) *नास्टॉक* से

6. आयोडीन कौन-से शैवाल से प्राप्त होता है?
(a) *क्लोरोफाइसी* से (b) *रोडोफाइसी* से
(c) *फियोफाइसी* से (d) *साइनोफाइसी* से

7. कौन-सा ब्रायोफाइटा आर्थिक दृष्टि से महत्त्वपूर्ण है?
(a) *मार्केन्शिया* (b) *स्फैगनम*
(c) *फ्यूनेरिया* (d) *रिक्सिया*

8. निम्न में से कौन-सा ब्रायोफाइट मृतोपजीवी है?
(a) *फ्यूनेरिया* (b) *रिक्सिया*
(c) *बक्सबौमिया* (d) इनमें से कोई नहीं

9. ब्रायोफाइटा में बीजाणुद्भिद् पोषण के लिए किस पर आश्रित होता है?
(a) युग्मकोद्भिद् पर (b) बीजाणुद्भिद् पर
(c) भूमि पर (d) इनमें से कोई नहीं

10. निम्न में से कौन-सा जीवाश्म टेरिडोफाइट है?
(a) *लाइकोपोडियम* (b) *सिलेजिनेला*
(c) *साइलोटम* (d) *राइनिया*

11. वानस्पतिक सर्प है
(a) शैवाल (b) कवक
(c) ब्रायोफाइट्स (d) टेरिडोफाइट्स

12. अनावृतबीजी पादपों में फल नहीं बनते, क्योंकि
(a) ये बीजरहित पौधे होते हैं
(b) ये परागित नहीं होते
(c) इनमें अण्डाशय नहीं होता
(d) इनमें निषेचन की क्रिया नहीं होती

13. निम्न में से किसमें वाहिकाएँ तथा सह-कोशिकाएँ अनुपस्थित होती हैं?
(a) इफेड्रा में (b) *साइकस* में
(c) आम में (d) सूरजमुखी में

14. सबसे छोटा अनावृतबीजी है
(a) *साइकस* (b) *पाइनस*
(c) *जैमिया* (d) *नीटम*

15. फॉसिल रेजिन या जीवाश्म रेजिन किससे प्राप्त होता है?
(a) *जूनियर* (b) *रेड वुड*
(c) *पाइनस* (d) *ऐबीज*

16. पर्पटीलाइकेन का उदाहरण है
(a) *पारमेलिया* (b) *अस्निया*
(c) *क्लेडोनिया* (d) *ग्रैफिस*

17. दललग्न पुंकेसर निम्न में पाए जाते हैं
(a) पॉलीपेटेली (b) गैमोपेटेली
(c) मेटाक्लैमाइडी (d) इनमें से कोई नहीं

18. निम्न में से इनफेरी श्रेणी का लक्षण है
(a) पुंकेसर की संख्या दलों के बराबर
(b) पुंकेसर अधिक, दलों की संख्या कम
(c) पुंकेसर कम, दलों की संख्या अधिक
(d) उपरोक्त में से कोई नहीं

19. घण्टाघर दलपुंज पाए जाते हैं
(a) कुकुरबिटा में (b) धतूरा में
(c) बैंगन में (d) तुलसी में

20. आम (mango) किस कुल से सम्बन्ध रखता है?
(a) मेलिएसी से (b) सोलेनेसी से
(c) लोगेनियेसी से (d) ऐनाकार्डिऐसी से

21. *करक्यूमा डोमेस्टिका* के किस भाग से हल्दी प्राप्त होती है?
(a) जड़ से (b) प्रकन्द से
(c) पत्ती से (d) पुष्प से

22. निम्न में से पादप (द्विबीजपत्री तने) का बाहरी रक्षात्मक ऊतक है
(a) वल्कुट और बाह्य त्वचा (b) परिरम्भ और वल्कुट
(c) बाह्य त्वचा और काग (d) इन सभी में

23. जायपुंकेसरी का अर्थ है
(a) पुंकेसर की संख्या दस
(b) पुंकेसर जायांग से संलग्न
(c) पुंकेसर जायांग से नहीं जुड़े हुए
(d) उपरोक्त में से कोई नहीं

24. पुराने काष्ठीय ऊतकों से वायु का आदान-प्रदान होता है
(a) रन्ध्रों से (b) वायुतक से
(c) जलरन्ध्रों से (d) वातरन्ध्रों से

25. लयजात गुहिका पाई जाती है
(a) एकबीजपत्री तने की पोषवाह में
(b) द्विबीजपत्री जड़ की दारु में
(c) एकबीजपत्री तने की दारु में
(d) द्विबीजपत्री तने की पोषवाह में

26. निम्न में से किसके तने में एधा एवं मज्जा अनुपस्थित होते हैं?
(a) सरसों (b) मक्का
(c) सूरजमुखी (d) कुकुरबिटा

27. उपचर्म स्त्रावित होती है
(a) बाह्य त्वचा में (b) अन्तस्त्वचा में
(c) अधस्त्वचा में (d) वल्कुट में

28. आनुवंशिक निषेचन का तात्पर्य एक नर युग्मक का संलयन है
(a) अण्ड से (b) केन्द्रीय कोशिका से
(c) एक सहाय कोशिका से (d) एक प्राति व्यासात कोशिका से

29. एक आवृतबीजी के भूणपोष की कोशिका में 24 क्रोमोसोम्स् हैं। इसके गुरु बीजाणु में क्रोमोसोम्स् की संख्या होगी
(a) 8 (b) 18
(c) 24 (d) 48

30. अचार तथा मुरब्बा, आदि नमक व शक्कर के संतृप्त विलयन में सुरक्षित रहते हैं, क्योंकि
(a) जीवाणुओं को उचित प्रकाश व ऑक्सीजन नहीं मिल पाती है
(b) नमक व शक्कर, जीवाणुओं की वृद्धि के लिए विष का कार्य करते हैं
(c) जीवाणु, जीव द्रव्यकुंचन के कारण नष्ट हो जाते हैं
(d) उपरोक्त में से कोई नहीं

31. राइबोसोम्स् उत्पन्न होते हैं
(a) केन्द्रक में (b) केन्द्रिका में
(c) कोशिका द्रव्य में (d) अन्तःप्रदव्यी जालिका में

32. निम्नलिखित में से कौन-सा जोड़ा ठीक है?
(a) तेल संचय–रोडोप्लास्ट
(b) प्रोटीन संचय–एमाइलोप्लास्ट
(c) स्टार्च संचय–एल्यूरोप्लास्ट
(d) वसा संचय–इलियोप्लास्ट

33. द्विसंकर संकरण में 9 : 3 : 3 : 1 के अनुपात में चार प्रकार के लक्षण प्रारूपों के बनने का कारण है
(a) जीनों का परस्पर मिल जाना
(b) प्रभावी एवं स्वतन्त्र अपव्यूहन का मिश्रित प्रभाव
(c) विशेषता के प्रत्येक विरोधी जोड़े में लक्षण प्रारूप को प्रभाविता
(d) विशेषताओं को नियन्त्रित करने वाले जीनों का स्वतन्त्र अपव्यूहन

34. प्लाज्मिड्स निम्नलिखित में से किन कोशिकाओं में पाए जाते हैं?
(a) जीवाणु कोशिकाओं में (b) सभी जन्तु कोशिकाओं में
(c) रोग संक्रमित कोशिकाओं में (d) पादप कोशिकाओं में

35. नाइट्राइट (NO_2^-) का नाइट्रेट (NO_3^-) के रूप में ऑक्सीकरण होता है
(a) प्रकाश-संश्लेषी जीवाणुओं द्वारा
(b) मृतपोषी द्वारा
(c) रसायन-संश्लेषी जीवाणुओं द्वारा
(d) कार्बनिकपोषी (organotrophs) द्वारा

36. निम्न में से कौन-से पादप CAM हैं?
(a) *ब्रायोफिल्लम* (b) *अगेव*
(c) (a) एवं (b) दोनों (d) सभी विकल्प गलत हैं

37. निम्न में से किस प्राकृतिक हॉर्मोन के कारण प्रौढ़ पत्तियों का पतझड़ या विलगन होता है?
(a) एबसिसिक अम्ल (ABA) का घटना तथा ऑक्सिन का बढ़ना
(b) एबसिसिक अम्ल (ABA) का बढ़ना तथा ऑक्सिन का घटना
(c) एबसिसिक अम्ल (ABA) तथा ऑक्सिन दोनों का घटना
(d) एबसिसिक अम्ल (ABA) तथा ऑक्सिन दोनों का बढ़ना

38. निम्नलिखित में से किन्हें दीर्घ रात्रि के पादप भी कहते हैं?
(a) अल्प प्रदीप्तकाली पादप (b) दीर्घ प्रदीप्तकाली पादप
(c) दिन उदासीन पादप (d) मध्यवर्ती प्रदीप्तकाली पादप

39. निम्नलिखित में से किस मृदा, जल के प्रकार को पादप जड़ें आसानी से अवशोषित कर लेती हैं?
(a) गुरुत्वीय जल (b) केशिका जल
(c) क्रिस्टलीय जल (d) आर्द्रता जल

40. किस प्रदूषक की उपस्थिति के कारण ताजमहल क्षतिग्रस्त हो रहा है?
(a) क्लोरीन/NO_2 (b) SO_2
(c) ऑक्सीजन/ओजोन (d) हाइड्रोकार्बन

41. ओजोन छिद्र के परिणामस्वरूप
(a) पराबैंगनी विकिरण पृथ्वी पर पहुँचेगी
(b) मोतियाबिन्द का रोग बढ़ेगा
(c) त्वचा का कैंसर रोग बढ़ेगा
(d) उपरोक्त सभी

42. 'डाई नेचरलाइकेन फ्लेन्जन फैमिलियन' नामक पुस्तक किसने लिखी थी?
(a) एंग्लर एवं प्राण्टल ने (b) बेन्थम एवं हुकर ने
(c) डी जूसियू ने (d) डी कैण्डोले ने

43. पाँच जगत वर्गीकरण का प्रतिपादन किसने किया?
(a) लिनियस (b) ह्वीटेकर (c) हेकल (d) डार्विन

44. विषाणुओं से सम्बन्धित कौन-सी बात सत्य है?
(a) इनमें सदैव DNA होता है
(b) इनमें सदैव RNA होता है
(c) ये केवल जीवाणुओं में पाए जाते हैं
(d) ये केवल पोषक कोशिकाओं में गुणन करते हैं

45. पादविहीन उभयचर है
(a) *हायला* (b) *इक्थीयोफिस*
(c) *ब्यूफो* (d) *सैलामेण्ड्रा*

46. लीडरबर्ग द्वारा जीवाणु पर किया गया कौन-सा प्रयोग अनुकूलन के आनुवंशिक आधार को प्रदर्शित करता है?
(a) फाउण्डर प्रभाव (b) बोतलनेक प्रभाव
(c) रेप्लिका प्लेट प्रयोग (d) मास्टर प्लेट प्रयोग

47. सुरक्षा एवं भोजन बनाने के लिए सर्वप्रथम अग्नि का प्रयोग किसने किया?
(a) निएण्डरथल मानव (b) क्रोमैग्नन मानव
(c) जावा मानव (d) पेकिंग मानव

48. *टारसियस* (Tarsius) कहाँ पाया जाता है?
(a) भारत व श्रीलंका
(b) फिलीपीन व इण्डोनेशिया
(c) श्रीलंका तथा अफ्रीका
(d) भारत तथा अफ्रीका

49. एण्टअमीबा हिस्टोलिटिका की पुटी (cyst) में आरक्षित पोषक पदार्थ क्या होता है?
(a) वोल्यूटिन कण (b) मण्ड कण
(c) वसा बिन्दुक (d) ग्लाइकोजन कण

50. निद्रा रोग का द्वितीयक वाहक पोषद कौन है?
(a) सी-सी मक्खी (b) *एडीज*
(c) बालू मक्खी (d) घरेलू मक्खी

51. जोंक के शरीर के किन खण्डों में उत्सर्गिकाएँ उपस्थित होती हैं?
(a) 7 व 33 में (b) 6 व 22 में
(c) 9 व 24 में (d) इन सभी में

52. कटलफिश किस संघ की सदस्य होती है?
(a) नाइडेरिया (b) मोलस्का
(c) ऐनेलिडा (d) पृष्ठवंश

53. ओबेलिया शरीर-संघठन के किस स्तर का प्रदर्शन करते हैं?
(a) कोशिकीय (b) अंगीय
(c) ऊतकीय (d) अंगतन्त्रीय

54. जल-संवहनी तन्त्र किन जन्तुओं में होता है?
(a) हाइड्रा (b) स्पंजें
(c) तारा मछली (d) तिलचट्टा

55. निम्नलिखित में से किसमें लिम्फोसाइट्स का विकास होता है?
(a) हृदय (b) टॉन्सिल
(c) थाइमस ग्रन्थि (d) यकृत

56. संघ आर्थोपोडा के सदस्यों में उत्सर्जन किन अंगों के द्वारा होता है?
(a) वृक्क (b) मैण्टल
(c) मैल्पीघी नलिकाएँ (d) उत्सर्गिकाएँ

57. निम्नलिखित में से किस जन्तु को ऐनेलिडा तथा मोलस्का के मध्य की संयोजक कड़ी कहा जाता है?
(a) पिंक्टैडा (b) *नियोपिलाइना*
(c) *नियोमीनिया* (d) *माइटिलस*

58. ऐरिस्टॉटल की लालटेन किस जन्तु की विशेषता है?
(a) *ऐस्टीरियस* (b) *ऑफिओथ्रिक्स*
(c) *एकाइनस* (d) होलोथूरिया

59. *पैट्रोमाइजॉन* का लार्वा है
(a) टॉरनेरिया (b) ट्रोकोफोर
(c) फ्राई (d) एमोसीट

60. *लेटिमेरिया* को सामान्य भाषा में किस नाम से जानते हैं?
(a) जीवित जीवाश्म (b) मच्छर मीन
(c) उड़न मछली (d) धनुष मछली

61. निम्न में से किस मछली में प्लेकॉयड शल्क पाए जाते हैं?
(a) *गैम्बूसीया* में (b) *हिप्पोकैम्पस* में
(c) *एमिया* में (d) *काइमेरा* में

62. निम्न में से कौन-सा उभयचर जरायुज (Viviparous) है जिसके भ्रूण का विकास अण्डवाहिनी में होता है?
(a) *ब्यूफो* (b) *एपोडॉन*
(c) *सैलामेड्रा* (d) *नेक्ट्यूरस*

63. निम्नलिखित में से किस सर्प के विष में न्यूरोसाइटोलाइसिन्स नामक पदार्थ उपस्थित होता है?
(a) करैत (b) वाइपर
(c) नाग (d) (a) व (c)

64. जल, आवश्यक लवणों तथा अन्य लाभदायक पदार्थों का पुनरावशोषण मुख्यतया कहाँ होता है?
(a) हेनले के लूप में
(b) समीपस्थ कुण्डलित नलिका में
(c) दूरस्थ कुण्डलित नलिका में
(d) उपरोक्त सभी में

65. मानव शरीर में मास्टर ग्रन्थि कौन-सी है?
(a) ऐड्रीनल (b) पीयूष
(c) पिनियल (d) थायरॉइड

66. ऊँट में ग्रीवा कशेरुकाओं की संख्या कितनी होती है?
(a) 27 (b) 3 (c) 7 (d) 10

67. शत्रु से बचाव के लिए छिपकली द्वारा पूँछ को शरीर से पृथक कर देना क्या कहलाता है?
(a) पुनरुद्भवन (b) परिग्राहिता
(c) कायान्तरण (d) स्वांगोच्छेदन

68. अँधेरे में उड़ते समय लक्ष्य-निर्धारण के लिए 'राडार यन्त्र' होता है
(a) पक्षी में (b) कीट में
(c) सभी स्तनियों में (d) चमगादड़ में

69. निम्न में से किसको कोशिकाद्रव्य का अर्द्धस्वायत्त अंगक कहा जाता है?
(a) राइबोसोम (b) लाइसोसोम
(c) गॉल्जी उपकरण (d) माइटोकॉण्ड्रिया

70. निम्नलिखित में से कौन-से प्लास्मिड, जीवाणु को विशेष औषधि से नष्ट न होने देने की शक्ति प्रदान करते हैं?
(a) F. कारकयुक्त प्लास्मिड
(b) R. कारकयुक्त प्लास्मिड
(c) Col. कारकयुक्त प्लास्मिड
(d) उपरोक्त सभी

71. अण्डे देने वाला स्तनधारी कौन-सा है?
(a) *एकिडना* (b) *मैक्रोपस* (c) *ओपोसम* (d) *डेस्मोडस*

72. जोंक का शरीर कितने समखण्डों में विभाजित होता है?
(a) 50 (b) 54 (c) 30 (d) 33

73. निम्नलिखित में से कौन-सा आवश्यक अमीनो अम्ल है?
(a) सिस्टीन (b) सेरीन
(c) लाइसीन (d) ग्लूटासीन

74. हड्डी की ओसीन का स्रावण करने वाली कोशिकाएँ कौन-सी हैं?
(a) ऐरिथ्रोब्लास्ट्स कोशिकाएँ
(b) अस्थिकोकोरक कोशिकाएँ या ओस्टियोब्लास्ट
(c) ओस्टिओसाइट्स
(d) फाइब्रोब्लास्ट

75. यदि किसी व्यक्ति को एवरेस्ट पर्वत पर कुछ दिन रोका जाए, तो इसके लाल रुधिराणुओं का क्या होगा?
(a) बड़े हो जाते हैं (b) इनकी संख्या बढ़ जाती है
(c) इनकी संख्या वही रहती है (d) इनकी संख्या घट जाती है

76. दुग्ध ग्रन्थियों को दुग्ध के स्रावण हेतु उत्तेजित करने वाला हॉर्मोन है
(a) ACTH (b) LH
(c) वैसोप्रेसिन (d) प्रोलैक्टिन

77. मूत्रलता अर्थात् डाययूरेसिस (diuresis) में
(a) ग्लूकोस का उत्सर्जन बढ़ जाता है
(b) मूत्र की मात्रा घट जाती है
(c) विद्युत अपघटनी सन्तुलन बिगड़ जाता है
(d) मूत्र की मात्रा बढ़ जाती है

78. मनुष्य में कपाल तन्त्रिकाओं की संख्या कितनी होती है?
(a) 33 जोड़ी (b) 35 जोड़ी
(c) 12 जोड़ी (d) 28 जोड़ी

79. पक्षी यूरिकोटीलिक होते हैं ताकि
(a) शरीर का भार कम रहे (b) जल की क्षति न हो
(c) शरीर ताप न घटे (d) इनमें से कोई नहीं

80. ओमैटीडिया किसकी आँखों में पाए जाते हैं?
(a) उभयचरों में (b) कीटों में
(c) स्तनियों में (d) पक्षियों में

81. कॉकरोच के मुख उपांगों में सबसे कठोर उपांग होता है
(a) लेबियम (b) मैन्डीबल्स
(c) लैब्रम (d) हाइपोफैरिंक्स

82. मनुष्य के दाएँ पैर में कुल कितनी अस्थियाँ होती हैं?
(a) 28 (b) 20 (c) 31 (d) 34

83. कोब्रा-दंश में रोगी की मृत्यु का कारण
(a) RBCs का विनाश
(b) पेशियों का स्थायी संकुचन
(c) तन्त्रिकाओं की निष्क्रियता
(d) उपरोक्त में से कोई दो

84. *टीनिया* किन दो परपोषियों में अपना जीवनचक्र पूर्ण करता है?
(a) मनुष्य व कुत्ता (b) सुअर व मच्छर
(c) मनुष्य व सुअर (d) सुअर व कुत्ता

85. स्नायु का क्या कार्य है?
(a) हड्डी को हड्डी से जोड़ना (b) पेशी को पेशी से जोड़ना
(c) हड्डी को पेशी से जोड़ना (d) पेशी को उपास्थि से जोड़ना

86. निम्नलिखित में से किस ब्रायोफाइट्स का उपयोग मरहम-पट्टी में किया जाता है?
(a) *फ्यूनेरिया* (b) *स्फैग्नम*
(c) *एन्थोसिरोस* (d) *रिक्सिया*

87. प्रोटीन का RQ कितना होता है?
(a) 1.33 (b) 0.8 - 0.9
(c) 0.7 (d) 1.0

88. खरगोश में मुख्य उत्सर्जी अंग कौन-से हैं?
(a) यकृत (b) वृक्क
(c) नेफ्रीडिया (d) मैल्पिघियन नलिकाएँ

89. तिलचट्टा किन संरचनाओं की सहायता से अपने शरीर की सफाई करता है?
(a) रेक्टल पैपिली (b) इन्टिमा
(c) गन्ध ग्रन्थियाँ (d) टिबियल स्पर

90. निम्न में से किसके ऊपरी जबड़े में दो के बजाए चार इन्साइजर दाँत होते हैं जिनमें से पीछे वाले दो छोटे व कम विकसित होते हैं?
(a) भारतीय सिल्लू (b) खरगोश
(c) अफ्रीकी हाथी (d) घोड़ा

91. वह समुद्री सर्प जो मछलियों, ईल व अन्य समुद्री जन्तुओं को खाता है तथा इसकी पूँछ पार्श्व में चपटी व चप्पू के समान होती है
(a) वाइपर (b) करैत (c) हाइड्रोफिस (d) अजगर

92. जोंक की लार में उपस्थित कौन-सा पदार्थ रुधिर चूसते समय रुधिर जामन को रोकता है?
(a) हिपैरिन (b) किरैटिन (c) हिरुडिन (d) हीमोग्लोबिन

93. सर्प की विषग्रन्थियाँ किसका रूपान्तरण है?
(a) लार ग्रन्थियाँ (b) लैबियल ग्रन्थियाँ
(c) जठर ग्रन्थियाँ (d) पैरोटिड ग्रन्थियाँ

94. वृक्क की संरचनात्मक व कार्यात्मक इकाई क्या है, जिनमें मूत्र का निर्माण होता है?
(a) न्यूरॉन (b) पेल्विस (c) ग्लोमेरुलस (d) नेफ्रॉन

95. काजीरंगा राष्ट्रीय उद्यान कहाँ स्थित है?
(a) कर्नाटक (b) गुजरात (c) असोम (d) बिहार

96. लाख क्या है?
(a) मछली की त्वचा (b) पक्षी का घोंसला
(c) कीट का मल (d) कीट का स्राव

97. सूखा रोग या रिकेट्स किस विटामिन की कमी से होता है?
(a) विटामिन-ए (b) विटामिन-बी
(c) विटामिन-डी (d) विटामिन-सी

98. निम्न में से कौन-सी शर्करा मोनोसैकेराइड नहीं है?
(a) ग्लूकोज (b) फ्रक्टोज (c) गैलेक्टोज (d) ग्लाइकोजन

99. हृदय में स्थित गति प्रेरक को क्या कहते हैं?
(a) शिरा-अलिन्द नोड (b) पुरकिन्जे तन्तु
(c) अलिन्द-निलयी नोड (d) डक्टस बोटेलाई

100. वृद्धि हॉर्मोन का स्रावण किससे होता है?
(a) एड्रीनल (b) थायरॉइड
(c) पीयूष (d) थाइमस

101. नर मधुमक्खी का जन्म किससे होता है?
(a) अनिषेचित अण्डे
(b) निषेचित अण्डे
(c) निषेचित अण्डों से निकले लारवा जिनका भोजन शाही जैली है
(d) अनिषेचित अण्डे जिनकी देखभाल श्रमिक नहीं करते

102. निम्न में से किस हृदय रोग में कोरोनरी धमनी में अवरोध से हृदय पेशियों को पर्याप्त रुधिर न मिलने से पेशियाँ क्षतिग्रस्त हो जाती हैं?
(a) कोरोनरी थ्रॉम्बोसिस (b) रयूमेटिक हृदय रोग
(c) मायोकार्डियल इन्फ्राक्शन (d) निलयी तन्तुकता

103. निम्न में से कौन-सी कोशिकाएँ इन्सुलिन का निर्माण करती हैं?
(a) α-कोशिकाएँ (b) β-कोशिकाएँ
(c) यकृत कोशिकाएँ (d) F-कोशिकाएँ

104. मधुमक्खी पुष्पों से परागकण इकट्ठा करके कुछ समय के लिए कहाँ रखती है?
(a) मुख में (b) टाँगों पर (c) पंख पर (d) आमाशय में

105. स्तनधारियों में कौन-सी अस्थि शरीर को सुरक्षा व आधार प्रदान नहीं करती?
(a) स्टेप्स (b) एटलस (c) पसलियाँ (d) स्कैपुला

106. पादपों में वैलामन नामक विशेष ऊतक पाया जाता है
(a) वातरन्ध्र में
(b) कुछ आर्किडस् की वायवीय जड़ों में
(c) मांसल पत्तियों में
(d) अवस्तम्भ मूल में

107. मस्तिष्क का कौन-सा भाग सुनने से सम्बन्धित है?
(a) सेरीब्रम (b) सेलीबेलम
(c) मैड्यूला (d) हाइपोथैलेमस

108. अर्द्धसूत्री विभाजन की किस अवस्था में गुणसूत्रों का युग्मन (Pairing) होता है?
(a) लैप्टोटीन (b) जाइगोटीन
(c) पैकीटीन (d) डिप्लोटीन

109. यूरीडिन फॉस्फेट पाया जाता है
(a) सेन्ट्रोसोम में (b) लाइसोसोम में
(c) कोशिकाभित्ति में (d) RNA में

110. मूँग (Green gram) का वानस्पतिक नाम (Botanical name) है
(a) *सिसर एरीएन्टीनम* (b) *फैसियोलस आरियस*
(c) *फैसिओलस मूंगों* (d) *ग्लाइसीन मैक्स*

111. रिवर्स ट्रांसक्रिप्शन की खोज की थी
(a) टेमिन एवं बल्टीमोर ने (b) वाटसन एवं क्रिक ने
(c) एल्फ्रेड हर्शी ने (d) इनमें से कोई नहीं

112. अनुलेखन के नियन्त्रण का ओपेरॉन मॉडल दिया था
(a) मेसेल्सन तथा स्टाहल ने (b) जैकब तथा मोनाड ने
(c) वाटसन तथा क्रिक ने (d) इनमें से कोई नहीं

113. निम्न में से किसके कारण DNA का व्यास नियत होता है?
(a) क्षारकों के बीच हाइड्रोजन बन्ध (b) फॉस्फोडाइएस्टर बन्ध
(c) डाइसल्फाइड बन्ध (d) सहसंयोजी बन्ध

114. मानव प्रतिरक्षा अपूर्णता विषाणु (HIV) में प्रोटीन खोल के भीतर कौन-सा आनुवंशिक पदार्थ होता है?
(a) RNA का इकहरा सूत्र (b) RNA का दोहरा सूत्र
(c) DNA का दोहरा सूत्र (d) DNA का इकहरा सूत्र

115. एक कृत्रिम पेसमेकर का त्वचा के नीचे प्रत्यारोपण किया जाता है तथा इसे हृदय से जोड़ा जाता है,
(a) तीन मुख्य कॉरोनरी धमनियों में 90% रुकावट होने पर
(b) उच्च रक्तचाप होने पर
(c) हृदय लयबद्धता के अनियमित होने पर
(d) धमनी काठिन्य से पीड़ित होने पर

116. अनावृतबीजी पादपों में चारों मेगास्पोर्स (गुरुबीजाणु) व्यवस्थित होते हैं
(a) अभिमुख (b) चतुष्फलकीय (c) रेखीय (d) आइसोबाइलेट्रल

117. सामान्य रूप से प्रचलित रुधिर वर्ग ABO हैं। इसका नाम ABO है क्योंकि इसमें O इंगित करता है कि
(a) A तथा B प्रकार के जीन पर इस प्रकार का अधिक प्रभावी होना
(b) RBCs पर केवल एक प्रतिरक्षी का होना anti A अथवा anti B
(c) RBCs पर कोई प्रतिजन A और B नहीं है
(d) RBCs पर A और B के अतिरिक्त अन्य प्रतिजन हैं

118. युग्मकजनक कोशिका में केन्द्रक कैसा होता है?
(a) अगुणित (b) द्विगुणित
(c) दो अगुणित केन्द्र (d) (a) व (b)

119. पुत्री वर्णान्ध होगी, जब
(a) केवल पिता वर्णान्ध हो
(b) माता वाहक एवं पिता सामान्य हो
(c) माता वाहक, पिता वर्णान्ध हो
(d) माता सामान्य एवं पिता वर्णान्ध हो

120. एफ्लाटॉक्सिन किस कवक द्वारा उत्पादित होता है?
(a) *एस्पर्जिलस* से (b) *पेनिसिलियम* से
(c) *क्लैवीसेप्स* से (d) इन सभी से

उत्तरमाला

1. (a)	2. (a)	3. (d)	4. (b)	5. (a)	6. (c)	7. (b)	8. (c)	9. (a)	10. (d)
11. (d)	12. (c)	13. (b)	14. (c)	15. (a)	16. (d)	17. (b)	18. (a)	19. (a)	20. (d)
21. (b)	22. (c)	23. (b)	24. (d)	25. (c)	26. (b)	27. (a)	28. (a)	29. (a)	30. (c)
31. (b)	32. (d)	33. (d)	34. (a)	35. (c)	36. (c)	37. (a)	38. (a)	39. (b)	40. (b)
41. (d)	42. (a)	43. (b)	44. (d)	45. (b)	46. (c)	47. (c)	48. (b)	49. (d)	50. (a)
51. (b)	52. (b)	53. (c)	54. (c)	55. (c)	56. (c)	57. (b)	58. (c)	59. (d)	60. (a)
61. (d)	62. (c)	63. (d)	64. (b)	65. (b)	66. (c)	67. (d)	68. (d)	69. (d)	70. (b)
71. (a)	72. (d)	73. (c)	74. (b)	75. (b)	76. (d)	77. (d)	78. (c)	79. (b)	80. (b)
81. (b)	82. (c)	83. (c)	84. (c)	85. (a)	86. (b)	87. (b)	88. (b)	89. (d)	90. (b)
91. (c)	92. (c)	93. (b)	94. (d)	95. (c)	96. (d)	97. (c)	98. (d)	99. (a)	100. (c)
101. (a)	102. (c)	103. (b)	104. (b)	105. (a)	106. (b)	107. (a)	108. (b)	109. (d)	110. (b)
111. (a)	112. (b)	113. (a)	114. (b)	115. (c)	116. (c)	117. (c)	118. (b)	119. (c)	120. (a)

मध्य प्रदेश
उच्च माध्यमिक शिक्षक पात्रता परीक्षा (भाग-ब)

प्रैक्टिस पेपर 5

निर्देश

इस प्रश्न-पत्र में कुल 120 वस्तुनिष्ठ प्रकार के प्रश्न हैं तथा प्रत्येक प्रश्न के लिए एक अंक निर्धारित है।

1. पेटेन काफर्स उपकरण किस क्रिया की दर निर्धारण के लिए प्रयुक्त होता है?

(a) वाष्पोसर्जन (b) प्रकाश-संश्लेषण
(c) श्वसन (d) प्रकाश श्वसन

2. सभी पक्षी जो उड़ने में असमर्थ होते हैं, वे सम्बन्धित हैं महागण (सुपर आर्डर)

(a) ओडोन्टोग्नैथी से (b) इमपिन्नी से
(c) रैटिटी से (d) इनमें से कोई नहीं

3. नील गिरि आरक्षित जीव मण्डल अवस्थित है

(a) तमिलनाडु में
(b) कर्नाटक एवं केरल में
(c) तमिलनाडु एवं केरल में
(d) तमिलनाडु, केरल एवं कर्नाटक में

4. जुइया लार्वा का परिवर्तित रूप है

(a) माइसिस (b) एलिमा
(c) मेगालोजा (d) साइप्रिस

5. समुद्रीय एवं अलवणीय जल के बीच बिना प्रजनन के प्रयोजन से मछलियों का स्वतन्त्र विचलन कहलाता है

(a) केटाड्रोमस माइग्रेशन (b) एम्फीड्रोमस माइग्रेशन
(c) एनाड्रोमस माइग्रेशन (d) इनमें से कोई नहीं

6. संयुक्त सूत्रयुग्म अर्धसूत्री विभाजन की किस अवस्था में पाया जाता है?

(a) प्रोफेज I की जाइगोटीन में (b) प्रोफेज I पैकीटीन में
(c) एनाफेज I (d) एनाफेज II

7. किस वर्ष को अन्तर्राष्ट्रीय जैव-विविधता वर्ष घोषित किया गया है?

(a) 2008 (b) 2009
(c) 2010 (d) 2011

8. निम्नलिखित में से किस लकड़ी का औसत भार सबसे ज्यादा है?

(a) चीड़ (b) देवदार
(c) शीशम (d) साल

9. निम्नलिखित में से कौन कीटों के कायान्तरण में सम्मिलित है?

(a) केवल किशोर हॉर्मोन
(b) केवल एक्डाइसोन
(c) किशोर एवं एक्डाइसोन दोनों में
(d) फेरोमोन

10. निम्न में से सबसे छोटा RNA है

(a) *m* RNA (b) *r* RNA
(c) *t* RNA (d) *hn* RNA

11. फेमिली—कुकरबिटेसी गण से सम्बन्धित है

(a) फिकॉयडेल्स (b) पैसीफ्लोरेल्स
(c) सेपीन्डेल्स (d) मालवेल्स

12. *पैरामीशियम* का सूक्ष्म केन्द्रक होता है

(a) द्विगुणित
(b) बहुगुणित
(c) अप्रजायी
(d) RNA का प्रमुख स्त्रोत

13. सयुंक्त, द्विबहि:फ्लोएमी, खुले संवहन बण्डल किनके तने में मिलते हैं?

(a) कुकरबिटेसी में (b) रोजेसी के
(c) मालवेसी के (d) रेननकुलेसी के

14. *ऑरिजिन ऑफ स्पीशीज़* नामक पुस्तक प्रकाशित हुई

(a) 1809 (b) 1858 (c) 1859 (d) 1956

15. *मिमोसा पुडिका* की पत्तियों में कम्पानुकुंचनी गति में सम्मिलित होता है

(a) परासरण दाब (b) स्फीति दाब
(c) भिति दाब (d) विसरण दाब न्यूनता

16. ऑक्सीजन हीमोग्लोबिन अपघटन वक्र किसकी कमी से दाहिने ओर स्थानान्तिरत हो जाएगा?

(a) CO_2 सान्द्रण (b) तापमान
(c) pH (d) अम्लता

17. निम्न में से कौन-सा कूट न करने वाला RNA है

(a) *m* RNA (b) *hn* RNA
(c) *sn* RNA (d) ये सभी

18. ब्लैडर कृमि पाया जाता है

(a) मनुष्य की माँसपेशियों में
(b) सुअर या गाय की माँसपेशियों में
(c) मनुष्य के मल में
(d) मृदा में

19. सभी जीवों को दो एम्पायर्स के आठ जगतों में किसने वर्गीकृत किया है?

(a) आर.एच. व्हिटेकर (b) हेकल
(c) वोएज एवं अन्य (d) कैवेलियर स्मिथ

20. चूजे के भ्रूण विकास में प्राथमिक रेखा उष्मायन के कितने घण्टे बाद बनती है?
(a) 18 घण्टे बाद (b) 16 घण्टे बाद
(c) 20 घण्टे बाद (d) 22 घण्टे बाद

21. निम्न में से कौन-सी जाति हैप्लोजाईलॉन और डिप्लोजाईलॉन नामक दो उपजातियों में विभक्त की गई है?
(a) *साइकस* (b) *पाइनस*
(c) *एफेड्रा* (d) *साइलोटम*

22. निम्नलिखित में से कौन-सा लवण मृदोद्भिद् नहीं है?
(a) *डिस्टिक्लिस स्टाइएटा*
(b) *आर्टीमिशिया ट्राइडेन्टेटा*
(c) *राइजोफोरा*
(d) *आइकॉर्निया क्रेसिपस*

23. कौन-सा महाकल्प ''स्तनधारियों का युग'' कहलाता है?
(a) प्रीकैम्ब्रियन (b) पेलियोजोइक
(c) मीसोजोइक (d) सीनोजोइक

24. तालाब पारिस्थितिकी तन्त्र में ऊर्जा का पिरामिड हमेशा होता है
(a) उल्टा (b) पहले उल्टा फिर सीधा
(c) केवल सीधा (d) इनमें से कोई नहीं

25. जीनोबायोटिक्स सम्बन्धित है
(a) एण्डोजीनस जहर से (b) एण्टीबॉडीज से
(c) वैक्सीन से (d) एक्सोजीनस से

26. प्राथमिक उत्पादकता सर्वाधिक होती है
(a) उष्णकटिबन्धीय वर्षा वनों में
(b) उष्णकटिबन्धिय घास स्थलों से
(c) शीतोष्ण वनों से
(d) मानसून वनों से

27. कोशिका भित्ति का एक तन्तु निर्मित होता है
(a) 20 सूक्ष्म तन्तुओं से (b) 100 सूक्ष्म तन्तुओं से
(c) 250 सूक्ष्म तन्तुओं से (d) 50 सूक्ष्म तन्तुओं से

28. समीपस्थ कुण्डलित नलिका के ग्लोमेरुलर निस्यंद का रासायनिक संयोजन रुधिर प्लाज्मा से तुलनात्मक रूप में होता है
(a) समवलीय मूत्र (b) निम्नवलीय मूत्र
(c) उच्चवलीय मूत्र (d) इनमें से कोई नहीं

29. किसे ''व्युत्क्रम आनुवंशिकी'' अध्ययन कहते हैं?
(a) जीन से एन्जाइम की दिशा में
(b) DNA से लक्षण प्रारूप की दिशा में
(c) लक्षण प्रारूप से DNA की दिशा में
(d) RNA से DNA की दिशा में

30. इकोटाइप शब्द किसने प्रस्तावित किया?
(a) ओडम (b) टरेसन
(c) टेन्सले (d) वार्मिंग

31. विषैले सर्पों के विषदन्त रूपान्तरित होते हैं
(a) मैक्सिलरी दन्त के (b) मैण्डीबुलर दन्त के
(c) मोलर दन्त के (d) इनमें से कोई नहीं

32. निम्नलिखित शोष क्रिया प्रणालियों में से कौन DNA का पता लगाने के लिए उपयोग में लाई जाती है?
(a) नॉर्दर्न शोष (Blot)
(b) साउदर्न शोष
(c) वेस्टर्न शोष
(d) साउथ वेस्टर्न शोष

33. जरायुजी प्रायः मिलता है
(a) *वुचेरेरिया* में (b) *एन्काइलोस्टोमा* में
(c) *इन्टरोबियस* में (d) *ट्रायक्यूरिस* में

34. टिहरी बाँध किस नदी पर बना है?
(a) यमुना (b) रामगंगा
(c) भगीरथी (d) अलकनन्दा

35. निम्नलिखित में से वंशवृक्ष के अध्ययन से सम्बन्धित है
(a) इडियोग्राम (b) इलैक्ट्रोफेरोग्राम
(c) क्लेडोग्राम (d) क्रोमैटोग्राम

36. आनुवंशिक अभियान्त्रिकी के क्षेत्र में टाइप-II प्रतिबन्धन एण्डोन्यूक्लिएज निम्नलिखित में से किन गुणों के कारण अति उपयोगी है?
(a) वे DNA को अपने पहचान अनुक्रम के अन्दर काटते हैं
(b) उन्हें ATP की आवश्यकता नहीं होती है
(c) वे 4 से 6 bp लम्बे न्यूक्लियोटाइड के विलोमानुक्रमी अनुक्रम को पहचानते हैं
(d) उपरोक्त सभी

37. सहगमन तन्त्र गति करता है
(a) एक प्रकार के अणु एकल दिशा में
(b) दो विलेय एकल दिशा में
(c) दो प्रकार के अणु विपरीत दिशा में
(d) एक प्रकार के अणु दो दिशाओं में

38. निम्नलिखित में से किस जलीय जीवोम की प्राथमिक उत्पादकता उच्चतम है
(a) दलदल की (b) प्रवालभित्ति की
(c) ज्वारनदमुख की (d) इनमें किसी की नहीं

39. 'ब्लू बेबी सिंड्रोम' किस अशुद्ध जल से होती है?
(a) आर्सेनिक से (b) कैडमियम से
(c) नाइट्रेट से (d) मरकरी से

40. मकड़ी द्वारा जाला बुनना एक उदाहरण है
(a) आबद्ध संक्रिया प्रतिमान का
(b) अध्यकन का
(c) सीखे हुए व्यवहार का
(d) मोचक का

41. एक त्रिज्यतः सममित अकशेरुकी प्राणि जिसमें केवल ऊतक विभेदन है, रखा जाएगा
(a) पोरीफेरा में (b) निडेरिया में
(c) प्लेटीहेल्मिन्थीज में (d) इकाइनोडर्मेटा में

42. PCR चक्र को निम्न नाम से भी जाना जाता है
(a) C_2 चक्र (b) C_3 चक्र (c) क्रैब्स चक्र (d) EMP पाथवे

43. वे प्लास्टिड्स जो वसा को संश्लेषित एवं संरक्षित करते हैं, कहलाते हैं
(a) इओप्लास्ट्स (b) इटिओप्लास्ट्स
(c) इलाइयोप्लास्ट्स (d) जिरोन्टोप्लास्ट्स

44. एल्कलॉइड रिसरपाइन जड़ों में होती है
(a) *पेपेवर सोमनीफेरम* की (b) *सिनकोना ऑफीसिनेलिस* की
(c) *रावोल्फिया सर्पेन्टीना* (d) इन सभी की

45. पौधों में *एग्रोबैक्टीरियम राइजोजीन्स* के कारण होता है
(a) मूल गलन (b) मूल बहुप्रजता
(c) ट्यूमर निर्माण (d) ग्रन्थिका निर्माण

46. दूध में पायी जाने वाली प्रोटीन केसीन का स्कन्दन करता है
(a) पेप्सिन (b) ट्रिप्सिन
(c) रेन्निन (d) रेनिन

47. रबदक्षीर एवं एकलिंगी पुष्पयुक्त पौधे पाए जाते हैं
(a) रैननकुलेसी में (b) रुटेसी में
(c) अमरैन्थेसी में (d) यूफॉर्बिएसी में

48. अस्थीय मत्स्य, सरीसृपों एवं पक्षियों में विपाटन होता है
(a) पृष्ठीय अंशभंजी (b) असम पूर्णभंजी
(c) चक्रिक अंशभंजी (d) आरीय पूर्णभंजी

49. चेचक का कारण है
(a) *वैरिओला* (b) *कॉक्सिएला*
(c) *एडीज* (d) *फ्रेन्सिसेला*

50. वाहिकाएँ पाई जाती हैं
(a) *पाइनस* में (b) *इफीड्रा* में
(c) *साइकस* में (d) इनमें किसी में नहीं

51. एक्सोलोटल डिम्भक दर्शाता है
(a) केवल डिम्भकजनन
(b) केवल छद्मजनन
(c) डिम्भकजनन एवं छद्मजनन दोनों में
(d) कोशिका स्थिरता

52. निम्न में कौन–एक सामान्यतया रीनडियर मॉस कहलाता है?
(a) *क्लेडोनिया रेंजीफेरिना*
(b) *फ्यूनेरिया हाइग्रोमेट्रिका*
(c) *स्फेगनम खासियाना*
(d) *स्फेगनम सीलोनिकम*

53. चार प्रकार के रंग यथा–एल्बिनो, हिमालयी एल्बिनो, अगूटी एवं चिनचिल्ला खरगोश की त्वचा में पाए जाते हैं, क्योंकि एक जीन में हो सकते हैं
(a) अपूर्ण प्रभाविता
(b) एक जोड़ा उत्परिवर्तित समविकाल्पी
(c) दो से कम विकल्परूपी
(d) दो से अधिक विकल्परूपी

54. निम्नलिखित में कौन–सी प्रक्रिया मृदा निर्माण से सम्बन्धित है?
(a) लेटराइजेशन (b) पोडोसोलाइजेशन
(c) ग्लिजेशन (d) इनमें से कोई नहीं

55. कौन–सा कथन सत्य है
(a) कॉर्डेटा में रुधिर का बहाव पृष्ठवाहिनियों में आगे की ओर
(b) कार्डेटा में रुधिर का बहाव पृष्ठाहिनियों में पीछे की ओर
(c) अकशेरुकी में रुधिर का बहाव पृष्ठवाहिनियों में पीछे की ओर
(d) उपरोक्त में से कोई नहीं

56. पिशिताश क्षेत्र में जहाँ एक्टिन तथा मायोसिन तन्तु परस्पर व्याप्त रहते हैं वहाँ निम्नलिखित संख्याओं में से कितने एक्टिन तन्तु प्रत्येक मायोसिन तन्तु को घेरे रहते हैं?
(a) 3 (b) 6 (c) –9 (d) –12

57. ……… ग्राम नेगेटिव बैक्टीरिया में आधारकाय का केन्द्रीय कोर सुसज्जित होता है।
(a) A एवं P वलय भीतर की ओर
(b) M व S वलय बाहर की ओर
(c) L व P वलय बाहर की ओर तथा S एवं M वलय भीतर की ओर
(d) L व P वलय भीतर की ओर S व M वलय बाहर की ओर

58. निलय आकुंचन प्रेरित होता है
(a) शिरा अलिन्दीय घुण्डी द्वारा
(b) अलिन्द-निलयी घुण्डी द्वारा
(c) निलयी कपाट द्वारा
(d) अलिन्द-निलयी छिद्र द्वारा

59. क्लैडेल्फिया गुणसूत्र में स्थानान्तरण होता है
(a) गुणसूत्र 9 तथा 22 के मध्य
(b) गुणसूत्र 7 तथा 17 के मध्य
(c) गुणसूत्र 10 तथा 21 के मध्य
(d) गुणसूत्र 6 तथा 16 के मध्य

60. स्तनियों में आँवल बनता है
(a) अपरापोषिका द्वारा
(b) उल्ब द्वारा
(c) जरायु द्वारा
(d) दोनों (a) और (c) के द्वारा

61. एग्नैथा के अन्त:कर्ण में अर्धवृत्ताकार कुल्याओं की संख्या है केवल
(a) एक (b) दो
(c) तीन (d) इनमें से कोई नहीं

62. भारतीय पादप भ्रूण विज्ञान के जनक है
(a) प्रो. बीरबल साहनी (b) प्रो. आर. पी. रॉय
(c) प्रो. एम.ओ.पी.आयंगर (d) प्रो. पंचानन माहेश्वरी

63. अर्थवर्म (केंचुआ), लीच और सेंटिपीड में क्या समानता है?
(a) सभी में मैल्पीघी नलिकाएँ होती हैं
(b) सभी में नालवत तंत्रिका रज्जु अधर में होती है
(c) सभी द्विलिंगी हैं
(d) सभी में पैर नहीं होते

64. निम्नलिखित में कौन स्टारफिश की लार्वल अवस्था नहीं है?
(a) प्लेनुला (b) डाइप्लुरुला
(c) बाइपिन्नेरिया (d) ब्रेकियोलेरिया

65. सूची-I को सूची-II से सुमेलित कीजिए तथा नीचे दिए कूट का उपयोग करके सही उत्तर चुनिए।

	सूची-I (आशंकित श्रेणी)		सूची-II (लाल डाटा पुस्तक में प्रदर्शन)
A.	संकटापन्न (E)	1.	श्वेत पत्र
B.	सुभेद्य (V)	2.	अम्बर पत्र
C.	दुर्लभ (R)	3.	हरित पत्र
D.	संकट से बाहर (O)	4.	लाल पत्र

कूट

	A	B	C	D		A	B	C	D
(a)	4	2	1	3	(b)	4	2	3	1
(c)	3	2	1	4	(d)	1	3	4	2

66. एपोप्लास्ट–सिम्प्लास्ट की संकल्पना की थी
(a) ई. मुन्च ने (b) रेबिनोविच ने
(c) जेलिट्रच ने (d) बोस ने

67. निम्नलिखित में से कौन प्रतिरक्षाग्लोबुलिन अणु सर्वाधिक विशाल है?
(a) IgA (b) IgM
(c) IgD (d) IgE

68. पुंजायांगधर पाया जाता है
(a) *क्लीओमी गाइनेन्ड्रा* में
(b) *मुसाडा फ्रान्डोसा* में
(c) *स्वेनला मेडागास्करलेन्सिम* में
(d) उपरोक्त में से कोई नहीं

69. किसमें, जलीय जीवन अनुकूलन द्वितीयक होता है?
(a) व्हेल में (b) सील में
(c) पॉरपॅसस् में (d) इन सभी में

70. निम्न में से कौन-सी भ्रूणीय झिल्ली, भ्रूणीय मूत्राशय का कार्य करती है?
(a) अपरापोषिका (b) पीतक कोष
(c) उल्ब (d) जरायु

71. किसमें केन्द्रक अनुपस्थित होता है?
(a) चालनी नलिकाओं में
(b) सखि कोशिकाओं में
(c) पोषवाह मृदूतक में
(d) उपरोक्त में से कोई नहीं

72. अकशेरुकी प्राणियों में हीमोग्लोबिन पाया जाता है
(a) लाल रुधिर कणिका में
(b) श्वेत रुधिर कणिका में
(c) रुधिर प्लाज्मा में
(d) थ्रॉम्बोसाइट्स में

73. बर्हिजनित विष वह होते हैं जो
(a) बाह्य पर्यावरण से जीव में प्रविष्ट होते हैं
(b) जीव के शरीर के बाहर प्रभावी होते हैं
(c) एक जीव उत्पादित करता है और दूसरे जीव को नुकसान पहुँचाता है
(d) शरीर के द्रव के अन्दर उत्पादित होते हैं

74. पादप जगत की सबसे लम्बी कोशिका पाई जाती है
(a) *एफिड्रा* में (b) *कारा* में
(c) *एक्ट्रोकार्पस* में (d) *मार्केंशिया* में

75. *क्लैमाइडोमोनास* की किस प्रजाति में पामेला अवस्था की कोशिकाएँ हीमेटोक्रोम विकसित करती है और अचल सुप्त बीजाणु बन जाती है
(a) *क्ले. कॉडेटा* (b) *क्ले यूगैमिटास*
(c) *क्लें क्लीनियाई* (d) *क्लें. निवेलिस*

76. केपीटुलम पुष्पक्रम पाया जाता है
(a) *एजेरेटम* में (b) *हिबिसूकस* में
(c) *साइसर* में (d) *प्लूमेरिया* में

77. DNA के आर एल. मॉडल का सुझाव किसने दिया था?
(a) एम. एच. एफ विल्किन्स (b) एच. जी. खुराना
(c) शशिशेखरन (d) चारगाफ

78. किसे प्रसव हार्मोन कहते हैं?
(a) वैसोप्रेसिन (b) पैन्क्रियोजाईमिन
(c) ऑक्सीटोसिन (d) प्रोजेस्टेरॉन

79. निम्नलिखित में से किस कुल में C_3, C_4 एवं CAM पादप जातियाँ पायी जाती हैं?
(a) क्रैसुलेसी (b) कैक्टेसी
(c) पोएसी (d) यूफॉर्बिसी

80. निम्नलिखित में से कौन-सा रोग प्रोटोजोआ, जीवाणु तथा विषाणु में इसी क्रम में होता है?
(a) मलेरिया, गुलसुआ तथा तंद्रिक ज्वर
(b) अमीबियेसिस, पोलियो तथा टिटेनस
(c) निद्रारोग, रोहिणी तथा यकृतशोथ-बी
(d) पीत ज्वर, उपर्दश तथा इनफ्लूऐन्जा

81. मानव कोशिकाओं का माइटोकॉण्ड्रियल DNA नहीं होता है
(a) नग्न (b) द्वि-सूत्री
(c) वृत्ताकार (d) पैतृक उत्पत्ति का

82. किस जाति में सीटा परिपक्वता पर 50 mm तक लम्बा एवं लगभग पारदर्शी हो जाता है?
(a) *मार्केन्शिया* (b) *पेलिया*
(c) *फ्यूनेरिया* (d) *स्फैग्नम*

83. सुक्रोस में निम्नलिखित में से कौन-सा ग्लाइकोसिडिक बन्ध पाया जाता है?
(a) $\alpha 1-4$ (b) $\beta 1-4$
(c) $\alpha 1-\beta 2$ (d) $\alpha 1-6$

84. *कॉकस न्यूसीफेरा* के विकासशील फल में दूधिया तरल पदार्थ भरा होता है। यह है
(a) नाभिकीय एण्डोस्पर्म (b) तरल बहुकेन्द्रीय कोशाद्रव्य
(c) अज्ञात आकारकी का विलयन (d) दोनों (a) और (b) सही है

85. एक हीमोग्लोबिन अणु संवहन करता है
(a) चार O_2 के अणुओं का (b) तीन O_2 के अणुओं का
(c) दो O_2 के अणुओं का (d) एक O_2 के अणु का

86. गुणसूत्र पर जीन के अनुक्रम को निर्धारण करने की प्रक्रिया कहलाती है
(a) जीन स्थानीयन (b) जीन अनुक्रम
(c) गुणसूत्र मानचित्रण (d) DNA अनुक्रम

87. स्तनधारियों में रुधिर का दोहरा परिपथ सम्बन्धित है
(a) जोड़ीदार धमनियों से
(b) जोड़ीदार शिराओं से
(c) रुधिर शीघ्रता से हृदय में दो बार परिसंचरित होता है
(d) पूरी प्रक्रिया दो बार में होती है, प्रथम हृदय से फेफड़ों तक और वापस फिर हृदय से सम्पूर्ण शरीर तक

88. पौधों से प्रारम्भ होने वाली खाद्य श्रृंखला जो छोटे जानवरों से बड़े जावनरों की ओर बढ़ती है
(a) डेट्रिटस खाद्य श्रृंखला (b) परजीवी खाद्य श्रृंखला
(c) प्रीडेटर खाद्य श्रृंखला (d) मृतोपजीवी खाद्य श्रृंखला

89. ग्लूकैगान उत्प्रेरित करता है
(a) ग्लाइकोजेन के रुधिर शर्करा में विखण्डन को बढ़ाना
(b) ग्लूकोस (शर्करा) से अमीनो अम्ल का बनाना
(c) रुधिर शर्करा के स्तर का बढ़ना
(d) उपरोक्त सभी

90. मानवीय पर्यावरण पर प्रथम संयुक्त राष्ट्र सम्मेलन स्टाकहोम में किस वर्ष में हुआ था?
(a) 1972 (b) 1986
(c) 1992 (d) 2000

91. सिलिकामय कंटिका के निर्माण के लिए सिलिका
(a) स्पंज द्वारा संश्लेषित किया जाता है
(b) सहजीवी शैवालों द्वारा दिया जाता है
(c) जीवाणुओं द्वारा आपूर्ति किया जाता है
(d) उपरोक्त सभी

92. निम्नलिखित पौधों में से कौन हरा स्पोर पैदा करता है?
(a) *साइलोटम* (b) *लाइकोपोडियम*
(c) *रिक्सिया* (d) *इक्वीसिटम*

93. वायु श्वसन होता है
(a) पल्मोनरी सैक (b) मेण्टल
(c) टीनिडियम (d) ब्रैंक्यिोल्स

94. प्राकृतिक रूप से प्राप्त होने वाला एंजाइम लाइसोजाइम, पाया जाता है
(a) लार में (b) आँसू में
(c) दोनों (a) एवं (b) में (d) इनमें से कोई नहीं

95. *इलेटेरिया कारडामोमस* किसके अन्तर्गत आता है?
(a) द्विबीजपत्री (b) एकबीजपत्री
(c) शंकुधर वृक्ष (d) मोनोक्लेमाइडी

96. किसी अन्य जीन की उपस्थिति के कारण यदि किसी जीन का लक्षण प्रारूप परिवर्तित हो जाता है, तो इसे कहते हैं
(a) प्रबल प्रभाविता (b) घातक जीन्स
(c) स्वार्थी जीन्स (d) प्रबलता

97. रूट-नोट रोग उत्पन्न होता है
(a) *माइकोप्लाज्मा* से (b) निमेटोडम से
(c) वायरस से (d) कवक से

98. कॉकरोच में कायान्तरण मुख्यतया नियन्त्रित होता है
(a) कारपोरा कार्डियाका द्वारा (b) प्रोथोरा ग्रन्थि द्वारा
(c) कारपोरा एलाटा द्वारा (d) मस्तिष्क द्वारा

99. कौन-सा आनुवंशिक अभियान्त्रिक सूक्ष्मजीवी मानव इंसुलिन उत्पादन में प्रयुक्त किया जाता है?
(a) *बैसिलस थ्यूरिन्जिएन्सिस* (b) *राइजोबियम मिलिलोटि*
(c) *इश्चेरीचिया कोलाई* (d) *स्यूडोमोनास पुटिडा*

100. 'मोती की माता' नाम से जाना जाता है
(a) *कॉन्चिओलिन* (b) *कैल्साइट*
(c) *नेक्रे* (d) इनमें से कोई नहीं

101. एक वानस्पतिक नाम जिसमें वंश-नाम पूर्ण रूप से जाति संकेत पद को ही दुहराता है, कहलाता है
(a) टोटोनिम (b) सिनानिम (c) होमोनिम (d) आटोनिम

102. पश्चिमी हिमालयी पर्वतीय पादप क्षेत्र का विस्तार है
(a) 1,000 से 5,000 फिट समुद्र तल से ऊपर
(b) 5,000 से 10,000 फिट समुद्र तल से ऊपर
(c) 5,000 से 11,675 फिट समुद्र तल से ऊपर
(d) 6,000 से 11,675 फिट समुद्र तल से ऊपर

103. कुछ परिस्थिति विज्ञानी हरे पौधों को पारक्रमिक कहना अधिक पसन्द करते हैं न कि
(a) संपरिवर्तक (b) उपभोक्ता
(c) उत्पादक (d) अग्रगामी

104. किसमें ओजोन अधिक मात्रा में उपस्थित है?
(a) आयनोस्फीयर (b) स्ट्रेटोस्फीयर
(c) उत्तर ध्रुवीय प्रदेश में (d) दक्षिण ध्रुवीय प्रदेश में

105. वर्ग में सपुमंगी पुंकेसर पाया जाता है
(a) एस्टेरेसी (b) मालवेसी
(c) कुकरबिटेसी (d) पेपिलिओनेसी

106. पत्तियों के तने पर लगने के पेन्टास्टिकस तरीके में कोणीय विस्थापन है
(a) 360° का $\frac{1}{3}$ (b) 360° का $\frac{2}{5}$
(c) 360° का $\frac{1}{2}$ (d) 360° का $\frac{1}{4}$

107. निम्नलिखित कथनों पर विचार कीजिए
I. सभी मीन अण्डे देती है।
II. सभी पक्षी उड़ते नहीं हैं।
III. सभी छिपकलियाँ विषैली होती है।
IV. वाइपर का विषय तंत्रिका विषी होता है।
V. कोई भी स्तनी विषैला नहीं होता है।

इस कथनों में
(a) केवल I तथा II सही हैं (b) केवल II, III तथा IV सही हैं
(c) केवल II तथा V सही हैं (d) केवल II सही है

108. ग्राम अभिरंजन के लिए प्रयुक्त किया जाने वाला अभिरंजक है
(a) एनीलीन ब्लू (b) कॉटन ब्लू
(c) क्रिस्टल वायलेट (d) ट्राइपेन ब्लू

109. शरीफा (सीताफल) (*एनोना स्कवेमोसा*) है
(a) संग्रथित फल (b) एकल फल
(c) पुंज फल (d) साइकोनस फल

110. उभय-फ्लोएमी नालरम्भ किसमें पाया जाता है?
(a) *लाइकोपोडियम* (b) *इफेड्रा*
(c) *सिलेजिनेला* (d) *मारर्सीलिया*

111. किस खण्ड के द्विगुणन के कारण ड्रासोफिला में बार-नेत्र लक्षण प्रकट होता है?
(a) Y-गुणसूत्र का खण्ड 16A
(b) X-गुणसूत्र का खण्ड 16A
(c) Y-गुणसूत्र का खण्ड 18A
(d) Y-गुणसूत्र का खण्ड 18B

112. किस पौधे के बीजाणु चतुष्क में बीजाणुओं की व्यवस्था समद्विपाश्वीय होती है?
(a) *रिक्सिया पर्सोनाई*
(b) *मार्केन्शिया पामैटा*
(c) *पेलिया एपीफाईला*
(d) *एन्थोसिरास लीविस*

113. आवृतबीजी पौधों में गुद-बीजाणुधानी निरूपित होती है।
(a) अंडप द्वारा (b) अंडाशय द्वारा
(c) बीजाड द्वारा (d) भ्रूणकोष द्वारा

114. मेटहीमोग्लोबिनीमिया का कारण है
(a) नाइट्रेट उर्वरक
(b) सीसा विषाक्तता
(c) पेयजल में फ्लुओराइड
(d) ऑक्सीटॉसिन

115. किस पौधे के बीज की उत्पत्ति खोजी जा सकती है?
(a) *लाइकोपोडियम* (b) *सिलॉजिनेला*
(c) *साइकस* (d) *पाइनस*

116. आंत्रीय रसांकुरों की रक्त वाहिकाएँ अवशोषित नहीं कर सकती हैं
(a) फैटी एसिड एवं ग्लिसरॉल
(b) ग्लूकोस
(c) लवण
(d) अमीनो अम्ल

117. 'त्रिसमेकन' की प्रक्रिया पायी जाती है
(a) *क्लेमाइडोमोनास* में (b) *उडोगोनियम* में
(c) *फ्यूकस* में (d) *पेडिना* में

118. अनात्मपरागणता पायी जाती है
(a) कपास में (b) मदार में
(c) मेरीगोल्ड में (d) बाजरा में

119. फ्यूकोजैन्थिन मुख्य वर्णक है
(a) साइटोनीमा में (b) *कारा* में
(c) *एक्टोकार्पस* में (d) *बॉल्पॉक्स* में

120. गाइनोबेसिक वर्तिका पाई जाती है
(a) एस्टेरेसी में (b) लेमिएसी में
(c) रेनुनकुलेसी में (d) रोजेसी में

उत्तरमाला

1. (c)	**2.** (c)	**3.** (d)	**4.** (b)	**5.** (b)	**6.** (a)	**7.** (c)	**8.** (c)	**9.** (c)	**10.** (c)
11. (b)	**12.** (a)	**13.** (a)	**14.** (c)	**15.** (b)	**16.** (a)	**17.** (d)	**18.** (b)	**19.** (d)	**20.** (a)
21. (b)	**22.** (d)	**23.** (d)	**24.** (c)	**25.** (d)	**26.** (a)	**27.** (c)	**28.** (c)	**29.** (b)	**30.** (b)
31. (a)	**32.** (b)	**33.** (a)	**34.** (c)	**35.** (c)	**36.** (d)	**37.** (b)	**38.** (b)	**39.** (c)	**40.** (a)
41. (b)	**42.** (b)	**43.** (c)	**44.** (c)	**45.** (d)	**46.** (c)	**47.** (d)	**48.** (c)	**49.** (a)	**50.** (b)
51. (c)	**52.** (a)	**53.** (d)	**54.** (d)	**55.** (b)	**56.** (b)	**57.** (c)	**58.** (b)	**59.** (a)	**60.** (d)
61. (a)	**62.** (d)	**63.** (b)	**64.** (a)	**65.** (c)	**66.** (a)	**67.** (b)	**68.** (c)	**69.** (d)	**70.** (a)
71. (a)	**72.** (c)	**73.** (c)	**74.** (b)	**75.** (a)	**76.** (a)	**77.** (c)	**78.** (c)	**79.** (c)	**80.** (c)
81. (d)	**82.** (b)	**83.** (c)	**84.** (d)	**85.** (a)	**86.** (c)	**87.** (d)	**88.** (c)	**89.** (d)	**90.** (a)
91. (a)	**92.** (d)	**93.** (a)	**94.** (c)	**95.** (d)	**96.** (d)	**97.** (b)	**98.** (c)	**99.** (c)	**100.** (c)
101. (a)	**102.** (d)	**103.** (c)	**104.** (b)	**105.** (c)	**106.** (a)	**107.** (d)	**108.** (c)	**109.** (c)	**110.** (d)
111. (b)	**112.** (a)	**113.** (c)	**114.** (a)	**115.** (b)	**116.** (a)	**117.** (d)	**118.** (b)	**119.** (c)	**120.** (b)